赤潮立体监测系统

徐　韧　刘志国 等　著

科 学 出 版 社

北　京

内 容 简 介

为解决赤潮立体监测系统建设的关键问题，增强沿海海域的赤潮监测和应急能力，国家在“九五”“十五”一系列重大研究的基础上，启动了国家高技术研究发展计划——重大海洋赤潮灾害实时监测与预警系统（以下简称“赤潮863”），通过改进与集成赤潮监测技术与仪器设备，建设赤潮立体监测技术海上试验平台，组建立体监测网络。本书对“赤潮863专项”的研究成果进行全面梳理，系统介绍赤潮立体监测系统的设计理念、组织构架、关键技术与主要研究成果，为促进我国赤潮研究，有效监测和防治赤潮灾害提供技术支撑。

本书可供海洋环境、海洋生态、海洋规划与管理等相关领域的科研与管理人员阅读使用，也可供高等院校海洋生态、海洋生物等相关专业的师生参考。

审图号：GS(2019)1906号

图书在版编目(CIP)数据

赤潮立体监测系统/徐韧等著. —北京：科学出版社，2019. 5

ISBN 978-7-03-054310-3

Ⅰ. ①赤… Ⅱ. ①徐… Ⅲ. ①赤潮–污染防治–环境监测系统 Ⅳ. ①X55

中国版本图书馆CIP数据核字(2017)第214141号

责任编辑：彭胜潮 白 丹/责任校对：赵桂芬

责任印制：肖 兴/封面设计：黄华斌

科学出版社 出版

北京东黄城根北街16号

邮政编码：100717

http://www.sciencep.com

中国科学院印刷厂 印刷

科学出版社发行 各地新华书店经销

*

2019年5月第 一 版 开本：889×1194 1/16

2019年5月第一次印刷 印张：22 3/4

字数：712 000

定价：198.00元

(如有印装质量问题，我社负责调换)

序

海洋是生命的摇篮，是70多亿地球村人持续生存的希望，然而全球气候变化以及21世纪以来人类开发海洋的活动加剧，近岸海洋水质恶化，“生命的摇篮”出现了有毒的赤潮灾害，而且发生的频率、覆盖的面积、危害的强度呈上升趋势，它冲击了海洋生态的稳定性，使海洋生态系统服务功能日趋衰弱，这不仅影响传统海洋水产业，同时也严重影响到滨海休闲旅游、人体健康、食品安全等行业。从我国每年赤潮灾害发生的频次和造成的数十亿经济损失来看，赤潮是仅次于风暴潮的第二大海洋灾害。

为维护“生命摇篮”的碧水绿海，“九五”“十五”期间，我国开展了瞄准认知赤潮、监测赤潮和应对赤潮的系列“973”“863”和国家科技攻关等科学研究项目。这些科研项目的实施开发了一批赤潮监测仪器，研制了不同的赤潮监测、观测平台，发展了多样的预警预报模式，采取了应对赤潮防灾减灾的措施。在此基础上，“十一五”“十二五”期间由国家海洋局东海分局刘刻福局长任项目协调人、国家海洋局东海环境监测中心徐韧主任作为“863”技术牵头人，联合国内优秀科研团队再次担起了“重大海洋赤潮灾害实时监测与预警系统研发”的重任。他们不辞劳苦，勤奋钻研，实践在第一线，创新集成了基岸、船测、浮标、卫星和志愿者的监测平台，集成了实时、准实时和历史的气象、水文和遥感各类数据，集成了发生赤潮条件预报模型、遥感赤潮跟踪预报模型、扩散漂移和赤潮生态动力学等多种预报模型，同时发展了赤潮灾害损害评估模型。创新性的集成和新思路的应用大大提升了我国实时监测赤潮和准确预报赤潮的水平，使赤潮预警预报上了一个新台阶。在赤潮监测与预警报取得长足进展的同时，可喜的是，今天我们有幸看到《赤潮立体监测系统》这本专著，这是他们将点滴辛勤的汗水洒在赤潮监测与预警报平台建设以及在国家赤潮监控区建设的累累成果上孕育出的一朵奇葩，可喜可贺。

该书基于多年国家“863”计划课题等科研项目的成果积累，著者集众贤之能，承实践之上，总结经验，挥笔习书，探系统设计新思路，讲集成技术，摆应用实例，是一本内容丰富，集系统性与实用性于一体的佳作。该书出版为从事海洋环境监测、海洋防灾减灾、海洋管理和海洋决策的工作者提供重要参考，同时也是海洋环境与海洋信息专业的本科生和研究生的一本实用参考书。

我先品读了该书，欣喜地看到了我国海洋环境科技跨越式的发展和年轻科技工作者的成长，再次祝贺，祝你们再接再厉，更上一层楼！

中国工程院院士

潘德炉

2016年10月

前　言

随着全球气候变化，近年来，我国海洋灾害强度呈上升趋势，灾害脆弱性呈增大趋势，海洋经济损失呈增加趋势，这些都使我国的海洋防灾减灾工作面临新的挑战。海洋赤潮是我国主要的海洋灾害之一。21 世纪以来，我国近岸海域环境日益恶化，赤潮灾害日益频繁，2001～2010 年，我国近海共发生赤潮灾害 861 起，平均每年 78 起，且呈现逐步上升的趋势。我国目前仍处在赤潮频发期。赤潮灾害一旦发生，难以治理，对生态系统和人类生产生活影响极大。

近年来，我国海洋赤潮呈现发生时间早、全年时间跨度长和灾害持续时间长的特点，其中重大(面积超过 3 000 km^2)和有毒赤潮发生频率不断增加。在区域分布上，东海海域赤潮发生的次数明显高于渤海、黄海和南海海域。大规模海洋赤潮的发生加剧了我国近岸生态系统的退化，给沿海水产养殖业和旅游业带来了巨大损失。

海洋赤潮的监测、预测预警、损失评估和减灾防灾工作长期以来受到了党中央和国务院领导的高度重视。2001 年，为落实时任国务院副总理温家宝同志关于赤潮减灾防灾工作的指示精神，国家海洋局在财政部的支持下，选择我国沿海 19 个重点海水增养殖区建立了赤潮监控区，并组织沿海各级海洋监测技术机构在赤潮高发时段开展了包括海水水质、沉积环境和赤潮生物在内的高时空频率的监测。监控区所在的省、市人民政府根据减灾防灾工作的要求制定了《赤潮减灾防灾应急预案》。赤潮监控区的建立和监测工作的业务化运行，有效地提高了监控区内赤潮的发现率，及时掌握赤潮灾害的性质，为沿海地方政府实施《赤潮减灾防灾应急预案》提供了重要的决策信息。

国家在重视赤潮灾害的减灾防灾工作的同时，十分重视赤潮监测和预测等高技术的研发。“九五”“十五”期间，在科技部和国家自然科学基金委员会的支持下，通过国家基础研究计划(973 计划)、科技攻关计划(科技支撑计划)、国家高技术研究发展计划(863 计划)和国家自然科学基金重点项目的资助，先后开展了赤潮灾害遥感监测、赤潮灾害损失评估技术研究，建立了系列赤潮灾害监测与预警报模式，重点开发了赤潮短期数值预报、统计预报模型和有毒赤潮诊断技术，赤潮发生率预报精度已达 30%。但是，“九五”“十五”期间所建立的预报模式与精度没有得到长期、稳定、持续的系统监测数据的验证。

从国家和地方两个层面来看，当前的海洋减灾防灾工作面临监测、评估、预报、管理四方面的技术瓶颈，急迫要求发展海洋实时立体监测技术，建设由立体实时监测系统、预警评估系统以及运行监控服务系统构成的重大海洋灾害实时监测与预警系统，提供海上现场实时监测能力，综合提高政府对海洋灾害的应急响应决策能力。同时，我国也急需发展海洋监测高新技术设备，增强海洋综合创新能力，为建设创新型国家目标作出贡献。

从现有的海洋赤潮监测业务化体系来看，难以满足各级政府对海洋灾害应急响应的工作要求，减灾防灾效率不高：一是缺乏实时监测手段，无法形成实时、连续、长期、全天候、全时段的立体监测系统，缺乏长序列的监测数据积累；二是没有实质性突破预警报技术，尚停留于单项预报模式，未建立综合性的灾前风险评估、灾中预警报、灾后损失评估的应急服务体系；三是数据处理手段单一，缺乏对海量多源监测数据的综合处理能力，导致信息产品种类贫乏；四是未建立一个专门针对赤潮监测的海上试验平台，难以顺利实现将 863 计划资助研制的众多与赤潮相关的仪器设备进入现有赤潮监测业务化运行体系，从而为赤潮应急处置提供有效的决策依据。

因此，开展赤潮立体监测预报技术研究与系统集成应用十分必要，及时建立持续稳定运行的业务化应用示范系统，才能获取大量实时的、连续的赤潮监测数据，改善、提高现有的赤潮监测与预警报能力，从而逐步实现对近岸海域大规模海洋赤潮的实时监测与预警，为沿海各级政府的赤潮减灾防灾工作提供基础资料和信息服务。为此，国家在“九五”“十五”一系列重大研究的基础上，启动了国家高技术研究发展计划——重大海洋赤潮灾害实时监测与预警系统研发(以下简称“赤潮 863”)，通过改进与定型 863 计划研制的赤潮监测技术与仪器设备，建设赤潮立体监测技术海上试验平台，组建立体监测网络，切实增强沿海地方政府对赤潮灾害的应急处置能力，为我国其他海域的赤潮灾害实时监测与预警提供示范。

为解决赤潮立体监测系统建设的关键问题，切实增强沿海海域的赤潮监测和应急能力，“赤潮 863”重点专项于 2008 年正式启动、2013 年完成，共有国家海洋局东海环境监测中心、国家海洋局第二海洋研究所、国家海洋环境监测中心、国家海洋技术中心、山东省科学院海洋仪器仪表研究所、中国科学院南海海洋研究所等 18 家单位参与研究工作。为更好地服务于海洋环境监测、减灾防灾、海洋管理和科学研究，国家海洋局东海环境监测中心联合其他相关研究单位对“赤潮 863”专项的研究成果进行系统梳理，撰写《赤潮立体监测系统》专著。本书共分为 8 章，其中第 1 章由徐韧、刘志国、杨颖编写；第 2 章由杨颖、李阳、张正龙、时俊、李亿红、秦玉涛编写；第 3 章由陶邦一、张正龙、刘志国编写；第 4 章由楼琇林、杨静、徐丽丽、龚茂珣编写；第 5 章由文世勇编写；第 6 章由李亿红、徐韧、刘志国编写；第 7 章由杨颖、楼琇林、刘志国、刘材材、项凌云编写；第 8 章由徐韧、刘志国、刘材材编写。徐韧负责本书的总体设计，确定各章节内容及编写人员，并对全书进行了统稿与审核；刘志国负责全书初稿的组织、审阅与统稿；项凌云、蔡芃为本书做了大量的校对、联系工作。特别要强调的是，本书是国家高科技研究发展计划“重大海洋赤潮灾害实时监测与预警系统”专项全体成员悉心研究的结晶，除编著者外，主要成员还包括国家海洋局东海环境监测中心程祥圣、叶属峰，国家海洋局第二海洋研究所毛天明，国家海洋技术中心王项南、杜军兰、王宁、赵宇梅、关一、宋坤及李超，国家海洋环境监测中心赵冬至，国家海洋局第一海洋研究所曹为，国家海洋预报中心李海，中国科学院南海海洋研究所杨跃忠，四川大学张新申，厦门大学骆庭伟，山东省科学院海洋仪器仪表研究所刘世萱等。

在专项实施与本书编著过程中，得到了科技部社发司闫金副司长，上海市科委过浩明处长、林海老师，国家海洋局东海分局房建孟书记、刘刻福书记、潘增弟研究员、沈明球处长、翁光明处长，国家海洋局第二海洋研究所潘德炉院士、黄韦艮研究员的指导与支持；潘德炉院士还为本书作序。在此，一并表示衷心感谢。

由于时间和水平有限，本书编写过程中难免存在疏漏与不足，恳请广大读者批评指正。

徐　韧

2016 年夏于上海

目　　录

第1章 绪　论

1.1 赤潮与赤潮灾害

赤潮(red tide)，也称红潮，通常是指一些海洋微藻、原生动物或细菌在水体中过度繁殖或聚集而令海水变色的现象。习惯上将水体中藻类达到一定密度后的藻华现象称为赤潮，相当多的赤潮是无害的，它们自生自灭；然而，近年来能产生毒素和其他有害影响的赤潮频繁发生，规模不断扩大，造成了巨大的经济损失并危害人类生存环境。

费鸿年在 1933 年记述了浙江镇海-石浦海域发生的夜光藻和骨条藻赤潮，这被认为是中国最早的赤潮报道(张青田, 2013)。而国内对有害赤潮的研究，一般认为是从 1952 年黄河口的赤潮调查开始的，从此一直到 20 世纪 70 年代末期是有害赤潮研究的初始阶段，基本上属于赤潮现象描述，缺乏定量分析。再到 20 世纪 80 年代末的时段是起步阶段，国家和相关部门设立专项资金，重点研究赤潮对渔业的危害问题。从 1990 年开始，赤潮研究进入发展阶段，在很多方面都取得了丰富的成果，并和国际接轨。

1933～2011 年，我国沿岸海域共记录赤潮事件 1 047 起，累计影响面积 22 000 km^2。20 世纪 60 年代以前仅有 2 次记录，影响面积约 1 400 km^2；70 年代 8 次，影响面积约 5 700 km^2；80 年代迅速增至 74 次，影响面积约 34 000 km^2；90 年代记录次数已达 151 次，影响面积约 22 500 km^2。总体来看，我国沿岸海域赤潮有加重之势，赤潮发现次数逐渐上升，影响面积不断扩大。

1988 年之前的 50 年中，我国全海域赤潮灾害年平均发现次数为 1.8 次，直至 1990 年才首次出现峰值，年均 38 次，影响面积约 19 900 km^2；1991 年之后，进入了稳定期，年均发现次数 15 次，影响面积约 2 800 km^2；2001 年之后，又呈现出急剧上涨之势，年均次数为 74 次，影响面积为 16 600 km^2，与上次峰值出现仅相隔 10 年，再次进入历史多发期。在这一时期赤潮发现频率和面积的峰值记录不断刷新，出现了历史最高的发现频率和影响范围记录，分别为 2003 年的 105 次和 2005 年的 29 500 km^2。

现阶段，我国正处于历史上的赤潮多发期。1998～2011 年，我国四大海域的赤潮年均发现频率分别为：渤海 9 次/年、黄海 7 次/年、东海 40 次/年、南海 11 次/年，其中，东海最高，约占四个海域赤潮发现总数的 60%。1999～2003 年东海海域的赤潮发现趋势呈对数增长，于 2003 年达到峰值 86 次/年，该时期增长趋势显著，之后维持在年均 51 次。渤海和南海的赤潮年均发现频率接近，均为 10 次/年，且波动相对平稳。黄海赤潮发现频率和波动最小，年均 7 次。

我国近岸海域一年四季均有赤潮记录，赤潮发生的适宜温度是 20～30 ℃，多集中于春夏两季，冬季赤潮多发现于东海和南海等水温较高的海域。由于我国海岸线漫长，南北纵跨热带、亚热带和温带，各海域赤潮的发生规律随季节变化也呈现出不同特点：黄渤海域赤潮的多发期为每年 5～6 月，东海海区为 4～9 月，而南海海区全年均有赤潮记录，较为平均。通过分析历史资料发现，我国赤潮高发月份多集中于每年 5～8 月水温较高的季节，南海一年四季均有发现，这也印证了在赤潮发生海域常伴有天气炎热，水温偏高等现象。

就赤潮生物而言，我国沿岸海域已记录的赤潮生物包括原生动物和藻类两大类，约 40 属 150 余种。其中，出现频率超过 10%的优势种所诱发的赤潮约占我国赤潮总记录的 78%，如中肋骨条藻(*Skeletonema costatum*)、夜光藻(*Noctiluca scintillans*)、具齿原甲藻(*Prorocentrum dentatum*)、米氏凯伦藻(*Karenia mikimotoi*)等；非优势种诱发的赤潮约占我国赤潮累计发现次数的 22%，包括角毛藻(Chaetoceros)、棕囊藻(Phaeocystis)、赤潮异弯藻(*Heterosigma akashiwo*)、血红哈卡藻(*Akashiwo sanguinea*)、圆海链藻(*Thalassiosira rotula*)、膝沟藻(*Gonyaulax* spp.)、红色中缢虫(*Mesodinium rubrum*)等。

我国由优势种引发的赤潮主要分布在辽东湾、北戴河、渤海湾、莱州湾、胶南海域、长江口等海域。其中，夜光藻引发赤潮的次数最多，约125次，累计影响面积25 000 km^2，主要分布在长江口、围洲湾、胶东半岛南部、莱州湾、渤海湾、北戴河、辽东湾等海域；具齿原甲藻共记录120次，累计面积43 000 km^2，主要分布在长江口及浙江沿岸海域；中肋骨条藻，共发现109次，累计面积22 000 km^2，主要分布在长江口、黄河口等海域；米氏凯伦藻，共发现63次，累计面积26 000 km^2，分布在长江口和浙江沿岸海域。非优势种引发赤潮总数为125次，累计面积115 000 km^2(赵冬至等，2003)。

近年来我国沿岸海域有毒藻种引发的赤潮不断增加。其中，有毒藻类米氏凯伦藻赤潮共发现63次，而2004年之前仅有3次记录，2005年当年即陡增至26次，随后基本维持在年均8次左右；有毒藻类红海束毛藻(*Trichodesmium erythraeum*)赤潮共暴发6次，发现区域为北海涠洲岛南湾港海军码头附近海域以及汕尾碣石湾口，最近两次记录于2004年和2005年(Hahn and Capra, 1992；郭浩等，2004；Andrew et al. , 2004)；海洋卡盾藻(*Chattonella marina*)赤潮自2001年至2008年均有记录；亚历山大藻(*Alexandrium*)赤潮于2002年暴发4次，而2006年仅1次记录；短裸甲藻(*Gymnodinium breve*)、利马原甲藻(*Prorocentrum lima*)、链状裸甲藻分别在2003年、2004年和2007年各有1次记录。

有害赤潮的主要危害形式有三种：①有些赤潮藻能产生毒素，毒素在贝类和鱼体内累积，人食用时中毒，严重的能导致死亡；②有些赤潮藻对人类生命不构成威胁，但能产生毒素危害鱼类等海洋生物，如1998年广东的裸甲藻和棕囊藻赤潮产生的溶血毒素都导致了大规模的鱼类死亡；③另外一些赤潮藻虽然无毒，但能对鱼鳃造成堵塞或机械损伤，还可能由于死亡时大量耗氧而使海洋生物窒息死亡。在赤潮发生时，这些危害往往可能是同时发生的：赤潮发生和消亡过程中，水体中溶氧、pH、水质(如营养盐)显著变化，各种海洋生物的生存环境遭到破坏，海洋生态系统失衡恶化，渔业资源和海产养殖业受损，同时赤潮藻毒素严重威胁海洋生物和人类的生命安全(周名江，2001)。

赤潮造成的损害主要体现在对海洋生态系统的影响、对海洋经济的影响和对人体健康的危害等方面。赵冬至(2010)根据我国多年赤潮发生的规模(面积)、造成的经济损失、贝毒对人体健康的影响等方面的统计，将灾害分为5个等级(表1.1)。

表1.1　赤潮灾害分级

级别	人员伤亡	面积	经济损失
特大赤潮	死亡10人以上	单次赤潮面积在1 000 km^{2}以上	5 000万元以上
重大赤潮	死亡1～10人	单次赤潮面积在500～1 000 km^2	1 000万～5 000万元
大型赤潮	出现贝毒症状的，中毒50人以上	单次赤潮面积在100～500 km^2	500万～1 000万元
中型赤潮	中毒10人以上	单次赤潮面积在50～100 km^2	100万～500万元
小型赤潮	中毒1～10人	单次赤潮面积低于50 km^2	低于100万元

赤潮生物的存在是赤潮暴发的内因；合适的外部环境(包括物理、化学、生物、水文、气象等因素)则是赤潮暴发的外因。赤潮的形成必须具备一定的物质基础和特定的环境因素。赤潮灾害的生消过程包括赤潮藻类孢子的存在、适宜条件下孢子的分裂繁殖、大量孢子暴发性增殖形成赤潮、形成配子并产生孢子四个步骤。在海域具有赤潮生物的前提下，物理、化学条件适宜的水体环境满足其基本生长、繁殖的需要，且使其具有一定的数量；当环境条件发生变化使其处于该赤潮生物生长、繁殖的最适范围时，则赤潮生物即可进入指数生长期，并较快发展形成赤潮至肉眼可见的程度(即水体变色)。

水体中的营养盐(主要是氮和磷)、微量元素(如铁和锰)、维生素以及某些特殊有机物(如蛋白质)的存在形式和浓度，直接影响着赤潮生物的生长、繁殖与代谢，它们是赤潮生物形成和发展的物质基础。水体中的营养盐主要是氮(N)和磷(P)，一般而言，营养盐的丰富程度与赤潮的发生密切相关，营养盐越丰富，富营养化程度越高，越易发生赤潮灾害。

水文气象条件(气温、光照、降水、风向和风力等)、水动力条件以及海水理化因子等外部环境因素也会影响着赤潮的形成和演变。气温、光照、降水、风向及风力等气象条件与赤潮的形成、发展和消失密切相关。赤潮生物的聚集是近海赤潮形成的一个重要过程，海域上风向和风力的情况直接影响着赤潮生物的分布；同时季风的转换还影响着海面的垂直交换情况，底泥中的营养物质随着海面的垂直交换到达海平面，配以适当的环境条件，赤潮生物便大量繁殖，进而暴发赤潮。各种赤潮生物都有自己的适温范围，只有在适宜的温度范围内赤潮生物才能有效地生长和增殖。

1.2　赤潮监测与预警研究进展

1.2.1　国际研究进展与趋势

自20世纪90年代以来，全球各国相继开展了赤潮实时监测与预警系统的研制工作，建立了多个赤潮监测系统，如欧盟“赤潮探测、监测与防治计划”(ABDMAP)、美国“有害赤潮预测、调控与防治研究计划”(NOAA/Sea Grant, 2001)、“有害赤潮监测与应急响应”(NOAA, 2001)和“有害赤潮观测系统”(HABSOS)等，分别在赤潮监测系统、预警预报、风险与损失评估、赤潮毒素检测、赤潮治理等方面都进行了大量的研究，并在一些区域建立了预警报系统，如DeciDe-HAB在挪威水域建立了有害藻华与模型预测系统，SeaWatch系统经过多年发展已形成非常完善的海洋环境监测系统，NOAA研制、最初建于墨西哥湾的有害赤潮观测系统，现已扩展至全美沿岸，投入业务化运行。

利用卫星资料提取海洋赤潮环境参数方面取得了新进展。采用的卫星图像由早期NOAA系列AVHRR资料发展到第二代水色卫星的SeaWiFS资料以及以EOS系列卫星的MODIS遥感器为代表的第三代水色卫星资料，空间分辨率由1 km发展到250 m，波段由5个发展到36个；反演的赤潮相关信息由初期的海表温度增加到目前的叶绿素a、初级生产力、荧光效率、光衰减系数、浮游植物吸收系数、黄色物质等。近年来，随着越来越多的海洋观测卫星陆续升空，可用于赤潮监视监测的卫星资源增多，开创了赤潮遥感的新阶段。

航空遥感具有反应快、机动性强、分辨率高、覆盖面大等特点，已成为海洋赤潮监视监测、预测预报的重要手段。自20世纪70年代起，许多国家探索将多种传感器集成在飞机上，成功研制了多种用于海洋监测的传感器，建立了多套适用于不同对象的监视监测系统和信息处理系统。瑞典空间公司研制了机载海洋监视监测集成系统，具备在飞机上对遥感数据进行实时处理、显示等功能，并可将数据实时传输到地面与船舶。美国将X-波段双侧侧视雷达、微光电视和脉冲驱动分幅摄像机等先进机载传感器应用于赤潮监测。发达国家利用成像光谱仪等探测和监测赤潮先兆，使用高光谱数据探测特定藻类的附属色素、海水富营养化、叶绿素a含量和水体混浊度，估算浮游植物生物量，甚至确定藻类种类组成与分布等。

浮标在线监测是近年各国竞相建立的业务化监测系统，日本、美国、加拿大等国都建有自动浮标实时监测系统等。船载、实验室监测仪器向快速高效和高精度方向发展。便携式和拖曳式多功能水质分析仪已广泛应用于赤潮现场环境要素的快速监测。应用液相色谱、气相色谱、原子吸收分光光度计等精度分析测定环境微量元素、维生素等。扫描电镜结合分子生物学技术可用于分析鉴定赤潮孢囊和一些疑难种类。流式细胞计数仪、营养盐分析仪等应用，大大缩短了赤潮生物及环境要素的分析时间，提高了海洋灾害预警的时效性。

赤潮监测技术开发和预警评估系统建设是发达国家所采用的重要减灾防灾方式。由于计算机技术的迅速发展，对各种海洋现象进行计算与模拟的能力获得了大幅度提高，已具备建立更为真实的多学科的诊断和预报模式。DeciDe-HAB在挪威水域建立了有害藻华与模型预测系统。SeaWatch系统经过多年发展已形成非常完善的海洋环境监测系统。NOAA研制、最初建于墨西哥湾的有害赤潮观测系统，现已扩展至全美沿岸，投入业务化运行。同时，赤潮预警评估模型也有了较大进步，由统计模式向数值模式发展，二维模型向三维模型发展，海洋动力、水质模拟向赤潮浮游生物生消过程发展，并将现场实测数据和卫星遥感数据同化到模型中，实时或准时在网上发布灾害信息。

近年来，数字影像、荧光显微、DNA分析与免疫抗体检测、生物芯片、色谱-质谱联用、化合物分离与制备等技术日臻成熟，发达国家已广泛将其应用于海洋赤潮监测，并形成了赤潮生物和毒素检测的系列产品，显示出良好的应用前景。数据存储和分析系统能力大幅度提高，计算机网络普及将赤潮数据传送给更多的研究者和用户，使得赤潮研究工作在海洋及相关领域的科学服务和研究中体现出巨大价值。

1.2.2　国内研究进展与趋势

经过20多年的发展，我国在赤潮灾害的分布、发生规律、灾害机理和灾害监测技术等方面有了长足发展。赤潮发生机理等基础理论研究逐步深入。20世纪70年代，尤其是80年代中期以来，科技部、国家自然科学基金委、中国科学院、国家海洋局以及地方有关部门支持了多项赤潮研究计划，开展了近海富营养化评价、赤潮预测技术以及水体富营养化与赤潮发生发展关系等研究，建立了近岸海域富营养化评价方法、指标体系和赤潮预测模型。90年代初，开展了赤潮治理和毒素检测技术研究。“九五”“十五”期间，有关部门相继组织开展了多项科技攻关计划，如科技部973项目“我国近海有害赤潮的生态学、海洋学机制与预测防治”、国家908专项“我国近海海洋综合调查与评价”的“赤潮灾害调查”和“赤潮灾害发生规律、预警和防治”等。

赤潮监测、预警评估关键技术不断取得新突破。国家“九五”科技攻关项目支持开展了赤潮灾害遥感监测、赤潮灾害损失评估技术研究，1999年开始进行了渤海、长江口和珠江口海域赤潮卫星遥感监测专项试点工作，成功地预测了几次赤潮的发生；测定了不同赤潮生物的地物光谱特征，建立了赤潮灾害监测的宏观、准确、有效及时的卫星遥感监测方法，研究了赤潮灾害发生的环境、气象条件。国家“十五”科技攻关项目开展了赤潮灾害预警、预报技术研究，重点开发赤潮短期数值预报和统计预报模型以及有毒赤潮诊断技术，赤潮发生率预报精度已达25%。

赤潮监测逐渐由单一手段向综合性立体监测系统发展。国家“九五”和“十五”863计划支持卫星遥感、航空遥感、无人机遥感以及与赤潮灾害相关的水下无人监测站、生态浮标、船载快速监测等海洋监测系统技术研究，取得了重大进展。赤潮卫星遥感监测技术已基本形成一套较为完整的运行系统，并初步开展了业务化应用。发展了以浮标为主的海上自动连续监测能力，航空监测能力逐渐加强，流式图像监测技术可用于定量检测，依托“十五”863计划建立了分子生物学的“双特异分子探针”技术。国家“九五”和“十五”863计划支持卫星遥感、航空遥感、无人机遥感以及与赤潮灾害相关的水下无人监测站、生态浮标、船载快速监测等海洋监测系统技术研究，取得了重大进展。赤潮卫星遥感监测技术已基本形成一套较为完整的运行系统，并初步开展了业务化应用。发展了以浮标为主的海上自动连续监测能力。1999年开始进行了渤海、长江口和珠江口海域赤潮卫星遥感监测专项试点工作，成功地预测了几次赤潮的发生。

“九五”和“十五”期间，在国家863计划的支持下，我国分别在上海海域和台湾海峡及毗邻海域建立了两个区域性海洋环境立体监测系统，并开展了业务化试运行。

1. 上海海洋环境立体监测和信息服务系统

“九五”期间，国家863计划818-01专题(863计划重大项目Z40)完成了“海洋环境立体监测系统技术”的研究。利用818-01专题技术研究成果，在上海建成一个由卫星遥感地面接收处理站、高频地波雷达站、海岸／平台海洋站和其他可利用的监测设备组成的区域性海洋环境立体监测应用系统。

该系统能实时、长期、连续、准确地完成示范区域内的海洋水文、气象、污染 / 生态等环境要素的监测数据的采集、通信、分析、处理，制作出满足于示范海区的减灾、防灾、海洋和海岸带工程以及海洋环境评价服务的信息产品，为上海现代国际大都市与国际航运中心的建设和为长江三角洲经济区的社会经济发展提供了强有力的技术支持。

2. 台湾海峡及其毗邻海域海洋动力环境立体监测系统

“十五”期间，国家 863 计划科技部重大专项研究成果，将在台湾海峡及毗邻海域，以海洋动力环境监测为主要目的，利用海洋动力过程长期实时监测子系统、水下动力要素剖面探测子系统和海洋动力环境要素遥感监测子系统取得的技术成果和设备，继承和发展“九五”863 计划 818 项目已取得的海洋环境监测集成系统技术成果，依托示范区可资利用的监测手段、环境资料和基础设施等条件，重点研究数据实时采集、处理、通信、管理、数据库、信息产品、共享、信息服务等系统集成技术，并按照模块化、网络化和标准化的原则，在福建建成一个区域性的台湾海峡及毗邻海域海洋动力环境实时立体监测和信息服务系统(罗继业等，2006)。该系统将对示范海域实现从空中、水面和水中的多平台综合监测，实时获取台湾海峡及毗邻海域海洋动力环境要素的监测数据，建立动态管理基础数据库，制作出监测数据应用产品，为发展海洋经济、减灾防灾和加强国防建设等提供多种形式的信息服务。

总体来看，我国在赤潮已积累了一定的技术储备，但这些成果并未体现在赤潮监控区业务化工作中，赤潮信息处理、评价和管理水平低，赤潮预警报和没有取得突破，不能满足灾害应急工作的要求。目前，部分区域已建成了海洋环境立体监测系统，但未针对赤潮灾害的发大面积、多时段、频率高、范围广等特点，构建专门的监测体系，尚不能有效地开展业务化的赤潮实时监测和预警。

1.3　研究思路与技术路线

赤潮立体监测预报技术研究与系统集成应用的研究通过结合国家赤潮监控区业务化监测计划，改进与定型 863 计划研制的赤潮监测技术与仪器设备，建设赤潮立体监测技术海上试验平台，通过组网应用提高推广应用能力；以长江口赤潮多发区和浙江近海增养殖区为示范海区，建立一个科技含量高、可操作性强的重大海洋赤潮灾害实时监测与预警准业务化示范系统，具备对近岸海域不同尺度赤潮的实时、准确的监测与预警能力，增强沿海地方政府对赤潮灾害的应急处置能力，为我国其他海域的赤潮灾害实时监测与预警提供示范。

1.3.1　立体监测系统设计思路

863 计划项目重点资助了海洋领域“重大海洋赤潮灾害实时监测与预警系统研发”课题，为解决长江口海域赤潮实时监测与预警提供了机遇。赤潮立体监测系统建设目标是建立一个科技含量高、可操作性强的重大海洋赤潮灾害实时监测与预警准业务化示范系统，具备对典型河口赤潮多发区不同尺度赤潮灾害快速、及时、准确监测与预警的技术能力，增强各级政府对赤潮灾害的应急处置能力，为我国其他海域的赤潮灾害实时监测与预警提供示范。

为达到上述建设目标，赤潮立体监测系统建设内容包括：①监测平台选择；②监测仪器与指标；③赤潮预警预报技术；④赤潮灾害风险与损失评估；⑤系统集成；⑥监测示范区选划与运行。

1. 赤潮监测需求

与东海区赤潮发生情况总体比较，长江口海域的赤潮发生特点可以总结为：次数频繁，大小不一，种类多样。“次数频繁”指本区域内赤潮高发，发生次数约占东海区的“半壁江山”；“大小不一”是指发生的赤潮面积差距较大，从几十平方千米至几千平方千米不等；“种类多样”是指赤潮生物种类逐渐增多，且由20世纪90年代以硅藻为主的赤潮，逐渐过渡到以甲藻赤潮为主，甚至是有毒甲藻赤潮。目前赤潮业务化监测中，一直以赤潮发生后的“应急监测”为主，赤潮预警报和早期发现能力较弱，“发现”的渠道一般以海上监测作业期间偶然发现或涉海志愿者发现后报告，“发现”的数量也有限。要达到海域赤潮灾害实时监测与预警，及时“发现”为关键环节。长江口海域赤潮数量多、分布广、大小不一，做到及时发现，既要掌握全海域大范围内赤潮发生与分布情况，又需要在赤潮发生的具体海域进行及时的精细化监测。

长江口海域赤潮监测预警必须综合考虑的因素包括赤潮发生次数、面积与种类，从预警的角度，更重要的还需要开展赤潮发生的早期发现。因此，赤潮立体监测系统集成了“卫星遥感监测平台”“浮标监测平台”“船舶监测平台”“岸基站监测平台”和“志愿者监测平台”共5种不同类型的监测手段，基本覆盖了赤潮监测预警的需求。

1) 大小赤潮及时发现

遥感技术的发展给了赤潮监测一只“天眼”，赤潮立体监测系统中引入的“卫星遥感监测平台”可以从空中进行大尺度、全方位、实时的赤潮“监视”，可以较全面地掌握监测海域内的赤潮发生次数、面积等情况。此外，浮标平台和岸基站是海上和岸边的定点的忠实哨兵，通过自动监测的水文、水质参数变化情况“发现赤潮”。船舶监测平台作业过程中，可随机发现航行海域的赤潮并实时开展监测。各个监测平台形成了一张立体监视网，各有优势并互相补充。

尽管如此，各平台的监视监测仍有一定的限制性，遥感监测虽然可全覆盖，但是却会受到天气因素影响，多云、阴雨天无法开展监测；浮标和岸基站为可开展定点连续监测，但覆盖的范围有限；船舶监测平台也会因任务、管理等原因，无法开展24小时全天候的监测。因此，在特定的情况下，为弥补各类高科技手段的不足，还组建了一支专业的赤潮监视志愿者队伍，志愿者为分布在监测海域内及周边海岛上的涉海从业人员，他们在长期的涉海作业过程中，可及时发现各个局部海域出现的赤潮并上报。

由此，形成了以“卫星遥感监测平台”“浮标监测平台”“船舶监测平台”“岸基站监测平台”和“志愿者监测平台”5个监测平台为主体的赤潮立体监测系统。通过各个监测平台渠道能够全面掌握监测海域的赤潮发生情况。卫星遥感平台、志愿者平台、岸基站和船舶平台可根据海面变化实时发现海面赤潮，浮标平台、岸基站和船舶平台还可根据监测数据变化情况，进行赤潮的早期发现并及时预警。

2) 监测数据准确可靠

监测数据是赤潮预警与防治的基础。“十一五”期间，863计划海洋领域重点项目“重大海洋赤潮灾害实时监测与预警系统研发”中各监测平台搭载的赤潮监测仪器，重点关注了通过863计划支持的自主创新，取得的达到或接近世界先进水平的创新性成果，包括“十五”及之前已经研制成功的重要仪器设备成果，如大型海洋浮标、生态浮标、光学浮标、营养盐自动分析仪、多参数水质仪、溶解氧监测仪、赤潮浮游生物综合测量系统、赤潮生物流式细胞仪、化学需氧量分析仪、海水痕量重金属分析仪以及海水自动采集、预处理与分配系统等仪器设备。上述仪器设备可基本覆盖赤潮监测的水质、生物指标，包括水文、气象指标，水质营养盐、化学需氧量、重金属、溶解氧、浊度、叶绿素a等，赤潮生物指标，如赤潮种类、密度鉴定，赤潮毒素检测等。

上述仪器设备为“十五”及之前研制的重要科技成果，但直接引用到赤潮立体监测系统中仍然存在一些问题，一是对仪器设备本身尚不完善的地方进行改进，二是对由长江口赤潮监测示范区的环境特点导致的仪器不适用性进行研究改进，如针对长江口示范区的悬浮物含量高、盐度变化范围大及营养盐含量高的特点，对采水系统加强过滤、对营养盐分析的盐度的影响进行校正等进行研究。因此，所选择的仪器需要在“九五”“十五”已有的研究基础上，根据示范海域的环境特点进行针对性的改进。改进后的仪器设备应可在长江口赤潮监测示范区顺利应用，保证监测数据的正确可靠。

研究改进后的仪器设备可准确、快速地监测出赤潮生物种类、密度，水文、水质情况，流场及赤潮漂移情况等。其中，浮标定点监测可以通过实时在线监测数据预报赤潮的发生、发展、消亡的过程，以及漂移扩散方向。岸基站定点监测可以对岸基站附近海域发生的赤潮情况进行及时、精准的连续监测，包括监测赤潮海域的水文气象、水质变化和赤潮生物、赤潮毒素等。船载大面监测可以对任意海域发现的赤潮进行实时精细化监测。

3) 监测预警“快”字当头

赤潮作为一种生态灾害，其监测预警关键要“快”，传统的赤潮应急监测方式限于既有的技术水平，无法做到快速。赤潮立体监测系统为了达到快速的目的，就要在信息化集成与自动化方面做足文章。在大大节省人力的同时，各个平台的监测数据可实时自动发送到陆地实验室数据库中，再通过各种模型，及时自动发布赤潮发生的预警报。

立体信息化集成，即将各类监测平台系统、监测仪器设备、数据、各种预、警报模型以及风险评估模型等组成一个有机的整体，按照以下程序运转：在赤潮多发区海域(示范区海域)，通过各种自动化监测平台系统获得长期、稳定、连续的监测数据；将长序列监测数据，自动输入赤潮预警报模型、遥感监测模型、风险评估模型等，系统自动产生各类赤潮应急监测通报、赤潮预警报通报，以及赤潮灾害风险评估报告等，这些报告依据其性质自动发送到沿海各级政府及相关部门，为沿海地方政府对赤潮灾害的应急处置提供有效的信息服务，减轻赤潮灾害损害、保障人民生命安全。赤潮监测与预警系统集成包括 5 个方面：仪器集成、数据集成、模型集成、产品集成以及服务集成。所有的集成成果最终都在一个软件——赤潮监测运行服务信息系统里体现。

各监测平台系统经信息化、自动化、小型化改进后，操作简单，部分仪器设备实现了无人值守自动化运行。例如，浮标监测平台只需每月定期进行维护，搭载的水质监测传感器便可自动监测数据并发送回陆地数据库；船舶监测平台只需要在信息中心发送监测指令，搭载的水样采集系统、营养盐分析仪、多参数水质仪、溶解氧分析仪、赤潮生物现场监测仪等设备即可自动运行。

4) 监测网布设安全科学

浮标监测平台中浮标的选择及布放地点兼顾了安全性、科学性和便捷性等因素。其中，大型浮标安全性较强，具有较高的抗击台风和碰撞的能力，布放在开阔海域；生态浮标进一步小型化后布放及回收较为便捷，但安全性较差，布放在近岸养殖区等生态敏感区内，便于看管及收放。

长江口赤潮监测示范区海域地处嵊泗列岛附近海域，岛屿众多，无论是前期布放、回收及日常运行，须考虑浮标的安全，应避开海上航运、锚地，利于浮标的正常运行。鉴于海上环境的特殊性，在可获取所需的监测数据和浮标安全的前提下，浮标的布放须便于日常看管、维护、维修。

浮标监测平台主要用于示范区水质、光学特性及水动力等要素的连续、稳定监测，为实现赤潮的预警预报提供数据支撑。因此，布放站点选择时生态浮标和光学浮标需选择在养殖区及赤潮频发区域。另外，考虑到光学浮标的作用及标体较长等因素，需综合考虑赤潮发生情况、海水透明度较高、水深条件适宜，以利于光学浮标相关监测数据的获取。大浮标需综合考虑海域开阔性，尽量避免周边岛礁对区域流场的影响。

2. 准业务化运行示范

选划一个海上示范海区，对研发的仪器设备和技术在浮标、船舶、岸基站的集成，建立一个可操作性强的重大海洋赤潮灾害实时监测与预警准业务化示范系统，实现：①在赤潮多发区获得长期、稳定、连续的监测数据。②通过提供赤潮发生期间的长序列监测数据，提高示范海区赤潮预警报模型、风险评估模型、遥感监测模型等的准确度，实现近海海域不同尺度赤潮实时准确的监测与预警能力。

③为华东沿海地方政府对赤潮灾害的应急处置提供有效的信息服务，减轻赤潮灾害损害、保障人民生命安全、提高生活质量。④为我国其他海域赤潮灾害实时监测与预警提供示范，丰富赤潮监控区的监测手段。⑤建立 863 仪器设备试验平台。

海上立体监测示范区选划原则包括：①赤潮发生频率高、规模大；②地理区位优势明显；③海水养殖业发达，销售市场广阔；④便于示范运行和管理；⑤赤潮监控区业务化工作中具有示范推广意义。根据上述原则拟定的赤潮灾害实时监测与预警系统示范区位于长江口赤潮多发区，范围为 122°25′～122°57′ E、30°31′～30°58′ N 之间的区域，示范区面积约为 2 530 km^2，核心区域为嵊泗县花鸟山和绿华山附近海域。

示范区海域属长江口赤潮高发区，赤潮发生频率高、规模大，重大赤潮多发生于此海域，符合项目设立重大赤潮实时监测与预警系统示范区的目的；该区域自然和社会条件适宜，各类通信方式的通信情况良好，适于浮标的布放和维护，岸基实验室改造条件便利，利于示范区海域长期、稳定、连续的监测数据的实时获取；在海水增养殖区域开展赤潮监测与预警系统示范具有一定的必要性和代表性，并可以减少因赤潮给养殖业带来的直接经济损失，防止赤潮毒素引起的人民生命安全事故；同时，依托现有的业务化工作平台建立的示范区系统，实现对重大赤潮的实时监控，为示范区业务化运行的顺利实施提供保障条件，可以丰富赤潮监控区监测手段，显著提升现有赤潮监控区(增养殖区和大面积赤潮多发区)实时监控的业务化能力与水平，提高赤潮监控的响应时效、数据集成和预警报能力，为赤潮防灾减灾和应急处置提供有效的信息服务，在全国的赤潮监控区监测业务化工作中具有示范推广意义。

1.3.2　赤潮立体监测系统组成

赤潮立体监测系统根据运行目标，有以下三部分内容：①赤潮立体监测平台建设；②赤潮监测、预警报和损失评估技术研发；③赤潮立体监测系统集成和应用示范。

1. 赤潮立体监测平台建设

监测系统任务为在赤潮多发区获得长期、稳定、连续的监测数据，包括 5 个监测平台系统，分别为卫星遥感监测平台、志愿者监测平台、浮标监测平台、岸基监测平台和船载监测平台。本节主要介绍各平台的特点、作用以及搭载的仪器设备情况。

1) 卫星遥感监测平台

卫星监测平台具有观测范围广、全天候、同步性强、可长期连续观测、成本低、数据时效性强、传感器种类丰富、空间分辨率高的特点，在赤潮立体监测系统中用于“监视”赤潮的发生情况，定位赤潮发生区域。在每天的遥感监测中，可以第一时间及时发现赤潮发生情况。卫星平台发现赤潮后，及时发布赤潮发生区域、范围等信息，其他监测平台根据发生情况及周围环境敏感状况，确定是否需要再进一步准确监测。卫星遥感监测平台主要以海洋遥感卫星/巡航飞机、星载/机载遥感器(如光学遥感器、微波遥感器等)和地面接收处理系统组成。

2) 志愿者监测平台

志愿者监测平台是在示范区海域及周边组建了一支由涉海执业人员组成的赤潮观测志愿者队伍，依托志愿者的日常工作之便，对赤潮监控示范区及周边海域进行现场监视监测。志愿者监测平台是最传统的赤潮发现情况报告模式，覆盖范围广，为赤潮监测志愿者配备一定的通信、采样设备，进行赤潮相关常识的培训，使得志愿者在现场发现赤潮可以第一时间将信息反馈至赤潮实时监测数据信息集成系统。志愿者监测平台的建立，可以扩大赤潮监测范围，弥补各种科技手段可能覆盖不足的问题，不受供电、通信等设施的限制，还可普及赤潮灾害知识和提高海洋生态灾害与环保意识。志愿者监测平台的作用与卫星遥感平台的作用相似，主要用于监视赤潮的“早期发现”，确定赤潮发生的区域后，为其他平台的准确监测预报指明“方向”。

3) 浮标监测平台

浮标是海洋监测网中最普遍采用的测量平台之一，主要用于海洋环境定点监测以及卫星遥感数据真实性校验。赤潮立体监测系统中的浮标监测平台包括大型浮标、光学浮标和生态浮标三种载体。大型浮标搭载水文气象观测设备、海流和水质环境监测设备，可实时测量风速、风向、气压、气温、湿度、日照度、波高、波周期、表层水温、表层盐度、pH、溶解氧、浊度、叶绿素a、剖面流速、剖面流向、浮标方位等参数。小型生态浮标搭载了水质环境监测设备，可测量表层水温、表层盐度、pH、溶解氧、浊度、叶绿素a等参数，实时监控海域的赤潮发生情况。可通过水质浮标气象参数和水质状况进行赤潮发生情况的预警，还可通过流速流向模型，预测赤潮漂移情况。光学浮标用于现场光学指标测定，对航空遥感结果进行验证和校对。测量参数包括向下光谱辐照度、向上光谱辐亮度、海面入射光谱辐照度、光合有效辐射。浮标系统选择了不同类型的浮标种类，除了不同浮标各自监测的参数不尽相同以外，还充分考虑了布放位置对浮标安全性、灵活性等要求。大型浮标一般布放在远海区，其庞大的体积增强了浮标的安全性；小型生态浮标一般布放在近岸海域环境敏感区，重要的是利用其灵活性。

4) 岸基监测平台

岸基监测站工作空间较充分，可以配置自动或半自动仪器设备，开展多种环境参数监测。岸基监测站用于近岸高频次监测和岸基定点连续监测，自动化程度高，可实现实时、长期、连续、定点监测，还可对岸基站周边海域已发现的赤潮进行及时现场监测确认。可用于累积长期监测资料，用于赤潮发生预警报及规律研究。在嵊泗岸基站配备了水文气象观测设备、两台营养盐分析仪、多参数水质仪、荧光溶氧仪、赤潮藻类监测试剂条、飞行质谱赤潮毒素检测技术。可实时测量的参数包括风速风向、气温、气压、湿度、水温、盐度、溶解氧、pH、叶绿素a、浊度、硝酸盐、亚硝酸盐、铵盐、磷酸盐、硅酸盐、水温、赤潮藻种鉴定、赤潮毒素等，可以快速开展岸基站的邻近海域的、全方位的、精准的赤潮应急监测和常规监测。

5) 船舶监测平台

以船基平台为载体的走航式监测对于海洋灾害、海洋环境、海洋资源调查研究具有十分重要的意义。赤潮立体监测系统中用于赤潮监测海域的大面监测和海上定点连续站监测，适用于海上赤潮现场监测和验证，可以快速获取监测范围内以及不同水深的赤潮信息。船舶的空间有限，工作环境较差，最适合自动化程度高、分析速度快的设备。船舶监测平台搭载了船载定位系统、视频监控系统、全自动气象站、水样采集处理与分配系统、营养盐分析仪、多参数水质仪、生物流式细胞仪、数据集成传输系统等。可实时测量风速风向、气温、气压、湿度、水温、盐度、溶解氧、pH、叶绿素a、浊度、硝酸盐、亚硝酸盐、铵盐、磷酸盐、硅酸盐、水温、赤潮藻种鉴定与计数等与赤潮发生相关的参数，可以开展海上任何区域的、全方位的、精准的赤潮应急监测和常规监测。

6) 各平台的监测仪器

因此，项目组着重对“九五”“十五”期间通过863计划支持研究海洋科学仪器的9家科研院所、高校等进行了深入调研，了解863计划大型仪器设备拟委托研制生产单位的实力，了解863计划大型仪器设备拟委托研制单位项目负责人资质，了解、掌握所委托研制的大型仪器设备工作原理及技术指标的可达性。分别对山东省科学院海洋仪器仪表研究所、中国海洋大学、国家海洋局第一海洋研究所、海洋技术中心、国家海洋环境监测中心、浙江大学、厦门大学、中国科学院南海海洋研究所和四川大学 9 家单位研制的 12 台(套)设备进行了调研。

(1) 大型监测浮标

大型监测浮标由山东省科学院海洋仪器仪表研究所研制。该所是我国最早从事海洋技术理论研究和应用研究、海洋仪器设备研究、开发、生产的科研机构，现主要业务为海洋动力环境监测技术、海洋生态环境监测技术、海洋水声探测技术、自动化控制技术以及海洋环境观测设备的研究和开发，其海洋资料浮标系统的技术水平处于国内领先地位。

浮标为 10 m 圆盘形海洋资料浮标，每天自动定时测量平均风速、平均风向、瞬时最大风速、气压、气温、波高、波周期、分层海流等项目，并可安装各类水文、水质传感器进行测量，如盐度、溶解氧、pH、浊度和叶绿素 a 等要素。浮标采用低功耗微机控制，进行各测量项目数据的采集、处理，并通过卫星通信/GPRS/CDMA 方式传输数据，同时还装有大容量存储器，将各测量项目采集的数据进行存储。浮标采用大容量免维护蓄电池供电，并由太阳能电池充电。为能实时掌握浮标锚泊位置，浮标上还装有 GPS 卫星定位系统。此类浮标具有抗恶劣环境、容量大、工作环境好、寿命长、在位时间长、抗人为破坏能力强等特点。

(2) 生态浮标

生态浮标由国家海洋技术中心研制，属于 863 计划资源环境技术领域海洋监测技术主题/重大专项，海洋生态环境要素现场快速监测技术专题中“海洋生态环境自动监测技术”课题，调研时成果已经完成验收和鉴定，试点应用到赤潮监测和养殖区监测等领域。

生态浮标用于实时观测海水温度、盐度、pH、溶解氧、叶绿素 a、浊度，具体技术指标，同时有预留接口，可根据用户需求配置其他传感器。浮标直径为 0.6 m，高为 1.2 m，电源采用太阳能电池，装有手机(GSM)天线、GPS 天线，所有传感器具有防止生物附着的装置。采用 GSM 数据传输、间歇工作方式。生态浮标的布放水深不大于 10 m，采用单点锚定或以养殖区浮筏为依托固定，海上连续工作时间可达 6 个月。

(3) 光学浮标

光学浮标是由中国科学院南海海洋所曹文熙研究员研制，在前期的“南海北部生物光学特性”项目和大亚湾连续观测站中已充分发挥效用，通过遥感反演可用于赤潮优势种群、叶绿素 a 和水色监测。光学浮标的主要功能是通过遥感反演可以实时获取水体光谱数据和生物光学数据。

光学浮标的布放水深为 10～60 m，连续工作时间不超过 6 个月。不受大气影响，可进行水下分层(1 m、3 m 和 5 m)光学参数同步测量。数据采集可为定常设置或非定常设置，数据传输采用CDMA/GPRS 无线传输。

(4) 赤潮浮游生物综合测量系统及分析技术

赤潮浮游生物综合测量系统及分析技术是国家 863 计划“十五”期间资助项目，项目负责人是中国海洋大学的于志刚教授，该项目完成了分子探针分析技术的建立和全自动赤潮分析仪的研制，创立了双特异分子探针分析技术，成功建立了 12 种目标藻的探针序列，并建立了中华人民共和国海洋行业标准，试验了抗体探针分析技术、Taqman 探针实时荧光定量 PCR 分析技术的研究。

(5) 赤潮生物流式细胞分析仪

现场赤潮生物流式图像检测技术是国家 863 计划在“十五”期间的资助项目，项目负责人是厦门大学焦念志教授。该技术是利用流式细胞技术提供快速定量平台，显微成像技术提供自动识别平台，能够实现对目标赤潮生物的现场实时连续监测，目前研制的赤潮生物流式细胞分析仪在船载/车载/岸基实验室和应急监测中是较为适用的一种快速检测仪器之一。该仪器的主要功能是现场快速分析鉴定赤潮生物的种类和数量。目前已开发出包含中肋骨条藻、米氏凯伦藻等 20 种赤潮生物数据库，实验室分析样品需求量小于 60 mL，检测时间为 5～40 分钟。

(6) 营养盐分析仪

共调研了两个品牌的营养盐分析仪，分别为国家海洋技术中心研制的非连续流动营养盐分析仪和四川大学研制的流动注射营养盐分析仪。

非连续流动营养盐分析仪为一体机，内含 5 个方法模块，运行时依次测定各项目。仪器上端带过滤器，仪器为触摸屏操作，不带电脑，无须预热，操作简单。仪器独特的流通池与试剂袋设计基本消除船用时气泡影响。适用于少量样品不连续测定。

流动注射营养盐分析仪为分体式机，每个模块可测定两个项目，5 项营养盐需配齐三个模块。仪器适用于较大量样品连续测定。单个样品的测定时间大约为 3～5 分钟，样品用量需 10 mL 水样即可。

(7) 光纤溶解氧(DO)测定仪

光纤 DO 测定仪为国家海洋局第一海洋研究所研制，为“九五”期间的“863”青年基金支持研制，基于荧光促灭原理的溶胶-凝胶溶解氧传感膜，该仪器经“十五”期间定型。仪器检测结果与国标法比对相关性良好，趋势基本一致，偶尔会出现偏高或偏低的值。响应时间 60 秒，每 2～6 分钟采集一个数据。设计误差±3%，实际<<±3%，95%以上数据 RSD<1.5%/36 h。仪器可实现原位在线监测，也可集成在浮标等水下监测系统进行海洋生态环境及其他污染水的实时监测。

(8) 多参数水质仪

便携式多参数水质仪为国家海洋技术中心研制，可以同时测定水温、盐度、pH、氧化还原电位(ORP)和 DO 五个参数。水温和盐度与国标法完全一致，相关性可达 0.9999。pH、ORP 总体趋势与国标法一致，但数据存在一定的差异。DO 数据差异较大，相关性差。

(9) 化学需氧量(COD)分析仪

共调研了两种 COD 分析仪，分别为国家海洋技术中心研制的流动注射 COD 分析仪和山东海洋仪器仪表研究所研制的臭氧法 COD 分析仪。

流动注射 COD 分析仪采用碱性高锰酸钾氧化体系，与《海洋监测规范》碱性高锰酸钾法原理相同。仪器采用流动注射技术与分光光度法相结合，与国标法比对数据拟和良好，相关性 0.98。

山东海洋仪器仪表研究所研制的臭氧法 COD 分析仪因原理与《海洋监测规范》(GB 17378.5—2007)不同，响应数据与国标法有一定差异。仪器有便携式和船载式两种类型，其中便携式仪器数据优于船载式，便携式仪器与国标法比对数据拟和较好。

(10) 海水痕量重金属分析仪

该仪器在本项目用于测定海水中的 Fe 和 Mn 等微量金属含量。共调研了两台重金属分析仪，分别为四川大学研制的流动注射重金属分析仪和浙江大学研制的伏安法重金属分析仪。

四川大学研制的流动注射海水痕量重金属分析仪，采用流动注射分光法原理，灵敏度较低，不能直接分析样品，比对时是以海水基体加标做的。Zn 的相关性很差，只有 0.26；Cr 的相关性较好。

浙江大学研制的伏安法重金属分析仪采用新型的电化学传感器技术、溶出伏安检测技术、光伏技术以及半导体制造工艺和信号处理技术研制的海水重金属元素的现场实时自动分析仪器，可以实现多种金属元素的同时和快速检测。该项技术属于国际上通用的现场快速检测技术，所采用方法的灵敏度较高，不存在背景干扰，盐度干扰较小；该仪器在效率上较原子吸收光谱法有很大的优势。各项重金属的检出限为：Pb<0.05 μg/L，Cd<0.03 μg/L，Hg<0.005 μg/L，As<0.5 μg/L，Zn<3 μg/L，Cu<0.2 μg/L，Fe<10 μg/L，Mn<10 μg/L，Cr<0.5 μg/L，准确度±10%。

(11) 海水自动采集、预处理和分配系统

国家海洋技术中心研制的“船用海水样品自动采集、预处理与分配系统”是“十五”863 计划重点课题“船载海洋生态环境现场监测集成示范系统”的关键核心设备，是一种具有自主知识产权的新型船用水样采集设备。可自动采集海水样品，供给多种船载海洋生态环境现场监测分析仪器(海水营养盐、BOD、COD、有机污染物、有机磷农药、藻类、痕量重金属分析仪等)分析使用。其最大剖面采样深度为 25 m，采集层数分表层、中层、底层三层，每层深度可随意设定，也可只采其中的一层或两层。每层水样采水量 12 L，采水时间≯8 分钟。过滤器精度可随意设定，调研的采样系统为 200 μm。

研制过程中，解决了多项涉及无污染采样的关键技术，如全程管路自动清洗技术，自动、半自动

和手动控制技术，深水采样技术，低温采样技术和除霉、除沙、除油技术等，并且获得了小流量无污染旋转喷嘴、无污染旋转管接头和电磁阀集成阀座三项实用新型专利。该系统已两次随船顺利通过了胶州湾试运行试验，并在渤海进行了 4 个航次的海上监测试验及准业务化运行，经受住了多种恶劣天气和复杂海况的考验，运行情况良好。2005 年 12 月“集成示范系统”课题在青岛通过验收。

2. 赤潮监测、预警报和损失评估技术

卫星遥感技术按照光学特性理论分析—提取算法建立—遥感数据应用—现场同步数据验证这一技术路线开展工作。以现场各类型水体光学特性观测与实验室藻类光学特性测量在内的大量实测数据为基础，针对目前可靠性较高、数据获取稳定的水色卫星传感器的性能与波段设置特点，建立了多个赤潮遥感自动提取算法。

赤潮预警报技术通过对示范海区的气象、水文、水质条件与赤潮进行相关分析，选取合适的赤潮发生条件因子，建立赤潮发生条件预报模型。以示范海区卫星/航空遥感赤潮监测信息为基础，研究典型类型赤潮发生遥感前兆信息与赤潮信息动态变化规律，建立赤潮遥感跟踪预报模型。研究适合于示范海区的三维海流预报模型，建立赤潮漂移与扩散数值预报模型。优化示范区赤潮的动力、生化等模型参数，建立赤潮生态动力学数值预报模型。集成赤潮灾害预警预报模型和技术，针对东海示范区，研制区域性准业务化的赤潮灾害预警预报软件。赤潮灾害预警预报技术研究包括赤潮遥感跟踪预报技术研究、赤潮灾害统计预报技术研究、赤潮漂移扩散预报技术研究、赤潮生态动力学数值预报技术研究和赤潮灾害预警预报软件研制。

损失评估技术在赤潮事件资料分析的基础上，依据联合国赈灾组织和联合国人道主义事务部公布的自然灾害风险评估理论，借鉴其他自然灾害风险评估的思想，结合赤潮灾害对海洋生态系统、经济损失造成的危害特点，建立赤潮灾害风险评估理论；结合赤潮灾害暴发机制及危害特点，建立包括赤潮危险度评估和承灾体易损度评估的赤潮灾害风险评估指标体系；其次，在室内实验培养条件下开展了不同孕灾环境因子对藻类生长特性的定量研究，结合藻类比生长率模型和赤潮形成判断标准，建立赤潮灾害危险度评估模型；根据不同赤潮类型(强度)对不同承灾体的破坏程度及承灾体在海域立体空间的分布特点，建立承灾体易损度评估模型；依据风险评估理论，建立赤潮灾害风险评估模型，为实现赤潮灾害风险评估提供技术支持；最后，将上述研究成果进行软件化，研发基于 GIS 平台的赤潮灾害风险评估系统，实现了数据输入输出与管理、赤潮灾害危险度评估、承灾体易损度评估、赤潮灾害风险评估及专题图制作等。

3. 赤潮立体监测系统集成和应用示范

赤潮监测与预警系统集成将单个独立的船载自动监测系统、浮标监测系统、岸基站监测系统、8 个赤潮预警报以及监测模型进行了集成，使得赤潮立体监测系统的各个组成部分协同运行，成了一个有机的整体，实现了从监测数据采集—数据传输—数据入库—数据统计分析—预警报产品制作—信息发布等全过程在一套集成系统在赤潮监测与示范运行中发挥了重要作用。集成系统既包括仪器的集成、数据的集成，还包括模型的集成、产品的集成以及服务的集成。仪器有自主研发的仪器，也有商业化的仪器；数据有实时数据，也有非实时数据，有结构化的数据，也有非结构化的数据；模型有预警报模型，有远程诊断软件、遥感监测软件，也有风险评估模型；产品有数字产品、有图片产品，还有文档产品，有实时生成的最终产品，有中间产品；服务集成有主动推送的服务集成，如短信服务和 E-mail 服务，有被动响应的服务集成，如 WebGIS 服务等。因此，整个赤潮监测与预警系统是个典型的异构的集成系统，采用了 RS232C 接口实现了仪器集成，采用了基于 XML 的技术实现了数据集成，采用了基于 Webservice 的技术实现了模型集成和产品集成，采用了第三方短信网关和 JavaMail 技术实现了服务集成。所有的集成成果最终都在一套基于 GIS 的系统-赤潮监测运行服务信息系统中体现。

1.3.3 系统改进与提升

赤潮立体监测系统的各组成部分是在前期研究基础上，根据长江口海域赤潮监测示范需求进行了改进与提高，考虑的因素包括：①仪器设备与技术在研发的过程中本身尚未解决的问题；②长江口海域示范区的环境特点所要求仪器设备进行功能性改进；③自动化需求；④赤潮应急监测与损失评估的管理需求等。

1. 监测仪器不足

通过仪器调研，掌握“十一五”之前各类仪器的研制水平，以及对海洋赤潮监测的适用性，了解仪器通过试运行后暴露出的性能或技术性问题，并在“十一五”滚动资助研究的过程中加以完善。

1) 大型监测浮标

浮标的数据采集控制系统集气象传感器、水文传感器、水质传感器、定位系统、通信系统、控制系统及显示等功能于一体，采集、处理及控制功能的可靠性直接影响到监测数据的获取。虽然“十五”期间大型浮标已研制成功，但为满足赤潮实时监测的需要，其数据采集控制系统的可靠性仍需进一步提高。为提高数据采集控制系统的可靠性同时满足多路传感器及多路传输的需求，拟采用双采集系统、双机独立工作模式。双机系统分别连接两路相同(多数传感器双备份)或不同的传感器、可分别使用独立的通信传输系统传输数据；双机系统又同时共享所有数据，保证所有数据不丢失。此外还需对浮标的结构和性能进行优化，完善水动力传感器、水质传感器和气象传感器的匹配设计，以适合海洋赤潮灾害监测的需要。

2) 光学浮标

光学浮标在系统中主要用于遥感定标和地物光谱比测。浮标重量偏大(约 250 kg)，增加了布放和回收的难度。光学浮标无水质项目传感器，不能监测水质参数。针对赤潮立体监测系统需求及目前现有光学浮标存在的不足，提出了以下几点改进方案：与水质监测浮标联用，发展光学赤潮预警报模式；在现有传感器的基础上，增加一些传感器，并根据赤潮监测的需要在传感器的安装位置上做适当调整；开发光学浮标的业务化应用软件，建立浮标数据应用分析系统；建立藻类光谱标准数据库。

3) 生态浮标

生态浮标用于现场自动监测海水温度、盐度、pH、溶解氧、叶绿素 a、浊度等水质参数。浮标的整体安全性还需加强，其天线、电源开关、太阳能板、传感器电缆裸露在外，容易受人为损坏。浮标在体积和重量方面仍需改进，达到浮标由两人布放回收变成单人作业。在通信方式可选择性及数据产品的后处理工作方面也需进一步改进。生态浮标主要考虑布放在近岸海域，正常天气条件下肉眼可视，加强瞭望，防止浮标被盗或被人为破坏。若有特殊要求，可制作不同通信方式的模块，根据使用地点来选择通信方式。

4) 营养盐分析仪

国家海洋技术中心研制非连续流动营养盐分析仪测试速度较慢，单个样品的测定时间大约为 20 分钟，且水样用量较大(>100 cm^3)。仪器连接自动过滤系统，但样品流动速度与在线过滤速度不相匹配，有时会有残留样品留在管路中。仪器稳定性还需进一步加强。

四川大学研制的流动注射营养盐分析仪主要问题是检测范围较窄，硝酸盐、磷酸盐的检测范围远远低于长江口海域的营养盐含量范围，仪器仅有四通道，检测亚硝酸盐、硝酸盐、氨氮和磷酸盐，不能检测硅酸盐。仪器为分体式结构，体积较大，运行稳定性也有待提高。

5）光纤溶氧测定仪

光纤溶氧测定仪用于快速实时检测水体中的溶解氧，存在的问题是检测值偶尔出现偏高或偏低，可能为检测时受自然光影响，稳定性还需提高。仪器为单机使用，无集成系统的通信协议和软件接口。

6）COD 分析仪

国家海洋技术中心研制的流动注射 COD 分析仪采用流动注射技术与分光光度法相结合，只能测定清洁水样，测定时需要进行盐度、悬浮物校正。对于高悬浮物水体，样品不能过滤后检测，也不能通过校正直接检测，因此，引起不适用于长江口区的高浑浊水体。

山东海洋仪器仪表研究所研制的臭氧法 COD 分析仪基于臭氧氧化化学发光原理，该氧化体系对葡萄糖无响应。葡萄糖是碱性高锰酸钾法测定海水中 COD 时常用的标准有机物，因此，臭氧法检测的 COD 结果与《海洋监测规范》（GB 17378.4—2007）的国标法检测结果无可比性，与现行的其他氧化体系的标准方法（酸性高锰酸钾法、重铬酸钾法等）也无相关性。海水浊度对测量结果影响也较大，由于检测采用化学分光法，故对高浊样品检测尚需验证；悬浮泥沙可能会沉积堵塞管路及污染反应室。

7）赤潮生物现场监测仪

该仪器主要功能是自动定量检测主要目标赤潮生物。目前能检测 6～8 种赤潮藻、分析方法误差不超过 20%、进样间隔小于 1 小时，分析时间约 7 小时。该仪器方案设计时采用的是单克隆抗体的方法，由于难度大，转而使用双特异分子探针分析技术，对于赤潮应急监测的缺陷是 7 小时的检测时间过长，难以满足 4 小时的赤潮应急监测需求。另外，自动化部分体积过于庞大，不适合在船上作业，致使故障率升高。整体仪器不适合于本项目，可取该仪器的其中一个模块应用。

仪器虽然有进一步小型化的潜力，但结合单克隆抗体的 ELISA 法检测灵敏检测时间短和双特异分子探针分析技术两种技术的优点开发双模的赤潮浮游生物综合测量系统及分析技术前景诱人，也在一定程度上克服了检测时间长的缺点，建议针对最常见的赤潮生物可开发在线检测仪器，而该技术更适合应用于实验室或船载。

在目前全自动赤潮分析仪的研制部分不成熟、不实用的情况下，建议利用该方法开发更多赤潮藻类的双特异分子探针分析技术，设计目标藻的探针序列，用于实验室或现场人工检测。利用单克隆抗体的 ELISA 法开发几种现场快速检测试剂盒。

8）赤潮生物流式细胞仪

该仪器可用于现场快速分析鉴定赤潮生物。其主要不足是：图像分辨率太低，图像太小，难以直接用于人工鉴定；没有开发出完整的业务化应用软件；赤潮生物种类库尚未完全包括长江口常见赤潮生物种类。针对赤潮立体监测系统实际需求和仪器本身存在的不足，可从提高 CCD 像素（配置高倍数物镜，改进流动室）、开发完善赤潮生物种类数据库和业务化应用软件等方面予以改进。

9）痕量金属分析仪

四川大学研制的流动注射痕量金属分析仪，该仪器对 Mn 的测定技术很不成熟，即使通过资助继续研究，达到立体监测系统要求的检测目标难度很大。浙江大学研制的伏安重金属分析仪检出限较高，高于海水中重金属的一般含量，海水中重金属元素无法检出，需在富集 100 倍的情况下再检测，但富集技术不成熟，达不到 100 倍。该方法对电极要求很高，长江口水体浑浊，污染严重，电极在长时间内难以保持稳定，分析稳定性比较差，该仪器操作和维护的难度较大。因此，不建议配备船载的重金属分析仪，若有重金属样品，拟在实验室采用原子吸收光谱法分析。

10）水样采集、预处理与分配系统

该系统是为各种船载分析仪器提供经预处理后的现场海水水样。由于吸水软管、包塑钢丝绳和压力传感器电缆没有三线合一，在用电动绞车的绞盘收放作业时有诸多不便。此外，系统还存在管路积存泥沙的问题和管路长期封闭环境下的霉变问题。建议国家海洋技术中心将吸水软管、包塑钢丝绳和压力传感器电缆三线合一，进一步改善管路中积存泥沙的问题和解决管路长期封闭环境下的霉变问题，增加功能部件模块化水平，以便于安装和维护。

2. 仪器改进需求

长江口赤潮立体监测海域，具有鲜明的环境特点：一是悬沙含量高，夏季海域悬浮物平均含量可能超过 500 mg/L；二是水体盐度变化梯度大，从长江口口门至示范海域以东的范围内，盐度变化范围为 0～30；三是海域水体中营养盐含量浓度范围大，河口区营养盐含量较外海高约 10 倍以上。所选择的仪器在“九五”“十五”已有的研究基础上，必须根据示范海域的环境特点进行针对性的改进。

对于受到悬浮物、盐度影响的仪器设备，须充分考虑海域的环境特点，进行相应的设计改进。水样采集、预处理与分配系统，应用于长江口海域时，除系统的协调性改进外，更应关注水样进入管路后的泥沙沉积、霉变，以及样品间的交叉污染问题，关注系统过滤器的负载。营养盐分析仪首要解决的是样品的在线过滤，这是实现自动化的关键步骤；其次，基于分光光度法原理的仪器要解决河口海域盐度影响的问题，目前盐度影响还是仪器分析中广泛存在的问题，但却是长江口海域无法绕开的问题；再次，长江口海域营养盐含量远高于其他海域，特别是硝酸盐和硅酸盐含量，较其他海域可能高 10 倍以上，在不稀释的情况下完成自动监测，对仪器的检测上限要求很高，而且，在长江口示范区海域的东西边缘，营养盐含量差异巨大，在示范区的东部海域，营养盐含量迅速降低，个别站位可能降低至无法检出，因此，要求营养盐分析仪的检测范围要足够大，才能容纳长江口海域营养盐含量变化范围。COD 分析仪暂时无法提出解决悬浮物影响的办法，在赤潮立体监测平台中暂不选择该类仪器。以上问题对于目前已经商品化的绝大部分国内外仪器都是难题，也反映了长江口海域以其环境特点成为生态环境监测的典型海域，如果可以在长江口海域示范应用成功，则可以推广到其他海域应用。

3. 自动化需求

赤潮的监测和预报是综合船载监测、浮标自动监测、岸基站监测、遥感监测等多个监测平台监测结果的综合体现，其监测过程涉及样品的采集、分析、结果处理、预测预报、损害评估、产品发布等诸多环节，采用传统模式工作量大、工作时间长，以人工处理的方式需要人员较多、工作量大，且需要数天时间才能完成。而赤潮的有效监测预报，特别是有毒赤潮的预报，往往需要极高的时效性，以降低赤潮灾害造成的损失，这就意味着传统的监测方式已远远不能满足需要，必须提升系统的自动化水平。

近年来，船载、实验室赤潮监测仪器向快速高效和高精度两个方向发展。便携式和拖曳式多功能水质分析仪已广泛应用于赤潮现场监测，多功能水质分析仪能快速监测叶绿素 a、溶解氧、pH、盐度、COD、无机氮、无机磷等项目，并应用液相色谱、气相色谱、原子吸收分光光度计等高精度仪器分析环境因子，研究其对赤潮发生的诱导作用。流式细胞计数仪、营养盐分析仪等大型仪器在赤潮监测工作中的应急大大缩短了赤潮生物及环境要素的分析时间，能够提高现场监测资料在灾害预警方面的时效性。

4. 管理需求

首先，能够及时发现赤潮。发现赤潮是开展赤潮后续响应工作的前提，而以往监测船舶发现、岸基站观测、渔民汇报的方式往往只能在赤潮暴发或报告后上报，缺乏实时监测手段，无法形成实时、连续、长期、全天候、全时段的立体监测系统，有必要建立一套能够快速发现并及时开展监测的立体监测系统。

其次，可进行赤潮预测预报。赤潮发生后，其发展趋势、扩散方向的判定，是开展进一步监测，进行灾害预警的基础，目前我国赤潮预警报技术还没有实质性突破，尚停留于单项预报模式，未建立综合性的灾前风险评估、灾中预警报、灾后损失评估的应急服务体系。

最后，具备发布预警产品能力。发布预警产品，是降低赤潮危害的重要手段，传统赤潮监测、预警工作往往与预警产品发布相脱节，严重影响了赤潮预警时效。有效的赤潮预警报系统应具备自动生成预警产品的能力，并可向国家海洋局以及当地人民政府和有关部门自动通报赤潮(绿潮)信息，并在政府网站向社会公众发布相关信息，以便相关海洋部门及时启动赤潮灾害应急预案，降低赤潮灾害造成的损失，保障人民群众身体健康和生命安全。

第2章　赤潮立体监测平台

2.1　引　　言

近年来，多平台传感技术、多平台遥感技术、数据实时通信技术、关系型分布式数据库管理技术、网络化数据处理与信息产品开发技术、规范化数据共享与信息服务技术的发展，为建立各类业务化海洋监测和信息应用系统奠定了技术和物质基础(周智海等，2004)。以国家总体需求为驱动，建立海洋环境立体监测集成系统，是海洋监测技术发展的必然趋势(惠绍棠，2000；朱光文，2002)。海洋环境监测实时及历史数据处理分析、数据库管理、信息产品开发、数据共享与信息服务的技术设计与集成，及时准确地发布各种海洋灾害预报预警，提供全面的、系统的海洋动力环境和生态环境信息共享资料，为区域性海洋防灾减灾和海洋环境管理提供实时信息的网络平台，为各级政府制定海洋环境保护规划、防灾减灾的决策提供依据(杜立彬等，2009)。

海洋环境立体监测系统是系统的核心部分，提供所有海洋环境监测的数据源，测量方式有常规定点测量、走航测量、实验室测量、遥感遥测、自动输入(自容式测量仪器和延时资料，包括时间序列剖面栅格等)等，不同的测量平台有台站观测、雷达遥测、锚系浮标、海底观测、飞机遥感、卫星遥感、船载测量仪器等。

“九五”“十五”以来，各科研单位研制出了大量具有自主知识产权的海洋环境在线监测仪器设备，如水环境监测的水温、盐度、pH、溶解氧等传感器，以及海水营养盐自动分析仪、海水 COD 分析仪、海水重金属分析仪以及浮游植物流式细胞仪等。这些仪器设备已通过在浮标监测平台、船载监测平台及岸基站等平台进行过示范应用，取得了阶段性的成果，使得建立赤潮立体监测系统成为可能。根据 863 计划项目主旨，在事关国家长远发展和国家安全的重要高技术领域，以提高我国自主创新能力为宗旨，坚持战略性、前沿性和前瞻性，以前沿技术研究发展为重点，统筹部署高技术的集成应用和产业化示范，充分发挥高技术引领未来发展的先导作用。综合赤潮立体监测业务化需求和海洋在线监测设备科研成果产品转化需求，863 计划项目重点资助了海洋领域“重大海洋赤潮灾害实时监测与预警系统研发”课题，在已有的仪器设备科研成果中，选择赤潮监测中需要的仪器设备在功能、材料、结构、软件等方面进行进一步的深化完善，使之适应浮标、船舶、岸基站等各类平台要求，适应东海区河口海域水体的赤潮监测需求，进行产品化推广应用，达到业务化监测的目标。

2.2　船舶监测平台

以船基平台为载体的走航式调查对于中远海海洋环境、海洋资源的调查研究具有十分重要的意义。船基监测平台主要包括船舶走航或定点的船用测量设备和船舶数据处理网络系统。

目前国际上通常采用的船用调查测量设备主要有：自容式/直读式高精度温盐深剖面仪(CTD)、船用走航式多普勒声学海流剖面测量仪(ADCP)、船用走航抛弃式温盐深测量仪(XBT，XCTD)、船用拖曳测量系统等(罗续业等，2006)。然而针对船载海洋生态环境现场监测集成系统方面的研究鲜有报道。

墨西哥湾沿岸海洋观测系统(GCOOS)是美国著名的海洋环境自动监测系统，该系统集成了得克萨斯州浮标潜标网、岸基监测站、监测船、卫星遥感系统等，覆盖了墨西哥湾沿岸海域，可以长期、准确地对该海域的海洋环境动力要素监测，经过分析处理形成信息服务产品，从而可以预报飓风、海浪、赤潮、溢油等海洋灾害(张云海等，2013)。

美国海军 TAGS60 级新型多功能海洋调查船就装备有多波速回声测深系统、CTD 测量系统、ADCP、投弃式传感器子系统等(崔洪渊，2003)。

日本国渔业调查兼环境调查船“德岛号”是一艘排水量为 80 t 的海洋综合调查船，是同等级调查船现代化、自动化程度较高的一艘。该船主要在日本国领海内的近岸浅海进行生物资源、现场水质、水文气象要素、地质及海底地形等调查工作。

我国海洋调查监测船从 20 世纪 80 年代中期就开始应用微机局域网技术，基本实现了海洋动力环境监测数据的自动采集、处理和系统控制，但有关船载海洋生态环境现场监测集成系统方面的研究至 2000 年以后才开始取得实质进展并进行示范应用。

香港小型海洋监测船“林蕴盈博士号”主要航行于香港管辖的近岸海区，配备连续记录设备和差分全球定位系统(DGPS)，主要传感器集成在 CTD 上，可实时获取水文气象、pH、盐度、浊度和溶解氧等若干有限的监测参数(崔洪渊，2003)。

“中国海监 21”船于“十五”期间集成了国家 863 计划支持研制的 13 台海洋生态环境现场分析仪器，形成船载海洋生态环境现场监测集成示范系统(于灏等，2013)。

“向阳红 08”船于“十一五”期间建立了船载海洋生态环境监测技术系统，实现了海洋生态环境监测要素的自动实施在线监测，其主要功能包括：①水样自动采集、分配；②水样自动实时分析；③数据实时处理和传输。

以上工作大大推动了我国船载海洋生态环境监测技术的发展，但由于我国海域分布广泛，不同海区之间存在较大的特征差异，如东海海域由于悬沙含量高，相关技术无法整体移植至该区域进行应用。鉴于此，借助国家 863 计划重点项目“重大海洋赤潮灾害实时监测与预警系统”，依托“中国海监 47”船为平台，解决了高悬沙含量对现场环境监测影响的问题，首次建立了适用于我国全海域的船载海洋赤潮灾害现场监测技术系统，该系统目前已经进行业务化应用，同时已将相关技术移植至其他船舶平台(如“向阳红 28”船)进行应用推广。

在此以国家海洋局东海分局的“中国海监 47”船建立的船载海洋赤潮灾害现场监测技术系统为例，对船舶监测平台的选型、设计和建设进行介绍。

2.2.1　平 台 组 成

船舶监测平台主要由 3 个系统构成，即支持系统、监测系统和信息系统(表 2.1)。

表 2.1　船舶监测平台的组成

一级	二级	具体工作内容
船舶监测平台	支持系统	实验室环境改造
		水样采集与分配系统
		船载局域网
		视频监视监控系统
	监测系统	生态环境监测仪器
		船行辅助仪器
	信息系统	船载数据库
		信息管理系统

支持系统主要包括对船舶进行实验室环境改造，建立水样采集与分配系统，构建船载局域网，建立船载视频监视系统。

监测系统凭借模块化的设计可在船舶平台上根据实际需求对监测仪器进行更换与增减。在本书中主要包括海洋生态环境监测和船行辅助仪器两大类，生态环境监测仪器包括营养盐自动分析仪、海水营养盐分析仪、多参数水质仪、光纤溶氧仪、流式细胞仪；船行辅助仪器包括 C 站、GPS、测深仪、自动气象站、电罗经等。

信息系统通过建立船载数据库和信息管理系统实现船载设备的集中控制、监测数据的处理、分析、存储和实时传输，并提供现场信息服务。

2.2.2　船载支持系统

1. 船舶调研与选型

为了建立适用于我国全海域的船载海洋赤潮灾害现场监测平台，国家海洋局东海环境监测中心就改造船舶选划事宜，于 2008 年 11 月至 2010 年 7 月期间，先后多次对多艘中国海监船和海洋调查船进行了现场考察与调研。

我国目前的海洋环境调查有相当一部分是依托海监船舶开展，如“中国海监 53”船就曾多次开展东海和上海海域的环境调查，该船总长 71.40 m，型宽 10.50 m，吃水约 1 000 t，该船装备了多台海洋环境调查专用绞车。又如“中国海监 47”船(图 2.1)，多次承担浙江海域的环境调查，该船船舶吨位为 656.66 t，最大航速为 16 kn，该船于 2009 年进行过一次扩大修理，船舶的机动性能以及工作环境等方面均得到了较大改观与提高。

图 2.1　“中国海监 47”船

近年来，随着国家对在线船舶监测技术的重视，通过 863 计划等科研经费的支持，建造和改造了一些专门针对海洋生态环境调查的在线实时监测船舶平台。例如，隶属于国家海洋局北海海洋工程勘查研究院的“向阳红 08 号”，该船依托 863 计划课题“船载海洋生态环境监测技术系统”，建立了海水样品自动分配系统及数台自动海洋监测设备，通过卫星数据传输实现了海洋环境的实时监测。

通过对以上船舶的调研，以功能实现为导向，兼顾管理及运行成本，对于船载海洋赤潮灾害现场监测平台的选型拟定了以下几点评判标准。

1) 航行能力

赤潮灾害现场监测需要对赤潮发生的水域进行多日的边界追踪与水质监测，持续航行时间不宜少于 15 天，船舶的燃油和淡水必须达到以上适用需求。

2) 吃水吨位

赤潮监测的区域以靠近人类生产、生活的近海海域为主，甚至还可能在水深较浅的河口与沿岸海域开展，船舶的吃水吨位不宜太大，以 1 000 t 以下的船舶为适宜。

3）业务相关性

由于赤潮监测等海洋环境调查任务对于船舶的使用具有排他性，被改造的船舶最好能够具备丰富的海洋环境调查经验，并且每年有一定量的监测调查任务，这也能在日后的运行与维护中降低成本。

综合考虑以上评判标准，最后研究决定以“中国海监 47”船为依托建立船载海洋赤潮灾害现场监测平台。

2. 船舶监测支持系统设计与改造建设

从 2011 年 2 月开始，对船舶监测平台的整体方案进行综合考虑与设计，在方案通过专家评审后于 4 月开始进入改造施工阶段，共进行了两次集中的现场施工与监理工作，历时 3 个月，完成了实验室环境改造、水样采集与分配系统、船载局域网、视频监视监控系统、船载数据库、信息管理系统的构建，并完成了船行辅助仪器的安装与集成。

1）方案设计

在确定以“中国海监 47”船为改造平台的基础上，为了使平台改造之后能够实现稳定、高效的实时在线监测功能，聘请专家并组织开展多次设计讨论会，对船舶平台的整体布局及施工方案进行反复讨论。本书从以下几个方面对设计过程中需要着重考虑的要点进行介绍。

(1) 整体功能布局

船载监测平台主要包括甲板作业、实验室和信息控制 3 个工作区域，考虑到今后使用操作的便捷性，设定整体功能布局原则如下。

a. 甲板作业区与实验室尽量相邻，方便作业操作。

b. 实验室尽量位于与水样分配系统的下层，实验室由于集成各类分析仪器设备需要匹配较大面积，考虑到需要接入水样，可以利用重力进行进样。

c. 选择稳定性较好的船舱，信息控制室由于内置服务器等精密电子仪器，将船舶航行期间由于颠簸造成的影响降到最低。

结合“中国海监 47”船的现场情况，确定后甲板为甲板工作区，采水专用绞车取水后经后甲板至水样分配间，因此，水样分配间与后甲板相邻，实验室则位于水样分配间底下，利用重力引导水样进样及排放，减少改造成本，提高系统运行稳定性，具体平面布局详见表 2.2。

表 2.2　船舶监测平台平面布局

工作区域	位置	面积/m^2	备注
甲板工作区	甲板层，后甲板	100	配有传统采样绞车及水样采集系统专用绞车
水样分配间	甲板层，与甲板工作区相邻	20	安装水样采集与分配系统的电控系统与管路系统
实验室	甲板以下一层，位于水样分配间底下	30	集成多种自动在线分析仪器
信息控制室	甲板层，位于船舶中部	15	建立数据库和信息管理系统

(2) 管路材质

重金属污染是海洋生态环境监测的重要内容之一，因此，在设计过程中对水分配系统的管路和空气泵的内胆材料进行了筛选，全部采用非金属材质进行连接。如此就能保证提供至各分析仪器的水样不受任何金属的污染，为今后开展海水重金属自动分析仪器的集成创造了条件。

船舶监测平台中提供水样的管路系统材质选定必须结合后端分析仪器的进样要求进行统筹考虑，并且为今后可能增加的设备进行提前设计，该系统一旦施工完成就比较难做调整，需要充分考虑各种情况。

(3) 设置污水柜

船舶监测平台在执行生态环境监测的同时其实验室本身也会排放废液等有毒、有害液体，因此，需要在方案设计时就将污水排放装置考虑在内，污水柜的容量视船舶吨位及结构而定。

在实验室下一层甲板的地弄洞内，设置了一个体积约 1 m^3 的污水柜，平时实验室产生的废液收集在此，待靠码头时由泵抽出集中处理。另外，考虑到产生大量废液超出污水柜容量的情况，污水柜安装有自动水位阀，当水位低于预定水位，柜中的废水就由泵向外抽水，排出船体外。

(4) 配备泥沙过滤系统

水样采集与分配系统将原位水样采集上来以后经过初步过滤分配给后端的分析仪器。方案设计阶段，最初采用的水样过滤器其滤芯孔径为 200 μm。但在实际联调实验中发现，由于东海泥沙较多，导致经过初滤送至分析仪器的水样无法满足仪器分析的要求，遂将滤芯孔径调整为 50 μm。另外，为了防止过滤器容易因泥沙沉淀而降低采水速度，所以在管路里安装了两路并联的过滤通道互为备份。

2) 施工改造

在确认方案后将进入施工改造阶段，该阶段主要是开展给排水、强弱电的埋管穿线等基础隐蔽工程，并初步构建船载信息中心，购置一些必要的设备。以下将根据开展该项工作的建设经历，介绍期间需要注意的事项。

(1) 专人负责

船舶改造期间需要组织协调多方面人员同时到场，如施工单位、水分配系统集成单位、各种仪器设备集成单位、船载信息系统集成单位等，因此，需要由专人负责协调并统筹制订施工计划进度表，并且由专人负责在现场监理，及时解决现场出现的问题与状况。

另外，该阶段的船舶改造施工基本在修船厂内进行，最好能在相对集中的一段时间内将施工全部完成。但根据经验，由于各家集成单位的工作时间档期不同，改造工程基本上需要分成若干期开展，需要负责的人员及时和相关单位的工作档期主动沟通协调，推进改造工程的进度。

(2) 注意成品保护

船舶改造一般都将分成若干期进行，且施工期之间的间隔可能会比较长。以本系统建设的经历来说，整个施工周期 3 个月分成两个阶段实施，但中间间隔了 37 天。由于船舶舱室环境较为潮湿，导致第一阶段购置和安装的服务器、电脑、UPS 电源等精密电子设备受潮频频出现故障，联系专业公司人员上门维修才将问题解决。

另外，在进行给排水、强弱电的管件预埋和穿线工作时，必须用防火泥等填充物将孔洞密封，所有工作区域保持清洁卫生。由于船上设有厨房，如不进行以上工作，老鼠有可能进入实验室、信息控制室等房间，对设备造成损害。

3) 管理措施

船舶监测平台的方案设计和施工改造涉及多学科交叉和多个单位的协作，管理措施的配套和落实是工作能否顺利完成的关键因素之一，结合设计改造“中国海监 47”船的经验与教训，提出若干建议如下。

(1) 聘请专业顾问

船舶改造的方案设计与施工不同于一般实验室的改造工程，有其特殊的行业标准和要求，如果改造单位本身没有具有丰富经验的相关人才，则十分有必要聘请一位专业顾问。该顾问从设计开始对方案进行审核与建议，并在施工过程中对若干重要环节进行现场验收(如隐蔽工程等)，可以使工作达到事半功倍的效果。如“中国海监 47”船改造过程中，就邀请到具有丰富监测船舶改造经验的原国家海洋局北海分局的曹官庆同志担任顾问。

(2) 组织设计方案评审

船舶改造的设计方案是改造工程的依据与基石，必须要广泛征求所有利益相关方的意见(如船舶隶属单位、使用单位、各仪器设备集成单位等)，并且在此基础上组织召开专家评审会，评审组可由船舶结构、实验室管理、仪器设备集成、信息控制等领域的专家组成，设计方案根据评审意见进行调整修改后再进入施工阶段比较稳妥。

(3) 建立沟通交流机制

建立了定期工作交流机制，包括课题组间和课题组内部的交流、研讨机制。通过会议、阶段性验收、电话、E-mail 等方式进行，保证课题研究进展及相关问题的解决，促进课题组成员之间的交流与密切合作；密切与领域内专家联系，同与会的特邀专家进行沟通，获取支持与指导。

以研究团队为例，分别于 2011 年 2 月 22 日和 2011 年 3 月 26 日组织召开了实施方案评审会和课题推进会，并以会议纪要形式将会议成果通报建设参与单位与有关管理部门。通过这些会议交流，定期地开展课题工程进展总结，及时部署下阶段研究任务，保障改造工程的按时完成。

研究团队内部不定期(至少每个月一次)进行交流，讨论研究工作过程中的问题。3 家课题承担单位研究成员保持密切联系，通过电话、电子邮件、MSN 等方式就建设进展、关键技术问题等进行经常性的交流、沟通。

2.2.3　船载信息系统建设

长期以来，海洋环境船舶监测都是现场人工采样、人工分样、人工分析样品，耗时耗力，且容易出现人为误差。通过软硬件平台的建设，完成了船载自动监测信息系统，改变了传统的船舶监测模式，实现了从采样—分样—样品分析—数据入库—数据传输到岸上全过程的自动化(图 2.2)。现场操

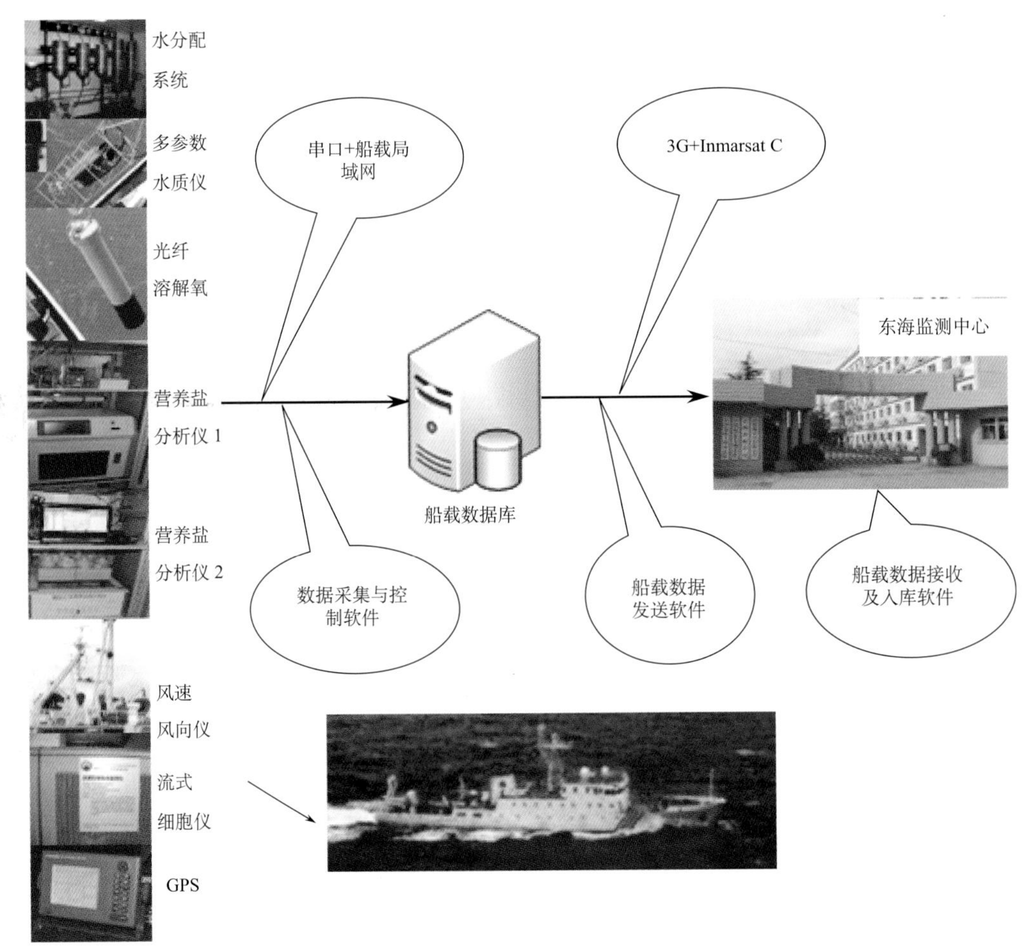

图 2.2　船载自动监测信息系统数据流向图

作时用户只需通过控制计算机发出“采样”指令，其他全部工作都由系统自动完成。从到达监测站点发出采样指令到数据传回岸上，耗时不超过 1.5 小时。

1. 系统组成

船载自动监测信息系统基于船载局域网络，并充分考虑集成系统的可维护性、可移植性及可扩充性，采用模块化的系统集成技术与软件设计方案实现。整个自动监测系统由监测数据采集单元、数据收集和设备监控单元、监测数据分析处理单元、船岸通信单元以及网络支撑平台单元组成，每个功能模块以软件组件形式构建成统一的控制信息系统，实现监测数据的采集、处理与传输、辅助信息的传送以及仪器设备的同步控制。图 2.3 为系统组成框图。

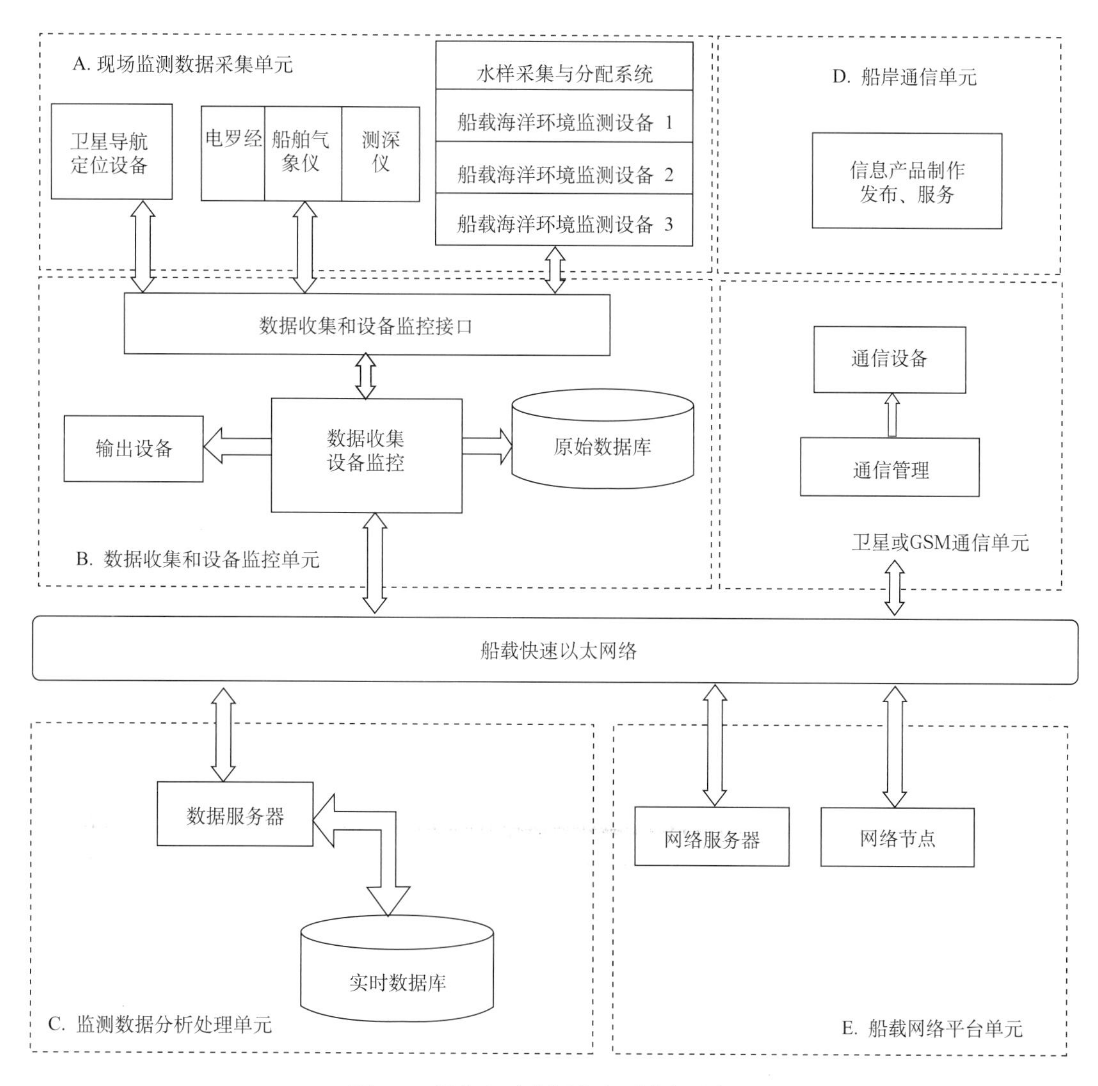

图 2.3　船载自动监测信息系统组成框图

(1) 监测数据采集单元：主要实现船载集成设备的原始数据获取，船载集成设备由已研制成功的现场海洋环境监测设备、船舶导航定位设备、船载水文气象设备组成。实现功能是获取监测海域环境、水文气象、水深等监测数据和时空属性等辅助信息。船载集成的仪器设备通过 RS-232C 或以太网接口连接数据收集和设备监控单元，实现监测数据的传送和工作状态指令的传输。

(2) 数据收集和设备监控单元：主要功能是通过控制系统软件内部消息传递机制连接监测数据采集单元，采用交互方式完成相互间数据和命令的交换。一是完成监测数据采集单元的时间同步、运行模式控制等功能；二是完成全部监测数据的收集、提取、预处理、实时显示，并建立原始数据库等。

(3) 监测数据分析处理单元：主要功能是依据系统预置设置自动对现场监测数据进行质控、分析与处理，并进行信息资料分类，建立“集成示范系统”的实时信息数据库。

(4) 船岸通信单元：主要功能是自动将现场监测数据和辅助信息按照规定的格式编码，通过海事卫星、北斗通信或 CDMA 移动通信方式传送到地面支持系统。

(5) 船载网络平台单元：主要功能是对船载局域网络进行管理，这是整个网络运行管理和其他功能单元协调工作的硬件运行基础。

船载自动监测信息系统建设的具体内容包括硬件建设和软件建设等两大方面。

2. 硬件建设

船载自动监测信息系统的各类监测仪器分布在船舶的各个地方，水分配系统在甲板，船用气象仪、船用测深仪控制端在驾驶台，分析仪器在仪器室，要使之形成有机的整体，必须进行局域网的建设。而要对整个平台进行统一控制和指挥，需要有个指挥场所——机房。因此，船载自动监测信息系统的局域网和机房是非常重要的建设内容。

1) 船载局域网建设

船载网络的部署以机房为核心，将各个实验室、设备接入点的网络直接接入到机房，在机房进行网络地址动态分配。

机房作为船载自动监测信息系统的网络核心节点、数据共享中心、应用程序发布节点，在整个系统中起到重要的作用，主要部署有应用程序服务器、数据库服务器、数据共享与信息发布服务器、大容量数据文件信息服务器、骨干网络核心路由设备、后备电源设备等。

水样分析实验室作为水样分析设备的集中工作点，主要安装水样分析仪、海水水样分配管路、串口协议转换器、网络路由设备等。水样分析仪与集成系统的交互的接口采用 RS-232 协议实现，考虑到 RS-232 协议总线的传输距离问题(RS-232 协议标准传送距离最大为约 15 m，最高速率为 20 kb/s)，数据线路过长会导致数据传送失败，所以集成系统采用 RS-232 转换为 TCP/IP 协议模式实现 RS-232 数据的长距离传输，串口协议转换器采 MOXA 串口联网服务器(NPort 5610)实现。具体连接方式如图 2.4 所示，水样分析仪与串口联网服务器之间采用 RS-232 协议电路连接，串口联网服务器通过双绞线方式接入船载网络系统，在机房的应用服务器端安装虚拟串口服务端软件。

其他船载设备(如船载气象仪、GPS、电罗经、测深仪等)的数据输出通常也是 RS-232 协议方式，考虑到对应设备的安装地点分散的特点，所以考虑对类似设备的接入方式采用点对点协议转换器实现 RS-232 到 TCP/IP 的转换方式，使用 MOXA 的 NPort 5150 模块实现。

2) 船载机房建设

机房是整个船载自动监测信息系统的“大脑”，所有的指令都由机房内控制终端发出，充分考虑海洋调查船舶摇晃和震动的特点，机房选在了船舶的中间位置，最大限度地减少船舶震动和摇晃对机房设备运行的影响。

考虑到船舶电源稳定性不太高的问题，对机房的供电电路进行了改造，电控箱电源为 220V 电压，共分两路：一路控制普通电源(220V/16A)；一路控制 UPS(220V/16A)。电源插座也分为两类：一类连接 UPS(加明显标志)；另一类连接普通电源。

为改善机房的温湿环境，对机房的舷窗进行了改造，增加了密闭性，并配备了空调。

机房设备主要包括机柜、交换机、UPS、服务器、GPS、电罗经、工作电脑等，这些设备在安装时，考虑到了船舶震动、摇晃，潮湿、咸气重的特点。每台设备都要进行固定，并且设备在选型时尽量选用工业级的设备。

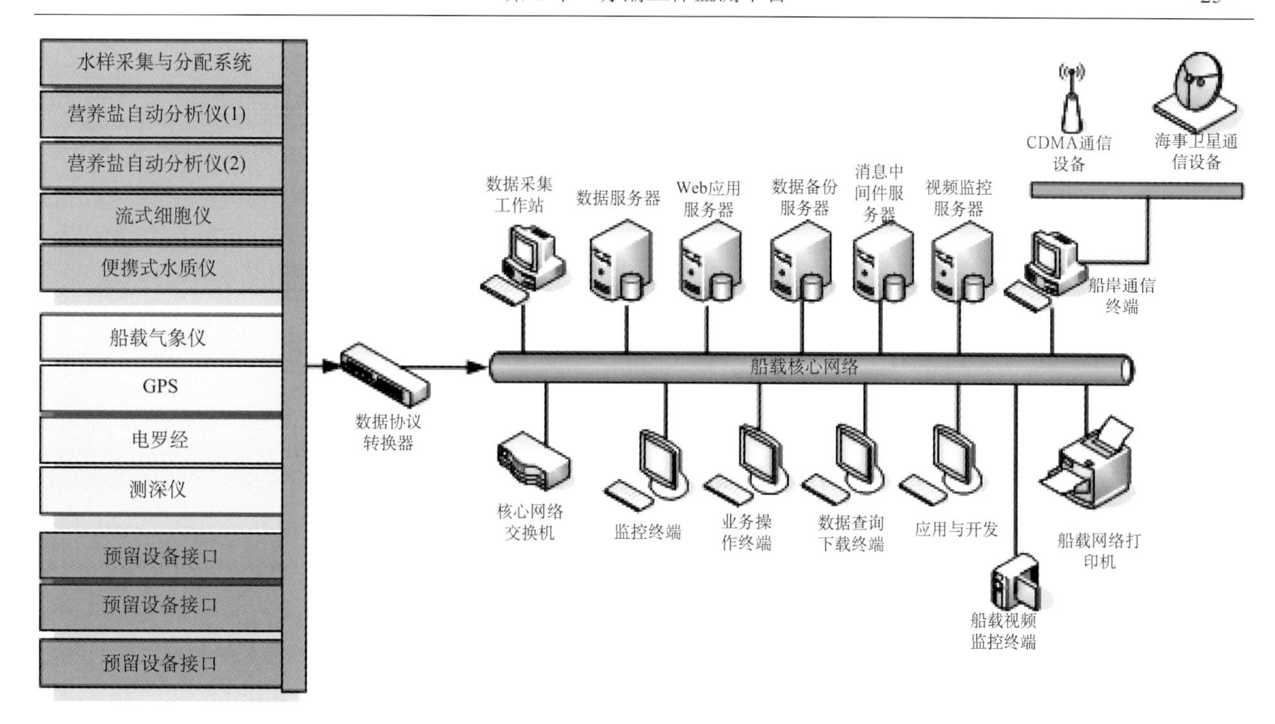

图 2.4　船载信息网路组成图

3. 软件建设

软件建设包括船载自动监测信息系统工作流程设计、仪器集成通信协议设计、数据库设计、软件开发四个方面。

1)船载自动监测信息系统工作流程设计

(1)总体工作流程设计

工作流程设计是整个船载自动监测信息系统的基础。所有工作的开展都以要能满足业务工作的顺利进行为出发点，与传统的船舶监测流程类似，整个系统工作流程包括监测方案信息录入、监测设备开启、采样站位到达、水样采集、分析样品、数据入库、数据发送至岸上等步骤。图 2.5 为船载自动监测信息系统总体工作流程图。

(2)详细工作流程设计

整个船载自动监测信息系统的工作流程包括信息采集流程设计、水样分析流程控制处理流程设计以及站位监测业务流程设计等。

a. 信息采集流程设计

船载自动监测信息系统接收到设备上传的数据信息，首先判断为完整的帧，再封装上报到协议解释层进行相应的数据分析，最后将数据信息封装为相应的设备工作信息，判断是否为监测数据信息或者交互信息，对于交互数据信息上传到自动化管理单元进行对应协议设备管理状态的处理，监测数据上传到数据持久化单元进行数据存储操作。

服务端数据发送流程采用与接收流程反向的处理办法：先进行数据整理，形成串口发送允许的字符串格式，再发送到指定的端口地址。

b. 水样分析流程控制处理流程设计

发送指令到水样采集器，接收水样分析设备上报的数据结果信息，控制整个分析流程，接收、解析水样分析设备上报的工作状态信息。

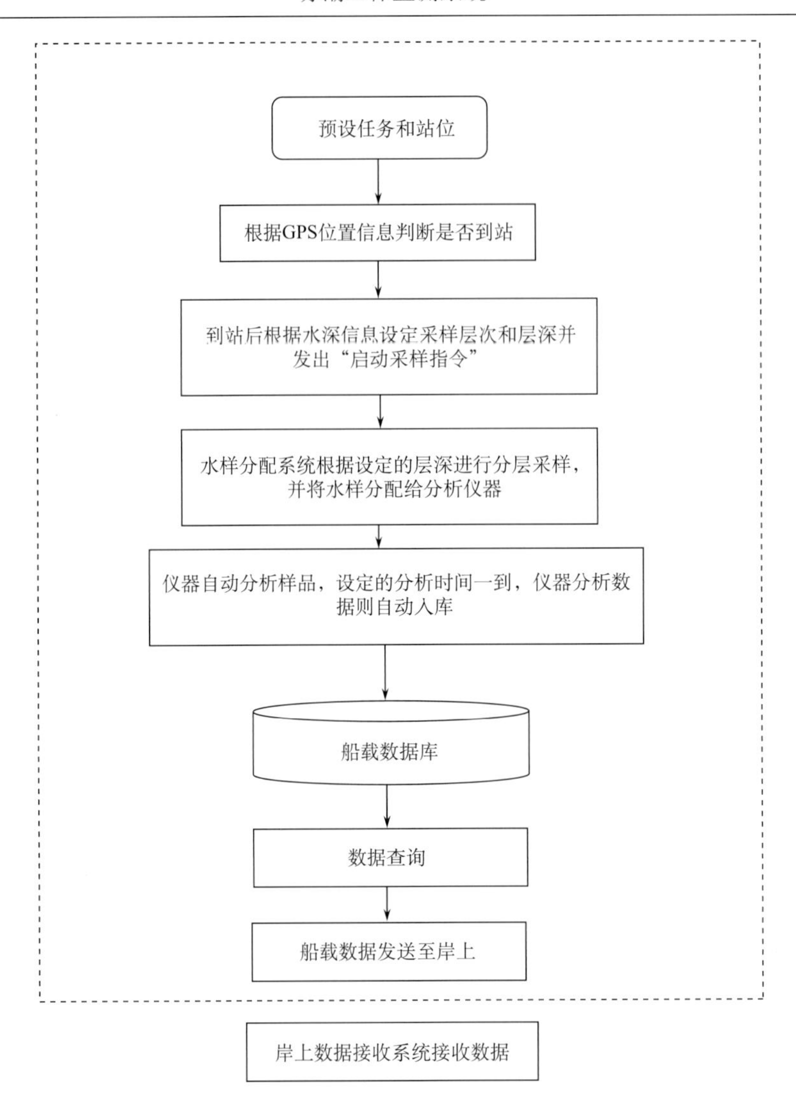

图 2.5　船载信息集成系统业务工作流程

c. 站位监测业务流程设计

根据事先制订的监测方案，由人工方式判断是否到达监测站位，发出启动采样指令，采水器开始采样，并将水样分配给监测仪器，监测平台监控端隔一段时间向监测仪器发送数据，直到数据入库，本站位监测流程结束。

2) 仪器集成通信协议设计

监测仪器的集成是整个船载自动监测信息系统的核心工作内容，仪器的集成，通信协议的设计至关重要。

计算机与计算机或计算机与终端之间的数据传送可以采用串行通信和并行通信两种方式。由于串行通信方式具有使用线路少、成本低，特别是在远程传输时，避免了多条线路特性的不一致而被广泛采用。在串行通信时，要求通信双方都采用一个标准接口，使不同的设备可以方便地连接起来进行通信。

RS-232C 是美国电子工业协会 EIA (Electronic Industry Association) 制定的一种串行物理接口标准。有很多工业仪器将它作为标准通信端口。

船载自动监测信息系统集成的仪器采用标准的 RS-232C 串行接口协议进行数据传输。由于通过 RS-232 协议总线的传输距离有限，数据线路过长会导致数据乱码或者传送失败，所以集成系统采用

RS-232 转换为 TCP/IP 协议模式实现 RS-232 数据的长距离传输，串口协议转换器采用 MOXA 串口联网服务器(NPort 5610)实现。

船载自动监测信息系统集成的仪器有：流动注射法海水营养盐自动分析仪、非连续光度法海水营养盐自动分析仪、赤潮生物现场监测仪器、便携式水质仪、光纤溶解氧测试仪、海水样品自动采样与分配控制器、船用气象仪、船用测深仪、GPS 以及电罗经等。

其中船用气象仪、船用测深仪、GPS 以及电罗经等属于商业仪器，其采用 RS-232C 标准通信端口。通信的内容与格式通过用户说明书或相关文献可以查阅到，因此，集成相对比较容易。

流动注射法海水营养盐自动分析仪、非连续光度法海水营养盐自动分析仪、赤潮生物现场监测仪器、便携式水质仪、光纤溶解氧测试仪以及海水样品自动采样与分配控制器等为本项目自主研发仪器，其通信的内容和格式由集成方提出解决方案、仪器研发方配合实现。

船载自动监测信息系统仪器集成串口通信设置为波特率为 9 600 bps、8 位数据位、1 位停止位、无效验位。发送的数据采用 ASCII 码值为交换码的字符串形式(ASCII 码值符合 ANSI 标准)。

3)数据库设计

数据库具有 6 个特点：数据共享、减少数据的冗余度、数据的独立性、数据实现集中控制、数据一致性和可维护性以及故障恢复。

船载监测数据库是整个船载自动监测信息系统的核心部分。

根据实际业务需要，船载监测数据库不仅包括仪器设备本身监测的数据，为方便集成和满足应用需要，还包括集成设备的定义和说明相关信息，包括任务航次、站位、用户信息等。在实际应用中，这些仪器监测数据和航次、站位、用户之间都存在着一定的关联性，需要仔细研究这些数据之间的关联关系。

数据库设计包括概念模型(E-R 图描述)和物理模型设计两个方面，概念模型是对真实世界中问题域内的事物的描述，不是对软件设计的描述，表示概念模型最常用的是“实体-关系”图，即 E-R 图，E-R 图主要是由实体、属性和关系三个要素构成的。图 2.6 为船载监测数据库 E-R 图。

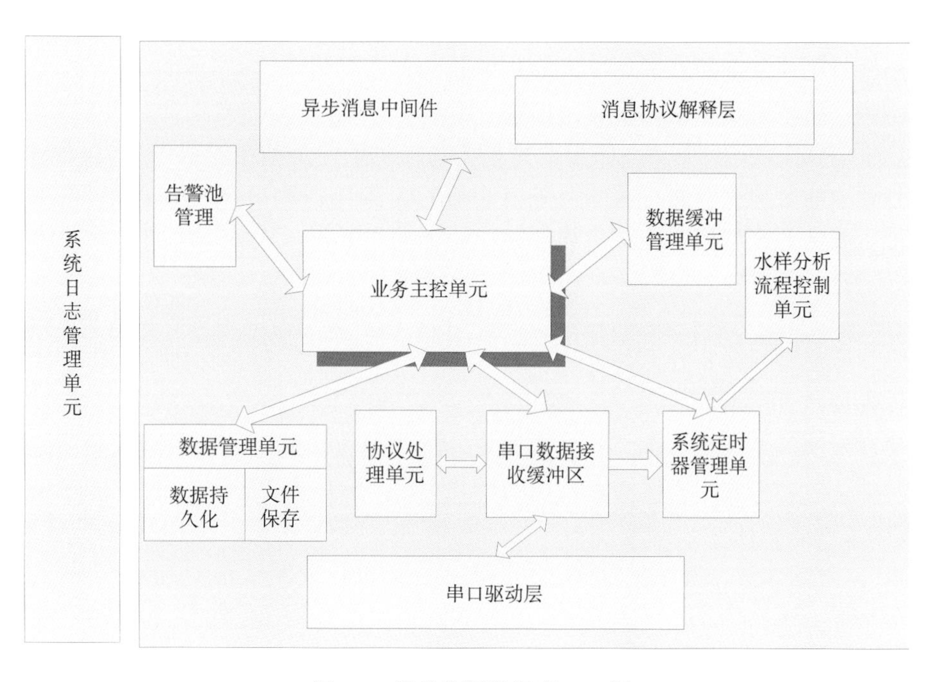

图 2.6　船载监测数据库 E-R 图

数据库物理模型是对真实数据库的描述。数据库中的一些对象如下：表，视图，字段，数据类型、长度、主键、外键、索引、是否可为空，默认值。概念模型到物理模型的转换就是把概念模型中的对象转换成物理模型的对象。

4)软件开发

软件设计时，我们必须解决三个问题：

Who: 为谁设计？

What: 要解决用户的什么问题？

Why: 为什么要解决这些用户问题？

船载自动监测信息系统是为广大的海洋环境监测工作者设计的，用户为一线海洋环境监测工作者，因此，软件的操作界面一定要非常友好。船载自动监测信息系统要解决自动化监测的问题，这其中包括样品的自动采集、自动分样、样品自动分析、分析结果自动入库并及时发送到岸上，在全流程的自动化过程中，还需要能对流程进行控制，如中断采样流程等。因此，船载自动监测信息系统软件必须包含三大功能：数据采集与控制、数据的及时查询与浏览、数据及时发送至岸上。解决了自动化监测的问题，将极大地提高海洋环境工作效率和质量，为海洋环境的科学管理提供更加合理的依据。

软件架构的设计需要紧紧围绕解决上述三个问题进行，船载自动监测信息系统采用 C/S 架构与 B/S 架构结合的软件体系结构。C/S 又称 Client/Server 或客户/服务器模式。服务器通常采用高性能的 PC、工作站或小型机，并采用大型数据库系统，如 Oracle、Sybase、Informix 或 SQL Server。客户端需要安装专用的客户端软件。B/S 是 Brower/Server 的缩写，客户机上只要安装一个浏览器(browser)，如 Netscape Navigator 或 Internet Explorer，服务器安装 Oracle、Sybase、Informix 或 SQL Server 等数据库。浏览器通过 Web Server 同数据库进行数据交互。

C/S 的优点是能充分发挥客户端 PC 的处理能力，很多工作可以在客户端处理后再提交给服务器。对应的优点就是客户端响应速度快，且有较强的事物处理能力。缺点主要有以下几个：只适用于局域网、客户端需要安装专用的客户端软件，以及对客户端的操作系统一般也会有限制。B/S 最大的优点就是可以在任何地方进行操作而不用安装任何专门的软件。只要有一台能上网的电脑就能使用，客户端零维护。但如果针对比较复杂的管理功能，则实现起来有点困难。

船载自动监测信息系统包括数据采集与控制、数据查询浏览、船岸数据通信及数据发送 3 个软件的开发，根据 C/S 与 B/S 架构的特点，由于数据采集与控制软件是整个船载信息集成系统的核心软件，功能比较复杂且要求响应速度较快，因此，采用的是 C/S 架构，数据查询浏览软件和船岸数据通信及数据发送软件采用的是 B/S 架构。这 3 个软件的功能定义如下。

① 数据采集与控制软件

C/S 架构，服务端主要负责船载设备接入控制逻辑，包括虚拟串口地址映射管理、仪器设备的端口状态维护、自动化水样分析流程控制、数据信息入库管理、系统工作日志维护、告警信息管理以及消息中间层的运行维护。

客户端为集成系统的主监控界面，作为人机交互的主要接口层，实现管理人员的配置操作以及控制指令到服务端的下发、接收，通过消息发送的形式实现与应用程序服务端的信息交互。

② 数据查询与浏览软件

作为数据信息查询、管理平台，实现船载集成系统的各种配置信息与观测数据信息的管理与维护。

③ 船岸数据通信及数据发送软件

船岸数据通信及发送。

(1) 数据采集及控制软件

a. 数据采集及控制软件服务端

数据采集及控制软件服务端流程架构与关系图如图 2.7 所示。

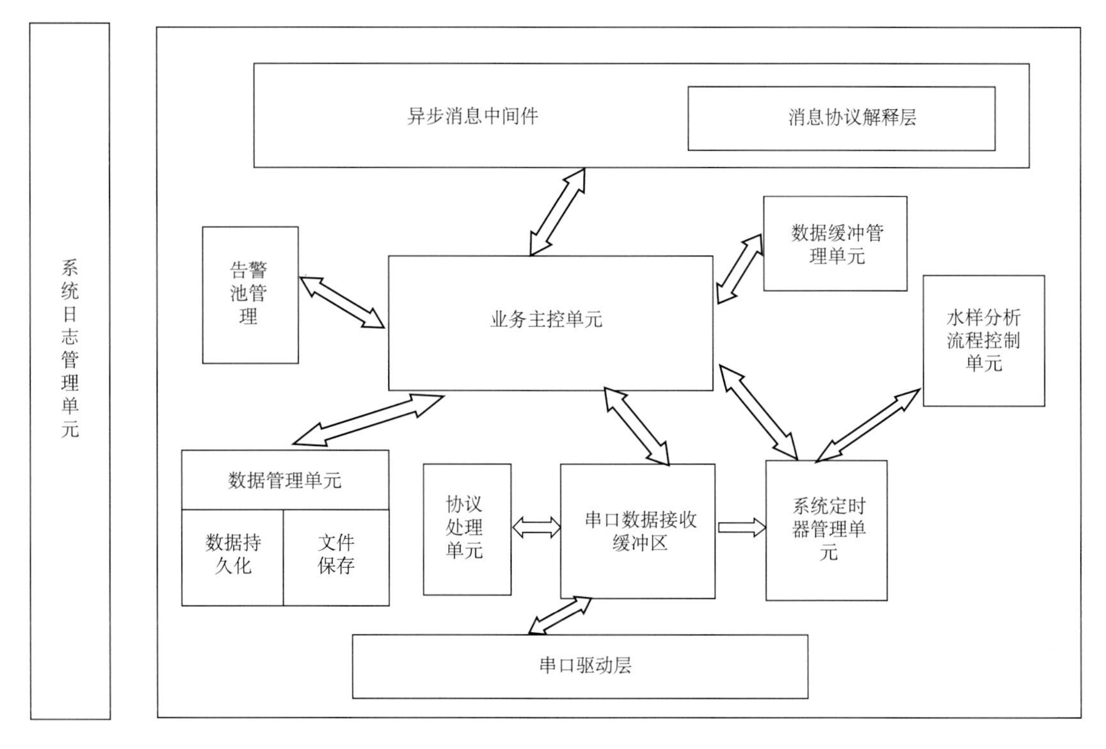

图 2.7　流程与功能模块之间关系图

服务端以桌面应用程序形式提供，具有自动运行的能力。实现船载集成系统的主体功能业务：设备监控、数据收集、数据整理、设备接口配置、水样分析流程控制等。

服务端负责初始化异步消息中间件部分，实现服务端与客户端的信息交互功能。

服务端只是作为业务逻辑处理功能单元，业务逻辑的实时性展示功能在 B/S 架构的数据查询及浏览软件实现，所以服务端的表现层简化。

b. 数据采集及控制软件客户端

数据采集与控制软件客户端采用 MVC(Model/View/Controller)模式架构，MVC 模式是当前软件开发使用得比较多的一种设计模式，较好地实现了用户操作界面与业务控制逻辑以及数据实体信息的隔离与解耦。MVC 模式通常包括三类对象：Model 是应用对象；View 是它在屏幕上的表示；Controller 定义用户界面对用户输入的响应方式。

模型(Model)：模型是应用程序的主体部分。模型表示业务数据，或者业务逻辑。

视图(View)：视图是应用程序中用户界面相关的部分，是用户看到并与之交互的界面。

控制器(Controller)：控制器工作就是根据用户的输入，控制用户界面数据显示和更新 Model 对象状态。

MVC 模式的出现不仅实现了功能模块和显示模块的分离，同时它还提高了应用系统的可维护性、可扩展性、可移植性和组件的可复用性。本集成系统引入 MVC 模型的主要目的是便于后期系统的扩展。MVC 架构作为表现层、控制层、数据缓存层的关联模型实现数据驱动模式的工作方式，为减少各层之间直接调用关系。

c. 异步消息传递机制

为提高集成系统的开发效率和可靠性，并提高集成系统的透明性、伸缩性、互操作性以及可移植性，系统采用了异步消息传输服务总线方式实现功能模块间消息的传递。异步消息传输服务总线采用总线路由技术，用于应用服务器与客户端之间的消息传递与交换，通过总线路由发布服务组件、响应服务请求、调用响应服务等功能，使船载集成系统具有很好的伸缩性。在消息的通信方式上，异步消息传输服务总线采用的是异步方式，即通信的双方不用同时在线。因为发送方将消息发送到异步消息传输服务总线，当接收方可以接收消息时，再由异步消息传输服务总线转发给接收方。异步的通信方式中，通信的双方不需要建立连接，这样就避免了面向连接产生的锁定和串行化的问题。

在整个系统中消息的收发可以采用请求应答模式，也可以采用订阅发布模式。后台消息接收部分主要采用请求应答方式，即消息监听线程监听前台表现层的消息事件，接收到消息事件后按照消息内容产生相应的指令控制或数据操作，返回操作的结果以消息应答方式返回给前台消息发送者，同时以消息发布模式广播当前事件的操作结果通知其他展示层更新展示信息。前台展示部分根据业务功能划分可以采用发布订阅模式，或者是请求应答模式实现消息实体的接收发送。

根据系统功能，可以将控制信息与数据信息事件抽象成 12 类：打开单个串口、关闭单个串口、关闭所有串口、改变串口配置、获得串口配置信息、获得设备配置信息、获得所有串口配置信息、发送数据到串口、自动控制水样分析、手动控制水样分析、获得仪器设备状态信息以及获得仪器设备上报的数据。

后台服务端与前台表现层对于不同的消息类别采取不同的处理方式，按照异步消息传输服务总线中的消息发送接收模式(请求应答、发布订阅、联合方式)实现整个系统的异步消息处理能力。

其中，获得仪器设备状态信息和获得仪器设备上报的数据是水样分析仪返回的消息，由服务器监听接收后录入数据库，所以服务器端对这两类消息采用发布订阅的方式传输前台客户端监听接收。发送数据到串口的消息分为两种情况，在 C/S 架构中可以采用发布订阅的传输方式，在 B/S 架构中采用询问应答的传输方式。其他消息类型在两种架构形式中都会用到，采用发布订阅的传输方式与请求应答结合使用方式。

(2) 数据查询与浏览软件

数据查询与浏览软件采用 B/S 架构，B/S 架构成为当今应用开发系统业界主流，其特点是：界面生动友好、易于部署、易于使用、版本维护方便、基于 Internet、系统部署成本低。所以本集成系统采用 B/S 系统作为集成系统的查询、分析、配置、下载、用户管理子系统。

本系统的 B/S 架构采用网站开发通用的三层网站架构模型，分为业务表现层、业务逻辑层、数据访问层、数据实体层作为各层之间交换的信息载体。

a. 业务表现层：界面层就是我们大家在客户端所看到的页面，在页面中包含了很多控件，有服务器端控件和客户端控件，通过界面控件的事件处理向服务器端发出请求，再由服务器端执行后返回给客户端。

b. 业务逻辑层：封装业务逻辑的各种变化，实现用户的业务逻辑功能。

c. 数据访问层：封装对应数据库表，实现对数据库表的查询、修改、删除、主外键关联、表查询等功能的封装。

d. 作用：通过三层架构模式开发的软件，实现了三层相互调用，提高了代码的可移植性、可重用性行以及可维护性。采用三层架构模式的软件，在数据层中提供了不同数据库平台下运行的程序代码，这样避免了因不同数据库而更改程序的麻烦，提高了代码的可移植性。在三层架构模式中，通过相同功能代码的封装(连接字符串和方法实现的代码)，避免了代码的冗余，从而提高了代码的可重用性。采用三层架构的软件，便于管理人员进行维护。

(3) 船岸数据通信及数据发送软件

船岸数据通信及数据发送软件采用 C/S 架构模式设计，在每个站位测量结束后自动生成海洋观测数据，以电子邮件(E-mail)正文的形式发送给岸基接收系统，发送地址由岸基接收系统指定公网的 E-mail 邮件地址，数据文件的接收方式岸基系统自己决定。

2.2.4 船载监测系统

“中国海监 47”船载平台监测系统包括数据信息集成系统、自动气象站、水样采集、预处理和分配系统、水质监测系统(非连续流动营养盐自动分析仪、流动注射海水营养盐分析仪、多参数水质仪、光纤溶氧仪、赤潮生物监测仪等)。

系统工作流程如下(图 2.8)：到指定站位后，信息中心发出指令，驱动采水系统采集样品，并分配至各检测仪器(多参数水质仪和光纤溶氧仪为原位测量)，仪器的检测数据按指令发送至信息中心，通过网络输送到陆地实验室，完成一个站位的监测周期。船载监测平台系统试验包括水样采集、水样分配、仪器在线分析、数据远程传输、数据入库、系统清洁维护等过程。在每个站位采 3 层(表、中、底)水样的情况下，从采水开始，大约需要 1.25 小时完成所有监测项目的测试分析，并将数据传输至船载数据信息中心。时间周期满足项目设置的“重大赤潮灾害预警产品制作时间不大于 3 小时”的要求。

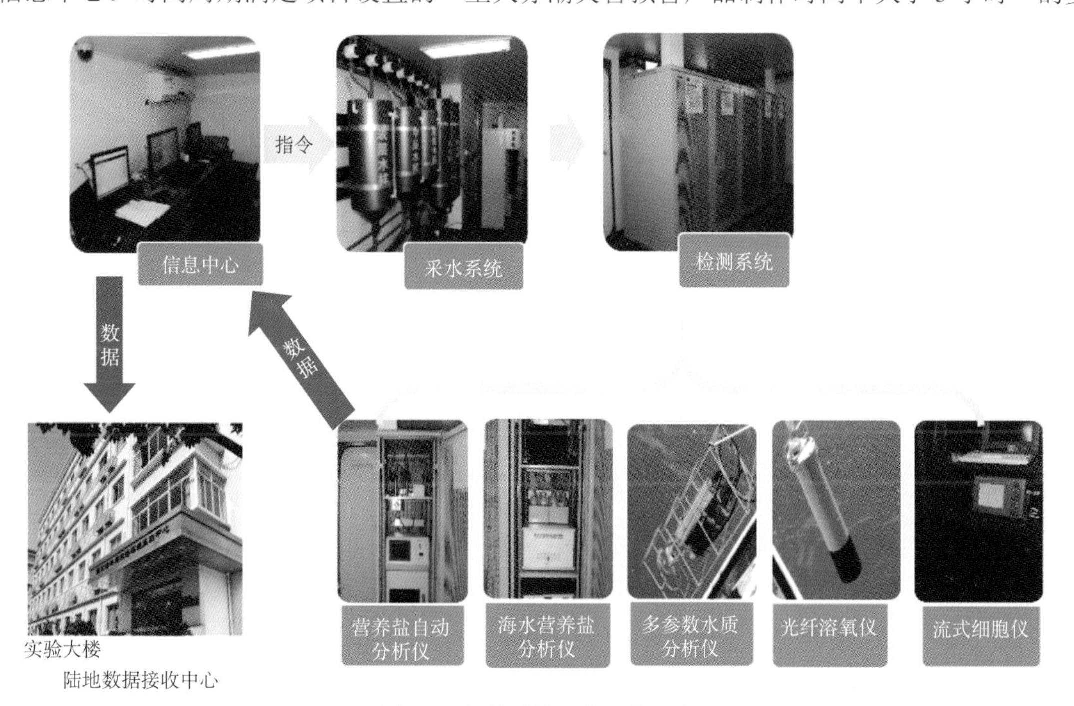

图 2.8　船载系统平台工作示意图

船载监测设备中，水样采集、预处理与分配系统，非连续流动营养盐分析仪，流动注射营养盐分析仪和赤潮生物现场监测仪 4 套设备通过采水、一级过滤、管路水样输送分配、二级过滤、样品检测形成了一个有机的整体，可以全自动完成整个监测流程。本节着重介绍这 4 套监测设备。船载系统中配备的多参数水质仪和光纤溶氧仪为原位测量仪器，技术的具体改进情况在 2.3.3 小节中有详细介绍。

1. 水样采集、预处理与分配系统

海水样品的采集是海洋调查与监测中非常重要的环节之一。水样采集与分配系统是船载海洋生态环境现场监测系统的重要组成部分，可抽取不同深度的海水，并经预处理后提供给系统中的多种船载海洋监测设备，满足实时监测的水样需求。

国家海洋技术中心研究了适用于海洋环境监测的船用快速水样采集技术，并通过多次 863 项目的支持不断进行完善，研制出一套符合船载的快速、多层次、大量取样需求的水样采集与分配系统。系统可自动抽取指定深度海水样品并通过管道全程封闭输送，不与金属接触，最大限度地保持海水样品的理化生物学性质，相对于传统的各检测设备使用采水器取水方式，减轻了实验人员劳动强度，缩短了水样采集和预处理时间，保证分析数据的实效性，也有效控制了采样过程中的二次污染。“船载海水样品自动采集、预处理与分配系统”主要技术指标如下。

(1) 最大剖面采样深度 60 m；

(2) 采样层数分为表层、中层、底层，共 3 层，每层深度可随意设定，也可只采集其中的一层或两层水样；

(3) 单层水样采集量 10 L，水样采集时间≯8 分钟；

(4) 水样过滤器过滤孔径可按要求安装 500～50 μm；

(5) 系统具有全自动/半自动/手动三种操作模式。

“中国海监 47”船载立体监测系统中，水样采集、预处理与分配系统负责为非连续流动营养盐分析仪、流动注射营养盐分析仪、赤潮生物现场监测仪等仪器输送水样。系统的安装结合了“中国海监 47”船舶的特点，在“十五”863 计划课题成果的基础上，对系统进行改进和完善，尽量采用国内外先进成熟技术和设备，通过大量试验，不断改进、提高和完善，实现了水样采集—过滤—同化—注水—分配—清洗—排污和纯水采集—清洗—注水—分配—排污两条工艺路线(流程)的基本功能。主要解决了以下问题。

1) 全程管路封闭输送和清洗问题

海水样品的无污染采集与分配是保证水样监测分析数据真实性、有效性的前提。本系统中，凡与海水接触的元器件、设备均必须严格按照不污染水样的要求进行材料选择与设备选型，以保证海水样品的生化、物理性质不变。系统研发过程中，充分借鉴国内外无污染试验工作中选材和用件上的成熟经验，尽量选用当前国内外著名公司的生化分析试验用的优质器材设备和产品，并在严格试验的基础上，正确、合理地选择系统所用材料、器件和设备。本系统中未安装重金属监测仪器，但考虑未来可能监测重金属的需要，在系统的用料封面仍然选择了非金属元件，避免重金属样品沾污。

针对海水样品无污染要求，水样过滤器选用国际著名生化公司 Cole-Parmer 的产品，滤芯孔径为 50～200 μm；通过对国内外有关采样泵类型和技术参数进行分析，经过试验，最后选定国产的气动隔膜泵；分配管路选用环琪工业级 U-PVC 管，避免对水质造成污染。“十五”期间的系统在水样间的管路均采用塑料软管。电磁阀选用国内稳定性高、流量大，且与水样接触面不含金属成分的电磁阀，过流材料为聚四氟乙烯，保证采样系统最大限度地保持海水样品原有的理化、生物特性。

研制了全新的旋转接头，为了不污染水样，旋转接头与水样的接触面不含任何金属成分，旋转轴承选用塑料轴承，固定于绞车支架和空心轴上，为了增加旋转面之间的耐磨性，采用耐磨的聚四氟乙烯材质。其进出水口分别与动静采样管相连，避免绞车在下方和回收吸水管的时候使吸水管缠绕。

研制了压力接头，安装在水样储存罐的进口处，在管路里的水压作用下，水将向各个方向喷射，然后顺着罐壁流向下方，起到冲刷罐壁杂物的作用。在试验的过程中，如需采集现场水样必须要进行管路的同化，压力接头的安装使系统同化得更加彻底。

采样系统若长时间不用，分配主管内壁会出现霉斑；此外，对于在海水较浑浊的站位采样，管道内壁会残留一些细小的泥沙颗粒。由于系统本身管路的限制及特殊要求，管路全封闭而且管径较细，无法采用工具进行清洗；为了不影响监测仪器所需的水样，也不能采用化学试剂进行清洗。为了解决这个问题，系统使用自来水高压冲刷管路，将存留的泥沙以及藻类微生物冲出，然后给管路充满纯净水，防止滋生霉菌。这个过程可以手动进行，也可以由系统自动完成。

2) 采样扬程增高，阻力增大

由于“中国海监 47”船的船舷位置离水面较高，吸水管路较长(65 m)，要求采水时间短，针对东海近海多泥沙的特点和海水样品无污染要求，除借鉴国内外经验，并在严格试验的基础上进行管路系统选材、选件外，通过对国内外有关采样泵类型和技术参数进行大量调研分析。经过多次论证和试验，摒弃了原来使用的蠕动泵，采用气动隔膜泵以提高采水的吸程与流量。试验表明，采用气动隔膜泵采满 20 L 水样罐的时间仅为 3 分钟，而且隔膜泵能通过颗粒状物体。经过实验室多次试验，证明采用气动隔膜泵的方案切实可行。

采水复合缆总长为 65 m，缠绕在绞车上。研制了新型电动采水绞车，主要有卷筒、支架、手制动器、电机、减速器、电磁制动器、变频器、排缆装置组成。绞车可以无级调速，运行平稳，调速范围为 0～0.65 m/s。绞车电机 AC220 V，2.2 kW，最大回转负荷 100 kg，最大静负荷 300 kg。绞车具有远程控制功能，操作人员可以在远程或者机旁控制绞车工作，适用于水文测量仪器和水样采集设备的投放和回收。

当绞车在回收或下放到海里的采水复合缆时，需要将缆规则地缠绕在绞车的滚筒上。为了实现这一功能，研制了自动排缆装置。排缆装置主要由排缆器、丝杠和支架结构组成。排缆器安装在丝杠上，丝杠的螺纹根据采水复合缆的直径精密加工而成，保证采水复合缆在绞车滚筒上缠绕一圈后，排缆器在丝杠上沿轴向移动复合缆一个直径的距离，这样就保证了复合缆能够整齐地排列在滚筒上。通过试验证明，自动排缆的效果很好。

3) 在线过滤

水样采集、预处理与分配系统中安装了一级过滤装置，采用了国际著名生化公司 Cole-Parmer 的毛细过滤芯。水样采集后先进行第一次过滤，去除大型颗粒物，再分配至后端仪器。方案设计中考虑到后端接入的赤潮现场监测仪，滤芯应能通过绝大部分的藻类供仪器分析，选择滤芯孔径为 200 μm。

但在实际应用中，由于长江口赤潮立体监测示范区海域水体悬浮物含量很高，水样经 200 μm 在线过滤后，水样仍然较浑浊。后端的营养盐分析仪检测的是溶解态营养盐，过滤孔径要求为 0.45 μm。因此，经一级过滤后的水样，分配至营养盐分析仪时，对仪器的二次过滤带来很大压力，难以在规定时间内过滤到足够量的水样，影响了整个系统的正常运行，过滤问题关系到了整个系统的自动化程度。

经过反复试验，最终通过降低一级过滤滤芯孔径、增加二级过滤装置的有效过滤面积、增加过滤装置数量等一系列措施，系统各组成部分完成了有机对接。其中，水样采集、预处理与分配系统的一级过滤滤芯由原设计的 200 μm 改为 50 μm，一级过滤后的水样中悬浮物浓度大大降低；而且由于东海泥沙较多，过滤器容易因泥沙沉淀而降低采水速度，所以在管路里安装了两路并联的过滤通道互为备份。非连续流动营养盐分析仪的过滤装置由原来的直径 0.08 m 扩大到 0.15 m，水样有效过滤面积大大增加。流动注射营养盐分析仪的过滤装置增加到 3 个，按表、中、底层样品各进一个，有效减轻了过滤压力。

一级过滤装置的滤芯改为 50 μm 后，其体积规格与 200 μm 的完全一致，可替换安装。后端仪器接营养盐分析仪等测试溶解态物质的仪器，使用 50 μm 滤芯；后端接入赤潮现场监测仪等监测非溶解态指标仪器时，可使用 200 μm 滤芯。本套采样系统推广安装在“向阳红 28”船时，已经实现了过滤水样与不过滤水样的并联同时采集。

4) 采样复合缆的改进

“十五”期间研制的成果是将吸水管、压力传感器电缆及配重包塑钢丝绳三种管线，通过胶布固定，缠绕的胶布之间间隔一定距离，这就给排缆过线(通过吊杆滑轮防脱机构时)造成一定困难，且绞车也无法实现自动排缆。

本系统中，采用复合缆，集采水、承重和信号传输于一体，将吸水管、信号电缆、承重绳组合在一起，信号电缆连接吸水管末端的压力传感器，以实现在船上准确采集不同深度的海水样品。采样头集成了测量海水深度的压力传感器信号传输电缆、吸水管进口过滤器及承重绳。解决了不同深度剖面取样的压力测量、控制及水样的初过滤问题，同时使电缆及吸水管不承受重量。

复合采样缆包括吸水软管、芳纶加强芯承重缆和压力传感器电缆三部分，外面由聚氨酯包裹，在美观的同时也为绞车实现自动排缆的功能打下了基础。吸水软管为具有一定强度的 PVC 钢丝管；芳纶加强芯的承重力为 1 000 kg；压力传感器电缆由四根 0.5 mm^2 的镀锌铜线绕制而成，在电缆绝缘层的外面编织一层芳纶编织网以承受一定量的拉力，为了使电缆不承受太大拉力，将电缆穿过一根空心软管；聚氨酯虽然较贵，但其具有很好的高低温耐受性，热胀冷缩系数小，在冬季零下十几度的时候不会变硬变脆，这些特性保证了采水复合缆的使用寿命。

在海水样品采集复合缆的下端，吸水管末端的水管进水口处设置压力传感器，水管进水口与压力传感器处于同一水平位置，压力传感器连接信号电缆的末端，承重绳末端悬挂铅鱼。在海水样品采集复合缆的上端，吸水管连接水泵，信号电缆连接显示器。

应用时，靠承重绳悬挂铅鱼的重力将复合缆的下端沉入海中，吸水管的另一端连接船上的水泵，水泵从放入海水中的水管进水口吸取水样，完成水样的采集。信号电缆的一端连接吸水口处的压力传感器，传感器输出与水深压力成正比的电流信号，通过计算电流信号的大小确定水样的采集深度。由于压力传感器采集的是海水的垂直压力，与复合缆在海中的倾斜角度无关，所以可以精确确定水样的采集深度。

信号电缆由四根截面为 0.5 mm^2 的铜导线及绝缘层构成，信号电缆穿过中空的信号电缆套管，信号电缆的外径小于信号电缆套管的内径。信号电缆能够在信号电缆套管里面松动，减小较细的信号电缆的受力，以免因受力中断。同时，四根铜导线中间的空隙设置凯夫拉填充绳，以使电缆能够承受一定的拉力。

2. 非连续流动营养盐分析仪

仪器重点解决了海水营养盐现场化学工艺流程、精密结构设计和现场自动化控制等关键技术。根据海洋现场快速监测要求，以分光光度法为基础，参照《海洋监测规范》(GB 17378—2007)和《海洋调查规范》《GB/T 12763—2007》等相关方法，对试剂稳定性、最佳试剂用量、反应时间等进行实验研究，解决了多种试剂混合长时间保存、试剂组合和配比等问题；采取充分混合而不完全反应的方法，设置加热恒温装置，加快反应速度，确立亚硝酸盐、硝酸盐、铵盐、硅酸盐和磷酸盐 5 种营养盐现场自动快速分析流程，创新性建立营养盐非连续进样光度分析技术。针对营养盐精密机构的准确计量液体并输送、化学反应和光学测量的要求，以实现部件运动性、输送液体的流畅和密封为目的，重点考虑部件和流路在酸性、碱性和强氧化条件下的腐蚀及黏附，自主开发了电控柱塞泵、光学测量流通池、多位一通阀、反应器和过滤器等关键部件，实现对五种营养盐的自动准确测量。该技术简单、快速，试剂用量小，对人员要求低，开机即可进行测量，可在现场无人值守的情况下，实现五种营养盐现场快速同时自动测量。

1)仪器的设计改进

研制的营养盐分析仪用于岸基站和船载赤潮立体监测系统，由于现场场地限制、环境条件、样品特点、使用与维护人员的技术水平要求等因素，对仪器结构、操作系统等方面进行设计完善。

模块化设计，优化仪器结构。五种营养盐测量装置分别固化在立板上形成了五个独立的单元，五种营养盐从左到右依次排列，并根据功能划分进行了模块化设计，形成了电控柱塞泵、多位一通阀、加热反应器、光学流通池、流通管路等模块单元；如需维修时，可将该单元单独取出，进行维护，而不影响其他单元的工作。

柱塞泵和多位一通阀是分析仪精确测量的关键部件，测量一定次数后，需要对柱塞泵的泵管和各接口管路进行更换，以保证测量结果的重现性和准确度。因此，在仪器设计过程中将维护频率较高的柱塞泵和多位一通阀置于测量装置最外端，打开仪器外壳后，柱塞泵和多位一通阀非常直观，一目了然，更换维护方便，而且两者之间呈垂直立体放置，管路最短，能够有效保证测量的重现性。

电控系统与测量系统独立单元设计，日常工作中，更换试剂和易损件时，只需打开测量单元即可，防止盐雾和潮气对电控系统造成影响，安全性加强，适于海洋现场工作。

在测量舱的前部为试剂架，各种试剂盛放在试剂瓶中，安装在试剂架上，测量装置上的试剂接头均在仪器正面，便于操作者更换试剂。

外部机壳采用模具加工，内部金属结构件边缘倒圆角，无锋利的边缘和毛刺。外部有便于人工搬抬的措施。根据船舱结构，设计安装固定方式。为适应海洋环境条件下监测调查船的震动、摇摆和仪器被搬运中的冲击，营养盐自动分析仪的内部结构和整机增加防震动与冲击措施，具有足够的机械强度，牢固可靠，有防松装置，耐腐蚀，便于安装、维修和搬动。

完善应用软件，提高可操作性。分析仪操作软件是仪器自动工作的执行程序，采用多任务和模块化的设计方案，实现五种营养盐的同时测量。在原有程序基础上，在系统总界面中增加“定标”“排气”“清洗”命令，用户即可在总界面控制五种盐的各项操作，也可根据实际情况在每种盐的分界面进行控制，操作更灵活、实用。

增加初始化功能，提高软件故障处理能力。在仪器运行过程中，若突然出现异常或意外情况，可关闭仪器电源，重新开机后，运行“初始化”功能，即可使仪器回到测量初始状态，正常运行。

采用触摸屏或 PC 两种控制方式，操作方便。仪器不仅可以通过外接计算机进行控制，而且可通过仪器的触摸屏控制和显示。强化完善触摸屏功能，通过触摸屏即可进行测量、排气、清洗、初始化等多项操作，并显示测量结果和运行状态，操作简单方便，适于在狭小空间内使用。

2) *方法盐效应影响研究*

基于分光光度法测量方式，研究了海水基体对铵盐和硝酸盐测量效果的影响。进一步考察了不同海水盐度对铵盐和硝酸盐测量的影响。

铵盐盐效应的影响及解决方法。选取 30 μg/L、120 μg/L、300 μg/L、720 μg/L、990 μg/L 五个铵盐浓度，在铵盐浓度一定的情况下，做不同盐度下测量吸光值的变化曲线，如图 2.9 所示，每一条曲线代表一个铵盐浓度。从图中同样可以看出，在盐度效应的影响下，同一个浓度的吸光值随着盐度的增大而略有下降。

为考察不同盐度定标对测量结果的影响，将各盐度下测得的吸光值代入各定标曲线方程，得到测量浓度，在此基础上计算准确度。计算结果显示，以盐度 15‰标准海水做定标曲线，得到不同盐度下铵盐测量准确度最高(图 2.10)。因此，最终确定针对铵盐盐度效应的解决方案是，在已知海水盐度的情况下，以特定盐度海水定标；在未知海水盐度的情况下，以盐度 15‰的海水定标，能够最大限度地提高测量的准确度。

硝酸盐盐效应的影响及解决方法。配制盐度为 0、10、15、20、25、30、35 的标准海水，采用上述标准海水配制硝酸盐标准溶液，进行硝酸盐的盐度效应实验。

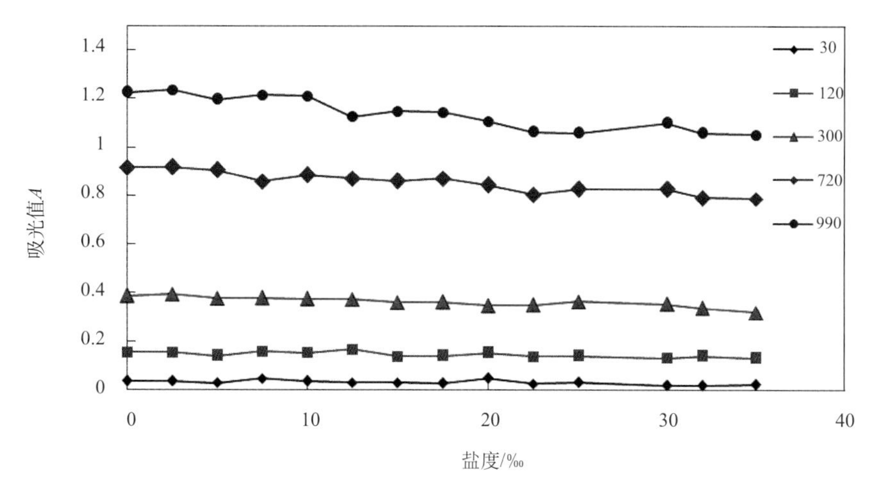

图 2.9　铵盐吸光值随盐度变化趋势

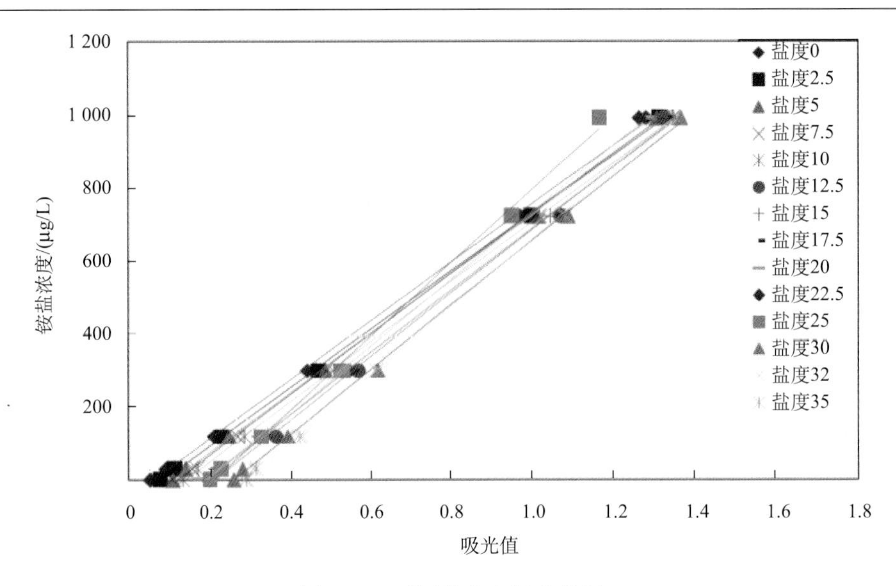

图 2.10　不同盐度定标曲线图

分别选择咪唑-盐酸缓冲液和氯化铵缓冲液进行实验，做不同盐度下硝酸盐的定标曲线。各盐度下定标曲线的相关系数基本都在 0.999 以上，说明盐度对于定标曲线的线性度影响不大。同时，采用这两种不同的缓冲液定标曲线斜率随着盐度的增大，咪唑-盐酸缓冲液在 3 697.9～2 547.4 逐渐减小，而氯化铵缓冲液在 2492.7～2879.2 逐渐增大。从斜率的变化范围来看，氯化铵缓冲液要小于咪唑-盐酸缓冲液，说明采用氯化铵作为缓冲液盐度效应要比咪唑-盐酸缓冲液更适宜海水的测量。

配制硝酸盐浓度为 0 g/L、500 μg/L、1 000 μg/L、3 000 μg/L 的标准液，在硝酸盐浓度一定的情况下，以氯化铵为缓冲液，做不同盐度下测量吸光值的变化曲线，如图 2.11 所示，每一条曲线代表一个硝酸盐浓度。从图 2.11 中可以看出，使用氯化铵缓冲液后盐度效应虽仍存在，但是较小。

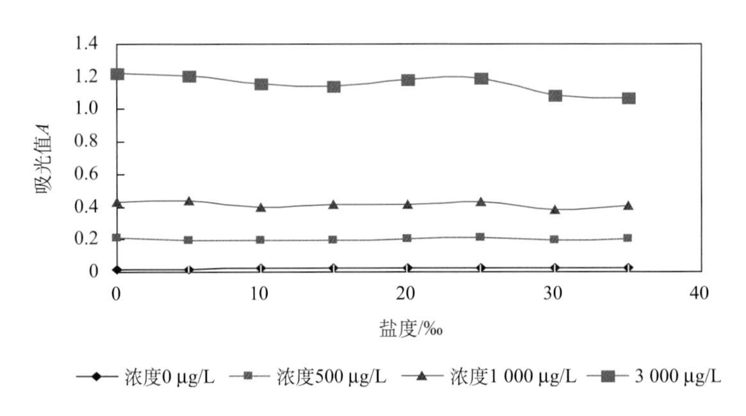

图 2.11　硝酸盐盐度效应影响(氯化铵缓冲液)

采用氯化铵缓冲液，根据标准方程，计算各浓度标液在不同盐度下，采用不同回归方程定标的回收率，发现 10‰、15‰盐度下定标曲线的回收率比其他盐度好。

综上所述，在硝酸盐测量过程中，采用的缓冲液对硝酸盐盐度效应的产生起重要作用。因此，采用氯化铵为缓冲液，同时采用 10‰～15‰的盐度标准海水定标，以降低海水盐度对硝酸盐测量结果的影响。

3) 高浓度营养盐测量实验研究

针对东海区域硝酸盐和硅酸盐含量高的情况，利用营养盐显色反应和最短化学反应流程相结合的方法，通过改进流路，优化化学工艺流程，有效提高了硅酸盐和硝酸盐的测量上限，硅酸盐和硝酸盐的测量上限由原来的 1 000 μg/L，分别提高到 5 000 μg/L 和 3 000 μg/L，不需稀释和更换部件，实现硅酸盐和硝酸盐高浓度测量。

4) 现场自动过滤器优化设计

我国沿海水质污染严重，特别是东海河流入海口，悬浮颗粒浓度大，如果不经过滤的水样进入分析仪，除了影响光学测量，降低测量的准确度外，还会堵塞管路，使仪器无法正常工作。对于示范区海域来讲，在线过滤器的应用是自动化监测的关键。"十五"期间，研制的过滤器与分析仪在线联接，实现对水样的自动过滤、进样，该过滤器在北海分局"船载海洋生态环境监测技术系统"项目中，安装在"向阳红 8 号"船上，在四次渤海业务化运行中正常。但在"中国海监 47"船载平台监测系统联调中，由于东海海域悬浮物颗粒浓度高，过滤器淤堵严重，过滤水样不足，不能满足仪器现场测量需求，主要从两个方面对过滤器进行了改进设计。

(1) 增大过滤面积，过滤器直径由 0.08 m 增大到 0.15 m，减小单位面积滤膜上的泥沙含量；

(2) 加大真空泵功率，提高抽滤真空度。

改进后的过滤器在第一次海试过程中，出现了滤膜托盘断裂的问题，考虑是加工材料强度不够造成的。在保证原有结构、尺寸设计的基础上，更换掉原有材料，改用不锈钢材料加工滤膜托盘，提供机械强度。在第二次海水过程中工作正常，过滤快速，实现对东海浑浊水体的有效过滤，满足试验需求，保障了海试的顺利进行。

3. 流动注射营养盐分析仪

基于流动注射原理研发的营养盐自动分析仪，测定海水中五项溶解态营养盐。经过 863 计划"十五"和"十一五"期间的研究定型，适用于大批量的海水样品硝酸盐、亚硝酸盐、铵盐、磷酸盐和硅酸盐的连续测定，是首个进入岸基站进行试运行的仪器。自动分析仪主要由 1 台泵箱、1 台主机和 1 套多通道数据处理系统组成，分析过程自动化程度提高。分析时，被测水样(或标样)、推动液、参比液、显色液等通过低压蠕动泵自动输送到仪器流路中，试剂混合及显色反应自动进行，进样流程和分析流程依靠流通自动进样阀的自动转换，分析结果自动传送至计算机的数据处理系统，分析检测中不需要人为干预。仪器分析速度快，试剂用量低，分析操作简单，可以适应船载和岸基站监测要求。

1) 仪器的设计改进

仪器针对长江口及岸基站海域具体环境状况和实际应用过程中存在的问题，在"九五"和"十五"工作基础上进行进一步集成化和小型化设计，在"十五"期间四通道设计基础上，又增加了一个通道，实现了 NO_2^-–N、NO_3^-–N、PO_4^{3-}-P、NH_4^+-N 和 SiO_4^{2-}-Si 五种要素的同时分析。改进分析流路设计和分析方法，进一步完善营养盐自动分析仪数据采集和处理单元，改进流动注射分光光度法光路系统以提高其稳定性，对接口软件进行进一步的改进和完善以能够准确及时地提供检测分析报告。仪器采用新型高精度六通道自动进样阀，在时间继电器的控制下，可以适应长时间的连续工作；仪器采用可见光检测器和发光二极管光源，与常规的白炽灯加滤光片相比，具有寿命长、抗震等优点。光学流通池内体采用全玻璃结构，防潮、防腐，可耐强酸、强碱，提高了抗腐蚀能力，同时由于玻璃内壁光滑，也更有利于排气，提高分析精度。

2) 方法盐效应影响研究

仪器采用自动参比和流动注射分光光度法联用技术，实现海水中 NO_2^--N、NO_3^--N、PO_4^{3-}-P、NH_4^+-N 和 SiO_4^{2-}-Si 的自动测定。反向参比流动注射和常规流动注射分析两种化学工艺流程，根据检测要素和工作环境的变化，将工作流路显色体系略加变换，便可用于不同场合的多种要素的分析检测要求。在应对盐效应影响方面，受到盐度影响明显的因素，如磷酸盐、硅酸盐，采用反向参比流动注射分析技术，参比溶液和测试溶液交替通过流通池，可以自动扣除试样溶液本身的浊度、色度，以及盐度的干扰，适用于盐度变化较大的场合，而且不仅适合于高盐度海水的分析，也适用于色度、浊度变化较大的土壤抽提液及工业污水分析。反向参比技术的应用，使仪器具有很强的通用性，适用于海水分析，也能同样适用于河口水、江水、河水等各种水体分析，是目前国内外首次实现了仪器硬件与方法相结合解决河口水盐效应的干扰问题。

此外，针对营养盐分析方法，通过改变流路体系、光路体系、试剂体系、分析体系、进样体系等来改进分析方法，以提高方法的灵敏度、拓展检测范围等，从而提高仪器的性能。改进后的营养盐检测方法，其硝酸盐和硅酸盐的检测范围较之前的成果大大提高。

3) *在线过滤装置的改进*

流动注射营养盐分析仪在进入长江口赤潮立体监测系统之前，无在线过滤装置。仪器在黄、渤海海域试用时，因当地的水质清澈，样品可不经过滤直接检测，对仪器及样品检测结果均无明显影响。仪器搭载到“中国海监 47”船载监测系统后，因长江口示范区海域水质浑浊，样品不能直接检测，为保证监测过程的全自动化，必须解决在线过滤问题。在调试过程中，试验了多种类型的过滤器，包括针筒型过滤器、玻璃漏斗型过滤器、玻璃砂芯以及封闭盒式塑料过滤器等。其中，最先试用的针筒型过滤器由于过滤面积小，过滤速度慢，在程序规定时间内不能提供足够量的水样；玻璃漏斗形过滤器由于密闭性较差，在船舶摇晃情况下，容易出现漏水等情况；玻璃砂芯漏斗的砂芯容易被泥沙堵塞，不能重复使用，浪费较大；综合了以上的使用经验，最终定做的封闭盒式塑料过滤器可以满足使用要求，其形状与针筒型过滤器相同，但过滤面积的直径由 0.01 m 增加到了 0.06 m，过滤速度大大增加。为保证过滤效率，考虑到仪器进样的蠕动泵功率有限，遇到极端浑浊的水样，还可能出现过滤水样不足的情况，将原来安装在总的进样管路的过滤器改为 3 个支路，安装了 3 个过滤器，分属 3 个蠕动泵工作，管路堵塞的风险大大降低，在长江口海域的使用效果良好。

4. 赤潮生物现场检测仪

赤潮是我国近海常见的重要灾害。建立赤潮生物现场监测技术，是赤潮预警预报和防治控制的基础。然而，受到现场监测技术手段的限制，赤潮生物的现场监测，往往只对水文气象和理化因子进行监测，而对于赤潮灾害的元凶——赤潮生物——往往缺乏理想的监测手段。在 2007 年修订的国家标准《海洋监测规范　第 7 部分　近海污染生态调查和生物监测》(GB 17378.7)，显微镜技术仍然是赤潮生物主要的检测技术。然而，显微镜技术费时费力，对操作者的专业技术水平高，无法对赤潮生物进行现场实时连续监测。

分子生物学技术的发展为赤潮生物的鉴定和检测提供了新的思路。分子生物学检测技术具有专一性强、准确性高的特点，成为目前赤潮生物检测和研究中的热点，各种检测手段应运而生，如核酸检测技术、全细胞杂交技术和酶联免疫吸附分析技术。然而，目前这些技术大部分还处于实验室水平，其检测的灵敏度、准确性以及自动化程度都有待进一步提高，难以在实际监测工作中推广应用。

流式细胞技术与显微成像技术具有分析速度快、统计学水平高、样品预处理简单、自动化程度高等特点，成为赤潮生物现场监测技术的热点。美国 Bigelow Laboratory for Ocean Science 联合 Fluid Imaging Technology 公司推出了 FlowCAM 系列产品；荷兰 Cytobuoy 公司在 Netherlands Foundation for Technical Sciences (STW) 和 Marine Science and Technology program of the European Commission 的资助下，推出 CytoSub、CytoSense 等系列产品，展示了流式细胞技术与显微成像技术的结合，在赤潮生物现场监测中有广阔的应用前景。

本项目紧跟国际最新研究进展，基于流式细胞技术与显微成像技术的结合，利用流式细胞技术对赤潮生物进行快速定量，利用显微成像技术自动获取赤潮生物的图像信息，在此基础上，创新性增加模式识别技术，实现目标赤潮生物的自动识别与快速定量。与美国的 FlowCAM、荷兰的 CytoBouy 系列产品相比较，本项目利用计算机模式识别，构建了赤潮生物专家识别数据库，并将支持向量机用于赤潮生物样本特征的提取与分类，在无须人为干预的情况下，实现对目标赤潮生物的现场实时连续监测，具有较强的科学性、先进性和创新性，为赤潮生物的现场监测提供了新的思路与手段，在海洋生态环境保护等领域具有重要的社会经济效益。

本系统中赤潮生物现场监测仪是在“十五”国家 863 计划的研究基础上，对赤潮生物流式图像现场监测仪器进行改进，优化光路结构，使之更加适合于赤潮生物现场监测的需要，并针对东海常见赤潮生物，构建其专家识别数据库，实现对目标赤潮生物的现场快速识别与连续监测。

1) 仪器结构的改进

赤潮生物现场监测仪改进包括流路系统、光路系统、图像采集系统、信号处理与分析系统等，采取一体化的光路结构设计，在同一个光路系统中，实现流式细胞技术与显微成像技术的耦合，提高赤潮生物现场监测仪器的稳定性，使之更为适合于摇晃、颠簸的海上现场环境；采用功能模块的接入方式，不仅有利于系统功能的扩展，而且方便现场仪器的维修，提高仪器的可维修性；利用数字化图像采集系统替代基于模拟信号的图像采集系统，改进了数据采集与处理系统，提高了赤潮生物监测系统软件的处理效率，同时缩小仪器体积，一方面方便运输，另一方面减少现场空间占用。

与“十五”期间研制的仪器相比，仪器尺寸显著缩小，并提供后续功能模块扩展的接口。通过小型化、模块化的设计，赤潮生物现场监测仪器将更适合于赤潮生物现场检测的需要，并有利于仪器的日常维护。

改进赤潮生物现场监测仪器，实现对粒径范围为 10～100 μm、浓度范围为 10^2～10^4 个细胞/mL 的赤潮生物进行快速检测，样品需求量小于 60 mL，单样分析时间为 5～60 分钟。

2) 软件的进一步完善

与赤潮生物现场监测仪器配合，进一步完善了赤潮生物监测系统软件，实现对硬件的控制与数据的采集、保存与回放功能。具体包括以下四大功能模块。

(1) 硬件控制模块：实现对流路系统、光学系统、图像系统等硬件部分的控制；

(2) 数据采集模块：与信号采集和分析系统配合，获取样本的图像信息与荧光信号；

(3) 数据显示与保存模块：对采集的数据进行处理，实时分析和计算相应的参数，并以数据库的方式对检测结果进行管理、存储。在采集的同时，实时报告相关参数：浓度和时间关系图表、粒子直径和个数关系图表以及检测结果等信息；

(4) 历史数据回放模块：对历史的监测数据进行查询和浏览，建立藻类图像和相关信息的关联，利用回放模块可以方便地浏览和查询历史的检测数据和藻类图像。

赤潮生物监测系统软件通过试验新的数据存储方式提高软件的分析处理能力，采取模块化设计的设计方案，为后续功能扩展提供标准化的升级接口。

在赤潮生物监测系统软件中，根据软件功能划分，提供了 6 个不同的子窗口。

采集窗口：实时显示 CCD 的采集结果；

分析结果：显示当前帧中藻类数量、总数量、浓度；

细胞图像：显示分析的细胞图像(编号和种类)；

浓度时间关系图：显示浓度和时间的关系图；

粒径谱分布图：显示粒径和藻类个数的关系图；

集成系统：集成系统控制结果窗口。

3) 赤潮生物专家识别数据库的构建

建立 10～13 种赤潮生物的专家识别数据库，其中至少包含 5～6 种东海常见赤潮生物，如塔玛亚历山大藻(*Alexandrium tamarense*)、东海原甲藻(*Prorocentrum donghaiense*)、海洋原甲藻(*Prorocentrum micans*)、中肋骨条藻(*Skeletonema costatum*)、布氏双尾藻(*Ditylum brightwelii*)、米氏凯伦藻(*Karenia mikimotoi*)、赤潮异湾藻(*Heterosigma akashiwo*)，实现对目标赤潮生物的快速识别，识别时间小于1秒，纯种识别准确率达到70%以上。

赤潮生物专家识别数据库的工作流程主要分为在线处理和离线处理两个部分。离线处理主要对采集的样本信息进行处理，建立赤潮生物专家识别数据库；在线处理主要是对赤潮生物现场监测仪器实时采集的信息进行分析，并输出识别结果。

赤潮生物专家识别数据库的构建过程中，面临的最大问题是赤潮生物的图像特征的提取，一方面，赤潮生物在不同生长周期和不同环境状态下存在着较大的个体差异；另一方面，不同种类的赤潮生物也可能具备相似的几何形状。也因此，在图像特征的提取方面，不仅提取了赤潮生物的几何形状特征，也需要提取局部的纹理细节特征。在进行人工识别藻类时，专家主要是根据藻类外形上的区别来辨识。可以看出，几何形状特征含有大量的信息。通过采集培养亚历山大藻、中肋骨条藻、海洋原甲藻、赤潮异湾藻、布氏双尾藻、拟菱形藻、圆海链藻、幅状圆筛藻、利马原甲藻、红色裸甲藻、东海原甲藻、米氏凯伦藻的藻类图像，分析提取特征，建立专家数据库。

2.2.5　船舶监测平台联调

船舶监测平台的系统联调是保障该平台是否能够在今后的应用中稳定、高效运行的关键环节，也是周期较长的一个环节。船舶监测平台的联调一般在码头上开展，从2012年6月至2013年6月在宁波三官堂码头组织开展了5次船舶监测平台的岸边集中联合调试，联调的工作内容主要包括：

(1)单台监测仪器的安装与集成。

(2)船载监测平台全流程自动在线监测模拟联调。

联调的目的与意义：开展船载平台赤潮应急调查的仿真模拟，使船载平台具备开展海上示范应用的能力。

为了使联调达到预期的目标，以下事项需要引起关注：

(1)单台仪器设备须经过室内检测及独立第三方检验后方可集成至船舶平台。

在集成至船舶平台之前，单台仪器设备必须经过室内检测及独立第三方检验，确定所有技术指标满足相关要求才能进行集成。该项工作能大幅提高之后故障排查的效率，从而更好地实现整改与完善。

(2)联调环境的高度仿真。

考虑到东海海域高悬沙含量的水质特点，联调的地点选在宁波三官堂码头，该码头位于感潮河道内，泥沙含量较高，很好地仿真了今后的应用环境。因此，在多次联调过程中，水分配系统暴露出了管路淤积不畅、过滤效率低的问题，而营养盐自动分析仪则无法直接进水样分析。根据以上问题进行了调整与完善，如降低水样过滤器滤芯孔径，采取过滤器一备一用策略，开发自动分析仪器的水样二次过滤系统等。正是通过高度仿真环境下的联调，船舶监测平台得到了针对性的完善，为下阶段顺利开展海上示范工作起到至关重要的作用。

“中国海监47”船载平台监测系统的软硬件安装完成后，于2012年6月至2013年6月选择了水质状况较差的宁波三官堂码头水域，组织开展了5次船舶监测平台的岸边集中联合调试，试验由于实验环境的改变以及监测设备与信息系统的兼顾、协调性等问题，及时发现问题并进行了改进，对于整个船载监测系统的正常运行是至关重要的环节。

1. 船载环境适应性试验与调试

船载监测系统的仪器设备在安装到船上之前均进行过相关功能性检查和技术指标验证工作，经第三方机构检验认定符合仪器研制的技术要求后安装到船载系统中。尽管如此，仪器安装后，由于船载环境与实验室有较大不同，还是对仪器设备的运行造成一定影响，表现如下。

1) 环境腐蚀性

与陆地实验室环境有所不同，船载环境由于潮湿、盐雾等状况具有一定腐蚀性，特别是对于安装后长时间不通电运转的仪器设备影响较大。调试过程中出现以下现象。

(1) 水样采集、预处理与分配系统实验室内的纯水机(冲洗采水管路用水)和 UPS 电源由于房间通风较差被腐蚀，导致纯水机更换主板。UPS 电源原本放在实验室地面上，被腐蚀后，移到邻近的实验台柜里面，为保证仪器正常散热，将原来密闭的柜门改装成百叶门。

(2) 底舱的日常通风性较差，位于底舱仪器室的非连续流动营养盐分析仪和流动注射营养盐分析仪安装一段时间后均出现了关键阀门、零部件被腐蚀的现象，导致管路漏液、仪器运行不稳定等状况。仪器每次试验之前，需要较长时间的检查和运行调试，并需要准备较多耗品及关键零部件的备品。

2) 鼠患影响

鼠患影响在发生之前是不容易预料的。为了仪器安装维修方便，在船载系统的仪器舱的侧面和底面均预留了开放式的检修口。2013 年 1 月联调时发现，营养盐自动分析仪遭到了老鼠的破坏，仪器的大部分塑料管件被老鼠咬碎。技术人员花了整整两天时间进行管路的更换维修。之后对整个仪器安装的机柜进行了密封处理，并且每次仪器使用完毕，仔细对柜门、各面板和底座检查是否存在漏洞。船舶空间较大，藏有老鼠在所难免，除了积极开展船载实验室的卫生工作，保持实验室使用环境的整洁，更有效的方法还是要对仪器进行全方位的防护，确保设备及其他设施不再遭到损坏，保障项目的顺利实施。

3) 船舶震荡影响

船舶监测平台是非稳定作业平台，两次试验期间，遇到较大风浪，船体摇晃剧烈，对流动注射营养盐分析仪和赤潮生物现场监测仪连接的电脑造成影响，两台电脑均出现了应对剧烈震荡的保护性“死机”，试验曾被动中断。为解决震荡问题，在两台电脑下加装了海绵减震垫。非连续流动营养盐分析仪和多参数水质仪等仪器自带的触摸式显示屏和手持式数据接收装置对震荡不敏感，仍可正常工作。

2. 应对高悬浮物水体试验与调试

长江口赤潮立体监测示范区海域的主要环境特点之一为水体悬浮物含量很高，实现长江口的自动化监测，必须解决水体悬浮物在线过滤问题。而选择的联合调试水域——宁波三官堂码头水域的悬浮物含量更高于长江口海域，如果联合调试成功，则系统可以用于长江口海域的监测。

船载水样采集、预处理和分配系统及营养盐分析仪等设备成果在“十五”期间，已在渤海、黄海海域成功试验。但经改进后的各仪器设备在三官堂码头联合调试时，因水体悬浮物过高，仍然出现较多问题，需要不断改进。

1) 采水管路的过滤系统堵塞

水样采集、预处理与分配系统的过滤装置最初设计只配一套过滤网，由于水体含沙量很高，系统运行几次以后，过滤网内就会积存大量泥沙，同时会造成样品间的相互污染。经反复论证，在过滤装置部分再增加一个过滤网，与已有的过滤网形成并联，作为一个冗余通路。正常工作时，水样进入其中的一个过滤网进行过滤，当该滤网发生堵塞后，可以通过电路或手动阀门的控制，切换到另一个备份的过滤网继续进行使用，既提高了水分配系统的稳定性，又最大限度地避免了现场拆卸带来的麻烦。

2) 采水系统过滤网与船载仪器的协调

水样采集、预处理与分配系统的过滤网原设计为 200 μm 孔径，主要因赤潮现场监测仪检测的赤潮生物一般粒径为 10～200 μm，保证赤潮现场监测仪所进水样不受过滤系统影响。联调中发现，由于东海近岸水样悬浮物浓度过高，水样经 200 μm 孔径过滤后，后端的营养盐分析仪所进水样依然很浑浊，营养盐分析仪自带的二级过滤器无法在规定的时间内过滤到足量的样品，影响系统整体运行。为减小后端仪器的过滤压力，采水系统的过滤网目降低至 50 μm 孔径。调试后，营养盐分析仪可以正常运行。赤潮生物现场监测仪的供样采用现场手工采样的半自动化工作方式。

3) 仪器二级过滤系统的改进

为了实现对高悬浮物水体的正常过滤，除了降低前端水样采集、预处理与分配系统的过滤网的网目，两台营养盐分析仪自带的二级过滤系统也进行了相应改进。

国家海洋技术中心研制的非连续流动营养盐自动分析仪在船载系统中安装调试，发现仪器自带二级过滤系统过滤水样量不足，且上一个站位的水样有少量残液将作为样品直接流入仪器进行测试分析，会发生样品交叉污染的情况。针对这个问题，研制单位对进样流程进行了硬件和控制程序的修改，从两个方面对过滤器进行了改进设计：①增大过滤面积，将原设计的立式过滤器变成了横式过滤器，过滤器直径由 60mm 增大到 150mm，减小单位面积滤膜上的泥沙含量；②加大真空泵功率，提高抽滤真空度。改进后的过滤器在试验过程中，出现过滤膜托盘断裂的问题，是加工材料强度不够造成的。在保证原有结构、尺寸设计的基础上，改用不锈钢材料加工滤膜托盘，提供机械强度。实现对东海浑浊水体的有效过滤，满足试验需求，保障了海试的顺利进行。在样品进入仪器管路之前增加了电磁阀控制装置，并通过程序控制进样、清洗和排出的时间。

四川大学研制的流动注射海水营养盐分析仪原设计中未考虑在线过滤装置，“十五”期间四川大学研制的营养盐分析仪用于黄海、渤海立体监测系统，黄渤海海域水质清澈，悬浮物含量低，仪器可以直接测定。但联合调试过程中样品必须经过滤才能检测。因此，研制单位对营养盐自动分析仪的过滤装置进行了多种方案的联调试验，最终确定了在仪器进样口平行增加 1 套共 3 个过滤装置(表层、中层、底层样品各 1 个)。因悬浮物浓度高，容易将过滤膜堵塞，并存在样品的交叉污染，操作时，在每个站位进行完样品分析后，第二个站位采水之前更换整套过滤装置，避免了样品交叉污染。过滤装置共配备 3 套，更换下来后人工清洗更换过滤膜，下个站位交替更换使用。

4) 悬浮物对赤潮生物检测的干扰

赤潮生物现场监测仪的样品为手工采样，调试过程中发现，由于样品中悬浮颗粒物太多，对仪器的成像系统造成影响。赤潮生物现场监测仪基于显微成像技术，对藻类的成像图片进行识别确认赤潮生物种类。调试水样进入仪器后，成像图片上出现大量颗粒物影像，影响正常藻种的识别和计数。针对这个问题，研制单位通过软件的方式，对颗粒特征和藻类特征进行分类识别，扣除悬浮颗粒物的影响。

3. 通信联通试验

通信联通试验是指以信息中心为“大脑”，对各种仪器设备发出工作的指令，并能顺利回收各仪器产生的数据，并将数据实时传输到陆地实验室数据库。通信联通是维系整个监测系统正常运行的关键“软实力”。各仪器设备研制单位自行开发运行软件，将这些软件整合成一个系统的整体，是实现船载监测系统自动化运行的关键。通信联通试验过程中出现过多次问题，主要是流动注射营养盐分析仪信号联通中断多次，经过反复修改软件及接口，仍然会极偶然出现；数据传输格式错误，营养盐分析仪的检测数据传到信息中心后出现行错乱或显示错误代码；光纤溶氧仪、赤潮生物现场监测仪等仪器数据接口与信息中心不能对接等现象。通信问题主要由各仪器软件及接口“各自为政”造成，由国家海洋技术中心统一开发的信息集成与传输软件和水样采集预处理与分配系统、多参数水质仪、非连续流动营养盐分析仪等仪器的控制软件系统的相容性良好，未出现过通信及控制问题。

2.3　岸基监测平台

岸基监测站是当前获取定点海洋要素的主要手段，其优点是观测资料具有实时性、连续性的特点。岸基监测系统主要包括有人值守海洋环境监测站、无人值守海洋环境监测站、岸基高频地波雷达站、岸基测冰雷达站等。目前海洋观测系统已经形成了较为完备的岸基观测站网，监测岸基站处于起步阶段，刚刚建立起少量示范站点，远远无法满足保障经济发展及提高应对近岸海洋灾害能力的需要。应在近岸海域建立有人或无人值守岸、岛基海洋环境监测站，对近岸海域海洋环境要素进行实时、定点、连续监测，提高应对海洋灾害的能力。

2.3.1　岸基站选址

岸基站为赤潮立体监测系统中的监测平台之一，用于近岸高频次监测和岸基定点连续监测，自动化程度高，可实现实时、长期、连续、定点监测，累积长期监测资料，为赤潮发生预警报及规律研究提供基础数据。岸基站的选址应位于赤潮监测的前沿战线，本系统岸基站选在嵊泗县嵊泗岛。嵊泗岛位于长江口赤潮监测与预警海上示范区内，毗邻嵊泗赤潮监控区，每年监控区海域都会在 5～10 月实行高频率赤潮监测，历史数据充分。而且，根据《嵊泗县赤潮防治工作预案》，近年来嵊泗县海域赤潮频繁发生，且危害程度日益加剧，对海洋经济的发展带来了严重影响，尤其是有毒的赤潮会直接威胁人体健康。嵊泗县当地海洋渔业管理部门、涉海养殖部门等对周边海域的赤潮监测与预警、有毒赤潮监测、赤潮监测能力建设等均有较广泛的需求。

赤潮立体监测系统中的嵊泗岸基站设在“嵊泗县海洋与渔业局水产养殖检验检测站(嵊山海洋站)”，位于嵊泗县菜园镇沙河路 401 号。站址的实验室空间较充分，配备有专职从事赤潮监测的技术人员，定期开展嵊泗赤潮监测控区监测和嵊泗列岛风景名胜区(海水浴场)监测。嵊泗岸基站作为长江口赤潮灾害实时监测与预警系统的重要组成部分，位于长江口赤潮多发区的前沿，具备赤潮现场跟踪和应急监测的有利条件。依托嵊山海洋站现有海洋环境监测能力和实验条件，以及配备的 863 计划赤潮重点项目研制的一批仪器和技术，在开展赤潮灾害第一线现场监测时，满足岸基实验室的快速检测和监测能力，能够为实现长江口赤潮灾害实时监测与预警提供有力支撑。

2.3.2　岸基实验室建设

嵊泗岸基站包括样品前处理室一间及仪器分析室一间，共约 50 m^2 岸基实验室，空间较充分，工作条件优于船舶，可以配置自动或半自动仪器设备，开展多种环境参数监测。岸基站在常规监测能力基础上，按赤潮立体监测系统要求进行改建，装备了专门的仪器分析实验室，具备了研制的海水营养盐自动分析仪、光纤溶氧仪及赤潮藻监测技术的安装使用条件，在常规监测的基础上，利用自动化仪器开展定点连续监测。

改造后的嵊泗岸基实验室具有常规水文气象监测、海水监测、沉积物监测能力，可以监测风速风向、气温、水温、透明度、水质 pH、盐度、溶解氧、化学需氧量、营养盐、叶绿素 a、浮游植物，沉积物中有机碳和硫化物等指标，具备水质、沉积物和生物采样能力。除配备有监测以上指标的所有常规仪器、实验器具和纯水机等，再配备营养盐自动分析仪、光纤溶氧仪及多参数水质仪等快速检测仪器、赤潮藻试剂条快速监测技术，承担嵊泗赤潮监控区常规监测工作和赤潮岸基站试运行监测。

2.3.3 监测仪器与技术

本小节主要介绍岸基站配备的快速检测仪器及技术水平，包括“重大海洋赤潮灾害实时监测与预警系统研发”课题研发的流动注射营养盐分析仪、非连续流动营养盐分析仪、便携式多参数水质仪和光溶纤氧仪等仪器，在长江口海域应用中所做的技术改进。

1. 便携式多参数水质仪

水温、盐度、pH、溶解氧、叶绿素 a、浊度等参数是赤潮监测与预警研究的基本生态参数。将测量这些基本参数的传感器集成为一体，形成多参数水质监测仪，测量参数多、体积小、携带方便，现场使用灵活、快速。岸基站便携式多参数水质仪解决了传感器现场连续工作、现场校准技术、传感器集成等关键技术。在生态传感器技术和现场定标技术等方面进行了创新性的研究，生态要素测量参数的扩展、安全性和现场适用性设计和便于校准的结构模式等方面在“十五”系统的基础上进行了优化改进。

1) 仪器结构的设计改进

生态要素测量参数的扩展。“十五”863 计划标准化定型项目“多参数水质仪”仅集成了部分基本的测量参数，如水温、盐度、pH、溶解氧等，本方案中在原有测量参数的基础上，增加浊度、叶绿素 a 传感器以满足赤潮监测的要求。

安全性和现场适用性设计。便携式水质监测仪采用分立式模块化结构设计，所有功能模块小型化，且有机地结合成一体，使多参数水质仪达到便携的目的。水质仪水下机外围增设钢支架达到防碰撞的目的，使水质仪整体的安全性能得到提高。

方便校准的结构模式。水上机设有仪器校准功能，用户无须拿回实验室，在现场即可完成传感器的校准，提高现场适用性。多参数水质仪水下机包括六种测量传感器，这些传感器的工作特性各有不同，校准和维护方式亦不同，为方便校准和维护在水下机结构设计上采用分立结构形式，分为电化学传感器和光学传感器两个独立的个体，在校准和维护过程中互不干扰，同时可节省大量标准试剂。

2) 提高传感器现场连续工作能力

便携式水质监测仪在赤潮发生期间需要现场长期连续工作，为获得有效的测量数据，必须经常对其进行维护，维护的主要对象是各种生态参数测量传感器，为减少维护次数，主要从传感器的原理上或结构设计上提高抗污染的能力，达到长期工作的目的。溶解氧传感器采用原电池原理设计，其电解质溶液为强碱性，自身具有抗生物附着能力。盐度传感器采用电磁感应原理设计，在结构上增大导流孔的设计，减少对水流的阻力生物不易附着，且易清理维护。

3) 现场校准技术

随着时间推移，化学传感器会由于自身结构或其他一些不可预知的因素，产生读数的漂移，为此在现场使用过程中需经常校准，以满足测量准确度的要求。通常传感器需带回实验室完成校准，给现场使用造成麻烦。解决方法是在传感器的数据模型上增加时漂修正项，将生态化学传感器的数据处理固化在传感器内部电路中，当传感器发生漂移时，使用标准溶液,可实现传感器现场校准,解决了生态传感器现场校准难问题。操作时将传感器置于特定的标准溶液中，在水上机的操作界面上选择“传感器标定”选项，完成传感器的现场校准。

4) 传感器集成技术

水质仪集成了多种工作类型的传感器，信号强弱不同，不可避免会产生信号间的干扰，特别是在要求传感器同时工作时，干扰问题尤为突出。为去除信号相互干扰。各传感器的转换电路采用信号隔离、双高阻转换电路、引入第三电极等技术消除传感器间的相互干扰，以提高水质仪的抗干扰能力。

2. 光纤溶氧测定仪

光纤溶氧仪是将光源、传感膜、光学检测器、信号处理及传感膜保护系统集成为光学溶解氧传感器，在传感器内部有一个温度传感器进行温度补偿。传感器还可与其他海洋检测仪器一起集成为多参数海洋生态环境检测系统，扩大该传感器的使用范围。

溶解氧分析仪的基本工作原理：由 LED 光源发出的光激发传感膜产生荧光，水体中溶解氧与荧光探针相互作用，引起荧光的强度、波长、频率、相位、偏振态等光学特性发生变化，该荧光信号透过滤光片进入光电探测器，产生幅度相应变化的电信号，此信号经系统处理，最终获得溶解氧浓度的信息。

1) 仪器结构的设计改进

仪器主体为圆筒形，直径为ϕ84 mm，长度为 462 mm，加上光“陷阱”后，长度为 523 mm。重量约 8 kg 左右。探测端加有可拆卸的光“陷阱”，即避免杂散光的干扰，又保证水体的及时交换。光陷阱设计为底部伸进一个排水钟罩式，与常见的牛角弯光陷阱设计相比，减少了结构长度尺寸，并从遮光效果模拟图上看，能够进入光陷阱的光明显减少。在仪器的探测端，设计了一个可拆卸的透明容器，当仪器不在水下工作时，可将光“陷阱”旋下，再将装有湿棉花的透明容器旋入仪器探测端，起到保护传感膜的作用。仪器两端加活动挂钩，方便水下吊装定位。

仪器可在水下 50 m 工作，在设计中充分考虑到既要保证传感仪具有良好的密封防水性能，也考虑到仪器使用、拆卸维修上的方便，在结构上采用了两端分别用 O 型密封圈紧压密封的方法，而仪器内部零件均安装成一个整体，可以从仪器尾部整体插入或抽出，这样，既保证了仪器的密封性能，又便于仪器的使用、安装和维修。

2) 光学系统设计优化

溶解氧传感器光路设计为一中心汇聚光路，光路终端为水密窗镜，同时此镜也是化学传感膜的载体，可方便更换化学传感膜，而不影响水密封性；出射端传感膜窗片有效通光口径≤ϕ15 mm；为增加信号荧光透过率，减少激发光的反射干扰，水密窗镜镀宽带增透膜。光纤溶解氧小型光谱仪，在现场测试中光纤氧传感探头可直接插入样品溶液中进行原位监测；由于所使用的荧光分子探针的激发光谱在可见区范围，光源的体积得以减小，实现了整机微型化的目标；同时可按照实际情况的不同进行改造，如可增长光纤长度进行在线实时监控；通过半导体激光光源的有效利用，在满足分析灵敏度的同时，可降低仪器的成本，以满足不同用户或非特定环境的需要，提高市场的竞争能力。

3. 液相色谱-高分辨飞行时间质谱仪(HPLC-TOF-MS)快速检测 PSP 和 DSP 技术

针对赤潮示范区赤潮暴发频繁的现状，选择对环境污染、人类健康以及近海生态环境造成较大危害的赤潮藻(如塔玛亚历山大藻，原甲藻属等)为分析样本，以最为常见、毒性最大的麻痹性贝毒(PSP)和腹泻性贝毒(DSP)为研究对象，采用最先进的 HPLC-TOF-MS 技术，结合目前最先进的样品前处理技术(如固相萃取技术)，建立赤潮示范区水体及藻体中 PSP 和 DSP 快速检测新方法，适用于海水和各种赤潮藻体中 PSP 和 DSP 快速检测。其中，8 种主要麻痹性毒素(PSP)包括 STX，GTX1，GTX2，GTX3，GTX4，dcGTX2，dcGTX3，NEO；3 种主要腹泻性毒素(DSP)包括 OA，PTX2，YTX。

1) 采用最先进提取技术

赤潮藻由于其自身的特点，含盐量高、所含成分复杂、赤潮毒素结构特殊等，普通方法提取困难，未解决此项难题，提取采用超声破碎-超声波辅助提取技术，对赤潮藻中的多种赤潮毒素成分进行提取，以期高效、快速、无损地将毒素成分从藻体中提取出来。方法以甲醇为提取溶剂，采用超声波细胞破碎法并超声波辅助提取法对产毒藻体进行处理，该法具有操作简便、快速、毒素提取率高等优点，能满足产毒赤潮藻中多种脂溶性毒素快速筛选分析的检测要求。

2) 采用最先进分离富集技术

由于赤潮发生海域海水中所含的赤潮毒素成分浓度极低，海水中又含有大量的盐，采用现代分离、富集技术-固相萃取技术(solid phase extraction，PE)对海水进行处理，以达到海水中赤潮毒素除杂、富集的目的。通过系统的样品处理方法条件优化，克服了海水中低浓度赤潮毒素难以富集的难题，实现了对海水中 DSP 和 PSP 的有效富集，从而实现了海水中赤潮毒素的定量测定。相关研究在国内外未见报道，处于国际领先水平。

3) 采用最先进检测技术

鉴于赤潮毒素种类繁多，各类赤潮毒素化学性质差异较大，采用 HPLC-TOF-MS 对藻体和海水中的 PSP、DSP 进行检测。在我国率先建立了高效液相色谱-高分辨电喷雾飞行时间质谱联用技术检测 PSP 和 DSP 的系列新方法，并在东海赤潮示范区海水中检测到了 DSP 毒素，目前国内外还没有相关的研究报道，填补了这一领域的研究空白，具有较强的创新性。所建立的各个方法均进行了系统的方法学考察和第三方验证实验以及示范应用，具有较好的科学性。

2.4　浮标监测平台

2.4.1　平 台 组 成

海洋浮标是以锚定在海上的观测浮标为主体组成的海洋水文气象自动观测站。它能按规定要求长期、连续地为海洋科学研究、海上石油(气)开发、港口建设和国防建设收集所需海洋水文气象资料，特别是能收集到调查船难以收集的恶劣天气及海况的资料。

沿海和海岛观测站观测到的数据只能反映近海和临岛海域的情况，对远洋航行起不了作用。而建立海洋浮标就可以解决这个问题。海洋浮标是一个无人的自动海洋观测站，它被固定在指定的海域，随波起伏，如同航道两旁的航标。它能在任何恶劣的环境下进行长期、连续、全天候的工作，每日定时测量并且发报出多种水文气象水质等要素。

一般来说，全项目的海洋浮标分为水上和水下两部分：水上部分装有多种气象要素传感器，分别测量风速、风向、气压、气温和湿度等气象要素；水下部分有多种水文要素的传感器，分别测量波浪、海流、潮位、海温和水质等海洋传感要素。各传感器产生的信号，通过仪器自动处理，由发射机定时发出，地面接收站将收到的信号进行处理，就得到了人们所需的资料。有的浮标建立在离陆地很远的地方，便将信号发往卫星，再由卫星将信号传送到地面接收站。

863 计划重大海洋赤潮灾害实时监测与预警系统项目中专门针对浮标系统进行了系统研发和集成研究，设计研发或改进了三种类型的浮标，分别为大型赤潮监测浮标、生态要素监测浮标和光学浮标。

1. 大型赤潮监测浮标

项目需要在较远海域进行赤潮实时在线监测，能抵御强风强浪的大型浮标成为首选，通过对现有大型浮标的改进与研制，为赤潮现场快速监测与检测技术提供有效的技术支撑及监测平台。大型赤潮浮标是能够全天候、连续、自动采集和传输海上水文气象水质资料的圆盘形浮标，监测系统由浮体、锚系和岸站接收装置组成，浮体上承载各类传感器，主要观测项目包括风向、风速、气温、湿度、气压、水温、盐度、波浪、海流、溶解氧、pH、叶绿素 a 和浊度等观测资料，可用于长期和短期的天气预报、海象预报、常规水质参数监测等。

2. 生态要素监测浮标

生态要素监测浮标是获取赤潮频发海域水质参数变化状况，为赤潮监测和预警方法研究提供实时数据的最经济、快速、有效的手段。生态监测浮标是监测海洋环境和海洋水产养殖区水质污染状况的浮标系统，由浮标、锚系和接收站等部分组成，监测要素包括水温、盐度、pH、溶解氧、叶绿素 a、浊度等，可自动完成数据实时采集、处理、存储及传输；生态要素监测浮标对于赤潮灾害的跟踪监测、赤潮移动和扩散过程的预报、对赤潮可能造成灾害的预警和灾害评估提供实时可靠的数据具有重要的意义。

3. 光学浮标

现场高光谱光辐射测量，即海洋光学浮标观测技术，对赤潮过程及其种群动态的水色监测，具有快速、实时、直接等优势。海洋光学浮标可以实现对海洋光学特性进行时间序列上的综合性检测，由标体系统、通信系统、锚系和岸站接收中心组成，承载的主要设备是光学仪器，可用于连续观测海面、海水表层、真光层乃至海底的光学特性，以获取相应层面的太阳辐射高光谱数据。海洋光学浮标在海洋水色遥感现场辐射定标和数据真实性检验、海洋科学观测、近海海洋环境监测和海洋军事科学方面有着重要的应用价值。

2.4.2　大 型 浮 标

1. 浮标组成

整个大型赤潮监测浮标系统(图 2.12)由浮标锚泊系统、主系统以及接收岸站三大部分组成，浮标锚泊系统由浮标体、锚泊系统组成，主系统由以下部分组成：采集处理系统、通信传输系统、传感器系统、供电系统、检测系统。接收岸站由通信机、数据处理计算机组成。岸站接收系统由通信机、数据处理计算机组成，配置一套北斗卫星接收站，接收浮标状态及数据。通过互联网接收 CDMA 数据与现场监控图像。

图 2.12　建造完成的大型赤潮监测浮标

本浮标可以实现现场气象、水文及水质等参数的快速监测。监测要素主要包括风速、风向、气压、气温、湿度、日照度、波高、波周期、表层水温、表层盐度、pH、溶解氧、浊度、叶绿素 a、剖面流速、剖面流向、浮标方位。

主要技术指标如下。

工作水深：≤80 m；

浮标直径：10 m；

锚系方式：单点系留系统；

数据传输：北京时间整点采集处理完数据后，通过北斗卫星通信实时传输监测数据；

监测频率：0.5 小时；

浮标系统免维护周期：3 个月；

抗风能力：12 级。

主要测量参数指标见表 2.3。

表 2.3　大型赤潮浮标测量项目和技术指标

测量参数	测量范围	最大允许误差	分辨率
风向	0°～360°	±5°	1°
风速	0.3～80 m/s	±(0.5+0.05×V) m/s	0.1 m/s
气温	−5～50 ℃	±0.2℃	0.1℃
气压	800～1 100 hPa	±0.5 hPa	0.1 hPa
湿度	0%～100%	±5%	1%
日照度	400～1 100 nm 0～1 000 W/m^2	±5%	1 W/m^2
波高	0.5～25 m	±(0.3+H×10%) m	0.1 m
周期	3～ 30 s	±0.5 s	0.1 s
波向	0°～360°	±5°	1 °
水温	−3～35 ℃	±0.1℃	0.1℃
流向	0°～360°	±10°	1 °
流速	0～10 m/s	±1%	0.1 cm/s
盐度	0～40	±0.1	0.1
方位	0°～360°	±5°	1 °
pH	0～14	±0.2	0.1
溶解氧	0～20 mg/L	±0.2 mg/L	0.1 mg/L
浊度	0～1 000 FTU	±0.3 FTU	0.1 FTU
叶绿素 a	0～400 μg/L	±0.1 μg/L	0.1 μg/L

2. 研究内容

研发单位在国家“十五”863 计划中，完成了“大型海洋环境多层监测浮标关键技术”项目的研究，并定型为 FZF3 型大型海洋资料浮标。浮标的标体结构、锚系结构、供电系统及常规观测设备等基本成熟，为本项目开展以赤潮观测为目标的水质参数观测提供了基础条件保障。

在“十五”研究成果的基础上，对大型赤潮监测浮标进行研制和改进，可控(实时或定时)监测和传输水文气象、水质等常规要素。重点进行稳定性、可靠性等方面的改进，为海洋赤潮灾害的研究及预警提供监测平台及数据监测服务。具体主要考虑和解决的问题如下。

1）研制高可靠性的数据采集控制系统

本浮标的数据采集控制系统集气象传感器、水文传感器、水质传感器、定位系统、通信系统、控制系统及显示于一体，采集、处理及控制功能强大，其可靠性与浮标改进是否成功关系重大。

大浮标自20世纪60年代起就已经开始研制，浮标控制系统虽然历经几代改型，但系统的一些固有问题却难以满足最新的设计要求，其主要缺点如下：系统结构复杂，可维性差；系统扩展性差，兼容传感器数量少，无法接挂新型传感器；通信方式单一，数据传输频率低，实时性差；系统存储容量小；系统调试复杂，操作性差。

同时，原有浮标安装的传感器采用冷备份的方式，而气象类传感器工作环境恶劣，极易损坏，一旦损坏，如无法及时切换，则该项观测数据就缺测，而且没有追溯的可能性。浮标维护与地面台站不同，要视天气情况才能出海维修。而传感器故障大多发生于恶劣天气状况下，一旦故障还无法及时出海维修，影响浮标数据的连续性，不利于客户进行数据分析、统计计算。而这期间的观测数据对海洋观测来讲则尤为宝贵，如何保证极值海洋气候的正常连续观测也成为我们新型大型控制系统设计考虑的重中之重。

由于使用单台控制器、单套通信机，当控制器或通信机发生故障，则浮标数据、状态无法传送到接收站，浮标运行处于未知状态。此时若发生浮标进水、移位或人员闯入，接收站无法及时了解浮标状态，势必造成损失的扩大。为提高数据采集控制系统可靠性，系统采用双采集、双通信和双采集处理器独立工作模式。

双机系统分别连接两路相同（多数传感器双备份）或不同的传感器，确保在一路传感器故障或一台数据采集器故障或一套通信系统故障时系统基本正常工作，在保证观测数据的连续性的同时又可给系统维护留出足够的时间。两台数据采集器可分别使用独立的通信传输系统传输数据；双机系统又同时共享所有数据。采用CDMA、GPRS通信方式和北斗卫星通信方式进行数据传输，以保证所有数据不丢失。

大型浮标双机控制系统的设计成功突破了原有单机控制系统的局限，是我国大型海洋环境监测浮标控制系统的一次重大革命，该系统可与我国现有的浮标、传感器全面兼容，用于对现有浮标的技术升级改造。该成果也是国内浮标首次使用双机控制、双机观测采集、双机存储模式。双机并行控制系统在双机共有的传感器参数的选取、传输方法有明显的创新性，显著提高了浮标整体运行可靠性。

2）对浮标体的结构进行优化

大型赤潮浮标需要安装多种水下监测设备，常规浮标安装方案难以满足需求，浮标的结构和性能需要进行优化，着重完善水动力传感器、水质传感器和气象传感器的匹配设计，以适合海洋赤潮灾害监测的需要。

浮标体的结构优化主要体现在浮标外围浮力舱内开设三个设备安装井，分别安装ADCP、水质传感器，并预留一个安装井以方便其他水下传感器的安装。针对水下传感器易被渔网挂伤损坏的问题，对水下设备安装井管及支架进行了改进，井管采用不锈钢材料延长，井架缩短，并在井口设置防拖网装置，增强设备的生存能力。

3）浮标采集系统控制、数据处理和通信软件优化设计

浮标采集系统控制、数据处理和通信软件是整套浮标系统的灵魂，针对已有浮标软件功能单一、灵活性差的缺点，通过对采集控制、数据处理机通信软件的模块化设计与优化处理，使系统具备较高灵活性、通用性与健壮性。实现了浮标软件可兼容目前绝大多数常见传感器，可同时兼容处理海事卫星、北斗、GPRS、CDMA、VHF等多种通信方式的数据，保证效率高、运行稳定和维护方便；友好的人机界面和便捷的功能设置，使用户操作简单、高效。

4)提高防污、防生物附着能力

防污、防生物附着技术一直是水下传感器工作的困扰，大型赤潮浮标要想顺利、正常地开展工作，研究防生物附着的有效手段将是当务之急，以延长水下传感器的使用周期和数据准确稳定性。

为提高水下传感器的防污、防生物附着能力，采取了在水质传感器等敏感探头周围采用紫铜网或罩将探头进行了全面包裹的手段，在保证正常的水体交换的前提下，又在一定程度上对附着生物起到防附着的隔离和杀灭作用，实际使用效果良好，可以在夏季生物繁殖高峰期延长一个月左右的维护周期，大大减少传感器自身受附着和沾污的情况。

5)提高数据通信安全稳定性、扩展视频监控能力

根据国家有关部门的要求，海上气象水文数据观测时的卫星通信系统要优先考虑国产卫星，对比较敏感的剖面数据传输原则上不得使用国外卫星系统。基于数据保密和降低通信费用的考虑，同时考虑到浮标全天候全海域实时监控因素，在大型海洋环境监测浮标中首选了“北斗”卫星通信系统。

在国内浮标上首次采用 3G 视频监控系统对浮标周边环境进行监控，通过 EVDO 网络实现高分辨率静态图像的采集与传输功能，采用了独有的前处理技术，把握视觉细节，动态信道自适应技术，画面连续无停顿，第一时间掌控海上实时环境情况。

2.4.3　生 态 浮 标

1. 浮标组成

生态浮标主要由三个部分组成(图 2.13 和图 2.14)：第一部分为水下探头，以传感器组合的方式完成常规要素测量(温度、盐度、溶解氧、pH)和增加测量要素(浊度、叶绿素 a)；第二部分为数据舱，它是本系统全部电子仪器的载体，内设 CDMA 数据传输模块、数据采集处理器、GPS 定位装置，天线接口、充电接口、水下探头接口；第三部分为浮体，上镶嵌太阳能板，即起到浮标的平衡作用，又可给浮标蓄电池补充能源。

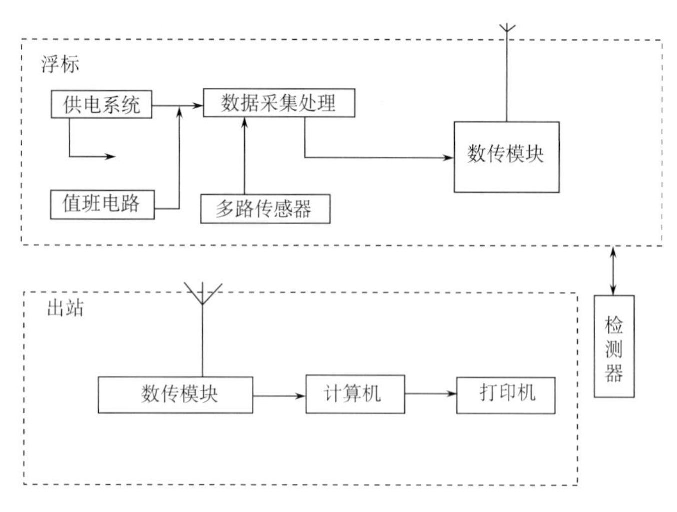

图 2.13　生态浮标工作原理

图 2.14　生态浮标外形图

生态浮标采用间歇工作方式，工作频次为 1 次/h。浮标状态包括：工作状态和休眠状态，由时钟设定浮标监测时间。浮标处于工作状态时，由值班电路启动 CPU 运行，系统控制多参数水下探头完成数据采集、存储和发送，完成监测工作后，系统自动关电进入“休眠”状态，除时钟处于工作状态外，

系统其余用电部分均断电休眠，等待时钟发出下一次工作命令。工作流程如图 2.15 所示。浮标通信的基本方式采用 CDMA 通信系统，数据以短消息的形式进行传送。在 CDMA 覆盖范围内，均可以接收观测系统发送的数据。

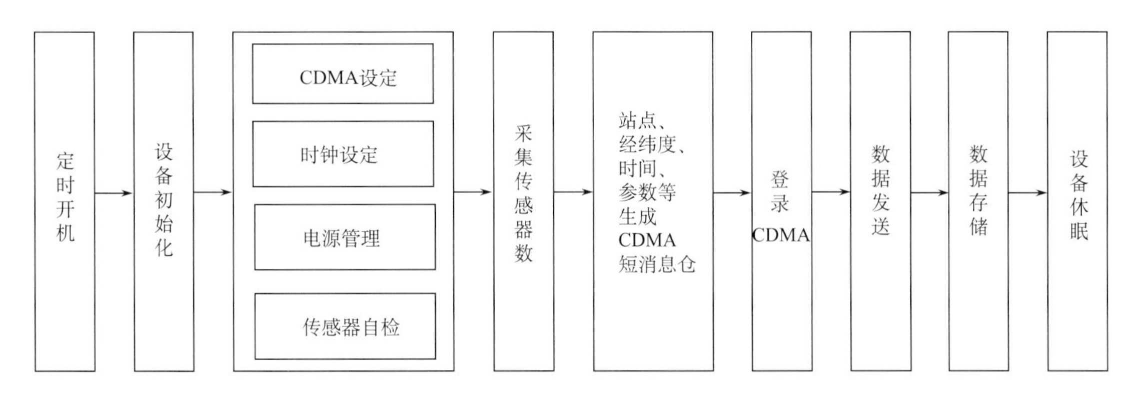

图 2.15　浮标工作流程

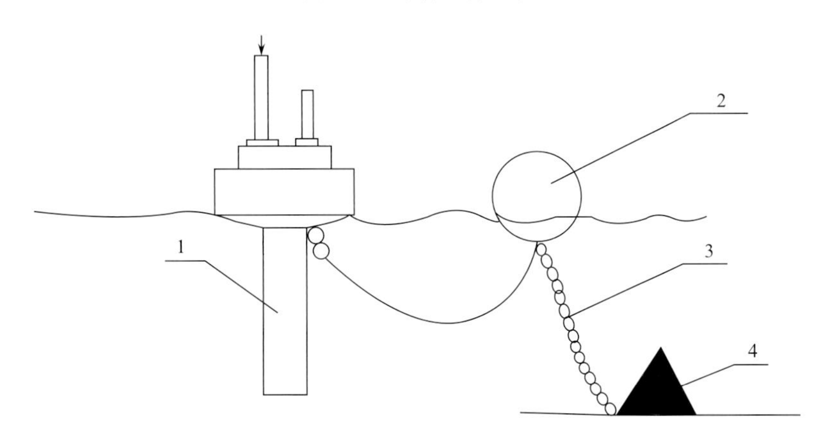

图 2.16　浮标布放示意图

图中数字表示：1. 浮标；2. 浮球；3. 锚链；4. 锚

岸站接收系统由接收天线、通信模块、检测器(PC 机)组成。主要功能为定时接收浮标发送的数据，由数据处理软件进行处理。有两种方式用户可自行选择：方式一，用手机直接接收浮标发来的测量参数信息；方式二，由 PC 机及岸站接收模块组成。

主要功能指标如下。

监测项目：温度、盐度、pH、溶解氧、浊度、叶绿素 a(表 2.4)；

测量参数指标：见表 2.4 测量参数指标；

布放水深：<20 m；

工作方式：每小时工作 1 次；

通信距离：CDMA 网覆盖范围内；

布放方式：单点锚定；

数据传输：CDMA 通信，数据传输以短信方式发送；

定位：GPS 定位，定位精度±100 m；

电源：锂电池供电；

体积：200 mm×1 300 mm；

重量：小于 30 kg。

表 2.4　测量参数指标

测量项目	类型	测量范围	分辨率	准确度
水温	热敏电阻	0～35 ℃	0.01 ℃	±0.05 ℃
盐度	实用盐度计算方法	0～35‰	0.01‰	±0.1‰
pH	电极	0～14	0.01	±0.2
溶解氧	电极	0～15 mg/L	0.01 mg/L	±0.3 mg/L
*浊度	光学	0～1 000 FTU	0.03FTU	测量值的±2%
*叶绿素 a	光学	0.1～400 μg/L	0.01 μg/L	测量值的±1%

2. 研究内容

生态水质监测浮标是“十五”863 计划研究成果，于 2005 年通过了国家海洋 863 专家组的验收，近年来，该项成果已逐步应用于海洋研究和赤潮监测中，为此次赤潮立体监测系统中生态浮标的研制成功提供了有效保证。

在“十五”863 计划重点项目“生态水质监测浮标”研究成果的基础上，针对“十一五”863 计划重点项目“重大海洋赤潮灾害实时监测与预警系统研发”的需求，借鉴国内现有相关浮标的成熟技术及使用经验，将根据现场水质监测的需求，对现有水质生态浮标进行改进，使其成为低成本、易推广、小型化生态监测浮标，旨在完善浮标的结构安全设计，改进浮标的供电方式，提高生态监测浮标长期连续工作能力，从而提升浮标的环境适应性，使生态水质监测浮标发展成为真正适用于业务化运行的海洋监测装备，实现对赤潮多发区水质生态要素现场定点定时监测，具有对赤潮发生、发展和消亡全程水质监控和预警的能力，为海洋防灾减灾服务。具体主要考虑和解决的问题如下。

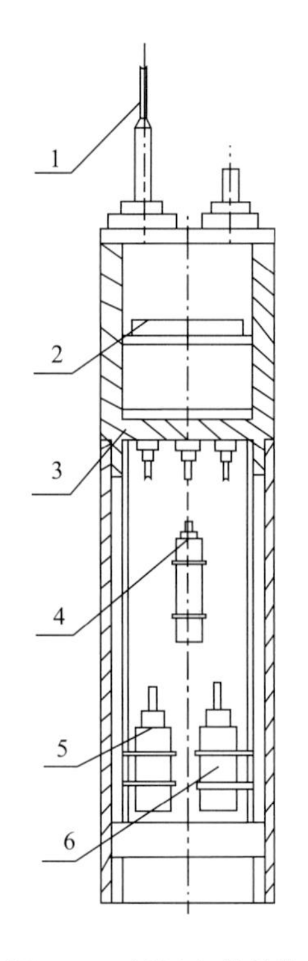

图 2.17　浮标主体结构

图中数字表示：1. 天线；2. 数据舱；3. 浮标壳体；4. 锂电池；5. 浊度、叶绿素 a 传感器；6. pH、溶解氧、温度和盐度传感器

1) 生态浮标整体小型化设计

生态水质浮标在结构上实现了一体化设计，所有功能模块均已小型化，且有机地结合成一体，置于生态水质监测浮标的仪器舱壳体内，壳体既是监测装置的外壳体也是浮体，无需再另装浮体便可独立工作，既节约了成本，安全性又有保障，达到了无需大型船舶即可布放、回收的目的。但它的天线、开关等部件置于浮标的最上端，处于开放状态，在恶劣天气的情况下布放、回收浮标时容易产生磕碰，

对浮标造成损害。此次设计中增加防撞支架设计，使浮标整体的安全性能得到提高；供电设计方面也进行了改进，电源模块采用高能量全密封免维护锂电池，用水密插头与数据舱连接，省去了太阳能板的安装，进一步降低标体体积和重量，这些措施使得浮标结构紧凑，整体体积小，重量轻，使现场维护的工作量显著降低，在布放、回收方面同样具有灵活、机动的优势。

2) 提高连续工作能力，降低功耗

生态浮标选用的温度、盐度、溶解氧、pH 传感器集成的多参数水质仪是“十五”期间 863 计划标准化定型项目“多参数水质仪”的研究成果。溶解氧传感器采用原电池式结构设计，温度、盐度传感器采用了自校准电路设计，有效地消除了传感器随时间的推移，并增加防附着、防污染设计，使其具有长期、连续的工作能力，保障了在赤潮监测周期内减少定标次数，不因传感器定标影响测量。

浮标通信采用移动通信 CDMA 方式进行，数据传输以短信方式发送。因 CDMA 网络本身具有完备的数据校验错包重发机制，可完全避免由于系统自身原因造成的误报警、误触发，且工作方式功耗极低，可大大减少因数据通信造成的能量消耗，延长浮标连续工作能力。

3)提高现场维护的可行性和便利性

水下探头采用独立结构形式设计，四参数传感器和浊度、叶绿素 a 传感器是两个独立的个体，用水密插头与数据舱连接，便于传感器维护和更换。数据舱内设定位模块、数据采集与数传模块数据舱的壳体选用筒型塑料壳体。一旦出现故障可以方便实现整体更换，易于维护。

与此同时，浮标增加设计现场校准功能接口，用户可在现场完成传感器的时漂修正。解决通常的传感器校准需从浮标上取下来，运回实验室再进行校准的麻烦。

2.4.4　光学浮标

1. 浮标组成

光学浮标主要由四部分组成：第一部分为水下探头；第二部分为数据舱，内设 CDMA 数据传输模块、数据采集处理器、GPS 定位装置,天线接口、充电接口、水下探头接口；第三部分为浮体，上部安装太阳能电池板，同时起到浮标的平衡作用，又保护内部电子装置和电池；第四部分为锚系，起到固定浮标的作用。

主要技术指标如下。

尺寸：2 m 直径×10 m 高；

标体重量：650 kg；

排水量：1.41 t；

锚重：1 000 kg；

锚链：直径 25 mm；

抗风能力：12 级；

岸站接收系统：主要为 PC 机(实验室固定 IP)，内装实验室接收软件，定时接收浮标发送的数据，由数据处理软件进行处理。

表 2.5　海水近表层光谱辐射计的技术指标

功能		技术指标
辐射计	海面入射光谱辐照度	光谱范围：350～1 100 nm 辐射测量范围：0.001～300 μW/(cm^2·nm)，测量不确定度 5%
	水下下行光谱辐照度	光谱范围：350～1 100 nm 辐射测量范围：0.001～300 μW/(cm^2·nm)，测量不确定度 10%
	水下上行光谱辐亮度	光谱范围：350～1 100 nm 辐射测量范围：0. 001～30 μW/(cm^2·nm·sr)，测量不确定度 15%

2. 研究内容

2001年，863 计划的样机作为其资源环境领域重点项目的重要组成部分在台湾海峡投入示范应用，标志着我国海洋光学浮标技术进入了世界前沿水平，也为本监测系统开展奠定了重要的高技术　基础。

当时 863 计划研制的大型光学浮标有它的不足之处，主要的不足之处有两点：第一是该浮标主要是为水色卫星定标而研制的；第二是该浮标采用了子母浮标方案，结果使得系统过于庞大，需要专业浮标船作业，不能适应普通用户的需求。有鉴于此，本项目将在 863 计划的基础上，突出技术创新，研制出更先进、实用的小型化近海海气界面辐射测量用的高光谱分辨率、高精度的光学测量技术。

浮标研究的指导思想是，结合海洋水色监测和近海赤潮生态环境监测两方面的科学需求，设计、研制出具有造价低、投放方便、技术含量高的具有世界先进水平的小型海洋光学监测系统，赤潮监测及预警光学浮标在长江口赤潮多发区示范海区应用。

由于长江口泥沙浓度高、海流大、冬天温差大等海区特点，浮标研制主要考虑和攻克的关键技术问题如下。

1) 光学仪器窗口抗污染技术

难点在于光学仪器长时间暴露在海水中其光学窗口容易受到污染，而光辐射测量对这种污染十分敏感，窗口受污染后的测量误差无法估计，污染严重时，甚至无法进行测量。因此，光学窗口的抗污染性是光学浮标能否长期连续工作且可降低运行维修费用的一个重要指标。

为此在每个光学传感器的表面单独加装一个机械电刷，每个工作周期电刷均会独立工作，将光学传感器表面进行多次清洁，防止或减少海洋生物附着和垃圾沾污，可以单独设定刷定频率，以增加清洁效果。

2) 提高浮标控制系统和数据传输系统的稳定性和可靠性

具体内容主要体现在以下三方面：

(1) 重新设计控制电路，减低通信误码率；

(2) 改进浮标采数控制方法、数据通信结构，增强软件系统稳定性，提高数据有效流量和保密性；

(3) 改进实验室接收软件，加强错误故障处理能力，减少人工参与。

浮标控制系统根据预先设定的时序和工作流程“唤醒”系统，指挥和控制各测量单元的采样，并接收测量数据，在完成必要的数据预处理后，把数据连同重要的浮标状态参数存储起来，同时也通过卫星通信模块或 CDMA/GPRS 通信模块把数据和状态参数实时传输到岸站。数据收发信机也可接收来自岸站的指令，浮标控制系统根据此指令完成相应的操作和控制。

3) 优化海水光学参量的测量和处理技术

由于受到海面波浪、光学传感器测量面的倾斜和方位角的变化、测量平台和仪器自屏蔽效应以及测量误差等因素的影响，表层海水中辐照度和辐亮度测量值的涨落是很严重的，这是表层海水光学参数测量的一个普遍问题。如何充分利用这样少量的数据进行合理而有效的处理，使得到的结果能反映出客观的真实情况，是研制海洋光学浮标需要认真考虑解决的一个重要问题。

由于光辐射测量的特殊性，接收光探头垂直向上或向下，同时光线不受物体遮挡。这就要求光学浮标体保持垂直摇摆小、平台阴影效应小、浮体所集成的多层辐射传感器的相对位置和姿态能保持一致且层间相对距离不变或可测量。

标体水上部分主要集成海面光谱辐射计、GPS、角度等传感器及通信天线、锚灯、太阳能电池板等设备。浮标体内部仪器舱主要集成数据采集系统和配电系统；把电池组单独密封并集成在浮标底部，既方便电池的更换也可起到配重的作用，使浮标具有较低的重心，具有更好的稳性。水下集成三层六套光谱辐射计，考虑分别在三个深度集成的向下光谱辐照度和向上光谱辐亮度。水体光学特性随深度的变化需要分层测量，但考虑到投放和回收的难度，布置的层数不宜太多、太深。

为了计算水体的光衰减系数、推导离水辐亮度和遥感反射率等光学量，需要准确知道水下辐射量测量的深度，由于浮标体不可避免地会随波垂直运动，水下传感器所处的深度随时间变化，因此，在水下仪器杆集成深度传感器，同步测定深度和温盐探头，联合浮标体倾角等数据，可准确确定水下传感器的深度。

4) 优化浮标体结构，适应光学测量的需要

该浮标体在结构和技术上有如下特点和创新：

(1) 采用柱状浮标，保证标体有较好的稳性；

(2) 把电池组单独密封并集成在浮标底部，既方便电池的更换也可起到配重的作用，使浮标具有较低的重心，具有更好的稳性；

(3) 浮标体阴影面积小，同时把水下仪器安装在距浮标体中线一定距离处，可较好地解决阴影问题；

(4) 为便于运输、投放和维护，各主结构可拆；

(5) 采用特殊的转动装置，只要系泊点位置恰当，则可避免海流和锚链张力作用下浮标体的倾斜，满足姿态要求。

2.4.5　浮　标　布　放

浮标布放是浮标系统使用中必不可少的重要环节，布放前需要对浮标进行长时间的系统调试、拷机测试，布放前需要考虑诸多因素，制定详细的可操作性的布放回收方案，严格按方案进行安全布放工作。

赤潮监测体系共涉及三种不同的浮标，直径为 0.6～0.1 m 不等，高度从 1 m 到十几米不等，重量从几十千克到五六十吨不等，布放中存在着各种各样需要考虑的问题，大到用什么船，小到一个卸扣一根绳子，异常复杂。

1. 大型浮标

整个大型浮标系统由浮标锚泊系统、主系统以及接收岸站三大部分组成，浮标锚泊系统由浮标体、锚泊系统组成，尺寸为 10 m(直径) × 10.5 m(高)，排水量为 51 t。

布放区域位于嵊山岛南约 18 km 处，选择此位置主要有以下几个原因：

(1) 嵊山岛海域是赤潮高发区，浮标布放于此利于第一时间监测到赤潮发生过程；

(2) 考虑到后期维护成本，缩短维护距离，浮标维护时采用普通小型渔船即可，为浮标的正常巡航、维护创造了有利条件；

(3) 由于离海岛比较近，便于当地海洋部门协助进行浮标看护和应急处置。

大型浮标的布放风险极高，曾发生过浮标倾覆、人员重伤等布放事故，对布放船只和工作人员的经验要求非常高，需要一支专业的布放团队才可以进行。东海分局拥有多个 10 m 大型浮标，在布放工作中有着专业的工作人员和非常丰富的经验和能力，同时东海分局海监船可以完成大型浮标的拖航布放、回收等相关工作，浮标布放的硬件条件也得到了满足；布放前专门成立了浮标作业小组，对布放方案进行了详细分析和沟通，考虑到了各个环节可能出现的问题，所以大型赤潮浮标的布放进行得还是非常顺利的，专业和船只与专业的队伍是最可靠的保障。本着保障人身和财产安全的考虑，不建议未从事相关工作的人员和船只进行此项工作。

浮标作业船从码头出发，在海上对浮标进行尾拖航行，港内实施收紧尾拖，出港前将尾拖缆收紧，

在出港后到达开阔水域时将浮标由尾拖缆放长，浮标拖航速度控制在 8 km 以下。浮标拖航期间安排人员值班巡视，及时与驾驶台沟通拖航动态。经过一日的航行，大型赤潮浮标布放到预定站位，随后将浮标收至船尾，浮标作业人员登标，登标后安装海流仪，完成安装海流仪后，用钢缆将浮标甲板的主链绞到船上并固定，登标人员返船，在船上人员做好主链对接的相关准备工作。锚机开始放浮标锚系，待布放到预定长度时停止布放浮标锚系，锚链卡在地铃上固定好，用锚链卡卡住已下水的浮标锚。再将锚链的连接环打开、分离，下水端的浮标锚链与绞上船的浮标底部主链连接，释放锚后布放结束（图 2.18）。

图 2.18　布放途中和已经布放完成的大型赤潮监测浮标

2. 生态浮标

浮标主要由四个部分组成：水下探头、数据舱、浮体和锚系，尺寸为 0.06 m × 0.15 m，标体重量不超过 30 kg，计划布放区域分别位于绿华岛近岸和嵊山岛近岸水深不超过 10 m 的海域。

为了对布放海域进行深入的了解，特地组织了多次海上实地考察工作，基本掌握了当地海洋养殖分布情况，并与当地海洋部门和养殖户就浮标布放细节等进行了沟通，获取了有价值的布放信息和途径，在站位选取上主要有以下几个原则和目的。

1) 服务当地

当初生态浮标设计的初衷就是小巧、轻便、维护简单，针对这一特性选择了距离海岛近且赤潮频发的养殖区海域进行布放，这样做的目的主要是为了养殖户提供针对性的养殖预警报服务。

2) 易于维护

生态浮标的水质和光学传感器易被海洋生物附着和污染，需要非常频繁地进行维护，维护的人力、财力和时间成本是必须考虑的问题，本着这个原则，选择了小船可以短时间可以到达的海域进行浮标布放，一般情况下可以 1～2 人进行正常的维护工作。

3) 安全可靠

同时由于浮标较小容易丢损，在具体的布放地点和方式上，优先考虑到依托养殖网箱、筏架进行浮标的固定，采用缆绳或钢丝绳将浮体固定于网箱一侧或网箱内，这样不仅可以大大提高小型浮标的抗风浪能力，更可在当地养殖户和海洋部门的协助看护下提高浮标的生存率，延长浮标服务寿命，迫不得已的情况下才对小型生态浮标采用锚系固定，且要选择轻型高强度锚链或锚绳以及重量足够的锚或沉块。

由于浮标体积较小、重量较轻，选择采用厢式货车运送浮标到达距离绿华和嵊山最近的海岛，再使用小型渔船将浮标运送至预定站位进行布放。绿华布放点经过考核决定使用绳索固定方式，嵊山采用既定锚系方案(图 2.19)。浮标体积小巧，不需采用专门的吊装工具，使用小型渔船即可完成布放工作，极大地节约运营成本和人工成本。

图 2.19　绿华生态浮标网箱布放过程

3. 光学浮标

光学浮标主要由四个部分组成，分别为水下探头、数据舱、浮体和锚系，尺寸为 2 m× 10.5 m，水面以上约 4 m 高，主要集成海面光谱辐射计、GPS、角度等传感器及通信天线、锚灯、太阳能电池板等设备，易被碰撞损坏，水下标体超过 6 m，集成三层六套光谱辐射计，分别在 1.6 m、3.2 m、4.8 m 三个深度集成的向下光谱辐照度和向上光谱辐亮度测量仪，侧向伸出约 2 m 长，极易被刮蹭而损坏光学传感器，排水量为 1.41 t。

最初计划采用监测船在码头将浮标吊装至甲板，运抵预定海域后再用船载吊车将浮标吊起并投放入水，后将此方案与船方和相关浮标布放专业人员进行沟通后，发现了大量的安全隐患，海上船只受风浪的条件下进行根本无法实施浮标吊放操作，又考虑增加一条小船进行海上配合作业，减少浮标的摇晃自由度，经多方论证后依然存在过高风险。后来经了解海事局布放航标的船只应该可以完成该浮标的布放，但布放价格异常昂贵，该方案被放弃。

经过反复研究和商讨，多次论证，项目组最终找到了解决方案。将联调拷机完成的光学浮标整体吊装到一辆 10 m 长的平板车上，固定牢以后启程通过车客渡运往嵊泗岛渔政码头，在渔政码头选择高潮时再次使用吊车将浮标吊入水中，高潮时可以确保浮标不会搁浅，然后将浮标用多条缆绳固定在百吨渔船尾部，绑紧后浮标和船尾部一同随波浪升降，不会出现碰撞现象，要注意定时查看缆绳磨损情况，选择海况较好的情况下，以航速不大于 5 km 缓慢拖往嵊山海域既定布放点布放。到达预定站位后，先将浮标、锚链、锚依次连接，分段投放锚链，解开浮标缆绳使船远离浮标后，将锚抛入水中，布放结束。

该布放方式的优点在于：首先是节省了大量的布放费用，是采用海事专业布船只费用的不到一成，第二是采用车渡将浮标运至最近的海岛，选择在较深水的码头下水，有效地避免了浮标水下部分太长而导致的搁浅问题，同时避免了长距离拖行带来的危险，也解决了海上起吊作业的不确定性带来的风险。这一光学浮标的布放过程复杂艰辛，虽然大的风险已通过上述手段消除，但拖航过程中依然需要提高警惕，观察浮标动态和可能存在的潜在风险，浮标布放工作人员需要具备高度的责任心和现场工作经验，随时准备处理应对出现的问题。

2.4.6 浮标日常管理

浮标下水以后在恶劣的海况环境下开始无人值守，独力运行，它在海上面临着多种多样的风险，风浪大，海流急引起的浮标走锚移位，过往船只躲避不甚导致的浮标碰撞损坏甚至倾覆，锚链磨损、锈蚀导致的锚链断裂等，只要浮标一下水每时每刻无不牵动着工作人员的心，需要尽最大可能时刻了解浮标的运行状态，保障浮标正常运行，浮标的日常管理工作是浮标监测工作中必不可少的重中之重，要引起足够的重视。

1. 实时监控

浮标要安全在原位运行是根本条件，是数据获取的基础，所以浮标的实时监控的重要性不言而喻，也是重中之重。

1) 监控内容

浮标监控首先要编写专门的浮标监控维护实施方案，明确责任人，监控频率和内容，填写监控记录。

监控重点和检查的一般顺序如下：

(1) 是否有报警信息；

(2) 通信是否正常，数据是否完整接收；

(3) 浮标是否移位；

(4) 电压是否正常；

(5) 各测量参数指标是否正常，是否连续、合理，是否有明显异常值出现；

(6) 是否超过维护周期；

(7) 综合判断是否工作正常；

(8) 查看浮标当地气象情况，是否超过浮标设计抗风能力；

(9) 填写监控记录。

2) 技术保障

浮标监控和维护工作务必要有一份高度的责任心，心里要无时无刻惦记着海上，要想尽一切手段保障浮标安全，同时要想尽可能的技术手段进行辅助保障，如服务器在允许的情况下开通远程访问，这样即使在节假日或出差的时候也可能通过网络实时查看浮标状态，保证第一时间发现险情和变故；也可以考虑通过在浮标上加装其他监控设备来增加实时监控的手段，如海事 AIS 系统、北斗通信系统等，这样一来就可以通过多条途径了解浮标的运行状态、位置信息等，即使浮标自身的主机出现故障无法通信的情况下，也可以通过海事网等途径实时得知浮标的情况，增加了浮标的生存能力。

2. 定期维护

准确的数据是浮标存在的意义，错误的数据等于没有数据，甚至不如没有数据。现在多数人认为浮标在线监测的数据准确度是难以得到保障的、不可信的，其实不然。浮标是一个海上实验室，它与陆地实验室其实没有本质区别，都是通过检定校准的仪器使用规范的方法获取监测数据，为什么浮标的数据却得不到信任呢？这与浮标的正常维护与否密切相关，陆地实验室仪器维护不当得不到置信的数据是一个道理。当然浮标维护有其特别之处，就是在海上现场进行，这使得其面临诸多困难，如人力、财力、物力支持、空间限制、海况限制等，使得维护工作的开展阻力重重。这就要针对浮标这一特殊对象，想出特殊的解决办法来正常地开展维护工作，最大限度力保数据的可靠性和准确性。

1) 维护周期

浮标的维护周期往往较难判断，维护过于频繁各种成本难以承受，维护过少将导致数据失真。这就要求浮标维护工作人员要时刻关注浮标数据，对各个参数对应的实际情况进行合理分析，看其是否多日连续偏离正常范围，找出可能的干扰因素，如果偏离情况没有得到恢复或好转，可以认为传感器需要维护维修或更换，如果周围还有其他浮标或可对比的数据获取途径手段，可以同时参考这些数据进行判断。

2) 校准定标

设备的校准定标分为两种情况：一种是海上现场定标；另一种是实验室定标。

(1) 现场定标

现场定标受浮标种类和传感器类型限制较大，通常情况下很难实施，要注意定标中采用设备的计量有效性、标准液的运输过程防变质保存、专业工具携带齐全等一系列问题，确保校准的顺利实施和结果的准确有效。

(2) 实验室定标

实验室定标往往是最常采用的方式，除按仪器正常定标步骤进行之外，有几点需要注意：一是定标后的仪器如果超过一段时间未使用，应重新进行定标方可投入现场使用；二是有条件的情况下在定标后要进行定标检验，进行仪器对比验证或实验验证，确保定标过程的可靠性，往往这一点会被忽视。定标良好的备用仪器设备在现场进行更换后要查看实际运行状况良好后才算维护完成。

3. 应急处置

浮标因其工作环境和工作方式的特殊性，决定其面临的风险是不可避免的，也正因为如此浮标的丢损概率也是非常高的。浮标丢损并不可怕，可怕的是没有及时发现，或者发现了没有及时作出正确的处理。

1) 应急预案

往往很多情况下，在发现浮标出现危险之后，及时作出正确的处理后可以最大限度挽回损失，这就需要全面地考虑可能存在的风险因素，提前制定详细的应急预案，要尽可能具备可操作性，不能仅仅停留在纸面上，而是要真正落实到实处。

应急处理几个重点注意的方面有：

(1) 恶劣天气条件发生时，要通过岸站接收系统加强浮标状态监控，及时掌握浮标运行动态；

(2) 浮标移位处置要及时，应在发现浮标移位的第一时间组织人员、船只，随时跟踪并迅速赶赴浮标地点，抢救浮标；

(3) 仪器工作不正常时，应及时予以排查，分析弄清故障原因，必要时赴现场迅速解决仪器故障。

2) 加强时效

浮标实际运行过程中可能会出现很多预先料想不到的偶尔情况，肯定会有很多浮标实际监控人员层面无法解决的，此时最好的解决办法就是在第一时间通知相关负责人，尽快提出解决方案，协调各种可以协调的资源，最大限度地解决问题，补救损失。

2.4.7 浮标信息集成

浮标监测平台监测的信息接收落地后都通过相应的数据解析和数据同步软件将监测数据入库存储，为最终的信息集成系统-赤潮监测运行服务信息系统提供数据源。由于生态浮标、大浮标以及光学浮标的监测数据格式各异，需要对其进行解析和规范化定义，因此，集成方与浮标研发方制定了详细的浮标监测数据格式协议，约定由浮标方开发数据解析及转换软件，将浮标监测的原始数据转换成通用的 XML 文件，为数据集成提供准备。图 2.20 为浮标信息采集及流向图。

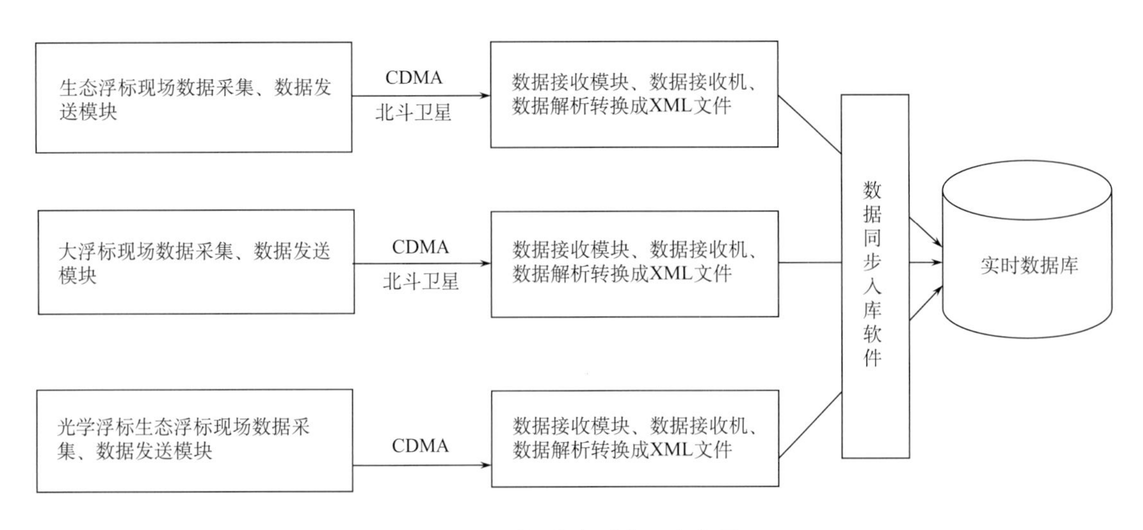

图 2.20　浮标信息采集及流向图

2.5 卫星平台

赤潮常规监测手段主要是，当赤潮发生时，利用船舶对赤潮发生、发展和消亡过程水体生化参数、赤潮藻种等进行采样分析，实现对赤潮灾害的现场监测；除此之外，对沿海赤潮的监测主要来自于海监飞机、渔民、志愿者等及时发现、监测与上报。这些监测手段容易受到赤潮暴发不确定性，以及天气、海况等诸多因素限制，且监测费用通常较高。相比之下，卫星遥感平台具有覆盖范围广、重复率高、成本低廉等优势，近年来已成为赤潮监测不可或缺的重要手段。卫星平台具体由国家海洋局第二海洋研究所构建和运行。本卫星平台系统由卫星数据接收和数据处理子系统与赤潮遥感监测服务技术子系统组成。本节将从卫星传感器的选择，卫星接收和处理子系统的构建与赤潮遥感监测服务子系统的开发等方面详细介绍目前赤潮遥感业务化监测卫星平台。

2.5.1 平台组成

利用卫星遥感平台监测赤潮，通过对沿海赤潮本身及其发展的海洋环境信息遥感提取技术，赤潮信息提取和信息服务技术的攻关，开发可见光和红外多源卫星遥感数据的综合应用技术，建立由卫星遥感数据接收至终端产品制作的赤潮遥感监测服务技术系统。该平台主要包括卫星遥感接收与预处理应用系统、遥感赤潮监测与服务子系统和卫星赤潮遥感监测软件模块。

卫星遥感接收与预处理应用平台为国家海洋局第二海洋研究所遥感应用和示范系统。该系统平台由卫星海洋环境动力学国家重点实验室卫星地面站和海洋水色水温环境卫星遥感数据处理与应用系统组成。卫星地面站作为国家海洋局卫星地面应用系统备份站，负责海洋环境卫星资料的接收、处理和存档等业务运行。1988 年建站以来承担接收我国自主海洋 HY-1 系列卫星、FY-1 系列卫星资料，同时接收国外十多颗卫星资料，是国际上最初获得 SeaWiFS 资料免费接收权的 16 个地面站之一。每天处理生成 23GB 以上的卫星遥感数据产品，已经积累了海量的海洋遥感卫星数据，为我国海洋遥感科学研究发挥重要的作用。海洋水色水温环境卫星遥感数据处理与应用系统由国家海洋局第二海洋研究所自主研制。该系统可自动处理 TERRA/MODIS、AQUA/MODIS、HY-1B/COCTS、HY-1B/CZI、SeaStar/SeaWiFS、NOAA12-NOAA19/AVHRR 等十余颗海洋水色水温卫星遥感数据，生成 6 个级别 16 种海洋环境要素遥感专题产品。卫星遥感赤潮监测与服务子系统和赤潮信息提取软件模块则需要单独开发。

2.5.2 卫星传感器

1. 水色卫星传感器介绍

海洋水色卫星遥感起始于 1978 年美国 NASA 发射了装载有海岸带水色扫描仪 CZCS（Coastal Zone Color Scanner）的 Nimbus-7 号卫星，开辟了利用遥感监测全球性海洋水色因子的历史。此后，欧共体、日本、印度、韩国都陆续发射了监测海洋环境的海洋遥感系列卫星，如搭载在美国 Aqua 与 Terra 卫星平台上的中分辨率光谱成像仪 MODIS（Moderate-Resolution Imaging Spectroradiometer）、欧洲 Envisat-1 卫星平台上的中等分辨率成像频谱仪 MERIS（Medium Resolution Imagingspectrometer）、中国海洋一号 HY-1 系列卫星平台上的海洋水色水温扫描仪 COCTS（Chinese Ocean Color and Temperature Scanner）、韩国海洋水色卫星 COMS-1（Communication OceanMeteorological Satellite）平台上的地球静止海色成像仪 GOCI（Geostationary Ocean Color Imager）等。卫星遥感技术在海洋探测方面的应用越来越广泛，所搭载的海洋遥感器在性能与技术方面也越来越强大。

1）MODIS

中分辨率成像光谱仪（MODIS）是搭载在 TERRA 和 AQUA 系列卫星上的重要探测仪器，采用免费直接广播的形式接收数据并无偿使用的星载仪器，是当前世界上新一代“图谱合一”的光学遥感器。它在 0.4～14 μm（可见光到热红外）的电磁波谱范围内设有 36 个通道且达到中等空间分辨率水平（250～1 000 m）（表 2.6）。它的扫描宽度是 2 330 km，一幅 MODIS 影像可以覆盖中国大部分海岸带区域，可以比较容易得到完全同步的影像。TERRA 和 AQUA 上的 MODIS 数据在时间更新频率上相配合，可得到每天两次白天和两次黑夜更新数据。这样快的更新频率对于开展自然灾害与生态环境监测、全球环境和气候变化研究以及进行全球变化的综合性研究具有非常重要的实用价值。

表 2.6　MODIS 各通道参数及主要应用领域

基本用途	波段	波长范围/nm	光谱辐射率	信噪比(SNR)
陆地/云边界	1	620～670	21.8	128
	2	841～876	24.7	201
陆地/云/海洋水色/生物化学	3	459～479	35.3	243
	4	545～565	29.0	228
	5	1 230～1 250	5.4	74
	6	1 628～1 652	7.3	275
	7	2 105～2 155	1.0	110
海洋颜色/浮游生物/生物化学	8	405～420	44.9	880
	9	438～448	41.9	838
	10	483～493	32.1	802
	11	526～536	27.9	754
	12	546～556	21.0	750
	13	662～672	9.5	910
	14	673～683	8.7	1087
	15	743～753	10.2	586
	16	862～877	6.2	516
大气水汽	17	890～920	10.0	165
	18	931～941	3.6	57
	19	915～965	15.0	250
地表/云温度	20	3.660～3.840	0.45(300K)	0.05(NET)
	21	3.929～3.989	2.38(335K)	2.00(NET)
	22	3.929～3.989	0.67(300K)	0.07(NET)
	23	4.020～4.080	0.79(300K)	0.07(NET)
大气温度	24	4.433～4.498	0.17(250K)	0.25(NET)
	25	4.482～4.549	0.59(275K)	0.25(NET)
卷云/水汽	26	1.360～1.390	6.00	150(SNR)
	27	6.535～6.895	1.16(240K)	0.25(NET)
	28	7.175～7.475	2.18(250K)	0.25(NET)
云特性	29	8.400～8.700	9.58(300K)	0.05(NET)
臭氧	30	9.580～9.880	3.69(250K)	0.25(NET)
地表/云温度	31	10.780～11.280	9.55(300K)	0.05(NET)
	32	11.770～12.270	8.94(300K)	0.05(NET)
云顶高度	33	13.185～13.485	4.52(260K)	0.25(NET)
	34	13.485～13.785	3.76(250K)	0.25(NET)
	35	13.785～14.085	3.11(240K)	0.25(NET)
	36	14.085～14.385	2.08(220K)	0.35(NET)

资料引自：GES DISC Website: http://daac.gsfc.nasa.gov；

注：(1)波段 1～19 波长单位为 nm，波段 20～36 单位为 μm；(2)光谱辐射率单位为 W/(m^2 · μm · sr)；(3)NET 为噪声等价温度变化

2) MERIS

中等分辨率成像频谱仪(MERIS)是由法国与荷兰共同开发研制并搭载于ENVISAT卫星上，于2003年5月正式投入使用。它能同时满足观测大气、海洋和陆地的需要，其独特的在轨处理功能、精细的光谱波段设置与可调节的两种空间分辨率使其在水色遥感器中占有绝对优势，在海洋方面可专门测量海洋与近岸水体水色，包括探测海表面叶绿素a浓度、悬浮物质浓度、溶解有机物等。

MERIS是推扫被动式成像光谱仪，扫描过程由一排由5架摄像机排列组成的探测器元件完成，共同观测旁向1 150 km宽的地面刈幅，每3天覆盖全球一次，信噪比高达1700。MERIS遥感器在0.39～1.04 μm波谱范围内设有15个波段，带宽范围为3.75～20 nm，可见光光谱的平均带宽为10 nm(表2.7)。15个波段精细的辐射测量可以提供海洋生产力、海岸带，尤其是海洋沉积物的观测。对海岸带与陆地测量的300 m分辨率数据需要实时传输到地面接收站，对大面积海域监测的分辨率为1 200 m，记录在星上记录器上。ENVISAT卫星利用接收ERS卫星数据的地面接收站网为世界各地的区域用户提供服务。

表2.7　MERIS波段设置

波段	波长范围/nm	波段	波长范围/nm
1	407. 5～417. 5	9	703.5～713.75
2	437. 5～447. 5	10	750～757.5
3	485～495	11	758.75～762.5
4	505～515	12	771.25～786.25
5	555～565	13	855～875
6	615～625	14	885～895
7	660～670	15	895～905
8	677.5～685		

资料引自：http://oceancolor.gsfc.nasa.gov

3) COCTS

十波段海洋水色扫描仪(COCTS)是我国海洋一号(HY-1)系列卫星上的主遥感器之一，主要用途为探测海洋水色环境要素、水温、浅海水深和水下地形等。其主要作用是：掌握海洋初级生产力分布和环境质量、了解河口港湾的悬浮泥沙分布规律，以及监测海面赤潮、溢油、热污染、海冰冰情等。HY-1A卫星重访时间为3天，HY-1B卫星重访时间为1天。两卫星的COCTS均包含8个可见光近红外波段和2个热红外波段，星下点分辨率小于或等于1.1 km，数据的量化级数为10 bits。COCTS的10个波段的波长范围及应用见表2.8。

表2.8　COCTS波段设置

波段	波长范围/nm	应用领域
1	402～422	黄色物质、水体污染
2	433～453	叶绿素a吸收
3	480～500	叶绿素a、海水光学、海冰、污染、浅海地形
4	510～530	叶绿素a、水深、污染、低含量泥沙
5	555～575	叶绿素a、低含量泥沙
6	660～680	荧光峰、高含量泥沙、大气校正、污染、气溶胶

续表

波段	波长范围/nm	应用领域
7	730～770(HY-1A) 740～760(HY-1B)	大气校正、高含量泥沙
8	845～885	大气校正、水汽总量
9	10 300～11 400	水温、海冰
10	11 400～12 500	水温、海冰

4) GOCI

地球静止海色成像仪(GOCI)是 2010 年韩国发射的世界上第一颗静止轨道海洋水色卫星 COMS-1 上所搭载的遥感器。该卫星发射成功后便成为全球水色遥感研究领域的焦点，开创了水色遥感探测的新时代(表 2.9)。

GOCI 遥感器由 ASTRIUM 公司生产，主要任务是观测以朝鲜半岛为中心的一定范围内的海洋环境的变化，对该区域的海洋生态系统进行长期的和短期的监测并提供不断更新的关于叶绿素 a、藻华等的数据(刘良明等，2011)。与其他海洋水色遥感器不一样，GOCI 以独特的高空间分辨率和时间分辨率(1 小时更新一次)来观测海洋和沿海的水域。GOCI 的地面分辨率为 500 m ×500 m，覆盖范围为 2 500 km × 2 500 km，轨道高度为 35 786 km，信噪比大于 1 000，观测频率 1 小时，每天产出 10 景影像(白天 8 景，夜晚 2 景)，设计寿命 7 年。不仅如此，GOCI 的精度非常高，其辐射校正误差小于 3.8%，且它覆盖中国大部分的海域，其数据可以免费获取，以及超高的时空分辨率使得 GOCI 在监测短时间周期变异的特性中具有很大的优势(司耀锋等，2010)。GOCI 的波段参数如表 2.9 所示。GOCI 根据应用目的不同可提供长、短期观测，对海洋系统循环变化、海上突发性事件实时监测及后续消除治理等工作都有不可忽视的重要作用。

表 2.9　GOCI 波段设置及应用

波段	波段中心/nm	带宽/nm	标准辐亮度/[W/(m^2·μm·sr)]	信噪比	应用领域
1	412	20	100	1 070	黄色物质、浊度
2	443	20	92.5	1 190	叶绿素 a 最大吸收
3	490	20	72.2	1 170	叶绿素 a 与其他色素
4	555	20	55.3	1 070	浊度
5	660	20	32.0	1 010	荧光信号，悬浮泥沙
6	680	10	27.1	870	大气校正，荧光信号
7	745	20	17.7	860	大气校正 荧光信号基线
8	865	40	12.0	750	气溶胶光学厚度 水蒸气量

2. 卫星传感器选择

针对东海区赤潮灾害业务化运行对遥感数据的高需求，根据实际应用情况，选择目前运行较为稳定的 AQUA/MODIS 水色遥感数据作为赤潮灾害监测的主要卫星遥感数据源。

本卫星平台选择 AQUA/MODIS 作为业务化运行的水色遥感数据依据主要从以下几方面进行考虑：①数据的时效性，由于赤潮灾害的突发性以及发生区域随海流情况发生变化，因此，对遥感监测结果的时效性要求较高。而根据“重大海洋赤潮灾害实时监测与预警系统”项目要求，遥感监测速报时间要控制在 3 小时内。通过对比现有业务化水色卫星的数据分发方式，欧洲空间局的 MERIS 和韩国的 GOCI 通过网络分发，目前国内并不能自主接收，其数据一般要卫星过境后 6～24 小时才能从其网站获得，因此，无法满足时效性 3 小时要求。而 MODIS 卫星数据可以通过国家海洋局第二海洋研究所的卫星地面接收站在卫星过境实时接收，并利用自主研发的数据处理软件，在卫星数据接收完成后 2 小时内处理成 L2 级水色水温产品提供给赤潮遥感监测服务子系统进行赤潮遥感监测，因此，可以完全满足时效性要求。②数据质量的稳定性，虽然 HY-1B/COCTS、TERRA/MODIS、AQUA/MODIS 等卫星传感器在其最初的运行阶段都具有良好的数据质量，但随着时间的推移，各传感器器件性能都有不同程度的下降。其中，HY-1B 于 2007 年发射成功，设计寿命为 3 年，到目前已超期多年，同时由于缺乏在轨定标系统，目前其搭载的 COCTS 只能作为遥感判别的辅助数据。TERRA/MODIS、AQUA/MODIS 两颗卫星传感器具有完全相同配置和功能，两者在轨运行都已超过 10 年，其中 TERRA/MODIS 较早发射，运行服役时间更长，因此，其数据中的个别波段性能明显差于较晚发射的 AQUA/MODIS。虽然 AQUA/MODIS 在轨服役超过 10 年，但得益于其完备稳定的在轨辐射定标系统和出众器件性能，其传感器寿命得到了良好保证。从对目前可接受的各卫星传感器数据实际应用对比来看，AQUA/MODIS 具有更好的数据质量和稳定性。加之 AQUA/MODIS 拥有的可在水色遥感方面应用的波段最多，本卫星平台最终选用 AQUA/MODIS 水色遥感数据作为赤潮灾害监测的主要卫星遥感数据源。

2.5.3 卫星数据接收与处理系统

本卫星平台构建和运行主要依托国家海洋局第二海洋研究所的卫星数据接收与处理系统，该系统利用其自主研制的海洋水色水温环境卫星遥感数据处理与应用系统软件，可自动处理 HY-1B/COCTS、HY-1B/CZI、TERRA/MODIS、AQUA/MODIS、NOAA12-NOAA19/AVHRR 等十余颗海洋水色水温卫星遥感数据，生成 6 个级别 16 种海洋环境要素遥感专题产品。

因此，本卫星平台系统中的卫星数据接收处理子系统主要由卫星数据接收、卫星资料预处理、离水辐射率产品处理和流程控制四部分组成。其中，接收天线采用直径为 3.2 m 的 X 波段卫星天线及其天线控制单元，处理和流程控制系统安装在 3 台 Windows 服务器上。各组成的部分功能如下。

1. 卫星数据接收系统

该接收系统主要进行卫星过境时的跟踪和数据接收，采用接收频率范围为 8.0～8.5 GHz 的 X 波段卫星天线进行接收。在卫星过境前的准备阶段，根据卫星轨道数据预先计算卫星过境接收天线所在区域时的起始方位，并调整天线的方位和仰角，指向卫星在地平线附近的出现位置；在卫星过境过程中，天线根据已计算得到的卫星轨迹，通过天线控制单元保持天线一直指向卫星并实时接收卫星数据，直至卫星脱离天线接收范围，即下降到地平线以下时，卫星数据接收结束。AQUA/MODIS 卫星影像位于东海区域数据，白天接收时段一般在每天的 13:00 时左右，接收过程一般耗时 15 分钟左右，每轨数据量为 1.0～2.0 G。

2. 卫星资料预处理系统

卫星资料预处理子系统的主要任务是通过对水色传感器获得的 L0 级原始数据行数据有效性检查，并进行辐射校正和地理空间定位，最终获得卫星实际观测到各波段大气顶反射率等 L1B 数据，用于之后水色遥感产品提取。

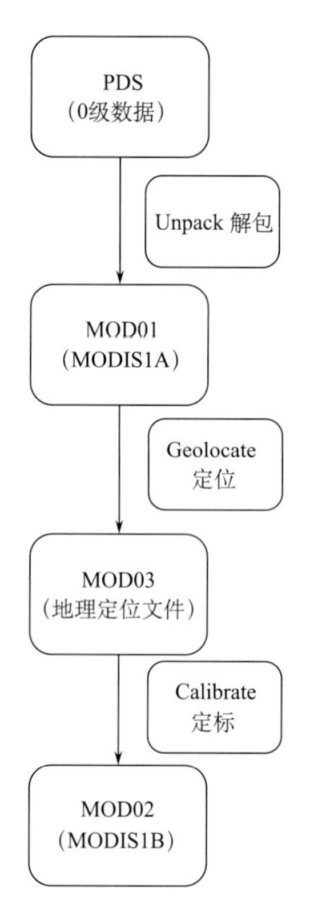

图 2.21　MODIS 数据预处理流程图

1) 输入数据

轨道数据、在轨定标参数数据、AQUA/MODIS L0 产品。

2) 输出数据

AQUA/MODIS L1B 产品(大气顶反射率)。

3) 系统功能描述

对卫星下传的数据包(RawData)即 Level-0 级数据产品经过数据解包、几何校正和辐射校正后，处理为 Level-1B 数据的过程，也叫 Level-1 处理过程。Level 1 处理可以分为 1A 和 1B 两个部分，1A 级处理包括数据的解包以及验证所处理的 0 级数据；然后把这些数据组织成扫描位置一样的数据结构，生成地球定位数据，添加相关的需要扫描这些数据的辅助信息，最后生成出 EOS 标准格式的数据产品(几何定位)；1B 级数据处理对包含在 1A 级数据产品中的原探测器的输出施加辐射定标，生成 Level-1B 数据。只有进行预处理生成 Level-1 数据才能用于后续的二级科学算法处理，生成特定应用数据产品。

AQUA/MODIS 预处理系统模块包括数据解包模块、几何定位模块、辐射定标模块(图 2.21)。

3. 离水辐射率产品处理系统

离水辐射率产品处理子系统主要任务是通过对遥感器水色波段的大气校正、太阳耀斑剔除等过程，计算可见光波段的归一化离水辐射率、遥感反射比等。

1) 输入数据

辅助数据、每天四个时次的大气辅助数据产品、每天一次的臭氧辅助数据产品卫星数据：AQUA/MODIS L1B 产品。

2) 输出数据

AQUA/MODIS 二级海洋水色产品(离水辐射率、叶绿素 a、气溶胶光学厚度等)。

3) 系统功能描述

卫星接收到的光谱辐射率除水体的离水辐射率外，还有大气对太阳光的散射辐射率和海面反射辐射率，而且离水辐射率在卫星接收到的辐射率中所占比例相当小，在 15%以下。从卫星遥感资料反演海洋水色因子必须进行大气校正。由于水体信息在卫星测量得到的信号中所占比例非常小，大气校正所采用的模型和各辐射分量计算精度直接影响离水辐射率提取精度。而经大气校正分离出来的离水辐射率的精度又直接影响到水色因子信息提取的精度。由于大气和海洋环境的复杂性，许多环境因素，如气压、风速、能见度、水汽等变化直接影响卫星接收到的各辐射分量的分配，从而影响离水辐射率提取精度。因此，该模块主要对 L1B 产品进行大气校正，生成 Level 2 级海洋水色产品。该系统的大气校正模块由大气瑞利散射模块、太阳耀斑计算模块、大气透射率模块、气溶胶计算模块、光学厚度计算模块和离水辐射率计算模块组成。

4. 流程控制系统

该流程控制系统采用了统一建模语言(unified modeling language，UML)，利用计算机信息网络技术将上述硬件和软件进行集成，主要进行各自系统间的数据传输，协调各模块的调用和流程控制，使各子系统有机地组成为一套自动化系统。

2.5.4 赤潮遥感监测服务子系统开发

1. 开发模型

本书的赤潮遥感监测服务技术子系统涉及相关模型的开发，包括遥感赤潮监测与服务子系统和赤潮信息提取软件模块的开发。

赤潮监测与服务子系统软件的开发模型以渐增模型方式设计，从一组基本需求开始，按面向对象的思想划分类，构件软件框架，然后不断细化需求，添加、完善模块功能，从而循序渐进地螺旋上升，完成系统开发。系统以构造健壮、高效、易用的海洋多维信息处理平台为主要设计目标，采用基于构件技术的分层体系结构，使得系统可用迭代增量的方式开发，并能够通过内部开发的、第三方提供的或市场上购买的构件来扩展和集成新的系统功能，以减少软件开发活动中大量的重复性工作，提高软件生产效率，降低开发成本，缩短开发周期。

系统软件采用三层结构进行搭建，最上层为应用层，主要包含各模块的图形用户化界面和操作流程；中间层为服务层，主要是向应用层提供二次开发的组件、API 函数、单独的处理程序等；最下层为数据层，承担遥感影像数据及其他地理信息的 I/O、格式转换和管理。

从技术流程考虑，大体经历如下几个阶段。

(1) 需求分析、功能定义与模块划分；

(2) 接口关系初步界定与详细设计；

(3) 采用面向对象的快速原型开发方法，自顶向下进行软件整体设计；

(4) 采用 COM/DCOM 控件技术，进行子模块化组件选用和开发；

(5) 系统中各子模块测试与改进；

(6) 系统中各子模块集成嵌入与测试改进；

(7) 从数据流角度对软件模块进行数据处理实验与检测改进；

(8) 软件成果定型与交验。

下面以图 2.22 的形式给出软件开发流程。

2. 硬件环境设计

CPU：P4-2.4G 或以上；

硬盘：500G 或以上；

内存：2G 或以上；

网络：相关网络基本设备，网卡、网线 HUB 或 ROUTE 等；

输出设备：绘图仪、打印机等；

其他：UPS 不间断电源。

3. 软件环境设计

操作系统：Windows XP\2K 或以上；

软件开发环境：Visual C++ 6.0；

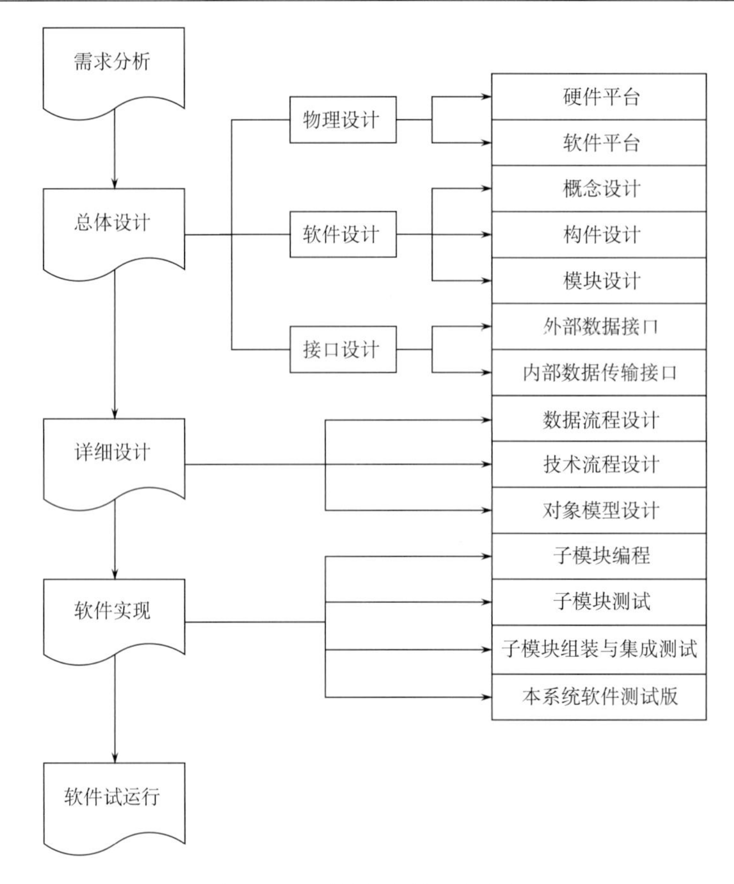

图 2.22　系统软件的开发流程

制图软件：ArcGIS 9.3 或以上；
其他软件环境：PhotoShop 和 Office 等。

4. 系统软件文件系统设计

程序目录：
\TideSystem\BIN 存放执行程序和程序执行需要的库文件；
\TideSystem \LOG　存放软件执行的状态信息；
\TideSystem \DATA 存放软件执行的参数文件，如地理参数等。

5. 系统的数据流程设计

系统以国家海洋局第二海洋研究所的遥感自动接收和处理系统生成的 MODIS L2 级遥感数据为输入数据，通过各种遥感要素的提取模块制作遥感要素叶绿素 a、海表温度和赤潮专题产品，并利用 ArcGIS 软件制作遥感专题图，系统的数据流程如图 2.23 所示。

6. 系统功能模块设计

为了实现软件的功能，遥感赤潮监测与服务子系统功能模块由数据管理模块、要素产品制作模块、数据产品显示模块、统计分析模块和专题图制作模块等模块组成。其总体模块结构如图 2.24 所示。

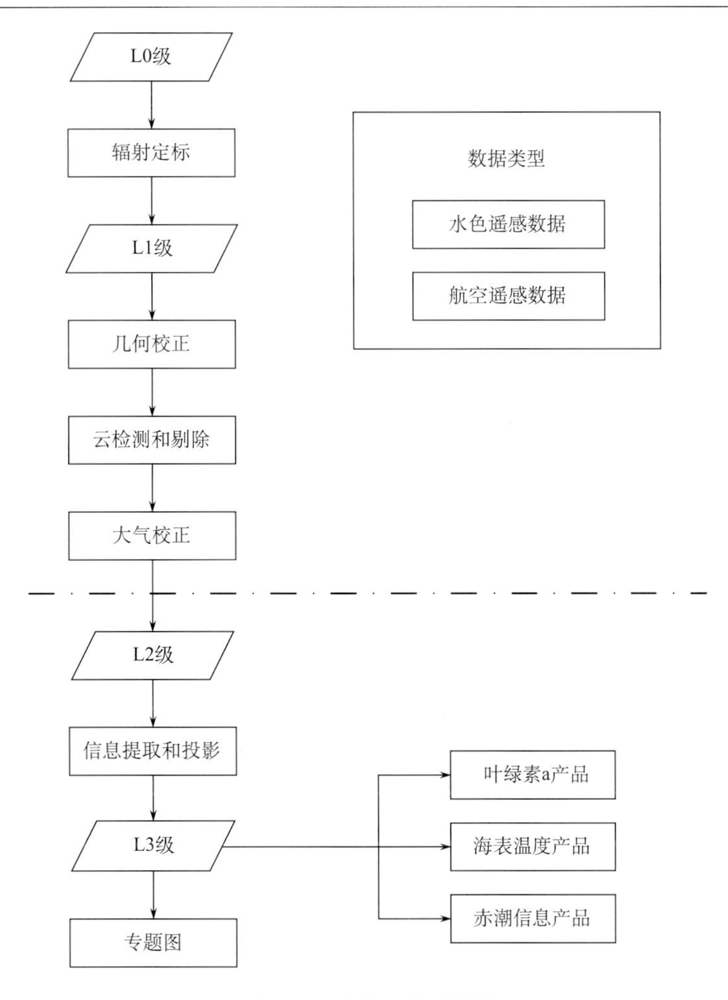

图 2.23　系统的数据流程

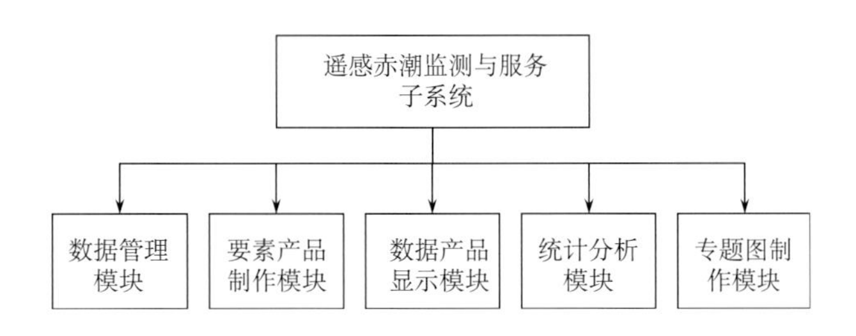

图 2.24　系统总体模块结构分布

1）数据管理模块

数据管理模块主要对海洋水色遥感 L2 级数据文件进行操作，L2 级数据文件以国家海洋局第二海洋研究所的 MODIS 资料为主。文件操作功能有文件打开、文件关闭、文件保存、文件另存和图像格式转换等功能，增加有系统参数设置和系统关闭等功能。文件打开功能包括文件读入、图像显示两部分，图像显示窗口采用多窗口方式，有利于图像处理前后结果比较。图像格式转换主要将专用的图像文件转换为标准的图像格式文件。其模块结构如图 2.25 所示。

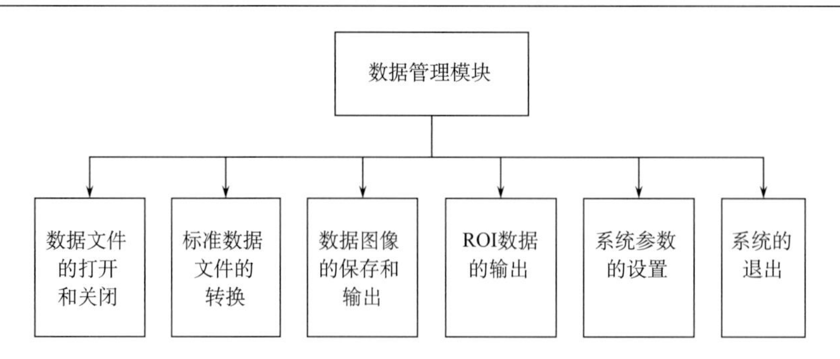

图 2.25　数据管理模块结构分布

2)要素产品制作模块

要素产品制作模块主要是利用模型和算法对海洋水色遥感 L2 级数据文件进行处理，提取各种海洋水色遥感要素信息，并利用水色遥感数据和光谱信息进行赤潮信息产品提取，然后对要素信息产品进行投影变换，最后生成要素遥感产品输出。其模块结构如图 2.26 所示。

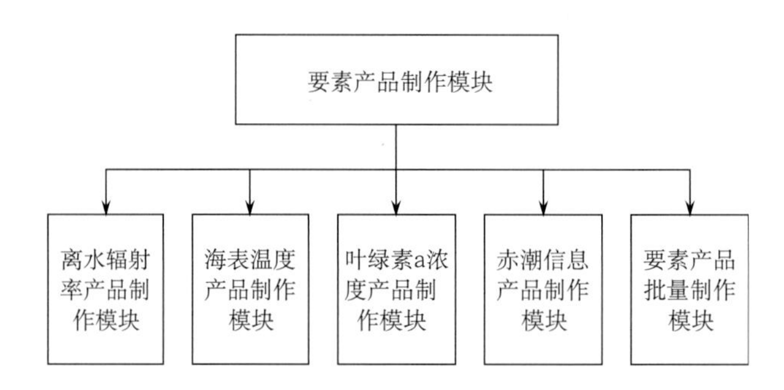

图 2.26　要素产品制作模块结构分布

3)数据产品显示模块

数据产品显示模块主要对软件模块的图像窗口进行常规的图像处理，主要由图像缩放，色彩处理，图像信息显示，附属标记叠加等功能组成。图像缩放可以对图像的某一感兴趣区域进行放大显示，对大图像显示缩小，显示来研究整幅图像区域；也可采用查色表方式对图像进行调整，来改变各种地物的颜色表达方式。另外，系统可以在图像上叠加经纬度网格和陆地掩模。其模块结构如图 2.27 所示。

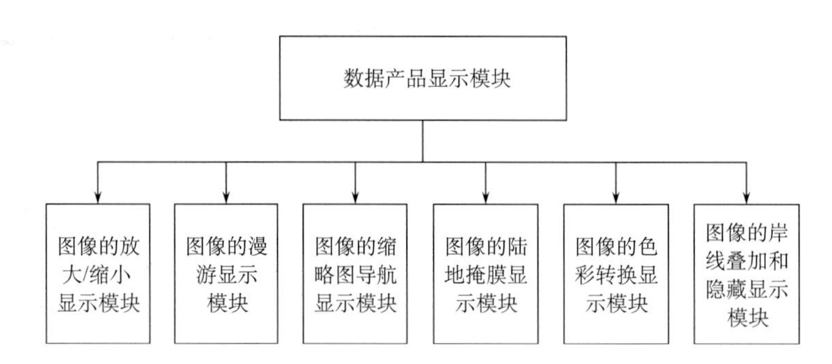

图 2.27　数据产品显示模块结构分布

4) 统计分析模块

统计分析模块主要对当前数据或数据的 ROI 区域进行统计分析。ROI 区域的选取是通过鼠标在文档视图中直接选取点、线或面等，然后生成 ROI 区域。数据统计的方式有散点图、曲线图和相关的面积与方差等统计结果信息。其模块结构如图 2.28 所示。

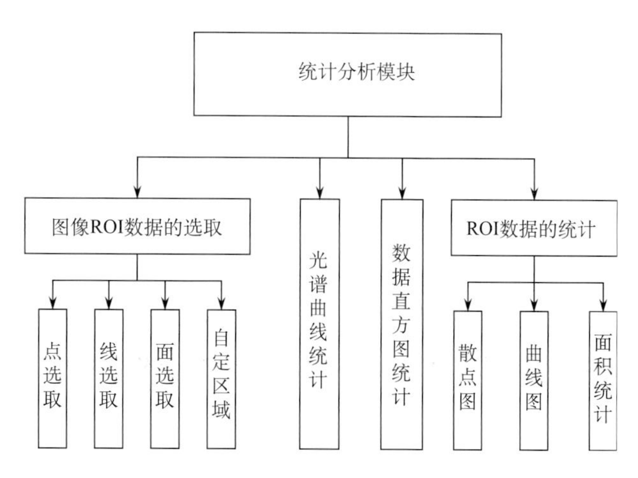

图 2.28　统计分析模块结构分布

5) 专题图制作模块

这些功能模块通过 ArcGIS 软件实现，主要将遥感资料提取的各种专题信息制作成规范的专题图。功能主要有遥感专题信息调入、等值线提取、专题底图制作、点的绘制、线的绘制、面的绘制、文字叠加、图例制作、色表制作等。

6) 系统的运行过程

系统的运行过程如图 2.29 所示。

该卫星遥感赤潮监测与服务子系统已经安装到国家海洋局东海环境监测中心专用电脑上，可以按照本系统的运行过程进行赤潮遥感监测的示范应用处理，及时生成赤潮信息专题图件，用于编制当天的赤潮卫星遥感监测报告。

7) 系统的界面展示

系统由可视化的开发语言 Microsoft Visual Studio C++开发，运行平台是 Microsoft Windows XP/2K。其总界面如图 2.30 所示。

系统的总界面由[系统菜单栏]、[系统工具栏]、[系统视图]、[视图导视窗]、[文件列表窗]、[视图管理栏]和[系统状态栏]等几个部分组成。

[系统菜单栏] 包含了系统中所有操作功能，通过菜单栏可完成系统中的所有操作。

[系统工具栏] 包含了系统中部分重要操作功能，通过菜单栏可完成系统中的部分重要操作。

[视图] 显示系统中的各个图层。遥感产品图像、海岸线、经纬网格和等值线等信息。

[系统导视窗] 显示系统中图像的导视图，通过导视图用户可快速定位显示窗口图像的显示范围。

[文件列表窗] 用来显示当前打开的文件列表及各个文件的参数列表。

[视图管理栏] 用来管理系统中已经打开的文档的视图，达到快速定位的功能。

[系统状态栏] 主要用来显示系统当前的各种操作信息，船的实时信息和当前鼠标的信息。

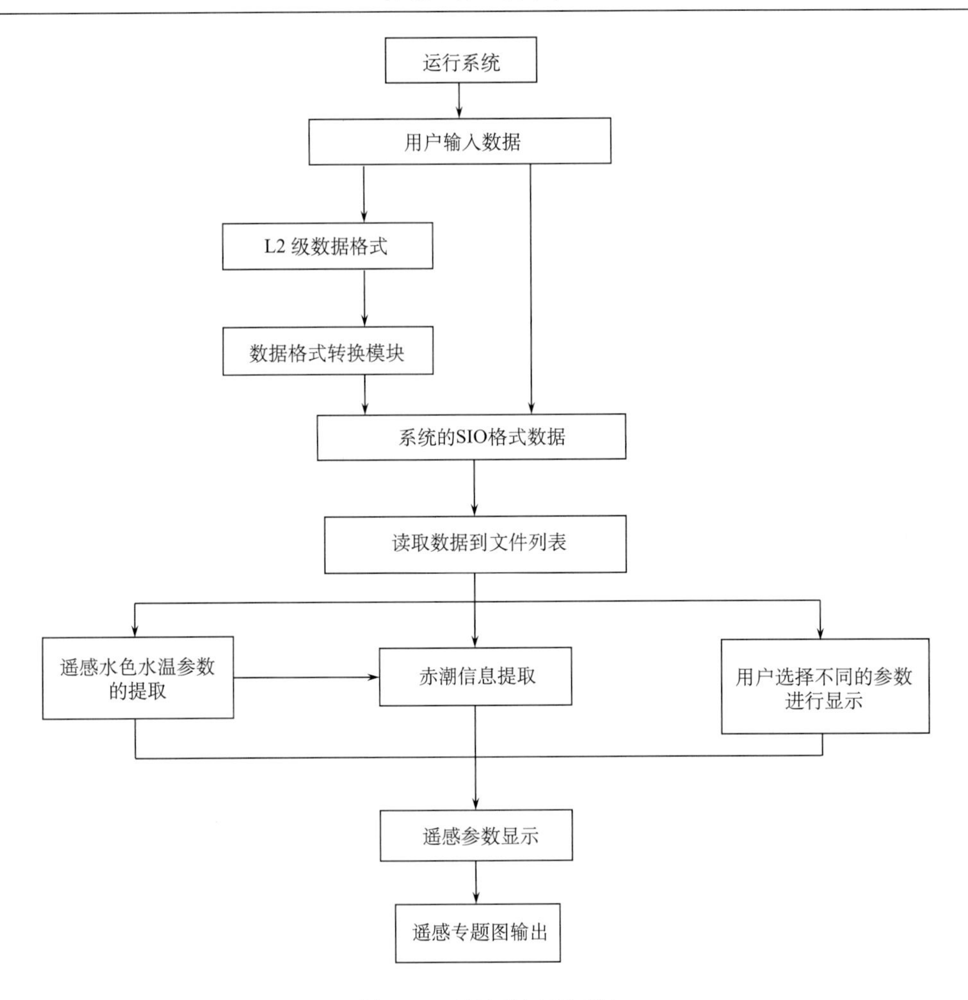

图 2.29　系统的运行过程

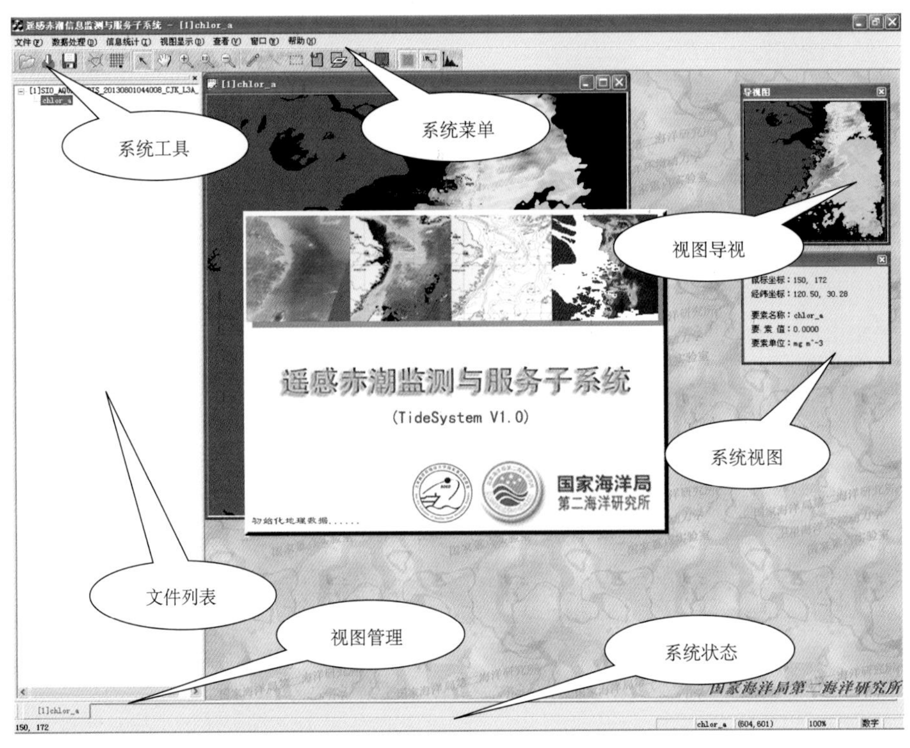

图 2.30　卫星遥感赤潮监测与服务子系统总界面

7. 赤潮信息提取软件模块

1) 赤潮信息提取软件模块概述

开发赤潮信息提取软件模块，集成到国家海洋局东海环境监测中心的赤潮预警系统中，用于赤潮卫星遥感监测和赤潮卫星遥感跟踪预报的示范应用。

国家海洋局东海环境监测中心通过 FTP 及时下载国家海洋局第二海洋研究所生成 MODIS L2 级遥感数据，然后运用赤潮信息提取软件模块，通过人工或程序调用进行批量处理 MODIS L2 级遥感数据，生成海洋遥感海表温度、叶绿素 a 和赤潮信息等专题产品。模块的运行流程如图 2.31 所示。

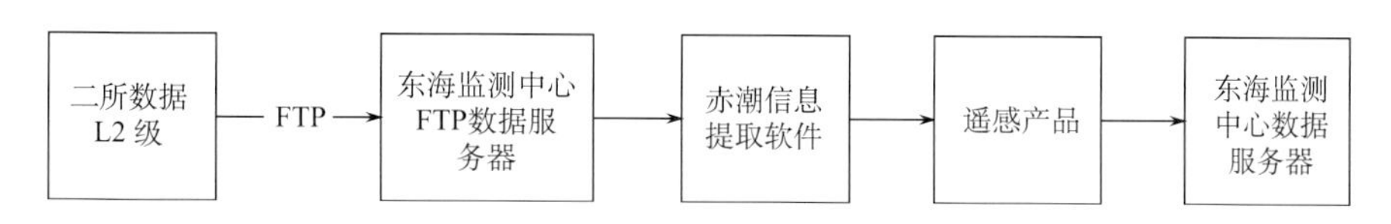

图 2.31　赤潮信息提取软件模块的运行流程

2) 赤潮信息提取软件模块介绍

赤潮信息提取软件的开发平台是 Microsoft Visual Studio C++，运行的环境是 Microsoft Windows XP/2K。运行方式是独立的带界面的执行程序。

用户输入“国家海洋局第二海洋研究所遥感应用和示范系统”生成的 L2A 级遥感产品，就可以利用软件模块提取赤潮信息。

软件模块输入的数据类型：国家海洋局第二海洋研究所地面站接收和处理的 MODIS L2 级遥感数据。

软件模块输出的数据产品类型为海表温度、叶绿素 a 浓度、赤潮信息产品。

2.6　志愿者平台

2.6.1　平　台　组　成

赤潮立体监测系统对大面积赤潮具有快速发现、快速监测的能力。由于遥感监测分辨率的问题，其发现不了局部小面积的赤潮。因此，构建志愿者平台，补充赤潮立体监测系统。志愿者由 25 人组成，主要分布在泗礁岛、绿华山岛、花鸟山岛、嵊山岛、枸杞岛以及舟山岛。志愿者发现赤潮后，通过赤潮监测运行服务信息系统的服务号码将信息传递给嵊泗海洋站联系人和东海监测中心联系人。嵊泗海洋站联系人收到志愿者上报的信息后，组织监测人员，进行现场验证，并将验证结果上报给东海监测中心联系人。东海监测中心联系人收到赤潮遥感人员发布的赤潮信息后，则将遥感监测发现的水色异常的位置发送给嵊泗海洋站联系人和各赤潮观测志愿者。

2.6.2　观　测　点

示范区海域的范围为 122°25′～122°57′E，30°31′～30°58′ N，覆盖了长江口赤潮多发海域，海域东西跨度约 50 km，南北跨度约 50 km，面积为 2 500 km^2。示范区核心区域主要位于沪、浙海域交界处的嵊泗县花鸟山岛和绿华山岛附近海域。

嵊泗列岛是舟山群岛最北部的一个海岛县，全县现辖 3 镇 4 乡，2012 年年末户籍人口 7.9 万人。嵊泗列岛共由 404 个岛屿组成，其中住人岛屿 15 个，11 个岛屿位于示范区内，分别为泗礁岛、金鸡山岛、黄龙山岛、嵊山岛、壁下山岛、大盘山岛、涨峙山岛、枸杞岛、花鸟山岛、绿华山岛、东库山岛。泗礁岛、绿华山岛、花鸟山岛、嵊山岛、枸杞岛5个住人岛屿面积较大，其人口总数占嵊泗县的72.5%左右。岛上人口众多，便于选择志愿者。

为了方便管理，考虑交通便利的海岛作为观测点。泗礁岛、绿华山岛、花鸟山岛、嵊山岛、枸杞岛五个岛屿交通便利，每天有客轮往来，并且它们位于示范区的中部，扼守在长江口海域的南端。在这些岛屿上发展的志愿者可以就近观测，节省成本。

2000～2010年，在泗礁岛半径10 km范围海域，共记录赤潮9次，最近的赤潮发生在岛边上；示范区内的赤潮，最远离泗礁岛约50 km。在绿华山岛半径10 km范围海域，共记录赤潮6次，最近的赤潮离岛4 km；示范区内的赤潮，最远离绿华山岛约30 km。在花鸟山岛半径10 km范围海域，共记录赤潮10次，最近的赤潮发生在岛边上；示范区内的赤潮，最远离花鸟山岛约30 km。在嵊山岛半径10 km范围海域，共记录赤潮16次，最近的赤潮发生在岛边上；示范区内的赤潮，最远离嵊山岛约45 km。在枸杞岛半径10 km范围海域，共记录赤潮15次，最近的赤潮发生在岛边上；示范区内的赤潮，最远离枸杞岛约40 km。从历年的赤潮统计结果来看，在这5个岛屿附近海域连续20多年每年均有赤潮发生，在此建设赤潮志愿者队伍能够做到有的放矢。

综上所述，选择泗礁岛、绿华山岛、花鸟山岛、嵊山岛、枸杞岛为观测地点，向示范区延伸，可最大限度覆盖整个示范区。另外，从赤潮发生的规律来看，一般从南向北逐渐出现，因此，在示范区南边的岱山岛和舟山岛设置少量赤潮观测志愿者，作为示范区的提前预警。

2.6.3　人　　员

1. 人员选择

1) 养殖户

嵊泗县的海水养殖业发达。海水养殖品种以贻贝为主，还有海参、鲍鱼、扇贝、魁蚶、牡蛎、舌鳎、河豚、羊栖菜、海带、龙须菜等，品种丰富。《2011年舟山统计年鉴》显示，2010年嵊泗县拥有养殖专业劳动力1 022人，养殖面积为17.87 km^2，收入1.2亿元。养殖户的生产活动集中在其所用海域，常年活动在生产前线，可作为定点监测的赤潮观测志愿者的主力军。

2) 渔船船主

嵊泗列岛拥有极其丰富的海洋资源，地处著名的舟山渔场中心是全国十大重点渔业县之一，被称为“东海鱼仓”和“海上牧场”，盛产带鱼、大小黄鱼、墨鱼、鳗鱼、鳓鱼和蟹、虾、贝、藻等海洋生物。《2011年舟山统计年鉴》显示，2010年嵊泗县拥有捕捞专业劳动力10 829人，捕捞船只1 937艘，总吨位达到11.4万t，年收入12.7亿元。渔民和渔船船主的生产活动与海洋息息相关，作业地点机动灵活、活动范围广，可作为非定点监测的赤潮观测志愿者的主力。要选择在监测海域作业的渔船船主作为志愿者，因此，要考察其船舶吨位，太大和太小都不能选择。

截至2010年，在泗礁岛、绿华山岛、花鸟山岛、嵊山岛、枸杞岛5个较大的住人岛屿附近海域发现的赤潮次数见图2.32。最早的赤潮记录在1972年。自1987年以来，每年都有赤潮发生，发现次数最多的是2003年；赤潮出现在3～11月，主要集中在5～8月。

从6月开始进入禁渔期，直至9月结束。该海域赤潮高发期在5～8月。因此，本研究中该部分人员所占比例不大。

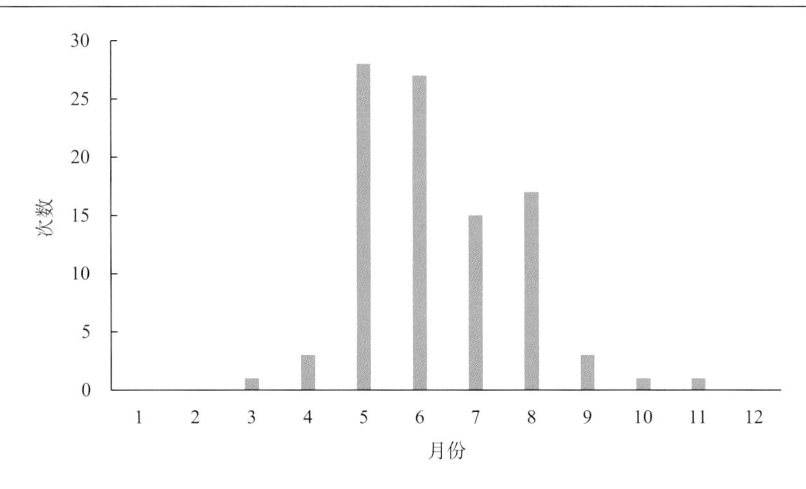

图 2.32　截至 2010 年不同月份示范区内岛屿附近海域赤潮发现次数统计

3) 监测人员

在常规的业务化监测工作中，已初步形成了小规模的赤潮观测志愿者。东海分局在嵊泗和嵊山分别设有嵊泗海洋站和嵊山海洋站，可作为赤潮志愿者上报的赤潮的确认者。另外，嵊泗海洋站和嵊山海洋站也有自己的海洋监测任务，因此，其监测人员也可作为赤潮观测志愿者的补充。

综上所述，以嵊泗县的养殖户为主，结合渔船船主、海洋站的监测人员，建立起一支 25 人的赤潮观测志愿者队伍。其中，养殖户 17 人，渔船船主 6 人，监测人员 1 人，渔业管理部门 1 人。

2. 志愿者培训

渔民长期在海上作业，都见过赤潮。但是，他们专业性不足，发现赤潮后，按照环境监测的要求，一般不知道需要做什么、怎么做。为了提高志愿者的专业知识和监测能力，规范操作方法，需要组织培训。养殖户一般不能脱产，因此，培训采取集中讲授和一对一当面授课两种方式相结合。在示范运行之初，到示范区内的 5 个观测点进行现场集中讲解。并且，根据区域对志愿者进行分组，以老志愿者和监测人员为组长，在技术上带领其他志愿者。

对志愿者的集中讲课，最好不超过一天，节约志愿者的时间，尽量少耽误其生产劳动。针对需要汇报的内容进行讲解。包括发现时间，志愿者发现赤潮后，须立即记下发现时间，要准确记录到时、分，以便根据该处的潮汐、潮流场，确定其动向；天气状况，采用目视法进行观测，只观测和记录发现赤潮时的天气现象，如晴天、阴天、雨、雷电等；赤潮位置，发生赤潮的海域名称及其地理坐标确定；水体颜色，赤潮发生的原因、种类、密度的不同，水体会呈现不同的颜色，有褐色、红色或砖红色、绿色、黄色、棕色等；气味，在赤潮的不同阶段和引发赤潮的生物不同，气味会有所差异，出现草腥味或无明显气味，赤潮一般处在发展阶段，出现腐臭味(或烂草味)，赤潮一般处在消亡阶段；漂浮物，如果赤潮水体中出现絮状漂浮物并伴有腐臭味，赤潮一般处于消亡阶段；死鱼情况，如赤潮水体海面上出现死鱼，应记录死鱼的量，并采集数条样本，寄送到实验室，确定死鱼的原因，尽量采集赤潮水样，一并寄送到实验室，确认是否为有毒藻类引发的赤潮；主要的日常工作。将以上内容编制成《赤潮观测手册》，发放给每个赤潮观测志愿者。

赤潮观测志愿者的主要日常工作为：①赤潮观测志愿者一旦发现赤潮，通过短信、邮件等方式将现场采集信息传递给嵊泗海洋站和东海监测中心。②嵊泗海洋站到现场进行确认验证，传递给东海监测中心和志愿者。③东海监测中心根据所收到的信息，确认赤潮类型、毒害等信息，将信息传递给赤潮观测志愿者、嵊泗海洋站。④志愿者队伍、嵊泗海洋站、东海监测中心组成赤潮观测志愿者平台的信息传递网络(图 2.33)。

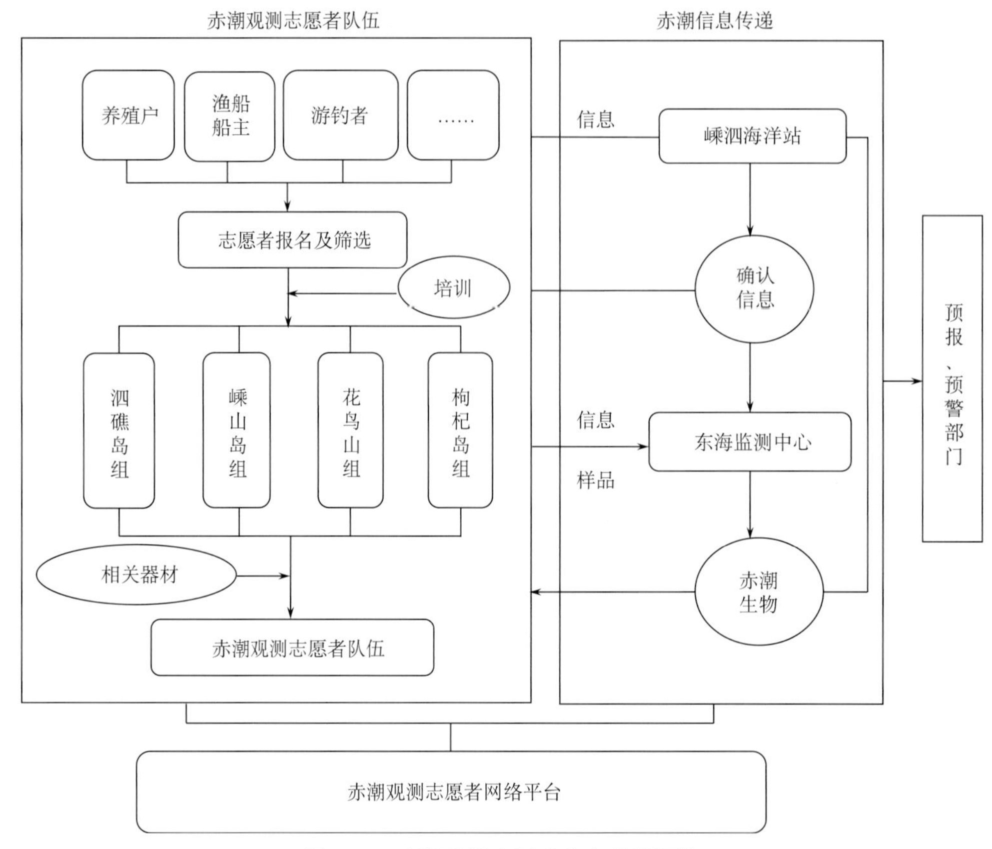

图 2.33　赤潮观测志愿者信息传递网络

3. 日常管理

为规范赤潮观测志愿者平台的管理，创造良好的沟通环境，维护正常的秩序，提高工作效率，赤潮观测志愿者平台人员实行分级管理，赤潮信息集中汇报，建立联系人制度和奖励制度。

1) 分级管理制度

赤潮观测志愿者平台人员实行分级管理，由项目负责人和项目联系人、东海监测中心和嵊泗海洋站联系人、赤潮观测志愿者三级组成。

项目负责人为最高管理者，管理信息由项目负责人直接下达，或由项目联系人传达。所有人员由项目负责人统一领导。

东海监测中心和嵊泗海洋站联系人为赤潮观测志愿者平台的第二层机构，负责赤潮观测志愿者的日常管理和联系工作，并解答赤潮观测志愿者的疑难问题。所有赤潮观测志愿者由嵊泗海洋站联系人统一管理。东海监测中心联系人按时向项目负责人和项目联系人汇报，并将指令传达给嵊泗海洋站联系人和各赤潮观测志愿者。

采样所需的样品瓶和甲醛溶液由项目组统一下发。赤潮观测志愿者要妥善保存收到的物品，项目结束后要全部归还项目组。

2) 联系人制度

东海监测中心和嵊泗海洋站联系人作为赤潮观测志愿者平台的纽带，要定期和每位赤潮观测志愿者进行现场或电话交流，建立良好的沟通环境。以了解其生产情况、需求、解答疑难问题。并及时向项目负责人和项目联系人汇报，解决赤潮观测志愿者的问题。通过交流和关心提高赤潮观测志愿者的积极性。

3)汇报制度

嵊泗海洋站联系人在赤潮观测志愿者平台实施过程中定期向东海监测中心联系人汇报赤潮观测志愿者平台运行情况。东海监测中心联系人定期向项目负责人和项目联系人汇报赤潮观测志愿者平台运行情况。

对赤潮观测志愿者按有效报送次数进行奖励，电话或短信通知300元/次，电话通知并采样500元/次。

2.6.4　志愿者平台信息集成

无论赤潮志愿者报告赤潮相关信息，还是管理者通知志愿者相关信息都是通过志愿者信息平台实现的，具体实现方式就是志愿者通过手机短信发送信息至整个项目的集成系统“赤潮监测运行服务信息系统”的短信平台中，管理者通过“赤潮监测运行服务信息系统”的短信平台发送短信至各个志愿者。短信平台支持电信、移动、联通三种制式的手机号码。“赤潮监测运行服务信息系统”中存储赤潮志愿者的姓名、手机号以及报告赤潮的相关信息供查询。

第 3 章　赤潮卫星遥感及光学监测技术

3.1　引　　言

本章主要介绍目前已业务化运行的赤潮遥感自动提取算法的建立过程。算法的建立按照光学特性理论分析－提取算法建立－遥感数据应用—现场同步数据验证这一技术路线开展工作。以现场各类型水体光学特性观测与实验室藻类光学特性测量在内的大量实测数据为基础，针对目前可靠性较高、数据获取稳定的水色卫星传感器的性能与波段设置特点，建立了多个赤潮遥感自动提取算法。本章介绍的算法克服了由于我国近海水体浑浊度高的特点导致国际上已有的赤潮监测算法在该海区失效的问题，建立了比国内以往的赤潮遥感信息提取算法更加适用于东海的综合性强、稳定性高的卫星遥感信息提取算法。

3.2　基于固有光学量的赤潮识别算法

本节主要以 2009 年冬、夏两个季节大范围实测东海水体固有光学特性数据分析为基础，讨论水体固有光学性质。在东海海区的固有光学特性大面监测数据的基础上，对几次特定的赤潮灾害进行分析，为基于固有光学性质的东海赤潮水体遥感监测提出实现方法和理论依据。

3.2.1　东海水体固有光学性质

东海水体固有光学性质包括水体吸收三要素(溶解态部分 CDOM、浮游植物部分的色素颗粒 phy 以及非藻类颗粒 NAP 部分)，水体总吸收系数以及水体散射部分。

1. 东海水体吸收性质

实测的水体吸收性质为 300 Gyt～800 nm 的连续光谱信息，根据水体吸收要素的光谱性质，结合水色卫星波段设置，选择水体吸收信号较强的 440 nm 波段数据进行大面分布分析。图 3.1 为东海 2009 年夏季和冬季水体吸收三要素(黄色物质、非藻类颗粒和藻类色素颗粒)在 440 nm 的吸收系数分布情况。可以明显看出，各要素吸收系数分布均遵循由近岸向外海逐渐降低的规律。下面具体分各要素来进行分析。

1) 黄色物质吸收系数

黄色物质(chromophoric dissolved organic matter，CDOM)是存在于水体中的有色溶解有机物质，有海源和陆源两类，前者主要以原生浮游植物和微生物等生物生产和降解为主，后者则由陆地径流输入和陆源生物降解产物两者共同作用。CDOM 对水体总吸收有重要贡献，能有效地吸收对生物体有害的紫外辐射，在水体的生物和化学过程中都起着十分重要的作用。CDOM 光学性质相对稳定，主要随组成成分变化，反映海水的来源与变化情况。其光谱性质可以用以下数学函数表达：

$$a(\lambda)=a(\lambda_0)\exp[-S(\lambda-\lambda_0)] \tag{3.1}$$

式中，$a(\lambda_0)$ 为参考波段 λ_0 处的吸收系数(m^{-1})；S 为 e 指数衰减在参考波段处的斜率(nm^{-1})。

从图 3.1(a)和(b)来看，测量获得的东海黄色物质吸收系数 $a_{CDOM}(440)$ 夏季总体明显高于冬季。夏季在 0.0009～0.2074 m^{-1}，平均值为 0.0974 m^{-1}；冬季在 0.0116～0.1444 m^{-1}，平均值为 0.0506 m^{-1}。近岸黄色物质通常来自陆源输入，因此，大面分布显示出明显的近岸高、外海低的趋势，最高值主要出现在浙江中部台州附近的沿岸水，而外海低值带大体位于外陆架处，与高盐黑潮水流经路线相符，这与 Gong 等(2000)的观测结果基本一致。

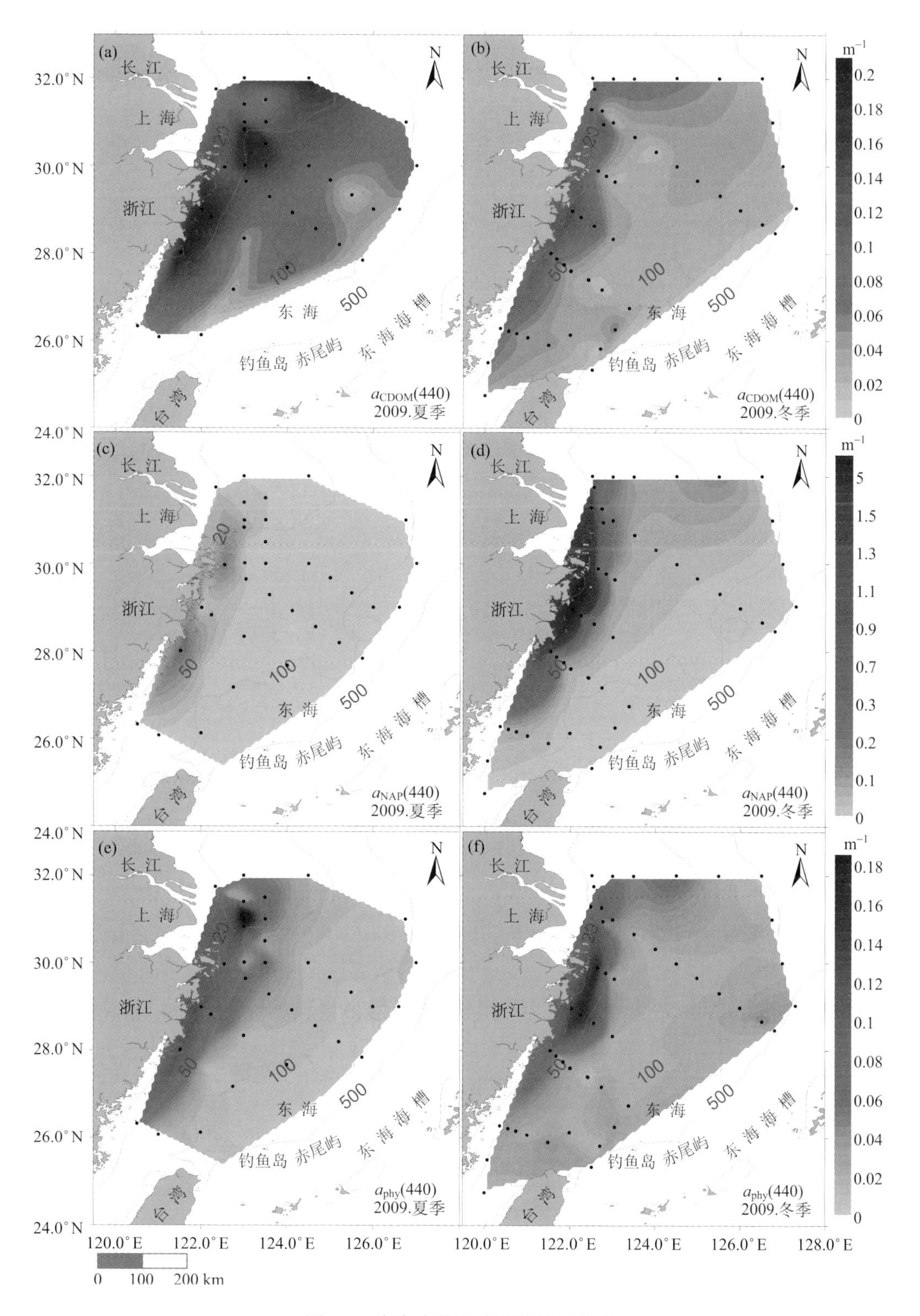

图 3.1　东海水体要素吸收性质分布

总体来说，东海冬夏两季的流系结构差异较大程度上控制着陆源输入高值区的分布和走势。最明显的就是在长江径流量的变化影响下，夏季 $a_{CDOM}(440)$ 的高值在近岸可达到冬季的 3～10 倍，并且使冬季高值带限制于岸线平行的狭长带内。

2) 非藻类颗粒吸收系数

非藻类颗粒(non-algal particles, NAP)包括水体中的非生命颗粒有机物、细菌等生物颗粒以及无机矿物成分等(IOCCG Report 5，2006)。对于大洋水体，NAP 主要是由浮游植物死亡分解及降解产生的碎屑，与叶绿素 a 浓度关系密切；近岸水体中，NAP 性质则要复杂得多，对光的吸收和散射与粒径和颗粒组成均有关，受多种因素影响。NAP 的光谱性质同样符合 e 指数衰减。

从图 3.1(c)和(d)来看，测量获得的东海非藻类颗粒吸收系数 $a_{NAP}(440)$ 夏季在 0.0005～0.2408 m^{-1} 之间，平均值为 0.0243 m^{-1}；冬季在 0.0017～10.1737 m^{-1} 之间，平均值为 0.3803 m^{-1}。冬夏两季 $a_{NAP}(440)$ 的分布大体与黄色物质相反[图 3.1(a)和(b)]，呈现夏季低、冬季高的趋势，并且在近岸尤其明显。近岸非藻类颗粒与黄色物质相似，主要均来自于陆源输入。

3) 藻类颗粒吸收系数和单位叶绿素 a 浓度比吸收系数

藻类颗粒(phytoplankton, phy)对光的吸收是细胞内多种色素共同作用的结果。一般以叶绿素 a 为主(Chla)，在 440 nm(蓝光)和 665 nm(红光)附近有两个明显的吸收峰，且蓝光波段吸收峰值大约为红光波段的 3 倍，550～650 nm 之间的吸收值很低(IOCCG Report 5，2006)。

从图 3.1(e)和(f)来看，测量获得的东海藻类颗粒吸收系数 $a_{phy}(440)$，夏季在 0.0044～0.4482 m^{-1} 之间，平均值为 0.1244 m^{-1}；冬季在 0.0166～10.3181 m^{-1} 之间，平均值为 0.4309 m^{-1}。$a_{phy}(440)$ 冬夏两季的大面分布总体性质相似，大于 0.05 m^{-1} 的站点主要集中在沿岸一带。

水体浮游植物单位叶绿素 a 浓度吸收系数 a^*_{phy}($a^*_{phy}=a_{phy}/Chla$)是表征单位浓度 Chla 所产生的色素吸收值，它是连接色素吸收与 Chla 的重要参数，在水色遥感中具有重要意义。

测量获得的 a^*_{phy} 光谱可以分为两类，如图 3.2 所示。其中，图 3.2(a)和(b)中的曲线在 438 nm 和 675 nm 处分别具有明显的双吸收峰，对应于叶绿素 a 在蓝光和红光波段的特征吸收峰。而图 3.2(c)和(d)中的吸收曲线则在 600 nm 以短的波长范围内呈现出指数衰减的性质，且蓝光波段范围内没有色素峰出现。这两类曲线所对应的站点分布有明显区别：双峰站位较多出现在夏季，且覆盖整个调查海域，这些站点的悬浮物浓度普遍较低，其 $a_{phy}(440)$、$a_{NAP}(440)$ 和 $a_{CDOM}(440)$ 的平均相对比重分别为 21.1%、30%和 43.3%；而单峰站位则更多出现在冬季，并且主要分布在 50 m 等深线以内的沿岸水域，其 $a_{phy}(440)$、$a_{NAP}(440)$ 和 $a_{CDOM}(440)$ 的平均相对比重为 11.7%、70.5%和 16.9%，其中，非藻类颗粒的比重普遍很高。因此，对这类单一色素吸收峰的站点，真正的藻类色素吸收部分会在一定程度上受到非藻类颗粒信号的干扰。

4) 水体总吸收系数

实验室测量水体各吸收要素结果求和得到水体总吸收系数，该总吸收系数还同时包含了纯海水的贡献部分，纯水吸收数据来自相关文献中的实测值。

东海冬夏两季的表层水体 440 nm 总吸收系数分布 $a_T(440)$ 如图 3.3 所示，该波段的纯海水吸收系数为 0.0063 m^{-1}，对总吸收的贡献很小，主要是以三要素的贡献为主。从图中可以看出，东海水体吸收自近岸向外海逐渐降低，冬季下降梯度大于夏季，同时表现出明显的区域差异。在 50 m 等深线以浅的海岸带区，夏季 $a_T(440)$ 大于 0.3 m^{-1}，而冬季高于 0.5 m^{-1} 的区域集中在浙江中部近岸区，且最大值达到 10.3 m^{-1}，超出夏季最大值的 10 倍。在研究海区的北部，苏北浅滩南部区，冬夏两季节均存在一个相对高值带。沿 50 m 等深线向外的海域水体 $a_T(440)$ 值整体变化不大，普遍低于 0.5 m^{-1}，而在外陆架区其值甚至低于 0.1 m^{-1}。

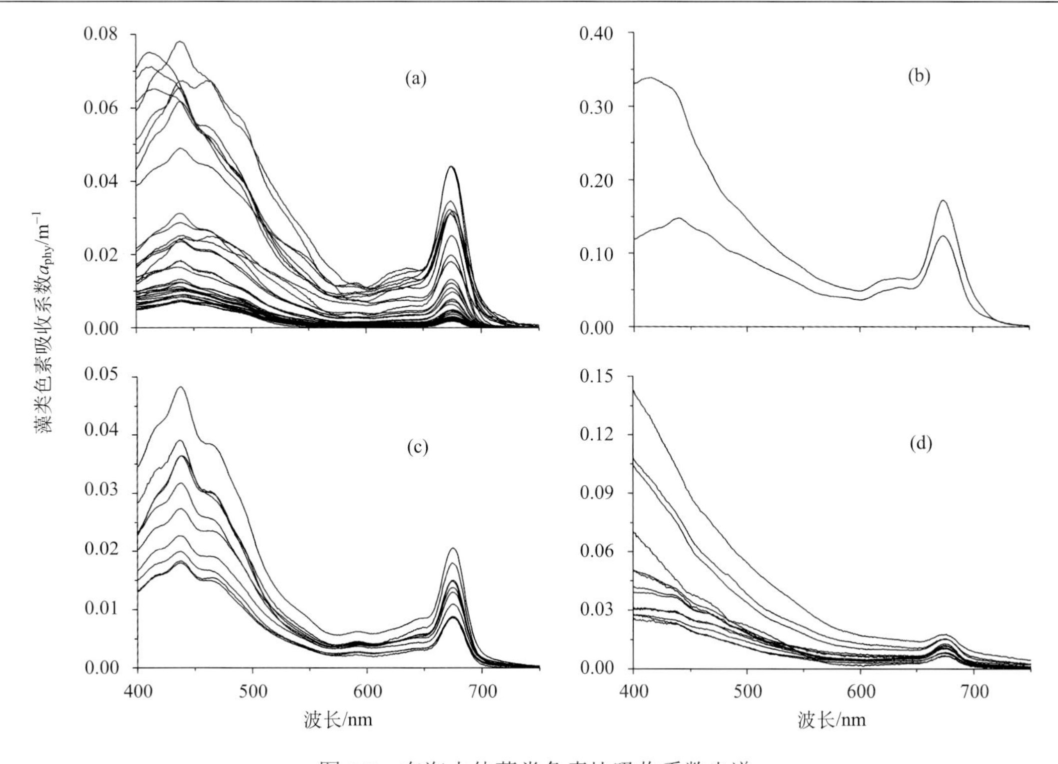

图 3.2　东海水体藻类色素比吸收系数光谱

(a) 夏季双吸收峰曲线；(b) 冬季双吸收峰曲线；(c) 夏季单吸收峰曲线；(d) 冬季单吸收峰曲线

5) 水体吸收组分比例

水体吸收要素对总吸收的贡献可以通过其所占的百分比来表征，不同的比例组成反映了水体的特征差异；水体动力环境或生态状况的变化都可以在吸收组分的变化中得到表现。因此，了解水体吸收组分构成在不同区域的具体情况十分必要。

东海夏、冬两季水体主要吸收要素(纯海水、CDOM、NAP 以及 phy)在 440 nm 对总吸收的贡献百分比及绝对量值的分布情况如图 3.3 所示。从图中可以看出，夏季整个海区以 $a_{CDOM}(440)$ 为主要组成部分，大约占总吸收的 60%；而冬季 $a_{NAP}(440)$ 的贡献则相对突出，在近岸区和北部海区达到约一半的比重。冬夏两季的显著差异反映了夏季长江冲淡水羽状锋的影响，以及冬季南向沿岸流和近岸底层再悬浮对水体要素吸收系数的重要作用。夏季冲淡水向东海输入巨量的淡水，带来丰富的陆源溶解有机物，

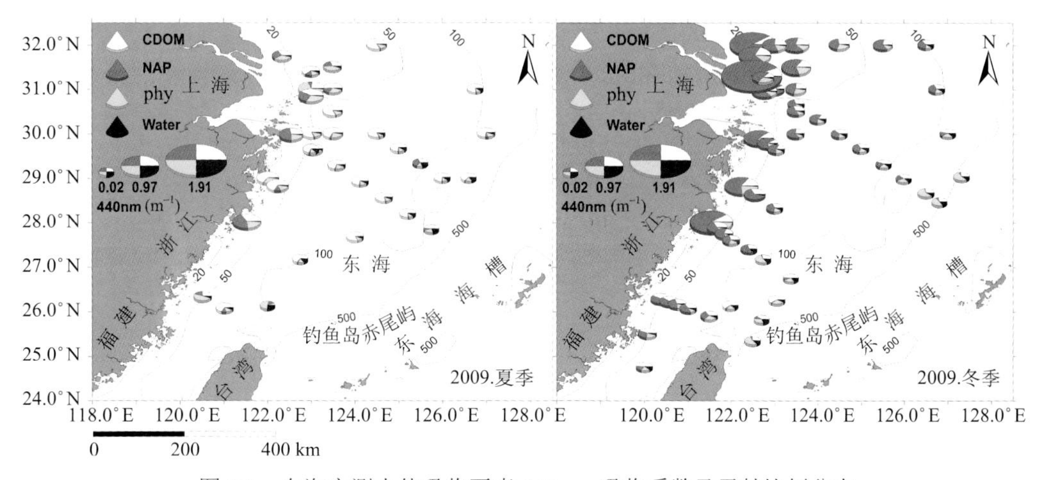

图 3.3　东海实测水体吸收要素 440 nm 吸收系数及贡献比例分布

使得 $a_{\mathrm{CDOM}}(440)$ 量值明显增大，由于淡水浮于海水表层可输运较远距离，溶解态的 $a_{\mathrm{CDOM}}(440)$ 信号远远高于颗粒态 $a_{\mathrm{NAP}}(440)$。冬季，长江径流量明显降低，淡水输入被沿岸流所形成的锋面限制在离岸很近的范围内，同时垂向混合加剧，使得再悬浮颗粒物浓度显著升高，$a_{\mathrm{NAP}}(440)$ 表现出极大值，成为总吸收系数的主控因子。

2. 东海水体散射性质

水体散射系数是指单位厚度的水体对入射光的散射量与入射光总量的比值，单位为 m^{-1}。包括与入射光同向的 0～π/2 角度内的前向散射和与入射光反向的 π/2～π 角度内的后向散射，后向散射是可以由传感器探测的含有水体物质信息的部分，因此，对于遥感算法具有重要意义。

影响水体颗粒后向散射系数 $b_{\mathrm{bp}}(\lambda)$ 的因素主要有颗粒物粒子的浓度、粒径大小、折射指数、形状以及结构等。折射指数越大，$b_{\mathrm{bp}}(\lambda)$ 越大；对于给定的粒子浓度，粒径越大，$b_{\mathrm{bp}}(\lambda)$ 也越大；而粒径越小，则后向散射与总散射的比 $R\_b_{\mathrm{bp}}(\lambda)$ 越大。来自小颗粒的散射可看作瑞利散射，其前向散射较小，且与波长有很大关系；来自较大颗粒的散射倾向于米氏散射，前向散射大，与波长关系较弱(Seelye Martin, 2008)。

作为水体辐射传输的重要参数之一，水面下反射比 $R(\lambda, 0_{-})$ 可以表达为水体散射与吸收的函数，在一定的简化条件下，$R(\lambda,0_{-})$ 与水体后向散射 $b_{\mathrm{b}}(\lambda)$ 和总吸收 $a_{\mathrm{T}}(\lambda)$ 的比值成正比。更进一步，遥感反射率 $R_{\mathrm{rs}}(\lambda)$ 有如下表达式(Seelye Martin，2008)：

$$R_{\mathrm{rs}}(\lambda)=\frac{GT^2 b_{\mathrm{b}}(\lambda)}{n^2 Q a_{\mathrm{T}}(\lambda)} \tag{3.2}$$

式中，G 为与入射光场分布和体散射函数有关的常数；T 为界面传输系数；n 为界面折射指数；Q 为离水辐射率系数。

Sathyendranath 和 Platt 基于垂向均匀水体，将 $R(\lambda, 0_{-})$ 表达为

$$R(\lambda, 0_{-})=\frac{s b_{\mathrm{b}}(\lambda)}{\mu_{\mathrm{d}}(K(\lambda)+\kappa(\lambda))} \tag{3.3}$$

式中，K 和 κ 分别为上行和下行漫衰减系数；s 为水体上行散射系数与后向散射系数的比，是与光场分布和体散射相函数有关的量。

后向散射系数与前向散射系数或总吸收系数的比值是对水体固有光学性质的重要表达，能够反映特定水体组成成分的变化，理论上应该可以作为区分不同类型水体的指示因子。水体后向散射主要由颗粒和纯水两部分贡献构成，由于纯水部分可以通过理论公式计算，因此，具体研究中只针对颗粒部分进行。

本节所介绍的水体散射部分主要包括东海表层水体颗粒物总散射系数 $b_{\mathrm{p}}(\lambda)$、颗粒物后向散射系数 $b_{\mathrm{bp}}(\lambda)$ 以及颗粒物后向散射比 $R\_b_{\mathrm{bp}}(\lambda)$ 三部分，实测的 $b_{\mathrm{p}}(\lambda)$ 和 $b_{\mathrm{bp}}(\lambda)$ 光谱曲线如图 3.4 和图 3.5 所示。

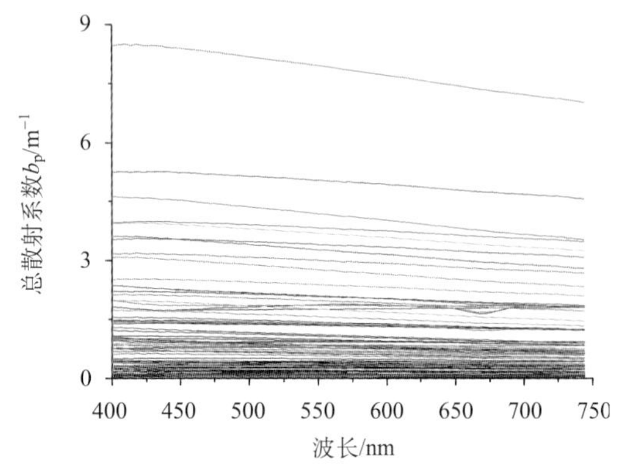

图 3.4　东海颗粒物总散射系数光谱曲线

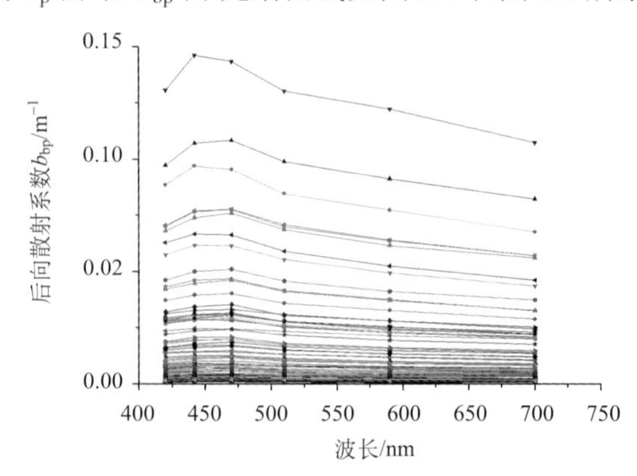

图 3.5　东海颗粒物后向散射系数光谱曲线

b_p 随波长变化不大，部分量值较小的样本点其光谱曲线在 440 nm 和 670 nm 附近有低谷出现，总体看来东海水体的散射性质存在较大差异。b_{bp} 光谱在实测的 6 个波段间则有明显的变化，在 442 nm 或 470 nm 波段量值最大，之后随波长增加而降低。为便于与水体吸收性质的对比，对实测结果进行插值，同样选择 440 nm 波段进行海区水体散射性质分析。

1) 大面分布规律

东海夏、冬两季节表层水体 440 nm 总散射系数 $b_p(440)$，后向散射系数 $b_{bp}(440)$ 以及后向散射比 $R\_b_{bp}(440)$ 的分布情况如图 3.6 所示。总体来说，$b_p(440)$ 和 $b_{bp}(440)$ 的分布趋势较为一致，自近岸向外海逐渐降低，最大值主要集中在长江口舟山海域的近岸区，陆架中部以内区域冬季量值明显大于夏季。

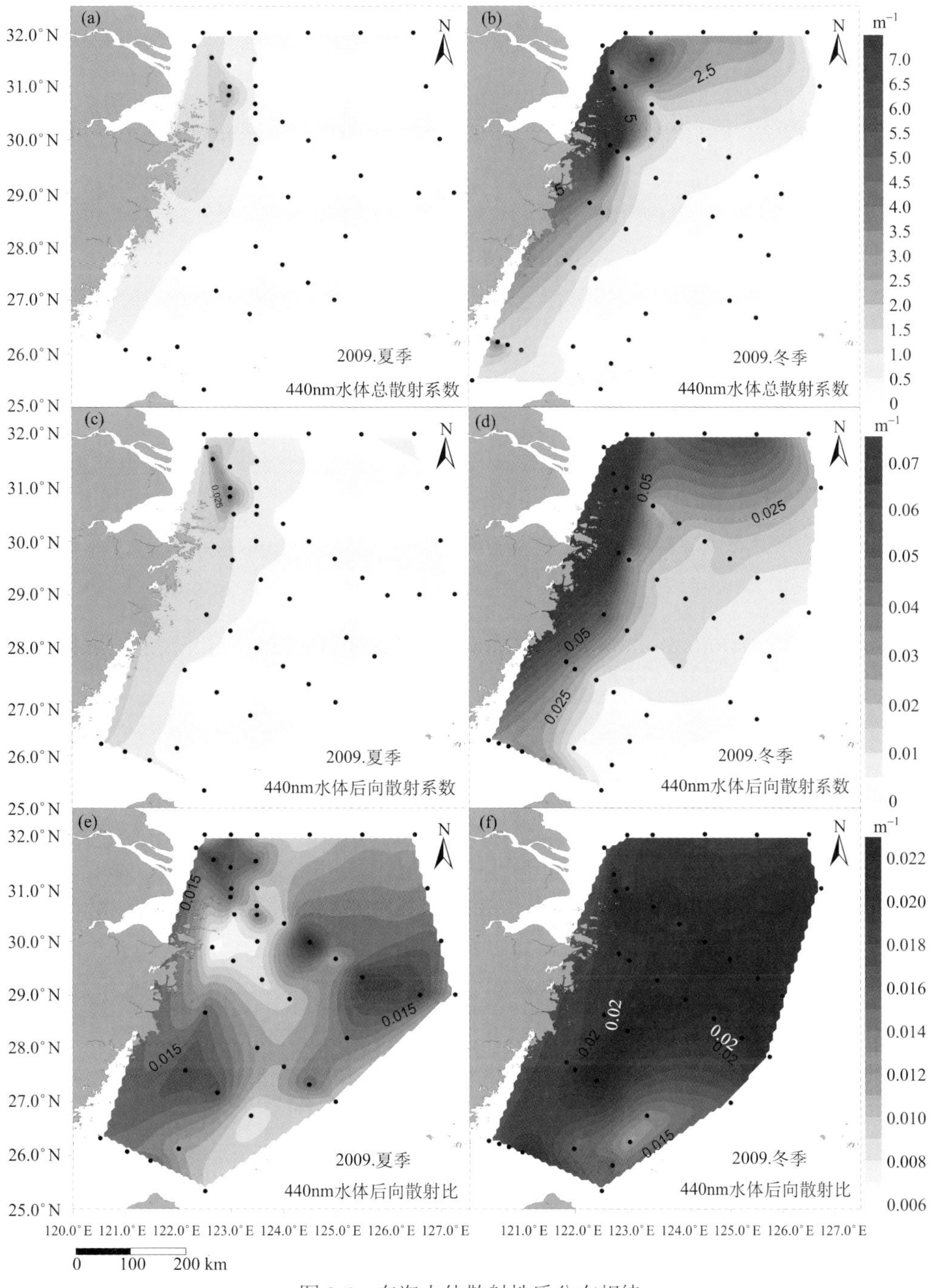

图 3.6　东海水体散射性质分布规律

夏季 $b_p(440)$为 0.0517～2.2630 m^{-1}，均值为 0.5010 m^{-1}；冬季为 0.0098～8.4191 m^{-1}，均值为 1.4988 m^{-1}，量值变化较大，最高值点出现在舟山东南，另外长江口外 123°～126°E 一带存在散射系数大于 3 m^{-1}的高散射区，与苏北浅滩延伸带相对应。$b_{bp}(440)$与 $b_p(440)$的主要差异体现在两个地方：①夏季长江口附近叶绿素 a 高值区，$b_{bp}(440)$量值与周围水体相比明显增大；②冬季陆架中部区，$b_{bp}(440)$总体在趋势上要略微偏高。

2）散射性质数据分析

各类相关研究的综合分析认为，单位质量悬浮物浓度的散射系数 b^*_p(b_p/TSM)从近岸到外海存在系统性增大的特点。因此，悬浮物浓度增加会使水体总散射系数整体增大，冬季近岸水体由于高浑浊的性质表现出高散射性质。本研究计算了 440 nm 东海水体单位质量悬浮物浓度的散射系数 $b^*_p(440)$，结果如图 3.7 所示。

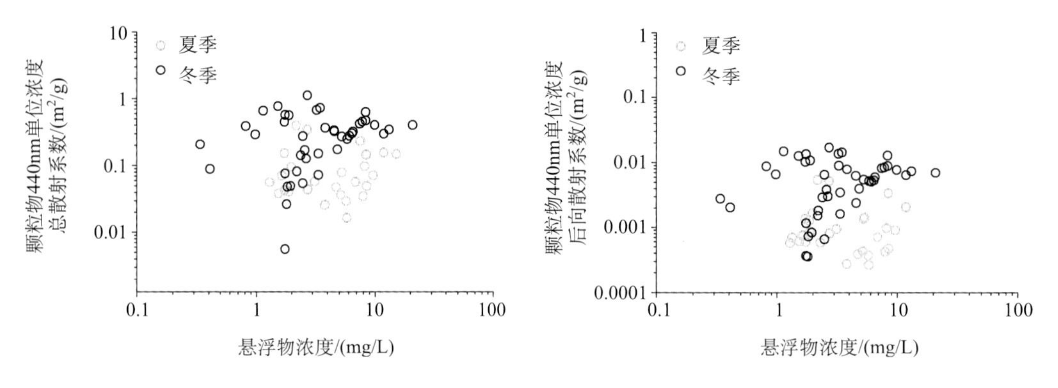

图 3.7 单位质量颗粒总散射系数和后向散射系数与水体总悬浮浓度散点关系

3.2.2 东海赤潮水体固有光学性质

赤潮发生时由于水体成分及构成随着浮游植物的快速增长而发生明显变化，因此，必然会影响水体的固有光学性质。下面就东海实测的赤潮水体固有光学性质特征进行分析，并从中寻找赤潮水体与环境水体的识别特征。

此次分析所用数据的列表信息见表 3.1，从赤潮藻门类间的差异来看，硅藻和甲藻都是单细胞种类。其中，甲藻细胞壁由纤维素组成，细胞有球形或其他形状，体内光和色素相对含量较高，常呈黄绿色、橙黄色或褐色。硅藻细胞壁高度硅质化形成坚硬的壳体，由果胶质和硅质组成，没有纤维素，多为圆形、方形等规则形状，体内光保护色素相对含量较高，常表现为黄绿色或黄褐色，壳上的微孔与纹路会形成比平滑表面更多的表面积，从而使得硅藻的光合作用更有效率，细胞多形成长链，从而表现出相对较大的集群粒径。下面就表格中列出的实测赤潮数据分别从吸收、散射等方面进行深入分析。

表 3.1 东海赤潮实测数据信息列表

门类	藻种	时间	遥感反射率	吸收系数	散射系数
甲藻	东海原甲藻	2009 年 5 月	5 条	7 组	—
硅藻	诺氏海链藻	2009 年 8 月	2 条	8 组	3 组
硅藻	柔弱角毛藻	2010 年 12 月	2 条	7 组	3 组

1. 赤潮水体吸收性质

实验室分光光度法测得的东海甲藻和硅藻赤潮时水体吸收系数光谱如图 3.8 所示，包括水体吸收三要素黄色物质(CDOM)、非藻类颗粒(NAP)与浮游植物色素(phy)部分以及纯水的吸收贡献。

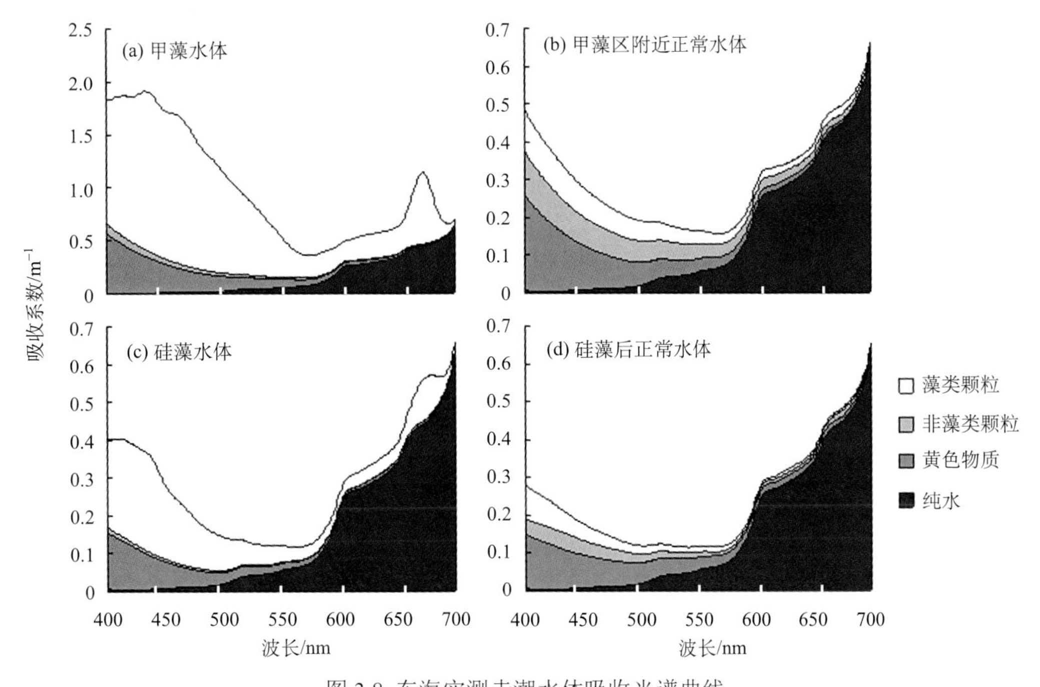

图 3.8 东海实测赤潮水体吸收光谱曲线

(a)和(b)浙江南部近岸 5 月样本；(c)和(d)长江口 12 月样本

由于赤潮发生时藻类细胞大量增殖，水体色素含量明显增大，因此，藻类颗粒吸收系数的量值远高于正常水体，色素比重也明显增大。从图 3.8 中可以看出，赤潮时 CDOM 和 phy 的构成比明显增大，phy 在短波段更是成为水体吸收的主要贡献者，400～450 nm 的蓝光波段以及 650～700 nm 的红光波段分别存在明显的藻类色素吸收峰。另外，由于甲藻和硅藻细胞内色素类型的差异，在吸收光谱中表现出一定的细节区别，从本研究所获得的具体样本来看，甲藻水体色素吸收光谱中除 Chl-a 外，还可以明显看出其他伴生色素的吸收峰；而硅藻水体在蓝光波段则不能区分色素特征峰，总体呈现出一个色素吸收的包络线。在 450～550 nm 之间甲藻色素光谱随波长变化的斜率明显高于硅藻。

为便于进一步获得定量的赤潮水体吸收性质分析结果，将 440 nm 色素特征吸收峰的吸收值进行统计比较，得到东海典型赤潮与非赤潮水体样本的色素吸收对水体总吸收贡献比(图 3.9)。从图中可以初步得出：赤潮水体 440 nm 的色素吸收比重 $a_{phy}/a_{T}(440)$一般要高于近岸高浑浊水体和清洁水体，其百分比约占 33%以上，最高可超过 80%；相比之下，大部分浑浊水体色素吸收的比重在 10%～40%，最高不超过 50%，而清洁水体该比值一般在 10%～20%。从所有赤潮样本的水体叶绿素 a 浓度相关分析来看，随着赤潮程度的加剧，叶绿素 a 浓度增加，色素吸收系数随之升高，色素吸收比重也相应增大，CDOM 和 NAP 的吸收比重则相应降低(图 3.10)。

浮游植物细胞中的色素分布是不均匀的，存在于细胞的叶绿体中，并随着藻种的不同而变化，因此，即使在相同的叶绿素 a 浓度条件下，藻种的差异也会引起对入射光的不同反应(Seelye, 2008)。有研究显示(Fujiki Taguchi，2002)，浮游植物吸收的变化与其种类、种类组合和附属色素等紧密相关，因此，单位叶绿素 a 浓度色素的比吸收系数 $a^*_{phy}(\lambda)$可以很好地反映水体浮游植物的种类差异。

将东海实测的甲藻和硅藻赤潮及其正常水体的色素吸收系数和比吸收系数光谱曲线列于图 3.11 中进行对比分析。

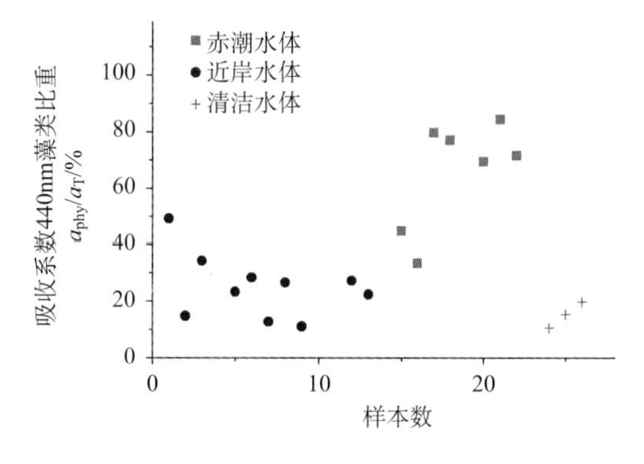

图 3.9　东海不同类型水体色素吸收比重

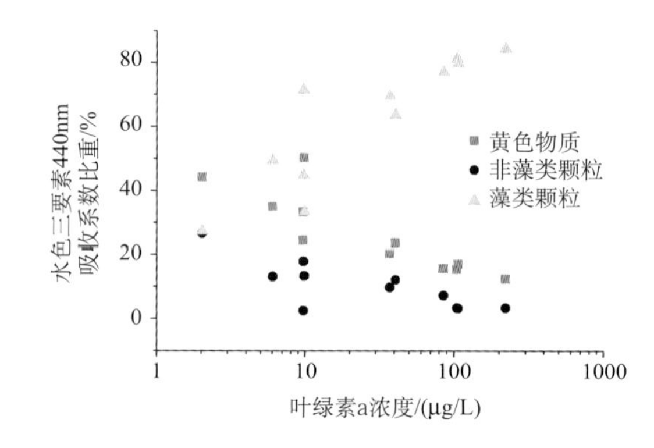

图 3.10　东海实测赤潮水体要素吸收比重随叶绿素 a 浓度变化

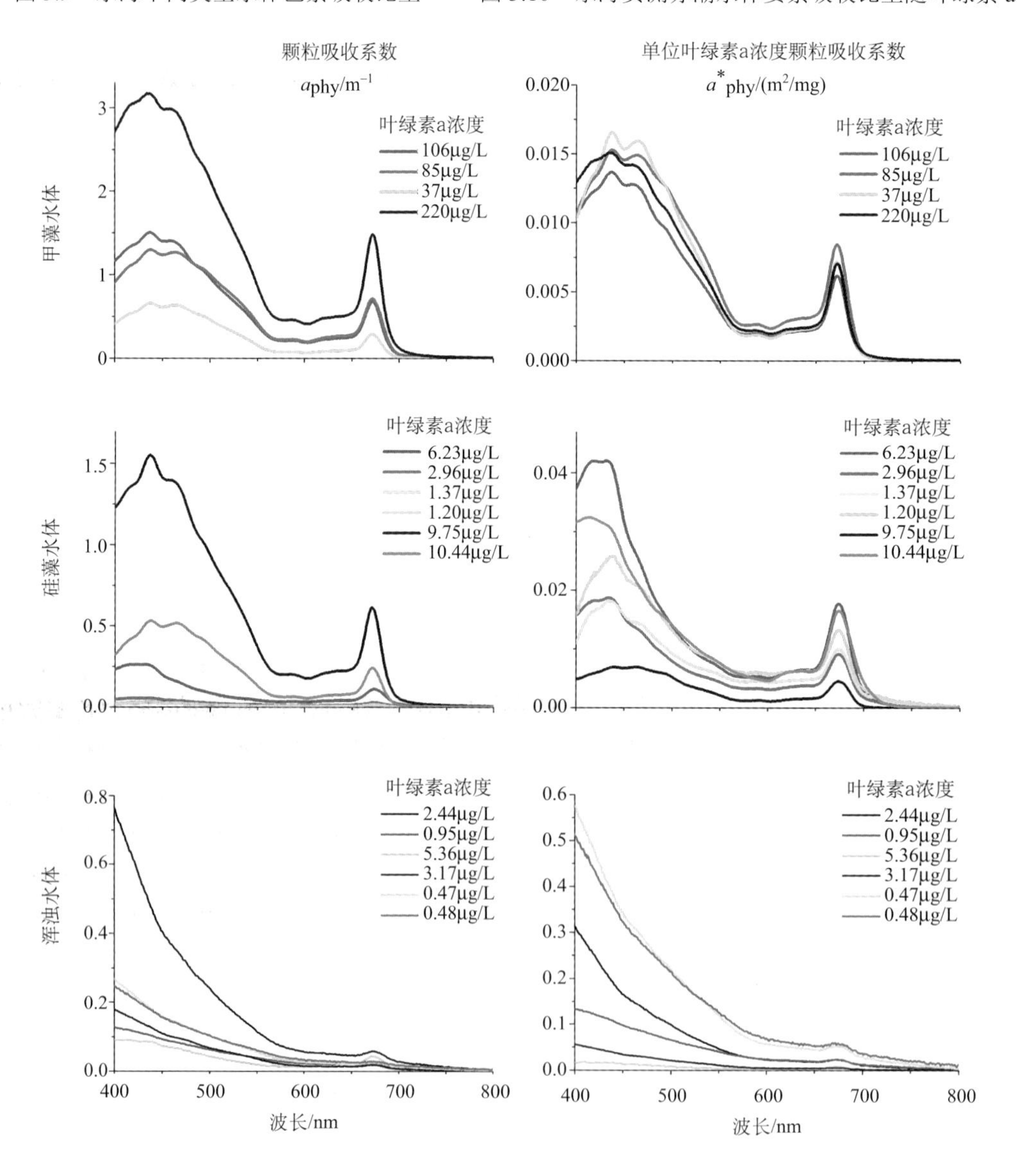

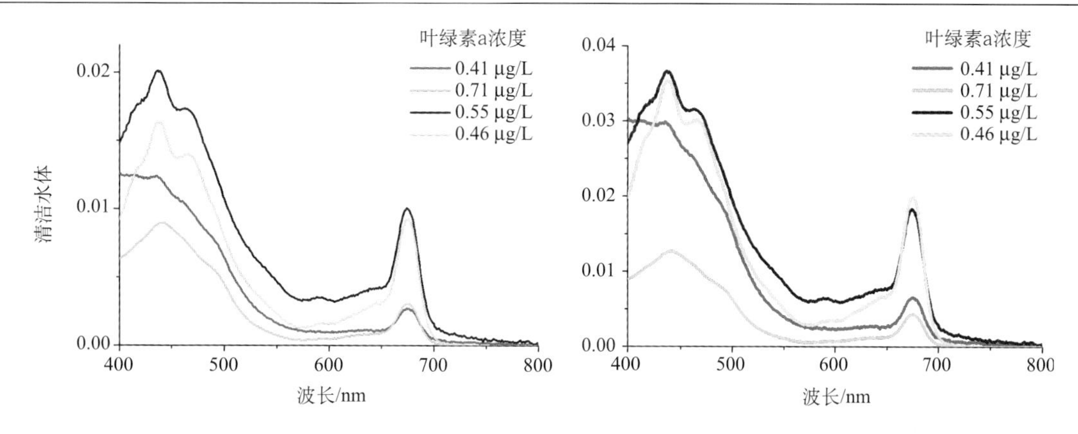

图 3.11　东海实测赤潮及其正常水体色素吸收和比吸收系数光谱

总体来说，近岸高浑浊水体的色素吸收曲线由于受到非藻类颗粒等吸收的干扰，与其他水体有明显的光谱性质差异，这一点在东海水体吸收性质的分析中已给出详细解释。而非赤潮类清洁水体的光谱性质与赤潮水体相似，均为典型的双峰结构，分别在 440 nm 附近的蓝光波段和 670 nm 附近的红光波段存在高吸收区。由于东海赤潮一般多发生在离岸一定距离内的近岸海域，其性质更多地受水体悬浮物的影响，有效区分赤潮水体与高浑浊的环境水体更为重要。

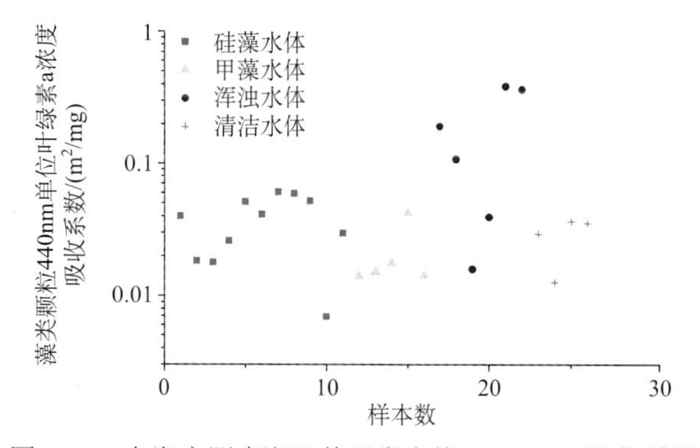

图 3.12　东海实测赤潮及其正常水体 440 nm 比吸收系数

对于赤潮水体，随着 Chla 浓度的增加(即赤潮程度的加剧)，其吸收系数量值在整个测量波段范围内都相应增大，当 Chla＞10 μg/L 时，明显超过了环境水体的量值。甲藻水体在 440 nm 的比吸收系数 $a^*_{phy}(440)$ 在不同 Chla 浓度下量值变化不大，大致在 0.005～0.05 m^2/mg 之间，且明显低于临近的高浑浊环境水体(0.01～0.5 m^2/mg)，硅藻的 $a^*_{phy}(440)$ 值总体上略大于甲藻，主要在 0.01～0.07 m^2/mg 范围内，量值与清洁水体(0.01～0.04 m^2/mg)相比大体相当或略有偏高(图 3.12)，说明本研究所测样本中甲藻产生的单位浓度色素吸收要低于硅藻，即由于硅藻细胞粒径较小，细胞内光保护色素比重较大，因而量值偏高，但总体来说两种赤潮水体与清洁水体的差别在叶绿素 a 比吸收系数的差距上并不明显。因此，当赤潮发生时，水体 $a^*_{phy}(440)$ 值相比于高浑浊的环境水体会出现不同程度的降低，并且甲藻赤潮表现更加明显，但容易与清洁水体发生混淆。由于硅藻类赤潮藻对浑浊水体的适应度更高，因此，用叶绿素 a 比吸收系数法识别这类赤潮应该相对更容易实现。

通过对图 3.12 中 phy 比重的进一步分析，发现同样存在单位叶绿素 a 浓度下的藻种差异。具体为，硅藻色素吸收比重在单位对数 Chla 浓度下明显高于甲藻(硅藻为 70%～85%，甲藻为 30%～45%)，这主要是由于硅藻类细胞内光保护色素与光和色素的比重高于甲藻。赤潮水体的这些吸收特性可用以协助遥感赤潮水体的识别，并进一步在理论上提供了两种不同类型赤潮的区分方法，但具体还需要根据监测海域的背景场水体浑浊程度来判断。

2. 赤潮水体散射性质

此次东海硅藻赤潮水体的吸收散射特性参数主要来自现场水体吸收衰减仪 ac-S(水体总吸收系数 a_T 和颗粒总散射系数 b_p)和后向散射仪 HydroScat-6(颗粒后向散射系数 b_{bp})，选取硅藻水体及其环境正常水体共 6 个样本来进行分析(图 3.13)，采样点位于长江口附近海域，包括 8 月和 12 月各 3 个样本。甲藻赤潮由于没有进行散射系数相关参数的现场测量，这里选用历史文献中近似数据做对比分析。

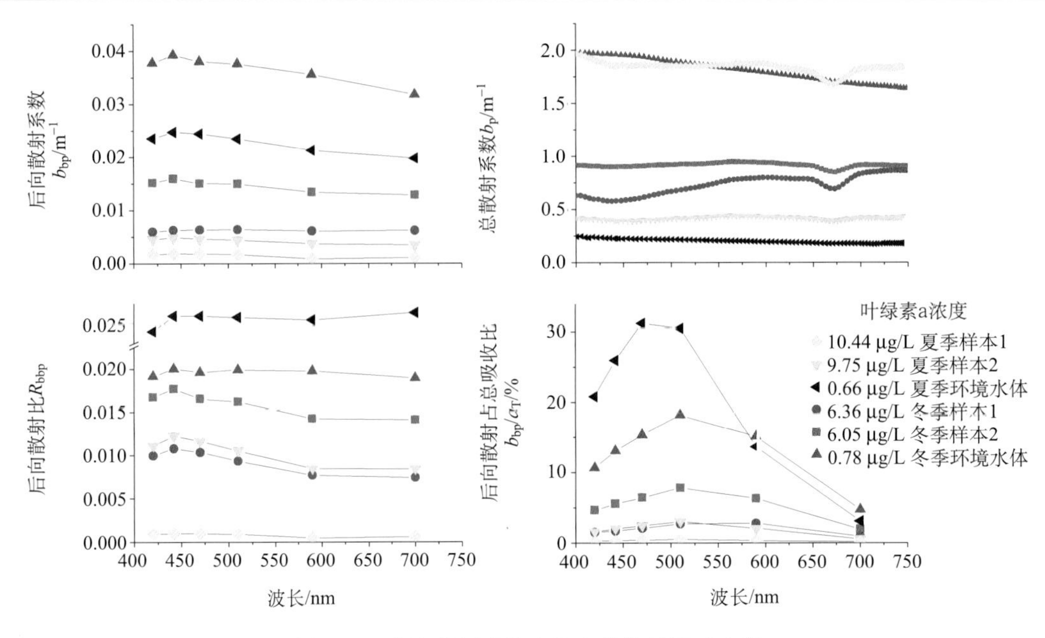

图 3.13　东海实测硅藻赤潮水体散射性质光谱

从实测 $b_p(\lambda)$ 光谱曲线上看，赤潮水体在整个波段范围内存在一定的波动。440 nm 附近量值偏低，之后随波长增加而升高，到 670 nm 附近再次出现明显的低谷，这两个散射谷分别对应于藻类色素的吸收峰。非赤潮水体散射系数光谱表现为随波长增加单纯下降趋势。赤潮水体中 12 月(December)两样本量值较接近，大致在 0.6～1.0 m^{-1}之间，而 8 月(August)两个样本却表现出很大差异。Chl-a 浓度稍高的样本其散射系数总体明显高于低 Chl-a 样本，两者分布在 12 月样本曲线的上下两侧，这主要是由于 August 1 样本点的采样位置比 August 2 要靠近长江口，其所受的悬浮颗粒物影响大于后者，造成水体颗粒物总散射系数大大增加，12 月赤潮点采样位置在 8 月两个样本点之间。两个非赤潮样本点量值上的差距也是出于相似的原因，12 月样本的正常水体(Dec. Envir.)由于季节原因，水体浑浊度高，而 8 月正常水体(Aug. Envir.)处于夏季，水体相对清澈。图中曲线充分说明，水体浑浊度的高低在很大程度上控制着其散射光谱性质的具体表现(图 3.13)。

$b_{bp}(\lambda)$结果受仪器测量波段数限制，每个样本只有 6 个波段的数据，波段间差异不大，在 440 nm 附近达到最高。整体看来，赤潮水体的 $b_{bp}(\lambda)$值明显低于正常水体，并且 8 月的量值总体低于 12 月，同时随 Chl-a 浓度的增加而降低，即可以认为随细胞密度的增加而降低；两个非赤潮样本相比，浑浊度高的样本 $b_{bp}(\lambda)$值相对更高。根据 Cannizzaro 等(2008)对佛罗里达腰鞭毛藻(甲藻)赤潮水体的观测，在细胞密度达到赤潮标准(＞10^4 cells/L)时，水体 550 nm 波段的后向散射系数 $b_{bp}(550)$大体在 0.004～0.01 m^{-1}之间，量值与本研究中 8 月硅藻赤潮结果大体相当，且随 Chla 增加略微表现出增大的趋势。影响水体颗粒后向散射系数的因素主要有颗粒物的浓度、粒径大小、折射指数、形状以及结构等等(Boss and Pegau，2004)，折射指数越大，$b_{bp}(\lambda)$越大。由于无机颗粒具有明显更高的折射指数，因此，一般来说，在这一海域赤潮水体后向散射系数要低于浑浊水体。对于给定的粒子浓度，粒径越大，$b_{bp}(\lambda)$也越大，藻类颗粒一般在几十微米以上，明显大于长江口海域的泥沙粒径(中值粒径 8.6 μm)(张志忠，1996)，而甲藻类细胞一般比硅藻类细胞要大，硅藻细胞虽然多形成长链，从而表现出相对较大的颗粒粒级，但在同等细胞密度情况下，硅藻赤潮后向散射系数并没有明显高于甲藻赤潮。

水体颗粒后向散射比率 $R_b_{bp}(\lambda)$是后向散射系数与总散射系数的比值，综合以上对 $b_p(\lambda)$和 $b_{bp}(\lambda)$的分析，可以预想，图 3.13 中低 $b_{bp}(\lambda)$值和高 $b_p(\lambda)$值的 8 月赤潮样本应该具有最低的 $R_b_{bp}(\lambda)$值，而其周边正常水体量值最高。从 $R_b_{bp}(\lambda)$6 个波段的结果来看，对于赤潮水体在 440 nm 附近有最高值，之后随波长增加而降低，但在 700 nm 附近又出现了抬升。赤潮水体 $R_b_{bp}(\lambda)$值普遍低于非赤潮水体，说明水体颗粒后向散射比率由 $b_{bp}(\lambda)$ 和 $b_p(\lambda)$ 共同决定，亦即由颗粒粒径和浑浊度共同决定。Stramski 等通过对从细菌到海洋原甲藻 18 种不同粒径大小和种类的浮游藻类固有光学性质的模拟，给出了后向散射比率 R_b_{bp} 的光谱值，其中粒径最大的海洋原甲藻(平均直径 27.64 μm) R_b_{bp} 值明显低于粒径相对较小的旋链角毛藻(平均直径 7.73 μm)，在 440 nm 附近大约分别为 4×10^{-5} 和 2×10^{-4}，角毛藻的 $R\_b_{bp}(440)$ 值比本研究实测数据偏低。对大亚湾水体的调查研究结果显示，颗粒后向散射比率随着 Chl-a 增加呈减小的趋势，高叶绿素 a 浓度显著对应较低的 $R\_b_{bp}(440)$ 值。从图 3.13 中的具体量值上看，8 月赤潮水体 $R\_b_{bp}(440)$ 值仅为 0.001～0.013，12 月赤潮水体 $R\_b_{bp}(440)$ 值在 0.01～0.018 之间，而赤潮的环境水体则在 0.02 以上，若将 8 月水体(Aug. Envir.)样本看做是清洁环境水体，则此类水体有最高的 $R\_b_{bp}(440)$ 值(>1.0)，这一结果与 Boss 等(2004)给出的新泽西长期环境观测点 LEO15 的测量结果一致，即高浮游植物水体 $R\_b_{bp}(440)$ 约为 0.005，而高悬沙水体约为 0.02。

在图 3.13 中，颗粒后向散射系数与水体总吸收系数的比值 $b_{bp}/a_T(\lambda)$ 总体来说在 400～500 nm 之间随波长增加而增大，之后迅速降低，至 700 nm 附近已基本不超过 5%，6 个样本在不同波段的比值与 $R\_b_{bp}(\lambda)$ 趋势表现一致。具体量值可以总结为，8 月赤潮水体 0.3%～2%，12 月赤潮水体 1.6%～5.8%，周边正常水体>13%，根据 Stramski 等的实测与模拟结果进行粗略计算，对于甲藻水体 $b_{bp}/a_T(\lambda)$ 大体在 1.2%附近，与本研究分析结果相符。由于赤潮水体与非赤潮水体之间的 $b_{bp}/a_T(\lambda)$ 值有明显差异，可以通过这一比值来实现对赤潮水体的识别。

一般来说，由于纯水的后向散射与前向散射相当(Boss and Pegau，2004)，后向散射比为已知的定值(1/2)，水体颗粒后向散射比可以近似等同于水体总的后向散射比，因此，可以认为，从水体散射性质入手来实现对赤潮与非赤潮水体的识别以及不同粒径赤潮藻的区分也同样具有可行性。

从以上的分析来看，由于生理、生化特性的差异，赤潮水体与非赤潮水体以及甲藻和硅藻赤潮水体之间在固有光学量上存在明显区别。为便于后续算法建立和业务化应用，这里根据分析设定二值分类法，给出各固有光学参数对不同水体类型的识别阈值，具体设定如表 3.2 所示。

总体来说，从水体吸收和散射性质可以实现对赤潮与非赤潮水体的识别以及甲藻和硅藻两门类间的区分。表格中参数色素吸收比重 $a_{phy}/a_T(440)$ 对赤潮水体设定为 33%以上，而非赤潮水体除近岸高浑浊区外，一般该比值都相对较低，因此，大体上可以实现对赤潮与非赤潮水体的区分，再根据单位对数叶绿素 a 的色素比重在甲藻与硅藻赤潮间的明显差异，即可实现对不同赤潮水体的识别，优先识别类型为硅藻赤潮。色素比吸收系数 $a^*_{phy}(440)$ 在浑浊非赤潮水体明显高出其他水体一个量级，可以用以区分此类水体，对于甲藻和硅藻赤潮水体也同样存在差异，在适当阈值的设定下可以作为不同水体识别的辅助参量，优先识别类型为甲藻赤潮。后向散射对总吸收的比值 $b_{bp}/a_T(440)$ 在赤潮与非赤潮水体间差异明显，其中赤潮水体的比率显著低于非赤潮水体，且两种不同赤潮类型间也存在量值上的区分，因此，该参数可以用于赤潮门类的识别，优先识别甲藻赤潮。后向散射比率 $R\_b_{bp}(440)$ 同样对赤潮与非赤潮水体有明显区分，甲藻与硅藻赤潮间存在一定差异，该参数对甲藻优先识别。

表 3.2　固有光学量识别赤潮水体阈值设定

参数	甲藻赤潮	硅藻赤潮	浑浊水体	清洁水体	优先识别水体类型	优先识别赤潮类型
$a_{phy}/a_T(440)$	>33%	>33%	10%～40%	10%～20%	赤潮水体	
$\frac{a_{ply}/a_T(440)}{\lg Chla}$	30～45	70～85	—	—	—	硅藻
$a^*_{phy}(440)$	0.005～0.05 m²/mg	0.01～0.07 m²/mg	0.01～0.5 m²/mg	0.01～0.04 m²/mg	浑浊非赤潮水体	甲藻
$b_{bp}/a_T(440)$	<2%	<5.8%	>13%	>25%	赤潮水体	甲藻
$R\_b_{bp}(440)$	0.001～0.013	0.01～0.018	>0.02	>1.0	赤潮水体	甲藻

3.2.3 基于固有光学量的赤潮识别算法

根据前文分析，不同类型的藻种所引发的赤潮具有明显不同的固有光学性质，为了检验以上分析结果对遥感应用的适用性，本节尝试将赤潮水体固有光学量研究推广到卫星遥感固有光学量产品数据，分别从吸收和散射两个方面建立卫星赤潮识别的算法。由于实测赤潮数据样本量较少，为了获得更具统计意义的固有光学量赤潮识别算法阈值，本节对通过遥感数据获得的赤潮灾害固有光学量数据进行分析，样本来源为表 3.3 中的 8 次不同事件。

表 3.3 遥感固有光学量数据来源事件列表

时间(年-月-日)	地点	面积/km^2	藻种	门类
2005-6-4	长江口至韭山列岛海域	2000	具齿原甲藻、米氏凯伦藻	甲藻
2005-6-16	长江口至舟山海域、南麂海域	1300+400+300	具齿原甲藻、米氏凯伦藻、长崎裸甲藻 中肋骨条藻、圆海链藻	甲藻 硅藻
2007-6-29	韭山列岛东部	400	中肋骨条藻	硅藻
2007-7-26	象山港、朱家尖东部海域	170+700	洛氏角毛藻、扁面角毛藻	硅藻
2007-8-27	象山港、渔山-韭山、洞头海域	350+600+400	中肋骨条藻	硅藻
2008-5-16	台州-温州海域	65+30+130	东海原甲藻	甲藻
2009-4-28	台州外侧海域	700	裸甲藻	甲藻
2009-5-8	温州苍南海域	200	东海原甲藻	甲藻

NASA-QAA 算法所提供的固有光学量产品数据空间分辨率仅为 4 km×4 km，而对东海近岸高浑浊水体其算法适用性的不足使得离岸一定距离内的数据为无效，因此，遥感固有光学量参数有效点所对应的水体类型主要是中等浑浊度水体和相对清洁的外海水体。

首先，结合 OC3 算法的 Chla 产品数据计算获得水体色素吸收系数比值 $a_{phy}/a_T(443)$ 和叶绿素 a 比吸收系数 $a^*_{phy}(443)$ 两个吸收性质参数，以及后向散射系数与总吸收比值 $b_{bp}/a_T(443)$ 和后向散射比率 $R\_b_{bp}(443)$ 两个散射性质参数。再参照表 3.2 固有光学量识别赤潮水体阈值设定确立适用于遥感固有光学量的识别算法，来实现对东海赤潮水体，特别是甲藻和硅藻两大门类的识别。

1. 基于水体吸收系数的赤潮识别算法

根据东海实测赤潮水体的吸收性质分析，赤潮水体色素吸收比重一般要高于近岸高浑浊水体和清洁水体，且色素吸收比重随 Chla 浓度增加而增大，而硅藻色素吸收比重在同等 Chla 浓度下表现又高于甲藻。当 Chla＞10 μg/L 时赤潮水体吸收系数量值在整个测量波段范围内明显超过周边正常水体的量值。赤潮发生时，水体比吸收系数 a^*_{phy} 相比于周围环境将出现不同程度的降低，并且硅藻赤潮表现更加明显。

因此，首先以东海典型赤潮卫星资料数据集中固有光学量参数色素吸收系数比值 $a_{phy}/a_T(443)$ 和叶绿素 a 比吸收系数 $a^*_{phy}(443)$ 为对象进行赤潮水体光学性质的分析。

1) 色素吸收比重法

根据赤潮藻的生理特性，东海的主要赤潮藻种可以判断为叶绿素 a 型，即在形成赤潮时水体的叶绿素 a 浓度会随细胞密度的增加而增大。这一性质有助于对比东海近年赤潮灾害数据集和东海典型赤潮卫星资料数据集初步判定赤潮发生的具体位置，也便于相关提取算法的建立。

首先从表 3.2 所列各事件遥感固有光学量数据中，分别提取赤潮和临近非赤潮区样本点的色素吸收与总吸收系数，计算得到色素吸收比重 $a_{phy}/a_T(443)$ 数据。图 3.14 为赤潮发生时水体色素吸收比重 $a_{phy}/a_T(443)$ 的遥感数据统计结果(这里认为 443 nm 等同于 440 nm)。由于卫星数据在近岸的缺失，这里将偏外海的低 Chla 清洁水体设定为非赤潮的环境水体，而暂时忽略高浑浊水体的情况。

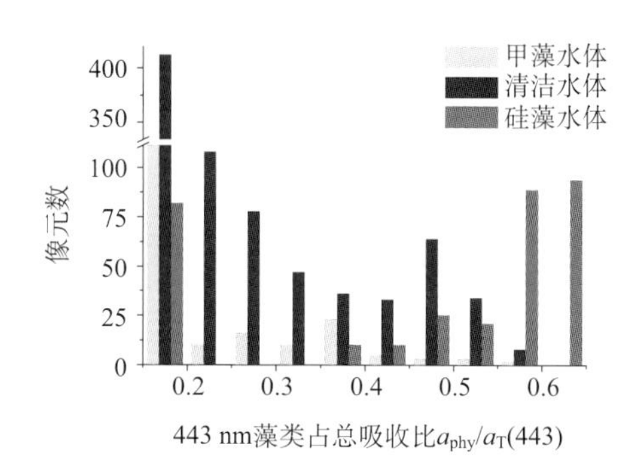

图 3.14　东海遥感赤潮水体色素 a 吸收系数比重分类统计

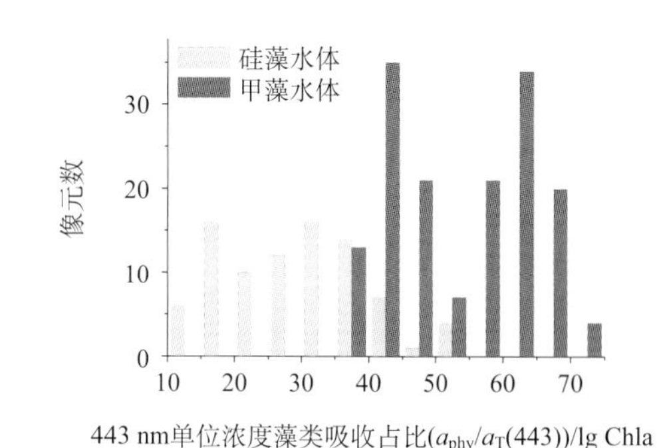

图 3.15　东海遥感甲藻与硅藻赤潮水体单位对数叶绿素 a 色素吸收比重分类统计

从图 3.14 中可以看出，硅藻(Diatom)赤潮点的比值大体分为两个极端：一类集中在 0.2 以下极窄的范围内；另一类比值较高，并且相当部分达到了最大的 0.6 以上；而甲藻(Dino)赤潮点的值则绝大部分都处在 0.2 以下，只有少数点相对均匀地分布在 0.2～0.4 之间。清洁水体(clear)样本点的比值除部分位于最小值端，其余在整个分类轴的分布相对分散，较多地集中于 0.2～0.3 和 0.45～0.55 两部分。

图 3.14 中分类轴两端的点数值基本都是等于 0.15 和 0.6 的单一值，因此，有理由认为这些数据点应该是由于在 QAA 算法(Hong et al., 2005)中第二部分计算的过程中参数设定原因产生的“溢出”，即推测该算法对水体色素 443 nm 吸收占总吸收的比重在 0.15～0.6，超出范围则被截断。因此，色素吸收比值法在东海海域卫星赤潮识别的应用中存在较大局限性。

由实测数据分析可知，甲藻与硅藻水体单位对数叶绿素 a 色素吸收比重的性质之间存在显著差异，在遥感数据中两类型的区别同样明显(图 3.15)。除去受算法溢出影响的部分外，甲藻大致分布于 10～45，硅藻在 35～75 之间，因此，可以用于这两种门类的区分。色素吸收比重与水体吸收要素构成有关，藻类越丰富，则色素比重越高。结合表 3.2 实测赤潮水体色素吸收比重的分析结果，可设定赤潮水体判别条件为 $a_{phy}/a_T(443)>0.3$；而对于赤潮藻种门类的进一步判断，则分别设定判别条件为满足 $0<\dfrac{a_{phy}/a_T(443)}{\lg \text{Chla}}<40$ 的情况下属于甲藻，大于 40 则属于硅藻。

将这一判别条件应用于东海甲藻和硅藻典型赤潮案例中，同时给出 NASA OC3 算法的 Chla 产品做对比。由于遥感色素吸收比重参数存在溢出现象，这里将整体比值上下限设定为 0.15～0.60，结果发现，该阈值对赤潮水体的识别存在一定的可信度，尤其在近岸当环境水体比值产生溢出时，基本可以判断为是色素含量偏高的赤潮水体；但同时该判别方法对偏外海的非赤潮区也较容易出现误判，并且对甲藻和硅藻赤潮的实际区分效果不够准确。

2) 叶绿素 a 比吸收系数法

同样从硅藻和甲藻事例对应的遥感数据中分别提取赤潮和非赤潮区样本点的色素吸收与叶绿素 a 浓度值，将遥感叶绿素 a 比吸收系数计算结果 $a^*_{phy}(443)$ 进行统计，得到如图 3.16 所示的分布直方图。可以看出，遥感数据计算的 $a^*_{phy}(443)$ 值不存在如色素吸收比值 $a_{phy}/a_T(443)$ 那样的溢出现象。三种水体比吸收系数值都不符合标准高斯分布，其中硅藻(Diatom)和甲藻(Dino)的 $a^*_{phy}(443)$ 值都基本处在 0.04 m^2/mg 的分类轴低半段，但两者有明显不同的倾向性，甲藻偏向低端，而硅藻更偏向高端；环境水体(clear)的量值基本在整个分类轴均有分布，与赤潮水体存在交叉，但最低不超过 0.01 m^2/mg。

叶绿素 a 比吸收系数与细胞粒径和细胞内色素有关，随色素增多和细胞减小量值增大，主要用于区分不同细胞类型。结合实测赤潮水体 $a^*_{phy}(440)$ 的分析结果，设定赤潮水体判别条件为 $a^*_{phy}(443) < 0.04$ m^2/mg。在这一前提下，值越小，赤潮类型越倾向为甲藻，将两种类型的判别阈值设为 0.025 m^2/mg。

将这一判别条件应用于东海甲藻和硅藻典型赤潮案例，结果显示，该阈值对案例中的赤潮水体识别存在较大不确信度，受环境水体信号干扰明显，但 $a^*_{phy}(443)$ 小于 0.01 m^2/mg 的区域与赤潮区存在较好的契合度。说明该叶绿素 a 比吸收系数法应该相对更适用于甲藻赤潮的判定。

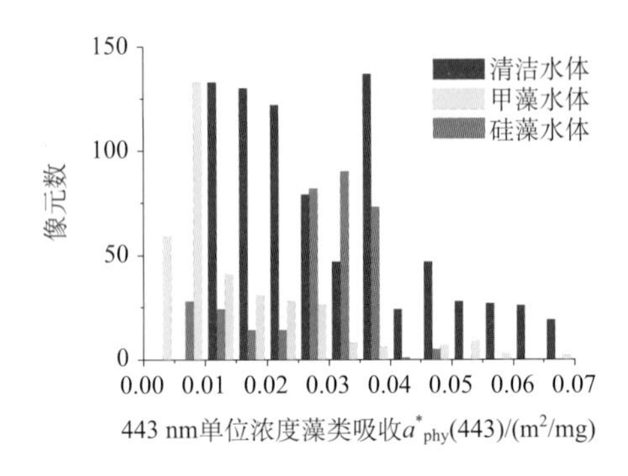

图 3.16　东海赤潮水体比吸收系数分类统计图

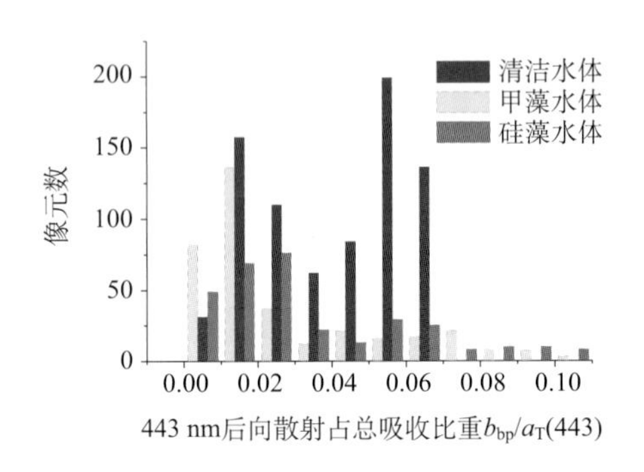

图 3.17　东海赤潮水体后向散射系数与总吸收系数比值分类统计

2. 基于水体后向散射系数的赤潮识别算法

Morel 和 Prieur(1977)研究认为，卫星传感器所获取的水体有效信号主要是受水体后向散射 b_b 和吸收 a 的控制。要实现对不同藻种的有效区分，最根本的就是要实现对吸收和后向散射这两个水体参数在不同藻种情况下的有效判别。后向散射系数一般随波段的变化不大，因此，很多学者研究赤潮水体遥感提取算法时，都把注意力放在水体的吸收系数变化上，忽略了散射变化对水体总信号的作用。而事实上 b_b 的作用不可忽略，有时甚至起主要作用。例如，在相似浓度下，颗石藻和束毛藻等赤潮种通常具有明显更高的后向散射系数，而美国近岸主要赤潮有害藻种短裸甲藻则具有相对较低的后向散射。Cannizzaro 等(2008)根据佛罗里达海湾实测数据，认为引起短裸甲藻赤潮水体遥感反射率明显降低的主要原因在于其后向散射系数的降低，与吸收系数没有明显关系。因此，从水体后向散射的角度出发识别赤潮具有重要意义和广阔前景。

1)散射-吸收比值法

本节首先从东海硅藻和甲藻典型赤潮灾害所对应的卫星数据中，分别提取赤潮和非赤潮区样本点的后向散射系数与总吸收系数，计算得到水体颗粒后向散射系数与总吸收系数比值 $b_{bp}/a_T(443)$，图 3.17 为 $b_{bp}/a_T(443)$ 值的统计结果。可以看出，甲藻(Dino)和硅藻(Diatom)样本点的分布大体一致，但在低值端存在细微差异，其中，甲藻在 $b_{bp}/a_T(443) < 0.02$ 的区间内更多，而硅藻的多数点分布在 < 0.03 的范围内；环境水体(clear)在 0～0.07 的区间内表现为中间低两端高的双峰分布。另外，$b_{bp}/a_T(443)$ 值高于 0.07 的样本点都属于赤潮水体。

散射-吸收比是遥感反射率中与水体颗粒大小、类型、色素含量等直接相关的部分，主要区分于近岸浑浊水体。结合实测数据获得的赤潮水体后向散射系数与总吸收系数比的分析结果，首先设定赤潮水体判别条件为 $b_{bp}/a_T(443) < 0.10$，且比值越大，赤潮类型越倾向为硅藻，暂将两者的区分阈值设为 0.02。

将这一判别条件应用于东海甲藻和硅藻典型赤潮案例中，可以看出，该散射-吸收比值的阈值设定对案例中的赤潮水体与环境水体的识别存在较大的不确定度，外海清洁水体几乎都判定为赤潮。这说明 $b_{bp}/a_T(443)<0.10$ 的阈值设定在遥感数据提取中不适用，主要原因是实测数据样本量较少，不足以代表较全面的赤潮水体特征，因此，该阈值需要做进一步调整。

2) *后向散射比率法*

遥感后向散射比 $R\_b_{bp}(443)$ 的计算方法为，从东海硅藻和甲藻典型赤潮灾害所对应的卫星数据中，分别提取赤潮和非赤潮区样本点的后向散射系数 $b_{bp}(443)$，通过式(3.5)计算得到水体颗粒后向散射比 $R\_b_{bp}(443)$，图 3.18 即为提取结果的统计情况。从图中可以明显看出，赤潮水体与环境水体(clear)的样本点表现出完全不同的分布规律，赤潮水体的 $R\_b_{bp}(443)$ 值在 0.008～0.020 之间呈正态分布，主要区间为 0.009～0.016，其中，甲藻(Dino)总体上比硅藻(Diatom)略微偏低；而环境水体(clear)则基本位于 0.009 以下。从统计图图 3.18 看，$R\_b_{bp}(443)$ 值的这一差异可以很好地实现赤潮与非赤潮水体的区分。结合实测赤潮水体后向散射比的分析结果，设定赤潮水体满足判别条件 $0.008<R\_b_{bp}(443)<0.02$，并且比值越大，赤潮类型越倾向为硅藻，将两者阈值暂设为 0.013。

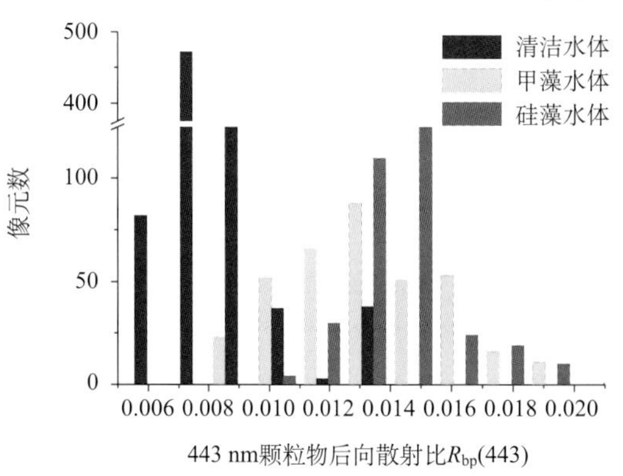

图 3.18　东海赤潮水体后向散射比分类统计

将这一判别条件应用于东海甲藻和硅藻典型赤潮案例中，可以看出，该后向散射比率法的阈值设定可以较好地实现案例中的赤潮水体与环境水体的识别，但在赤潮与非赤潮的交界处容易出现误判，造成赤潮范围的夸大，因此，需要考虑将 $R\_b_{bp}(443)$ 模型的阈值范围适当缩小。

在藻种门类识别方面，该模型的检测结果同样存在较大的误判可能，这一点，从图 3.18 的分布中也可以解释。由于该遥感 $R\_b_{bp}(443)$ 值并非根据其定义从后向散射系数和总散射系数直接求得，而是通过式(3.5)计算得出，实际上反映的仅为后向散射系数 $b_{bp}(443)$ 的性质，因此，对藻种门类差异的体现很可能受转换公式的影响，会在一定程度上弱化门类间的差异。但对比 Subramaniam 等(Subramaniam et al., 1999；Mahoney, 2003；Cannizzaro et al., 2008)的研究结论，可以看出硅藻类相比甲藻类确实具有相对更高的后向散射系数，因此通过公式转换获得的后向散射比应该能够反映不同藻种门类间的散射性质差异。

3. 基于光谱高度法的赤潮卫星遥感识别算法

基于以上章节分析来看，不同的固有光学量参数无论是实测值还是遥感数据，对赤潮与赤潮水体，以及甲藻与硅藻赤潮的识别都具有一定的可信度。但单个赤潮水体固有光学参数均不足以体现赤潮与非赤潮水体的完全差异，特别是甲藻与硅藻两种类型间赤潮的有效区分，且容易受到高浑浊度和高叶绿素 a 水体的干扰。赤潮遥感识别的步骤首先要实现对赤潮区的有效识别，其次才能进行藻种类型的判别，为提高赤潮监测业务化水平，本节研究除应用以上固有光学量参数外，再结合已有的其他遥感算法，以提高最终的识别效果。因此，尝试结合赤潮水体的其他光学性质，如遥感反射率(R_{rs})或离水辐亮度(nLw)等特性作为辅助手段，共同提高对赤潮水体的提取效果。

以遥感反射率或离水辐亮度为输入参量进行波段组合反演算法提取赤潮是我国近海海区常用的卫星遥感赤潮提取算法(毛显谋和黄韦艮，2003)，通过各种差值比值转换突出赤潮与非赤潮水体的反射率光谱差异，实现对赤潮水体的识别。毛显谋和黄韦艮(2003)通过分析东海海区现场实测的甲藻赤潮水体遥感反射率光谱曲线认为，可以通过可见光短波区 412 nm、490 nm、555 nm 三波段的差值比值方法进行波段组合，实现对赤潮水体和高悬沙水体以及清洁水体的有效区分，具体如式(3.4)所示：

$$C = \frac{R_{rs}(412) - R_{rs}(490)}{R_{rs}(555) - R_{rs}(490)} \tag{3.4}$$

模型结果 C 大于零时判断为赤潮，小于零时为非赤潮水体。但由于该算法实际使用数据为未进行大气校正的遥感数据，不适用于业务化遥感产品的赤潮提取，因此，本节尝试对该算法进行再分析和必要的改进。

本次先利用现场实测水体遥感反射率光谱，包括典型的甲藻和硅藻赤潮水体类型进行分析。如图3.19(a)所示，不同叶绿素a含量的甲藻赤潮水体的光谱，在400～550 nm之间同样存在一个明显的反射谷，且该反射谷的相对深度随叶绿素a浓度增加而增大；在550～590 nm以及690～710 nm之间还同时存在一个反射峰和荧光峰，两者之间的反射谷对应叶绿素a特征吸收峰，该特征吸收峰与荧光峰的位置随叶绿素a浓度的增加表现出红移现象。与之相对应，硅藻水华水体在该400～550 nm波段范围内反射谷不明显，这一方面与该硅藻水华藻类细胞浓度较低有关；另一方面也反映出不同藻种门类的光谱差异(Roesler et al.，2000)。相比之下，非赤潮水体的遥感反射率光谱曲线在400～500 nm的短波段表现为随波长增加而增加的性质，而570 nm之后则表现为随波长增加而降低的趋势。

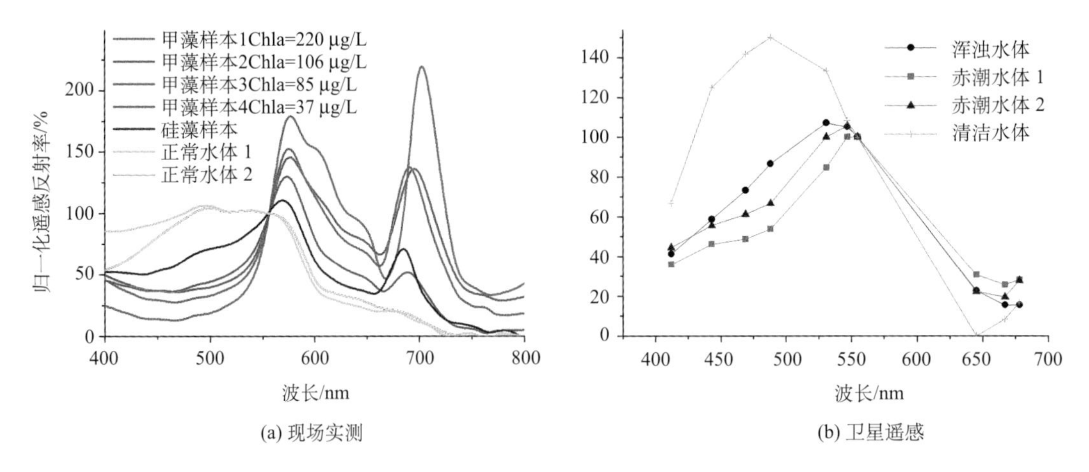

图 3.19　归一化遥感反射率光谱曲线

从以上的赤潮水体实测光谱分析可知，理论上来说，通过式(3.4)的差值比值方法可以很容易实现对赤潮与非赤潮水体的有效区分。但事实上卫星遥感所获得的水体遥感反射率信息在经过大气校正后会在蓝光波段造成很大偏差，如图3.19(b)所示的东海一次赤潮灾害MODIS/AQUA归一化水体遥感反射率光谱(2005年5月25日长江口硅藻赤潮)，赤潮水体光谱曲线在412～531 nm随波长减小而单调递减，并未表现出蓝光波段的抬升。因此，将遥感信息直接应用于该算法，所得的差值比值结果必然与非赤潮水体一样为负值，在绝大部分情况下不能实现有效的赤潮水体识别。

根据图3.19(b)中不同水体的遥感反射率光谱差异，可以考虑对该算法进行一定的改进，以达到识别赤潮水体的目的。从图3.19(b)中可以看出，高叶绿素a的赤潮水体与其他水体的一个重要区别是，赤潮水体在443～555 nm之间存在一个反射谷，且反射谷的深度随叶绿素a浓度的增加而增大，相比之下，在此波段范围内近岸高浑浊水体信号基本上随波长增加而线性递增，而清洁水体则存在一个反射峰。即443～555 nm波段范围内最大反射谷的相对深度与叶绿素a浓度呈正相关关系。

由此，本节提出了光谱相对高度指数(RH)计算公式如下：

$$\mathrm{RH} = \frac{R_{rs}(555) - R_{rs}(443) \times \dfrac{(488-443)}{(555-443)} + R_{rs}(443) - R_{rs}(488)}{R_{rs}488} \times 100\% \tag{3.5}$$

该指数对含有反射谷的赤潮水体信号敏感，而对非赤潮水体之间的光谱差异反映不敏感。将该指数应用于东海实测水体归一化遥感反射率，得到图3.20。

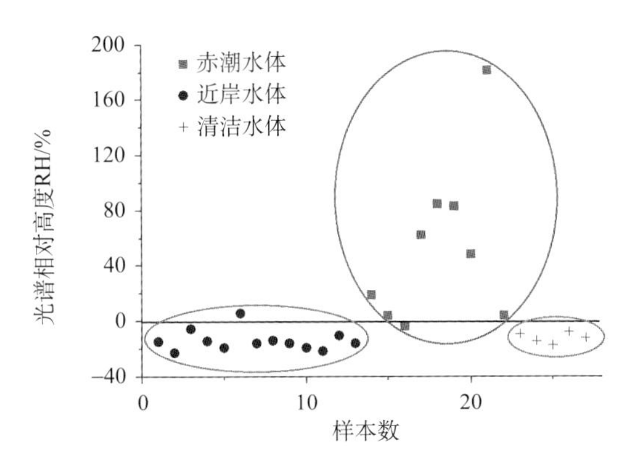

图 3.20　东海各类水体实测归一化遥感反射率 488 nm 相对高度

可以看出，水体归一化遥感反射率 488 nm 波段的相对高度在不同水体间具有明显差异，即近岸水体与外海清洁水体的相对高度基本在−40%～0 范围内，而赤潮水体的相对高度则普遍高于 0，最大可达 180%，可以较好地实现对赤潮水体的识别。对于赤潮信号较弱的点，其相对高度计算结果可能会出现低于 0 的情况，而高浑浊水体中由于藻类生长或其他色素吸收的干扰，也可能存在相对高度大于 0 的情况，因此，该算法对个别区域的赤潮或许会出现一定的误判。

将赤潮水体计算得到的 488 nm 光谱相对高度(RH)与叶绿素 a 浓度做相关性分析(图 3.21)，发现 RH 表现出随叶绿素 a 浓度增加而增大的性质。实测数据具有较好的线性正相关关系，而遥感数据则更偏向对数关系。因此，可以认为该相对高度算法能够表征赤潮水体的特征信息，通过适当的阈值设定可以区分赤潮与非赤潮水体，特别是清洁水体，实现对东海赤潮水体的识别。

下面将所建立的 RH 模型应用于遥感资料做实际验证。通过式(3.5)对东海近年来几次典型赤潮灾害进行提取，获得了如图 3.21 所示的赤潮范围分布图。从图中可以看出，赤潮提取范围与叶绿素 a 浓度分布有很好的一致性。提取结果中，绿色(>0)和黄色(>15%)部分代表了高叶绿素 a 或高悬沙区，而橙色区(>30%)和红色区(>60%)则代表了赤潮发生区，同时，颜色的加深反映了水体赤潮程度的增强。

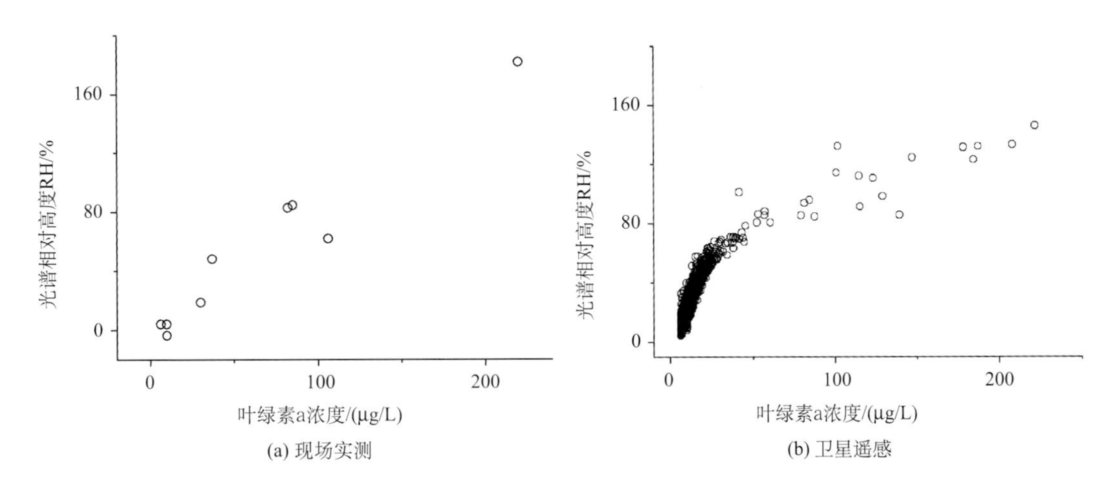

图 3.21　赤潮高叶绿素 a 水体归一化遥感反射率 488 nm 相对高度与叶绿素 a 浓度关系

在不同藻种门类赤潮的识别差异上，该 RH 模型的效果没有明显区别，其主要原因应该是由于甲藻和硅藻类赤潮的遥感反射率光谱差异很小，不足以作为门类间区分的手段，这一点 Roesler 等(2000)在对不同藻种光谱性质的相关研究中就曾经提到，认为在几种不同门类的赤潮藻之间，最难区分的是硅藻和甲藻，因为其色素光谱存在重叠。尽管如此，通过水体遥感反射率相对高度可以实现对包括硅藻和甲藻在内的东海赤潮水体与非赤潮水体的粗略区分，该模型的提取结果可以作为固有光学量遥感赤潮提取算法的重要补充。

对各赤潮灾害的识别面积进行计算，结果与海洋环境公报实际公布面积对比见表 3.4。总体来说，遥感反射率相对高度 RH 法提取赤潮范围存在一定偏差，在个别事例中与实际公布面积有较大出入。但从提取效果来看，在赤潮发生位置上识别结果比较一致，基本上都能正确定位赤潮的主要发生海域。

表 3.4　遥感反射率 488 nm 相对高度提取赤潮范围统计表

时间(年-月-日)	地点	门类	面积/km^2	RH 模型赤潮识别范围/km^2
2005-5-25	长江口外海域	硅藻	7 000	3 256
2005-6-4	长江口至韭山列岛海域	甲藻	2 000	4 800
2005-6-9	长江口-韭山-披山岛-南麂-洞头	甲藻	1 300+2 000 +500+300	4 412
2005-6-16	长江口至舟山海域、 南麂海域	甲藻 硅藻	1 300+400+300	670
2006-6-21	渔山列岛、象山附近	甲藻	1 000	3 940
2007-4-11	舟山、韭山列岛海域	—	140+160+200	—
2007-6-29	韭山列岛东部	硅藻	400	—
2007-7-26	象山港、朱家尖东部海域	硅藻	170+700	9 010
2007-8-27	象山港、渔山-韭山、洞头海域	硅藻	350+600+400	1 756
2008-5-7	舟山外、温州海域	甲藻	2 100+200+43	162
2008-5-16	台州-温州海域	甲藻	65+30+130	610
2009-4-28	台州外侧海域	甲藻	700	547
2009-5-1	渔山列岛-台州海域	—	1 330	1 609
2009-5-8	温州苍南海域	甲藻	200	685
2009-5-28	长江口海域	—	1 500	20
2010-12-4	长江口海域	硅藻	—	2 440

赤潮灾害的公布面积由于受观测手段等的限制，对实际发生范围的估算往往偏小，而卫星遥感对整个赤潮发生范围的监测相对全面，空间分辨率一般较低，这是造成对赤潮面积识别偏大的主要原因。另外，该光谱高度法对赤潮发生面积的识别在个别事件中也存在误判的情况，如对 2007 年 7 月 26 日发生在象山港和朱家尖东部海域的硅藻赤潮提取结果虽然与叶绿素 a 浓度的高值区分布相似，但与公布面积相比明显偏大；对 2007 年 6 月 29 日发生在韭山列岛东部海域的赤潮提取结果为零，对应的叶绿素 a 浓度分布中在该海域量值普遍低于赤潮发生阈值的 10 μg/L。这些误判的情况说明，在光谱高度法设定的赤潮判定阈值下(RH＞30%)，赤潮发生范围的识别总体上与叶绿素 a 浓度分布符合较好，而与赤潮实际发生面积存在一定的差异。

因此，可以认为基于式(3.5)的遥感反射率相对高度赤潮检测方法在东海海域是可行的，通过对 RH 阈值的适当放宽，可以实现对包括硅藻和甲藻类在内的叶绿素 a 型赤潮灾害的定性和半定量判别。

4. 综合赤潮卫星遥感识别算法

综合以上基于固有光学量的各种赤潮提取算法，基于遥感反射率 R_{rs} 在 488 nm 波段的相对高度 RH 算法可以较好地实现对赤潮水体与清洁水体的区分，同时对高浑浊水体也具有一定的鉴别能力。为避免赤潮水体被 RH 算法误判为非赤潮水体而发生漏判，提高赤潮识别的总体效果，这里在初步提取赤潮范围时，需要将判断阈值适当放宽。因此，将 RH模型判别结果作为固有光学量算法赤潮识别的必要补充，以 RH＞15%作为进一步判断的条件，首先排除大部分清洁水体，可以有效降低正常水体对固有光学量算法的干扰；其次，通过不同的固有光学量提取算法分别进行赤潮发生范围和藻种门类的判别。

下面结合本章对赤潮水体与正常水体实测固有光学性质差异的相关结论，以表格的形式给出对综合赤潮卫星遥感识别算法的具体参数设置(表 3.5 和表 3.6)。

表 3.5　遥感固有光学量综合算法赤潮区识别参数设定

模型	赤潮水体	非赤潮水体	模型作用	模型意义	反映赤潮水体生理特性
RH	≥15%	＜15%	排除清洁水体	蓝光波段 488 nm 反射率相对高度	叶绿素 a 浓度高
$a_{phy}/a_T(443)$	≥30%	15%～30%	排除浑浊水体	特征峰 443 nm 处色素吸收与水体总吸收比值	色素吸收比值大
$b_{bp}/a_T(443)$	≤10%	＞10%	排除浑浊水体	特征峰 443 nm 处后向散射与总吸收比值	细胞粒径大、折射指数小、色素吸收高

表 3.6　遥感固有光学量综合算法赤潮藻种门类判别参数设定

模型	甲藻赤潮	硅藻赤潮	优先识别类型	模型意义	反映赤潮藻生理特性
$\frac{a_{phy}/a_T(443)}{\lg Chla}$	＜40	≥40	硅藻	单位对数叶绿素 a 特征峰 443 nm 处色素吸收与总吸收比值	硅藻光保护色素相对含量高
$a^*_{phy}(443)$	≤0.025 m²/mg	＞0.025 m²/mg	甲藻	单位叶绿素 a 特征峰 443 nm 处色素吸收	甲藻细胞粒径大、甲藻光和色素相对含量高
$R\_b_{bp}(443)$	≤0.013	＞0.013	甲藻	特征峰 443 nm 处后向散射与总散射比值	甲藻细胞粒径大

判别流程如图 3.22 所示，分别包含对赤潮区的识别和对藻种类型判别两部分。具体来说，色素吸收比重法 $a_{phy}/a_T(443)$所基于的原理为赤潮水体叶绿素 a 或色素含量的显著增高，而散射-吸收比值法 $b_{bp}/a_T(443)$可以看做是遥感反射率的部分表达，两者总体上与光谱高度法相似，更主要是体现在对赤潮水体与非赤潮水体的识别，但具体应用效果则偏向于对高浑浊水体的排除。因此，将这两种模型与 RH 法共同作为识别赤潮区的算法部分，对模型分别检测的结果进行对比取交集，首先获得对赤潮区的识别；其次，另外三种固有光学量参数模型(单位对数色素比重 $\frac{a_{phy}/a_T(443)}{\lg Chla}$ 法、叶绿素 a 比吸收系数 $a^*_{phy}(443)$法和后向散射比率 $R_b_{bp}(443)$法)，除对赤潮水体与非赤潮水体间差异的表现不同外，在甲藻和硅藻水体的区分上各有偏向，主要基于不同赤潮类型间水体物质吸收与散射固有光学性质差异的原理。因此，将这三种模型共同应用于进一步的藻种门类判别，对各自的判别结果取加权平均，即以两种以上模型判断结果相同者为准；若三种模型判别结果完全相同，则具有更高的确信度，最终获得对赤潮灾害藻种门类的判别。

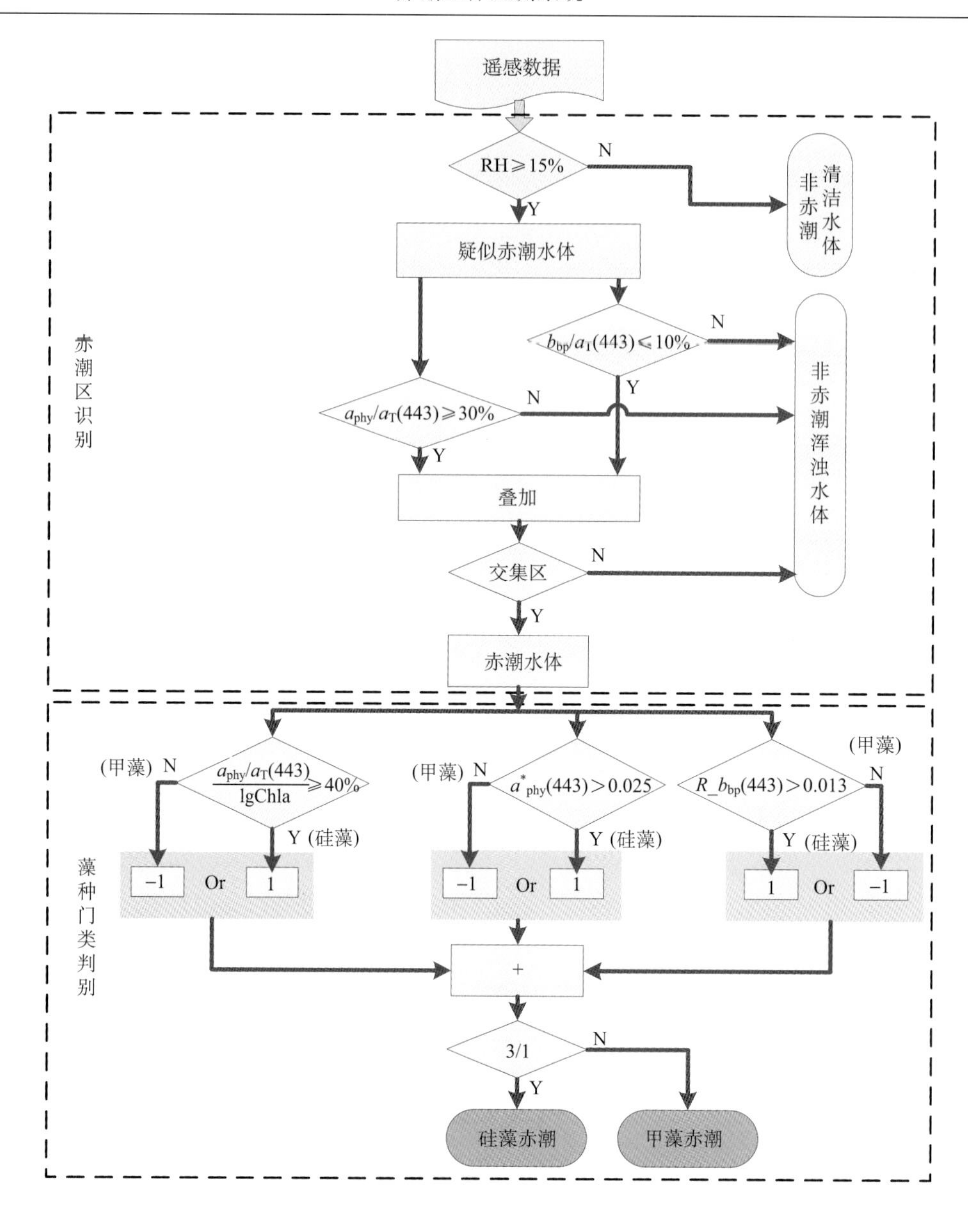

图 3.22　遥感固有光学量综合算法赤潮判别流程

3.3　基于遥感反射率谱形特征差异的赤潮识别算法

赤潮发生时往往伴随着水色异常，最直接观察到的就是水体遥感反射率光谱形状发生异常。通过了解水体正常情况下的遥感反射率光谱与赤潮条件下的光谱之间的特征差异，并可开展遥感赤潮水体的自动识别。因此，本节从藻类的色素组成与固有光学特性特征出发，通过对现场实测的赤潮水体与正常水体遥感反射率的光谱特征差异分析，建立了基于绿光波段比值与绿光波段反射率强度的赤潮水体识别方法。并且在赤潮水体识别的基础上，针对东海原甲藻这一东海海域高发赤潮藻种，建立了基于红绿波段反射率光谱形状特征的识别算法。

3.3.1　赤潮水体藻类色素组成与固有光学特性

赤潮水体的主要光学成分是藻类，其遥感反射率的光谱特征取决于藻类的固有光学特性。那么，要判断所获取的反射率光谱特征是否可用于识别赤潮水体，就需要了解该光谱特征是否是由藻类光学特性的变化所引起的。实际上藻类固有光学特性当中，藻类吸收特性是主要决定赤潮水体反射率光谱形状的主要因素，而藻类吸收特征又直接与其色素组成相关(Bricaud et al.，2004)，不同藻类之间的色素组成又存在着明显差异。因此，本节首先从藻类的色素构成出发，了解不同藻类固有光学特性，特别是吸收特性的光谱特征差异，进而获取与其对应的遥感反射率光谱特征。

表 3.7 由东海原甲藻(*Prorocentrum donghaiense*)与三种硅藻(中肋骨条藻(*Skeletonema costatum*)、三角褐指藻(*Phaeodactylum tricornutum*)、威氏海链藻(*Thalassiosira weissfilgii*))的色素组成，分别是叶绿素 a、叶绿素 ac、褐藻素、多甲藻素、硅甲黄素/硅藻黄素、beta 胡萝卜素和叶绿素 ab。上述测量结果发现，硅藻拥有的特征色素为 fuco，而甲藻拥有的是 peridinin，而这两种色素的特征吸收峰同样位于 500～550 nm(图 3.23)。从图 3.24(a)中可以看出，由该两种特征色素主导的 500～550 nm 波段范围的吸收系数相对于蓝光波段要小很多。而遥感反射率与吸收成反比，那么在这一绿光波段赤潮水体将较蓝光波段有较高的反射率。除了藻类这一共性外，可以发现东海原甲藻与其他三种硅藻在固有光学特性方面存在明显的光谱特征差异。第一，由图 3.24(a)可见，在 500～550 nm 波段范围，东海原甲藻吸收系数随波长增加而减小的速率要明显大于其他 3 种硅藻，即具有较强的光谱反斜率，而同时在这一波段的后向散射系数又较其他 3 种硅藻具有明显的光谱正斜率，即随波长明显增加；第二，东海原甲藻的叶绿素 ac 的含量要明显高于硅藻，这一差异最明显的是导致在 470 nm 附近东海原甲藻有一吸收峰，但是由于赤潮水体的蓝光波段反射率非常低，并且受其他光学成分的干扰，这个吸收特征差异很难在遥感反射率光谱中体现出来。叶绿素 ac 的另一个吸收峰位于 640 nm 附近，这是使得东海原甲藻的吸收曲线在 640～675 nm 之间的光谱斜率要小于其他 3 种硅藻[图 3.24(a)]。而这一光谱范围同样具有较低的吸收系数，因此，随着藻类浓度的增加和藻类散射的贡献，这一波段的反射率将明显增加，进而这一吸收特征差异将会体现出来。通过本节的分析，藻类在固有光学特性上的光谱特征共性和差异将用于赤潮遥感识别算法的建立与东海原甲藻赤潮的判别。

表 3.7　不同藻种色素组成比较

	Pigment	Chl-a	Chl-c	Fucoxanthin	Peridinin	Diadinoxanthin*	Carotene	Chl-b
Dinoflagellate	*Prorocentrum donghaiense* Lu	1	0.380		0.824	0.207	0.033	
Diatom	*Skeletonema costatum*	1	0.122	0.443		0.146	0.028	0.122
	Phaeodactylum tricornutum	1	0.127	0.714		0.274	0.030	
	Thalassiosira weissfilgii	1	0.125	0.550		0.166	0.031	0.199

*diadinoxanthin + diatoxanihin

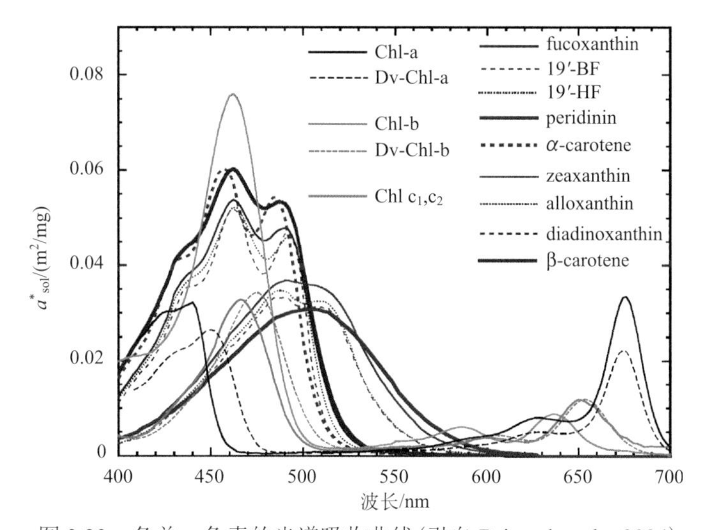

图 3.23　各单一色素的光谱吸收曲线(引自 Bricaud et al.，2004)

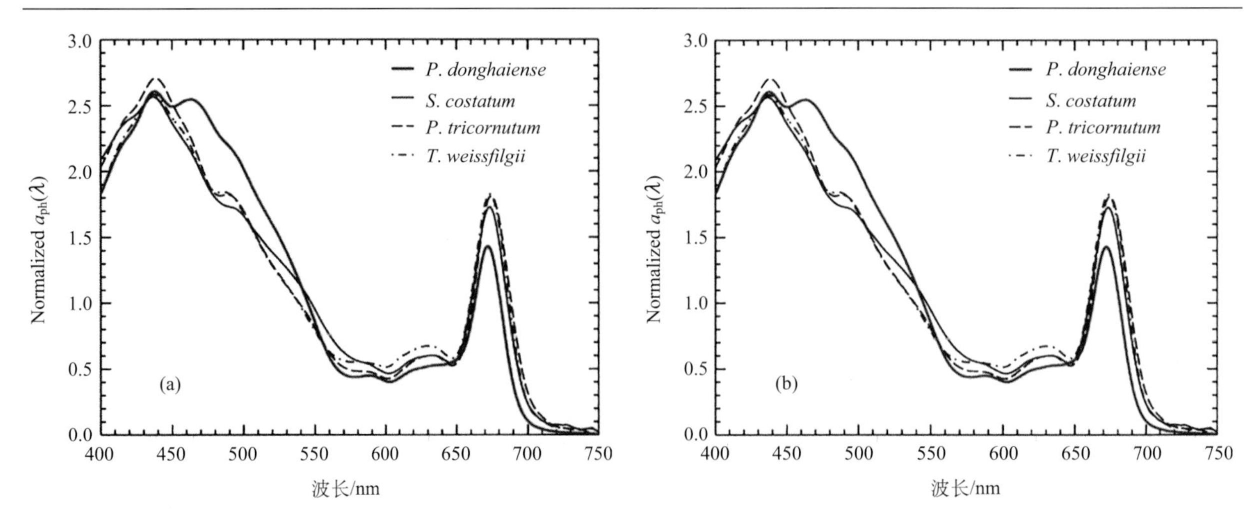

图 3.24　归一化的藻类吸收光谱曲线(a)和后向散射光谱曲线(b)

3.3.2　基于绿光波段比值的赤潮卫星遥感识别算法

通过对大量东海海域现场观测的水体遥感反射率光谱和同步叶绿素 a 数据的分析发现(图 3.25)，赤潮水体在绿光波段有反射峰，同时与特征色素吸收特性对应，在 500～550 nm 波段范围具有比清洁水体更高的光谱斜率。而这一反射光谱的斜率正好可以 MODIS 的 531 nm 和 555 nm 两个绿光波段的比值进行表征，在此定义这一比值为 R_{AB}，即

$$R_{AB} = \frac{R_{rs}(555)}{R_{rs}(531)} \tag{3.6}$$

由于前面已经提到东海近岸海域受泥沙悬浮物影响较大，而以悬浮物为主的水体遥感反射率在绿光波段同样具有较高的光谱斜率。但是进一步观察可以发现，由于泥沙悬浮颗粒属于强散射体，因此其主导的水体具有较高的反射率。赤潮水体与之相比较，在绿光波段的反射率明显较低。因此，可以利用 $R_{rs}(555)$的值来区分悬沙水体的高反射率。图 3.26 为实测遥感反射率获得的 R_{AB} 比值与 $R_{rs}(555)$的散点图，可以发现赤潮水体位于散点图的右下部分，即低反射率高 R_{AB} 比值，能够很好与正常非赤潮水体区分开来。根据这一实测数据集，本节定义了两个阈值 $R_{AB}>1.25$ 并且 $R_{rs}(555)<0.014\ \text{sr}^{-1}$ 用于区分赤潮水体。

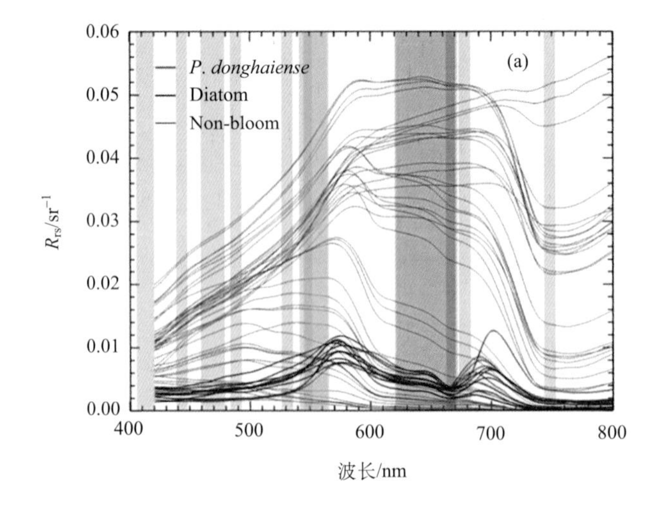

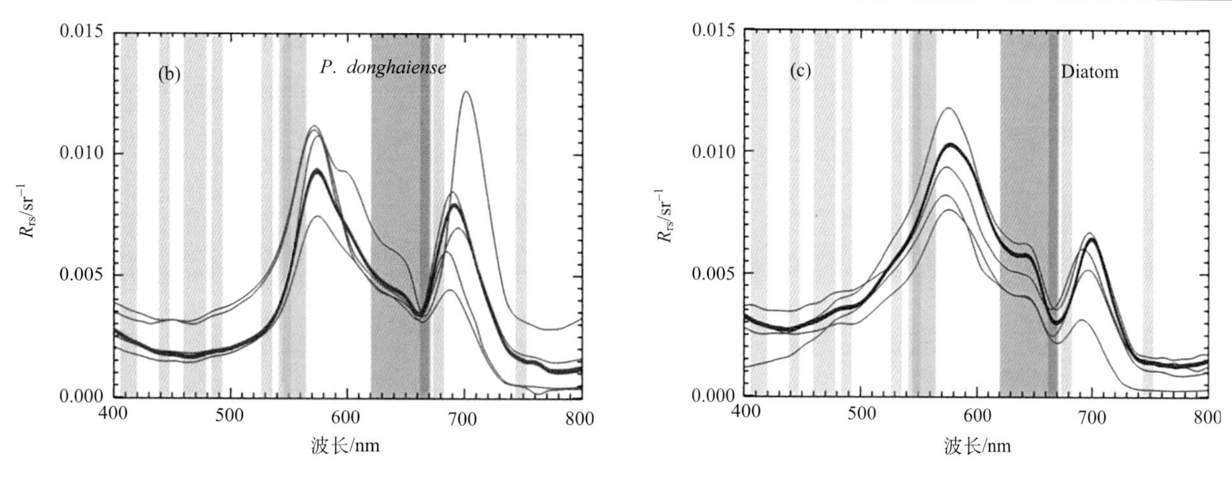

图 3.25　(a)长江口与东海海区不同水体的遥感反射率光谱；(b)东海原甲藻赤潮水体遥感反射率光谱；(c)硅藻赤潮水体遥感反射率光谱

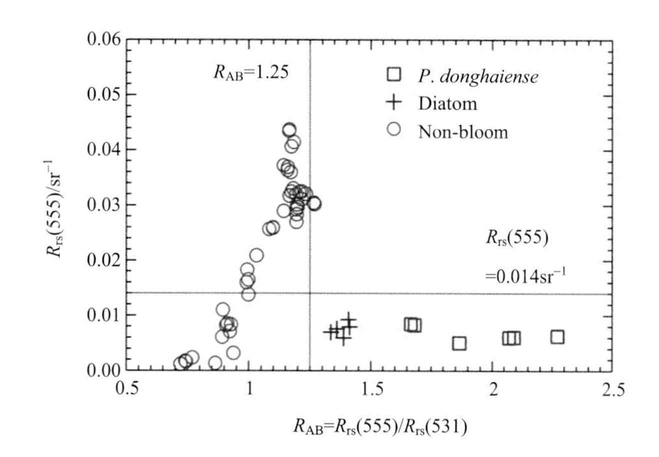

图 3.26　实测遥感反射率获得的 R_{AB} 比值与 $R_{rs}(555)$ 的散点图

赤潮水体位于散点图的右下部分

为进一步证明该方法在卫星数据的适用性，本节分别根据季节特点以及赤潮公报中公布的赤潮灾害选取了对应的四景 MODIS 影像，分别对应正常水体、硅藻赤潮和两次东海原甲藻赤潮(图 3.27)。从图中可以清晰地看出，图 3.27(a)对应的是冬季，由于低温不适合藻类生长，不会有赤潮发生，因此，在对应的散点图[图 3.27(e)]的右下部分没有数据点分布。而其他三景图像对应的散点图在其右下角都有大量数据点分布。因此，本节定义的两个阈值能够实际使用于 MODIS 遥感数据中。通过上述分析，本节建立了基于绿光段比值的赤潮遥感识别方法。

3.3.3　基于红绿波段谱形特征的东海原甲藻赤潮识别方法

东海原甲藻是东海最为频发的赤潮藻种，并常伴随着米氏凯伦藻等有毒赤潮的暴发。因此，利用遥感手段对其进行判别进而从其他藻种赤潮(如硅藻)区分开来具有重要意义。因此，本节将着重阐述基于遥感反射率红绿波段谱形特征东海原甲藻赤潮识别方法。

根据本章对东海原甲藻固有光学特性的光谱特征分析可知，在 500～550 nm 绿光波段范围其吸收特性具有较强的光谱反斜率，那对应波段遥感反射率则具有较强的光谱斜率(图 3.28)。为表征此特征，本节定义了东海原甲藻指数(PDI)：

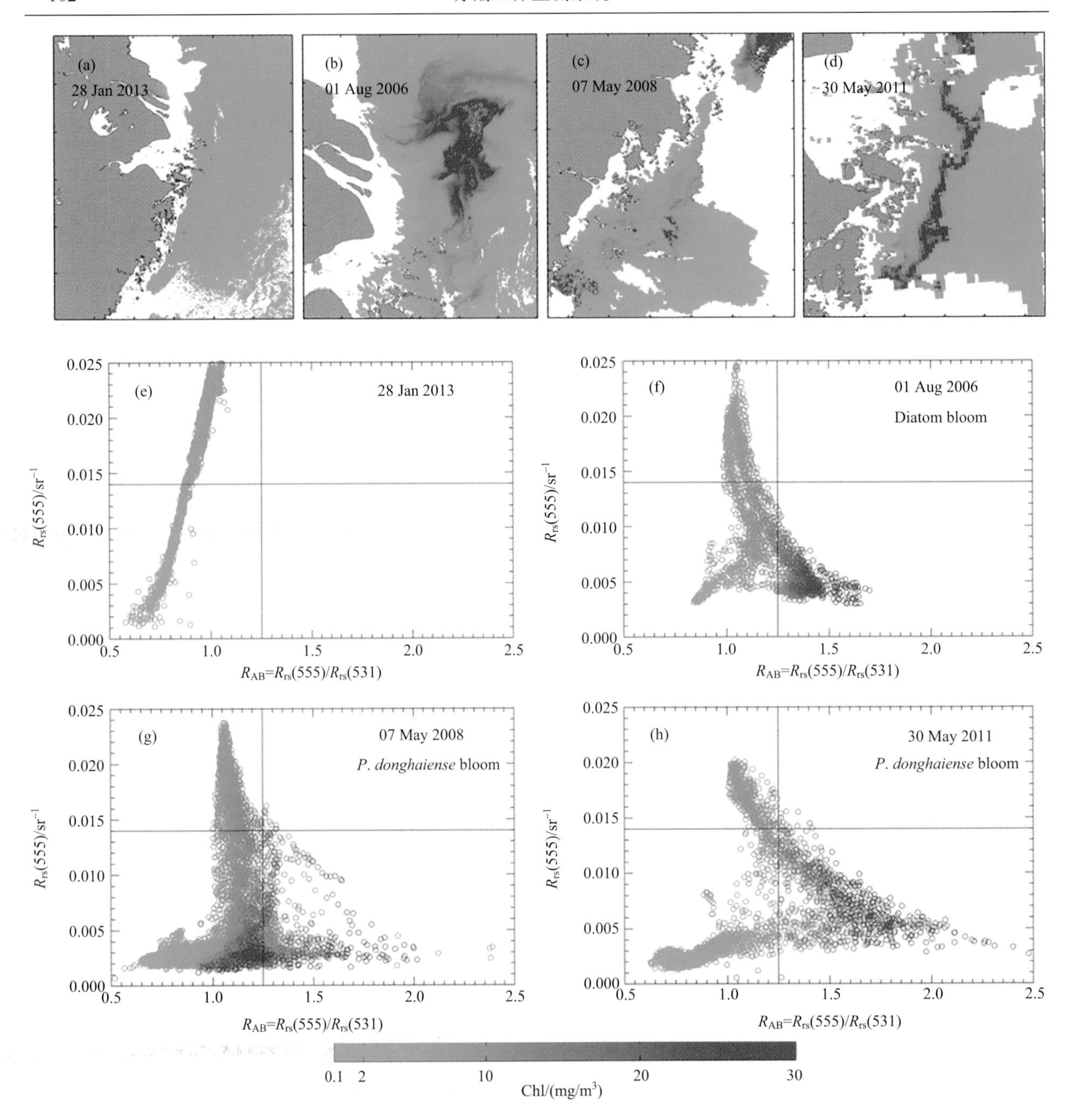

图 3.27　(a)～(d) MODIS 标准叶绿素 a 产品图，(e)～(h) 与以上 4 幅叶绿素 a 产品图对应的 R_{AB} 比值与 $R_{rs}(555)$ 的散点图。其中：(a) 为正常水体；(b) 为硅藻赤潮；(c) 和 (d) 为东海原甲藻赤潮

赤潮灾害已被现场同步观测确认，数据来源于赤潮公报

$$\mathrm{PDI} = \frac{R_{rs}\_\mathrm{slope}(555, 531) - R_{rs}\_\mathrm{slope}(531, 488)}{R_{rs}(555) - R_{rs}(488)} \tag{3.7}$$

式中

$$R_{rs}\_\mathrm{slope}(\lambda_1, \lambda_2) = \frac{R_{rs}(\lambda_1) - R_{rs}(\lambda_2)}{\lambda_1 - \lambda_2} \tag{3.8}$$

那么在叶绿素 a 浓度相近情况下，东海原甲藻赤潮水体的 PDI 指数将会远高于硅藻赤潮水体。而从图 3.25 中还可以发现在 645 nm 波段附近，硅藻反射率光谱有明显一个肩峰。这一肩峰恰恰对

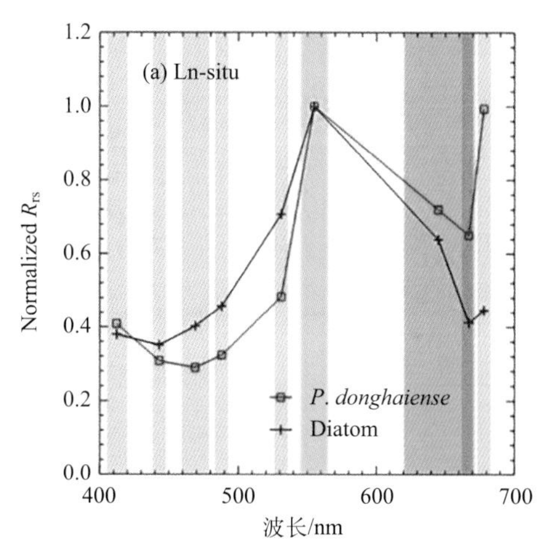

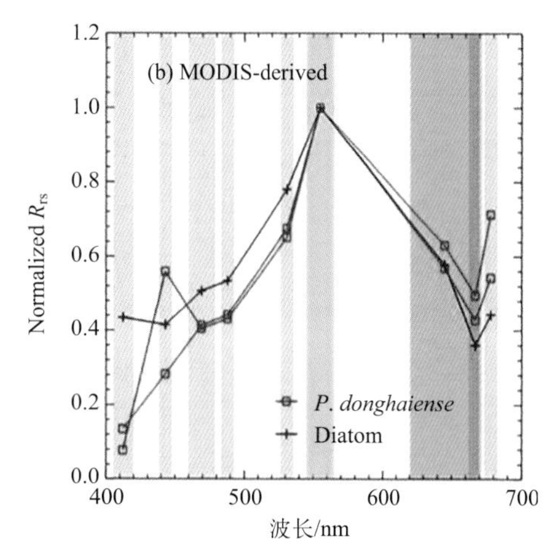

图 3.28　(a) 叶绿素 a 浓度相近的东海原甲藻赤潮水体与硅藻水体的归一化遥感反射率，其中东海原甲藻赤潮的叶绿素 a 浓度为 42.5 mg/m^3 而硅藻为 41.2 mg/m^3；(b) MODIS 获得的东海原甲藻赤潮水体与硅藻水体的归一化遥感反射率

应前文所述由于硅藻和甲藻叶绿素 ac 含量的差异所导致红光波段吸收系数光谱斜率的差异。本节则利用了 MODIS 的 555 nm、645 nm 和 667 nm 波段，定义了一个硅藻指数(DI)：

$$DI = \frac{R_{rs}(645)\left(R_{rs}(555) + \frac{555-645}{555-667}[R_{rs}(667) - R_{rs}(555)]\right)}{R_{rs}(645)} \tag{3.9}$$

那么在叶绿素 a 浓度相近情况下，硅藻赤潮水体的 DI 指数将会远高于东海原甲藻赤潮水体。

图 3.29(a) 为由实测遥感反射率获得的 PDI 与 DI 的散点图。从图中可以看出通过该两个指数，代表东海原甲藻的数据点能够很好地与代表硅藻地数据点被很好地区分开来。为进一步证明该方法在卫星数据的适用性，本节采用与图 3.27(b)～(c) 相同的 3 景 MODIS 数据以及另外一景 2007 年 7 月 1 日被现场观测确认为硅藻的 MODIS 数据对该方法进行检验。首先通过已建立的基于绿光波段比值遥感识别方法区分出赤潮水体的像元点，再将计算这些像元点的 PDI 和 DI 值。图 3.29(b) 为由 MODIS 数据获得的 PDI 与 DI 散点图。图中同样可以发现东海原甲藻赤潮能够很好地与硅藻区分开来。因而基于红绿光波段谱形特征获得的 PDI 与 DI 指数能够应用于 MODIS 数据进行东海原甲藻赤潮的识别。在实际应用中，通过以下函数曲线[图 3.29(b) 中的红线]对硅藻和甲藻赤潮进行区分。

$$DI = 1277.6(PDI)^2 + 7.7181(PDI) - 0.049 \tag{3.10}$$

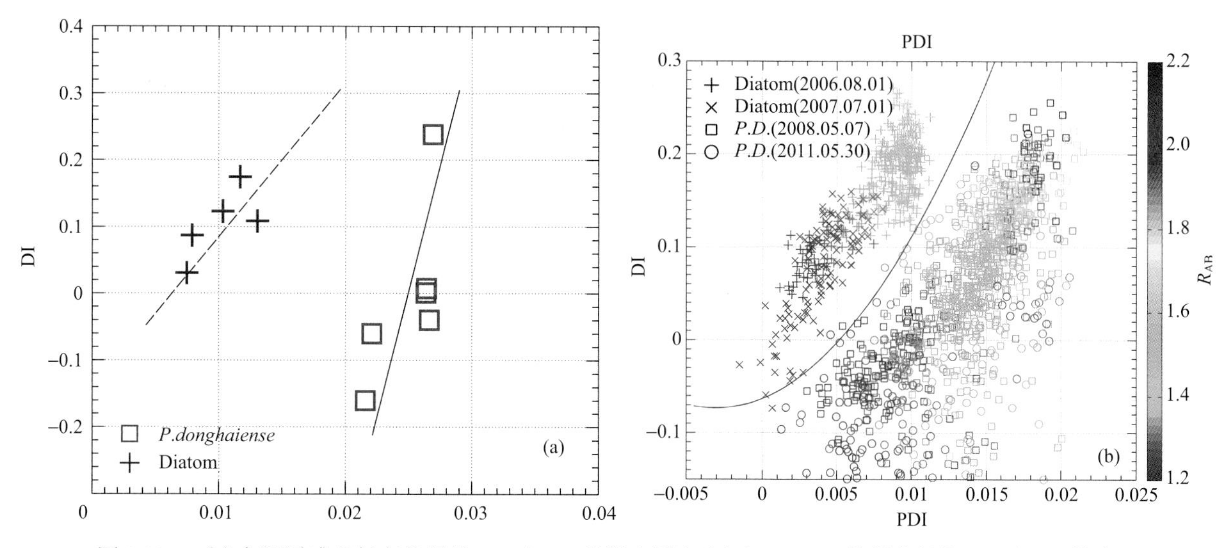

图 3.29　(a) 实测遥感反射率获得的 PDI 与 DI 的散点图和 (b) 由 MODIS 数据获得的 PDI 与 DI 散点图

那么，首先对已识别为赤潮的 MODIS 像元计算其 PDI 指数和 DI 指数，然后根据上式 PDI 计算得到另一 DI 指数(DI_c)。当由 MODIS 直接计算得到的 DI 指数低于由公式获得的 DI_c 时，可以判定为疑似东海原甲藻赤潮。

3.4　赤潮卫星遥感识别算法验证

3.4.1　基于固有光学量赤潮识别算法验证

根据东海赤潮水体的实测和遥感固有光学特性进行了一系列的分析，获得了基于固有光学量的综合赤潮水体卫星遥感识别算法。本算法应用于东海典型赤潮卫星资料数据集，对东海近年来的主要赤潮灾害进行提取分析，获得赤潮发生位置和藻种门类的遥感提取结果。

1. 东海赤潮卫星遥感提取结果

根据开发的基于固有光学量的综合卫星赤潮遥感识别算法，对表 3.4 中东海近年来发生的 16 次大型赤潮灾害进行提取应用，图 3.30～图 3.35 即为算法提取结果，图中红色代表硅藻赤潮，绿色代表甲藻赤潮，颜色的加深反映了对赤潮藻种门类判别结果具有更高的确信度。

下面分别对各次赤潮灾害的识别情况进行解读。

(1) 2005 年 5 月 25 日长江口海域中肋骨条藻和海链藻赤潮(硅藻，7 000 km^2；图 3.30)。

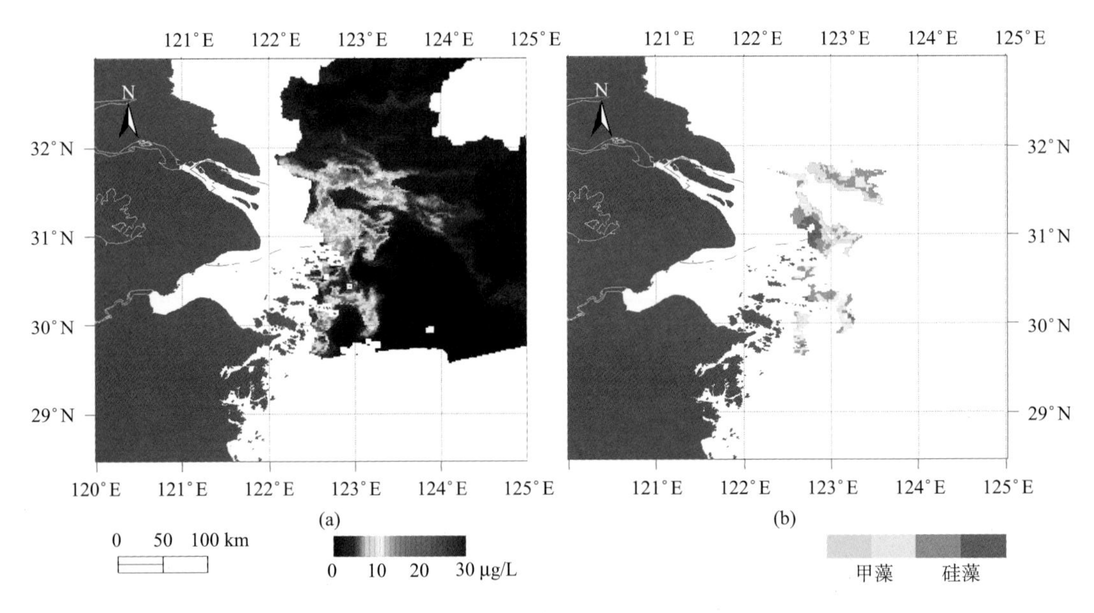

图 3.30　2005 年 5 月 25 日硅藻赤潮固有光学量算法提取结果

(a) 叶绿素 a 浓度；(b) 赤潮区提取结果

在赤潮区识别步骤中，光谱高度 RH 算法和色素吸收比重 $a_{phy}/a_T(443)$ 法对赤潮区的提取范围比较相近，且两者都对赤潮发生位置的主体部分实现较完整的识别，其中，RH 法识别范围约为 9 139 km^2；而散射-吸收比值法 $b_{bp}/a_T(443)$ 法将整个海区的大部分水体都识别为赤潮区。在 RH 法先行判断的前提下，$a_{phy}/a_T(443)$ 法和 $b_{bp}/a_T(443)$ 法对赤潮区的提取范围分别为 6 959 km^2 和 8 217 km^2。三种算法对赤潮发生位置的判断整体较为一致，赤潮发生范围综合识别面积为 6 642 km^2，略小于公布的赤潮区大小 7 000 km^2，具体位置自长江口门向外 31.7°N 平行延伸约 110～270 km 连线，向南至舟山岛东南约 50 km 的 29.65°N 一带。

在藻种门类判别上，$\frac{a_{phy}/a_T(443)}{\lg Chla}$法、$a^*_{phy}(443)$法和 $R_b_{bp}(443)$法三种模型的判别结果并不一致。其中，$\frac{a_{phy}/a_T(443)}{\lg Chla}$法对南部赤潮水体判别为硅藻，而对北部判别为甲藻；$a^*_{phy}(443)$法对靠近河口高浑浊区的小范围赤潮区判别为硅藻，其余大部分判别为甲藻；$R_b_{bp}(443)$法将偏向河口的大部分赤潮区判别为硅藻，对 Chla 相对偏低的区域判别为甲藻。综合判别结果为部分甲藻部分硅藻，对赤潮发生程度最强的 Chla 极高区判别最为准确，一致判别为硅藻，与公布的中肋骨条藻和海链藻硅藻赤潮存在一定偏差。

总体来说，基于固有光学量的赤潮遥感识别算法对此次长江口海域的硅藻赤潮提取结果在面积上与公布数据基本一致，能够很好地反映赤潮发生的具体范围，但在藻种门类判别上存在一定程度的混淆。

(2) 2005 年 6 月 4 日长江口至韭山列岛海域具齿原甲藻和米氏凯伦藻赤潮(甲藻，2000 km^2；图 3.31)。

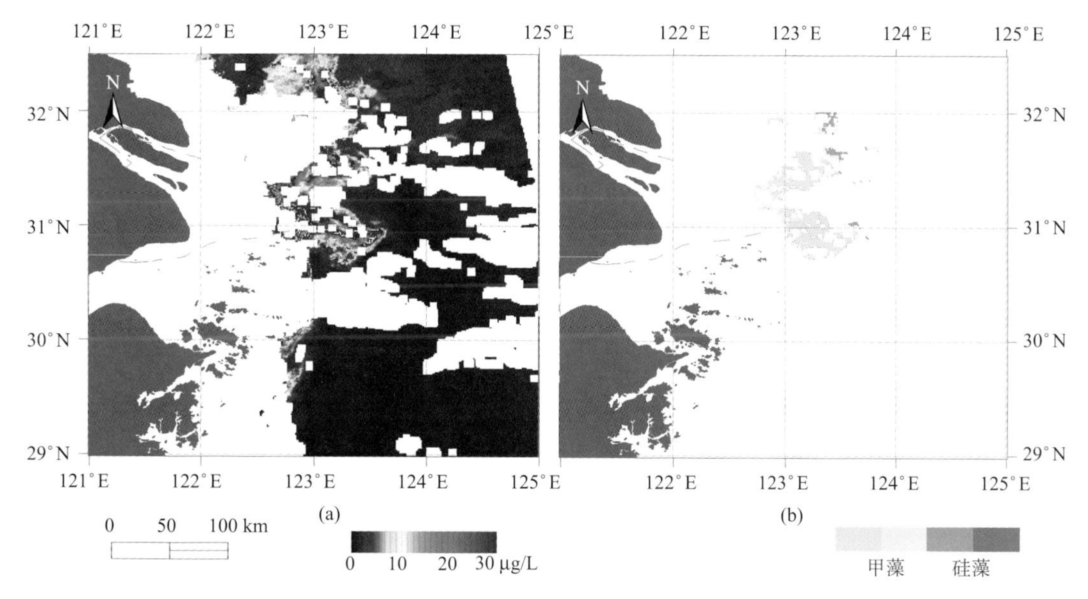

图 3.31　2005 年 6 月 4 日甲藻赤潮固有光学量算法提取结果

(a) 叶绿素 a 浓度；(b) 赤潮区提取结果

在赤潮区识别步骤中，光谱高度 RH 算法对赤潮区的提取范围与高 Chla 区比较相近，识别范围约为 9 234 km^2，对赤潮发生位置的主体部分实现了较完整的识别；而色素吸收比重 $a_{phy}/a_T(443)$法和散射-吸收比值法 $b_{bp}/a_T(443)$法都将整个海区的大部分水体识别为赤潮区，明显受清洁水体干扰，在此次赤潮区识别中为辅助参数。在 RH 法先行判断的前提下，$a_{phy}/a_T(443)$法和 $b_{bp}/a_T(443)$法对赤潮区的提取范围分别为 2 753 km^2 和 3 239 km^2，对 RH 法结果有明显调整作用，其中，$a_{phy}/a_T(443)$法判别过程产生低值溢出的面积约为 2 212 km^2。三种算法对赤潮发生位置的判断整体与高 Chla 区较为一致，赤潮发生范围综合识别面积为 2 741 km^2，大于公布的赤潮区大小 2 000 km^2，具体位置自长江口门向外约 170 km 的 32°N 向南至嵊泗列岛东部约 40 km 的 30.7°N 一带，对韭山列岛附近海域的高 Chla 区未能识别。

在藻种门类判别上，$\frac{a_{phy}/a_T(443)}{\lg Chla}$法、$a^*_{phy}(443)$法和 $R_b_{bp}(443)$法三种模型的判别结果基本一致，都对大部分赤潮区判别为甲藻，只有东西部边界零星区域存在差异，其中，$\frac{a_{phy}/a_T(443)}{\lg Chla}$法和 $a^*_{phy}(443)$法对靠近河口高浑浊区的小范围赤潮水体判别为硅藻，而 $R_b_{bp}(443)$法将东边界的少数赤潮点判别为硅藻。最终赤潮藻种门类综合判别结果为甲藻，与公布的具齿原甲藻和米氏凯伦藻甲藻赤潮一致，甲藻区的识别面积为 2 486 km^2，稍大于公布面积。

总体来说，基于固有光学量的赤潮遥感识别算法实现了对此次长江口海域甲藻赤潮的准确提取，但对韭山列岛附近海域的赤潮区未能实现有效识别，总体识别面积稍大于公布数据，能够很好地反映赤潮发生的具体范围，在藻种门类判别上很明确地判定为甲藻赤潮，与公布藻种一致。

(3) 2006年6月21日渔山列岛和象山附近米氏凯伦藻与红色中缢虫赤潮(甲藻，1 000 km^2；图3.32)。

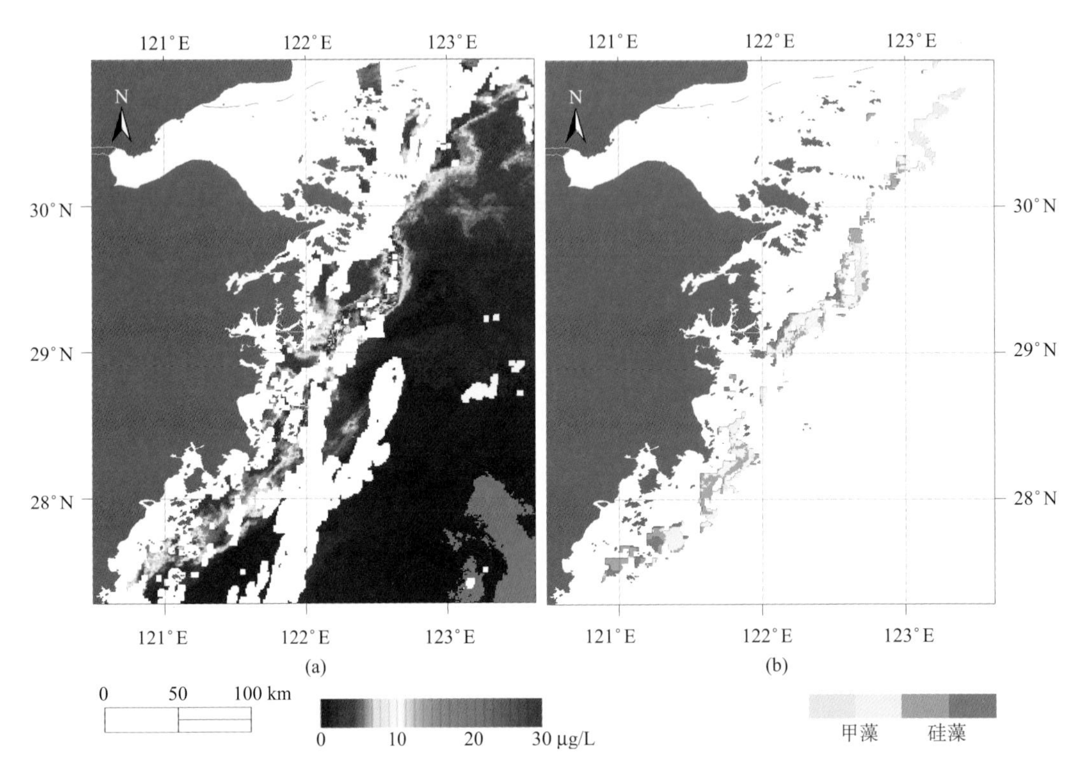

图 3.32　2006年6月21日甲藻赤潮固有光学量算法提取结果

(a) 叶绿素a浓度；(b) 赤潮区提取结果

在赤潮区识别步骤中，光谱高度RH算法对赤潮区的提取范围与高Chla区比较一致，识别范围约为6 728 km^2，对赤潮发生位置实现了较准确的识别；而色素吸收比重 $a_{phy}/a_T(443)$ 法和散射-吸收比值法 $b_{bp}/a_T(443)$ 法都将除近岸高浑浊水体外的整个海区识别为赤潮区，明显受清洁水体干扰，在此次赤潮区识别中为辅助参数。在RH法先行判断的前提下，$a_{phy}/a_T(443)$ 法和 $b_{bp}/a_T(443)$ 法对赤潮区的提取范围分别为4 027 km^2 和4 322 km^2，面积和位置都十分一致，对RH法结果有明显调整作用。三种算法对赤潮发生位置的判断整体与Chla区较为一致，赤潮发生范围综合识别面积为4 115 km^2，远大于公布面积1 000 km^2，具体位置自舟山群岛以东的123.4°E、30.8°N直至南麂列岛附近的120.9°N、27.5°E一线海域，包括了渔山列岛附近海域公布的赤潮区。总体上，对赤潮发生区的识别超出了公布范围，但事实上，此次数据所对应的赤潮公布事件除韭山—渔山海域大型甲藻赤潮外，在嵊泗、大陈岛、玉环、洞头海域还有若干100 km^2 以下的小范围甲藻和硅藻赤潮暴发，若将这些事件考虑在内，则此次赤潮范围提取结果与公布范围吻合度将大大提高，因此，认为对此次赤潮发生区的识别有较好效果。

在藻种门类判别上，$\dfrac{a_{phy}/a_T(443)}{\lg \mathrm{Chla}}$ 法和 $a^*_{phy}(443)$ 法的判别结果相对一致，对大部分赤潮区，尤其韭山—渔山海域判别为甲藻，而 $R\_b_{bp}(443)$ 法对该海域大部分赤潮区判定为硅藻。最终此次赤潮藻种门类综合判别结果对为甲藻，边缘海域同时存在硅藻结果，与公布的米氏凯伦藻甲藻赤潮比较一致，甲藻区的识别总面积为2 435 km^2，其中，渔山列岛附近的甲藻识别面积为976 km^2，与公布面积十分一致。

总体来说，基于固有光学量的赤潮遥感识别算法实现了对此次渔山列岛和象山附近海域米氏凯伦藻甲藻赤潮的较准确提取，总体识别面积与公布数据十分一致，准确地反映了赤潮发生的主要范围，在藻种门类判别上总体判定为甲藻赤潮，与公布藻种一致。

(4) 2007 年 7 月 26 日象山港、朱家尖东部海域角毛藻赤潮(硅藻，170+700 km^2；图 3.33)。

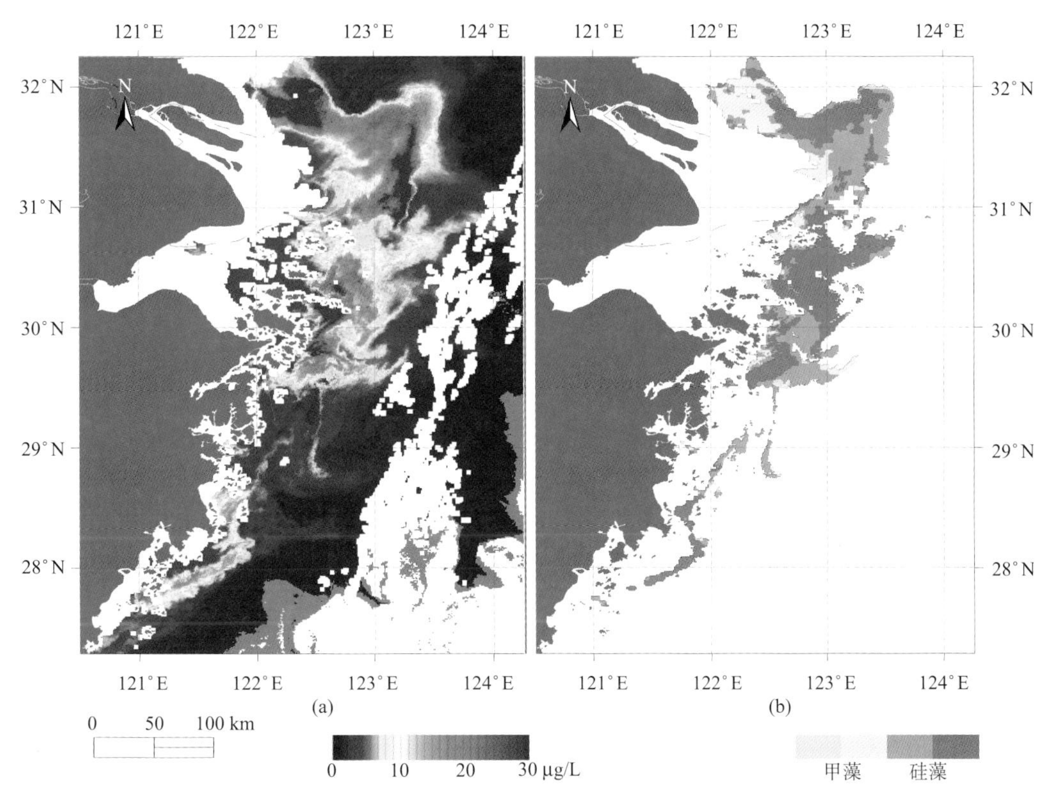

图 3.33　2007 年 7 月 26 日硅藻赤潮固有光学量算法提取结果

(a) 叶绿素 a 浓度；(b) 赤潮区提取结果

在赤潮区识别步骤中，光谱高度 RH 算法对赤潮区的提取范围与高 Chla 区比较一致，识别范围达 22 199 km^2，而色素吸收比重 $a_{phy}/a_T(443)$ 法和散射-吸收比值法 $b_{bp}/a_T(443)$ 法都将除近岸高浑浊水体外的大部分海区识别为赤潮区，明显受清洁水体干扰，在赤潮区识别中作为辅助参数。在 RH 法先行判断的前提下，$a_{phy}/a_T(443)$ 法和 $b_{bp}/a_T(443)$ 法对赤潮区的提取范围分别为 21 314 km^2 和 19 919 km^2，面积和位置都十分一致，对 RH 法结果有一定调整作用。三种算法对赤潮发生位置的判断整体与 Chla 区较为一致，但由于受分辨率的限制，不包括象山港海域的赤潮，赤潮发生范围综合识别面积为 19 900 km^2，远远大于公布面积 700 km^2，具体位置在长江口外自 32.25°N 至朱家尖南部 29.5°N 约 90 km 宽的范围，另外，还包括韭山列岛至玉环一线。总体上，对此次赤潮发生区的识别与公布信息相比范围明显较大。

在藻种门类判别上，$\dfrac{a_{phy}/a_T(443)}{\lg \text{Chla}}$ 法、$a^*_{phy}(443)$ 法和 $R\_b_{bp}(443)$ 法三种算法的判别结果总体一致，对大部分赤潮区判别为硅藻，只有 $\dfrac{a_{phy}/a_T(443)}{\lg \text{Chla}}$ 法对口门处和 $R\_b_{bp}(443)$ 法对朱家尖外部分区域判定为甲藻。最终此次赤潮藻种门类综合判别结果对为硅藻，与公布的角毛藻硅藻赤潮一致。

总体来说，基于固有光学量的赤潮遥感识别算法实现了对此次朱家尖东部海域角毛藻硅藻赤潮的较准确提取。另外，还获得了长江口外海域较大范围硅藻赤潮的识别，但对象山港海域由于像素分辨率限制未能识别。在藻种门类判别上总体判定为硅藻赤潮，与公布藻种一致。

(5) 2007 年 8 月 27 日象山港、渔山—韭山以及洞头海域中肋骨条藻赤潮(硅藻，350+600+400 km^2；图 3.34)。

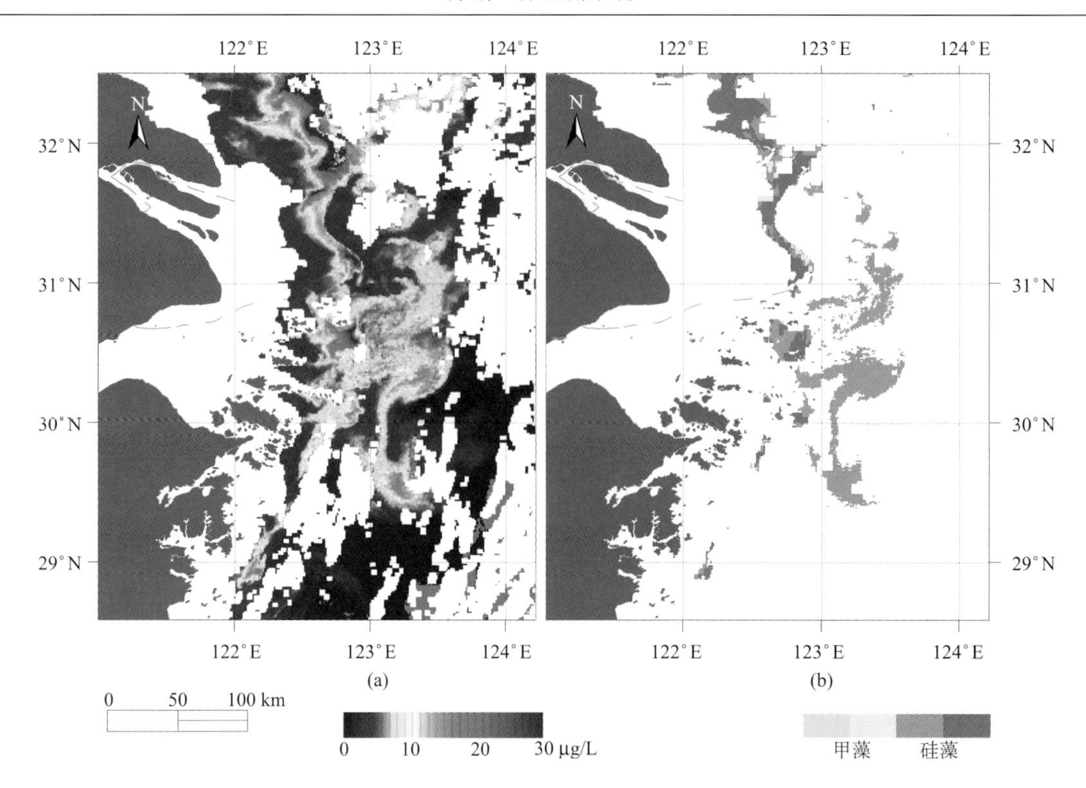

图 3.34　2007 年 8 月 27 日硅藻赤潮固有光学量算法提取结果

(a) 叶绿素 a 浓度；(b) 赤潮区提取结果

在赤潮区识别步骤中，光谱高度 RH 算法对赤潮区的提取范围与高 Chla 区比较一致，识别范围达 11 223 km^2，而色素吸收比重 $a_{phy}/a_T(443)$ 法和散射-吸收比值法 $b_{bp}/a_T(443)$ 法都将除近岸高浑浊水体外的大部分海区识别为赤潮区，明显受清洁水体干扰，在赤潮区识别中作为辅助参数。在 RH 法先行判断的前提下，$a_{phy}/a_T(443)$ 法和 $b_{bp}/a_T(443)$ 法对赤潮区的提取范围分别为 9 018 km^2 和 8 631 km^2，面积和位置都十分一致，对 RH 法结果有一定调整作用。三种算法对赤潮发生位置的判断整体与 Chla 区较为吻合，但由于受像素分辨率的限制，不包括象山港和洞头海域的赤潮，赤潮发生范围综合识别面积为 8 623 km^2，具体位置在长江口以北自 32.5°N 至朱家尖以东 29.7°N 一线海域和韭山至渔山列岛之间的部分，另外，还包括了偏外海的部分中等 Chla 浓度区，若仅比较韭山—渔山附近的赤潮区，则识别面积为 133 km^2，小于公布面积 600 km^2。总体上，对此次赤潮发生区的识别与公布信息相比，范围明显偏大。

在藻种门类判别上，$\dfrac{a_{phy}/a_T(443)}{\lg Chla}$ 法、$a^*_{phy}(443)$ 法和 $R\_b_{bp}(443)$ 法三种算法的判别结果总体一致，对大部分赤潮区判别为硅藻，但 $R\_b_{bp}(443)$ 法对偏外海的中等 Chla 浓度区部分判定为甲藻。最终此次赤潮藻种门类综合判别结果对为硅藻，与公布的中肋骨条藻硅藻赤潮一致。

总体来说，基于固有光学量的赤潮遥感识别算法实现了对此次韭山-渔山海域中肋骨条藻硅藻赤潮的较准确提取，但对象山港和洞头海域由于像素分辨率限制未能识别。在藻种门类判别上总体判定为硅藻赤潮，与公布藻种一致。

(6) 2008 年 5 月 16 日台州-温州海域东海原甲藻赤潮（甲藻，65+30+130 km^2；图 3.35）。

在赤潮区识别步骤中，光谱高度 RH 算法对赤潮区的提取范围与高 Chla 区比较一致，识别面积为 3 206 km^2，色素吸收比重 $a_{phy}/a_T(443)$ 法识别结果相比略微偏大，但在外海部分区域受清洁水体干扰，而散射-吸收比值法 $b_{bp}/a_T(443)$ 法在识别过程中明显受外海大部分清洁水体的干扰，因此，在赤潮区识别中作为辅助参数。在 RH 法先行判断的前提下，$a_{phy}/a_T(443)$ 法和 $b_{bp}/a_T(443)$ 法对赤潮区的提取范围

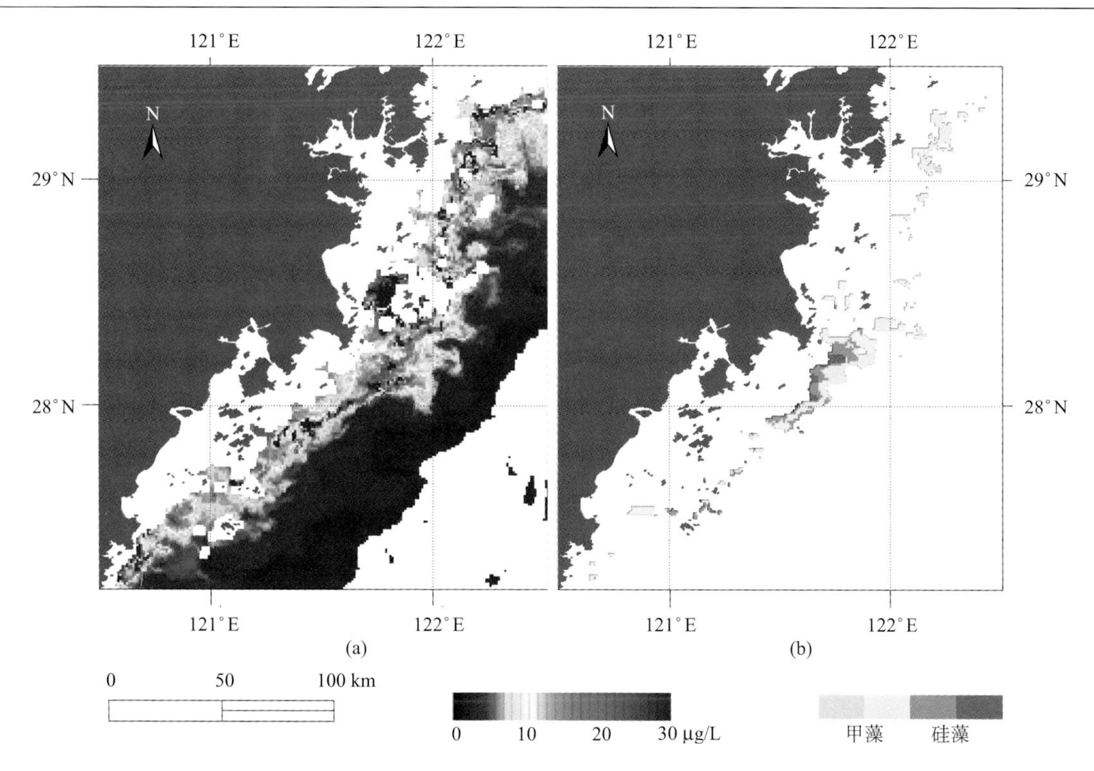

图 3.35　2008 年 5 月 16 日甲藻赤潮固有光学量算法提取结果

(a) 叶绿素 a 浓度；(b) 赤潮区提取结果

分别为 1 787 km^2 和 2 189 km^2，面积和位置比较一致，对 RH 法结果有调整作用。三种算法对赤潮发生位置的判断在温州海域与 Chl-a 高值区较为吻合，但面积偏小，具体位置为自韭山列岛以南至温州南麂列岛一线海域，赤潮发生范围综合识别面积为 1 345 km^2，若仅计算台州—温州海域赤潮范围，则为 991 km^2，远大于公布面积 225 km^2。总体上，对此次赤潮发生区的识别与公布信息相比，范围明显偏大。

在藻种门类判别上，$\dfrac{a_{phy}/a_T(443)}{\lg Chla}$ 法、$a^*_{phy}(443)$ 法和 $R\_b_{bp}(443)$ 法三种算法的判别存在差异，其中，$\dfrac{a_{phy}/a_T(443)}{\lg Chla}$ 法和 $a^*_{phy}(443)$ 法对除靠近温岭近岸的小范围水体外，大部分赤潮区判别为甲藻，但 $R\_b_{bp}(443)$ 法对整个识别区的判定为硅藻。最终此次赤潮藻种门类综合判别结果以甲藻为主，但温岭近岸一线为硅藻，与公布的东海原甲藻赤潮大体一致。

总体来说，基于固有光学量的赤潮遥感识别算法实现了对此次台州—温州海域东海原甲藻赤潮的较准确提取，但识别范围明显偏大，另外，还识别出韭山—渔山海域一带的甲藻赤潮。在藻种门类判别上总体判定为甲藻赤潮，与公布藻种一致。

2. 遥感提取效果评价

本算法对以上大型赤潮灾害提取效果分别从面积和藻种门类两个方面进行评价和总结。由表 3.8 和海洋公报公布赤潮比较可以看出，总体上本研究所用算法对赤潮范围的识别与实际公布面积存在一定差距，但从以上对各赤潮灾害提取结果的详细分析来看，大部分赤潮范围的识别有较好的效果，对藻种门类的判断基本上符合实际公布情况。

在赤潮范围的识别上，除个别事件由于受云层覆盖影响造成遥感赤潮面积降低外，从具体发生海域的定位来看，基于固有光学量的赤潮识别算法对这些赤潮灾害的识别效果较好。正常识别的赤潮范围与公布面积相比从 7%到 28 倍不等，差异较大的事件主要有：①2007 年 7 月 26 日朱家尖东部海域硅藻赤潮；②2007 年 8 月 27 日渔山-韭山海域的硅藻赤潮；③2009 年 5 月 1 日渔山-台州海域；④2009 年 5 月 28 日长江口海域的未记录藻种赤潮。根据历史记录，长江口北部海域较少发生赤潮灾害，因此，引起对事例①和②识别面积明显增大的原因有可能是卫星数据本身在该海域的异常引起，但这一推测需要对数据的进一步分析确认；从卫星影像上看，事例③的漏判应该是由于本研究所用算法在此次数据中不适用造成；对于事例④，由于其叶绿素 a 浓度分布总体偏低，远没有达到东海典型赤潮的阈值标准，且此次赤潮具体藻种也没有给出，因此，推测该赤潮灾害或许为非叶绿素 a 型藻种引发。

表 3.8 固有光学量算法提取赤潮信息统计表

时间(年-月-日)	地点	面积/km^2	赤潮识别范围/km^2	门类	藻种门类识别结果
2005-5-25	长江口外海域	7 000	6 642	硅藻	硅藻+甲藻
2005-6-4	长江口至韭山列岛海域	2 000	2 741	甲藻	甲藻
2005-6-9	长江口—韭山—披山岛—南麂—洞头	1 300+2 000+500+300	5 163	甲藻	甲藻
2005-6-16	长江口至舟山海域、	1 300+400	601	甲藻	甲藻
	南麂海域	300	—	硅藻	—
2006-6-21	渔山列岛、象山附近	1 000	4 115	甲藻	甲藻
2007-4-11	舟山、韭山列岛海域	140+160+200	35	—	甲藻
2007-6-29	韭山列岛东部	400	448	硅藻	硅藻
2007-7-26	象山港、朱家尖东部海域	170+700	19 900	硅藻	硅藻
2007-8-27	象山港、渔山—韭山洞头海域	350+600 400	8 623	硅藻	硅藻
2008-5-7	舟山外 温州海域	2 100 200+43	— 36	甲藻	甲藻
2008-5-16	台州—温州海域	65+30+130	1 345	甲藻	甲藻
2009-4-28	台州外侧海域	700	3 036	甲藻	甲藻
2009-5-1	渔山列岛—台州海域	1 330	5	—	—
2009-5-8	温州苍南海域	200	407	甲藻	甲藻
2009-5-28	长江口海域	1 500	232	—	甲藻+硅藻
2010-12-4	长江口海域	—	2 565	硅藻	硅藻

由于本研究所用遥感数据分辨率相对较低，且识别算法给出的阈值范围为基于统计的固定值，对于不同海域和时间内发生的赤潮灾害，容易受水体光学环境背景场的变化等多种条件的影响，因此，识别结果与实际情况存在一定出入在所难免。另外，从本研究赤潮识别试验来看，单纯通过这些固有光学量算法提取赤潮区域相对比较困难，很容易受到非赤潮环境水体的干扰，必须借助于遥感反射率光谱共同识别；而为了降低对部分赤潮灾害的漏判，对 RH 模型阈值的适当放宽应该也会对该模型算法的赤潮范围识别效果造成一定的影响。通过此次对不同年份和区域的赤潮灾害识别效果来看，该识别算法对于东海赤潮水体的识别具有较高可信度。

在赤潮藻种门类的判别上，除三次未公布藻种鉴别结果的事例外，算法仅对 2005 年 5 月 25 日发生在长江口海域的中肋骨条藻和海链藻赤潮的判别存在一定程度的混淆，对其余 12 次可做对比的赤潮灾害都给出了正确的藻种门类判别，识别正确率达到了 92%以上(12/13)。因此，可以认为本研究所建立的基于固有光学性质的赤潮藻种门类判别算法对东海海域的赤潮灾害可以实现藻种门类的正确判别。另外，通过对各次赤潮灾害的识别结果进行分析的过程可以看出，基于散射性质的藻种门类识别模型总体上不及基于吸收的识别模型效果好，这一方面可能是由于该模型的阈值设定不够准确，未能更有效地反映藻种间的性质差异；另一方面也与分析中所用的遥感后向散射比 $R\_b_{bp}(443)$ 的计算方法有关。此次藻种门类判别的应用效果再次证明，对不同赤潮藻种间的固有光学性质差异的充分了解是从根本上提高基于固有光学量赤潮识别算法的必要前提。

总体来说，本研究所建立的基于固有光学量赤潮识别算法对东海典型甲藻和硅藻类赤潮的识别和藻种门类判别具有较好的应用效果。

3.4.2　基于遥感反射率谱形特征差异赤潮识别算法验证

1. 东海原甲藻与硅藻赤潮卫星遥感识别结果

为验证基于遥感反射率谱形特征差异赤潮识别算法的准确性，本书选取了对应不同藻种的赤潮事件，通过对现场观测日期相近的 MODIS 时间序列影像进行赤潮发生区域提取以及赤潮优势藻种的识别。本书选取了两次典型东海赤潮事件的卫星时间序列影像，分别对应了 2010 年 9 月的硅藻事件和 2011 年 5～6 月的东海原甲藻赤潮事件。①如图 3.36 所示，2008 年 9 月长江口外以及嵊泗海域发生硅藻赤潮，从 9 月中旬一直延续到下旬。现场观测到赤潮发生区域正好对应 MODIS 提取的 R_{AB} 高值区，同时 MODIS 结果能更好给出赤潮整个海域的分布。此外根据图 3.36(e)的结果显示，本算法对 4 景 MODIS 影像数据中的赤潮藻种一致判定为硅藻赤潮，与实际情况完全吻合。②图 3.37 给出了 2010 年 5～6 月期间发生在东海沿岸的大面积东海原甲藻赤潮事件的 MODIS 时序影像。同样的，遥感监测结果与实际现场观测结果具有良好的一致性，并且对藻种的判别也完全正确。因此，本节所建立的基于遥感反射率谱形特征差异的赤潮区域提取和藻种识别算法是准确可靠的，可以实际应用的。

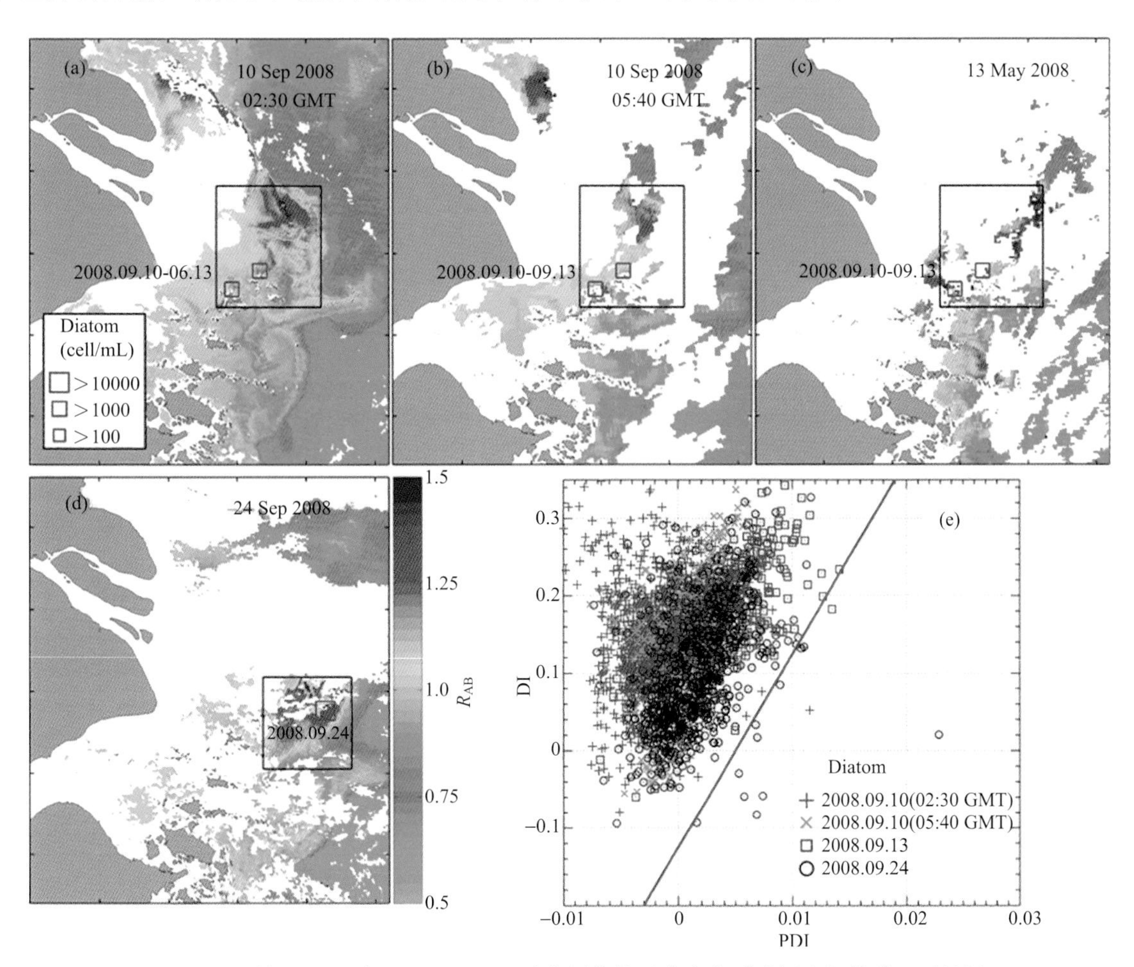

图 3.36　基于 2008 年 9 月 MODIS 时序图像的硅藻赤潮遥感提取与藻种识别结果

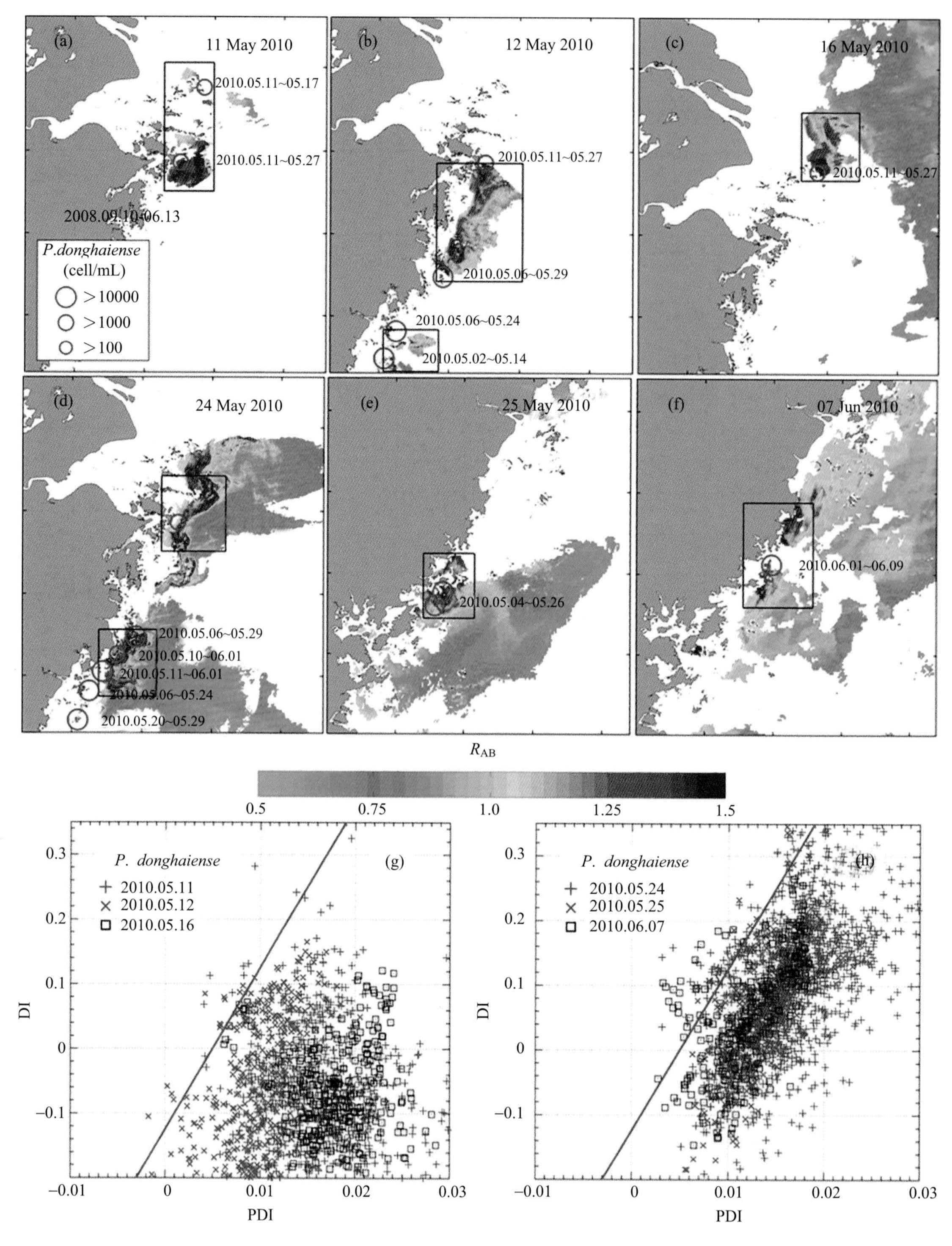

图 3.37　基于 2010 年 5～6 月 MODIS 时序图像的东海原甲藻(*P. donghaiense*)赤潮遥感提取与藻种识别结果

2. 遥感提取效果评价

1) 赤潮遥感速报精度

本算法同样利用近年来 30 组东海典型赤潮卫星资料与现场观测数据集(国家海洋局东海环境监测中心提供)，对遥感监测得到赤潮发生位置与现场观测结果进行比较，对遥感提取结果准确度进行评价。评价结果表明建立的基于遥感反射率谱形特征差异的赤潮识别准确度优于 80%，其中，基于遥感反射率谱形特征差异的赤潮识别算法能够对 25 次事件都能进行有效识别(表 3.9)，识别面积与现场观测面积差异较小。

表 3.9　赤潮识别信息统计

日期	地点	公报面积/km^2	识别面积/km^2
2003年5月26日	南麂周围海域	800	1 328
2004年5月23日	嵊山至绿华岛一带海域、枸杞岛附近海域	800	936
2004年6月29日	舟山虾峙岛至台州列岛以南海域	2 000	921
2005年5月25日	长江口外海域	7 000	8 141
2005年6月4日	长江口至韭山列岛海域	2 000	2 273
2005年6月9日	长江口—韭山—披山岛—南麂—洞头	4 100	3 173
2005年6月16日	长江口至舟山海域、南麂海域	2 000	2 974
2006年5月4日	舟山外至六横岛东南海域	1 000	759
2006年6月21日	渔山列岛、象山附近	1 000	1 171
2006年6月26日	渔山列岛至韭山列岛海域	1 200	1 028
2007年4月11日	舟山、韭山列岛海域	500	981
2007年6月29日	韭山列岛东部	400	372
2007年7月26日	象山港	170	124
2007年8月27日	朱家尖东部海域	700	877
	渔山-韭山	600	360
	舟山外	2 100	823
2008年5月7日	温州海域	243	185
2008年5月16日	台州-温州海域	225	833
2008年7月17日	浙江省岱山县大长涂山南部海域	100	70
2009年4月28日	台州外侧海域	700	767
2009年5月1日	渔山列岛-台州海域	1 330	703
2009年5月8日	温州苍南海域	200	338
2009年5月28日	长江口海域	1 500	393
2010年5月24日	舟山朱家尖东部	1 040	821
2010年6月7日	苍南海域	100	215
2011年5月18日	温州苍南石坪附近海域	200	362
2012年6月5日	舟山嵊泗海域	240	284

2) 赤潮遥感最小识别面积

从表 3.9 中可以看出 25 次赤潮事件中最小的识别面积为 70 km^2。为进一步验证，利用中高空间分辨率环境一号卫星(HJ-1A)资料目视识别结果对遥感赤潮产品的识别面积进行评估。从图 3.38 中可以看出，虽然由于目前水色卫星分辨率较低(1 km)，遥感监测结果受亚像元影响较大，但是对于面积 70 km^2 左右的赤潮水体能够有较好的响应，因此，本算法遥感赤潮产品的识别最小面积应优于 75 km^2。

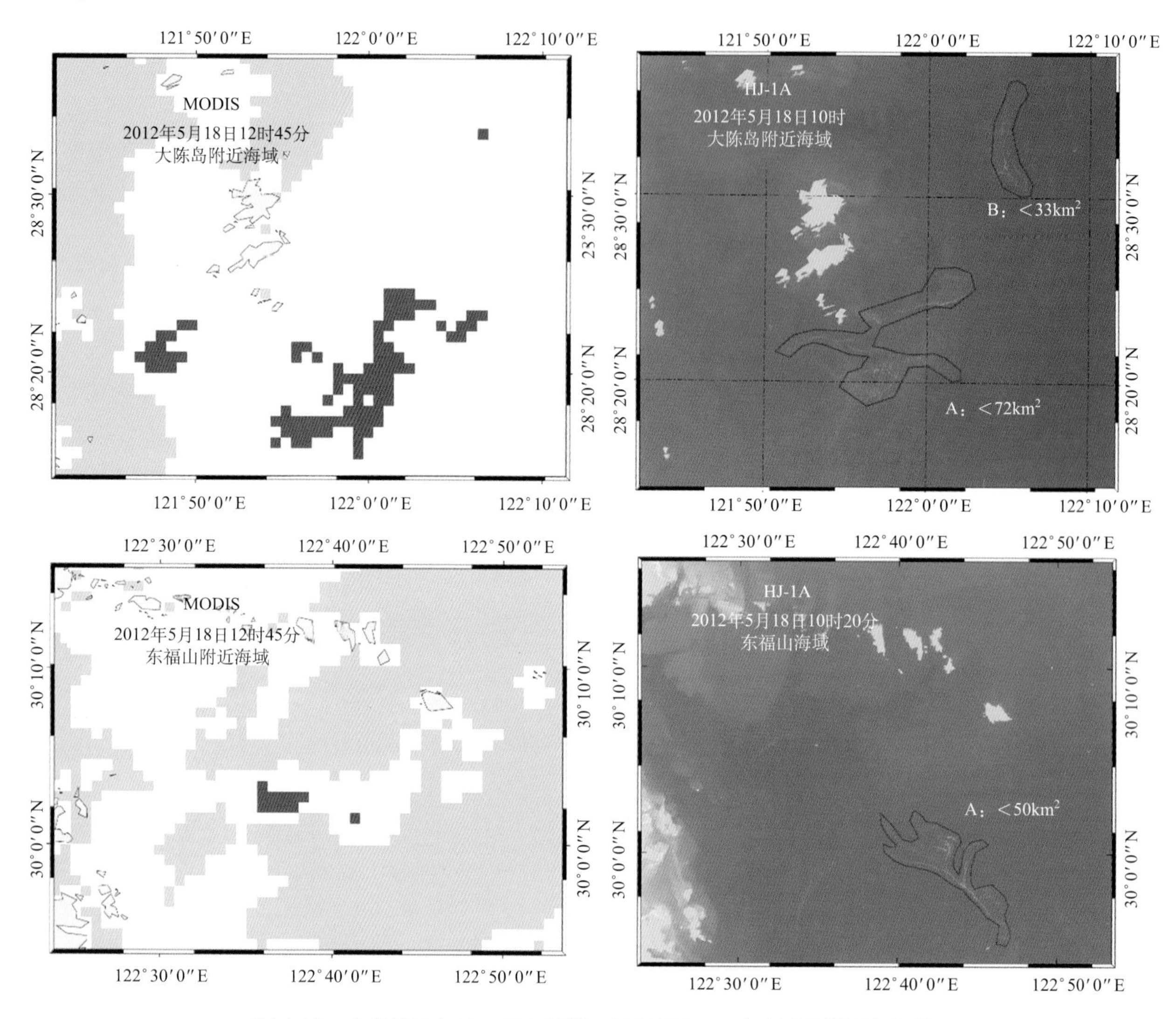

图 3.38　水色卫星(MODIS)与环境一号卫星(HJ-1A)赤潮识别面积比较

第4章　赤潮预警预报技术

4.1　引　　言

如何预测和减少赤潮灾害的损失已成为人们关注的焦点，引起了各级政府的高度重视。“九五”“十五”期间，在科技部和国家自然科学基金委员会的支持下，通过国家基础研究计划（“973”计划）、科技攻关计划（科技支撑计划）、国家高技术研究发展计划（“863”计划）和国家自然科学基金重点项目的资助，开发了赤潮短期数值预报、统计预报模型，赤潮发生率预报精度达30%。但是，“九五”“十五”期间所建立的预报模式及其预报精度没有得到长期、稳定、持续的系统监测数据的验证。

赤潮灾害预警预报技术。研究的开展可提升我国赤潮灾害预警预报技术水平和能力，为东海示范海区提供业务化运行的赤潮灾害预警预报系统。本项研究所建立的赤潮灾害预警报技术包括赤潮发生条件统计预报、赤潮水质统计预报和赤潮遥感跟踪预报等赤潮统计预报技术，以及赤潮扩散漂移预报和赤潮生态动力学数值预报等赤潮数值预报技术。

4.2　赤潮发生条件统计预报

4.2.1　水文、气象环境因子特征分析

生物、化学要素的年、月、旬和候季变化是微弱的，因此，利用生物、化学要素预测赤潮的发生尚未成熟，因为这些生物、化学要素不具备可预报性。而影响生物藻类繁殖的大气环流形势和水文、气象要素都具备可预报性。 水文、气象环境因子（气压、风、浪、降水、水温、气温）是赤潮预报因子的首选，而水文、气象要素因子的变化又取决于大气环流形势对某一区域的控制和影响，因此，大气环流形势的变化也是做好赤潮预报的关键因素之一。

本研究通过对长江口赤潮示范区10年赤潮历史事件的统计分析，归纳出赤潮发生时典型的天气形势场，并分析赤潮发生日与非发生日的各环境要素的异同，为赤潮条件预报提供新的着眼点；分析水文、气象要素的变化规律，筛选出关键因子，确定关键因子的临界值，根据不同天气形势场，建立赤潮条件预报的判别流程；并对2011年和2012年的试预报结果进行检验分析。

1. 有利于赤潮暴发的典型天气形势场归纳及预报判别流程建立

1）赤潮暴发时典型天气形势场的归纳

研究表明赤潮生成前期的水文、气象要素因子大都处在相对稳定的大气环流形势之下，而且维持时间在1～3天或以上。通过对2000～2010年赤潮发生前期（1～3天）的大气环流形势进行分析，从中找出相似的大气环流形势模式。个例统计分析显示：赤潮暴发日的主要天气形势主要有倒槽型、气旋出海型、弱冷空气型以及热带扰动型。从124次的赤潮事件中，气旋出海型占比最高，达42%；其次是热带扰动型，占25%；弱冷空气型占21%；倒槽型占12%（图4.1）。

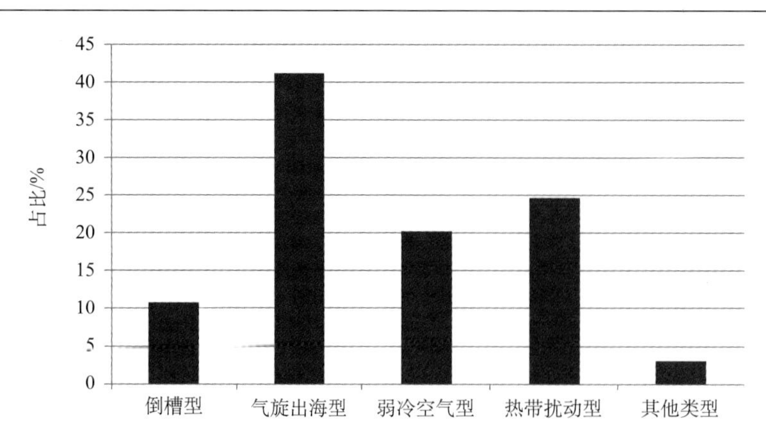

图 4.1　赤潮暴发时出现的各天气类型所占百分比

2) 赤潮条件预报判别流程实现

赤潮发生条件预报的一般判别流程是：以天气形势预报为基础，借助成熟的数值天气预报技术，分析未来 1～3 天示范海区的大气环流形势，判断天气形势所属的类别。根据不同的天气形势下，对水文、气象要素中的气压、风、浪、降水、水温、气温、水汽温差等要素进行条件判别，预报示范海区未来 1～3 天是否有利于赤潮发生。

(1) 气旋出海型(准静止锋型)

此天气形势常常发生在春季到初夏季节，特别是 6 月的江淮梅雨期，同时海域的海表温度达到赤潮生物繁殖的最适宜温度。此类型天气形势下赤潮事件持续时间长、发生面积大。例如，2009 年 5 月 19～30 日、6 月 17～22 日，2011 年 5 月 11 日～6 月 1 日、7 月 7～12 日。

该类天气系统出现时，高空以偏西或西南气流为主，地面处于西南气流控制之下，暖湿气流向海区输送，随着气旋东移出海，大面积的强降水为海区带来了丰富的营养盐，并降低了海水盐度；同时锋面气旋过境时偏南大风过程，有利于海水扰动和加强上升流，这些因素均为赤潮暴发提供了有利条件。

高空形势：500 hPa：发生前期 3～5 天，乌拉尔山附近为暖性高压脊，中国沿海也为高压脊，两脊之间由槽底平缓的宽阔大槽区控制。长江口海域处于宽阔的槽底，不断有小槽东移出海。副热带高压控制我国华南沿海，脊线呈现东北-西南走向，示范海区位于副高北侧，活跃的南支槽将暖湿气流向江淮流域输送。在这种形势下，当北方小槽发展东移与南支合并时，在槽前暖平流的作用下，地面将有气旋或静止锋生成。700 hPa：由于 500 hPa 大槽槽底浅宽，700 hPa 示范海区主要以弱的高压脊控制为主。850 hPa：示范海区位受海上副高西侧的偏南气流影响为主，风力较小，最典型的特征是示范海区受温度脊或暖中心控制。925 hPa：示范海区受温度脊或暖中心控制。

地面形势：前期 1～3 天，示范海区受南支倒槽控制，维持稳定的准静止锋，锋面附近有大片雨区，随着北方冷空气南下，并入侵西南倒槽，形成江淮气旋。海区受其影响，常出现 5～6 级的偏南大风和大范围降水，其后随着气旋出海，示范海区逐渐转为均压场或鞍型场控制，加之天气以晴好或多云为主，气温升高，风浪较小，盐度较低，此时在营养盐条件符合的基础上，容易暴发大规模赤潮。

表 4.1　历史赤潮事件各特征要素统计一览表(气旋出海型)

编号	时间(年. 月. 日)	气压/hPa	波高/m	风速/(m/s)	降水量/mm	气温/℃	水温/℃
2000051	2000.5.3～5.24	1 006	1.1	5.05	6.83	15.73	15.93
2001041	2001.4.7	1 011	1.2	5.73	0.23	13.48	13.93
2001042	2001.4.13	1 010	1.4	7.60	0.09	13.00	14.90

续表

编号	时间(年.月.日)	气压/hPa	波高/m	风速/(m/s)	降水量/mm	气温/℃	水温/℃
2001043	2001.4.15～16	1 012	1.4	7.50	0.10	12.83	14.78
2001061	2001.6.17	998	1.6	6.00	1.50	22.13	21.82
2002051	2002.5.16	998	0.8	4.37	0.00	17.95	18.43
2002052	2002.5.17～5.19	1 002	1.0	5.24	7.13	19.02	18.68
2006066	2006.6.22	1 002	1.5	7.43	26.35	18.26	17.66
2006068	2006.6.24	1 005	1.0	4.03	14.25	20.02	18.10
2006069	2006.6.25	1 005	0.9	3.82	14.25	19.94	18.29
2007051	2007.5.3～5.6	1 008	1.2	4.57	10.80	15.92	16.61
2007061	2007.6.23～7.2	1 002	1.1	3.63	0.00	23.65	21.48
2007071	2007.7.1～7.3	999	1.5	5.44	0.00	25.53	23.17
2007072	2007.7.6～7.9	998	1.0	3.18	0.10	25.36	22.43
2007073	2007.7.10～7.16	995	1.2	3.49	0.00	26.09	22.90
2007074	2007.7.11～7.16	994	1.2	3.58	1.63	25.82	23.11
2007075	2007.7.20～7.23	996	1.0	2.85	0.50	27.93	24.71
2007076	2007.7.22～8.6	996	0.9	2.73	0.00	29.41	25.29
2008051	2008.5.5～5.31	1 003	1.0	5.11	1.50	17.47	15.75
2008052	2008.5.6～5.8	1 003	1.1	5.81	1.50	17.24	15.93
2008053	2008.5.11～5.31	1 003	1.3	6.85	15.80	16.97	17.00
2008062	2008.6.3～6.4	1 003	1.0	4.60	0.10	20.63	19.64
2009051	2009.5.6	1 011	1.0	4.13	2.60	17.13	17.18
2009053	2009.5.17	1 007	1.2	5.85	0.00	19.46	17.73
2009054	2009.5.19～5.30	1 006	1.1	4.76	13.90	19.31	17.95
2009061	2009.6.11	1 000	1.5	6.69	4.10	22.30	20.87
2009062	2009.6.17	1 002	1.0	3.44	0.10	22.88	21.71
2009071	2009.7.25～7.29	996	0.9	3.05	4.80	25.75	23.01
2010051	2010.5.11～5.17	1 003	1.0	4.93	3.25	15.61	16.41
2010071	2010.7.7～7.12	995	0.8	3.00	6.75	25.73	23.83

赤潮条件预测的判断流程：

未来 3 天：

正值气旋出海时：不利于赤潮发生；

气旋刚出海 0～12 小时：风浪条件较大，依然不利于赤潮发生；

气旋出海后 12～24 小时：示范海区受均压场控制，风浪较小时，依据图 4.2 条件判断。

(2) 热带扰动型

此型主要发生在盛夏，该季节是西北太平洋热带气旋活动鼎盛时期。一般认为盛夏时节海区温度偏高，降水偏少，一般不适宜赤潮生物的繁殖。但据历史资料统计，7、8、9 三个月示范海区在 10 年时间内也发生了 38 次赤潮，有些还是大面积赤潮事件，但持续时间相对较短，以 1～3 天为主。受热带气旋的外围影响，前期示范海区会有大范围降水及水体扰动，为赤潮的发生提供了有利条件。

高空形势：500 hPa：副热带高压分为海上和大陆两块，我国大陆为副高控制，高压脊一直延伸到我国东北地区，海上副高比较弱。低压槽位于日本海至我国东海海域。此时在热带地区或西太平洋海域存在热带扰动或有热带气旋刚刚生成，由于热带气旋刚生成，强度弱于副高，同时距离长江口海区

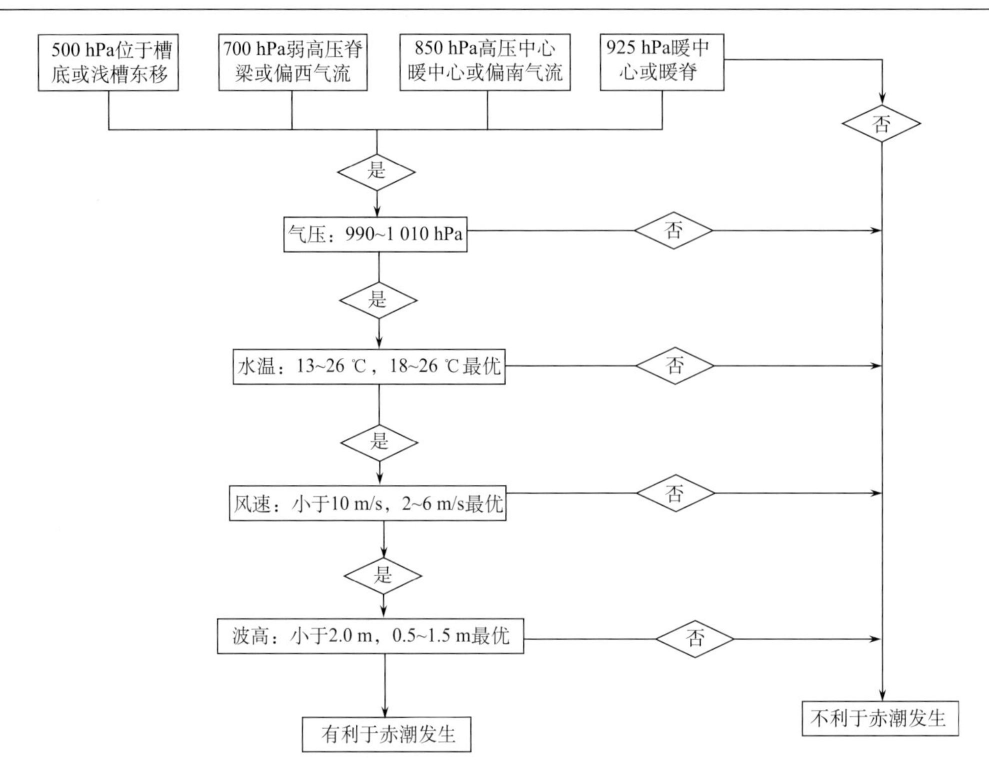

图 4.2　静止锋型赤潮是否发生判断流程图

比较远，因此，未对示范海区造成影响。700 hPa：由于大陆副高比较强势，700 hPa 示范海区仍然受大陆高压控制。850 hPa 和 925 hPa：北边东北低压存在，南边有热带气旋发展，因此，长江口示范海区出现了均压场，但显著的特征是，示范海区都出现了暖中心。

地面形势：与高空形势相对应，北方高压与热带扰动形成“北高南低”的天气形势，在此系统控制下，示范海区位于均压场，天气晴好，日照充足，且海上风平浪静，有利于赤潮生物的聚集和暴发。但赤潮发生后，若热带气旋不发展，副高持续控制示范海区，海区水温上升，超过 28 ℃，赤潮迅速消失；或者热带气旋发展，示范海区受到热带气旋大风半径的影响，赤潮也会迅速消失。

表 4.2　历史赤潮事件各特征要素统计一览表(热带扰动型)

编号	发生时间(年. 月. 日)	气压/hPa	波高/m	风速/(m/s)	降水量/mm	气温/℃	水温/℃
2000091	2000.9.4	1 001	1.2	7.10	0	26.53	25.65
2002081	2002.8.27	999	1.0	4.21	1.43	19.41	19.27
2007077	2007.7.31～8.2	1 003	0.9	4.48	0	28.28	26.46
2007081	2007.8.2	1 001	0.9	4.16	0	27.79	26.33
2007082	2007.8.16～8.24	996	1.4	4.71	0.50	26.33	24.33
2008071	2008.7.16～7.18	999	1.1	5.19	0	27.31	24.74
2008081	2008.8.5～8.6	1 001	1.4	4.94	0	26.11	22.81
2008082	2008.8.5	1 001	1.4	4.94	0	26.11	22.81
2008083	2008.8.9～8.11	1 002	1.2	3.86	0	27.68	23.88
2008084	2008.8.12～8.13	999	1.2	3.19	0	27.98	24.55
2008091	2008.9.10～9.13	1 008	1.0	4.03	14.00	25.05	24.19
2008092	2008.9.24	1 003	1.2	2.82	0.50	27.27	25.13
2009081	2009.8.19～8.21	1 004	0.9	4.00	10.95	26.71	24.98

赤潮条件预测的判断流程：

未来 3 天：热带气旋逐渐加强北上，6 级大风半径影响到示范海区,不利于赤潮发生；若示范区受均压场控制，风浪较小时，依据图 4.3 流程判断。

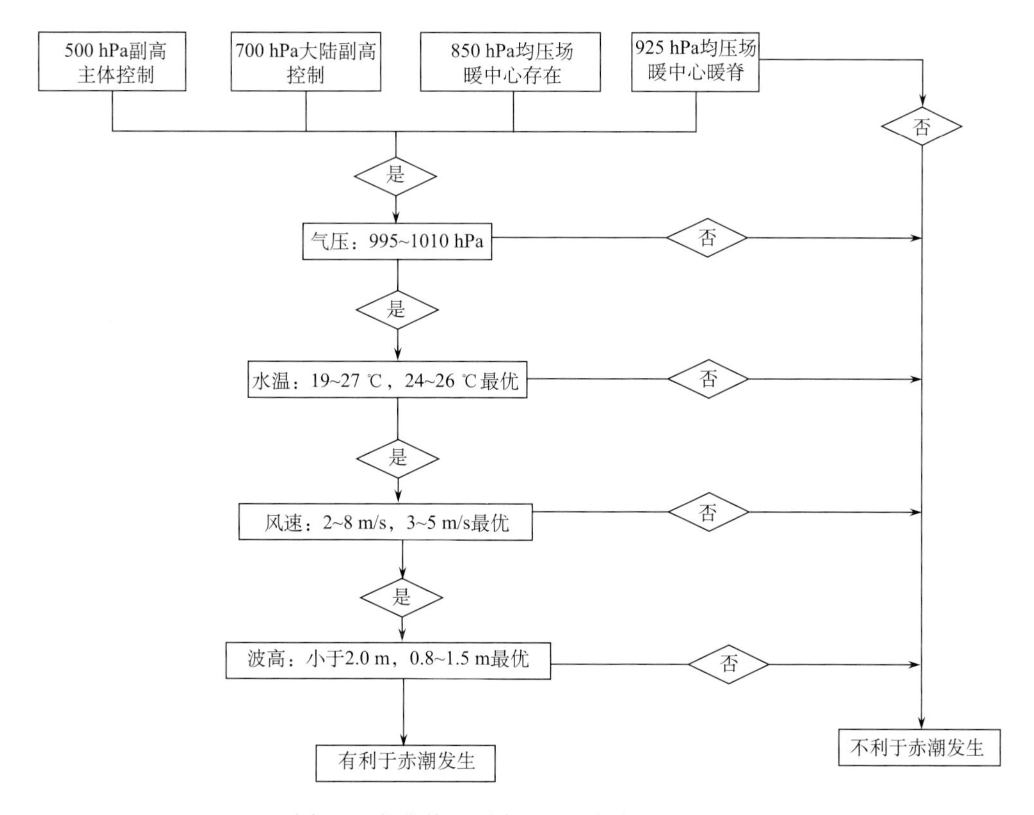

图 4.3　热带扰动型赤潮是否发生判断流程图

(3) 弱冷空气类型

此种天气形势主要发生在春季 3、4 月或秋季 10 月，赤潮暴发主要受高压出海的影响，如典型的有 2007 年 5 月 3～6 日。

高空形势： 500 hPa：东亚大槽刚刚过境，海区受槽后脊前的西北气流控制，未来 3 天海区主要受暖性高压脊控制。500～700 hPa 由高压脊控制，850～925 hPa 由高压中心控制。

表 4.3　历史赤潮事件各特征要素统计一览表(弱冷空气类型)

编号	发生时间(年. 月. 日)	气压/hPa	波高/m	风速/(m/s)	降水量/mm	气温/℃	水温/℃
2001051	2001.5.10～5.17	1 002	1.2	4.98	0.10	16.53	17.41
2002041	2002.4.11	1 009	0.9	4.89	3.45	13.63	16.26
2006052	2006.5.9	1 004	1.4	6.37	2.03	18.01	17.42
2006053	2006.5.11	1 005	1.4	5.36	5.28	17.57	17.43
2006054	2006.5.14	1 010	1.4	6.58	5.13	16.47	17.43
2006055	2006.5.15	1 012	1.2	5.48	2.03	16.41	17.23
2006111	2006.11.3	1 003	1.2	7.04	20.20	20.00	19.64
2007042	2007.4.10～4.11	1 015	1.1	3.19	0.00	12.68	14.11
2007092	2007.9.29	1 008	0.9	1.18	0.00	25.71	25.00
2008031	2008.3.14～3.17	1 013	0.8	4.99	0.00	11.15	10.49
2008041	2008.4.24	1 009	1.2	6.51	9.35	14.33	13.64
2009041	2009.4.9	1 013	0.8	3.53	7.50	13.44	13.48

地面形势：华东沿海为一高压出海的形势，示范海区受高压中心控制，天气干旱少雨，风浪小，光照充足，有利于水温上升，且水温日变化小。有利于赤潮藻类的暴发。

赤潮条件预测的判断流程：

未来 3 天：高压中心若还在大陆上，未出海，则发生赤潮的可能性不大；若高压中心位于海上，示范海区正好受高压中心控制，等压线梯度较稀疏时，依据图 4.4 流程判断。

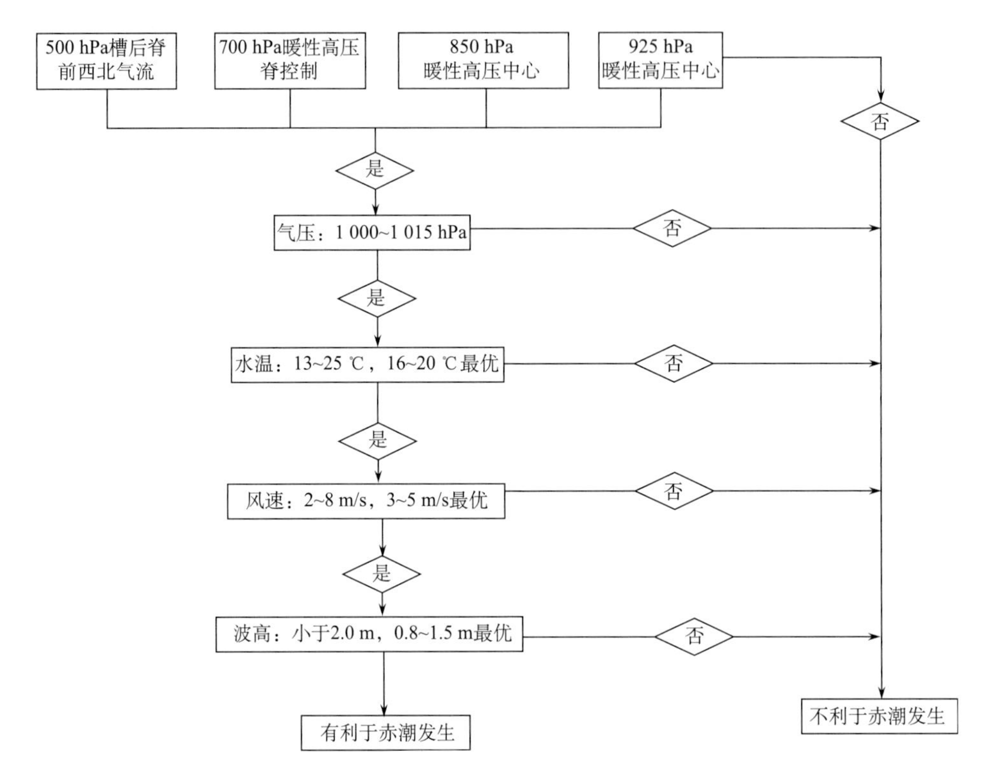

图 4.4　弱冷空气型赤潮是否发生条件判断流程

(4) 西南倒槽类型

此型常常发生在春季到初夏季节，或者是 10 月底 11 月初，华南西部和西南地区东部常有倒槽存在，此时华南沿海处于倒槽南部的西南气流控制之下，有暖湿气流向华南沿海输送，华南沿海处在 500 hPa 副热带高压(简称“副高”) 脊线西北侧的西南气流控制范围，700 hPa 有浅槽东移，地面：在华南地区有倒槽发展，但处于发展前期，强度较弱，示范区刚好处于倒槽前部的均压场，风浪较小，有利于赤潮的发生，但是一旦倒槽东移至长江口海域，示范区风浪较大，赤潮很快消散。表 4.4 为西南倒槽类型历史赤潮事件各特征要素统计一览表。

表 4.4　历史赤潮事件各特征要素统计一览表(西南倒槽类型)

编号	时间(年. 月. 日)	气压/hPa	波高/m	风速/(m/s)	降水量/mm	气温/℃	水温/℃
2000091	2000.9.4	1 001	1.2	7.10	0.00	26.53	25.65
2001042	2001.4.13	1 010	1.4	7.60	0.09	13.00	14.90
2001043	2001.4.15～4.16	1 012	1.4	7.50	0.10	12.83	14.78
2001041	2001.4.7	1 011	1.2	5.73	0.23	13.48	13.93
2001051	2001.5.10～5.17	1 002	1.2	4.98	0.10	16.53	17.41
2001061	2001.6.17	998	1.6	6.00	1.50	22.13	21.82
2001071	2001.7.1	999	1.0	5.33	0.00	24.86	22.63

续表

编号	时间(年.月.日)	气压/hPa	波高/m	风速/(m/s)	降水量/mm	气温/℃	水温/℃
2001072	2001.7.17	998	1.6	6.71	4.11	25.93	24.72
2001081	2001.8.1	999	1.4	7.65	0.00	28.06	26.06
2002041	2002.4.11	1 009	0.9	4.89	3.45	13.63	16.26

赤潮条件预测的判断流程：

未来 1～3 天：华南有倒槽发展，但还未影响到示范海区，示范海区处于鞍型场控制，等压线较稀疏，依据图 4.5 流程判断。

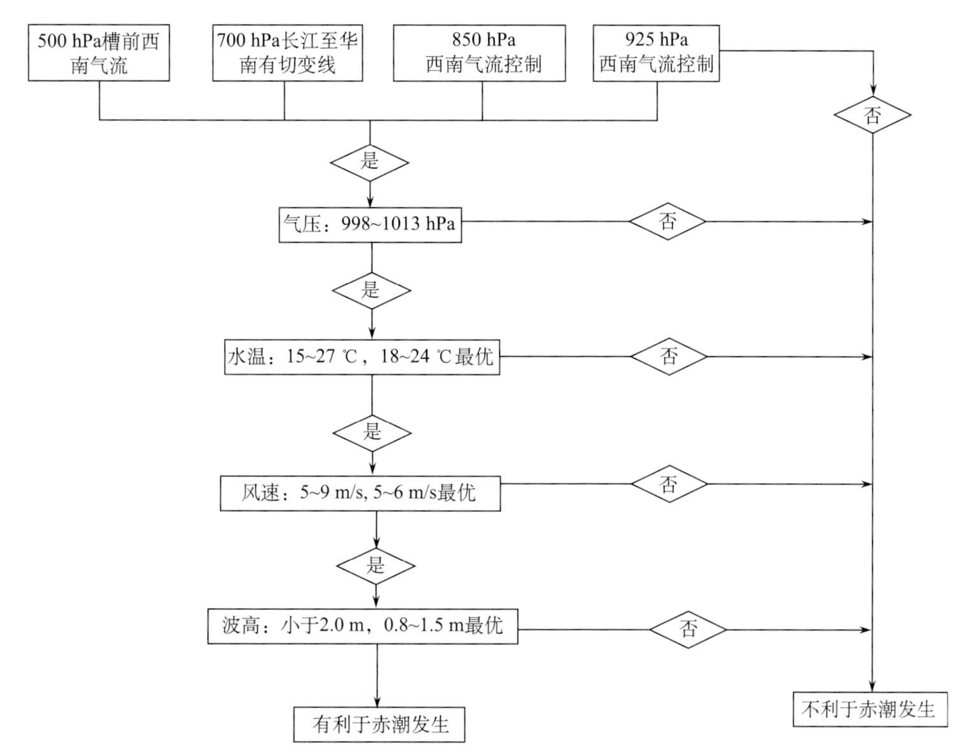

图 4.5　西南倒槽赤潮是否发生条件判断流程

(5)其他类型

此类型赤潮判别流程作为前 4 种典型天气形势的补充判别条件。当天气形势类型不明显，而水文气象条件又比较符合赤潮暴发的情况时，执行图 4.6 判断流程。

2. 典型天气形势场下，赤潮发生日与赤潮非发生日的特征分析

如图 4.7 所示，统计 2007～2010 年天气图发现易发生赤潮的倒槽型、气旋出海型、弱冷空气型和热带扰动型天气过程共发生 121 次，其中，63 次发生了赤潮，平均发生概率为 52.07%。其中，倒槽型天气过程发生了 39 次，14 次发生了赤潮，发生概率为 35.90%(图 4.8)；气旋出海型天气过程发生了 42 次，25 次发生了赤潮，发生概率为 59.52%(图 4.9)；弱冷空气型天气过程发生了 13 次，6 次发生了赤潮，发生概率为 46.15%(图 4.10)；热带扰动型天气过程发生了 27 次，18 次发生了赤潮，发生概率为 66.67%(图 4.12)。在上述研究样本中，气旋出海型天气过程导致的赤潮发生次数最多，热带扰动过后发生赤潮的概率较高。

研究近 5 年 4～6 月赤潮发生概率发现，在相同天气形势下，赤潮发生的平均概率为 52.07%，其中，5 月发生概率最高，为 70.83%，4 月最低，为 33.33%，6 月次之，为 38.46%，其他月份基本与平均概率持平。

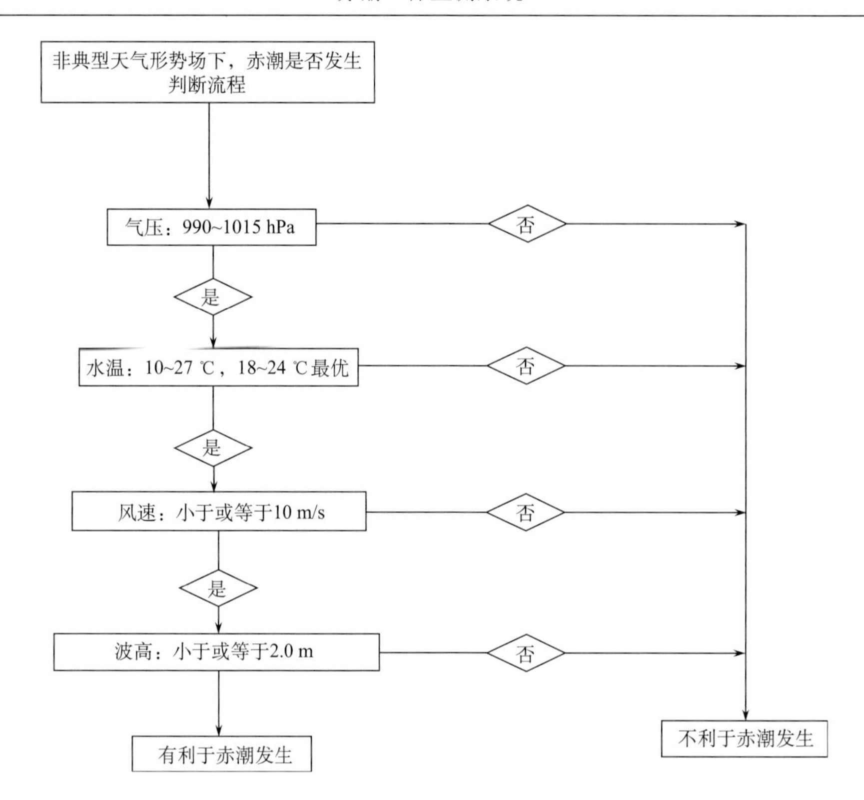

图 4.6　其他情况赤潮是否发生条件判断流程

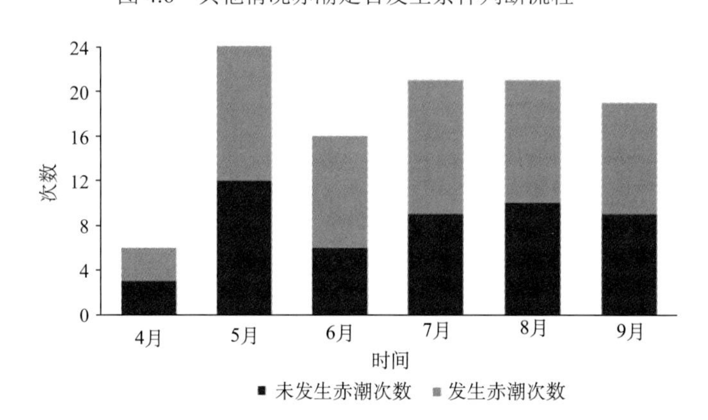

图 4.7　典型天气形势场下赤潮发生比例各月分布图

本节中对各类型天气形势下，有赤潮发生和无赤潮发生的时间段的水文气象要素进行对比分析。

1) 倒槽发展型

如图 4.8 所示，在研究的近 5 年 39 次倒槽型天气过程发生了赤潮 14 次，发生概率为 35.90%，从发生概率来看，倒槽发展型是现有几种赤潮发生天气形势中发生概率最低的，江淮气旋出海类型中，4 月发生赤潮概率最低几乎为 0%，9 月最高，接近 100%，5～7 月发生概率为 40%～50%。

在现有的江淮气旋出海过程中，选取 2009 年 6 月 18～20 日赤潮发生日和 2009 年 6 月 28～29 日非发生日为研究样本，对上述两个时间段的水文气象因子研究发现，赤潮发生整个过程，风速变化幅度小，维持在 6 m/s 以下，波高 1.5 m 左右，水温气温呈现明显的上升趋势，气压也是缓慢下降的趋势，赤潮发生过程仅出现过一次微弱的降水过程；赤潮未发生过程，风速变化较大，整个过程中出现过 2～3 次风速 8～10 m/s 的大风时刻，同时波高维持在 1.5～2.0 m，水温气温没有明显的上升过程，同时这几天出现多次的降水过程，最大一次高达 28 mm。

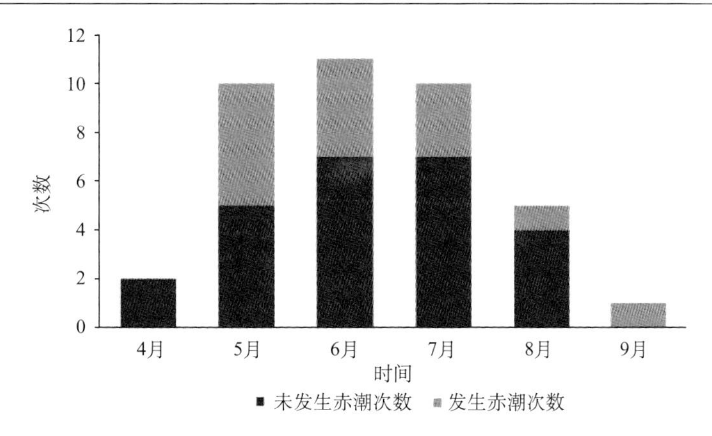

图 4.8 倒槽发展过程赤潮发生比例各月分布图

2) 江淮气旋型

从 2009 年 6 月 18～20 日赤潮发生日和 2009 年 7 月 28～29 日非发生日天气形势来看，赤潮发生整个过程，风速变化幅度小，维持在 4～8 m/s，波高 1.5 m 左右，水温维持在 23.0 ℃，赤潮发生过程中有 2 次微弱的降水过程，后期出现一次强降水过程，赤潮消失；赤潮未发生过程，风速变化幅度较大，同时波高维持在 1.5～2.0 m，水温气温有明显的下降过程，且过程出现多次降水过程。

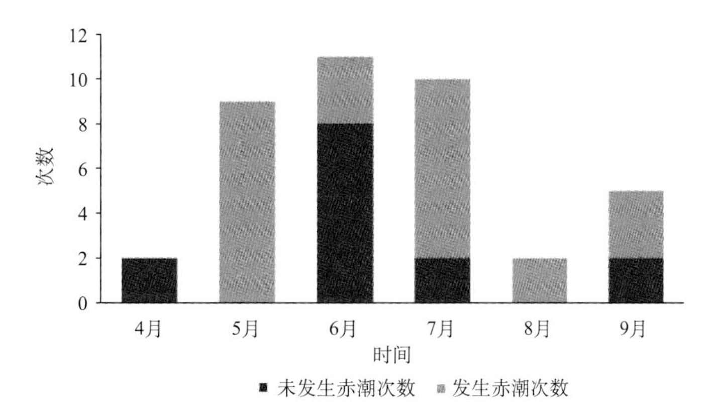

图 4.9 气旋出海过程赤潮发生比例各月分布图

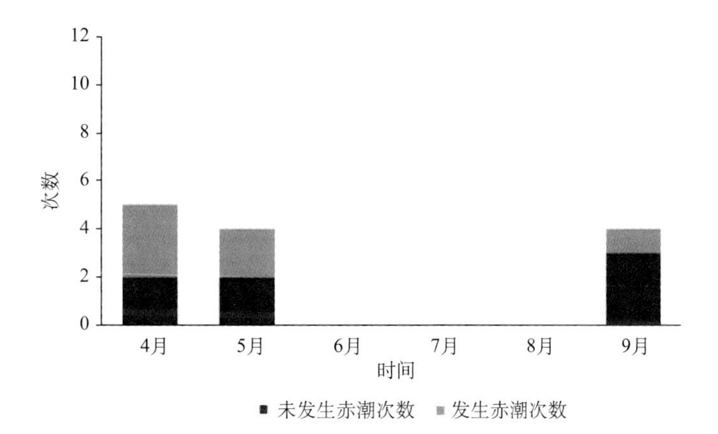

图 4.10 弱冷空气过程赤潮发生比例各月分布图

3) 弱冷空气型

赤潮发生整个过程(图 4.11)，风速变化幅度小，维持在 2～4 m/s，波高 1.5 m 以下，水温维持在 25.0℃，赤潮后期气压增大，冷空气南下影响，风浪增大，赤潮消失；赤潮未发生过程 2010 年 9 月 28～30 日，风速出现了 8～10 m/s，同时波高维持在 1.5 m 左右，水温气温有明显的下降过程，且过程出现多次降水过程。

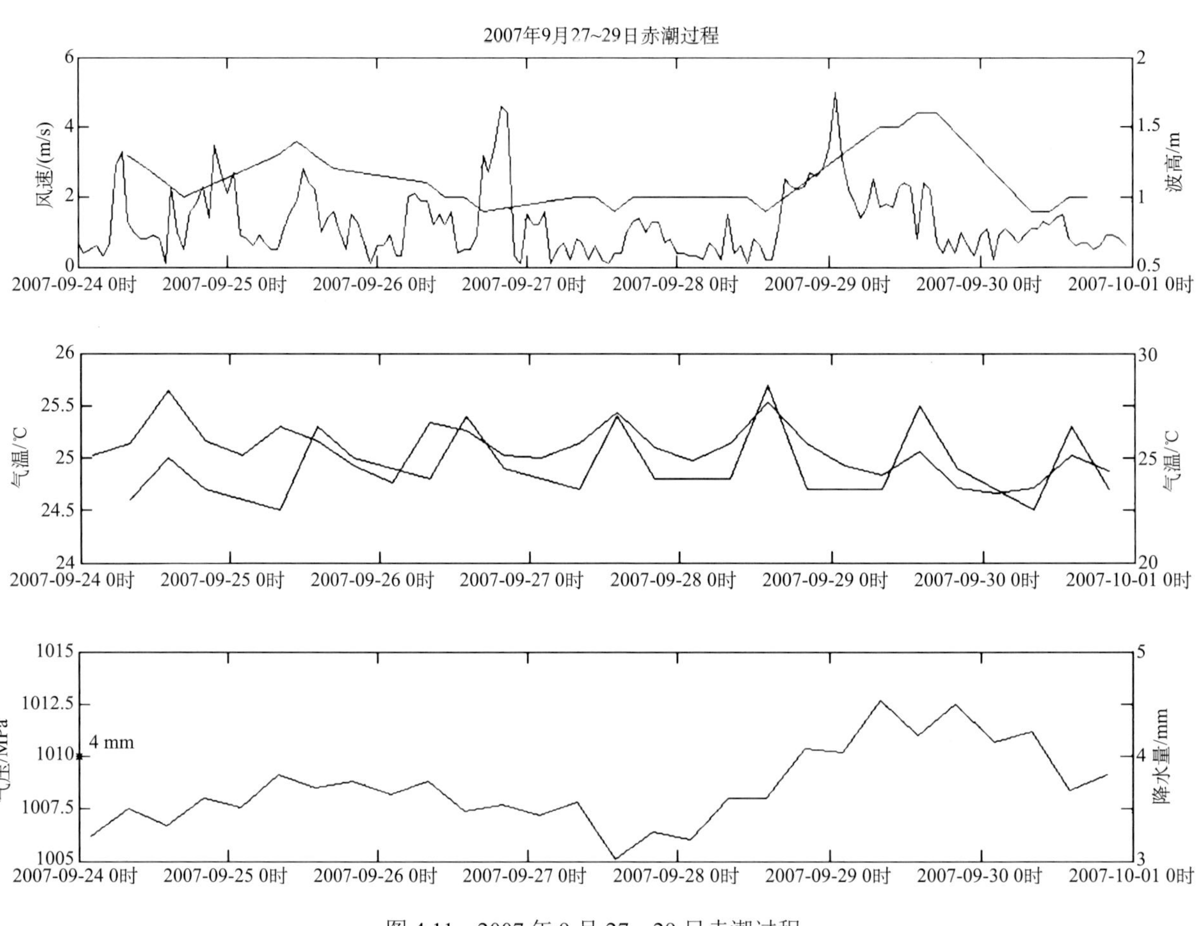

图 4.11　2007 年 9 月 27～29 日赤潮过程

4) 热带扰动型

赤潮发生整个过程，风速变化幅度小，维持在 5～7 m/s，波高 1.5 m 左右，水温维持在 25.0 ℃，气压维持在 1 000～1 003 hPa，后期气压继续下降，赤潮消失；赤潮未发生过程 2009 年 8 月 10～12 日，风速出现了 8～12 m/s，同时波高维持在 2.0～2.5 m，水温气温有明显的下降过程，未发生赤潮过程气压较低，维持在 990～995 hPa，且过程出现多次降水过程。

3. 赤潮条件预报模型的试预报结果检验

1) 2011 年、2012 年赤潮发生实况分析

2011～2012 年，本研究的示范海域共发生赤潮 11 次，现就赤潮发生前后的海洋气象要素做逐一分析。

(1) 2011 年 5 月 17 日

本次赤潮过程发生在舟山东极海域，属于赤潮预测模块中的“弱冷空气型”。从发生前 3 天的天气图来看，5 月 14 日，在我国黑龙江省上空有一个浅槽在逐步发展加深，并向南移动，带来一次弱冷

空气过程，到 16 日 20 时，此浅槽已经移到日本海上空，我国海区受一个弱高压脊控制。从地面图上来看，示范海域主要受高压中心控制，从嵊山站的实况曲线来看，14～17 日风速均在 6 m/s 以下，3～4 级，风向为西南风，水温维持在 16～18 ℃(图 4.13 和图 4.14)。

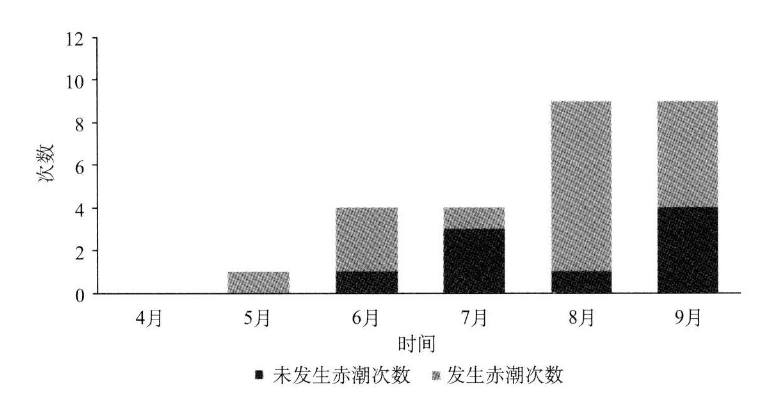

图 4.12　热带扰动过程赤潮发生比例各月分布图

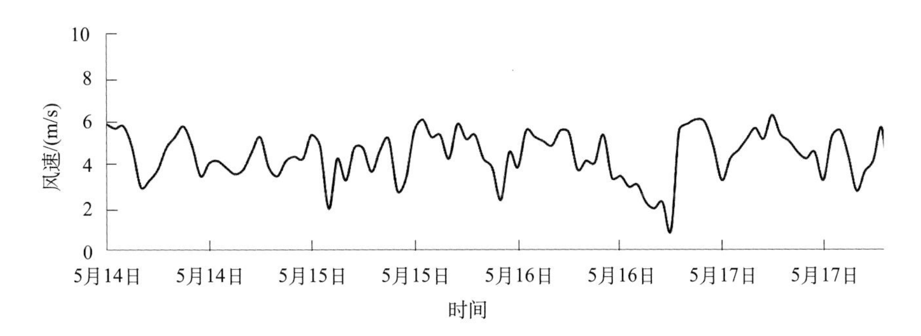

图 4.13　5 月 14～17 日风向、风速曲线

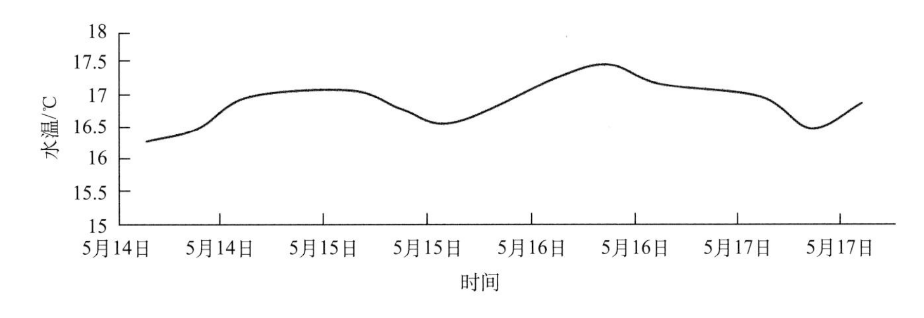

图 4.14　5 月 14～17 日水温曲线

(2)2011 年 6 月 1～3 日

本次赤潮发生于初夏，属于判断类型中的“弱冷空气型”。5 月 29 日，伴随着 2011 年第 2 号热带气旋进入西风槽后加速东移，我国海区主要受槽后的弱高压脊控制。地面有高压出海，示范海域处于高压中心控制，风速在 4 级左右，风向为偏北风转东南风，水温维持在 18～19 ℃之间，且 6 月 1 日有 0.8 mm 的短时降水过程。6 月 3 日后，随着北方冷空气南压，示范海域风力逐渐增大，不利于赤潮聚集，赤潮逐渐消亡。

(3)2011 年 7 月 25～27 日

本次赤潮发生过程正处于炎夏，但从过程分析得出，此次过程属于“弱冷空气型”。7 月 22～24 日，渤海湾上空有一低槽东移减弱，带来一次弱冷空气。低槽过后，副高逐步西伸北抬加强，到 24 日 20 时，副高控制了整个东海区，这 3 天示范海域风力较小，从嵊山站风速实况曲线得知，22～25 日风力维持在 3～4 级，风向为东南风，有轻雾过程，水温处于 24～25.5℃之间。到 25 日，高空有西风槽加深东移，副高变形南落，示范海区处于副高边缘，由东南风转为西南风，风力增大，到 27 日，风力增大到 5 级，赤潮逐渐消亡。

(4) 2011 年 8 月 23～25 日

本次赤潮发生在夏末秋初，属于预测模块中的“气旋出海型”。8 月 20～22 日，贝湖至蒙古一带由高压脊控制，脊南部不断有短波西风槽东移，副高被打压东退，最终分为两环，对应地面有两次低压出海过程，均在示范海域北侧，因此，示范海域以多阴雨天气为主，其中 21 日有 44 mm 降水量，24 日有 0.1 mm 降水，主要风向为东南风转西南风，至 23 日 08 时，位于我国中部地区的高空槽加深东移，地面转受东北风控制，风力逐渐增大。

(5) 2012 年 5 月 29 日

本次赤潮过程发生在初夏，属于“弱冷空气型”。赤潮发生前 3 天，示范海域受高空浅槽后的高压脊控制，地面是高压出海形势，海洋站实测风速 3～4 级，实测海温逐渐升高，由 18℃增大到 21℃，主要风向为偏北风。

(6) 2012 年 6 月 1～7 日

本次赤潮发生在春末夏初，属于预测模型中的“气旋出海型”。5 月 30～31 日，示范海域南部有低于出海过程，形成静止锋处于浙江沿海，风力较大，海洋站实测风力达到 6～7 级，并伴有降水过程，主要风向为东南风转东北风，6 月 1 日，低压减弱东移，示范海域位于高压中心，风力减小到 4 级以下，并一直维持。水温也在低压过后有所回升。

(7) 2012 年 7 月 9～11 日

本次赤潮过程虽然发生在盛夏，但却属于预测模型中的“静止锋型”。赤潮发生前三天，500 hPa 高空浅槽东移加深，副高受其打压，分成两环。从 7 日开始，在长江口附近形成一个稳定的静止锋，一直持维持到 12 日。示范海域的风力一直维持在 4 级以下，主要风向为南到西南风，水温在 24～25.5 ℃之间，且 7 日有 11.5 mm 的降水过程。

(8) 2012 年 7 月 17～22 日

本次赤潮过程是近两年来历时最长的一次，并且暴发时天气过程比较复杂，从判断模式上来看，属于“气旋出海型”和“热带扰动型”的混合型。

7 月 14 日，500 hPa 有高空槽东移入海，示范海域在西风槽槽前的西南气流控制下，有一次低压出海过程，在江浙地区形成一静止锋，持续到 17 日。与此同时，16 日在西北太平洋上生成了 2012 年的 07 号台风“卡努”。副高受之前的西风槽打压东退，台风沿着副高西侧边缘北上，但距离示范海域较远，因此，示范海域的风力没有明显增大，受低压出海过程影响，在 15 日和 16 日，示范海域有明显的降水过程，使海温略有下降。22 日后，副高重新西伸加强，控制示范海域，海温持续上升，赤潮消亡。

2) 2011 年、2012 年在东海各赤潮监控区的结果检验

对各监控区逐次比对(每期预测时间段为 3 天)。预测内容分为：有利于/不利于；实况内容分为：发生/未发生。如果预测有，实况发生，则准确率定义为 100%，同样预测不利于,实况未发生，准确率也为 100%；反之，预测有，实况未发生，预测无，实况发生，则准确率为 0。

(1) 2011 年预报检验结果

各赤潮监控区预报准确率情况(表 4.5)普遍较好，预报准确率在 64.9%～86.5%，总体来说，北部区域准确率高于南部区域，福建省的准确率最低。

我们更关心赤潮发生的情况下预报发布的情况，为了更进一步分析预报准确率，我们将预测有，实况有和预测无，实况有两种情况(表 4.6)分开讨论。11 个监控区中，嵊山、岱山、闽江口、平潭 4 个监控区的 6 期赤潮暴发均被正确预测，洞头和三沙湾发生的 17 期赤潮，被成功预测出 8 次，连云港及象山港的 2 期赤潮暴发均未被预测出，有 3 个监控区在预报时间区间内未发生赤潮。

表 4.5　2011 年东海区各赤潮监控区预报准确一览表

监控区	预测总期数	预测准确期数	预报准确率/%
连云港	37	28	75.7
江苏南部沿海	37	30	81.1
上海沿海	37	32	86.5
嵊山	37	31	83.8
岱山	37	32	86.5
象山港	37	28	75.7
洞头	37	27	73.0
闽江口	37	24	64.9
三沙湾	37	26	70.3
平潭	37	25	67.6
厦门沿岸	37	24	64.9

表 4.6　赤潮实况发生时的预报准确率评价

监控区	实况发生期数	情况 1 预测有-实况有		情况 2 预测无-实况有	
		期数	准确率/%	期数	错误率/%
连云港	1	0	0	1	100
江苏南部沿海	—	—	—	—	—
上海沿海	—	—	—	—	—
嵊山	1	1	100	0	0
岱山	2	2	100	0	0
象山港	1	0	0	1	100
洞头	10	5	50	5	50
闽江口	2	2	100	0	0
三沙湾	7	3	43	4	57
平潭	1	1	100	0	0
厦门沿岸	—	—	—	—	—
总体	25	14	56	11	44

注：此表的数据统计的时间区间与预报区间一致，部分监控区赤潮发生期数与前述全年情况不一致

(2) 2012 年预报检验结果

2012 年预报检验结果见表 4.7。各赤潮监控区预报准确率情况较为一般，预报准确率在 50%～70%之间；总体来说，南部区域准确率高于北部区域，江苏省的准确率最低。

表 4.7　2012 年东海区各赤潮监控区预报准确一览表

监控区	预测总期数	预测准确期数	预报准确率/%
连云港	20	10	50
江苏南部沿海	20	11	55
上海沿海	37	20	54

续表

监控区	预测总期数	预测准确期数	预报准确率/%
嵊山	37	21	57
岱山	37	25	68
象山港	37	24	65
洞头	37	24	65
闽江口	37	25	68
三沙湾	37	26	70
平潭	37	25	68
厦门沿岸	37	26	70

为了更进一步分析预报准确率，我们将预测有，实况有和预测无，实况有两种情况(表 4.8 和表 4.9)分开讨论。11 个监控区中，闽江口、三沙湾两个监控区的 4 期赤潮暴发被正确预测出 3 次，整体正确率较低，究其主要原因与本年度赤潮零星分布的特点不无关系，同一时期内赤潮发生为小尺度，面积为几平方千米到 1 km^{2}之下，造成赤潮实况发生期数偏多，因此，准确率有所下降，赤潮条件预测是天气学尺度的预测，在几平方公里这样的微小尺度下，预测是粗线条的概率性的预报。小尺度的赤潮预测应该以数值预测为未来方向，以高密度的生态浮标为基础。

表 4.8　赤潮实况发生时的预报准确率评价

监控区	实况发生期数	情况 1 预测有-实况有		情况 2 预测无-实况有	
		期数	准确率/%	期数	错误率/%
连云港	2	1	50	1	50
江苏南部沿海	2	0	0	2	100
上海沿海	4	0	0	4	100
嵊山	2	1	50	1	50
岱山	1	1	100	0	0
象山港	1	停发期间	停发期间	停发期间	停发期间
洞头	10	4	40	6	60
闽江口	4	3	75	1	25
三沙湾	4	3	75	1	25
平潭	5	3	60	2	40
厦门沿岸	3	2	67	1	33
总体	43	17	40	26	60

注：此表的数据统计的时间区间与预报区间一致，部分监控区赤潮发生期数与前述全年情况不一致

表 4.9　赤潮实况发生次数统计表

月份	1～3 月	4 月	5 月	6 月	7 月	8 月	9 月	10 月	11～12 月	年合计
江苏省沿海			0～1	0～1		0～1	0～1			1～3
上海市沿海		0～1	0～1	0～1						0～2
浙江省沿海	0～1	2～3	8～10	3～5	2～4	1～3				16～22
福建省沿海	0～1	1～2	4～6	1～3	1～2	0～1	0～1	0～1	0～1	8～14
东海沿海海域合计	0～2	3～5	13～16	6～8	3～6	2～4	0～2	0～1	0～1	27～40

赤潮预报工作中存在的主要问题：

a. 实况信息获取不及时。

b. 根据历史经验得出“盛夏水温过高时，不利于赤潮的发生与繁殖”，与 2012 年的实际监测情况有所出入。

4. 小结

(1)经过对近 10 年来发生的赤潮个例过程进行统计和上述的预报试验，说明利用大气环流形势和水文、气象要素的变化趋势预报赤潮的发生是可行的，和有些学者的“从水文气象学的角度考虑，认为赤潮生成是可以预测的”结论是一致的。

(2)表层水温稳定(准常温)和持续取决于大气环流对某一区域的控制和影响。基于目前数值预报已经能计算出 15 天的大气环流预报和 7 天的气象水文要素预报，因此，海洋气象要素的数值预报是否准确是做好赤潮预测的关键。

(3)赤潮预报是一门新兴学科，目前赤潮监测和预报是分开的，我们要像气象学科那样把赤潮监测和预报统一起来，同时了解国内外有关赤潮预报动态、预报方法以及国外赤潮预报的准确率，真正提高我国的赤潮预报水平。

4.2.2　赤潮条件预报统计模型建立

1. 赤潮统计预报模型的建模原理

利用 2006 年 4 月 20 日～2010 年 10 月 31 日数据，建立赤潮统计预报模型。根据统计分析，赤潮发生主要与当天及前 1～3 天的气压、降水、气温、水温、波高、风速和风向等因子相关，需要通过这些因子拟合预报有无赤潮发生。对于多因子的拟合，线性回归拟合比较简单，但赤潮发生过程复杂，不能完全用线性关系表达。为此，本次统计预报模型中除了考虑线性因子外，还考虑范围因子，认为某范围因子在某段取值范围内会更有利于或不利于赤潮发生。在方程中加入额外的范围因子项，得到形如 $y = c_0 + \sum_{i \in L_1} c_i x_i + \sum_{i \in L_2} d_i s_i$ 的表达式，式中，y 为赤潮拟合目标值(当天有赤潮取 1，无取 0)；c_0 为常数；c_i 和 d_i 为系数；x_i 为要素因子；s_i 为范围因子 x_i 是否在范围内(范围内取 1，否则取 0)；L_1 为线性因子集合；L_2 为范围因子集合。主要方法为先取 d_i 为 0，只考虑线性因子，得到初步的线性回归拟合结果，再对各项进行逐项调整，不断搜寻更接近的拟合结果，使得拟合精度更高。通过初步的线性拟合测试，发现风向如果作为线性因子对拟合结果影响甚微，故不将其考虑为线性因子，而其他因子都考虑为线性因子。同时，所有相关因子都考虑为范围因子。在得到了拟合方程的基本系数后，根据不同的正确率目标率定方程，找出 y 达到多少时预报赤潮能使得预报正确率最大，并对该方法用 2000～2002 年资料验证。

2. 赤潮统计预报的模型建立

通过对实况分析可知，我们预报结果为是否有赤潮发生，因此，我们根据逻辑斯特条件回归“非 0 即 1”的判断原理，定义“当天有赤潮发生时，y=1”，当天“没有赤潮发生时，y=0”。统计分析表明，赤潮发生和前 1～3 天的水文气象因子有关，因此，定义 0 代表现在，1 表示 1 天前，2 表示 2 天前，3 表示 3 天前。表 4.10 为参数 x 含义表。

确定公式的形式：

$$y = c_0 + \sum_{i=1}^{24} c_i x_i + \sum_{i=1}^{28} d_i s_i \tag{4.1}$$

s_i (i=1, 2, ⋯, 24)：

表 4.10 参数 x 代表意义

i	1	2	3	4	5	6	7	8
x_i	气压 0	气压 1	气压 2	气压 3	降水 0	降水 1	降水 2	降水 3
i	9	10	11	12	13	14	15	16
x_i	气温 0	气温 1	气温 2	气温 3	水温 0	水温 1	水温 2	水温 3
i	17	18	19	20	21	22	23	24
x_i	波高 0	波高 1	波高 2	波高 3	风速 0	风速 1	风速 2	风速 3
I	25	26	27	28				
x_i								

注：0 代表当天，1 代表 1 天前，2 代表 2 天前，3 代表 3 天前的值

$$s_i=\begin{cases}1 & |x_i-a_i|\leqslant b_i\\0 & |x_i-a_i|>b_i\end{cases}\tag{4.2}$$

(i=25, 26, 27, 28)：

$$b1_i=x_i-a_i$$

$$b2_i=\begin{cases}b1_i-360 & b1_i>180\\b1_i & -180\leqslant b1_i\leqslant 180\\b1_i+360 & b1_i<-180\end{cases}\tag{4.3}$$

$$s_i=\begin{cases}1 & |b2_i|\leqslant b_i\\0 & |b2_i|>b_i\end{cases}\tag{4.4}$$

对公式 $y=c_0+\sum_{i=1}^{24}c_ix_i+\sum_{i=1}^{28}d_is_i$ 进行拟合。先不考虑非线性项，仅考虑 $y=c_0+\sum_{i=1}^{24}c_ix_i$，利用 SPSS 软件得到初步的线性回归拟合结果，此时的标准误差为 0.412。再用逐项调整法，通过不断调整各系数的值，不断得到更小的标准误差，来逼近最优解。先同时调整 c_0 和 c_1，其他系数不变，在一定范围内枚举计算，使得标准误差下降；再同时调整 c_0 和 c_2，进一步降低标准误差；再同时调整 c_0 和 c_3；…；再同时调整 c_0 和 c_{24}；再同时调整 c_0、d_1、a_1 和 b_1；再同时调整 c_0、d_2、a_2 和 b_2；…；最后同时调整 c_0、d_{28}、a_{28} 和 b_{28}。如此共作了 24+28=52 次调整，作为一个循环。若标准误差在这个循环中下降，则再重复做这一循环，直到标准误差不再下降为止。

由于采用枚举法，故必须在一定范围内扫描最优值。须设定一个扫描精度，每隔该精度去扫描更优值，同时设定一个整数扫描距，每次在原值的左右该扫描距各扫描精度内扫描。根据各要素的最大波幅(表 4.11)设定扫描精度和扫描距。

表 4.11 各要素的最大波幅表

变量名	最大波幅
气压	31.9
降水	169.4
气温	23.8
水温	16.9
波高	2.4
风速	14.9
风向	328

调整 c_0 和 c_i 时，c_0 和 c_i 的扫描距设定为 600；调整 c_0、d_i、a_i 和 b_i 时，由于需要同时调整 4 个参数，运算量大，故 c_0 和 d_i 的扫描距设定为 100；c_0 的扫描精度为 0.001，d_i 的扫描精度为 0.01，其他参数的扫描精度和扫描距见表 4.12。

表 4.12　参数扫描精度和扫描距表

变量名	c 精度	变量名	a,b 精度	a 扫描距	b 扫描距
气压	0.001	气压	0.5	40	60
降水	0.0001	降水	2	30	80
气温	0.001	气温	1	10	20
水温	0.001	水温	0.5	20	30
波高	0.01	波高	0.1	10	20
风速	0.001	风速	0.5	20	30
常数(c_0)	0.001	风向	2	所有角度	45

线性回归的初步拟合后，标准误差为 0.412。经过 26 个循环的调整，标准误差下降到 0.318，此时再调整误差也已不再下降，于是得到调整后的各系数表(表 4.13)。

表 4.13　公式系数表

i	c_i	d_i	a_i	b_i
0	21.67			
1	−0.004	−0.17	996	1
2	−0.006	0.65	992.5	0.5
3	−0.002	−0.98	991	0.5
4	−0.009	0.16	1007.5	0.5
5	−0.0017	0.44	36	2
6	0.0005	−0.12	42	30
7	−0.0024	0.09	8	4
8	−0.0007	−0.16	40	20
9	−0.002	0.11	17	1
10	−0.012	−0.05	5	20
11	0	−0.11	28	2
12	−0.009	0.16	17	1
13	0.053	−0.29	16	0.5
14	−0.025	0.27	18	1.5
15	0	−0.55	27.5	0.5
16	−0.005	−0.36	11	15
17	0	0.06	1.1	0.1
18	−0.01	0.23	−1.4	2
19	0.05	−0.09	2.2	0.6
20	−0.01	0.1	1.5	0.1
21	0.01	−0.08	9.5	4
22	−0.004	−0.09	6	0.5
23	−0.003	−0.1	6	0.5

续表

i	c_i	d_i	a_i	b_i
24	−0.008	−0.08	6	0.5
25		−0.5	300	6
26		0.19	178	2
27		0.12	162	16
28		0.1	158	26

3. 赤潮统计预报模型的结果率定和检验

1)根据2006年4月20日～2010年10月31日数据的率定结果(表4.14)

(1)若追求：平均正确率=0.5×[(有赤潮时正确率)+(无赤潮时正确率)]最大，则当$y\geqslant 0.28$时预报有赤潮，此时平均正确率为82.0%，有赤潮时正确率为81.4%，无赤潮时正确率为82.5%，总体正确率为82.3%。

(2)若追求总体正确率最大，则当$y\geqslant 0.43$时预报有赤潮，此时平均正确率为73.9%，有赤潮时正确率为52.7%，无赤潮时正确率为95.2%，总体正确率为87.1%。

2)根据2000年4月1日～2002年6月30日数据的验证结果

(1)根据追求平均正确率最大时取的$y\geqslant 0.28$判据，验证结果为：

平均正确率为74.2%，有赤潮时正确率为75.0%，无赤潮时正确率为73.3%，总体正确率为73.5%。

(2)根据追求总体正确率最大时取的$y\geqslant 0.43$判据，验证结果为：

平均正确率为72.9%，有赤潮时正确率为57.5%，无赤潮时正确率为88.3%，总体正确率为85.4%。

表4.14　率定验证数据统计表

项目	$y\geqslant?$	有，报	有，不报	有时正确率/%	无，报	无，不报	无时正确率/%	平均正确率/%	总体正确率/%
率定	0.28	153	35	81.40	141	667	82.50	82.00	82.30
率定	0.43	99	89	52.70	39	769	95.20	73.90	87.10
验证	0.28	30	10	75.00	103	283	73.30	74.20	73.50
验证	0.43	23	17	57.50	45	341	88.30	72.90	85.40

4.2.3　赤潮事件影响度模型的初探与尝试

1. 赤潮事件的数值量化研究

“赤潮事件的影响度”某种意义上说也是一种海洋环境灾害危险程度的表征，因此，我们可以采用风险评估模型中的定权模型思想，将“赤潮事件强度”看做风险评价中的“综合目标层”，“风险评估与区划”在本项目中也就对应“赤潮事件强度等级区划”，即“赤潮事件的影响度”。

赤潮事件强度涉及很多因子，包括赤潮的面积、持续时间、藻种细胞浓度等各项指标，各指标贡献大小有所不同，为了反映不同指标的重要性，主要解决的问题是确定各指标的权重量化问题。

评价指标的权重是反映相对某个评价标准等级而言的重要程度的数值，因此，求权重值的过程就是对不同指标重要性程度分析的过程。定权模型包含两方面的含义：一是定性分析；二是定量取值。本研究以定性与定量相结合决定权重，以定性分析结果作为约束形成定权模型框架。

在赤潮影响度等级区划中，指标因子权重的合理性无疑会影响赤潮事件量化的准确性、科学性。本项目赤潮事件的量化过程中，我们引进风险等级划分中的定量定权模型，但采用“模糊综合判断”和“层次分析法”(AHP)相结合的方式，弥补了单一赋权法的不足，使得赤潮事件量化更加客观合理。

层次分析法一个重要特点是 T. L. Saaty 给出了 9 个重要性等级及其赋值，而在两等级之间各有一个中间状态，分别用 2、4、6、8 将其量化。具体见表 4.15。

表 4.15　影响因素成对比较权值(Saaty 权值表)

序号	C_i 比 C_j	权值 A_{ij}
1	相同	1
2	稍强	3
3	强	5
4	很强	7
5	绝对强	9

本项目中赤潮事件的量化主要考虑可以获取的 3 个判断指标，即赤潮发生时生物最高密度、持续天数和面积的大小。

运用层次分析法，构造 AHP 层次模型。在 AHP 中通过构造判断矩阵，在比较第 i 个元素与第 j 个元素相对于上一个层次某个因素的重要性时，使用数量化的相对权重 A_{ij} 来描述。在本项目中，构造的层次模型见图 4.15。

根据前期的专家分析，对于 A-B 层(表 4.16)，细胞密度、持续时间、出现面积相对于赤潮事件的影响程度的重要性之比分别是 5∶3∶1，此时构造的判断矩阵,由 matlab 程序求解得出矩阵 $\boldsymbol{A}$ 的最大特征向量以及对应的特征向量经过归一化后的权重向量 $\boldsymbol{W}$。

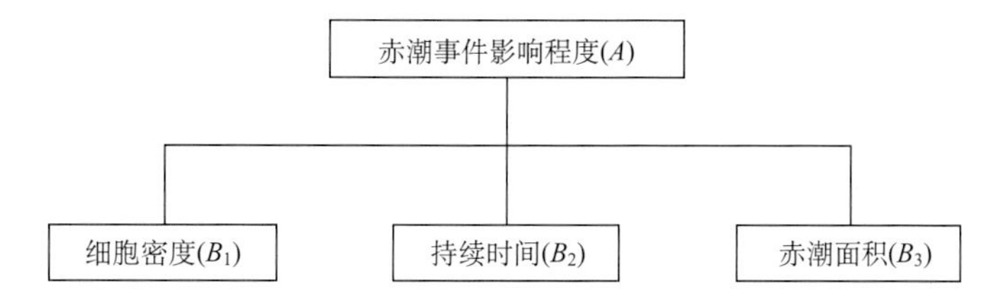

图 4.15　AHP 层次模型构造图

$$\boldsymbol{A}_B = \begin{vmatrix} 1 & 5 & 3 \\ \frac{1}{5} & 1 & \frac{5}{3} \\ \frac{1}{3} & \frac{3}{5} & 1 \end{vmatrix} \tag{4.5}$$

表 4.16　赤潮事件量化目标层(*A*)与影响指标准则层(*B*)的判断矩阵

矩阵	特征向量	max	CI	CR
A*–*B	【细胞密度、持续时间、面积】^{T} 【0.9385　0.2226　0.2369】^{T}	3.029	0.00	0.00

由 Matlab 程序求解的最大特征向量值为 max=3.029；对应的特征向量经归一化后的权重向量

$$W=【0.67\quad 0.16\quad 0.17】$$

根据示范区 10 年的赤潮事件统计结果具有一定的代表性，在专家模糊综合评判的基础上再结合 Saaty 给出的权重赋值表，对赤潮事件的 3 个指标进行等级划分(表 4.17～表 4.19)，并进行权重赋值及归一化处理。

表 4.17　赤潮面积的等级划分

赤潮面积/km^2	小于 50(含)	50～100	100～500	500～1000	大于 1000
等级划分	小型	中型	大型	重大型	特大型
权值	1	3	5	7	9

表 4.18　赤潮持续天数的等级划分

赤潮持续天数	1～3 d	4～6 d	7～10 d	11～20 d	大于 20 d
等级划分	小型	中型	大型	重大型	特大型
权值	1	3	5	7	9

表 4.19　赤潮细胞浓度的等级划分

赤潮细胞浓度/(10^6 个/L)	0～0.1(含)	0.1～1.0	1.0～1.5	1.5～2.0	大于 2.0
等级划分	小型	中型	大型	重大型	特大型
权值	1	3	5	7	9

将各影响因素进行权重相加，得出最后赤潮事件的影响度，即赤潮事件发生概率数值量化表。

2. 赤潮事件发生影响度模型的建立

本节主要采用国际上比较先进的 SAS 统计分析系统建立示范区赤潮条件预测模型。SAS 作为全球使用最为广泛的三大著名统计分析软件(SAS、SPSS 和 SYSTAT)之一，是目前国际上主流的一种大型统计分析系统，被誉为统计分析的标准软件。SAS 提供了多种先进的回归分析方案，结合本书实际情况采用了多元线性回归模型。

原理：将因子一个个引入，引入因子的条件是该因子的方差贡献显著；同时，每引入一个新因子，要对老因子逐个检验，将方差贡献变为不显著的因子剔除。

方法：利用求解线性方程中求解求逆同时并行的方法，使得计算因子方差贡献和求解回归系数同时进行。优点是，计算简便，由于每步都做检验，保了最后所得方程中所有因子都是显著的。

逐步回归方法的一般步骤和计算公式。

1)准备工作

从标准化变量出发，建立求标准回归系数的标准方程组。将系数矩阵化为相关矩阵 R，并与常数矩阵放在一起组成增广矩阵，同时为了检验的方便，又在此矩阵中添上了一行(r_{y1}，…，r_{yy})，组成一个方阵，记为 R_0，假定有 p 个待选因子，并开始做逐步回归计算。

2) 引入因子

从 p 个待选因子 $x_{z1}, x_{z2}, \cdots, x_{zp}$ 中考虑引一个因子进入回归方程：

$$\widehat{y_z} = b_z x_{zk} \quad (k = 1, 2, \cdots, p) \tag{4.6}$$

建立每个因子的回归方程：选方差贡献最大的，然后计算引进后的标准回归系数。假定在前 1 步中已引入 1 个因子，考虑 p–1 个未引入的因子中的方差贡献时，计算第 k 个因子方差贡献的公式为

$$v_k^{l+1} = \frac{[r_{ky}^{(l)}]^2}{r_{kk}^{(l)}} \tag{4.7}$$

计算中可利用前一步消去求逆的结果，即用 R_0 在作一次消去求逆变成 RL 矩阵后阵中的元素。其中 $V_{\max} = V_k^{(l+1)}$，如果发现第 k 个因子方差贡献最大，则用它进一步做下面的显著性检验，这时利用下面的统计量做检验：

$$F = \frac{V_k^{(l+1)}}{\dfrac{Q^{(l+1)}}{n-(l+1)-1}} \tag{4.8}$$

$$Q^{(l+1)} = r_{yy}^{(l)} - V_k^{(l+1)} \tag{4.9}$$

在显著性水平 a 下，若 $F>F_a$，则认为该因子方差贡献显著，引入该因子。检验显著后，认为可以引进到方程中，然后对该因子所对应的列进行消去，并求出引进该因子后回归方程的标准回归系数。

3) 剔除因子

当后来引入因子后，原来已引入的因子方差贡献会发生变化，可能变为不显著的，要进行剔除。剔除的标准也可利用统计检验进行。仅在第三个因子引入后才考虑剔除。假定方程中已引入 1 个因子，现在考虑在方程中各个因子所起的作用，即它们的方差贡献。设第 k 个因子为最小，即

$$V_{\min} = V_k^{(l)} \tag{4.10}$$

利用下面的统计量进行显著性检验：

$$F = \frac{V_k^{(l)}}{\dfrac{r_{yy}^{(l)}}{n-l-1}} \tag{4.11}$$

$$V_k^{(l)} = \frac{\left[r_{ky}^{(l)}\right]^2}{r_{kk}^{(l)}} \tag{4.12}$$

在显著性水平 a 下，若 $F<F_a$，则认为该因子方差贡献不显著，可剔除。

4) 计算结果

设结果引入了 1 个因子进入回归方程，消去过程从 R_0 变到 R_1，则回归方程为

$$\widehat{y_z} = b_{z1}x_{z1} + b_{z2}x_{z2} + \ldots b_{zl}x_{zl} \tag{4.13}$$

其中，标准回归系数为

$$b_{zk} = r_{ky}^{(l)}$$

如果要化为距平形式的回归方程，则计算

$$b_k = \frac{S_y}{S_x} b_{zk} \tag{4.14}$$

这时距平形式的残差平方和为

$$Q = S_{yy} Q^{(l)} = S_{yy} r_{yy}^{(l)} \tag{4.15}$$

回归平方和为

$$U = S_{yy} - Q \tag{4.16}$$

复相关系数为

$$R = \sqrt{\frac{U}{S_{yy}}} = \sqrt{1 - R_{yy}^{(l)}} \tag{4.17}$$

回归方程的均方差无偏估计量为

$$\hat{\sigma} = \sqrt{\frac{S_{yy} Q^{(l)}}{n-l-1}} = \sqrt{\frac{S_{yy} r_{yy}^{(l)}}{n-l-1}} \tag{4.18}$$

可进行预报值的置信区间估计。但是上一步刚引入的变量下一步不可能剔除；上一步刚剔除的变量下一步不可能引入，使得前三步可以连续引入三个变量。

3. 模型建立及结果分析

1）气旋出海型

此类天气系统常发生在春季及初夏季节，因为江淮气旋在春夏两季最为常见，特别是5、6月，同时海域的海表温度达到赤潮大量繁殖的范围。该类天气系统出现时，高空我国东南沿海一带为稳定的副热带高压控制，脊线为东北-西南向，副高西侧活跃的南支槽将暖湿气流向江淮一带输送。地面上的形势为赤潮发生前江南地区维持着一条稳定的准静止锋，随着北方冷空气南下，锋面附近常形成江淮气旋出海东移，大面积的强降水为海区带来了丰富的营养盐，并降低了海水盐度；同时气旋过境时的偏南大风有利于海水加强扰动，有利于赤潮生物的繁殖。气旋过境后长江口附近海域风浪减小，有利于赤潮大面积暴发，此类天气系统是影响长江口附近暴发赤潮的主要形势。

“气旋出海型”赤潮事件个例共有36组数据，SAS结果分析如下。

变量 X_4（降水量）进入模型之中，模型检验的结果为 F=59.73，P<0.0001；模型有显著性意义。参数 X_4 的检验结果为 F=59.73，P <0.0001；参数 X_4 有显著性意义。

变量 X_5（水汽温差）进入模型之中，模型检验的结果为 F=100.84，P <0.0001；模型有显著性意义。参数 X_5 的检验结果为 F=178.15，P <0.0001；参数 X_4 的检验结果为 F=52.13，P<0.0001；参数 X_5、X_4 有显著性意义。

变量 X_1（气压）进入模型之中，模型检验的结果为 F=84.96，P<0.0001；模型有显著性意义。参数 X_5 的检验结果为 F=20.46，P <0.0001；参数 X_4 的检验结果为 F=219.53，P<0.0001；参数 X_1 的检验结果为 F=8.34，P <0.0069；参数 X_5、X_4、X_1 均有显著性意义。

对上述变量的逐渐选择过程进行总结描述。这时所有留在模型中的变量满足停留允许水平 0.15，并且模型外的所有变量不满足进入允许水平，因此，筛选过程结束。

对模型的总体性进行检验，逐步回归过程法得到的最后模型拟合得很好（F=84.96，P<0.0001，R^2=0.89）。是参数检验结果：变量 X_1（P=0.0069）、X_4（P<0.0001）、X_5（P<0.0001）的偏回归系数与零有显著性的差异。

最后对赤潮事件发生概率 Y 的描述统计量，包括序号、观察值、预测值、预测值的标准误差、残差、残差直方图，以及COOK的距离残差 D，因为所有的残差绝对值小于2（满足要求），所有的COOK’s

D 都小于 0.5，所有认为 36 组数据中没有极端点。因此，可以得出筛选结论：气旋出海型的天气系统下，赤潮事件的发生概率与降水量、水汽温差以及气压有密切关系，其线性模型为

$$Y=49.075-0.046x_1+0.149x_2+0.232x_5 \tag{4.19a}$$

模型最终筛选出的关键因子为降水、水汽温差(气-水)以及气压，结论与前文的统计分析结果一致，此种天气形势下，赤潮一般出现在气旋过境后的 3～4 天，即赤潮暴发的前 3～4 天，气旋过境时的大风有利于加强海水扰动，海底营养盐上翻；过境后，风力维持在 3～4 级，波高维持在 0.5～1.0 m，条件适宜。在次前提下，赤潮的发生概率主要是受前期的降雨量、气旋的强度和水汽温差的影响。

2) 弱冷空气型

该类形势基本特征为：西太平洋南部仍受高压控制，南海高压和副高合并。位于 30°～37°N 之间有高空浅槽东移入海，25°～35°N 西风带基本处于东西纬向，表现为长江口处于 W 或者 NWW 气流控制。对应地面长江口处在高压底部，地面以偏东或者东南风小风为主。这种形势通常由于受冷区影响，温度条件不好，气压不稳定，甚至反而有一定的升高，一般发生 1 天左右的中小规模赤潮。

“弱冷空气”赤潮事件个例共有 12 组数据，SAS 结果分析如下。

变量 X_4(降水量)进入模型之中，模型检验的结果为 F=20.18，P=0.0012；模型有显著性意义。参数 X_4 的检验结果为 F=20.18，P=0.0012；参数 X_4 有显著性意义。

变量 X_6(水温)进入模型之中，模型检验的结果为 F=554.82，P<0.0001；模型有显著性意义。参数 X_6 的检验结果为 F=659.59，P<0.0001；参数 X_4 的检验结果为 F=361.60，P<0.0001；参数 X_6、X_4 有显著性意义。

变量 X_2(波高)进入模型之中，模型检验的结果为 F=462.62，P<0.0001；模型有显著性意义。参数 X_2 的检验结果为 F=3.23，P=0.1100，参数 X_2 的显著性不明显；参数 X_4 的检验结果为 F=784.18，P<0.0001；参数 X_6 的检验结果为 F=414.26，P<0.0001；参数 X_2、X_4、X_6 均有显著性意义。

对上述变量的逐渐选择过程进行总结描述。这时所有留在模型中的变量满足停留允许水平 0.15，并且模型外的所有变量不满足进入允许水平，因此，筛选过程结束。

对模型的总体性进行检验，逐步回归过程法得到的最后模型拟合得很好(F=84.96，P<0.0001，R^2=0.99)

是参数检验结果：变量 X_4(P<0.0001)、X_5(P<0.0001)的偏回归系数与零有显著性的差异，变量 X_2(P=0.11)的偏回归系数与零没有显著性的差异。

最后对赤潮事件发生概率 Y 的描述统计量，包括序号、观察值、预测值、预测值的标准误差、残差、残差直方图，以及 COOK 的距离残差 D，因为所有的残差绝对值小于 2(满足要求)，所有的 COOK's D 都小于 0.5，所有认为 12 组数据中没有极端点。因此，可以得出筛选结论：气旋出海型的天气系统下，赤潮事件的发生概率与降水量、水温以及波高有密切关系，其线性模型如下：

$$Y=-0.201+0.259X_2+0.153X_4+0.180X_6 \tag{4.19b}$$

模型最终筛选出的关键因子为降水、水温以及波高，“弱冷空气”类型的天气形势下，前期降水依旧是赤潮暴发前期的主要考虑因素，若冷空气影响时气温迅速下降，由于冷空气持续的时间短，水温具有保守性，因此，前期的水温是关键因素。

由模型结果分析可知，参数 X_2，即波高的偏回归系数与零显著性的差异不明显，因此，线性回归的拟合方程可以订正为

$$Y=-0.201+0.153X_4+0.180X_6 \tag{4.19c}$$

3) 热带扰动型

此型主要发生在盛夏，该季节是西北太平洋热带气旋活动鼎盛时期。盛夏时节海区温度偏高，降水偏少，一般不适宜赤潮生物的繁殖。但是受热带气旋的外围影响，海区会有大范围降水及水体扰动，为赤潮的发生提供了有利条件。基本特征为：高空副热带高压分为海上和大陆两块，副高海上位置比较偏东，海区主要受陆上高压边缘偏北气流影响。地面上赤潮发生前在东海受热带气旋的外围影响产生强烈的扰动，与北方高压形成“北高南低”的形势。长江口常受热带气旋外围影响，风向以东和东南为主，并伴有强降水，有利于赤潮的发生。热带气旋影响过后，副高西伸控制长江口，海区水温急剧升高，赤潮生物迅速消失。

“热带扰动”型赤潮事件个例共有 19 组数据，SAS 结果分析如下。

变量 X_4(降水量)进入模型之中，模型检验的结果为 F=37.83，P<0.0001；模型有显著性意义。参数 X_4 的检验结果为 F=37.83，P<0.0001；参数 X_4 有显著性意义。

变量 X_6(水温)进入模型之中，模型检验的结果为 F=281.98，P<0.0001；模型有显著性意义。参数 X_6 的检验结果为 F=163.80，P<0.0001；参数 X_4 的检验结果为 F=233.60，P <0.0001；参数 X_6、X_4 有显著性意义。

变量 X_3(风速)进入模型之中，模型检验的结果为 F=213.63，P<0.0001；模型有显著性意义。参数 X_3 的检验结果为 F=3.10，P=0.0989，参数 X_3 的显著性较明显；参数 X_4 的检验结果为 F=354.70，P<0.0001；参数 X_6 的检验结果为 F=186.18，P<0.0001；参数 X_3、X_4、X_6 均有显著性意义。

对上述变量的逐渐选择过程进行总结描述。这时所有留在模型中的变量满足停留允许水平 0.15，并且模型外的所有变量不满足进入允许水平，因此筛选过程结束。

对模型的总体性进行检验，逐步回归过程法得到的最后模型拟合得很好(F=213.63，P<0.0001，R^2=0.977)。

是参数检验结果：变量 X_3(P=0.0989)、X_4(P<0.0001)、X_6(P<0.0001)的偏回归系数与零有显著性的差异。

最后对赤潮事件发生概率 Y 的描述统计量，包括序号、观察值、预测值、预测值的标准误差、残差、残差直方图，以及 COOK 的距离残差 D，因为所有的残差绝对值小于 2(满足要求)，所有的 COOK's D 都小于 0.5，所有认为 19 组数据中没有极端点。因此，可以得出筛选结论：“热带扰动”的天气系统下，赤潮事件的发生概率与降水、水温以及风速有密切关系，其线性模型如下：

$$Y=0.577-0.063X_3+0.160X_4+0.167X_6 \tag{4.19d}$$

模型最终筛选出的关键因子为降水、水温以及风速，“热带扰动”类型的天气形势下，前期降水依旧是赤潮暴发前期的主要考虑因素，水温满足的前提条件下，若示范区域还未受到热带气旋大风半径的影响，赤潮发生的概率比较大；示范区海域受到热带扰动的大风半径影响时，风速越大，赤潮事件发生的概率越小。

4) 倒槽发展型

此类天气系统常发生在春季，多以 5 月为主。该类形势基本特征为：高空我国东北一带为一暖性高压脊，西南地区南支槽活跃，为长江口海域带来充沛的暖湿气流。副热带高压稳定在华南一带，脊线为东西向。赤潮暴发前，西南气流明显加强。地面形势：赤潮发生前海区受高压控制，天气晴好，海上风浪较小。之后大陆倒槽发展，长江口附近海域有大量的降水和降温，为赤潮的发生提供了有利条件。后来高空东亚大槽东移，海区转受槽后西北气流控制，切断了暖湿气流的输送，地面海区风力增大，赤潮消散。

“倒槽发展”型赤潮事件个例共有 10 组数据， SAS 结果分析如下。

变量 X_4(降水量)进入模型之中，模型检验的结果为 F=150.93，P<0.0001；模型有显著性意义。参数 X_4 的检验结果为 F=150.93，P<0.0001；参数 X_4 有显著性意义。

变量 X_6(水温)进入模型之中，模型检验的结果为 F=514.31，P<0.0001；模型有显著性意义。参数 X_6 的检验结果为 F=45.13，P<0.0001；参数 X_4 的检验结果为 F=871.36，P<0.0001；参数 X_6、X_4 有显著性意义。

对上述变量的逐渐选择过程进行总结描述。这时所有留在模型中的变量满足停留允许水平 0.15，并且模型外的所有变量不满足进入允许水平，因此，筛选过程结束。

对模型的总体性进行检验，逐步回归过程法得到的最后模型拟合得很好(F=213.63，P<0.0001，R^2=0.993)。

参数检验结果：变量 X_4(P<0.0001)、X_6(P=0.0003)的偏回归系数与零有显著性的差异。

最后对赤潮事件发生概率 Y 的描述统计量，包括序号、观察值、预测值、预测值的标准误差、残差、残差直方图，以及 COOK 的距离残差 D，因为所有的残差绝对值小于 2(满足要求)，除了第 7 组数据的 COOK's D=1.3 为极端值以外，其余的 9 组数据中没有极端。因此，筛选结论："倒槽发展型"的天气系统下，赤潮事件的发生概率与降水、水温有密切关系，其线性模型为

$$Y=0.483+0.149X_4+0.161X_6 \tag{4.19e}$$

模型最终筛选出的关键因子为降水及水温，"倒槽发展"类型的天气形势下，前期降水依旧是赤潮暴发前期的主要考虑因素，其次，水温是考虑的关键因子。

4.3 赤潮水质统计预报

赤潮的发生与局地海区的物理、化学、生物因子有着密不可分的联系，采用统计分析和相关分析等方法处理赤潮发生过程中各环境要素和条件与赤潮灾害间的关系，并寻找哪些因子是影响赤潮生消过程的主要环境要素和发生条件，成为统计分析中需要解决的关键技术问题；只有确定了关键影响因子，才能确定赤潮发生与环境要素和发生条件间的定量或定性关系。

对示范海区的生物、化学和物理等环境要素的实时和历史数据，采用多元回归等统计分析方法，建立赤潮与主要相关的生物、化学和物理等环境要素间的数学模型，建立多因子的赤潮灾害统计预报模型。

4.3.1 赤潮水质统计预报原理

1. 各环境因子与赤潮发生的关系和规律

1)溶解氧

发现有如此规律，即溶解氧昼夜变化差值大于或等于 5 mg/dm^3，可以预报赤潮将要发生。赤潮发生时溶解氧值可以高达 16 mg/dm^3，甚至更高，是正常值(未发生赤潮时)的倍数。经统计处理，提出如下溶解氧赤潮预报模式：

$$\Delta DO= DOH-DOL\geqslant 5$$

式中，ΔDO 为海水中溶解氧昼夜变化差值(mg/dm^3)；DOH 为海水中溶解氧昼夜变化最高浓度值(mg/dm^3)；DOL 为海水中溶解氧昼夜变化最低浓度值(mg/dm^3)。

2)氮磷比

赤潮藻类最大比生长速率受氮磷比条件影响。根据文世勇等(2007)的研究结果表明，赤潮藻类最大比生长速率与氮磷比遵循谢尔福德耐受定律，存在以下关系式：

$$\mu_{\max} = \mu_0 + A \times \exp\left(\frac{-\left(\left(\frac{N}{P}\right)-\left(\frac{N}{P}\right)_{opt}\right)^2}{2\times\sigma^2}\right) \tag{4.20}$$

式中，$\mu_{\max}$ 表示赤潮藻类在介质氮磷比为 N/P 下的最大比生长速率(d^{-1})；μ_0 表示赤潮藻类的初始比生长速率(d^{-1})；N/P 表示介质中的氮磷比；$(N/P)_{opt}$ 表示在最适赤潮藻类生长的最佳氮磷比；σ 表示该赤潮藻类的耐受度，是描述浮游植物生态幅的一个指标；A 为参数，不同的实验环境条件，A 的取值不同。

赤潮藻类最大比生长速率决定了其暴发时间的长短，根据赤潮藻类最大比生长速率公式可知，当 B_t 达到形成赤潮时水体中藻细胞的基准密度 B_L 时，即 $B_t=B_L$ 时，则赤潮藻类在某个氮磷比下的暴发时间为

$$t = \frac{\left(\frac{B_L}{B_0}\right)-1}{\mu_{\max}} \tag{4.21}$$

式中，t 表示赤潮藻类在某个氮磷比下的暴发时间(d)；B_L 表示形成赤潮时的基准细胞密度(cell/L)；B_0 表示在某个氮磷比下的初始细胞密度(cell/L)；$\mu_{\max}$ 表示赤潮藻类在介质氮磷比为 N/P 下的最大比生长速率(d^{-1})。

可以得出，在相同的基准细胞密度和初始细胞密度下，赤潮藻类最大比生长速率越大，赤潮暴发时间越短；最大比生长速率越小，暴发时间越长；在相同的基准细胞密度的最大比生长速率条件下，初始细胞密度越大，暴发时间越短，初始细胞密度越小，暴发时间越长。

根据式(4.20)、式(4.21)，可得[参数意义同式(4.20)、式(4.21)]

$$t = \frac{\left(\frac{B_L}{B_0}\right)-1}{\mu_0 + A \times \exp\left(\frac{-\left(\left(\frac{N}{P}\right)-\left(\frac{N}{P}\right)_{opt}\right)^2}{2\times\sigma^2}\right)} \tag{4.22}$$

结果表明，基于氮磷比的赤潮暴发时间模型受初始密度、氮磷比的影响，且随初始密度、氮磷比的变化呈倒高斯形态变化。依据赤潮藻类在不同氮磷比下的耐受特性，赤潮灾害危险度可划分为高危险度、中危险度、低危险度三个等级。在高危险度区，最大比生长速率大，赤潮暴发时间最短，赤潮发生的可能性最高；在中危险度区，最大比生长速率小，赤潮暴发时间长，赤潮发生可能性低；在低危险度区，最大比生长速率趋于初始比生长速率，赤潮暴发时间最长，赤潮发生可能性最低。

3) 水温

20～30℃是赤潮发生的适宜温度范围。有研究发现，一周内水温突然升高大于 2℃是赤潮发生的先兆。

4) 营养盐

东海地处长江口，受其特殊地理位置的影响，其海域营养盐含量的年变化量对东海赤潮发生现象具有重要影响。长江作为东海物质来源的主要输入口，近几年来，由于长江口沿岸地区污水排放量的加剧，海洋本身对营养盐的自净容量与外部营养盐输入量达不到平衡，使得东海海域营养盐过剩，造成富营养化现象。在富营养化水体中，一旦遇到适宜的水温、盐度和气候等条件，或对赤潮生物增殖有特殊促进作用的物质含量增加，赤潮生物就会以异常的速度大量繁殖，高度聚集而形成赤潮。

角毛藻对营养盐的吸收主要是 NO_3-N 和 SiO_3-Si，也吸收 PO_4-P、PO_4-P 是赤潮海域的限制因子（胡展铭等，2008）。

最大光合速率与温度关系的方程形式

$$\mathrm{Iopt}(t)=\mathrm{Iopt}^{\left(\frac{t_{\max}}{t_{\max}}\right)^{\beta}}\exp^{\left[\beta\left(1-\frac{t_{\max}-1}{t_{\max}-t_{\mathrm{opt}}}\right)\right]} \tag{4.23}$$

式中，Iopt(t) 为温度 t（℃）时的 Iopt（W/m^2）；Iopt 为生长最舍温度（topt）时的 Iopt；$t_{\max}$（℃）为生长的温度上限；β 是无量纲的曲线形状参数,拟合曲线与实验数据之间存在极显著的线性相关关系（R_2=0.953，P<0.001），说明方程能很好地描述中肋骨条藻 Iopt 与 t 之间的关系。

5）光照

中肋骨条藻生长与光照强度的关系

$$B_f=B_f(\max)^{\frac{I}{\mathrm{Iopt}}}\exp(1-\frac{I}{\mathrm{Iopt}}) \tag{4.24}$$

式中，B_f 和 Iopt 分别为生长的终止生物量（10^3 cell/L）和生长的最适光照（W/m^2）；B_f(max) 为 Iopt 时的终止生物量（10^3 cell/L）；I 为 PAR 强度（W/m^2）。

6）古生产力指标

在长江口外赤潮多发区选择一沉积物柱状样，在高分辨率地层学基础上通过分析不同古生产力指标（有机碳、有机碳同位素、生物硅、叶绿素等）在沉积物柱状样中的分布，了解该区古生产力的变化以及不同“生物泵”结构对古生产力的贡献。

20 世纪 50 年代以前，有机碳、生物硅含量和叶绿素 a 浓度均较低，人类活动对长江口的影响较小，我国还未进入工业化时期。

20 世纪 50 年代至 80 年代含量均增加，表明海洋浮游藻类活动强烈且以硅藻为主，与此阶段长江口营养盐浓度迅速增加相对应。

20 世纪 80 年代后，生物硅的含量下降至整个柱中最低水平，叶绿素 a 所有下降，但高于 50 年代前的水平，有机碳含量增加，表明硅藻生物量降低，其他藻类生物量有所增加，与长江口营养盐氮盐持续增加而硅酸盐逐年降低、氮与磷的含量、磷与硅的含量比值迅速增大有关。

7）COD

胡展铭等通过对厦门海域表层水温、盐度、透明度、水色、pH、COD、DO、PO_4-P、NO_2-N、NO_3-N、NH_4-N、Chl-a、气温、风速和风向的研究，发现 COD 浓度的变化是影响浮游植物数量的主要环境因子，赤潮发生前强降雨过程使得近岸海域 COD 浓度明显升高，这是诱发赤潮发生的主要原因（胡展铭等，2008）。

8）表层 DO

海水表层 DO 与浮游植物数量呈一定的相关性。当海域中浮游植物数量增加，大量浮游植物进行光合作用时，吸收 CO_2，释放出 O_2，复氧速率大于耗氧速率，可导致表层水域中 DO 升高；而当赤潮藻类过度增殖，藻类呼吸作用及死藻腐解消耗了 O_2，耗氧速率大于复氧速率，可出现 DO 不足。四十里湾海域 6 年间表层 DO 呈显著上升趋势，2007 年达最高值，这可能与 2007 年烟台市雨水明显多于往年，示范海域营养盐种类丰富，适宜浮游植物生长且种类增加有一定关系。2004 年、2005 年、2007 年赤潮前期海水表层 DO 都较高，而赤潮期 DO 降低。示范海域表层 DO 随赤潮的发生而呈特征性的变化。

2. 几种赤潮藻在赤潮发生过程中的规律

1)夜光藻

孙东等(2010)糊建模总结出的隶属度函数和推理规则，对渤海湾一次夜光藻赤潮过程中监测的数据进行了全面的量化的分析，结果显示，夜光藻密度与溶解氧、叶绿素 a 浓度具有负相关关系，营养盐能够间接反映夜光藻的繁殖变化但不能单独将水体的富营养化程度作为预判夜光藻赤潮暴发的标准。

2)东海原甲藻

一般东海原甲藻赤潮出现在 4 月底至 5 月，原甲藻是光合作用比较灵活的藻种之一，具有在低光下维持生长的能力。光照培养实验结果显示，它的最适生长光照为 5.0 MJ/(m^2 · d)，最大生长速率在光照通量 4.6 MJ/(m^2 · d)；随着光照增强，东海原甲藻的生物量逐渐降低。

3)中肋骨条藻

光照培养实验显示，中肋骨条藻的最适生长光照为 23 MJ/(m^2 · d)，中肋骨条藻的生物量随着光照增强先升高后降低，最大生长速率在光照通量 23.0 MJ/(m^2 · d)。

4)海链藻

海链藻属于广温性种,通过压舱水引入或自然扩散引入。盐度范围为 18‰～38‰，盐度降低时暴发性生长(33～38)，低盐度海水中未发现该藻(Kat，1982)。

5)角毛藻

角毛藻对营养盐的吸收主要是 NO_3-N 和 SiO_3-Si，亦吸收 PO_4-P，PO_4-P 是赤潮海域的限制因子。光照培养实验显示，角毛藻的最适生长光照为 23 MJ/(m^2 · d)，光照低于 14.8 MJ/(m^2 · d)时生长速率增长缓慢，22.3 MJ/(m^2 · d)时生长速率最大，为 43.2×10^4/(L^3 · d)。

6)赤潮异弯藻

周成旭等研究了温度、盐度和光照的不同组合条件对赤潮异弯藻种群生长过程中细胞相对稳定性的影响,结果显示,在温度(10℃、20℃和 27 ℃)、盐度(10～50)和光照(高: 4 500～5 000 lx; 低: 1 500～2 000 lx)的组合条件下，细胞稳定性表现出明显差异，且 10℃环境温度对细胞维持稳定性显著有利，此刻种群生长缓慢。

3. 统计回归分析计算原理

1)回归方程式系数计算

令

$$\boldsymbol{X}=\begin{bmatrix}1 & x_{11} & x_{12} & \cdots & x_{1p}\\ 1 & x_{21} & x_{22} & \cdots & x_{2p}\\ \vdots & \vdots & \vdots & & \vdots\\ 1 & x_{n1} & x_{n2} & \cdots & x_{np}\end{bmatrix} \tag{4.25}$$

$$\boldsymbol{Y}=\begin{bmatrix} Y_1 \\ Y_2 \\ \vdots \\ N \end{bmatrix} \tag{4.26}$$

式中，$\boldsymbol{Y}$ 为因变量，这里为某种或特点相近的某类藻类的浓度的对数值；$\boldsymbol{X}$ 矩阵为历史数据库水质参数矩阵。

回归系数 β 通过以下公式计算得出，T 为矩阵转置

$$\beta=\left(\boldsymbol{X}^{\mathrm{T}}\boldsymbol{X}\right)^{-1}\left(\boldsymbol{X}^{\mathrm{T}}\boldsymbol{Y}\right) \tag{4.27}$$

利用观察值变量 X_0 和回归系数 β，对藻类深度进行点估计得到 $\hat{y}_0$，计算公式为

$$\widehat{y_0}=\beta_0+\beta_1 x_{01}+\cdots+\beta_p x_{0p} \tag{4.28}$$

2) 显著性检验

线性回归显著性检验，即检验是否全部回归系数为零。

计算

$$F=\frac{Q_{回}/p}{Q_{剩}/(n-p-1)} \tag{4.29}$$

$$Q_{回}=\sum_{i=1}^{n}\left(\widehat{y_i}-\overline{y}\right)^2 \tag{4.30}$$

为回归离差平方和，

$$Q_{剩}=\sum_{i=1}^{n}\left(y_i-\widehat{y_i}\right) \tag{4.31}$$

为剩余离差平方和，若

$$F\geqslant F_{\alpha}(p,n-p-1) \tag{4.32}$$

则认为线性回归显著，α 一般取水平 5%，p 为回归方程参数个数。

F 分布概率密度函数公式为

$$F_{m,n}(x)=\frac{\Gamma((m+n)/2)}{\Gamma\left(\frac{m}{2}\right)\Gamma\left(\frac{n}{2}\right)}\left(\frac{m}{n}\right)^{\frac{m}{2}}x^{\left(\frac{m}{2}-1\right)}\left(1+\frac{m}{n}x\right)^{-(m+n)/2} \tag{4.33}$$

式中，Γ 函数(即伽马函数)计算公式为

$$\Gamma(x)=\int_0^{+\infty}t^{x-1}\mathrm{e}^{-t}\,\mathrm{d}t \tag{4.34}$$

3) 计算赤潮发生概率

藻类浓度 Y_0 满足以下 T 分布

$$T=\frac{Y_0-y_0}{\sqrt{\frac{Q_{剩}}{(n-p-1)}d_0}} \tag{4.35}$$

其中，d_0 的计算公式为

$$d_0=\sqrt{1+\frac{1}{n}+\sum_{i=1}^{p}\sum_{j=1}^{p}c_{ij}\left(x_{0i}-\overline{x_i}\right)\left(x_{0j}-\overline{x_j}\right)} \tag{4.36}$$

式中，$c_{ij}=\left(\boldsymbol{X}^{\mathrm{T}}\boldsymbol{X}\right)^{-1}$。

根据配置项中预置的赤潮暴发阈值，计算得出其在 T 分布上所对应的值 T_{baofa}，在 $(T_{\mathrm{baofa}},\infty)$ 上积

分即可得到该赤潮藻种的暴发概率。

$T(n)$分布的概率密度函数公式为

$$f(t)=\frac{\Gamma\left(\frac{n+1}{2}\right)}{\sqrt{\pi n}\Gamma\left(\frac{n}{2}\right)}\left(1+\frac{t^2}{n}\right)^{-\frac{n+1}{2}},\quad -\infty<t<\infty \tag{4.37}$$

式中，Γ数(即伽玛函数)计算公式为

$$\Gamma(x)=\int_0^{+\infty} t^{x-1}\,\mathrm{e}^{-t}\,\mathrm{d}t \tag{4.38}$$

重复进行步骤二至四，可以分别计算不同藻种的暴发概率，取最大概率的为优势种。

4) 区间估计

在95%置信区间上可以根据以下公式

$$\left(y_0-t_{\frac{\alpha}{2}}(n-p-1)\sqrt{\frac{Q_{剩}}{(n-p-1)}d_0},\ y_0+t_{\frac{\alpha}{2}}(n-p-1)\sqrt{\frac{Q_{剩}}{(n-p-1)}d_0}\right) \tag{4.39}$$

计算得出该藻种浓度的预测区间，其中，$t_{\frac{\alpha}{2}}(n-p-1)$是$t(n-p-1)$分布上$\alpha/2$ 侧分位数。

4.3.2 赤潮水质统计预报模型建立

本统计模型是基于赤潮生消过程观测资料与海洋环境背景资料，依据气温、风向、风速、降雨、气压、盐度、海流、光合有效辐射、水温、盐度、pH、叶绿素 a、浊度、碳耗氧量等因子与赤潮发生发展消亡变化的关系，实现赤潮灾害统计预报的功能。目前常见的监测因子一般有藻种、水温、pH、盐度、COD、DO、活性磷酸盐、亚硝酸盐、硝酸盐、铵氮、硅酸盐、叶绿素 a、藻种细胞浓度等，不同藻种的暴发与上述参数有着不同的相关关系，从而计算出不同藻种赤潮暴发的概率值。图 4.16 为赤潮统计预报概率分布示意图，对计算结果大于临界浓度的部分进行概率计算，得出发生概率。

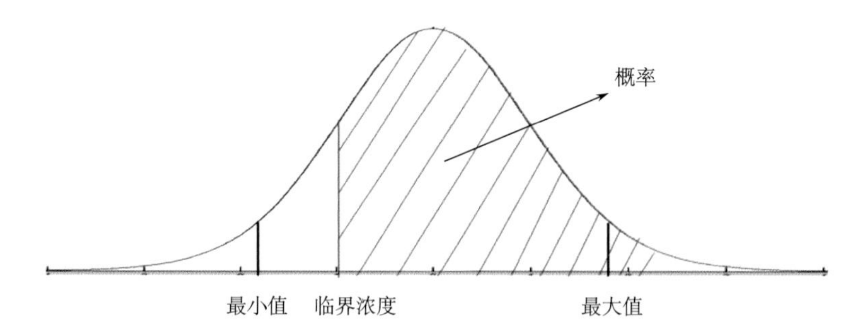

图 4.16　赤潮统计预报概率分布示意图

赤潮水质统计预报模型由如下几部分组成。

1. 读取计算赤潮数据库

选定进行分析计算的藻种；
根据选择的藻种，读取历史基础数据库中对应的数据；
读取实测数据库；
读取各藻种暴发赤潮的浓度阈值；

生成初步计算数据库(选定的历史数据、实测数据和赤潮暴发阈值数据)。

该模块的运行流程图如图 4.17 所示。

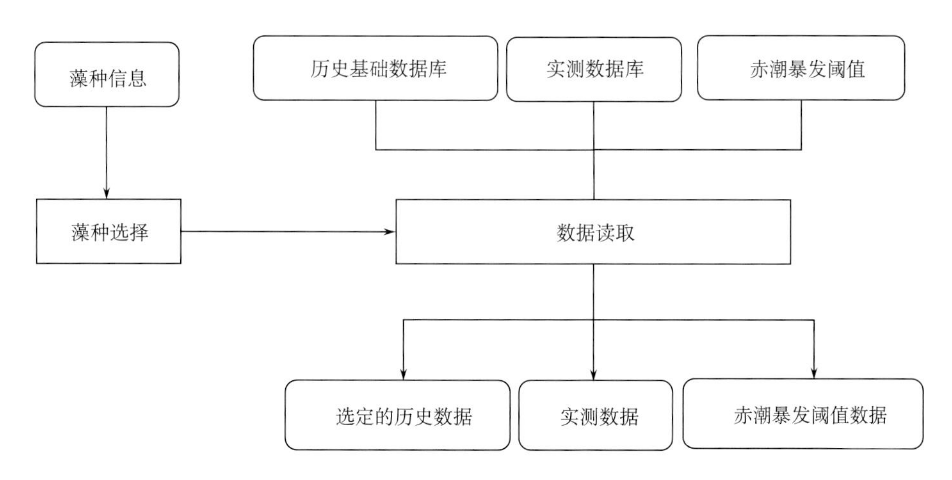

图 4.17　数据读取流程图

2. 数据校验

校验选定的历史数据，删除含有非法数据的行(空数据、负数据)；

校验实测数据，删除含有非法数据的列(空数据、负数据)；

保留历史数据变量和实测数据变量中相同的参数，删除其他数据列，并按完全相同的参数顺序对两变量进行列排序。

该模块的运行流程图如图 4.18 所示。

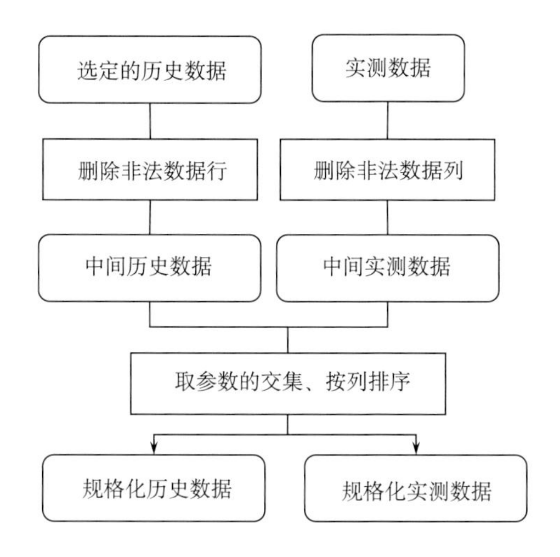

图 4.18　数据校验子模块流程图

3. 统计分析计算

分离变量同时把所有藻类浓度此时转化为对数值；

使用生成的变量进行回归方程式系数计算，得到回归系数；

进行回归方程显著性检验；

得到检验结果和回归方程。

该模块的运行流程图如图 4.19 所示。

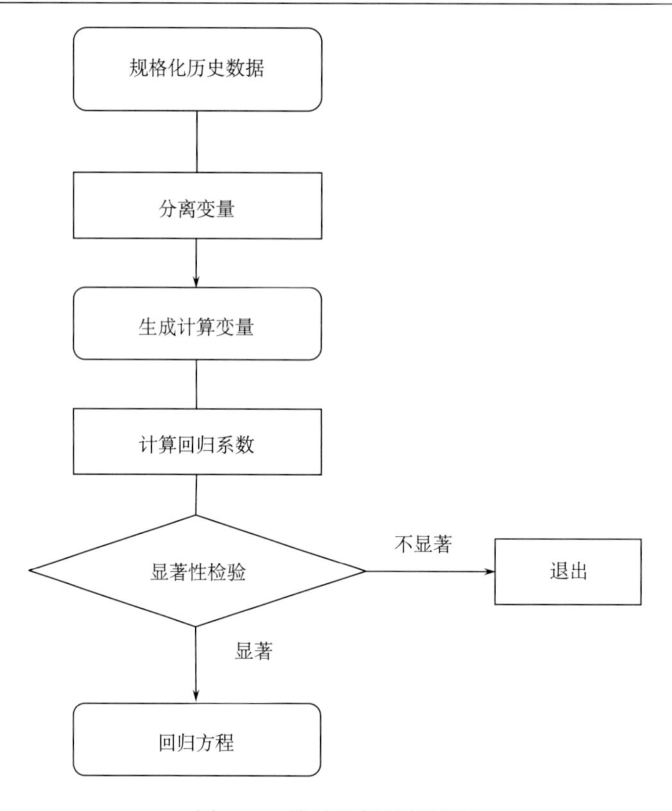

图 4.19　统计分析计算流程

4. 赤潮发生概率计算

分离变量同时把所有藻类浓度此时转化为对数值；
利用前面得到的回归方程，分别对选定藻种进行点浓度预测和区间预测；
得到各藻种的预测期望浓度和浓度范围；
分别计算各藻种暴发阈值所对应的各 t 分布上的值；
分别对各藻种的 t 分布从暴发阈值到正无穷进行积分，计算得到各赤潮藻种的暴发概率。
该模块的运行流程图如图 4.20 所示。

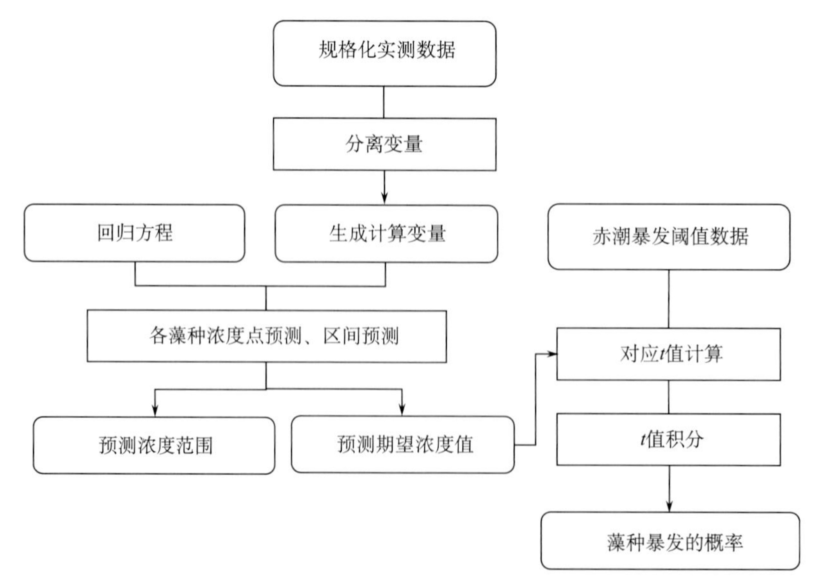

图 4.20　藻种与赤潮发生概率计算流程图

4.4 赤潮遥感跟踪预报

基于卫星遥感和现场观测获取的水色水温异常、赤潮发生面积和赤潮发生地点等信息，采用多时相分析技术提取赤潮动态变化规律，研究基于水色水温的赤潮遥感跟踪预报技术和方法。以长江口赤潮示范区赤潮卫星遥感监测信息为基础，研究典型类型赤潮发生遥感前兆信息与赤潮信息动态变化规律，建立适合长江口赤潮示范区的赤潮遥感跟踪预报模型。

4.4.1 示范海域水色-水温时空分布特征

1. 卫星遥感数据

本研究中所使用的卫星遥感数据为 EOS(Earth Observing System) 卫星 MODIS(Moderate Resolution Imaging Spectroradiometer) 传感器对地观测所获取的海洋水色和水温数据。EOS 卫星是美国国家航空航天局(NASA) 推出的新一代地球观测系统，该系统对地进行连续和综合观测，目前已发射有 Terra(上午星) 和 Aqua(下午星) 两颗。这两颗卫星上所装载的对地观测中分辨率成像光谱仪 MODIS，是高性能、多通道和高分辨率的对地观测遥感仪，光谱范围从可见光(0.4 μm) 到热红外(14.4 μm)，共有 36 个光谱通道，各通道的量化等级为 12 比特。MODIS 第 1 和第 2 通道的空间分辨率为 250 m，第 3～第 7 通道的空间分辨率为 500 m，其余通道的空间分辨率为 1 000 m，横向扫描幅宽达 2 330 km，对地观测的重复周期为 1～2 天。

由于其所具备的高空间分辨率、高时间分辨率和高光谱分辨率等特点和优势，使得 EOS MODIS 遥感数据被大量应用于地球科学的多个领域。在海洋科学领域，利用 EOS MODIS 遥感数据可以反演海洋水色、海表面温度等水体参数，可以提取浮游植物、海洋地球化学等环境变量信息。表 4.20 简单列举了本书所涉及 EOS MODIS 的通道特征及其应用对象。

表 4.20　EOS MODIS 部分光谱通道特征及其应用对象

通道	光谱范围/μm	应用范围	空间分辨率/m
1	0.620～0.670	陆地/云边界	250
2	0.841～0.876		
3	0.459～0.479	陆地/云特性	500
4	0.545～0.565		
⋮	⋮	⋮	⋮
8	0.405～0.420	海洋水色 浮游植物 生物地理化学	1 000
9	0.438～0.448		
10	0.483～0.493		
11	0.526～0.536		
12	0.546～0.556		
13	0.662～0.672		
14	0.673～0.683		
⋮	⋮	⋮	⋮
31	10.780～11.280	表面/云顶温度	1 000
32	11.770～12.270		

研究中选取覆盖示范海域天气状况良好的 MODIS AQUA L2 级卫星遥感数据，来自国家海洋局第二海洋研究所卫星地面站和海洋水色网站(http://oceancolor.gsfc.nasa.gov)。针对 2003～2013 年所获取的 MODIS 海洋水色-水温遥感数据，进行了数据提取、数据拼接、地图投影、彩色增强和区域切割后，得到覆盖研究海域的空间分辨率为 0.01 度的水色-水温分布图。在此基础上，通过对示范海域长时间序列水色-水温场的统计分析，研究示范海域内水色-水温场的时空分布规律和特征，探讨水色-水温场与海域内赤潮灾害间的关系。

2. 研究海域海洋水色时空分布

赤潮是一种海洋生态异常现象，通常是由微藻类浮游植物暴发性增殖或聚集引起的。大多种类赤潮发生时，水体颜色将发生变化。示范海域为东海赤潮高发区，其水体高度富营养化，海洋浮游植物丰富，叶绿素 a 含量高。海洋水色遥感数据中的叶绿素 a 浓度信息反映了水体中藻类细胞密度的大小。通过分析示范海域内长时间序列的海洋水色(叶绿素 a 浓度)数据，获取海域内赤潮灾害的海洋水色背景信息，可为赤潮灾害预警预报工作提供基础数据。

1) 叶绿素 a 浓度气候态空间分布

图 4.21 展示了研究海域 2003～2013 年多年平均的气候态叶绿素 a 浓度的空间分布。从图中可以看出，叶绿素 a 浓度高值主要出现在近岸区域，随着离岸距离的增加，叶绿素 a 浓度逐渐降低。气候态

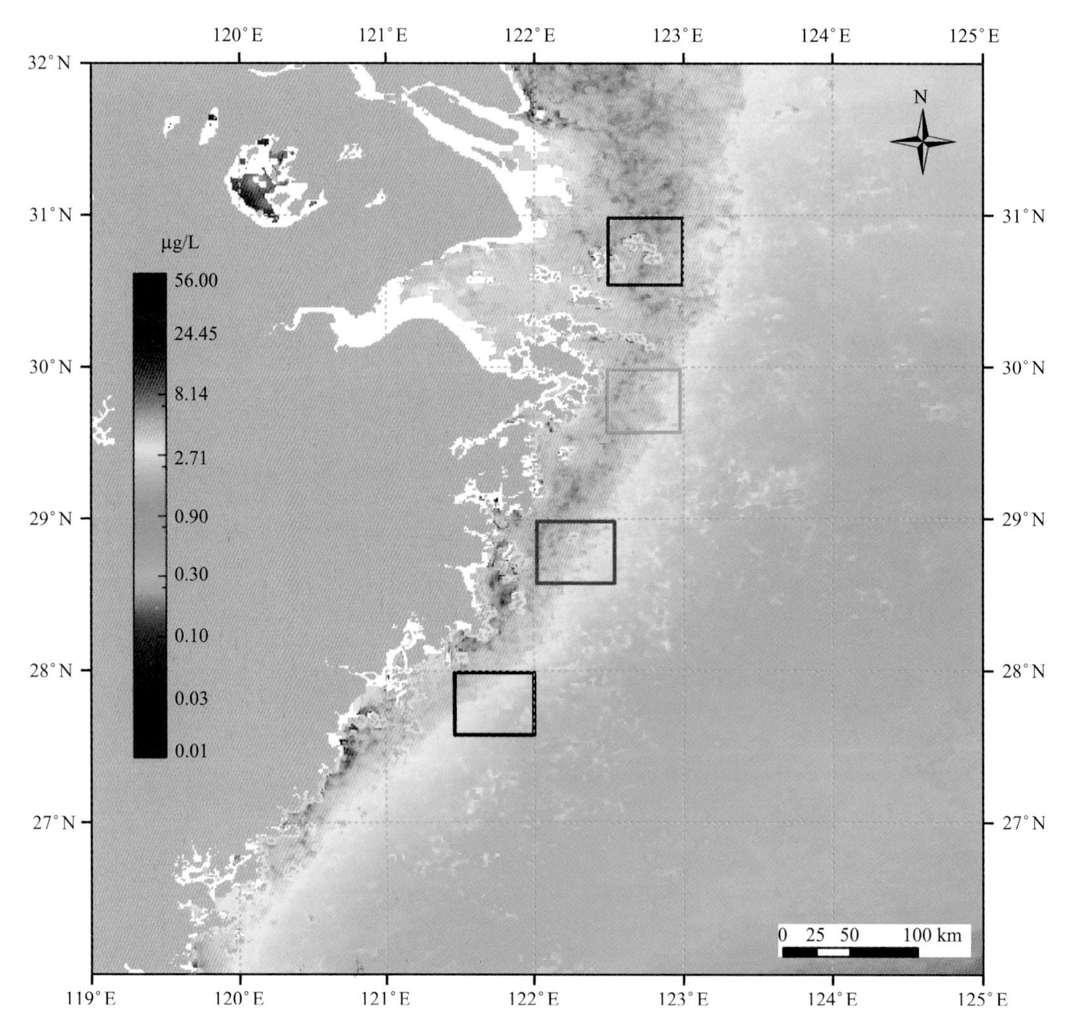

图 4.21　研究海域多年平均叶绿素 a 浓度分布图

叶绿素 a 浓度空间分布与海域内赤潮频次空间分布基本一致，表明气候态叶绿素 a 浓度一定程度上表征了研究海域赤潮发生情况，高叶绿素 a 浓度海域更容易暴发赤潮。示范海域(红框)、舟山海域(绿框)、台州海域(蓝框)和温州海域(黑框)内的空间平均叶绿素 a 浓度数值分别为 5.12 μg/L、4.34 μg/L、4.15 μg/L 和 2.62 μg/L，示范海域是典型的赤潮高发区。

2)叶绿素 a 浓度年度空间分布

图 4.22 展示了研究海域 2003～2013 年度的年平均叶绿素 a 浓度空间分布情况。从各年度分布图中可见，各年度叶绿素 a 浓度空间分布一定存在差异，但总体空间分布基本一致，叶绿素 a 浓度高值主要分布在近岸区域，离岸越远，数值越低。示范海域、舟山海域、台州海域和温州海域内空间平均叶绿素 a 浓度随着年度变化情况如图 4.23 所示。示范海域年度平均叶绿素 a 浓度比其他三个海域高，基本都在 4.5 μg/L 以上，并存在年度变化，2010 年和 2012 年最高达到 7.0 μg/L 左右。

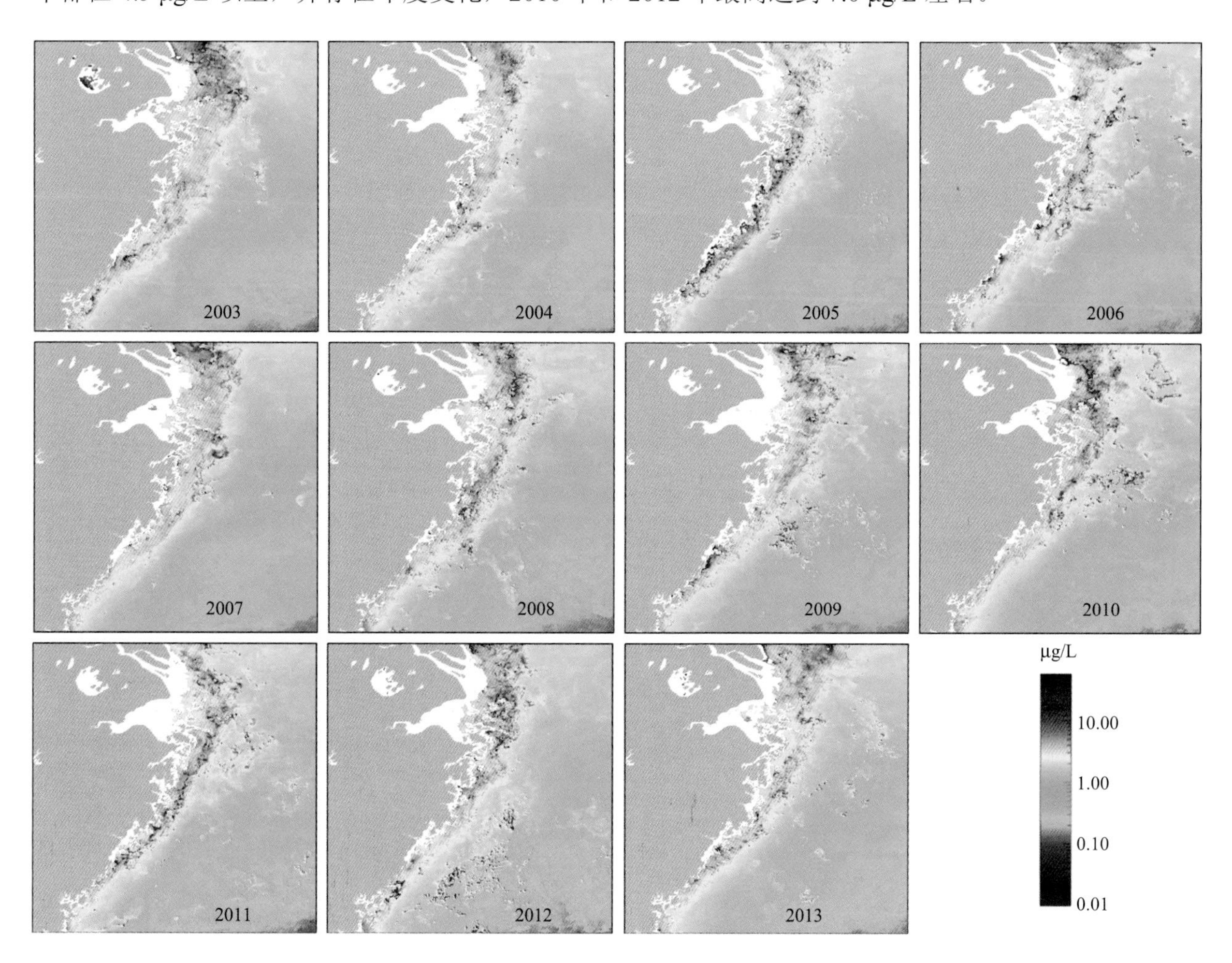

图 4.22　研究海域 2003～2013 年度叶绿素 a 浓度分布图

3)叶绿素 a 浓度月份空间分布

图 4.24 展示了研究海域 2003～2013 年月平均叶绿素 a 浓度空间分布情况。1～3 月，研究海域叶绿素 a 浓度普遍较小，即使近岸海域叶绿素 a 浓度也在 3.0 μg/L 以下。4 月开始，研究海域，特别是舟山和长江口近岸沿海叶绿素 a 浓度显著升高，局部海域叶绿素 a 浓度可达到 6.0 μg/L 左右。5 月和 6 月整个近岸研究海域叶绿素 a 浓度达到年度最大值，部分海域达到 8.0～10.0 μg/L 以上。7～8 月，研究海域内叶绿素 a 浓度开始下降，10 月以后叶绿素 a 浓度减小到 3.0 μg/L 以下。图 4.26 显示了示范海域、

舟山海域、台州海域和温州海域内空间平均叶绿素 a 浓度随着月份变化情况。示范海域内叶绿素 a 浓度均值在 5～6 月达到了 9.0～10.0 μg/L，表明这两个月份示范海域易发赤潮。

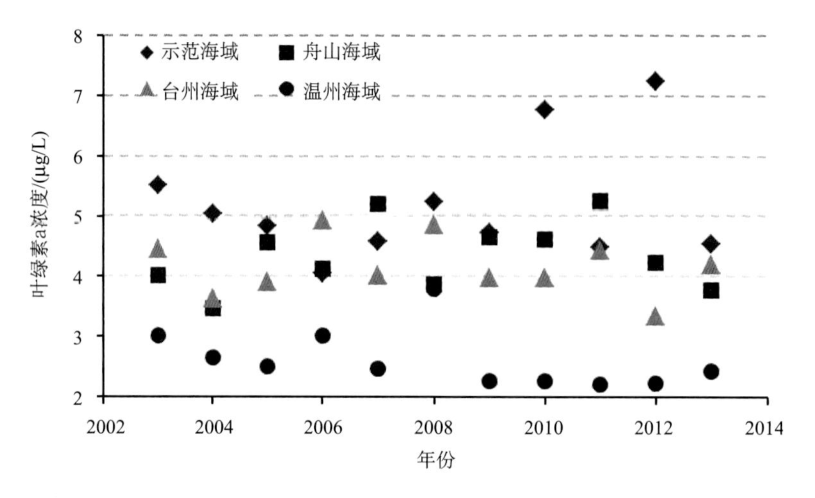

图 4.23　研究海域年平均叶绿素 a 浓度

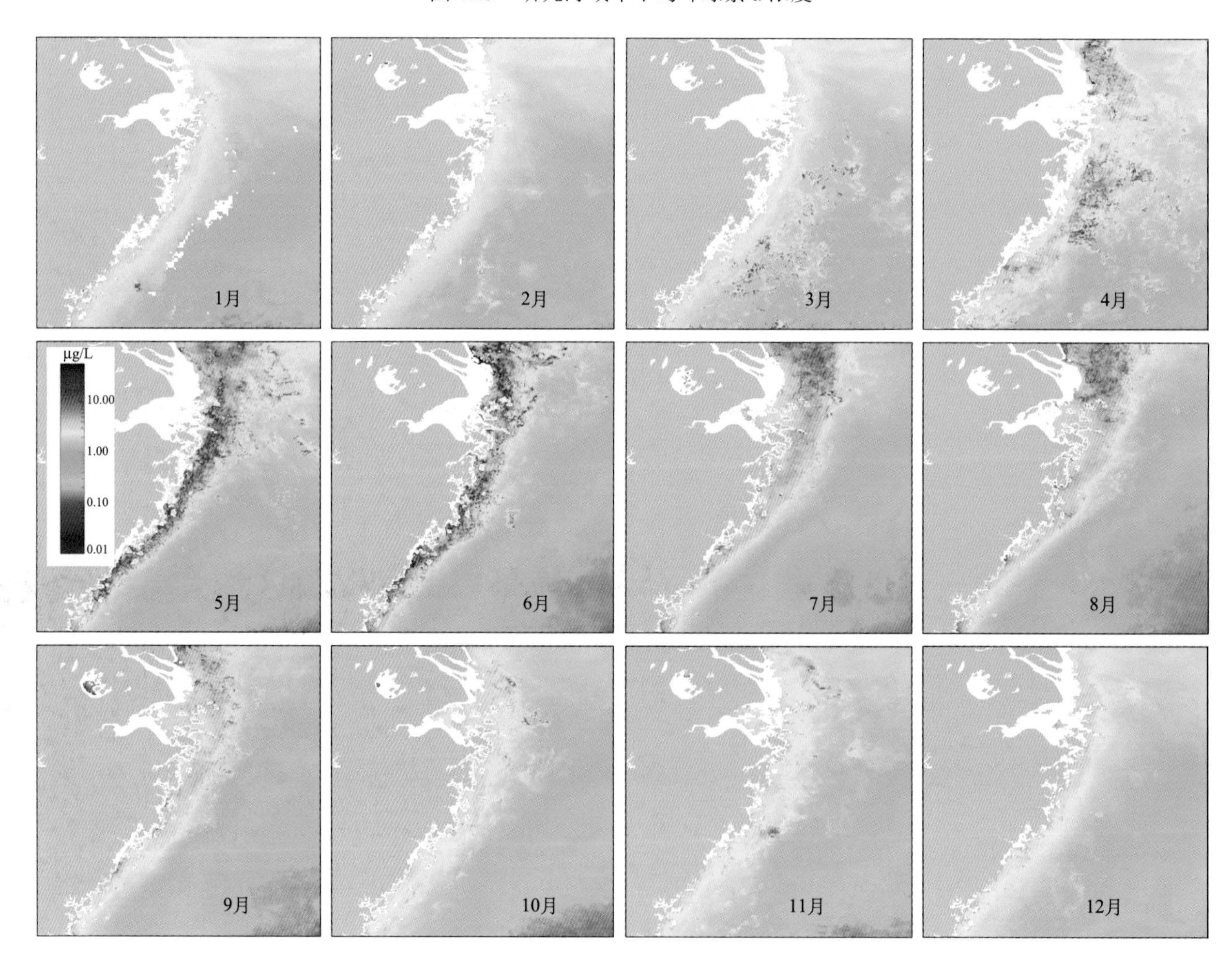

图 4.24　研究海域 2003～2013 年月平均叶绿素 a 浓度分布图

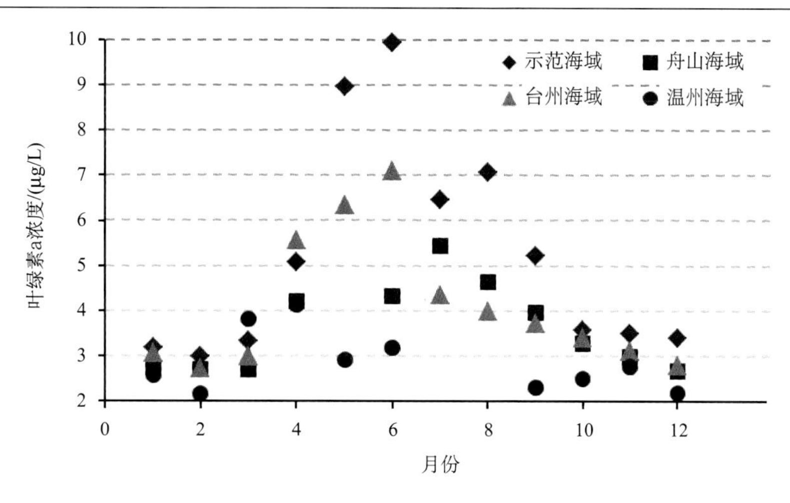

图 4.25　研究海域月平均叶绿素 a 浓度

3. 研究海域海表面温度时空分布

海水温度与赤潮的发生、发展和消亡密切相关。水温过低或过高，赤潮生物的正常生长和繁殖将会受到限制，进而影响赤潮的发生过程。温度对甲藻赤潮的影响明显，是控制甲藻赤潮季节性生消的

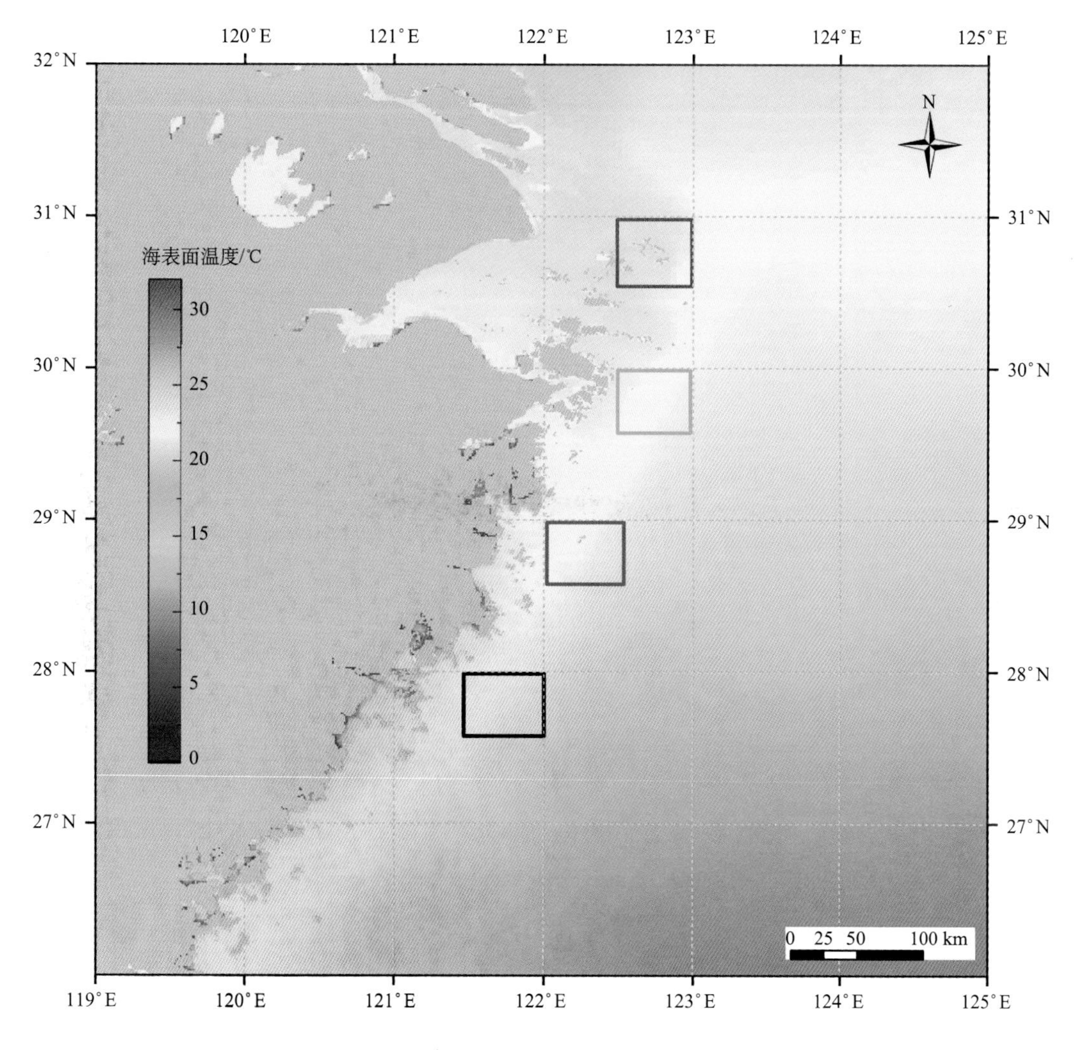

图 4.26　研究海域多年平均海表面温度分布图

关键因素，也是甲藻赤潮暴发的一个重要的影响因素。例如，米氏凯伦藻适宜的温度范围为 20～24 ℃，而东海原甲藻的适宜温度范围为 18～22 ℃。通过分析研究海域内长时间序列的海表明温度数据，获取海域内赤潮灾害的海温背景信息，可为赤潮灾害预警预报工作提供基础数据。

1)海温气候态空间分布

图 4.26 展示了研究海域 2003～2013 年多年平均气候态的海表面温度的空间分布情况。从图中可以发现，研究海域多年平均海表面温度范围为 15～30 ℃，东南部海域要高于沿岸和北部海域。近岸海域叶绿素 a 浓度和海温间存在密切的关系，特别是赤潮高发海域的海温为 18～20 ℃。示范海域、舟山海域、台州海域和温州海域内的空间平均海表面温度分别为 18.4℃、19.5℃、20.0℃和 21.2℃。

2)海表面温度年度空间分布

图 4.27 展示了研究海域 2003～2013 年度的年平均海表面温度空间分布。从各年度分布图中可见，各年度海表面温度空间分布基本一致，海温高值主要分布在东南部海域，离岸越远温度越高，表明研究海域海温受台湾暖流影响。示范海域、舟山海域、台州海域和温州海域内空间平均海表面温度随着年度变化情况如图 4.28 所示，各海域海温变化趋势一致。示范海域年度平均海表面温度较其他三个海域要低，并存在年度波动，温度分布范围为 18.0～19.0 ℃。

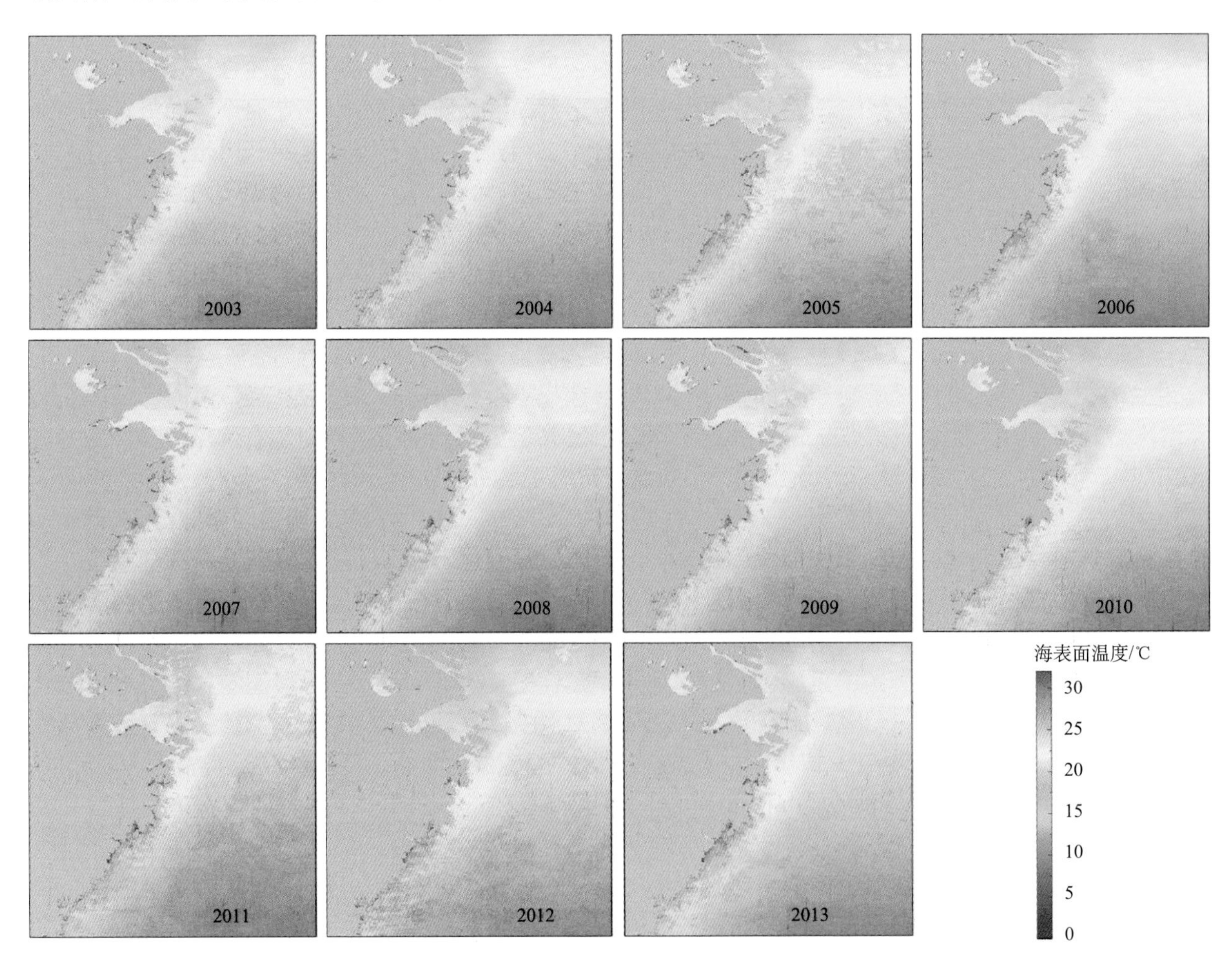

图 4.27 研究海域 2003～2013 年度海表面温度分布图

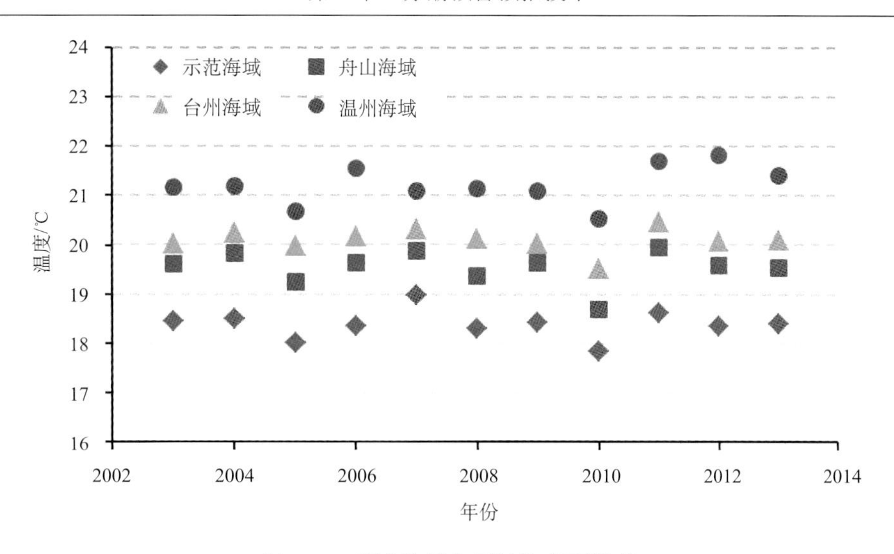

图 4.28　研究海域年平均海表面温度

3) 海表面温度月份空间分布

图 4.29 展示了研究海域 2003～2013 年月平均海表面温度空间分布。1～3 月，近岸研究海域受沿岸流影响，海水温度基本都在 15 ℃以下。从 4 月底开始，近岸海域受沿岸流和台湾暖流共同影响，海

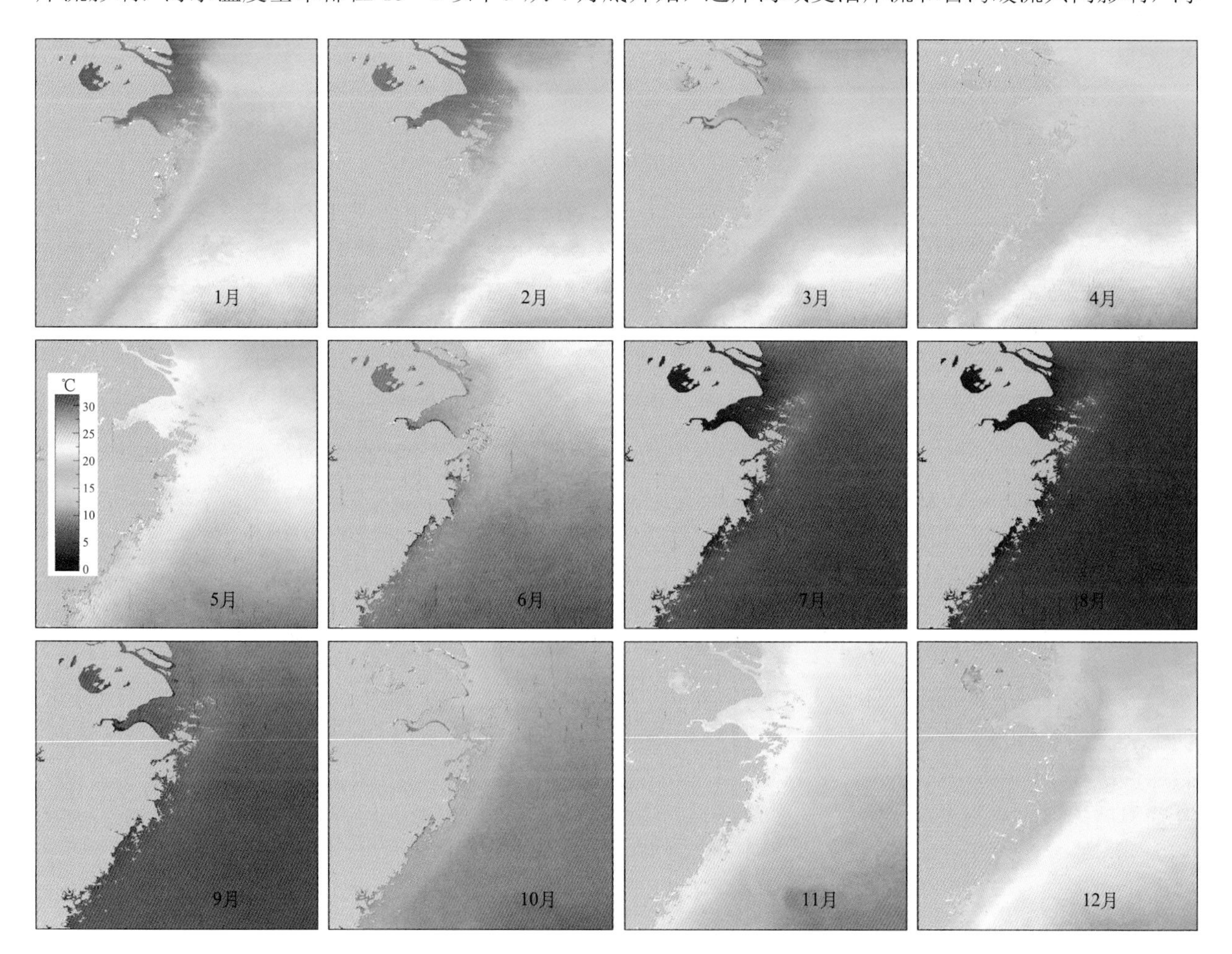

图 4.29　2003～2013 年研究海域月平均海表面温度分布图

温开始上升。5 月和 6 月整个近岸海域已基本受台湾暖流影响，海温显著升高，达到 15～20 ℃。7～9 月，研究海域内海水温度继续升高，并达到年内最大值 28 ℃左右。10 月以后近岸海域海表面温度开始下降，到 12 月时已主要受沿岸流影响。图 4.30 显示了示范海域、舟山海域、台州海域和温州海域内空间平均海表面温度随着月份变化情况。示范海域内海表面温度均值在 5～6 月为 15.0～20.0 ℃，该海温范围有利于示范海域内赤潮藻增殖和赤潮暴发。

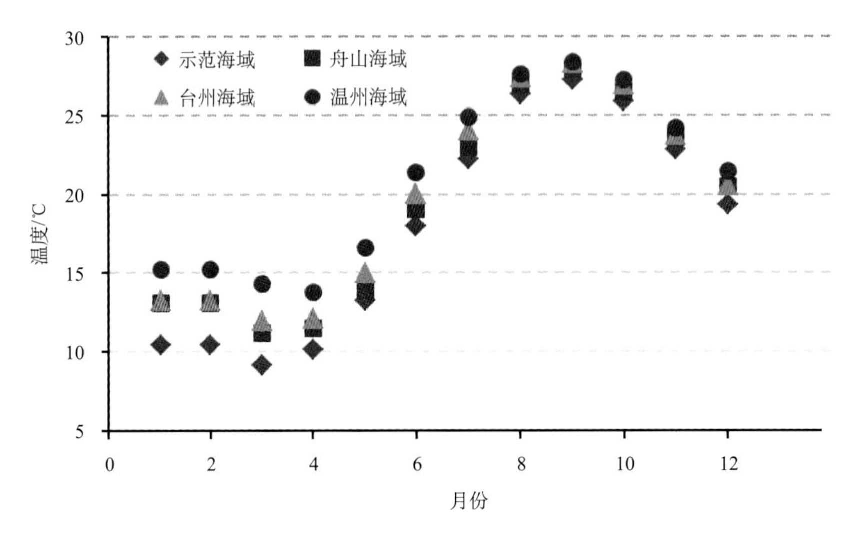

图 4.30　研究海域月平均海表面温度

4. 小结

(1) 示范海域叶绿素 a 浓度空间分布与海域内赤潮频次空间分布一致，海域内叶绿素 a 浓度可以表征海域内赤潮暴发可能性，高叶绿素 a 浓度海域更容易暴发赤潮。示范海域多年平均叶绿素 a 浓度为 5.12 μg/L，并存在年度波动，年平均叶绿素 a 浓度最高可达 7.0 μg/L。5～6 月为示范海域赤潮多发月份，月平均叶绿素 a 浓度均值为 9.0～10.0 μg/L。

(2) 研究海域赤潮灾害，特别是示范海域内甲藻赤潮与海水温度关系密切。示范海域海水温度主要受浙江沿岸流和台湾暖流影响，多年平均海表面温度为 18.4℃，存在小幅年度波动，年度平均海表面温度范围为 18.0～19.0℃。5～6 月赤潮多发期间，示范海域月平均海表面温度范围为 15.0～20.0℃。

4.4.2　赤潮遥感跟踪预报模型

1. 赤潮水色水温遥感模型

赤潮发生过程中常伴随海水颜色改变和水体温度异常，这是利用卫星遥感技术进行赤潮探测监测的基础。赤潮暴发过程中水体叶绿素 a 浓度显著升高；海水温度与赤潮的发生、发展和消亡密切相关，赤潮生物的正常生长和繁殖需要适宜的海水温度。利用 MODIS 的海洋水色（叶绿素 a 浓度）和热红外（海表面温度）数据产品，结合赤潮水体的水色和水温特性建立基于水色-水温双阈值的赤潮遥感模型。该赤潮遥感模型可以用下式表达

$$\begin{cases} \mathrm{OC} > T_{\mathrm{oc}} \\ \mathrm{SST} > T_{\mathrm{SST}} \end{cases} \tag{4.40}$$

式中，OC 和 SST 分别为海洋水色和海水温度数据，本项研究使用 MODIS L2 级产品中的叶绿素 a 浓度 (CHL) 数据和海表面温度 (SST) 数据。T_{oc} 为赤潮水体水色阈值，在研究海域采用阈值 10.0 μg/L。T_{SST} 为赤潮水体温度阈值，在研究海域采用阈值 16 ℃。当上式中海洋水色和海水温度阈值条件同时满足时，

目标水体被认为是赤潮水体；否则，被视为非赤潮水体。

2. 赤潮遥感跟踪预报原理

赤潮是海洋中某些浮游生物在适宜环境条件下短时间内暴发性增殖或聚集，从而导致水体变色的一种生态异常现象。赤潮发生过程中水体水色将发生变化，赤潮水体的温度也常有异常升高现象，这是赤潮水体的水色和温度特性，也是利用卫星水色水温遥感技术进行赤潮探测监测的基础。赤潮遥感跟踪预报也是基于赤潮水体的水色和水温特性。图 4.31 是赤潮遥感跟踪预报技术流程，利用卫星遥感数据获取的水色水温异常、赤潮发生面积、赤潮强度和赤潮发生地点等信息，采用多时相分析技术提取赤潮动态变化信息，结合赤潮水色水温遥感模型，建立赤潮发生趋势的遥感跟踪预报模型，实现赤潮发生预测和跟踪预报。

获取近期一周内的海洋水色-水温卫星遥感监测数据与赤潮卫星遥感监测信息；进行海表面温度、叶绿素 a 浓度数据进行短期趋势分析，得到次日示范海区的海表面温度和叶绿素 a 浓度空间分布数据；根据近期卫星遥感监测到的赤潮空间信息，提取赤潮发生区域水体的海表面温度和叶绿素 a 浓度数据，统计分析得到赤潮水体的海表面温度和叶绿素 a 浓度特征值。基于示范海区海表面温度和叶绿素 a 浓度的卫星遥感趋势基础场和次日空间分布数据，获得示范海区次日海表面温度和叶绿素 a 浓度异常区，结合示范海区历史赤潮期间的海表面温度和叶绿素 a 浓度统计特征值，判断次日赤潮发生区域。基于次日示范海区的海表面温度和叶绿素 a 浓度空间分布数据，结合近期赤潮水体的海表面温度和叶绿素 a 浓度特征值，判断次日赤潮发生区域，实现赤潮动态的遥感跟踪预报。

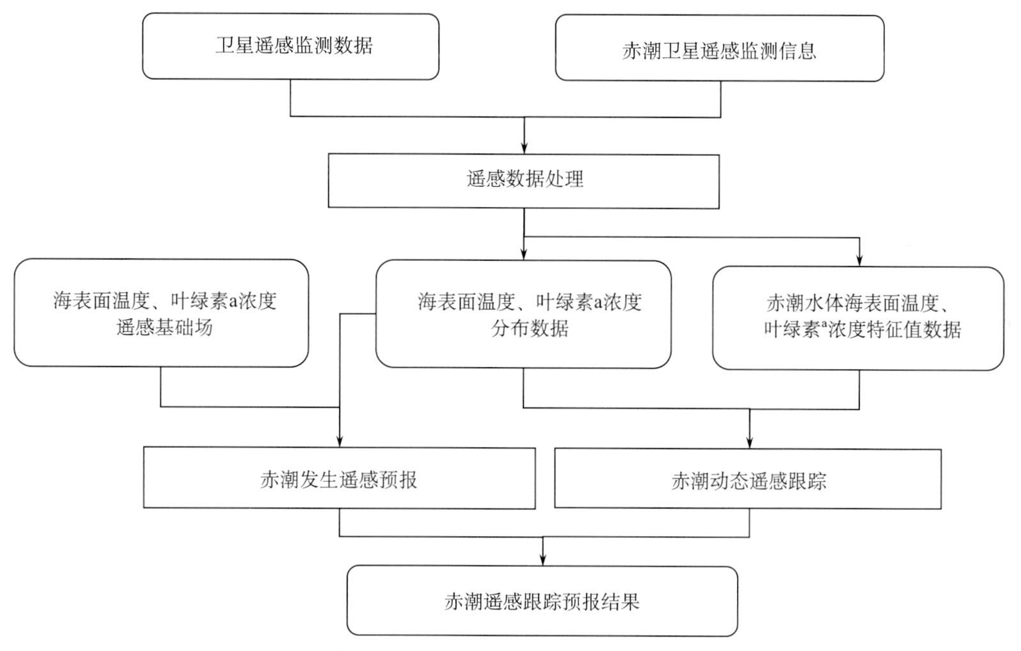

图 4.31　赤潮遥感跟踪预报技术流程

3. 海洋水色-水温数据处理与短期预测

根据近期一周内示范海域海表面温度和叶绿素 a 浓度卫星遥感监测数据，进行陆地掩膜、云覆盖标识处理后得到示范海区有效的海表面温度和叶绿素 a 浓度数据。对上述水温和水色数据进行窗口划分，分别针对各窗口内水温和水色数据进行时间序列统计分析。如果一周内窗口水体水色和水温有效观测数量少于三次或最近两天内无有效观测，则标识该窗口水体区为无效数据区，否则进行次日窗口内水体水温和水色数据的短期预测。次日水体水温和水色短期预测采用线性预测方法，具体是通过对窗口有效观测的水体水温和水色数据进行线性统计回归，建立水色和水温的回归方程，实现次日窗口内水体水温和水色数据的短期线性预测。

如果近期已经发生了赤潮事件，则进行对应赤潮水体水温和水色特征值的统计分析。具体是从卫星遥感监测的赤潮空间分布图中提取对应赤潮区域的海水温度和叶绿素 a 浓度数据。根据近期赤潮水体水温和水色数据，统计分析得到该次赤潮事件赤潮海表面温度和叶绿素 a 浓度一定置信区间内的水温和水色特征值，用于该次赤潮次日的动态遥感跟踪预报。

4. 赤潮发生遥感预报

基于卫星遥感数据获取的水色水温异常，结合典型类型赤潮发生遥感前兆信息与赤潮信息动态变化规律，进行赤潮发生预测预报。如图 4.32 所示，通过对示范海区短期预测的海表面温度和叶绿素 a 浓度数据进行有效性检测，得到有效海温和叶绿素 a 数据。该示范海区短期海表面温度和叶绿素 a 浓度数据与海区内水色-水温基础场之间存在一定差异，这些差异在一定程度上是由赤潮所导致的。其中，示范海域海温和叶绿素 a 浓度基础场由超长时间序列(2003～2013 年)的海表面温度和叶绿素 a 浓度卫星遥感数据制作得到，该水色-水温基础场包含月和周尺度的水色水温变化，反映了近十年来示范海海域水体水温水色的变化规律。基于获得的示范海域海表面温度和叶绿素 a 浓度异常区，结合示范海区赤潮水体的海表面温度和叶绿素 a 浓度统计特征值，应用水色-水温双阈值赤潮探测方法，进行潜在赤潮发生区域的判断。

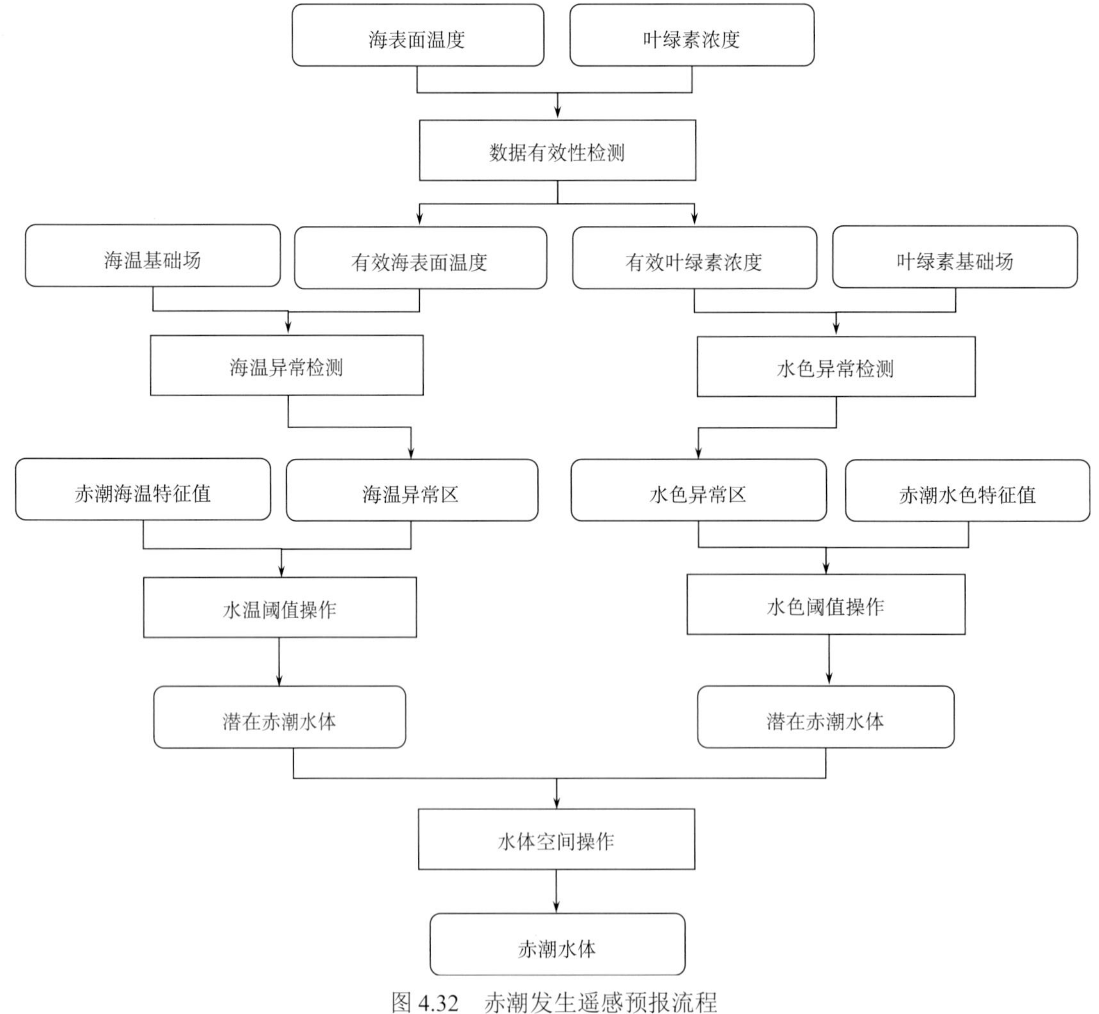

图 4.32　赤潮发生遥感预报流程

5. 赤潮遥感跟踪预报

如图 4.32 所示，基于次日海域内的海表面温度和叶绿素 a 浓度空间分布数据，结合近期赤潮水体的海表面温度和叶绿素 a 浓度特征值，判断次日赤潮潜在发生区域。由于赤潮事件时间和空间上的连续性，近期赤潮将很可能在海区持续发生，直到赤潮消亡或赤潮水团漂移出示范海域。基于卫星遥感技术监测到的赤潮空间分布信息，提取到检测到赤潮水体的海表面温度和叶绿素 a 浓度信息，应用水色-水温双阈值赤潮探测方法，从短期预测的次日海表面温度和叶绿素 a 浓度数据提取潜在赤潮发生区域。通过分析不同时间赤潮空间分布、面积等信息，实现赤潮动态的遥感跟踪预报。

4.5　赤潮扩散漂移预报

4.5.1　水动力数值模型原理

赤潮漂移扩散模型中的水动力模块采用非结构网格有限体积近岸海洋环流模式 FVCOM，它是由美国麻省理工学院海洋科学技术学院陈长胜模式研究组建立，该模型兼有有限元法易拟合边界、局部加密的优点和有限差分法便于离散计算海洋原始方程的特点，数值计算采用方程的积分形式，使动量、能量和质量具有更好的守恒性。

1. 海洋模式

1）模式方程

笛卡儿坐标下的原始方程组包括动量方程、连续性方程、温度方程、盐度方程和密度方程。

$$\frac{\partial u}{\partial t}+u\frac{\partial u}{\partial x}+v\frac{\partial u}{\partial y}+w\frac{\partial u}{\partial z}-fv=-\frac{1}{\rho_o}\frac{\partial P}{\partial x}+\frac{\partial}{\partial z}(K_m\frac{\partial u}{\partial z})+F_u \tag{4.41}$$

$$\frac{\partial v}{\partial t}+u\frac{\partial v}{\partial x}+v\frac{\partial v}{\partial y}+w\frac{\partial v}{\partial z}+fu=-\frac{1}{\rho_o}\frac{\partial P}{\partial y}+\frac{\partial}{\partial z}(K_m\frac{\partial v}{\partial z})+F_v \tag{4.42}$$

$$\frac{\partial P}{\partial z}=-\rho g \tag{4.43}$$

$$\frac{\partial u}{\partial x}+\frac{\partial v}{\partial y}+\frac{\partial w}{\partial z}=0 \tag{4.44}$$

$$\frac{\partial T}{\partial t}+u\frac{\partial T}{\partial x}+v\frac{\partial T}{\partial y}+w\frac{\partial T}{\partial z}=\frac{\partial}{\partial z}(K_h\frac{\partial T}{\partial z})+F_T \tag{4.45}$$

$$\frac{\partial S}{\partial t}+u\frac{\partial S}{\partial x}+v\frac{\partial S}{\partial y}+w\frac{\partial S}{\partial z}=\frac{\partial}{\partial z}(K_h\frac{\partial S}{\partial z})+F_S \tag{4.46}$$

$$\rho=\rho(T,S) \tag{4.47}$$

式中，x，y，z 分别为直角坐标系的水平和垂直方向坐标；u，v，w 为 x，y，z 方向上的速度分量；T 为海水温度；S 为海水盐度；ρ 为海水密度；P 为压强；f 为科氏参数；g 为重力加速度；K_m 为垂直涡动扩散系数；K_h 为垂直热力扩散系数；F_u，F_v，F_T 和 F_S 分别代表水平动量、热力和盐度扩散项。

设总水深为 $D=H+\zeta$，其中 H 为相对于 $z=0$ 的水深，ζ 为相对于 $z=0$ 的自由表面高度，如图 4.33 所示。

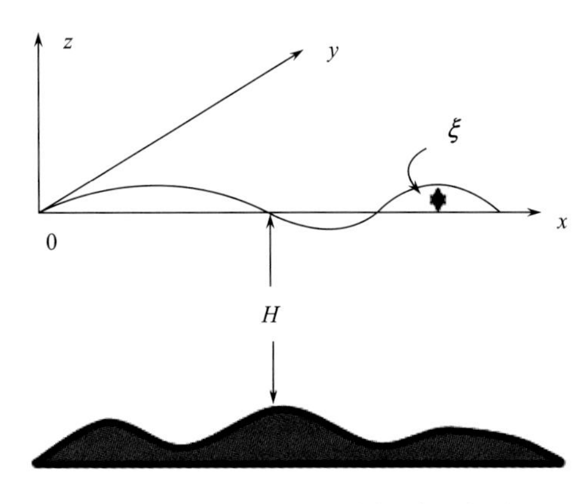

图 4.33　垂直坐标系示意图

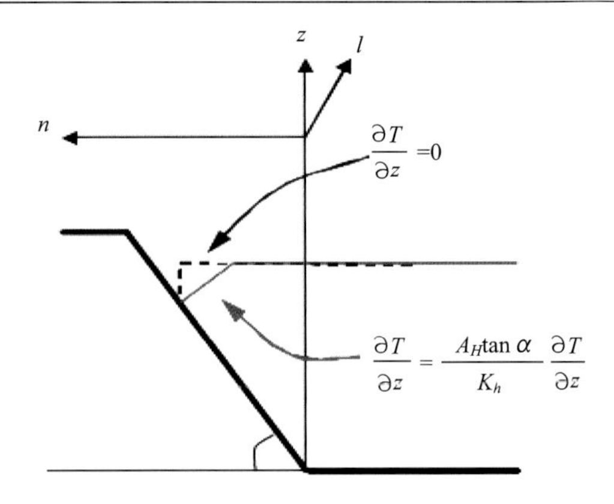

图 4.34　海底部边界示意图

2) 二维深度积分方程组

控制方程组的海面高度描述了快速传播的表面重力波。在显式的数值方法中，模式稳定性对积分时间步长的限制与表面重力波的相速成反比。海面高度与整层水通量的梯度成比例，因此，它可直接由二维的垂直积分方程组来计算，三维方程则可以在给定海面高度的情况下求解。在数值计算中，用不同的时间积分步长来处理内模态和外模态的方法称为“模分离法”，这个方法已成功地运用于 POM 模型的数值计算中。为了简便，在 FVCOM 模型数值计算中也采用同样的模分离法。

二维外模方程组由下列垂直积分方程组给出：

$$\frac{\partial \zeta}{\partial t}+\frac{\partial (D\overline{u})}{\partial x}+\frac{\partial (D\overline{v})}{\partial y}=0 \tag{4.48}$$

$$\begin{aligned}&\frac{\partial \overline{u}D}{\partial t}+\frac{\partial \overline{u}^2 D}{\partial x}+\frac{\partial \overline{uv}D}{\partial y}-f\overline{v}D\\&=-gD\frac{\partial \zeta}{\partial x}-\frac{gD}{\rho_o}\left\{\int_{-1}^{0}\frac{\partial}{\partial x}(D\int_{\sigma}^{0}\rho d\sigma')\mathrm{d}\sigma+\frac{\partial D}{\partial x}\int_{-1}^{0}\sigma\rho \mathrm{d}\sigma\right\}+\frac{\tau_{sx}-\tau_{bx}}{\rho_o}+D\tilde{F}_x+G_x\end{aligned} \tag{4.49}$$

$$\begin{aligned}&\frac{\partial \overline{v}D}{\partial t}+\frac{\partial \overline{v}^2 D}{\partial y}+\frac{\partial \overline{uv}D}{\partial x}+f\overline{u}D\\&=-gD\frac{\partial \zeta}{\partial y}-\frac{gD}{\rho_o}\left\{\int_{-1}^{0}\frac{\partial}{\partial y}\left(D\int_{\sigma}^{0}\rho d\sigma'\right)\mathrm{d}\sigma+\frac{\partial D}{\partial y}\int_{-1}^{0}\sigma\rho \mathrm{d}\sigma\right\}+\frac{\tau_{sy}-\tau_{by}}{\rho_o}+D\tilde{F}_y+G_y\end{aligned} \tag{4.50}$$

3) 湍流闭合模型

(1) 水平扩散系数

在 FVCOM 中，可选择常数值或 Smagorinsky 涡旋参数方案(Smagorinsky，1962)来计算水平扩散系数。

动量方程中的水平扩散系数为

$$A_m=0.5C\Omega^u\sqrt{\left(\frac{\partial u}{\partial x}\right)^2+0.5\left(\frac{\partial v}{\partial x}+\frac{\partial u}{\partial y}\right)^2+\left(\frac{\partial v}{\partial y}\right)^2} \tag{4.51}$$

式中，C 为常数；Ω^u 为动量控制单元的面积。

温盐方程中水平扩散系数为

$$A_h = \frac{0.5C\Omega^{\zeta}}{p_r}\sqrt{\left(\frac{\partial u}{\partial x}\right)^2 + 0.5\left(\frac{\partial v}{\partial x}+\frac{\partial u}{\partial y}\right)^2 + \left(\frac{\partial v}{\partial y}\right)^2} \tag{4.52}$$

式中，Ω^{ζ} 为标量控制单元的面积；p_r 为 Prandtl 数。

(2) 垂直涡动扩散系数和垂直热力扩散系数

由修正的 Mellor 和 Yamada 的 2.5 阶湍流闭合子模型计算。在边界层近似条件下，湍流动能由在边界附近的水平流动的垂直切变产生，控制湍流动能 q^2 和湍流动能与混合长度乘积 q^2l 的方程组可简化为

$$\frac{\partial q^2}{\partial t} + u\frac{\partial q^2}{\partial x} + v\frac{\partial q^2}{\partial y} + w\frac{\partial q^2}{\partial z} = 2(P_s + P_b - \varepsilon) + \frac{\partial}{\partial z}\left(K_q\frac{\partial q^2}{\partial z}\right) + F_q \tag{4.53}$$

$$\frac{\partial q^2l}{\partial t} + u\frac{\partial q^2l}{\partial x} + v\frac{\partial q^2l}{\partial y} + w\frac{\partial q^2l}{\partial z} = lE_l\left(P_s + P_b - \frac{\tilde{W}}{E_1}\varepsilon\right) + \frac{\partial}{\partial z}\left(K_q\frac{\partial q^2l}{\partial z}\right) + F_l \tag{4.54}$$

式中，$q^2 = (u'^2 + v'^2)/2$ 为湍流动能；l 为湍流混合长度；K_q 为湍流动能的垂直扩散系数；F_q 和 F_l 分别代表着湍流动能和混合长度方程中的水平扩散项；$P_s = K_m(u_z^2 + v_z^2)$ 和 $P_b = (gK_h\rho_z)/\rho_o$ 为湍流动能的切变和浮力产生项；$\varepsilon = q^3/B_l l$ 为湍流动能消耗率；$W = 1 + E_2l^2/(\kappa L)^2$ 为一个近似函数；$L^{-1} = (\zeta - z)^{-1} + (H - z)^{-1}$；$\kappa = 0.4$ 为 von Karman 常数；H 为静止状态下的平均水深；ζ 为自由面高度。

2. 边界条件

1) 流速表底部边界条件

u、v、w 的表面和底部边界条件如下。

在 $z = \zeta(x,y,t)$ 处：

$$K_m\left(\frac{\partial u}{\partial z},\frac{\partial v}{\partial z}\right) = \frac{1}{\rho_o}(\tau_{sx},\tau_{sy}),\quad w = \frac{\partial\zeta}{\partial t} + u\frac{\partial\zeta}{\partial x} + v\frac{\partial\zeta}{\partial y} + \frac{E-P}{\rho} \tag{4.55}$$

在 $z = -H(x,y)$ 处：

$$K_m\left(\frac{\partial u}{\partial z},\frac{\partial v}{\partial z}\right) = \frac{1}{\rho_o}(\tau_{bx},\tau_{by}),\quad w = -u\frac{\partial H}{\partial x} - v\frac{\partial H}{\partial y} + \frac{Q_b}{\Omega} \tag{4.56}$$

式中，$(\tau_{sx},\tau_{sy}) = C_d\sqrt{u_s^2 + v_s^2}(u_s,v_s)$ 和 $(\tau_{bx},\tau_{by}) = C_d\sqrt{u_b^2 + v_b^2}(u_b,v_b)$ 分别为表面风应力和底部应力 x 和 y 分量；Q_b 为底部的地下水通量；Ω 为地下水源的面积；拖曳系数 C_d 由下面对数底边界计算值和常数值中的最大值确定：

$$C_d = \max\left(k^2/\ln\left(\frac{z_{ab}}{z_o}\right)^2,\ 0.0025\right) \tag{4.57}$$

式中，z_o 为底部粗糙度参数；$k = 0.4$ 为 von Karman 常数。

2) 岸边界条件

固边界处的运动学、热力和盐度的边界条件分别为

$$v_n = 0;\quad \frac{\partial T}{\partial n} = 0;\quad \frac{\partial S}{\partial n} = 0 \tag{4.58}$$

式中，v_n 为边界的法向速度分量；n 为边界的单位法向量。

对于污染物输运扩散模式，采用污染物通量为零的条件。考虑到流场的岸边界条件采用法向流速为零的条件，污染物浓度的岸边界为无梯度条件。

$$\frac{\partial C}{\partial \vec{n}} = 0 \tag{4.59}$$

式中，为与岸边界垂直的单位法向矢量。

3) $\vec{n}$　河流边界条件

FVCOM 有两种方法处理从海岸固边界注入的淡水：一种是淡水注入标量控制单元(TCE)；另一种是淡水注入动量控制单元(MCE)，每一种方法中，标量如温度、盐度等既可以给定也可以通过标量方程来计算，下面详细介绍一下。

(1) TCE 方法

如图 4.35 所示，Q 是水体输入到面积为 Ω^{ς} 的控制单元(TCE)中的量，假设深度为 D，在岸线控制单元上点的表面水位由下式计算：

$$\frac{\partial \varsigma}{\partial t} = \left[-\oint_{s} v_n D d + Q \right] / \Omega^{\varsigma} \tag{4.60}$$

式中，v_n 是垂直于 TCE 单元边界线的速度分量；s 为 TCE 单元边界的闭合轨线。在连续方程中包括 Q 的方法就相当于从岸边界线把通量加入到 TCE 单元中(见图 4.35 中的粗实线)，由于这条边界线连接两个 MCE 单元(即图 4.35 中阴影部分)，就必须考虑 Q 对这两个单元动量的贡献。

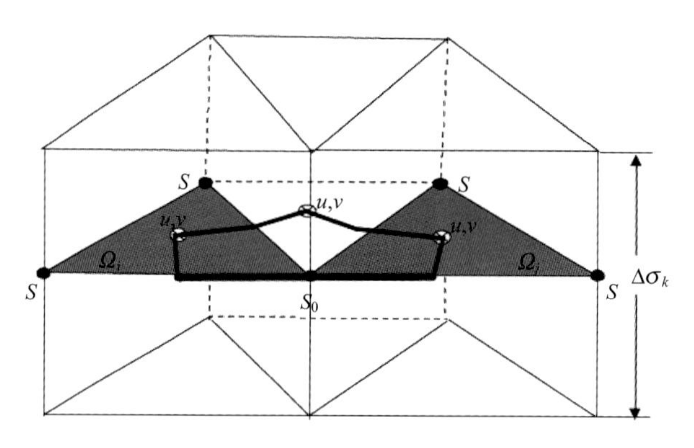

图 4.35　河流点源输入示意图

对于外模，定义 l_i 和 l_j 分别为岸界上两个 MCE 三角单元边长的一半，Ω_i 和 Ω_j 分别为三角形的面积，由 Q 产生的垂直平均速度的 x 和 y 分量等于：

$$U_0 = \frac{Q\cos\hat{\theta}}{D(l_i + l_j)}, \quad V_0 = \frac{Q\sin\hat{\theta}}{D(l_i + l_j)} \tag{4.61}$$

式中，$\hat{\theta}$ 是岸线相对于 x 方向的夹角；Q 对 MCE 单元中 x 和 y 垂直积分动量方程的贡献分别是 $0.5QU_0$ 和 $0.5QV_0$。对于内模，定义 R_{QK} 为 Q 在第 k 个 σ 层上的百分率，满足以下关系：

$$\sum_{k=1}^{\mathrm{KM}-1} R_{QK} = 1 \tag{4.62}$$

式中，KM 为垂直 Sigma 层数。输入第 k 个 σ 层的量等于 QR_{QK}，对应速度的 x 和 y 分量为

$$U_{0K} = \frac{QR_{QK}\cos\hat{\theta}}{D(l_i + l_j)\Delta\sigma_k}, \quad V_{0K} = \frac{QR_{QK}\sin\hat{\theta}}{D(l_i + l_j)\Delta\sigma_k} \tag{4.63}$$

式中，$\Delta\sigma_k$ 为第 k 个 σ 层的厚度。所以，QR_{QK} 对于第 k 个 σ 层上的 MCE 单元 x 和 y 动量方程的贡献分别为 $0.5QR_{QK}U_{0k}$ 和 $0.5QR_{QK}V_{0k}$。

开边界网格节点上标量的浓度，如盐度、温度等可以由边界条件给定，也可以通过计算求解。对

于第一种情况，每个时间步长由用户给定开边界网格节点上的浓度，所以就不需要解标量方程。这种方法建立在从河流或沿岸注入的淡水在 TCE 单元中没有发生混合的假设基础上，该方法经常被用于有限差分模式的点源处理中。这种方法的好处是概念清楚，但是在淡水注入附近，特别是水平分辨率较低的时候，容易产生不真实的浮力梯度。第二种情况，开边界网格节点处的标量浓度直接通过标量方程计算。例如，定义 S_{0k} 为第 k 个 σ 层上淡水注入 TCE 单元处的盐度，它可以通过下列盐度方程计算：

$$\frac{\partial S_{0k}D}{\partial t}=[-\oint_{s-(l_i+l_j)} v_{nk}S_kD\mathrm{d}s+\iint_{\Omega^\varsigma}F_s\mathrm{d}x\mathrm{d}y+QR_{Qk}\hat{S}_{0k}]/\Omega^\varsigma \tag{4.64}$$

式中，v_{nk} 为第 k 个 σ 层上垂直于 TCE 单元边界的速度分量；S_k 为连接岸线的三角形节点上的盐度；F_s 为盐度方程的水平和垂直扩散项；$\hat{S}_{0k}$ 为注入水的盐度。

(2) MCE 方法

定义 Q 为输入到 MCE 控制单元中水体积，$\hat{\theta}$ 为岸线相对于 x 方向的夹角，l 为 MCE 单元的岸线边界长度，如图 4.36 所示。

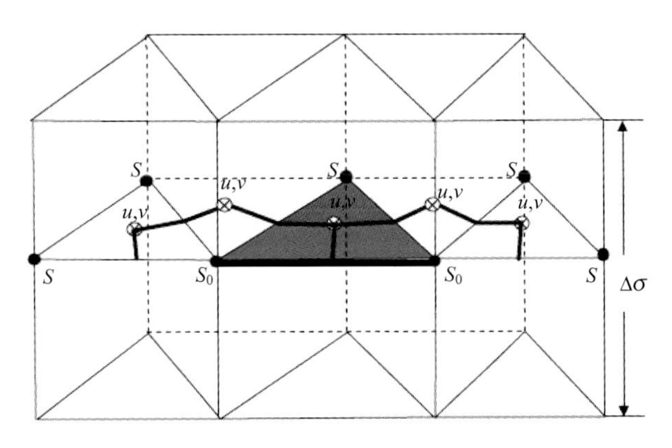

图 4.36　河流冲淡水由海岸边界输入 MCE 控制体示意图

由 Q 产生的垂直平均速度 x 和 y 分量可由下式计算：

$$U_0=\frac{Q\cos\hat{\theta}}{Dl},\quad V_0=\frac{Q\sin\hat{\theta}}{Dl} \tag{4.65}$$

同样，与前式中 R_{QK} 的定义一样，在第 k 个 σ 层上 MCE 单元中的 x 和 y 速度分量由下式计算：

$$U_{0K}=\frac{QR_{QK}\cos\hat{\theta}}{Dl\Delta\sigma_k},\quad V_{0k}=\frac{QR_{QK}\sin\hat{\theta}}{Dl\Delta\sigma_k} \tag{4.66}$$

因此，淡水输入对外模 MCE 单元 x 和 y 动量方程的贡献分别为 QU_0 和 QV_0，对内模第 k 个 σ 层上 x 和 y 的贡献分别为 $QR_{QK}U_{0k}$ 和 $QR_{QK}V_{0k}$。

因为淡水是从一个 MCE 单元输入到计算区域中，所以我们假设由于这个输入产生一个沿岸水平的梯度。一个简单的处理方法，是选择连接淡水注入 MCE 单元周围的两个几何形状相同的 TCE 单元，并假设淡水输入这两个 TCE 单元的量相等。让 i 和 j 分别代表这两个 TCE 单元，那么

$$Q_i=Q_j=Q/2 \tag{4.67}$$

注意这个假设仅在两个 TCE 单元几何形状相同的前提下成立。因此，第 i 个或第 j 个 TCE 单元中的岸线节点的表面水位由下式计算：

$$\frac{\partial \varsigma_I}{\partial t}=\left[-\oint_s v_{nI}D_I\mathrm{d}s+Q_I\right]/\Omega_I^\varsigma \tag{4.68}$$

式中，I 表示 i 或 j；v_{nI} 为垂直于 TCE 单元边界的速度分量；s 为围绕 TCE 单元边界的封闭轨线。岸线

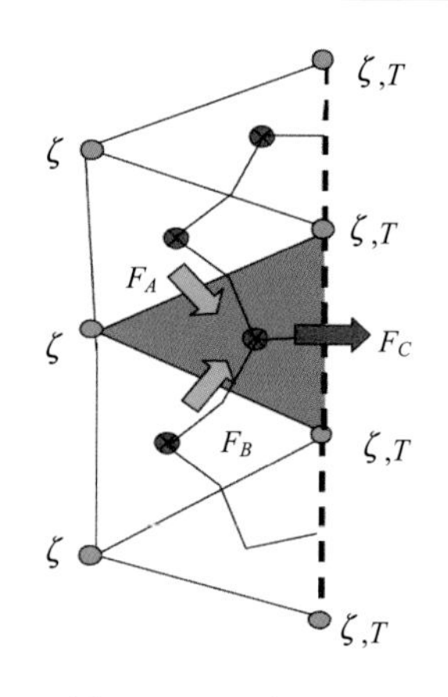

图 4.37　开边界处的通量计算

点上的标量浓度(如盐度、温度等)既可以给定，也可以通过计算解得，步骤与 TCE 方法相同。

(3)海洋开边界

如图 4.37 所示，开边界上给定水位，通过给定的潮汐调和常数来计算：

$$\varsigma_0 = \overline{\varsigma_0} + \sum_{i=1}^{N_0} \hat{\varsigma}_i \cos(\omega_i t - \theta_i) \tag{4.69}$$

式中，$\overline{\varsigma_0}$ 为相对于静止海面的平均水位；$\hat{\varsigma}_i$、ω_i、θ_i 分别为第 i 个分潮的振幅、频率和相位；N_0 为分潮的个数。

边界 MCE 控制体中心处的速度通过不包括垂直和水平扩散项的动量方程来计算，用同样的方法计算边界上的盐度及其他标量。TCE 节点上的标量，如温度、盐度则分三步进行计算。首先由连续方程计算流入或流出边界 MCE 的通量，给出方程为

$$F_C = \frac{\partial \varsigma}{\partial t} \Omega^u - (F_A + F_B) \tag{4.70}$$

然后根据边界 TCE 的净垂直平均通量计算垂直平均温度，最后用重力波辐射边界条件计算每一层 TCE 节点处 $T' = T - \overline{T}$。

4.5.2　赤潮漂移扩散预报模型基础

1. 赤潮漂移扩散预报技术原理

选取非结构网格有限体积近岸海洋环流模式作为示范海区海流预报模型，利用海洋环流模式提供的流速、流向计算赤潮生物团的漂移过程，再利用粒子的拉格朗日随机游走模式来模拟计算赤潮生物团的扩散过程。笛卡儿坐标下，赤潮团在水体中的输送扩散可以用平流扩散方程来描述：

$$\frac{\partial C}{\partial t} + \frac{\partial uC}{\partial x} + \frac{\partial vC}{\partial y} + \frac{\partial wC}{\partial z} = \frac{\partial}{\partial x}\left(D_{\mathrm{H}} \frac{\partial C}{\partial x}\right) + \frac{\partial}{\partial y}\left(D_{\mathrm{H}} \frac{\partial C}{\partial y}\right) + \frac{\partial}{\partial z}\left(D_{\mathrm{V}} \frac{\partial C}{\partial z}\right) \tag{4.71}$$

式中，C 为赤潮团浓度；u、v 和 w 为笛卡儿坐标下 x、y 和 z 方向的速度分量；D_{H} 为水平方向扩散系数；D_{V} 为垂直方向扩散系数。模拟方程(4.71)中赤潮团位置的变化可根据下面随机差分方程计算：

$$\mathrm{d}x = (\mathrm{d}x)_{\mathrm{drift}} + (\mathrm{d}x)_{\mathrm{ran}} = \left(u + \frac{\partial D_{\mathrm{H}}}{\partial x}\right)\mathrm{d}t + \sqrt{2D_{\mathrm{H}}}\,\mathrm{d}W_x(t) \tag{4.72}$$

$$\mathrm{d}y = (\mathrm{d}y)_{\mathrm{drift}} + (\mathrm{d}y)_{\mathrm{ran}} = \left(v + \frac{\partial D_{\mathrm{H}}}{\partial y}\right)\mathrm{d}t + \sqrt{2D_{\mathrm{H}}}\,\mathrm{d}W_y(t) \tag{4.73}$$

$$\mathrm{d}z = (\mathrm{d}z)_{\mathrm{drift}} + (\mathrm{d}z)_{\mathrm{ran}} = \left(w + \frac{\partial D_{\mathrm{V}}}{\partial z}\right)\mathrm{d}t + \sqrt{2D_{\mathrm{V}}}\,\mathrm{d}W_z(t) \tag{4.74}$$

式中，$\mathrm{d}W(t)$ 为平均值为零；方差为 $\mathrm{d}t$ 的高斯分布。考虑到 FVCOM 海流模式垂直方向为 σ 坐标，假设 σ 坐标下垂直速度为 ω，则赤潮团在 σ 方向上的位移可用下式求解：

$$\mathrm{d}\sigma = (\mathrm{d}\sigma)_{\mathrm{drift}} + (\mathrm{d}\sigma)_{\mathrm{ran}} = \frac{1}{H}\omega \mathrm{d}t + \frac{1}{H^2}\frac{\partial D_{\mathrm{V}}}{\partial \sigma}\mathrm{d}t + \frac{1}{H}\sqrt{2D_{\mathrm{V}}}\,\mathrm{d}W_\sigma(t) \tag{4.75}$$

2. 赤潮漂移扩散预报模型的基本构成

赤潮漂移与扩散模型由前端数据输入模块、赤潮团漂移扩散数值模拟模块以及图形产品输出模块构成。

首先利用卫星遥感、航空遥感、船舶观测等手段确定监测海域赤潮发生位置和范围等初始信息，并通过赤潮信息数字化处理输入赤潮漂移路径预报模块。模型不考虑赤潮的生态繁殖扩展过程，而只考虑动力环境对赤潮漂移的影响，由海流数值预报模块和海面风场数值预报模块提供海流、风场等动力环境。模型主要结构如图 4.38 所示。

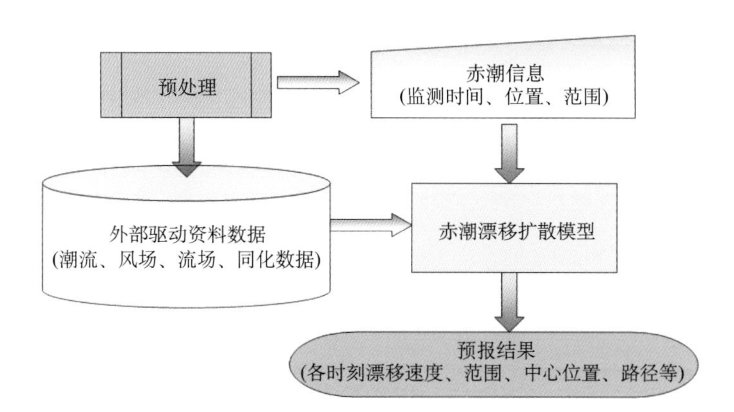

图 4.38　赤潮漂移与扩散数值预报模型结构

赤潮漂移与扩散预报模型包括水动力模块、赤潮藻团的数字化模块、系统控制预处理模块及赤潮藻团漂移扩散计算模块。

1) 水动力模块

水动力模块采用三维有限体积近岸海洋模型(FVCOM)。模型水平方向采用非结构三角形网格，垂向采用 σ 坐标，控制方程采用垂直准静力平衡假定和 Boussinesq 近似；采用二阶湍流闭合模型来计算垂直湍流黏性系数和扩散系数。

水动力模块负责向赤潮漂移与扩散模块提供海洋环境要素，包括三维海流流速、流向、水位、温度、盐度等。

2) 赤潮藻团的数字化模块

赤潮藻团的数字化模块负责为赤潮漂移扩散计算模型提供所需要的赤潮藻团位置、密集度等信息，并将这些信息进行网格化。

3) 系统控制预处理模块

预处理模块负责向赤潮漂移与扩散模式提供赤潮漂移扩散计算所需要的输入信息，包括赤潮发生时间、赤潮发生地点、赤潮发生范围等。预处理模块还负责提交系统各模块启动时间、预报时效、预报范围等模式模拟信息。

4) 赤潮藻团漂移扩散计算模块

赤潮藻团漂移扩散数值预报模块在接收到水动力模块和预处理模块提供的赤潮源信息、环境动力要素之后，经过计算，输出预报结果，预报结果包括各时刻的赤潮漂移速度、范围、位置、路径等。

3. 水动力模型与赤潮漂移模型耦合系统

将海流预报模式与拉格朗日随机游走模式进行耦合便可建立起赤潮的漂移扩散预报模式。整个模型的主体是赤潮漂移路径数值预报模型，在该模型中不考虑赤潮的生态繁殖扩展过程，将赤潮团作为受风和流作用下的被动漂移物体，只考虑其在水平方向的物理运动过程，运动方程如下：

$$\frac{\mathrm{d}x_i}{\mathrm{d}t}=v_a\left(x_i,t\right)+R\times v_d\left(x_i,t\right) \tag{4.76}$$

式中，v_a是海流赋给赤潮的速度，海流包括潮流、环流；v_d是风速；R是经验系数，表达了风对赤潮的拖曳赋给的速度。求解方法采用了一阶求解，公式如下：

$$x_i^{n+1}\cong x_i^n+\Delta t\left[v_a\left(x_i^n,t^n\right)+R\times v_d\left(x_i^n,t^n\right)\right] \tag{4.77}$$

采用环境动力模块的风场数值模拟和流场数值模拟后报结果，通过漂移模式数值试验，确定R为0.02，完成赤潮漂移轨迹预报模型的建立。从赤潮漂移轨迹预报模型的运动方程可以看到，流场和风场的数值预报结果直接决定了漂移模型预报结果的准确率。

4.5.3　赤潮漂移扩散预报模型建立

1. 外部驱动条件

海洋动力驱动场是潮流、风海流、密度流、压力梯度流等合成的矢量场。在近海，潮流和风引起的漂流是决定赤潮漂移轨迹最重要的因素。从现有业务化运行系统或资料同化分析系统获取与水动力有关的边界条件，如流量、水位等，并配置水动力子系统的控制参数，如负荷输入节点的数量和位置等，模拟计算的长江径流量取月平均流量，每月更新一次。

1) 风场数值预报场的获取

通过国家海洋环境预报中心现有的业务化风场数值预报系统获取风场数据，该风场数值预报模型采用 WRF，模式运行的大型计算机环境是 IBM P575 业务机器，大区域时间步长是 240 秒，小区域为 80 秒。模式系统每天 12：00(北京时)启动，13：30 产生预报结果，起报时间为当日北京时 8：00(世界时 00 点)，预报时效为 72 小时。

2) 海洋流场数值预报的获取

以生态动力学模型中介绍的非结构网格有限体积近岸海洋环流模式作为示范海区海流预报模型，并与第 3 章介绍的拉格朗日随机游走模式进行耦合建立赤潮漂移扩散预报模式。海流计算采用不重叠的非结构三角形网格，水平方向的最小网格分辨率约 1 km，最大约 50 km，区域网格格点数为 5 877 个，单元数为 10 584 个，外模时间步长 10 秒，内模时间步长 60 秒垂直方向采用 σ-坐标，分 11 层。利用海流模型提供的流速、流向计算赤潮生物团的漂移过程，再利用粒子的拉格朗日随机游走模式来模拟计算赤潮生物团的扩散过程。

2. 模型配置

模型时间步长为 10 分钟，边界条件采用无反射条件，即假设赤潮在海面时随表面流和风的作用漂移，到达陆地时就粘在陆地上，不再参与计算。赤潮靠岸的判断方法如下：判断当前时刻位置点和下一时刻位置点两点连成的直线和每一条海岸线段是否相交，如果相交则交点为赤潮藻团的登岸点。

3. 赤潮信息数值化处理

一些遥感图片或者航拍图片，往往不能精确给出数字化的赤潮藻团发生的经纬度位置，将该类信息进行数字化转化，从而实现对船舶、卫星以及航空遥感监测到的赤潮信息进行数字化，从而提供模型所需的数字化信息。基于 Matlab 软件，采集赤潮发生面积廓线坐标位置，利用 Matlab 中的一些功能，将可能发生赤潮的位置包括在廓线区域内，从而获得其坐标位置。

4.5.4　赤潮个例分析

1. 赤潮个例数值模拟结果分析

1) 赤潮概况

以 2007 年 7 月 22 日～8 月 6 日长江口附近发生赤潮为例，进行模型后报试验与检验。根据东海海洋环境保护通报，2007 年 7 月 24 日上午，发现在 29°54′ N，122°28.92′ E；29°54.42′ N，122°36.83′ E；30°02′ N，122°37′ E；30°1.92′ N，122°29.17′ E 四点连线范围内均有赤潮发生，面积 200 多平方千米，海水呈红褐色，呈大面状分布。7 月 26 日，发现该海域赤潮依然存在，估计面积超过 200 km^2，赤潮位置在朱家尖岛东部一侧(122°26′E 以东海域)，与前几日相比，赤潮更接近朱家尖岛东部沿岸。7 月 27 日，发现在 29°56′ N，122°38′ E~29°51′ N，122°46′ E；29°34′ N，122°21′ E~29°27′ N，122°21′ E 沿线范围内均有赤潮，累计面积约 400 km^2，近海海域颜色为深褐色，离岸海域为淡褐色。赤潮海域已接近朱家尖岛东部岸线，等步岛、桃花岛及普陀山海滨浴场等沿岸海域已受到赤潮影响。同日，对朱家尖东部海域的赤潮进行应急跟踪监测，发现大面积赤潮依然存在，面积超过 200 km^2。卫星遥感反演得到的赤潮发生范围如图 4.39 所示，图中红色部分表示监测到的赤潮区域。

(a) 2007年7月24日　(b) 2007年7月25日　(c) 2007年7月26日　(d) 2007年7月27日

图 4.39　2007 年 7 月 24～27 日长江口附近海域发生赤潮的连续遥感监测卫星图

2) 数值预报结果

利用建立的赤潮漂移与扩散数值预报模型，选取赤潮藻团位置点，组成赤潮范围包络线，在不考虑赤潮的生物、化学转化过程的前提下，通过模型计算对赤潮团未来 24～48 小时的漂移轨迹和分布范围进行预测(表 4.21)。

表 4.21　赤潮藻团 24 小时和 48 小时的漂移扩散预测

起报时间	24 小时漂移扩散预测			48 小时漂移扩散预测		
	方向	距离/km	速度/(km/h)	方向	距离/km	速度/(km/h)
2007 年 7 月 24 日	偏北	9.61	0.40	偏北	8.19	0.34
2007 年 7 月 25 日	北	8.49	0.35	偏北	8.09	0.34
2007 年 7 月 26 日	偏北	7.41	0.31	北	8.17	0.34

图 4.40～图 4.42 显示了赤潮藻团 24 小时和 48 小时漂移扩散的预测位置，黑色实线表示卫星遥感赤潮发生的位置，红色虚线表示 24 小时预报位置，蓝色虚线表示 48 小时预报位置。根据 2007 年 7 月 24 日卫星遥感赤潮发生位置预测，24 小时漂移方向为偏北方向，漂移距离为 9.61 km，漂移速度为 0.40 km/h，48 小时漂移距离为 8.19 km，漂移速度为 0.34 km/h。与 7 月 25 日卫星遥感图对比，由于没有考虑赤潮藻种的生物化学变化，预报结果无法完全刻画藻类生长繁殖导致赤潮藻团的面积增加，但预报赤潮藻团的主要漂移扩散方向与实际情况是一致的。从 2007 年 7 月 25～27 日的卫星遥感图可知，如短时间内忽略赤潮藻类繁殖生长，赤潮的漂移扩散趋势是逐渐向北方向，与各时刻起报的预报结果一致，且 24 小时与 48 小时预测的漂移距离和速度相对较小，不利于赤潮藻团的消散，故赤潮面积有进一步发展趋势。据东海海洋环境保护通报，7 月 28 日，跟踪监测发现朱家尖东部海域赤潮依然存在，颜色为红褐色、深褐色，赤潮生物优势种仍为扁面角毛藻。7 月 29 日的跟踪监视显示，舟山朱家尖—普陀山东部海域以及桃花岛东南部海域的赤潮依然存在，赤潮区主要位于 29°59′ N，122°24′ E 与 29°51′ N，122°25′ E 两点连线以东海域，观测所及的赤潮海域面积超过 200 km^2，颜色为红色、褐色。另外，监测飞机在朱家尖东北方向发现大面积赤潮，赤潮主要位于距离朱家尖 20 km 以内的海域，其中，近岸海域附近颜色为褐色，较远海域为淡褐色。

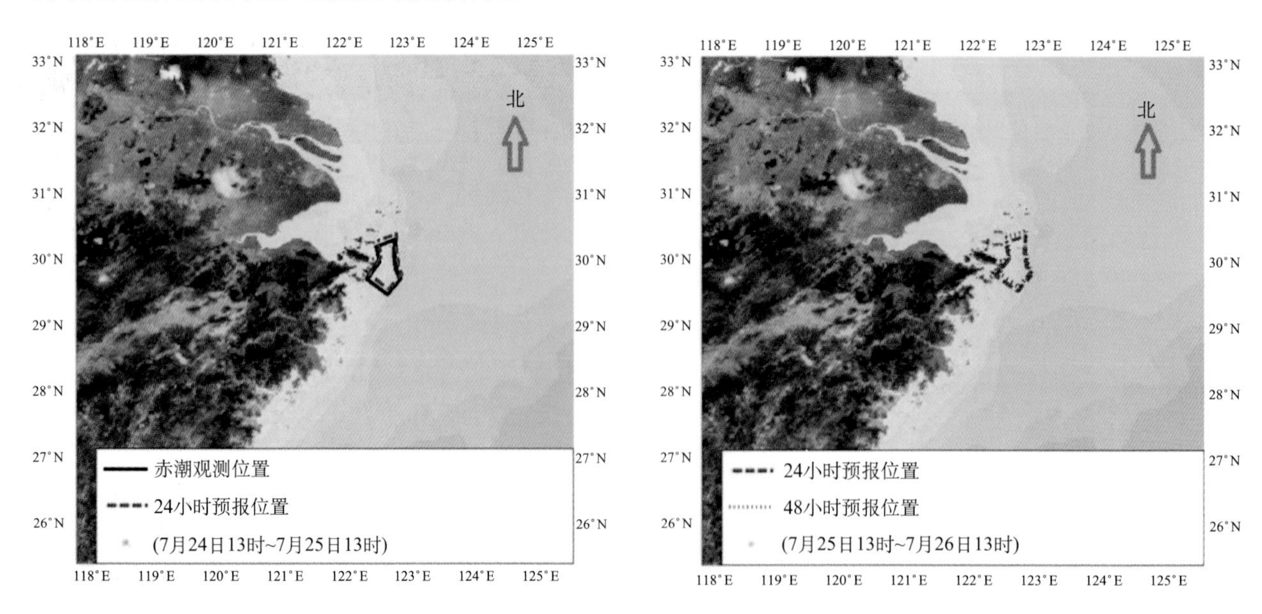

图 4.40　2007 年 7 月 24 日起预报赤潮藻团 24 小时和 48 小时的漂移扩散位置

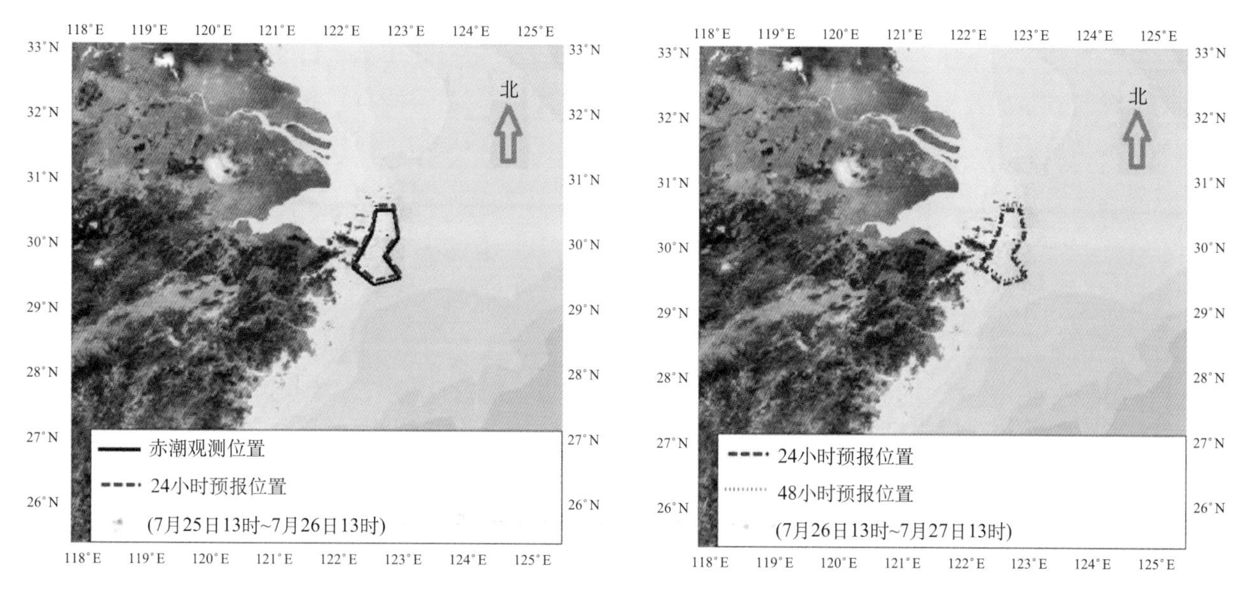

图 4.41 2007 年 7 月 25 日起预报赤潮藻团 24 小时和 48 小时的漂移扩散位置

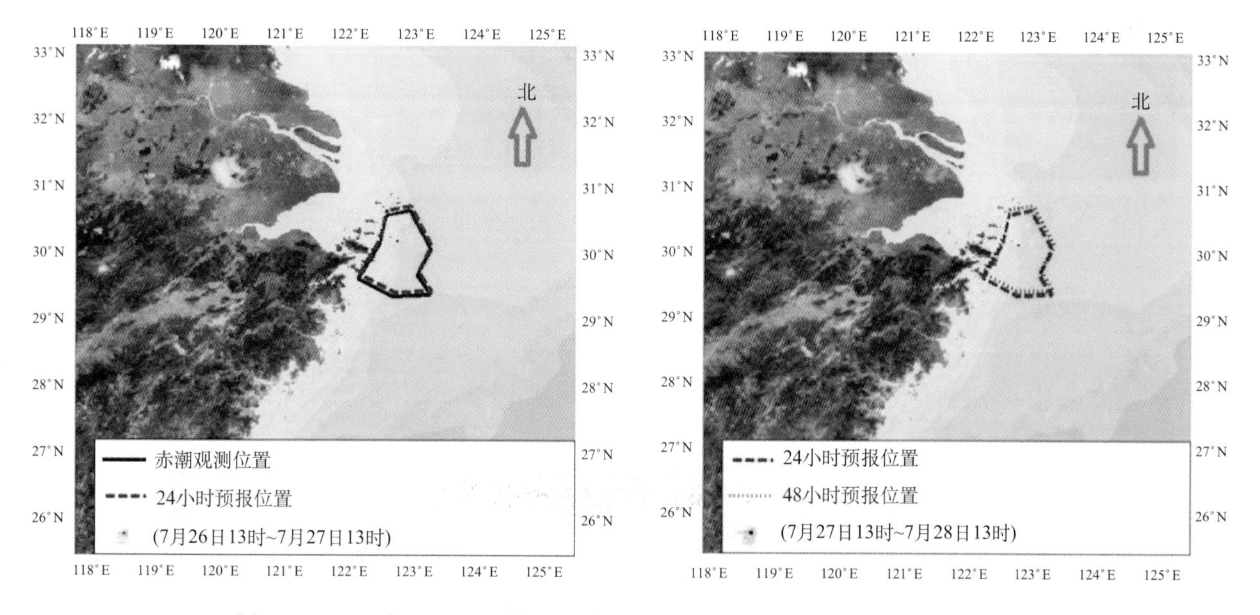

图 4.42 2007 年 7 月 26 日起预报赤潮藻团 24 小时和 48 小时的漂移扩散位置

3) 预报误差分析

由于观测资料有限，较难分辨赤潮的繁殖扩散和漂移扩散过程，根据已有的相隔 24 小时卫星监测资料，尽量挑选前一天赤潮发生位置的边界点，把模式计算 24 小时的赤潮藻团漂移位置与卫星观测位置进行对比检验。

北京时间 2007 年 7 月 24 日 13 时起报 24 小时预报位置与 7 月 25 日卫星遥感图片对比，选取的赤潮发生点如图 4.43 所示，围绕赤潮藻团边界共选择 8 个预报起始位置点，图中用位置点相同颜色标号标出。图 4.44 为预报位置点与卫星遥感位置点对比图，分别用绿色 X 号和蓝色 X 号表示。同理，将 2007 年 7 月 25 日起报 24 小时预报位置与 7 月 26 日卫星遥感观测、2007 年 7 月 26 日 13 时起报 24 小时预报位置与 7 月 27 日卫星遥感图像分别进行对比(图 4.45～图 4.48)，计算误差检验结果如表 4.22

所示。结果表明，7 月 25～26 日，由于赤潮藻本身生长繁殖速率变化不大，24 小时预测与实际情况较为一致，但到 7 月 27 日赤潮藻类迅速繁殖生长，其海域范围变化超过由风和海流作用下的漂移扩散范围，误差相对较大，由于目前观测资料限制，未能对漂移扩散预测结果进行进一步验证，如果有连续监测间隔时间较短的数据进行验证，将更有助于进行模式调整。鉴于没有考虑赤潮藻自身的生物化学变化，预报结果无法完全刻画藻类生长繁殖导致赤潮藻团的面积增加，但预报赤潮藻团的主要漂移扩散方向与实际情况是一致的，在实际工作中具有一定的参考意义。

图 4.43　2007 年 7 月 24 日起报赤潮位置取点位置

图 4.44　24 小时预报位置与卫星遥感位置点对比图

图 4.45　2007 年 7 月 25 日起报赤潮位取点位置

图 4.46　24 小时预报位置与卫星遥感位置点对比图

图 4.47　2007 年 7 月 26 日起报赤潮位置取点位置

图 4.48　24 小时预报位置与卫星遥感位置点对比图

注：绿色 X 为预报终点位置；蓝色 X 号表示观测终点位置

表 4.22　赤潮藻团漂移扩散预报检验结果

事例(时间)	漂移角度均方差/(°)	漂移角度均绝差/(°)	观测平均速率/(km/h)	预报平均速率/(km/h)	平均速率相对误差/%	漂移速率均方差/(km/h)	漂移速率均绝差/(km/h)
2007 年 7 月 25 日	16.90	14.46	0.34	0.39	14.71	0.12	0.09
2007 年 7 月 26 日	16.66	12.88	0.30	0.34	13.33	0.14	0.11
2007 年 7 月 27 日	40.68	32.34	0.62	0.32	48.39	0.25	0.21

4.5.5　赤潮漂移与扩散预报误差验证

因获取赤潮实际空间位置等实况信息难度较大，利用项目组在东海示范区海域所布放的在线大浮标 QF202 海流剖面数据来检验赤潮漂移扩散预报模型的预报结果，分别取赤潮发生时间段及浮标测量连续时间段进行流速和流向验证。2013 年 6 月 15～29 日、7 月 1～10 日、7 月 2～8 月 9 日和 2014 年 1 月 12～22 日期间的预报与实测流速流向对比结果如图 4.49~图 4.56 所示。

根据上述四个时间段预报流速与浮标流速数据对比，统计得到两者流速间平局绝对误差为 0.18 m/s。按照该流速误差，24 小时后漂移扩散预报距离误差为 15 km 左右，即 24 小时赤潮漂移扩散预报误差不大于 20 km。建立的赤潮漂移扩散预报模型网格分辨率最小约为 1 km，相对于近岸单点浮标测量分辨率偏低可能是造成误差的主要原因。另外，浮标剖面测量水深可达 30 多米，而模拟计算插值得到的浮标附近水深约为 20 m，这也可能是误差来源之一。

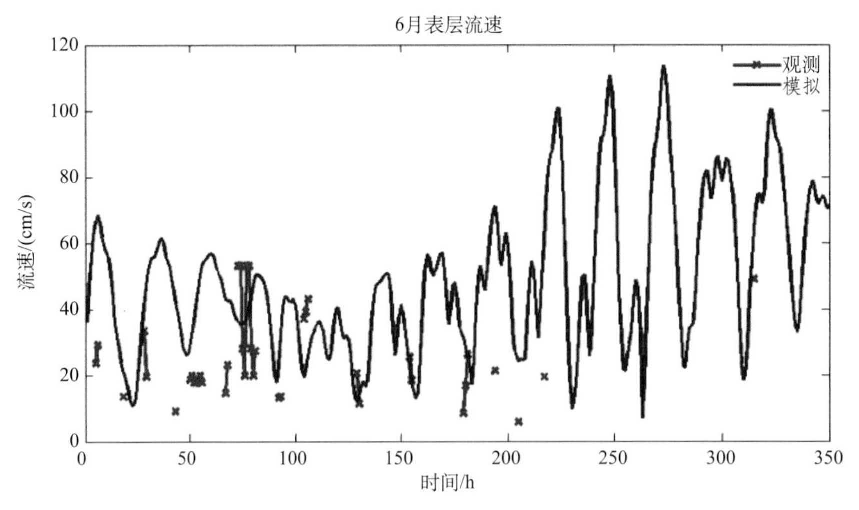

图 4.49　2013 年 6 月 15～29 日观测与模拟海流流速对比图

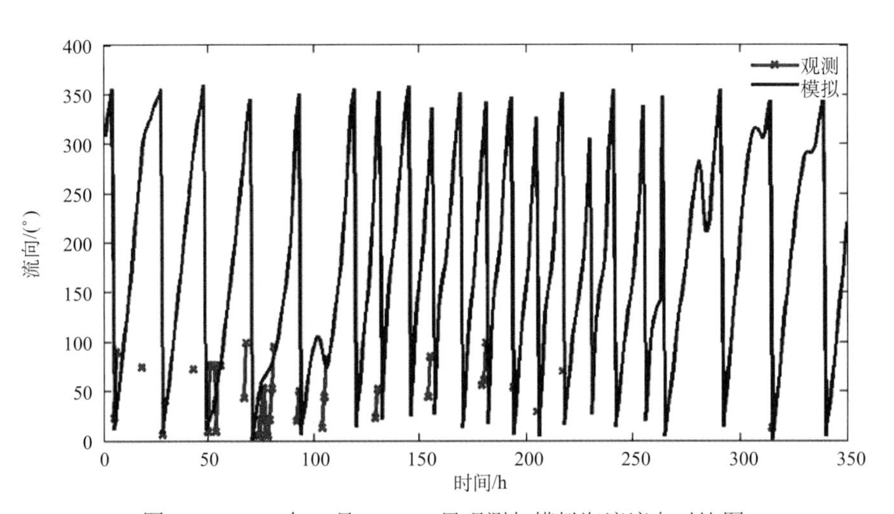

图 4.50　2013 年 6 月 15～29 日观测与模拟海流流向对比图

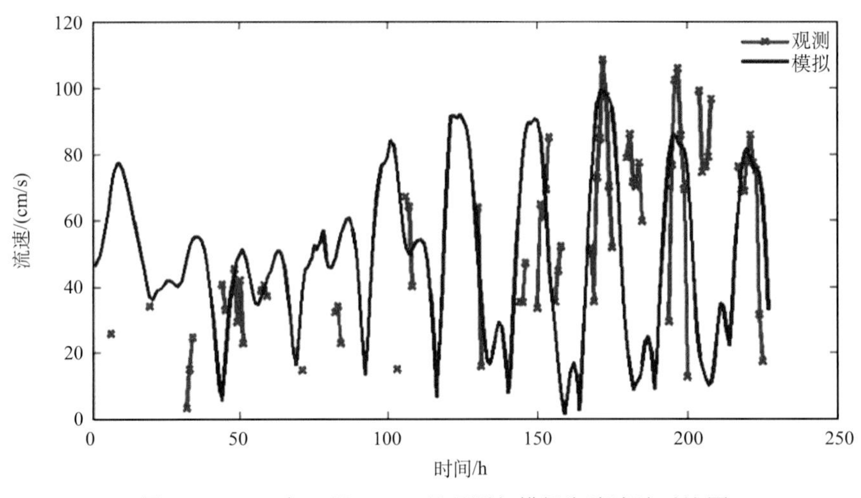

图 4.51　2013 年 7 月 1～10 日观测与模拟海流流速对比图

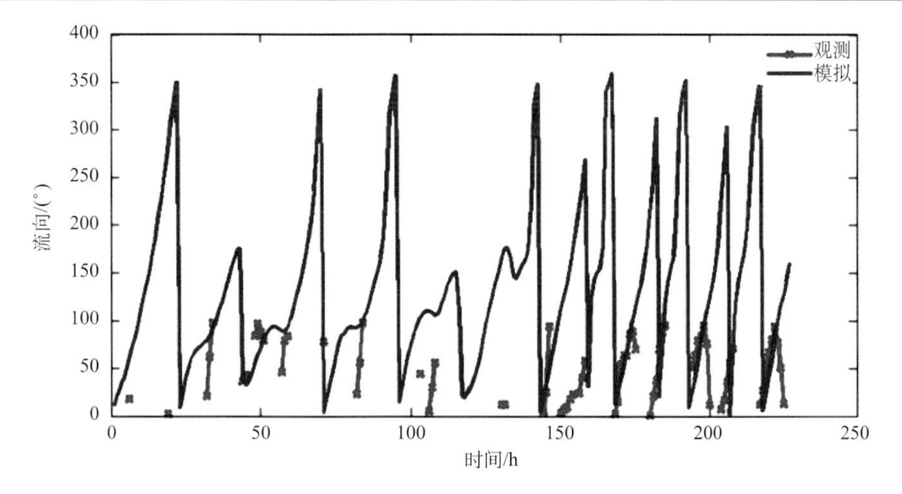

图4.52 2013年7月1～10日观测与模拟海流流向对比图

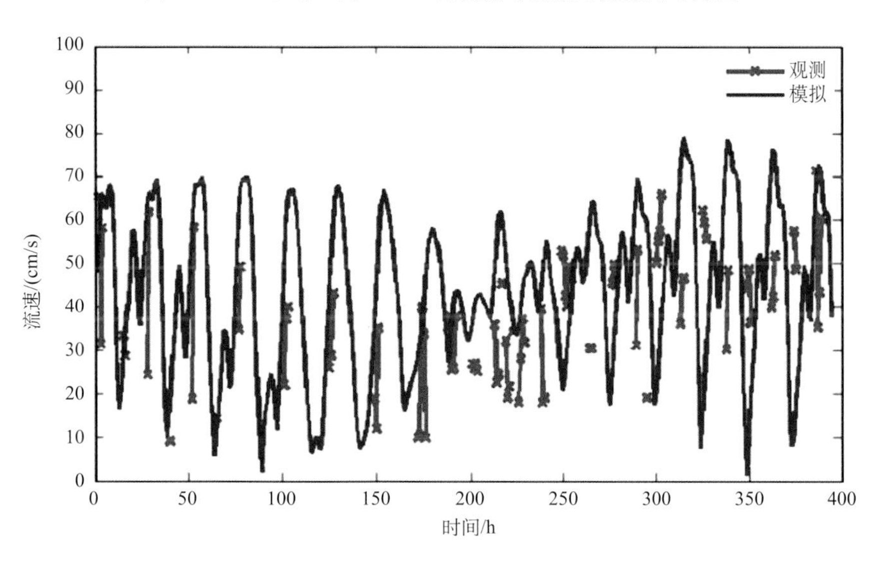

图4.53 2013年7月25～8月9日观测与模拟海流流速对比图

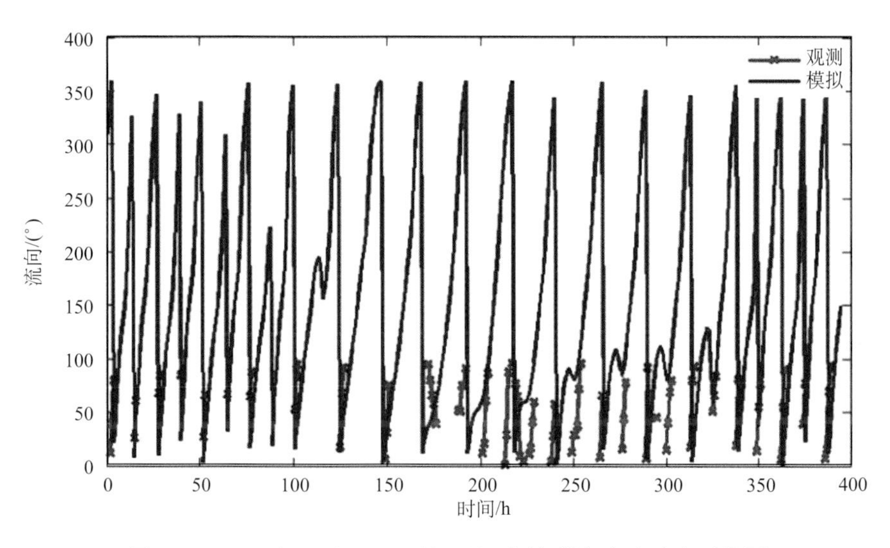

图4.54 2013年7月25～8月9日观测与模拟海流流向对比图

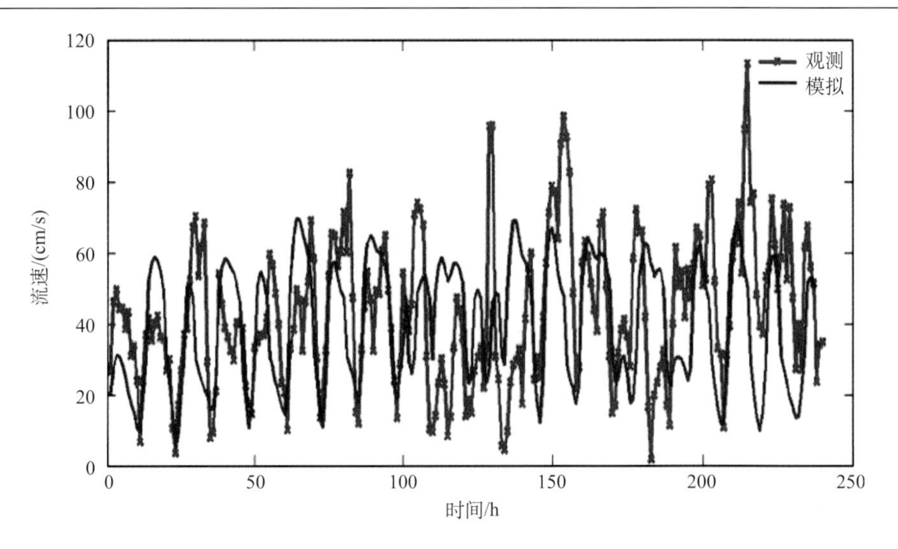

图 4.55　2014 年 1 月 12～22 日观测与模拟海流流速对比图

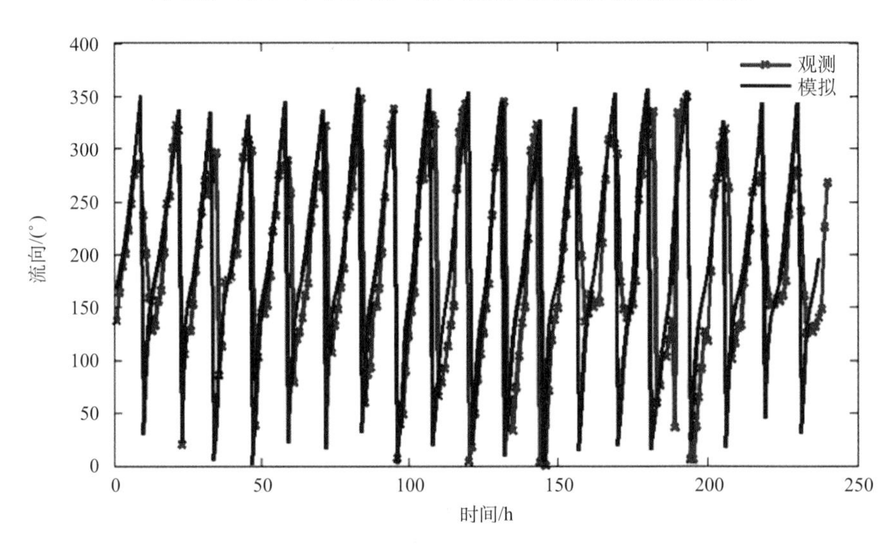

图 4.56　2014 年 1 月 12～22 日观测与模拟海流流向对比图

4.6　赤潮生态动力学数值预报

赤潮的发生是物理、化学、生物等多种因素综合作用的结果，并且我国近海气象、海流条件复杂多变，赤潮暴发后常伴有大范围转移、扩散的发生。生态动力学赤潮预报模型可以将物理、化学、生物等要素予以综合考虑，对现有的观测资料进行最大限度的利用，使得预报过程更加接近科学事实。而赤潮漂移与扩散预报技术将会进一步完善现有的赤潮预报系统，通过开发赤潮漂移扩散数值预报模型可对示范海区的赤潮漂移轨迹和扩散状况进行预测，对赤潮的可能影响位置及范围提前进行判断，从而最大限度地减轻赤潮灾害可能造成的损失，同时为赤潮灾害的损失评估提供参考和依据，成为赤潮减灾防灾的有力工具。

4.6.1　生态动力学模型

1. 模型介绍

海洋生态系统是世界上影响因素最繁多、结构最复杂的系统之一。以往的研究者往往根据自己的需要，选取不同的状态变量和变化过程来建立或简或繁的海洋生态动力学模型，从而达到模拟海洋生态系统的目的。在本研究中，我们选取示范海区中与赤潮生成相关的 8 个状态变量，它们分别是溶解氧、浮游植物、碳生化需氧量、氨氮、亚硝酸盐和硝酸盐、有机磷、无机磷、有机氮。

各状态变量循环变化如图 4.57 所示。

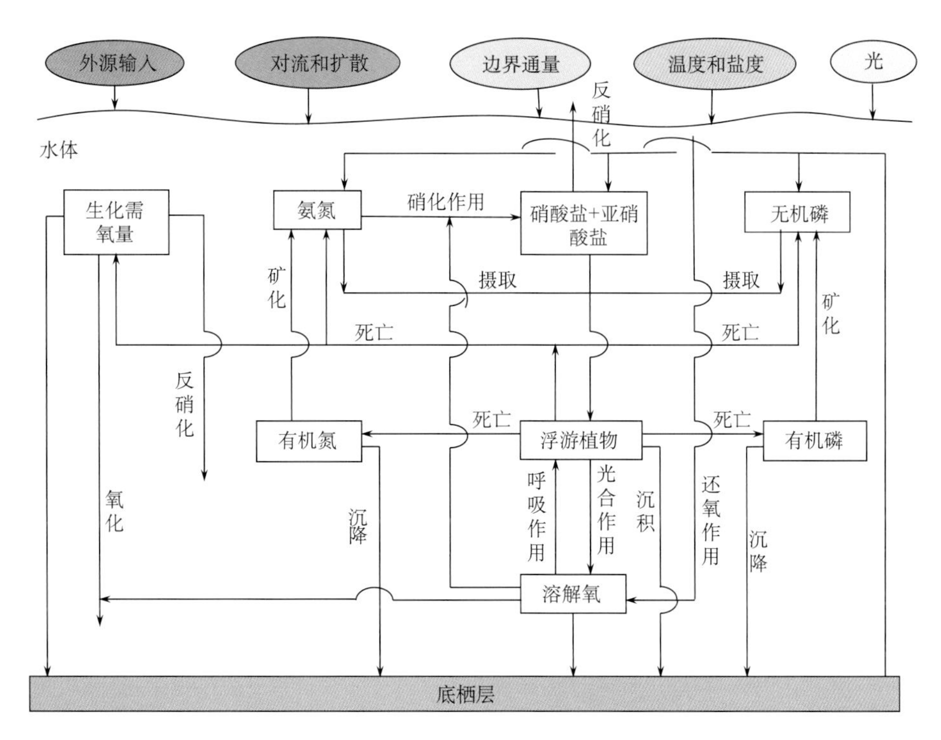

图 4.57　生态模型各状态变量循环的示意图

考虑到如图 4.57 所示的系统外部强迫条件、系统内部的动力过程和生物、化学过程，各状态变量的变化方程可表示为

$$\frac{\partial C_i}{\partial t}+\frac{\partial(uC_i)}{\partial x}+\frac{\partial(vC_i)}{\partial y}+\frac{\partial(wC_i)}{\partial z}=\frac{\partial}{\partial x}(A_h\frac{\partial C_i}{\partial x})+\frac{\partial}{\partial y}(A_h\frac{\partial C_i}{\partial y})+\frac{\partial}{\partial z}(K_h\frac{\partial C_i}{\partial z})+S_i+W_0 \qquad (4.78)$$

式中，C_i 为模型各状态变量的浓度，i=1，2，…，8，分别对应溶解氧、浮游植物、碳生化需氧量、氨氮、亚硝酸盐和硝酸盐、无机磷、有机氮和有机磷 8 个状态变量；u、v、w 为海水流速；A_h 和 K_h 为水平黏滞和垂直涡旋扩散系数；S_i 为系统内部生物或化学过程引起的源汇项；W_0 为系统外部的影响，如河流输入、大气沉降等。

1)溶解氧的循环变化

水体中溶解氧的含量和时空分布由多种物理、生物和化学作用共同决定。物理作用主要包括海水的对流输送和湍流混合及海气相互作用所导致的还氧过程，生物和化学作用包括生物化学物质碳化的耗氧过程、浮游植物光合作用产生氧气过程和呼吸作用消耗氧气过程、营养盐硝化和沉积物氧化的耗氧过程以及异氧细菌呼吸作用的耗氧过程。

浮游植物光合作用所释放的氧气是水体中溶解氧的一个重要来源，其值与浮游植物的密度和生长率有关。沉积物耗氧(SOD)、浮游植物呼吸作用、硝化反应、CBOD 的氧化过程都消耗水柱中的溶解氧，综合上面分析溶解氧的源汇项的数学表达式为

$$S_1 = k_{r1}\theta_{r1}^{(T-20)}(C_s - C_1) - k_{d1}\theta_{r1}^{(T-20)}\frac{C_1C_3}{K_{BOD}+C_1} - \frac{32}{12}k_{r2}\theta_{r1}^{(T-20)}C_2 - \frac{32}{14}2k_m\theta_{mi}^{(T-20)}\frac{C_1-C_4}{K_{NITR}+C_1} + G_P\left[\frac{32}{12}+\frac{48}{14}a_{nc}(1-P_{NH_4})\right]C_2 - \frac{SOD}{D_d}\theta_{SOD}^{(T-20)} - k_{r3} \tag{4.79}$$

式中，C_1为溶解氧的浓度；C_2为浮游植物的浓度；C_3为 CBOD 的浓度；C_4为氨氮的浓度；C_s为海水中溶解氧的饱和浓度，它是温度(T)和盐度(S)的函数，其值可采用美国公共卫生协会所建议的标准公式来计算

$$\ln C_s = -139.34 + (1.5757\times10^5)T^{-1} - (6.6423\times10^7)T^{-2} + (1.2438\times10^{10})T^{-3} - (8.6219\times10^{11})T^{-4} - 0.5535S(0.031929 - 19.428T^{-1} + 3867.3T^{-2}) \tag{4.80}$$

式中，k_{r1}为还氧作用率，当水体中溶解氧的浓度低于其饱和值 C_s 时，海气相互作用过程将起着从大气向水体输氧的作用，这种相互作用所产生的复氧率(即大气进入水体的氧输送率)大小与海表面的平均流速、水深、风速和水温有关。在模型中，还氧率可通过与流速或风速有关的经验公式来确定，并取二者计算的最大值。当流速已知时，还氧率由流速和水深的函数求出，即

$$k_f = \begin{cases} 5.349|v|^{0.67}\cdot D^{-1.85} & D \leqslant 0.61\text{m} \\ 5.409|v|^{0.97}\cdot D^{-1.67} & D > 0.61\text{m}\quad |v| \geqslant 0.52\,\text{m/s} \\ 3.93|v|^{0.5}\cdot D^{-1.5} & \text{其他} \end{cases} \tag{4.81}$$

式中，k_f为 20℃水温条件下水流所致的还氧率；$|v|$为计算点的平均流速；D为水深。

当海面风速已知的情况下，20 ℃水温下水体的还氧率可通过海气相互作用过程的大气底边界层理论导出的 O'Connor 经验公式确定，即

$$k_w = \begin{cases} \dfrac{864}{D}\left(\dfrac{D_{OW}}{v_W}\right)^{2/3}\left(\dfrac{\rho_a}{\rho_W}\right)^{1/2}\dfrac{\kappa^{1/3}}{\Gamma}\sqrt{C_d}(100W) & W \leqslant 6\,\text{m/s} \\ \dfrac{864}{D}[(100Wa_1)^{-1} + (b_1\sqrt{100W})^{-1}]^{-1} & 6\,\text{m/s} < W \leqslant 20\,\text{m/s} \\ \dfrac{864}{D}\left(\dfrac{D_{OW}}{\kappa Z_e}\dfrac{\rho_a v_a}{\rho_W v_W}\sqrt{C_d}\right)^{1/2}\sqrt{100W} & W > 20\,\text{m/s} \end{cases} \tag{4.82}$$

式中

$$v_W a_1 = \left(\frac{D_{OW}}{v_W}\right)^{2/3}\left(\frac{\rho_a}{\rho_W}\right)^{1/2}\frac{\kappa^{1/3}}{\Gamma}(C_d)^2;\quad b_1 = \left(\frac{D_{OW}}{\kappa z_0}\frac{\rho_a v_a}{\rho_W v_W}\sqrt{C_d}\right)^{1/2} \tag{4.83}$$

式中，W为水面上 10 m 高度处的风速；ρ_a和ρ_W分别为空气和水体中的密度；V_a和V_W分别为空气和水体的黏性系数；D_{OW}为水体中氧的扩散率；κ为 von Karman 系数($\kappa = 0.4$)；C_d为阻力系数；Γ为无量纲系数；Z_e为等价粗糙率；Z_0为有效粗糙率。

方程各项符号的意义详见表 4.23。

2)浮游植物参与的循环变化

浮游植物的生长与光照、水温、营养盐和透光层的深度有关。营养盐对浮游植物生长率的影响采用 Michaelis-Menten 经验公式，即在低营养盐水平下，浮游植物的生长受营养盐的限制，生长率与营养盐成线性关系，而在高营养盐浓度情况下浮游植物不受营养盐影响。模型假设浮游植物生长仅发生在透光层，达到最优光强以前生长率随光强的增强而增大。浮游植物的生产力受自身呼吸作用、浮游动物捕食和底栖沉降的影响，假定存在一个固定的摄食率来简化浮游动物捕食和生长的复杂动力过程。

浮游植物源汇项的数学表达式为

$$S_2 = G_P C_2 - D_p C_2 - \frac{\omega_{2S}}{D} C_2 \tag{4.84}$$

式中，C_2为浮游植物的浓度；D为水深；G_p为浮游植物的生长率，与水体的温度、光照强度和营养盐有关，可用下式表达

$$G_P = k_{gr}\theta_{gr}^{(T-20)} f_1(N) f_2(I) \tag{4.85}$$

式中，$f_1(N)$为浮游植物的营养盐限制因子，根据最小营养盐限制的概念，使用 Machaelis-Menten 经验公式计算

$$f_1(N) = \min((C_4 + C_5)/(K_{mN} + C_4 + C_5), (C_6/(K_{mP} + C_6)) \tag{4.86}$$

式中，C_4为氨氮的浓度；C_5为硝酸和亚硝酸盐的浓度；C_6为无机磷的浓度，K_{mN}为无机氮的半饱和浓度，表示浮游植物生长速率达最大速率一半时所需无机氮浓度；K_{mP}为无机磷的半饱和浓度，表示浮游植物生长速率达最大速率一半时所需无机磷浓度。

$f_2(I)$为光限制因子，和日照强度有关

$$f_2(I) = \frac{e}{k_e D}\left\{\exp\left[\frac{-I_0(t)}{I_s}\exp(-k_e D)\right] - \exp\left(\frac{-I_0(t)}{I_s}\right)\right\} \tag{4.87}$$

式中，I_s为浮游植物生长所需的最适光强；k_e为光衰减系数；I_0为随时间变化的日照强度

$$I_0(t) = \begin{cases} \dfrac{\pi}{2}\dfrac{I}{f}\sin\left(\dfrac{\pi t}{f}\right), & t = 0 \sim f \\ 0 & , \quad t = f \sim 1 \end{cases} \tag{4.88}$$

式中，f为一天中白天所占的比例。

造成浮游植物生物量减少主要有三种机制，即呼吸作用、自然代谢死亡以及浮游动物摄食，因此浮游植物死亡率的计算方法如下式

$$D_P = k_{r2}\theta_{r2}^{(T-20)} + (k_{par} + k_{grz})\theta_{mr}^{(T-20)} \tag{4.89}$$

3) 状态变量 CBOD 的循环变化

CBOD 主要用于计算有机物氧化过程中所消耗的水体内氧的含量。碳物质的氧化过程是典型的 CBOD 反应过程。海水中的 CBOD 主要来源是由于初级生产者(浮游植物、底栖藻类)死亡、浮游动物排泄和对浮游植物摄食过程中非同化量所形成的碎屑碳。它主要由氧化、浮游植物死亡有机碳再循环、沉淀和反硝化 4 种生物化学过程控制。CBOD 的汇包括碳的氧化和颗粒碳物质沉积，当水柱中溶解氧的浓度很低时，反硝化作用也成为 CBOD 的汇。CBOD 源汇项的数学表达式为

$$\begin{aligned} S_3 = {} & a_{oc}(k_{par} + k_{grz})C_2 - k_{d1}\theta_{d1}^{(T-20)}\frac{C_1 C_3}{K_{BOD} + C_1} - \frac{\omega_{3S}(1 - f_{D3})}{D}C_3 \\ & - \frac{5}{4}\times\frac{32}{12}\times\frac{12}{14}k_{dn}\theta_{dn}^{(T-20)}\frac{C_5 K_{NO_3}}{K_{NO_3} + C_1} \end{aligned} \tag{4.90}$$

式中，C_1为溶解氧的浓度；C_2为浮游植物的浓度；C_3为 CBOD 的浓度；D为水深。方程中其他各项符号的意义详见表 4.29。

4) 氮循环

氮循环过程中包括有机氮、氨氮、硝酸和亚硝酸盐。浮游植物生长吸收无机氮，当浮游植物呼吸或死亡时，一部分转化为无机氮盐继续参加氮循环；另一部分以有机氮的形式释放到水体。在溶解氧的参与下，水体中发生硝化反应，即溶解氨转化为硝酸盐，这个转换过程只在氧的条件下才能发生。

在大洋、河口和近海海域，硝化过程不仅取决于水体中溶解氧的含量，而且还受 pH、流场、盐度和浊度的影响。在水体溶解氧限制的条件下，发生反硝化反应，即硝酸盐氮还原为氮气及其他氮氧化物。部分有机氮颗粒在水体静流的情况下沉降至底层而脱离水体，也有部分通过细菌分解或矿化作用转化为氨氮。氨氮源汇项的数学表达式为

$$S_4 = a_{nc}D_P(1-f_{on})C_2 + k_{m1}\theta_{m1}^{(T-20)}\frac{C_2C_7}{K_{mPc}+C_2} - a_{nc}G_P P_{NH_4}C_2 - k_{ni}\theta_{ni}^{(T-20)}\frac{C_1C_4}{K_{NITR}+C_1} + B_1 \tag{4.91}$$

硝酸和亚硝酸盐源汇项的数学表达式为

$$S_5 = k_{ni}\theta_{ni}^{(T-20)}\frac{C_1C_4}{K_{NITR}+C_1} - a_{nc}G_P(1-P_{NH_4})C_2 - k_{dn}\theta_{dn}^{(T-20)}\frac{C_5K_{NO_3}}{K_{NO_3}+C_1} + B_2 \tag{4.92}$$

有机氮源汇项的数学表达式为

$$S_7 = a_{nc}D_P f_{on}C_2 - k_{m1}\theta_{m1}^{(T-20)}\frac{C_2C_7}{K_{mPc}+C_2} - \frac{\omega_{7S}(1-f_{D7})}{D}C_7 \tag{4.93}$$

浮游植物生长吸收营养盐的过程中，铵盐和氮盐同时存在于水体时，浮游植物总是优先吸收铵盐，因此，铵的优先吸收因子可表示为

$$P_{NH_4} = \frac{C_4C_5}{(K_{mN}+C_4)(K_{mN}+C_5)} + \frac{C_4K_{mN}}{(C_5+C_4)(K_{mN}+C_5)} \tag{4.94}$$

式中，C_1 为溶解氧的浓度；C_2 为浮游植物的浓度；C_3 为 CBOD 的浓度；C_4 为氨氮的浓度；C_5 为硝酸和亚硝酸盐的浓度；C_7 为有机氮的浓度；D 为水深。方程中其他各项符号的意义详见表 4.29。

5) *磷循环*

磷循环过程中包括有机磷和无机磷。无机磷有两个内部源，即浮游植物的呼吸或死亡再循环和有机磷矿化。有机磷主要来源于浮游植物呼吸和死亡，在水体静流的情况下颗粒有机磷沉降至底层。浮游植物生长吸收溶解态无机磷，当浮游植物呼吸或死亡时，其体内的磷随浮游植物的减少而溶出，以有机磷或无机磷的形式存在。而有机磷被细菌分解变成无机磷，再被浮游植物所利用，如此构成水体中磷的循环。无机磷源汇项的数学表达式为

$$S_6 = a_{pc}D_P(1-f_{op})C_2 + k_{m2}\theta_{m2}^{(T-20)}\frac{C_2C_8}{K_{mPc}+C_2} - a_{pc}G_PC_2 + B_3 \tag{4.95}$$

有机磷源汇项的数学表达式为

$$S_8 = a_{pc}D_P f_{on}C_2 - k_{m2}\theta_{m2}^{(T-20)}\frac{C_2C_8}{K_{mPc}} - \frac{\omega_{8S}(1-f_{D8})}{D}C_8 \tag{4.96}$$

式中，C_2 为浮游植物的浓度；C_8 为有机磷的浓度；D 为水深。方程中其他各项符号的意义及取值详见表 4. 23。

表 4. 23　模型参数及其取值

符号	说明	单位	取值
k_{r1}	20℃时还氧作用率	d^{-1}	$\max(k_f, k_w)$
k_f	流引起的还氧作用率	d^{-1}	方程 8.4
k_w	风引起的还氧作用率	d^{-1}	方程 8.5

续表

符号	说明	单位	取值
k_{d1}	20℃时 CBOD 氧化速率	d^{-1}	0.16
k_{ni}	20℃时硝化作用率	d^{-1}	0.3
k_{r2}	20℃时浮游植物的呼吸作用率	d^{-1}	0.05
k_{r3}	细菌的呼吸作用率	mg O_2/ d^{-1}	0.10
k_{dn}	20℃时反硝化作用率	d^{-1}	0.09
k_{gr}	20℃时浮游植物的最大生长率	d^{-1}	3.0
$k_{par}+k_{grz}$	浮游植物的基本损失率	d^{-1}	0.04
k_{m1}	20℃时有机氮的矿化率	d^{-1}	0.08
k_{m2}	20℃时有机磷的矿化率	d^{-1}	0.22
θ_{r1}	还氧作用的温度订正系数	—	1.028
θ_{d1}	脱氧作用的温度订正系数	—	1.047
θ_{ni}	硝化作用的温度订正系数	—	1.080
θ_{r2}	浮游植物呼吸的温度订正系数	—	1.080
θ_{dn}	反硝化作用的温度订正系数	—	1.080
θ_{gr}	浮游植物生长的温度订正系数	—	1.066
θ_{mr}	浮游植物死亡的温度订正系数	—	1.000
θ_{m1}	有机氮矿化的温度订正系数	—	1.080
θ_{m2}	有机磷矿化的温度订正系数	—	1.080
θ_{SOL}	SOD 的温度订正系数	—	1.080
C_s	溶解氧的饱和浓度	mg O_2/L	式(4.80)
G_P	浮游植物的生长率	d^{-1}	式(4.85)
D_P	20℃时浮游植物的死亡率	d^{-1}	式(4.89)
P_{NH_4}	氨的优先吸收因数	—	式(4.94)
SOD	20℃时沉积物需氧量	g/(m^2 • d)	1.85
K_{BOD}	CBOD 氧化的半饱和浓度	mg O_2/L	0.5
K_{NITR}	硝化作用的半饱和浓度	mg O_2/L	0.5
K_{NO_3}	反硝化作用的半饱和浓度	mg O_2/L	0.1
K_{mN}	氮吸收的半饱和浓度	μg N/L	21.0
K_{mP}	磷吸收的半饱和浓度	μg P/L	3.2
K_{mPc}	浮游植物限制的半饱和浓度	mg C/L	1.0
ω_{2S}	浮游植物的沉降速率	m/s	0.2
ω_{3S}	CBOD 的沉降速率	m/s	0.5
ω_{7S}	颗粒有机氮的沉降速率	m/s	0.5
ω_{8S}	颗粒有机磷的沉降速率	m/s	0.5
f_{D3}	溶解 CBOD 的比例系数	—	0.5
f_{D7}	溶解有机氮的比例系数	—	1.0
f_{D8}	溶解有机磷的比例系数	—	1.0

续表

符号	说明	单位	取值
f_{on}	浮游植物死亡或呼吸释放有机氮的比例系数	—	0.55
f_{op}	浮游植物死亡或呼吸释放有机磷的比例系数	—	0.60
a_{nc}	浮游植物的氮碳比率	—	0.172
a_{pc}	浮游植物的磷碳比率	—	0.032
a_{oc}	氧碳比率	—	32/12
k_e	光衰减系数	m^{-1}	1.0
B_1	底栖氨氮通量	mg N/d	0.012
B_2	底栖氮通量	mg N/d	0.18
B_3	底栖磷通量	mg P/d	0.02
I_s	最优光强	Langleys/d	312.5
D_d	底栖层的深度	m	0.7

2. 模式建立与配置

以 FVCOM 为水动力学模型，该模型为生态动力学模型提供流场背景，再耦合包括溶解氧、浮游植物、碳生化需氧量、氨氮、亚硝酸盐和硝酸盐、有机磷、无机磷、有机氮 8 个状态变量的赤潮生态动力学模型。模型考虑了浮游植物通过光合作用生长，浮游植物对营养盐的摄取，浮游植物的死亡和排泄，营养盐和碎屑的自循环，浮游植物和碎屑的沉降，沉积层的营养盐释放等典型生态过程，同时还考虑了光照、气象条件、流场条件、径流输入和边界通量等系统外部强迫。对营养盐的变化将考虑径流输入、沉积层的释放及海洋开边界的通量，光透射将考虑悬浮物和浮游植物植物本身对光的消减作用。水动力部分与驱动赤潮漂移扩散模型的环流模型一样，其原理方法参见赤潮漂移扩散模型技术部分，此处不再赘述。

1) 非结构三角形网格建立

(1) 地形处理

以自然地形为基础，利用海域岸线数据提取其地理信息。采用样条插值和径向基函数插值法，将地形离散到非结构三角格点上，形成数字地形。

(2) 三角网格生成

对于分辨率要求不高的边界海域可根据实际需要生成分辨率较低的三角形网格，以节省网格构造费用，减少系统运行计算量，提高效率。

(3) 非结构三角形网格生成

一般港湾海岸线和河岸区域的的形状非常复杂，加上众多的岛屿，以及大范围的浅滩或平坦的海滩，当分辨率要求较高时，模式网格构造很困难。针对这一情况需要生成非结构三角网格以便更好地模拟岸线形状,对示范海区进行局地网格加密处理，模式区域共生成 5 877 个网格点，10 584 个单元，其中，最小网格长约 1 km，最大(海洋开边界)约 50 km；示例的长江口非结构网格如图 4.58 所示。

(4) 网格信息提取

网格生成以后需要对相应信息进行提取、整理，生成模式运行所需要的数据文件。这些信息包括网格点的物理属性、地形高程、网格间距、网格中心点的笛卡儿坐标、进行矢量图形输出时将虚拟坐

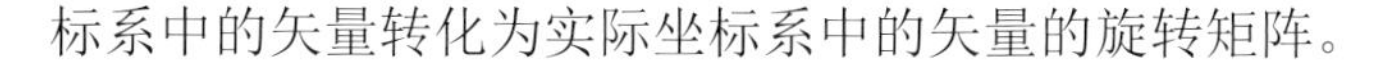
标系中的矢量转化为实际坐标系中的矢量的旋转矩阵。

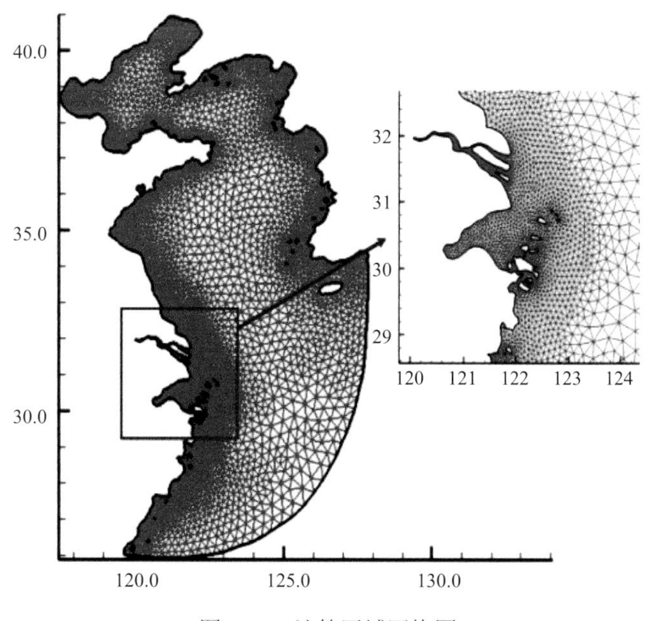

图 4.58　计算区域网格图

2) 示范海区水动力模型建立

选取美国马萨诸塞达特茅斯大学开发的有限体积近岸海洋环流模型(FVCOM)作为示范海区海流预报模型，该海流模型采用非结构三角形网格，利用有限体积方法求解水动力学方程组。非结构网格有限体积方法，既有可以对复杂岸线和岛屿做出精确刻画的优点，同时又有有限差分方法计算简单的特点。

收集整理长江口区域气压、风场、气温等气象资料和温度、盐度等水文资料，利用生成的网格及收集的资料，建立适合长江口的水动力预报模型。以 NCEP 的海面风场、热通量等作为模式的上边界强迫，以 WOA01 气候态资料作为模式计算的温度、盐度初始场，并按照模式要求的网格分辨率进行插值、平滑等处理。

(1) 模式配置。考虑模式开边界对示范区计算的影响，计算区域包括渤海、黄海和东海，海区范围为 26°～41° N，117.5°～128° E。水平方向划分为不重叠的非结构三角形网格，最小网格分辨率约 1 km，最大约 50 km，区域网格格点数为 5 877 个，单元数为 10 584 个，外模时间步长 10 秒，内模时间步长 60 秒，垂直方向采用 σ -坐标，分 11 层。

应用经过国家海洋环境预报中心业务化海流数值模式测试的水深数据作为模拟海域地形基础资料，覆盖整个模型范围，并转换为统一的数据格式，将地形离散到不重叠的三角格点上，测点稀疏的区域采用内插的方法，对于边界节点进行地形外延，最终形成计算网格节点的数字地形，结果见图 4.59。

(2) 海洋生态环境初始场获取与处理。从现有业务化运行系统和资料同化分析系统获取相关资料并对其进行处理，以适应模型的需要。获取并处理的资料包括水动力子系统所需要的初始流场、温度和盐度场等的初始数据。

(3) 边界数据获取与处理。从现有业务化运行系统和资料同化分析系统获取与水动力有关的边界条件，如流量、水位等，并配置水动力子系统的控制参数，如负荷输入节点的数量和位置等。用于模拟计算的长江径流量取月平均流量，每月更新一次。图 4.60 为 2006~2010 年长江水资源公报中的径流量变化。

(4) 预报系统强迫场获取与处理。预报系统强迫场需要从现有业务化运行系统或资料同化分析系统获取信息来构造模式运行所需数据文件。主要包括气象数据文件、开边界温度、盐度数据文件、悬浮沉积物浓度数据文件和负荷数据。其中，气象数据文件存放风速、风向、降水量、蒸发量、干球温度、湿球温度、大气压、太阳短波辐射及云量等信息。负荷数据文件存放入流污染源的数量及各项生化量值等。

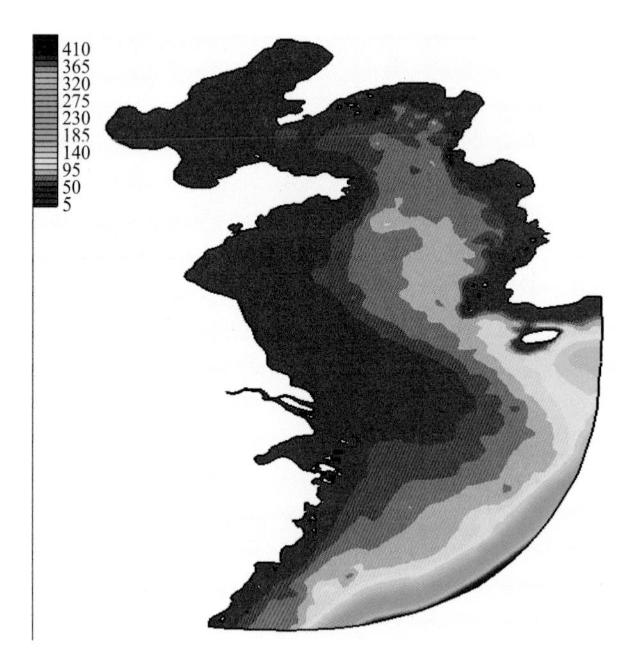

图 4.59 计算区域的水深分布

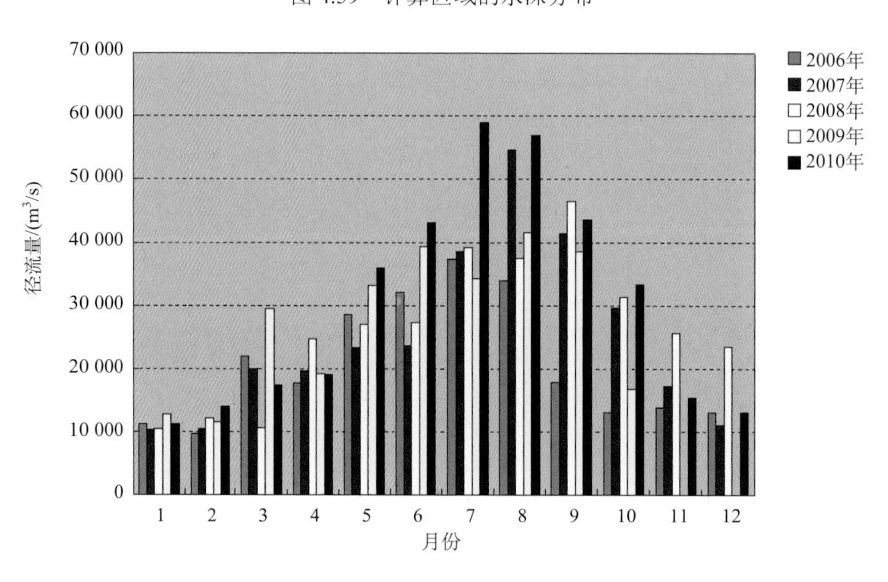

图 4.60 2006~2010 年长江月平均流量

3) 赤潮生态动力学模型建立

系统内部的化学生物过程考虑了浮游植物通过光合作用生长，浮游植物对营养盐的摄取，浮游植物的死亡和排泄，营养盐和碎屑的自循环，浮游植物和碎屑的沉降，沉积层的营养盐释放等典型生态过程，同时还考虑了系统外部的强迫，如光照、气象条件、流场条件、径流输入和边界通量等。对营养盐的变化将考虑径流输入、沉积层的释放及海洋开边界的通量，光透射考虑悬浮物和浮游植物本身对光的消减作用(表 4.24)。

表 4.24　生物化学状态变量的源汇项

状态变量	源项	汇项
浮游植物	浮游植物生长	浮游植物呼吸及死亡 浮游植物沉降
氨氮	浮游植物呼吸及死亡 有机氮的矿化作用	浮游植物吸收 硝化作用
硝酸盐	硝化作用	浮游植物吸收 反硝化作用
有机氮	浮游植物呼吸及死亡	有机氮的矿化作用 颗粒态有机氮沉降
有机磷	浮游植物呼吸及死亡	有机磷的矿化作用 颗粒态有机磷沉降
无机磷	浮游植物呼吸及死亡 有机磷的矿化作用	浮游植物吸收
CBOD	浮游植物死亡	CBOD 氧化 颗粒碳物质沉降 反硝化作用
溶解氧	还氧作用 浮游植物生长	浮游植物呼吸作用 硝化作用 CBOD 氧化 沉积物耗氧

考虑以上状态变量和变化过程的海洋生态动力学模型可较真实地模拟示范海区的物理、化学和生物环境，各个状态变量的预报结果可作为赤潮预报的参考依据。生态动力学状态变量的变化方程在非结构三角形网格单元下采用有限体积方法求解，模式网格采用交错网格(图 4.61)，即生物化学状态变量、水深、温度、盐度等标量位于三角形网格节点上，而流速位于三角形网格的中央，方程在水平方向上采用具有二阶精度的迎风格式求解，垂直方向上采用正定平流格式求解以在保证计算精度的基础上增加计算的稳定性。生态动力学状态变量的平流扩散过程所需要的流场信息以及生物、化学转化过程所需要的重要的海水温度和盐度信息将由建立的三维水动力模式提供。

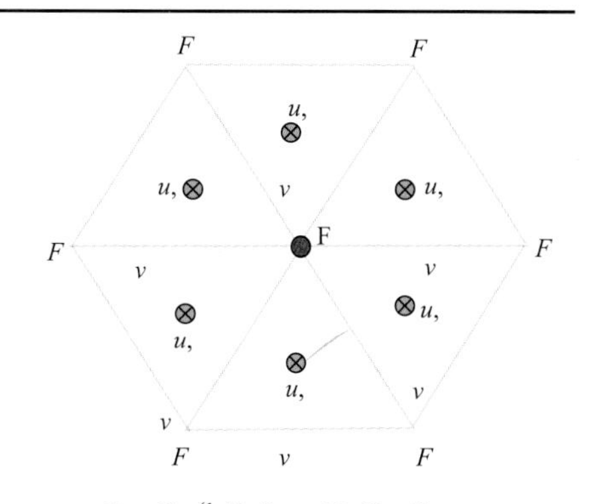

图 4.61　模式变量网格分布

4) 水动力学与生态动力学耦合模型建立

使用已经建立的三维水动力模型为上节中建立的海洋生态动力学模型提供流场。赤潮生态动力学数值预报模型结构计算如图 4.62 所示。

预报模块强迫场需要分别从业务化的大气模式和温盐流预报模式中获取气象要素场和开边界条件，同时结合海洋水质环境的监测信息得到模式计算所需生物化学状态变量的初始场及相关参数，经过预处理后，进行海区的水质环境要素预报。模块输入包括大气模式提供经过标准化处理的海面风场、热通量和淡水通量等要素场，由温盐流预报模式提供开边界条件，由模块系统中的资料同化分析系统提供的预报初始场；模块系统输出包括所有预报要素的格点数据。输出预报结果经过处理，可转化为图形或者表格形式提供给用户使用。

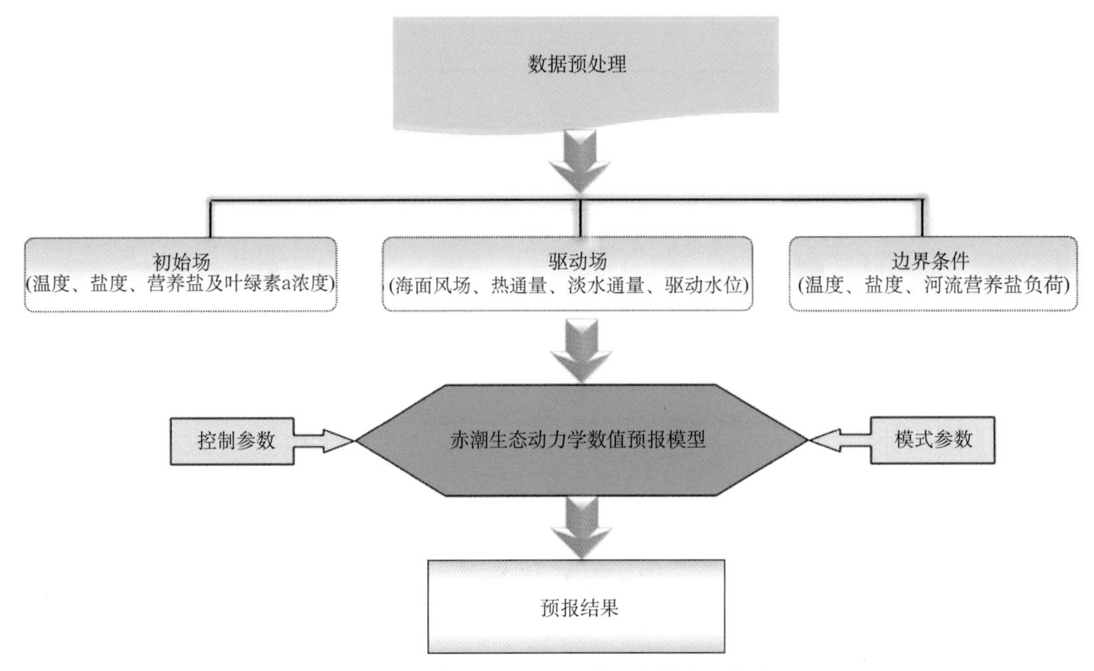

图 4.62　赤潮生态动力学数值预报模型结构

3. 数值计算结果分析与验证

应用建立的赤潮生态动力学模型进行数值模拟，针对水动力背景场采用潮汐调和分析的方法进行分析验证，并使用大陈、岱山、嵊山、朱家尖 4 个海洋站位实际监测的水位数据进行了验证，模拟得到的海区春、夏、秋、冬季节的海表温度和盐度特征与实际相比吻合较好。

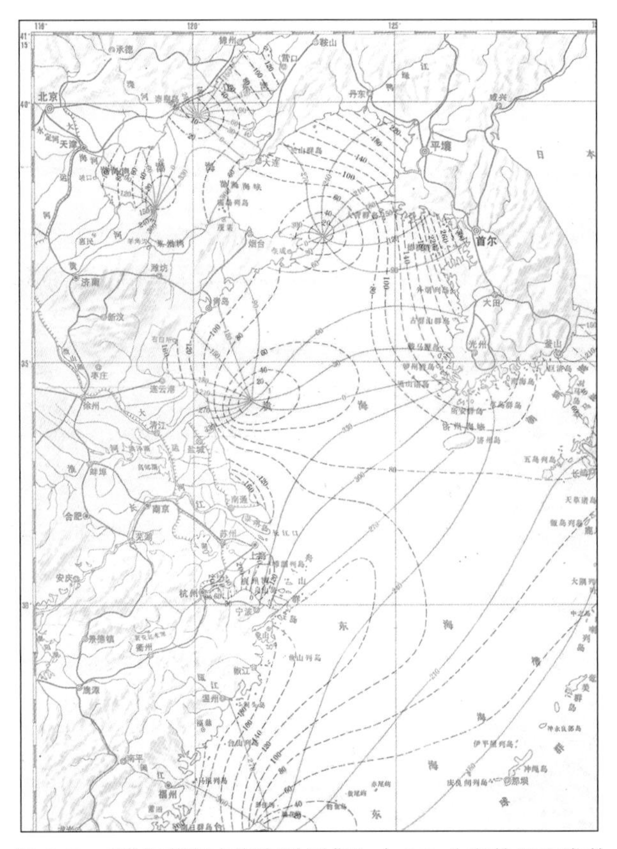

图 4.63　《渤海黄海东海海洋图集》中 M2 分潮的调和常数

1) 潮汐调和分析

经过潮汐调和分析得到计算海域主要分潮的调和常数场，包括半日分潮 M2、S2 和全日分潮 K1、O1 分潮(图 4.64~图 4.70)。通过与《渤海黄海东海海洋图集》对比分析表明，模拟计算的无潮点位置、振幅分布形态与观测都较为吻合，较好地反映了计算海域的动力环境情况，可为生态模式中生态变量的计算提供准确的动力环境条件。

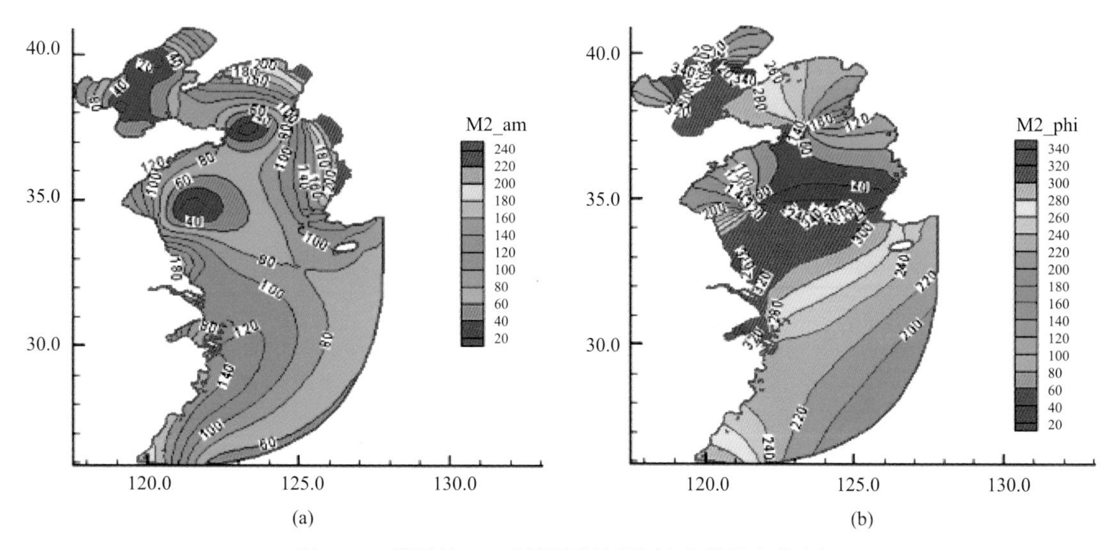

图 4.64　模拟的 M2 分潮等振幅线(a)和等迟角线(b)

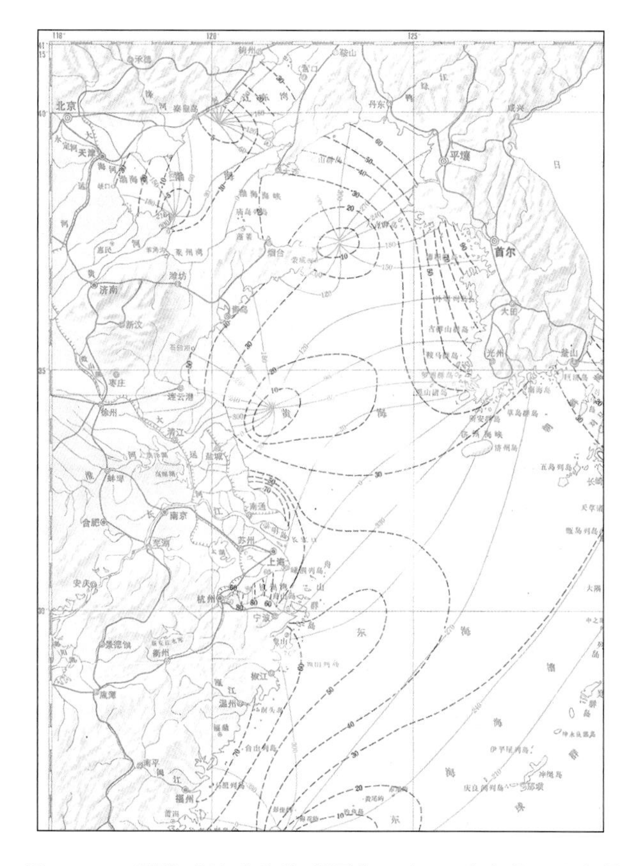

图 4.65　《渤海黄海东海海洋图集》中 S2 分潮的调和常数

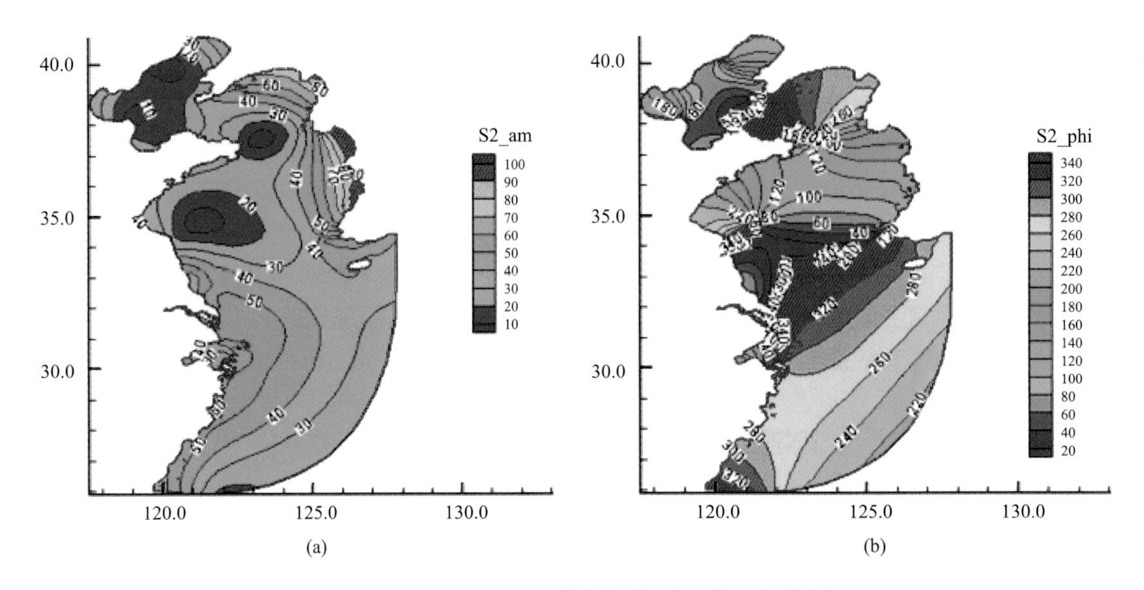

图 4.66　模拟的 S2 分潮等振幅线(a)和等迟角线(b)

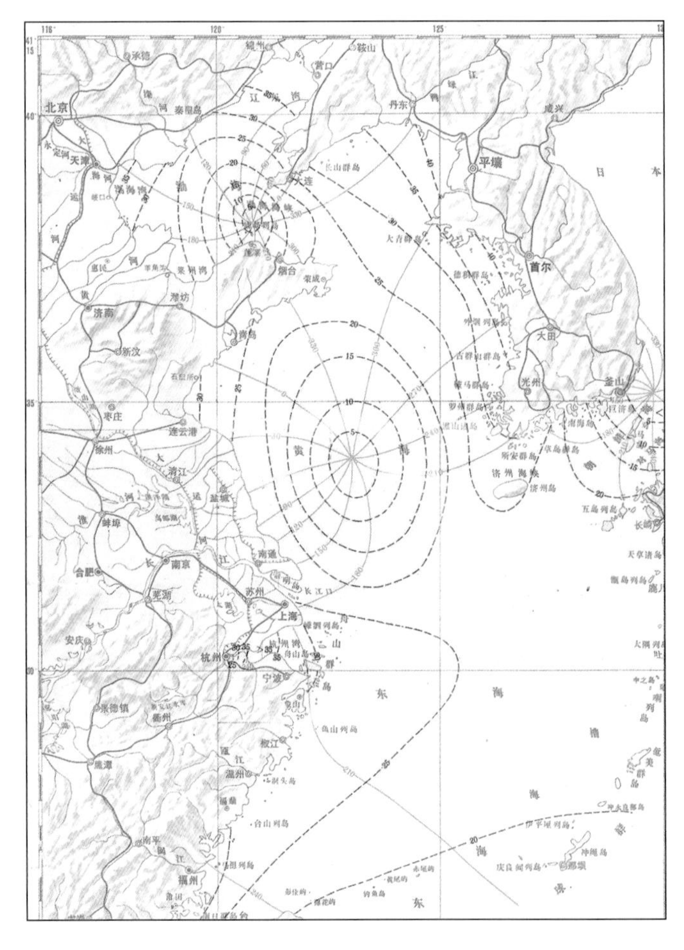

图 4.67　《渤海黄海东海海洋图集》中 K1 分潮的调和常数

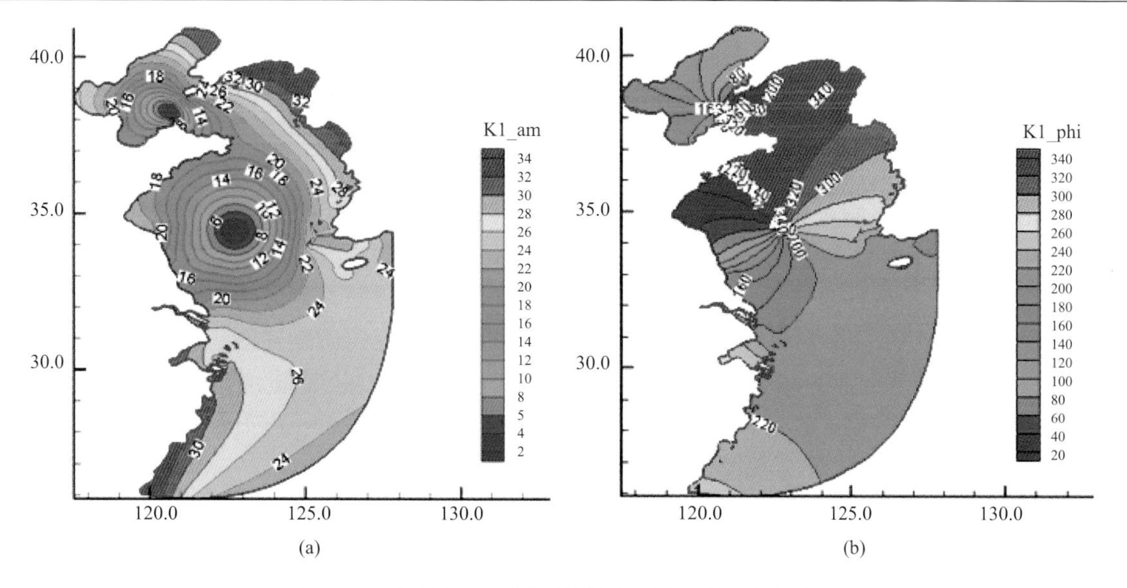

图 4.68　模拟的 K1 分潮等振幅线(a)和等迟角线(b)

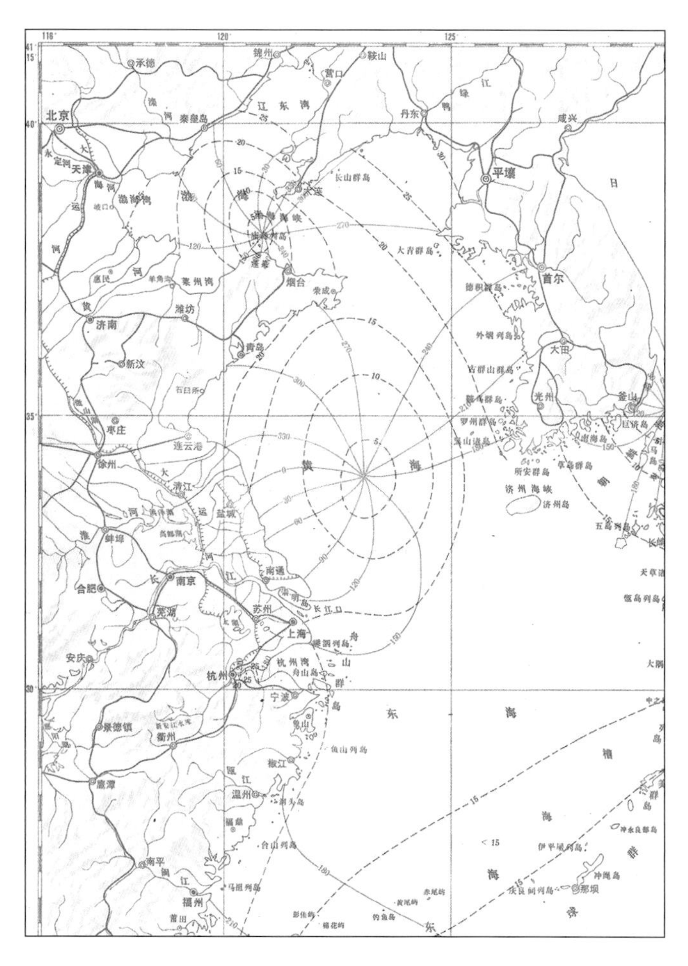

图 4.69　《渤海黄海东海海洋图集》中 O1 分潮的调和常数

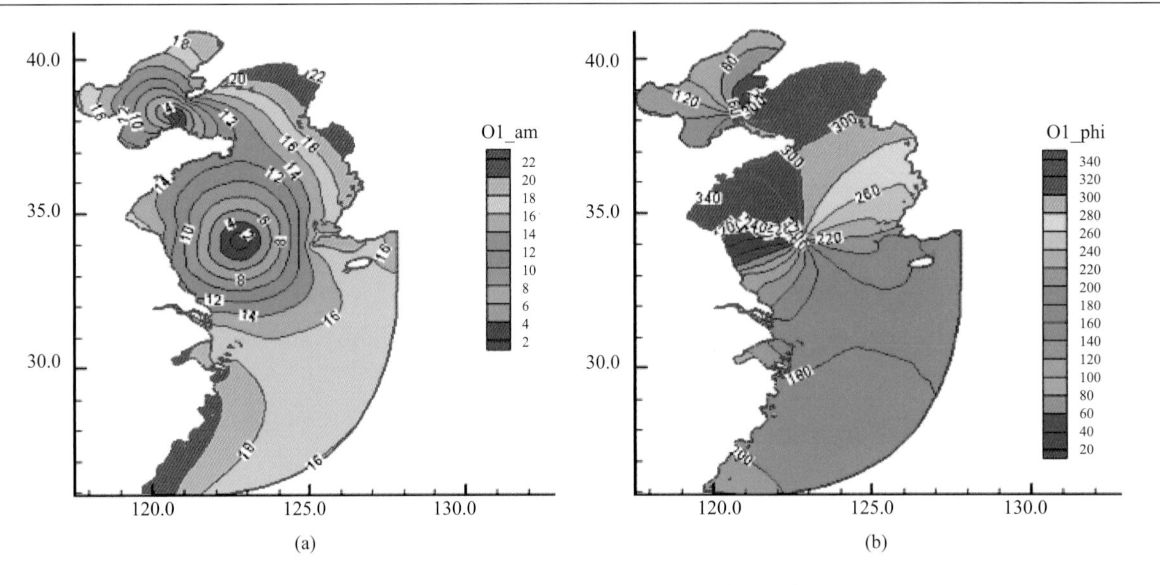

图 4.70　模拟的 O1 分潮等振幅线(a)和等迟角线(b)

2) 潮位验证

应用北京时间 2006 年 7 月 1 日 00 时～2006 年 8 月 1 日 00 时海洋台站逐时观测数据，将大陈、岱山、嵊山、朱家尖 4 个海洋站位监测的水位数据与模式计算结果进行对比，如图 4.71～图 4.74 所示(图中，红色代表观测数据，蓝色表示模拟数据)。对比结果表明，模式计算与观测结果基本一致。

3) 海温、盐度季节变化和分布模拟

模式计算的温度场能较好地刻画出各个季节的温度分布和变化，盐度场能清楚地描述出长江口的冲淡水现象。冬季为长江枯水期，口外盐度等值线以经向分布为主，长江口口门区域等值线密集；夏季为长江丰水期，大量的淡水注入外海，在口门外形成长江口冲淡水，并且冲淡水呈现北翘特征，模拟结果较好地再现了这一特征(图 4.75 和图 4.76)。

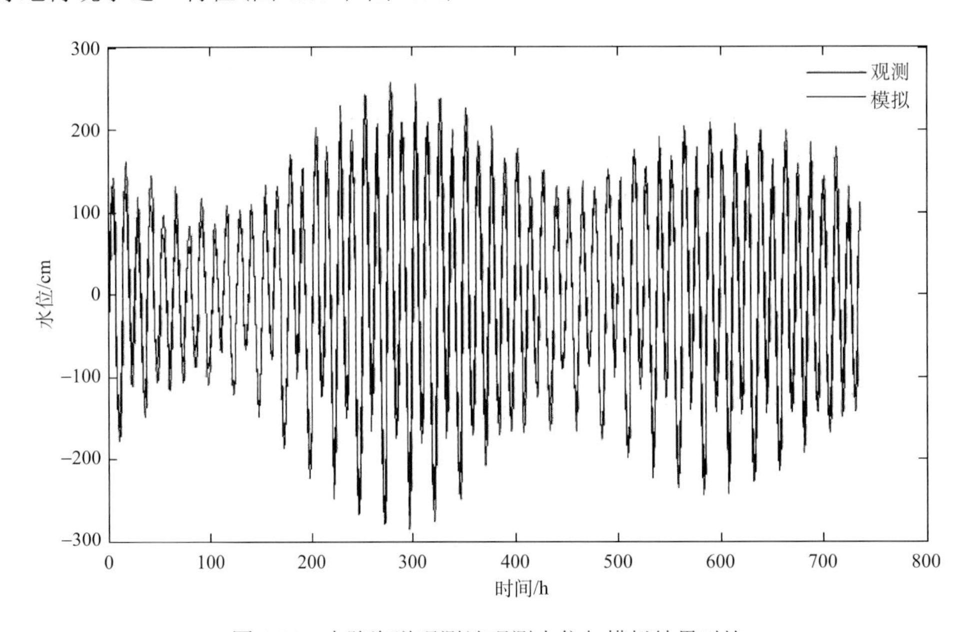

图 4.71　大陈海洋观测站观测水位与模拟结果对比

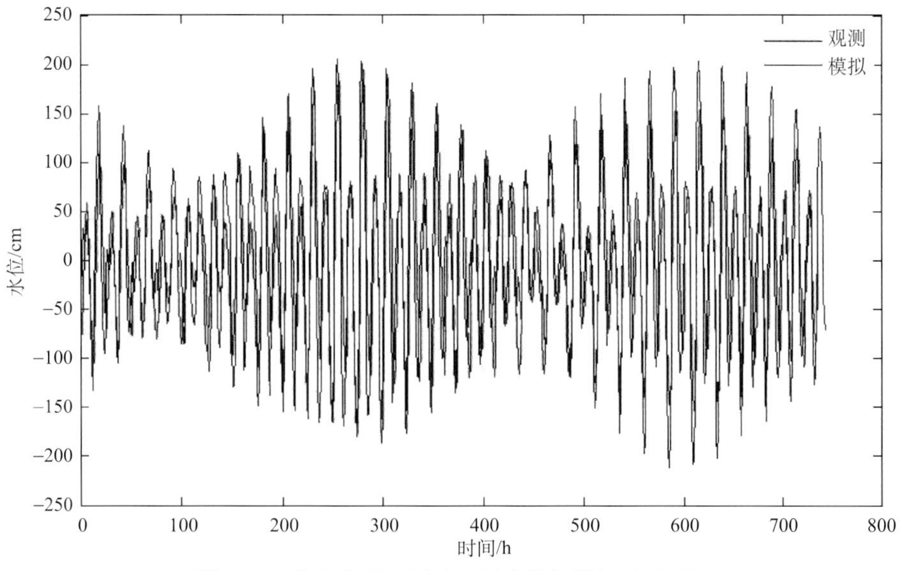

图 4.72　岱山海洋观测站观测水位与模拟结果对比

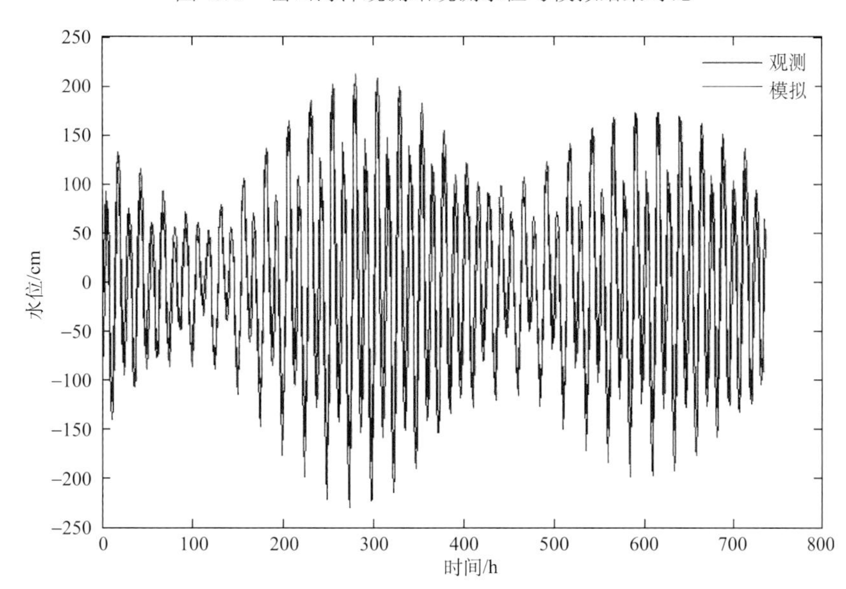

图 4.73　嵊山海洋观测站观测水位与模拟结果对比

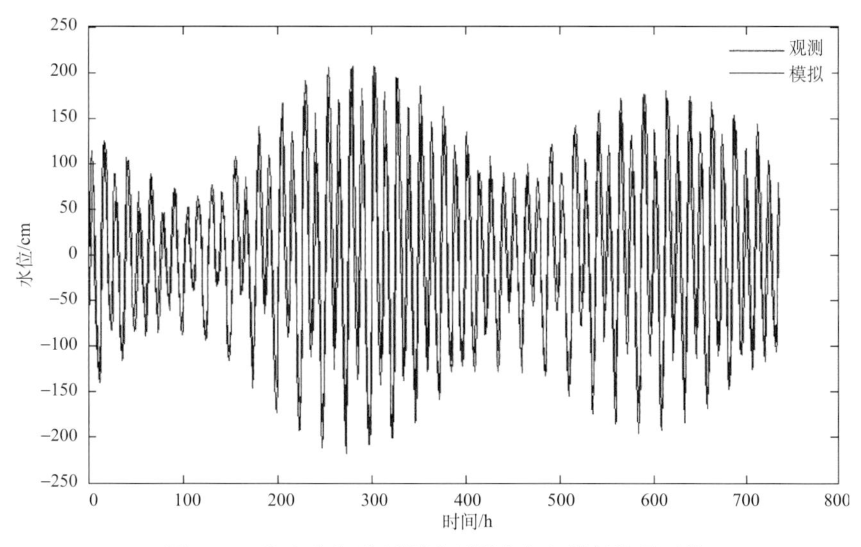

图 4.74　朱家尖海洋观测站观测水位与模拟结果对比

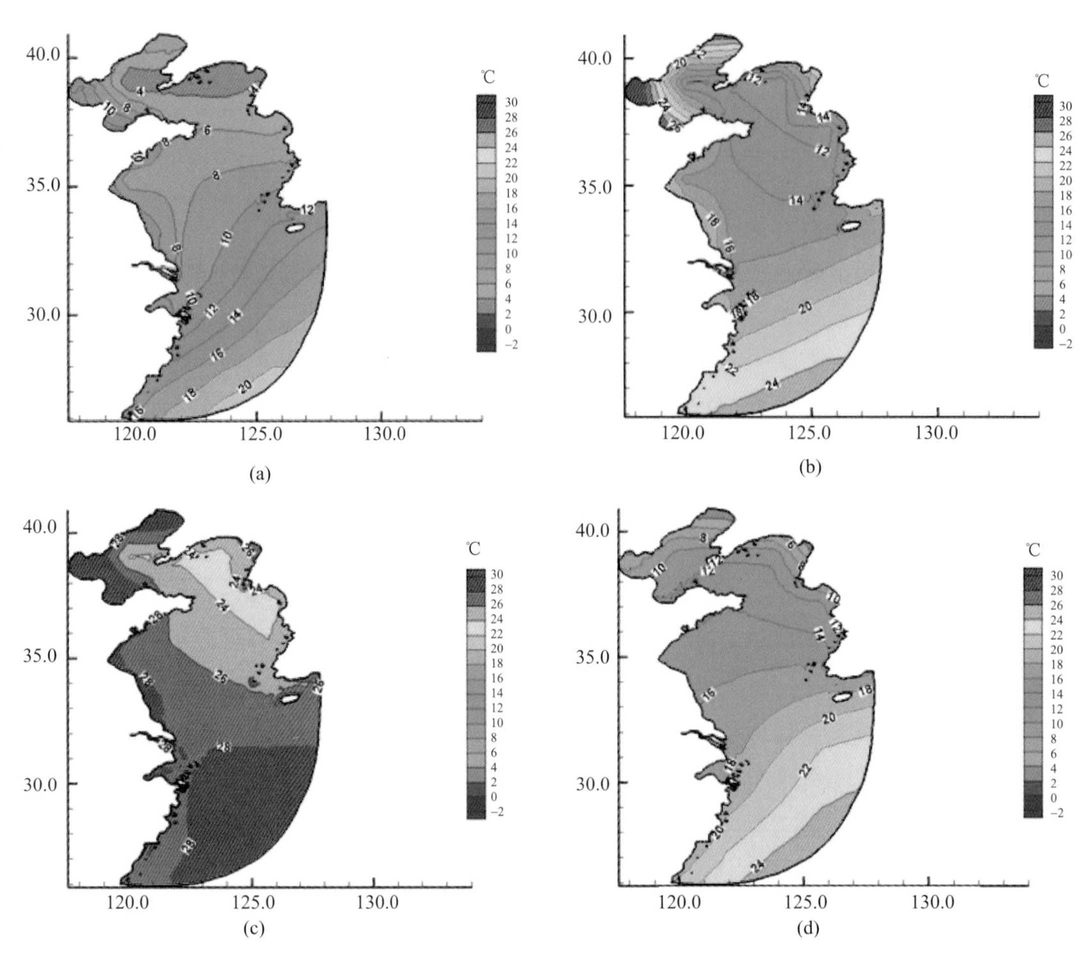

图 4.75　各季节海表面平均温度

(a)冬；(b)春；(c)夏；(d)秋

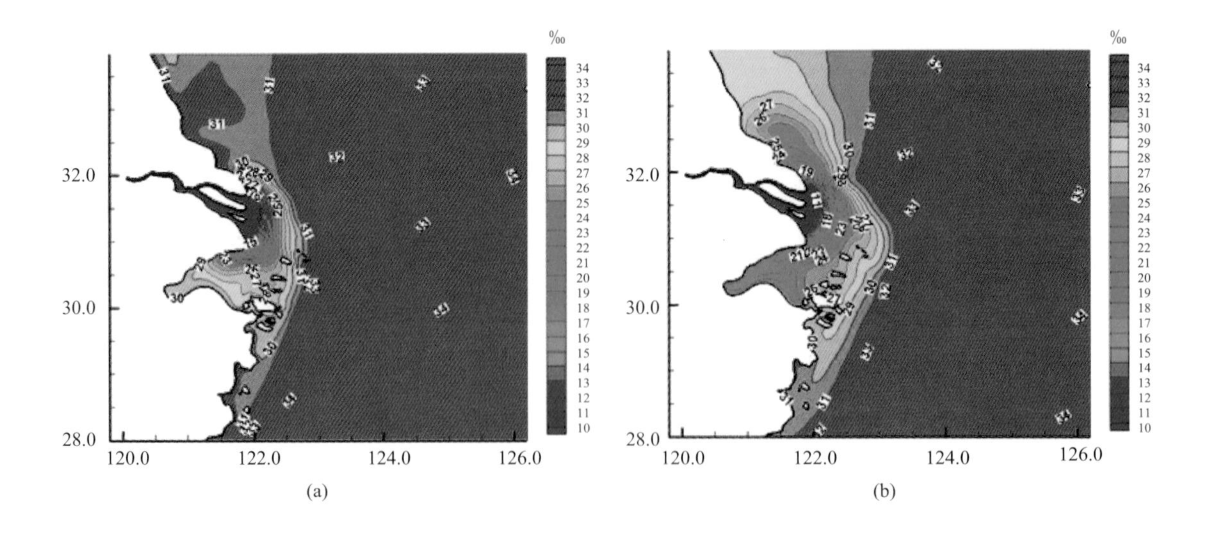

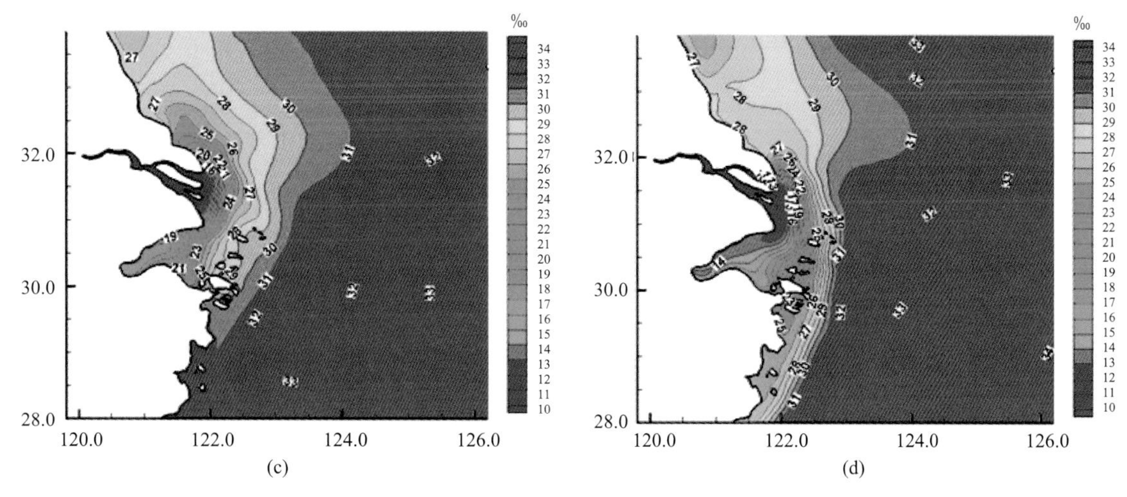

图4.76　各季节海表面平均盐度

(a)冬；(b)春；(c)夏；(d)秋

4.6.2　赤潮动力学数值模型在预报中的应用

1. 历史赤潮发生与各环境因子的关系特征

1）海水温度

20～30℃是赤潮发生的适宜温度范围，有研究发现一周内水温突然升高大于2℃是赤潮发生的先兆。恽兴才等对赤潮影响海水温度的机制做了研究，即赤潮水体吸收太阳光能导致海表温度上升。在一定营养水平下，海标温度升高到一定程度，某些生物无法适应而降低生产力，但偏好这种环境并对营养盐有较强利用能力的赤潮生物便会迅速繁殖，组成一个高生产、高消耗的特殊生态系统，从而引发赤潮。黄秀清等通过回归分析证实，长江口赤潮多发区的低盐水比外海温度高，赤潮暴发时水温明显升高。可见，海水温度高低及其变化是赤潮发生的关键因素之一。

2）表层溶解氧

海水中的溶解氧是重要的生源要素参数，海水表层DO与浮游植物数量呈一定的相关性。当海域中浮游植物数量增加，大量浮游植物进行光合作用时，吸收CO_2，释放出O_2，复氧速率大于耗氧速率，可导致表层水域中DO升高；而当赤潮藻类过度增殖，藻类呼吸作用及死藻腐解消耗了O_2，耗氧速率大于复氧速率，可出现DO不足。王正方等根据现场实测溶解氧资料研究发现有如此规律，即溶解氧昼夜变化差值大于或等于5 mg/dm^3，可以预报赤潮即将发生。赤潮发生时溶解氧值可以高达16 mg/dm^3，甚至更高，是正常值（未发生赤潮时）的倍数。经统计处理，提出$\Delta DO = DO_H - DO_L \geq 5$的溶解氧赤潮预报模式；式中，$\Delta DO$为海水中溶解氧昼夜变化差值（mg/dm^3）；$DO_H$为海水中溶解氧昼夜变化最高浓度值（mg/dm^3）；DO_L为海水中溶解氧昼夜变化最低浓度值（mg/dm^3）。

3）叶绿素a

在一定海域内，赤潮藻的数量达到一定阈值后，便暴发相应赤潮，而引起赤潮的藻种数量繁多，涉及的生长、繁殖、死亡循环过程及竞争、互生现象各不相同，对应赤潮藻种的预报具有复杂性。叶绿素a是海洋中初级生产者浮游植物生物量的一个重要指标，基本反映所有浮游植物细胞中的主要光合色素，一些文献研究表明，过高的叶绿素a浓度可能是发生赤潮的先兆。长江口及其附近海水水体的富营养化环境和特殊的水动力条件，导致赤潮藻类暴发性繁殖，水体中的叶绿素a含量比正常海域高出数倍，同时消耗海水中的氧气，造成其他海域生物窒息死亡，从而引发赤潮。因此，根据叶绿素 a 浓度高低对赤潮进行预测具有一定的可行性。

4) 氮磷比

一般认为，富营养化程度的不断加剧是引发近海海域有害赤潮的营养物质基础和首要条件，这不仅取决于营养盐浓度的大小，而且也与其比例关系密切相关。王修林等应用 1 次培养实验方法研究了不同组成磷酸盐和硝酸盐对新月菱形藻、旋链角毛藻和中肋骨条藻 3 种海洋赤潮藻生长的影响，结果表明，根据磷酸盐和硝酸盐初始浓度基本恒定条件下终止生物量与 N∶P 初始浓度比值关系所得到的 3 种海洋赤潮藻生长的 $(N:P)_{最佳值}$ 基本吻合，其中，新月菱形藻的 $(N:P)_{最佳值}=20:1$，旋链角毛藻的 $(N:P)_{最佳值}=19:1$，中肋骨条藻的 $(N:P)_{最佳值}=32:1$。这表明海洋浮游植物，包括赤潮藻的生长状况，不仅取决于磷酸盐和硝酸盐等营养盐初始浓度，而且也与其比例关系密切相关，并且不同种类海洋赤潮藻生长的最佳 N∶P 初始浓度比值也不尽相同。赤潮藻类最大比生长速率受氮磷比条件影响根据文世勇等人的研究结果表明，赤潮藻类最大比生长速率与氮磷比遵循谢尔福德耐受定律，存在以下关系式

$$\mu_{\max} = \mu_0 + A \times \exp\left(\frac{-\left(\left(\frac{N}{P} \right) - \left(\frac{N}{P} \right)_{\text{opt}} \right)^2}{2 \times \sigma^2} \right) \tag{4.97}$$

式中，$\mu_{\max}$ 表示赤潮藻类在介质氮磷比为 N/P 下的最大比生长速率 (d^{-1})；μ_0 表示赤潮藻类的初始比生长速率 (d^{-1})；N/P 表示介质中的氮磷比；$(N/P)_{opt}$ 表示在最适赤潮藻类生长的最佳氮磷比；σ 表示该赤潮藻类的耐受度，是描述浮游植物生态幅的一个指标；A 为参数，不同的实验环境条件；A 的取值不同。

可见，藻类的生长与水体中氮磷营养之间的比率关系密切。N∶P 比率表明赤潮发生过程中水体的营养状况，是藻类受 N 或 P 限制的重要指标。高 N∶P 比率可能意味着 P 限制，低 N∶P 比率也有可能意味着 N 限制，N∶P 比率不仅可影响环境中浮游植物的群落结构，也暗示了特定海域赤潮发生的限制因子，从而为赤潮预测提供指示因子。

5) 其他环境要素

赤潮的发生与其他多种环境因素密切相关，在富营养化水体中，一旦遇到适宜的透明度、盐度、pH 和气候等条件，或对赤潮生物增殖有特殊促进作用的物质含量的增加，赤潮生物就会以异常的速度大量繁殖，高度聚集而形成赤潮。长江口羽状锋区的高叶绿素 a 含量表明，径流是一个相当重要的因子。夏季, 入海径流量大, 携带的营养盐丰富, 保证浮游植物大量繁殖生长的需求，导致叶绿素 a 含量迅猛增加，如 1988 年 8 月长江径流量为 467 000 m^3/s，叶绿素 a 锋东侧边界处于 123°E 附近。同年 12 月，径流量降至 30 000 m^3/s，东边界向西收缩至 122°30′E 以西。叶绿素 a 含量分布的年际差异与径流的变化相对应，1989 年 8 月径流量比 1988 年 8 月多 8 000 m^3/s，相对应叶绿素 a 锋东边界比 1988 年 8 月明显地向东北推移至 123°30′E 附近。1991 年夏季遇到百年未遇的洪水，9 月初的调查结果还显示出锋带强烈地向东北延伸，叶绿素 a 锋面扩展至 123°30′E 附近。

长江口赤潮多发区复杂的水动力条件等为赤潮的发生提供有利条件，各种水团混合的羽状锋面是浮游植物的密集中心，长江冲淡水转向期也是赤潮生物大量繁殖的时期，这些与赤潮的发生关系密切。长江口及其邻近海域，各种理化生地环境特征的综合作用为赤潮生物提供了有利的生长环境，赤潮的发生涉及海洋生物化学、物理海洋、地貌沉降等多学科交叉，污染物的排放及有利的生长环境加剧了赤潮生物的增殖和聚集，最终诱发赤潮。因此，从多学科、多因素、多角度出发，综合对赤潮暴发进行分析研究，有利于从整体上认识赤潮成因和发展规律，为赤潮发生的预测提供重要的理论依据。

2. 赤潮发生判别的快速预测方法

通过文献报道和方法积累发现，实际预测中一般的赤潮发生判别方法主要有以下几个方面。

(1)海水温度。海水的温度是赤潮发生的重要环境因子，20～30 ℃是夏季赤潮发生的适宜温度范围，一周内水温突然升高大于 2 ℃是赤潮发生的先兆。

(2)海水盐度。盐度在 26～37 的范围内均有发生赤潮的可能，但海水盐度在 15～21.6 时，容易形成温跃层和盐跃层，为赤潮生物的聚集提供了条件，也易诱发赤潮。

(3)水体中的营养盐。海水富营养化现象是赤潮发生的物质基础和首要条件，如果赤潮监控区的富营养化指数 EI 值超出标准值 1，则赤潮监控区有可能发生赤潮。

(4)藻类密度。日本学者安达六郎提出的不同个体大小赤潮生物形成赤潮的密度标准，按其密度的 80%设定赤潮预警密度，我国一般按其赤潮暴发时平均密度的 75%为预警密度。

通过近年的实践证明，这些方法具有较强的可操作性，但目前的海洋环境空间监测密度和频率还不能满足及时有效地进行赤潮预测的要求，采用数值预测的方法能弥补空间和时效上的不足，将数值方法和基于监测数据的经验预报方法相结合无疑是赤潮发生预测研究的方向。

3. 赤潮发生环境因子阈值指标分析判断

根据示范区海域的环境特点，应用建立的赤潮生态动力学模型，结合数值预报的结果，确定赤潮发生环境因子阈值指标，为赤潮发生预测提供分析判断依据和参考。

刘录三等研究分析了 1972～2009 年赤潮发生的时空分布特征，在空间分布上，长江口及邻近海域(29°25′～32°00′ N，124°00′ E 以西)的赤潮主要集中于 3 个区域：长江口佘山附近海域、花鸟山—嵊山—枸杞山附近海域、舟山及朱家尖东部海域(图 4.77)。从赤潮发生时间特征分析，长江口及其邻近海域赤潮发生有明显的季节规律(图 4.78)，发生月份最早的赤潮事件是 2008 年 3 月 14 日(春季)嵊山东南海域的东海原甲藻赤潮；最晚月份的赤潮发生于 2007 年 9 月 29 日(秋季)舟山东北海域的中肋骨条藻赤潮。在近 40 年该海域累计发生的 174 次赤潮中，3 月发生量占总次数的 2%，为赤潮发生最少月份；其次为 9 月，发生比例为 3%；赤潮发生最为频繁的是在 5 月，占赤潮数量的一半以上，6 月次之，占发生比例的 20%。可见，长江口及邻近海域赤潮多发生在春夏两季，因这两季海域的温度适宜，有利于赤潮生物的生长繁殖。

利用文献研究报道及历史赤潮发生与各环境因子的关系特征，针对赤潮生态动力学模型数值计算的结果，研究分析赤潮发生指标判断阈值。由于用于驱动赤潮生态模型的水动力模型已经包含潮汐、温度、盐度、大气等基本环境要素的影响，因此，对于赤潮发生时指标判断条件主要考虑叶绿素 a 浓度作为关键典型要素。有文献研究表明长江口水域调查的浮游植物细胞总个数与叶绿素 a 含量之间基本呈正相关关系，即高叶绿素 a 含量对应高生物量，叶绿素 a 含量与浮游植物的种类对照分析显示，长江口河区的中肋骨条藻对叶绿素 a 含量的贡献最为明显。在没有降雨、光照充足、风力不大的条件下，海水温度在 15～27℃范围之内赤潮发生的可能性大，春季水温达到 17℃左右、夏季 25℃左右最优。赤潮动力学模型数值计算结果在满足环境因子阈值指标条件下，对赤潮发生概率进行计算，从而对赤潮的发生与否作出判断。

4. 基于数值模型的赤潮发生概率计算方法

在研究分析赤潮发生指标判断阈值的基础上，利用模型计算结果，做统计回归分析，进行加权量化，得到最终赤潮发生的概率。

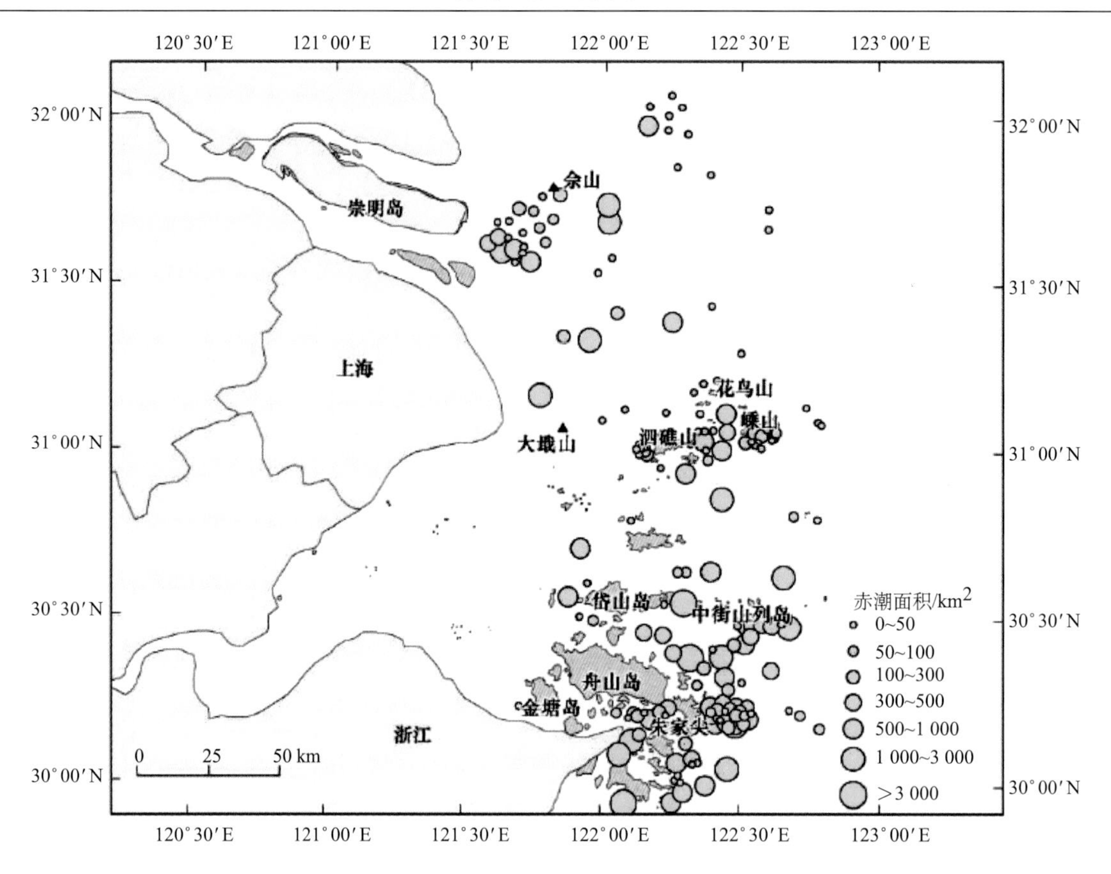

图 4.77　1972～2009 年长江口及邻近海域赤潮发生事件分布

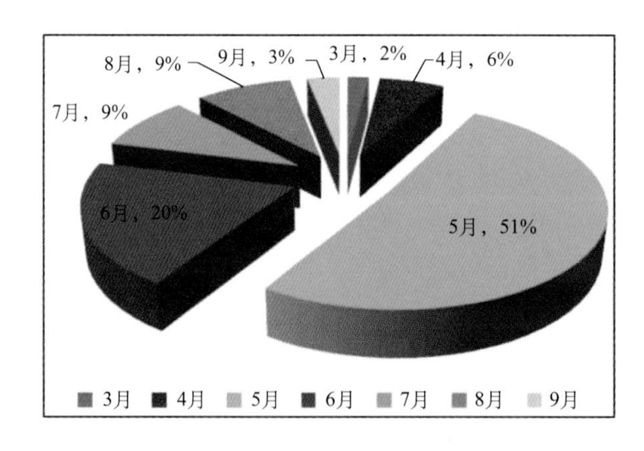

图 4.78　长江口及邻近海域不同月份赤潮发生次数比例

4.6.3　赤潮发生概率指标函数的建立

利用模型计算的叶绿素 a 浓度值 A_i,建立赤潮发生概率的指标函数 f_i 为

$$f_i = \begin{cases} 1 & A_i > a_1 \\ \dfrac{A_i - a_0}{a_1 - a_0} & a_0 < A_i < a_1 \\ 0 & A_i < a_0 \end{cases} \tag{4.98}$$

$f_i \in [0, 1]$ ，其中，a_1、a_0 分别为确定赤潮发生时叶绿素 a 浓度的最大和最小阈值；A_i 表示计算得到的叶绿

素 a 浓度，当水体中的叶绿素 a 浓度 A_i 大于 a_1 时表示赤潮发生的概率 f_i 为 1，小于 a_0 时赤潮发生的概率 f_i 为 0。赤潮发生海域叶绿素 a 浓度的最大和最小阈值随季节变化而不同，高于叶绿素 a 浓度的最大阈值，便可确定为赤潮即将发生或已经发生；小于叶绿素 a 浓度的最小阈值时，则判断赤潮肯定不会发生。

4.6.4　赤潮发生的概率计算

为综合考虑示范区不同计算网格点空间场变化的贡献，我们根据不同的空间网格节点计算的叶绿素 a 浓度是否呈指数增长给定一个权重 W_i，把 W_i 与指标函数 f_i 的乘积和作为最终的赤潮发生概率 f_w：

$$f_w = \sum_i f_i w_i \tag{4.99}$$

式中，$w_i \in [0, 1]$，且 $\sum_i w = 1.0$。

根据计算所得赤潮发生的概率，对赤潮发生环境条件进行判断，即如果计算的概率大于等于 50%，就判定未来 1～2 天内海洋环境条件有利于赤潮发生；计算概率小于 30%，即认为海洋环境条件不利于赤潮的发生；在 30%～50%之间，即认为海洋环境条件较利于赤潮的发生(预测有利于对应实况赤潮发生；较利于或不利于对应实况赤潮未发生)。

第5章　赤潮灾害风险与损失评估技术

5.1　引　　言

5.1.1　灾害风险评估的目的与意义

灾害风险评估是减灾防灾和灾害应急响应的重要内容之一，成为灾前风险评估、灾临监测预警预测、灾中应急响应和灾后损失评估等灾害管理与应急响应的重要一环和前提，对减轻灾害损失和开展防治工作具有十分重要的意义。

灾害风险评估是灾害管理和灾害应急响应的重要组成部分。灾害风险评估是灾害发生前的预评估，是对一个给定区域内潜在的灾害事件发生的危险度(可能性)和有可能对承灾体造成的破坏程度(易损度)的预测性评估。灾害风险评估结果不仅可以为灾害管理、决策和防治提供科学依据，还可以为区域的经济发展规划、资源的合理开发利用等提供参考依据。

赤潮灾害是我国第二大海洋灾害。赤潮灾害制约着我国沿海社会经济可持续发展。如何科学地进行赤潮研究和减灾，有效地进行赤潮防治已经成为亟待解决的重大问题。近几十年来，我国广大研究学者在赤潮灾害发生机理和赤潮灾害预警预报技术等方面开展了大量的研究工作，取得了丰硕的研究成果。研究的工作重点多放在赤潮灾害的自然属性上，对赤潮灾害社会属性的研究基本上还是空白。如何科学地、有效地防灾治灾减轻赤潮灾害，已经成为发展海洋经济迫切需要解决的重大问题。

随着对赤潮灾害研究的不断深入，减灾防灾意识的普及和对灾害管理、减灾修复等方面的日益重视，赤潮灾害风险评估研究显得越来越重要，这项工作不仅是认识赤潮灾情、开展灾害区划、实行灾害预测、进行损失评估、制定灾害应急预案的基础，也对指导海洋水产养殖、滨海旅游业规划等具有重要的科学意义。

5.1.2　国内外研究进展

在国外，自然灾害风险评估的研究工作开展较早，如早在1933年美国田纳西河流域管理局(TVA)在田纳西河流域综合开发治理过程中，前期工作的一项重要工作就是开展风险评价。事实证明，风险评价不仅为田纳西河流域综合开发与整治规划的制定、一系列水利工程方案的设计与优化等提供了决策依据，而且为难度极大的风险区居民迁移的宣传和说明工作发挥了重要作用。同时也探讨了洪水灾害风险评价的理论和方法，开创了自然灾害评价之先例。其后，西欧、日本、印度等国家纷纷效仿，开展了洪水灾害风险评价，从而推动国际自然灾害风险评价研究工作的深入。随着社会经济的不断发展、人类生活环境的恶化，人们对风险评价研究的需求更加迫切。资料显示，美国从里根时代起，政府开始斥巨资资助灾害风险评价研究。美国风险学会(Society for Risk Analysis，SRA)迅速成为一个国际性学术组织，相继在日本和欧洲建立了分会。近20年来随着一些边缘学科和交叉学科的兴起，对自然灾害的风险评价不仅注重自然灾害本身的研究，而且将其与社会经济特性有机地结合起来，逐渐重视并强调自然灾害的人文因素，取得了较好的效果。

国外针对滑坡、地震、台风、强风、江河洪水、风暴潮和海啸等自然灾害开展了灾害风险评估(Acharya et al., 2006; Baum et al., 2005; Gentile et al., 2007; Arksey et al., 2008; Holschneider et al., 2004; Faccioli, 2006; Merz et al., 2008; Apel et al., 2006)，取得了卓有成效的成果，但是对赤潮灾害风险评估的

文献专著比较少，目前收集到与赤潮灾害风险评估相关文献中，或者是对灾害的自然属性的分析，开展了赤潮灾害暴发的机制研究(Hodgkiss and Ho，1997; Lanerollea et al., 2006; Stumpf et al., 2008; Wong et al., 2007; Stumpf et al., 2009; Fdez-Riverola and Corchado, 2003; McGillicuddy et al., 2005; Lee et al., 2003)，没有对灾害的社会属性分析；或者是对赤潮灾害的社会属性的分析(Anderson et al.，1999，2000)，没有分析灾害的自然属性；将赤潮灾害的自然属性和社会属性结合在一起分析的文献尚未检索到。

我国对自然灾害风险评估研究工作始于 20 世纪 50 年代，主要研究对象为地震、洪涝和干旱等灾种。改革开放以后，特别是 20 世纪 90 年代以来，为更好地服务于减灾防灾，灾害损失与影响预测研究(陈鑫连和傅征祥，1995；尹之潜，1996)在国内逐渐发展起来。灾害研究工作开始突破传统的研究模式，研究内容不断丰富，研究水平日益提高，并有向新的独立学科发生的趋势。同时自然灾害评估的研究也得到了社会各界相应的重视，并开展了许多有益的探索工作(马宗俊和李闵峰，1990)。目前我国对自然灾害风险评估研究工作主要集中在洪涝灾害、地质灾害、气象灾害、火山灾害、森林火灾灾害等(张润杰等，2000；罗元华，2000；张业成和张梁，1996；卢全中等，2003；张春山等，2003；向喜琼和黄润秋，2000；牛叔超等，1998；刘兰芳，2005；张学霞等，2003)，对赤潮灾害风险评估的研究文献专著较少。只有零星的文献提到了赤潮灾害对海洋经济造成的经济损失。

赵冬至、李亚楠等针对 1998 年渤海赤潮造成经济损失提出了赤潮灾害经济损失的研究技术方法以及经济损失评估模型(赵冬至和李亚楠，2000；李亚楠和赵冬至，2000)，这是在赤潮灾害发生后对其社会属性的分析，但没有对赤潮灾害危险度等开展深入分析。

综合上述国内外的研究现状，可以看出，以往对赤潮灾害的研究一般只关注对赤潮灾害的某一方面属性研究，忽略了另外一方面属性的影响，没有从风险评估角度进行研究赤潮灾害，不能全面反映赤潮灾害问题。因此，非常有必要探讨赤潮灾害风险评估的理论和方法。对赤潮灾害进行危险度、易损度、综合风险等各方面评估，它涉及各方面的分析和管理，无论在理论上还是在方法上，前人研究很少，属于当前本学科尚未突破的难点和关键。

5.2　赤潮灾害风险评估指标体系

5.2.1　目的与意义

任何评估预测模型都是建立在一定的评估指标之上的。但是就目前而言，评估指标体系的确定是一项非常困难的工作。各个领域在进行区域评估时，对于指标体系的选取尚无一个通行的标准，往往要依靠领域专家经验、根据评估实际情况来取舍。赤潮灾害风险评估结果正确与否，很大程度上取决于采用哪些评估因素指标、如何从基础资料中提取这些评估指标数据、采用何种方式将这些定性或者定量的指标数据转化为评估所需的量化数值，是进行赤潮灾害风险评估必不可少的一项重要工作。

由于影响赤潮灾害风险评估的指标繁多，因果关系的确定并不那么简单。通常，要想识别与赤潮灾害有关的所有因素是很困难的，大多数情况下界定不同因素之间的关系很困难。

虽然构建多层次的评估指标体系将是一项困难重重的工作，会大幅度增加赤潮灾害风险评估过程的复杂性，但是作为尝试和探索则是不无裨益的。

因此，要紧密结合评估区域的具体实际情况，构建多层次的评估指标体系，有助于理清评估指标间的关系，有助于在一定程度上结合赤潮灾害风险评估与形成赤潮灾害条件的分析。

5.2.2　材料与方法

研究资料主要来源于与赤潮灾害成因、危害相关的文献(齐雨藻等，2003；孙冷和黄朝迎，1999；

钱宏林，2000；曾江宁等，2004；潘克厚和姜广信，2004；徐宁等，2005；李绪兴，2006；吴迪生等，2005；乔方利等，2000；许卫忆等，2002；黄小平等，2002；张俊峰等，2006；曹丛华等，2005；胡宝强和李锡华，2005；冷科明和江天久，2004；邓素清和汤燕冰，2005），从中筛选出影响赤潮灾害危险度与承灾体易损度评估的指标，初步构造由赤潮灾害危险度与承灾体易损度评估指标构成的赤潮灾害风险评估指标体系；并采用德尔斐(Delphi)法获得专家对指标的增删。

根据本研究的目的，邀请11位在赤潮生物、赤潮灾害预警、赤潮灾害风险评估研究领域卓有成就的专家作为本次咨询组成员。在向专家咨询前，把选定的指标按照其隶属关系初步构造赤潮灾害危险度评估与承灾体易损度评估的递阶层次结构，并设计成专家咨询表。第一轮调查时，为了增加表的回收率，向选定的专家发出邀请函，表明调查的目的、意义、方法及调查的时间，通过信函、电子邮件等方式请专家填写咨询表，专家通过增删指标来完善指标体系，并在规定的时间内收回。第二轮调查时，先用AHP法把第一轮调查的结果整理列表，请专家加以修改和补充，提出优缺点，进一步完善指标体系。

本次调查发出调查表92份，回收20份，专家积极系数为90.9%。两次协调系数分别为0.6108和0. 6123。这说明专家意见相对集中，对问题的看法相对稳定。

5.2.3　赤潮灾害风险评估指标体系的建立

赤潮灾害风险评估指标体系包括赤潮灾害危险度评估指标和承灾体易损度评估指标体系。

1. 赤潮灾害危险度评估指标体系

赤潮灾害危险度评估是评估未来时期在什么地方可能发生什么类型的赤潮，有可能产生的危害规模与范围有多大。赤潮灾害危险度评估指标体系是进行赤潮灾害危险度评估的关键环节。选取赤潮危险度评估指标应遵循科学性、实用性、动态性、系统性、人本性原则。

依照上述原则，通过查阅有关赤潮成因及危害研究文献，结合赤潮灾害的特点，提出赤潮灾害危险度评估指标体系包括致灾因子和孕灾环境因子。

致灾因子主要是指导致海洋生物死亡、破坏生态系统、引起人体异常反应、恶化水质量等有毒赤潮藻类。赤潮生物是引发赤潮的内在因素，全球海域中已发现能引发赤潮的浮游生物300余种(大部分为单细胞藻类)，并有不断增加的趋势(Anonymity，2003)，已发现的赤潮藻类分属于蓝藻门、硅藻门、甲藻门、金藻门和黄藻门，其中，又以硅藻门和甲藻门为多(郭皓等，2004)，它包括无毒藻种、有毒藻种、有害藻种。无毒藻种是指赤潮藻类体内不含毒素，又不分泌毒素的海洋浮游生物，它引起的赤潮一般是无害的，不会引起海水增养殖物的死亡等损失，只是由于赤潮藻种的数量过高，当它们死亡分解造成海水缺氧，致使鱼类和无脊椎动物死亡，主要因子包括叶绿素a浓度、细胞数；有害藻种是指那些能分泌黏液或产生有害物质的海洋浮游生物，分泌出黏液附在海洋生物呼吸道，致使海洋生物窒息死亡，产生的有害物质(如硫化氢、氨等)对其他海洋生物具有致死毒效，有害藻种的大量繁殖，在表层聚集，吸收大量阳光，并遮蔽海面，影响其他生物的生存和繁殖；有毒藻种是指赤潮藻类体内含有某种毒素或能分泌出毒素的海洋浮游生物，有毒赤潮一旦形成，可对赤潮区的生态系统、海洋渔业、海洋环境以及人体健康造成不同程度的毒害，根据对人类的中度症状和机理差异可将赤潮毒素分为麻痹性贝毒(paralytic shellfish poisoning, PSP)、腹泻性贝毒(diarrhetic shellfish poisoning, DSP)、记忆缺失性贝毒(amnesia shellfish poisoning, ASP)、神经性贝毒(neurotoxic shellfish poisoning, NSP)、西加鱼毒(甲藻鱼毒)(ciguatera fish poisoning, CFP)五种。

孕灾环境因子是指影响赤潮藻类生长、繁殖、暴发的外界环境条件。它包括影响海洋环境的化学因素、光照条件、气象条件、水动力条件、物理海洋要素、外来藻种因素。化学因素主要指海水中的营养盐类，它包括氮磷比、氮(N)(硝氮、亚硝氮、铵氮)、磷(P)、硅(Si)、微量元素[铁(Fe)、锰(Mn)]、有机物(维生素、蛋白质)，这些营养盐类经大气沉降、河流输入、上升流、底质释放等途径进入海洋水体(张永山等, 2002；Walsh & Steidinger，2001；Hodgkiss & Ho，1997)，是浮游生物生长的物质基础，因而赤潮的发生与水体的富营养化有着密切联系(曾江宁等，2004)；适宜的光照可以为浮游生物的光合作用提供所需能量，使赤潮藻类得以生长和繁殖(曾江宁等，2004)；气象因素包括降雨、风向、风速、气温和气压等方面，其中，降雨对赤潮的发生影响重大，大量雨水通过地表径流汇入海中，一方面使海水盐度降低，同时也将大量营养物质带入海中，加快了海水富营养化的进程，使赤潮生物得以生长和繁殖(张永山等，2002)，海面风向的改变可能对上升流场产生影响，同时，海面风速增大到一定的程度就会使赤潮生物发生聚集、扩散或消散(曾江宁等，2004)，气温升高、气压下降有利于赤潮的形成，气温升高时，热量通过水气界面交换，水温也得以升高，因而，在温度较高季节，大量降雨后的持续高温、低压和充足光照的晴天，风力较弱、潮流缓慢、水体相对稳定的条件下，赤潮便极易发生(曾江宁等，2004)；水动力条件包括流速、流向及海流，水动力影响赤潮的实质为流动水体将赤潮生物孢囊、营养细胞或其赖以生长繁殖的物质基础带入某海域，亦或改变该海域的温度、盐度，影响海水层化和透光度，从而为赤潮的形成提供了合适的水体理化条件(曾江宁等，2004)；海洋物理要素包括海水温度、盐度以及透明度，每种赤潮生物的生长与繁殖都需要适宜的温盐环境，即存在适应其生理需要的温度、盐度，因而不同温度、盐度条件下的赤潮种类存在差异(沈竑等，1995)，在有充沛营养盐供应时，温度、盐度等物理因子是赤潮生物生长与增殖的环境限制因素(曾江宁等，2004)；携带外来藻种的途径主要有渔业港口与工业港口，外来藻种在遇到适宜的环境条件时，这些外来种子就会大量繁殖，甚至形成有害赤潮；在不利的环境条件下，有害赤潮生物的细胞会暂时形成孢囊，当条件适宜时，可以萌发，甚至形成赤潮。其主要指标体系如图 5.1 所示。

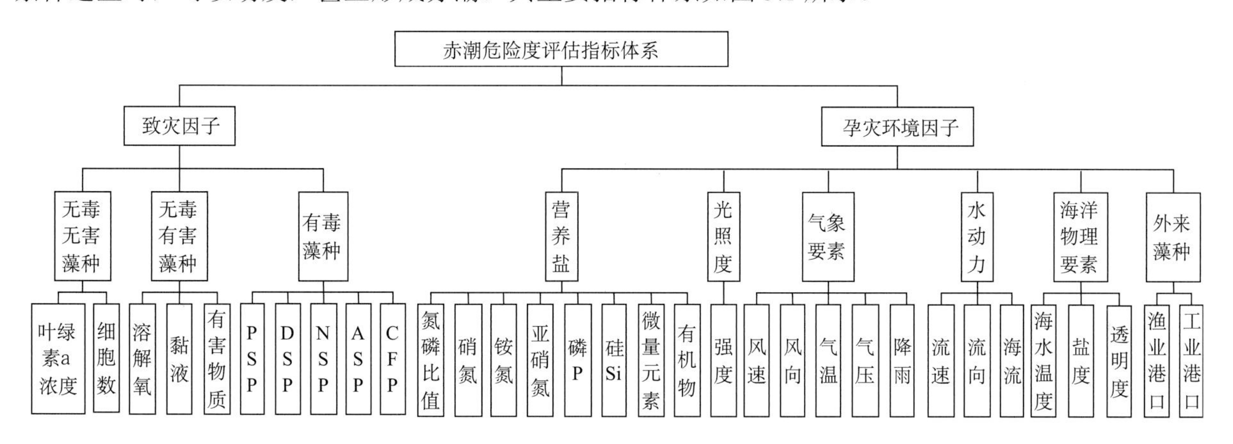

图 5.1　赤潮危险度评估指标体系

2. 承灾体易损度评估指标体系

承灾体易损度评估是指承灾体遭受不同类型的赤潮灾害破坏的难易程度。承灾体因子是指当赤潮灾害发生时海域使用类型中易受赤潮影响的因素，主要因子包括渔业用海、工矿用海、旅游娱乐用海、特殊用海(张宏声，2004)及海洋生态系统。

渔业用海是指为开发利用渔业资源、开展海洋渔业生产所使用的海域，当赤潮灾害发生时，受到赤潮的危害主要有滩涂养殖、网箱养殖、底播养殖、浮筏养殖、渔业资源。

工矿用海是指开展工业生产及勘探开采矿产资源所使用的海域，当赤潮灾害发生时，受到赤潮危害的主要有盐业用海和取水口。

旅游娱乐用海是指开发利用滨海和海上旅游资源，开展海上娱乐活动所使用的海域，当赤潮灾害发生时，受到赤潮的危害主要有海水浴场与海上娱乐。

特殊用海是指用于科研教学、军事、自然保护区、海岸防护工程等的海域，当赤潮灾害发生时，受到赤潮的危害主要有科学研究用海与自然保护区用海。

海洋生态系统是一个物质循环和能量流动的动态过程，主要包括生物群落、食物链与生物多样性，当赤潮发生时破坏了海洋食物链，导致下一个相连环节生物数量的减少，导致整个食物链乃至整个海洋生态系统平衡的破坏。

目前，赤潮灾害对承灾体的破坏主要体现在渔业用海的养殖用海、渔业资源捕捞与海洋生态系统。其主要指标体系如图 5.2 所示。

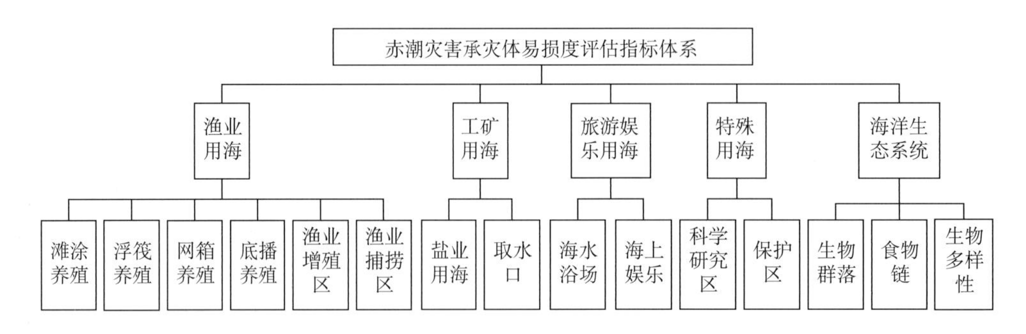

图 5.2　赤潮灾害承灾体易损度评估指标体系

5.3　赤潮灾害风险评估模型

5.3.1　赤潮灾害危险度评估模型建立

1. 赤潮灾害危险度模型建立的理论基础

1)　赤潮发生的判断依据

(1) 感官指标海水的颜色、嗅味和透明度等是初步判断海域是否发生赤潮的最为直观的感官指标。海水颜色变化、透明度降低，发臭、带有黏性，并伴随着鱼、虾、贝类等海产品的死亡，是发生赤潮的感官指标性特征。

(2) 生物量指标赤潮生物量是指该海域浮游生物群落组成中，赤潮生物种类在单位水体中的个体数，与形成赤潮的生物个体大小密切相关。至今，受研究水平所限，国际上尚未有公认的统一判断标准，但一般采用日本学者安达六郎根据日本各地海域发生的 140 余起赤潮调查结果统计而于 1973 年提出的“不同生物体长的赤潮生物密度”法(表 5.1)作为赤潮的生物学判据。

表 5.1　不同生物体长的赤潮生物密度

赤潮生物体长/μm	赤潮生物浓度/(个/L)
<10	$>10^7$
10～29	$>10^6$
30～99	$>2\times10^5$
100～299	$>10^5$
300～1 000	$>3\times10^3$

在国内，为了便于工作的需要，海洋工作者依据安达六郎提出的判断方法，基本上给出了中国近岸海域不同赤潮生物形成赤潮时的藻类细胞数阈值(基准密度)，具体详细内容参见《赤潮监测技术规程》(HY/T 069—2005)(国家海洋局，2008)。

2）赤潮生物生长的耐受性定律

不同环境因子对浮游植物产生不同的影响，而且同一种环境因子的量过多或过少都会影响浮游植物生长与繁殖。这样，浮游植物的生长与繁殖对各种环境因子的适应就有一个生态学上的最小量和最大量，最小量与最大量之间的幅度称为耐受限度(limits of tolerance)。美国生态学家谢尔福德(V. E. Shelford)于 1913 年研究指出，生物的生存依赖于环境中的多种条件，而且生物有机体对环境因子的耐受性有一个上限和下限，任何因子不足或过多，接近或超过了某种生物的耐受限度，该种生物的生存就会受到影响，甚至灭绝，这就是 Shelford 耐受定律(Shelford's law of tolerance)。生物对每一种生态因子都有其耐受的上限和下限，上下限之间是生物对这种生态因子的耐受范围，可以用钟形耐受曲线表示(图 5.3)。耐受性定律表明环境因子对生物生长过程可划分为不能耐受带(zone of intolerance)、生理紧张带(zone of physiological stress)和最适生长范围(range of optimal)(Shelford，1911, 1913)。在不能耐受带，环境因子低于生物生长的耐受下限(或高于耐受上限)，生物生长和发育受到影响，甚至死亡；在生理紧张带，环境因子大于生物生长的耐受下限且小于最适生长下限(或大于最适生长上限且小于耐受上限)时，生物种群数量随着环境因子的增加而增加(或下降)；在最适生长范围，环境因子处于最适生长上限和下限，生物生长状态处于较好状态，且在该范围存在一个最适生物生长的最佳因子，在此范围内生物种群数量达到较好的状态，有利于生物的繁殖和生长(图 5.3)。

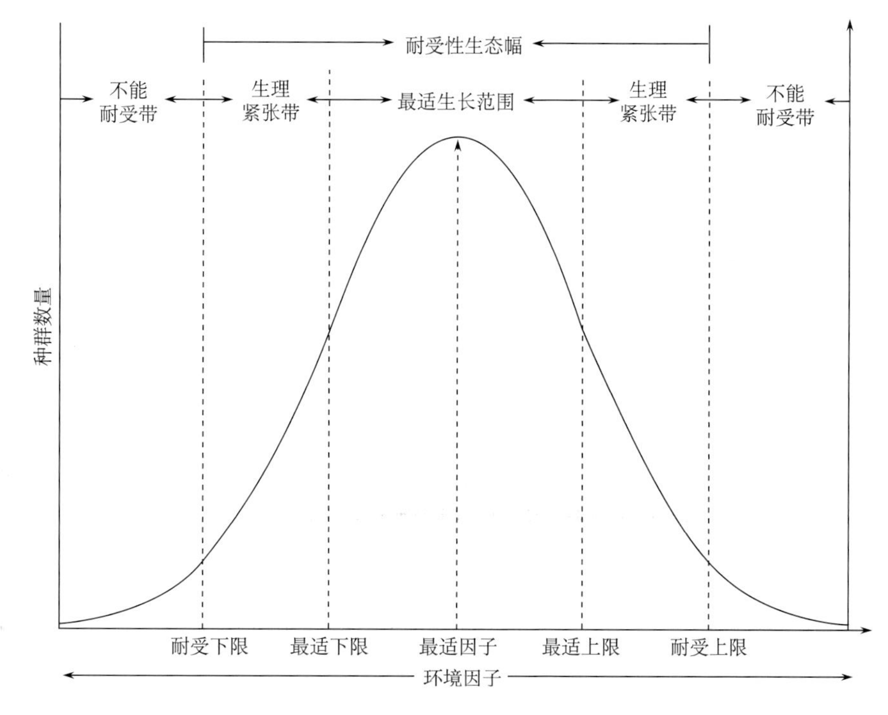

图 5.3　谢尔福德耐受性定律曲线

后来的研究对 Shelford 耐受性定律进行了补充，可概括如下。

(1)同一种生物对各种生态因子的耐性范围不同，生物可能对某一环境因子的耐受范围很广，而对另一环境因子的耐性范围可能很窄。例如，“广温狭盐性”就表示那些对温度变化的适应范围很宽，而对盐度的变化则很敏感的海洋生物(Odum，1959，1971)。

(2)不同种生物对同一生态因子的耐性范围不同。对主要生态因子耐性范围广的生物种，其分布也广。仅对个别生态因子耐性范围广的生物，可能受其他生态因子的制约，其分布不一定广(Odum，1959，1971)。

(3)生物对生态因子的耐受性范围在其生活史中往往不是恒定的，而是随着发育阶段(或年龄)以及其他条件而改变。即同一生物在不同的生长发育阶段对生态因子的耐性范围不同。通常在生殖生长期对生态条件的要求最严格，繁殖的个体、种子、卵、胚胎、种苗和幼体的耐性范围一般都要比非繁殖期的要窄。例如，在光周期感应期内对光周期要求很严格，在其他发育阶段对光周期没有严格要求(Odum，1959，1971)。

(4)由于生态因子的相互作用，当某个生态因子不是处在最适状态时，则生物对其他生态因子的耐受范围则有可能随之下降(Odum，1959，1971)。

(5)同一生物种内的不同品种，长期生活在不同的生态环境条件下，对多个生态因子会形成有差异的耐性范围，即产生生态型的分化(Odum，1959，1971)。

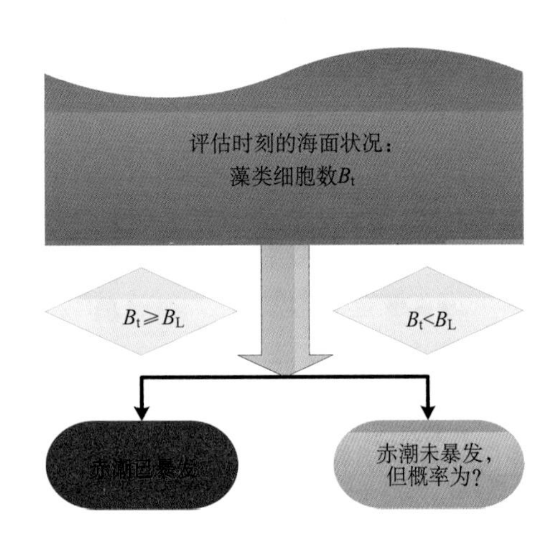

图 5.4　赤潮灾害危险度评估模型建立思路

2. 赤潮灾害危险度评估模型建立的思路

赤潮灾害危险度评估模型建立的思路如图 5.4 所示。

赤潮是否发生目前主要是通过评估时刻藻类细胞数 B_t 是否达到赤潮形成时的细胞数阈值 B_L，如果 $B_t \geqslant B_L$，则判断赤潮发生；如果 $B_t < B_L$，则判断赤潮尚未发生，但发生的可能性有多大？由于赤潮发生的概率受到藻类细胞数及其比生长率的影响，而藻类生长状况 μ 受环境因子(如营养盐、海水温度、光照强度等)的影响，因此，为了定量得到某时刻下某环境因子状态下赤潮灾害发生的可能性(概率)，首先要掌握某时刻某环境因子状态下赤潮藻类比生长率和该时刻下藻类细胞数，结合藻类比生长率模型，推导出某时刻下某环境因子状态下赤潮灾害发生的可能性(概率)。因此，可以发现，环境因子与赤潮藻类比生长率的定量响应关系模型是建立赤潮灾害危险度评估模型的关键环节。

3. 赤潮灾害危险评估模型的建立

赤潮危险度评估是赤潮灾害风险评估的重要组成内容之一，是实现赤潮灾害风险评估的关键环节。赤潮危险度受营养盐及其比率、光照强度、海水温度等多方面因素的影响。根据已有的研究结果表明，营养盐及其比率在影响赤潮暴发和消亡过程中占主导地位。因此，探讨营养盐及其比率对赤潮危险度的影响具有重要的意义。

一般地，藻类比生长速率与营养盐的关系通常用 Monod 方程来表达(John and Flynn，2000；Yamamoto and Tarutani，1999；Frangópulos et al.，2004；Lim et al.，2010)。但此方程仅适用于单一营养盐限制，其他营养盐都是充足，这种充足又不抑制生长，且在生长过程中也没有生成抑制性产物(宋超先，2007)。Monod 方程仅表示了 Shelford 耐受定律中营养盐浓度小于最佳浓度时赤潮藻类生长随着浓度而增加的正效应关系，而不能反映出耐受定律中营养盐浓度大于最佳浓度时赤潮藻类生长随着浓度增加而减小的负效应关系(宋超先，2007)。因此，Monod 方程不能全面反映出营养盐对藻类生长的双重性。

1)基于营养盐的藻类比生长速率模型建立

(1)基于营养盐单因子的中肋骨条藻比生长率响应模型的建立。

a. 实验方案设计

实验数据为王修林和邓宁宁(2004)分别在固定氮源和磷源条件下得到的实验研究成果，其具体地实验条件如下：选用的赤潮藻种——中肋骨条藻为采用网采方法从东海等有关海域采集赤潮藻样品，经显微镜观察、预备培养、微细管分离、灭菌等步骤得到纯化的实验藻种。然后将纯化的藻种保存在

f/2 培养液中，在温度(20±1)℃、光照强度约为 2000 lux、明暗周期 12 h∶12 h 等条件下进行培养。

为了使中肋骨条藻藻种生长不受硅酸盐(SiO_3-Si)限制，设计培养液 SiO_3-Si 浓度为 32.0 μmol/L，而 NO_3-N 和 PO_4-P 浓度则根据实验要求设计，微量元素和维生素与 f/2 培养液相同。具体而言，对于其中一个系列实验，设计初始 NO_3-N 浓度相同，约为(37±3) μmol/L，而 PO_4-P 初始浓度($C^0_{PO_4}$)范围为 0.5～3.5 μmol/L(表 5.2)。对于另一个系列实验，设计初始 PO_4-P 浓度相同，约为(1.7±0.8) μmol/L，而 NO_3-N 初始浓度($C^0_{NO_3}$)范围为 13.2～105.7 μmol/L(表 5.2)。这样，在无菌条件下，将长势良好的实验藻种——中肋骨条藻转移到 4L 类 f/2 培养液中，接种密度大约为 0.7×10^4～1.2×10^4 cells/mL。然后在与藻种保存系统相同的条件下进行培养实验，根据生长状况实验周期约(7±2)天左右。按实验要求每天定时从培养瓶中取 50 mL 样品，其中部分样品应用血球计数板显微镜目视计数法测量赤潮藻细胞数量，而另一部分样品经 0.45 μm 的醋酸纤维滤膜过滤后，采用 Technicon™AA -Π 型营养盐自动分析仪测定滤液中 PO_4-P 和 NO_3-N 的浓度，测量精度分别为 98.0%和 99.4%。

表 5.2　实验浓度梯度设置

PO_4-P 影响实验/ $C^0_{NO_3}=35.57\mu mol/L$ (固定)					
$C^0_{PO_4}$ /(μmol / L)	0.77	0.81	1.07	2.16	3.21
NO_3-N 影响实验/ $C^0_{PO_4}=0.90\mu mol/L$ (固定)					
$C^0_{NO_3}$ /(μmol / L)	17.97	30.78	38.00	50.12	70.17

b. 数据处理分析方法

在显微镜下用计数框隔天计数，每瓶计数两次，后根据平行样的均值再取平均值作为当天的藻类细胞数，记录一个生长周期左右，以培养时间为横坐标，每 1 mL 液体中的细胞数为纵坐标，绘制细胞数-培养时间 t 的藻类生长曲线。

根据式(5.1)和式(5.2)分别计算出藻类在不同条件下的最大比生长速率，以 N/P 为横坐标，最大比生长速率为纵坐标，绘制最大比生长率-N/P 的关系曲线。

$$\mu'=\frac{1}{N}\times\frac{\mathrm{d}N}{\mathrm{d}t} \tag{5.1}$$

式中，μ' 为藻类的比生长速率(d^{-1})；N 为藻类细胞数(cell/L)；t 为藻类的生长时间(d)。

$$\mu_{\max}=\mathrm{MAX}\left(\mu_1',\mu_2',\cdots\mu_k',\cdots\mu_n'\right) \tag{5.2}$$

式中，$\mu_{\max}$ 为藻类的最大比生长速率(d^{-1})；μ_i' 为藻类的比生长速率(d^{-1})，同式(5.1)。

采用单因素方差分析法(One-Way ANOVA analysis)对不同培养条件下的细胞数、比生长速率和最大比生长速率差异显著性进行分析。

c. 实验结果

依据王修林和邓宁宁(2004)分别在固定氮源和磷源条件下得到的中肋骨条藻在不同营养盐条件下的生长状况实验结果，依据式(5.1)和(式 5.2)，分别得到在固定 NO_3-N 和 PO_4-P 初始浓度培养条件下中肋骨条藻比生长率 μ 与 N/P 的实验结果，根据 Shelford 耐受性定律和比生长率-氮磷比曲线形态，在 Origin 平台下进行拟合，得到中肋骨条藻比生长率 μ 与 N/P 的拟合曲线(图 5.5)及其相应的拟合模型式(5.3)和式(5.4)。

固定硝酸盐(氮)条件下，中肋骨条藻比生长率 μ 与 N/P 的拟合模型为

$$\mu=5.33\times\exp[-0.00101\times(\mathrm{N/P}-31.1)^2] \tag{5.3}$$

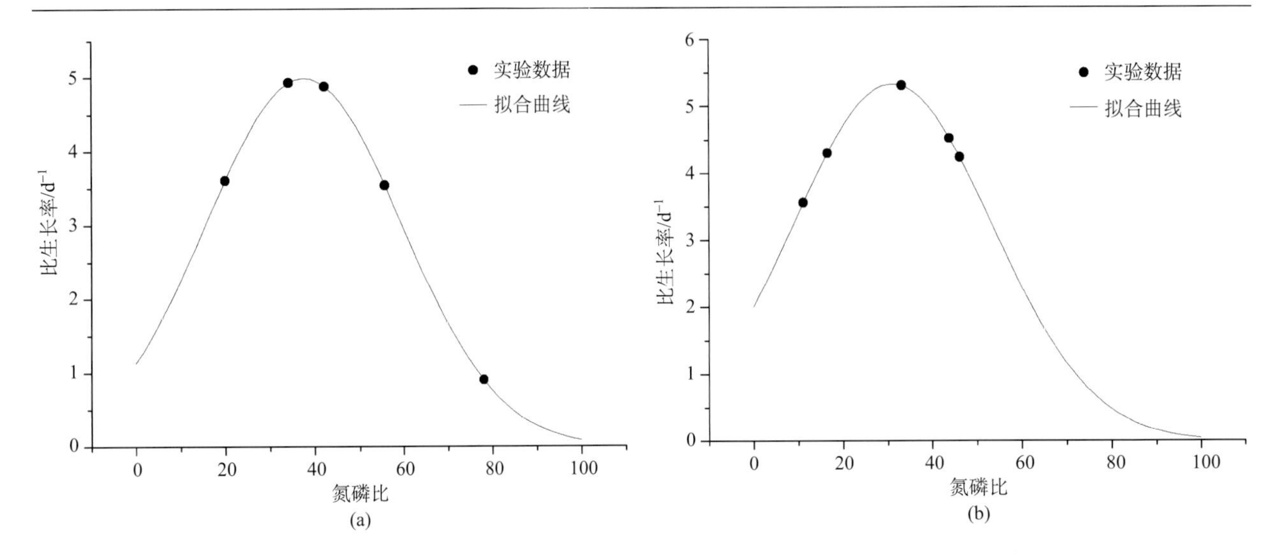

图 5.5 不同起始浓度下中肋骨条藻比生长速率与 N/P 的函数曲线(实线为拟合曲线)

(a)固定 N 浓度条件下；(b)固定 P 浓度条件下

式中，μ 为中肋骨条藻比生长速率(d^{-1})；N/P 为氮磷比值[(μmol/L)/(μmol/L)]。

固定磷酸盐(磷)条件下，中肋骨条藻比生长率 μ 与 N/P 的拟合模型为

$$\mu = 4.99 \times \exp[-0.00105 \times (N/P - 37.6)^2] \tag{5.4}$$

式中，μ 为中肋骨条藻比生长速率(d^{-1})；N/P 为氮磷比值[(μmol/L)/(μmol/L)]。

(2)基于营养盐单因子的米氏凯伦藻比生长率响应模型的建立。

a. 材料与方法

· 藻种与培养基

实验所用藻种米氏凯伦藻(*Karenia mikimotoi* Hansen)由暨南大学赤潮与水环境研究中心藻种库提供。该藻种保存在温度为(25±1)℃、盐度(30±1)PSU、光照强度约为 58.5 μmol photon/(m^2 · s)(冷光管)、明暗周期为 12 h∶12 h 的培养条件下。培养液中除了不添加 Na_2SiO_3 外，其余元素与 f/2 培养液配方相同。实验用人工海水按照 Harrison 配方配制。

· 实验浓度梯度设置

在人工海水中加入除氮、磷之外的所有 f/2 培养基的其他成分，然后根据接近自然海水状况的磷浓度来设置磷浓度。固定磷($NaH_2PO_4 \cdot 2H_2O$)起始浓度分别为 0.50 μmol/L、1.00 μmol/L、1.50 μmol/L 和 5.00 μmol/L 条件下，各氮源浓度按设定浓度添加。其中分别以 $NaNO_3$ 和 NaH_2PO_4 作为氮源和磷源，其浓度按表 5.3 的梯度分别配制。

表 5.3 氮和磷的浓度梯度配制

序号	磷浓度为 0.50 μmol/L C_N/(μmol/L)	磷浓度为 1.00 μmol/L C_N/(μmol/L)	磷浓度为 1.50 μmol/L C_N/(μmol/L)	磷浓度为 5.00 μmol/L C_N/(μmol/L)
1	7.50	15.00	22.50	75.00
2	15.00	30.00	45.00	150.00
3	30.00	60.00	90.00	300.00
4	45.00	90.00	135.00	450.00
5	75.00	150.00	225.0	750.00
	第一组实验	第二组实验	第三组实验	第四组实验

· 实验方法

实验前，将处于对数生长期的藻种接种于不含氮磷的培养液内，并在与实验设定的相同环境条件下进行 3～4 天的预培养，以减少培养条件突变对藻类生长的影响。实验时，将处于对数生长期的驯化后的藻种离心(600 rmp/min，8 min)，用不添加任何培养基的人工海水清洗 3 次。将接种密度均为 500 ce11/mL 的藻液分别装到含有不同氮、磷浓度的 2 000 mL 培养液的 3 000 mL 锥形瓶中进行培养。每组实验设 2 个平行样，并间隔 24 小时取样(考虑到藻体生长的沉降作用，每次在取样前要将藻体摇均)，取 0.5 mL 培养物后在显微镜下计数，重复 3 次，计数值间相差应小于 15%，取两相近数据平均值为实验结果。培养时间为藻种的一个生长周期。取样过程中，各操作步骤均进行灭菌处理。

b. 数据分析与处理

· 生长曲线的测定

在显微镜下用计数框隔天计数，每瓶计数 3 次，后根据平行样的均值再取平均值作为当天的藻类细胞密度，记录一个生长周期左右，以培养时间为横坐标，每 1 mL 液体中的细胞数为纵坐标，绘制细胞密度-培养时间 t 的藻类生长曲线。

· 比生长率

根据式(5.3)和式(5.4)，分别计算出藻类在不同条件下的比生长速率，以 N 为横坐标，最大比生长速率为纵坐标，绘制最大比生长率-N 的关系曲线。

· 统计学分析

采用单因素方差分析法(One-Way ANOVA analysis)对不同培养条件下的细胞密度值、比生长速率和最大比生长速率差异显著性进行分析。

c. 结果与分析

· 米氏凯伦藻的生长特性

图 5.6(a)～(d)分别显示了在不同磷浓度条件下不同氮浓度对米氏凯伦藻细胞密度的影响。在磷浓度为 0.50 μmol/L 条件下，在设定的氮浓度范围内，米氏凯伦藻在氮浓度为 30.00 μmol/L 条件下，藻细胞数达到最大值，细胞数为 3163.6×10^4 cells/L；小于此氮浓度时，藻细胞数随浓度增加增大而显著增大(ANOVA，$P<0.05$)；大于此氮浓度时，藻细胞数随浓度的增加反而显著减小(ANOVA，$P<0.01$)[图 5.6(a)]。同样地，在磷浓度为 1.00 mol/L 条件下，米氏凯伦藻在氮浓度为 60.00 μmol/L 条件下，藻细胞数达到最大值，细胞数为 5087×10^4 cells/L；小于此氮浓度，藻细胞数随浓度增加增大而显著增大(ANOVA，$P<0.05$)；大于此氮浓度，藻细胞数随氮浓度的增加反而显著减小(ANOVA，$P<0.01$)(图 5.6(b))。在磷浓度为 1.50 μmol/L 条件下，米氏凯伦藻在氮浓度为 90.00 μmol/L 条件下，藻细胞数达到最大值，为 5423×10^4 cells/L；小于此氮浓度，藻细胞数随浓度增加增大而显著增大(ANOVA，$P<0.05$)；大于此氮浓度，藻细胞数随浓度的增加反而显著减小(ANOVA，$P<0.01$)[图 5.6(c)]。在磷浓度为 5.00 μmol/L 条件下，米氏凯伦藻在氮浓度为 300.00 mol/L 条件下，藻细胞数达到最大值，为 13893×10^4 cells/L；小于此氮浓度，藻细胞数随浓度增加增大而显著增大(ANOVA，$P<0.05$)；大于此氮浓度，藻细胞数随浓度的增加反而显著减小(ANOVA，$P<0.01$)[图 5.6(d)]。

· 基于氮浓度的米氏凯伦藻比生长率响应模型

根据藻类在不同磷和不同氮浓度条件下的生长特性，依据式(5.1)和式(5.2)，结合藻类生长遵循的相关定律，在数据分析平台下通过模型拟合(图 5.7)，得到不同磷条件下，米氏凯伦藻比生长速率与氮浓度之间的关系响应模型(5.5)及模型的相关性分析(图 5.8)。

$$\mu_{\max} = k\times\exp[-m\times(N-N_{\text{opt}})^2] \tag{5.5}$$

式中，$\mu_{\max}$ 表示藻类最大比生长速率(d^{-1})；N 表示环境氮的浓度(μmol/L)；N_{opt} 表示适宜藻类生长的最佳氮浓度(μmol/L)；k、m 为参数(表 5.4)。

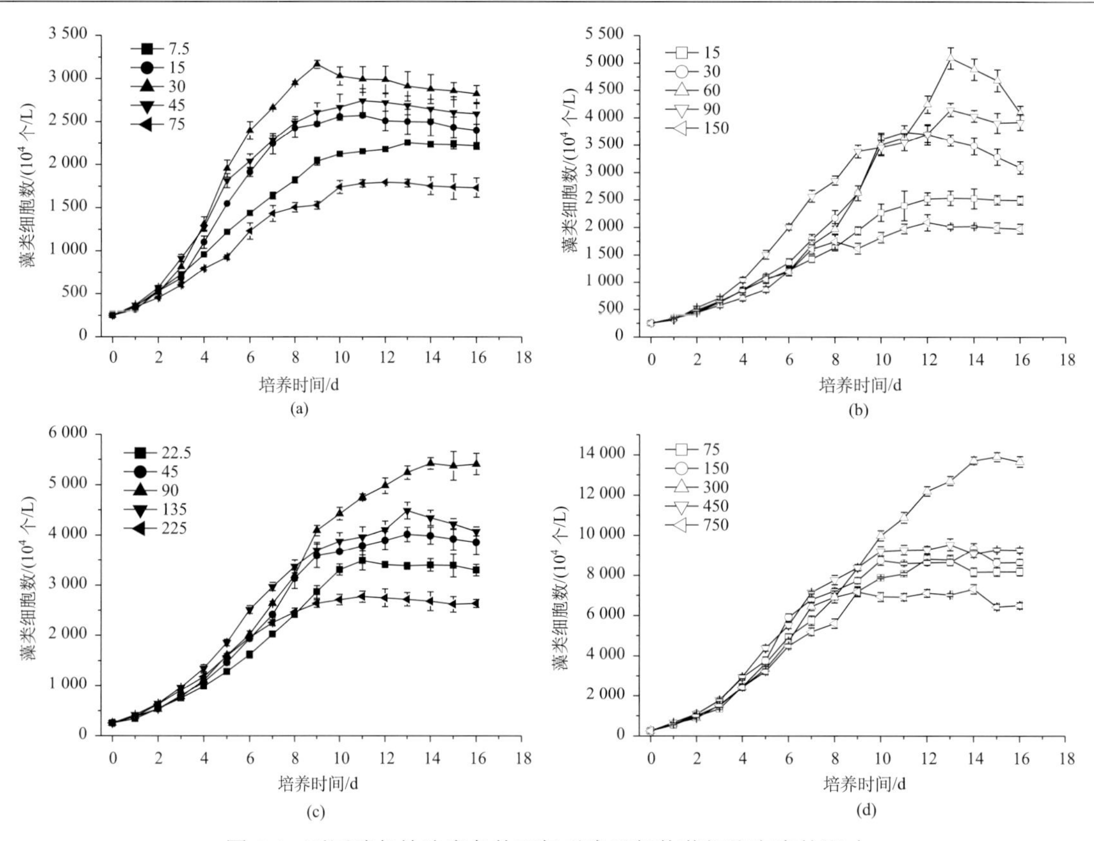

图 5.6 不同磷起始浓度条件下氮对米氏凯伦藻细胞密度的影响

(a) c(P)=0.50 μmol/L；(b) c(P)=1.00 μmol/L；(c) c(P)=1.50 μmol/L；(d) c(P)=5.00 μmol/L

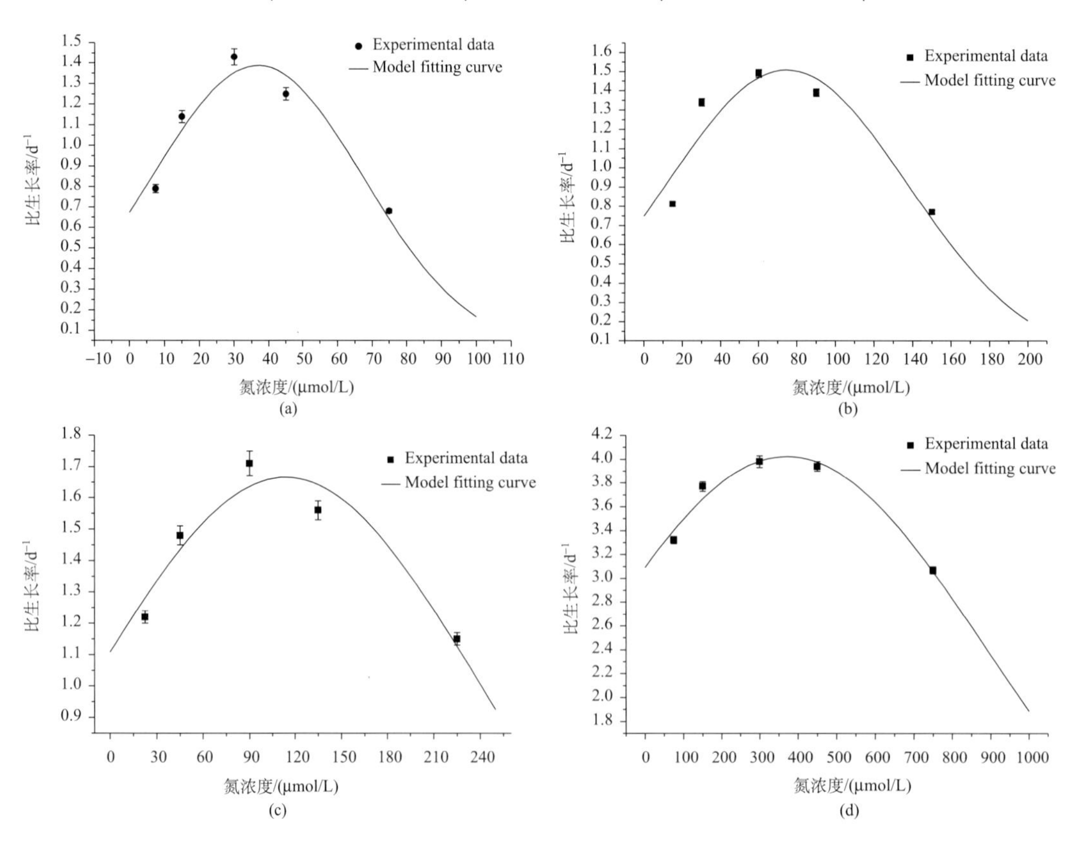

图 5.7 不同磷浓度条件下米氏凯伦藻比生长率与 N 浓度的函数关系曲线

(c) c(P)=0.50 μmol/L；(b) c(P)=1.00 μmol/L；(c) c(P)=1.50 μmol/L；(d) c(P)=5.00 μmol/L

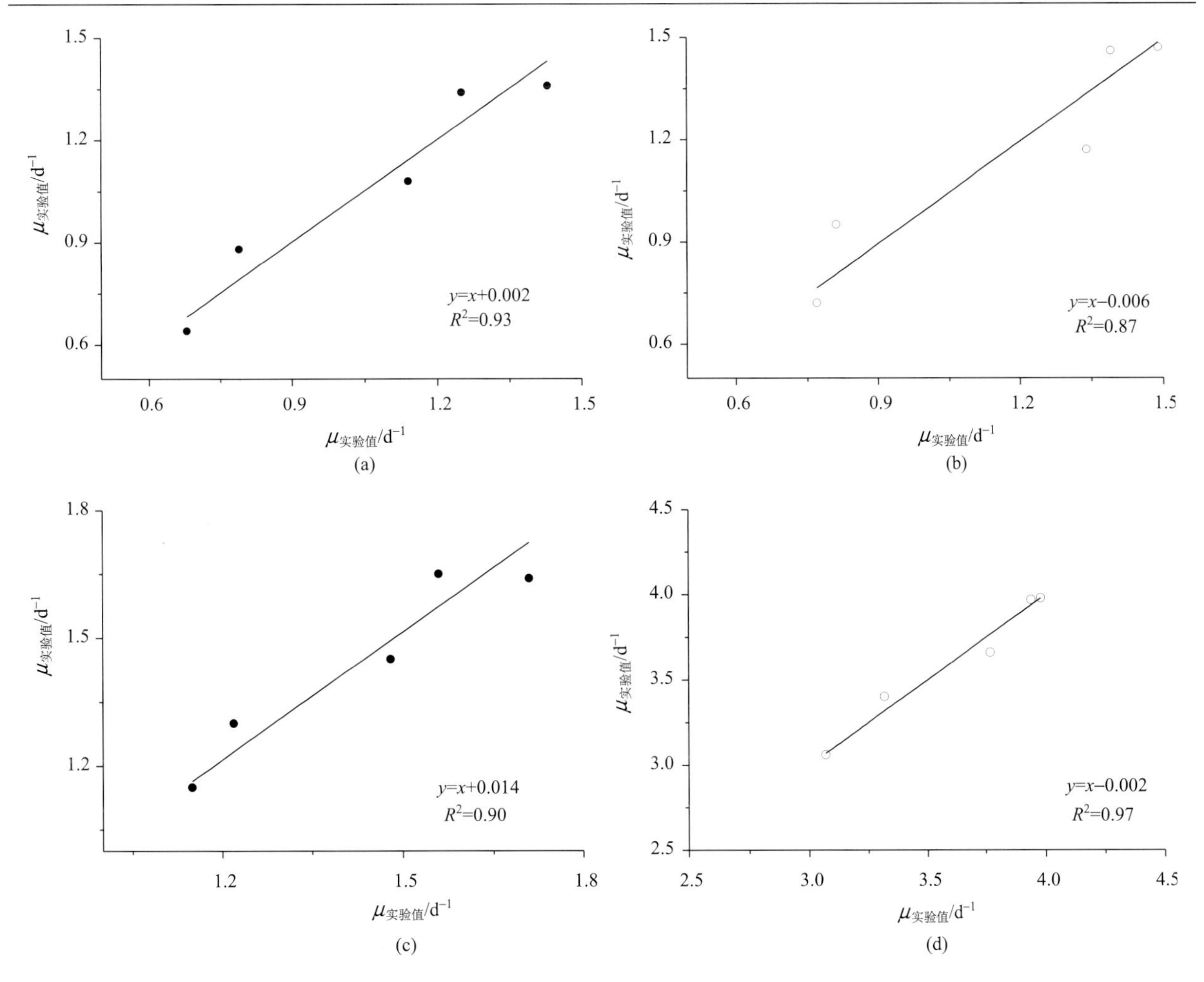

图 5.8　藻类比生长率模型值与实验值的相关性分析

表 5.4　式(5.5)在不同培养条件下的相关参数

k	m	N_{opt}/(μmol/L)	培养条件
1.39	0.53×10^{-3}	36.88	C_p=0.50 μmol/L
1.51	0.13×10^{-3}	74.52	C_p=1.00 μmol/L
1.67	0.03×10^{-3}	113.66	C_p=1.50 μmol/L
4.02	0.19×10^{-5}	371.26	C_p=5.00 μmol/L

2)基于氮、磷共同作用的藻类比生长速率响应模型的建立

(1)材料与方法

a. 藻种与培养基

实验所用藻种塔玛亚历山大藻(*Alexandrium tamarense*)由国家海洋环境监测中心提供。该藻种保存在温度为25℃、盐度 30 PSU、光照强度约为 58.5 mol photon/(m^2·s)(冷光管)、明暗周期为 12 h∶12 h 的培养条件下。培养液中除了不添加 Na_2SiO_3 外，其余元素与 f/2 培养液配方相同。实验用人工海水按照 Harrison 配方配制。

b. 实验浓度梯度设置

在人工海水中加入除氮、磷之外的所有 f/2 培养基的其他成分，然后根据中国海水水质标准中磷浓度的界定，固定磷($NaH_2PO_4 \cdot OH_2O$)起始浓度分别为 0.48 μmol/L(低磷，一类水质)、0.97 μmol/L(中磷，二、三类水质)和 1.45 μmol/L(高磷，四类水质)条件下，各氮源浓度按设定浓度添加。其中分别以 $NaNO_3$ 和 NaH_2PO_4 作为氮源和磷源，其浓度按表 5.5 的梯度分别配制。

表 5.5　氮和磷的浓度梯度配制

项目	磷浓度为 0.48 μmol/L (低磷浓度) 氮浓度/(μmol/L)	磷浓度为 0.97 μmol/L (中磷浓度) 氮浓度/(μmol/L)	磷浓度为 1.45 μmol/L (高磷浓度) 氮浓度/(μmol/L)
1	0.48	0.97	1.45
2	4.84	9.68	14.52
3	9.68	19.36	29.04
4	14.52	29.04	43.56
5	19.36	38.72	58.08
6	24.20	48.40	72.60
7	29.04	58.08	87.12
8	33.88	67.76	101.64
9	38.72	77.44	116.16
10	43.56	87.12	130.68
	第一组实验	第二组实验	第三组实验

c. 实验方法

实验前，将处于对数生长期的藻种接种于不含氮磷的培养液内，并在与实验设定的相同环境条件下进行 3～4 天的预培养以减少培养条件突变对藻类生长的影响。实验时将处于对数生长期的驯化后的藻种离心(2000 r/min、10 min)，用不添加任何培养基的人工海水清洗 3 次。将接种密度均为 500 ce11/mL 的藻液分别装到含有不同氮、磷浓度的 2 000 mL 培养液的 3 000 mL 锥形瓶中进行培养。每组实验设 2 个平行样，并间隔 24 小时取样(考虑到藻体生长的沉降作用，每次在取样前要将藻体摇均)，取 0.5 mL 培养物后在显微镜下计数，重复 3 次，计数值间相差应小于 15%，取两相近数据平均值为实验结果。培养时间为藻种的一个生长周期。取样过程中，各操作步骤均进行灭菌处理。

d. 数据分析与处理

在显微镜下用计数框隔天计数，每瓶计数 3 次，后根据平行样的均值再取平均值作为当天的藻类细胞密度，记录一个生长周期左右，以培养时间为横坐标，每一毫升液体中的细胞数为纵坐标，绘制细胞密度-培养时间 t 的藻类生长曲线。

根据式(5.1)和式(5.2)分别计算出藻类在不同条件下的最大比生长速率。

采用单因素方差分析法(One-Way ANOVA analysis)对不同培养条件下的细胞密度值、比生长速率和最大比生长速率差异显著性进行分析。

(2)研究结果

图 5.9(a)～(c)分别显示了在固定低 P、中 P 和高 P 条件下不同 N 对塔玛亚历山大藻细胞数的影响。图 5.10(a)～(c)分别显示了固定低 P、中 P 和高 P 条件下不同 N 对塔玛亚历山大藻最大比生长速率的影响。

从图 5.9(a)～(c)上均可看出，赤潮藻的生长经历了延滞期、指数增长期、稳定期和衰亡期 4 个阶段，由此表现为“S”型生长曲线。在延滞期，赤潮藻生长缓慢，其生物量基本保持不变；到了指数增长期，由于大部分细胞处于分裂期，在较短的时间内其生物量迅速增加；随着赤潮藻生物量迅速增加，介质中的营养盐也急剧减小，此后大部分细胞便停止分裂，并且部分细胞开始死亡，从而使赤潮藻生

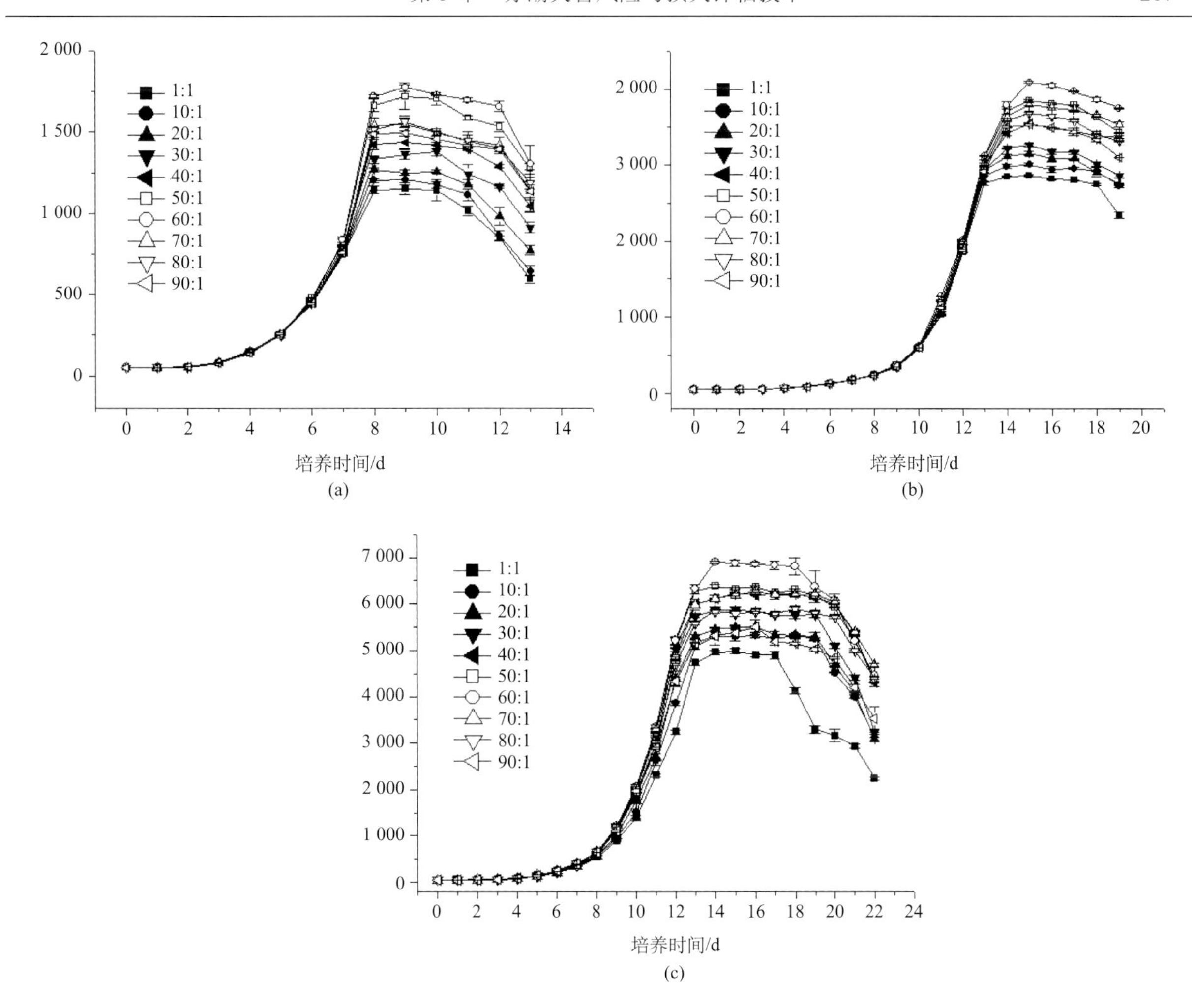

图 5.9　不同磷起始浓度条件下氮对塔玛亚历山大藻细胞数的影响

(a) c(P)=0.484 μmol/L；(b) c(P)=0.968 μmol/L；(c) c(P)=1.452 μmol/L

长进入稳定期，其生物量基本保持不变；随着介质中营养盐的进一步消耗，藻类细胞基本上停止分裂并开始死亡，藻类生长进入衰亡期，藻类细胞数开始下降。

在固定低 P 起始浓度培养条件下，在设定的 N 浓度梯度中，当 N 浓度为 0.48～29.04 μmol/L 条件下，塔玛亚历山大藻的细胞数随着 N 浓度的增大而显著增大(ANOVA，$P<0.05$)；而当 N 浓度为 33.88～43.56 μmol/L 条件下，塔玛亚历山大藻的细胞数随着 N 浓度的增大而显著减小(ANOVA，$P<0.01$)。在本次实验得到 N 浓度为 29.04 μmol/L 是塔玛亚历山大藻生长的最好营养盐比率条件，此时的细胞数最大均值为 1776×10^4 cells/L[图 5.9(a)]。在固定中 P 和高 P 起始浓度培养条件下，不同 N 浓度条件下的藻类细胞数的变化状况与固定低 P 培养条件下的情况相一致，即塔玛亚历山大藻的生长存在一个最适 N 浓度，当 N 浓度低于该阈值时，藻类细胞数随着 N 浓度的增大而显著增大(ANOVA，$P<0.05$)；而当 N 浓度高于该阈值时，藻类细胞数随着 N 浓度的增大而显著减小(ANOVA，$P<0.01$)，中 P 和高 P 条件下，塔玛亚历山大藻生长的最适 N 浓度分别为 58.08 μmol/L 和 87.12 μmol/L，此时固定中 P 和固定高 P 的细胞数最大均值则分别为 $4\,094\times10^4$ cells/L 和 $6\,891\times10^4$ cells/L[图 5.9(b) 和图 5.9(c)]。

通过对图 5.9(a)～(c) 的比较还可以看出，不同的 P 起始浓度对藻类细胞数有较大的影响，固定高 P 培养下得到的藻类细胞数最大均值比中 P 下的大，且中 P 的要比低 P 的大。

从图 5.10(a)、图 5.10(b) 和图 5.10(c) 上可看出，固定低 P、中 P 和高 P 条件下，塔玛亚历山大藻最大比生长速率与 N/P 之间的关系。实验数据表明，无论是在固定低 P、中 P 还是固定高 P 条件下，当 N/P 为 1∶1～60∶1 时，塔玛亚历山大藻最大比生长速率均随着 N/P 的增大而显著增大的变化过程

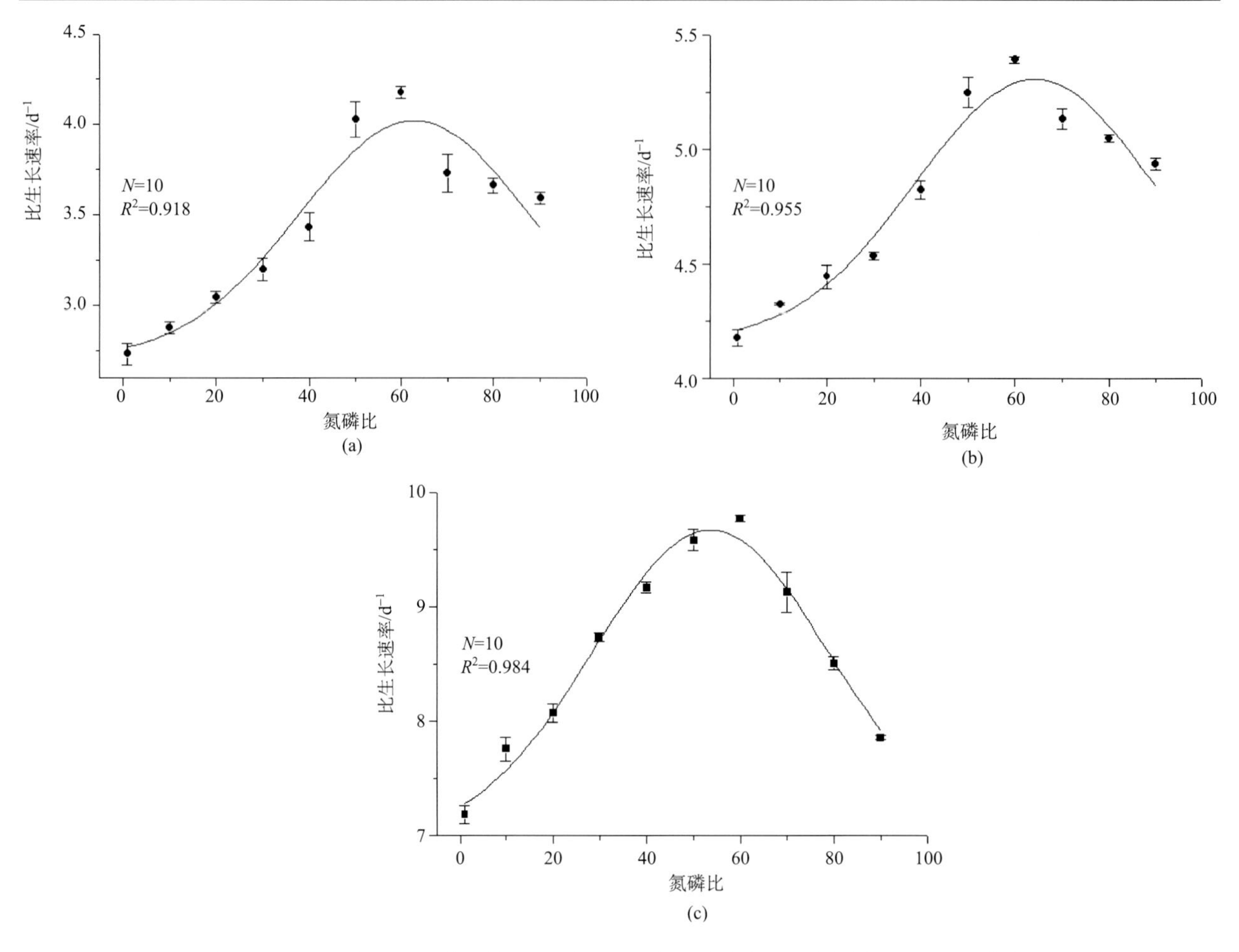

图 5.10　不同磷浓度条件下塔玛亚历山大藻比生长速率与 N 浓度的函数关系曲线

(a) c(P)=0.484 μmol/L；(b) c(P)=0.968 μmol/L；(c) c(P)=1.452 μmol/L

(ANOVA，$P<0.01$)；当 N/P 为 70:1～90:1 时，塔玛亚历山大藻最大比生长速率均随着 N/P 的增大而显著减小的变化过程(ANOVA，$P<0.01$)。N/P 为 60:1 时，藻类的最大比生长速率的最大均值在固定低 P、中 P 和高 P 分别为 4.18 d^{-1}，5.39 d^{-1} 和 9.77 d^{-1}。

通过对图 5.10(a)～(c)的比较还可以看出，在同一 N/P 条件下，固定高 P 条件下的藻类最大比生长速率最大均值要比固定中 P 的大，中 P 的要比固定低 P 条件下的大。

综上所述，本次实验结果表明，在固定同一 P 起始浓度条件下，在本书设置的 N/P 梯度内，均存在一个影响塔玛亚历山大藻生长的 N/P 阈值[最佳氮磷比，$(N/P)_{opt}$]。当 N/P 小于$(N/P)_{opt}$时，藻类的细胞数和最大比生长速率均随着 N/P 的增大而增大；当 N/P 大于$(N/P)_{opt}$时，藻类的细胞数和最大比生长速率均随着 N/P 的增大而减小，说明过低和过高的 N/P 都不利于塔玛亚历山大藻的生长，只有在合适的 N/P 条件下才有利于藻类生长，这个结果是 Shelford 耐受性定律是一致的。此外也表明，固定不同 P 起始浓度对藻类细胞数和最大比生长速率有显著的影响，藻类细胞数和最大比生长速率均随着固定 P 起始浓度的增大而增大，表明固定高 P 起始浓度条件有利于藻类的生长，这个结果与其他研究者对塔玛亚历山大藻研究得到的结论是一致的。

本书得到的塔玛亚历山大藻最大比生长速率与其他研究者得到的亚历山大藻的值要大。产生这些差异性的原因可能有：①不同的实验条件(营养盐起始浓度设置、温度等)导致了藻类生长的差异性；②种间之间的差异性引起的差异；③采用计算藻类最大比生长速率公式的差异性，其他研究者采用对数方程的形式来计算藻类最大比生长速率，而本书则采用了式(5.1)的差分形式和式(5.2)来计算藻类最大比生长速率。

实验结果表明，在相同的 P 浓度条件下，过低和过高的 N/P 不利于塔玛亚历山大藻的生长，只有在合适的 N/P 条件下才有利于塔玛亚历山大藻的生长，因此，适宜藻类生长的 N/P 的海域诱发赤潮发生的可能性较高，N/P 过低和过高的海域诱发塔玛亚历山大藻赤潮发生的可能性较低；而在相同的 N/P 条件下，P 浓度越高越有利于塔玛亚历山大藻的生长，高 P 浓度的海域赤潮暴发的可能性比低 P 浓度的海域的要高。

根据实验数据及藻类生长相关定律，在通用数据分析软件平台下，得到基于氮、磷共同作用的塔玛亚历山大藻比生长率的响应模型为

$$\mu = k \times \exp\left(-m \times (N - N_{\text{opt}})^2\right) \tag{5.6}$$

$$k = \frac{k_a \times P}{k_b + P} \tag{5.7}$$

$$m = m_a \times \exp\left(-P/_{m_b}\right) + m_c \tag{5.8}$$

$$N_{\text{opt}} = a \times P + b \tag{5.9}$$

式中，μ 为塔玛亚历山大藻比生长速率（d^{-1}）；k 为方程系数（d^{-1}）；m 为方程系数；N_{opt} 为藻类最适生长硝酸盐浓度温度（μmol/L）；P 为海水活性磷酸盐浓度（μmol/L）；N 为海水硝酸盐浓度（μmol/L）；k_a，k_b，m_a，m_b，m_c，w_a，w_b 为式（5.7）～式（5.9）相应的参数。

3）藻类生长达到赤潮形成时的细胞数阈值所需时间模型的建立

根据赤潮的判断依据和标准，结合式（5.1）可知，在不同海洋环境条件下，藻类生长达到赤潮形成时的细胞数阈值所需要的时间模型为

$$t = \frac{(N_L / N_0) - 1}{\mu} \tag{5.10}$$

式中，t 表示藻类生长达到形成赤潮时的细胞数阈值所需要的时间（d）；N_L 表示赤潮形成时的藻类细胞数阈值（cell/L）；N_0 表示藻类的初始细胞数（cell/L）；μ 表示藻类比生长速率，其受营养盐、海水温度、光照强度等多种海环境要素影响。

从式（5.10）上可以看出，藻类生长达到赤潮形成时的细胞数阈值所需要的时间 t 受赤潮形成时的藻类细胞数阈值 N_L、初始细胞数 N_0 和藻类比生长速率的影响。

4）赤潮灾害危险度评估模型的建立

为了得到某个藻类生长达到赤潮形成时的细胞数阈值所需要的时间 t 下相对应的赤潮危险度值，根据藻类生长达到赤潮形成时的细胞数阈值所需要的时间和赤潮危险度等级及其意义，采用式（10.11）来描述赤潮危险度

$$H = (a + b \times t)^{-1/c} \tag{5.11}$$

式中，H 为赤潮危险度，取值从 0 到 1；t 为藻类生长达到赤潮形成时的细胞数阈值所需要的时间（d）；a、b、c 为参数，且 a=1，b=0.012，c=0.12。

式（5.11）表明赤潮危险度与藻类生长达到赤潮形成时的细胞数阈值所需要的时间呈单曲线分布关系（图 5.11）。藻类生长达到赤潮形成时的细胞数阈值所需要的时间越短，赤潮危险度越大；反之，藻类生长达到赤潮形成时的细胞数阈值所需要的时间越长，赤潮危险度越小。

根据式（5.11）量化了赤潮灾害危险度评估模型，为实现赤潮危险度评估提供模型基础。

5）赤潮灾害危险度等级划分

为了能直观地表示研究区内赤潮危险度的分布，反映出研究区的赤潮危险度的暴发概率的高低，

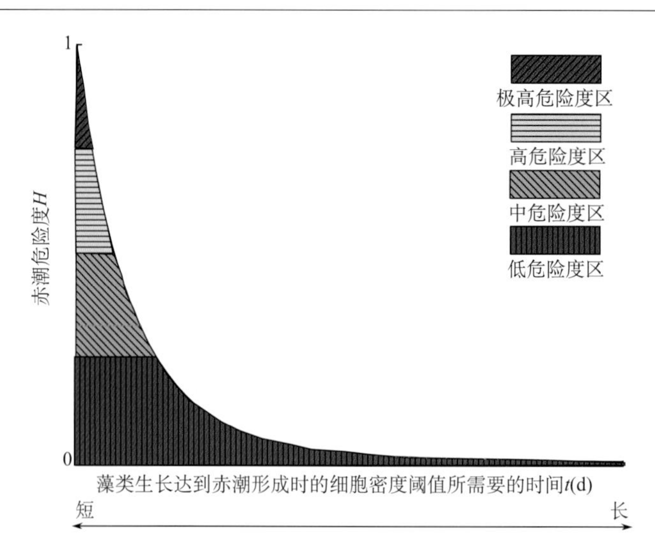

图 5.11　赤潮危险度与藻类生长达到赤潮形成时的细胞数阈值所需要的时间的关系曲线

依据赤潮灾害预警预报模式预警(小时)、短期(日际)、中期(月际)、长期(年际)，结合依据藻类生长达到形成赤潮时的细胞数阈值所需要的时间长短，将赤潮危险度区划为极高危险度区(H_1)、高危险度区(H_2)、中危险度区(H_3)、低危险度区(H_4)4 个等级(表 10-6)。在极高危险度区，赤潮危险度值区间为(1，0.75)，赤潮暴发的概率最高，为 75%～100%；在高危险度区，赤潮危险度值区间为(0.75，0.50)，赤潮暴发的概率较高，为 50%～75%；在中危险度区，赤潮危险度值区间为(0.50，0.25)，即赤潮暴发概率为 25%～50%；在低危险度区，赤潮危险度值区间为(0.25，0)，赤潮暴发可能性最低(表 5.6)。

表 5.6　赤潮灾害危险度等级划分

等级标准	危险度值区间	赤潮灾害危险度等级划分
H_1	(1.0, 0.75)	极高危险度
H_2	(0.75, 0.50)	高危险度
H_3	(0.50, 0.25)	中危险度
H_4	(0.25, 0)	低危险度

5.3.2　承灾体易损度评估模型建立

赤潮灾害承灾体易损度评估是赤潮灾害风险评估的另一个重要组成部分，是实现赤潮灾害风险评估的关键环节。赤潮灾害承灾体易损度研究对减轻赤潮灾害的危害具有重要的指导意义。赤潮灾害承灾体易损度受承灾体自身的抗灾特性、空间分布特征和赤潮类型(强度)等多方面因素的影响。

1. 材料与方法

采用 Delphi 法来确定单个承灾体遭受不同的赤潮类型(强度)的破坏程度的定量表达。

2. 单个承灾体遭受不同赤潮类型(强度)破坏程度

在最初邀请参与问卷调查的 30 位专家组成员中，实际参加完成第一轮问卷调查的专家组成员为 25 位。在这 25 位专家中，实际完成了第二轮问卷调查的共有 16 位，在这 16 位专家成员中，完成第三轮问卷调查的共有 14 位。在这三轮的文件调查过程中的专家积极系数分别为 83.3 %、64 %和 87.5 %。三次协调系数分别为 0.5108、0.6123 和 0.6592。这说明专家意见相对集中，对问题的看法相对稳定。

经过三轮的 Delphi 法问卷调查，最终得到了单个承灾体遭受不同的赤潮类型(强度)的破坏程度的定量表达(图 5.12、图 15.13 和图 5.14)。

图 5.12、图 5.13 和图 5.14 分别显示了单个承灾体遭受无毒无害赤潮、无毒有害赤潮和有毒赤潮的破坏程度。

从图 5.12、图 5.13 和图 5.14 上可看出，同一赤潮类型(强度)对不同承灾体的破坏程度也不尽相同。这种差异性主要是由不同承灾体具有不同的一定的抗灾能力造成的。无毒无害赤潮对海洋生态系统的破坏程度最大，旅游娱乐用海对渔业用海的破坏程度最小(图 5.12)；无毒有害赤潮和有毒赤潮对网箱养殖、渔业增殖区、渔业捕捞区和海洋保护区的破坏程度最大，对取水口的破坏程度最小(图 5.13 和图 5.14)。

不同的赤潮类型(强度)对同一承灾体的破坏程度是不相同的。这种差异性主要是由承灾体的经济价值表现反映出来。当无毒有害赤潮和有毒赤潮发生时，无毒有害藻种和有毒藻种分泌出的有害物质(黏液、氨、硫化氢等)和毒素对赤潮区的承灾体产生的经济损失最大，所以造成的破坏程度也最大。

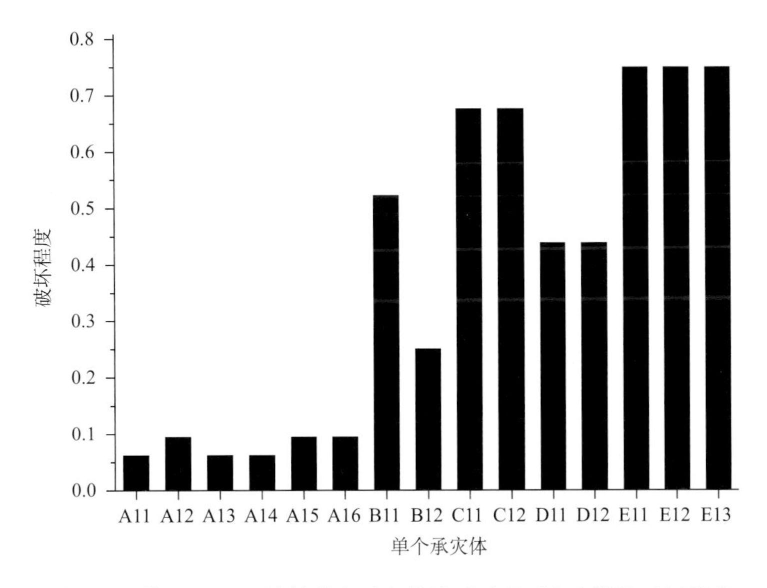

图 5.12　基于 Delphi 法的单个承灾体遭受无毒无害赤潮的破坏程度

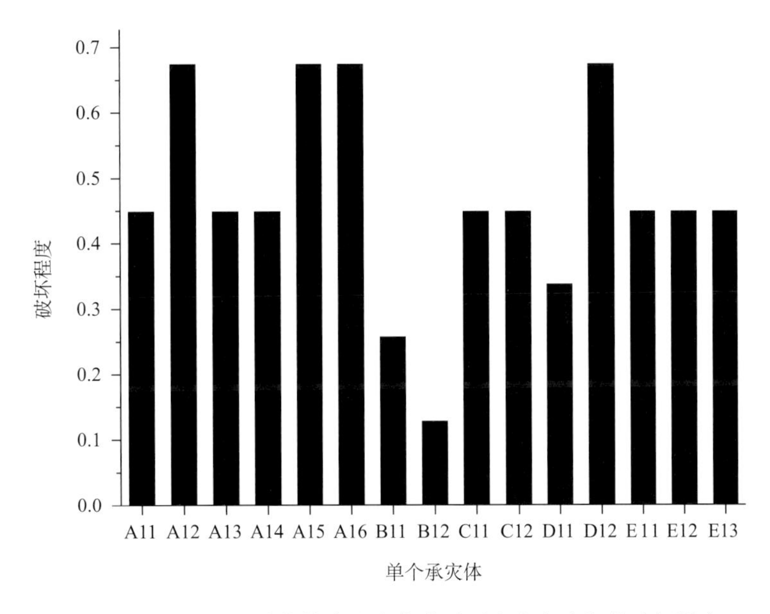

图 5.13　基于 Delphi 法的单个承灾体遭受无毒有害赤潮的破坏程度

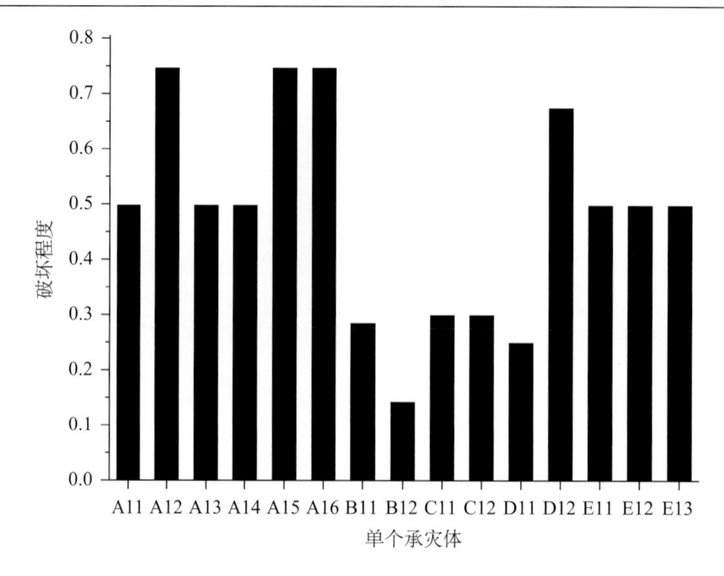

图 5.14　基于 Delphi 法的单个承灾体遭受有毒赤潮的破坏程度

3. 承灾体易损度评估模型的建立

由于赤潮灾害承灾体在海域立体空间分布中存在着空间重叠分布现象(如某个养殖海区，上层浮筏养殖，下层还有底播养殖分布)，因此，评估某个研究海区的赤潮灾害承灾体易损度时，在已确定的单个承灾体遭受不同的赤潮类型(强度)的破坏程度的基础上，根据承灾体在空间上呈重叠分布的特点(图 5.15)，可根据式(5.12)来定量表达该区域的赤潮承灾体易损度：

$$V=\sum_{i=1}^{n} a_i V_i \tag{5.12}$$

式中，V 表示承灾体易损度，取值从 0 到 1，越近 1，说明承灾体易损度越大，造成的损失越大；a_i 表示第 i 个承灾体指标的权重，由 Delphi 和 AHP 法确定；V_i 表示第 i 个单个承灾体有可能遭受赤潮灾害的破坏程度。

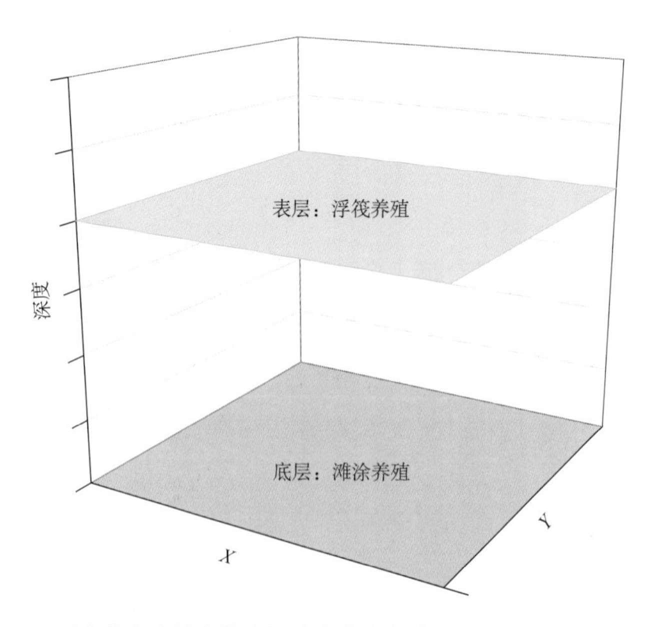

图 5.15　承灾体在海域立体空间分布中存在着空间重叠分布现象示意图

4. 承灾体易损度的等级划分

为了能直观地表示研究区内赤潮灾害对承灾体的易损度分布，反映出研究区承灾体的抗灾能力，根据承灾体易损度评估模型的评估结果，将赤潮灾害承灾体易损度划分为极高易损度区(V_1)、高易损度区(V_2)、中易损度区(V_3)、低易损度区(V_4)4 个等级(表 5.7 所示)。在极高易损度区，表示在该区域内承灾体遭受赤潮灾害的易损度均介于 0.75～1，说明该区域内承灾体的抗灾性能最低；在高易损度区，表示在该区域内承灾体遭受赤潮灾害的易损度均介于 0.5～0.75；在中易损度区，藻表示在该区域内承灾体遭受赤潮灾害的易损度均介于 0.25～0.50；在低易损度区，表示在该区域内承灾体遭受赤潮灾害的易损度均介于 0～0.25，说明该区域内承灾体的抗灾性能最高。

表 5.7　赤潮灾害承灾体易损度等级划分

等级标准	易损度值区间	赤潮灾害承灾体易损度等级划分
V_1	(1.0, 0.75)	极高易损度
V_2	(0.75, 0.50)	高易损度
V_3	(0.50, 0.25)	中易损度
V_4	(0.25, 0)	低易损度

5.3.3　赤潮灾害风险评估模型建立

1. 赤潮灾害风险评估模型的建立

根据联合国人道主义事务部于 1991 年提出的风险表达式，结合赤潮灾害风险评估的内涵，赤潮灾害风险评估模型可表达为

$$R = H \times V \tag{5.13}$$

式中，R 为赤潮灾害风险；H 为赤潮灾害危险度；V 为承灾体易损度。

2. 赤潮灾害风险等级划分

为了能直观地表示研究区内赤潮灾害风险的分布，综合反映了研究区的赤潮危险度的暴发概率和承灾体遭受赤潮的易损度，根据赤潮灾害风险评估模型的评估结果，将赤潮灾害风险划分为极高风险区(R_1)、高风险区(R_2)、中风险区(R_3)、低风险区(R_4)4 个等级(表 5.8)。在极高风险区，表示在该区域内赤潮暴发的可能性及灾害对承灾体的破坏程度的综合结果均介于 0.75～1；在高风险区，表示在该区域内赤潮暴发的可能性及灾害对承灾体的破坏程度均介于 0.5～0.75；在中风险区，表示在该区域内赤潮暴发的可能性及灾害对承灾体的破坏程度均介于 0.25～0.50；在低风险区，表示在该区域内赤潮暴发的可能性及灾害对承灾体的破坏程度均介于 0～0.25。

表 5.8　赤潮灾害风险等级划分

等级标准	风险值区间	赤潮灾害风险等级划分
R_1	(1.0, 0.75)	极高风险
R_2	(0.75, 0.50)	高风险
R_3	(0.50, 0.25)	中风险
R_4	(0.25, 0)	低风险

第 6 章　立体监测系统集成

6.1 引　　言

何为系统集成？所谓系统集成，就是通过结构化的综合布线系统和计算机网络技术，将各个分离的设备(如个人电脑)、功能和信息等集成到相互关联的、统一和协调的系统之中，使资源达到充分共享，实现集中、高效、便利的管理。系统集成应采用功能集成、网络集成、软件界面集成等多种集成技术。系统集成实现的关键在于解决系统之间的互连和互操作问题，它是一个多厂商、多协议和面向各种应用的体系结构。集成实现的关键是互连、互操作。

赤潮监测与预警系统集成将单个独立的船载自动监测系统、浮标监测系统、岸基站监测系统、8个赤潮预警报以及风险评估模型进行了集成，使得赤潮立体监测系统的各个组成部分协同运行，成为了一个有机的整体，实现了从监测数据采集—数据传输—数据入库—数据统计分析—预警报产品制作—信息发布等全过程在一套集成系统中全部完成，在赤潮监测与示范运行中发挥了重要作用。

赤潮监测与预警系统是个复杂的集成系统，既包括仪器的集成、数据的集成，还包括模型的集成、产品的集成以及服务的集成。仪器有自主研发的仪器，也有商业化的仪器；数据有实时数据，也有非实时数据，有结构化的数据，也有非结构化的数据；模型有预警报模型，有远程诊断软件、遥感监测软件，也有风险评估模型；产品有数字产品、有图片产品，还有文档产品，有实时生成的最终产品，有中间产品；服务集成有主动推送的服务集成，如短信服务和 E-mail 服务，有被动响应的服务集成，如网页服务等。因此，整个赤潮监测与预警系统是个典型的异构的集成系统，采用了 RS232C 接口实现了仪器集成，采用了基于 XML 的技术实现了数据集成，采用了基于 Web Service 的技术实现了模型集成和产品集成，采用了第三方短信网关和 JavaMail 技术实现了服务集成。

赤潮监测与预警系统的集成，与国内其他海洋信息集成相比，集成面更广、协同运行效果更好、适用性更强、成果的服务对象更有针对性以及集成架构比较合理，整个系统通过及时提供赤潮监测产品来达到为管理部门提供服务的目的。

赤潮监测与预警系统不仅是国内赤潮监测领域最复杂、自动化程度最高的立体监测系统，在海洋生态监测领域也处于领先地位。

6.2 系 统 组 成

赤潮监测与预警系统集成包括 5 个方面：仪器集成、数据集成、模型集成、产品集成以及服务集成。五大集成是递进的关系，仪器集成和数据集成是模型集成、产品集成以及服务集成的基础，通过仪器集成和数据集成获取数据，为模型提供数据源，系统通过调用模型生成各种赤潮预警报产品，五大集成相互关联，相互协同，共同作用，组成了赤潮立体监测系统(图 6.1 和图 6.2)。

赤潮监测与预警系统集成除了浮标监测平台、岸基站监测平台、船舶自动监测平台、遥感监测平台，还集成了赤潮志愿者监测平台以及赤潮毒素检测信息等，真正实现了海陆空全方位的立体集成。

赤潮监测与预警系统集成既有仪器集成、数据集成、模型集成，也有产品集成和服务集成，涵盖了从数据产生—数据应用—产品表达—向服务对象发布等全过程，真正实现了数据流向各个环节的集成。

因此，赤潮监测与预警系统集成为目前国内集成面最广、最全的海洋立体监测系统。

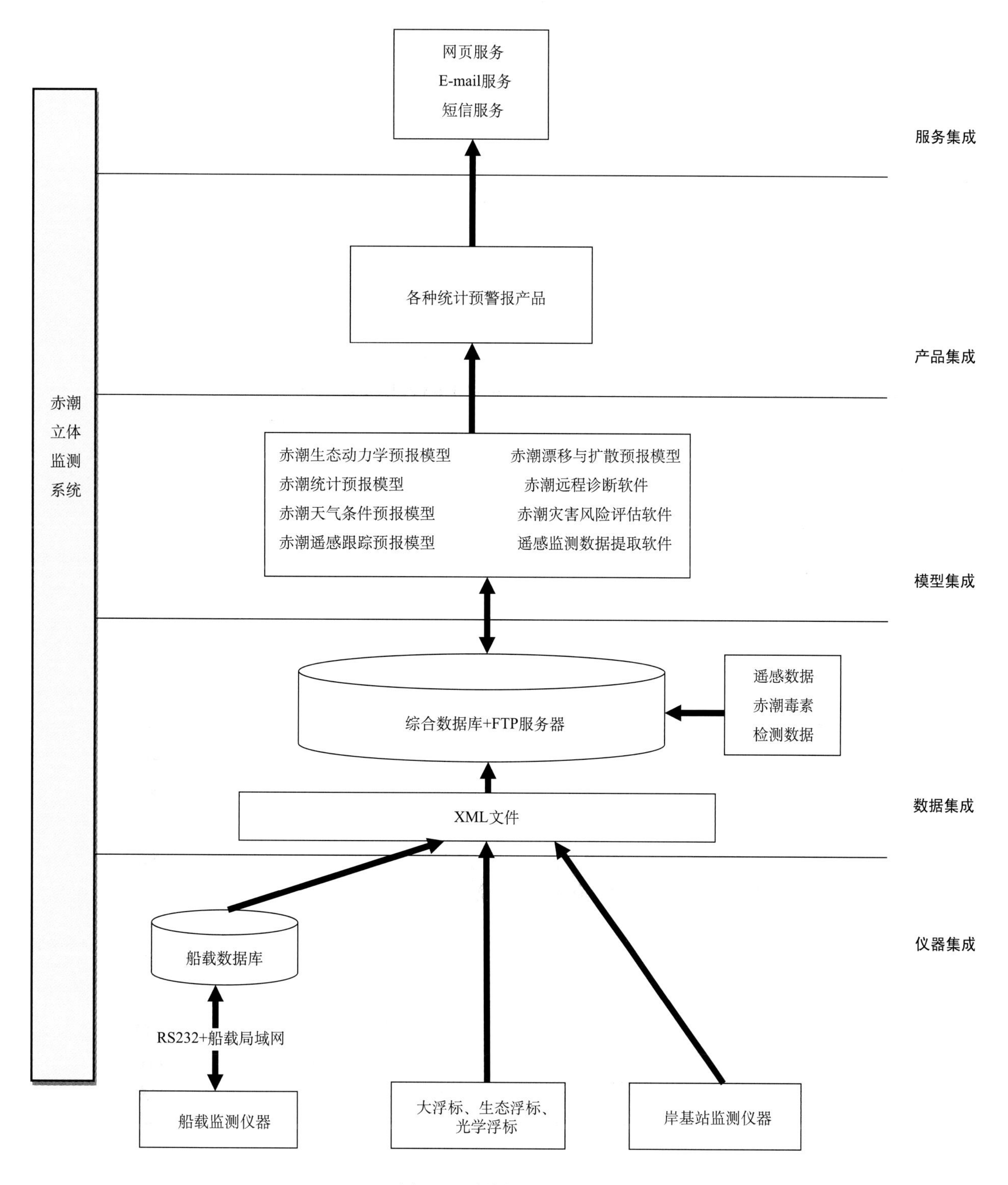

图 6.1　系统集成组成框图

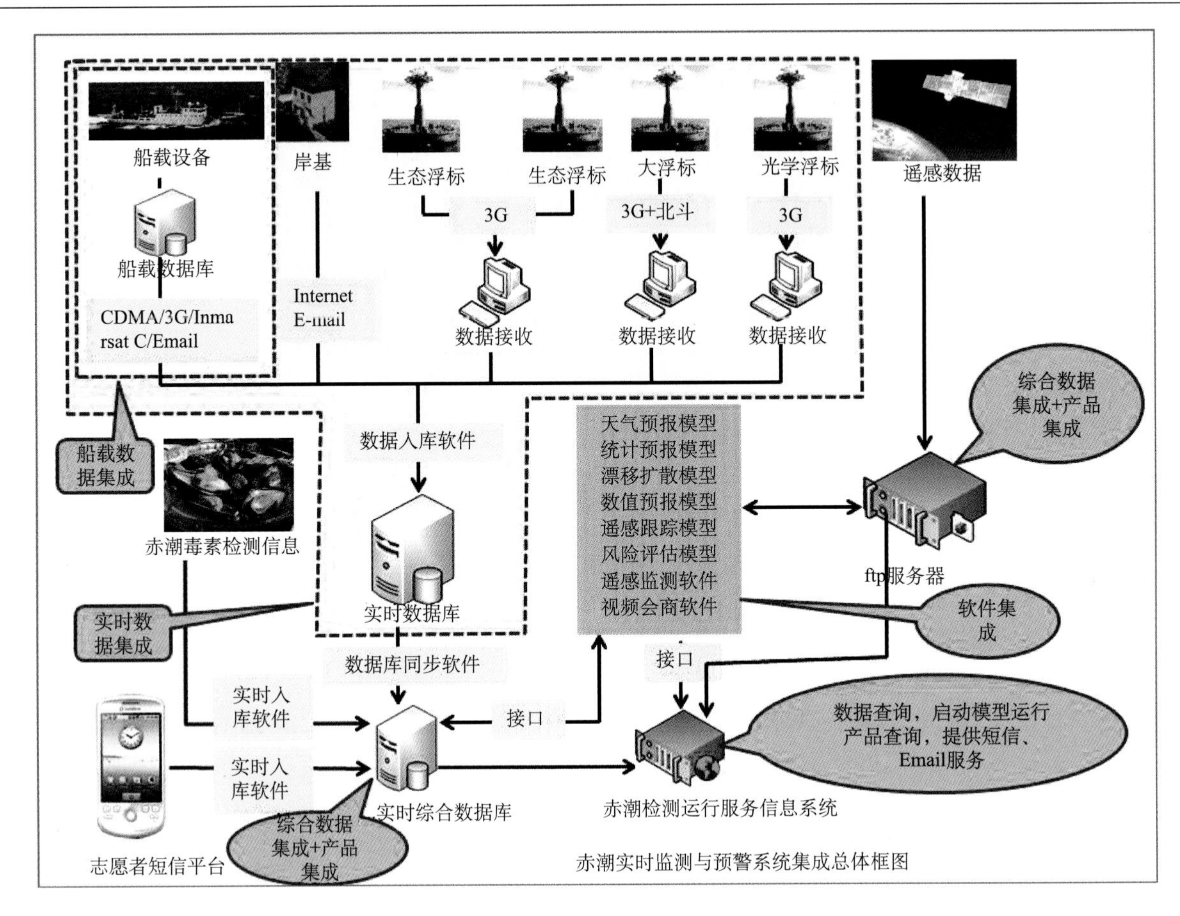

图 6.2　各种集成的相互关系

6.3　仪 器 集 成

仪器集成的目的是为了数据集成，数据包括仪器监测的数据，也包括仪器本身的状态数据。数据通信接口是仪器集成的关键。目前仪器通信有串行数据通信和并行数据通信两种方式：一条信息的各位数据被逐位按顺序传送的通信方式称为串行通信，串行通信的特点是：数据位传送按位顺序进行，最少只需一根传输线即可完成，成本低但传送速度慢。一条信息的各位数据被同时传送的通信方式称为并行通信，并行通信的特点是：各数据位同时传送，传送速度快、效率高，但有多少数据位就需多少根数据线，因此，传送成本高，且只适用于近距离(相距数米)的通信。本项目采用了标准的 RS232C 接口进行串行数据通信。通过设置校验位的形式来判断通信是否正常。

RS-232C 标准(协议)的全称是 EIA-RS-232C 标准，其中，EIA(Electronic Industry Association)代表美国电子工业协会，RS(Recommeded Standard)代表推荐标准，232 是标识号，C 代表 RS232 的最新一次修改(1969)，在这之前，有 RS232B、RS232A。它规定连接电缆和机械、电气特性、信号功能及传送过程。目前在 PC 机上的 COM1、COM2 接口，就是 RS-232C 接口。

本项目涉及的仪器比较多，包括船载仪器、浮标、岸基站设备等，有自主研发的仪器，有商业仪器，因此，集成步骤稍有不同。对于商业化的仪器，通过查阅其标准通信说明来进行数据通信，对于自主研发的仪器，则由集成方设计通信协议，仪器开发方配合完成。

船载仪器包括采水系统、营养盐分析仪、多参数水质系统、光纤溶解氧、赤潮、流式细胞仪、船用气象仪、GPS、电罗经、测深仪等，这些仪器通过 RS232 传输线和船载局域网实现了与控制电脑的通信，实现了船载设备的集成，具体集成方式详见本书第 2 章。浮标主要包括 1 个大浮标、2 个生态浮标、1 个光学浮标，浮标通过北斗或电信 CDMA 将数据进行发送，接收电脑通过 RS232C 接口获取数据，通过开发相应的软件，将这些数据文件转化成 XML 文件，为数据集成提供准备。岸基站设备指的是营养盐分析仪，主要是将其产生的数据以 E-mail 形式发送，通过开发 E-mail 读取软件为数据集成提供准备。

本项目仪器集成的对象有商业仪器，也有自主研发的仪器，在仪器集成过程中，通信协议是关键，在实际业务化运行过程中，仪器集成正在以即插即用为目标研究集成方法，为业务化工作中集成更多的仪器做好准备。

6.4 数据集成

赤潮立体监测系统的数据按获取的时效来分可分为实时数据和非实时数据。按数据结构来区分有结构化数据和非结构化数据，属于典型的多源异构数据的集成，为了解决这些多源异构数据的集成，采用了基于 XML 的集成方法。赤潮立体监测系统集成的数据源非常丰富、格式非常多样，有浮标监测的数据、船载仪器监测的数据、岸基站监测的数据、赤潮毒素监测数据以及遥感监测数据等，数据格式有文本文件、Excel 文件等，为目前海洋监测领域数据来源最多、数据格式最复杂的数据集成。数据集成的完成为模型集成提供了数据源。项目中基于 XML 映射规则的多源异构数据的集成方法已用在东海区所有的在线监测系统集成中。数据集成采取了重复数据过滤、非数字数据过滤、错误时间信息过滤等方法进行质量控制，但在实际应用中，这些质控手段远远不够，还需要更多的利用数理统计进行质量控制的方法。

异构数据集成方法包括：模式集成和数据复制方法。模式集成方法中的数据仍保存在各数据源上，由集成系统提供一个虚拟的集成视图，即全局模式以及全局模式查询的处理机制。用户直接在全局模式的基础上提交请求，由数据集成系统处理这些请求，转换成各个数据源在本地数据视图基础上能够执行的请求。数据复制方法将各个数据源的数据复制到与其相关的其他数据源上，并维护数据源整体上的数据一致性、提高信息共享利用的效率。数据复制方法采用数据仓库方法。

XML 是一种元标记语言，强调以数据为核心，这两大特点在众多技术特点中最为突出，同时也奠定了在信息管理中的优势。XML 是一种元标记语言与 HTML 不同。XML 不是一种具体的标记语言，它没有固定的标记符号，是一种元标记语言，是一种用来定义标记的标记语言，它允许用户自己定义一套适于应用的 DTD 或 XMLSchema。XML 的核心是数据。在一个普通的文档里，往往混合有文档数据、文档结构、文档样式三个要素。而对于 XML 文档来说，数据是其核心。将样式与内容分离是 XML 的巨大优点：一方面可以使应用程序轻松地从文档中寻找并提取有用的数出蓦信息，而不会迷失在混乱的各类标签中；另一方面，由于内容与样式的独立，也可以为同一内容套用各种样式，使得显示方式更加丰富、快捷。正是 XML 的特点决定了其卓越的性能表现，作为一种标记语言 XML 有以下几个主要特点。

1) 可扩展性

XML 是设计标记语言的元语言，而不是像 HTML 这样的只有一个固定标记集的特定的标记语言。XML 在两个意义上是可扩展的。首先，它允许开发者创建他们自己的 DTD 或 XMLSchema，有效地创建可被用于多种应用的“可扩展的”标志集。其次，使用几个附加的标准，用户可以对 XML 进行扩展，这些附加标准可以向核心的 XML 功能集增加样式、链接和参照能力。作为一个核心标准，XML 为可能产生的别的标准提供了一个坚实的基础。

2) 灵活性

与 HTML 相比，XML 提供了一种结构化的数据表示方式，使得用户界面分离于结构化数据。这样既可以只关心数据的逻辑结果，也可以通过样式表来格式化数据的表现，甚至可以定义自己的个人样式表来显示各种不同的 XML 数据。

3) 自描述性

XML 文档通常包含一个文档类型声明，从而 XML 文档是自描述的，不仅人能读懂 XML 文档，而且计算机也能处理。

4) 简明性

作为 SGML 的一个子集，它只有 SGML 的 20%的复杂性，但具有 SGML 约 80%的功能。XML 将成为人们读和写的世界语。所有这一切使 XML 成为数据表示的一个开放标准，这种数据表示独立于机器平台、提供商和编程语言。它将为数据交换带来新的机遇。

实时数据包括船载监测系统发送的数据、岸基站监测数据、浮标监测系统发送的数据等。非实时数据包括遥感监测数据、赤潮毒素检测数据以及志愿者短信数据等。

图 6.3 为需要集成的各种数据源。结构化数据存储在数据库中，非结构化数据(如文档、图件等)以文件形式存储在 ftp 服务器中，非结构化数据的索引信息也存储在数据库中。

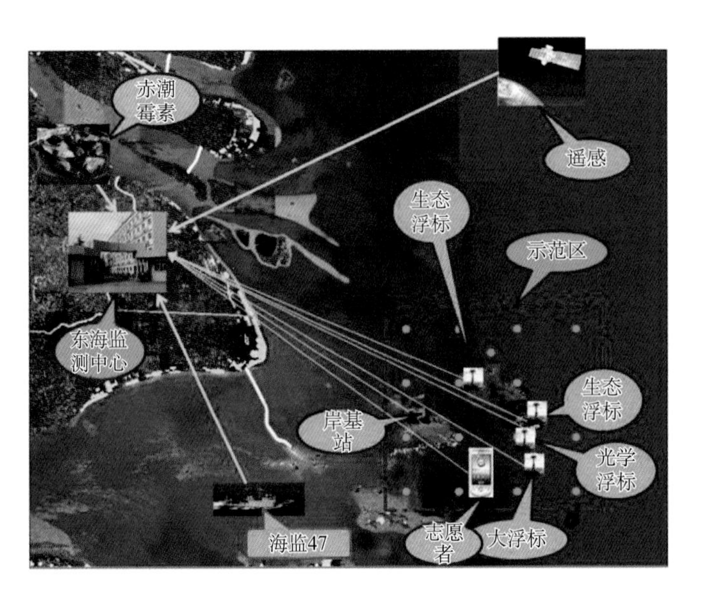

图 6.3 集成的各种数据源示意图

6.4.1 实时数据集成

实时数据集成是本项目数据集成的主要任务，实时数据集成的目的是在一个平台、一个软件里能实时查询检索整个项目所有的实时监测数据。

实时数据包括船载数据、浮标数据、岸基数据等。实时数据集成包括实时数据库设计、实时数据接收及解析软件开发、实时数据同步及入库软件开发三部分工作(图 6.4)。

实时数据库采用 Oracle10g 建立，设计了包括大浮标监测数据、光学浮标监测数据、生态浮标监测数据、船载现场监测数据、岸基站监测数据等共计 13 个数据库表，实现了对所集成的长江口赤潮多发区获得的监测数据的分布式规范化存储管理。图 6.5 为该实时数据库的 E-R 图。

实时数据接收及解析软件对浮标、岸基站以及船载数据进行接收，并生成 XML 文件。

实时数据同步及入库软件将船载、浮标以及岸基站的 XML 数据文件从不同的接收电脑中同步收集到数据库服务器电脑中，并进行入库。

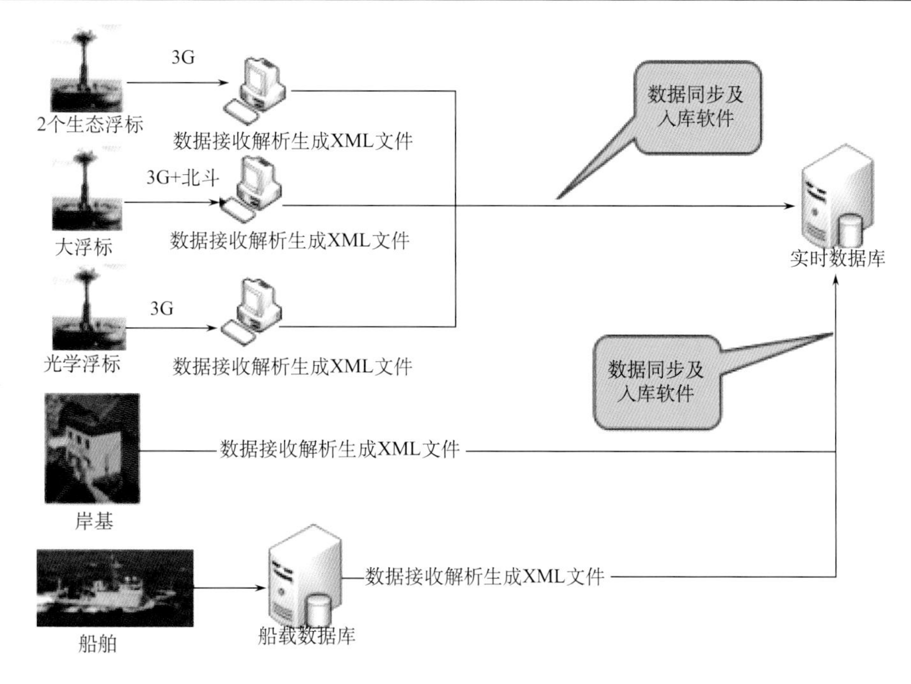

图 6.4　数据集成示意框图

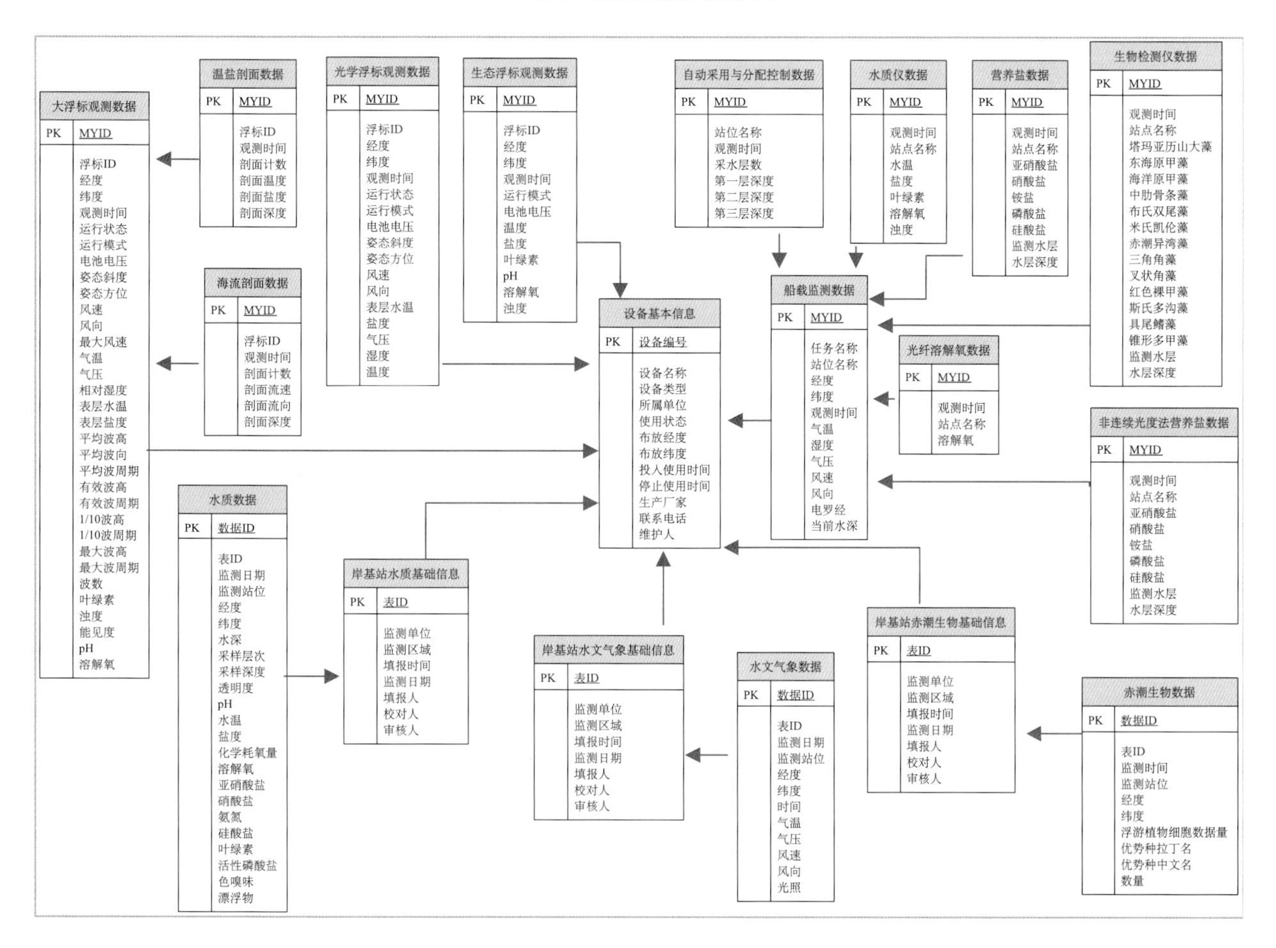

图 6.5　实时数据库 E-R 图

1. 船载数据集成

船载数据集成指的是将船上的各种监测设备通过串口通信设备和局域网形成一个有机的整体，通过建设船载数据库、开发数据采集与控制系统软件和船载数据发送软件实现船载监测数据及时存储到实时数据库中(表 6.1 和图 6.6)。

表 6.1　船载数据库表名称

序号	表名称	备注
1	设备工作配置明细表(T_DeviceInfo)	
2	集成测量仪器说明信息表(T_DeviceSetting)	
3	串口设置信息表(T_SerialPortSetting)	
4	航次任务信息表(T_TaskInfo)	
5	测量站位信息表(T_StationInfo)	
6	任务站位关联信息记录表(T_TaskStationInfo)	
7	角色定义信息表(T_Role)	
8	用户角色信息表(T_UserRole)	
9	用户信息表(T_User)	
10	用户登录信息表(T_LoginInfo)	
11	船载采集设备(非连续光度法海水营养盐自动分析仪)数据表(T_DeviceDataRecord_ANA)	
12	船载采集设备(流动式海水营养盐自动分析仪)数据表(T_DeviceDataRecord_A_N_A)	
13	船载采集设备(海水样品自动采样与分配控制器)数据表(T_DeviceDataRecord_WA)	
14	便携式水质分析仪(海水样品自动采样与分配控制器)数据表(T_DeviceDataRecord_CSS3)	
15	便携式水质分析仪(海水样品自动采样与分配控制器)数据表(T_DeviceDataRecord_FiberNutrie)	
16	便携式水质分析仪(海水样品自动采样与分配控制器)数据表(T_DataRecord_AlgaeFCM)	

1)数据采集与控制系统软件开发

数据采集与控制系统为整个船载集成系统的核心，设备监控、数据采集、数据整理、设备接口配置、水样分析流程控制等都由这个系统来完成。数据采集与控制系统采用 C/S 架构，采用 C#面向对象可视化程序语言在 WINDOWS 操作系统环境下开发模块化的数据采集与控制软件包。

2)船载数据发送软件开发

采用 VC++开发工具，开发了船载数据发送软件，可根据任务名称选择相应的站位将数据发送至岸上，通信手段采用北斗卫星。

2. 浮标数据集成

包括 1 个大浮标、2 个生态浮标、1 个光学浮标的数据集成。实时数据同步及入库软件将 XML 文件传输到实时数据库所部署的电脑上，经过一定的质量控制之后将其入库。

生态浮标以及大浮标数据从发送到进入实时综合数据库需要 2 分钟；光学浮标从发送到进入实时综合数据库需要 7 分钟。

3. 岸基数据集成

岸基数据以 Excel 文件的形式通过 E-mail 发送至东海监测中心，通过实时数据接收及解析软件将其转化为 XML 文件，通过实时数据同步及入库软件将其入库。

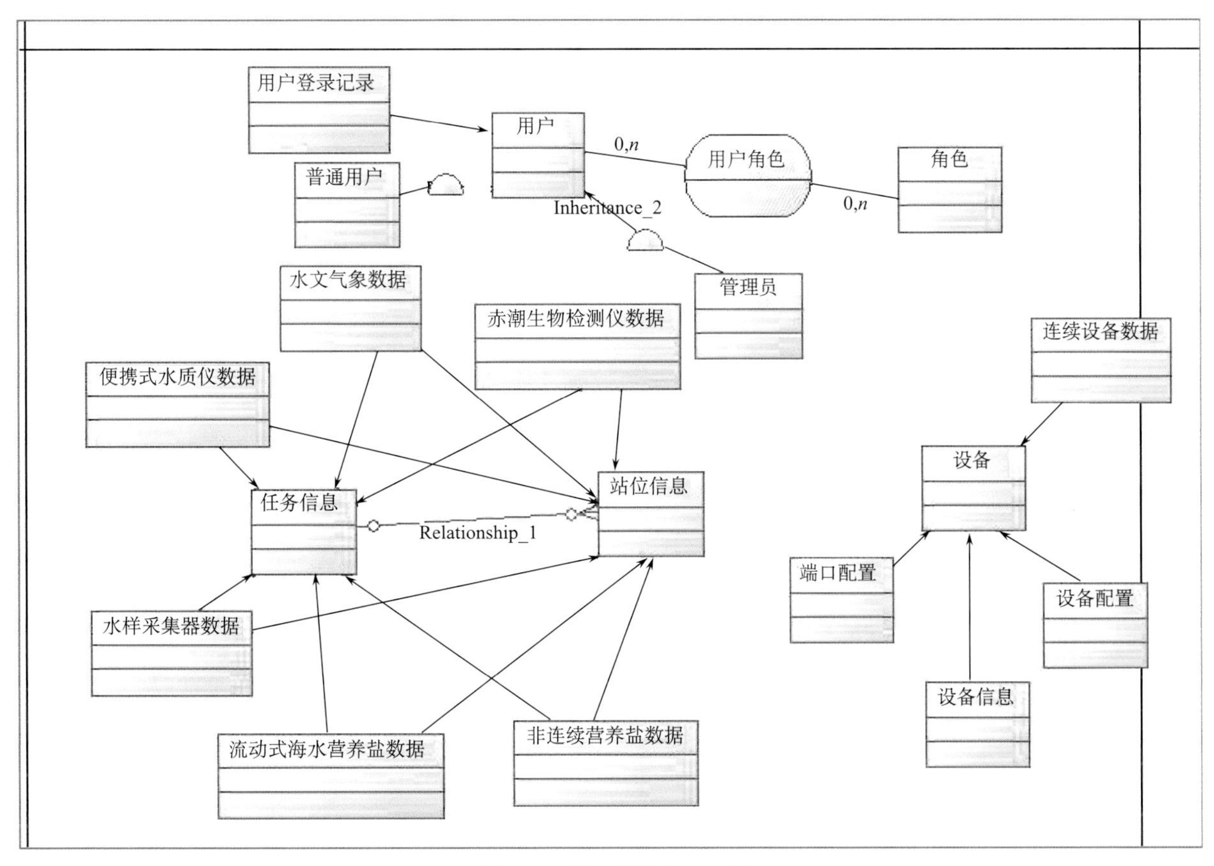

图 6.6　船载数据库 E-R 图

6.4.2　综合数据集成

整个项目除了实时数据，还包括遥感监测数据以及赤潮毒素检测数据等。

综合数据集成指的是将所有的实时和非实时数据进行集成。对于结构化数据采用数据库管理，对于非结构化数据则采用 FTP 方式管理，非结构化数据的索引信息存放在数据库中。图 6.7 为综合数据集成示意图。实现综合数据集成需要搭建 ftp 文件服务器，需要设计并建立综合数据库，需要开发一个短信入库工具、一个数据入库工具以及一个数据库同步工具。

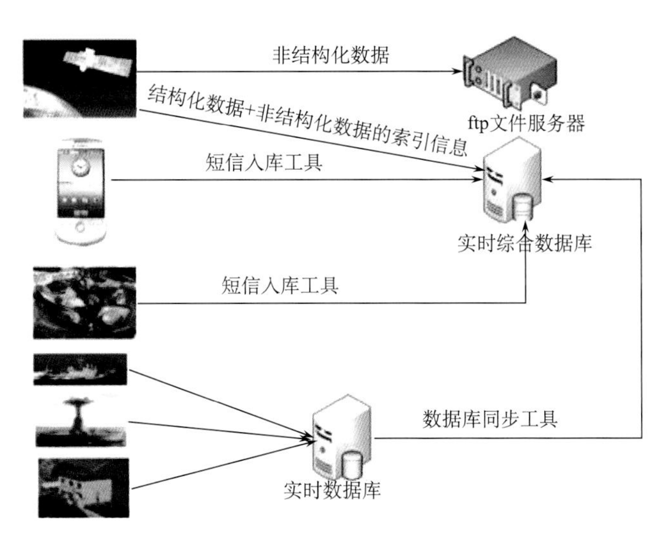

图 6.7　综合数据集成示意图

1. ftp 文件服务器搭建

ftp 文件服务器由 Server U 搭建，用于存放：

(1) 遥感及预警报软件需要的输入数据。

(2) 模式可执行程序、模型控制文件、运行时间文件。

(3) 遥感监测软件输出的供遥感预报软件调用的中间信息产品。

(4) 其他供赤潮运行服务系统集成的预警报软件、风险评估软件以及视频会商软件输出的信息产品。

(5) 赤潮运行服务系统输出的以文件形式存放的信息产品。

2. 综合数据库建设

综合数据库采用 ORACLE 10g 搭建，主要存储：

(1) 需要的各种实时和非实时监测数据。

(2) 以文件形式存放在 ftp 服务器的文件的索引信息。

(3) 志愿者相关信息。

为遥感以及预警报软件提供数据支持。

综合数据库建设包括数据库命名设计、数据库物理设计以及数据库结构设计三个方面。

1) 数据库命名设计

(1) 表名命名规则

表名以 tbl_开头，由英文单词、单词缩写、简写、下划线构成，总长度 Oracle 要求小于 30 位。

数据库中的表分为三类。

系统表：系统赖以运行的最基础、最关键的表，如用户表、权限表、MIS 系统操作日志表等。系统表以 tbl_sys_为前缀，例如，系统用户表为“bl_sys_user”。

数据表：浮标、船舶等数据,数据表以 tbl_dat_为前缀，例如，大型浮标表层环境数据表为“tbl_dat_dbuoydata”。

元数据表：元数据表以 tbl_mta_为前缀，例如，设备信息表为“tbl_mta_equipment”。

(2) 表字段命名规则

在 Oracle 中虽然支持最长为 30 个字符的命名长度，但不推荐出现太长的命名实体或属性，一般以 20 个字符长度左右为限。

在数据库中字段命名规则主要有两种。

普通字段的命名规则：普通的字段命名主要是以“F_”作为前缀，加英文单词描述或者是由中文拼音组成。

元素字段的命名规则：元素的命名规则是以“F_”作为前缀，加元素的化学标识符组成。

(3) 序列命名规则

考虑到数据库中所有表的表名不重复，故所有的序列(sequence)的命名为：SEQ+表名或表名+ACT_OBJ。如表 tbl_mta_equipment 的主键的序列为 SEQ_ tbl_mta_equipment。

(4) 触发器命名规则

所有的触发器取名为 TRG +_点火形式+_触发器名。触发器的名同表名，如在插入表 tbl_mta_equipment 数据时，主键的触发器为“TRG_INSERT_ tbl_mta_equipment”。

2) 数据库物理设计

(1) 表空间设计

数据库物理空间设计：

tablespace_name= "redtide"
datafile_name= "/u02/orcl/redtide"
datafile_size= "100M"
autoextend_size=20M
maxsize=auto

(2) 表恢复

设定表名为 t，首先启动表 t 的行转移：alter t enable row movement；将表恢复到指定的时间点，如将表 t 恢复到 2009-10-13 17:00:00：flashback table t to timestamp to_timestamp（'2009-10-13 17:00:00'，'yyyy-mm-dd hh24:mi:ss'）。

(3) 表空间恢复

导入通过 exp 命令完整备份的数据库：Imp redtide/redtide file=redtide.dmp

(4) 数据库备份与恢复

将数据库 TEST 完全导出，用户名 system 密码 manager 导出到 D:\daochu.dmp 中

exp system/manager@TEST file=d:\daochu.dmp full=y

将数据库中 system 用户与 sys 用户的表导出

exp system/manager@TEST file=d:\daochu.dmp owner=（system，sys）

将数据库中的表 inner_notify、notify_staff_relat 导出

exp aichannel/aichannel@TESTDB2 file=d:\data\newsmgnt.dmp tables=inner_notify,notify_staff_ relat）

3) 数据库结构设计

共设计了 54 张数据库表，E-R 图见图 6.8。

3. 短信信息入库工具开发

短信服务是采用第三方短信网关的方式，通过开发短信收发的 Windows 系统服务调用第三方的 Web 服务，定时读取短信网关的手机短信，并将接收到的手机短信存入数据库中。其入库过程见图 6.9。

4. 数据入库工具开发

在赤潮运行服务系统中开发了赤潮毒素数据入库功能。包括赤潮毒素贝类样品信息、赤潮毒素藻类样品信息等。该功能直接在赤潮运行服务系统中操作。

5. 数据库同步工具开发

开发基于 XML 映射规则的数据库同步软件，将浮标、船舶、岸基站等监测记录从实时数据库同步到综合数据库。主要包含以下内容。

(1) 大浮标观测数据、温盐剖面数据、海流剖面数据；

(2) 光学浮标观测数据、光照 XML 文件；

(3) 生态浮标观测数据；

(4) 船舶监测数据：环境观测数据、流动注射法海水营养盐自动分析仪数据、非连续光度法海水营养盐自动分析仪数据、便携式水质仪数据、海水样品自动采集与分配控制数据、光纤溶解氧数据、赤潮生物现场检测仪器；

(5) 岸基站监测数据：赤潮生物基本信息、赤潮生物数据、水文气象基本信息、水文气象数据表、水质基本信息、水质数据。

实现实时数据库中数据定时向综合数据库和数据仓库的同步，并同时对同步参数进行修改。

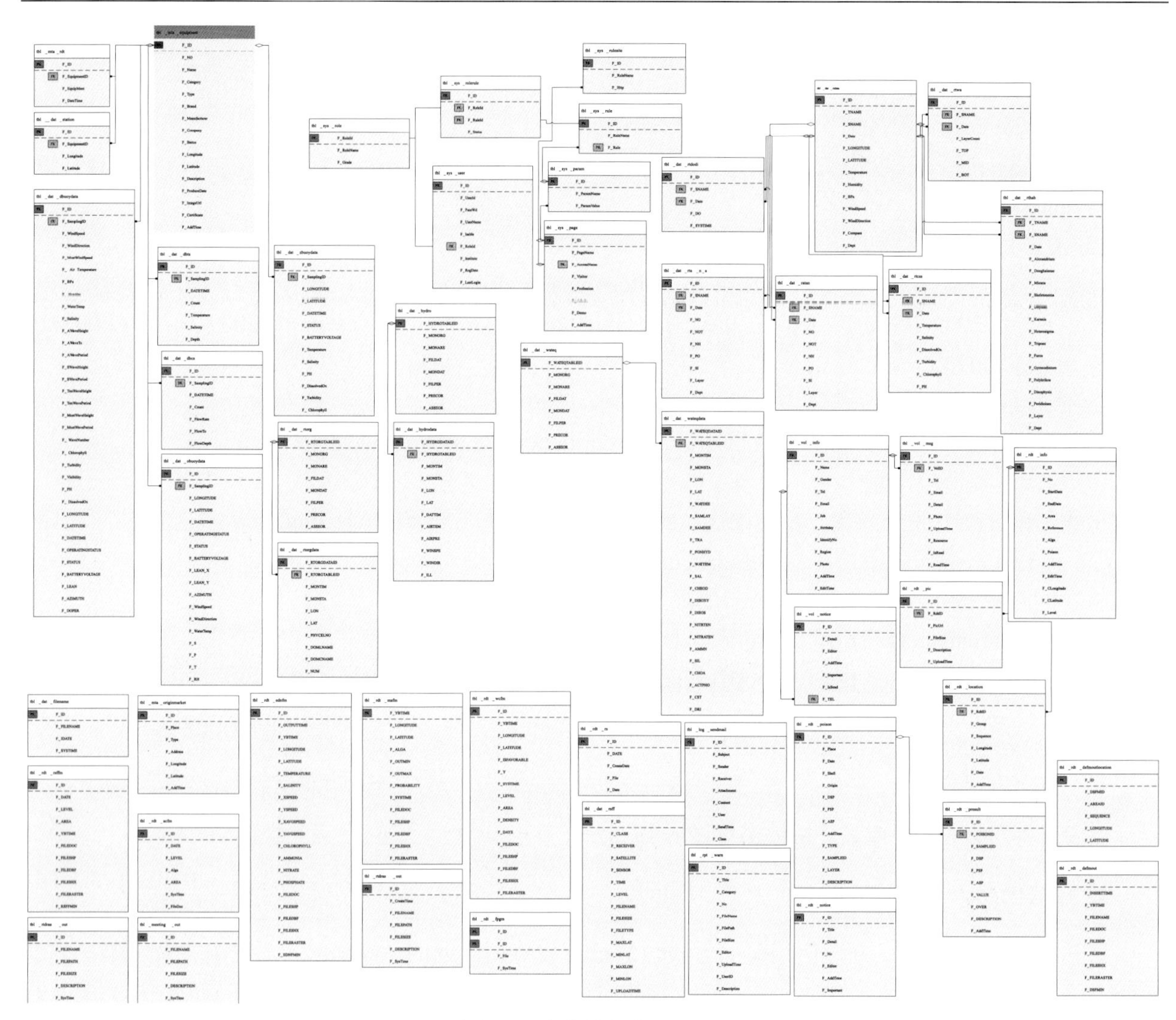

图 6.8　综合数据库 E-R 图

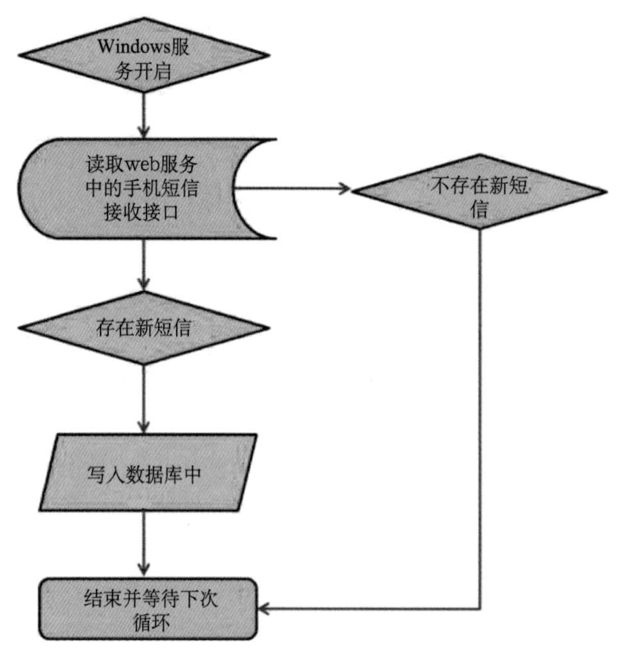

图 6.9　短信入库流程

输入：实时数据库中浮标监测数据与船载数据。

输出：综合数据库数据和数据仓库数据。

主要子功能：

如图 6.10 所示，数据同步模块主要有如下子功能。

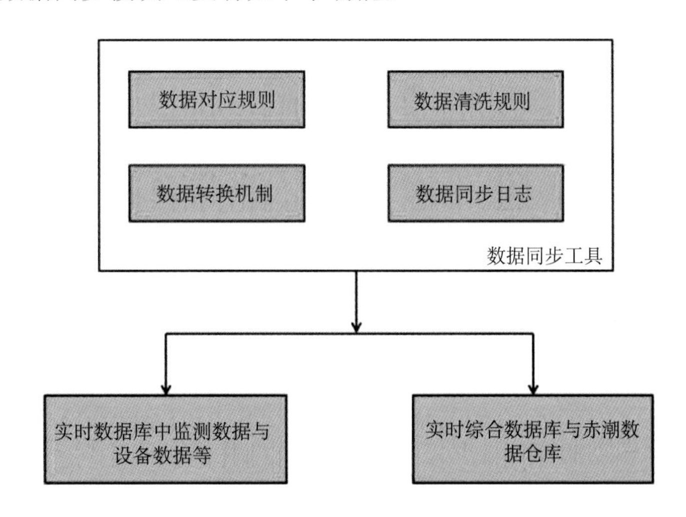

图 6.10　数据同步模块功能示意图

赤潮实时数据库数据同步导入综合数据库与赤潮数据仓库的主要包含以下功能。

(1) 通过数据同步日志，确定最新同步数据点，提取实时数据库中的监测数据或设备数据。

(2) 根据数据对应规则，确立从赤潮实时数据库中提取的数据与综合数据库和赤潮数据仓库中表和字段的对应关系。

(3) 根据对应关系和数据清洗机制，对提取的数据进行清洗。

(4) 将提取的数据转换为符合综合数据库与赤潮数据仓库的数据格式，并导入综合数据库与赤潮数据仓库中。

(5) 将新的同步日志写入赤潮实时数据库中。

6.5　模型集成

赤潮监测与预警系统集成的模型和软件很丰富，需要集成 8 套预警报模型软件和远程诊断软件，即赤潮生态动力学预报模型、赤潮统计预报模型、赤潮天气条件预报模型、赤潮遥感跟踪预报模型、赤潮漂移与扩散预报模型、赤潮远程诊断与应急调度软件、风险评估软件以及遥感监测数据提取模型。既有监测模型，也有预报模型，还有评估模型，包括了赤潮监测、预报以及损害评估等各个方面。并在国内首次开发并集成了赤潮远程诊断软件。

赤潮监测与预警系统的数据集成、模型集成、产品集成是协同运行的，如集成进去的赤潮统计预报模型，就可直接调用数据集成成果浮标监测的实时数据，从而得出赤潮统计预报的结果。且在示范运行过程中，这些集成好的模型和软件产生的产品在一个系统中相互补充、相互验证，确保了监测结果的可靠性，取得了良好的使用效果。

其中，集成成果之一遥感监测数据提取模型由于大气校正的原因，模型的输入源使用的是遥感监测的二级产品，用户通过遥感监测数据提取模型对遥感二级产品进行加工生成三级产品提供给管理部门。

模型集成作为模型管理的一种扩展，是指在原有模型库系统的基础上，通过组合现有的模型，对一个相对复杂的系统进行综合系统建模和问题求解的过程。目前，对模型集成的研究主要集中在模型表达、模型集成方式和模型集成平台及其支撑环境几个方面。模型集成通常可分为深度集成(deep integration）和功能集成（functional integration）两种方式。前者指的是合并两个或两个以上的模型以创立一个新的模型，而后者指的是模型求解过程的连接和功能的组合。目前大多集中于模型功能集成方式，因为这种方式简单、灵活且易于实现。集成的这些模型要与 GIS 平台进行集成，实现模型输出结果的可视化表达。

GIS 与应用模型集成是必然趋势。从目前研究现状来看，GIS 与应用模型集成可以在两种粒度上进行，即单模型与 GIS 集成或模型管理系统 MMS 与 GIS 集成。GIS 与应用模型集成可以分为三个层次：松散集成、紧密集成与无缝集成。按照集成环境不同，GIS 与应用模型集成可以分为两类：GIS 环境内部集成与 GIS 环境外部集成。GIS 环境内部集成指应用模型作为 GIS 应用系统的一个或多个模块，在 GIS 环境内完成集成，实现具体问题解决。GIS 环境外部集成指在应用系统中嵌入 GIS 的功能，如空间分析、数据管理、地图可视化功能等，并利用应用系统的应用模型计算功能完成具体问题处理。

不管采用 GIS 环境内部集成或外部集成，以及 3 种集成方式的何种集成方式，目前大都采用系统集成模式，对数据与功能进行融合，这样不可避免地要把 GIS 系统的功能和数据全部或部分包含进去，产生明显的功能冗余，使集成效率低下，且由于功能复杂限制了用户的使用；虽然基于组件技术可以实现组件之间集成，但组件技术不支持跨平台异构环境，使得集成效果与应用范围受到限制。

采用基于 Web Services 的 GIS 与应用模型集成，将可以解决目前 GIS 与应用模型系统集成功能冗余、应用模型复用困难、集成界面复杂等问题。

本项目的模型集成采用的就是基于 Web Services 的 GIS 与应用模型集成。

模型集成的关键在于根据模型所要实现的功能，确定模型的输入，为模型的运算提供数据源；明确模型输出，即模型运算的结果，为整个系统提供最终产品和中间产品。

模型集成接口开发包括如下步骤：

(1) 应用自定义 URL 协议调用各个集成软件；

(2) 开发 Web Service，应用 FTP 协议将集成软件的输出结果，包括记录、报告文件、矢量文件、栅格文件保存到综合数据库和 FTP 服务器中；

(3) 为外部系统开发多种监测数据访问接口。

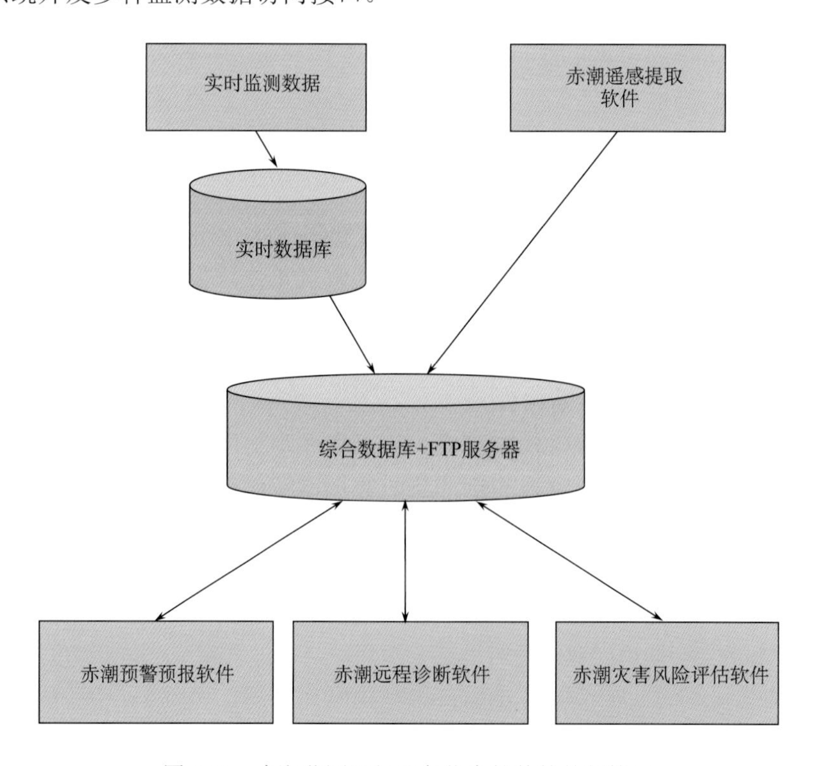

图 6.11　赤潮监测运行服务信息软件的外部接口

6.5.1　预警预报软件集成

赤潮预警预报软件对综合数据库的输入接口由以下子接口组成(表 6.2)。

表 6.2　赤潮预警预报软件对综合数据库及 FTP 的输入接口

子接口名称	子接口标识
添加赤潮生态动力学预报结果	EDNFM_OUT_INSERT
添加赤潮统计预报结果	MSFM_OUT_INSERT
添加赤潮天气条件预报结果	WCFM_OUT_INSERT
添加赤潮遥感跟踪预报结果	RSFFM_OUT_INSERT
添加赤潮漂移与扩散预报结果	DSFM_OUT_INSERT
添加综合预报的结果	ACFM_OUT_INSERT
添加赤潮预报产品	FPGM _OUT_INSERT

6.5.2　远程诊断软件集成

赤潮远程诊断与应急调度软件对综合数据库的输入接口由以下子接口组成(表 6.3)。

表 6.3　赤潮远程诊断与应急调度软件对综合数据库的输入接口

子接口名称	子接口标识
添加赤潮知识信息	RTKI_INSERT
添加赤潮应急预案	RTEP_INSERT
添加赤潮诊断结果	RTDR_INSERT
添加赤潮应急决策辅助报告	RTEDSR_INSERT
添加视频会商报告	VMR_INSERT

6.5.3　风险评估软件集成

赤潮灾害风险评估软件对综合数据库的输入接口由以下子接口组成(表 6.4)。

表 6.4　赤潮灾害风险评估软件对综合数据库的输入接口

子接口名称	子接口标识
添加风险评估计算结果	RAC_OUT_INSERT

6.5.4　遥感监测数据提取软件集成

赤潮遥感提取模块将输出的文件保存到 FTP 服务器；文件信息记录保存到数据库中。遥感要素产品包括海表温度、叶绿素 a 浓度、赤潮信息产品。遥感模型有关文件的 FTP 目录结构见表 6.5。

表 6.5　遥感模型的 FTP 目录结构

序号	FTP 目录	目录说明	备注
1	RS_SST	遥感模型输出的温度产品	
2	RS_CHL	遥感模型输出的叶绿素 a 产品	
3	RS_TID	遥感模型输出的赤潮产品	

6.6 产 品 集 成

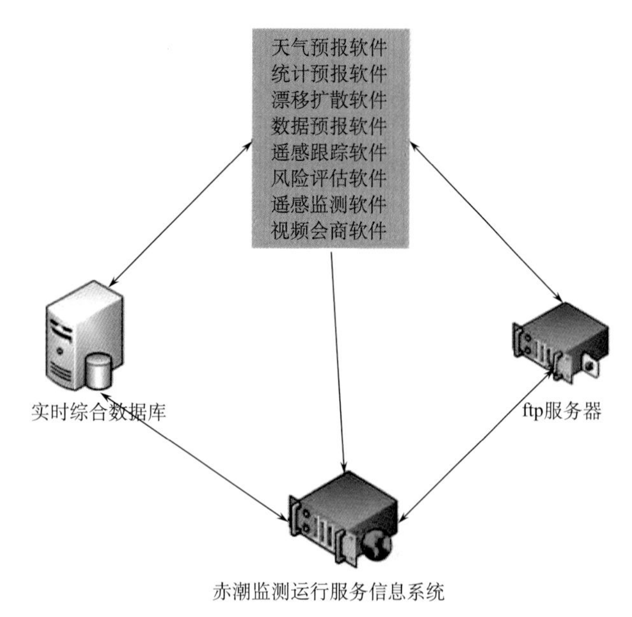

图 6.12　产品集成示意图

产品集成过程是把产品构件组装成产品，确保所集成的产品恰当地发挥作用，确保交付产品正确运行。

本项目的产品集成根据服务对象的不同以及事件的紧急程度对产品进行了分类分级。对于比较紧急的赤潮监测产品则以快报的形式发送给管理者和企业，并辅以短信告知，在赤潮多发季节，则每天都出具监测和预警报简报发送给管理者和企业。

本项目集成的产品包括两种情况。

(1) 赤潮监测运行服务信息系统启动集成的模型/软件调用数据库中的数据生成中间产品，再对中间产品进行加工形成最终产品。

(2) 赤潮监测运行服务信息系统直接调用数据库中的数据形成最终产品。

图 6.12 为产品集成示意图。图 6.13 为产品集成工作流程图。

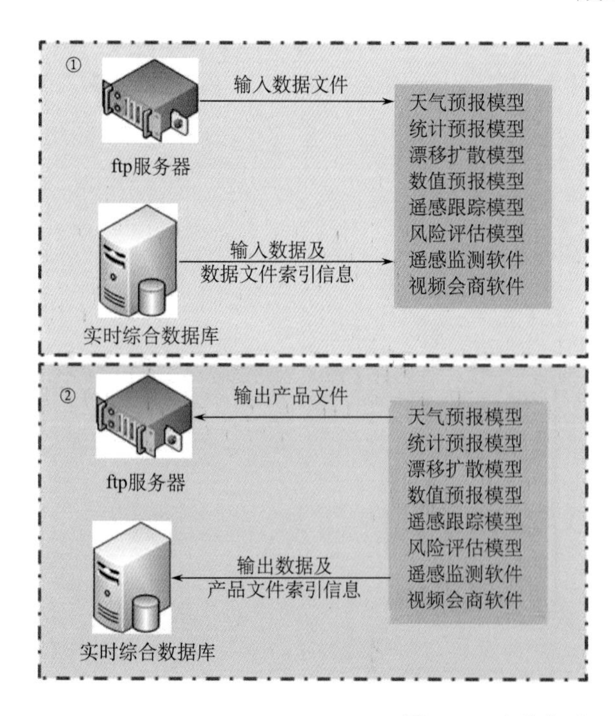

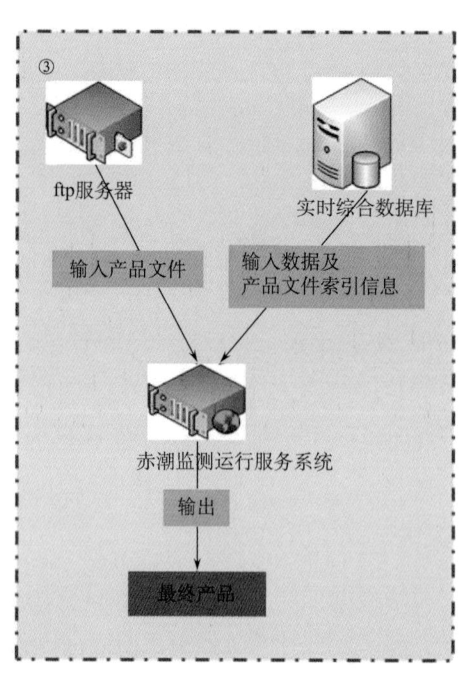

图 6.13　产品集成工作流程图

6.7 服务集成

系统集成的最终目的是为相关部门提供赤潮预警报服务，服务的提供方式有三种：网页服务、手机短信服务以及 E-mail 服务。其中，手机短信和 E-mail 为主动推送的服务，网页服务则为被动服务。在系统业务化运行中，考虑到服务的时效性以及适应新形势的需要，还将开发手机 APP 版的赤潮监测与预警系统。

6.7.1 网页服务

网页服务即通过浏览器访问最终集成成果“赤潮监测运行服务信息系统”的网址获取相应的服务。

赤潮监测运行服务信息系统(图 6.15)采用 B/S 架构，分为用户接口层、业务服务层和数据服务层。在用户接口层，用户通过浏览器访问系统，可以进行赤潮预警预报、赤潮远程诊断和应急调度、赤潮灾害风险评估、遥感、志愿者管理、数据综合处理、赤潮信息产品和系统管理等操作。

业务服务层主体结构应用 J2EE 的 MVC 框架，GWT 实现视图层，Spring 实现控制器层，Ibatis 实现数据模型层。应用 Silverlight 和 ArcGIS Server 技术进行 GIS 功能开发。WebService 为外部应用系统提供了数据输入输出接口。

数据服务层包括三种类型数据：Oracle 数据库、空间数据库和 FTP 文件服务器。业务服务分别通过 JDBC 数据库驱动、OLE DB 数据库驱动、GIS 连接驱动和 FTP 协议实现数据输入输出。

6.7.2 手机短信服务

本项目的短信服务是采用第三方短信网关的方式，通过开发短信收发的 Windows 系统服务，定时查询数据库中的短信发送表，调用第三方的 Web 服务，将短信内容传递给短信网关实现短信发送。图 6.14 为手机短信发送流程。

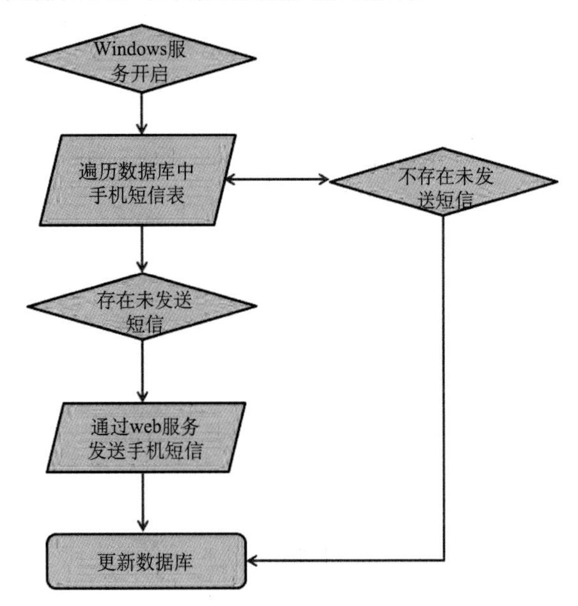

图 6.14　手机短信发送流程

6.7.3 E-mail 服务

采用了 JavaMail 技术实现了 E-mail 发布产品服务功能。JavaMail 是 Sun 发布的用来处理 E-mail 的 API，提供给开发者处理电子邮件相关的编程接口。通过使用它可以方便地执行一些常用的邮件传输协议。JavaMail 包中用于处理电子邮件的核心类是 Session、Message、Address、Authenticator、Transport、Store 和 Folder 等。基于 JavaMail 和 SMTP 开发出具有收发邮件功能的应用软件系统，包括上传附件发送邮件和发送报告 E-mail 功能。

简单邮件传输协议(SMTP)是用于传送电子邮件的机制。在 JavaMail API 环境中，基于 JavaMail 的程序将与 Internet 服务提供商(ISP)的 SMTP 服务器通信。该 SMTP 服务器将会把消息转发给用作接收消息的 SMTP 服务器，最后用户可通过 POP 或 IMAP 协议获取该消息。

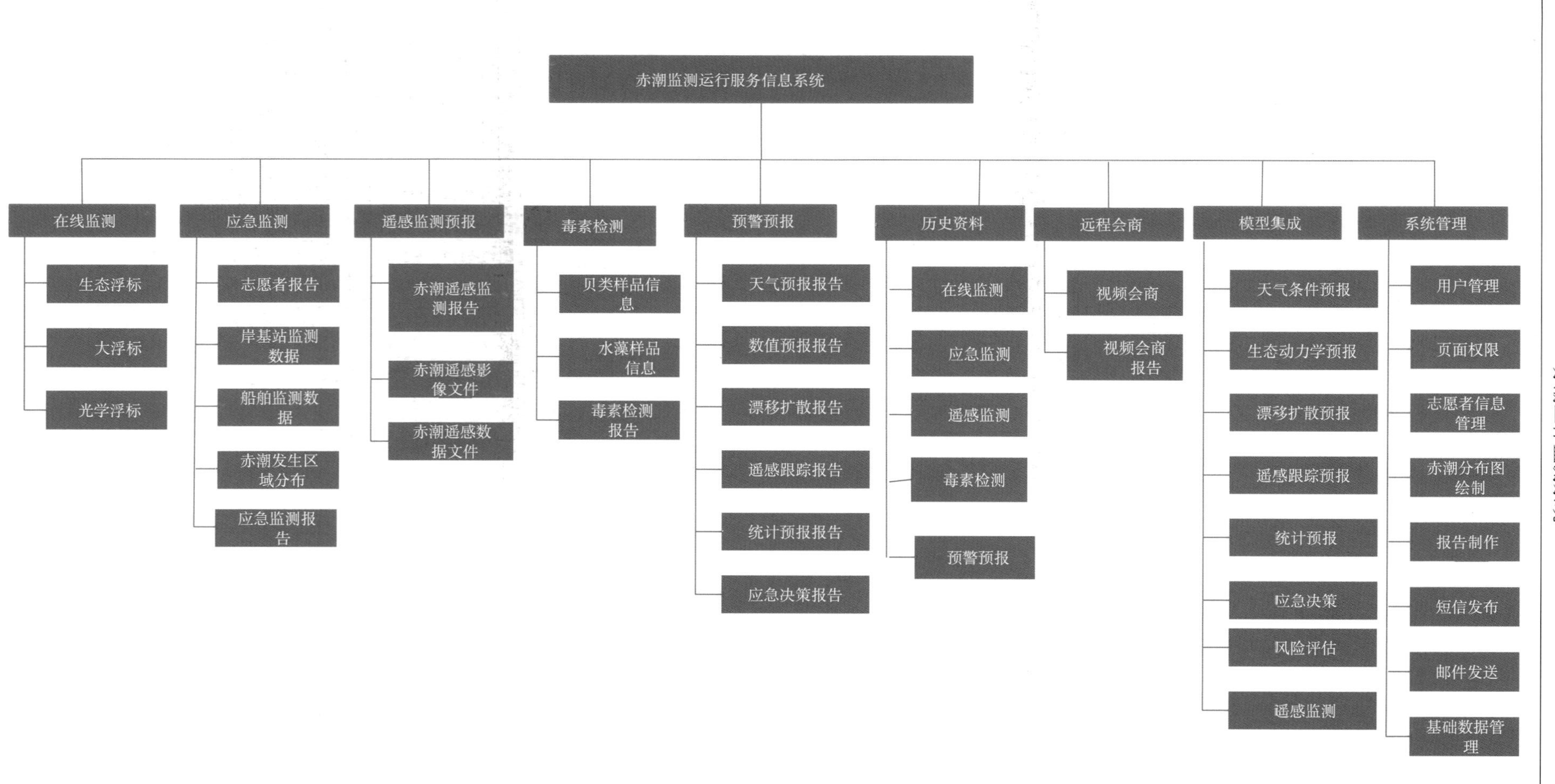

图 6.15　系统总体功能框图

6.8 集成成果

仪器集成、数据集成、模型集成、产品集成以及服务集成的最终表现形式就是赤潮监测运行服务信息系统。

通过赤潮监测运行服务信息系统可以查询集成的数据，可以运行集成的模型，可以查询显示模型的运行结果及产品，可以对中间产品进行加工，可以调用数据形成产品，可以通过访问系统网页获取相应的服务，可以通过手机短信和 E-mail 获取相应的服务。图 6.15 为系统功能模块框图。

6.8.1 GIS 模块

1. 功能划分及结构设计

系统用 Silverlight 自身丰富的开发功能和 ArcGIS 提供的 Silverlight API 实现赤潮在地理地图相关的各种操作。Silverlight 工程通过 WebService 与 ORACLE 数据库进行交互,读取发布在 ArcGIS Server 中的地图和图层，并最终编译发布成 XAP 文件，通过 Object 标签嵌入 JSP 页面，实现数据处理显示和用户关于赤潮在 WebGIS 中的各种操作。

系统中赤潮 GIS 相关模块的实现方式和功能结构如图 6.16 所示。

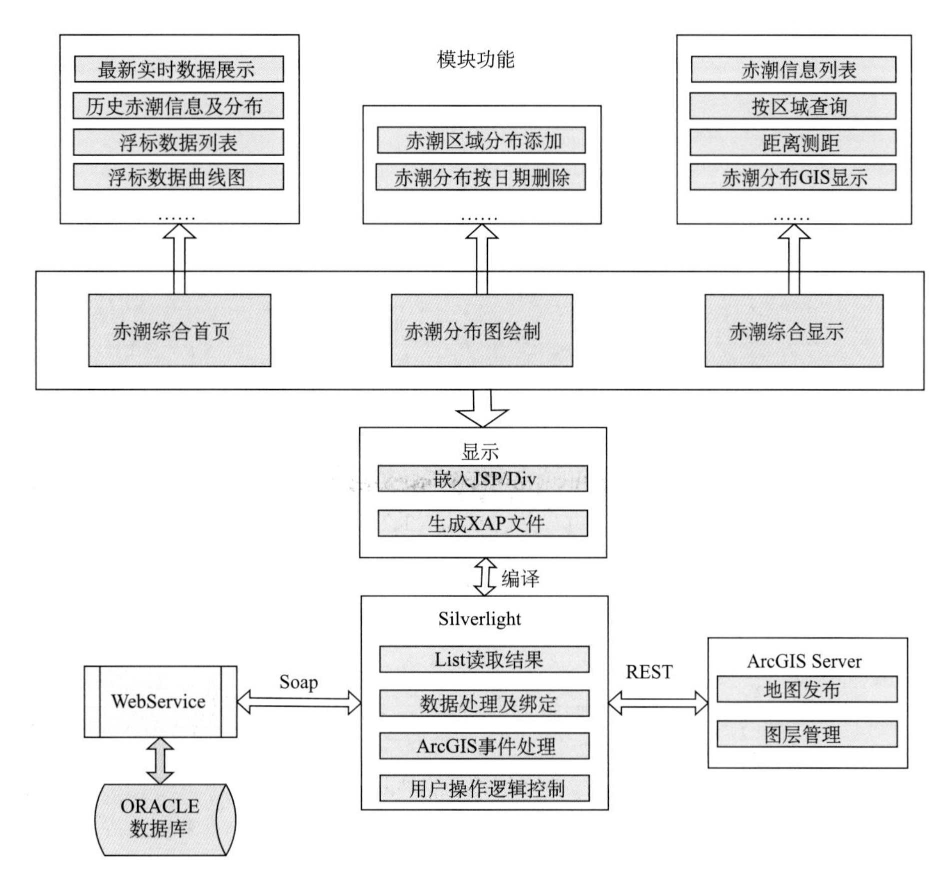

图 6.16　GIS 相关模块实现和结构图

2. 赤潮综合首页

在综合首页的结构中(图 6.17)，涉及船基、岸基、浮标、水产市场和赤潮示例等多种元素，同时展现在地图中，为实现不同地图元素之间不相互干扰的控制显示和相关变化，实际实现中将不同元素分散到了不同的 Graphic 层，即每种元素引用基础元素定义，对应于一个 Graphic Layer，定义一组复选框对应不同的元素层，公用一个事件，就可以实现每个独立层的隐藏和显示，通过类似的方式可以灵活方便地实现对地图元素独立而不影响其他元素的其他操作。根据赤潮相关数据的特点和关系设计了关系数据库用于存储数据，对地图相关的数据显示有数据列表、转化后的图形和绘制成的曲线三种方式。列表主要通过 DataGrid 绑定 WebService 返回的结果集，通过 ObservableCollection 这种特殊的泛型结构，实现数据的列表展示，赤潮基础列表及每次赤潮按日期的变化列表。在地图上对赤潮的展示则通过图形化的方式进行，对应一次赤潮按日期的边界的经纬度数据，在 Graphic 图层中以 Polygon 的方式还原赤潮的影响区域。

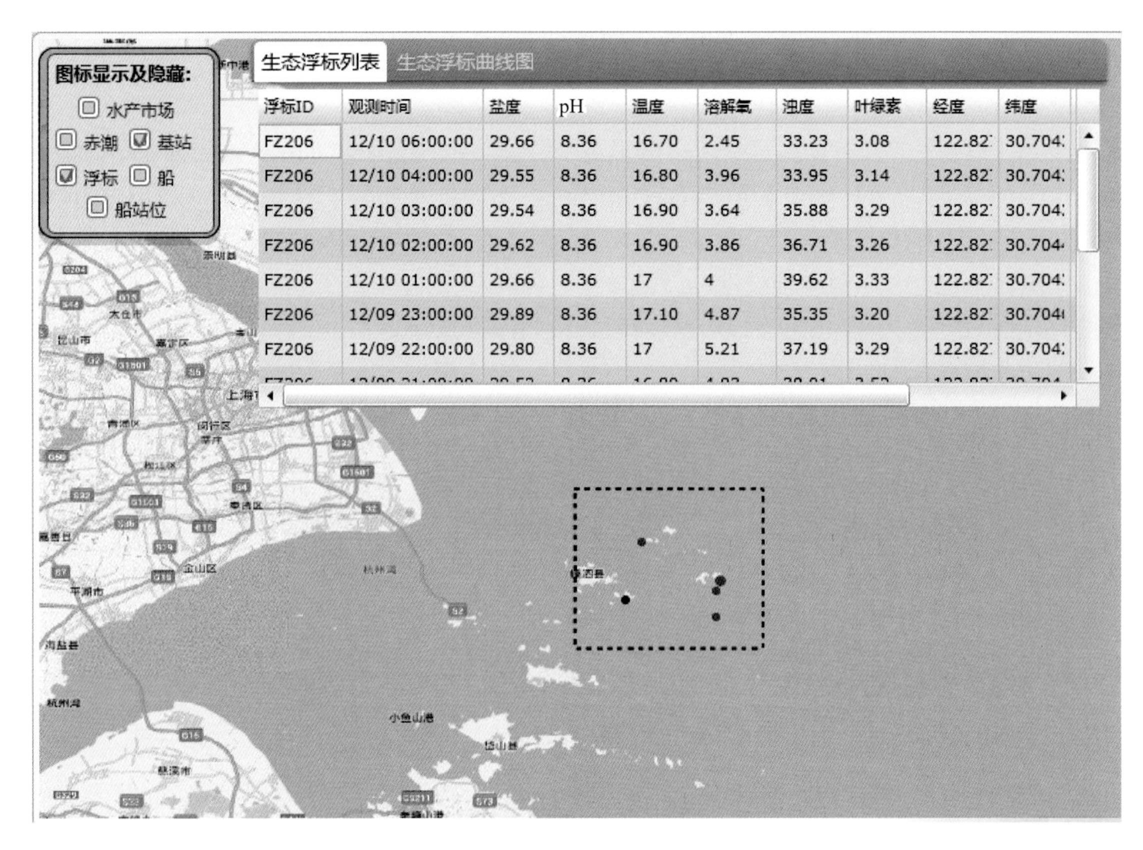

图 6.17　综合首页效果展示

对赤潮的及时预警预测通常建立在实时数据分析的基础之上，通过对浮标采集的监测区域的各种水域中数据和参数进行及时的分析和评判，可以利用已开发的模型作出参考价值高的预测和预报。系统中实现将浮标采集到的叶绿素 a、温度、浊度海洋指标数据等进行存储和呈现，在首页将具有参考价值的最新实时数据通过数据列表和曲线图两种方式进行展现，兼顾列表数据量丰富和曲线图直观的优点。列表实现同赤潮数据列表，曲线图在 Silverlight 提供的 charting 控件基础上应用 GoogleChart 的曲线 Polyline 和拐点 LineDataPoint 的样式，绑定对应指标的数据源。曲线图实现效果如图 6.18 所示。

3. 赤潮区域分布的绘制

根据实际需要，该部分主要包括当次赤潮分布添加、赤潮数据删除两个功能模块。由于赤潮发生区域不确定性和流动性的特点，不能仅通过长方形、圆、多边形等固定的形状进行发生区域和位置的描述，需要通过自由画线的方式来实现其区域的划定。Silverlight API 提供了 ESRI.ArcGIS.Draw(继承自 Canvas)类，能非常方便地捕捉到用户的鼠标操作，从而获取各种 Geometry 来供程序使用。DrawMode

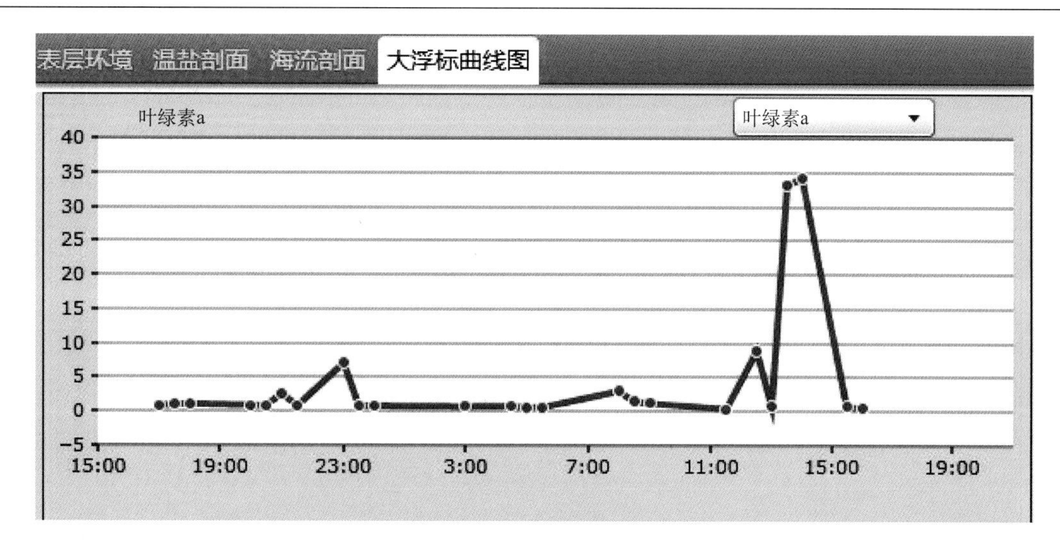

图 6.18　浮标监测数据的曲线图

参数决定了在这个画板上画出的 Point、Polyline、Polygon 等图形类型，Draw 的预定义 Symbol 则允许在画的过程中看到地图上实时反映的绘画内容，对应关系如图 6.19 所示。

Draw Mode	Supported Symbol Types	Bound Property
Point	SimpleMarkerSymbol, TextSymbol, PictureMarkerSymbol	DefaultMarkerSymbol
Polyline	CartographicLineSymbol	DefaultLineSymbol
Polygon	SimpleFillSymbol	DefaultPolygonSymbol
Rectangle	SimpleFillSymbol	DefaultRectangleSymbol
Freehand	CartographicLineSymbol	DefaultLineSymbol

图 6.19　Draw 预定义的 Symbol 图

实际操作中，选用了多边形 Polygon 和自由线 Freehand 两种绘图方式，根据鼠标移动过程中给出的地理坐标信息选择性地将赤潮局域描绘出来，多边形绘图略显粗糙，而 Freehand 就可以比较精细地勾勒每块赤潮的边界特征。绘图完成根据选择的发生日期将赤潮分组地将经纬度等地理数据保存在预定义的 List 中，进而存入位置信息数据库，实现赤潮的地理信息入库。

4. 赤潮 GIS 综合显示

赤潮的综合显示通过图形化的方式将赤潮数据进行多方位的展示，包括赤潮列表显示、按分布区域查询、距离测算、赤潮分布图形等功能。赤潮地理数据存入数据库后，如何将其无损地还原成地图上的图形数据和符号是需要解决的重点问题。鉴于关系型数据库的特点和实际的功能需求，系统没有将关系型数据通过 ArcSDE 等空间数据库引擎进行转换，而是采取了将赤潮数据设计成直接通过关系数据并存取。赤潮地理数据的几何图形化基于列表和对应的图形，赤潮列表显示历史赤潮，变化表则对应单次赤潮的各时间节点，选中时间点后绘制赤潮在地图上的图形。由数据库数据还原成地理图形的难点在于 Freehand 模式下绘制的数据的还原，当选择 DrawMode 为 Polygon 时,只需要在读取一组点按次序添加到 PointCollection 对象中，即可转换成 Polygon,进而绘制出图形。Freehand 模式下的图形则不能以同样方式转化，但研究发现，Freehand 绘图的结果返回的 Geometry 为 Polyline(多线段)，而 Polygon 和 Polyline 都继承自 Shape 类，区别在于是否封闭。由此，联想到可以人为地在绘图返回的地理点的基础上将最后结点和起始点连接，然后以 Polygon 的结构进行存取，结果表明，方法实用有效，解决了 Freehand 模式数据图形存取的问题。

区域查询允许用户在地图上圈定区域，然后根据历史赤潮的发生状况，给出该区域曾发生赤潮的列表。该功能的实现是基于边界值的界定，通过 Envelope 存储用户划定区域的最大最小的经纬度，与读取到赤潮区域内的点经纬度进行比较，发现在该区域内的点，则记录该赤潮标号，最终得到所有满足条件赤潮编号，刷新赤潮列表的绑定值。图 6.20 为赤潮显示和查询界面截图，图中的工具栏图标代表全部显示、区域查询、测距等功能。

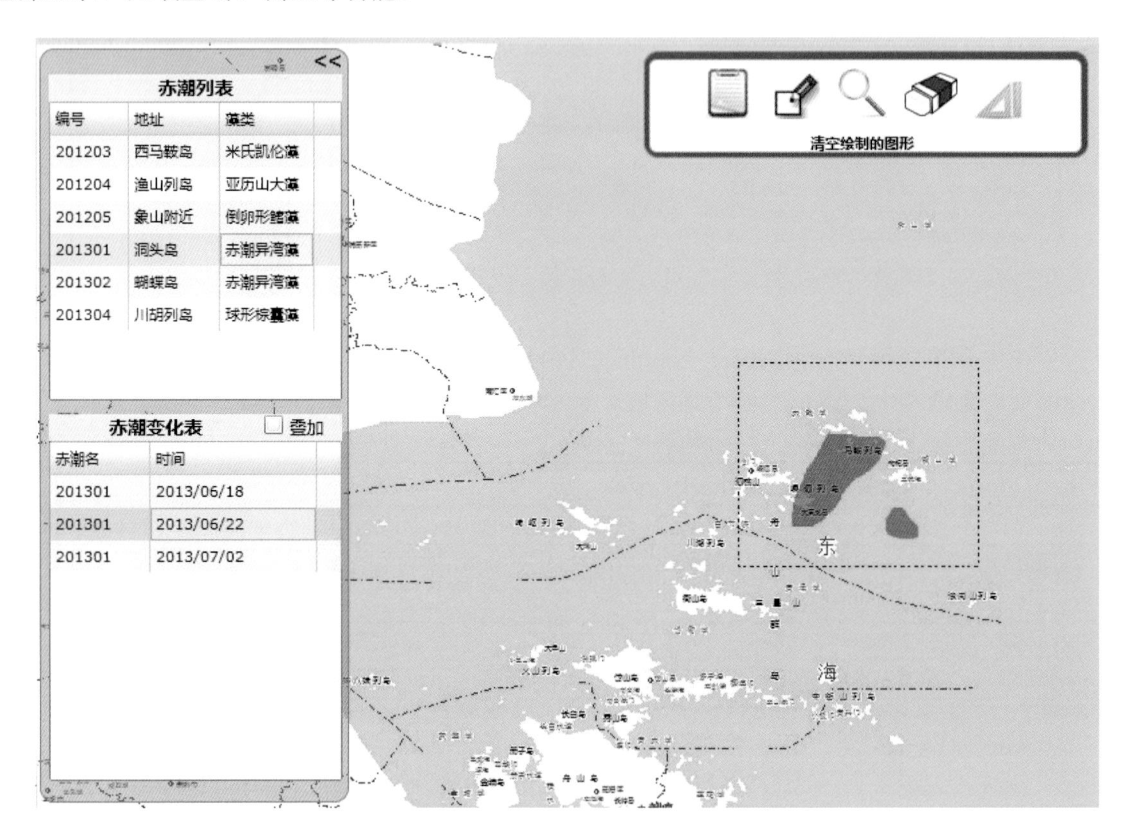

图 6.20　赤潮数据的 GIS 显示

6.8.2　在线监测模块

1. 生态浮标

功能描述：

(1) 按起始时间、结束时间、浮标 ID 查询生态浮标环境数据表，形成分页表格。

(2) 按参数类型、浮标 ID、起始时间、结束时间查询生态浮标环境数据表，生成时序曲线图。

(3) 按起始时间、结束时间、浮标 ID 查询生态浮标环境数据表，导出为 Excel 文件。

输入：生态浮标环境数据表(tbl_dat_zbuoydata)，主要包括温度、盐度、浊度、叶绿素 a、溶解氧、pH、监测时间、经度、纬度等。

输出：生态浮标监测数据的分页表格、各项参数的曲线图、Excel 数据文件。

2. 大浮标

功能描述：

(1) 按起始时间、结束时间查询大型浮标表层环境数据表，形成分页表格。

(2) 按参数类型、起始时间、结束时间查询大型浮标表层环境数据表，生成时序曲线图。

(3) 按起始时间、结束时间查询大型浮标表层环境数据表，导出为 Excel 文件。

(4) 按起始时间、结束时间查询大型浮标温盐剖面数据表，形成分页表格。

(5) 按起始时间、结束时间查询大型浮标海流剖面数据表，形成分页表格。

输入：

(1) 大型浮标表层环境数据表(tbl_dat_dbuoydata)，主要包括表层水温、表层盐度、溶解氧、浊度、叶绿素 a、深度、pH、浊度、波高、波周期、监测时间、经度、纬度等。

(2) 大型浮标温盐剖面数据表(tbl_dat_dbts)。

(3) 大型浮标海流剖面数据表(tbl_dat_dbcs)　。

输出：

(1) 大型浮标表层环境数据的分页表格、各项参数的曲线图、Excel 数据文件。

(2) 大型浮标温盐剖面数据的分页表格。

(3) 大型浮标海流剖面数据的分页表格。

3. 光学浮标

功能描述：

(1) 按起始时间、结束时间查询光学浮标表层环境数据表，形成分页表格。

(2) 按参数类型、起始时间、结束时间查询光学浮标表层环境数据表，生成时序曲线图。

(3) 按起始时间、结束时间查询光学浮标表层环境数据表，导出为 Excel 文件。

(4) 按起始时间、结束时间、文件名查询光学浮标 XML 文件表，形成分页表格。

(5) 下载光学浮标 XML 文件。

(6) 按文件名、曲线类型生成辐照度曲线图。

输入：

(1) 光学浮标表层环境数据表(tbl_dat_obuoydata)，主要包括风速、风向、表层水温、表层盐度、监测时间、经度、纬度等。

(2) 光学浮标 XML 文件表(tbl_dat_filename)。

(3) 光学浮标 XML 文件。

输出：

(1) 光学浮标表层环境数据表的分页表格、各项参数的曲线图、Excel 数据文件。

(2) 光学浮标 XML 文件表的分页表格、光学浮标 XML 文件、辐照度曲线图。

6.8.3　应急监测模块

应急监测模块主要提供应急监测的相关数据的查询显示和报告的生成。

(1) 志愿者报告

志愿者上报信息包括电话、姓名、接收时间、短信内容、处理措施和状态等信息，所有上报信息生成一个信息列表，并提供按起始时间、结束时间、姓名、手机号的查询。

(2) 岸基站监测数据

岸基站监测相关的赤潮生物数据、水文气象、水质等数据的查询和导出为 Excel 表格。

(3) 船舶监测数据

船舶监测相关的船载环境监测、流动注射分析仪、非连续广度分析仪等相关数据的表格显示、条件查询、曲线图生成及导出为 Excel 表格。

(4) 赤潮发生区域分布

以 GIS 地图的形式将赤潮通过列表和图形化两种性质进行展示，还包括按发生区域查询、测距等功能。

输入：

(1) 志愿者报告，志愿者上报的监测位置的数据及相关的处理情况。

(2) 赤潮生物现场检测仪器数据(tbl_dat_rthab)，包括各种藻类含量、监测水层、监测水层深度等。

(3) 水文气象基本信息表(tbl_dat_hydro)，包括监测单位、监测时间、监测区域、填报人等数据。

(4) 水质基本信息表(tbl_dat_wateq)，包括监测单位、监测时间、监测区域、填报人等数据。

(5) 船载环境观测数据表(tbl_dat_rtdata)，包括任务名、站位名、监测时间、经纬度、气温、湿度、气压等数据。

(6) 流动注射法海水营养盐自动分析仪数据(tbl_dat_rta_n_a)，包含站位名称、观测时间、NO_2^-、NO_3^- 硝酸盐、NH_4^+ 铵盐、PO_4^{3-} 磷酸盐、SiO_3^{2-} 硅酸盐、监测水层、监测水层深度等数据。

(7) 非连续光度法海水营养盐自动分析仪数据(tbl_dat_ratan)，包含站位名称、观测时间、亚硝酸盐、硝酸盐、铵盐、硅酸盐、磷酸盐等数据。

(8) 便携式水质仪数据(tbl_dat_rtcss)，包含站位名称、观测时间、水温、盐度、溶解氧、浊度、叶绿素 a 等数据。

(9) 海水样品自动采样与分配控制器数据(tbl_dat_rtwa)，包含站位名称、观测时间、采水层数、第一层深度、第二层深度、第三层深度等数据。

(10) 光纤溶解氧数据(tbl_dat_rtdodi)，包含站位名称、观测时间、溶解氧、添加记录时间等数据。

(11) 赤潮生物现场检测仪器数据(tbl_dat_rthab)，包含站位名称、观测时间、塔玛亚历山大藻、东海原甲藻、海洋原甲藻、中肋骨条藻、布氏双尾藻、米氏凯伦藻、赤潮异湾藻等数据。

(12) 赤潮基本信息表(tbl_rdt_info)和赤潮位置数据表(tbl_rdt_location)。

输出：

(1) 志愿者上报信息和相关处理情况的列表。

(2) 赤潮生物现场检测仪器数据的信息列表及相关 Excel 表格。

(3) 水文气象基本信息表数据的信息列表及相关 Excel 表格。

(4) 水质基本信息表数据的信息列表及相关 Excel 表格。

(5) 船载环境观测数据信息列表、相关参数曲线图及 Excel 表格。

(6) 流动注射法海水营养盐自动分析仪数据信息列表、相关参数曲线图及 Excel 表格。

(7) 非连续光度法海水营养盐自动分析仪数据信息列表、相关参数曲线图及 Excel 表格。

(8) 便携式水质仪数据信息列表、相关参数曲线图及 Excel 表格。

(9) 海水样品自动采样与分配控制器数据信息列表、相关参数曲线图及 Excel 表格。

(10) 光纤溶解氧数据信息列表、相关参数曲线图及 Excel 表格。

(11) 赤潮生物现场检测仪器数据信息列表、相关参数曲线图及 Excel 表格。

(12) 赤潮信息、赤潮变化情况的列表及赤潮区域的 GIS 显示。

6.8.4　遥感监测预报模块

1. 赤潮遥感监测报告

功能描述：

按文档标题、期号、起始时间、结束时间查询赤潮监测与预警报告表，形成分页表格；

按报告标题、期号查看、修改 Word 文件并发送到电子邮箱。

输入：赤潮监测与预警报告表(tbl_rpt_warn)，主要包括收件人邮箱、主题、附件、正文。

输出：赤潮监测与预警数据的分页表格、不同期号的 word 文件。

2. 赤潮遥感影像监测报告

功能描述：

(1)按产品类型、数据时间查询形成分页表格。

(2)按所选文件查看、下载。

输入：赤潮卫星遥感数据(tbl_dat_rsff)，主要包括 SST、CHL、TID。

输出：赤潮监测与预警数据的分页表格、TIF 文件。

3. 赤潮遥感影像监测报告

功能描述：

(1)按产品类型、数据时间查询形成分页表格。

(2)按所选文件查看、下载。

输入：赤潮卫星遥感数据(tbl_dat_rsff)，主要包括 SST、CHL、TID。

输出：赤潮监测与预警数据的分页表格、DAT 文件。

6.8.5　毒素检测模块

1. 贝类样品信息

功能描述：

(1)按样品编号、采样地点、贝类总类、原产地、起始时间、结束时间查询赤潮贝类毒素检测信息表，形成分页表格。

(2)按照检测记录查询赤潮贝类毒素检测信息表，形成分页表格，在新增的分页表格中可以新增一条贝类毒素检测的信息。

(3)按照检测记录修改、删除该记录。

输入：

(1)赤潮贝类毒素检测信息表(tbl_rdt_poison)。

(2)赤潮贝类毒素检测结果表(tbl_rdt_presult)中样品编号、采样时间、地点、原产地、PSP、DSP、ASP 等。

输出：

(1)赤潮贝类毒素检测信息的分页表格。

(2)赤潮贝类毒素检测结果的对应信息以及分页表格。

2. 水藻样品信息

功能描述：

(1)按样品编号、站位编号、样品类型、海域、起始时间、结束时间查询赤潮水藻毒素检测信息表，形成分页表格。

(2)按照检测记录查询赤潮水藻毒素检测信息表，形成分页表格，在新增的分页表格中可以新增一条水藻毒素检测的信息。

(3)按照检测记录修改、删除该记录。

输入：

(1)赤潮水藻毒素检测信息表(tbl_rdt_poison)。

(2) 赤潮水藻毒素检测结果表(tbl_rdt_presult)中样品编号、采样时间、地点、PSP、DSP 等。

输出：

(1) 赤潮水藻毒素检测信息的分页表格。

(2) 赤潮水藻毒素检测结果的对应信息以及分页表格。

3. 毒素检测报告

功能描述：

(1) 按照文档标题、期号、起始时间、结束时间查询赤潮监测和预警报告表，形成分页表格。

(2) 按照所选报告以 word 形式查看、下载。

输入：赤潮监测与预警报告表(tbl_rpt_warn)。

输出：赤潮监测与预警报告的分页表格、检测报告。

6.8.6 预警预报模块

1. 天气预报报告

功能描述：

(1) 按照开始时间、结束时间查询天气预报模型的预报结果表，形成分页表格。

(2) 按照所选报告下载成 shp 文件、dbf 文件、shx 文件三种形式。

输入：天气预报模型的预报结果表(tbl_rdt_wcfm)。

输出：天气预报结果记录的分页表格、检测报告。

2. 统计预报报告

功能描述：

(1) 按照开始时间、结束时间查询统计预报模型的预报结果表，形成分页表格。

(2) 按照所选报告下载成 shp 文件、dbf 文件、shx 文件三种形式。

输入：统计预报模型的预报结果表(tbl_rdt_msfm)。

输出：统计预报结果记录的分页表格、检测报告。

3. 漂移扩散报告

功能描述：

(1) 按照开始时间、结束时间查询漂移扩散模型的预报结果表，形成分页表格。

(2) 按照所选报告下载成 shp 文件、dbf 文件、shx 文件三种形式。

输入：漂移与扩散模型的预报结果表(tbl_rdt_dsfmout)。

输出：漂移扩散模型预报结果记录的分页表格、检测报告。

4. 数值预报报告

功能描述：

(1) 按照开始时间、结束时间查询生态动力学模型的预报结果表，形成分页表格。

(2) 按照所选报告下载成 shp 文件、dbf 文件、shx 文件三种形式。

输入：生态动力学模型的预报结果表(tbl_rdt_ednfm)。

输出：生态动力学模型预报结果记录的分页表格、检测报告。

5. 遥感跟踪报告

功能描述：

(1) 按照开始时间、结束时间查询遥感跟踪预报模型的预报结果表，形成分页表格。

(2) 按照所选报告下载成 shp 文件、dbf 文件、shx 文件三种形式。

输入：遥感跟踪预报模型的预报结果表(tbl_rdt_rsffm)。

输出：遥感跟踪预报模型预报结果记录的分页表格、检测报告。

6. 应急决策报告

功能描述：按照开始时间、结束时间查询遥感跟踪预报模型的预报结果表，形成分页表格。

输入：赤潮应急决策辅助软件输出结果表(tbl_rtdess_out)。

输出：应急决策结果记录的分页表格、检测报告。

6.8.7　历史资料模块

功能描述：

(1) 按起始时间、结束时间查询在线监测模块的大型浮标表层环境数据表、大型浮标温盐剖面数据表、大型浮标海流剖面数据表、生态浮标环境数据表、光学浮标表层环境数据表，形成分页表格。

(2) 按起始时间、结束时间查询应急监测模块的岸基站监测相关的赤潮生物数据、水文气象、水质等数据。

输入：

(1) 生态浮标环境数据表(tbl_dat_zbuoydata)、大型浮标表层环境数据表(tbl_dat_dbuoydata)、大型浮标温盐剖面数据表(tbl_dat_dbts)、大型浮标海流剖面数据表(tbl_dat_dbcs)、光学浮标表层环境数据表(tbl_dat_obuoydata)。

(2) 赤潮生物基本信息表(tbl_dat_rtorg)、水文气象基本信息表(tbl_dat_hydro)、水质基本信息表(tbl_dat_wateq)。

输出：各个表的分页表格。

6.8.8　远程会商模块

功能描述：

(1) 调用视频会商系统。

(2) 按起始时间、结束时间查询赤潮视频会商软件输出结果表，形成分页表格。

输入：

(1) 自定义的视频会商系统 Url。

(2) 赤潮视频会商软件输出结果表(tbl_meeting_out)。

输出：

(1) 视频会商系统客户端界面。

(2) 赤潮视频会商软件输出结果表的分页表格。

6.8.9　模型集成模块

功能描述：
(1) 调用天气条件预报模型。
(2) 调用统计预报模型。
(3) 调用遥感跟踪预报模型。
(4) 调用漂移扩散预报模型。
(5) 调用生态动力学预报模型。
(6) 调用赤潮灾害风险评估系统。
(7) 按起始时间、结束时间查询赤潮风险评估软件输出结果表，形成分页表格。
(8) 查看赤潮风险评估软件输出的 TIF 文件。
(9) 调用赤潮应急决策软件。
(10) 调用赤潮遥感处理软件。
输入：
(1) 各个软件的自定义 Url。
(2) 赤潮风险评估软件输出结果表(tbl_rtdras_out)。
(3) 赤潮风险评估软件输出的 TIF 文件。
输出：
(1) 各个软件的初始界面。
(2) 赤潮风险评估软件输出结果表的分页表格。
(3) 显示 TIF 文件。

6.8.10　系统管理模块

功能描述：
(1) 查询系统用户表，形成分页表格。
(2) 新增、编辑、删除用户信息。
(3) 按页面名称、访问名称查询页面访问控制表，形成分页表格。
(4) 新增、编辑、删除页面访问权限。
(5) 按姓名、单位、联系电话、行政区域查询志愿者信息表，形成分页表格。
(6) 新增、编辑、删除志愿者信息。
(7) 报告制作，包括赤潮卫星遥感监测报告、赤潮贝类毒素检测报告、赤潮水体毒素检测报告。
(8) 按起始时间、结束时间、发布人、对象手机查询短信发送表，形成分页表格。
(9) 发送短信，内容包括通知对象、发布人、重要性、公告内容。
(10) 按起始时间、结束时间、主题、收件人查询发邮件日志表，形成分页表格。
(11) 发送邮件及上传附件，内容包括收件人、主题、附件、正文。
(12) 基础数据管理，包括管理设备信息表、陆上监控示范区表。
输入：
(1) 系统用户表(tbl_sys_user)。
(2) 页面访问控制表(tbl_sys_page)。
(3) 志愿者信息表(tbl_vol_info)。

(4) 赤潮监测与预警报告表(tbl_rpt_warn)。

(5) 短信发送表(tbl_vol_notice)。

(6) 发邮件日志表(tbl_log_sendmail)。

(7) 设备信息表(tbl_mta_equipment)。

(8) 陆上监控示范区表(tbl_mta_originmarket)。

输出：

(1) 系统用户表、页面访问控制表、志愿者信息表、赤潮监测与预警报告表、短信发送表、发邮件日志表、设备信息表、陆上监控示范区表的分页表格。

(2) 新增、编辑页面。

第 7 章　立体监测系统综合示范

7.1　引　　言

应用示范是检验赤潮立体监测系统是否最终投入赤潮业务化监测工作的重要一环。赤潮立体监测系统集成了船舶监测平台、岸基监测平台、浮标监测平台、卫星平台、志愿者平台的数十项仪器设备和技术。虽然部分仪器设备和技术在“九五”“十五”期间已有一定研究基础和应用，但设备和技术之间的协同应用未经检验。此外，为适应长江口区域高悬浮物的环境特征，各设备和技术均进行了进一步的技术升级和改进，其适用性也有待通过示范区的应用示范进一步验证。应用示范包括仪器设备、模型技术的应用示范以及系统的综合示范。

7.2　仪器设备示范

7.2.1　水样采集、预处理与分配系统

水样采集、预处理与分配系统在项目中共进行了 5 次联合调试和 2 次海上综合试验，对水样采集和处理与分配系统进行整体测试，包括系统稳定性测试以及改进后的功能性测试。调试过程中，除发现原发系统对长江口海域悬浮泥沙过滤水平估计不足以外，系统整体性能良好，运行流畅。

系统分别在 2013 年 9 月和 10 月开展了 2 个航次海上运行试验。在两个航次的试验过程中，完成监测站位的 3 个层次的样品采集、预处理和分配，设备运行情况稳定，未出现故障。试验之前冲洗管路，检查管路是否漏水，检查系统软件及通信连接正常。出航前确定系统电路正常，将铅鱼挂在取样头上，吊环挂在吊杆上，做好取水前的准备工作。到达预定测试站位后，甲板工作人员将采样头悬挂于船舷外，做好下放准备后按“绞车就绪”，系统接收到主控平台开始命令后，自动进行表中底层水样采集，最大达到 40 m 水深，可以采集 10 L 或者 20 L 水样，单层采集时间大约 3 分钟。采水完毕后给主控平台发送水样采集结束消息，待接到仪器用水完毕消息后排空水样。当采水完毕后甲板工作人员即操作绞车将采样头收回船舷内，最后拧紧止回阀末端的螺帽，通知驾驶室可以开船。10 月航次试验共 17 个站位(含 1 个连续站)，水样采集相关信息见表 7.1。

表 7.1　2013 年 10 月水样采集、预处理与分配系统海上试验样品采集信息

站号	时间	表层/m	中层/m	底层/m
HS14	2013-10-27 12:56	1.5	4.1	25
HS10	2013-10-27 14:15	1.6	4.1	40
HS06	2013-10-27 15:29	1.6	4	10
HS01	2013-10-27 16:39	1.6	4.1	10
H05A	2013-10-27 18:17	1.6	4.1	15
H05B	2013-10-27 19:31	1.6	4.1	15.1
H05C	2013-10-27 20:46	1.6	4.1	15
HS07	2013-10-28 6:18	1.1	4.1	25
HS02	2013-10-28 7:22	1.6	4.1	0

续表

站号	时间	表层/m	中层/m	底层/m
HS03	2013-10-28 8:21	1.1	4	0
HS04	2013-10-28 9:16	1.1	0	39.1
HS09	2013-10-28 10:12	1.6	0	36
HS13	2013-10-28 11:13	1.6	0	28
HS17	2013-10-28 12:11	1.5	0	28.4
HS16	2013-10-28 13:09	1.6	0	30
HS12	2013-10-28 14:03	1.5	0	20.2
HS08	2013-10-28 15:08	1.6	0	30.1
HS11	2013-10-29 8:30	1.6	4	20
HS15	2013-10-29 9:41	1.5	4.1	25

7.2.2　非连续流动营养盐自动分析仪

非连续流动营养盐自动分析仪在赤潮立体监测系统中进行了 4 次联合调试和 2 次海上综合试验，对船载营养盐自动分析仪进行性能测试，检验其海上现场检测的可靠性和稳定性、数据处理和传输性能，以及船载适应性等。

1. 试验情况

仪器安装在“中国海监 47”船上，在宁波甬江三官堂码头水域进行了 4 次联合调试。2013 年 9 月、10 月在长江口赤潮监控区海域进行了 2 次海上综合试验，并对试验中发现的问题及时进行了整改。2013 年 9 月航次海试过程中，仪器运行基本稳定，试验过程中出现了两个问题：一是部分站位的铵盐数据未检出，经现场排查，原因是试剂空白较高造成的，重新配制试剂进行了一些补测；二是由于长时间抽滤，仪器外接的塑料抽滤垫片出现破裂，后续将更换其他材料。10 月航次针对以前试验中出现的过滤器滤膜托板抽滤变形的情况，采用改进的过滤器滤膜不锈钢托板，抽滤过程中无托板变形的情况，提高了工作的稳定性。营养盐自动分析仪亚硝酸盐、硝酸盐、铵盐、硅酸盐和磷酸盐测量装置工作稳定，顺利完成所有站位的测量。

2. 试验结果

2013 年 9 月、10 月在长江口赤潮监控区海域进行了两次海上综合试验，对试验海域的营养盐(硅酸盐、活性磷酸盐、硝酸盐、亚硝酸盐、铵盐)进行了实时监测，结果见表 7.2。

表 7.2　海上试验海域水质营养盐监测结果统计

项目	9 月			10 月		
	最小值	最大值	平均值	最小值	最大值	平均值
亚硝酸盐/(μg/L)	1.84	43.9	17.3	2.80	11.7	5.45
硝酸盐/(μg/L)	31.16	631	264	182	758	388
氨氮/(μg/L)	6.66	87.0	26.0	5.85	78.8	23.1
磷酸盐/(μg/L)	7.00	26.26	16.0	6.61	30.4	16.0
硅酸盐/(μg/L)	22.9	622	281	257	3482	733

1) 硅酸盐

9 月，试验海域硅酸盐范围为 22.9～622 μg/L，平均值为 281 μg/L。10 月，试验海域硅酸盐范围为 257～3 482 μg/L，平均值为 733 μg/L。

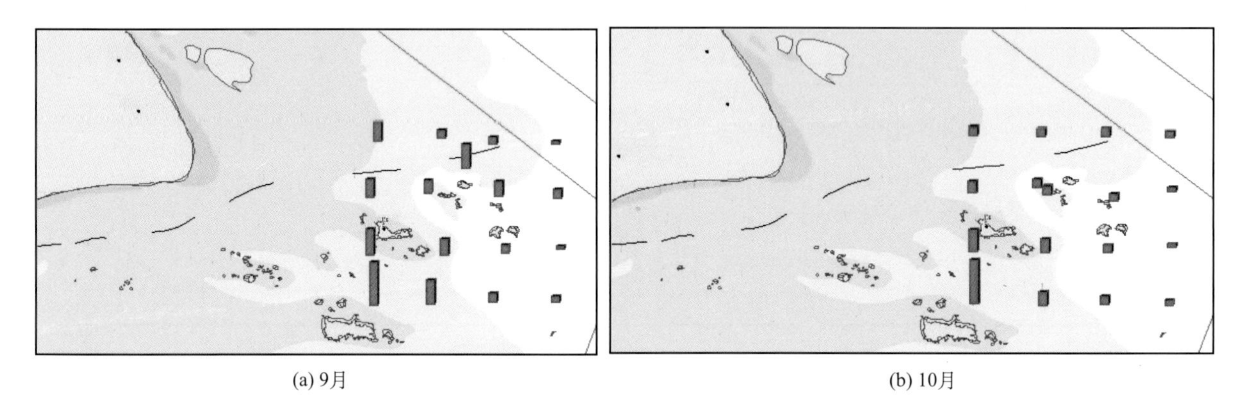

(a) 9月　　(b) 10月

图 7.1　试验海域硅酸盐分布图

试验海域硅酸盐的水平分布特征见图 7.1，总的变化趋势为硅酸盐含量由西向东逐渐降低。

2) 活性磷酸盐

9 月，试验海域磷酸盐范围为 7.00～26.26 μg/L，平均值为 16.0 μg/L。10 月，试验海域磷酸盐范围为 6.61～30.4 μg/L，平均值为 16.0 μg/L。9 月和 10 月磷酸盐平均含量相同。

试验海域磷酸盐的水平分布特征见图 7.2，总的变化趋势为硅酸盐含量由西向东逐渐降低。

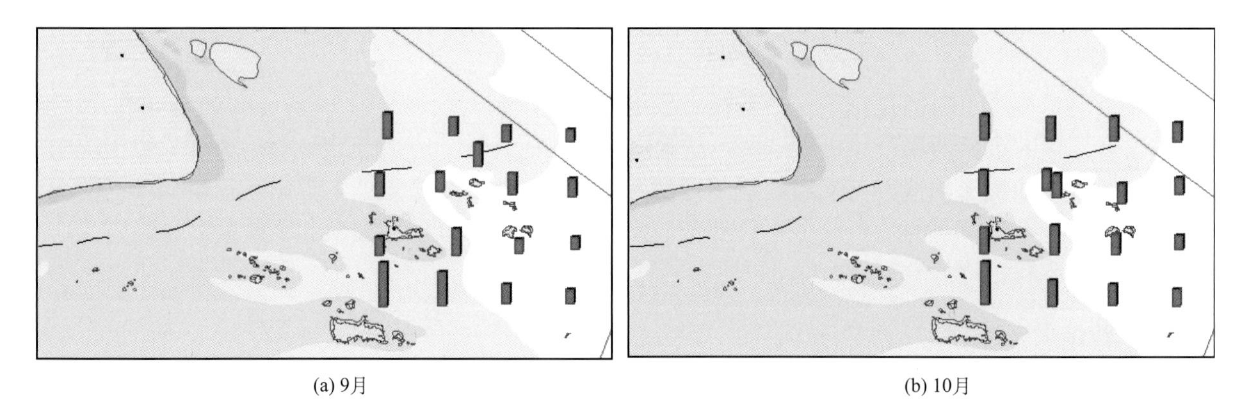

(a) 9月　　(b) 10月

图 7.2　试验海域活性磷酸盐平面分布

3) 硝酸盐

9 月，试验海域硝酸盐范围为 31.16～631 μg/L，平均值为 264 μg/L。10 月，试验海域硝酸盐范围为 182～758 μg/L，平均值为 388 μg/L。10 月平均含量高于 9 月。

试验海域硝酸盐的水平分布特征见图 7.3，总的变化趋势为硝酸盐含量由西向东逐渐降低。

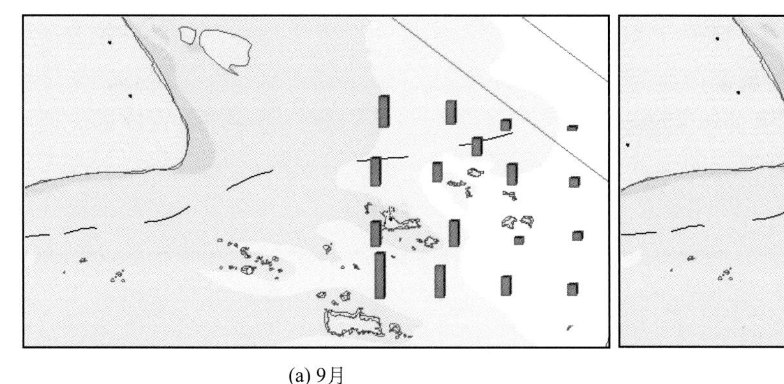
(a) 9月

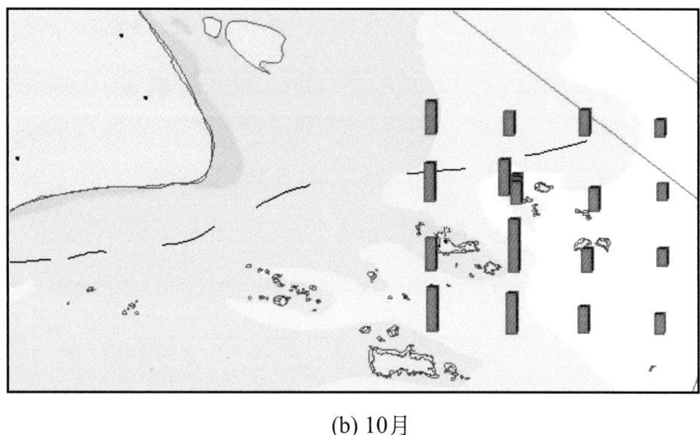
(b) 10月

图 7.3　试验海域硝酸盐平面分布

4）氨氮

9月，试验海域氨氮范围为6.66～87.0 μg/L，平均值为26.0 μg/L。10月，试验海域氨氮范围为5.85～78.8 μg/L，平均值为23.1 μg/L。9月和10月的平均含量差异不大。

试验海域氨氮的水平分布特征见图7.4。9月在示范海域东南区域存在氨氮高值区，10月在最西断面氨氮含量较高，东侧三条断面氨氮含量相差不大。

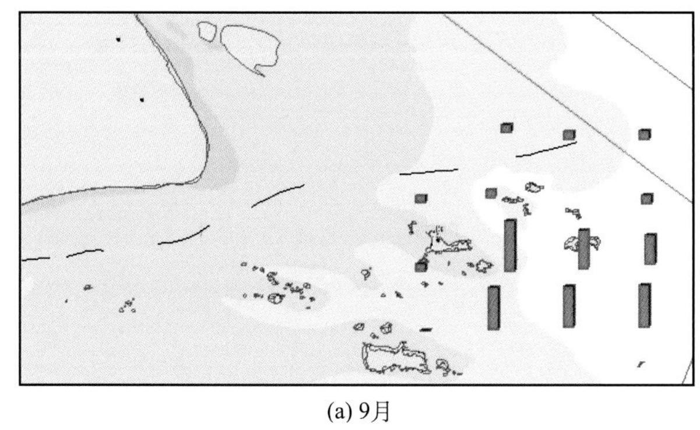
(a) 9月

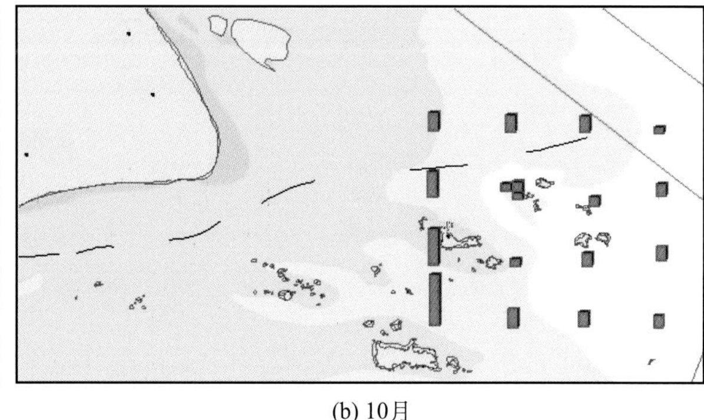
(b) 10月

图 7.4　试验海域氨氮平面分布

3. 仪器比测

1）比测方法

为评估仪器运行状态及监测结果的准确性，船载监测平台仪器设备在海上综合试验过程中，开展了非连续流动营养盐分析仪检测结果与现行的标准检测方法检测结果的比对测试。2013年10月27～29日海上综合试验期间，开展了营养盐自动分析仪和标准方法营养盐流动分析法(HY/T147.1—2013)的现场同步比对监测，分别测试了亚硝酸盐、硝酸盐、氨氮、磷酸盐和硅酸盐5个参数。

比测结果采用Bland-Altman一致性检验方法。其基本思想是：在进行两种方法的测定时，通常是对同一批受试对象同时进行测量，这两种方法一般不会获得完全相同的结果，总是存在着有一定趋势的差异，如一种方法的测量结果经常大于(或小于)另一种方法的结果，这种差异被称为偏倚。偏倚可以用两种方法测定结果的差值的均数(或两种结果的比值均数) d 进行估计，均数 d 的变异情况则用标准差Sd来描述。如果差值的分布服从正态分布，则95%的差值应该位于 d–1.96Sd和 d+1.96Sd之间，称这个区间为95%的一致性界限，绝大多数差值都位于该区间内。

Bland-Altman 法以图形的方式反映一致性界限。在二维直角坐标中，用横轴表示两种方法测量每个对象的平均值，纵轴表示两种方法测量每个对象的比值，即可得到 Bland-Altman 图。两种方法测量每个对象的比值越接近于 1，一致性越高。如果两种测量结果的差异位于一致性界限内，在实际上是可以接受的，则可以认为这两种方法具有较好的一致性，这两种方法可以互换使用。

2) 比测结果

比测结果表明，两台仪器所测试的结果具有较高的一致性，其中磷酸盐一致性程度最高，平均比例为 1.01，即两种方法之间的平均偏差仅为 1%。五项营养盐一致性程度排序为：磷酸盐>氨氮>硅酸盐>亚硝酸盐>硝酸盐。具体结果详见图 7.5 和表 7.3。

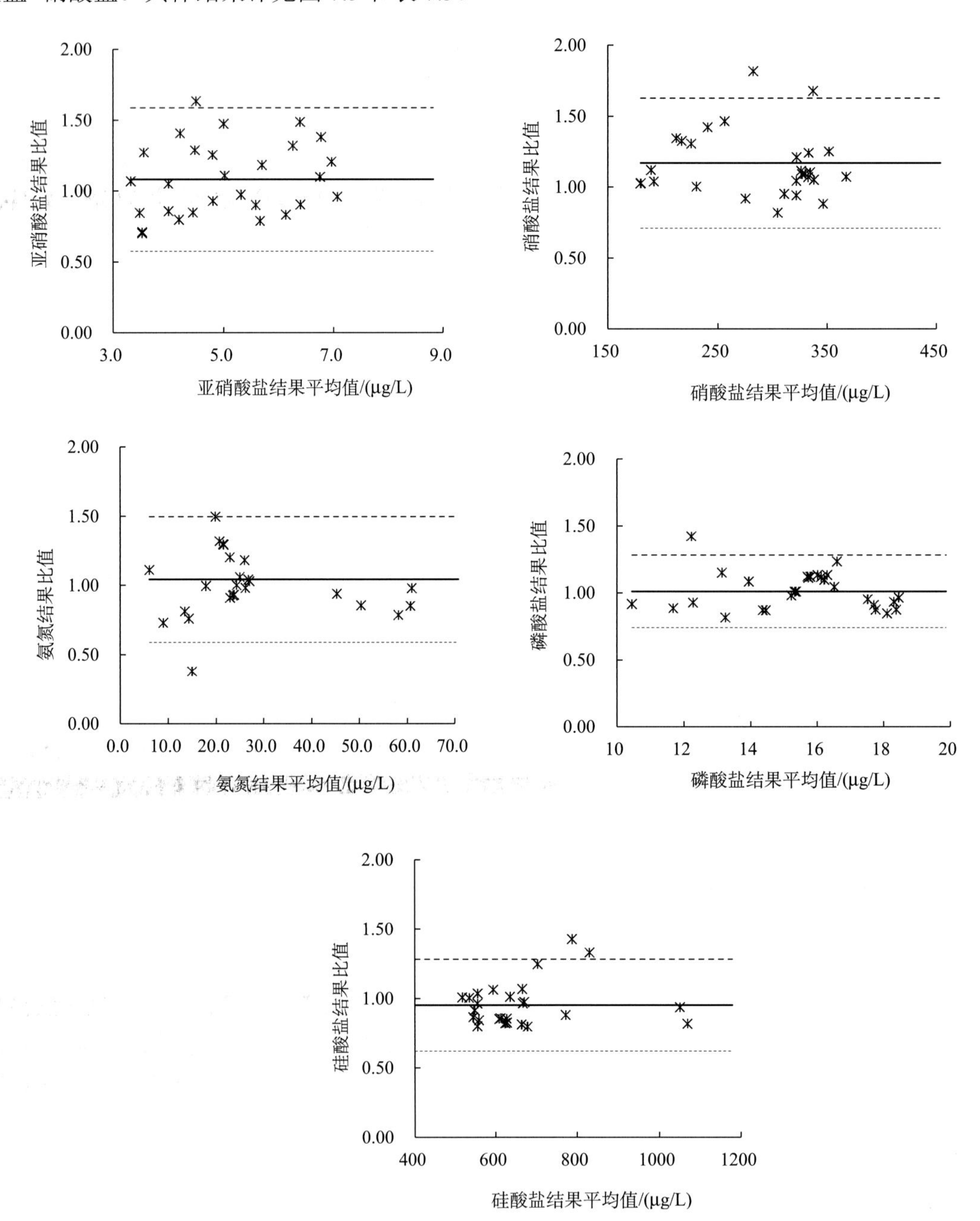

图 7.5　非连续流动营养盐自动分析仪与国家标准方法的结果比对一致性检验图

表 7.3　海水营养盐分析仪法和营养盐流动分析法比对一致性检验统计结果

	亚硝酸盐	硝酸盐	氨氮	磷酸盐	硅酸盐
比例平均值	1.08	1.17	1.04	1.01	0.95
上限(+1.96Sd)	1.58	0.63	0.59	0.74	0.62
下限(–1.96Sd)	0.58	1.63	1.50	1.28	1.28
区间内数据比例/%	97	97	97	97	94
比测结论	一致	一致	一致	一致	一致

7.2.3　流动注射海水营养盐自动分析仪

流动注射海水营养盐自动分析仪在赤潮立体监测系统中进行了 5 次联合调试和岸基站综合试验，对船载营养盐自动分析仪进行性能测试，检验其海上现场检测的可靠性和稳定性、数据处理和传输性能以及船载适应性等。在试验过程中，仪器出现过通信中断，数据传输失败，无法自动入库，数据文档格式中有错误等现象；在试验过程中，由于船舶突发性剧烈抖动，造成仪器使用的电脑保护性死机的现象；仪器泵管堵塞导致崩开漏液等现象，均得到了及时解决。

1. 试验情况

2013 年 7～10 月，仪器安装在嵊泗岸基站进行了 3 个多月的示范运行，对嵊泗南长涂海水浴场和嵊泗赤潮监控区海域进行了高频率监测。

1) 采样地点

在嵊泗南长涂海水浴场(少数样品在基湖海水浴场采集)共采集营养盐水样 72 份；在嵊泗赤潮监控区布设 4 个站位，每个站位取 500 mL 表层水和 500 mL 底层水，均用海水采样器采集，共采集化学海水样品 40 份。

2) 样品处理

营养盐海水样品的处理：将取回来的海水用 0.45 的醋酸纤维滤膜过滤，取过滤后的海水用营养盐自动分析仪进行测定，记录实验结果。溶解氧的测定，用溶解氧测定仪对现场采的海水进行测定，记录结果。

2. 试验结果

1) 南长涂海滨浴场

岸基站监测人员每天上午去南长涂海滨浴场采样，营养盐水样带回实验室后立即过滤处理后进行仪器检测。统计 2013 年 7 月 25 日～10 月 25 日的监测结果，绘制亚硝酸盐、硝酸盐、氨氮、硅酸盐和磷酸盐的时间变化曲线图(图 7.6～图 7.10)。趋势图表明，各项营养盐指标均在一定范围内波动，总体平稳，未出现赤潮特征。

2) 嵊泗赤潮监控区

2013 年 4～10 月，对嵊泗赤潮监控区海域海水进行监测，每半月监测一次，监测结果详见表 7.4 和表 7.5。

图 7.6　南长涂海滨浴场亚硝酸盐变化趋势图

图 7.7　南长涂海滨浴场硝酸盐变化趋势图

图 7.8　南长涂海滨浴场氨氮变化趋势图

图 7.9　南长涂海滨浴场硅酸盐变化趋势图

图 7.10　南长涂海滨浴场磷酸盐变化趋势图

表 7.4　2013 年 4～10 月嵊泗赤潮监控区监测数据汇总表

时间	项目	化学需氧量/(mg/L)	活性磷酸盐/(mg/L)	无机氮/(mg/L)	硅酸盐/(mg/L)	叶绿素 a/(μg/L)	水温/℃
4 月	范围	0.3～0.69	0.024～0.032	0.499～0.659	0.528～0.808	1.4～6.2	12.1～12.4
	均值	0.47	0.03	0.55	0.68	4.33	12.22
	范围	0.27～0.66	0.024～0.032	0.436～0.808	0.489～0.757	1.1～3.1	12.1～12.5
	均值	0.42	0.03	0.55	0.65	2.22	12.33
5 月	范围	0.32～0.53	0.024～0.036	0.48～0.612	0.772～1.024	1.7～6.6	16.8～20.5
	均值	0.43	0.03	0.54	0.87	3.61	18.63
	范围	0.28～0.48	0.023～0.033	0.466～0.554	0.687～0.946	0.6～2.8	16.8～20.1
	均值	0.36	0.03	0.51	0.82	1.55	18.52
6 月	范围	0.37～0.96	0.004～0.027	0.523～0.662	0.837～1.204	3.1～38.6	21.4～23.6
	均值	0.53	0.02	0.60	0.95	11.38	22.48
	范围	0.28～0.88	0.005～0.026	0.502～0.68	0.751～1.104	1.7～23.8	21.2～23
	均值	0.44	0.02	0.56	0.92	6.06	22.10

续表

时间	项目	化学需氧量/(mg/L)	活性磷酸盐/(mg/L)	无机氮/(mg/L)	硅酸盐/(mg/L)	叶绿素 a/(μg/L)	水温/℃
7月	范围	0.36～0.46	0.015～0.026	0.504～0.564	0.826～1.02	2.1～12.1	23.8～24.6
	均值	0.40	0.02	0.54	0.91	6.07	24.22
	范围	0.28～0.38	0.014～0.027	0.5～0.585	0.808～1.009	1.7～5.7	23.4～24.2
	均值	0.32	0.02	0.54	0.88	2.88	23.78
8月	范围	0.32～0.52	0.02～0.028	0.523～0.565	0.805～0.938	2.6～7.6	24.8～25.4
	均值	0.43	0.02	0.55	0.85	4.78	25.07
	范围	0.28～0.48	0.022～0.028	0.51～0.587	0.845～0.98	1.7～4.7	24.3～24.8
	均值	0.38	0.02	0.55	0.89	3.08	24.55
9月	范围	0.36～0.56	0.025～0.03	0.494～0.558	0.796～0.833	3.4～6.4	24.7～26.6
	均值	0.45	0.03	0.53	0.81	4.72	25.63
	范围	0.32～0.48	0.027～0.032	0.523～0.598	0.845～0.893	2～4.2	24.1～25.1
	均值	0.42	0.03	0.56	0.87	3.08	24.56
10月	范围	0.28～0.52	0.017～0.03	0.47～0.563	0.59～0.818	3.4～6.7	21～24.6
	均值	0.39	0.02	0.52	0.70	5.31	22.72
	范围	0.2～0.44	0.017～0.03	0.467～0.563	0.595～0.786	1.7～4.2	20.8～24.1
	均值	0.32	0.02	0.52	0.67	2.59	22.39
全年	范围	0.28～0.96	0.004～0.036	0.47～0.662	0.528～1.204	1.4～38.6	12.1～26.6
	均值	0.44	0.02	0.55	0.83	5.74	21.57
	范围	0.2～0.88	0.005～0.033	0.436～0.808	0.489～1.104	0.6～23.8	12.1～25.1
	均值	0.38	0.02	0.54	0.81	3.07	21.18

表 7.5　2013 年 4～10 月嵊泗赤潮监控区富营养化指数及氮磷比值统计

E	DIN/P	Si/DIN	Si/P
1.19～2.26	16.61～22.54	0.98～1.50	19.21～27.86
1.58	19.56	1.22	23.87
0.85～2.31	13.88～26.93	0.89～1.63	16.3～26.54
1.44	19.05	1.20	22.37
1.17～1.88	14.89～23.75	1.40～1.98	22.77～37.33
1.48	19.17	1.62	30.77
0.90～1.46	14.56～22.61	1.32～2	23.33～37.84
1.12	18.24	1.62	29.41
0.56～1.47	20.59～164	1.26～1.84	34.88～301
1.05	49.08	1.59	80.93
0.53～1.03	19.31～136	1.36～1.82	34.46～220.8
0.78	45.28	1.64	74.70
0.70～1.24	19.38～36.47	1.56～1.87	31.77～59.47
1.01	26.44	1.69	44.49
0.53～1.09	18.93～37	1.44～1.95	32.36～72.07
0.80	26.38	1.65	43.62
0.89～1.77	19.57～26.65	1.48～1.71	32.62～41.2

续表

E	DIN/P	Si/DIN	Si/P
1.22	23.42	1.56	36.57
0.83～1.59	19.64～25.86	1.51～1.73	32.39～40.09
1.14	22.70	1.62	36.68
1.02～1.91	18.48～21.24	1.43～1.68	26.53～32.64
1.41	19.85	1.55	30.76
1.07～1.98	17.75～20.62	1.43～1.71	27～32.74
1.51	19.42	1.56	30.31
0.73～1.21	16.21～31.53	1.09～1.63	25.07～38.35
1.03	22.88	1.35	29.98
0.65～1.09	16.27～31.5941176	1.07～1.61	25.15～35.88
0.83	23.11	1.30	29.41
0.56～2.26	14.89～164	0.98～1.98	19.21～301
1.26	25.77	1.51	39.62
0.53～2.31	13.88～136	0.89～2	16.3～220.8
1.09	24.88	1.51	38.07

根据《海水水质标准》(GB 3097—1997)进行评价，嵊泗赤潮监控区水质各月份均为劣四类(表 7.6)，超标因子均为无机氮和活性磷酸盐，16 次监测中，13 次水质呈现富营养化状态。

表 7.6　2013 年 4～10 月东海区赤潮监控区海水水质状况

赤潮监控区		水质评价
4 月	上旬	劣四类
	下旬	劣四类
5 月	上旬	劣四类
	下旬	劣四类
6 月	上旬	劣四类
	下旬	劣四类
7 月	上旬	劣四类
	下旬	劣四类
8 月	上旬	劣四类
	下旬	劣四类
9 月	上旬	劣四类
	下旬	劣四类
10 月	上旬	劣四类
	下旬	劣四类

3. 仪器比测

1) 比测方法

为评估仪器运行状态及监测结果的准确性开展了流动注射海水营养盐分析仪检测结果与现行的标

准检测方法检测结果的比对测试。2013 年 10 月 27～29 日海上综合试验期间，开展了营养盐自动分析仪和标准方法营养盐流动分析法(HY/T147.1—2013)的现场同步比对监测，分别测试了亚硝酸盐、硝酸盐、氨氮、磷酸盐和硅酸盐 5 个参数。比测结果采用 Bland-Altman 一致性检验方法。

2) 比测结果

比测结果表明，两台仪器所测试结果具有较高度一致性。其中，磷酸盐一致性程度最高，平均比例为 1.01，即两种方法之间的平均偏差仅为 1%。五项营养盐一致性程度排序为：磷酸盐>亚硝酸盐>氨氮>硅酸盐>硝酸盐。具体结果详见表 7.7 和图 7.11。

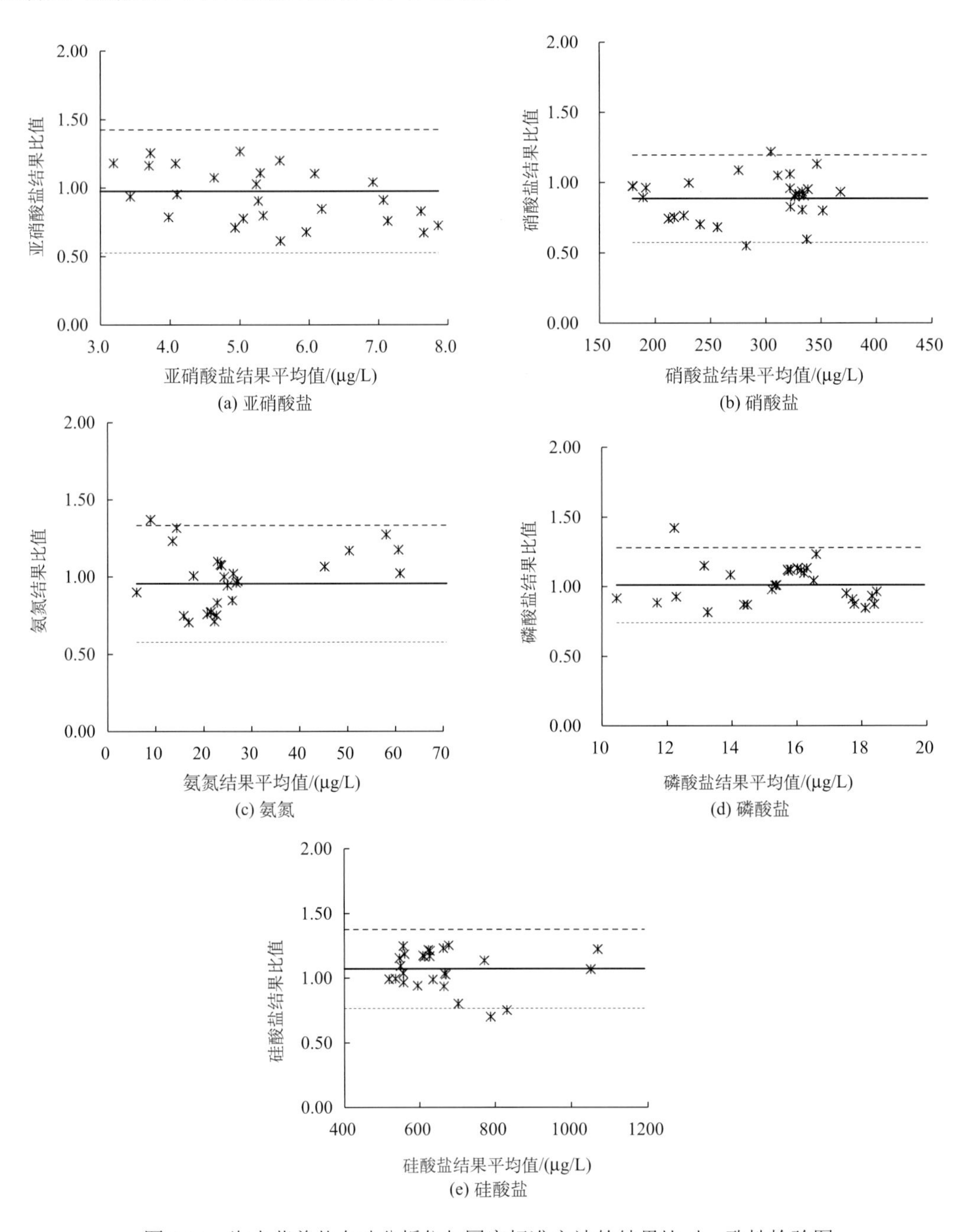

图 7.11　海水营养盐自动分析仪与国家标准方法的结果比对一致性检验图

表 7.7　海水营养盐分析仪法和营养盐流动分析法比对一致性检验统计结果

项目	亚硝酸盐	硝酸盐	氨氮	磷酸盐	硅酸盐
比例平均值	0.98	0.89	0.96	1.01	1.07
上限(+1.96Sd)	1.42	0.57	0.58	0.76	0.77
下限(–1.96Sd)	0.52	1.20	1.33	1.26	1.38
区间内数据比例	100%	93%	97%	97%	93%
比测结论	一致	一致	一致	一致	一致

7.2.4　便携式多参数水质仪

便携式多参数水质仪在赤潮立体监测系统中进行了 3 次联合调试和 2 次海上综合试验，对便携式多参数水质仪进行了整体测试，包括测量仪器的海上工作状态以及与信息中心的通信功能测试。试验过程中便携式多参数水质仪性能总体稳定。

1. 试验情况

仪器安装在“中国海监 47”船上，在宁波甬江三官堂码头水域进行了 3 次联合调试，2013 年 9 月、10 月在长江口赤潮监控区海域进行了 2 次海上综合试验，并对试验中发现的问题及时进行了整改。海上试验过程中，对长江口赤潮监控区水质水温、盐度、溶解氧、pH、浊度、叶绿素 a 进行了实时监测。

2. 试验结果

9 月、10 月两个航次监测结果如表 7.8 所示，温度、盐度、pH、溶解氧、浊度、叶绿素 a 均为表层监测数据。

表 7.8　海上试验海域水质监测结果统计

项目	9 月			10 月		
	最小值	最大值	平均值	最小值	最大值	平均值
温度/℃	24.56	26.04	24.98	19.02	22.35	20.74
盐度	22.71	33.67	30.58	22.32	33.7	31.01
pH	7.93	8.22	8.09	7.99	8.33	8.25
DO/(mg/L)	5.68	7.80	6.71	6.50	8.23	7.10
浊度/FTU	0.50	42.20	9.66	3.40	102.6	18.59
叶绿素 a/(μg/L)	0.30	1.80	1.14	0.20	4.30	1.23

1) 水温

9 月，试验海域水温范围为 24.56～26.04 ℃，平均水温为 24.98 ℃。10 月，试验海域水温范围为 19.02～22.35 ℃，平均水温为 20.74 ℃。各站位间水温差异不大。由于季节原因，10 月水温低于 9 月。

2) 盐度

9 月，试验海域盐度范围为 22.71～33.67，平均盐度为 30.58。10 月，试验海域盐度范围为 22.32～33.7，平均盐度为 31.01。

试验海域盐度水平分布状况见图 7.12。总的变化趋势为受长江口影响，由西向东盐度逐渐升高。

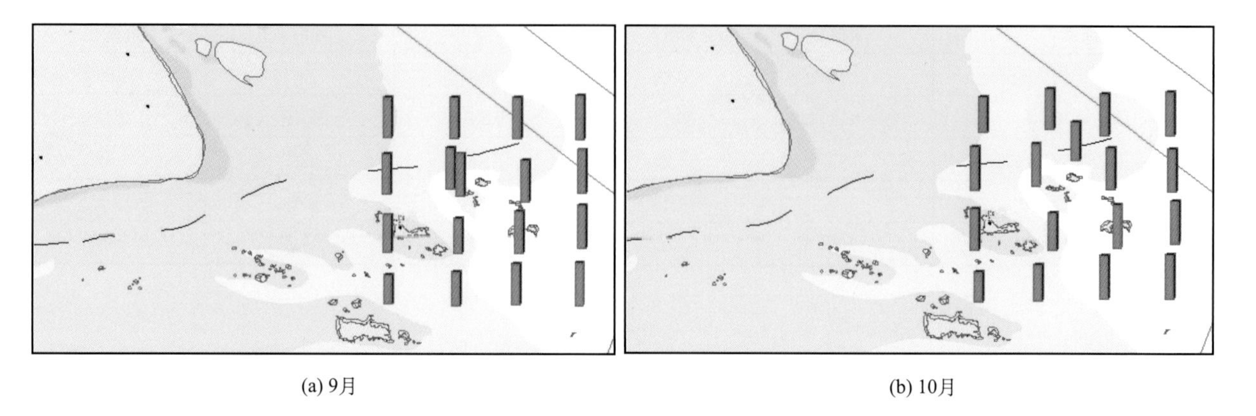

(a) 9月　　(b) 10月

图 7.12　试验海域盐度分布图

3) 溶解氧

多参数水质仪监测的溶解氧和光纤溶氧仪监测数据非常接近，本统计数据为多参数水质仪数据。

9 月，试验海域溶解氧含量范围为 5.68～7.80 mg/L，平均溶解氧含量为 6.71 mg/L。10 月，试验海域溶解氧含量范围为 6.50～8.23 mg/L，平均溶解氧含量为 7.10 mg/L。各站位之间数据差异不大，由于季节原因，10 月溶解氧含量高于 9 月。

4) pH

9 月，试验海域 pH 范围为 7.93～8.22，平均值为 8.09。10 月，试验海域 pH 范围为 7.99～8.33 ，平均值为 8.25。

5) 浊度

9 月，试验海域浊度范围为 0.50～42.20 FTU，平均值为 9.66 FTU。10 月，试验海域浊度范围为 3.40～102.6 FTU，平均值为 18.59 FTU。

试验海域总体水质清澈，在西侧断面个别站位较浑浊，浊度较高(图 7.13)。

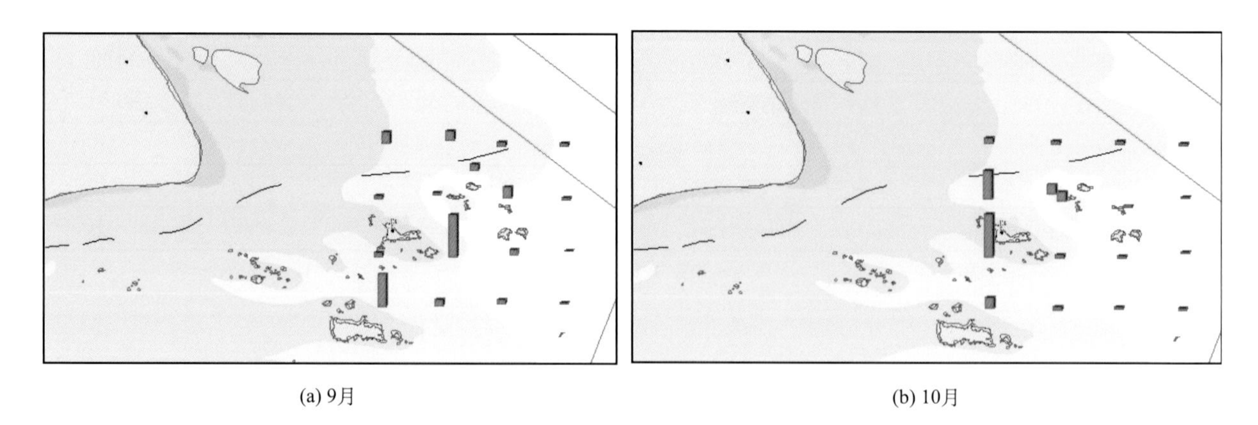

(a) 9月　　(b) 10月

图 7.13　试验海域浊度平面分布

6) 叶绿素 a

9 月，试验海域叶绿素 a 范围为 0.30～1.80 μg/L，平均值为 1.14 μg/L。10 月，试验海域叶绿素 a 含量范围为0.20～4.30 μg/L，平均值为1.23 μg/L(图7.14)。

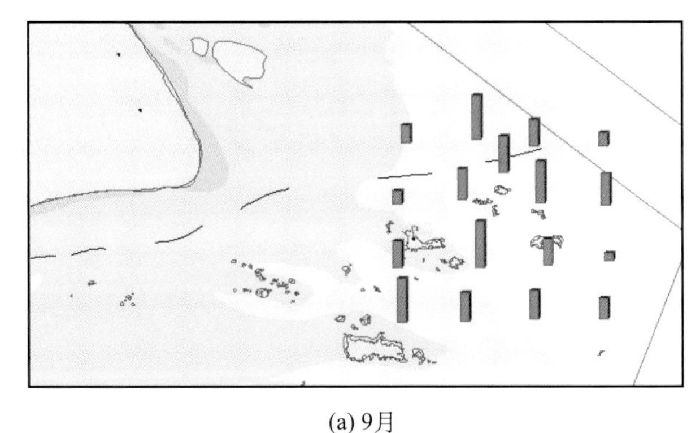

(a) 9月

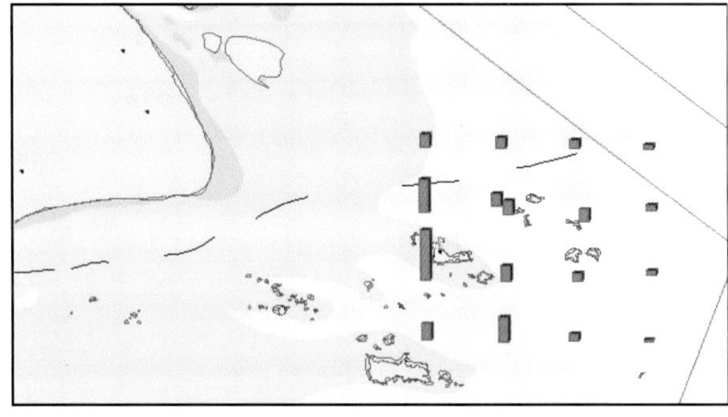

(b) 10月

图7.14　试验海域叶绿素a分布图

3. 仪器比测

1) 比测方法

为评估仪器运行状态及监测结果的准确性，便携式多参数水质仪在海上综合实验过程中开展了与国际知名品牌“哈希”多参数水质仪的现场比测工作。2013年10月27～29日海上综合试验期间，开展了便携式多参数水质仪和哈希多参数水质仪(型号：DS5X MS5)的现场同步比对监测，共测试16个大面站位和1个连续站位共19个样品，分别测试了水温、盐度、溶解氧、pH和叶绿素a 5个参数。比测结果采用Bland-Altman一致性检验方法。

2) 比测结果

比测结果表明，两台仪器所测试的水温、盐度、溶解氧、pH四个参数均具有高度一致性，叶绿素a的一致性稍差，但仍处于可接受范围内。具体结果详见表7.9和图7.15。

表7.9　便携式多参数水质仪与哈希水质仪比对一致性检验统计结果

项目	水温	盐度	溶解氧	pH	叶绿素a
比例平均值	1.00	1.01	0.99	1.02	0.76
上限(+1.96Sd)	1.00	1.03	1.05	1.04	1.35
下限(–1.96Sd)	0.99	1.00	0.94	1.02	0.20
区间内数据比例/%	95	90	100	100	100
检验结果	高度一致	高度一致	高度一致	高度一致	一致

7.2.5　光纤溶解氧分析仪

光纤溶解氧分析仪在赤潮立体监测系统中进行了3次联合调试、2次海上综合试验和岸基站监测试验。光纤溶氧仪在试验过程中一直运行稳定，未出现故障。光纤溶氧仪为现场即用型仪器，现场特别需要注意仪器的操作安全，每次到站监测时，先将仪器用绳子系在船舷上，再抛入水中，平衡3分钟后读取数据。

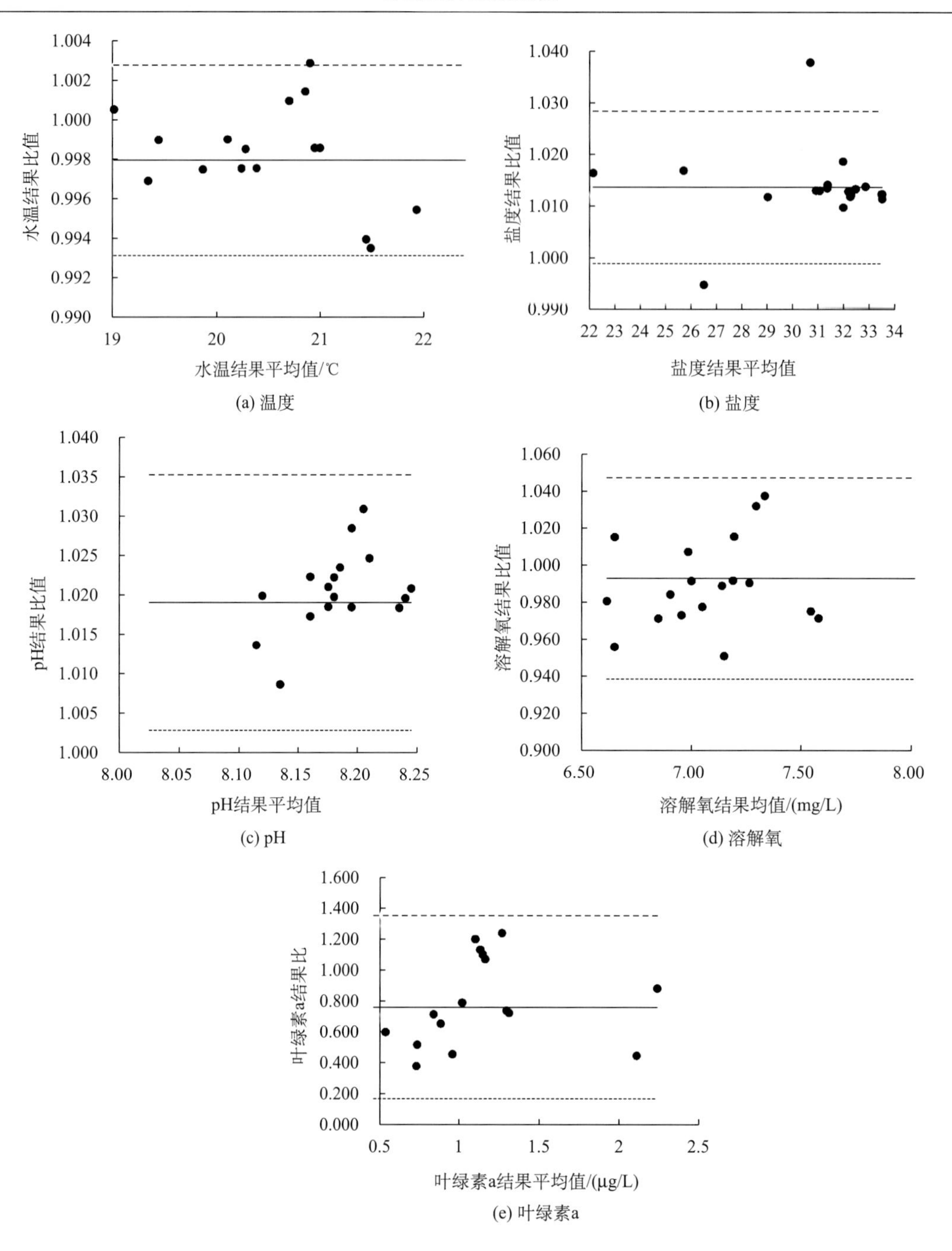

图 7.15　便携式多参数水质仪与哈希多参数水质仪比对结果统计图

1. 试验情况

光纤溶解氧分析仪分别于 2013 年 9 月、10 月在长江口赤潮监控区开展了 2 次海上综合试验和岸基站应用试验。

2. 试验结果

1)海上综合试验

2013 年 10 月 27～29 日，在长江口赤潮监控区海域开展了 HS01～HS17 共 17 个站位(含一个连续站位 HS05)的表层海水溶解氧监测，共计 19 个数据，仪器工作正常，所有数据均现场上传至船载信息系统。监测结果见表 7.10。

表 7.10　光纤溶解氧分析仪海上试验结果

2013 年 10 月航次			2013 年 9 月航次		
日期(年.月.日)	站位	溶解氧/(mg/L)	日期(年.月.日)	站位	溶解氧/(mg/L)
2013.10.27	HS14	7.48	2013.9.7	HS14	6.77
2013.10.27	HS10	7.35	2013.9.7	HS15	6.79
2013.10.27	HS06	7.80	2013.9.7	HS16	6.74
2013.10.27	HS01	7.63	2013.9.7	HS17	6.67
2013.10.27	HS05A	7.67	2013.9.7	HS13	6.66
2013.10.27	HS05B	7.18	2013.9.7	HS12	6.68
2013.10.27	HS05C	7.26	2013.9.7	HS11	6.80
2013.10.28	HS07	6.88	2013.9.8	HS09	6.70
2013.10.28	HS02	7.09	2013.9.8	HS04	6.67
2013.10.28	HS03	7.15	2013.9.8	HS03	6.78
2013.10.28	HS04	6.79	2013.9.8	HS02	6.61
2013.10.28	HS09	6.71	2013.9.8	HS01	6.83
2013.10.28	HS13	6.63	2013.9.8	HS08	6.48
2013.10.28	HS17	6.78	2013.9.9	HS05A	6.55
2013.10.28	HS16	7.12	2013.9.9	HS05B	6.58
2013.10.28	HS12	7.17	2013.9.9	HS05C	6.53
2013.10.28	HS08	7.27	2013.9.9	HS07	6.38
2013.10.29	HS11	7.37	2013.9.9	HS06	6.60
2013.10.29	HS15	7.46	2013.9.9	HS10	6.35

2) *岸基站试验结果*

2013 年 7～10 月，仪器安装在嵊泗岸基站进行了示范运行，对嵊泗南长涂海水浴场和嵊泗赤潮监控区海域进行了高频率监测。光纤溶解氧分析仪为现场监测仪器，带至监测南长涂海水浴场和嵊泗赤潮监测控区实时测量。

(1) 南长涂海水浴场监测结果。2013 年 10 月，对南长涂海水浴场进行每日定点连续溶解氧监测，溶解氧含量比较稳定，平均含量 7 mg/L，无较大波动(图 7.16)。

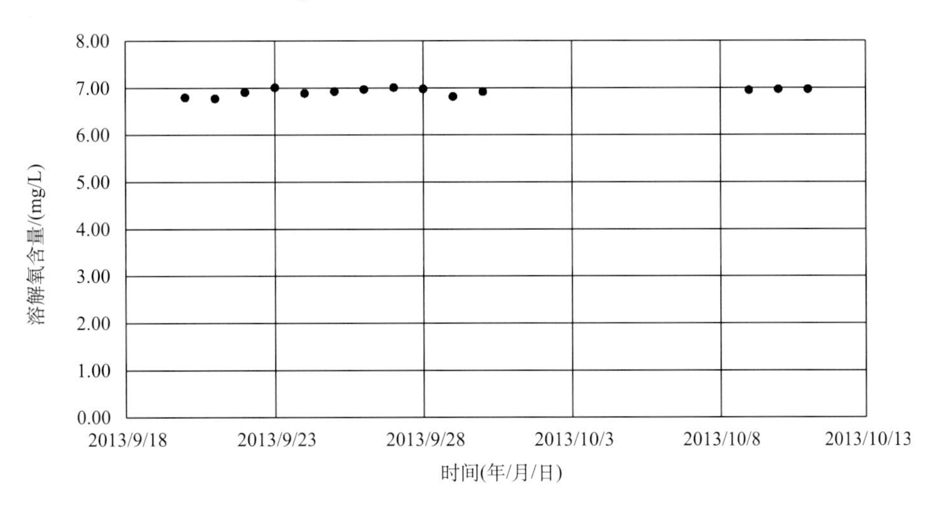

图 7.16　南长涂海水浴场定点连续监测结果

(2) 嵊泗赤潮监测控区监测结果。2013 年 4～10 月，对嵊泗赤潮监测控区海域布设了 4 个站位，进行了每半月 1 次的高频率监测，结果见表 7.11。

表 7.11　2013 年 4～10 月嵊泗赤潮监控区监测数据汇总表

时间	层次	溶解氧/(mg/L)		
		最小值	最大值	平均值
4 月	表	8.66	9.69	9.10
	底	8.11	8.87	8.47
5 月	表	8.00	8.96	8.51
	底	7.33	8.32	7.99
6 月	表	5.90	8.23	7.20
	底	5.50	7.65	6.72
7 月	表	6.47	7.33	7.02
	底	6.19	7.03	6.56
8 月	表	7.01	7.33	7.11
	底	6.67	7.06	6.82
9 月	表	6.86	7.25	7.02
	底	6.54	6.96	6.70
10 月	表	6.32	7.26	6.96
	底	6.00	6.82	6.46
全年	表	5.90	9.69	7.56
	底	5.50	8.87	7.10

3. 仪器比测

为评估仪器运行状态及监测结果的准确性，2013 年 10 月 27～29 日海上综合试验期间，开展了光纤溶解氧分析仪和哈希多参数水质仪（型号 DS5X MS5）的现场同步比对监测，共测试 16 个大面站位和 1 个连续站位共 19 个样品的溶解氧含量。比测结果采用 Bland-Altman 一致性检验方法。比测结果表明，两台仪器所测试的溶解氧具有高度一致性（图 7.17），检测结果平均比值为 1.01，一致性下限为 0.93，上限为 1.09，100%数据落在 95%一致性区间内。

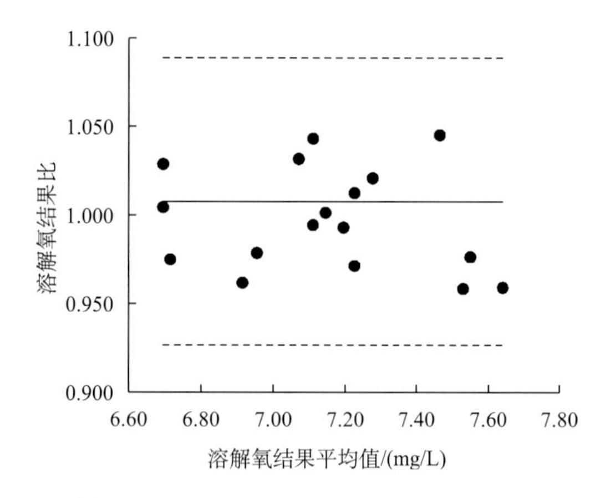

图 7.17　光纤溶氧仪与哈希多参数水质仪溶解氧检测结果比对统计图

7.2.6　赤潮生物现场监测仪

赤潮生物现场监测仪在赤潮立体监测系统中进行了 4 次联合调试和 2 次海上综合试验，对船载赤潮生物现场监测以进行性能测试，检验其海上现场检测的可靠性和稳定性、数据处理和传输性能以及船载适应性等。

1. 试验情况

仪器安装在“中国海监 47”船上，在宁波甬江三官堂码头水域进行了 4 次联合调试，2013 年 9 月、10 月在长江口赤潮监控区海域进行了 2 次海上综合试验，并对试验中发现的问题及时进行了整改。9 月航次试验过程中，船舶发动机的振动对赤潮生物现场监测仪器的运行有较大的影响。赤潮生物现场监测系统通过笔记本电脑进行控制，船舶发动机的激烈振动，激发笔记本电脑的硬盘保护程序，造成硬盘频繁被锁定，特别是对于仪器初始化过程有较大的影响，延长仪器初始化时间，并造成假死现象。为了防止船舶发动机振动对于赤潮生物现场监测仪器的影响，特别是防止笔记本电脑硬盘损坏，在笔记本电脑下方增加防震垫，减少船舶发动机振动对于仪器设备的影响。仪器还出现了由于 ACCESS 数据库未正常录入，导致仅传输总藻类浓度数据而未传输赤潮生物的检测结果的现象。10 月航次仪器运行正常，未出现故障。

2. 试验结果

9 月份，赤潮生物现场监测仪器在长江口海域检测到的赤潮生物主要有中肋骨条藻、东海原甲藻和圆海链藻。其中，中肋骨条藻在该海域中出现的频率较高(图 7.18)，是该海域需要重点防范的赤潮生物。在检测出中肋骨条藻的站位中，浓度最高的站位是 HS15 站位，其浓度为 1.67×10^3 cells/mL；浓度最低的站位为 HS02 站位，其浓度为 58 cells/mL。东海原甲藻在长江口海域出现频率也比较高，不过其浓度一般比较低(图 7.19)；而圆海链藻仅在零星站位出现(图 7.20)。

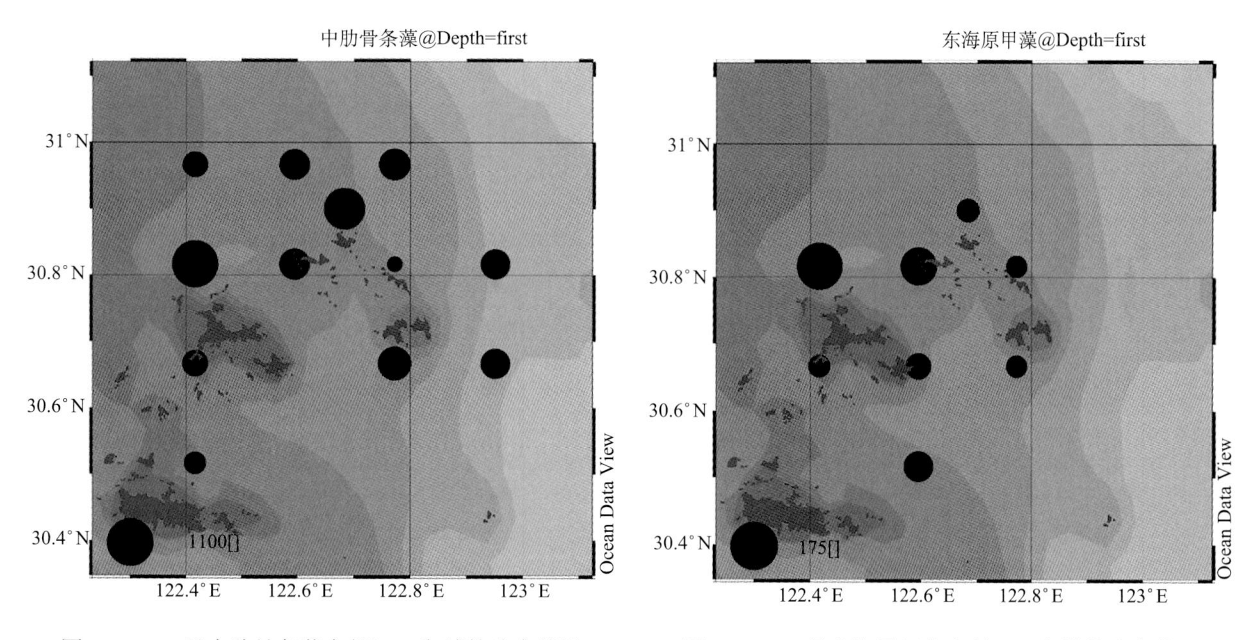

图 7.18　10 月中肋骨条藻在长江口海域的分布状况（单位：cells/mL）

图 7.19　10 月东海原甲藻在长江口海域的分布状况（单位：cells/mL）

10 月，检测到的总颗粒浓度，呈现从近岸到外海逐渐递减的趋势(图 7.21)，主要是陆源输入带来大量的泥沙杂质，被赤潮生物现场检测仪器所检测。相比于 2013 年 9 月第一次海试，在本次海试过程中，赤潮生物出现的频率和浓度都有较为明显的下降，分析其原因，可能是温度对于赤潮生物的生长和繁殖有较为明显的影响；而在赤潮生物的种类上，中肋骨条藻仍然是该海域出现频率最高的赤潮生物(图 7.18)。东海原甲藻在舟山海域出现频率也比较高，不过其浓度一般比较低(图 7.19)；而圆海链藻仅在零星站位出现(图 7.20)。

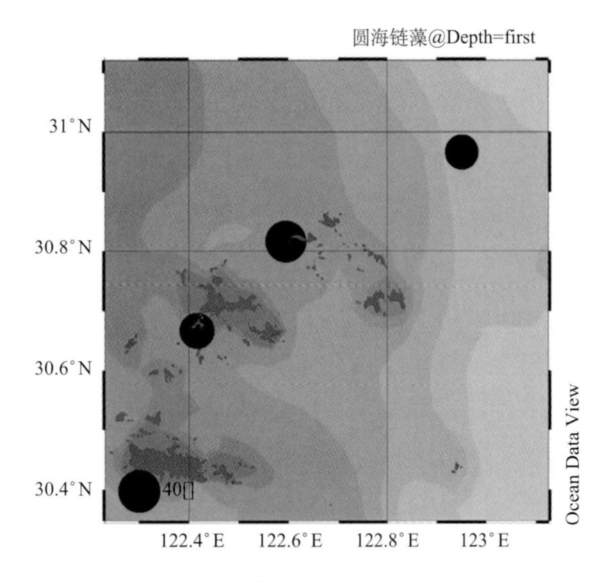

图 7.20 圆海链藻在长江口海域的分布状况（cells/mL）

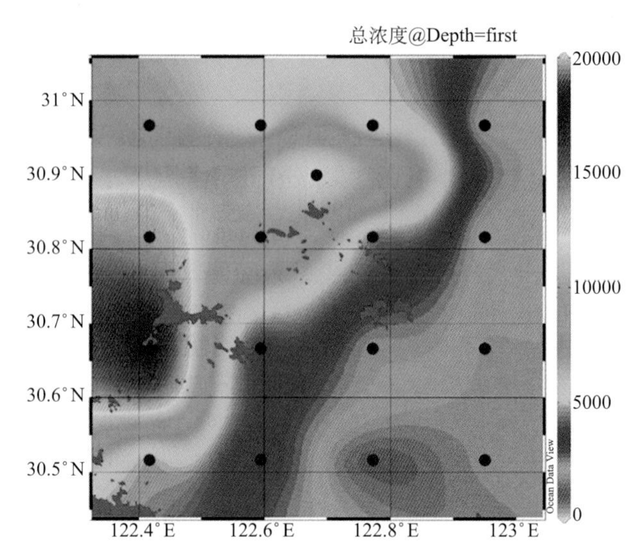

图 7.21 10 月长江口海域总颗粒物的分布状况（particles/mL）

3. 仪器比测

赤潮生物现场监测仪在海试的同时，同步采集了浮游植物水样，带回实验室与传统显微镜计数法进行比测。对赤潮生物现场检测仪检测数据与国标法检测数据在精密度和相关性上进行了比较。精密度是指同一方法在同一试验条件下对同一试样重复多次测定所得测定值的离散程度，一般用相对标准偏差(RSD)来表示。而相关性则是为了进一步研究两种完全不同的方法所得到的试验结果之间的相关性，对两个方法的测定结果进行线性拟合，并根据线性回归相关系数检验法判断两组结果之间的相关程度。

检测结果表明，在精密度方面，仪器法与国标法的精密度相近，部分样品，仪器法的精密度优于国标法；在相关性方面，国标法和仪器法相关性良好，相关系数 R^2 达到 0.9985，为显著线性相关(图 7.22)。

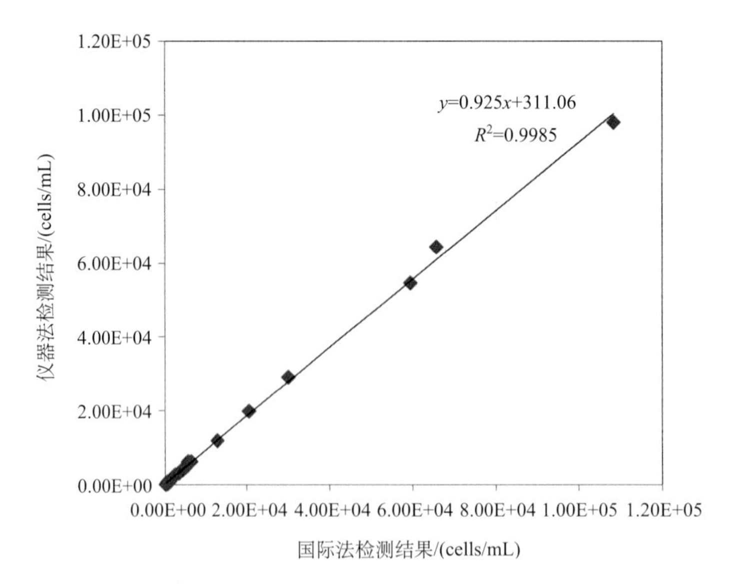

图 7.22 国标法和仪器法的相关系数图

7.2.7　大型赤潮浮标

1. 仪器比测

浮标下水前，为保证各计量仪器的指标能达到项目要求，分别委托了国家海洋计量站、国家气象计量站、国家海洋计量站上海分站对浮标各传感器的技术指标进行了数据比测，对应各传感器比测依据、测量参数和技术指标要求见表 7.12，实验室内检验的参数有波高、波周期、方位、风速、风向、气压、空气温度、相对湿度、太阳辐射、水温、盐度、pH、溶解氧、浊度和叶绿素 a，日照度和海流因比测设备或条件不具备未做比测工作，以实际工作情况是否合理为判断依据。

表 7.12　各传感器比测依据

序号	传感器名称	比测依据	参数	指标要求
1	风传感器	JJG876—1994	风速	$\pm(0.5+0.05\times V\%)$ m/s
			风向	±5°
2	温湿传感器	JJG01(海洋)—1994	气温	±0.2℃(20℃)
			相对湿度	±5%
3	气压传感器	JJG875—2005	气压	±0.5 hPa
4	方位传感器	JJG628—1989	方位	±5°
5	波浪传感器	JJG04(海洋)—2003	波高	$\pm(0.3+H\times 10\%)$ m
			波周期	±0.5 s
			波向	±10°
6	水质传感器	GHS 字第 JZ2012—620	水温	±0.1 ℃
			盐度	±0.1
			pH	±0.2
			溶解氧	±0.2 mg/L
			浊度	±0.3FTU
			叶绿素 a	±0.1 μg/L

1) 风传感器

风传感器共进行了 9 组风速数据的比测和 12 组风速数据的比测，分别对应不同的风速和风向值，比测结果表明风传感器的测量精度达到技术指标要求，其风速的测量结果非常准确，几乎没有误差，而风向的测量误差最大也仅有 2°（表 7.13）。

表 7.13　风速风向仪比测结果

风速/(m/s)										
	标准值	1.0	9.8	20.1	30.4	40.2	35.3	25.0	15.2	5.4
	测量值	1.0	9.8	20.1	30.4	40.2	35.3	25.0	15.2	5.4
	误差	0.0	0.0	0.0	0.0	0.0	0.0	0.0	0.0	0.0

风向/(°)													
	标准值	0	30	60	90	120	150	180	210	240	270	300	330
	测量值	0	30	58	88	119	150	180	210	240	270	301	330
	误差	0	0	−2	−2	−1	0	0	0	0	0	1	0

2) 温湿传感器

温湿传感器共进行了 9 组气温数据和 7 组相对湿度数据的比测(表 7.14)，分别对应不同的气温值和相对湿度值，比测结果表明，温湿传感器有一组气温的测量结果超出技术指标的要求，为−30 ℃时的误差超过了要求的 0.2 ℃，达到了 0.26 ℃，其余测量范围的测量精度达到技术指标要求，由于浮标布放海海域的气温一般不会低于−10 ℃，所以其气温的测量准确度仍能达到应用要求。同时相对湿度在 97.3%的标准值上出现了−5.7%的测量误差，超出了技术指标要求的 5%，由于浮标布放海域的相对湿度值有可能达到或超过 97.3%，所以在实际数据的应用时应该考虑到误差修正的问题，同时对所采用的温湿传感器有必要进行型号更换，确保测量准确度。

表 7.14　温湿传感器比测结果

气温/℃	标准值	−30	−20	−10	0	10	20	30	40	50
	测量值	−29.73	−19.86	−9.86	0.04	10.04	19.98	29.95	39.97	49.89
	误差	0.26	0.14	0.14	0.04	0.04	−0.02	−0.05	−0.03	−0.11

相对湿度/%kH	标准值	30.2	40.8	51.3	60.1	70.8	81.3	97.3
	测量值	29.1	38.5	48.6	58.5	68.3	79.0	91.6
	误差	−1.1	−2.4	−2.7	−1.6	−2.5	−2.3	−5.7

3) 气压传感器

气压传感器共进行了 6 组数据的比测，每组又分为两次独立试验，分别对应不同气压值，比测结果表明气压传感器的测量精度达到技术指标要求，其测量结果最大误差为 0.26 hPa(表 7.15)。

表 7.15　气压传感器比测结果

标准值/hPa	1100.00	1099.00	1000.00	999.00	900.00	899.00	800.00	799.00	700.00	699.00	600.00	599.00
测量值/hPa	1100.20	1099.23	1000.27	999.24	900.25	899.00	800.18	799.18	700.13	699.14	600.00	598.99
平均误差/hPa	0.22		0.26		0.25		0.18		0.14		−0.01	

4) 方位传感器

方位传感器共进行了 12 组数据的比测，分别对应不同的方位值，比测结果表明方位传感器的测量精度达到技术指标要求，测量结果最大误差仅为 1°（表 7.16)。

表 7.16　方位传感器比测结果

标准值/(°)	0	30	60	90	120	150	180	210	240	270	300	330
测量值/(°)	0	30	60	90	119	149	180	210	239	270	300	330
误差/(°)	0	0	0	0	−1	−1	0	0	−1	0	0	0

5) 波浪传感器

波浪传感器共进行了 20 组数据的比测，分别对应不同的波高值和波周期值，比测结果表明波浪传感器的测量精度达到技术指标要求，波高的最大误差为 0.1 m，其波高的测量结果不确定度为 2.56%，波周期的最大测量误差为 0.1 s，波周期的测量结果不确定度为 0.25 s(表 7.17)。

表 7.17　波浪传感器比测结果

标准值	波高/m	6.00							1.00		
	波周期/s	20.00	14.80	11.70	9.70	8.30	7.20	6.40	20.00	9.50	6.20
测量值	波高/m	6.0	6.0	5.9	5.9	5.9	5.9	5.9	1.0	1.0	1.0
	波周期/s	20.0	14.9	11.7	9.7	8.3	7.2	6.4	20.0	9.5	6.2
误差	波高/m	0	0	−0.1	−0.1	−0.1	−0.1	−0.1	0	0	0
	波周期/s	0	0.10	0	0	0	0	0	0	0	0
标准值	波高/m	3.00							1.00		
	波周期/s	20.00	12.70	9.30	7.30	6.10	5.20	4.50	4.60	3.70	3.00
测量值	波高/m	3.0	3.0	3.0	3.0	3.0	3.0	2.9	1.0	1.0	1.0
	波周期/s	20.0	12.7	9.3	7.3	6.1	5.2	4.5	4.6	3.7	3.0
误差	波高/m	0	0	0	0	0	0	0	0	0	0
	波周期/s	0	0	0	0	0	0	0	0	0	0

6) 水质传感器

水质传感器共进行了多组数据的比测，分别对应不同的温度值、盐度值、pH、溶解氧值、浊度值和叶绿素 a 值(表 7.18)，比测结果表明水质传感器各探头的的测量精度达到技术指标要求，水温、盐度、pH、溶解氧、浊度和叶绿素 a 的最大测量误差分别为 0.1 ℃、−0.08、0.02、−0.04 mg/L、0.22 NTU、1.78 μg/L，叶绿素 a 的比测结果与技术指标的要求差距较大，但误差水平基本在一个数量级上，说明叶绿素 a 传感器本身的精度较好，但准确度不能达到 0.1 μg/L 的水平，这有可能因为参数设置要求较高所致，目前市场主流的叶绿素 a 优传感器的准确度一般在 1%左右。

表 7.18　水质传感器比测结果

水温/℃	标准值	−0.08	10.00	20.04	30.03	39.95		
	测量值	−0.2	10.0	20.1	30.0	40.0		
	误差	0.0	0.0	0.1	0.0	0.0		
盐度	标准值	35.000	5.007	20.006	39.995			
	测量值	34.99	5.00	19.93	39.98			
	误差	−0.01	−0.01	−0.08	−0.02			
pH	标准值	4.00	5.00	6.00	7.00	8.00	9.00	10.00
	测量值	4.00	5.01	6.02	7.00	8.01	9.00	10.00
	误差	0.00	0.01	0.02	0.00	0.01	0.00	0.00
溶解氧/(mg/L)	标准值	7.64	8.23	9.06	10.05			
	测量值	7.60	8.25	9.05	10.07			
	误差	−0.04	0.02	0.01	0.02			
浊度/NTU	标准值	0.00	40.00	100.00	200.00	400.00		
	测量值	0.14	40.15	99.78	200.06	400.16		
	误差	0.14	0.15	−0.22	0.06	0.16		
叶绿素 a/(μg/L)	标准值	60.00	100.00	200.00	300.00			
	测量值	60.94	101.78	198.47	301.25			
	误差	0.94	1.78	−1.53	1.25			

2. 试验情况

大型赤潮浮标位于嵊山岛南部开阔海域，2013 年 4 月下水开展示范监测，每半小时发回一组数据，自下水以来一直工作到 2015 年 5 月才进行了维护性回收，期间从未发生过数据中断，部分传感器出现过故障，数据接收完整率超过 90%，总数据量约 4 万组。

这里选取2013 年6～10 月初长达5 个月赤潮高发期的连续监测资料进行数据分析，了解浮标运行情况。

3. 试验结果

1) 气温

试验时段气温随季节和气候有显著变化，夏季最高温没有超过 30 ℃，图线上的小锯齿状波动为昼夜温差变化，也出现过一次明显的 0 ℃的数据异常值(图 7.23)。

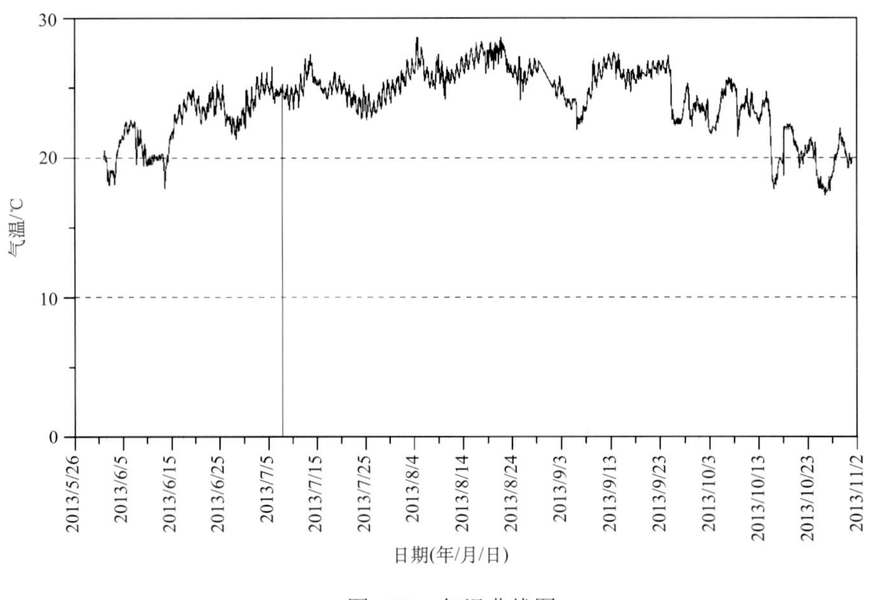

图 7.23　气温曲线图

2) 相对湿度

夏季湿度一般在 95%左右，进入秋季以后湿度波动加大，最低到达过 5%左右，10 月后的湿度在 70%左右，湿度为 0%的为明显的数据异常值(图 7.24)。

3) 气压

气压波动较大，夏季气压偏低，平均值大约为 1050 hPa，而秋季气压波动上行，最高气压达到约 1025 hPa(图 7.25)。

4) 风

试验时段风速波动较大，从无风至 8 级风不等，绝大多数情况下为低于 13.8 m/s 的 6 级风，13.8 m/s 以上的 7 级风出现超过 10 次，其中，17.1 m/s 以上的 8 级风出现过两次，且持续时间较短(图 7.26)。

5) 风向

风向曲线图可以看出试验时段的风向以偏北风和偏南风为主，且多数情况下随时间的变化，风向呈顺时针变化，7、8 月盛行偏南风，其他月份以偏北风为主，且伴随中间过渡风向(图 7.27)。

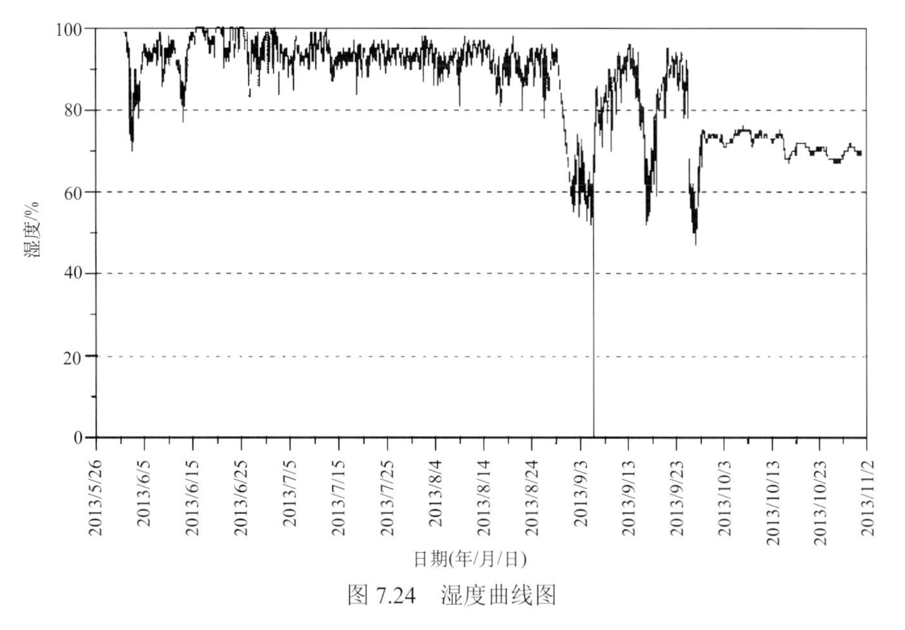

图 7.24　湿度曲线图

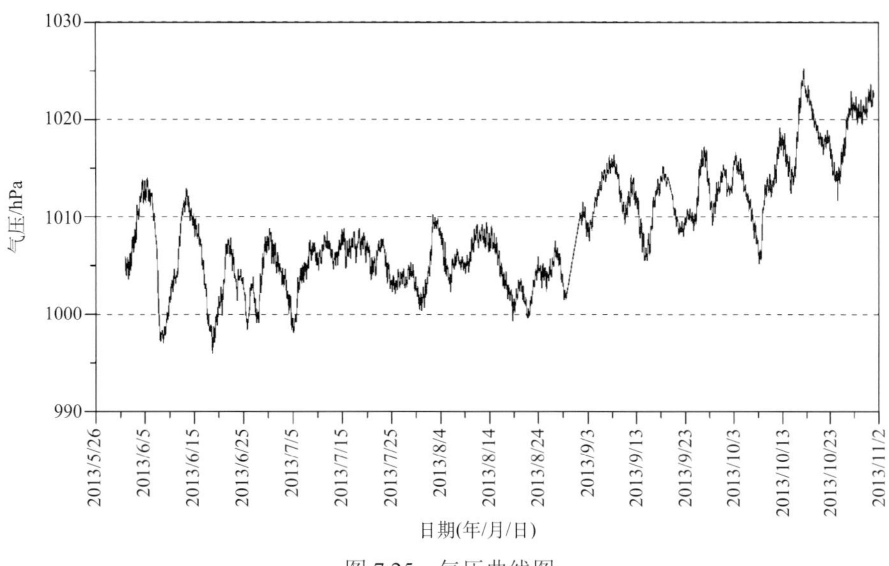

图 7.25　气压曲线图

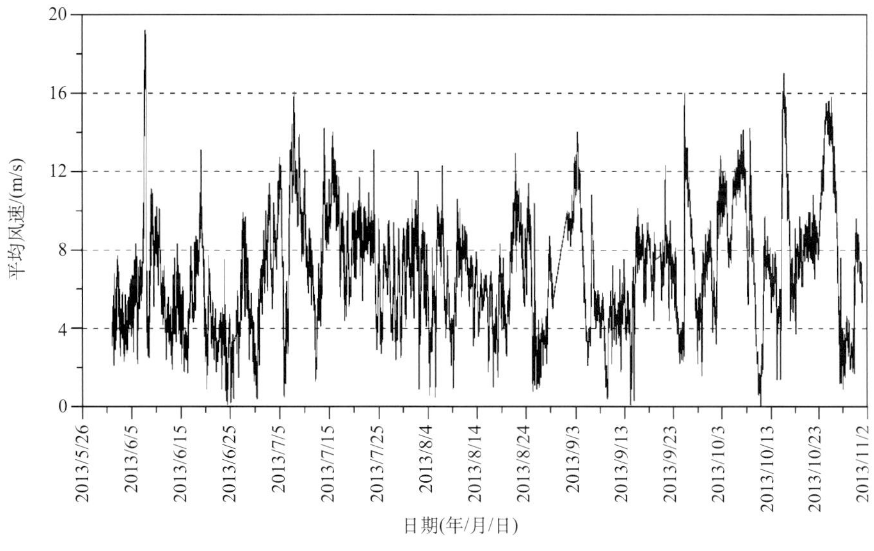

图 7.26　平均风速曲线图

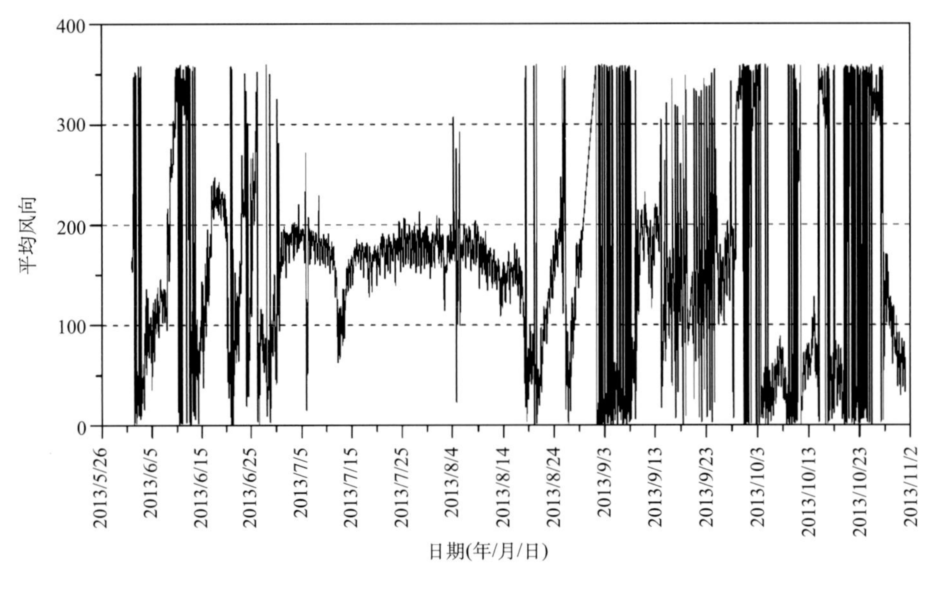

图 7.27　平均风向曲线图

6) 水温

试验时段表层水温几乎完全在 20 ℃以上，28 ℃以下，受日照辐射影响呈现昼夜锯齿状波动，7 月、8 月、9 月水温达到最高，图中可以看出，10 月水温探头出现了几次 0 ℃的异常值，可能因为探头受影响出现不稳定导致，经维护后恢复正常(图 7.28)。

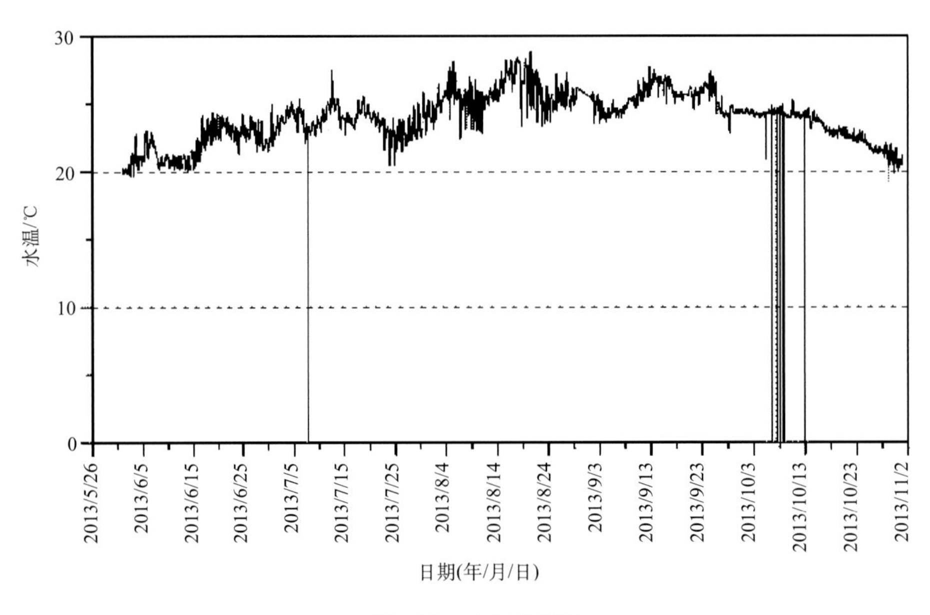

图 7.28　水温曲线图

7) 盐度

试验时段盐度在 20～33 之间波动，有时盐度会急剧下降，有时又会急剧上升，6 月、7 月、8 月盐度普遍变化较大，9 月以后趋于平稳，偶尔有几次 0 值的异常值可能因为仪器受干扰所致(图 7.29)。

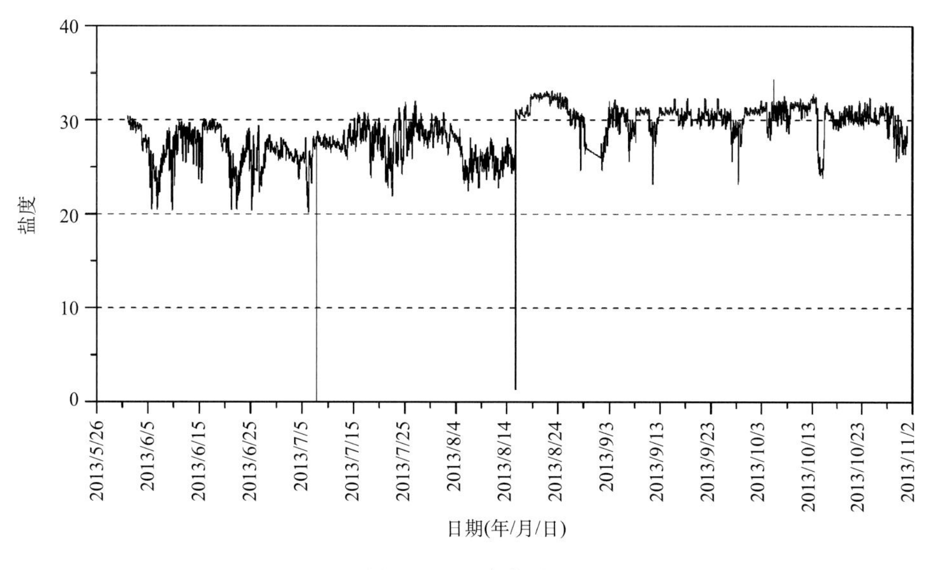

图 7.29　盐度曲线图

8）溶解氧

溶解氧试验时段的平均水平在 7 mg/L 左右，在此数值上下波动，6 月、7 月和 8 月出现过多次高值，最高达到了 16 mg/L 左右，而图线中接近 0 mg/L 的低值虽然怀疑是仪器异常值，但也不能排除现场是因赤潮引起的真实发生的现象，因为数据是自行恢复正常的，未对仪器进行人为干预(图 7.30)。

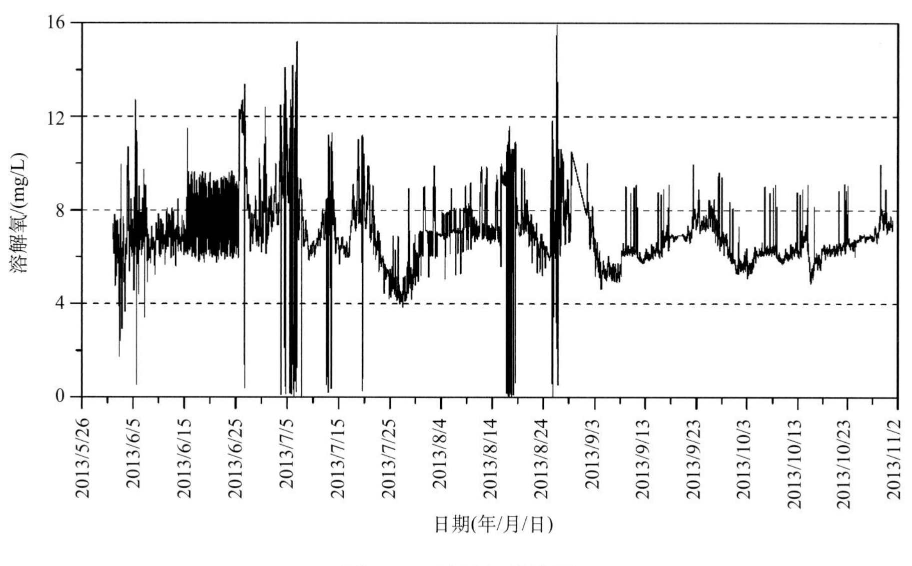

图 7.30　溶解氧曲线图

9）pH

试验时段 pH 绝大多数情况下高于 8.0，6 月、7 月、8 月均出现过长时段的升高，且有几次接近 9.0 的高值，9 月以后趋于平稳，图线中的 0 值为明显异常值(图 7.31)。

10）浊度

嵊山海域夏季一般情况下水体清澈，浊度值在 10 NTU 附近，在出现赤潮或台风过境时浊度数值可能达到几十甚至几百的程度，图中可以看出高值区一般是由台风引起的，也偶有因为赤潮发生而引起的，如 6 月 25 日、7 月 8 日前后等，浊度传感器受生物附着影响较大，如果出现连续高值且波动不大的情况，一般可能是由于光学探头表面受生物附着所致，要及时赴现场清理维护(图 7.32)。

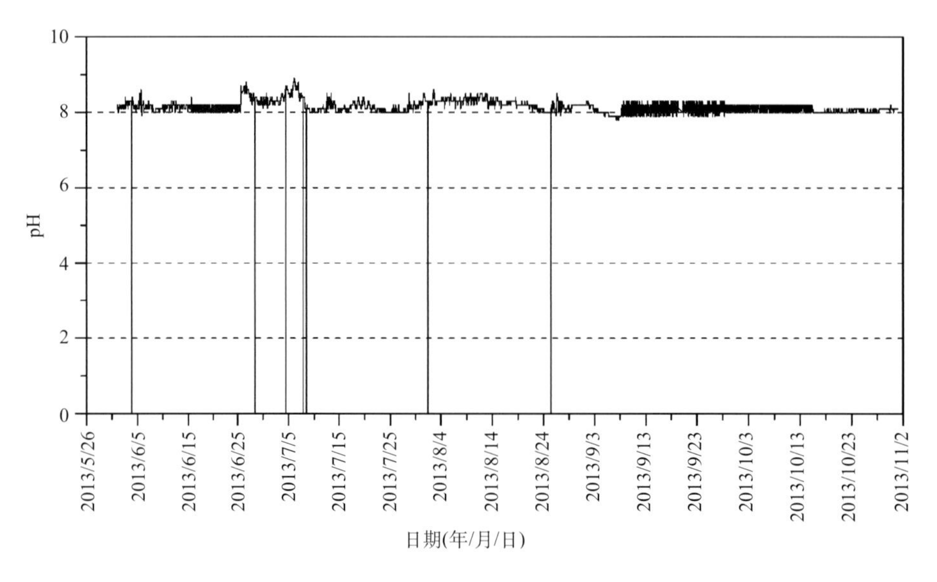

图 7.31　pH 曲线图

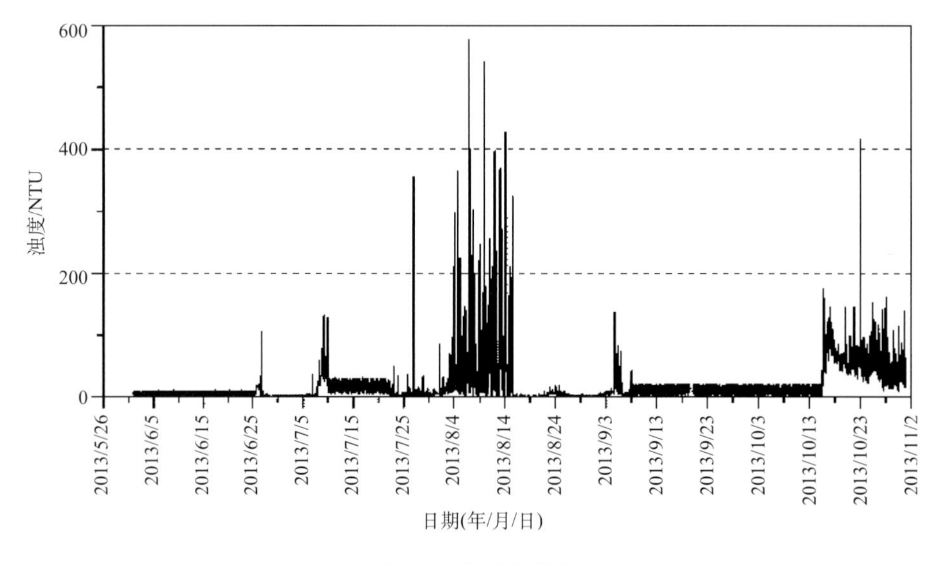

图 7.32　浊度曲线图

11) 叶绿素 a

嵊山海域夏季一般情况叶绿素 a 值较低，在 10 μg/L 以内，在出现赤潮时数值可能达到几十甚至更高的程度，图中可以看出高值区是因为赤潮发生而引起的，如 6 月 25 日、7 月 5～20 日、8 月中旬等，叶绿素 a 传感器与浊度传感器类似，同为光学探头，受生物附着影响较大，如果出现连续高值且波动不大的情况，一般可能是由于光学探头表面受生物附着所致，要及时赴现场清理维护(图 7.33)。

12) 日照度

图中可以看出嵊山海域日照条件良好，整个夏秋季有日照时长远大于阴雨天时长，且连续阴雨天次数较少，仅 6 月中下旬出现了约连续 10 天的阴雨天(图 7.34)。

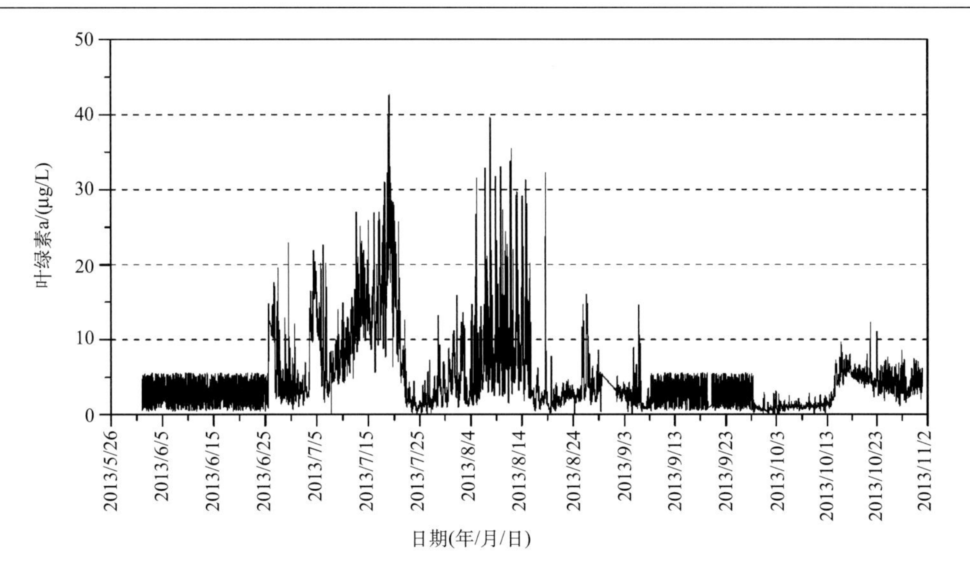

图 7.33　叶绿素 a 曲线图

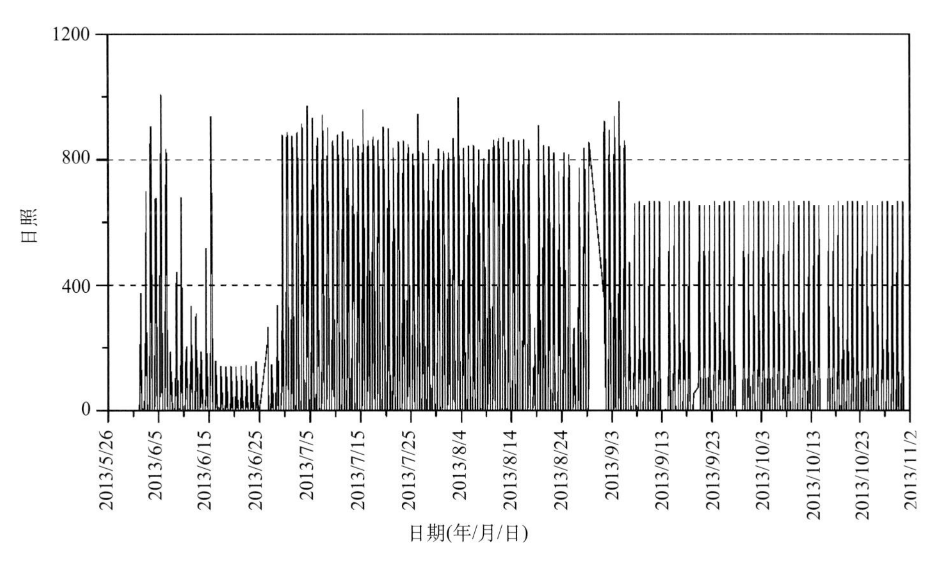

图 7.34　日照曲线图

13）流速流向

嵊山海域流速较平衡，最大流速未超过 1.5 m/s，一般位于 0.5 m/s 左右周期性变化。图 7.35 中出现的 4 m/s 的值为明显的异常跳跃值，可能由仪器受干扰或故障所致。

流向表现出的性质表明该海域为典型的旋转流特性，旋转方向为顺时针，属非正规半日潮，一太阴日内潮水两涨两落(图 7.36)。

14）波浪

2013 年夏秋季台风数量较多，尤其是 8 月以后嵊山海域几乎没有过风平浪静的时段。当年有效波高最大值已超过 5 m，同时最大波高达到了 7.9 m，浮标未出现移位或损坏情况，浮标经受住了多次台风和大浪袭击(图 7.37)。

一般台风期间该海域的波浪是由外海传入的大波长涌浪引起的，所以台风期间的波周期会有所增大(图 7.38)，而无台风或风力较小时，波浪一般以小波长的风浪为主。

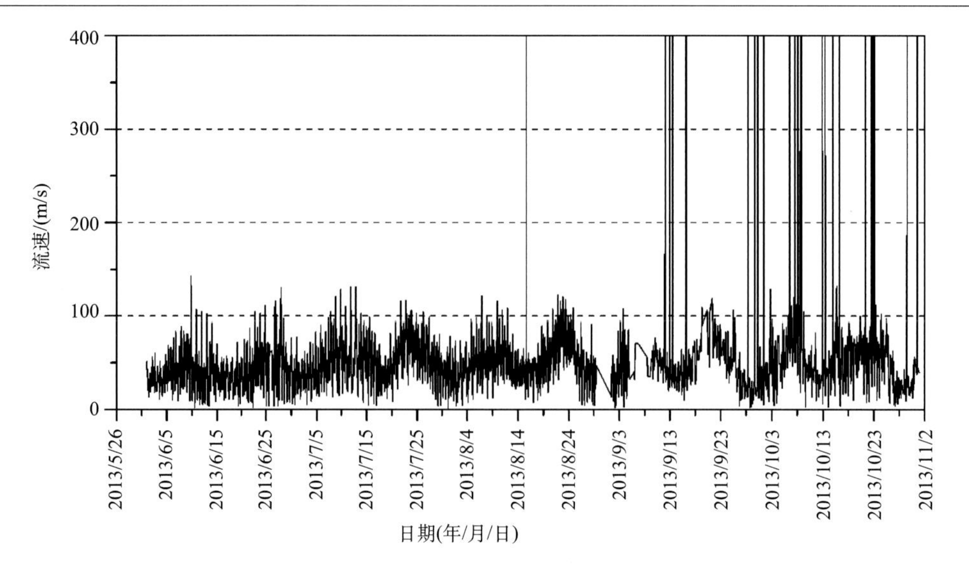

图 7.35　流速曲线图

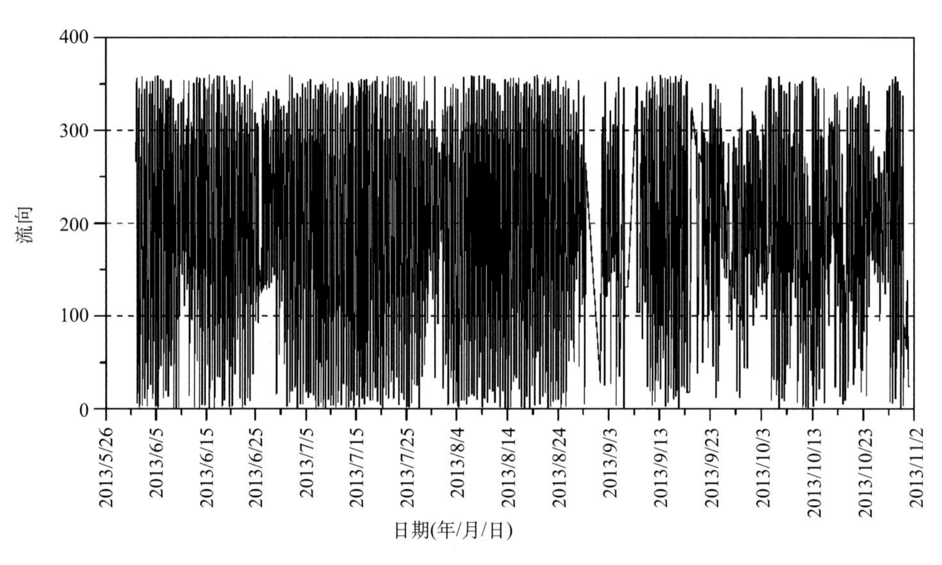

图 7.36　流向曲线图

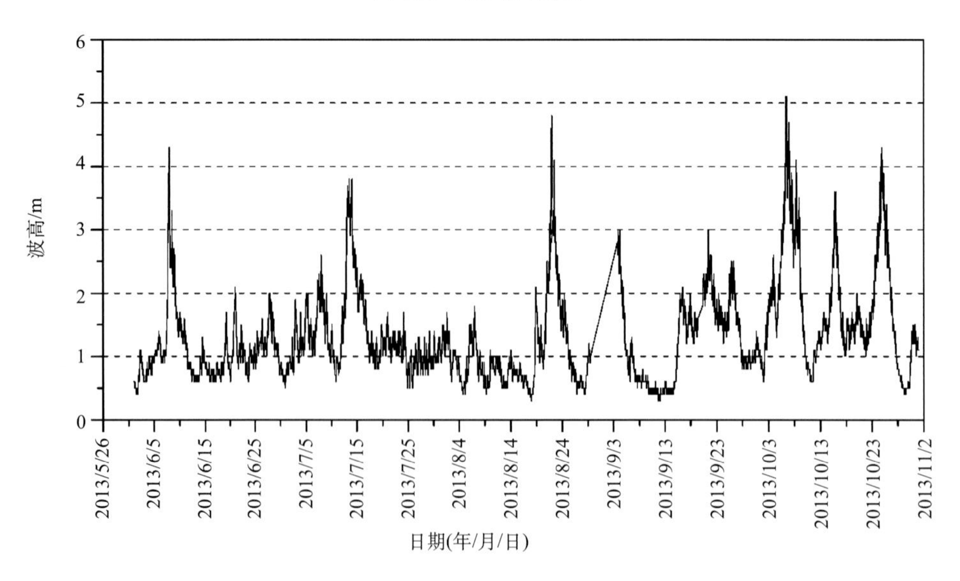

图 7.37　有效波高曲线图

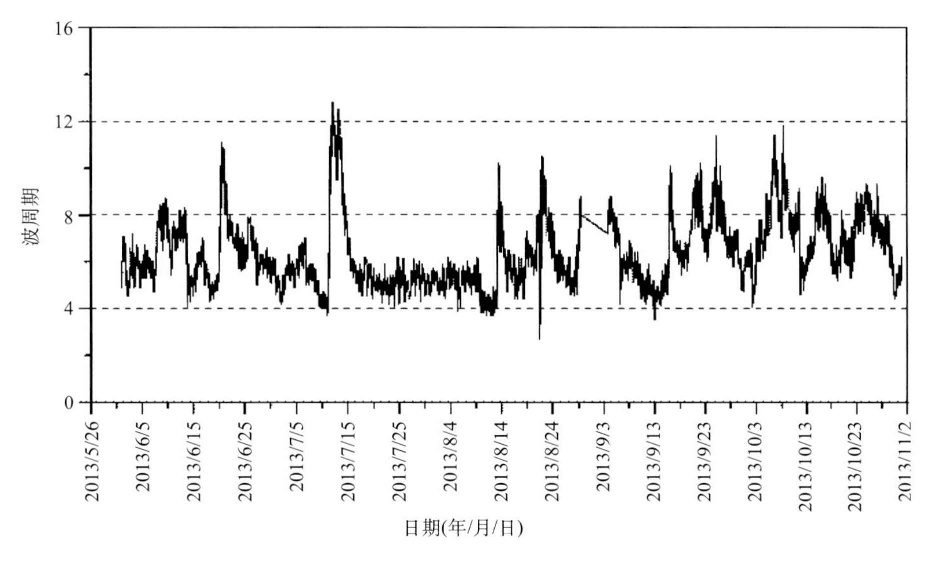

图 7.38　波周期数据曲线图

7.2.8　生 态 浮 标

1. 仪器比测

浮标下水前，为保证各计量仪器的指标能达到项目要求，委托了国家海洋标准计量中心对浮标各传感器的技术指标进行了数据比测，对应各传感器比测依据、测量参数和技术指标要求见表 7.19，比测的参数有水温、盐度、pH、溶解氧、浊度和叶绿素 a。

表 7.19　各参数比测依据和技术指标要求

序号	测量参数	比测依据	测量准确度
1	水温	《多参数水质仪》(HY/T 126—2009)	±0.05 ℃
2	盐度		±0.1
3	pH		±0.2
4	溶解氧		±0.3 mg/L
5	浊度		±2 %
6	叶绿素 a		±1 %

水质传感器共进行了多组数据的比测，分别对应不同的温度值、盐度值、pH、溶解氧值、浊度值和叶绿素 a 值(表 7.20)，比测结果表明水质传感器各探头的测量精度达到技术指标要求，水温、盐度、pH、溶解氧、浊度和叶绿素 a 的最大测量误差分别为 0.04 ℃、−0.02、−0.12、−0.07 mg/L、−0.36 NTU、−5.35 μg/L，其中，叶绿素 a 传感器的比测误差超出了技术指标 1%的要求范围，比测结果不理想，传感器测量数据在后期使用时要进行相应的误差订正。

表 7.20　水质传感器比测结果

水温/℃	标准值	34.99	25.00	14.99	5.02	0.05
	测量值	35.93	25.00	15.01	5.03	0.01
	误差	0.04	0.00	0.03	0.01	−0.04

续表

参数	项目						
盐度	标准值	35.17	24.99	14.99	4.95		
	测量值	35.17	24.98	14.97	4.95		
	误差	0.00	−0.01	−0.02	0.00		
pH	标准值	9.33	9.23	9.14	6.88	4.00	
	测量值	9.28	9.18	9.02	6.86	4.00	
	误差	−0.05	−0.05	−0.12	−0.02	0.00	
溶解氧/(mg/L)	标准值	6.95	6.79	6.57			
	测量值	7.01	6.78	6.50			
	误差	0.06	−0.01	−0.07			
浊度/NTU	标准值	0.00	40.00	100.00	200.00	400.00	600.00
	测量值	−0.16	40.11	100.30	199.64	400.14	599.97
	误差	−0.16	0.11	0.30	−0.36	0.14	−0.03
叶绿素 a/(μg/L)	标准值	60.00	100.00	200.00	300.00		
	测量值	61.87	102.62	194.65	302.17		
	误差	1.87	2.62	−5.35	2.17		

2. 试验情况

生态浮标分别布放在绿华岛海域和嵊山近岸海域，每小时发回一组数据，绿华岛生态浮标在下水工作了 20 多个月之后，于 2014 年 12 月丢失，期间出现过几次系统死机无回传数据的故障，数据接收完整率超过 70%，总数据量约 1 万组。

嵊山近岸海域生态浮标迄今为止断断续续在既定站位服役，时间跨度已超过 26 个月，期间进行过一次大修，数据接收完整率超过 55%，总数据量逾 6 000 组。

示范区西北部、中东部分别布放了两个小型生态浮标，对赤潮敏感因子水温、盐度、pH、溶解氧、浊度和叶绿素 a 进行了实时在线监测，同时在示范区的东南部的大型赤潮浮标也同时具备这 6 个水质参数，这里选取 2013 年 4 月底至 9 月底长达 5 个月赤潮高发期的连续监测资料进行数据比对分析，从数据上初步了解浮标运行情况，同时可以了解各浮标间的数据差异，以及数据所反映出的示范区海域水体整体时间变化情况和区域差异。

3. 试验结果

1) 水温

水温有着明显的季节变化特征，且空间差异非常小，三个浮标数据吻合性相当好，数据和变化趋势均比较一致，这说明示范区海域水温的变化主要由太阳辐射引起，海流的影响居次要地位。由于嵊山生态浮标出现过两次较严重的故障，维修时间较长，所以图中嵊山区域的水温有一段时期的缺失(图 7.39)。

2) 盐度

盐度有着较明显的空间差异特征，但空间差异较小，数据的变化趋势基本一致，但也出现某几个时段出现盐度起伏较大的情况，如 6 月中下旬和 7 月上旬三大浮标的盐度数据出现明显下降，经查阅，这段时期示范区正在发生大范围赤潮现象，引起盐度明显降低，这也符合赤潮暴发时的典型特征(图 7.40)。

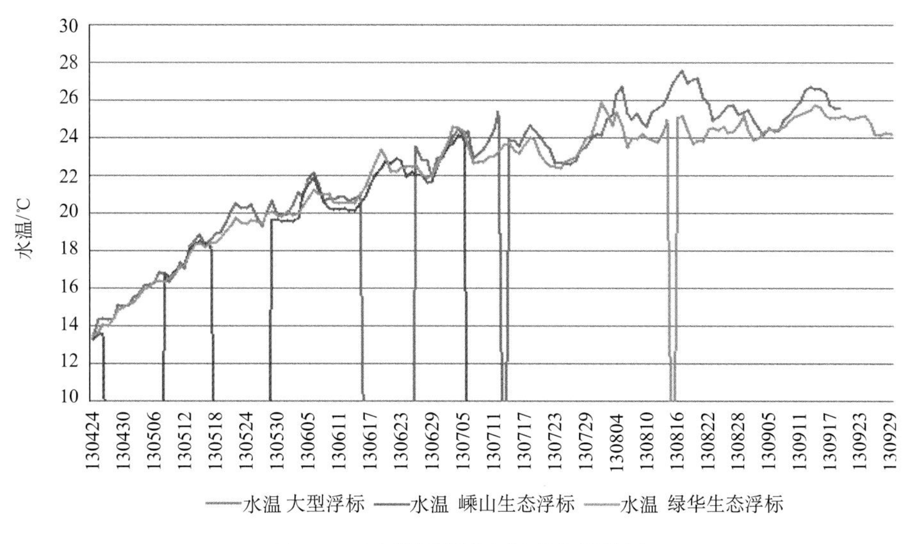

图 7.39　示范区海域水温变化统计图

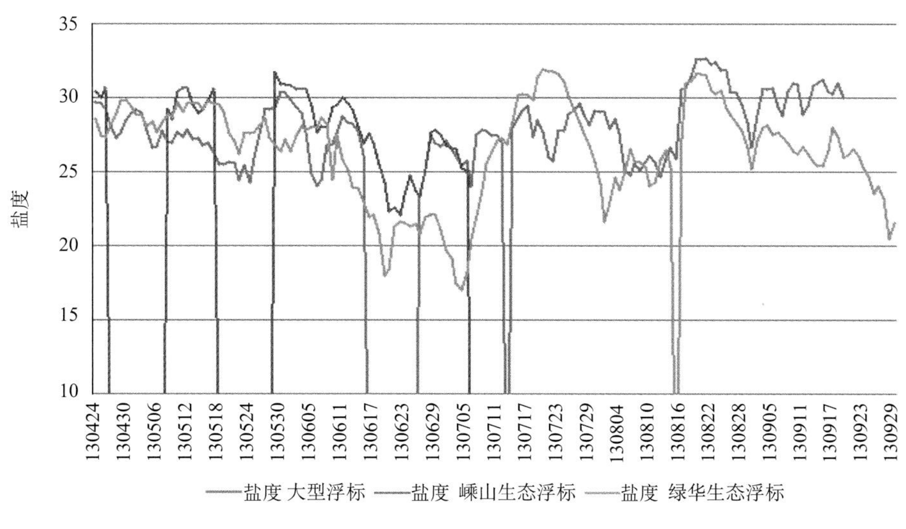

图 7.40　示范区盐度变化统计图

3) pH

pH 一向被认为是赤潮发生的典型指示因子，一般赤潮发生时 pH 会有明显升高现象。图中可以看出有几次较明显的 pH 升高过程，三大浮标数据空间差异较小，数据的变化趋势基本一致，6 月中下旬和 7 月上旬有两次明显的赤潮过程发生，其他时间也有可能发生赤潮，但没有海上实况的监测记录，无法进行验证(图 7.41)。

4) 溶解氧

溶解氧也被认为是赤潮发生的典型指示因子，一般赤潮发生时溶解氧会有明显升高现象。图中可以看出有几次较明显的溶解氧升高过程，也是发生在 6 月中下旬和 7 月上旬，这与盐度和 pH 反映的情况是一致的；溶解氧测量方法上虽然生态浮标采用的是电化学探头，大型浮标采用的是光学探头，数据上可以看出三大浮标的测量结果较一致，空间差异较小，数据的变化趋势基本一致，都可以明显反映出赤潮过程(图 7.42)。

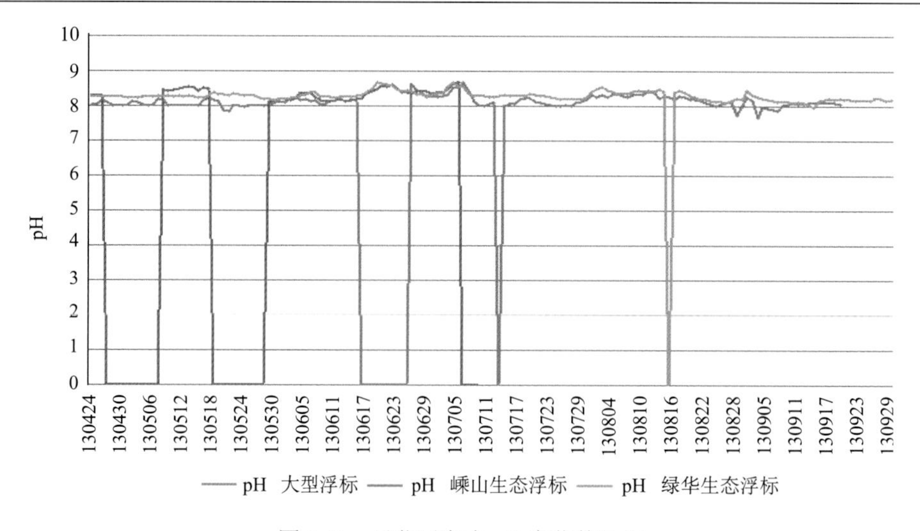

图 7.41　示范区海水 pH 变化统计图

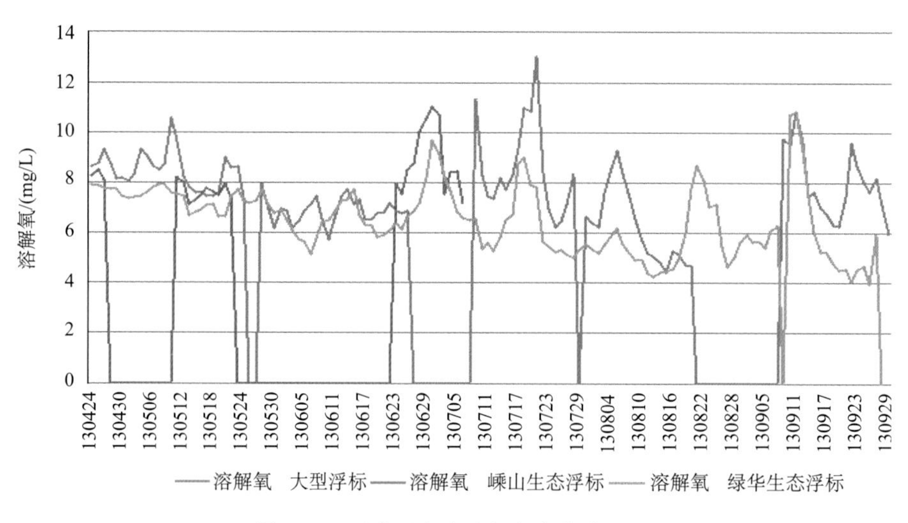

图 7.42　示范区海水溶解氧变化统计图

5) 浊度

浊度数据在历史资料中是比较缺乏的，因此，目前尚无法以量化的形式利用浊度数据对赤潮进行分析和评价，浊度本身反映的是水体的浑浊程度，受水体自身的泥沙含量和杂质影响较大，有时受海流和台风的影响会造成浊度值升高，而赤潮发生时由于生物量的增大也会引起浊度值的升高，所以浊度数据只能作为赤潮过程的参考；由于浊度是通过光学法进行测量，光学观察窗的清洁程度直接决定测量的准确度，所以生物附着浊度和叶绿素 a 两者的测量影响最为严重，要经常对探头进行维护清理显得尤为重要(图 7.43)。

6) 叶绿素 a

叶绿素 a 数据的波动较大，一般情况下，赤潮发生时都会引起叶绿素 a 值不同程度地升高，数据上可以看出总体空间差异较小，数据的变化趋势大多数情况下一致，6 月中下旬和 7 月上旬已证实的赤潮过程叶绿素 a 也出现明显的升高现象，而 9 月绿华海域保持高位的叶绿素 a 值和前面较高的 pH、较低的盐度数据来看，可能该海域发生过一定程度小范围的赤潮现象(图 7.44)。同样，由于叶绿素 a 是通过光学法进行测量，光学观察窗的清洁程度直接决定测量的准确度，所以，经常对探头进行维护清理显得尤为重要，同时机械清洁刷的质量和性能也要保证，且应该寻求更可靠的防生物附着手段，从根本上解决防生物附着的技术难题，使在线监测工作能切实准确、有效、长期开展。

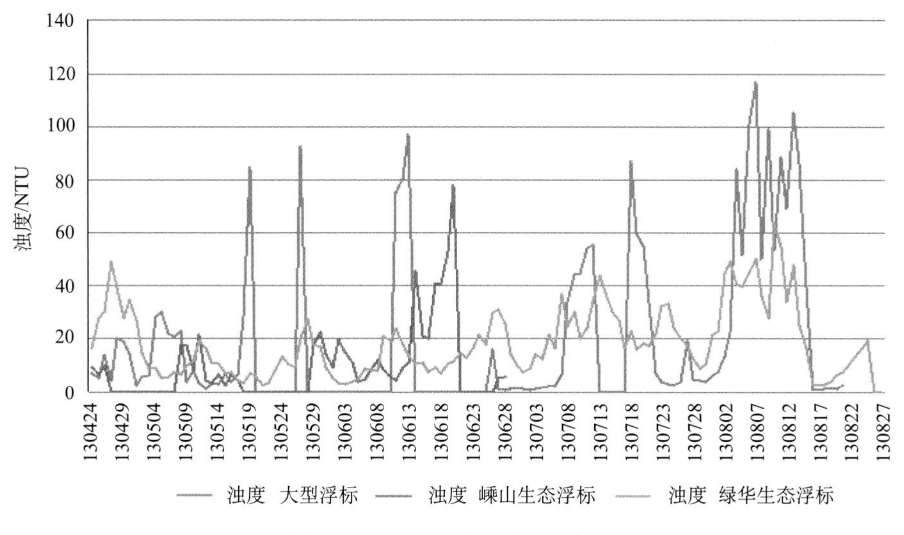

图 7.43　示范区浊度数据统计图

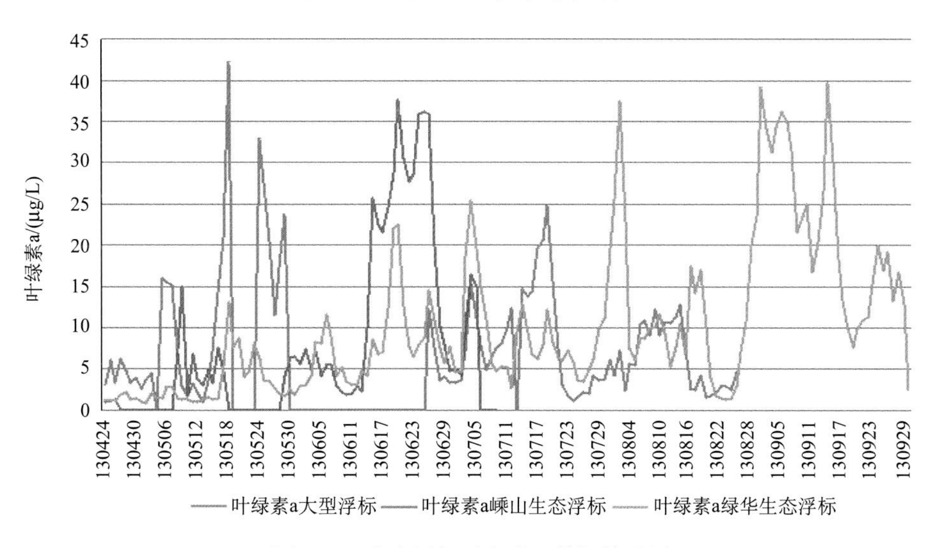

图 7.44　生态浮标叶绿素 a 数据统计图

7) pH 和溶解氧关联

我们将两个赤潮典型因子 pH 和溶解氧的数据列到一张图中(图 7.45)，可以看出两者有着明显的相关性，变化趋势几乎是一致的。目前来看，温度和盐度的测量是最稳定可靠的，对生物附着不太敏感，所以保证 pH 和溶解氧的测量准确度，即可最大限度得知赤潮是否发生和赤潮的发生过程，在实际应用中，pH 的维护周期可以达到 3 个月，时间再长就可能出现漂移和不稳定，国外传感器稳定性和精度优于国产传感器；国外溶解氧目前主流采用光学传感器，测量过程在探头内部进行，基本不受生物附着影响，除非海水无法透过附着接触到探头，稳定性和精度优于电化学探头法，维护周期可以达到 3 个月，而电化学法由于会消耗电解液且透氧膜会随着生物附着降低效率，维护周期相对较短一些，维护和保养较繁琐。

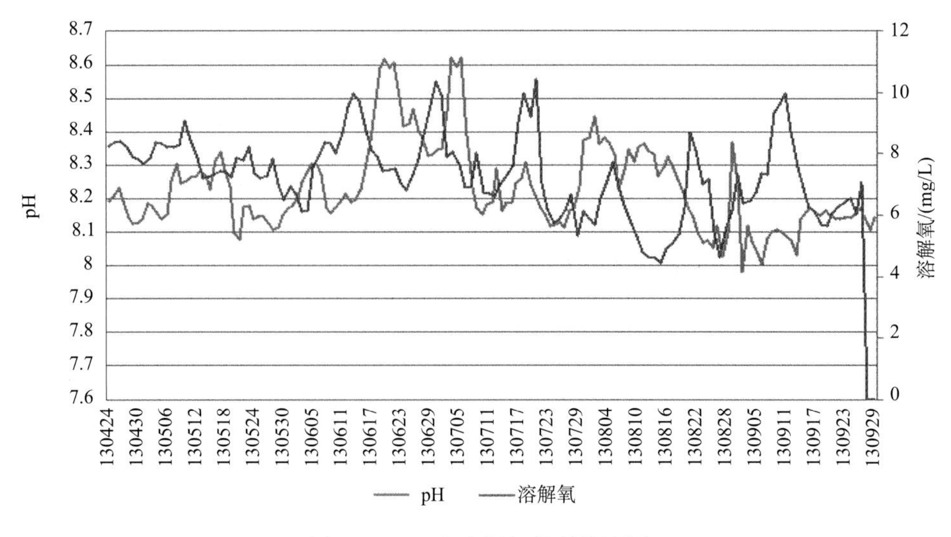

图 7.45　pH 和溶解氧关联统计图

7.2.9　光学浮标

1. 仪器比测

浮标下水前，为保证各计量仪器的指标能达到项目要求，分别委托了国家海洋局东海标准计量中心联合中国科学院南海海洋研究所，对浮标各传感器的技术指标进行了数据比测，对应各传感器比测依据、测量参数和技术指标要求见表 7.21，比测的参数有光谱辐照度和辐亮度。

表 7.21　各参数检验依据和技术指标要求

序号	传感器名称	测量参数	校准依据	测量准确度
1	高光谱辐射计	光谱辐照度/辐亮度	JJG 876—1994	±5%

表 7.22 是光谱辐射值的比测误差结果，从误差统计图中也可以看出(图 7.46)，位于检测通道两测的波长区比测误差较大，有部分数据比测误差超过 5%的技术指标要求，但由于误差超过要求的波长区域在实际光谱测量中并不涉及，所以比测结果还是比较理想的，表明仪器可以在实际应用中产生可靠的测量数据。

表 7.22　光谱辐射示值误差结果

检测点/nm	标准辐射示值 /[μW/(cm^2·nm)]	被检仪辐射示值 /[μW/(cm^2·nm)]	示值误差 /[μW/(cm^2·nm)]	相对误差/%	备注
350	0.202	0.211	0.009	4.419	达到指标要求
360	0.257	0.249	−0.008	−3.119	
370	0.318	0.303	−0.015	−4.675	
380	0.395	0.415	0.020	5.063	
390	0.479	0.455	−0.024	−4.986	
400	0.564	0.565	0.001	0.112	
410	0.683	0.691	0.008	1.219	
420	0.802	0.810	0.008	0.948	
430	0.926	0.905	−0.021	−2.289	

续表

检测点/nm	标准辐射示值/[μW/(cm^2·nm)]	被检仪辐射示值/[μW/(cm^2·nm)]	示值误差/[μW/(cm^2·nm)]	相对误差/%	备注
440	1.06	1.041	−0.019	−1.804	
450	1.17	1.203	0.033	2.823	
460	1.32	1.353	0.033	2.466	
470	1.49	1.494	0.004	0.271	
480	1.64	1.657	0.017	1.007	
490	1.8	1.817	0.017	0.952	
500	1.95	2.000	0.050	2.565	
510	2.15	2.151	0.001	0.053	
520	2.34	2.355	0.015	0.644	
530	2.53	2.507	−0.023	−0.911	
540	2.72	2.710	−0.010	−0.354	
550	2.91	2.888	−0.022	−0.770	
560	3.09	3.033	−0.057	−1.855	
570	3.27	3.258	−0.012	−0.364	
580	3.46	3.421	−0.039	−1.133	
590	3.63	3.610	−0.020	−0.564	
600	3.83	3.783	−0.047	−1.222	
610	3.99	3.962	−0.028	−0.689	
620	4.11	4.158	0.048	1.179	
630	4.29	4.308	0.018	0.425	
640	4.42	4.494	0.074	1.674	
650	4.59	4.617	0.027	0.585	
660	4.77	4.729	−0.041	−0.864	
670	4.89	4.906	0.016	0.323	
680	5.06	5.086	0.026	0.508	
690	5.19	5.203	0.013	0.244	
700	5.36	5.347	−0.013	−0.235	
710	5.47	5.523	0.053	0.961	
720	5.6	5.613	0.013	0.233	
730	5.69	5.721	0.031	0.538	
740	5.84	5.816	−0.024	−0.405	
750	5.97	6.032	0.062	1.032	
760	6.05	5.999	−0.051	−0.840	
770	6.15	6.105	−0.045	−0.729	
780	6.21	6.201	−0.009	−0.142	
790	6.3	6.389	0.089	1.415	
800	6.35	6.538	0.188	2.955	
810	6.43	6.468	0.038	0.588	
820	6.5	6.532	0.032	0.497	
830	6.54	6.587	0.047	0.717	
840	6.64	6.604	−0.036	−0.544	

续表

检测点/nm	标准辐射示值 /[μW/(cm^2 · nm)]	被检仪辐射示值 /[μW/(cm^2 · nm)]	示值误差 /[μW/(cm^2 · nm)]	相对误差/%	备注
850	6.69	6.779	0.089	1.334	
860	6.71	6.712	0.002	0.026	
870	6.71	6.552	–0.158	–2.351	
880	6.71	6.817	0.107	1.597	
890	6.71	6.806	0.096	1.434	
900	6.74	6.714	–0.026	–0.390	
910	6.74	6.852	0.112	1.658	
920	6.73	6.815	0.085	1.262	
930	6.72	6.951	0.231	3.434	
940	6.69	6.356	–0.334	–4.985	
950	6.69	7.055	0.365	5.455	
960	6.6	6.569	–0.031	–0.475	
970	6.53	6.537	0.007	0.103	
980	6.44	6.273	–0.167	–2.598	
990	6.33	6.601	0.271	4.279	
1 000	6.21	6.479	0.269	4.328	
1 010	6.06	6.386	0.326	5.371	
1 020	5.88	6.128	0.248	4.219	
1 030	5.68	5.423	–0.257	–4.529	

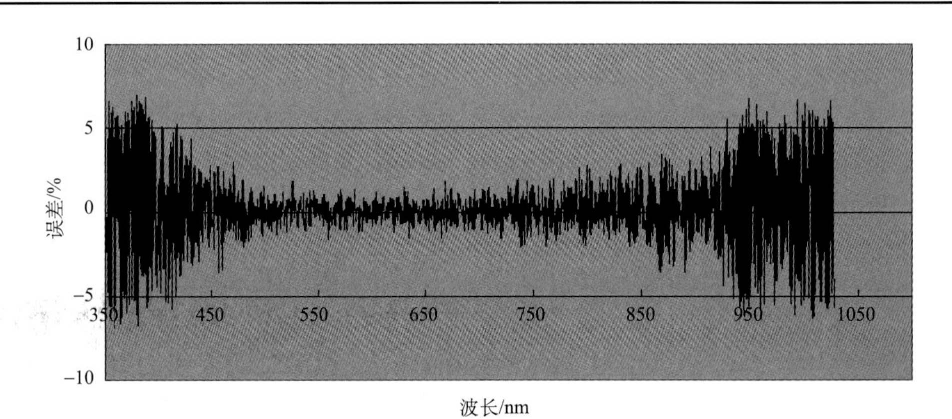

图 7.46　误差统计图

2. 试验情况

光学浮标服役时间最短，自 2013 年 9 月下水至 2014 年 2 月失联，工作期间因供电问题出现过一次数据中断，数据接收完整率超过 95%，总数据量约 3 万组。下面将选取部分赤潮高发时段的具体监测数据，以曲线图的形式举例来简单说明一下各浮标的数据情况。

基于 2013 年 11 月 10～20 日之间 11 天的光学浮标观测，对试验数据进行了处理，初步分析了海洋光学浮标基础辅助参数的变化、浮标体的稳定性及光谱仪测量数据的稳定性，并重点研究了水体光谱辐射参数的剖面分布特征。

试验数据的初步分析结果显示出，海洋光学浮标具有较高的稳定性，现场测量的光谱辐射参数揭示了关键水色要素的变化特征，高频、剖面测量数据为实时监测近岸海区海水生态环境参数的变化提供了重要平台。海洋光学浮标的高光谱实时测量，为进一步监测水体浑浊程度及叶绿素 a 浓度提供了重要基础。

3. 试验结果

1) GPS 运动轨迹

根据光学浮标上加载的 GPS 定位测量数据，如图 7.47 所示，可以看出，11 月 10～20 日观测期间，海洋光学浮标的位置在锚定点周围移动，经向漂移半径大概在 93 m 以内，纬向漂移半径在 65 m 以内。结合浮标投放位置的深度、海流等环境参数分析，GPS 轨迹真实地反映出当时的浮标的漂移情况。

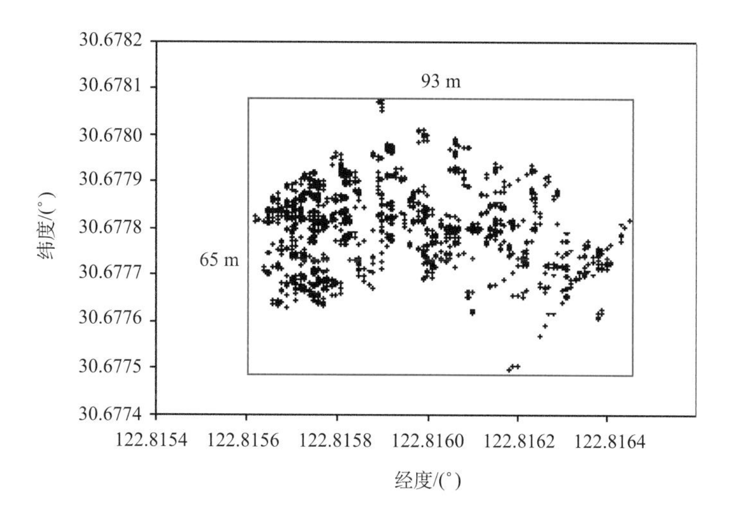

图 7.47　2013 年 11 月 10～11 月 20 日之间的浮标轨迹图

2) 垂直特性

光学浮标记录的浮体倾角变化如图 7.48 所示，*X* 方向的倾角分布在−6° 附近，绝大部分数据(93% 以内)分布在±15° 以内；*Y* 方向倾角多分布在 4.3° 附近，有超过 97%的测量数据在±15° 以内；显示出浮体设计具有较好的稳定性。

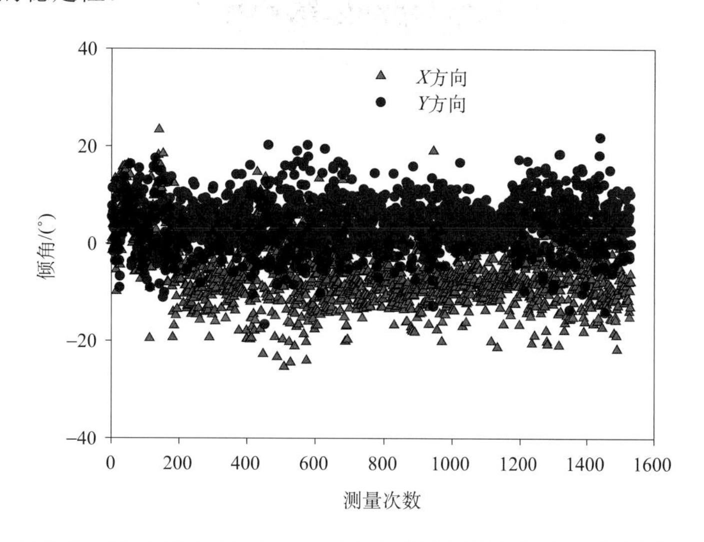

图 7.48　2013 年 11 月 10～20 日之间的浮标倾角(*X* 和 *Y* 方向)变化

3) 光谱仪测量稳定性

为了测试光谱仪现场测量数据的稳定性，专门在辐亮度探头内安装了 LED 灯，如图 7.49 所示为 11 天内浮标的辐亮度探头(上层、中层和下层的辐亮度探头分别对应通道 4、5 和 6)测量的光谱信号，可以看出，光谱仪具有较高的稳定性。

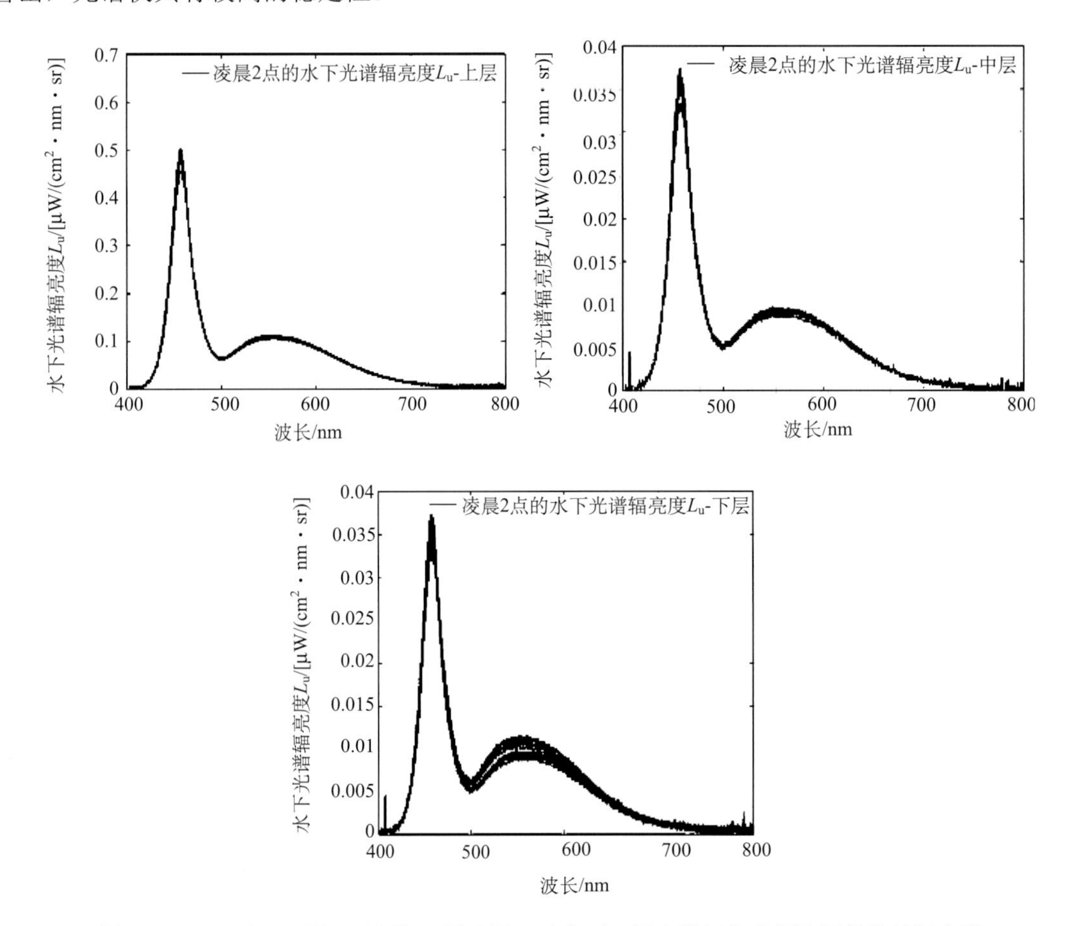

图 7.49　2013 年 11 月 10 日到 20 日凌晨 2 时水下三层光谱辐亮度探头测量信号灯光谱

4) 光谱数据

(1) 光谱辐射量分布特征

以 11 月 12 日全天从上午 9 时到下午 16 时，每隔一个小时测量结果为例，图 7.50～图 7.57 分别给出了海面光谱辐照度 $E_s(\lambda)$、水下三层光谱辐照度 $E_d(\lambda)$ 以及水下三层光谱辐亮度 $L_u(\lambda)$ 的测量结果。不同时刻测量的 $E_s(\lambda)$ 光谱分布相对集中，反映出太阳光照的当日变化特征；受浮标体上下浮动的影响，水下上层测量的辐照度及辐亮度光谱变化幅度相对较大，且随着深度增加逐渐衰减。水下 $E_d(\lambda)$ 和 $L_u(\lambda)$ 的光谱峰值大概在 580 nm 附近，长波波段衰减相对较强，在 700 nm 附近的 $E_d(\lambda)$ 存在较为明显的叶绿素 a 荧光峰。不同时刻 $E_d(\lambda)$ 和 $L_u(\lambda)$ 的衰减程度相对不同，也反映出水体环境的高频变化特征。

(2) 高浑浊水体的辐射光谱分布特征

图 7.58 给出了 11 月 18 日中午 12 点测量的海面光谱辐照度 $E_s(\lambda)$、水下三层光谱辐照度 $E_d(\lambda)$ 以及水下三层光谱辐亮度 $L_u(\lambda)$。海面具有较强的光照分布，上层海水(即水下大概 0.8 m 处)的辐照度和辐亮度光谱变化幅度明显，长波波段具有明显的叶绿素 a 荧光峰；由于上层水体的高衰减特性，中层(2.4 m)和下层(4.0 m 附近)测量的辐射光谱明显较低，尤其是在两段波段信噪比较差。

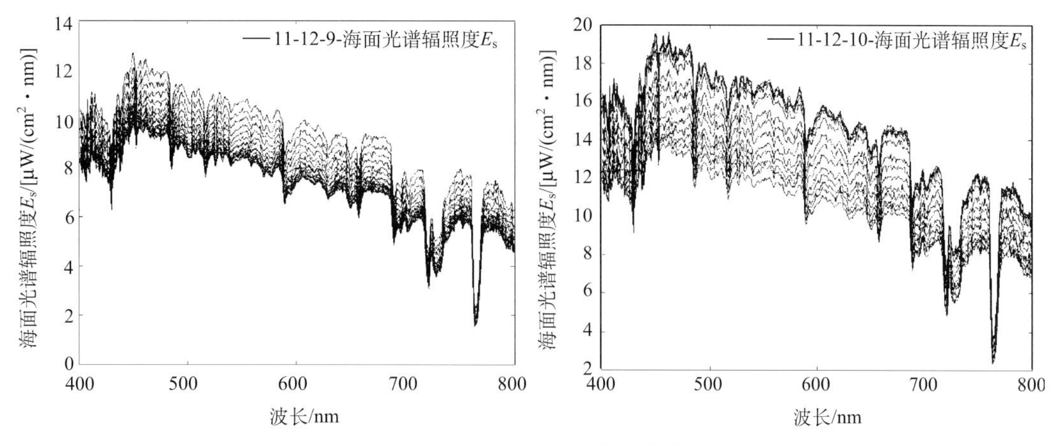

图 7.50　2013 年 11 月 12 日 9 时至 10 时测量的海面光谱辐照度 $E_s(\lambda)$

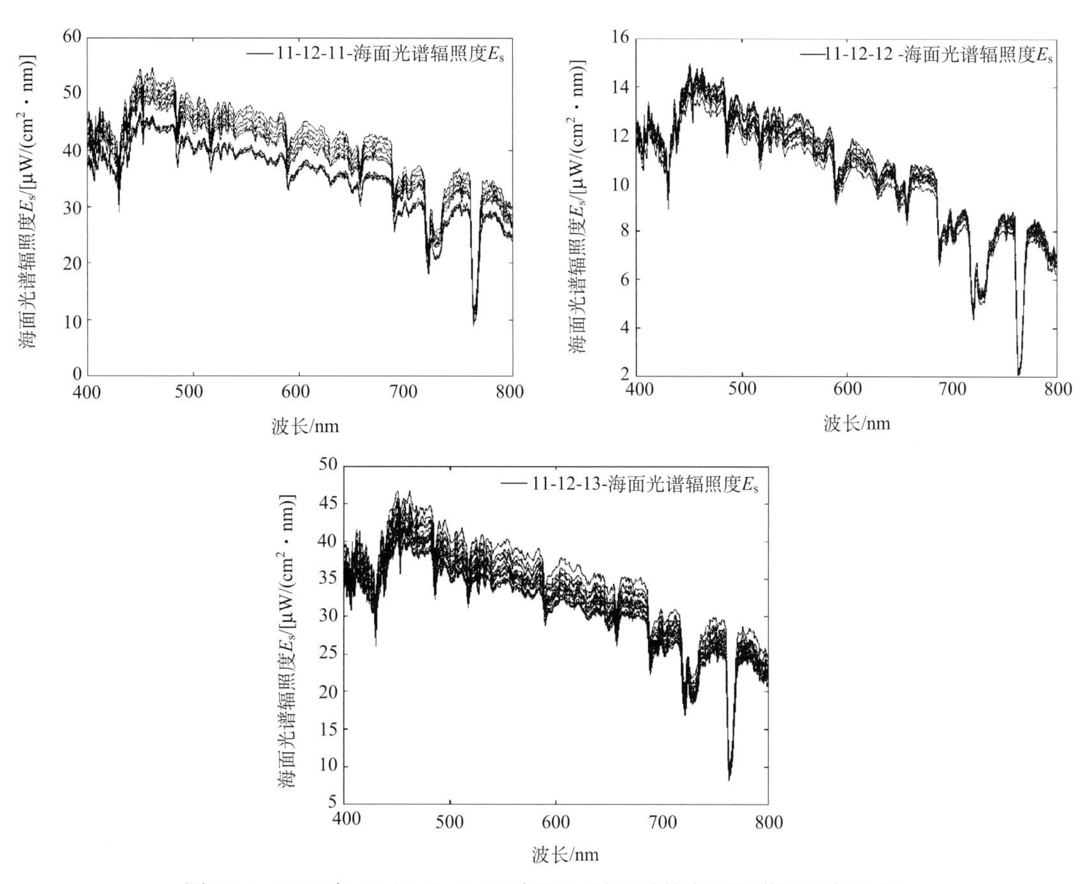

图 7.51　2013 年 11 月 12 日 11 时至 13 时测量的海面光谱辐照度 $E_s(\lambda)$

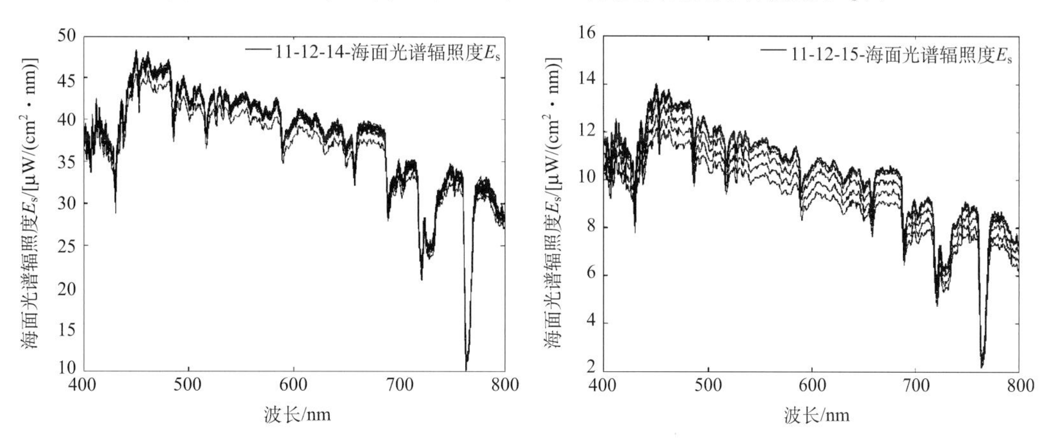

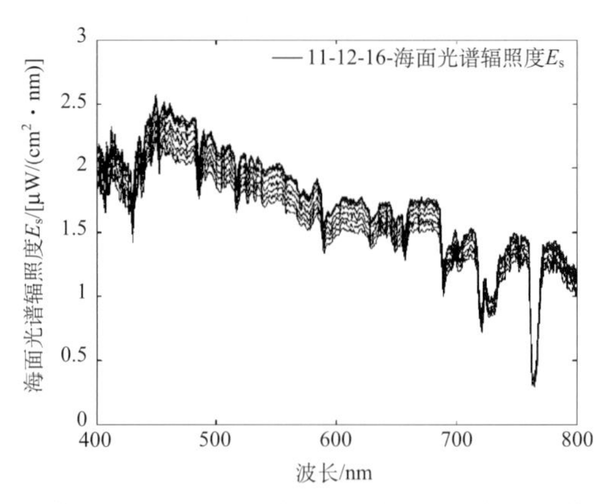

图 7.52　2013 年 11 月 14 日 15 时至 16 时测量的海面光谱辐照度 $E_s(\lambda)$

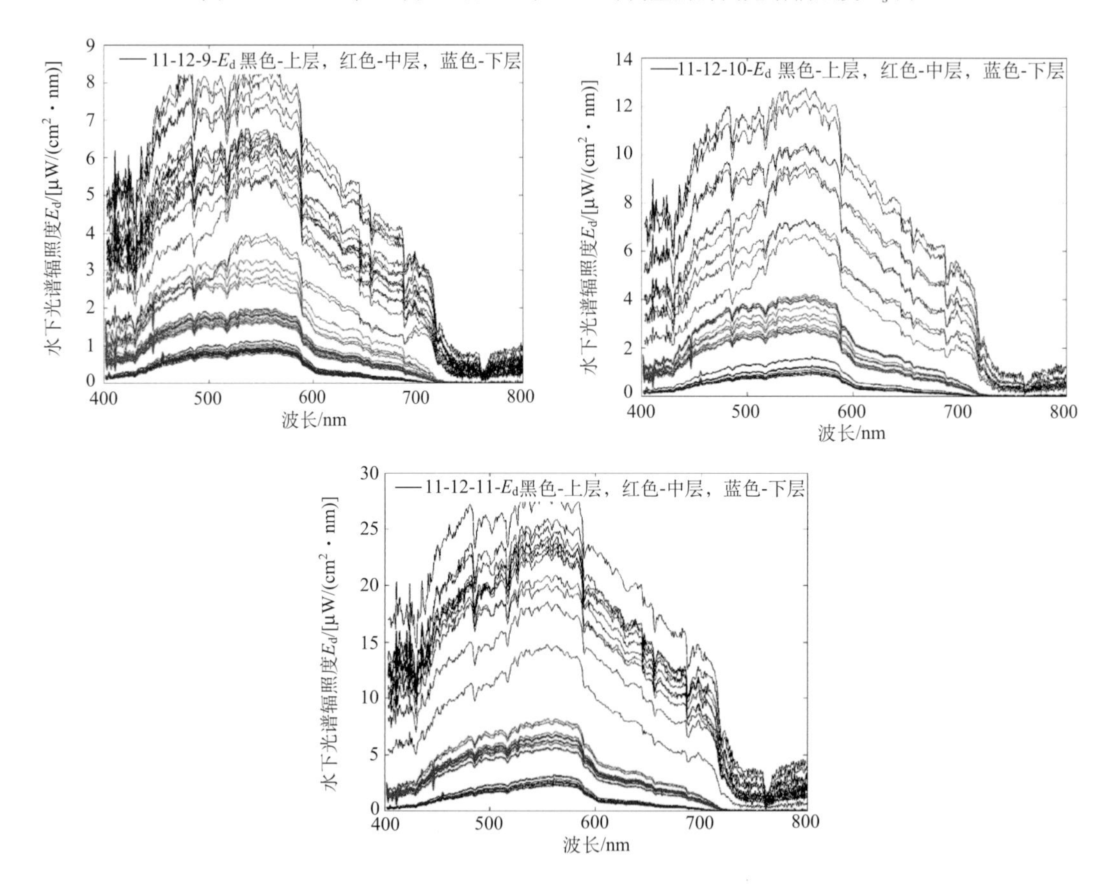

图 7.53　2013 年 11 月 12 日 9 时至 11 时测量的水下三层光谱辐照度 $E_d(\lambda)$

黑色代表上层约 0.8 m 处；红色代表中层约 2.4 m 处；蓝色代表下层约 4.0 m 处

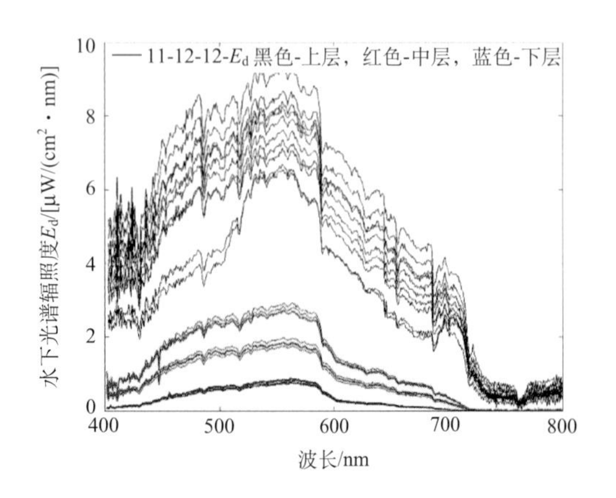

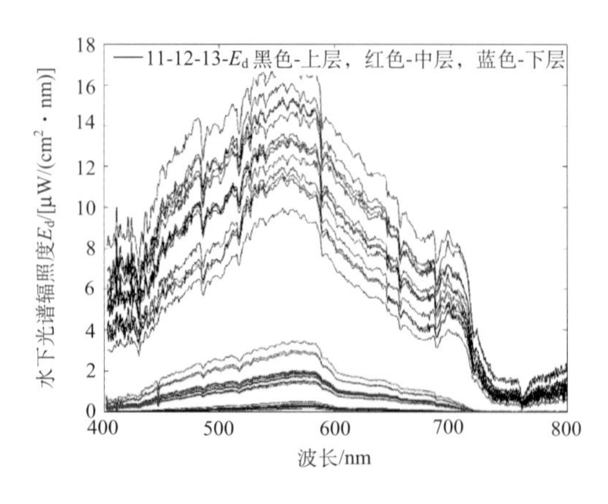

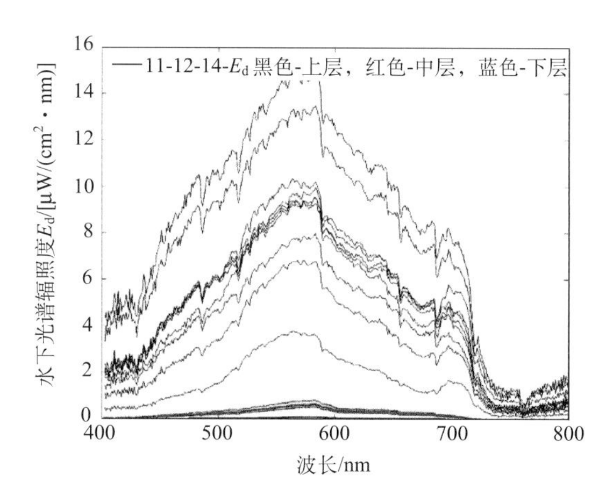

图7.54　2013年11月12日12点至14点测量的水下三层光谱辐照度$E_d(\lambda)$

黑色代表上层约0.8 m处，红色代表中层约2.4 m处，蓝色代表下层约4.0 m处

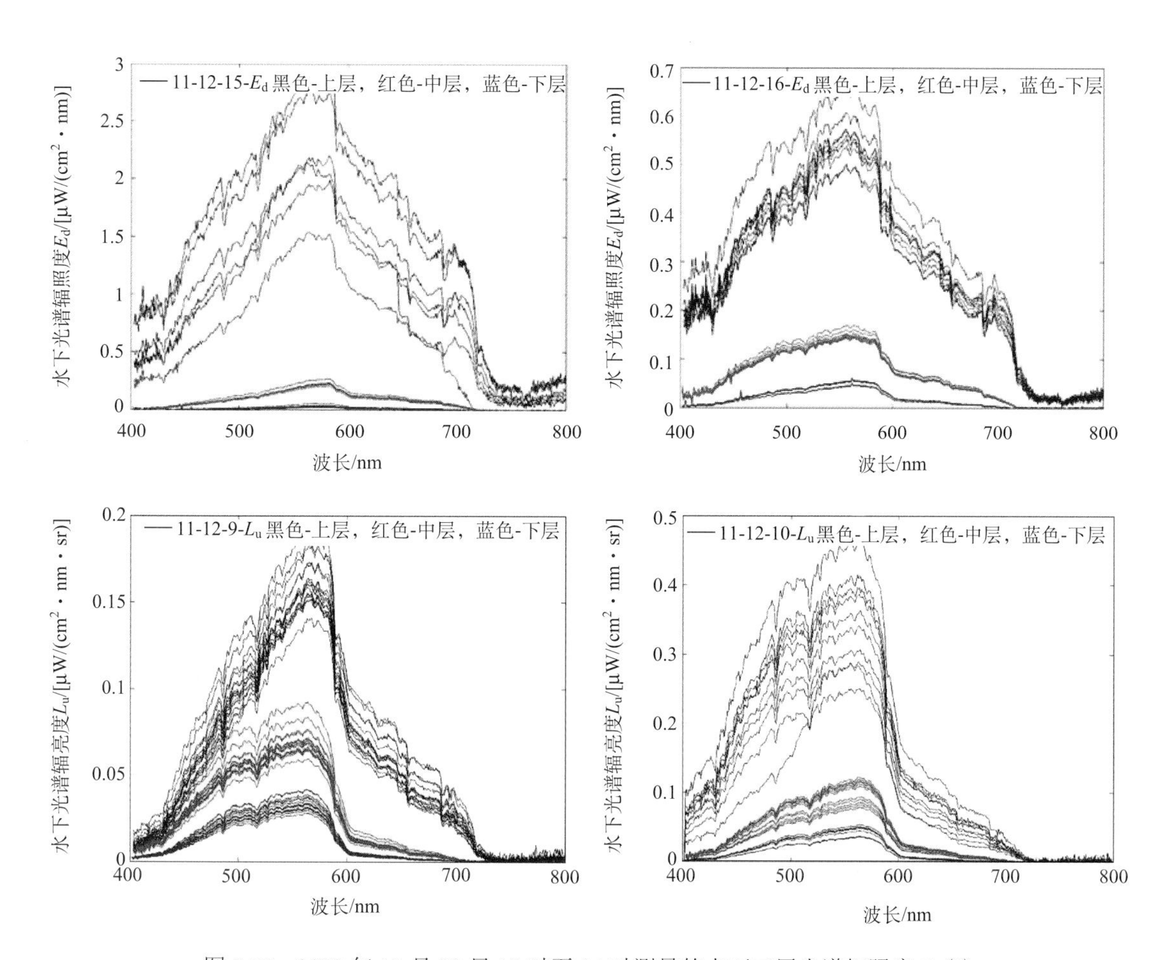

图7.55　2013年11月12日15时至16时测量的水下三层光谱辐照度$E_d(\lambda)$

黑色代表上层约0.8 m处，红色代表中层约2.4 m处，蓝色代表下层约4.0 m处

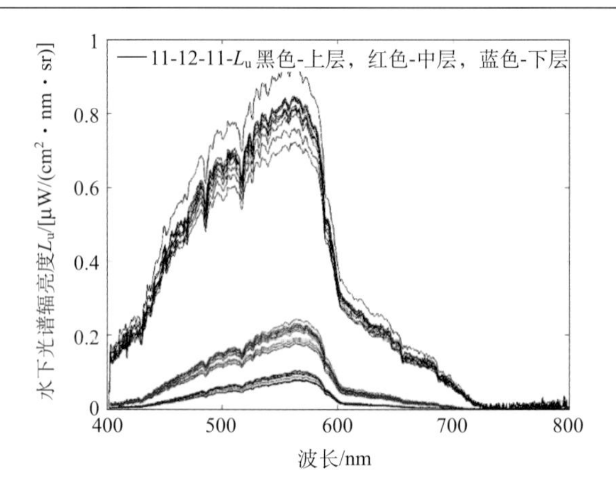

图 7.56 2013 年 11 月 12 日 9 时至 11 时测量的水下三层光谱辐亮度 $L_u(\lambda)$

其中黑色代表上层约 0.8 m 处，红色代表中层约 2.4 m 处，蓝色代表下层约 4.0 m 处

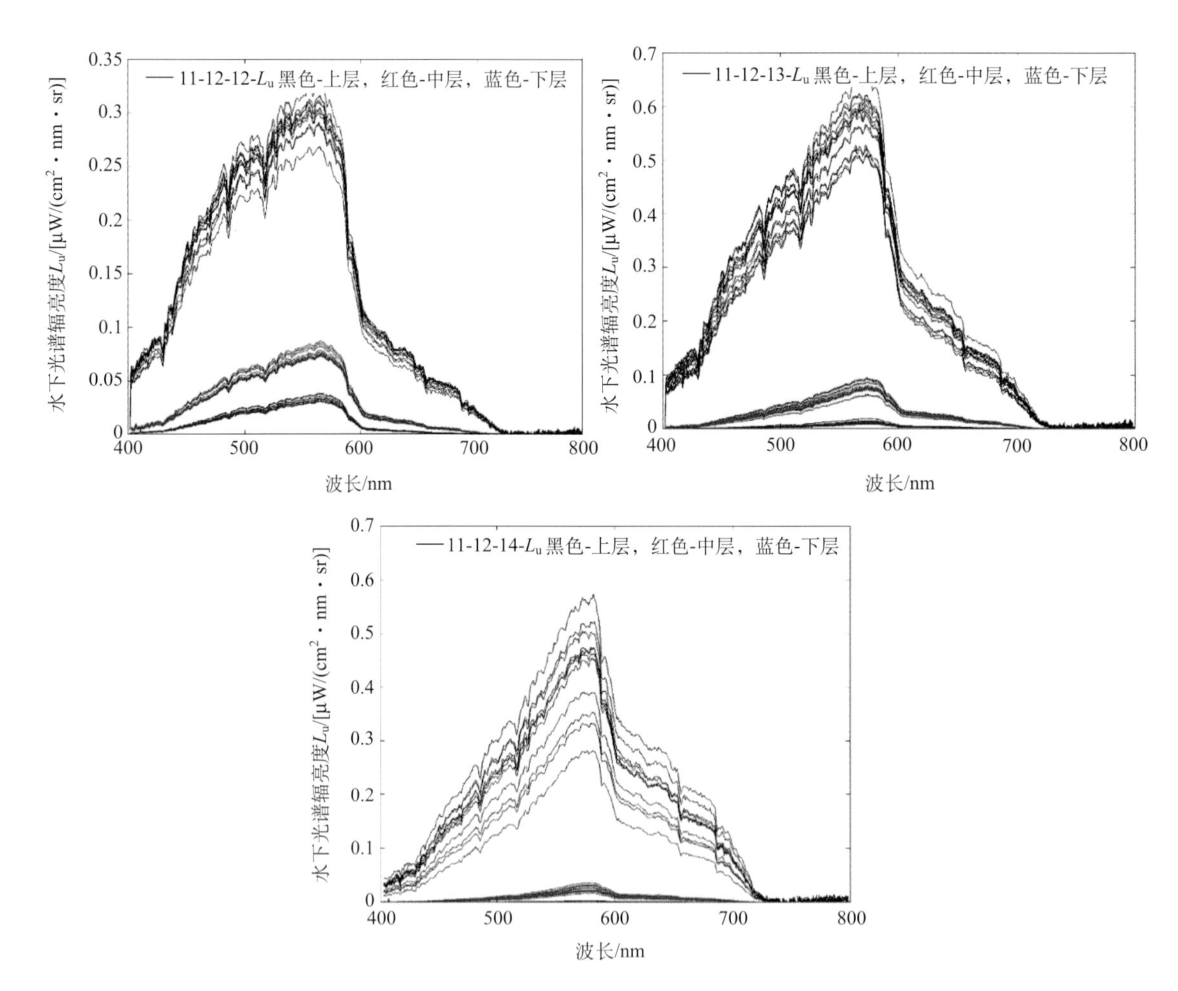

图 7.57 2013 年 11 月 12 日 12 时至 14 时测量的水下三层光谱辐亮度 $L_u(\lambda)$

黑色代表上层约 0.8 m 处，红色代表中层约 2.4 m 处，蓝色代表下层约 4.0 m 处

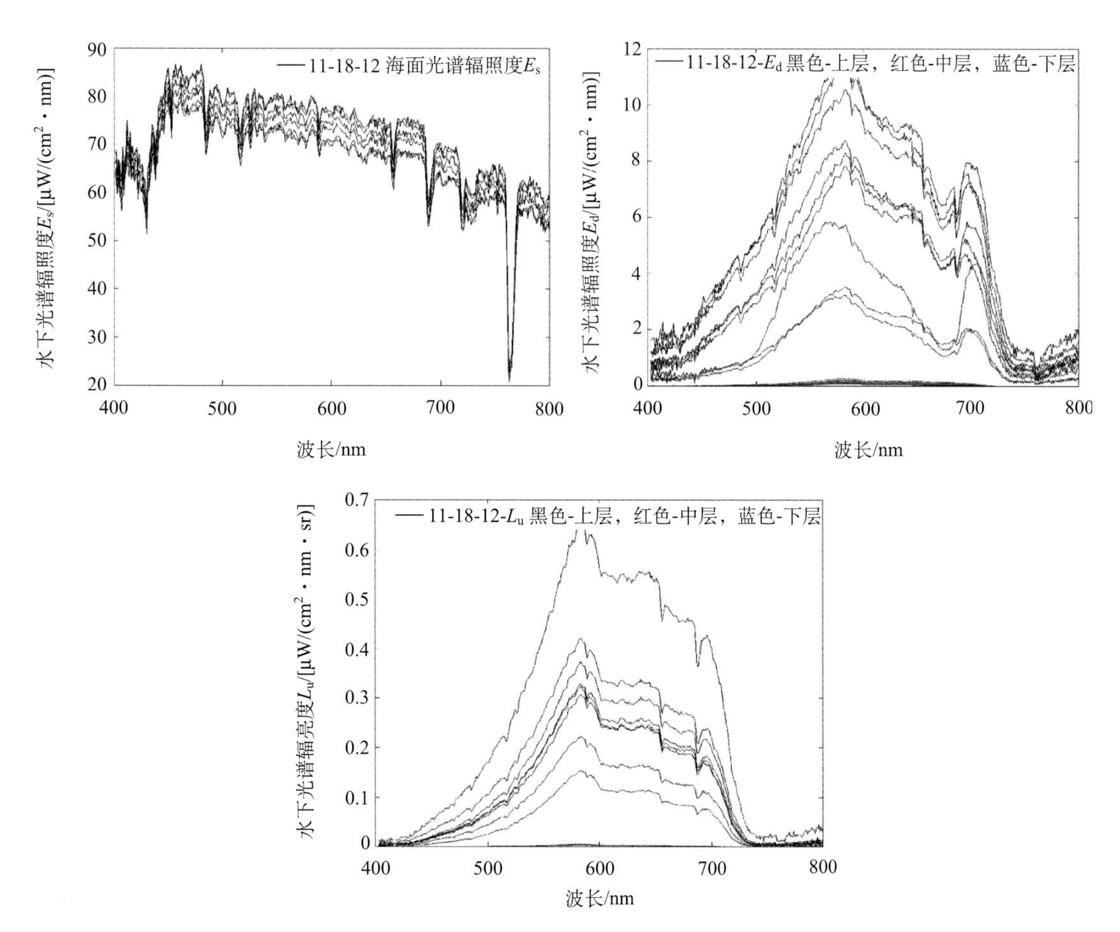

图 7.58　2013 年 11 月 18 日中午 12 时测量的海面光谱辐照度 $E_s(\lambda)$、水下辐照度光谱 $E_d(\lambda)$ 和水下辐亮度光谱 $L_u(\lambda)$

7.3　模型技术示范

7.3.1　赤潮发生条件预报模型

1. 数据与方法

2013 年模型试预报验证数据：赤潮实况数据由项目组提供，水文气象条件的实测数据主要由国家海洋局提供。

2013 年示范区海域发生的 5 次赤潮，详见表 7.23。

表 7.23　2013 年示范区海域赤潮事件

序号	发生时间	地点	发生海域	最大面积/km^2	最高密度/(个/L)
1	5 月 20～24 日	—	宁波韭山列岛东南海域	140	—
2	5 月 7～10 日	30°08′08″～30°11′28″N, 122°40′45″～122°44′58″E	舟山普陀海域	30	1.86×10^6 1.54×10^6 6.40×10^5
3	6 月 19～24 日	30°49′04″N, 122°36′48″E	嵊泗西绿华山岛南部海域	10	1.20×10^6

续表

序号	发生时间	地点	发生海域	最大面积/km²	最高密度/(个/L)
4	6月23～24日	30°49′37″N, 122°38′06″E	浙江嵊泗绿华山岛和花鸟山北测海域	—	$1.66×10^6$
5	7月4～5日	30°43′06″N, 122°47′52″E～ 30°36′55″N, 122°48′13″E	浙江舟山海域	50	$5.0×10^6$ $2.0×10^6$

应用研究建立的“赤潮条件预报模型”和“赤潮事件影响度模型”开展了2013年东海示范区海域赤潮灾害试预报。

2. 结果与验证

课题组于4月12日开始发布东海区赤潮水文条件预测，至10月31日，共发布58期，由于考虑到之前的赤潮实况研究中，夏季东海区仍不时会有赤潮发生，故2013年夏季东海区赤潮水文条件预测为照常发布。

通过比对实况资料与预报产品内容，对示范区海域逐次比对(每期预测时间段为3天)。预测内容分为有利于/不利于，实况内容分为发生/未发生。如果预测有，实况发生，则准确率定义为100%，同样预测不利于,实况未发生，准确率也为100%；反之，预测有，实况未发生，预测无，实况发生，则准确率为0。具体预报准确性如表7.24所示。

表7.24　赤潮天气预报模型2013年试预报

序号	预报错误		预报准确	
		无实况，预报有		实况无，预报无
		有实况，预报无		实况有，预报有
	发布日期(月.日)	24小时预报结果	48小时预报结果	72小时预报结果
1	4.12	有利于	不利于	有利于
2	4.16	不利于	不利于	不利于
3	4.19	不利于	不利于	不利于
4	4.23	不利于	不利于	不利于
5	4.26	不利于	不利于	有利于
6	4.30	不利于	有利于	有利于
7	5.3	有利于	有利于	有利于
8	5.7	不利于	不利于	不利于
9	5.10	有利于	不利于	不利于
10	5.14	不利于	不利于	不利于
11	5.17	不利于	不利于	有利于
12	5.21	有利于	有利于	有利于
13	5.24	有利于	不利于	不利于
14	5.28	有利于	有利于	不利于
15	5.31	不利于	不利于	不利于
16	6.4	有利于	有利于	不利于
17	6.7	不利于	不利于	不利于
18	6.11	不利于	不利于	不利于

续表

序号	预报错误		预报准确	
		无实况，预报有		实况无，预报无
		有实况，预报无		实况有，预报有
	发布日期(月.日)	24 小时预报结果	48 小时预报结果	72 小时预报结果
19	6.14	不利于	不利于	不利于
20	6.18	不利于	有利于	有利于
21	6.21	不利于	不利于	不利于
22	6.25	不利于	不利于	不利于
23	6.28	不利于	不利于	不利于
24	7.2	不利于	有利于	有利于
25	7.5	不利于	不利于	不利于
26	7.9	不利于	不利于	不利于
27	7.12	不利于	不利于	不利于
28	7.16	不利于	不利于	不利于
29	7.19	不利于	不利于	不利于
30	7.23	不利于	有利于	不利于
31	7.26	不利于	不利于	不利于
32	7.30	有利于	不利于	不利于
33	8.2	有利于	有利于	有利于
34	8.6	有利于	有利于	有利于
35	8.9	有利于	有利于	有利于
36	8.13	不利于	不利于	不利于
37	8.16	有利于	有利于	有利于
38	8.20	有利于	不利于	不利于
39	8.23	有利于	不利于	不利于
40	8.27	有利于	有利于	有利于
41	8.30	不利于	不利于	不利于
42	9.3	不利于	不利于	不利于
43	9.6	不利于	有利于	有利于
44	9.10	不利于	不利于	不利于
45	9.13	有利于	不利于	不利于
46	9.17	有利于	不利于	不利于
47	9.20	不利于	不利于	不利于
48	9.24	不利于	不利于	不利于
49	9.27	不利于	不利于	不利于
50	10.1	不利于	不利于	不利于
51	10.4	不利于	不利于	不利于
52	10.8	有利于	有利于	有利于
53	10.11	不利于	不利于	有利于
54	10.15	不利于	不利于	有利于
55	10.18	不利于	不利于	不利于
56	10.22	不利于	不利于	不利于
57	10.25	不利于	不利于	不利于
58	10.29	不利于	不利于	不利于

表 7.24 中，赤潮预报时效为 3 天。3 天全部为“预测有实况有”或“预测无实况无”的预报准确期数为 32 期次，不准确期次为 26 期次，统计得到预报准确率为 55%。赤潮预报“预测有实况有”的 4 期预报结果表明，赤潮发生日期预报误差均小于 48 小时。针对 4 期次赤潮发生时的实况，对赤潮发生面积进行后报检验，赤潮灾害发生面积预报准确期次为 2 次，准确率为 50%，具体结果见表 7.25。

表 7.25　2013 年示范区海域赤潮发生面积预报

天气类型	发生日期(月.日)	气压 x_1	风速 x_3	波高 x_2	降水 x_4	水温 x_6	水气温差 x_5	赤潮事件影响度量值	对应面积/km^2	实际发生
弱冷空气型	5.7	1 010	5	1		16.1	1.1	3.1	50～100	30
	5.8	1 016	4	1		16.3	1			
	5.9	1 010	8.7	1.5		17	0.5			
	5.10	1 001	3.6	1.5	16	17.9	0.2			
倒槽发展型	5.20	999	3.1	1		20.1	2.2	4.3	100～500	140
	5.21	1 000	3.8	0.7		20.3	2.8			
	5.22	1 008	5.3	1		20.1	2.6			
	5.23	1 005	7.9	1.5	1.8	19.9	1.9			
	5.24	1 006	4.5	1		19.8	1			
热带扰动型	6.19	994	3.9	1		23.4	2.8	4.8	100～500	10
	6.20	996	4.8	1	0.1	24.2	0.9			
	6.21	1 001	5.9	1		23.8	−0.1			
	6.22	1 000	4	1	0.1	24.1	1.2			
	6.23	997	4.6	1		23.8	2			
	6.24	999	3.3	1	3.8	23.9	2			
气旋出海型	7.4	995	4.7	1.5		24.4	1.6	3.9	50～100	50
	7.5	993	7.8	1.5		24.6	1.7			

7.3.2　赤潮水质预报模型

1. 数据与方法

统计模型所使用的现场实测水质数据来自示范区布设的 3 个水质浮标，如图 7.59 所示。生态浮标数据采集频率 1 小时一次，大浮标采集频率 0.5 小时一次。水质参数共有 6 个：水温、盐度、pH、溶解氧、叶绿素 a 和浊度。

赤潮藻类基础数据来源于 2004～2012 年东海嵊泗赤潮监控区实际调查数据，共统计归整了以东海原甲藻、中肋骨条藻、圆海链藻、旋链角毛藻和扁面角毛藻为优势种赤潮发生时的实测数据，其中，圆海链藻、旋链角毛藻和扁面角毛藻的线性回归方程不显著，不能进行回归计算。米氏凯伦藻、夜光藻等某些其他藻种的实测样本量不足 10 次，也不列入计算。实测数据参数有：水温、pH、盐度、溶解氧、叶绿素 a、COD、NO_2、NO_3、NH_4、活性磷酸盐、活性硅酸盐、浮游植物数细胞数量。

取浮标数据的 6 参数和历史数据的 12 参数取交集，参与计算的参数为 5 个：水温、pH、盐度、溶解氧、叶绿素 a，预报的计算结果为浮游植物数细胞数量。

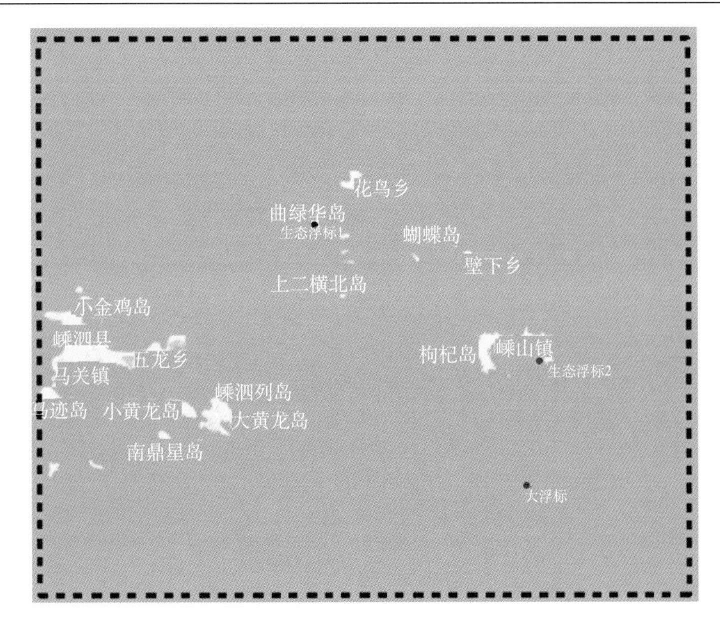

图 7.59　示范区水质浮标地理位置示意图

1) 藻种选取

分别以东海原甲藻、中肋骨条藻、圆海链藻三种藻类为预报目标，计算各自作为优势种的发生概率，取最大概率者作为最终预报结果。概率值<5%为不发生赤潮，5%～95%为可能发生赤潮，>95%为发生赤潮。

2) 阈值判断

示范区多发藻种暴发阈值表见表 7.26。

表 7.26　示范区多发藻种暴发阈值表

藻种	尺寸	分布特征	暴发阈值
中肋骨条藻	直径 6～7 μm	广温广盐	$>10^6$
东海原甲藻	长 15～22 μm，宽 9～14 μm	世界性分布	$>10^6$
圆海链藻	直径 40～186 μm	广温高盐性种	$>5\times10^5$

3) 计算方法

选取某一浮标或区域内几个浮标一天内各参数的平均值作为预报时刻的输入参数，并以预报时刻前 3 天的数据作为基础，计算滑动平均值作为 24 小时、48 小时和 72 小时的输入数据，用来计算未来的预报结果。

2. 结果与验证

1) 数据与方法

研究数据主要来自中国海洋灾害公报、东海监测中心提供的相关历史资料，具体如下：①2004～2012 年赤潮历史事件收集整理。示范区历次赤潮基本信息：包括历次赤潮发生的时间、地点、影响面积、赤潮生物种类，共收集 128 次。②嵊泗赤潮监控区(2004～2012 年)，嵊泗县海洋环境监测站每年 4～10 月的实测数据，要素包括：透明度、表层水温、pH、盐度、DO、叶绿素 a、COD、硝酸盐、亚硝酸盐、氨氮、磷酸盐、硅酸盐、浮游植物细胞数据、优势种等。

2013 年模型试预报验证数据：赤潮实况数据由项目组提供，现场水质的实测数据来自示范区生态浮标每小时实时测量数据。2013 年示范区海域 5～7 月观测到的 5 次赤潮，详见表 7.27。

表 7.27　2013 年示范区海域赤潮事件

序号	发生时间	地点	发生海域	最大面积/km^2	最高密度/(个/L)
1	5 月 20～24 日	—	宁波韭山列岛东南海域	140	—
2	5 月 7～10 日	30°08′08″～30°11′28″N, 122°40′45″～122°44′58″E	舟山普陀海域	30	1.86×10^6 1.54×10^6 6.40×10^5
3	6 月 19～24 日	30°49′04″N, 122°36′48″E	嵊泗西绿华山岛南部海域	10	1.20×10^6
4	6 月 23～24 日	30°49′37″N, 122°38′06″E	浙江嵊泗绿华山岛和花鸟山北测海域	—	1.66×10^6
5	7 月 4～5 日	30°43′06″N, 122°47′52″E～ 30°36′55″N, 122°48′13″E	浙江舟山海域	50	5.0×10^6 2.0×10^6

2) 结果与验证

应用研究建立的“赤潮水质统计预报模型”开展了 2013 年东海示范区海域赤潮灾害试预报。东海监测中心于 4 月 30 日开始发布东海示范区海域赤潮统计预报预测，至 9 月 6 日，共发布 38 期，每周二和周五定时各发布一期。

通过比对实况资料与预报产品内容，统计赤潮预报模型精度。模型预报内容分为：可能发生/发生/不发生，实况内容分为：发生/未发生/未知。如果预测可能发生/发生，实况发生，则准确率定义为 100%，同样预测不发生，实况未发生，准确率也为 100%；反之，预测可能发生，实况未发生，以及预测不发生，实况发生，则准确率为 0。实况情况为未知的情况下，预报准确性为不确定。2013 年度东海示范区海域赤潮试预报情况如表 7.28 所示。

表 7.28　赤潮水质统计预报模型 2013 年试预报

预报错误		预报准确		结果不确定	
	无实况，预报有		无实况，预报无		实况未知，预报有
	有实况，预报无		有实况，预报有		实况未知，预报无

序号	发布日期	24 小时预报结果	48 小时预报结果	72 小时预报结果
1	4.30	可能发生	不发生	不发生
2	5.3	不发生	不发生	不发生
3	5.7	可能发生	可能发生	可能发生
4	5.10	可能发生	可能发生	可能发生
5	5.14	可能发生	可能发生	可能发生
6	5.17	不发生	不发生	不发生
7	5.21	可能发生	可能发生	可能发生
8	5.24	可能发生	可能发生	可能发生

续表

预报错误		预报准确		结果不确定	
	无实况，预报有		无实况，预报无		实况未知，预报有
	有实况，预报无		有实况，预报有		实况未知，预报无

序号	发布日期	24 小时预报结果	48 小时预报结果	72 小时预报结果
9	5.28	可能发生	可能发生	可能发生
10	5.31	可能发生	可能发生	可能发生
11	6.4	可能发生	可能发生	可能发生
12	6.7	可能发生	可能发生	可能发生
13	6.11	不发生	不发生	不发生
14	6.14	可能发生	可能发生	可能发生
15	6.18	可能发生	可能发生	可能发生
16	6.21	发生	发生	发生
17	6.25	可能发生	可能发生	可能发生
18	6.28	可能发生	可能发生	可能发生
19	7.2	可能发生	可能发生	可能发生
20	7.5	可能发生	可能发生	可能发生
21	7.9	可能发生	可能发生	可能发生
22	7.12	可能发生	可能发生	可能发生
23	7.16	不发生	不发生	不发生
24	7.19	不发生	不发生	不发生
25	7.24	不发生	不发生	不发生
26	7.25	不发生	不发生	不发生
27	7.30	不发生	不发生	不发生
28	8.2	可能发生	可能发生	可能发生
29	8.6	可能发生	可能发生	可能发生
30	8.9	可能发生	可能发生	可能发生
31	8.13	可能发生	可能发生	可能发生
32	8.16	可能发生	可能发生	可能发生
33	8.20	不发生	不发生	不发生
34	8.23	不发生	不发生	不发生
35	8.27	可能发生	可能发生	可能发生
36	9.1	可能发生	可能发生	可能发生
37	9.3	不发生	不发生	不发生
38	9.6	不发生	不发生	不发生

表 7.28 中，赤潮预报时效为 3 天。3 天全部为“预测有、实况有”或“预测无、实况无”的预报准确期数为 5 期次；实况未知而无法作出比对判断的 33 期次。以实况未知情况做不发生赤潮计(事实上，实况未知情况下也有可能发生赤潮，只不过未发现或未上报)，则 38 期预报准确率为 45%。赤潮预报正确，即“预测有实况有”的 5 期预报结果表明，赤潮发生日期预报误差均小于 48 小时。由于该预报模型数据来源为单点实测海上浮标数据，无法对赤潮发生面积进行预测预报。

7.3.3　赤潮遥感监测模型

1. 数据与方法

基于赤潮遥感识别算法的基础研究，国家海洋局第二海洋研究所编程实现了针对研究海域的赤潮遥感监测软件模块，将基于固有光学量和基于遥感反射率谱形差异的赤潮识别算法集成到该软件模块（图 7.60），并开发了遥感赤潮监测与服务子系统（TideSystem V1.0）（图 2.30），供国家海洋局东海环境监测中心示范应用。

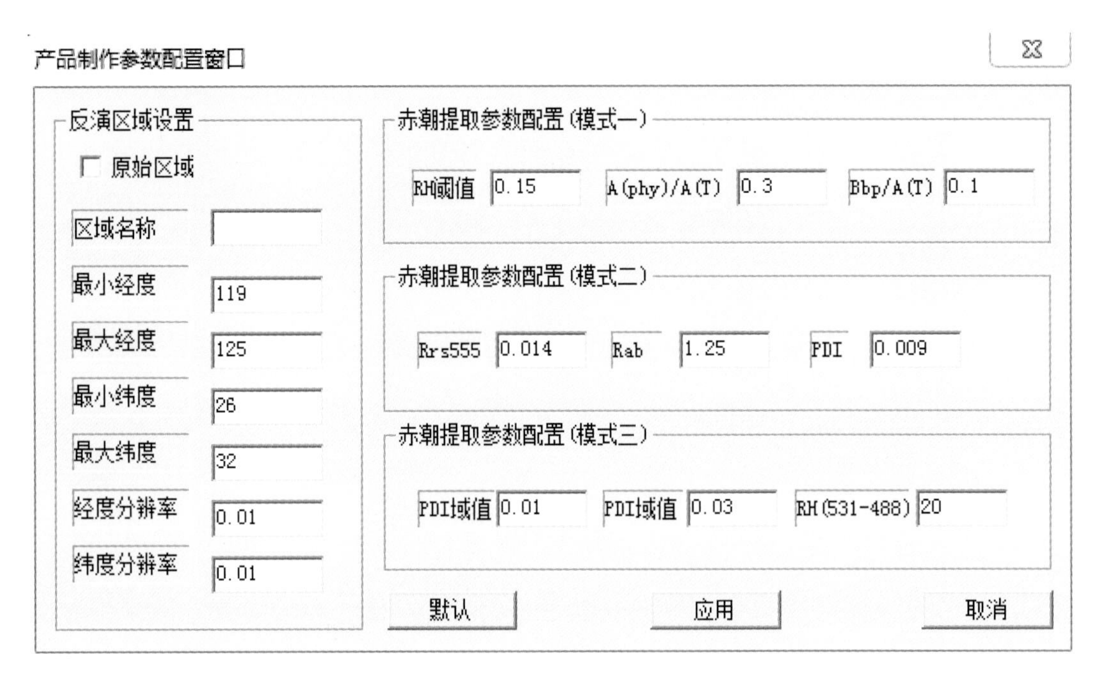

图 7.60　赤潮信息提取参数配置

国家海洋局东海环境监测中心作为赤潮遥感监测示范应用项目组，在研究海域赤潮多发时期的 2013 年 4 月至 9 月和 2014 年 4 月至 6 月，每日安排专业技术人员，通过特定的 FTP 及时下载国家海洋局第二海洋研究所生产的当天 MODIS L2A 级遥感影像数据（如 A2014096053000_L2A.HDF），然后调用赤潮信息提取软件模块，对遥感影像数据进行再处理分析来完成赤潮监测，生成遥感赤潮监测产品。

一般处理过程：首先打开遥感赤潮监测与服务子系统，运行子系统“数据”菜单中的赤潮信息提取模式（二）；然后设置输入 MODIS L2A 级遥感产品文件路径，设置输出路径，并打开“参数配置”，进行赤潮提取参数配置；由于本研究海域赤潮遥感监测示范应用主要基于绿光波段比值的赤潮卫星遥感识别算法，参数配置选择遥感赤潮监测与服务子系统中的赤潮提取参数配置（二）（图 7.60）；路径和参数配置确定后，利用赤潮监测与服务子系统中的“开始制作”菜单，生成 MODIS L3A 级赤潮遥感产品，并运用该软件自动生成赤潮信息遥感专题图，进行赤潮信息的统计，最后，编制和发布每天的《赤潮卫星遥感监测报告》（图 7.61），于当日 17 时前通过电子邮件发送至相关单位和部门。

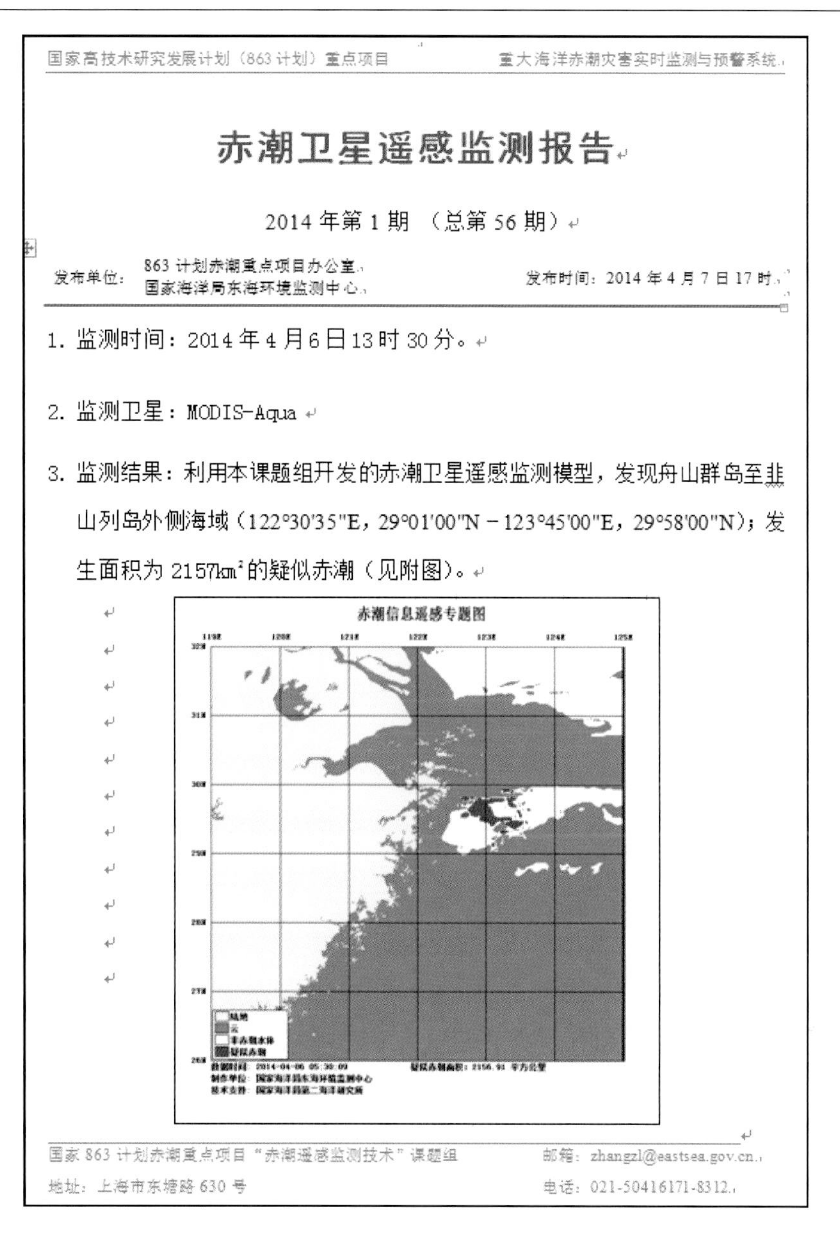

国家高技术研究发展计划（863 计划）重点项目　　　　　　　　重大海洋赤潮灾害实时监测与预警系统

赤潮卫星遥感监测报告

2014 年第 1 期 （总第 56 期）

发布单位：863 计划赤潮重点项目办公室
国家海洋局东海环境监测中心　　　　　　　　发布时间：2014 年 4 月 7 日 17 时

1. 监测时间：2014 年 4 月 6 日 13 时 30 分。

2. 监测卫星：MODIS-Aqua

3. 监测结果：利用本课题组开发的赤潮卫星遥感监测模型，发现舟山群岛至韭山列岛外侧海域（122°30'35"E，29°01'00"N－123°45'00"E，29°58'00"N）；发生面积为 2157km² 的疑似赤潮（见附图）。

国家 863 计划赤潮重点项目“赤潮遥感监测技术”课题组　　　　邮箱：zhangzl@eastsea.gov.cn
地址：上海市东塘路 630 号　　　　　　　　　　　　　　　　电话：021-50416171-8312

图 7.61　赤潮卫星遥感监测报告示意图

2. 结果与验证

国家海洋局东海环境监测中心示范应用项目组进行业务化的赤潮遥感监测，截至 2014 年 6 月，共编制和发布了 64 期《赤潮卫星遥感监测简报》（表 7.29）。其中，2013 年的 5 月 12 日、7 月 2 日、7 月 3 日和 8 月 2 日赤潮卫星遥感监测位置及分布与现场发现赤潮灾害结果基本一致；2013 年的 5 月 21 日、5 月 23 日、5 月 28 日赤潮卫星遥感监测位置与《2013 年中国海洋灾害公报》公布位置基本一致；2014 年的 5 月 22 日、5 月 24 日、6 月 9 日赤潮卫星遥感监测位置与《2014 年中国海洋灾害公报》公布位置基本一致；但 2013 年 5 月 14 日赤潮卫星遥感监测结果错误，其原因是本次赤潮遥感监测受到海上大量漂浮马尾藻光谱干扰影响；其他时段的赤潮遥感监测结果未能获得有效的观测结果验证。

表 7.29　赤潮遥感监测与验证

时间	赤潮面积/km^2	发生海域	验证情况
2013 年 5 月 5 日	831	长江口外	
2013 年 5 月 12 日	417	台州与温州	现场验证正确
2013 年 5 月 13 日	1 810	长江口外、舟山朱家尖至渔山列岛及台州	
2013 年 5 月 14 日	5 310	长江口外、舟山东福山及朱家尖	长江口外证实为马尾藻
2013 年 5 月 21 日	616	渔山列岛至韭山列岛	灾害公报证实
2013 年 5 月 23 日	222	台州、温州以及福鼎	灾害公报证实
2013 年 5 月 28 日	1 109	渔山至韭山列岛、及台州、温州	灾害公报证实
2013 年 6 月 5 日	126	台州	
2013 年 6 月 8 日	190	渔山列岛	
2013 年 6 月 17 日	664	马鞍列岛	
2013 年 6 月 20 日	480	渔山列岛	
2013 年 6 月 22 日	64	启东和福鼎	
2013 年 6 月 24 日	87	韭山列岛	
2013 年 6 月 26 日	452	长江口	
2013 年 7 月 1 日	476	长江口	
2013 年 7 月 2 日	1 323	长江口和舟山群岛	现场验证正确
2013 年 7 月 3 日	23	渔山列岛	现场验证正确
2013 年 7 月 7 日	255	舟山群岛	
2013 年 7 月 8 日	121	长江口及舟山群岛东南	
2013 年 7 月 9 日	294	渔山列岛、舟山群岛和长江口	
2013 年 7 月 10 日	1 738	长江口及舟山群岛	
2013 年 7 月 11 日	3 993	长江口及舟山群岛	
2013 年 7 月 12 日	191	长江口	
2013 年 7 月 16 日	77	长江口及舟山群岛	
2013 年 7 月 17 日	420	长江口及舟山群岛	
2013 年 7 月 18 日	3 385	启东、长江口及舟山群岛	
2013 年 7 月 19 日	1 285	启东、长江口及舟山群岛	
2013 年 7 月 22 日	575	启东市	
2013 年 7 月 26 日	550	长江口	
2013 年 7 月 31 日	30	嵊山	
2013 年 8 月 1 日	327	长江口、浙江	
2013 年 8 月 2 日	566	长江口、浙江	现场验证正确
2013 年 8 月 3 日	302	浙江	
2013 年 8 月 4 日	44	长江口	
2013 年 8 月 9 日	95	长江口、嵊山和韭山列岛	
2013 年 8 月 10 日	416	长江口、嵊山和渔山列岛	
2013 年 8 月 11 日	533	长江口、嵊山和渔山列岛	
2013 年 8 月 12 日	2 175	长江口、嵊山和启东	
2013 年 8 月 13 日	28	长江口、嵊山和启东	

续表

时间	赤潮面积/km²	发生海域	验证情况
2013 年 8 月 16 日	912	长江口、嵊泗和启东	
2013 年 8 月 17 日	15	启东市	
2013 年 8 月 18 日	814	启东市	
2013 年 8 月 19 日	1 974	启东市、长江口和舟山群岛	
2013 年 8 月 20 日	1 466	启东市、长江口和舟山群岛	
2013 年 8 月 21 日	14	启东市和长江口	
2013 年 8 月 27 日	281	启东市和长江口	
2013 年 8 月 28 日	576	长江口、嵊山和渔山列岛	
2013 年 8 月 29 日	234	启东市、长江口和马鞍列岛	
2013 年 9 月 12 日	219	启东市、长江口和渔山列岛	
2013 年 9 月 14 日	284	启东市和长江口	
2013 年 9 月 19 日	657	启东市、长江口和舟山	
2013 年 9 月 20 日	198	启东市、长江口和舟山	
2013 年 9 月 21 日	48	舟山	
2013 年 9 月 23 日	677	启东、长江口和舟山	
2013 年 9 月 28 日	262	长江口和舟山群岛	
2014 年 4 月 06 日	2 157	舟山群岛至韭山列岛	
2014 年 5 月 16 日	13	长江口外侧	
2014 年 5 月 22 日	173	长江口和舟山群岛	灾害公报证实
2014 年 5 月 23 日	24	象山县	
2014 年 5 月 24 日	37	舟山	灾害公报证实
2014 年 5 月 28 日	145	长江口	
2014 年 5 月 31 日	81	长江口	
2014 年 6 月 9 日	33	浙江温州	灾害公报证实
2014 年 6 月 11 日	188	长江口外侧	

7.3.4　赤潮扩散漂移预报模型

研究所采用的数据为长江口海域发生的赤潮事件。以 2007 年 7 月 22 日～8 月 6 日长江口附近发生赤潮为例，进行模型后报试验与检验。根据东海海洋环境保护通报，2007 年 7 月 24 日上午，发现在 29°54′N，122°28.92′E；29°54.42′N，122°36.83′E；30°02′N，122°37′E；30°1.92′N，122°29.17′E 四点连线范围内均有赤潮发生，面积 200 多平方千米，海水呈红褐色，呈大面状分布。7 月 26 日，发现该海域赤潮依然存在，估计面积超过 200 km²，赤潮位置在朱家尖岛东部一侧(122° 26′E 以东海域)，与前几日相比，赤潮更接近朱家尖岛东部沿岸。7 月 27 日，发现在 29° 56′N，122° 38′E～29° 51′N，122°46′E；29°34′N，122°21′E～29°27′N，122°21′E 沿线范围内均有赤潮，累计面积约 400 km²，近海海域颜色为深褐色，离岸海域为淡褐色。赤潮海域已接近朱家尖岛东部岸线，等步岛、桃花岛及普陀山海滨浴场等沿岸海域已受到赤潮影响。同日，对朱家尖东部海域的赤潮进行应急跟踪监测，发现大面积赤潮依然存在，面积超过 200 km²。卫星遥感反演得到的赤潮发生范围如图 7.62 所示，图中红色部分表示监测到的赤潮区域。

1) 漂移模拟

利用建立的赤潮漂移与扩散数值预报模型，选取赤潮藻团位置点，组成赤潮范围包络线，在不考虑赤潮的生物、化学转化过程的前提下，通过模型计算对赤潮团未来 24～48 小时的漂移轨迹和分布范围进行预测(表 7.30)。

图 7.62　2007 年 7 月 24～27 日长江口附近海域发生赤潮的连续遥感监测卫星图

表 7.30　赤潮藻团 24 小时和 48 小时的漂移扩散预测

起报时间	24 小时漂移扩散预测			48 小时漂移扩散预测		
	方向	距离/km	速度/(km/h)	方向	距离/km	速度/(km/h)
2007 年 7 月 24 日	偏北	9.61	0.40	偏北	8.19	0.34
2007 年 7 月 25 日	北	8.49	0.35	偏北	8.09	0.34
2007 年 7 月 26 日	偏北	7.41	0.31	北	8.17	0.34

图 7.63～图 7.65 显示了赤潮藻团 24 小时和 48 小时漂移扩散的预测位置，黑色实线表示卫星遥感赤潮发生的位置，红色虚线表示 24 小时预报位置，蓝色虚线表示 48 小时预报位置。根据 2007 年 7 月 24 日卫星遥感赤潮发生位置预测，24 小时漂移方向为偏北方向，漂移距离为 9.61 km，漂移速度为

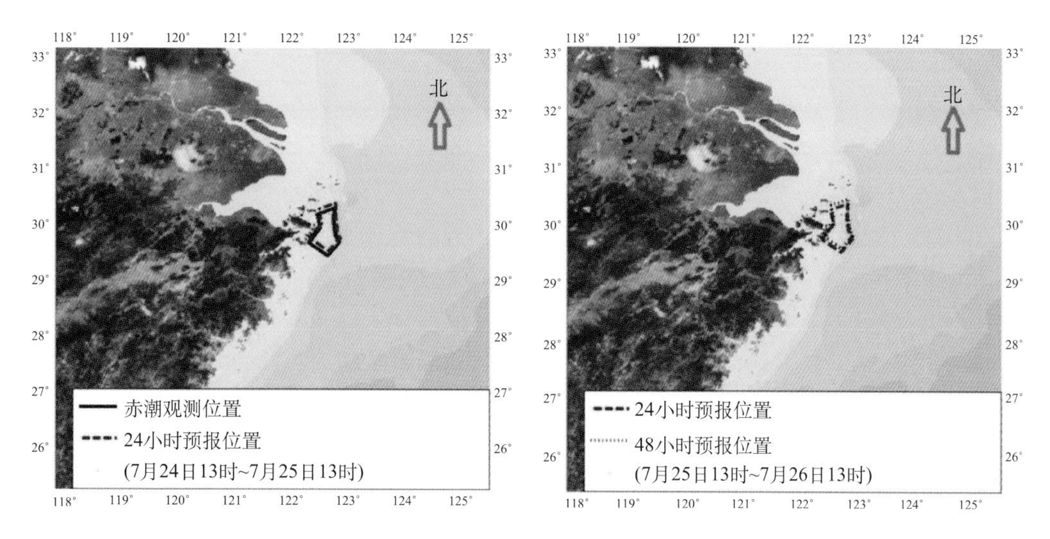

图 7.63　2007 年 7 月 24 日起预报赤潮藻团 24 小时和 48 小时的漂移扩散位置

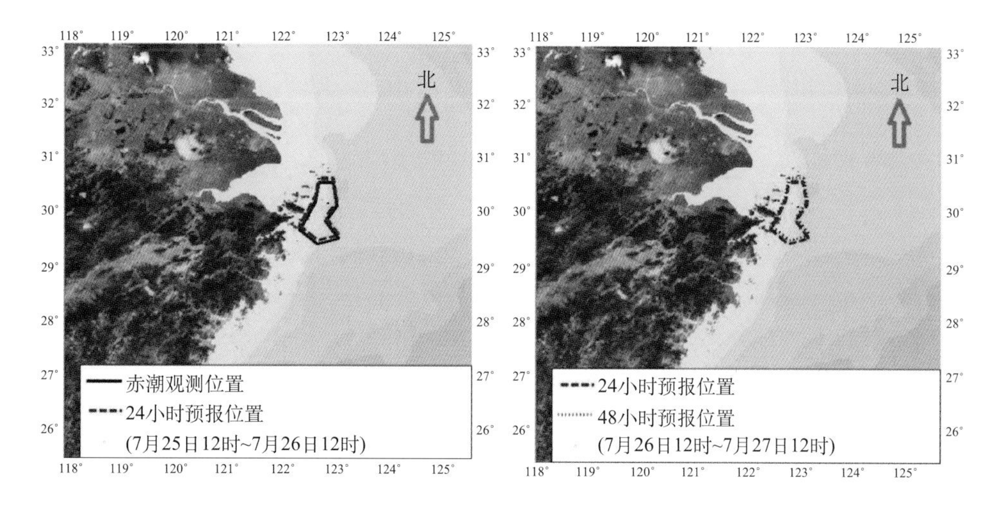

图 7.64　2007 年 7 月 25 日起预报赤潮藻团 24 小时和 48 小时的漂移扩散位置

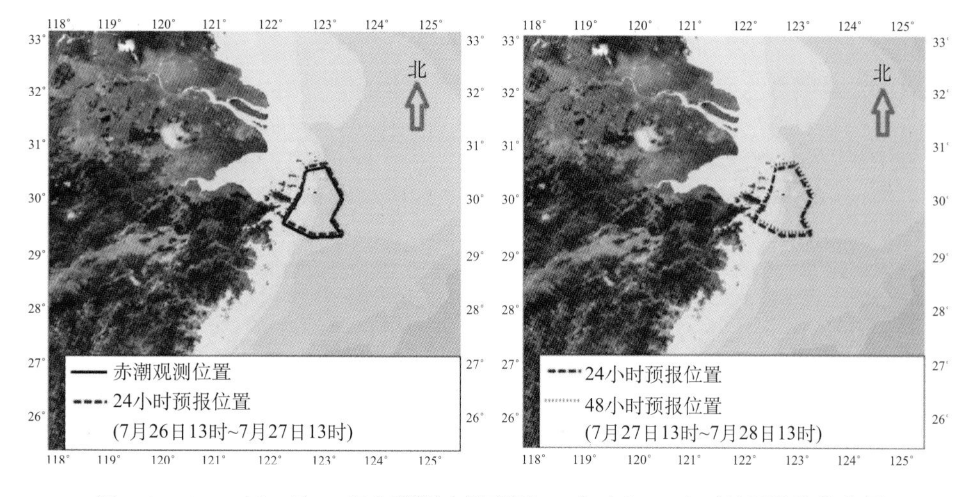

图 7.65　2007 年 7 月 26 日起预报赤潮藻团 24 小时和 48 小时的漂移扩散位置

0.40 km/h，48 小时漂移距离为 8.19 km，漂移速度为 0.34 km/h。与 7 月 25 日卫星遥感图对比，由于没有考虑赤潮藻种的生物化学变化，预报结果无法完全刻画藻类生长繁殖导致赤潮藻团的面积增加，但预报赤潮藻团的主要漂移扩散方向与实际情况是一致的。从 2007 年 7 月 25～27 日的卫星遥感图可知，如短时间内忽略赤潮藻类繁殖生长，赤潮的漂移扩散趋势是逐渐向北方向，与各时刻起报的预报结果一致，且 24 小时与 48 小时预测的漂移距离和速度相对较小，不利于赤潮藻团的消散，故赤潮面积有进一步发展趋势。据东海海洋环境保护通报，7 月 28 日，跟踪监测发现朱家尖东部海域赤潮依然存在，颜色为红褐色、深褐色，赤潮生物优势种仍为扁面角毛藻。7 月 29 日的跟踪监视显示，舟山朱家尖—普陀山东部海域以及桃花岛东南部海域的赤潮依然存在，赤潮区主要位于 29° 59’N，122° 24’E 与 29° 51’N，122° 25’E 两点连线以东海域，观测所及的赤潮海域面积超过 200 km^2，颜色为红色、褐色。另外，监测飞机在朱家尖东北方向发现大面积赤潮，赤潮主要位于距离朱家尖 20 km 以内的海域，其中，近岸海域附近颜色为褐色，较远海域为淡褐色。

2）误差分析

由于观测资料有限，较难分辨赤潮的繁殖扩散和漂移扩散过程，根据已有的相隔 24 小时卫星监测资料，尽量挑选前一天赤潮发生位置的边界点，把模式计算 24 小时的赤潮藻团漂移位置与卫星观测位置进行对比检验。

北京时间 2007 年 7 月 24 日 13 时起报 24 小时预报位置与 7 月 25 日卫星遥感图片对比，选取的赤潮发生点如图 7.66 所示，围绕赤潮藻团边界共选择 8 个预报起始位置点，图中用位置点相同颜色标号标出。图 7.67 为预报位置点与卫星遥感位置点对比图，分别用绿色 X 号和蓝色 X 号表示。同理，将 2007 年 7 月 25 日起报 24 小时预报位置与 7 月 26 日卫星遥感观测、2007 年 7 月 26 日 13 时起报 24 小时预报位置与 7 月 27 日卫星遥感图片分别进行对比（图 7.68～图 7.71），计算误差检验结果如表 7.31 所示，结果表明，7 月 25～26 日，由于赤潮藻本身生长繁殖速率变化不大，24 小时预测与实际情况较为一致，但到 7 月 27 日赤潮藻类迅速繁殖生长，其海域范围变化超过由风和海流作用下的漂移扩散范围，误差相对较大，由于目前观测资料限制，未能对漂移扩散预测结果进行进一步验证，如果有连续监测间隔时间较短的数据进行验证，将更有助于进行模式调整。鉴于没有考虑赤潮藻自身的生物化学变化，预报结果无法完全刻画藻类生长繁殖导致赤潮藻团的面积增加，但预报赤潮藻团的主要漂移扩散方向与实际情况是一致的，在实际工作中具有一定的参考意义。

图 7.66　2007 年 7 月 24 日起报赤潮位置取点位置

图 7.67　24 小时预报位置与卫星遥感位置点对比图

图 7.68　2007 年 7 月 25 日起报赤潮位取点位置

图 7.69　24 小时预报位置与卫星遥感位置点对比图

图 7.70　2007 年 7 月 26 日起报赤潮位置取点位置

图 7.71　24 小时预报位置与卫星遥感位置点对比图

绿色 X 为预报终点位置，蓝色 X 号表示观测终点位置

表 7.31　赤潮藻团漂移扩散预报检验结果

事例(时间)	漂移角度均方差/(°)	漂移角度均绝差/(°)	观测平均速率/(km/h)	预报平均速率/(km/h)	平均速率相对误差/%	漂移速率均方差/(km/h)	漂移速率均绝差/(km/h)
2007 年 7 月 25 日	16.90	14.46	0.34	0.39	14.71	0.12	0.09
2007 年 7 月 26 日	16.66	12.88	0.30	0.34	13.33	0.14	0.11
2007 年 7 月 27 日	40.68	32.34	0.62	0.32	48.39	0.25	0.21

1. 数据与方法

研究所采用的数据为在 2013 年 5 月 5 日～2013 年 9 月 23 期间卫星遥感监测到的疑似赤潮共 54 次(图 7.72)，在此期间监测到的面积在 100 km^2 以下的疑似赤潮次数为 11 次，占总次数的 20.4%，面积在 100～1 000 km^2 之间的疑似赤潮次数为 32 次，占总次数的 59.2%；面积超过 1 000 km^2 的疑似赤潮次数为 11 次，占总次数的 20.4%。根据卫星遥感检测，利用前述开发的赤潮漂移与扩散数值预报系统制作并发送赤潮漂移与扩散预报 54 期。

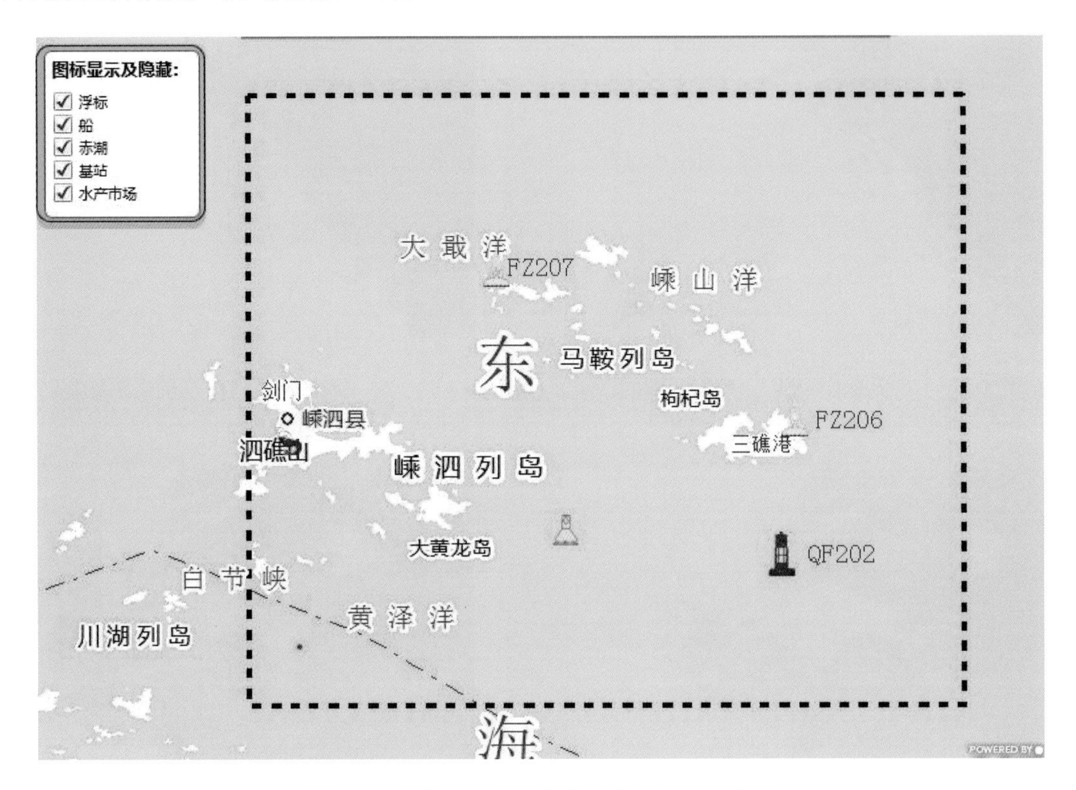

图 7.72　东海 863 赤潮预警示范区及浮标位置

2. 结果与验证

2013 年 8 月 2 日下午，项目赤潮志愿者报告在示范区内的枸杞—嵊山西南海域发现赤潮。同时，从当日下午 13 时左右开始，位于枸杞和嵊山以南的大型浮标的水质数据也出现异常，pH、溶解氧、叶绿素 a 等环境要素明显高于正常水平。项目岸基站监测系统对赤潮发生海域进行监测，赤潮第一优势种为中肋骨条藻(无毒)，密度为 2.9×10^6～3.3×10^6 个/L，第二优势种为东海原甲藻(无毒)，密度为 3.0×10^5～3.5×10^5 个/L。

根据赤潮卫星遥感监测模型，8 月 1 日在示范区周边海域发现赤潮，主要发生区域为长江口外海域和浙江中部外海海域，已经影响示范区东北边界区域，面积为 327 km^2；8 月 2 日在示范区海域内及其周边海域发现赤潮，发生区域较 1 日有所扩大和发展，并已影响示范区海域的核心区域(绿华—花鸟—枸杞—嵊山海域)，面积为 565 km^2。其赤潮漂移预报结果见图 7.73～图 7.76，可以看出在 2013 年 8 月 1 日～2013 年 8 月 4 期间在长江口附近海域发生的赤潮的漂移轨迹大致都是向北偏东或者东北方向(表 7.32)，与监测赤潮的发展趋势方向基本一致。

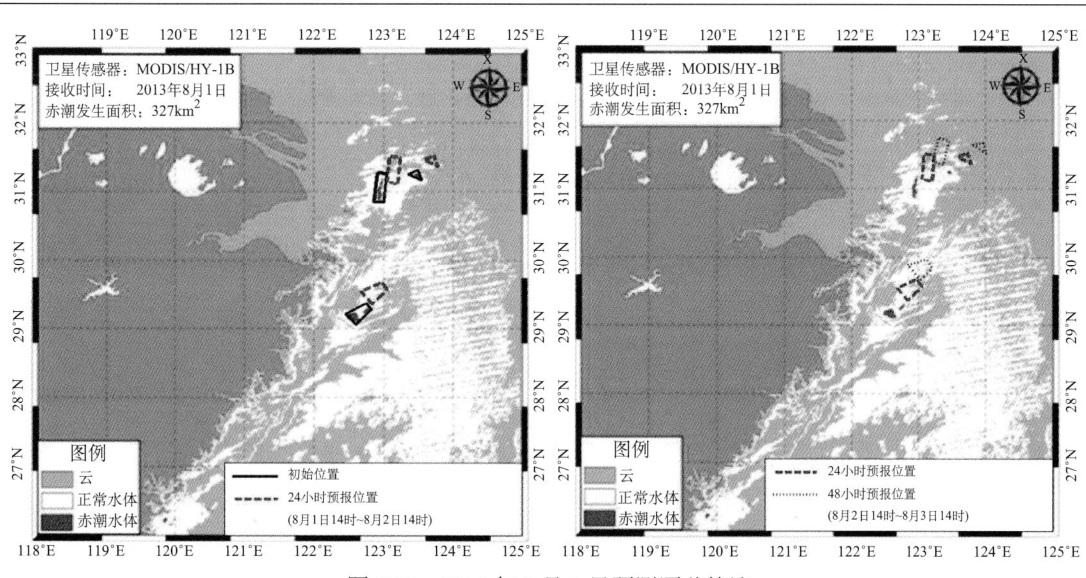

图 7.73　2013 年 8 月 1 日预测漂移轨迹

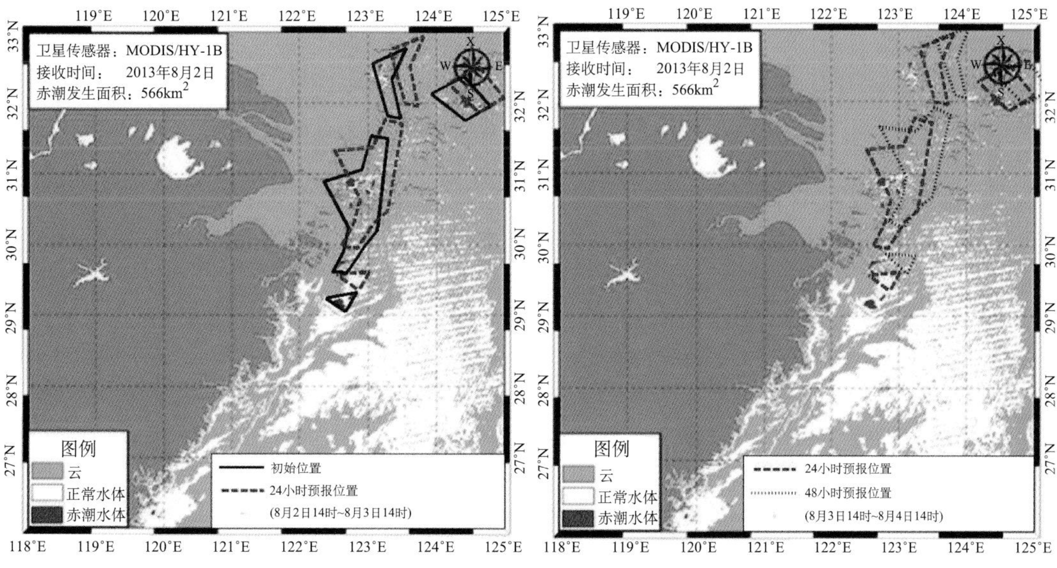

图 7.74　2013 年 8 月 2 日预测漂移轨迹

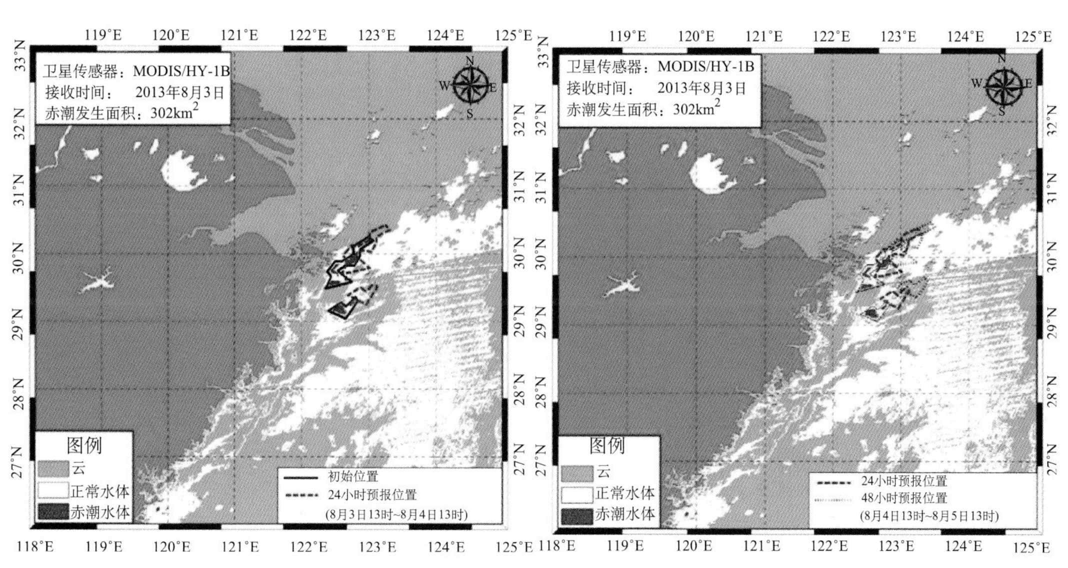

图 7.75　2013 年 8 月 3 日预测漂移轨迹

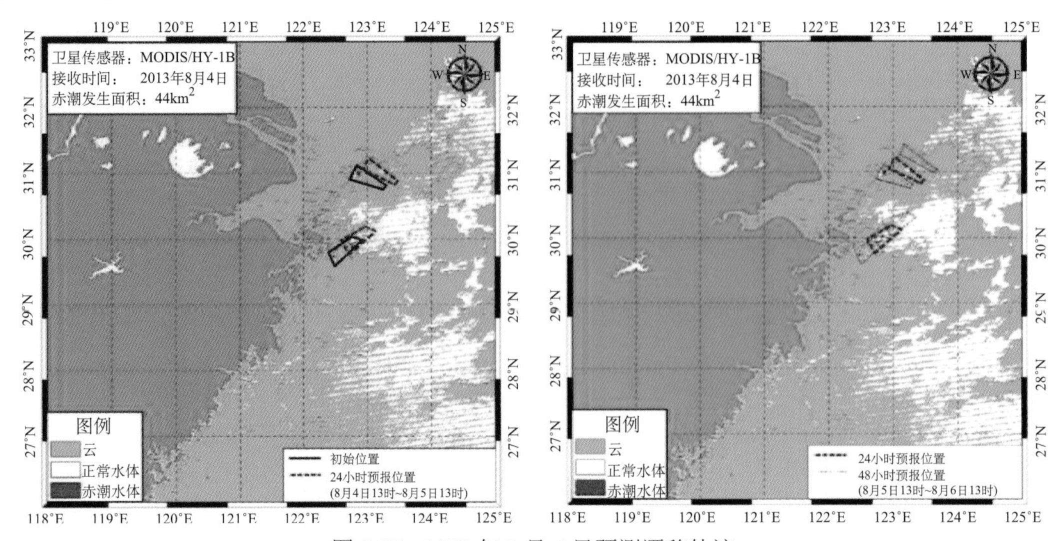

图 7.76　2013 年 8 月 4 日预测漂移轨迹

表 7.32　赤潮漂移扩散预测表

时间	赤潮位置		赤潮面积/km^2	赤潮漂移轨迹预测					
				24 小时			48 小时		
	地点	范围	观测	方向	距离/km	速度/(km/h)	方向	距离/km	速度/(km/h)
2013 年 8 月 1 日	长江口海域、浙江海域	122°54′16″E，30°51′53″N～123°30′51″E，31°17′17″N；122°27′46″E，29°06′36″N～122°47′29″E，29°18′59″N	327	北偏东	36.15	1.50	北偏东	32.13	1.34
2013 年 8 月 2 日	长江口海域、浙江海域	123°21′00″E，31°45′07″N～124°41′55″E，32°37′37″N；122°25′04″E，29°07′37″N～123°08′58″E，31°07′15″N	566	东偏北或东北	34.2	1.42	东北或东偏北	31.55	1.32
2013 年 8 月 3 日	浙江海域	122°25′56″E，29°08′29″N～122°51′45″E，30°03′33″N	302	东北或北偏东	35.12	1.46	东北	27.09	1.13
2013 年 8 月 4 日	长江口海域	122°46′35″E，30°56′03″N～122°52′37″E，31°04′40″N	44	东东北	23.36	0.98	东北	30.4	1.26

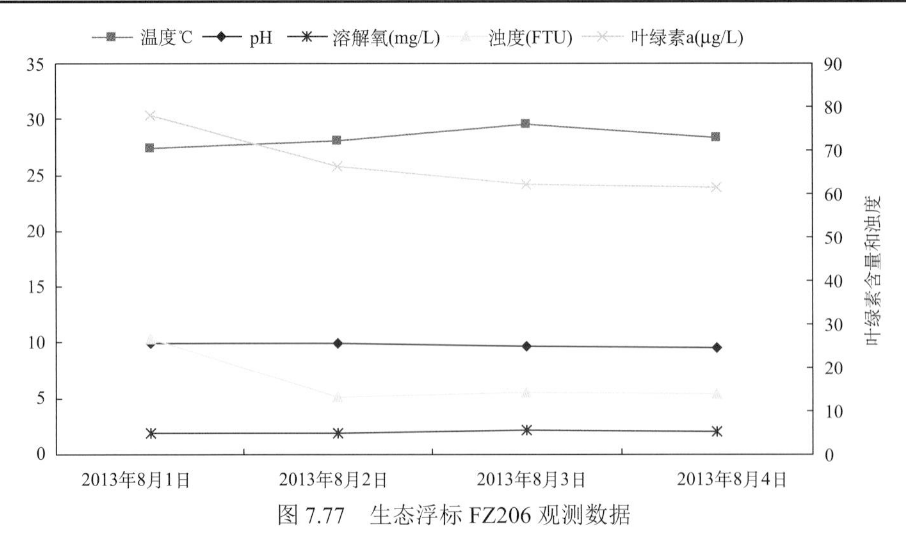

图 7.77　生态浮标 FZ206 观测数据

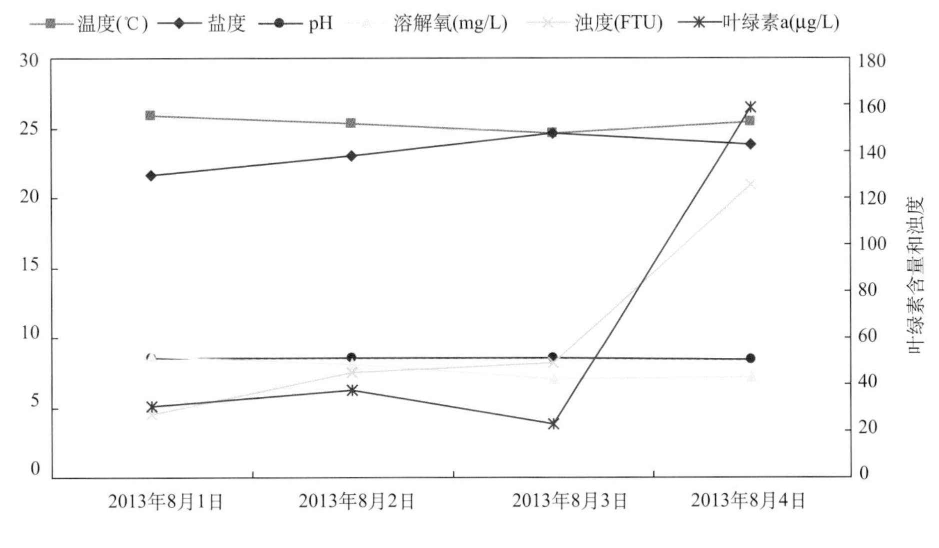

图 7.78　生态浮标 FZ207 观测数据

由 2013 年 8 月 1 日～2013 年 8 月 4 日期间 2 个生态浮标的观测数据(图 7.77 和图 7.78)可以看出，在这期间浮标 FZ206 监测海区的叶绿素 a 浓度一直保持在非常高的数据，浮标 FZ207 监测海域的叶绿素 a 浓度超过 10 μg/L(叶绿素 a 浓度超过 10 μg/L 可以作为判断赤潮发生的一个浮游植物生物量的标准)，随着时间的推移逐渐升高。

其他环境因子中在赤潮发生期间 2 个浮标监测海域的 pH 都有不同程度的升高，其中，浮标 FZ206 监测海域 pH 升高明显约为 1.0 以上，浮标 FZ207 监测海域 pH 升高约 0.3 左右，符合赤潮发生时海水 pH 的变化规律。赤潮发生期间浮标 FZ206 溶解氧监测值非常低，基本维持在 1.0～2.0 mg/L 之间，而浮标 FZ207 溶解氧的监测值则非常高，基本超过 8.0 mg/L。

综合考虑环境因子和叶绿素 a 浓度的关系，我们可以推断在 2013 年 8 月 1 日～8 月 4 日监测到的这次赤潮过程中，由于浮标 FZ206 附近海域的海水环境质量已经恶化，处于赤潮稳定期或消亡期的可能性很大；而浮标 FZ207 附近海域的各项环境要素都在正常合理的范围，说明这个海域的赤潮还处于初始期或者生长期。

从浮标观测数据看，FZ206 的位置位于 FZ207 的南边，综合这次赤潮发生时 2 个浮标的监测数据可以推断，此次赤潮首先在 FZ206 监测海域附近暴发，随着赤潮暴发的增长以及漂移扩散，赤潮向偏北方向漂移，并引起 FZ207 监测海域暴发赤潮。

附表 22 为 2013 年东海疑似赤潮漂移扩散预报信息统计情况，从 2013 年 5 月 5 日开始进行赤潮漂移扩散预报：赤潮漂移轨迹中东或偏东占 11.4%，东北或东偏北占 33.3%，北或偏北占 25.7%，西北或西偏北占 5.7%，西或偏西占 16.2%，西南占 7.6%。

7.3.5　赤潮生态动力学预报模型

1. 数据与方法

2013 年模型试预报验证数据：赤潮实况数据由项目组提供，风场及侧边界条件数据由国家海洋环境预报中心业务化数值预报系统提供。根据东海示范区海域海上浮标数据、卫星图片、地方监测站以及志愿者的现场观测，2013 年 6 月 19～24 日、2013 年 6 月 22～24 日、2013 年 6 月 23～24 日、2013 年 7 月 1～4 日和 2013 年 8 月 1～4 日期间在东海示范区海域发生的 5 次赤潮，详见表 7.33。

表 7.33　东海示范区海域 2013 年赤潮发生情况

发生时间	地点	发生海域	最大面积/km^2	生物种类	毒性
6 月 19～24 日	30°49′04″N, 122°36′48″E	嵊泗西绿华山岛南部海域	10	圆海链藻	无毒
6 月 22～24 日	29°55′44″N, 122°28′09″E; 29°52′51″N, 122°31′23″E; 30°06′42″N, 122°34′28″E; 30°04′44″N, 122°43′21″E;	朱家尖岛东北部—中街山列岛西南部海域	200	东海原甲藻 短裸甲藻(伴)	无毒 有毒
6 月 23～24 日	30°49′37″N, 122°38′06″E	浙江嵊泗绿华山岛和花鸟山北测海域	—	米氏凯伦藻	有毒
7 月 1～4 日	—	西马鞍岛	—	米氏凯伦藻	无毒
8 月 1～4 日	—	枸杞-嵊山海域	565	中肋骨条藻	无毒

2. 结果与验证

应用建立的“赤潮生态动力学预报模型”和“基于数值模型的赤潮发生概率计算方法”开展了 2013 年长江口赤潮示范区海域赤潮灾害试预报。国家海洋环境预报中心于 2013 年 5 月 10 日开始向项目组和相关单位发送赤潮生态动力学数值预报报告，至 10 月 22 日，共发送 48 期。

根据赤潮生态动力学模型的特点，综合物理、生物、化学等环境因子的变化影响，计算得到模型数值预报状态变量各时刻的场变化数据，利用建立的赤潮发生概率指标函数，计算赤潮发生的概率结果。图 7.79 为 2013 年长江口赤潮示范区赤潮生态动力学预报赤潮发生概率走势图，可以看出 2013 年 5～8 月期间赤潮发生概率虽然波动变化明显，但是整体有明显增大的趋势；2013 年 8 月东海区赤潮发生概率基本上都维持在一个较高的水平；2013 年 8～9 月期间，虽然赤潮发生概率有一个急剧下降的过程，但是 9 月东海区赤潮发生概率依然较高，进入到 10 月赤潮发生概率迅速降低，并且还有继续减小的趋势。这种变化特点与数值计算的叶绿素 a 浓度密切相关，由于赤潮生态动力学模型本身没有浮游动物对浮游植物捕食的汇项，所以数值计算的叶绿素 a 浓度迅速增大之后会持续一段时间，不会马上表现出消亡的过程。表 7.34 和表 7.25 为东海示范区赤潮生态动力学预测结果与实际发生情况对比表。

为较全面地了解试预报结果的预测情况，分两种方法计算预报准确率：

标准 1：预报准确率=预测准确数/总预测次数；

标准 2：预报准确率=赤潮发生天数/(赤潮发生天数+漏报赤潮发生天数+错报赤潮发生天数)。

按照标准 1 定义准确率，可以直观反映预报的情况，但是由于赤潮发生的次数比较少，把预测不发生赤潮计入准确率影响，在一定程度上放大了没有发生赤潮的事件，因此计算的准确率较高；按标准 2 计算准确率，只考虑预报赤潮发生的情况，没有把赤潮不发生的事件考虑进去，因此，计算的准确率较低。将不利于和较利于赤潮发生划分为没有赤潮发生，将有利于划分为赤潮发生。

据判断标准 1，2013 年长江口赤潮示范区对赤潮的预报共 143 天，其中，118 天预报准确，准确率为 82.5%。根据判断标准 2，2013 年东海赤潮示范区赤潮共发生 14 天，赤潮发生天数(14)+漏报赤潮发生天数(3)+错报赤潮发生天数(21)，共 38 天，准确率为 36.8%。

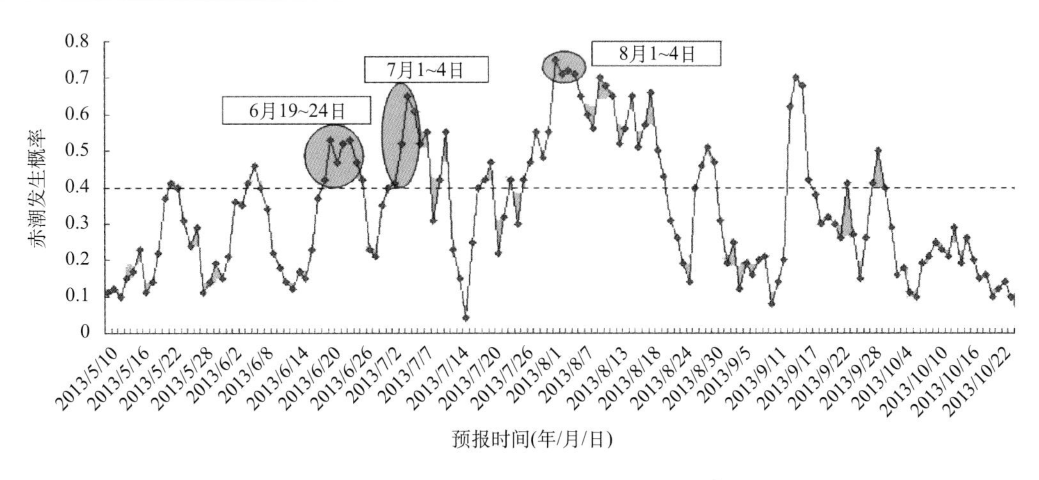

图 7.79　赤潮生态动力学预报概率走势图

由表 7.34，赤潮生态动力预报模型的预报时效为 3 天。“预测有实况有”或“预测无实况无”的预报准确期数为 37 期次，不准确期次为 11 期次，统计得到预报准确率为 77%。赤潮预报“预测有实况有”的 5 期预报结果表明，赤潮发生日期预报误差均小于 48 小时。

表 7.34　东海示范区赤潮生态动力学预测结果

序号	预报错误		预报准确	
		无实况，预报有		实况无，预报无
		有实况，预报无		实况有，预报有
	发布日期(月.日)	24 小时预报结果	48 小时预报结果	72 小时预报结果
1	5.10	不利于	不利于	不利于
2	5.14	不利于	不利于	不利于
3	5.17	不利于	不利于	不利于
4	5.21	较利于	较利于	较利于
5	5.24	较利于	不利于	不利于
6	5.28	不利于	不利于	不利于
7	5.31	不利于	不利于	较利于
8	6.4	较利于	较利于	较利于
9	6.7	较利于	较利于	不利于
10	6.11	不利于	不利于	不利于
11	6.14	不利于	不利于	不利于
12	6.18	较利于	较利于	有利于
13	6.21	较利于	有利于	有利于
14	6.25	较利于	较利于	不利于
15	6.28	不利于	较利于	较利于
16	7.2	较利于	有利于	有利于
17	7.5	有利于	有利于	有利于
18	7.9	较利于	较利于	有利于
19	7.12	不利于	不利于	不利于

续表

序号	预报错误		预报准确	
		无实况，预报有		实况无，预报无
		有实况，预报无		实况有，预报有
	发布日期(月.日)	24 小时预报结果	48 小时预报结果	72 小时预报结果
20	7.16	不利于	较利于	较利于
21	7.19	较利于	较利于	不利于
22	7.23	较利于	不利于	较利于
23	7.26	较利于	有利于	较利于
24	7.30	有利于	有利于	有利于
25	8.2	有利于	有利于	有利于
26	8.6	有利于	有利于	有利于
27	8.9	有利于	有利于	有利于
28	8.13	有利于	有利于	有利于
29	8.16	有利于	有利于	有利于
30	8.20	较利于	不利于	不利于
31	8.23	不利于	不利于	不利于
32	8.27	较利于	有利于	较利于
33	8.30	不利于	不利于	不利于
34	9.3	不利于	不利于	不利于
35	9.6	不利于	不利于	不利于
36	9.10	不利于	不利于	有利于
37	9.13	有利于	有利于	有利于
38	9.17	较利于	较利于	不利于
39	9.20	不利于	不利于	较利于
40	9.24	不利于	不利于	不利于
41	9.27	较利于	较利于	不利于
42	10.1	不利于	不利于	不利于
43	10.4	不利于	不利于	不利于
44	10.8	不利于	不利于	不利于
45	10.11	不利于	不利于	不利于
46	10.15	不利于	不利于	不利于
47	10.18	不利于	不利于	不利于
48	10.22	不利于	不利于	不利于

针对 2 次预报准确并且具有面积信息实况的赤潮进行赤潮面积后报检验，面积预报误差小于 10%。其中，2013 年 6 月 19～24 日预测最大赤潮发生面积为 181 km^2，预报误差为(200–181)/200=9.5%。2013 年 8 月 1～4 日预测最大赤潮发生面积为 581 km^2，预报误差为(581–565)/565=2.8%。图 7.80 和图 7.81 为这两次赤潮面积预测趋势图。

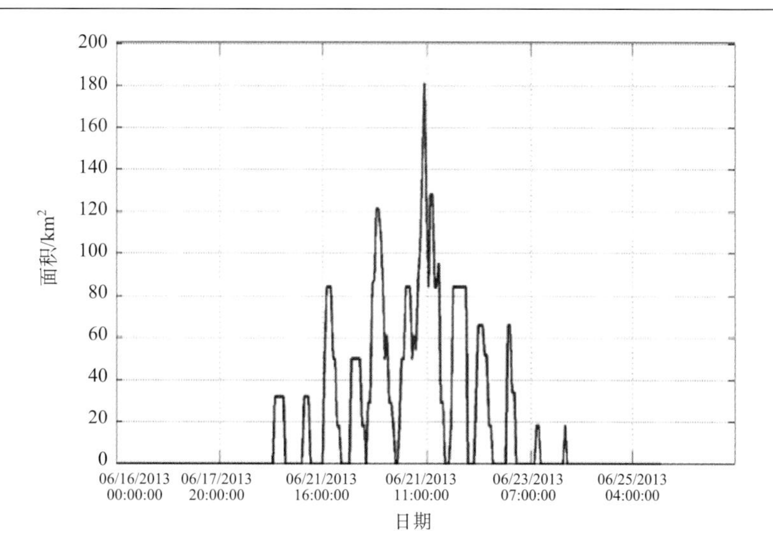

图 7.80 2013 年 6 月赤潮发生预测面积变化图

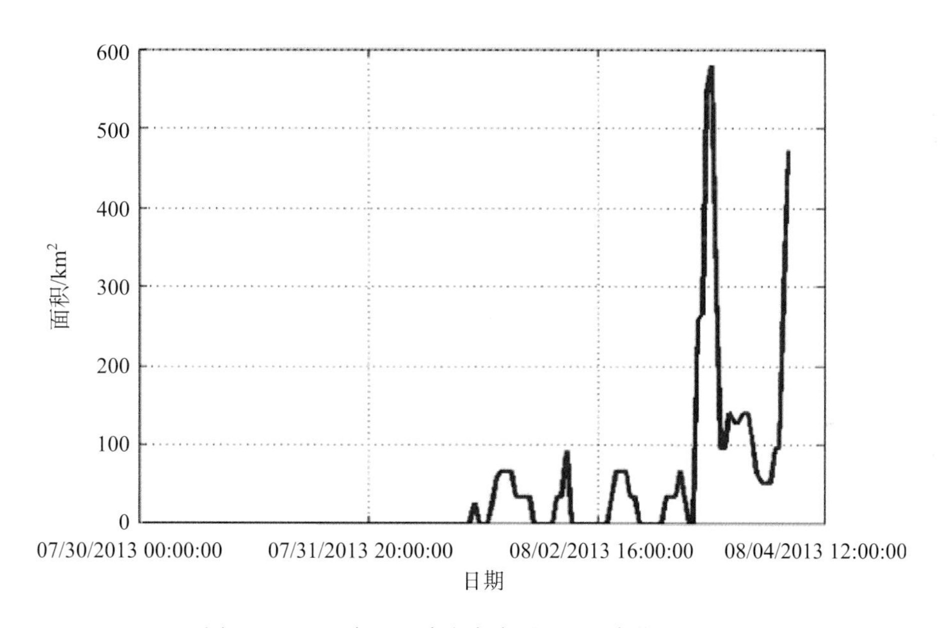

图 7.81 2013 年 8 月赤潮发生预测面积变化图

7.3.6 赤潮灾害损害评估模型

1. 数据与方法

根据东海监测中心对长江口示范区 2006～2013 年 5 月、8 月监测数据，经整理与分析，结合建立的基于营养盐的赤潮灾害风险评估模型方法，在赤潮灾害风险评估系统软件下，实现示范区中肋骨条藻赤潮灾害风险评估，分别得到 2006～2013 年 5 月、8 月的示范区中肋骨条藻赤潮灾害危险度空间分布、承灾体易损度空间分布和赤潮灾害风险空间分布(图 7.82～图 7.86)。

2. 结果与验证

1) 示范区中肋骨条藻赤潮灾害危险度空间分布

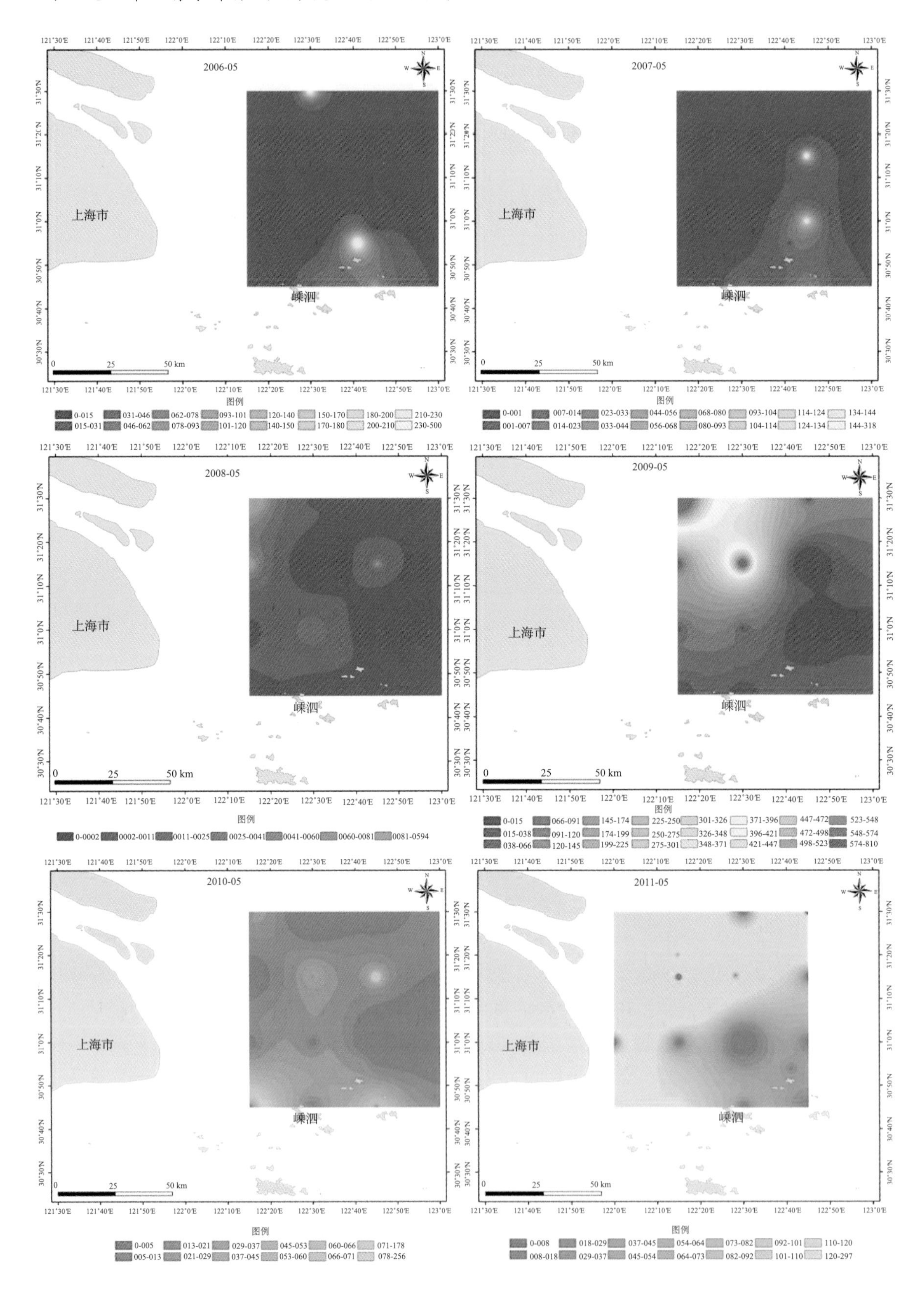

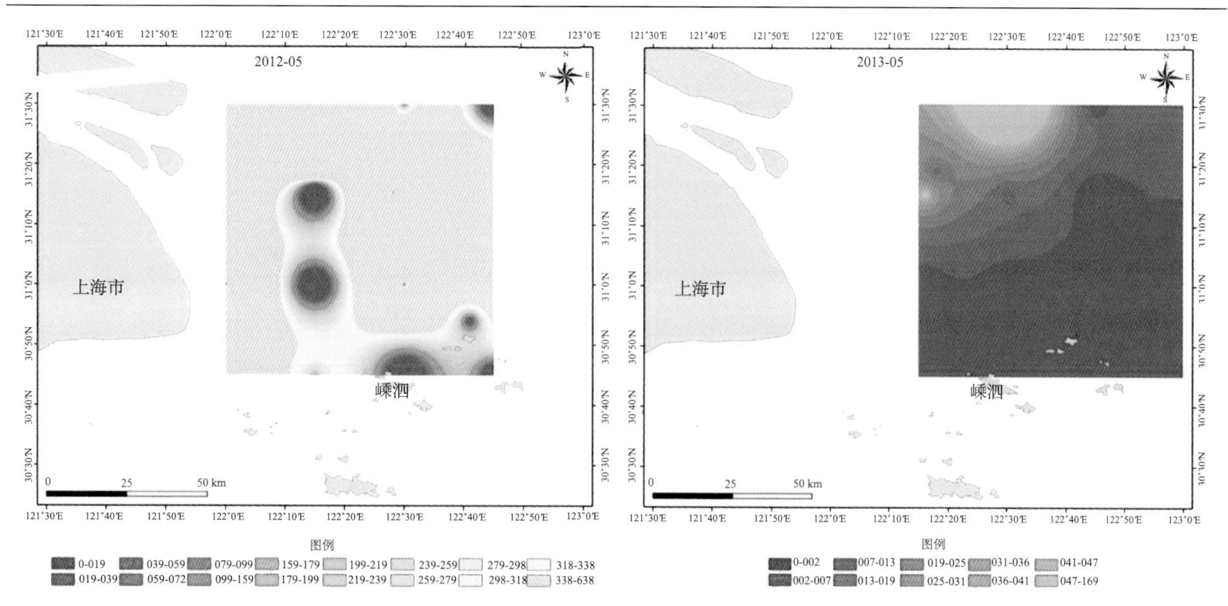

图 7.82　基于 2006～2013 年 5 月营养盐的示范区中肋骨条藻赤潮灾害危险度空间分布

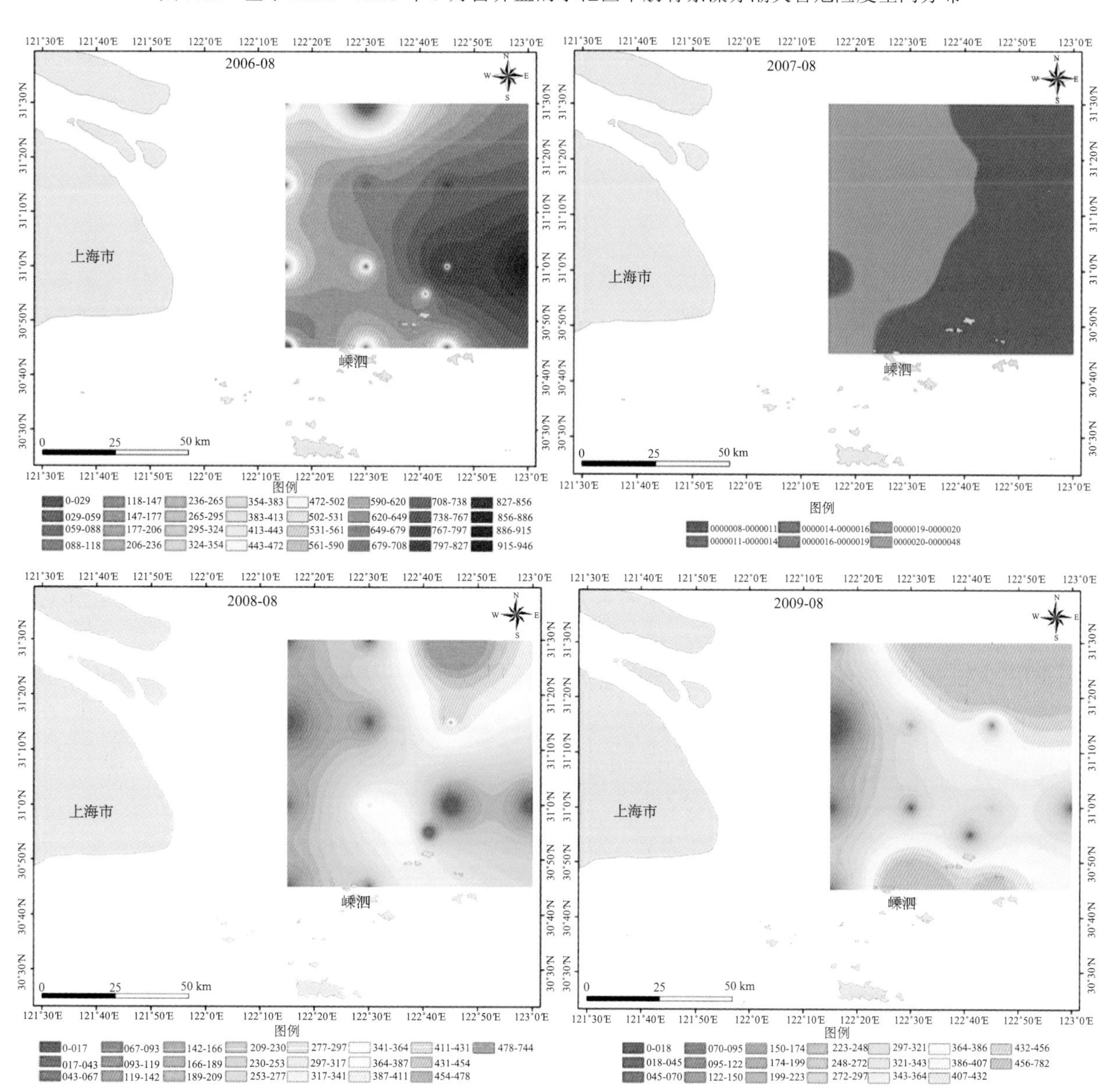

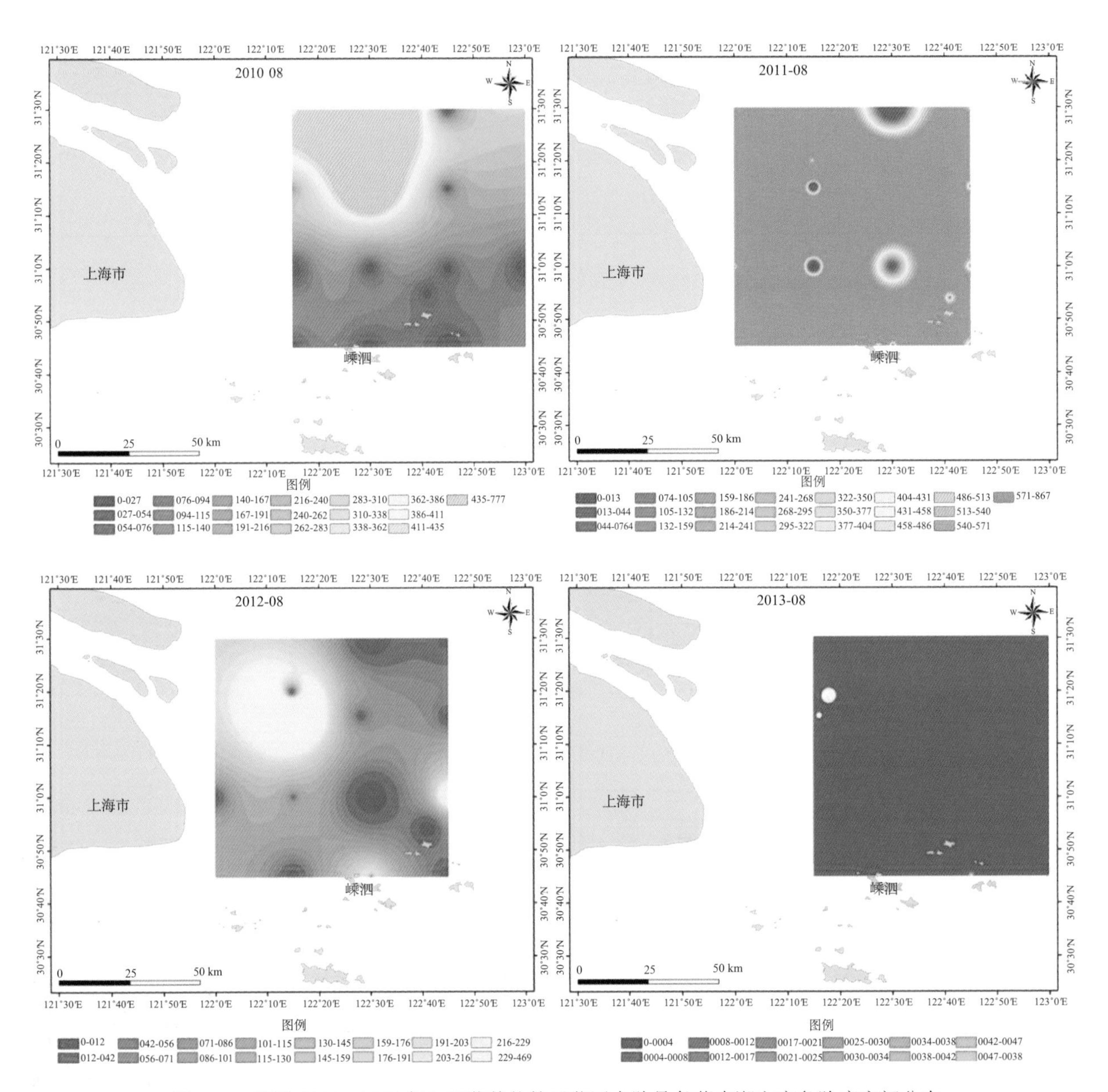

图 7.83 基于 2006～2013 年 8 月营养盐的示范区中肋骨条藻赤潮灾害危险度空间分布

2) 示范区承灾体易损度空间分布

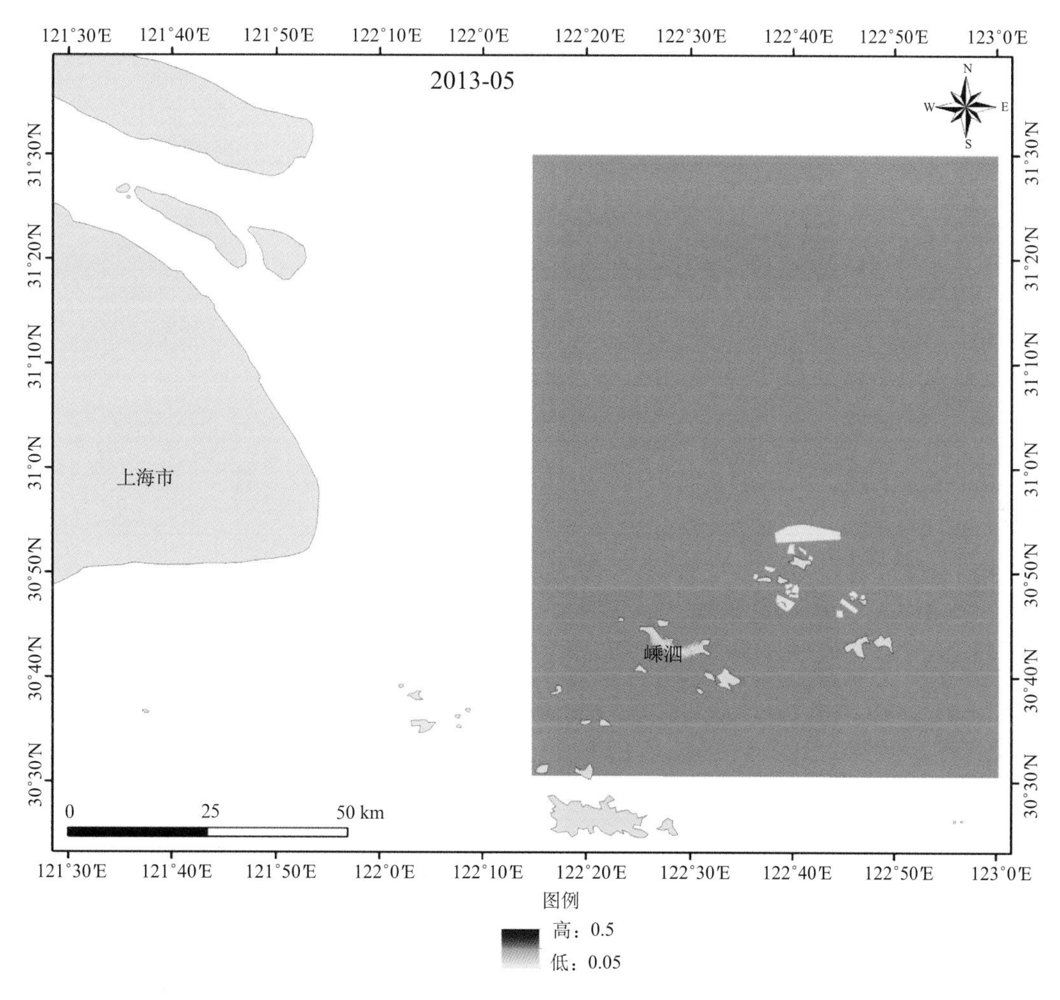

图 7.84 示范区无毒无害赤潮的承灾体易损度的空间分布

3) 示范区赤潮灾害风险空间分布

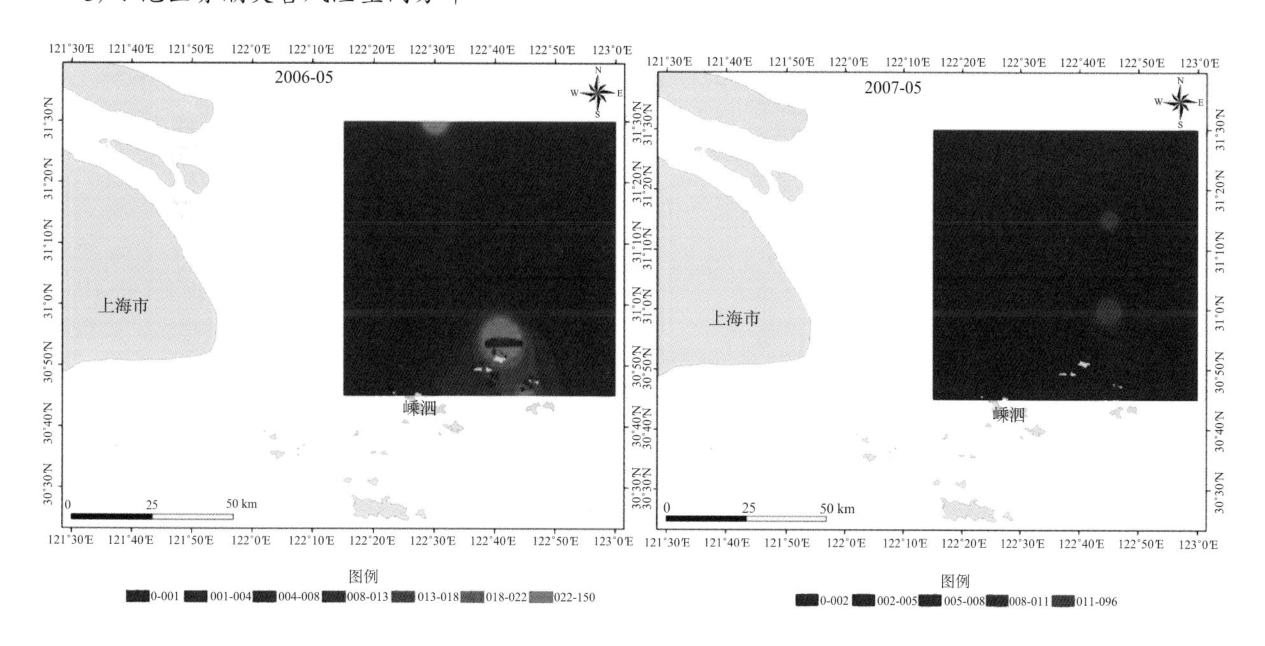

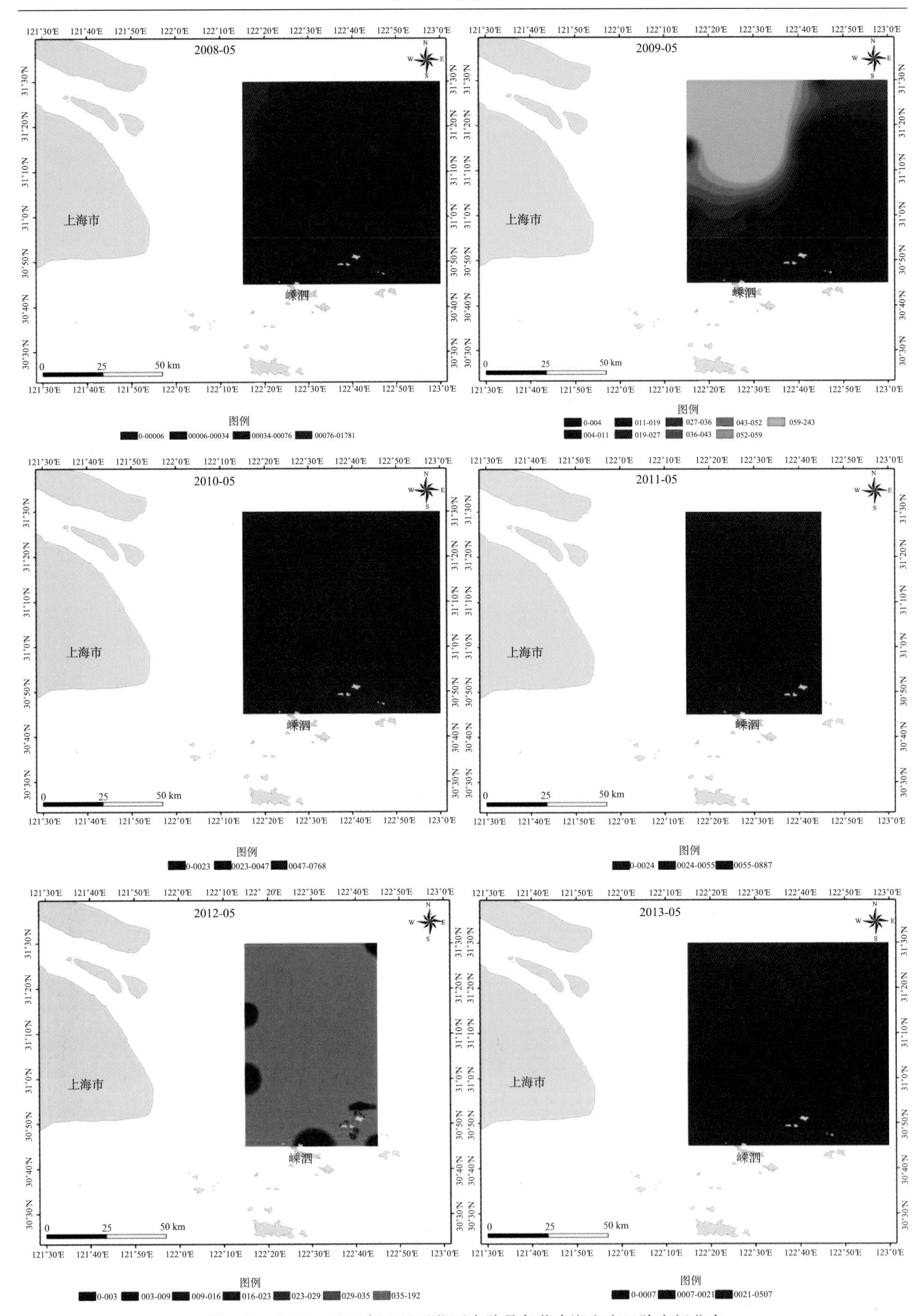

图 7.85　2006～2013 年 5 月示范区中肋骨条藻赤潮灾害风险空间分布

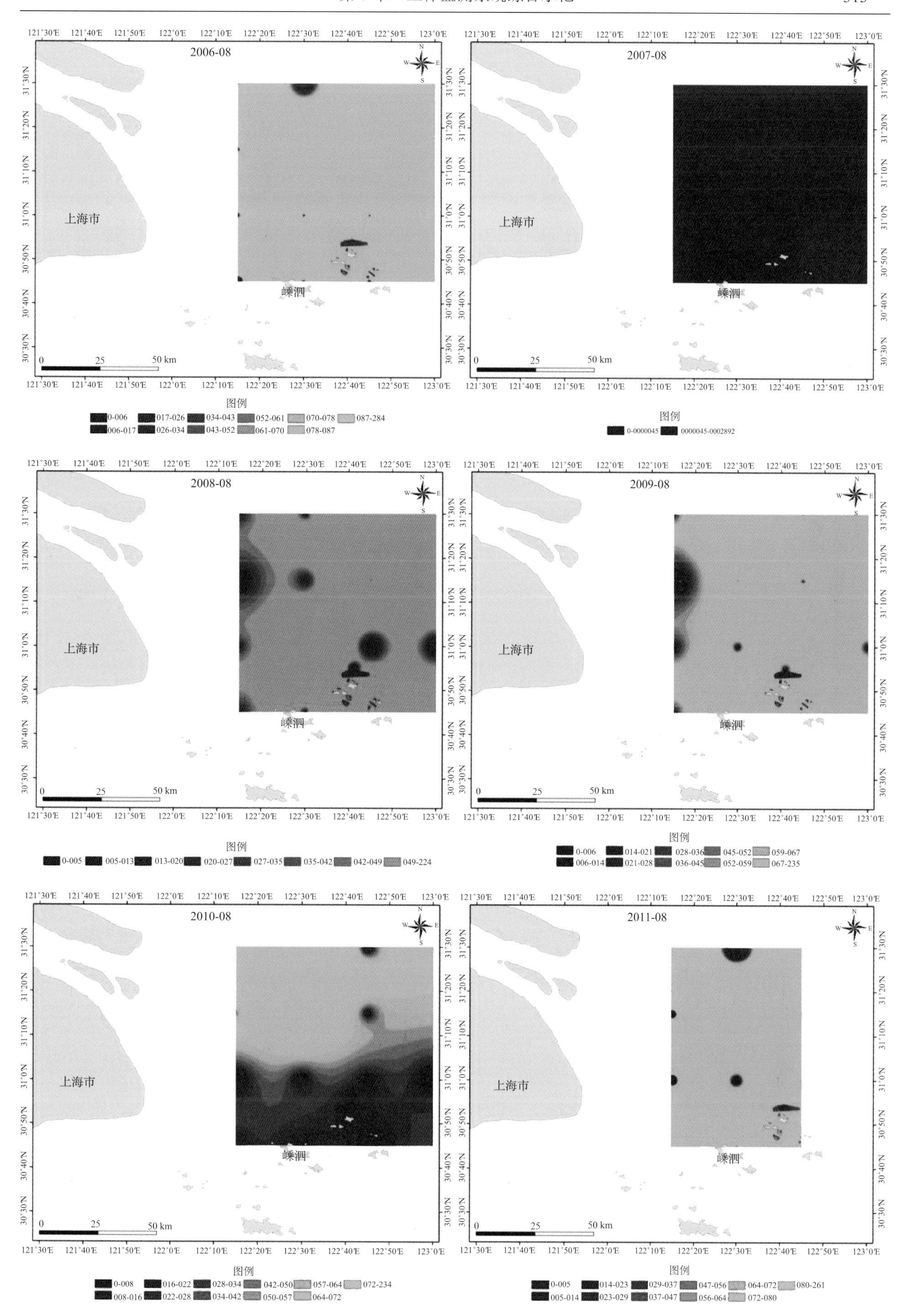
2006-08
上海市
嵊泗
0 25 50 km
图例
0-006 017-026 034-043 052-061 070-078 087-284
006-017 026-034 043-052 061-070 078-087
2007-08
上海市
嵊泗
0 25 50 km
图例
0-0000045 0000045-0002892
2008-08
上海市
嵊泗
0 25 50 km
图例
0-005 005-013 013-020 020-027 027-035 035-042 042-049 049-224
2009-08
上海市
嵊泗
0 25 50 km
图例
0-006 014-021 028-036 045-052 059-067
006-014 021-028 036-045 052-059 067-235
2010-08
上海市
嵊泗
0 25 50 km
图例
0-008 016-022 028-034 042-050 057-064 072-234
008-016 022-028 034-042 050-057 064-072
2011-08
上海市
嵊泗
0 25 50 km
图例
0-005 014-023 029-037 047-056 064-072 080-261
005-014 023-029 037-047 056-064 072-080

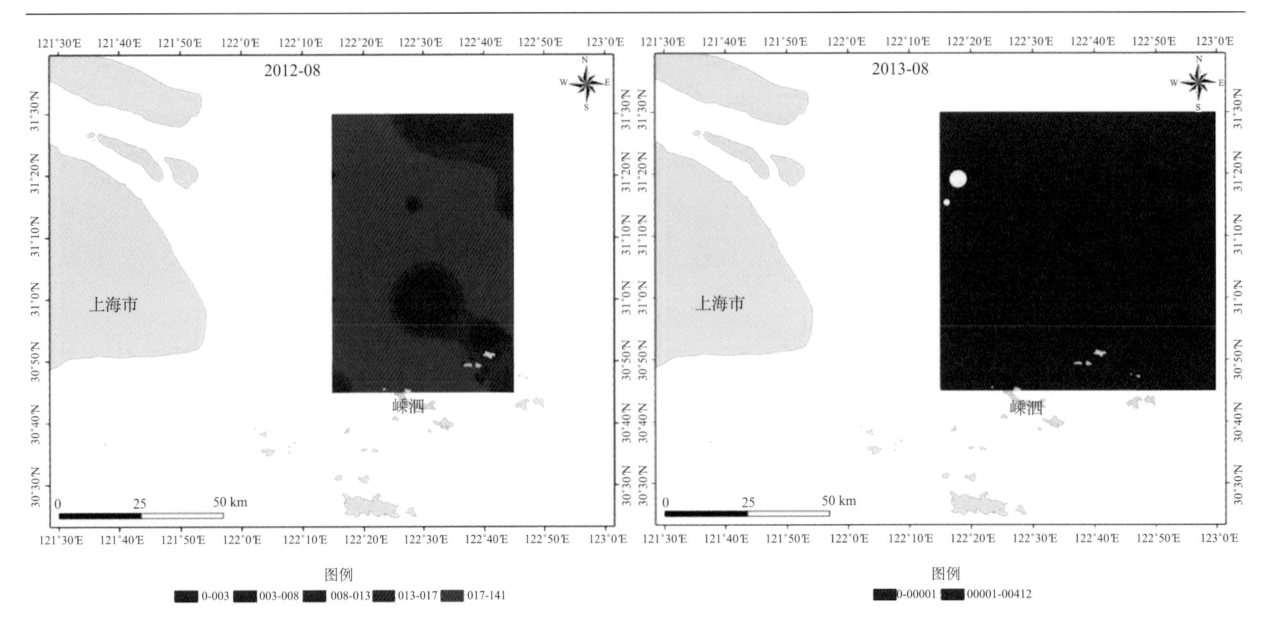

图 7.86　2006～2013 年 8 月示范区中肋骨条藻赤潮灾害风险空间分布

应用建立的“赤潮灾害风险评估模型”和赤潮灾害危险度评估方法，开展了 2006～2013 年东海示范区海域赤潮灾害风险评估。赤潮灾害危险度评估是指评估研究区内赤潮灾害发生的可能性(概率)，取值为 0～1，0 表示赤潮不可能暴发，1 表示赤潮已发生。

赤潮灾害危险度计算：根据数据与评估方法，得到评估区内赤潮灾害危险度的空间分布(详见 3.4.2 节)。从评估结果上可知，2006～2013 年的 5 月和 8 月的赤潮灾害危险度均小于 1，即赤潮尚未发生。

各年各月赤潮发生次数：对赤潮记录历史统计资料数据进行整理，得到评估区内 2006～2013 年各月的赤潮发生情况，如表 7.35 所示。

表 7.35　2006～2013 年东海示范区海域赤潮灾害危险度评估

年份	5 月		8 月	
	危险度评估结果（最大值）	赤潮记录发生次数	危险度评估结果（最大值）	赤潮记录发生次数
2006	0.5	1	0.946	0
2007	0.318	0	0.000048	0
2008	0.594	2	0.744	0
2009	0.81	1	0.782	1
2010	0.256	0	0.777	0
2011	0.297	0	0.867	0
2012	0.638	0	0.469	0
2013	0.169	0	0.014	0

将各年各月的赤潮灾害危险度评估结果与各年各月赤潮发生次数进行验证，由于各年各月的赤潮灾害危险度评估结果均小于 1，因此，研究区内的赤潮发生次数为 0 的，表明得到的赤潮灾害危险度评估结果正确；反之为不正确。

由表 7.35 可知，开展赤潮灾害风险评估 16 次，其中评估正确 12 次，不正确 4 次，统计得到赤潮灾害风险评估准确率为 75%。

7.4　系统综合示范

7.4.1　示范区选择

1. 示范区选划原则和依据

示范区的选划主要遵循“必要性、代表性、适宜性”的原则，以满足项目研究的需求，实现示范区海域赤潮的实时监测和有效预警为目标。“海上示范区”根据国家海洋局东海环境监测中心对东海赤潮监控区业务化监测资料，确定赤潮多发区域作为赤潮实时监测与预警系统的示范区，即海上示范区，实现对船载监测系统、岸基监测系统、浮标监测系统、遥感监测系统、赤潮灾害预警预报技术、数据通信和系统集成、赤潮运行服务信息系统等“稳定性、协调性”的示范、运行，实现对示范区海域发生的赤潮进行实时监测与预警。

1) 赤潮发生频率高、规模大

长江口海域包括长江河口区、冲淡水区和外海海域，具有营养盐丰富、盐度变化大等特点，水文状况复杂多变，极易发生赤潮，是我国主要的赤潮多发区之一。据统计，东海区历史上 40%以上的赤潮事件发生在长江口赤潮多发区，赤潮多发区主要位于 30°30′～32°N、124°E 以西海域(图 7.87 和图 7.88)。

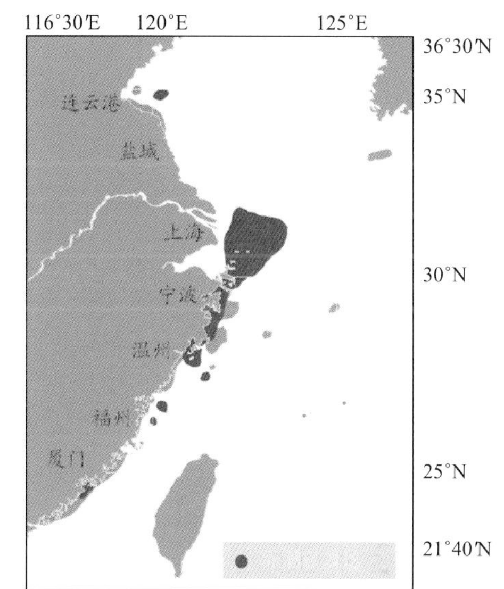

图 7.87　东海区赤潮多发区示意图

自 1972 年 8 月在长江口外海域首次报道束毛藻(*Trichodesmium* sp.)赤潮以来，特别是 20 世纪 90 年代以后，赤潮发生频率骤增。据不完全统计，至 2009 年，该海域共发生赤潮 146 次，进入 21 世纪的 10 年间共发生 79 次，呈明显的上升趋势(图 7.89)。

至 2009 年，长江口海域大面积赤潮(>1 000 km^2)共发生 21 起，主要出现在 2000 年之后，占已发生赤潮总数的 14.4%。大面积赤潮主要出现在长江口至舟山群岛附近海域，主要影响上海及浙江海域。其中，影响面积最大的一次是 7 000 km^2，发生于 2005 年 5 月，赤潮生物为具齿原甲藻和米氏凯伦藻。

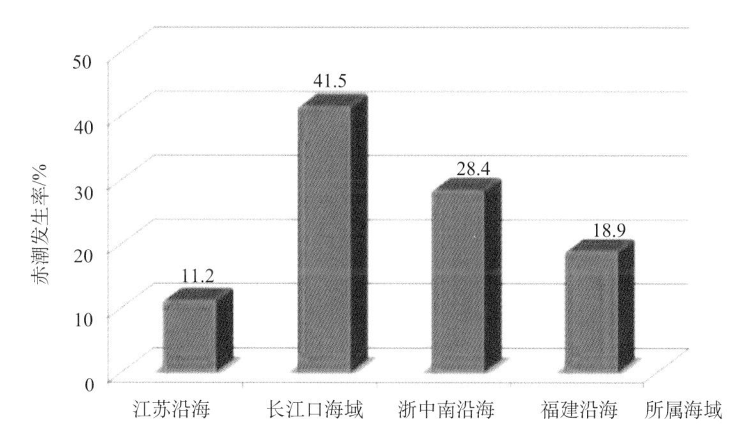

图 7.88　东海区赤潮发生率示意图

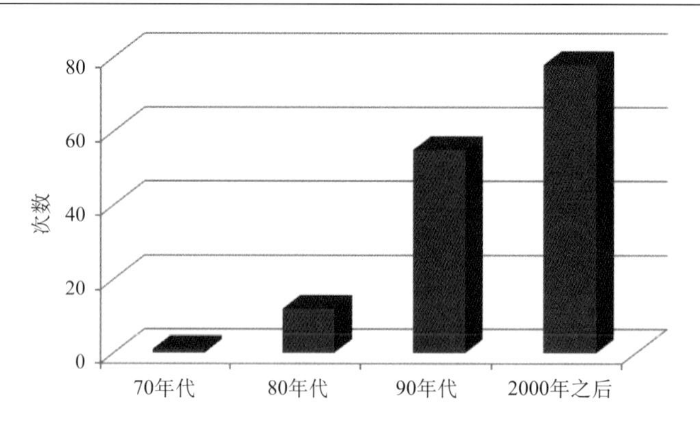

图 7.89　长江口海域赤潮发生统计

项目示范区拟选海域是长江口赤潮多发区中的高发区，赤潮发生最为频繁，且该海域赤潮发生的规模均较大，长江口海域有记录以来的大面积赤潮(>1 000 km^2)基本发生在该海域(图 7.90)。因此，在此赤潮高发区域设立示范区具有必要性和代表性，更能符合项目设立赤潮实时监测与预警系统示范区的目的，有利于实现长江口重大海洋赤潮灾害的早期预报、及时发现和及早预警，为赤潮防灾减灾和应急处置提供有效的信息服务。

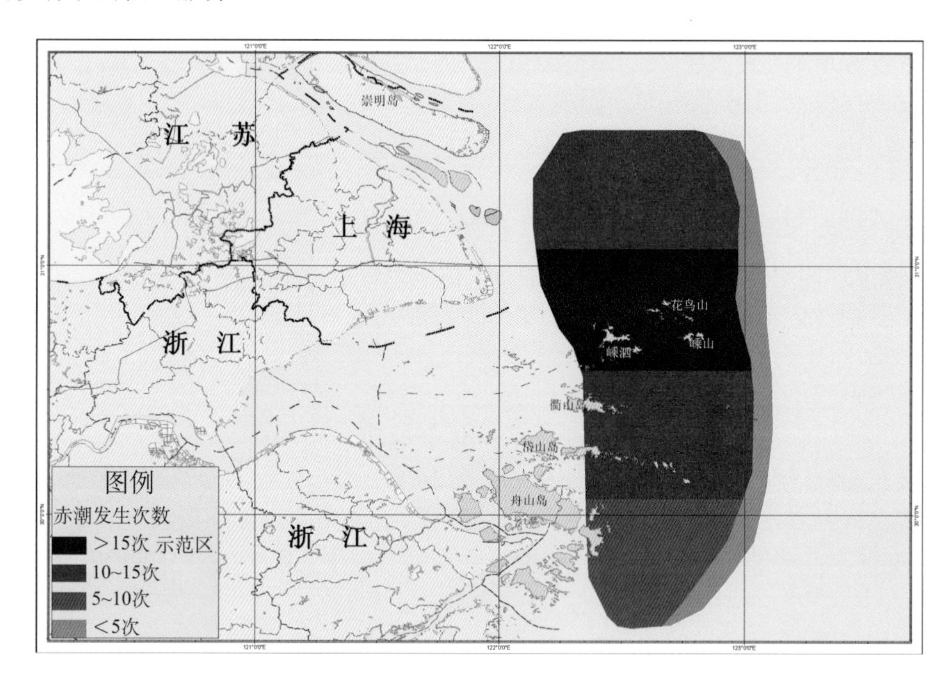

图 7.90　长江口赤潮高发区示意图

2) 区位重要性凸显，海水养殖发达

随着长三角地区经济快速发展与海洋开发活动日趋活跃，长江口海域的赤潮问题已成为以上海市为中心的长三角地区社会经济发展所面临的一个重要问题，逐渐威胁到国民经济可持续发展的海洋生态环境基础。同时，上海作为一个国际化大都市，加强赤潮监视监测，开展赤潮预警预测，是保障人民生活质量的需要，是维护国际大都市社会文明的需要，是海洋经济可持续发展的需要，是保护和建设海洋生态环境的需要。

海上示范区核心区域——嵊泗处于亚太经济发展的重点地带，是我国 18 000 km 的海岸线的中心点，长江、钱塘江的交汇处，是沪杭甬之屏障，我国沿海经济发展“T”字型结构枢纽点，是我国海上南北交通的中心、江海联运的枢纽，是国内外海轮进出长江口的必经之地。该海域由于流系复杂，加之海岛众多，生物多样性丰富，是我国长江口渔场和舟山渔场的相接海域，也是我国最重要的渔场之一。随着长三角地区社会经济的快速发展，入海污染物不断增加，海域富营养化问题日趋严重，导致赤潮频发，且呈逐年上升趋势，影响范围不断扩大、持续时间延长，对海洋生态环境和渔业资源构成了严重威胁。

核心区域嵊泗县是全国10个海洋渔业重点县之一，海水养殖是该海域渔业生产的重要组成部分。渔业生产已形成捕养结合、多种生产作业并举、近外海全面发展的格局。2003年，嵊泗县的海水养殖面积达9.73 km^2，养殖产量达4万多吨，占渔业生产总量的17%。2011年全县海水养殖面积为17.87 km^2，其中，贻贝养殖面积16.67 km^2，贻贝产量约4.8万t，已形成了以浅海延绳式贝类养殖为主，深水网箱鱼类养殖、岛礁增殖、人工鱼礁、陆基工厂化养殖为辅的多种养殖方式。另外，还有牡蛎、梭子蟹、鲍鱼、小刀蛏、彩虹明樱蛤、大黄鱼、黑鲷、鲈鱼等十多个品种。

从嵊泗海产品市场销售交易情况看，其交易市场主要面向以上海市为中心的长三角地区。随着洋山深水港和东海大桥的建成，嵊泗与上海乃至长三角地区之间的海产品运输网络进一步拓展，根据《嵊泗县商贸流通业发展规划(2010～2015年)》，嵊泗县将进一步提升东海水产品的交易市场，加大投入，增大市场规模，在以上海为中心的长三角地区建设专卖市场网络体系。

因此，在此设立示范区意义重大，在海水养殖业发达的区域开展赤潮监测与预警系统示范具有一定的必要性和代表性，通过示范区的赤潮监测和早期预警报可以减少因赤潮给养殖业带来的直接经济损失，防止赤潮毒素引起的食品卫生安全事故。

3）便于示范运行和管理

拟选海上示范区虽然远离大陆，但是地处嵊泗列岛附近海域，岛屿众多，500 m^{2}以上岛屿达400余个，常住人口岛屿18个。将生态浮标和光学浮标布放在嵊山、花鸟山、绿华山等附近海域，无论是前期布放，还是后期维护，可便利地租用渔船进行，也可在岛上瞭望看护。同时，该海域海水透明度较高，水深条件适宜，布放区域的海域开阔，并避开海上航运等影响，利于大型浮标的布放和正常运行，也利于光学浮标获取相关监测数据。

同时，协作单位舟山市海洋环境监测中心下属的嵊泗海洋环境监测站分别在嵊泗菜园镇和嵊山镇建有常规的化学和生物实验室，具备开展营养盐、溶解盐、COD等常规化学要素分析、赤潮生物现场鉴定和海洋常规观测的能力。项目将通过对实验室的改造，并加配一部分现场快速监测仪器设备，改建成岸基站实验室，使之成为示范区系统中的有机组成部分。

另外，示范区海域区域开阔，无干扰因素，卫星通信条件良好，利于大型浮标和船舶监测数据的实时传输。2009年年底，浙江舟山嵊山WCDMA超远程基站开通，网络覆盖范围(半径)超过80 km，HSDPA业务平均速率达到2.411 Mbps，在此区域内的绿华、花鸟、嵊山海域通信情况良好，该超远程基站已为海上航行、渔业操作、海上监管等领域提供了良好的通信服务和安全保障，也将为本项目的浮标监测数据的实时传输提供通信保障。

因此，该区域自然和社会条件适宜，示范区的设立有利于日后的示范运行和管理，便于浮标的布放和维护，以及长期、稳定、连续的监测数据的实时获取。

4）赤潮监控区业务化工作中具有示范推广意义

2003年起，国家正式启动了全国赤潮灾害业务化监测计划。在巩固赤潮预防、控制和治理工作所取得成果的基础上，扩大赤潮监控区范围，以监控区赤潮监测预警和防灾减灾为重点，有力促进海洋经济和社会的协调发展。海上示范区拟选海域内设立了长江口赤潮监控区和嵊泗赤潮监控区，邻近海域设有岱山赤潮监控区和普陀赤潮监控区等，在赤潮多发期开展每月两次的监测。

尽管我国已积累了相当多的技术储备，但这些成果并未体现在赤潮监控区业务化工作中，当前赤潮信息处理、评价和管理水平低，赤潮预警报和赤潮毒素快速检测技术没有取得突破的现状已不能满足灾害应急工作的要求。因此，依托现有的业务化工作平台建立的示范区系统，实现对重大赤潮的实时监控，为示范区业务化运行的顺利实施提供保障，丰富赤潮监控区监测手段，显著提升现有赤潮监控区实时监控的业务化能力与水平，提高赤潮监控的响应时效、数据集成和预警报能力，在全国的赤潮监控区监测业务化工作中具有示范推广意义。

2. 示范区的划定

选定的赤潮灾害实时监测与预警系统示范区位于长江口赤潮多发区，具体地理位置和范围见表7.36。示范区海域的范围为122°25′～122°57′ E，30°31′～30°58′ N，覆盖了长江口赤潮多发海域的赤潮高发区，海域东西跨度约 50 km，南北跨度约 50 km，面积为 2530 km^2。示范区核心区域主要位于沪、浙海域交界处的嵊泗县花鸟山和绿华山附近海域，距离陆地(上海南汇嘴)约为 65 km。

表 7.36　海上示范区边界拐点坐标

拐点	东经	北纬	备注
A	122°25′	30°58′	
B	122°57′	30°58′	
C	122°25′	30°31′	
D	122°57′	30°31′	

海上示范区建立后，将应用并集成“赤潮快速监测与检测技术”“赤潮遥感监测技术”和“赤潮预警预报、应急及损害评估技术”的仪器设备和技术。海上示范区主要设施包括大型浮标 1 只、光学浮标 1 只、生态浮标 2 只，岸基站实验室 1 个；赤潮实时监测船舶 1 艘。其中，岸基实验室为在舟山市海洋环境预报中心——嵊泗海洋站的基础上进行改造和升级；船舶经改造后，装备海水样品自动采集、预处理和分配系统，配备赤潮监测的仪器设备，并建设船载实时监测数据传输系统，实现赤潮应急监测和监测数据实时传输。

示范区通过布放大型浮标、光学浮标和生态浮标等浮标平台，运行岸基站和船载监测系统，有效地应用赤潮各类预报模型，实现示范区海域的赤潮实时监测与准确预警能力，为沿海地方政府对赤潮灾害的应急处置提供有效的信息服务。

7.4.2　综合示范案例

整个系统集成的所有成果最终都在基于 GIS 的赤潮运行服务信息系统里得到体现和应用。在示范运行中，实实在在地通过这套系统中的浮标监测平台、岸基站监测平台、赤潮预警报模型、赤潮遥感监测平台成功预报、监测和验证了几起赤潮事件。

1. 综合示范案例 1

以 2013 年 7 月 2～7 日赤潮发生过程为例(图 7.91)，介绍系统示范运行过程。

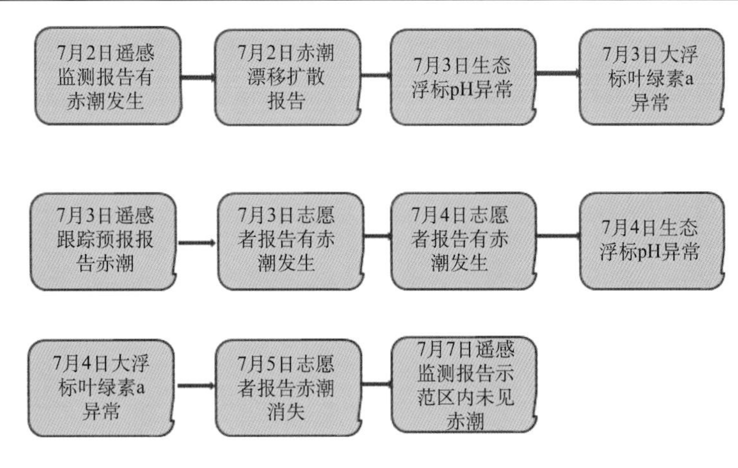

图 7.91　赤潮发生过程

1）遥感监测报告示范区有赤潮发生

2013 年 7 月 2 日遥感监测报告示范区赤潮分布图如图 7.92 所示。

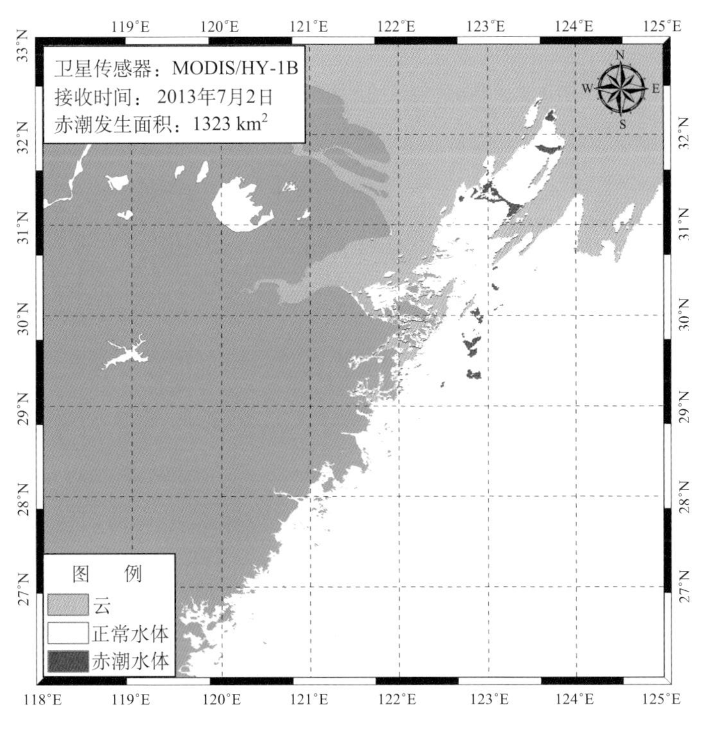

图 7.92　2013 年 7 月 2 日遥感监测报告示范区赤潮分布图

2）赤潮漂移扩散报告赤潮偏移方向

根据于 2013 年 7 月 2 日利用 MODIS-Aqua 卫星数据对我国东海海区进行的赤潮遥感监测，发现我国长江口以东海域出现疑似赤潮，分布面积为 1 323 km^2，24 小时、48 小时后向东北方向偏移。

3）生态浮标监测 pH 异常

2013 年 7 月 3 日，生态浮标监测 pH 异常(图 7.93)。

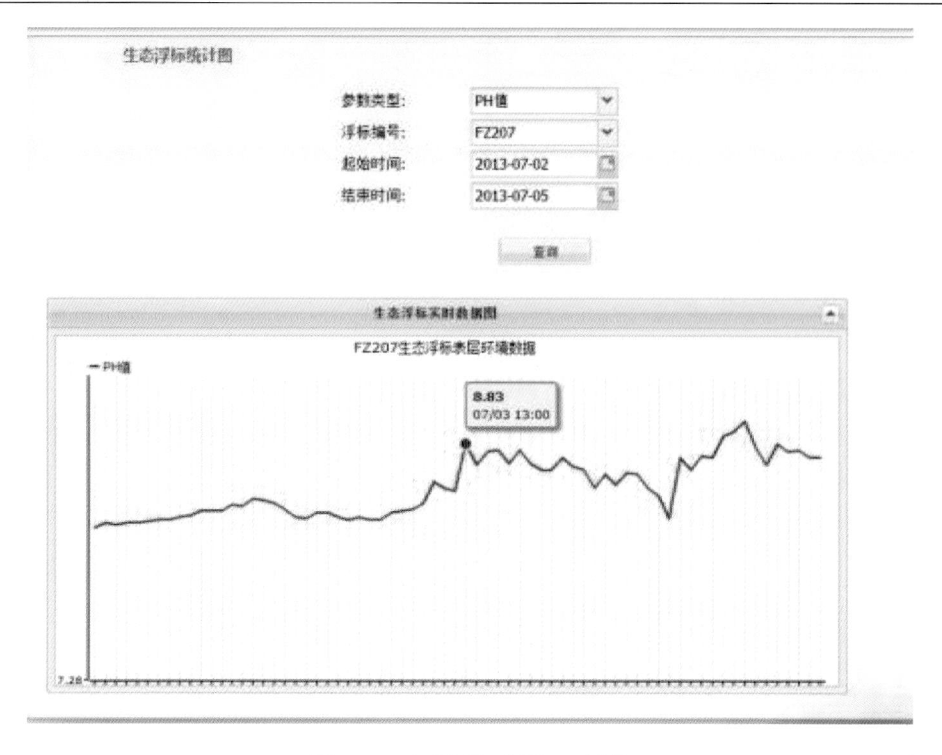

图 7.93　生态浮标监测 pH 异常

4）大浮标监测叶绿素 a 异常

2013 年 7 月 3 日，大浮标监测叶绿素 a 异常(图 7.94)。

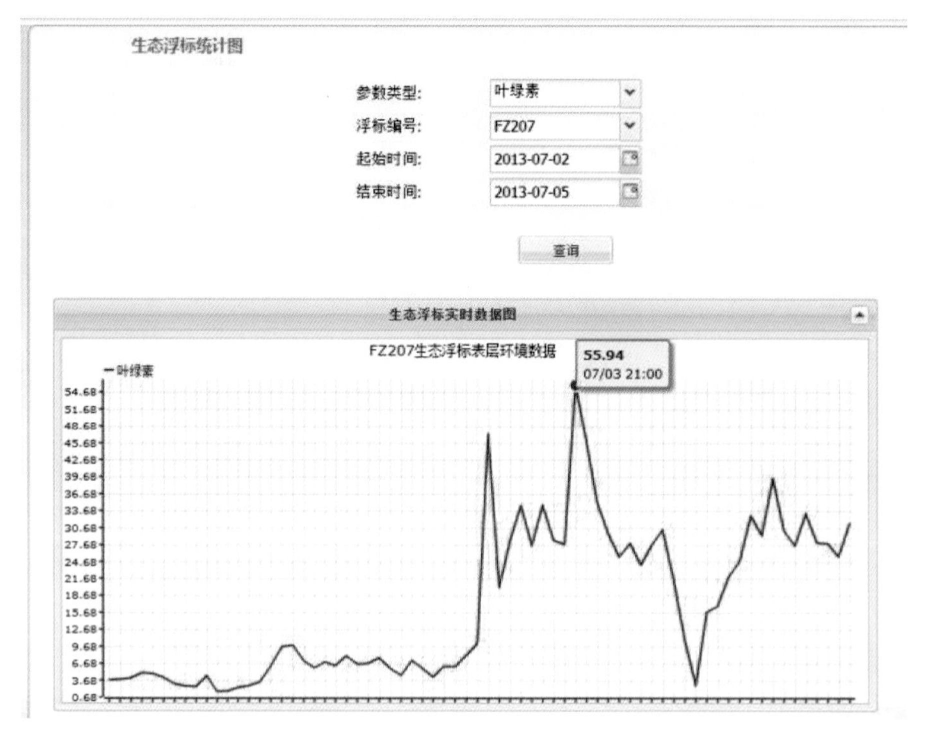

图 7.94　大浮标监测叶绿素 a 异常

5）遥感跟踪预报报告示范区有赤潮

2013 年 7 月 3 日遥感跟踪预报报告示范海域近期水色(叶绿素 a 浓度)介于 2.5～12.5 μg/L，水温介于 15.6～27.7 ℃。近期在东海海域监测到赤潮 9 062 km^2，其中，示范海域 9 km^2。

如果天气和海况条件维持相对稳定，东海海域赤潮将持续和发展。2013 年 7 月 4 日东海海域潜在赤潮发生区域如图 7.95 所示，区域面积约 3 980 km^2，其中，示范海域约 0 km^2。

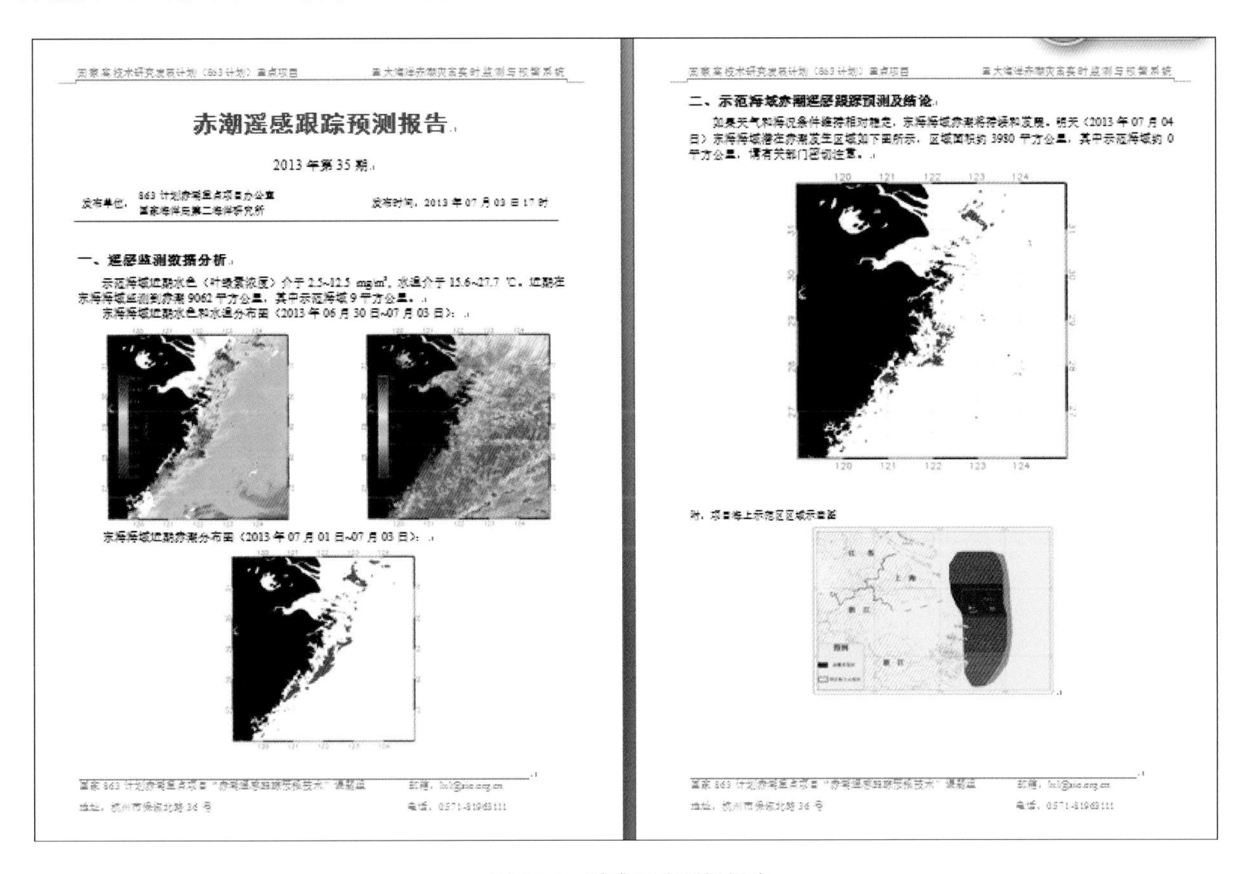

赤潮遥感跟踪预测报告

2013 年第 35 期

发布单位：863 计划赤潮重点项目办公室
国家海洋局第二海洋研究所

发布时间：2013 年 07 月 03 日 17 时

一、遥感监测数据分析

示范海域近期水色（叶绿素浓度）介于 2.5~12.5 mg/m³，水温介于 15.6~27.7 ℃。近期在东海海域监测到赤潮 9062 平方公里，其中示范海域 9 平方公里。

东海海域近期水色和水温分布图（2013 年 06 月 30 日~07 月 03 日）：

东海海域近期赤潮分布图（2013 年 07 月 01 日~07 月 03 日）：

二、示范海域赤潮遥感跟踪预测及结论

如果天气和海况条件维持相对稳定，东海海域赤潮将持续和发展。明天（2013 年 07 月 04 日）东海海域潜在赤潮发生区域如下图所示，区域面积约 3980 平方公里，其中示范海域约 0 平方公里，请有关部门密切注意。

图 7.95　遥感跟踪预报报告

6）志愿者报告发现赤潮

2013 年 7 月 3 日、7 月 4 日，志愿者报告有赤潮发生(图 7.96)。

7）生态浮标监测 pH 异常

2013 年 7 月 4 日生态浮标监测 pH 异常(图 7.97)。

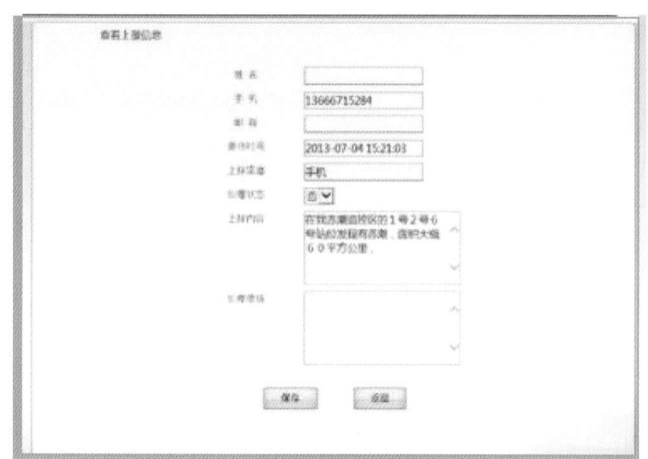

图 7.96　志愿者报告有赤潮发生

图 7.97　生态浮标监测 pH 异常

8）大浮标监测叶绿素 a 异常

2013 年 7 月 4 日大浮标监测叶绿素 a 异常(图 7.98)。

9）志愿者报告赤潮消失

2013 年 7 月 5 日志愿者短信报告赤潮消失(图 7.99)。

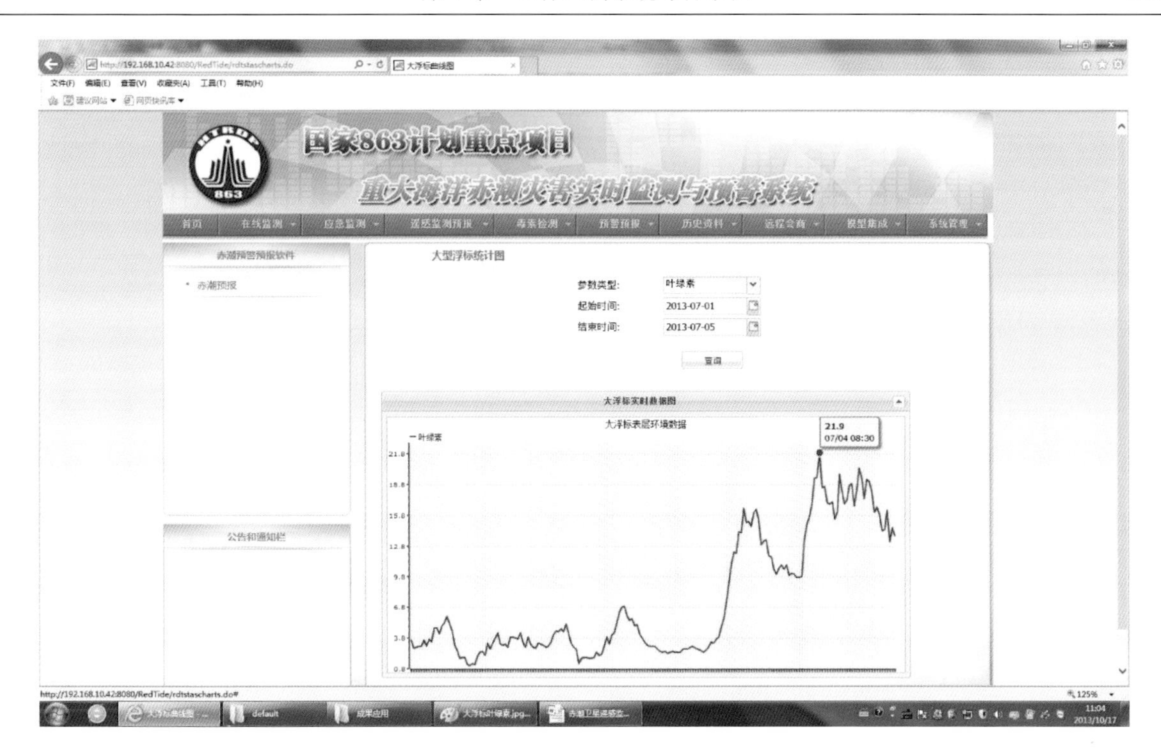

图 7.98　大浮标监测叶绿素 a 异常

图 7.99　志愿者短信报告赤潮消失

10）遥感监测报告示范区内未见赤潮

2013 年 7 月 7 日遥感监测报告其他海域有赤潮，但示范区内未见赤潮。

2. 综合示范案例 2

2013 年 7 月 31 日～8 月 3 日，遥感监测报告有赤潮发生(图 7.100～图 7.104)。7 月 31 日和 8 月 1 日赤潮不在示范区内；8 月 2 日，示范区内有赤潮。

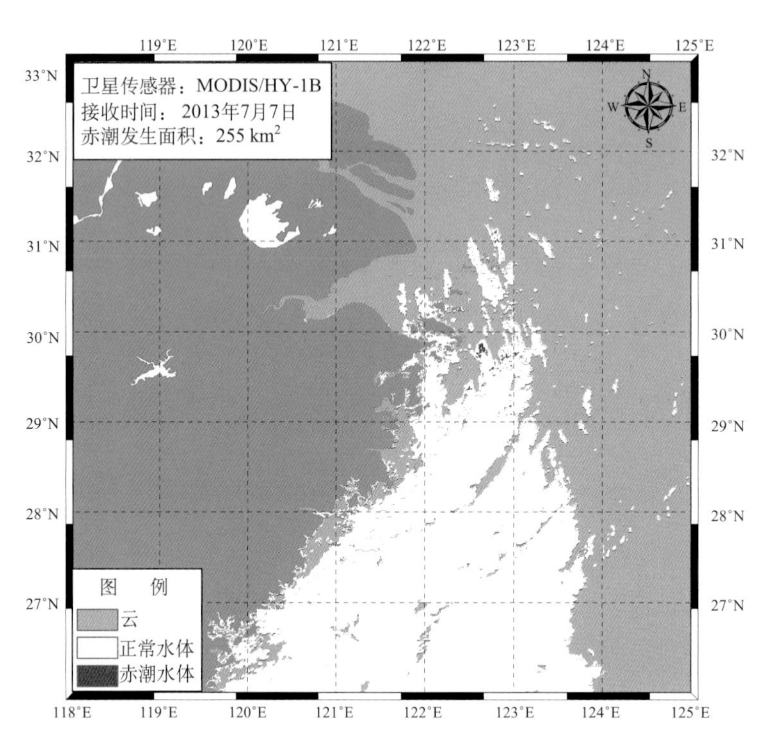

图 7.100　2013 年 7 月 7 日赤潮遥感监测报告图

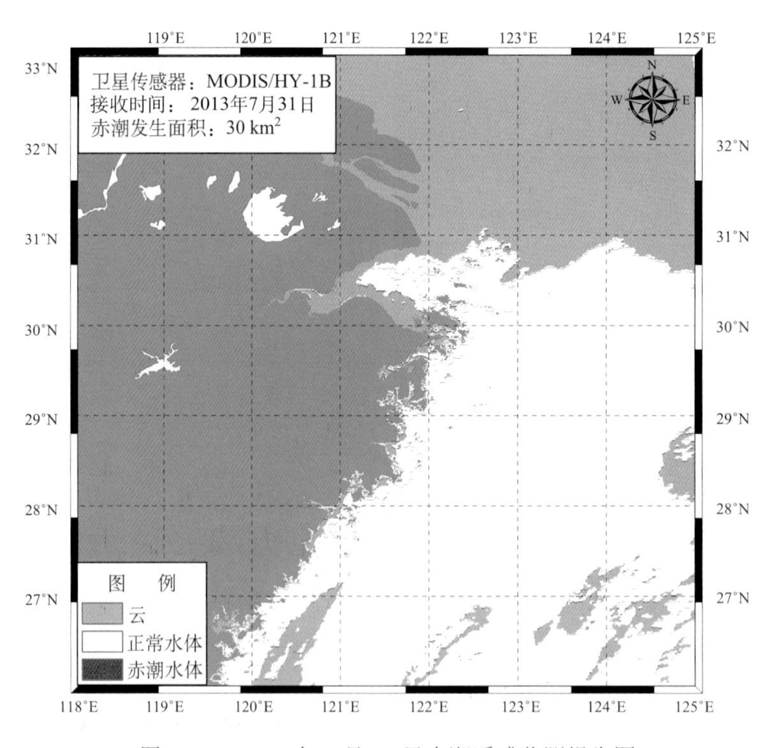

图 7.101　2013 年 7 月 31 日赤潮遥感监测报告图

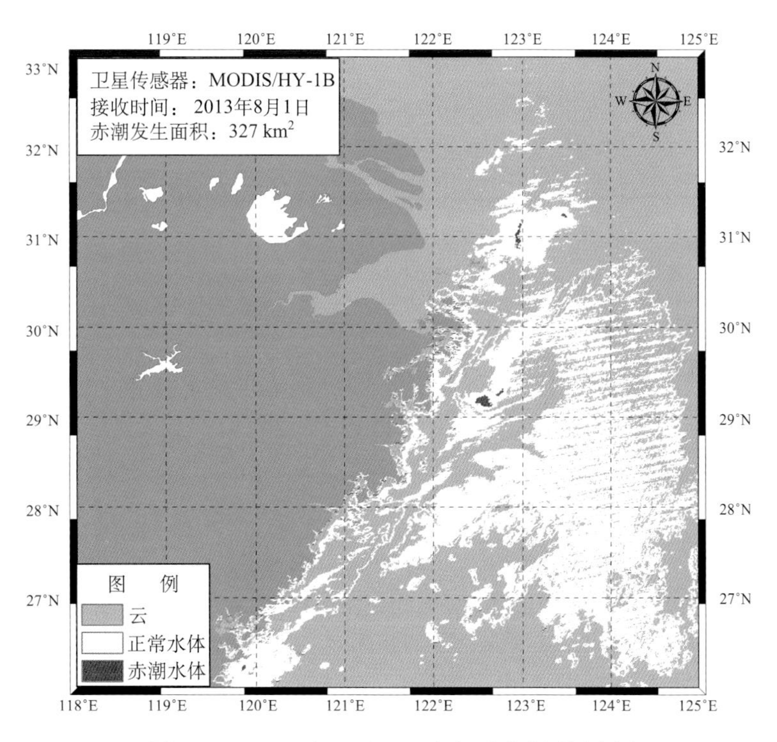

图 7.102　2013 年 8 月 1 日赤潮遥感监测报告图

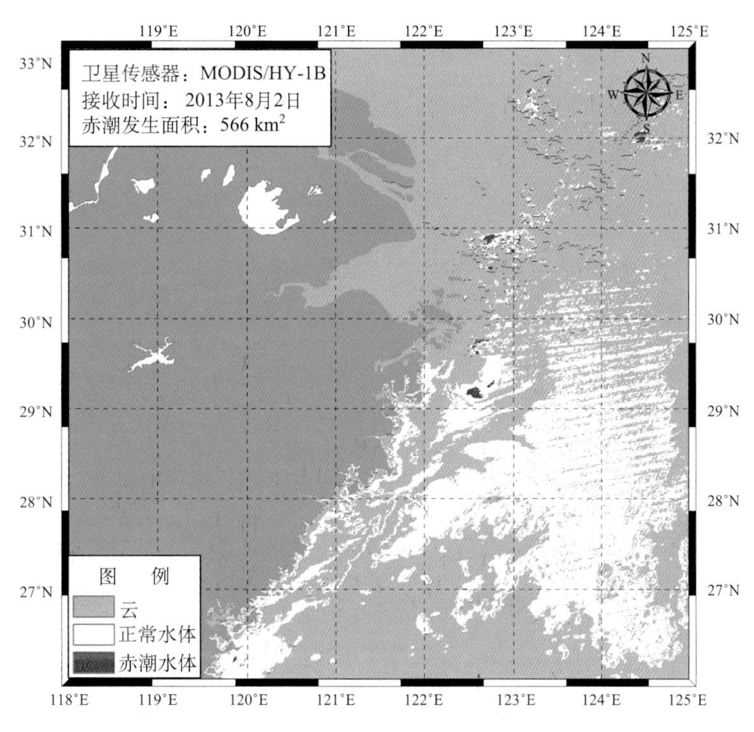

图 7.103　2013 年 8 月 2 日赤潮遥感监测报告图

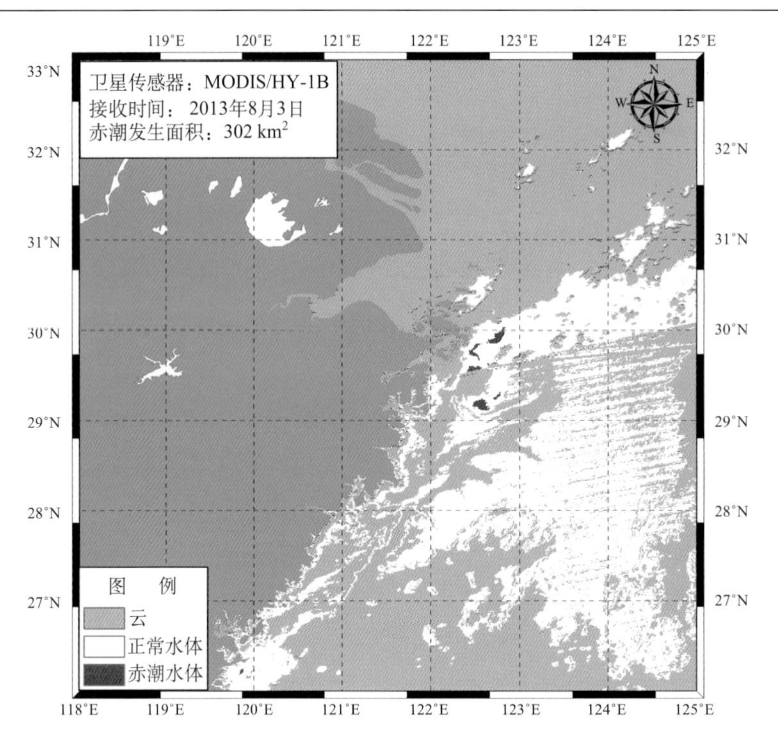

图 7.104　2013 年 8 月 3 日赤潮遥感监测报告图

7 月 31 日～8 月 2 日，生态浮标 pH、叶绿素 a、溶解氧异常(图 7.103～图 7.105)。

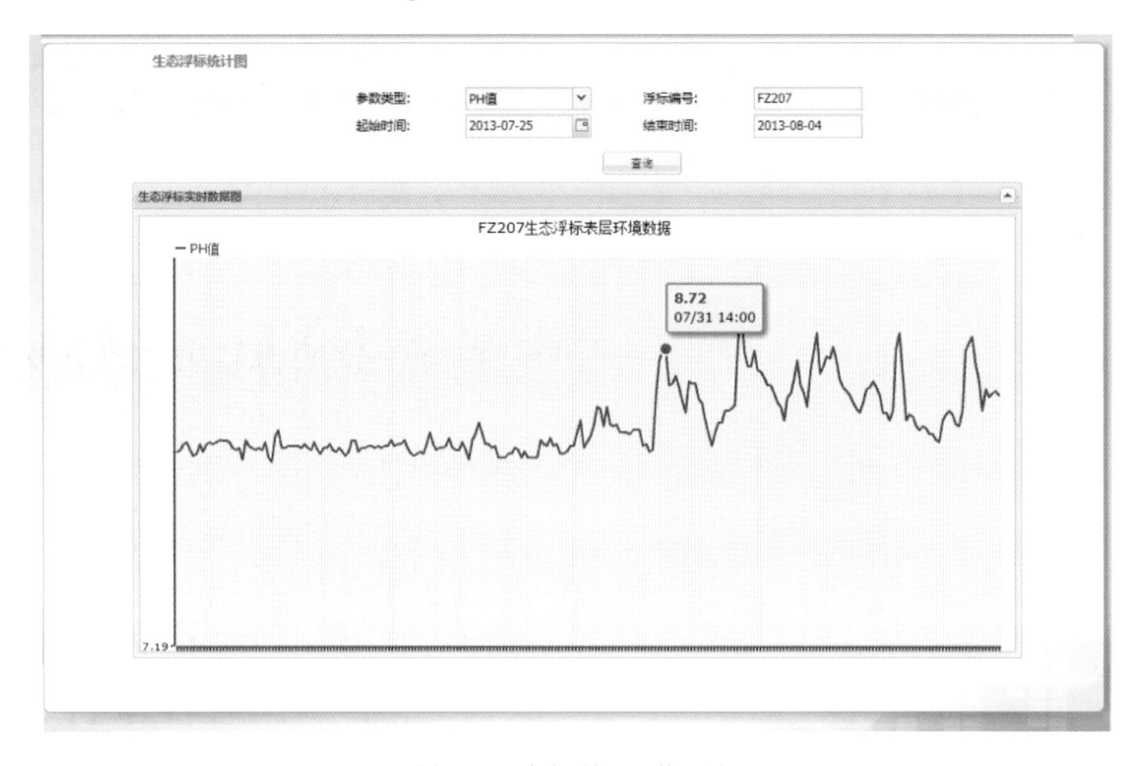

图 7.105　生态浮标 pH 统计图

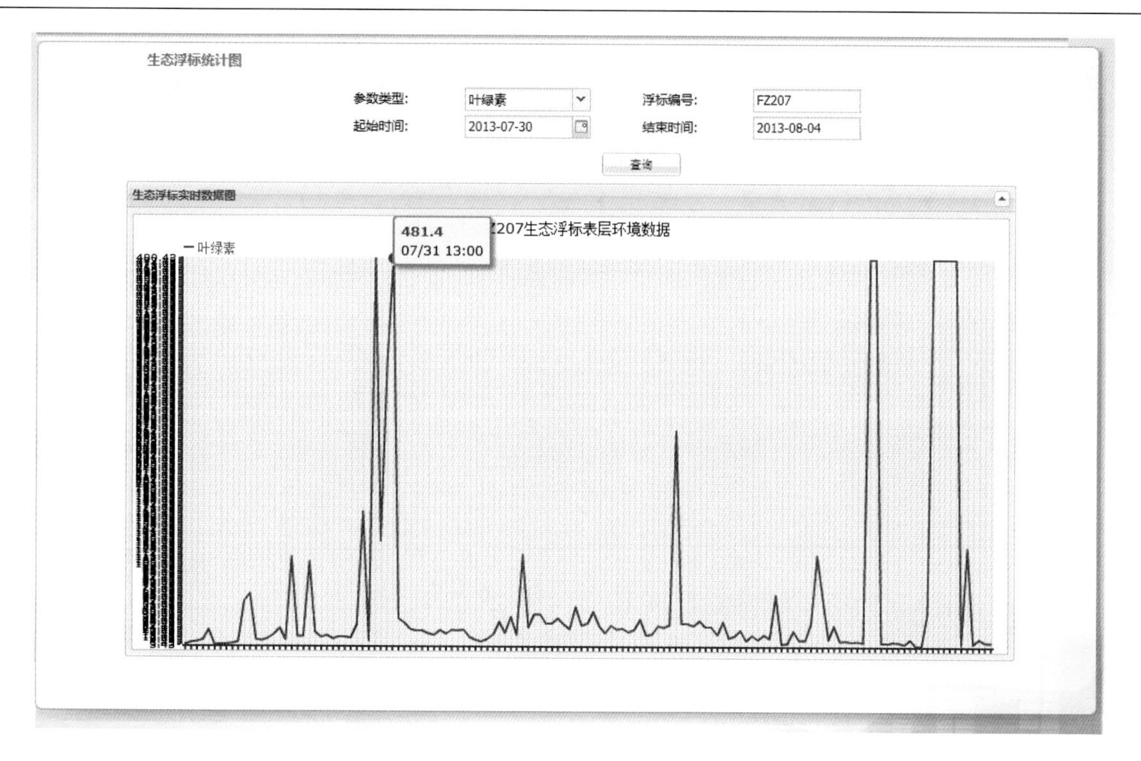

图 7.106　生态浮标叶绿素 a 统计图

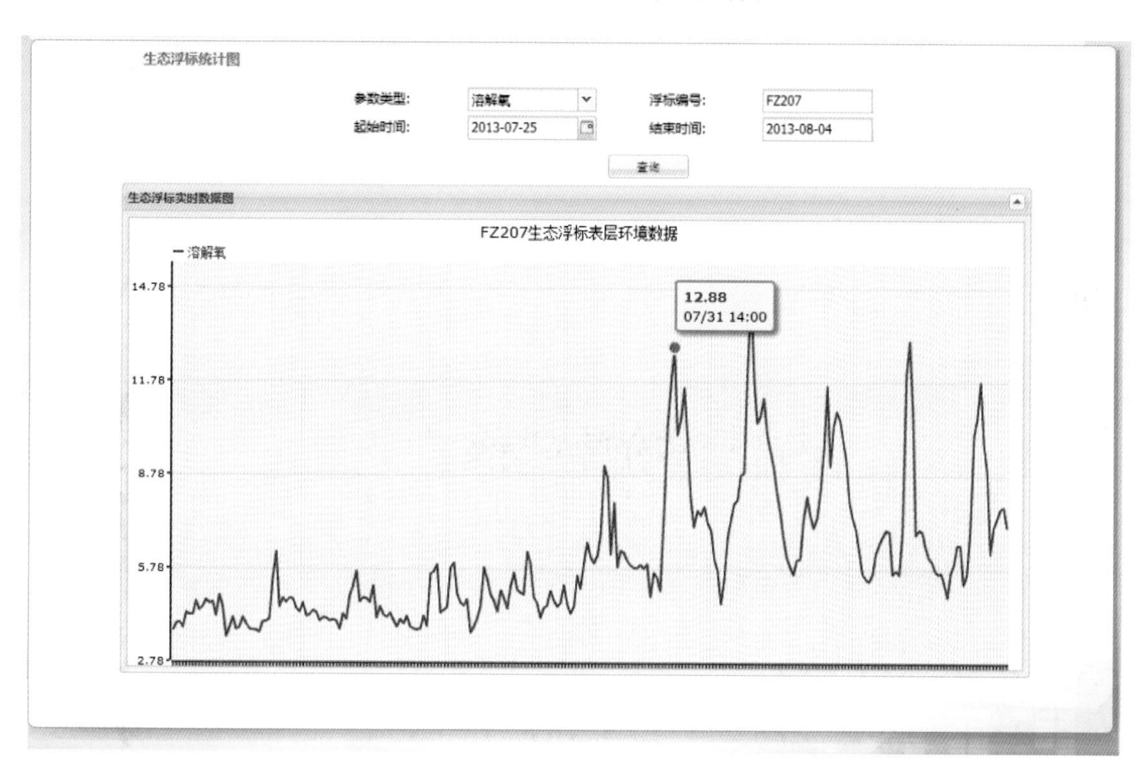

图 7.107　生态浮标溶解氧统计图

7 月 28 日～8 月 2 日，大浮标叶绿素 a、溶解氧异常(图 7.108 和图 7.109)。

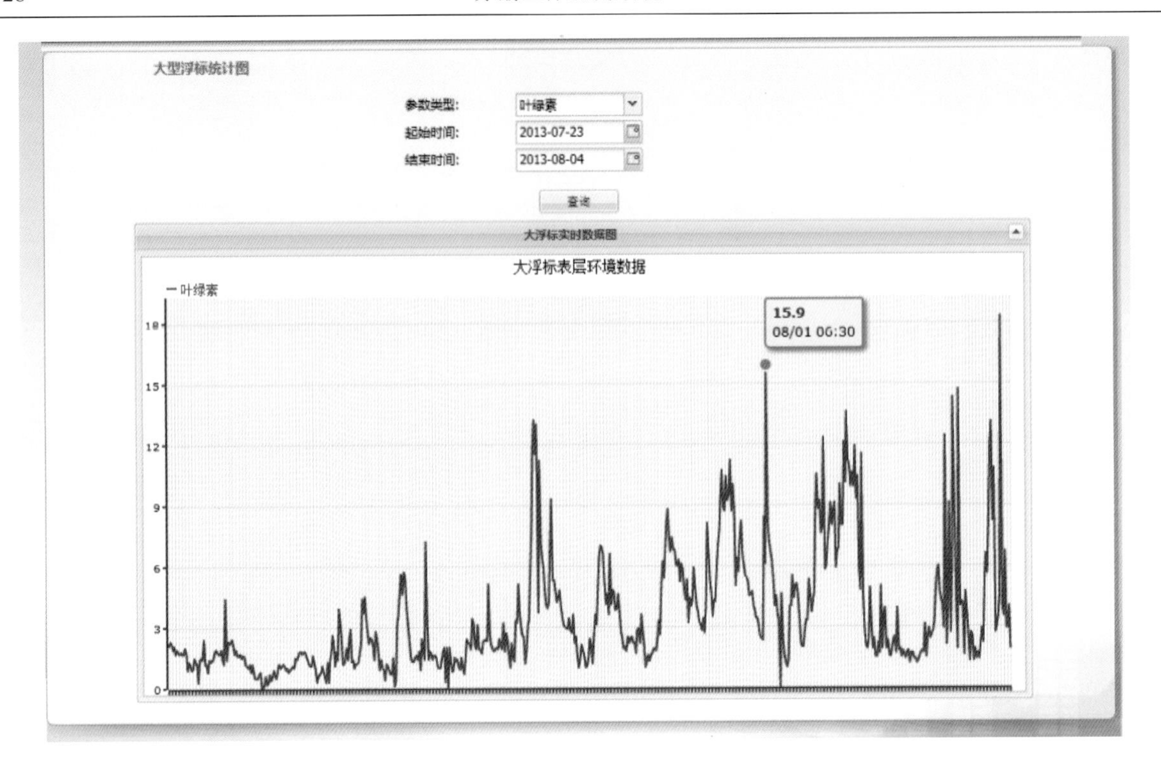

图 7.108　大型浮标叶绿素 a 统计图

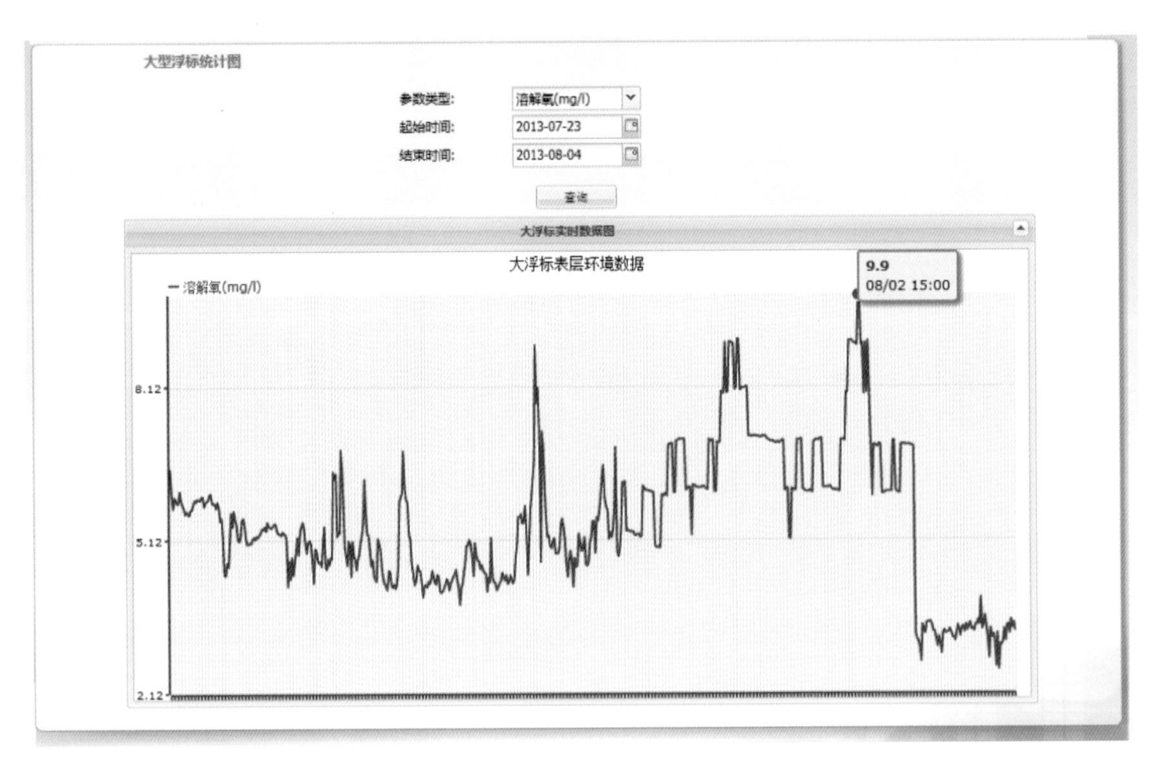

图 7.109　大型浮标溶解氧统计图

8 月 2 日，赤潮志愿者短信报告有赤潮发生(图 7.110)。

图 7.110　赤潮志愿者短信报告

3. 综合示范案例 3

2013 年 8 月 28 日，遥感监测报告示范区内有赤潮发生(图 7.111)。

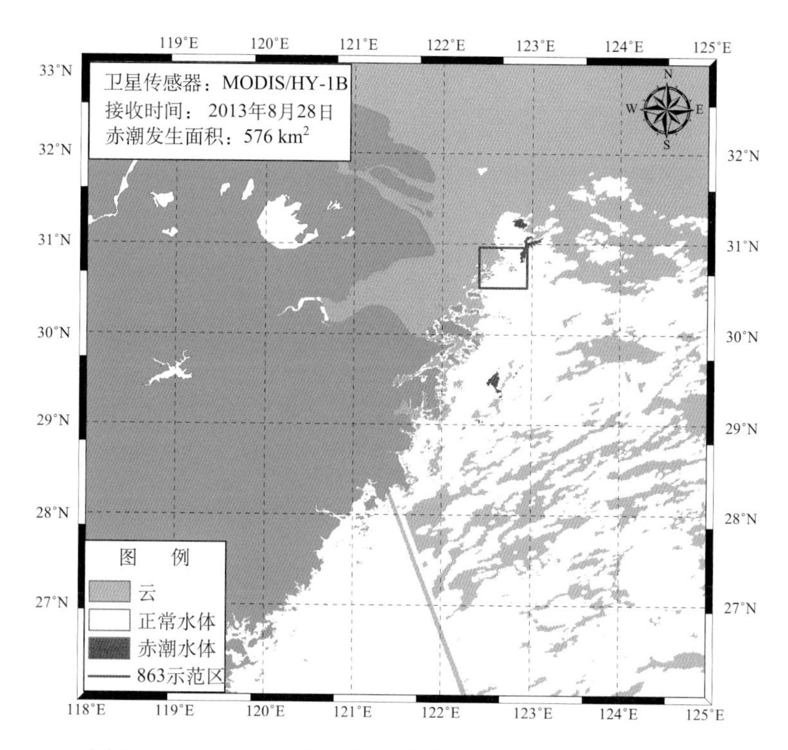

图 7.111　2013 年 8 月 28 日遥感监测报告示范区赤潮分布图

2013 年 8 月 28 日，生态浮标监测叶绿素 a 异常(图 7.112)。

图 7.112　2013 年 8 月 28 日生态浮标监测叶绿素 a 统计图

2013 年 8 月 28 日前后，大浮标监测叶绿素 a 异常(图 7.113)。

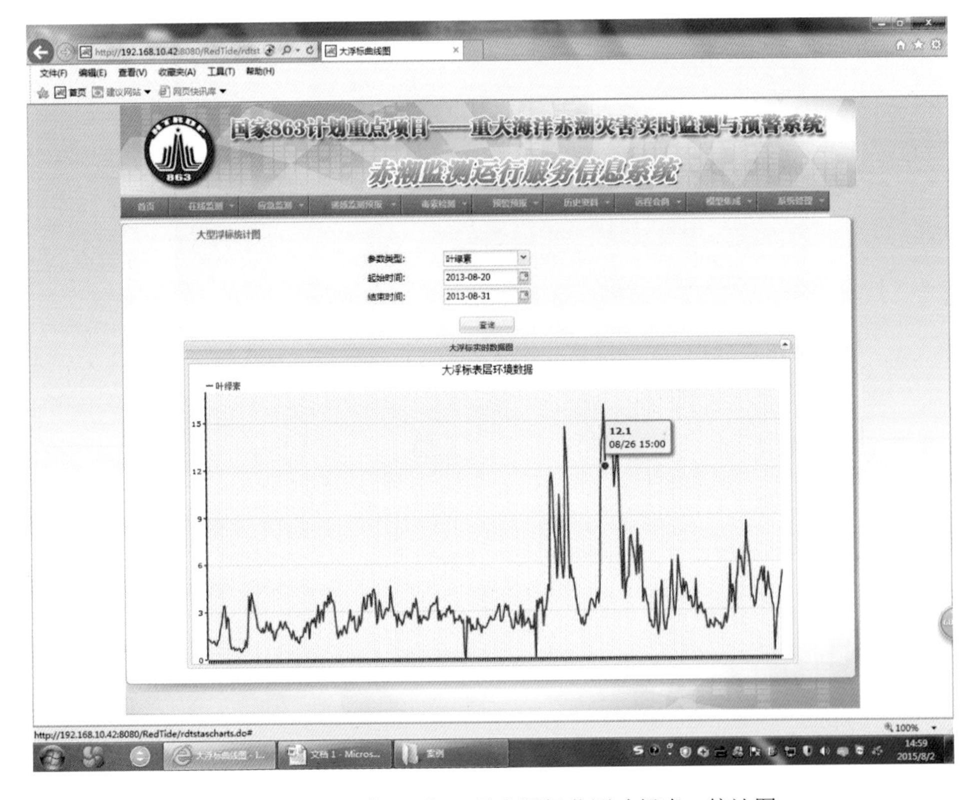

图 7.113　2013 年 8 月 28 日大浮标监测叶绿素 a 统计图

7.4.3 产品及应用

1. 赤潮遥感监测示范应用

国家海洋局东海环境监测中心作为示范应用项目组，在赤潮多发时期的 2013 年 4～9 月，应用赤潮遥感监测软件模块，每日利用相关卫星遥感数据资料等，开展示范区海域的赤潮卫星遥感监测。疑似赤潮发生时，编制和发布《赤潮卫星遥感监测报告》，于当日 17 时前通过电子邮件发送相关单位和部门，并可在“赤潮监测运行服务信息系统”平台上进行查询，同时提供下载服务。2013 年共编制和发布了 55 期《赤潮卫星遥感监测简报》。

国家海洋局东海环境监测中心作为示范应用项目组，应用赤潮遥感跟踪预报模型开展赤潮预警报运行工作，于 2013 年 4 月开始发布示范区海域《赤潮遥感跟踪预测报告》，一般情况每周发布 2 次预报，预报时效为 72 小时，通过电子邮件发送相关单位和部门。至 9 月底，共发布示范区海域《赤潮遥感跟踪预测报告》61 期。

其中，7 月 1 日、7 月 2 日、7 月 3 日、8 月 1 日和 8 月 2 日示范区海域赤潮遥感跟踪预测结论都是有大概率发生赤潮，本结果得到了赤潮志愿者和实时浮标数据的证实(图 7.114 和图 7.115)。

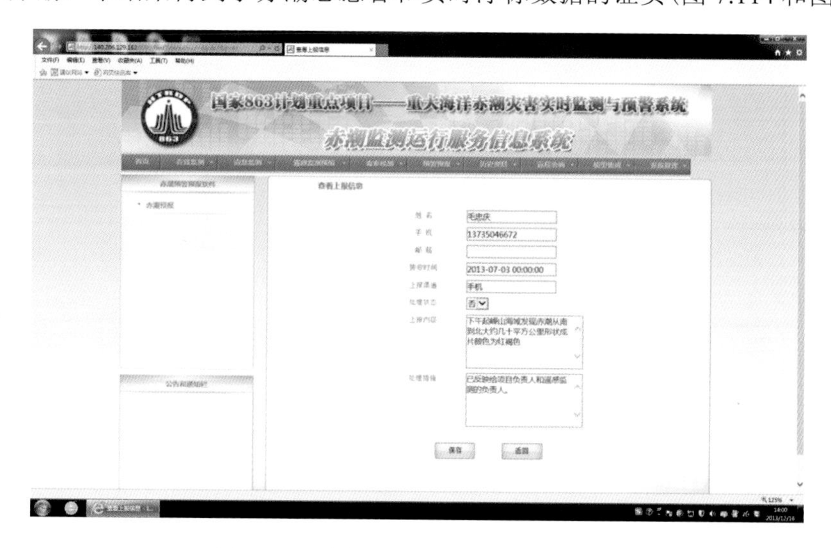

图 7.114 赤潮观测志愿者平台赤潮反馈

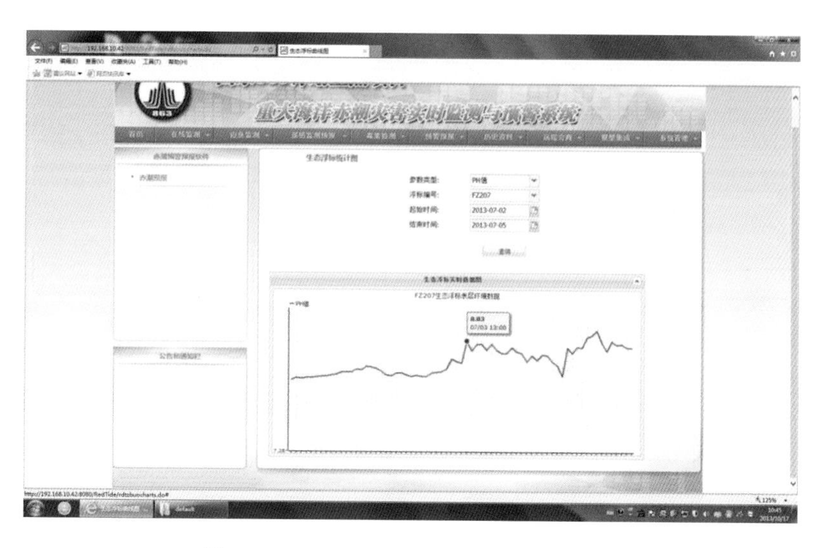

图 7.115 7 月 3 日浮标 pH 实时数据曲线

2. 赤潮预警报成果与准业务化服务

利用长江口赤潮实时监测与预警系统获取的监测数据和模型预警报结果，编制赤潮预警报产品，为海洋管理部门、业务化海洋监测和研究单位、相关利益群体及个人，提供及时的赤潮灾害预警报、实时监测与评价服务，为示范区海域的海洋环境保护管理和赤潮防灾减灾工作提供支撑和服务。

1）预警报服务计划制定

项目制定了长江口赤潮实时监测与预警系统准业务化服务工作方案，在调查和分析示范区海域范围的赤潮相关利益者需求基础上，确定了产品服务对象，拟定了服务产品的类型、方式和频率等，明确了监测预警系统准业务化运行的实施流程和具体要求。

2）成果服务对象确定

(1)海洋管理部门

东海分局(环保处)、上海市海洋局(环保处)、浙江省海洋与渔业局(资环处)、舟山市海洋与渔业局(资环处)、嵊泗县海洋与渔业局(资环科、养殖科)。

(2)涉海企事业单位

上海市海洋监测预报中心、浙江省海洋监测预报中心、舟山市监测预报中心、嵊泗海洋站；养殖公司、养殖专业合作社，及示范区海域当地相关涉海单位。

(3)社会公众

养殖个体户、渔民等。

3）成果类型和服务方式

长江口赤潮监测与预警系统运行产生的服务产品成果主要有监测数据产品、监测预警报告产品。

其中，监测数据包括浮标在线监测数据、船舶运行监测数据、卫星遥感监测数据、岸基站监测数据、赤潮毒素监测数据等；监测预警报报告包括卫星遥感监测报告、赤潮监测预警快报、赤潮监测预警周报、赤潮毒素检测报告、5 种模型赤潮预警预报报告等(表 7.38)。

表 7.38　示范应用监测产品及数量

报告名称	数量
长江口赤潮实时监测与预警示范区赤潮应急通报	5 期
长江口赤潮实时监测与预警系统示范运行周报	26 期
海产贝类中赤潮毒素检测报告	9 期
赤潮漂移扩散预测报告	54 期
赤潮生态动力学数值预测报告	48 期
赤潮发生条件预测报告	58 期
赤潮发生统计预测报告	38 期
赤潮遥感跟踪预测报告	61 期
赤潮卫星遥感监测报告	54 期

(1) 监测数据

a. 浮标在线监测数据

大型浮标：2013年4～12月，每半小时获取示范区海域的水文(波浪、海流、盐度、水温等)、气象(风、气温、气压、湿度等)、水质(pH、溶解氧、叶绿素 a、浊度)等监测数据，在“赤潮监测运行服务信息系统”平台上可以进行实时查询，同时提供下载服务。

光学浮标：2013年9～12月，白天每1小时获取示范区海域的向下光谱辐照度、向上光谱辐亮度、海面入射光谱辐照度等监测数据，在“赤潮监测运行服务信息系统”平台上可以进行实时查询，同时提供下载服务。

生态浮标：2013年4～12月，每1小时获取示范区海域的水文(盐度、水温)、水质(pH、溶解氧、叶绿素a、浊度)等监测数据，在“赤潮监测运行服务信息系统”平台上可以进行实时查询，同时提供下载服务。

b. 船舶运行监测数据

项目示范区海域2 500 km^2范围内2013年9月和10月的水文(盐度、水温)、气象(气温、气压、风速、风向)、水质(pH、溶解氧、叶绿素a、铵盐、硝酸盐、亚硝酸盐、磷酸盐、硅酸盐)和赤潮生物监测数据，监测期间实现实时监测和数据传输，在“赤潮监测运行服务信息系统”平台上可以进行实时查询，同时提供下载服务。

c. 卫星遥感监测数据

2013年4～10月，每日赤潮卫星遥感监测相关原始数据资料、反演数据等，在“赤潮监测运行服务信息系统”平台上可以进行实时查询，同时提供下载服务。

d. 岸基站监测数据

2013年4～10月，嵊泗岸基站在项目示范区核心区域开展每月2次赤潮常规监测获取的数据，包括水文气象(气温、水温、水色、透明度、盐度)，水质(pH、COD、溶解氧、叶绿素a、铵盐、硝酸盐、亚硝酸盐、磷酸盐、硅酸盐)，赤潮生物优势种和密度；6～10月，嵊泗岸基站在项目示范区海域的南长涂海水浴场开展每日赤潮常规监测获取的数据，包括水质(溶解氧、铵盐、硝酸盐、亚硝酸盐、磷酸盐、硅酸盐)，赤潮生物优势种和密度。上述监测数据可在“赤潮监测运行服务信息系统”平台上可以进行实时查询，同时提供下载服务。

e. 赤潮毒素监测数据

2013年5～9月，上海主要水产批发市场和舟山嵊泗养殖区主要赤潮毒素敏感贝类每月2次的赤潮毒素(麻痹性贝毒、腹泻性贝毒、失忆性贝毒)监测数据；示范区海域水体中的赤潮毒素监测数据。上述监测数据可在“赤潮监测运行服务信息系统”平台上进行实时查询，同时提供下载服务。

(2) 监测与预警报告

a. 卫星遥感监测报告

每日开展示范区海域的赤潮卫星遥感监测，疑似赤潮发生时发布《卫星遥感监测报告》，当日17时前通过电子邮件发送相关单位和部门，并可在“赤潮监测运行服务信息系统”平台上可以进行查询，同时提供下载服务。

b. 赤潮监测预警快报

通过赤潮志愿者观测、浮标在线监测、岸基站监测观测等方式，判定赤潮发生的事实，确定赤潮生物种类和毒性，同时结合赤潮预警报模型运行结论，对赤潮发生的范围、面积、发展趋势等进行预警预报，编制《长江口赤潮实时监测与预警快报》，当日通过电子邮件发送相关单位和部门，并可在“赤潮监测运行服务信息系统”平台上进行查询，同时提供下载服务。

c. 赤潮监测预警周报

总结过去一周的长江口赤潮监测与预警系统的运行情况，包括各子系统的运行工作量与技术结论。统计示范区海域一周内的赤潮发生情况，验证和说明前期预警报结论的准确性，并对后续的赤潮进行预警报，编制《长江口赤潮实时监测与预警系统示范运行周报》，每周一通过电子邮件发送相关单位和部门，并可在“赤潮监测运行服务信息系统”平台上进行查询，同时提供下载服务。

d. 赤潮预警报模型预报简报

项目研发的 5 种赤潮预警报模型，每周 2 次分别编制《赤潮发生条件预测报告》《赤潮统计预报报告》《赤潮生态动力学预报报告》《赤潮遥感跟踪预报报告》，分别给出 3 天内赤潮是否有利于发生的预报结论，卫星遥感发现疑似赤潮后编制《赤潮漂移与扩散预报报告》，给出 2 天内的赤潮漂移方向、漂移距离及漂移速度等信息。上述预警报报告均可在“赤潮监测运行服务信息系统”平台上进行查询，同时提供下载服务。

系统发布长江口赤潮实时监测与预警应急通报 5 次：6 月 18 日、7 月 3 日、8 月 2 日、8 月 15 日、8 月 16 日，其中，后 4 次赤潮得到了赤潮志愿者、监测人员的现场验证与确认，第 1 次赤潮虽然未得到现场确认，但浮标实时监测数据、遥感监测结论能够基本表明局部海域已发生赤潮。

第 8 章　技术突破与展望

8.1　主要成果与成效

8.1.1　主 要 成 果

赤潮立体监测系统对仪器设备和技术在浮标、船舶、岸基站的集成，提高了我国自主研发仪器和预警报技术的实用水平，创新了海洋环境监测和赤潮灾害预警报的模式，建立了一个科技含量高、可操作性强的重大海洋赤潮灾害实时监测与预警准业务化示范系统，获取了大量实时的、连续的赤潮监测数据，形成了海洋赤潮灾害监测的多平台、多层次、多要素实时采集、连续监测和数据产品综合服务能力，改善、提高现有的赤潮监测与预警报能力，为其他海域的海洋环境监测与赤潮预警提供了示范，增强沿海地方政府对赤潮灾害的应急处置能力。取得的主要研究成果具体如下。

1. 示范区的建立

制定方案，从赤潮发生频率、区域重要性、示范意义等角度选划示范区，海上示范区选定在长江口赤潮高发区域，范围为 122° 25′ ～122° 57′ E，30° 31′ ～30° 58′ N 之间的区域，示范区面积约为 2 530 km^2，核心区域为嵊泗县花鸟山和绿华山附近海域。

2. 海上赤潮立体监测网的构建

建立赤潮实时立体监测与预警系统，系统包括船载监测系统、岸基站监测系统、浮标监测网、志愿者监测网、卫星遥感监测网和赤潮毒素监测网。船载监测系统完成海监 47 船舶改造，使其硬件环境达到了船在实验室的要求，有效地解决了自动取样、分析和数据资料实时传输的问题，可以实现在 1.5 小时内完成监测站位作业及数据传输的工作。

岸基站监测系统建设于嵊泗岸基站实验室，在常规监测能力基础上，按要求对其进行了改建，装备了专门的仪器分析实验室，具备了研制的海水营养盐自动分析仪、光纤溶氧仪及赤潮藻监测技术的安装使用条件，在常规监测的基础上，利用自动化仪器开展定点连续监测能力。

将研制的海水自动采集、预处理和分配系统，光纤 DO 现场检测仪、营养盐现场自动分析仪、赤潮生物流式细胞分析仪等设备，集成建设于船舶平台和岸基平台。将研制的 1 个大型浮标、1 个光学浮标和 2 个生态浮标顺利布放，组成浮标监测平台。

通过运输公司、钓鱼协会、养殖户、渔民等机构组建一支赤潮观测志愿者队伍，对赤潮技术人员组织志愿者进行赤潮科普理论知识培训和现场指导，建立沟通上报机制，形成志愿者监测平台。在赤潮多发时期，应用赤潮遥感监测软件模块，每日利用相关卫星遥感数据资料等，开展示范区海域的赤潮卫星遥感监测。

开展联调和海试，各系统稳定运行时间均达 30 天以上：其中，船载系统共开展 5 次联调，并于 2013 年 9 月 31 日～2013 年 10 月 30 日期间，开展两次海上综合试验，船载集成的信息、采水、检测及传输网路等各系统均运行正常，连续稳定运行时间超过 30 天。嵊泗岸基站于 2013 年 7 月下旬已投入开始运行，监测频率为每半月一次，监测内容包括气象指标、水质 pH、盐度、溶解氧、 COD 、硝酸盐、亚硝酸盐、氨氮、磷酸盐、硅酸盐、赤潮生物种类鉴定等。浮标系统中，生态浮标于 2013 年 5 月进入示范运行，已获取赤潮高发期 5 月 1 日～10 月 31 日期间数据；大型赤潮监测浮标 2013 年 6 月进入示范运行，对赤潮高发期间的现场数据进行了连续不间断的监测；赤潮监测及预警光学浮于2013年9月16日投入运行，至今持续稳定运行，监测参数包括风速、风向、气温、气压、湿度、日照度、波浪、海流、水温、pH、盐度、溶解氧、浊度和叶绿素 a。赤潮遥感和赤潮灾害统计与数值预报模型和技术，在赤潮监测运行服务信息系统中进行了集成应用，并于2013年4～10月在长江口赤潮监测预警示范区海域进行了赤潮预警报运行工作，并产生了大量监测和预警预测报告。

3. 赤潮信息系统的研发集成

开发船载赤潮实时监测数据处理软件、数据通信与系统集成软件和赤潮监测运行服务信息系统软件。采用了多项关键技术，实现了多源多元数据的集成与实时查询，实现了赤潮预警报软件的无缝集成，实现了赤潮预警报产品的集成和调用，实现了短信、E-mail 等信息发布功能：①通过采用自定义串口设备数据通信协议，实现了即连即通模式的船载观测设备接入以及数据集成；②开发了自适应、多方式的船岸数据通信软件，实现了船岸数据的即时通信；③采用多线程方式实现了多源数据(船载、岸基、大浮标、光学浮标、生态浮标)的并发处理，保证了数据传输的实效性；④基于 POP3 协议实现邮件方式接收船载及岸基监测数据，并实现数据文件格式的自动转换；⑤开发了基于 XML 映射规则的数据库同步软件，将浮标、船舶、岸基站等监测记录从实时数据库同步到综合数据库；⑥基于自定义 URL 协议和 WebService 实现了赤潮预警报软件及产品的集成和调用；⑦采用了基于 Spring、GWT 技术的 J2EE 框架，实现了赤潮监测运行服务系统的开发，该系统是所有数据、产品以及软件集成的载体，通过该系统可实现对系统所有数据及产品的查询、检索，可调用所有预警报软件，可短信、E-mail 发布赤潮预警报信息，实现了从数据采集—数据传输—数据存储—数据分析—产品发布等全过程的管理。

4. 开展监测系统综合试验和示范区的运行

研究检验赤潮实时监测与预警系统稳定性、准确性和协同性标准，研究系统运行状态评估标准，对赤潮实时监测与预警系统进行运行试验、联调和评估。分别于2013年9月和2013年10月共开展两次海上综合试验，海试区域面积为2 814 km^2。

国家海洋局东海环境监测中心作为示范应用项目组，在赤潮多发时期的2013年4～9月，应用赤潮遥感监测软件模块，每日利用相关卫星遥感数据资料等，开展示范区海域的赤潮卫星遥感监测和预测预报工作，并生成各类监测产品，各类重大赤潮灾害预警产品制作可于2小时内完成，应急报告0.5小时内可以完成。

8.1.2　主 要 成 效

建立的赤潮重点监控区监测预警系统，能够完成监控海区的赤潮相关环境要素数据的收集、数据管理、综合分析与处理，从而监测赤潮监控区的生态环境状况与动态变化，并能够对监控区赤潮的发生及发展趋势进行预测预报，为我国赤潮监控预警系统的建设提供了示范，该项目主要取得了以下几个方面的成效。

(1) 可进行多参数、连续的自动监测数据采集。系统由浮标监测子系统、船载快速监测子系统、岸基站监测子系统、卫星遥感子系统等组成，多种监测手段完成了对赤潮监控区的多方位的立体监控，可对赤潮监控区多参数、密集、连续的监测数据进行采集。

(2) 具备长期运行、稳定获取赤潮监测数据的能力。搭建了原始数据库、实时数据库，在东海监测中心数据处理中心建立了具有业务化运行能力的数据通信与系统集成平台。本系统可进行长期的赤潮业务化监测运行，每年4～10月系统稳定运行时间为30天以上，可连续稳定地对监控区内赤潮的发生消亡全过程进行跟踪。并在赤潮、绿潮的业务化方面进行可复制的推广。

(3) 极大地解放劳动力，提高工作实效。系统对“九五”“十五”期间研制开发的大量自动化仪器进行再研究和集成开发，使之成为一套可完成自动采样、分析和保送数据的自动化立体监测系统，极大地提高了采样和分析效率，降低了分析和预报时间。

(4) 可进行赤潮灾害的快速预警预报。本项目集成了赤潮预警报系统，重大赤潮灾害预警产品制作时间不大于 3 小时，实现了预警系统的准业务化运行，能够自动编制发布预警系统准业务化运行报告。

(5) 示范区的准业务化运行具有示范意义。系统以长江口赤潮多发的区域作为赤潮实时监测与预警系统的示范区，对该区域发生的赤潮进行实时监测与预警。同时对上海市水产品市场、原产地及养殖区建立赤潮毒素监控示范区，并开展赤潮毒素快速检测技术应用试点，为我国其他海域的赤潮灾害实时监测与预警提供了示范。

(6) 提高了我国自主研发仪器在不同海域的适用性和赤潮预报的准确率，部分仪器或产品可进行市场化推广。系统集成的部分自动监测设备，如海水营养盐自动分析仪、便携式水质监测仪、赤潮生物现场监测仪等通过项目的研制改进已实现连续稳定的运行，可进行产品设备的定型。赤潮监测试剂盒和试剂条的产品已经较为成熟，通过研发单位和生产单位牵线可投入生产，快速实现产品化。

(7) 船舶经改造后可进行隐蔽性自动监测。船载立体监测平台通过集成样品自动采集模块、自动分析模块、船载实时监测数据处理系统可实现对海水样品的自动采集、预处理、分配和分析，采集时间短，自动化程度高，满足特殊区域的隐蔽性自动监测需求。

8.2　技术突破

赤潮立体监测系统在对单台/套监测仪器和技术成果集成的基础上，根据东海海域的特点，着重解决了高浊度环境条件下的采样与预处理问题；从监测方式上较“十五”以来我国已建立的有关海洋环境立体监测系统进一步完善，补充了志愿者监测网和赤潮毒素监测网，建立了一个较为完善的赤潮灾害实时监测与预警准业务化示范系统(表 8.1)。

表 8.1　与 863 其他相关监测系统的比较

项目名称	研究目标	项目时间	监测方式
台湾海峡海洋动力环境立体监测示范系统	台湾海峡海洋动力环境监测	“十五”	岸基站 浮标监测系统 海床基监测系统 潜标 卫星遥感
渤海海洋生态环境监测技术系统	渤海海洋生态环境监测	“十一五”	船载监测系统 雷达监测系统 车载监测系统 卫星航空
重大海洋赤潮灾害实时监测与预警系统	长江口海域赤潮灾害监测与预警	“十一五”	岸基站 浮标监测系统 船载监测系统 卫星遥感 志愿者平台 赤潮毒素

研究的科学性、先进性和创新性体主要现在以下方面。

8.2.1 赤潮监测技术

1. 浮标监测技术

1) 大浮标

(1) 研制高可靠性的数据采集双机控制系统

大型浮标双机控制系统的设计成功突破了原有单机控制系统的局限，首次采用双机控制系统，是我国大型海洋环境监测浮标控制系统的一次重大革命，该系统可与我国现有的浮标、传感器全面兼容，用于对现有浮标的技术升级改造。该成果也是国内浮标首次使用双机控制、双机观测采集、双机存储模式。双机并行控制系统在双机共有的传感器参数的选取、传输方法方面有明显的创新性，显著提高了浮标整体运行可靠性。

(2) 对浮标体的结构进行优化，易于安装维护

在浮标外围浮力舱内开设三个设备安装井，分别安装 ADCP、水质传感器，并预留安装井以方便其他水下传感器的安装。针对水下传感器易被渔网挂伤损坏的问题，对水下设备安装井管及支架进行了改进，井管采用不锈钢材料延长，井架缩短，并在井口设置防拖网装置，增强设备的生存能力。

(3) 浮标采集系统控制、数据处理和通信软件优化设计

浮标采集系统控制、数据处理和通信软件是整套浮标系统的灵魂，针对已有浮标软件功能单一、灵活性差的缺点，通过对采集控制、数据处理机通信软件的模块化设计与优化处理，使系统具备较高灵活性、通用性与健壮性。实现了浮标软件可兼容目前绝大多数常见传感器，可同时兼容处理海事卫星、北斗、GPRS、CDMA、VHF 等多种通信方式的数据，保证效率高、运行稳定和维护方便；友好的人机界面和便捷的功能设置，使用户操作简单、高效。

(4) 提高防污、防生物附着能力

为提高水下传感器的防污、防生物附着能力，采取了在水质传感器等敏感探头周围采用紫铜网或罩将探头进行了全面包裹的手段，在保证正常的水体交换的前提下，又在一定程度上对附着生物起到防附着的隔离和杀灭作用，实际使用效果良好，可以在夏季生物繁殖高峰期延长一个月左右的维护周期，大大减少传感器自身受附着和沾污的情况。

(5) 提高数据通信安全稳定性、扩展视频监控能力

基于数据保密和降低通信费用的考虑，同时考虑到浮标全天候全海域实时监控因素，在大型海洋环境监测浮标中首选了“北斗”卫星通信系统。在国内浮标上首次采用 3G 视频监控系统对浮标周边环境进行监控，通过 EVDO 网络实现高分辨率静态图像的采集与传输功能，采用了独有的前处理技术，把握视觉细节，动态信道自适应技术，画面连续无停顿，第一时间掌控海上实时环境情况。

2) 生态浮标

(1) 传感器长期连续工作能力得到有效提高

浮标在现场长期连续工作，为获得有效的测试数据，必须经常对其进行维护，维护的主要对象是浮标上的各种水质参数测量传感器。浮标上配备的 CSS3 型多参数水质仪为国家海洋技术中心自行研制的水质监测仪器，为减少维护次数，主要从传感器的原理上或结构设计上提高抗污染的能力，达到长期工作的目的。

a. 溶解氧传感器采用原电池原理设计，其电解质溶液为强碱性，自身具有抗生物附着能力。

b. 盐度传感器采用电磁感应原理设计，在结构上增大导流孔的设计，减少对水流的阻力，生物不易附着，且易清理维护。

c. 浊度、叶绿素 a 传感器选用的是日本亚力克公司的成熟产品，其自身安装有防污刷，可定时刷

除传感器界面。

(2) 实现现场校准技术，提高可维护性

随着时间推移，生态传感器会由于自身结构或其他一些不可预知的因素，产生读数的漂移，为此，在现场使用过程中需经常校准，以满足测量准确度的要求。

通常传感器需从浮标上取下带回实验室完成校准，给现场使用造成麻烦。解决方法是在传感器的数据模型上增加时漂修正项。当发现传感器读数有明显误差时，无需从浮标上卸下传感器，将传感器置于特定的标准溶液中，在生态浮标的系统检测器中传感器的操作界面上选择“传感器标定”选项，完成传感器的现场校准。

(3) 进一步加强了浮标的安全设计

生态水质监测浮标在长期的现场运行中，考虑到在特殊情况下的安全保障问题，在预防风暴潮来临时，需迅速地将生态浮标从现场撤回，在恶劣的天气中作业，难免对浮标进行磕碰，因此，浮标的结构设计应更简洁，提高浮标的耐碰撞能力。

供电方式：在进一步降低整体用电消耗的基础上，将原有的太阳能和蓄电池供电方式改用一次性锂电池供电。

结构设计：由于采用一次性电池组供电，在结构设计上，电池组自成一体，置于仪器舱外，可方便更换。由于去掉了太阳能板和蓄电池，结构简洁，减少了不安全环节提高了浮标整体的可靠性，安全性也得到保证。

3）光学浮标

(1) 国内最大的投入现场应用的光学浮标

在赤潮灾害实时监测与预警系统示范区应用业务化方面，本项目是国内第一个使用最大光学浮标，投入现场应用，获取大量生物光学资料，比较直观实时观测海洋水色变化，能在赤潮发生早期(水化期间)，准确预判预报。在重大海洋赤潮灾害实时监测与预警系统中提供新的快速监测手段。

(2) 为遥感同步监测提供第一手现场实测光谱信息

配合遥感同步监测海面和水下光辐射分布，获取海水光谱信息，为水色遥感器及其产品的定标检验提供连续定点数据支持，将提高遥感建立生物光学应用算法和提高藻类识别能力。

(3) 具备自主知识产权技术，可产生较大社会效益和经济效益

在无人值守现场观测方面开辟新的业务，节省大量人力、物力的投入，提高我国在浮标应用上的技术水平。该系统设备具备科研和社会应用功能价值，如能产业化，投入沿海科研和环境监测与预警中应用，将使其具有自主知识技术，创造更大经济效益，节省同样设备大量进口外汇（如美国 MOBY 光学浮标每台造价达 1 000 多万美元)。

2. 船载监测技术

1) 水分配系统

研制过程中，周密、合理地制定落实技术实施方案，尽量采用国内外先进成熟技术和设备进行设计，通过大量试验不断改进、提高和完善。充分借鉴国内外无污染试验工作中选材和用件上的成熟经验，选用当前国内外著名公司的生化分析试验用的优质器材设备和产品，并在严格试验的基础上，正确合理地选择系统所用材料、器件和设备。

研制过程中，针对海监 47 船的特点和东海海域的海况设计了系统的总体方案，研制了新型采水绞车、采水复合缆，这些技术体现了系统的技术特色，具有一定的创新性。具体表现如下。

(1) 海水样品自动采集技术

控制系统核心采用三菱公司的 FX2N-64MR 型逻辑编程控制器(PLC)，搭配模数转换模块

FX2N-4AD和通信板FX2N-232BD。其中，通信板为9针全双工RS232通信模块，主要功能是通过RS232接口与主控平台通信。采样前的准备工作完成后，即可不再人为干预采样过程，整个采样过程按照主控平台设定的深度、层数自动完成。

(2)新型采样复合缆设计

海水样品采集复合缆包含吸水软管、芳纶加强芯承重绳和压力传感器电缆三部分，集采水、承重和信号传输于一体，在承受拉力的同时，完成水样和传感器电信号的传输。复合缆外面包裹聚氨酯材料，但其具有很好的高低温耐受性，热胀冷缩系数小，在冬季零下十几度的时候不会变硬变脆，这些特性保证了采水复合缆的使用寿命，并已获得了《海水样品采集复合缆》实用新型专利。

(3)优化改进采样环节

由于船只的船舷位置离水面较高，且要求采水时间短，采用气动隔膜泵以提高采水的吸程与流量。实验表明，采满20 L水样罐的时间仅为3分钟。在水样罐上安装了两个液位开关，对应10 L和20 L水样，可以根据实际需要在采水前进行设定，节省采样时间。

水样过滤器滤芯孔径最初为200 μm，后根据监测仪器的实际需求改进为50μm。由于东海泥沙较多，过滤器容易因泥沙沉淀而降低采水速度，所以在管路里安装了两路并联的过滤通道互为备份。

(4)优化绞车自动排缆功能

优化了采水绞车收、放缆的功能，加装自动排缆器，实现了采水绞车的自动排缆。自动排缆器包括丝杠和排缆装置。确定缠绕在绞车滚筒上的采水复合缆的直径尺寸，精细加工绞车的丝杠，保证绞车滚筒转动一周，丝杠带动排缆装置在水平方向上移动采水复合缆直径的尺寸，从而保证绞车收、放缆的时候采水复合缆水平排列在绞车的滚筒上。多次的实验表明，排缆的效果很好，不需要人工干预。

2) 海水营养盐自动分析仪

(1) 研制的营养盐自动分析仪采用反向参比流动注射分析法测定海水中的营养盐，利用自动参比流动比色法，克服了海水盐度的干扰，减小浊度和色度的干扰。

(2)采用新型高精度六通自动进样阀，在时间继电器的控制下，进样阀自动在进样状态和分析状态间转换，仅在转换的瞬间工作，其他时间阀门均处于休息状态，可以适应长时间的连续工作。从而提高仪器长时间工作和船载条件下的稳定性、协调性。

(3)采用了自行设计制作的还原柱，很好地解决了仪器宽范围检测的适应能力。检测灵敏度进一步提高，并显著扩展了分析的测量范围。仪器性能获得了显著提高。

(4)从“十五”期间的863时只能分析NO_2^--N、NO_3^--N、NH_4^+-N、PO_4^3-P 4种要素扩展到能同时分析NO_2^--N、NO_3^--N、PO_4^{3-}-P、NH_4^+-N和SiO_3^2-Si 五种要素。

(5)原来的组合机由多台机箱组成，改进后，全部成功地安装到船上的一个机柜中，达到了设计的要求，重量和体积明显减小。由原来的半自动分析仪器改进为全自动分析仪器。

3) 营养盐自动分析仪

在“十五”863营养盐自动分析仪成果基础上，按集成系统的要求，充分考虑东海海域高悬浮物、营养盐高浓度和盐度跨度大等特点，重点开展了以下改进工作。

(1)对分析仪的关键部件、电控系统、机械机构和外壳的制作工艺等进行改进设计，采用单元化、模块化设计，实现整体布局和内部结构优化，提高了分析仪的可靠性和可维护性。

(2)利用营养盐显色反应和最短化学反应流程相结合的方法，改进流路，优化化学工艺流程，无需稀释和更换部件，实现硝酸盐和硅酸盐的高浓度测量，硅酸盐和硝酸盐的测量上限由原来的1 000 μg/L，分别提高到5 000 μg/L和3 000 μg/L。

(3)进一步研究了硝酸盐和铵盐的盐度效应影响，优化化学工艺方法，采用15‰的人工海水定标，减小了盐度效应的影响，提高了测量的准确度。

(4)充分考虑东海海域高悬浮物的特点，在“十五”过滤器基础上，采取增大过滤面积、加大真空泵功率、加强滤膜托盘强度等方式，优化改进了过滤装置的设计，实现了对东海浑浊海水的有效过滤，满足现场自动快速过滤需求。

目前，国内外的营养盐分析仪大都采用连续流动注射法。本项目采用的基本原理是非连续光度分析法，重点攻克了营养盐集成测量技术、浑浊水体长期稳定工作、高浓度测量等技术难点，实现了对亚硝酸盐、硝酸盐、铵盐、硅酸盐和磷酸盐的快速稳定测量，该分析技术操作简单，开机即可进行测量，无需对仪器进行复杂的预处理工作，更适于海洋现场快速监测。

4)光纤溶解氧分析仪

为了适合商品化设计，溶解氧传感器设计中为了使用方便，在仪器内部出厂之间对每片传感膜进行矫正。人机界面友好、良好的环境适应性，是实用性的主要体现，优良的商品设计是产品市场竞争的基本要素之一。

将原有的氙灯光源改成LED发光半导体光源，所采用的蓝光LED为一单波长光源，价格便宜，适合商品化设计，降低仪器成本。

增加了蓄(充)电池系统，在长期监测的情况下供电不足或不能连续供电是仪器不能正常工作的原因之一，采用供电系统可以有效地改善。

光路上将原仪器采用的光栅系统改为滤光片，在降低仪器成本的同时，可以有效地减小仪器的体积。

仪器软件两用，设置直接读出单片机软件与长期监测所需要的电脑软件。

在系统综合设计、模块化设计、整机装调和测试等方面拟采取的改进措施：系统由中央控制系统控制，均采用模块化设计，如出现故障做各个模块部分的检测和维修即可，不需要整台仪器报废。

5)便携式水质监测仪

借鉴国内外现有便携式多参数水质监测仪成熟技术及其他类型水质仪使用经验，通过改进水质仪现场安全结构的设计和海水化学要素传感器的现场定标方式，在原有测量参数的基础上增加浊度、叶绿素a测量参数，从而提升水质仪的环境适应性和安全性，使便携式水质监测仪发展成为真正适用于海洋赤潮监测装备。

(1)生态要素测量参数的扩展

“十五”期间863计划标准化定型项目“多参数水质仪”只是集成了一些基本的测量参数，如水温、盐度、pH、溶解氧等，本方案中在原有测量参数的基础上，增加浊度、叶绿素a传感器以满足赤潮监测的要求。

(2)安全性和现场适用性设计

便携式水质监测仪采用分立式模块化结构设计，所有功能模块小型化，且有机地结合成一体，使多参数水质仪达到便携的目的。

水质仪水下机外围增设钢支架达到防碰撞的目的，使水质仪整体的安全性能得到提高。

水上机设有仪器校准功能，用户无需拿回实验室，在现场即可完成传感器的校准，提高现场适用性。

(3)方便校准的结构模式

多参数水质仪水下机包括六种测量传感器，这些传感器的工作特性各有不同，校准和维护方式亦不同，为方便校准和维护，在水下机结构设计上采用分立结构形式，分为电化学传感器和光学传感器两个独立的个体，在校准和维护过程中互不干扰，同时可节省大量标准试剂。

(4) 提高传感器现场连续工作能力

便携式水质监测仪在赤潮发生期间需要现场长期连续工作，为获得有效的测量数据，必须经常对其进行维护，维护的主要对象是各种生态参数测量传感器，为减少维护次数，主要从传感器的原理上或结构设计上提高抗污染的能力，达到长期工作的目的。

a. 溶解氧传感器采用原电池原理设计，其电解质溶液为强碱性，自身具有抗生物附着能力。

b. 盐度传感器采用电磁感应原理设计，在结构上增大导流孔的设计，减少对水流的阻力生物不易附着，且易清理维护。

(5) 传感器集成技术

CSS3 型温度、盐度、溶解氧和 pH 传感器自行研制。水质仪集成了多种工作类型的传感器，信号强弱不同，不可避免会产生信号间的干扰，特别是在要求传感器同时工作时，干扰问题尤为突出。为去除信号相互干扰，各传感器的转换电路采用信号隔离、双高阻转换电路、引入第三电极等技术消除传感器间的相互干扰，以提高水质仪的抗干扰能力。

6) 赤潮生物现场监测仪

在“十五”863 项目研究成果的基础上，取得了以下提高。

(1) 在硬件上进行优化整合，采用一体化的光学系统结构设计，使得仪器结构更加紧凑，提高光学系统在倾斜摇摆，甚至是在激烈振动的船舶环境中的稳定性。而模块化的设计理念，有利于仪器功能的扩展，同时也提高了仪器的可维修性，更加符合现场监测的要求。

(2) 在软件设计上，赤潮生物监测系统软件在设计上积极听取业务化部门的意见，对软件功能进行改进，提供远程控制模式、自动分析模式、数据回放模式、功能演示模式等多种工作模式，满足不同应用环境的要求，扩展了仪器的应用范围。

(3) 在专家识别数据库上，将支持向量机用于赤潮生物样本特征的提取与分类，有针对性的构建东海常见赤潮生物的专家识别数据库，无需人为干预，实现赤潮生物的快速识别与自动定量。

(4) 提高准确性上，采用基于背景差的检测技术，快速定位藻类图像位置。减少因为泥沙等杂质沉淀在流动室而影响判别结果。构建基于细胞形状特征、傅里叶描述子特征、纹理特征等的专家识别数据库。引入纹理特征，增加藻类判别依据，提高分类识别的准确性。综合荧光信号和流式细胞图像所提取的特征，研究 SVM 分类技术、KNN 分类技术、聚类技术等相结合的算法，剔除泥沙、细胞碎屑等悬浮物，减少误判率，提高识别的准确性。

3. 岸基监测技术

液相色谱-高分辨飞行时间质谱仪(HPLC-TOF-MS)快速检测 PSP 和 DSP：

(1) 本项目根据国际上赤潮毒素检测新技术研究的最新成果(包括样品前处理方法)，在我国率先建立了高效液相色谱-高分辨电喷雾飞行时间质谱联用技术检测 PSP 和 DSP 的系列新方法。研究思路科学合理，所建立的各个方法均进行了系统的方法学考察和第三方验证实验以及示范应用，具有较好的科学性。

(2) 本项目采用样品处理方法(固相萃取法)以及用于检测的高效液相色谱-高分辨飞行时间质谱联用技术，均是国际上报道的用于赤潮毒素分析的最先进方法。此外，本项目通过系统的样品处理方法条件优化，克服了海水中低浓度赤潮毒素难以富集的难题，成功实现了对海水中的 DSP 和 PSP 的有效富集，从而实现了海水中赤潮毒素的定量测定。相关研究在国内外未见报道，处于国际领先水平。

(3) 本项目首次建立了针对海水中多种 PSP、DSP 毒素检测的技术方法，并在东海赤潮示范区海水中检测到了 DSP 毒素，目前国内外还没有相关的研究报道，填补了这一领域的研究空白，具有较强的创新性。

4. 遥感监测技术

为了攻克我国近海浑浊水体赤潮遥感识别难度大这一难题，通过现场观测与室内实验测量，开展了赤潮遥感卫星自动化提取算法等攻关工作，取得了包括遥感赤潮监测与服务技术系统在内的多项成果，并应用于业务化的赤潮卫星遥感监测产品制作。

在研究过程中，针对赤潮遥感监测自动化的需求，建立了“现场观测—理论模型分析—提取算法建立—遥感数据应用—现场同步数据验证—系统开发与业务化应用”的技术流程。在 2006～2011 年期间组织和参与多个航次，积累了我国近海海域大量不同光学类型水体的光学特性现场观测数据作为算法建立的基础。同时利用积分球和分光光度计建立了悬浮颗粒固有光学特性测量方法，并应用于航次和室内培养实验测量，将获得的东海典型藻类固有光学特性作为赤潮水体反射光谱特征分析与提取的理论依据。基于对上述实测数据深入分析的基础上，建立了基于固有光学特性和基于遥感反射率谱形特征差异的赤潮卫星遥感自动化提取算法，并将算法应用于 2006～2012 年的 MODIS 等水色卫星遥感历史数据。通过对卫星遥感监测结果与同步现场观测数据的对比验证，表明本研究算法的准确性和稳定性完全满足业务化监测的需求。而基于上述算法建立的一套遥感赤潮监测与服务技术系统，已在 2013 年期间开展了业务化示范运行，并取得了良好效果。

(1) 在国内首次揭示了固有光学量和表观光学量相结合的赤潮多种识别要素,并建立了稳定的卫星遥感赤潮的提取算法,解决了我国近海高浑浊水体复杂条件下自动识别赤潮的难题,提高了卫星遥感监测赤潮的准确度和自动化程度。

通过算法产品与大量现场同步观测结果的对比检验，表明遥感监测结果的赤潮识别准确率达到了 80%以上，有效识别的最小赤潮面积小于 75 km^2，因此，算法的可靠性和准确性能够满足业务化监测要求。此外，由于算法建立的根本依据是赤潮水体固有的生化组成特点以及藻类共有的光学特征，具有充分的水体辐射传输理论根据，使得本研究算法同样可以适用于我国近海其他海域。因此，这一成果可以有效合理地引导船只等现场观测的进行，提高我国近海赤潮灾害评估、治理等工作的效率。

(2) 基于藻类不同微结构生化特征和水体固有光学特性,突破了东海赤潮主要藻种(硅藻和甲藻)遥感识别技术,拓展了海洋水色遥感应用领域。

研究建立的算法在赤潮水体判别的基础上，基于固有光学特性和基于红绿波段表观光学特性进一步识别甲藻和硅藻赤潮。算法中采用的固有和表观特性指数不确定度较小，克服了算法识别容易受大气校正以及传感器性能影响稳定性差的缺点。通过现场观测数据检验证明本研究算法的识别结果具有较高的准确性和稳定性。这一成果对进一步提升对特定类型赤潮自动化监测能力，以及对赤潮的发生、发展和消亡等的科学研究有着重要意义。

(3) 研制了赤潮信息提取软件和综合处理运行控制软件，形成一套综合的、自动化程度高、时效性较强、具有可视化功能的业务化遥感赤潮监测与服务技术系统。

基于该系统的赤潮遥感速报时效在 3 小时以内，满足了赤潮业务化监测时效性强的要求。在 2013 年遥感监测试运行期间，共制作了 55 期赤潮卫星遥感监测产品，大大提升了目前相关业务部门的赤潮遥感监测自动化水平。

目前，作为成果的赤潮遥感监测产品已应用于东海海洋环境监测中心的日常业务化赤潮监测和赤潮遥感监测报告的发布。另外，相关赤潮遥感监测结果以月报的形式报送国家遥感中心用于国务院办公室遥感信息服务工作。

8.2.2　赤潮预警预报及评估技术

通过赤潮立体监测系统的技术研究，开发了赤潮灾害预警预报技术、赤潮灾害风险评估技术和赤潮远程诊断与应急调度技术，建立了赤潮灾害预警预报模型，建立了赤潮灾害风险评估体系和赤潮灾害风险评估模型，研制了赤潮灾害预警预报软件、赤潮灾害风险评估软件和赤潮远程诊断与应急调度软件系统。相比我国“十五”期间的赤潮相关研究成果，进一步改进和完善了赤潮预警预报技术和模型，形成了赤潮灾害风险评估能力，增强了赤潮远程诊断与应急指挥调度能力。特别是在赤潮统计预报模型、赤潮生态动力学数值预报模型、赤潮灾害风险评估模型和赤潮软件系统等方面有创新。所取得的研究成果已在东海示范区海域进行了试应用，实现了东海示范区海域赤潮灾害预警预报和赤潮灾害风险评估，为东海示范区提供了赤潮远程诊断与应急指挥调度软件系统平台，技术模型和软件系统的技术指标满足实际应用需求。本系统研究所取得的研究成果具有通用性和可移植性，经过改进和完善后，可以推广应用到我国其他海区赤潮灾害预警预报与风险评估等工作，增强当地政府对赤潮灾害的应急处置能力，为赤潮灾害防灾减灾工作提供技术支撑和应用服务。

研究成果先进性主要有以下几个方面。

1. 提升赤潮灾害预警预报能力

在“十五”期间，国内相关科研单位已经开展了赤潮灾害预报技术研究，根据赤潮生消过程的生物、化学、水文和气象要素之间的关系，开发了 7 个赤潮统计预报模型和 2 个数值预报模型，部分赤潮预报模型在渤海、东海和南海开展了赤潮试预报。本研究是在前人研究成果的基础上，改进和完善了适用于东海示范区海域的赤潮统计预报模型 3 个和数值预报模型 1 个，新建数值预报模型 1 个，并基于这些赤潮预报模型实现了东海示范区赤潮的预警预报，提升了我国赤潮灾害预警预报能力。

研究建立的赤潮发生条件统计预报模型进一步发展和完善了“十五”期间建立的东海海区赤潮发生条件预测模型，通过定量研究不同天气形势下水文气象因子的变化规律和特征，筛选并确定了各天气形势下关键水文气象因子及其临界值，并利用项目布放的海上浮标获取的水文气象数据实现了示范区海域未来 1～3 天赤潮的发生预报，对赤潮持续时间和可能面积等赤潮强度信息进行定量分级预测。

“十五”期间建立的东海海区多元统计阈值预报模型，基于赤潮监控区现场监测的水质参数进行赤潮发生概率预测和分级预警。通过改进和完善该多元统计预报模型，针对项目布放的海上浮标所获取的水质参数，建立了基于水温、盐度、叶绿素 a 浓度和营养盐等参数的赤潮水质因子统计预报模型，实现了示范区海域未来 1～3 天赤潮的发生预报，并对赤潮优势藻种进行预测。

“十五”期间建立赤潮卫星遥感跟踪预报模型是基于卫星遥感监测到的赤潮空间分布信息对赤潮的发生趋势进行定性判断与预测。基于示范区海域的水色-水温时空分布特征，利用卫星遥感数据获取的水色水温异常、赤潮发生地点等信息，建立了赤潮发生遥感预报和遥感跟踪预报模型，实现了示范区海域未来 1～3 天赤潮的跟踪预报。

“十五”期间建立的赤潮数值预报模型是基于三维正斜压混合动力模式(POM)和扩散模式的初步模型，未能实际应用于赤潮的数值预报。基于 POM 的改进模型——非结构网格有限体积近岸海洋环流模型(FVCOM)建立了示范海域三维水动力预报模型，在此基础上结合赤潮生态动力模型和拉格朗日模型建立的赤潮生态动力学数值预报模型与赤潮漂移扩散模型，实现了示范区海域未来 1～3 天赤潮的发生预报和赤潮的漂移扩散预测。

2. 形成赤潮灾害风险评估能力

国内外的赤潮灾害评估研究目标主要是赤潮预警预报、赤潮毒素对人体产生的危害以及赤潮灾害对社会经济造成的损失这些方面的研究。从灾害风险评估的角度去研究赤潮灾害风险才刚刚起步，尚未见到将灾害的自然属性和社会属性结合在一起研究灾害本身问题的研究结果。从风险评估角度出发，将灾害的自然属性和社会属性结合在一起研究灾害本身问题。通过赤潮灾害风险评估技术研究，建立了赤潮风险评估指标体系和赤潮灾害风险评估模型，开发了赤潮风险评估软件系统，实现了东海示范区海域赤潮灾害风险评估的空间评估，展示了赤潮灾害危险度及承灾体易损度。通过赤潮灾害风险评估技术的研究，在我国形成了赤潮灾害风险评估能力。

3. 增强赤潮远程诊断与应急指挥调度能力

开展的赤潮远程诊断与应急调度技术研究的内容在国内尚属首次，在国外也未见相关报道。基于网络视频技术和赤潮知识库研制了赤潮信息远程诊断分系统；基于网络通信技术和GIS可视化技术，研制了海上浮标赤潮监测设施状态监视分系统；基于软硬件相结合的方式，集成音视频通信、电子白板、图文交互和文件共享等网络视频会商技术，并结合赤潮灾害应急辅助决策分析方法，研制了赤潮灾害应急决策和指挥调度的视频会商分系统。研制的该套赤潮远程诊断与应急指挥调度软件系统为不同专家和部门间协商、会商、咨询等提供服务平台,为东海示范区提供了赤潮应急指挥调度软件系统平台，增强了我国赤潮远程诊断与应急指挥调度能力。

1）海上浮标实时数据赤潮统计预报应用

研究建立的赤潮发生条件统计预报模型和赤潮水质因子统计预报模型，分别利用项目在东海示范区海域布放的大浮标和两个生态浮标所实时观测的水文气象数据和水质环境数据开展赤潮灾害发生预测预报。这是国内所开发的赤潮统计预报模型首次直接利用海上浮标现场监测数据进行赤潮灾害预测预报，具有创新性。

2）赤潮生态动力学数值预报模型

采用成熟并在国内外有过多次成功应用的非结构网格有限体积海流模拟技术，开发了可业务化应用的赤潮生态动力数值预报技术和模型，并在东海示范区海域进行了业务化试预报。所建立的赤潮生态动力学数值预报模型，是国内首个结合了生态动力学模型的短期赤潮数值预报模型，为开展赤潮生态动力学数值模拟预测提供了新的技术手段，具有创新性。

3）赤潮灾害风险评估指标体系和模型

通过中筛选影响赤潮灾害危险度与承灾体易损度评估的指标，构造了由赤潮灾害危险度与承灾体易损度评估指标构成的赤潮灾害风险评估指标体系，该评估指标体系为国内外首次提出，具有原创性。以浮游植物生物学理论为基础，以赤潮灾害暴发的环境要素和生物学参数的响应机理为出发点，建立了完善的赤潮灾害风险评估技术和模型，该评估模型为国内外首次提出，具有原创性。

4）赤潮灾害远程专家会商诊断技术

基于赤潮知识库快速检索技术，集成具有音视频通信、电子白板、图文交互和文件共享等网络视频会商技术，建立了赤潮本地诊断和远程专家会商诊断技术，可为不同专家和部门间协商、会商、咨询等提供服务，为充分发挥异地赤潮专家知识才能提供了新的技术手段。该赤潮远程诊断技术为国内外首次提出，具有创新性。

5）赤潮灾害预警预报、应急及风险评估软件系统

研制的赤潮灾害预警预报软件系统、赤潮灾害风险评估软件系统和赤潮远程诊断与应急调度软件系统在东海示范海域进行了试应用。该套赤潮软件系统是国内首套以业务化运行为目标的赤潮灾害预报、应急和风险评估的软件系统，具有创新性。

8.2.3 系统集成

在对项目其他研究成果集成的基础上，根据东海海域的特点，着重解决了高浊度环境条件下的采样与预处理问题；从监测方式上较“十五”以来我国已建立的有关海洋环境立体监测系统进一步完善，

补充了志愿者监测网和赤潮毒素监测网，在国内首次建立了一个较为完善的赤潮灾害实时监测与预警准业务化示范系统。

1. 形成一套高悬浮环境条件下的海水样品的自动化采集、分析系统

传统的水质和赤潮生物样品分析过程包括了采样、预处理、样品前处理、样品分析、结果录入、数据通信等诸多环节，且多数检测项目需在监测船只返航后方能进行样品检测，样品由采集至获得数据结果往往需要数天，采样和分析过程繁琐且时效性较差。同时由于赤潮监测需要同时开展水质、生物等多项要素的分析，监测单位需投入大量的人力和时间，费效比较低。开发的样品自动采样与分析系统集成了海水自动采集、预处理、水样分配、仪器分析、船载数据集成、数据船岸通信和入库集成等流程，可实现 9 项水质要素和 2 项生物要素的样品自动采集和测试分析，所有样品测试分析可在 1.5 小时内完成，并可将测试结果实时传输至数据中心，及时用于环境状况的分析和灾害预警预报；所需采样和分析人员也由 18 人减少至 8 人即可，极大地解放了劳动力，提高了赤潮样品分析的时效性，为提高赤潮的响应速度、增加预警时间提供了有效的技术支撑(表 8.2)。

表 8.2 传统监测方式与船载监测系统分析效果比较

监测内容	传统监测方式(20 天航程)		船载监测系统	
	人员	时间	人员	时间
采样	4 人	0.5 小时	2 人	15 分钟
pH、水温、盐度、溶解氧、叶绿素 a、浊度	6 人	现场分析 1～3 小时	1 人	3 分钟
五项营养盐	5 人	现场分析 1～3 小时	1 人	1 小时
赤潮生物	1 人	返航分析 4 小时	1 人	30 分钟
数据接收和处理	2 人	20 天之后	1 人	同步接收
系统维护保障	0 人		2 人	
合计	18 人	大于 20 天	8 人	小于 1.5 小时

2. 项目建立的自动化采样和分析系统可进行可复制的示范应用

(1)监测项目的可复制性，适合我国的全部海域。本系统的自动化监测项目涉及海水水质和生物检测项目，可推广至常规海洋环境监测领域，以实时高效地获取海洋生态环境监测数据，并对监测数据进行实时存储和分析，可广泛应用于海洋环境污染的污染分析与评价、溢油等环境突发“十二五”的监测与预警和生态环境评估等领域。

(2)设备的可复制性，研发的自动化监测系统可安装应用于船舶、浮标、岸基站、验潮站等移动和固定监测平台，具有广泛的适应性。目前该自动监测系统已应用于“中国海警 226”船的监测系统改造、潮位站监测能力提升等项目。此外，由于系统的自动化程度较高，操作简便，降低了对测试分析人员的要求，使得系统的应用和推广更为简便。

3. 实现了赤潮监测手段由分时监测向实时监测的根本性转变

通过多个监测设备、多种监测技术和多套监测网络的集成，建立了以浮标、船载快速信息采集系统、岸基快速检测实验室、志愿者监测网络、卫星遥感监测系统为支撑的监测网络，通过信息中心多平台监测数据的汇总和分析，实现了对监测海域的多平台、多层次、多要素实时采集和连续监测，改变了以往单次分时的赤潮监测模式，开创了重点海域赤潮灾害立体实时监测的新模式，革新了赤潮的监测方式。

4. 推进研究技术成果的产业化应用前景

研发的样品自动化采集和传测系统具有多参数、高自动化程度、检测快速的特点，可应用于船舶、验潮站等移动和固定监测平台的改造，在特殊区域的船舶隐蔽性连续走航监测、对地方近岸海域的环境监督等方面具有广阔的应用空间。

5. 实现赤潮自动化监测和预警报系统的准业务化运行

项目组以对赤潮监测的业务化应用为目标，在应用中检验项目的研究成果，2013 年 6 月起将浮标、岸基站等监测系统和技术投入东海区赤潮监测业务化工作。同时，应用赤潮遥感监测软件模块，每日利用相关卫星遥感数据资料等，开展示范区海域的赤潮卫星遥感监测和预测预报工作，生成各类监测产品数百份。通过监测系统和预警评估系统的准业务化运行，既可以根据应用情况对系统进行进一步的不断调整和改进，提升系统的稳定性和实用性，又可以快速及时地将研究成果向实际应用进行转化，提高了业务工作的时效，起到了良好的应用效果。

6. 构建集成多种监测手段、多个软件模型和功能的综合信息系统

(1) 本系统在浮标监测、岸基站监测、船载快速监测、遥感等监测方式的基础上，进一步新增了志愿者报告平台。系统集成的赤潮预警预报模型包括天气条件预报、水质统计预报、遥感跟踪预报、漂移扩散预报、生态动力学预报。

(2) 系统集成了赤潮灾害风险评估系统、赤潮信息诊断软件、赤潮辅助决策系统、赤潮遥感提取软件。

(3) 采用远程视频会商技术手段进行赤潮远程诊断和决策。此外，将手机短信平台应用到赤潮监测上是一个创新。手机短信平台具有接收和发送短信两个功能。志愿者可以向短信平台发送赤潮信息，中心能够及时收到短信并处理，提高了赤潮信息传递的效率。

8.3　研 究 展 望

通过仪器和技术的集成与改进，实现了建立一个可操作性强的重大海洋赤潮灾害实时监测与预警准业务化示范系统的目标，具备对赤潮多发区不同尺度赤潮灾害快速、及时、准确监测与预警的技术能力，但是仍有以下几方面可继续改进。

(1) 船载监测系统自动化程度可进一步提高。在作业方式上，目前船载实时在线系统的工作环境为停车作业，尚不能实现完全的走航作业；从自动化程度来看，还需要有专人在甲板上进行操作，无法实现完全的自动化。通过系统自动化程度的进一步提升，可实现取样、分析的全自动化操作，进一步提高系统的稳定性和工作的效率，并提高特殊环境进行隐蔽监测的能力。此外，未来可集成融合更多的水质、生物等自动化检测和分析仪器，以提高分析效率和检测速度。

(2) 浮标系统的维护周期和仪器持续工作时间需进一步延长。浮标系统的维护周期和仪器持续工作时间需一步延长。从浮标的运行维护中，我们发现浮标存在严重的生物附着现象，需要定期对浮标进行清理和维护，需要耗费大量的人力和物力。因此，进一步研发新的技术方法，防止或减少生物附着或降低生物附着对测量准确度的影响是降低浮标维护成本，延长浮标使用寿命的重要一步。浮标自身所处环境为高温、高湿、盐雾、强晃动、强振动，对设备的稳定性、耐高温、耐腐蚀性、接口的牢固度有着非常高的要求，同时考虑到浮标作业环境的特殊性，需要大大增强设备的易维护性、易拆装性，简化现场操作流程，减少操作环节和时间，提高工作质量和可行性，需要对仪器设备中的易损件、现场校准组件等要尽量实现模块化集成，便于快速更换和维修。另外，本项目生态浮标搭载的水下传感器能实时监测的参数仅有常规的 6 参数，需加强水下在线传感器的研发和集成力度，将营养盐因子、

COD 等水质环境参数的传感器应用到浮标中；小型浮标受标体体积所限，无法安装足够的太阳能电池板，这使得其供电能力非常有限，在以后的研发工作中，需对浮标的电源进行强化和优化，尽可能提高传输稳定性、持续性。

(3)仪器的稳定性需进一步加强。船载监测平台和岸基站共集成了水样采集系统、营养盐自动分析仪、光纤溶氧仪、多参数水质仪、赤潮生物现场监测仪等 9 台仪器设备。在进入系统集成之前，各仪器设备均进行了环境条件适应性检验、技术性能指标检验，以及独立第三方检验等，检验结果符合合同要求。但在集成到系统中后，部分仪器仍然出现了运行不稳定现象，如在船舶仪器舱中放置几个月后，营养盐分析仪的调试预热时间需要大大延长，阀门或管路接头发霉导致偶尔管路漏液现象；在海试过程中，营养盐分析仪、赤潮生物现场监测仪等仪器发生过“死机”现象；仪器与信息中心的通信偶尔会中断等。其主要原因为船舶与岸基站的高盐雾、潮湿环境对仪器的影响，以及船舶运行时的振动对仪器运行有一定的干扰。这些影响因素的强度超过了在室内进行环境条件试验的影响强度，影响了仪器的正常使用。因此，仪器设备的运行稳定性需要进一步加强，精密仪器的元器件选择和加工工艺需要进一步优化。此外，船载系统中的仪器设备网线和管路还曾遭遇鼠患的“破坏”，仪器的结构设计及安全防护性能也需要进一步加强。

(4)部分技术成果亟待推广并投入业务化应用。目前项目的技术成果尚未进行成果的推广应用及转化。鉴于成果在海洋现场原位在线监测的实用性，在海洋生态养殖区、近岸水质监测以及应急监测将有很好的推广应用前景，建议对系统研发的自动化监测系统和水分配系统产品进行标准化设计，尽快实现定型，并投放市场。

(5)加强科技工作向业务化工作的衔接。虽然本研究通过多种仪器设备的研制和改进形成了很多科技的成果，但未就相应的监测方法和技术未形成行业标准，不利于成果的示范推广。

参 考 文 献

白雁. 2007. 中国近海固有光学量及有机碳卫星遥感反演研究 [D]. 上海: 中国科学院上海技术物理研究所.

曹丛华, 黄娟, 郭明克, 等. 2005. 辽东湾鲅鱼圈赤潮与环境因子分析 [J]. 海洋预报, 22(2): 1-6.

陈晓翔, 邓孺孺, 何执兼, 等. 2001. 赤潮相关因子的卫星遥感探测与赤潮预报的可行性探讨 [J]. 中山大学学报(自然科学版), 40(2): 112-115.

陈鑫连, 傅征详. 1995. 十年尺度中国地震灾害损失预测研究 [M]. 北京: 地震出版社.

邓素清, 汤燕冰. 2005. 浙江海区赤潮发生前期气象因子的统计分析 [J]. 科技通报, 21(4): 396-391.

杜翠芬. 2010. 中国南部近岸水体有色溶解有机物质(CDOM)分布特征及遥感应用 [D]. 厦门: 厦门大学环境与生态学院.

杜立彬, 张颖颖, 程岩, 等. 2009. 山东沿海海洋环境监测及灾害预警系统设计与框架研究 [J]. 山东科学, 4 (4): 15-18.

高波, 邵爱杰. 2011. 我国近海赤潮灾害发生特征、机理及防治对策研究 [J]. 海洋预报, 28(2): 68-76.

郭皓等. 2004. 中国近海赤潮生物图谱本 [M]. 北京: 海洋出版社.

国家海洋技术中心. 2000. 海洋环境立体监测系统和示范试验技术总结报告 [R].

国家海洋技术中心. 2005. 台湾海峡及毗邻海域海洋动力环境实时立体监测系统技术技术总结报告 [R].

国家海洋局. 2001. 中国海洋灾害公报. [M]. 国家海洋局网站: http://www.soa.gov.cn/

国家海洋局. 2002. 中国海洋灾害公报. [M]. 国家海洋局网站: http://www.soa.gov.cn/

国家海洋局. 2003. 中国海洋灾害公报. [M]. 国家海洋局网站: http://www.soa.gov.cn/

国家海洋局. 2004. 中国海洋灾害公报. [M]. 国家海洋局网站: http://www.soa.gov.cn/

国家海洋局. 2005. 中国海洋灾害公报. [M]. 国家海洋局网站: http://www.soa.gov.cn/

国家海洋局. 2006. 中国海洋灾害公报. [M]. 国家海洋局网站: http://www.soa.gov.cn/

国家海洋局. 2007. 中国海洋灾害公报. [M]. 国家海洋局网站: http://www.soa.gov.cn/

国家海洋局. 2008. HY/T 069—2005, 赤潮监测技术规程 [S]. 北京: 中国标准出版社.

国家海洋局. 2008. 中国海洋灾害公报. [M]. 国家海洋局网站: http://www.soa.gov.cn/

国家海洋局. 2009. 中国海洋灾害公报. [M]. 国家海洋局网站: http://www.soa.gov.cn/

国家海洋局. 2010. 中国海洋灾害公报. [M]. 国家海洋局网站: http://www.soa.gov.cn/

国家海洋局. 2011. 中国海洋灾害公报. [M]. 国家海洋局网站: http://www.soa.gov.cn/

国家海洋局. 2012. 中国海洋灾害公报. [M]. 国家海洋局网站: http://www.soa.gov.cn/

国家环境保护局. 1998. GB 3097—1997, 海水水质标准 [S]. 北京: 中国标准出版社.

胡宝强, 李锡华. 2005. 浅谈水文气象因素对辽宁海域赤潮发生的影响 [J]. 海洋预报, 22(3): 64-67.

胡展铭, 林凤翱, 孙淑艳. 2008. 赤潮发生相关环境因子分析方法初探 [J]. 海洋环境科学, S2: 55-59.

黄为民, 吴世才, 施为华, 等. 1999. 高频地波雷达探测海面动力学参数的研究 [J]. 电讯技术, 6: 12-16.

黄小平, 黄良民, 谭烨辉, 等. 2002. 近海赤潮发生与环境条件之间的关系 [J]. 海洋环境科学, 21(4): 63-69.

惠绍棠. 2000. 海洋监测高技术的需求与发展 [J]. 海洋技术, 19(1):1-17.

矫晓阳. 2001. 透明度作为赤潮预警监测参数的初步研究 [J]. 海洋环境科学, 20(1): 27-31.

矫晓阳. 2004. 叶绿素 a 预报原理探索 [J]. 海洋预报, 21(2): 56-63.

康寿岭. 2001. 海洋环境立体自动监测系统 [J]. 海洋技术, 20(1): 1-21.

刘录三, 李子成, 周娟, 等. 2011. 长江口及其邻近海域赤潮时空分布研究 [J]. 环境科学, 9(9): 2497-2504.

罗继业, 周智海, 曹东, 等. 2006. 海洋环境立体监测系统的设计方法 [J]. 海洋通报, 25(4): 69-77.

洛昊, 马明辉, 梁斌, 等. 2013. 中国近海赤潮基本特征与减灾对策 [J]. 海洋通报, 32(5): 565-600.

毛显谋, 黄韦艮. 2003. 多波段卫星遥感海洋赤潮水华的方法研究 [J]. 应用生态学报 , 07: 1200-1202.

孙东, 赵冬至, 文世勇, 等. 2010. 夜光藻赤潮与环境因子关系的模糊分析 [J]. 海洋环境科学, 01: 70-75.

汪洋. 2004. 海洋环境监测系统动态集成框架研究 [J]. 海洋技术, 23(4): 22-28.

王桂芬, 曹文熙, 杨跃忠, 等. 2010. 珠江口藻华水体总吸收系数的变化特性及高光谱反演模式 [J]. 热带海洋学报, 29(2): 52-58.

王修林, 邓宁宁, 祝陈坚, 等. 2004. 磷酸盐、硝酸盐组成对海洋赤潮藻生长的影响 [J]. 中国海洋大学学报(自然科学版), 34: 453-460.

王修林, 孙培艳, 高振会, 等. 2003. 中国有害赤潮预测方法研究现状和进展 [J]. 海洋科学进展, 21(1): 93-98.

王正方, 张庆, 杭州. 2000. 长江口溶解氧赤潮预报简易模式 [J]. 海洋学报, 4(4): 125-129.

王正方, 张庆, 吕海燕, 等. 2000. 长江口溶解氧赤潮预报简易模式 [J]. 海洋学报, 22(4): 125-129.

文世勇, 赵冬至, 陈艳拢, 等. 2007. 基于 AHP 法的赤潮灾害风险评估指标权重研究 [J]. 灾害学, 22(2): 9-14.

张俊峰, 俞建良, 庞海龙, 等. 2006. 利用水文气象因子的变化趋势预测南海区赤潮的发生 [J]. 海洋预报, 23(1): 9-19.

张青田. 2013. 中国海域赤潮发生趋势的年际变化 [J]. 中国环境监测, 29(5): 98-102.

张志忠. 1996. 长江口细颗粒泥沙基本特性研究 [J]. 泥沙研究, 1: 67-73.

赵冬至. 2006. 海洋溢油灾害应急响应技术研究 [M]. 北京: 海洋出版社.

赵冬至. 2010. 中国典型海域赤潮灾害发生规律 [M]. 北京: 海洋出版社.

中华人民共和国科学技术部. 2006. 国家中长期科学和技术发展规划纲要国发[2006]6 号.

周成旭, 汪飞雄, 严小军. 2008. 温度盐度和光照条件对赤潮异弯藻细胞稳定性的影响 [J]. 海洋环境科学, (1).

周智海, 胡得宝, 魏泉苗. 2004. 海洋环境监测集成系统设计与技术研究 [M]. 北京: 海洋监测高技术论坛.

朱光文. 2002. 我国海洋监测技术研究和开发的现状和未来发展 [J]. 海洋技术, 21(2): 27-32.

曾江宁, 曾淦宁, 黄韦艮, 等. 2004. 赤潮影响因素研究进展 [J]. 东海海洋, 22(2): 40-47.

Adachi R. 1972. A taxonomical study of the red tide organisms [J]. J Fac Fish Pref Univ Mie, 9: 9-145.

Baker E T, William L J. 1984. The effect of particle size on the light attenuation coefficient of natural suspension [J]. Journal of Geophysical Research Atmospheres, 89(C5): 8197-8203.

Bidigare Robert R, Ondrusek M E, Morrow J H, et al. 1990. In-vivo absorption properties of algal pigments [J]. Proc Spie 1302: 290-302.

Blumberg A F, Kantha L H, Herring H J. et al. 1984. California shelf physical oceanography circulation model [J]. Final report.

Boss E, Pegau W S, M. Lee et al. 2004. Particulate backscattering ratio at LEO 15 and its use to study particle composition and distribution [J]. Journal of Geophysical Research Oceans, 109(C1): 367-380.

Bricaud A, Babin A, Morel A, et al. 1995. Variability in the chlorophyll-specific absorption coefficients of natural phytoplankton: Analysis and parameterization. [J]. Geophys. Res, 100: 13321-13332.

Bricaud A, Morel A. 1986. Light attenuation and scattering by phytoplanktonic cells: a theoretical modeling [J]. Applied Optics, 25(4): 571-580.

Bricaud Annick, Hervé C, Joséphine R, et al. 2004. Natural variability of phytoplanktonic absorption in oceanic waters: Influence of the size structure of algal populations [J]. Journal of Geophysical Research Oceans, 109(C11): 183-197.

Bricaud Annick, Morel André. 1998. Variations of light absorption by suspended particles with chlorophyll a concentration in oceanic (case 1) waters: Analysis and implications for bio-optical models [J]. 103(C13): 31033-31044.

Cannizzaro J P, Carder K L, Chen F R, et al. 2008. A novel technique for detection of the [J]. Continental Shelf Research, 28(1): 137-158.

Carder K L, Steward R G. 1985. A remote-sensing reflectance model of a red-tide dinoflagellate off west Florida. [J]. Limnology and Oceanography, 30(2): 286-298.

Carder K L, Steward R G, Harvey G R, et al. 1989. Marine humic and fulvic acids: Their effects on remote sensing of ocean chlorophyll [J]. Limnol Oceanogr, 34(1): 68-81.

Chen C S, Huang H S. 2011. Tidal dynamics in the Gulf of Maine and New England Shelf: An application of FVCOM [J]. Journal of Geophysical Research Oceans, 116(C12): 338-348.

Cleveland Joan S. 1995. Regional models for phytoplankton absorption as a function of chlorophyll a concentration [J]. Journal of Geophysical Research Oceans, 100(C7): 13333-13344.

Donelan M A, Hui W H. 1900. Mechanics of ocean surface waves [J]. Springer Netherlands, 7(9): 209-246.

Dupouy C, Loisel H. 2003. Microbial absorption and backscattering coefficients from in situ and POLDER satellite data during an ElNino--Southern Oscillation cold phase in the equatorial Pacific (180°) [J]. Journal of Geophysical Research, 108(C12): 3-1.

Fujiki T, Taguchi S. 2002. Variability in chlorophyll a specific absorption coefficient in marine phytoplankton as a function of cell size and irradiance [J]. Journal of Plankton Research, 24(16): 859-874.

Galperin B, Kantha L H, Hassid S, et al. 1988. A quasi-equilibrium turbulent energy model for geophysical flows [J]. Journal of the Atmospheric Sciences, 45(1): 55-62.

Gong G C, Shiah F K, Liu K K, et al. 2000. Spatial and temporal variation of chlorophyll a, primary productivity and chemical hydrography in the southern East China Sea [J]. Continental Shelf Research, 20(4): 411-436.

Gong G C. 2004. Absorption coefficients of colored dissolved organic matter in the surface waters of the East China Sea [J]. Terrestrial Atmospheric & Oceanicences, 15(1): 75-87.

Gordon H R, Morel A. 1984. Remote assessment of ocean color for interpretation of satellite visible imagery: A Review [J]. Lecture notes on Coastal and Estuarine Studies, 59(3).

Hahn S T, Capra M F. 1992. The cyan bacterium oscillatoria Erythemaa potential source of toxin in the ciguatera food-chain [J]. Food Addit Contam, 9(4): 351-355.

Hong H, Li Y Y, Wang X, et al. 2005. Estimation of the sources of organophosphorus pesticides in Xiamen sea area [J]. Acta Scientiae Circumstantiae, 25(8): 1071-1077.

http://oceancolor.gsfc.nasa.gov

Jayaraman Arthi, Nair Nitish. 2012. Integrating PRISM theory and Monte Carlo simulation to study polymer-functionalised particles and polymer nanocomposites [J]. Molecular Simulation, 38(8-9): 751-761.

Joye Samantha B, Anderson Iris C. 2008. Nitrogen cycling in coastal sediments [C]. Nitrogen in the Marine Environment (Second Edition): 867-915.

Keith D J, Yoder J A, Freeman S A. 2002. Spatial and temporal distribution of coloured dissolved organic matter (CDOM) in Narragansett Bay, Rhode Island: Implications for phytoplankton in coastal waters [J]. Estuarine Coastal & Shelf Science, 55(5): 705-717.

Kuwahara V S, Toda T, Hamasaki K, et al. 2000. Variability in the relative penetration of ultraviolet radiation to photosynthetically available radiation in Temperate Coastal Waters, Japan [J]. Journal of Oceanography, 56(4): 399-408(10).

Kuwahara Victor S, Ogawa Hiroshi, Tatsuki Toda, et al. 2000. Variability of bio-optical factors influencing the seasonal attenuation of ultraviolet radiation in temperate coastal waters of Japan [J]. Photochemistry and Photobiology, 72(2): 193-199.

Lee Z P. 2006. Remote sensing of inherent optical properties: fundamentals, tests of algorithms, and applications., reports of the international, ocean-colour coordinating group [R].

Mahoney K L. 2003. Backscattering of light by Karenia brevis and implications for optical detection and monitoring [J]. Dissertation Archive, 2253.

Marcel Babin, Dariusz Stramski, Ferrari G M, et al. 2003. Variations in the light absorption coefficients of phytoplankton, nonalgal particles, and dissolved organic matter in coastal waters around Europe [J]. Journal of Geophysical Research Oceans, 108(C7):4-1.

Marcel Babin1, André Morel, Fournier-Sicreet V, et al. 2003. Light scattering properties of marine particles in coastal and open ocean waters as related to the particle mass concentration [J]. Limnology and Oceanography, 48(2): 843-859.

Martin Seelye. 2004. An introduction to ocean remote sensing [M]. UK: Cambridge University Press.

Mellor G, Blumberg A. 2004. Wave breaking and ocean surface layer thermal response [J]. Journal of Physical Oceanography, 34(3): 693-698.

Mellor George L, Yamada Tetsuji. 1982. Development of a turbulence closure model for geophysical fluid problems [J]. Reviews of Geophysics, 20(4): 851-875.

Morel A, Bricaud A. 1981. Theoretical results concerning light absorption in a discrete medium, and application to specific absorption of phytoplankton [J], Deep Sea Research Part A Oceanographic Research Paper, 28(81): 1375-1393.

Morel André, Prieur Louis. 1977. Analysis of variation in ocean color [J]. Limnology and Oceanography, 22(4): 709-722.

Nair Anjali, Wolter Travis R, Meyers Adam J, et al. 2008. Innate Immune Pathways in Virus-Induced Autoimmune Diabetes Annals of the New York Academy of Sciences [J]. Immunology of Diabetes V From Bench to Bedsidepages, 1150: 139-142.

Negri A P, Bunter O, Jones B, et al. 2004. Effects of the bloom-forming alga Trichodesmium erythraeum on the pearl oyster Pinctada maxima [J]. Aquaculture, 232(1): 91-102.

Negri A P, Bunter O, Jones B, et al. 2004. Effects of the bloom-forming alga Trichodesmium erythraeumon the pearl oyster Pinctada maxima [J]. Aquaculture, 232: 91-102.

Ocean U S. 2002. An integrated and sustained ocean observing system for the United States: design and implementation [Z]. http://www.ocean.us.

Oscar S, Trisha B, Oliver M J, et al. 2004. Inversion of spectral absorption in the optically complex coastal waters of the Mid-Atlantic Bight [J]. Journal of Geophysical Research Oceans, 109(C12).

Real-Time, Long-Term Ocean & Earth Studies at the Scale of a Tectonic Plate. 2001. NEPTUNE Feasibility Study prepared for the National Oceanographic Partnership Program (NOPP) [Z].

Roesler C S, Culbertson Charles W, et al. 2000. Distribution, production, and ecophysiology of Picocystis strain ML in Mono Lake, California [J]. Limnology & Oceanography, 47(2): 440-452.

Roesler C S, Perry M J, Carder K. 1989. Modeling in situ phytoplankton absorption from total absorption spectra in productive inland marine waters [J]. Limnology & Oceanography, 34(8): 1510-1523.

Saaty T L. 1986. Axiomatic foundation of the analytic hierarchy process [J]. Management Science, 32(7): 841-855.

Sathyendranath S, Platt T. 1988. The spectral irradiance field at the surface and in the interior of the ocean: a model for applications in oceanography and remote sensing [J]. Geophys Res., 93: 9270-9280.

Smagorinsky J. 1962. General circulation experiments with the primitive equations I. The basic experiment [J]. Mon.wea.rev, 91: 99.

Smith R C, Prézelin B B. 1992. Ozone depletion: ultraviolet radiation and phytoplankton biology in antarctic waters [J]. Science, 255(5047): 952-959.

Stacey M T, Monismith S G, Burau J R, et al. 1999. Observations of turbulence in a partially stratified estuary [J]. Journal of Physical Oceanography, 29(8):1950-1970.

Subramaniam A, Carpenter E J, Karentz D, et al. 1999. Bio-optical properties of the marine diazotrophic cyanobacteria Trichodesmium spp. I. Absorption and photosynthetic action spectra [J]. Limnology & Oceanography, 44(3): 608-617.

Tang D L, Kester D R, Ni I, et al. 2003. In situ and satellite observations of a harmful algal bloom and water condition at the PearlRiver estuary in late autumn1998 [J]. Harmful Algae, 2(2): 89-99.

Terray E A, Donelan M A. 1996. Estimates of kinetic energy dissipation under breaking waves [J]. Journal of Physical Oceanography, 26(5): 792-807.

Terray E, Gordon R L, Brumley B. 1997. Measuring wave height and direction using upward-looking ADCPs [J]. Oceans 97 Mts/ieee Conference, 1(1): 287-290.

The National Office for Integrated and Sustained Ocean Observations. 2005. First Annual Integrated Ocean Observing System (IOOS) development plan-A report of the national ocean research leadership council prepared by Ocean.US [R]. http://www.ocean.us.

Wettle M, Ferrier G. 2003. Fourth derivative analysis of red sea coral reflectance spectra [J]. International Journal of Remote Sensing, 24(19): 3867-3872.

Whitmire Amanda L, Pegau W. Scott, Lee Karp-Boss, Emmanuel Boss, and Timothy J. Cowles. 2010. Spectral backscattering properties of marine phytoplankton cultures [J]. Opt. Express, 18(4): 15073-15093.

Wu L, Bogy D B. 2000. Unstructured adaptive triangular mesh generation techniques and finite volume schemes for the air bearing problem in hard disk drives [J]. Journal of Tribology, 122(4): 761-770.

目标及干预：康复最后阶段的目标及运动包括下列各项。

- 持续改善或维持 ROM。
  - 末端自我牵伸。
  - 若情况适合，进行Ⅲ级关节松动术及自我松动术。
- 持续改善肩关节神经肌肉控制及肌肉表现。
  - 在解剖平面及对角平面上进行肩关节肌肉无痛、低负荷、高重复性的渐进性抗阻运动，并且在允许的范围内模拟功能性任务的动作模式，将患者置于不同的重力抗阻姿势下。
  - 进行肩关节闭链抗阻运动，逐渐增加上肢负重的重量。
  - 使用术侧上肢进行上举、搬物、推或拉的活动，并对抗增加的负荷。
- 恢复最具功能性的活动。
  - 使用术后上肢逐渐进展至更高级的功能性活动。
  - 可能的话，可以进行诸如游泳及高尔夫等休闲活动。
  - 调整活动需求高、影响大的工作或娱乐活动，以避免对盂肱关节施加过度的压力，从而导致假体松动或过早磨损。

注意：对于肩袖肌群无法修复或因细微修复仍有显著缺陷的患者，以及肩关节 ROM 受限但无疼痛的患者而言，为了能够独立进行功能性活动，可能必须改善环境、使用辅助式装置。

结果

由于患者选择标准、假体设计及手术技巧都有长足的进展，肩关节置换术的愈后结果已经大有改善。全肩关节置换术、反向全肩关节置换术或半肩关节置换术的愈后结果受到许多因素的影响，包括潜在病变的形式及严重度、软组织的完整性、手术的类型及质量，以及患者相关因素，如术后康复过程的参与度 [29,32,215]。最常报道的结果是关于疼痛缓解、生活质量、被动和主动肩关节 ROM 度，以及执行功能性活动的能力。

尽管许多研究强调患者对术后康复的参与是愈后结果成功的关键，但并没有研究支持这一观点，因为所有接受肩关节置换术的患者术后都接受了一些术后运动指导。此外，已发表的方案经常被修改以满足个别患者的需要，这使得比较术后的治疗方案变得困难 [215]。

疼痛缓解：疼痛缓解是盂肱关节置换术后最一致的结果。几乎所有的患者——无论潜在性的病变、关节置换术的类型或假体植入物的设计——报告中显示出完全或相当的肩关节疼痛缓解，且手臂功能性使用有所改善 [33,123,124,139,141,143,152,156,188,211]。

疼痛缓解的程度已被证明和盂肱关节关节炎的潜在性原因有关。Neer 及其同事 [141]、Matsen[123] 以及 Norris 和 Lannotti[152] 的报告指出，90% 原发性骨性关节炎或骨坏死的患者接受全肩关节置换术后有完全或接近完全的疼痛缓解。因骨性关节炎接受半肩关节置换术的患者也有类似的结果 [112,124,143]。患者若有风湿性关节炎或其他滑膜炎相关疾病，也有报告指出接受全肩关节置换术或半肩关节置换术后疼痛有相当程度的缓解，不过并不像骨性关节炎或骨坏死患者的效果持续 [33,176,202]。

在一项对骨性关节炎患者的前瞻性研究中，比较了进行全肩关节置换术和半肩关节置换术的疼痛缓解效果，结果显示两组患者术后疼痛评分相似，由于术前疼痛程度高，接受全肩关节置换术治疗的患者比半肩关节置换术患者疼痛有更多的改善 [156]。在另一项研究中，随机分配到全肩关节置换术或半肩关节置换术组的骨性关节炎患者在 24 个月的时间内接受评估，两组均报告了明显的疼痛缓解和其他生活质量参数的改善，两组之间没有显著性差异 [112]。对于风湿性关节炎患者来说，接受全肩关节置换术和半肩关节置换术是否可更有效地缓解疼痛还没有明确的证据 [12,202]。

上肢关节 ROM 及功能性使用：尽管肩关节置换术后康复强调改善关节 ROM 及手臂的功能性使用，但这些愈后结果的改善程度并不如疼痛缓解容易预测，功能状态的改善比肩关节 ROM 更持续 [59,124,152,156,179,188,215]。一般而言，原发性骨性关节炎或骨坏死的患者比风湿性关节炎患者表现出更大的主动屈伸和旋转关节活动范围的改善，这可能是由于风湿性关节炎相关的肩袖损伤发生率更高，或者使用更多的限制性假体[176,202,215]。例如，骨性关节炎或骨坏死患者的平均主动屈曲范围从 105° 进阶到 161°，而风湿病患者的平均范围是 75° ~ 105°[188,215]。

已经有报告指出骨性关节炎或骨坏死患者关节置换术后的功能性状态有显著的改善。虽然有报告指出风湿性关节炎患者接受关节置换术后功能有改善，不过很多研究使用的都不是标准的测量工具，造成其结果和其他研究相互比较时有困难[215]。反向全肩关节置换术后，原发性肩袖关节病变、原发性骨性关节炎合并肩袖撕裂或大面积肩袖撕裂患者的功能和临床疗效均优于创伤性关节炎或关节成形术患者[211]。无论潜在性的病变如何，研究都认为具有良好功能的肩袖肌群机制是获得术后显著改善的 AROM 及功能性能力进步的基础[33,185,215]。

肩痛综合征（肩袖疾病和肌腱炎）：非手术治疗

肱骨上间隙中的大部分软组织（图 17.7）损伤可能是导致运动和功能受限及出现疼痛而影响睡眠的根源。被提及了数十年的撞击综合征，最初被认为出现疼痛的普遍原因是机械性挤压和刺激肱骨上组织[80,109,117]。最近的证据表明非挤压性的机械力，如肌腱的退行性变和遗传因素也会导致肩痛。出于这个原因，撞击综合征有时用术语如肌腱炎、肌腱病、肩袖损伤和肩前痛来替代。肩袖疾病的许多病原学因素已经被确定，在专栏 17.5 里总结了它们的分类。

专栏 17.5　肩痛综合征的分类

肩袖病和其他肩痛情况有几种不同的致病因素，因此肩痛综合征可以用几种方法分类。

根据肩袖病理学分期分类（肩袖病 Neer 分类法）[140]

- Ⅰ期：水肿，出血（患者年龄通常 <25 岁）。
- Ⅱ期：肌腱炎 / 滑囊炎和纤维化（患者年龄通常在 25~40 岁之间）。
- Ⅲ期：骨刺和肌腱断裂（患者年龄通常 >40 岁）。

根据组织受损情况分类[40]

- 冈上肌肌腱炎。
- 冈下肌肌腱炎。
- 肱二头肌肌腱炎。
- 上盂唇和（或）肱二头肌的肌腱不稳。
- 三角肌下（肩峰下）滑囊炎。
- 其他的肌腱损伤（具体损伤或外伤的类型）。
- 前部——如执拍运动过度使用（胸小肌、肩胛下肌、喙肱肌、肱二头肌短头等肌肉拉伤）。
- 后部——如车祸（肱三头肌长头、前锯肌等肌肉拉伤）。

根据机械撕裂和不稳定或半脱位的方向分类

- 由松弛的关节囊造成关节多向不稳定伴有或没有撞击。
- 单向不稳（前面的、后面的或下面的）伴有或没有撞击。
- 关节唇外伤性撕裂伤。
- 隐匿性（非创伤性）重复微创伤。
- 内在结构松弛。

根据进行性微创伤分类（Jobe 分类法）[92]

- 第一组：单纯的撞击（通常出现在有下肩袖部分撕裂和肩峰下滑囊炎的年长的业余运动员）。
- 第二组：与关节上唇和（或）囊膜损伤有关的撞击，不稳定性和继发性撞击。
- 第三组：过度弹性软组织导致前部或多向不稳定性和撞击（通常是薄弱而完整的关节唇、下肩袖的撕裂）。
- 第四组：前部不稳定并且与撞击无关（外伤的结果；部分或完全脱位）。

根据程度和频率分类

- 不稳定 → 半脱位→ 脱位。
- 急性、复发、稳定。

症状的病理和病因

肩袖病的起因通常是多因素的，涉及结构和力学因素。撞击综合征一词传统上被描述为一组典型的症状和体征，包括手臂抬高过顶的疼痛、在手臂抬高中间范围的疼痛及激发试验阳性。患者还经常主诉夜间会被痛醒。肩袖肌腱病的症状通常是由于对肩关节有高需求的过度或重复的活动引起。对肩袖病性质的多个因素分析可以通过一个分类系统来理解，这个分类系统把撞击的因素分为内在的和外在的，外在因素可以进一步分为原发的、继发的和内部撞击的。肩关节的过度使用可能导致肩部区域其他类型的肌腱拉伤，如执拍运动或外伤，如跌倒、手臂牵拉伤及车祸造成的胸前区疼痛。

内源性撞击：肩袖病

内在因素指那些破坏了肌腱结构完整性的因素，包括肩袖肌腱的血管变化、组织张力过大、胶原蛋白的排列紊乱和退化[61,135]。内在因素状况通常涉及深入关节的肌腱，并可能进展到关节端的肩袖撕裂，这种情况最常见于 40 岁以上的患者[77]。

外源性撞击：组织的机械性压迫

外源性撞击被认为是由于在手臂上抬时，肩

峰前下 1/3 的肩袖受到机械性挤压而发生的（图 17.15）。肌腱挤压被认为是由于解剖学或生物力学因素使肱骨上间隙的空间减小而造成的。

原发性外部撞击。原发性外部撞击可由解剖学或生物力学因素引起。解剖学因素包括肩峰或肱骨头结构变化及肩关节和喙肩韧带肥厚性退行性变。Neer[142] 首先提出，组成喙肩弓结构的大小和形状与肩袖撞击有关。在后来的研究中，肩峰变形被确认分成三型：Ⅰ型（扁平型），Ⅱ型（弯曲型），Ⅲ型（钩型）（图 17.16）[12]。肩袖病理可能与Ⅱ型和Ⅲ型有关，和Ⅰ型肩峰变形无关 [1,133,233]。肱骨上间隙减小的解剖学因素往往需要手术治疗解决 [61,168,233]。生物力学因素包括在运动期间，锁骨或肩胛骨运动方向的改变，或在后盂肱关节囊紧张时肱骨头向前上平移增加 [74]。

继发性外部撞击。继发性撞击是指由于盂肱关节活动性过大或不稳定导致肱骨头平移增加，从而导致肱骨上组织的机械性压迫。盂肱关节的不稳定可能是多向或单向的，可发生于静态（盂肱韧带）和（或）动态稳定结构的功能障碍（肩袖功能不全）。

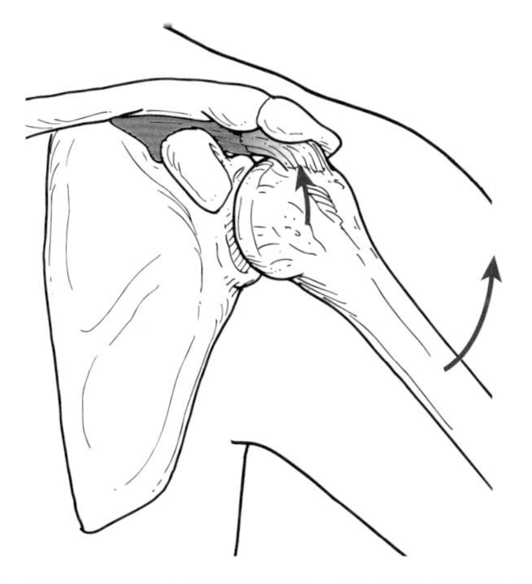

图 17.15　进行重复上举活动时，肱骨上间隙减小导致撞击症状

- 多向不稳定性。有些个体具有结缔组织延展性增加的生理学特征，从而导致他们的关节活动性过大。在盂肱关节中，延展性的增加允许了肱骨头在各个方向上比正常更多的平移 [156,181]。许多人，尤其是进行上举活动较多的人，由于不断的拉力，他们的关节囊变得松弛 [61,92]。强壮的肩袖肌群可以支持盂肱关节活动性的增加，但是如果肌肉疲劳，肱骨头稳定性不良可能导致肱骨力学缺陷、肱骨上间隙组织的创伤和炎症 [92,132]。因此，对于关节多向不稳定的患者，肱骨头平移增加会继发肱骨上间隙组织的机械性压迫 [61]。
- 有或无撞击的单向不稳定性。单向不稳定性（前面、后面或下面）可能是结缔组织生理性松弛的结果，但更多的是创伤的结果，并且通常涉及肩袖撕裂。通常这些创伤会损伤关节盂唇或一些相关支持韧带。

内在的外源性撞击。内在撞击是外源性撞击征的一种类型，它发生于上举、水平外展和最大外旋位置时，主要发生在投掷运动员中。这样的体位及肱骨头在关节盂中向后上的移位导致了冈上肌肌腱在肱骨头和关节盂唇之间受到了机械性的挤压。内在撞击与后盂肱关节囊紧张及肩胛骨运动学改变有

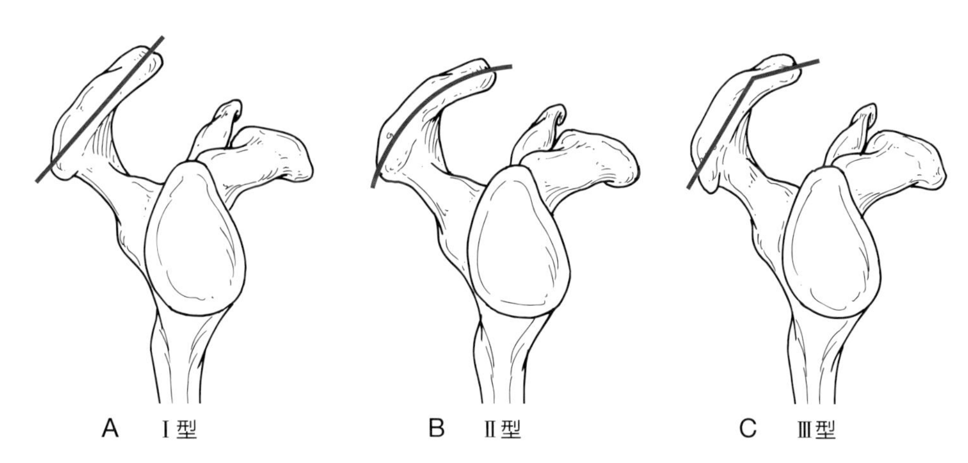

图 17.16　肩峰变形的分类。A. Ⅰ型（扁平型）。B. Ⅱ型（弯曲型）。C. Ⅲ型（钩型）

关[106,138]。

肌腱炎 / 滑囊炎

Neer 将肌腱炎 / 滑囊炎归为Ⅱ期撞击的症状（专栏 17.5）[140]。与肌腱病不同的是，这些状况与活跃的炎症的过程有关，可能局限于一个或多个特定的组织。以下描述了特异性病理诊断及典型的症状和体征。

冈上肌肌腱炎。冈上肌肌腱炎的病变位置通常位于肌腱交界处，当手臂上举过顶时表现为疼痛弧征。当患者的手放于背后时，这可以作为一个疼痛激惹试验，肩峰前部下方的肌腱触诊时有疼痛。因为解剖学结构的邻近性，所以冈上肌肌腱炎与三角肌滑囊炎很难区分。

冈下肌肌腱炎。冈下肌肌腱炎的病变位置通常位于肌腱交界处，手臂上举过顶、前伸及内收跨越身体时产生疼痛弧征。由于在重复或剧烈投掷活动中超负荷用力，它可能表现为减速性（离心性）损伤。当患者水平内收及肱骨外旋时，肌腱触诊疼痛位于肩峰后角的下方。

肱二头肌肌腱炎。肱二头肌肌腱炎的病变位置包括在结节间沟下方的肱二头肌长头腱或远端的肱骨横韧带。结节间沟中的肿胀会限制活动，使问题更加严重和持久。进行速度测试及肱骨结节间沟触诊时，会发生疼痛[119]。在手臂上举过程中，肱二头肌肌腱的断裂或错位可能破坏其作为肱骨下降肌的作用，导致肱骨上间隙中组织撞击[140,149]。

滑囊炎（三角肌下或肩峰下）。在急性期，滑囊炎的症状与冈上肌肌腱炎的症状相同。一旦炎症减轻，就不再有限制运动的症状。

其他受损的肌腱组织

以下是在肩部区域其他肌腱问题的例子。

- 胸小肌、肱二头肌短头及喙肱肌易受微创伤，尤其在执拍运动中，需要良好地控制向后运动，然后向前快速摆动手臂。肩胛骨的稳定结构，尤其是肩胛后缩肌在控制肩胛骨向前运动时，也非常易受到微创伤[111]。
- 当驾驶员紧紧地握着方向盘受到撞击时，肱三头肌长头和肩胛骨稳定结构可能会受损。
- 损伤、过度使用或重复性损伤可能发生在任何承受压力的肌肉中[151]。受累肌肉变长或抗阻缩短时会产生疼痛。触诊病变部位也会引起熟悉的疼痛。

隐匿性（无创伤性）发病

Neer 将肩袖撕裂伤作为Ⅲ级撞击综合征，常见的典型情况是肩袖或肱二头肌长头重复的微创伤，常见于 40 岁以上的人[140]。随着年龄的增长，冈上肌肌腱的远端部分特别容易因为撞击或过度使用的应力而受到损伤。随着退行性改变，可能发生钙化和最终的肌腱断裂[61,146,154]。尽管 Neer 提到，在他的经验中，95% 的撕裂伤是由撞击磨损引起的，而不是由血液循环受阻或创伤引起的，但对于老年人，仍可以用张力变化所导致的慢性缺血和愈合延迟来解释这种疾病。

常见的结构和功能的障碍

在肩袖疾病中，各种功能障碍是常见的，但尚不清楚它们是病理变化的原因还是结果[28,114,117,157]。颈椎和肩关节复合体的全面检查是鉴别原发性和继发性撞击或其他肩痛原因有关的症状和体征所必需的[19,47,119]。在专栏 17.6 中总结了与肩袖疾病相关的常见障碍和肩痛综合征。

姿势不良和肌力不平衡

胸椎后凸增大、头部前倾及肩胛骨前倾被认为与撞击综合征有关。肩胛骨力线错误可能是肱骨上

专栏 17.6 肩袖病和肌腱炎的常见损伤

以下症状可全部出现、部分出现或不出现。

- 疼痛出现在触诊相关肌腹和肌腱连接处、抵抗肌肉收缩时及牵拉时。
- 阳性撞击征（肩前屈 90° 被动内旋）和手臂上举接近 90° 时出现疼痛弧。
- 姿势不良：胸椎后凸、头前伸、肩胛骨前倾并伴胸廓活动性减小。
- 肌力不平衡：胸大肌和胸小肌的活动性降低、肩胛提肌和盂肱关节内旋；前锯肌无力和盂肱关节外旋。
- 盂肱关节后关节囊活动性降低。
- 颈椎和（或）胸椎活动性降低，特别是继发性撞击。
- 肱骨向上运动时的运动学缺陷：肩胛骨后倾减少与前锯肌薄弱有关；肩胛骨上举和斜方肌上束的过度使用；手臂上抬或放下时肩肱节律的改变。
- 肩袖完全撕裂，肱骨无力对抗重力外展。
- 当处于急性期时，疼痛在 C5 和 C6 参照区。

间隙空间减小和导致手臂上举过顶活动时刺激肩袖肌腱的一个因素[114]。上半身姿势不良也可能导致肩胛胸壁关节和盂肱关节肌肉组织的长度和力量不平衡，降低盂肱关节动态与被动稳定结构的有效性[221]。

随着胸椎后凸增大，肩胛骨常常是前伸和前倾的，导致盂肱关节内旋。在这种姿势下，胸小肌、肩胛提肌以及肩内旋肌可能会变紧，而肩外旋肌和肩胛骨上旋肌肌力及肌耐力会较差。当手臂上举过顶时，肩胛骨和肱骨力线错误可能导致肩胛骨力线的改变和肩关节复合体的肌肉控制的改变。

聚焦循证

在一项比较了 26 例无肩部损伤和 26 例患有肩部撞击的受试者的肩关节运动学的研究中，Ludewig 和 Cook[114] 在肩部撞击组的受试者中记录到肱骨上抬 31°~60° 期间肩胛骨向上旋转延迟、肩胛骨后倾不充分及肩胛骨过度上提。这些运动都可能促成肩峰下可用空间的减小，此外还发现了下层前锯肌的激活减弱和斜方肌上束的激活增强。过度的肩胛骨上抬和斜方肌上束的激活被认为可能是后部前锯肌功能减退的一种代偿。

一项使用三维技术的研究中比较了 12 例无症状和 10 例有症状受试者的肩关节运动学，这项研究指出肩胛骨水平外展 30° 和 60° 时，有症状的受试者盂肱关节分别上抬 7° 和 6°，肩胛胸壁关节较少向上旋转。作者认为有症状组中的运动学改变反映了肩关节复合体的代偿机制，这个机制显示了肩关节区域相互依赖性。

胸椎的关节活动性减小

胸椎的伸展是上肢过头全范围运动的一个必需的运动成分。胸椎伸展不充分可能减小肱骨上抬的功能范围。关于这种区域相互依赖性的解释包括肩胛胸壁的力学缺陷和肌肉活动改变[73]。尽管人们已经注意到胸椎后凸增加会减小肩抬高范围，但仍未有胸椎活动性与肩关节运动关系的直接证据。最近研究证明胸椎的关节松动在不显著改善肩胛骨运动学和肩关节上举关节活动范围的情况下，能够减轻肩袖疾病患者的疼痛[73,137]。

临床提示

当胸椎后凸增大和头部前伸时，肩关节上抬过头全范围运动变得更困难。我们可以利用这种关系作为一种宣教工具来向患者证明脊柱姿势的重要性。首先让患者以一个懒散的姿势将手臂上抬过头；然后让患者以良好的姿势再次手臂上抬过头，注意两者关节活动范围的差异，以此来强调脊柱姿势在肩部问题治疗与预防中的重要性。

聚焦循证

一项研究比较了 47 例无症状和 50 例有症状的肩部撞击综合征受试者接受胸部手法治疗对肩胛骨力学和疼痛的影响，这个研究显示相对于接受安慰治疗的有症状组与无症状组，接受手法治疗的有症状组疼痛立即减轻，肩胛骨力学有小的变化[73]。

肩袖肌群的过度使用和疲劳

如果肩袖肌群或肱二头肌长头因过度使用而疲劳，它们不能充分支持关节和控制关节正常力线的动态稳定、应力和平移力。当存在关节囊松弛时，肌肉疲劳被认为是继发性撞击综合征的诱发因素，因此，肌肉力量增强对稳定性是必要的[158]。如果没有这种动态稳定性，由于关节力线错误，肩峰下间隙的组织可能会受到撞击。肩部肌肉疲劳和关节位置觉之间也存在着关系，在表现受损的重复的过头活动中发挥作用[30]。

继发于神经病变的肌肉无力

肌肉无力可能与受损的神经功能有关。胸长神经麻痹造成的前锯肌无力会导致肩胛力线错误和运动功能障碍，可能导致肱骨上区域的肩袖撞击。

盂肱关节囊后部紧张

盂肱关节囊后部的延展性丧失可能改变肱骨头平移方向。研究发现，关节囊后部紧张会造成在手臂上抬时肱骨头上移程度增加，使得肱骨上间隙空间减小[74]。

常见的活动受限和参与受限

- 在急性期，疼痛可能会干扰睡眠，尤其是向患侧翻身时。
- 手臂上举过头、推或拉时产生疼痛。
- 举起重物困难。
- 无力承受重复的肩部活动（如伸手、上举、投掷、推、拉或摆动手臂）。
- 穿衣困难，特别是穿套头衫时。

治疗：肩痛综合征

注意：尽管根据症状可能存在时间较长或经常复发等慢性特征，但最初的治疗重点仍是控制炎症。

聚焦循证

一篇回顾了 7 项关于保守物理治疗干预全层肩袖撕裂的研究的综述，认为最成功的治疗方案是根据组织愈合的阶段、症状的激惹性及患者的反应（急性期、亚急性期和重返常规活动）而进行的渐进性的治疗[88]。

治疗：保护期

控制炎症和促进愈合

- 在病变部位应用物理因子治疗及低强度交叉纤维按摩。在治疗时，最大限度地暴露所涉及的区域[41,45]。
- 如有必要休息制动，可暂时用悬吊带支撑手臂。

患者宣教

在这个阶段，必须改进和完全避免引起症状的环境和习惯。应告知患者刺激产生疼痛的机制和预后，并教授患者在愈合阶段的安全训练方法。

保持软组织的完整性和活动性

- 在无痛范围内开始被动、主动辅助或主动 ROM 训练。
- 开始多角度的肌肉固定和保护下的稳定性训练。当训练肩关节时，重要的是在患者耐受的强度下激发肩袖、肱二头肌和肩胛肌的稳定功能。

注意：这个阶段的训练必须避免撞击姿势。通常在外展时伴内旋或处于末端位置时受累的肌肉处于前伸状态（如将手放在背后），会诱发疼痛。

控制疼痛并保持关节完整性

无负重的钟摆训练可以用来抑制疼痛，Ⅱ级的关节分离与摆动运动见图 17.22。

提高相关区域的支持

- 利用姿势意识和矫正技术（见第 14 章错误姿势的相关干预措施）。
- 支持技术如肩部衬垫或肩胛骨贴扎、触觉提示和镜像练习等可用于强化姿势。每天的重复提醒和正确姿势的练习是必要的。

聚焦循证

在随机对照交叉研究中[109]所包含的 120 名受试者（60 例有撞击症状，60 例无症状）均采用贴扎进行体位矫正，无痛范围内的肩关节屈曲和肩胛骨平面抬高活动性显著改善。与安慰贴扎比较，胸椎和肩胛矫正贴扎也使头部前伸，胸椎后凸，肩胛骨侧方移位、抬高和前伸减少。

治疗：运动控制期

处理急性症状之后，重点转移至在安全范围内进行循序渐进的运动，并且在组织愈合期间运用合适的力学原理。在可控的训练计划中开始进行预期的功能性运动[44,45,190,217,218,223]。如果关节存在功能性松弛，干预则应针对性发展肩胛骨和盂肱关节稳定结构的神经肌肉控制和力量[95,180,201]。如果受限的活动影响了正常力学或干扰了功能，则开始松动受限组织。具体的练习技巧和进阶将在后面的内容中描述。

患者宣教

在这个阶段，患者对计划的坚持和对愈合组织的保护是必要的。当患者学会安全有效地完成每项运动时，就可以进行家庭训练计划。继续强化正常的姿势习惯。

发展强壮灵活的组织

- 可以运用手法治疗如交叉纤维按摩或深部组织按摩。肢体放置的位置，如果是肌腱，组织要处于牵伸状态；如果是肌腹，组织要处于缩短状态。该手法应用的力度和时长应在患者耐受的范围内。

- 遵循这些手法，患者被指导在其可允许的范围内的几个位置进行肌肉等长收缩。收缩的强度不应引起疼痛。
- 应教会患者如何进行自我按摩和等长训练。

改变关节运动轨迹和活动性

因为疼痛弧或撞击，当肩关节上抬受限时，MWM 有助于改变关节运动轨迹和加强全范围运动[153]（见第 5 章）。

- 手臂主动抬高时肱骨头的后外侧滑动（图 17.17A）。
  - 患者体位：坐位，手臂放于体侧，保持头部中立位。
  - 治疗师体位与操作：站在患者患肢的对侧，一只手臂跨过患者躯干，并用手掌稳定患者的肩胛骨。另一只手放在肱骨头的前内侧，将肱骨头后外侧滑动至关节盂，并要求患者进行之前能引起疼痛的抬高动作。在肩上抬和回到中立位期间，持续后外侧的松动，确保在此期间不发生疼痛。根据需要，调整滑动的等级和方向，以实现无痛功能。可以利用弹力带或重量袖带增加肌肉负荷。
- 自我治疗。当患者主动抬高患肢抵抗递增阻力到末端范围时，使用悬吊带提供后外侧滑动（图 17.17B）。

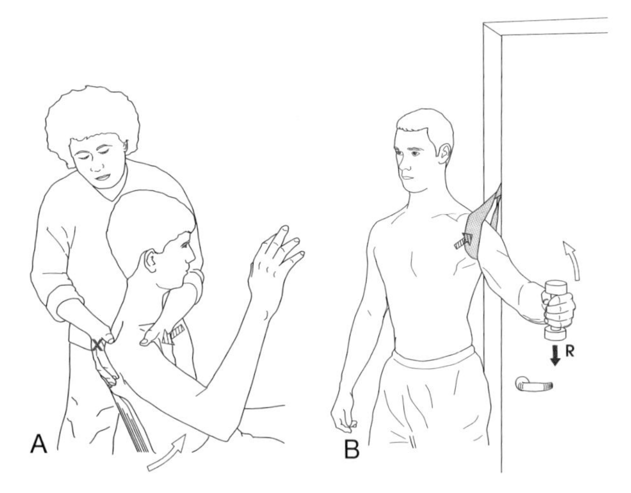

图 17.17　MWM 改变盂肱关节运动轨迹和提高主动上抬。A. 当患者主动抬高肱骨，运用手法使肱骨头向后外侧滑动。B. 用悬吊带自我治疗。在无痛范围内抗阻以加强肌力

平衡肩带肌群的长度与力量

设计专门处理患者损伤的程序是重要的。肩带的典型干预措施包括但不限于以下几项。

- 牵伸缩短的肌肉。缩短的肌肉通常包括胸大肌、胸小肌、背阔肌、大圆肌、肩胛下肌和肩胛提肌。
- 肩胛胸壁肌肉的力量训练。重要的肩胛肌通常包括使肩胛骨后倾、上旋的前锯肌和斜方肌下束，以及使肩胛骨后缩的斜方肌中束和菱形肌。因为当患者抬起手臂时，避免肩胛骨抬高是重要的。当肱骨外展和上抬时，强调应保持肩胛骨下降。
- 肩袖肌群的力量训练。把重点放在肩外旋肌上。

提高肌肉的稳定性和耐力

- 肩胛肌在开链位置下进行交替等长抗阻运动（侧卧位、坐位、仰卧位），包括前伸 / 后缩、上提 / 下降以及上旋 / 下旋，使患者学会抵抗外力稳定肩胛骨（图 17.37）。
- 肩前屈、外展及旋转时包含了肩胛骨和盂肱关节复合运动的模式。当患者抵抗外部阻力方向的变化时，在肱骨上施加交替的等长阻力（图 17.38，图 17.39，图 17.42）。
- 当治疗师提供分级的、交替的等长阻力或节律性稳定时，采用将患者的双手固定在墙上、桌子或地板上的闭链稳定性训练。如果在抵抗阻力期间肩胛骨异常翘起，说明肩胛骨稳定结构不足以满足需求，并且需要改变位置以降低难度（图 17.43）。这可以通过改变患者相对于重力的体位或改变关节角度的方式来实现。
- 通过增加个体抵抗交替阻力下保持模式的时间来提高肌肉耐力。当模式中的任何一块肌肉不再能够保持所需的控制时，即达到极限。这个阶段的目标应该是保持稳定约 3 分钟。

促进肩功能

当患者加强薄弱肌肉的肌力时，在耐受范围内，提高肩部和肩胛肌肉力量的平衡性是很重要的。为了增加肩胛骨和手臂运动之间的协调性，当患者保持协同模式时，以亚极量阻力对上肢施以动态负荷。为了提高肌肉耐力，增加患者控制正确模式的时间至3分钟。

治疗：功能恢复阶段

一旦患者学习了姿势控制，并且可以在不加重症状情况下执行他们所期望的活动，就可以开始着手对所期望的功能结果的特异性训练。在患者配合的同时，继续教他们如何进阶计划并防止出院后的复发。在专栏17.7中总结了建议。

增强肌肉耐力

为了增强肌肉耐力，重复训练时间从3分钟增加到5分钟。

加强对施加应力的快速运动反应

- 以更短的持续时间和更快的速度进行稳定性练习。
- 如果爆发力是期望的结果，那么在开链和闭链模式中进行增强式训练（见第23章）。

渐进性功能训练

强调活动的时间和先后顺序的针对性训练。

- 离心训练进阶到最大负荷。
- 模拟期望的功能性活动——首先在受控条件下，然后再逐步增加难度情况下进行加速/减速训练。
- 评估患者表现的安全性、激发的症状、姿势控制和放松，然后练习调整来纠正存在的问题。

专栏17.7 防止肩部疼痛复发的患者指导

- 在运动或工作之前，按摩所涉及的肌腱或肌肉。然后施以等长阻力并且进行全范围的活动和牵伸肌肉。
- 活动中是重复多次休息。如果可能的话，把紧张、刺激性的活动与其他活动或运动模式交替进行。
- 保持良好的姿势力线，调整座椅或工作环境以尽量减少应力。如果与运动有关，请在适当的技术指导下调整设备以保证安全的力学机制。
- 对于没有条件开始新活动或恢复活动之前，则开始强化和训练计划。

肩痛综合征：手术与术后管理

当保守治疗不能解决症状或改善功能时，手术是治疗肩痛综合征的一种方式。对由于肩峰结构变形（见前文和图17.16）而导致原发性撞击的患者，可以进行肩峰下间隙减压术。有部分或全肩袖撕裂的个体可能需要手术来修复组织。

肩峰下间隙减压术与术后管理

当应用非手术治疗不能充分解决与原发性撞击/肩袖疾病相关的疼痛和功能灵活性丧失时，肩峰下间隙减压术常是必要的。该手术旨在恢复或增加肩峰下间隙的空间，为肩袖肌腱提供足够的滑动空间。肩峰下间隙减压术也被称为前肩峰成形术或减压肩峰成形术。改变肩峰形状的肩峰成形术是典型的（但不总是）肩峰下间隙减压术的组成部分[126]。

手术适应证

以下是公认的撞击综合征/肩袖疾病的手术治疗指征[1,56,76,81,126,142,146,168,210]。

- 尽管进行了非手术干预，但由于原发性撞击导致的肩部上抬时疼痛以及功能灵活性丧失依然存在（通常为3~6个月或更长）。
- Ⅱ期（Neer分类见专栏17.5）撞击伴肩峰下间隔不可逆性纤维增生及骨性改变、肩袖肌腱的钙化沉积和肩峰下捻发音等症状。
- 肩袖完全或轻微撕裂。

注意：患有与肩袖部分或全层撕裂有关的盂肱关节活动过度或不稳的患者不适合单独进行肩峰下间隙减压术。对于这些患者，应进行肩峰下间隙减压术联合肩袖撕裂修补术；否则肩峰下间隙减压术的固有程序可能使盂肱关节的不稳定性加重。

程序

手术方法。肩峰下间隙减压术采用关节镜入路或开放入路。虽然开放入路已经成功地使用了很多年[81,139,142,168]，但现在首选的手术方式是关节镜[56,210]。传统的开放入路中三角肌的近端附着体必须分离，然后在缝合前修复[142]。在关节镜手术中，三角肌仍然保持完整，这使得患者能够在手术后更快地恢复上肢的功能性使用。在大多数情况下，大量肩袖撕裂的患者仍在应用肩峰下间隙减压术的传统开放入路的方式来进行修复。一些外科医生偏好的另一种方式是“微型开放式”的方法，它采用垂直分离三角肌的近端附着点而不是剥离它[126]。

组成程序。在手术前或手术期间检查肩部，根据病情观察，有一些外科手术程序可用于肩峰下间隙减压术[1,56,71,76,126,153,210]。

- 肩峰下滑囊切除术（滑囊切除术），通常滑囊由于慢性炎症而增厚（扩大）。
- 喙肩韧带松解术，通常是继发于完全或部分切除或退化后的喙肩韧带肥厚或磨损。
- 肩峰前隆凸切除术和修整肩峰剩余部分的下表面（肩峰成形术）以扩大肩峰下间隙（图 17.18）。
- 肩锁关节骨赘去除术和部分晚期肩锁关节炎病例的锁骨远端去除术。

术后管理

肩峰下间隙减压术后，手术方式的类型和肩袖的完整性显著影响康复的进程。如果肩袖在术前是完整的，则进行关节镜下减压术后的康复进程相当快，因为在这过程中肩部肌肉组织没有受损。相反，如果除了减压之外还需要修复肩袖撕裂，或者使用微型开放入路或开放入路的方法手术，康复进程会较慢，以允许修复的肩部肌肉组织有足够的时间愈合。

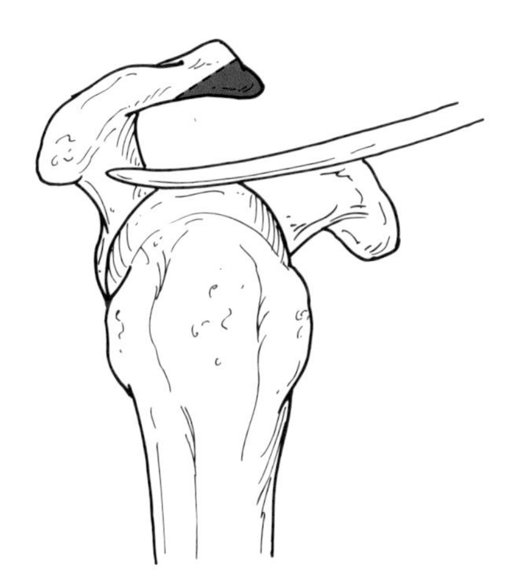

图 17.18　关节镜下肩峰成形术显示肩峰前部切除术的线条

注意：本节中概述的指导方针适用于有完整肩袖的原发性肩部撞击患者在进行关节镜下肩峰下间隙减压术后康复。如果肩峰下间隙减压术与肩袖修复术相结合，则在本章后面的内容中提出的关于肩袖修复术后康复的指导方针是合适的。

制动

手术后肩关节用悬吊带制动，手臂置于患者体侧，或轻微的肩外展和内旋、屈肘 90° 位。术后悬吊带在舒适的情况下佩戴 1~2 周，但在术后第 2 天可在锻炼时摘掉[126,210,219]。

运动进展

肩峰下间隙减压术后的锻炼见本章前面讨论过的肩袖撞击损伤。这一信息可以帮助理解为什么在术后康复计划中包含专项练习。关节镜下减压术通常是在门诊进行，因此患者可以在家中开始监督下的少量运动训练，然后通过门诊治疗随访。

运动训练：最大保护期

关节镜下减压术后的第一阶段康复从术后第 2 天开始并且持续 3~4 周。重点放在疼痛控制和肩关节及时但舒适的辅助运动上，来避免软组织愈合过程中的活动受限。在手术后 4~6 周内达到全范围或几乎全范围被动 ROM 是合理的[76]。

患者宣教应立即开始并引导帮助患者在锻炼和日常生活活动中避免导致症状的姿势。一旦活动无痛并且能够维持合适的肩胛胸壁关节及盂肱关节的运动，则可以允许主动（无辅助）肩关节活动。这在手术后 2 周实现是可能的。

目标和干预。对组织愈合早期阶段，可以设定以下目标和锻炼[1,2,34,76,126,219]。

- **控制疼痛和炎症。**
  - 当手臂运动需帮助时使用悬吊带。
  - 使用冷疗法和规定的抗炎药。
  - 肩部放松练习。
- **避免相邻区域活动性丧失。**
  - 颈椎、肘、腕和手的主动关节活动。
- **提高姿势意识和控制。**
  - 体位训练，强调颈部后缩、胸部伸展、肩胛骨后缩和腰骨盆中立位。

- **恢复无痛的肩部活动。**
  - 在疼痛耐受范围内进行肩关节辅助关节活动，最初用健侧上肢引导受累手臂运动，之后可以用手杖或体操棒辅助。从仰卧位开始，以稳定肩胛骨，并将上臂轻微外展和屈曲放在折叠的毛巾上。肩部运动包括在肩胛骨平面上抬高手臂、向前屈曲、外展、旋转以及水平外展和内收。先进阶至半卧位的练习，然后进阶至坐位或站立位，同时保持胸部伸展。
  - 在站立位背后握手杖或体操棒辅助肩关节伸展。
  - 在无痛范围内交叉胸部牵伸至水平内收来牵伸肩后部结构。如果有疼痛，则推迟进入下一个阶段。
  - 保持正确的肩胛胸壁关节和盂肱关节控制，进行无痛范围内的肩关节和肩胛骨主动活动（无辅助）；从仰卧进阶到坐位。主动肩关节运动可能在术后 2 周进行。
- **防止反射性抑制和肩带肌肉组织的失用性萎缩。**
  - 手臂支撑下的盂肱关节肌肉组织的无痛、低强度、多角度的静力性收缩，以及强调肩袖抵抗最小阻力的运动。术后 1 周左右开始亚极量静力锻炼法。健侧上肢轻度抗阻运动。侧重于增加重复次数而不是增加阻力 [114,181]。
  - 治疗师支撑患者的患侧手臂，患者进行肩胛胸壁肌肉的亚极量交替等长运动和节律性稳定训练。肩胛后缩肌和上旋肌为主要目标肌肉。

进阶的标准。进入第二阶段的标准包括以下内容 [34,76,98,126,219]。

- 肩膀无支撑时仅有极轻微的不适；行走时患侧手臂摆动与对侧相当。
- 肩部达到几乎全范围、无痛的 PROM（肩胛骨全范围活动；手臂上抬至少 150°；全范围内 / 外旋）。
- 在仰卧位，手臂在无痛范围内主动上抬高于肩水平高度。
- 肩关节无痛主动外旋约 45°。
- 肩部肌肉组织肌力测试等级至少达 3/5 级，最好达 4/5 级。

训练：中度保护期

第二阶段的康复训练目标主要在于达到全范围、无痛的肩关节活动，以及改善神经肌肉控制和肩袖、肩胛骨稳定肌和原动肌的肌肉功能。患者可能已经准备好开始这个阶段的康复训练，最早可以在术后 3~4 周，但大多数会在术后 4~6 周进行。这个阶段可以持续 4~6 周或直到患者符合进阶至下一阶段的标准。

目标和干预。在康复的第二阶段，目标和训练活动如下 [34,76,98,219]。

- **恢复和保持肩带及上躯干全范围、无痛被动活动。**
  - 关节松动强调肱骨头后向和尾向的滑动和肩胛胸壁关节的活动性。
  - 肌肉低强度的自我牵伸可以限制肩胛骨过度上旋和肱骨旋转，尤其是肩胛提肌、菱形肌、肩胛下肌、背阔肌、大圆肌、胸大肌和胸小肌。在手臂上抬运动时，这些肌肉紧张可能导致肩峰下撞击。
  - 肩后部肌肉和盂肱关节囊后部的自我牵伸，因为在肩部撞击的情况下，这些结构可能是紧张的。
  - 患者仰卧位，在肩胛骨之间垂直放置一个毛巾卷来自我牵伸上躯干和使胸椎伸展。
  - 在获得的关节活动范围内进行练习和功能性运动模式。
- **强化姿势意识和控制。**
  - 在运动和功能性活动时，继续强调颈椎、胸椎和腰椎骨盆的力线。
- **加强肩胛胸壁关节和盂肱关节肌肉的动态稳定性、力量、耐力和控制。**
  - 在负重位置，抵抗递增的阻力进行稳定性训练。单独加强前锯肌和斜方肌的肌力。
  - 上肢肌肉耐力测定。为了避免出现撞击弧，应在站立位置开始，而不是坐位。

- 肩关节单块肌肉抵抗低负荷［1~5 磅（0.45~2.28kg）重量或轻阻力弹力带］的动态肌力训练，逐渐增加重复次数。手臂抬高的抗阻训练，开始取仰卧位以将肩胛骨稳定在胸壁上，随后进阶至坐位或站立位。
- 使用患侧手臂进行轻度负荷的功能性活动。

临床提示

肩胛胸壁关节的上旋肌（前锯肌，斜方肌上、下束）、肩袖肌群[184]及背阔肌、大圆肌和肱二头肌等肌肉，这些肌肉是肱骨头下降肌，因此在手臂主动抬高时可以对抗肱骨头的向上滑动。开始时在肩部水平以下进行肱骨的抗阻运动。之后，如果运动保持无痛，可逐步进阶到上抬高于头部的运动。

注意：在进阶到能够进行肩部水平以上的抗阻运动前，一定要确定患者在抗重力下进行主动肩前屈和外展时不伴有肩胛骨上抬。

进阶标准。进阶到康复最后阶段的标准如下[34,98,219]。

- 激发试验阴性。
- 肩关节全范围、无痛、主动活动没有代偿运动的迹象。
- 患侧肩部肌肉组织肌力至少达到健侧肩部的 75%[219]。

训练：最小保护 / 恢复功能期

康复的最后阶段通常从术后第 8 周开始，此时软组织愈合良好而且几乎不需要保护。训练持续至术后 12~16 周，或直至患者恢复全部的活动。训练旨在用单独的肌肉运动和模拟功能性的活动来提高肩带肌肉的力量和耐力。在术后 6 个月中，患者可以观察到术侧上肢功能持续改善[2]。

完全恢复和无限制性活动所需的时间，很大程度上取决于患者对期望的活动的需求水平。希望回归竞技运动的患者比少动的患者需要更高的水平的训练（如超等长训练和运动专项训练）[34,219,222]。

目标与干预。肩峰下间隙减压术后，在最后阶段的康复目标、训练和活动与原发性撞击综合征非手术治疗的最后阶段相似。请参阅本章前一节中所提供的信息[34,45,217,219,222]。

结果

伴或不伴有相关肩袖疾病的原发性撞击综合征患者在开放入路手术或关节镜手术后，从长期结局（无痛的关节活动和恢复到所期望的功能性活动）来看，似乎没有明显差异[56,126,210]。根据开放入路和关节镜手术的许多结局研究显示，85%~95% 的患者报告了在术后 1~2.5 年有好甚至极好的结果[1,76,126,210]。一般来说，患者术后对其功能满意度最低的是这些参加对身体有较高需求的体育活动的患者，包括投掷相关运动员和接受工伤赔偿的工伤人员[126]。

有多项研究证实了肩袖疾病采用关节镜治疗较开放入路手术治疗更优越。关节镜治疗的优点包括术后疼痛少、恢复全范围关节活动和力量时间短、能尽快重返工作岗位（通常在术后 1 周）、成本低（住院时间短或门诊手术）以及外观效果更好[1,76,126,210]。

尽管肩峰下间隙减压术后，训练可以遵循常规的路径，但训练的有效性只有极少数研究在关注。一项前瞻性随机研究比较了关节镜下肩峰下间隙减压术后治疗师指导下的 6 周训练计划和自我管理计划的有效性[2]。治疗师监督组的患者在医院接受运动指导，然后在出院后 6 周内，每周接受 1 小时治疗；而自我管理组患者仅在出院前接受 1 次的运动指导。两组均获得书面指导材料。在术后 6 周、第 3 个月、第 6 个月和第 12 个月观察患者结果，除了 1 个变量之外，两组之间的结果没有显著差异。在术后 3 个月，治疗师监督组疼痛程度高于自我管理组。作者总结，治疗师初始指导下的家庭自我管理运动计划可以达到与有治疗师监督下的运动一样的康复效果。

肩袖修复与术后管理

肩袖撕裂大致分为部分撕裂或全层撕裂，这两种类型可能都需要手术治疗。肩袖部分撕裂仅涉及肌腱的一部分，其从肩峰（滑囊）侧或肱骨（关节）表面的肌腱向下或向上延伸。全层撕裂是完全撕裂，损伤涉及整个肌腱的上下表面[76,83,126]。这两种撕裂可能平行或垂直于肌腱纤维的走向。

手术适应证

影像学检查明确有肩袖撕裂的患者，进行手术治疗的主要适应证是由于以下原因导致疼痛或功能不全[5,76,83,126,159,210,231]。

- 肩袖肌腱部分或全层撕裂伴有软组织不可逆的退行性改变。部分 Neer Ⅱ期损伤以及大多数 Neer Ⅲ期损伤的患者在非手术治疗的尝试后仍有症状和功能受限，是进行外科手术的指征。
- 急性、外伤性肩袖肌腱断裂，可能还合并有大结节撕脱、盂唇损伤或有未明确肩袖损伤史的患者的急性的盂肱关节脱位。全层、创伤性撕裂最常发生在年轻活跃的成人中。

注意：尽管存在影像学证实的肩袖撕裂，但没有临床症状的患者不建议手术修复。

程序

修复撕裂的肩袖有几种手术方式，包括关节镜下方式、传统开放入路方式和微型开放入路方式[64,76,78,126,210]。选择哪种手术方式取决于撕裂的严重程度和位置、累及的肌腱数量、相关病变程度、发病类型（重复的微创伤或外伤性损伤）、撕裂组织的功能和活动性、骨骼质量、患者相关因素（年龄、健康状况、活动水平）及外科医生偏好和所受训练。

修复的类型

肩袖修复的类型通常通过外科手术方式和使用的技术分为 3 类[5,62,63,64,76,126,191,210,231]。

- **关节镜下方式**。整个手术是在关节镜下进行的，只需要几个小切口来插入手术器械。
- **微型开放入路（关节镜辅助）方式**。这种类型的手术有两种变型，它们都涉及关节镜下肩峰下减压术和三角肌分离的方法。一种是只在关节镜下行肩峰下间隙减压术，而另一种还包含一部分肩袖的关节镜下修复[231]。这两种手术类型均采用在肩峰前外侧处进行切口，并沿三角肌纤维的方向向远侧延伸（1.5 cm 或 3.5 cm 但不超过 4 cm，以避开腋神经）。在三角肌前部和中部之间将其纵向分开，从而在不剥离三角肌近端起点的情况下暴露肌腱[58,64,126,159,199]。
- **传统开放入路方式**。采取前外侧切口，斜行走向，从锁骨下面的中 1/3 穿过喙突，延伸到肱骨近端的前面。采用此种手术方式，必须剥离三角肌的近端附着点并下折肌肉，以暴露肩峰下间隙减压和肩袖修复的手术视野。在肩袖修复完成后，三角肌需要重新被缝合附着于肩峰上[64,83,126]。由于关节镜及关节镜辅助下修复技术的不断进步，传统开放入路手术方式的使用在不断减少。

肩袖修复的构成要素

无论怎样的手术方式，肩峰下间隙减压术应在肩袖修复术之前进行（特别是与慢性撞击相关的肩袖撕裂）。在看到撕裂部位之后，将撕裂的肌腱的边缘从附着的软组织中分离并清除。然后松动肩袖肌腱并提起至准备附着的位置，并通过腱－骨连接固定。根据是否使用关节镜或微型开放入路，选择通过缝合线和缝合锚钉、大头钉或 U 形钉来固定[58,62,76,126,198,210]。

除了肩峰下间隙减压术，在过程中可能需要其他伴随的程序。例如，如果盂肱关节存在单向或多向不稳定，需进行关节囊收紧和盂唇再造。因为肱二头肌长头腱的退行性改变常与“慢性肩袖病”有关，因此肌腱的修复也可能是必要的。

外科手术程序的选择

当决定采用何种最适合患者的手术类型时，外科医生需权衡多种因素。要考虑到撕裂的严重程度，包括厚度（部分或全层）、大小和肌腱撕裂的数量。虽然文献中有一些不一致，但有 4 种公认的分类来描述肩袖撕裂的纵向尺寸：小（1 cm 或更小），中等（1~3 cm），大（3~5 cm）和巨大（超过 5 cm 或 1 个以上的肌腱的全层撕裂）[5,58,76,212]。

一个小的、部分肩袖撕裂通常由手术治疗，通过全关节镜下入路来去除撕裂肌腱的磨损边缘，一般还包括肩峰下间隙减压术。肌腱撕裂部分可以修复，也可以不修复[5,76,126,191,198,210]。

从以往经验来看，小和中度的全层肩袖撕裂仅采用全关节镜下手术治疗[63,76,126]。然而，随着关节镜技术的进步，越来越多的大的全层撕裂及一些巨大的肩袖撕裂也采用全关节镜下手术治疗[210,231]。尽管外科手术不断发展，外科医生仍然经常选择微型开放入路（三角肌分离）的手术方式来修复中等、大的肩袖撕裂[58,126,199]。甚至一些有巨大肩袖撕裂伤的患者也用三角肌分离的手术方式来治疗[126,212]。需要剥离和修复三角肌的传统开放入路方法，现在主要用于修复与肩部广泛损伤有关的多发性肌腱撕裂[58,126]。

肩袖撕裂的位置、全层撕裂的肩袖收缩程度和活动性，以及剩余肌腱和下层骨的质量也会影响外科医生对预期最有效手术方式的选择[76,126,198,210]。而冈上肌或冈下肌小、中度和巨大撕裂常采用关节镜下或微型开放入路方法，肩胛下肌的撕裂常采用传统的开放入路方法治疗[58]。此外，由于组织质量差，或有撕裂肌腱明显的收缩和活动性受限，许多外科医生认为开放入路修复手术能代替关节镜修复术以获得更强的修复效果[76]。

术后管理

肩袖肌腱撕裂伤手术修复后，许多因素影响着固定的位置及持续时间、运动处方的选择和应用及每位患者康复计划的进展速度。在表 17.3 中，总结了这些因素及其潜在影响。

关于这些因素中是如何及在多大程度上单独或共同影响外科医生和治疗师对患者术后康复计划制订的决定，在文献中或临床实践中几乎没有共识。因此，对于肩袖修复术后管理的指南和计划是多样的，并且有时是矛盾的[5,34,53,55,58,64,76,126,208]。例如，一些作者认为，如果三角肌剥离和修复是手术的组成部分，术后三角肌力量训练应推迟 6~8 周，直到修复的三角肌已经愈合[34,55,126]。与之相反，另一位作者建议只要三角肌获得安全固定，无论三角肌剥离是否是必须的，康复应以同样的方式进行[74]。

考虑到接受肩袖修补术的患者的不同特点和手术选择的多样性，因此没有一个单一的术后计划适用于所有患者或一定比其他方案有更好的结果。因此，为了满足每位患者的需求和目标，治疗师可以

表 17.3　影响肩袖修复术后康复进展的因素

因素	对康复的潜在影响
■ 损伤	■ 慢性撞击和非创伤性肩袖缺损→急性创伤后进展更慢
■ 撕裂的程度和位置	■ 较大的撕裂累及更多的肌腱损伤→进展更慢
■ 相关的病理学，如盂肱关节不稳或骨折	■ 更多的介入手术及更长周期的制动→运动进展较慢或需要额外的注意事项
■ 术前肩部的肌肉力量和活动性	■ 动态稳定结构先前存在缺陷和退化或肩部主动、被动活动受限→术后进展缓慢
■ 患者一般健康状况	■ 患者身体差；吸烟史；炎性疾病史→进展更慢
■ 类固醇注射史或先前失败的肩袖手术	■ 骨和肌腱组织质量受损影响修复（固定）的安全性→进展更慢
■ 受伤前的活动水平或术后目标	■ 高水平活动增加再受伤风险→一个更为广泛和高阶的术后训练计划
■ 患者的年龄	■ 老年患者→可能更慢的进展
■ 手术入路类型	■ 传统开放入路手术方法（三角肌剥离修复术）→比关节镜或关节镜辅助下手术（微型开放入路 / 三角肌分离）修复进展稍慢
■ 修补的类型	■ 腱 – 腱型→比腱 – 骨型进展更慢
■ 修复后的活动性（当手臂在体侧时，肌腱修补后没有过度的张力）和完整性	■ 如果活动性不足→早期康复期间，在受保护的关节活动范围内持续更长时间的运动
■ 患者对康复计划的依从性	■ 缺乏依从性（做得太多或太少）会影响结果
■ 外科医生的观念、技能和训练	■ 所有这些都可能产生影响→进展更缓慢或更快速

使用已经发表的方案或私人临床机构开发的术后管理的一般指导方针。应根据患者对干预措施的反应及与外科医生的沟通结果对协议和指南进行调整。

尽管术后计划有所不同，但其有 3 个共同的要素：①盂肱关节术后即刻或早期运动；②控制肩袖的动态稳定性；③力量和肌肉的耐力逐渐恢复。本部分将介绍目前一般的运动指南，将这些因素纳入到全层肩袖撕裂在关节镜下或微型开放入路修复术后的康复阶段。由于传统的开放入路手术或撕裂的大小、位置及修复的质量等因素，应注意到潜在的改良方法和注意事项。

注意：肩袖部分撕裂在清创术后而非修补术后的康复目标、运动干预和康复进阶与本章前文介绍的肩袖撞击在肩峰下间隙减压术后的管理相类似。

制动

肩袖修复术后，术侧的肩部制动的位置和持续时间受多种因素影响，包括修复的面积、严重程度和位置及修复的类型和质量。肩袖撕裂的面积大小一定程度上决定了患者术侧手臂是否用悬吊带（肩内收、内旋、屈肘至 90°）或外展位矫形器或夹板（肩部在肩胛骨平面上抬约 45°、内旋和肘屈曲）来支撑。用外展夹板支撑手臂的患者，当夹板因训练、穿衣或洗澡被去除时，可能需要家庭成员的协助来支撑术侧手臂保持在肩外展 45° 位置。

表 17.4 总结了全关节镜和微型开放入路 / 三角肌分离术后关于制动的建议。因为文献中所报告的指南的多样性，涉及三角肌剥离和修复的传统的开放入路手术后的制动建议不包括在表 17.4 中[34,76,126,212]。

开始时肩部在外展位制动的理由基于两个原则。在外展位，肩部处于更放松、自然的位置，减少了可能会破坏修复的反射性肌肉收缩的可能性。此外，手臂支撑在外展位时减少了修复肌腱上的张力，也可以促进血液流向修复部位。

训练进阶

不论患者是住院还是在门诊接受肩袖修复，在术后接受治疗师进行训练并指导的通常仅限于几次访问。因此，治疗师与患者互动的重点必须放在患者宣教上，以形成有效且安全的居家训练计划。

关节镜下或微型开放入路肩袖修复术后各阶段康复的目标和干预如下。在专栏 17.8 中总结了肩袖修复后的运动和注意事项的一般准则，其中还包括特定类型的肩袖撕裂或外科手术的注意措施。专栏中每个阶段的建议时间是一般性的，必须是基于上述的一些因素来进行调整（表 17.3）。

训练：最大保护期

康复初期阶段的重点是保护修复的肌腱，其肌腱最薄弱的时候约在修复术后 3 周内[198]，预防制动潜在的不利影响。对于几乎所有的患者，在手术后的最初几天内，在去除制动装置的短暂时间内，在安全和舒适的范围内进行被动或辅助关节活动（表 17.4）。

小面积或中等撕裂全关节镜下或微型开放入路修复术后，最大保护期持续 3~4 周；大面积或巨大撕裂修复术后，最大保护期持续 6~8 周。小面积或中等撕裂关节镜下修复术后，尽一切努力在术后 6~8 周内达到几乎全范围的肩关节被动活动，尤其是肩上抬和外旋[58,126,210]。

目标和干预。在最大保护期，开始以下的目标和选择性干预措施[5,34,53,55,64,76,126,210,212]。

- **控制疼痛和炎症。**
  - 间歇性的冷疗法。

表 17.4 关节镜下和微型开放入路手术后，肩袖撕裂面积大小与固定类型和持续时间的关系 *

肩袖撕裂的大小	固定类型和持续时间
小（≤ 1 cm)	使用悬吊带 1~2 周，手术当天或术后 1 天取下运动
中到大（1~5 cm)	使用悬吊带或外展矫形器 / 枕 3~6 周；术后 1~2 天取下运动
大（> 5 cm）†	使用悬吊带或外展矫形器 / 枕 4~8 周；术后 1~3 天取下运动

注：* 全关节镜下和微型开放入路（关节镜辅助帮助 / 三角肌分裂）方式。

† 全关节镜下方式不常用于肩袖巨大撕裂的修复。

专栏 17.8　全层肩袖撕裂修补术后一般运动指南和注意事项

肩部早期运动

- 基于外科医生术中对修复体活动性和力量的观察、规定的术后计划、运动时患者的舒适度，在安全和无痛范围内进行被动或辅助关节活动。
- 巨大肩袖撕裂修补术后或传统的开放入路手术后 6~8 周内仅仅进行被动关节活动，以避免修复的三角肌撕裂。
- 开始时在仰卧位进行肩部的被动和辅助关节活动来保持肩胛骨在胸廓上的稳定性。
- 尽量减少肱骨头向前和向上的平移及撞击的可能性。将肱骨置于身体冠状面略前方，并且轻度外展。
- 在仰卧位休息时，用毛巾卷支撑肱骨远端。
- 当仰卧位开始被动或辅助肩关节旋转时，同时保持肩部轻微屈曲及外展约 45°。
- 当开始辅助肩部伸展时，在俯卧位进行运动（手臂垂在床的边缘），从屈曲 90° 到中立位。后期进阶到背伸的训练。
- 当在直立位（坐或站立位）辅助或主动运动时，确定患者保持直立的躯干姿势以减少撞击的可能性。
- 在动态强化肩部屈肌和外展肌之前，当开始主动抬高手臂、恢复肩袖尤其是冈上肌和冈下肌的力量时，确保充分的肩下沉和避免肱骨头上移。

力量练习

- 当肩胛胸壁肌肉组织开始等长抗阻运动时，一定要对术侧手臂给予支撑，以避免修补过的盂肱关节肌肉组织过度紧张。
- 使用低运动负荷；抗阻运动不应引起疼痛。
- 无负重（闭链）运动活动 6 周。
- 小的修补术后，推迟动态抗阻运动（渐进性抗阻运动）至少 8 周，对于大的撕裂及大的修补术后，推迟最少 3 个月。
- 如果冈上肌或冈下肌被修复，谨慎进行盂肱关节外旋抗阻运动。
- 如果肩胛下肌被修复，谨慎进行盂肱关节内旋抗阻运动。
- 在开放入路修补术后，推迟修复过的三角肌和肩袖肌群的等长抗阻运动至少 6~8 周，除非另有计划。

牵伸运动

- 避免剧烈的牵伸、紧张 – 放松程序或 Ⅲ 级关节松动术至少 6 周，术后通常给予修补过的肌腱 12 周时间来愈合和变得强健。
- 如果冈上肌或冈下肌被修复，开始时要避免盂肱关节内旋牵伸至末端。
- 如果肩胛下肌被修复，开始时要避免盂肱关节外旋牵伸至末端。
- 如果三角肌被剥离和修复，开始时要避免进行肩部伸展、内收和水平内收。

日常生活活动

- 微型开放入路或关节镜下修复术后约 6 周，传统开放入路修复术后约 12 周后，才能使用术侧手臂进行轻度的功能性活动。
- 在大面积或巨大肩袖撕裂修复术后，术后 6~12 个月避免使用术侧手臂进行涉及重阻力的功能性活动。

- 舒适的手臂支撑。
- 肩部放松运动。
- 盂肱关节的 Ⅰ 级关节松动术。
- 药物处方的使用。

■ **防止相邻区域的活动性丧失。**

- 肘部辅助关节活动。
- 颈椎、腕部、手部主动关节活动。
- 肩胛骨的主动上提 / 下降和前伸 / 后缩。

■ **预防肩关节僵硬 / 恢复肩关节活动性。**

- 钟摆运动是经典的术后第 1 天或制动装置去除后进行的运动。强调使用正确的技巧，并保持肩部肌肉放松。
- 在安全和无痛范围内进行肩部被动关节活动。首先在仰卧位进行练习，在肩胛骨平面开始手臂抬高和外旋运动。
- 进行小到中等撕裂修复术的患者在 1~2 周内使用对侧手、体操棒或其他小型棍棒进行自我辅助 ROM 训练。大面积撕裂修复术的患者大约在 2 周后进行自我辅助 ROM 训练。
- 根据需要，在治疗师或家庭成员的帮助下主动控制肩部。患者仰卧位，若无疼痛，将手臂置于肩屈曲 90° 的位置。在这个位置，重力对肩部肌肉组织的影响最小。这个位置被称为肩部的“平衡点位置”[53]。帮助患者控制肩部，同时移动到平衡点的位置，用手臂划小圆弧和圆圈。
- 在主动肩部关节活动的后期出现的小的撕裂，并且如果症状允许，由最初的仰卧位肘屈曲进阶到半卧位肘稍微屈曲。

注意：巨大肩袖撕裂修复或传统的开放入路修复术合并三角肌剥离术后，仅使用被动、非辅助性关节活动 6~8 周[34,212]。

■ **预防或纠正错误姿势。**

- 姿势训练促进形成正常的脊柱力线和肩关节后缩（见第 14 章和第 16 章）。

■ **提高肩胛胸壁关节的稳定结构的控制。**

- 肩胛骨主动运动。
- 对单独的肩胛肌亚极量静力锻炼法[114]。为了避免修复的肌肉组织过度紧张，要注意支撑术侧手臂不承受重量。
- 侧卧位肩胛骨前伸 / 后缩促进前锯肌功能。

- **预防盂肱关节肌肉组织的抑制和萎缩。**
  - 在最小阻力下进行低强度的肌肉特定运动。运动不应引起正在愈合的肩袖肌腱的疼痛。根据撕裂的大小和修复的质量，在术后1~3周内尽早进行运动[34,53,55]。

注意：在肩袖修复术后，进行盂肱关节肌肉组织等长训练时，如何选择肩部最安全的姿势看法不一。建议最安全的姿势是以修复过的肩袖肌腱上产生最小的张力的位置开始（肩关节内旋和在肩胛骨平面上抬高约45°，肘关节屈曲）[55]。在康复的最后阶段，随着肩袖肌肉力量的提高，在更具挑战性和功能性的位置使用手臂进行运动和活动。

进阶标准：进入第二阶段的标准如下。

- 愈合良好的切口。
- 辅助肩关节活动仅有轻微疼痛。
- ROM不断增加。

运动：中等保护期

第二阶段康复的重点是发展肩关节的神经肌肉控制、力量和耐力，同时继续达到全范围或接近全范围、无疼痛的ROM。重视加强肩胛胸壁关节和肩袖肌群的控制性。

对于一个小或中等撕裂修复术的患者，这一阶段开始于术后4~6周，并持续6周。对于大多数患者，肌力训练通常在术后8周左右开始。对于接受大的或巨大撕裂修复术的患者，这一阶段可能在12周后开始。

聚焦循证

Thomson等[193]对11项RCT进行了系统回顾，比较了肩袖修复术后康复方案有效性。6项研究评估了早期ROM训练的效果，发现了一些早期康复改善预后的证据，并且没有不良的远期疗效。对于有良好的固定的小到中等的撕裂，在术后第1天可开始被动ROM训练，几天后开始主动ROM训练。患者有大的撕裂或者其他原因，如组织质量差、全身性疾病或久坐的生活方式，应推迟被动ROM训练4~6周，并推迟主动ROM训练直到术后6~8周。手术后使用持续被动运动（CPM）是安全的，并且可以促进疼痛的短期缓解和减少术后关节僵硬，但对长期的结局无益。

目标和干预。在这一阶段的康复，以下的目标和干预是合适的[5,34,53,55,58,126]。

- **肩部恢复接近或达到全范围、无痛的ROM。**
  - 应用棍棒和滑轮，在单平面和组合（对角线）模式进行自我辅助ROM训练，并在活动末端稍作停留。增加肩内旋以及伸展超过中立位和水平内收的活动。
  - 如果切口部位愈合良好，进行切口部位的组织松动以预防瘢痕增生。

注意：如果在康复阶段开始时使用被动牵伸和Ⅲ级关节松动术，必须非常谨慎地进行。在3~4个月内剧烈的牵伸是不安全的，修复的肌腱愈合并变得强健需要时间[126]。

- **增强肌肉组织的力量、耐力和重建肌肉组织的动态稳定性。**
  - 逐步增加无痛活动范围以使肩部恢复AROM。继续让患者在仰卧位进行手臂的主动抬高，直到运动时不出现首先上抬肩胛骨的情况。当转变为直立姿势（坐或站立）时，强调锻炼时保持直立躯干的重要性。
  - 肩胛胸壁肌的等长和动态的力量训练。首先，在非负重体位中使用交替等长运动，然后逐渐进阶到在上肢少量负重活动中进行节律性稳定训练。
  - 肩袖肌多角度、亚极量负荷的等长训练及盂肱关节肌肉组织逐渐进阶的抗阻训练。
  - 盂肱关节肌肉组织在无痛范围内抵抗轻度阻力［如轻拉力级弹力带或1~2磅（0.45~0.9 kg）的重量］的动态力量和耐力训练。如果超过肩部水平高度以上的主动肩关节活动引起疼痛，则在肩部水平高度以下进行练习。
  - 在肩部水平高度或低于肩部水平高度，上肢抵抗轻度阻力来增加肌肉耐力。

- 使用患侧上肢进行轻度的（无负荷或低负荷）功能性活动。

临床提示

由于肩袖肌无力和萎缩常常在伤前存在，因此在动态强化肩部外展肌和屈肌前，需要提高肩袖肌肉的耐力。

进阶标准。过渡到康复最后阶段和逐渐重新恢复无限制活动的标准如下。

- 全范围、无痛的被动关节活动。
- 肩关节力量和肌肉耐力的逐步提高。
- 稳定的盂肱关节。

运动：最小保护 / 恢复功能期

对于修复力较强的患者进入最后康复阶段通常不早于 12~16 周，对于修复力较弱的患者在 16 周或更迟开始。这一阶段可能持续 6 个月或更长时间，这取决于患者所期望的活动。

目标和干预。在康复的最后阶段的目标和干预与先前讨论的晚期肩袖功能障碍非手术治疗和肩峰下间隙减压术后康复的最后阶段相一致。但是，肩袖修复后的活动进阶更为缓慢，并且遵守各种注意事项的时间持续更长。

如果在这个阶段开始全范围关节活动仍未恢复，可进行盂肱关节肌肉组织的被动牵伸和关节松动。在无痛的情况下，进行移动手臂的活动来增加 ROM，如轻轻地挥动高尔夫球杆或网球拍。高阶的、特定任务的强化运动在这一阶段的康复中占主要地位。

根据患者的舒适程度、力量和灵活性及所期望活动的需求，在术后 6 个月至 1 年，一般不允许患者恢复高难度的活动。

结果

相当多的文献报道了肩袖撕裂后手术治疗的结局，对患者的随访时间从不到 6 个月至 5 年或更长时间不等。常用的测量指标包括疼痛、肩关节 ROM 及力量、总体功能和患者满意度。

全关节镜下、微型开放入路和传统开放入路修复术后的远期疗效是大致相当的[76]。例如，肩袖全层撕裂（大部分是小的或中等的，但也有一些是大的或巨大的撕裂）在全关节镜下修复术后，有研究报道在 2~3 年的随访中，84%[62,63] 和 92%[191] 的患者的总体结局是“好到优”。这与开放入路修复术所报道的相当[76,126]。然而，已被证明无论手术修复的类型如何，肩袖撕裂的面积大小影响术后结果。例如，有研究报道在小到中等大小的全层肩袖撕裂进行微型开放入路和传统开放入路修复术后，患者长期功能性结局较好，并且疼痛缓解[7,76,126]。而大的或巨大的撕裂在修复术后，患者的结局不太理想[126,212]。

其他因素，如撕裂的急性或慢性程度及患者的年龄也会影响结果。对年轻患者急性撕裂后的修复比伴有慢性肩袖撞击的患者和功能不全的老年患者（>65 岁）相似程度撕裂的修复更成功[71]。其他相关病理表现，如肱二头肌肌腱撕裂或肩袖撕裂性关节病，也与术后结局的好坏相关[126]。

缓解疼痛。虽然研究的结果各不相同，但有篇系统文献综述表明，平均 85% 肩袖手术修复患者的疼痛得到令人满意的缓解。关节镜下和微型开放入路术后的疼痛缓解范围在 80%~92% 之间[174]，这与以前的传统开放入路修复的研究结果所报道的 85%~95% 的患者疼痛得到令人满意的缓解的结果相当[75,83]。术前撕裂的面积大小对疼痛缓解有影响。据报道有小和中等撕裂的患者比有大或巨大撕裂的患者有更高的疼痛缓解满意百分比[75,126,174]。

肩部 ROM。在对肩袖修复患者的一项前瞻性描述性研究中，与术后肩部 ROM 长期受限最密切相关的术前因素是无法将手放在背后[203]。术后肩部 ROM 也与撕裂的面积大小有关。一项研究表明，进行小到中等撕裂修复比进行大的撕裂修复的患者有更多的主动屈曲和外展活动范围[83]。

力量。肩部肌肉力量的恢复也似乎与撕裂的面积大小有关，小和中等撕裂修复术后比大或巨大的撕裂修复术后的力量恢复更快。小和中等撕裂修复术后，肩部肌肉力量在 1 年内逐渐达到近乎完全的恢复，而大或巨大的撕裂修复术后，力量恢复的结果不一致[126,174]。虽然肩部肌肉力量在术后第 1 年逐渐恢复，但在前 6 个月内恢复最显著[126]。在大多数情况下，术后 6 个月患侧肩部肌肉力量恢复 80%（与健侧肩相比），1 年后达到 90%[171]。

功能性活动能力。长期功能结局与撕裂的面积大小、修复类型、组织功能及修复的完整性相关[126]。例如，接受过微型开放入路修复的患者比开放入路修复的患者早 1 个月重新恢复功能性活动[7]。但是这一结论可能存在偏倚，因为不太严重撕裂的年轻患者通常采用微型开放入路修复术。

最后，反复肩袖撕裂的患者在修复术后，80% 有好到优的短期功能结果。这表明支持修复的完整性与功能结果之间直接相关的证据是不一致的[75]。

肩关节不稳：非手术治疗

相关病理和损伤机制

盂肱关节的过度活动可以是劳损性的或创伤性的。劳损性过度活动通常由于全身结缔组织松弛或与重复活动有关的微创伤引起的不稳定有关。创伤性不稳定是由单个活动或一系列高强度活动引起的，这些活动可能会破坏稳定结构的完整性，往往会使盂肱关节脱位。对于创伤性脱位，直接或间接作用于肩关节面的力使盂肱关节发生完全分离[155]。劳损性不稳定可能是创伤性脱位的诱发因素，尤其是在进行重复受压高举过头的动作中[85]。盂肱关节的过度活动，无论是劳损性的还是创伤性的，常被分为单向或多向的过度活动。过度活动另一个影响就是肩部疼痛综合征（在前文中描述）。

劳损性过度活动

单向不稳定。单向不稳定可以前方、后方或下方，因关节活动性增加的方向来命名。这可能是由于结缔组织的生理松弛或关节承受重复的不均匀负荷所致。随着稳定结构的破坏，肱骨头可能在不稳定的方向上继续发生脱位或下垂。这可能导致盂肱关节发生退行性变化，最终发生肩关节支持结构的撕裂。

- **前部不稳定**。通常发生在手臂处于外展和外旋位，一个后向力施加在手臂上时，导致肱骨头前移。如果有足够频率和强度的施加力来破坏盂肱关节的前部结构，就会导致不稳定。这些力量通常是自我产生的，就像投掷运动员一样，他们反复地将手臂置于导致关节囊前侧负荷过大的位置。阳性体征包括恐怖三联征（肩关节恐怖三联征由外伤引起，严重的外伤可以引起同侧肩关节的脱位、肩袖损伤、臂丛神经损伤，三者同时存在，称为肩关节恐怖三联征）阳性，以及前抽屉试验阳性[119,220]。
- **后部不稳定**。不常见，但可因重复的后向力作用于向前屈曲的肱骨引起，导致肱骨头的向后移位。后部不稳定时存在后抽屉试验阳性[119,220]。
- **下部不稳定**。是典型的肩袖无力 / 瘫痪的结果，常见于偏瘫患者。它也常发生在重复高举过头的患者（如装修工人或游泳运动员）和多向不稳定的患者。这种不稳定很明显，伴有沟槽征阳性[119,220]。

多向不稳定。当多于 1 个方向上的稳定性被破坏时，盂肱关节被认为具有多向不稳定性。有些人发生了结缔组织延展性、生理性的增加，导致关节过度活动。在盂肱关节中，这种延展性的增加使肱骨头在所有方向上的移位都大于正常水平[155,178]。许多人，特别是那些进行高举过头活动的人，持续施加拉力于组织使关节囊发生松弛[61,92]。多向不稳定可以通过由先前叙述的检查单向不稳定的试验阳性所证实。

结构和功能上的常见损伤

劳损性不稳定通常表现为慢性的、间歇性的和活动依赖性的症状。急性症状不常见，但如果需要将关节活动达到一个较大的范围，则可能会发生症状。肩袖肌肉耐力的降低可能是关节反复损伤的诱因之一。

常见的活动受限和参与受限

- 反复脱位或对脱位位置的手臂施力时复发的可能性。
- 当前部不稳定时，在投掷、游泳、发球和扣球等体育活动中的能力受到限制。

- 当后部脱位时，在做投掷和高尔夫球的能力受到限制；推的能力也受到限制，如推开沉重的门或双手撑着椅子扶手站起来。
- 患侧卧时的不适感或疼痛。
- 不能持续保持手臂位置或完成持久的任务，特别是高举过头的活动。

创伤性过度活动

创伤性肩关节前脱位。当肱骨上举、外旋和水平外展时向手臂后部方向施力容易发生前脱位。在这个位置上，肩胛下肌、盂肱韧带（特别是下韧带的前束）和肱二头肌长头腱提供了稳定性[105,170,204]。过大的力量作用于手臂可能会破坏这些结构，以及关节囊前侧和盂唇这些附属结构（班卡特损伤如图 17.19 所示）[43]。

创伤性前脱位可伴肩袖完全断裂[6,615]，40 岁以上者发生率增加[43]。肱骨头后外侧缘可能伴有压缩性骨折（希尔－萨克斯损伤，图 17.19）[43]。发生脱位时可能会损伤神经或血管[72]。臂丛神经或其中一条周围神经可能被牵伸或受到压迫，腋神经损伤最常见。

创伤性肩关节后脱位。创伤性肩关节后脱位不常见。受伤的机制是当肱骨在肩关节时屈曲、内收和内旋时，外力作用在伸出的手臂上。受伤的患者主诉是在做俯卧撑、卧推或挥高尔夫球杆动作时引起症状[72]。

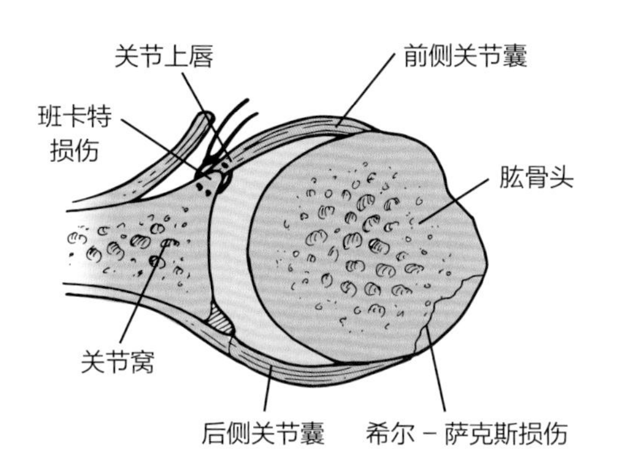

图 17.19　与创伤性盂肱关节前脱位相关的病变。班卡特损伤是关节盂前缘伴随着关节上唇的破坏。盂唇和一小片关节盂被拉离前侧关节盂。希尔－萨克斯损伤也可能在后外侧肱骨头压缩性损伤时发生（经许可引自 Tovin, BJ, and Greenfield, BH: Evaluation and Treatment of the Shoulder—An Integration of the Guide to Physical Therapist Practice. Philadelphia: F.A. Davis, 2001, p 295.）

复发性脱位

伴有明显的韧带松弛和囊膜松弛的患者，复发性半脱位或脱位可能发生于任何运动，这些运动会导致和原发性不稳定一样的肱骨位置和应力。发作会导致明显的疼痛和功能限制。有些人可以主动使肩关节前脱位或后脱位而不伴有恐惧，只有轻微不适感[155,182]。在较年轻的人群（<30 岁）中，第一次关节创伤性脱位后复发率最高。由于患者肩关节活动较多，对肩关节的要求较高，30 岁以下患者脱位后应延长固定时间（>3 周）。建议老年患者缩短固定时间（1~2 周）[125,128]。

常见的结构和功能损伤

- 急性创伤性损伤后，由组织损伤引起的症状包括疼痛和出血及炎症引起的肌肉保护。
- 当脱位伴随完全的肩袖撕裂时，肱骨无法抗重力外展。
- 不对称关节限制 / 活动过度前部不稳定时，关节囊后侧变紧；关节囊后侧不稳时，关节囊前侧可能变紧。创伤愈合后可能有囊膜粘连。
- 伴有复发性脱位时，患者随意动作即可使肩关节脱位，或在特定动作时引起肩关节脱位。

常见的活动受限和参与受限

- 肩袖断裂，不能进行所有需要肱骨抬高的活动。
- 反复脱位位置或对脱位位置的手臂施加应力时可能复发。
- 前脱位限制了体育运动能力，如投掷、游泳、过头发球和扣球。
  - 穿衣能力受限，如穿衬衫或夹克。自我照料也受限，如梳后面的头发。
  - 患侧卧位时会感到不适或疼痛。
- 后脱位限制了体育运动能力，如投球和挥高尔夫球杆动作；推的能力也被限制，如在推开沉重的门或手撑椅子站起来。

前脱位的闭合复位术

注意：文献中描述了几种技术，即利用肱骨的杠杆原理或牵引减少前脱位[43]。由于在复位过程中存在肱骨骨折或臂丛神经和腋下血管损伤的风险，本文作者建议，为避免这些潜在并发症，这些技术应仅由受过专门训练的人进行。

管理：保护期

保护愈合组织

- 在年轻患者中，建议限制活动6~8周。使用肩托的患者只在有控制下的活动时才取下肩托。在初次发生脱位时，由于疼痛和肌肉保护，患者的手臂可能会被持续固定。
- 年龄较大、活动较少的患者（>40岁）可能只需要固定2周。
- 在运动、穿衣或做其他日常活动时，必须避免引起肩关节脱位的动作和姿势。

聚焦循证

传统上，急性肩关节前脱位后就明确需要开始固定。然而，一项评估各种研究结果的临床评论发现，文献不支持在初次肩关节前脱位后使用传统肩托固定肩关节[85]。还注意到，小于30岁的患者中，与制动6周的人相比，制动6~8周的人再发生脱位显著减少。该评论还支持在复位固定过程中，将肱骨置于内收和外旋位（而不是内旋位），以便更好地让分离的盂唇（班卡特损伤）和肱骨颈之间接近。

促进组织恢复

维持ROM，间歇地进行肩袖、三角肌和肱二头肌活动，以及在患者耐受范围内安全的方向上（肱骨在休息位或放置于体侧时）运用Ⅱ级关节松动术。一旦患者耐受，这些措施需要立即开始。

注意：为了不破坏肩关节前脱位后滑囊和其他受损组织的愈合，当手肘置于体侧时，开始进行肩关节外旋。肩关节在矢状面屈曲，肩部处于休息位（在肩胛骨平面上，外展55°，然后在冠状面上向前30°~45°），而不是肩关节90°外展位。前臂从最大内旋位旋转到0°，或从10°内旋位到15°外旋位。

禁忌证：超过0°的伸展是禁忌的。

管理：运动控制期

提供保护

患者继续保护关节，推迟肩关节恢复至完全无限制活动的时间。如果使用肩托，逐渐增加脱离肩托的时间。应该在肩关节疲劳或需要减少外部应力时使用肩托。

增加肩关节ROM

- 关节松动术中所有适当的活动都可以使用，向前滑动除外。向前活动是禁忌，即使外旋对提高肱骨上举功能很重要。为了安全地牵伸以改善外旋，将肩关节置于休息位（外展55°且水平内收30°），然后将肱骨外旋至其范围的极限，并在关节盂内施加垂直于治疗平面的Ⅲ级分离牵引力（图17.20）。
- 关节后部结构的被动牵伸采用水平内收自我牵伸技术。

提高肩袖及肩胛肌肉的稳定性和肌力

在愈合过程中，肩关节内旋肌和外旋肌都需要加强。必须要加强内旋肌和外收肌以支撑关节囊前侧，必须加强外旋肌来稳定肱骨头以抵抗肱骨前移的力量，并在外展和侧向旋转肱骨时参与三角肌肩袖力偶。肩胛骨周围肌力对正常肩部功能和维持肩胛骨的正常对位具有重要意义，开始以下练习。

- **等长抗阻训练**，关节位于侧边，在可活动的范围内将关节置于不同的无痛位置进行等长

图17.20　当向前滑动是禁忌时，利用关节松动术改善盂肱关节外旋。肩部置于休息位，外旋，并施加Ⅲ级分离牵引力

抗阻训练。

- 部分负重和稳定性运动。
- **动态阻力**，限制关节外旋超过 50°，同时避免关节发生脱位。
- 在 3 周时，可在监督下使用**等速阻力**，以每秒 180° 或更高的速度进行内旋和内收[7]，患者站立时手臂位于休侧或轻微屈曲并屈肘 90°。患者肩关节在 0° 位开始内旋，手指向前面，并越过身体中线。
- 肩前屈逐渐进阶到 90° 位，让患者在此位置进行肩关节的全范围内旋，但不要在 90° 外展位进行肩内旋。
- 到第 5 周时，所有肩部运动都可以在等速或其他机械设备上进行，除了在 90° 外展位上外旋。

管理：恢复功能期

恢复功能控制

需要强调以下内容。

- 整个肩关节和肩胛周围肌肉力量的平衡。
- 肩胛胸壁关节和手臂运动的协调。
- 先前描述的肩关节稳定性运动耐力。
- 随着稳定性的提高，需要进阶到以下训练。
  - 最大负荷离心训练。
  - 联合运动的速度提高与控制。
  - 模拟期望的运动功能模式。

恢复全范围活动

- 当肌力平衡时患者可以回归到正常的活动，熟练的动作有良好的协调性，并且恐惧测试是阴性的。完全康复需要 2.5~4 个月[4]。
- 重要的是，患者需要学会识别疲劳和撞击的迹象，并学会在注意到这些迹象时如何减少运动负荷。

后脱位的闭合复位术

除了在急性期和愈合期避免肱骨在屈曲、内收、内旋的位置上，治疗方法与前脱位相同。

临床提示

由于肱骨在内收和内旋位出现后脱位时使用肩托可能会不舒服，特别是在肩托抬高肱骨时，肱骨头向上和向后移位。患者可以更舒适地把手臂悬挂在一个独立自由的位置并制动。

当可以进行关节松动术时，关节松动术中所有适当的活动都可以使用，除了向后滑动，向后滑动是禁忌。如果形成的粘连限制了内旋，可以通过以下措施重新安全地获得活动度，肩关节置于休息位（外展 55° 并水平内收 30°），将肱骨内旋至其极限范围，并在关节盂内施加垂直于治疗平面的Ⅲ级分离牵引力（同图 17.20，但手臂置于内旋位）。

肩关节不稳：手术和术后管理

外科稳定手术对于修复盂肱关节、肩锁关节和胸锁关节的慢性、复发性不稳定性和急性创伤性病变以恢复关节功能是必要的。关于盂肱关节不稳和经常伴有脱位损伤的背景资料在先前的非手术治疗部分已经做了描述。伴有盂肱关节不稳的常见损伤为班卡特损伤、希尔－萨克斯损伤、反希尔－萨克斯损伤和肩袖撕裂。

盂肱关节稳定手术和术后管理

如果一个合理的非手术治疗没有防止盂肱关节不稳的复发，可以考虑手术稳定。创伤性事件后复发性不稳比慢性非创伤性不稳更适合手术治疗[11,125]。年轻、有活力且首次发生急性创伤性前脱位的患者，由于非手术治疗脱位的复发率特别高，因此可以选择不经过事先康复过程而直接接受手术治疗[125,128]。

聚焦循证

在一项首次发生急性创伤性肩关节前脱位的年轻运动员的小规模随机试验中[18]，一个组（*n*=14）执行固定和训练的非手术康复治疗计划，另一组（*n*=10）接受了关节镜修复班卡特损伤手术和康复计划。对参与者随访平均 36 个月。12 例可随访的非手术治疗患者中，9 例（75%）经历了复发性不稳，而 9 例手术治疗的患者中，仅 1 例（11.1%）出现复发性不稳。9例非手术治疗患者中有6例出现复发性不稳后进行了开放性班卡特损伤修复手术。

在另一项创伤性前脱位年轻患者的随机试验（平均年龄22岁）中[102]，将接受非手术治疗的患者与立即进行关节镜稳定修复术的患者进行比较。超过2年时间后，非手术治疗组47%的患者，外科手术组15%的患者，经历了复发性脱位。这些研究表明在年轻患者中，与非手术治疗相比，先进行早期手术稳定随后进行术后康复能够明显减少复发性不稳定。

手术适应证

以下是盂肱关节稳定手术的常见指征[125,128,195,210,213]。

- 复发性盂肱关节脱位或半脱位影响功能性活动。
- 在肩关节主动运动中，单向或多方向的不稳定性导致了对将手臂置于潜在脱位位置的担忧，造成手臂的功能性活动受到限制。
- 肩关节不稳性撞击（继发性撞击综合征）。
- 明显的关节松弛导致非随意性复发性脱位。
- 年轻患者急性创伤性脱位后继发复发性脱位的高风险，例如参与工作或者体育运动相关的高风险活动（高举过头）。
- 脱位伴有明显的肩袖撕裂或移位或关节盂唇撕裂。
- 无法复位的（慢性）脱位。
- 用非手术治疗解决不稳定及恢复功能失败的情况下。

程序

为提高盂肱关节稳定性和防止复发性不稳定的手术必须在关节稳定性和保持接近正常的功能的灵活性之间保持平衡。稳定手术可能涉及滑囊的前部、后部或下部位置，使用关节镜还是开放入路的手术方法取决于现在病变的类型和外科医生选择的手术方式[125,128,161,190,210]。开放性稳定手术是非常成功的（关节脱位复发率低），并且多年来已经制订了标准。然而，随着关节镜技术和组织固定方法的进步，关节镜稳定手术的成功应用更加普遍[210]。

迄今为止，复发性前部（单向）脱位是最常见的可通过手术稳定的盂肱关节脱位类型[128]，相比之下，后部或后下部关节不稳很少通过手术进行稳定[161]治疗。手术操作可分成几个类别。

班卡特损伤修复。这种修复包括开放入路或关节镜下班卡特损伤的修复，是指关节盂前缘的囊膜复合体分离，与创伤性前脱位有关（图17.19）。前囊重建的修复是为了重新附着到关节窝盂唇的表面[3,65,85,90,125,175,210]。

在开放性修复中，肩胛下肌肱骨止点纵向分离或分裂以进入病变组织和滑囊中[67,125,172,175]，有时可通过肩袖间隙进入使肩胛下肌保持完整性[125]。如果肩胛下肌被分离，则在上盂唇重新附着后进行修复。如果关节镜下使用多个部位入路，那么肩胛下肌不受干扰[3,210]。如果存在囊袋冗余，班卡特损伤修复则联合前部滑囊移位。

在开放入路手术中，通过直接经关节盂骨瓣缝合线或缝合锚钉进行上盂唇复位，而关节镜下采用经关节盂骨瓣缝合线、缝合锚钉或关节钉[85,210]。一般来说，开放入路修复比关节镜下修复更安全，尽管近年来关节镜下的组织修复技术有所改进[210]。

关节囊缝合术（囊移位）。关节囊缝合术可以使用开放入路手术或在关节镜下进行，包括通过收紧滑囊以减轻滑囊的冗余，以及通过切割或以背心扎进裤子的方式（鳞状重叠）进行重叠，减少整个滑囊体积，然后通过缝合线直接缝合，或者使用缝合锚、平头钉、U形钉固定松弛或过度伸展的滑囊（皱褶）[69,90,125,128,161,210]。

囊膜移位治疗技术是根据不稳定的方向进行调整的：前部、下部、后部，或多个方向。例如，如果患者有复发性前下多向不稳定，进行前/下囊移位，其中囊膜的这一部分被切开，进行鳞状收紧（皱褶）和缝合。大多数的囊膜移位治疗是为了减少关节囊前部不稳定[[10,125,128,228]。

电热辅助关节囊缝合术。电热辅助关节囊缝合术（electrothermally assisted capsulorrhaphy，ETAC）是一种关节镜下使用热能量（射频热传导或非烧蚀激光）收缩和收紧松弛囊膜结构的方法。这一技术也指热辅助囊移位（thermal-assisted capsular shift，TACS）或热囊膜收缩。可以单独使用但通常与其他关节镜检查技术结合使用，比如修复关节盂撕裂，关节囊移位，部分肩袖撕裂或肩峰下间隙减压术[54,57,125,132,197,205,210,224]。

动物和人的尸体的研究已经证明了这一点。热能量开始时使胶原纤维更易延展；但随着包膜寡聚结构的胶原组织愈合，它会变短或“收缩”，从而减少囊膜的松弛[84,183]。如果一个或多个盂肱关节韧带被分离，或者发现导致肩关节不稳的肩袖损伤，则在进行电热辅助关节囊缝合术之前进行关节镜修复。

后囊缝合术（后囊或后下囊移位）。复发性、非随意性后部或后下部不稳可通过开放入路手术或关节镜下囊移位来治疗，以去除后部和下部关节囊的冗余[11,125,160,161,195,196,210]。可能需要额外的软组织手术，例如修复后唇撕裂（反向班卡特损伤），或在极少情况下，折叠和提升冈下肌以强化后囊可能是必要的。如果肩关节没有有效的后关节盂，则可手术治疗扩大关节囊[210]，或偶尔行关节盂截骨术进行手术治疗[125,161]。

如果进行肩关节镜下后部稳定治疗，关节囊移位和后上唇移位可以在不破坏肩部肌肉组织的情况下得到修复。如果进行开放入路稳定治疗，则切开后外侧，分离三角肌，切开冈下肌、小圆肌和后部关节囊[161,196]。在某些创伤性多向不稳定的病例中，应用前囊修复术可间接缓解后囊紧张[125,161,210]。

SLAP 损伤的修复。上唇撕裂被归类为 SLAP 损伤（上盂唇从前部向后部延伸）[46,195,210,225]。一些 SLAP 损伤与肱二头肌长头腱撕裂和盂肱关节前部复发性不稳有关。关节镜下的修复方法包括：清除上盂唇的撕裂部分，上部关节盂表面骨的打磨，以及上盂唇和二头肌肌腱使用平头钉或缝合锚的再附着。如果存在不稳定，则同时进行前部稳定治疗手术。

术后管理

一般准则

肩袖修复后的康复，盂肱关节手术后的管理指南是基于多种因素的。表 17.5 总结了这些因素，所有这些因素都能影响术后程序的组成和进阶。影响盂肱稳定和肩袖修复后康复的其他因素，如外科医生的理念和训练，以及一系列与患者相关的变量（一般健康状况、药物治疗、损伤前功能状态、手术后目标、教育和依从性）已经在前面讨论过（表 17.3）。

本节的内容确定了各种盂肱关节稳定手术和重建术术后康复三大阶段的一般管理原则。这些一般准则不能处理许多具体的稳定术后康复方案的变化情况。然而，文献中有许多关于详细的方案或基于案例的康复方案描述，用于特定手术后和特定类型的肩部不稳及相关损伤[34,54,85,98,150,163,205,225,232]。

无论不稳定类型、相关病理或稳定手术类型是

表 17.5 影响盂肱关节复发性不稳定术后康复方案的因素

因素	对康复的潜在影响
■ 创伤性的不稳定	■ 更保守的术后康复，因为复发性脱位的风险更大
■ 相关病变的严重程度	■ 相关病变数目或严重程度的增加将延缓康复的进程
■ 先前手术稳定的失败	■ 减慢进展
■ 方向的不稳定性	■ 前部不稳定比后部或多向不稳定的进展更快[161]
■ 手术入路类型	■ 关节镜手术后疼痛较少，但与开放入路和关节镜下稳定手术后的进程基本相同，因为两种手术修复的组织愈合率是类似的
■ 手术类型	■ 电热辅助关节囊缝合术比关节镜下或无热开放入路关节囊收紧术的进阶要求更慢 ■ 骨重建后康复进阶比软组织重建后进阶要求更慢
■ 患者变量 ■ 组织的完整性 ■ 术前状态的动态稳定性 ■ 普遍的关节松弛	■ 对于没有运动的多向无创伤性不稳定患者，其术后康复进展更为保守，患者关节普遍松弛，术前动态（肌肉）稳定力量差

什么，术后康复方案必须以全面检查和个体化的结果为基础，以满足每个患者的独特需要。术后康复的重点是恢复肩关节的无痛性活动、肌力和耐力，特别是动态关节稳定，以满足患者的功能需求，同时防止肩关节的不稳定复发。

固定

位置。手术后患者肩关节固定的位置由手术前不稳定的方向决定。手术重建后，肩关节被固定在悬吊带或夹板上，手臂在一侧，或有一定程度的外展和内旋，同时置于身体稍前方[90,125]。在后部或后下部不稳手术后，上肢被固定在矫形器中，肩关节固定在肩部呈"握手"姿势（中立位旋转至外旋10°~20°，外展20°~30°，肘关节弯曲，中立位屈曲或轻微伸展）[125,161]。

持续时间。固定的时间，即完全不使用固定矫形器之前的时间，是由许多因素决定的，包括不稳定的类型、手术技术以及外科医生的术中评估。这一周期可从1~3周延长到6~8周。然而，虽然肩关节连续固定的时间（在肩部运动开始之前）取决于手术的类型，但要尽可能短。例如，在前部稳定术后，固定器可能只需要连续佩戴一天到几天，在某些情况下可长达1~2周[128]。相比之下，修复后部或多方向不稳定，脱位复发率较高，通常需要更长的制动时间[125,161,196]。在后路稳定手术后，肩关节可持续固定，关节活动可延迟至术后6周[98,161]。

每次固定时间根据术后康复各方面的因素的影响而变化（表17.4）。例如，老年患者的固定时间通常比年轻患者的短，因为老年患者比年轻患者更容易在手术后出现肩关节僵硬。相反，全身活动度高的患者或在活动中体力要求高的年轻患者需要更长的固定时间以减少再脱位的风险[125]。

运动进展

同固定的位置和持续时间一样，决定什么时候可以暂时从固定矫形器上移除手臂开始肩部运动也基于先前总结的许多因素（表17.5）。

临床提示

在稳定手术术后早期几周的康复过程中，根据术中活动度的大小来确定什么是"安全"的活动度，而不能对修复的、收紧的或重建的组织施加过大的张力。这一信息可以在手术报告中得到，或者在开始术后训练前由外科医生传达给治疗师。

前部稳定术（前囊移位或班卡特修复）术后的康复类似于开放入路和关节镜下手术后的康复。在这两种情况下，有一些注意事项必须遵循，特别是在手术后的前6周，此时软组织正在愈合。在术后的这段时间内，前囊和经过分离修复的肩胛下肌必须受到保护免受过度的压力。在关节镜下前路稳定的情况下，肩胛下肌虽然保持完整，但在康复初期仍需保护前囊使其固定，因为软组织固定不像开放手术中使用的固定矫形器那样安全。

注意：专栏17.9中总结了关节镜或开放的前部稳定术或重建手术后的注意事项[34,67,85,98,125,128,150,210]，热辅助关节囊收紧[54,57,164,205,224]，后部稳定手术[98,160,161]，和盂唇损伤修复[34,46,225]的注意事项在专栏17.10中提到。

聚焦循证

在Sachs和他同事[175]的一项研究中，对30名经历了创伤性前脱位的患者进行了4年随访，并进行了开放入路的班卡特修复（包括肩胛下肌肌腱的摘除和修复），只有术后肩胛下肌功能与患者对术后成功结果的看法显著相关。虽然在4年中只有2例（6.7%）术后有复发性不稳定，有7例（23%）肩胛下肌功能不全。明确地说，在这些患者中肩胛下肌的平均力量仅为未受累肩膀的27%，而跟其余患者相比，其肩胛下肌的平均力量为80%。每组患者肩部的其他肌肉力量均无明显下降。

在4年对肩胛下肌较强的患者随访中，91%的患者报告疗效良好，甚至极佳，100%的患者表示如果有可能他们将再次选择接受手术。然而，在肩胛下肌明显薄弱的患者中，57%的患者报告疗效良好至优异，但只有57%的患者会再次选择接受手术。研究人员认为，手术后的前几周肩胛下肌腱的修复和保护对于肩关节功能和患者对成功结果的认知至关重要。

专栏 17.9 盂肱关节前部稳定术和（或）班卡特修复术后的注意事项 *

- 在术后 6 周内限制外旋、水平外展和伸展（有应力施加在肩部前囊上的位置）。
  - 关节镜下稳定术后，尽管肩胛下肌是完整的，在术后前 2 周，将手臂轻微外展或侧移，外旋需限制在 5°~10° 内，避免固定点被拔出[35]。在接下来的 2~4 周内，随着肩部外展的改善，逐渐进阶到外旋 45°。关节的稳定尚不足，可能需要在术后前 4~6 周内将外旋限制在仅仅是中立位上[210]。
  - 开放入路手术后涉及肩胛下肌摘除和修复，限制外旋至 0°（不超过中立位），不超过 30°~45°，或在 4~6 周期间术中评估确定"安全"的界限[34]。
  - 推迟肩关节外旋合并肩关节全范围外展的时间至少 6 周[85]。
- 关节镜下稳定手术后，肩关节向前屈曲比开放稳定术后需更为谨慎。
- 骨手术后，推迟被动或辅助关节活动时间 6~8 周，以便有时间进行骨愈合[125,128]。
- 关节镜下或开放入路手术后 8~12 周内不进行剧烈被动牵伸以提高末端外旋活动度，但组织弹性差的患者除外[210]。
- 当允许牵伸时，避免肩部在Ⅲ级关节松动过程中的外展和外旋位置。
- 在肩胛下肌分离和修复手术后，4~6 周内不能主动或抗阻内旋，避免提重物，特别是应避免需要双手推东西的情况[34,67,85,150]。
- 4~6 周内避免应力作用于前囊的活动。
  - 避免需要外旋的功能性活动，特别是如果在早期康复过程中与水平外展相结合，如穿外套或衬衫。
  - 避免上肢负重，尤其是当肩膀伸展时，如用手撑着椅子站起来。
- 当动态强化肩袖时，保持肩关节约 45° 的外展位，而不是 90°。

* 注意事项主要适用于术后前 6 周的早期康复，除非特殊情况。康复初期所允许的活动度取决于病理类型、手术程序、患者的组织质量（高弹性或低弹性程度）以及术中对肩关节稳定性的评估。

专栏 17.10 选定的盂肱关节稳定手术后的注意事项

热辅助关节囊收紧术

- 术后 4~6 周的关节活动练习要非常谨慎，因为经过热处理的囊膜结构中的胶原蛋白结构最初更易伸展（更易受到牵伸）直到其愈合。有些患者在术后 1 天就可以在保护范围内开始进行关节活动，而另一些患者则可能被要求将关节活动的锻炼推迟 2 周或更长时间。
- 睡觉时，完全固定（悬吊带和绷带）2 周或更长时间。
- 对关节活动的注意事项取决于不稳定的方向、患者的组织质量（高弹性或低弹性），以及外科手术的必要程度。例如，先天性组织高弹性患者比低弹性患者进阶更需谨慎。

后部稳定手术和（或）反向班卡特修复手术

- 推迟所有肩部运动的时间或限制手臂上举在 90° 以内，内旋只能到中立位，或者不超过 15°~20°，水平内收至中立位（直到术后 6 周）。
- 限制上肢负重，特别是当肩关节屈曲时，以避免对关节囊后侧造成压力，例如至少在术后 6 周进行肩胛胸壁的闭链运动和盂肱关节稳定性练习和功能性活动。
- 避免直接负重抗阻的练习和加压于后部关节囊，如撑板凳练习和俯卧撑，直到康复计划的后期才能做。

SLAP 损伤的修复

- 对于肱二头肌肌腱分离的 SLAP 损伤，其康复过程比肱二头肌保持完整时更谨慎。
  - 术后前 2 周限制手臂被动或辅助上抬至 60°，术后 3~4 周限制在 90° 以内。
  - 术后前 2 周仅进行肩关节在肩胛骨平面上的被动辅助肱骨旋转。（外旋至中立位或达 15°，内旋至 45°）；第 3~4 周，外旋进展至 30°，内旋进展至 60°。
- 术后前 4~6 周，避免引起肱二头肌紧张的姿势，如肘关节和肩关节的联合伸展（例如摸后背时）。
- 术后 6 周内推迟肱二头肌的主动收缩（肘关节屈曲伴有前臂旋后）的时间，直到在术后 8~12 周根据肱二头肌修复的程度和类型才谨慎地进行肱二头肌抗阻训练或提起和搬运重物训练。
- 如果损伤的机制是跌落时压到伸开的手和手臂上，导致关节受压，进行负重练习时需循序渐进。
- 如果还存在前部不稳定，请参考专栏 17.11 中的总结。
- 避免外展和最大外旋相结合的位置，因为这将扭转力施加在关节盂上的二头肌附着点的底部。

运动：最大保护阶段

开始进行康复治疗的阶段持续至术后 6 周。在这一阶段，保护被收紧的关节囊或已修复的结构，如上盂唇或肩胛下肌，同时也尽量减少固定的消极后果。前部稳定术后第 1 天，患者可能开始进行锻炼[39]，但更多的是在手术后 1~2 周开始锻炼[98,150]。热辅助稳定术后的关节活动需延迟一段较长的时间[54,57,164,205,224]，例如后部稳定手术[98,160,161]，或 SLAP 损伤和撕裂的二头肌肌腱的修复[34,47,225]（专栏 17.10）。

目标和干预。在本节中总结了最大保护阶段的目标和锻炼[34,54,85,150,222,232]。

- 控制疼痛和炎症。
  - 在公共场所，当前臂需要支撑或者保护时应使用舒适的悬吊带。坐位时，取下悬吊带（如果允许的话），前臂休息位放在台面或宽扶手上，肩关节处于外展和中立旋转位以提供支持，防止肩胛下肌和肩关节其他内旋肌的潜在挛缩。
  - 冷冻疗法和抗炎处方药物。

- 肩关节放松训练。
- **防止或纠正姿势损伤。**
  - 强调脊柱伸展和肩胛骨后缩；避免过大的胸椎后凸。
- **保持邻近区域的活动和控制。**
  - 术后第 1 天开始颈部、肘部、前臂、腕关节和手指的主动关节活动。
  - 肩胛胸壁的主动活动。

注意：开始时，在开链位置加强肩胛胸壁肌肉力量以避免术侧上肢负重。当开始负重活动时，术后约 6 周要注意手术肩部的位置，以避免对关节囊易受伤害的部位造成不必要的应力。

- **在保护收紧或修复组织的同时恢复肩关节的活动。**
  - 术后前 2 周进行钟摆运动。
  - 最早术后 2 周或最晚术后 6 周左右在保护范围内开始盂肱关节的自我辅助关节活动和棍棒锻炼。在仰卧位开始肩部抬高；在肩部轻微外展和屈曲位置开始旋转肱骨。在肱骨下垫一条毛巾卷进行定位和支撑。
  - 前部稳定术后，除外旋、伸展和水平外展超过中线之外，其余关节活动在 6~8 周逐渐接近全范围。
  - 后部稳定术后，屈曲，水平内收和内旋的进阶需谨慎地进行。
  - 在运动不引起疼痛、恐惧或使用代偿动作的情况下增加肩关节的主动活动范围，如提升肩胛骨来启动手臂抬高。
  - 术后 2~4 周在无外部阻力下使用术侧手臂进行非负重，进行腰部高度水平的功能性活动。
- **预防盂肱关节周围肌肉的反射抑制和失用性萎缩。**
  - 盂肱关节肌肉组织早在术后 1 周或术后 3~4 周就应该进行多角度、低强度等长运动，肩胛下肌修复后抗阻内旋要谨慎。
  - 在 4~6 周要强调盂肱关节的稳定性，在受保护的运动范围内，尽可能开始动态运动进行轻度抗阻。
  - 在对撕裂或手术分离、切除或提升然后修复的肌肉组织，施加在其上的任何类型的阻力都要特别小心。值得注意的是，在肩关节盂唇修复后，肘关节弯曲抗阻和肩部抬高抗阻将导致肱二头肌长头腱牵伸负荷增加。

注意：在某些情况下，抵抗较轻阻力的动态运动被推迟到康复阶段的中期进行（术后 6~8 周），只需要适度的保护。

进展标准。进展到康复第二阶段的标准为[34,54,85,98]。

- 切口愈合良好。
- 关节活动范围得到合理改善。
- 最小疼痛。
- 对主动运动的不稳定性没有担忧。

运动：中度保护阶段

康复的中度保护阶段大约在术后 6 周开始，并持续到 12~16 周。重点是保持关节稳定，同时实现肩关节近乎全范围（无辅助）的活动；发展神经肌肉控制、力量和肩胛胸壁及盂肱关节肌肉组织的耐力；并利用上肢进行更大范围的功能性活动。

目标和干预措施。康复中期阶段的目标和干预措施如下[4,85,98,222,232]。

- **恢复肩关节的接近全范围、无痛、主动关节活动。**
  - 继续进行主动关节活动，目标是在 12 周内实现接近全范围的关节活动。
  - 将新增加的关节活动度融入功能性活动中。
  - 在不引起不稳定的位置进行牵伸和Ⅲ级关节松动。在前部稳定手术后，特别注意增加水平内收，因为后部结构在术前可能很紧并且术后仍会继续如此。
- **继续提高肩关节肌肉的力量和耐力。**
  - 以肩胛骨和肩袖肌群为重点，进行交替等长收缩来对抗增加的阻力。
  - 强调肩胛胸壁和盂肱关节的稳定肌肉时，采用负重法和弹性阻力法训练开始或进阶动态抗阻训练。开始是在关节活动范围的中间位置，然后进阶到活动范围末端。强调肌肉活动的向心收缩期和离心收缩期。

- 在对角线和模拟功能运动的模式下进行动态强化。
- 上肢肌肉耐力测定，包括向前和向后的运动。
- 在增加力量及稳定的运动中进行上肢负重。

注意：在前部稳定术后，不要从完全外旋位开始动态强化内旋，尤其是在 90° 外展的位置。强化肩部伸肌时不要向后伸至额平面。同样，在强化水平外展肌时不要水平外展至额平面后方。此外，在水平外展和内收时，保持肩部在中立位旋转。在后部稳定术后，不要从完全内旋的位置开始对外旋进行动态强化。

进阶标准。康复最后阶段的进阶标准和练习的重点类似于肩袖修复后康复的最后阶段的标准。

运动：最小保护 / 恢复功能阶段

这一阶段通常在术后 12 周左右或最晚术后 16 周开始，这取决于患者的个人特点和外科手术程序。牵伸应该一直持续，并达到功能需要的关节活动范围为止。随着胶原组织继续重建，关节活动范围的增加可能持续 12 个月。提高力量和耐力的抗阻训练需要纳入功能性活动的动作，包括将关节逐渐靠近先前引起不稳定的位置。增强式的训练（见第 23 章）已经介绍过并需要逐步进阶，特别是那些想恢复到对体力有高需求的体育或工作活动的患者。术后完全参与工作和体育有关的活动通常需要 6 个月的时间。

注意：部分患者可能对高风险运动的功能性活动有永久的限制，因为这可能会导致潜在的不稳定性的复发风险。在某些前部稳定手术后，不建议在外展 90° 时完全外旋，这也是不可能做到的 [98]。

结果

术后成功的结果是恢复参与期望功能性活动的能力，并且没有盂肱关节不稳的复发。许多研究描述了稳定手术后的不同结果。然而，大多数比较一种手术干预与另一种手术治疗成功与否的研究都并不是随机的，这是可以理解的，因为外科医生的检查是确定哪种手术最合适的基础，并且最有可能对每个患者产生成功的结果。

尽管术后运动一直被描述为稳定手术后获得最佳效果的关键，但目前还没有对盂肱关节稳定术后运动方案的有效性进行评估的文献。与手术决定一样，大多数术后康复方案都是为了满足每个患者的需要而制订的，因此很难对结果进行比较。

手术和术后康复的结果通常是针对特定的病理类型、患者群体、外科手术程序和一系列的结果来评估疗效的。尽管报告缺乏一致性，但仍可做一些概括。

复发性不稳定。与无创性不稳定相比，创伤性复发不稳定更倾向于进行手术治疗 [11,125]。此外，与活动较少的老年患者（> 40 岁）相比，年轻患者（< 40 岁）和恢复高需求与工作相关的活动或竞争性高举过头的运动的患者，复发性不稳定复发率明显更高 [125,210]。

开放入路和关节镜手术后的复发性脱位率进行比较，显示关节镜下稳定术后复发性脱位率高于开放入路稳定手术 [35,125]。在回顾前部稳定手术的研究中，开放稳定手术后（班卡特修复）的平均复发率为 11%（范围从 4%~23%），但采用钉固定治疗的关节镜下稳定手术后的复发率为 18%（范围从 2%~32%），经关节盂缝线固定复发率为 17%（范围 0~30%）[85]。在一项综述回顾中，经关节镜下班卡特修复后，前部不稳定复发率范围为 8%~17%[210]。经关节镜手术后复发率降低的原因是手术技术的改进。目前在许多情况下，在阻止患者单向前部不稳定中，关节镜稳定手术效果与开放入路稳定手术的效果一致 [35,210,214]。然而，对于多方向不稳定，关节镜稳定手术后的效果还达不到开放入路稳定手术后的效果 [210]。

比较稳定手术后的结果可知，手术治疗复发性、单向的前部不稳定比治疗后部或多向不稳定有更可预测的结果和更低的复发率 [11,125,161,210,228]。在关节镜下进行后部不稳定术后的平均复发率特别高。有文献报告了术后 30%~40% 的再脱位率，另一个文献报告的脱位率高达 50%[210]。相反，开放入路和关节镜前部稳定手术后，其平均复发率分别为 11% 和 17%~18%[85]。

随着术前诊断的改善以及手术适应证选择的发展，后部稳定术后不稳定复发率已经降低。在平均随访 39.1 个月的研究中[160]，关节镜下后部稳定术后不稳定复发率仅为 12.1%，研究中的患者平均年龄为 25 岁，有盂肱关节随意性及非随意性脱位的病史，并且与急性创伤和慢性反复微创伤相关。

ETAC 为主要的稳定手术，Hawkins 和他的同事[82]报告了 85 名患者中有 37 名患者的手术失败（35%）。失败是由于需要重新进行稳定手术、复发性不稳定或顽固性疼痛和僵硬等原因导致的。针对他们的实践，作者认为 ETAC 目前被保留主要是为了特殊情况下皱褶的扩大或其他手术。

肩关节的活动范围。在开放入路前部稳定手术后和班卡特修复后，通常需要分离和修复肩胛下肌，有报告称肩关节外旋会平均损失 12°[65]。有研究表明肩关节镜下手术后外旋活动度的丢失比开放入路手术少[85]。然而在一项非随机试验中，关节镜下和开放入路前部稳定手术相比，外旋活动度的丢失在统计学上没有显著性差异。各组分别平均下降了 9° 和 11°[35]。

由于盂肱关节反复的微创伤导致不稳定，进行开放入路稳定手术后，肩关节外旋活动度的丢失是运动员不能成功回归到涉及高举过头的运动比赛的最常见原因。据报道，关节镜稳定手术后肩关节旋转的损失较少，从而在运动员中，有相当大的比例能够回归比赛[164]。对接受热辅助关节囊稳定术后的患者的早期随访的结果是令人兴奋的[57]，但长期结果并不能支持高成功率。对接受过热辅助稳定术的涉及高举过头的运动员进行了一项研究，对 130 名患者进行了为期平均 29.3 个月的跟踪研究。在这些运动员中，113 人（87%）平均在 8.4 个月内回归比赛。虽然术后关节活动度未报道，但意味着热辅助关节镜稳定术后 ROM 的恢复足以使较高比例的运动员重返赛场[164]。对 101 例轻至中度不稳定患者进行了热辅助关节囊收缩以进行稳定治疗的随访，结果表明在 39 个月之后约有 1/3（31%）出现肩关节功能障碍。值得一提的是单向前部不稳定或伴随上关节唇修复的患者得到了最佳的预后（疼痛、不稳定和功能）[200]。相反，对 2 年后结果的比较显示，随机分为开放性囊移位组（n=26）或热收缩组（n=28）接受 MDI 治疗和非手术治疗失败组之间没有统计学或临床差异[134]。

肩锁关节和胸锁关节稳定手术和术后管理

肩锁关节稳定

肩锁和喙锁韧带完全断裂的Ⅲ级分离，可用各种技术进行手术稳定[147,167]。急性脱位的外科手术方法包括用克氏针、Steinman 针、螺钉或生物可吸收的针头、缝合线或纤维丝对肩锁关节进行初级稳定。其他手术包括将喙突顶端连同附着的喙肱肌肌腱和二头肌的短头转移到锁骨下表面的肌腱转移术[154]或切除锁骨远端，并将肩峰处的 CA 韧带转移到远侧锁骨干上的 Weaver Dunn 手术[147]。根据文献中少量的证据，显示肩锁和喙锁的稳定手术似乎取得了最好的结果。慢性肩锁关节脱位通常伴随肩锁关节退行性改变，最常见的治疗方法是锁骨远端切除和喙锁固定[153,167]。

胸锁关节稳定

虽然大多数胸锁关节脱位是非手术治疗的，但胸锁关节的急性后脱位不能用闭合的固定器成功复位的，或胸锁关节复发性脱位也可通过外科手术治疗。不推荐手术治疗外伤性前脱位[166,229]。胸锁关节后脱位的手术选择包括切开复位，修复稳定韧带或切除部分内侧锁骨，将剩余锁骨固定到第一根肋骨或胸骨上，并进行软组织移植[166,229]。

术后管理

肩锁关节或胸锁关节稳定手术后，肩关节制动长达 6 周[39]。在允许的情况下运动干预是为了恢复功能。没有肌肉提供肩锁关节和胸锁关节的动态稳定，因此必须加强肩胛骨和盂肱关节的力量，以提供间接稳定性。

在最初几周的固定中，鼓励患者主动活动手腕和手。只有肘部撑在桌子上时，患者才会被允许进行肘部和前臂的主动活动。术侧肢体，在有支持的情况下，可进行轻微的功能性活动，如举起一个器皿或打字，但在前 6 周进行负重和肩关节活动是绝对禁止的[39]。

当固定矫形器可以被移除时，训练计划的重点是恢复肩关节和肘关节的关节活动度和肩部复合体的神经肌肉控制。恢复肩关节活动度（被动进阶到辅助关节活动范围）和肩胛的主动运动，可以选择肩关节的等长运动。此外还介绍了稳定性训练，肩关节和肩胛肌肉的动态肌力训练，以及牵伸以恢复全范围活动度的方法。功能性活动逐渐纳入到康复方案中。

肩带的运动干预

组织愈合急性和亚急性期早期的运动技术

在管理的保护和早期控制运动阶段，当炎症发生或开始消退时，愈合组织不应被加压，早期运动可以用来抑制疼痛，尽量减少肌肉保护，有助于减少完全制动的不良影响。对颈椎、胸椎、肩胛骨及上肢其他部位的治疗也是有价值的，可减轻肩带的压力，防止肢体末端体液淤积。

在第 10 章中描述了急性期管理的通用指南，在本章中确定了肩部各种病理和手术干预的具体预防措施。

盂肱关节的早期运动

早期运动通常是指在无痛范围内应用被动关节活动度（PROM）。当患者耐受时，可以开始应用主动 – 助力关节活动度（AAROM）。第 3 章详细描述了徒手 PROM 和 AAROM 技术。本节详述自我辅助练习。

棍棒运动

- **患者体位与操作**：在仰卧位下用手杖、棍棒或 T 杆开始主动辅助关节活动，以稳定和控制肩胛骨。典型的运动是在肩胛骨平面的屈曲、外展、上举，以及内外旋动作（图 17.21A）。
- 如果有必要减轻手术修复后对前囊或盂唇的压力，可在肱骨远端放置毛巾卷，以便患者进行内、外旋时，将手臂置于身体正面前侧（图 17.21B）。

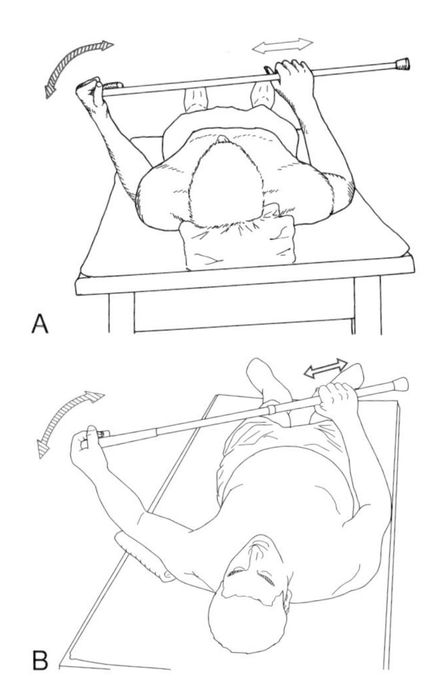

图 17.21　使用棍棒自我辅助肩关节旋转。A. 手臂在体侧。B. 手臂在肩胛骨平面上。为了减轻肩关节前囊的压力，用毛巾卷将肱骨远端抬高

- 当治疗肩关节疼痛综合征（原发性或继发性）时，在进行肩关节的屈曲和外展时，前臂旋后抓住棍棒可能有助于肱骨外旋。

滚球或桌面除尘

患者体位与操作：坐位，手臂放在桌子上，手放在直径 6~8 英寸（15.24~20.32 cm）的球或毛巾上并且肱骨保持在肩胛骨平面内。让患者通过向前、向后和向侧面移动躯干，开始肩部温和的圆周运动，使手滚动球或"擦桌子"。当疼痛减轻时，让患者主动使用肩部肌肉在更大关节活动范围内移动球或毛巾。

清洗墙（窗）

患者体位与操作：用手支撑毛巾或球抵着光滑的墙壁站立。通过移动毛巾或滚动球，指导患者用手进行顺时针和逆时针的圆周运动。在不引起疼痛症状的情况下尽可能让患者进行向上和向外移动，并使关节活动范围不断扩大。

钟摆运动（Codman exercises）

患者体位与操作：站立位，弯腰屈髋约 90°。手臂放松下垂在 60°~90° 高度之间的位置（图 17.22）。

- 手臂的钟摆运动是通过患者有节奏地摆动躯

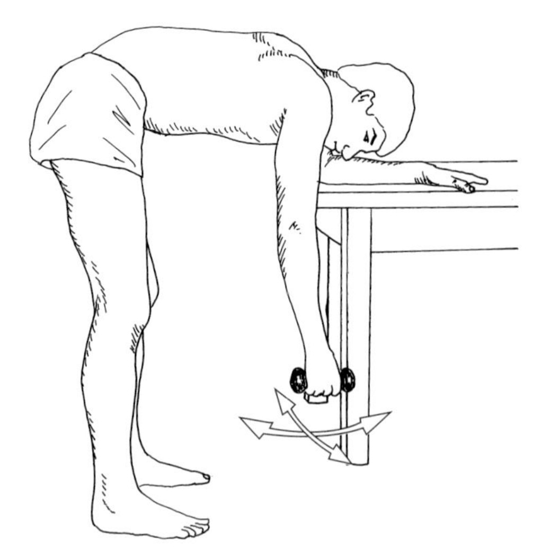

图 17.22　钟摆运动。柔和地牵引，无负重。负重会造成Ⅲ级（牵伸）分离力

干来完成。屈曲、伸展和水平外展、内收以及圆周运动取决于躯干摆动的方向。增加可耐受的运动弧度。这种技术不应该引起疼痛。

- 如果患者在俯身时无法保持平衡，那么让其保持一个稳定的姿势或趴在桌子上。
- 如果患者因弯腰而感到背部疼痛，则使用俯卧姿势。
- 手提重物或使用手腕负重袖套会对盂肱关节造成更大的牵引力。只有在亚急性或慢性阶段时关节才能使用负重牵伸策略，并且只有在治疗师将肩胛骨稳定或将皮带绕在胸部和肩胛骨周围时，牵伸力才会指向关节，而不是肩胛胸壁区的软组织。

注意：如果患者弯腰后再直立时头晕，让患者坐下来休息。随着疼痛的增加或活动范围的减少，这种技术可能是一个不适当的选择。钟摆运动对周围水肿患者也是不合适的。

聚焦循证

一项肌电图（EMG）分析 [113] 显示，当无症状受试者进行大直径摆动运动时冈上肌和冈下肌随意等长收缩最大峰值百分比大于 15%，无论表现是正确的（用躯干运动来产生盂肱关节运动），还是错误的（使用肩部肌肉来产生盂肱关节运动）。这些肌肉的激活水平可能对新修复的组织来说太高了。小直径摆动运动对冈下肌维持低于 15% 的激活水平，对冈上肌则是低于 10%。

“换挡”练习

患者体位与操作：坐位，患侧手臂放在一边并且拿着手杖或棍棒，其一端支在地板上以支撑手臂的重量。指导患者向前和向后、对角线、横向和向中间移动手杖或棍棒，类似于客车换挡的操作（图 17.23）。

肩胛骨的早期运动

第 3 章描述了肩胛骨的被动关节活动和主动辅助关节活动。在急性期，侧卧姿势通常比俯卧舒服。如果患者能够进行肩胛骨主动抬高 / 下降和前伸 / 后缩，则使用坐姿。

早期神经肌肉控制

肩袖肌肉通常在创伤或手术后受到抑制 [217]。一旦患者可以耐受，即开始以下动作刺激关键肌肉并对其建立控制。

多角度肌肉摆位

在肱骨屈曲或肩胛骨平面抬高的无痛位置开始进行内旋肌和外旋肌柔和的多角度肌肉摆位练习。

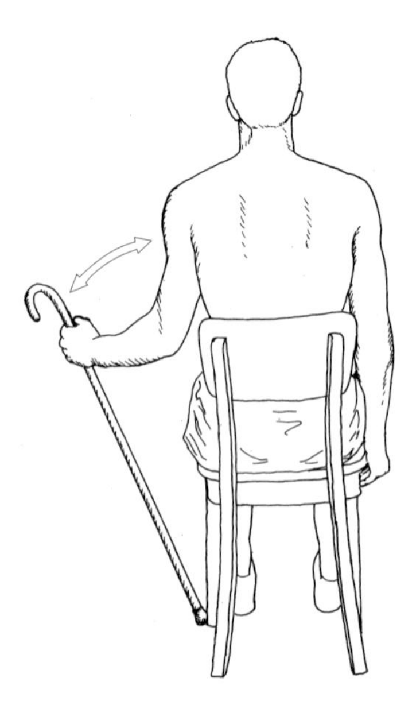

图 17.23　换挡训练。用手杖或棍棒自我辅助肩部旋转，屈曲 / 伸展和对角线模式动作

在不加重的位置用柔和的方法激活肩胛骨和需要处理的盂肱关节肌肉。

负重保护

让患者坐在桌子前并靠在自己的手或手肘上，轻轻地从一边移动到另一边，这有助于将肱骨头固定在盂窝，并刺激肌肉活动。

增加肩关节灵活性和活动范围的运动技术

为了恢复肩带的神经肌肉控制和功能，有必要增加受限肌肉和筋膜的灵活性，从而调整肩带处于正确的对位和功能范围。第 4 章介绍了肌肉抑制和被动牵伸的原则。本章前文参考了第 5 章（关节松动 / 操作步骤）讨论的肩带中牵伸紧张关节的牵伸技术。本节描述了具体的手法和自我牵伸技术。

聚焦循证

在一项有 20 例盂肱关节活动度受限的受试者的随机试验中，干预组进行了一次性的肩胛下肌软组织的松动干预，随后收缩放松徒手抵抗内旋肌，然后通过 PNF 的 D_2 模式（屈曲，外展，外旋）进行上肢的主动运动。对照组不进行治疗，他们休息 10 分钟。干预组治疗后外旋角度立即增加了 16.4°±5.5°，对照组增加了 0.9°±1.5°，并且干预组过头高举达到了（9.6±6.2）cm，对照组达到了（2.4±4.5）cm[66]。然而这一结果是阳性的，因为没有长期的随访结果去评估持续的自我牵伸和关节活动度练习作为患者家庭锻炼项目的重要性。

增加肩关节活动范围的自我牵伸技术

教授患者一个低强度、持续的牵伸。强调在关节活动范围的末端不使用弹振牵伸的重要性。

增加屈曲和水平内收活动范围：胸前交叉牵伸

- **患者体位与操作：**患者坐位或站位，将紧张的肩关节水平内收，使手臂放置在胸前，然后另一只手对此手臂做朝向胸前的持续加压（图 17.24A）。

注意：胸前交叉牵伸用于增加盂肱关节后部组织的活动度，通常见于肩峰撞击综合征[129]。

- **患者体位与操作：**患侧侧卧，肩和肘屈曲 90°，手臂内旋。让患者患侧手臂水平内收横跨身体，用对侧手抓住患侧肘部然后将它抬离床面。此侧卧位为肩胛骨提供了稳定性（图 17.24B）[226]。

增加手臂的屈曲和上抬活动范围

- **患者体位与操作：**患者坐在桌子边缘，前臂伸直放在桌子边缘，手肘轻微屈曲（图 17.25A）。患者一边弯腰一边将前臂沿桌子向前滑动。最后，头部应与肩平齐（图 17.25B）。

增加肩关节外旋活动范围

- **患者体位与操作：**患者面对门框站立，手掌抵抗门框边缘并且屈肘 90°，同时保持手臂抵住门框侧面或轻微外展（用折叠的毛巾或腋下小枕头使手臂保持轻微外展），使患者躯干远离患手（图 17.26A）。
- **患者体位与操作：**患者坐在桌子一侧，前臂屈肘 90° 放在桌子上。让患者开始弯腰，使头、肩的位置与桌子保持在同一水平面上

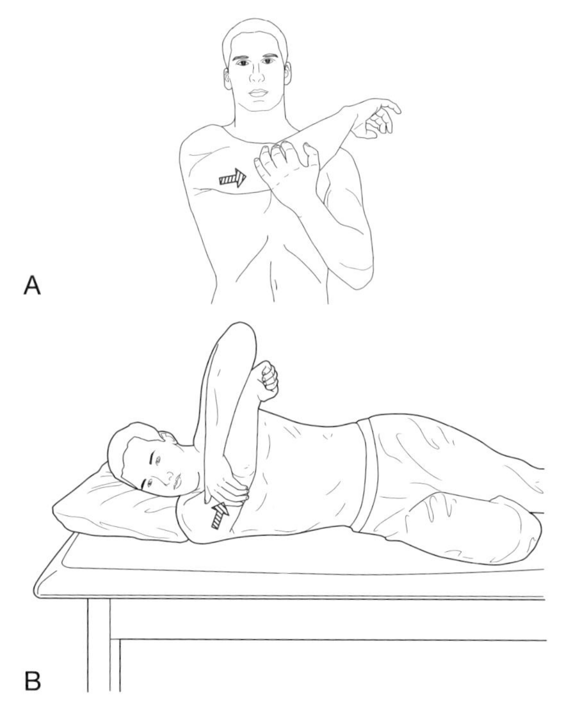

图 17.24　自我牵伸。A. 站位增加水平内收的自我牵伸。B.“睡眠者”牵拉姿势稳定肩胛骨

（图 17.26B）。

注意：如果盂肱关节存在不稳定，避免进行如图 17.26B 的牵伸。

增加肩关节内旋活动范围

■ **患者体位与操作**：面对门框站立，屈肘 90°，手的背面抵抗门框用力，患者躯干接近患手。

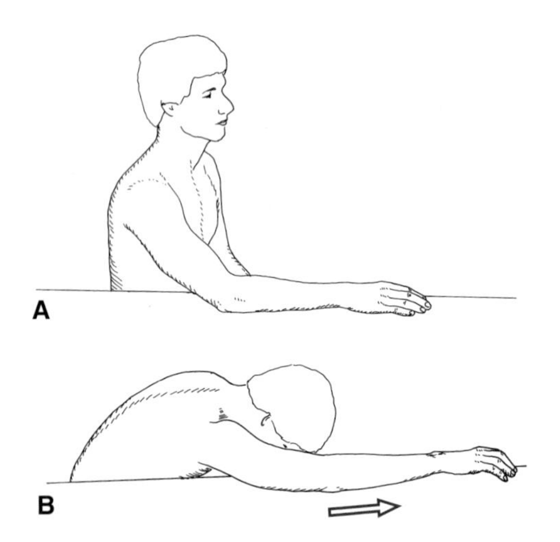

图 17.25　自我牵伸增加手臂的屈曲和上抬的活动范围。A. 起始位。B. 终末位

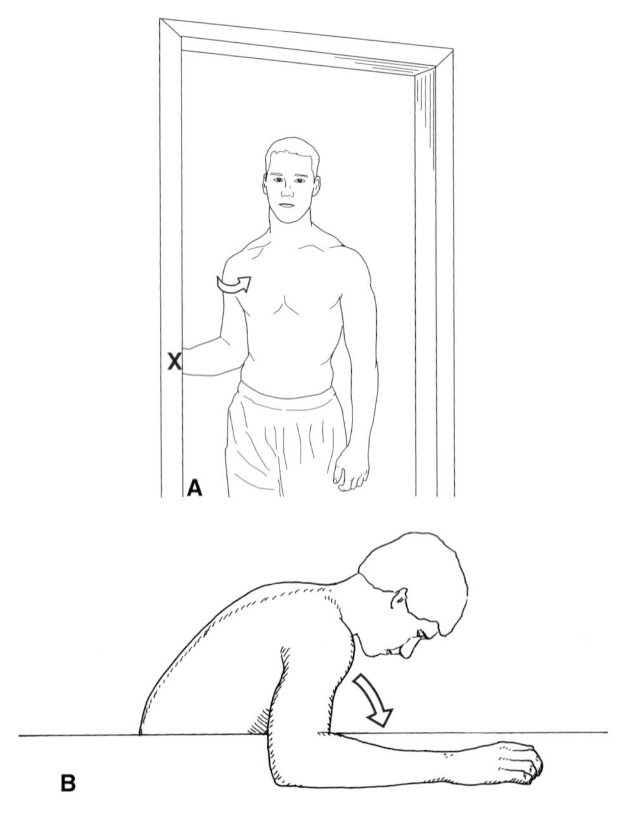

图 17.26　自我牵伸增加外旋活动范围。A. 利用门框将手臂放在侧边。B. 将手臂处在肩胛骨平面内，使用桌子来稳定前臂

■ **患者体位与操作**：患侧侧卧，肩和肘屈曲 90°，手臂内旋到终末位（"睡眠者"姿势），让患者用对侧手推着前臂朝向床（图 17.27）。

聚焦循证

在本节前文描述了胸前交叉牵伸（图 17.24）也能增加盂肱关节内旋的关节活动度。与对侧肩相比，盂肱关节内旋减少至少 10° 的受试者，在 4 周的持续时间内，每天牵伸 5 次，每次持续 30 秒，与对照组对侧肩相比，盂肱关节内旋活动度和总的盂肱关节旋转活动度明显增加。在另一项使用水平内收牵伸的研究中也报道了相似的结果，以"睡眠者"姿势侧卧牵伸（图 17.24B），与对侧肩相比，患侧盂肱关节内旋活动度和总的盂肱关节活动度增加[129]。

增加手臂的外展和上举活动范围

■ **患者体位与操作**：患者坐在桌子一边，前臂掌心向上放在桌子上，手指朝向桌子的另一边（图 17.28A），患者头部朝手臂向下，手臂横过桌子并且胸部远离桌子（图 17.28B）。

增加手臂的伸展活动范围

■ **患者体位与操作**：患者背对桌子站立，两手抓住桌子边缘，手背朝向前方（图 17.29A），患者开始下蹲的同时肘部弯曲（图 17.29B）。

注意：如果患者容易出现肩关节前半脱位或脱位，则不应进行这种牵伸技术。

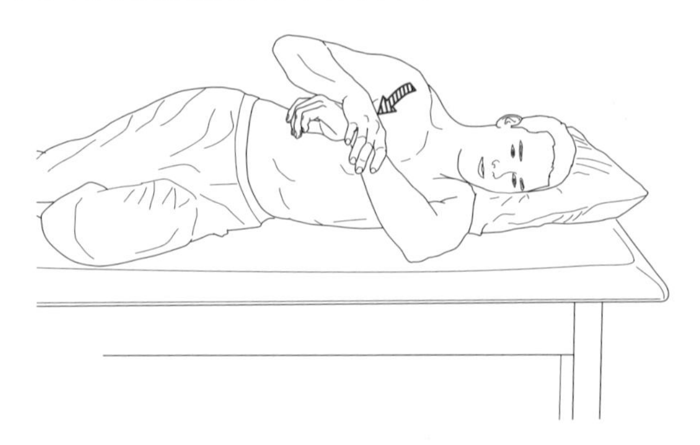

图 17.27　通过使用床稳定肱骨进行"睡眠者"姿势的自我牵伸以增加肩关节内旋活动范围

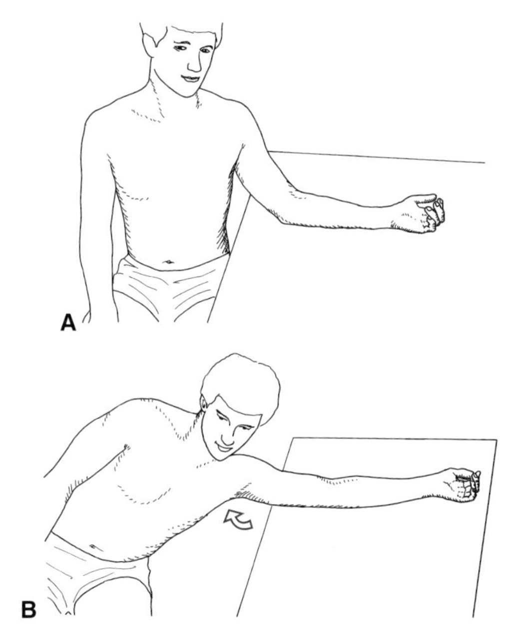

图 17.28 自我牵伸增加手臂的外展和抬高活动范围。A. 起始位。B. 终末位

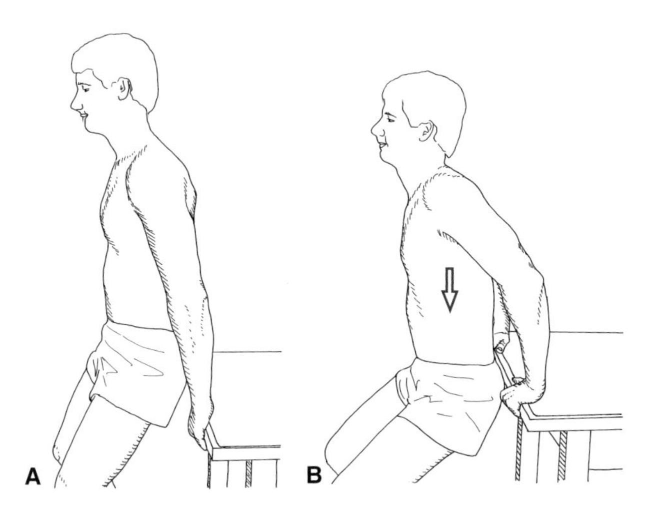

图 17.29 自我牵伸增加手臂伸展活动范围。A. 起始位。B. 终末位

增加肩关节内旋、伸展和肩胛骨倾斜活动范围

- **患者体位与操作**：患者坐位或站立位，一手握住毛巾或棍棒的一端并且高举过头，另一手臂伸到腰部，然后用高举过头的手向上拉毛巾或棍棒（图 17.13）。这种牵伸是用来提高手触后背的能力，这是一种整体的牵伸，不分离特定的紧张组织。在使用这种牵伸之前，运动的每个结构都需要被牵伸，因此没有一个结构相对于另一个结构来说会过度牵伸。

注意：如果患者有前部或多方向性盂肱关节不稳或近期接受了纠正肩关节前脱位的外科手术，那做这个牵伸应该要等到当关节囊愈合良好后的康复计划后期，因为这个动作会迫使肱骨头抵抗前侧关节囊。

特定肌肉的手法和自我牵伸练习

本节将陈述影响肩带对位的特定多关节肌的徒手牵伸，以及这些肌肉的自我牵伸技术。

牵伸背阔肌

徒手牵伸

- **患者体位与操作**：患者侧卧位，髋关节和膝关节屈曲，保持骨盆稳定，必要时，一只手固定骨盆提供额外的稳定性，另一只手抓握肱骨远端并屈曲，侧向旋转，并部分外展肩关节到接近活动范围末端。让患者伸展、内收和内旋，为保持－放松练习提供阻力。在放松期间拉长肌肉（图 4.16B）。

自我牵伸

- **患者体位与操作**：患者仰卧位，双腿屈膝，稳定在骨盆后倾位并且手臂屈曲，侧向旋转，尽可能远的轻微外展过头顶（拇指指向地面）。利用重力提供牵伸力，治疗师指导患者不允许弓背。
- **患者体位与操作**：患者背对墙站立，双脚移向前方稍微屈髋屈膝，腰部紧贴墙壁，手臂处于“举起”位置（尽可能外展 90°，侧向旋转 90°）。治疗师告诉患者不要弓背，尽可能地将手背沿着墙壁滑动。

注意：当肱骨外展、上旋和下压肩胛骨时，此项运动也可用于激活下斜方肌和前锯肌。

牵伸胸大肌

徒手牵伸

- **患者体位与操作**：治疗师坐在治疗床或垫子上，双手放在头部后面，治疗师跪在患者后面并且双手抓住患者肘关节（图 17.30）。当治疗师把患者肘关节向外伸展时（肩关节水平外展和肩胛骨内收）让患者吸气，肘关节到活动范围末端时维持，并让患者呼气，不要用太大力牵伸，肘关节需要抗阻，因为胸腔扩大使双侧胸大肌的近端附着向两侧拉长。当患者重复吸气时，再次移动肘关节到活动范围末端并让患者呼气，连续重复3次避免过度通气。

注意：呼吸应该缓慢、舒适，不宜过度通气。如果患者发生眩晕，立即让患者休息，然后重新用适合的技术，确保患者保持头部和颈部处于中立位，而不是向前伸。

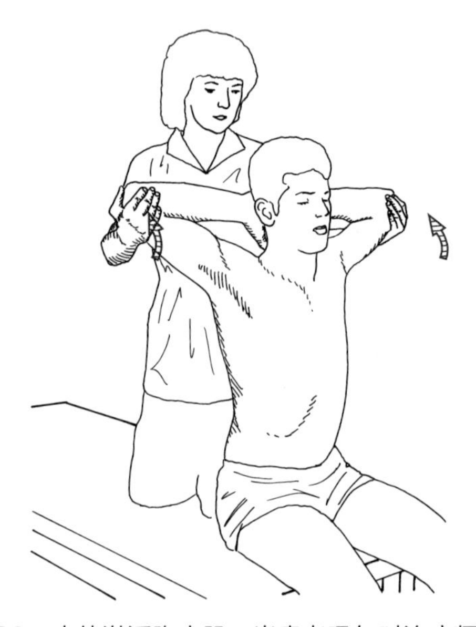

图17.30　牵伸激活胸大肌，当患者吸气时治疗师轻轻拉起患者肘部向后，然后在患者呼气时肘部保持在活动范围末端

自我牵伸

- **患者体位与操作**：患者面对墙角或敞开的门站立，手臂抵抗门框呈倒T形或V形（图17.31）。患者整个身体由足踝开始向前倾（膝部轻微屈曲），牵伸的强度可以通过向前的移动程度来调节。
- **患者体位与操作**：患者坐位或站立位，前臂旋前握住棍棒并屈肘90°。让患者抬起肩关节并把棍棒放到头和肩关节后面。肩胛骨内收，肘部从侧边伸出，结合呼吸训练，患者把棍棒放在肩后时吸气，然后呼气的同时保持这个位置来进行牵伸（图17.32）。

牵伸胸小肌

徒手牵伸

- **患者体位与操作**：患者坐位，治疗师将一只手放在背部的肩胛骨上，另一只手放在肩的前部，喙突上方（图17.33）。当患者吸气时，通过向上向后按压喙突和向下按压肩胛骨下角使得肩胛骨向后倾斜；然后将其保持在末端位置直到患者呼气结束。重复，在患者吸气时不断调整末端位置和在患者呼气时维持稳定。

自我牵伸

- **患者体位与操作**：患者站立位，肱骨外展

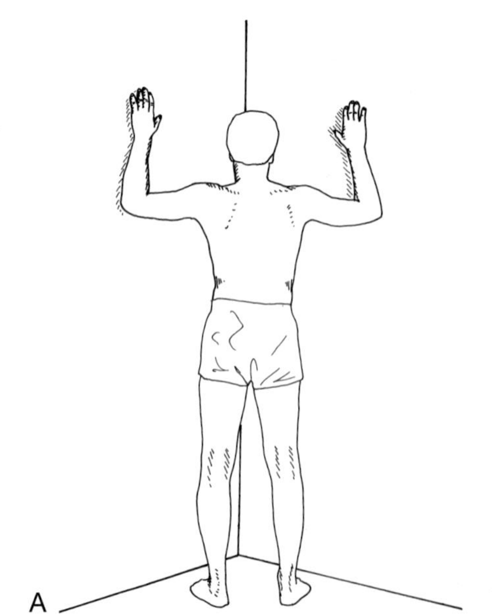

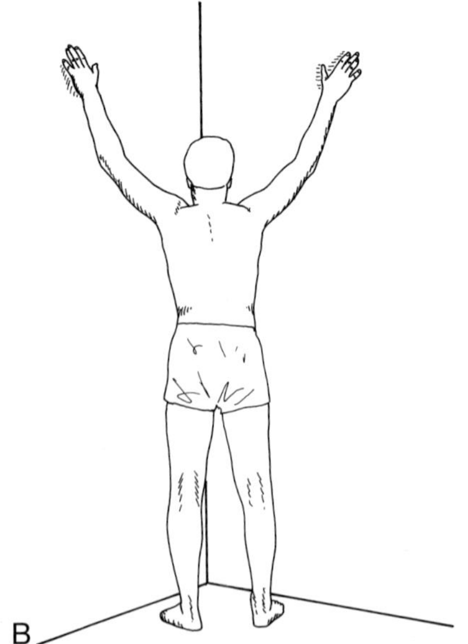

图17.31　自我牵伸。A. 前臂在倒T形位置进行胸大肌自我牵伸锁骨部分。B. 前臂在V形位置进行胸骨部分牵伸

90° 和屈肘 90°，前臂抵着门框并维持稳定，治疗师指导患者旋转躯干，使躯干远离肩膀，直到有被牵伸的感觉[17]。值得注意的是，这种牵伸可能不适用于前部不稳定的患者，因为这是使他们不舒适的位置，并且可能会过度牵拉盂肱关节前部的稳定结构。

肩胛提肌的牵伸

注意：肩胛提肌附着于肩胛骨上角，使肩胛骨抬高和下旋；同时它也附着于上颈椎的横突上，使颈椎向后弯曲和向同侧倾斜。为了减少颈椎的应力，建议将颈椎和头部置于活动范围末端并稳定，并将牵伸力施加在肩胛骨上。

图 17.32 棍棒运动牵伸胸大肌

徒手牵伸

- **患者体位与操作**：患者坐位，头部旋转至紧张侧的对侧（眼睛向对侧远方眺望）并且向前弯曲，直到颈部侧面有轻微牵拉感，颈部紧张侧的手臂外展，手放在头部后面，以帮助稳定头部在旋转的位置。治疗师站在患者后面用一只手臂使其保持稳定，另一只手（紧张肌肉的同侧手）放在肩胛骨上角（图 17.34）。肌肉现在处于被牵伸位置，嘱患者吸气，然后呼气。当患者再次吸气时（患者肌肉收缩对抗固定手的阻力）让肩关节和肩胛骨向下来维持牵伸状态。为了增加牵伸效果，下压肩胛骨上角。这不是一个强有力的牵伸，而是一个轻柔的收缩和放松练习。不要通过头部和颈部大力地旋转来牵伸肌肉。

自我牵伸

- **患者体位与操作**：患者站立位，头部侧屈并旋转至紧张侧的对侧，将紧张侧同侧手放在头部后面，屈肘抵抗墙。另一只手可以放在前额上以稳定旋转的头部，指导患者在吸气时将肘部沿着墙滑行，然后呼气时保持此位置（图 17.35A）。

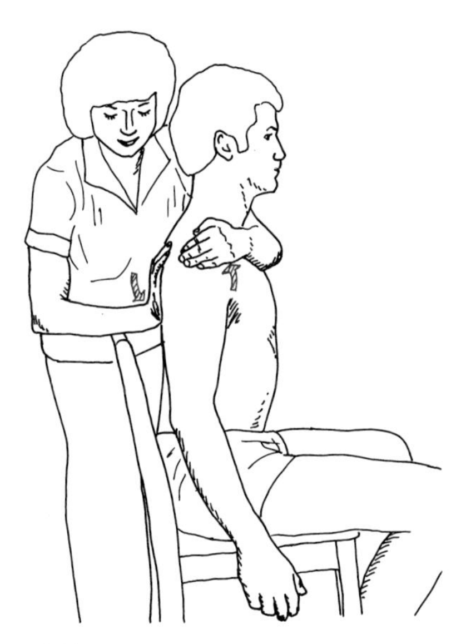

图 17.33 牵伸胸小肌。治疗师维持肩胛骨和喙突在活动范围末端直到患者呼气结束

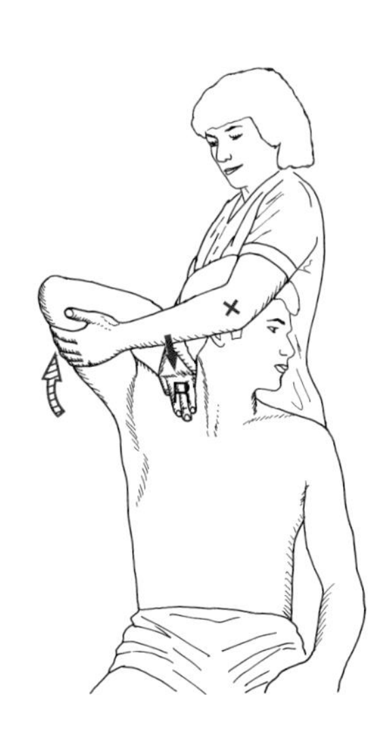

图 17.34 牵伸肩胛提肌。当患者吸气时治疗师稳定头部和肩胛骨，患者收缩肌肉以抵抗阻力。当患者放松时，下压胸腔和肩胛骨来牵伸肌肉

- **患者体位与操作：**患者坐位，头部侧屈并旋转至紧张侧的对侧，为了稳定肩胛骨，让患者把紧张侧的同侧手向下伸并抓紧椅子。另一只手放在头部沿着紧张肌肉的力线向相反的方向做轻微的向前倾斜的牵伸（图 17.35B）。

上斜方肌的牵伸

徒手牵伸

- **患者体位与操作：**患者坐位，将上斜方肌紧张侧的手放到背后以稳定肩胛骨，头部旋转至紧张侧。治疗师站在患者后面帮助患者牵伸，结合颈部屈曲，向紧张侧进一步旋转和向远离紧张侧屈曲来牵伸。一种更激进的徒手牵伸操作是通过使用另一只手下压远端锁骨和肩胛骨来实现。

注意：如果患者有颈椎病症状，则不应在头部施加压力牵伸。

自我牵伸

- **患者体位与操作：**患者坐位或站位，将上斜方肌紧张侧的手放到背后以稳定肩胛骨，指导患者把颈部旋转到紧张的一侧，然后向对侧弯曲，然后增加颈部屈曲。患者也可使用对侧手臂抱住头部来帮助牵伸（图 17.36）。

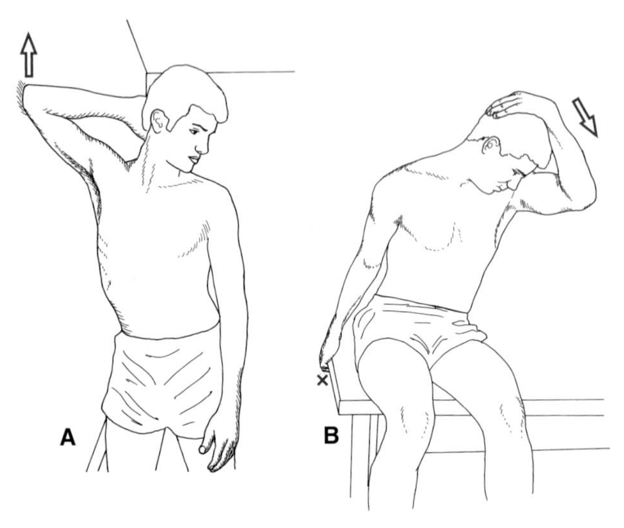

图 17.35　肩胛提肌的自我牵伸。A. 通过肩胛骨的上旋进行牵伸。B. 通过下压肩胛骨进行牵伸

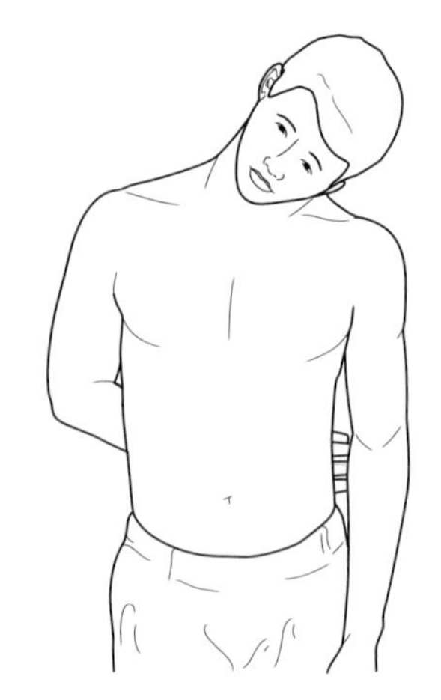

图 17.36　上斜方肌的自我牵伸

建立和改善肌肉表现和功能控制的运动

发展肩胛胸壁关节和盂肱关节肌肉的控制能力是矫正肩带病理力学的基础，也是改善肌力、肌耐力、爆发力和功能性活动表现的基础。在观察肩胛骨的对位和活动时，当肱骨上举时出现肩胛骨过度倾斜和摆动，或者肩肱节律不协调，此时选择正确的运动方式纠正这些错误的力学就很重要了。同样，当肱骨上举时出现稳定性和盂肱关节旋转和平移时控制能力不足时，此时应选择强化肩袖肌群的运动。

- 以下描述的运动应该从最简单或者压力最小开始，然后进展到更复杂和困难的水平。
- 运动也应从单一平面和单独的肌肉活动进展到联合的功能性运动模式。
- 开始时，选择的运动应该能帮助患者专注于在恰当的时机和顺序激活正确的肌肉，以抵消现有的损伤。
- 然后通过强调运动模式增加训练难度，让肌肉系统准备好以应对功能性的需求。

无论运动强度多大，重要的是挑战患者能够达到的运动强度，这样患者才能安全地进展到更高的运动水平。在学习本章的抗阻运动和功能性活动之前，重要的是读者要理解第 6~8 章讲述的关于抗阻运动，开链和闭链训练，特异性训练，有氧训练和平衡训练的应用原则。同样重要的是第 10 章讲述的关于组织愈合的应用原则，并结合本章讲述的各种肩关节病理和手术介入治疗时运动的注意事项。因为姿势对于肩关节复合体的功能有着直接的影响，参考第 14 章和第 16 章关于纠正可能导致肩关节力学错误姿势的原则和运动。此外，本章描述的运动，如增强式训练[216]和平衡及稳定性高阶训练，这些可能适合于特定人群的肩关节康复流程将在第 23 章讲述。

专栏 17.11 总结了一系列改善肌肉表现和肩带功能以及促进个人功能恢复的进阶运动。

等长运动

等长运动是一种连续的非常温和的达到最大收缩的运动，通过改变关节角度应用于不同的肌肉长度。强度、肌肉长度或关节角度和重复次数的选择，都基于目前的肌力、受伤或手术后所处的恢复阶段，和（或）该区域的病理力学。

肩胛肌肉

- **患者体位与操作**：患者侧卧位、俯卧位或坐位，必要时手臂可以提供支持。直接在肩胛骨施加与运动相反的阻力，进行抗阻上举、下压、前伸或后缩。

专栏 17.11　总结肩关节功能的运动进阶

- 建立对无力或失用肌肉的意识和控制。强调在活动盂肱关节肌肉组织之前先激活肩胛胸壁和躯干肌肉组织。
- 对于无力和术后需要修复的肌肉组织，开始时进行定位运动和对抗最小阻力的多角度等长收缩训练，并在无痛或保护角度范围内进行开链和闭链的主动辅助关节活动。
- 使用恰当的阻力和重复次数去训练肌肉而又不诱发症状出现。
- 包括向心和离心运动。
- 利用开链和闭链姿势的稳定性训练，建立稳定肩胛骨和盂肱关节姿势的肌肉控制。
- 随着肩胛骨和盂肱关节肌肉建立了稳定控制，进阶至动态抗阻训练，并强调在开链和闭链运动时对肩胛骨和肩袖肌群的控制。
- 开始时单独强化无力的动作和肌肉，这样可以避免出现代偿动作和不合时机的肌肉动作。
- 建立肌肉力量的同时应发展肌肉的耐力。
- 模拟功能性运动和肌群训练相结合的运动模式，训练肌群以协调的控制力和运动顺序运作。
- 整合简单的功能性任务到运动计划中，并逐渐进阶至更复杂和更有挑战的活动，并纳入合适的人体力学。
- 进行全身性运动以改善心肺耐力和平衡能力。
- 如果必要的话，基于功能性目标，在肩关节康复训练计划中纳入高强度离心运动和增强式训练（牵伸 – 短缩训练）以及增加动作速度的灵活性训练。

下压（下斜方肌）。撞击综合征中常出现肩胛骨的前倾和延迟上旋，此时应激活下斜方肌。阻力应施加在肩胛下角处（图 17.37A）。

前伸（前锯肌）。当盂肱关节上举时出现肩胛翼状肩、肩胛延迟或不能完全上旋时，或者在手臂放下肩胛骨加速向下旋转（“倾倒”）时，应强调激活前锯肌。阻力应施加在肩胛骨的腋窝边缘或喙突处，或者施加在肩胛骨平面的肱骨上（图 17.37B）。

后缩（菱形肌和斜方肌）。当肩胛骨的位置前伸（外展）时，其典型常见于头前伸和脊柱后凸增加的姿势，应强调激活菱形肌和斜方肌肌群。阻力施加在肩胛骨的内侧缘。

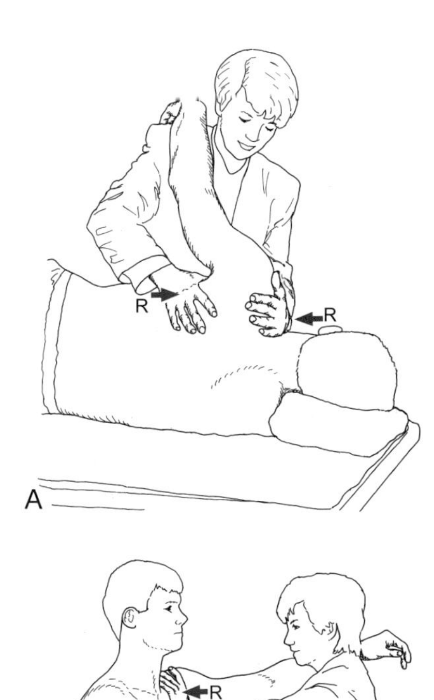

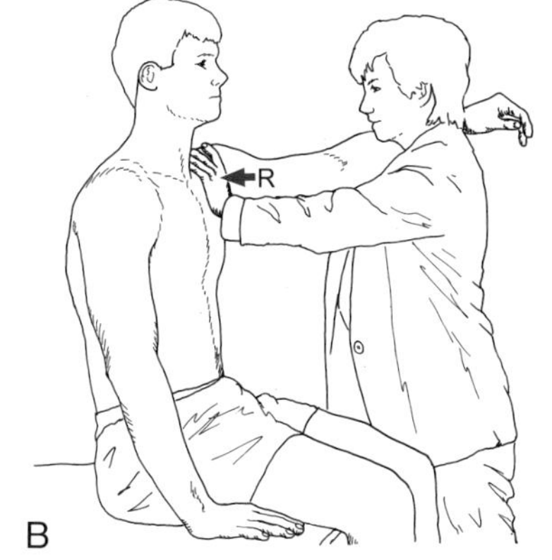

图 17.37　肩胛肌肉的等长和动态徒手抗阻。A. 上举 / 下压的抗阻。B. 前伸 / 后缩的抗阻。当治疗师一手给予喙突和肩峰阻力时，应引导患者上肢伸过治疗师的肩关节以引起肩胛骨前伸。治疗师的另一只手置于肩胛骨后方施加收缩的阻力

盂肱肌肉：多角度等长收缩

■ **患者体位与操作**：患者仰卧位、坐位或站位。如果在关节挤压时出现疼痛，施加阻力时可给予盂肱关节轻微的牵引力，可降低患者不适感。

内旋和外旋。将患者肱骨置于身体一侧轻微屈曲和外展，或在肩胛骨平面轻微上举和肘关节屈曲 90°。阻力施加在前臂背侧面以抵抗外旋（图 17.38A）和掌侧面以抵抗内旋（图 17.38B）。

外展。维持肱骨在旋转中立位，分别在外展 0°、30°、45° 和 60° 位抗阻外展。如果患者外展超过 90° 为非禁忌动作，则可在肱骨上举前将肱骨置于外旋位，再施加外展超过 90° 的阻力。

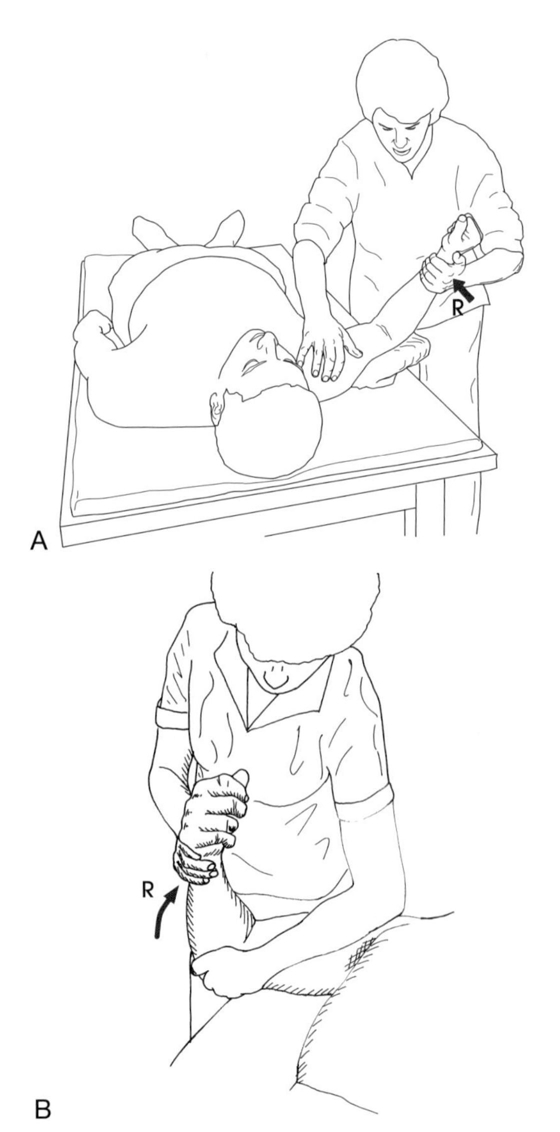

图 17.38 肩关节旋转时施加等长或动态阻力。A. 肩胛骨平面上肩关节的外旋。B. 肩关节外展 90° 时内旋

肩胛骨平面上举。置于屈曲和外展中间，在不同活动范围内进行抗阻，如在肩胛骨平面上举 30° 和 60°（图 17.39）。

伸展。将肱骨置于身体一侧或在不同屈曲位，并对肱骨施加阻力。

内收。将肱骨置于外展 15°~30° 之间，并对肱骨施加阻力。

肘关节屈曲合并前臂旋后。将肱骨置于身体一侧并保持旋转中立位。前臂屈曲时施加阻力，使得肱二头肌长头收缩。改变肩关节姿势使其更加屈曲或伸展，并重复屈肘的等长阻力。

自我施加的多角度等长收缩

指导患者利用体位独立施加等长收缩阻力，并且能与治疗目标的强度一致。患者可使用对侧手（图 17.40）或一个固定物体如墙壁或门框（图 17.41）。

稳定性训练

交替等长收缩和节律性稳定技术（第 6 章中讲述）的应用是为了提高近端肌群在负荷转移时的力量和稳定性。因为肩带会在开链和闭链活动中起到作用，所以肌肉的训练应在这两个情况下进行。

■ 首先应训练肩胛肌肉，这样当盂肱关节肌肉

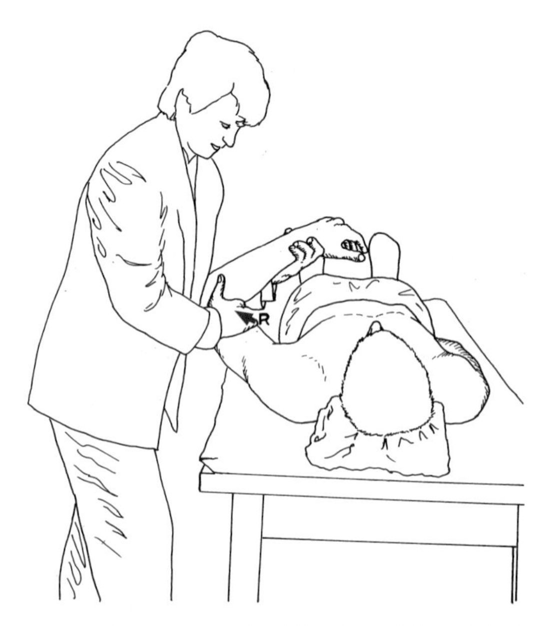

图 17.39 肩胛骨平面上举时抗阻等长收缩。肩关节置于上举 30°~60° 之间，并在肱骨上施加可控制的徒手阻力

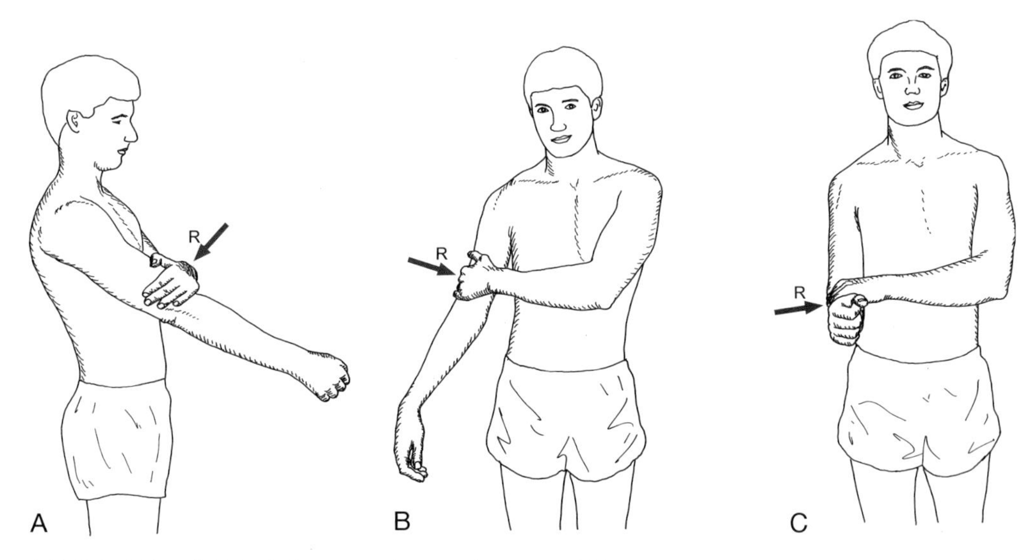

图 17.40　肩关节自我抗阻的等长收缩。A. 屈曲。B. 外展。C. 旋转

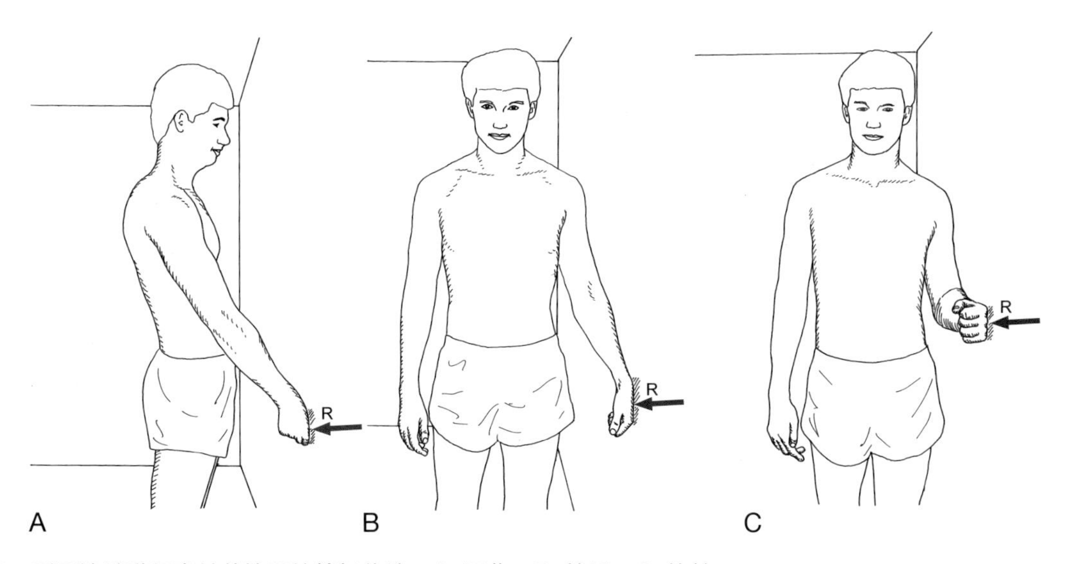

图 17.41　利用墙壁进行肩关节抗阻的等长收缩。A. 屈曲。B. 外展。C. 旋转

收缩时，才会有一个稳定的基础以产生力量（肩胛稳定）。

- 初始时，应施加缓慢的交替的阻力，同时让患者对抗阻力并“保持”。
- 在开始训练时，也必须告诉患者应该往哪个方向推，以帮助患者注意到收缩的肌肉和交替用力。
- 当患者学会收缩正确的肌肉和稳定关节时，增加阻力转移的速度并减少口头提示，以提高患者自动反应能力。

肩胛肌肉的开链稳定性训练

从患者侧卧位，患侧上肢在上开始。将患者的前臂放在治疗师的肩关节上方。通过调整治疗师和患者相对的位置来控制肩关节屈曲、上举或外展的角度。再进阶到坐位，患者前臂放在治疗师肩上，按之前描述的方法施加阻力在肩胛运动的各个方向。

肩胛骨上举 / 下压。治疗师上方手置于肩胛上方，另一手在肩胛骨下方提供徒手阻力（图 17.37A）。

肩胛骨前伸 / 后缩。治疗师上方手置于肩胛内侧缘，另一手置于喙突提供阻力（图 17.37B）。

肩胛骨向上和向下旋转。治疗师一手置于肩胛下角，另一手置于肩峰和喙突提供阻力。

肩带开链稳定性训练

患者体位与操作：患者仰卧位，肘关节伸展，肩关节屈曲 90°，手握小棍（或球）。治疗师站在患者头侧并抓住小棍，指导患者对抗治疗师给予的阻力。向各个方向推、拉和旋转小棍（图 17.42）。阻力也可以直接施加于患者的手臂或前臂。

- 如果健侧肢体给予过多的辅助，则就只针对患侧肢体进行稳定性技巧训练。
- 当患者能够控制后，进展到坐位然后到站位，施加交替阻力让患者将手臂固定在不同位置。观察肩胛骨以确保其有很好的稳定性。如果没有，则返回上述训练或降低阻力强度。随着肌力和控制的改善逐渐进展到功能模式训练。

临床提示

研究显示当健康人[110]或肩关节不稳定[26]的患者在利用 BodyBlade 进行动态盂肱关节训练时（图 23.17），如肩关节屈曲和外展，比起使用重量或者弹性阻力能更大程度地激活肩胛胸壁稳定肌群。

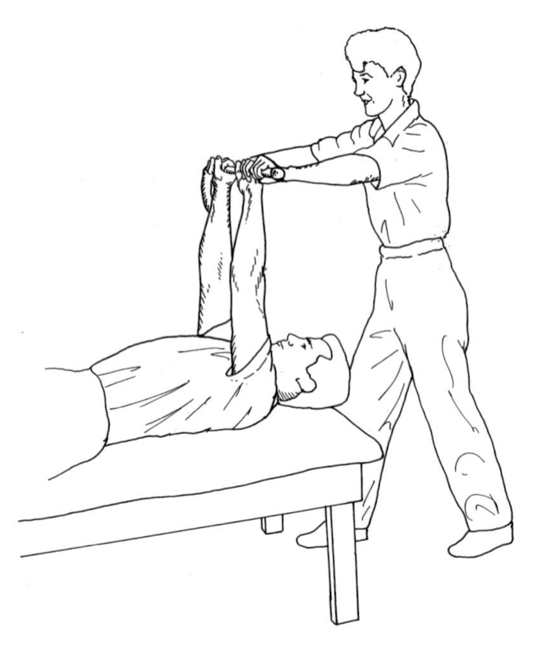

图 17.42 稳定性训练。患者通过肩带肌群等长收缩来对抗治疗师施加的阻力，依照节律性顺序对屈曲 / 伸展，外展 / 内收以及旋转施加阻力

静态闭链（负重）稳定性训练

负重可以激活近端关节稳定肌肉，如同第 5 章所述能刺激改善关节软骨流体动力学。在控制训练阶段的早期，如果愈合中的组织能够耐受，在保护性负重姿势下开始进行稳定性训练可能会有益处。随着组织的愈合，负重的量和程度及阻力也会逐渐增加。

注意：如果在患者负重时出现翼状肩胛，就不要再进行这些运动，直到有足够的肌力可以将肩胛骨稳定在胸壁上。

聚焦循证

为了确定何时能够将上肢负重训练纳入运动训练计划中来，Uhl 和他的同事们[206]分析了 18 位健康受试者在进行静力性训练时胸大肌、三角肌前束和后束，冈上肌和冈下肌的表面肌电。等长运动的姿势包括祈祷者姿势（模拟靠墙负重），四点支撑，三点支撑，两点支撑，俯卧撑（肩关节屈曲 90°），俯卧撑时足部抬高 18 英寸（约 45 cm），和单手俯卧撑的姿势。在所有肌肉中，负重姿势增加和肌肉活动的增加有着显著的相关性（r=0.97，P<0.01）。而且冈下肌是测试肌肉中在所有姿势下最活跃的肌肉，除了祈祷者姿势（此姿势胸大肌最为活跃）。

作者建议祈祷者姿势和四点支撑姿势适合于早期康复，因为所有的肌肉在此姿势下都处于低水平活动；同时三点支撑和两点支撑姿势对冈下肌和三角肌有着中等要求；而俯卧撑姿势对冈下肌有着较高的要求；他们也推论出双手支撑的姿势对于三角肌后束要求较低，但对于三角肌前束和胸肌有较大负荷，同时单手支撑对所有肌肉都有较高的要求，除了冈上肌。

- 肩胛稳定。

患者体位与操作：患者健侧侧卧，患侧上肢肘关节和肩关节均屈曲 90°，手置于床面且承受部分重量。直接在肩胛骨上施加阻力进行肩胛骨的上举 / 下沉和后缩运动；同时对肘关节进行抗阻前伸。

- 保护性负重下交替等长收缩。

患者体位与操作：患者坐位，前臂置于大腿或台面上，或站位手置于台面上，身体稍微前倾使得肢体少部分负重。在肩关节处施加轻微阻力同时要求患者对抗阻力并“保持”，并在不同的方向施加阻力。

- **闭链稳定训练的进阶。**

患者体位与操作：患者站位，肩关节屈曲 90°，同时一手或两手靠在墙上或球上（图 17.43）。

  - 此外，更高阶的活动包括让患者双手置于地面模拟四足动物姿势，在肩关节或躯干交替施加阻力，并让患者对抗阻力并“保持”。通过躯干前倾增加上肢的负重并要求前锯肌更加稳定来对抗额外的阻力。而且之前提到，如果出现翼状肩胛，则要减少阻力或降低负重程度。
  - 进一步进阶到将手置于不稳定平面，如摇晃板或球面，要求更高的神经肌肉控制和平衡反应能力。所有的这些活动也可仅用于患侧上肢负重。

动态闭链（负重）稳定训练

当移动身体重量到固定的肢体或四肢时，负重姿势的动态稳定要求稳定肌群维持对肩胛骨和盂肱关节的控制。

- **患者体位与操作**：患者站位，肩关节屈曲 90°，手置于墙面上或支撑于桌面上。让患者将他 / 她的体重从一侧肢体转移到另一侧肢体（来回摆动），并在肩关节处施加阻力（图 17.43）。
- **进阶**：让患者交替上举一侧上肢，这样单侧肢体来承受体重并能在转移负荷时保持稳定。
  - 在肩关节处施加徒手阻力或在腕关节处绑上一个重物。
  - 在肩关节或躯干处施加徒手阻力，并在方向、时间和力量大小方面进行多种变化。
- **患者体位与操作**：四点支撑姿势双手置于一个稳定平面，要求患者抬起同侧腿，然后抬起对侧腿，以分别增加前锯肌和下斜方肌的活动[118]。
  - **进阶**：双手置于摇摆板或 BOSU 球上或仅用单手在一个稳定或不稳定平面支撑体重，交替抬起大腿（见第 23 章）。

动态肌力训练：肩胛肌肉

在开始盂肱关节全关节活动范围进行肌肉动态

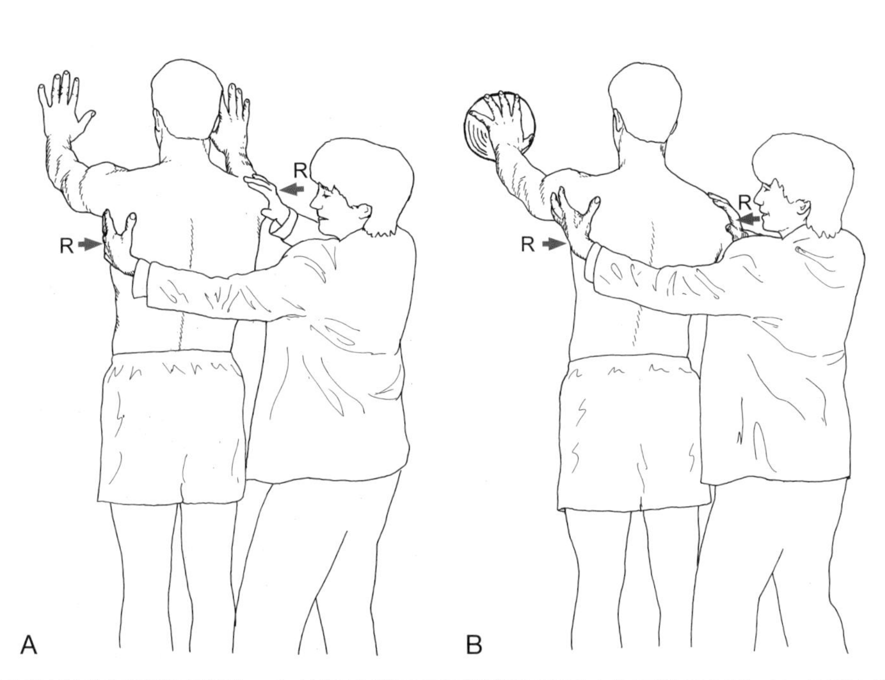

图 17.43　肩胛和盂肱关节闭链稳定训练。A. 双手支撑于墙面并以双侧最少负重进行支撑。B. 单侧支撑于一个较小稳定平面（球）。治疗师交替施加阻力让患者对抗并保持稳定，或者治疗师在患者从一侧移动到另一侧时施加阻力

肌力训练之前，必要的一点是要求胸壁、颈部及肩胛近端肌群具有正常功能，这可避免错误的力学。力量训练可以在开链和闭链姿势下进行，并在受累组织的力学限制下，逐渐增加训练次数和阻力。

开始进行动态控制和肌肉耐力训练时应施加较小阻力并重复多次，随着控制能力的建立，进阶到结合运动模式，并训练肌群按照一定的协调顺序进行工作。开始从简单的功能性活动逐渐进阶到更复杂和更有挑战性的活动。肌肉耐力和力量对于姿势和动态控制活动都是必须的。

聚焦循证

为了确定肩带在各种活动中的肌肉激活，已经进行了许多研究。两个肌电图的研究[51,86]分析了利用自由阻力或弹力带进行最大抗阻训练以加强肩胛肌肉力量的训练。这两个研究结果和随后的文献回顾[162]报道了斜方肌和前锯肌在以下运动中的激活程度。

- **站位耸肩**：上斜方肌被强烈激活。
- **俯卧位前臂上举过顶**：当肱骨与下斜方肌肌纤维走向一致时，斜方肌的上、中、下束和前锯肌都会被激活。
- **俯卧位肩关节外展90°，肘关节屈曲90°，肩关节外旋**：下斜方肌被强烈激活，这个姿势是引起肩胛骨最大压力并可将下斜方肌从斜方肌中独立出来进行训练的最佳运动姿势[51]。
- **俯卧位肩关节水平外展时外旋**：激活中下斜方肌。
- **坐位或俯卧位下划船动作**：比起上下斜方肌，更强调激活中斜方肌[162]。
- **进阶到俯卧撑**：前锯肌被强烈激活[162]。
- **对角线运动和肩胛骨平面内肩关节外展超过120°**：前锯肌比斜方肌激活程度更高。
- **独立前伸运动**：前锯肌激活程度在很大程度上不如手臂上举运动大[51]。

在另一个研究中，基于证据建议，比起其他肩胛胸壁肌肉，在运动中上斜方肌应该更少被激活。Cools和同事[36]观察了数个运动中肌肉被激活的比例。良好的运动（这些可以减少上斜方肌的激活，增加下斜方肌的激活）包括侧卧位屈曲，侧卧位外旋，俯卧位肱骨水平外展并外旋和俯卧位伸展。减少上斜方肌激活和增加前锯肌激活的良好运动包括在矢状面和肩胛骨平面上进行高位划船动作和前臂上举时肱骨外旋。

肩胛后缩（菱形肌和中斜方肌）

下列运动训练主要针对肩胛骨的单独后缩。一旦患者能够抗阻进行肩胛后缩，即可进行结合盂肱关节并进展到肌力和功能性运动模式的训练，这些在下一节中描述。

- **患者体位与操作**：患者俯卧位，坐位和站位。治疗师嘱患者双手相握置于腰部，这个动作会引起肩胛骨内收，当手臂放下至身体一侧时，嘱患者注意肩胛内收并将肩胛骨维持在内收的位置上。让患者在手臂不活动时重复上述动作。
- **患者体位与操作**：患者俯卧位，手臂置于床面边缘下垂且手持一个重物，治疗师嘱患者将肩胛收缩夹紧（图17.44）。此运动可进阶到俯卧位划船和抗重力水平外展。
- **患者体位与操作**：患者坐位或站位，肩关节屈曲90°肘关节伸直。治疗师嘱患者双手抓住固定在肩关节水平高度的弹力带两端或者是在肩关节水平高度的滑轮的两端把手，并夹紧肩胛以对抗相应的牵拉阻力。

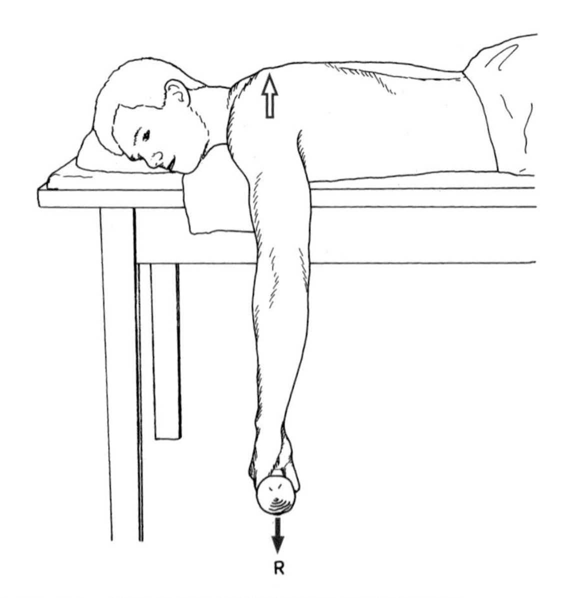

图17.44　俯卧位下对抗手持重物的肩胛后缩

肩胛后缩合并肩关节水平外展 / 伸展（菱形肌，中斜方肌，三角肌后部）

- **患者体位与操作：**患者俯卧位，肩关节外展 90°，肘关节屈曲，前臂垂直于地面，治疗师嘱患者肩关节水平外展并肩胛后缩。这个运动可以在肘关节伸直时进行以增加更大的阻力（图 17.45）。进阶该运动可增加负荷，然后让患者在站位或坐位时，身体前方肩关节水平高度位置提供一个弹性阻力，进行肩关节划船运动。
- **墙角下压。**

患者体位与操作：患者站位背对墙角，肩关节外展 90°，肘关节屈曲。治疗师嘱患者肘关节向墙面用力压，并推动身体重量远离墙角（图 17.46）。

肩胛后缩及肩关节水平外展合并外旋（菱形肌，斜方肌，三角肌后部，冈下肌，小圆肌）

- **患者体位与操作：**患者俯卧位肩关节外展 90° 和外旋 90°（90/90 姿势），肘关节可以屈曲 90°（较容易的姿势）或伸直位（较困难的姿势）。治疗师嘱患者将手臂抬离桌面小一些的角度。正确完成该动作是肩胛必须同时内收。如果该动作在一个较窄的长凳上进行，手臂可在水平内收位开始，这样可获得更大的关节活动范围。
- **患者体位与操作：**患者坐位或站位，肩关节置于 90/90 姿势。在患者前方固定一个弹性阻力并稍高于患者肩关节，让患者抓住阻力的两端。然后让患者在肩胛内收的同时双手和双肘向后拉（肩关节水平外展和外旋）（图 17.47）。

肩胛前伸（前锯肌）

- **患者体位与操作：**患者坐位或站位，肩关节屈曲约 90°，肘关节伸直。在患者身后肩水平高度处固定一个弹性阻力或利用滑轮装置，嘱患者对抗阻力向前“推”且身体不能旋转（图 17.48）。
- **患者体位与操作：**患者仰卧位，手臂屈曲 90° 并轻微外展，肘关节伸直。如果患者可承受阻力可在手上施加轻微阻力，嘱患者对

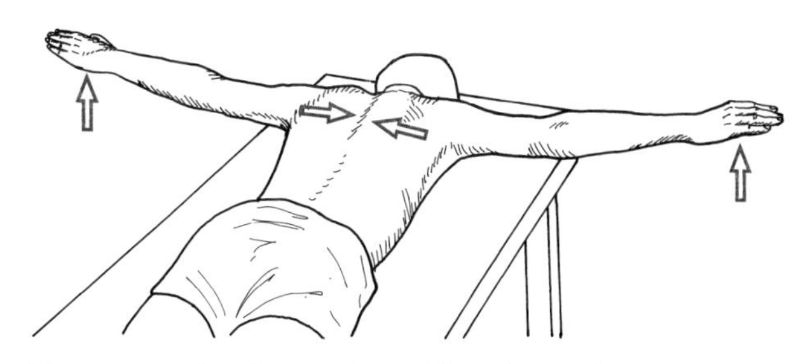

图 17.45　水平外展和肩胛后缩运动，手臂的位置能最大限度对抗重力。肩关节外旋（拇指朝上）强调中下斜方肌的活动。如更进一步进阶该运动，可在患者手上增加负荷

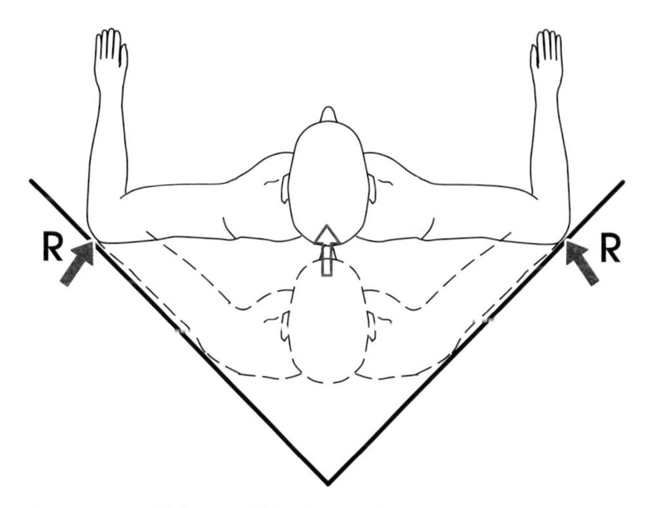

图 17.46　墙角下压增加肩胛后缩和肩关节水平外展肌力（俯视图）

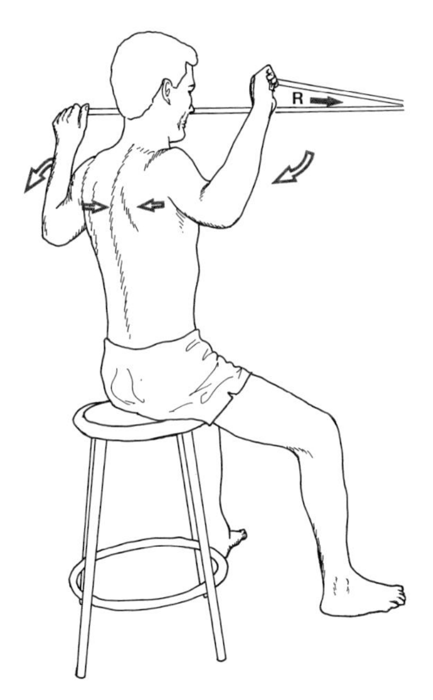

图 17.47　肩胛后缩合并肩关节水平外展外旋位下抗阻运动

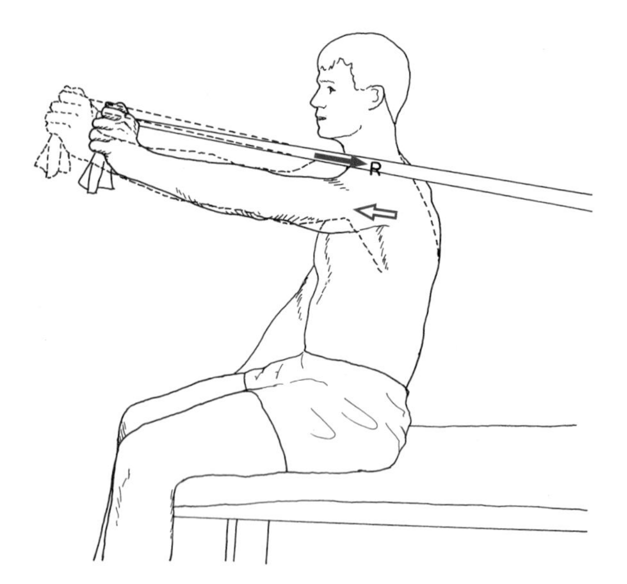

图 17.48　肩胛前伸：对抗弹性阻力前推

抗这个阻力向上“推”且身体不能旋转。

临床提示

根据 Ekstrom 和他的同事的研究[51]，单独的前伸训练激活前锯肌的效果不如在进行手臂上举时牵及肩胛动态上旋时的效果明显。

■“强化”俯卧撑。

患者体位与操作：患者站位，前臂或双手前倾靠住墙面。治疗师嘱患者将前臂或手部直接置于肩关节前方或稍外侧并推动躯干远离墙面，然后嘱患者“给予额外的推力”让肩胛前伸。由墙面俯卧撑进阶到台面俯卧撑，然后俯卧位膝着地，最后完成膝关节伸直足着地的俯卧撑（图 17.49）。如果患者能承受更大的阻力可在躯干上增加负荷。

■“强化”俯卧撑加下肢抬高。

患者体位与操作：患者四点支撑姿势。在稳定支撑面上进行“强化”俯卧撑，然后交替抬高下肢。可以进阶到在不稳定的支撑面上进行（见第 23 章的例子）。

临床提示

有一项研究测试，在四点支撑姿势下进行各种“强化”俯卧撑训练来激活肩胛胸壁肌肉，研究结果表明在进行“强化”俯卧撑训练时抬起同侧大腿

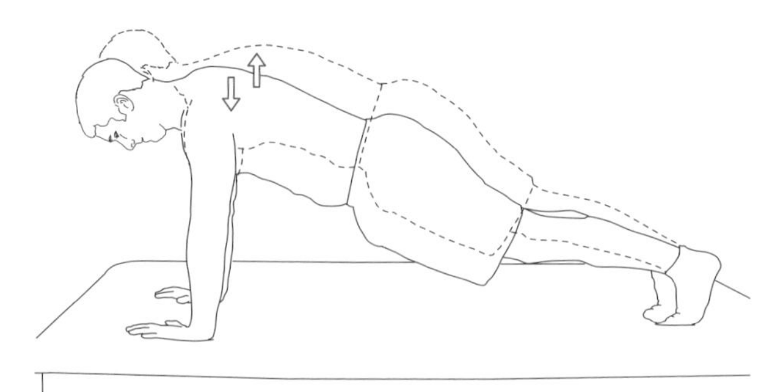
图 17.49　“强化”俯卧撑增强肩胛前伸肌力

可以增加前锯肌活动，而抬起对侧大腿可以增加下斜方肌活动[118]。

肩胛下压（下斜方肌，下前锯肌）

■ **患者体位与操作：**患者坐位，肘关节屈曲。在肘关节下方直接向上施加徒手阻力，并要求患者向下压治疗师的手。这也会引起肱骨头向尾侧滑动（图 17.50A）。

■ 垂直下压。

患者体位与操作：患者坐位或站位，双手置于木块、椅子扶手或者平行栏杆上。治疗师嘱患者双手向下压并抬高身体。肘关节充分伸直后强调肩胛下压（图 17.50B）。

肩胛上旋合并下压（下斜方肌，前锯肌）

肩胛上旋合并下压不能从肱骨运动中独立出来。斜方肌和前锯肌上旋时需要肱骨上举进行配合。如前文提到的，如果患者用肩胛抬高代偿，会主要用到上斜方肌，因此进行这个运动时应注意上旋时肩胛要保持下压。

■ 手臂抵住墙壁滑动。

患者体位与操作：患者站位，背对着墙壁，足跟离开墙面足够的距离保证能很舒适地进行骨盆向后倾斜和保持后背平靠在墙面上。开始时手臂稍外展和外旋且肘关节屈曲 90°，手臂的背面应抵靠着墙面，治疗师嘱患者双手和手臂沿着墙面尽可能的向上滑动（外展），同时要保证后背紧贴着墙面。

■“超人”俯卧动作。

患者体位与操作：俯卧位肱骨上举过顶。要求患者手臂稍稍上举离开台面。盂肱关节活动受限或者撞击综合征患者无法完成这个末端关节活动。

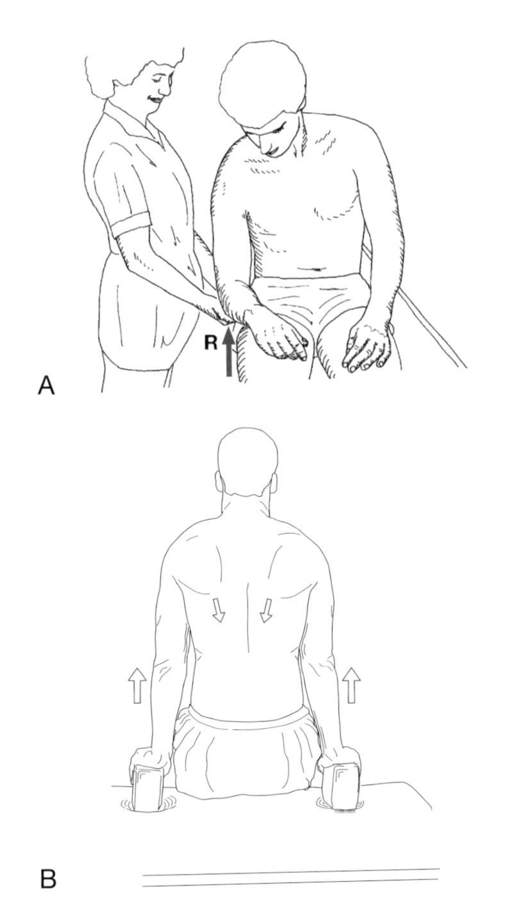

图 17.50　强调下斜方肌的训练。A. 对抗徒手阻力肩带下压。B. 利用自身重量作为阻力进行肩带闭链下压

图 17.51　肩胛下压合并上旋对抗弹性阻力（也是激活上中斜方肌和前锯肌）

■“超人”直立动作。

患者体位与操作：患者坐位或站位，手臂置于一个舒适的过顶的位置（这个姿势可用于肩关节紧张或俯卧位下无法完成“超人”动作的患者）。将弹性阻力固定在患者前方高于头顶处，指导患者活动肩关节进行更大的屈曲合并肩胛下压。肩胛下压非常重要，必要时可使用下斜方肌触觉提示帮助患者将注意力放在肩胛下压上，而不是肩胛上举（图 17.51）。

动态肌力训练：盂肱关节肌肉

在功能性运动中盂肱关节肌群的动态肌力和肩胛稳定肌的肌力对于主动和无痛的肩带运动是很有必要的。开链和闭链肌力训练应纳入到肩关节康复和预防损伤的计划中。在之前的内容中已描述了很多在负重和不负重姿势下强化肩胛肌肉力量的训练，和一些盂肱关节肌群动态肌力训练。在本节会描述在解剖和对角线运动模式中提高肩带动态肌力的附加训练。

聚焦循证

数篇关于肌电图的研究探讨了使用自由重量或弹性阻力训练方法来激活和加强肩关节肌肉[8,14,86,162,163]，这些研究表明了在下述运动中，承受最大负荷的情况下，肩袖肌、三角肌、胸大肌和背阔肌的激活程度。

■ **耸肩**：引起肩胛下肌、斜方肌和背阔肌最大的激活，同时也激活冈上肌、冈下肌和前锯肌[86]。

■ **坐位中握距和窄握距划船**：激活肩胛下肌[86]。

■ **坐位宽握距划船**：激活冈下肌和斜方肌，冈上肌激活程度较小[86]。

■ **俯卧位和侧卧位肩胛骨平面内外旋**：激活冈下肌和小圆肌[8,14,162,163]。

■ **内旋**：手臂置于身体一侧且肘关节屈曲 90°，前臂横向穿过身体运动，激活肩胛下肌和胸大肌[86,162]。

■ **向前冲拳**：引起冈上肌和三角肌前束最大程度激活，施加阻力也可激活胸大肌和冈下肌[86]。

■ **水平外展 100° 时完全外旋**：激活冈上肌和三角肌中后束[163]。

肩关节外旋（冈下肌、小圆肌）

手臂置于患者身体一侧或在不同位置外展，肩胛骨平面内上举或屈曲。肘关节屈曲 90° 并在前臂施加垂直阻力，并确认患者肱骨旋转时肘关节不会伸直。当手臂置于患者身体一侧时，在肘关节和体侧中间放一个毛巾卷让患者保持肘关节置于身体一侧并确保正确的技术[162]。但是这不能明显改变外旋肌肉的募集[163]。正如先前提到的支持证据显示的，在侧卧位（手臂在一侧），俯卧位 90/90 位置，和站位（肱骨在肩胛骨平面内外展 45°，水平内收 30°）进行外旋时，比较其他外旋训练，这些肌肉会产生最大程度的收缩[162,163]。

- **患者体位与操作**：患者坐位或站位，利用置于身体前方与肘关节高度平齐的弹性阻力或墙壁上滑轮装置。治疗师嘱患者抓住弹性材料或滑轮向外旋转手臂（图 17.52A）。
- **患者体位与操作**：患者健侧卧位并让受累侧肩关节放在上方，手臂靠在胸廓一侧，并在肘关节下方放置一个毛巾卷。治疗师嘱患者利用手持物重量、袖带或弹性阻力在允许的关节活动范围内进行手臂的旋转。
- **患者体位与操作**：患者俯卧在床面上，上臂置于床面上，肩关节屈曲 90°，肘关节屈曲且前臂超过床面边缘。尽可能通过旋转肩关节来举起重物，避免肘关节伸直（图 17.52B）。
- **患者体位与操作**：患者坐位，肘关节屈曲 90° 置于台面上，这样肩关节处于休息位（肩胛骨平面）。治疗师嘱患者通过旋转肩关节举起重物离开台面（图 17.52C）。

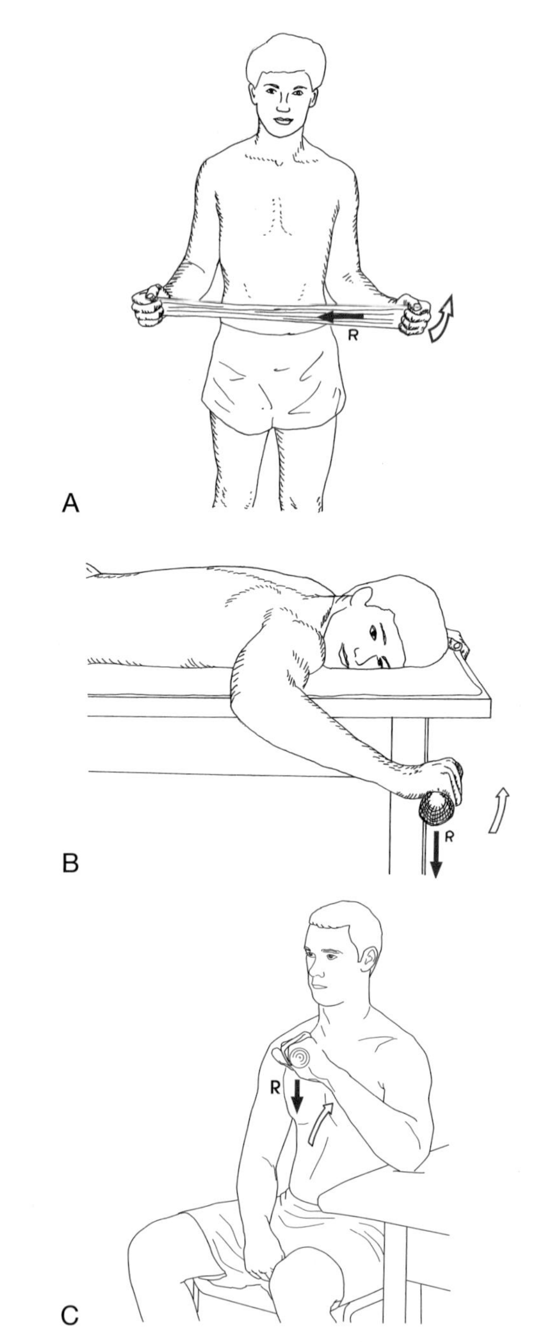

图 17.52 抵抗外旋。A. 手臂在身体一侧利用弹性阻力。B. 俯卧位下肘关节呈 90°，利用自由重量。C. 患者坐位利用自由重量肩关节在肩胛骨平面内上举

肩关节内旋（肩胛下肌）

手臂置于患者身体一侧或在不同姿势下屈曲，外展或肩胛骨平面内上举。肘关节屈曲 90°，且手持负荷。

- **患者体位与操作**：患者患侧卧位，手臂朝前并部分屈曲，治疗师嘱患者举起重物离开床面使肩关节内旋（图 17.53）。
- **患者体位与操作**：患者坐位或站位，利用弹性阻力或滑轮系统，要求力线朝向外侧且与肘关节高度平齐。治疗师嘱患者用力拉，越过躯干前方进行内旋。

在肩胛骨平面内肩关节外展和手臂上举（三角肌和冈上肌）

典型的外展动作是指肱骨在额状面上的移动。

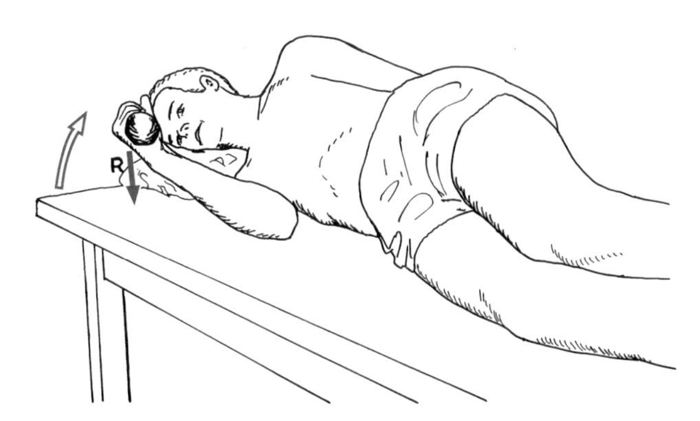

图 17.53　利用手持重量抵抗肩关节内旋。将重量置于患者上方手以对抗外旋

一般普遍认为肱骨大部分功能性活动是发生在额状面向前 30°~45°，此运动弧度与肩胛骨关节窝更一致。很多外展动作适用于在肩胛骨平面上进行。

注意：教导患者无论何时肩关节上举超过 90°，必须要外旋以避开大结节和肩峰相撞击。如果患者已经发生撞击综合征，应限制关节活动避免疼痛弧。

- **患者体位与操作**：患者坐位或站位，加配手持重量。治疗师嘱患者手臂外展 90°，然后外旋和上举手臂通过其余关节活动范围，同样的动作可以通过固定在患者脚下的弹性阻力进行，但要注意弹性牵拉越大产生阻力就越大。患者可能因为在关节活动范围末端阻力的增加而不能完成全关节活动度。
- **患者体位与操作**：患者患侧卧位，手臂在上且肘关节伸直。治疗师嘱患者将举起重物至 90°。在活动范围始端受阻力影响最大。在 90° 时，所有的力量会经过骨长轴。
- **患者体位与操作**：患者站位，肱骨外旋（满罐姿势），治疗师嘱患者在肩胛骨平面内举手臂远离体侧，介于外展和屈曲之间（图 17.54）。通过手持重物或固定在患者脚下的弹性阻力来施加阻力。“满罐”手臂上举也可在俯卧位下手臂放在床面边缘进行。

聚焦循证

肌电图的研究已经证实没有运动可以将冈上肌的活动从其他肩袖肌群或三角肌群中独立出来 [120,201]。冈上肌在“空罐”（肱骨内旋）[91,217] 和“满罐” [89,120,201] 两个动作中都被有效激活。它也在肩关节坐位推举 [201] 和水平外展合并外旋动作中有着强烈收缩 [14,120,230]。这些发现也给治疗师提供了强化冈上肌的一些训练方法。但是，数位作者 [45,52,87,89,192] 和本章作者都建议“空罐”动作不应该用于肩关节功能恢复中，因为它可能引起肱骨上组织的撞击，尤其是在手臂接近或上举超过 90° 时。为了支持这个观点，“空罐”动作已经被证实会让肩胛骨有更多的内旋和前倾，这个动作被认为会增加肩峰下撞击综合征的风险 [192]。与之相反，“满罐”动作可以使得撞击的风险最小化 [45,89,162]。

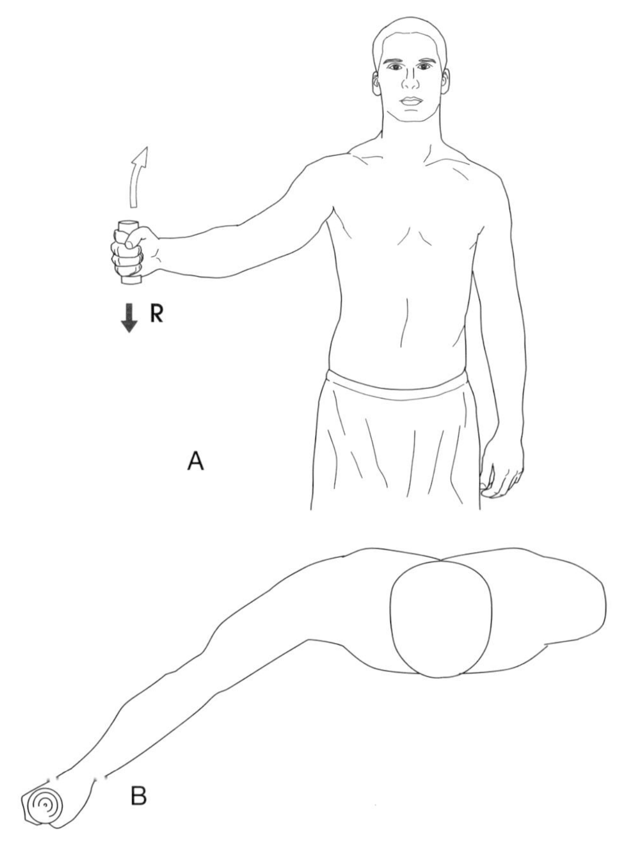

图 17.54　肩胛骨平面内外展。这个动作被称为“满罐”，是因为肩关节保持外旋就像举起一个装满的罐子。A. 前面观。B. 俯视观。如果肩关节保持在内旋位，这个动作就被称为“空罐”

肩关节屈曲（三角肌前部，肩袖肌，前锯肌）

患者体位与操作：患者坐位、站位或仰卧位，肘关节伸直且拇指向前。治疗师嘱患者向前活动屈曲肩关节，如果在仰卧位时利用自由重量，最大阻力会产生在关节活动开始时；当站位时肩关节屈曲 90° 时会产生最大阻力。也可以利用固定在患者脚下或地板上的坚固物体的弹性阻力。

■ 肩关节坐位推举

患者体位与操作：患者坐位，手臂在身体一侧中立位稍微外旋伴肘关节屈曲且前臂处于中间位（拇指朝后）。治疗师嘱患者垂直抬高重物过顶（图 17.55）。

肩关节内收（胸大肌，大圆肌，背阔肌）

患者体位与操作：患者坐位或站位，手臂外展。治疗师嘱患者向下拉滑轮或固定在头顶上方的弹力带。最大阻力出现在阻力力线和患者前臂成直角时。

肩关节水平内收（三角肌前部，喙肱肌，大圆肌）

患者体位与操作：患者仰卧位，开始时一手或双手由身体一侧水平外展。治疗师嘱患者将手臂向前水平内收直到手臂垂直。

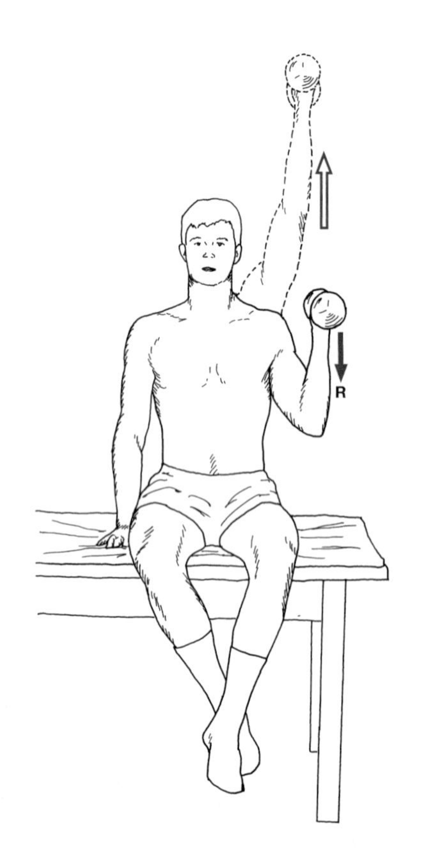

图 17.55　肩关节坐位推举。开始时手臂置于身体一侧中立位稍外旋，肘关节屈曲且前臂处于中立位（拇指朝后），举起重物过顶

肩关节伸展（三角肌后部，背阔肌，菱形肌）

- **患者体位与操作：**患者俯卧位，手臂在台面边缘屈曲 90°。治疗师嘱患者举起重物并伸展肩关节。当肩关节伸展同时肘关节屈曲较容易完成该动作（力臂较短）；而肩关节伸展同时肘关节伸直则该动作完成较困难（力臂较长）。
- **患者体位与操作：**患者坐位或站位，手臂屈曲，使用固定在头顶的滑轮或弹性阻力。嘱患者向下拉对抗阻力进行伸展动作。

肘关节屈曲（肱二头肌）

■ 肱二头肌卷曲

患者体位与操作：患者坐位或站位。嘱患者在保持手持重量的同时屈肘，前臂旋后，手臂在身体一侧或肩关节稍微伸展（图 18.11）。

注意：因为肱二头肌为双关节肌肉，它的主要功能不仅仅是屈曲肘关节，长头肌可以辅助肩袖肌群，将肱骨头固定在关节窝中，以及在手臂上举和肩胛骨上旋时将肱骨头下压，这些都为盂肱关节提供了额外的动态稳定性[116]。所以，在肩关节康复的过程中强化肱二头肌是必须的。

使用对角线 / PNF 运动模式的训练

本体感觉神经肌肉易化（PNF）模式，即对角线模式，可用于整个上肢或特定区域，如肩胛区。在该模式中通过调整手的位置和阻力，施加徒手阻力去强调训练特定肌肉（见第 6 章对该模式的完整描述）。随着控制能力的提高，指导患者在对角线运动模式训练中使用重量或弹性阻力（图 17.56）。

肩关节复合体的功能性进阶

旨在达到必要的或者期望的功能结局而设计的一系列谨慎的训练动作和活动是肩关节康复和预防损伤过程中必不可少的元素。

本章的最后一节提供了肩关节功能性进阶的关键组成部分的总结。这个进阶通常包括模拟功能性活动结合运动模式的各种开链和闭链运动，进一步提高肌力、爆发力和肌肉耐力。融入到功能性进阶的活动包括平衡、协调、技巧以及有氧训练。这里会呈现一些运动的例子，更多高阶功能性训练的例

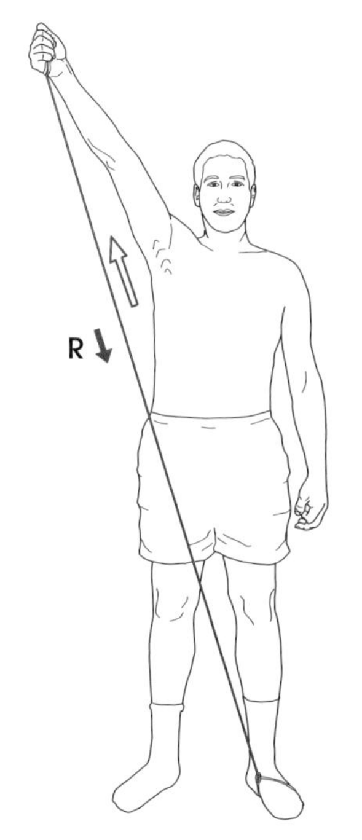

图 17.56　本体感觉神经肌肉易化（PNF）模式（D_2 屈曲），强调对抗弹性阻力进行肩关节屈曲、外展和外旋

子将在第 23 章提到。

利用联合运动模式结合功能性活动的训练

结合运动模式的训练通常要求肩胛胸壁关节和盂肱关节的稳定和动态功能的协调一致，以及包括整个上肢和躯干有时还包括下肢的控制。

本章已经提到了一些对抗联合运动的肌力训练方法。功能性活动中的动作组成如拉、推、上举、下压和搬运，都涉及联合运动模式并且应该在更有挑战性的情况下进行练习。下面是一些例子。

■ 划船

患者体位与操作：患者长腿坐位。将弹性阻力固定在脚下或固定物上，抓住弹性材料的两端，两手臂向后拉做划船动作（图 17.57）。可改变抓握的宽度。进阶的挑战是坐在一个不稳定平面上做划船动作，比如瑞士球上。还有一个方法，钢索重量系统也可提供阻力。

■ “拉割草机”

患者体位与操作：患者站位髋关节部分屈曲，健侧上肢的手扶住台面或椅子以保持平衡。治疗师嘱患者斜向越过身体中线，抓住一根固定在患者健侧脚下或者沙发腿、床腿上的弹力带，然后让患者向对角和上方拉就像拉动一个割草机一样（图 18.19）。

这个联合运动模式也可以通过自由重量来模拟。

■ 推动一个载重的推车

患者体位与操作：患者站在一个稳定的支撑面上。开始时推动一辆在平坦的平面上且轻负荷的推车（图 17.58）。强调正确的身体力学。开始用双手去推，逐渐进阶到一个手推或在不平坦的平面上推加大负荷的推手。可通过调整手抓握的宽度，手臂的位置或交替进行推和拉来进行不同的运动。

设备

很多运动装备可用于或适用于肩带肌力训练并用于联合运动模式中。创造适用的设备和训练方法去满足上肢进阶的挑战且不恶化或加重症状是很必要的。设备和可能用到方法的例子在表 17.6 中

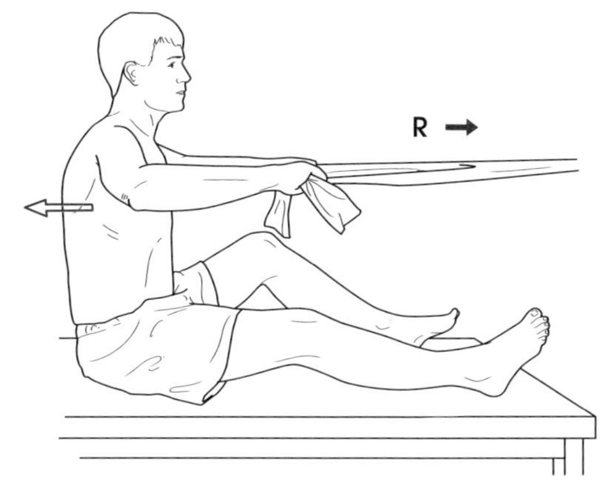

图 17.57　利用弹性阻力模拟划船动作

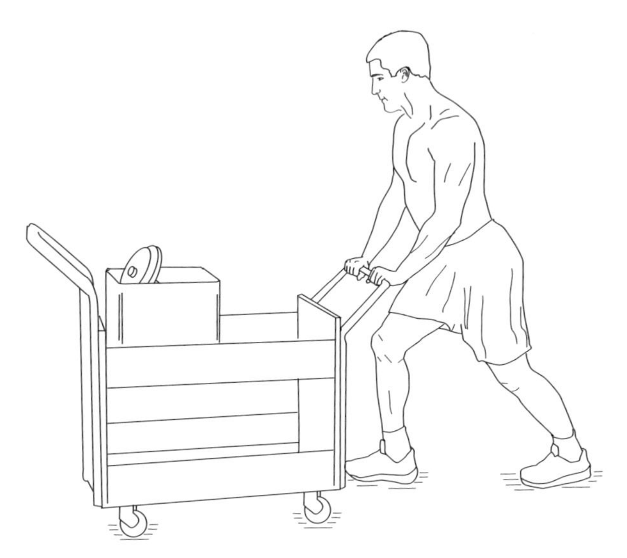

图 17.58　推动一个载重的推车来模拟一个功能性动作，使用正确的身体力学

表 17.6 肩带康复中的运动设备和用途

运动设备	用途
BodyBlade	在解剖和对角线运动平面移动手臂，以圆周（顺时针或逆时针）运动模式，或移动 Blade 远离或靠近身体
划船设备	用于耐力训练以及上肢和躯干肌力训练。强调当向后拉时肩胛后缩和躯干稳定
上半身测力计	长时间对抗渐进阻力进行向前或向后的圆周运动（推或拉的运动）以增强肌力和心肺耐力。如果患者有撞击综合征，针对肩关节后部无力或失用的组织强调向后的圆周运动以做出肩胛后缩，尽量减少对紧张和过度使用的前部组织的作用
泡沫轴、小球、平衡装备（摇杆、摇摆板或 BOSU 球）	在俯卧支撑或四点支撑姿势下，单手或双手的稳定训练或干扰训练。强调上肢负重移动或手臂和大腿交替运动
踏步机	膝跪位下，手放在踏板上用力推进行上肢"爬行"运动。强调在推时肩胛前伸
跑步机	膝跪位在跑步机尾部，进行向前和向后的手行走
ProFitter	膝跪位在该设备旁边的地板上，手放在平台上从一侧滑到另一侧或向前、向后滑，并快速改变方向

列出。动作的注意事项的描述和细节将在第 23 章讲述。

功能性活动的整合

肩关节康复进程中功能性进阶必须整合特定任务训练的原则，包括从一系列简单和容易执行的动作然后进阶到复杂和有挑战性的功能性动作。让患者将现有的模式和肌肉收缩类型用到他们将来必需和期望的功能性活动中很重要。

首先，模拟活动应该在监督和治疗师的指导下进行，以避免肩关节活动时出现疼痛姿势或错误的力学。然后活动可在家中或工作环境中独立完成。比如，一开始让患者模拟一下将盘子从洗碗机中取下并放在一个低层架子上的动作，或者通过小圆周活动来擦窗户。如果抓住和投掷或挥动球棒是必须要做的，那么整体的身体模式是要练习的。

一个有着久坐不动生活方式的人可能需要调整姿势以及分析他或她的家居环境或工作环境的人体工程学，来改变重复性的压力。相反，一个必须在很长一段时间内进行高需求活动的运动员或产业工人，可能需要进行肌肉和心肺耐力或高强度训练，如增强式运动训练，以建立爆发力和技巧。

自学活动

批判性思考与讨论

1. 描述作为肩关节动态稳定肌的肩胛胸壁关节和盂肱关节肌肉如何运作？
2. 哪些因素可能影响肩胛骨的正常上旋，以及如何处理肩胛骨上旋不充分而不利于手臂上举的影响？
3. 描述颈椎和胸椎的位置关系，肩胛位置和手臂上举之间的位置关系。
4. 哪些机制和结构是外源性撞击综合征疼痛的来源？
5. 在继发性撞击综合征中撞击和不稳定之间的相互关系如何？
6. 描述盂肱关节在非创伤性和创伤性不稳定之间的不同和相似之处。
7. 一位患者 2 周前从 5 层水泥台阶上摔倒，造成肩关节外伤。患者现在出现关节囊模式，关节活动减少且盂肱关节被动活动时出现肌肉保护性收缩。患者因为疼痛不能主动使用肢体，你观察到患者手部水肿，如果不进行处理可能会引起哪些潜在的并发症？针对患者目前的状况制订一个训练方案，你如何告知患者其症状、损伤和恢复的因素？
8. 一位有糖尿病病史的患者发生了肩周炎。她的肩关节不适已经数月，但她一直没有寻求治疗，直到一周前当她不能用她的左手清洗和整理她的头发。描述你干预的方案并指导该患者。解释你将采用何种治疗进度处理她丧失的关节活动度。

9. 一位患者有盂肱关节复发性前脱位，哪些类型的功能性活动（日常生活活动，工作相关的或运动相关的）在康复方案早期或中期应该首先避免或调整的？和有盂肱关节复发性后脱位的患者有什么不同之处？
10. 在下列关于肩关节的诊断中，在进阶到过顶的运动和功能性活动之前应该满足哪些条件：原发性撞击综合征，盂肱关节前部不稳定，冻结肩，接受 S/P 肩袖损伤修补术术后？

实践练习

1. 和你的同伴一起，回顾和练习引起肩关节疼痛和（或）减弱上肢功能的关键检查和测量。这些检查都各自表示什么意义？
2. 徒手松动肩胛的技术。
3. 徒手松动盂肱关节关节囊的技术；练习动态关节松动术在肩关节应用。
4. 指导你的同伴进行一系列盂肱关节关节囊自我松动的技术。
5. 正确固定和徒手牵伸肩关节所有的主要肌群。
6. 指导你的同伴对每一组肌群进行有效的自我牵伸技术。
7. 利用徒手阻力（治疗师给予）练习一系列强化肩胛肌肉肌力的动作。利用开链和闭链运动姿势。
8. 指导你的同伴进行逐渐进阶的肌力训练，这样他或她可以在家中进行提高稳定性和肩胛动态控制能力的训练。给予干扰技术挑战肩胛胸壁肌肉稳定肩胛胸壁关节的能力。
9. 指导你的同伴进行逐渐进阶的肌力训练，这样他或她可以在家中进行提高盂肱关节肌肉肌力，稳定性和耐力的训练。要求你的同伴进行每个训练时要有特定的重复次数和阻力水平。
   - 描述出你的同伴进行每个训练时你所看到的错误的姿势或动作。
   - 描述出你可能观察到的疲劳迹象以及不良运动技术的指标。
10. 开发一系列功能性活动去补充自我牵伸和自我肌力训练。

案例研究

1. 患者转介情况：评估和治疗车祸后 S/P 肩关节疼痛。她在驾驶汽车时受到正面撞击。患者描述当手臂上举过顶时出现肩关节疼痛。她是一名护士，她发现当她把输液瓶挂到输液架上时疼痛会加重，这是她经常要做的动作。检查显示肩胛抗阻前伸、肘关节伸展和肩关节伸展时出现疼痛，触诊关节窝下方肱三头肌长头出现疼痛，以及腋窝处的前锯肌也出现疼痛。其他损伤包括菱形肌和下斜方肌肌力减弱（4-/5）。
   - 解释这些肌肉在此类型事故中可能的损伤机制。
   - 解释为什么患者在进行伸手够物任务时这些症状会持续。
   - 概述处理急性症状的治疗计划，以及治疗计划的进展。
   - 确认一个可量化的功能目标并进行干预使得你能达到这个目标。
   - 当患者症状消失后，你该如何进阶她的治疗计划？
2. 你的患者描述当他伸手过顶时会出现疼痛，他喜欢周末在社团打排球，但他有久坐这个生活方式。检查时，你观察到冈下窝有一定的肌肉萎缩，肩胛前伸，胸椎后凸且头前伸。你让他模拟四点支撑动作，进行闭链节律稳定性训练和肩胛前伸训练时，会注意到出现明显的翼状肩胛。
   - 基于这些观察描述哪些肌肉可能出现肌力减弱？
   - 你如何调整四点支撑训练，并在安全的阻力水平下进行患侧肌肉的控制和肌力训练？
   - 基于你对受累肌肉的判断，为该患者制订一个干预计划包括家庭康复计划。要明确参数（频率，重复次数）、姿势、安全性和进阶情况。

3. 你收到一个转介进行“评估和治疗”的一位 62 岁患者，他 2 周前因骨性关节炎进行了全肩关节成形术。该患者戴着悬吊带以支撑和保护手术后的肩关节，但允许他摘掉肩吊带进行日常钟摆训练和肘、腕和手关节的主动活动。
   - 在你进行检查和制订训练计划之前，你希望从外科医生那里得到哪些额外的信息？
   - 你想从患者那得到什么信息？
   - 在患者的首次就诊中你希望进行哪些检查？
   - 在该患者的 6 次就诊期间，制订、实施、指导并进阶一系列运动训练。

4. 6 个月前你的患者在盂肱关节创伤性前脱位后接受外科手术修补盂肱关节唇和前关节囊稳定术（关节囊转移）。经过康复训练后该患者肩关节恢复全关节活动范围和 90% 肌力。你的患者希望重返娱乐性运动，如网球、垒球和排球，但是担心在这些运动中可能出现肩关节脱位，你制订一套进阶的康复计划让患者能逐渐重返他期望的娱乐性运动中。

（蔡庆　刘浩　张明　朱玉连　译，
朱玉连　王于领　审）

参考文献

1. Altchek, DW, et al: Arthroscopic acromioplasty: technique and results. *J Bone Joint Surg Am* 72:1198–1207, 1990.
2. Anderson, NH, et al: Self-training versus physiotherapist supervised rehabilitation of the shoulder in patients with arthroscopic subacromial decompression: a clinical randomized study. *J Shoulder Elbow Surg* 8: 99–101, 1999.
3. Arciero, RA, et al: Arthroscopic Bankart repair versus nonoperative treatment for acute, initial anterior shoulder dislocation. *Am J Sports Med* 22(5):589–594, 1994.
4. Aronen, JG, and Regan, K: Decreasing the incidence of recurrence of firsttime anterior dislocations with rehabilitation. *Am J Sports Med* 12(4): 283–291, 1984.
5. Arroyo, JS, and Flatow, EL: Management of rotator cuff disease: Intact and repairable cuff. In Iannotti, JP, and Williams, GR (eds): *Disorders of the Shoulder: Diagnosis and Management*. Philadelphia: Lippincott Williams & Wilkins, 1999, p 31.
6. Atef, A, et al: Prevalence of associated injuries after anterior shoulder dislocation: a prospective study. *Int Orthop* 40(3):519–524, 2015.
7. Baker, CL, and Liu, SH: Comparison of open and arthroscopicallyassisted rotator cuff repair. *Am J Sports Med* 23(1):99–104, 1995.
8. Ballantyne, BT, et al: Electromyographic activity of selected shoulder muscles in commonly used therapeutic exercises. *Phys Ther* 73(10): 668–692, 1993.
9. Bassett, RW, et al: Glenohumeral muscle force and movement mechanics in a position of shoulder instability. *J Biomech* 23:405–415, 1990.
10. Bigliani, LV, et al: Inferior capsular shift procedure for anterior-inferior shoulder instability in athletes. *Am J Sports Med* 22(5):578–584, 1994.
11. Bigliani, LV, et al: Shift of the posteroinferior aspect of the capsule for recurrent posterior glenohumeral instability. *J Bone Joint Surg Am* 77(7):1011–1020, 1995.
12. Bigliani, LJ, et al: The relationship of acromial architecture to rotator cuff disease. *Clin Sports Med* 10(4):823–838, 1991.
13. Binder, AI, et al: Frozen shoulder: a long-term prospective study. *Ann Rheum Dis* 43(3):361–364, 1984.
14. Blackburn, TA, et al: EMG analysis of posterior rotator cuff exercises. *J Athl Train* 25:40–45, 1990.
15. Borstad, JD, and Ludewig, PM: The effect of long versus short pectoralis minor resting length on scapular kinematics in healthy individuals. *J Orthop Sports Phys Ther* 35(4):227–238, 2005.
16. Borstad, JD: Resting position variables at the shoulder: evidence to support a posture-impairment association. *Phys Ther* 86(4):549–557, 2006.
17. Borstad, JD, and Ludewig, PM: Comparison of three stretches for the pectoralis minor muscle. *J Shoulder Elbow Surg* 15(3):324–330, 2006.
18. Bottoni, CR, et al: A prospective, randomized evaluation of arthroscopic stabilization versus nonoperative treatment of patients with acute traumatic, first-time shoulder dislocations. *Am J Sports Med* 30(4):576–580, 2002.
19. Boublik, M, and Hawkins, RJ: Clinical examination of the shoulder complex. *J Orthop Sports Phys Ther* 18(1):379–385, 1993.
20. Boudreau, S, et al: Rehabilitation following reverse total shoulder arthroplasty. *J Orthop Sports Phys Ther* 37(12):734–743, 2007.
21. Brems, JJ: Rehabilitation following total shoulder arthroplasty. *Clin Orthop* 307:70–85, 1994.
22. Brostrom, LA, et al: The effect of shoulder muscle training in patients with recurrent shoulder dislocations. *Scand J Rehabil Med* 24(1):11–15, 1992.
23. Brown, DD, and Friedman, RJ: Postoperative rehabilitation following total shoulder arthroplasty. *Orthop Clin North Am* 29:535, 1998.
24. Bullock, MP, Foster, NE, and Wright, CC: Shoulder impingement: the effect of sitting posture on shoulder pain and range of motion. *Man Ther* 10:28–37, 2005.
25. Burkhead, WZ, and Buark, DA: History and development of prosthetic replacement of the glenohumeral joint. In Williams, GR, et al (eds): *Shoulder and Elbow Arthroplasty*. Philadelphia: Lippincott, Williams & Wilkins, 2005, pp 3–10.
26. Buteau, JL, Eriksrud, O, and Hasson, SM: Rehabilitation of a glenohumeral instability utilizing the body blade. *Physiotherapy Theory and Practice* 23(6):333–349, 2007.
27. Cahill, JB, Cavanaugh, JT, and Craig, EV. Total shoulder arthroplasty rehabilitation. *Techniques Shld Elbow Surg* 15(1):13–17, 2014.
28. Cain, PR, et al: Anterior stability of the glenohumeral joint. *Am J Sports Med* 15(2):144–148, 1987.
29. Cameron, B, Glatz, L, and Williams, GR: Factors affecting the outcome of total shoulder arthroplasty. *Am J Orthop* 30:613–623, 2001.
30. Carpenter, JE, Blasier, RB, and Pellizzon, GG: The effects of muscle fatigue on shoulder joint position sense. *Am J Sports Med*

26(2):262–265, 1998.
31. Codman, EA: *The Shoulder.* Boston: Thomas Todd, 1934.
32. Cofield, RH, Chang, W, and Sperling, JW: Complications of shoulder arthroplasty. In Iannotti, JP, and Williams, GR (eds): *Disorders of the Shoulder: Diagnosis and Management.* Philadelphia: Lippincott Williams & Wilkins, 1999, p 571.
33. Cofield, RH, et al: Shoulder arthroplasty for arthritis. In Morrey, BF (ed): *Joint Replacement Arthroplasty,* ed. 3. Philadelphia: Churchill Livingstone, 2003, p 438–449.
34. Cohen, BS, Romeo, AA, and Bach, BR: Shoulder injuries. In Brotzman, SB, and Wilk, KE (eds): *Clinical Orthopedic Rehabilitation,* ed. 2. Philadelphia: Mosby, 2003, p 125–250.
35. Cole, BJ, et al: Comparison of arthroscopic and open anterior shoulder stabilization: a two- to six-year follow-up study. *J Bone Joint Surg Am*82: 1108–1114, 2000.
36. Cools, AM, et al: Rehabilitation of scapular muscle balance. Which exercises to prescribe? *Am J Sports Med* 35(10):1744–1751, 2007.
37. Cuff, D, et al: Reverse shoulder arthroplasty for the treatment of rotator cuff deficiency. *J Bone Joint Surg Am* 90(6):1244–1251, 2008.
38. Culham, E, and Peat, M: Functional anatomy of the shoulder complex. *J Orthop Sports Phys Ther* 18(1):342–350, 1993.
39. Culp, LB, and Romani, WA: Physical therapist examination, evaluation, and intervention following the surgical reconstruction of a grade III acromioclavicular joint separation. *Phys Ther* 86(6):857–869, 2006.
40. Cyriax, J: *Textbook of Orthopaedic Medicine, Vol 1. Diagnosis of Soft Tissue Lesions*, ed. 8. London: Bailliere Tindall, 1982.
41. Cyriax, J: *Textbook of Orthopaedic Medicine, Vol 2. Treatment by Manipulation, Massage and Injection,* ed. 10. London: Bailliere Tindall, 1980.
42. Dahm, DL, and Smith, J: Rehabilitation and activities after shoulder arthroplasty. In Morrey, BF (ed): *Joint Replacement Arthroplasty,* ed. 3. Philadelphia: Churchill Livingstone, 2005, p 502–511.
43. Dala-Ala, B, Penna, M, et al: Management of acute anterior shoulder dislocation. *Br J Sports Med* 48(16):1209–1215, 2014.
44. Davies, GJ, and Dickoff-Hoffman, S: Neuromuscular testing and rehabilitation of the shoulder complex. *J Orthop Sports Phys Ther* 18(2): 449–458, 1993.
45. Davies, GJ, and Durall, C: "Typical" rotator cuff impingement syndrome: it's not always typical. *PT Magazine* 8(5):58–71, 2000.
46. Dodson, CC, and Altchek, DW: SLAP lesions: an update on recognition and treatment. *J Orthop Sports Phys Ther* 39(2):71–80, 2009.
47. Donatelli, RA, et al: Differential soft tissue diagnosis. In Donatelli, RA (ed): *Physical Therapy of the Shoulder,* ed. 4. St. Louis: Churchill Livingstone, 2004, p 89.
48. Duan, X, et al: Total shoulder arthroplasty versus hemiarthroplasty in patients with shoulder osteoarthritis: A meta-analysis of randomized controlled trials. *Sem Arthritis Rheumatism* 43:297–302, 2013.
49. Duralde, XA: Total shoulder replacements. In Donatelli, RA (ed): *Physical Therapy of the Shoulder,* ed. 4. St. Louis: Churchill Livingstone, 2004, p 529–545.
50. Edmonds, A: Shoulder arthroplasty. In Clark, GL, et al (eds): *Hand Rehabilitation.* New York: Churchill Livingstone, 1998, p 267.
51. Ekstrom, RA, Donatelli, RA, and Soderberg, GL: Surface electromyographic analysis of exercises for the trapezius and serratus anterior muscles. *J Orthop Sports Phys Ther* 33(5):247–258, 2003.
52. Ellenbecker, TS, and Cools, A: Rehabilitation of shoulder impingement syndrome and rotator cuff injuries: an evidence-based review. *Br J Sports Med* 44(5):319–327, 2010.
53. Ellenbecker, TS, Elmore, E, and Bailie, DS: Descriptive report of shoulder range of motion and rotational strength 6 and 12 weeks following rotator cuff repair using mini-open deltoid splitting techniques. *J Orthop Sports Phys Ther* 36(5):326–335, 2006.
54. Ellenbecker, TS, and Mattalino, AJ: Glenohumeral joint range of motion and rotator cuff strength following arthroscopic anterior stabilization with thermal capsulorrhaphy. *J Orthop Sports Phys Ther* 29(3):160–167, 1999.
55. Ellenbecker, TS: Etiology and evaluation of rotator cuff pathologic conditions and rehabilitation. In Donatelli, RA (ed): *Physical Therapy of the Shoulder,* ed. 4. St. Louis: Churchill Livingstone, 2004, p 337.
56. Ellman, H: Arthroscopic subacromial decompression. In Welsh, RP, and Shephard, RJ (eds): *Current Therapy in Sports Medicine, Vol 2.* Toronto: BC Decker, 1990.
57. Fanton, G, and Thabit, G: Orthopedic uses of arthroscopy and lasers. In Griffin (ed): *Orthopedic Knowledge. Update Sports Medicine.* Rosemont, IL: American Academy of Orthopedic Surgeons, 1994.
58. Fealy, S, Kingham, TP, and Altchek, DW: Mini-open rotator cuff repair using a two-row fixation technique outcomes analysis in patients with small, moderate and large rotator cuff tears. *Arthroscopy* 18:665–670, 2002.
59. Fenlin, JM, and Friedman, B: Shoulder arthroplasty: massive cuff deficiency. In Iannotti, JP, Williams, GR (eds): *Disorders of the Shoulder: Diagnosis and Management.* Philadelphia: Lippincott Williams & Wilkins, 1999, p 559.
60. Finley, MA, and Lee, RY: Effect of sitting posture on 3-dimensional scapular kinematics measured by skin-mounted electromagnetic tracking sensors. *Arch Phys Med Rehabil* 84(4):563–568, 2003.
61. Fu, FH, Harner, CD, and Klein, AH: Shoulder impingement syndrome: a critical review. *Clin Orthop Rel Res* 269:162–173, 1991.
62. Gartsman, GM, and Hammerman, SM: Full-thickness tears: arthroscopic repair. *Orthop Clin North Am* 28:83–98, 1997.
63. Gartsman, GM, Khan, M, and Hammerman, SM: Arthroscopic repair of full thickness tears of the rotator cuff. *J Bone Joint Surg Am* 80:832–840, 1998.
64. Ghodadra, NS, et al: Open, mini-open, and all-arthroscopic rotator cuff repair surgery: indications and implications for rehabilitation. *J Orthop Sports Phys Ther* 39(2):81–89, 2009.
65. Gill, T, et al: Bankart repair for anterior instability of the shoulder. *J Bone Joint Surg Am* 79:850–857, 1997.
66. Godges, JJ, et al: The immediate effects of soft tissue mobilization with proprioceptive neuromuscular facilitation on glenohumeral external rotation and overhead reach. *J Orthop Sports Phys Ther* 33(12):713–718, 2003.
67. Greis, PE, Dean, M, and Hawkins, RJ: Subscapularis tendon disruption after Bankart reconstruction for anterior instability. *J Shoulder Elbow Surg* 5:219–222, 1996.
68. Griffin, JW: Hemiplegic shoulder pain. *Phys Ther* 66(12):1884–1893, 1986.
69. Gross, RM: Arthroscopic shoulder capsulorrhaphy: does it work? *Am J Sports Med* 17:495–500, 1989.
70. Grubbs, N: Frozen shoulder syndrome: a review of literature. *J Orthop Sports Phys Ther* 18(3):479–487, 1993.
71. Guidotti, TL: Occupational repetitive strain injury. *Am Fam Physician* 45(2):585–592, 1992.
72. Haig, SV: *Shoulder Pathophysiology Rehabilitation and Treatment.* Gaithersbury, MD: Aspen Publishers, 1996.
73. Haik, MN, et al: Scapular kinematics pre- and post-thoracic thrust manipulation in individuals with and without shoulder impingement symptoms: a randomized controlled study. *J Orthop Sports Phys Ther* 44(7): 475–487, 2014.
74. Harryman, DT, et al: Translation of the humeral head on the glenoid with passive glenohumeral motion. *J Bone Joint Surg Am* 72(9): 1334–1343, 1990.
75. Harryman, DT II, et al: Reports of the rotator cuff: correlation of functional results with integrity of the cuff. *J Bone Joint Surg Am*73:982–989, 1991.
76. Hartzog, CW, Savoie, FH, and Field, LD: Arthroscopic acromioplasty and arthroscopic distal clavicle resection, mini-open rotator cuff repair: Indications, techniques, and outcome. In Iannotti, JP (ed):

The Rotator Cuff: Current Concepts and Complex Problems. Rosemont, IL: American Academy of Orthopedic Surgeons, 1998, p 25.
77. Hashimoto, T, Nobuhara, K, and Hamada, T: Pathologic evidence of degeneration as a primary cause of rotator cuff tear. *Clin Orthop Rel Res* 415:111–120, 2003.
78. Hattrup, SJ: Rotator cuff repair: relevance of patient age. *J Shoulder Elbow Surg* 4:95–100, 1995.
79. Hattrup, SJ: Complications in shoulder arthroplasty. In Morrey, BF (ed): *Joint Replacement Arthroplasty,* ed. 3. Philadelphia: Churchill Livingstone, 2003, p 521–542.
80. Hawkins, RJ, and Abrams, JS: Impingement syndrome in the absence of rotator cuff tear (stages 1 and 2). *Orthop Clin North Am*18(3):373–382, 1987.
81. Hawkins, RJ, et al: Acromioplasty for impingement with an intact rotator cuff. *J Bone Joint Surg Br* 70(5):795–797, 1988.
82. Hawkins, RJ, Krishnan, SG, and Karas, SG: Electrothermal arthroscopic shoulder capsulorrhaphy: a minimum 2-year follow-up. *Am J Sports Med* 35(9):1484–1488, 2007.
83. Hawkins, RJ, Misamore, GW, and Hobeika, PE: Surgery for full-thickness rotator cuff tears. *J Bone Joint Surg Am* 67:1349–1355, 1985.
84. Hayashi, K, et al: The effect of nonablative laser energy on joint capsular properties: an in vitro mechanical study using a rabbit model. *Am J Sports Med* 23(4):482–487, 1995.
85. Hayes, K, et al: Shoulder instability: management and rehabilitation. *J Orthop Sports Phys Ther* 32(10):497–509, 2002.
86. Hintermeister, RA, et al: Electromyographic activity and applied load during shoulder rehabilitation exercises using elastic resistance. *Am J Sports Med* 26(2):210–220, 1998.
87. Horrigan, JM, et al: Magnetic resonance imaging evaluation of muscle usage associated with three exercises for rotator cuff rehabilitation. *Med Sci Sports Exerc* 31(10):1361–1366, 1999.
88. Hutcherson, A and Phelan, T: Evidence-based physical therapy protocol for conservative treatment of full-thickness rotator cuff tear. *Orthop Practice* 25(4):221–230, 2013.
89. Itoi, E, et al: Which is more useful, the "full can test" or the "empty can test," in detecting the torn supraspinatus tendon? *Am J Sports Med* 27(1): 65–68, 1999.
90. Jobe, FW, et al: Anterior capsulolabral reconstruction of the shoulder in athletes in overhead sports. *Am J Sports Med* 19:428–434, 1991.
91. Jobe, FW, and Moynes, DR: Delineation of diagnostic criteria and a rehabilitation program for rotator cuff injuries. *Am J Sports Med* 10(6): 336–339, 1982.
92. Jobe, FW, and Pink, M: Classification and treatment of shoulder dysfunction in the overhead athlete. *J Orthop Sports Phys Ther* 18(2): 427–432, 1993.
93. Johnson, AJ, et al: The effect of anterior versus posterior glide joint mobilization on external rotation range of motion in patients with shoulder adhesive capsulitis. *J Orthop Sports Phys Ther* 37(3):88–99, 2007.
94. Kaltenborn, FM, et al: *Manual Mobilization of the Joints: Joint Examination and Basic Treatment, Vol 1. The Extremities*, ed. 8, Norli: Oslo, Norway, 2014.
95. Kamkar, A, Irrgang, JJ, and Whitney, SI: Nonoperative management of secondary shoulder impingement syndrome. *J Orthop Sports Phys Ther* 17(5):212–224, 1993.
96. Kanlayanaphotporn, R: Changes in sitting posture affect shoulder range of motion. *J Bodywork Movement Ther* 18:239–243, 2014.
97. Kelley, MJ, al: Shoulder pain and mobility deficit: adhesive capsulitis. Clinical practice guidelines linked to the International Classification of Functioning, Disability, and Health. *J Orthop Sports Phys Ther* 43(5): A1–A31, 2013.
98. Kelley, MJ, and Leggin, BG: Shoulder rehabilitation. In Iannotti, JP, and Williams, GR (eds): *Disorders of the Shoulder: Diagnosis and Management.* Philadelphia: Lippincott Williams & Wilkins, 1999, p 979.
99. Kelley, MJ, and Leggin, BG: Rehabilitation. In Williams, GR, et al (eds): *Shoulder and Elbow Arthroplasty.* Philadelphia: Lippincott, Williams & Wilkins, 2005, p 251–268.
100. Kelley, MJ, McClure, PW, and Leggin, BG: Frozen shoulder: evidence and a proposed model guiding rehabilitation. *J Orthop Sports Phys Ther* 39(2):135–148, 2009.
101. Kibler, WB, et al: Scapular summit 2009: introduction. *J Orthop Sports Phys Ther* 39(11): A1–A8, 2009.
102. Kirkley, A, et al: Prospective randomized clinical trial comparing effectiveness of immediate arthroscopic stabilization versus immobilization and rehabilitation in first traumatic anterior dislocations of the shoulder. *Arthroscopy* 15:507–514, 1999.
103. Kosmahl, EM: The shoulder. In Kauffman, TL (ed): *Geriatric Rehabilitation Manual.* New York: Churchill Livingstone, 1999, p 99.
104. Kuhn, JE, Lebus, GF, and Bible, JE: Thoracic outlet syndrome. *J Am Acad Orthop Surg* 23:222–232, 2015.
105. Kumar, VP, Satku, K, and Balasubramaniam, P: The role of the long head of the biceps brachii in the stabilization in the head of the humerus. *Clin Orthop* 244:172–175, 1989.
106. Laudner, KG, et al: Scapular dysfunction in throwers with pathologic internal impingement. *J Orthop Sports Phys Ther* 36(7):485–494, 2006.
107. Lawrence, RL, et al: Comparison of 3-dimensional shoulder complex kinematics in individuals with and without shoulder pain, part 1: sternoclavicular, acromioclavicular, and scapulothoracic joints. *J Orthop Sports Phys Ther* 44(9):636–645, 2014
108. Lawrence, RL, et al: Comparison of 3-dimensional shoulder complex kinematics in individuals with and without shoulder pain, part 2: glenohumeral joint. *J Orthop Sports Phys Ther* 44(9): 646–655, 2014.
109. Lewis, JS, Wright, C, and Green, A: Subacromial impingement syndrome: the effect of changing posture on shoulder range of movement. *J Orthop Sports Phys Ther* 35(2):72–87, 2005.
110. Lister, JL, et al: Scapular stabilizer activity during bodyblade, cuff weights, and thera-band use. *J Sport Rehabil* 16:50–67, 2007.
111. Litchfield, R, et al: Rehabilitation for the overhead athlete. *J Orthop Sports Phys Ther* 18(2):433–441, 1993.
112. Lo, IK, et al: Quality-of-life outcome following hemiarthroplasty or total shoulder arthroplasty in patients with osteoarthritis: a prospective randomized trial. *J Bone Joint Surg Am* 87(10):2178–2185, 2005.
113. Long, JL, et al: Activation of the shoulder musculature during pendulum exercises and light activities. *J Orthop Sports Phys Ther* 40(4): 230–237, 2010.
114. Ludewig, PM, and Cook, TC: Alterations in shoulder kinematics and associated muscle activity in people with symptoms of shoulder impingement. *Phys Ther* 80(3):276–291, 2000.
115. Ludewig, PM, et al: Three-dimensional clavicular motion during arm elevation: reliability and descriptive data. *J Orthop Sport Phys Ther* 34(3):140–149, 2004.
116. Ludewig, PM, and Borstad, JD: The shoulder complex. In Levangie, PM, and Norkin, CC (eds): *Joint Structure and Function: A Comprehensive Analysis,* ed. 5. Philadelphia: F.A. Davis, 2011.
117. Lukasiewics, AC, et al: Comparison of 3-dimensional scapular position and orientation between subjects with and without shoulder impingement. *J Orthop Sports Phys Ther* 29(10):574–583, 1999.
118. Maenhout, A, et al: Electromyographic analysis of knee push up plus variations: what's the influence of the kinetic chain on scapular muscle activity? *Br J Sports Med* 44(14):1010–1015, 2009.
119. Magee, DJ: *Orthopedic Physical Assessment,* ed. 5. St. Louis: Saunders Elsevier, 2008.
120. Malanga, GA, et al: EMG analysis of shoulder positioning in testing and strengthening the supraspinatus. *Med Sci Sports Exerc* 28(6):661–664, 1996.

121. Malmström, EM, et al: A slouched body posture decreases arm mobility and changes muscle recruitment in the neck and shoulder region. *European J Applied Physiol* 115(12):2491–2503, 2015.
122. Manske, RC, et al: A randomized controlled single-blinded comparison of stretching versus stretching and joint mobilization for posterior shoulder tightness measured by internal rotation motion loss. *Sports Health Multidisc Approach* 2(2):94–100, 2010.
123. Matsen, FA: Early effectiveness of shoulder arthroplasty for patients who have primary degenerative disease. *J Bone Joint Surg Am* 78(2): 260–264, 1996.
124. Matsen, FA, et al: Glenohumeral arthritis and its management. In Rockwood, CA, et al (eds): *The Shoulder, Vol 2,* ed. 3. Philadelphia: Saunders, 2004, p 879–1007.
125. Matsen, FA, et al: Glenohumeral instability. In Rockwood, CA, et al (eds): *The Shoulder, Vol 2,* ed. 3. Philadelphia: Saunders, 2004, p 655–794.
126. Matsen, FA, et al: Rotator cuff. In Rockwood, CA, et al (eds): *The Shoulder, Vol 2,* ed. 3. Philadelphia: Saunders, 2004, pp 795–878.
127. Matsen III, FA, et al: The reverse total shoulder arthroplasty. *J Bone Jt Surg Am* 89(3):659–667, 2007.
128. Matthews, LS, and Pavlovich, LJ: Anterior and anteroinferior instability: diagnosis and management. In Iannotti, JP, and Williams, GR (eds): *Disorders of the Shoulder.* Philadelphia: Lippincott Williams & Wilkins, 1999, p 251.
129. McClure, P, et al: A randomized controlled comparison of stretching procedures for posterior shoulder tightness. *J Orthop Sports Phys Ther* 37(3):108–114, 2007.
130. McClure, PW, et al: Shoulder function and 3-dimensional kinematics in people with shoulder impingement syndrome before and after a 6-week exercise program. *Phys Ther* 84(9):832–848, 2004.
131. McClure, PW, et al: Direct 3-dimensional measurement of scapular kinematics during dynamic movements in vivo. *J Shoulder Elbow Surg* 10(3):269–277, 2001.
132. Meister, K, and Andrews, JR: Classification and treatment of rotator cuff injuries in the overhand athlete. *J Orthop Sports Phys Ther* 18(2): 413–421, 1993.
133. Miller, MD, Flatlow, EL, and Bigliani, LU: Biomechanics of the coricoacromial arch and rotator cuff: kinematics and contact of the subacromial space. In Iannotti, JP (ed): *The Rotator Cuff: Current Concepts and Complex Problems.* Rosemont, IL: American Academy of Orthopedic Surgeons, 1998, p 1.
134. Mohtadi, NG, et al: Electrothermal arthroscopic capsulorrhaphy: old technology, new evidence. A multicenter randomized clinical trial. *J Shld Elbow Surg* 23(8):1171–1180, 2014.
135. Morrison, DS, Greenbaum, BS, and Einhorn, A: Shoulder impingement. *Orthop Clin North Am* 31(2):285–293, 2000.
136. Mulligan, BR: *Manual Therapy "NAGS," "SNAGS," "MWM's" etc.,* ed. 4. Wellington, New Zealand: Plane View Press, 1999.
137. Muth, S, et al: The effects of thoracic spine manipulation in subjects with signs of rotator cuff tendinopathy. *J Orthop Sports Phys Ther* 42(12):1005–1016, 2012.
138. Myers, JB, et al: Scapular position and orientation in throwing athletes. *Am J Sports Med* 33(2):263–271, 2005.
139. Neer, CS: Surgery in the shoulder. In Kelly, WH, et al (eds): *Surgery in Arthritis.* Philadelphia: WB Saunders, 1994, p 754.
140. Neer, CS: Impingement lesions. *Clin Orthop* 173:70–77, 1983.
141. Neer, CS, Watson, KC, and Stanton, FJ: Recent experiences in total shoulder replacement. *J Bone Joint Surg Am* 64:319–337, 1982.
142. Neer, CS: Anterior acromioplasty for the chronic impingement syndrome in the shoulder: a preliminary report. *J Bone Joint Surg Am* 54(1):41–50, 1972.
143. Neer, CS: Replacement arthroplasty for glenohumeral osteoarthritis. *J Bone Joint Surg Am* 56(1):1–13, 1974.
144. Neviaser, AS, and Hannafin, JA: Adhesive capsulitis: a review of current treatment. *Am J Sports Med* 38(11):2346–2356, 2010.
145. Neviaser, RJ, and Neviaser, TJ: The frozen shoulder: diagnosis and management. *Clin Orthop* 223:59–64, 1987.
146. Neviaser, RJ: Ruptures of the rotator cuff. *Orthop Clin North Am* 18(3):387–394, 1987.
147. Neviaser, RJ: Injuries to the clavicle and acromioclavicular joint. *Orthop Clin North Am* 18(3):433–488, 1987.
148. Neviaser, TJ: Adhesive capsulitis. *Orthrop Clin North Am* 18(3): 439–443, 1987.
149. Neviaser, TJ: The role of the biceps tendon in the impingement syndrome. *Orthop Clin North Am* 18(3):383–386, 1987.
150. Nixon, RT, and Lindenfeld, TN: Early rehabilitation after a modified inferior capsular shift procedure for multidirectional instability of the shoulder. *Orthopedics* 21(4):441–445, 1998.
151. Noonan, TJ, and Garrett, WE: Injuries at the myotendinous junction. *Clin Sports Med* 11(4):783–806, 1992.
152. Norris, TR, and Iannotti, JR: Functional outcome after shoulder arthroplasty for primary osteoarthritis: a multicenter study. *J Shoulder Elbow Surg* 11(2):130–135, 2002.
153. Nuber, GW, and Bowen, MK: Disorders of the acromioclavicular joint: Pathophysiology, diagnosis, and management. In Iannotti, JP, and Williams, GR (eds): *Disorders of the Shoulder.* Philadelphia: Lippincott Williams & Wilkins, 1999, p 739.
154. O'Brien, M: Functional anatomy and physiology of tendons. *Clin Sports Med* 11(3):505–520, 1992.
155. O'Brien, SJ, Warren, RF, and Schwartz, E: Anterior shoulder instability. *Orthop Clin North Am* 18(3):395–408, 1987.
156. Orfaly, RM, et al: A prospective functional outcome study of shoulder arthroplasty for osteoarthritis with an intact rotator cuff. *J Shoulder Elbow Surg* 12:214–221, 2003.
157. Paine, RM, and Voight, M: The role of the scapula. *J Orthop Sports Phys Ther* 18:386–391, 1993.
158. Payne, LZ, et al: The combined dynamic and static contributions to subacromial impingement: a biomechanical analysis. *Am J Sports Med* 25(6):801–808, 1997.
159. Pollock, RG, and Flatow, LL: The rotator cuff. Full-thickness tears. Mini-open repair. *Orthop Clin North Am* 28(2):169–177, 1997.
160. Provencher, MT, et al: Arthroscopic treatment of posterior shoulder instability: results in 33 patients. *Am J Sports Med* 33(10):1463–1471, 2005.
161. Ramsey, ML, and Klimkiewicz, JJ: Posterior instability: diagnosis and management. In Iannotti, JP, and Williams, GR (eds): *Disorders of the Shoulder: Diagnosis and Management.* Philadelphia: Lippincott Williams & Wilkins, 1999, p 295.
162. Reinold, MM, Escamilla, T, and Wilk, KE: Current concepts in the scientific and clinical rationale behind exercises for glenohumeral and scapulothoracic musculature. *J Orthop Sports Phys Ther* 39(2):105–117, 2009.
163. Reinold, MM, et al: Electromyographic analysis of the rotator cuff and deltoid musculature during common shoulder external rotation exercises. *J Orthop Sports Phys Ther* 34(7):385–394, 2004.
164. Reinold, MM, et al: Thermal-assisted capsular shrinkage of the glenohumeral joint in overhead athletes: a 15- to 47-month follow-up. *J Orthop Sports Phys Ther* 33(8):455–467, 2003.
165. Robinson, CM, et al: Injuries associated with traumatic anterior glenohumeral dislocations. *J Bone Jt Surg* 94:18–26, 2012.
166. Rockwood, CA, and Wirth, MA: Disorders of the sternoclavicular joint. In Rockwood, CA, and Matsen, FA (eds): *The Shoulder, Vol 1,* ed. 3. Philadelphia: Saunders, 2004, p 597.
167. Rockwood, CA, Williams, GR, and Young, DC: Disorders of the acromioclavicular joint. In Rockwood, CA, and Matsen, FA (eds): *The Shoulder, Vol 1,* ed. 3. Philadelphia: Saunders, 2004, p 521.
168. Rockwood, CA, and Lyons, FR: Shoulder impingement syndrome: diagnosis, radiographic evaluation, and treatment with a modified Neer acromioplasty. *J Bone Joint Surg Am* 75(3):409–424, 1993.
169. Roddey, TS, et al: A randomized controlled trial comparing 2 instructional approaches to home exercise instruction following arthroscopic full-thickness rotator cuff repair surgery. *J Orthop Sports Phys Ther* 32(11):548–559, 2002.

170. Rodosky, MW, and Harner, CD: The role of the long head of the biceps muscle and superior glenoid labrum in anterior stability of the shoulder. *Am J Sports Med* 22:121–130, 1994.
171. Rokito, AS, et al: Strength after surgical repair of the rotator cuff. *J Shoulder Elbow Surg* 5:12–17, 1996.
172. Rowe, CR: Anterior glenohumeral subluxation/dislocation: the Bankart procedure. In Welsh, RP, and Shephard, RJ (eds): *Current Therapy in Sports Medicine, Vol 2.* Toronto, BC Decker, 1990.
173. Rundquist, PJ, and Ludewig, PM: Correlation of 3-dimensional shoulder kinematics to function in subjects with idiopathic loss of shoulder range of motion. *Phys Ther* 85(7):636–647, 2005.
174. Ruotolo, C, and Nottage, WM: Surgical and nonsurgical management of rotator cuff tears. *Arthroscopy* 18:527–531, 2002.
175. Sachs, RA, et al: Open Bankart repair: correlation of results with postoperative subscapular function. *Am J Sports Med* 33(10):1458–1462, 2005.
176. Safron, O, Seebauer, L, and Iannotti, J: Surgical management of the rotator cuff tendon-deficient arthritic shoulder. In Williams, GR, et al (eds): *Shoulder and Elbow Arthroplasty.* Philadelphia: Lippincott Williams & Wilkins, 2005, pp 105–114.
177. Salamh, PA, and Speer, KP: Post-rehabilitation exercise considerations following total shoulder arthroplasty. *Strength Conditioning J* 35(4): 56–63, 2013.
178. Schenk, T, and Brems, JJ: Multidirectional instability of the shoulder: pathophysiology, diagnosis, and management. *J Am Acad Orthop Surg* 6:65–72, 1998.
179. Schenk, T, and Iannotti, IP: Prosthetic arthroplasty for glenohumeral arthritis with an intact or repairable rotator cuff: indications, techniques, and results. In Iannotti, JP, and Williams, GR (eds): *Disorders of the Shoulder: Diagnosis and Management.* Philadelphia: Lippincott Williams & Wilkins, 1999, p 521.
180. Schieb, JS: Diagnosis and rehabilitation of the shoulder impingement syndrome in the overhand and throwing athlete. *Rheum Dis Clin North Am* 16(4):971–988, 1990.
181. Schmitt, L, and Snyder-Mackler, L: Role of scapular stabilizers in etiology and treatment of impingement syndrome. *J Orthop Sports Phys Ther* 29(1):31–38, 1999.
182. Schwartz, E, et al: Posterior shoulder instability. *Orthop Clin North Am* 18(3):409–419, 1987.
183. Selecky, MT, et al: The effects of laser-induced collagen shortening on the biomechanical properties of the inferior glenohumeral ligament complex. *Am J Sports Med* 27(2):168–172, 1999.
184. Sharkey, NA, and Marder, RA: The rotator cuff opposes superior translation of the humeral head. *Am J Sports Med* 23(3):270–275, 1995.
185. Smith, CA, and Williams, GR: Replacement arthroplasty in glenohumeral arthritis: intact or repairable rotator cuff. In Williams, GR, et al (eds): *Shoulder and Elbow Arthroplasty.* Philadelphia: Lippincott Williams & Wilkins, 2005, pp 75–103.
186. Smith, KL, and Matsen, FA: Total shoulder arthroplasty versus hemiarthroplasty—current trends. *Orthop Clin North Am*29(3):491–506, 1998.
187. Smith, LK, Weiss, EL, and Lehmkuhl, LD: *Brunnstrom's Clinical Kinesiology,* ed. 5. Philadelphia: F.A. Davis, 1996.
188. Sperling, JW, and Cofield, RH: Results of shoulder arthroplasty. In Morrey, BF (ed): *Joint Replacement Arthroplasty,* ed. 3. Philadelphia: Churchill Livingstone, 2003, p 511–520.
189. Stokdijk, M, et al: External rotation in the glenohumeral joint during elevation of the arm. *Clin Biomech* 18(4):296–302, 2003.
190. Tate, AR, et al: Comprehensive impairment-based exercise and manual therapy intervention for patients with subacromial impingement syndrome: a case series. *J Orthop Sports Phys Ther* 40(8):474–493, 2010.
191. Tauro, JC: Arthroscopic rotator cuff repair: analysis of technique and results in 2- and 3-year follow-up. *Arthroscopy* 14:45–51, 1998.
192. Thigpen, CA, et al: Scapular kinematics during supraspinatus rehabilitation exercise: a comparison of full-can versus empty-can techniques. *Am J Sports Med* 34(4):644–652, 2006.
193. Thomson, S, Jukes, C, and Lewis J: Rehabilitation following surgical repair of the rotator cuff: a systematic review. *Physiotherapy* 102(1): 20–28, 2015.
194. Thornhill, TS, et al: Shoulder surgery and rehabilitation. In Melvin, I, and Gall, V (eds): *Rheumatologic Rehabilitation Series, Vol 5.* Surgical Rehabilitation. Bethesda, MD: American Occupational Therapy Association, 1999, p 37.
195. Tibone, JE, and McMahon, PJ: Biomechanics and pathologic lesions in the overhead athlete. In Iannotti, JP, and Williams, GR (eds): *Disorders of the Shoulder: Diagnosis and Management.* Philadelphia: Lippincott Williams & Wilkins, 1999, p 233.
196. Tibone, JE, and Bradley, JP: The treatment of posterior subluxation in athletes. *Clin Orthop* 291:124–137, 1993.
197. Tibone, JE, et al: Glenohumeral joint translation after arthroscopic, nonablative thermal capsuloplasty with a laser. *Am J Sports Med* 26(4):495–498, 1998.
198. Ticker, JB, and Warner, JP: Rotator cuff tears: principles of tendon repair. In Iannotti, JP (ed): *The Rotator Cuff: Current Concepts and Complex Problems.* Rosemont, IL: American Academy of Orthopedic Surgeons, 1998, p 17.
199. Timmerman, LA, Andrews, JR, and Wilk, KE: Mini-open repair of the rotator cuff. In Wilk, KE, and Andrews, JR (eds): *The Athlete's Shoulder.* New York: Churchill-Livingstone, 1994.
200. Toth, AP, et al: Thermal shrinkage for shoulder instability. *HSS J* 7(2): 108–114, 2011.
201. Townsend, H, et al: Electromyographic analysis of the glenohumeral muscles during a baseball rehabilitation program. *Am J Sports Med* 19:264–272, 1991.
202. Trail, IA: Replacement arthroplasty in synovial-based arthritis. In Williams, GR, et al (eds): *Shoulder and Elbow Arthroplasty.* Philadelphia: Lippincott Williams & Wilkins, 2005, pp 113–129.
203. Trenerry, K, Walton, J, and Murrrell, G: Prevention of shoulder stiffness after rotator cuff repair. *Clin Orthop* 430:94–99, 2005.
204. Turkel, SJ, et al: Stabilizing mechanisms preventing anterior dislocation of the glenohumeral joint. *J Bone Joint Surg Am*63(8):1208–1217, 1981.
205. Tyler, TF, et al: Electrothermally-assisted capsulorrhaphy (E.T.A.C.): a new surgical method for glenohumeral instability and its rehabilitation considerations. *J Orthop Sports Phys Ther* 30(7):390–400, 2000.
206. Uhl, TL, et al: Shoulder musculature activation during upper extremity weight-bearing exercises. *J Orthop Sports Phys Ther* 33:109–117, 2003.
207. Vermeulen, HM, et al: End-range mobilization techniques in adhesive capsulitis of the shoulder joint: a multiple-subject case report. *Phys Ther* 80(12):1204–1213, 2000.
208. Vermeulen, HM, et al: Comparison of high-grade and low-grade mobilization techniques in the management of adhesive capsulitis of the shoulder: randomized controlled trial. *Phys Ther* 86(3):355–368, 2006.
209. Volpe, S, and Craig, JA: Postoperative physical therapy management of a reverse total shoulder arthroplasty. *Orthopedic Physical Therapy Practice* 21(2):11–17, 2009.
210. Wahl, CJ, Warren, RF, and Altchek, DW: Shoulder arthroscopy. In Rockwood, CA Jr, et al (eds): *The Shoulder, Vol 1,* ed. 3. Philadelphia: Saunders, 2004, pp 283–353.
211. Wall, B, et al: Reverse total shoulder arthroplasty: a review of results according to etiology. *J Bone Jt Surg Am* 89(7):1476–1485, 2007.
212. Warner, JJP, and Gerber, C: Treatment of massive rotator cuff tears: posterior- superior and anterior-superior. In Iannotti, JP (ed): *The Rotator Cuff: Current Concepts and Complex Problems.* Rosemont, IL: American Academy of Orthopedic Surgeons, 1998, p 59.
213. Warner, JP: Treatment options for anterior instability: open vs. arthroscopic. *Operative Tech Orthop* 5:233–237, 1995.
214. Weiss, KS, Savoie, FH: Recent advances in arthroscopic repair of

traumatic anterior glenohumeral instability. *Clin Orthop* 400:117–122, 2002.

215. Wilcox, KB, Arslanian, LE, and Millett, PJ: Rehabilitation following total shoulder arthroplasty. *J Orthop Sports Phys Ther* 35(12):821–835, 2005.
216. Wilk, KE, et al: Stretch-shortening drills for the upper extremities: theory and clinical application. *J Orthop Sports Phys Ther* 17(5):225–239, 1993.
217. Wilk, KE, and Arrigo, C: An integrated approach to upper extremity exercises. *Orthop Phys Ther Clin North Am* 1:337–360, 1992.
218. Wilk, KE, and Arrigo, C: Current concepts in the rehabilitation of the athletic shoulder. *J Orthop Sports Phys Ther* 18(1):365–378, 1993.
219. Wilk, KE, and Andrews, JR: Rehabilitation following arthroscopic subacromial decompression. *Orthopedics* 16(3):349–358, 1993.
220. Wilk, KE, Andrews, JR, and Arrigo, CA: The physical examination of the glenohumeral joint: emphasis on the stabilizing structures. *J Orthop Sports Phys Ther* 25:380, 1997.
221. Wilk, KE, Arrigo, CA, and Andrews, JR: Current concepts: the stabilizing structures of the glenohumeral joint. *J Orthop Sports Phys Ther* 24: 364–379, 1997.
222. Wilk, KE, Meister, K, and Andrews, JR: Current concepts in the rehabilitation of the overhead throwing athlete. *Am J Sports Med* 30(1): 136–151, 2002.
223. Wilk, KE, et al: Shoulder injuries in the overhead athlete. *J Orthop Sports Phys Ther* 39(2):38–54, 2009.
224. Wilk, KE, et al: Rehabilitation following thermal-assisted capsular shrinkage of the glenohumeral joint: current concepts. *J Orthop Sports Phys Ther* 32(60):268–287, 2002.
225. Wilk, KE, et al: Current concepts in the recognition and treatment of superior labral (SLAP) lesions. *J Orthop Sports Phys Ther* 35(5): 273–291, 2005.
226. Wilk, KE, Hooks, TR, et al: The modified sleeper stretch and modified cross-body stretch to increase shoulder internal rotation range of motion in the overhead throwing athlete. *J Orthop Sports Phys Ther* 43(12): 891–894, 2013.
227. Williams, GR, and Iannotti, JP: Biomechanics of the glenohumeral joint: influence on shoulder arthroplasty. In Iannotti, JP, and Williams, GR (eds): *Disorders of the Shoulder: Diagnosis and Management.* Philadelphia: Lippincott Williams & Wilkins, 1999, p 471.
228. Wirth, MA, Blatter, G, and Rockwood, CA: The capsular imbrication procedure for recurrent anterior instability of the shoulder. *J Bone Joint Surg Am* 78(2):246–259, 1996.
229. Wirth, MA, and Rockwood, CA: Disorders of the sternoclavicular joint: pathophysiology, diagnosis, and management. In Iannotti, JP, and Williams, GR (eds): *Disorders of the Shoulder: Diagnosis and Management.* Philadelphia: Lippincott Williams & Wilkins, 1999, p 763.
230. Worrell, TW, et al: An analysis of supraspinatus EMG activity and shoulder isometric force development. *Med Sci Sports Exerc* 24(7): 744–748, 1992.
231. Yamaguchi, K, et al: Transitioning to arthroscopic rotator cuff repair: the pros and cons. *J Bone Joint Surg Am* 85:144–155, 2003.
232. Zazzali, MS, et al: Shoulder instability. In Donatelli, RA (ed): *Physical Therapy of the Shoulder,* ed. 4. St. Louis: Churchill Livingstone, 2004, pp 483–504.
233. Zuckerman, JD, et al: The influence of coracoacromial arch anatomy on rotator cuff tears. *J Shoulder Elbow Surg* 1:4–14, 1992.
234. Zuckerman, JD, Scott, AJ, and Gallagher, MA: Hemiarthroplasty for cuff tear arthropathy. *J Shoulder Elbow Surg* 9(3):169–172, 2000.

第18章

肘关节和前臂复合体

CAROLYN KISNER　LYNN COLBY
CINDY JOHNSON ARMSTRONG

正常的上肢功能需要可自由移动但强壮且稳定的肘关节复合体。肘关节和前臂的设计通过缩短和延长上肢和旋转前臂增加了手在空间中的移动性。当手被用于各种活动时，肌肉提供对该区域的控制性和稳定性，从进食、穿衣、梳洗到推、拉、转、举、投、抓和伸手去拿各种物体，再到协调使用设备、工具和机器[78,82,84]。大多数日常活动需要100°的肘关节屈伸范围，特别是在30°~130°之间，以及100°的前臂旋转范围，分为旋前和旋后[78,82]。诸如吃喝这样的任务主要需要肘关节屈曲，而够东西和系鞋带这样的任务需要相当程度的肘关节伸展。

肘关节和前臂的骨骼，关节或软组织结构的损伤或疾病可导致上肢的疼痛以及灵活性、力量、稳定性和功能受损。主动或被动肘关节屈曲的丧失会难以完成梳洗和进食，而肘关节伸展的丧失限制了人从椅子上站起来推起自己或伸手去拿物体的能力。通常，肘部末端屈曲的丧失比伸展的丧失造成的功能限制更大[78,82]。

本章概述了肘关节和前臂的解剖学和运动学关系。第 10 章展示了软组织愈合与治疗原则；读者应当在制订治疗性训练计划以改善肘关节和前臂功能前熟悉这些材料。

肘关节和前臂的结构和功能

肱骨的远端具有两个关节面：与尺骨连结的滑车，以及与桡骨头连结的小头（图 18.1）。在这两个关节面之间发生屈曲和伸展。在桡尺近侧关节处，桡骨也与尺骨上的桡切迹相连。这个关节与桡尺远侧关节一起促进旋前和旋后。肘关节腔包绕了肱尺、肱桡和桡尺近侧关节。桡尺远侧关节在结构上与肘部复合体分离，即使其功能与桡尺近侧关节直接相关[82]。

肘关节和前臂关节

涉及肘关节和前臂功能的关节有 4 个：肱尺关节、肱桡关节、桡尺近侧关节、桡尺远侧关节。

肘关节特征和关节运动学

肘关节是一个复合关节，关节囊较松弛，由两条主要韧带支撑，内侧（尺侧）和外侧（桡侧）韧带，分别提供内侧和外侧稳定性[82,84]。

肱尺关节

特征。肱尺关节（humeroulnar，HU）被归类为改良的铰链关节。位于肱骨远端内侧的沙漏形滑车是凸出的。尺骨近端的滑车切迹是凹陷的（图 5.27）。这个关节的主要动作是屈曲和伸展。

关节运动学。在屈曲 / 伸展过程中，滑车切迹沿尺骨移动方向滚动和滑动，因此随着肘部屈曲，滑车切迹围绕滑车向前滚动和滑动。肘部伸展时，滑车切迹向后滚动和滑动[82]。

由于滑车的远端延长，旋转轴的走向从内侧到外侧略微浅表一些。滑车中的这种不对称性导致尺骨在伸展时相对于肱骨向外侧偏移，这被称之为正常肘外翻或“提携角”，这也导致了肘部屈曲时的内翻角[82,84]。

肱桡关节

特征。肱桡关节（humeroradial, HR）被归类为改良的铰链枢轴关节。位于肘关节外侧，肱骨远端球形小头接触的部分为凸面。对应的位于桡骨近端的桡骨头为凹面。在该关节发生的运动有屈曲 / 伸展和旋前 / 旋后。

关节运动学。当肘关节屈伸时，凹面的桡骨头滑动方向与桡骨相同，因而当肘关节屈曲时，凹面的桡骨头向前侧滑动，而当肘关节伸展时，它滑向后方。伴随着前臂的旋前、旋后，桡骨头在肱骨小头上旋转[82]。

肘关节的韧带

内侧（尺侧）副韧带　内侧（尺侧）副韧带复合体由前向、后向及横向不同的部分组成（图 18.2A）。韧带的不同部分在不同的关节活动角度上被拉紧，以提供肘关节对抗外翻应力的能力，同时限制肘关节的过度伸展。韧带同时也可保持关节面相接近。日常活动，例如投掷和挥高尔夫球杆，会对肘关节内侧（尺侧）副韧带复合体施加很大的压力。

外侧（桡侧）副韧带　外侧（桡侧）副韧带复

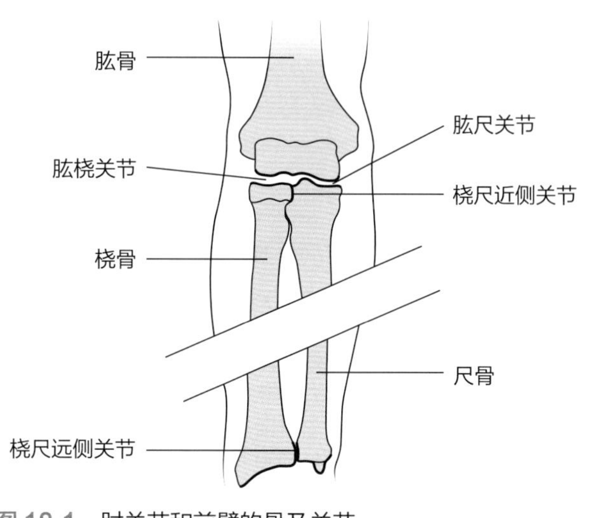

图 18.1　肘关节和前臂的骨及关节

合体是一个位于肘关节外侧的扇形的韧带，由外侧副韧带、外侧尺骨副韧带和环状韧带组成。该复合体为肘关节外侧提供了稳定性，以对抗内翻和旋后的应力，稳定肱桡关节，对抗轴向分离力和预防桡骨头的后向滑移（图 18.2B）[84]。

前臂关节特征和关节运动学

近侧和远侧桡尺关节都是单轴枢轴关节，它们从功能上协同以完成前臂的旋前和旋后[84]。

近侧（上方）桡尺关节

近侧桡尺关节（radioulnar，RU）位于肘关节囊内，但是是一个独立关节。

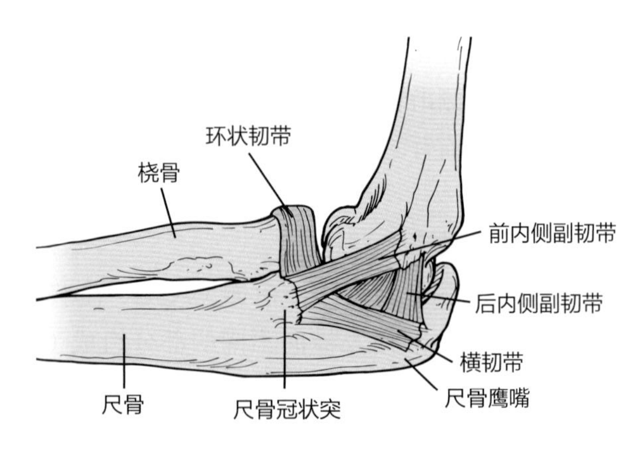

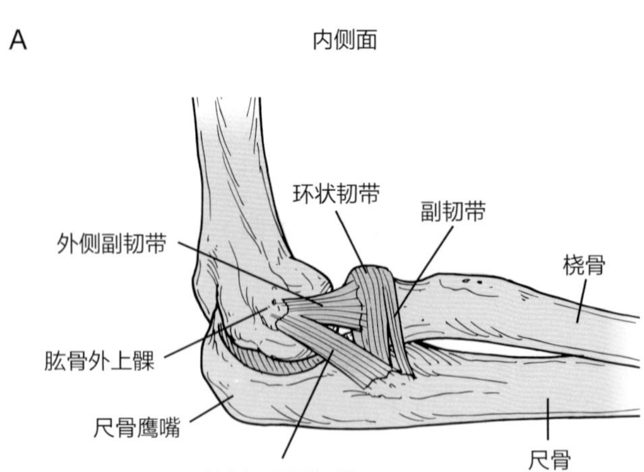

图 18.2　肘关节的韧带。A. 右侧肘关节内侧（尺侧）副韧带的三个部分。肌肉和关节囊已经被移除以更好地展示韧带附着。B. 外侧副韧带复合体包括外侧（桡骨的）副韧带，外侧尺骨副韧带和环状韧带。肌肉和关节囊已经被移除以更好地展示韧带附着 [引自 Norkin, CC: The elbow complex. In Levangie, PK, and Norkin, CC (eds): Joint Structure and Function: A Comprehensive Analysis, ed. 5. Philadelphia: F.A. Davis, 2011, p 277]

特征　凸面的桡骨头环状关节与相对凹面的尺骨桡切迹及环状韧带相适应。该韧带包绕整个桡骨头环状关节面，使其稳定于尺骨上（图 18.2）。桡尺近侧关节的主要运动为旋前 / 旋后。

关节运动学　当前臂旋前、旋后时，凸面的桡骨头环状关节的滚动和滑动与桡骨运动方向相反，因此如果前臂旋前，桡骨头向前侧（掌侧）滚动同时在桡骨切迹上向后侧（背侧）滑动。但如果前臂旋后，桡骨头向后侧（背侧）滚动同时在桡骨切迹上向前侧（掌侧）滑动，因而尺骨是相对固定的。此外，在肱桡关节上，桡骨头被环状韧带包绕，在旋前旋后时在肱骨小头上旋转。

远侧（下方）桡尺关节

特征　远侧桡尺关节是在桡尺骨远端解剖上的独立关节。桡骨远端的凹面的尺骨切迹与尺骨上的凸面切迹连结。远侧桡尺关节与近侧桡尺关节类似，主要参与前臂的旋前、旋后运动。

关节运动学　当前臂旋转时，桡骨切迹滑动与生理运动方向一致。旋前时向前方（掌侧）滑动，旋后时向后方（背侧）滑动[82,84]。

肘关节和前臂的肌肉功能

肘关节区域的肌肉不仅仅影响肘关节和前臂的功能，也同时影响着腕关节和手指的功能。

肘关节和前臂的主要动作

肘关节屈曲

肱肌。肱肌是位于肱二头肌深层的单关节肌，其止点接近尺骨运动轴，因此其并不会被前臂或肩关节位置所影响。由于其较大的横截面积，因此它能产生在肘关节区域肌肉中最大的力量，同时它拥有的单一功能就是肘关节屈曲[68,82,84]。

肱二头肌　肱二头肌是一个双关节肌，横跨肩关节和肘关节，其止点接近桡骨运动轴，因此它还能够作为前臂的旋后肌。它的屈肘功能在肘关节屈曲 80°~100° 的范围内更能有效发挥。对于最佳的长度 – 张力关系，当它收缩以完成肘关节和前臂功能时，肩关节伸展以拉长肌肉[82,84]。

肱桡肌　其止点在桡骨远端上，距离肘关节有一定距离，因此肱桡肌的功能主要是提供压力以稳定关节。肱桡肌是主要的肘关节屈肌，特别是在快速运动中以对抗较高的阻力。同时，尤其在快速的旋后 / 旋前动作中，在前臂位于旋后位置时，其扮演了一个前臂的旋前肌；而前臂位于旋前位置时，其可成为一个旋后肌[82,84]。

肘关节伸展

肱三头肌　肱三头肌长头横跨肩关节和肘关节；肱三头肌内侧头和外侧头是单轴，仅跨肘关节。长头的功能更多发挥在肩关节同时屈曲和内收时，能够有效使肘关节伸展，这保证了肌肉能够处在良好的长度 – 张力曲线上。因为三头肌附着在尺骨上，而不是桡骨上，因此并不能使前臂旋转。

肘肌　肘肌的主要功能是在伸展运动和前臂的旋前、旋后运动时稳定肘关节。

前臂旋后

旋后肌　旋后肌有广泛的近端附着，并止于桡骨近端 1/3。无论肘关节的位置如何，运动速度和爆发力如何，它都能产生较大的力量。

肱二头肌　肱二头肌在肘关节屈曲时扮演一个旋后肌的作用，或在中等到大强度爆发力的旋后动作中肘关节屈曲到 90° 时。

肱桡肌　肱桡肌在短弧动作及需要高爆发力的动作中对旋前和旋后动作有贡献。无论前臂的位置如何，肱桡肌主要的作用是将前臂旋转回中立位，即从完全旋前或旋后位旋转回拇指朝上的位置。

前臂旋前

旋前圆肌　旋前圆肌可以使前臂旋前的同时还能够稳定桡尺近侧关节，帮助桡骨头与肱骨小头保持接触。旋前圆肌在多数需要高爆发力的旋前动作中功能活跃。

旋前方肌　旋前方肌是最活跃和最常使用的旋前肌。其在旋前动作中对桡骨上的尺骨切迹及尺骨头加压，还可稳定桡尺远侧关节。

腕关节和手部肌肉与肘关节之间的关系

许多使腕关节和手运动的肌肉附着在肱骨内上髁和外上髁上。无论是前臂位于旋前位或者旋后位，这给手指和腕关节的高效动作创造了可能。这些肌肉对肘关节有稳定作用，但是仅对肘关节的运动有微小的贡献。肘关节的位置影响到这些肌肉在使腕关节和手部运动时的长度 – 张力关系[60,84]。请查阅第 19 章与腕关节和手的功能相关的更多信息。

手腕屈肌　桡侧腕屈肌、尺侧腕屈肌、掌长肌、指浅屈肌和指深屈肌都附着在肱骨内上髁。

手腕伸肌　桡侧腕长伸肌、桡侧腕短伸肌、尺侧腕伸肌和指伸肌都附着在肱骨外上髁。

肘关节区域的牵涉痛和神经损伤

有关肘关节及前臂区域的周围神经损伤详细的牵涉痛模式描述请参考第 13 章。

常见的肘关节区域牵涉痛来源

C5 和 C6 神经根的症状与肘关节外侧疼痛相关，C6 和 C7 神经根的症状与肘关节内侧疼痛相关。

肘关节区域的神经功能障碍

尺神经　尺神经经过肘关节后内侧到鹰嘴，在此处进入肘管。在离开肘管后，其穿过尺侧腕屈肌的两个头。尺神经在肘关节区域的最常见的卡压点为肘管及尺侧腕屈肌的两头之间[10,18]。

桡神经　桡神经穿过外侧肌间隔向前侧走向肱骨外上髁，同时穿过肱肌、肱二头肌内侧、肱桡肌、桡侧腕长伸肌和桡侧腕短伸肌。在距离肘关节近端或远端 3 cm 以内的范围内，其分支进入背侧骨间神经和浅层感觉神经。背侧骨间神经的分支从后侧进入桡管，位于旋后肌的两头之间或 Frohse 弓。常见的卡压点包括桡侧腕短伸肌下方，Frohse 弓处，及旋后肌的远端边缘[63,90]。

正中神经　正中神经穿过肘窝前部深面，位于肱二头肌肌腱和肱动脉内侧，此处是保护正中神经的良好位置。此后正中神经进入尺骨，在肱骨头旋前圆肌以及指深屈肌之间。卡压可能发生于旋前圆肌头之间，Struthers 韧带下方，二头肌腱膜或更深入至指浅屈肌[10]。

肘关节及前臂功能障碍和手术的管理

在治疗肘关节和前臂功能障碍的患者时，为了做出全面的临床决策，治疗师需要全面地理解多种不同的病理问题、手术流程和相关的注意事项。同时能够鉴别存在的结构和功能障碍，活动受限和参与受限（功能障碍和可能的残障）。在本部分，将具体讲述病理和手术流程，保守治疗和术后相关的管理也会在本部分进行讨论。

关节活动度不足：非手术管理

相关的病理及症状的病因学

一些病理情况，例如类风湿关节炎（rheumatoid arthritis，RA），幼年型类风湿关节炎（juvenile rheumatoid arthritis，JRA）以及关节退行性疾病，或者急性关节创伤后的反应，脱位或骨折，均会影响到关节复合体。在石膏或矫形器对关节进行制动一段时间后，关节囊及周围组织就会发生制动后挛缩和粘连。这比较典型地发生于肱骨、桡骨或耻骨的脱位和骨折中。可在第 11 章了解关节炎和骨折的相关知识背景。

常见的结构和功能障碍

急性期。当症状处于急性期时，关节肿胀，肌肉保护性反射，疼痛均限制了肘关节运动，并且通常都有静息痛。骨折和脱位需要医疗干预；但是，经过恰当的训练，治疗师可以进行半脱位的整复手法，例如推或拉肘关节（图 5.29，图 5.31）。

亚急性期和慢性期。关节囊模式通常出现在组织愈合的亚急性期或慢性期。肘关节屈曲通常比伸展受限更多。通常表现为末端感僵硬并且关节活动度下降。对于长时间的肘关节炎，旋前和旋后通常也会受限，同时伴有桡尺近侧关节末端感僵硬和关节活动度下降。桡尺远端关节炎会导致加压时出现疼痛。

常见的活动受限和参与受限

- 转动门把手或钥匙困难。
- 推和拉的动作中有困难或疼痛，例如开关门。
- 由手到嘴的动作受限，例如吃饭和喝水。由手到头的动作受限，例如梳洗和使用电话。
- 从椅子上站起来感到困难或疼痛。
- 不能伸直手臂提拿重物。
- 够物受限。

关节活动度不足：管理—保护期

见第 10 章表 10.1 相关组织愈合周期的管理指南。

患者教育

- 告知患者急性症状持续的时间，并且教给患者保护关节和如何调整日常的活动的方法。例如，患者应该避免提拿或使用患侧上肢进行推的动作。
- 指导患者在进行白天常规的锻炼时避免过度的疲劳，每组的重复次数有限制。

减少炎症的影响或滑膜肿胀，同时保护受伤部位

- 使用悬吊带或固定矫形器进行间歇或限制性制动，以使肘关节充分休息。但是完全的制动会导致关节过度僵硬、挛缩和活动受限。因此，也应该进行规律的有控制的无痛范围内的活动。
- 在静息位下进行温和的Ⅰ级和Ⅱ级关节分离和振动松动技术可能会帮助抑制疼痛并使滑膜液流动，改善相关关节的营养状态（见第 5 章）。

临床提示

对于骨折和脱位问题，无论是手术治疗还是非手术治疗，创伤后的疼痛和僵硬是非常常见的。软组织，包括肌肉和韧带，通常也会在这些损伤中遭到破坏。重建肘关节功能，加强治疗师和医生之间的交流是获得最佳临床结果的关键。减少僵硬的关键是早期的活动。通过使用铰链式或牵引式制动装置来尽量减少制动，在早期限制肘关节伸展的同时能够为关节提供保护。

保持软组织和关节活动度

- 在关节允许的范围内进行被动或主动辅助 ROM，包括屈曲 / 伸展和旋前 / 旋后。
- 肘关节屈肌、伸肌、旋前肌、旋后肌及腕关节屈肌和伸肌，在关节允许范围内进行多角度的亚极量的等长收缩。

保持相关区域的完整性和功能

- 应该根据患者耐受度，鼓励其进行肩关节、腕关节和手关节的活动度和日常活动练习。
- 如果手部出现肿胀，上肢应该尽可能地处在一个抬高位。考虑进行向心性按摩，见第 26 章。

关节活动度不足：管理—控制性运动期

如果出现关节活动度不足，可通过使用关节松动术及被动牵伸和肌肉抑制技术提高 ROM，具体原则详见第 4 章和第 5 章，专栏 18.1 中重点标记了肘关节创伤后相关的几个注意事项。

增加软组织和关节活动性

牵伸和松动技术的强度应由组织愈合、特定的病理、手术技术、疼痛程度、运动和末端感觉决定。不应该执行大强度的牵伸，除非处于愈合的后期。专栏 18.1 提到，高强度的肘关节屈肌的牵伸是创伤后的禁忌，因为可能潜在导致异位骨化。

- **被动关节松动术**　因为肘关节的每个运动涉及几个关节，因此识别哪个关节活动度下降是非常重要的。具体的技术详见第 5 章的图 5.28~5.33 中的描述。在应用松动技术之前，通过将关节定位在其允许的关节活动范围末端来进阶每种技术。

专栏 18.1　肘关节创伤后的注意事项

- 损伤组织的异位骨化是一个潜在的并发症，同时表现出局部的软组织肿胀，发热和疼痛。当该问题发生时，牵伸是无效的并且是一个禁忌。
- 当肘关节和前臂骨折愈合后，畸形愈合并非不常见，阻止了完整的 ROM。关节活动范围末端的骨性抵抗感或者异常的肘关节和前臂的外观变化应该提醒治疗师注意这一问题。影像学对于确诊有帮助。不要进行牵伸或松动来改变患者的关节活动度。不加区别的牵伸可能导致相关的关节活动过度，这可能导致其他的外伤和疼痛。

临床提示

为了在屈曲和伸展的末端范围内提高关节活动性，可能有必要分别强调内翻和外翻的运动。可通过尺侧滑动（针对伸展受限）和桡侧滑动（针对屈曲受限）来进行。

- **关节手法以减轻“推肘”**　桡骨头的近端半脱位可能源自上肢外展位的撑地摔倒。桡骨头在环状韧带内被推向近端，与肱骨小头相撞。这一损伤有时也会伴随桡骨远端的骨折（Colles 骨折）或手舟骨骨折，并且这是一个容易被忽略的功能受限，通常在骨折愈合、拆除石膏固定后才会被识别。通常被忽略是由于所有的治疗都集中处理在骨折愈合过程中肘关节活动受限导致的骨折部位及软组织和关节的限制。触诊关节间隙与健侧对比，表现出患侧关节间隙变窄。可能存在肘关节屈曲和伸展受限、腕关节屈曲受限和旋前受限。

临床提示

对于一个急性的“推肘”（无骨折），可应用桡骨远端的牵伸以使桡骨头复位。如果是慢性问题，重复性牵伸结合持续的Ⅲ级远端牵伸是必须的（图 5.29），此外也可进行一些软组织牵伸和力量训练以获得活动度。

- **关节手法以减轻“拉肘”**　桡骨远端半脱位是儿童常见的急性损伤，如果发生在成人身上，有时会被贴上“网球肘”的标签。它通常发生在当外力拉拽手时，例如孩子突然要挣脱父母或监护人，或者一个人要突然提拉起一个重物。这个方向的力会导致桡骨向远端移动。当进行旋后时，桡骨头不能在环状韧带内滑动向近端，这会导致患者前臂保持旋前。此时要么旋后受限，要么患者对旋后运动产生防备动作。

临床提示

由于儿童注意力不集中，当出现“拉伤肘关节”时，对桡骨头施加快速的手法（高速推力），同时进行旋后（图 5.31），以重新复位桡骨头。该损伤中也会伴随软组织创伤，这可以使用冷疗和加压的方法进行治疗。

- **手法牵伸和自我牵伸** 使用手法牵伸和抑制技术来提高可能造成关节活动受限的软组织的柔韧性。使用一个较轻的重量放在前臂远端，让患者通过小心的摆位提供一个低强度长时间的牵伸，可同时使用徒手被动牵伸进行交替。如果在急性症状消退后，肘关节的活动度没有稳定地进展，患者可能需要开始穿戴可渐进增加角度的静态矫形器以提供一个低强度长时间的伸肘位牵伸。这些牵伸干预可见第 4 章中的描述。
- **家庭指导** 教患者自我牵伸的方法，以不断地使用新获得的活动范围。具体的建议见本章的最后部分。

改善肘关节运动轨迹

动态松动技术（mobilization with movement，MWM）包括轻柔的桡骨滑动结合肘关节无痛的主动屈曲或伸展，或无痛的抓握（取决于患者的障碍或功能受限）结合无痛的被动加压，通过允许肌肉以无痛的方式活动，来改善关节的运动轨迹[20,21,107]。（参考第 5 章 MWM 的原则）。

- **患者的体位和操作** 患者仰卧位，肘关节屈曲或者伸展到末端范围。使用松动带环绕患者前臂近端关节线以及治疗师的臀部，并且使该松动带水平放置。治疗师通过抓住患者肱骨内上髁来稳定远端肱骨。另一只手在腕关节处稳定前臂。治疗师通过移动髋关节，向近端尺骨提供一个轻柔的侧向滑动，注意不要提供太剧烈的滑动。要求患者主动屈曲或伸展肘关节，同时在末端范围提供一个轻柔的加压。在伸展时需要考虑肘关节提携角，因为这可能会改变治疗平面。共进行 3 组，每组重复 6~10 次（图 18.3）。这是一个无痛的松动技术[20,21,79,107]。

提升肌肉表现和功能

在开链和闭链姿势下开始主动的、低强度的抗阻训练，以提高动作控制能力、肘关节和前臂的肌肉耐力和力量。一旦患者进步，适应性的练习应该朝着日常功能性活动进阶。特定训练方法在本章的训练部分阐述，将肩带、腕关节和手部训练纳入训练计划，因为它们柔韧性和力量练习对肘关节的功能恢复也有影响。

关节活动度不足：管理—重返功能期

提升肌肉表现

在关节组织耐受的情况下进行强化训练。教会患者安全的进阶和促进功能恢复的训练策略。为关节和肌肉完成特定的任务做准备，使用复制日常生活和要求的练习，例如推、拉、抬举、提拿和抓握。

重建关节和软组织的功能灵活性

如果受限持续，使用更激进的手法或机械性牵伸及关节松动术。

促进关节保护

慢性关节炎问题可能需要调整高负荷的体力活动，以尽可能减小相关关节所承受的压力。

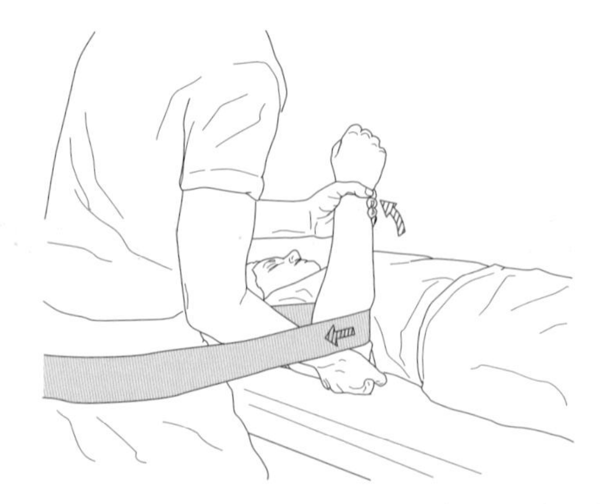

图 18.3 促进肘关节屈曲动态松动术（MWM）。当患者主动屈肘时，对尺骨近端提供一个侧向滑动力，结合被动的末端范围上的牵伸

关节手术及术后管理

关节内或关节外手术干预对于影响肘关节以及周围软组织的严重骨折或脱位的管理是非常必要的。这些损伤可能需要切开复位内固定，或者关节镜下（或者开放入路）切除骨折碎片。对于成人来说，最常见的肘部骨折发生在桡骨头及颈部。这类骨折占所有肘关节骨折的 1/3[57,87,99,101,106,112]，通常发生在跌倒手臂撑地时，肘关节伸展，前臂旋前，导致桡骨头骨折并发肘关节损伤，包括其他骨折、脱位或韧带损伤[49,57,101,106,112]。

如果近端桡骨移位并且桡骨头粉碎性骨折，切开复位及内固定术、低切迹固定术、桡骨头碎片切除术、桡骨头切除术或者桡骨头关节成形术是一些可采用的手术方法。专栏 18.2 是一些治疗桡骨头移位性骨折的手术方法的优缺点。然而，儿童的桡骨头骨折相对来说并不常见。当骨折发生时，会优先选择闭合复位术[99]。

专栏 18.2 桡骨头移位性骨折的手术方法

切开复位及内固定术
- 优点：获得稳定固定以及修复明显的韧带损伤的更好的选择，允许术后早期保护性活动。
- 缺点：不适合不可复位骨折，对于严重的粉碎性骨折或者骨质疏松，不如桡骨头切除或植入术实用。

低切迹固定术
- 优点：相比于其他技术，能够减少瘢痕以促进前臂旋转以及屈曲动作。可以立刻开始活动肘关节。
- 缺点：包括生物相容性在内的早期开发可能是该技术的独有的问题。

桡骨头切除术
- 优点：适用于严重的粉碎性、不可复位及不稳定骨折；没有骨折碎片错位或内固定造成关节运动机械阻碍早期；允许术后早期 ROM 训练。
- 缺点：外翻畸形增加可能伴有肱尺关节早期退行性改变的可能性。此技术存在术后持久疼痛以及活动受限。即使韧带完好，肘关节的运动学和稳定性也会发生改变。

桡骨头碎片切除术
- 优点：由于固定系统的改进，并不常用。然而，在出现阻碍运动的小移位碎片或松散碎片时使用。当其他固定方式由于碎片较小、粉碎或骨质减少而不可行时使用。
- 缺点：由于前臂旋转受到影响，与桡尺近侧关节相连的碎片不应切除。

桡骨头关节成形术
- 优点：应用于桡骨头和颈部的移位粉碎性骨折，无法进行解剖复位和稳定内固定，并伴有软组织损伤。桡骨头植入体已经被证明可以恢复桡骨头的运动学和稳定性。
- 缺点：许多植入体没有临床结果或长期结果的比较研究。

肘关节复合体的一个或几个关节面的骨软骨损伤是由于重复性外伤引起，发生在骨骼成熟以及未成熟的个体（常见于投掷运动员）。这种损伤，取决于其大小、特征及位置，如果保守治疗无效，可能需要手术介入，例如移除或者内固定碎片、关节镜微创手术、自体骨软骨或软骨细胞移植[1,31,45,89]。

早期或长期存在的关节疾病（类风湿关节炎，幼年型类风湿关节炎，创伤后关节炎）与肘关节滑膜增生及关节面损伤相关，导致疼痛、活动受限和上肢功能障碍，也可能需要关节外或关节内手术治疗。例如，对于滑膜增生但是关节面依然完好的早期类风湿关节炎，如果药物没有很好地控制病情，可以选择关节镜或开放性滑膜切除术来缓解疼痛[22,26,98]。有时候，严重的关节炎可通过关节置换术进行治疗（只有选择地针对 40 岁以下的患者）[72,98]，桡骨头切除术伴或不伴有假体植入和滑膜切除术，或者关节融合术（作为一个补救措施）[12,67]。然而现在，最常用于治疗严重肘关节损伤的手术方法是全肘关节成形术（total elbw arthroplasty，TEA）[29,48,98]。表 18.1 总结了关节疾病的严重程度以及软组织受累程度是如何影响手术方式的选择的[33,46,98]。

肘关节复合体手术以及术后康复的目标包括：①缓解疼痛；②恢复骨性结构排列以及关节稳定性；③足够的力量以及关节活动度使肘关节及上肢能够正常活动。缓解疼痛以及增加肘关节稳定性的手术治疗比单独增加活动度的手术更有效。异位骨形成（可以导致关节僵硬），通常是肘关节骨折、脱位以及肘关节手术的并发症[4,86]。因此，单纯地想要增加活动度很少成为手术指征。

桡骨头切除术或关节成形术

手术指征

以下是桡骨头切除术或关节成形术的常见适应证。

- 严重粉碎性骨折或桡骨头或颈部发生移位，经内固定无法重建和稳定[57,67,87,101,106,112]。
- 慢性滑膜炎及与肱桡关节和近侧桡尺关节炎

表 18.1 肘关节疾病的严重性以及手术治疗方法的选择

关节疾病的严重性	手术方式的选择
■ 轻度滑膜炎：关节面正常或伴随轻度的退行性改变，骨质疏松	■ 非手术 / 药物治疗
■ 中度滑膜炎：关节软骨部分缺失；关节间隙变窄但是仍保持关节轮廓	■ 关节镜滑膜切除术或桡骨头切除术伴滑膜切除术
■ 中到重度滑膜炎：关节软骨丢失，关节间隙丢失，侧副韧带完整	■ 表面置换全肘关节成形术，或对于生长期的儿童进行间置关节成形术
■ 重度滑膜炎：关节软骨损坏；关节间隙完全丧失（骨对骨接合）；关节严重失稳；骨丢失；关节僵硬	■ 半张力全肘关节成形术

有关的关节面轻度恶化，导致关节在休息时或运动时疼痛，可能导致桡骨头半脱位，并严重丧失上肢功能[57,106]。

禁忌证：生长期儿童禁用桡骨头切除术[99]。在肘关节不稳、移位、粉碎性骨折，以及内固定无效的情况下，切除而不置换桡骨头不是一个合适的选择[57,74,112]。跟其他关节一样，关节成形术在存在活动性感染的情况下也是禁忌的。

手术方法

背景

手术方法的选择。根据肘关节复合体的韧带完整性以及稳定性，可能选择桡骨头切除术或者植入体成形术可能是更好的选择。生物力学研究结果表明了桡骨头切除后的运动学和稳定性会发生改变，然而植入体则恢复了与原始桡骨头相似的稳定性和运动学[13,57]。当骨折碎片超过3片，20%~50%的冠状缘及桡骨头骨折，或由于支持韧带损伤导致肘关节临床失稳发生时，考虑使用植入假体[57,74,75,87]。

植入设计、材料及固定。外科医生可以使用的假体桡骨头植入物的数量正在增加。选择合适的植入物有3个主要考虑因素：①尺寸；②对齐；③假体干固定。目前可用的植入体包括间隔植入体、压片和内茎、双极和陶瓷关节。硅胶植入物不再被使用，因为发生硅胶滑膜炎的可能性很大。现在使用的是有独立的头和茎的模块化金属（钛）桡骨头植入体，允许修改尺寸且易于植入。然而，最佳的桡骨头植入体尚未设计和制造出来[15,57,74,75]。

手术方式概述

目前的植入技术因植入物的种类而异。然而，也有一些外科医生采用指伸肌分裂入路，将桡侧副韧带和环状韧带分开，同时保持桡尺侧副韧带的完整性[57]。另一些外科医生则通过尺侧腕伸肌和肘肌之间的后外侧（Kocher）入路暴露关节[87,112]，还有一些外科医生则更喜欢在指伸肌和桡侧腕短伸肌之间的Kaplan入路[101]。无论采用哪种方法，都要暴露桡骨头，并在环状韧带水平处行桡骨截骨术切除头部。对于严重骨折，桡骨颈的一部分也需要切除。当暴露手术部位时，尽量不分离完整的韧带。如果出现增生性滑膜炎，则同时进行滑膜切除术（在类风湿关节炎及幼年型类风湿关节炎比较典型）[57,74]。

如果要植入假体，桡骨的髓管需准备接受假体的茎。如果肘关节不稳，则需要修复韧带结构。如果桡骨尺侧副韧带不完整，可以用掌长肌进行自体移植或同种异体移植来加强[57,74,75]。

并发症

术中并发症。在手术切除的过程中，不论是否进行桡骨头植入，对后骨间神经的损伤是一个值得关注的问题[67]。如果植入假体，定位不当或尺寸不准确会导致术后疼痛和肱骨失稳，影响ROM，最终导致假体的过早磨损[15,87,101,112]。

术后并发症。手术后的并发症包括：伤口延迟闭合、感染、肘部和（或）前臂的活动度受限、桡管综合征、肘管松弛、持续疼痛和感觉失稳。如果切除后不进行假体桡骨头植入术，可能会发生轻微的桡骨近端偏移[57,74,112]。这种并发症可能与肘关节或腕关节疼痛有关，也可能与之无关。严重的桡骨头骨折切除后，肱桡关节的骨关节炎也可能随着时间的推移而发展[67]。

与所有类型的植入物关节成形术一样，无菌性松动或长期植入物磨损和破损是可能发生的并发症，因此需要翻修关节成形术。

术后管理

目标和干预措施、进展速度、康复计划的时间长短以及最终结果高度依赖于损伤或慢性炎症对软组织的损害程度；修复软组织的完整性，特别是肘关节复合体的支撑韧带；外科医生的理念；患者对手术的期望和对治疗的反应。

制动

根据手术的范围和程度，肘关节可以用长臂矫形器或铰链式保护性矫形器固定 3 周。肘关节固定在 45°~90° 伴前臂中度旋前以及腕关节中立位。当肘关节运动被允许时（通常是手术后 1~3 天，如果重要韧带重建，更长的时间是必要的），非铰链式矫形器可以在一个安全的运动弧度中移除，但运动后穿回，并在夜间佩戴一段时间以保护愈合组织。如果肘关节的稳定性有问题，患者可能会持续佩戴铰链式矫形器来支持愈合组织，然后随着组织抗张强度的提高，调整该矫形器以增加 ROM[15,35,112]。

练习：最大保护期

目标以及干预。康复的第一个阶段（炎症期）持续至术后的前 2~3 周，主要关注患者教育，强调伤口护理，控制疼痛，减少水肿，以及运动来抵消固定的不利影响，同时保护修复软组织，保持肘关节的稳定性。以下是这个初始阶段的目标和与运动相关的干预措施 [11,35]。

- 管理水肿。让患者将手臂抬高高于心脏（腕关节高举过肘；肘关节高举过肩），并将手臂置于压缩袖中。
- 维持未受累关节的活动度。术后立即开始肩关节、腕关节以及手部的主动活动度练习。
- 维持肘关节以及前臂的活动度。在术后 2~3 天内开始温和的有保护的 ROM 练习。根据手术或愈合组织的程度，让患者每天移除几次静态矫形器，在无疼痛的有限运动范围内（限制伸展以保护愈合组织）进行肘关节及前臂的自我活动度练习（被动或主动辅助）。主动 ROM 练习通常在术后 1 周内被允许，如果有不稳定的骨折或脱位需要固定，则在术后 3 周内开始活动。然而，如前所述，如果相关的韧带或软组织重建，一些患者在进行 ROM 练习时必须佩戴铰链式矫形器（限制伸展）以获得额外的稳定性。

> **临床提示**
>
> 为了避免对重建韧带造成过度的应力，一些特定的运动可能需要在开始时加以限制。限制因韧带断裂程度和韧带修复程度而不同。例如，如果桡侧副韧带复合体修复，前臂做 ROM 练习时应保持前臂旋前以保护愈合韧带。

- 减少肌肉萎缩。肘关节和前臂肌肉的亚极量、无痛、多角度的等长运动。

练习：中度及最小保护期

目标及干预。康复的中间阶段（纤维塑形期）开始于伤口愈合令人满意和肘关节活动相对无痛时（术后 2~3 周），并持续到术后约 8 周。这一康复阶段的特点是，在保持肘部稳定的同时，继续努力恢复几乎全部或至少是功能性 ROM 的日常活动。开始并且进阶练习提高上肢力量和肌肉耐力的运动，以及使用患侧肘关节进行轻量级的功能性活动。

- 增加 ROM，特别是如果术前观察到挛缩的情况下。
  - 轻柔的（低强度、长时间牵伸）徒手牵伸，保持 – 放松技术，或者自我牵伸。
  - 最开始进行Ⅱ级关节松动术，在骨组织和软组织愈合后进行Ⅲ级关节松动术。

  禁忌证：当应用关节松动术时，不要在末端伸展 / 屈曲位进行外翻 / 内翻牵伸，特别是在桡骨头没有被假体植入物置换，或者支撑韧带的完整性和肘关节的稳定性有问题的情况下。

  - 低负荷、长时间、静态矫正干预。
- **提高功能力量以及肌肉耐力。**
  - 低负荷（无痛）抗阻训练［最大至 1~2 lb（0.45~0.91 kg）］，强调高重复次数。
  - 以捏、握抗阻练习起始。
  - 使用术侧上肢进行温和的日常生活活动

练习。

练习：最小到无保护期

目标以及干预。最后阶段（重构期）范围是2~6个月。这个阶段的目标是最大化ROM，增加力量、耐力和恢复功能。

- **最大化ROM**。
  - 开始更积极的技术，避免软组织过度伸展，引起炎症反应。
  - 关节松动术进阶到Ⅲ级和Ⅳ级，同时在活动范围末端进行徒手牵伸以及保持–放松技术。
  - 采用桡侧（外侧）和尺侧（内侧）间隙技术分别恢复末端范围的屈曲和伸展。
  - 如果还没有进行矫形干预，则应在受伤或术后8周开始进行矫形干预。应该开始佩戴静态渐进（对伸展更有效）矫形器或动态矫形器（对屈曲更有效），并确定佩戴时间表。
- **恢复力量以及耐力**。
  - 通过使用自由重量，弹力带和（或）重量器械来进行上肢的进阶负重训练。
- **恢复娱乐和工作相关的活动**。患者教育是帮助患者安全恢复体力活动的关键因素。逐步恢复到更高水平的功能性活动，包括特定的工作和（或）强调肌肉表现的运动。

结果

在严重移位和粉碎性骨折或晚期关节炎后，桡骨头手术修复的预期结果是肘关节在功能范围内稳定，无疼痛运动（屈曲/伸展和旋前/旋后）。在疼痛缓解和功能运动方面，有植入物和无植入物的切除性关节成形术的短期术后效果相似。然而，术前不稳定的患者需要进行韧带重建，韧带结构脆弱的患者比肘关节稳定的患者效果更差。

有些患者的肘关节外翻角可能会略有增加（5°~10°），但如果在术前韧带完整或在手术的时候修复，在功能性活动中无主诉失稳。另一些人可能会经历疼痛和不稳定，伴随着松弛，从而影响预后。在Hall和他的同事的研究中，平均44个月，只有16.6%的患者（42人中有7人）在桡骨头切除术（无植入物）后，主诉肘关节外侧疼痛和失稳或无力，发现后外侧旋转不稳伴尺侧副韧带缺陷[49]。

桡骨头骨折切开复位内固定后的近期和远期疗效进行了评价，当解剖复位和刚性内固定完成，术后开始早期运动效果较好。使用硬质金属桡骨头植入物的治疗效果也很好。结果包括疼痛缓解，稳定性提高，以及足够的肘部和前臂ROM来进行功能性活动，患者满意度较高[57,74]。

全肘关节成形术

手术适应证

全肘关节成形术是一个针对有类风湿关节炎的患者的治疗措施：患者虚弱，且处于晚期肘关节炎；远端肱骨骨折骨不连；骨肿瘤、骨坏死或功能性失稳。同时也可针对那些非手术或手术治疗不成功，年龄超过60~65岁且功能需求相对较低的患者[14,27,29,51,58]。自从第一例骨水泥全肘关节成形术在数十年前被引入以来，随着假体设计和手术技术的改革，该手术的适应证范围在不断扩大。全肘关节成形术目前也基于年轻患者的术后需求进行考量[25,28,46,88]。一个长期的患者跟踪显示，那些在40岁或40岁之前接受全肘关节成形术的患者，在术后91个月的平均时间中，93%有从好到极佳程度的临床预后。这一结果适用于不同类型的肘关节关节炎患者[25,88]。

此外，除了作为严重关节炎的一种治疗方式外，全肘关节成形术也被考虑作为针对老年患者严重粉碎性、肱骨远端关节内骨折切开复位内固定术的一种手术替代方案[27,29,66]。

禁忌证：全肘关节成形术的绝对和相对禁忌证在专栏18.3中[29,71]。然而，需要注意除了活动性感染外，对于哪些是绝对禁忌证，哪些是相对禁忌证还缺乏共识。

手术流程

背景

肱尺关节、肱桡关节和桡尺近侧关节的复杂的结构关系使开发人工肘关节成为了一项具有挑战性的任务。在早期骨水泥肘关节置换术的介绍和使用

专栏 18.3 全肘关节成形术的禁忌证

绝对禁忌证
- 皮肤、软组织或骨中存在活跃的（急性或亚急性）感染。
- 神经性肘关节完全强直。
- 严重的挛缩、瘢痕或烧伤后的皮肤而致使肘关节周围软组织质量差。
- 肘关节周围肌肉力量不足。

相对禁忌证
- 患者依从性差。
- 肘关节感染病史。
- 慢性不稳。
- 异位骨化或无痛强直。
- 骨量不足。
- 手功能异常。
- 年轻患者且有较高的功能需求。

之后[33]，设计的逐渐改良，材料、内固定和手术技术的改善都增加了临床结果的可预测性和成功性[29,33]。肘关节置换系统包括一个肱骨和一个尺骨移植物（图 18.4），也包括桡骨头的置换[33,58,61,73,76]。

植入物设计和选择考量。早期的设计采用铰链式（连锁式）及全限制的金属 – 金属的肱骨和尺骨植入物，仅允许肘关节进行屈伸运动[29,33,46,93]。这些设计不允许肘关节有正常的内翻、外翻以及旋转的动作，因此植入物会很快在骨 – 骨水泥接面出现松脱。植入物连接处的金属疲劳和关节脱位也是常见的并发症[9,27]。随着越来越精准的肘关节生物力学特征被知晓，植入物假体的设计也在不断改良。除了功能性的屈曲和伸展的活动度，先进的设计还可提供 5°~10° 的内翻和外翻角度以及旋转运动（图 18.5）[27,33,56,58]。

全肘关节置换的设计可被分为两大类：铰链式和非铰链式的。与早期全限制性植入物相比，目前的肱骨和尺骨植入物间的链接的限制更松，类似半限制性设计[8,58,73,76]。另外非铰链式设计倾向于更完整地还原解剖结构，保留肱尺关节同时额外增加一个桡骨头组件以增加关节稳定性[8,34,46,58]。近来最先进的植入物设计为可变的或混合性植入物，其可被固定作为铰链式或非铰链式的置换系统。使用可变的或混合性植入物也可使手术医生根据术种的观察和评估进行更恰当的决策[8,58]。

使用铰链式或非铰链式全肘关节成形术的标准基于设计的特点，同时也需满足关节稳定性要求。

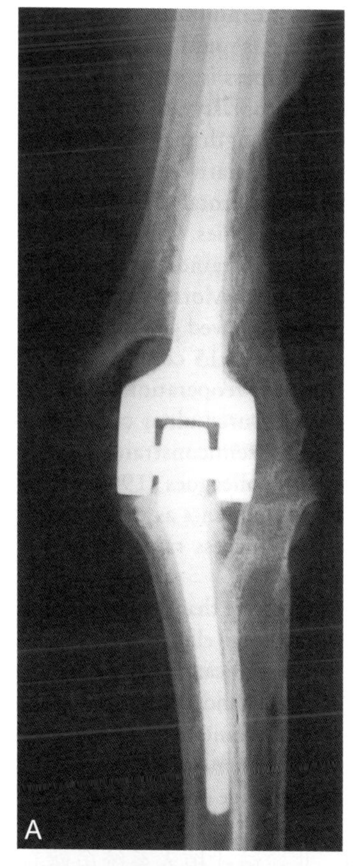

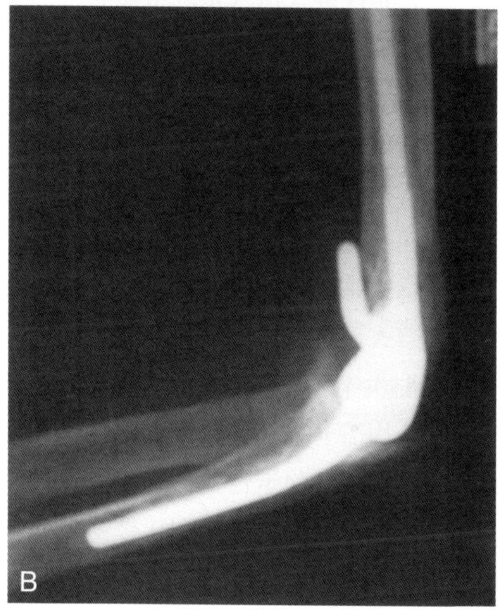

图 18.4 Conrad-Morrey（铰链式/半限制性）全肘关节成形术。A. 前后向片。B. 侧位片（引自 Field, LD, and Savoié, FH, III: Master Cases: Shoulder and Elbow Surgery. New York: Thieme, 2003.）

铰链式设计可从一个或两个连接肱骨和尺骨的组件的销钉获得内在稳定性[73]。此外，一些半限制性设计有一个前翼缘可增加关节稳定性，降低后脱位

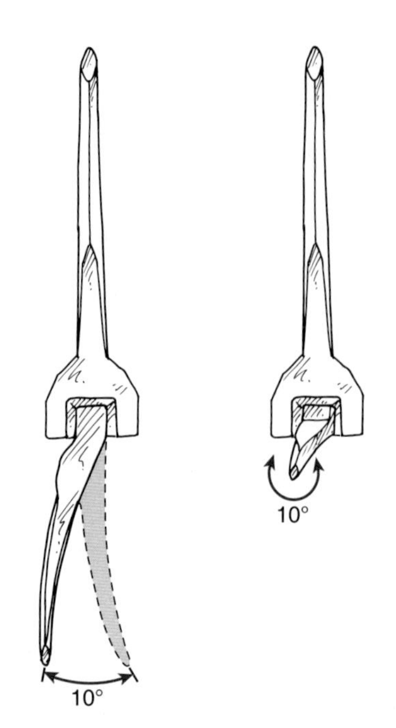

图 18.5 一个铰链式 – 半限制性设计的特点是在关节处允许有几度的内翻 – 外翻和轴向旋转［引自 Morrey, BF (ed): The Elbow and Its Disorders, ed. 4. Philadelphia: Saunders Elsevier, 2009, p 766］

的风险[33,77]。非铰链式植入系统虽然有时被认为是非限制性，但是在实际设计中，根据关节面一致性的角度仍然有不同程度的受限角度[34,58,61]。植入物关节面的限制越少，置换系统就越依赖于周围包裹的软组织，特别是提供关节稳定的侧副韧带。

半限制性（铰链式）植入物是北美最常见的肘关节假体。总体来说，铰链式设计因为其内在稳定性，与非铰链式设计相比，被认为具有较广的适用人群，包括肘关节不稳等[29,33,56,58]。虽然铰链式和非铰链式设计均需要来自关节囊韧带结构和肘关节周围肌肉组织的一些稳定性支持，不过软组织完整性对于非铰链式设计的成功使用比铰链式设计更为关键[8,29,33,56,58]。

此外，考虑相关的稳定性，病因和关节受损程度、畸形的角度、骨量、训练和外科医生经验均会影响不同置换技术的使用选择。

材料和固定。钛制的肱骨组件包括钴铬合金的关节面与高强度聚乙烯合成的尺骨关节面[8,33]。目前，使用聚甲基丙烯酸甲酯（一种丙烯酸水泥）固定假体组件。一些设计也将多孔涂层髓外法兰材料用于骨内生。当前，非骨水泥固定还没被开发用于全肘关节成形术[29,33]。

手术方式概述

下面是全肘关节成形术中涉及的典型要素的简要概述[29,3,34,46,61,73,76]。从肘关节后侧切开一个纵向的切口，可能偏鹰嘴内侧或外侧。尺神经被分离，短暂移位，在整个手术过程中被保护。用三头肌反射入路将三头肌远端附着点分离并侧向反射，或用三头肌分离入路沿中线纵向分离并缩回[29,34,76]。最近开发的三角肌保留术式也是一种选择。它的切口在肘关节的内侧或外侧。该方法可保留在鹰嘴上的三头肌肌腱，但也使放置植入物在技术上更具挑战性[9,46]。

根据手术进程的推进，韧带和其他软组织必要时进行松解；切开并后缩关节囊后侧，使肘关节脱位。在准备植入物的过程中，一小部分肱骨远端和尺骨近端被切除。根据桡骨头的状态，侧副韧带的完整性和假体的设计，桡骨头可切除或保留。然后准备肱骨和尺骨的髓内管，有时也可能需要准备桡骨的髓内管，并插入组件。术中检查假体关节的活动范围和假体的稳定性，同时进行 X 线检查确认植入体有恰当的力线。然后使用骨水泥将各组件固定，基于假体的设计和结构的质量在可能或必要的程度上修复术前已经破裂或在手术过程中被松解的关节囊和韧带。如果伸肌装置被剥离或分离，应保证其安全地被重新固定或修复。接下来可能需要在前方重新给尺神经创建一个通路，小心地将其放置在一个皮下空间后，闭合切口，应用无菌加压敷料。同时使用后侧和（或）前侧矫形器固定肘关节和前臂。上肢被抬高以控制外周性水肿[29]。

并发症

尽管随着患者的选择，假体的设计和手术技术的进步，在过去几十年中并发症的发生率在平稳下降，但是全肘关节成形术后的并发症的发生率也比全髋关节、膝关节或肩关节置换术后的发生率要高[56,108]。

聚焦循证

在 19 世纪中期，一个全面的文献综述显示全肘关节成形术的并发症的发生率为 20%~45%。

然而，最近的系统综述（1993~2009 年的文献）结果显示当前全肘关节成形术（半限制性和非限制性设计）的并发症的平均发生率是 24.3%（±5.8%）[108]。

并发症可被分类为术中和术后并发症，后者又分为早期和后期并发症（前 6 周或 6 周后）[85]。

术中并发症。术中并发症，例如骨折和植入物部件移位会显著影响短期和长期的临床结果。无论是暂时的还是永久的尺神经受损或激惹，会发生在术中或术后早期的压迫 [9,56,85,108]，典型的情况是会出现感觉异常，但不会有肌力减退 [97]。

术后并发症。深部感染是任何术后担心的问题，该问题在当今全肘关节成形术后的平均发生率是 3.3%（±2.9%）[56,108]。相比于大关节的成形术，这一问题的发生率在肘关节成形术中相对较高，原因在于覆盖在肘关节上的软组织较薄，同时也因为大部分接受全肘关节成形术的患者本身就有炎症性关节炎和由于服药导致的免疫系统功能弱化 [56,97,108]。

其他的术后并发症还包括容易出现在康复早期和中期的关节不稳，伤口愈合问题和三头肌功能不全。尽管植入物设计、固定和手术技术在不断进展，但一些并发症也可能出现在术后数月甚至数年。随着时间的推移，这些并发症包括植入物假体在骨 – 骨水泥接面的无菌性（生物力学）松脱（最常见的长期并发症，也是重新进行成形术的原因），假体周围骨折，机械失效或假体过早磨损 [9,43,46,56,108]。

对于一个治疗师来说，熟悉发病率和造成术后并发症的可能原因，能够有效地安排及进阶术后康复计划，最大程度地减少并发症出现的风险。全肘关节成形术后并发症（关节不稳、三头肌功能不全和假体松脱）的发生率、特征以及造成这些并发症的因素被总结在专栏 18.4 中 [9,85,97,108]。接下来的内容会着重于术后管理中减少相关并发症的注意事项。

术后管理

全肘关节成形术后的整体康复目标是达到无痛的关节活动范围，上肢有足够的力量进行功能性活

专栏 18.4 全肘关节成形术后三种潜在并发症的分析

关节失稳

- 发生率。最常见的全肘成形术后的并发症；非连接性关节成形术的常见问题 [9,56,108]；目前全肘关节成形术后脱位和有症状的不稳的总发生率为 3.3%（±2.9%）[108]。
  - 桡骨头切除术后高发。
  - 非连接性植入体术后（报告为 4%~15%，平均 8%）比连接性植入体术后（报告为 0%~14%，平均 3.5%）的发生率高 [61]。
- 特点。早期或后期发生；会出现疼痛和功能丧失。
  - 修复后的外侧副韧带复合体破裂→后外侧、旋转及内翻不稳；修复后的内侧副韧带复合体破裂→后内侧和外翻不稳。
  - 三头肌撕裂→跨关节的动态压力减少。
- 致因。过度的松解或不恰当的或失败的软组织修复→静态或动态稳定性不足（可能来自不恰当的术后制动和术后过度的跨关节压力，尤其是在术后早期软组织修复还在愈合的过程中），植入物的异常位置和尺骨聚乙烯部件长时间的磨损也会增加不稳的风险 [9,61,85]。

三头肌功能不全

- 发生率。主要发生在破坏三头肌机制的手术入路后。可发生于连接性和非连接性关节成形术中，通常出现在术后第一年。一些回顾性研究中报道的发生率：887 例中发生率为 1.8%[24]，28 例中发生率为 11%。最近一篇与全肘成形术有关的系统综述结果显示在 2938 例中发生率为 2.4%（±2.4%）[108]。
  - 全肘关节成形术前有肘关节手术史的患者总体风险较高 [24]。
  - 特点。伸肌部分或全部撕裂或撕脱，（术后早期和后期）无力（特别是末端伸展），肘关节后侧疼痛，上肢推举动作及上肢过头功能困难，例如梳头。
  - 致因。术后偶然创伤，但是大部分是由于失败的手术固定或修复肌腱的质量较差；在康复早期或手臂长期的功能使用中 ROM 训练过早或过度，或对伸肌的过度负荷 [61]。

植入物松动

- 发生率。最常见的术后并发症，铰链式植入物（半限制性）的发生率要高于非铰链式植入物（非限制性）。目前全肘关节成形术总体发生率为 5.1%（±3.4%）[56,108]，要比早前的设计低，但依然比髋关节、膝关节、肩关节成形术的发生率高。限制性越高的手术设计，植入物松动的风险就越高。
  - 目前临床报道的植入物松动率在多个独立研究中范围从 0~6% 不等，时间最长的研究有 6 年跟踪期 [55,77]。
  - 对于有风湿性关节炎的患者，平均跟踪时间 3.8 年，报告有 0~3% 的发生率。[56,77] 同样的结果也出现在平均跟踪期为 5 年的创伤后关节炎的患者中。
  - 放射性松动发生率高于临床松动率（当患者出现症状时）。
- 特点。无菌性松动（生物力学）是一个后期的并发症，通常发生于尺骨部件的骨水泥和骨交接处 [46,56]；临床松动通常与疼痛相关。不包括感染导致的松动 [9,56]。
- 致因。不恰当的骨水泥固定技术，植入物对位异常，同时缺乏相应的术后活动的调整。高负荷、高冲击性的活动也会使患者出现松动的风险。

动，同时降低术后早期和后期并发症的风险。这些目标是通过对每位患者术后状态进行全面检查的个性化康复方案来实现的。

制动

如前所述，柔软的加压包扎可应用于手术结束时。在肘关节愈合过程中，使用前垫、后垫、铰链或托槽固定肘关节，保持稳定并保护愈合中的结构。关于固定的体位和制动的时间的建议各不相同。

体位。制动的体位取决于若干影响因素，包括手术方式、植入物设计以及哪些软组织需要被修复和保护[7,29,34]。例如，如果在全肘关节成形术中实施了三头肌反射法，就需要将其制动于全伸肘或接近全伸肘的前臂中立位，以保护再植的三头肌肌腱[7,29,34,51,73,77]。与此相反的是，对于一个非连接性的全肘成形术，其典型的手术操作是修复外侧副韧带复合体，因为术前的损伤或术中需要暴露松解关节，这会带来破坏。该手术需要将肘关节固定在中等屈曲的角度上，并限制前臂完全旋后，以减少修复韧带上的应力[7,85]。如果患者在术前有显著的肘关节屈曲粘连需要在术中松解，那么就需要选择一个前向的支具将肘关节放在一个合适程度的伸展位上。如果有尺神经病变的患者，也推荐将肘关节放在伸展位上以减轻对肘管的压力[9,77,85]。

制动时间。术后持续制动的时间应尽可能地缩短以避免术后僵硬，通常时间跨度较大，范围可从1~2 天到数周（对于那些有免疫抑制或风湿性关节炎且伴有皮肤较薄且脆弱的患者）不等[29]。制动时间长短取决于假体的设计、手术方案、韧带结构的完整性、术中外科医生的观察、皮肤的完整性和随后的伤口愈合。通常情况下，非铰链式 / 表面修复性的设计的内部稳定性较低，与铰链式 / 半限制性设计相比，需要更长的制动时间[9]。

如果因皮肤质量差或患者有糖尿病史、吸烟史或使用类固醇药物史而导致伤口延迟愈合的风险增加，术后肘关节可以在伸展位持续固定 10~14 天以限制后侧切口的应力[3,77,85]。即使允许移除支具进行锻炼或自我护理，也建议患者在夜间持续穿戴支具进行保护达 6 周[7,29,51]。如果术前有屈曲挛缩，在白天的时间里，可以周期性地使用可调整的支具保持肘关节在伸展位以进行一个长时间的牵伸，同时夜间穿戴一个静态（休息位）的支具将肢体放在一个舒适的伸展位。这一方式可能需要持续至术后 8~12 周以防止再出现肘关节挛缩[29,51,73,77]。

运动进阶

全肘关节成形术后训练方案的进阶取决于诸多因素。最关键的因素和它们对术后康复的影响被总结在表 18.2 中[7,34,110]。对于使用三头肌分离术并使用铰链式的假体，并且切口愈合良好的患者，康复

表 18.2 全肘关节成形术后影响训练进阶的因素

因素	对康复的影响
■ 假体的设计：铰链式的 / 半限制性 vs 非铰链式 / 关节面重建	■ 针对铰链式 / 半限制性假体，可较早开始 ROM 训练，同时使用术侧上肢进行轻量级的 ADL 训练，因为该类型的手术不需要考虑韧带修复以维持关节稳定 ■ 对于非铰链式 / 关节面重建假体，在运动中更多地保护及控制性动作，同时延迟开始 ADL 训练，因为该类型手术需要考虑韧带的愈合以维持关节稳定
■ 手术方式：三头肌 – 保留 vs 三头肌 – 分离或三头肌 – 反射	■ 对于三头肌 – 保留术式，允许在术后康复的开始阶段就达到较大的屈曲角度，同时可较早开始进行主动抗重力屈肘，低强度抗阻训练和较轻度的 ADL 练习
■ 术前和术后的韧带状态	■ 如果韧带在术前是完整的，同时在关节成形术中没有经历过松解和（或）修复的患者可在早期不用较多保护的情况下开始运动及 ADL，并且在白天和晚上佩戴支具的时间也可减少
■ 伤口愈合	■ 如果后侧的皮肤质量较差同时切口愈合延迟，那么需要长时间的制动在伸肘位或延迟达到屈肘末端的时间
■ 尺神经病变	■ 可能需要制动在伸肘位或延迟屈肘训练的时间
■ 手术松解术前的肘关节屈曲挛缩	■ 可能需要在夜间使用伸肘支具

进展进行得最快。而另一方面，对于使用三头肌反射法且进行非连接性置换，需要松解和修复外侧韧带复合体且皮肤质量较差的患者，需要更谨慎地进行康复。

正如训练的进阶是基于每位患者手术的独特特征，注意事项也是以同样的方式确定的。尤为重要的是治疗师需要知道修复中的软组织的状态，以配合必要的注意事项进行训练计划。在手术报告中的相关信息及与医生的密切交流是最好的信息来源。特定的一些运动和功能使用的注意事项总结在专栏 18.5 中[7,14,73,97,110]。有关这些注意事项的教育应该贯穿在整个康复过程中。患者的依从性保证了更好的临床预后，同时减少了与运动和使用患侧手臂进行功能性活动相关的短期或长期的术后并发症。

训练：最大保护期

从术后即刻至术后 4 周的第一阶段中的重点包括控制炎症、疼痛和血肿，根据需要使用药物、应用冷疗和规律性地抬高患肢。强调伤口保护，保护好修复中的软组织，同时进行早期的关节活动度训练以对抗制动的不良影响，但同时并不危及移植假体的稳定性。辅助 ROM 练习以可耐受为原则，同时要保证在术中活动范围中，如果肘关节稳定，通常在连接性的全肘关节成形术术后 2~3 天开始，非连接性的肘关节成形术后稍微慢几天开始[7,29,37]。

临床提示

如果存在术前肘关节显著失稳，或术中韧带修复有问题，肘关节的 ROM 练习通常应该延后 7~10 天。当开始运动时，患者需要穿戴铰链式支具 4~5 周，仅允许关节进行屈曲和伸展动作，限制前臂旋转[7,14,37]。

目标和干预。第一阶段康复训练的目标和干预如下[7,14,37,51,61,73,77]。

- 保持肩关节、腕关节和手部的灵活性。
  - 在术后即刻，这些部位的主动 ROM 训练即可开始。对于有类风湿关节炎和幼年型类风湿关节炎患者来说这一步骤尤其重要。
- 恢复肘关节和前臂的活动度。
  - 在连接性全肘关节成形术术后或者非连接性全肘关节成形术术后肘关节稳定，可开始温和的自我辅助下的肘关节屈曲 / 伸展，以及肘关节舒适屈曲位、前臂中立位下的旋前和旋后。此后逐步进阶到可耐受的主动关节活动。当急性症状消退时，让患者在末端位进行一个低强度的牵伸。
  - 如果三头肌伸肘装置被修复，在术后最初 3~4 周内，屈曲应限制在 90°~100°，以避

专栏 18.5 全肘关节成形术后特定的注意事项

关节活动度训练
- 在术中达到的活动度范围内执行关节活动度训练。
- 需要减轻修复的三头肌的术后应力，术后 3~4 周的时间里，在辅助 ROM 练习和主动抗重力伸肘时避免末端屈肘动作。
- 避免肘关节早期末端屈肘以减轻对切口的压力，降低影响伤口愈合的风险。
- 如果非铰链式全肘关节成形术后肘关节稳定性有问题，应限制肘关节全伸、前臂旋转，尤其是从旋后超过中立位。并且应该避免在术后 4 周前对修复中的外侧韧带造成过度的压力。对于非铰链式置换，较大的不稳定性风险是当肘关节伸展超过 40°~50° 时[7]。
- 如果尺神经压迫症状出现，应避免长时间固定或在末端屈曲位牵伸。

力量练习
- 如果采用的是三头肌反射术式，则延期进行抗阻伸肘直到术后 6 周（或者到 12 周）。
- 进行肩关节力量练习时，在肘关节以上提供阻力，并减轻跨关节的压力。
- 针对全肘关节成形术，使用中等到大强度的负重训练是不恰当的。

功能性活动
- 在术后 6 周前避免使用患侧抬举或提拉，术后 3 个月前避免使用超过 1 磅（约 0.45 kg）重的物品进行同样的动作。
- 如果三头肌被修复，至少 6 周或长达 3 个月的时间避免上肢推的动作，包括推轮椅，用手撑起身体从椅子上站起，使用助行器、手杖（前臂平面的设计除外）或手杖。
- 如果进行的是非铰链式假体移植，在日常生活中不要进行需要肘关节伸展的任何上举动作，以避免对外侧副韧带形成剪切力，这可能会造成后外侧失稳。
- 在术后的 3 个月内限制频繁地上举 1 磅重（约 0.45 kg）的物品，术后的 6 个月为 2 磅（约 0.91 kg），在那之后不要超过 5 磅（约 2.27 kg）。单次举起物体的重量不要超过 10~15 磅（4.5~6.8 kg）[7,34,61]。
- 不能参与娱乐休闲运动，例如高尔夫、排球和执拍运动，它们会对肘关节提供跨关节的过度压力。

免对修复中的三头肌肌腱过度牵伸。可在坐位或站立位进行主动的肘关节屈曲 / 伸展，而不是仰卧位，摆放的体位应避免抗重力伸肘，这也可能对重新附着的三头肌伸肘装置造成过度的应力，从而继发三头肌功能不全[7]。当坐位和站立位时，肘关节伸展是一个中立位辅助下的伸展，同时需要屈肘肌的离心收缩控制。

- 如果使用三头肌保留法进行的连接性置换，基本在术后早期产生关节不稳或三头肌伸肘装置撕裂的风险没有或较低。因此，可立即开始各个平面的主动 ROM 训练。

注意：一些相关的资料推荐如果使用三头肌反射法进行铰链式关节成形术，如果三头肌肌腱被很好地固定，那么 ROM 练习的进阶可根据患者的耐受程度，并无限制[14,29,77]。

- 减少上肢肌肉的萎缩。
  - 在支具中可温和地进行无痛的肘关节周围肌群的等长收缩练习（不对抗任何阻力），此后当支具固定角度调整后可进行多角度下的等长收缩。
  - 肩关节、腕关节和手部的低强度等长抗阻训练。
  - 如果是连接性置换，术后 1~2 周尽可能早地开始使用手进行较低强度的功能性活动，如果是非铰链式全肘关节成形术则可稍晚几周[14,29,37,73,77]。

训练：中等及轻度保护期

术后 4~6 周，软组织的愈合已经较好，可承受逐步进阶的压力。大约术后 12 周，如果未出现术后并发症，此时就仅需要轻度的保护。因此，患者在一些特定的限制下能够重新开始大量的功能性活动。然而恢复到合理的功能性活动水平并解除限制的建议时间从 6 周[34,61,73]到 3~4 个月[7,14,29]不等。

目标和干预。在康复的中期到最后阶段的主要目标是提高关节活动度到术中所达到的程度，恢复肘关节相关肌群的力量和耐力，同时使用术后上肢进行功能性活动，应注意的是抬举物体重量的永久限制为 5 磅（约 2.27 kg）[14,29]。然而，这一目标的达成应该以不损伤修复的软组织或破坏肘关节假体稳定性为前提。力量和肌肉耐力的训练应该持续进行 6~12 个月，在这期间使用患侧进行功能性活动都应小心。

患者教育，尤其是涉及功能性活动量的问题应该持续进行指导直至患者完全康复。接下来为康复阶段中等和轻微保护期下的目标和干预方式[7]。

- 增加肘关节活动度。

注意：作者的个人观点认为，在全肘关节成形术后使用关节松动术增加肘关节和前臂的关节活动度是不恰当的，特别是对于铰链式假体和（或）怀疑肘关节有不稳问题时。放弃肘关节完全活动比损害关节的稳定性需要更加谨慎。

- 低强度徒手自我牵伸。
- 低负荷长时间的静态 – 动态支具干预[104]，具体细节在第 4 章中有所描述及呈现（图 4.13），或交替使用静态支具，主要在夜间放在舒适但最大的伸肘位[29]。

注意：强调末端伸展多于末端屈曲，以保护后侧关节囊和三头肌伸肘装置。如果出现肘管症状（前臂和手尺侧刺痛，因尺神经的压迫或卡压而引起的感觉异常或感觉过敏），应避免长时间或重复性的末端定位或牵伸以增加肘关节屈曲[3,14,18]。

- 恢复术侧的功能性力量和肌肉耐力。

注意：一些相关材料提倡术后渐进地使用上肢以恢复力量和肌肉耐力[61,73,77]。

  - 术后 5 周可开始抗阻、多角度等长训练。
  - 低强度 ADL 训练［从小于 1 磅（约 0.45 kg）的物体开始］，开始时上肢置于躯干两侧同时肘关节屈曲。如果术中用了三头肌反射法，包括需要屈肘的活动，例如吃饭、喝水或刷牙。开始调整日常活动，避免那些需要肘关节伸展和推举的动作，比如从椅子上推起站立或使用助行器、腋杖或手杖。
  - 动态开链抗阻运动不早于术后 6 周，通常使用轻阻力［1 磅（约 0.45 kg）］或轻弹性阻力的时间稍微延迟。强调渐进地增加重复次数而不是阻力。

- 在康复训练和功能性活动中的重复性抬举在前 3 个月不要超过 1 磅（约 0.45 kg），接下来的 3 个月不要超过 2 磅（约 0.91 kg）。永久重复抬举不超过 5 磅（约 2.27 kg），同时单次抬举重量不超过 10~15 磅（4.54~6.80 kg）[7,14,29,34,61]（查阅专栏 18.5 获取抗阻训练和功能性活动的额外限制）。
- 低强度闭链活动，例如墙面支撑的俯卧撑可在术后 6 周或更晚些时候开始（三头肌伸肘装置和后侧关节囊愈合后）。

注意：高负荷渐进性抗阻练习（progressive resistive exercise，PRE）是在家庭和工作相关活动中抬举较重物体，对上肢形成较大负荷或冲击的休闲体育活动（例如，持拍类项目和投掷类项目或打高尔夫球），在全肘关节成形术后是不允许的。这些活动应该被永久禁止以减少并发症风险，例如肘关节不稳，植入物松动和聚乙烯磨损[28,37,56,59,61,108]。

结果

虽然在 19 世纪 70 年代时进行全肘关节成形术的结果是不令人满意的，但随着假体设计和固定技术的进步，手术技术、术后管理和患者选择标准等一系列内容的改变，使得这一手术目前成为了一个可靠的能够减轻疼痛、重建关节稳定性、提高身体功能和重获患者社会参与的一项技术。

全肘关节成形术的临床结果和术后康复与患者自评价工具很好地结合，这些自评价工具强调疼痛缓解、功能和生活质量的评价［例如，患者自评肘关节评价表（Patient Rated Elbow Evaluation）或手臂、肩和手残障问卷（Disabilities of the Arm, Shoulder, and Hand Questionnaire, DASH）］，以及医生管理工具［例如，美国肩肘外科问卷（The American Shoulder and Elbow Surgeons Questionnaire）和梅奥肘关节表现评分（The Mayo Elbow Performance Score），该评分工具包括关节活动度的测量、力量和特定的肩肘功能］[6,56,88,91]。

因为多样化的工具使用，导致各研究间的横向对比变得很困难。

疼痛缓解和患者满意度。完全的或接近完全的疼痛缓解是比较一致的结果，是在肘关节成形术后可预测的结果，通常发生在超过 85%~95% 的患者中[29,91]。

正如我们在讨论全肘关节成形术一开始所提到的，在过去 40 年虽然适应证是非常广泛的，不过肘关节成形术还是更多被用在有风湿性关节炎及创伤后关节炎的患者中。对有上述及其他潜在疾病的患者的随访研究表明，接受铰链式[25,48,55,91]或非铰链式[34,61,88,91]的全肘关节成形术的患者总体满意度较高，80%~100% 的患者在术后报告“好”或“极好”的治疗效果。

关节活动度和上肢的功能。随着植入体和手术技术的不断进步，全肘关节成形术后的肘关节活动度也在提高，虽然减轻疼痛和保证假体的稳定是术后康复中优先考虑的问题，而不是获得全关节活动范围。多数与铰链式和非铰链式成形术相关的研究显示，对于创伤性关节炎、类风湿关节炎和幼年型类风湿关节炎晚期的患者，关节成形术后，肘关节伸展 / 屈曲以及前臂的旋转角度均有增加。不多的证据显示，大部分的关节活动度的获得在术后 6~12 周，但偶尔会延长到术后 6 个月。在术前不稳定仅有轻微主动活动的患者在术后有了显著的主动活动范围的增加。例如，伸展 / 屈曲活动度在术后逐渐达到 15°~133°[37,50]、19°~140°[55]、22°~135°[27] 和 28°~131°，而旋前 / 旋后活动度则分别为 68° 和 62°[48]。记住，对于大部分功能性活动来说，100° 的屈伸范围是必要的（30°~130° 的伸展 / 屈曲范围，以及分别为 50° 的旋前 / 旋后范围）[78]。因此，在所有的这些研究中，伸展和屈曲的功能性活动度是可达到的。

需要注意的一点是，在回顾的这些研究中，没有一个研究针对性对比不同手术方式康复后的临床结果的差异。

全肘关节成形术的存活率。当前全肘关节成形术后的“存活率“（需要翻修的时间点）更多取决于患者的潜在病理而不是假体的类型[46]。一个相对较长跟踪时间的针对风湿性关节炎患者的研究结果显示，无论是铰链式（半限制性）成形术还是非铰链式成形术后，平均 5 年内植入体的存活率为 90%~92%[43,55,91]，10 年存活率为 86%。总体来说，与类风湿关节炎患者相比，创伤性关节炎和原发性骨关节炎患者的假体存活率较低，再翻修的风险较高。这可能是由于创伤性关节炎的患者与其他炎症性疾病患者相比，有相对高水平的体力活动，从而导致肘关节承受较大的负荷[43,108]。

对于长期的较好的临床结果，有一个普遍的共识是患者需要选择特定的工作和体育休闲活动，调整日常活动内容，减少肘关节暴露于高负荷、高冲击活动下的机会。

与所有类型的肘关节成形术一样，不管潜在病理、植入物类型和肘关节承受的应力程度如何，全肘关节成形术后的存活率都会随着时间而恶化[43]。

骨化性肌炎

骨化性肌炎和异位骨化（heterotopic ossification，HO）或异位成骨这些术语可互相替代使用，常用于描述在身体非典型部位出现的成骨作用[70]。一些参考资料使用骨化性肌炎来描述，代表成骨作用仅在肌肉组织中。更多情况下，该术语通常用于描述肌肉－肌腱单元、关节囊或韧带结构中的异位骨化或骨形成。在该节，骨化性肌炎和异位骨化是同义词。

病因

肘关节骨折后异位骨化的发生率高达 40%，最常见于肘关节后内侧[94]。异位骨化可在桡骨头粉碎性骨折、肘关节骨折伴脱位（髁上或桡骨头骨折）或肱肌腱撕裂后发生[53,70,81,94]。并发脑损伤、脊髓损伤或肢体烧伤的患者有更高的风险出现这一并发症[53,70,81,94]。发生异位骨化的其他风险因素包括延迟内固定，使用骨移植和（或）骨移植替代物。更严重的异位骨化与肱骨远端骨折、三联征损伤和肘关节骨折脱位相关。干预延迟也会增加肘关节异位骨化的风险[81,94]。与此同时，有学者相信，受伤后过多的运动或剧烈的牵伸也会加重异位骨化。但也有学者认为这与缺乏运动相关。目前还没有证据或共识，过度牵伸或参与物理治疗会导致异位骨化[94]。

异位骨化的临床表现为急性创伤后的关节活动受限。末端伸展或屈曲的触诊有卡住感，也是异位骨化的指征，而不是关节挛缩[94]。异位骨化通常开始于受伤后的 2 周，此时患者同时也存在肿胀、发热和疼痛。随着病程的继续，发热、发红和肿胀将会逐渐减轻，但会伴随着渐进性的肘关节活动丧失[70]。触诊肱肌远端有压痛。在急性炎症期后，2~4 周内异位骨化形成发生在肌肉之间，而不是在单个肌纤维内部或关节囊周围。这使得肌肉的触诊变得极度僵硬。虽然这一问题会永久限制肘关节的运动，但在大多数病例里，大部分异位骨化在几个月后会被重新吸收，同时活动度也能逐步回归正常[70]。

管理

考虑使用非甾体类抗炎药以对有发生异位骨化高风险的患者进行预防性治疗。如果有胃肠道禁忌证，也可考虑使用放射疗法。当异位骨化出现症状和（或）限制了肘关节的功能性活动范围时，特别是当它影响了患者的日常生活活动或参与能力，则可考虑手术切除。当考虑手术干预时，必须考虑风险－回报率[70,81]。如果使用手术治疗，术后肘关节应考虑进行持续被动活动和使用可调节的铰链支具。对于有炎症、创伤后和（或）术后肘关节开始 ROM 练习的患者，应极度谨慎地进行被动牵伸，以避免加重炎症反应，从而可能导致肘关节挛缩[69]。

过用综合征：反复损伤导致的综合征

过用可能发生在肘部区域的任何肌腱结构中，包括肘的屈肌和伸肌；然而，最常见的发生部位是附着于外上髁或内上髁的肌肉中，和前臂和腕关节重复的紧张运动相对应。目前证据表明，传统术语肌腱炎或上髁炎，不能准确地反映这些疾病真正的病理过程。有证据表明，这些病变在本质上是退行性的，因为缺乏炎性因子，所以并非是炎症反应，反而涉及血管和纤维组织以及紊乱的胶原蛋白的功能障碍[39,40,83]。肌腱变性和肌腱炎指的是肌腱组织的退行性改变，包括未成熟的成纤维细胞和血管成分，导致腱结构的弱化[38-40,83,105]。

相关病理

肘关节外侧肌腱病（网球肘）

网球肘通常被称为肱骨外上髁炎、外上髁痛、外上髁病或肘外侧肌腱病[100,105]。症状包括肱骨外上髁的疼痛，主要表现在抓握动作中出现疼痛。需要良好的腕关节稳定性的活动，如网球的反手击球，或需要反复伸展腕关节的工作，如在电脑前办公或在花园里拔草，都可能会使肌肉紧张，进而导致症状。尽管大约 50% 的患者累及指伸肌[83]，但主要累及的结构是桡侧腕短伸肌的起始端[38,37,105]。

诱发试验的阳性体征包括：外上髁或附近触诊痛、肘关节伸展时进行腕关节伸展抗阻疼痛、中指伸展抗阻疼痛以及肘关节伸展且前臂旋前时被动屈腕疼痛[39,63]。

注意：肘拉伤、肘推伤、桡骨头关节炎、桡骨头骨折、滑膜针刺感、腕管综合征、颈椎根受压、骨膜淤伤也是肘外侧疼痛的主要原因，有时也被误诊为网球肘[16,83]。

肘关节内侧肌腱病（高尔夫球肘）

肘关节内侧肌腱病或高尔夫球肘，也被称为内上髁炎、内上髁痛或内侧上髁病，累及内上髁附近腱骨膜连接处的屈肌 / 旋前肌腱。它与腕关节屈曲的重复性动作有关，比如挥动高尔夫球杆，投球，或与工作相关的抓取和举起重物。伴随的尺神经病变可能是相关的发现[5,83]。

诱发试验的阳性体征包括内上髁的触诊痛、肘关节伸展且腕关节屈曲抗阻疼痛以及肘关节伸展被动伸腕时疼痛。

病因

内、外上髁疼痛最常见的原因是腕关节或前臂肌肉过度重复使用或离心拉伤。结果是微损伤和局部撕裂，发生于张力超过组织强度和需求超过修复过程时，损伤部位在肌腱连接处附近。伴随重复的创伤，成纤维细胞活动和胶原蛋白减弱。反复出现的问题是由于制动或未成熟的瘢痕在周围组织有足够的愈合或移动性之前再次受损。

内、外上髁痛患者的桡神经和尺神经及其神经干对机械性神经疼痛的高敏感性已被报道。这些发现表明在该患者群体中存在着中枢和外周致敏机制[16,32,41,42,59,83]。

常见的结构和功能损伤

- 腕关节和手过度活动后肘关节疼痛逐渐加重。
- 肌肉被动牵伸或抗阻收缩时出现疼痛。
- 肌肉力量和耐力下降。
- 受疼痛限制握力下降。
- 肩和肩胛肌肉近端无力。
- 下颈段和上胸段活动性下降。
- 触诊外上髁或内上髁及肌腱起始端时疼痛。

常见的活动受限和参与受限

- 无法参与诱发性活动，如球拍运动，投掷，或者打高尔夫球。
- 无法完成有前臂和腕关节反复参与的任务，如分类或装配小部件、在键盘上打字、使用鼠标、抓握活动、使用锤子、转动螺丝刀、整理文件或使用打击类乐器。

过用综合征的非手术治疗：保护阶段

减轻疼痛

- 固定。夜间使用矫形器固定手腕让肌肉得到休息，如腕关节伸展工具或“翘起”矫正器[19,21]。
- 减轻疼痛。目前证明，使用反力支具（非分节式，前臂近端矫形器）可减少对肌腱的力的传递，减少疼痛并且增加无痛抓握的力量，改善抓握的功能[19,47,52,83,96,111]。
- 指导患者。指导患者处在“相对休息”中，也就是说，保持使用和移动手臂，但要避免加重病情的运动如剧烈或重复的握力动作[39,83]。
- 冷疗。用冰块来帮助控制疼痛[64]。

增加软组织和关节灵活性

- 交叉摩擦按摩。在病灶部位应用交叉摩擦按摩。对于肘关节外侧的肌腱病变，通过定位桡骨头找到ECRB的近端肌腱，绕桡骨头背侧滑动，深入到桡骨头附近软组织中。让患者抬起中指，确保定位的肌腱正确。在家庭锻炼项目中教患者交叉摩擦按摩技术[54,80]。
- 神经松动。如果在上肢神经动力测试中出现症状加重，请使用第13章介绍的神经松动技术。
- 软组织松动。将软组织松动应用于腕部伸肌或屈肌，以降低软组织的紧张性并且抑制肘关节外侧及内侧肌腱病相关的触发点。
- 肌肉灵活性松动技术。对腕关节伸肌或屈肌应用轻柔的保持－放松技术（第6章）。首先，从肌肉缩短的位置开始训练，肘部弯曲，腕关节伸展（手腕伸肌技术）或屈曲（手腕屈肌技术）。在5~6次收缩中重复对抗轻度阻力，然后将腕关节移向中立位，重复收缩。继续增加腕关节运动的无痛范围。一旦腕关节在全范围运动时没有疼痛，就可以通过增加肘部伸展来延长肘部肌肉的长度。这个过程可能需要几个星期。遵循温和的保持－放松技巧，进行无痛的被动牵伸，具体方法如下所述。
- 被动牵伸。使用温和无痛的被动牵伸技术来拉长紧绷的肌肉。坚持至少20~30秒。告诉你的患者最好少做重复性动作，并且保持20~30秒，然后做短而快速的牵伸动作。
  - 牵伸腕伸肌：肘关节伸展，前臂旋前，腕关节屈曲尺偏，屈曲手指轻轻按压手背，直到前臂感到牵伸无疼痛。
  - 牵伸腕屈肌：肘关节伸展，前臂旋后，腕关节背伸桡偏，伸展手指轻轻按压手掌，直到前臂感到牵伸无疼痛。

维持上肢功能

- 主动ROM训练。让患者进行全关节的关节活动度训练，从而保证上肢活动的整体性。
- 抗阻练习。患者在肘关节近端施加阻力，来进行肩部和肩胛骨的稳定练习。

非手术治疗：控制运动并重回功能阶段

当疼痛得到缓解时，使用以下指导方法和干预措施。

增加肌肉的柔韧性

- 手法牵伸技术。继续进行上述的被动牵伸。此外，使用拮抗肌收缩和保持－放松技术以一种能引起牵伸感觉但不增加疼痛的强度来拉长紧绷的肌肉组织（这些技术的应用原则在第4章中描述）。
- 自我牵伸技术。患者可以使用墙壁（图18.10），用手沿着墙壁滑动，直到感到牵伸感，或者患者使用对侧手来施加牵伸力。这些技术将在本章后面的自我牵伸部分中进行描述。
- 交叉摩擦按摩。继续使用上述技术。

恢复RU关节运动协调性

- 动态松动。这些无痛技术可用来纠正错位并且迅速缓解患者的症状[79]。几名研究人员报告称，肘关节在进行短暂的动态松动后，患者疼痛减轻，握力增强[20,21,107]。如果患者在握拳，或腕关节抗阻伸展时感到疼痛，可采用以下技术。如果没有明显效果，那么该技术可能不适合患者，或者该技术没有在正确的平面、强度或松动方向上进行[79]。
  - 患者体位和操作：患者仰卧位，前臂旋前，肘部轻度屈曲，肩部内收。治疗师将松动带环绕在患者的前臂近端，与长轴相交，越过治疗师对侧肩膀，面向患者双脚。治疗师用近端手固定患者肱骨远端，并利用另一只手在抓握动作中稳定腕关节，或根据患者的反馈，对腕关节伸展给予阻力。在前臂近端进行温和的横向持续滑动，同时患者缓慢地伸展腕关节6~10次，3组每组重复10次。如果疼痛可耐受，对腕关节进行无痛的伸展抗阻训练。侧向滑动和肌肉收缩时必须无痛（图18.6A）。

- 替代方法：用外侧手稳定肱骨远端，用内侧手在前臂近端温和侧向滑动。让患者缓慢地伸展腕关节或挤压泡沫球 6~10 次，如果耐受可增加到 3 组，每组 10 次（图 18.6B）。侧向滑动和肌肉收缩都必须是无痛的，增加一个轻的重量，对腕关节伸展提供阻力。

- 自我实施动态松动术。患者站立位，受累肘部的肱骨靠在门框上，前臂在开口处。肘关节 90° 屈曲且前臂内翻，与地面平行。患者用对侧手在前臂近端轻柔侧滑，然后缓慢而轻柔地握紧挤压泡沫球（图 18.6C）。

提高肌肉的表现和功能

- 反力肘套或皮带。使用肘部矫形器帮助减轻肌腱的负荷。这种类型的矫形器能立即对外上髁产生影响，增加患者无痛抓握的力量 [47,52,96,111]。
- 动态抗阻运动。在无痛范围进行动态运动，对抗人为施加的阻力、弹性阻力或自由重量。首先采用低强度抗阻，多次重复以增强肌肉耐力，然后逐步增加阻力，以增强肌肉的力量，为肢体的活动做准备。
  - 离心训练。首先腕关节在舒适的 ROM 内，在低强度负荷以慢速对受累肌腱进行离心收缩，最好肘关节处于相对伸展的位置 [20,92,102,103]。使用等速测力计可以使患者进行重复的、离心性收缩。如果使用弹性阻力或自由重量，可以使患者回到腕关节伸展的起始位置，举起重物或拉长橡皮筋 [65]。
  - 循序渐进。在增加阻力之前增加速度。当阻力增加时，返回到低速，然后下一次增加阻力之前，再以更快的速度收缩，以此类推。逐渐在一个完整的、无疼痛的 ROM 内完成离心收缩。

聚焦循证

有证据和相应的研究表明，离心抗阻训练（通常与静态牵伸结合）在治疗外上髁病变方面是有效的，而使用等速收缩和等长收缩进行训练的证据是弱证据 [92]。

理论依据表明，不断提高负荷可以增加肌肉的抗拉强度和耐力。治疗方法包括在 6~12 周内进行离心运动，并进行 3 组 10~15 次的重复运动，这能有效治疗外上髁病变，同时也最有证据支持。

- 功能模式。随着柔韧性和力量的提高，疼痛可以得到控制，将功能训练和功能模式结合起来。强调通过这种模式来控制阻力。如果出现疼痛或代偿模式的偏离，应让患者休息后再继续训练。模拟所需活动的练习模式是从缓慢的、受控的运动发展到高速度、低阻

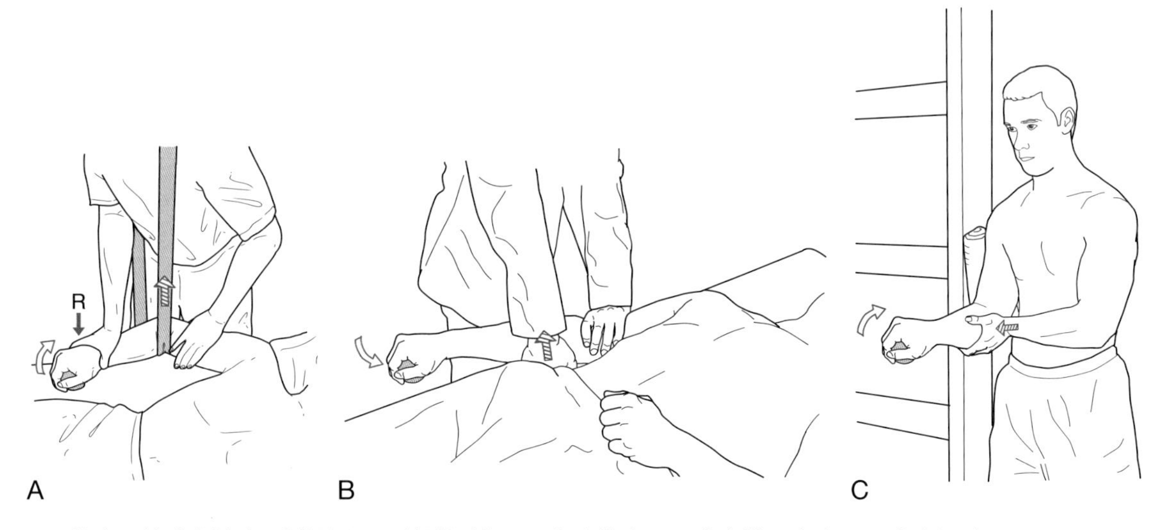

图 18.6　外上髁的动态松动，侧滑适用于前臂近端。A. 主动伸腕。B. 患者挤压小球。C. 自主活动

力活动（图 18.22）。

- 全面强化。在恢复高强度的活动之前，将任何尚未利用或未充分利用的肢体或躯干部分纳入培训计划[38]。
- 超等长训练。如果患者需要恢复肘关节和前臂发力的活动，那么就在训练过程中加入超等长训练。建议包括以下内容，这些内容在第 23 章中有具体说明[38]。
  - 对着墙或地板运重力球。
  - 抛接重力球。
  - 从长柄网球拍打网球过渡到短柄网球拍打网球。
  - 快速离心 / 向心肘部和前臂对抗弹性阻力训练。
  - 在胸前或头顶快速传接重力球。
- 活动调整。在患者恢复高强度活动之前，对他们活动的方式和技巧进行调整是十分必要的。例如，患者可能需要参加网球培训班来纠正拍接网球时的错误动作，适应锤子或其他设备的使用，或者对计算机工作站进行人体工程学的修改[38,39,109]。

注意：和计算机工作站相关的人体工程学的建议在第 14 章中描述。

患者宣教

- 宣教包括临床建议和防病技术、认识诱因和识别早期症状。
- 教患者减少会导致问题的过度负荷并且培训患者适当的防病技术[38,39]。
- 除了运动，还包括对交叉摩擦按摩技术和活动前如何牵伸肌肉的指导。

聚焦循证

在一个描述性研究中，对 60 名参与物理治疗干预外上髁痛的患者进行了 6 个月的随访，报告称 80% 的患者症状有所改善，但这其中只有 33% 的人症状完全消除[109]。治疗干预包括 8 周的超声、深部横向交叉摩擦按摩、腕关节伸肌的牵伸 / 肌力训练；同时，37% 的参与者也接受了颈椎或肩部的治疗。总的来说，在最初的 8 周后，50% 的患者继续接受其他形式的治疗干预。最终，工作具有重复性的患者治疗效果较差，92% 的重复性工作涉及计算机工作。

这项研究同时表明，颈椎症状阳性和承担重复性工作（包括使用计算机）的女性患者预后较差。通过 8 周和 6 个月的观察。人体工程学建议使用计算机的患者应有前臂支撑、流畅的动作和放松的肩膀[109]。

对肘部和前臂的运动干预

增加柔韧性和运动范围的训练

在开始肌肉牵伸之前，确保关节囊没有活动受限。本章讨论了增加肘关节和前臂关节活动范围的技术。第 5 章介绍了应用联合松动技术的原理和技术。

除了在第 4 章中介绍的牵伸原理和技术的描述之外，本节还介绍了针对肘关节的徒手、器械和自我牵伸技术。当教导患者自我牵伸时，应强调保持低强度、长时间牵伸的重要性而非使用弹伸力（直接伸展弹开到关节活动范围末端）。

徒手、器械和自我牵伸技术

增加肘伸范围

机械牵伸：轻度屈曲挛缩

患者体位与操作：前臂支撑仰卧于治疗床上，并在肱骨远端放置折叠毛巾作为支点。在前臂远端放置一个轻的袖带重量。将前臂置于旋前、中立位，然后旋后，依次影响 3 个屈肌。让患者用另一只手稳定肱骨近端，或者在肱骨近端放置沙袋或使用固定带以使其稳定。指导患者保持牵伸一段时间[10]。

临床提示

在参与肘关节屈曲的 3 个肌肉中，只有肱二头肌跨过肩关节；它也可以旋转前臂。因此，要完全拉长肱二头肌，除了伸展肘外，还必须伸展肩膀和前臂内旋。

自我牵伸：屈曲轻度挛缩

患者体位与操作：手臂支撑在治疗床上，在肱骨远端放置折叠毛巾作为支点。用另一只手，让患者对前臂远端旋前位、中立位和旋后位施加牵伸力，影响每一块屈肌。

器械牵伸：静态渐进性矫形干预

采用低强度、长时间的机械牵伸力和静态渐进矫形器，通过影响软组织的蠕变和应力－松弛，减少肘关节长期的屈曲挛缩[36,104]。

聚焦循证

Ulrich 和其同事[104] 对 37 名患有肘关节创伤后挛缩的患者开展了一项前瞻性研究。研究调查了基于静态渐进性牵伸与应力－松弛原则（图 4.7B）的患者指导的牵伸计划的有效性。有异位骨化的患者不囊括在此研究中。患者每天使用肘关节静态渐进性牵伸矫形器进行 1~3 次的 30 分钟的牵伸练习，并维持一段时间（平均 10 周，从 2 周到 25 周不等）。牵伸的强度由患者控制。

研究的结论证明，患者的平均肘关节活动范围有了显著的提高（平均为 26°，从 2° 到 60° 不等），同时肘关节的屈曲和伸展范围各有增加。参与矫正计划之前的肘关节活动范围只有 81°，在矫正计划结束后达到了 107°。在研究过程中，全体患者有很高的满意度，且没有患者需要消炎治疗。作者的结论是：在相对短的周期内每天使用静态渐进性牵伸矫正器，同时辅以应力－松弛原则，可以有效增加肘关节活动范围。

徒手牵伸：肱二头肌

患者体位与操作；患者俯卧位，肘部自然伸展到关节活动范围末端，前臂内旋。固定肩胛骨，被动伸展肩关节。

器械牵伸：肱二头肌

患者体位与操作；患者仰卧位，在腕关节佩戴少量负重，肘关节放松，前臂内旋。让患者的另一只手固定肩胛骨，并让手臂伸出床外，使肘关节与肩关节尽可能伸展，并保持伸展姿势一段时间（图 18.7A）。

自我牵伸

患者体位与操作；患者站在桌子的一侧，抓住桌子的边缘并向前走动从而使肩关节和肘关节伸展（图 18.7B）。需要注意的是，这种牵伸方式不需要前臂的内旋。

增加肘屈曲范围

自我牵伸；轻度伸展挛缩

- 患者体位与操作：患者俯卧位，用肘关节支撑身体同时前臂在练习垫上放松。在肘关节屈曲允许的范围内，令患者尽量压低胸部，并尽量长时间保持这个姿势。
- 患者体位与操作：患者坐位并使肘部尽力屈曲。令患者用另一只手按压前臂远端以提供力量使肘关节屈曲。此外，使患者用前臂支撑在桌子或椅子的扶手上，身体前倾，肱骨屈曲，支撑前臂。尽量长时间保持这个姿势。

自我牵伸．肱三头肌长头

患者体位与操作：患者坐位或站位，尽力屈曲肘关节和肩关节。另一只手可以推动前臂来屈曲肘

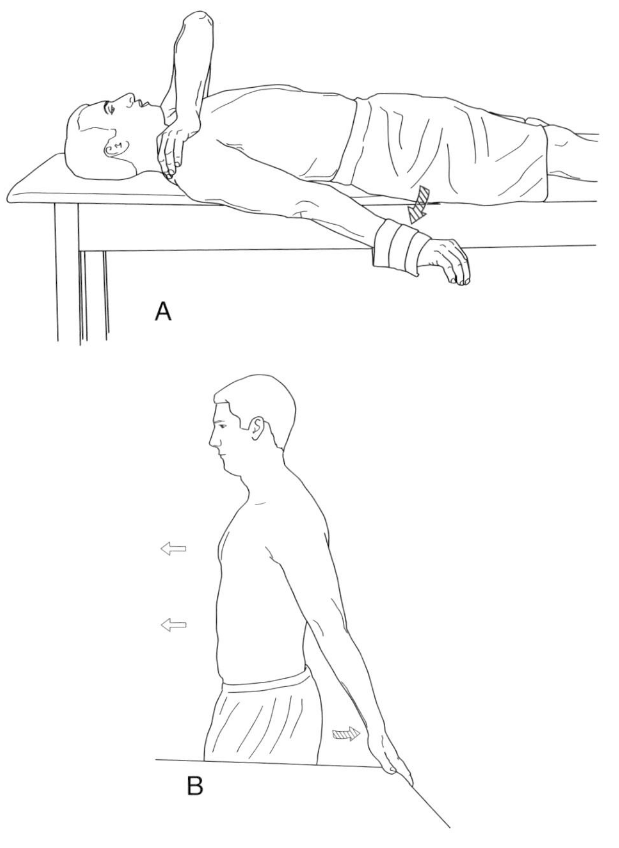

图 18.7　自我牵伸包括牵伸跨过肩关节的肱二头肌长头。A. 仰卧位。B. 站立位

关节或者推动肩关节增加屈曲程度（图18.8）。尽力保持牵伸状态。

增加前臂的旋前和旋后范围

患者体位与操作：患者坐位，肘部屈曲90°抵在躯干上或撑在桌子上。要注意保持肘关节的姿势防止肩关节旋转。

自我牵伸：增加旋前范围

让患者抓住患侧前臂背侧，这样健侧手的掌根在桡骨背侧，腕关节近端，用手指环绕尺骨。让患者被动内旋前臂，尽可能长时间保持这种牵伸。力应施加在桡骨远端而不是腕骨，以避免腕关节的损伤。

自我牵伸：增加旋后范围

让患者将健侧手的掌根放在患侧桡骨掌侧，腕关节近端，让患者被动外旋前臂，尽可能长时间保持这种牵伸。保证力被加在桡骨远端而不是腕骨，以避免腕关节的损伤（图18.9）。

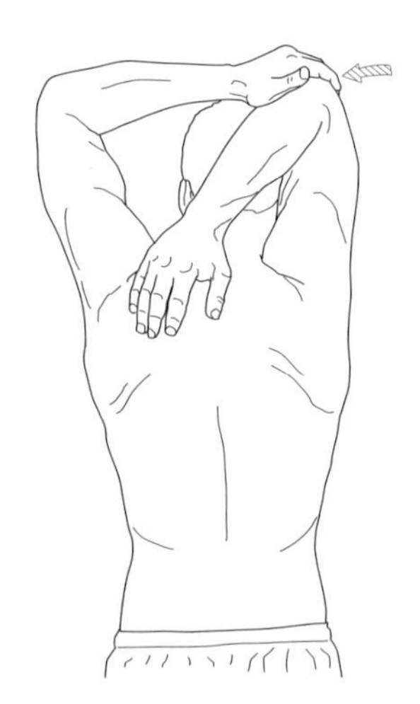

图18.8 自我牵伸：牵伸肩关节的肱三头肌长头腱单位

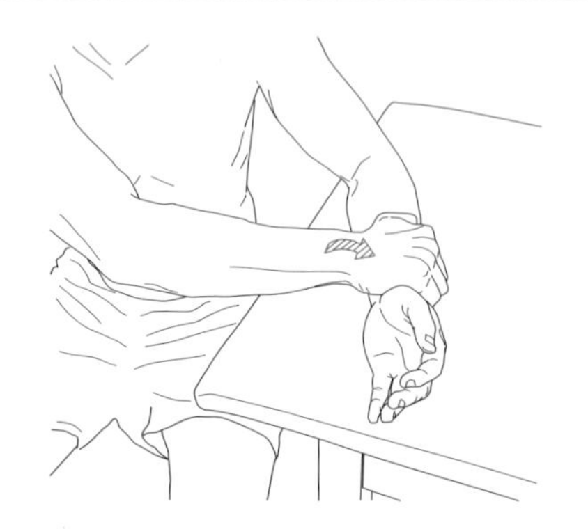

图18.9 自我牵伸使前臂旋后。前臂必须固定在桌子上（如图）或在患者的身侧。注意保持肘部的屈曲来避免肩关节的旋转，将力施加在桡骨上而不是手部

自我牵伸技术：内上髁和外上髁的肌肉

牵伸腕伸肌（从外上髁）

- 患者体位与操作：患者站位或坐位，肘关节伸展，前臂内旋。保持这个姿势，让患者腕关节尺偏并屈曲腕关节与手指，然后对手的背部施加轻的牵伸力。患者应该感受到沿前臂外侧的牵伸感。
- 患者体位与操作：患者站立位，肘关节伸展，前臂内旋，手背抵住墙面（手指朝下）。令患者的手背在墙面上滑，直到前臂有牵伸感（图18.10）。可令患者屈曲手指以加强牵伸。

牵伸展腕屈肌（从内上髁）

- 患者体位与操作：患者站位或坐位，肘关节伸展，前臂外旋。保持这个姿势，让患者桡偏伸展腕关节，用另一只手轻轻牵伸手掌。患者应该感受到沿前臂掌侧的牵伸感。
- 患者体位与操作：患者站立位，肘部伸展，前臂外旋。手掌抵住墙面手指朝下。令患者的手掌在墙面上滑，直到腕屈肌有牵伸感。

提高肌肉表现和功能控制的练习

除了在本章已经涉及的情况，肘关节和前臂肌肉长度和力量的不平衡可能是多种原因造成的，例如神经损伤或外科手术后、创伤、失用或者术后固

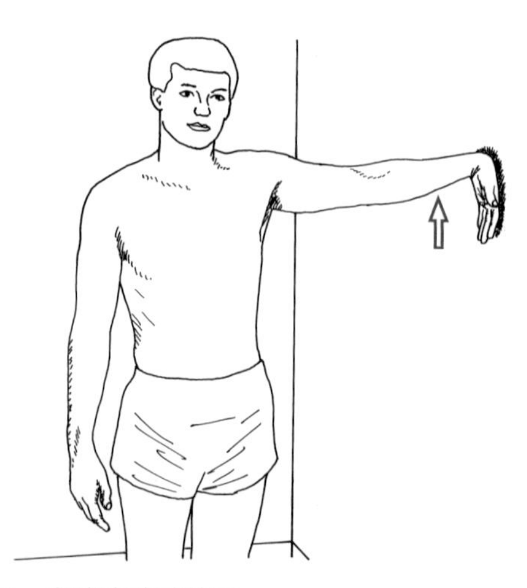

图18.10 自我牵伸腕伸肌

定。改善神经肌肉控制，加强力量，提高肌肉耐力，为恢复功能性活动的合适练习可以在下列练习和第 6 章、第 23 章描述的技术中选择。

对于有肘部损伤的患者，上部（肩带）与下部（腕关节与手）的锻炼都应囊括在治疗练习中以预防并发症和恢复上肢的正常功能。处理急性软组织病变的一般理论在第 10 章有介绍。在这一节介绍的锻炼适用于控制运动期间以及当组织处于亚急性和慢性愈合阶段并且仅需要中等至最小保护时的干预功能恢复阶段。

等长运动

多角度等长收缩运动

在肘关节屈伸和前臂旋转的过程中，在不同的位置施加徒手或器械阻力。分离关键肌肉组织。在前臂远端而不是手施加阻力来避免腕关节受力。

特定角度练习

在等长收缩练习过程中，强调模拟使用肘关节的预期功能性活动的关节位置。例如，模拟靠近胸部搬运大箱子，以 70°~90° 的位置加强肘关节屈肌，前臂保持中立位或外旋。强调延长持物的时间来加强肌肉持续控制的耐力。

交替等长收缩和节律性运动

开链运动

在肘部屈曲 / 伸展和前臂的内旋 / 外旋的多个位置，施加徒手阻力等长收缩。稳定肱骨并对前臂施加阻力。

当患者能够在肘关节和前臂不同位置、不同速度对交替阻力作出反应时，使用全上肢模式进行交替等长收缩。

为了进一步改善运动中的稳定性（动态稳定性），让患者在肘关节、前臂和整个上肢的不同位置手持振动的 BodyBlod 进行各种动作。

闭链运动

患者体位包括：站立时手抵住墙面或者桌子，四点跪位或者俯卧撑姿势（以膝关节或足趾为支点）。让患者保持所需的肘关节位置，通过对躯干和肩关节施加徒手阻力，来进行交替等长运动和节律性运动。

动态力量及耐力训练

很多跨过肘关节的肌肉是多关节肌肉，例如肱二头肌、肱三头肌的长头、腕屈肌和腕伸肌。尤其重要的是，在对肘关节进行抗阻锻炼时要考虑到肩关节和前臂的位置。在这节中主要提及针对肘关节、前臂和腕关节的动态强化和耐力练习。开链和闭链运动中的组合运动模式将在后文中介绍。

屈肘

涉及肌肉包括肱二头肌、肱肌和肱桡肌。

- 患者体位与操作：患者坐位或站立位，肱骨位于胸部一侧（手臂垂直于地面）。让患者手持一个重物或者抓住一条弹力带（固定于脚下或地面）屈曲和伸展肘关节。在整个可允许的 ROM 内进行向心和离心练习以加强肘关节屈肌，以模拟功能性抬举和放低。可在前臂内旋、外旋和中立位的姿势下进行练习。
- 患者体位与操作：患者仰卧位，将肱骨放在治疗桌上。当患者仰卧时，自由重量或重力的阻力对接近末端范围的肌肉有更大的影响，而在肘关节达到 90° 时几乎没有影响。
- 患者体位与操作：患者站立位或坐位，前臂内旋并持一重物。让患者伸展肩关节并保持肘关节屈曲（图 18.11）。这种组合动作通过拉长肱二头肌，因为肱二头肌缩短以移动肘关节，因此有效地保持了最佳长度以发展肱二头肌的最大张力。这种组合动作可以通过在两侧持重物来加强对肌肉的控制。

伸肘

涉及肌肉包括肱三头肌和肘肌。

- 患者体位与操作：患者俯卧位，肱骨外展 90° 并支撑于一毛巾卷或治疗桌上。令患者持一重物并伸展肘关节。这一姿势加强了从 90° 屈曲到末端伸展范围的肘伸肌。
- 患者体位与操作：患者仰卧位，肩关节屈曲到 90° 并在手中持一个重物。让患者从肘关节屈曲开始，重物可在患侧或对侧肩膀（肩关节内旋或外旋），然后屈曲和伸展肘关节（提起并慢慢放下重物）以向心和离心训练

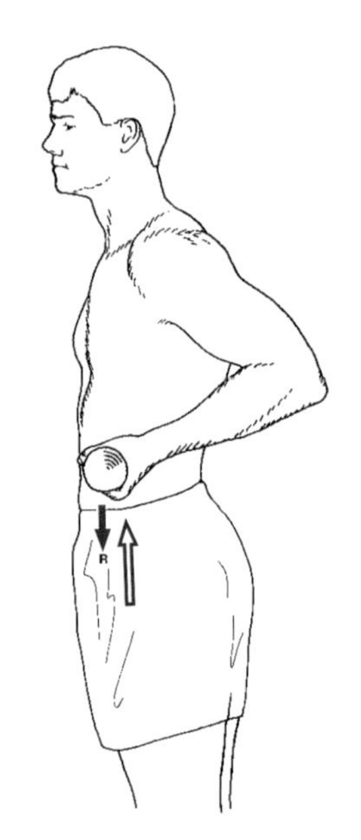

图 18.11 强调肱二头肌抵抗肘关节负重屈曲。在肘关节屈曲，前臂旋后时，伸展肩关节。这种组合动作拉长了越过肩关节的肌腱单元近端，同时收缩以移动肘部。从而通过更大的关节活动度保持更好的长度 – 张力关系

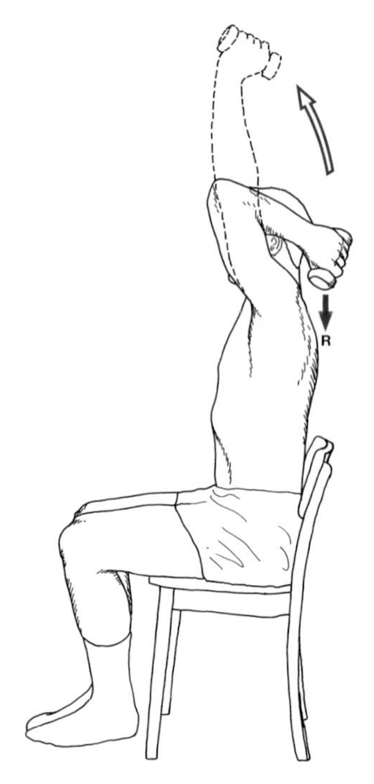

图 18.12 肘关节伸展抗阻。从牵伸肱三头肌长头开始

的方式锻炼肘伸肌。为了帮助肩关节保持固定的姿势，可以让患者用另一只手将肱骨固定在 90° 的位置。

肘关节伸展肱三头肌长头

患者体位与操作：患者站立位或坐位，手臂上举过顶（肩关节完全屈曲），肘关节屈曲并将重物靠近肩关节（图 18.12）。让患者将重物举过头顶并缓慢放下来以向心和离心训练的方式锻炼。患者可用另一只手支撑肱骨。只有当患者可以有效地控制肩关节才可进行此锻炼。

旋前与旋后

旋前的主要肌肉是旋前圆肌和旋前方肌。旋后的主要肌肉是旋后肌和肱二头肌。

患者体位：患者站位或坐位，将肘关节屈曲到 90° 并靠近躯干。当坐位时，可将前臂放于桌上来支撑并靠近躯干。

- 自由重量。当使用自由重量来锻炼旋前肌和旋后肌时，重量必须放置在手的一侧或另一侧（图 18.13）。当患者转动手柄时，要保证腕关节在中立位以免对腕关节造成压力，尤其在末端范围。患者可以通过将阻力放置在手的尺侧，将重物以一个向下的弧度转动。
- 弹性阻力。让患者用健侧手抓住弹性阻力带的末端，或将其系在门把手上（确定其被完全固定）。让患者用患侧抓住另一端，抗阻旋转前臂。如果要增加阻力，可以将弹性阻力带固定在短棒的末端并让患者拉动阻力。
- 功能性活动：让患者面对门把手站立，手臂在身体两侧，肘关节呈 90° 屈曲，避免肩关节旋转代偿。让患者转动门把手。

腕关节屈伸

腕关节屈曲涉及的肌肉附着在内上髁上，腕关节伸展涉及的肌肉附着在外上髁上。

注意：在下列练习中，当前臂是内旋的，阻力施加到腕伸肌上；当前臂是外旋的，阻力施加到腕屈肌上。

- 弹性阻力：将弹性带两端系在一起。当坐位时，让患者将环的一端踩在脚下，将前臂固定在大腿上，并将环的另一端穿过手背（图 18.14）或者手掌，分别抵抗腕伸肌和腕屈肌。
- 自由重量。患者坐位，前臂放在桌子上。让手伸出桌沿并持一个小的重物（图 18.15）。屈曲和伸展腕关节抵抗阻力。
- 腕关节滚轴。患者站立位或坐位，肘关节可

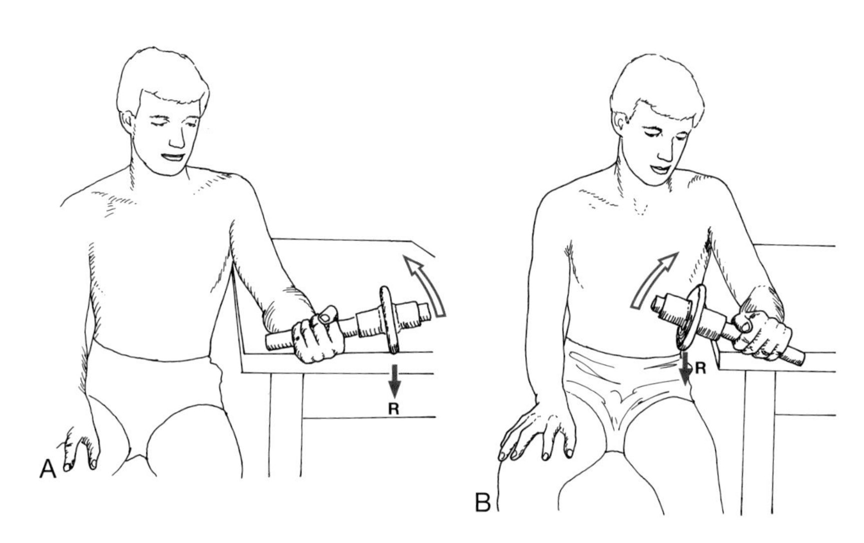

图 18.13　用一个配重不对称的短棒进行器械抗阻训练来加强力量。A. 前臂旋前。B. 前臂旋后。通过将配重端放在尺侧，可以通过向下旋转短棒来影响肌肉的另一半范围

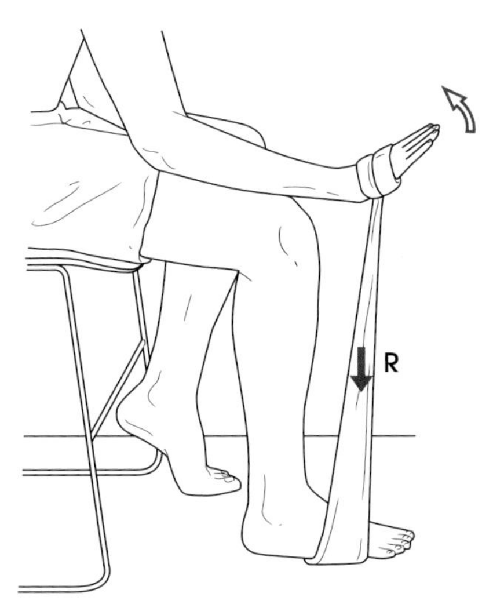

图 18.14　不用抓住弹性阻力带的腕伸肌训练

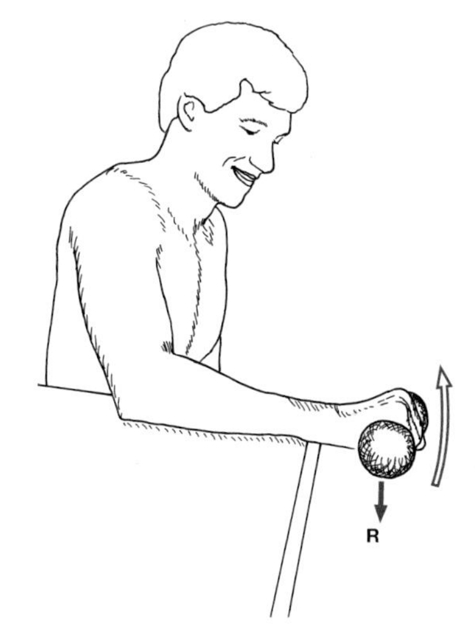

图 18.15　手握负重的腕伸肌训练

屈曲或伸展，前臂可内旋或外旋。将一段 2~4 英寸（5.08~10.16 cm）长的绳子系在一根短棒的中间，并将一个重物系在绳子的另一端。让患者握住短棒的两端通过腕关节的交替动作，转动短棒从而让绳子卷到短棒上并提起重物。然后通过相反的动作将重物放低（图 18.16）。

肘关节和前臂的功能性进阶

能让肘关节和前臂全面恢复并能实现功能性活动的计划将会囊括一系列精细且渐进的运动干预。这些练习旨在有效地恢复活动性、力量、稳定性、肌肉耐力和爆发力。这一章的最后一节阐明了运动干预以及模拟功能性活动的完整组成和例子，包括肘关节和前臂的功能性进阶。更多的练习和活动可以参考第 17 章和第 23 章。

注意：因为在活动中肘关节的主要功能涉及肩关节和手的参与，改善活动性和控制整个上肢的组合运动模式，尤其涉及近端稳定性时，应特殊实施，注意不要发生代偿运动来代偿链条中的薄弱环节。

对角线模式

PNF 模式抵抗徒手或机械阻力。使用在第 6 章描述的单边或双边对角线模式。使用徒手阻力、自由重量、弹性阻力，滑轮系统或等速测力计来在患者对角线模式的运动中提供阻力。逐渐增加阻

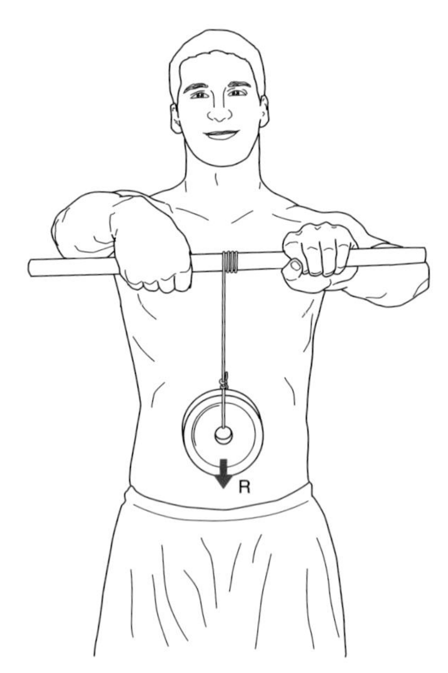

图 18.16 强化握力以及腕伸肌的腕关节滚轴训练。这个训练需要肩带和肘关节肌肉的稳定性。肘关节可以屈曲或者前臂可以内旋，来分别强调肘屈肌或者内侧上髁的肌肉

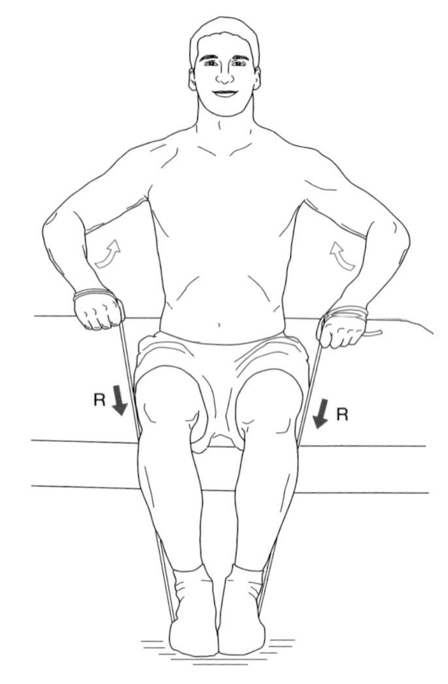

图 18.17 使用弹性阻力的双向上拉练习

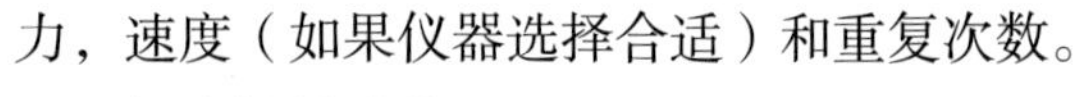
力，速度（如果仪器选择合适）和重复次数。

组合提拉动作

肘屈肌用于开链与闭链运动中的拉、举和搬运动作。这些上肢运动也需要肩胛牵引肌，肩伸肌、腕关节与手部肌群的力量。许多肩关节练习在第 17 章中有介绍，同时包括肘关节屈曲抗阻练习，因此可以在提拉动作中强化肌群。建议如下。

- 使用弹性阻力的双向上拉练习（图 18.17）。
- 使用过顶横杆进行闭链引体向上或改良上拉练习（图 18.18）。
- 模拟启动割草机的单向综合牵引动作（图 18.19），或者单双向划船动作，例如使用划船机。
- 用单侧或双侧手臂拉起各种各样的重物，强调肘关节屈曲和正确的身体力学。

组合推动动作

肱三头肌参与了推动动作。推动动作还涉及肩关节屈曲和肩胛骨的前伸和下降的变化，以便使控制这些动作的肌肉与三头肌协调作用。在第 17 章和第 23 章中描述的许多肩关节和肘关节练习都涉及了肘关节伸展抗阻。这些运动可以用来加强参与推动动作的肌群。

建议如下。

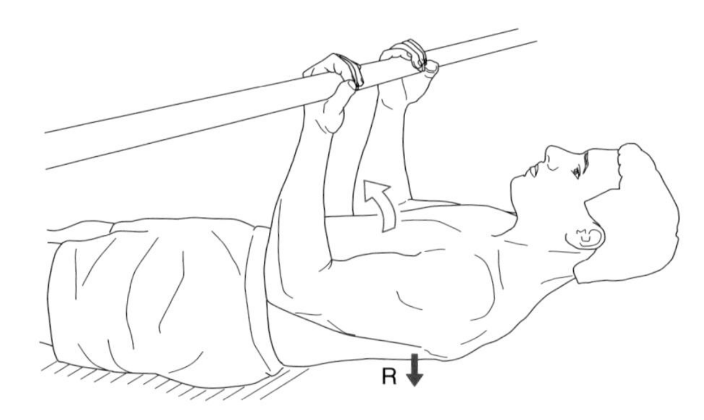

图 18.18 利用上半身重量作为阻力的改进闭链引体向上来加强肘屈肌。这种练习可以在一个带有过顶横杆的床上进行

- 军事俯卧撑（图 17.55）。
- 卧推。
- 上肢力量测试（图 6.55）。
- 墙面俯卧撑、半式俯卧撑或改良俯卧撑（图 18.20A）。
- 从椅子上或在双杠上俯卧撑（图 18.20B）。
- 将手放在台阶上“踏步”爬楼梯机（强调肘关节伸展）。
- 使用动态肘关节伸展，用单臂或双臂推动各种重量的物体（图 18.21）。

超等长训练（牵伸 – 短缩训练）

以下是关于增加肘关节肌肉爆发力的超等长训练的建议 [10,38]。第 23 章描述了进阶训练方法。

■ 进行肘关节屈曲和伸展练习，对抗弹性阻力，强调在离心和向心运动之间的快速转化。
■ 使用重力球，让患者接住，然后迅速把它扔回去。通过头顶传球、胸部传球、侧向传球增强肘关节运动。
■ 用球拍对墙面击打网球或乒乓球，伴随前臂的旋前和旋后。

模拟功能性任务和活动

根据患者期望的功能性活动以及职业或娱乐活动确定组成动作。让患者模拟这些动作并在整个任务中进行运用。动作包括抬举、下降、搬运、推、拉、扭、转、抓、抛或摆动。例如，如果患者处于因打网球导致外上髁肌肉损伤的恢复阶段，则让患者使用墙壁滑轮系统练习不同的拍击动作（图 18.22）。通过增加时间或重复次数、速度或阻力来施加控制的力量来增加难度 [38]。

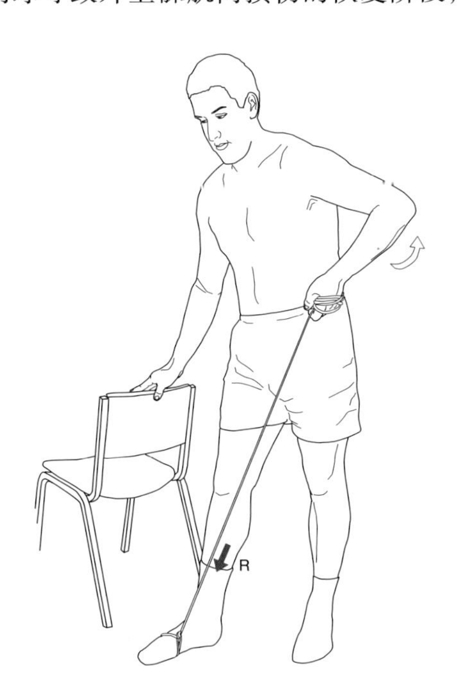

图 18.19 模拟启动割草机的上肢功能性强化练习

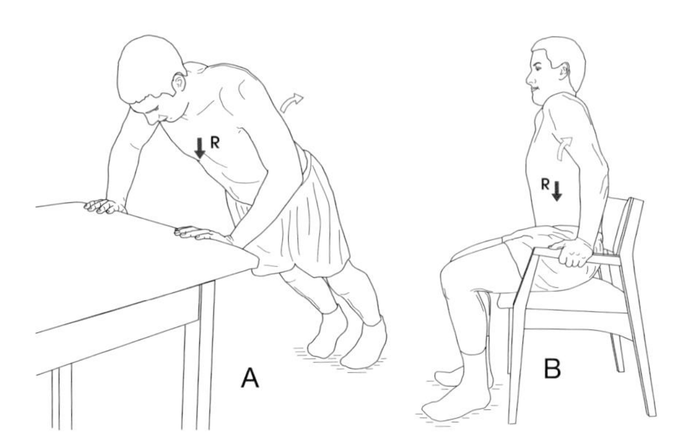

图 18.20 三头肌的闭链强化。A. 改良俯卧撑。B. 坐位俯卧撑

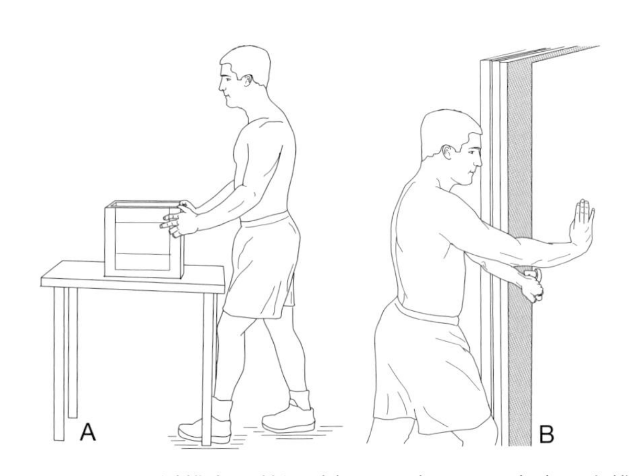

图 18.21 通过推东西的活动加强三头肌。A. 在桌子上推重物。B. 压低门把手然后推开门

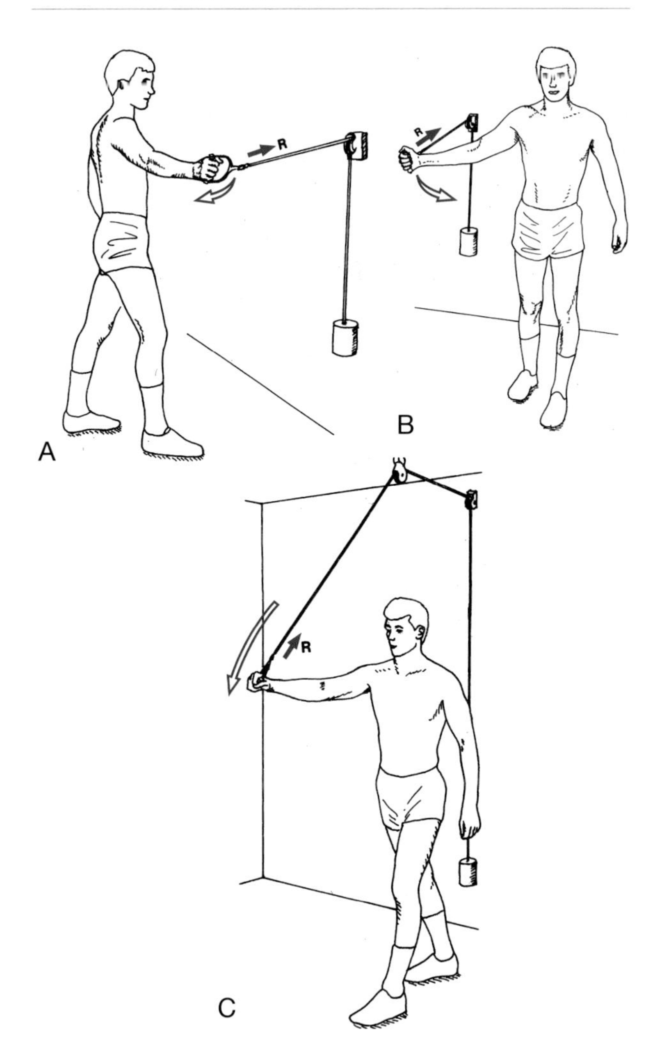

图 18.22 用墙壁滑轮模拟网球摆动的机械阻力练习。A. 反手击球。B. 正手击球。C. 发球练习

自学活动

批判性思考与讨论

1. 区分外、内上髁痛的病因、体征和症状及治疗方式。注意它们的相同点和不同点。
2. 制订和对比两种类型 TEA 的术后处理（包括练习进度和预防措施）:（1）半张力植入物 / 三头肌反射入路和（2）表面植入物 / 三头肌分离入路。
3. 以提高肘屈肌的性能和功能为目标，使肘屈肌有 3 级肌力并具备重复 4 次动作的耐力。制订每次强度增加时使用的练习，包括力量、耐力、控制、稳定性和功能性练习。制订每次练习的进度和预防损伤的措施。
4. 根据肘屈肌的练习流程，做同样顺序的分析和鉴定，以提高肘伸肌的肌肉性能和功能。
5. 分析以下与家庭、职业或体育相关的活动。确定与每个运动任务相关的动作的组成部分和顺序；在这些任务中要特别注意肘部和前臂的动作。设计一套上肢锻炼和模拟活动，纳入后期康复计划，为患者在肘部受伤后重返生活做好准备。
   - 清扫房屋。
   - 园艺。
   - 购物。
   - 木工。
   - 排球。
   - 网球。
   - 投掷运动。

实践练习

1. 将活动技术应用于同伴以增加以下肘部和前臂运动：肘关节屈曲；肘关节伸展；前臂旋前和旋后（近端和远端关节）。
2. 演示被动伸展和保持放松的技术，以拉长下列跨肘部的肌肉：臂肌、臂尺肌、二头肌、三头肌长头、指伸肌、尺侧腕屈肌和桡侧腕屈肌。
3. 使用下列阻力设备演示至少两种加强肘屈 / 伸肌群和前臂旋转肌的方法：自由重量、重量滑轮系统和弹性阻力。然后演示一个渐进抗阻练习，通过使用自我阻力 (体重或手动阻力) 来加强肌群。

案例研究

1. 描述在以下情景中导致肘部和前臂损伤的机械问题，以及可以使用哪些技术进行干预。患者在手臂伸展状态下手撑地摔倒后，使用长臂石膏固定住桡骨远端 4 周。现肘部、前臂和手腕活动受限。触诊时，你注意到在肘关节、前臂关节与腕关节处，关节间隙变小，关节活动也变小。
2. 有一例 15 岁、有 5 年多关节病史的 JRA 患者，因肘关节晚期病变，行开放滑膜切除、桡骨小头切除植入术。术前，患者肘部疼痛严重，肘关节不能充分的屈肘 / 伸展和前臂旋转，手臂活动功能受限。在患者住院期间 (3 天) 进行持续被动活动。出院前一天，推荐患者接受家庭计划的物理治疗。请为这个十几岁的孩子设计一个锻炼计划。优先安排并描述你希望患者第一周做的家庭练习。列出一个练习计划，以便日后在康复过程中使用。患者计划在出院后一周内返回学校。说明您是否建议其进行门诊治疗；如果是，请说明治疗频率和持续时间；证明该建议的必要性。

（马明 孙扬 译，朱玉连 王于领 审）

参考文献

1. Ahmad, CS, and El Attrache, NS: Arthroscopy in the throwing athlete. In Morrey, BF, and Sanchez-Sotelo J (ed): *The Elbow and Its Disorders,* ed. 4. Philadelphia: Saunders Elsevier, 2009, pp 587–595.
2. Anandkumar S: The effect of sustained natural apophyseal glide (SNAG) combined with neurodynamics in the management of a patient with cervical radiculopathy: a case report. *Physiother Theory Pract* 31:140–145, 2015.
3. Aiello, BJ: Median nerve compression. In Burke, SL, et al (eds): *Hand and Upper Extremity Rehabilitation,* ed. 3. Missouri: Elsevier Churchill Livingstone, 2006, pp 87–95.
4. Altman, E: Therapist's management of the stiff elbow. In Skirven, TM, et al (eds): *Rehabilitation of the Hand and Upper Extremity,* ed. 6. Philadelphia: Elsevier Mosby, 2011. 1075–1088.
5. Amin NH, Kumar NS, and Schickendantz, MS: Medical epicondylitis: evaluation and management. *J Am Acad Orthop Surg* 23:348–355, 2015.
6. Angst, F, et al: Comprehensive assessment of clinical outcomes and quality of life after total elbow arthroplasty. *Arthritis Rheum* 53:73–82, 2005.
7. Antuna, SA: Rehabilitation after elbow arthroplasty. In Williams, GR, et al (eds): *Shoulder and Elbow Arthroplasty.* Philadelphia: Lippincott Williams & Wilkins, 2005, pp 475–484.
8. Armstrong, AD, King, GJW, and Yamaguchi, K: Total elbow arthroplasty design. In Williams, GR, et al (eds): *Shoulder and Elbow Arthroplasty.* Philadelphia: Lippincott Williams & Wilkins, 2005, pp 297–312.
9. Armstrong, AD, and Galatz, LM: Complications of total elbow arthroplasty. In Williams, GR, et al (eds): *Shoulder and Elbow Arthroplasty.* Philadelphia: Lippincott Williams & Wilkins, 2005, pp 459–473.
10. Aviles, SA, Wilk, KE, and Safran, MR: Elbow. In Magee, DJ, et al (eds): *Pathology and Intervention in Musculoskeletal Rehabilitation.* Missouri: Saunders Elsevier, 2009, pp 161–212.
11. Barenholtz, A, and Wolff, A: Elbow fractures and rehabilitation. *Orthop Phys Ther North Am* 10(4):525–539, 2001.
12. Beckenbaugh, RD: Arthrodesis. In Morrey, BF, and Sanchez-Sotelo, J (eds): *The Elbow and Its Disorders,* ed. 4. Philadelphia: Saunders Elsevier, 2009, pp 949–955.
13. Beingessner, DM, et al: The effect of radial head excision and arthroplasty on elbow kinematics and stability. *J Bone Joint Surg Am* 86: 1730–1739, 2004.
14. Bennett, JB, and Mehlhoff, TL: Total elbow arthroplasty: surgical technique. *J Hand Surg (Am)* 34:933–939, 2009.
15. Beredjiklian, PK: Management of fractures and dislocations of the elbow. In Skirven, TM, et al (eds): *Rehabilitation of the Hand and Upper Extremity,* ed. 6. Philadelphia: Elsevier Mosby, 2011, pp 1049–1060.
16. Berglund, KM, Persson BH, and Denison, E: Prevalence of pain and dysfunction in the cervical and thoracic spine in persons with and without lateral elbow pain. *Man Ther* 13:295–299, 2008.
17. Bhatt, JB, and Glaser, R: Middle and lower trapezius strengthening for the management of lateral epicondylalgia: a case report. *J Orthop Sports Phys Ther* 43:841–847, 2013.
18. Bickhart, NE: Ulnar nerve compression. In Burke SL, Higgins, JP, and McClinton, MA (eds): *Hand and Upper Extremity Rehabilitation,* ed. 3. Missouri: Elsevier Churchill Livingstone, 2006, pp 96–108.
19. Bisset, LM, Collins, NJ, and Offord, SS. Immediate effects of 2 types of braces on pain and grip strength in people with lateral epicondylalgia: a randomized controlled trial. *J Orthop Sports Phys Ther* 44:120–128, 2014.
20. Bisset, LM, and Vicenzo, B: Physiotherapy management of lateral epicondylalgia. *J Physiother* 61(4):174–181, 2015.
21. Bisset, L, et al: Mobilisation with movement and exercise, corticosteroid injection, or wait and see for tennis elbow: randomised trial. *Br Med J.* e-pub 2006.
22. Buckwalter, JA, and Ballard, WT: Operative treatment of rheumatic disease. In Klippel, JH (ed): *Primer on the Rheumatic Diseases,* ed. 12. Atlanta: Arthritis Foundation, 2001, pp 613–623.
23. Caridi, J, Pumberger, M, and Hughes, A: Cervical radiculopathy: A review. *HSS Journal* 7:265–272, 2011.
24. Celli, A, et al: Triceps insufficiency following total elbow arthroplasty. *J Bone Joint Surg Am* 87(9):1957–1964, 2005.
25. Celli, A, and Morrey, BF: Total elbow arthroplasty in patients forty years of age or less. *J Bone Joint Surg (Am)* 91:1414–1418, 2009.
26. Cil A, and Morrey, BF. Synovectomy of the elbow. In Morrey, BF, and Sanchez-Sotelo, J (eds): *The Elbow and Its Disorders,* ed. 4. Philadelphia: Saunders Elsevier, 2009, pp 921–934.
27. Cil, A, Veillette, CH, Sanchez-Sotelo, J, and Morrey, BF: Linked elbow replacement: a salvage procedure for distal humeral nonunion. *J Bone Joint Surg* 90:1939–1950, 2008.
28. Clifford, PE, and Mallon, WJ: Sports after total joint replacement. *Clin Sports Med* 24:175–186, 2005.
29. Cohen, MS, and Katolik, LI: Total elbow arthroplasty. In Wolfe, SW, Hotchkiss, RN, Pederson, WC, and Kozin, SH (eds): *Green's Operative Hand Surgery, Vol 1,* ed. 6. Philadelphia, PA: Elsevier: Churchill Livingstone, 2011, pp 959–973.
30. Coisier, JL, et al: An isokinetic eccentric programme for the management of chronic lateral epicondylar tendinopathy. *Br J Sports Med* 41:269–275, 2007.
31. Coleman, SH, and Altchek, DA: Arthroscopy and the thrower's elbow. In Wolfe, SW, Hotchkiss, RN, Pederson, WC, and Kozin, SH (eds): *Green's Operative Hand Surgery, Vol 1,* ed. 6. Philadelphia, PA: Elsevier: Churchill Livingstone, 2011, pp 945–958
32. Coombes, BK, Bissett, L, and Vicenzino, B: Bilateral cervical dysfunction in patients with unilateral lateral epicondylalgia without concomitant cervical or upper limb symptoms: a cross-sectional case-control study. *J Manip Ther* 37:79–86, 2014.
33. Cooney, WP: Elbow arthroplasty: Historical perspective and current concepts. In Morrey, BF, and Sanchez-Sotelo, J (eds): *The Elbow and Its Disorders,* ed. 4. Philadelphia: Saunders Elsevier, 2009, pp 705–719.
34. Cresswell, T, and Stanley, D: Unlinked elbow arthroplasty. In Williams, GR, et al (eds): *Shoulder and Elbow Arthroplasty.* Philadelphia: Lippincott Williams & Wilkins, 2005, pp 333–345.
35. Davila, SA: Therapist's management of fractures and dislocations of the elbow. In Skirven, TM, et al (eds): *Rehabilitation of the Hand and Upper Extremity,* ed. 6. Philadelphia: Elsevier Mosby, 2011, pp 1061–1074.
36. Doornberg, JN, Ring, D, and Jupiter, JB: The effectiveness of static progressive splinting for post-traumatic elbow stiffness. *J Orthop Trauma* 20(6):400–404, 2006.
37. Edmonds, A: Elbow arthroplasty. In Burke, SL, Higgens, JP, and McClinton, MA (eds): *Hand and Upper Extremity Rehabilitation,* ed. 3. Missouri: Elsevier Churchill Livingstone 2006, pp 431–437.
38. Ellenbecker, TS, Pieczynski, TE, and Davies, GJ: Rehabilitation of the elbow following sports injury. *Clin Sports Med* 29:33–60, 2010.
39. Fedorczyk, JM: Tendinopathies of the elbow, wrist, and hand: histopathology and clinical considerations. *J Hand Ther* 25:191–201, 2012.
40. Fedorczyk, JM: Tennis elbow: blending basic science with clinical practice. *J Hand Ther* 19:146–153, 2006.
41. Fernandez-Carnero, J, et al: Widespread mechanical pain hypersensitivity as sign of central sensitization in unilateral epicondylalgia: A blinded, controlled study. *Clin J Pain* 25:555–561, 2009.
42. Fernádez-de-las-Peñas, C, et al: Specific mechanical pain hypersensitivity over peripheral nerve trunks in women with either unilateral epicondylalgia or carpal tunnel syndrome. *J Orthop Sports Phys Ther* 40(11):751–760, 2010.
43. Fevang, B-TS, et al: Results after 562 total elbow replacements: a report from the Norwegian arthroplasty register. *J Shoulder Elbow Surg* 18:449–456, 2009.

44. Field, LD, and Savoié, FH, III: *Master Cases: Shoulder and Elbow Surgery.* New York: Thieme, 2003.
45. Field, LD, and Savoié, FH, III: Management of loose bodies and other limited procedures. In Morrey, BF, and Sanchez-Sotelo, J (eds): *The Elbow and Its Disorders,* ed. 4. Philadelphia: Saunders Elsevier, 2009, pp 579–586.
46. Gallo, RA, Payatakes, A, and Sotereanos, DG: Surgical options for the arthritic elbow. *J Hand Surg* 33(5):746–759, 2008.
47. Garg, R, et al: A prospective randomized study comparing a forearm strap brace versus a wrist splint for the treatment of lateral epicondylitis. *J Should Elbow Surg* 19:508–512, 2010.
48. Gill, DRJ, Morrey, BF, and Adams, RA: Linked total elbow arthroplasty in patients with rheumatoid arthritis. In Morrey, BF, and Sanchez-Sotelo, J (eds): *The Elbow and Its Disorders,* ed. 4. Philadelphia: Saunders Elsevier, 2009, pp 782–791.
49. Hall, JA, and McKee, MA: Posterolateral rotary instability of the elbow following radial head resection. *J Bone Joint Surg Am* 87(7):1571–1579, 2005.
50. Hastings, H, and Theng, CS: Total elbow replacement for distal humerus fractures and traumatic deformity: results and complications of semiconstrained implants and design rationale for the Discovery Elbow System. *Am J Orthop* 32:20–28, 2003.
51. Hughes, JS, Morrey, BF, and King, GJW: Unlinked arthroplasty: In Morrey, BF, and Sanchez-Sotelo, J (eds): *The Elbow and Its Disorders,* ed. 4. Philadelphia: Saunders Elsevier, 2009, pp 720–753.
52. Jafarian, FS, Demneh, ES, and Tyson, SF: The immediate effect of orthotic management on grip strength for patients with lateral epicondylosis. *J Orthop Sports Phys Ther* 39(6):484–489, 2009.
53. Jawa, A, Jupiter, JB, and Hotchkiss, RN: Complex traumatic elbow dislocation. In Wolfe SW, Hotchkiss, RN, Pederson, WC, and Kozin, SH (eds): *Green's Operative Hand Surgery, Vol 1,* ed. 6. Philadelphia, PA: Elsevier: Churchill Livingstone, 2011, pp 869–885.
54. Joseph, MF, Taft, K, Moskawa, M , and Denegar, CR: Deep friction massage to treat tendinopathy: a systematic review of a classic treatment in the face of a new paradigm of understanding. *J Sports Rehab* 21(4):343–353, 2012.
55. Kelly, EV, Coghlan, J, and Bell, S: Five- to thirteen-year follow-up of the GBS III total elbow arthroplasty. *J Shoulder Elbow Surg* 13:434–440, 2004.
56. Kim, JM, Mudgal, CS, Konopka, JF, and Jupiter, JB: Complications of total elbow arthroplasty. *J Am Acad Orthop Surg* 19:328–330, 2011.
57. King, JGW: Total elbow arthroplasty. In Wolfe SW, Hotchkiss, RN, Pederson, WC, and Kozin, SH (eds): *Green's Operative Hand Surgery, Vol 1,* ed. 6. Philadelphia, PA: Elsevier: Churchill Livingstone, 2011, pp 783–819.
58. Kokkalis, ZT, Schmidt, CC, and Sotereanos, DG: Elbow arthritis: Current concepts. *J Hand Surg* 34A:761–768, 2009.
59. Lee, BP, Adams, RA, and Morrey, BF: Wear and elbow replacement. In Morrey, BF, and Sanchez-Sotelo, J (eds): *The Elbow and Its Disorders,* ed. 4. Philadelphia: Saunders Elsevier, 2009, pp 880–884.
60. Lin, F, et al: Muscle contribution to elbow joint valgus stability. *J Shoulder Elbow Surg* 16:795–802, 2007.
61. Linscheid, RL, and Morrey, BF: Resurfacing elbow replacement arthroplasty. In Morrey, BF (ed): *Joint Replacement Arthroplasty,* ed. 3. Philadelphia: Churchill Livingstone, 2003, pp 303–315.
62. Lucado, AM, Kolber, MJ, and Cheng, MS. Upper extremity strength characteristics in female recreational tennis players with and without lateral epicondylalgia. *J Orthop Sports Phys Ther* 42:1025–1031, 2012.
63. Magee, DJ: *Orthopedic Physical Assessment,* ed. 6. St. Louis: Saunders, 2014.
64. Manias, P, and Stasinopoulos, D: A controlled clinical pilot trial to study the effectiveness of ice as a supplement to the exercise programme for the management of lateral elbow tendinopathy. *Br J Sports Med* 40:81–85, 2006.
65. Martinez-Sivestrini, JA, et al: Chronic lateral epicondylitis: comparative effectiveness of a home exercise program including stretching alone versus stretching supplemented with eccentric or concentric strengthening. *J Hand Ther* 18(4):411–419, 2005.
66. McKee, MD, et al: A multicenter, prospective randomized, controlled trial of open reduction—internal fixation versus total elbow arthroplasty for displaced intra-articular distal humeral fractures in elderly patients. *J Shoulder Elbow Surg* 18(1):3–12, 2009.
67. Monica, JT, and Mudogal, CS: Radial head arthroplasty. *Hand Clin* 26:403–410, 2010.
68. Morrey, BF: Anatomy of the elbow joint. In Morrey, BF, and Sanchez- Sotelo, J (eds): *The Elbow and Its Disorders,* ed. 4. Philadelphia: Saunders Elsevier, 2009, pp 11–38.
69. Morrey, BF: Splints and bracing at the elbow. In Morrey, BF, and Sanchez- Sotelo, J (eds): *The Elbow and Its Disorders,* ed. 4. Philadelphia: Saunders Elsevier, 2009, pp 164–169.
70. Morrey, BF: Ectopic ossificans about the elbow. In Morrey, BF, and Sanchez-Sotelo, J (eds): *The Elbow and Its Disorders,* ed. 4. Philadelphia: Saunders Elsevier, 2009, pp 472–486.
71. Morrey, BF: Linked arthroplasty: rationale, indications and surgical technique. In Morrey, BF, and Sanchez-Sotelo, J (eds): *The Elbow and Its Disorders,* ed. 4. Philadelphia: Saunders Elsevier, 2009, pp 765–781.
72. Morrey, BF, and Larson, AN: Interposition arthroplasty of the elbow. In Morrey, BF, and Sanchez-Sotelo, J (eds): *The Elbow and Its Disorders,* ed. 4. Philadelphia: Saunders Elsevier, 2009, pp 935–948.
73. Morrey, BF: Linked arthroplasty. In Williams, GR, et al (eds): *Shoulder and Elbow Arthroplasty.* Philadelphia: Lippincott Williams & Wilkins, 2005, pp 475–484.
74. Morrey, BF: Radial head fracture. In Morrey, BF, and Sanchez-Sotelo, J (eds): *The Elbow and Its Disorders,* ed. 4. Philadelphia: Saunders Elsevier, 2009, pp 359–388.
75. Morrey, BF: Radial head prosthetic replacement. In Morrey, BF (ed): *Joint Replacement Arthroplasty,* ed. 3. Philadelphia: Churchill Livingstone, 2003, pp 294–302.
76. Morrey, BF: Semiconstrained total elbow replacement: indications and surgical technique. In Morrey, BF (ed): *Joint Replacement Arthroplasty,* ed. 3. Philadelphia: Churchill Livingstone, 2003, pp 316–328.
77. Morrey, BF, and Adams, RA: Results of semiconstrained replacement for rheumatoid arthritis. In Morrey, BF (ed): *Joint Replacement Arthroplasty,* ed. 3. Philadelphia: Churchill Livingstone, 2003, pp 329–337.
78. Morrey, BF, and An, K: Functional evaluation of the elbow. In Morrey, BF, and Sanchez-Santolo, J (eds): *The Elbow and Its Disorders,* ed. 4. Philadelphia: Saunders Elsevier, 2009, pp 80–89.
79. Mulligan, BR: *Manual Therapy "NAGS," "SNAGS," "MWM'S" etc.,* ed. 6. Wellington: Plane View Press, 2010.
80. Nagrale, AV, Herd, CR, Ganvir, S, and Ramteke, G: Cyriax physiotherapy versus phonophoresis with supervised exercise in subjects with lateral epicondylalgia: a randomized clinical trial. *J Man Manip Ther* 17(3):171–178, 2009.
81. Nauth, A, et al: Heterotopic ossification in orthopaedic trauma. *J Orthop Trauma* 26:684–688, 2012.
82. Neumann, DA: Elbow and forearm. In Neumann, DA: *Kinesiology of the Musculoskeletal System: Foundations for Rehabilitation,* ed. 2. St. Louis: Mosby/Elsevier, 2010, pp 173–215.
83. Nirschl, RP, and Alvarado, GJ: Tennis elbow tendinosis. In Morrey, BF, and Sanchez-Sotelo, J (eds): *The Elbow and Its Disorders,* ed. 4. Philadelphia: Saunders Elsevier, 2009, pp 626–642.
84. Norkin, CC: The elbow complex. In Levangie, PK, and Norkin, CC (eds): *Joint Structure and Function: A Comprehensive Analysis,* ed. 5. Philadelphia: F.A. Davis, 2011, pp 271–304.
85. O'Driscoll, SW: Complications of total elbow arthroplasty. In Morrey, BF, and Sanchez-Santolo, J (eds): *Joint Replacement*

Arthroplasty, ed. 3. Philadelphia: Churchill Livingstone, 2003, pp 352–378.

86. O'Driscoll, SW: Elbow dislocation. In Morrey, BF, and Sanchez-Santolo, J (eds): *The Elbow and Its Disorders,* ed. 4. Philadelphia: Saunders Elsevier, 2009, pp 436–449.
87. Pappas, N, and Bernstein, J: Fractures in brief: radial head fractures. *Clin Orthop Relat Res* 468:914–916, 2010.
88. Park, JG, Cho, NS, Song, JH, Lee, DS, and Rhee, YG: Clinical outcomes of semiconstrained total elbow arthroplasty in patients who were forty years of age or younger. *J Bone Joint Surg* 97:1781–1791, 2015.
89. Petrie, RS, and Bradley, JP: Osteochondral defects in the elbow. In Mirzayan, R (ed): *Cartilage Injury in the Athlete.* New York: Thieme, 2006, pp 201–216.
90. Pitts, G, and Umansky, SC: Radial nerve compression. In Burke SL, Higgins, JP, and McClinton, MA (eds): *Hand and Upper Extremity Rehabilitation,* ed. 3. Missouri: Elsevier Churchill Livingstone 2006, pp 109–120.
91. Plaschke, HC, Thillemann, TM, Brorson, S, and Olsen, BS: Outcome after total elbow arthroplasty: a retrospective study of 167 procedures performed from 1981 to 2008. *J Should Elbow Surg* 24(12):1982–1990, 2015.
92. Raman, J, MacDermid, JC, and Grewal, R: Effectiveness of different methods of resistance exercises in lateral epicondylosis—a systematic review. *J Hand Ther* 25:5–26, 2012.
93. Ramsey, ML: The history and development of total elbow arthroplasty. In Williams, GR, et al (eds): *Shoulder and Elbow Arthroplasty.* Philadelphia: Lippincott Williams & Wilkins, 2005, pp 271–278.
94. Ranganathan, K, et al: Heterotopic ossification: basic-science principles and clinical correlates. *J Bone Joint Surg* 97:1101–1111, 2015.
95. Regan, WD, and Morrey, BF: Physical examination of the elbow. In Morrey, BF, and Sanchez-Sotelo, J (eds): *The Elbow and Its Disorders,* ed. 4. Philadelphia: Saunders Elsevier, 2009, pp 67–79.
96. Sadeghi-Demneh, E, and Jafarian, F. The immediate effects of orthoses on pain in people with lateral epicondylalgia. *Pain Res Treat* 2013:1–6, 2013.
97. Sanchez-Sotelo, J, and Morrey, BF: Total elbow arthroplasty. *J Am Academy Orthop Surgeons* 19(2):121–125, 2011.
98. Stanley, D: Surgical and postoperative management of elbow arthritis. In Skirven et al (eds): *Rehabilitation of the Hand and Upper Extremity,* ed. 6. Philadelphia: Elsevier Mosby, 2011. pp 1420–1426.
99. Stans, AA: Fractures of the neck of the radius in children. In Morrey, BF, and Sanchez-Sotelo, J (eds): *The Elbow and Its Disorders,* ed. 4. Philadelphia: Saunders Elsevier, 2009, pp 268–282.
100. Stasinopoulos, D, Stasinopoulos, K, and Johnson, MI: An exercise programme for the management of lateral elbow tendinopathy. *Br J Sports Med* 39:944–947, 2005.
101. Stevens, CG, and Wright, TW: Radial head fractures. *Oper Tech Orthop* 23:188–197, 2013.
102. Tanaka, N, et al: Kudo total elbow arthroplasty in patients with rheumatoid arthritis. *J Bone Joint Surg Am* 83:1506–1513, 2001.
103. Tyler, TF, Thomas, GC, Nickolas, SJ, and McHugh, MP: Addition of isolated wrist extensor eccentric exercise to standard treatment for chronic lateral epicondylosis: a prospective randomized trial. *J Shoulder Elbow Surg* 19:917–922, 2010.
104. Ulrich, SD, et al: Restoring range of motion via stress relaxation and static progressive stretch in posttraumatic elbow contractures. *J Shoulder Elbow Surg* 19:196–201, 2010.
105. van Hofwegen, C, Baker III, CL, and Baker Jr, CL: Epicondylitis in the athlete's elbow. *Clin Sports Med* 29:577–597, 2010.
106. Van Riet, RP, Van Glabbeek, F, and Morrey, BF: Radial head fracture. In Morrey, BF, and Sanchez-Sotelo, J (eds): *The Elbow and Its Disorders,* ed. 4. Philadelphia: Saunders Elsevier, 2009, pp 359–381.
107. Vicenzino, B, Cleland, JA, and Bisset, L: Joint manipulation in the management of lateral epicondylalgia: a clinical commentary. *J Man Manip Ther* 15(1):50–56, 2007.
108. Voloshin, I, et al: Complications of total elbow replacement: a systematic review. *J Shoulder Elbow Surg* 20:158–168, 2011.
109. Waugh, EJ, Jaglal, SB, and Davis, AM: Computer use associated with poor long-term prognosis of conservatively managed lateral epicondylalgia. *J Orthop Sports Phys Ther* 34(12):770–780, 2004.
110. Wilk, KE, and Andrews, JR: Elbow injuries. In Brotzman, SB, and Wilk, KE (eds): *Clinical Orthopedic Rehabilitation,* ed. 2. Philadelphia: Mosby, 2003, pp 85–123.
111. Yoon, JJ, and Bae, H: Change in electromyographic activity of wrist extensor by cylindrical brace. *Yonsei Med J* 54:220–224, 2013.
112. Yoon, AM, et al: Radial head fractures. *J Hand Surg* 37A:2626–2634, 2012.

第19章

腕关节和手

CAROLYN KISNER　LYNN COLBY
CINDY JOHNSON ARMSTRONG

腕关节是控制手部位置和手功能的最后一环，起着调节各种活动的作用，可以控制手部多关节肌肉的长度－张力关系。无论从解剖学还是生理学的角度来看，腕关节通常都被认为是身体最复杂的关节。然而，关于腕关节有两点共识：①腕关节和手的结构及生物力学因人而异；②即使微妙的变化也会产生特定的功能性活动。手是重要的工具，使得我们能够操纵我们的环境、表达想法和发挥才能。它还具有为中枢神经系统提供感官反馈的重要功能。

本章分为三大部分。第一部分简要回顾腕关节和手部较为复杂的结构和功能，这对有效治疗腕关节和手部病变的患者而言是非常重要的。第二部分描述保守治疗和术后管理的常见障碍和指南。最后一部分描述常用的运动技术，通常用于组织愈合阶段和康复阶段，达到治疗的目标。

腕关节和手的结构与功能

腕关节的骨骼包括远端桡骨和尺骨。舟骨（scaphoid, S）、月骨（lunate, L）、三角骨（triquetrum, Tri）和豌豆骨（pisiform, P）组成腕骨近端，大多角骨（trapezium, Tm）、小多角骨（trapezoid, Tz）、头状骨（capitate, C）和钩骨（hamate, H）组成腕骨远端。5 个掌骨和 14 个指骨构成手和五指（图 19.1）

腕关节和手的关节

腕关节：特征和关节运动学

即便患者常将前臂关节的疼痛和障碍描述成腕关节疼痛，但桡尺远侧关节不属于腕关节的一部分，其结构和功能详见第 18 章。

腕关节是复合型关节，由多个关节组成，包括桡腕关节 / 尺腕关节和腕中关节。腕关节是双轴关节，允许屈曲、伸展，桡偏和尺偏。但由于旋转的倾斜轴，大多数活动是通过腕关节的倾斜方向进行的，从伸展伴桡偏到屈曲伴尺偏。这种倾斜的运动平面被称为“飞镖运动员的动作”（dart thrower's motion, DRT），这个概念对腕关节病变患者制订治疗计划非常重要[24,53]。腕关节稳定性由多个外在的韧带提供：尺侧和桡侧的副韧带，桡尺和桡腕掌侧韧带，桡尺和桡腕背侧韧带，三角纤维软骨复合体，以及许多内在的腕骨间韧带[9,102]。

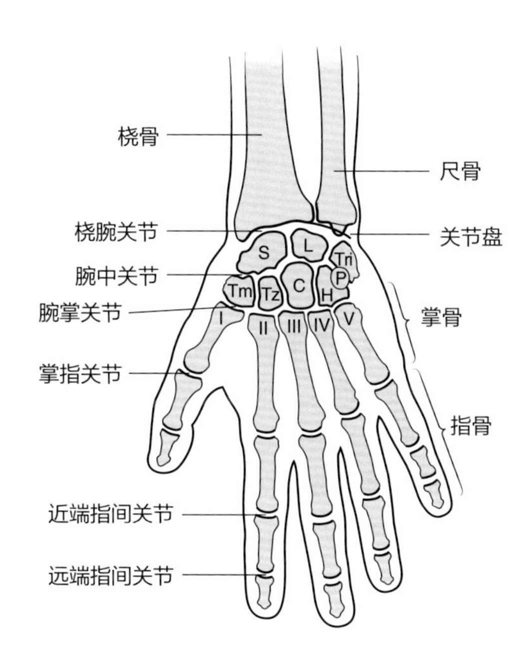

图 19.1　腕关节和手的骨骼

豌豆骨位于近端腕骨中大多角骨的上方，它本身不是腕关节的一部分，但可以作为尺侧腕屈肌肌腱的籽骨。

桡腕关节

特征。桡腕关节（radiocarpal, RC）和尺腕关节（ulnocarpal, UC）被封闭在一个松弛而牢固的囊内，由腕中关节的韧带加强。双凹关节面由桡骨远端和关节盘（部分三角纤维软骨复合体）组成，并且略向掌侧和尺侧倾斜[9,102]。近端腕骨的双凸关节面包括舟骨、月骨和三角骨。三角骨主要与关节盘接合。这三个腕骨由许多骨间韧带连接在一起。

关节动作学。随着腕关节的运动，近端腕骨列的凸面在远端桡骨和关节盘的凹面上，滑动的方向与手的生理运动方向相反。

腕中关节

特征。腕中关节是腕骨近端和腕骨远端之间的复合关节，两排腕骨之间有关节囊相连接。腕骨近端（豌豆骨、舟骨、月骨和三角骨）的远端面与腕骨远端（大多角骨、小多角骨、头状骨和钩骨）接合。

关节运动学。腕中关节分为尺骨间隔和桡骨间隔两部分。

- 尺骨间隔由钩骨和头状骨的表面构成，属于凸面骨，在舟骨、月骨和三角骨的凹面之间产生滑动。因此，当发生屈曲和伸展，尺偏和桡偏时，尺骨间隔的远端部分的运动方向与生理活动的方向相反。
- 桡骨间隔包括大多角骨和小多角骨的凹面，在舟骨的远端凸面上滑动。随着屈曲和伸展动作的发生，桡骨间隔的远端部分（大多角骨和小多角骨）的运动方向与生理运动的方向相同。然而，当桡偏和尺偏时，通过三维 CT 扫描显示腕骨远端在掌侧或背侧有轻微的“摇摆”或“扭曲”。摇摆运动在舟骨最为明显，桡偏时舟骨向掌侧移动，尺偏时舟骨向背侧移动。

聚焦循证

根据 Moojen 的资料，在尺偏 20° 时，舟骨相对尺骨向背侧旋转大约 20°，在桡偏 20° 时，舟骨向掌侧旋转约 15°，以增加桡偏的角度 [9,96,97,102]。产生这种运动的机制尚不清楚。然而，理论上是由于相邻腕骨之间的韧带牵伸力和相邻腕骨间被压缩造成的 [102]。

手的关节：特征和关节运动学

第 2~5 腕掌关节

特征。腕掌关节（carpometacarpal, CMC）被封闭在一个共同的关节腔中，包括每个掌骨与腕骨远端之间的关节和每个掌骨底部之间的关节。第 2 和第 3 指关节因其关节面呈锯齿状而难以分类，通常被认为是平面关节。这些联锁的表面与强韧的韧带相结合，只允许微小的活动，因为它们的稳定性对手的整体稳定性至关重要，并形成中心支柱。第 4 和第 5 掌骨底部稍微凸起，与钩骨的凹面接合，使手部具有重要的灵活性。第 4 和第 5 掌骨关节能够“折叠”或朝手心旋转，可以加深手掌凹陷。这种运动发生在第 4 和第 5 掌骨向第 3 指方向屈曲和内旋，通常被称为手的“握杯状”[9,103]，这个动作提高了手抓握不同大小的物件的能力。掌骨伸展使手掌变平，利于释放抓握的物体。

关节动作学。掌骨近端略凹的表面向掌侧方向滑动，腕骨远端列的凸面在屈曲时滑动，右手掌伸展时向背侧方向滑动。

拇指（第一）腕掌关节

特征。拇指的 CMC 关节是鞍状关节，位于大多角骨和第一掌骨基底部之间。大多角骨关节表面的前后方向是凹的，内外侧方向是凸的。第一掌指关节近端关节面前后方向上是凸的，而内外侧方向是凹的，与大多角骨的表面相反。拇指 CMC 关节有松弛的关节囊，关节活动范围大，允许拇指可以完全对向其他手指，这大大增强了抓握能力 [9,103]。

关节动作学。美国骨科医师学会（American Academy of Orthopaedic Surgeons, AAOS），美国手外科学会（American Society for Surgery of the Hand, ASSH），国际手外科协会联合会（International Federation of Societies for Surgery of the Hand, IFSSH），以及美国手部治疗师协会（American Society of Hand Therapist, ASHT）在 20 世纪 90 年代初成立。美国和国际上的许多论文那时已经在讨论将第一腕掌关节纳入了这一专业术语 [13.72.84,100,114]。

- 原先称 CMC 关节外展和内收的动作为手掌外展和内收（远离或朝向手掌）；在该平面中，掌骨的远端表面是凸起的而大多角骨的近端表面是凹的。由于远端节段在近端节段上运动，凸面骨在凹面上运动；因此，掌骨的滑动方向与生理运动方向相反。
- 以前被称为 CMC 关节屈曲和伸展的动作，被改为桡侧外展和内收（远离或朝向桡骨运动）。在这个平面上，掌骨的远端表面是凹的，大多角骨的近端表面是凸起的，因此，该运动是凹面骨在凸面上活动，掌骨滑动的方向与生理运动的方向一致。

第 2~5 掌指关节

特征　掌指关节（metacarpophalangeal, MP）是髁状关节，可以进行屈曲 / 伸展和外展 / 内收动作。MP 关节被一个相对松弛的关节囊包绕，从而允许重要的附属运动和近节指骨的轴向旋转。这种活动能力使得手指能够更好地适应物体的形状，并且增加抓握的控制。每个关节由掌板和两条副韧带支撑。副韧带在完全屈曲时会紧张从而限制这个姿势下的外展和内收 [9,103]。

关节运动学。每个掌骨的远端是凸的，指骨近端是凹的，近端指骨的关节面滚动和滑动的方向与生理运动方向一致。

拇指的指间关节和掌指关节

特征。第 2~5 指的指间关节包括一个近端指间关节（proximal interphalangeal, PIP）和一个远端指间关节（distal interphalangeal, DIP）。拇指仅有一个指间关节（IP），虽然拇指的掌指关节属于单轴关节，但功能与指间关节相似。不同之处在于拇指的掌指关节受到了掌侧面的两个籽骨的加强，提高了拇短屈肌的杠杆作用。每个指间关节都属于单轴铰链关节。

指间关节的关节囊都有侧副韧带支持，与 MP 关节不同的是，IP 关节的侧副韧带在整个关节活动范围内都保持相对恒定。从桡侧向尺侧的方向上，第 2~5 掌指关节屈曲和伸展的角度不断增加。这使得尺侧手指比拇指具有更强的抓握能力。

关节动作学　每个远端指间关节表面是凸起的，而近端指间关节的表面是凹的。因此，近端指骨滚动和滑动的方向与生理运动方向一致。

手的功能

腕关节和手部的肌肉

腕关节和手部外在和内在肌肉之间的复杂平衡和力量控制决定了手部功能的复杂性（图 19.2）。腕关节和手部肌肉的主要和次要动作总结见表 19.1。

长度 – 张力关系

腕关节的位置控制手指的外在肌的长度。当手指或拇指屈曲，腕伸肌必须稳定腕关节以防止指深屈肌和指浅屈肌或拇长屈肌同时屈曲腕关节。随着抓握力量增强，腕关节伸肌群使外侧屈肌肌腱延伸穿过手腕并使肌腱单元保持更有利的总长度，以便获得更强的收缩力。

为了手指或拇指有力伸展，腕屈肌固定腕关节，因此指伸肌、示指伸肌、小指伸肌或拇长伸肌可以更有效地发挥作用。

伸肌机制

从结构上讲，伸肌机制的基础是指伸肌肌腱（示指伸肌和小指伸肌）、伸肌帽、中央肌腱和横带（由三角韧带稳定）并合，组成末端肌腱。

伸肌机制的被动组成部分包括三角韧带和矢状带（防止伸肌结构弓弦化并使 MP 关节的伸肌肌腱集中）。伸肌机制的主动组成部分包括背侧骨间肌、掌侧骨间肌和蚓状肌（统称为内在肌）（图 19.3）[9,103]。

- 指伸肌肌腱从背侧走行达 MP 关节轴，指伸肌的主动收缩在矢状带上产生张力，将腱束拉向近端，导致近端指骨伸展。
- 指伸肌的单独收缩会使 MP 关节过度伸展伴 IP 关节屈曲。IP 的被动屈曲是由外侧屈肌肌腱的被动拉动产生。这个姿势称为抓钩姿势。
- PIP 和 DIP 伸展是互相影响的，意味着当 PIP 关节伸展时，DIP 关节也会伸展，这是由骨间肌和蚓状肌通过对伸肌帽的拉动而产生。
- 为进行 IP 伸展，指伸肌肌腱也必须有张力。这可能是由于肌肉的主动收缩，使骨间肌收缩的同时引起 MP 伸展，或者由于 MP 屈曲时使指伸肌肌腱产生被动张力[9]。

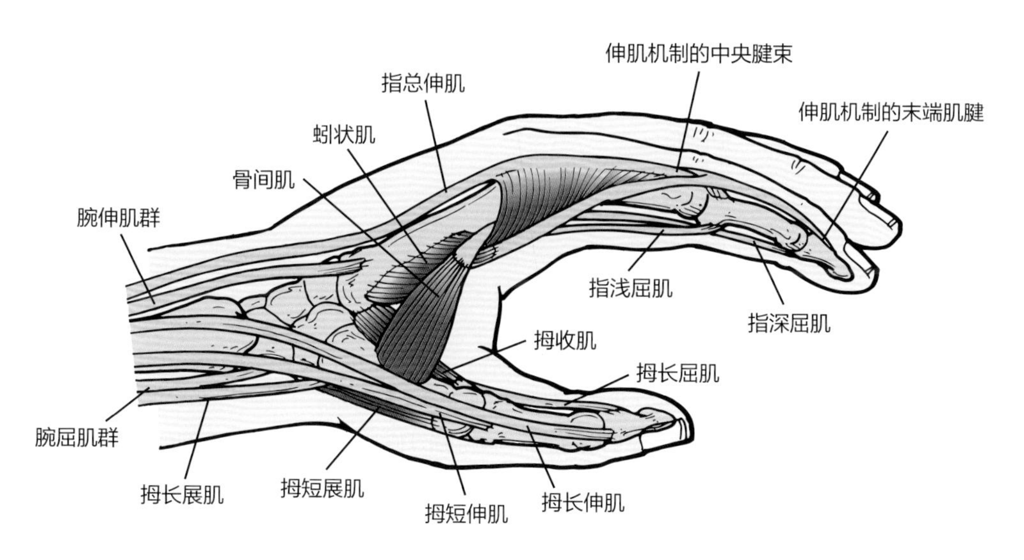

图 19.2　腕关节和手部外在和内在肌肉力量的平衡，使手的功能得以实现

表 19.1 腕关节和手部的肌肉

动作	原动肌	协同肌
腕关节		
屈曲	尺侧腕屈肌 桡侧腕屈肌 掌长肌	指浅屈肌 指深屈肌 拇长屈肌
伸展	桡侧腕长伸肌 桡侧腕短伸肌 尺侧腕伸肌 指伸肌	示指伸肌 小指伸肌 拇短伸肌 拇长展肌
桡偏	桡侧腕短伸肌	拇长屈肌 拇短伸肌 拇长展肌
尺偏	尺侧腕屈肌 尺侧腕伸肌	
拇指		
腕掌关节：对掌	拇对掌肌	
腕掌关节：内收	拇对掌肌	
腕掌关节：外展	拇长展肌	拇长伸肌
腕掌关节：掌侧外展	拇对掌肌 拇长展肌 拇短展肌 拇短伸肌	拇短屈肌（浅侧头）
腕掌关节：掌侧内收	拇收肌（第一掌骨间肌）	拇短屈肌（深侧头）拇长伸肌
掌指关节：屈曲	拇短伸肌	拇长屈肌
掌指关节：伸展	拇短伸肌 拇长伸肌	拇长伸肌
指间关节：屈曲	拇长屈肌	
指间关节：伸展	拇长伸肌	
第 2~5 指骨（肌肉的功能随着关节位置 / 动作而变化）		
掌指关节屈曲	蚓状肌 掌侧和背侧骨间肌 指浅屈肌 指深屈肌	
掌指关节伸展	指伸肌 小指伸肌 示指伸肌	
掌指关节外展	背侧骨间肌 小指展肌	
掌指关节内收	掌侧骨间肌	
指间关节屈曲	指浅屈肌（仅近端指间关节） 指深屈肌（近端指间关节和远端指间关节）	
指间关节伸展	蚓状肌，掌侧和背侧骨间肌和通过伸肌机制的指伸肌	（注：骨间肌远端肌腱对指间关节的影响更大）[9]

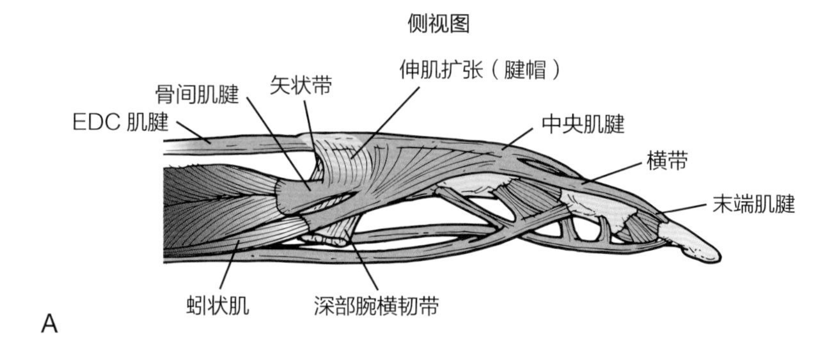

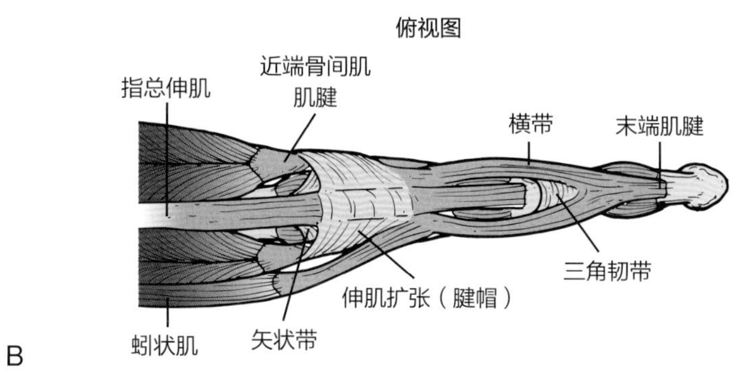

图 19.3 伸肌机制的解剖结构。A. 侧视图。B. 俯视图。

- 背侧骨间肌、掌侧骨间肌和蚓状肌从掌侧穿至 MP 关节的关节轴并且止于 PIP 近端伸肌机制。所以，当指伸肌、骨间肌和蚓状肌同时收缩时，MP 关节和 IP 关节都将伸展。然而在指伸肌无主动收缩仅骨间肌和蚓状肌收缩时，MP 关节将屈曲而 IP 关节将伸展。

无负荷（自由）手的控制

解剖因素、肌肉收缩和肌肉的黏弹性影响手指活动 [9,103]。

- 当只有外在伸肌和屈肌的收缩时，手指会出现抓握动作。
- 闭合运动发生时不仅有外在屈肌的收缩，同时需要骨间肌的黏弹性力，在较小程度上还需要蚓状肌（参与）。另外，指伸肌在 MP 关节处起到“制动”的作用，允许在 IP 关节上进行更精确和更可控的运动。
- 开链运动需要协同外部伸肌的收缩，以及内在肌的协同收缩，并伴有指伸屈肌的黏弹性阻力。
- MP 屈曲和 IP 伸展的相互运动由骨间肌引起。蚓状肌抵消深肌腱的黏弹性张力，与骨间肌一起作为 IP 的强大伸肌。

抓握和握持模式

目的性活动的性质决定了所使用的抓握类型 [6,9,103]。

力量抓握（全手抓握）

描述。力量抓握包括用部分屈曲的手指将物体抵在手掌，并用拇指向掌侧内收施加反作用力。力量抓握主要是等长运动起作用。手指持续呈现屈曲状，并随着物体的大小，形状和重量而变化。拇指增强了四指力量，并有助于微调以控制力的方向。类型包括柱形抓握，球形抓握，钩状抓握和侧方抓握 [9,102]。

肌肉控制。肌肉主要以等长收缩的方式起作用 [6,9,101,102]。

- 最大握力出现在腕关节轻度伸展位，此时外在伸腕肌稳定轻微偏移的尺骨。
- 外在的手指屈肌，特别是第 4 和第 5 手指的指深屈肌，提供了主要的抓握力。
- 指伸肌为 MP 关节提供压缩力，增加了其稳定性并且向屈肌提供了平衡力。

- 骨间肌旋转并使第一指骨外展，以对外部物体施加阻力并屈曲 MP 关节。
- 除了第 4 蚓状肌之外，其余蚓状肌不参与力量抓握。
- 鱼际肌和拇收肌对被抓物体施加压力。

精确模式

描述。握持模式指使用拇指与其余四指拿起物体而不与手掌接触。肌肉主要起等张收缩作用。手指的表皮感觉被用于获得最大程度的感觉输入以影响微妙的调整。对于小物体，精确模式主要发生在拇指和示指间。类型包括指腹对捏、指尖捏和侧捏。

肌肉控制。肌肉的主要动态功能包括以下内容[9,85,103]。

- 外在肌提供压力来保持手指和拇指之间的抓握力。
- 操纵物体时，骨间肌使手指内收外展，大鱼际控制拇指运动；并且蚓状肌帮助将物体移开手心。每个肌肉的参与程度随运动量和方向而变化。

组合抓握

描述。组合抓握包括第 1 和第 2 手指（有时加上第 3 手指）执行精确活动，而第 3~5 指则用于提供力量。

捏。捏合是指拇指和示指或中指之间夹住物体，就像精确处理一样，但主要需要等长保持。鱼际肌、拇收肌、骨间肌和外在屈肌在拇指和其余四指之间提供压力。蚓状肌也会参与其中。

腕关节和手部受压及创伤的主要神经学

关于腕关节和手部区域的周围神经损伤及卡压的详细描述，以及复杂性区域疼痛综合征及其管理的详细描述，请见第 13 章。

腕关节的神经障碍

正中神经。正中神经最常见的被压迫部位在腕管。

尺神经。尺神经最常见的被压迫部位是腕尺管（Guyon’s canal，也称为盖永管）。

牵涉痛和感觉模式

手部由 C6、C7、C8 和 T1 神经根串并分支形成的正中神经、尺神经和桡神经及其末端支配（图 13.5 ~ 图 13.7）。这些神经的损伤或卡压可能发生在从颈椎到末端的整个过程中。患者认为手部疼痛或感觉障碍的原因可能是神经在其走行线路中的任何部位受到损伤，或者疼痛可能是由于起于共同节段的组织受到刺激，如脊柱的关节突关节。为了使治疗有效，必须找到问题的根源，而不是患者感知疼痛或感觉变化的部位。因此，当患者报告疼痛模式或感觉变化时需要对整个上半身进行全面的病史和体格检查，包括颈椎。

腕关节和手部障碍及手术管理

为了对患有腕关节和手部疾病的患者做出正确的临床决策，有必要了解各种病理特征、外科手术和相关的注意事项，以识别现存的结构损伤、活动受限和参与受限。在本节中，将介绍常见的病理和手术以及保守和术后管理。

关节活动度不足：非手术治疗管理

一些病理状况，如类风湿关节炎（rheumatoid arthritis, RA）和退行性关节病（degenerative joint disease, DJD）等会影响腕和手的关节，并可能因疼痛、关节活动度不足和潜在的关节畸形问题对个体的参与和功能性活动产生明显影响。任何时候关节因骨折、创伤或手术而被固定时，关节、肌腱和肌肉运动功能也会受损。第 11 章描述了由关节病变引起损伤的病因学和一般指导方针。本节重点介绍腕关节和手部的具体干预方法。

常见关节病变及相关损伤

类风湿关节炎

以下是类风湿关节炎腕关节和手部常见到的典

型体征，症状和障碍的总结 [2,18,104,134]。

急性期 滑膜炎症（滑膜炎）和组织增生的疼痛、肿胀、发热和活动受限，最常见于 MP、PIP 和双侧腕关节。外源性肌腱、腱鞘也有炎症（腱鞘炎）和滑膜增生。此外，患有类风湿关节炎的人可能会经历以下病程。

- 渐进性肌无力，主动肌与拮抗肌以及内外部肌肉之间长度和力量的失衡。
- 由于组织肿胀压迫正中神经引起腕管综合征与腱鞘炎。
- 全身及肌肉疲劳。

进展期。关节囊减弱，软骨破坏，骨质侵蚀和肌腱断裂，以及肌腱力量不平衡导致关节不稳、关节移位和关节变形（图 19.4）。手部的典型变形特征和病理机制如下 [2,18]。

- 三角骨相对关节盘和尺骨向掌侧半脱位。尺侧腕伸肌肌腱发生掌侧移位，在腕关节处引起屈肌力。
- 腕骨的尺侧半脱位。这会导致腕关节的桡偏。
- 手指的尺偏和近节指骨的半脱位。MP 关节侧副韧带的牵伸或断裂和来自外在肌腱的弓弦（bowstringing）效应 [2,18]。
- 鹅颈畸形（swan-neck deformity）。PIP 关节松弛，掌板过伸，伸肌帽外侧带弓弦状，导致 PIP 关节过伸和 DIP 关节屈曲（图 19.5A）。紧张或过度活跃的骨间肌伸肌腱牵伸增强了活动过度的 PIP 关节的过伸，并且指深屈肌肌腱的被动张力的增加引起 DIP 关节的屈曲。
- 钮孔状畸形。伸肌帽的中心带（中心滑移）的牵伸或破裂导致伸肌机制的横向带向掌心移动到 PIP 关节，引起 PIP 的屈曲和 DIP 的伸展（图 19.5B）。
- 拇指的锯齿状畸形。肌肉不平衡和韧带松弛导致拇指掌骨脱位和畸形，类似于鹅颈畸形或钮孔状畸形。拇收肌的紧张进一步加剧拇指的变形钮孔状 [2,104]。

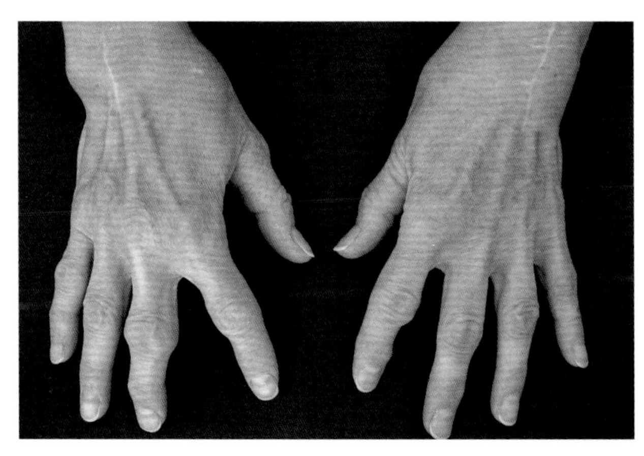

图 19.4 类风湿关节炎患者手部的关节畸形。注意 IP 关节肥大，风湿性结节和三角骨掌侧半脱位。该患者由于疼痛和关节完全损坏而使腕关节融合，这有助于防止 MP 关节上的外在肌腱变形和弓弦效应

退行性关节病 / 骨关节炎和创伤后关节炎

年龄和重复的关节损伤导致易损关节退行性软骨和骨性改变。DJD 或 OA 损伤的影响可发生在任何关节中，最常发生于拇指的 CMC 关节和手指的 DIP 关节。

严重的关节内骨折或骨折脱位可导致创伤性关节病发生在腕关节或手的任何关节处。例如，在腕关节处，由于严重的腕关节扭伤导致的舟月骨间韧带问题可能会改变关节的对齐方式，逐渐引起关节的退化。在指关节中，PIP 关节是发生关节骨折和继发性关节退变的常见部位。

以下是在 DJD 或创伤后关节炎中常见的体征，症状和导致障碍的总结 [15]。

急性期。在 DJD 的早期阶段，症状包括伴随着运动可消退的疼痛和僵硬感。在有压力的活动

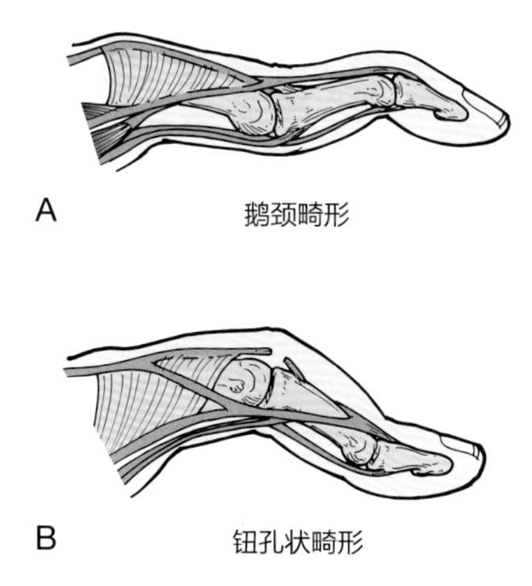

图 19.5 两种畸形。A. 鹅颈畸形。B. 钮孔状畸形

或损伤后，会发生关节肿胀，发热和疼痛限制性运动。

进展期。随着退行性变化，囊性松弛导致关节活动度过大或不稳定；进展为挛缩和活动受限。受影响的关节可能会变大或半脱位（图 19.6）。在受影响的关节中屈曲和伸展同时受限，并且具有明显的囊末端感。一般会出现肌无力，握力弱，肌肉耐力不佳。在捏和抓握活动中，疼痛也可能是一个限制因素。

注意：损伤后，治疗师必须警惕腕关节或手部是否有骨折的体征，因为骨折在 X 线片上可能在多达 2 周内都不会显示。体征包括肿胀、被动运动时出现肌肉痉挛，当受累骨受压时疼痛增加（例如，向受累骨偏移），以及在骨折部位触诊触痛[64]。

固定后关节活动度不足

在骨折、手术、创伤后，固定是必要的，或者当个体承受重复性压力时，可以作为休息部分肢体。缺乏运动和肌肉收缩可能导致结构性障碍。

- ROM 减少以及过度加压时关节的坚硬终末感和疼痛。
- 腱鞘炎症引起的肌腱粘连。
- 肌肉表现下降，包括肌无力，握力减弱，柔韧性降低和肌肉耐力下降。

功能障碍，活动受限和参与受限

当关节病变是急性时，许多抓握活动是痛苦的，干扰日常生活活动（ADL 和 IADL），如穿衣、进食、修饰和如厕，或几乎任何需要捏、抓和手指灵活操作的功能性活动，包括写作和打字。

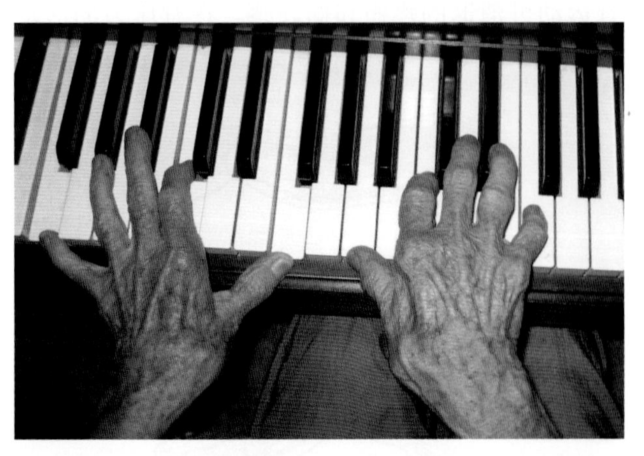

图 19.6 86 岁钢琴家手部骨关节炎晚期。请注意每侧拇指根部的（腕关节）腕掌（CMC）关节半脱位。第 1 背侧骨间肌萎缩并伴有明显的结节和关节肿大，但个体仍能从事功能性活动

功能缺失的程度取决于所累及的关节；活动受限和残存功能的虚弱，疲劳或灵活性丧失的程度；以及所需的抓握类型或精细操作程度。

关节活动度不足：管理——保护阶段

治疗急性关节病变的一般性指南在第 11 章中有描述，分别在专栏 11.2 和专栏 11.4 中对 RA 和 OA 患者有特别的注意事项。

控制疼痛和保护关节[15,111]

患者教育。教患者如何保护受累关节，并通过调整活动，ROM 练习，以及适当使用矫形器来控制疼痛。[15,108,111]

疼痛管理。除了医生开具的处方药物或非类固醇抗炎药物和治疗方法外，轻柔的Ⅰ级或Ⅱ级的分离术和振动技术可以抑制疼痛和移动关节滑液，以促进关节的营养。

矫形器。使用矫形器来休息和保护受累关节。指导患者全天在非紧张运动时短时间摘除矫形器。

活动调整。分析患者的日常活动并推荐适合的辅助装置，以尽量减少关节上的重复或过度应力。这对有慢性关节炎疾病的患者来说非常重要，可以预防重复性创伤并最大限度地减小使关节变形的应力。例子总结见专栏 19.1。

保持关节、肌腱的活动性和肌肉的完整性

被动、辅助或主动 ROM。在耐受的范围内活动关节很重要，因为手部固定将很快导致肌肉失衡和挛缩形成或进一步导致关节退化。温水水疗是将非紧张，非负重运动与能量治疗相结合的有效方法。

肌腱滑行练习。让患者充分运动未受累的关节处，尽可能运动受累关节，以防止肌腱之间或肌腱与其滑膜鞘之间的粘连[59]。本章运动的一节中将描述肌腱滑行练习。

多角度肌肉练习。对所有腕关节和手部肌肉组织进行缓和、无痛的等长运动。如果有关节积液或炎症，阻力性 ROM 运动通常无法进行；因此，可

专栏 19.1 腕关节和手的保护

目的是以最小的疼痛、关节压力和能量消耗进行日常活动。大多数原则适用于手部任何关节炎问题，但对受类风湿关节炎者影响尤其重要[15]。

控制疼痛 监测活动；当开始疲劳或不适时即停止。调整或停止活动结束后引起超过 1 小时疼痛的任何活动或运动。

保持力量和关节活动度（ROM） 将练习与日常活动联系起来。

- 检查是否有内在肌紧张的早期体征。如果有，先采取牵伸鹅颈畸形的其中一个原因就是骨间肌紧张会牵拉伸肌肌腱，导致松动的 PIP 关节过伸。
- 加强手指 MP 关节桡偏以抵抗在许多功能性活动中指关节出现的尺偏。

平衡活动水平和休息 在 RA 的活动期需要比平时更多的休息。以最经济的方式节约体能和进行运动，或首先进行最重要的活动。

避免变形的位置或长时间停留在一个位置。

避免进行加剧变形的强力的抓握活动 RA 的典型关节畸形包括腕关节桡偏和伸展以及 MP 关节的尺偏和掌侧半脱位。相应建议如下。

- 用左手或辅助装置打开罐子。
- 用靠近手尺侧的刀刃切菜。
- 用手尺侧掌勺搅拌食物。
- 饮食器具有手柄。
- 在可行的情况下使用更强、更大的关节。例如，使用肩袋或前臂或两只手搬运物体，而不是一只手。
- 避免手指做扭曲或扭转动作。双手手掌相对，将水从抹布中压出。

采取疼痛耐受范围内的等长训练。

关节活动度不足：管理——控制运动和恢复功能阶段

存在关节病变时，依据第 4 章和第 5 章中描述的原则，通过使用关节活动技术来牵伸关节囊，以及被动牵伸及肌肉抑制技术来延长肌肉周围结缔组织和肌内膜单位增加 ROM。同样重要的是要确定手部长腱鞘中是否形成瘢痕组织，如果有，则需要重建肌腱的平滑滑行。

增加关节活动度和辅助性动作

关节松动术。确定那些由于关节活动度减小而受限的远侧 RU、腕关节、手或手指的关节，并且应用Ⅲ级持续或Ⅳ级振动技术来牵伸关节囊。请参阅图 5.33~5.43，以松动前臂，腕关节，手和手指的受限关节。

注意：RA 患者通常禁用关节松动术，特别是在炎症阶段。治疗师为应对受限必须调整关节松动术和牵伸技术的强度，这是必要的，因为疾病过程和类固醇治疗会削弱结缔组织的牵伸性能，因此组织更容易撕裂。

改善关节轨迹和无痛运动

动态关节松动术（MWM）可用于增加 ROM 和（或）减少与运动相关的疼痛[99]（MWM 的原理在第 5 章中描述）。

腕关节的 MWM。患者坐位，肘关节弯曲，前臂旋后（患者的手掌朝向他或她的脸）；用一只手固定桡骨远端和尺骨，并将另一只手放在腕骨近端的尺骨上。

- 利用手的网状空间，向腕骨近端进行轻柔、无痛的桡向滑动。然后让患者进行主动的腕关节伸展或屈曲到允许的关节活动范围末端，并用另一手在无痛活动范围末端轻微加压（图 19.7）。
- 可能需要将背侧或掌侧的腕骨旋转与滑行结合起来以达到无痛、终末范围的加压。

MWM 也可以用于患有单个腕骨疼痛的患者。在这些情况下，MWM 实际上用于将腕骨与邻近（近侧或远侧）腕骨“重新定位”。

当患者进行无痛的腕关节屈伸，桡偏或尺偏 6~10 次或无痛抓握时，对特定的腕骨进行持续的轻柔的背侧或掌侧滑动。重复 3 组每组 6~10 次，

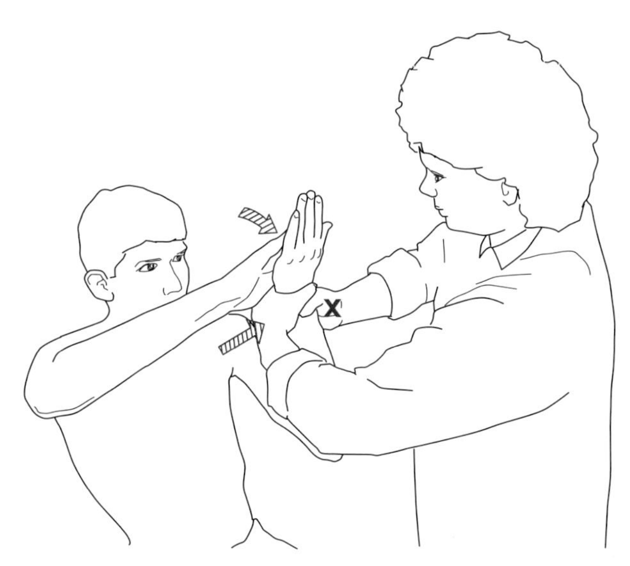

图 19.7 动态关节松动术（MWM）增加腕关节屈曲或伸展范围。当患者进行主动的腕关节屈伸时，进行轻微的侧方滑动，然后应用他的另一只手在活动范围的末端进行被动牵伸

确保该技术操作时无痛[99]。

手指的 MP 和 IP 关节的动态关节松动术（MWM）。在无痛方向上向桡侧或尺侧轻柔滑动受累指骨，然后让患者主动地屈伸手指并在无痛的范围末端施加牵伸。更远端指骨可能需要结合内、外侧滑动的旋转以实现无痛的关节活动范围末端的施压[99]。

改善活动性，力量和功能

仔细检查多关节肌肉和骨间肌活动受限是否是挛缩或粘连及力量不足或失衡而导致的运动模式不佳。

本章运动部分将介绍牵伸，肌腱滑行和力量练习。采用专门针对解决患者主述的功能障碍的治疗技术。一旦关节活动范围增加，让患者主动使用新的关节活动范围和功能性活动也很重要。

临床提示

大肌群有助于保护关节，但在手部，肌肉失衡会导致关节畸形。向患者展示如何用一只手在精确的控制位置和方向上抵抗另一只手来做等长收缩。不论患者是否觉得关节不适，这些练习均可在全天进行。

神经肌肉控制和力量。进阶训练通过有控制和非破坏性力量进行训练，以增加拮抗肌之间的力量和肌肉平衡，再进行耐力训练。对于有病理改变的关节，在施加负荷时要小心，以免使关节承受应力超出稳定极限。

功能性活动。开展练习，为患者的功能性活动做好准备。考虑患者的工作，娱乐和日常活动所需的精细模式。包括需要协调和手指良好灵活性的练习。

调整活动。进行一些不会引起关节症状的活动，例如水上运动或骑自行车，来进行体能训练。

关节保护。如专栏 19.1 总结，加强关节保护技术的使用。

聚焦循证

在关于成人 RA 患者的随机对照试验的一篇系统文献综述中，评价者认为有证据支持低强度治疗这一观点，这种做法有利于 RA 患者减轻疼痛和改善功能状态（包括手握力），而高强度运动项目可能会加重症状[109]。

关节手术和术后管理

长期存在的 RA、OA 或创伤后关节炎会影响腕关节和手的关节和软组织，导致慢性疼痛、关节不稳和畸形、ROM 受限、手部力量丧失及上肢功能受损。当非手术管理不足时，依据患者意愿采用手术干预，并且仔细监督术后康复来提高和重建功能。

软组织手术，如滑膜切除术，针对腕关节伸肌和屈肌肌腱的慢性腱鞘炎的腱鞘切除术，修复断裂的肌腱，关节囊切开术或其他软组织松解术以矫正畸形或腕或指关节的肌肉平衡，当受累关节的关节面保持相对完整时，可单独或同时使用上述技术[21,35,59,76,87,139]。

假如关节退化很严重，切除关节成形术，如尺骨远端切除术（Darrach 术）或近排腕骨切除术；关节融合术；或者假体关节成形术，与软组织修复或重建同时进行，是治疗关节退化晚期的一种手术选择[21,76,80,139]。

选择一些手术来减轻疼痛，其他方法则尽量减少或延迟进一步的畸形。例如，如果药物治疗没有充分控制腕关节 RA 滑膜炎，则在腕关节和手指发生严重畸形和丧失主动控制之前，进行腱鞘切除术以除去腱鞘增生的滑膜，防止肌腱被侵蚀或断裂[32,35,76,139]。如果发生断裂，肌腱修复或移位可以改善手的功能，延缓或防止关节半脱位、脱位或固定畸形[32,35,59,61]。

腕关节的部分或完全关节融合术和指关节的关节融合术，例如拇指的 CMC 关节，会产生预期长久的效果。融合可矫正畸形，能提供稳定性并减轻痛苦，但会使患者失去关节活动度，并且仅有一些代偿功能[76,80]。如果融合术不适合且必须获得无痛的功能性活动度，植入物关节成形术——介入性关节成形术或全关节置换术——是个选择。在许多情况下，需要联合关节和软组织的手术[17,21,35,80]。然而大多数情况下，关节成形术是为手功能需求较低的患者保留的。

总体目标。晚期关节炎及相关腕、手畸形的手术和术后处理的目标包括[17,21,32,59,80]：①减轻疼痛；②恢复腕关节和手部正常或充分功能；③矫正不稳定或畸形；④恢复 ROM；⑤改善腕关节和手指的功能性的握持和捏合力。

讨论几种类型的关节成形术和术后管理的一般指导方针。然后介绍有关 RA 肌腱修复和移位的手术治疗及术后康复治疗的信息。鉴于手部康复的复杂性，基于组织愈合原理，建议必须针对每位患者进行个体化特定阶段性的运动指导方针，并由患者在康复过程中的参与水平和对运动的反应来决定。

成功的结果取决于外科医生、治疗师、患者或患者家庭之间的密切沟通。有效的术后康复项目将早期、有监督的治疗与患者教育相结合，并逐步实现患者的长期自我管理[59,81]。虽然在本节所述的每一种术后干预，都认为是康复必不可少的，但术后方案各不相同，也没有针对每种手术类型进行比较，因此很难提出最佳的术后管理方法。

腕关节成形术

虽然腕关节融合术仍然是腕关节炎晚期最常见的外科干预方式，但尤其是对关节炎患者和四肢其他关节活动度功能受损的患者，关节成形术已成为一种可接受的替代方式。虽然腕关节融合术并没有被证明在日常生活活动中限制腕关节创伤后关节炎患者的上肢功能，但临床上仍认为腕关节活动度的丧失可能会对 RA 患者的功能造成负面影响，如个人护理等，RA 患者的其他上肢活动性也会受损[32,80,130]。

对于这些患者，腕关节成形术（全关节置换术）是一种可以缓解症状又能保留腕关节部分活动的方法[32, 35, 130]。

手术适应证

以下是腕关节成形术的常见适应证[1,17,21,35,107,130]。

- 腕关节剧烈疼痛是由于慢性关节炎（通常是 RA、OA 和创伤后关节炎）导致桡骨远端、腕骨和尺骨远端关节表面的退化引起，这些都会导致手部和上肢功能不全。
- 腕关节畸形和活动受限导致手指肌肉－肌腱的失衡。
- RC 关节的半脱位或脱位。
- 适合上肢低功能需求的患者。
- 适用于双侧腕关节受累的患者，双侧腕关节融合术会限制而不是改善整体功能。
- 适用于同侧肩关节，肘关节或指关节有明显僵硬的患者。单侧腕关节融合术会进一步限制而不是改善上肢功能使用。

禁忌证：专栏 19.2 指出了一些腕关节成形术，手指关节成形术的绝对和相对禁忌证[1,17,21,107]。

步骤

植入体设计，材料和固定

在过去的几十年中，已经开发并持续改进腕关节成形术的大量设计，使得关节成形术不仅可以治疗晚期关节病患者，而且可以治疗腕关节严重畸形和塌陷的患者[17,32,107,130]。

然而，对于由于神经功能障碍造成的手功能丧失，以及手功能需求高的患者、劳动者，和既往有败血症或深局部细菌感染史的人，全腕关节成形术仍然是禁忌证。那些需要在行走或转移过程中使用辅助设备的患者也是禁忌人群。

用于全腕关节成形术中的植入体经历了相当大的变化，目的是增加植入体的存活率。目前美国食品药品监督管理局批准了 3 种类型的植入体：

专栏 19.2　腕关节或手指关节成形术的禁忌证

绝对禁忌证
- 活动性感染期。
- 预期的手功能高需求（如体力劳动）或高冲击运动（例如，网球或排球）。
- 因为神经损伤，造成腕关节和手的运动控制不足。
- 桡骨腕伸肌断裂。
- 无痛的 ROM 受限。

相对禁忌证
- 腕关节或手指严重和无法修复的畸形。
- 多个指伸肌肌腱的断裂。
- 骨质不足、质量较差。
- 需要辅助器帮助行走（例如手杖或步行器），将对腕关节和手造成很大压力。
- 免疫系统受损。

① Universal 2 植入体，它的关节呈椭球体状，表面是带珠状多孔涂层，尺桡两侧带有角度可变的螺钉；② Remotion 植入体，它由聚乙烯椭圆钉扣、球型扣眼和近端腕关节盘组成，椭圆钉扣固定于腕骨上，与球型扣眼组合后与腕关节盘形成腕关节，该植入体允许一定程度的腕骨间的旋转运动；③ Maestro 植入体，它模仿近排腕骨的排列，且需要切除头状骨的头部以适配植入体，近端关节面由聚乙烯制作，固定于桡骨上。

随访研究显示，Universal 2 植入体平均可以提供 68° 的运动弧（屈曲 42°，伸展 26°，尺偏 26°，桡偏 1°）（图 19.8A）。Remotion 植入体可产生 58° 的屈伸运动弧，30° 的尺 / 桡偏运动弧（尺偏 17°，桡偏 13°）（图 19.8B）。Maestro 植入体是上述植入体中最新的一款，可产生 90° 的屈伸运动弧（屈曲 43°，伸展 47°），43° 的尺 / 桡偏运动弧（尺偏 29°，桡偏 14°）（图 19.8C），同时也是市面上唯一可以达到功能性活动度的产品。

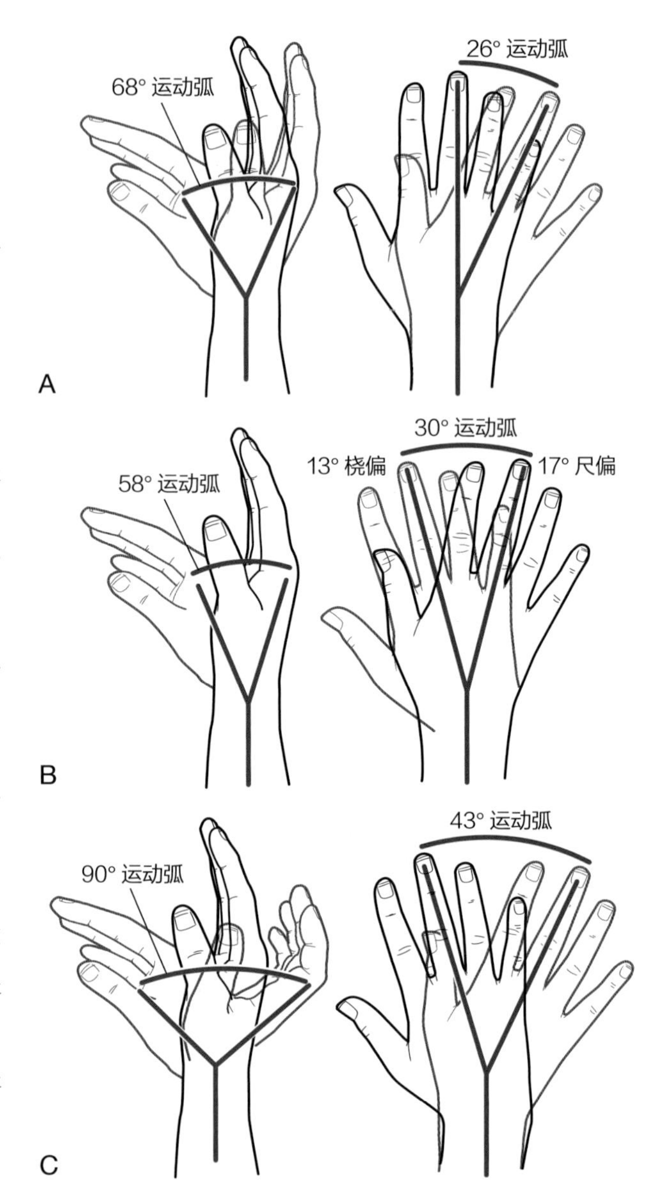

图 19.8　通过植入体来实现运动弧。A. Universal 2 植入体。B. Remotion 植入体。C. Maestro 植入体

手术概述

全腕关节成形术需要在腕关节背侧沿着第三掌骨纵向切开一条切口 [17,21,80,130]。背侧清除术（腕关节滑膜切除术和伸肌腱鞘切除术）常常是必要的。支持带被切开并翻开，使指伸肌肌腱缩回以进入关节囊。

桡骨的远端部分，近排（舟骨、月骨、三角骨）和头状骨近端部分被切除。腕关节的旋转轴位于头状骨的近 1/3 处；因此，植入体的中心离原始的正常中心越接近，植入体的平衡越佳，最终关节成形术的功能效果越好。对远端腕骨行腕骨间融合术以支撑植入体的远端组件，随后将植入体固定在腕骨的远端排。桡腕关节不稳和半脱位时，通常会进行关节囊和韧带重建以改善腕关节稳定性。平衡软组织是获得满意效果的关键 [80,130]。

背部切口闭合后，将手放入长臂或短臂的大体积加压敷料中，并在术后数天抬高手臂以控制水肿。

术后管理

制动

术后 2~5 天，除去大体积敷料，将腕关节和前臂置于短臂掌侧腕关节矫形器中，腕关节伸展 10°~15°。矫形器要允许完整的、不受限制的手指 ROM 和拇指的对指活动。在这个阶段，重要的是要鼓励手指和拇指在矫形器内的活动。在早期，由于手术方法的原因，患者可能在手指伸肌启动和滑动方面有困难；因此，让患者进行指伸肌的定位和运动对辅助肌腱滑动和肌肉活动是有益的 [26,80]。

根据植入体的稳定性，腕关节温和主动 ROM 活动最早可以在术后 2 周开始，在大约 4 周时逐渐进行被动牵伸。在术后 4~6 周期间，患者大多数时候穿戴矫形器，只能在沐浴和运动时摘除 [26,80,130]。

运动进阶

与其他大或小关节的关节成形术一样，腕关节成形术后每个康复阶段的运动目标和进阶都基于软组织愈合的阶段。如果同时进行的伸肌肌腱修复也已完成，则应调整运动的指导方针和时间范围，并采取特别的注意措施，正如在修复 RA 伸肌肌腱撕裂的部分所讨论的。

临床提示

在任何类型的腕关节成形术后实施运动计划时，恢复腕关节的稳定性总是优先于腕关节的活动性。作为腕关节 ROM 中一个有意思的现象，正常人进行各种功能性活动的生物力学研究结果显示，在大多数活动中腕关节屈伸及桡尺偏的活动范围不超过 40°[102]。

为了保护关节成形术后的腕关节，必须将专栏 19.3 中确定的注意事项纳入术后锻炼和康复期间的功能性活动中 [26,80,130,134]。

运动：最大和中度保护阶段

在最大保护阶段期间康复的重点是控制疼痛和外周性水肿，保护腕关节，并防止上肢其他部位僵硬。当腕关节运动时可取下矫形器，腕关节的保护仍然是必不可少的。

在中度保护（控制运动）阶段的重点通常在术后 4 周开始逐渐恢复手指，腕关节和前臂运动的主动控制和活动性，而不会损害腕关节的稳定性。

目标和干预措施。

在移除腕关节矫形器的锻炼前后，应该考虑以下目标和干预 [26,80,130]。

专栏 19.3 腕关节成形术后的注意事项

- 在转移，使用辅助器具行走或其他日常生活活动中避免术侧手负重。
- 如果下肢关节受累需要行走辅助器具，请使用前臂支撑手杖或步行架。
- 功能性活动时避免在腕关节上放置超过 5~10 磅（2.27~4.54 kg）的负荷。
- 在功能性活动期间佩戴腕关节矫形器以获得额外的保护。
- 永久避免进行高强度的职业或娱乐活动，如繁重的劳动或体育运动。

- 保持并随后改善未累及关节的活动性。
  - 在固定腕关节，限制手部使用的情况下，开始练习手指、肘关节和肩关节的主动 ROM 活动。
  - 在术后 6 周，如果术前手指活动度有限，在腕关节中立位时开始被动牵伸手指，并在白天有选择性地使用低负荷、动态或静态渐进手指矫形器，以增加活动性以达到足够的手功能水平。
  - 如果手指关节无炎症，可适当采取Ⅱ级和合适的Ⅲ级关节松动术。
- 恢复腕关节的控制和活动性。
  - 水肿控制和瘢痕管理是该计划的重要组成部分。
  - 腕关节处于中立位，进行主动 ROM 和肌腱滑动训练（图 19.16）。
- 恢复使用腕关节，手指和拇指肌肉组织。
  - 腕关节和手指肌肉运动从温和姿势（放置并保持）开始，逐渐进阶到低强度等长抗阻训练。
  - 在 6~8 周时，开始用手去做低强度（最少的负重）的功能性活动 [118]。

运动：最小保护 / 恢复功能阶段

在康复后期，一般在术后 8~10 周，主要问题是恢复上肢足够的肌肉力量和耐力以进行功能性活动 [26,80]。

患者教育侧重于在功能性活动期间注重保护关节（见专栏 19.1）。晚上最好使用静态型矫形器，特别是当腕关节屈曲挛缩持续存在时。

目标和干预措施。

随着保护程度的降低，可以实现以下目标和干预措施。

- 恢复手部和腕关节的功能性力量。
  - 过渡到低强度、动态抗阻的［约 1 磅（约 0.45 kg）］手及腕关节运动 [26,81]。
  - 强调模拟功能运动模式，如各种抓握活动，强调关节保护原则。如果之前未尝试过，就从用手进行低强度功能性活动开始 [130]。

- 建议患者避免重复大力的活动（如锤击），高强度劳动和接触性运动[130]。

结果

腕关节成形术成功后，患者的腕关节将具有稳定、无痛的功能性 ROM。通常术后评价结果的指标是疼痛缓解，手的功能性活动，腕关节和前臂 ROM 以及握力。评估工具，例如手臂、肩和手残障问卷（又称 DASH 问卷）和患者腕关节评分，用于评估疼痛，功能和满意度[107]。

对于晚期多关节关节炎患者，关节手术的顺序是手术成功的关键。例如，髋关节或膝关节置换应该在腕关节成形术之前完成，以避免在使用辅助器械进行转移时将重量压在腕关节置换物上[1]。

缓解疼痛 一般认为，全腕关节成形术后要预防并发症，缓解短期和长期的疼痛[107,130]。

例如，Ferreres 和其同事[62]评估了使用 Universal 2 植入 22 个腕关节（22 名患者）的中期结果，平均随访时间为 5.5 年（3~9 年）。22 例患者中有 15 例患有 RA，其中 2 例患有晚期 Keinbocks 病，其余 5 例患者有非类风湿关节炎。术后，10 名患者报告非常满意，10 名患者为满意。17 例患者在 ADL 中没有或有轻微疼痛，并且无不适情况。在使用 Remotion 和 Maestro 植入物[107]的患者中也发现了类似的结果。

腕关节和前臂 ROM，肌肉力量和功能 ROM 治疗的改善比缓解疼痛更难预测。通常术后腕关节伸展 25°~35°，屈曲 30°~40°；桡偏 10° 和尺偏 15°，但是，这些范围可能变化很大[130]。腕关节主动 ROM 的功能水平似乎在数年内保持不变。

在腕关节成形术后，握力和术侧手的功能性活动通常会有改善。疼痛的缓解对手的功能有明显的影响。软组织修复，如修复了断裂的肌腱，也有助于改善功能[107]。此外，关节成形术为腕关节提供了一些额外的长度，这反过来改善了跨过腕关节的肌肉—肌腱单元的长度—张力关系。

并发症 任何一种潜在的并发症，都可能影响腕关节成形术结果，主要可分为两大类：术中并发症和术后并发症[1,63]。

在手术过程中，植入体植入期间存在桡骨或腕骨骨折的风险，特别是由于长期滑膜炎引起的皮质骨变脆。这种并发症需要使用骨移植物并且延长固定时间，但也可能导致术后肌腱粘连和腕关节僵硬。当需要暴露关节时，在术中可能对伸肌肌腱造成损伤，需要修复肌腱并调整术后锻炼，以免对修复的肌腱施加过大的压力[63]。

术后并发症包括伤口感染、脱位或部件松动、部件磨损和最终破裂[1]。然而，与固定在掌骨轴上的旧模型相比，依靠远端腕骨假体并伴有腕骨间融合的假体植入设计的修改结果显著降低了松动的发生率[63,130]。并发症可能需要另一场手术或修复关节成形术。如果硅胶植入关节成形术失败，则仍然可以进行全腕关节成形术；如果由于机械松动或组件失败导致手术失败，修复关节成形术和腕关节融合术仍然是可行的替代方案[1,17,63,130]。

掌指的植入关节成形术

手指（第 2~5 指）MP 关节成形术，结合必要的软组织重建术是最常见的外科手术，用于治疗由晚期 RA 引起的功能受损和继发性畸形[32,40,128]。经证实，在 RA 患者中，MP 关节成形术结合持续的医疗管理后，手功能在术后超过一年时间内有所改善。相比之下，在同一时间段内，若仅进行医疗管理，手功能不会恶化但也不会改善[33]。关节成形术也可用于治疗特发性骨关节炎和 MP 关节创伤后关节炎患者[40,89,115,130,132]。

若想保证 MP 关节成形术成功，患者必须有完整的指伸肌肌腱，或者必须修复这些肌腱。这两个手术可以先后进行，或者由外科医生决定是否同时进行。平衡软组织的其他手术必须与 MP 关节成形术一起以提高术后手部功能[33,88,132]。

如果 RA 累及除 MP 关节以外的关节，手术应仔细排序。例如，若累及腕关节，则在 MP 关节成形术之前，可能需要在功能位置处先行桡腕或全腕关节融合术，以确保腕关节无痛的稳定性。相反，针对手指的鹅颈畸形，可在屈曲 30° ~ 40° 时用 PIP 融合术来治疗，但通常是在 MP 关节成形术之后而不是之前进行[32,33,134]。

与腕关节成形术相似，手术和术后管理的总体目标是缓解疼痛，矫正手指的对位，改善手的主动打开和抓握，并改善手的外观[32,88,130]。

手术适应证

以下是 MP 关节成形术的常见适应证[32,33,80,88,130]。

- 通常因为 RA，但有时是 OA 或创伤后关节炎使关节面恶化，导致手部 MP 关节疼痛和手功能减退。
- MP 关节不稳，常伴有掌侧半脱位和畸形（屈曲和尺偏），仅靠软组织松解和重建无法矫正。
- MP 关节僵硬，主动 ROM 减少，常常伴随着伸展机制障碍，导致手无法张开抓住大物体。
- 由于畸形，手的外观不佳。

手术

植入物设计，材料和固定

MP 关节成形术的设计旨在平衡晚期关节炎患者 MP 关节的稳定性和灵活性。在过去的几十年中，已经开发了几种不同材料和固定方法的设计。目前美国批准了 3 种类型的植入体：热解碳（高温碳）MP 关节植入物，有机硅弹性体植入物（silicone elastomer implant）和表面置换植入物。热解碳 MP 关节植入物以及表面置换植入物都试图重建更接近正常的解剖结构，并且可以为患者提供长期的功能改善[5,49,80,128]。自 20 世纪 60 年代使用硅胶植入物（图 19.9）以来，依据其已知的材料和长期的记录显示，在需求低的患者中具有预测性和可靠性[5,32,80,130]。有机硅弹性体植入物传统上应用于 RA 患者，较少用于创伤性或单独的退化性关节炎。

聚焦循证

Chung 和同事[37]进行了一个迄今为止最大的多中心、前瞻性研究，与未进行手术组比较硅弹性体植入情况。共招募 67 名手术患者和 95 名非手术患者，其 MP 关节手指处于严重半脱位和（或）尺偏情况。指标包括密歇根手功能概况问卷（Michigan Hand Outcomes Questionaire, MHQ），关节炎影响测量量表 2（Arthritis Impact Measurement Scales 2, AIMS2），抓握力 / 捏力，Jebsen-Taylor 测试，尺偏，伸肌滞后和 MP 关节运动范围。数据显示 3 年中，与 73 名非手术者相比，42 名手术者平均 MHQ 分数和 MHQ 功能，ADL，美观和满意度得分有显著改善。手术组 MP 关节的尺偏（20°），伸肌滞后（30°）和运动范围（99°）均显著改善。AIMS2 得分和抓握力 / 捏力无改善。据报道，骨折的并发症发生率低至 9.5%。

作为有机硅弹性体植入物的替代物，目前已开发了双组件的凸凹植入物。表面置换（surface replacement, SRA）植入物在屈曲时可以提供内、外侧稳定性，并且关节表面的曲率半径允许接近正常的运动弧。组件设计为胶合；然而，未来也许会将非胶合性组件纳入考虑[80,128]。SRA 与硅胶植入物的适应证相同；然而，保留侧副韧带的功能性需求在表面置换植入物和热解碳植入物设计中是必不可少的[49,128]。热解碳纤维植入物具有与皮质骨相似的性质，磨损模型已证实其无磨损或仅有磨损碎屑、无炎症，是极优的联合骨植入体。热解碳植入物的材料特性为 MP 关节退行性或创伤性关节炎患

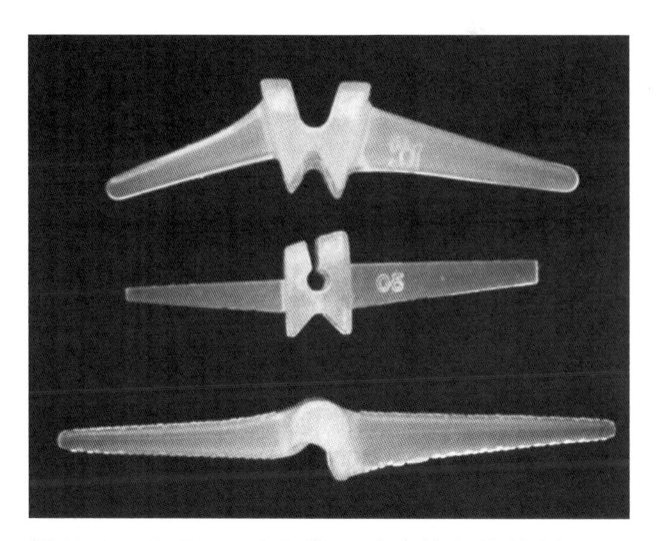

图 19.9　呈现了 3 种最常见硅胶植入物的侧视图：Neuflex（顶部），Avanta（中部），Swanson（底部）请注意，Avanta 和 Swanson 植入物为 0° 弯曲型（引自：Manuel JLM, Weiss APC: Silicone metacarpophalangeal joint arthroplasty. In Strickland JW, Graham TJ [eds]: Master Techniques in Orthopaedic Surgery–The Hand, ed. 2. Philadelphia: Lippincott Williams & Wilkins,2005, P.393）

者提供了很好的替代方案。对于那些存在不稳定性，脱位和皮质骨骨量丢失的RA患者，传统硅胶植入物仍然是最有利的选择[32,37,49,80,128]。

聚焦循证

Wagner及其同事[146]在1998~2012年进行了使用热解碳植入物设计的前瞻性研究，调查了110名患者的254例MP关节置换术。其中，164例为炎症性关节炎（51例需要泼尼松，93例需要氨甲蝶呤），37例为创伤后关节炎，53例为关节炎。在14年的254例关节成形术中，26例再次进行翻修手术。

2年、5年和10年生存率分别为96%、89%和77%。需要使用泼尼松或氨甲蝶呤的，吸烟者和炎症性关节炎患者其再手术风险最大。对于炎症性关节炎（90%）、骨关节炎（85%）和创伤后关节炎（85%），5年生存率无显著差异。作者总结认为，患者的总体经历证明了MP关节成形术中使用热解碳植入物者，预测其疼痛可缓解，ROM可改善及指捏力增加，并且5年生存率近90%，且不论其诊断如何，其术后并发症发生率相对较低。

手术概述

MP关节成形术及相关的软组织的平衡涉及以下方面[5,40,88,115,128]。进入受累MP关节，可以从掌骨背侧做一个横向切口入路，也可以从示指和中指、环指和小指之间做双纵向切口入路。

通过仔细分离，伸肌肌腱显露，关节囊产生尺侧移位，纵向切开伸肌腱鞘后，肌腱将后缩；如果尺侧和桡侧副韧带未受损，则从每个掌骨的头部反射；并从关节囊的背侧面（囊切开术）切开。

尽可能保护桡侧副韧带。如果有必要，可以进行滑囊切除术。如果存在显著的屈曲挛缩，则也可切开每个囊的掌侧面以允许MP关节有更大伸展范围。

将受累关节掌骨头端（远端）和第一节指骨近端切除，掌骨和近端指骨的髓内管将扩大以接受植入物。注入植入物后，检查放置关节的ROM。关节囊、桡侧副韧带（若已保留）和每个手指的伸展机制都被修复。缝合伤口，并且手上放置大体积加压敷料，穿戴手掌和前臂矫形器。手部抬高以控制水肿[5,80,128]。

术后处理

与腕关节或手指的其他关节的关节成形术一样，术后康复计划基于软组织愈合的原则，并且包括特定阶段的目标和干预措施，包括使用动态和（或）静态矫形器以及有监督的家庭锻炼计划。

在本节中总结了术后指导的一般性原则，采取一系列进展性锻炼结合矫形器使用以维持对位和保护愈合过程中的软组织[28,40,80]。这些指南必须根据所进行的关节成形和软组织修复的类型以及每位患者的反应进行个体化改变。对患者进行持续教育并与外科医生密切沟通对于确保结果有效也是至关重要的。术后康复持续3~6个月。

制动

最初，腕关节和手持续固定在术后施加的大体积加压敷料和手掌矫形器中，腕关节保持中立位，MP关节完全伸展位，并且无论是中立位还是轻微桡偏（与畸形的方向相反），远端关节（PIP和DIP）是自由的[5,32,40,80,115]。

连续固定不是长久不变的，而是依据关节成形术的类型、软组织修复的类型和质量以及重建关节的稳定性而变化。如果只进行了MP关节成形术，手部只需固定几日。如果除了MP关节成形术外，还修复或移位了伸肌肌腱，那么手部需要固定更久以保护肌腱[61]。

动态矫形器 当移除加压敷料时，手被放置于带有支撑的动态MP伸展位矫形器中（图19.10）。穿戴矫形器是为了保护正在愈合的结构，维持对位（防止MP关节反复屈曲和尺偏畸形）并且随着软组织的愈合，控制和指导运动范围和运动平面[20,33,88]。

动态矫形器将腕关节保持在伸展位10°~15°，并且MP关节处于中立位（0°）和轻微桡偏，但不影响IP关节运动。在手部处于静止状态时，每个手指的近端指骨下方的吊索（带有弹簧和鱼线，橡胶带或连接在矫形器支腿上的弹性绳），将MP关节保持在中立（0°）位，但仍允许MP关节在功

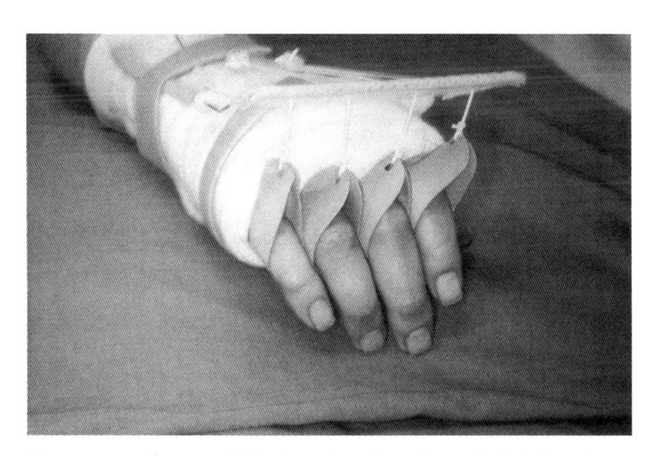

图 19.10 在 MP 关节成形术后使用的一种动态伸展矫形器，由橡胶咬合带，固定在背侧支腿上。允许 MP 主动屈曲，并在休息时保持 MP 关节伸展和轻微桡偏（由 Janet Bailey OTR/L, CHT 提供）

能范围内主动屈曲。手指吊索放置在近端指骨附近，向支撑腿拉动近端指骨成 90°。休息时将 MP 关节保持在一个中立伸展位置是至关重要的。拉力还必须保持偏向桡骨方向，以防止再次发生尺偏，并且通过减小关节囊桡侧压力以防止桡骨和尺骨不稳定。患者需全天穿戴动态矫形器约 6 周时间 [33, 80, 130]。

静态矫形器 静态矫形器供患者在睡觉时穿戴。夜间矫形器控制腕和 MP 关节在中立伸展位，并保证手指的对位。夜间矫形器在手术后 3~6 个月或更长时间内穿戴，视关节对位和（或）伸肌滞后的情况来确定 [32,80]。

运动的进阶

动态矫形器保护性运动最早可在术后 3~5 天开始，最迟至术后 10~14 天，此时大体积加压敷料已去除，矫形器已制造完成，开始保护性运动 [20,32,40,80,128]。在第 1 周重点放在管理水肿和 MP 关节轻柔的主动、被动屈伸 ROM 训练，并仔细监测 MP 关节在矫形器内的对位和旋转 [32,80]。时间可能因所采取的手术类型，潜在病理学和关节的稳定性而异。即使去除大体积敷料后，对于软组织质量不好和存在潜在关节不稳或伤口愈合延迟的患者，要推迟开始运动的时间。

对于 OA 或创伤后关节炎，术后受累 MP 关节通常较稳定。因此，这些患者的 MP 训练通常比 RA 患者更早开始并且进展更快，而 RA 患者由于长期存在的组织炎症和畸形关节而更不稳定 [115]。

Lubahn 和其同事 [80] 提出了 MP 关节成形术后的总体目标：最佳的伤口愈合，预防瘢痕粘连，控制术后水肿，MP 关节中立位对齐，运动弧度为 35°~45°，以及 ADL 和职业 / 业余活动的最佳表现。Amadio 和 Shin[5] 报道了 30°~40° 运动弧度的预期结果；然而，Chung 和他的同事们 [34] 研究了 162 名患者的 180 例关节成形术，结果显示示指有 28° 的运动弧度，中指 28°，环指 32°，小指 35°，弧度较其他人报告的要少一些。无论如何，适当的治疗可以改善运动。最有效的治疗方法是基于个体的组织对运动和矫形器定位计划的反应。最重要的结果是患者能够实现手指的功能性运动，并对他们的疼痛缓解和畸形改善感到满意 [33,37,80,128]。

临床提示

在康复过程中，主动 MP 屈曲通常在主动 MP 伸展之前趋于平稳，屈曲在 3~4 个月趋向平稳；然而，伸展能力的改善往往需要持续一年的康复 [46]。

运动：最大保护阶段

在前 3 周内，重点是管理水肿，主动 ROM 和在矫形器内轻度的被动牵伸。MP 关节屈曲，强调支架位置（MP 屈曲时 IP 伸展），随后手指缓缓屈至掌中。重点在于 MP 关节的范围。手术后第 2 周，关节囊周围胶原增加，植入物和关节变得更加稳定。这可能表现为 MP 关节的紧张度增加，因此，监测 ROM 以确保在瘢痕生成和成熟期间活动度的维持是重要的 [80]。

临床技巧

由于 MP 关节长时间半脱位，小指可能屈曲力量下降，因此必须特别注意小指。用大块的敷料将小指固定在环指近端的指骨上可能有助于小指 MP 关节屈曲 [80]。

目标和干预 在最大保护阶段强调以下目标和训练 [20,80,147]。

- **保持肩关节、肘关节和前臂的活动性。**
  - 执行肩关节、肘关节和前臂主动ROM训练。这对于RA累及多个关节的患者尤为重要。
- **提高手指的功能性ROM并保持肌腱在其鞘管内的滑行。**
  - 为了促进ROM，采用包括压缩套袖或压缩包裹的水肿管理技术。
  - 开始MP、PIP和DIP关节主动且轻柔的被动牵伸，使其在动态矫形器内屈曲和伸展。注意MP关节支架的放置位置，然后将PIP和DIP关节向手掌屈曲，密切监测对位和旋转。

注意：小心观察MP屈曲过程中的切口，确保避免由于皮肤过度牵拉导致伤口愈合延迟。

- **防止愈合切口的粘连。**
  - 当移除缝线时，在瘢痕上进行轻柔松动。

运动：中等和最小保护阶段

中等保护阶段开始于植入物稳定时，术后3周左右。此时的重点是实现MP关节全范围主动屈曲至中立位（无伸肌滞后），并继续增加MP主动屈曲时的手部功能性活动。如果MP关节屈曲未能达到理想范围，此时可启动被动屈曲带或橡胶带进行牵引。矫正定位的频率和持续时间由患者的主动和被动活动决定。

第4周处于成纤维细胞晚期，需要开始进行肌肉协调和平衡练习以保持屈伸。也可开始进行轻度的牵伸训练。重要的是回顾关节保护原则，如有需要，修改相应行为。在第5周时，利用关节保护原则进行轻度的ADL和功能性活动。如果需要辅助对位和存在伸肌滞后，可继续使用动态矫形器以支持伸肌。到第6周时，逐渐停止使用日间动态伸展矫形器；然而，对某些患者来说，使用手部的动态矫形器可以保持MP关节处于伸展位并允许屈曲，对功能性活动过程可能会有所帮助[80,128]。或者，如果需要额外支持对位，一个柔软的以手部或前臂为基础的尺偏矫形器可能是有用的。静态夜间矫形器需要额外持续佩戴3~6个月。在术后8周开始进入最小保护期，瘢痕逐渐成熟；在强调关节保护的原则下，逐渐强化腕关节和手部肌肉组织，并增加手部功能性活动。在大多数情况下，术后12周患者可以充分利用手部进行低到中强度的功能性任务。

目标和干预措施。在中度和最小保护阶段，包括以下目标内容[20,40,80]。

- **继续增加ROM和MP关节的主动控制。**
  - 让患者继续在动态矫形器中进行主动屈曲，直到可以移除日间矫形器。继续被动牵伸，一次一个手指，增加屈曲范围。
  - 强调腕关节中立位时MP的主动伸展和IP关节的屈曲（抓钩姿势），强化指伸肌的动作，并最大限度地减少内在指伸肌的影响。这种运动也促进了肌腱鞘内外部伸肌的滑动。
  - 通过在每次重复时保持伸展姿势以增加MP伸展范围。
  - 教导患者通过张开手掌放于桌上，用另一只手固定手背并将手指向拇指方向滑动，教导患者进行MP关节的主动桡偏。
  - 包括手指屈曲和拇指与各指对指的主动复合性运动，强调指对指捏而不是侧捏。
- **恢复腕关节的ROM。**
  - 当锻炼过程中拆除动态矫形器时，强调腕关节伸展情况下的腕关节主动ROM训练，确保手指在腕关节运动时放松。
- **提高手部和腕关节的功能力量。**
  - 术后4周，开始让患者抵抗亚极量徒手阻力或重物，进行等长屈伸。然后在6周左右开始过渡到手指动态抗阻屈伸，使用各种锻炼装置，例如一个小型的弹簧负荷手部锻炼器[80]。
  - 包括手指桡偏抗阻。例如，让患者将手掌朝下放在桌上，用另一只手稳定受累手的背部。用示指抵抗橡皮筋，或者推动咖啡杯并让其滑过桌子。
- **恢复手功能性活动的使用，同时保护手术关节防止畸形复发。**
  - 通过教育患者，强化关节保护和能量节约原则（专栏 19.1）。强调避免手指受到尺骨方向上的压力。

- 模拟功能性抓握活动，以低强度精细活动开始。术后 5~6 周，进行手的低至中强度的功能性活动。
- 调整日常生活活动能够帮助解决 MP 或其他受累关节畸形受压问题[80]。考虑在更重、更有压力的活动期间，使用商业产的、由氯丁橡胶制成的手指正确对位的矫形器。

结果

成功的结果可以为患者提供无痛、稳定和正确对位的 MP 关节，提高手指伸展范围，同时保留或改善功能抓握所需的足够的 MP 屈曲角度。其中，缓解疼痛和改善畸形是 MP 关节成形术的主要意义[37]。

缓解疼痛和患者满意度 对大多数患者而言，疼痛缓解是非常好或较好的，并且在 MP 关节成形术后能够一直充分矫正屈曲 / 尺偏畸形。因其能够改善手部功能和手部的外观，这两者均有助于提升患者满意度[33,80,128]。

ROM 和手功能 如上文所述，MP 关节主动屈曲约 70°，全范围主动伸展至中立位，并矫正手指的尺偏被认为是总体较理想的结果[80]。

这种活动度使患者可以打开手来抓住大物体，将手指远端触及到手掌（这是抓住小物体所必需的），然后示指和拇指的尖端触碰进行捏合。示指和中指的 MP 屈曲角度较小，因为 MP 关节的运动受限也可增强稳定性，是可以接受的在不影响功能抓握的情况下，允许灵活性和捏合。在回顾关于各种类型关节炎患者 MP 关节成形术后的短期和长期研究发现，不同研究的 MP 屈伸范围差异很大，报告所有手指主动运动平均角度为 40°~45°，平均伸肌滞后 15°。当比较术前和术后活动性时，可能只增加了小或中等程度的屈伸范围，但通常能够提升主动运动范围并更加功能化。很少有研究直接进行两种植入物的比较。然而，Delaney 及其同事[47]对 RA 患者进行了一项前瞻性双盲研究，该研究在术后随访患者 2 年，并比较了两种类型的硅胶植入物 Swanson 和 Neuflex 设计的结果（图 19.9）。结果显示，接受 Neuflex 设计的患者的 MP 屈曲改善明显大于接受 Swanson 植入的患者，但两组在 MP 主动伸展，尺偏或握力方面无显著差异。这项研究的有趣点在于，Neuflex 植入物以 30° 屈曲角度进入的，不会对 MP 主动伸展产生不利影响，这一直是研究者关注的问题。

尽管在关节成形术后，可以预见 MP 活动性有了令人满意的改善并且畸形有了显著矫正（手指的尺偏减少），但握力和捏力似乎未见明显或持续提高，或只是轻微改善。例如，Chung 等[33]的一项研究结果表明，手术后 6 个月时握力和捏力下降（与术前测量相比），1 年后逐渐增加至术前水平。

并发症。由于大量并发症的存在，大约 70% 的 MP 硅胶植入物在需要翻修之前使用 10 年[40,80,123]。虽然一些术后并发症影响结果，但不需要额外手术。伤口延迟性愈合是一种短期并发症，可能对重建 MP 足够的屈曲活动范围以获得功能性抓握有不利影响[134]。

与腕关节一样，硅胶植入物植入后最常见的长期并发症是植入物的破裂[32,49,123]，而半脱位或脱位、机械装置松脱和植入物破裂是导致金属 – 塑料植入物和热解碳植入物设计失败的常见原因[32,40,123]。目前认为，如果患者坚持关节保护原则，通过避免持续大负荷、高冲击活动对重建关节的变形力，可以最大程度地减少长期并发症。

近端指间植入物关节成形术

有许多处理关节和软组织的方法可以治疗近端指间关节关节炎及相关畸形。它们包括对鹅颈畸形和钮孔状畸形[32,134]的软组织松解及重建，以及当关节表面严重破坏时的植入物关节成形术或关节融合术[1,136]。近端指间植入物关节成形术更常用于晚期关节炎或创伤后关节炎而不是类风湿关节炎，但在改善手部功能方面可能会或可能不会优于关节融合术。

在尺侧的一根半手指中（小指和尺侧半根环指），近端指间关节的灵活性对于功能性抓握尤其重要，关节成形术可能是首选方案[136]。但是在示指中，近端指间关节的稳定性对许多功能性任务来说是必需的，因此关节融合术通常更适合[4,73,128,145]。如果涉及掌指关节和近端指间关节，这种常见于类风湿关节炎患者的情况，掌指关节通常被置换，但近端指间关节畸形会（通常是鹅颈畸形）通过软组织重建或融合矫正[4,59]。

手术适应证

一般而言，近端指间植入物关节成形术适用于单一近端指间关节受累的患者，特别是那些无掌指关节疾病的患者。不建议对相邻关节（掌指关节和近端指间关节）进行植入物关节成形术[59]。以下是近端指间关节成形术常用的适应指征[4,59,60]。

- 非手术治疗失败时，继发于关节炎或创伤后关节炎（较少适用于类风湿关节炎）的近端指间关节疼痛及关节表面破坏（伴或不伴有关节半脱位）。
- 由于关节僵硬、畸形以及活动度降低造成的手功能缺失，软组织重建手术和（或）非手术治疗不能矫正时。
- 针对偶尔会出现的单独存在的钮孔状畸形或鹅颈畸形，融合术不是一个可行的选择时。

注意：近端指间关节成形术的必要前提包括充足的骨质，完整的神经血管系统和有功能性的屈肌/伸肌机制[128]。

手术步骤

植入物设计，材料和固定

外科手术医生选择近端指间植入物关节成形术的类型取决于病理基础、相关损伤、畸形程度以及医生的经验。目前可用于无类风湿关节炎患者近端指间关节的植入物的选择包括硅树脂弹性体一体式柔性植入物，如Swanson，Neuflex或SBI装置，以及表面置换植入物，包括钛–聚乙烯（titianium-polyethylene, TI）和高温石墨（pyrocarbon, PY）[5,23,44,80,136]。

最初由Swanson在20世纪60年代设计的硅树脂植入物今天仍在使用[5,44,71,136]。表面置换植入物设计与硅树脂一体式植入物设计相比可提供更大的关节活动性，但无法提供内在稳定性。因此，当近端指间关节成形术被认为适用于类风湿关节炎患者，此类患者通常由慢性滑膜炎继发的关节周围软组织受损而导致关节稳定性降低，因此倾向于使用硅树脂一体式植入物来提供一些关节稳定性。相比之下，表面置换植入物成形术几乎专门用于关节炎或创伤后关节炎患者，因为侧副韧带通常完好无损或可修复[5,44,59,71]。

手术概述

沿着近端指间关节的背侧面划一条弧形的纵向切口，有时也会使用掌侧入路或侧方入路[23,59,80]。对于背侧入路，可采用中央滑行保留技术（保持中央肌腱完整）或中央滑行分裂技术（中央肌腱被纵向切开）。后一种方法用于当有明显的关节畸形存在时。表19.2提供了哪些软组织被松解修复和术后修复部位如何保护，以及在手术过程中哪些结构会保持完整的概述[4,5,16,59,60,80]。

临床提示

虽然已发表的资料中提供了多种手术方法的描述，但重要的是通过回顾患者医疗记录中的手术记录来学习使用了何种类型的手术方法，以及哪些软组织结构被切开或松解，在手术结束前进行修复，以及在康复时需要保护。

部分近节指骨头部和中节指骨基底部被切除。近节和中间指骨的髓腔将被扩髓，为假体植入做好准备然后植入假体。

表19.2 近端指间关节成形术不同手术方式的对比

手术方法	术后被松解，修复和保护的结构	被保留的完整结构
中央滑行保留技术	副韧带被切开/修复；掌板切断	中央肌腱/伸肌机制完好；允许术后立即主动关节活动
中央滑行分裂技术	中央肌腱被纵切并分离；术后延迟进行主动关节活动，掌板可能会或可能不会被切断	侧副韧带完整；提供关节稳定性

如有必要，为了处理屈曲挛缩，掌板需被松解，并修复伸肌肌腱机制（如果入路时发生断裂），然后修复关节囊。缝合伤口并使用大体积加压敷料，维持近端指间关节于伸展位。

术后管理

制动

术后 3~5 天可将外科敷料取下，换上定制的前臂动态近端指间关节伸展支具，腕关节维持伸展 15°，掌指关节维持屈曲 20°。这种白天佩戴的支具允许被动地帮助近端指间关节伸展，并主动地进行近端指间关节的屈曲。另一个静态的前臂夜间支具也同样将腕关节固定于伸展 15°，掌指关节轻度屈曲，并且指间关节接近完全伸展 [4,5,59,80,116]。

固定持续时间随着关节成形术的类型而变化，手指的伸肌肌腱或侧副韧带是否重建是手术的一部分，同时还包括了外科医生的理念。然而，普遍接受的是，如果患者在大约 4 周时，已经获得了近端指间关节的完全伸展，并且开始每天使用贴布予以保护，那么动态支具的佩戴可以在此时中止。对于那些手指维持伸展有困难以及需要保护修复的关节的患者，保护性夜间支具可以佩戴到术后 3 个月 [5,59,60,80,116]。

锻炼进阶

近端指间关节成形术后的锻炼顺序强调手术关节和邻近关节的早期但受保护的活动。佩戴动态支具的近端指间关节练习从术后 3~5 天开始，动作范围要控制在 0°~30° 这个区间。在 2 周时，如果没有伸肌滞后的发生，近端指间关节的活动范围可以增加到 45°。在 4 周时，如果患者已经可以主动地完全伸展，则屈曲的角度可增加至 60°。到 6 周时，应该达到 0°~75° 的屈曲活动范围，并开始轻柔的牵伸。到 3 个月时，目标是 0°~75°，并且在可承受范围内进行活动 [5,80,116]。

近端指间关节成形术后每一阶段康复过程中的运动目标与本章内已经详细叙述过的掌指关节成形术术后康复相似。本节仅介绍近端指间关节成形术或近端指间关节特定软组织畸形的相关矫正手术特有的指导原则和预防措施。

练习：最大和中等保护阶段

近端指间关节成形术后康复的最大和中度保护阶段的首要目标都是控制周围水肿并恢复手术关节的功能移动性而不影响修复或重建软组织的结构。

在大多数情况下，重点是恢复完整或接近完全的近端指间关节伸展活动度，同时以每周 10°~15° 逐步增加近端指间关节的屈曲范围 [5,60,80,116]。

> **临床提示**
>
> 必须进行平衡的关节活动度训练以恢复屈曲和伸展的角度。不应该以牺牲近端指间关节屈曲角度来获得全范围或接近全范围的近端指间关节伸展角度，如此一来就不会或只会发生很少的伸肌滞后 [80]。

目标和干预措施。下面的目标和干预措施作为术后 6~8 周内的一般准则。有关支具使用以及不同类型的近端指间关节成形术训练进程的详细流程在很多资料中进行了描述 [5,60,80,116,148]。

- 保持腕关节，掌指关节和远端指间关节的活动度。
  - 术后即刻开始进行除了被厚重敷料限制的关节以外的所有其他关节的主动活动度训练。
- 恢复手术关节的活动度。
  - 前 2 周开始佩戴动态支具，进行受累的近端指间关节的主动屈曲活动，活动范围为 0°~30°。在 2 周时，如果没有伸肌滞后发生，增加屈曲活动度至 45°。在 4 周时，如果近端指间关节已经获得了完整的主动伸展角度，屈曲活动的角度可以增加至 60°。到术后第 6 周时，目标是达到 0°~75° 的近端指间关节主动活动 [5,60,80,116]。固定掌指关节和远端指间关节于中立位，以引导近端指间关节的运动（促进关节活动度和肌腱滑动）。
  - 如果钮孔状畸形已得到矫正（这需要重建伸肌机制），请遵照专栏 19.4 中的指南和注意事项 [134]。
  - 如果鹅颈畸形已得到矫正，请遵照专栏

专栏 19.4　钮孔状畸形矫正术后的指南和注意事项

运动
- 通过使用伸展型支具，尽可能多地维持近端指间关节的伸展，并且在术后活动 3~6 周。只有在活动以及伤口护理的时候才摘掉支具。
- 开始早期的远端指间关节屈曲练习，同时近端指间关节固定在伸展位置以便维持支持韧带的长度。
- 可以在术后 10~14 天或者更早开始主动或者辅助下的近端指间关节屈曲和伸展练习。在近端指间关节运动时，固定掌指关节于中立位（掌指关节放于书或者桌子的边缘）。
- 练习过程中需要强调近端指间关节伸展和远端指间关节屈曲。

注意事项
- 避免远端指间关节的过伸。
- 由于矫正钮孔状畸形需要切开中央腱的手术方式，以及修复伸肌机制，避免近端指间关节 6~8 周或术后 12 周内的抗阻练习以及伸肌机制的牵伸。

专栏 19.5　鹅颈畸形矫正术后的指南和注意事项

运动
- 通过使用静态手指支具，维持近端指间关节在 20°~30° 的屈曲以及远端指间关节的完全伸展。
- 术后几天可开始近端指间关节和远端指间关节的主动关节活动。
- 进行远端指间关节伸展练习时，维持近端指间关节于轻度屈曲位。
- 在进行近端指间关节活动时，固定远端指间关节于中立位。
- 强调近端指间关节屈曲和远端指间关节伸展。

注意事项
- 在练习过程中，限制近端指间关节于伸展位，只可进行 10° 的屈曲，以避免过度牵伸掌侧的关节囊。
- 避免过度屈曲远端指间关节。

19.5 中的指南和注意事项 [59]。中央肌腱被纵切的方法对于矫正鹅颈畸形是必要的，以便改善位于伸肌机制上的张力，以及更好地进行近端指间关节的屈曲。

注意：在进行关节活动度练习时，避免手术关节部位的侧方和旋转的应力是一件很重要的事情，因为这可能损害侧副韧带的完整性和关节的稳定性。

练习：最小保护 / 恢复功能性使用阶段

在最小保护阶段的主要目标，已经从恢复功能性关节活动度转变为增强手部与腕关节的力量，并且逐渐加上安全的，可以逐步进阶的手部功能性日常活动能力训练。这个转变发生在术后 6~8 周。软组织修复的状况，特别是伸肌肌腱的状况，决定了开展抗阻训练的时间。最理想的结果是，康复可能需要持续（通过患者认真遵守家庭康复计划）3~6 个月，或者更长时间。

对于掌指关节成形术，低强度的力量训练可以在为手部康复特殊设计的设备上进行，比如运动橡胶泥，或者通过涉及分级抗阻运动的功能性活动进行。关节保护原则（专栏 19.1）应通过对患者的教育融入到日常生活当中去，并且要时刻注意避免对近端指间关节的外侧应力。

结果

在近端指间关节成形术之后，最佳的结果是患者拥有了无痛、灵活却稳定并且力线良好的关节，用来满足手部的功能性使用 [16,59,80,128]。近端指间关节成形术最一致的结果就是疼痛得到缓解。尽管在患者的报告中，对于改善手部功能性活动的报告是很多见的，但也有报告称关节活动度和握力的改善充其量只能算是微乎其微 [49,148]。

成功的结果依赖于对侧副韧带恰当的平衡以及修复，充足的软组织覆盖，以及术后少有感染的出现。关节炎的患者以及术前没有手指畸形的患者的结果通常比创伤后关节炎或类风湿关节炎患者的要好 [128]，但是并没有确凿的证据表明一个手术方式或者一种关节成形术的类型优于另一种 [49]。

近端指间关节成形术后，手部功能性使用的最佳关节活动度为 45°~70° 的主动屈曲以及全范围或接近全范围的主动伸展（没有伸肌滞后）。然而，在大多数研究中，术后关节活动度的报告是明显低于理想水平的 [5]。

如果伸肌机制是完整的，并且采用了中央滑行保留的手术方法，那么可以允许早期开始活动度训练，与采用中央滑行切开或需要进行伸肌肌腱修复相比，预计可以进行大约多于 10° 的近端指间关节屈曲。如果鹅颈畸形被矫正了，那么近端指间关节轻度（至多 10°）的屈曲挛缩是可以接受的，以便保护掌侧的关节囊以及避免畸形的复发。

并发症　近端指间关节成形术之后潜在的并发症与掌指关节成形术之后潜在的并发症类似。植入物周围的硬化，以及最终导致的植入物松动或破损，这些都是长期并发症，可见于单片硅胶植入关节成形术；然而，硅胶引起的滑膜炎是很罕见的[49,123]。关节不稳、半脱位以及脱位，这些并发症，可见于金属 – 塑料或热解碳表面置换的植入物关节成形术，因为这些设计没有内在稳定性。松动是长期并发症，不论是否使用了骨水泥或非骨水泥固定它都可能会发生。一种特有的并发症只在热解碳设计的内植入物中报告过，就是在关节活动过程中，会听到吱吱的声响[49,123]。

患者必须持续避免暴力抓握以及高冲击力的活动，必须终生遵循关节保护原则，以防止常见的长期并发症的出现，比如植入物的骨折[60]。

拇指腕掌关节成形术

拇指的腕掌关节，也被称为大多角掌骨关节或基底关节，是全身关节中最易好发关节炎的部位之一。在每 3 个女性中，或每 8 个男性中，就会有 1 人的腕掌关节在日常活动、工作以及休闲娱乐过程中，由于不断经受多方向的应力而使其超负荷工作，最终患上关节炎[12,14,19]。疼痛是患者寻求治疗的主要原因。腕掌关节炎的患者通常会描述一种持续的疼痛，在活动时这种疼痛会变成锐痛，比如在进行抓握、捏或扭转等动作时。书写困难并伴随疼痛是一种常见的主诉。其他的参与或活动受限可针对每个人不同的工作性质或是娱乐活动而定[14,43]。

手术适应证

以下是拇指的腕掌关节成形术常见的适应证[12,14,19,110,132]。

- 保守治疗失败，包括活动矫正手部治疗、支具支持、抗炎药物治疗以及关节内皮质类固醇注射。
- 拇指基底部的持续的无法活动的疼痛，特别是在腕掌关节，这些可由关节炎、创伤后关节炎和类风湿关节炎导致。然而，大多数腕掌关节成形术的实施是由于关节退行性疾病，较少见于以关节滑膜为基础的病变。
- 大多角骨上方的第一掌骨关节的背 – 桡侧不稳定（半脱位或脱位），会导致拇指掌指关节的过伸畸形。
- 拇指僵硬及关节活动度受限（通常存在内收挛缩）。
- 由于腕掌关节疼痛或是半脱位而导致的捏力和抓握力的下降。
- 不适合进行腕掌关节融合术。

步骤

背景和手术选择

在治疗时有多种手术方案以供选择。手术流程的选择依赖于韧带的松弛程度，关节面的破坏程度，潜在的病理情况，术后对于手功能的预期要求以及手术医生的专业背景和其在住院医生及专科培训时的训练情况[11,12,14,41,70]。Badia[11] 依据关节镜检查结果，描绘了一种分类和治疗体系，用以协助外科医生针对关节炎的不同阶段确定最适合的治疗方式。他将关节镜下Ⅰ期骨关节炎定义为滑膜炎，关节软骨完整，治疗方法是滑膜切除术。他将关节镜下Ⅱ期骨关节炎定义为拇指的掌骨尺侧 1/3 关节软骨以及大多脚骨中央处 1/3 关节软骨丢失，并伴有背侧桡侧韧带断裂和前斜韧带的衰弱。对于这些患者，他建议必要时进行滑膜切除术，游离体清除和关节镜下热收缩术（关节囊缝合术）以及掌骨伸展截骨术。他将关节镜下Ⅲ期骨关节炎定义为大多角骨和掌骨关节软骨的丢失，为此他建议进行大多角骨半切术和关节成形术[11,110]。对作业活动有高需求的患者来说，往往选择关节融合术而不是关节置换术。然而，对那些进行低强度手部活动的患者来说，在治疗上有多种通过对软组织和骨的治疗来缓解疼痛和恢复关节稳定性，同时保持拇指的基底部保护关节的功能性活动[12,19,41,70,104]。对于类风湿关节炎的患者来说保留一些腕掌关节的灵活性特别重要，特别是对于已经丧失了其他手部关节和腕关节的灵活性的患者[138]。

目前在文献资料中有 8 种常用的治疗腕掌关节炎的手术方法：①掌侧韧带重建；②掌骨截骨术；③腕掌关节融合术；④全关节置换术；⑤大多角骨切除术；⑥大多角骨切除术伴肌腱植入；⑦大多角骨切除术伴韧带重建；⑧大多角骨切除术伴韧带重建和肌腱植入（ligament reconstructtion and tendon interposition, LRTI）[12,14,143]。在所有上述治疗方法中，单纯的韧带重建术可用于只有疼痛和不稳定，却很少或没有关节软骨丢失的情况[41]。大多角骨切除术伴肌腱植入是迄今为止治疗因关节软骨退化而引起关节半脱位和关节间隙减少的情况里使用最广泛的[14,19,22,59,70,110,132,138,143]。大多角骨切除术伴韧带重建，但无肌腱植入，也被证明是一种有效的手术方法[19,22,110,143]。

对少数的腕掌关节骨性关节炎的患者来说，关节表面替换术是大多角骨切除术 / 肌腱植入关节成形术的一种替代方法。关节表面替换术包括重铺关节表面或采用双组件、鞍状刚性植入物以骨水泥固定来更换大多角骨和掌骨的关节面（也称为全关节表面置换）[14,41,70,144]。患者必须具有高质量的骨量，以便进行关节表面置换术。在过去的 10 年中，全关节成形术使用半固定式骨水泥植入，允许自由的关节活动度同时还提供良好的稳定性，因此被经常使用。使用全关节成形术的主要优点是，如果植入失败或患者有任何症状，可以移除植入物并切除大多角骨，从而可以进行标准的 LRTI 手术。然而，目前报道的关节成形术的手术指征是针对由于异位骨化和植入物松动而造成手部功能使用受限的年长女性[12,14]。此外，对新型植入物的初步研究显示，这种新型植入物有希望通过最小程度的骨切除并提供足够的稳定性，同时允许在新的关节位置上进行骨的生物内生长。

手术概述

LRTI 关节成形术 对于 LRTI，在拇指底部做一个背侧切口，并小心保护桡神经浅支的分支。大多角骨会被切除（大多角骨切除术），拇短伸肌肌腱被暴露，在掌骨底部开一个小孔并且垂直于指甲板。通过近端横向切口，可获得一部分桡侧腕屈肌肌腱。肌腱被穿过掌骨底部，并放置于拇指和示指的掌骨之间。剩下的肌腱被卷成一个球并插入到大多角骨中。关节囊被修复，并确保在修复中也进行了肌腱重建。在伤口缝合之前，根据指征对掌指关节进行评估，并采用关节囊缝合术或关节融合术治疗，连同可能将拇短伸肌肌腱转移到第一掌骨基底部，之后修补关节囊和邻近的软组织，随后关闭伤口[8,12,14,16,22,59,70]。

关节表面置换术 对部分大多角骨切除伴生物植入物介入术来说，选择背侧入路的方法。将切除大约 2 mm 的大多角骨远端关节面，并在掌骨基底部和大多角骨的背侧表面做一个浅槽。浅槽允许植入物放入其中，并与骨齐高。植入物被插入进来，并固定在骨上。在植入物放入之后，关闭关节囊，之后再关闭伤口[14,110,144]。由于是双组件的设计，在关节囊被纵切之后，位于远端的大多角骨和第一掌骨基底部被切除。大多角骨和掌骨的髓腔被准备好，两部分的假体分别被植入，并用骨水泥固定。之后关节囊被修复，与软组织介入的关节成形术一样，拇长展肌可能被用于增加关节稳定性。在伤口被关闭前，评估关节稳定性和活动度，之后应用厚重的敷料予以固定。

术后管理

腕掌关节成形术后的总体康复目标是在功能性活动时获得足够的无痛的拇指关节活动，同时在进行大力捏和抓握的时候关节保持足够的稳定性。要达到最佳的效果，术后患者可能需要 1 年的康复时间。

制动

在所有的手术中，拇指和手在术后都将被厚重的敷料固定并被抬高数天至一周以控制肿胀。

在术后的敷料被移除后，将手放在一个静态前臂拇指人字形石膏内 4~6 周。之后，石膏被一个定制的可拆卸的支具所替代，使腕掌关节固定于手掌外展位（40°~60°），掌指关节轻微屈曲，腕关节中立至略微伸展的位置[8,14,19,43,70]。拇指及四指的指间关节可自由活动。

腕掌关节持续制动的时间长短取决于手术方式。时间长短变化多样，完全表面置换术后只需要制动 1~2 周[43]，而韧带重建 / 肌腱植入关节成形术或表面置换配合假体植入术后需要制动 3~5 周[19,41,43,59,104]。

手术后，当可以进行关节活动度练习时，在日间锻炼期间支具可以移除。8~12 周内，随着患者使用手进行功能性活动，日间支具的使用逐渐停止。继续使用夜间支具 8~12 周固定拇指或直到关节稳定并且基本无疼痛[19]。

运动进阶

运动的进阶根据不同类型的关节成形术而不

同。本节提供的指南是以韧带重建 / 肌腱介入关节成形术为例子，因为这个是最常见的腕掌关节成形术。专门针对关节全表面置换术的管理指南也被列出。腕掌关节成形术后的注意事项被总结在专栏 19.6 中[8,14,19]。

运动：最大保护阶段

前 6 周康复的重点是控制疼痛和肿胀，在非固定关节维持关节的正常活动度，并在允许移除拇指人字形支具后开始进行保护下的腕掌关节运动[8,14,19]。

目标和干预措施。下面是术后前 6 周的建议目标和锻炼干预措施。

- **维持手指和拇指指间关节的活动度。**
  - 在连续制动腕关节、拇指腕掌关节和掌指关节期间，让患者进行手指、拇指指间关节、肘关节和肩关节的主动 ROM 练习。
- **开始保护拇指和腕关节的活动度。**
  - 在允许的情况下，在保护范围内开始腕关节的主动 ROM 练习和拇指的有控制的 ROM 练习。
  - 在肌腱介入关节成形术后，保护下的 ROM 练习需在术后 4~6 周开始，以允许重建的软组织充分愈合[8,41,43,70,110,138,147]。
  - 在关节全表面置换术后，ROM 练习可以在术后 1 周开始，这是因为骨水泥植入物具有内在稳定性[41]。当允许移除支具进行锻炼时，从各个方向上开始腕关节主动 ROM 练习，腕掌关节进行桡侧外展和掌侧外展，对指和环转的 ROM 练习。还包括掌指关节主动屈曲和伸展，要注意固定腕掌关节。

专栏 19.6 拇指腕掌关节置换术后的注意事项

- 开始时禁止进行完全的腕掌关节向桡骨内收（拇指滑过手掌到达第 5 根手指的基底部），因为这种运动会给关节囊的背面和重建的韧带造成过度的压力。确保在试图触摸第 5 根手指的基底部之前，可以将拇指触碰到每个指头的指尖。
- 当牵伸以增加腕掌关节手掌外展范围时，将拉力施加到掌骨而不是第 1 指骨，以避免过伸或损害掌指关节的稳定性。在轻度阻力练习中遵循相同的注意事项。
- 在术后至少 3 个月内避免进行大力的捏、抓握活动。
- 改变日常生活活动强度，限制抬起重物的活动。如果偶尔需要举重，建议患者佩戴保护性支具。

运动：中度和最小保护阶段

在继续恢复关节活动度的同时，康复治疗在中间阶段和最后阶段的重点逐渐转变为了功能性作业而发展手部的抓握和捏的力量。

目标和干预措施。考虑以下目标和干预措施。

- **恢复手部和腕关节的功能性活动。**
  - 继续主动关节活动度练习，逐渐增加范围。
  - 大约 8 周时，开始温和的自我牵伸运动。
- **恢复手部和腕关节力量和功能性使用**[8,19,43,138,147]。
  - 大约在术后 8 周时，开始轻度阻力的等长练习，着重于手掌的外展，桡侧外展，对指和环转活动。
  - 如果腕掌关节稳定且无痛，则可以进行动态抗阻练习，恢复捏力和抓握力量。
  - 在 8~12 周中，当使用手进行轻度日常生活活动时，可去掉支具，例如系扣子和解扣子。
  - 在进行肌肉力量练习和日常生活活动时，要遵循关节保护的原则。
  - 在接下来的 4~6 周里，手可进行轻至中度的日常生活活动。患者通常可以在 3~4 个月内恢复低功能需求工作，并可以在 4~6 个月内恢复大部分功能性活动。

结果

文献报道的大多数研究已经探究了大多角骨切除术 / 肌腱介入关节成形术的结果，而只有很有限的证据报道了关于关节表面置换术的结果。根据测量疼痛情况、关节活动度、手功能、患者满意度和生活质量所得到的数据，以及通过测量患者的灵活性，捏和抓握能力来评估拇指基底关节无痛关节活动度和手功能的改善，被认为是腕掌关节成形术后成功的结果[12,14,19,41,69]。术后达到最佳效果所需的时间通常为 6~12 个月[14]。

在这些手术中，大多角骨切除术 / 肌腱介入关节成形术伴或不伴韧带重建可以产生最可预测和最佳的结果[14,41,70]。在一份关于肌腱介入关节成形术的回顾中，当手术流程包括韧带重建时结果显示更好，这可能是因为腕掌关节在得到重建后变得更加稳定[41]。

疼痛缓解和患者满意度。不论哪种腕掌关节成形术，术后最一致和最可预测的益处是疼痛得到缓解[12,14,19,41,59,77,143]。例如，在一篇针对数份骨关节炎患者进行肌腱介入关节成形术伴或不伴韧带重建的结果的回顾研究中，94%的患者报告了疼痛得到了长期缓解[132]。尽管肌腱介入是为了修复退化的关节，使运动更加舒适。在一份针对骨性关节炎患者的前瞻性随机研究中，研究者比较了大多角骨切除术配合韧带重建术伴或不伴肌腱介入的结果，他们发现，术后平均48个月，两组的患者获得了同样的疼痛缓解满意度[77]。

在腕掌关节成形术后，患者的生活质量也有所改善。在一项对103名骨性关节炎患者进行的首次肌腱介入关节成形术后的随访研究中，在术后平均6.2年中，他们完成了数份标准化的自评问卷[7]。在总体评分中，103名患者中有79人报告了他们的生活质量显著提高，另有15人报告他们的生活质量轻度改善。

关节活动度和手功能。拇指的主动关节活动度，特别是对指和灵活性，通常在腕掌关节成形术后得到改善。增加了桡侧和掌侧外展范围，使手更易于张开去抓握大的物体。但是，一些韧带重建/肌腱介入关节成形术的研究结果表明，术前和术后的关节活动度基本上没有变化。尽管证据有限，相比于软组织手术，关节表面置换术被认为可以产生更多的关节活动度改善，尤其是在短期效果方面[41,69,143,144]。然而，一项关于全关节表面置换术（两部分，金属–塑料设计）的研究结果表明，尽管在一些测试中患者有明显的疼痛缓解和双侧手功能改善，但是对指范围或抓握力和捏力在术后3年的随访中，并没有显著改善[69,142]。

相比之下，其他一些随访了术后很多年的研究表明，捏力和抓握力以及功能性任务的完成情况的评分均显著改善[41]。最佳的长期功能结果被报道存在于那些主要使用手进行低强度活动的患者中[12,14,69]。

并发症。并发症因腕掌关节成形术的类型而异。总的来说，并发症的发生率很低，其中疼痛无缓解和关节不稳的复发是最常见的并发症，并需要进行关节成形术的修复。在一项对606例肌腱介入韧带重建关节成形术的16年回顾性研究中，只有3.8%的患者由于机械性疼痛需要进行修复手术[42]。在腕掌关节成形术后，神经病理性疼痛也可能发生。疼痛可能由于桡神经被损伤或被撞击（桡神经感觉神经炎）、腕管综合征或复杂性区域疼痛综合征引起[14]。

对包括假体植入的关节成形术来说，松动和脱位是最常见的并发症。总体而言，植入物松动很可能发生在不使用骨水泥固定的情况下，但也可能发生在有骨水泥固定的手术中[69,142]。

与类风湿关节炎相关的肌腱断裂：手术和术后管理

手术背景和适应证

在有慢性腱鞘炎的类风湿关节炎患者中，发生手部肌腱断裂是很常见的。断裂发生的部位可能在腕关节或是手部。当肌腱断裂时，一根或者多根手指会突然丧失主动控制。单根或多根肌腱的断裂通常是无痛的，并且会在手的日常使用中发生[16,59,61,124]，而这种断裂的发生是严重肌腱病的证据。

伸肌肌腱比屈肌肌腱发生断裂的频率更高。按照发生频率的顺序，最常断裂的伸肌肌腱是小指、环指以及拇长伸肌（extensor pollicis longus, EPL）的肌腱。最常见的屈肌肌腱断裂是拇长屈肌（flexor pollicis longus, FPL）的肌腱[2,59,61,81,124,125]。

发生断裂的原因包括增生的滑膜渗入腱鞘和进入肌腱，随后会使受累的肌腱变得薄弱；因滑膜炎而变得粗糙或被侵蚀的骨突上的肌腱的擦伤和磨损；局部定期使用类固醇注射；或由来自过度增生的滑膜的直接压迫而引起的缺血性坏死，尤其是在背侧支持带，这会损害肌腱的血液供应。会影响伸肌肌腱的常见磨损部位是远端尺骨、李斯特结节（桡骨结节）以及与屈肌肌腱接触的舟骨的掌侧面[2,59,61,81,124,125]。

手术指征是手部功能的丧失。单根肌腱的断裂，比如小指伸肌肌腱，可能不会损害患者功能，而同时或一段时间内多根肌腱的断裂可能会导致严重的手部功能受限和残疾。

流程

在治疗类风湿关节炎患者的肌腱断裂时，手术方式的选择取决于哪根肌腱发生断裂、断裂的数目、断裂发生的部位、断端肌腱的条件、以及手部余下完整肌腱的质量。选择包括如下几种[16,38,59,81,124]。

- **肌腱转移**。将肌腱从其正常的远端附着处移开并附着于另一个位置上。例如，如果拇长伸肌发生断裂，示指伸肌可以被用于肌腱转移。如果多个伸肌肌腱发生断裂，则可将屈肌肌腱转移到手背面来替代伸肌的功能[38,59,81,124,125]。
- **肌腱移植重建**。另一根肌腱的其中一部分作为“桥”被接入并缝合在断裂的肌腱两端。通常选择掌长肌腱作为供体肌腱，如果在进行肌腱重建术时还要进行腕关节成形术，腕关节的伸肌肌腱可以被选用[81,38,59,81]。
- **肌腱吻合术（相邻肌腱缝合）**。将断裂的肌腱缝合到相邻的完整肌腱上，这是指伸肌肌腱在腕关节处发生断裂时的常用选择[81,124,125]。
- **直接的断端修复**。断裂肌腱的两端被重新对接起来并缝合在一起。这种选择只是偶尔使用，因为类风湿关节炎患者断裂肌腱的末端通常都是有磨损的。因此，相当大一部分的磨损的肌腱必须被切除，这样会使肌腱变短，导致难以进行两个断端的缝合[59,124]。

在进行类风湿手部手术时，同时还要进行的手术包括腱鞘切除术，在骨突部位的骨赘摘除术以及韧带重建术或因关节不稳而进行的关节融合术。如果晚期掌指关节病也存在，并且掌指关节的被动伸展明显受限的话，也可以考虑进行受累关节的关节成形术。可以由手术医生决定是与肌腱手术同时进行，还是两个手术单独进行。如果没有足够的关节活动度，转移或重建的伸肌肌腱会变得粘连，导致预后不佳[124,125]。

术后管理

本节中描述的指南仅适用于肌腱转移、重建或手部类风湿关节炎的伸肌肌腱修复的管理。如前所述，伸肌肌腱断裂的发生频率远比屈肌肌腱高。正如本章中所描述的其他术后管理一样，疼痛、肿胀控制以及非受累关节的活动一直是康复过程中重要的组成部分。

肌腱转移和重建是精密的过程，这需要治疗师和手术医生之间持续的沟通以及术后锻炼时患者的积极参与。任何肌腱转移的目标都是为了重新分配手部力量以便改善其功能。与患者的交流和建立实际的目标和期望是非常重要的，这是因为肌腱转移不会恢复正常的关节活动，而是改善当前的功能。因此，患者教育要贯穿康复的每一个阶段[81]。

制动

在伸肌肌腱手术结束时，手和腕关节会采用大体积厚敷料来控制肿胀。手术加压敷料在几天后被移除，之后腕关节和手被固定在前臂掌侧休息位支具中，使其腕关节保持 30°~40° 的伸展，掌指关节保持 10°~20° 的屈曲，这样可以在肌腱转移中，指间关节活动时最大程度地减少张力[81,125]。

例如，在相邻指伸肌肌腱转移或伸肌肌腱重建术后，腕关节和所有除拇指外的手指在支具中被固定于伸展位，但是拇指可以自由移动。在断裂的拇长伸肌肌腱重建术或是示指伸肌肌腱转移以重塑拇指伸展术后，腕关节被固定于伸展位，拇指被固定于掌侧外展位，掌指关节和指间关节于中立至轻微伸展位，手指不受限制，可自由活动[81]。

持续制动腕关节和手指于上述位置 3~4 周以保护正在愈合的肌腱[59,81,124,125]。日间佩戴的支具在约 12 周时可停止使用；然而，夜间佩戴的支具通常会持续使用 6 个月或更长时间。

临床提示

并不建议用于患有类风湿关节炎患者在手部肌腱重建或转移术后使用动态支具和早期活动（在术后几天）。相比于手部肌腱急性撕裂或断裂的其他健康患者，对于长期存在全身性疾病的患者（这些患者可能定期使用皮质类固醇治疗），组织愈合较慢且术后再次断裂的风险较高[59,124,125]。

运动进阶

在肌腱转移或重建术后康复的每个阶段，运动进阶需要非常缓慢和逐步递进。专栏19.7总结了手部运动和功能使用的注意事项。

运动：最大保护阶段

在术后前6周内，康复治疗的重点是肿胀的控制和对转移或重建肌腱的保护，之后是手术部位的控制性活动以防止正在愈合组织的粘连。通常在3~4周，可以去除保护性的支具。如果肌腱质量较差且缝合组织的安全性有问题，则运动可能会延迟至术后约6周[81]。

目标和干预措施。康复第一阶段的目标和干预措施包括以下内容[61,81]。

- **保持肘关节和前臂以及未受累的手指和其他关节的活动性。**
  - 当术后手被固定时，进行所有其他必要关节的主动ROM训练。
- **恢复修复或转移的伸肌肌腱单元的活动能力和控制能力。**
  - 当支具可以被移除以进行锻炼时，手指放松并开始腕关节的主动活动。
  - 开始每根手指或拇指的辅助掌指关节伸展，腕关节和每根手指的指间关节固定于中立位。
  - 被动地将术后掌指关节置于中立位，之后轻微伸展，进行放置和保持锻炼，让患者短暂地保持在位置。这强调终末范围的伸展以防止伸肌滞后出现。
  - 在腕关节中立位逐渐进行掌指关节主动伸展，手掌放在桌子上，手指在桌子边缘放松，从掌指关节轻微屈曲开始。

专栏19.7 类风湿手部伸肌肌腱移植或重建手术后的注意事项

- 康复的早期阶段，不要从完全的、可达到的掌指关节屈曲位置开始伸展活动，以避免手术部位肌腱被过度牵伸。
- 如果主动伸展不足的话，延迟牵伸来增加掌指关节屈曲。
- 避免手指屈曲或拇指桡侧外展和内收与腕关节屈曲相结合的活动或手势，因为这会对重建或转移的伸肌肌腱施加极大的压力。如果患者必须用手进行转移活动，避免手背侧负重。
- 避免剧烈的抓握活动，它们可能会使重建或转移的伸肌肌腱过度牵伸或断裂。

临床提示

帮助患者学习肌腱转移后的新动作，最初让患者专注于肌肉肌腱单位最原本的动作（功能）。例如，如果示指伸肌肌腱被转移以取代拇指拇长伸肌的活动，当试图主动伸展拇指时，让患者想着伸展示指。使用生物反馈或功能性电刺激（functional electrical stimulation, FES）以协助这个动作学习。

- **恢复手指主动屈曲。**
  - 通过让患者进行主动伸展而不是主动屈曲手指，来放松指伸肌以便开始手指掌指关节的屈曲。
  - 在保护范围内进行渐进至主动的掌指关节屈曲练习，保持腕关节和近端指间关节于中立位。在腕关节和掌指关节固定于伸展位时，主动屈曲（钩拳/内部最小位置）和伸展近端指间关节（伸直手指姿势）。在腕关节和掌指关节伸展时进行近端指间关节屈曲，预防出现指间关节僵硬的情况，同时不会把拉力放在修复后的指伸肌肌腱上。在前4周，在关节部伸展位置上完成完全握拳是非常重要的，这是因为不能完成完全握拳，尤其是环指和小指，预示着功能受限，而不是轻微的伸肌滞后[81]。

运动：中度和最小保护阶段

到术后6~8周，被转移或重建的肌腱可以承受更大的压力。通常在这个时候可以使用手进行轻微的功能性活动。在大约8周，日间支具的使用频率逐渐降低，通常情况下术后12周停止佩戴；然而夜间支具的使用会根据转移肌腱的功能最多持续至6个月[81]。

目标和干预措施。请考虑以下目标和干预措施以进阶康复过程。

- **继续增加术后手指的主动活动度。**
  - 如果一根或两根手指活动受限，增加轻柔的被动牵伸以增加掌指关节伸展或屈曲范围。
  - 继续掌指关节主动伸展练习，以防止伸

肌滞后。如果掌指关节可以伸展至中立位（无伸肌滞后），将掌心放置于平面上，同时过伸每一根手指，用这种方法来进行掌指关节主动伸展。

- 使腕关节在中立位或轻微伸展位，通过使每个指尖接触手掌来逐渐增加掌指关节屈曲角度（首先手指伸直，然后完全握拳）或令拇指碰每根手指指尖再逐步接触第 5 指的基底部。

- 恢复肌肉力量，控制能力和手的功能性使用。
  - 将手指的主动活动与灵巧性和协调性的活动相结合，同时模拟功能性活动。除去支具需要进行轻度抓握的功能性活动，例如拾起、拿着轻的物件或叠衣服。
  - 8~12 周增加等长和动态训练，亚极量抗阻训练可以改善手部功能性肌肉力量和耐力。
  - 进行持续的患者教育，在进行功能性手部活动时，强调关节保护原则。

结果

类风湿关节炎患者的手部手术干预的结果和断裂肌腱术后的管理结果高度依赖于术前手部和腕关节及软组织的受累程度。当在手术中同时做了肌腱转移和肌腱重建之后，术后功能的改善很难严格区分到底是由于哪个手术导致的，如关节成形术和关节融合术。

除非发生并发症，其中最常见的是肌腱再断裂，我们可以分析一些原因 [59,61]。那些单根肌腱断裂的患者，其受累关节拥有完全的被动关节活动度，实现了最佳的术后结果：完全的功能性抓握能力和受累手指没有伸肌滞后。肌腱断裂的数目或伴随的损伤越多，比如关节挛缩、固定畸形或关节不稳，手术治疗的方法就会越复杂，并且效果会越差 [59]。

重复创伤综合征 / 过用综合征

腕关节和手部的积累性或重复性创伤引起的疾病会导致手部功能的严重丧失以及工作时间的减少 [58]。原因与长时间的重复运动有关。导致的炎症反应会影响肌肉、肌腱、滑膜鞘以及神经。诊断包括腕管综合征、扳机指、德凯尔万综合征（桡骨茎突狭窄性腱鞘炎）和肌腱病（肌腱炎和腱鞘炎）。腕管综合征和腕尺管的尺神经卡压管理在第 13 章中进行了描述。

肌腱病

症状的病因

病理性的肌腱结构断裂是由于持续的或重复性的使用相应的肌肉使其超出可适应的范围，受到类风湿关节炎的影响，作用于正在收缩的肌肉上的超负荷压力（比如在一次机动车事故中用力的抓握方向盘），或在肌腱或腱鞘表面的摩擦力 [45,58,117,149]。

常见结构和功能的损伤

- 相关肌肉收缩时运动使肌腱在腱鞘内滑动时的疼痛。
- 在炎症反应区域触诊时有发热和压痛。
- 在类风湿关节炎中，滑膜增生以及受累腱鞘肿胀，比如腕关节背侧或腕管中的屈肌肌腱。
- 通常情况下，存在肌肉长度和力量之间的不平衡或稳定肌群肌耐力较差。障碍可能更易发生在肘关节近端或肩带，导致过度负荷以及运动链远端末端的代偿运动。

常见的活动受限和参与受限

肌腱病常见的受限是不能进行重复性或持续性的工作、娱乐或休闲抓握活动或不能进行那些由于疼痛而导致受累肌肉肌腱收缩受到影响的刺激性的手部活动 [57]。

管理：保护阶段

遵循在第 10 章中描述的急性损伤的指导原则，还要特别强调对患者的教育，减轻受累肌肉 – 肌腱单元的压力，为组织愈合维持没有破坏性的力的健康环境。

- **患者教育**。告诉患者损伤的机制以及当进行重复性的活动时它是如何激发出症状的。向患者解释调整活动以保证愈合的必要性，让患者参与到康复中来。

- **休息**。通过佩戴支具来使受累的关节和肌腱休息。
- **肌腱活动性**。如果肌腱在腱鞘内，使用横向摩擦按摩的方法同时将肌腱置于拉长的位置，使其活动度可以在肌腱和腱鞘内共同改善[78]。
  - 教导患者轻柔的牵伸和进行肌腱滑动练习以改善活动度和预防粘连。（在本章的训练一节进行了描述）。
- **肌肉完整性**。教导患者进行多角度的无痛范围内的肌肉等长练习。

管理：控制下的运动和重返功能阶段

- **锻炼进阶**。进阶到动态练习，在正在愈合的肌肉肌腱组织可耐受的前提下，增加抗阻训练。
- **生物力学评估**。评估那些会引起症状的功能性活动的生物力学以及设计恢复肌肉长度、力量和耐力平衡的康复计划。通常来说，问题会在腕关节和手部出现，这是因为肩关节或肘关节的不良的稳定性及耐力。
- **预防**。持续强调自我监督症状的重要性，遵循安全的训练计划，并且当出现症状时去掉腕关节/手部的负荷。

聚焦循证

Backstrom[10] 报道了1例诊断为德凯尔万综合征（桡骨茎突狭窄性腱鞘炎）两个月的病例研究，在治疗过程中，除了应用了物理因子、运动、横向摩擦按摩治疗，还应用了动态关节松动术。疼痛得到了明显的缓解，从原来的6/10，在第三次治疗时下降到了3/10（50%），在完成了12次治疗的疗程后，疼痛只有0~1/10。该篇报道的作者建议腕关节处于极小的力线不良并伴随持续的过用综合征时，动态关节松动术可以帮助关节重塑正常的关节运动学。动态关节松动术包括了拇指和腕关节的主动活动以及在腕关节近端施加一个向桡侧滑动的被动的力（类似于图19.7）。动态关节松动术的应用原理在第5章中已经描述了。

腕关节与手部的创伤性损伤

单纯的扭伤：非手术治疗

被殴打或摔倒而造成创伤后，一个过度的牵伸力可能会扭伤相关的支持性韧带组织。可能会存在相关部位的骨折、半脱位或是脱位。

常见的结构损伤

- 当韧带受到牵伸力时，受累部位会感到疼痛。
- 如果支持性韧带断裂，可能会存在受累关节活动度过大或不稳定的情况。

常见功能损伤、活动受限和参与受限

- 对于简单的扭伤，当关节受到压力时，疼痛可能会影响手部功能使用长达几周。如果矫形器不干扰活动，可考虑使用矫形器或胶带来保护韧带而不限制其功能。
- 当存在严重的撕裂和不稳定时，关节可能会因活动而引发半脱位或脱位，则需要手术干预。

管理

按照第10章的指导原则治疗急性损伤，重点在于维持活动性，同时尽量减少对愈合组织的应力。如果需要固定以保护该部分，则只需把受累关节固定。受累关节以上和以下的关节应可以自由活动。这样做可维持跨越受累关节的长肌腱在其腱鞘内活动时的灵活性。在愈合过程中要避免出现受到应力的姿势和引起症状的活动。

手部屈肌肌腱断裂：手术和术后管理

手术背景和适应证

屈肌肌腱的撕裂伤可以发生在沿着掌侧面的手指、手掌、腕关节和前臂远端的多个部位（区域），并且与肌腱断裂一样，会造成手部功能的即刻丧失。肌肉肌腱结构的受损程度取决于伤口的不同位置和深度。一条或多条肌腱损伤可能伴有血管、神经和骨骼的损伤，这可能会导致额外的功能丧失并使管理复杂化。发生在手部的闭合性创伤性，也可能导致急性的屈肌肌腱断裂[3,12,101,129,137]。

前臂、腕关节、手掌和手指的掌侧面被分为

5 个区域；拇指被分为 3 个区域。这些区域在图 19.11 中所展示。每个区域的解剖标志在专栏 19.8 中有所描述 [65,82,90,127,129,134,137]。使用这种分类方法进行撕裂伤的分类，可以提高交流的一致性，并且可以为预后提供基础 [137]。

掌握复杂的解剖学、手部肌动学和肌腱愈合特性的知识对于了解屈肌肌腱不同区域的损伤导致的损害和功能障碍十分重要。专栏 19.9 明确了与每个区域损伤相关的常见障碍 [90,112]。

当被切断或断裂时，屈肌肌腱很容易发生后缩，因此在大多数情况下均需要手术治疗以重建手部功能和预防畸形。发生在区域Ⅱ的撕裂伤的修复与康复，通常被称作“无人区”，对手外科医生和治疗人员提出了特别的挑战 [82,95,122,127,129,137,153]。由于外部手指屈肌存在于这个狭窄的空间内，并且区域Ⅱ内肌腱的血管供应十分有限，该区域内正在愈合的组织容易发生会限制滑移的粘连。在愈合过程中形成的瘢痕组织可以阻断肌腱在滑膜腱鞘内的滑动并随后限制受累手指的关节活动度 [122,137]。

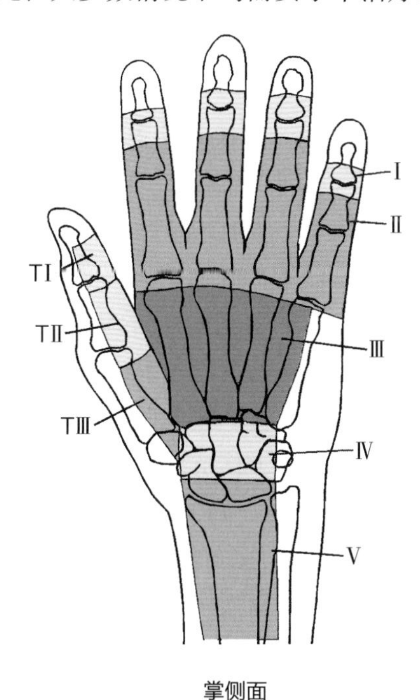

图 19.11　屈肌肌腱区域；手掌和腕关节的掌侧面

专栏 19.8　屈肌肌腱区域：解剖标志

手指、手掌、手关节和前臂的区域

- Ⅰ——从指深屈肌在远节指骨的插入点至指浅屈肌在中节指骨的插入点。
- Ⅱ——从指浅屈肌肌腱远端点插入点处至远端手掌折痕（即掌骨颈的近端）。
- Ⅲ——从掌骨颈，由近端沿掌骨至腕管远侧缘。
- Ⅳ——腕管区域（腕横韧带下方的区域）。
- Ⅴ——从腕关节近端的区域（腕骨韧带近侧缘）至前臂远端外在屈肌的肌肉肌腱连接处。

拇指区域

- T-Ⅰ——从拇长屈肌在拇指远端指骨的远端插入点至近端指骨颈。
- T-Ⅱ——从近端指骨，越过掌指关节到第一掌骨颈。
- T-Ⅲ——从第一掌骨至腕骨韧带的近侧缘。

在Ⅳ区（腕管），手指的外在屈肌肌腱（指浅屈肌、指深屈肌和拇长屈肌肌腱）彼此紧密排列。该区域的损伤可能导致相邻肌腱在腕管内相互粘连，并影响肌腱之间不同的滑动。

流程

手术步骤的类型和时机

许多因素会影响最终用于治疗屈肌肌腱损伤的手术修复类型 [65,90,127,134]。损伤相关因素包括损伤机制，撕裂的种类和位置（区域）、相关皮肤、血管、神经和骨骼损伤的程度，伤口污染的程度，受伤后的时间。手术相关因素包括修复时机、是否需要进行分期手术以及手外科医生的背景和经验。与患者有关的因素是患者的年龄、健康状况和生活方

专栏 19.9　手部掌侧，腕关节和前臂的损伤后果

- Ⅰ区。只有一条肌腱，指深屈肌，可以像 A-4 和 A-5 支持带滑轮一样断开，这对保持指深屈肌进行手指完全屈曲（握拳）的机械性优势非常重要。
- Ⅱ区。指浅屈肌和指深屈肌肌腱，屈肌支持带（纤维鞘使肌腱接近下面的骨骼，并使它们相对靠近关节以适应肌腱完全滑动）的双层滑膜腱鞘和多根环状滑轮（包括 A-1）可能被损伤。如果两根肌腱都断裂，则无法屈曲近端指间关节和远端指间关节。潜在的系带损伤，提供血液和补充来自滑膜扩散的营养的血管结构的损伤，均影响肌腱愈合。
- Ⅲ区。除了指深屈肌和指浅屈肌的损伤之外，蚓状肌的损伤也会破坏掌指关节屈曲。
- Ⅳ区。在该区域（在腕管中）的损伤可以影响 3 根手指外部肌腱——指深屈肌肌腱、指浅屈肌肌腱和拇长屈肌肌腱，这会破坏手指和拇指的屈曲。滑膜腱鞘也会受到损伤。神经损伤常常伴随撕裂伤发生于该区域。
- Ⅴ区。前臂的撕裂会对手指和腕关节的屈肌肌腱造成严重损伤，导致腕关节和手指屈曲功能的丧失。正中神经和尺神经以及桡动脉和尺动脉也在区域表面。
- T-Ⅰ和 T-Ⅱ区。会损伤拇指的支持带滑轮系统和除了拇长屈肌之外的滑膜腱鞘，还可能损伤拇短屈肌远端的插入处；指间关节和掌指关节屈曲也会受影响。
- T-Ⅲ区。对鱼际肌的潜在伤害。

式（特别是营养和吸烟情况）。这些因素也对术后康复和肌腱修复的结果产生重大影响 [82,95,137,153]。

修复或重建的类型。对于屈肌肌腱撕裂或闭合性屈肌肌腱断裂的手术修复的选择可以根据其不同的手术步骤进行分类 [65,90,98,137]。

- **直接修复**。一种断端对断端修复，其中肌腱断端重新对齐并缝合在一起。
- **肌腱移植**。自体供体肌腱（自体移植物），如掌长肌，它被缝合到断裂的位置以代替受损肌腱。当肌腱断裂的末端不能在没有过度张力的情况下缝合时，这种选择就是必要的。根据损伤的严重性、类型和位置，可以在一个或多个阶段进行肌腱移植。

断端平齐的撕裂通常很适合进行直接（端对端）的修复，而断端不齐的撕裂会使得断端磨损，这可能需要肌腱移植 [150]。

修复的时机。另一种分类和描述肌腱修复的方法是修复的时机，与损伤后经过的时间有关。急性肌腱损伤后修复的时机非常关键，因为肌腱断端迅速软化和恶化，近端肌腱发生后缩。这些因素使得想要在正常肌腱长度下进行坚固修复困难重重。然而，只有肌腱撕裂伴有主要血管的损伤才被认为是紧急的情况 [90,122,127]。尽管人们认为，如果在最初几天内完成修复，会产生更好的结果，但长达10天延迟的修复会产生与立即修复相同的结果。超过2周的延迟修复与相对更差的结果有关 [127,137,150]。如果延迟修复超过了3~4周，则直接修复不大可能了，这就需要肌腱移植 [127]。

基于不同的延长时间的手术分类包括 [65,90,127,134]：

- **立即初期修复**：在受伤后24小时内完成修复手术。
- **延迟初期修复**：在受伤后至多10天完成修复手术。
- **二期修复**：在受伤后10天至3周内进行修复手术。
- **后期重建**：受伤超过3~4周再进行手术，有时在伤后几个月进行手术。
- **阶段性重建**：在数周或数月内进行多次单独的手术 [98,121,122]。阶段性重建使外科医生能够在移植肌腱前数月就准备好大面积受损或瘢痕的肌腱床，因此粘连的可能性较低。

一个简单、干净、急性的肌腱割伤，如果没有造成其他的手部损伤，最常用的手术方式是直接初期修复，即立即手术或延迟几天手术 [82,127,134]。但是，如果伤口不干净，可以利用延迟初期修复这段时间来进行医疗干预以减少感染风险。需要延迟更长时间才做手术通常是伴随多处损伤，比如大面积皮肤缺损、不能被立即固定的骨折或长期存在的瘢痕和挛缩，这时通常会采用二期修复或后期重建的手术方式。如果存在一个或多个肌腱滑轮损坏，则必须在撕裂的肌腱有效修复之前修复 [121,122,127,137]。

对于手部大面积且复杂的屈肌肌腱损伤的多阶段重建手术，Hunter两阶段重建被动或主动植入手术是最广为人知的。在这个手术的第一阶段，会对受损屈肌肌腱处的瘢痕和粘连部分进行切除。然后植入由硅树脂制成的植入物（棒），来作为肌腱间隔物，经过3个月在此处新的腱鞘会重新长出来。另外，受损的支持带滑轮系统还会被重建，并且在第一次手术中松解挛缩。在第二个阶段，移除植入物，将供体肌腱（移植物）穿过新腱鞘并且缝合到位 [98,121,127,137,153]。

手术概述

原发性屈肌肌腱损伤的各种手术方法的一般情况在本节中描述 [65,90,98,122,127,134,137]。然而，仔细回顾患者的手术报告并与手外科医生密切沟通是获得每位患者手术具体细节的必要来源。

手术方法。例如，为了修复Ⅱ区撕裂的手指肌腱，手外科医生可能选择掌侧之字形切口，这是一个用来避免直线切口或侧方切口应力过大的办法，尽管之字形方法更为常见。当手术修复撕裂的肌腱时，需要在环形滑轮之间进行切口，以确保最佳的肌腱偏移。这种手术方式保护了纤维腱鞘的功能。纤维腱鞘包绕手指屈肌并使肌腱紧贴关节，从而防止肌腱弓弦化。

缝合技术。在肌腱末端定位，准备和重新对位的位置之后，有很多进行直接缝合的精细缝合技术可以选择 [65,82,90,127,129,134,137,150]。核心缝合和腱鞘缝合的方法使肌腱的断端连接在一起。更大数量的缝合线穿过修复位点（如 4 股或 6 股而不是 2 股）可产生比例更强的修复。除核心缝合外，还使用了连续的、锁定的外周缝合，以增强初始的修复强度[65,127,129,149]。

临床提示

缝合技术和缝合线的数量影响了最初的修复强度，因此对术后允许运动的类型和时机也有影响。

缝合技术还必须解决修复肌腱的血管供应问题。将非反应性缝合线放置在肌腱的无血管的掌侧面，以免干扰位于肌腱背侧提供其血液供应的系带[129,134,137]。也要修复Ⅱ区和Ⅳ区的滑膜鞘来重建滑膜液的循环，这是肌腱愈合的重要营养来源[65,129]。

闭合。在所有修复完成后，关闭切口，手和腕关节被固定在大体积的加压敷料里，并抬高手部以控制水肿。加压敷料使用 1~3 天。当大体积的外科敷料被移除后，换成轻度的加压敷料和支具。

术后管理

一般考虑因素。在对屈肌肌腱损伤进行手术干预后，强壮的、愈合良好的可自由滑动的肌腱是恢复手部功能灵活性和力量的基石[3,55,68,112]。要尽一切努力防止偏移限制性粘连的产生，同时保护修复后的肌腱顺利愈合。专栏 19.10 总结了肌腱修复后导致粘连形成的因素[55,68,112,127]。

我们已经注意到，外科医生在决定对患者的手部损伤采取最佳的手术治疗方法时，许多与患者和损伤相关的因素，这些因素也会影响复杂的组成部分和术后康复的进展。此外，与手术有关的因素，包括修复的类型和时间、缝合技术、肌腱修复的力量以及其他同时进行手术的需求，都会影响康复和最终的效果。不仅如此，与治疗相关的因素——特别是开始治疗的时间、应用早期或延迟制动的康复流程、支具的质量、治疗师的专业技术以及最终患者参与整个康复过程的质量和连续性，都会对结果产生影响。

专栏 19.10 导致肌腱损伤修复术后粘连形成的因素

- 损伤和修复的部位：屈肌Ⅱ区和伸肌Ⅲ区风险较高；肌腱在受限的区域内滑动。
- 创伤范围：大面积相关结构损伤的风险较高。
- 血液供应减少，随后出现局部缺血，对正在愈合组织的营养供给将下降。
- 手术过程中对受损组织的反复操作处理。
- 无效的缝合技术。
- 腱鞘部分受损或切除。
- 损伤或修复术后的长时间固定，这会阻碍肌腱的滑动。
- 修复的肌腱末端接触不紧密与愈合肌腱承受过度应力。

已经对肌腱的愈合过程、肌腱修复后扩张强度、粘连形成、肌腱偏移和在手指活动过程中作用在修复肌腱上的应力（载荷）做过了大量的研究。当运用于康复领域时，许多资料为基础研究和临床研究提供了深入分析和总结，典型的是动物和尸体研究，但一些是人体研究，因为它们适用于康复[3,29,55,66,127,129,134]。

本节的目的是检查和总结当前用于屈肌肌腱损伤修复术后康复的制动和运动的概念和策略。治疗师在对接受肌腱修复术后的患者进行治疗时，必须熟悉手外科医生和文献中描述的不同种类的术后康复方案或指南。

治疗师对任何一个手术后康复策略的基本概念的理解对于与手术医生的有效沟通至关重要。治疗师在使用和教授锻炼过程中的技术对于进行有效的患者教育并帮助患者获得最佳功能结果同样必要。这些知识使治疗师能够做出合理的临床判断，以确定何时手术医生推荐的活动方案进展是安全的或者何时需要根据每位患者的反应来调整活动。谨记，严格的康复方案只有在术后没有任何变化发生时才是安全和有效的，而这种情况在临床上肯定不会发生[39,112]。

术后管理方法。有两种基本的方法来管理术后屈肌肌腱修复，它们以在方案中的时间和类型为特征。它们被分类为早期控制运动（被动或主动）和延迟运动。

众多发表出来的方案中，有相当大的比例都属于这些类别。大多数康复计划强调术后早期控制（保护下）运动，还包括术后手指肌腱的被动和主动练习。改良的手术管理（特别是改良的缝合技术）建立了相对坚固的初期肌腱修复，允许早期开始运动。

聚焦循证

Trumble 及其同事[140] 研究了 103 例Ⅱ区屈肌肌腱修复患者，并将这些患者随机分为早期主动运动方案组（进行放置和保持运动）和被动运动方案组。关节活动度在修复后的第 6、12、26 周和 52 周进行测量。结果测量还包括灵活性测试、DASH 问卷和满意度得分。93 名患者完成了研究。在研究中的所有时间点，用主动运动方案治疗的患者都有更大的关节活动度。在 52 周时，主动放置和保持组的主动运动角度是 156°±25°，而被动组为 128°±220°（$p<0.05$）。作者还报道主动运动组屈曲挛缩程度明显较轻，满意度得分也较高（$p<0.05$）。在 DASH 问卷评分或灵活性测试中，组间没有差异。他们得出的结论是，在Ⅱ区屈肌肌腱修复后，主动运动治疗比被动运动治疗可令患者获得更大的主动手指活动，无肌腱断裂的风险（3%）。此外，报告还指出，合并神经损伤，多发性手指损伤以及吸烟史对肌腱修复的最终结果产生不利影响。

根据 40 年来科学研究得出的证据，专栏 19.11 总结了肌腱修复术后一两天内进行早期保护下运动的基本原理[29,55,65,66,68,82,112,127,131,132]。但是，有些情况下必须使用传统的延迟运动的方法。肌腱修复术后长时间（3~4 周）制动的指征在专栏 19.12 中标注[48,112,122,127]。

早期被动和主动运动策略的关键因素以及延迟运动策略中关于制动、选择以及运动进展的关键因素将在后面的内容中介绍。对这些策略的更详细的描述以及临床医生和研究人员提出的具体措施可以在各种资料中找到[29,39,55,66,68,112,131,134,147,150]。

专栏 19.11　肌腱修复后早期控制运动的基本原理

- 减少术后水肿。
- 保持肌腱滑动并减少粘连的形成，粘连会限制肌腱偏移，并因此限制功能性关节活动度。在肌腱修复后制动 10 天，就会引起肌腱滑动的下降。
- 增加滑膜液扩散，为组织提供更好的营养，这样会增加肌腱愈合的速度。
- 通过适宜水平应力实现早期肌腱活动，增加伤口的成熟度和修复肌腱的牵伸强度比连续制动更快。在术后前 2 周，修复的部位会丧失力量。
- 减少修复部位的间隙，这会反过来增加修复的抗张强度。

对于所有方法，术后缓解疼痛、控制水肿以及维持未受累区域的正常功能（如肘关节和肩关节）的目标和干预措施与本章前面讨论过的其他手术过程的管理是一致的。患者教育对于手部术后有效的结果至关重要。

注意：除非另有说明，否则本节中描述的制动和运动的指南适用于损伤和初期修复或在Ⅰ区、Ⅱ区和Ⅲ区的一期指浅屈肌和（或）指深屈肌的肌腱单元的移植。该指南是类似的，但不针对拇指 T-Ⅰ区和 T-Ⅱ区的肌腱修复术后策略。多期或晚期重建术后指南以类似但更谨慎的方式进行。请参考其他资料获取信息[48,55,66,68,112,131]。

制动

制动持续时间、类型和位置是必须被考虑的。

制动时间。除了先前提到的一些例外（见专栏 19.12），当需要长时间制动（3~4 周）时，修复的肌腱在术后需在大体积加压敷料内持续制动至多 5 天。这为术后水肿的减少留出了一些时间。

制动的类型或方法。这通常取决于手外科医生和治疗师的偏好、术后锻炼的方法以及组织愈合的阶段。如果手指的活动要延迟 3~4 周再开始，则需要石膏或静态支具制动。早期控制运动的方法需要制造不同类型的定制支具。

屈肌肌腱修复后使用的支具有 3 种普通的类型：静态背侧限制性支具[50,55,68,112,127]；带有动态牵引功能的背侧限制性支具，最初由 Kleinert[75]

专栏 19.12　屈肌肌腱修复术后长时间固定和延迟运动的指征

- 无法理解并且无法主动参与早期控制下训练项目的患者，包括如下几类。
  - 小于 5 岁的儿童。
  - 有头部损伤、发育障碍或心理障碍相关的认知能力降低的患者。
- 具有认知能力，并能够理解并遵循早期控制下训练项目，但不太可能坚持该项目的患者，包括如下几类。
  - 动机不明确的患者。
  - 过分热情的、没有耐心的患者，并且之前有过手术修复失败的经历。
  - 因修复其他手部损伤或手术需要，需要延长手部制动时间的患者。

提出，随后由临床医生和研究人员修改和改进[55,112,122]以及带有腕关节铰链的背侧肌腱固定支具[29,112,127,134]。这些用于制动和（或）运动矫正的静态和动态支具使用的技术的描述在专栏 19.13 中有记载。图 19.12 显示了带有动态牵引功能的背侧限制性支具的例子。该支具允许受累手指进行主动伸展，并且弹性带将手指被动拉到屈曲的位置（关于背侧肌腱固定支具的描述参见图 19.13A）。

制动位置。在Ⅰ区、Ⅱ区和Ⅲ区屈肌肌腱修复的传统制动位置是腕关节和掌指关节屈曲，并且近端指间关节和远端指间关节伸展。这一姿势可以阻止修复后的指浅屈肌和（或）指深屈肌肌腱完全拉长和产生过度的压力，同时最大限度地减少指间关节发生挛缩的风险。腕关节和掌指关节屈曲角度的建议每份资料都有着自己的标准。推荐角度是腕关节位于 10°~45° 的屈曲范围，掌指关节位于 30°~70° 的屈曲范围，指间关节根据所处区域的不同，处于完全且舒适的伸展位置[29,50,55,68,112,127,134]。腕关节通常比掌指关节屈曲角度少一些。与早期的方案相比，多年来的趋势是在制造支具时，减少腕关节和掌指关节的屈曲，这会提高患者的舒适度并降低发生腕管综合征的风险[55,112]。

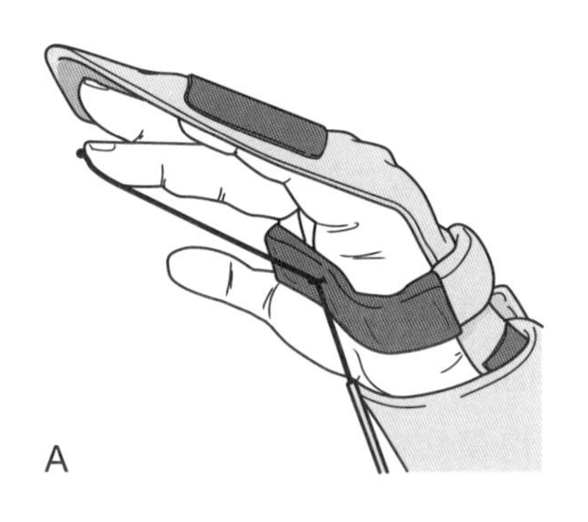

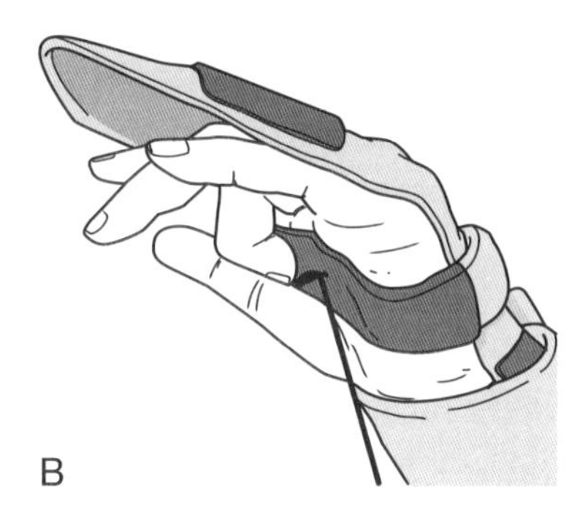

图 19.12 屈肌肌腱修复术后早期控制下活动的背侧限制性支具。A. 主动伸展。B. 被动屈曲

在Ⅳ区域修复术后，腕关节通常被固定在中立位，掌指关节被固定于 60°~70° 的屈曲位置[68]。

运动：早期控制下运动的方法

在屈肌肌腱修复术后，有两种基本方法可以进行早期控制下的运动来维持肌腱滑行并防止肌腱粘连：早期被动运动和早期主动运动。然而，修复肌腱的被动或主动运动方式的获得，在不同策略中变化很大。

早期控制下的被动运动。从历史上看，使用早期被动运动的依据是 Duran 和 Houser[50]以及 Kleinert 和同事的研究[75]。两组均推荐进行术后保护范围内的早期被动指间关节屈曲运动，但他们采用了不同的方法来使用支具和进行锻炼。Duran 主张使用静态背侧限制性支具，并尽早移除支具或者

专栏 19.13 静态和动态背侧限制性支具：姿势和用法

静态背侧限制性支具
- 覆盖整个手背和 2/3 的前臂（拇指是自由的）。
- 固定腕关节和掌指关节于屈曲位，指间关节伸展位，以避免修复屈肌肌腱处产生过度的张力。屈曲的程度可能会因外科医生或治疗师的理念和实施方法（策略）的不同而改变。
- 在手掌和前臂掌侧连接带子，使腕关节和手指保持正确的姿势。
- 限制腕关节和掌指伸展。
- 在康复早期阶段需要穿戴。在早期锻炼时，将支具远端带子松开或移除。
- 也作为保护性的夜间支具佩戴。

动态牵引的背侧限制性支具
- 当手佩戴支具时，允许手术后的关节进行早期运动。
- 将支具上面的松紧带（或尼龙绳）连接到手术后的手指（或全部 4 根手指）的指甲上，从手掌下方经过，起到滑轮的作用，然后固定在近端腕关节上。
- 休息时，松紧带提供动态牵引力，使术后手指保持屈曲状态。
- 允许指间关节主动伸展至背侧限制性支具的表面。
- 当近端指间关节和远端指间关节伸肌休息时，来自松紧带的张力会拉动手指，使其被动屈曲。

腕关节铰链的背侧肌腱固定支具
- 专门用于锻炼。
- 弹力带没有动态牵引力。
- 允许腕关节完全屈曲并限制腕关节伸展（大约 30°），但是当固定带固定时，将掌指关节保持在至少 60° 的屈曲以及指间关节完全伸展的位置上。
- 松开手指上的带子允许在早期指间关节被动屈曲期间主动伸展手腕，并且随后通过指间关节屈肌的静态收缩使手指维持数秒的屈曲。

松动固定带，以便对手术后的手指进行被动指间关节活动。Kleinert 和同事推荐使用带有动态牵引装置的背侧限制性支具进行早期活动（图 19.12）。在支具的范围内，患者通过使用弹力带主动伸展手术后的手指，产生被动的屈曲，允许修复后的肌腱进行滑移同时避免修复后的手指的屈肌上产生主动的张力。为了增加被动屈曲的角度，可以使用非受累侧手对受累侧手施加轻柔的人为的推力，使其达到完全的屈曲。

注意：当白天使用动态牵引支具时，晚上要佩戴静态背侧限制性支具。夜间支具将指间关节固定于伸展位，腕关节位于 10°~30° 的屈曲位，掌指关节处于 50°~70° 的屈曲位，以防止指间关节屈曲挛缩。

这些早期被动运动的策略在过去的 30 年中已经被修改。今天，一些外科医生和治疗师们使用了这些被动运动策略中的元素［使用支具和（或）锻炼］[29,31,113,122,140]。然而，在修复的肌腱上施加控制下的应力的早期主动运动的策略已经逐渐替代了被动运动的策略 [31,68,113,140]。

早期控制下的主动运动。区别早期主动运动策略与早期被动运动策略的主要特点就是在修复组织愈合的急性期应用最小的张力，让修复的肌腱单位进行主动收缩，通常在术后 24~72 小时开始，但不会晚于术后 5 天 [29,55,68,112,127,134,140]。一些被动练习也被纳入积极治疗的方案中。

基于应用动物模型的实验研究，产生的假说是通过对修复后的肌腱施加温和的应力，产生非常低强度的静态或动态肌肉收缩，从而“拉动”修复的肌腱在其腱鞘内滑动，这是一种比通过被动活动“推动”肌腱产生偏移（滑动）更为有效的方法 [3,39,55,57,66]。早期主动运动已被广泛接受，因为更结实的缝合技术，使得修复的肌腱可以承受早期控制下的应力。

注意：早期进行主动肌腱活动的支持者提醒说，这种方法仅推荐用于初期肌腱修复，使用更强的 4 股和 6 股中心和肌腱端缝合技术（与双线缝合相比），经过挑选的患者能够接受有经验的手部治疗师的康复治疗，并且最有可能坚持既定的运动和支具佩戴方案 [29,31,55,66,127,131,134,137]。

有两种实施早期主动运动的方法。这两种方法都建立在科学文献中关于肌腱修复和愈合、肌腱偏移以及对修复肌腱施加应力的证据分析和应用上 [31,39,55,134]。

- **放置和保持训练**。一种方法叫“放置并保持”训练，是通过静态肌肉收缩来产生手指屈肌的主动肌肉张力并对修复的肌腱施加控制下的应力（放置和保持练习会在随后的特定阶段练习中描述）[29,31,134,151]。
- **动态训练**。另一种适用于早期主动活动的方法，由 Evans 开发 [55,57]，通过使用动态、短弧的最小肌肉张力训练，对早期正在愈合的肌腱施加低强度应力。
- **联合训练**。Groth[66] 提出了一个概念模型，即在屈肌肌腱修复术后使用早期主动运动和渐进的应力应用于愈合的肌腱，该模型结合了放置和保持练习和动态训练的元素。此外，在这个模型的论述中，Groth 讨论了每种运动水平对内部肌腱负荷和肌腱偏移的影响，这些均有文献中的关键证据支持。
    - Groth 模型的一个独特之处在于它是基于准则而不是基于时间。基于最佳的肌腱负荷时机，提供渐进性的训练标准。该方案为每位患者提供了机制，针对其进行个性化的训练，而不是使用预先确定的愈合进展的时间线。
    - 该模型包含 8 个渐进级别的主动练习，从作用在肌腱处的最小负荷水平到最大负荷水平。该方案之前是热身练习（在保护范围内进行慢速重复的被动手指运动）。与其他早期活动方法一样，在手术后的最初几天开始练习，并且执行到术后康复结束。专栏 19.14 描述了 Groth 概念模型中的 8 个级别的练习 [66,112,137]。

许多回顾性和前瞻性的非随机病例研究已经被发表，它们描述了早期主动运动或早期被动运动策略对屈肌肌腱修复术后康复的有效性。

专栏 19.14 屈肌肌腱修复后进行渐进肌腱负荷下的早期主动运动的训练顺序[66]

热身

热身练习（每个阶段训练之前，要在保护范围内进行被动手指运动）。

渐进水平的运动

- 第 1 级—手指放置并保持屈曲练习。
- 第 2 级—手指主动复合屈曲练习。
- 第 3 级—手指钩拳和直拳屈曲练习。
- 第 4 级—手指单一关节运动练习。
- 第 5 级—继续第 1–4 级的运动，中断保护性支具的佩戴并开始渐进性增加手的功能性活动使用。
- 第 6 级—手指抗阻复合屈曲练习。
- 第 7 级—钩拳和直拳抗阻练习。
- 第 8 级—单一关节抗阻运动。

注意：锻炼顺序是从最小到最大的肌腱负荷。重复次数在最低负荷水平下最多，最高负荷水平下最少。当满足特定标准时，进入下一级。

聚焦循证

Chesney 及其同事[31]对手部Ⅱ区的屈肌肌腱康复治疗策略进行了系统性回顾。作者研究了发表过的除了制动以外的所有康复治疗方案。这些方案大致可以分为被动屈曲和主动伸展策略（Kleinert 型）、控制下的被动活动策略（Duran 型）、联合“控制下的被动活动”策略（结合了 Kleinert 和 Duran 两种要素的策略），以及早期主动运动策略（该策略使用放置并保持训练）。他们考虑的主要结果指标是肌腱断裂率，受伤手指的关节活动度以及生活质量和患者满意度。他们的研究结果表明，早期主动运动策略和联合策略均导致低的肌腱断裂率以及可接受的关节活动度；然而，没有一种策略优于另一种策略。结论是，文献不支持任何一种策略，因此需要更多的研究，包括随机对照试验来同时对比不同的策略，不仅要确定最有效的策略，还要确定哪个策略是最经济的。

运动：最大保护阶段

注意：本节中描述的训练指南是针对Ⅰ区，Ⅱ区或Ⅲ区初期屈肌肌腱修复后进行早期主动运动的训练，资料收集来自不同的资源。

最大保护阶段的康复在术后几天开始，并持续 3~5 周。这个阶段是肌腱修复最薄弱的时期。这一阶段康复的目标是控制疼痛和水肿，保护新修复的肌腱，同时对肌腱施加非常低的控制下的应力以保持足够的肌腱滑动来防止粘连，从而抑制肌腱偏移。这一阶段的干预措施主要包括抬高手部和恰当使用支具，伤口管理和皮肤护理，以及被动和主动的锻炼。

在康复的第一阶段，活动主要在专门设计的静态背侧限制性支具或腕关节肌腱固定支具中进行（图 19.13A）。使用这两种支具，稳定带不要系太紧以便可以允许手指进行屈曲活动。下面这些练习在白天要经常练习（每小时 1 次），并在前 4 周持续执行。

- **被动关节活动度练习。**在背侧支具允许的范围内，每小时进行 1 次单独关节的被动掌指关节、近端指间关节以及远端指间关节的屈曲和伸展，然后在支具允许的范围内进行复合被动屈曲，包括被动运动至完全握拳和直拳的姿势。
- **独立进行近端指间关节和远端指间关节的运动以区分指深屈肌和指浅屈肌的滑动。**例如，远端指间关节必须在每个近端指间关节固定的情况下，分别进行屈曲和伸展。通过这种方式，当远端指间关节被动伸展时，指深屈肌修复肌腱向远端滑动，远离修复的指浅屈肌[68,112]。

注意：在指间关节进行被动关节活动时，保持掌指关节屈曲是非常重要的，以避免对修复部位造成过度牵伸，这可能导致在指间关节伸展过程中重新对合的肌腱部位的断裂。

- **放置和保持练习。**很多康复项目会让患者在佩戴背侧限制性支具[55,151]或肌腱固定支具[29,39,66,112]的前提下开始修复肌腱的放置和保持练习。在掌指关节屈曲时，被动地将指间关节放置在部分屈曲的位置，让患者在该位置独立保持 5 秒，使手指屈肌维持最小的静态收缩力。如果患者正在佩戴肌腱固定支具，将放置和保持练习与腕关节主动伸展练习结合起来（图 19.13B 和 C）。嘱患者放松并让其腕关节进行被动屈曲和手指被动的伸

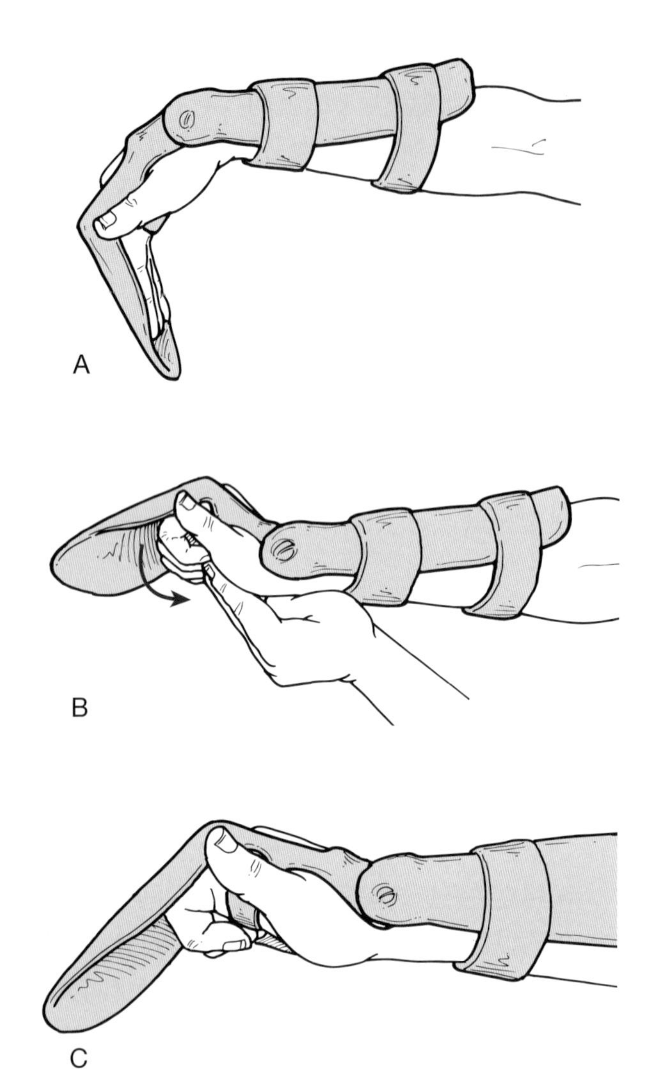

图 19.13　屈肌肌腱修复术后早期主动运动的支具佩戴和锻炼方法。A. 去除手术加压敷料并佩戴静态背侧阻挡夹板后，佩戴有腕部铰链的肌腱固定夹板。B. 肌腱固定支具允许腕关节全范围屈曲，但限制腕关节伸展至 30°。在手指早期活动中，当指间关节被动活动并放置在复合屈曲位置时，掌指关节要保持至少 60° 的屈曲。C. 然后患者开始主动伸展腕关节同时保持肌肉静态收缩使得手指屈肌处于最小张力，来使手指维持在屈曲的位置（引自 Strickland，JW：Flexor tendon injuries. In Strickland，JW and Graham，TJ [eds]：Master Techniques in Orthopedic Surgery–The Hand,ed.2. Philadelphia：Lippincott Williams & wilkins，2005,p 262）

展活动。开始时先让患者用未受累的手或者使用生物反馈技术来学习如何在指深屈肌和指浅屈肌产生最小力量的时候维持该姿势。

聚焦循证

证据研究表明，最好在腕关节伸展、掌指关节屈曲的位置下进行放置和保持练习，因为腕关节伸展是指浅屈肌和指深屈肌以最小的收缩移动指间关节的位置，因此作用在修复后的肌腱上的负荷非常低[29,39]。

- **最小张力短弧运动（short-arc motion，SAM）**。如果缝合技术和修复强度允许，会在术后几天就开始进行主动动态手指屈曲活动[39,55,112]。产生最小张力的主动收缩——刚好能克服伸肌的阻力并引起屈肌肌腱的滑动——是在腕关节轻微伸展和掌指关节屈曲时进行的。

运动：中等保护阶段

中等保护阶段大约在术后 4 周开始并且持续到 8 周左右。这个阶段的重点是在修复的肌腱上安全地增加应力并且达到腕关节和手指的全范围屈伸以及进行不同的肌腱滑动。如果在早期主动练习肌腱固定支具中佩戴，那么可以在这一阶段停止佩戴。但是，除了运动以外，应在白天继续佩戴静态背侧限制性支具至少到 6~8 周。使用夜间支具以提供保护或降低和预防屈曲挛缩。练习包括如下几种。

- 放置和保持练习。持续进行放置和保持练习，但是要逐渐增加张力。
- 主动关节活动度练习。在掌指关节屈曲姿势下，持续或开始进行指间关节主动屈伸的复合练习，在指间关节休息位进行掌指关节屈伸练习以及在手指休息位进行主动腕关节屈伸练习。
- 肌腱滑动和阻力练习。这些运动主要在术后第 5~6 周开始（图 19.6 和 19.7；本章最后一节）。

注意：避免在术后 6~8 周进行手指伸展和腕关节伸展的同时运动，因为这个姿势会对修复的屈肌肌腱产生极大的张力。

运动：最小保护 / 恢复功能阶段

最小保护 / 恢复功能阶段大约在术后 8 周开始并且以逐渐增加抗阻练习以提高力量和耐力、灵活性练习，以及手部的轻度［1~2 磅（0.45~0.91 kg）］功能性活动为特点（推荐的练习和活动请参阅本章最后一部分的内容）。

可以停止使用保护性支具，但是如果患者存在持续的伸肌滞后或屈曲挛缩的话，间歇性佩戴支具可能是必要的。在初期屈肌肌腱修复术后，大部分患者在术后 12 周可以恢复完整的功能性活动。

运动：延迟活动的方法

在实际情况中，对修复屈肌肌腱的制动时间，有时需要延长 3~4 周（专栏 19.12），此时肌腱愈合已有一定强度，并且粘连已经形成，可以开始进行锻炼了。

注意：尽管延长了制动时间（3~4 周），肌腱修复仍需要背侧限制性支具的保护，同时练习必须在被保护的位置下进行，并且循序渐进。

当去除石膏后，可以开始进行锻炼，如被动关节活动度练习，肌腱抗阻和滑动练习和主动关节活动练习。锻炼中使用早期运动的方法是适当的。当延迟活动必要时，读者可以参考额外一些提供详细延迟运动计划的资源 [48,112]。

结果

功能结果。对于屈肌肌腱修复术，有大量的基于纵向临床结果的研究证据 [137]。一篇文献回顾 [129] 表明，随着过去几十年间屈肌肌腱手术及康复技术的进步，在肌腱损伤和修复后，预期有 80% 或以上的患者可以获得良好至极佳的功能结果。有两个因素对获得高满意率做出了相当大的贡献，一个是使用改良的缝合技术使修复位点坚固，另一个是康复策略中早期活动的实施。

有一些定量评价工具经常应用于肌腱修复术后的结果研究 [112]。为了更好地理解研究发现，熟悉这些常被使用的评估工具是很有帮助的。这些工具中的结果可以被报告为优秀、良好、一般和不良。最重要的是，这些术语不仅仅是主观描述，而且与客观测量工具相关联。例如，在斯特里克兰体系中 [31]，这一术语指的是近端指间关节和远端指间关节在进行Ⅱ区或Ⅲ区修复手术和康复治疗后，关节达到“正常”TAM（total active flexion minus deficits in active extension）（完全主动屈曲的活动度减去主动伸展缺失的活动度）的百分比。

对于屈肌肌腱修复术后结果，有一些普遍的常识。文献中的结果表明，立刻进行初期和延迟初期修复（至多延至伤后 10 天）可以产生同样积极的结果 [112]。然而，后期重建和多阶段重建，毫无疑问，和初期相比结果会更差（主动和被动活动度较少，更多功能受限）[48,98,127]。这与相关损伤的严重程度和数量越大，预后结果越不理想的发现一致 [112]。

追溯到 20 世纪 80 年代的研究已经证明，与早期活动相比，4 周持续的固定会导致修复肌腱的抗张强度恢复更慢，并且产生更多的粘连 [112]。尽管延长固定时间的方法依然适用于 10 岁以下儿童的治疗 [54]，但已经有证据表明使用早期主动和早期被动运动治疗可取得积极成果，这取决于儿童的发育成熟度和护理人员的支持情况 [94,106,141]。

各种屈肌肌腱修复术后进行早期运动（被动或主动）的方法与延长固定时间的方法相比，其研究总是表现出更好的结果。尽管屈肌肌腱修复术后康复中的早期运动的方法早已在文献中详细地记载，并且现在是治疗的“标准”，但明确指出其中任何一种方案优于其他方案的证据仍然有限 [31]。

Trumble 和其合作者 [140] 在本节之前强调的前瞻性随机研究进一步支持使用早期主动运动来管理修复的屈肌肌腱；然而，还需要包括随机对照试验在内的进一步研究 [31]。

并发症。术后最常见的早期并发症是修复的肌腱断裂，最常见的晚期并发症是屈曲挛缩或修复的远端指间关节和（或）近端指间关节主动伸展活动的缺失，通常由于肌腱粘连所致 [51,134]。总的来说，Ⅱ区修复术后并发症发生率高于其他区域 [95]。大多数断裂通常发生在术后 10 天左右，此时修复的肌腱处于最弱的状态 [95]。断裂可能在进行大力抓握活动或遇到意外的高负荷时发生，但是如果手部在术后前几个月内没有被保护得很好，断裂也可能在患者睡眠时发生。

尽管人们普遍认为肌腱修复后的早期活动帮助减少粘连形成，但仍有人担心早期的近端指间关节或远端指间关节屈肌的主动收缩（静态或动态），会在新修复的肌腱处产生主动的张力，这可能会增加肌腱断裂的风险。然而，总体而言，肌腱断裂的发生率很低，似乎与早期被动屈曲 / 主动伸展的项目的发生率相同 [51]。在 Chesney[31] 及其同事的系统性回顾中，Kleinert 和 Duran 的联合方案中肌腱断裂的发生率最低（2.3%），单独 Kleinert 方案发生率最高（7.1%）；然而，这并没有统计学差异。当进行早期被动运动和主动运动（放置和保持）治疗方法时，Ⅱ区修复的肌腱断裂的发生率相同（4%）[140]。

手部伸肌肌腱撕裂：手术及术后管理

背景及手术适应证

通常认为，由切割及创伤造成的手指和腕关节伸肌肌腱撕裂，其严重程度低于屈肌肌腱损伤，治疗及康复方案也相对简单，耗时更少，而且预后更佳。但是根据临床经验，伸肌肌腱损伤治疗的复杂程度、恢复时间、预后情况却与屈肌肌腱损伤相似 [39,91,119]。伸肌肌腱位置表浅，手背部创伤时极容易受损。不仅如此，手指伸肌肌腱比屈肌肌腱细小薄弱，这导致伸肌肌腱更易受到创伤性撕裂且不易修复 [52,105,119,130]。

和屈肌肌腱的分布类似，伸肌肌腱在手部、腕关节和前臂也分布在不同的区域（图 19.14）。伸肌肌腱在 4 个手指和腕关节的背侧分为 7 个区域，在拇指背面分为 4 个区域，每个区域根据特定的解剖标志定位，如专栏 19.15 所示 [52,56,91,105,119]。奇数区域对应的是远端指间关节、近端指间关节、掌指关节和腕关节；偶数区域对应的是远端指骨、近端指骨和掌骨。虽然图 19.14 中没有描绘出前臂远端和中段，这部分通常被称为Ⅷ和Ⅸ区域。腕掌关节被称为 TⅤ区域 [52,56,105]。

手部和腕关节的伸肌机制十分复杂，每个区域内的结构特征的机制各不相同，某一区域的损伤均会引起其邻近区域的代偿性失衡。要了解一个患者在手部不同区域内的结构损伤会引起何种物理损伤以及功能受限，掌握伸肌机制的解剖和运动学知识是十分必要的。专栏 19.16 标记出了伸肌断裂或撕裂的重点结构以及损伤特性 [52,91,119,126,130]。所有的伸肌区域中，Ⅲ区和Ⅶ区的损伤是手术和康复挑战性最大的区域，这是该区域复杂的结构以及残存功能缺失或畸形所导致的。实际中，最常见的损伤发生在Ⅴ区，这个部位的损伤通常是由于打架的时候拳头击打到对方的嘴巴造成的，因此也称为“拳头咬伤”（fight bite）。这种损伤易造成感染，甚至引起败血症。所以，除了修复肌腱，还需要进行手术清创和抗生素注射 [91,130]。其他类型的损伤也会发生在Ⅴ区，如钝挫伤，这会导致矢状束撕裂。这类发生在Ⅴ区的急性损伤可以通过佩戴掌指关节支具并在伸展位固定 6 周来治疗，或利用矢状束桥支具（类似于 Howell 及其同事描述的“相对伸展”支

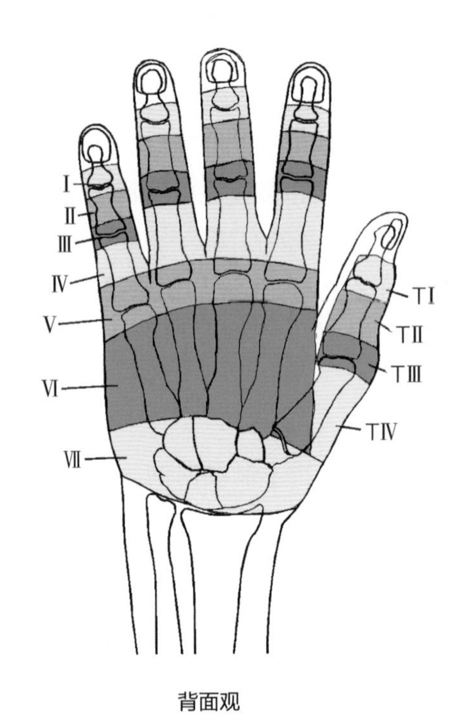

图 19.14　伸肌肌腱区域；手和腕背面

专栏 19.15　伸肌肌腱区域：解剖标志

手指，掌，腕和前臂表面背侧区域
- Ⅰ——远端指间关节区域
- Ⅱ——中间指骨
- Ⅲ——近端指间关节
- Ⅳ——近端指骨
- Ⅴ——掌指关节区域
- Ⅵ——手掌背侧
- Ⅶ——腕部区域 / 背侧支持带
- Ⅷ和Ⅸ——前臂远端及中部

拇指区域
- TⅠ——指间关节区域
- TⅡ——近端指骨
- TⅢ——掌指关节区域
- TⅣ——掌部
- TⅤ——腕掌关节区域

专栏 19.16 手部和腕关节背面结构的损伤表现

- Ⅰ区和Ⅱ区 伸肌末端损伤可导致远端指间关节主动伸展能力丧失（伸肌滞后），最终导致远端指间关节屈曲挛缩畸形（槌状指）。鹅颈畸形可继发于中央腱束无拮抗和近端伸肌机制的移位。这些区域的损伤通常是闭合性断裂的结果，而不是撕裂伤。
- Ⅲ区和Ⅳ区 中央腱束和侧束受损会导致近端指间关节无法完成从屈曲 90° 位置至主动伸展。近端指间关节屈曲挛缩和侧束带滑移，造成远端指间关节过伸，最终出现钮孔状畸形。
- Ⅴ区 指总伸肌肌腱、示指伸肌、小指伸肌和掌指关节附近的矢状束受损会导致掌指关节主动伸展无力，最终导致掌指关节屈曲挛缩。
- Ⅵ区和Ⅶ区 在手背侧（Ⅵ区）和背侧支持带（Ⅶ区）结合处，腕和手的多个邻近的伸肌肌腱易受损伤。产生弓弦效应的伸肌支持带就像一个滑轮，一旦出现撕裂，Ⅶ区滑膜鞘内的肌腱也会随之受损，影响到滑膜液扩散和肌腱营养。Ⅵ区和Ⅶ区的损伤可导致手和腕的伸展功能缺失。
- TⅠ区和 TⅡ区 拇长伸肌和拇短伸肌（如果断裂部位位于近端指骨区域附近）的损伤会导致拇指指间关节过伸动作缺失和掌指关节伸展无力。
- TⅢ区和 TⅣ区 拇短伸肌受损会导致掌指关节伸展无力，并将伸展的力量传至指间关节，造成掌指关节屈曲畸形，如果拇长伸肌完整，还会造成掌指关节过伸畸形。

具），与相邻手指相比（25°~35°），将受累手指的掌指关节置于过伸位，并佩戴 8 周。然而，对于发生在Ⅴ区的慢性损伤的治疗是初期修复，而不是矢状束重建 [56,67,68,91,130]。

由于伸肌肌腱受伤机制不同，损伤的类型和部位也会不同，并且其周围相关的骨骼、关节、血管或神经的受损程度也不尽相同，因此并非所有损伤都符合手术指征。手背部伸肌肌腱系统的远端，有很多的软组织沿着不同的结构附着于其周围，这使得伸肌肌腱在断裂或撕裂时比屈肌更不易后缩 [105]。因此，在Ⅰ至Ⅲ区发生的断裂（闭合性损伤）或单纯的撕裂伤，肌腱愈合过程中会使用支具进行 6~8 周持续制动 [39,52,105,119,126,130]。举例来说，槌状指（或拇指）畸形的常规疗程就是这样，这是发生于Ⅰ区的伸肌肌腱终末端的闭合性断裂，通常由于大力过屈所致 [39,52,105,119,126,130]。

尽管如此，哪怕是单纯的远端肌腱损伤，手术治疗对重新恢复手部的主动关节活动度、肌肉平衡、肌力、手的功能并且预防挛缩和畸形也可能是必要的。虽然手指的伸肌比屈肌薄弱很多，但完整的伸肌机制对手的功能性抓放也是必不可少的 [119]。

流程

修复和重建的类型

伸肌肌腱修复手术包括直接缝合修复（端对端）和重建。屈肌肌腱的修复或重建术分为初期修复（立即修复或 10 天内修复）、二期修复和重建，可能涉及肌腱延长、肌腱移植（对于严重缺损而无法延长的肌腱组织），或者肌腱移位术 [119,126,130]。以上术语已经在本章有关屈肌肌腱的修复和康复一节中讲述过。各种手术过程，比如用肌腱移位术来治疗断裂或与类风湿关节炎有关的伸肌肌腱病，也在本章的前面进行了描述。

手术概述

尽管伸肌和屈肌肌腱手术的定义类似，但操作技术上存在明显差异。这些差异很大程度上基于伸肌肌腱在形态学上比屈肌更薄、更扁平的特点，这也导致我们相信伸肌肌腱在修复时更不易缝合，抗拉强度更低，修复后更容易断裂。然而，随着缝合技术的发展，出现了专为伸肌肌腱修复和重建设计的操作技术，现如今正在被广泛使用。这些技术的应用，使得肌腱修复术后早期便可以开始手指活动，同时减少了术后开裂或再断裂的担忧 [52,91,119,126]。

Ⅲ区初期修复 伸肌远端和近端区域断裂或撕裂的手术修复方式存在明显差异。在这段概述中只讲述了Ⅲ区撕裂的修复案例。关于手、腕和前臂的所有区域内的伸肌肌腱初期修复和后期重建手术的详细描述可以从其他资料中查询 [16,52,91,105,126,130]。

Ⅲ区内近端指间关节附近的伸肌闭合或开放性损伤可能造成中央腱束和（或）侧束带损伤，这会导致近端指间关节伸肌滞后和远端指间关节过伸，称为“钮孔状畸形”。钮孔状畸形是因为近端指间关节背侧钝性损伤和手掌脱臼，致使中央腱束撕脱造成的，并可带或不带骨碎片。Ⅲ区中央腱束急性损伤的治疗方案，包括佩戴 6 周近端指间关节全伸展支具使其愈合。在此期间应每小时进行远端指间关节的主动屈曲活动，以保证侧束带向背侧滑动。经过前 6 周的固定，还需要在夜间佩戴支具 4~6 周 [52,133]。对于Ⅲ区的开放性损伤后进行修复的中央腱束而言，如果肌腱条件不佳不足以进行直接修复，就需要用缝合锚将肌腱固定在中间指骨上以加强腱－骨的固定 [52,133]。

如果侧束带损伤，则需要修复。如果有可能发展成钮孔状畸形，可以用克氏针固定近端指间关节于伸展位，大约 3 周后可移除。在伤口闭合后，还需要用强力的压力衣固定修复后的组织并控制水肿 [52,57,133]。

术后管理

总论 伸肌肌腱损伤修复术后的康复总体目标与屈肌肌腱损伤后修复一致，即恢复手与腕关节在进行功能性活动时的灵活性与力量。如同屈肌肌腱修复术后出现的情况一样，伸肌肌腱修复术后软组织粘连也是需要关注的问题。如前所述，由于伸肌机制中有多重软组织与周围结构相互连接，因此手指伸肌肌腱在发生撕裂或断裂后不易后缩。然而，这些附着的软组织致使伸肌肌腱在愈合的过程中易发生粘连并失去活动性 [91,105,119]。如同屈肌肌腱修复后的管理方案一样，伸肌肌腱修复后的重点是防止粘连引起的肌腱滑动和关节活动受限，以及手的功能缺失（见专栏 19.10 回顾导致粘连的因素）。

伸肌肌腱术后康复的组成和进展，以及最终结果像屈肌肌腱修复术后康复一样，受到多重因素的影响，包括损伤的位置（水平）和严重程度、手术细节，特别是缝合技术的类型和修复强度，以及患者与经验丰富的手部治疗师进行有监督的康复计划的时间安排和参与情况 [39,56,57,91,119]。

术后管理的方法 在文献中描述了两种伸肌肌腱损伤术后的康复方法：一是长时间、不间断制动，术后 3~6 周后再逐渐开始损伤部位的活动；二是经过对患者的仔细筛选，在术后前几天就开始进行控制下的被动或主动运动。第二种方法的治疗原则与屈肌肌腱损伤修复术后康复是一致的（专栏 19.11）。

在某些情况下，伸展位固定并延迟活动是唯一适当的管理方法（专栏 19.12）。一些研究依旧表明，这种传统的方法的结果在案例中是可以接受的 [39,56]。然而另一些研究已经表明，伸肌肌腱修复术后延迟活动时间，会更容易发生粘连，导致一系列不佳预后（如增加伸肌滞后、关节挛缩和钮孔状畸形的发生率）。此外，还有一些研究表明，发生在Ⅲ区和Ⅶ区的急性伸肌肌腱损伤，在初期修复后进行早期活动的方案是有效和安全的 [25,56,57,130]，与长时间固定以及延迟活动的方案相比，早期活动的方案能产生更好的预后 [39,56]。因此，近年来早期运动的方法得到了越来越广泛的应用。

值得注意的是，延长固定时间依然是Ⅰ区和Ⅱ区伸肌肌腱损伤后最常见的治疗方法 [39,56,57,119,126,130]。后期重建术更为复杂，通常涉及肌腱移植，在大多数情况下也会在伸展位延长固定时间和延迟活动 [126]。

制动

术后几天内，大量敷料被移除，制动的典型方式是应用手背（掌）支具。制动的时间、类型，制动的关节以及制动位置的选择均基于损伤和修复的部位以及受累的结构。

制动时间 对于适合进行早期活动方案的患者，只需要制动几天；对于需要延迟活动的患者，则需要持续固定 3~6 周。在早期运动方案中，患者需要在术后前 6 周佩戴保护性支具。

制动类型 可以根据需要来选择静态或动态或二者结合的支具。根据制动关节的情况，可以用以前臂和腕关节或以手为基础的支具来防止手术修复部位过度屈曲和修复的肌腱受到牵拉。静态支具一般是由低张板材制作的，而动态支具（图 19.10）的背侧有弹簧和吊索附件固定，是一种高张支具。休息时吊索和弹簧将手指被动拉至伸展状态，但允许做主动屈曲动作。

对于延迟运动的方案，患者需要持续佩戴静态的掌托支具或可移动的环形支具（做日常的皮肤护理时可摘下外）。白天进行日常锻炼时，可以佩戴动态支具，完成早期运动方案，夜间需要佩戴静态支具保护修复后的肌腱。一些早期活动方案只使用静态支具或在支具带子松开时允许主动活动的支具来防止关节的过度运动。手指肌腱修复后静态支具是特制的，只允许在一定范围内做短弧练习（图 19.15）[56,83]。

制动是将关节固定在某一伸展的位置或肌腱承受最小张力的位置，防止修复后的肌腱受到过度的牵伸和出现潜在撕裂。例如，Ⅰ区或Ⅱ区修复后，应将远端指间关节置于过伸位；Ⅲ区或Ⅳ区修复后，近端指间关节，有时甚至是远端指间关节应置于伸展位；而Ⅴ区或Ⅵ区的修复术，应将腕关节置于 30° 伸展位，掌指关节屈曲 30°~45°。受伤部位的近端和远端区域的位置放置有很大的差异，有关伸肌肌腱修复术后制动和支具的使用，已有一些资料进行了详细描述 [30,39,56,83]。

运动：早期控制下的主动活动方法

随着肌腱修复后早期主动活动的应用越来越多，出现了更多对运动项目的具体细节和结果的研究。除了在本节中介绍的Ⅲ区 / Ⅳ区损伤的早期主动运动方案外，文献中详细介绍了Ⅴ区、Ⅵ区和Ⅶ区的早期主动运动指南 [27,30,56,57,67,83,93]。

临床提示

在伸肌肌腱修复术后的前几天里，所有不同的早期活动方案的共同显著特点均是在低强度和控制下进行修补部位肌腱单位的主动收缩，虽然这些活动均是发生在不同类型的静态手背部支具内。

如前所述，在Ⅲ区和Ⅳ区的伸肌肌腱修复尤其容易发生粘连，这是由于伸肌结构的周围附着许多软组织，并且伸肌结构必须沿着近端掌骨的骨 – 肌腱连接处滑动所致 [56,57,105,119]。Evans[56,57] 提出了一项针对中央腱束修补术后的早期活动方案，通过用支具控制近端和远端指间关节的情况下进行最小张力的主动活动。

聚焦循证

Evans[56] 比较了 55 名接受了 64 根手指中央腱束损伤一期修复的患者的延长制动 / 延迟运动方案与早期短弧运动方案的结果。第一组患者（36 根手指）接受持续性制动治疗 3~6 周（平均 32.9 天），另一组患者（28 根手指）在术后第 2~11 天（平均 4.59 天）内开始进行保护下的早期主动活动。经过 6 周的治疗，第一组延迟活动患者的近端指间关节活动度（44°）明显小于早期活动组（88°）。出院后，第一组患者近端指间关节的屈曲角度（第 76 天时达到 72°）持续明显小于早期活动组的角度（第 51 天时达到 88°）。此外，出院时延迟运动组远端指间关节的屈曲活动度（37.6°）明显小于早期运动组（45°）。有趣的是，在出院时，与早期运动组相比，延迟运动组出现近端指间关节明显的伸肌滞后现象（分别为 8.1° 和 2.9°）。然而在治疗开始时，延迟运动组存在近端指间关节 13° 的伸肌滞后，而早期运动组只有 3° 的伸肌滞后。

中央腱束修复术后，早期进行短弧主动运动方案中的关键因素就是下面讲解的支具使用和运动流程的制订 [30,56,57,83]。

定制的静态背部支具的使用　这种方法可使用多种类型的支具。术后敷料去除后，静态的、基于手部制作的掌部支具被制造和使用。它仅会使近端和远端指间关节维持在 0° 伸展位，而不会限制腕关节和掌指关节的活动。白天每个小时需要取掉支具进行活动，活动结束后再佩戴上。

- 单侧前臂式静态支具需在术后夜间佩戴至少 6 周。
- 两种静态的、掌侧、手指为基础的支具，仅在运动时佩戴，以限制关节运动、伸肌肌腱滑脱和修复后的中央腱束的应力水平。运动过程中设置的允许角度为近端指间关节屈曲 30°，远端指间关节屈曲 20° 或 25°。当远端指间关节被限制屈伸 30°~35° 时，另一种支具用于维持近端指间关节在完全伸展位（图 19.15）。
- 如果不存在伸肌滞后的现象，近端指间关节活动支具在第 2 周时需要被调整至屈曲 40°，并且以后每周将屈曲角度增加 10°。

运动进阶　患者们需要被灌输最小活动张力（minimum active tension，MAT）的概念以便在肌腱活动时保护正在愈合的组织。最小活动张力是指在肌肉主动收缩过程中产生的足以克服拮抗肌弹性阻力的最小张力 [56]。

- 术后最初几天内就开始活动，白天每小时进行一次。当腕关节主动保持屈曲 30° 时，用手将掌指关节固定在中立位至轻度屈曲位，在近端指间关节支具的限制下，患者进行主动屈曲近端和远端指间关节的动作（图 19.15A），然后进行全范围主动伸展并维持数秒（图 19.15B）。

- 患者也可以使用第二种掌托支具，固定近端指间关节于完全伸展位，进行主动的单独的远端指间关节屈曲和伸展活动。
- 在每天调整运动支具的情况下，持续规律运动数周。理想情况下，最后 4 周患者能够达到近端指间关节主动屈曲 70°~80° 和全范围伸展。
- 掌指关节、近端指间关节、远端指间关节的联合屈曲（握拳动作）的训练至少在 4 周后或在不需要使用运动支具时才可以开始。
- 在第 6~8 周时，可逐渐加入低强度的抗阻训练并在日常功能性活动时逐渐使用患手。

运动：延迟活动的方法

如果术后采用传统的方法进行伸肌肌腱修复的管理，那么至少要术后几个星期才能开始活动。专栏 19.17 中总结了使用延迟运动方案时运动训练的特殊考量以及注意事项 [30,56]。

该总结中没有涉及手部抗阻训练，以及持续或调整支具的保护作用。一般而言，如果存在伸肌滞后，白天可以继续使用支具，夜间为了保护而佩戴支具约 12 周。如果由于手指屈曲不足致使抓握受限，则进行被动牵伸，或通过交替使用屈伸支具，将动态屈曲支具纳入康复方案中。

在修复术后 8~12 周内，不进行肌肉 – 肌腱单元的抗阻练习。首先，重点是逐渐加强伸肌力量，预防或减少伸肌滞后。10~12 周之后，如果没有了伸肌滞后现象，就可以开始逐渐增加屈肌的低强度抗阻抓握和对捏训练。

结果

文献记载，伸肌肌腱修复术后早期和晚期的并发症与屈肌肌腱修复术后的并发症相似，包括断裂、粘连和活动受限。通常评估报告的结果包括伸肌肌腱修复后的腕关节和手指的关节活动度和抓握力量，而关于手部功能性活动的报告资料却很有限。

手指活动通常指“手指指腹到手掌”的距离或 TAM（主动屈曲减去伸肌滞后）。然后数据与对侧手或“正常”人群进行比较，通常分为优秀、良好、一般和不良。例如，如果 ROM 为正常个体的 75%，或者一只手指伸肌滞后 <15°，手指屈曲足以触及远节指骨到手掌中部，则这种结果被描述为“良好”。要理解肌腱修复的研究结果，有必要对各种评估工具有一定的了解。

有关损伤的严重程度以及位置可以从以往的文献资料中得出一些结论。与屈肌肌腱损伤一样，相关的骨骼、关节、血管或神经损伤程度越高，伸肌滞后现象和手指屈曲抓握功能的恢复效果就越差。例如，在一项关于伸肌肌腱修复后长期固定的研究中，对于单纯的肌腱损伤患者，有 64% 取得了良好的结果；而对于肌腱损伤同时伴有相关骨骼或关节损伤的患者，只有 47% 取得了良好的结果 [105]。在同一项研究中，研究者发现远端损伤（Ⅰ~Ⅳ区）

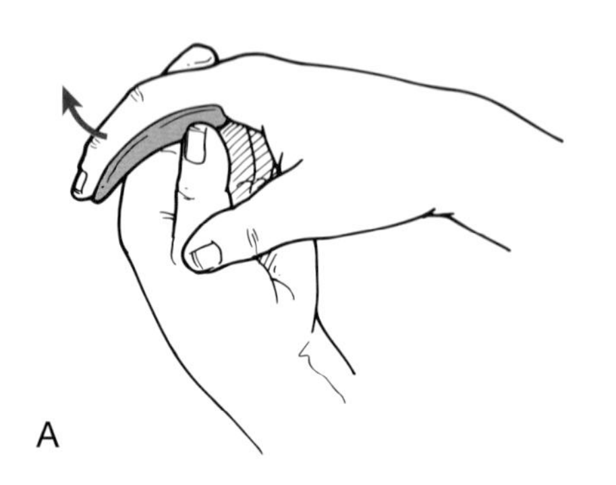

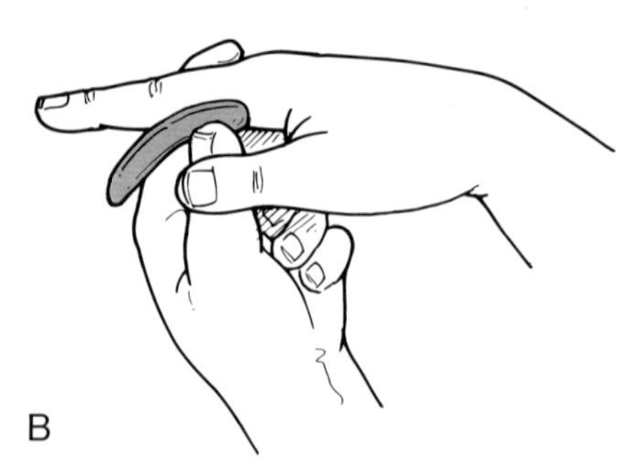

图 19.15 在Ⅲ区和Ⅳ区伸肌损伤修复术后早期，使用两种静态的掌侧手指支具进行近端与远端指间关节的短弧活动。患者主动屈曲腕关节约 30°，用手将掌指关节固定于中立位至轻微屈曲位。A. 在近端及远端指间关节联合屈曲时，使用最小张力强度，分别将近端指间关节的主动屈曲角度设置为 30°，远端指间关节的主动屈曲角度设置为 20°~25°，防止修复的部位被过度牵伸。B. 患者主动地、缓慢伸展近端及远端指间关节，直至完全伸展，并暂时维持于伸展位

的恢复不如近端损伤（V~Ⅷ区）的恢复效果好。

不断有研究报道了伸肌肌腱损伤手术后，各种不同运动方案的结果。关于手术干预的时机，例如急性损伤（断裂或撕裂）的一期修复，不论是即刻手术修复还是延迟 10 天手术，产生的效果都一样良好[119]。就本节所讨论的伸肌肌腱损伤与修复而言，有众多的专家学者针对术后开展不同的管理方案以及功能预后进行了研究。结果显示，虽然有不少的文章支持在伸肌肌腱修复后使用延长固定，但越来越多的文章更倾向于选择早期活动的方案来帮助患者达到最好的可能结果。

例如，动态伸展支具，作为早期被动关节活动方案的主流支具在临床应用中已超过了 20 年，而现在其作用正在被重新评估。尽管一些研究已经指出[24,120]，这种经典的支具依旧在被使用并产生良好的效果，但其他一些研究更推荐配合使用普通的静态支具进行早期的主动活动[56,93]。

在一项前瞻性随机对照试验中，Kitis[74] 团队对比了 V~Ⅶ区伸肌肌腱损伤后使用静态和动态支具的效果。2009 年 1 月至 2011 年 6 月期间，他们比较了随机分配的静态支具组（n=25）和动态支具组（n=27）患者的术后结果。所有患者均在 24 小时内进行了伸肌肌腱修复手术，手术采用的是 Kessler 术式，采用 4.0 尼龙线双股核心缝合和 6.0 尼龙线环向缝合。术后 3~5 天患者开始到门诊接受治疗，25 名患者的 39 根手指在佩戴掌侧静态支具下进行

专栏 19.17 伸肌肌腱修复术后活动及延长制动的注意事项

Ⅰ区和Ⅱ区

- 该区域内的肌腱损伤通常只需要保守治疗。
- 远端指间关节伸展位持续制动至少 4 周，通常来说是 6~8 周，其间可以进行近端指间关节和掌指关节的主动关节活动度练习。
- 当支具可以脱下来开始活动时，进行远端指间关节的主动伸展练习和极轻度的屈曲活动，掌指关节和近端指间关节保持在中立位。
- 应着重强调主动的伸展运动而不是屈曲运动，避免伸肌滞后。
- 在早期活动之后，如果出现了伸肌滞后现象，需在每次活动间隔时额外佩戴 2 周或是更长时间的支具。

注意：循序渐进地增加远端指间关节的屈曲角度，第 1 周内限制屈曲角度在 20°~25°。强有力的指深屈肌能够轻易地造成末端伸肌肌腱的张力过高，导致修复部位出现裂缝或断裂。每周逐渐增加 10° 左右的主动屈曲角度，3 个月内不能进行远端指间关节屈曲全范围的动作。

Ⅲ区和Ⅳ区

- 如果侧束带未损伤，术后 1 周开始进行远端指间关节的主动关节活动度练习，但利用掌托支具或石膏托将近端指间关节固定于伸展位。早期的远端指间关节活动能够防止粘连，避免侧束带及外侧支持韧带的延展性降低，避免远端指间关节关节活动受限。
- 如果侧束带损伤并进行了修复，远端指间关节需要固定 4~6 周之后再开始活动。
- 至少 3~4 周，通常是 6 周后，可以移除掌托支具，在掌指关节固定的情况下，进行近端指间关节的主动关节活动训练。强调主动伸展运动比屈曲活动更重要。

注意：近端指间关节屈曲的角度需要逐步增加，第 1 周内限制远端指间关节于屈曲 30° 位，如果没有伸肌滞后，就可以每周增加 10° 的屈曲角度。

- 如果术后腕关节和掌指关节已经被制动，不仅需要在掌指关节和近端指间关节固定的情况下进行腕关节的主动活动，还需要在腕关节和近端指间关节固定于伸展位的情况下进行掌指关节的主动活动。

Ⅴ区和Ⅵ区

- 当掌托支具可以被移除时（在术后 3~4 周，或最晚 6 周），开始进行主动或辅助主动下的掌指关节伸展活动，以及在腕关节和指间关节位于中立位、前臂位于旋前位的掌指关节被动屈曲活动。
- 在腕关节固定于伸展位的保护范围内，小心地增加控制下的掌指关节主动屈曲活动。
- 为了防止伸肌滞后的问题，重点强调掌指关节伸展动作而非屈曲动作。

注意：掌指关节一开始的主动屈曲角度设定为示指和中指屈曲 30°，环指和小指屈曲 35°~40°。

- 在进行指间关节主动屈曲和伸展活动时，需要固定掌指关节于中立位，同时腕关节于轻度伸展位。鼓励进行全范围的远端指间关节活动。
- 进行掌指关节主动伸展合并近端指间关节主动屈曲的联合运动（握拳姿势），以及掌指关节主动伸展合并近端指间关节伸展的联合运动（手部伸直姿势）。
- 如果不存在伸肌滞后现象，几周内可逐渐增加屈曲角度至全握拳姿势。

Ⅶ区

- 如果伸腕肌群完整，只做了外部指伸肌的修复术，可以按照Ⅴ区和Ⅵ区的治疗方案进行练习。
- 如果伸腕肌群也做了修复术，在 3~4 周时，在去重力下（前臂中立位），进行从中立位至全范围伸展位的腕关节主动伸展活动。
- 术后 5~8 周，逐渐增加超过中立位的腕关节屈曲角度。
- 在腕关节中立位进行尺偏和桡偏活动。

可控制的活动，（腕关节保持30°~35°伸展位，掌指关节屈曲45°，支具延伸至中间指骨）；另外27名患者的44根手指佩戴动态支具。静态支具组允许在支具限制范围内进行指间关节的主动屈曲和伸展活动，3周后腕关节开始做无重力下的主动活动，随后可以继续进行各个掌指关节伸展，以及各个指间关节全范围伸展活动。白天每小时进行10次活动。第4周时将支具去除，开始进行腕关节抗重力下的主动关节活动。第6周时，患侧手进行轻度的日常生活活动，第8周时逐渐开始抗阻练习。动态支具组在手背部佩戴伸展支具，它允许指间关节进行全范围活动，以及掌指关节在被橡胶带固定于伸展位的情况下进行30°的有限制的主动屈曲活动。在白天指导患者在支具的橡胶带可允许的范围内每小时进行10次掌指关节主动屈曲30°的活动。第4周时，动态支具组允许进行主动的掌指关节以及指间关节的伸展活动，并且支具只需要在夜间睡觉时佩戴。在第5周，进行腕关节主动屈伸练习和握拳练习。在8~12周期间，动态支具组可逐渐增加抗阻运动，并且允许进行日常的手部活动。分别在术后第4周，12周和6个月对恢复程度进行评估，评估工具包括TAM（主动屈曲减去伸肌滞后）、握力和DASH问卷。作者指出术后康复期间，两组患者均无肌腱再断裂的报告。结果表明，与使用静态支具相比，在Ⅴ~Ⅶ区使用动态支具进行伸肌肌腱撕裂修复术后康复，功能恢复结果更好。

腕关节和手部的运动干预

肌腱松动技术

进行主动肌肉收缩以及手指和腕关节的特有运动可以维持或改善手与腕关节间的诸多跨关节肌腱以及与之相连的组织结构的灵活性。各种结构间的粘连会使活动能力受限或丧失，所以在条件允许的情况下，应尽可能地进行肌腱滑动和抗阻练习以保持手的灵活性。这对于减少创伤、手术或骨折后制动导致的患肢瘢痕组织粘连的发生尤为重要。如果肌腱间或肌腱与周围组织发生瘢痕组织粘连，则需要介入本节所描述的松动技术。广泛的牵伸技术也很有必要，将会在下一节中进行介绍。此节介绍的肌腱滑动和抗阻练习也可应用于改善神经肌肉控制和协调运动中。

肌腱滑动和抗阻练习

放置－保持练习

放置－保持练习是一种温和的肌肉收缩（静态或等长收缩）练习。在肌腱修复术后早期，开始主动关节活动度练习之前，作用于修复的肌腱上的最小应力水平以及被动关节活动有利于维持关节活动性以及肌腱滑行时，可进行放置－保持练习。

- 屈肌肌腱修复术后，患者通常佩戴手背侧限制性支具[39,55,56,57]或肌腱固定支具[29,112,134]。掌指关节屈曲，指间关节被动置于半屈曲位，并在该位置维持5秒，用以维持手指屈肌的最小静力收缩。
- 如果患者正在佩戴肌腱固定支具，可以进行手指的屈曲放置－保持练习并配合腕关节的主动伸展（图19.13B和C）；随后让患者放松，进行腕关节的被动屈曲和手指的被动伸展。
- 在伸肌肌腱修复术后，当掌侧限制性支具被移除进行活动时，先将损伤的关节被动置于中立位，随后使用矢状束桥或相对伸展的支具将关节置于轻度伸展位，并让患者保持5~10秒。这个训练强调终末端的伸展以防止出现伸肌滞后。
- 让患者使用健侧手或生物反馈进行练习，以便学习如何用最小的力量保持关节的位置。

屈肌肌腱滑动练习

屈肌肌腱滑动练习用于维持或改善指深屈肌和指浅屈肌肌腱之间以及腕关节、手部和手指内的骨与肌腱间的自由滑动[112]。手指的肌腱滑动包括5个动作：直掌（所有关节伸展），钩拳（掌指关节伸展，指间关节屈曲），握拳（所有关节屈曲），桌面姿势（table-top position）或手内在肌阳性位（掌指关节屈曲，指间关节伸展），直拳（掌指和近端指间关节屈曲，远端指间关节伸展）（图19.16）。

以下是推荐的屈肌肌腱滑动练习进阶流程。

- 开始时，腕关节需处于中立位。
- 当手指的活动度达到全范围后，可过渡到伴随腕关节的屈曲和伸展来进行滑动练习，以便建立手指与腕关节共同的活动性。
- 先将腕关节和手指位于最开始的伸展位，然后变成全部位于屈曲位的方式来进行手部所有外在肌的充分滑行和肌腱滑动锻炼，然后反向运动从头做一遍。

钩拳 通过屈曲远端和近端指间关节，以及保持掌指关节伸展来使患者完成从直掌到钩拳的转换（图 19.16A 和 B）。最大限度的肌腱滑动发生在深层与浅层肌腱以及深层肌腱与骨之间（这个动作同时也发生了指伸肌肌腱的滑动，因此也用于伸肌滑动练习）。

握拳 通过同时屈曲全部的掌指关节和指间关节来使患者完成握拳动作（图 19.16C）。深层肌腱的最大限度的滑动分别发生在其与浅层肌腱之间以及腱鞘和骨之间。

直拳 通过屈曲近端指间关节以及维持远端指间关节于伸展位（图 19.16E）来使患者完成从桌面姿势（图 19.16D）到直拳的转换。浅层肌腱的最大限度的滑动分别发生在其与腱鞘以及骨之间。

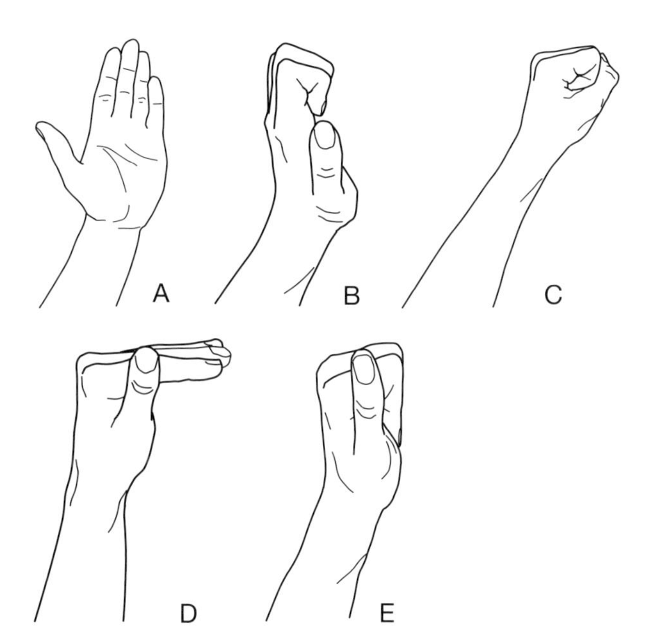

图 19.16 屈肌肌腱滑动的 5 个不同的手指姿势。A. 直掌。B. 钩拳。C. 握拳。D. 桌面姿势（手内在肌阳性位）。E. 直拳

拇指屈曲 让患者进行拇指掌指关节以及指间关节的全范围屈曲动作。这会促使拇长屈肌得到最大限度的滑动。

屈肌肌腱抗阻练习

屈肌肌腱抗阻练习（图 19.17），不仅促进屈肌肌腱相对于腱鞘和骨的滑动，还需要对每个关节有良好的神经肌肉控制。因此，这个抗阻练习不仅要依赖于之前通过屈肌肌腱滑动练习获得的活动性来完成，同时它本身还是屈肌肌腱滑动练习的进阶，即随着组织的愈合和可以耐受阻力进阶到徒手抗阻练习。

注意：这些练习不应在屈肌肌腱修复后愈合早期进行，因为易造成肌腱张力过大。

患者体位及固定方法 患者坐位前臂旋后，手背部置于桌面上。对侧手提供固定，阻止不必要的额外运动，每个手指逐一完成活动。

掌指关节单独屈曲（蚓状肌和掌侧骨间肌） 患者的手被固定之后，只屈曲一根手指的掌指关节（图 19.17A）。如有必要，用另一只手将患侧其余手指在桌面固定于伸展位。随着手指控制能力提高，可以不必将患手固定于桌面。

近端指间关节屈曲（指浅屈肌） 用另一只手将患侧一根手指的近端指骨固定，如有可能，只屈曲该手指的近端指间关节并保持远端指间关节伸展，其余手指置于桌面上（图 19.17B）。

假如患者很难完成该动作，则需要用另一只手将其余手指伸展固定。

远端指间关节屈曲（指深屈肌） 用另一只手将患侧手指的中间指骨固定，让患者尝试只屈曲远端指间关节（图 19.17C）。可以通过增加掌指关节和近端指间关节屈曲的范围，直到患者刚开始失去远端指间关节的活动度，来改变该练习，稳定在此位置，让患者尝试远端指间关节屈曲。

握拳 当所有的肌腱都恢复滑动能力时，患者需要完成握拳动作，并可以在活动中逐步增加阻力。

通过练习减少伸肌滞后

手指的外在伸肌群（指伸肌、示指伸肌和小指伸肌）的位置比屈肌肌腱表浅，因此也更易受伤。

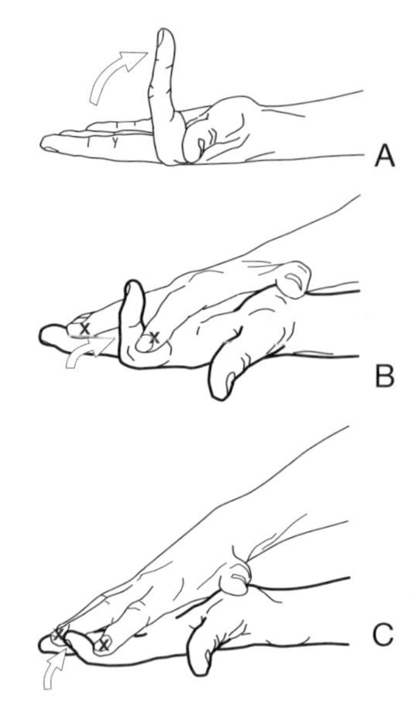

图 19.17 屈肌肌腱抗阻练习。A. 单个手指的单纯掌指关节屈曲练习。B. 单个手指的单纯近端指间关节屈曲练习（指浅屈肌）。C. 单个手指的单纯远端指间关节屈曲练习（指深屈肌）

这些伸肌的主要功能是伸展掌指关节。指间关节伸展需要手内在肌通过伸肌机制的主动参与来完成。当腱鞘粘连发生在腕关节或者其与肌腱及骨之间，就会阻碍近端（限制手指主动伸展）和远端（限制手指主动和被动屈曲）肌腱的滑动。

当患者手指只能进行被动的全范围伸展，却不能完成主动伸展时，称为“伸肌滞后”。尽管伸肌肌力弱会导致伸肌滞后现象的发生，但更多时候这种现象是由于粘连影响了肌肉收缩时的肌腱滑动而产生的。

接下来要介绍的练习动作，其中一个目的是维持手指的活动性和预防粘连。这个动作还被用于获得手指伸展的控制能力。接下来要先介绍不同的伸肌肌腱滑动训练，之后介绍关于粘连的松动技术。牵伸技术将在下一节进行描述。

单纯的掌指关节伸展运动，需要患者完成从握拳动作（图 19.16C）到钩拳动作（图 19.16B）的转换。

- 如果患者维持指间关节屈曲动作有困难，那么可以让其在进行掌指关节伸展练习时用手指勾住铅笔。
- 当进行掌指关节伸展练习时，可以先从腕关节中立位开始，再逐渐过渡到腕关节的屈 / 伸位。

独立的近端和远端指间关节伸展运动 指间关节伸展需要内在肌和外在肌（指伸肌）共同控制。

- 为了让蚓状肌更强地参与动作，患者保持掌指关节处于屈曲位，同时做指间关节伸展，即从握拳姿势（图 19.16C）转变为桌面姿势（图 19.16D）。
- 逐渐进阶到将手掌固定于桌子边缘，并让近端或远端指间关节部分屈曲于桌缘。
- 让患者通过关节活动，来伸展受损部位的指骨。

指间关节的终末端伸展 进阶到终末端伸展练习时，患者将整个手部及手掌固定于平滑的表面，治疗师嘱患者进行受累手指的过伸练习。如果患者没有足够的关节伸展角度完成这个过伸动作，可用铅笔或木块放在近端或中间指骨的下方，使近端和远端指间关节伸展的角度变大（图 19.18）。

伸肌肌腱滑动练习

每根手指不同伸肌肌腱的滑动练习可以通过以下进阶逐一完成。

- 嘱患者用对侧手被动屈曲一根手指的掌指关节和指间关节，同时主动维持其他手指于伸展位。
- 如果患者完成上述动作有困难，则先让患侧手手掌朝上，平放于桌子上。将拇指之外的四根手指中的三根固定于桌上，被动屈曲另一根手指（图 19.19）。指导患者在被动屈曲该手指的同时，尽量主动维持另外三根被固定的手指于伸展位，即与桌面做抵抗。
- 进阶到让患者主动维持手指于伸展位，即先让全部手指主动张开，然后主动轮流屈曲每一根手指同时维持其他手指于伸展位。
- 让患者屈曲中指和环指的同时，保持示指和

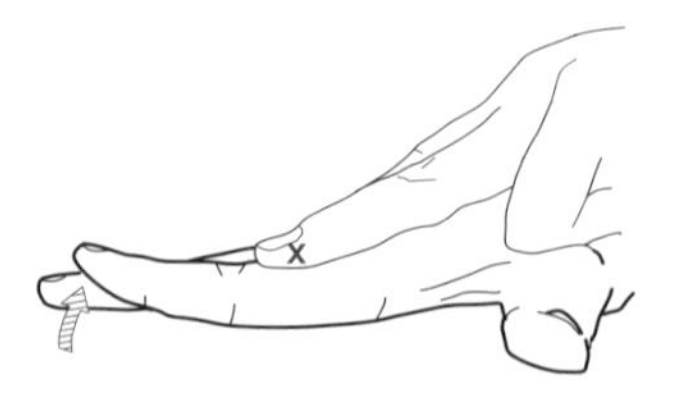

图 19.18 近端指间关节的终末端伸展。将掌指关节固定于伸展位，让患者将中间和远端指节抬离桌面

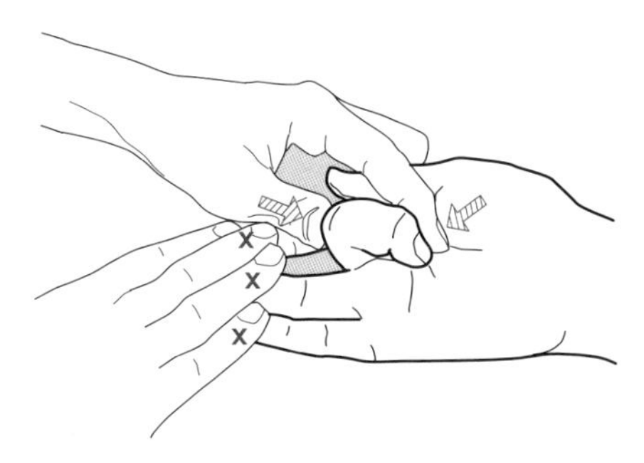

图 19.19　不同伸肌肌腱的滑动。将手指逐一被动屈曲，并保持其他手指伸展

小指于伸展位（长角征）。这个动作促进示指和小指伸肌的独立控制能力，也促进了指伸肌肌腱的滑动。

肌腱粘连后瘢痕组织松动

理想情况下，本节前面描述过的肌腱滑动练习可以是维持或增加肌腱与其周围连接组织或腱鞘内的活动性。然而在创伤或手术后，炎症和制动造成了瘢痕组织粘连，从而阻碍了肌腱滑动。这时，肌肉收缩就无法引起关节或瘢痕组织远端的关节活动。

松动这些粘连的瘢痕组织的技术包括直接对粘连组织的摩擦按摩，这是叠加在主动和被动牵伸技术（将在下一节描述）以及前文描述过的肌腱滑动技术之上的。要进行摩擦按摩，先将肌腱置于牵伸的状态，用拇指、示指和中指，对肌腱进行垂直方向的按摩和沿长轴方向的按摩。粘连组织受到持续的压力，产生蠕变，最终使瘢痕组织得以活动，接着再跟进屈肌肌腱和伸肌肌腱的松动。

指长屈肌肌腱的松动

屈肌肌腱与其腱鞘或附着骨之间的粘连阻碍了肌腱由近及远和由远及近方向的滑动，因此，瘢痕远端的关节在肌肉收缩时不能产生活动。如果没有关节囊的限制，瘢痕远端关节从被动运动到屈曲运动是可能的。由于肌腱不能向远端滑动，因此不可能主动或被动地向瘢痕远端关节全面伸展。

以下是对瘢痕组织进行松动手法的强度进阶建议。

- 开始牵伸动作时，通过尽可能伸展手指关节并维持一段时间以产生蠕变被动地向远端方向移动肌腱。然后进行主动的屈肌肌腱收缩，即前文描述过的肌腱滑动练习模式（图 19.16），以便产生牵伸力来抵抗从近端方向产生的粘连。
- 如果上面描述的主动和被动牵伸技术不能减轻粘连，那么尽可能地伸展掌指关节和指间关节使其处于伸展的位置，并加以固定，并在肌腱列于牵伸位置时用治疗师的拇指或在粘连位置处的手指进行摩擦按摩。按摩时的牵伸力要沿着垂直肌腱和肌腱长轴这两个方向进行，并且由近及远、由远及近均要进行。当在近端方向施加摩擦按摩力时，让患者同时收缩屈肌肌腱，以强化主动牵伸力。
- 进行摩擦按摩后，嘱患者重复屈肌肌腱滑动练习，以利用刚刚改善的活动性。

伸肌肌腱松动及伸肌机制

如果因为粘连，使伸肌肌腱或伸肌机制受到了限制，肌肉活动就不能通过伸肌机制传送，以伸展关节或远端受限关节。没有自如的滑动，可能会导致伸肌滞后现象。如前所述，伸肌滞后是指在完全被动伸展的情况下，不能主动伸展。以下是关于瘢痕组织手法松动强度的进阶建议。

- 被动屈曲受限远端关节以便可以从远端及近端的方向牵伸粘连组织，之后使患者尽量主动伸展关节以便将张力由近及远地作用于瘢痕组织上。

注意：如果伸肌滞后增加（例如，虽然屈曲角度增加，但是在增加的这部分屈曲角度内，没有主动伸展运动），这可能是由于只牵伸到了粘连组织远端的肌腱而没有牵伸到粘连局部的组织。不要再继续进行被动屈曲的牵伸，而应强调使用摩擦按摩的方法作用于瘢痕组织上。

- 通过把关节维持于屈曲运动末端来使肌腱处于绷紧状态，此时施加摩擦按摩技术于粘连的部位。按摩时要沿着垂直肌腱的方向并且由近及远、由远及近均要进行。当在近端方向施加摩擦按摩时，让患者同时收缩伸肌肌腱，以加强松动的效果。
- 完成上述松动技术之后，继续应用前一节描述过的伸肌肌腱滑动练习。

增加灵活性和关节活动度的训练技术

对腕关节与手部的肌肉及相连接的组织结构进行牵伸，需要掌握多关节肌肉 – 肌腱单元间的特殊解剖关系以及手指的伸肌机制。这些均在本章前面的内容中做了描述。牵伸的原则和技术已经在第 4 章进行了阐述，需要特别注意在牵伸手和手指的多关节肌肉时固定的重要性。此外，由于瘢痕和粘连会阻碍肌腱滑动，进而影响手指的运动，因此识别出这些受限部位并且使用前一节提到过的特殊瘢痕处理技术是十分重要的。在牵伸肌肉或其相连组织之前，关节表面需要有正常的滑动以避免关节损伤。可以使用关节松动术牵伸关节囊，以重塑滑动能力（见第 5 章）。

注意：除非特殊的要求，绝大多数腕关节和手部的练习是在坐位下，前臂置于治疗桌上进行的。

一般牵伸技术

当通过牵伸来增加腕关节的屈伸活动度时，手指的自由活动是很重要的，这样外在指屈肌和指伸肌的肌肉 – 肌腱单元才不会限制手腕的运动。类似地，当跨过单根手指的关节来牵伸韧带和其他周围的连接组织时，多关节肌腱上没有额外的张力是很重要的。以下技术最初由治疗师应用，当患者能够理解如何安全地应用牵伸力及固定时，将这种技术教授给患者使用，使其成为患者的家庭训练项目。

增加腕关节伸展范围

- 嘱患者将手掌平放于桌面上，同时手指在桌子边缘屈曲。用另一只手固定该手手背，以便维持手掌紧贴桌面。然后嘱患者逐渐将被固定手的前臂直立起来（与图 19.21 不同，该牵伸活动将手指放置在桌面边缘，使手指可以自由屈曲，并且牵伸只会发生在腕关节）。
- 嘱患者将双手手掌交叠于合适的角度，双手手指交叉并屈曲。指导患者用另一只手的手掌于手背的方向按压受限的手，并维持这个姿势达到牵伸的效果。

增加腕关节屈曲范围

- 嘱患者将手背置于桌面上，另一只手固定住损伤侧的手掌，然后嘱患者逐渐将被固定手的前臂直立起来。
- 嘱患者取坐位，前臂旋前置于桌面上，腕关节放在桌子边缘。另一只手按压手背部，使被按压的腕关节屈曲。
- 将两只手的手背对置在一起，放松手指，移动前臂使腕关节屈曲至 90°。

增加手指或拇指单一关节的屈曲和伸展范围

为了增加每个关节的伸展范围，需要将患者前臂旋后置于桌上；为了增加屈曲范围，要将前臂置于旋前位置。将手指放置在桌子边缘，向患者演示如何在手指远端施加牵伸力，同时把近端骨固定在桌面上。

内在肌和多关节肌的牵伸技术

蚓状肌和指间肌的自我牵伸

嘱患者主动伸展掌指关节，屈曲指间关节，在关节活动末端用另一只手进行被动牵伸（图 19.20A）。

指间肌的自我牵伸

嘱患者掌心向下将手平放于桌面上，且掌指关节伸展。指导患者做相应手指的外展或内收动作，并在近端指骨的远端施加牵伸力。固定好相邻的手指。

拇收肌的自我牵伸

嘱患者前臂尺侧置于桌面上，拇指外展。指导患者将另一只手的拇指与示指或其他手指交叉分别置于患侧手的第一掌骨头和第二掌骨头，向两侧施加牵伸力以增大虎口的空间（图 19.20B）。

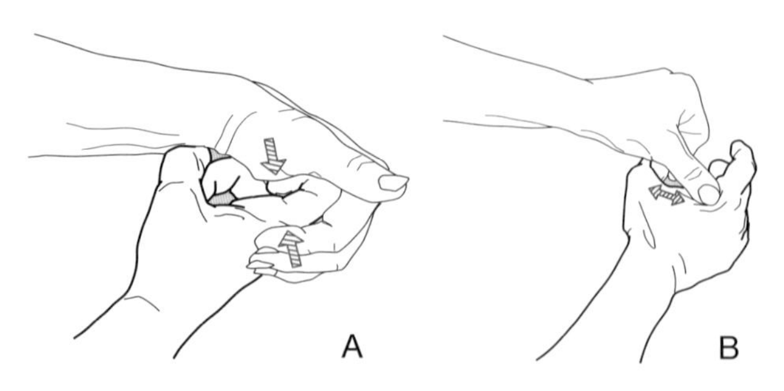

图 19.20　自我牵伸。A. 蚓状肌：掌指关节伸展及指间关节屈曲。B. 拇收肌：拇指的掌指关节外展，要增加拇指外展角度，牵伸力必须应用于掌骨头，而不是近端或远端的指骨

注意：重要的是，患者不应在近端或远端指骨施加牵伸力，因为这样做会使应力作用在拇指掌指关节的尺侧副韧带上，导致该关节的不稳定以及拇指功能性使用能力下降。手掌和桡侧外展发生在腕掌指关节中的掌骨与大多角骨间的关节上。

手部外在肌群的徒手牵伸

由于手部外在肌群都是多关节肌，因此牵伸的最后一步是将这些外在肌的肌腱在其跨越的所有关节处同时进行牵伸。然而，这个过程不可以一开始就进行，因为这样做会出现关节的挤压，导致损伤发生在较小或者较不稳定的关节上。一开始先让腕关节和更近端的手指关节放松，从最远端的关节开始牵伸肌腱单元。将远端的关节固定于关节活动的终末端，然后在下一个关节对肌腱进行牵伸。之后，固定这两个关节，再在下一个关节对肌腱进行牵伸。按照这个方式递进，直到获得理想的长度。

注意：当肌腱在腕关节处被牵伸时，不要使近端指间关节和掌指关节过伸。

指深屈肌和指浅屈肌的自我牵伸

嘱患者的患侧手掌平放于桌面上，然后尽量伸展远端指间关节，再用另一只手将该关节压直。在保持这个姿势的同时，嘱患者依次伸直近端指间关节和掌指关节。如果患者可以主动伸展这些手指的关节，该练习就可以不在另一只手的帮助下进行。在手被固定于桌上的同时，嘱患者通过将手臂竖直起来的方式伸展腕关节。患者移动手臂到感到不适的位置，保持这个姿势，然后随着长度的增加继续进阶（图 19.21）。

指伸肌的自我牵伸

将手指屈曲到最大屈曲角度，整个过程从最远端关节开始，逐渐向近端关节过渡，直到腕关节也可以同时屈曲。整个过程使用对侧手实施牵伸力。

图 19.21　手指外在屈肌群的自我牵伸，图中显示的是将小的远端关节固定。如果只牵伸腕屈肌，允许在桌子边缘屈曲手指。

促进和提高肌肉功能，神经肌肉控制以及协调运动练习

在本节中介绍的内容是用于当组织愈合处于亚急性期和慢性期内，只需要中等或最小的保护时，进行运动控制过程中和重返功能性康复阶段需要用到的练习。除了在本章中已经描述过的情况，腕关节和手部肌肉长度和力量的不平衡的情况，还可能是神经损伤、创伤、失用或制动引起的。

可以从以下的练习或它们的适应证中，选择合适的运动来促进手部精细运动或力量以及在用力抓握或重复性抓握时的肌肉耐力。在本节前文描述过的屈肌肌腱抗阻运动和伸肌肌腱滑动练习可以通过施以徒手或器械阻力来强化肌肉组织。上肢功能的恢复还应该包括肩部、肘部和前臂的力量及耐力的练习。

腕关节与手部肌肉的肌力增强技术

依据患者的能力，循序渐进地对肌力减弱的肌肉进行力量训练。利用本书第 3 章和第 6 章中描述的主动辅助、主动或徒手抗阻的方法。使用机械性抗阻的方法来进阶力量练习。

增强腕关节的肌肉力量

手指放松，将腕关节肌肉力量相似的肌群进行成组训练。如果其中一块肌肉力量更弱，腕关节活动应被引导通过所需的范围，以最小化较强壮的肌肉的动作。举例来说，在腕关节屈曲的情况下，如果桡侧腕屈肌比尺侧腕屈肌强壮，嘱患者努力将腕

关节朝尺侧方向屈曲，即做腕关节屈曲并尺偏的动作。如果肌肉已经足够强壮可以进行抗阻，则在第四和第五掌骨施加徒手阻力。

腕关节屈曲（尺侧腕屈肌和桡侧腕屈肌），腕关节伸展（桡侧腕长伸肌、桡侧腕短伸肌和尺侧腕伸肌） 嘱患者坐位，前臂放在桌上，从地板上抓起一个有重量的或有弹性的物品。令患者于前臂旋后位进行抗阻屈曲，于前臂旋前位抗阻伸展（图19.22）。

腕关节桡偏（桡侧腕屈肌和桡侧腕伸肌，拇长展肌），腕关节尺偏（尺侧腕屈肌和尺侧腕伸肌） 嘱患者站立位，手持一个重心在一端的短棒。将重心一端放于腕关节桡侧，进行桡侧抗阻（图19.23A）；将重心一端放于腕关节尺侧，进行尺侧抗阻（图19.23B）。

腕关节的功能性进阶 进阶到运动控制模式时需要腕关节的稳定性，以便可以进行手部功能性活动，比如重复性抓握，捡起或放下不同大小和重量的物品，以及打开和关闭罐子的有螺纹的盖子。提高肌肉耐力，并通过增加上肢负重，提高腕关节稳定肌群耐力，以逐渐达到理想的功能模式。当稳定肌群开始疲劳时，停止活动。

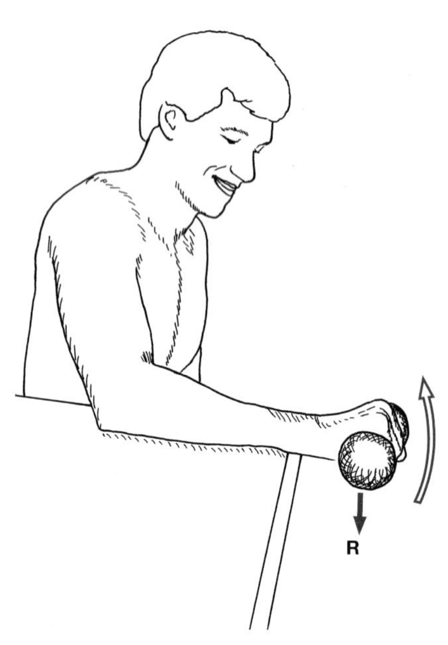

图19.22 通过机械性抗阻锻炼腕关节肌肉，前臂位于旋前位，腕关节抗阻伸展；前臂位于旋后位，腕关节抗阻屈曲

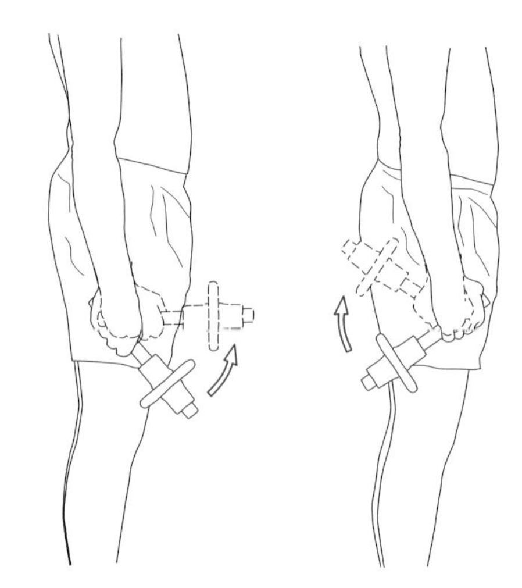

图19.23 通过使用重心在一端的短棒，在桡偏和尺偏时，进行机械性抗阻力量训练。A. 桡偏。B. 尺偏

临床提示

手和腕关节的功能性进阶练习应结合整个上肢进行。当进行肩部、肘部和前臂的练习时，应强调腕关节运动模式的安全性或稳定性（例如，不做腕关节终末端屈曲或伸展运动）。

强化无力的手部内在肌

注意：内在肌群肌力弱化引起的不平衡会导致爪形手。

掌指关节屈曲和指间关节伸展（蚓状肌） 开始时将掌指关节固定于屈曲位置，嘱患者主动伸展近端指间关节以便对抗沿着中段指骨的阻力（最后的姿势是桌面姿势）。将阻力点移至远端指骨增加抗阻强度。可通过徒手或橡皮筋进行抗阻。

- 开始时嘱患者掌指关节伸展，且指间关节屈曲，然后主动将指尖向前伸展，完成这一复合动作（图19.24 A和B）。通过指尖向前推另一只手的手掌来进行抗阻练习（图19.24C），或按要求的动作将手指推入运动橡皮泥中。
- 从全部手指关节伸展开始。嘱患者保持指间关节伸展，掌指关节屈曲至桌面姿势。施加阻力对抗近端指骨。

每根手指单独或复合的内收/外展动作（背侧骨间肌和掌侧骨间肌） 嘱患者将手掌平放于桌面

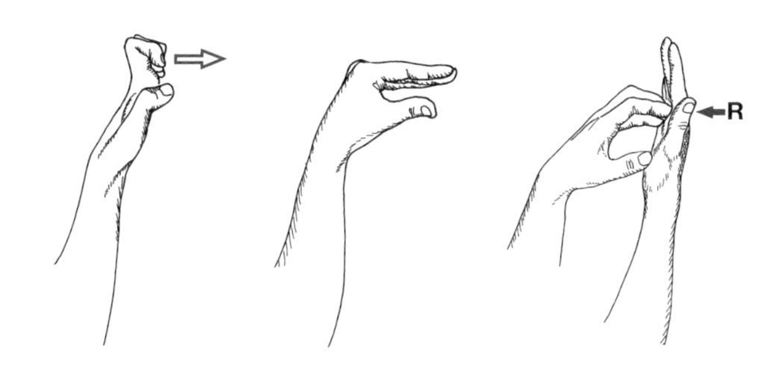

图 19.24　为了加强手部内在肌肉关于掌指关节屈曲，指间关节伸展这一复合动作的功能，嘱患者以掌指关节伸展和指间关节屈曲为开始动作，指尖对外伸展，这个动作可以进行抗阻，令指尖对抗另一只手的手掌

上，在近端指骨的远端施加阻力，一次练习一根手指，用于外展或内收时。

- 进行自主内收抗阻练习时，嘱患者双手手指相互交叉（或用治疗师的手指缠绕并在一起挤压手指，或是在相邻两个手指间放置运动胶泥并挤压）。
- 进行自主外展抗阻练习时，将橡皮筋缠绕在两个手指上，再让患者将它们向外分开。

拇指的掌侧外展（拇短展肌和拇长展肌） 嘱患者将手平放于桌面，当患者抬起拇指离开手掌时，在拇指的第一掌骨基底部加阻力。

- 将橡皮筋或运动胶泥做成的弹力圈缠绕于拇指与示指底端，并让拇指外展，做抗阻运动。

拇指对掌（拇对掌肌） 嘱患者使用多种抓握模式，例如对指或对掌，即拇指连续与每根手指相对；以及侧捏动作，即拇指接近示指侧面。

- 患者可通过捏运动胶泥，弹性球或弹簧衣夹进行练习。

强化无力的手部外在肌

注意：必须固定腕关节，使手部外在肌的活动是有效的。如果腕关节力量不足以稳定，就需要另一只手在练习时将它固定，并使用支具进行功能性活动。

掌指关节伸展（指伸肌，示指伸肌和小指伸肌） 将手掌平放于桌面，手指置于桌缘外，将橡皮筋绕在近端指骨的远端，并在橡皮筋上放置一个小的重物或在近端指骨周围固定一根橡皮筋或橡皮管，并让患者伸展掌指关节。

指间关节屈曲（指深屈肌和指浅屈肌） 嘱患者将双手的手指以相反方向相互勾握，将每根手指的指腹一一相对，并进行自我抗阻（或用治疗师的手与患者进行对抗）（图 19.25）。

手内在肌和外在肌的功能机械性抗阻技术

注意：合适的固定十分重要，患者的稳定性肌肉必须足够强壮或对无力的肌肉必须进行支撑。如果患者不能控制负重而造成了压力，那么这样的运动是有害的而不是有益的。

揉皱毛巾和报纸 将毛巾铺在桌面上，嘱患者用掌根压住毛巾一端，用手抓皱毛巾，保持掌根与桌面的接触。可以用一叠报纸来进行同样的动作，将表层的报纸握成球状，投掷进篮筐，重复这些动作用以训练协调和操作技巧。

圆盘抗阻 让患者握住一个圆盘，按照以下的方式进行训练。

- 前臂旋前（掌心向下），五个手指的指尖分开，抓住圆盘的边缘将圆盘抓起，手指保持该动作进行等长收缩抗阻。为了增加屈指肌的抗阻效应，嘱患者每次伸展一根手指。
- 用拇指和其他手指的指尖或指腹部，将圆盘从边缘处抓起。
- 手掌心向下置于桌面，将圆盘置于手指背侧，然后通过手指过伸动作将圆盘抬高。

其他抗阻工具 一些阻力设备，如胶泥、弹簧、各种不同阻力等级和尺寸的软球，它们可以用来进行特定肌群或整体手部肌肉力量训练。观察患者的运动模式，确定患者没有出现代偿或产生破坏性力量。

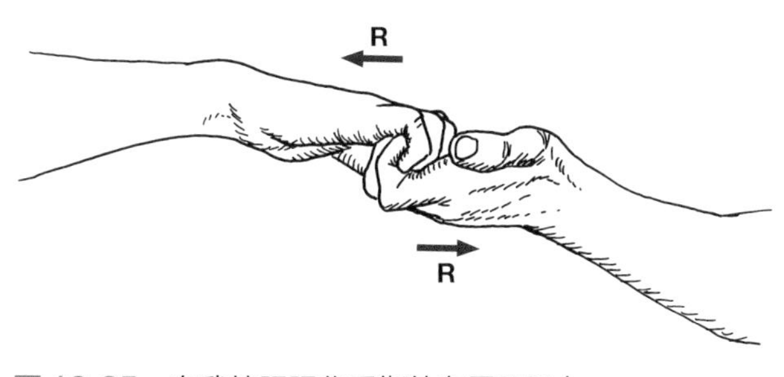

图 19.25　自我抗阻强化手指外在屈肌肌力

灵活性和功能性活动

手指的精细活动

当操作细小的物品或需要技巧来控制精细设备时均需要借助拇指与示指和中指的对掌动作来完成。让患者练习完成如下动作：捡起不同尺寸的小物品、拧螺钉、拉抽屉、写字、系绳子或带子、打开和关闭小瓶子或盒子、在键盘上打字。

功能性活动

进阶到特定的活动需要日常生活活动能力，工作、爱好或娱乐功能，这需要患者恢复独立的手功能，其不仅需要神经肌肉的控制和力量，还需要恢复肌肉耐力、协调性和手指的精细活动。这个过程需要仔细询问并分析患者的预期结果，考虑每个抓握的模式，并调整练习以达到目标。

自学活动

批判性思考与讨论

1. 回顾所有类型的抓握，并理解其运动模式，明确每种抓握的主要参与的肌群。
2. 总结可能发生在腕关节和手部的由正中神经、桡神经和尺神经受损引起的感觉与运动损伤、畸形和相关活动和（或）参与受限。
3. 区分手指的钮孔状畸形和鹅颈畸形。导致这些畸形的潜在因素是什么？在手术修复这些畸形后，应如何设计相应的术后训练方案以提高手部功能的同时避免畸形的复发？
4. 通过手与腕部的掌侧与背侧的不同区域的撕裂伤来识别可能受损的重要结构。由于这些不同区域重要结构的损伤，将会造成何种手腕部功能受限？
5. 解释并说明进行屈肌肌腱或伸肌肌腱修复术后，采用早期控制下活动方案的原因。解释不同手术方案在进行早期控制下活动时的主要特点，并明确何种条件下进行早期控制运动是不合理或不建议的。
6. 分析和总结在屈肌肌腱或伸肌肌腱修复术后，进行早期控制运动和延迟运动方案的组成内容和进阶方法的相同点与不同点。

实践练习

1. 通过关节松动和被动牵伸技术，松动前臂、腕关节和指关节（见第 4 章和第 5 章）。
2. 练习每种肌腱滑动训练，清楚每种练习方法的目的。
3. 教导同伴利用抗阻胶泥，进行手部的每块肌肉或肌群的抗阻力量训练。
4. 认识 3 种可用于手部肌力训练和运动模式训练的抗阻设备。
5. 观察他人系鞋带，明确哪些肌肉在工作，并制订一份训练计划，用于加强神经肌肉控制和强化每块肌肉的力量。

案例研究

1. 患者因为类风湿关节炎的早期症状转诊至你处寻求物理治疗。在他第一次严重发病后，目前症状已经得到缓解，他希望可以为他设计一份家庭训练计划来安全地改善手部功能的使用情况。他是一个需要经常出差的销售助理，并需要利用电脑做销售记录。目前，他的握力下降了 50%，手的关节活动度减少 25%，腕关节、掌指关节和指间关节的活动均受限。检测到几乎没有滑膜肥大，而且没有关节半脱位。考虑该疾病应采取哪些预防措施，以防止不恰当的运动和日常活动造成畸形。为这个患者制订一个干预方案。
2. 一位桡骨远端骨折 2 个月的患者转诊至你处寻求物理治疗。目前她手部存在肿胀、触觉过敏的情况，最近出现了手的复杂性区域疼痛综合征（见第 13 章），造成关节挛缩和无力。关节挛缩部位包括前臂、腕关节和手。你已确定这位患者处于疾病的第二阶段，请为这名患者制订一个治疗方案。

3. 一位类风湿关节炎的患者，刚刚经历了环指和小指的掌指关节假体植入成形术，现在转诊至你处寻求物理治疗。在过去的 4 周里，患者佩戴着动态的伸展支具，能够进行屈曲掌指关节的主动屈曲和辅助伸展动作。现在患者允许将支具摘除，并进行腕关节和手的主动关节活动度练习。你评估后发现该患者存在伸肌滞后和手指屈曲受限。请为这个患者设计一个运动方案。在这个方案中的每个时期分别有哪些注意事项？

4. 一位患者因为创伤后关节炎于 4 周前进行了拇指的腕掌关节的韧带重建肌腱植入关节成形术，现在转诊至你处寻求物理治疗。术后 3.5 周已将拇指人字形石膏拆除，患者目前佩戴拇指人字形支具，活动时可以摘下。请为这个患者设计运动方案和流程。患者已经回到工作岗位，他希望能够再打以休闲娱乐性质为基础的高尔夫球。

5. 一位 8 岁的儿童非优势手在用刀切南瓜时，受了伤并导致第Ⅲ区掌侧示指和拇指撕裂，在进行了指深屈肌和指浅屈肌修复术后，现在转诊至你处寻求物理治疗。术后已经用石膏将孩子手指和腕关节在屈曲位固定了 3 周，现在他佩戴的是一个背侧限制支具，运动时可以摘下。他目前主动和被动伸展均明显受限。请你为这个孩子设计一个运动方案和流程，明确哪些活动必须在监督下完成，哪些活动可以独立完成。

（纪美芳　王宇章　朱毅　译，
朱玉连　王于领　审）

参考文献

1. Adams, BD: Complications of wrist arthroplasty. *Hand Clin* 26: 213–220, 2010.
2. Alter S, Feldon, P, and Terrono, AL: Pathomechanics of deformities in the arthritic hand and wrist. In Skirven, TM, Osterman, AL, Fedorczyk, JM, and Amadio, PC (eds): *Rehabilitation of the Hand and Upper Extremity, Vol II,* ed. 6. Philadelphia, PA: Elsevier Mosby, 2011, pp 1321–1329.
3. Amadio, PC: Advances in understanding of tendon healing and repairs and effect on postoperative management. In Skirven, TM, Osterman, AL, Fedorczyk, JM, and Amadio, PC (eds): *Rehabilitation of the Hand and Upper Extremity, Vol I,* ed. 6. Philadelphia, PA: Elsevier Mosby, 2011, pp 439–444.
4. Amadio, PC, Murray, PM, and Linscheid, RL: Arthroplasty of the proximal interphalangeal joint. In Morrey, BF (ed): *Joint Replacement Arthroplasty,* ed. 3. Philadelphia: Churchill Livingstone, 2003, pp 163–174.
5. Amadio, PC, and Shin, AY: Arthrodesis and arthroplasty of small joints of the hand. In Wolfe SW, Hotchkiss, RN, Pederson, WC, and Kozin, SH (eds): *Green's Operative Hand Surgery, Vol I,* ed. 6. Philadelphia, PA: Elsevier: Churchill Livingstone, 2011, pp 389–406.
6. Anson, JG, et al: EMG discharge patterns during human grip movement are task-dependent and not modulated by muscle contraction modes: a transcranial magnetic stimulation (TMS) study. *Brain Research* 934: 162–166, 2002.
7. Angst, F, et al: Comprehensive assessment of clinical outcome and quality of life after resection interposition arthroplasty of the thumb saddle joint. *Arthritis Rheum* 53(2):205–213, 2005.
8. Ataker, Y, Gudemez, E, Ece, SC, Canbulat, N, and Gulgonen, A: Rehabilitation protocol after suspension arthroplasty of thumb carpometacarpal joint arthritis. *J Hand Ther* 25:374–383, 2012.
9. Austin, NM: The wrist and hand complex. In Levange, PK, and Norkin, CC (eds): *Joint Structure and Function: A Comprehensive Analysis,* ed. 5. Philadelphia: F.A. Davis, 2011, pp 305–353.
10. Backstrom, KM: Mobilization with movement as an adjunct intervention in a patient with complicated de Quervain's tenosynovitis: a case report. *J Orthop Sports Phys Ther* 32(3):86–97, 2002.
11. Badia, A: Trapeziometacarpal arthroscopy: A classification and treatment algorithm. *Hand Clinics* 22: 153–163, 2006.
12. Badia, A: Management of the osteoarthritic thumb carpometacarpal joint. In Skirven, TM, Osterman, AL, Fedorczyk, JM, and Amadio, PC (eds): *Rehabilitation of the Hand and Upper Extremity, Vol II,* ed. 6. Philadelphia, PA: Elsevier Mosby, 2011, pp 1356–1366.
13. Barakat, MJ, Field, J, and Taylor, J: The range of movement of the thumb. *Hand* 8:179–182, 2013.
14. Barron, OA, and Catalano, LW: Thumb basal joint arthritis. In Wolfe SW, Hotchkiss, RN, Pederson, WC, and Kozin, SH (eds): *Green's Operative Hand Surgery, Vol I,* ed. 6. Philadelphia, PA: Elsevier: Churchill Livingstone, 2011, pp 407–426.
15. Beasley J: Therapist's examination and conservative management of arthritis of the upper extremity. In Skirven, TM, Osterman, AL, Fedorczyk, JM, and Amadio, PC (eds): *Rehabilitation of the Hand and Upper Extremity, Vol II,* ed. 6. Philadelphia, PA: Elsevier Mosby, 2011, pp 1330–1343.
16. Beasley, RW: *Surgery of the Hand.* New York: Thieme, 2003.
17. Beckenbaugh, RD: Arthroplasty of the wrist. In Morrey, BF (ed): *Joint Replacement Arthroplasty,* ed. 3. Philadelphia: Churchill Livingstone, 2003, pp 244–265.
18. Bielefeld, T, and Neumann, DA: The unstable metacarpophalangeal joint in rheumatoid arthritis: anatomy, pathomechanics, and physical rehabilitation considerations. *J Orthop Sports Phys Ther* 35(8):502–520, 2005.
19. Bielefeld, TM, and Neumann, DA: Therapist's management of the thumb carpometacarpal joint with osteoarthritis. In Skirven, TM, Osterman, AL, Fedorczyk, JM, and Amadio, PC (eds): *Rehabilitation of the Hand and Upper Extremity, Vol II,* ed. 6. Philadelphia, PA: Elsevier Mosby, 2011, pp 1366–1375.
20. Biese, J, and Goudzward, P: Postoperative management of metacarpophalangeal implant resection arthroplasty. *Orthop Phys Ther Clin North Am* 10(4):595–616, 2001.

21. Bodell, LS, and Leonard, L: Wrist arthroplasty. In Berger, RA, and Weiss, A (eds): *Hand Surgery, Vol II*. Philadelphia: Lippincott Williams & Wilkins, 2004, pp 1340–1394.
22. Bodin, ND, Spangler, R, and Thoder, JJ: Interposition arthroplasty options for carpometacarpal arthritis of the thumb. *Hand Clin* 26: 339–350, 2010.
23. Bouacida, S, Lazerges, C, Coulet, B, and Chammas, M: Proximal interphalangeal joint arthroplasty with Neuflex implants: relevance of the volar approach and early rehabilitation. *Chirurgie de la main, Elsevier Masson* 33:350–355, 2014.
24. Brigstocke, GHO, Hearnden, A, Holt, C, and Whatling, G: In-vivo confirmation of the use of the dart thrower's motion during activities of daily living. *J Hand Surg Eur* 39:373–378, 2014.
25. Brüner, S, et al: Dynamic splinting after extensor tendon repair in zones V to VII. *J Hand Surg Br* 28(3):224–227, 2003.
26. Burke, SL: Wrist arthroplasty. In Burke, SL, Higgins, JP, McClinton, MA, Saunders, RJ, and Valdata, L (eds): *Hand and Upper Extremity Rehabilitation,* ed. 3. St Louis, MO, Elsevier Churchill Livingstone, 2007, pp 522–527.
27. Burns, MC, Berby, B, and Neumeister, MW. Wyndell Merritt immediate controlled active motion (ICAM) protocol following extensor tendon repairs in zone IV-VII: review of literature, orthosis design and case study—a multimedia article. *Hand* 8:17–22, 2013.
28. Burr, N, Pratt, AL, and Smith, PJ: An alternative splinting and rehabilitation protocol for metacarpophalangeal arthroplasty in patients with rheumatoid arthritis. *J Hand Ther* 15(1):41–47, 2002.
29. Cannon, NM: *Diagnosis and Treatment Manual for Physicians and Therapists,* ed. 4. Indianapolis: Hand Rehabilitation Center of Indiana, 2001.
30. Carney, KL, and Griffin-Reed, N: Rehabilitation after extensor injury and repair. In Berger, RA, and Weiss, APC (eds): *Hand Surgery, Vol I.* Philadelphia: Lippincott Williams & Wilkins, 2004, pp 767–778.
31. Chesney, A, et al: Systematic review of flexor tendon rehabilitation protocols in zone II of the hand. *Plast Reconstr Surg* 127:1583–1592, 2011.
32. Chim HW, Reese, SK, Toomey, SN, and Moran, SL: Update on the surgical treatment for rheumatoid arthritis of the wrist and hand. *J Hand Ther* 27:134–142, 2014.
33. Chung, KC, et al: A multicenter clinical trial in rheumatoid arthritis comparing silicone metacarpophalangeal joint arthroplasty with medical treatment. *J Hand Surg Am* 34(5):815–823, 2009.
34. Chung, KC, et al: Outcomes of silicone arthroplasty for rheumatoid metacarpophalangeal joints stratified by fingers. *J Hand Surg* 34A: 1647–1652, 2009.
35. Chung, KC, and Kotsis, SV: Outcomes of hand surgery in the patient with rheumatoid arthritis. *Curr Opin Rheumatol* 22:336–341, 2010.
36. Chung, KC, and Pushman, AG: Current concepts in the management of the rheumatoid hand. *J Hand Surg* 36A:736–747, 2011.
37. Chung, KC, et al: Long-term follow up for rheumatoid arthritis patients in a multicenter outcomes study of silicone metacarpophalangeal joint arthroplasty. *Arthritis Care Res* 64:1292–1300, 2012.
38. Chung, US, Kim, JH, Seo, WS, and Lee, KH: Tendon transfer or tendon graft for ruptured finger extensor tendons in rheumatoid hands. *J Hand Surg Eur* 35E:279–282, 2010.
39. Clancy, SP, and Mass, DP: Current flexor and extensor tendon motion regimens: a summary. *Hand Clin* 29:295–309, 2013.
40. Cooney, WP III, Linscheid, RL, and Beckenbaugh, RD: Arthroplasty of the metacarpophalangeal joint. In Morrey, BF (ed): *Joint Replacement Arthroplasty,* ed. 3. Philadelphia: Churchill Livingstone, 2003, pp 175–203.
41. Cooney, WP III: Arthroplasty of the thumb axis. In Morrey, BF (ed): *Joint Replacement Arthroplasty,* ed. 3. Philadelphia: Churchill Livingstone, 2003, pp 204–225.
42. Cooney, WP, III, Leddy, TP, and Larson, DR: Revision of thumb trapeziometacarpal arthroplasty. *J Hand Surg Am* 31(2):219–227, 2006.
43. Crosby, CA, et al: Rehabilitation following thumb CMC, radiocarpal and DRUJ arthroplasty. *Hand Clin* 29:123–142, 2013.
44. Daecke, W, et al: A prospective, randomized comparison of 3 types of proximal interphalangeal joint arthroplasty. *J Hand Surg* 37A: 1770–1779, 2012.
45. Davenport, TE, et al: The EdUReP model for nonsurgical management of tendinopathy. *Phys Ther* 85(10):1093–1103, 2005.
46. Delaney, R, and Stanley, J: A postoperative study of the range of movement following metacarpophalangeal joint replacement: optimum time of recovery. *Br J Hand Ther* 5(3):85–87, 2000.
47. Delaney, R, Trail, IA, and Nutall, D: A comparative study of outcome between the Neuflex and Swanson Silastic metacarpophalangeal joint replacements. *J Hand Surg Br* 30(1):3–7, 2005.
48. Diao, E, and Chee, N: Staged/delayed tendon reconstruction. In Skirven, TM, Osterman, AL, Fedorczyk, JM, and Amadio, PC (eds): *Rehabilitation of the Hand and Upper Extremity, Vol I,* ed. 6. Philadelphia, PA: Elsevier Mosby, 2011, pp 479–486.
49. Drake, ML, and Segalman, KA: Complications of small joint arthroplasty. *Hand Clin* 26:205–212, 2010.
50. Duran, RJ, and Houser, RC: Controlled passive motion following flexor tendon repair in zones II and III. In AAOS (ed): *Symposium on Tendon Surgery in the Hand.* St. Louis: CV Mosby, 1975.
51. Dy, CJ, et al: Complications after flexor tendon repair: A systematic review and meta-analysis. *J Hand Surg* 37A:543–551, 2012.
52. Dy, CJ, Rosenblatt, L, and Lee, SK: Current methods and biomechanics of extensor tendon repairs. *Hand Clin* 29, 261–268, 2013.
53. Edirisinghe, Y, et al: dynamic motion analysis of dart throwers motion visualized through computerized tomography and calculation of the axis of rotation. *J Hand Surg Eur* 39:364–372, 2014.
54. Elhassan, B, et al: Factors that influence the outcome of zone I and zone II flexor tendon repairs in children. *J Hand Surg Am* 31:1661–1666, 2006.
55. Evans, RB: Early active motion after flexor tendon repairs. In Berger, RA, and Weiss, APC (eds): *Hand Surgery, Vol I.* Philadelphia: Lippincott Williams & Wilkins, 2004, pp 709–735.
56. Evans, RB: Clinical management of extensor tendon injuries: the therapist's perspective. In Skirven, TM, Osterman, AL, Fedorczyk, JM, and Amadio, PC (eds): *Rehabilitation of the Hand and Upper Extremity, Vol I,* ed. 6. Philadelphia, PA: Elsevier Mosby, 2011, pp 521–554.
57. Evans, RB: Managing the injured tendon: Current concepts. *J Hand Ther* 25:173–190, 2012.
58. Fedorczyk, JM: Tendinopathies of the elbow, wrist and hand: Histopathology and clinical considerations. *J Hand Ther* 25:191–201, 2012.
59. Feldon, P, Terrono, AL, Nalebuff, EA, and Millender, LH: Rheumatoid arthritis and other connective tissue disorders. In Wolfe SW, Hotchkiss, RN, Pederson, WC, and Kozin, SH (eds): *Green's Operative Hand Surgery, Vol II,* ed. 6. Philadelphia, PA: Elsevier: Churchill Livingstone, 2011, pp 1993–2065.
60. Feldscher, SB: Postoperative management for PIP joint pyrocarbon arthroplasty. *J Hand Ther* 23(3):315–322, 2010.
61. Ferlic, DC: Repair of ruptured finger extensors in rheumatoid arthritis. In Strickland, JW, and Graham, TJ (eds): *The Hand,* ed. 2. Philadelphia: Lippincott Williams & Wilkins, 2005, pp 457–462.
62. Ferreres, A, Lluch, A, and del Valle, M: Universal total wrist arthroplasty: midterm follow-up study. *J Hand Surg Am* 36:967–973, 2011.
63. Gaspar, MP, Kane, PM, and Shin, EK: Management of complications of wrist arthroplasty and wrist fusion. *Hand Clinics* 31:277–292, 2015.
64. Green, JB, et al: Hand, wrist and digit injuries. In Magee, DJ, Zachazewski, JE, and Quillen, WS (eds): Pathology and intervention in musculoskeletal rehabilitation. St Louis, MO:Saunders Elsevier 2009, pp 213–305.
65. Griffin, M, et al: An overview of the management of flexor tendon injuries. *The Open Orthop J* 6:28–35, 2012.

66. Groth, GN: Pyramid of progressive force exercises to the injured flexortendon. *J Hand Ther* 17(1):31–42, 2004.
67. Howell, JW, Merritt, WH, and Robinson, SJ: Immediate controlled active motion following zone 4-7 extensor tendon repair. *J Hand Ther* 18: 182–190, 2005.
68. Howell, JW, and Peck, F: Rehabilitation of flexor and extensor tendon injuries in the hand: Current updates. *Injury, Int J Care Injured* 44: 397–402, 2013.
69. Huang, K, Hollevoet, N, and Giddins, G: Thumb carpometacarpal joint total arthroplasty: a systematic review. *J Hand Surg Eur* 40E: 338–350, 2015.
70. Igoe, D, Middleton, C, and Hammert W: Evolution of basal joint arthroplasty and technology in hand surgery. *J Hand Ther* 27:115–121, 2014.
71. Jacobs, BJ, Verbruggen, G, and Kaufmann, RA: Proximal interphalangeal joint arthritis. *J Hand Surg Am* 35A:2107–2116, 2010.
72. Jacobs, MA, and Austin, NM: *Orthotic Intervention for the Hand and Upper Extremity: Splinting Principles and Process,* ed. 2. Baltimore, MD: Lippincott Williams & Wilkins, 2014, pp 26–46.
73. Jennings, CD, and Livingstone, DP: Surface replacement arthroplasty of the proximal interphalangeal joint using the SR PIP implant: long-term results. *J Hand Surg Am* 40 (3):469–473, 2015.
74. Kitis, A, et al: Comparison of static and dynamic splinting regimens for extensor tendon repairs in zones V to VII. *J Plast Surg Hand Surg* 46:267–271, 2012.
75. Kleinert, HE, Kutz, JE, and Cohen, MJ: Primary repair of zone 2 flexor tendon lacerations. In AAOS (ed): *Symposium on Tendon Surgery in the Hand.* St. Louis: CV Mosby, 1975, 91–104.
76. Kozlow, JH, and Chung, KC: Current concepts in the surgical management of rheumatoid and osteoarthritic hands and wrists. *Hand Clinics* 27:31–41, 2011.
77. Kriegs-AU, G, et al: Ligament reconstruction with or without tendon interposition to treat primary thumb carpometacarpal osteoarthritis: a prospective randomized study. *J Bone Joint Surg Am*86(2):209–218, 2004.
78. Lee, MP, Biafora, SJ, and Zelouf, DS: Management of hand and wrist tendinopathies. In Skirven, TM, Osterman, AL, Fedorczyk, JM, and Amadio, PC (eds): *Rehabilitation of the Hand and Upper Extremity, Vol I,* ed. 6. Philadelphia, PA: Elsevier Mosby, 2011, pp 569–588.
79. Lister, GD, et al: Primary flexor tendon repair followed by immediate controlled mobilization. *J Hand Surg* 2(6):441–451, 1977.
80. Lubahn J, Wolfe, TL, and Feldscher, SB: Joint replacement in the hand and wrist: surgery and therapy. In Skirven, TM, Osterman, AL, Fedorczyk, JM, and Amadio, PC (eds): *Rehabilitation of the Hand and Upper Extremity, Vol II,* ed. 6. Philadelphia, PA: Elsevier Mosby, 2011, pp 1376–1398.
81. Lubahn J, and Wolfe, TL: Surgical treatment and rehabilitation of tendon ruptures and imbalances in the rheumatoid hand. In Skirven, TM, Osterman, AL, Fedorczyk, JM, and Amadio, PC (eds): *Rehabilitation of the Hand and Upper Extremity, Vol I,* ed. 6. Philadelphia, PA: Elsevier Mosby, 2011, pp 1399–1407.
82. Lutsky, KF, Giang, EL, and Matzon, JL: Flexor tendon injury, repair and rehabilitation. *Orthop Clin N Am* 46:67–76, 2015.
83. Lutz, K, Pipicelli, J, and Grewal, R. Complications of extensor tendon injuries. *Hand Clin* 31:301–310, 2015.
84. MacDermid, J (ed): *Clinical Assessment Recommendations: Impairment- Based Conditions,* ed. 3. Mt. Laurel, NJ: American Society of Hand Therapists, 2015.
85. Magee, DJ: *Orthopedic Physical Assessment*, ed. 5. St Louis, MO: Saunders, Elsevier, 2008.
86. Magee, DJ, Zachazewski, JE, and Quillen, WS: *Pathology and Intervention in Musculoskeletal Rehabilitation*. St Louis, MO: Saunders, Elsevier, 2009.
87. Malahias, M, et al: The future of rheumatoid arthritis and hand surgery–combining evolutionary pharmacology and surgical technique. *The Open Orthop J* 6:88–94, 2012.
88. Manuel, JL, and Weiss, AC: Silicone metacarpal phalangeal joint arthroplasty. In Strickland, JW, and Graham, TJ (eds): *Master Techniques in Orthopedic Surgery: The Hand,* ed. 2. Philadelphia, Lippincott Williams and Wilkins, 2005, pp 391–403.
89. Martin, AS, and Awan, HM: Metacarpophalangeal arthroplasty for osteoarthritis. *J Hand Surg Am* 40:1871–1872, 2015.
90. Mass, DP: Early repairs of flexor tendon injuries. In Berger, RA, and Weiss, APC (eds): *Hand Surgery, Vol 1*. Philadelphia: Lippincott Williams & Wilkins, 2004, pp 679–698.
91. Matzon, JL, and Bozentka, DJ: Extensor tendon injuries. *J Hand Surg* 35A:854–861, 2010.
92. McClure, P: Upper quarter screen. In Skirven, TM, Osterman, AL, Fedorczyk, JM, and Amadio, PC (eds): *Rehabilitation of the Hand and Upper Extremity, Vol I,* ed. 6. Philadelphia, PA: Elsevier Mosby, 2011, pp 124–131.
93. Merritt, WH: Relative motion splint: active motion after extensor tendon injury and repair. *J Hand Surg Am* 39:1187–1194, 2014.
94. Moehrlen, U, Mazzone, L, Bieli, C, and Weber, DM: Early mobilization after flexor tendon repair in children. *Eur, J Pediatr Surg* 19:83–86, 2009.
95. Moment, A, Grauel, E, and Chang, J: Complications after flexor tendon injuries. *Hand Clin* 26:179–189, 2009.
96. Moojen, TM, et al: Three-dimensional carpal kinematics in vivo. *Clin Biomech* 17:506–514, 2002.
97. Moojen, TM, et al: In vivo analysis of carpal kinematics and comparative review of the literature. *J Hand Surg* 28:81–872, 2003.
98. Moore, T, Anderson, B, and Seiler II, JG: Flexor tendon reconstruction. *J Hand Surg* 35(6):1025–1030, 2010.
99. Mulligan, BR: *Manual Therapy "NAGS," "SNAGS," MWM, etc.*, ed. 6, Wellington: Plane View Press, 2010.
100. Nallakaruppan, V, et al: The effect of blocking radial abduction on palmar abduction strength of the thumb. *J Hand Surg Eur* 37E: 269–274, 2011.
101. Netscher, DT, and Badal, JJ: Closed flexor tendon ruptures. *J Hand Surg Am* 39 (11):2315–2323, 2014.
102. Neumann, DA: Wrist. In Neumann, DA (ed): *Kinesiology of the Musculoskeletal System: Foundations for Rehabilitation,* ed. 2. St Louis: Mosby/Elsevier, 2010, pp 216–243.
103. Neumann, DA: Hand. In Neumann, DA (ed): *Kinesiology of the Musculoskeletal System: Foundations for Rehabilitation,* ed. 2. St Louis: Mosby/ Elsevier, 2010, pp 244–297.
104. Neumann, DA, and Bielefeld, T: The carpometacarpal joint of the thumb: stability, deformity, and therapeutic intervention. *J Orthop Sports Phys Ther* 33(7):386–399, 2003.
105. Newport, ML: Early repair of extensor tendon injuries. In Berger, RA, and Weiss, APC (eds): *Hand Surgery, Vol I.* Philadelphia: Lippincott Williams & Wilkins, 2004, pp 737–752.
106. Nietosvaara, Y, et al: Flexor tendon injuries in pediatric patients. *J Hand Surg Am* 32:1549–1557, 2007.
107. Ogunro, S, Ahmed, I, and Tan, V: Current indications and outcomes of total wrist arthroplasty. *Orthop Clin N Am* 44:371–379, 2013.
108. Ottawa Panel: Ottawa Panel evidence-based clinical practice guidelines for patient education in the management of rheumatoid arthritis. *Health Ed J* 71:397–451, 2012.
109. Ottawa Panel: Ottawa Panel evidence-based clinical practice guidelines for therapeutic exercises in the management of rheumatoid arthritis in adults. *Phys Ther* 84(10):934–972, 2004.
110. Park, MJ, Lee, AT, and Yao, J: Treatment of thumb carpometacarpal arthritis with arthroscopic hemitrapeziectomy and interposition arthroplasty. *Orthop* 35(12):1759–1763, 2012.
111. Park, Y, and Chang, M: Effects of rehabilitation for pain relief in patients with rheumatoid arthritis: a systematic review. *J Phys Ther Sci* 28: 304–308, 2016.
112. Pettengill, K, and Van Strien, G: Postoperative management of flexor tendon injuries. In Skirven, TM, Osterman, AL, Fedorczyk, JM, and Amadio, PC (eds): *Rehabilitation of the Hand and Upper Extremity, Vol I,* ed. 6. Philadelphia, PA: Elsevier Mosby, 2011, pp

457–478.
113. Quadlbauer, S, et al: Early passive movement in flexor tendon injuries of the hand. *Arch Orthop Trauma Surg* 136:285–293, 2016.
114. Rayan, G, and Akelman, E (eds): *The Hand: Anatomy, Examination and Diagnosis,* ed. 4. Lippincott Williams & Wilkins, Philadelphia, PA: American Society for Surgery of the Hand, 2011.
115. Rettig, LA, Luca, L, and Murphy, MS: Silicone implant arthroplasty in patients with idiopathic osteoarthritis of the metacarpophalangeal joint. *J Hand Surg Am* 30:667–672, 2005.
116. Riggs, JM, Lyden, AK, Chung, KC, and Murphy, SL: Static versus dynamic splinting for proximal interphalangeal joint pyrocarbon implant arthroplasty: a comparison of current and historical cohorts. *J Hand Ther* 24:231–239, 2011.
117. Riley, G: Tendinopathy—from basic science to treatment. *Nat Clin Pract Rheumatol* 4(2):82–89, 2008.
118. Rizzo, M, and Beckenbaugh, RD: Results of biaxial total wrist arthroplasty with a modified (long) metacarpal stem. *J Hand Surg Am* 28: 577–584, 2003.
119. Rosenthal, EA, and Elhassan, BT: The extensor tendons: evaluation and surgical management. In Skirven, TM, Osterman, AL, Fedorczyk, JM, and Amadio, PC (eds): *Rehabilitation of the Hand and Upper Extremity, Vol I,* ed. 6. Philadelphia, PA: Elsevier Mosby, 2011, pp 487–520.
120. Sameem, M, et al: A systematic review of rehabilitation protocols after surgical repair of the extensor tendons in zones V-VIII of the hand. *J Hand Ther* 24:365–373, 2011.
121. Samora, JB, and Klinefelter, RD: Flexor tendon reconstruction. *J Am Acad Orthop Surg* 24:28–36, 2016.
122. Sandvall, BK, Kuhlman-Wood K, Recor, C, and Friedrich, JB: Flexor tendon repair, rehabilitation and reconstruction. *Plast Reconstr Surg* 132:1493–1503, 2013.
123. Satteson, ES, Langford, MA, and Li, Z: The management of complications of small joint arthrodesis and arthroplasty. *Hand Clin* 31: 243–266, 2015.
124. Schindele, S, Kloss, D, and Herren, D: Options in extensor tendon reconstruction in rheumatoid arthritis. *Elsevier, International Congress Series* 1295:94–106, 2006.
125. Schindele, SF, Herren, DB, and Simmen, BR: Tendon reconstruction for the rheumatoid hand. *Hand Clin* 27:105–116, 2011.
126. Schubert, CD, and Guinta, RE: Extensor tendon repair and reconstruction. *Clin Plastic Surg* 41:525–531, 2014.
127. Seiler, JG: Flexor tendon injury. In Wolfe SW, Hotchkiss, RN, Pederson, WC, and Kozin, SH (eds): *Green's Operative Hand Surgery, Vol I,* ed. 6. Philadelphia, PA: Elsevier: Churchill Livingstone, 2011, pp 189–238.
128. Shin, AY, and Amadio, PC: The stiff finger. In Wolfe, SW, Hotchkiss, RN, Pederson, WC, and Kozin, SH (eds): *Green's Operative Hand Surgery, Vol I,* ed. 6. Philadelphia, PA: Elsevier: Churchill Livingstone, 2011, pp 355–406.
129. Singh, R, Rymer, B, Theobald, P, and Thomas, PBM: A review of current concepts in flexor tendon repair: physiology biomechanics, surgical technique and rehabilitation. *Orthop Reviews* 7:101–105, 2015.
130. Stanley, J: Arthoplasty and arthrodesis of the wrist. In Wolfe SW, Hotchkiss, RN, Pederson, WC, and Kozin, SH (eds): *Green's Operative Hand Surgery, Vol I,* ed. 6. Philadelphia, PA: Elsevier: Churchill Livingstone, 2011, pp 429–463.
131. Starr, HM, Snoddy, M, Hammond, KE, and Seiler, JG: Flexor tendon repair rehabilitation protocols: a systematic review. *J Hand Surg* 38A: 1712–1717, 2013.
132. Steinberg, DR: Osteoarthritis of the hand and digits: metacarpophalangeal and carpometacarpal joints. In Berger, RA, and Weiss, APC (eds): *Hand Surgery, Vol II.* Philadelphia: Lippincott Williams & Wilkins, 2004, pp 1269–1278.
133. Straugh RJ: Extensor tendon injury. In Wolfe SW, Hotchkiss, RN, Pederson, WC, and Kozin, SH (eds): *Green's Operative Hand Surgery, Vol I,* ed. 6. Philadelphia, PA: Elsevier: Churchill Livingstone, 2011, pp 159–188.
134. Strickland, JW: Flexor tendon injuries. In Strickland, JW, and Graham, TJ (eds): *Master Techniques in Orthopedic Surgery: The Hand,* ed. 2. Philadelphia: Lippincott Williams & Wilkins, 2005, pp 251–266.
135. Strickland, JW, and Dellacqua, D: Rheumatoid arthritis in the hand and digits. In Berger, RA, and Weiss, APC (eds): *Hand Surgery, Vol II.* Philadelphia: Lippincott Williams & Wilkins, 2004, pp 1179–211.
136. Sweets, TM, and Stern, PJ: Proximal interphalangeal joint arthroplasty. *J Hand Surg Am* 35:1190–1193, 2010.
137. Taras JS, Martyak, GG, and Steelman, PJ: Primary care of flexor tendon injuries. In Skirven, TM, Osterman, AL, Fedorczyk, JM, and Amadio, PC (eds): *Rehabilitation of the Hand and Upper Extremity, Vol I,* ed. 6. Philadelphia, PA: Elsevier Mosby, 2011, pp 445–456.
138. Terrono, AL, Nalebuff, EA, and Philips, CA: The rheumatoid thumb. In Skirven, TM, Osterman, AL, Fedorczyk, JM, and Amadio, PC (eds): *Rehabilitation of the Hand and Upper Extremity, Vol I,* ed. 6. Philadelphia, PA: Elsevier Mosby, 2011, pp 1344–1355.
139. Trieb K: Treatment of the wrist in rheumatoid arthritis. *J Hand Surg* 33A:113–123, 2008.
140. Trumble, TE, et al: Zone-II flexor tendon repair: a randomized prospective trial of active place-and-hold therapy compared with passive motion therapy. *J Bone Joint Surg Am* 92:1381–1389, 2010.
141. von der Heyde, R: Flexor tendon injuries in children: rehabilitative options and confounding factors. *J Hand Ther* 28:195–200, 2015.
142. van Rijn, J, and Gosens, T: A cemented surface replacement prosthesis in the basal thumb joint. *J Hand Sur* 35(4):572–579, 2010.
143. Vermeulen, GM, et al: Surgical management of primary thumb carpometacarpal osteoarthritis: a systematic review. *J Hand Surg* 36A: 157–169, 2011.
144. Vitale, MA, Taylor, F, Ross, M, and Moran, SL: Trapezium prosthetic arthroplasty (silicone, Artelon, metal and pyrocarbon). *Hand Clin* 29:37–55, 2013.
145. Vitale, MA, et al: Prosthetic arthroplasty versus arthrodesis for osteoarthritis and posttraumatic arthritis of the index finger proximal interphalangeal joint. *J Hand Surg Am* 40(10):1937–1948, 2015.
146. Wagner, ER, Weston, J, Houdek, MT, Moran, SL, and Rizzo, M: Pyrocarbon in metacarpophalangeal arthroplasty: a longitudinal analysis of 253 cases: level 4 evidence. *J Hand Surg Am* 40:e54, 2015.
147. Weiss, S, and Falkenstein, N: *Hand Rehabilitation: A Quick Reference Guide and Review,* ed. 2. St Louis: Mosby, 2004.
148. Wijk, I, et al: Outcomes of proximal interphalangeal joint pyrocarbon implant. *J Hand Surg* 35(1):A38–A43, 2010.
149. Wolfe, SW: Tendinopathy. In Wolfe SW, Hotchkiss, RN, Pederson, WC, and Kozin, SH (eds): *Green's Operative Hand Surgery, Vol II,* ed. 6. Philadelphia, PA: Elsevier: Churchill Livingstone, 2011, pp 2067–2088.
150. Wong, JKF, and Peck, F: Improving results of flexor tendon repair and rehabilitation: *Plast Reconstr Surg* 134:913e–925e, 2014.
151. Yen, CH, Chan, WL, Wong, WC, and Mak, KH: Clinical results of early active mobilization after flexor tendon repair. *Hand Surg* 13: 45–50, 2008.
152. Yeoh, D, and Tourret, L: Total wrist arthroplasty: a systematic review of the evidence from the last 5 years. *J Hand Surg* 40E:458–468, 2015.
153. Yuste, V, et al: Influence of patient and injury-related factors in the outcomes of primary flexor tendon repair. *Eur J Plast Surg* 38:49–54, 2015.

第20章 髋关节

CAROLYN KISNER　LYNN COLBY
JOHN BORSTAD

髋关节类似于盂肱关节，是一个三轴关节，在三个平面中运动，并且是下肢的近端连接。然而，与灵活性较高的肩关节相反，髋关节是稳定的关节，适合直立和负重活动。同时，为了进行“正常”的日常生活活动（ADL），髋关节至少有120°的屈曲范围和20°的外展和外旋范围[120]。由于下肢在步行和其他下肢活动中产生的力，通过髋向上传递到骨盆和躯干，而且髋关节支撑着头部、躯干和上肢的重量，所以髋关节的健康对于大多数功能性活动至关重要。

本章分为三大部分。第一部分简要回顾髋关节的解剖和功能及其与骨盆、腰椎和膝关节的关系。

第二部分描述髋关节常见的疾病，并提供了保守治疗和术后管理指南，扩展了第 10 章 ~ 第 13 章提出的管理信息和原则。在确定诊断和建立治疗性训练计划之前，读者应熟悉这些资料以及对髋部和骨盆进行全面检查的内容。第三部分描述了髋关节治疗常用的运动干预方法。

髋关节的结构和功能

骨盆带将下肢与躯干相连，在髋关节和脊柱关节的功能中起着重要作用。股骨近端和骨盆构成髋关节（图 20.1）。本节回顾了影响髋关节功能的骨盆和股骨的独特特征。脊柱力学相关的骨盆功能作用在第 14 章中有更详细的描述。

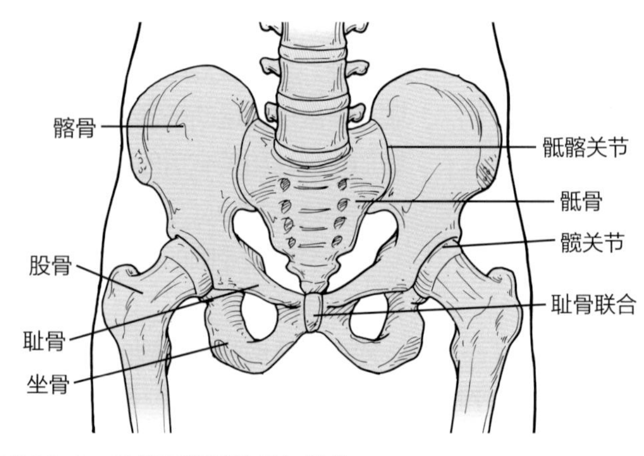

图 20.1 骨盆和髋周的骨与关节

髋关节区域解剖特征

骨性结构

骨盆和股骨的结构设计是通过髋关节承受重量并传递近端和远端产生的力。

骨盆

骨盆是由髂骨、坐骨和耻骨联合而成的，因此是一个结构单元。左、右髋骨在前方通过耻骨联合相连接，在后方通过骶髂关节相连[95]。在这三个关节处发生的微小的运动，有助于缓冲通过骨盆区域传递的力，但在闭链运动中骨盆基本上被视为一个功能单位。

股骨

股骨的形状是为了控制重力对头部、手臂和躯干的影响，并将地面的反作用力传递到髋臼。在额状面，股骨颈的轴线和股骨干之间的倾角（通常为 125°），允许弯曲力矩来缓冲这些力，在矢状面股骨有一个轻微的前倾，这也有助于吸收和传递力[93]。与肱骨相似，股骨的垂直轴和股骨颈的轴形成了一个扭转的角度。该角的范围为 8°~25°，平均角度为 12°。

髋关节特征和关节运动学

特征

髋关节是由股骨头和骨盆的髋臼组成的球窝（球状）三轴关节。由坚韧的关节囊支撑，由髂股、耻股和坐股韧带加强。两侧髋关节通过骨盆相连接，骨盆通过骶髂关节和腰骶关节与脊柱结合[93]。

关节面

髋关节的骨性凹面，即髋臼，位于骨盆的外侧面，面向外侧、前方和下方（图 20.1）。凹面由纤维软骨环、髋臼唇加深。髋臼关节软骨呈马蹄形，侧部较厚，主要负责承重力的传递。髋臼中央没有关节软骨的覆盖。

凸面是股骨的球形头部，附着在股骨颈上。股骨颈和股骨头朝向前方、内侧和上方。

韧带

3 条韧带加强关节囊：髂股和耻股韧带位于前方（图 20.2 A），坐股韧带位于后方（图 20.2 B）[93,117,121]。

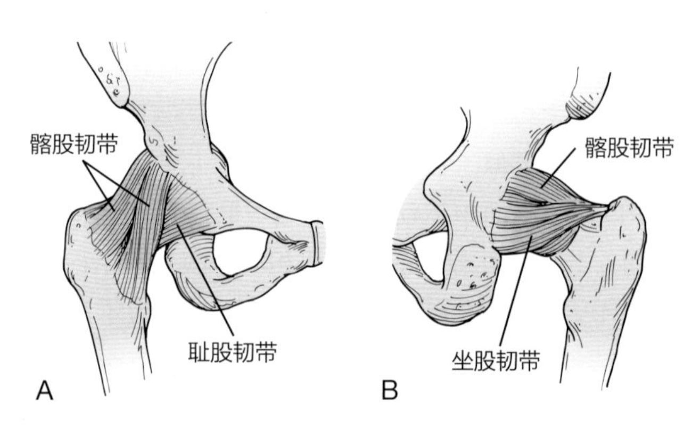

图 20.2 支撑髋关节的韧带。A. 前面观。B. 后面观

文献一致认为，3 条关节囊韧带都限制了髋关节的过度伸展，且髂股韧带，也被称为 Y 形韧带，是 3 条韧带中最强的 [84,93,117,121]。除了能够限制伸展，额外的运动也受到了每条韧带的限制。加强关节囊前部的髂股韧带也被认为限制了髋关节的外旋 [117,121]。耻股韧带，支持关节囊的下部和前部，被认为限制了外展 [117,121]。最后，坐股韧带，加强关节囊的后部，限制内旋和髋关节屈曲时的内收 [64,117,121]。

髋关节的关节运动学

在许多活动中，如蹲下、行走或做腿部推举练习，骨盆和股骨都在运动。因此，关节的机制可以描述为通过股骨在髋臼中的运动或骨盆在股骨上的运动来描述。

股骨的运动 凸面的股骨头在与股骨生理运动相反的方向上滑动。因此，髋关节屈曲和内旋，关节面向后滑动；髋关节伸展和外旋，关节面向前滑动；髋关节外展，关节面向下滑动，髋关节内收，关节面向上滑动。

骨盆的运动 当下肢远端固定时，如站立或步行，支撑相凹面的髋臼与凸面的股骨头运动方向相同。骨盆是闭合链中的一个环节，因此，当骨盆运动时，髋关节和腰椎都有运动。

髋关节对平衡和姿势控制的影响

关节囊内有丰富的机械感受器，这些感受器对位置、压力和动作的变化做出反应，从而控制姿势、平衡和运动。当站立平衡受到干扰和需要恢复时，整个运动链的肌肉收缩反射，依照可预测的顺序发生，称为平衡策略。关节病变、活动受限或肌肉无力都会影响平衡和姿势控制能力。有关这些概念的深入讨论，请参阅第 8 章。

髋关节区域的功能关系

髋关节在非负重和负重活动中，当外力施加于该区域时，需要收缩肌肉来移动股骨或控制股骨和骨盆。

股骨的运动和肌肉的功能

股骨的运动和肌肉的活动通常发生在三个主要平面：矢状面的屈曲 / 伸展，额状面的外展 / 内收，以及水平面的内旋 / 外旋。髋关节的大部分肌肉可以在多个平面内产生运动。髋关节肌肉的主要和次要活动汇总于表 20.1 中 [63,93,118]。

骨盆运动与肌肉功能

骨盆是连接脊柱和下肢的纽带（图 20.3A）。因此，骨盆运动的结果是髋关节和腰椎关节的运动。这个连接系统的另一个效果是，髋关节肌肉的收缩将通过逆向作用引起骨盆运动。在这种情况下，如果髋关节的股骨运动不需要骨盆活动，必须靠躯干肌群来稳定骨盆。

骨盆前倾

当骨盆以髋关节的横轴为轴心向前旋转时，骨盆的髂前上棘向前和向下运动，因此更靠近股骨的前侧（图 20.3 B）。这种骨盆运动导致髋关节屈曲和腰椎伸展增加 [93]。

- 引起这种运动的肌肉是髋屈肌和腰伸肌群。
- 如果髋关节屈曲需要通过股骨运动，则必须通过腹肌来稳定骨盆，以防止骨盆前倾。
- 在站立期间，如果躯干的重力线落在髋关节轴的前方，则会引起骨盆前倾的力矩。稳定性是由腹肌和髋伸肌提供的。

骨盆后倾

当骨盆以髋关节为轴心向后旋转时，骨盆的髂后上棘向后和向下移动，因此更接近股骨的后部（图 20.3 C）。这导致了髋关节的伸展和腰椎的屈曲 [93]。

- 引起这种运动的肌肉是髋伸肌和躯干屈肌。
- 如果通过股骨运动达到髋关节伸展，需腰部伸肌群收缩以稳定骨盆。
- 站立时，躯干的重力线通常落在髋关节轴的后方，形成一个骨盆后倾力矩。动态稳定性由髋屈肌和背伸肌提供，由髂股韧带提供被动稳定。

表 20.1　髋关节肌肉：开链（非负重）功能

动作	主动肌	协同肌（动作取决于髋关节位置）
屈曲	■ 髂腰肌 ■ 股直肌（伸膝） ■ 阔筋膜张肌（髋外展和内旋，并保持髂胫束张力） ■ 缝匠肌（髋外展和外旋，以及屈膝和内旋）	耻骨肌 长收肌 大收肌 股薄肌
伸展	■ 臀大肌（髋外旋；上束纤维嵌入髂胫束） ■ 腘绳肌：股二头肌长头，半腱肌，半膜肌（屈膝）	臀中肌（后束纤维） 大收肌 梨状肌
外展	■ 臀中肌 ■ 臀小肌 ■ 阔筋膜张肌（屈髋）	梨状肌 缝匠肌 股直肌
内收	■ 大收肌 ■ 长收肌 ■ 短收肌 ■ 股薄肌 ■ 耻骨肌	股二头肌（长头） 臀大肌（后束纤维） 股方肌 闭孔外肌
外旋（外侧）	■ 闭孔内、外肌 ■ 上孖肌、下孖肌 ■ 股方肌 ■ 梨状肌 ■ 臀大肌	臀中肌（后束纤维） 缝匠肌 股二头肌（长头）
内旋（内侧）	无原动肌	臀中肌（前束纤维） 臀小肌（前束纤维） 阔筋膜张肌 长收肌和短收肌 大收肌（后束纤维） 耻骨肌

注意：主要运动是从解剖位置来描述的，一些肌肉的动作随着髋关节位置的改变而改变。

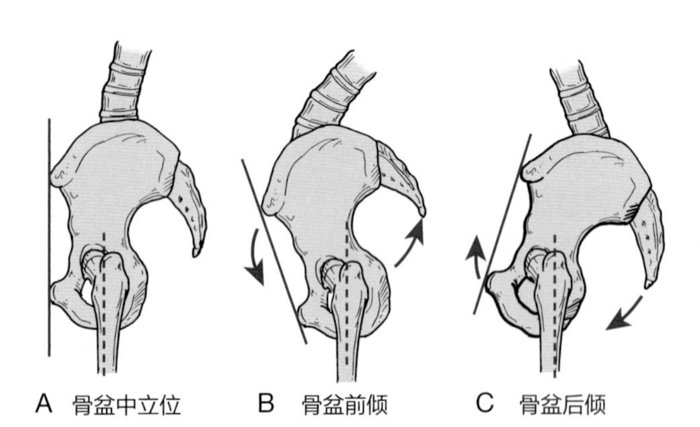

图 20.3　骨盆的位置。A. 骨盆中立位。B. 骨盆前倾。C. 骨盆后倾。骨盆前倾时，骨盆和股骨之间的角度减小导致髋关节屈曲；骨盆后倾时，角度增加导致髋关节伸展

骨盆平移

在站立过程中，骨盆向前平移导致髋关节下腰段的伸展。胸椎相对于上腰椎代偿性后移，增加了脊柱的屈曲。这通常在懒散或放松的姿势中出现（见第 14 章中的图 14.18 B）。这几乎不需要肌肉的作用，姿势由髋部的髂股韧带、下腰椎的前纵韧带以及上腰椎和胸椎后方的韧带来维持。

骨盆侧倾

额状面骨盆运动将会产生髋关节相反的运动。骨盆运动是由与承重下肢相对的髂嵴动作来定义的（也就是骨盆运动的一侧）。当一侧髂嵴上升时，被称为髋关节上提；当它下降时，被称为髋关节或骨盆下降。在髂嵴抬高的一侧，髋关节内收；在髂嵴降低的一侧，髋关节外展（图 20.4 A）。这些骨盆运动也会引起腰椎运动，侧向屈曲发生在升高的髂嵴侧（侧弯的凸面朝向降低侧）[93]。

- 引起骨盆侧倾的肌肉包括位于抬高的髂嵴一侧的腰方肌和支撑相髋关节臀中肌的反向牵拉。
- 当通过股骨运动进行髋关节外展时，骨盆是由运动股骨一侧的腹外斜肌 / 腹内斜肌来稳定。站立时，支撑侧臀中肌防止骨盆向下倾斜。
- 在不对称的倾斜姿势下，人将躯干重心移到一侧下肢，同时允许骨盆在另一侧下降。被动的支撑来自支撑相一侧下肢的髂股韧带和髂胫束。
- 当单腿站立时，重力会在髋关节处产生内收力矩，使骨盆在不受支撑的一侧（髋关节或骨盆）下降。这由支撑侧骨盆的臀中肌提供稳定性。

骨盆旋转

骨盆旋转发生于固定在地面上的一侧下肢周围。非支撑的下肢随着骨盆向前或向后移动。当骨盆支撑的一侧向前移动时，称为骨盆的前旋[93]。躯干同时沿相反方向旋转，并且髋关节在固定侧内旋。当非支撑侧骨盆向后移动时，称为后旋；髋关节的固定侧同时外旋，躯干旋转与之相反（图 20.4 B）。

- 导致骨盆旋转的肌肉是髋旋转肌，协同腹内肌、腹外斜肌、腹横肌和多裂肌完成。
- 通过股骨运动完成髋关节旋转时，骨盆必须由躯干肌肉来提供稳定性。

骨盆股骨运动

当躯干向前最大限度屈曲时，如弯腰伸手触碰地面或足趾时，会发生腰椎和骨盆之间的联合运动[93]。这种运动也称为腰椎 – 骨盆节律[26]。虽然在动作过程中每个关节的参与程度存在相当大的可变性，但运动通常被描述为以头部前屈开始。

- 当头和上躯干开始屈曲时，骨盆会向后平移，以维持重心在支撑面上。
- 躯干持续前屈时，动作由脊柱的伸肌控制，直到前屈大约 45°。此时，对于柔韧性相对正常的个体，脊柱后侧的韧带被拉紧，关节突关节的上关节面向上滑动，导致关节突关节囊的被动张力。
- 一旦所有的椎骨节段到达关节活动范围的末端，脊柱会由后侧韧带和小关节来稳定，骨盆由臀大肌与腘绳肌控制开始前旋（骨盆前倾）。
- 骨盆持续前旋，直到所有肌肉达到最大长度。前屈的关节活动范围取决于背伸肌、筋膜以及髋关节伸肌（包括腘绳肌）的柔韧性。

恢复直立姿势首先是髋伸肌通过反向肌肉运动（骨盆后倾）向后旋转骨盆，然后是背伸肌从腰椎区域向上伸展脊柱。由于训练（如舞蹈和体操运动员）、不良习惯、肌肉或筋膜长度受限、受伤和本体感觉障碍等原因，会导致这种活动的正常同步发生变化。

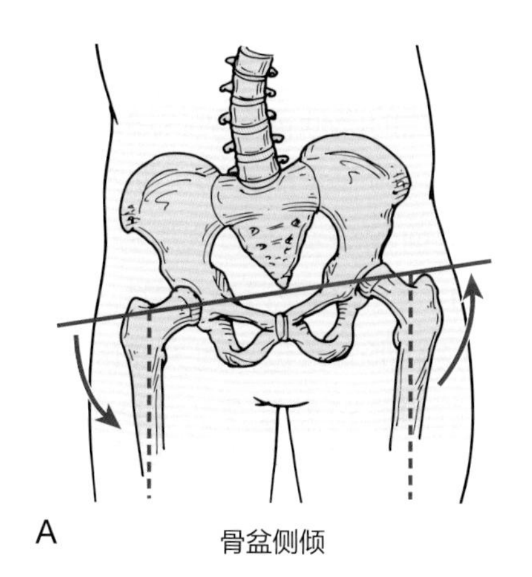

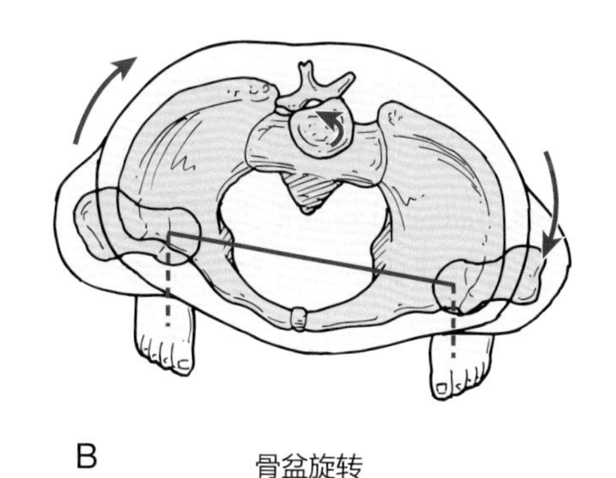

图 20.4 骨盆侧倾与旋转。A. 骨盆侧倾。髂嵴的抬高引起升高侧髋关节相对内收，髂嵴下降引起下降侧髋关节相对外展。B. 骨盆旋转。骨盆的向前运动（前旋）引起髋关节的相对外旋；骨盆向后运动（后旋）引起髋关节的相对内旋

负重时髋、膝和踝关节的功能关系

在负重过程中，髋关节的位置和运动的控制影响着整个下肢的对位和功能。

髋关节屈曲 / 伸展。负重时髋关节屈曲通常伴随膝关节屈曲和踝关节背伸。这些动作由髋伸肌（臀大肌和腘绳肌）、膝伸肌（股四头肌）和踝跖屈肌（腓肠肌和比目鱼肌）控制。负重时，髋关节伸展通过将股骨向后拉而引起膝关节伸展，并有助于膝关节的锁定机制。

髋关节外展 / 内收。在单侧负重的情况下，重力会在髋关节处产生一个内收力矩，由臀中肌提供稳定性（防止骨盆下降）。通常，这会导致膝关节内翻，接近膝关节内侧间室。然而，如果臀中肌较弱，会导致股骨内收，膝关节外翻力矩增加，会对内侧副韧带、内侧髌股韧带、前交叉韧带造成较大的压力 [133]。

髋关节旋转。髋关节的内旋导致股骨在膝关节胫骨平台内侧旋转。当负重时，力量会通过胫骨引起跟骨外翻和足的旋前。髋关节外旋时，情况相反。当地面反作用力被吸收，身体向前移动时，在步态的承重期和支撑末期，这种连锁反应会反复发生。当下楼梯或跳跃落地时，在肢体加载时，也会发生这种连锁反应。

髋关节区病理机制

髋部结构异常或功能受损，如腿长差异、柔韧性下降、肌肉激活顺序异常和力量不平衡，都会导致脊柱或下肢其他关节的压力。

柔韧性下降

髋关节周围组织柔韧性降低可能会影响承重能力和力传递到脊柱而不是被骨盆吸收。例如，当大腿伸展时，紧张的髋屈肌会引起腰椎的前凸（脊柱前凸）。在负重时髋关节屈曲挛缩伴随不完全的髋关节伸展，这也给膝关节增加了压力，因为在髋关节屈曲时，除非躯干前屈，否则膝关节无法锁定。负重时紧张的内收肌会导致骨盆下降，躯干补偿侧侧屈朝向紧绷的一侧。如果外展肌紧张则相反。

肌肉无力

髋外展肌、伸肌和外旋肌力量的降低，与负重时膝关节外翻塌陷（股骨外翻和内旋增加）有关，可能导致如下文所述的下肢损伤 [133]。

髌骨损伤。由于髋关节外展肌无力而导致的膝关节外翻力矩较大，与髌骨损伤有关，女性比男性更常见（见第 21 章）[133,134]。

前交叉韧带拉伤。在前交叉韧带损伤人群中，女性外翻塌陷和髋关节伸肌激活减少更常见。这表明负重（跳跃后的髋 – 膝关节屈曲着地）时，这种模式会增加胫骨前剪切力和前交叉韧带的拉伤风险 [133]。

梨状肌综合征。在功能性活动中髋关节伸肌和外展肌无力导致髋内收和内旋（外翻塌陷），已被确认为是梨状肌过度使用压迫坐骨神经导致的。据报道加强臀大肌、臀中肌的肌力和功能再训练，纠正不良运动模式，可减轻症状、改善功能 [159]。

髋关节肌肉失衡及其影响

重要的是要认识到肌肉功能的不平衡（在做运动时，一块肌肉的支配能力超过另一块肌肉）会导致错误的运动模式，这可能是肌肉力量和长度的缺陷，以及本体感觉和神经肌肉的控制的改变造成的 [63]。其中任何一个因素都可能导致髋关节、膝关节或背部的损伤和疼痛 [142]。过用综合征、软组织疼痛、关节疼痛等都可能导致异常的压力。以下是常见的髋关节肌肉失衡导致的下肢损伤。

阔筋膜张肌（tensor fasciae latae, TFL）和（或）臀大肌短缩。阔筋膜张肌和大约 1/3 的臀大肌纤维嵌入髂胫束（iliotibial band, IT）。这些肌肉柔韧性的降低都会对传递到髂胫束的张力产生影响。与阔筋膜张肌或臀大肌短缩有关的姿势缺陷包括骨盆前倾姿势、懒散姿势或平背姿势（图 14.18 和第 14 章的有关讨论）[142]。过用综合征伴随较大的髂胫束张力，包括髋关节区域的大转子滑囊炎和膝关节的髂胫束综合征（见第 21 章髌骨损伤部分的描述）。

阔筋膜张肌比臀中肌的支配优势。臀中肌明显无力，而阔筋膜张肌代偿性支配髋关节造成的肌肉失衡，增加了髂胫束的张力，导致了髋 / 膝关节负重屈曲时膝关节外翻塌陷（图 21.9），并且动态 Q 角增加。因为增加了伸展机制的弓弦效应，这可能导致膝关节外侧痛（髂胫束综合征）或髌股疼痛综合征（图 21.3）。

双关节髋屈肌比髂腰肌的支配优势。阔筋膜张肌、股直肌和（或）缝匠肌的支配优势会造成错误的髋关节机制，或因这些跨膝关节的肌肉过度使用导致膝关节疼痛。

腘绳肌比臀大肌的支配优势。错误的姿势和臀大肌的功能性活动减少可能会降低肌肉的柔韧性，限制髋关节屈曲的范围[142]。当尝试髋关节全范围屈曲时会导致腰椎屈曲角度增加。臀大肌活动受限也会导致髂胫束张力增加，伴随大转子或膝关节外侧疼痛。

随着臀大肌激活的减少，腘绳肌成为优势的髋伸肌[142]。腘绳肌过度使用会导致在高强度运动中肌肉抽筋[165]，或使腘绳肌的柔韧性下降，以及膝关节股四头肌失衡[142]。在闭链活动中，腘绳肌主导膝关节的稳定功能，肌肉失衡的情况下胫骨向后牵拉增加以伸展膝关节。这改变了膝关节的力学机制，并可能导致腘绳肌肌腱过用综合征或股四头肌力量改变引起的膝前部疼痛[142]。

利用躯干侧方肌群帮助髋外展。依靠躯干外侧肌控制骨盆通常由髋外展肌完成，会导致躯干过度活动，增加腰椎的压力。

不对称的腿长

下肢功能和结构的不对称会影响骨盆的方向和位置。

单侧短腿。单侧下肢短缩导致骨盆侧倾（短缩侧下降）和躯干朝短缩侧对侧方向侧弯（腰椎侧弯曲线凸出朝向短缩侧）。这可能导致功能性脊柱侧弯甚至最终成为结构性脊柱侧弯。单侧下肢短缩的原因可能是单侧下肢的缺陷造成的，如扁平足、膝外翻、髋内翻、髋部肌肉紧张、髋骨前倾、不良的站立姿势或骨骼生长不对称。

髋关节外翻和内翻。股骨颈和股骨干之间病理性大倾角称为髋外翻，而病理性小倾角称为髋内翻。单侧髋关节外翻的结果是，该侧下肢相对较长，伴随膝关节内翻。而单侧髋关节内翻会导致该侧下肢相对较短，伴随膝关节外翻。

前倾和后倾。股骨颈扭转的增加称为前倾，使股骨干向内旋转。扭转的减少称为后倾，使股骨干向外旋转。前倾常导致膝关节外翻和扁平足。单侧的前倾会导致该侧腿相对较短；后倾则会产生相反的结果。

髋关节和步态

在正常的步态周期中，髋关节屈曲和后伸的活动度共有 40°（支撑相末期伸展 10° 到摆动相中期和支撑相初期屈曲 30°）。还有骨盆侧倾、髋关节外展 / 内收 15°（着地期内收 10°，摆动相初期外展 5°）和髋关节内外旋，伴随骨盆旋转在横断面运动 15°（最大内旋发生在负重末期，最大外旋发生在摆动相末期）。任何这些活动度的丧失都会影响步态的流畅性[130]。

髋关节肌肉的功能与步态

髋屈肌

髋屈肌在支撑相末期控制髋关节伸展，然后向心收缩开始摆动[136]。随着屈肌功能的丧失，躯干向后倾斜开始摆动，髋屈肌的挛缩阻碍了支撑相后半期的完全伸展，从而缩短了步幅。为了代偿屈肌挛缩，腰椎前凸或躯干前屈会增加。

髋伸肌

髋伸肌在承重反应期控制屈肌力矩，臀大肌启动髋关节伸展[124,130]。随着伸肌功能的丧失，足部着地时躯干会向后倾，使躯干的重心向后移至髋关节后方。臀大肌挛缩，随着股骨的向前移位，摆动相末期的范围减小，或者患者通过骨盆前旋来代偿。由于肌肉的外旋成分，下肢可能向外旋转，或臀大肌通过其附着而对髂胫束产生更大的张力，导致膝关节外侧因反复活动而受刺激。

髋外展肌

当对侧下肢摆动时，髋外展肌控制骨盆侧倾[124,130]。当臀中肌丧失功能，支撑相对侧下肢摆动时，躯干无力侧髋关节处产生侧移。这种横向移位也发生在疼痛的髋关节，以尽量减少头部、手臂和躯干上的重力产生的扭矩，并随后减少所需的外展肌力。阔筋膜张肌也可发挥外展肌的功能，如果其紧张也会影响步态。

肌肉骨骼损伤对步态的影响

骨骼和关节的损伤会改变下肢的对线，从而改变步态力学。疼痛的状态会导致疼痛的步态模式，其特征是疼痛侧的支撑时间减少，以避免负重的压力。

牵涉痛和神经损伤

髋关节主要由L3支配；髋关节激惹，通常会沿L3皮节由腹股沟到大腿前部到膝关节有相关感觉。关于髋关节和臀部区域的牵涉痛模式和周围神经损伤的详细描述，请参阅第13章。

受损和受压的主要神经

坐骨神经。坐骨神经穿过梨状肌深部（偶尔它会通过或经过梨状肌上方），可能会受压。

闭孔神经。虽然在分娩过程中胎儿持续的头压或产钳分娩造成的损伤可能会压迫闭孔神经，但其单独的损伤是少见的。

股神经。损伤可能是由于上股骨或骨盆骨折，先天性髋关节脱位的复位或产钳分娩时的压力。

髋关节区域常见的牵涉痛来源

如果疼痛的症状是从其他来源转到髋关节区域，治疗必须针对激惹源。常见的髋关节牵涉痛来源包括如下几种。

- 源自L1、L2、L3、S1和S2的神经根或组织。
- 腰椎椎间和骶髂关节。

髋关节疾病管理和手术

在治疗髋关节疾病时，要做出合理的临床决策，必须了解各种病理、手术程序和相关的注意事项，并鉴别每个患者出现的结构性和功能性损伤、活动受限和参与受限。在本段中，描述了髋关节常见的病理和手术，还讨论了这些情况的保守治疗和术后管理。

关节活动度不足：非手术治疗

症状的相关病理学和病因学

骨性关节炎（OA）、类风湿关节炎（RA）、无菌性坏死、骨骺滑脱、脱位、先天畸形可导致髋关节退行性改变（图11.2）。

骨性关节炎（退行性关节病）

OA是髋关节最常见的关节炎性疾病。病因包括衰老、关节创伤、重复性异常压力、肥胖、髋关节发育障碍或疾病[32]。退行性改变包括关节软骨磨损和缺失、关节囊纤维化和关节边缘骨赘形成[47]。这些病变通常发生在承受最大负荷的区域，例如髋臼的上方承重面（图11.6）。

制动后的活动不足

在骨折或手术后，关节被固定，关节囊及周围组织活动可能会受限。

常见的结构和功能损害

- 腹股沟疼痛，并沿着L3皮节到大腿前部和膝关节。
- 休息后的僵硬。
- 活动受限伴随明显的关节囊终末感[153]。最初，仅内旋受限；在后期，髋关节内收受限，且内旋或伸展都无法超过中立位，屈曲位90°受限[38]。
- 下肢承重不对称，伴随臀中肌（外展肌）代偿跛行疼痛步态，速度较慢（与较短的步长和站立时长有关）[36]。
- 髋关节伸展受限导致腰椎伸展的力量增加并可能出现腰痛。
- 髋关节伸展受限造成站立或步行时膝关节无法完全伸展，导致膝关节应力改变。
- 平衡和姿势控制受损。

Sutlive和相关人员[153]制订了临床诊断原则（clinical prediction rule, CPR）（在专栏20.1中进行了总结），确定了5种检查变量可用于髋关节骨性

专栏 20.1 髋关节骨性关节炎的临床诊断原则

变量

- 自我报告下蹲症状加重。
- 髋关节主动屈曲引起的髋外侧痛。
- 盂唇挤压试验合并内收会引起外侧髋关节或腹股沟疼痛。
- 髋关节主动伸展引起疼痛。
- 被动内旋小于等于 25°。
- 研究结果表明，如果 5 个变量中出现 3 个，发生髋关节骨性关节炎的可能性从 29% 增加到 68%；如果确定 5 个变量出现 4 个，可能性就增加到 91%。
  - 鉴别屈曲和内旋终末感觉的评价者信度分别为 0.85 和 0.88。

关节炎的诊断。这些诊断变量是基于对 72 名年龄在 40 岁以上的单侧臀部、腹股沟或大腿前部疼痛患者的初步研究。有影像学改变的患者出现临床相关症状的可能性增加。此 CPR 的验证研究和影响分析均未报告。

其他功能损害，如肌肉力量下降和功能限制，已在髋关节骨性关节炎患者中发现。

聚焦循证

一项横断面研究比较了 26 例非手术治疗的髋关节骨性关节炎患者，与控制组无髋关节骨性关节炎患者的功能和残疾情况做对比。两组之间显著的差异，包括髋关节骨性关节炎组轻度到中度疼痛、膝关节伸展的肌力降低和髋关节 ROM 减少等。在功能上，OA 患者在 6 分钟内行走的距离较短，但两组在髋屈肌 / 伸肌、膝屈肌或踝背伸肌 / 跖屈肌的力量没有显著差异[141]。

常见的活动和参与受限

髋关节损伤会影响许多负重活动和日常生活功能性活动。

早期 持续负重行走或重复性下肢活动后，会有渐进性的疼痛。疼痛可能会干扰工作或需要长时间负重日常家务活动。

渐进性退化 患者从椅子上站起、长距离或在崎岖不平的路面上行走、爬楼梯、下蹲和其他负重活动的难度增加，且 ADL 开始受限，如洗澡、上厕所和穿衣（穿长裤、长袜套和短袜）。

临床提示

测量损伤程度（如疼痛、ROM 和肌力），活动及参与受限（步行的距离或速度、上 / 下楼梯的能力、ADL 和生活质量），使用的工具，如西安大略大学和麦克马斯特大学的骨关节炎指数（Western Ontario and McMaster University Osteoarthritis Index, WOMAC）评分量表、关节炎影响测量量表（Arthritis Impact Measurement Scale, AIMS）、下肢功能量表（Lower Extremity Functional Scale, LEFS）、髋关节残疾和骨性关节炎结果评分量表（Hip Disability and Osteoarthritis Outcone Score, HOOS），Harris 髋关节评分量表，和其他认定的临床实践指南量表[32,45]。

管理：保护阶段

第 11 章介绍了治疗 OA 和 RA 的一般原则和护理计划，第 10 章介绍了在组织损伤和修复的急性、亚急性和慢性阶段对关节的一般处理。联合药物治疗炎症和疼痛，纠正错误的力学是缓解髋关节疼痛必不可少的组成部分。髋关节力学缺陷可能是由肥胖、腿长差异、肌肉长度和力量不平衡、骶髂关节功能障碍[31,32]、姿势不良或与髋关节运动有关的其他关节损伤等因素造成的[25]。在症状严重时，在非手术治疗的保护阶段，强调以下目标和干预措施。

提供对患者的教育

- 向患者解释负重和其他活动的压力如何影响症状和健康的，并描述干预措施如何减少症状。
- 指导安全的步行模式并强调非冲击活动和频繁的关节活动练习的家庭锻炼计划。

减少休息时的疼痛

- 将关节置于休息位，应用 Ⅰ 级或 Ⅱ 级振动技术。
- 让患者坐在摇椅上，为下肢关节提供轻微的振动，这可能会刺激关节的机械感受器。

减轻负重活动中的疼痛

- 提供行走的辅助装置，以帮助减轻髋关节的压力。如果疼痛是单侧的，教授患者在疼痛关节的对侧使用手杖或手杖走路。

- 如果腿长不对称引起髋关节承受压力，则用鞋垫逐渐将短缩的下肢垫高。
- 调整座椅，提供一个较高和坚实的表面，并调整坐便器加上增高座椅，使坐和站更容易。

减少僵硬的影响，维持有效的运动

- 告知患者经常进行髋关节全关节活动练习的重要性。当急性症状得到控制时，让患者尽可能地进行主动或辅助的 ROM 活动。
- 如果有游泳池，让患者在浮力环境中进行 ROM 练习。
- 开展非冲击性活动，如游泳、温水中有氧运动或固定自行车运动。

管理：控制动作及功能恢复阶段

随着症状的消退，管理的重点包括以下目标和干预措施。

逐渐增加关节附属运动和软组织活动性

关节松动术[32]。在关节活动末端，使用滑动牵伸受限关节囊，将关节松动术进阶到牵伸等级（Ⅲ级持续或Ⅲ级和Ⅳ级振动）（见第 5 章，图 5.45~ 图 5.47），但组织愈合慢性期前都不应使用激烈的牵伸技术。

牵伸技术。牵伸任何范围受限的软组织。在第 4 章中描述了建议的徒手牵伸技术，本章后面的练习部分会描述自我牵伸技术。

改善关节运动轨迹和无痛运动。

动态关节松动术（MWM）[110] 可通过使用松动带产生无痛的外下方滑动，然后在允许范围末端施加运动。和所有的 MWM 技术一样，在应用该技术的过程中不应该感到疼痛。第 5 章介绍了 MWM 的工作原理，本章将要介绍髋关节 MWM 技术的特点。

增加内旋范围

患者体位：仰卧位，患侧髋关节屈曲，松动带环绕患者近端大腿及治疗师的骨盆。

操作：治疗师用靠近患者头部的手掌固定患者的骨盆。使用松动带向外下方无痛滑动，而另一只手握住屈曲的大腿和小腿，以产生无痛的末端内旋角度（图 20.5 A）。

增加屈曲范围

患者体位：仰卧位，患侧髋关节屈曲，松动带环绕患者近端大腿及治疗师的骨盆。

操作：治疗师用靠近患者头部的手掌固定患者的骨盆，使用松动带向外下方无痛滑动，而另一只手握住屈曲的大腿和小腿，达到无痛的末端屈曲角度（图 20.5 B）。

增加伸展范围

患者体位：仰卧且骨盆接近治疗床尾，在 Thomas 测试姿势下（对侧大腿抱于胸前），将松动带环绕患者近端大腿及治疗师的骨盆。

操作：治疗师用最接近患者头部的手掌稳定患者的骨盆。使用松动带向下侧无痛滑动，而另一只

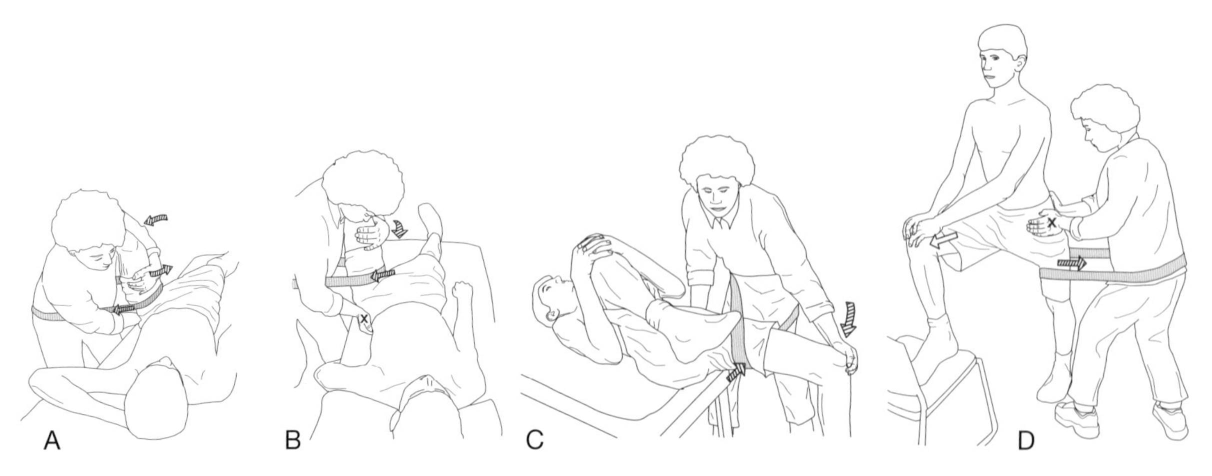

图 20.5 MWM（动态关节松动术）使用外下方滑动增加以下运动。A. 无痛内旋。B. 无痛屈曲。C. 无痛伸展。D. 负重时外侧滑动增加伸展

手按压伸展的大腿，以产生无痛的末端伸展角度（图 20.5 C）。

增加承重下伸展范围

患者体位：站立位，健侧足踩在凳子上，松动带固定在近大腿内侧和治疗师的骨盆。

操作：治疗师用双手固定骨盆，并用松动带进行无痛的外侧滑动，使患侧髋关节无痛伸展。（图 20.5 D）。

改善支撑性肌肉的肌肉功能、平衡和有氧能力

- 开始时进行髋关节肌群力量及控制运动，特别是臀大肌、臀中肌和旋转肌，并改善负重活动时的稳定性和平衡性。从亚极量等长阻力运动开始，随着患者耐受而进阶为动态阻力。如果任何运动加重关节症状，则降低强度。同时，重新评估患者的功能性活动水平，并调整活动以减少压力。
- 在耐受范围内，进阶到闭链和负重的功能性运动。患者在负重时可能需要辅助装置。在游池内练习以减少重力的影响，使部分承重练习没有压力。
- 建立姿势意识和平衡性。
- 进阶到低冲击性有氧运动项目（游泳、骑自行车，或在耐受范围内步行）。

提供患者教育

帮助患者建立活动和休息间的平衡，并教导他们通过保持肌肉力量和髋部的柔韧性来减少压力、变形力的重要性。

聚焦循证

两项系统性回顾研究了运动在髋关节和膝关节管理中的作用，支持有氧和力量运动可减少疼痛和残疾[138,139]。研究的共识是 OA 患者的锻炼基本没有禁忌证并且锻炼是相对安全的。然而，运动应该是个性化并以患者为中心的，需要考虑到年龄、有无其他相关疾病和整体活动性。

回顾预后结果的研究总结了中等或高强度运动对类风湿关节炎患者的影响甚微，但对大关节的影响尚无足够的影像学证据。RA 患者长期的中等或高强度的个体化运动，保护了损伤的关节，可以提高有氧能力、肌肉力量、功能能力和心理健康。

国际骨性关节炎研究学会对髋关节和膝关节骨关节炎的管理进行了广泛而系统的审查，并提出了一致建议。建议的干预措施包括物理治疗师进行评估和运动指导，以“减轻疼痛和提高功能能力”，并在适当时使用辅助器具。该报告还支持了定期有氧运动、力量训练和 ROM 训练的重要性。

美国物理治疗协会骨科分会[32]建立了髋关节骨性关节炎的临床应用指南，建议患者接受教育、功能，步态和平衡训练、手法治疗、以及柔韧性、力量和耐力训练。

关节手术与术后管理

有许多手术选择可用于治疗早期和晚期的髋关节损伤和危及股骨头血供的骨折。由于髋关节镜手术的精进，关节软骨、髋臼和股骨头关节软骨的小到中等大小、全层损伤，以及其他关节病变，如髋臼唇撕裂、髋关节撞击（femoroacetabular impingement, FAI）综合征和关节囊松弛，现在都可以用关节镜手术来处理[44,45,175,177]。微骨折技术，是软骨成形术的一种，用于修复关节软骨小损伤[44]。髋关节的其他关节镜手术包括清除关节内游离体的清创术、髋臼盂唇切除术或修复术、治疗 FAI 的骨成形术和边缘修整术，以及治疗关节囊松弛的关节囊缝合术或折叠术。关于 FAI 的详细信息可以在本章后面的髋关节疼痛综合征一节和其他资源中找到[45,175-177]。

治疗髋关节晚期恶化的手术方法包括截骨术（关节外手术）和关节成形术，特别是髋关节表面置换术[56,59]、半关节置换术[49]和全髋置换术（total hip arthroplasty, THA）[37,76,94]。而髋关节融合术及切除置换术则是关节置换术失败和翻修术为禁忌证或不可行时的挽救性手术[94]。

关节手术和术后管理的目标是：①髋关节无痛；②用于下肢负重和功能性步行的稳定关节；③在功能性活动中足够的关节活动度和下肢力量。

为提供一个有效、安全的术后康复计划，治疗

师必须对针对髋关节疾病和畸形的常见的外科手术有基本的了解，且具有适当的治疗性运动干预措施及其进展的完整知识。以下内容将介绍两种较为常见的手术——THA 和半关节置换术及术后管理指南。

髋关节镜手术

手术适应证

以下是关节镜下介入治疗髋关节损伤和紊乱的常见适应证[44,45,175-177]。

- 髋关节前侧 / 腹股沟痛由髋臼关节软骨或股骨头的局部病灶而引起，常与 FAI 和（或）髋臼唇撕裂或磨损并发，保守（非手术）治疗不能缓解。
- 关节内游离体导致髋关节发出咔嗒声、撞击或锁定。
- 髋关节囊的松弛通常导致髋关节的前部不稳定。
- 髋关节内检查。

流程

外科医生选择一种或多种关节镜手术来缓解或减少患者的结构性或功能性损伤，是基于一系列标准，包括缺陷或损伤的类型、大小、位置以及与患者相关的因素，如年龄、期望的活动水平以及参与术后康复的能力[44,45,175,176]。

软骨成形术 / 微骨折技术　关节镜手术可以用于修复中小关节软骨病变。微骨折技术是指在软骨病变区制造软骨下骨的小骨折，以刺激纤维软骨的生长，替代受损的透明软骨[44]。

髋臼上唇撕裂的切除或修复　关节镜下切除和清除撕裂或磨损的盂唇的不稳定部分（清创术），同时保留尽可能多的稳定组织，以减少患者术后可能经历的髋关节疼痛或撞击感。唇裂的修复通常用于治疗由外伤引起的急性撕裂，以保持髋关节的一致性。

骨置换术和边缘修整　这些骨性手术的目的是减少股骨头和（或）髋臼的结构异常。这些结构异常通常会导致 FAI、唇瓣的磨损或撕裂以及关节软骨病变的发生[44,176]。

关节囊修补　折叠术或热辅助关节囊缝合术。利用这些手术以减少或缩小关节囊的大小，从而减少关节囊松弛、关节不稳，以及降低盂唇撕裂和关节软骨损伤的风险[44]。

术后管理

任何髋关节关节镜手术后的康复都是基于标准和时间的，与所进行的手术类型和数量相适应，并针对每个患者进行个性化治疗。

术后的干预措施包括：加强患者教育，强调避免引起下肢症状的体位；在一定程度上保护负重侧肢体；进行治疗性练习，以提高 ROM 和柔韧性、力量和耐力，以及神经肌肉的控制和平衡。本节描述的髋关节关节镜手术后的康复指导基于文献中的部分资料，并在表 20.2 中进行了总结[44,45,175,176,177]。

术后其他干预措施。表 20.2 中提到了髋关节关节镜手术后常见的干预措施，包括术后 10~14 天使用改良的 Bledsoe 矫形器，以限制髋关节运动。另一种受限运动的支具是一个抗旋转支撑物，在盂唇切除或修复、微骨折和骨置换术后限制外旋 10~14 天，在关节囊折叠术或热辅助关节囊缝合术后限制外旋 4 周。然而，在术后早期，要开始仰卧位的中立位开始主动内旋，以减少关节囊粘连的风险。有时术后使用 CPM 进行一定范围内的髋关节屈曲和伸展。分别在术后第 1 天和第 2 天进行降低深静脉血栓风险的踝泵练习和固定锻炼（股四头肌和臀肌）。通常情况下，如果术后 4~6 周不能完成全髋关节被动 ROM，那么就开始做伸展运动来增加髋关节肌肉的柔韧性。针对腰骶部肌肉组织进行的稳定性训练也是康复计划的一部分。

患者在手术当天或手术后均可使用手杖或助行器进行站立和行走，同时可进行术侧部分负重运动。在允许完全负重之前，伤口愈合后也可以开始水上活动和行走。功能性活动的恢复是循序渐进的，但通常在盂唇切除、盂唇修复或关节囊修复后比微骨折术、骨置换术或边缘修复后恢复更快。

运动康复　随着髋关节镜手术的术后康复治疗在过去的 10 年中取得了进展，临床上正在制订和出版有关中、晚期康复训练的指南[175,176]。

表 20.2 髋关节镜手术后管理原则

关节镜手术类型	负重限制	运动指南和进阶
软骨成形术 / 微骨折技术	■ 限制负重以保护早期纤维软骨形成和控制疼痛 ■ 术后 4~6 周[44]或至多 8 周[176]最小（触地）负重，进展为可耐受负重 ■ 应用步行辅助装置以保护关节	■ 髋关节 ROM 训练 ■ 术后第 1 天在受保护范围内的主动辅助 ROM 训练 ■ 2 周后允许完全的 ROM 训练 ■ 力量和平衡训练 ■ 第 2 周主动 ROM 训练；3~4 周内避免仰卧 SLR，以尽量减少髋关节的压力 ■ 4~6 周内低负荷 PRE ■ 6 周后负重下进行抗阻和平衡训练
髋臼上唇撕裂的切除或修复	■ 切除和清创术：术后 2 周部分负重 ■ 修复术后：持续 4 周部分负重 ■ 基于关节的激惹性和疼痛，要进行渐进性负重训练 ■ 应用步行辅助装置以保护关节	■ 髋关节 ROM 训练 ■ 术后第 1 天主动辅助 ROM 训练，逐渐发展为主动 ROM 训练 ■ 术后第 1 周，座椅抬高（以限制髋关节屈曲）的固定单车训练 ■ 限制髋关节屈曲 80°~90° ■ 术后 2 周，允许全范围 ROM 训练（外展和外旋） ■ 力量和平衡训练 ■ 至第 2 周主动 ROM 训练，进阶至低负荷抗阻训练 ■ 结合限制负重的渐进性负重和平衡练习
骨置换术和边缘修整	■ 术后 4~6 周最小（触地）负重，以允许骨愈合，逐渐进展为可耐受负重 ■ 应用步行辅助装置以保护关节	■ 髋关节 ROM 训练 ■ 术后第 1 天，保护范围内的主动辅助 ROM 训练 ■ 2 周内允许全范围 ROM ■ 力量和平衡训练 ■ 2 周后主动 ROM 训练；逐渐增加轻度阻力 ■ 术后 3~4 周内避免仰卧 SLR，以尽量减少髋关节的压力 ■ 当负重可耐受时，开始负重练习和平衡进阶
关节囊修补： 关节囊折叠术或热辅助关节囊缝合术	■ 10~14 天部分负重，最多 4 周 ■ 应用步行辅助装置以保护关节囊	■ 髋关节 ROM 训练 ■ 术后第 1 天主动辅助 ROM 训练，逐渐进阶为主动 ROM 训练。前囊修复后，限制外旋超过 10°，持续 3~4 周[44,176] ■ 术后第 1 周固定单车训练 ■ 4 周后允许全范围 ROM ■ 力量和平衡训练 ■ 负重时进行抗阻练习，当允许完全负重时 ■ SLR= 直腿抬高进行平衡练习

注：负重和 ROM 限制需要根据关节镜检查诊断进行调整。

全髋关节成形术

THA 是治疗晚期髋关节关节炎最广泛的手术方法之一（图 20.6）。OA 是大多数原发性全髋关节手术的病理学基础[37]。

手术适应证

以下是 THA 的常见适应证，有时被称为全髋置换术。

■ 剧烈的髋关节疼痛，并伴有运动和负重严重受限，这是与 OA、RA 或创伤性关节炎、强直性脊柱炎或骨坏死（缺血性坏死）有关的关节软骨恶化和缺失造成的。
■ 髋关节骨折不愈合、不稳定或畸形。
■ 骨肿瘤。
■ 保守治疗失败或以前的关节重建手术失败（截骨术、表面重建关节置换术、股骨干半

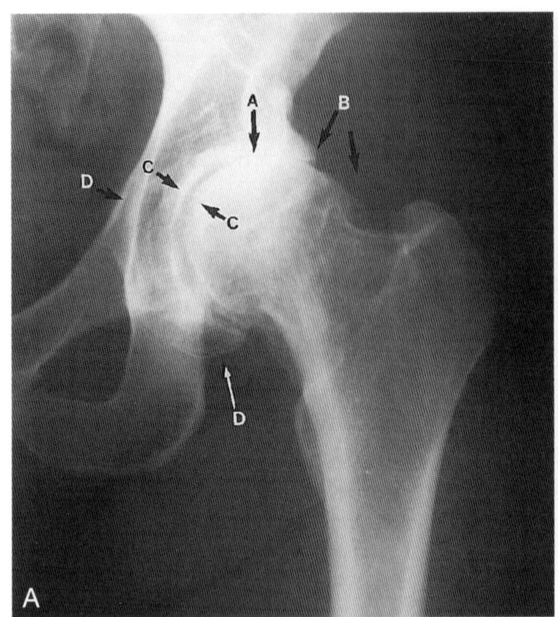

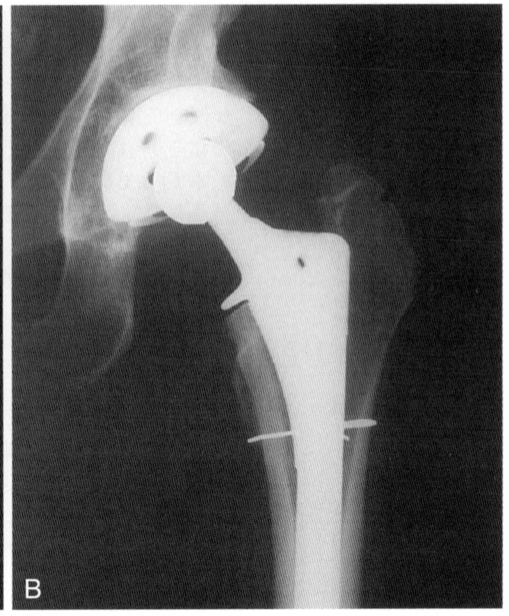

图 20.6　全髋置换术。A. 严重退行性髋关节的术前片显示了典型的退行性关节病的征象。箭头 A 显示关节间隙变窄，股骨头向上移位；箭头 B 显示髋臼和股骨头关节边缘的骨赘形成；箭头 C 显示关节面两侧软骨下骨硬化；箭头 D 显示髋臼突出（髋臼的骨性突出是对股骨头进行性上移和内侧移的反应）。B. 术后片显示全髋置换术。髋臼和股骨部分的关节已被切除，并被假体所取代（引自 McKinnis, LN: Fundamentals of Musculoskeletal Imaging, ed. 4. Philadelphia: F.A. Davis, 2014, p 354.）

髋关节置换术和全髋关节置换术）。

由于首次 THA 手术的预期寿命约为 20 年，因此，它过去用于年龄大于 60~65 岁的患者或多关节受累的非常不活跃活动的年轻患者，如 RA。然而，随着组件设计、材料和固定技术的进步，以及外科手术技术的改进，THA 现在已经成为了一些年龄较小（< 60 岁）、中度活跃的个体的选择 [8,51]，而且这些人会被外科医生提前告知将来有接受重置关节置换术的需求。

THA 有许多禁忌证。绝对和相对禁忌证在专栏 20.2 中注明 [8,14,37]。

术前管理

择期手术前与患者的术前接触通常在手术前几天单独或集体进行的门诊接触。患者信息会议通常由来自多个学科的专业人员组成的团队协调和进行，这些专业人员可能会参与患者的术后护理。这些会议通常包括患者教育、评估和记录患者的术前状态，以及关于术前运动项目的指导 [13,94,112,126]。专栏 20.3 总结了术前管理的组成部分 [13,66,94,112,126]。

专栏 20.2　全髋置换术禁忌证

绝对禁忌证

- 进行中的关节感染。
- 系统性感染或败血症。
- 慢性骨髓炎。
- 恶性肿瘤切除或骨储备不足导致严重的骨丢失，将造成植入物固定不良。
- 髋关节神经病变。
- 周围肌肉严重麻痹。

相对禁忌证

- 局部感染，如膀胱或皮肤。
- 臀中肌功能不足。
- 渐进性神经疾病。
- 渐进性骨骼疾病引起的股骨或髋臼骨质高度损害或不足。
- 需要治疗牙齿的患者应在关节置换前完成牙科手术。
- 必须或最有可能参与高要求（高负荷、高冲击）活动的年轻患者。

聚焦循证

Wang 和他的同事 [116] 进行了一项随机对照研究，以确定计划 THA 之前开始个性化运动计划是否会对术后患者的步行能力产生影响。步态功能的评定采用 25 米步行测试和 6 分钟步行测试。运

专栏 20.3 术前管理的治疗相关组成部分：全髋置换术术前准备

- 检查和评估疼痛、ROM、肌肉力量、平衡、步行情况、腿部长度、步态特征、辅助设备的使用、一般功能水平和自觉失能程度。考虑使用有效的结果测量来收集手术前的信息，例如 Harris 髋关节评分、髋关节结果评分或下肢功能评分。
- 用非医学术语教育患者及其家属关于关节疾病的信息和手术程序。
- 术后注意事项及原则，包括体位和负重。
- 术后早期的功能训练，包括床上活动性、转移和辅助装置的步态训练。
- 术后早期锻炼。
- 出院标准。

动组的受试者（n=15）在手术前 8 周每周参加 2 次器械训练和两项居家进行的固定自行车和阻力训练。术后 3 周开始实施个体化运动方案，持续至 12 周。对照组（n=13）只接受医院物理治疗师提供的常规咨询。术后 3 周时，运动组的步行速度和步幅明显高于对照组。12 周时，运动组 6 分钟步行距离明显大于对照组。研究人员的结论是：THA 前后的个体化的肌力和耐力训练计划提高了步行功能的恢复能力。

流程

背景

假体设计和材料。自 20 世纪 60 年代早期以来，THA 已经被成功实施[37,50]。全髋置换的初步研究和临床应用归功于英国的外科医生 John Charnley[29]，现已发展成为现代髋关节置换术。各种植入设计，材料和外科方法已经被开发和修改了多年[37,50,69]。到今天，全髋植入系统通常由惰性金属（钴铬和钛）股骨组件和高密度聚乙二醇髋臼组件组成。有时，金属表面[69,149]和陶瓷表面也会在设计中应用[37,69]。

骨水泥与无骨水泥固定。早期 THA 技术的革命性做法是使用丙烯酸骨水泥（甲基丙烯酸甲酯）来固定假体。骨水泥固定可以术后早期负重，缩短了康复时间，而使用骨水泥固定的患者则要提前接受几个月的限制性负重活动[37]。虽然骨水泥固定术有其缺点，但它现在仍然经常使用，特别是在老年人和不活跃的年轻患者的 THA 治疗中更是如此[15,69,125,135]。

骨水泥界面的假体组件无菌（机械）松动是术后的一个重要并发症。这种松动随后会导致髋关节疼痛的逐渐复发和需要手术治疗[15,37,135]。最常发生植入物松动的患者是年轻、活跃的患者。与之相反，松动并不是老年患者或多关节受累而影响活动的年轻患者的一个特别普遍的问题[50,135]。

机械松动的问题导致了无骨水泥（生物）固定的发展和使用[37,50]。无骨水泥固定是通过使用覆盖多孔植入物，使骨长入多孔的珠状或纹理表面，或通过精确的压合技术来实现的[17,85,165]。光滑的（无孔的）股骨组件也正用于应用无骨水泥的关节置换术。有些组件是用一种叫作羟基磷灰石的生物活性化合物涂层制造的，这种化合物的设计是为了促进初始骨长入[28]。骨组织的生长需要 3~6 个月的时间，并且持续的骨重建会超过这段时间。无骨水泥固定最初的长期研究表明髋臼假体的固定耐久性优于股骨干假体[69]。

骨水泥固定技术和无骨水泥固定技术仍在继续改善，对两种固定方式的适应证、优点和缺点的辩论也在继续。无骨水泥固定多用于 60 岁以下活跃且骨质良好的患者[17,85,160]。随着接受 THA 患者的平均年龄的降低和股骨干固定技术的改进，THA 的使用继续增加[69]。然而，骨水泥固定术仍然经常用于年老、骨质疏松和骨量不足的患者[15,125,135]。在某些情况下，会采用混合固定的方法，包括使用无骨水泥髋臼组件和骨水泥股骨干组件[113]。

手术概况

在全髋关节置换术中，进入患侧关节和植入假体的手术入路可分为两大类：传统入路（传统的或标准的）和微创入路。最初的髋关节置换术使用长手术切口（15~25 cm）暴露关节。虽然长期预后很成功，但传统的手术方法给软组织造成了相当大的创伤，可能会延长术后恢复期。

近期髋关节置换术的进展是通过“微切口”进行微创手术，可以充分暴露关节以插入假体组件，同时减少软组织损伤。以下是传统和微创手术入路的多种类型的简要概述，重点介绍了哪些肌肉在手术过程中被切割或保持完整[3,42,59,69,71,88]。人工髋关节周围肌肉和其他软组织的完整性影响其术后的稳定性和对患者的限制程度，尤其是在术后恢复的早期阶段。

传统手术入路 传统的THA手术入路有多种路径：后侧（或后外侧）、外侧、前外侧、前侧、经转子间。每种入路方式都有其优缺点。

- **后侧或后外侧入路**。这是传统THA手术法最常用的入路方式。通过后侧入路进入关节时，顺着肌纤维方向分离臀大肌，后外侧入路时会分离臀大肌和臀中肌。梨状肌和外旋肌短肌腱在其止点附近横切。切开关节囊，放松臀大肌腱在股骨的止点，为髋关节向后脱位和假体的植入做准备。虽然完整的臀中肌可以帮助早期恢复术后正常的步态模式，但这种方法的主要缺点是术后关节不稳发生率较高，并导致髋关节半脱位或脱位。为减少术后脱位的风险，建议修复后囊和肌肉，以改善关节后部的软组织约束[30]。
- **直接外侧入路**。这种方法需要纵向分割阔筋膜张肌（TFL），放松近一半的臀中肌止点，以及纵向分割股外侧肌[3,59]。且将臀小肌部分切离大转子。外侧入路也可涉及股骨大转子切除术。外展肌机制的破坏与该肌肉群术后的无力有关，导致步态异常，例如阳性的Trendelenburg征。
- **前外侧入路**。采用此方法，切口位于大转子的中心，位于TFL的侧面。髂胫束被分离，臀中肌和臀小肌前侧的1/3从大转子上脱离，在闭合束时再连接。有些例子也会切开股外侧肌前侧1/3[71,88,96]。与后外侧入路不同，外旋肌在前外侧入路中通常保持完整[96]。执行关节囊切开术使髋关节前方脱位，充分暴露关节。虽然这种方法可以实现精确的植入定位、腿部长度矫正及良好的术后稳定性，但它会使外展肌延迟恢复。因此，术后步态不对称持续时间比前路手术更长[88]。与后侧入路相比，前外侧入路术后脱位的发生率较低[37,59]。因此，对于脑卒中或脑性瘫痪肌肉不平衡的患者，其以髋屈曲和内旋体位为特征的站立姿势是此手术的适应证，后路手术会使他们处于脱位的高危风险中[3,59]。
- **前侧入路手术**。切口在髂前上棘的外侧和远端，大转子的稍前方，TFL的内侧。虽然这种方式没有分离肌肉，但需股直肌和缝匠肌向内侧缩回，暴露关节。切开关节囊，髋关节在前方脱位，准备植入组件[88]。直接前路手术的主要优点是在术后可立即在耐受程度内负重。然而，这种方法很少用于首次THA，因为手术视野的可视化更具挑战性。
- **经转子间入路**。这种方法最初应用于非常早期的首次THA[29]，但现在主要用于复杂的翻修术。经转子间入路涉及在臀中肌和臀小肌插入处进行大转子切除术，为插入假体提供极好的暴露条件[71]。植入假体后，将大转子重新连接固定在适当的位置以稳定切除部位。为了改善臀中肌的机械效率，大转子常被重新连接[3,59]。需要延长非承重时间及遵守外展的注意事项，直到骨愈合。与大转子切除术相关的并发症包括骨不连及因大量内固定产生的严重的软组织刺激和疼痛。

微创入路。与传统THA一样，微创THA是一种开放式的手术。然而微创手术是通过一个或两个小切口进入关节，长度通常小于等于10 cm[14]。THA微创手术的特点在专栏20.4中进行了总结。与传统THA相比，选择微创THA的理论基础是小切口和肌肉保留技术可以减少手术过程中的软组织损伤，有可能改善和加速患者的术后恢复[29,14]。

微创THA的倡导者列举的好处包括如下几项[3,9,13,14,71,140]。

- 失血量减少。
- 术后疼痛减轻。
- 住院时间短，住院费用低。
- 功能性活动能力恢复较快。
- 手术瘢痕修复效果好。

微创THA的倡导者指出，该手术在技术上更具挑战性，特别是在假体组件的植入和校准方面[4,10,170]。根据外科医生对新手术方法的经验和对

专栏 20.4　微创 THA 的特征

- 切口长度：10 cm，取决于患者手术入路的位置和大小[14,71]。
- 即便不是全部，大多数肌肉和肌腱会保持完整。
- 单切口或双切口手术入路。
  - 单切口：后方[52]、前方[95,96,131]，或偶有侧方[10,68]。
  - 双切口：两个 4~5 cm 的切口，一个前路用于插入髋臼假体，一个后路用于植入股骨假体[5,13,140,154]。
- 切口位置和肌肉紊乱。
  - 后入路：切口在臀中肌和梨状肌之间延伸到大转子；短的外旋肌可以切开或不切开（随后修复）；外展肌的机制始终保持完整[52,170]。
  - 前路：切口从髂前上棘的外侧和远端开始，沿着阔筋膜张肌（TFL）的腹侧向远端和稍向后延伸；缝匠肌和股直肌向内侧翻，TFL 向外侧翻，所有肌肉都完好；术后没有注意事项[13,95,96,131]。
  - 侧方入路：最不常用；将臀中肌从 2/3 处分离；将前外侧切口插入关节囊使后囊完整，无需观察术后预防后脱位的注意事项[10,68]。

患者的选择，可以推测术后并发症的发生率会更高[4,10]。总的来说，研究结果支持微创 THA 的住院效益，如较传统 THA 失血少、术后疼痛少、住院时间短[122,137,170]。然而与传统 THA 相比，微创 THA 术后通过步态分析来衡量功能性活动的快速恢复的说法尚未确定[42,96,131,137]。

许多研究比较了 MI 和传统手术治疗 THA 的住院和术后结果。对这些研究的系统回顾和荟萃分析报告了一些使用微创手术的微小好处[18,151,171]。当对退行性髋关节没病患者使用前侧入路手术时，MI 在手术时间、住院时间、失血量和 Harris 髋关节功能评分方面均有显著改善[18]。这一分析的作者指出，对那些接受 MI 的患者来说，Harris 髋关节功能评分较高但并没有达到临床重要差异的阈值。在分析各种不同的手术路径时，MI 会缩短住院时间、减少失血量，但没有其他手术、功能或影像学方面的益处[171]。关于 THA 的结果部分概述了比较这些方式的研究细节。

组件植入和切口闭合。关节脱位后，对股骨颈进行切除，移除股骨头。一些外科医生使用的另一种微创手术方法是在不使髋关节脱位的情况下原位切除股骨颈[13,95,154]。对髋臼进行扩大和重塑，再将高密度聚乙烯杯状植入物插入准备好的表面[125]。必要时，可将股骨干髓内管加宽，并将带柄的金属假体插入股骨干[15,135]。当这两个组件到位后，用影像学检查对齐情况，并对 ROM 和稳定性进行评估。

在髋关节假体复位后，通常要进行关节囊修复。其余被切开或分离的软组织层在闭合前进行安全修复，并适当地平衡其长度和活动性。

临床提示

虽然资料包含了各种有关传统和微创 THA 的植入物设计、固定方法、切割或分离软组织的大量信息，但治疗师要了解患者手术的特点，然后制订个性化的术后康复计划，最好的资源是患者医疗记录中的手术报告。

并发症

首次传统 THA 术中及术后早期和晚期并发症的发生率较低。然而，一些外科医生担心微创手术视觉暴露减少且手术技术有挑战，会导致并发症发生率高[4,10]。到目前为止，这些担心并没有得到循证医学支持[69,71]。虽然只有一小部分并发症需要翻修术，但任何并发症都会影响康复，降低功能性活动能力。

术中并发症。全髋关节置换术相关的术中并发症包括假体位置不良、股骨骨折、腿长不等和神经损伤。

术后早期并发症。除了任何手术后可能出现的医疗并发症，如感染、DVT 或肺炎外，在恢复早期（6 周前或 2~3 个月）可能出现的术后并发症包括感染或伤口愈合延迟、假体关节脱位、在骨充分愈合前发生骨移植部位断裂，以及持续的功能性腿长差异[106]。

晚期并发症。晚期并发症包括骨水泥或骨植入界面的机械性松动；聚乙烯磨损；非创伤性或创伤性假体周围骨折和较少见的异位骨化[71]。在这些晚期并发症中，组件的机械性松动是最常见的，通常需要进行翻修术。

脱位。髋关节脱位是术后 2~3 个月髋关节周围软组织愈合时最常见的并发症。据报道，首次 THA 术后早期脱位的发生率从小于 1% 到略高于 10%，平均略小于 2%[100]。在术后第 1 年，翻修率（5.1%）高于首次 THA（1.7%）[73]。大多数脱位是非创伤性的，发生在后侧 [81,107]，通常与后侧入路手术相关 [3,59]。尽管较少见，脱位也可发生在前侧、前外侧和直接外侧入路 [81,107,129]。表 20.3 说明了与患者相关的和手术 / 假体相关的可能导致脱位的危险因素 [73,100]。在关于术后管理的下一节中讨论了减少 THA 脱位风险的注意事项。虽然第一次脱位通常可以通过闭合复位和保守治疗加以处理，但 THA 后的复发性脱位通常需要另外的手术处理。

长度不等 在 THA 后恢复早期，常有的主诉是腿长不等，与行走时的疼痛、不稳定和费力有关 [33,128]。站立和行走过程中，功能性腿长差异和骨盆的倾斜通常是肌肉痉挛、肌肉无力（尤其是臀中肌）和髋关节周围残余肌肉挛缩的结果。这种类型的腿长差异通常在术后第 1 年保守治疗解决 [33]。然而，真正的腿长差异可能是在手术期间过度延长肢体、假体（通常是髋臼组件）的错位或术后复发性脱位造成的。如果必要则可能需要进一步手术或翻修术 [128]。腿长差距大于 20 mm 与明显的步态异常和持久的腰痛有关 [173]。

术后管理

早期活动

THA 后术侧髋关节没有必要制动。相反，术后康复强调早期运动，鼓励患者定期在允许的 ROM 内活动髋部。当患者仰卧在床上时，可能需要不同的手术策略，这取决于所使用的手术入路和假体髋关节的稳定性。在这种情况下，使用外展枕或楔形垫将手术肢体置为轻微外展和中立位旋转 [94]。

负重因素

接受骨水泥固定的 THA，通常术后允许患者在耐受范围内负重 [15,125,135]。相反，若采用无骨水泥或混合方式固定的 THA，术侧肢体负重往往在前几周或更长时间内受到限制。许多因素影响术后负重限制的程度和持续时间。专栏 20.5 总结了这些因素。

虽然限制无骨水泥和混合式 THA 的负重已成为惯例 [17,166]，但这种做法值得进一步研究。限制负重的原理基于这样一种假设：早期，术侧肢体过度负重可导致骨 – 植入物界面微动，从而危及植入物的初始稳定性，干扰骨生长，并最终导致植入物的松动。然而，几乎没有证据支持这些观点 [65]。

此外，THA 后早期安全负重有潜在的好处，特别是减轻负重导致骨质流失减少和更早恢复功能性活动 [20,22]。逐渐进阶的负重也促进了无力的髋外展肌激活以稳定骨盆及拥有对称的步态模式 [65]。

为了进一步加强早期负重的可耐受性，已经证实许多患者在学习和将规定的负重限制纳入日常功能性活动有困难，因此对术侧肢体施加的负荷大于建议的负荷，尤其是在术后疼痛消退后 [162]。例如，近期对平地和楼梯上行走的分析表明，THA 患者的足部负荷可达术前峰值负荷的 41%~88% 之间，即使在接受了使用 10% 负荷的训练之后也是如此 [143]。众所周知，在仰卧位时，某些下肢的抗阻运动对髋关节施加的负荷远远大于体重 [120]。

表 20.3 全髋置换术后导致髋关节脱位的危险因素分析

和患者相关因素	手术 / 假体相关因素
■ 年龄大于 80~85[100,107] ■ 股骨颈骨折接受 THA	■ 手术入路：后侧入路比前路、前外侧或外侧入路风险更高
■ 医学诊断：炎性关节炎（大多是 RA）患者比 OA 患者风险较高 [73,174]	■ 股骨假体设计：小型号股骨头风险较高 [73] ■ 髋臼假体定位不良
■ 慢性炎症导致的软组织质量差 ■ 髋关节手术病史 ■ 术前和术后肌肉无力（尤其是外展肌机制）[69] 及挛缩 ■ 认知功能障碍，痴呆	■ 手术过程中软组织平衡不足或软组织质量差 ■ 手术医生的经验

专栏 20.5 全髋置换术后早期负重限制

固定方式

- 骨水泥：术后即刻在可耐受范围内负重 [15,94,125]。
- 无骨水泥和混合式：建议从术后部分负重（足趾接触或足部触地）至少 6 周，到术后在可耐受范围内立即负重（无限制）[13,20,22] 不等。

手术入路

- 传统与微创：接受标准（传统）入路的术后负重通常微创比手术限制多，因为手术影响及修复范围广 [14]；微创后可在耐受范围内立即负重 [13]。
- 大转子切除术：虽然使用很少，但负重限制至少 6~8 周或 12~16 周，使骨充分愈合。

其他因素

- 使用骨移植：骨愈合时非负重或限制负重。
- 患者骨质差：延长限制期，以免危及假体植入物的稳定性。

鉴于这些考虑，需要对无骨水泥 THA 后是否需要负重限制进行重新研究。

聚焦循证

几项随机对照研究表明，无骨水泥或混合式髋关节置换术后，立即负重不会导致更高的不良反应发生率[20,22,74]。Bottner 等[22]人对比了没有限制即刻负重组与使用双拐足趾接触负重 6 周组。Boden 等[20]人评估了仅使用一根手杖的即刻负重组和限制负重 10% 的体重 3 个月的使用双拐组。Kishida 等[74]人将术后第 2 天允许完全负重组与限制足趾触地负重 3 周，接着部分负重 6 周和完全负重 6 周进行比较。没有研究发现在术后 5 年的不良反应，包括植入物固定的完整性，组间存在显著的差异。作者认为，对于年轻患者（小于 60 岁），无骨水泥或混合式首次 THA 的早期负重是安全的，且骨质量优良。值得注意的是，这些研究中的患者相对大多数进行髋关节置换术的患者来说是相对年轻的。

一项将无限制的负重与限制负重进行比较的系统文献指出，有中等证据到强证据支持，年轻健康人群在接受无骨水泥首次 THA 后，可在耐受范围内立即负重[65]。然而，在临床环境中，决定在 THA 术后早期康复患者是否需要保护负重的责任仍然由外科医生承担。

运动进阶与功能性训练

多年来，运动治疗一直是 THA 后患者康复的一部分。尽管如此，最佳运动及其剂量尚未完全确定，这也许是因为外科手术技术和方法仍在持续发展，干预措施仍在适应这些变化。一项关于早期住院全髋关节康复的物理治疗相关干预的共识调查，是制订术后 THA 管理一致指南的一个步骤[43]，尽管本文件中确定的许多锻炼和功能性活动尚未得到信度或效度的评估[104]。本节讨论的首次 THA 后的运动和功能性活动的目标、指南和注意事项，不仅是上述共识调查中确定的干预措施，而且也是从当前文献中选择的运动和活动[24,40,62,94,112,123,166]。

聚焦循证

几项单一受试者的研究测量了在运动和步态中髋关节的作用力和髋臼的接触压力[53,79,80,152]。虽然这些研究只分析了 2 名插入股骨假体的患者，而不是全关节置换术，但研究结果对临床医生在 THA 康复过程中对运动和功能性活动的选择和进展所做的假设提出了疑问。结果表明，一些主动或阻力练习，如臀大肌最大限度收缩、无辅助的后跟滑动、徒手等长抗阻外展，对髋臼造成的压力可能会比负重活动本身还大[53,152]。

加速康复

术后管理的变化是趋向加速康复，尤其是 60~65 岁接受过微创 THA，并希望术后尽快恢复积极生活方式的患者[13,41]。虽然微创 THA 后“加速康复”还没有得到明确定义，但有两个特征非常突出——快速发展到步行时完全负重和尽快停止使用腋拐和单拐。

然而，令人担心的是，在存在术后肌力和平衡缺陷的情况下，以这种速度步行，可导致持续性步态不对称，增加损伤风险，或危及短期和长期结果[42]。此外，在需要耐力的功能性活动中，持续的肌肉无力和疲劳可能会增加假体髋关节上的压力，从而随着时间的推移导致组件的生物力学松动[147]。

因此，在停止使用助行器之前，重要的是要恢复足够的髋关节外展肌和伸肌的肌力，以便在行走过程中保持稳定性和对称性。考虑到这一点，个体化力量训练计划必须是加速康复的一部分是明确的[65]。

运动：传统 THA 后最大保护阶段

在 THA 后软组织愈合的急性和亚急性阶段以及康复的初始阶段，患者表现出的常见损害有：手术继发的疼痛、ROM 减少、肌肉保护和无力、姿势稳定性和平衡受损以及功能性活动减少（转移和步行活动）。根据使用的固定组件的类型和外科医生的偏好，限制负重可能会影响某些功能性活动。

传统手术方式后，这个阶段的康复重点强调在于患者教育，以减少术后早期并发症的风险，特别是术侧髋关节脱位（表 20.3 中列举了 THA 后脱位的危险因素）。功能性活动的注意事项由手术入路和手术医生对髋关节置换术中稳定性的投入决定（专栏 20.6）[81,94,106,107,129]。

选择性的运动和功能性训练会在患者的身体状况稳定后尽快开始，通常在手术当天。治疗师的治疗频率通常是每天 2 次，持续到患者出院。THA 后平均住院时间与年龄有关，年轻患者平均住院 3 天，老年患者平均住院 4 天 [169]。

目标和干预措施。以下目标和干预措施适用于患者住院期间的术后初期，并持续到术后患者回家或到亚急性健康照护或熟练的护理机构的前几周。

- **预防血管和肺部并发症**。
  - 进行踝泵运动，防止静脉淤滞，血栓形成和潜在的肺栓塞。
  - 进行深呼吸运动和保持支气管卫生，直到患者定期活动，预防术后肺不张或肺炎。
- **预防术后髋关节脱位或半脱位**。
  - 教育患者和其照顾人员关于动作限制、安全床上活动、转移和其他日常生活活动的注意事项（专栏 20.6）。
  - 观察患者是否有关节脱位的迹象和症状，例如术后下肢缩短。
- **在出院前达到独立功能性活动**。
  - 床上活动，从椅子上站起和坐下，转移训练，强调适当的躯干和下肢对位，负重和动作限制相结合。

临床提示

从低的椅子上站起来会给髋关节施加非常高的负荷，产生的负荷大约是患者体重的 8 倍 [120]。如果在手术中切开后囊，在髋关节周围的软组织充分愈合（至少 6 周）或外科医生表明无限制的功能性活动是允许的之前，受累的髋关节一直处于很高的后脱位风险中。因此，要教导患者只坐在抬高的椅子上，避免坐在柔软、低矮的家具上。

- 术后立即借助辅助装置（最初为助行器或两根手杖）行走，遵守负重限制和步态相关的日常生活活动注意事项。强调稳定，对称的

专栏 20.6　全髋置换术后早期运动的注意事项 *

后侧 / 后外侧入路

关节活动度

- 避免髋关节屈曲大于 90°，内收和内旋超过中立位。

日常生活活动

- 从床转移到椅子或椅子转移到床。
- 不要翘二郎腿。
- 坐时保持膝关节略低于髋关节。
- 避免坐低、软的椅子。
- 如果家中的床较低，垫木块把它抬高。
- 使用升高的马桶座椅。
- 从椅子上站起或坐下，或穿脱衣服时，避免躯干屈曲贴近下肢。
- 洗澡时使用淋浴，或者在浴缸里使用淋浴椅。
- 上楼梯时，健侧腿先上；下楼梯时，术侧腿先下。
- 以健侧下肢为轴心。
- 避免将身体旋转到手术下肢的站立活动。
- 睡觉时，在仰卧姿势下使用外展枕，避免侧躺着睡觉或休息。

前侧 / 前外侧及直接外侧入路

关节活动度

- 避免髋关节屈曲大于 90°。* *
- 避免髋关节伸展、内收和外旋超过中立位。
- 避免髋关节屈曲、外展和外旋的复合运动。
- 如果臀中肌被切开并修复，或者做了股骨转子切除术，至少在 6~8 周内，不要进行主动抗重力髋关节外展动作，或直到医生许可。

日常生活活动

- 不要翘二郎腿。
- 早期行走时，跨步但不要超越术侧髋关节，避免术侧髋关节过伸。
- 避免以术后下肢站立或远离术后下肢旋转。

经臀肌入路（转子骨切除术）***

关节活动度

- 避免髋关节内收超过中立位。
- 至少 6~8 周不要执行主动抗重力髋关节外展动作，或直到手术医生允许。
- 不要执行涉及手术下肢负重的运动。

日常生活活动

- 睡眠时，在仰卧姿势下使用外展枕。
- 不要翘二郎腿。
- 所有日常生活运动中维持负重限制。

---

* 这些注意事项只符合传统全髋置换术，对于微创手术并非必要的注意事项，需根据手术医生的指导。

** 尽管后侧手术脱位的风险很高，但无论采取何种手术入路，所有患者会被要求限制髋关节屈曲小于 90° 及旋转小于 45° 约 6 周 [129]。

*** 负重限制 6~8 周或到术后 12 周，直到骨愈合。

步态模式。根据疼痛、髋关节外展肌的力量和步态的对称性，渐进到一根手杖或手杖。

- 使用辅助装置进行楼梯训练，包括上楼和下楼，最初每次一步。

注意：即使患者被允许手术肢体完全负重，并在耐受的情况下停止使用腋拐和手杖，但在术后的前几周上下楼梯时，仍需要继续使用助行器，以减少对髋关节假体施加过度的扭转力[65]。

- 保持上肢和健侧下肢功能水平的力量和肌肉耐力。
  - 功能性运动模式中的主动抗阻练习，使用辅具进行转移和行走时针对肌群进行训练。
- 防止术侧肢体肌群发生反射性抑制和肌肉萎缩。
  - 对股四头肌，髋伸肌和髋外展肌进行亚极量肌肉等长收缩运动，足以引起肌肉收缩。

注意：如果进行了股骨转子切除术，在术后早期避免低强度的髋外展肌等长收缩，除非得到了外科医生的批准，并且要严格按照最低强度进行。

- 恢复术侧肢体的主动活动和控制。
  - 在床上做运动时，需在保护范围内进行髋关节主动辅助 ROM 活动。
  - 坐在椅子上，进行膝关节主动屈曲和伸展运动，强调膝关节末端伸展。
  - 髋关节主动旋转，基于手术入路维持对动作的限制。
  - 如果外展肌状态允许，可以进行仰卧位主动去重力髋外展，方法是将腿置于低摩擦表面上滑动或在侧卧位进行主动抗重力外展结合外旋练习（Clam 练习；大腿之间放一个枕头以防止髋内收超过中立位）。
  - 站立姿势下，髋关节主动 ROM 练习（向前和向后摆动运动），用手支撑在稳定的平面上保持平衡。
  - 双侧闭链、重力转移活动，足跟抬高和微蹲，维持对称排列和术侧肢体的负重限制。
- 预防髋关节屈曲挛缩。
  - 仰卧时避免在术侧肢体的膝关节下放枕头。

进阶标准。进入下一康复阶段的标准高度依赖于负重和 ROM 限制；通常必须满足以下标准。

- 伤口愈合良好；无伤口引流或感染迹象。
- 在负重限制的情况下，使用一根腋拐或手杖或无辅助装置进行独立地在平地行走。
- 术侧下肢能够完全负重没有疼痛，并且膝关节完全伸展。
- 达到髋关节功能性活动度。
- 术侧髋关节肌力至少达到 3/5。

运动：传统 THA 后的中等保护阶段

传统 THA 后，康复的中期阶段在术后 4~6 周开始。部分患者可以完全负重，但其他患者仍需给予一定程度的保护直到术后 12 周。术后髋关节保护的程度根据手术入路、固定方式和外科医生的喜好不同而改变。术后软组织和骨完全愈合要持续 1 年。

这一阶段的运动可以在治疗师的监督下进行，也可以作为家庭计划的一部分。运动和功能训练的重点是恢复肌肉力量（尤其是髋关节外展肌或伸肌）、姿势的稳定性和平衡性、对称的步态模式、肌肉和心肺耐力和功能性 ROM。针对身体其他区域的损伤进行的训练也可以用来改善整体功能。

ADL 中的术后注意事项可持续至少 12 周，有时更长[94,112]。患者教育应侧重于回归家庭、工作场所或娱乐场所的预期活动。

目标和干预。以下是康复中期（中度保护）阶段的目标和干预措施：

- **恢复力量和肌肉耐力，强调髋外展肌和伸肌的力量。**

注意：髋外展肌的力量抗阻训练的开始和进展取决于外展肌机制的完整性，这在某些手术入路中可能会受到损害。同样，从双侧到单侧的闭链训练的进展取决于手术肢体何时允许完全负重。

  - 当健侧下肢站立时，术侧下肢允许在保护范围内进行开链练习对抗轻度阻力。开始时强调增加重复次数，而不是提高肌肉耐力的阻力。

- 允许进行双侧闭链练习，以加强髋关节和膝关节伸肌的力量，例如对抗轻度弹性阻力进行微蹲，或在无支撑站立时允许双手握轻的重物。站立练习时强调下肢的对称性。
- 允许术侧下肢站立时，允许单侧闭链运动，如髋关节抬高或向前和侧向跨步（向较低的台阶），或当允许完全负重时进行患足在前的不完全弓箭步。在上台阶或弓箭步时，在术侧肢体的外侧大腿周围施加弹性阻力，可同时加强髋外展肌和髋伸肌。

■ **提高心肺耐力**。

- 非接触式有氧锻炼计划，如渐进性固定自行车、游泳或水中有氧运动。

■ **恢复 ROM，同时坚持注意事项**。

- 采用 Thomas 测试体位，重力辅助仰卧位牵伸到中立位。将未受累的膝关节拉到胸部，同时放松术侧髋关节（对于正常步态模式，至少需要髋关节伸展超过 10°）。
- 在俯卧位休息，可被动牵伸拉长髋屈肌。
- 将获得的 ROM 运用到功能性活动中。

注意：在开始牵伸髋屈肌至中立位或过伸之前，特别是如果手术中使用前外侧手术入路时，请先与外科医生确认。此外，在这个时候，患者可能不允许或不能进行舒服地俯卧。

■ **改善姿势的稳定性、平衡和步态**。

- 站立的渐进平衡活动（见第 8 章和第 23 章）。
- 步态训练，强调躯干直立、对线垂直、等步长以及骨盆和四肢的正中对称排列。
- 如果尚未完全负重，则继续或渐进使用手杖（在术侧髋关节的对侧手），且术侧肢体渐进负重。在凹凸不平的软面上练习行走，以挑战平衡系统。
- 如果患者出现步态偏差，例如术侧下肢的 Trendelenburg 征阳性，表明髋外展肌无力，则继续使用手杖直到停止负重限制。在延长步行时间时也建议使用手杖，以减少肌肉疲劳。
- 对于选定的患者，可以考虑使用跑步机进行步行来练习对称的步态模式。

聚焦循证

在髋关节置换术后，患者在手术对侧手使用手杖，不管对其施加的是中度的还是接近最大的力量，可以在很大程度上减少髋外展肌的肌电活动[116]。在同一项研究中，手术同侧手使用单拐时，髋关节外展肌肌电活动没有显著减少。肌电活动的减少在多大程度上反映了对假体髋关节施加的力的减少在本研究中没有确定。然而，在两例股骨假体置换的患者的单项研究中，对侧手使用手杖降低了对髋臼的接触压力[53,79,80]。

进阶标准。进阶到康复的最后阶段，进阶训练的标准包括如下几种。

■ 不管有无手杖都可以无痛步行。

■ 恢复功能性 ROM 与术后髋关节的力量。

■ 独立进行 ADL。

运动：最小保护阶段和恢复全部活动

传统 THA 后，当患者达到标准时可进阶到康复的最后阶段。这通常发生在术后 12 周左右。这个阶段的重点是继续进行恢复力量、肌肉和心肺的耐力、平衡能力和对称的步态模式的训练，并逐渐恢复功能性活动。全面恢复功能性活动可能至少需要 1 年时间[132]。

延长康复和调整活动。髋关节外展肌无力导致骨盆倾斜和不对称的步态模式通常出现在术前髋关节 OA 患者中，部分患者在 THA 后的几个月里一直存在[147]。考虑到这一点，患者，特别是那些希望恢复积极生活方式的患者，可能会受益于针对髋关节肌肉的长期力量训练计划。

如患者需要持续的康复服务，应考虑下列活动。

■ 将力量、耐力和平衡训练纳入到模拟功能性活动中，为功能独立做准备。

■ 为了提高肌肉和心肺耐力，逐步增加低强度步行计划的时间和距离。目标频率为每周 2~4 天，每次 30 分钟。

- 通过患者教育，强调选择或调整活动的重要性，以减少或最小化对假体髋关节的压力。当患者的工作涉及繁重的劳动，建议进行职业再培训或调整与工作有关的活动。

临床提示

当步行并一只手携带重物时，建议患者用与术侧髋关节同侧的手臂提重。肌电图研究表明，在这些情况下，对术侧髋关节外展肌施加的力明显低于对侧臂承受的负荷。有无使用单拐时也是如此[114,115]。理论上，这减少了随着时间推移施加在髋关节置换上的压力。

重返体育运动：接受全髋置换术的较年轻的、活跃的患者通常希望术后的某个时间恢复体育运动。包括活动所涉及的需求水平、冲击程度或扭转的动作、重复运动的频率，以及摔倒或接触的可能性等若干因素，会影响外科医生建议或许可患者参加各种体育活动。患者的体重、整体身体状况以及手术前的活动经验也会影响是否允许进行某项活动[34,61,75,97]。

为了延长髋关节植入物的寿命，通常建议患者不要进行高冲击的体育和娱乐活动。对术侧髋关节施加巨大旋转力的活动应特别关注，其可能会导致假体长期松动和磨损，最终导致髋关节置换的失败。然而，在全髋置换术后，拥有足够的力量、耐力、平衡和在功能性活动中利用适当的生物力学机制，患者可以逐渐和安全地重返低度和中度的体育和健身活动。

表 20.4 列出了推荐、谨慎推荐或不推荐的与体育、娱乐和健身有关的活动，这些推荐是根据 2007 年的调查和关节置换术外科医生的共识提出的[75]。90% 的外科医生同意患者在接受 THA 后 6 个月重返选定的活动。

结果

减轻疼痛，患者满意度和生活质量。大多数研究评估了 THA 后患者的满意度、疼痛感知程度、功能和生活质量，结果表明疼痛明显减少和功能改善[84,132]。然而，患者和外科医生对满意度的看法并不总是一致。Lieberman 和他的同事[87]证明，当患者在 THA 后报告很少或没有疼痛时，患者和外科医生对疼痛和满意度的评估是相似的。然而，当患者在 THA 后报告持续疼痛时，患者和外科医生对患者满意度的评估结果有较大差异。这个结果解释了为何患者和健康照护人员都需要进行评估预后结果。

THA 后若干因素可能导致不满意的预后结果。Fortin 和他的同事[48]调查了接受 THA 的时间及其预后，结果发现，不出意外，术前身体功能和疼痛最严重的患者术后 2 年预后最差。另一项长期的前瞻性研究（平均 3.6 年）表明，单侧骨性关节炎接受 THA 的患者，术前疼痛程度越高，预后越差[119]。这项研究还显示手术时年龄较大者和术后产生腰痛者，自我评估预后结果不良。

表 20.4 全髋置换术后的体育、娱乐和健身活动指南

推荐	谨慎推荐	不推荐
■ 高尔夫运动	■ 普拉提	■ 慢跑 / 跑步
■ 游泳	■ 越野滑雪	■ 棒球 / 垒球
■ 步行（户外 / 跑步机）	■ 溜旱冰	■ 美式壁球 / 壁球
■ 固定单车或使用椭圆训练器	■ 滑冰	■ 单板滑雪
■ 越野滑雪装置	■ 下坡滑雪	■ 高冲击有氧运动
■ 保龄球		■ 接触性体育运动（美式足球、篮球、足球）
■ 低冲击有氧运动		
■ 快走		
■ 户外运动		
■ 爬楼梯或划船		
■ 双人网球		
■ 使用力量器械		

身体功能。THA 后，ROM、姿势稳定性、力量和功能性活动均逐渐改善。在术后第 1 年底，患者的整体功能改善通常可达到预期水平的 90%。在接下来的 1~2 年间，患者报告在力量和功能上有额外的改善，在术后 2~3 年达到平稳状态 [132]。

Trudelle-Jackson 和同事们 [161] 对 15 名单侧首次 THA 术后 1 年平均年龄 62 岁（范围 51~77 岁）的患者的 ROM、静态肌力和单腿平衡进行了评估。他们发现术侧和未受累的髋关节活动度没有明显差异，但髋关节和膝关节肌肉的力量有微小差异。然而，他们确实发现术侧下肢和未手术下肢在单腿站立时测量的所有平衡参数上存在显著差异。此外，患者自我评估的躯体功能水平与肌肉力量呈中度相关，但与姿势稳定性弱相关。

植入物设计、固定和手术入路。数十年的研究表明，骨水泥和无骨水泥 THA 在所有评估领域的术后结果都是一样积极的，其中最一致的是疼痛减轻 [85,135]。关于特定假体设计的深入分析和现有信息，以及骨水泥、无骨水泥和混合式手术方式的预后评估，可从本章较早呈现的 THA 手术概述的参考资料中获得。

Woolson 和他的同事 [170] 对 135 名接受过单侧首次 THA 的患者进行了回顾性的对比研究，这些患者采用了标准的后路手术或微创的后路手术。参与手术的外科医生根据健康史和体重指数，确定哪些患者符合微创手术的标准。结果发现，微创组比标准 THA 组更瘦、更健康。尽管如此，这两组在手术结果方面（手术时间、失血量、输血需求）、住院时间或直接出院回家患者的百分比方面没有显著差异。然而，微创组并发症的发生率较高，包括伤口并发症、组件错位和腿长差异。Goosen 和他的同事报告，随机分配的微创组（60 例）和传统 THA 组（60 例）的围术期出血量或并发症没有显著差异 [56]，但微创组的平均手术时间较短。与此类似，Repantis 和他的同事们 [137] 也指出，与传统 THA 相比，微创手术的围术期和术后即刻没有益处。在这个比较中，同一位经验丰富的外科医生进行了前路微创手术（45 例）或前路传统手术（45 例）。虽然微创组术后 2 周的疼痛程度较低，但两组患者的功能和步行耐力无明显差异 [137]。

Ogonda 和他的同事 [122] 进行了一项随机对照试验，对 219 名接受同一名外科医生进行的首次、单侧、混合式 THA 手术的患者，进行了微创和传统 THA 的比较。两组均采用单切口、后路手术，唯一的区别是在微创手术中皮肤切口较短，TFL 干扰较小。所有患者术后均参与运动和功能锻炼。仅有的统计学意义的组间差异是微创组失血较少，术后疼痛和疼痛药物的使用、转移能力和用辅具行走的能力、住院时间，以及出院回家或到院外机构等方面无显著差异。术后第 6 周，两组患者功能及并发症无明显差异。Dorr 及其同事 [42] 报告了相似的住院结果，与传统 THA 组相比，微创组术后每天的疼痛较少，住院时间较短。

许多前瞻性随机研究比较了微创和传统单侧 THA 后步态的改善程度。Mayr 和其同事 [96] 的研究显示，接受微创 THA 治疗的患者术后 6 周在若干步态参数有显著改善，而接受传统 THA 治疗的患者并没有。然而，在第 12 周时，两组的步态都有了显著的改善，但微创组在更多的测量参数上有所改善。相反，另一项步态研究报告称，在术后 10 天和 12 周，微创组与传统 THA 组的步态特征没有显著差异 [131]。还有一项分析报告结果类似，在微创组和传统 THA 组之间，行走速度、步长、步频，或骨盆和胸腔的运动方面没有差异 [109,136]。值得注意的是，在这些研究中，术后康复在两组之间是一致的，这可能是造成微创和传统 THA 治疗结果相似的原因。

最后，Dorr 及其同事 [42] 还调查了 THA 后功能性活动的改善情况，发现 87% 的微创组患者在出院时使用一种辅助装置（腋拐或手杖）进行行走，而传统 THA 组这样的患者占 53%。然而，两组患者在出院时行走距离无显著性差异。由于这些研究结果是混杂的，所以关于微创手术与传统 THA 手术对术后早期行走的影响。很难得出循证结论。

康复的影响。尽管文献中有很多资料强调康复计划的重要性，或者更具体地说，强调 THA 术后运动和步行计划的重要性，但 THA 术后干预措施的影响尚未明确确定。研究表明，THA 后获得住院物理治疗服务，可能会也可能不会减少患者在急症护理机构的停留时间[49,111]。也有研究表明，THA 后使用物理治疗服务增加了出院回家而不是其他健康照护机构的可能性[49]。在术后第 15 天，除了由多学科的髋关节组提供的指导之外，物理治疗师提供了运动和步态训练干预措施，使髋关节 ROM、力量和活动能力有了更大的改善[163]。

在一项对 THA 后 6~48 个月患者的非随机研究中，研究了 6 周的家庭锻炼计划的效果，两个运动组（一组进行 ROM 训练和髋关节肌肉的等长运动，另一组进行 ROM 训练、等长运动和离心运动）的步行速度提高，而对照组（没有锻炼计划）则没有。有趣的是，在这 3 组中，都发现了肌力的提高[132]。

一项随机试验对后外侧入路的 THA 术后 3 个月的研究显示，参与者完成了由物理治疗师指导并强调步行技能的训练的 12 个疗程，在多项基于表现和自我报告的结果测量中取得了显著改善。与没有进行监督治疗的对照组相比，干预组术后 5 个月的 6 分钟步行测试、爬楼梯时间、8 字形测试、肌肉功能指数、髋关节伸展 ROM、Harris 髋关节评分和自我效能均有显著改善。在术后 12 个月，小组间的行走距离和爬楼梯持续时间存在差异，而且步行技能训练组报告的跌倒事件较少[62]。

Mikkelsen 和他的同事们评估了 THA 后每周进行 2 次渐进阻力训练干预的效果，并将其与标准髋关节和膝关节阻力练习的家庭方案进行了比较。干预组（32 例）在力量器械上进行了 30~40 分钟的单侧髋关节力量练习，使用向心和离心收缩，负荷根据最大重复次数增加，而对照组（30 例）进行 10 组无负荷的髋关节和膝关节运动，每天 2 次，持续 4 周，然后再做 6 周的抗弹性阻力相同的运动。在 10 周的训练后，最大步行速度和爬楼梯时间的组间差异均有统计学意义，但其他没有显著差异，包括髋关节的肌力和爆发力[162]。

半髋关节成形术

手术适应证

以下是股骨近端假体置换的主要适应证。

- 老年且骨质不良发生股骨近端急性移位囊内（股骨头下、经股骨颈）骨折，预期术后活动需求低的患者[54,76,101,126,127,155]。
- 股骨头骨坏死合并囊内骨折固定失败[76,101,126]。
- 长期的髋关节疾病或畸形相关的股骨头严重退化，导致无法用非手术方式处理失能性疼痛和功能丧失[76,101,127]。

注意：存在退行性髋关节疾病的股骨骨折患者，首选全髋关节置换术而非半髋关节置换术[46,101]。急性、严重转子间粉碎性骨折极少采用首次半髋关节置换术[101,156]。

聚焦循证

美国骨科手术数据库关于股骨颈骨折的评估显示，1999~2011 年，THA 的使用增加了 7%，而半髋置换术的使用减少了 4%。小于 65 岁的患者更可能使用的是 THA 而不是半髋置换术[103]。

流程

背景。过去，急性股骨近端移位骨折采用单极（固定头）、非骨水泥型金属柄关节假体治疗。与这些单组件植入物相关的主要并发症，无论是设计还是固定方式，都是髋臼软骨的进行性侵蚀和随后的疼痛。

为了减少髋臼的磨损，研发了双极型半髋置换术。双极设计由多个组件组成：一个可在聚乙烯外壳中自由移动的金属股骨球柄假体，插入一个可在髋臼中移动的金属杯。多重表面，负重设计的目的是通过插入的组件来消散原先直接作用于髋臼上的力[70,101,126]。现代版本的单极和双极的假体目前都在使用，这两种设计的优缺点仍存在争议[70,101,126]。

手术程序。后外侧入路是半髋置换术最常用的方式。关节可视化后，移除股骨头，将金属柄假体插入股骨干近端。股骨柄通常用骨水泥固定在适当的位置，虽然生物生长内固定也被使用。闭合的程序与 THA 一致。

术后管理

在大多数情况下，半髋置换术后的护理和康复与 THA 相似，包括体位和 ADL 的注意事项和防范措施，以及运动和步行计划的组成部分和进展。与THA后的处理一样，半髋置换术后运动和功能性活动的选择和进展往往反映了外科医生和治疗师的意见，并基于特定运动对治疗损伤和改善功能的潜力。因此，半髋置换术后运动的有效性仍然没有被报道。文献中关于半髋置换术，关于特定的锻炼和步态的相关活动对髋关节本身的影响资料有限。在本章关于THA的前一节已经探讨接受股骨假体关节置换的2位患者的数篇单项研究的发现[53,79,80,152]。

注意：考虑到半髋置换术后髋臼软骨长期侵蚀的重要问题，避免在整个髋关节施加最大的压力或剪切力的运动是至关重要的。练习一开始应该以亚极量强度进行，然后逐步进阶。在术后康复的急性期，可能需要避免无辅助的足跟滑动和臀肌最大力量静力收缩运动[152]。在康复急性期后，髋关节外展徒手抗阻练习应逐步进行，因为最大限度的髋外展在髋关节产生的力量比保护性负重活动还大[53]。

结果

现在的模块式、单极型和双极型半髋置换术似乎在减轻疼痛，产生的功能预后结果以及并发症的类型和发生率方面产生了类似的结果[76,101,126]。虽然数十年前髋臼磨损被确定为单极置换后的主要关注点，但是双极假体在预防髋臼侵蚀方面的机械效能还没有明确确立[76]。在一项对大于等于65岁（平均80岁）的社区居家患者的研究中，在术后第1年和4~5年的随访中，进行了双极植入或模块化单极植入的半髋置换术的两组患者，在日常生活功能、脱位率、感染或死亡率方面没有显著差异[167]。另一项研究表明，在双极半髋置换术后，关节ROM可能会随着时间的推移而减少，这可能与植入物的设计有关。这种活动度减少与功能下降无关[70]。

最后，在挪威进行的大型（超过4000例老年患者）回顾性研究中[54]，比较了老年患者接受半髋置换术和螺钉固定治疗移位性股骨颈骨折的疗效。结果表明，与行骨折内固定（螺钉内固定）的患者相比，行半髋置换术的患者术后疼痛明显减少，二次手术减少，对手术效果满意度更高。

髋关节骨折：手术和术后处理

髋关节骨折：发生率、危险因素及对功能的影响

在老年人中，常见的肌肉骨骼问题是髋关节骨折，或者更准确地说，是髋关节股骨近端骨折。髋关节骨折的急性症状和体征为腹股沟或髋部疼痛髋关节主动或被动活动疼痛或下肢负重疼痛。下肢骨折可能会使腿变短几厘米，呈外旋位[76,127]。

在美国，绝大多数髋关节骨折发生在75~85岁，77.2%的骨折发生在这个年龄段[23]。1985~2005年，美国髋关节骨折的发生率已经稳定下来，而且似乎略有下降[23]。然而，预计每年髋关节骨折的总数将会增加，这主要是由于老年人在人口中所占比例较高[76,127]。不到3%的髋关节骨折发生在50岁以下的人中[76,127]，通常与高强度、高冲击性或重复性微创伤有关，例如长距离跑步。

多种危险因素，包括与跌倒风险相关的因素，都会导致髋关节骨折发生率随年龄增长而增加[27]。老年人跌倒的危险因素和髋关节骨折的可能性包括：与年龄相关的肌肉力量和灵活性的丧失、与肌肉骨骼或神经系统紊乱相关的平衡和步态缺陷、低视力、认知能力下降和药物的影响。与骨质疏松相关的骨密度和质量丧失通常发生在股骨近端、桡骨远端和脊柱，使这些部位更容易发生骨折[76,127]。骨盆和下肢之间强有力的旋转运动，或者跌倒产生的冲击都会导致股骨近端更易骨折。虽然90%的老年人髋关节骨折与跌倒有关[76]，但目前尚不清楚是跌倒造成了髋关节骨折，还是髋关节的病理性骨折导致了跌倒发生。

除了指出潜在的骨折机制外，无法吸收跌倒的冲击力也增加了持续骨折的风险[127]。此外，跌倒的特征也随年龄而变化。当行走速度随年龄增长而降低时，老年人通常会向一边跌倒，而不是像行走速度快的人那样，双手向前伸向前摔倒[76,127]。

老年人髋关节骨折与严重的功能损害和独立性的丧失有关。许多患者在髋关节骨折后存活1年以上，在ADL和功能性活动能力上受到限制，需要在转移、穿衣、步行和爬楼梯方面得到帮

助[89,148]。髋关节骨折（不只是年龄）的限制涉及恢复期间的活动减少和随后的活动失调，以及由于害怕跌倒而避免活动，使其难以恢复到骨折前的活动和功能水平[89,91]。因此，往往需要长期护理或长期安置在较好的护理或协助生活机构中。

1985~2005 年，美国的骨折后死亡率有所下降[23]。这一下降可能是由于手术技术的改进，减少了长时间不活动或限制负重的需要，从而减少了术后的并发症，如肺炎和血栓栓塞。

髋关节骨折的部位及类型

股骨近端骨折一般分为关节囊内或关节囊外骨折，然后再根据具体部位细分（图 20.7）。髋关节骨折的部位和类型见专栏 20.7[76,98,101,155-157]。在这些部位中，转子间骨折最为常见，约占股骨近端骨折的 50%[98]。关节囊内骨折可能危及股骨头的血液供应，从而增加了股骨头延迟愈合、不愈合或骨性坏死（无血管性坏死）的风险。相比非移位性关节囊内骨折，这些并发症发生在移位性关节囊内骨折的概率高得多[76,101]。关节囊内骨折更常见于老年妇女[76,101]。

相比之下，髋关节骨折脱位和髋臼外伤在年轻、活跃的人群中最为常见[76]。大多数骨折脱位发生在后侧方向，通常导致外伤性股骨头血液供应中断和关节软骨损伤。随着时间的推移，这种外伤

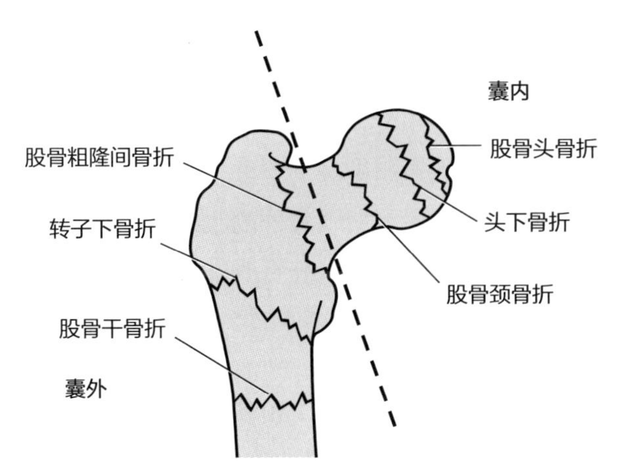

图 20.7　股骨近端骨折大致可分为囊内骨折和囊外骨折（经许可引自 McKinnis, LN: Fundamentals of Musculoskeletal Imaging, ed. 4. Philadelphia: F.A. Davis, 2014, p 350.）

专栏 20.7　常见髋关节骨折部位及类型

关节囊内
- 骨折位于髋关节囊附着处且近髋关节。
- 进一步可分为：股骨头骨折、股骨头下骨折及股骨颈骨折（经股骨颈骨折及股骨颈基底骨折）。
- 可能为移位性、非移位性或者嵌插骨折。
- 可能影响股骨头的血液供应，导致股骨头缺血性坏死或愈合不良。

关节囊外
- 骨折处位于关节囊远端距离小转子 5 cm 处。
- 进一步可分为：转子间骨折（在大转子和小转子之间）或转子下骨折和稳定或不稳定性骨折（粉碎性）。
- 尚未影响股骨头的血液供应，但是固定失败也可能造成愈合不良。

可能导致骨性坏死和创伤后关节炎，此时需要假体髋关节置换。

非手术的管理

在某些情况下，非手术治疗是髋关节骨折后唯一的治疗选择。牵引是一种适用于不能行走或不能接受手术的不稳定性患者的替代治疗方法[76,127]。患者保持躺在床上并且长时间牵引腿部来实现早期愈合，然后是床椅转移。如果可以负重或行走，则需要延迟至骨折充分愈合，通常需要 10~12 周或骨折后 16 周。

髋关节骨折的切开复位内固定

手术适应证

对于以下类型的股骨近端骨折，采用切开复位（或可能闭合复位）然后做内固定手术干预（图 20.8，图 20.9）[76,127,155-157]。

- 关节囊内移位性或非移位性股骨头骨折。
- 股骨头骨折脱位。
- 稳定或不稳定性转子间骨折。
- 转子下骨折。

在老年患者中，移位性关节囊内骨折通常采用假体关节置换股骨头（半髋置换术），而不是采用内固定，以避免相对较高的愈合不良发生率[54,126]。然而，对于哪种方式可以取得更好的结果，还没有确切的结论[54]。一些严重的股骨转子间粉碎性骨折也可以用这种术式来治疗[76,101,156]。

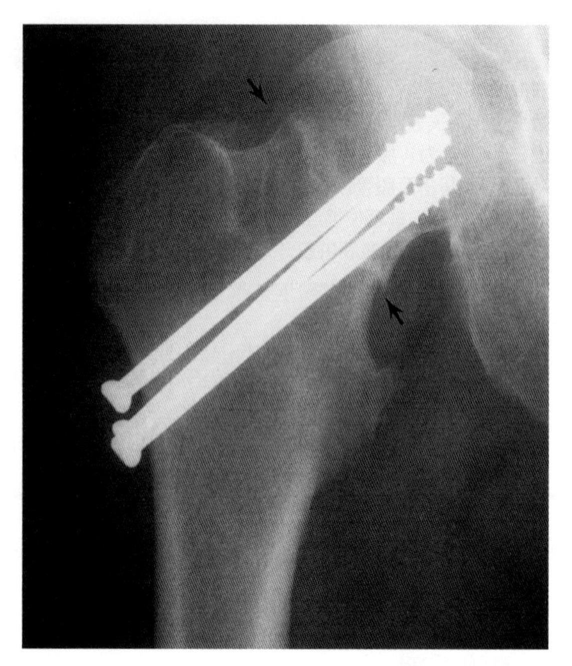

图 20.8　股骨颈完全骨折的复位及内固定。通过用三颗加压螺钉固定以恢复对线整齐以及获得良好压缩性。黑色箭头标注出了骨折线所在范围（经许可引自 McKinnis, LN: Fundamentals of Musculoskeletal Imaging, ed. 4. Philadelphia: F.A. Davis, 2014, p 351）

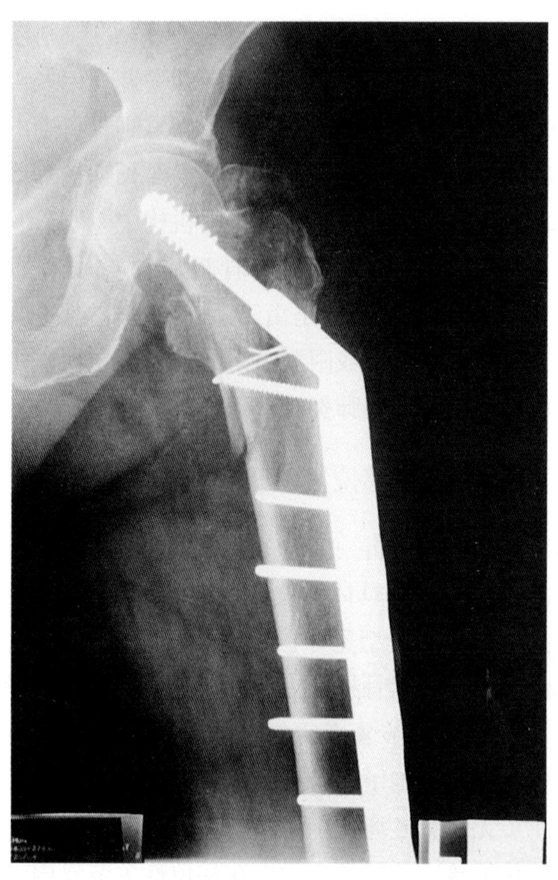

图 20.9　髋关节股骨粗隆间骨折。这张术后影像图片展示了通过一个侧板和螺钉的组合装置进行的骨折的固定。骨折线是显而易见的，从股骨粗隆间区域一直延伸到股骨干近端。有些粉碎性骨折十分明显，并且可以注意到在骨干中段有块大的碎片。可以看到软组织密度增高（经许可引自 McKinnis, LN: Fundamentals of Musculoskeletal Imaging, ed. 4. Philadelphia: F.A. Davis, 2014, p 353）

流程

手术的目的是达到髋关节最大的稳定性并且恢复髋关节的骨序列。因为股骨头部血液供应中断的风险很高，所以应在受伤后 24~48 小时内进行手术，尤其是股骨颈骨折。各种内固定植入物被用来稳定不同类型的股骨近端骨折。骨折的类型和严重程度、相关的损伤、患者的年龄、身体及认知状况都会影响外科医生对手术方式的选择 [76,127]。手术的类型也会反过来影响术后康复的进展。

固定类型和手术方式。目前最常见的内固定植入物包括以下几种类型 [2,76,127,155-157]。

- 髓内钉固定在股骨头近端锁定或滑动式加压螺钉用于转子间或转子下骨折。
- 对于非移位性或嵌插股骨颈骨折采用多个平行松质拉力螺钉或骨钉原位固定，也可以用于年龄小于 65 岁、活跃的股骨颈移位患者。
- 对于稳定性转子间骨折采用滑动式（加压式）髋关节螺钉固定和外侧钢板做动态骨髓外固定；对于不稳定（粉碎性）骨折可结合截骨术。动态髋关节螺钉可以在早期负重过程中让螺钉和钢板之间产生滑动进而挤压骨折部位。

在这些固定手术中使用的是沿着髋关节侧面的开放手术入路，尽管这些手术的一部分可以通过经皮方式进行。软组织破坏的程度会随不同的手术方式而不同。阔筋膜张肌、股外侧肌或臀中肌可能需要沿着肌纤维平行切开，并且股骨颈骨折会采取关节囊切开术。

术后管理

髋关节骨折后的手术干预和术后护理的最终目的是使患者达到损伤前的功能水平 [76,127]，重返他们所喜欢的生活环境 [108]。建议恢复期间的康复治疗，包括术后训练和贯穿整个护理过程的功能性训练，这有助于达到最佳结果 [35,108]。

在术后康复急性期护理初始阶段，重点是动员患者尽快下床走动，同时保护骨折部位术后的稳定，这可以防止或减少长期卧床休息的副作用。除了帮助患者学会在床上安全地移动、转移或通过辅助器具独立行走，术后早期康复通常还包括患者和照顾者的教育，深呼吸和咳嗽运动，下肢水肿控制（使用弹力袜），为避免挛缩进行的床上良肢位摆放以及一份运动计划。

出院后，通常会经历一个过渡的亚急性康复阶段，这个阶段是在康复中心、专业的护理机构或家里持续做术后功能性训练和运动。尽管人们一致认为出院后的康复是术后护理的一个重要方面[108]，但在患者功能提升方面，几乎没有证据可以表明，哪种康复方式是优于其他的康复方式的，而且没有足够的证据表明何种方式是亚急性康复的最重要的部分[35]。

然而，我们知道，大多数患者可以借助辅助器具完成独立的步行并学会必要的 ADL 后从亚急性康复机构中出院。髋关节骨折后 7~9 周，平均有 85%~95% 的患者出院在家中接受物理治疗[92]。通常情况下，尽管仍有损伤和功能障碍，但是患者在达到损伤前的功能水平之前，康复就停止了，这反过来又增加了日后损伤的风险[19]。

负重考量

早期行走和转移时允许负重是由外科医生根据患者的个人状况决定的。影响因素包括患者的年龄、骨质状况、骨折的部位和模式、骨折部位内固定的种类以及手术达到的稳定程度[76,78,127]。建议的范围从不负重、足尖点地或触地负重（小于 10 磅，约 4.54 kg）到根据耐受程度负重。目前骨折内固定的方式已经减少了术后过长时间不负重或足尖点地的需要。

现在使用的内固定的方式可以允许早期负重。下面是一些骨折内固定术后可以根据耐受程度尽早负重的例子。

- 非移位性、刚性固定或嵌插股骨颈骨折原位固定手术者[76,78,127,155]。
- 以动态（滑动式）髋关节螺钉及外侧钢板固定的稳定（非粉碎性）转子间骨折[76,127,156]。
- 用联锁髓内钉和骨对骨固定的转子间和转子下骨折[2,76,127,157]。

甚至当行走或转移负重受限时，骨折部位仍然由于髋关节肌肉活动而承受较多的外力。例如，在床上移动，床边坐起以及主动与抗阻 ROM 训练都在髋关节上产生力量，接近甚至超过完全负重下行走对髋关节的作用力[120]。基于这一点，相关的研究致力于探究早期负重与髋关节骨折后开放式复位和内固定手术后相关的风险。

聚焦循证

在一项相关的研究中，采用动态加压髋关节螺钉和钢板内固定术治疗稳定性老年粉碎性股骨转子间骨折的患者，让他们在术后立即使用辅助器具并根据耐受程度进行负重行走。术后 1 年，稳定性及粉碎性骨折的患者在内固定植入失败和翻修术的发生率之间没有显著差异。研究人员认为，至少在稳定性粉碎性及非粉碎性转子间骨折老年患者中，几乎没有生物力学方面证据显示需要有不负重的限制要求[78]。

这个概括性结论排除了部分患者，包括无法满意的术中内固定稳定的复杂性骨折患者，接受原位固定的移位性股骨颈骨折的年轻患者，以及有严重的骨骼疾病的患者（如恶性肿瘤）。

尽管这个研究的结果是早期行走及锻炼的好处，但仍然存在一些患者内固定失败的风险，尽管这个风险很低。因此，重要的是要识别骨折稳定装置可能移位或松弛的表现，这些表现总结在专栏 20.8 中。出现这些症状或体征时，应立即向外科医生报告[76,127]。

运动和功能训练

髋关节骨折后开放式复位及内固定后最常见的功能损伤包括关节灵活性、关节活动范围、肌肉功能、平衡和功能性活动的降低。目前运动和功能性训练是贯穿术后康复的常规干预路径，这可以减少损伤并改善功能状况[92]。

在术后初期，髋关节甚至是膝关节的运动都会疼痛剧烈，从而影响关节活动范围和下肢肌力。此外，在软组织（约 6 周）和骨愈合（10~16 周）期间需要一定程度的组织保护[155-157]。骨折部位和稳定性、内固定的类型以及受伤时和术中软组织的损伤程度等因素都会影响功能性训练的进展。各种类型的髋关节骨折和特定的手术方式后需要考虑的运动和步行注意事项见专栏 20.9[76,127,155-157]。

以下部分将列出髋关节骨折后开放式复位及内固定后运动和功能训练的主要进展。

运动：最大的保护阶段

在术后第 1 天开始运动，以防止并发症，并恢复患者髋关节功能性活动中的控制能力。开始时，运动是为了恢复髋关节的关节活动范围和改善平衡能力，加强双上肢以及健侧下肢肌力以借助辅助器具行走。术后 2~4 周，髋关节屈曲（和膝关节屈曲）角度可以达到 80°~90°[76]。

对于术侧下肢何时开始抗阻训练较为合适尚缺乏共识。为了让手术时切开的髋关节周围肌肉愈合，低强度的髋关节抗阻训练可能需要推迟到术后 4~6 周。但是，膝关节和踝关节肌肉的抗阻训练可以尽早开始。

专栏 20.8　内固定机制可能失败的症状和体征

- 下肢移动或者负重时出现腹股沟、大腿或者膝关节处严重、持续的疼痛。
- 出现进行性肢体长度差异（受累下肢短缩），但并非术后立即发生。
- 术后肢体持续外旋。
- 负重时受累下肢 Trendelenburg 征阳性，且不随着肌力训练而缓解。

专栏 20.9　近端股骨骨折内固定后训练和步态的特殊考虑

- 髋关节骨折时多数肌肉受到创伤，导致疼痛、反射性抑制和肌力下降。以下部位的骨折可能导致相应肌肉损伤。
  - 大转子：臀中肌
  - 小转子：髂腰肌
  - 转子下区域：臀大肌
- 手术过程中通常会切开阔筋膜张肌（TFL）及股外侧肌（VL），从而导致术后疼痛、肌肉活动受限以及髋关节外展肌和膝关节屈肌无力。
- 切开 TFL 和 VL 后会产生粘连并限制活动。髋关节内收、内旋及膝关节屈曲等活动会牵伸到 TFL、VL，因此常产生疼痛。
- 如果骨折或者内固定后受累肢体长度缩短，大转子上的臀中肌远端止点与髋关节运动轴心之间的距离往往会缩小，因此导致肌肉机械优势下降、肌无力以及行走时 Trendelenburg 征阳性。
- 关节囊内骨折通常破坏关节囊，且内固定也需要切开关节囊（关节囊切开术）。这两者都会导致术后关节囊活动受限。

聚焦循证

Mitchell 和他的同事进行了一项随机对照试验[105]，为了了解髋关节骨折术后早期康复阶段股四头肌抗阻训练 6 周的效果。该研究纳入了 80 例“体弱的老年”患者（所有患者年龄大于 65 岁，平均 80 岁）。所有受试者在术后进行 ROM 训练及功能训练的标准治疗方案。一半的患者在术后 16 天进行双侧膝关节抗阻伸展训练，开始时以 50% 1RM 的强度进行 3 组，每组 12 次，每周 2 次，第 5 周时进阶到 80% 1RM（译者注：RM，即最大重复剂量）的强度。

6 周抗阻训练后，试验组两侧股四头肌力量相比对照组显著增加。在功能性活动方面，试验组功能障碍和活动受限性减少程度也比对照组明显较多。然而，在步行速度和日常生活独立性测试方面两者没有显著差异。研究期间没有发生与训练相关的不良事件。

作者的结论是，尽管受到患者年龄和身体虚弱的影响，髋关节骨折术后进行早期中度到高强度股四头肌抗阻训练，其具有功能性益处并且患者可以耐受。

目标和干预措施。以下是术后早期住院期间和出院后的目标及运动和功能训练的干预措施[11,12,72,92]。患者教育贯穿于康复的整个阶段强调术侧肢体的逐步使用，安全性，预防术后并发症，降低未来跌倒的风险。

- **预防血管和肺部并发症。**
  - 每天通过规律地踝泵运动来维持血液循环，同时降低下肢深静脉血栓和血栓栓塞的风险。
  - 深呼吸训练和气道清理训练来避免肺部并发症。
- **增强上肢及健侧下肢的肌力。**
  - 针对关键肌肉群进行渐进性抗阻训练，用于床上活动、站立位转移和器具辅助下行走时抬升身体。

- 肌力训练主要采用闭链运动的形式，例如桥式运动，来模拟正常的运动模式。

■ **在负重限制范围内重建平衡性和姿势稳定以及进行安全独立的功能性活动。**

- 双下肢支撑下重心转移活动。
- 双下肢支撑足跟和足趾点地。
- 双下肢支撑稳定性训练（交替等长训练/节律性稳定）。
- 通过向各个方向够物来发展平衡能力。
- 床上活动、转移训练和借助辅助器具下的步态训练。

■ **防止术后髋关节及膝关节肌肉反射性抑制。**

- 术后肢体髋关节和膝关节肌肉低强度的等长训练。根据骨折部位及其稳定性做亚极量的臀大肌、外展肌、内收肌、股四头肌及腘绳肌的等长收缩训练。

■ **恢复患侧髋关节及其邻近关节的活动性和控制能力。**

- 在疼痛减轻和骨折愈合允许的情况下，做对患侧下肢髋关节和膝关节进行辅助 ROM 练习，再逐渐进阶到主动 ROM 训练。例如，仰卧位时，在做直腿抬高（SLR）之前做足跟滑动训练。当膝关节屈曲时，较短的力臂对骨折部位的旋转负荷相比长力臂要小。
- 健侧下肢骨盆倾斜和膝关节屈曲到胸前时要避免腰背僵硬。
- 在进阶到水平位置下直腿抬高前，先进行健侧下肢的站立同时用手抓住稳定平面来维持平衡，做无辅助下的髋关节屈曲、外展和伸展。
- 骨折部位稳定性允许情况下，在负重和不负重体位下做低强度抗阻训练。

注意：粉碎性转子下骨折做内侧骨皮质重建术后，髋关节开始做等长及动态训练时，推迟 4~6 周进行外展肌和内收肌的收缩训练以避免对骨折部位施加应力[157]。

运动：中度和轻度保护阶段

6 周时，软组织愈合；8~12 周时，根据患者年龄和健康状况，骨骼已经有了一定程度的愈合。康复 6 周后，除了特殊情况，若起初没有开始但现在至少可以根据耐受程度部分负重或完全负重。8~12 周，虽然患者可以逐渐使用辅助器具行走，但大部分患者超过这个时间限制仍继续使用手杖之类的辅助器具。

康复的中期和最后阶段，重点是增加患侧下肢肌力和控制能力以及逐渐增加患者功能性活动水平。但是，患者常常在术后 7~9 周或是不超过 12 周的时间内出院而终止治疗。

髋关节骨折手术后延长训练计划。一些研究表明，术后康复的标准课程结束后，经患者外科医生的许可，尽早于术后 6 周或者不晚于 5~7 个月（取决于训练计划的强度）开始进行监督下且仔细规划的抗阻训练以增加力量，是安全有效的[19,60,67,91,145,146]。

这些研究中运动计划的强度、频率和延长运动的持续时间各不相同，用于抗阻训练的器械也有弹性阻力器械和重量训练器械。表 20.5 总结了 5 项研究中训练计划的特点。这 5 项关于髋关节骨折术后管理的研究的更多细节和成果将在本节结论部分讨论。

临床提示

髋关节骨折手术后，轻度至中等体弱的老年人在完成了一项 6 个月的标准训练计划治疗后，包括渐进抗阻训练，他们患侧肢体肌力恢复到与健侧肢体相当的水平[67]。

目标和干预措施。以下目标和训练适用于中期及进阶期的康复。

■ **增加慢性短缩肌肉的柔韧性。**受累的肌肉包括踝关节跖屈肌、髋屈肌及腘绳肌。建议的牵伸技术如下。

- 膝关节伸直坐在床上，用毛巾或者在照护者协助下牵伸跟腱，或者在站立下操作。
- 仰卧位（托马斯测试）下做髋屈肌的牵伸。

表 20.5　髋关节骨折术后训练计划摘要

第一作者及研究类型	受试者：人数和平均年龄	环境、形式、干预时间	训练频率、持续时间、运动类型	渐进抗阻训练特点
Binder[19] 两组试验组的随机对照试验	*N*=90 干预组：*n*= 46；80 岁 对照组：*n*=44；81 岁	机构：干预组以小组形式，对照组以居家形式 不晚于术后 16 周开始	干预组：两个阶段各为期 3 个月，每周 3 次的治疗 阶段 1：共计 22 次训练（柔韧性、平衡、有氧、低强度抗阻训练） 阶段 2：阶段 1 训练计划加入中到高强度的渐进抗阻训练 对照组：阶段 1 训练，无渐进抗阻训练	开始时 1~2 组，每组 6~8 次 65%1RM 的强度进阶到 3 组，8~12 次　的 85%~100%1RM 强度 力量器械 训练：双膝关节屈曲伸展、腿部推举、坐姿推举、二头肌弯举、坐位划船
Hauer[60] 两组试验组的随机对照试验	*N*=28；所有人至少 75 岁 干预组：*n*=46；81.7 岁 对照组：*n*=44；80.8 岁	机构： 小组形式； 骨折后 6~8 周开始	干预组：3 个月，每周 3 次；循序渐进抗阻训练，平衡和功能性训练 对照组：牵伸，坐位健美体操，记忆训练	2 组，70%~90%1RM 强度 力量器械和体重阻力 训练：腿部推举，髋关节 / 膝关节伸展训练，踝关节跖屈训练
Mangione[91] 三组试验组的随机对照试验	*N*=33 抗阻组：*n*=11；77.9 岁 有氧组：*n*=12；79.8 岁 对照组：*n*=10；77.8 岁	居家：个体形式；抗阻组、有氧组和对照组分别于术后 19.4 周、19.7 周、12.6 周开始进行训练	共计 3 个月；前两个月，每周 2 次，最后一个月，每周 1 次	3 组，每组 8 次 8RM 强度的便携式抗阻训练仪或体重作为阻力 训练：仰卧位，髋关节和膝关节伸展训练，髋关节外展训练，站立位髋关节伸展训练；站立位踝关节跖屈（提踵）训练
Latham[83] 两组试验组的随机对照试验	*N*=232 干预组：*n*=120；77.2 岁 对照组：*n*=112；78.9 岁	居家：传统康复后个体形式；干预组骨折后 9.5 个月开始训练，对照组 8.6 个月开始训练	6 个月，每周 3 次 干预组：功能任务和站立训练 对照组：心血管健康的营养教育	弹性阻力的功能任务训练；负重站立训练或不同高度的台阶训练
Singh[150] 两组试验组的随机对照试验	*N*=124 干预组：*n*=62；80.1 岁 对照组：*n*=44；78.4 岁	临床，个体医嘱；骨折后 6~8 周开始训练	12 个月，每周 2 次 试验组：高强度渐进抗阻训练 对照组：一般多学科护理治疗	全身渐进抗阻训练（上下肢最大肌力的 80%）；进阶平衡训练

- 坐在床边做腘绳肌的牵伸，一侧下肢髋关节屈曲膝关节伸展，另一侧下肢伸展到支撑面一侧（图 20.18）。

- **提高下肢肌力和耐力以促进功能性活动**。参考本章后面关于运动干预的介绍来了解以下运动。
  - 术后患侧下肢允许部分负重时尽早进行双下肢主动的闭链运动，例如以体重作为阻力、以桌子或者助行器支撑及保持平衡的半蹲和提踵运动。
  - 在负重耐受范围内做弓箭步、前及侧向台阶运动。
  - 开始时髋关节和膝关节做对抗轻到中度的（小于 5 磅，约 2.27 千克）弹性阻力或者沙包阻力的开链运动。主要做对步行有帮助的髋关节伸展和外展动作。
  - 任务导向型训练，例如爬台阶或者是步行时背负小重物。

- 改善姿势稳定性、神经肌肉反应、站立平衡及功能性活动。
  - 根据患者年龄及期望运动水平进行合适的平衡训练（见第 8 章和第 23 章）。
  - 不同的速度、不同的平面下进行步行训练。
- 增加有氧能力及心肺耐力。
  - 功率自行车，上肢肌力训练仪或者跑步机行走训练。
  - 可以做与年龄匹配的有氧功能训练活动，社区性运动，以增加步行距离和速度。

聚焦循证

《老年人髋关节骨折治疗临床实践指南》（*A CPG for hip fracture management in the elderly*）[1] 指出，在护理过程中监督下的作业治疗和物理治疗的中度支持可以改善功能结果，防止跌倒，在股骨骨折患者出院后强化物理治疗时提供强有力的支持。

结果

整体结果。真正可以评价髋关节骨折后的手术治疗和术后康复成功与否的标准是患者恢复到骨折前的功能水平。股骨颈骨折患者损伤前的功能性活动水平是术后生存的关键因素 [66]。在一项针对髋关节骨折患者的随访研究中，只有 33% 的患者，在术后 1 年可以恢复到损伤前的基础性日常生活活动和工具性日常生活活动功能水平 [72]。考虑到典型的髋关节骨折患者的高龄和健康状况，术后 1 年高死亡率是不足为奇的，死亡率从 12% 到 36% 不等，取决于其平均年龄、一般健康状况和骨折的严重程度 [76]。经过 1 年的恢复，死亡率与没有经历过髋关节骨折的同龄受试者相当 [76]。

在一项研究中显示在术后 1 年存活的患者中，有 83% 的患者具有独立行走的能力（在没有铺地毯的平滑地面走 50 英尺，约 15.24 米）[11]。在另一项研究中，92% 的患者恢复独立行走，但只有 41% 的患者恢复了骨折前的行走水平 [77]。在一项对居住在社区的老年人（平均年龄 83.4 岁）的研究中，因髋关节骨折出院后 6 个月后有 53.3%（48/90）的患者出现过一次或多次跌倒 [148]。髋关节骨折后需要借助辅助器具行走，以及患者骨折前跌倒史都是出院后跌倒的预测因素。

康复的影响。根据美国国家康复研究中心的一份报告显示运动治疗是所有影响髋关节骨折后预后的因素中很少被研究的对象之一 [168]。确实有小部分证据表明康复与积极的预后有相关性。例如，在一项研究中，去做物理治疗的次数与独立行走的能力呈正相关 [11]。另一项研究表明，进行物理治疗的频率增加了髋关节骨折术后恢复功能独立以及直接从急性护理机构回家的可能性 [58]。

在一项随机对照研究中，受试者参与 1 个月的居家训练计划，结果显示膝关节伸肌肌力和行走速度的增加比对照组更明显 [145]。另一项随机对照研究评估了为期 6 个月的居家训练计划，包括功能性任务和力量训练，结果显示实验组相对于对照组在客观表现和主观结果上均有显著改善 [83]。另一项研究比较了住院康复早期 2 周负重和不负重运动的效果，发现两组患者在下肢肌肉力量、平衡、步态和其他功能方面都有显著改善。然而，两组之间没有显著差异 [146]。这项研究支持了在早期康复中这两种训练的价值。

本节中总结的这些研究，结果显示与参加低强度或不做抗阻训练的组相比抗阻训练组的肌肉力量、功能性活动和日常生活活动能力方面有显著提高 [19,60,91]。Binder 及其同事 [19] 的研究中也显示抗阻训练组自觉失能等级显著降低，而只进行低强度或者不做训练的对照组没有该表现。Hauer 等人 [60] 的研究显示，抗阻训练组患者行走的稳定性得到了改善，但害怕跌倒的程度没有改变。

出院后从“标准”术后管理转变成中、高强度的抗阻训练不仅是可行的，而且是安全的。除了抗阻训练的前几周有轻微肌肉酸痛的报告，仅有一项研究报道了与训练相关的不良事件，而且这些不良反应并不是特定发生在髋关节 [19]。一项评估多学科干预，包括高强度运动的研究显示死亡和住院的风险降低，同时对辅助器具的依赖程度也有所降低 [150]。然而，并不是所有的髋关节骨折后的康复训练都是有效的。在一项研究中，术后6个月的时间内，长期居家进行多方面的康复计划组（包括广泛的日常生活活动和工具性日常生活活动训练）与传统的术后锻炼及行走训练组相比，两组之间没有显著差异[158]。

髋关节疼痛综合征：非手术管理

症状相关的病理及病因学

除了关节炎以外，髋关节周围疼痛也可能是肌肉、肌腱、滑囊或髋臼唇的疾病引起的。症状通常是由于组织过度使用或反复损伤，也可能是潜在的结构或异常的生物力学因素造成的。

聚焦循证

《国际非关节炎性髋关节疼痛相关功能、残疾和健康分级临床实践指南》（*The CPG for Non-arthritic Hip Joint Pain linked to the International classification of Functioning, Disability and Health*）[45]指出关节内结构异常是非关节炎性髋关节疼痛的潜在来源，包括髋关节撞击综合征、结构不稳、髋关节盂唇损伤、软骨病变、关节游离体和韧带撕裂，以及确认的肌肉骨骼系统中关节外结构损伤。

肌腱因素

髋关节周围肌腱的过度使用或外伤，可能是因为肌肉收缩时过度紧张，或由于反复使用且在不同活动之间没有留下足够休息时间让受伤组织愈合。

肌腱病变和肌肉拉伤。肌肉拉伤通常包括屈髋肌、内收肌和腘绳肌的拉伤。柔韧性降低和肌肉疲劳可能导致个体在活动或体育运动中易于拉伤和（或）受伤，比如在冰上突然滑倒，也会导致肌肉拉伤。

反复创伤。主动肌与拮抗肌之间或协同肌肉之间肌力和柔韧性失衡可能导致反复或高强度活动相关的过度使用损伤。髋关节常见的过用综合征可能反映了阔筋膜张肌和股直肌作为屈髋肌占优势，外展肌和内旋肌、臀中肌和臀小肌明显较弱，或腘绳肌相对臀大肌占优势[142]。研究表明过度使用梨状肌，表现出臀大肌和臀中肌的无力[159]。由于这些肌肉与骨盆和膝关节的关系，以及异常生物力学对负重功能的影响，这些肌肉失衡的患者也可能出现腰背部或膝关节的症状。

滑囊炎

股骨转子滑囊炎。随着股骨转子滑囊发炎，当髂胫束在大转子上摩擦时，会在髋关节外侧产生疼痛，并可能从大腿外侧延伸到膝关节。不对称地站立很长一段时间，伴随着髋关节抬高并内收，同时对侧骨盆下降，可能会感到不舒服。行走和爬楼梯会加重这种症状。肌肉的柔韧性、力量的失衡，以及由此导致的骨盆异常运动模式可能是导致滑囊发炎的诱因。

腰大肌滑囊炎。当腰大肌滑囊发炎时，在腹股沟或大腿前侧，也可能在髌骨区域会有疼痛。过度的、反复的髋关节屈曲动作会加重这种情况。

坐骨结节滑囊炎。当有坐骨结节囊发生炎症时，坐骨结节周围会感到疼痛，尤其是坐着的时候。如果邻近的坐骨神经受到肿胀组织的刺激，就可能出现坐骨神经痛的症状。

髋关节撞击综合征

外伤、盂唇的撞击、关节囊松弛、发育不良以及髋关节变性是盂唇撞击撕裂的致病因素，并可导致髋关节前侧或腹股沟疼痛[6,57,86,164]。这可能与髋臼或股骨结构异常相关[6]。老年人髋关节骨关节炎与髋臼唇病理学相关[57]。患者通常表现出活动时疼痛，并描述有机械性症状，如咔嗒声、绞锁、紧扣或打软的感觉[86]。腹股沟疼痛最常与前侧撕裂有关，臀部疼痛最常与后侧撕裂有关。对于前侧病变，阳性测试通常包括关节盂唇前方撕裂试验（屈髋联合，内收和内旋）和关节面摩擦试验[6]。进行滚木试验将股骨旋转到内旋位时，可能会引起疼痛或弹响，并且进行Faber试验（屈髋、外展、外旋）也可能会限制活动和造成腹股沟疼痛。研究显示了肌肉的柔韧性和力量的失衡，包括髋关节屈肌和腰部伸肌过紧，臀大肌无力和腹部肌肉受到抑制[57]。通常应用X射线和磁共振成像（钆造影剂）来诊断盂唇病变。

> **临床提示**
>
> 尽管通常手术治疗髋关节撞击综合征，但提倡先保守治疗一段时间，以解决一些生物力学障碍。强调髋关节的对线，减少关节的前向力，并促进髋关节肌肉长度、力量的平衡。加强髋关节外展肌、臀大肌、髂腰肌和外旋肌肌力，并加强腘绳肌的柔韧性。避免髋关节负重旋转（绕轴旋转），纠正异常步态，如膝过伸，其可能导致站立位的髋过伸[86]。任何锻炼都不应该引起疼痛。

常见结构和功能障碍

疼痛。在肌腱拉伤的情况下，当涉及的肌肉收缩或牵伸，或刺激活动重复时，症状就会出现，通常限制参与日常活动、社区活动或体育活动。当受到撞击（关节囊或盂唇撕裂）时，症状通常发生在相关组织被挤压在相对的结构之间。

步态异常。疼痛侧肢体的支撑相较短。在步态上可能会有轻微的倾斜或偏移，以减少对受损结构的压力。

肌肉柔韧性和神经肌肉控制失衡。协同性肌肉的柔韧性以及激活模式的改变可能是许多髋关节疼痛综合征的诱因。本章的简介部分已经描述了失衡并且总结于髋关节疼痛综合征相关部分。

肌肉耐力下降。如前所述，肌肉疲劳可能导致关节姿势改变、压力以及肌肉使用不平衡。

管理：保护阶段

患者宣教

告诉患者调整活动的重要性。做出调整以避免对患者造成损伤，例如，避免撞击部位；改变引起症状的坐姿、站姿或睡姿；临时使用辅助器具以减轻压力；避免做使患者状况恶化的训练[45]。

控制炎症并促进愈合

当急性损伤引起慢性刺激或炎症时，按照第 10 章中描述的原则，强调不加压或对相应组织施加压力使其得到休息。

强化相关领域支持

开始训练，最大化神经肌肉控制，纠正骨盆与髋关节对线以及加强薄弱肌肉的力量。运动中避免压迫发炎的组织。为减少反复损伤，患者的宣教和配合是有必要的。

管理：动作控制阶段

当急性症状有所减轻时，在受累组织耐受范围内开始进阶锻炼，以提高肌肉功能。训练计划应该强调恢复髋关节、躯干以及其他下肢肌肉长度、神经肌肉控制、肌力和耐力的平衡。

强化强韧的瘢痕和恢复柔韧性

如果怀疑会产生瘢痕，可以重塑肌肉或肌腱，在病变部位采用横向纤维按摩（如果可行），然后在无痛的位置下做多角度亚极量肌肉等长收缩。

髋关节肌肉长度及肌力的平衡

具体的练习在本章的训练部分中有描述。

- 以缓和、循序渐进的技术牵伸活动受限的肌肉。指导患者以合适的稳定方式做安全有效的自我牵伸。
- 开始强化神经肌肉控制来训练肌肉以优化股骨力线，强调髋关节外旋，外旋结合外展以及以臀大肌为主的伸髋。
- 当患者能够做到正确的肌肉控制并且可以维持正确的力线时，可以在关节活动范围内进行薄弱肌肉的肌力训练。
- 当患者可以耐受时即开始可控的负重训练。因为个体在完成日常活动时可能已经站立或者行走了，但是他们可能不能承受比愈合早期高很多强度的闭链运动，所以需要谨慎而为。仔细观察患者的训练，以确保其使用正确的运动模式。

> **临床提示**
>
> 常见的异常模式是负重时增加髋关节的内收内旋，此时膝关节也可能外翻塌陷。通过让患者下楼梯或坐位时注意维持膝关节垂直在脚的上方，以提高患者膝关节力线对齐的意识。

- 没有直接受伤却产生了不对称力量的肌肉也应被牵伸并加强肌力。患者可能没有足够的躯干协调性或肌力，此时如果髋关节过度代偿，则可能导致潜在问题（见第 16 章关于强化躯干肌肉控制与稳定性的建议）。
- 运用促进肌肉对称性激活的训练，如骑自行车或平行杠内部分负重及重心转移训练。观察躯干、髋关节、膝关节、踝关节的协调性和运动模式。
- 一旦产生疲劳、代偿动作或运动链中薄弱的地方感到疼痛即停止训练。

强化肌肉及心肺耐力

- 对于肌肉耐力训练，患者可以安全地训练 1~3 分钟后再考虑进阶到下一个难度等级的训练。
- 确定有氧活动不加重患者的症状。患者可能只需要调整他们当前有氧运动中的活动强度。

患者宣教

当患者已经掌握了神经肌肉控制与安全独立的牵伸、肌力训练及有氧活动时，即可开始居家训练计划。为患者训练计划的调整和进阶提供定期的随访指导。

管理：功能恢复阶段

- 进行闭链运动和功能训练，包括平衡训练、神经肌肉控制和肌肉耐力训练。
- 运用特定的原则；如果需要返回到工作、活动或体育赛事，需要增加离心抗阻训练和速度控制的训练。
- 进展到与预期结果一致的运动模式。使用加速 / 减速训练和超等长训练。
- 当患者达到预期功能性活动时，评估全身功能状况。在功能性运动期间，促进学习动作的时机和时序。
- 恢复到理想功能状况之前，让患者在可控的环境下进行限定时间的活动。根据患者耐受情况，丰富环境复杂程度，增加活动的强度和持续时间。

聚焦循证

《髋关节非关节炎性疼痛临床实践指南》（*The CPG for Nonarthritic Hip Joint Pain*）[45] 支持包括患者宣教和患者咨询等干预措施以减少疼痛加重因素并控制疼痛；髋关节关节囊和筋膜限制的关节和软组织的松动；运动治疗增强柔韧性、肌力及协调性；以及神经肌肉协调的再教育。

髋关节区域的运动干预

无论什么原因，髋关节肌力或者柔韧性失衡都会导致腰椎骨盆和髋关节机制异常，这将会造成腰背、骶髂关节或髋关节疼痛（详见第 14~16 章）。肌肉柔韧性和肌力失衡引起的髋关节机制异常也可能在负重的情况下影响膝关节和踝关节，潜在地造成这些部位的过用综合征或者压力增加（见第 21 章和第 22 章）。

增加柔韧性和关节活动范围的训练技术

本节的训练技术针对纠正髋关节周围受限的肌肉和软组织的柔韧性给出了一些建议。第 4 章介绍了被动牵伸和神经肌肉抑制的原理和技术。第 5 章介绍了关节松动术的原理和技术。本节描述了针对性指南及自我牵伸技术。

柔韧性（自我牵伸）训练根据受限的等级以及患者参与的能力来选择，其对加强治疗师实施的治疗干预很有价值。对于每位患者来说，下面的训练并非对每个人全部适用。因此，治疗师应该根据每位患者的功能和每一次运动功能的进展来选择适当的练习和强度。回想一下，当患者能够收缩受限肌肉的拮抗肌，这不仅锻炼了主动肌，还增加了相互抑制的拮抗肌的功能。这个有益于在新增加的关节活动范围内有效地控制动作的执行。

髋关节结构受限的牵伸技术

注意：双关节肌在膝关节处被拉长时，同时可限制髋关节全关节活动范围。第一节将描述增加髋关节运动的牵伸。因此，在牵伸这些肌肉时，经过膝关节的双关节肌必须保持松弛状态。在第二节中，我们将描述特殊的双关节肌肉的牵伸技术。

增加髋关节伸展范围

俯卧撑

患者体位与操作：俯卧位，双手与肩同宽撑于床面，要求患者胸廓向上举，同时骨盆向下（图 15.4B）。

注意：这项练习也会使腰椎伸展。如果有疼痛辐射到患者的腿，而在躯干前部、髋关节、大腿没有产生牵伸的感觉，应停止练习。

托马斯测试牵伸

患者体位与操作：仰卧位，髋关节置于治疗床的边缘，两侧同时屈髋屈膝，用手环抱待牵伸对侧的大腿使其朝着胸部的方向运动。嘱患者控制待牵伸大腿慢慢地向下，同时让膝关节伸展。如此，跨两个关节的股直肌不会限制活动范围。避免大腿外旋和外展。指示患者用腿的重力产生牵伸力并在关节的末端放松紧张的肌肉（图 20.10）。治疗师可以使用徒手牵伸的方法，或者在大腿远端使用保持 – 放松的技术（图 4.26）。

改良击剑式牵伸

患者体位与操作：按照击剑者弓箭步姿势站立，受累腿在后伸直，健侧腿在前。后侧腿和前侧腿的位置在同一平面，脚指向前方。患者首先做骨盆后倾的动作，然后将身体的重心转移到前腿，直到后腿的髋关节周围前方感受到牵伸为止（图 20.11）。如果后腿的足跟贴在地面上，这个练习也能牵伸腓肠肌。

跪式击剑式牵伸

患者体位与操作：待牵伸的一侧腿呈跪位，健侧腿向前呈髋 / 膝屈曲位，脚平放于地面。患者首先做骨盆后倾的动作，然后将身体的重心转移到前侧腿上，直到后侧腿的髋关节周围前方感受到牵伸为止。将受累髋关节置于内旋位可以增加牵伸效果。

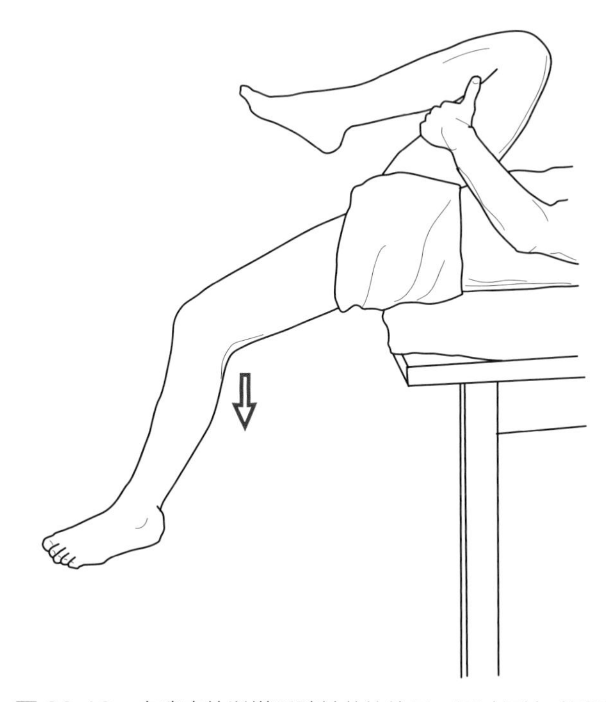

图 20.10　自我牵伸以增强髋关节的伸展。通过保持对侧髋关节处于屈曲位以固定骨盆。当患者放松时大腿的重量会提供一个牵伸的力，允许膝关节伸展并重点牵伸单关节髋屈肌（髂腰肌）。保持屈膝和髋关节中立位旋转，当大腿降低时重点就在于牵伸双关节的股直肌与阔筋膜张肌

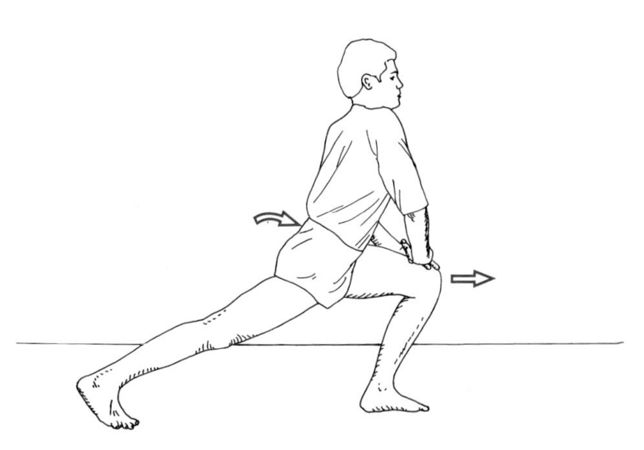

图 20.11　运用改良箭步蹲进行屈髋肌和髋关节前部软组织的自我牵伸

增加髋关节屈曲范围

双膝抱于胸前牵伸

患者体位与操作：仰卧位，患者双膝朝向胸部移动，并且用手固定住大腿，直到髋关节的后部感受到牵伸为止。注意患者体位的改变，因为如果骨盆抬离垫子，腰椎即处于屈曲位，使牵伸的力量从髋关节转移到此处。

单膝抱于胸前牵伸

患者体位与操作：仰卧位，患者单侧膝向胸部移动，并用手固定住大腿。同时另一侧下肢尽可能地向下伸展。此位置使牵伸力量单独作用于屈曲的髋关节，并有助于稳定骨盆。

为了加强臀大肌的牵伸，患者可以将膝关节朝着对侧肩关节的方向拉动。

四点跪位牵伸

患者体位与操作：四点跪位，患者骨盆处于前倾位，腰椎伸展（图 20.12A）；然后腰椎保持在伸展位，同时将臀部向后移动，努力坐到足跟上。手臂保持向前（图 20.12B）。当保持腰椎伸展位时，应避免弯曲，这一点很重要，因为如此才能使牵伸力作用于髋关节。

短坐牵伸

患者体位与操作：坐在椅子上或抬高的训练垫的边缘（髋关节保持 90° 屈曲位）。骨盆向前旋转同时腰背部伸展保持脊柱稳定。患者抓住椅座（或垫子）的前缘，躯干向前倾，保持背部拱起，这时，运动只发生在髋关节。

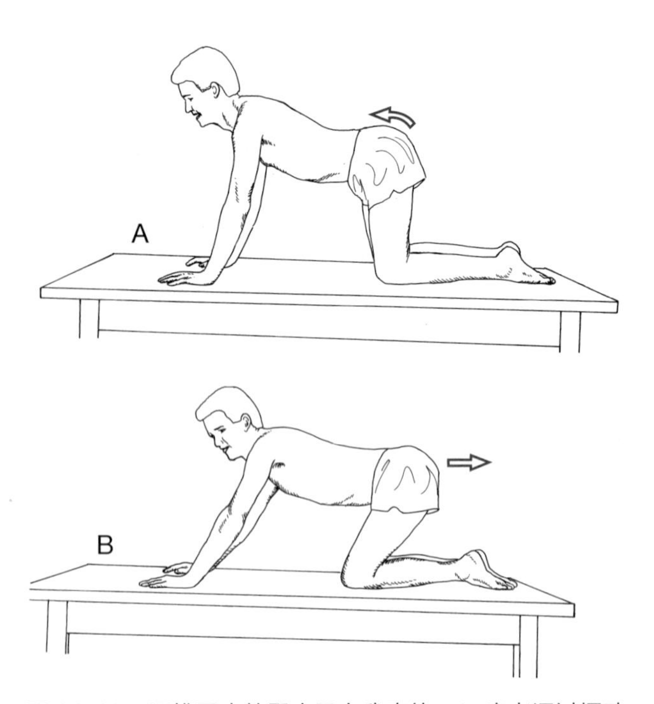

图 20.12　腰椎固定的臀大肌自我牵伸。A. 患者通过摆动四肢将自己调整至骨盆前倾位，致使腰椎处于伸展状态。B. 保持腰椎伸展的同时，患者使臀部向后，尝试坐于足跟。当不能再保持脊柱前弯时，则达到了屈髋终末端；保持这个姿势以牵伸臀大肌

增加髋关节外展范围

患者体位与操作：仰卧位，双侧髋关节屈曲 90°，膝关节伸展，腿和臀部倚靠在墙上。患者利用重力作为牵伸力，使双侧髋关节尽量外展（图 20.13）。

同时增加髋关节外展外旋范围

- **患者体位与操作：**坐位或仰卧位，双脚并拢，双手置于膝关节的内侧。患者持续用力朝着地面的方向下压膝关节。足越靠近身体躯干，牵伸作用越强。

注意：仰卧位牵伸时，让患者腹肌收缩，维持脊柱中立位，以此来稳定骨盆和腰椎。

- **患者体位与操作：**坐位或勾腿仰卧位，将踝关节置于对侧大腿上以牵伸（Faber 测试或 4 字试验；图 20.14）。患者一只手向下压膝关节，另一只手将踝关节固定在大腿上。

为了增加髋关节后侧肌群的牵伸，患者髋关节向前屈曲（如果在勾腿仰卧位时，将屈曲的膝关节移向胸部），同时保持腰椎伸展，骨盆中立位（不倾斜于一侧）。

- **患者体位与操作：**以击剑的姿势站立，后侧腿外旋位，患者将重心逐渐转移至前腿，直到后侧腿的大腿内侧感受到牵伸为止。

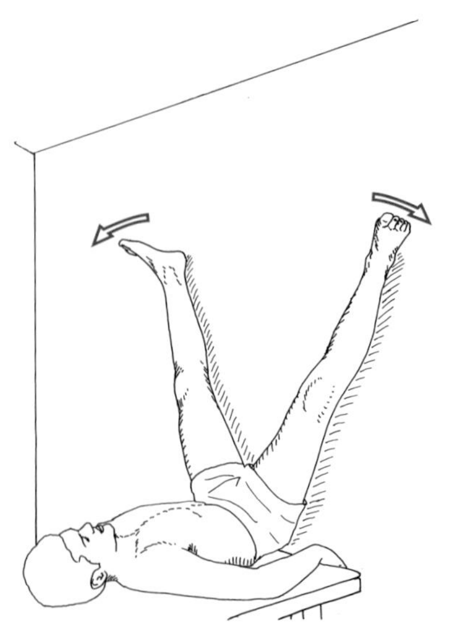

图 20.13　通过屈髋 90° 体位进行内收肌的自我牵伸

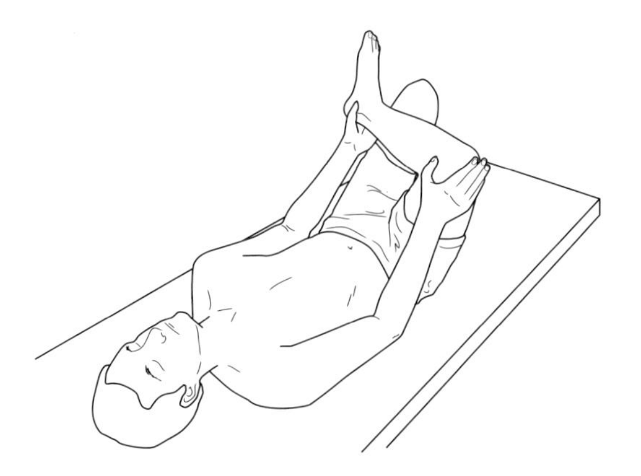

图 20.14　通过使用 4 字式自我牵伸增加髋外展和外旋

增加髋关节内旋范围

患者体位与操作：长坐位姿势于垫子上，将待牵伸侧大腿屈曲并跨过对侧的大腿（图 20.15）。保持足部固定和内收，通过膝关节向内侧移动来使髋关节内旋。

双关节肌肉运动受限的牵伸技术

股直肌的牵伸

注意：股直肌是股四头肌中唯一一块跨关节肌肉。当膝关节保持屈曲位时，可通过伸展髋关节将其拉长。

托马斯测试牵伸

患者体位与操作：仰卧位，髋关节置于治疗床边缘，双侧同时屈髋屈膝，用手将非紧张侧大腿抱于胸前。膝关节保持屈曲同时，患者有控制地降低大腿，朝着治疗床的方向伸展。不要让大腿外旋或外展。指示患者利用腿的重量产生牵伸力，并且在关节活动范围末端放松紧张的肌肉。患者通过收缩伸肌群，进一步伸展髋关节（图 20.10，但膝关节屈曲位）。

注意：这个与增加髋关节伸展范围的牵伸相同——除了牵伸股直肌，膝关节需要保持屈曲，这时髋关节伸展范围减少。

俯卧位牵伸

患者体位与操作：俯卧位，待牵伸侧膝关节屈曲。患者抓住同侧踝关节（或者绕着踝关节放一条毛巾或绑带）并屈曲膝关节。随着肌肉柔韧性增加，在大腿远端的下方放一块小的折叠的毛巾以此来进一步伸展髋关节。

注意：避免髋关节外展、外旋，以及脊柱过伸。

站立位牵伸

患者体位与操作：站立位，保持髋关节伸展，膝关节屈曲，并用手抓住踝关节。在整个牵伸过程中指示患者保持骨盆后倾，髋关节外展 / 内收中立位，同时应避免背部拱起或弯向一侧（图 20.16）。

注意：如果股直肌过紧以致不能安全地完成这种牵伸。患者可以把他们的足放在身体后方的椅子或凳子上，以取代手抓住踝关节。

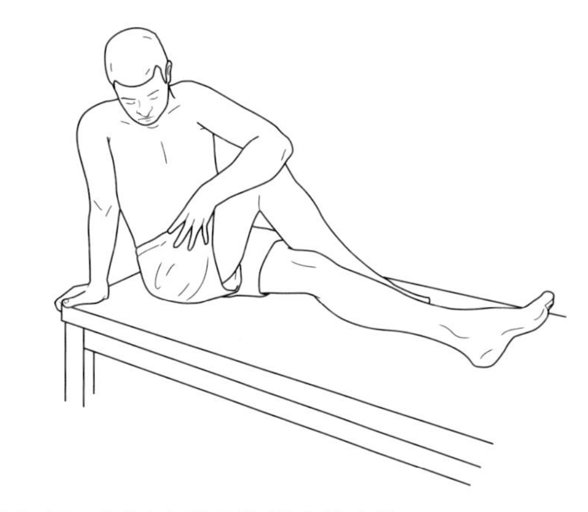

图 20.15　通过自我牵伸增大髋内旋

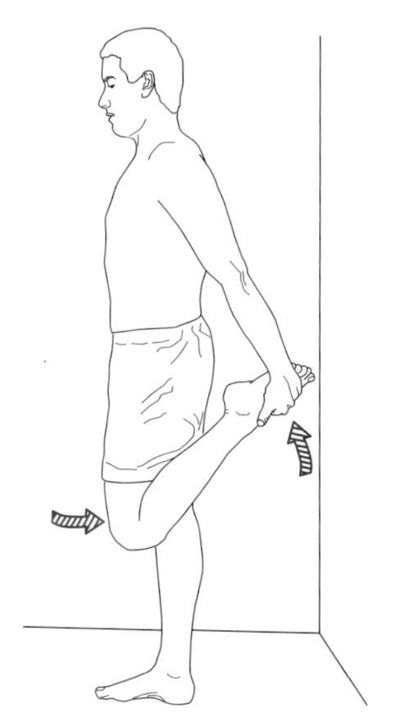

图 20.16　站立位进行股直肌的自我牵伸。股骨与躯干保持在一条直线上。注意必须维持骨盆后倾并不要弯曲或者旋转背部

腘绳肌牵伸

注意：膝关节保持伸展位时，通过屈髋来牵伸跨关节的腘绳肌。

直腿抬高

患者体位与操作：仰卧位，在大腿后侧放一块毛巾。患者维持受限肢体膝关节伸展和髋关节屈曲，最大限度地进行直腿抬高。同时，拉动毛巾以增加髋关节屈曲角度。

门边腘绳肌牵伸

患者体位与操作：仰卧在地板上，一条腿穿过门，另一条腿（待牵伸的）靠在门框上。为了有效地牵伸，骨盆和对侧的腿必须贴在地面上，同时膝关节保持伸展位。

- 在患者可耐受情况下，为了增加牵伸效果，可将臀部向门口的方向移动，同时保持膝关节伸展（图 20.17A）。
- 教患者采用保持 – 放松 / 主动肌收缩技术，将待牵伸侧腿的足跟抵在门框上，产生等长收缩，再放松，最后将腿从门框上移走（图 20.17B）。

椅子或床上腘绳肌牵伸

- **患者体位与操作**：坐位，将腿伸到另一张椅子上或坐在治疗床边缘，将待牵伸侧腿放在治疗床上，另一只脚放在地上。躯干朝着大腿的方向向前倾斜，同时保持背部中立位，因而运动只发生在髋关节（图 20.18）。
- **其他体位**：站立位，将四肢置于长凳或椅子上进行牵伸。患者将躯干向前朝着大腿的方向倾斜，保持背部稳定于中立位，使运动只发生在髋关节。

坐位体前屈

注意：在训练课中常用坐位体前屈来牵伸腘绳肌。让患者触碰到足趾并不只选择性地牵伸腘绳肌，还同时牵伸了腰部和背部，这一点的认识很重要。坐位体前屈是一种常规的柔韧性练习，往往掩盖了某一个区域软组织的缩短且过度牵伸柔韧性已经很好的组织。是否能触碰到足趾，取决于很多因素（如体型，手臂、躯干和腿的长度，胸腰部的柔韧性，腘绳肌和腓肠肌的长度）。

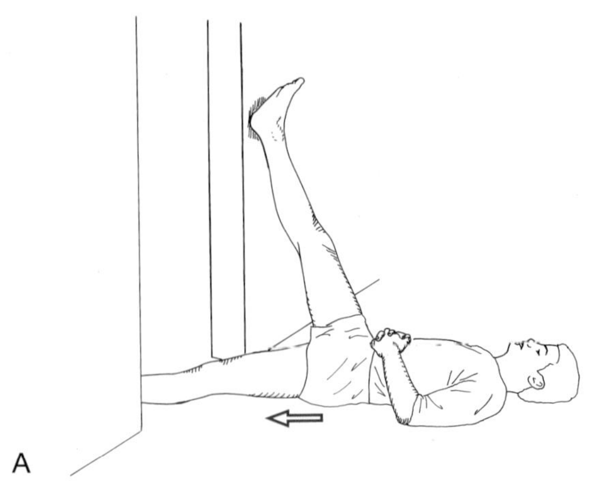

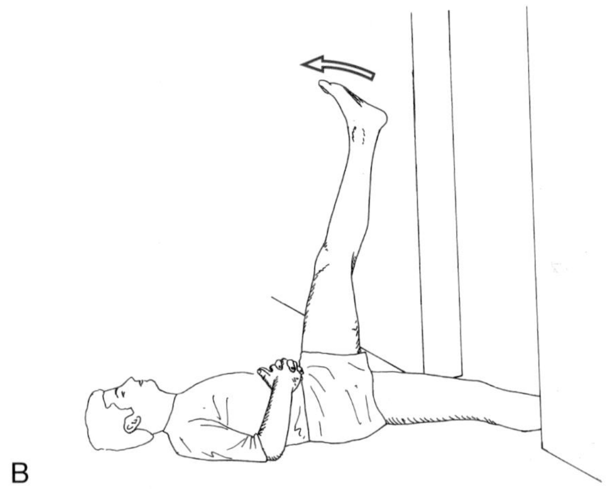

图 20.17 腘绳肌的自我牵伸。A. 将臀部靠近门框产生额外的牵伸。B. 将腿抬起远离门框产生额外的牵伸

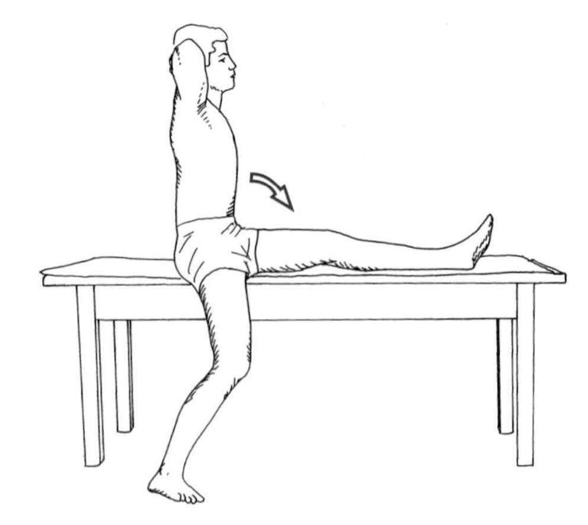

图 20.18 通过屈髋时将躯干倾向伸直的膝关节来进行腘绳肌的自我牵伸

患者体位与操作：站立位。因不鼓励“接触足趾”这个观念，教患者向前屈曲时将手置于髋关节。当站立位时，为了针对性地牵伸腘绳肌，可使

用向前屈曲的方法，嘱患者首先前倾骨盆来伸展腰椎，然后维持背部姿势，并在脊柱伸展的情况下做仅有髋关节（髋关节为枢纽）参与的向前屈曲动作。这时腘绳肌会有牵伸的感觉。

注意：当患者腰背部损伤时不可以使用这种牵伸技术。因为向前屈曲时，很大程度上增加了腰背部肌肉的激活和对软组织的机械应力。

牵伸阔筋膜张肌和髂胫束

注意：阔筋膜张肌（TFL）止于髂胫束（IT），髂胫束延伸嵌入到伸肌结构及膝关节外侧筋膜中。TFL 是髋关节的屈髋肌、外展肌和内旋肌，需要在这三个方向摆好体位才能达到有效的牵伸。另外，髂胫束的放置要跨过大转子并且屈曲膝关节才能有效地牵伸肌肉。再次，在后期增加膝关节屈曲角度也是一种加强的牵伸技术，这可以增加牵伸 TFL 的有效性。

仰卧位牵伸

患者体位与操作：仰卧位，在髋关节和背部下面垫两个枕头以保持髋关节伸展。指导患者将健侧肢体跨过受累肢体，因此受累大腿有内收和内旋的空间。健侧足放置在内收的大腿的膝关节外侧，并协助保持在牵伸的体位（图 20.19）。

侧卧位牵伸

患者体位与操作：侧卧位，待牵伸的大腿放在上方。下方肢体屈曲以支撑，骨盆侧倾，因此腰部紧贴床垫或者地面。外展上方的腿且使之在身体平面内（伸展）。维持在这个姿势下，让患者外旋髋关节，然后逐渐放下大腿（内收）到牵伸的体位（图 20.20A）。

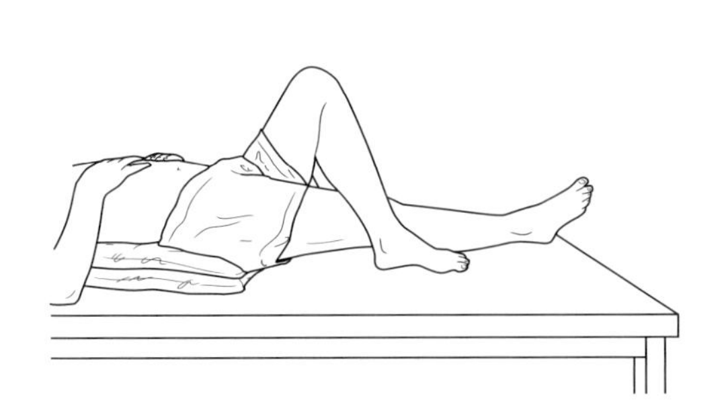

图 20.19　自我牵伸阔筋膜张肌：仰卧位。以枕头支撑脊柱和骨盆，允许髋关节伸展。横跨的足部稳定股骨在内收和外旋位

注意：重要的是维持躯干对齐，并且避免其向后转动。若躯干向后转动，髋关节将会屈曲，同时髂胫束滑到大转子前方而降低牵伸的效果。

- **进阶**：用皮带或者薄带子绕过受累腿的脚踝，从肩上跨过让患者用手抓住另一头（图 20.20B）。指导患者首先屈曲膝关节、外展髋关节，然后伸展髋关节（这确保髂胫束位于大转子上）。然后再指导患者轻微外旋的同时内收髋关节，直到感觉到沿着膝关节外侧有张力。如果可以耐受，可以在大腿外侧放置 2~5 磅（0.91~2.27 kg）重物以增加牵伸，并保持这个位置 20~30 分钟（图 4.29）。
- **侧卧髂胫束筋膜松解术**。请见第 21 章泡沫轴放松的介绍和指导（图 21.22）。

站立位牵伸

患者体位与操作：待牵伸的一侧身体靠墙站立，同侧手放在墙上。让患者待牵伸的下肢伸展、内收、外旋，并且交叉放在另一侧下肢后方。双足平放于地面，健侧膝关节可轻微弯曲并将骨盆向墙壁靠近（图 20.21）。躯干轻微侧屈，远离被牵伸的一侧。

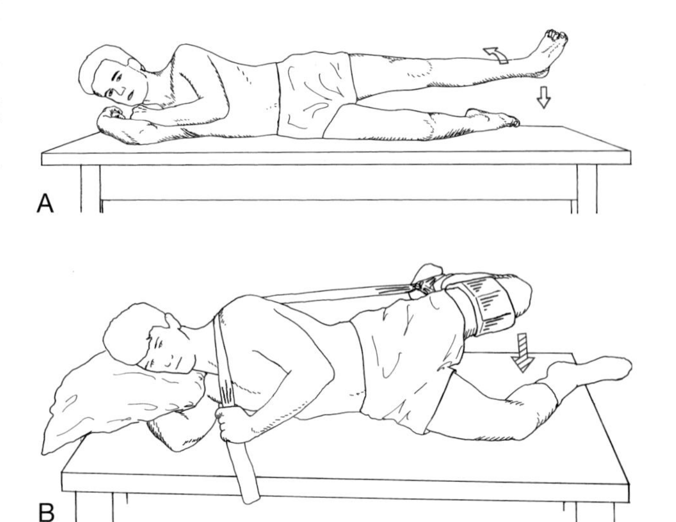

图 20.20　自我牵伸阔筋膜张肌：侧卧位。A. 大腿在躯干平面上外展，然后伸展和外旋，然后缓慢放下。通过屈曲膝关节增加牵伸的强度。B. 通过使用皮带将髋关节拉向伸展位和增加大腿负重以增加持续牵伸的强度

图 20.21　自我牵伸阔筋膜张肌：站立位。躯干向紧张的一侧轻微侧屈，骨盆朝紧张侧移动。下肢置于外旋位可以增加牵伸的效果

强化和改善肌肉功能及功能性控制的运动

在控制运动和恢复功能干预阶段，当愈合组织只需中度或最小保护时，患者必须学会强化髋关节的动作控制，同时维持良好的躯干稳定。对于因其他肌肉过度活跃而没有正常功能性活动的肌肉，运动开始后通过分级等长运动和有控制的 ROM 运动来培养患者对肌肉收缩及动作的意识。如果因肌肉缩短影响到全范围的关节活动度，牵伸活动后必须立即于新增加活动范围内建立肌肉控制。第 6 章介绍了改善肌肉功能的原则、徒手抗阻运动的技术以及器械抗阻的方法。当肌肉无力或帮助患者专注于激活特定的肌肉时，可使用徒手抗阻运动。

后面几节中描述的运动可调整为居家运动计划，并可通过结合第 23 章描述的高级功能性运动用于进阶训练。选择能使患者向着治疗计划中确定的功能目标进展的运动。

开链（不负重）运动

虽然负重活动在下肢功能中占主要地位，但当患者肌肉无力、特定肌肉或动作模式控制较差时，在不负重体位下开始运动是有利的，这样个体就可以学会单独肌肉的活动并控制特定动作。此外，许多功能性活动都有不负重的部分，比如步态周期中的摆动相，上楼梯时将下肢抬高的动作，以及进入汽车或上床时抬起下肢的动作。

强化髋关节外展肌群的控制及力量（臀中肌、臀小肌及阔筋膜张肌）

注意：当患者髋关节外展时伴随着大腿屈曲和内旋，可能是由于阔筋膜张肌与臀中肌间的主动激活失衡造成的。很多时候，阔筋膜张肌占优势时，臀中肌的稳定控制较差，会产生此运动模式[142]。为了解决这个问题，必须在阔筋膜张肌放松的情况下，训练臀中肌、臀小肌后侧纤维的收缩。如果患者可以很好地控制旋转动作，可利用这些肌肉间最佳的协同作用来执行外展动作。下面几节内容将描述解决这种不平衡的技术。

仰卧位外展

患者体位与操作：仰卧位，髋关节和膝关节伸展。要求患者仅专注于髋关节外展，同时维持躯干稳定。避免股骨向外旋转至外旋位。仰卧位外展是最容易启动动作的体位，因为消除了重力对外展肌的影响。

- 对外展肌虚弱者（徒手肌力测试等级小于 3/5），可提供辅助或在腿下放置滑板或毛巾以减少摩擦力的影响。
- 若外展肌肌力不足以强到可以完成侧卧位的抗重力训练，可在大腿或踝关节外侧放置重物，比如沙袋，并要求患者将其向外推。

侧卧位外展

注意：如果阔筋膜张肌紧张，伸展或内收范围可能会受限。重要的是，在执行髋关节外展增强臀中肌力量之前，先牵伸阔筋膜张肌（图 20.19 ~ 图 20.21）。并确保患者在进行这些运动时不让髋关节屈曲或内旋，以减少阔筋膜张肌的作用。如果患者在侧卧位下控制髋关节旋转有困难，应先强化外展肌肌力，本节后面会描述。

患者体位与操作：侧卧位时下方的髋关节和膝关节屈曲以保持稳定。要求患者抬起上方的腿到外

展，并维持髋关节处于旋转的中立位及轻微伸展。避免髋关节屈曲或躯干向后旋转。

■ 当患者肌力改善时，可在踝关节增加重量提供阻力。

站立位外展

患者体位与操作：单腿站立时，要求患者将非负重下肢移到外侧。指导患者维持躯干直立于中立位，并避免骨盆移动和外展的髋关节屈曲或旋转。

■ 通过在移动腿的踝关节处增加重物，或于合适的角度利用滑轮或弹性阻力以增加移动肢体的阻力。

■ 负重下肢的外展肌等长收缩以稳定骨盆（图 20.26B）。

强化髋关节伸肌的控制及力量（臀大肌）

臀肌等长收缩

患者体位与操作：仰卧位或俯卧位。利用臀肌等长收缩运动增加肌肉收缩的意识，教导患者“夹紧”（收缩）臀部。

躯干支撑下站立位抬腿

患者体位与操作：患者站在治疗床边，躯干屈曲并支撑于治疗床上。要求患者交替伸展一侧髋关节，再伸展另一侧髋关节。也可在膝关节屈曲下进行，放松腘绳肌以训练臀大肌。为了进阶，可在大腿远端增加重量或弹性阻力。

临床提示

当尝试膝关节屈曲时伸展髋关节，若腘绳肌因主动不足而痉挛，就表示患者使用的是腘绳肌而不是臀大肌，那么患者应学习改变这种收缩模式。在增加训练难度之前，通过在不同位置的等长收缩来帮助他们重新聚焦于臀大肌。

四点跪位抬腿

患者体位与操作：四点跪位姿势或趴在一个大健身球上，要求患者维持膝关节屈曲下交替伸展髋关节（图 20.22）。将这项运动与躯干稳定相结合，首先让患者稳定在骨盆中立位，收紧腹部肌肉，然后伸展髋关节（见第 16 章）。

图 20.22　单独训练及强化臀大肌肌力。在四点跪位下开始，膝关节屈曲同时伸展髋关节以排除腘绳肌参与。髋关节伸展不应超过其允许的关节活动范围，以免造成骶髂关节或腰椎的压力

临床提示

当指导患者进行髋关节伸展运动时，要注意髋关节伸展角度不可超过其允许的伸展角度；否则动作会造成骶髂关节或腰椎的压力。在进行髋关节伸展时，强调脊柱的稳定。

站立位伸展

患者体位与操作：单腿站立时，要求患者伸展对侧髋关节（图 20.26A）。指导患者维持躯干直立于中立位，并且不允许移动的髋关节伸展超过正常范围。

■ 通过在移动腿的踝关节处增加重物，或于合适的角度利用滑轮或弹性阻力以增加阻力。

■ 负重下肢的髋关节肌群必须等长收缩以稳定骨盆。

强化髋关节外旋肌群的控制及力量

俯卧位等长收缩

患者体位与操作：俯卧位下双膝关节屈曲且相距 10 英寸（约 25.4 厘米）。要求患者将足跟内侧并拢，使外旋肌等长收缩。也可在双膝关节伸展下完成；强调大腿向外旋转的感觉，而不是内收。

蛙式运动

注意：蛙式运动结合了髋关节外旋和外展。

患者体位与操作：患者侧卧位，下肢髋关节及膝关节部分屈曲，上方腿的足跟碰触下方腿的足

跟，要求患者两足跟紧靠并将上方腿的膝关节抬高。可将弹力带环绕双侧大腿，或在上方腿的大腿远端放沙包来增加阻力（图 20.23）。

- 蚌式运动的变化包括从患者仰卧钩躺位开始，在大腿的远端环绕一根弹力带，以施加阻力，并逐渐进阶到使用膝关节周围的弹力带施加阻力的改良桥式姿势或侧板支撑姿势。这两个姿势需要良好的躯干稳定性，同时通过外展 / 外旋运动移动髋关节。

侧卧位外旋：进阶

患者体位与操作：伸展上方的髋关节及膝关节，并与躯干在同一直线上。首先，要求患者腿向外旋转。然后进展到将外旋的髋关节抬至外展。当患者可耐受阻力时，可在大腿施加弹性阻力或沙袋。

注意：不允许患者将躯干向后旋转或屈曲髋关节，这样完成运动才能将阔筋膜张肌的代偿减到最小。

坐位：外旋

患者体位与操作：坐位，双膝关节屈曲至治疗床边缘。将一弹力带环绕于患者踝关节及同侧的治疗床脚，要求患者将足部朝对侧下肢移动以抗阻外旋（图 20.24）。

注意：不允许膝关节屈曲、伸展或髋关节外展代偿。

强化髋关节屈肌群的控制及力量（髂腰肌和股直肌）

仰卧位足跟滑动

患者体位与操作：首先髋关节和膝关节伸展，然后让患者将足跟滑向臀部完成髋关节和膝关节屈曲。

图 20.23　蚌式运动强化外旋肌的控制，并加强外旋肌的抗重力。可于双侧大腿处缠绕弹力带或在上方的腿上增加重量以增加阻力

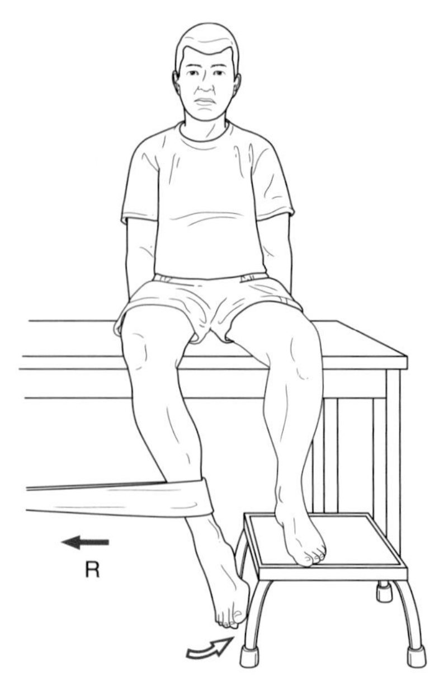

图 20.24　坐位下，施加弹性阻力强化外旋肌肌力

髋关节和膝关节屈曲

患者体位与操作：站在台阶或凳子前面，如果有必要可扶着稳定的物体以保持平衡。要求患者抬腿（屈曲髋关节和膝关节），并将足置于台阶上，然后重新回到地板。然后换另一条腿重复动作以强化双侧的肌力。

- 为了进阶，可增加踝关节负重抗阻和（或）增加台阶高度。
- 变化可包括要求患者交替进行髋关节 / 膝关节屈曲（高抬腿踏步）或上一段台阶。

直腿髋关节屈曲

患者体位与操作：仰卧位或站立位，如有必要可扶着稳定的物体以保持平衡。要求患者在维持膝关节伸展的情况下屈曲髋关节。仰卧位抗阻在小腿增加负重；站立时，在患者大腿或小腿远端施加安全的弹性阻力。

强化髋关节内收肌的控制及力量

侧卧位内收

患者体位与操作：下方的腿与躯干在同一平面内（髋关节伸展），上方的腿向前屈曲且足部置于地面上或大腿放在枕头上，要求患者将下方腿内收向上抬举。可在踝关节增加重物以进阶强化肌力（图 20.25A）。难度更高的体位是要求患者将上方腿外展，并将下方的腿内收向上方靠拢（图 20.25B）。

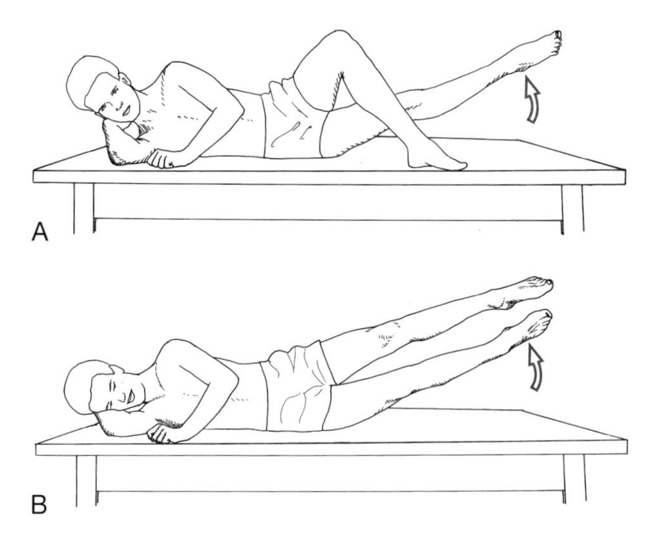

图 20.25 训练并强化髋关节内收肌。A. 上方的腿做髋关节屈曲动作且足部平放于床面上固定，下方的腿对抗重力内收。B. 上方的腿等长收缩保持在外展位，同时下方的腿对抗重力内收

站立位内收

患者体位与操作：要求患者将腿内收交叉跨过负重腿的前方。可在踝关节增加重物或弹性阻力，或将滑轮固定在合适的角度上提供阻力。

闭链（负重）运动

下肢的负重运动会涉及闭链运动中的所有关节，不局限于髋关节肌肉。大部分的活动由拮抗肌、双关节肌肉执行产生，其中每块肌肉在一个关节被拉长时在另一个关节缩短，这样才能维持理想的长度 – 张力关系。除了产生动作，肌肉在负重时的主要功能是对抗重力以控制平衡和稳定。因此，本节所描述的髋关节运动包括平衡及稳定训练，以及强化肌力及功能性运动，更多高级的平衡和功能性运动会在第 23 章说明。

许多肌电图研究分析了非负重和负重姿势下常被用来强化髋关节肌群的下肢运动。两篇相关研究的总结见专栏 20.10[7,41]，内容主要为负重运动。

下一节描述的负重姿势的运动与此密切相关，并且当患者能力允许时，可同时进阶运动。如果患者不能耐受或不允许完全负重，可在上肢辅助下开始运动，比如使用手扶平行杆，或者若患者没有开放性伤口且有条件时，可使用水疗池（见第 9 章）。

专栏 20.10 选择性负重运动中下肢肌群的肌电图分析 *

臀大肌：大于 40% 最大自主收缩（maximam voluntary contraction, MVC）（强力收缩）。
- 单腿靠墙滑动 [7]、单腿下蹲、单腿硬拉 [41]。
- 单腿微蹲 [7]。
- 登台阶（向前、侧边、向后）[7]。
- 弓箭步（横向、向前、侧方）[41]。

臀大肌：小于 40% 最大自主收缩
- 侧卧位髋关节外展，蚌式运动合并髋关节屈曲 60°[41]。
- 横向单脚跳、向前单脚跳、蚌式运动合并髋关节屈曲 30°[41]。

臀中肌：大于 40% 最大自主收缩（强力收缩）。
- 侧卧位髋关节外展 [41]。
- 单腿靠墙滑动 [7]。
- 侧向弹力带行走、单腿硬拉、侧向单脚跳 [41]。
- 向前登台阶 [7]。
- 侧向单脚跳、横向单脚跳、横向弓箭步、向前单脚跳、向前弓箭步及蚌式运动合并髋关节屈曲 30°[41]。

臀中肌：小于 40% 最大自主收缩。
- 侧向弓箭步和蚌式运动（侧卧位姿势）合并髋关节屈曲 60°[41]。

股二头肌：小于 40% 最大自主收缩。
- 单腿靠墙蹲、微蹲、向前登台阶 [7]。
- 向后登台阶和侧边登台阶分别为 10% 和 9% 最大自主收缩 [7]。

* 蚌式运动是在非负重姿势下执行。罗列了激活每块肌肉从最有效到最少有效的运动，以使其正常化达到最大自主收缩。

闭链等长运动

交替等长收缩和节律性稳定运动

患者体位与操作：站立位，从两脚站立开始，并进阶到单脚站立。交替等长收缩和节律性稳定运动可强化对抗外力时姿势的调整。

- 在骨盆处徒手施加交替方向的阻力，并要求患者维持不动（等长收缩）。应该很少或没有动作产生。
- 改变阻力及其方向；改变施加力量的位置，将阻力从骨盆转移到肩膀，最终施加于伸展的手臂上。
- 开始时给予口语提示。然后当患者学会控制时，可以在没有提示的情况下施加不同的力量。

单足站立的稳定

患者体位与操作：患侧足站立时，将弹性阻力环绕于另一侧大腿，并将其固定在稳定的直立结构上。若健侧膝关节稳定，阻力可施加于踝关节处。要求患者在向前、向后和侧向移动对侧肢体时，维持躯干和负重肢体对齐和稳定。

- 为对抗移动大腿的髋关节屈曲，要求患者背对阻力固定的地方。这需要站立侧大腿后方的肌肉来保持稳定性。
- 为对抗移动大腿的髋关节伸展，要求患者面对阻力固定的地方（图 20.26A）。这需要站立侧下肢的前方肌肉来保持稳定性。
- 为对抗外展和内收阻力，要求患者对抗弹力带阻力向一侧移动，然后换向另一侧移动（图 20.26B）。

注意：虽然非负重肢体对抗阻力移动，但运动应强调建立负重侧的稳定性及肌力。因此，当患者无法维持负重肢体或骨盆稳定时，即表示疲劳。

这些稳定运动可以通过要求患者改变运动腿的速度来改善平衡。

闭链动态运动

髋关节抬举 / 骨盆下降

患者体位与操作：单腿站在 2~4 英寸（5.08 ~ 10.16 cm）高的木块上，若有需要可以扶住墙壁或稳定的平面维持平衡。交替降低和抬高非支撑侧腿的骨盆（图 20.27）。这样可以强化站立腿的外展肌及非支撑腿的髋关节抬高肌。

聚焦循证

Bolgla 和 Uhl 进行的一项肌电图研究中[21]，由 16 位健康受试者利用固定重量执行 6 种不同的外展肌运动。与其他髋关节外展运动相比，作者记录到在骨盆下降运动中，站立腿（负重腿）的臀中肌活动较其他髋关节外展活动有明显较大的自主收缩活动。此外，站立位髋关节外展显示负重侧髋外展肌活动明显大于移动侧（开链）的外展肌活动；且负重侧肌肉的最大自主收缩活动相当于侧卧位髋关节外展的活动量。

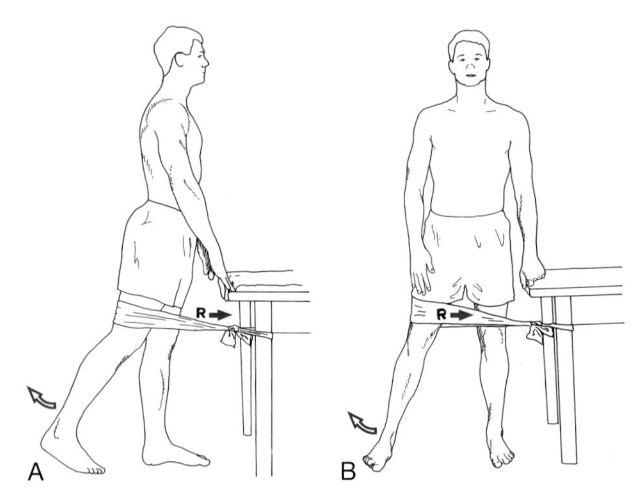

图 20.26　利用弹性阻力施加在对侧腿上的闭链稳定及强化肌力运动。A. 右下肢对抗阻力伸展，需左下肢前方肌肉保持稳定。B. 右下肢对抗阻力外展，需左下肢额状面上的肌肉保持稳定性。为增加动作的难度，阻力可移到腿远端

桥式运动

患者体位与操作：从屈膝仰卧位开始。要求患者将上背部及双足往床下压、抬高骨盆并伸展髋关节。这将强化髋关节伸肌群肌力以协调躯干的稳定肌（图 20.28）。

- **进阶：**于骨盆前侧徒手给予阻力或在骨盆周围绑重量带。要求患者维持桥式姿势且交替

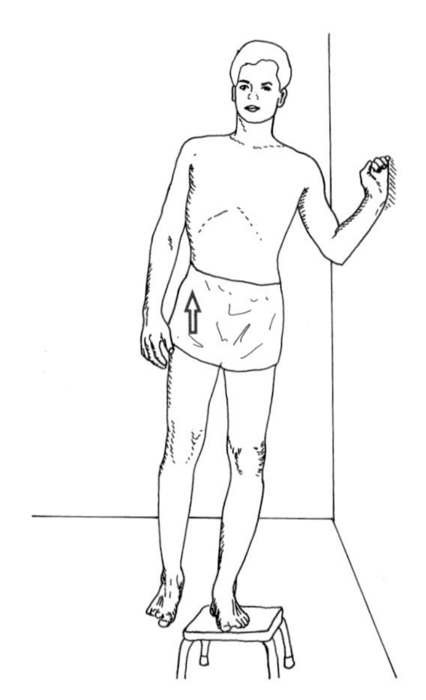

图 20.27　训练髋外展肌及抬举肌，增强冠状面的力量及稳定性

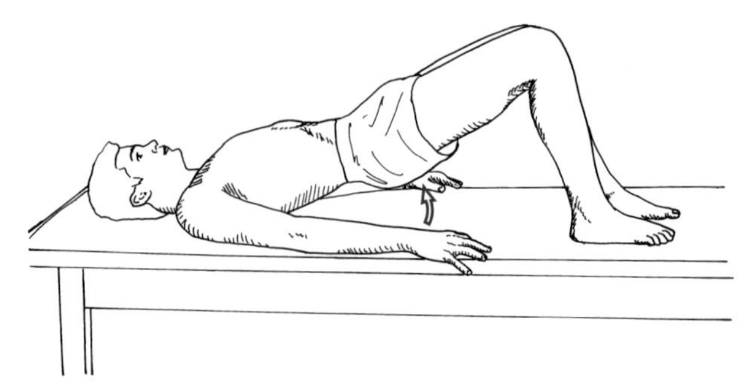

图 20.28　桥式运动强化髋关节伸肌群。可在骨盆上施加阻力

伸展膝关节。若要挑战本体感觉与平衡，让患者将大健身球放在背部下方且双足踩在地面，或躺在地面上将健身球踩在脚下来完成桥式运动。

■ 变化：在大腿处施加弹性阻力。维持桥式姿势下要求患者外展和外旋大腿，以协调强化臀大肌、臀中肌和外旋肌肌力。

靠墙滑动

患者体位与操作：背靠墙、双足朝前与肩同宽站立。要求患者屈曲髋关节和膝关节，背靠墙向下滑，再伸展髋关节和膝关节，让背部沿墙面向上滑（图 20.29A）。这会强化髋关节及膝关节伸肌的离心和向心收缩能力。如果背靠墙滑动的摩擦力太大，可在患者背后放一条毛巾。

■ 进阶：将大的训练球放在背后。因为球面较不稳定会需要额外的控制（图 20.29B）。可加上手臂的动作及重量，以强化协调性和增加肌力。若要强化等长肌力，可要求患者维持在屈曲的姿势，再加上手臂的动作及重量。将这些练习与坐到站的功能性活动相联系（如有需要可以用手辅助），并要求在不同高度的椅子上完成。

半蹲 / 微蹲

患者体位与操作：双足站立，要求患者模拟坐下的动作，屈曲髋关节及膝关节。要求患者手握重物或使用固定于足部的弹力带以增加抗力（图 21.27）。也可进展到在下蹲的过程中应用安全的抬举技术。

注意：前交叉韧带重建后为了保护前交叉韧带，限制膝关节屈曲范围为 0°~60°（见第 21 章专栏 21.10）。要求患者降低髋关节就像准备坐到椅子上，膝关节不能向前超过足趾。为了降低髌骨股骨的压迫，可指导患者在无痛范围内下蹲并且避免膝关节深蹲。

■ 变化：将弹力带环绕大腿。当大腿抵抗阻力外展和外旋时，要求患者执行半蹲（图 20.30）或朝一个方向侧跨步，然后再朝另一方向（髋关节微屈），以协调强化臀大肌、臀中肌和外旋肌肌力。

单腿硬拉

患者体位与操作：单腿站立时，负重的髋关节和膝关节屈曲 30°。要求患者于髋关节处向前弯腰，用对侧手碰触站立腿的足趾，同时将非负重腿的髋关节和膝关节向后伸展（图 20.31）。然后回到起始的直立位。这将强化负重肢体髋关节伸肌群离心和向心的肌力。

上台阶和下台阶

患者体位与操作：从 2~3 英寸（5.08 ~ 7.62 cm）高度的低台阶开始，当患者能力允许时可增加高度。要求患者从前方、后方及侧方上下台阶。

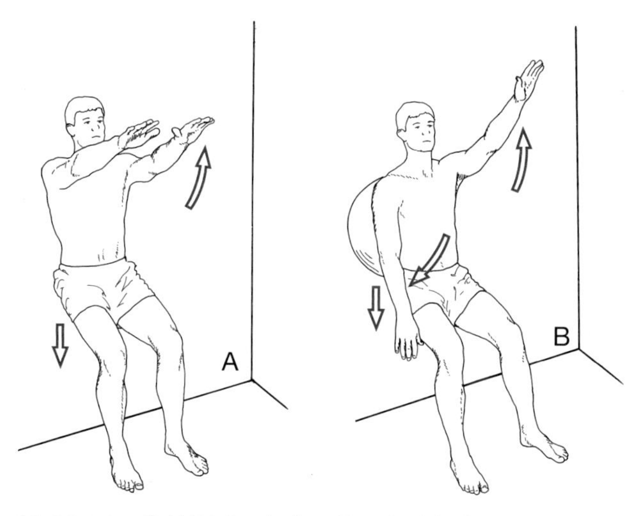

图 20.29　靠墙滑动 / 半蹲，以强化对身体重量的离心控制。A. 背靠墙往下滑时，加上双侧手臂的动作给予额外阻力。B. 背部滚动健身球靠墙往下滑，并加上手臂的拮抗活动，以强化协调性

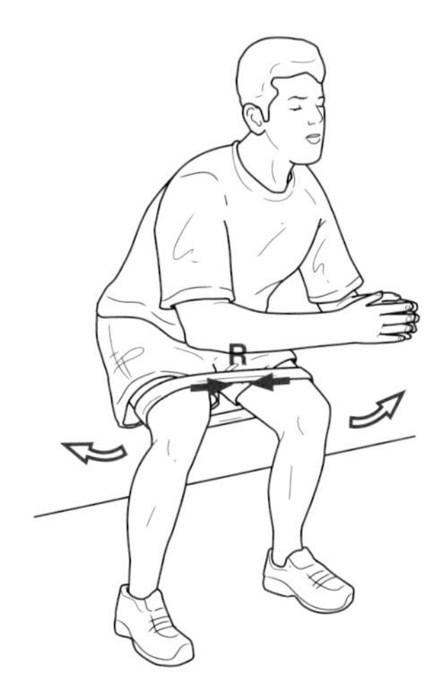

图 20.30　使用弹力带环绕大腿，以激活髋关节外旋肌和外展肌，同时执行半蹲，以强化髋关节和膝关节伸肌肌力

图 20.31 单腿硬拉，强化髋伸肌肌力以及膝关节的控制能力

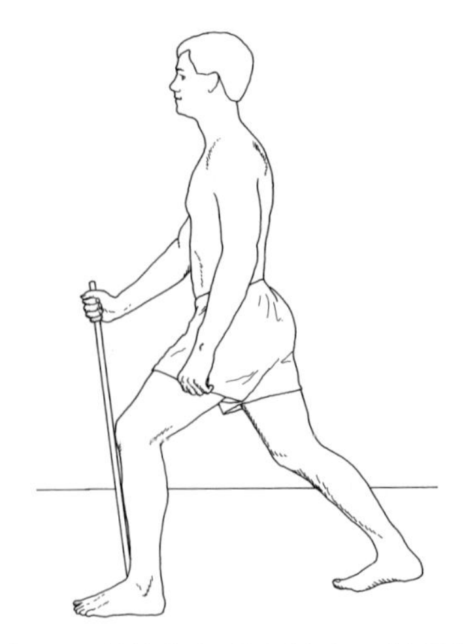

图 20.32 使用手杖执行部分弓箭步，以强化身体重量减轻后的平衡及控制

- 确定患者整只脚都踩在台阶上，而且身体的上下动作都很顺畅。当上台阶时，确保患者避免躯干倾斜或后方下肢蹬地的动作。
- 确保患者维持躯干直立及膝关节垂直对齐足部，以避免髋关节内收、内旋和随后的外翻塌陷。如果出现外翻位，可施加徒手阻力于上台阶的大腿外侧以强化激活臀中肌（图 21.28A）。
- 进展：除了增加台阶高度，也可通过在腰部施加弹性阻力（图 21.28B）、双手握持重物，或在非负重腿的踝关节增加重物来进阶。

部分和完全弓箭步

患者体位与操作：向前跨出一步后，让患者屈曲前方肢体的髋关节及膝关节，再恢复直立姿势。可重复使用同侧腿或交替使用双腿。一开始先小范围屈曲膝关节，再进阶到膝关节屈曲 90°。指导患者保持膝关节与向前的足部对齐，并且膝关节屈曲不要超过足部。

- 如果患者控制动作有困难，可使用手杖、棍棒保持平衡，或扶持稳定的平面以支撑（平行杠、治疗床或台面）（图 20.32）。
- 重要的是保持足趾向前，膝关节屈曲与足部在同一平面，并保持背部直立。
- 进阶：手持重物作为额外的阻力，跨更长的步幅，或向前弓箭步跨到小台阶上。可通过让患者弓箭步并捡起地上的物品进阶到功能性活动中。

注意：膝关节前交叉韧带缺损或经手术修复前交叉韧带的患者，执行弓箭步时膝关节屈曲不应超过足趾，否则会增加前交叉韧带的剪切力及应力。而髌股关节疼痛的患者，执行这些动作时会感到疼痛加剧，因为身体重量集中在膝关节屈伸轴心的后方，产生的外旋力矩较大。应根据患者的症状及现有病理变化，调整膝关节或身体的姿势。

侧方抗阻踏步

患者体位与操作：患者站立或半蹲姿势，在膝关节或大腿远端环绕弹力带（或将弹力带踩在双脚下方且两头握在手中）。要求患者向侧方跨步，然后返回，或者向侧方跨 8~10 步，然后用另一条腿返回。

聚焦循证

在一项由 Berry 等人进行的肌电图研究中 [16]，24 名健康的成人在站立和半蹲的同时，用弹力带环绕踝关节进行了抗阻侧方跨步。在这两个体位中，与移动侧肢体相比，研究人员一致地记录到固定侧肢体的臀大肌、臀中肌和阔筋膜张肌显著的肌肉激活水平。臀中肌和臀大肌在半蹲位上有更高的激活水平，而阔筋膜张肌在直立位有较高的激活水平。

侧方抗阻滑动

患者体位与操作：直立或半蹲姿势，弹力带固定在踝关节处。在移动的脚下放一毛巾，要求患者将该侧脚沿着地板滑动到髋关节外展位，然后回到髋关节内收位，同时保持固定腿的稳定（图 20.33）。

图 20.33　站立位对抗弹性阻力侧方滑动；固定的腿提供稳定性并控制身体重量，而移动的腿则沿地板滑动至髋关节外展和内收位

髋关节的功能性进阶

为了让患者恢复完全的功能，训练计划的挑战水平必须符合患者的日常生活活动、工具性日常生活活动、工作或运动相关任务的活动需求。结果可能是简单地学习如何安全地向前行走、向后行走及安全跨越障碍物，或包括强化肌力、耐力、协调性、平衡和运动技巧。

运动的进阶通常由单独激活、控制、耐力和强化受损肌肉的力量训练开始，然后进阶到不同的开链和闭链运动，并结合模拟功能性活动的动作模式，以进一步改善肌力、爆发力和耐力。当负重耐受性改善时，也应整合平衡、协调、技巧和有氧体能训练到运动计划中。

髋关节功能性运动进展的关键部分包括整个下肢、躯干及上肢。专栏 20.11 中总结了一些建议。而进阶训练的运动步骤细节在第 23 章有描述，也可参考第 16 章的脊柱训练和安全的身体力学进阶、第 7 章的有氧运动原则和第 8 章的平衡训练的原则。

专栏 20.11　髋关节的功能性进阶总结

对于各个活动，可调整运动让患者挑战，但要避免对组织产生不安全的压力。

- 平衡活动。在负重允许的范围内开始平衡运动，从双侧活动进阶到单侧活动。增加矢状面和冠状面的手臂动作；并渐进到水平面和对角线平面；从稳定平面到非稳定平面的平衡 / 干扰性训练。
- 行走活动。增加步行的挑战性，例如让患者首先于监督下在不平坦的路面上步行，转换方向，机动地倒退，上、下坡道，然后无协助下进行。一旦患者的能力允许，尽早让其练习从各种高度的椅子上站起和坐下，及上下一段楼梯。并在耐受的范围内增加阻力和速度。
- 安全的身体力学运动。为了让患者执行安全的身体力学运动，例如重复性蹲起和弓箭步。通过让患者抬举、携带或推拉不同负荷的重物，来作为常规运动进阶的一部分。利用安全的运动模式来模拟功能需求动作。
- 有氧训练。康复计划中早期引入了模拟功能需求的心肺耐力运动，并随着患者的耐受能力而进阶。
- 灵敏性训练。进行灵敏性训练，例如机动地绕过和跨越障碍物。结合跑步、跳跃、单脚跳、双脚交替跳跃及侧向滑步训练。
- 进阶肌力训练。整合最大离心负荷到负重训练中。先前描述的任何运动都可被调整，但重要的是在向心收缩阶段要协助患者进行运动，并在离心收缩阶段保护他 / 她，因为离心收缩期的阻力可能大于肌肉向心收缩的阻力。如果设备允许，也可进行等速训练，特别是中速和快速训练（多重速度训练）。
- 超等长训练。如果患者要重返需要肌力及爆发力的活动，应采用超等长训练。例如，让患者从箱子或台阶跳下；屈曲髋关节、膝关节和踝关节以吸收着地的冲击力；并立即跳回箱子或台阶上。

自学活动

批判性思考与讨论

1. 描述在开链及闭链情况下，髋关节主要肌群的功能。包括单腿站立下其稳定骨盆的作用，以及当骨盆随髋部肌群移动时对脊柱造成的影响。
2. 描述在步态周期中髋关节的角色。包括肌肉无力或动作受限时髋关节肌肉活动、髋关节和骨盆需要的动作以及病理步态模式。

3. 分析患者在近端股骨骨折内固定术后，全髋置换术后或半髋置换术后，所呈现的步态异常的类型。
4. 全髋置换术或髋关节骨折内固定术后，有哪些体征表明髋关节出现脱位或骨折的固定物松动？

实践练习

1. 如果你的检查结果包括关节活动减少，髋关节肌群柔韧性受限，确定并练习你将用来治疗功能受损的技术。包括居家训练计划中的运动。
2. 在全髋置换术后，指导一些进阶锻炼方法，以增强臀中肌的控制和力量。
3. 为一个想要回归工作的髋关节肌肉无力的患者制订日常训练和进阶计划，他们想要回归需要步行，能够举起重达 45 磅（约 20.41 kg）的物体，以及负重 45 磅（约 20.41 kg）爬梯的工作。

案例研究

1. C 先生，57 岁，是一位邮递员，他从事此工作已有 23 年。在过去的 1 年里，他发现坐下超过 1 小时后髋关节会产生疼痛，并在刚开始从椅子上站起行走时疼痛加剧。他还注意到在每天工作结束时，髋关节及膝关节的不适会增加。医生诊断是骨性关节炎。徒手肌力测试显示整体肌力为 4/5，除了臀中肌只有 3+/5。屈髋肌有轻微的紧绷感，包括股直肌和阔筋膜张肌。C 先生想要避免全髋置换手术。
   - 解释为什么患者的工作会使这些症状持续。
   - 概述一项处理这些症状的计划；确定可衡量的目标以及要达到目标应采取的干预措施。
   - 患者能做些什么来保护他的髋关节？
2. J 女士，31 岁，是业余网球运动员和保龄球运动员，3 个月前经历一场车祸造成股骨多处骨折，目前正在恢复。影像学检查显示所有骨折都在愈合中，目前允许完全负重且活动不受限制。她有明显的因关节受限及肌肉无力造成的髋关节活动障碍。
   - 需要什么范围的关节角度及肌力水平能让她恢复功能性活动？
   - 概述一项处理症状的计划；确定可衡量的目标以及要达到目标应采取的干预措施。使用第 1 章描述的分类或动作技术，在不同的环境条件下，确定一系列渐进更具挑战性的运动任务。
3. P 先生是一名 32 岁的消防员，4 天前救一位较重的人逃出着火的建筑物时，拉伤了坐骨粗隆附近的右侧腘绳肌。目前，他正在经历很大痛苦，特别是从椅子上站起或坐下、上下楼梯时，而且他无法坐在坚硬的表面上（因为压力和髋关节屈曲）。髋关节屈曲受限于 90° 及直腿抬高受限于 45°。他只能耐受进行很小范围阻力下的髋关节伸展或膝关节屈曲。他必须能够穿戴装备（40 磅，约 18.1 kg）及背负氧气筒（40 磅，约 18.14 kg）、并手持 20 磅（约 9.07 kg）工具爬上梯子；此外，他必须能肩背 175 磅（约 79.38 kg）的人，拖着沉重的身体在地板上走，爬 5 层阶梯同时穿戴完整装备，并在 5 分钟内跑 0.50 英里（约 0.80 km），才能恢复工作。
   - 以生物力学术语解释为什么这位患者有功能障碍。
   - 制订改善损伤的治疗计划并设立期望的功能结果的目标。
   - 设计组织愈合每个阶段的干预计划。
   - 设计一系列的练习，用来帮助 P 先生在肌肉愈合后恢复功能。
4. 一位 78 岁与丈夫同住的女士被转诊给你接受居家物理治疗。10 天前，她接受了后外侧入路骨水泥固定的全髋置换术，以治疗 30 年前骑马摔伤所造成的晚期创伤后骨关节炎。目前已出院回家 5 天。她可在平坦的路面上使用助行器行走，可耐受负重。患者的长期目标是能够参加老年人的社区健身计划，并恢复与丈夫共同旅游。
   - 持续进阶她在医院开始的运动计划。
   - 回顾她在接下来的 6~12 周内必须采取的预防

措施。

■ 建议她或她的丈夫改造家庭环境，以帮助她遵守注意事项。

■ 为了帮助她达到长期目标，设计一系列渐进的、能满足更多需求的功能性活动，并考虑到动作任务的各种分类（见第1章）和有氧体能训练的原则（见第5章）。

（乔钧 苏彬 张洪蕊 译，
祁奇 王雪强 审）

参考文献

1. American Academy of Orthopaedic Surgeons (AAOS): *American Academy of Orthopaedic Surgeons Clinical Practice Guideline on Management of Hip Fracture in the Elderly*. Rosemont, IL: AAOS, 2014.
2. Anglen, JO, and Weinstein, JN: Nail or plate fixation of intertrochanteric hip fractures: changing pattern of practice: a review of the American Board of Orthopedic Surgery database. *J Bone Joint Surg Am* 90(4): 700–707, 2008.
3. Antoniou, J, Greidanus, NV, and Proprosky, WG: Surgical approaches and anatomic considerations. In Pellicci, PM, Tria, AJ, and Garvin, KL (eds): *Orthopedic Knowledge Update, 2. Hip and Knee Reconstruction*. Rosemont, IL: American Academy of Orthopedic Surgeons, 2000, p 91.
4. Archibeck, MJ, et al: Second-generation cementless total hip arthroplasty: eight to eleven year results. *J Bone Joint Surg Am* 83:1666–1673, 2001.
5. Archibeck, MJ, and White, RE: Learning curve for the two-incision total hip replacement. *Clin Orthop* 429:232–238, 2004.
6. Austin, AB, et al: Identification of abnormal hip motion associated with acetabular labral pathology. *J Orthop Sports Phys Ther* 38(9):558–564, 2008.
7. Ayotte, NW, et al: Electromyographical analysis of selected lower extremity muscles during 5 unilateral weight-bearing exercises. *J Orthop Sports Phys Ther* 37(2):48–55, 2007.
8. Babis, GC, Morrey, BF, and Berry, DJ: The young patient: indications and results. In Morrey, BF, and Berry, DJ (eds): *Joint Replacement Arthroplasty,* ed. 3. Philadelphia: Churchill-Livingstone, 2003, pp 696–707.
9. Baerga-Varela, L, and Malanga, GA: Rehabilitation and minimally invasive surgery. In Hozack, WJ, et al (eds): *Minimally Invasive Total Joint Arthroplasty.* Heidelberg: Springer Verlag, 2004, pp 2–5.
10. Bal, BS, et al: Early complications of primary total hip replacement performed with a two-incision minimally invasive technique. *J Bone Joint Surg Am* 87(11):2432–2438, 2005.
11. Barnes, B, and Dunovan, K: Functional outcomes after hip fracture. *Phys Ther* 67:1675–1679, 1987.
12. Beaupre, LA, et al: Best practices for elderly hip fracture patients: a systematic overview of the evidence. *J Gen Intern Med* 20(11): 1019–1025, 2005.
13. Berger, RA, et al: Rapid rehabilitation and recovery with minimally invasive total hip arthroplasty. *Clin Orthop* 429:239–247, 2004.
14. Berry, DJ, et al: Minimally invasive total hip arthroplasty: development, early results, and critical analysis. *J Bone Joint Surg Am* 85:2235–2246, 2003.
15. Berry, DJ, and Duffy, GP: Cemented femoral components. In Morrey, BF, and Berry, DJ (eds): *Joint Replacement Arthroplasty,* ed. 3. Philadelphia: Churchill Livingstone, 2003, 617–636.
16. Berry, JW, et al: Resisted side stepping: the effect of posture on hip abductor muscle activation. *J Orthop Sports Phys Ther* 45(9):675–682, 2015.
17. Berry, DJ, Morrey, BF, and Cabanela, MG: Uncemented femoral components. In Morrey, BF, and Berry, DJ (eds): *Joint Replacement Arthroplasty,* ed. 3. Philadelphia: Churchill Livingstone, 2003, 637–656.
18. Berstock, JR, Blom, AW, and Beswick, AD: A systematic review and metaanalysis of the standard versus mini-incision posterior approach to total hip arthroplasty. *J Arthroplasty* 29:1970–1982, 2014.
19. Binder, EF, et al: Effects of extended outpatient rehabilitation after hip fracture: a randomized controlled trial. *JAMA* 292(7):837–846, 2004.
20. Bodén, H, and Adolphson, P: No adverse effects of early weight bearing after uncemented total hip arthroplasty. *Acta Orthop Scand* 75(1):21–29, 2004.
21. Bolgla, LA, and Uhl, TL: Electromyographic analysis of hip rehabilitation exercises in a group of healthy subjects. *J Orthop Sports Phys Ther* 35(8):487–494, 2005.
22. Bottner, F, et al: Implant migration after early weight bearing in cementless hip replacement. *Clin Orthop* 436:132–137, 2005.
23. Brauer, CA, et al: Incidence and mortality of hip fractures in the United States. *JAMA* 302(14):1573–1579, 2009.
24. Bukowski, EL: Practice guidelines: acute care management following total hip arthroplasty (postoperative days 1–4). *Orthop Phys Ther Pract* 17(3):10–14, 2005.
25. Bullock-Saxton, JE: Local sensation changes and altered hip muscle function following severe ankle sprain. *Phys Ther* 74(1):17–28, 1994.
26. Cailliet, R: *Low Back Pain Syndrome,* ed. 5. Philadelphia: F.A. Davis, 1995.
27. Campbell, AJ, and Robertson, MC: Implementation of multifactorial interventions for fall and fracture prevention. *Age Aging* 35(Suppl 2): ii60–ii64, 2006.
28. Capello, WN, et al: Arc-deposited hydroxyapatite-coated cups. *Clin Orthop* 41:305–312, 2005.
29. Charnley, J: Total hip replacement by low friction arthroplasty. *Clin Orthop* 72:7–21, 1974.
30. Chu, FY, et al: The effect of posterior capsulorrhaphy in primary total hip arthroplasty. *J Arthroplasty* 15(2):194–199, 2000.
31. Cibulka, MT, and Delitto, A: A comparison of two different methods to treat hip pain in runners. *J Orthop Sports Phys Ther* 17(4):172–176, 1993.
32. Cibulka, MT, et al: Hip pain and mobility deficits—hip osteoarthritis: clinical practice guidelines linked to the international classification of functioning, disability, and health from the Orthopaedic Section of the American Physical Therapy Association. *J Orthop Sports Phys Ther* 39(4):A1–A25, 2009.
33. Clark, CR, et al: Leg-length discrepancy after total hip arthroplasty. *J Am Acad Orthop Surg* 14(1):38–45, 2006.
34. Clifford, PE, and Mallon, WJ: Sports after total joint replacement. *Clin Sports Med* 24:175–186, 2005.
35. Colon-Emeric, CS: Postoperative management of hip fractures: interventions associated with improved outcomes. *BoneKEy Reports* 1:Article Number 241, 2012. doi:10.1038/bonekey.2012.241
36. Constantinou, M, et al: Spatial-temporal gait characteristics in individuals with hip osteoarthritis: a systematic literature review and metaanalysis. *J Orthop Sports Phys Ther* 44(4):291–303, 2014.
37. Coventry, MB, and Morrey, BF: Historical perspective of hip arthroplasty. In Morrey, BF and Berry, DJ (eds): *Joint Replacement Arthroplasty,* ed. 4. Philadelphia: Churchill Livingstone, 2003, pp

557–565.
38. Cyriax, J: *Textbook of Orthopaedic Medicine, Vol 1. Diagnosis of Soft Tissue Lesions,* ed. 8. London: Bailliere Tindall, 1982.
39. De Jong, Z, and Vlieland, TP: Safety of exercise in patients with rheumatoid arthritis. *Curr Opin Rheumatol* 17(2):177–182, 2005.
40. Di Monaco, M, and Castiglioni, C: Which type of exercise therapy is effective after hip arthroplasty? A systematic review of randomized controlled trials. *Eur J Phys Rehabil Med* 49:893–907, 2013.
41. Distefano, LJ, et al: Gluteal muscle activation during common therapeutic exercises. *J Orthop Sports Phys Ther* 39(7):532–540, 2009.
42. Dorr, LD, et al: Early pain relief and function after posterior minimally invasive and conventional total hip arthroplasty: a prospective, randomized blinded study. *J Bone Joint Surg Am* 89:1153–1160, 2007.
43. Enloe, J, et al: Total hip and knee replacement treatment: a report using consensus. *J Orthop Sports Phys Ther* 23(1):3–11, 1996.
44. Enseki, KR, et al: The hip joint: arthroscopic procedures and postoperative rehabilitation. *J Orthop Sports Phys Ther* 36(7):516–525, 2006.
45. Enseki, K, et al: Nonarthritic hip joint pain: clinical practice guidelines linked to the international classification of functioning, disability and health from the orthopaedic section of the American Physical Therapy Association. *J Orthop Sports Phys Ther* 44(106):A1–A32, 2014.
46. Fehring, TK, and Rosenberg, AG: Primary total hip arthroplasty: indications and contraindications. In Callaghan, JJ, Rosenberg, AG, and Rubash, HE (eds): *The Adult Hip, Vol II.* Philadelphia: Lippincott-Raven, 1998, p 893.
47. Fife, RS: Osteoarthritis, epidemiology, pathology, and pathogenesis. In Klippel, JF (ed): *Primer on Rheumatic Diseases,* ed. 13. Atlanta: Arthritis Foundation, 2007.
48. Fortin, PR, et al: Timing of total joint replacement affects clinical outcomes among patient with osteoarthritis of the hip or knee. *Arthritis Rheum* 46(12):3327–3330, 2002.
49. Freburger, JK: An analysis of the relationship between utilization of physical therapy services and outcomes of care for patients after total hip arthroplasty. *Phys Ther* 80(5):448–458, 2000.
50. Galante, JO: An overview of total joint arthroplasty. In Clohisy, J, et al (eds): *The Adult Hip, Vol II.* Philadelphia: Lippincott Williams & Wilkins, 2014.
51. Garvin, KL, et al: Low wear rates seen in THAs with highly crosslinked polyethylene at 9 to 14 years in patients younger than age 50 years. *Clin Orthop Rel Res* doi 10.1007/s11999-015-4422-7, 2015.
52. Gerlinger, TL, Ghate, RS, and Paprosky, WG: Posterior approach: backdoor in. *Orthopedics* 28(9):931–933, 2005.
53. Givens-Heiss, DL, et al: In vivo acetabular contact pressures during rehabilitation. Part II. Post acute phase. *Phys Ther* 72(10):700–705, 1992.
54. Gjertsen, JE, et al: Internal screw fixation compared with bipolar hemiarthroplasty for treatment of displaced femoral neck fractures in elderly patients. *J Bone Joint Surg Am* 92:619–628, 2010.
55. Goldberg, VM: Surface replacement solutions for the arthritic hip. *Orthopedics* 28(9):943–944, 2005.
56. Goosen, JHM, et al: Minimally invasive versus classic procedures in total hip arthroplasty. A double-blind randomized controlled trial. *Clin Orthop Rel Res* 469:200–208, 2011.
57. Groh, MM, and Herrera, J: A comprehensive review of hip labral tears. *Burr Rev Musculoskelet Med* 2:105–117, 2009.
58. Gucione, AA, Fogerson, TL, and Anderson, JJ: Regaining functional independence in the acute care setting following hip fracture. *Phys Ther* 76(8):818–826, 1996.
59. Hanssen, AD: Anatomy and surgical approaches. In Morrey, BF, and Berry, DJ (eds): *Joint Replacement Arthroplasty,* ed. 3. Philadelphia: Churchill Livingstone, 2003, pp 566–593.
60. Hauer, K, et al: Intensive physical training in geriatric patients after severe falls and hip surgery. *Age Aging* 31:49–57, 2002.
61. Healy, WL, Iorio, R, and Lemos, MJ: Athletic activity after joint replacement. *Am J Sports Med* 29(3):377–387, 2001.
62. Heiberg, KE, et al: Effect of a walking skill training program in patients who have undergone total hip arthroplasty: Followup one year after surgery. *Arthritis Care Res* 64(3):415–423, 2012.
63. Heiderscheit, BC: Lower extremity injuries: is it just about hip strength? *J Orthop Sports Phys Ther* 40(2):39–41, 2010.
64. Hewitt, J, et al: The mechanical properties of the human hip capsule ligaments. *J Arthroplasty* 17:82–89, 2002.
65. Hol, AM, et al: Partial versus unrestricted weight bearing after an uncemented femoral stem in total hip arthroplasty: recommendation of a concise rehabilitation protocol from a systematic review of the literature. *Arch Orthop Trauma Surg* 130:547–555, 2010.
66. Holt, EM, et al: 1000 femoral neck fractures: the effect of pre-injury mobility and surgical experience on outcome. *Injury* 25(2):91–95, 1994.
67. Host, HH, et al: Training-induced strength and functional adaptations after hip fracture. *Phys Ther* 87(3):292–303, 2007.
68. Hozack, WJ: Direct lateral approach: splitting the difference. *Orthopedics* 28(9):937–938, 2005.
69. Huo, MH, Gilbert, NF, and Parvizi, J: What's new in total hip arthroplasty? *J Bone Joint Surg Am* 89:1874–1885, 2007.
70. Izumi, H, et al: Joint motion of bipolar femoral prostheses. *J Arthroplasty* 10(2):237–243, 1995.
71. Jacobs, CA, Christensen, CP, and Berend, ME: Sport activity after total hip arthroplasty: changes in surgical technique, implant design, and rehabilitation. *J Sport Rehabil* 18:47–59, 2009.
72. Jette, AM, Harris, BA, and Clearly, PD: Functional recovery after hip fracture. *Arch Phys Med Rehabil* 68(10):735–740, 1987.
73. Khatod, M, et al: An analysis of the risk of hip dislocation with a contemporary total hip registry. *Clin Orthop Rel Res* 447:19–23, 2006.
74. Kishida, Y, et al: Full weight-bearing after cementless total hip arthroplasty. *Internat Orthop* 25:25–28, 2001.
75. Klein, GR, et al: Return to athletic activity after total hip arthroplasty: consensus guidelines based on a survey of the Hip Society and American Association of Hip and Knee Surgeons. *J Arthroplasty* 22(2):171–175, 2007.
76. Koval, KJ, and Zuckerman, JD: *Hip Fractures: A Practical Guide to Management.* New York: Springer-Verlag, 2000.
77. Koval, KJ, et al: Ambulatory ability after hip fracture: a prospective study in geriatric patients. *Clin Orthop* 310:150–159, 1995.
78. Koval, K, et al: Weight bearing after hip fracture: a prospective series of 596 geriatric hip fracture patients. *J Orthop Trauma* 10(8):526–530, 1996.
79. Krebs, DE, et al: Exercise and gait effects on in vivo hip contact pressures. *Phys Ther* 71(4):301–309, 1991.
80. Krebs, DE, et al: Hip biomechanics during gait. *J Orthop Sports Phys Ther* 28(1):51–59, 1998.
81. Lachiewicz, PF: Dislocation. In Pellicci, PM, Tria, AJ, and Garvin, KL (eds): *Orthopedic Knowledge Update, 2. Hip and Knee Reconstruction.* Rosemont, IL: American Academy of Orthopedic Surgeons, 2000, p 149.
82. Lang, KE: Comparison of 6- and 7-day physical therapy coverage on length of stay and discharge outcome for individuals with total hip and knee arthroplasty. *J Orthop Sports Phys Ther* 28(1):15–22, 1998.
83. Latham, NK, et al: Effect of a home-based exercise program on functional recovery following rehabilitation after hip fracture. A randomized clinical trial. *JAMA* 311(7):700–708, 2014.
84. Laupacis, A, et al: The effect of elective total hip replacement on healthrelated quality of life. *J Bone Joint Surg Am* 75(11):1619–1626, 1993.
85. Lewallen, DG: Cementless primary total hip arthroplasty. In Pellicci, PM, Tria, AJ, and Garvin, KL (eds): *Orthopedic Knowledge Update, 2. Hip and Knee Reconstruction.* Rosemont, IL: American Academy of Orthopedic Surgeons, 2000, p 195.

86. Lewis, CL, and Sahrmann, SA: Acetabular labral tears. *Phys Ther* 86: 110–121, 2006.
87. Lieberman, JR, et al: Differences between patients' and physicians' evaluation of outcome after total hip arthroplasty. *J Bone Joint Surg Am* 78(6):835–838, 1996.
88. Lugade, V, et al: Gait asymmetry following an anterior and anterolateral approach to total hip arthroplasty. *Clin Biomech* 25(7):675–680, 2010.
89. Magaziner, J, et al: Changes in functional status attributable to hip fracture: a comparison of hip fracture patients to community-dwelling aged. *Am J Epidemiol* 157(11):1023–1031, 2003.
90. Magee, DJ: *Orthopedic Physical Assessment,* ed. 6. St. Louis: Saunders, Elsevier, 2014.
91. Mangione, KK, et al: Can elderly patients who have had a hip fracture perform moderate- to high-intensity exercise at home? *Phys Ther* 85(8):727–739, 2005.
92. Mangione, KK, et al: Interventions used by physical therapists in home care for people after hip fracture. *Phys Ther* 88(2):199–210, 2008.
93. Martin, RI, and Kivlan, B: The hip complex. In Levangie, PK, and Norkin, CC (eds): *Joint Structure and Function: A Comprehensive Analysis,* ed. 5. Philadelphia: F.A. Davis, 2011, pp 358–398.
94. Martin, SD, et al: Hip surgery and rehabilitation. In Melvin, JL, and Gall, V (eds): *Rheumatologic Rehabilitation Series, Vol 5. Surgical Rehabilitation.* Bethesda, MD: American Occupational Therapy Association, 1999, p 81.
95. Matta, JM, and Ferguson, TA: The anterior approach for hip replacement. *Orthopedics* 28(9):927–928, 2005.
96. Mayr, E, et al: A prospective randomized assessment of earlier functional recovery in THA patients treated by minimally invasive direct anterior approach: a gait analysis study. *Clin Biomech* 24:812–818, 2009.
97. McGrorey, BJ, Stewart, MJ, and Sim, FH: Participation in sports after total hip and knee arthroplasty: a review of the literature and survey of surgical preferences. *Mayo Clin Proc* 70(4):342–348, 1995.
98. McKinnis, LN: *Fundamentals of Musculoskeletal Imaging,* ed. 4. Philadelphia: F.A. Davis, 2014.
99. McMinn, DJW: Avascular necrosis in the young patient: a trilogy of arthroplasty options. *Orthopedics* 28(9):945–947, 2005.
100. Meek, RMD, et al: Epidemiology of dislocation after total hip arthroplasty. *Clin Orthop* 447:9–18, 2006.
101. Meere, PA, DiCesare, PE, and Zuckerman, JD: Hip fractures treated by hip arthroplasty. In Callaghan, JJ, Rosenberg, AG, and Rubash, HE (eds): *The Adult Hip, Vol II.* Philadelphia: Lippincott-Raven, 1998, p 1221.
102. Mikkelsen, LR, et al: Effect of early supervised progressive resistance training compared to unsupervised home-based exercise after fast-track total hip replacement applied to patients with preoperative functional limitations. A single-blinded randomized controlled trial. *Osteoarthr Cartil* 22:2051–2058, 2014.
103. Miller, BJ, et al: Changing trends in the treatment of femoral neck fractures. *J Bone Joint Surg Am* 96:e149(1–6), 2014.
104. Minns Lowe, CJ, et al: Effectiveness of land-based physiotherapy exercise following hospital discharge following hip arthroplasty for osteoarthritis: an updated systematic review. *Physiother* 101:252–265, 2015.
105. Mitchell, SL, et al: Randomized controlled trial of quadriceps training after proximal femoral fracture. *Clin Rehabil* 15(3):282–290, 2001.
106. Mohler, CG, and Collis, DK: Early complications and their management. In Callaghan, JJ, Rosenberg, AF, and Rubash, HE (eds): *The Adult Hip, Vol II.* Philadelphia: Lippincott-Raven, 1998, p 1125.
107. Morrey, BF: Dislocation. In Morrey, BF, and Berry, DJ (eds): *Joint Replacement Arthroplasty,* ed. 3. Philadelphia: Churchill Livingstone, 2003, pp 875–890.
108. Morris, AH, and Zuckerman, JD: National consensus conference on improving the continuum of care for patients with hip fracture. *J Bone Joint Surg Am* 84:670–674, 2002.
109. Muller, M, et al: The direct lateral approach: impact on gait patterns, foot progression angle and pain in comparison with a minimally invasive anterolateral approach. *Arch Orthop Trauma Surg* 132:725–731, 2012.
110. Mulligan, BR: *Manual Therapy "NAGS", "SNAGS", "MWM'S" etc.,* ed. 6. Wellington: Plane View Services Limited, 2010.
111. Munin, ME, et al: Early inpatient rehabilitation after elective hip and knee arthroplasty. *JAMA* 279(11):847–862, 1998.
112. Munin, MC, et al: Rehabilitation. In Callaghan, JJ, Rosenberg, AG, and Rubash, HE (eds): *The Adult Hip, Vol II.* Philadelphia: Lippincott-Raven, 1998, p 1571.
113. Nelson, C, Lombardi, PM, and Pellicci, PM: Hybrid total hip replacement. In Pellicci, PM, Tria, AJ, and Garvin, KL (eds): *Orthopedic Knowledge Update, 2. Hip and Knee Reconstruction.* Rosemont, IL: American Academy of Orthopedic Surgeons, 2000, p 207.
114. Neumann, DA: An electromyographic study of the hip abductor muscles as subjects with hip prostheses walked with different methods of using a cane and carrying a load. *Phys Ther* 79(12):1163–1173, 1999.
115. Neumann, DA: Hip abductor muscle activity in patients with a hip prosthesis while carrying loads in one hand. *Phys Ther* 76(12): 1320–1330, 1996.
116. Neumann, DA: Hip abductor muscle activity as subjects with hip prostheses walk with different methods of using a cane. *Phys Ther* 78(5): 490–501, 1998.
117. Neumann, DA: Hip. In Neumann, DA: *Kinesiology of the Musculoskeletal System: Foundations for Rehabilitation*, ed. 2. St. Louis: Mosby/Elsevier, 2010, pp 465–519.
118. Neumann, DA: Kinesiology of the hip: a focus on muscular actions. *J Orthop Sports Phys Ther* 40(2):82–94, 2010.
119. Nilsdotter, AK, et al: Predictors of patient relevant outcomes after total hip replacement for osteoarthritis: a prospective study. *Ann Rheum Dis* 62(10):923–930, 2003.
120. Nordin, M, and Frankel, VH: Biomechanics of the hip. In Nordin, M, and Frankel, VH (eds): *Basic Biomechanics of the Musculoskeletal System,* ed. 3. Philadelphia: Lippincott Williams & Wilkins, 2001, p 202.
121. Oatis, CA: *Kinesiology: The Mechanics and Pathomechanics of Human Movement,* ed. 3. Philadelphia: Lippincott Williams & Wilkins, 2016.
122. Ogonda, L, et al: A minimal-incision technique in total hip arthroplasty does not improve early postoperative outcomes: a prospective, randomized, controlled trial. *J Bone Joint Surg Am*87(4):701–710, 2005.
123. Okoro, T, et al: What does standard rehabilitation practice after total hip replacement in the UK entail? Results of a mixed methods study. *BMC Musculoskelet Disorders* 14:91–98, 2013.
124. Olney, SJ, and Eng, J: Gait. In Levangie, PK, and Norkin, CC (eds): *Joint Structure and Function: A Comprehensive Analysis*, ed. 5. Philadelphia: F.A. Davis, 2011, pp 528–571.
125. Papagelopoulos, PJ, and Morrey, BF: Cemented acetabular components. In Morrey, BF, and Berry, DJ (eds): *Joint Replacement Arthroplasty,* ed. 3. Philadelphia: Churchill Livingstone, 2003, pp 602–608.
126. Papagelopoulos, PJ, and Sim, FH: Proximal femoral fracture: Femoral neck fracture. In Morrey, BF and Berry, DJ (eds): *Joint Replacement Arthroplasty,* ed. 3. Philadelphia: Churchill Livingstone, 2003, pp 722–732.
127. Parker, MJ, Pryor, GA, and Thorngren, K: *Handbook of Hip Fracture Surgery*. Oxford: Butterworth-Heinemann, 1997.
128. Parvizi, J, et al: Surgical treatment of limb-length discrepancy following total hip arthroplasty. *J Bone Joint Surg Am* 85(12):2310–2317, 2003.
129. Peak, EL, et al: The role of patient restrictions in reducing the prevalence of early dislocation following total hip arthroplasty. *J*

Bone Joint Surg Am 87(2):247–253, 2005.
130. Perry, J: *Gait Analysis: Normal and Pathological Function*. Thorofare, NJ: Slack, 1992.
131. Pospischill, M, et al: Minimally invasive compared with traditional transgluteal approach for total hip arthroplasty. *J Bone Joint Surg Am* 92:328–337, 2010.
132. Poss, R: Total joint replacement: optimizing patient expectations. *J Am Acad Orthop Surg* 1(1):18–23, 1993.
133. Powers, CM: The influence of abnormal hip mechanics on knee injury: a biomechanical perspective. *J Orthop Sports Phys Ther* 40(2):42–51, 2010.
134. Prins, MR, and van der Wurff, P: Females with patellofemoral pain syndrome have weak hip muscles: a systematic review. *Aust J Physiother* 55:9–15, 2009.
135. Ranawat, CS, Rasquinna, VJ, and Rodriguez, JA: Results of cemented total hip replacement. In Pellicci, PM, Tria, AJ, and Garvin, KL (eds): *Orthopedic Knowledge Update, 2. Hip and Knee Reconstruction*. Rosemont, IL: American Academy of Orthopedic Surgeons, 2000, p 181.
136. Reininga, IHF, et al: Comparison of gait in patients following a computernavigated minimally invasive anterior approach and a conventional posterolateral approach for total hip arthroplasty: A randomized controlled trial. *Orthop Res* 31:288–294, 2013.
137. Repantis, R, Bouris, T, and Korovessis, P: Comparison of minimally invasive approach versus conventional anterolateral approach for total hip arthroplasty: a randomized controlled trial. *Eur J Orthop Surg Traumatol* 25:111–116, 2015.
138. Roddy, E, et al: Evidence-based recommendations for the role of exercise in the management of osteoarthritis of the hip or knee—the MOVE consensus. *Rheumatology* 44(1):67–73, 2005.
139. Roddy, E, Zhang, W, and Doherty, M: Aerobic walking or strengthening exercise for osteoarthritis of the knee? A systematic review. *Ann Rheum Dis* 64(4):544–548, 2005.
140. Rosenberg, AG: A two-incision approach: promises and pitfalls. *Orthopedics* 28(9):935–937, 2005.
141. Rydevik, K, et al: Functioning and disability in patients with hip osteoarthritis with mild to moderate pain. *J Orthop Sports Phys Ther* 40(10):616–624, 2010.
142. Sahrmann, SA: *Diagnosis and Treatment of Movement Impairment Syndromes*. St. Louis: CV Mosby, 2002.
143. Schaefer, A, et al: Incompliance of total hip arthroplasty (THA) patients to limited weight bearing. *Arch Orthop Trauma Surg* 135:265–269, 2015.
144. Shashika, H, Matsuba, Y, and Watanabe, Y: Home program of physical therapy: effect on disabilities of patients with total hip arthroplasty. *Arch Phys Med Rehabil* 77(3):273–277, 1996.
145. Sherrington, C, and Lord, SR: Home exercise to improve strength and walking velocity after hip fracture: a randomized, controlled trial. *Arch Phys Med Rehabil* 78:208–212, 1997.
146. Sherrington, C, Lord, SR, and Herbert, RD: A randomised trial of weight-bearing versus nonweight-bearing exercise for improving physical abilities in inpatients after hip fracture. *Aust J Physiother* 49:15–22, 2003.
147. Shih, CH, et al: Muscular recovery around the hip joint after total hip arthroplasty. *Clin Orthop* 302:115–120, 1994.
148. Shumway-Cook, A, et al: Incidence of and risk factors for falls following hip fracture in community-dwelling older adults. *Phys Ther* 85(7): 648–655, 2005.
149. Silva, M, Heisel, C, and Schmalzied, TP: Metal-on-metal total hip replacement. *Clin Orthop* 430:53–61, 2005.
150. Singh, NA, et al: Effects of high-intensity progressive resistance training and targeted multidisciplinary treatment of frailty on mortality and nursing home admissions after hip fracture: A randomized controlled trial. *J Am Med Directors Assoc* 13:24–30, 2012.
151. Smith, TO, Blake, V, and Hing, CB: Minimally invasive versus conventional exposure for total hip arthroplasty: A systematic review and meta-analysis of clinical and radiological outcomes. *Internat Orthop* 35:173–184, 2011.
152. Strickland, EM, et al: In vivo acetabular contact pressures during rehabilitation. Part I. Acute phase. *Phys Ther* 72(10):691–699, 1992.
153. Sutlive, TG, Lopez, HP, and Schnitker, D: Development of a clinical prediction rule for diagnosing hip osteoarthritis in individuals with unilateral hip pain. *J Orthop Sports Phys Ther* 38(9):542–550, 2008.
154. Tanzer, M: Two-incision total hip arthroplasty. *Clin Orthop* 441:71–79, 2005.
155. Taylor, KW, and Murthy, VL: Femoral neck fractures. In Hoppenfeld, S, and Murthy, VL (eds): *Treatment and Rehabilitation of Fractures*. Philadelphia: Lippincott Williams & Wilkins, 2000, p 258.
156. Taylor, KW, and Hoppenfeld, S: Intertrochanteric fractures. In Hoppenfeld, S, and Murthy, VL (eds): *Treatment and Rehabilitation of Fractures*. Philadelphia: Lippincott Williams & Wilkins, 2000, p 274.
157. Taylor, KW, and Murthy, VL: Subtrochanteric femur fractures. In Hoppenfeld, S, and Murthy, VL (eds): *Treatment and Rehabilitation of Fractures*. Philadelphia: Lippincott Williams & Wilkins, 2000, p 288.
158. Tinetti, ME, et al: Home-based multicomponent rehabilitation program for older persons after hip fracture: a randomized trial. *Arch Phys Med Rehabil* 80:916–922, 1999.
159. Tonley, JC, et al: Treatment of an individual with piriformis syndrome focusing on hip muscle strengthening and movement reeducation: a case report. *J Orthop Sports Phys Ther* 40(2):103–111, 2010.
160. Trousdale, TR, and Cabahela, ME: Uncemented acetabular components. In Morrey, BF and Berry, DJ (eds): *Joint Replacement Arthroplasty*, ed. 3. Philadelphia: Churchill Livingstone, 2003, pp 609–616.
161. Trudelle-Jackson, E, Emerson, R, and Smith, S: Outcomes of total hip arthroplasty: a study of patients one year postsurgery. *J Orthop Sports Phys Ther* 32(6):260–267, 2002.
162. Tveit, M, and Kärrholm, J: Low effectiveness of partial weight bearing: continuous recording of vertical loads using a new pressure-sensitive insole. *J Rehabil Med* 33:42–46, 2001.
163. Umpierres, CS, et al: Rehabilitation following total hip arthroplasty evaluation over short follow-up time: randomized clinical trial. *J Rehabil Res Develop* 51(10):1567–1578, 2014.
164. Valenzuela, F, et al: A retrospective study to determine the effectiveness of nonoperative treatment of hip labral tears. *Orthop Practice* 22(3): 147–152, 2010.
165. Wagner, T, et al: Strengthening and neuromuscular reeducation of the gluteus maximus in a triathlete with exercise-associated cramping of the hamstrings. *J Orthop Sports Phys Ther* 40(2):112–119, 2010.
166. Wang, AW, Gilbey, HJ, and Ackland, TR: Perioperative exercise programs improve early return of ambulation function after total hip arthroplasty: a randomized, controlled trial. *Am J Phys Med Rehabil* 81(11):801–806, 2002.
167. Wathe, RA, et al: Modular unipolar versus bipolar prosthesis: a prospective evaluation of functional outcomes after femoral neck fracture. *J Orthop Trauma* 9(4):298–302, 1995.
168. Weinrich, M, et al: Timing, intensity, and duration of rehabilitation for hip fracture and stroke: report of a workshop at the National Center for Medical Rehabilitation Research. *Neurorehabil Neural Repair* 18(1):12–28, 2004.
169. Wolford, ML, Palso, K, and Bercovitz, A: Hospitalization for total hip replacement among inpatients aged 45 and over: United States, 2000-2010. *Centers for Disease Control and Prevention, National Center for Health Statistics*, Data Brief Number 186, 2015.
170. Woolson, ST, et al: Comparison of primary total hip replacement performed with a standard incision or a mini-incision. *J Bone Joint Surg Am* 86:1353–1358, 2004.
171. Xu, C-P, et al: Mini-incision versus standard incision total hip arthroplasty regarding surgical outcomes: A systematic review and

meta-analysis of randomized controlled trials. *PLoS ONE* 8(11): e80021, 2013.
172. Zhang, W, et al: OARSI recommendations for the management of hip and knee osteoarthritis, Part II: OARSI evidence-based, expert consensus guidelines. *Osteoarthritis and Cartilage* 16:137–162, 2008.
173. Zhang, Y, et al: Total hip arthroplasty: Leg length discrepancy affects functional outcomes and patient gait. *Cell Biochem Biophys* 72:215–219, 2015.
174. Zwartelé, RE, Brand, R, and Doets, HC: Increased risk of dislocation after primary total hip arthroplasty in inflammatory arthritis. *Acta Orthop Scand* 75(6):684–690, 2004.
175. Philippon, MJ, Weiss, DR, Cuppersmith, DA, Briggs, KK, and Hay, CJ: Arthroscopic labral repair and treatment of femoroacetabular in professional hockey players. *Am J Sports Med* 38: 99–104, 2010.
176. Pierce, CM, et al: Ice hockey goaltender rehabilitation, including on-ice progression, after arthroscopic hip surgery for femoroacetabular impingement. *J Orthop Sports Phys Ther* 43(3): 129–141, 2013.
177. Wahoff, M, and Ryan, M Rehabilitation after hip femoroacetabular impingement arthroscopy. *Clin Sports Med* 30:463–482, 2011.

第21章 膝关节

LYNN COLBY　CAROLYN KISNER
JOHN BORSTAD

膝关节是针对活动性与稳定性而设计的；可功能性地延长和缩短下肢，以便在空间中抬高和降低身体，或移动足部；也能在站立时配合髋关节与踝关节支撑身体，并且是步行、攀爬、跑步和坐下等活动的主要功能单位。

和前几章相似，本章也分为3个主要部分。本章第一部分会重点回顾膝关节复合体的解剖与功能，第二部分是有关膝关节疾病和手术治疗的内容，第三部分则介绍膝关节的运动干预。第10~13章呈现了一般处理原则，读者应熟悉这些章节中的内容，并具有检查和评估的背景，以便设计一个有效的治疗训练计划，以改善由于损伤、病理、手术后患者的膝关节功能。

膝关节的结构与功能

膝关节的骨结构包含股骨远端的两个股骨髁、胫骨近端的两个胫骨平台及股四头肌腱中一个大的籽骨——髌骨。从解剖和生物力学角度来看，它是一个复杂的关节（图21.1）[108]。近端胫腓关节在解剖上靠近膝关节，但其关节囊是独立且封闭的，而功能上是与踝关节一起的，因此近端胫腓关节会在第22章进行讨论。

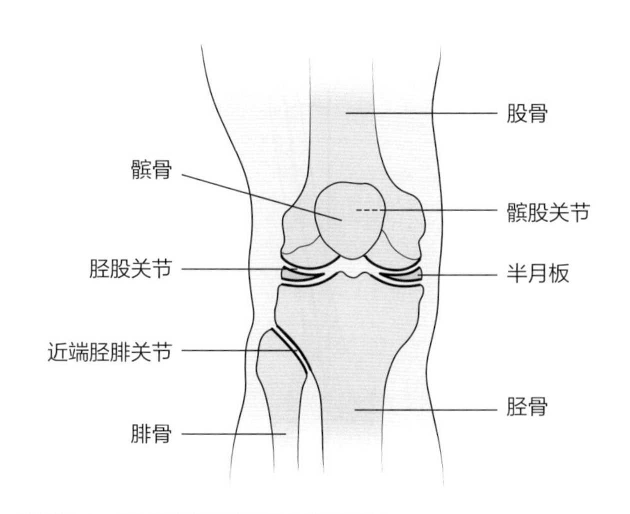

图21.1 膝关节与下肢的骨及关节

膝关节复合体的关节

一个松弛的关节囊包覆了两个关节：胫股关节与髌股关节。关节囊凹进处形成髌骨上、腘窝下、腓肠肌滑囊。来自滑膜的皱褶或增厚在60%的人的胚胎组织中持续存在，并可能出现微创伤或大创伤的症状[24,136]。

胫股关节

特征。膝关节是一个双轴、改良的滑车关节，中间有两片半月板，借由韧带与肌肉支撑。前后侧的稳定性由交叉韧带提供；内外侧的稳定性则分别由内侧（胫骨侧）、外侧（腓骨侧）副韧带提供（图21.2）[37,108]。

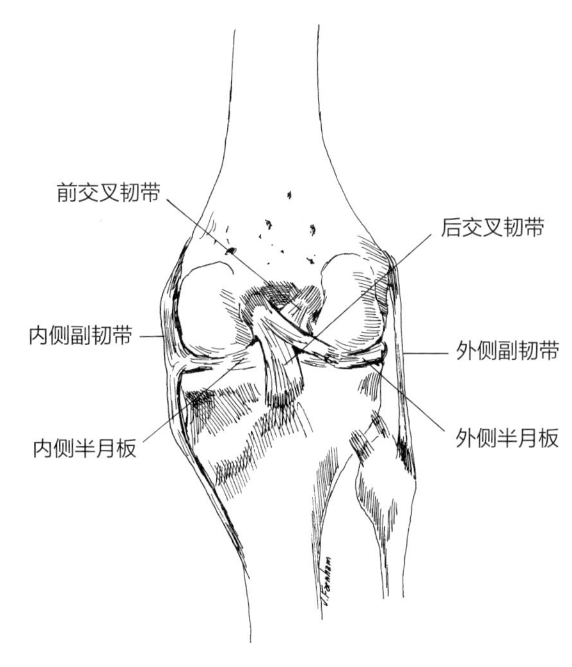

图21.2 内侧半月板附着于内侧副韧带、前交叉韧带及后交叉韧带上；外侧半月板附着于后交叉韧带上（为了视觉效果已移除关节囊）[引自Hartigan, E, Lewek, M, and Snyder-Mackler, L: The knee. In Levangie, PK, and Norkin, CC（eds）:Joint Structure and Function: A Comprehensive Analysis, ed. 5.Philadelphia: F.A. Davis, 2011.]

- 凸面的骨性结构由股骨远端两个非对称的股骨髁组成，而且内上髁的表面积比外上髁大，这有助于形成膝关节的锁定机制。
- 凹面的骨性结构则由胫骨近端两个胫骨平台以及各自的纤维软骨半月板组成，内侧平台略大于外侧平台。
- 半月板增加了关节表面的密合性，通过冠状韧带与胫骨髁和关节囊相连，并通过横韧带相互连接，以及通过髌骨半月板韧带和髌骨连接[108]，而前后侧的髌骨半月板韧带也可能连接外侧半月板和股骨[104]。内侧半月板会紧密连接于关节囊内侧副韧带、前交叉韧带、后交叉韧带以及半膜肌。外侧半月板借由关节囊连接到后交叉韧带及腘肌肌腱。由于内侧半月板相较于外侧半月板有紧密的连接（图 21.2），所以当膝关节受到外侧的撞击时，内侧半月板被撕裂的风险较大。

关节运动学。关节力学受肢体开链和闭链姿势的影响。

- 在非负重的开链运动中，胫骨运动时，凹面的胫骨平台和骨运动方向一致。
- 在负重的闭链运动中，股骨相对胫骨运动时，凸面的股骨髁和骨运动方向相反。
- 由于两侧髁不对称，当膝关节屈伸时，胫骨和股骨间发生轴向旋转。在非负重伸膝时，胫骨围绕股骨外旋；屈膝时内旋。

旋锁机制：股骨髁与胫骨之间在伸展最后角度中发生的轴向旋转，称为锁定（locking）或旋锁机制。当胫骨固定且足部负重于地面时，末端的伸展动作导致股骨内旋（内侧髁比外侧髁滑动得更远），同时髋关节伸展，随着髋关节伸展所产生的髂股韧带紧绷更强化了股骨内旋。当膝关节未锁定时股骨会外旋。膝关节的解锁是在髋关节屈曲时间接发生，在腘肌活动中直接发生。髋关节不能完全伸展（髋关节屈曲挛缩）而无法将膝关节锁定在伸展位置的个体，在站立时无法受益于这种被动稳定功能。

髌股关节

特征。髌骨是股四头肌腱的籽骨，与股骨远端前侧的髁间（滑车）沟构成关节，其关节表面包覆着平滑的关节软骨，髌骨埋植于关节囊的前侧部位，并借着髌骨韧带连接到胫骨，有许多滑囊围绕在髌骨周围[108]。

机制。当膝关节屈曲时，髌骨首先会以下侧缘接触髁间沟，然后沿着髁间沟向下滑动；伸展时髌骨保持在髁间沟内向上滑动直至膝关节接近完全伸展，此时髌骨会在近端髁间沟上少量上移[154]。若是髌骨运动受限，将会减少膝关节屈曲范围，并造成膝关节主动伸展时的伸肌滞后[289]。

髌骨的功能

髌骨的主要功能为增加股四头肌在膝关节伸展时的力臂。髌骨软骨面可以减少摩擦，也可以消减髌骨和股骨髁上的应力[108]。

髌骨对线

髌骨在额状面的对线受股四头肌肌群复合力矢量的方向，及其经由髌腱附着于胫骨结节的影响，上述两个力量的结果会在髌骨上产生弓弦效应，造成外向的拉力。评估弓弦效应的方法是测量 Q 角，所谓 Q 角是由两条交叉直线形成的角度：一条是从髂前上棘到髌骨中点的连线，而另一条是从胫骨结节到髌骨中点的连线（图 21.3）[108,178]。正常的 Q 角为 10°~15°，且女性角度比男性大。Q 角

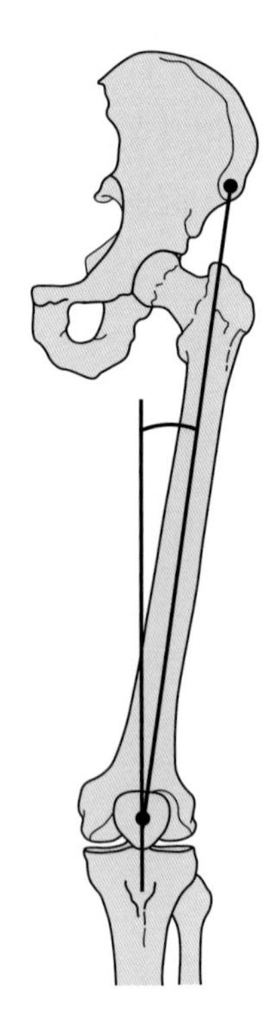

图 21.3 Q 角是由髌骨中点到髂前上棘的直线，与髌骨中点到胫骨粗隆的直线交叉所形成的角度，这两条直线代表在髌骨上形成弓弦效应的力，Q 角增大是髌骨过度外移的诱因（引自 McKinnis, LN: Fundamentals of Musculoskeletal Imaging, ed. 4. Philadelphia: F.A. Davis, 2014, p 375.）

越大提示髌骨受到的外向弓弦力越大。

维持对线的力量

除了滑车沟（股骨沟）的骨性限制，髌骨的稳定性也受被动及动态（肌肉）限制。伸肌支持带的上部，也就是股内侧肌与股外侧肌附着处，为髌骨提供横向平面的动态稳定。内侧与外侧髌股韧带，分别附着于内侧的内收肌结节及外侧的髂胫束，为髌骨提供在横向平面上的被动限制[108]。内外侧的髌胫韧带与髌腱共同稳定髌骨来对抗股四头肌群向上的拉力（图21.4）。

髌骨对线不良与轨迹问题

髌骨对线不良与轨迹问题可能源自许多因素，而因素之间可能有或无相关性[99]。

Q角增加：随着Q角增加，当膝关节负重屈曲时，股骨外侧髁和髌骨外侧关节面之间的压力可能会增加。结构上来说，骨盆宽、股骨前倾、髋内翻、膝外翻，和（或）胫骨结节外侧移位都会造成Q角增加，另外会增加Q角的下肢横向平面动作有胫骨外旋、股骨内旋及距下关节旋前。而负重活动中膝关节中心相对足部内移的动态膝关节外翻（图21.9），也会增加Q角[233,234]。

聚焦循证

一项核磁共振研究[277]，比较了有髌股疼痛（n=15）和无髌股疼痛（n=15）的女性在负重时不同屈膝角度时的股骨和髌骨方向。结果显示，4个结果变量中的3个存在显著的组间角度相互作用，包括股骨内转、髌骨外移和髌骨倾斜，但不包括髌骨旋转显著改变。相比对照组，髌股疼痛组的受试者存在显著的关节运动学改变，组间最大差异出现在0°屈膝时。作者指出增加的股骨内旋是这些运动学改变的主要机制。

肌肉与筋膜紧张：紧张的髂胫束与外侧支持

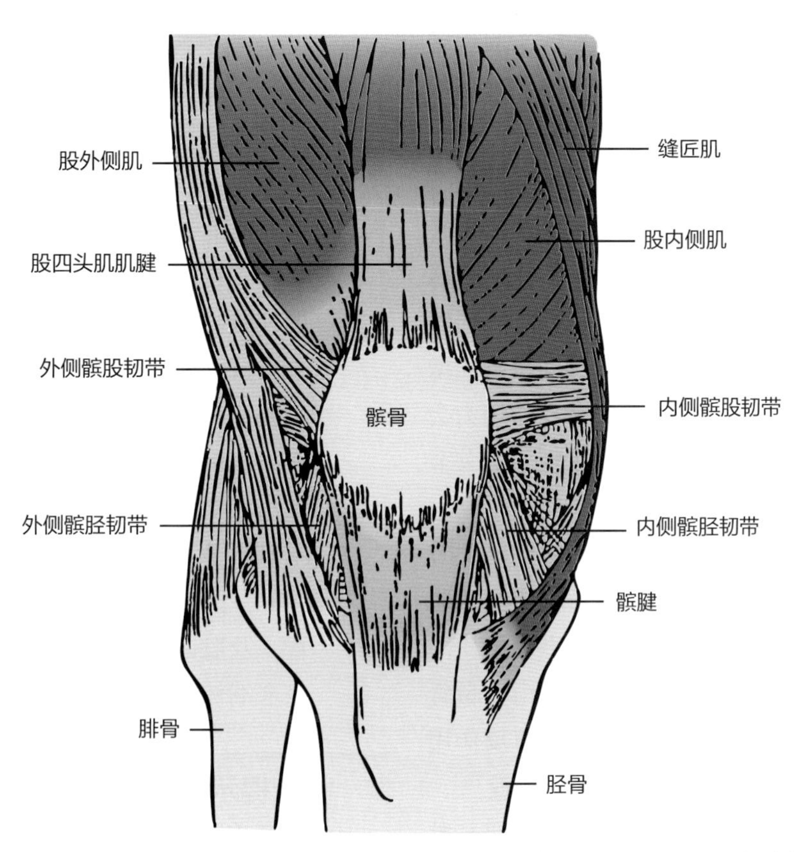

图21.4 横向的内侧髌股韧带与纵向的内侧髌胫韧带，可加强伸肌支持带内侧，而外侧髌股韧带与外侧髌胫韧带防止髌骨的向内过度滑动［经许可引自 Hartigan, E, Lewek, M, and Snyder-Mackler, L: The knee. In Levangie, PK, and Norkin, CC（eds）: Joint Structure and Function: A Comprehensive Analysis, ed. 5. Philadelphia: F.A. Davis, 2011, p 403.］

带防止髌骨的内移，而紧张的踝关节跖屈肌群会造成踝关节背伸时足部旋内，导致胫骨外侧扭转和胫骨粗隆功能性外侧移位，增加了髌骨外侧应力[166]。股直肌和腘绳肌紧张可影响膝关节力学并造成代偿[172]。

髋关节肌肉无力。髋关节外展肌与外旋肌无力会造成股骨内收与膝关节外翻，并导致髌股疼痛综合征，患者在负重状态下可观察到股骨内旋增加[125,194]。

髌骨挤压

髌骨接触。髌骨后侧表面有几个小关节面，它和股骨滑车沟结合并非完全紧密。当膝关节完全伸展时（0°），髌骨会在滑车沟上方，屈曲15°时髌骨下侧缘开始与滑车沟连接，随着膝关节屈曲角度增大，髌骨在沟中朝远端滑动，而且接触面积越来越大。屈曲超过60°后接触面是继续增加、持平或是减少受多种因素影响[98,99]。此外，膝关节屈曲超过90°后会因髌骨更向下滑动，使得股四头肌肌腱接触滑车沟。

挤压的力量。在完全伸展时，因为髌骨与滑车沟之间接触面积最小、甚至无接触，所以在此关节面上是无压力的。此外，因为股骨与胫骨几乎平行，股四头肌与髌腱在矢状面上的合力形成的挤压性负荷非常小。但随着膝关节屈曲，股四头肌与髌腱的合力会增加，但也因髌骨与滑车沟间接触面增大而抵消增加的力量。关节面上的关节反作用力会在30°~60°间快速增加，但更大屈曲角度下的关节反作用力的大小则存在争议。

- 下蹲时，关节反作用力持续增大直到膝关节屈曲90°而后持平或减少，因为股四头肌肌腱开始接触滑车沟，因此抵消了一些力量[98]。
- 在开链运动中，非负重运动中将自由重量置于腿部远端，髌股关节面的最大关节反作用力会出现在膝关节大约屈曲30°的位置[98]，这是因为重量力臂的改变大于股四头肌与髌骨肌腱拉力的合力。
- 随着膝关节屈曲，Q角增大会造成外侧小关节面压力的增加[234]。

肌肉功能

膝伸肌的功能

股四头肌是唯一跨过膝关节屈/伸轴前侧的肌群，也是膝关节伸展的原动肌，而其他肌肉需要先将足部固定形成闭链，才能做出膝关节伸展动作。在此情况下，腘绳肌或比目鱼肌可借由拉动胫骨向后，而导致或控制膝关节伸展。

闭链功能。在站立或步态支撑相时，膝关节是闭链中的中间关节。股四头肌控制了膝关节屈曲程度，也借由反向拉动股骨使膝关节伸展。直立姿势下，当膝关节伸展锁定时重力线会落在屈/伸轴前方，股四头肌不需要起作用。这种情况下，腘绳肌与腓肠肌肌腱的张力会支撑后侧关节囊。

髌骨。髌骨通过增加伸肌力矢量与膝关节屈/伸轴之间的力臂来改善伸肌的力学优势，其对股四头肌的最大杠杆效应是在膝关节从60°伸展到30°时，并在15°伸展到0°间快速下降[101,108]。

力矩。股四头肌伸展最大的峰力矩发生在70°到50°之间[34]，而股四头肌的生理优势会在膝关节伸展最后15°因长度缩短而快速下降，伴随着力学优势在最后15°的减小，因此终末端伸展时对肌肉的需求增加，需要肌肉显著增加其收缩力[101]。

- 当站立位闭链活动时，腘绳肌和比目鱼肌协助伸膝。此外，前交叉韧带和腘绳肌群收缩力对抗了股四头肌收缩产生的前移力[75,171]。
- 坐姿或仰卧位开链伸膝运动时，因阻力力臂在终末端伸展时达到最大，将需要股四头肌做出相对强力收缩来对抗生理学和力学上的不利因素，才能完成最后15°的动作[101]。然而，因为髌骨相对滑车沟是在较上方的位置，及股四头肌与髌腱的合力方向的关系，在末端伸展时髌骨挤压性负荷也会减少。

临床提示

治疗师需要注意外部阻力的影响以及在不同关节活动角度肌肉受到的挑战。在使用固定阻力的开链运动中，终末端伸展时阻力力矩对股四头肌的挑战最大，而在中间角度肌肉能够产生较大张力，所以挑战较小。这种矛盾会影响关节活动中患者运动的效果、舒适度以及关节负荷。

膝屈肌的功能

腘绳肌群是膝关节的主要屈肌群，且影响胫骨对股骨的旋转。因为腘绳肌是跨关节肌肉，所以当膝关节屈曲时长度的减少被髋关节屈曲时长度的增加所抵消时，腘绳肌收缩更有效。在闭链的活动中，腘绳肌群可借由拉动胫骨而辅助膝关节的伸展。

- 比目鱼肌也可以作为膝关节的屈肌，但主要是在负重状态下起效，支撑后侧关节囊以对抗过度伸展的力量。
- 腘肌支撑后侧关节囊，作用是解锁伸直的膝关节。
- 鹅足肌群（缝匠肌，股薄肌和半腱肌），提供了膝关节内侧的稳定性，也影响了在闭链运动中胫骨的旋转。

膝关节的动态稳定

因为股骨髁与胫骨平台面的不吻合，从骨的构造上来看，稳定性是低的。交叉韧带与侧副韧带在不同的关节动作时提供了重要的被动稳定性。动态稳定是动作过程中，负荷快速转移时关节仍能保持稳定的能力 [122]。动态的稳定涉及神经肌肉系统的动作控制，以协调关节周围的肌肉活动。复杂的前馈与反馈系统受中枢神经系统调节，会在关节组织受到不同的负荷与压力时，调节肌肉的僵硬度并且提供重要的动态稳定性 [309]。如 Williams 临床著作中所归纳的 [309]，临床与科学上累积的证据显示，运动训练的计划目的中就有训练膝关节的动态稳定，也就是说，通过调节神经肌肉的响应来改善膝关节的运动控制，以便在从事高强度活动中减少对膝关节韧带的压力与伤害。

膝关节与步态

在正常的步态周期中，膝关节的活动范围是60°（初始足跟触地期的0°，到初始摆动相末的60°）。当膝关节在初始触地与足跟离地前做伸展动作时，股骨有轻微的内旋 [108,212,228]。

步态中膝关节的肌肉控制

步态周期中的稳定性是由跨膝关节的肌肉发挥正常功能做有效的控制 [212,228]。

股四头肌。股四头肌控制着膝关节在初始触地和承重反应期的屈曲的角度，之后使膝关节伸展进入到支撑相中期。在摆动相前（足跟离地到足趾离地）会控制屈曲的角度，并且在离地初期避免过度抬高足跟。若股四头肌丧失功能，患者会在触地初期身体前倾，以便将重心移动到膝关节屈 / 伸轴前，来稳定关节 [283]。

腘绳肌。腘绳肌主要是在摆动末期控制下肢向前的摆动。若是缺失此功能，将导致膝关节在初始触地前过快进入伸展状态。腘绳肌同时也在支撑相膝关节伸展时，提供膝关节囊后侧的支撑。缺失此功能，将导致渐进性的膝过伸 [283]。

比目鱼肌。跨单关节的踝关节跖屈肌（主要是比目鱼肌），通过控制胫骨在固定足上的向前移动，来限制膝关节在摆动相前的屈曲角度。缺失此功能，将导致膝关节在摆动相前代偿性过度伸展。比目鱼肌功能障碍导致在摆动相前期无法抬高足跟，会造成动作迟滞或者同侧骨盆下降。

腓肠肌。腓肠肌为承重反应期末或足放平，以及摆动相前或足跟离地前的膝关节伸展提供了后侧的支撑。缺失此功能，将导致膝关节在这些时期过度伸展，以及在摆动相前期或是推进期间丧失推动力。

髋关节与踝关节的损伤

因为膝关节是位于髋关节与踝关节的中间关节，这两个部位的问题，将会影响到膝关节在步态中的功能。举例如下。

髋关节屈曲挛缩：髋关节无法伸展将导致站立末期之前（即足跟离地）膝关节也无法伸展。

长度 / 肌力不平衡：当髋膝关节肌肉的长度、肌力或者神经肌肉控制出现不平衡时，会对膝关节的结构造成压力，增加步行或跑步时的疼痛。例如，紧张的阔筋膜张肌或臀大肌都会增加髂胫束上的压力，造成膝关节外侧疼痛，或是影响到髌股关节运动学而造成膝前疼。髋外旋和外展肌无力导致股骨内旋，髌骨相对外移而产生髌股关节疼痛[277]。腘绳肌群的过度使用会增加股四头肌的代偿活动，造成膝前痛（见第20章髋关节肌力不平衡的讨论）。

足部损伤：足部与踝关节姿势及功能也会影响传到膝关节的应力。例如，扁平足或是足外翻时，下肢整体旋内，增加了Q角和髌骨上的弓弦效应[166]。

牵涉痛与神经损伤

关于膝关节区域的牵涉痛模式，以及周围神经损伤的详细说明，请见第13章。

膝关节易受损伤的主要神经

坐骨神经在腘窝近端分为胫神经与腓总神经，这些神经都在腘窝深层受到良好的保护。

- 腓总神经（L2~L4）在腓骨头的下方位置表浅且缠绕着腓骨，是常见的受伤区域。症状为远端的感觉丧失和肌力下降。
- 隐神经（L2~L4）是一条感觉神经，支配着膝关节与腿部内侧的皮支。容易因该区域的创伤或手术而受损，造成慢性疼痛综合征。

牵涉痛的常见来源

源于L3节段的神经根与组织牵涉到膝前侧；而源于S1和S2节段的神经根与组织牵涉到膝关节的后侧[50]。而髋关节，主要是受L3节段的神经支配，可能会在大腿前侧与膝关节有牵涉症状。在牵涉痛的情况下，膝关节的运动治疗仅能有效地预防膝关节肌肉组织的失用，主要的治疗应直接针对神经激惹的来源。

膝关节疾病的处理和手术

治疗膝关节疾病的患者时，为了做出健全的临床决策必须了解各种病理、手术程序与相关注意事项，辨别结构性和功能性损伤、活动受限与参与受限。此节呈现常见病理与手术程序，以及这些状况的保守与术后处理。

关节活动不足：非手术处理

常见关节病理与相关损伤

骨性关节炎、类风湿关节炎及急性关节外伤都会影响到膝关节。此外，创伤、手术或骨折后的膝关节制动，造成关节和周围软组织柔韧性下降和粘连。第11章已描述关节炎病因、症状及一般性处理指南，本节将应用这些信息来处理膝关节疾病。

骨性关节炎（退行性关节病）

骨性关节炎，通常指的是退行性关节病，是影响负重关节最常见的疾病，膝关节的关节软骨磨损一般内侧比外侧更明显（图21.5）。

65岁以上的人中有1/3在影像学上都出现膝关节骨性关节炎的证据[16]，而疼痛、肌肉无力、内侧间室松弛和动作受限都会影响功能且造成残疾。膝关节骨性关节炎患者常见膝内翻（偶有膝外翻）等关节变形。另外，膝关节不稳（膝关节感觉卡住或移动）的情况也常报导，并对体力活动功能产生极大影响[77]。超重、关节创伤、进展性关节变形、股四头肌无力、胫骨异常旋转都是膝关节骨性关节炎的危险因素[6,16]。

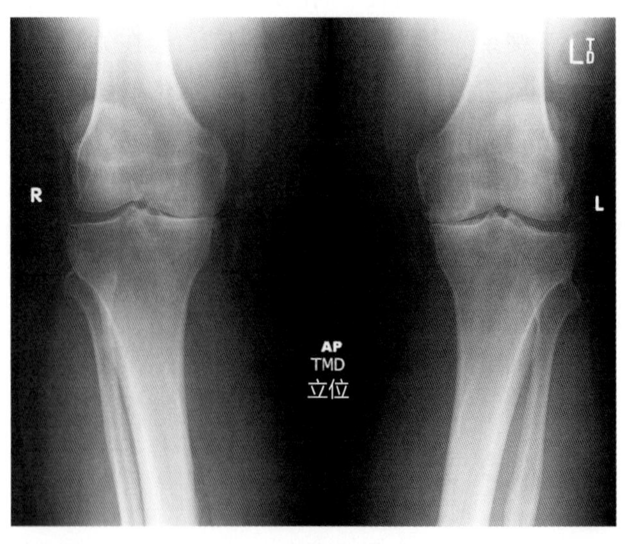

图21.5　进展性双侧、内侧膝关节退行性疾病，患者为52岁的电脑程序员，之后进行了右膝全关节置换术

聚焦循证

Schmitt等人[255]调查了52名膝关节内侧骨性关节炎患者，发现自我报告的膝关节不稳会造成日常生活功能受限，然而，该研究也发现自我报告的膝关节不稳严重度和内侧关节松弛程度、膝关节内翻对线或股四头肌肌力没有直接相关关系。

在一项220例膝关节骨性关节炎患者参与的研究中，95%的受试者报告步行中对膝关节缺少信心，而步行中的疼痛和对动作的害怕与缺少信心高度相关[272]。

创伤后关节炎

影响关节结构的任何损伤，特别是创伤性急性韧带与半月板撕裂后，会出现膝关节创伤后关节炎。在这些损伤中，关节肿胀可能是立即性的，提示关节内出血，也可能是渐进性的（进程超过4小时），提示浆液渗出。急性期症状包括疼痛、动作受限与肌肉保护性收缩。创伤，包括重复性微创伤，为膝关节发生退行性变化的常见原因。

类风湿关节炎

类风湿关节炎早期通常先出现在双手与双足，随着疾病进展，膝关节也会受累，关节会变得温热、肿胀与动作受限。此外，膝关节外翻畸形经常在疾病晚期出现。

制动后的活动不足

当膝关节因骨折愈合或手术后被制动数周或更长时间时，关节囊、肌肉、软组织会产生挛缩，而且动作也会受限。组织粘连会限制髌骨向尾部滑动。因而限制膝关节屈曲，也会因髌骨挤压股骨而造成疼痛。若股四头肌收缩时髌骨无法向近端滑动，膝关节主动伸展就会出现伸肌滞后[281]，这常发生在手术修复部分膝关节韧带，膝关节制动在屈曲角度一段时间后。

常见结构性损伤

- 一旦膝关节受累，膝关节的受限模式下通常是屈曲比伸展丧失更多。
- 有渗液时（关节内肿胀），关节屈曲约25°的姿势对患者来说通常是最舒适的，因为该姿势下关节囊较为松弛。在有积液的情况下，关节仍可进行少量的活动。
- 关节肿胀造成反射抑制及由此导致的股四头肌无力[279]。由关节积液导致的关节肿胀、僵硬、疼痛、反射性股四头肌抑制等症状都会造成伸肌（股四头肌）滞后，也就是膝关节伸展的主动角度比允许的被动角度更小[281]。
- 膝关节炎的患者通常也有平衡反应受损的问题，比如在静态和动态情况下身体摇摆幅度增大等[300]。

常见损伤，活动受限与参与受限

- 出现急性期症状与关节退化晚期时，动作中、负重时、步态中的疼痛都可能会影响到工作、日常家务与社会活动。
- 像是坐下、从椅子或马桶上起身、上下楼梯、弯腰、下蹲，或从地板上爬起来等涉及膝关节屈曲的负重动作会受限或控制有困难[74]。
- 关节炎晚期身体活动会明显减少，很少参与休闲和家庭活动[291]。

关节活动不足：管理——保护阶段

急性关节损伤的一般性处理指南，及类风湿关节炎与骨性关节炎的特殊指南见第11章。

疼痛控制与关节保护

患者教育。 教导患者保护关节的方法是很重要的，包括良肢位摆放、支具的使用以避免畸形挛缩、关节活动度与肌肉锻炼以维持活动性及促进血液流动，以及减少膝关节压力的安全功能性活动。

功能性调整。 通过指导患者少爬楼梯、在马桶上使用加高椅垫、避免坐太深或矮椅子来减少负重屈膝时对肌肉力量的要求。在关节炎急性加重期，如有必要，指导患者使用手杖、手杖或助行器来分担行走时的压力。

维持软组织与关节活动性

被动、主动辅助或主动关节活动度。 在疼痛及动作允许的范围内，使用改善关节活动度的技术，患者可在去除重力或侧躺的姿势下，训练主动关节活动度或自我辅助关节活动度。

Ⅰ级或Ⅱ级关节分离及前后滑动。若耐受，在关节处于或接近休息姿势（屈曲 25°）下施行温和的手法技术。这些技术可用来抑制疼痛及维持关节活动性。这个时期牵伸技术为禁忌。

维持肌肉功能且避免髌骨粘连

等长训练。在无痛姿势下，施行无痛的股四头肌与腘绳肌的等长收缩运动，股四头肌等长训练合并下肢抬高、亚极量闭链肌肉等长训练。肌肉等长训练会在本章最后一节详细说明。当胫股关节制动时，股四头肌等长收缩运动有助于维持髌骨活动性，因此应该在术后或关节制动时例行教导患者。

关节活动不足：管理——控制动作与功能恢复阶段

随着关节渗出减少且软组织承受压力的增加后，治疗目标转变为处理会影响功能的损伤。患者着重于通过控制动作的运动和活动，来实现安全重返期望的功能性活动。

患者教育

- 告知患者其自身状况，对于恢复有何期望以及如何保护关节。
- 教导患者如何安全地进行居家运动和进展，以及若症状由于疾病、过度使用或运动而加剧时应如何调整。研究显示在骨性关节炎患者居家运动计划中包括特别设计的强化肌力训练、牵伸、关节活动度训练及使用固定自行车的运动，能改善其功能效果[59]。重要的是，应强调维持支撑性肌肉的肌力来帮助保护和稳定关节，以及平衡运动有助于减少跌倒的风险。
- 指导患者要每天多次进行主动关节活动度与肌肉等长收缩训练，特别是在负重之前，以减少开始负重时出现的疼痛症状[74]。
- 提醒骨性关节炎或类风湿关节炎患者活动期间休息。

聚焦循证

在一项 134 位骨性膝关节炎患者参与的随机对照研究[59]中，临床治疗组（$n=66$）进行为期 4 周的监督下运动、手法治疗和居家运动，而居家运动组（$n=68$）仅进行居家运动。测量的预后结果包括 6 分钟步行测试、西安大略大学和麦克马斯特大学的骨关节炎指数（WOMAC）评分量表。第 4 周两组都有进步，临床治疗组的 WOMAC 评分进步了 52%，而居家运动组进步了 26%；两组的 6 分钟行走距离都进步了 10%。1 年后的测试两组间并无差异，但两组比起基准测试都有进步，另外可注意到临床治疗组似乎更不需要服用关节炎的药物，而且对康复的预后结果较满意。目前仍缺乏对患者教育和坚持长期居家运动计划的长期持续关注。

减少来自机械性压力的疼痛

若有需要，行走时应持续使用辅助工具。患者可逐渐减少辅助工具的使用，或练习不需辅助走一段路。若有需要，持续在马桶与椅子上使用加高椅垫，以减少起身时的机械性压力[74]。

增加关节动作与关节活动度

注意：在患者有足够肌力能控制动作前，不要增加关节活动度。缺少足够肌肉控制下活动负重关节会造成稳定性受损，并让下肢难以负重。

关节松动术。若关节活动性丧失减少，应使用关节松动术。在胫股和髌股关节的关节活动范围末端施行Ⅲ级或Ⅳ级的持续性或振动技术（图 5.49 ~ 图 5.54）。当关节活动度增加后，加入伴随屈伸的旋转附属动作[134]。

- 为了增加屈曲范围，将胫骨置于内旋姿势下，在胫骨内侧平台前部施加向后滑动的力。
- 为了增加伸展范围，将胫骨置于外旋姿势下，在胫骨外侧平台后部施加向前滑动的力。
- 胫骨相对于股骨的内、外侧滑动也有助于改善膝关节屈伸的活动范围。

牵伸技术。被动和本体感觉神经肌肉易化（PNF）技术可用来增加限制膝关节动作的肌肉及关节囊外非收缩性软组织的延展性，特殊技术将于本章最后一节描述。

注意：使用胫骨作为杠杆或股四头肌剧烈收缩（在保持—放松手法中）迫使膝关节屈曲的技术会

加剧膝关节症状。

采用以下方法来减少牵伸造成的关节创伤。

- 牵伸前先松动髌股关节和胫股关节，以促进牵伸手法中正常的关节运动学。
- 牵伸前先给予软组织或摩擦按摩，以松动粘连与挛缩。包括髌骨边缘周围的深层按摩。
- 施行本体感觉神经肌肉易化技术时，应调整收缩强度，以减少对关节的挤压。如使用保持—放松手法增加膝关节屈曲角度时加剧了膝关节前侧疼痛，可改用腘绳肌的主动肌收缩技术。
- 在患者耐受范围内，使用低强度、长时间的牵伸。

动态关节松动术。动态关节松动术（MWM）通过促进正常的关节运动学来增加关节活动度和（或）减少动作的疼痛。Mulligan[195] 指出动态关节松动术对屈曲角度丧失比伸展角度丧失的更有效果。动态关节松动术的原则已于第 5 章说明。

动态关节松动术：外侧或内侧滑动

患者体位与操作：提高伸直范围采取仰卧姿势，提高屈曲范围采取俯卧姿势。徒手或利用松动带在胫骨平台上施予无痛的向内侧或外侧滑动的力。滑动方向通常由疼痛的方向决定（即膝关节外侧疼痛时，胫骨向外侧滑动效果较好，而内侧疼痛则是向内侧滑动）[195]。

- 进行松动术时，要求患者主动移动到允许的无痛屈伸范围末端。
- 增加无痛的过度压力，以达到末端范围负荷的效果。

动态关节松动术：胫骨内旋以增加屈曲角度—徒手技术

患者体位与操作：仰卧下将膝关节屈曲到允许的无痛范围末端，对胫骨施加内旋的松动力，一手置于胫骨平台前内侧施压，同时另一只手置于胫骨平台后外侧、腓骨小头后方施压。

- 持续内旋松动时，要求患者利用环绕于足部的松动带，屈曲膝关节，并在允许的无痛范围末端维持数秒钟（图 21.6）。

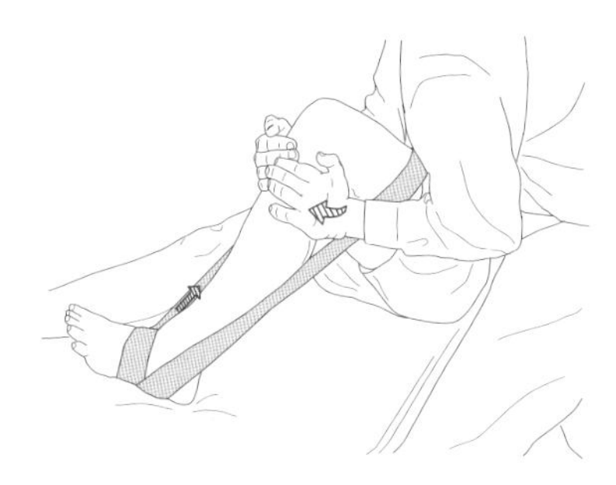

图 21.6　增加膝关节屈曲范围的胫骨内旋动态关节松动术

动态关节松动术：内旋增加屈曲角度—自我治疗

患者体位与操作：将患侧下肢置于椅子上站立并屈膝，调整足部摆放位置使胫骨内旋。要求患者于胫骨平台前内侧和后外侧施加内旋力，并将重心向前移动，将膝关节屈曲到允许的无痛范围末端（图 21.7）。

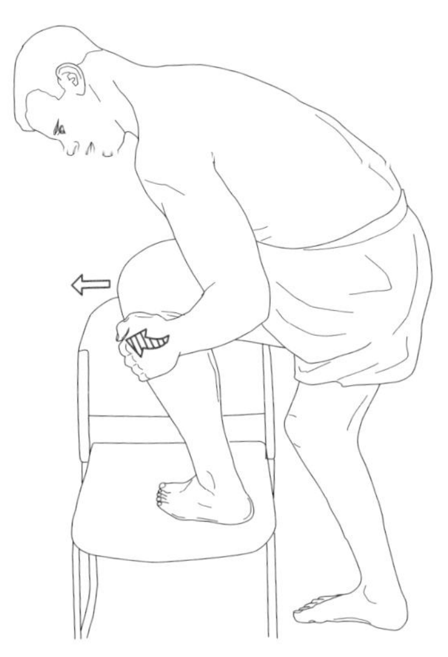

图 21.7　使用胫骨内旋的动态关节松动术以增加屈膝角度的自我治疗方式

改善支撑肌肉的肌肉功能

该段运动的说明将在本章最后一节详述。

渐进强化肌力训练。开始时执行膝屈、伸肌的多角度等长收缩，和开链、闭链姿势下的主动关节活动度训练，在无痛范围内进行。适当进阶重复次数与阻力。运动强度应在关节耐受范围内，且不加剧症状。

- 执行开链运动时，比起大阻力的慢速运动，患者在较快速度、低阻力运动中会感受到较少的疼痛。

- 中间关节活动范围（45°~90°）的阻力易加剧髌股疼痛，因为髌骨受到挤压。可在症状范围两端的无痛运动弧中施加阻力，可以通过徒手或器械阻力来实现。
- 利用开链、闭链运动强化髋关节与踝关节肌群肌力，以平衡整个下肢的力量，并让患者进阶到功能性独立（见第20章的髋关节运动和第22章的踝关节运动）。

肌耐力训练。在增加阻力之前，先增加各个阻力的重复次数。

功能性训练。上下台阶、坐下与从椅子和马桶上起身，及利用安全的身体力学由地板提起物品等，这些都是膝关节炎患者经常面对的难题。利用调整后的功能性运动来强化膝关节肌群肌力是很重要的，并随着肌力改善逐渐增加难度。

- 上、下台阶运动（前向、后向、侧向）。以低高度的台阶开始，然后进阶到患者居家或社区活动中所需要的台阶高度，并根据其期望的预后结果进阶到功能性活动，如爬楼梯或梯子。
- 若可耐受，靠墙滑动及微蹲到90°。保持在不会加剧症状的范围内，将这些练习与在不同椅子高度坐下和由坐到站的功能性活动结合起来（必要时扶着扶手）。为了安全考量确认是否需要调整座椅。对于整个下肢的控制，矫正下肢对线和向后转移重量以激活及强化臀大肌肌力是相当重要的。
- 部分弓箭步。动作中强调躯干控制和保持膝在足正上方。在弓箭步中要求患者激活腰椎骨盆肌群以稳定骨盆。逐渐增加弓箭步的深度和从地板上捡起小东西，可以对身体力学进行有效的刺激。
- 平衡活动。在患者可控制程度下开始平衡活动，详细建议列在第8章和第23章中。
- 步行。当股四头肌肌力达到徒手肌力测试的4/5级且步态正常和对称时，可减少辅助工具的使用。练习在各种地形、斜坡以及改变方向步行，一开始可使用辅助然后再独立执行。

改善心肺耐力

选择和调整活动以减少对膝关节的压力刺激。

- 游泳、水中有氧运动和其他水中运动提供了一种改善肌肉与心肺功能，并且关节负荷最小的环境。
- 骑自行车是低冲击形式的运动，座椅高度要调整到当脚踏板踩到最低高度时，膝关节是完全伸直（但非过度伸直），骑固定式自行车时使用低阻力。
- 高冲击性运动注意事项。对于某些患者来说，只要关节没有出现症状是可以逐渐进行跑步、跳绳及其他高冲击性、快节奏或更剧烈的活动。若已出现关节畸形，或无法恢复适当生物力学功能时，患者不宜进行这些活动以免损伤加重。

结果

两篇系统综述评估了运动对髋关节与膝关节骨性关节炎效果的有效性，结果支持有氧运动与肌力运动可减少疼痛和残疾[248,249]。根据Roddy[248]提出的专家观点：①禁忌证很少；②骨性关节炎患者运动是相对安全的，但应个体化且以患者为中心，考量其年龄、伴发疾病及整体活动性。同样的，Cochrane系统评价数据库[80]、Philadelphia Panel循证医学临床实践指南[229]，和许多对膝关节骨性关节炎患者实施物理治疗干预的系统性评价研究[127]，也指出有证据支持利用肌力训练、牵伸及功能性运动，能够治疗骨性关节炎造成的膝关节疼痛和改善身体的功能。

另一项追踪285位膝关节骨性关节炎患者3年的研究发现让患者免于功能预后不良的因素，包含肌力与活动程度，以及心理健康、自我效能、社会支持度等[264]。

一项预后结果的综述[57]指出，中度或高强度运动对于类风湿关节炎患者的疾病活动性，有轻微改善效果，但运动对大关节的效果的影像学证据仍不足。综述也提到对于类风湿关节炎患者来说，长期个体化的中度或高强度运动可保护受损关节，并改善有氧能力、肌力、功能性能力及心理健康。参与结合了有氧、力量和功能性活动的康复计划的类风湿关节炎患者，在18个月的随访中，膝伸肌肌力得以维持，而未参与者力量下降。相比初始数据，18个月后两组有氧能力均下降而功能性活动保持不变[56]。

最后，来自国际骨性关节炎研究学会的系统性综述提出物理治疗作为非药物干预手段，可以改善有症状的骨性关节炎患者的功能性能力[318]。

关节手术与术后处理

当关节疼痛与滑膜炎无法经保守治疗或适当药物控制，或关节表面已破坏、畸形，以及动作受限严重到造成功能性能力明显受损时，手术处理膝关节炎是可行的。

手术方式的选择根据患者的体征和症状、活动水平、年龄、疾病类型、关节受损或畸形的严重度，以及是否累及其他关节。关节镜清创术与灌洗术用来移除可能会造成膝关节肿胀或间歇性卡住的游离小体[17,260]。现已发展出许多手术方式来修复受损的关节软骨。磨削成形术是将磨损的关节表面平整并刺激重置软骨生长的手术方式，但成功概率有限[17,260]。较新的方法是修复膝关节里小的且局部的关节软骨缺损，例如微创术[94,262]、自体骨软骨移植术（镶嵌成形术）[13,106,143]及自体软骨细胞移植术[44,95,303]，似乎更有希望成功。

滑囊切除术针对出现未缓解的关节渗液、滑膜增生和（或）疼痛，但关节表面只有轻微破坏的患有类风湿关节炎或幼年型类风湿关节炎的年轻患者，然而现在已经不常使用[35,223,260]。股骨远端或胫骨近端的截骨术（一种关节外）将胫骨与股骨间负重力量重新分配，试图减少负重活动时的关节疼痛，并延后需要行膝关节置换术的时间[17,35,260]。在过去，高位胫骨截骨术是年龄小于50岁，活动能力较强，且无其他活动性系统性疾病、无明显的动作限制或关节畸形的患者的一个手术选择。然而，随着关节置换术的进步，现在更年轻的患者也会进行关节置换，因此截骨术已不常作为手术选择[39]。

当关节表面已严重磨损且疼痛未缓解，全膝关节成形术（全膝置换术）是一项可用来减轻疼痛、矫正畸形并改善功能性活动的手术选择[123,167,258]。只有在非常少数状况下，会将关节融合术作为挽救性手术，为患者提供稳定且无痛的膝关节。

无论选择何种手术，手术及术后处理的目标为：①减轻疼痛；②矫正畸形或不稳定；③恢复下肢的功能。为了获得理想的功能恢复效果，谨慎地采取逐步进阶的术后康复是必要的。

关节软骨损伤修复

膝关节韧带或半月板的损伤，以及急、慢性髌股关节功能障碍经常都与膝关节的表面损伤有关，因为关节软骨本身愈合能力有限，所以软骨缺损的手术处理是具有挑战性的[44,153]。然而，当有症状的膝关节接受非手术处理或关节镜清创术、灌洗术都无效时，一些手术选择可用来修复或恢复损伤的软骨[242]。

软骨修复方式包括微创术或钻骨术[94,153,242,262,282]，而软骨修复方式有自体骨软骨移植术、同种异体骨软骨移植术[13,18,106,143]和自体软骨细胞移植术[95,153,242,303]。这些方式用来刺激透明软骨生长，以达到关节软骨局部缺损的修复，避免关节软骨进一步退化，导致骨性关节炎[44,153]。

本节会说明针对膝关节的手术程序，无论选择何种软骨手术，都需要患者有坚持长期康复的能力和意愿。

手术适应证

修复关节软骨缺损的主要适应证为胫股关节或髌股关节因小的或相当程度的局部损伤，造成膝关节出现症状，而这些部位通常涉及股骨内髁或外髁、滑车沟、髌股关节面等负重部位。

手术方式的选择标准包含关节软骨损伤面积的大小、深度、部位、病程、患者年龄和期望的活动水平。一般来说，超过2 cm^2但不大于4 cm^2者被认为适合修复，超过4 cm^2的损伤较适合软骨恢复技术[242]。大多数进行关节软骨修复的患者都是年轻且活跃的[44,153]。

临床提示

由国际软骨修复学会建立的软骨损伤分类系统是基于五分的分级标准将损伤等级按照从 0 分（无明显缺损的正常软骨）到 4 分（严重异常、全层骨软骨缺损）[32] 进行划分。

手术方式

微创术：微创术用来修复面积非常小的损伤，通常位于股骨内、外髁或髌骨上。该手术利用关节镜与非电击式尖钻，刺入关节软骨下骨并暴露骨髓。这种手术方法有刺激骨髓的修复反应，造成软骨修复组织（纤维软骨）的局部生长以修复损伤 [44,94,153,262,282]。自体基质诱导软骨成形术是一项将微创术和分子双层胶质膜应用结合起来的新技术，用于稳定软骨的生长和引导修复 [242]。

自体骨软骨移植。对于累及膝关节负重表面的软骨和软骨下组织的局部损伤，可以选择自体骨软骨移植，这是一种关节镜下或微型开放手术，将完整的成熟的关节软骨连同部分底层骨一起植入，完成骨对骨移植 [13,18,106,143]。相较于自体骨软骨移植只取单片组织，镶嵌成形术是一种类似的手术，取的是小半径、多层的骨软骨栓子，压入软骨上损伤部位 [13,18,106,143]。

取移植物的地方一般是股骨外侧关节面上髁边缘的非负重、非关节处 [13]。

自体软骨细胞移植术。该手术也称为软骨细胞移植，适用于股骨髁或髌骨单处，较大（2~4cm^2），全层软骨和骨软骨缺损的年轻患者 [44,95,303]。手术分两阶段，第一阶段是在关节镜下摘取患者健康的关节软骨，再由关节软骨中提取软骨细胞，在实验室中进行数周培养，获得足够数量的健康组织。第二阶段为植入阶段，切开关节（开放性手术）植入软骨细胞。执行关节软骨缺损部位的清创术后，通常由胫骨近端内侧取得骨膜覆盖且用纤维蛋白固定。数以百万计的自体软骨细胞随后被注入到关节缺损部位。

术后前 4 小时患者的摆位非常关键，借助摆位的重力效果，让关节软骨细胞能够进入缺损底层 [240]。例如，髌骨表面修复后，将患者摆放在俯卧位。

植入的关节软骨细胞发展成熟是一个漫长的过程，需要将近 6 个月时间让移植部位牢固，甚至要到 9 个月后移植处才能像周围健康组织一样耐用 [95]。

同种异体骨软骨移植术。当损伤部位大于 4 cm^2 时，虽然不常使用，但修复的唯一选择是由捐赠的遗体上取下完整关节软骨，进行同种异体骨软骨移植，移植物取出到植入期间最多保存 4 周 [55]。虽然冷冻过程会杀死关节软骨细胞，并导致移植手术失败 [44,153]，但使用冷冻的异体移植物进行手术并取得了良好的长期效果也有报道 [22,226]。

其他方式。若术前或手术修复时，同时存在韧带、半月板病理、胫股或髌股对线不良等问题，应进行重建或重新对线，才能确保关节软骨的修复成功。最为常见的手术为胫股关节损伤中的前交叉韧带重建和半月板修复，及髌骨损伤的外侧支持带松解 [13,95]。

术后管理

一项谨慎进阶且密切监督下的康复计划，对于关节软骨修复手术后的预后是相当关键的。康复计划的内容和进阶，包括运动、步行与功能性活动都需分级进行以保护修复或移植处，并在施加控制性压力刺激愈合过程时，避免进一步造成关节损伤。

在微创术、自体骨软骨移植术与自体软骨细胞移植术后，术后运动与功能性活动的进阶有许多共同元素，但多少有些差异性。针对这些手术，已有许多详细的术后计划及完整的临床应用指南出版 [13,95,142,143,240]。除了修复手术的类型不同，康复计划应基于关节缺损面积大小、深度、部位，是否需要同时进行其他手术，以及年龄、身体质量指数、健康史与术前的活动水平等患者相关因素来制订。

关节软骨修复后的康复目标与本章提到的大部分膝关节康复计划是相似的。在关节软骨修复后，长时间的保护性负重及早期动作是相当必要的，以促进修复或植入的软骨成熟且维持健康。不同关节软骨手术相关的运动与负重特殊考量，总结于专栏 21.1 中 [13,95,142,143,240,303]。

专栏 21.1 关节软骨修复后的康复的特殊考量和注意事项

- 损伤范围越大，康复的进阶要更慢、更谨慎。
- 应在术后立即或 1~2 天内开始早期但有控制的关节活动度训练，以促进愈合过程（持续被动运动，被动或辅助运动）。
- 尽早开始控制性（保护性）负重对愈合过程是有益的，但坚持负重限制也很重要。
- 负重时间长短与限制程度，随着缺损面积大小、修复类型及部位而有所差异。*
  - 接受骨软骨移植 / 镶嵌成形术和自体软骨细胞移植的患者相比微创术后患者，保护性负重期更长。
  - 股骨髁修复（持续 8~12 周）患者比髌骨缺损患者（持续 4 周）的保护性负重期更长。
  - 完全负重应延长到术后 8~12 周。
- 术后可能需使用保护性支具。
  - 一般会固定在伸展角度，锻炼时除外。
  - 在负重活动中穿戴 4~6 周。
  - 在睡眠中穿戴至少 4 周。
  - 股骨髁损伤修复后可能需要穿戴非负重支架，使修复部位在保护性负重期中不受力。
- 重返功能性活动[142]。
  - 一般来说，大约术后 6 个月可允许低冲击性体育活动，如游泳、溜冰、轮滑和骑自行车。
- 高冲击性体育活动，如慢跑和有氧活动，通常在：
  - 小型损伤为术后 8~9 个月可进行。
  - 大型损伤为术后 9~12 个月可进行。
- 术后 12~18 个月可允许高冲击性体育活动，如网球、篮球、足球和棒球等。

* 考量和注意事项会因关节软骨缺损面积的大小、深度和位置、手术修复类型、同时进行的手术，和患者相关因素（如年龄、身体质量指数、健康史与术前活动水平）而有所不同。

全膝置换术

全膝成形术，又称为全膝关节置换术或全膝置换术，为治疗晚期膝关节炎常用的手术方式，主要用于老年骨性关节炎患者（≥ 70 岁）。然而近几十年来，接受全膝置换术的年轻患者明显增加[146]，全膝置换术的主要目标为缓解疼痛及改善患者身体功能与生活品质[189,258]。

手术适应证

以下为全膝置换术的常见适应证[123,167,258]。

- 由于负重或运动导致的严重关节疼痛，危及功能性能力。
- 因晚期关节炎造成的大范围膝关节软骨破坏。
- 膝关节明显畸形，例如膝内翻或膝外翻。
- 明显不稳定和动作受限。
- 保守治疗或先前手术失败。

流程

背景

膝关节一个或多个表面的假体置换是在 20 世纪 60 年代发展起来的。为了解决早期假体设计问题，半限制、双元件的设计被创造出来，设计创新一直延用到今天。对于晚期髌股关节退化造成严重膝前痛的患者，发展出包括重塑髌股关节面的三元件、全髁式设计。对于只有膝关节内侧或外侧一侧部分的晚期关节炎，膝单髁置换术（unicompartmental knee arthroplasty, UKA）可作为全膝置换术（total knee arthroplasty, TKA）的替代方法[197,217,252,290]。

治疗师对不同类型的 TKA 与 UKA 了解有助于增强治疗师与手术医生间的沟通，并可作为康复决策的基础。

膝关节置换术的类型：现代的膝关节置换术基于元件设计、手术入路与固定方式（专栏 21.2）可有多种分类[124,167,194,197,258,290]。其中一种分类方式是根据植入物元件数目或置换的关节面数目，还有一种分类方式是根据限制程度分类（即设计的内在一致性 / 稳定性程度）。目前大多数全膝置换术为双元件（双腔式），半限制性假体系统，用来置换胫

专栏 21.2 全膝置换术：设计、手术入路及固定

置换腔室的数目
- 单一腔室：仅有内或外侧的关节表面置换。
- 双腔室：整个股骨与胫骨表面皆置换。
- 三腔室：股骨、胫骨与髌骨表面皆置换。

植入物设计
- 限制程度。
  - 无限制：植入物的设计无内在稳定性；主要被用于单一腔室的关节置换术。
  - 半限制：提供一定程度稳定性，几乎不影响活动性；为全膝置换术最常用的设计。
  - 完全限制：元件间相当密合，有最大限度的内在稳定性，但也限制相当程度的动作。
- 固定式负重或活动式负重。
- 交叉韧带保留或切除 / 替换。

手术入路
- 标准式 / 传统式或微创。
- 股四头肌分离或是股四头肌保留。

植入物固定
- 骨水泥式。
- 无骨水泥式。
- 混合式。

骨近端与股骨远端（图 21.8）。这些系统通常包含金属关节面的模件式或非模件式股骨元件，以及用聚乙烯材质的关节表面的单一全聚乙烯或金属支撑的模件式 / 非模件式胫骨元件 [124,167,258]。

在某些情况下，若髌股关节有症状可选用三腔室设计，使用聚乙烯元件置换髌骨后侧关节面 [123,167,258]。对于膝关节内侧和外侧区域疾病晚期的较年轻患者（< 55 岁），通常选择单一腔式设计置换胫骨平台和股骨髁 [197,217,252,258,290]。

完整的内、外侧韧带对于半限制式与无限制式的全膝置换术是必要的 [123,167,258]。目前不常用的完全限制式设计适用于低需求患者，例如膝关节明显不稳、严重骨质流失、严重畸形，或之前接受过全膝置换术 [123,167]。现代的完全限制式的设计并非是铰链式，而是具有内外侧与前后侧的稳定性，并且胫骨相对于股骨有一定程度的旋转，以减少随着时间产生的假体逐渐松动的问题 [123,167]。

全膝置换术的设计也可以用活动式负重和固定式负重来分类，而最新的设计是活动式负重、双腔式假体膝关节。活动式负重膝关节有一个可旋转平台，插入胫骨与股骨元件间，上方的表面与股骨植入物一致（球形对球形的关节），但下方表面为一平面，以便胫骨元件旋转与滑动（平面对平面关节）[38,194,258]。固定式负重的膝关节没有这些嵌入的设计 [60,258]。活动式负重中的嵌入式设计目的是为了减少胫骨元件聚乙烯材质长期磨损。对于活跃且年龄小于 55 岁或小于 60 岁的患者通常推荐活动式负重的膝关节设计 [258]。

另一种全膝置换术的分类方法是根据后交叉韧带的状况。设计有交叉韧带保留式或切除 / 替换式 [123,167,213,216,258]。除了 UKA 外，一般都将前交叉韧带切除，而后交叉韧带可以保留或切除。如果后交叉韧带完整可提供膝关节后向的稳定性，可以使用几种需要较少一致性且允许前后侧一定程度滑动的交叉韧带保留设计。若后交叉韧带损伤无法修复，就会选择交叉韧带切除 / 替换式的假体设计。这种类型的设计因为元件密合性、设计中加入胫骨元件后方突出物，或内置的后凸轮机制而具有内在

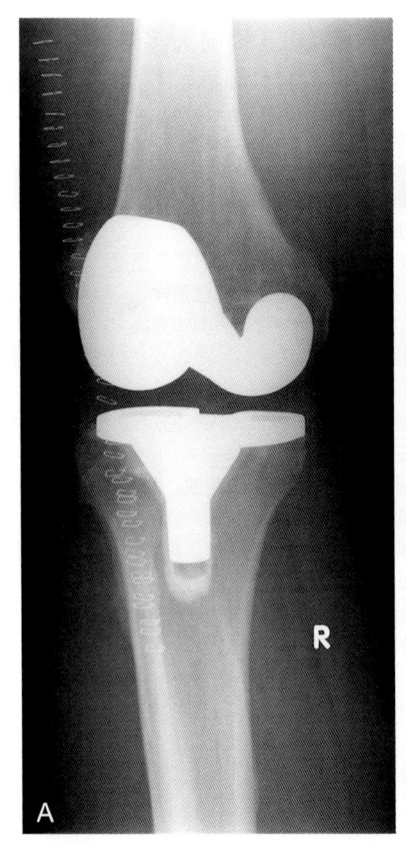

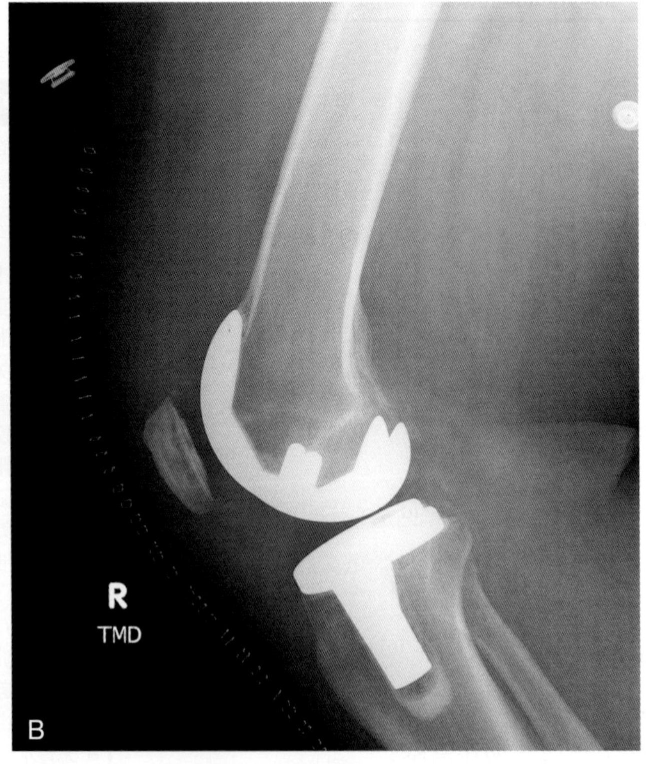

图 21.8 保留后交叉韧带的右膝骨水泥固定全膝置换术。A. 前后面观。B. 侧面观

的后部稳定性。交叉韧带保留和切除的设计同样有活动式负重和固定式负重[258]。

手术入路。TKA与UKA也被用来说明选取的手术入路[28,41,197,258]。膝关节置换术刚被发明时，传统手术入路需要前侧相当长的切口，以便在手术过程中充分暴露膝关节。近年来的方式是微创膝关节置换术[28,197]。虽然微创和传统式关节置换术都是开放式手术，但是微创膝关节置换术有较小的伤口及较少的软组织损伤，能减轻术后疼痛并增加术后恢复速度。本节稍后将说明标准式（传统式）与微创手术入路。

固定。骨水泥式、无骨水泥式和混合式的固定方式是另一种全膝置换术的分类方法，即用丙烯酸骨水泥、骨长入（无骨水泥）或结合此两种方法固定植入物[167,215,239,302]。开始时，几乎所有的全膝置换术都依赖骨水泥固定，骨水泥固定让膝关节置换术产生改革。然而，早期骨水泥固定假体设计的长期并发症为生物力学的松动，主要发生在胫骨元件上骨水泥与骨表面，而年轻、活跃的患者一般被认为是假体松动的高危人群[302]。

为了解决松动问题，采用无骨水泥（生物性）固定，其依赖于骨头在假体孔状或珠状表面的快速生长，这类设计建议用于年轻、活跃的患者[123,167,215,258,302]。此外，使用羟磷石灰包覆的假体能促进骨向内生长[260]。然而，长期的追踪结果显示，虽然股骨元件相对于胫骨元件实现了良好固定，但相较于骨水泥固定，无骨水泥固定的胫骨假体有更高的松动率[215,302]。此结果引发混合式全膝置换术的诞生，也就是结合骨水泥固定胫骨元件，而胫骨元件采用无骨水泥固定。

目前，最常使用的是完全骨水泥固定，不常使用无骨水泥固定。手术医生决定是否采用混合式固定会根据患者年龄、骨质、预期活动度以及手术中股骨元件能达到的密合程度而定[258]。不断有提高胫骨元件固定性的改良式设计（如使用栓子和螺丝）产生，但这些改良设计的长期效果仍有待确认[123,316]。

总的来说，全膝置换术的生物力学、假体设计、固定方式、有更好磨损品质的材料，以及使用更精密的仪器设备排列与置放假体元件的手术技术的方面的研究和开发仍在继续。

手术概述

标准式和微创手术都要沿着膝关节中线或前内侧面切口。表21.1中比较了这两种手术入路的主要特征[28,41,197,258]。为了进入关节囊进行关节切除术，可进行股四头肌分离或股四头肌保留。膝关节屈曲，切除骨赘、半月板和前交叉韧带。若植入的假体为后交叉韧带替换式，则后交叉韧带也会被切除。

插入植入物前要先执行一系列手术。现代的全膝置换术采用电脑辅助定位、影像引导手术，确保元件的精准放置和排列。小部分的股骨远端与胫骨近端会被移除以备置入植入物。若需使用髌骨植入物，髌骨表面也要先做处理以备植入。植入试用元件后，还要再检测软组织张力、侧副韧带平衡，关节活动度及髌骨轨迹[144,258]。植入永久性元件并修复关节囊与其他软组织后，会将该部位充分冲洗，然后在膝关节伸展姿势下将伤口缝合，并放置小型引流管，切口处敷以无菌敷料后，从足部到大腿用弹性绷带缠绕。

并发症

全膝置换术后并发症发生率很低。而术中并发

表21.1 全膝置换术中标准与微创式手术入路的特征

标准传统入路	微创入路
■ 从股骨干远端、在髌骨前内侧以垂直或曲线切开，沿着髌骨内侧到胫骨结节内侧，长度范围有8~12 cm[28]或13~15 cm[258]	■ 前内侧皮肤伤口较小，长度为6~9 cm[28]
■ 髌骨外翻前，必须先松解软组织	■ 不需髌骨外翻
■ 松解前侧关节囊	■ 松解前侧关节囊
■ 切除骨与植入元件前，需先将胫股关节脱位	■ 无需胫股关节脱位
	■ 原处切除骨
	■ 原处植入元件

症，如股骨髁间骨折或周围神经损伤（如腓神经）也并不常见。因为微创全膝置换术比传统式全膝置换术在技术上更具挑战性，因此微创全膝置换术中并发症如骨折、假体错位的发生率比传统式高 [28,87]。患者肥胖可增加手术中技术性错误的发生率，进而影响预后 [129]。

术后早期与晚期并发症包括感染、关节不稳、聚乙烯磨损、元件松动。和其他关节的置换术一样，全膝置换术术后前几个月也有伤口愈合问题和深静脉血栓（deep venous thrombosis，DVT）的风险。虽然深层的假体周围感染概率很低，但它是术后早期失败与需翻修关节的主要原因。相对来说，髌骨和胫骨元件的聚乙烯磨损是最常见的晚期并发症，并需要翻修手术 [52,196]。随着新型假体设计与手术技术的进步，生物力学松动的发生率已明显降低 [196,259]。随着时间产生的机械性松动，最常发生在胫骨元件。比起全骨水泥式，无骨水泥式和混合式全膝置换术后并发症更常发生 [215]。

其他可能会危及患者功能恢复的术后并发症包括膝关节屈曲受限、膝关节不稳导致半脱位 [52,258]，以及髌骨不稳或轨迹问题导致的伸展机制的功能受损（最常见的为伸肌滞后）[144,258]。此外，相比非肥胖患者，肥胖被认为会限制全膝置换术后的活动性 [129]。

术后处理

全膝置换术后康复进阶期的目标与干预，总结于表 21.2 中。与膝单髁置换术的指南相似，全膝置换术干预措施应包括对个体或团体患者进行术前教育 [260]。术后患者在住院期间或亚急性期康复机构中都会接受常规的步态训练及运动指导。许多患者在出院后仍持续接受居家和门诊治疗。

患者康复阶段的进阶基于对体征和症状的评估及对干预措施的反应，而非仅仅按照设定的时间段，因此表 21.2 和下面提及的时间点仅作为一般性指南。

注意：表 21.2 和后面提及到的术后指南是针对接受标准手术方式的全膝置换术的对于运动与负重进阶的时间点的建议。膝单髁置换术一般比全膝置换术进阶得更快速。微创方式相比传统式，也可能更快些。但相比一般的基本关节置换术，复杂的膝关节翻修术会更慢一些。

制动与早期活动

在首次全膝置换术后，膝关节会被固定在厚重压紧的敷料中 1 天，或进行持续被动运动。首次全膝置换术后通常的制动姿势为伸展 [258]。另一种不常见的方法是术后立即使用夹板将膝关节固定丁 90° 屈曲，并在接下来的一两天内进行短暂间隔，以尽快实现膝关节屈曲，同时通过运动维持膝关节伸展 [117]。而对于复杂的关节翻修术，制动时间需延长。

在术后初期会建议患者在重建股四头肌控制性之前，穿戴后侧伸展型支具步行。对于术后无法完全伸展或术前有明显屈曲挛缩的患者，也需要在夜间穿戴伸展型支具 [39,258]。

在过去，全膝置换术后患者在住院期间会例行进行持续被动活动 [97]。之前的文献研究中有许多描述持续被动活动的好处，如减少术后镇痛药物使用、降低深静脉血栓发生率以及加速关节活动度恢复 [131,161,176]。然而现在这方面的实践有所减少，因为早期活动已被证实在实现这些好处方面同样有效 [109]。

在过去 20 年，除非是接受了复杂的关节翻修术，术后一般都会依惯例尽早开始术后运动 [66]。第 3 章有关于持续被动活动的历史和用法指南。

负重的考量

首次全膝置换术后可允许何种程度的负重，要根据植入的假体类型、使用的固定形式、患者年龄、体型、骨质，以及是否在行走和转位中穿戴膝关节固定器而定。若是骨水泥固定，一般可在术后立即使用手杖和助行器在耐受范围内负重，在 6 周后逐渐进展到完全负重 [239]。

对使用生物性 / 无骨水泥固定的负重方面的建议有所不同，有些是术后 4~8 周内允许使用腋拐和助行器做轻微触地负重，有些是术后几天使用腋拐和助行器在耐受范围内负重 [39,258,260]。

由部分负重进阶到完全负重时，可使用手杖。不建议在没有辅助器的情况下步行，特别是户外步行时，除非患者达到完全或几乎完全的膝关节主动

表 21.2　全膝置换术：康复各时期的干预措施

阶段和一般时间节点	最大保护期：1~4 周	中度保护期：4~8 周	最小保护期 / 功能恢复期：超过 8 周
患者状态			
	■ 患者在术后 1~2 天开始康复 ■ 术后加压包扎 ■ 术后控制疼痛 ■ 关节活动度 10°~60° ■ 骨水泥假体在耐受范围内负重，无骨水泥或混合式假体需延迟负重	■ 轻微疼痛 ■ 除无骨水泥或混合式假体外，可完全负重 ■ 关节活动度 0°~90° ■ 关节渗液受到控制 ■ 平衡和功能性活动性受损 ■ 肌肉功能和心肺耐力降低	■ 肌肉功能：达健侧的 70% ■ 无前期的疼痛或肿胀症状 ■ 平衡和功能性活动性受损
关键检查步骤			
	■ 疼痛（0~10 分） ■ 监测关节血肿 ■ 关节活动度 ■ 髌骨活动性 ■ 肌肉控制 ■ 触诊软组织	■ 疼痛评估 ■ 关节渗液一周长 ■ 关节活动度 ■ 髌骨活动性 ■ 步态评估	■ 疼痛评估 ■ 肌力测试 ■ 髌骨对线与稳定性 ■ 步态评估 ■ 功能状态
目标			
	■ 控制术后肿胀 ■ 疼痛降到最低 ■ 关节活动度：0°~90° ■ 股四头肌肌力 3/5 到 4/5 级 ■ 使用或不需要辅具步行 ■ 建立居家运动计划	■ 减少肿胀 ■ 关节活动度：0°~110° 或以上 ■ 完全负重 ■ 肌力 4/5 到 5/5 级 ■ 日常生活活动无限制 ■ 改善平衡、神经肌肉控制和功能性活动性 ■ 坚持居家运动计划	■ 建立持续性计划，并教导患者坚持的重要性及保护关节的方法 ■ 社区步行 ■ 改善心肺耐力 / 有氧体适能
干预措施			
	■ 止痛 ■ 加压包扎以控制渗液 ■ 踝泵运动，以减少深静脉血栓的风险 ■ 主动辅助和主动关节活动度 ■ 股四头肌、腘绳肌、内收肌的等长收缩（可利用电刺激加强） ■ 髌股松动术（Ⅰ级和Ⅱ级） ■ 步态训练 ■ 腘绳肌、小腿肌与髂胫束的柔软性训练 ■ 躯干 / 骨盆的稳定运动	■ 髌股松动术 ■ 下肢牵伸计划 ■ 闭链肌力训练 ■ 限制范围的渐进性抗阻训练（PRE） ■ 若适当且有需要，执行胫股关节松动术 ■ 本体感觉训练 ■ 稳定和平衡运动 ■ 保护性有氧运动——游泳、骑自行车或行走	■ 继续之前的活动并适当地进阶 ■ 进阶至平衡和功能性活动 ■ 针对缺损和期望的功能性任务进行专项锻炼

伸展 ROM，以及股四头肌与髋关节肌群有足够肌力能控制患肢[39,167,215,260]。

运动进阶

表 21.2 中说明的关于现代全膝置换术后康复进阶阶段的目标和运动，将在以下内容中进行讨论。康复中运动的注意事项总结于专栏 21.3 中。

有关全膝置换术后患者住院期间的管理，康复早期的运动已由物理治疗师开发出一致性文件[66]。在结束住院康复之前，居家运动计划可作为未来康复过程中的基础，因为有些患者仍会持续接受居家和门诊康复治疗数个疗程。

运动：最大保护期

康复第一个阶段、组织愈合的急性期和亚急性早期，大约持续 4 周，治疗重点是控制疼痛与肿

专栏 21.3 全膝置换术后运动的注意事项

- 在膝关节屈曲运动中要监测手术切口的完整性，观察伤口张力过大的迹象，例如引流或皮肤苍白。
- 接受骨水泥固定关节置换术后，侧卧姿势下的直腿抬高（SLR）运动应延迟到术后2周执行。若接受无骨水泥式或混合式固定关节置换术，则延迟到术后4~6周执行，以避免手术膝关节受到内翻或外翻压力。
- 与手术医生确认何时可允许进行低强度抗阻运动，术后最早2周或最晚3个月执行。
- 若植入后交叉韧带假体（后侧稳定），避免在坐姿下加强腘绳肌肌力，以减少膝关节向后侧脱位的风险[39]。
- 使用胫股关节松动术来增加膝关节屈曲或伸直范围可能是适当的也可能是不适当的，这要根据假体元件设计而定，建议在使用前先与手术医生进行讨论。
- 在股四头肌与腘绳肌有足够肌力稳定膝关节前，应延迟无支撑或无辅助的负重活动。

胀，使用辅助工具独立步行和转移，避免肺炎和深静脉血栓等术后早期并发症，并减少术后制动的副作用。ROM目标是在康复第一阶段末，能达到膝关节屈曲90°且完全伸展。然而在关节肿胀消除前，膝关节要完全伸展是不太可能的。

疼痛与肿胀会限制股四头肌功能是已被证实的。此外，在膝关节置换术后恢复早期股四头肌无力与功能性能力受损高度相关[187]。因此，全膝置换术后尽早恢复股四头肌肌力，特别是终末端伸展，对于步行和上台阶时膝关节功能的控制相当重要。除了术后早期运动外，被认为是安全的神经肌肉电刺激或生物反馈治疗可能有好处，可尽早于术后第2天开始使用[8,185]。

聚焦循证

在Mizner及其同事的研究[188]中，研究了接受骨水泥固定的单侧首次全膝置换术后3~4周的52位退化性关节炎患者（平均年龄64.9岁，范围49~78岁），及52位健康且无膝关节病理的受试者（平均年龄72.2岁，范围64~85岁），测量股四头肌自主激活和产生力量的能力。所有接受膝关节置换术的患者术后皆参与标准运动计划。在术侧股四头肌力量产生（最大自主等长收缩）和自主激活上，全膝置换术组比健康组分别少了64%与26%，而两组间非术侧的股四头肌力量产生与自主激活并无明显差异。根据其研究结果，研究者建议可使用神经肌肉电刺激或生物反馈作为个体化术后运动计划的辅助治疗，以加强全膝置换术后股四头肌的力量。

由Avramidis等人[9]进行的前瞻性、随机控制研究，支持在全膝置换术后运动计划之外使用神经肌肉电刺激。30位计划要接受首次全膝置换术的患者，被随机分配到两个组（每组15位）。术后，两组患者都接受个体化运动计划与步态训练，但治疗组额外接受股内侧肌的神经肌肉电刺激，从术后第2天开始，每天进行4小时为期6周的治疗。结果电刺激组患者相较于对照组患者，在术后第6周及第12周的行走速度皆明显较快。

目标和干预措施。全膝置换术后康复早期包括以下目标与运动干预措施[11,39,66,180,185,260,317]。

- 避免血管与肺部并发症。
  - 术后立即在下肢抬高的姿势下执行踝泵运动，以避免静脉淤滞且减少深静脉血栓和肺栓塞的风险。
  - 深呼吸运动。
- 控制疼痛和肿胀。
  - 冰敷，加压和抬高。
- 减少膝关节与髋关节肌群反射性抑制和肌力丧失。
  - 执行股四头肌、腘绳肌、髋伸肌与外展肌的肌肉等长收缩运动（最好能配合神经肌肉电刺激）。
  - 术后第1~2天在仰卧位与俯卧位姿势下，进行主动辅助和主动直腿抬高运动（SLR）。若是接受了骨水泥全膝置换术，侧卧位姿势下的直腿抬高运动应延迟到术后2周，而无骨水泥式或混合式的关节置换术后，该运动应延迟到4~6周进行，以避免手术膝关节承受内翻或外翻的压力。
  - 分别在站立位或坐位下，抵抗重力执行膝关节伸展与屈曲，由主动–助力关节活动度（AAROM）训练进阶到主动关节活动度（AROM）训练。
  - 当允许术侧下肢负重时，在站立位下执行膝关节终末端伸展、靠墙滑动、微蹲及部分弓箭步，以建立膝关节的伸肌控制，并减少伸肌滞后的风险。

- 维持或改善对侧下肢肌力。
  - 非术侧下肢的渐进性抗阻运动，特别是股四头肌、髋伸肌和外展肌 [317]。
- 恢复膝关节活动度。
  - 仰卧位或坐位下将足置于地板上执行脚跟滑动运动，以增加膝关节屈曲范围。
  - 利用如拮抗肌收缩技术等神经肌肉促进和抑制技术（第 4 章），以减少肌肉保护性收缩，增加膝关节屈曲范围。
  - 让患者坐在床边垂腿，利用重力协助膝关节屈曲。
  - 仰卧位或长腿坐位，足跟底下置一毛巾卷且膝关节下方无支撑，或坐姿下将足跟置于地板上以双手按压膝关节，利用重力协助或自我辅助伸膝。
  - 施行温和的髌骨向上与向下滑动技术。

注意：避免在仰卧位时于术侧膝关节下方放置枕头，或坐姿下将下肢抬高，以减少膝关节屈曲挛缩的风险。

- 改善躯干稳定性和平衡。
  - 躯干稳定性运动。
  - 坐姿的平衡活动和双脚站立的重力转移，同时坚持负重限制。
- 重建功能性活动性。
  - 在负重限制下，使用适当的辅助设备执行步态训练。
  - 功能性活动（床上活动、坐到站转换和基本日常生活活动）。

进阶标准：进阶到康复中间阶段的标准如下。

- 最少的肿胀和疼痛。
- 愈合良好的切口且无感染迹象。
- 独立完成基本日常生活活动和使用适当辅助设备步行。
- 达到完全或几乎完全的膝关节主动伸展范围和膝关节屈曲 90°。

运动：中度保护期 / 控制动作期

在康复中度保护期，也就是约术后第 4 周开始至第 8~12 周，管理重点为膝关节屈曲达到大约 110° 且能主动伸展到 0°，并且逐渐恢复下肢肌力、肌耐力、平衡、心肺耐力和其他功能活动性。

术后第 4~6 周，若膝关节要几乎达到完全伸展范围而且有足够的股四头肌力量，大多数患者会在步行中改用手杖，这有助于将重点放在患者的步态、坐到站和上下楼梯模式的正常化上，并改善步行速度与时间。一般来说，患者功能性能力和生活品质的大幅度改善会倾向发生于术后 3 个月内 [132]。

目标和措施：康复中度保护期的目标与运动干预措施如下 [11,39,66,180,187,231,260,317]。

- 增加膝关节与髋关节肌群的肌力与耐力。
  - 股四头肌、腘绳肌和髋关节肌群（伸肌、外展肌、外旋肌）抵抗低级别弹性带或在踝关节处绑沙包，执行多角度的等长收缩及低强度动态抗阻运动。
  - 不同姿势下执行抗阻直腿抬高，以加强膝关节与髋关节肌群肌力。
  - 若允许负重，继续或开始执行闭链运动，包括强调正确下肢对线的站姿终末端抗阻伸膝、站姿靠墙滑动、微蹲、部分弓箭步和坐到站任务等。可纳入踩在有轮子的凳子上朝前后方向滑动运动，以增进膝关节功能性控制。
  - 加入前向和后向的上下台阶动作，及进阶到侧向，应注重适当的下肢对线，台阶高度逐渐增高或抵抗弹性阻力登台阶。
  - 骑固定式自行车时尽可能调高座椅，以强调膝关节伸展。
  - 包括非术侧下肢的肌力强化运动。
- 继续增加膝关节的关节活动度。
  - 若是限制持续存在，可利用持续式牵伸或保持—放松技术来执行低强度自我牵伸，以增加膝关节屈曲与伸展范围。站立与步行需要增加髋屈肌、腘绳肌、小腿肌的柔韧性。

- 骑固定式自行车时降低坐椅高度，以增加膝关节屈曲范围。
- 若髌骨活动度不足而限制关节活动度，可分别利用Ⅲ级的向下或向上髌股松动术来增加膝关节屈曲或伸直范围。

■ 增进站立平衡和躯干稳定性。

- 躯干稳定性运动。
- 在稳定平面上从双脚进阶到单脚站立，进行本体感觉与平衡训练，然后进阶到在不稳定平面上的平衡活动。
- 在站立和弯腰姿势下执行功能性伸手取物活动。
- 纵排行走及交叉行走，安全起见，开始时在平行杠内练习（见第23章）。

注意：全膝置换术患者的进阶平衡活动，一般在术后8周开始是安全的，但必须根据患者在站立与负重限制时的膝关节控制能力，并且没有出现疼痛[231]。

■ 持续改善功能性活动性。

- 对称的竞走、在各种表面和斜坡上步行、跪下及起身到站立姿势，及上下楼梯。
- 功能性运动：向后走、侧面登台阶、行军走和跨越障碍物。

聚焦循证

在TKA或UKA后患者通常反映跪下有困难或无法跪着，甚至在术后1年还存在这种情况。虽然许多像是家务和园艺等功能性活动都需要跪姿，但这些技术通常并未包括在术后康复的患者教育中。Jenkin和相关研究者[130]进行了前瞻性的单盲随机对照研究，调查部分膝关节置换术后对于跪姿动作指导的影响。所有患者皆参与术后康复，但术后第6周仅有一半受试者接受了关于跪姿动作的建议与指导的单次物理治疗。在术后1年追踪，接受跪姿动作建议与指导组相比未接受组，患者报告其下跪动作能力明显较佳。因此，研究者建议在部分膝关节置换术后康复中应纳入对于跪姿动作的建议和指导。虽然该研究结果也可应用于接受TKA的患者，但研究者指出其研究结果只可应用在部分膝关节置换术后的患者。

■ 增强心肺耐力。

- 利用固定式自行车或上肢肌力计进行有氧训练，并强调增加持续时间。

进阶标准：一般必须符合以下标准才进阶到全膝置换术后康复最后阶段。

■ 主动关节活动度：膝关节完全伸展（无伸肌滞后），膝关节屈曲110°。

■ 股四头肌/腘绳肌和髋关节肌肉肌力：和健侧下肢相比至少达70%（或肌力测试等级达4/5级）。

■ 运动中轻微痛或没有疼痛，以及使用或不用手杖行走。

运动：最小保护/功能恢复期

术后第8~12周开始，最后阶段的康复重点在于特定任务肌力强化运动、本体感觉和平衡训练、进阶功能性训练（第23章）和持续心肺训练，如此患者才能建立重返社会完全功能性活动所需的肌力、爆发力、平衡与耐力（康复最后阶段的目标和措施的总结，请参见表21.2）。

尽管持续存在肌力和爆发力受损、动作模式改变，以及功能性活动中速度和耐力不足等问题，患者通常在术后2~3个月，在达到膝关节功能性关节活动度且能用辅助器具独立行走时，就会结束监督性治疗，然而这些身体功能的受损仍会持续，平均达10个月[297]到1年或更久[187]。

似乎某些患者，特别是居住在社区者，可借由康复后期密集运动计划而获得益处，因为他们可更有效率地执行期望的体能活动，如上、下楼梯及重返选择性休闲活动。

聚焦循证

Moffet等人[189]进行的单盲、随机对照研究中，探讨了骨性关节炎患者接受首次全膝置换术后2个月开始进行密集、监督下功能性训练计划的效果。实验组患者（n=38）参与机构每周2次、每次60~90分钟的运动，其中包括强化髋关节与膝关节肌力运动、特定任务的功能性运动及有氧训练，在未参与监督性计划的日子也接受居家治疗计划；对照组患者（n=39）接受6周的居家运动计划，并有治疗师定期家访。研究中并无运动相关的不良事件产生。

通过6分钟步行测试、两项功能性活动结果和生活质量（quality of life, QOL）测量对患者进行评估，分别在运动计划开始前（术后2个月为测量基线）、6周运动计划结束时，以及术后6个月与12个月时评估，两组结果都与测量基线值比较。在6周运动干预结束以及术后6个月与12个月的追踪时，都发现了密集运动组患者相比对照组在6分钟步行测试上行走距离显著更远（行走速度较快），而在功能性活动与生活质量测量上，在6周运动计划后及术后6个月追踪，发现密集运动组患者相比对照组有明显更佳的表现，但在术后12个月追踪则发现两组间在功能性活动与生活质量测量上并无显著差异。

研究者的结论是接受初次全膝置换术，在术后2个月开始密集、功能导向的运动计划，对于提高身体功能与生活质量是安全且有效的。

随着越来越多年轻（＜60岁）且活跃的患者接受全膝置换术[126]，帮助患者了解重复性、高冲击性活动（工作相关、体适能相关或休闲）对假体植入物的影响，及如何选取能增进体适能但不会缩短人工膝关节寿命的合适活动是必要的[110,147,174]。因此，在全膝置换术后建议患者参与低冲击性的体能活动，以减少假体元件磨损或降低随着时间机械性松动的风险，也可减少过早接受关节翻修术的需求。

对于接受全膝置换术后想要参与体育活动的患者来说，有许多考量，影响参与的因素包括体育活动需求的程度（强度与负荷）、患者体重、整体体适能程度、术前参与该活动的经验、膝关节置换的手术技术质量，及相关软组织的平衡和重建等[110,147]。

全膝置换术后执行的体适能或休闲活动等体力活动，可分为推荐、推荐但需有相关经验及不推荐等[110,147,174]，请见专栏21.4说明。

结果

虽然仍未发展出复制膝关节正常生物力学的理想膝关节置换，但对于晚期关节疾病的患者，膝关节置换术仍为一项成功的手术。骨科文献中有大量研究发表了膝关节置换术后患者相关结果，以及各种假体设计、手术技术、固定方式和材质类型相关的存活率[123,124,163,258,316]。因为这些手术的差异性，基于非随机、回顾性研究难以得到一般性结论[259]。然而，一项大型（2352名患者）、多中心随机研究比较了接受3种不同全膝假体的术后患者相关预后，显示随机分组后，术后2年临床、功能性和生活质量的改善上并无显著差异[132]。

膝关节置换术后，患者相关预后结果中最影响患者满意度的为疼痛的缓解，及长时间内执行必要

专栏21.4 全膝置换术后参与体力活动的建议

推荐 *
- 固定式自行车
- 游泳和其他水中有氧运动
- 步行
- 高尔夫（最好有高尔夫车）
- 国标舞或广场舞
- 乒乓球

推荐，但接受全膝置换术前需有相关经验 **
- 公路自行车
- 竞走 / 快走
- 低冲击性有氧运动
- 越野滑雪（器械或户外）
- 乒乓球
- 网球双打
- 划船、独木舟
- 保龄球

不推荐 ***
- 慢跑
- 篮球
- 排球
- 网球单打
- 棒球、垒球
- 高冲击性有氧运动
- 爬楼机
- 手球、壁球
- 足球、橄榄球
- 体操、摔跤
- 滑水

* 低冲击性、低负荷；为了增加有氧体适能适合以中、高强度规律运动进行。
** 中冲击性；若以中、低强度执行，适合有休闲运动的基础。
*** 高冲击性、高负荷；最大负荷会发生于膝关节屈曲时。

和期望功能性活动的能力的改善。大约90%接受首次全膝置换术的患者在需要考虑关节翻修术前，可预期有10~20年令人满意的功能[258]。例如，根据Dixon等人[60]报告患者接受模件式、固定负重式全膝置换术后，92.6%的假体至少有15年以上的存活率。

一般利用自我报告与基于功能的仪器测量，确定膝关节置换术后成功与否的参数有疼痛程度、整体生活品质、膝关节活动度、膝关节肌群肌力和患者安全轻松执行功能性活动的能力。对于全膝置换术后循证预后的理解，可帮助治疗师建立患者的实际目标，并且更好确定患者的预后。

疼痛缓解。几乎所有患者接受膝关节置换术后都反映在膝关节动作中与负重时疼痛明显减少，对于疼痛缓解大部分患者报告良好到极佳[85,258,259,298]。

关节活动度。改善膝关节活动度并不像疼痛缓解是可预期的，术后康复早期通常会出现持续僵硬[85]，但文献中报告关节活动度会在术后12~24个月持续改善[273]。影响术后关节活动度的因素包含术前关节活动度、潜在疾病、肥胖、术后疼痛，以及是否是执行首次或关节翻修术。假体摆放位置不良、软组织平衡不良或重建、感染及植入物机械性松动等并发症，都会对术后关节活动度有不良影响[220,269]。

术前就有活动度受限的患者，尽管术后进行积极运动计划，但通常仍会有膝关节屈曲、伸展或两者的受限[155,257,269]。事实上，术后膝关节活动度最重要的长期预测因子就是术前关节活动度。举例来说，一项因骨性关节炎接受首次全膝置换术的358位患者的研究中，整体膝关节活动度由术前110°到术后113°，这是因为膝关节屈曲挛缩从平均12°降低到9°[257]。其他数个研究发现，尽管患者参与的是门诊或居家康复计划，但术前及术后6个月[11,187]或12个月[238]的膝关节活动度仍无显著改变。

假体设计的不同，如活动性负重与固定负重式[38,258]、或后交叉韧带保留与后交叉韧带替换（后侧稳定）[213,216,258]的设计差异，以及固定方式[215,258]的设计差异都不会影响首次全膝置换术后关节活动度的结果。举例来说，一项比较了5种后交叉韧带替换植入物设计的研究，结果显示，不同设计在改善膝关节活动度的程度上并无明显差异[257]。

膝关节活动度受限对术后功能有潜在影响，特别是当膝关节屈曲小于90°及伸展受限大于10°~15°[258]时。膝关节屈曲小于90°或100°时会难以爬楼梯，而小于105°会使得从标准高度椅子无手支撑站起时有困难[258]。在一项超过5000例全膝置换术的回顾性研究中，Ritter等人[246]认为实现理想的术后功能需要屈膝大于105°。他们的研究结果显示，屈膝至少能达到128°功能预后最好，若小于118°对功能有相当大影响。相对地，因为挛缩或膝伸肌滞后而造成膝关节无法完全伸展，则被认为是步行中膝关节疼痛与不稳的原因之一，特别是在上下阶梯时[144,258]。

肌力与耐力。患者术后至少需要3~6个月时间，才能让股四头肌与腘绳肌肌力恢复到术前的水平[144,187,273]。膝关节置换术后的股四头肌无力倾向比膝屈肌无力持续更久[273]。另外，单侧膝关节置换术后1~2年，对侧股四头肌无力（非术侧）可预测功能结果不良[317]。

有关传统手术方式的单侧膝关节置换术患者的研究证实，术后6个月中，术侧股四头肌肌力与功能性活动能力测试的表现高度相关[187]。例如，Farquhar等人[70]的研究显示，膝关节置换术后3个月患者存在股四头肌无力，且增加了髋屈肌的使用和更多地依靠髋伸肌肌力形成坐到站的代偿动作模式，从而减少了膝伸肌的需求。更有趣的发现是，术后1年，即使股四头肌肌力已得到改善，坐到站的代偿动作模式依然存在，可能是习惯的结果[70]。

术后6个月到1年，术侧股四头肌肌力明显小于同年龄段的健康个体[67,85,187,298]。术后1~2年，术侧股四头肌肌力明显小于非术侧[251,270]。有证据显示，传统手术方式中的髌骨外翻可能对术后股四头肌功能产生影响[163,270]。

一项关于全膝置换术后的下肢等长肌力系统综述表明，与未损伤对照组对比，术后股四头肌、腘绳肌和小腿肌力在多个时间点存在缺失。术后的股四头肌和小腿肌力缺失持续存在3年以上[254]。

综上所述，全膝置换术后存在股四头肌无力，并且股四头肌肌力与功能性活动表现高度相关。大量证据支持术后康复计划中的股四头肌肌力训练对全膝置换术后功能的改善起重要作用。

身体功能与活动水平。全膝置换术后最大和最快速的身体功能改善发生在前12周，在12周后出现额外小幅度的改善[137]。疼痛缓解能明显提高患者的生活质量与功能性活动表现。然而在全膝置换术后1个月，功能性表现比术前功能程度显著地变差，尽管患者在术后隔天就参与康复计划[11]。

Ethgen等[69]学者的系统性综述显示，使用自我报告问卷测量患者术后功能水平与生活质量，通常在大约术后3个月时开始超过术前水平，并在术后6个月达到功能上的最大改善。然而，有些研究显示术后1年或更久仍有改善[273,298]。

整体而言，比较手术前后功能时，相对术前功能分数较低患者来说，术前功能测量分数较高的患者在术后功能可达到更高程度[79]。

Weiss等[301]人调查了176位（平均年龄70.5岁）接受全膝置换术后1年以上的患者，指出患者参与活动的难度等级，并确认哪些活动对患者来说是最重要的，同时辨别哪些活动在全膝置换术后完成有困难。调查结果显示除了基本日常生活活动——步行、爬楼梯、自我照料之外，患者在全膝置换术后也参与相当广泛的治疗性与休闲性活动。这些活动中患者参加率最高的是牵伸运动（73%）、强化下肢肌力运动（70%）、园艺活动（57%）及骑固定式自行车（51%），同时这些活动也被患者认为是重要的。而最困难且最常引起膝关节疼痛的功能性活动为蹲（75%）与跪（70%）。

Bradbury及同事[30]针对160位5年前接受全膝置换术患者，研究了他们术前与术后的运动参与水平，发现不论是否参与运动，术前膝关节活动度、行走能力、影像学检查均无明显差异。研究者发现术后79位患者有51名（65%，在追踪5年后的平均年龄为73岁）在术前1年规律（1周至少2次）参与运动，在术后5年追踪时仍会参与某些类型的运动。患者更可能会重返低冲击性而非高冲击性运动，而那些术前没有规律参与运动的患者，术后无人进行运动。

尽管全膝置换术对身体功能整体有正面影响，但长期研究显示其功能性活动水平仍低于同龄健康人群[11,67,79]。一项研究追踪276位接受首次全膝置换术后6个月的社区居住患者，显示所有患者的整体身体功能有显著改善，但是有60%的患者声称在下楼梯时有中等到很大程度的困难，64%的患者在做繁重家务时也有类似程度的困难[133]。

另一项研究结果显示全膝置换术后1年，尽管疼痛有相当程度的缓解，功能性活动也有所改善，但相较于同龄的健康者，患者的肌力与功能仍有显著受损[298]。比起健康个体，全膝置换术后的患者膝关节肌群肌力较差、步行与上下楼梯速度较慢、活动中也较为费力。作者指出全膝置换术后的患者比对照组体重更重，并提出整体的身体功能退化会使其术后出现功能性限制。该研究强调需要将低冲击性有氧训练纳入全膝置换术后康复中。

髌股关节功能障碍：非手术处理

髌股关节的相关病理病因

髌股关节疼痛综合征（patello femoral pain syndrome，PFPS）是一种包含多种特征的临床诊断，最常见的是由身体活动（如跑步）或会增加髌股（patellofemoral，PF）关节应力的活动（如下蹲、屈膝坐下、上下楼梯）所诱发的普遍的膝关节前部疼痛[46,151,313]。引起膝前疼痛的原因可能是直接外伤、过度使用、髌骨错位、关节退变，髋、膝、踝/足软组织长度和力量不平衡，或是几个因素的结合[33,56,151,172,233,234,236,251,282,298,299]。为了达到有效的治疗效果，应根据患者的病史和全面检查来确定诱发因素。为囊括各方面的潜在诱因，本章将提出和总结多种不同的分类[120,307]。此外，多个研究组织形成了共识[46,54,235]将病因分为三类——局部因素、远端因素和近端因素。干预措施应该针对根本问题，所以根据此三种分型来做出诊断是很有帮助的。

局部因素

局部因素包括膝关节周围的结构，如髌下脂肪垫、韧带、股四头肌腱、支持带和软骨。症状由错误力线或直接影响局部因素的活动引起的。

髌股关节不稳

不稳包括单纯性或反复性的半脱位或脱位。不稳或许与异常的Q角、发育不良的滑车（浅沟或扁平的股外侧髁）、高位髌骨、紧张的外侧支持带或内侧稳定机制不足（股内侧肌和内侧髌股韧带）有关。髌骨失稳最常发生在横向上。脱位大多是由于膝关节直接受伤或屈膝站立股骨外旋时股四头肌猛烈收缩。反复性脱位通常是重新调整髌股关节力学稳定性的手术指征。

髌股关节疼痛伴随力线排列不良及生物力学功能障碍

高位髌骨、低位髌骨和髌骨侧移是髌股关节对线改变的具体表现。导致生物力学功能障碍的损伤包括紧张的外侧支持带、较弱的股内侧肌斜束（vastus medialis obliquus, VMO）、髋关节肌肉组织中的神经肌肉功能不足和关节的过度活动。这些损伤通常是导致髌骨异常活动的临床证据，并且可能引发股四头肌的异常收缩[120]。

聚焦循证

虽然大量研究报道PFPS患者身上存在PF关节力线排列不良并且与症状相关，但是在PFPS中力线排列不良是缺乏支持证据的。具体来说，因为目前几乎没有证据可以验证测量髌骨位置和运动路径的检查方法的有效性和可靠性，所以只能做出不良力线排列与PFPS相关的假设[311]。

髌股关节疼痛不伴随力线排列不良

不伴随力线排列不良的PF关节疼痛包括导致膝前痛的许多亚类损伤。

软组织损伤。软组织损伤包括滑膜皱襞综合征、脂肪垫综合征、肌腱炎、髂胫束摩擦综合征和滑囊炎。

- **滑膜皱襞综合征**是指在运动中髌骨周围的胚胎滑膜组织残留或条索带引起关节内刺激的一系列症状。慢性刺激时，组织残留物成为无弹性的纤维状的条索，触诊有压痛。当症状为急性时，触诊时疼痛。虽然位置不同，但是条索带基本在髌骨内侧[24,136]。
- **脂肪垫综合征**是指创伤或过度使用造成的髌下脂肪垫刺激。
- **髌骨或股四头肌腱炎**，有时称作跳跃者膝，通常是重复剧烈跳跃活动造成过度使用的结果。压痛发生于肌腱在髌骨的附着处。症状或因股四头肌的紧张而加重[299]。
- **髂胫束摩擦综合征**是指在活动中髂胫束经过股骨外侧髁时受到的刺激，可能是阔筋膜张肌和臀大肌紧张的结果（见第20章的讨论）。因为髂胫束附着在髌骨和外侧支持带上，所以髂胫束摩擦综合征也会引起膝前痛。
- **髌前滑囊炎**，又称“女仆膝”，是长跪或反复的膝前轻微创伤引起的。滑囊发炎时，肿胀可能会限制动作，直接压迫髌腱会感到疼痛。

紧张的内外侧支持带或髌股压力综合征。在滑车沟中髌骨与股骨远端之间的接触压力增加。

髌骨或股骨滑车的剥脱性骨软骨炎。软骨损伤导致髌骨后表面疼痛，而且在蹲下、弯腰、步行和下楼梯时症状加剧。关节内的游离体可能会导致膝关节打软或卡住。

创伤性髌骨软化症。髌骨软化症可通过关节镜或关节造影诊断，其主要的表现为髌骨后表面软骨的软化和裂开[120]，并最终可能导致关节产生退行性关节炎或软骨中层及深层部位的基层退行性病变[96]。退化原因包括创伤、手术、长期持续或重复的压力，或因长时间制动而缺乏正常的压力[214]。

PF OA。OA可能是特发性或创伤造成的，可通过与退行性病变相一致的影像学的改变来诊断。

骨突炎。胫骨粗隆骨软骨病（胫骨粗隆牵引性骨突炎）和辛丁–拉森·约翰逊综合征（髌骨下牵引性骨突炎）发生在青春期，是在快速生长期间过度使用的结果。这些疾病为自限性疾病。

症状性双瓣髌骨。大多数双瓣髌骨（由于髌骨骨化变异而分裂）是无症状的，但是创伤会破坏软骨和骨的连接，从而引起症状[120]。

创伤。创伤包括肌腱断裂、髌骨骨折、挫伤和关节软骨损伤，因而导致炎症、肿胀、活动受限和股四头肌收缩时产生的疼痛，如在爬楼梯，下蹲以及抗阻伸膝时。

近端因素

源于髋关节和骨盆区域的因素，包括在跑步和单侧肢体负重下蹲、跳跃着地等特定任务中髋内收和内旋范围增加。这些髋关节运动学改变与髋外展肌、伸肌和旋转肌无力有关。

聚焦循证

第三届国际髌股关节疼痛研究机构[313]的摘要总结研究指出，患有 PFPS 的女性髋关节内收范围更大。对侧骨盆下降相矛盾。研究还发现，PFPS 患者在跑步中髋伸力矩减少，髋伸等长力矩减弱，臀中肌延迟激活。

远端因素

源于足部的因素包括放松站立时的足外旋，足跟触地时后足外翻，步行和跑步时后足外翻延迟以及中足活动性增加[54]。这些因素与髌股关节症状的相关性尚不明确[313]。

聚焦循证

7 个前瞻性研究的系统性回顾[151]证明女性和股四头肌的低峰值扭矩是 PFPS 的风险因素。VMO 在 VL 之前激活的证据存在矛盾，同时缺乏证据支持 Q 角的大小是危险因素。由于研究的局限性，没有额外的危险因素被证实。

常见损伤

结构和功能的损伤。与 PF 功能障碍相关的损伤包括如下[33,56,136,151,172,230,233-236,251,296,299,313]。

- 髌后区域的疼痛。
- 髌腱或髌下脂肪垫疼痛。
- 髌骨摩擦音，膝关节肿胀或锁死。
- 下肢对线改变（图 21.9），特别是在负重活动中髋关节内收内旋增加和膝外翻，如上下楼梯，下蹲或跳跃着地的动作[125,177,233,234,236,247,278]。
- 髋关节外展肌、外旋肌和（或）伸肌无力[25,125,177,230,233,234,247,278]。
- 股四头肌无力与萎缩[93,94,151]。
- 阔筋膜张肌、腘绳肌、股四头肌、腓肠肌和比目鱼肌柔韧性降低[230,233,237]。
- 过度牵拉的内侧支持带。
- 外侧支持带、髂胫束、髌周筋膜组织的限制。
- 髌骨的内侧倾斜和滑动减少。
- 旋前足。

聚焦循证

大量的研究报道，有 PF 疼痛的个体与无 PF 疼痛的个体相比，下肢动力学改变和（或）髋关节

图 21.9　在下台阶时过度的髋关节内收内旋伴随膝关节外翻塌陷

肌力以及激活程度降低[25,125,177,230,233-236,247,278]。总体来说，大多数研究结果表明，在膝关节屈曲的负重活动中，如下蹲、上下楼梯、跳跃着地，有 PF 疼痛的个体髋内收和（或）内旋较多。PF 疼痛患者中已明确髋伸肌、外旋和（或）外展肌肌力降低，肌力测量通常在最大自主等长收缩时完成。

McKenzie 和同事们[177] 报道了 PFPS 患者存在髋伸肌、外展肌和外旋肌的肌力下降，以及上下楼梯时髋关节过度内收和内旋。Souza 和同事们[278] 则报道了 PFPS 的女性髋伸肌和外展肌肌力显著下降，并且在下楼梯、跳跃着地和跑步时，髋内旋增加，但内收没有增加。相反，Bolgla 和同事们[25] 发现髋外展肌和外旋肌肌力较弱，但没有证据表明 PFPS 的女性在下楼梯时髋关节存在运动学的异常。这些不一致可能归因于许多因素，包括负重任务和测量技术的差异。

虽然这些研究表明膝关节和身体的近端部分，特别是髋关节、骨盆和躯干之间存在着相互依存关系，但是这些研究的回顾也表明，髋关节力学改变、髋关节肌肉功能缺损和 PF 功能障碍的症状和体征之间的关联不是因果关系[113,233,236]。

活动受限和参与受限。与损伤相关的活动受限和参与受限包括如下。

- 因疼痛或膝关节控制不良（外翻塌陷）造成的基本 ADL 能力受限。
- 因疼痛限制完成 ADL 和 IADL；工作、社区、娱乐或体育活动，例如上下汽车、上下楼梯、步行、跳跃或跑步。
- 由于膝关节疼痛和僵硬，不能长时间保持屈膝状态，例如坐姿或下蹲。

髌股症状：管理——保护阶段

当症状处于急性期时，应当按照常规的急性关节损伤处理原则进行处理——理疗、休息、轻柔地活动，以及无痛条件下的静力性锻炼。股四头肌抑制在疼痛和关节渗出等情形中非常常见[286]，这使得在保护阶段尽可能地减少这些损伤十分必要。适当使用支具或贴布可能会为髌骨提供支持从而为关节减压，并降低其激惹性。此外，足部矫形器也能帮助存在明确的足部问题的患者减少疼痛与局部压力[235]。

髌股症状：管理——控制运动以及功能恢复阶段

当急性疼痛和炎症的症状消退后，管理患者的重点应当转向纠正或调整可能引发损伤的与生物力学或对位对线相关的因素。由于尚未有单一或多重因素被确认是造成 PF 疼痛症状的直接原因和结果，因此，确定从各种检查试验中发现的损伤范围来设计干预措施是十分必要的[234]。同样重要的是，解决可能通过髌股关节施加过多压力的局部、远端和近端因素，统整区域间相互依赖的概念到治疗性运动的干预中[113,233]。

基于控制运动以及功能恢复阶段的康复管理旨在提高患者髋、膝、踝关节的肌力、动态控制能力，以及无痛状态下的活动能力，调整可能影响功能障碍的异常运动策略，提高下肢、骨盆、躯干的稳定性，以及平衡和功能性活动能力。

患者宣教

指导。由于在关节活动末端时产生的压力和保持同一姿势时间过长均会加重症状，因此治疗者应当指导患者避免那些可能加重症状的姿势和活动。

- 尽可能减少或避免上下楼梯，直到髋膝关节的肌力足够到可控制膝关节功能且无症状出现。
- 避免在屈膝状态下保持坐位过久，这是因为屈膝时间的增加会加重髌股关节的挤压应力。此外，患者还应在坐位中定期进行膝关节活动度运动来改善血液循环。

家庭运动计划。患者应在家中进行运动来巩固监督下的训练所带来的成果。出院前，应为患者提供如何安全地进行运动训练和功能性活动的指导。

提高受限组织的灵活性

首先，治疗者应找出所有可能影响异常力学模式的组织或结构，并针对其设计牵伸运动以提高其柔韧性。人们发现，对于某些存在髌股关节功能障碍的患者，其腓肠肌、比目鱼肌、股四头肌、腘绳肌以及阔筋膜张肌的灵活性有所下降[230,233,296]。本节运动部分将会阐述自我牵伸技术及其相关内容，而对于跨髋、膝关节肌肉的牵伸技术已在第20章中阐述，对于跨膝、踝关节的肌肉的牵伸技术则将会在第22章中阐述。

在部分髌股疼痛综合征患者中，由于髂胫束和外侧支持带附着点相关的受限可能会导致髌骨活动性下降和髌骨运动轨迹异常，因此，针对这些损伤的特殊技术同样也会在本节中阐释。

髌股松动：内侧滑动。让患者处于侧卧位。治疗师一只手放在股骨下稳定股骨髁，用另一只手的掌根使髌骨向内侧滑动（图21.10）[99]。通常来说，髌骨在膝关节接近伸展位时有较大的活动性。因此，可以通过内侧滑动时逐步增大膝关节屈曲程度来逐步增加训练的难度。

髌骨内侧按压。将患者置于仰卧位。将掌根部鱼际最高处置于髌骨的内侧面上。对髌骨施加一个向后向内的力。当髌骨被保持在这个位置上时，用另一只手在髌骨外侧缘做摩擦按摩活动（图21.11）。教会患者通过这种方式完成自我牵伸。

髌骨贴扎。尽管贴扎对调整髌骨位置并延长牵伸时间可能有益处[99,172]，但其最主要的效果是在贴扎后，即使是进行可能诱发疼痛的活动，膝关节前侧的疼痛也有所减少[23,49]。贴扎使得疼痛缓解的机制尚未明确，可能是由于髌骨对位对线的重新纠正，或是神经肌肉功能的改善。

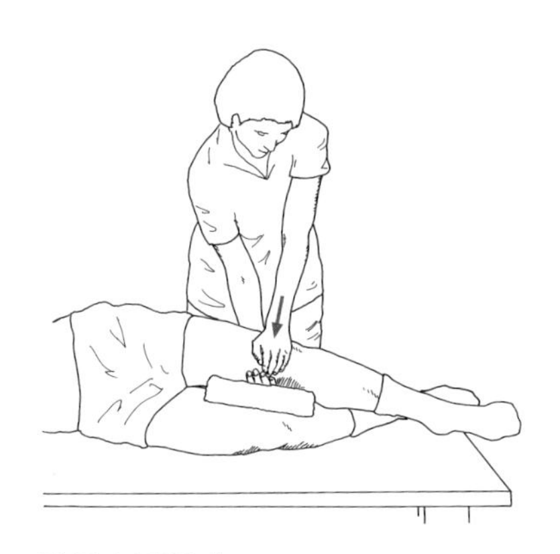

图21.10 髌骨内侧滑动

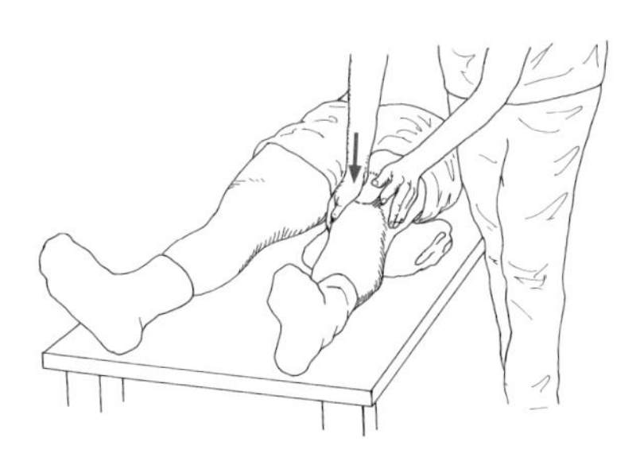

图21.11 伴有髌骨外侧缘摩擦活动的内侧按压

聚焦循证

在一个多中心的单盲研究中，研究者通过3种不同的髌骨贴扎技术试图对髌骨的位置进行调整和对齐后，髌骨的对位对线变化不大或没有变化。不管贴扎的方向如何，有71名存在PFPS的患者在接受了贴扎后症状有所缓解[310]。研究者们认为贴扎可能改变了本体感觉的输入，并提高了对功能性训练的耐受力。因此，研究者们肯定了其在改善近端肌肉无力中的作用。

提高肌肉表现和神经肌肉控制

由于许多不同的诊断都可以纳入到PFPS的范畴中，因此有许多因素都可能导致或加重这些症状。十分重要的一点是，并非所有存在髌股关节症状的患者都能从相同的运动训练中得到改善，这使得针对不同患者的障碍情况来设计和调整运动训练计划显得非常关键。此外，主流观点认为，针对PFPS的运动训练应当着重于邻近的区域，尤其是髋伸肌和髋外展肌，以此来影响膝关节的对线和控制[84,168,200,296]。髋关节和膝关节肌力、肌耐力、神经运动控制，以及骨盆和躯干的稳定性受损，都应当受到重视[233-236]。

提高膝关节相邻和远端的肌肉表现和功能控制的运动稍后将在本节中详细阐述，并在第16章、第20章及第22章中有所涉及。进阶的下肢功能运动将在第23章中进行阐释。

无负重（开链）运动

关于开链运动对于髌股关节的压缩力和应力一直存在争议[67,98]。不同类型的阻力（持续，变化或等速）在关节活动的全程中对股四头肌功能的要求也是不一样的。股四头肌和髌韧带所形成的合力和髌骨与关节的接触面积在膝关节活动的过程中是不断变化的，因此使得在膝关节活动过程中髌股关节铰接面的压缩力和应力也是不断变化的。当膝关节屈曲 0°~15° 时，髌骨很少或不与股骨滑车沟接触 [67]，在这个阶段存在的疼痛可能是髌下脂肪垫和滑囊组织激惹性增高导致的。髌骨受到的最大应力在 60° 达到最大，最大的压缩载荷在 75° 达到最大。因此，如果阻力的力矩在这个角度范围内达到最大，就有可能诱发疼痛 [67]。关节病变的位置也会影响疼痛的范围 [98]。在训练时，阻力的施加应当避开会产生疼痛的关节活动范围。

无痛体位下的股四头肌等长训练。让患者在不同的屈膝角度下尝试进行股四头肌等长收缩。由于不同的髌股功能障碍患者的膝关节疼痛活动范围也是不同的，因此需要找到患者无痛的体位以保证训练过程中不会造成其他伤害。

直腿抬高的股四头肌等长训练。指导患者在仰卧位或长坐位下进行直腿抬高，以提高股四头肌控制。

进阶至抗阻等长收缩。在不同起始角度下进行无痛的膝关节伸展抗阻等长收缩，阻力和角度都应设定在患者耐受的范围内。

短弧线的末端伸膝训练。嘱患者保持仰卧位，屈膝约 20°（图 21.23）。如果患者能耐受且运动过程中无疼痛，则在患者的脚踝处施加少量的压力。在训练过程中，由于肌肉处于短缩位，是肌肉收缩效率最低的位置，故能产生较好的训练效果。同时，由于此时髌骨处于股骨滑车沟上方，也是髌股关节内压力最小的位置。末端伸膝能力对于将腿抬上车或床等活动是非常重要的。

注意：如果此时髌上囊或滑液囊的激惹性过高，末端伸膝训练可能会诱发疼痛，此时应当避免此种训练。

负重（闭链）训练

对于 PFPS 患者，为了缓解其髌股关节症状，改善膝关节、髋关节、躯干的控制，以及提高神经肌肉控制 / 反应时间和平衡能力，渐进的闭链 / 轴向训练（大多数在负重状态下进行）应是运动训练项目的主要构成部分 [12,26,115,168,200,296]。在涉及动态屈膝动作的负重活动（如下蹲、弓步、上下楼梯，以及跳跃落地）中，如果出现过度的膝外翻，可能意味着髋外展肌、髋后伸肌和（或）髋外旋肌无力。此时提高这些肌群在负重位下的肌力以及在适当的对位对线下的运动策略是优先考虑的 [115,168,233,234,296]。

注意：当处于负重状态下时，若膝关节屈曲超过 60°，髌骨的压力负荷会变得相对较大，因此在这个活动范围内进行活动或训练时可能会诱发症状。故当要指导患者进阶至超过 60° 的训练时务必要十分谨慎。在训练过程中，治疗者应该密切关注患者的症状与感受。如果症状不断加重，应当及时停止训练。

- 如果患者在完全负重时感到疼痛，则应从部分负重位开始训练。在患者耐受的前提下逐渐进阶到站立位的训练。
- 为了改善患者的肌力和肌耐力，患者应选择恰当的训练方式，并反复进行训练，直到开始出现髌股关节症状或开始无法控制肢体活动为止。训练不可越过此界限，以免出现错误的力学表现或失去控制。
- 为了提高膝关节活动末端控制能力，可以从轻度抗阻下的末端伸膝活动开始进行训练（图 21.26）。
- 当患者能够耐受负重和半蹲训练时，应当尽早让患者开始进行双腿的浅蹲训练，并逐渐进阶至单腿的浅蹲训练。在此过程中，应当注意不要诱发出相关症状（图 21.27）。确保在进行浅蹲训练时膝关节与足尖对齐。
- 应逐渐在训练项目中增加动态训练，如双腿站立靠墙下蹲（逐渐进阶至单腿站立靠墙下蹲），短步弓箭步（逐渐过渡至长步弓箭步），以及向前、向后、向侧方的上下楼梯训练。可以通过增加弹性阻力（弹力带等）来为患者增加训练负荷。
- 选择抗阻器械进行渐进性力量训练和结合负重的肌耐力训练。如坐位蹬腿训练器、Total Gym 训练单元以及踏步机等。
- 在负重位下应将平衡和灵活性训练与肌力训练结合进行。
- 对于期望重返较高要求活动的患者，在症状不再出现的前提下，可以将超等长训练加入其训练内容中（见第23章）。

功能性活动

为了让患者做好重返其期望的活动的准备，应在不诱发症状的前提下让患者进行功能性活动模拟训练和特定活动训练（见第23章）。虽然患者在肌力和肌耐力上有所提高，但在负重位下仍存在下肢对位对线异常的问题，应将运动再教育训练和特定活动训练相结合，进而强化患者正确的运动策略。

修正生物力学应力

治疗者应评估下肢的生物力学情况，并修正不良的对位对线情况。如果患者表现出过度的足内翻，使用楔形的足内侧矫形器可降低其应力并减轻髌股关节的疼痛[65,102]。

结果

数个针对PFPS的质量随机对照试验的系统回顾显示，股四头肌肌力训练，针灸，以及股四头肌力训练、髌骨贴扎和生物反馈的结合，这三种训练策略被认为能够最有效地缓解疼痛和提高功能[14,23,49]。对于髌骨支具、徒手治疗技术（如牵伸和手法）的作用，回顾中既没有支持，也没有反对。在一篇针对为治疗PFPS而进行的运动训练的效果的系统回顾显示，对于存在活动受限和参与受限的患者，治疗性运动是一种十分关键的缓解疼痛和改善功能的干预手段[46]。

在缓解症状和改善功能方面，还没有发现哪种训练方法优于其他方法。一篇研究治疗师指导下的股四头肌肌力训练的系统回顾提供了强证据，表明不同的训练类型带来的治疗效果并无差异[145]。

有大量的证据表明，膝关节邻近区域的肌力和灵活性降低是与PFPS息息相关的。同时，也有许多随机对照试验阐释了针对髋关节、骨盆以及躯干的治疗项目的有效性。一篇针对邻近膝关节的肌肉组织的运动训练的效果的荟萃分析提供了强证据，表明对于包含开链和闭链运动训练的邻近部位的康复训练，不管是否同时进行股四头肌康复训练，其都对减轻PFPS患者的疼痛和改善其功能有着较好的效果[149]。

Fukuda[84]进行了一项包含70名日常生活久坐的膝关节前部疼痛的女性患者的随机对照试验，其中22人接受了包含针对膝关节肌肉组织的牵伸和力量训练，23人在前述膝关节训练的基础上还额外接受了髋关节的力量和牵伸训练，另外25人则作为对照组。在干预之后（每周3次，持续4周），相比对照组，两个运动干预组都显示出明显的疼痛减轻和功能改善。相比仅进行膝关节训练的运动干预组，同时进行髋关节和膝关节训练的运动干预组在所有方面均有更大幅度的提高，尽管仅有下楼梯时的疼痛减轻情况有统计学上的显著差异。Khayambashi等人指出，在仅进行8周的髋关节肌力训练后，相对于未进行训练的女性患者，接受训练的女性患者疼痛情况和健康状态有所改善，并且在6个月后的随访中，训练效果得以维持[139]。

Dolak等人[61]进行了一项33名女性PFPS患者参与的随机对照试验。在试验中，受试者被分为两组，分别接受了4周的髋关节肌力训练或股四头肌肌力训练，之后两组人额外一同接受了4周相同的功能性负重训练。在前4周后，相对股四头肌力量训练组，髋关节力量训练组的疼痛出现了显著的减轻。作者认为，在前4周内髋关节功能性训练能为膝关节疼痛的恢复留下时间，因为股四头肌力量训练会使髌骨应力增大。在8周后，两组的功能和疼痛情况均有所改善（通过侧方跳台测试得出）[61]。

Baldon等人[12]在一项随机试验中对31名业余女性运动员的多项参数进行了测试，这些参数包括疼痛、功能、动力学、躯干耐力以及髋膝关节离心收缩肌力。其中，实验组接受包含髋关节肌力训练、肢体和躯干运动控制训练以及功能性稳定性训练在内的训练项目，而对照组则接受牵伸和常规股四头肌力量训练。研究者分别在训练8周后和3个月后随访时进行数据收集。数据表明，两组受试者均有疼痛的减轻。而相比对照组而言，实验组在训练8周后功能改善程度更高（如在进行单腿下蹲时的躯干和肢体的对位对线），并在3个月随访时疼痛程度更轻[12]。

髌骨不稳：手术治疗和术后管理

原发性（首次）髌骨脱位经保守治疗后，脱位复发率为15%~44%，最高可达50%[47]。当保守治疗不能控制髌骨不稳和相关症状如复发性脱位或者慢性半脱位、疼痛、捻发音或者髌股关节退化时，患者通常需要手术治疗。

外科手术干预可以用来改变髌骨力线，纠正静态稳定时的张力失衡（图21.4），修正Q角（Q角测量的描述见图21.3），改善髌骨轨迹和重建或修复髌股关节面。应基于X线和关节镜的物理检查评估和确认导致髌骨不稳的症状的原因，以做出正确的手术选择。

手术选择概览

髌骨外侧不稳的手术方案在专栏21.5中列出[40,45,47,85,86,88,89,119,183,184,189,221,232,241]。专栏中列举了多种手术方式，包括关节镜下、开放性或者混合型的手术方式[86,184,221]。

当软组织原因导致髌骨外侧不稳时，近端力线重建手术如内侧髌骨韧带修补或重建、股内侧斜肌折叠术都是经常使用的方案。当骨骼是潜在的原因时，远端重建手术包括胫骨结节截骨术和髌腱转移。修复因急性或复发性髌骨脱位或创伤导致的软骨病变可能也是非常必要的[184]。相反，全膝置换术或髌骨切除术（一种抢救性手术）仅适用于晚期髌股关节炎和关节间隙塌陷。

专栏21.5 髌骨外侧不稳及相关结构缺陷的手术方案

软组织和骨骼因素导致的髌股不稳
- 自体或异体髌股内侧韧带修复或重建术。
- 内侧支持带折叠（强化）。
- 外侧支持带的松解，包括外侧髌股韧带和髌韧带松解。
- 股内侧斜肌的折叠。
- 远端伸肌机制对位对线（胫骨结节植骨术伴随肌腱移植）。
- 滑车成形术（改善滑车的大小/形状）治疗滑车发育不良。

关节软骨手术
- 关节镜清理术。
- 髌股关节软骨损伤的修复（微创术、自体骨软骨移植/镶嵌成形术、自体软骨细胞移植）。
- 髌骨后表面磨削成形术/软骨成形术（随着关节软骨修复手术的出现而较少使用）。

晚期髌股关节炎手术
- 全膝置换术或髌骨后关节面置换术。
- 髌骨切除术（抢救性手术）。

治疗髌股关节不稳的两大手术类型——伸肌机制的近端和远端对位对线，在进行时伴随或不伴随外侧支持带松解。作为一个独立手术，外侧支持带松解术可以减轻或缓解由于膝关节外侧结构受压（外侧挤压综合征）继发髌骨过度侧倾导致的髌股关节疼痛，但不建议用于髌骨外侧不稳的治疗[47,78,86,184,232]。

聚焦循证

几个文献综述[45,47,241]报道了单独进行外侧支持带松解术对复发或急性髌骨外侧不稳的长期疗效较差（髌骨脱位复发率高）。根据另外一份研究[86]，外侧支持带松解术无法调整髌骨向内。所有的文献总结证实了单独进行外侧支持带松解术对于治疗髌骨外侧不稳没有效果。

对于复发性髌骨不稳，除了近端或远端的对位对线调整手术外，也可采用其他的手术方案。如果髌骨不稳与滑车发育不良有关，则旨在加深滑车沟的滑车成形术也十分有效[47]。如果髌骨的对线异常和复发性不稳与过度的下肢旋转畸形有关，则髁上的、胫骨上部的截骨术也能作为近端或远端的对位对线调整手术的替代方案[224]。

在近端或远端伸肌机制对位对线调整手术后，许多因素都会影响患者康复进程。这些因素主要包括：手术类型、患者年龄、基础健康情况、髌股关节在手术前的症状严重程度、其他的病理情况、患者的功能目标以及对家庭训练项目的依从性和重返日常活动的动机强度。

近端伸肌机制力线调整：内侧髌股韧带修复或重建及相关手术

对于存在复发性髌骨外侧不稳导致疼痛和功能受损的患者，修复、力线调整或重建髌骨内侧静态或动态支持结构是手术的选择[4,40,47,201]。内侧髌股韧带（medical potellofemoral ligament, MPFL）修复或重建，不管是否同时进行外侧支持带松解术

（lateral retinacular release, LRR），都是保守治疗失败后的首选手术方案。MPFL 修复或重建也同样适用于急性、首次发作的创伤后外侧髌骨脱位。其他近端力线调整的方案包括股内侧斜肌折叠（强化）术以及内侧支持带收缩 / 紧张术。这些软组织手术方案适用于髌骨不稳但骨组织尚未成熟的患者，同时也可以与远端力线调整术一起结合使用于骨组织已成熟的截骨术患者上进行移植 [86,119]。

手术适应证

尽管不同的外科医生手术方案不同，但是以下标准被认为是内侧髌股韧带修复或重建术，以及其他近端力线调整术伴随或不伴随外侧支持带松解术的适应证 [4,40,47,86,88,119,199,201,221,232]。

- 髌骨内侧支持结构缺陷（急性撕裂，慢性松弛），尤其是内侧髌股韧带，导致了髌骨对位对线不良和复发性不稳。
- 过多（或异常）的髌骨外侧轨迹以及股内斜肌肌力不足。
- 尽管既往有外侧支持带松解术手术史，但始终存在髌股关节疼痛，外侧受压大和持续的髌骨侧倾。
- 髌骨不稳的骨骼不成熟患者，目的是调整力线 [119]。

禁忌证：对于存在髌骨内侧关节退行性病变、高位髌骨或是滑车发育不良的患者，近端力线调整可能无法改变甚至加剧症状 [86,119]。

手术

背景和手术概览

近端力线调整的手术包括从髌骨内侧切开开放入路和关节镜检查膝关节，外侧支持带松解术，对游离软骨片或部分增厚组织的修复，以及必要时对全层软骨病变进行的微骨折术 [184]。

内侧髌股韧带修复或紧张术。急性的外侧髌骨脱位通常导致内侧髌股韧带撕裂，处理方案是直接进行修复 [40,119]。修复术对于反复脱位导致的韧带松弛也同样有效。为了暴露内侧髌股韧带，必须打开内侧支持带。鉴于损伤位置的不同，用缝合锚钉将韧带重新连接到股骨髁、髌骨或两个骨表面。如果韧带的中间部分撕裂了，则手术将使用无法吸收的锚定材料以折叠方式修复韧带碎片。

内侧髌股韧带重建术。这项手术往往被使用在内侧髌股韧带由于反复的外侧脱位或半脱位而完全失用，或之前的重建或紧张术失败的情况下。重建术包括内侧髌股韧带加固术，术中将会使用可再生的腘绳肌、阔筋膜张肌或股四头肌的肌腱，或异体移植物进行移植 [4,62,201]。根据手术类型和移植物的选择，髌骨和股骨的移植部位应当在打孔的同时使用缝合、锚钉缝合或是螺丝固定。某些手术不需打孔，可免去髌骨骨折的风险。

股内侧斜肌折叠（强化）。这项手术通过将股内侧斜肌移到更加中心或远端的位置，改善了股内侧斜肌静息长度—张力关系 [86,19,221,232]。

外侧支持带松解术和其他伴随手术。如果证实有髌骨侧倾，外侧支持带松解术被认为可以缓解髌骨侧倾和改善髌骨在滑车上的对位对线 [45,86,232,241]。外侧支持带松解术是一种在关节镜辅助下，通过多个髌旁入口松解髌股关节外侧支持结构的手术方式。具体来讲，外侧支持带的浅部和深部以及外侧髌股和髌胫韧带是经由髌骨外上侧的孔进入到髌骨肌腱的外下侧进行松解的 [184]。切口的位置会让膝状体动脉的上外侧和下外侧部被切到，因此必须立刻进行烧灼止血并缝合。这项松解术会完整地保留股外侧肌的肌腱部分，因此不会对股四头肌的功能造成影响。电灼术 [199] 以及近年来很常用的射频消融术 [89]，也是手术切割支持带的替代方式。这两项技术的优势在于出血更少，能避免血肿出现。

除了内侧髌股韧带的修复或重建之外，内侧髌胫韧带和内侧髌骨半月板韧带也能被收紧或修复 [86,88]。远端骨的力线调整手术也能与内侧软组织修复或重建术一起进行 [86,88,199]。

并发症

术后并发症可以发生在任何一种髌股关节手术之后。常见并发症包括浅表的感染、关节内感染以及深静脉血栓。髌骨粘连和关节纤维化会降低关节活动度。在极其罕见的情况下，复杂局部疼痛综合征也可能发生（见第 13 章）[48]。

近端力线调整术后并发症。某些并发症可能会增加关节内侧面的负荷并诱发疼痛，包括在重建或修复术中原有的内侧髌股韧带或移植组织“张力过大”，过度紧张的内侧软组织，错误的移植位置，以及股内侧斜肌的过度折叠[4,40,47]。严重的瘢痕组织增生和内侧组织的过度紧张会增加髌骨的旋转或异常的内侧轨迹，并导致髌后的损伤和（或）增加髌骨内侧不稳的风险[40,86]。相反地，不适当的内侧紧张或股内侧斜肌对线可能不会导致髌骨位置、轨迹以及患者症状的变化。尽管髌骨骨折的风险很低，但它仍然是内侧髌股韧带重建术后可能的并发症，因此在进行移植和固定时对髌骨进行钻孔十分必要[47]。

受压、刺激或是神经瘤常发生于隐神经，因为它穿行过内收肌结节并在鹅足肌腱处分叉，因此损伤也能在涉及膝关节内侧结构的手术时发生[86]。

外侧韧带松解术后并发症。由于膝状体动脉的特殊位置，如果术中没有合适地烧灼阻断，可能会发生血肿。使用电灼术和射频消融术时可能会对上方表浅的皮肤造成灼伤[89]。此外，当髌骨外侧松解术向近端延伸太远时会导致股外侧肌无力，从而导致髌骨内侧半脱位。在较罕见的情况下，股内侧斜肌强化术后可能会出现股四头肌肌腱撕裂。

术后管理

内侧髌股韧带修复或重建术后或其他近端力线调整手术的康复方案总结在表 21.3 中[4,40,88,164,201]。患者根据其症状和体征以及每阶段特定目标的完成情况来逐步进阶训练[209]。

制动和负重的考量

术后应使用压力套，并且限制膝关节的活动范围，利用铰链支具将关节制动于伸展位，或利用后侧支具限制膝关节过度屈曲以及保护软组织。部分手术医生允许患者在术后几天进行安全范围内的活动度训练[4,40,164,201]，而其他医生则提倡术后持续制动 1 周[119,232]。根据手术医生的喜好，保护下关节活动度训练可以在患者穿着控制活动范围的支具时进行，也可以在将其脱下时进行。

早期使用手杖进行步行时，膝关节应制动在伸展位。患侧负重可从 25% 的体重到患者可耐受的负重范围内。大约术后 4 周允许在制动器被锁定的情况下完全负重[201]。只有当患者能够控制膝关节，并能完成无痛的主动、被动伸展活动（无膝关节伸肌滞后）时，才被允许在除去辅具和支具的情况下完全负重[164,232]。

运动进阶

近端力线调整术后的运动目标是恢复和改善整个下肢和躯干的功能，而不仅仅是膝关节[78,164,168,234]。与非手术治疗髌股关节功能障碍一样，许多康复训练重点在恢复无痛的膝关节活动范围，维持髌骨活动度，并且将股四头肌作为一个单位进行募集，特别是股内斜肌。这些干预措施旨在防止或治疗髌骨运动受治疗和伸肌滞后[56,135,164,281,289]。近来同样重要的术后重点是恢复躯干、骨盆和髋关节外展肌、外旋肌和伸肌的力量，并改善髋关节和踝关节肌肉组织的柔韧性[125,168,230,233,234]。

近端力线调整术后的运动训练目标，运动干预进阶以及康复的一个阶段到下一个阶段的进阶标准都会总结于后面各节中[88,164,201]。专栏 21.6 记录了近端和远端伸肌力线调整术后的训练注意事项[119,164,201]。

运动：最大保护阶段

目标和干预措施。在手术后的前 4 周，修复或重建的髌骨内侧组织处于愈合的急性和亚急性阶段，易受过度的应力。这个阶段的目标和干预措施是借助手杖来实现独立步行，控制疼痛和肿胀，预防深静脉血栓或粘连等并发症，恢复股四头肌的控制，保护重建后的软组织的同时恢复膝关节的活动度（表 21.4）。

- **实现独立步行**。在手杖提供保护性负重和佩戴膝关节矫形器将膝关节锁定于伸展位，以进行步行训练。
- **控制疼痛和肿胀**。全天定期进行冰敷和加压。
- **患者宣教**。教育患者负重和运动的注意事项，以保护修复的韧带或移植组织，因为它们最容易受到过度的应力（专栏 21.6）。布置并教授家庭训练计划。
- **恢复关节活动度**。手术后 1~2 天内进行膝关节屈曲或伸展运动（PROM，AAROM 和

表 21.3 内侧髌股韧带修复或重建：术后各阶段康复措施

阶段与一般时间表	最大保护阶段：1~4 周	中度保护阶段：4~8 周	最小保护阶段：8~12 周及以后
患者表现			
	■ 术后 1~2 天开始康复 ■ 术后疼痛 ■ ROM 受限 ■ 在支具锁定伸展位下进行耐受范围内的负重	■ 轻度疼痛 ■ 关节肿胀得到控制 ■ 支具锁定伸展位下完全负重，直到能进行完全的主动伸膝控制 ■ 膝关节功能性关节活动度训练 ■ 6 周时能够进行直腿抬高（无伸肌滞后）	■ 无疼痛，肿胀或压痛 ■ 在之前的阶段中没有髌骨半脱位的症状和表现 ■ 肌肉功能：至少达到健侧 75%（4/5 级 MMT 肌力） ■ 不受限的 ADL 和 IADL
关键评估程序			
	■ 疼痛（0~10 分） ■ 关节积血 ■ 关节活动度 ■ 肌肉控制——能够进行股四头肌等长训练 ■ MMT: 髋关节肌力 ■ 软组织触诊	■ 疼痛评估 ■ 关节肿胀——围度 ■ 关节活动度 ■ 肌肉控制 ■ 步态分析	■ 疼痛评估 ■ 肌力 ■ 神经肌肉平衡 ■ 髌骨对位对线和稳定性 ■ 功能状态
目标			
	■ 控制术后肿胀 ■ 减轻疼痛 ■ 膝关节活动度：0°~90°（4 周末时） ■ 肌力 3/5 分 ■ 无助行器，支具锁定在膝关节伸展位下的完全负重步行 ■ 建立家庭训练计划	■ 控制肿胀 ■ 膝关节活动度：0°~120°（6 周末时），0°~135°（8 周末时） ■ 4/5~5/5 级肌力 ■ 提高神经肌肉控制 ■ 步行模式正常化 ■ 家庭训练项目的依从性	■ 功能性膝关节活动度 ■ 肌力达到健侧的 75% ■ 逐渐重返 ADL 和 IADL ■ 教育患者缓慢恢复活动、持续监测症状和体征 ■ 设计维持性训练项目，教育患者坚持训练的重要性
干预措施			
	■ 加压包扎控制肿胀 ■ 控制疼痛的理疗措施 ■ 在耐受范围内、膝关节支具锁定下的手杖步行训练 ■ 踝泵 ■ 膝关节：限制关节活动范围内的由主动辅助关节活动训练度到主动关节活动度训练 ■ 上方和内侧的髌股松动（Ⅰ级到Ⅱ级） ■ 股四头肌、腘绳肌、臀肌的等长训练（可以在股内侧斜肌上使用无痛的神经肌肉电刺激进行加强） ■ 在 4 个体位下、支具锁定下的膝关节伸展位的直腿抬高训练，加强髋关节肌力 ■ 腘绳肌、腓肠肌、髂胫束的柔韧性训练	■ 下肢柔韧性训练 ■ 持续性开链（无滞后的直腿抬高）、闭链运动 ■ 限制范围的进阶性阻力训练 ■ 本体感觉训练 ■ 稳定性和平衡能力训练 ■ 步态训练 ■ 穿戴限制关节活动范围的支具进行低强度的功率自行车训练（提高有氧耐力）	■ 持续牵伸以提高下肢柔韧性 ■ 逐步提高难度的进阶阻力训练 ■ 进阶的闭链运动 ■ 有氧训练项目：功率自行车、游泳或步行 ■ 在第 10 周时步行进阶到慢跑训练 ■ 在 10~12 周时进行灵敏性训练 ■ 针对职业或体育活动进行特定性训练 ■ 为了更高要求的职业活动可考虑使用支具 ■ 特定任务训练：基于症状和体征模拟功能性任务

专栏 21.6 近端和远端伸膝机制力线调整力线术后的训练注意事项

- 穿戴限制范围的铰链式支具开始 PROM、AAROM 或 AROM 的训练，以防止膝关节过度屈曲或减少作用于膝关节的外翻应力。
- 在内侧髌股韧带修复或重建术、股内斜肌成形术和胫骨结节截骨伴髌腱内侧转移术后，逐渐进阶膝关节屈曲，以免破坏缝线。
- 在辅助仰卧位下髋关节和膝关节的屈伸活动时，应站在手术肢体的对侧，以避免对膝关节施加外翻应力和牵伸内侧的修复组织。
- 患侧肢体做直腿抬高训练时，保护支具需锁定膝关节于伸展位。
- 早期负重练习，如重心转移训练，双下肢支撑站立时将支具锁定膝关节于伸展位。
- 当术侧可允许承受 50% 负重时，可以穿戴不锁定的、角度限定的膝关节支具开始进行早期的双下肢闭链运动训练，如微蹲训练。
- 在股四头肌控制建立（膝关节主动完全伸展或无伸肌滞后）之前，闭链运动或完全负重的移动仍需要支具将膝关节锁定在伸展位。
- 推迟术侧的完全负重和不穿戴矫形器的单侧负重运动训练。
  - 软组织重建后至少 4~6 周。
  - 涉及胫骨结节截骨术的远端力线调整术后至少 8 周或影像学上愈合已完成。
- 在股内斜肌成形术或胫骨结节截骨术后至少 12 周内，不要进行股四头肌的最大自主收缩。

AROM）。活动度训练佩戴支具情况应遵照外科医生的意见。根据修复或重建术的类型，在第 4 周结束时达到膝关节全范围被动和主动伸展以及至少能屈曲 90° 的目标 [88,164,201]。牵伸受限的髋关节和踝关节肌肉组织。

- **保持髌骨活动性**。应用温和的（Ⅰ级和Ⅱ级）髌股松动（向上和向下）以减轻疼痛并预防组织粘连。
- **重建神经肌肉控制并改善肌肉表现**。开始时以低强度的股四头肌等长训练来促进膝关节控制，同时配以无痛的神经肌肉电刺激或生物反馈来增加其效果。在仰卧位，俯卧位和侧卧位时，膝关节支具锁定其于伸展位，以直腿抬高训练来促进髋关节控制。当术侧可以无痛下完成 50% 的负重时，患者可以在佩戴不锁定的支具的情况下，在仰卧位进行膝关节部分活动范围的脚跟滑行训练、双侧提踵和微蹲训练。

进阶标准。进入康复中间阶段的进阶标准包括以下几方面 [164,201]。

- 最小程度的疼痛和肿胀。
- 切口愈合良好；没有感染迹象。
- 全范围的膝关节主动伸展（没有伸肌滞后现象）以及膝关节屈曲至少 90°。

运动：中等保护 / 运动控制阶段

目标和干预措施。术后 4~8 周即康复的中间阶段，软组织处于愈合的修复和重塑阶段。手术后 4~6 周通常允许在没有辅具但佩戴锁定的支具情况下完全负重。患者应能在这个康复阶段结束时获得功能性的膝关节活动度。

随着症状消退和股四头肌活动的增加，这一阶段的重点是建立在佩戴不锁定支具的情况下正常的步态模式，增加膝关节活动范围，以及恢复髋关节和踝关节的灵活性和功能。此外，提高髋部和躯干肌肉的力量和耐力，改善神经肌肉控制 / 反应时间，确保足够的平衡能力和本体感觉，恢复心肺耐力，推进和加强家庭锻炼计划也都很重要。

- **正常化步态模式**。如果完全负重无痛并且股四头肌有足够的控制能力，患者则可在佩戴不锁定支具的情况下用手杖或者单拐练习步行。
- **恢复关节活动度和关节活动性**。开始时可应用低强度的持续牵伸和Ⅲ级关节松动术，来增加受限区域的关节活动度。到第 6 周结束时应实现膝关节活动度 0°~120°，并在第 8 周结束时达到 0°~135° [4,88,164]。牵伸所有下肢紧张的肌肉，特别是腓肠肌、比目鱼肌、腘绳肌和髂胫束，因为它们在髌股关节功能障碍患者中被证实比较紧张。
- **改善肌肉表现**。通过以无痛—闭链—开链这一顺序逐步进阶的抗阻训练来增加整个下肢的力量和肌耐力。抗阻训练应着重于膝伸肌和髋伸肌、外展肌以及外旋肌的力量练习（关于非负重和负重进阶训练的建议在上一节非手术治疗的部分已做介绍，并将在本章最后一节进行描述）。

注意：同负重训练的注意事项一致，患者只能在无痛范围内和位置进行抗阻训练。在负重训练期间，强调下肢良好的运动力线以避免屈曲时发生膝外翻。

- **提高神经肌肉控制和反应时间，本体感觉和平衡能力**。在矫形器锁定膝关节于伸展位时，初期的神经肌肉 / 本体感觉训练，稳定性平衡训练应在稳定平面上进行，然后进阶到不平稳平面。训练过程中应强调保持良好的下肢运动力线。从双侧下肢站立进阶到单侧站立，并增加健侧肢体或躯干的单平面动作，再进阶至多平面动作。随着膝关节控制的改善，在训练过程中可以使用不锁定支具。
- **提高心肺耐力**。在佩戴限制范围的支具情况下开始功率自行车训练。以高座位和低阻力开始。如果伤口愈合良好，可以开始泳池训练，如水中慢走、水中定速走或水中慢跑等运动。

进阶标准。达到以下标准再进阶到最后康复阶段 [164]。

- 没有肿胀或伸肌滞后。
- 膝关节活动度：0°~135°。
- 膝关节和髋关节肌肉组织有足够的肌力（至少为非术侧的 75%）以开始下肢功能性活动。

运动：最小保护 / 恢复功能阶段

目标和干预措施。最后康复阶段是指术后 8~12 周及更长的时间段，患者需要逐渐参与到更多的功能性活动中。术后 12 周，患者应开始在陆地上慢跑，并且在 16~20 周，应能恢复到没有症状的全范围运动水平。某些活动可能需要进行调整或限制，以减少诱发症状或失稳复发的风险 [4]。

着重特定训练，始终保持良好的下肢运动力线。患者的生活方式可能需要暂时调整以避免引发症状的活动。制订并实施自我管理计划，以继续改善和保持肌肉力量、灵活性和平衡能力，并制订遵守该计划的方案。

注意：锻炼期间继续使用髌骨贴扎或髌骨轨迹支具可能有助于训练的进阶和向高要求功能性活动的转变。

参考本章和第 20 章最后部分介绍的有关非手术治疗的管理和运动的进阶训练的讨论。第 23 章介绍了更高阶的练习，包括增强性训练和敏捷练习 [23]。

结果

由于手术方式存在较大差异，有些是单独手术处理的，有些是联合外侧松解或远端力线调整术。所以内侧髌骨韧带修复或重建术后的结果也在各项研究中被报告存在较大差异。对于首次出现外侧脱位的患者，非手术治疗和手术修复术后髌骨脱位的复发率是相近的，这表明手术治疗并没有比非手术运动训练具有优势 [219]。

Camp 和同事们 [40] 对 27 个（29 个膝关节）平均年龄在 19 岁，因复发性髌骨不稳接受过内侧髌骨韧带修复术的患者进行了回顾性研究。MPFL 修复术后平均 4 年内有效阻止髌骨脱位复发的成功率为 72%（29 个膝关节中有 21 个），研究者认为这是一个相对较高的复发率。报告术后脱位的患者随后接受了进一步手术，包括 MPFL 重建术和（或）远端力线调整术（胫骨结节截骨术）。MPFL 重建术后的复发性脱位与手术中 MPFL 移植物的位置异常存在相关性 [27]。

相反，MPFL 重建术具有较高的患者满意度和较低的脱位复发率。例如，在一项回顾性病例系列研究中，Drez 和共同研究者 [62] 报道了 15 例首次髌骨脱位后伴有复发性外侧不稳的患者接受了软组织移植 MPFL 重建术（无远端重新排列）。平均随访 31.5 个月（至少 2 年），93% 的患者在客观功能结果和患者满意度表上有非常好的效果（10 例）或良好效果（3 例）。在随访期间，15 例患者中只有 1 例报告出现过 1 次半脱位。

人们普遍认为 LRR 单独手术并不是治疗急性或慢性髌骨不稳的有效方法 [45,47,232,241]。不良结果可归因于 LRR 无法将髌骨调整到更内侧的位置 [86]。

总体而言，文献中描述的许多近端力线调整后的不良结果更多的是髌骨后疼痛而不是复发性不稳。对于关节活动过度或未矫正的滑车发育不良的患者，他们具有较高的脱位复发率，因而通常需要远端力线调整术处理 [88]。

远端力线调整术：髌腱及胫骨结节移位与相关手术

对于复发性髌骨半脱位 / 脱位的患者来说，伸肌机制的远端力线调整可能适合选择手术治疗。胫骨结节向内移位术可以改善髌骨运动轨迹和转移髌骨远端和外侧关节面损伤软骨的应力[47,85]。胫骨结节向前移位术增加了髌骨的力臂，减少股四头肌收缩力，以及相应的髌股关节面应力[105]。当调整力线和减少应力同时需要时，可以结合使用向内和向前移位术[105]。远端力线调整术可以单独应用，也可以合并外侧支持带松解术或近端软组织处理术，如内侧髌股韧带修复或重建术、内侧关节囊紧缩术[47,88,199]。

手术指征

下面是远端力线调整术的指征[47,85,86,184,199,221,232]。

- 由于胫骨结节外侧位偏移和髌腱止点变化导致髌骨对线不良，从而使髌骨出现复发性外侧不稳同时伴有膝关节打软现象。
- 无髌骨不稳但外侧轨迹面疼痛。
- 膝前痛伴髌骨轨迹不良和外侧及远端髌骨下关节面问题导致的髌股关节炎（软骨或骨软骨缺损）。
- Q 角异常增大。
- 胫骨结节—滑车沟距离过大（＞ 15 mm）。

禁忌证：对于骨骺端尚未闭合的未发育成熟患者，不推荐实施该手术。因为膝反张会使骨骺端提早闭合[85,119]。

手术

背景和手术概述

远端力线调整术的目的是通过减少髌骨承受的外侧直接应力，减少髌股关节的接触应力和改善髌骨活动轨迹来减少髌骨不稳和膝前痛[47,85,86,221,232]。该术使用的是开放性手术方案。但是，膝关节关节镜检查、关节面清创以及必要时的外侧支持带松解术可能先于远端力线调整术完成。

针对远端力线调整已有多种手术方式被报道。

胫骨结节移位（Elmslie-Trillat 术式）。将胫骨结节截断，然后向内移位并用螺钉固定[47,85,88]。

胫骨结节前移（抬高）。通常结合胫骨内侧结节移位术，将结节向前移位[232]。该手术可以减少髌骨的接触应力以及远端关节面的负荷[47,85,232]。

髌腱远端内移术。该手术只是软组织转移，用于未发育成熟的患者。

并发症

远端力线调整术伴随的不常见但很严重的并发症包括内固定锁定时的胫骨骨折，手术过程中的神经血管损伤，皮肤缝合不良或从截骨位置脱离，软组织感染或骨髓炎以及骨移植处骨不连[85,232]。由于移位不足或者向内移位过度，髌骨会向外侧再脱位，尤其是在需要重返高强度运动的患者中[85,199]。

螺钉引起的胫骨结节前部疼痛较为常见，所以手术后 6~12 个月通常会取出螺钉[85]。就髌股关节手术而言，会出现髌周组织粘连并造成膝关节活动受限。因为远端力线调整改变了髌骨后近端和内侧的压力，过多胫骨结节和髌韧带内移会增加髌骨内侧面和内侧腔隙压力，久而久之造成这些部位的关节炎[47]。

术后管理

需考量的固定和负重

根据固定方式，涉及骨性结构的远端力线调整术后康复必须比近端软组织调整术后康复进展更加缓慢。手术后第 2 天允许患者穿戴锁定的伸膝支具拄拐步行。在术后前 4 周或直到影像学显示截骨处骨痂已形成前，患者负重仅限于足趾着地[85,164]。负重需循序渐进，8 周后如果股四头肌控制良好，可允许去除伸膝支具进行全负重[164]。

运动进阶

相比软组织手术，关节活动度的改善也须相对缓慢（参考表 21.6 运动注意事项）。术后第 1 周，佩戴支具情况下屈膝活动范围仅限于 0°~30°[164]或 0°~60°[88]，4 周后可屈膝到 90°，8 周后到 135°[164]。当允许增加负重时可以开始佩戴支具进行闭链练习。在其他方面，运动和非手术治疗、外侧支持带松解术以及近端力线调整术后的运动相同。重返全面运动通常需要 5~6 个月，这取决于骨愈合和下肢力量情况。

结果

没有髌骨后关节面退行性病变或有外侧和远端损伤的患者其恢复结果会比有内侧关节损伤或有明显髌股关节炎的患者好[47,184]。结果显示，有髌骨活动时外侧疼痛但无髌骨不稳的患者比有至少1年的复发性不稳史的患者其胫骨结节内侧移位术效果要好[142]。因为接受了胫骨结节内侧移位术的两组患者都有所改善，所以该术对改善轨迹不良伴疼痛和复发性不稳方面都有帮助。

远端力线调整术经常联合近端修复和外侧松解术来纠正髌骨对线不良和缓解症状。研究显示上述联合手术对大部分患者效果优异。Garth等[88]对若干经历了严重外伤导致髌骨外侧脱位后患复发性髌骨不稳的年轻人（平均年龄18岁）进行了研究。结果显示，对接受远端重建合并内侧髌股韧带修复术和髌骨半月板韧带三联修复术的患者，在术后至少24个月内随访，90%（18/20）患者在膝关节功能、满意度以及未发生不稳方面效果优异。另有一项[199]关于3种手术（外侧松解、内侧支撑组织修复和远端力线调整）联合治疗的研究中，37名患者42个膝关节中有32个（76%）在随访（平均44个月，术后25~85个月）中有优异的效果，只有4个膝关节发生了再脱位。

韧带损伤：非手术治疗

损伤机制

韧带损伤最常发生在20~40岁的个体参加运动过程中（如滑雪、橄榄球、足球），但也可能发生在所有年龄段的人。前交叉韧带损伤是最常见的膝关节韧带损伤。通常，在一次受伤事件中，不止一条韧带受损。

聚焦循证

根据ICF分类的临床操作指南将扭伤和拉伤划分为膝关节不稳和运动协调障碍类型[159]。

前交叉韧带

ACL损伤机制包括接触型和非接触型（图21.12）。最常见的接触型损伤机制是膝关节外侧受到应力导致了过大的膝外翻力矩。这种机制不但会损伤ACL，还会损伤内侧副韧带和内侧半月板。由于这三种组织常在同一外伤中同时受伤，对于该种损伤，人们常用“恐怖三联征”来形容它（图21.13）。

最常见的非接触型损伤是由旋转机制引起的，即足部固定时胫骨发生外旋。研究显示这种损伤机制占所有ACL损伤的78%[208]。常见的非接触型损伤则是发生在膝关节用力过伸时。

ACL损伤后膝关节移动幅度增加，次级约束组织（LCL和后外侧关节囊）也受到应力而变得松弛，可能出现“股四头肌抑制步态”[116]。“股四头肌抑制步态”是由Berchuck等人最早记录和描述的，是指在步行承重反应期间，患者努力减少股四头肌收缩而出现的膝关节屈曲幅度减小的现象。

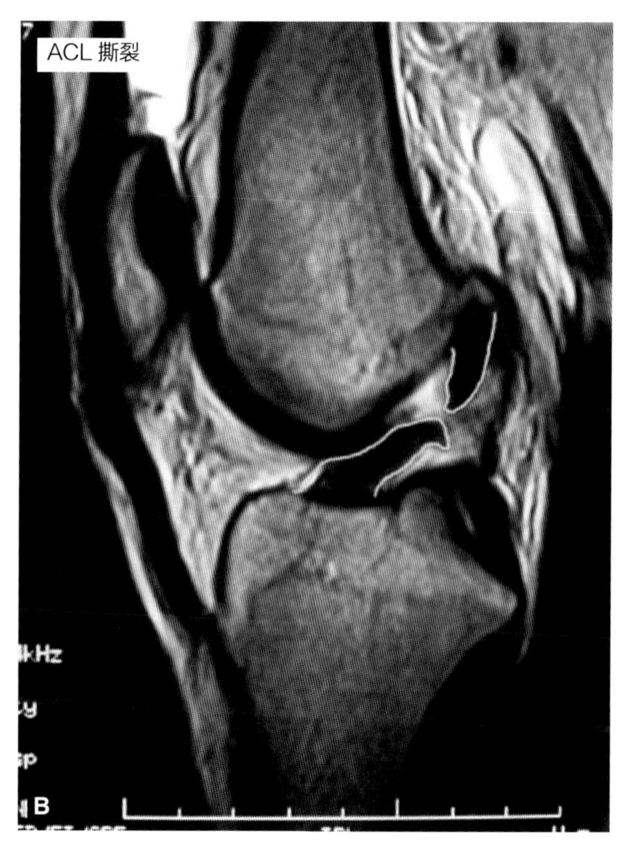

图21.12 矢状面观MRI显示前交叉韧带中间段完全撕裂（亮线）（引自McKinnis, LN: Fundamentals of Musculoskeletal Imaging, ed. 4. Philadelphia: F.A. Davis, 2014, p 396, Fig. 13.48 B.）

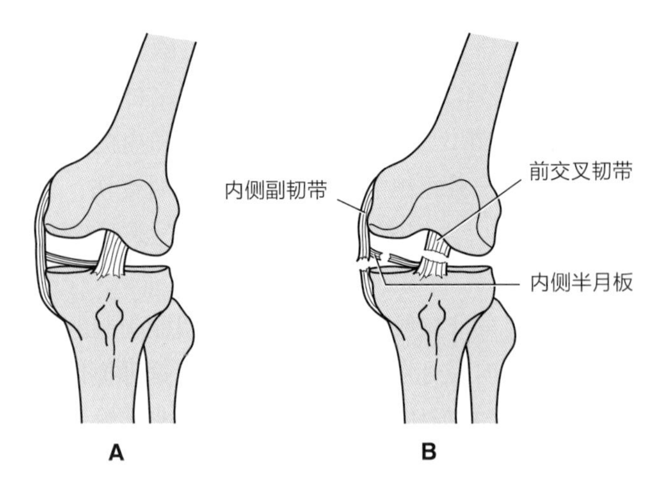

图 21.13 "恐怖三联征"：内侧半月板（medial meniscus, MM）、内侧副韧带（medial collateral ligament, MCL）和前交叉韧带（anterior cruciate ligament，ACL）同时损伤。A. 完整的韧带受到外翻应力牵伸。B. MCL、ACL 和 MM 都断裂（引自 McKinnis, LN: Fundamentals of Musculoskeletal Imaging, ed. 4. Philadelphia: F.A. Davis, 2014, p 395, Fig. 13.45 A and B.）

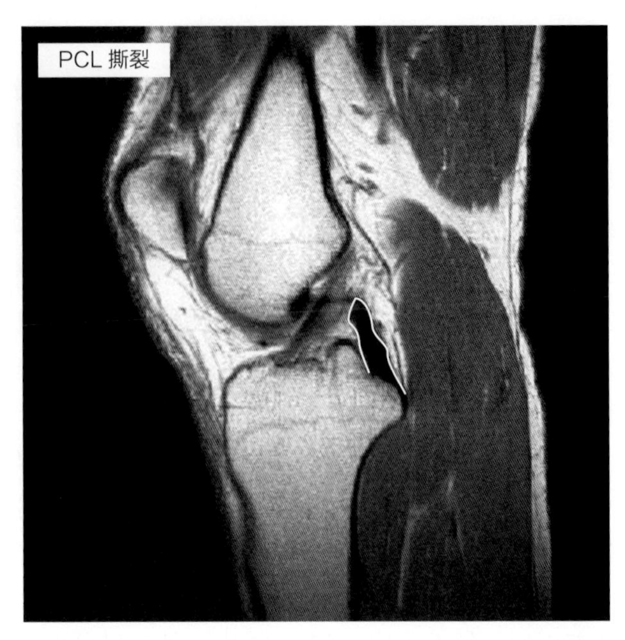

图 21.14 矢状面观 MRI 中断裂的后交叉韧带显示为条索状组织不连续（亮线）（引自 McKinnis, LN: Fundamentals of Musculoskeletal Imaging, ed. 4. Philadelphia: F.A. Davis, 2014, p 396, Fig. 13.47 B.）

后交叉韧带

PCL（图 21.14）损伤最常发生在屈膝时胫骨前端受到外伤应力时，如在汽车事故中屈曲的膝关节撞击到汽车仪表盘。Schulz[256] 研究了 587 例急慢性 PCL 损伤患者，结果有三种最常见的损伤机制，第一种是"仪表盘机制"／前侧损伤机制（38.5%）；第二种是踝足跖屈时屈膝摔倒（24.6%）；第三种是突然的暴力性膝过屈（11.9%）。

内侧副韧带

单纯的 MCL 损伤往往是膝外翻力矩在膝内侧关节力线处对内侧副韧带产生巨大的拉力所致。部分或不完全 MCL 撕裂程度在第 10 章（图 21.13）中的韧带损伤分类中分为Ⅰ级、Ⅱ级、Ⅲ级。

外侧副韧带

LCL 损伤不常发生，通常是创伤性膝内翻力矩对膝外侧韧带造成拉力而导致。这种机制经常包括其他韧带、关节囊和半月板损伤，从而导致膝关节后外侧不稳。

女性运动员的韧带损伤

自 1972 年以来，随着女性运动员数量的增加，伴随而来的是女性运动损伤的比例也在不断上升，这其中前交叉韧带撕裂占了很大比重。在非接触型的运动中，女性前交叉韧带撕裂的概率几乎是男性的 3 倍。基于此现象，美国骨科医师学会（American Academy of Orthopaedic Surgeons, AAOS）对导致非接触型前交叉韧带损伤发生的风险因子及预防策略达成共识并已发表[100]。随着临床研究的不断深入，性别差异对前交叉韧带损伤的影响将越来越明确[53]。下面将分别介绍已经取得共识的四种影响因子：生物力学、神经肌肉、解剖结构、激素水平[53,100]。

- **生物力学因子**：包含整个运动链（躯干、髋、膝、踝）对前交叉韧带损伤的影响，以及在减速或者改变运动方向时不协调的身体运动等。例如，髋内收的增加会引起膝关节进一步外翻，这也是女性前交叉韧带易受损伤的风险因子。同时女性运动员在完成剪切运动时由于屈髋屈膝角度减小，容易增加膝关节的损伤概率。
- **神经肌肉因子**：对生物力学因子有影响因为神经肌肉控制影响关节位置和运动。据报道，在遭受前交叉韧带损伤的女性患者中，膝关节外翻塌陷和髋关节伸肌使用减少较男性患者要更常见。这表明在做类似跳跃的动作时，屈髋屈膝着地，在减速过程中将增加胫骨的前向剪切力和前交叉韧带的张力[233]。不仅仅是女性髋、膝的力量较男性弱（正常情况下因为体重的不同而产生差异），男女之间股四头肌、腘绳肌和腓肠肌的肌肉激活时间和模式亦不相同。

- **解剖结构**：包括女性的股骨切迹的大小、前交叉韧带的大小和下肢的力线，女性的股骨切迹较男性大且切迹的角度较小，这些特点会影响前交叉韧带的大小。女性的前交叉韧带为了适应体重，没有男性的宽、厚，弹性模量较低（硬度较低），不能承受较大应力，这些特性导致女性膝关节较男性活动灵活。
- **激素水平不同**：男、女之间激素不同也许是女性前交叉韧带损伤率高的一个因素。前交叉韧带上有雌激素、黄体酮、睾丸素的激素感受器。性激素有时间依赖性，影响前交叉韧带组织特性，比如女性在月经周期的排卵前期韧带损伤的风险会增加[159]。

常见的损伤、活动受限和参与受限

- 创伤后数小时，关节不会出现肿胀。如果血管破裂，则会立即出现水肿。
- 若在肿胀还未出现的情况下进行测试，牵拉韧带时则会出现疼痛。
- 如果韧带完全断裂，在牵拉韧带时则会出现不稳。
- 组织液渗出时，活动受限，膝关节处于应力最小的位置（通常屈曲 25°），同时股四头肌受到抑制[279]。
- 在急性期，膝关节无法负重，患者需要在辅助器具的帮助下才可行走。
- 若韧带完全断裂，膝关节将会出现不稳，膝关节在负重的情况下可能会塌陷，从而阻止膝关节重返需要动态稳定性特定的工作、运动和娱乐活动中。

韧带损伤的保守治疗

膝关节急性扭伤、部分韧带撕裂和单根韧带的完全断裂，可以通过休息、保护和运动进行保守治疗。急性期愈合后，运动的重点应集中在关节活动度、平衡能力、正常的步态模式、以及提高肌力及耐力来增加功能性活动中关节的支撑能力及动态稳定性[59,76,121]。韧带撕裂造成关节不稳的程度将影响患者回归日常活动后膝关节能否达到活动的要求。

患者损伤前的运动水平和损伤后本人期望达到的水平都将影响保守治疗的效果。活动相对较少的人群通常在膝关节不稳的情况下能够完成一些功能并且通过保守治疗可以恢复到受伤前的水平。对于那些前交叉韧带损伤后想要重返赛场的高水平运动员来说，高强度的康复计划需包括平衡 / 干扰训练，这种训练对于刺激神经肌肉控制和提高膝关节动态稳定性是有效的[75,76]。相反，大面积的韧带损伤或伴随其他组织损伤（如半月板）以及经过一段时间保守治疗后膝关节动态稳定性仍未有改善的患者，手术重建是他们重返高强度工作、运动场、损伤前功能水平的一种被广泛推荐的治疗方法。

聚焦循证

在一些文献中常用描述性词语 potential coper 及 potential noncoper[64,76,121,190] 来识别和分类前交叉韧带损伤后早期非手术康复的好与差的个体。potential coper 用来描述膝关节有较高的动态稳定性以致可以代偿损伤所造成的影响；经过一系列的保守治疗后有潜力恢复到受伤前高强度的运动水平。相反，potential noncoper 被认为是通过保守治疗后，患者没有潜力恢复到受伤前的运动水平，这些个体普遍膝关节动态稳定性差，通常建议手术治疗。Moksnes 等人[190] 对这两种情况进行研究发现，在经过 1 年高强度的康复训练后，那些没有手术的 27 名患者中，有 19 名（占 70%）患者因为膝关节功能恢复较好而重新划分到第一类。而试验中划分到第一类的 25 名患者，有 15 名（占 60%）经过 1 年的康复后仍然属于第一类（true coper，是指前交叉韧带损伤患者经过 1 年的有效治疗，其功能可以恢复到受伤之前的水平）。

数据说明通过筛查来判断预后准确性仍存在一定的局限。同时也支持前交叉韧带损伤的患者，无论损伤后被建议保守治疗或是手术治疗，都应该认识到高强度康复训练的重要性。

如果同时伴有侧副韧带或冠状韧带损伤，因其部位比较表浅，可以通过对其进行横向按摩来促进纤维的愈合及保持韧带的活动性。内侧副韧带因其解剖结构比较特殊（韧带宽、平，有深浅两支，与胶原纤维平行排列，无论近端或远端都呈扇形），损伤后一般采用保守治疗（非手术）[306]。膝关节韧带损伤后的保守治疗描述见表 21.4，治疗进展依据出现的症状来判断[209]。

表 21.4　膝关节韧带损伤的非手术管理：每个康复阶段的干预措施 *

阶段和一般时间框架	最大保护阶段：1~3 周	中等保护阶段：3~6 周	最小保护阶段：5~8 周或者更长
患者主诉			
	■ 关节积液 ■ 针刺样疼痛 ■ 关节活动度减少	■ 最小程度的压痛 ■ 得到控制的关节积液 ■ 稳定程度增加 ■ 达到或接近全范围关节活动	■ 无不稳定的情况 ■ 无压痛、渗出 ■ 肌力达到 4/5~5/5 级 ■ 日常生活能力不受限制 ■ 肌肉功能达到健侧肢体的 70%
关键检查程序			
	■ 疼痛程度 ■ 关节积液 ■ 韧带稳定性 ■ 关节活动度 ■ 肌肉控制 ■ 功能状况 ■ 髌骨的移动情况	■ 疼痛程度 ■ 关节积液 ■ 韧带稳定性 ■ 关节活动度 ■ 肌肉控制和力量 ■ 功能状况	■ 韧带稳定性 ■ 肌肉控制 ■ 功能状况
目标			
	■ 保护愈合组织 ■ 预防肌肉反射抑制 ■ 减少关节积液 ■ 减轻关节疼痛 ■ 制订家庭训练计划	■ 全范围无痛的关节活动 ■ 恢复肌肉力量 ■ 没有辅具下的正常步态 ■ 正常的日常生活能力 ■ 持续家庭训练计划	■ 提高肌肉力量 ■ 提高肌肉爆发力 ■ 提高肌肉耐力 ■ 增加神经肌肉的控制 ■ 增加动态稳定性 ■ 重新达到最高需求水平功能 ■ 过渡到维持训练
干预			
	■ PRICE 原则（保护性支持、休息、冰敷、加压、肢体抬高） ■ 使用辅助器具的步行训练；在耐受的情况下进行负重 ■ 被动关节活动或者主动关节活动 ■ 髌股松动（Ⅰ级和Ⅱ级） ■ 股四头肌、腘绳肌和内收肌的等长训练（可通过电刺激提高） ■ 直腿抬高 ■ 需氧条件	■ 持续多角度等长收缩 ■ 使用 PRE ■ 闭链肌力训练 ■ 下肢柔韧性练习 ■ 耐力训练（如骑自行车、游泳、滑雪器训练） ■ 平衡训练 ■ 稳定性练习 ■ 在这一阶段末可开始步行或慢跑 ■ 在这一阶段末可开始专项技能的训练	■ 持续下肢柔韧性练习 ■ 增加 PRE 的强度 ■ 增加闭链运动强度 ■ 增加平衡能力训练强度 ■ 增加耐力训练强度 ■ 若有条件可进行等速训练 ■ 制订跑步计划：全速慢跑，全速冲刺跑，8 字跑 ■ 执行特定运动的训练和作业活动 ■ 在恢复运动和工作前确定是否需要保护性支持带

* 这个表格适用于Ⅱ级韧带损伤，对于Ⅰ级韧带损伤可能需要加快治疗进程，对于Ⅲ级韧带损伤则需要减缓治疗进程。

改编自 Wilk,KE,and Clancy, WG：medial collateral ligament injuries:Diagnosis,treatment, and rehabilitation in knee ligament injuries In Engle,RP（ed）:Knee Ligament Rehabilitation.New York :Churchill Livingstone,1991。

非手术管理：最大保护期

遵循本章前面描述的急性关节损伤原则。

- 如若可能，在肿胀之前进行检查。
- 采用冰敷、加压、休息、抬高。
- 教会患者在可耐受的负重下使用手杖及承受部分负重的方法。
- 教会患者安全的转移动作，避免以患侧为轴心进行旋转。
- 开始做股四头肌等长收缩运动，膝关节可能无法在完全伸直位做等长收缩，那就在舒适的活动范围内进行训练。随着肿胀的改善，可在耐受情况下增加关节活动范围。

非手术管理：中度保护期以恢复运动（可控制的运动）

随着肿胀的减轻，检查患者的损伤程度和功能缺失情况。开始关节活动和锻炼来改善肌肉表现和功能，以及心肺功能[64,159]。

提高关节活动性和保护

关节活动性。使用靠墙滑动（图21.19）、髌股松动，及固定式自行车；鼓励患者尽可能多地活动。除非制动时间变长，否则应尽量牵伸以减少挛缩。

保护性支持带。保护性支持带在进行负重活动时是必须的，不仅可以减少对恢复中韧带的应力也可以在韧带的完整性受到破坏时提高其稳定性。支持带分为以下两种：①限制活动范围的术后支持带，用于保护修复组织，在康复后期停止使用；②功能性支持带，常用于康复治疗的后期及功能性运动中。患者需要调整活动模式直到获得良好的稳定性。

改善肌肉功能能力

力量和耐力。开始时进行股四头肌和腘绳肌的等长训练，然后逐渐过渡到动态肌力及耐力训练。股四头肌的力量对于膝关节的稳定性来说至关重要[159]。

- 同时使用抗阻的开链和闭链运动。
  - 前交叉韧带损伤的患者在增加股四头肌力量方面，抗阻开链运动比单腿下蹲的闭链运动更加有效[288]。
  - 进阶的闭链运动可以通过半蹲、上台阶、腿部推举、提踵来完成。
- 如果伸肌力量薄弱可以通过使用高强度的电刺激来提高股四头肌的收缩能力[275]。

聚焦循证

Eitzen 等人[64]对100名前交叉韧带损伤（3个月内）的患者在考虑是否需要进行重建术之前进行了5周的渐进性训练。干预前后的测试包括股四头肌、腘绳肌的等速力量测试，四次单腿跳跃，两份自我评估问卷以及关于膝关节功能的认定评估。研究对象包括 protential coper 及 protential noncoper，不合并其他损伤。这个项目使用渐进性的肌力训练（高强度、大负荷抗阻的开链和闭链运动），超等长训练和稳定性训练，及干扰训练。计算每个变量的标准反应均数，且其临床相关性表明，在两组人群中均有升高。只有5名受试者出现了不良反应（肿胀、疼痛、膝关节无力）。

神经肌肉控制　当肌肉疲劳时会出现神经肌肉控制的减弱[118]。在负重姿势下，通过稳定、加速、减速、平衡等训练强化神经肌肉的再教育（本体感觉训练）[159]。从低强度单平面移动开始，到高强度多平面的移动。这些训练已在第8章中介绍，并且在本章的最后部分进行总结。

聚焦循证

在一项随机对照的试验中，26名急性前交叉韧带损伤或前交叉韧带断裂的运动员进行标准康复治疗或标准康复治疗加上干扰训练[75]。试验组中（n=12）只有1人没有完成康复治疗，因其完成治疗项目前，在踢足球时膝关节发生了松动。对照组中（无干扰训练，n=14），有一半的人没有达到预期的效果，并且评估后被认为在未来6个月中存在再次损伤的风险。作者认为虽然两组都能回归到较高水平的运动活动中，但是试验组从长期效果来看显示出更大的优越性。

提高心肺功能训练

使用与患者目标一致的项目，如骑自行车（从固定式自行车开始）、慢跑（从跑步机上步行开始）、滑雪或使用滑雪机，或者游泳。

渐进性功能训练

开展特定活动训练以满足患者目标[294]。对于功能性训练的建议将在本章的练习部分和第 23 章中进行描述。

韧带损伤：手术及术后管理

背景

膝关节韧带是胫股关节进行附属运动和旋转运动时重要的静态稳定结构（图 21.2）。胫股关节主要的附属运动包括胫骨前 / 后移以及内 / 外平移，同时生理性旋转运动包括膝关节内外翻，以及长轴旋转。强有力的韧带支持是非常必要的，因为胫骨的凹关节面比较浅，如果没有韧带的限制作用，当膝关节运动时会产生比较明显的平移运动。急性创伤性韧带断裂或慢性韧带松弛会导致膝关节产生过多的附属运动和（或）旋转运动，从而影响功能性活动以及加速关节退化。虽然膝关节 4 条主要韧带（前交叉韧带、后交叉韧带、内侧副韧带和外侧副韧带）的损伤在文献中被广泛讨论，但前交叉韧带是最容易损伤的，也是最常进行手术修复的韧带[19,208]。

韧带手术的一般考虑因素以及适应证。影响是否进行膝关节韧带重建手术的因素包括患者韧带损伤的部位和损伤的程度、关节不稳程度、同时伴随的其他损伤，如半月板或关节软骨损伤，以及患者能够恢复到所期望功能水平的潜力[1,2,72,138,186,271]。再次损伤的风险以及针对继发性损伤的预防也应作为考虑因素，因为如果处理不当，急性韧带损伤会导致慢性关节不稳[19]。而作为结果，慢性关节不稳将会导致关节软骨退化以及骨性关节炎的过早发生[160]。

如果患者经过保守康复治疗后，无法达到预定的功能目标或者过早地发生关节退化，那么这种情况即为韧带损伤患者进行手术治疗的适应证。许多学者[19,33,82,186,267,271]建议，对于从事休闲活动的患者，单一的前交叉韧带和外侧副韧带损伤在急性期经过短暂的对症处理后可进行手术治疗。当患者开始出现功能受限或者继发性损伤时，主张采用手术治疗处理慢性韧带损伤。然而，没有证据显示前交叉韧带重建手术能够预防过早的出现关节退化或降低其发生率[160]。

韧带手术类型。韧带手术可分为关节内、关节外或合并两者的手术，并且可采用开放式、关节镜辅助式或全关节镜入路来完成[33,150,186]。起初，关节内手术通过开放入路进行，直接对韧带进行修复。修复的方法为重新连接并缝合断裂的韧带。采用开放入路的手术方式会伴随着大量的软组织损伤，并且韧带的愈合能力较差[150]，因此，术后需要长时间（通常为 6 周）的制动以及限制性的负重。由于长时间制动会产生挛缩、髌股关节功能障碍、肌力减退以及复发高风险，导致术后恢复效果不理想。因此，伴随着韧带重建手术的发展，直接开放入路修复的手术方式逐渐被淘汰。

关节内重建损伤韧带的手术主要是针对前交叉韧带和后交叉韧带。一般来说，重建包括使用组织移植来复制受损的韧带的功能，并发挥对膝关节的限制作用[20,33,150,165,186,205,271]。早期重建过程是通过开放入路的方式完成。虽然开放入路的重建手术能恢复膝关节稳定性，但仍需长时间制动。目前关节内韧带重建手术是通过关节镜辅助或全关节镜来完成的，这样造成的损伤远远少于前述的手术方式，并且能加快术后康复进程。

注意：关节内前交叉韧带及后交叉韧带重建手术将稍后进行阐述。

关节外重建手术利用动态肌腱或限制性的静态软组织置换受损韧带来为膝关节提供外部稳定性。现在关节外重建手术很少作为首选的手术方式，因为相对于关节内重建手术，该手术不能有效地恢复膝关节正常的运动学。对于较困难的案例，采用关节外重建手术增强关节内重建几乎没有额外的好处[150]。

移植物：选择移植物需要考虑的因素包括类型、愈合特性以及固定程度。关节内重建手术利用的组织通常为自体移植物（患者自己的组织），但偶尔也有异体移植物（捐赠者的组织）或人工合成的移植物（图 21.15）[140,182,205,267]。异体移植物或人工合成的移植物只有在没有合适的自体移植物时才使用，例如，患者自己的组织不适合用来移植时 [150,205]。关节内重建手术首选自体移植物，因为相比自体移植物，异体移植物以及人工合成的移植物在可塑性和适应性方面比较差 [182]（关于组织移植物的更多内容，参考第 12 章以及专栏 12.9）。

虽然存在着多种组织可被移植并使用在韧带重建手术中，但成功并且持续使用自体骨—髌腱—骨移植作为替代韧带的历史最长，几十年来一直是前交叉韧带重建手术的金标准 [33,71,150,152,194]，并且仍然是最常用的移植物 [20,72,81,140,152,165,186]。半腱肌—股薄肌肌腱移植物也被广泛使用在前交叉韧带重建手术中 [71,150,152,191,263,287]。研究显示，这两种移植物的强度和刚度均优于原本的前交叉韧带 [263]。

对于移植组织的愈合特性、放置、固定、强度和刚度，以及对负重的反应都应进行深入了解。因为前交叉韧带损伤的高发生率和继发重建手术的需求，因此众多研究都集中在前交叉韧带重建手术的移植物的选择上 [20,31,81,138,152,271]。

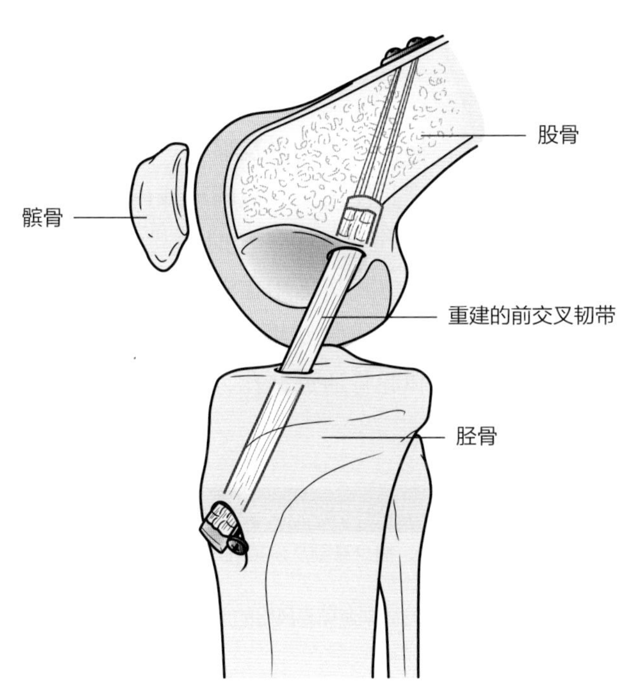

图 21.15　膝关节侧面观，显示前交叉韧带重建术中移植物的放置

临床提示

移植物的类型以及固定特性均会影响康复进程和术后疗效，因此，了解移植物在愈合过程中经历的一系列变化很重要。起初，在移植物失去强度期间会出现一段时间的缺血坏死期，接下来是血管再生期，然后重塑期，最后成熟期，通常整个过程持续至少 1 年。术后 6~8 周，不能承受过多的负荷，因为移植物的强度是通过固定获得并不是移植物本身 [20,31,138,140]。

随着移植物的选择、准备、放置、固定技术的提高，以及伴随着的关节镜技术的发展，前交叉韧带重建手术后没有必要进行长时间制动以及保护性负重 [20,31,271]。但是，在早期康复阶段应谨慎地在愈合的移植物上增加限制性负重，并且循序渐进地增加负荷是非常必要的。

康复时应考虑的问题。韧带重建手术以及术后期望达到的效果：①恢复关节的稳定性和活动性；②负重时稳定且无痛；③术后恢复足够的肌力和耐力，以满足功能的需要；④恢复到受伤前的活动能力。

要达到良好的术后效果，应尽可能从术前康复开始，包括控制水肿、通过运动延缓肌肉萎缩、维持关节活动范围，保护性步行以及对患者的康复宣教 [59,190,225,265]。术前康复在一般情况下是可以实施的，因为韧带重建手术通常在急性症状消除后才能进行。术前康复时所进行的运动训练与本章前面所讨论的韧带损伤非手术治疗后早期的处理方式相同。根据受伤的部位以及严重程度，术前康复治疗计划应该在术前的几个星期或几个月实施 [190]。无论术前康复治疗时间有多长，都不应导致肿胀或疼痛加重。

文献中关于术前康复的进展和时间没有统一标准，并且没有哪一种治疗计划是最合适的。在整个康复过程中，治疗师应与外科医生进行开放式沟通，讨论注意事项或关注每位患者的特异性以及手术过程。

无论是韧带损伤还是特殊的手术，康复应以恢复患者的功能性活动，同时保护愈合的移植物、预防术后并发症以及防止再次损伤为目标。早期进行控制性运动以及负重可降低术后并发症的发生率，比如挛缩、髌股关节疼痛、肌肉萎缩[225,250,265,308]，以及在确保重建韧带完好的情况下，让患者尽快地恢复活动能力[198,250]。

韧带重建手术后，为了让患者的功能逐渐提高，现代的康复流程应遵循以特定的标准和可测量的目标或功能性测试为基础而不是以时间经验累积为基础的临床指南[112,155,157,198,209,308]。例如，只有当患者膝关节能完全主动伸展或者在单腿平衡测试中能达到特定的基准才能提高训练和活动的难度。提倡以客观评估指标为依据的进阶训练，可确保患者能安全地恢复到高水平的娱乐活动水平以及防止再次损伤[198,308]。

聚焦循证

已发表的临床实践指南总结出可用的证据并且提供建议，为韧带损伤以及术后康复期间做出正确决定提供证据支持[159]。有一篇临床实践指南报道前交叉韧带重建手术后应立即穿戴支具，开始关节活动训练以及进行神经肌肉电刺激，膝关节不稳的患者应进行门诊康复和家庭训练，该观点为中等证据。同时该临床实践指南报道，膝关节不稳和协调功能障碍的患者应进行非负重训练和负重训练，该观点为强证据[159]。

另外一篇临床实践指南报道前交叉韧带重建手术后进行早期康复，加速康复和非加速康复，三者具有同样的康复效果，该观点为中等证据[3]。

前交叉韧带重建术

由于断裂的前交叉韧带愈合能力较差，因此大多数情况下推荐通过手术进行重建来恢复膝关节的稳定性，特别是对于年轻活跃的患者[19,138]。虽然进行前交叉韧带重建手术后，膝关节再次损伤的风险比非手术治疗还要低，特别是对于年龄小于25岁的患者[63]，但对于那些存在急性症状、原发性前交叉韧带损伤的患者应在选择手术重建或非手术治疗之前参加保守治疗的宣教[64,190]。

手术适应证

虽然对于患者的选择没有严格的标准，但是前交叉韧带重建手术的大多数适应证包括以下几个方面。

- 急性期的前交叉韧带完全断裂或部分断裂，慢性前交叉韧带松弛导致膝关节不稳。
- 日常生活活动中经常出现膝关节打软的现象，即使是经过非手术处理后仍出现明显的膝关节动态不稳。
- 轴移试验阳性，表明膝关节旋转不稳，可能伴随着其他结构的损伤，比如内侧副韧带。
- 前交叉韧带损伤伴内侧副韧带损伤时，内侧副韧带的愈合出现延迟。
- 因为需要参加高强度的工作、体育活动或休闲活动，韧带再次损伤的风险很高。

注意：与健侧膝关节相比，通过关节测试仪测量患侧胫骨在股骨上产生过多的向前平移不能作为前交叉韧带重建手术的可靠指征，因为稳定性测试与患者的膝关节不稳症状之间的强相关性还没有得到证实[19]。

禁忌证：前交叉韧带重建术的相对禁忌证，并非绝对禁忌证，见专栏21.7[19,33,165,191]。

流程

手术概览

手术方式，移植物选择以及移植。目前重建手术标准的操作流程是使用关节镜辅助或内镜技术，以减少对软组织损伤并缩短恢复时间[19,20,71,150]。关节镜辅助下的手术方式只运用在涉及关节内结构的手术，如半月板切除或修复此手术，扩大股骨内髁间切迹或在股骨和胫骨通道钻孔，均在关节镜下进行[150]。

专栏21.7 前交叉韧带重建术的相对禁忌证

- 相对不活跃的患者，很少甚至从没接触过对膝关节需求较高的工作和娱乐活动。
- 无法通过改变生活方式来避免高风险的活动。
- 无法应对膝关节不稳。
- 膝关节炎的风险增加。
- 对于术后的各种约束，患者的配合度较差，以及无法坚持康复训练。

目前，大部分的前交叉韧带重建手术通常是在关节镜辅助或内镜下采用自体移植物进行。如果选择骨—髌腱—骨为移植物，则从患侧膝关节或偶尔从对侧膝关节[267]的髌腱上的一个微小的纵向切口获取移植物[20,33,72,165,186]。移植物是由髌腱中间1/3部分以及附着在髌腱两端的骨片组成，而骨片来源于髌骨和胫骨结节。这些骨片对于移植物的固定有类似插头的作用。当选择半腱肌—股薄肌肌腱（腘绳肌肌腱）为自体移植物时，则从位于胫骨上的半腱肌以及股薄肌肌腱止点的切口获取移植物[71,191,263,268,271,280,287]。采用腘绳肌肌腱以及附着的骨片为移植物能更快地促进韧带愈合，因此该方法也越来越普遍[169]。

虽然系统综述表明，骨–髌腱–骨移植物与腘绳肌肌腱移植物相比[159]，在术后效果上并无明显差异，但各种类型的移植物依然存在其优缺点以及潜在的并发症。例如，髌腱移植物从机械性的固定变成生物性的固定，涉及骨与骨的愈合，对于腘绳肌肌腱移植物的固定，涉及肌腱与骨的愈合（前者需6~8周，后者需12周），一般认为利用髌腱移植物进行重建手术会恢复的更快[271]。专栏21.8和专栏21.9总结了其他文献报道的关于两种移植物的优点与缺点[1,71,150,152,169,250,263,268,280,287]。近年来，有报道显示前交叉韧带重建手术使用骨—腘绳肌肌腱—骨为自体移植物，也能产生与骨—髌腱—骨移植物相同的骨与骨愈合的优势[169]。

移植物的放置和固定。取骨准备植入后，需要关节镜再次进入，对胫骨和股骨通道进行钻孔[20,82,150,165]。移植物的放置（图21.15）是通过胫骨和股骨通道将移植物传送到正确位置来完成。准确地放置移植物，是恢复关节的稳定性和活动性的关键。不正确的放置会导致术后出现关节活动障碍[1]。移植物放置靠后，可能会导致膝关节无法完全屈曲，如果放置靠前，可能会限制膝关节伸展[31]。

注意：可能是因为股骨切迹空间不足或者切迹部位存在瘢痕组织[1]导致移植物产生撞击，从而引起膝关节伸展受限。重建手术通常会进行股骨切迹切除术（扩大髁间切迹的空间）来确保膝关节在伸展过程中移植物有足够的空间进行运动。

专栏21.8 骨–髌腱–骨自体移植物的优点和缺点/并发症

优点
- 与前交叉韧带相比，有更高的张力、强度和刚度。
- 利用挤压螺钉进行骨与骨的固定，安全可靠。
- 在骨与骨的接触处可快速进行血管再生/生物性固定（6周），加速康复。
- 能恢复到受伤前的状态，安全地进行高强度活动。

缺点/并发症
- 移植处产生膝前痛。
- 跪下时产生疼痛。
- 伸肌机制/髌股关节功能障碍。
- 长期的股四头肌无力。
- 移植时髌骨骨折（极少，但存在明显的不良影响）。
- 髌腱断裂（极少）。

专栏21.9 半腱肌—股薄肌肌腱自体移植物的优点和缺点/并发症

优点
- 与前交叉韧带相比，4束移植物具有更高的张力，强度与刚度。
- 对于骨骼尚未成熟的患者，不会影响到骨骺板。
- 有证据显示在移植处腘绳肌肌腱会再生。
- 丧失的膝关节屈肌力量，术后2年可恢复。

缺点/并发症
- 相比较骨与骨固定，肌腱与骨固定方式（尤其是固定在胫骨）并不牢固。
- 在肌腱与骨接触处需要更长的愈合时间（12周）。
- 早期康复时可能会出现腘绳肌拉伤。
- 短期和长期的膝关节屈肌无力（不伴随功能受限）。
- 可能会增加膝关节前移（不伴随功能受限）。

移植物的固定对于成功进行前交叉韧带重建手术是至关重要的。进行骨—髌腱—骨移植时，通过螺钉（金属或可吸收型的生物材质的挤压螺钉）将骨片安全地固定在准备好的通道上（骨与骨的固定）[31,33,82,152,165,271]。

许多类型的软组织固定装置用于固定腘绳肌肌腱移植物，包括内扣、垫圈和钉，同时也会使用挤压螺钉[31,71,138,191,263]。虽然固定水平在提高，但肌腱—骨的紧密结合仍然是一个挑战，特别是在胫骨端。

当前所使用固定装置的优点是可早期负重，但需控制在移植物上产生的张力，因此通过合理的放置以及合适的固定装置，移植物自身的安全性会得到保证[20,31,71]。这样在早期即可进行负重以及膝关节活动训练，两者均是加速康复内容的基本要素[21,90,112,157,198,250,263,308]。

在移植物固定后，伤口缝合前，应进行膝关节全范围活动来检查移植物的完整性，以及运动时移植物的张力。放置与固定移植物时合适的移植物张力对于术后关节活动以及稳定性恢复有着直接影响。张力过低会导致膝关节过度松弛和潜在的不稳，张力过高则会限制膝关节的活动[20]。在伤口缝合后，应立即在膝关节手术处打上小型压力绷带，将膝关节制动。

并发症

前交叉韧带重建手术存在许多会影响术后康复效果的术中和术后并发症（专栏 21.8 和专栏 21.9）。在重建手术过程中，即使发生一些微小的技术差错也会对膝关节产生不良影响。正如前面内容阐述，不合适的放置以及骨通道，移植物获取过程存在问题，如移植物长度不足以及张力不当等，均会影响关节的活动性与稳定性[1,261]。相对于髌腱移植，移植物长度不足经常发生在腘绳肌肌腱移植中。如果移植物固定不牢，就会产生滑动并且容易导致手术失败[261,263]。在骨—髌腱—骨移植中，骨片在移植或固定时，如果发生骨折，应改为自体移植或异体移植[261]。

潜在的术后并发症包括膝关节疼痛，活动受限，持续性肌力减退以及关节稳定性下降[1,191,261]。髌腱移植处或髌股关节通常会出现疼痛，并且会影响日常生活活动。隐神经髌下支神经瘤会导致在跪姿时产生明显的膝关节疼痛。

无法完全伸展膝关节以及股四头肌无力被认为是前交叉韧带重建手术后最常见的并发症，特别是在术前膝关节就无法完全伸展的情况下[170]。髌骨肌腱移植之后可能会产生永久的伸肌机制损伤，导致股四头肌无力，甚至极少数案例中出现髌骨肌腱断裂。关节活动受限可发生在术前或术后，可能的原因是髁间切迹处存在瘢痕组织，因此必须在关节镜辅助下进行切除。髌骨活动度丧失也可能导致膝关节活动受限。

聚焦循证

McHugh 等学者[172]对 102 名患者（年龄 31±1 岁）在前交叉韧带重建术后 2 周和 6 个月进行了研究，发现术后膝关节无法完全伸展以及股四头肌无力与术前一些因素相关联。如果患者在术前膝关节无法完全伸展，那么术后很大可能会出现膝关节活动受限。然而，术前股四头肌肌力下降并不能预测术后 6 个月可能出现的股四头肌无力。

最后，即使不存在与手术技术相关的危险因素，但仍有移植失败的可能或者需要再进行重建手术的需要。移植失败通常发生在术后的前几个月[83]，造成移植失败最常见的原因是术后康复的配合度差，尤其是在移植物尚未愈合时即进行高风险、高强度活动[1,83,261]。

术后管理

随着手术技术的进步，对于移植物的愈合过程以及应力对移植物愈合的影响有了更深的了解，术后早期活动和负重，常被称作“加速康复”，已经成为活跃的，尤其是年轻患者，利用自体移植物进行前交叉韧带重建手术后进行康复训练的标准[21,36,90,112,157,198,222,225,265,266,308]。

加速康复是建立在准确放置和有合适张力的移植物的基础之上的，合适的张力体现在不仅仅拥有足够强度去承受早期活动和负重训练产生的张力，同时移植物在愈合过程中能对张力做出适应性反应[20,36,250,265,266,308]。

表 21.5 列出了前交叉韧带重建手术后的加速康复计划。表 21.5 中阐述的目标和治疗顺序，以及描述的康复分期遵循通用的指南，都曾经公开发表过[21,36,90,112,159,181,198,222,225,243,245,250,265,288,308]。

注意：虽然加速这个词在文献中被频繁用来描述前交叉韧带重建术后的康复的特性，但是关于术后活动、负重以及其他治疗的内容，进展或持续时间并没有统一的标准，了解这一点很重要。

制动和支具

前交叉韧带重建手术后，患者在康复训练早期阶段短期制动和穿戴支具的作用是防止移植物承受过度的张力以及防止膝关节伸展活动丧失[20,244,314]。然而，随着移植物固定技术的进步，不再推荐患者制动和穿戴保护性支具[20,21,222,265,308]。

对于术后制动和支具的选择取决于多种因素。

表 21.5　前交叉韧带重建术：术后康复治疗

分期以及总体时间框架	最大保护阶段：术后第 1 天 ~4 周	中等保护阶段：术后 4~10 周	最小保护阶段：术后 10~24 周
患者的临床表现			
	■ 术后疼痛、血肿 ■ 关节活动范围减少 ■ 股四头肌自主收缩减少 ■ 使用手杖步行 ■ 佩戴保护性支具（如果需要）	■ 疼痛得到控制 ■ 关节肿胀得到控制 ■ 接近或达到全关节活动范围 ■ 肌力恢复至 3+ 级或 4 级 ■ 关节的肌肉控制 ■ 独立步行	■ 无关节不稳 ■ 无疼痛或肿胀 ■ 膝关节全范围活动 ■ 肌肉的功能：达到健侧肢体的 75% ■ 步态对称 ■ 日常生活自理 ■ 可能需要佩戴功能性支具或保护套
关键检查程序			
	■ 疼痛评估量表 ■ 关节肿胀—周径 ■ 韧带稳定性—关节测试仪（术后 7~14 天） ■ 关节活动范围 ■ 髌骨活动范围 ■ 肌肉控制 ■ 功能性活动状态	■ 疼痛评估量表 ■ 关节肿胀—周径 ■ 韧带稳定性—关节测试仪 ■ 关节活动范围 ■ 髌骨活动范围 ■ 肌力测试 ■ 功能测试	■ 韧带稳定性—关节测试仪 ■ 肌力测试 ■ 功能性活动测试 ■ 所有临床检查
目标			
	■ 保护愈合组织 ■ 预防肌肉出现反射性抑制 ■ 减轻关节肿胀 ■ 关节活动范围：0°~110° ■ 活动时可进行主动控制 ■ 75% 负重到可耐受的完全负重	■ 达到无痛并且全关节活动范围 ■ 肌力恢复至 4 级（徒手肌力测试） ■ 恢复关节的动态控制 ■ 提高膝关节的本体感觉 ■ 恢复正常的步态和日常生活功能 ■ 可进行家庭康复训练	■ 增强肌力、耐力以及爆发力 ■ 提高神经肌肉控制功能，动态稳定以及平衡 ■ 重新恢复心肺功能水平 ■ 转变为维持性训练 ■ 能够达到最高需求的功能水平 ■ 降低复发的风险
干预措施			
	术后 0~2 周 ■ PRICE 原则：（保护性支具，休息、冰敷、加压包扎、抬高患肢） ■ 步态训练：借助手杖，部分负重到可耐受的全负重 ■ 被动活动 / 主动辅助活动训练（佩戴限制关节活动的支具，如果需要） ■ 髌股松动（Ⅰ级 / Ⅱ级） ■ 在不同角度进行股四头肌、腘绳肌、内收肌的等长肌力训练（可配合电刺激进行） ■ 辅助下直腿抬高训练—仰卧位 ■ 踝泵训练 术后 2~4 周 ■ 继续之前的康复训练 ■ 逐渐过渡到完全负重；开始闭链下蹲运动；足趾 / 足跟抬高 ■ 在四个面上进行直腿抬高训练 ■ 低负荷的渐进性肌力训练：腘绳肌 ■ 开链下膝关节伸展训练（活动范围 40°~90°） ■ 有氧训练：功率自行车	术后 5~6 周 ■ 多角度等长肌力训练 ■ 闭链下肌力训练以及渐进性抗阻训练 ■ 下肢牵伸训练 ■ 耐力训练（自行车、游泳、椭圆机） ■ 单腿站立下本体感觉训练：平衡板，BOSU 球 ■ 稳定性训练，弹力带，束带行走 术后 7~10 周 ■ 进阶的肌力训练（包括本体感觉神经肌肉易化技术），耐力、柔韧性训练 ■ 本体感觉训练：快速踏步、挑战不稳定平面、平衡木 ■ 阶段末开始走路 / 跑步	术后 11~24 周 ■ 继续下肢牵伸运动 ■ 进阶的渐进性抗阻肌力训练 / 开始等速训练（如果有条件） ■ 进阶的闭链运动 ■ 增强式训练：跳跃 ■ 增强式训练（蹦床、跳绳、跳箱：单脚 / 双脚） ■ 进阶的本体感觉和平衡训练 ■ 逐渐开始灵活性训练（8 字运动，与技能相关的训练模式） ■ 同时进行职业训练或特定运动训练 ■ 转变为全速跑、短跑、长跑以及折返跑

包括外科医生采取的手术方式，使用的移植物类型，术中观测固定的质量，既往疾病和伴随的其他相关手术，以及对患者术后康复的预期依从程度的评估[112,225]。

术后支具的种类。前交叉韧带重建手术后膝关节支具可分为两大类：康复性支具以及功能性支具[20,244,314]。康复性支具通过具有锁定机制的铰链式矫形器将膝关节限制在合适的活动范围。通常在术后前6周内穿戴康复性支具。相反，功能性支具则在患者进行高强度活动时穿戴，以降低再次损伤的风险。

支具的使用以及膝关节活动训练的开始和进展。如果术后需穿戴康复性支具，则应将膝关节固定在完全伸展位。经过短时间的固定后，应立即松开支具在关节活动允许的范围内进行运动。术后前6周应全天（白天）穿戴康复性支具，术后前几周睡觉期间有时需要穿戴支具以保护移植物[225]。患者借助手杖步行时应将膝关节锁定在完全伸展位，防止在跌倒时损伤移植物[112,157,225,265,308]。康复性支具能设置锁定的角度，因此进行关节活动训练时，可逐渐增加膝关节屈曲的角度，以满足运动训练和功能性活动的需要。

临床提示

临床指南关于膝关节伸展位制动的时间以及关节活动训练的开始和进展的观点略有不同[7,20,21,112,191,198,222,225,265,308]。有文献报道，术后立即或尽早进行膝关节活动（原发性，独立的前交叉韧带重建手术后前几周内）能够缓解疼痛，减少膝关节周围关节软骨和软组织的并发症以及改善关节活动[20,36,159]。

术后4~6周膝关节应能完全主动伸展，屈曲角度达90°~110°。术后6周左右，在患者膝关节能完全伸展时可停止使用支具。在某些案例中保护性支具需穿戴更长时间，这取决于膝关节的稳定性。如果前交叉韧带重建手术同时合并其他手术，如侧副韧带、半月板或关节软骨修复，则进展的时间轴会比较慢[222]。某些患者在康复的进展期，或已经完成康复训练后要进行高强度运动或粗重体力活时，我们建议患者应穿戴功能性支具。然而，前交叉韧带重建手术后穿戴功能性支具的效果不确定，因为在文献中存在着争议的观点[159]。

尽管在前交叉韧带重建手术后广泛使用保护性支具，但是在早期康复阶段和重返高风险活动时，对于支具的效果，文献提供了批判性的分析。

聚焦循证

许多文献表达共同的观点：前交叉韧带重建手术后早期康复和重返日常活动时穿戴保护性支具能达到较好的效果，主要表现在减轻疼痛，减少关节肿胀以及伤口渗液，改善伸膝和保护移植物免受过度的张力以及防止再次损伤。但是，Wright和Fetzer[314]对12项Ⅰ级证据等级的随机对照试验的系统综述表明，没有充分的证据支持穿戴支具的效果。除了一项研究外，所有的研究均评价了早期康复时穿戴支具的效果。这篇综述比较了早期康复阶段穿戴支具组和非穿戴支具组的效果，术后疼痛、膝关节前后稳定性、关节活动范围以及功能性测试方面并不存在显著差异。同时无法得出在进行高需求的活动期间穿戴功能性支具能有效地防止再次损伤的结论，因为在文献中通过效果评价后发生再次损伤的风险较低。该综述最后得出的结论是，现有的证据无法支持在前交叉韧带重建手术后应日常佩戴保护性支具的观点。

负重的考虑

随着移植物固定水平的提高，通过骨-髌腱-骨或腘绳肌肌腱自体移植物进行前交叉韧带重建手术后早期即可负重。关于术后立即进行保护性负重的推荐时间范围从术后前2周内一定程度的限制性负重到术后立即使用双拐进行可耐受的负重[21,71,157,198,222,250,265,294,308]。根据患者的症状，接下来2~3周负重量可逐步增加。当伴随膝关节其他结构损伤和（或）修复时，则需要更长时间的保护性负重[308]。

通常在术后4周，如果负重下无疼痛，并且患者能完全主动伸展膝关节以及股四头肌有足够力量控制膝关节时，就可以在穿戴或不穿戴无卡锁保护性支具的情况下，进行完全负重和无手杖辅助行走[21,112,191,198,225]。

负重的建议似乎并不基于所使用的移植物的类型、固定方式或是否穿戴保护性支具，而是根据经验决定的。从少数随机性研究中发现，术后前几周，无论是立即负重还是延迟负重，均产生相同的康复效果[20]。

聚焦循证

Tyler 和同事[295]以 49 名使用骨—髌腱—骨为移植物的前交叉韧带重建手术的患者为研究对象，对术后前 2 周立即进行负重训练和延迟负重训练的效果进行了比较。术后立即进行负重训练组要求进行可耐受的负重，并且只要患者不出现不适症状，就应尽早脱离手杖。而延迟负重训练组要求在术后前 2 周步行时，术侧下肢不要穿鞋子并且保持不负重状态。2 周后，可逐步增加负重量，并无其他限制。两组患者均未穿戴保护性支具。除了负重状态不同外，两组患者的康复治疗内容均相同。

术后平均 7.3 个月，膝关节活动度、稳定性、股内斜肌的激活程度或整体功能，在两组间均无明显差异。然而，术后立即进行负重训练组的患者发生膝前痛的概率较延迟负重训练组低（分别为 8% 和 35%）。研究者的结论认为术后立即进行负重训练并不影响膝关节的稳定性或功能，并且能降低术后膝前痛的发生率。

运动进阶

谨慎选择运动和功能性活动并且逐步进展，以及对患者的康复宣教是前交叉韧带损伤和重建手术后康复的基本原则。

术前运动。通常在急性期症状消退后才进行手术，因此有充足的时间进行术前康复训练，以恢复全范围的膝关节活动，特别是伸展的角度，避免出现下肢肌肉的萎缩和无力，同时增强髋、踝部肌肉的力量和柔韧性[59,107,190,225,265,308]。

术后运动进阶。前交叉韧带重建手术后当天即可开始运动。如果使用骨 – 髌腱 – 骨及四束腘绳肌肌腱等坚固的移植物，并利用可靠的移植物固定技术，则应尽早开始活动[21,112,198,222,225,265,308]。

有时在患者住院期间或出院回家后可进行持续被动运动（CPM）训练。虽然持续被动活动是控制疼痛以及让患者尽早开始运动的一种有效机制[171,265]，但术后很少使用 CPM[112]。有 2 篇系统综述报道，前交叉韧带重建术后进行 CPM 训练并无其他长期好处[274,315]。

临床提示

要注意肌腱移植物术后 2~3 周，在血管再生及移植物逐渐成熟前，会经历缺血坏死的过程[20,81,138,140]。因此，在任一阶段应谨慎地运动以及逐步进阶，即使在加速康复训练期间。如果已出具保护性支具处方，那么在运动期间应穿戴支具进行运动。

前交叉韧带重建手术后运动进阶的速度以及功能性训练取决于多方面因素。与患者相关的因素，如年龄以及受伤前的健康状况，会影响愈合过程，因此，年轻且比较健康的患者能够进展得更快。移植物的类型以及固定技术也可能影响运动进阶。有文献报道，使用髌骨肌腱移植物通过骨与骨固定方式与使用四束腘绳肌肌腱移植物通过肌腱与骨固定方式相比，运动进阶更迅速，并且骨与骨连接比肌腱与骨连接愈合更快[112,225,308]。相反，另一些人则主张对这两种手术方式采用相同的加速康复计划[71,250,263]。如果同时存在其他损伤或已经通过手术处理，与单一的前交叉韧带损伤和重建手术相比，运动进阶则慢些[222]。

表 21.5 总结了前交叉韧带重建手术后期的运动训练，这部分内容也会在后文中阐述。运动训练的注意事项见专栏 21.10[21,90,112,175,198,222,245,265,275,304,308]。

运动：最大保护阶段

在术后早期康复阶段，应在充分保护愈合中的移植物和防止制动后移植处出现软组织粘连、挛缩、关节退化、肌肉无力以及萎缩之间掌握好平衡。早期活动能产生有利于移植物愈合的应力，但必须小心地进行活动以避免在移植物上产生过度张

专栏 21.10 前交叉韧带重建术后运动训练的注意事项

抗阻训练一般注意事项

- 与选择骨—髌腱—骨为移植物的重建手术相比，选择腘绳肌肌腱为移植物的重建手术后康复训练进阶应缓慢些。
- 如果重建手术使用的移植物为腘绳肌肌腱，则应谨慎地进行膝关节屈肌力量训练；如果重建手术使用的移植物为髌腱，则应谨慎地进行膝关节伸肌力量训练。*

闭链运动训练

- 站立下蹲时，务必确保髋关节屈曲的同时膝关节前移不应超过足尖，否则会增加胫骨上的剪切力，并且可能会对移植物产生过度张力。
- 应避免在膝关节屈曲60°范围内进行股四头肌的闭链肌力训练。

开链运动训练

- 在对髋关节周围肌肉组织进行渐进抗阻训练时，最初阻力应施加在膝关节上方，直到膝关节恢复稳定性和控制性。
- 术后前6周或长达12周内应避免在膝关节屈曲30°或45°到完全伸展范围（短弧股四头肌肌力训练）内进行开链伸展抗阻训练。
- 在进行股四头肌肌力训练时应避免将阻力施加在胫骨远端。

* 股四头肌在这些姿势下的收缩以及活动会造成最大程度的胫骨前移，在愈合的早期，可能对移植物产生过度张力[67,101,304,308]。

力，尤其是在术后前6~8周。

术后前4周，膝关节结构需要最大保护，因此，以下目标及干预应重点关注[21,112,157,159,175,198,222,225,265,308]。

目标。在术后当天至数周期间，除了控制疼痛和缓解肿胀以及借助手杖开始步行外，运动治疗的目标还应预防膝关节产生反射性抑制、防止粘连、恢复膝关节活动度、重建下肢的运动感知觉和神经肌肉控制、改善髋和踝部肌肉的力量与柔韧性。

膝关节活动范围的目标是在术后前1~2周内，当关节周围无肿胀时，膝关节能屈曲至90°并且能完全被动伸展。术后前3~4周，膝关节能屈曲至110°~125°。

干预。采用规范的手法来控制疼痛、关节以及关节周围的肿胀。在术后当天或术后隔天即可开始运动，应重点关注：①预防血管并发症（深静脉血栓）；②激活膝关节周围肌肉；③恢复膝关节的活动度。在康复训练的第一个阶段，康复宣教应贯穿在家庭训练中。

临床提示

在早期康复训练阶段，应激活股四头肌并且增强其肌力来重建膝关节控制性的动态伸展，这对于安全地进行负重活动是非常重要的。然而，激活腘绳肌并且增强其肌力也同样重要，因为腘绳肌能提供动态约束力来限制胫骨在股骨上产生过度前移。

如果已出具保护性支具处方，在开始进行负重训练时，患者必须穿戴保护性支具进行运动。一旦患者可进行负重活动，则应立即开始低强度的闭链运动以及本体感觉/神经肌肉控制性训练。在前交叉韧带重建手术后早期针对股四头肌的控制能力进行闭链/负重运动以及本体感觉/神经肌肉控制性训练的重要性已经得到许多研究的支持，这些内容将在本章运动训练部分进行讨论[11,36,59,112,121,157,181,198,243,245,250,265,308]。

在最大保护阶段建议进行如下运动[21,90,112,157,175,181,198,222,225,243,245,265,304,308]。

- **踝泵运动**。一天内多次进行踝泵运动以降低发生深静脉血栓（DVT）的风险。
- **膝关节周围肌肉的自主等长收缩以及动态激活训练**。
  - 在患者舒适的状态下开始进行股四头肌、腘绳肌及髋关节外展、内收、后伸肌群的收缩运动。在膝关节完全伸展状态下进行股四头肌的等长收缩，此时膝关节处于闭锁位置，因此胫骨在股骨上产生极少前移，甚至无前移产生。
  - 使用电刺激或生物反馈来增强对股四头肌的激活。一篇发表的系统综述报道，在增强股四头肌肌力方面，治疗性运动结合神经肌肉电刺激比仅接受治疗性运动的治疗方式更有效。但是，在远期的功能性表现方面两者并无差异[41]。
  - 在四种体位下进行直腿抬高训练，开始时给予辅助，然后逐渐进阶到膝关节伸展状态下的髋关节主动运动。在髋关节运动期间，当患者能控制并保持膝关节处于伸展位时，可增加额外的阻力。
  - 当允许膝关节活动时，最开始应进行膝关节周围肌肉的低强度，多角度的等长收缩训练，重点加强股四头肌的控制性以及股四头肌与腘绳肌的协同收缩训练。

- 如果条件允许，可借助机械式的离心测试仪，在膝关节屈曲20°~60°的范围内进行股四头肌的低强度离心性训练。研究表明，前交叉韧带重建手术后前3周，逐渐开始离心运动是安全的[90]。
- 为了动态地激活腘绳肌，可进行足跟滑动训练，将髋关节与膝关节屈曲到合适角度，站立时进行膝关节的主动屈曲训练（腘绳肌在无阻力的情况下进行屈曲）以及坐在可滑动的凳子上向前疾走。

注意：如果重建手术使用腘绳肌移植物，则膝关节屈肌的动态激活训练应延迟进行（专栏21.10）

- **关节活动范围和髌骨活动性。**
  - 在保护范围内开始关节活动训练。治疗师在患者舒适的体位进行控制下的被动关节活动训练或主动辅助关节活动训练。
  - 应用髌股松动术以防止产生粘连。
  - 为增加膝关节的被动伸展角度，让患者在仰卧位或长坐位，膝关节无支撑的情况下，将患侧足跟放于毛巾卷或长枕上（图21.18）。
  - 为增加膝关节屈曲角度，可让患者在仰卧位，减少重力影响的状态下进行滑墙，或坐位时小腿悬于床边（图21.19）。
  - 如果髋部和踝部肌肉柔韧性降低，应进行牵伸训练。
- **神经肌肉控制/反应、本体感觉、稳定性以及平衡训练。**
  - 神经肌肉控制训练应当与站位下的躯干和下肢的稳定性运动一同开始。如果已出具支具处方，在训练时应穿戴保护性支具并将膝关节锁定在伸展位。双下肢应均等负重，同时在双上肢增加一些阻力。令患者保持稳定状态，良好的身体对线，并且对骨盆施加不同的阻力，通过改变阻力的方向以及速度来实现。
  - 逐渐进阶到重心转移训练，双下肢在0°~30°范围内进行微蹲、踏步和行进训练。逐渐减少双上肢的支持。当膝关节能完全负重并且无疼痛出现，则逐渐进阶到单侧训练。
  - 术后3~4周，可进行无阻力的多关节运动，比如功率自行车、坐位蹬腿仪器或在半坐位姿势下，使用Total Gym进行训练。如果伤口愈合较好，条件允许时，可在游泳池内运动。

可进阶到下一阶段的标准包括如下几项。

- 最小程度的疼痛以及肿胀。
- 膝关节全范围主动伸展（无伸肌滞后）。
- 膝关节至少能屈曲110°。
- 股四头肌肌力恢复至对侧的50%~60%（在膝屈曲60°时通过等长收缩方式测得）。
- 不存在膝关节松弛（根据关节测试仪测量所得）。

运动：中度保护/控制性运动阶段

中度保护阶段一般从术后4~5周开始，或在确认已满足进阶到下阶段的标准后，一直持续到术后10~12周。在此阶段的治疗重点：达到膝关节全范围活动；增强肌力，动态稳定性以及耐力；恢复正常步态和神经肌肉控制/反应时间，以及平衡能力，为逐步转移至功能性活动做准备。在步行和大部分活动中应穿戴保护性支具直到术后6周，后期可逐步脱离支具。

临床提示

经过8~10周，移植物的血管再生逐渐形成，因此运动可以更剧烈，但应持续观察患者对运动的反应[81,138,140]。

目标。康复中期的目标：达到全关节活动范围（膝关节完全伸展，屈曲范围达到125°~135°）；增强下肢肌力以及耐力；无需穿戴辅助装置或保护性支具的情况下以正常步态步行；持续改善神经肌肉控制/反应时间、本体感觉、平衡以及恢复正常的心肺功能水平。

干预。在中度保护阶段应包含并且逐步进阶到以下干预措施[21,90,112,157,175,181,198,225,243,245,265,308]。

- **关节活动度训练**。
  - 继续低强度，终末端的自我牵伸训练，以获得膝关节全范围活动。
  - 运用关节松动术的Ⅲ级手法，以达到膝关节全范围屈曲。
  - 继续髋和踝部肌肉的柔韧性训练，尤其是腘绳肌，髂胫束和跖屈肌。
- **肌力和耐力训练**。
  - 继续在抵抗重力的情况下进行闭链运动（桥式、滑墙、半蹲、直线弓箭步、上下台阶、提踵）。
  - 从双腿支撑运动进阶到单腿支撑运动。
  - 在膝关节合适的活动范围内利用轻度的弹性阻力进行开链式的髋关节伸展和外展训练以及屈曲/伸展训练（专栏21.10）。有文献报道在前交叉韧带损伤保守治疗或重建手术后，均可进行闭链、开链训练[159]。

聚焦循证

虽然过去几十年一直强调应在闭链形式下进行肌力训练，但近些年的研究阐述了在前交叉韧带重建手术后康复训练中开链和闭链运动的重要性[181]。在使用骨—髌腱—骨移植物进行前交叉韧带重建手术的术后康复中，Bynum和同事[36]将开链运动和闭链运动进行了比较。当进行肌力训练时，一组以开链形式进行，另一组以闭链形式进行。术后一年，相对于开链运动组，闭链运动组很少会出现膝前痛，并且更接近正常膝关节稳定性（通过关节测试仪测得），更早恢复功能性活动，术后效果满意度更高。

随后Mikkelsen和同事[181]报道，术后6周增加股四头肌的开链肌力训练引起膝关节前方松弛，在同时进行开链和闭链肌力训练组和仅进行闭链肌力训练组间并无明显差异。但增加开链肌力训练组明显能让患者更快地重返受伤前的运动水平，比那些仅进行闭链肌力训练组平均要快2个月。

- **神经肌肉控制/反应，本体感觉以及平衡训练**。
  - 神经肌肉的控制训练可由双腿支撑的姿势下进行稳定的静态以及动态平衡性活动逐步进阶到单腿支撑姿势，从稳定平面逐步进阶到不稳定平面。重点加强对不同阻力以及不可预料的干扰在不同方向的快速反应训练。
  - 重点加强髋关节以及脊柱骨盆的稳定性训练，同时应明白纠正错误的力线或运动对正确的下肢对线以及膝关节的控制功能非常关键[233]。
- **步态训练**。在安全的环境下，不穿戴支具或穿戴保护性支具但未锁定膝关节的情况下，不借助手杖练习步行。强调对称性姿势、步长以及恢复正常步态模式。
- **有氧训练**。继续功率自行车训练，增加时间以及速度，或进行游泳、水中行走/跑步训练，利用跑步机步行，或使用椭圆机、踏步机进行训练。
- **针对性训练**。将模拟的功能性活动或运动的要素整合到运动计划中。

进阶到下一阶段的标准包括如下内容。

- 无疼痛和关节肿胀。
- 全范围的主动膝关节活动。
- 膝关节周围肌肉力量至少恢复至对侧的75%。
- 腘绳肌肌力与股四头肌肌力之比大于65%。
- 功能性跳跃测试大于对侧正常值的70%。
- 通过关节测试仪评估不存在膝关节不稳。

运动：最小保护/恢复功能阶段

康复后期以及准备恢复受伤前的功能水平阶段一般从术后10~12周开始，或患者已满足特定的标准。文献中报道的大多数前交叉韧带重建手术后的康复训练时间一直持续到术后6个月[20,21,112,198,222,225,308]。训练的时间以及强度通常根据患者的目标以及患者希望恢复到的功能性活动水平来决定。从事高强度的工作或竞技性活动的患者应参加维持性的康复训练。

目标。术后 12~24 周，该阶段的目标是进一步增强肌力、耐力以及爆发力；进一步增强神经肌肉的控制性和灵活性；参与更高强度的活动。

干预。康复后期的运动包括渐进性抗阻训练，同时加强离心收缩训练，高级的闭链肌力训练（抵抗弹性阻力的弓箭步、上下台阶运动）；高级的神经肌肉控制、平衡以及灵活性训练，通过改变方向和速度的形式进行；超等长训练；以及对于逐渐重返高需求活动所需的针对性训练。康复宣教（强调防止再次损伤）应贯穿在整个康复后期，从而让患者重返受伤前的功能水平（可参考本章运动训练部分和第 23 章中运动训练的例子）。

在进行高要求的活动时，尤其是转身、扭转、急停或跳跃等活动，患者应穿戴膝关节功能性支具以降低再次损伤的风险。前面的章节中已讨论过，前交叉韧带重建手术后穿戴功能性支具存在着争议。关于穿戴功能性支具效果方面的更多信息，可参考结果部分。

重返活动。有关重返剧烈活动，包括竞技性体育活动的时间期限，从术后 4~6 个月到 1 年都有可能。每位患者重返活动的标准应个性化并且必须根据临床检查结果而定，特别要注意股四头肌肌力、膝关节稳定性、从事的工作、娱乐活动或竞技性活动的需求。专栏 21.11 列出了在重返高要求高关节负荷活动前的标准，这些标准来源于多项研究[107,148,157,198,250,304,308]。

结果

前交叉韧带重建手术后恢复膝关节稳定性的可靠方法是谨慎地进行康复训练。前交叉韧带重建的手术成功率为 82%~95%，并且大约 8% 的患者会出现移植失败并导致膝关节再次不稳[2]。然而，预后取决于多种因素，包括患者的年龄、性别、整体的身体状态以及受伤前的活动水平；前交叉韧带损伤时有无伴随其他结构的损伤；手术方式；术后并发症；以及患者对于康复计划的依从性。在本部分的内容中将介绍这些因素变化产生的影响。

移植物的选择和效果。众多前瞻性研究和回顾性研究进行了不同移植物对康复效果影响的比较。研究较多的是骨 – 髌腱 – 骨和腘绳肌肌腱的自体移植物。一篇系统综述报道，虽然两种类型的移植物存在相应的优点和局限性（在专栏 21.8 和专栏 21.9 中进行了总结），但从长远（2 年或以上）来看，两种移植物在功能性效果方面基本一致[268]。

康复方式。有关康复训练的变化因素，比如康复训练内容以及进展速度和监督程度，对术后效果影响的研究较少。神经肌肉控制训练作为前交叉韧带重建术后康复训练的一部分已经被研究过。Risberg 和同事[243] 比较了前交叉韧带重建手术后进行长达 6 个月的神经肌肉控制训练和传统肌力训练的效果。结果表明神经肌肉控制训练组在选择性功能测试中的表现明显强于传统的肌力训练组。但是在膝关节疼痛、关节松弛、本体感觉或肌肉力量的改善方面，两组间并无明显差异。虽然该研究并未进行长期的随访，但研究者仍能得出结论，神经肌肉控制训练是前交叉韧带重建术后一项重要的康复内容。

Beynnon 与其共同研究者[21] 比较了使用骨—髌腱—骨为移植物的前交叉韧带重建手术以后，加速型（19 周）和非加速型（32 周）康复训练的疗效。这两种康复训练包含相同的训练内容，但是在

专栏 21.11 前交叉韧带重建术后重返高要求高关节负荷活动的参考标准

- 在康复的最后阶段无膝关节疼痛或肿胀。
- 全范围膝关节主动活动。
- 股四头肌力量恢复至健侧的 85%~90% 或峰值扭矩 / 身体质量，男性为 40% 和 60%，女性为 30% 和 50%（分别在 300°/s 和 180°/s 的角速度下测得）。
- 腘绳肌肌力恢复至健侧的 100%。
- 腘绳肌肌力 / 股四头肌肌力之比大于 70%。
- 无术后膝关节不稳 / 打软表现。
- 轴移试验阴性。
- 通过关节测试仪评估膝关节稳定性：膝关节前移在术侧和健侧的差别小于 3 mm。
- 本体感觉测试：恢复至 100%。
- 功能性测试 [跳和（或）下蹲等一系列测试]：恢复至对侧或正常值的 85% 或 90% 以上。
- 用综合性、量化的评价量表评估患者的膝关节功能，比如 International Knee Documentation Committee Subjective Knee Form，得到比较合理的分数。
- 通过标准的效果评价量表评估心理波动，比如对于重返活动的恐惧感或已做好重返活动的准备，显示患者比较积极并且有信心重返活动。

两种不同的时间窗口进行。术后 24 个月，在膝关节松弛度、功能性测试、患者满意度或活动水平恢复方面，两组间并无明显的差异。

术后康复期间监督程度对康复效果的影响也被研究过。特别是将无治疗师监督的家庭训练和治疗师全程监督的门诊康复进行比较。有 2 篇综述性文献报道，在大多数方面，两种方式产生的效果相同 [20,315]。尤为重要的是，在这些研究中所有参与者都从治疗师那里得到了直接的指导和监督。这些文献中强调了治疗师亲自评估和训练开始时给予指导，以及定期给予建议的重要性，不推荐在整个康复训练阶段进行持续监督。

功能性支具。功能性支具在康复中后期以及康复结束后进行高风险运动的作用并不确定。Risberg 与其同事 [244] 进行了一项前瞻性研究，将 60 位患者随机分为穿戴支具组和未穿戴支具组。使用髌腱作为自体移植物进行前交叉韧带重建手术，穿戴支具组的患者前 2 周穿戴保护性支具，接下来 10 周穿戴功能性支具。康复结束后，建议穿戴支具组的患者进行高负荷活动时穿戴功能性支具。而未穿戴支具组则在康复时的任何时间或康复结束后均不穿戴支具。在此期间，两组进行相同的康复训练。在长达 2 年的随访中，两组的膝关节活动度、膝关节松弛度、肌力、功能性测试结果或前交叉韧带损伤的复发率并无明显的差异。该研究的结果与 McDevitt 等人 [173] 发表的研究结果类似，他们发现在前交叉韧带重建手术 1 年后，在进行高需求活动（跳跃，旋转，急停）时使用功能性支具对于膝关节功能或损伤的复发率的影响并无明显差异。

Sterret 与其同事 [284] 也研究了功能性支具在前交叉韧带重建手术后重返滑雪运动时预防韧带损伤复发中所发挥的作用。他们进行了一项前瞻性研究，选择了 820 名滑雪者，都至少在 2 年前接受过使用髌腱为自体移植物的前交叉韧带重建手术。在这 820 名前交叉韧带重建术后的滑雪者 / 研究对象中，有 257 名通过季前赛的筛查后被认为存在前交叉韧带损伤复发的高风险因素，因此建议他们在滑雪时应穿戴功能性支具。剩下的 563 名滑雪者 / 研究对象则并未特别建议穿戴支具。结果在这 820 名滑雪者中，有 61 名滑雪者前交叉韧带再次损伤，其中 51 名来自未穿戴支具组，10 名来自穿戴支具组。未穿戴支具组的前交叉韧带损伤的复发率为穿戴支具组的 2.74 倍。因此，作者建议前交叉韧带重建手术康复后，当进行高风险的滑雪运动时，无论评估的损伤复发的风险性如何，都应穿戴膝关节功能性支具。

后交叉韧带重建术

与前交叉韧带损伤相反，后交叉韧带损伤相对少见 [312]。后交叉韧带损伤时，通常伴有膝关节其他结构的损伤。一般认为后交叉韧带损伤合并其他韧带或膝关节结构的损伤通常需要尽早进行手术干预 [73,210,211]。

当发生单一的后交叉韧带损伤时，大多数患者对非手术治疗的反应良好，并且能够恢复到损伤前的活动水平。但是，后交叉韧带损伤会增加膝关节内侧室发生骨关节炎的概率 [312]。对后交叉韧带损伤的膝关节进行运动分析，发现内侧室的运动学改变，特别是股骨内侧髁的向前半脱位 [156]。这些运动学变化可解释在后交叉韧带损伤的膝关节中观察到的退行性改变，并支持用手术干预来治疗损伤。

手术适应证

虽然共识有限，但后交叉韧带重建手术常见的适应证包括以下几点 [5,43,73,211,271,312]。

- 完全断裂或后交叉韧带后外侧、后内侧的撕脱，或合并其他韧带损伤伴膝关节旋转不稳，且常累及半月板或关节软骨。
- 单一的，有症状的后交叉韧带 3 度断裂伴随胫骨向后移位 >8 mm（与对侧相比），导致在功能性活动中出现膝关节不稳。
- 单一的后交叉韧带损伤在经过保守治疗后失败，膝关节存在持续性疼痛和不稳。
- 慢性后交叉韧带损伤合并膝关节后外侧不稳、疼痛、功能性活动受限和关节面退化。

流程

手术概述

对于断裂或撕裂的后交叉韧带，存在多种关节镜、关节镜辅助或开放入路的处理方式。尽管包括骨性撕脱在内的撕裂有时能通过简单的修复来处理，但重建术往往是更常用的手术方式[73]。与前交叉韧带重建手术一样，后交叉韧带重建手术涉及植入移植物来代替损伤的韧带。手术方式包括进行单束重建或双束重建，可供选择的移植物则包括骨－髌骨肌腱－骨自体移植物，腘绳肌或股四头肌腱自体移植物，跟腱或胫前肌腱异体移植物，有时也会使用合成的移植物[5,43,73,211,271,312]。

手术开始时首先会使用诊断性关节镜，然后进行移植。移植物的放置可使用两种技术——经胫骨骨道技术和胫骨嵌体技术[43]。通过关节镜下经胫骨骨道技术，完成对股骨和胫骨的骨道穿孔，之后将移植物牵拉至骨道内，并用骨或软组织固定装置进行固定。胫骨嵌体技术可在膝关节后内侧开放入路，也可偶尔采用关节镜手术。经胫骨骨道技术与开放胫骨嵌体技术在效果方面并无明显差异[43]。

无论使用何种方法，移植物必须精准放置以模仿原来后交叉韧带的功能。缝合伤口前，应进行膝关节被动屈伸以确保移植物的放置和张力能进行全范围的关节活动。缝合伤口后，应用无菌性压力绷带，将膝关节固定在完全伸展位。

并发症

由于后交叉韧带重建涉及膝关节的后部，因此存在损伤腘窝内神经血管束的风险，尤其在钻胫骨骨道时。术后出血可导致骨筋膜室综合征。如果使用自体髌腱移植物，患者可能会出现膝前痛和跪位痛。术后可能出现膝关节屈曲受限。与所有韧带重建手术一样，移植可能失败，导致关节不稳，需要再次重建[43,73]。

术后管理

制动，保护性支具和负重

术后应穿戴铰链式、可限制活动范围的保护性支具，并将膝关节锁定在完全伸展位。术后前4~8周应全日甚至夜间睡觉时穿戴保护性支具，以防止由于重力作用或膝关节屈肌突然收缩导致胫骨向后移位。在术后第1天至1周内可解锁或脱下支具进行治疗，及术后1周内洗澡时可脱下支具[5,43,73,210,211,312]。在进行长时间的负重和行走时，应穿戴保护支具并将其锁定在伸展位。

聚焦循证

理论上，在后交叉韧带重建手术后应在骨折愈合初期穿戴保护性支具以防止胫骨后移而损伤移植物。但有文献研究表明，没有证据支持这一假设[159]。

与前交叉韧带重建手术后的负重相比，后交叉韧带重建手术后负重的进展更为缓慢[43,73,210,211,312]。进行负重训练的时间安排根据患者的情况，可从手术后立即使用双拐并穿戴保护性支具将膝关节固定在伸展位的部分负重（约30%）[51,210,211]或推迟到术后1~5周均无负重[73,312]。术后几周内，应保持支具锁定在伸展位，同时逐渐增加负重量。当股四头肌控制下的膝关节伸展活动明显改善和疼痛、关节积液得到较好的控制后，可解锁支具，并允许在保护性的关节活动范围内使用手杖进行步行和负重练习。

当患者满足特定的标准时（专栏21.12），通常在术后8~10周，可允许停止使用手杖，并在解锁支具的情况下进行完全负重训练[43,51,210,211]。在满足所有这些标准后，可逐渐停止使用支具。

运动进阶

后交叉韧带重建手术后的康复训练与前交叉韧带重建手术后相似（表21.5）[43,51,73,210,211]。关键的区别在于后交叉韧带重建手术后运动的进阶更缓慢，以及在康复的早期和中期阶段移植物较容易损伤时，对于那些会在胫骨上产生后向剪切力的运动都应延迟进行。

后交叉韧带重建手术后针对膝关节的控制能力应重点加强股四头肌的肌力训练，因为股四头肌对胫骨后移有动态限制作用。当在康复后期阶段开始进行腘绳肌肌力训练时，阻力的大小应根据膝

专栏21.12 后交叉韧带重建手术后脱离手杖进行步行的标准

- 少量或没有疼痛，无关节积液。
- 仰卧位进行直腿抬高时膝关节能完全主动伸展（无伸肌滞后）。
- 膝关节屈曲的主动与被动活动度应超过90°（0°为起始位）。
- 股四头肌力量：约为对侧股四头肌力量的70%，或徒手肌力测试时肌力至少达4级。
- 无步态异常。

关节的稳定性进行调整。专栏 21.13 总结了后交叉韧带重建手术后进行运动和功能性活动的注意事项 [43,51,210,211]。

运动：最大保护阶段

在术后第一个阶段，即最大保护阶段（时间可延长到术后 4~6 周），康复的重点是保护移植物的完整性，同时开始进行恢复功能、膝关节活动能力和股四头肌的控制训练 [43,51,73,210,211]。

目标。该阶段的康复目标是控制或减少急性症状，防止血管并发症，恢复股四头肌的控制能力，维持髌骨的活动性，在运动开始后 2~4 周内膝关节能屈曲至接近 90°，开始重建神经肌肉控制和平衡。如果髋部及踝部肌肉的力量和柔韧性下降，则应进行肌力训练和柔韧性训练，以及提高心肺适能 [43,51,210,211]。

干预。通过有效的方法来控制疼痛和肿胀，例如冰敷、加压包扎、抬高患肢。手术后立即开始踝泵运动、髌骨滑动技术、神经肌肉电刺激辅助下的股四头肌静态收缩运动，以及在穿戴保护性支具将膝关节锁定在完全伸展位的情况下进行四种体位的直腿抬高。使用上肢功率自行车以维持心肺功能。制订一个家庭训练计划。

开始进行膝关节运动时，应遵循之前提到的早期康复阶段运动的注意事项（专栏 21.13）。

开始进行股四头肌的多角度等长收缩训练，从完全伸展到屈曲 25°~30°。辅助下进行膝关节伸展训练，逐步进阶到坐位主动伸膝训练。要恢复膝关节屈曲活动，应从坐位开始进行减重下的屈曲训练。将患者的腿保持在膝关节完全伸展状态，让患者控制腿的下垂，因为重力会引起膝关节屈曲。

在遵循负重的规定并穿戴锁定的支具情况下，开始进行躯干和下肢稳定练习，以及站立位（有支撑）的提踵练习。当允许解锁保护性支具时，在稳定的支撑面上，进行双侧闭链式股四头肌肌力训练。与前交叉韧带重建手术一样，髋部、腰部以及骨盆的稳定对于控制膝关节活动至关重要 [233]。牵伸髋部和踝部肌肉，尤其是腘绳肌、髂胫束和跖屈肌。

进入下一阶段的标准如下 [43,51,210,211]。

- 最小程度的关节肿胀。
- 膝关节全范围主动伸展（无伸膝滞后）。
- 膝关节屈曲角度大于等于 100°。
- 进行徒手肌力测试时股四头肌肌力 3 级。
- 了解家庭计划、运动以及活动的注意事项。

练习：中等和最小保护阶段

目标和治疗。与早期康复一样，后交叉韧带重建手术中期和后期的康复目标和治疗与前交叉韧带重建手术的目标和治疗相似（表 21.5）。但是建议的时间应继续延长，尤其是对于腘绳肌的肌力训练。

康复中期基本上是康复早期进行的运动和活动的延续。术后 9~12 周，患者应达到全膝关节活动范围（0°~135°），如果股四头肌控制力足够，可停止穿戴保护性支具 [43,51 ,210,211]。

在康复的中后期，当进行运动和功能性活动时，应注意避免在胫骨上产生过度的向后剪切力（专栏 21.13）。继续强化股四头肌肌力，以恢复全范围的膝关节主动伸展，同时应加强股四头肌、髋部和踝部肌肉力量，为恢复功能性负重活动做准备。

专栏 21.13　后交叉韧带重建手术后的运动注意事项

一般注意事项
- 避免那些会产生过度后向剪切力和使胫骨在股骨上产生后向移位的运动，否则会损伤愈合中的移植物。
- 在整个康复过程中，应限制膝关节屈曲的次数，目的是为了使后交叉韧带移植物潜在的磨损程度最小化。

早期和中期康复
- 坐位下的膝关节屈曲运动，以恢复膝关节屈曲活动度，允许重力被动屈曲膝关节，此时腘绳肌基本上无收缩。
- 通过下蹲运动增加股四头肌力量。
- 避免过度屈曲躯干，因为它会导致腘绳肌的活动增加。
- 避免膝关节屈曲超过 60°~70°，因为它会导致胫骨的后移。
- 当采用开链运动增强髋部肌力时，例如在站立位进行抗阻直腿抬高，应在膝关节以上施加阻力。
- 推迟 6~12 周进行主动的开链式抗重力屈膝运动（俯卧或站立位）。

后期康复
- 推迟 5~6 个月进行膝关节屈肌群的抗阻训练，例如使用腘绳肌训练器。
- 当进行腘绳肌的抗阻屈曲训练时，应使用低负荷。
- 避免在步行、慢跑或徒步旅行时走下坡。
- 当单脚或双脚落地时，避免进行膝关节屈曲伴随快速减速的活动。
- 推迟至少 9~12 个月进行剧烈的功能性活动。
- 考虑在高需求的活动中穿戴功能性的膝关节支具。

通过抗阻训练来增强腘绳肌的肌力和耐力，所施加的阻力大小取决于膝关节后部的稳定性。膝关节屈肌群肌力训练通常延迟至术后2~3个月，然后谨慎地进行。腘绳肌肌力训练通过闭链运动来进行，如从双桥运动进阶到单桥运动。有文献综述支持后交叉韧带重建手术后可进行离心下蹲的观点[159]。当膝关节后方稳定时，可增加开链运动以增强腘绳肌肌力（俯卧屈膝）。

康复后期的神经肌肉训练，包括超等长训练、平衡活动和敏捷性训练，以及渐进性有氧训练和针对特定活动的训练，对于安全转变到全方位的功能性活动至关重要。后交叉韧带重建手术后完全恢复活动需要9个月至1年[43,51,73,210,211]。

半月板撕裂：非手术管理

损伤机制

内侧半月板比外侧半月板更容易损伤。当足固定在地面上并且膝关节处于负重状态，股骨在胫骨上发生旋转时，如扭转、下车或许多竞技性或与工作相关的活动，容易造成半月板损伤。内侧半月板损伤常伴有前交叉韧带的撕裂。简单的下蹲或冲击力较大的创伤也可能导致半月板撕裂。

常见的损伤和活动受限

半月板撕裂可能会导致膝关节出现急性卡锁的现象，或慢性症状伴随间歇性卡锁现象。症状包括关节肿胀，不同程度的股四头肌萎缩，以及膝关节不受控制地完全伸展或过伸（由于冠状韧带压力过大）时伴发的沿着关节力线的疼痛[142]。当发生关节卡锁现象时，膝关节无法完全伸展，并且被动伸展膝关节时，会有弹簧般的终末端感觉。如果存在关节肿胀，通常出现终末端的屈曲或伸展活动受限。McMurray试验或Apley挤压/分离试验可能为阳性[162]。

对于急性半月板撕裂的患者，其患侧腿可能无法负重。在步行时经常发生膝关节突然卡锁或打软等现象，从而引发安全性问题。

管理

- 患者通常可以主动活动下肢以“解锁”膝关节，或解锁会自然发生。
- 内侧半月板的被动复位手法可能会解锁膝关节（图21.16）。
  - 患者体位以及操作步骤：仰卧，被动屈曲患侧膝关节和髋关节，同时进行胫骨的内外旋转运动。当膝关节完全屈曲时，外旋胫骨，并在膝关节处施加外翻的力。保持胫骨在这个位置并伸展膝关节，半月板会“咔嗒”一声复位。
  - 一旦复位后，膝关节可能会出现类似急性关节损伤的反应。如果发生这种反应，按照前面的章节中所阐述的关节活动不足的非手术治疗方式进行治疗。
- 急性症状消退后，可进行开链和闭链运动，以提高肌力、耐力和功能稳定性，并为患者进行功能性活动做准备。

半月板撕裂：手术与术后管理

如果存在明显的半月板撕裂或断裂，或经过非手术治疗失败，则可能需要进行手术管理。外科手术旨在尽可能保留大部分半月板，以保留半月板的传导负荷和减震功能，并减轻胫股关节表面的压力。

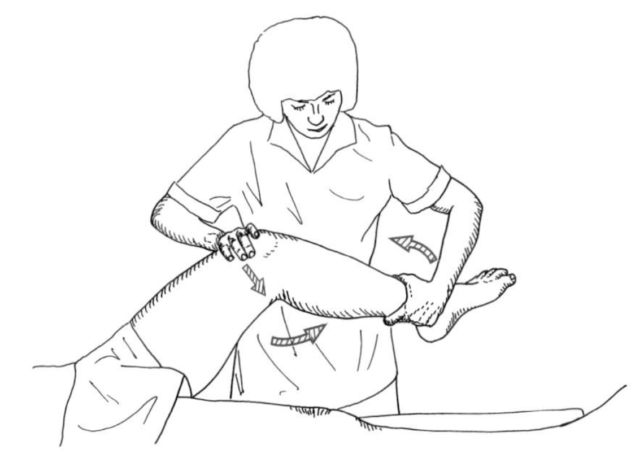

图21.16　内侧半月板的手法复位。髋关节和膝关节屈曲时（未显示）内外旋转胫骨；然后在膝关节伸展期间向外旋转胫骨同时对膝关节施加外翻应力。半月板即可复位

主要的手术方式是半月板部分切除术和半月板修复术，这两种方法都优于半月板全切除术[285,292]。撕裂的位置和性质以及患者的年龄和活动水平，都会影响到手术方式的选择。半月板外部区域的撕裂，因为有丰富的血供而愈合较好；但是当撕裂延伸至中心区域，由于该区域血供较差而仅具有边缘愈合特性（图21.17）[293]。年龄和患者的活动水平都应作为决策过程的参考因素，因为有证据显示，切除一部分半月板，从长远来看，会增加关节退化的风险[293]。

半月板部分切除术常用于处理复杂、破碎性撕裂和涉及中央区域（中间1/3）和无血管区的半月板撕裂[292]。相反，外周撕裂通常进行修复而不切除[293]。但是，半月板中心区撕裂的年轻患者或活跃的老年患者也是半月板修复术的适用人群[111,203,204]。如果半月板的主要部分有广泛的损伤，并且确定为不可挽救的，则半月板全切除术是唯一的选择[292]。

对于先前接受过半月板全切除术并且现在由于胫股关节早期骨关节炎改变而出现症状的相对年轻和（或）活跃的患者，近些年发展出的半月板移植术——使用人类同种异体移植物进行半月板移植，已成为有效的方式[111,206,227]。虽然预计这种手术从长远来看是失败的，15年后半月板存活率仅为40%，但对于该人群来说，能够短暂缓解症状以及改善功能，还是有好处的[202]。

术后康复的进展和术后恢复至完全活动所需的时间取决于手术的范围和位置以及手术方式和手术实施的过程。半月板修复或移植后以及半月板全切除术后的康复治疗比半月板部分切除术后更保守。膝关节其他软组织的修复或重建也会影响术后的康复进展。

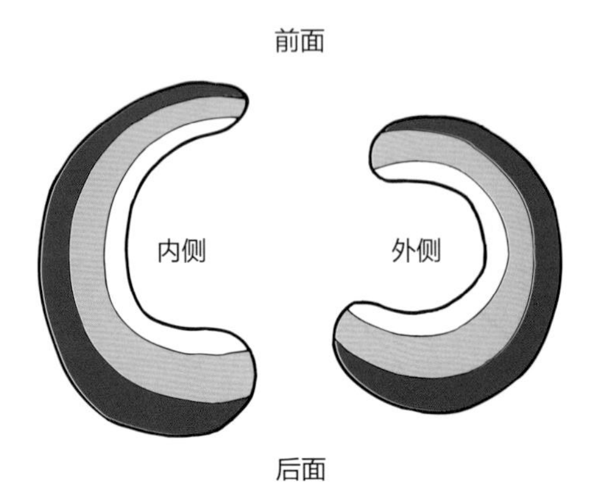

图21.17 内侧和外侧半月板的血管。周边区域（外1/3）含丰富的血管；中央区域1/3相对无血管；内侧区域1/3无血管

半月板修复

手术适应证

存在以下情况会修复撕裂的半月板[111,203,292]。

- 内侧或外侧半月板外1/3血管区域的损伤。
- 撕裂伤延伸至半月板中央无血管的1/3区域的年轻患者（40岁以下）或活跃的老年患者（50岁以上）。

禁忌证：禁忌证包括在半月板的最内侧、无血管1/3区域的撕裂，软组织破碎相当严重的撕裂或在手术过程中无法完全复位的撕裂[111]。

流程

手术概述

手术前应对膝关节进行全面的关节镜检查以确定半月板撕裂是否适合修复并确定是否伴随其他损伤。半月板修复手术一般使用关节镜辅助开放入路，或全关节镜入路[111,192,193,203]。决定采用哪种方式主要取决于撕裂的位置和性质[292]。

半月板修复有几种手术方法，包括由内到外，由外到内或全关节内修复技术。由内到外和由外到内的技术是在关节镜辅助下进行的，其中手术的一部分是通过膝关节后内侧或后外侧开放入路[192,203]。全关节内修复技术是在全关节镜下进行的[193,293]。

缝合的技术也有所不同。非吸收型或生物吸收型的缝合线，或其他固定装置如镖或订书针，可在修复时使用。在众多修复技术中，关节镜辅助下的由内到外缝合修复是最常见的，并且被认为是外科手中的“金标准”[111,192,203,293]。

在手术开始时，先以小切口做入口，并在关节镜辅助下将生理盐水从入口导入关节以扩张关节囊。关节检查完成后，在关节镜下进行清除术，移除所有不稳定的组织碎片，即可准备修复撕裂的半月板。修复手术是借助内镜或通过膝关节后内侧/后外侧切口进行的。在修复撕裂的边缘时，应沿着撕裂线每隔3~4 mm进行缝合，以确保完全密封，无间隙。缝合时，膝关节应处于完全伸展位或10°屈曲位，以确保膝关节术后完全伸展时不会在修复的半月板上产生过度的张力。

半月板修复时可通过一系列方法在撕裂部位注射生长因子或导入内源性血液来促进愈合。其中两种典型的方法包括通过钻孔（制造几个单孔）和对撕裂面进行锉削引起局部出血。类似的，可利用患者静脉血中的纤维蛋白来促进愈合[128]。在拉紧缝合线之前，将这些凝结血块应用于撕裂部位的胫骨关节表面。在一项早期研究中报道使用该方法可将手术失败率从64%降至8%[114]。

缝合后，应用压力绷带来控制术后关节肿胀并制动膝关节。

注意：在许多已发表的文献中，关于内侧和外侧半月板的同种异体移植手术有详细的描述[91,111,206,207,227]。

并发症

半月板手术所特有的并发症包括在缝合过程中损伤膝关节后部神经血管束。内侧半月板修复术存在损伤隐神经的风险；外侧半月板修复术存在损伤腓神经的风险。术后，这些神经可能被粘连的瘢痕组织包裹[192,292,293]。

术后屈曲挛缩或伸肌滞后会影响步态和功能性活动期间膝关节的对线和稳定性。修复手术失败的风险在关节负重活动和膝关节屈曲超过45°的活动中最大，并且最大的风险期出现在术后前几个月[179,285]。

术后管理

影响半月板修复手术后康复进展的因素均记录在专栏21.14中[51,111,179,203]。一些变量允许康复快速进行，而其他某些因素就必须更加注意。例如，周边区域撕裂的修复术比中央区域撕裂的修复术，以及单一撕裂的修复术比复杂撕裂的修复术，运动和负重训练的进展更快。

膝关节的异常对线会影响施加在修复后的半月板上的应力，进而影响步行和运动时的负重能力的进展。如果伴随有内翻畸形，修复后的内侧半月板会因为增加的压力而加大愈合时移位的风险[51]。

专栏21.14 影响半月板修复手术后康复进展的因素

- 撕裂的部位及大小（如受影响的区域和血管）。
- 撕裂类型（撕裂的类型和复杂性）。
- 手术固定装置的类型。
- 膝关节（正常、内翻、外翻）的对线。
- 伴随其他损伤（韧带，软骨损伤）以及有无进行重建手术或修复手术的历史。

注意：尽管在已发表的术后治疗指南中有不同的时间节点，但随后章节所涉及的运动进展对于仅进行过半月板修复手术且稳定性较好的膝关节而言是合适的。这些指南同样适用于半月板移植术后，尽管在半月板移植术后，康复和保护的时间更长[11,227]。如果伴随其他手术，比如韧带重建手术，则需进行调整以保护受损的结构。

制动、保护性支具和负重

制动和保护性支具。术后利用制动装置将膝关节固定在完全伸展状态，几天后将压力绷带移除，然后穿戴长腿支具[51,111,292]。有时，对于自身条件较好的周边区域修复术后的患者，在术后移除绷带后可不用穿戴保护性支具[192]。患者可穿戴齐大腿高度的压力袜，以控制水肿。

在术后前几周，为保护修复后的半月板，应持续穿戴可限制角度的长腿支具（日夜均需要），并将膝关节锁定在完全伸展位。支具可在一天中定期打开，以进行早期关节活动训练以及方便洗澡。根据损伤和修复的部位的情况，应将屈曲的角度设定在0°~90°范围，并持续2周或更长时间。此后，允许屈曲角度每周增加10°至完全屈曲[111]。如果术后2周内患者可完全伸展膝关节，则可将支具解锁。

在中央区域修复手术后，患者一般需佩戴支具约6周，或直到股四头肌有足够的控制能力。在半月板移植手术后，穿戴支具的时间甚至应进一步延长。

负重。在周边区域修复手术后，允许患者在术后即刻（前2周）利用手杖或支具将膝关节锁定在完全伸展位进行部分负重（25%~50%）的步行训练[111]。在中央区域修复或半月板移植术后，负重程度应当更小，负重训练的进展也应当更为谨慎。

如果股四头肌有足够的控制能力，则可以在周边区域修复术后4周[111]、中央区域修复或移植术后6~8周内进行完全负重[51,111,179,206,227]。

聚焦循证

近些年的文献综述比较了半月板修复手术后“标准”与“加速康复”计划的结果[142]。在标准程序中，膝关节活动训练和负重在手术后延迟了一段时间，而在加速程序中，手术后立即允许进行关节活动训练和负重。该研究发现加速康复并无不利影响，标准康复组与加速康复组之间患者的恢复效果没有显著差异。重要的是，各项研究中关于膝关节运动进展的速度和负重训练的时间节点存在争议。因此，无论过程如何，关节活动和负重训练必须根据患者的体征和症状逐步进展。

运动：最大保护阶段

术后第1天开始使用手杖进行运动和步态训练。可利用标准处理方法来控制疼痛、关节肿胀以及血管并发症。患者的康复宣教应着重家庭康复训练方案的设计和负重相关的注意事项。运动的注意事项见专栏21.15[51,111,179,292,293]。

专栏21.15　半月板修复手术后运动的注意事项*

一般注意事项
- 中央区域半月板修复或半月板移植手术后运动和负重的进展比周围区域修复手术更慢。
- 如果患者在运动或负重活动期间膝关节出现咔嗒声，应立即向外科医生报告。

早中期康复
- 逐渐增加膝关节屈曲角度，特别是在中央区域修复术后。
- 如果使用功率自行车进行心肺功能训练，应将座椅高度设置为尽可能高，以限制膝关节屈曲角度。
- 在诸如弓箭步和深蹲的负重运动中，4周内膝关节屈曲不超过45°或8周内不超过60°~70°。屈曲超过60°~70°时会在修复的半月板上产生后向剪切力，增加半月板在早期愈合阶段发生移位的风险。
- 蹬推机的使用应推迟至8周后，且活动范围限制在0°~60°内。
- 避免在负重活动中出现扭转运动。
- 腘绳肌卷曲运动推迟至8周后再进行。

后期康复
- 至少4个月内，不要进行深蹲、深弓箭步、扭转或旋转运动（屈曲角度越大，半月板上产生的应力越大）。
- 在5个月内，不要慢跑或跑步。

恢复活动
- 不要做可能涉及高重复性，对关节产生高应力和剪切性的娱乐性和体育性活动。
- 避免在膝关节完全屈曲的情况下进行长时间的下蹲。

* 这些预防措施也适用于半月板移植术后，但应延长注意事项的执行时间。

目标。在术后前4周，运动的目标是恢复功能性关节活动范围、防止髌骨活动受限、重建膝关节肌肉控制、恢复姿势稳定、增强髋部和踝部肌肉的力量和柔韧性，并维持心肺功能。术后4周，患者应达到全范围的膝关节主动伸展。建议在术后前2周，最大屈曲范围在60°~90°之间[29,51,111,179,292]。4周后，患者膝关节屈曲应达到120°[111]。

干预。在半月板修复术后的前4周内，进行以下干预[29,51,111,179]。

- **膝关节活动度训练。**持续被动运动（CPM）训练是根据外科医生的判断而开具的处方。手术后第2天即可在保护范围内开始主动–助力关节活动度（AAROM）训练和主动关节活动度（AROM）训练。膝关节屈曲可由一个铰链式的、限制活动范围的支具限制。运动包括在坐位下借助重力辅助进行膝关节屈曲训练，然后进展到仰卧位下主动足跟滑动训练。
- **髌骨活动。**教导患者进行髌骨的Ⅰ级和Ⅱ级滑动运动。
- **激活膝关节的肌肉组织。**
  - 强调股四头肌在完全伸展位的控制能力。在仰卧位下进行股四头肌的静态收缩训练，辅助直腿抬高训练，以及在坐位下由辅助进展到主动的膝关节开链式屈曲/伸展训练，以增强膝关节的向心/离心控制。利用神经肌肉电刺激或生物反馈来加强对股四头肌的激活。
  - 腘绳肌的静态收缩训练和多角度的等长收缩训练。
- **神经肌肉控制/反应，本体感觉和平衡。**
  - 在负重限制的范围内，用支具将膝关节锁定在伸展位下的站立位平衡训练。
  - 强调躯干和下肢的稳定性训练。
  - 当允许支具解锁的情况下进行小心并且控

制性的负重时，可开始两侧的闭链运动，如浅蹲和站立位下的滑墙运动，一开始时要限制膝关节的屈曲角度不超过 45°。

- **髋部和踝部肌肉的柔韧性和肌力训练。**
  - 如果存在受限，则应进行腘绳肌和跖屈肌的牵伸训练。
  - 术后当天即可开始臀肌和内收肌的静态收缩训练。当患者能够在仰卧位上进行直腿抬高而无伸肌滞后时，可在支具锁定或解锁的情况下进行四个体位下的直腿抬高训练。
  - 术侧下肢负重达 50% 时，可进行双侧提踵运动。
- **心肺功能**。使用上肢功率自行车进行有氧训练。

进入下一阶段的标准。应该符合以下标准。

- 最小程度的关节积液与疼痛。
- 在进行股四头肌等长收缩训练时髌骨能向上滑动。
- 全范围的膝关节主动伸展（无伸肌滞后）。
- 膝关节能屈曲约 120°。

聚焦循证

半月板和关节软骨损伤的临床实践指南提供了中等证据，对于曾进行半月板切除手术的患者，支持使用治疗性运动来增强肌力、耐力和功能性表现，以及应用神经肌肉电刺激来增加半月板或软骨损伤患者的肌肉力量。所有其他的关于半月板或软骨损伤患者的治疗性建议证据等级不高或存在争议[158]。

运动：中等保护 / 控制性运动阶段

中等保护期从术后 4~6 周延伸至 12 周左右。如果有足够的膝关节控制能力且无伸肌滞后，膝关节支具可在 6~8 周时停止使用。可建议使用手杖或单拐，为步行提供一定程度的保护。

目标。恢复全范围的膝关节活动；增强下肢柔韧性、力量和耐力；持续恢复神经肌肉控制和平衡；在康复中等保护阶段应着重增强有氧运动水平。

干预。在康复中期阶段，应包括并进展以下运动[29,51,111,179]。

- **关节活动度训练**。如果患者难以达到全膝关节活动范围，则进行低负荷、长时间的牵伸运动。
- **肌肉表现（力量和耐力）。**
  - 最初可进行抗轻度阻力的功率自行车训练。
  - 利用弹性阻力进行低强度的开链及闭链运动。
  - 加强髋部和踝部肌肉的力量训练。着重进行髋关节的外展肌和伸肌肌力训练。
- **神经肌肉控制 / 反应，本体感觉和平衡**。对于这些活动，强调维持正确的下肢对线。
  - 继续（若之前未曾进行，则开始）进行闭链运动。可增加干扰性的平衡活动（干扰训练），站在不稳的平面上，如蹦床或 BOSU 球。
  - 当允许完全负重时，开始单侧的平衡活动，部分弓箭步，上下台阶。练习在不稳定的表面上行走，如高密度的橡胶板。
  - 开始低强度的敏捷性训练。
- **髋部和膝部肌肉的柔韧性**。当患者在屈髋的情况下膝关节能完全屈曲时，可进行髂胫束和股直肌的牵伸训练。
- **心肺功能**。在此阶段开始功率自行车训练或在游泳池中步行训练。9~12 周开始跑步机、步行、越野滑雪机或液压踏步机训练。
- **功能性活动**。在此阶段逐步恢复轻度的功能性活动。

进入下一阶段的标准。术后 12~16 周，应满足以下标准。

- 无疼痛或关节积液。
- 膝关节全范围的主动活动。
- 下肢力量（最大等长收缩）达到对侧的 60%~80%。

运动：最小保护 / 功能恢复阶段

在康复的最后阶段开始时仍需一定程度的保护，一般开始于 12~16 周，且可能持续直到 6~9 个月。能否恢复到高水平的体力活动取决于是否达到足够的力量、全范围且无痛的关节活动和较满意的临床检查结果[51,111,179]。

目标。该阶段的主要目标是为患者在正常的运动形式下恢复完全的功能性活动做准备，同时继续加强对患者的康复宣教，应选择那些不会使修复的半月板承受过度应力的活动（专栏 21.15）。

干预。在后期抗阻训练时，可以增加一些模拟功能性活动的动作。开始且逐步进阶训练，如超等长训练和灵活性训练，以提高爆发力、协调性和快速反应时间。继续强调正确的躯干和下肢对线的重要性。增加有氧训练的持续时间或强度。如果条件允许，4~6 个月时可从步行训练转换为慢跑 / 跑步。一些关于半月板修复手术后的有氧训练如何进阶的描述，在数篇文献中有详细讲解[111,179]。

结果

内侧或外侧半月板修复是一个经过良好测试的手术流程，其成功结局是可以预见的，特别是对于外周区域的撕裂修复缝合[111,192,293]。虽然对于撕裂延伸到中心区域的修复结果并非是可预期的，但越来越多的证据表明，此区域在修复后愈合良好，并能长期缓解症状[203,204]。

尽管所使用的各种手术技术和伴随的病因以及手术的频率不同，使得比较不同的研究得出的成果较为困难，但仍可归纳出许多综合性的结果。前交叉韧带的状态是影响半月板修复结果的一个最重要的因素。当前交叉韧带损伤伴随半月板撕裂时，进行前交叉韧带重建手术的患者比未处理前交叉韧带损伤的患者具有更好的结果。在前交叉韧带损伤的膝关节中，已修复的半月板再次发生撕裂的频率高于前交叉韧带稳定的膝关节[204,293]。

虽然患者的年龄被认为是影响是否要修复半月板撕裂的决定因素，但 Noyes 及同事[203]的研究表明，在 40 岁及以上的患者中，中央区域撕裂后修复手术的成功率也较高。关于术后康复，没有证据表明某种治疗方案能带来更好的效果[293]。

最后，虽然半月板的同种异体移植手术在短期来看是有前景的，但由于不断发展的手术技术而难以总结，因此从长远来看，此方法的效果仍不确定[91,206,227]。

半月板部分切除术

手术适应证

以下是半月板撕裂时，以半月板部分切除术作为手术选择的适应证[292]。

- 半月板移位性撕裂，伴随膝关节疼痛和卡锁，并常见于老年人、不活跃的个体。
- 撕裂延伸至中央 1/3 处血管较少的区域，并且通过关节镜和探针确定无法修复。
- 撕裂的部位在内侧 1/3 处无血管区域。

流程

门诊患者通常在局部麻醉下进行关节镜下半月板切除。手术医生会在膝关节处切开数个小切口作为入口，并通过其中一个入口通道将生理盐水注射入关节以使膝关节扩张。找到半月板后，用刀或剪刀在关节镜下分离，然后借助真空进行抽吸移除。关节内碎片或游离体也被清除。将膝关节进行冲洗和引流后，缝合伤口并用压力绷带包扎[285,292]。

术后管理

半月板部分切除术后康复的总体目标是恢复膝关节的关节活动度和下肢的力量，以减少膝关节的压力并保护其关节面。运动和功能性活动的进展取决于患者的症状和体征。

制动与负重

膝关节上应绑有压力绷带，但不需要在手术后制动膝关节。在术后的前几天，冰敷、加压和抬高患肢等方法可用于控制水肿和疼痛。负重应根据患者的耐受程度而逐渐增加[51,292]。

运动：最大到中等保护阶段

虽然理想的情况是在手术当天或隔天开始运动，但大多数患者在门诊手术后没有立即得到治疗师的指导性和监督性的运动训练就出院了。当患者被转诊至进行监督治疗时，一般都会将重点放在制订一个家庭康复训练计划上。在这种情况下，通常建议在术前就教导患者如何开始进行运动以减少萎缩和预防挛缩，这样的话，就可以在术后立即在家里开始运动。

在关节镜下切除部分半月板后，因为软组织的损伤较小，所以不需要延长术后的最大保护期。中等保护期为3~4周。所有的运动和负重活动应在术后前几周进行，并且应在无痛的情况下逐渐进展[29]。

目标。在康复的早期阶段，治疗的重点是控制炎症和疼痛，恢复独立步行，以及膝关节的控制能力和关节活动范围（ROM）。

干预。术后立即进行肌肉静态收缩训练、直腿抬高运动、主动膝关节活动训练和耐受范围内的负重训练。完全负重通常在4~7天内可达到，并且膝关节在10天内应达到屈曲大于等于90°的范围以及能完全伸展的程度。闭链运动和功率自行车可在手术后几天内或者疼痛和负重允许的情况下进行，以恢复膝关节动态力量和耐力。

注意：必须提醒已经接受半月板部分切除术的患者，进展不要过快。过快的进展可导致反复性关节渗液并可能损伤关节软骨。

运动：最小保护 / 恢复功能阶段

到术后3~4周，对膝关节给予的最小的保护仍是必要的，但在进展到高需求的运动前，患者应达到无痛的、完全的、主动的膝关节活动范围和正常步态模式。抗阻训练、耐力训练、双侧和单侧闭链运动，以及促进神经肌肉控制的本体感觉 / 平衡训练都可以较快的速度进行进阶。进阶的活动，如超等长训练，最大努力程度的等速训练和模拟高需求的功能性活动，可在术后4~6周或6~8周尽早开始，并强调在运动中恢复正常的运动机制。

注意：如果训练中包含慢跑或跳跃等高强度的负重活动，应小心地进展，以防止发生关节损伤。负重时下肢不适当的对线，如外翻和（或）骨盆下降，应在进行超等长训练和高强度活动前纠正。

膝关节的运动干预

肌群力量和柔韧性失衡可能是由以下几个因素造成：失用、关节力学不良、关节肿胀、固定（由于骨折、手术或创伤）和神经损伤。除了腘绳肌和股直肌外，髋部或踝部的大部分跨膝关节的双关节肌肉对膝关节有影响。如果髋关节或踝关节肌肉的长度或力量不平衡，力学的改变可能就会在下肢表现出来[113,253]。请参阅有关髋部、足踝部的章节，以了解这些相互关系的完整情况。

提高柔韧性和活动范围的运动技术

当试图增加关节活动度时，胫股关节和髌股关节的力学及其在下肢功能中的重要性必须得到重视。由于膝关节是承重关节，所以活动性结合足够的力量和稳定性是正常功能所必需的。

第4章介绍了被动牵伸和PNF牵伸的原理，第5章描述了四肢的关节松动术 / 手法，本章前面介绍了针对胫股关节和髌骨活动受限的特定技术。本节描述了其他增加膝关节活动度的手法和自我牵伸技术。

增加膝关节伸展范围

膝关节后部的腘绳肌肌肉组织和关节周围软组织的延展性降低可能会限制膝关节完全伸展。增加膝关节伸展范围可分两步。首先，将髋部保持在0°或接近0°的伸展位，并将腘绳肌放置在无张力位置，使膝关节完全伸展。达到全膝关节伸展后，通过逐渐屈曲髋关节，同时保持膝关节伸展（直腿抬高的姿势），对跨双关节的腘绳肌肌群进行牵伸。第4章和第20章的运动部分描述了利用直腿抬高来牵伸腘绳肌的技术。

PNF牵伸技术

- **患者体位与操作**：仰卧位，尽可能保持髋关节和膝关节伸展。把手放在接近足跟的位置给予阻力让患者做膝关节屈肌的等长收缩。然后让患者放松，被动地把膝关节伸展到新增加的范围，或者让患者主动地把膝关节伸展到尽可能远的位置（分别是保持–放松和保持–放松 / 兴奋–收缩技术）。
- **患者体位与操作**：俯卧位，尽可能保持髋关节和膝关节伸展。在靠近髌骨的股骨位置放置一小块垫子或折叠的手巾，以防止髌股关节受到挤压。固定骨盆以防止髋关节屈曲，然后应用保持—放松技术来增加膝关节伸展。

重力辅助被动牵伸技术

采用低强度、长时间的牵伸来确保患者尽可能在放松状态。

俯卧位悬吊

患者体位与操作：俯卧位，髋关节伸展并且患者的足部离开治疗床的边缘。将毛巾卷放在患者的股骨下方接近髌骨近端的位置，并在踝关节周围放置一个沙袋。随着肌肉的放松，沙袋在腘绳肌上产生持续的被动牵伸，从而增加膝关节的伸展范围。

仰卧位足跟支撑

患者体位与操作：仰卧位，尽可能保持髋关节伸展。将毛巾卷或垫子放在腿部远端和足跟下面，使小腿和膝关节抬高离开床面（图 21.18）。对于持续牵伸，应在股骨远端和髌骨近端放置沙袋，以避免髌骨受压。

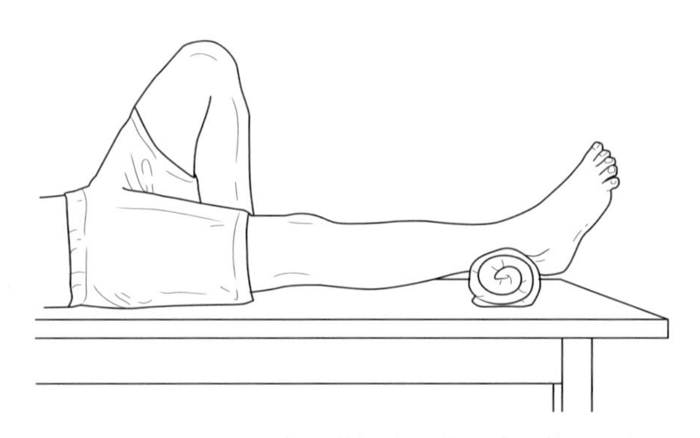

图 21.18　仰卧位足跟支撑增加膝关节的伸展范围。在股骨远端和髌骨近端放置沙袋可增加牵伸力量，避免髌骨受压

注意：这个体位对于严重的膝关节屈曲挛缩是无效的。只在接近膝关节伸展范围末端受限的条件下使用。

自我牵伸技术

患者体位与操作：长坐位，小腿远端支撑在毛巾卷上。让患者用手向下按压髌骨上方的股骨（不在髌骨上），以产生持续的力来增加膝关节的伸展。

增加膝关节屈曲范围

为了增加膝关节屈曲范围，在牵伸之前，要确保髌骨是可活动的，并且在膝关节屈曲时髌骨能在滑车沟朝远端滑动；否则将会限制膝关节的屈曲。第 5 章描述了髌股松动技术增加髌骨的滑动（图 5.53，图 5.54）。本节后面将介绍通过增加膝关节髂胫束的活动来改善髌骨运动轨迹的技术。一旦膝关节恢复全范围的屈曲，在保持膝关节屈曲的同时应进行跨髋膝双关节的股直肌和阔筋膜张肌的牵伸。在第 20 章中将会讲述这些技术。

PNF 牵伸技术

患者体位与操作：坐位，膝部放在治疗床的边缘同时尽可能屈曲膝关节。将手放在踝关节近端，对膝关节伸肌徒手抗阻使其进行等长收缩。在被动屈曲膝关节到达运动范围的末端时让患者放松，或者让患者尽可能地主动屈曲膝关节。

重力辅助被动牵伸技术

患者体位与操作：坐位，小腿悬空下垂同时膝关节尽可能地到达屈曲最大范围。指导患者放松大腿肌肉，靠小腿自身的重量产生低强度、长时间的牵伸。在小腿的远端固定一个轻的沙袋以增加牵伸的力量。

自我牵伸技术

重力辅助下仰卧靠墙滑动

患者体位与操作：仰卧位，臀部贴近墙壁，下肢放松垂直靠墙（髋关节屈曲，膝关节伸展）。让患者足向下滑动来缓慢地屈曲膝关节，直到有轻微的牵伸感觉。保持此姿势一段时间，然后将足在墙上向上滑动回到原来位置（图 21.19）。

利用健侧腿进行自我牵伸

患者体位与操作：坐位，双腿在床缘自然下垂，踝关节交叉。利用健侧腿在患侧腿的踝关节上方施加一个持续的压力，以增加膝关节的屈曲。

台阶上向前摆动

患者体位与操作：站立位，患侧下肢踩在台阶上。让患者躯干向前倾并且膝关节超过患侧脚，膝关节屈曲到达其运动范围的极限，然后缓慢、有节奏地前后移动，或者保持在牵伸的姿势（图 21.20）。先从一个比较低的台阶或凳子开始；然后随着膝关节运动范围的增大逐渐增加高度。

注意：不要让患者向前移动到使踝关节前侧部分出现挤压的位置。

坐位

患者体位与操作：坐在椅子上，患侧脚固定在

图 21.19 重力辅助下仰卧位靠墙滑动。患者屈曲膝关节到达受限的运动范围末端并保持在那里进行持续牵伸

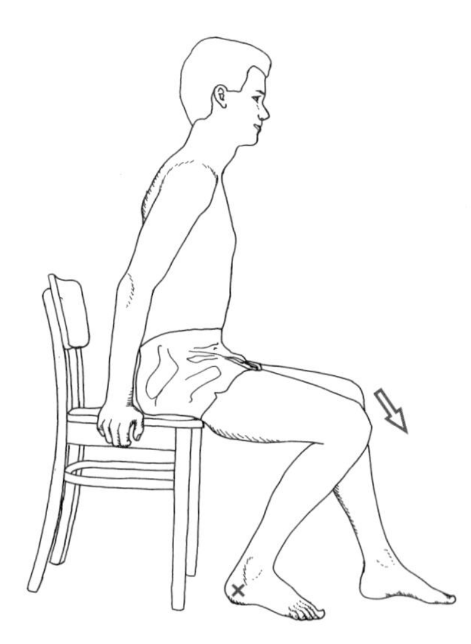

图 21.21 在椅子上自我牵伸以增加膝关节的屈曲范围。患者将患侧足固定在地面，然后坐在椅子上身体向前倾，膝关节超过固定足位置，对股四头肌进行持续的牵伸，增加膝关节的屈曲角度

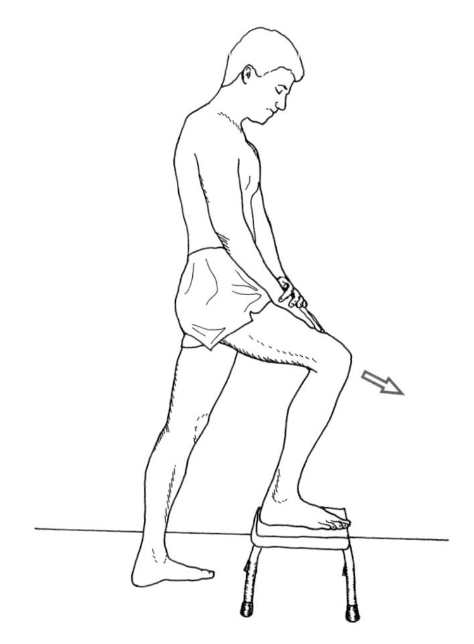

图 21.20 在台阶上进行自我牵伸以增加膝关节的屈曲范围。患者将患侧下肢踩在台阶上，然后躯干向前倾并且膝关节超过患侧足位置，使膝关节屈曲到达其运动范围的极限，对股四头肌进行牵伸。随着屈曲范围的增加，应采用更高的台阶

地面上，膝关节屈曲至活动范围的末端。让患者坐在椅子上身体向前移动，脚不产生滑动。保持此姿势能对伸膝肌群进行舒适的、持续的牵伸（图 21.21）。

增加膝部髂胫束的活动性

髂胫束是一种强有力的结缔组织纤维束，不易牵伸。髂胫束的远端附着在膝关节处，其对于正常的髌骨运动轨迹和膝关节屈曲是必要的，如果受到限制，可能导致髌骨疼痛或髌骨运动轨迹异常。阔筋膜张肌附着和约 1/3 的臀大肌止于近端髂胫束，并影响其移动性。第 20 章描述了这些肌肉的牵伸技术。接下来的“泡沫轴放松”用于增加髂胫束的活动性并对膝关节产生影响。

泡沫轴放松

患者体位与操作：侧卧位，患侧大腿放在与股骨垂直的泡沫轴上（致密的泡沫圆筒）。保持患侧髋部伸展，对侧屈髋屈膝，脚放在地面上（图 21.22）。让患者用前臂或者双手支撑抬起躯干同时患侧髋关节内收。然后沿着大腿的外侧髂胫束从近端向远端滚动泡沫轴，或者对髂胫束保持持续的压力。

注意：固定的脚和双手同时使用，引导泡沫轴运动，同时能部分降低大腿外侧的压力，使放松能更加耐受。

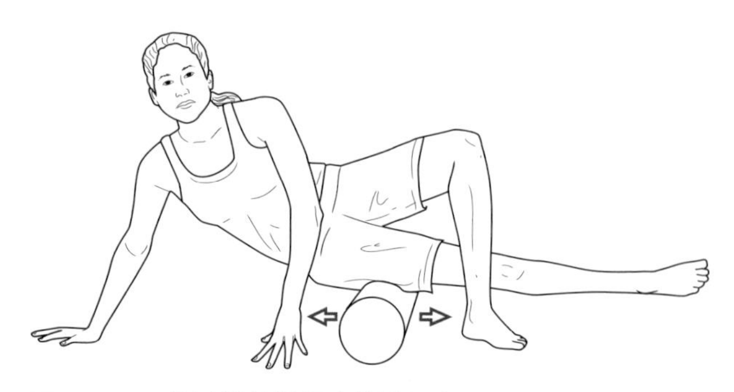

图 21.22　泡沫轴放松紧张的髂胫束

提高并改善肌肉功能及功能控制的运动

膝关节肌力训练主要重点是提高膝关节的稳定性和健全髌股关节和伸肌机制的生物力学。在较好地建立膝关节稳定性和髌骨生物力学后，应将重点转移到肌肉的协调收缩和时序，以及执行功能性活动所需的耐力上。为了达到这个目的，应使用低强度（低阻力）和多重复的闭链训练，比开链运动能更有效地提高膝关节的动态功能稳定性和肌肉耐力。

虽然膝关节的闭链控制训练是必不可少的。但要记住，在大多数日常活动中，膝关节的功能都是在开链和闭链模式下完成的。在闭链活动中，股四头肌和腘绳肌不仅进行协同收缩，而且在功能性活动中也独立进行向心和离心收缩。为了达到最好的效果，所有这些条件下的训练都应该纳入到膝关节的全面康复计划中。在股四头肌和腘绳肌肌力训练中，改变髋部的位置也很重要，它影响了股直肌和腘绳肌的长度—张力关系 [74]。

- 在随后的训练中，开链运动总是在闭链运动之前进行，因为膝关节受伤或者手术后常需在一定时间内避免负重训练。
- 单独激活膝关节肌肉组织的训练对于一些功能性活动来说也是必要的，这些活动训练包括开链运动，比如在上下床或上下车时抬高腿，或者穿衣时屈伸膝关节。
- 研究表明股四头肌进行抗阻的开链运动而不是闭链运动，能更好地增强肌力 [288]。
- 随着治疗的进展，闭链肌力训练应从最初的部分负重到后期的完全负重，然后结合平衡和本体感觉训练以及进行功能性负重训练。

对于开链和闭链运动中的关节反作用力和肌肉功能的比较已经进行了大量的可靠研究。由于研究设计和训练变量不同，导致结果对比比较困难 [67]。表 21.6 总结了一个研究中两项动态训练对比的研究结果，以及对特定膝关节损伤进行运动训练的建议。特殊的适应证在本章的保守治疗和手术管理部分也做了突出强调。

表 21.6　在动态的开链和闭链运动中膝关节的力量和肌肉活动的比较

参数	开链运动—变化的阻力：坐位，伸膝器械	闭链运动—变化的阻力：下蹲，腿下压器械（身体远离固定足）
发展股直肌	比较有效	较少有效
发展股内侧斜肌	较少有效	比较有效，对股内侧斜肌（和股外侧肌）
发展其他肌群	无	对腘绳肌有作用
前交叉韧带张力 *	前交叉韧带产生张力的范围：小于 25°	
后交叉韧带张力 *	后交叉韧带产生张力的范围：在 25°~95° 之间（峰值是 1 倍的身体重量）	后交叉韧带产生张力：在整个膝关节活动范围内（峰值是 1.5~2.0 倍的身体重量）
髌股压力	应力的峰值在 60°，压力的峰值在 75°‡	随着膝关节屈曲，压力增加，峰值在 90°†
胫股压力	较高的压力（更稳定）小于 30°	较高的压力（更稳定）大于 70°

* 在前交叉韧带损伤后开链运动中应排除 0°~25° 范围，但在后交叉韧带损伤后可能包括。

† 下蹲练习：伴有髌股关节功能障碍只能在 0°~50° 范围内进行。

‡ 髌股功能障碍者应在 0°~30° 和 75°~90° 之间进行开链运动（注意：在文献中 0°~30° 时有关髌股关节的压力存在争议）。

开链（无负重）运动

提高膝关节伸展的控制和力量（股四头肌）

开链下各种静态和动态练习可以用来改善股四头肌的功能。由于肌肉中肌纤维走向和伸膝肌群附着点的不同，股四头肌的各个部分在髌骨上产生不同的生物机械应力。

尽管由于共同的神经支配不可能让股四头肌的不同部分进行单独收缩，但重点应关注激活股内侧斜肌和股内侧肌，以防止可能出现伤害性的髌骨外侧运动切迹。对股内侧肌的触觉提示、生物反馈和神经肌肉电刺激可以强化肌肉收缩对髌骨的控制。

股四头肌等长训练

患者体位与操作：仰卧位，坐在椅子上（足跟着地）或长坐位膝关节伸展（或微屈曲）但不过伸。让患者股四头肌做等长收缩使髌骨向近端滑动，然后保持，数10下，并重复。

- 利用口头提示，如“试着将你的膝关节向后用力并收紧你的大腿肌肉”或“试着收紧你的大腿肌肉并上提你的髌骨。”当患者能正确训练肌肉时，立即提供口头提示以强化，然后让患者重复练习。
- 让患者背伸踝关节然后进行股四头肌的等长收缩练习[7]。
- 监测臀大肌，以确保患者不会因股四头肌受抑制而导致髋关节伸展代偿。

直腿抬高

> **临床提示**
>
> 仰卧位直腿抬高结合了动态的髋关节屈曲和股四头肌等长收缩。由于阻力力臂变短，下肢的抬高导致有效的重力阻力（或足踝处附加任何重量）下降。因此，在直腿抬高的最初几度阻力最大，随着髋关节屈曲增加，阻力逐渐减小。股直肌（也是髋关节屈肌）是股四头肌中主要的肌肉成分，在直腿抬高训练中是活跃的[276]。

患者体位与操作：仰卧位，膝关节伸展。为了稳定骨盆和腰部，使对侧髋和膝关节屈曲，并将脚平放在训练台上。首先，让患者训练股四头肌，然后将腿抬高至髋关节屈曲约45°，同时保持膝关节伸展。让患者将腿保持在该位置，数10个数，然后放下。

- 为增加难度，可让患者腿仅抬起到髋关节屈曲30°，然后下放至15°的位置，并保持该姿势。
- 为增加阻力，可将沙袋放在患者的足踝处。

> **聚焦循证**
>
> 已有研究提出，如果仰卧位直腿抬高结合髋外旋或者髋内收的等长收缩训练，股内侧斜肌和股内侧肌将优先被激活和强化[7,34,56,172]。提倡这样训练的理由是股内侧斜肌的肌肉中许多纤维是起源于内收肌腱[7,135]。尽管一些作者[6]主张这些直腿抬高训练可以用来增加对髌骨内侧的直接作用力，但缺乏证据支持。

直腿降落

患者体位与操作：仰卧位。如果患者由于股四头肌滞后或无力而不能完成直腿抬高动作，则可以被动地将腿置于90°的直腿抬高的位置（或腘绳肌的柔韧性所允许能达到的最大高度），让患者在保持膝关节完全伸展的同时逐渐降落下肢。

- 随着重力产生的力矩增加，准备将手放在足跟处以控制整条腿的下降。
- 如果膝关节随着下肢的下降而开始屈曲，让患者下肢停在这个位置，然后将下肢抬高至90°。
- 让患者重复这个动作，并在保持膝关节伸展的同时每次尽可能降低肢体。
- 当患者进行直腿降落运动时，膝关节可以在整个关节活动范围内保持伸展，则可开始进行直腿抬高练习。

多角度的等长收缩训练

患者体位与操作：仰卧位或长坐位，让患者在各个角度下保持屈膝然后抬腿。

患者体位与操作：坐在治疗床的边缘。当可耐受时，在踝关节上方施加阻力，以在膝关节屈曲的各个角度下增强股四头肌等长收缩；股四头肌和腘绳肌的协同收缩可以被激活（除了最后 10°~15° 的膝关节伸展），在保持膝关节抗阻伸展的同时，让患者大腿向下压治疗床 [103]。

小范围终末端伸展

临床提示

尽管过去认为股内侧斜肌在膝关节伸展的最后阶段起作用，但现在有充分证据表明，股四头肌肌群的所有组成成分在整个膝关节主动伸展过程中均处于活动状态，并且股内侧斜肌主要影响髌骨的力线 [276]。

患者体位与操作：仰卧位或长坐位。在膝关节下方放置毛巾卷或者垫枕来帮助屈膝（图 21.23）。患者还可以在床边端坐位，在脚下放一把椅子或凳子以便膝关节可以屈曲至所需要的各个角度。首先在小范围开始屈膝。根据患者的耐受程度和病情增加屈曲角度。

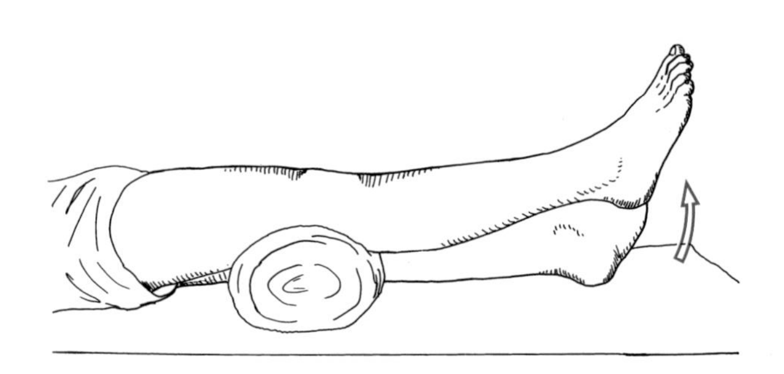

图 21.23　小范围终末端伸展训练以加强股四头肌。当可耐受时，在踝关节近端施加阻力

- 最初，让患者仅在抗重力的情况下伸膝。之后，如果患者没有疼痛或骨擦音，则在脚踝处增加沙袋以增加阻力。
- 膝关节完全伸展时，可将小范围终末端膝关节伸展与等长保持收缩和（或）直腿抬高训练结合起来。
- 为了减少膝关节的侧向剪切力，可以在伸膝时让患者做足的内外翻 [7,101]。

注意：当对下肢远端增加阻力时，股四头肌在膝关节伸展的末端范围产生的力显著增加。在这部分运动范围内，股四头肌呈现出较差的力学优势和生理长度，同时股四头肌必须进行收缩以抵抗长力臂的外部阻力。所产生的肌肉力量引起了使胫骨向前移的力，这个力被前交叉韧带所限制。因此，这个练习不适用于术后康复早期的患者，因为重建的韧带容易被施加的负荷所伤。

全范围伸展

患者体位与操作：坐位或者仰卧位。让患者膝关节从屈曲 90° 到全范围伸展。可耐受时，在运动中施加阻力。

临床提示

非负重姿势下在 60° 到 90° 范围内因施加的阻力引起的胫骨前移比下蹲（闭链活动）更少。然而，在 0° 到 30° 的开链伸膝范围内因施加的阻力引起的胫骨前移，比在相同范围内进行微蹲引起的更大 [304]。

- 在康复后期如果膝关节无痛，稳定且无症状，则可以在整个运动范围内施加阻力。如果存在疼痛，阻力只能施加在无症状的活动范围内。
- 第 6 章讨论了可用于强化膝关节伸肌的各种形式的阻力设备。强调多重复、低阻力的负重训练器械和中高速的等速训练设备，以尽量减少运动过程中对膝关节产生压力和剪切力。当使用设备时，患者在伸膝时可在小腿近端放置胫骨垫以减少对膝关节支撑结构产生过大压力 [305]。
- 当患者坐位或仰卧位，膝关节屈曲 90°，胫骨在治疗床边缘时，如果将沙袋固定在胫骨以提供阻力，就会对关节形成牵引，以及在韧带上产生应力。为了避免对韧带产生应力，可将一个凳子放在足下，以便腿在此姿势时可得到支撑 [37]。

提高膝关节屈曲的控制和力量（腘绳肌）

腘绳肌等长训练

患者体位与操作：仰卧位或长坐位。膝关节伸展或轻微屈曲，膝关节下方垫毛巾卷。患者轻轻将足跟压向治疗床面，使膝关节屈肌进行等长收缩，感受到肌肉产生张力。让患者放松，然后重复收缩动作。

多角度的等长收缩训练

患者体位与操作：仰卧位或长坐位，运用徒手或器械施加阻力使膝关节在屈曲的各个角度位置进行腘绳肌的静力收缩。

- 在膝关节进行抗阻屈曲训练前，将胫骨置于内旋或外旋位置，以分别加强腘绳肌的内侧或外侧部分。
- 指导患者在关节活动范围内的各个角度上进行自我抗阻训练，将另一足放在训练腿的足踝后面施加阻力。

腘绳肌屈曲训练

患者体位与操作：站立位，手扶固定物以保持平衡。让患者抬足屈膝（图 21.24）。当膝关节屈曲 90° 时，重力产生最大阻力。可在踝关节处增加重量或通过穿加重靴来增加阻力。如果患者髋关节屈曲，可将患者大腿前侧抵住墙壁或固体物体来固定。

患者体位与操作：俯卧位。将毛巾卷或一块泡沫橡胶放在股骨远端和髌骨近端下面，以避免髌骨在治疗床和股骨之间受压。在踝关节处放置一个沙袋，仅让患者膝关节屈曲至 90°。当膝关节在 0° 无屈曲位时最大的阻力来自重力。如果在俯卧位应用徒手抗阻或重力滑轮系统或等动力设备对膝关节的屈肌施加阻力，则阻力可以在整个膝关节屈曲活动范围内施加。

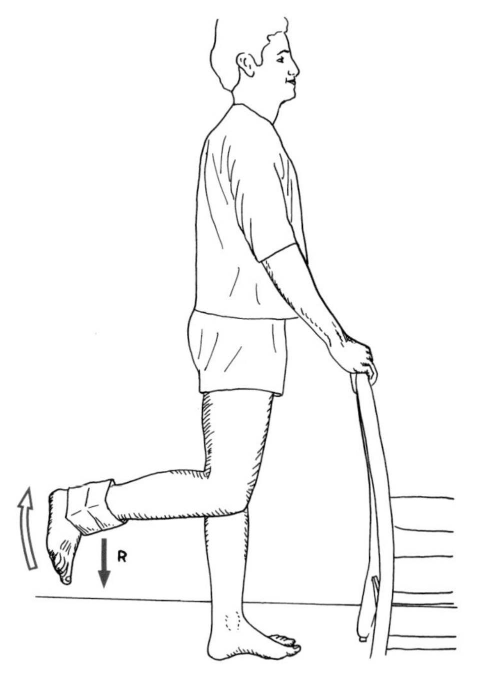

图 21.24　腘绳肌屈曲。患者在站立位下进行膝关节抗阻训练。最大阻力出现在膝关节屈曲 90° 时

注意：当进行开链的腘绳肌屈曲训练时，在胫骨远端施加阻力可导致胫骨后移。如果患者为后交叉韧带损伤或重建，应避免在康复的早期阶段进行此练习。

闭链（负重）运动

渐进的闭链运动有利于激活和训练下肢肌肉以适应特定的功能需求。股四头肌离心收缩可控制膝关节屈曲，向心收缩可控制膝关节伸展，腘绳肌和比目鱼肌的作用是稳定胫骨并且对抗膝关节股四头肌产生的胫骨前移的力。这种协同作用，以及关节上的压力负荷，为交叉韧带提供了支撑[67,218]。此外，在闭链活动中随着膝关节伸展，髋关节伸展，踝关节跖屈（反之亦然），跨双关节的腘绳肌和腓肠肌和跨单关节的比目鱼肌，分别通过髋关节和踝关节的动作保持良好的长度—张力关系。

开始闭链运动。在康复过程中，当能安全地进行部分或完全负重训练时，闭链运动就可被纳入训练方案。在关节活动特定范围内的闭链强化训练，比针对股四头肌力量进行的开链训练对膝关节产生的剪切力更小。因此，在受伤或手术后，闭链运动开始施加阻力的时间比开链运动中施加阻力的时间要早同时仍能保护愈合结构，如前交叉韧带。临床上，在膝关节损伤或手术后的患者中，闭链训练比开链训练能更早地在功能模式下发展力量、耐力和下肢的稳定性。第 20 章所描述的渐进性的闭链运动同样也适用于膝关节康复计划。

部分负重和支持技术。如果患者的患侧腿不能负重或不允许负重全部重量，那么可以在上肢辅助下开始锻炼，例如在双杠或水池中，可以减轻部分体重并避免过多的机械应力。还应考虑使用肌效贴布或支具来确保负重期间的正常力线。在患者能耐受的水平开始训练，并且能在此水平上完全掌控不会使症状恶化。

临床提示

由于膝关节是下肢运动链的中间环节，在负重时受到髋关节、躯干功能以及足踝功能的影响[113,234]。因此，如果在检查过程中发现损伤，这些区域的训练应包括在膝关节的康复中。

- 阔筋膜张肌、臀大肌、股直肌、腘绳肌或腓肠肌－比目鱼肌复合体的紧张。
- 臀中肌、外旋肌或臀大肌无力。

闭链等长训练

闭链等长收缩训练可促进股四头肌和腘绳肌的协同收缩。

协同收缩训练

患者体位与操作：坐在椅子上，膝关节伸展或轻微屈曲，足跟在地面上。让患者足跟压地面，大腿下压椅子，同时集中力量收缩股四头肌和腘绳肌，以促进膝关节周围肌肉的共同收缩。保持肌肉收缩，放松，然后重复。可利用生物反馈来强化学习共同收缩。

等长与节律稳定性交替训练

患者体位与操作：站立位，体重均匀分布于双下肢。用手交替对骨盆施加阻力并让患者保持这个姿势。该动作能促进踝、膝和髋部肌肉的等长收缩。

- 提高施加阻力的速度，以训练肌肉应对力的突然变化。
- 进一步的稳定性训练可在肩部交替施加阻力来提高躯干的稳定性，然后在患侧下肢负重的情况下施加阻力。
- 当患者的平衡和稳定性逐渐改善时，可在不稳定的平面上逐渐负重。

对抗弹性阻力的闭链等长收缩训练

患者体位与操作：站立位，患侧腿负重，在其大腿上绕一圈弹力带，将另一端固定在对面一个稳定的物体上（见第 20 章，图 20.26）。让患者非负重侧的髋关节以不同的速度做屈曲和伸展的活动，以促进负重侧肌肉的共同收缩和稳定。这种闭链训练能促进负重侧下肢（患侧）本体感觉输入和平衡性。

闭链动态训练

轮式凳子上滑行训练

患者体位与操作：坐在一个可以滑动的凳子或椅子上。让患者利用腘绳肌向前“走”或利用股四头肌向后“走”（图 21.25）。一定要确保膝足的力线是垂直的，以避免髋关节内收、内旋以及小腿外翻。

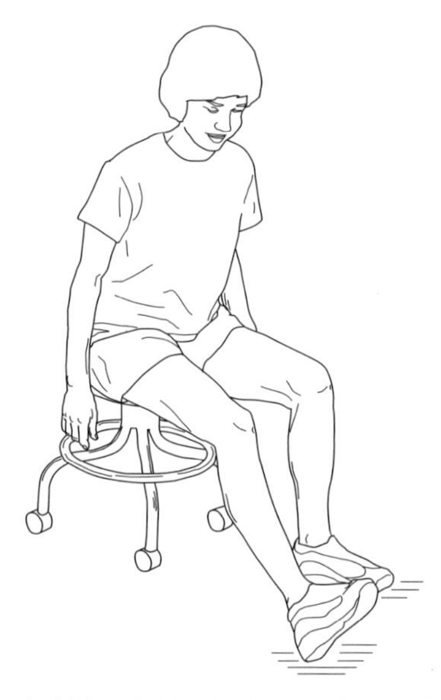

图 21.25 轮式椅子向前滑行以强化膝屈肌群和向后滑行以强化膝伸肌群

- 通过让患者绕着障碍物走，滑动凳子穿过地毯，或者拉住一个反方向的阻力，如拉着另一个同样坐着轮式凳子滑行的人，来增加练习的难度。

注意：在以下的训练中患者的体位都是站立位。

单侧膝关节闭链终末端伸展训练

患者体位与操作：站立位，弹性阻力绳环绕在患侧肢体的大腿远端，另一侧固定到稳定的物体上（图 21.26）。让患者患侧腿从部分负重到全负重的过程中主动完成膝关节终末端的伸展。

半蹲、微蹲和短弧训练

患者体位与操作：首先让患者握住双脚下方固定的弹力带或用双手握住重物（图 21.27 A），将双膝关节屈曲 30°~45°，然后回到完全伸展位置。患

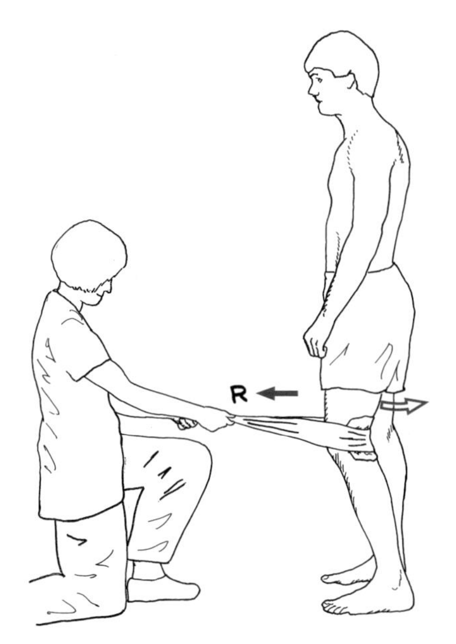

图 21.26 单侧膝关节闭链终末端伸展训练

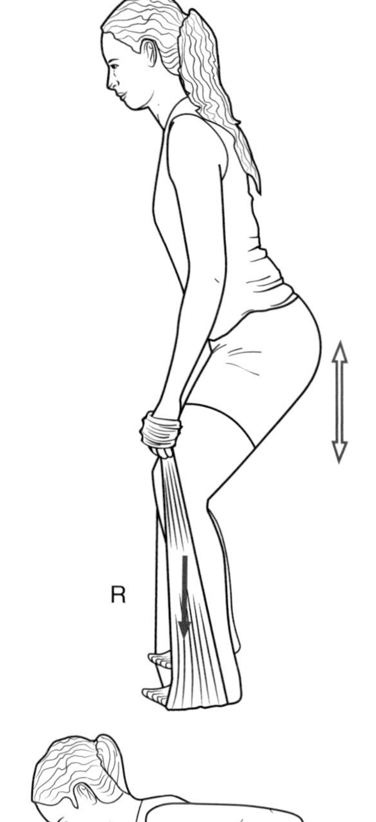

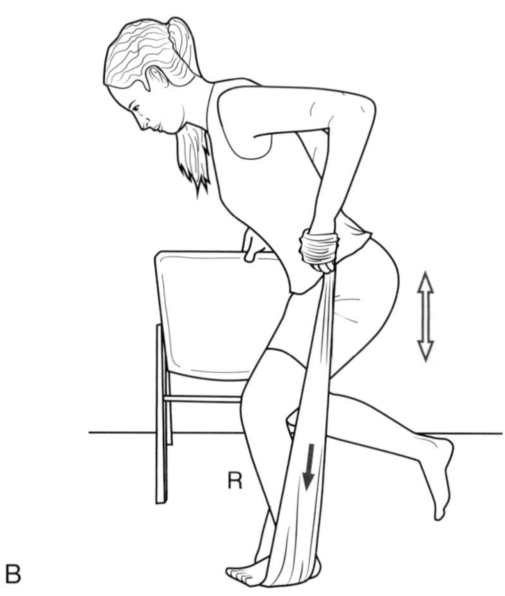

图 21.27 使用弹力带的抗阻微蹲。A. 双侧站立闭链短弧训练。B. 单侧站立闭链短弧训练

者应保持躯干直立，就像坐下前通过屈曲膝关节使髋关节下降，并注意保持身体重心向后转移。膝关节应保持与足趾的力线对齐以防止足外翻，并且躯干不应向前移动超过足趾，以确保臀肌激活和降低髌股关节的压力。

- 如果需要的话，在治疗后期阶段，可逐渐加深下蹲程度以增加膝关节屈曲范围。
- 通过进行单侧抗阻微蹲（图 21.27 B）或蹲在不稳定的表面上来增加锻炼的难度。高难度的活动将在第 23 章中进行描述和说明。

站立位靠墙滑动训练

患者体位与操作：站立位，后背靠墙（第 20 章，图 20.29A）。屈曲髋部和膝部，后背靠墙上下滑动来升高和降低身体。

- 弹力带作用于双侧大腿膝关节近端，为髋外展提供额外的阻力。这鼓励患者保持膝关节与足趾力线对齐，以预防或纠正外翻发生。
- 随着控制的改善，让患者尽可能地增加膝关节屈曲角度，最大达到 60°。不建议膝关节屈曲超过 60°，以避免产生过度的胫股关节剪切力和髌股关节压力。
- 增加等长收缩训练，可让患者保持微蹲姿势。如果患者能够完成这个动作，让其保持微蹲姿势，然后左右交替伸展下肢。
- 靠墙上下滑动时，可在背后使用健身球降低稳定性，患者需要更好的控制能力（第 20 章，图 20.29 B）。
- 在单侧站立负重的情况下进行靠墙的上下滑动以增加训练的难度（第 23 章，图 23.29）。

向前、向后和侧方上下台阶训练

患者体位与操作：从 2~3 英寸（5.08~7.62 cm）高的低台阶开始，当患者能够完成时可逐渐增加高度。确保患者躯干直立和膝关节与足的力线是垂直的，避免膝关节外翻。

■ 向前、向上迈步时为了强化正确的下肢力线和刺激臀中肌，应在大腿前外侧逐渐增加徒手阻力（图 21.28 A）。
■ 在股四头肌向心收缩（上台阶）和离心收缩（下台阶）时强调身体重心的控制。为了强化股四头肌并尽量减少踝关节跖屈肌的推动，应指导患者足跟必须最后离开地面。
■ 在患者髋部固定一条负重腰带，或手持重量，或固定一条弹力带（图 21.28 B）或用皮带连接滑轮系统来增加阻力。
■ 训练的进阶可通过增加上下台阶的高度以及增加旋转运动来进行。

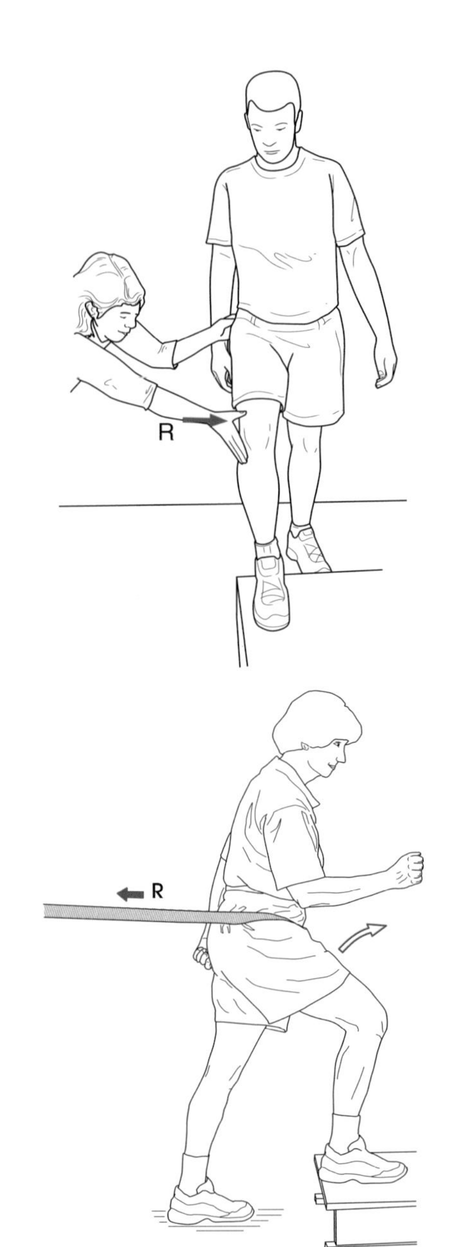

图 21.28　上下台阶训练。A. 向前迈步对大腿外侧徒手施加阻力，以强化下肢力线正确对齐和刺激臀中肌。B. 向上迈步时抵抗弹力带或滑轮装置以强化膝关节伸肌群

聚焦循证

一项对单腿站立五种负重练习的肌电图研究表明，股四头肌募集从最大激活到最小激活（66% 至 55%MVIC）：为靠墙蹲（靠墙滑动）、向前向上迈步、微蹲、反向上下台阶、侧方上下台阶。

一项运动学研究评估了向前上台阶，侧方上下台阶和向前下台阶活动期间髌股关节的力量和压力。结果表明，在向前下台阶的过程中髌股关节离心阶段的峰值应力最大（达 7%），这是由于向前下台阶与其他两种上台阶活动相比，有较多的膝伸肌活动 [42]。

部分和完全弓箭步

弓箭步可通过改变步幅的长度，向前跨步成弓箭步姿势并将后腿向前移动，或跨步成弓箭步姿势并回到起始位置来完成。此外，保持弓箭步姿势，在保持躯干直立的情况下，通过抬高和降低躯干来进阶训练。

患者体位与操作：开始时双脚并拢，然后让患者患侧下肢用一个向前的小步幅和少量膝关节屈曲形成弓箭步（图 20.32）。然后通过伸直膝关节和收回前脚，回到直立的位置。随着患者控制能力提高，可相应增加步幅和膝关节屈曲范围。

■ 保持膝关节与足趾力线对齐（避免髋关节内收和内旋），并且前腿屈曲不应超出足趾的垂直线 [68]。
■ 可在患者躯干或手中增加负荷，并随着控制的改善提高运动的速度来增加训练的难度。
■ 让患者先向前对角线方向，再到侧方；然后向后对角线方向，再直接回到起始位来逐渐增加难度。有关进阶的描述和演示，见第 23 章。

膝关节的功能性进阶

为了进行功能性活动，恢复足够的力量、稳定性、爆发力、肌肉和心肺耐力、运动的协调和时机，以及控制平衡和应对预期或意外的干扰的能力十分重要。这些要素中的每一个都是获得技能所必需的。训练的特异性原则使患者的活动朝着期望的功能结果发展。关于膝关节康复功能性进阶的关键组成部分简要总结如下，同时可参考其他章节以获取更多信息。

力量训练和肌肉耐力训练

力量训练。高阶的力量训练通常包含高负荷离心运动或等速训练。阻力设备，如蹬腿机、Total Gym 健身器或等速测试仪，可为膝关节肌肉提供超出弹性阻力和沙袋重量的渐进负荷。在高负荷的膝关节开链伸展运动中，进行等速测试仪训练时，将胫骨衬垫放置在靠近膝关节的位置可以减少膝关节产生向前的剪切力[305]。

肌肉耐力训练。为了提高肌肉耐力，本章前面描述的训练是通过增加重复次数或在每个阻力水平上花费的时间来进行的。通常用于心肺训练的设备，如跑步机、固定式自行车或阶梯训练装置，也可以用于提高下肢肌肉的耐力。第 6 章和第 7 章介绍了旨在逐步提高肌肉力量和耐力的各种训练方案的特点以及各种设备的特点。

心肺耐力训练

渐进性有氧运动，如游泳、骑自行车、步行、跑步和使用上肢测力计、椭圆训练机、阶梯或越野滑雪机被用于对患者耐受性进行分级，并融入到康复训练项目中来提高心肺耐力。这些活动也增加了多组肌肉的肌肉耐力。如果患者计划重返运动，最好选择一种能重复调节肌肉活动的训练。参考第 7 章的训练指南。

平衡和本体感觉训练（干扰训练）

需要躯干和下肢控制能力的渐进性平衡活动是改善或恢复患者功能康复的重要组成部分[75,76,294,309]。一旦允许从部分负重到完全负重，平衡训练就可以从双脚站立在稳定的平面上进行基础活动逐渐过渡到单脚站立在不稳定的平面上进行更有挑战性的活动。示例包括交替抗阻的稳定性训练；手臂进行各个方向运动时保持平衡；以及控制重心转移，跨步和向前迈步的活动。更有挑战性的活动是单腿站立在不稳定的平面上。在第 8 章、16 章和第 23 章中描述了一系列姿势控制和渐进性平衡训练。

超等长训练与灵活性训练

超等长训练。超等长训练，也被称为牵伸–缩短训练，旨在强化力量和提高神经肌肉的快速反应。这种形式的训练适用于部分患者计划回归到高需求的工作或活动的康复后期阶段。训练包括高速运动和快速改变方向。下肢强化训练的例子包括前后和左右交替的跳跃，使用 ProFielter 器械，以及在不同高度的表面进行上下跳跃活动，触地时使用适当的力学技巧来减少受伤的风险。参考第 23 章的渐进性下肢超等长训练。

灵活性训练。灵活性训练可以提高协调性、平衡性和快速神经肌肉反应。训练包括在各个方向上以不同速度进行的实践活动。这些活动包括首先绕着环境中的障碍物或跨过障碍物行走，随后再进行跑步、旋转、移位或跳跃。具体内容见第 23 章中灵活性训练的示例。

模拟工作相关的活动和专项运动训练

个性化的康复计划最后一个组成部分是实践活动，即模拟患者工作或期望的娱乐、体育活动的体力需求。模拟活动和训练可使患者在监督条件下练习，以便获得正确的反馈机制。例如，患者要回归重复性的上举工作时，训练应该是提升躯干稳定性和髋、膝关节伸肌群的力量和耐力，以及保持身体安全的机制。

第 20 章练习部分描述了下肢早期平衡活动的例子。第 8 章和第 16 章描述了渐进的上举任务和恰当身体力学的应用。专项体育训练的介绍超出了本文的范围，但可以在许多资源中找到。

自学活动

批判性思考与讨论

1. 思考一下这些功能性活动：穿袜和鞋，从椅子上站起，上公交车。
   - 每个活动中所需的膝关节活动范围？
   - 如果屈曲或伸展运动受限，那么什么肌肉的活动能力也降低？哪些关节的运动也受到限制？
   - 在活动中肌肉发挥什么样的作用，以及肌肉需要多大力量？
2. 描述一种治疗方案来解决这些活动中力量不足和（或）关节活动度受限的问题。治疗的逻辑顺序是什么？
3. 对于跨膝关节的双关节肌肉，描述它们在膝关节和相邻关节的功能。每块肌肉的功能如何在膝关节肌肉的长度–张力关系上最有效地发挥作用？
4. 描述膝关节在步行周期中的功能。
   - 需要多大的关节活动度，并且在步行周期中屈曲和伸展的最大角度发生在什么时候？
   - 在步行周期中，每块肌肉什么时候参与膝关节活动，它们的功能是什么？
   - 当肌肉短缩，无力和关节疼痛时，会出现什么样的步态偏差？解释每个偏差是怎么发生的。
5. 两个 70 岁的患者，10 天前因右膝关节骨性关节炎的关节退行性病变而接受了全膝关节置换术并转诊于你进行家庭康复训练。一名患者接受了骨水泥式全膝关节置换术，另一名患者行“混合式”全膝关节置换术。术后管理方面有何不同或有何相似之处？
6. 描述如何进行侧方支持带松解术，近端伸肌机制的重新排列和远端重新排列结构的手术过程。这些差异如何影响术后康复？
7. 膝关节前交叉韧带重建术后 6 个月，患者在单侧膝关节屈曲过程中出现骨盆下降和膝关节外翻时，哪些肌肉是无力或紧张的？描述可用于纠正这些问题的治疗措施。

实践练习

1. 设计、准备和完成一个循环训练课程以改善腘绳肌和股四头肌的激活能力、力量和平衡。将活动从基础到高级进行排序。观察每次练习的准确性和安全性，并考虑所产生的应力。
2. 使用机械性阻力（滑轮、弹力带和自由重量）进行训练，以达到以下每个目标：
   - 在膝关节处于 90°，45° 和 25° 并且出现最大机械扭矩时，强化股四头肌训练。
   - 在膝关节处于 90°，45° 和 0° 并且出现最大机械扭矩时，强化腘绳肌训练。
3. 复习膝关节松动术：包括基本的滑动、附属运动、髌股松动以及动态的关节松动术。
   - 确定并练习可增加膝关节伸展范围的技术，从膝关节 45° 开始，以 15° 为单位进行递增，直至完全伸展。
   - 对于膝关节屈曲做同样的练习，从 25° 开始并以 15° 为单位进行递增，直至全范围。哪些附属运动是必须的？
   - 如果髌骨不能向远端活动，可能会限制膝关节的哪些活动？
   - 如果髌骨不能向近端活动，可能会丧失膝关节的哪些功能？
4. 复习和练习用于增加外侧支持带和髂胫束的活动能力的软组织和髌股松动技术。如何松动这些软组织来改善髌骨运动轨迹？在动态活动中，哪些近端肌肉有助于支持正常的髌骨力线？
5. 复习和练习在没有设备时如何对膝关节所有跨关节的肌肉进行自我牵伸。

案例研究

1. James 女士，49 岁，3 个孩子的母亲。健康状况良好，但最近右膝疼痛严重，尤其在久坐后站起、下楼梯以及双脚站立超过 2 小时后。她 15 年前右胫骨近端骨折，大约 1 年后恢复正常活动。检查发现无明显的畸形或关节肿胀。膝关节屈曲至125°和伸展至0°位时均呈现强烈的终末端感觉以及加压后出现疼痛。胫骨向后滑动的附属运动略有下降，右侧髌骨的活动性较左侧有所下降。双侧膝关节屈肌和伸肌的力量为4/5级。主诉下蹲45°时右膝开始出现疼痛，到75°时，由于太疼无法继续下蹲。靠弯腰去捡地面上的东西。无法控制身体下降，以完成坐到矮椅子上的动作。

- 列出她的损伤结构和受限的功能以及设定适当的康复目标。
- 制订实现目标的康复训练计划。描述你将要开始的练习以及为什么采用这些训练方式。解释每个练习和方案将如何进阶。
- 列出可能对她有用的手法治疗技术并描述应用每种技术的基本原理。
- 详述你将建议她回家做哪些练习和描述你将如何指导她。

2. Ray先生，25岁。一起严重的摩托车事故导致他股骨和髌骨骨折。患侧腿用长腿石膏固定了3个月，随后又用短腿石膏固定了一个月。在用短腿石膏固定一个月期间允许他进行部分负重训练。今天早上摘除石膏，开始康复训练，在随后的一个月内将不允许完全负重。主诉在膝关节屈曲时有明显的僵硬和不适感。检查发现左侧的大腿和小腿肌肉明显萎缩。无开放性伤口或关节肿胀。膝关节受限于25°屈曲和20°伸展位，胫股或髌股关节无附属活动。他能够进行股四头肌和腘绳肌训练，但力量无法测试。

- 回答同前面的案例一样的问题。
- 尽管患者和前一个病例一样有运动受限和力量减退，但治疗策略有什么不同？在治疗过程中会有不同的预防措施吗？如果有，它们是什么？

（陈灿　邓家丰　刘凯　祁奇　译，
祁奇　王雪强　审）

参考文献

1. Allum, R: Aspects of current management: complications of arthroscopic reconstruction of the anterior cruciate ligament. *J Bone Joint Surg Br* 85:12–16, 2003.
2. American Academy of Orthopedic Surgeons: ACL injury: does it require surgery? Available at www.orthoinfo.aaos.org; Accessed February 15, 2016.
3. American Academy of Orthopaedic Surgeons (AAOS): American Academy of Orthopaedic Surgeons clinical practice guideline on management of anterior cruciate ligament injuries. *AAOS* Sept 5:619, 2014.
4. Anbari, A, and Cole, BJ: Medial patellofemoral ligament reconstruction: a novel approach. *J Knee Surg* 21(3):241–245, 2008.
5. Anderson, JK, and Noyes, FR: Principles of posterior cruciate ligament reconstruction. *Orthopedics* 18(5):493–500, 1995.
6. Andriacchi, TP, and Numdermann, A: The role of ambulatory mechanics in the initiation and progression of knee osteoarthritis. *Curr Opin Rheumatol* 18:514–518. 2006.
7. Antich, TJ, and Brewster, CE: Modification of quadriceps femoris muscle exercises during knee rehabilitation. *Phys Ther* 66(8):1246–1251, 1986.
8. Arendt, E, and Dick, R: Knee injury patterns among men and women in collegiate basketball and soccer. *Am J Sports Med* 23(6):694–701, 1995.
9. Avramidis, K, et al: Effectiveness of electrical stimulation of the vastus medialis muscle in the rehabilitation of patients after total knee arthroplasty. *Arch Phys Med Rehabil* 84(12):1850–1853, 2003.
10. Ayotte, NW, et al: Electromyographical analysis of selected lower extremity muscles during 5 unilateral weight-bearing exercises. *J Orthop Sports Phys Ther* 37(2):48–55, 2007.
11. Bade, MJ, Kohrt, WM, and Stevens-Lapsley, JE: Outcomes before and after total knee arthroplasty compared to healthy adults. *J Orthop Sports Phys Ther* 40(9):559–567, 2010.
12. Baldon, R, et al: Effects of functional stabilization training on pain, function, and lower extremity biomechanics in women with patellofemoral pain: a randomized clinical trial. *J Ortho Sports Phys Ther* 44(4):240–251, 2014.
13. Bartha, L, et al: Autologous osteochondral mosaicplasty grafting. *J Orthop Sports Phys Ther* 36(10):739–750, 2006.
14. Barton, CJ, Webster, KE, and Menz, HB: Evaluation of the scope and quality of systematic reviews on nonpharmacological conservative treatment for patellofemoral pain syndrome. *J Orthop Sports Phys Ther* 38: 529–541, 2008.
15. Berchuck, M, et al: Gait adaptations by patients who have a deficient anterior cruciate ligament. *J Bone Joint Surg Am* 72(6):871–877, 1990.
16. Berenbaum, F: Osteoarthritis, epidemiology, pathology, and pathogenesis. In Klippel, JH, et al (eds): *Primer on the Rheumatic Diseases,* ed. 12. Atlanta: Arthritis Foundation, 2001, pp 285–293.
17. Bert, JM: Arthroscopic treatment of degenerative arthritis of the knee. In Insall, JN, and Scott, WN (eds): *Surgery of the Knee,* ed. 5. New York: Churchill Livingstone, 2012, pp 229–234.
18. Bertlet, GC, Mascia, A, and Miniaci, A: Treatment of unstable osteochondritis dessicans lesions of the knee using autogenous osteochondral grafts (mosaicplasty). *Arthroscopy* 15:312–316, 1999.
19. Beynnon, BD, et al: Treatment of anterior cruciate ligament injuries. Part 1. *Am J Sports Med* 33(10):1579–1602, 2005.
20. Beynnon, BD, et al: Treatment of anterior cruciate ligament injuries. Part 2. *Am J Sports Med* 33(11):1751–1767, 2005.

21. Beynnon, BD, et al: Rehabilitation after anterior cruciate ligament reconstruction: a prospective, randomized, double-blind comparison of programs administered over 2 different time intervals. *Am J Sports Med* 33(3):347–355, 2005.
22. Bianchi, G, et al: The use of unicondylar osteoarticular allografts in reconstructions around the knee. *Knee* 16:1–5. 2009.
23. Bizzini, M, et al: Systematic review of the quality of randomized, controlled trials for patellofemoral pain syndrome. *J Orthop Sports Phys Ther* 33(1):4–20, 2003.
24. Blackburn, TA, Eiland, WG, and Bandy, WG: An introduction to the plica. *J Orthop Sports Phys Ther* 3(4):171–177, 1982.
25. Bolgla, LA, et al: Hip strength and hip and knee kinematics during stair descent in females with and without patellofemoral pain syndrome. *J Orthop Sports Phys Ther* 38(1):12–18, 2008.
26. Boling, NC, et al: Outcomes of a weight-bearing rehabilitation program for patients diagnosed with patellofemoral pain syndrome. *Arch Phys Med Rehabil* 87:1428–1435, 2006.
27. Bollier, M, et al: Technical failure of medial patellofemoral ligament reconstruction. *Arthroscopy* 27(8):1153–1159. 2011.
28. Bonutti, PM: Minimally invasive total knee arthroplasty—Midvastus approach. In Hozack, WJ, et al (eds): *Minimally Invasive Total Joint Arthroplasty.* Heidelberg: Springer, 2004, pp 139–145.
29. Boyce, DA, and Hanley, ST: Functional based rehabilitation of the knee after partial meniscectomy or meniscal repair. *Orthop Phys Ther Clin North Am* 3:555, 1994.
30. Bradbury, N, et al: Participation in sports after total knee replacement. *Am J Sports Med* 26(4):530–535, 1998.
31. Brand, J, Jr, et al: Graft fixation in cruciate ligament reconstruction. *Am J Sports Med* 28:761–774, 2000.
32. Brittberg, M, and Winalski, CS: Evaluation of cartilage injuries and repair. *J Bone Joint Surg Am* 85-A(Suppl 2):58–69, 2003.
33. Brodersen, MP: Anterior cruciate ligament reconstruction. In Morrey, BF (ed): *Reconstructive Surgery of the Joints,* ed. 2. New York: Churchill Livingstone, 1996, p 1639.
34. Brownstein, BA, Lamb, RL, and Mangine, RE: Quadriceps, torque, and integrated electromyography. *J Orthop Sports Phys Ther* 6(6):309–314, 1985.
35. Buckwalter, JA, and Ballard, WT: Operative treatment of arthritis. In Klippel, JH (ed): *Primer on the Rheumatic Diseases,* ed. 12. Atlanta: Arthritis Foundation, 2001, pp 613–623.
36. Bynum, EB, Barrick, RL, and Alexander, AH: Open versus closed kinetic chain exercises after anterior cruciate ligament reconstruction: a prospective study. *Am J Sports Med* 23(4):401–406, 1995.
37. Cailliet, R: *Knee Pain and Disability,* ed. 3. Philadelphia: F.A. Davis, 1992.
38. Callaghan, JJ, et al: Mobile-bearing knee replacement: concepts and results. *Instr Course Lect* 50:431–449, 2001.
39. Cameron, H, and Brotzman, SB: The arthritic lower extremity. In Brotzman, SB, and Wilk, KE (eds): *Clinical Orthopedic Rehabilitation,* ed. 2. Philadelphia: Mosby, 2003, pp 441–474.
40. Camp, CL, et al: Medial patellofemoral ligament repair for recurrent patellar dislocation. *Am J Sports Med* 38(11):2248–2254, 2010.
41. Carrey, CT, and Tria, AJ: Surgical principles of total knee replacement: incisions, extensor mechanism, ligament balancing. In Pellicci, PM, Tria, AJ, and Garvin, KL (eds): *Orthopedic Knowledge Update, 2. Hip and Knee Reconstruction.* Rosemont, IL: American Academy of Orthopedic Surgeons, 2000, p 281.
42. Chinkulprasert, C, Vachalathiti, R, and Powers, CM: Patellofemoral joint forces and stress during forward step-up, lateral step-up, and forward step-down exercises. *J Orthop Sports Phys Ther* (41(4):241–248, 2011.
43. Chu, BI, et al: Surgical techniques and postoperative rehabilitation for isolated posterior cruciate ligament injury. *Orthop Phys Ther Prac* 19(3):185–189, 2007.
44. Chu, C: Cartilage therapies: Chondrocyte transplantation, osteochondral allografts, and autographs. In Pedowitz, RA, O'Conor, JJ, and Akeson, WH (eds): *Daniel's Knee Injuries: Ligament and Cartilage Structure, Function, Injury, and Repair,* ed. 2. Philadelphia: Lippincott Williams & Wilkins, 2003, pp 227–237.
45. Clifton, R, Ng, CY, and Nutton, RW: What is the role of lateral retinacular release? *J Bone Joint Surg Br* 92(1):1–6, 2010.
46. Clijsen, R, Suchs, J, and Taeymans, J: Effectiveness of exercise therapy in treatment of patients with patellofemoral pain syndrome: systematic review and meta-analysis. *Phys Ther,* 94:1697–1708, 2014.
47. Colvin, AC, and West, RV: Patellar instability. *J Bone Joint Surg Am* 90: 2751–2762, 2008.
48. Cooper, DE, DeLee, MD, and Ramamurthy, S: Reflex sympathetic dystrophy of the knee. *J Bone Joint Surg Am* 71(3):365–369, 1989.
49. Crossley, K, et al: A systematic review of physical interventions for patellofemoral pain syndrome. *Clin J Sport Med* 11(2):103–110, 2001.
50. Cyriax, J: *Textbook of Orthopaedic Medicine, Vol 1. Diagnosis of Soft Tissue Lesions,* ed. 8. London: Bailliere Tindall, 1982.
51. D'Amato, M, and Bach, BR: Knee injuries. In Brotzman, SB, and Wilk, KE (eds): *Clinical Orthopedic Rehabilitation,* ed. 2. Philadelphia: Mosby, 2003, pp 251–370.
52. D'Antonio, JA: Complications of total hip and knee arthroplasty: lessons learned. In Hozack, WJ, et al (eds): *Minimally Invasive Total Joint Arthroplasty.* Heidelberg: Springer, 2004, pp 304–308.
53. Davis, I, Ireland, ML, and Hanaki, S: ACL injuries—the gender bias. *J Orthop Sports Phys Ther* 37(2):A1–A7, 2007.
54. Davis, IS, and Powers, C: Patellofemoral pain syndrome: proximal, distal, and local factors. *J Orthop Sports Phys Ther* 40(3):A3–A9, 2010.
55. De Caro, F, et al: Large fresh osteochondral allografts of the knee: A systematic clinical and basic science review of the literature. *Arthroscopy* 31(4):757–765. 2015.
56. de Jong Z, et al: Long-term follow-up of a high-intensity exercise program in patients with rheumatoid arthritis. *Clin Rheumatol* 28(6): 663–671, 2009.
57. de Jong, Z, and Vlieland, TP: Safety of exercise in patients with rheumatoid arthritis. *Curr Opin Rheumatol* 17(2):177–182, 2005.
58. Dewan, AK, et al: Evolution of autologous chondrocyte repair and comparison to other cartilage repair techniques. *Biomed Research International* Article ID 272481:11 pages, 2014.
59. Deyle, GD, et al: Physical therapy treatment effectiveness for osteoarthritis of the knee: a randomized comparison of supervised clinical exercise and manual therapy procedures versus a home exercise program. *Phys Ther* 85:1301–1317, 2005.
60. Dixon, MC, et al: Modular fixed-bearing total knee arthroplasty with retention of the posterior cruciate ligament: a study of patients followed for a minimum of fifteen years. *J Bone Joint Surg Am* 87(3):598–603, 2005.
61. Dolak, KL, et al: Hip strengthening prior to functional exercises reduces pain sooner than quadriceps strengthening in females with patellofemoral pain syndrome: a randomized clinical trial. *J Orthop Sports Phys Ther* 41(8):560–570, 2011.
62. Drez, D, Edwards, TB, and Williams, CS: Results of medial patellofemoral ligament reconstruction in the treatment of patellar dislocations. *Arthroscopy* 17(3):298–306, 2001.
63. Dunn, WR, et al: The effect of anterior cruciate ligament reconstruction on the risk of knee re-injury. *Am J Sports Med* 32(8):1906–1914, 2004.
64. Eitzen, I, et al: A progressive 5-week exercise therapy program leads to significant improvement in knee function early after anterior cruciate ligament reconstruction. *J Orthop Sports Phys Ther* 40(11):705–721, 2010.
65. Eng, JJ, and Peirrynowski, MR: Evaluation of soft foot orthotics in the treatment of patellofemoral pain syndrome. *Phys Ther* 73(2):62–68, 1993.
66. Enloe, J, et al: Total hip and knee replacement programs: a report using consensus. *J Orthop Sports Phys Ther* 23(1):3–11, 1996.
67. Escamilla, RF, et al: Biomechanics of the knee during closed kinetic chain and open kinetic chain exercises. *Med Sci Sports Exerc*

30(4):556–569, 1998.
68. Escamilla, RF, et al: Patellofemoral joint force and stress between a shortand long-step forward lunge. *J Orthop Sports Phys Ther* 38(11):681–690, 2008.
69. Ethgen, O, et al: Health-related quality of life in total hip and total knee arthroplasty: a qualitative and systematic review of the literature. *J Bone Joint Surg Am* 86:963–974, 2004.
70. Farquhar, SJ, Reisman, DS, and Snyder-Mackler, L: Persistence of altered movement patterns during a sit-to-stand task 1 year following unilateral total knee arthroplasty. *Phys Ther* 88(5):567–579, 2008.
71. Feller, JA, and Webster, KE: A randomized comparison of patellar tendon and hamstring tendon anterior cruciate ligament reconstruction. *Am J Sports Med* 31(4):564–573, 2003.
72. Fineberg, MS, Zarins, B, and Sherman, OH: Practical considerations in anterior cruciate ligament replacement surgery. *Arthroscopy* 16(7): 715–724, 2000.
73. Finger, S, and Paulos, LE: Arthroscopic-assisted posterior cruciate ligament repair/reconstruction. In Jackson, DW (ed): *Master Techniques in Orthopedic Surgery: Reconstructive Knee Surgery,* ed. 2. Philadelphia: Lippincott Williams & Wilkins, 2003, pp 159–177.
74. Fisher, NM, et al: Quantitative effects of physical therapy on muscular and functional performance in subjects with osteoarthritis of the knees. *Arch Phys Med Rehabil* 74(8):840–847, 1993.
75. Fitzgerald, GK, et al: The efficacy of perturbation training in nonoperative anterior cruciate ligament rehabilitation programs for physically active individuals. *Phys Ther* 80(2):128–140, 2000.
76. Fitzgerald, GK, Axe, MJ, and Snyder-Mackler, L: Proposed practice guidelines for nonoperative anterior cruciate ligament rehabilitation of physically active individuals. *J Orthop Sports Phys Ther* 30:194–203, 2000.
77. Fitzgerald, GK, Piva, SR, and Irrgang, JJ: Reports of knee instability in knee osteoarthritis: prevalence and relationship to physical function. *Arthritis Rheum* 51:941–946, 2004.
78. Ford, DH, and Post, WR: Open or arthroscopic lateral release: indications, techniques, and rehabilitation. *Clin Sports Med* 16:29–49, 1997.
79. Fortin, PR, et al: Outcomes of total hip and knee replacement: preoperative functional status predicts outcomes at six months after surgery. *Arthritis Rheum* 42:1722–1728, 1999.
80. Fransen, M, McConnell, S, and Bell, M: Exercise for osteoarthritis of the hip or knee. *The Cochrane Database of Systematic Reviews* 2003, Issue 2. Art. No.: CD004376. doi:10.1002/14561858.CD004376.
81. Fu, FH, et al: Current trends in anterior cruciate ligament reconstruction. Part I. Biology and biomechanics of reconstruction. *Am J Sports Med* 27(6):821–830, 1999.
82. Fu, FH, et al: Current trends in anterior cruciate ligament reconstruction. Part II. Operative procedures and clinical correlations. *Am J Sports Med* 28(1):124–130, 2000.
83. Fujimoto, E, et al: An early return to vigorous activity may destabilize anterior cruciate ligaments reconstructed with hamstring grafts. *Arch Phys Med Rehabil* 85:298–302, 2004.
84. Fukuda, TY, et al: Short-term effects of hip abductors and lateral rotators strengthening in females with patellofemoral pain syndrome: a randomized, controlled clinical trial. *J Orthop Sports Phys Ther* 40(11):736–742, 2010.
85. Fulkerson, JP: Anteromedial tibial tubercle transfer. In Jackson, DW (ed): *Master Techniques in Orthopedic Surgery: Reconstructive Knee Surgery,* ed. 2. Philadelphia: Lippincott Williams & Wilkins, 2006, pp 13–25.
86. Fulkerson, JP: Diagnosis and treatment of patients with patellofemoral pain (Review). *Am J Sports Med* 30:447–456, 2002.
87. Gandhi, R, et al. Complications after minimally invasive total knee arthroplasty as compared with traditional incision techniques: a meta-analysis. *J Arthroplasty.* 26:29–35, 2011.
88. Garth, WP, DiChristina, DG, and Holt, G: Delayed proximal repair and distal realignment after patellar dislocation. *Clin Orthop* 377:132–144, 2000.
89. Gasser, SI, and Jackson, DW: Arthroscopic lateral release of the patella with radiofrequency ablation. In Jackson, DW (ed): *Master Techniques in Orthopedic Surgery: Reconstructive Knee Surgery,* ed. 2. Philadelphia: Lippincott Williams & Wilkins, 2006, pp 3–13.
90. Gerber, JP, et al: Safety, feasibility, and efficacy of negative work exercise via eccentric muscle activity following anterior cruciate ligament reconstruction. *J Orthop Sports Phys Ther* 37(1):10–18, 2007.
91. Gersoff, WK: Meniscal transplantation. In Mirzayan, P (ed): *Cartilage Injury in the Athlete.* New York: Thieme, 2006, pp 263–271.
92. Giles, LS, et al: Does quadriceps atrophy exist in individuals with patellofemoral pain? A systematic literature review with meta-analysis. *J Orthop Sports Phys Ther* 43(11):766–776, 2013.
93. Giles, LS, et al: Atrophy of the quadriceps is not isolated to the vastus medialis oblique in individuals with patellofemoral pain. *J Orthop Sports Phys Ther* 45(8):613–619, 2015.
94. Gill, TJ, Asnis, PD, and Berkson, EM: The treatment of articular cartilage defects using the microfracture technique. *J Orthop Sports Phys Ther* 36(10):728–738, 2006.
95. Gillogly, SD, Myers, TH, and Reinold, MM: Treatment of full-thickness chondral defects in the knee with autologous chondrocyte implantation. *J Orthop Sports Phys Ther* 36(10):751–764, 2006.
96. Goodfellow, J, Hungerford, D, and Woods, C: Patello-femoral joint mechanics and pathology of chondromalacia patellae. *J Bone Joint Surg Br* 58(3):291–299, 1976.
97. Gose, JC: CPM in the postoperative treatment of patients with total knee replacements. *Phys Ther* 67(1):39–42, 1987.
98. Grelsamer, RP, and Klein, JR. The biomechanics of the patellofemoral joint. *J Orthop Sports Phys Ther* 28(5):286–298, 1998.
99. Grelsamer, RP, and McConnell, J: *The Patella: A Team Approach.* Gaithersburg, MD: Aspen, 1998.
100. Griffin, LY, et al: Noncontact anterior cruciate ligament injuries: risk factors and prevention strategies. *J Am Acad Orthop Surg* 8(3):141–150, 2000.
101. Grood, ES, et al: Biomechanics of the knee: extension exercise. *J Bone Joint Surg Am* 66(5):725–734, 1984.
102. Gross, MT, and Foxworth, JL: The role of foot orthoses as an intervention for patellofemoral pain. *J Orthop Sports Phys Ther* 33(11):661–670, 2003.
103. Gryzlo, SM, et al: Electromyographic analysis of knee rehabilitation exercises. *J Orthop Sports Phys Ther* 20(1):36–43, 1994.
104. Gupte, CM, et al: A review of the function and biomechanics of the meniscofemoral ligaments. *Arthroscopy* 19(2):161–171, 2003.
105. Hall, MJ, and Mandalia, VI: Tibial tubercle osteotomy for patellafemoral joint disorders. *Knee Surg Sports Traumatol Arthroscopy* Oct 2014, doi:10.1007/s00167-014-3388-4.
106. Hangood, L: Mosaicplasty. In Insall, JN, and Scott, WN (eds): *Surgery of the Knee, Vol 1,* ed. 3. New York: Churchill Livingstone, 2001, p 357.
107. Hartigan, EH, Axe, MJ, and Snyder-Mackler, L: Timeline for noncopers to return-to-sports criteria after anterior cruciate ligament reconstruction. *J Orthop Sports Phys Ther* 40(3):141–154, 2010.
108. Hartigan, E, Lewek, M, and Snyder-Mackler, L: The knee. In Levangie, PK, and Norkin, CC (ed): *Joint Structure and Function: A Comprehensive Analysis,* ed. 5. Philadelphia: F.A. Davis, 2011, pp 396–439.
109. Harvey, LA, Brosseau, L, and Herbert, RD: continuous passive motion following total knee arthroplasty in people with arthritis. *Cochrane Database of Systematic Reviews* Issue 2:Article number CD004260, 2014. doi: 10.1002/14651858.CD004260.pub3.
110. Healy, WL, Iorio, R, and Lemos, MJ: Athletic activity after total knee arthroplasty. *Clin Orthop* 390:65–71, 2000.

111. Heckman, TP, Barber-Westin, SD, and Noyes, FR: Meniscal repair and transplantation: indications, techniques, rehabilitation, and clinical outcomes. *J Orthop Sports Phys Ther* 36(10):795–815, 2006.
112. Heckman, TP, Noyes, FR, and Barber-Westin, SD: Autogenic and allogenic anterior cruciate ligament rehabilitation. In Ellenbecker, TS (ed): *Knee Ligament Rehabilitation.* New York: Churchill Livingstone, 2000, p 132.
113. Heiderscheidt, B: Lower extremity hip injuries: is it just about strength? (Editorial) *J Orthop Sports Phys Ther* 40(2):39–41. 2010.
114. Henning, CE, et al: Arthroscopic meniscal repair using an exogenous fibrin clot. *Clin Orthop Relat Res* 252:64–72. 1990.
115. Herrington, L, and Al-Sherhi, A: A controlled trial of weight-bearing versus nonweight-bearing exercises for patellofemoral pain. *J Orthop Sports Phys Ther* 37(4):155–160, 2007.
116. Hewett, TE, Blum, KR, and Noyes, FR: Gait characteristics of the anterior cruciate ligament-deficient varus knee. *Am J Knee Surg* 10(4): 246–254, 1997.
117. Hewitt, B, and Shakespeare, D: Flexion versus extension: a comparison of postoperative total knee arthroplasty mobilization regimes. *Knee* 8:305–309, 2001.
118. Hiemstra, LA, Lo, I, and Fowler, PJ: Effect of fatigue on knee proprioception: implications for dynamic stabilization. *J Orthop Sports Phys Ther* 31(10):598–605, 2001.
119. Hinton, RY, and Sharma, KM: Acute and recurrent patellar instability in the young athlete. *Orthop Clin North Am* 34:385–396, 2003.
120. Holmes, SW, and Clancy, WG: Clinical classification of patellofemoral pain and dysfunction. *J Orthop Sports Phys Ther* 28(5):299–306, 1998.
121. Hurd, WJ, Axe, MJ, and Snyder-Mackler, L: A 10-year prospective trial of a patient management algorithm and screening examination for highly active individuals with anterior cruciate ligament injury. Part 1. Outcomes. *Am J Sports Med* 36:40–47, 2008.
122. Hurd, WJ, Axe, MJ, and Snyder-Mackler, L: A 10-year prospective trial of a patient management algorithm and screening examination for highly active individuals with anterior cruciate ligament injury. Part 2. Determinants of dynamic knee stability. *Am J Sports Med* 36:48–56, 2008.
123. Insall, JN, and Clark, HD: Historic development, classification and characteristics of total knee prostheses. In Insall, JN, and Scott, WN (eds): *Surgery of the Knee, Vol 2,* ed. 3. New York: Churchill Livingstone, 2001, p 1516.
124. Insall, JN, and Easley, ME: Surgical techniques and instrumentation in total knee arthroplasty. In Insall, JN, and Scott, WN (eds): *Surgery of the Knee, Vol 2,* ed. 3. New York: Churchill Livingstone, 2001, p 1553.
125. Ireland, ML, et al: Hip strength in females with and without patellofemoral pain. *J Orthop Sports Phys Ther* 33(11):671–676, 2003.
126. Jain, NB, et al: Trends in epidemiology of knee arthroplasty in the United States 1990–2000. *Arthritis Rheum* 52(12):3928–3933, 2005.
127. Jamtvedt, G, et al: Physical therapy interventions for patients with osteoarthritis of the knee: an overview of systematic reviews. *Phys Ther* 88(1):123–136, 2008.
128. Jarit, GJ, and Bosco, JA: Meniscal repair and reconstruction. *Bull NYU Hosp Joint Diseases* 68(2):84–90. 2010.
129. Jarvenpaa, J, et al: Obesity may impair the early outcome of total knee arthroplasty. *Scand J Surg* 99(1):45–49, 2010.
130. Jenkins, C, et al: After partial knee replacement patients can kneel, but they need to be taught to do so: a single-blind, randomized, controlled trial. *Phys Ther* 88(9):1012–1021, 2008.
131. Johnson, DP: The effect of continuous passive motion on wound healing and joint mobility after knee arthroplasty. *J Bone Joint Surg Am* 72(3):421–426, 1990.
132. Johnston, L, et al: The knee arthroplasty trial (KAT) design features, baseline characteristics, and two-year functional outcomes after alternative approaches to knee replacement. *J Bone Joint Surg Am* 91(1): 134–141, 2009.
133. Jones, CA, Voaklander, DL, and Suarez-Almazor, ME: Determinants of function after total knee arthroplasty. *Phys Ther* 83(8):696–706, 2003.
134. Kaltenborn, FM, et al: *Manual Mobilization of the Joints: Joint Examination and Basic Treatment, Vol I. The Extremities*, ed. 8. Oslo, Norway: Morli, 2014.
135. Karst, GM, and Jewett, PD: Electromyographic analysis of exercises proposed for differential activation of medial and lateral quadriceps femoris muscle components. *Phys Ther* 73(5):286–295, 1993.
136. Kegerreis, S, Malone, T, and Ohnson, F: The diagonal medial plica: an underestimated clinical entity. *J Orthop Sports Phys Ther* 9(9):305–309, 1988.
137. Kennedy, DM, et al: Assessing recovery and establishing prognosis following total knee arthroplasty. *Phys Ther* 88(1):22–32, 2008.
138. Khatod, M, and Akeson, WH: Ligament injury and repair. In Pedowitz, RA, O'Connor, JJ, and Akeson, WH (eds): *Daniel's Knee Injuries: Ligament and Cartilage Structure, Function, Injury, and Repair,* ed. 2. Philadelphia: Lippincott Williams & Wilkins, 2003, pp 185–201.
139. Khayambashi, K, et al: The effects of isolated hip abductor and external rotator muscle strengthening on pain, health status, and hip strength in females with patellofemoral pain: a randomized controlled trial. *J Orthop Sports Phys Ther* 42(1):22–29, 2011.
140. Kim, CW, and Pedowitz, RA: Principles of surgery. Part A. Graft choice and the biology of graft healing. In Pedowitz, RA, O'Connor, JJ, and Akeson, WH (eds): *Daniel's Knee Injuries: Ligament and Cartilage Structure, Function, Injury, and Repair,* ed. 2. Philadelphia: Lippincott Williams & Wilkins, 2003, pp 435–455.
141. Kim, K, et al: Effects of neuromuscular electrical stimulation after anterior curciate ligament reconstruction on quadriceps strength, function, and patient-oriented outcomes: a systematic review. *J Orthop Sports Phys Ther* 40(7):383–391, 2010.
142. Koeter, S, Diks, MJ, and Anderson PG: A modified tibial tubercle osteotomy for patellar maltracking: results at two years. *J Bone Joint Surg Br* 89:180–185, 2007.
143. Koh, JL, Hangody, L, and Rathonyi, GK: Osteochondral autograft transfer (OATS/mosaicplasty). In Mirzayan, R (ed): *Cartilage Injury in the Athlete.* New York: Thieme Medical Publishing, 2006, pp 124–140.
144. Kolessar, DJ, and Rand, JA: Extensor mechanism problems following total knee arthroplasty. In Morrey, BF (ed): *Reconstructive Surgery of the Joints,* ed. 2. New York: Churchill Livingstone, 1996, p 1533.
145. Kooiker, L, et al: Effects of physical therapist-guided quadricepsstrengthening exercises for the treatment of patellofemoral pain syndrome: a systematic review. *J Orthop Sports Phys Ther* 44(6):391–402, 2014.
146. Kremers, HM, et al: Prevalence of total hip and knee replacement in the United States. *J Bone Joint Surg Am* 97:1386–1397. 2015.
147. Kuster, MS: Exercise recommendations after total joint replacement: a review of the current literature and proposal of scientifically based guidelines. *Sports Med* 32(7):433–445, 2002.
148. Kvist, J: Rehabilitation following anterior cruciate ligament injury: current recommendations for sports participation. *Sports Med* 34:269–280, 2004.
149. Lack, S, et al: Proximal muscle rehabilitation is effective for patellofemoral pain: A systematic review with meta-analysis. *Br J Sports Med* 49(21): 1365–1376, 2015.
150. Laimins, PD, and Powell, SE: Principles of surgery. Part C. Anterior cruciate ligament reconstruction: Techniques past and present. In Pedowitz, RA, O'Connor, JJ, and Akeson, WH (eds): *Daniel's Knee Injuries: Ligament and Cartilage Structure, Function, Injury, and Repair,* ed. 2. Philadelphia: Lippincott

Williams & Wilkins, 2003, pp 472–491.
151. Lankhorst, NE, Bierma-Zeinstra, SMA, Van Middlekpoop, M: Risk factors for patellofemoral pain syndrome: a systematic review. *J Orthop Sports Phys Ther* 42(2):81–93, 2012.
152. Lee, S, et al: Outcome of anterior cruciate ligament reconstruction using quadriceps tendon autograft. *Arthroplasty* 20:795–802, 2004.
153. Lewis, PB, et al: Basic science and treatment options for articular cartilage injuries. *J Orthop Sports Phys Ther* 36(10):717–728, 2006.
154. Lin, F, et al: In vivo and noninvasive six degrees of freedom patellar tracking during voluntary knee movement. *Clin Biomech* 18:401–409, 2003.
155. Lizaur, A, Marco, L, and Cebrian, R: Preoperative factors influencing the range of movement after total knee arthroplasty for severe osteoarthritis. *J Bone Joint Surg Br* 79(4):626–629, 1997.
156. Logan, M, et al: The effect of posterior cruciate ligament deficiency on knee kinematics. *Am J Sports Med* 32(8):1915–1922, 2004.
157. Logerstedt, D, and Sennett, BJ: Case series utilizing drop-out casting for the treatment of knee joint extension motion loss following anterior cruciate ligament reconstruction. *J Orthop Sports Phys Ther* 37(7): 404–411, 2007.
158. Logerstedt, DS, et al: Knee pain and mobility impairments: meniscal and articular cartilage lesions. *J Orthop Sports Phys Ther* 40(6):A1–A35. 2010.
159. Logerstedt DS, et al: Knee stability and movement coordination impairments: knee ligament sprain. *J Orthop Sports Phys Ther* 40(4): A1–A37, 2010.
160. Lohmander, LS, et al: The long-term consequences of anterior cruciate ligament and meniscus injuries: osteoarthritis. *Am J Sports Med* 35: 1756–1769, 2007.
161. Lynch, PA, et al: Deep venous thrombosis and continued passive motion after total knee arthroplasty. *J Bone Joint Surg Am* 70(1):11–14, 1988.
162. Magee, DJ: *Orthopedic Physical Assessment,* ed. 6. Philadelphia: Saunders (Elsevier), 2014.
163. Mahoney, OM, et al: The effect of total knee arthroplasty design on extensor mechanism function. *J Arthroplasty* 17:416–421, 2002.
164. Mangine, RE, et al: Postoperative management of the patellofemoral patient. *J Ortho Sports Phys Ther* 28(5):323–335, 1998.
165. Manifold, SG, Cushner, FD, and Scott, WN: Anterior cruciate ligament reconstruction with bone-patellar tendon-bone autograft: Indications, technique, complications, and management. In Insall, JN, and Scott, WN (eds): *Surgery of the Knee, Vol 1,* ed. 3. New York: Churchill Livingstone, 2001, p 665.
166. Martin, RL, and Kivlan, B: The ankle and foot complex. In Levangie, PK, and Norkin, CC (eds): *Joint Structure and Function. A Comprehensive Analysis,* ed. 5. Philadelphia: F.A. Davis, 2011, pp 444–485.
167. Martin, SD, Scott, RD, and Thornhill, TS: Current concepts of total knee arthroplasty. *J Orthop Sports Phys Ther* 28(4):252–261, 1998.
168. Mascal, CL, Landel, R, and Powers, C: Management of patellofemoral pain targeting hip, pelvis, and trunk muscle function: 2 case reports. *J Orthop Sports Phys Ther* 33(11):642–660, 2003.
169. Matsumoto, A, et al: A comparison of bone-patellar tendon-bone and bone-hamstring tendon-bone autografts for anterior cruciate ligament reconstruction. *Am J Sports Med* 34(2):213–219, 2006.
170. Mauro, CS, et al: Loss of extension following anterior cruciate ligament reconstruction: analysis of incidence and etiology using IKDC criteria. *Arthroscopy* 24:146–153, 2008.
171. McCarthy, MR, et al: The effects of immediate continuous passive motion on pain during the inflammatory phase of soft tissue healing following anterior cruciate ligament reconstruction. *J Orthop Sports Phys Ther* 17(2):96–101, 1993.
172. McConnell, J: The management of chondromalacia patellae: a longterm solution. *Aust J Physiother* 32:215–233, 1986.
173. McDevitt, ER, et al: Functional bracing after anterior cruciate ligament reconstruction: a prospective, randomized, multicenter study. *Am J Sports Med* 32(8):1887–1892, 2004.
174. McGrory, BJ, Stuart, MJ, and Sim, FH: Participation in sports after hip and knee arthroplasty: review of literature and survey of surgeon preferences. *Mayo Clin Proc* 70:342–348, 1995.
175. McHugh, MP, et al: Preoperative indicators of motion loss and weakness following anterior cruciate ligament reconstruction. *J Orthop Sports Phys Ther* 27(6):407–411, 1998.
176. McInnes, J, et al: A controlled evaluation of continuous passive motion in patients undergoing total knee arthroplasty. *JAMA* 268(11): 1423–1428, 1992.
177. McKenzie, K, et al: Lower extremity kinematics of females with patellofemoral pain syndrome with stair stepping. *J Orthop Sports Phys Ther* 40(10):625–632, 2010.
178. McKinnis, LN: *Fundamentals of Musculoskeletal Imaging,* ed. 4. Philadelphia: F.A. Davis, 2014.
179. McLaughin, J, et al: Rehabilitation after meniscus repair. *Orthopedics* 17(5):463–471, 1994.
180. Meier, W, et al: Total knee arthroplasty: muscle impairments, functional limitations, and recommended rehabilitation approaches. *J Orthop Sports Phys Ther* 38(5):246–256, 2008.
181. Mikkelsen, C, Werner, S, and Eriksson, E: Closed kinetic chain alone compared to combined open and closed kinetic chain quadriceps strengthening with respect to return to sports: a prospective, matched, follow-up study. *Knee Surg Sports Traumatol Arthrosc* 8:337–342, 2000.
182. Miller, SL, and Gladstone, JN: Graft selection in anterior cruciate ligament reconstruction. *Orthop Clin North Am* 33:675–688, 2002.
183. Minas, T, and Bryant, T: The role of autologous chondrocyte implantation in the patellofemoral joint. *Clin Orthop* 436:30–39, 2005.
184. Minas, T: Surgical management of patellofemoral disease. In Mizrayan, R (ed): *Cartilage Injury in the Athlete.* New York: Thieme, 2006, pp 273–285.
185. Mintken, PE, et al: Early neuromuscular electrical stimulation to optimize quadriceps muscle function following total knee arthroplasty: a case report. *J Orthop Sports Phys Ther* 37(7):364–371, 2007.
186. Mirza, F, et al: Management of injuries to the anterior cruciate ligament: results of a survey of orthopaedic surgeons in Canada. *Clin J Sport Med* 10(2):85–88, 2000.
187. Mizner, RL, Petterson, SC, and Snyder-Mackler, L: Quadriceps strength and time course of functional recovery after total knee arthroplasty. *J Orthop Sports Phys Ther* 35(7):424–436, 2005.
188. Mizner, RL, Stevens, JE, and Snyder-Mackler, L: Voluntary activation and decreased force production of the quadriceps femoris muscle after total knee arthroplasty. *Phys Ther* 83(4):359–365, 2003.
189. Moffet, H, et al: Effectiveness of intensive rehabilitation on functional ability and quality of life after first total knee arthroplasty: a singleblind, randomized trial. *Arch Phys Med Rehabil* 85:546–555, 2004.
190. Moksnes, H, Snyder-Mackler, L, and Risberg, MA: Individuals with an anterior cruciate ligament-deficient knee classified as noncopers may be candidates for nonsurgical rehabilitation. *J Orthop Sports Phys Ther* 38(10):586–595, 2008.
191. Mologne, TS, and Friedman, MJ: Arthroscopic anterior cruciate reconstruction with hamstring tendons: Indications, surgical technique, complications, and their treatment. In Insall, JN, and Scott, WN (eds): *Surgery of the Knee, Vol 1,* ed. 3. New York: Churchill Livingstone, 2001, p 681.
192. Mooney, MF, and Rosenberg, TD: Meniscus repair: The inside-out technique. In Jackson, DW (ed): *Master Techniques in Orthopedic Surgery: Reconstructive Knee Surgery,* ed. 2. Philadelphia:

Lippincott Williams & Wilkins, 2003, pp 57–71.
193. Morgan, CD, and Leitman, EH: Meniscus repair: the all-inside arthroscopic technique. In Jackson, DW (ed): *Master Techniques in Orthopedic Surgery: Reconstructive Knee Surgery,* ed. 2. Philadelphia: Lippincott Williams & Wilkins, 2003, pp 73–91.
194. Morrey, BF, and Pagnano, MW: Mobile-bearing knee. In Morrey, BF (ed): *Joint Replacement Arthroplasty,* ed. 3. Philadelphia: Churchill Livingstone, 2003, pp 1013–1022.
195. Mulligan, BR: *Manual Therapy "NAGS", "SNAGS", "MWM's": etc.,* ed. 6. Wellington: Plane View Services Limited, 2010.
196. Mulvey, TJ, et al: Complications associated with total knee arthroplasty. In Pellicci, PM, Tria, AJ, and Garvin, KL (eds): *Orthopedic Knowledge Update 2. Hip and Knee Reconstruction.* Rosemont, IL: American Academy of Orthopedic Surgeons, 2000, p 323.
197. Murray, DW: Mobile bearing unicompartmental knee replacement. *Orthopedics* 28(9):985–987, 2005.
198. Myer, GD, et al: Rehabilitation after anterior cruciate ligament reconstruction: criterion-based progression through the return-to-sport phase. *J Orthop Sports Phys Ther* 36(6):385–402, 2006.
199. Myers, P, et al: The three-in-one proximal and distal soft tissue patellar realignment procedure: results and its place in the management of patellofemoral instability. *Am J Sports Med* 27:575–579, 1999.
200. Nakagawa, TH, Muniz, TB, and Baldon, R: The effect of additional strengthening of hip abductor and lateral rotator muscles in patellofemoral pain syndrome: a randomized, controlled pilot study. *Clin Rehabil* 22:1051–1056, 2008.
201. Noyes, FR, and Albright, JC: Reconstruction of the medial patellofemoral ligament with autologous quadriceps tendon. *Arthroscopy* 22(8):904, e1–e7, 2006.
202. Noyes, FR, and Barber-Westin, SD: Meniscal transplantation in symptomatic patients under fifty years of age. Survivorship analysis. *J Bone Joint Surg Am* 97:1209–1219. 2015.
203. Noyes, FR, and Barber-Westin, SD: Arthroscopic repair of meniscus tears extending into the avascular zone with or without anterior cruciate ligament reconstruction in patients 40 years of age and older. *Arthroscopy* 16(8):882–829, 2000.
204. Noyes, FR, and Barber-Westin, SD: Arthroscopic repair of meniscal tears extending into the avascular zone in patients younger than twenty years of age. *Am J Sports Med* 30(4):589–600, 2002.
205. Noyes, FR, Barber, SD, and Mangine, RE: Bone-patellar ligament-bone and fascia lata allografts for reconstruction of the anterior cruciate ligament. *J Bone Joint Surg Am* 72(8):1125–1136, 1990.
206. Noyes, FR, Barber-Westin, SD, and Rankin, M: Meniscal transplantation in symptomatic patients less than fifty years old. *J Bone Joint Surg Am* 86(7):1392–1404, 2004.
207. Noyes, FR, Barber-Westin, SD, and Rankin, M: Meniscal transplantation in symptomatic patients less than fifty years old: surgical technique. *J Bone Joint Surg Am* 87(Suppl 1, Part 2):149–165, 2005.
208. Noyes, FR, et al: Arthroscopy in acute traumatic hemarthrosis of the knee: incidence of anterior cruciate tears and other injuries. *J Bone Joint Surg Am* 62:687–695, 1980.
209. Noyes, FR, DeMaio, M, and Mangine, RE: Evaluation-based protocol: a new approach to rehabilitation. *J Orthop Sports Phys Ther* 14(12): 1383–1385, 1991.
210. Noyes, FR, Heckman, TP, and Barber-Westin, SD: Posterior cruciate ligament and posterolateral reconstruction. In Ellenbecker, TS (ed): *Knee Ligament Rehabilitation.* New York: Churchill Livingstone, 2000, pp 167–185.
211. Noyes, FR, Barber-Westin, SD, and Grood, ES: New concepts in the treatment of posterior cruciate ligament ruptures. In Insall, JN, and Scott, WN (eds): *Surgery of the Knee, Vol 1,* ed. 3. New York: Churchill Livingstone, 2001, p 841.
212. Olney, SJ, and Eng, J: Gait. In Levangie, PK, and Norkin, CC (eds): *Joint Structure and Function: A Comprehensive Analysis,* ed. 5. Philadelphia: F.A. Davis, 2011, pp 528–571.
213. Ortiguera, CJ, Hanssen, AD, and Stuart, MJ: Posterior cruciate-substituting and sacrificing total knee arthroplasty. In Morrey, BF (ed): *Joint Replacement Arthroplasty,* ed. 3. Philadelphia: Churchill Livingstone, 2003, pp 982–992.
214. Outerbridge, RE, and Dunlop, J: The problem of chondromalacia patellae. *Clin Orthop* 110:177–196, 1975.
215. Pagnano, MW, Papagelopoulas, PJ, and Rand, JA: Uncemented total knee arthroplasty. In Morrey, BF (ed): *Joint Replacement Arthroplasty,* ed. 3. Philadelphia: Churchill Livingstone, 2003, pp 993–1001.
216. Pagnano, MW, and Rand, JA: Posterior cruciate ligament retaining total knee arthroplasty. In Morrey, BF (ed): *Joint Replacement Arthroplasty,* ed. 3. Philadelphia: Churchill Livingstone, 2003, pp 976–981.
217. Pagnano, MW, and Rand, JA: Unicompartmental total knee arthroplasty. In Morrey, BF (ed): *Joint Replacement Arthroplasty,* ed. 3. Philadelphia: Churchill Livingstone, 2003, pp 1002–1012.
218. Palmitier, RA, et al: Kinetic chain exercises in knee rehabilitation. *Sports Med* 11(6):402–413, 1991.
219. Palmu, S, et al: Acute patellar dislocation in children and adolescents: a randomized, clinical trial. *J Bone Joint Surg Am* 90:463–470, 2008.
220. Papagelopoulos, PJ, and Sim, FH: Limited range of motion after total knee arthroplasty: etiology, treatment, and prognosis. *Orthopedics* 20:1061–1065, 1997.
221. Papagelopoulos, PJ, Sim, FH, and Morrey, BF: Patellectomy and reconstructive surgery for disorders of the patellofemoral joint. In Morrey, BF (ed): *Reconstructive Surgery of the Joints,* ed. 2. New York: Churchill Livingstone, 1996, p 1671.
222. Paris, MJ, Wilcon, RB, III, and Millett, PJ: Anterior cruciate ligament reconstruction: surgical management and postoperative rehabilitation considerations. *Orthop Phys Ther Pract* 17(4):14–24, 2005.
223. Patel, D: Arthroscopic synovectomy. In Jackson, DW (ed): *Master Techniques in Orthopedic Surgery: Knee Surgery,* ed. 2. Philadelphia: Lippincott Williams & Wilkins, 2003, pp 417–425.
224. Paulos, L, et al: Surgical correction of limb malalignment for instability of the patella: a comparison of 2 techniques. *Am J Sports Med* 37(7):1288–1300, 2009.
225. Paulos, LE, Walther, CE, and Walker, JA: Rehabilitation of the surgically reconstructed and nonsurgical anterior cruciate ligament. In Insall, JN, and Scott, WN (eds): *Surgery of the Knee, Vol 1,* ed. 3. New York: Churchill Livingstone, 2001, p 789.
226. Pearsall, AW, et al: The evaluation of refrigerated and frozen osteochondral allografts in the knee. *Surg Sci* 2:232–241. 2011.
227. Pepe, MD, Giffin, JR, and Haner, CD: Meniscal transplantation. In Jackson, DW (ed): *Master Techniques in Orthopedic Surgery: Reconstructive Knee Surgery,* ed. 2. Philadelphia: Lippincott Williams & Wilkins, Philadelphia, 2003, pp 93–101.
228. Perry, J: *Gait Analysis: Normal and Pathological Function.* Thorofare, NJ: Slack, 1992.
229. Philadelphia Panel: Evidence-Based Clinical Practice Guidelines on Selected Rehabilitation Interventions for Knee Pain. *Phys Ther* 81(10): 1675–1700, 2001.
230. Piva, SR, Coodnight, EA, and Childs, JD: Strength around the hip and flexibility of soft tissues in individuals with and without patellofemoral pain syndrome. *J Orthop Sports Phys Ther* 35(12):793–801, 2005.
231. Piva, SR, et al: A balance exercise program appears to improve function for patients with total knee arthroplasty: a randomized, clinical trial. *Phys Ther* 90(6):880–894, 2010.
232. Post, WR, and Fulkerson, JP: Surgery of the patellofemoral joint: Indications, effects, results, and recommendations. In Insall, JN, and Scott, WN (eds): *Surgery of the Knee, Vol 1,* ed. 3. New York: Churchill Livingstone, 2001, p 1045.
233. Powers, CM: The influence of abnormal hip mechanics on knee injury: a biomechanical perspective. *J Orthop Sports Phys Ther*

40(2):42–51, 2010.
234. Powers, CM: The influence of altered lower-extremity kinematics on patellofemoral joint dysfunction: a theoretical perspective. *J Orthop Sports Phys Ther* 33(11):639–646, 2003.
235. Powers, CM, et al: Patellofemoral pain: proximal, distal, and local factors—2nd international research retreat. *J Orthop Sports Phys Ther* 42(6):A1–A54, 2012.
236. Prims, MR, and van der Wurff, P: Females with patellofemoral pain syndrome have weak hip muscles: a systemic review. *Austral J Physiother* 55(1):9–15, 2009.
237. Rabin, A, et al: Factors associated with visually assessed quality of movement during a lateral step-down test among individuals with patellofemoral pain. *J Orthop Sports Phys Ther* 44(12):937–946, 2014.
238. Rajan, RA, et al: No need for outpatient physiotherapy following total knee arthroplasty. *Acta Orthop Scand* 75(1):71–73, 2004.
239. Rand, JA: Cemented total knee arthroplasty: Techniques. In Morrey, BF (ed): *Reconstructive Surgery of the Joints,* ed. 2. New York: Churchill Livingstone, 1996, p 1389.
240. Reinold, MM, et al: Current concepts in rehabilitation following articular cartilage repair procedures in the knee. *J Orthop Sports Phys Ther* 38(10):774–795, 2006.
241. Ricchetti, ET, et al: Comparison of lateral release versus lateral release with medial soft-tissue realignment for the treatment of recurrent patellar instability: a systematic review. *Arthroscopy* 23:463–468, 2007.
242. Richter, DL, et al: Knee articular cartilage repair and restoration techniques: A review of the literature. *Sports Health* doi:10.1177/1941738115611350. 2015.
243. Risberg, MA, et al: Neuromuscular training versus strength training first 6 months after anterior cruciate ligament reconstruction: a randomized, clinical trial. *Phys Ther* 87:737–750, 2007.
244. Risberg, MA, et al: The effect of knee bracing after anterior cruciate ligament reconstruction: a prospective, randomized study with two years' follow-up. *Am J Sports Med* 27:76–83, 1999.
245. Risberg, MA, et al: Design and implementation of a neuromuscular training program following anterior cruciate ligament reconstruction. *J Orthop Sports Phys Ther* 31(11):620–631, 2001.
246. Ritter, MA, et al: The effect of postoperative range of motion on functional outcomes after posterior-cruciate retaining total knee arthroplasty. *J Bone Joint Surg Am* 90(4):777–784, 2008.
247. Robinson, RL, and Nee, RJ: Analysis of hip strength in females seeking physical therapy for unilateral patellofemoral pain syndrome. *J Orthop Sports Phys Ther* 37(5):232–238, 2007.
248. Roddy, E, et al: Evidence-based recommendations for the role of exercise in the management of osteoarthritis of the hip or knee—The MOVE consensus. *Rheumatology* 44(1):67–73, 2005.
249. Roddy, E, Zhang, W, and Doherty, M: Aerobic walking or strengthening exercise for osteoarthritis of the knee? A systematic review. *Ann Rheum Dis* 64(4):544–548, 2005.
250. Roe, J, et al: A 7-year follow-up of patellar tendon and hamstring grafts for arthroscopic anterior cruciate ligament reconstruction: differences and similarities. *Am J Sports Med* 33(9):1337–1345, 2005.
251. Rossi, MD, and Hassan, S: Lower-limb force production in individuals after unilateral total knee arthroplasty. *Arch Phys Med Rehabil* 85: 1279–1284, 2003.
252. Saccomanni, B: Unicompartmental knee arthroplasty: a review of literature. *Clin Rheumatol* 29:339–346, 2010.
253. Sahrmann, S: *Diagnosis and Treatment of Movement Impairment Syndromes.* St. Louis: Mosby, 2002.
254. Schache, MB, McClelland, JA, and Webster, KE: Lower limb strength following total knee arthroplasty: A systematic review. *Knee* 21:12–20. 2014.
255. Schmitt, LC, et al: Instability, laxity, and physical function in patients with medial knee osteoarthritis. *Phys Ther* 88(12):1506–1516, 2008.
256. Schulz, MS, et al: Epidemiology of posterior cruciate ligament injuries. *Arch Orthop Trauma Surg* 123:186–191, 2003.
257. Schurman, DJ, and Rojer, DE: Total knee arthroplasty: range of motion across five systems. *Clin Orthop* 430:132–137, 2005.
258. Scott, RD: *Total Knee Arthroplasty.* Philadelphia: Saunders, 2006.
259. Scott, RD, et al: Long-term results of total knee replacement. In Pellicci, JM, Tria, AJ, and Garvin, KL (eds): *Orthopedic Knowledge Update, 2. Hip and Knee Reconstruction.* Rosemont, IL: American Academy of Orthopedic Surgeons, 2000, p 301.
260. Sculco, T, et al: Knee surgery and rehabilitation. In Melvin, JL, and Gall, V (eds): *Rheumatologic Rehabilitation Series, Vol 5. Surgical Rehabilitation.* Bethesda, MD: American Occupational Therapy Association, 1999, p 121.
261. Sekiya, JK, Ong, BC, and Bradley, JP: Complications in anterior cruciate ligament surgery. *Orthop Clin North Am* 34:99–105, 2003.
262. Sethi, P, Mirzayan, R, and Kharrazi, D: Microfracture technique. In Mirzayan, R (ed): *Cartilage Injury in the Athlete.* New York: Thieme Medical Publishers, 2006, pp 116–123.
263. Shaieb, MD, et al: A prospective, randomized comparison of patellar tendon versus semitendinosus and gracilis tendon autografts for anterior cruciate ligament reconstruction. *Am J Sports Med* 30(2):214–220, 2002.
264. Sharma, L, et al: Physical functioning over three years in knee osteoarthritis: role of psychosocial, local mechanical, and neuromuscular factors. *Arthritis Rheum* 48(12):3359–3370, 2003.
265. Shelbourne, KD, and Kloutwyk, TE: Rehabilitation after anterior cruciate ligament reconstruction. In Pedowitz, RA, O'Connor, JJ, and Akeson, WH (eds): *Daniel's Knee Injuries: Ligament and Cartilage Structure, Function, Injury, and Repair,* ed. 2. Philadelphia: Lippincott Williams & Wilkins, 2003, pp 493–500.
266. Shelbourne, KD, and Trumper, RV: Anterior cruciate ligament reconstruction: Evolution of rehabilitation. In Ellenbecker, TS (ed): *Knee Ligament Rehabilitation.* New York: Churchill Livingstone, 2000, pp 106–117.
267. Shelbourne, KD, and Urch, SE: Primary anterior cruciate ligament reconstruction using the contralateral autogenous patellar tendon. *Am J Sports Med* 28(5):651–658, 2000.
268. Sherman, OH, and Banffy, MB: Anterior cruciate ligament reconstruction: which graft is best? *Arthroscopy* 20(9):974–980, 2004.
269. Shoji, H, and Solomonov, M: Factors affecting postoperative flexion in total knee arthroplasty. *Clin Orthop* 13(6):643–649, 1990.
270. Silva, M, and Schmalzried, T: Knee strength after total knee arthroplasty. *J Arthroplasty* 18:605–611, 2003.
271. Singhal, MC, Fites, BS, and Johnson, DL: Fixation devices in ACL surgery: what do I need to know? *Orthopedics* 28(9):920–924, 2005.
272. Skou, ST, Rasmussen, S, et al: Knee confidence as it relates to selfreported and objective correlates of knee osteoarthritis: a cross-sectional study of 220 patients. *J Orthop Sports Phys Ther* 45(10):765–771, 2015.
273. Smidt, GL, Albright, JP, and Deusinger, RH: Pre- and postoperative functional changes in total knee patients. *J Orthop Sports Phys Ther* 6(1):25–29, 1984.
274. Smith, T, and Davies, L: The efficacy of continuous passive motion after anterior cruciate ligament reconstruction: a systematic review. *Phys Ther Sport* 8:141–152, 2007.
275. Snyder-Mackler, L, et al: Strength of the quadriceps femoris muscle and functional recovery after reconstruction of the anterior cruciate ligament. *J Bone Joint Surg Am* 77(8):1166–1173, 1995.
276. Soderberg, GL, and Cook, TM: An electromyographic analysis of quadriceps femoris muscle setting and straight leg raising. *Phys Ther* 63:1434–1438, 1983.
277. Souza, RB, et al: Femur rotation and patellofemoral joint kinematics: a weight-bearing magnetic resonance imaging analysis. *J Orthop Sports Phys Ther* 40(5):277–285, 2010.

278. Souza, RB, and Powers, CM: Differences in hip kinematics, muscle strength, and muscle activation between subjects with and without patellofemoral pain. *J Orthop Sports Phys Ther* 39(1):12–19, 2009.
279. Spencer, JD, Hayes, KC, and Alexander, IJ: Knee joint effusion and quadriceps reflex inhibition in man. *Arch Phys Med Rehabil* 65(4): 171–177, 1984.
280. Spindler, KP, et al: Anterior cruciate ligament reconstruction autograft choice: bone-tendon-bone versus hamstring. Does it really matter? A systematic review. *Am J Sports Med* 32(8):1986–1995, 2004.
281. Sprague, R: Factors related to extension lag at the knee joint. *J Orthop Sports Phys Ther* 3(4):178–182, 1982.
282. Steadman, JR, et al: Outcomes of microfracture for traumatic chondral defects of the knee: average 11-year follow-up. *Arthroscopy* 19:477–484, 2003.
283. Steindler, A: *Kinesiology of the Human Body Under Normal and Pathological Conditions.* Springfield, IL: Charles C Thomas, 1955.
284. Sterett, WI, et al: Effect of functional bracing on knee injury in skiers with anterior cruciate ligament reconstruction: a prospective cohort study. *Am J Sports Med* 34(10):1581–1585, 2006.
285. Stone, RC, Frewin, PR, and Gonzales, S: Long-term assessment of arthroscopic meniscus repair: a two to six year follow-up study. *Arthroscopy* 6(2):73–78, 1990.
286. Stratford, P: Electromyography of the quadriceps femoris muscles in subjects with normal and acutely effused knees. *Phys Ther* 62(3): 279–283, 1982.
287. Tadokoro, K, et al: Evaluation of hamstring strength and tendon regrowth after harvesting for anterior cruciate ligament reconstruction. *Am J Sports Med* 32(7):1644–1650, 2004.
288. Tagesson, S, et al: A comprehensive rehabilitation program with quadriceps strengthening in closed versus open kinetic chain exercise in patients with anterior cruciate ligament deficiency: a randomized, clinical trial evaluating dynamic tibial translation and muscle function. *Am J Sports Med* 36(2):298–307, 2008.
289. Tamburello, T, et al: *Patella hypomobility as a cause of extensor lag.* Research presentation. Overland Park, KS, May 1985.
290. Tanavalee, A, Choi, YJ, and Tria, AJ: Unicondylar knee arthroplasty: past and present. *Orthopedics* 28(12):1423–1433, 2005.
291. Thomas, SG, Pagura, SM, and Kennedy, D: Physical activity and its relationship to physical performance in patients with end stage knee osteoarthritis. *J Orthop Sports Phys Ther* 33(12):745–754, 2003.
292. Torchia, ME: Meniscal tears. In Morrey, BF (ed): *Reconstructive Surgery of the Joints,* ed. 2. New York: Churchill Livingstone, 1996, p 1607.
293. Tsai, AMH, and Pedowitz, RA: Meniscus injury and repair. In Pedowitz, RA, O'Connor, JJ, and Akeson, WH (eds): *Daniel's Knee Injuries: Ligament and Cartilage Structure, Function, Injury, and Repair,* ed. 2. Philadelphia: Lippincott Williams & Wilkins, 2003, pp 239–251.
294. Tyler, TF, and McHugh, MP: Neuromuscular rehabilitation of a female Olympic ice hockey player following anterior cruciate ligament reconstruction. *J Orthop Sports Phys Ther* 31(10):577–587, 2001.
295. Tyler, TF, et al: The effect of immediate weight bearing after anterior cruciate ligament reconstruction. *Clin Orthop* 357:141–148, 1998.
296. Tyler, TF, et al: The role of hip muscle function in the treatment of patellofemoral pain syndrome. *Am J Sports Med* 34:630–636, 2006.
297. Valtonen, A, et al: Muscle deficits persist after unilateral knee replacement and have implications for rehabilitation. *Phys Ther* 89(10): 1072–1079, 2009.
298. Walsh, M, et al: Physical impairments and functional limitations: a comparison of individuals 1 year after total knee arthroplasty with control subjects. *Phys Ther* 78:248–258, 1998.
299. Waryasz, GR, and McDermott, AY: Patellofemoral pain syndrome (PFPS): a systematic review of anatomy and potential risk factors. *Dyn Med* 26:7–9, 2008.
300. Wegener, L, Kisner, C, and Nichols, D: Static and dynamic balance responses in persons with bilateral knee osteoarthritis. *J Orthop Sports Phys Ther* 25(1):13–18, 1997.
301. Weiss, JM, et al: What functional activities are important to patients with knee replacements? *Clin Orthop* 404:172–188, 2002.
302. Whiteside, LA: Fixation in total knee replacement: Bone ingrowth. In Pellicci, PM, Tria, AJ, and Garvin, KL (eds): *Orthopedic Knowledge Update, 2. Hip and Knee Reconstruction.* Rosemont, IL: American Academy of Orthopedic Surgeons, 2000, p 275.
303. Wiley, JW, Bryant, T, and Minas, T: Autologous chondrocyte implantation. In Mirzayan, R (ed): *Cartilage Injury in the Athlete.* New York: Thieme Medical Publishers, 2006, pp 141–157.
304. Wilk, KE, and Andrews, JR: Current concepts in the treatment of anterior cruciate ligament disruption. *J Orthop Sports Phys Ther* 15(6): 279–293, 1992.
305. Wilk, KE, and Andrews, JR: The effects of pad placement and angular velocity on tibial displacement during isokinetic exercise. *J Orthop Sports Phys Ther* 17(1):24–30, 1993.
306. Wilk, KE, and Clancy, WG: Medial collateral ligament injuries: Diagnosis, treatment, and rehabilitation in knee ligament injuries. In Engle, RP (ed): *Knee Ligament Rehabilitation.*New York: Churchill Livingstone, 1991, p 71.
307. Wilk, KE, et al: Patellofemoral disorders: a classification system and clinical guidelines for nonoperative rehabilitation. *J Orthop Sports Phys Ther* 28(5):307–322, 1998.
308. Wilk, KE, Reinold, MM, and Hooks, TR: Recent advances in the rehabilitation of isolated and combined anterior cruciate ligament injuries. *Orthop Clin North Am* 34:107–137, 2003.
309. Williams, GN, et al: Dynamic knee stability: current theory and implications for clinicians and scientists. *J Orthop Sports Phys Ther* 31(10): 546–566, 2001.
310. Wilson, T, Carter, N, and Gareth, T: A multicenter, single-masked study of medial, neutral, and lateral patellar taping in individuals with patellofemoral pain syndrome. *J Orthop Sports Phys Ther* 33(8): 437–448, 2003.
311. Wilson, T: The measurement of patellar alignment in patellofemoral pain syndrome. Are we confusing assumptions with evidence? *J Orthop Sports Phys Ther* 37(6):330–341, 2007.
312. Wind, WM, Bergfeld, JA, and Parker, RD: Evaluation and treatment of posterior cruciate ligament injuries: revisited. *Am J Sports Med* 32(7):1765–1775, 2004.
313. Witvrouw, E, et al: Patellofemoral pain: consensus statement from the 3rd International Patellofemoral Pain Research Retreat held in Vancouver, September 2013. *Br J Sports Med* 48:411–414. 2014.
314. Wright, RW, and Fetzer, GB: Bracing after ACL reconstruction: a systematic review. *Clin Orthop Relat Res* 455:162–168, 2007.
315. Wright, RW, et al: A systematic review of anterior cruciate ligament reconstruction rehabilitation, part I: continuous passive motion, early weight bearing, postoperative bracing, and home-based rehabilitation. *J Knee Surg* 21:217–224, 2008.
316. Wright, TM: Biomechanics of total knee design. In Pellicci, PM, Tria, AJ, and Garvin, KL (eds): *Orthopedic Knowledge Update, 2. Hip and Knee Reconstruction.* Rosemont, IL: American Academy of Orthopedic Surgeons, 2000, p 265.
317. Zeni, JA, and Snyder-Mackler, L: Early postoperative measures predict 1- and 2-year outcomes after unilateral total knee arthroplasty: importance of contralateral limb strengthening. *Phys Ther* 90(1):43–55, 2010.
318. Zhang W, et al: OARSI recommendations for the management of hip and knee arthritis, Part II: OARSI evidence-based, expert consensus guidelines. *Osteoarthritis and Cartilage* 16:137–162, 2008.

第22章

踝足关节

LYNN COLBY　CAROLYN KISNER
JONATHAN ROSE　JOHN BORSTAD

踝足部的关节、韧带和肌肉为下肢末端结构提供了稳定性和灵活性。在站立时，足部用最少的肌肉耗能承担身体的重量。根据不同的功能需求，足部必须兼具柔韧性和相对的稳定性。因此足具有缓冲功能，适应不平坦的地面并能在跑和走时作为杠杆结构推进身体向前。

清楚掌握踝足部复杂的解剖及运动学对治疗该部位的损伤是非常重要的。本章的第一部分回顾了读者必须了解的该领域的重点。第二部分包括踝足部失稳和手术的管理指南，第三部分描述了踝足部的运动干预。第 10~13 章介绍了管理原则的一般信息；读者应熟悉这些章节的内容，并具备检查和评估的能力，以便有效地制订运动治疗计划，以改善患者踝足部在损伤、疾病或手术后的功能。

踝足的结构和功能

踝足部的骨由远端胫骨、腓骨、7 块跗骨、5 块跖骨和 14 块趾骨组成（图 22.1）。

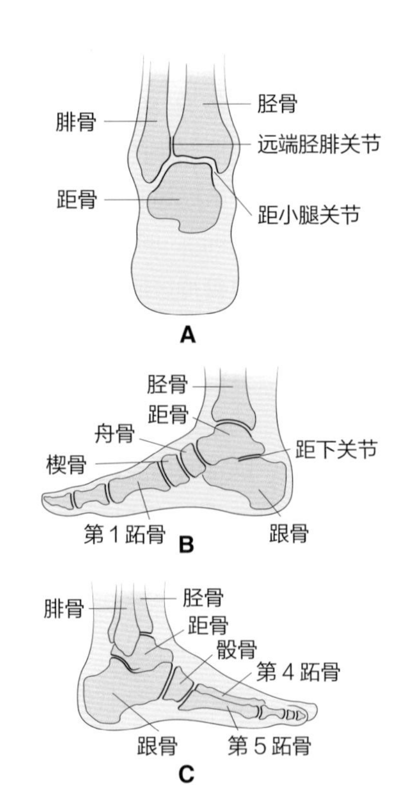

图 22.1 踝关节和足部骨骼。A. 小腿和足踝的前面观。B. 内侧观。C. 外侧观

结构关系及运动

解剖特点

小腿的结构能够将直立活动时地面的反作用力由足部传导到膝关节和股骨。不同的活动中，踝、足提供了稳定性或灵活性的基石，以满足下肢对力的控制及需求。踝足部运动的定义使用主平面和三平面来描述。

小腿

胫骨和腓骨组成了小腿的骨性结构。这两块骨由之间的骨间膜连接，下胫腓前、后韧带紧紧将下胫腓关节固定，强大的关节囊包裹住了上胫腓关节。不像上肢的肱骨和桡骨，胫、腓骨不能绕着对方旋转，但两骨之间能轻微活动，使踝关节有更大的活动度。

足

足被分成了三个部分：后足、中足和前足。

后足：距骨和跟骨组成了后足。

中足：舟状骨、骰骨和 3 块楔骨组成了中足。

前足：5 块跖骨和 14 块趾骨组成了前足。除了踇趾，每个足趾有 3 块趾骨。

踝足的运动

主平面运动

尽管踝足没有单一发生在主平面上的运动，但仍被定义如下[71,211,283]。

矢状面上绕额状轴（冠状轴）的运动：背伸是向足背侧的运动，使小腿和足背之间的关节角度减小，而跖屈是向足跖面的运动。当这些运动发生在足趾时，也可以称为背伸或伸展和跖屈或屈曲。

额状面上绕矢状轴（前后向）的运动：内翻是指足向内翻转，外翻是向外翻转。通常的，向内和向外的运动被称为“内收”和“外展”，但由于足部垂直于小腿，所以专业术语“内收”“外展”不能用于形容这种额状面上的运动。

横截面上绕垂直轴的运动：外展是指远离中线的运动，内收是指靠近中线的运动。

三平面运动

三平面运动是踝足中的关节围绕斜的旋转轴运

动。该定义描述的是骨的远端相对于近端的运动。当骨的近端运动，远端稳定（如步行中负重）时，产生的运动是相反的，尽管相对关节的运动与定义一致。

旋前：旋前是指背伸、外翻和外展的联合运动。当身体负重时，由于距下关节和跗横关节的旋前使足弓降低，并且前足相对旋后，伴第一跖骨背伸和第五跖骨跖屈。在足部负重、吸收下肢末端旋转负荷以及适应地形时，足部常处于松散或不太稳定的姿势[71]。

旋后：旋后是指跖屈、内翻和内收的联合运动。在足部负重、闭链运动中，距下关节和跗横关节旋后，伴前足旋前（第一跖骨跖屈和第五跖骨背伸）以升高足弓，获得紧凑或稳定的足部关节姿势。在蹬离期推动身体前移中，这个姿势起着刚性杠杆的作用。

注意：术语“内翻”和“旋后”，同“外翻”和“旋前”一样，可以互换使用。本文采用直译来定义上述内容。

关节结构特点及运动学：小腿、踝、足

小腿、踝、足各部位的关节结构特点决定了它们对踝足复合体功能的影响[211,293]。

胫腓关节

解剖学上，上、下胫腓关节独立于踝关节，但它们提供的附属运动使踝关节有更大的活动范围。这些关节的融合或僵硬都会导致踝关节功能障碍。由胫骨和腓骨远端形成的榫眼构成了踝（距小腿）关节的近端。

上胫腓关节结构特点：是由腓骨头与胫骨外侧髁后外侧的关节面组成的平面型滑膜关节。该关节面朝向后、向下与向外。尽管位置邻近膝关节，但上胫腓关节有自己的关节囊，并由前后胫腓韧带加强。

下胫腓关节结构特点：下胫腓关节为两个骨表面间的纤维脂肪组织的连接。由胫腓骨间韧带和前后胫腓韧带加强该关节。

附属运动：随着踝关节的背伸和跖屈，腓骨有轻微的附属运动参与。运动的方向取决于上胫腓关节的关节面方向和胫腓韧带的弹性。然而，在踝关节背伸时，这种运动对于距骨能在榫眼内充分活动是非常重要的。

踝（距小腿）关节

结构特点：踝关节（距小腿）是铰链式的滑膜关节，由榫眼（胫骨远端和胫骨及腓骨踝部）和距骨滑车（穹隆）组成，被包裹在一个相当薄弱的关节囊里。它同距下关节一样，内侧由内侧副韧带（三角韧带）支撑，外侧由外侧副韧带（前后距腓韧带和跟腓韧带）支撑（图 22.2）。

外踝的位置较内踝靠后靠下，因此榫槽的角度朝向外下方。导致踝关节的运动轴外旋 20°~30°，斜向下 10°。榫眼的表面与距骨体关节

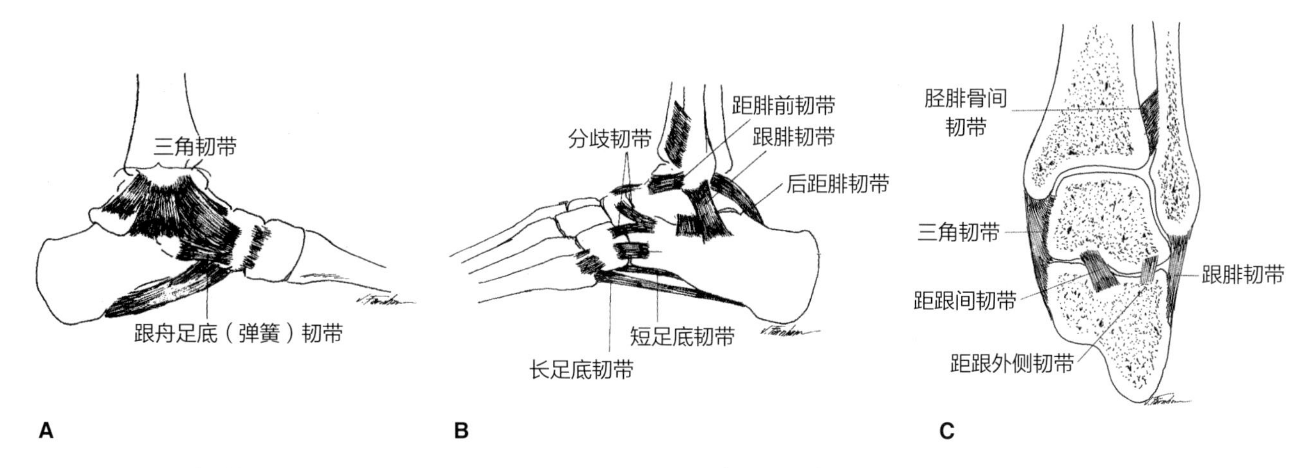

图 22.2 踝足韧带。A. 内侧视图。B. 外侧视图。C. 后侧视图（横截面）[经许可引自 Martin, RL, and Kivlan, B: The ankle and foot complex. In Levangie, PK, and Norkin, CC (eds): Joint Structure and Function, ed. 5. Philadelphia: F.A. Davis, A and B, p 445; C, p 449]

面相吻合。

距骨的表面呈楔形，前方宽大，也呈锥形，窄面朝向内侧。由于距骨的形状和轴的方向导致足在背伸时，距骨外展伴轻微的外翻（旋前）。当足跖屈时，距骨内收伴轻微的内翻（旋后）。背伸时距小腿关节紧密，处于稳定位置；跖屈时为不稳定姿势。

临床提示

重要的是要认识到踝与足的稳定姿势并不总是一致的。例如，当一个人穿着高跟鞋走路时，踝关节更容易受伤，因为距小腿关节处于不太稳定的跖屈位置，而距下关节和跗骨横关节处于紧密（刚性）的位置。

关节运动学：距小腿关节凹面为榫眼，凸面为距骨体。随着足部的生理运动，距骨的关节面朝相反的方向滑动。

距下（距跟）关节

结构特点：距下（距跟）关节是一个复杂的关节，在距骨与跟骨之间有三个关节连接。它的运动轴为斜轴，与水平面约呈 42° 夹角，与矢状面呈 16° 夹角，使跟骨在距骨上有旋前、旋后的三平面运动。

纯粹的额状面上内翻（足跟向内转）和外翻（足跟向外转）动作仅能在被动运动时出现。同距小腿关节一样，内外侧副韧带也支撑距下关节。距跟骨间韧带、距跟后韧带和距跟外侧韧带共同附着于跗骨管内（图 22.2）。在闭链运动中，距跟关节减轻了小腿和足之间的旋转力，因此，正常情况下，保持与支撑面接触时，足部不会出现过度的内翻或外翻。

在距骨和跟骨之间的三个关节中，后部关节借跗骨管与前部及中间关节隔开。跗骨管将距下关节分成两个关节腔。后部关节有自己独立的关节囊，前部关节与距舟关节一起封闭在同一个关节囊内，形成距跟舟关节。从功能上看，这些关节是协同工作的。

关节运动学：距骨底后关节面为凹面，与之对应的跟骨关节面为凸面。距骨前方及中间关节面为凸面，与之对应的跟骨关节面为凹面。在距下关节的开链生理运动中，跟骨的后关节凸面滑行方向与运动方向相反；前方和中间关节凹面与运动方向相同，类似于转动门把手。随着外翻的复合运动，跟骨向外摆动，后关节面向内侧滑动，而在内翻时，后关节面滑向外侧。

距舟关节

结构特点：在结构和功能上，距舟关节和距下关节的前部、中间关节同样是距骨和足舟骨之间复杂关节的一部分。它由跟舟韧带、三角韧带、分歧韧带和距舟背侧韧带支撑。足舟骨在距骨上的三平面运动功能，与距下关节一起，产生了旋前和旋后运动。

足负重旋前时，距骨头垂向跖面和内面，使足部产生形变、内侧纵弓降低。本质上，跟骨外翻时，支撑足不能同时背伸和外展，所以距骨相对于跟骨跖屈内翻。这种跖骨头向下向内的运动导致足舟骨向上向外的运动以及降低足弓。在旋后时则情况相反，产生了结构稳定的足部且升高内侧纵弓。跟骨内翻，距骨背伸外翻，导致足舟骨跖屈、内翻和内收。

关节运动学：距骨头是凸面；足舟骨近端关节面是凹面。随着足部的生理运动，足舟骨滑动方向与前足运动方向一致。在开链旋前运动中，足舟骨向背面及外侧（外展和外翻）滑动，导致内侧纵弓下降。旋后时，足舟骨滑向跖面和内侧（内收和内翻）。

跗横关节

结构特点：跗横关节是在后足和中足之间的功能性复合关节，由解剖学上独立的两个关节——距舟关节和跟骰关节组成。距舟关节已经在上面的部分说明了。跟骰关节为鞍状关节。跗横关节参与了三平面上足部的旋前旋后运动并且为适应不同的地面提供了补偿性运动。其被动附属运动包括外展 / 内收、内翻 / 外翻和背面 / 跖面滑动。

关节运动学：在背伸—跖屈方向上跟骨的关节面为凸面，在内侧—外侧方向上跟骨的关节面为凹面。骰骨的关节面则相对应的为凹面和凸面。

其余的跗骨间关节和跗跖骨关节

其余的跗骨间关节和跗跖骨关节为平面关节，加强跗横关节功能和在负重时帮助调整前足着地的位置。

跖趾关节和趾间关节

足趾上的跖趾关节（MTP）和趾间关节（IP）同手指上的掌指关节和指间关节一样，除了在足趾中伸展的活动范围（ROM）比屈曲的活动范围更重要。正常的步行必须有跖趾关节的伸展参与。此外，与拇指不同，蹋趾并没有独立于其他足趾的功能。

踝足的功能

结构关系

小腿和足的运动相互依赖：在负重足中，距下关节的运动和胫骨旋转是分不开的。距下关节旋后会导致胫骨外旋，胫骨外旋也会导致距下关节旋后，反之亦然[211,293]。

足弓：足弓可以想象为一个弯曲的骨韧带板，跖骨头水平列在板的前缘，跟骨垂直放置在板的后缘。这种弯曲产生了横弓和纵弓。当足部负重时，弯曲的骨韧带板会慢慢变平使足弓稍微下降[211]。

- 足弓的主要支撑来自弹簧韧带，额外支撑有长、短跖韧带和足底筋膜（图 22.2）。在步行蹬离期，足部跖屈外旋、跖趾关节伸展，增加的张力作用到足底筋膜，帮助升高足弓。这被称为“卷扬机效应”。
- 在正常静态的足部，肌肉对足弓的支撑作用很少，但在没有肌肉张力的情况下，足部负重状态会引起被动支撑组织牵伸和足旋前增加。此时肌肉有助于行走时足弓的支撑。

对姿势的影响：负重站立时，双下肢承担的重量相等，如果一侧足 / 踝复合体的旋前程度大于另一侧，那么这侧下肢会稍短，整体效果表现为额状面上的不对称。旋前足上所有的体表标志（髂嵴、大转子、腘窝、腓骨头和内踝）都低于另一侧。

足异常姿势：患有跟骨内翻畸形（见于无负重状态）的患者可通过站立时跟骨旋前（外翻）姿势来代偿[72]。足旋前姿势下也可见大腿内旋、膝外翻和股骨内旋。术语“扁平足”或“旋前足”经常可以互换来形容后足的旋前姿势和内侧纵弓降低。“高弓足”和“旋后足”被用来描述高足弓[252]。

踝足肌肉功能

跖屈肌：跖屈运动主要由双关节肌腓肠肌和单关节肌比目鱼肌产生的。这些肌肉通过跟腱连接跟骨。

次级跖屈肌：其他经过跖屈运动轴后侧的肌群对跖屈的作用很小，但它们却有其他功能。

- 胫骨后肌是强有力的旋后肌和内翻肌，在负重时支撑内侧纵弓，在承重反应期控制和抵抗足的旋前[247]。
- 长屈肌和趾长屈肌作用是屈曲足趾及帮助支撑内侧纵弓。内在肌必须也在跖趾关节处产生作用，以避免产生爪形趾（跖趾关节伸展的同时趾间关节屈曲）。
- 腓骨长短肌主要作用是使距下关节和足旋前，且腓骨长肌在负重运动时对横弓和外侧纵弓提供支撑。

背伸肌：踝背伸是胫骨前肌（使踝关节内翻）、蹋长伸肌、趾长伸肌（使足趾伸展）和第三腓骨肌共同作用产生的。

内在肌：足部内在肌功能与手部相似（除了没有类似拇指的功能）。此外，它们在步行时为足弓提供支撑。

维持站立位稳定的肌群：正常站立时，人体的重力线位于踝关节前方，产生了背伸力矩。比目鱼肌收缩将胫骨拉向后方以抵抗重力力矩。在姿势不稳时，其他外在肌帮助稳定足部。

踝足复合体与步态

在正常步行周期中，踝关节运动的活动范围为 32°~35°。支撑中期的末端背伸 7° 左右，到支撑末期足趾离地前，踝关节跖屈 25°[254]。

步态周期中踝足关节的功能

踝关节和足部在减震、适应地形和行进中的功能情况会发生以下变化[211,254,267]。

- 在承重反应期（足跟触地到足放平）足跟以中立位或轻微旋后的方式触地。随着足放平，足开始旋前成松散的足部姿势。整个下肢内旋，加强了足部松散的姿势。当足部处于松散的姿势时，可以适应地面轮廓的变化，并缓冲地面的冲击力。
- 一旦足完全接触地面，足背伸运动就开始了，伴随胫骨向前移动超过足。这时胫骨也在内旋，加强距下关节的旋前和足部的松散姿势。
- 在站立中期和随后的站立末期，胫骨开始外旋，启动后足旋后，锁定跗横关节，这将使足部处于紧绷的姿势。随着足跟上抬，足向前滚动至足趾撑地，紧绷的姿势被加强，从而导致足趾伸展和足底筋膜拉紧（卷扬效应）。这个稳定的姿势将足转化为一个坚硬的杠杆，当腓肠肌－比目鱼肌复合体拉动踝关节跖屈时将身体向前推进。

步态周期中踝足肌肉控制

踝关节和足部的肌肉在步态周期中通过以下肌群发挥作用[211,254,267]。

踝背伸肌群：踝背伸肌群在首次触地和承重反应期（足跟触地到足放平）中发挥作用，以抵消踝跖屈的力矩，并控制脚掌落地。它们也在迈步期发挥作用，防止足下垂、在地面上拖拽。如果踝背伸肌群功能丧失，足在首次触地时会发生足底拍击地面，以及在迈步时髋关节和膝关节过度屈曲以防止足趾拖地。

踝跖屈肌群：在站位相早期，踝关节跖屈肌离心收缩控制胫骨向前移动的速度。然后，在步态周期的40%左右（站立中期），会产生向心收缩，踝关节跖屈，蹬离地面。其功能丧失会导致下肢在站立末期轻微滞后，且没有蹬离动作。

踝关节外翻肌群：在支撑相后期腓骨长肌的收缩使身体重量从足外侧向内侧转移。它还能稳定第一趾骨，并随着后足旋后的增加，使跗跖关节向前扭转。

踝关节内翻肌群：胫骨前肌参与控制后足的旋前力量，胫骨后肌在承重反应期参与控制足内侧纵弓上的旋前力。

足内在肌：足内在肌在步态周期中支撑足纵弓和横弓。

牵涉痛和神经损伤

几条主要神经终止于足部。神经的损伤或卡压可能发生在其路线经过的任何地方——从腰骶椎到神经末端。要使治疗有效，必须针对问题的根源。因此，我们要获得一个完整的病史，当患者出现牵涉痛模式、感觉改变或肌肉无力时，我们就要进行检查。在第13章和相关的图表中详细地描述和展示了足部和踝关节区域的牵涉痛模式和外周神经支配。

易受压迫和损伤的神经

腓总神经：当腓总神经从外侧绕过腓骨颈并通过腓骨长肌的开口时易受到压迫。

胫神经：在跗管内受到卡压产生跗管综合征，可能发生于内踝后方的占位性病变。

足底和跟骨的神经：胫神经的分支在转入足底内侧和通过踇外展肌的开口时可能会发生卡压。过度旋前使神经紧靠这些开口。神经受到激惹的症状与急性的足部拉伤（足底后内侧的压痛）、足跟痛（发炎的跟骨神经）和高弓足的疼痛类似。

足部节段牵涉痛的常见来源

L4、L5和S1神经根通过腓总神经和胫神经的末端分支终止于足部。牵涉痛可能因来自同一脊髓节段组织的刺激而产生，或由于神经根受刺激或损伤而产生感觉改变（图13.2）。

足、踝疾病的管理及手术

在处理足部和踝关节疾病时，为了做出正确的临床决策，必须了解各种病理、手术程序和相关的预防措施，并正确地识别损伤、活动受限和参与受限。在这一节中，我们将介绍常见的病理和外科手术，并运用组织愈合原则和运动干预进行保守治疗和术后管理。

关节活动度不足：非手术处理

常见的关节症状的病理病因

类风湿关节炎（RA）、幼年型类风湿关节炎（JRA）和退行性关节病（DJD）等会影响足和踝关节复合体，也会影响创伤、脱位或骨折后的急性关节反应。当关节在石膏或矫形器中固定一段时间后，关节囊和周围的组织就会发生挛缩和粘连。读者可参阅第 11 章，了解有关关节炎、制动后关节僵硬和病因的背景资料。以下部分针对踝关节和足进行讲解。

类风湿关节炎（RA）。类风湿关节炎导致的足部和踝关节病理通常在疾病早期影响前足，之后影响后足，最不易被影响的是脚踝 [146,214]。在足部的跖趾关节，距下关节和距小腿关节的类风湿关节炎可导致严重的关节不稳和疼痛畸形，如跗外翻和趾骨头半脱位。足和踝关节的肌腱断裂也可能是慢性炎症的结果，其也可能导致畸形 [146]。

退行性关节病（DJD）和关节创伤。退行性症状发生在反复损伤的关节，急性关节症状常与踝关节扭伤、慢性关节不稳或骨折同时出现。导致退行性关节病的创伤后关节炎是影响踝关节的最常见类型的关节炎，约占所有踝关节关节炎的 70%~80%。相比之下，原发性骨关节炎在髋关节和膝关节很常见，在踝关节很少见，甚至在老年人中也很少见 [214,346]。

制动后的僵硬。关节囊和周围软组织的挛缩和粘连可发生在骨折后或手术后关节制动的任何时候。

痛风。症状通常会影响踇趾的跖趾关节，在站立末期引起疼痛，导致步行时患腿站立时间减少，缺乏平稳的蹬离动作。

常见的结构与功能损伤，活动受限和参与受限

在类风湿关节炎中，这里列出的许多损伤和畸形都发生在疾病的进程中 [146,308]。关节退行性病变和制动后僵硬只发生在影响到的关节 [44]。活动受限和参与受限主要是由于负重能力的丧失。

- **运动受限。**当症状严重时，患者会经历肿胀、活动受限和运动时疼痛，尤其是负重活动时。当症状为慢性时，就会有运动受限、关节活动减少的症状，并在受影响的关节中有坚实的关节囊终末感。
  - **近端和远端胫腓关节。**这两个关节可由于制动引起关节附属运动受限，限制了踝关节和距下关节的运动。
  - **距小腿关节。**跖屈的被动关节活动度比背伸受限更多（除非腓肠 – 比目鱼肌复合体也缩短了，这种情况下背伸受限）[57]。
  - **距下关节，跗横关节，跗趾关节。**旋后会逐步受限，直到最终关节保持在旋前位，足的内侧纵弓变平 [57]。在步态周期的站立末期（蹬离期）时跗骨间的紧凑位置（旋后）将变得越来越难以维持。中足的关节炎会有中到重度的疼痛，特别是负重时 [277]。
  - **踇趾跖趾关节。**会产生严重的伸展受限和一定程度的屈曲受限，其他四趾的跖趾关节则不一定。伸展受限会使步态周期中站立末期足不能向前滚动抬起至趾骨头支撑。这加剧了旋前姿势和步态蹬离期足不能旋后的状况。
- **对线异常。**除肌肉失衡外有很多因素会导致畸形，如肌腱断裂、穿着不合适的鞋、创伤和粘连。常见的前足畸形见专栏 22.1[205,308]。
- **肌力弱和肌耐力减退。**由于疼痛和肢体的使用限制导致的肌肉抑制会造成肌肉的功能障碍。

专栏 22.1 常见的关节炎相关的前足畸形

- **踇外翻**。当踇趾的近端趾骨向外侧朝第二趾移位时，就会发展成踇外翻畸形。最后踇趾的屈肌和伸肌都向外侧移位，会进一步加重畸形。可能会引起踇囊炎和骨肥大，产生疼痛。
- **踇趾外翻 / 踇趾强直**。第一跖趾关节间隙变窄直至消失，同时逐渐失去伸展功能。因为足趾不能在跖骨头上滚动，而且踇趾不能正常蹬离，所以影响了步行的支撑末期。为了代偿，患者会将足趾向外翻转，在踇趾的内侧面上滚动。这种错误的模式会加重踇趾外翻和足部旋前，通常导致跖趾关节强烈的疼痛。
- **跖趾关节背侧半脱位 / 近端趾骨与跖骨头分离**。如果发生脱位，那么正常情况下位于跖骨头下方的脂肪垫也会随着趾骨向背侧移动。失去了负重时的保护垫，就会导致疼痛、胼胝形成甚至溃疡。
- **爪形足（跖趾关节过伸同时趾间关节屈曲）和锤状趾（跖趾关节过伸、近端趾间关节屈曲同时远端趾间关节过伸）**。这些畸形是由于足趾内侧和外侧肌肉力量失衡导致的。鞋与足摩擦的地方可能会产生胼胝。

- **平衡和姿势控制功能障碍**。在使用踝关节策略保持平衡时，踝关节的关节囊和韧带以及肌梭中的感受器提供重要的信息以维持平衡。在有外界干扰时踝关节策略用来控制平衡（见第 8 章）。当有关节不稳，肌肉功能障碍和关节炎时会产生错误的反馈和平衡不足。
- **跌倒频率增加**。平衡障碍或踝关节不稳（打软腿）可能导致频繁的跌倒或害怕跌倒，从而限制社区外出活动 [214]。
- **负重时疼痛**。当症状严重时，负重活动会产生疼痛，使患者不能独立步行，从椅子上起身和上下楼梯困难。
- **步态改变**。当负重活动疼痛时，步行的支撑相缩短，单腿支撑减少，患侧步长缩短。由于足部关节炎失去了背伸和旋后的功能，限制了足部的运动也造成了第一跖骨头下方疼痛，使支撑末期的蹬离无效。由于足跟几乎没有抬起，患者会代偿性地抬高整个足部来进入摆动相。
- **步行减少**。由于踝足的运动减少，导致步幅缩短、步行的距离和步速都降低，移动时可能需要辅助设备。如果疼痛、平衡障碍或活动受限严重，可能需要轮椅。

关节活动度不足：管理——保护阶段

对患者的选择性干预措施取决于患者的症状。对于严重问题，参照第 10 章中列出的大纲和专栏 10.1 中的总结。本章将针对不同的目标实施干预措施。专栏 22.2 列出了对不同的关节炎患者的非手术干预措施。

患者教育和关节保护

- 对于有条件的患者，教会其家庭运动治疗方案。
- 指导患者注意全身疲劳（尤其是类风湿关节炎患者）、局部肌肉疲劳和关节压力出现的体征，并且教会患者如何对训练进行调整以及在安全水平内活动。
- 强调日常关节活动练习和耐力训练的重要性。
- 关节保护教育，特别是避免错误的踝足姿势，避免足部关节畸形、错误负重和穿着不合适的鞋导致的足部损伤。
- 如果必要的话，指导患者安全使用辅助器具来减轻负重带来的疼痛。

减轻疼痛

除了医生处方的药物、关节内注射皮质类固醇或非甾体类抗炎药和常规治疗之外，下列方法也用于疼痛症状的治疗。

- **手法治疗技术。** Ⅰ级、Ⅱ级关节松动术可以抑制疼痛、促进滑液的流动，以营养关节。
- **矫正技术。** 矫形鞋垫和结构合理的鞋子可以提供支撑、调整力线来辅助保护关节。已经证实这些辅助可以减轻疼痛、改善运动功能。矫形器具同样可以用于固定有炎症的关节。

专栏 22.2 踝关节炎非手术干预措施

- 非甾体抗炎药
- 注射皮质类固醇
- 黏液补给
- 物理治疗
- 运动改善
- 矫形器

聚焦循证

Kavlak 及其同事[158]报告了 18 例类风湿关节炎患者（无对照组）和各种双足畸形（包括扁平足、踇外翻、锤状趾、跖骨头半脱位等）患者使用矫形器的效果。研究中所有患者都没有踝足手术史且都在社区步行。所有患者都穿戴定做的矫形鞋垫和改造的鞋子（如增加内侧纵弓支撑、跖骨垫或加入后跟和前足楔形垫）来满足不同个体的需要。患者佩戴 3 个月矫形器的前后，都记录了步行中出现的疼痛、短期或长期步态特征和能量消耗。研究结果发现，使用矫形器 3 个月后，受试者在步行时的疼痛和能量消耗明显减少，步幅增加。对于足偏角和步宽没有明显变化。作者认为对于治疗类风湿关节炎患者的步行障碍和疼痛，合适的矫形器和对鞋子合理的改造是非常重要的因素。

维持关节和软组织活动及肌肉完整性

- **被动、辅助或主动关节活动度训练。**忍受疼痛进行主动训练是非常重要的。若可以接受主动训练，肌肉主动活动带来的好处远大于被动活动。
- **水疗。**水疗是将热疗和低冲击浮力辅助治疗相结合的有效方法。
- **肌肉等长收缩训练。**在无痛范围内施加阻力进行温和的、多角度的肌肉等长收缩训练，强度以不加重症状为宜。

关节活动度不足：管理——运动控制和恢复功能阶段

检查患者是否有肌肉柔韧性下降、关节活动受限、肌肉无力和平衡障碍的症状，在患者条件允许的情况下开始运动训练。

类风湿关节炎的注意事项。由于疾病进展和使用类固醇激素治疗导致结缔组织的延展性下降，需要改善关节活动范围并使用牵伸技术来治疗关节受限，可能有必要在步行中继续使用矫形器、合适的鞋子和辅助器具来保护关节[308]。鼓励患者积极主动训练，但同时也要关注患者的疼痛和疲劳。

增加关节内活动范围和附属运动

关节松动术。关节内活动减少而引起的关节活动受限可用Ⅲ级和Ⅳ级持续关节松动术（图 5.55~图 5.64，介绍见第 5 章小腿、踝、足关节松动术）。足趾的松动和手指一样（图 5.42，图 5.43）。

因为负重和关节炎加重了足的旋前，所以需要谨慎选择增加旋前范围的活动。在步行的承重反应期中，不能充分旋前时，仅对固定后的僵硬足使用这些技术。

临床提示

在支撑相末期，为了正常蹬离及为“卷扬效应”做准备，足趾跖趾关节的伸展非常重要。在步行的支撑相末期，踇趾需要 40°~50° 的伸展功能[254,267]。

改善距小腿关节的运动轨迹

使用动态关节松动术（MWM）来增加关节活动度[241]。MWM 的应用原则见第 5 章。

MWM：跖屈

患者体位与操作。仰卧位，髋膝屈曲，足跟放在床上（图 22.3）。治疗师站立在治疗侧足旁边，面朝患者，用手握住患者的胫骨前面（用左手握右脚）。使胫骨在距骨上产生无痛的、向后方的滑动。患者不能跖屈时，保持胫骨向后滑动的同时，

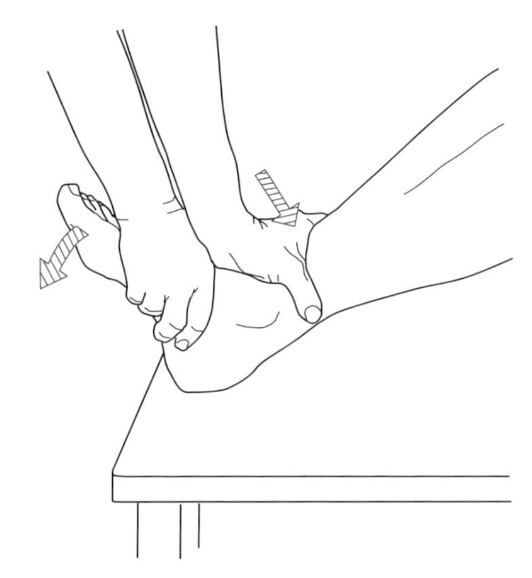

图 22.3 关节松动增加踝关节跖屈范围。保持胫骨后滑的同时使距骨跖屈。这不应该引起疼痛

用另一只手抓住患者的距骨（右脚用右手）并且产生被动的、跖屈末端的运动，使距骨向前滚动。

持续被动跖屈必须在无痛范围内。每组 6~10 次，重复 3~4 组，治疗结束后重新评估活动范围。

MWM：背伸

患者体位与操作：站立位，患侧足放置在凳子或椅子上（图 22.4）。治疗师跪在地板上，用一根动态关节松动带包绕治疗师的臀部和患者的跟腱（垫一块毛巾）。将双手手指放在距骨颈两侧，掌心放在脚背上。使足部保持向下和向后，距下关节处于中立旋前 / 旋后位。臀部作用于松动带，使其对踝关节产生一个无痛、向前滑动的力。在保持这个动作的同时，让患者身体前移，带动患侧足背伸并在活动范围末端产生无痛负荷。每组 6~10 次，重复 3~4 组，治疗结束后重新评估活动范围。

增加软组织和肌肉的活动性

第 4 章已介绍被动牵伸技术，本章将介绍自我牵伸技术。

恢复肌肉力量平衡和为功能性运动做准备

对无力的肌肉进行适当抗阻训练，以无痛下的等长抗阻训练开始，通过无痛范围内的开链及闭链运动向动态抗阻训练渐进。本章后面将介绍抗阻训练。

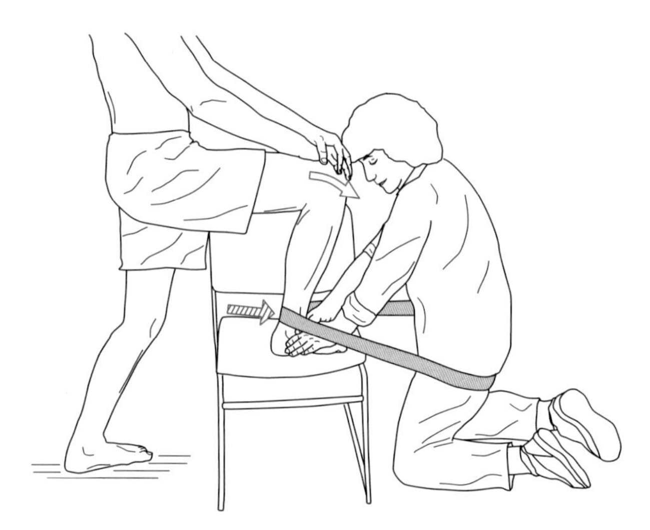

图 22.4　MWM 可增加踝背伸范围。当患者弓步向前使踝关节背伸时，在不引起疼痛的前提下，用关节松动带保持胫骨前滑

临床提示

使用水疗来减轻踝足的关节负荷，进行低强度负重训练、步行活动和低强度的有氧训练。

改善平衡和本体感觉

由有保护的平衡训练开始，按照可接受的程度渐进。确定步行时的安全和稳定等级，并在必要时需要使用辅助设备以预防跌倒。

加强心肺功能

若患者条件允许，低强度有氧训练在治疗初期就应该开始，水中有氧运动、游泳、跑步机步行和自行车都可能为患者所接受，患有 RA 或 OA 的人不能进行高强度有氧训练（跳和慢跑）。

关节手术和术后管理

严重的踝关节或足部关节炎会导致严重的疼痛、运动受限、严重失稳或畸形，以及负重活动功能严重丧失（图 22.5）。与髋、膝关节不同，踝关节很少受到原发性关节炎的影响，即使是老年人也不例外。相反，创伤是导致踝足关节炎症的最主要原因。当减轻症状的非手术处理无效时，就必须对早期和晚期疾病使用手术治疗[20,78,108,113,167,214,242,273,291,346,349,364]。具体手术方法的选择取决于受累关节、损伤的范围、失稳或畸形的严重程度、骨的质量和患者术后的功能预期目标。

关节炎手术的目的是减轻疼痛和功能最大化。用于治疗早期关节改变的手术方式有关节镜下修复小骨软骨损伤、关节清创术、撑开牵引关节成形术，尤其是对于 50 岁以下、保守治疗无效但不考虑做关节融合术或关节成形术的患者[108,214,243]。然而，当关节软骨受到严重破坏时，这些手术几乎不能缓解症状或改善功能[78,108,214,243,346,364]。对于第 3 阶段的踝关节炎，最可行的手术选择是踝关节融合术和踝关节成形术[103,108,113,242]。关节融合术通常在有高功能需求的年轻患者中进行[45,108,130,214,242,346]，其优点是负重过程中能减轻疼痛，但缺点是在功能性活动中运动范围受限。在踝关节融合术后，邻近

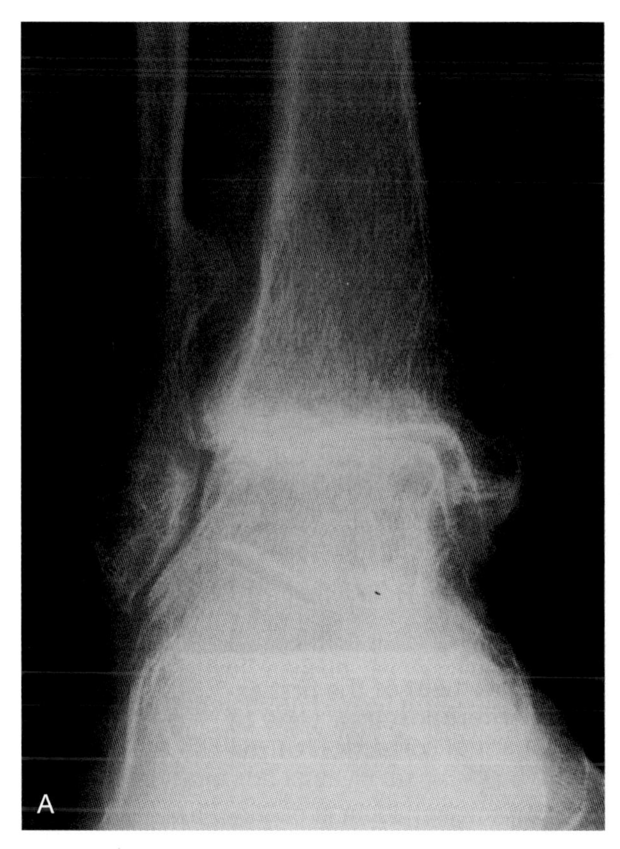

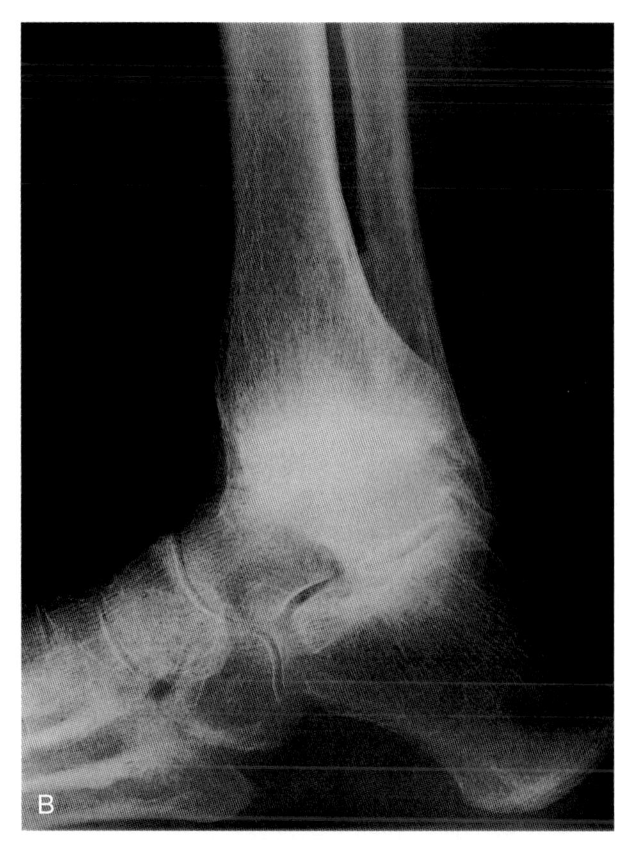

图 22.5 踝关节炎后期。A. 踝关节的榫眼显示正常关节间隙的严重缺失和胫骨外侧部分的侵蚀。B. 侧视图显示胫骨侵蚀，距下关节间隙轻度缺失，踝关节前侧明显骨赘形成 [引自 Hasselman, CT, Wong, YS, and Conti, SF: Total ankle replacement. In Kitaoka, HB (ed): Master Techniques in Orthopedic Surgery: The Foot and Ankle, *ed. 2.* Philadelphia: Lippincott Williams & Wilkins, 2002, Fig. 39.1, p 583.]

关节必须有无痛的代偿运动，以缓冲移动中负重产生的力。虽然临床上进行关节融合术的例数为关节成形术的 6 倍 [276]，但在美国，关节成形术正替代融合术成为最普遍治疗关节炎的手术 [20,108,273]。踝 [108,113,130,167,172,243,283,291] 或足趾 [349] 的成形术的优点是保留了运动能力和缓解预期疼痛，缺点是有更频繁的并发症。

在踝足关节术后进行康复的益处如下 [108,214,242,243,346,349]。

- 负重及关节运动时疼痛减轻。
- 矫正畸形。
- 恢复受累关节的稳定性和灵活性。
- 提高肌肉力量和耐力。
- 提高下肢功能和步行能力。

康复包括术后锻炼、辅助下步态训练、佩戴踝足矫形器、关节和软组织活动、神经肌肉再教育、患者教育，包括调整活动信息（日常生活活动和娱乐活动）和鞋的改造与选择。

全踝关节置换术

对于晚期踝关节炎导致疼痛和残疾的患者，有两种外科手术用于治疗：全踝置换术（total ankle arthroplasty, TAA）和踝关节融合术。TAA 对于晚期距小腿关节炎导致疼痛和功能障碍的患者来说是一项较为谨慎的选择。TAA 可以在保留运动功能的同时减轻疼痛，能比关节融合术更有效地减轻相邻关节的压力 [108,243,318]。TAA 的理想适应证是较瘦、50 岁以上、运动需求低、关节畸形程度小、能达到全关节活动范围 [113]。最新研究表明肥胖仍然是术后并发症的危险因素，但疼痛和功能改善同样有益于 50 岁以下的年轻患者 [167,283,371]。因此，TAA 正成为更年轻、运动需求更高的患者（通常是患有创伤后关节炎或类风湿关节炎的患者）对治疗关节炎的选择，他们希望继续能参与适当的高强度运动。植入方法的改进、内植物校准设备、内植物固定的使用都扩大了 TAA 的选择标准 [66,108,113,130,131,243,283,291]，从而增加了接受 TAA 的数量 [273,276]。

手术适应证

虽然踝关节炎晚期是全踝置换术的主要适应证，仍有少量指南为这一手术提供更具体的适应证 [66,108,130,243,283,291]。常被引用的适应证为患有晚期踝关节炎的成人，保守治疗失败，并且持续的疼痛影响了功能性活动。病情为进展性退变或炎症性关节疾病，包括创伤性关节炎、原发性骨关节炎、类风湿关节炎、幼年型类风湿关节炎，或者是距骨头的缺血性坏死。这些患者应该具备以下条件 [108,243]。

- 低到中等的运动需求。
- 韧带足够完整以保证足踝的稳定性。
- 可以被动矫正到中立位，或后足外翻少于 5° 的畸形。
- 足够的血供和软组织包裹来保障创口愈合。

TAA 也可以在踝关节融合术后进行，作为一个在负重中持续疼痛，无法在未来获得满意功能结果的患者的补充治疗方案。

禁忌证

对于现在的全踝关节置换术而言，有很多绝对、相对的禁忌证 [108,113,243]。绝对禁忌证包括急性或慢性踝关节感染；严重的骨质疏松症或骨质减少；距骨体的缺血性坏死；周围神经病变导致感觉减退或瘫痪；下肢血供受损以及长期使用类固醇激素。和其他的关节置换一样，对于发育不成熟的人，全踝关节置换术是禁忌。

相对禁忌证包括长时间的感染史、严重的畸形（后足外翻角度大于 20°）、存在明显的失稳、矢状面运动受限（背伸加跖屈），小于 20°、主动吸烟、肥胖、需要恢复高需求、高强度的体育活动。

流程

植入物设计、材料和固定

目前的全踝系统由三个部分组成：固定在胫骨的金属底座，一个半球形或锥形在距骨表面的金属部件和一个位于胫骨和距骨之间的聚乙烯轴承表面 [108,113,243]。因为现代的假体设计更接近正常踝关节的特征，所以在这一系统中，可用的关节活动度接近于于正常脚踝 [353]。现代的全踝关节置换术需要更少的骨切除，并且通常使用非骨水泥（生物内生）固定在羟基磷灰石涂层金属植入物上 [243]。

现代的植入物被分为两类，固定轴承和移动轴承。如果聚乙烯的轴承表面固定在胫骨底座上为固定轴承，如果聚乙烯组件不固定为移动轴承。移动轴承设计允许关节面滑动（前—后方向和内—外方向）和聚乙烯组件自由旋转 [243,383]。从理论上讲，在移动轴承设计中，聚乙烯组件的运动应该在距骨和聚乙烯组件之间保持一致的衔接，减少机械磨损 [243,292]。然而，Valderrabano 等人发现 [355]，距骨聚乙烯组件的前后移动非常小，并指出移动轴承的功能基本上与固定轴承相同。除了斯堪的纳维亚全踝关节置换（STAR）系统外，在美国使用的植入物都使用固定轴承（图 22.6）[243]。

手术概述

常规全踝置换术流程。尽管全踝置换术的操作在技术上有很多变化，但是下面的步骤是关键组成部分 [17,34,108,130,167,209,243,307]。在放置植入物之前，踝关

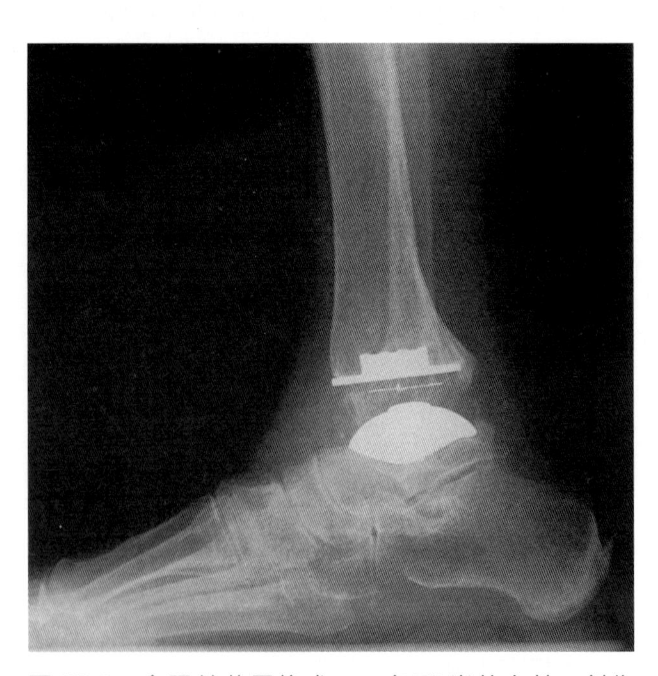

图 22.6　全踝关节置换术。一名 78 岁的女性，创伤性关节炎行全踝置换术后 1 年的侧视图［经许可引自 Kitaoka, HB, and Claridge, RJ: Ankle replacement arthroplasty. In Morrey, BF (ed): Joint Replacement Arthroplasty, ed. 3, 2003, p 1148, from The Mayo Clinic Foundation.］

节上方或下方的任何严重畸形都要得到纠正[243]。胫骨前肌和踇伸肌肌腱处的前纵切口是应用最广泛的方法。伸肌韧带和关节囊被切开以暴露踝关节背面和距舟骨关节。关节被切除，骨赘从距舟关节的背面取出。外部牵引装置用于分离关节表面，辅助骨切除。胫骨远端和距骨顶的一小部分被切除，接着准备关节表面。在某些情况下，内踝和外踝的凹室也被重新修复。插入试验植入物以评估其对齐方式和允许背伸的范围。选择永久性植入物并插入。任何必要的软组织平衡或修复都要进行。手术切口闭合后，采用大体积的压迫敷料和填充良好的后路矫形器或短腿矫形器来控制肿胀和限制关节活动度。

附加流程。如果腓肠肌–比目鱼肌复合体挛缩而且踝背伸小于 5°，那么就会对跟腱进行经皮延长。当需要一个更大的表面来固定胫骨假体时，通过侧切口进行胫骨腓骨融合和螺旋固定的融合[113,170,243]。在严重的后足内翻或外翻畸形的情况下，实施距下关节融合术[130,243,307]。韧带的稳定性对于最优结果是必不可少的，所以在植入永久植入物之后，如果不稳定持续存在，就会进行横向韧带重建[243]。

并发症

与早期植入设计和手术技术相比，现代的全踝置换术的并发症发生率有所下降[114,123,167,243,371]。然而，缺乏关于并发症发生率的确切结论的证据，报告也有很大的不同[176,180,182,360]。Krause 等[176]人 1999~2009 年发表的 20 项研究中收集到的数据显示，平均 5 年的并发症发生率为 29.5%（范围为 4.4%~98.1%）。尽管在植入设计、手术技术和患者选择方面有所改善，但在中、长期随访评估中，并发症发生率仍超过 50%[176,180,182,302,321]。并发症的发生率在糖尿病、肥胖和抽烟的个体中更高[250,299,300,371]。

并发症可发生在术中、术后早期及后期。内、外踝骨折是最常见的手术并发症，据报道大约有 10% 的发生率，其中一份研究报道了 38% 的发生率[11,108,176,243,290,302]。其他术中并发症包括植入物位置异常、肌腱撕裂和神经损伤。与所有类型的关节成形术一样，术后感染是一种潜在的并发症。深度感染率从 1%~5% 不等[176,263]。踝关节和足部术后水肿也增加了伤口延迟愈合的风险，延长了固定时间，推迟了早期的踝关节运动，并且可能导致活动度缺失[108,167,209,243,245]。跗管综合征、软组织撞击或复杂性区域疼痛综合征有时会出现，导致足部和踝关节疼痛（复杂性区域疼痛综合征和干预措施见第 13 章）。专栏 22.3 总结了与全踝置换术有关的常见早期和长期并发症[17,108,113,130,176,180,182,243,263,291,302]。这些并发症可能会对康复的进展和全踝置换术后的短期、长期结果产生不利影响。持续性或严重的并发症可能需要翻修术或踝关节融合术。

术后管理

文献中很少有关于接受全踝置换术的患者术后管理的指南。在固定时间、负重限制、运动的启动和进阶方面，可获得的信息有很大的差异。缺乏证据支持 ROM 训练是应该在术后几天内进行，还是推迟几周，直到有证据表明骨长入植入物。同样不清楚的是，保护下的运动是否对关节活动度有积极影响，或者是否对植入固定或伤口愈合有不利影响[243,292]。由于并发症的发生率较高，与全髋关节和膝关节置换术相比，术后管理通常不那么具有侵略性（较长时间的限制性负重和更长的固定时间）。

后文中关于术后管理的指南和注意事项，是几位作者根据他们的训练经验提出的建议[6,17,34,130,150,209,214,291]。

制动和负重的考量

制动。在术后切口关闭后，踝关节被放置在压缩敷料中，并在短腿石膏或后置矫形器中以中立位固定。10~21 天后脱下，更换成短腿步行石膏、控

专栏 22.3 全踝置换术的潜在术后并发症

早期术后并发症——潜在结果
- 创口延迟愈合——踝关节运动限制延长。
- 胫腓骨融合延迟愈合或不愈合——固定和限制的负重期延长。
- 跗管综合征或复杂性区域疼痛综合征。

晚期术后并发症——潜在结果
- 组件移位或压紧——错乱排列和组件过早磨损。
- 机械性（无菌性）松弛（通常是距骨部分）——疼痛和移动功能受损。
- 后足关节炎（通常是距下关节）——疼痛和负重能力受损。
- 异位骨化——活动受限。

制踝关节运动的步行靴，或踝足矫形器。固定的持续时间和活动度练习的开始时间取决于植入物固定的类型、关节置换术手术的类型以及外科医生的建议。固定时间的长短取决于限制性组织的愈合情况，例如，如果进行了胫腓骨融合术或距下关节融合术，6周内不允许运动，直到有骨连接的证据[150,170]。如果需要进行软组织手术（如韧带重建），可延长固定时间。若无附加流程，非骨水泥固定的固定时间为2~6周[17,150,214,291]。

负重。全踝关节置换术后负重的起始时间和程度的建议有很大不同，受到许多因素的影响，包括病因病理学、固定的类型、附加的手术、患者特征和医生的偏好。指南的范围从3~6周不负重[6,150,214,291]，到术后即刻最小负重，并在前2周内达到可耐受的负重[6,17,34,130,150,176]。有附加的手术则延迟负重。如果进行了胫腓骨融合术或后足融合术，或术中踝部骨折需要固定，则应延迟至少6周[167,170,176]。

大多数情况下，术后6周可达到的完全负重[6,130,150,214]。腿部负重在固定矫形器中开始[6,150,176]。在限制负重的初始阶段后，患者在固定矫形器中逐渐恢复到全负重。6周后，在没有固定矫形器的情况下逐渐恢复到全负重[150]。

运动：最大保护阶段

术后康复的第一阶段持续大约6周，重点是保护踝关节的同时恢复功能性活动能力。在活动和负重限制期，术后水肿管理和预防深静脉血栓是关键[18]。在这一时期开始踝关节活动度训练[6,150,214]。

目标和干预措施。除了用于水肿管理的抬高和加压外，还包括对远端关节和近端关节灵活性的维持，上肢和健侧下肢的力量和耐力训练。目标和干预措施包括以下几点[17,150,214,290]。

- **防止术后并发症。**
  - 患者教育：告知与深静脉血栓形成和感染相关的体征/症状。
- **恢复独立的步行和功能性活动能力。**
  - 使用辅助器具进行步行训练。
  - 转移和活动。
  - 关于限制性负重的患者教育。
- **减少术侧踝关节和足部的肌肉萎缩。**
  - 踝部肌肉在固定矫形器内进行低强度的等长运动。
- **防止踝、足僵硬及周围软组织的延展性丧失。**
  - 足趾的主动活动度训练。
  - 如果手术切口愈合良好，可移除固定矫形器进行温和的踝关节主动活动度训练。开始时进行主动背伸/跖屈活动。内翻、外翻和环转推迟到术后6周进行[6,150]。

注意：术后踝关节的活动度训练可以在2周内进行或延迟到术后6周[150]。

运动：中度和最小保护阶段

除非软组织愈合不良或延迟骨化，术后6周，一般停止使用固定矫形器，解除负重限制。在全踝关节置换术后康复的中度和最小保护阶段，重点是提高踝关节的背伸和跖屈的功能，增加跖屈肌的力量[6,150,214]。改善站立平衡和踝关节本体感觉对于逐渐恢复功能性活动也很重要。规范康复一般在术后3~6个月完成[150]。

临床提示

全踝关节置换术之后，身体活动的水平取决于许多因素，包括患者的特征（肥胖、总体健康状况）、潜在的病理情况（退行性关节病、骨关节炎或类风湿关节炎）、其他关节受累、先前的活动水平以及患者的康复目标。在设定以患者为中心的目标时，应考虑和讨论这些因素。

目标和干预措施。在中度和最小保护阶段，目标和干预措施如下[6,150,292]。

- **获得100%的关节活动度。**
  - 在非负重体位进行主动、无痛的关节活动度练习，紧接着在负重下进行主动、无痛的关节活动度练习。包括背伸、跖屈、内翻、外翻和环转运动。
  - 如果背伸活动受限，表明腓肠肌–比目鱼肌复合体需要被牵伸。从长腿坐姿下毛巾牵伸开始，进阶至长时间站在斜板上。

临床提示

从20°跖屈到10°背伸的运动弧水平面上的正常步态需要[267]。下楼时需要踝关节背伸20°[205]。骑自行车所需要的踝背伸角度可以通过抬高或降低座椅高度来调整。较低的座位需要更大的背伸范围。

- 恢复力量、肌肉耐力以及下肢功能性活动中的平衡能力。
  - 开始时进行低强度、高重复，使用弹力带抗阻的开链运动，然后进阶到闭链运动，包括深蹲、弓箭步、提踵和足弓抬高。
  - 双侧和单侧的平衡训练，从稳定的支撑面逐渐过渡到不稳定支撑面（见第8章和第23章）。
- 提高有氧能力和心肺耐力。
  - 游泳、固定自行车和跑步机步行。
- 恢复与工作和娱乐相关的活动。
  - 将力量与平衡训练融入到模拟的功能性活动中。
  - 关节保护改良活动。
  - 患者教育：帮助患者恢复安全适合的活动。

注意：没有临床研究表明，参与高水平的体育活动会增加全踝关节置换术的失败率[133]。然而在全踝置换术之后，进行超等长训练和其他高冲击、急停的运动通常是不合适的[197,354]。

回归体育活动中。随着全踝置换术的设计和手术技术的进步，加上对长期结果认识的不断深化，现在，有条件的患者可以参加低到中等需求的体育活动[133,197,354]。这些患者通常较年轻（小于60岁），术前活动积极，并因创伤后关节炎进行了全踝置换术。一份共识指出了外科医生在全踝置换术后常规推荐或禁止的活动（表22.1）。不需要急停和活动的低强度活动常被推荐。对于有相关运动经验的患者，允许进行中度冲击活动和在运动启动受限时进行的活动。不推荐高冲击、有接触或碰撞危险、或需要剪切力或跳跃的活动[133,354]。没有并发症的患者只有在完成个性化康复计划后，才建议参加体育活动[197,250,354]。

结果

尽管早期的全踝置换术在一段时间内缓解了疼痛[113]，但是难以接受的并发症发生率导致功能结果不佳和患者不满[113,291,292]。

现代手术技术和更准确的患者选择带来了更好的结果，尽管长期的成功率仍然未知[17,113,122,291,292]。值得注意的是，尽管前瞻性和回顾性研究比较了植入物设计，但迄今为止还没有任何研究比较康复的因素，比如早期与延迟的负重或在全踝置换术后的关节活动度练习。

疼痛、关节活动度、一般功能水平、患者满意度和术后并发症是随访研究中最常报道的结果。各种定量评估工具用于测量疼痛缓解、术后功能和患者满意度。有两个经过验证的评估工具是踝关节骨关节炎量表（Ankle Osteoarthritis Scale, AOS）和美国骨科足踝学会问卷（American Orthopedic Foot and Ankle Society Questionnaire, AOFASQ）。存活率，即手术后在特定时间点不需要移除假体的百分比，也经常被报道。

假体存活率。在文献中报告的关节置换术成活率各不相同，但都呈上升趋势[113,182,251,318]。Labek等人[182]报告显示，在大多数数据集中，5年存活率略低于90%，有限的数据表明10年存活率约为75%。来自前瞻性研究的证据表明，在中期（5年）[265]和长期（14年）[173]随访中，患有原发性

表22.1 在全踝置换术之后的活动推荐[197]

所有患者可进行	有经验的患者可进行	不推荐
水中运动/游泳	双打网球	球类运动
骑自行车	徒步旅行	■ 羽毛球
■ 可移动	溜冰	■ 篮球
■ 固定不动	■ 滑旱冰	■ 壁球
保龄球	■ 滑冰	■ 单打网球
跳舞	滑雪	■ 排球
椭圆机	■ 越野	户外运动
爬楼梯	■ 速降	■ 美式足球
高尔夫球	下肢抗阻训练	■ 曲棍球
低强度有氧运动	■ 自由重量	■ 棒球/垒球
普拉提/瑜伽	■ 器械	体操
步行/竞走	山地自行车	高强度有氧运动
		慢跑/跑步
		单板滑雪
		滑水运动

或创伤性关节炎的患者和类风湿关节炎的患者，全踝置换术后的存活率相似。对于患者年龄，前瞻性研究表明，在短期（3 年）[66] 或中期（平均随访 6 年）的患者中 [170]，50 岁以上的患者的植入物存活率没有差异。回顾性研究表明，肥胖会对长期存活率产生负面影响，并导致术后并发症增加 [30,250,299,371]。

在考虑全踝置换术结果的报告时，请注意，许多已发表的报告都是代表植入物开发商进行的研究 [165]。Labek 等人 [180,181] 指出，与从国家联合登记中心获得的样本相比，已发表的样本序列的返修率有显著差异。在国家联合登记中心收集的返修率大约是公布的样本序列研究报告的 2 倍 [180,182]。Labek 等人 [180,182] 研究表明，由于植入物的开发商代表了已出版的样本序列内容的 50%，他们的数据可能被按比例夸大，从而影响到系统审查报告的结果。

不同人群的疼痛缓解、功能改善和患者满意度。Bai 等人 [17] 前瞻性地比较了在创伤性关节炎和原发性骨关节炎的患者中非固定轴承的全踝置换术的结果。在平均 38 个月的随访中，在踝关节活动度、影像学检查和踝 – 后足评估量表方面没有发现明显的组间差异。研究结果是，创伤性关节炎和原发性骨关节炎组的存活率相当（分别为 97% 和 100%）。然而，与原发性骨关节炎相比，创伤后关节炎组的并发症发生率要高得多（分别为 38% 和 27%）。

Gaudot 等人 [101] 回顾性配对统计的结果比较了移动轴承和固定轴承全踝植入物个体。研究人员发现，平均随访 24 个月，这两组患者术后并发症的发生率没有统计学差异。术后美国骨科足踝学会问卷的得分两组都明显高于术前得分，固定组的术后得分明显高于移动组。据报道，在关节活动度和踝关节影像学检查方面，没有组间术后的差异。作者的结论是，固定轴承全踝置换术的结果与移动轴承的相当。

在一项多中心研究中，Daniels 等人 [158] 前瞻性地跟踪了 281 名接受全踝置换术的患者平均 5.5 年的时间。17% 的患者需要进行后续的手术，主要并发症发生率为 19%。与基线测量相比，最终的踝关节骨关节炎数值总数、疼痛指数、残疾评分和 SF–36 生理部分得分都显著改善。与 107 名接受踝关节融合术的患者相比，所有结果变量中都没有发现显著的术后差异。

尽管一些研究报告显示术前和术后的关节活动度没有差异，但 Ajis 等人 [6] 报告显示出了显著的改善在全踝置换术后 6 周和 6 个月的时间里。踝背伸的均值从术前的 6.6° 增加到 12 个月后的 12°，而矢状面运动（从跖屈的末端到背伸的末端）的总范围从术前的 22.7° 增加到术后 24.3°，这一变化在统计学上没有显著差异。

对于经常使用的第二代双组件系统和最近开发的第三代三组件（移动轴承）设计的结果已有报告，但没有直接比较。Knecht[170] 报告了 66 例患者中的阳性结果（疼痛减轻和功能增加），他们接受了双组件踝关节的替换，这是 9 年前的平均值。在 33 例患者中，背伸和跖屈总范围的平均值是 18°。

Buechel 和同事 [34] 跟踪了 50 名患者（平均年龄为 49 岁），他们接受了无水泥固定的移动轴承替换物。他们报告了 48% 的优秀和 40% 的良好结果，平均随访 5 年（2~10 年）。在参与这项研究的 50 名患者中，26% 的人表示在 TAA 之后没有疼痛，60% 的人报告轻微或轻度疼痛，14% 的人报告中度或重度疼痛，阻碍了功能性活动。背伸和跖屈的平均总范围是 28°。在一项对 116 名患者的短期跟踪研究中，对 122 个踝关节植入了不同的移动轴承，84% 的患者满意，82% 的患者在平均 19.9 个月的时间内报告良好或优秀的结果 [131]。踝背伸和跖屈总范围的平均值为 39°。尽管术后患者的关节活动度改善较小（仅仅 5°~10°），但已有报告显示很小的改善也提高了功能性活动能力 [292]。

参与体力活动。尽管大多数全踝置换术的结果研究评估了假体存活率或临床变量，但恢复体力活动的生活方式的能力也很有趣。Naal 等人 [246] 比较了 101 名患有创伤性关节炎（46.5%）、原发性关节炎（34.7%）或类风湿关节炎（18.8%）患者的术前和术后的活动水平。手术前 1 年，62.4% 的人积极参加运动，66.3% 的人在术后平均活跃了 3.7

年。手术前后的活动类型和参与频率基本没有变化。然而，65% 的被调查者表示，在他们喜欢的活动中，运动表现在全踝置换术之后有所改善。在手术前后，游泳、骑自行车和力量训练是最常被报告的活动。尽管一些患者在术前参加了高强度的运动（如慢跑、足球和网球），但在随访中患者很少或根本没有参与这些活动，可能是因为术后的患者教育。在这 3 个诊断组中，创伤后关节炎组的个体报告了参与运动减少，并对他们参与体育运动的表现最不满意。

Schuh 等人 [303] 前瞻性地收集了 21 名接受了全踝置换术的患者运动和娱乐活动参与率。在全踝置换术后，参与率从 86% 下降到 76%，但这一变化在统计学上并不显著。据报道，在全踝置换术后，最常见的活动是骑自行车（45%）、游泳（45%）、徒步旅行（25%）、越野行走（20%）和滑雪（15%）。一项对全踝置换术后活动的系统回顾表明，在全踝置换术后，体育和娱乐的参与相对没有变化，而且没有证据表明体育活动是全踝置换术失败的风险因素 [133]。一般来说，外科医生很乐意推荐低冲击运动和有氧运动给大多数接受全踝置换术的患者 [197]。

Valderrabano 和同事 [354] 研究了在全踝置换术前后参加体育和娱乐活动的 147 名患者（平均年龄为 59.6 岁，范围为 28~86 岁）。在这些患者中，89% 的人术前诊断为创伤后关节炎或原发性关节炎，只有 11% 的人诊断为类风湿关节炎。在该研究中，总共有 83% 的患者报告了优秀或良好的愈后，69% 的患者术后无疼痛。在术前，36% 的患者在运动 / 娱乐活动中表现活跃，56% 的患者在术后平均参与活动 2.8 年。这一变化反映了创伤后关节炎和原发性关节炎患者活动水平增加，但风湿性关节炎患者则没有。最常报道的术前活动是骑自行车、游泳、徒步旅行和低冲击有氧运动（按降序排列）。手术前后活动的唯一显著变化是增加了徒步旅行（参与人数从 25.5% 上升到 52.8%）。作者建议，在进行踝关节置换手术后，患者应完成术后康复，以达到无并发症出现的目的。

踝关节和足部关节融合术

踝关节融合术是踝关节足或趾关节的晚期关节炎最常用的手术 [20,273,276]。尽管全踝置换率一直在增加，但踝关节的关节融合术仍然是置换术的 6 倍 [276]。踝关节融合术（ankle fusion, AF）是相对年轻、活跃的创伤后关节炎患者和踝、后足严重不稳的患者的选择 [315,346]。也是前足或后足出现如类风湿关节炎或幼儿型类风湿关节炎患者的选择 [84,242,244]。前足的畸形，如踇外翻或踇僵症，以及踇趾掌趾关节严重退变，也采用关节融合的方法进行管理 [7,108,242,244]。

手术适应证

以下是踝关节和足部选择关节融合术的常见适应证 [2,7,84,113,242,244,294,346]。

- 使人虚弱的疼痛，特别是在负重时继发严重关节退行性病变，以及创伤后或感染后关节炎、骨关节炎、类风湿关节炎，或其他炎症性关节疾病。
- 一个或多个关节明显不稳或僵硬，保守治疗无效。
- 踝关节、足部或足趾畸形，与长期关节对线不良、先天畸形、神经肌肉障碍或关节炎有关。
- 距骨坏死。
- 作为全踝置换术失败后的挽救方法。

一般来说，关节融合术和关节置换术的适应证是非常相似的。对于那些有高功能需求和无痛代偿运动的年轻患者来说，关节融合术是“黄金标准”[214,242,346]。然而，由于踝关节置换术技术的改善，50 岁以下有上述适应证的患者可以根据不同手术的风险和益处确定最合适的手术方案 [243,283]。

手术禁忌证

手术绝对禁忌证包括血管损伤或肢体感染。相对禁忌证包括未控制好的糖尿病、吸烟较多和严重的同侧距下关节或对侧踝关节的关节病 [242]。

注意：对于双侧踝关节患有类风湿关节炎或原发性类风湿关节炎的患者，很少进行双侧关节融合术，因为双侧背伸的丧失会限制一个人从椅子上站起来或下楼梯的能力。

流程

关节融合术有很多种，但所有方法都涉及使用骨移植物结合内固定装置（图 12.2），或偶尔使用外骨骼固定治疗骨强直[84,242]。所有技术的共同之处是踝关节的适当定位以使功能最大化：中立位的背伸/跖屈，大约 5° 外旋，5° 外翻，以及胫骨下方距骨轻微后移[108,242]。内固定被认为是最佳的融合技术，可以通过多重加压螺钉、销钉、髓内钉或金属板来实现。所选择的固定类型取决于受累关节和畸形的程度。为了矫正严重畸形或治疗肌腱断裂，需要相应的软组织手术[108,145,242]。

通常，踝关节或足部的关节融合术是通过开放入路进行的。然而在过去的十年中，踝关节的小切口、关节镜辅助和全关节镜下融合手术已成为可行的手术选择[84,102,108,145,242,260,305,341]。虽然之前只适用于畸形程度最小的踝关节，但关节镜固定术被证明对踝关节畸形超过 15° 的患者也是一种可行的方法[59,104,289]。关节镜手术的好处是降低了手术过程中伤口愈合并发症的发生率[145,242,328,346]。也有报告表明关节镜手术缩短了愈合时间和住院时间，减少了失血，降低了发病率。然而，这些潜在的好处很大程度上是基于非随机的回顾性的研究而不是控制的比较对照的方法[59,84,104,248,348,379]。

常见的关节融合术类型

踝关节融合术。该手术将距骨和胫骨融合在一个功能最大化的位置：0° 背伸和 5°~10° 足部外旋位以匹配对侧的 Fick 角[108,242,294,346]。轻度的跖屈可以耐受，但距小腿关节固定在背伸位可能会导致棘手的足跟痛[242]。一旦移除骨赘，准备好胫骨和距骨关节面，即可通过两个或三个螺钉连接胫骨和距骨，实现内固定。用金属板将腓骨固定在距骨和胫骨上，搭配螺钉可以提供额外的稳定性。骨移植通常用于增强骨愈合[242]。虽然踝关节融合术可以缓解疼痛和稳定踝关节，但踝关节会丧失背伸和跖屈活动，从而改变步行过程中的生物力学和步态，增加能量消耗[346]。后足和前足在很大程度上弥补了踝关节的运动损失。尽管如此，大多数患者接受踝关节融合术后，步态模式是不对称的[45]。

聚焦循证

Thomas 等人[347]报告了 27 名接受过踝关节融合术的患者和 27 名同龄对照组之间的步态差异。在关节融合术组，步态的摆动相和支撑相，步频和步幅都明显减少。此外，在术后 44 个月的平均时间内对关节融合术组进行了分析。影像学评估显示了关节融合术组 15% 的患者有严重的后足关节炎[347]。

后足关节融合术。当保守治疗（包括足弓支撑，穿合适的鞋子，踝关节和后足支撑，以及口服或注射抗炎药）失败的时候，就会进行后足关节融合术。严重的疼痛，不稳定，或慢性后足畸形（高弓足或扁平足）是后足关节炎进展的结果，可能需要三关节或单关节融合术[232,280,325]。手术包括舟距关节融合、跟距关节（距下关节）融合，或三关节融合术。三关节融合术通常适用于僵硬的后足畸形，包括跟距关节、距舟关节和跟骰关节的融合[5,231,280,325]。如果跗骨间关节被保留下来，则跟距关节融合术被用来矫正后足外翻。单关节融合术，如距舟关节融合术，足以矫正缓慢进展但仍然灵活的后足畸形[280]。在大多数情况下，后足在每一次关节融合都将其定位在 5° 外翻的位置。

距舟关节、距下关节或三关节融合术，在后足提供了永久性内外侧方向的稳定性和缓解了疼痛，但踝关节的内外翻功能被消除或大大减弱[343]。值得注意的是，距舟关节的融合间接减少了距下关节和跟骰关节的运动，在不融合其他关节的情况下提供了额状面的稳定性[331,343]。

第一趾骨融合术。第一跖趾关节融合术为 80%~90% 踇趾僵硬和踇外翻的患者缓解了休息和步行时的疼痛[7,60,86,97,280]。融合的位置在旋转中立位，10°~20° 的外翻和 15°~30° 的背伸。尽管在静态站立姿势下足趾可能不会与地面接触，但这种姿势允许在步行过程中充分蹬离地面，并且不一定需要定制的鞋子[60,97,280]。如果涉及跖趾关节侧方，踇趾融合是在外侧关节切除术后进行的[97,280,349]。

第一跖趾关节融合术与关节置换术相比，更有利于缓解疼痛、平衡、步行和美观[280]。有研究得到了不同的结果，关节置换术的满意度更高，但关节融合术的功能效果更好[86,286]。新一代第一跖趾关节假体的长期结果尚未确定[280]。

足趾趾间关节融合术。足趾趾间关节的融合是在中立位，为缓解锤状趾（通常是2、3足趾）在步行时的疼痛和改善穿鞋时的舒适度而进行的[146,280,334]。

并发症

关节融合术的整体并发症发生率相对较低，但会因患者群体、受累关节和手术技术而不同[242,346,379]。最常见的并发症是骨不连，在关节融合术中占10%[114,242,248,280,379]。骨表面积越小，血供越差，骨不连发生率越高。导致骨不连的原因包括术后感染，融合关节的错位，以及患者在手术前后吸烟[168,231]。表22.2总结了足踝关节骨不连的风险因素[242,344]。关节融合术骨不连通常需要再次进行关节融合术[242,379]。

除了疼痛和与骨不连相关的功能减退外，手术过程中的神经损伤也会发生，术后也可能产生神经瘤[242]。这些情况会导致术后疼痛和功能受限。偶尔会发生术后应力性骨折或相邻骨的骨折。关节融合术后相邻关节的继发性关节炎的发生率升至5%[379]。延迟性伤口愈合是足踝关节缺乏血供的患者的一个特殊性问题。

术后管理

制动。融合关节制动的方法和持续时间由外科医生决定，并基于融合部位、固定类型、固定质量、患者的骨骼质量以及影响骨骼愈合的因素。

在手术固定和伤口缝合后，敷上敷料和穿戴矫形器，并在48~72小时内使用，以控制水肿[84,242,280]。对于踝关节或后足关节融合术，在术后敷上敷料后，应用小腿适用、无负重的石膏绷带固定，通常需要佩戴4~8周，并根据下肢水肿的变化而调整时间。在4~8周的时间内，采用小腿石膏或硬质靴子行走，固定持续6~8周[84,168,231,242,280,290,294]。第一跖趾关节融合术后，可使用短腿石膏或者外科矫形鞋，使用刚性鞋底来保护愈合中的关节[86,97,280,286]。

表22.2 关节融合术后不愈合的危险因素[344]

患者因素		手术因素
全身性因素	局部因素	
糖尿病	感染	开放性/关节镜
吸烟/饮酒	供血	结构稳定性
骨质疏松	缺血性坏死	外科医生经验
使用非甾体抗炎药/皮质类固醇	软组织损伤	再次进行关节融合术
负重合理性		

当X线片显示有融合的证据时，患者可在几周内脱离矫形器[84,242,280]。在去掉矫正器后，应建议患者选择合适的鞋子。使用定制的足部矫正器是必要的，以支持、减压或减震[285,314]。在踝关节扭伤后，有些人推荐摇摆底鞋，但一项生物力学研究表明，跑鞋在步态参数中提供了类似或更好的益处，包括速度和前足最大力量[14]。

负重考虑。与术后制动一样，在已公布的指南中，可允许的负重时间和范围有很大不同[36,84,112,183,242]。制动的影响因素也影响术后负重的进阶，最普遍的做法是在踝关节和后足关节扭伤后至少6周内大幅限制负重。活动是通过轮椅、标准步行器、手杖或滚动式膝关节步行器来完成的。当X线片显示骨连合的证据时，开始用刚性短腿靴或鞋子部分负重。大多数人在术后12~16周内完全负重。在中足和前足关节融合术中，部分到完全负重较早开始，或者在前4周内开始[28,112,183]。

聚焦循证

关节融合术后为了减少恢复时间，提高生活质量，早期的负重已经被研究。Cannon等人[36]对两组患者进行了非随机的回顾性研究，两组患者均进行了踝关节关节镜下融合术。其中一组（n=15）制动，并指导其非负重或轻微负重，持续8周。第二组（n=21）被固定在可移动的矫形器上，并鼓励其术后立即负重。比较这两组的骨融合时间，没有发现差异。还需要使用随机和控制的附加试验来全面评估早期负重的影响。

术后运动。在骨融合之前，术后患者运动需要小心谨慎，避免压迫融合处。开始时，术后的运动集中于非手术关节近端和远端固定下的主动活动。如果患者戴着可移动的矫形器，在康复计划的早期，被固定器限制的非手术关节可以开始主动 ROM 训练[36,385]。例如，踝关节或后足关节融合术后，除了膝关节 ROM 训练，还可以进行运动来保持足趾的活动度[385]。对患有类风湿关节炎的患者来说，主动关节活动在所有相关的不受固定装置限制的关节中都是必不可少的。

当骨开始融合，可以停止使用固定矫形器，制动后的肌肉无力、平衡不足以及邻近关节的活动度减少需要被处理。在运动处方中应考虑固定的类型。例如，距下关节融合将会限制足的内、外翻，从而降低了胫后肌的等张肌力。

回归体育活动。相对较小的样本研究调查了个体在关节融合术后恢复体力活动的能力。Romeo 等人[285]比较了 33 名患者（22 名男性，11 名女性）跟骨骨折后的治疗与距下关节融合术后进行休闲体育活动的比率和类型。报告参与运动的个体比率在关节融合术前后没有变化。作者注意到从高冲击到低冲击的活动以及从长时间到短时间的锻炼的转变。Shuh 等人[303]报道，20 名患者中有 18 人（90%）在踝关节融合术前参与体育活动，20 名患者中有 15 人在关节融合术后有类似活动。尽管在这些研究中，特定的活动频率有所不同，但最常见的术后活动包括骑自行车、游泳、徒步旅行、滑雪和散步[285,303]。一项对外科医生和运动教练的调查得出结论、推荐参与低冲击运动，不鼓励参加高冲击运动[365]。低冲击的运动要求背伸超过中立位，如骑自行车，这在踝关节融合术后会很困难，因为在手术过程中限制了原有的背伸角度。

结果

短期和中期结果。在关节融合术后，在不复杂的情况下，融合率应超过 90%[84,114,176,242,348]。导致不融合的因素包括多个融合位点、开放性技术、更严重的术前畸形，以及潜在的炎性关节病变。当关节融合术后完全愈合，疼痛缓解和关节稳定是可预测的结果，通常会提高功能性活动能力。踝关节融合术后，步行速度较之前有明显改善，然而速度仍然明显低于对照组[19,313,340]。由于背伸和跖屈功能丧失，步速和步态生物力学发生改变，导致大多数患者不对称的步行模式。这些变化使中足和后足的代偿运动和能量代谢增加[32,96,288,313,340]。踝关节融合术后，患者将会面临在不平坦的地面上步行困难、上下楼梯困难等挑战。

长期结果。尽管关节融合术减轻了融合关节的疼痛，但生物力学研究表明，该手术增加了相邻关节的应力[142,368]。一些临床研究表明踝关节融合术后距下关节和跗跖关节加速退化性改变[19,77,79,96,313]。考虑到传统关节融合术的适应证包括年龄小于 50 岁，因此长期不良的功能结果令人担忧。Coester 等人[45]对 23 个患者进行了长期随访研究，这些受试者都是平均 22 年前经历了单侧踝关节融合术的创伤后关节炎患者，研究发现术侧中足和后足患关节炎的概率明显高于对侧。此外，根据标准化自我检测功能评估仪的信息，同侧足的疼痛几乎影响了所有患者的功能性活动。基于这个原因，相比关节置换术，关节融合术的长期成本－效益一直受到质疑。两项研究表明，虽然关节融合术的费用低于关节置换术，但关节置换术能使术后生活质量明显提高[54,179]。

腿、足跟和足部疼痛：非手术管理

导致腿、足跟或足部疼痛的原因通常是多方面的，但最常见的原因是生物力学应力或超负荷应力。对疼痛最典型的认识为反复微创导致的劳损综合征，但同样也有人认为是非炎症性的退化[345]。肥胖、工作习惯不良、下肢力线异常、肌肉失衡或疲劳、日常运动或功能的改变、错误的训练、不合适的鞋、施加于足部的功能需求，这些因素单独或累积都可能造成生物力学应力的增加[226,345]（表 22.3[213,226,345]）。疼痛症状之所以持续存在，是因为在组织完全愈合前，一直在承受超负荷应力。一个常见的导致该区域出现疼痛综合征的原因是在负重过程中，距下关节过度旋前。旋前增加可能与多种原因有关，如关节活动度过大、神经肌肉控制不足、长短腿、股骨前倾、胫骨外旋、膝外翻或下

表22.3 与足跟痛有关的内外因素

内因	外因
高弓足	跑步
高BMI	日常锻炼减少
踝背伸减少	工作要求
足固有肌无力	流水线工作
下肢力线异常	需要上下车辆的工作
女性	不合适的鞋

肢肌肉柔韧性与力量不平衡等。通常腓肠肌－比目鱼肌复合体柔韧性降低与足内翻异常有关。

相关病理学和症状病因学

外在的足部肌肉组织症状可以在小腿的近端附着处或其附近发展（外胫夹），也可以在足踝处——肌腱围绕骨突处，或在足部的远端附着处（肌腱病）。症状还可能在足部内在肌以及足底筋膜中发展（跖筋膜炎）。本节描述了几种常见的综合征。

足跟痛

足跟痛最常见于足跟的底面或靠近后上方跟骨处。足底面疼痛常发生于足底筋膜附着处，这可能与该组织过度牵拉有关。与跳跃或跌倒相关的高冲击力造成的跟骨骨赘或组织淤伤也可能导致足底痛。后部疼痛最常在跟腱附着处，这往往是由于插入性肌腱病或跟腱滑囊炎[345]。

聚焦循证

美国足踝外科医师学会（American College of Foot and Ankle Surgeons, ACFAS）的足跟疼痛委员会发布了经修订的临床实践指南（CPG）[345]，将机械足跟痛归类为足底跟痛（包括跖筋膜炎和跟骨骨赘）和后跟痛（包括插入性跟腱病和滑囊炎）。美国物理治疗协会的骨科部门发布了两个单独的CPG，一个用于跟腱疼痛、僵硬和肌力不足（跟腱炎），另一个用于足跟痛（跖筋膜炎）[39,213,226]。这些来自CPG的建议将在后面的章节中进行讲述。

跖筋膜炎。疼痛通常沿足跟的跖底方向出现——足底筋膜在此插入跟骨的内侧结节。该处通常极易触及。在休息后初始负重时疼痛发生（起始疼痛），继而减轻，但随着负重活动恢复而加重[213,226,345]。相关损伤包括腓肠肌－比目鱼肌复合体活动性下降、足底筋膜疼痛或足趾伸展受限（卷扬效应）[98,213]。Martin等[213]建议进行研究，以探讨足内在肌肌力下降作为足底筋膜疼痛的致病因素。高体重指数、穿着不合适的鞋，以及柔韧平足（扁平足）或高弓足都可能是诱发因素。当压力传递到受刺激部位时，筋膜处于负重或牵伸状态，而步行进行到蹬离期足趾伸展时，疼痛就会发生。疼痛使患者避免承重反应期的足跟着地，并在站立末期减少蹬离，这可能导致步态机制受损。虽然在跖筋膜炎患者中经常发现跟骨下骨赘（跟骨骨赘），但它的存在与否不一定与症状相关[345]。

插入性跟腱病和滑囊炎。疼痛往往发生在跟腱的跟骨插入位置[39,345]。相关损伤包括踝关节背伸减少[206,317,373]、距下关节ROM异常、踝关节跖屈力量降低[206,310,311]，以及行走或跑步时足旋前增加[376]。已报道的风险因素包括肥胖、高血压、糖尿病、某些药物的使用——包括氟喹诺酮（抗生素）和他汀类药物等[39,40,210]。超声成像可能能够在疼痛和功能障碍发作之前识别肌腱病变[93,94]。一旦有症状，疼痛和僵硬会在典型的肌腱病变模式后出现。肌腱症状于一段时间不活动后开始，随着活动的恢复而减轻，但最终随着活动的继续而加重。鞋跟高度的变化会引起症状，特别是对习惯于穿高跟鞋而穿低跟鞋进行远距离行走的个体。

肌腱变性肌腱炎和腱鞘炎

肌腱病是一个总括性术语，它表示肌腱功能的障碍。肌腱变性描述了一种长期存在的肌腱慢性退行性病变，但其中不存在炎症介质或细胞。肌腱炎是指肌腱中的急性炎症过程。肌腱炎与肌腱变性的区别对于能否进行成功的物理治疗干预至关重要。腱鞘炎是肌腱滑膜鞘的炎症，可能发生在胫骨后肌腱鞘穿过内踝后方的部分。

任何足外在肌的肌腱接近并穿过踝关节后方或上方，或在足部插入处时，都会受到刺激。疼痛发生在重复活动期间或之后。当评估足部和踝部时，在抗阻期间以及相关肌腱被牵伸或触诊时，损伤部位会出现疼痛[39,345]。

跟腱病变症状发生的常见部位是肌腱中段、跟骨插入处近端 2~6 cm 处 [39]。随着跟腱病变的发生，受累下肢将表现出跖屈肌肌力和耐力下降。这种下降表现为与未受累的一侧相比，患侧在执行重复的单侧提踵时能力受限 [310]。胫骨后肌腱退变也是导致步行功能受损或获得性扁平足的常见疼痛源 [178]。胫骨前后肌腱或腓骨肌腱的症状通常与跑步和球场活动等竞技类运动有关。

聚焦循证

2015 年 11 月出版的《矫形外科与运动物理治疗》杂志第 45 卷第 11 期是一期特刊，涵盖了当前的基础和应用科学，涉及肌腱病的病理生理学、检查、评估和治疗。关于足踝部分，Michener 和 Kulig[233] 对比了冈上肌和跟腱病的病理生理变化和治疗策略。Couppe 等 [53] 回顾了与离心跟腱负荷作为肌腱病的治疗方法的相关文献，结果表明肌腱负荷通常是有益的，但目前的文献并不支持某一种最佳负荷策略。Silbernagel 和 Crossley[309] 描述了一种基于证据的决策过程，该过程用于使患有中段跟腱病的运动员恢复完全参与运动，同时最大限度地减少复发的机会。

外胫夹

该术语用于描述由于活动引起的沿胫骨近端 2/3 的后内侧或前外侧面的腿部疼痛。它可能包括不同的病理状况，如肌肉腱膜病、胫骨的应力性骨折、骨膜炎、骨筋膜室综合征或骨间膜的刺激。剧烈负重运动导致的肌肉疲劳，通常与强度或持续时间的显著增加相关，也可能加剧这种情况。

前侧外胫夹。过度使用胫前肌是最常见的外胫夹类型。与外胫夹相关的损伤包括腓肠肌 – 比目鱼肌复合体活动性下降、胫骨前肌肌力减弱，以及行走或跑步时的过度旋前 [306,350]。疼痛随着主动背伸以及肌肉被牵伸至跖屈而增加。

后侧外胫夹。腓肠肌 – 比目鱼肌复合体紧张和胫后肌肌力弱或发炎，伴足旋前增加往往与后内侧胫夹相关。当足被动旋前至超压范围和（或）主动抗阻旋后时，疼痛就会出现。

常见的结构和功能损伤，活动受限和参与受限

- 重复活动时出现的疼痛，在相关部位触诊、肌腱牵伸和抗阻时会出现。
- 在负重初始阶段出现的疼痛，在重复的负重活动和步行时出现。
- 肌肉长度—力量不平衡，尤其是腓肠肌 – 比目鱼肌复合体紧张。
- 足部姿势异常，包括由穿着不合适的鞋所致。
- 个体可以耐受站立的时间缩短。
- 行走距离或速度减少，这可能会限制相关的社区和工作活动以及娱乐和体育活动。

腿、足跟、足部疼痛：管理——保护阶段

如果出现局部炎症迹象（红斑、水肿、发热），则应采取休息和适当的策略来将其作为急性病症来救治（一般原则和指南见第 10 章）。治疗师可以通过使用支具或矫形器将足固定在略微跖屈的位置、或通过临时抬起足跟、以及使用矫形鞋或跟骨贴扎来实现应力消除 [39,76,134,144,213]。保护阶段的干预措施包括以下内容。

- 对病变部位进行交叉摩擦按摩。
- 亚极量肌肉等长收缩训练。
- 跖屈肌的被动伸展。
- 无痛范围内的主动 ROM 训练。
- 活动调整或取消。
- 支持性贴扎或矫形处方 [39,144,178,213,226,247,345]。

腿、足跟、足部疼痛：管理——运动控制和恢复功能阶段

当症状变为亚急性时，应检查整个下肢和足部是否有对线不良或肌肉柔韧性和力量不平衡。消除或改变下肢动力学链中的致病因素对于改善预后和纠正对线不良非常重要 [44,381]。矫形装置对于矫正对线不良可能是必要的 [39,144,178,213,345]。Cook 等 [46] 描述的综合性的运动监测也有利于确定可能导致问题异常的运动模式、不对称、肌力弱或紧张。有关踝关节和足部伸展和力量训练的详细说明，请参阅本章最后的部分。

聚焦循证

一项多中心随机研究对 60 名足底足跟痛的两组患者进行了比较。其中一组接受电疗和运动训练，另一组接受手法治疗（根据需要采用高强度软组织松动技术和针对髋、膝和踝关节 / 足部的关节松动术）和锻炼。在功能测量和疼痛方面，两组均表现出显著改善。在 4 周（功能和疼痛）和 6 周（仅功能）的随访中发现，接受特定手法干预和运动训练的组表现出了更大的进步 [44]。足底足跟痛症状持续时间少于 7 个月的个体对于治疗更可能做出积极的反应，而年龄和 BMI 与治疗反应无关 [218]。

教育患者并提供家庭锻炼

- 帮助患者将家庭锻炼和软组织及关节松动术纳入其日常生活中。
- 如果患者在第一次负重时感到疼痛，特别是在早晨和长时间坐位后，教导患者在站立前进行几分钟足部 ROM 练习。应当强调完整的背伸 ROM 活动。
- 教会患者预防损伤，其中包括以下原则。
  - 在剧烈运动前，进行温和的重复热身活动，然后牵伸紧张的肌肉。
  - 依据地面条件采用适当的足部支撑。
  - 在高强度运动之后留出从微创伤中恢复的时间。

增加活动受限结构的活动性

- 足部问题经常导致腓肠肌 – 比目鱼肌复合体出现活动性下降。如果背伸受限，应该对其进行牵伸。当踝关节背伸时，活动受限会引起足旋前。

临床提示

指导患有扁平足的患者在进行腓肠肌牵伸时，穿着具有内侧足弓支撑的鞋，以保护足部 [153]。

- 足跟痛，应当应用关节和软组织松动技术。
  - 对附着在内侧跟骨结节和腓肠肌 – 比目鱼肌复合体上的足底筋膜进行深层按摩。
  - 针对特定受限的关节进行关节松动，如距下关节的侧向滑动改善后足内翻，距骨向后滑动改善踝关节背伸。
  - 根据需要在膝或髋部进行关节松动 [44]。
- 足底筋膜伸展运动，包括足趾伸展，伴踝关节背伸和外翻 [67]。
- 对任何可能影响足、踝对线和功能的下肢区域进行伸展运动。

提高肌肉表现

- 开始进行等长抗阻训练，逐步过渡到踝足在开链和闭链活动中进行动态抗阻练习。
- 对于内侧和外侧支撑，在肌群之间建立力量平衡，尤其是内翻肌群和外翻肌群 [39,178]。
- 强调肌肉耐力，训练肌肉以应对离心负荷。
- 对于足底筋膜炎，需要增强内在肌的力量，其中包括需要足趾控制的练习，如卷起毛巾或拾取小物件。

聚焦循证

赤足跑步是近期休闲跑步项目中的趋势。赤足跑步被认为有助于在跑步周期的支撑期进行中足着地，减少地面反作用力从而减轻足部损伤 [189,194,322]。只有有限的证据支持赤足跑步和降低地面反作用力冲击之间的关联 [117]。理论上讲，赤足跑步可加强足部和小腿的肌力，进而改善本体感觉 [190]。一项前瞻性研究随机分配了 29 名经验丰富的跑步者，参加了为期 8 周的跑步计划，一部分受试者穿跑步鞋，另一部分赤足跑步。虽然两组在一些表现结果测量中都显示出显著改善，但没有明显的组间差异。作者认为，8 周时间可能不足以观察赤足跑步引起的变化 [240]。

韧带损伤：非手术处理

踝关节扭伤是最常见的肌肉骨骼损伤之一。对于活跃的个体，其风险高于一般人群 [90,91,370]。一级、二级和三级（Ⅰ - Ⅲ级）扭伤通常采用保守治疗 [154,220]。最常见的踝关节扭伤类型由内翻应力引起，可导致距腓前（anterior talofibular, ATF）韧带和跟腓（calcaneofibular, CF）韧带部分或完全撕裂（图22.2）[69,90,154,281,370]。距腓后（posterior talofibular，PTF）韧带作为最强的外侧韧带，很少单独撕裂。PTF韧带撕裂需要明显的内翻应力[278]。如果踝扭转应力发生后，下胫腓韧带撕裂，则距小腿关节会变得不稳定[21,140]。三角韧带很少受损。相较之下，伴随着显著的外翻应力，内踝撕裂或骨折的可能性更大。根据损伤的严重程度，也可能涉及关节囊，并可能发生关节内病变，包括软骨损伤。

前瞻性研究指出，踝关节扭伤病史是后期扭伤的危险因素[13,62,85,129,174,175,324,351]，不论是参与体育运动还是休闲活动[69,90,370]。使用外部支撑（捆绑式踝关节护具或运动踝贴扎）已被证明可以减少踝关节扭伤的发生率[68,147,188]。对于与年龄、性别、身体特征、姿势控制、总体的韧带松弛和脚型是足踝扭伤的危险因素有关的证据存在争议[212]。表22.4详细说明了与急性外踝扭伤证据相关的危险因素[212]。

常见的结构和功能损伤，活动受限和参与受限

- 受伤组织受轻度至中度压力时疼痛。
- 在完全撕裂的情况下相关关节过度运动或不稳。
- 本体感觉障碍，表现为感知被动运动能力下降和平衡障碍[374]。
- 相关关节症状和反射性肌肉抑制[259]。
- 由于距小腿关节中距骨前半脱位和轨迹改变，复发性外侧踝关节扭伤可能导致距小腿关节ROM减少[366]。
- 受伤和未受伤肢体出现急性踝关节外侧扭伤后的姿势控制缺陷[192,225]。
- 急性和亚急性期间步行受限（需要辅助装置）。由于慢性的关节不稳，个体可能难以在不平坦的表面上行走或跑步或快速改变方向。患者可能无法在跳跃时安全着地。

聚焦循证

一项随机对照试验（$N = 40$）进行了重复测量设计，以证明使用弹力管作为干扰力的平衡训练计划的效果。慢性踝关节不稳（chronic ankle instability, CAI）（$n = 20$）患者与健康的正常受试者（$n = 20$）相匹配。每组受试者被随机分配为弹力管平衡运动组或对照组。在基线、训练4周后和4周的随访期间测量压力中心的总移动距离。与对照组相比，为期4周的弹性阻力平衡训练计划使运动组的平衡显著改善；与健康正常组相比，CAI组显著改善。干预后4周平衡持续改善。作者得出结论，干扰平衡的弹性阻力训练应考虑应用于CAI患者的家庭和临床中。

踝关节扭伤：管理——保护阶段

有关炎症和修复阶段的治疗原则，请参阅第10章。

聚焦循证

美国物理治疗协会的骨科部门发布了一份CPG以指导踝关节韧带扭伤的循证管理[212]。国家运动训练师协会发表了一份立场声明，以指导运动员踝关节扭伤的保守治疗[154]。这两篇论文的建议并入以下部分。

- 使用压缩、抬高和反复间歇性冰敷来减少肿

表22.4 与急性外侧踝关节扭伤相关的内在和外在因素

内在风险因素	外在风险因素
既往踝关节扭伤[13,62,85,129,174,175,324,351]	没有外部支持的运动参与[68,147,188]
踝关节背伸ROM降低[62]	在活动前未做热身运动[124]
	未参与平衡/本体感觉训练[141,223,224,236,282,297,356,362]

胀[25,26,105,358]。随机对照试验未能建立对电或超声波物理因子治疗的明确支持。

- 电疗：有中等证据支持和反对使用电疗治疗急性疼痛和肿胀，趋向无益[88,208,227,316]。
- 超声：临床医生不应使用超声波治疗急性踝关节扭伤[363]。

- 提供外部支撑（支具、半刚性踝关节矫形器或步行靴）以及渐进性、功能性负重[31,47,151]。
- 使用温和的关节松动术来保持活动性并抑制疼痛。
- 在无痛范围内进行柔和的矢状面 ROM 活动。
- 教育患者。
  - 教导患者 RICE（休息、冰敷、压迫和抬高）的重要性，并指导患者在最初 24~48 小时内每 2 小时清醒状态下使用冰敷。
  - 教授使用手杖进行部分负重，并指导渐进性负重。
  - 教授肌肉等长练习和主动足趾屈曲，以帮助保持肌肉的完整性并促进循环。

聚焦循证

Bleakley 等[27]在急性Ⅰ级和Ⅱ级踝关节外侧扭伤（伤后平均 2 天）后，将个体随机分配（N = 101）至加速康复（accelerated rehabilitation, AR）或标准保护（standard protection SP）组。AR 组中的患者（n = 50）接受早期治疗运动、冷疗并被建议进行早期渐进性负重。SP 组（n = 51）最初只接受冷疗和渐进性负重建议。治疗运动 1 周后开始。在第 1 周后，两组都完成了渐进性运动治疗方案，包括肌肉强化、神经肌肉训练和运动特定功能锻炼。AR 组在第 1 周和第 2 周表现出显著的踝关节功能改善，并在第一周体力活动明显增加。在 16 周时，两组均报告了良好的踝关节功能，仅有 4 例再次受伤（每组 2 例）。该发现支持急性踝关节扭伤后早期开始治疗性运动。

踝关节扭伤：管理——运动控制阶段

- 随着急性症状的消退，治疗者应当在负重期间继续通过矫形器为相关韧带提供保护。商用矫形器，例如空气夹板，能够提供内侧－外侧稳定性，同时允许背伸和跖屈[22,118,159]。
- 提供步态训练，以规范平地和楼梯上的行走。
- 如能耐受，在韧带上施加交叉摩擦按摩。
- 使用Ⅱ级关节松动术来保持关节的活动性，特别是距骨的后滑动。
- 提高治疗运动阻力或强度。避免末端范围出现内翻。练习应每天完成。
  - 非负重位主动 ROM 训练逐渐进阶到背伸、跖屈、内翻、外翻，足趾屈曲训练，以及踝关节复合运动。
  - 将足跟放在地板上并进行足部内在练习：将毛巾卷起或用足趾拾取物体。
- 牵伸腓肠肌－比目鱼肌复合体以恢复完整的踝关节背伸功能。从长坐位毛巾牵伸开始，然后进阶到负重牵伸。
- 随着肿胀减轻和负重耐受性增加，进展为抗阻运动（力量和耐力）和神经肌肉再教育（平衡和本体感觉）[141]。包括等长和等张运动、踏车运动、部分到完全负重平衡板练习。开始时，应当让患者佩戴限制范围的支具或矫形器，以防止愈合中的韧带承受过度的压力。

踝关节扭伤：管理——恢复功能阶段

- 长坐位（开链），通过增加足部运动的弹性阻力并将足跟放在地板上以承受重量进行加强练习。
- 进行神经肌肉再教育训练，以改善完全负重状态下的平衡、协调、稳定性和神经肌肉反应。通过引入不同程度的不稳定表面和外部干扰，逐步挑战下肢动态稳定。
- 结合运动模式训练，例如向前 / 向后行走和侧跨步，在未受累下肢周围固定弹性阻力[120]。

- 使用不稳定的表面，如BOSU球、BAPS平衡板或迷你蹦床，以及足踝不稳定鞋或靴子[73,74]。
- 根据康复的最终目标，通过负重活动训练足踝，如在不平坦的地面上行走，慢跑、跑步，跳跃和短跑。结合敏捷性活动，如扭转控制、转弯和侧向移位。以及进行需要分散注意力的活动，如抛球，以提高自主姿势控制[274,287]。
- 当患者参与体育活动时，足踝应该由夹板或贴布固定，应穿上合适的鞋子，以保护韧带，免受再次损伤[68,147,188]。

临床提示

在神经肌肉训练期间使用外部支持已被证明可以减少下肢肌肉激活程度[88,261]。为了最大限度地提高训练的神经肌肉效益，尽可能选择无需外部支持即可安全完成的平衡和本体感觉练习。

聚焦循证

McKeon和Herte[224]进行了系统的文献回顾，以确定对于踝关节外侧不稳个体的平衡和协调训练的有效性。预防性平衡训练大大降低了踝关节扭伤持续存在的风险，并且在有扭伤史的患者中观察到更大的效果。没有足够的证据表明训练可以防止那些没有受伤的人扭伤。该综述还表明，平衡和协调训练大大改善了急性踝关节扭伤后的治疗效果。一项随机对照试验（$N = 522$）发现，完成踝关节外侧扭伤常规护理后的无监督本体感觉训练计划的个体，其踝关节扭伤复发率降低了35%[141]。应在踝关节外侧扭伤后进行平衡和本体感受训练的神经肌肉再教育，以降低再次受伤率[154,212]。

在一项前瞻性研究中，384名患有亚急性踝关节扭伤（伤后不足2个月）的患者被随机分配到三个治疗组：训练组（$n = 120$），支具组（$n = 126$）或联合组（$n = 138$）。训练组完成了为期8周的独立神经肌肉训练计划；支具组在所有体育活动中佩戴半刚性支具12个月；联合组接受了神经肌肉训练计划，以及在所有体育活动中佩戴半刚性支具，持续8周。再次损伤追踪1年。在为期1年的随访期间，69名参与者（20%）报告了持续的踝关节扭伤，其中训练组29例（27%），支具组17例（15%），联合组23例（19%）。支具组再次受伤率明显低于训练组，但与联合组无显著差异。随后的踝关节扭伤的严重程度没有组间差异。表明外踝扭伤后长时间佩戴支具可以降低再次受伤率[147]。

软组织损伤：手术和术后管理

完全性踝关节外侧韧带撕裂的修复

踝关节外侧严重（3级）扭伤通常是由于严重的内翻损伤导致的。这会导致ATF韧带完全撕裂，通常为CF韧带，很少发生PTF韧带撕裂（图22.7）[281]。ATF和CF韧带的撕裂导致胫距和距下关节的组合不稳定。当踝关节跖屈位强力内翻时，ATF韧带最有可能撕裂[164,304,357,384]。与踝关节外侧扭伤相关的损伤包括关节软骨（距骨穹隆）病变、腓骨肌腱撕裂或半脱位、外踝横向骨折、韧带联合扭伤或第五跖骨基底撕脱骨折[70,89,281,284,364]。

除了明显的肿胀、压痛和疼痛外，一个或多个外侧韧带的完全撕裂会在负重活动中引起明显的机械不稳定和功能性不稳定[125,128,132]。机械不稳定定义为踝关节活动超出生理ROM、距骨倾

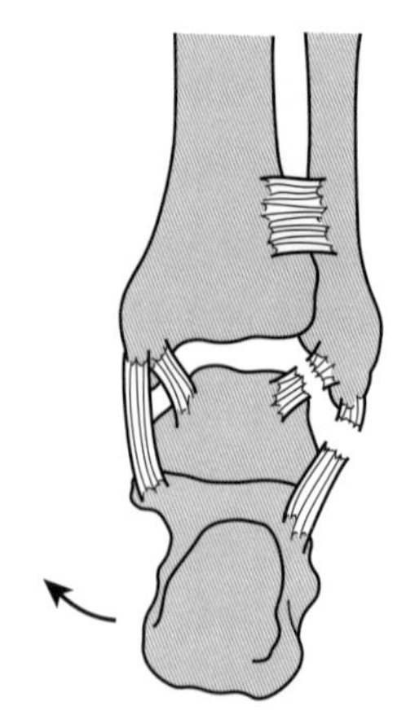

图22.7 由于踝关节严重（3级）内翻损伤导致外侧副韧带复合体完全撕裂（引自McKinnis, LN: Fundamentals of Musculoskeletal Imaging, ed. 3.Philadelphia: F.A. Davis, 2010, p 432.）

斜度增加以及前抽屉试验提示关节松弛。功能性不稳定的特点是患者会体会到踝关节“打软”的感觉[125,132,329]。功能性踝关节不稳的严重程度似乎与前关节位移或距骨倾斜的大小没有直接关系[56,132]。功能性踝关节不稳被认为是由外周和中枢感觉运动障碍共同造成的[112,126]。这可能解释了许多患者所经历的“打软”感觉，哪怕这些患者在踝关节外侧扭伤后没有机械不稳定的体格检查证据。尽管关节活动正常并且没有明显的松弛，但这些人报告了显著的功能受限。Hiller 等[118]提出了具有踝关节不稳症状个体的多个亚组，认为踝关节不稳是由机械、功能和感知不稳定之间的相互作用引起的。

急性 3 级内翻损伤后，大多数人可通过非手术治疗成功恢复。然而，一些患者会发展为慢性踝关节不稳。这些患者会经历持续疼痛、反复扭伤，以及持续的踝关节“打软”感觉。对于表现出不稳定且对保守治疗无反应的患者，以及经常从事高强度活动的急性踝关节外伤患者，可能需要进行手术修复或重建以控制不稳定性并使患者恢复到所需的功能水平[3,171,281]。手术和术后管理的总体目标是恢复关节稳定性，同时保持无痛、踝关节和距下关节的功能性 ROM[3,171,281,296]。

手术适应证

以下内容经常被认为是外科手术重建或修复踝关节软组织结构的指征[3,89,109,171,281,296]。

- 活动期间踝关节慢性机械功能不稳定，经过几个月的保守治疗无法解决。
- 急性出现的、经影像学检查或关节镜检查确认 3 级踝关节外侧扭伤，导致 ATF 和（或）CF 韧带完全撕裂。

手术

稳定手术的类型

许多外科手术可用于踝关节外侧韧带和软组织结构的重建或修复[37,52,89,109,143,171,266,281,296,320,338]。手术分为两大类：修复和重建[215,281]。手术修复技术包括对撕裂或减弱（过度牵伸）的 ATF 或 CF 韧带进行直接端对端解剖学缝合；手术重建则使用肌腱固定术（肌腱移植物）来重建踝关节外侧复合体（图 22.8）。任何一种手术都可以通过关节镜下手术或开放入路两种方式进行[3,109,336]。

手术类型的选择取决于不稳定的严重程度，慢性程度、合并症的存在，患者的年龄和预期的术后活动水平，以及外科医生的首选方法。对于具有正常体重和 ADL 要求的慢性外踝不稳定患者，通常优先选择修复。重建是为那些可能会将足踝活动至超出正常角度的个体而考虑的[109,215]。

直接修复。最常用于初次修复的手术是改良的 Broström 手术，也称为 Broström-Gould 手术[89,109,215,281]。该手术使用以下一种或多种技术对 ATF 和（或）CF 韧带进行解剖修复。

- 直接端对端修复撕裂位置。
- 牵伸韧带的重叠（重叠 / 缝合技术）。
- 将撕脱韧带固定在骨骼上。

通过将伸肌支持带的外侧部分缝合到腓骨来增强解剖学修复，从而加固修复的结构。支持带加固被认为是该手术成功的关键因素[109]。

增强重建。一般情况下，当由于 ATF 和（或）CF 韧带组织质量差或患者体重超过 200~250 磅（90.72~113.40kg）而不能直接修复时，应当采用重建手术。当先前的直接修复未能防止不稳再次发生时，增强重建手术也被用于之前手术的修正。目前的外侧踝重建手术利用自体肌腱或同种异体移植物的 ATF 和 CF 韧带来进行解剖学上的重建。这些手术以复现 ATF 和 CF 韧带解剖学起点和附

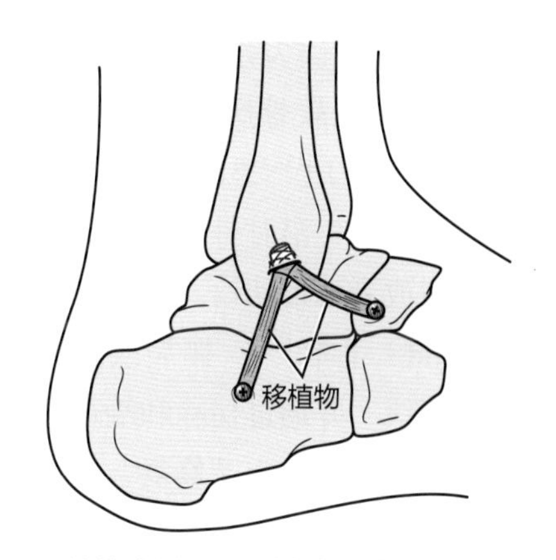

图 22.8 踝关节的侧视图，描绘了使用肌腱移植物重建撕裂的 ATF 和 CF 韧带以增加稳定性的方法。在重建韧带上的伸肌支持带（未展示）的近端加固和附着于腓骨远端的缝合线提供了额外的稳定性

着位置的方式排列转移的肌腱移植物[109]。转移的肌腱可以用锚、干涉螺钉或内置设备固定在骨上[109,171,281,336]。

同侧腓骨短肌腱是最常用的自体移植物。肌腱可以完全切除，远端肌肉则被固定在腓骨长肌上；或者肌腱可以被分为多束并部分保留，以保护肌肉的稳定作用[281,296]。为了保持腓骨短肌腱的完整性，已经开发了使用股薄肌[52,336]或半腱肌[137]进行自体腱移植，以及胫骨前肌[83]或骨－髌腱同种异体移植[332]的重建手术。

手术方法

一直以来，修复和重建都是作为开放入路手术进行的。关节镜检查以前用于围手术期检查以指导开放入路重建。但近些年来其显示出较有前景的短期临床结果[3,48,51,110,166,217,336,337,361]。关节镜下的直接修复和重建表现出的早期有前景的结果已经在一些非随机、病例系列报告中被描述。尽管技术不尽相同，但这两个方法都遵循上述修复和重建的一般原则。在已发表的关节镜修复报告（21项研究）和关节镜重建报告（6项研究）中，Matsui等[216]得出结论，没有足够的证据支持微创手术的高级推荐。

手术概述

在对踝关节外侧不稳进行开放性修复或重建之前，应当对患者进行关节镜检查以评估关节内病变的程度。高百分比（77%~95%）的长期踝关节不稳的患者表现出相关的关节内病变，特别是小关节软骨病变，被认为是踝关节骨关节炎的前兆[89,138,333]。如果发现软骨病变，通常进行关节镜下软骨下钻孔（微创）[133,339]。

在关节镜检查后，沿腓骨远端前方向踝关节和足部外侧做倾斜或者弧形切口。如果使用直接修复（Broström–Gould）手术[119]，撕裂或撕脱的结构将会使用永久性缝线，并通过切除和端对端方法，类似于背心塞进短裤的重叠交叉修复，或通过在骨上钻孔修复等方式做永久性缝合。

通过将伸肌支持带的外侧部分缝合到腓骨远端来加固修复[281]。如果使用自体腓骨短肌腱移植物来提供额外的加固（Chrisman–Snook手术）[43]，则纵向分开肌腱。肌腱的一半从肌腱连接处横切，使远端插入完整。在腓骨和跟骨中钻出骨管道。移植物穿过骨管道，并适当拉紧后，用永久性缝合线固定到第五跖骨的基部或腓骨远端。如果使用半腱肌或股薄肌移植物，则在距骨的外侧颈部钻第三骨管道，并用生物固定螺钉将自由移植物固定在管道中[52,83,281,338]。无论是腓骨移植物还是游离移植物，伸肌支持带向近端推进，并在韧带修复后缝合到腓骨远端上以进行额外的加固。

在闭合伤口之前，要检查踝关节稳定性和ROM。将足和踝紧压，置于非行走的双壳石膏或背伸角度0°并伴轻微外翻的矫形器中。抬高腿部以缓解水肿。

术后管理

术后康复因手术方式和外科医生而异。与同种异体移植组织重建的加强固定相比，直接修复方法依赖于生物力学上较弱的缝合修复[215,281]。因此，直接修复的术后进展通常比重建更保守，尽管没有足够的证据支持这种方法[217,270]。

初始管理通常包括一段时间（2~6周）的非负重固定，然后在步行靴中承受2~4周的可耐受的负重训练[264,281]。在初始固定期结束后就开始做保护性的ROM运动，避免终末位时内翻。手术后的进阶运动类似于踝关节外侧扭伤后的非手术治疗处理方法。术后管理尽量恢复正常的ROM和神经肌肉控制，并防止再次受伤[264]。

固定和负重的考虑因素

固定。通常在术后3~5天内，肿胀部分消退后，去除压迫包扎和保护性石膏或矫形器并重新使用短腿支具。根据修复的类型和强度，支具在2~6周后被移除，并更换为空气马镫型矫形器，可拆卸的石膏靴或CAM步行支架，并额外穿戴数周[52,89,264,281,372]。一旦穿戴可拆卸的靴子或矫形器，便鼓励患者进行主动ROM背伸/跖屈和限制性主动ROM内翻/外翻（10°~15°运动弧）活动度训练[264]。

到6~12周时，患者在行走期间逐渐停止使用固定装置。然而，患者回归涉及跳跃、跑步，快速改变方向的体育活动时，建议佩戴保护性矫形器或至少使用 3~6 个月的运动贴布，以防止再次受伤。

负重。虽然有报告表明，对术后可耐受的即时负重是安全和有益的[235,270]。但通常仍然推荐在保护性矫形器或支具中进行一段时间非负重训练[264,281]。在取下加压包扎后，恢复负重的时间计划可以调整。尽管 Pearce 等[264]建议在术后 10~14 天进行可耐受的负重，但其他作者依然建议保持 6 周非负重[52,281,332,338]。通常术后 6~12 周可以进行不使用固定器具的完全负重。

聚焦循证

将接受了股薄肌自体移植螺钉固定的 ATF 韧带重建术患者随机分配到普通康复（typical rehabilitation, TR）组（固定 / 限制负重；$n = 15$）或加速康复（AR）组（无固定 / 体重承受能力；$n = 18$）。所有患者均随访 2 年，评价指标包括应力位 X 线检查、自评功能评分（Karlsson 和 Peterson 评分系统），以及从手术到完全回归运动的时间。术后 2 年，与术前测量相比，两组（TR 和 AR）稳定性和功能评分均明显改善。2 年间两种方法之间的上述评估项目没有组间差异。所有患者都能够恢复到以前的运动活动，AR 组恢复活动的速度明显快于 TR 组（分别为 13.4±2.2 周和 18.5±3.5 周）。组间表现无差异，两组均未报告再次损伤。作者得出结论，使用螺钉固定重建后的即刻活动性和负重是安全和优选的[235]。

运动：最大保护阶段

第一阶段康复持续 4~6 周，重点是在保护踝关节外侧修复或重建组织的前提下恢复功能性活动的独立活动能力。带有手杖的非负重支撑是典型的术后模式。有些人可能选择使用滚动式膝助行器，特别是在长时间的非负重期。当患者坐下时，抬高患肢对于水肿管理至关重要。踝关节应该制动，以阻止 ROM 运动。如果在此期间允许 ROM 活动，则应采取主动的背伸 / 跖屈和限定范围的内翻 / 外翻（10°~15° 运动弧）活动[264]。不论是否使用支具固定踝关节，都可在踝关节中立位进行肌力训练[255,264]。

目标和干预措施。术后即刻运动处方的循证依据有限。在术后第一阶段，以下与运动相关的目标和干预措施都是合适的[215,235,264,329,372]。

- **防止制动肌群的反射性抑制**。
  - 在踝关节中立位进行亚极量等长肌力训练，包括腓骨肌群。
- **防止术后踝关节和足部僵硬以及周围软组织伸展性丧失**。
  - 无痛范围内主动 ROM 训练，以使踝关节跖屈和背伸。限制无痛 ROM 范围内的内翻和外翻（10°~15° 运动弧）训练[264]。
  - 足趾的主动 ROM 训练。
- **最大独立性的活动**。
  - 使用适当的辅助设备进行步态和转移训练。需要遵守负重限制。
- **维持非制动肌群的力量**。
  - 进行术侧下肢髋关节和膝关节的主动抗阻训练，以及上肢和非术侧下肢的抗阻训练。
  - 以适当的负重进行双侧支撑的简单深蹲。

运动：中等和最小保护阶段

中等保护期的干预在术后 4~6 周开始。此时，愈合结构能够维持控制和渐进的压力。踝关节 ROM 通常受限，并且可能在末端加压时疼痛。下肢平衡和力量受损。

该阶段的特征在于逐渐停止使用制动器具或支具，同时恢复完全无痛的踝关节活动。处理神经肌肉控制、力量和平衡障碍，同时将再次受伤的风险降至最低。步态训练恢复正常。

最小保护阶段通常在术后 8~12 周开始。最后康复阶段的重点是恢复术侧下肢的全部肌力和耐力，使其与健侧相一致。重建正常无痛的跑步步态模式；并准备回归所期望的工作、运动或娱乐相关活动。干预措施应强调恢复感觉运动敏锐度、减少功能障碍、改善姿势控制，防止再次受伤[264]。

临床提示

通过适当的预防措施，术后 3~4 个月可以恢复功能性活动，包括体育运动[235,264,372]。用手持式测力计评估腓骨肌力量，其应与对侧踝关节检测结果一样显示正常[264]。前抽屉或内侧距骨倾斜试验没有不稳定现象。以下功能测试有助于确定重返运动的进展情况。

- 单脚跳测试（侧向水平距离、垂直距离、三阶跳测试、8阶跳测试、6米定时跳测试）[192,298]。
- 星形偏移平衡测试[106,126,192]。
- 足踝功能评估问卷[38,81]。
- 最后还应考虑患者对重返运动的自我认识准备[12]。

目标和干预措施。在康复的中期和末期，适用以下与运动相关的目标和干预措施。

- **恢复术侧踝关节的无痛ROM**。如果在最大保护阶段进行严格的固定，背伸可能明显受限。为增加踝关节ROM可进行以下操作。
  - 进行AROM训练，8周内获得踝关节全范围的ROM。
  - 开始主动多平面运动，例如8字形或踝关节字母形主动活动。
  - 如果踝关节背伸或跖屈受限，对受限的胫距关节和胫腓关节进行Ⅱ级或Ⅲ级关节松动术。
  - 增加自我牵伸运动，以提高肌肉的柔韧性，特别是腓肠肌–比目鱼肌复合体。从用毛巾牵伸开始，逐渐进阶到站在楔形台上。
- **增加双侧下肢踝部和足部肌肉的强度**。

临床提示

在未做踝关节稳定手术的患者中，患侧踝关节最大力矩低于对侧踝关节的现象同功能性踝关节不稳存在相关性[295]。另外，踝关节肌肉组织的力量损失程度与慢性不稳相关[1]。因此，在外侧韧带修复或重建术后，提高外翻力量对于后期的动态稳定性特别重要。

  - 对踝关节所有肌肉进行渐进性抗阻训练。从非负重开始，进入负重姿势。
  - 在上肢支撑情况下进行单侧小腿提踵训练，以尽量减少因平衡受损而导致再次受伤的可能性。
  - 增强踝关节外翻肌肉力量。对于动态强化训练，在平面内或对角斜面上使用弹力带或手动抗阻进行外翻训练[116]。
  - 在负重位进行双侧髋关节和膝关节力量训练，强调近端控制（见第20章和第21章）。
  - 当负重无疼痛，踝关节应力测试稳定时，单侧足跟能抬离25次时，可以进行超等长训练[264,311]。从双侧跳跃开始，进阶至向前、向后、对角和左右进行单侧跳跃。超等长训练在最初应该提供踝关节支撑保护（护具或贴布）[147,281]。有关超等长活动的完整描述，请参阅第23章。
- **提高肌肉耐力和心肺功能**。
  - 开始时进行游泳池中散步、游泳、骑自行车、跑步机步行或使用越野滑雪机。逐步进阶到深水跑步、户外步行、慢跑或跑步。在最初应提供踝关节外部支撑（护具或贴布）的情况下进行着陆活动训练[147,281]。
- **改善神经肌肉控制、平衡反应、动态稳定性和敏捷性**。
  - 双侧和单侧平衡活动训练，从稳定的平面逐渐进阶到不稳定的平面（见第8章和第23章示例）。
  - 在术后约6周开始单侧平衡训练，或者在耐受完全负重的情况下开始单侧平衡训练。
    - 从坚固的表面到柔软的表面（微型蹦床或致密泡沫）再到不稳定的表面（平衡板或BOSU球）的转变。
    - 踝关节本体感觉也可能针对特定的不稳定工具（踝关节不稳靴、踝关节不稳凉鞋、气囊），伴后足局部的适度内翻角度（10°~15°）[74,92]。
  - 逐步提高敏捷性训练，例如小道走（前交叉步），使用滑板的侧向滑动，以及旋转和侧方急停活动。

- 有关平衡和敏捷性活动的顺序，请参阅第 23 章。

聚焦循证

对于功能性不稳的踝关节患者，使用平衡板的本体感觉 / 平衡训练已被证明是在平衡训练期间改善关节本体感觉（关节位置感）、单腿站立能力和肌肉反应时间的有效方法[73,74,82]。尽管这种形式的神经肌肉训练被认为有短期效果，但平衡训练对姿势偏移效果研究的结果却不一致[63,212,224]。

在 Verhagen 等人[362]的一项前瞻性研究中，1127 名男女专业排球运动员被随机分配到训练组或对照组。在为期 36 周的排球赛季中，训练组参加了一项本体感觉训练计划，包括各种平衡活动，其中一部分是平衡板。对照组未接受任何培训计划。在整个赛季中，两组的伤病都被跟踪。在那些球员中，在研究开始之前已有踝关节扭伤病史者，参加平衡训练计划者在本赛季的急性外踝扭伤发生率明显低于对照组。在没有踝关节扭伤病史的训练组和对照组中，本赛季踝关节损伤发生率无显著差异。作者得出结论，本体感觉训练可有效预防成人排球运动员踝关节外侧损伤的复发。

虽然这项研究和其他研究没有涉及接受修复或重建踝关节外侧韧带后进行康复的患者，但这些本体感觉训练计划可能对术后患者有益。

- **在步态和相关活动中重建无痛、对称的负重。**
  - 一旦穿戴受控踝关节运动支架（允许背伸和跖屈）行走，即可允许在游泳池或平地上开始进行步态训练。
  - 在训练坐立动作和最后上下楼梯时都应强调对称性负重。
  - 逐渐进阶到没有支具的情况下进行步行和功能性活动。
- **安全回归功能性活动，防止再次受伤。**晚期康复阶段通常发生在术后 8~12 周。患者应该能够在平坦和不平坦的地面上正常步行，同时能上下楼梯。患侧踝关节力量≥对侧踝关节力量的 90%[342]。功能性跳跃试验（8 字形，左右两侧）应表现出适当的神经肌肉负重控制，且与对侧相比，能够达到大于等于 90% 的水平[141,270]。专栏 22.4 总结了在修复或重建踝关节外侧韧带后恢复运动或高需求活动时减少再次受伤风险的预防措施。

结果

在踝关节外侧修复或重建后的最佳术后结果是，踝关节具有完全活动性，但在功能性活动期间保持稳定且无疼痛。系统综述表明修复和重建手术可以达到稳定性恢复和个体重返运动能力[63,160,268]。已发表的试验可分为治疗急性外踝扭伤和慢性踝关节不稳患者（特征是反复发作的踝关节扭伤和“打软”的感觉）。

急性踝关节外侧扭伤的手术治疗。Kerkoffs 等[160]在 Cochrane 评价中将急性外踝扭伤的外科手术与保守治疗进行了比较。与先前的运动参与水平相比，两组间没有发现任何差异，但与保守治疗组相比，手术干预导致踝关节扭伤复发的人数显著减少。还有一篇综述有类似的结果，并指出外科手术干预可改善客观稳定性并降低复发率[268]。值得注意的是，这些综述中包含的许多研究已有 20 多年的历史，其中只有一项研究发表于过去十年。一项针对男性军人的随机对照试验比较了直接修复（$n = 25$）或功能性治疗（$n = 26$）对于急性外踝扭伤患者的长期预后情况[271]。功能治疗包括持

专栏 22.4　减少踝关节外侧韧带重建后再次受伤风险的相关预防措施

- 如果可能，通过参加游泳、骑自行车、低强度有氧运动或越野滑雪等低冲击的运动来调整活动。
- 尽量减少或避免参与涉及高冲击（篮球，排球）、急停、改变方向（网球，足球）或在不平坦表面上进行的活动。
- 如果涉及与踝关节损伤高风险相关的活动应注意以下几点。
  - 参加赛季前损伤预防训练，包括渐进性本体感觉训练和超等长训练，并在整个运动季节继续执行该训练[82,362]。
  - 穿戴规定的矫形装置，例如功能性马镫支具或矫形器，以提供踝关节内侧—外侧的稳定性[68,147,159,221,222,326]。踝关节贴布已被证明对有踝关节扭伤病史的个体有预防作用。然而，较高的成本和皮肤问题高发生率，使得大家更倾向于使用支具[186,234,253]。

续 3 周的佩戴半刚性支具的可耐受负重训练，并由物理治疗师指导治疗性运动。手术组的个体遵循类似的术后负重、支撑和锻炼方案。两组患者均恢复了受伤前的活动水平并完成了兵役。手术组 15 例（60%）和功能性治疗组 18 例（69%）接受长期随访（平均持续时间 14 年）。手术组中，15 人中有 1 人再次受伤，功能治疗组为 18 人中 7 人再次受伤。应力 X 线检查显示前抽屉试验和内侧距骨倾斜实验结果无差异。在 MRI 中发现手术组中 15 个个体中有 4 个，而在功能性治疗组中 18 个中有 1 个存在骨性关节炎。作者得出结论，两种治疗方法对于恢复到损伤前的活动水平都是可取的，虽然手术修复可以降低后期踝关节扭伤的风险，但也可能会增加后期骨关节炎的风险。没有足够的高质量随机对照试验来有力地推荐急性外踝扭伤需要手术治疗[160,268,271]。

慢性踝关节不稳的外科治疗。比较研究手术与保守治疗慢性踝关节不稳的研究相对较少。Vries 等[63]的一项综述包含了使用几种不同外科手术的四项研究，包括直接修复和重建。所有研究均被判定为高偏倚风险，通常与盲法和选择性报告有关。作者得出结论，没有足够的证据证明任何一种手术比其他手术更能治疗慢性踝关节不稳。在手术稳定之前，个体应该对保守治疗无效，特别是神经肌肉训练。手术后，术后管理应包括早期活动度和负重，以及 6 周的非负重固定。

直接修复与同种异体移植重建。直接修复和同种异体移植重建均可获得可预测的稳定性和良好至极佳的患者满意度[89,110,187,215,216,337]。虽然不是最佳结果，但在手术重建后最常发生踝关节活动度轻微丧失（5°~10° 的内翻）[133,338]。Krips 等人[177]评估了两组运动员（$n = 77$），这些运动员在 2~10 年前（平均 5.4 年）接受了直接修复（direct repair, DR）或同种异体移植重建（allograft reconstruction, AR）手术治疗慢性踝关节不稳。术前年龄、活动水平或性别之间没有组间差异。所有 DR 和 AR 参与者的 6 个月保守治疗均失败了。AR 组的踝关节背伸范围减少的患者明显多于 DR 组（15/36 vs 3/41）。两组患者的跖屈、外翻或内翻均无限制。DR 组中的个体报告了功能能力“优秀”或“好”的比例明显高于 AR 组（88%DR vs 58%AR）。AR 组参与者报告其活动水平较低，以及在跑步期间肢体推动力偏弱，并且与 DR 组相比，踝关节稳定性较低。作者得出结论，对于患有慢性踝关节不稳的运动人群的早期修复来讲，直接修复比肌腱固定术是更好的选择。

随着解剖重建技术的提高，这种结果的差异越来越不被关注[137,301,336,338]。改良的同种异体移植解剖重建手术技术，更接近恢复踝关节运动学，似乎与术后 ROM 限制或关节炎发病率增加无关[272]。一项非随机队列研究比较了外踝修复（$n = 61$）或解剖重建（$n = 25$）后个体的结果。在至少 2 年的随访中，在满意度、功能（足踝残疾指数）或活动水平（Tegner 活动量表）方面没有显著差异。该项研究未评估 ROM[215]。

一项综述得出结论，没有足够的高质量证据强烈支持治疗踝关节不稳何种手术更有效[63]。虽然目前认为，直接修复是原发性踝关节稳定的首选方法，但需要进一步研究对比同种异体移植重建技术与直接修复之间的效果，以得出确切的结论[109,135,177,187,215,216]。无论采用何种手术，这两种手术都不可能完全恢复后足运动力学[272]。

参与体育活动。大多数人在外踝稳定手术后恢复到以前的运动水平[109,199,215]。42 名急性Ⅲ级外踝韧带损伤的专业运动员接受直接修复稳定治疗（Broström 手术）。所有运动员均在中位数为 63 天时回归训练，在中位数为 77 天时恢复完全运动参与。40 名患者报告了非常满意，2 名患者表示满意。没有与手术相关的严重并发症[372]。长期运动参与会增加磨损。Maffulli 等[198]报道，在 Broström 修复治疗慢性外踝不稳后 9 年（范围 5~13 年）的运动参与者为 38 人。22 人（58%）以受伤前运动水平参加体育运动，6 人（16%）仍然活跃，但体育需求较低（骑自行车和网球），10 人（26%）不再积极参与体育运动。在已经放弃运动的 10 例患者中，有 6 例修复的踝关节发生了创伤性内翻损伤，运动参与不是一个可行的选择。对比基线与随访 X 线平片，15 例患者（39%）发现退行性改变；退行性变化与恢复体育活动无关。总体而言，76% 的人报告了良好至极佳的结果；68% 的人没有经历随后的踝关节内翻损伤；74% 的人继续参加体育运动。

跟腱断裂的修复

跟腱的急性断裂是一种常见的软组织损伤，发生在参加体育活动的人群的40~60 岁阶段，男性的发生率约是女性的三倍 [99,163,275]。断裂通常与在突然加速或减速（如跳跃或着陆）期间，腓肠肌－比目鱼肌（小腿三头肌）复合体的强力收缩相关 [16,35]。退行性和机械性因素似乎增加了急性断裂的风险 [35]，其包含缺血性肌腱炎，衰老而导致的刚度增加，以及重复的微小损伤后不充分的修复反应和组织的磨损。向心或离心的机械负荷导致断裂 [16,41,275,352]。其他被认为导致跟腱断裂的因素包括糖尿病、吸烟、受伤、使用喹诺酮类抗生素，以及损伤前期在肌腱或腱旁组织的类固醇注射治疗 [127,275]。

肌腱最容易在跟骨附着处近端 3~4 cm 处断裂 [352]。完全断裂会导致疼痛、肿胀、可触及的缺损，以及足部跖屈明显无力。在临床检查中，有以下三个检查结果，高度提示跟腱完全断裂 [100]。

- Thompson 挤压试验阳性（挤压小腿肌，患者不会产生踝关节跖屈）。
- 俯卧位下，与对侧相比，踝关节放松时跖屈角度减少（正常静息张力会产生 20°~30° 的跖屈）。
- 可触及跟腱缺损。

跟腱的急性断裂可非手术治疗或手术治疗。两种选择各有优缺点。手术修复后进行康复治疗，肌腱再次断裂的风险低于保守治疗 [23,148,162,163,375]。然而，术后伤口闭合问题、感染和神经损伤（通常是腓肠神经）也可能存在，而非手术治疗不存在这些风险。不管何种处理策略，与对侧肢体相比，患侧都存在恢复期相对较长，以及肌无力持续存在的问题。人们普遍认为，对于年轻、活跃的个体和希望重返运动的运动员，手术治疗应为首选 [64,193,200,323]；而对老年人以及相对久坐不动的人群，保守治疗更有利 [42,87,163,378]。然而，最近采用早期功能性活动康复方案的研究已被证明手术和保守治疗的结果相似 [249,258,377,382]。目前，没有足够的证据明确支持保守治疗与手术治疗。只要早期采用松动技术，任何一种策略的再断裂率都相对较低 [377,382]。患者和外科医生都必须权衡手术和非手术治疗的优缺点并执行个性化的治疗策略。

聚焦循证

在过去的 10 年中，非手术治疗已经从 6~8 周的固定和限制负重发展到进一步加速和功能性的康复方法 [80,229,249,377]。在增生性炎症阶段（损伤后数天到数周），肌腱的控制和渐进负荷已被证明有利于恢复 [95]。Olsson 等 [258] 将 100 例急性跟腱断裂患者随机分配到手术修复组（手术；$n = 49$）或保守治疗组（非手术；$n = 51$）。两组均完成了加速康复方案，包括在步行靴中立即负重，步行靴用三个足跟楔将足保持在马蹄足位（约 20° 跖屈）。在 8 周的过程中，依次移除足跟楔，背伸范围逐渐增加至中立位。之后，两组均停止使用上述步行靴，转而使用垫高后跟的鞋进行训练（手术组 6 周，非手术组 8 周），后期再逐步去除垫高的后跟（手术组 10 周，非手术组 14 周）。在前 8 周，两组都完成了运动，但非手术组仅限于足趾屈伸活动 ROM。手术组完成了渐进的、一定范围的主动 ROM 和轻度腓肠肌－比目鱼肌复合体抗阻练习。在早期的保护阶段后，两组都完成了标准化的康复计划，其中包括治疗和功能锻炼。手术组训练进展比非手术组更快。在自我症状报告、身体活动水平或生活质量方面，组间无显著差异。两组均在第 12 个月时恢复到受伤前身体活动水平。在第 12 个月时，手术组在跳跃测试中表现明显更好。虽无统计学意义，但非手术组有 5 名患者再次断裂，而外科手术组未发生再次断裂。作者得出结论，尽管手术可以加速跟腱负重且避免较大的软组织并发症，但在功能结果、身体活动或生活质量方面，治疗效果并不优于非手术治疗。

手术适应证

以下是急、慢性跟腱断裂重建或手术修复的常见适应证。

- 跟腱急性完全断裂 [16,42,352]。
- 个人期望回到高需求的功能性活动 [10,16,42,258,382]。
- 慢性、先前未确诊或未治疗的完全性断裂，并且通过保守治疗无法实现端对端的并置 [239,369]。

手术

初次与延迟修复

已经有相当多的外科手术和技术用于修复或重建断裂的跟腱 [16,24,55,249,258,369,377]。开放入路、微创或经皮手术方法可用于初次修复 [16,42,191,352]。虽然微创技术已经被描述 [199,196,201]，但开放入路的方法通常用于延迟修复重建被搁置断裂的跟腱（断裂超过 1 个月）[4,269,369]。

急性断裂的初次修复通常在损伤后的最初几天内进行。通常通过直接的端对端修复，其中撕裂肌腱的末端被重新对置并缝合在一起 [16,352]。可以通过自体移植或同种异体移植来增强修复，这更常见于延迟修复 [16,199,269,352]。可作为供体移植物的结构包括䟕长屈肌、跖肌、腓骨短肌、半腱肌、或来自腓肠肌的筋膜瓣 [199,269,352]。

手术概述

初次修复。在开放式初次修复中，在小腿远端的跟腱内侧处做 10 cm 的小腿后方切口。后内侧切口要避免损伤腓肠神经。识别肌腱末端、清创并重新缝合 [16,352]。将腱鞘缝合以加强核心肌腱缝合的稳定性 [258]。初次修复有时使用增强缝合，但证据不确定 [42,352]。通过经皮修复，沿着跟腱的内侧和外侧方向形成几个小的穿刺伤口，或通过直接在肌腱上方形成几个羽状切口，定位并缝合腱端 [16,115,200,201,352]。微型开放修复的皮肤切口比开放入路切口更短（约 5 cm）。识别肌腱末端并缝合，并在骨上钻孔固定修复 [24,228]。在上述的每种方法中，踝关节需保持在略跖屈或中立位对肌腱进行修复。

延迟修复 / 重建。通过自体肌腱移植重建，进行第二次切口以获取移植物。例如，腓骨短肌自体移植物需要通过第五跖骨基底部的 2 cm 切口获得。将自体移植物穿过、拉紧并缝合到相对的跟腱残端 [202]。

闭合前，将足踝移至被动背伸位以评估修复或重建的完整性。闭合后，应用具有压迫包扎功能的膝关节下方长度的矫形器，将踝关节固定于约 20° 的跖屈位 [16]。如果外科医生允许立即或早期的负重，则应使用带有足跟楔的行走靴（约 20°）[258]。

注意：如果修复的质量很差，则应用膝上支具（后期更换膝下支具）。

并发症

与手术修复或重建跟腱断裂相关的并发症总结见专栏 22.5 [9,16,148,163,228,238,249,258,319,378,382]。并发症的报告通常将再断裂与其他并发症分开。术后再次断裂相对不常见，发病率为 3%~5%[16,152]。感染、粘连和腓肠神经感觉障碍是最常报告的并发症 [152]。一项荟萃分析显示，除了再次断裂，非手术治疗其他并发症的风险比值为 3.9，这意味着每 7 名手术治疗的患者预计会出现一种额外的并发症（除了再次断裂）[319]。与开放式修复方法相比，微创和经皮手术会降低并发症的风险 [163,228,238]。

术后管理

在文献和临床实践中，急性跟腱断裂的初次开放修复后的术后康复指南差异很大。就以往病例看，术后大约需要 6 周的固定及非负重时间，避免对修复部位的应力。然而，研究表明，肌腱在愈合过程中会受益于早期负重和运动 [15,155,169]。将基础科学研究转化为临床实践，近些年的研究采用了跟腱修复后的早期负重和松动 [184,203,204,249,258,377]。早期

专栏 22.5　初次修复跟腱断裂后的并发症

- 肌腱再次断裂或肌腱愈合失败（可触及间隙）。
- 伤口并发症：感染、切口愈合延迟。
- 腓肠神经损伤导致足外侧缘的敏感性改变。
- 粘连或肥厚性瘢痕。
- 深静脉血栓形成或肺栓塞。
- 由于关节不稳或软组织粘连或挛缩导致踝关节 ROM 受限，导致功能受损，如由于背伸受限而难以上下楼梯。
- 力量和肌肉耐力不足，通常是跖屈肌群。
- 缝合处疼痛。
- 复杂性区域疼痛综合征（罕见）。

跟腱修复的个体负重和活动方案已被证明改善结果，包括早期恢复步行、工作和伤前活动水平，患者满意度更高，没有增加再断裂率[33,139,359]。这导致 AAOS CPG 建议不超过 2 周的保护性负重（建议强度：中等）和使用可在术后 2~4 周活动的保护装置（建议强度：中等）[42]。

注意：在术后跟腱修复文献中，“早期松动”意味着患者活动能力越来越强，肌腱的松动或负荷控制采用缓慢的渐进性踝部 ROM 训练。在康复保护阶段，避免早期进行踝关节终末端背伸。专栏 22.6 提供了跟腱修复后早期治疗的指南。

经皮修复后的管理指南各有不同，并且通常与开放性修复或重建后的术后指南非常相似。经皮修复后的早期负重和活动已被证实与开放性修复有着相似的积极结果[8,61]。因此，以下部分中未指明经皮修复具体指南的，可在其他资源中找到[8,55,61,115,200]。

制动和负重的考虑因素

采用限制负重的方法进行固定。这种方法可用于初次修复或修复 / 重建失败的情况[367]。将踝关节制动于约 20° 跖屈位约 6 周。在整个或大部分时间内患者仍然不负重[16,230,367]。在严格制动期后，应用 CAM 矫形器，通常允许跖屈，但将背伸限制在 0°。这种方法虽然较安全，并且再次断裂的风险较低，但在一些研究中已经证明，可能导致踝关节肌力（腓肠肌 / 比目鱼肌）和 ROM 的受损（背伸）[33,139,230,352,359]。

早期的活动和负重方法。在跟腱早期直接修复后，因为外科手术的进步和对肌腱愈合过程中早期负荷和运动益处的更好理解，目前推荐早期运动和负重[42,229,249,330,377]。术后，踝关节短期内固定于跖屈位（少于 2 周），以尽量减少伤口并发症。鼓励个体使用手杖并使用保护靴或行走支具负重，使足踝保持大约 20° 跖屈[42,258,352,377]。如果使用靴子，通常是一个铰链式 CAM 矫形器，可锁定在不同位置限制末端范围背伸[42,279]。

在早期制动期（1~2 周）后，打开 CAM 支具以允许在受保护的范围内移动，通常限制背伸超过中立位[237,249,258,377]。作为替代方案，可以使用允许跖屈但将背伸限制为 0° 的刚性背侧矫形器[153,203]。在康复的前 6 周，除因伤口护理或治疗性运动时被移除以外，在渐进性负重的活动和其他所有时间（包括睡眠），均穿戴保护性矫形器。

当患者术侧下肢能够在无痛的情况下完全负重行走于平坦的表面上时，护腿靴或矫形器可逐渐停止使用（通常在术后 6~8 周）[249,258]。停止使用功能性支具或矫形器后，最初使用 1 cm 或 1.5 cm 的双侧足跟垫高支具，以防止肌腱延长并减少功能性活动期间的肌腱拉伤[249,258]。

尽管已发表的关于开始和渐进负重以及允许踝关节活动的指南在不同研究间存在差异，但显而易见的是，允许个体在早期保护期间在限制范围的矫形器中负重，可获得更高的患者满意度，更早回归功能性活动，而再断裂率无差异[33,139]。所有方案的共同点是使用安全水平的应力，同时保护愈合中的肌腱。外科医生、治疗师和患者之间的密切沟通对成功至关重要。表 22.5 总结了与术后跟腱修复管理相关的固定和负重指南[33,42,139,258,377]。

佩戴 CAM 矫形器的术侧下肢，其主动跖屈和背伸可在术后即刻[115,203]或术后 1~2 周立即开始[201,237,249,258,330,377]。CAM 矫形器最初应用于马蹄足畸形时应限制背伸超过 20°。随着 CAM 或矫形器允许更大范围的运动，背伸的主动 ROM 活动增

专栏 22.6 急性跟腱断裂修复后早期负重和再活动项目的特点 *

负重指南

- 术后立即使用手杖[156,203]或 1~2 周后[229,237,279,330,377]使用膝下矫形器，此时踝关节常固定在跖屈位或中立位。
- 术后 3~6 周逐渐进展至完全负重状态[156,279,330,377]。
- 术后 6~8 周在所有负重活动期间穿戴矫形器[279,330]。
- 在术后 6 到 8 周后不再使用支具时，需要穿双侧垫高后跟的鞋子进行负重训练[156,326,330]。

ROM 练习

- 术后立即[58,79,81,126]或 1~2 周[237,279,326,330,377]，在佩戴功能性支具或矫形器时术侧踝关节进行主动跖屈和背伸。防止背伸角度超过 15°~20°，或超过中立位。
- 在最初的 4~6 周内移除矫形器，踝关节内翻和外翻，同时保持踝关节跖屈[377]。
  - 在 6~8 周时，在支具中允许背伸超过中立位 10°，移除支具后允许内翻 / 外翻[156,237]。

* 术后前 6 周，所有踝关节 ROM 练习均在坐位或仰卧位进行。术后 6~8 周，早期再运动和传统方案的指南相似。

表 22.5 修复或重建跟腱后常规术后管理*

术后时间段	踝关节固定的类型和位置**	负重指南
0~2 周	■ 加压包扎和后足矫形器 ■ 步行靴设定在跖屈 20° ■ CAM 矫形器，允许自由跖屈，但背伸限制在 −20°	■ 双侧腋杖局部负重
2~4 周	■ CAM 矫形器，允许自由跖屈但将背伸限制在 −20°	■ 步行靴或 CAM 矫形器在可耐受范围的负重，手杖根据情况决定是否使用
4~6 周	■ CAM 矫形器允许自由跖屈，但背伸限制在 −10°（第 4 周）和 0°（第 5 周）	■ 在步行或支撑中完全负重，停用手杖
6~8 周	■ CAM 矫形器，允许自由跖屈，但背伸限制在 10°（第 6 周） ■ 停用 CAM 矫形器，开始使用双侧足跟垫高 1~1.5 cm 的鞋子（第 7 周）	■ 足跟垫高的鞋子或功能性支撑的完全负重
8 周以后	■ 10 周后停用足跟垫高的鞋子	■ 第 10 周，穿普通鞋全负重，无需足跟垫高

* 肌腱移植重建后，所有时间段均延长约 2 周。
** 如果伤口愈合延迟或修复质量很差，可能会在行走期间长时间穿着固定装置。

加。在最初的 2~4 周，在移除矫形器的情况下，跖屈位下可开始踝关节内翻和外翻训练[258,377]。开始时，所有 ROM 训练在坐位或仰卧时主动完成。术后 6 周，引入双侧站立练习，以改善主动和被动 ROM[249,258,377]。

聚焦循证

直到 20 世纪 80 年代后期，6 周的石膏固定一直是跟腱修复后的标准术后管理要求。如上所述，随后的研究证实了早期功能康复的积极作用[155,203,229,249,258,330,377,382]。然而，早期功能康复方案主要涉及早期负重[49,50,330]或早期踝关节运动[155,156]，但不一定两者兼有。高质量、随机对照试验结合了这些方法[8,107,161,203,204]。Huang 等人[139]完成了一项荟萃分析的系统评价，比较了以下方法。

- 比较 1（早期负重 + ROM 训练）：早期负重与踝关节运动锻炼方案 vs 固定。
- 比较 2（仅限早期 ROM 训练）：仅有早期踝关节运动，没有早期负重 vs 固定。

对于早期负重 + ROM 训练 vs 固定，共包括 279 个个体参与[49,50,161,203,204]。平均负重时间为 4.1 天。与接受石膏固定治疗的患者相比，完成早期负重和 ROM 运动的个体在 15 项结果指标中的 11 项中表现明显更好。显著更佳的结果如下。

- 更高的满意率（93.6% vs 77.5%）。
- 回归运动的时间。
- 回归体育运动的人数。
- 正常的踝 ROM。
- 肌腱延长减少。
- 提踵能力提高。

两组相比，再次断裂或严重并发症的发生率无差异，但刚性石膏固定组的轻微并发症发生率较高。

对于早期 ROM 训练组与固定组的对比，纳入了 171 例患者[155,156]。平均负重时间为 3.3 周。与固定组相比，完成早期 ROM 训练的个体在恢复运动和减少肌腱延长方面具有明显优异的结果。两组之间没有观察到再断裂、严重或轻微并发症发生率的差异。

基于这些结果，作者得出结论，与石膏固定或延迟负重的早期踝关节 ROM 运动相比，采用早期负重和 ROM 训练取得了更优的效果。而非负重的早期 ROM 运动与刚性固定相比时，优势很小。

两篇已发表的病例系列描述了早期负重和没有术后支撑的 ROM 训练的结果[75,380]。内镜跟腱修复术后第 1 天，Doral 允许 28 名男性在耐受范围内用腋拐负重，不使用支具 / 矫形器 / 石膏。在术后平均 28 个月，个体在跖屈力量、踝关节 ROM 或跳跃测试表现方面未见差异。没有再次断裂的报告，并且所有患者恢复到受伤前运动和（或）ADL水平。Yotsumoto等[380]在20名患者中（14名男性，6名女性）研究了新的跟腱修复技术在没有术后固定矫形器的情况下允许早期运动的效果。术后患者完成了主动和被动踝关节ROM运动。确认0°背伸后1周开始部分负重，并且在4周时允许完全负重运动。足跟抬高用于具有高度腓肠肌–比目鱼肌复合体张力的个体。作者报告了实现以下结果的平均时间。

- ROM对称：3.2±0.7周。
- 正常行走，无疼痛或恐惧：4.5±0.7周。
- 术侧足20次连续单腿提踵：9.9±1.7周。
- 恢复体育活动：15.4周。
- 回归工作：12周。

没有发现术后并发症，受试者在术后24周跟腱断裂平均评分为98.3±2.4。两项研究都得出结论，没有固定的早期运动是部分跟腱修复后患者的一种选择。

运动进阶

虽然运动的时间和进阶可能因手术（初次直接修复或重建被忽视的断裂）而有所不同，但术后康复计划中的运动类型是相似的。在随后的康复阶段，会进行一系列练习，帮助个人达到恢复受伤前功能的治疗目标。应与外科医生协商确定术侧肢体开始进行负重、开始踝关节ROM训练（特别是背伸），以及恢复受伤前与工作和体育活动相关的时间计划。

运动：最大保护阶段

跟腱修复经常在门诊进行。因此，在手术前或出院前，患者的教育是必不可少的。它侧重于伤口护理（如果防护装置是可拆卸的），通过术侧腿抬高来控制外周水肿，使用适当的辅助装置控制步态训练，以及家庭锻炼计划。

目标和干预措施。在术后的前2~6周内，以下治疗目标是适当的。

- **重建独立的运动和功能性活动能力**。在穿戴保护性矫形器的情况下进行步态和转移训练，强调负重限制。
- **维持非固定关节的ROM**。在坐位、仰卧或俯卧位时，在穿戴固定装置的同时进行术侧的髋、膝和足趾的主动ROM训练。
- **防止固定肌群反射性抑制**。在术后的前几天内，在固定装置中开始亚极量、无痛的肌肉等长收缩锻炼。先从背伸肌、内翻肌和外翻肌练习开始。亚极量腓肠肌–比目鱼肌复合体运动通常在2周后开始，尽管一项研究在术后立即进行的运动中包括了此项目[258]。通过稳定的修复，可以在2周后针对背伸、内翻、外翻和跖屈肌开始进行非负重位下低负荷（轻度弹性阻力）等张肌力训练[258]。
- **防止术侧踝关节和足部的关节僵硬和软组织粘连**。在受保护的范围内启动ROM练习。前4周内，主动背伸不应超过0°[33]。可以在CAM矫形器中完成主动ROM背伸，以防止修复的肌腱过度牵伸。主动内翻和外翻应在跖屈位进行。主动跖屈ROM训练不受限制。
- **开始恢复站立时的平衡反应**。在穿戴保护性矫形器的同时，进行双侧体重转移活动。根据需要使用平行杆或其他稳定表面进行上肢支撑。
- **保持心肺功能**。如果可能的话，使用上肢测力计进行耐力训练。2周后，在保护性矫形器中开始使用自行车进行最小阻力训练。

运动：中度保护阶段

在最大保护阶段结束时（通常在术后4~6周），患者在CAM矫形器或步行靴中进展到完全负重，此时为0°背伸。术后6~8周开始停用矫形器，更换为足跟抬起的鞋子[33,184,203,258,377]。当患者脱离矫形器时，可能需要使用手杖或手杖恢复一段时间以使步态机制正常化。

康复的中度保护阶段开始于4~6周，并延长至术后12周，期间对手术肌腱的压力逐渐增加。患者继续受监督并进行独立运动。开始时可以在保护性矫形器中完成运动，当患者停用矫形器时，要在没有装置的情况下完成锻炼。专栏22.7列出了渐进性练习和功能性活动的干预措施[33,139,258,330,377]。

目标和干预措施。在康复的中期阶段实施以下目标和练习。

- **通过关节松动术和牵伸技术增加术侧踝关节的ROM。**
  - 如果踝关节或足活动范围受限，则用Ⅲ级关节松动术。
  - 轻柔的自我牵伸运动，如坐位毛巾牵伸，膝稍微弯曲以增加踝背伸范围。逐步进阶到膝完全伸展的牵伸运动。
  - 轻柔的手动自我牵伸，以恢复完整的内翻/外翻/背伸/跖屈，以及足趾伸展范围。
  - 患者坐位，足踏在摆动或摇动的板上进行踝关节主动ROM训练。
  - 通过双侧站立在楔形垫上，双膝稍屈曲进行自我牵伸，以增加背伸范围。膝关节完全伸展以进阶牵伸难度。在该康复阶段结束时（术后约12周）开始单侧跖屈站立的牵伸。
- **提高术侧下肢的力量和肌肉耐力。**在6~8周内开始进行低负荷、多重复的抗阻练习。从开链运动开始，进而到坐位，然后到站立位的闭链运动。强调跖屈的控制和离心负荷。在没有矫形器的情况下进行闭链运动，因为矫形器的使用会逐渐停止。抗阻训练举例如下。
  - 针对轻度弹性阻力的髋、膝和踝部肌肉组织的开链抗阻练习。
  - 闭链运动，如坐位时单侧提踵和落下，增加可耐受的轻度抗阻训练，通常为8周。
  - 站立位双侧提踵/降低以抵抗重力。延迟单侧提踵/降低，直至术后10~12周[258,330]。
  - 腿向前的部分弓箭步、双侧微蹲和足趾抬高。
  - 随着力量的增加，在站立练习通过增加外部阻力（手持式重量、负重带或负重背包）来增加体重。

专栏22.7 跟腱修复术后运动和功能性活动的注意事项和指南 *

一般注意事项

- 根据术后指南，非常谨慎地进行所有运动，有意识地对腓肠肌－比目鱼肌复合体施加阻力或牵伸。
- 在术侧延迟所有单侧负重运动，直至完全负重无疼痛。

牵伸增加踝关节背伸范围

- 术后第3周在受保护范围内开始主动ROM背伸训练[33,258,377]。
- 在非负重运动中开始牵伸运动（如膝关节稍屈曲，用毛巾牵伸）。
- 将背伸限制在不超过10°中立位，直至术后8周。12周时过渡到完全踝关节背伸（双侧对称）。
- 坐位，双足放于地板上，低坡度（≤10°）楔形垫或摇板开始负重伸展。
- 在无痛的情况下，膝关节屈曲，开始双侧下肢支撑站立。可以通过改进（runners wall stretch）跑道壁牵伸或低坡度（≤10°）楔形垫来实现。
- 单侧站立伸展或延迟足跟在台阶边缘的双侧站立伸展，直到允许进行晚期术后活动（约12周）。

抗阻运动

- 在进行针对体重的闭链运动之前，开始踝关节和足部肌肉组织的非负重位抵抗低负荷（轻度弹性阻力）的力量运动。
- 在站立位进行双侧提踵之前，开始坐位下提踵，并逐渐增加外部阻力。
- 仅在无疼痛的情况下进行从双侧提踵/降低练习（参见专栏22.11中建议的顺序）。单侧提踵/降低练习应延迟至术后10~12周。

进阶训练（超等长、敏捷性、运动专项训练）

- 在泳池中开始进行超等长训练（胸部深度进阶到浸入腰部深度）。
- 如果个人符合以下标准，则在12周后进阶至地面训练计划（跑步，超等长训练等）。
  - 正常步态，无疼痛、无辅助装置下行走。
  - 正常背伸ROM（与对侧肢体相比过度背伸表示肌腱拉长，高阶训练可能会延迟）。
  - 完成5次单侧提踵≥肢体最大足跟高度的90%。
- 从双侧地面超等长活动开始，教授患者正确的着地技术。当术侧肢体实现良好的关节排列和可控的减速时，进阶到单侧活动。
- 在水平跑步机上开始恢复跑步。
- 教导患者正确的着地技术，以便在双脚跳跃和单脚跳跃练习中达到正确的关节位置。
- 在高冲击、高速活动期间穿戴规定的功能性踝足矫形器或用贴布固定踝关节，以最大限度地降低肌腱再次断裂的风险。

---

* 预防措施适用于传统和早期ROM训练/负重康复方法。

临床提示

抗阻训练应侧重于提高肌肉耐力和力量。与对侧肢体相比，术侧下肢的腓肠肌－比目鱼肌复合体的肌肉耐力严重不足（由站立时单侧提踵次数确定），该现象在跟腱断裂手术修复后至少持续一年[29]。修复术后1年，腓肠肌复合体相比对侧下肢也表现出工作量的减小，此结果可通过提踵工作试验的力乘以距离计算而来。

- **改善平衡反应**。穿戴功能性矫形器，在坚固的表面上开始或逐渐进行双下肢支撑下的本体感觉/平衡训练。逐渐过渡到柔软表面（泡沫垫、气囊或迷你蹦床）和狭窄的支撑面（前后站立，单侧站立）。
  - 继续穿戴矫形器，在耐受范围内能够完全负重时，逐渐进行术侧下肢单侧支撑的平衡训练。
  - 在停止使用功能性支具后，过渡到穿戴支撑鞋（通常带有足跟抬高）的一系列更高级的平衡练习。
- **重建对称的步态模式**。当患者完全负重下较舒适并且不再佩戴矫形器时，进行步态训练。强调对称对齐和重量转移以及相等的步长和时间，特别注意术侧的蹬离。
- **提高心肺耐力**。在穿着功能性支具或穿着有足跟抬高的普通鞋时，开始或逐渐进行水平跑步机步行或固定自行车骑行（卧式或直立式）。如有必要，抬高直立式自行车的座椅高度，以适应背伸受限。逐渐过渡到在跑步机斜坡上步行。

运动：最小保护/恢复功能阶段

康复的最后阶段在术后12~16周开始，旨在使患者恢复到受伤前的功能水平，以满足预期的工作需求和娱乐/运动活动要求。如果尚未获得完整ROM，则继续牵伸练习。在此阶段，干预措施应强调向持续独立过渡。

力量和肌肉耐力训练仍要继续，强调利用抗阻设备进行腓肠肌–比目鱼肌复合体的离心负荷控制与单侧站立下的足跟降低运动（图22.17）。下台阶跨步也强调离心加载。根据患者受伤前活动水平，可以在游泳池中启动超等长训练（见第23章）。

在达到功能标准后，在12~16周，患者开始在地面上进行超等长训练，并在斜坡上行走踏步[229,258,377]。在进行慢跑、跑步、敏捷训练（急停，转向）和运动专项训练之前，患者教育是重中之重，侧重于降低修复肌腱再次断裂风险的方法，强调在剧烈活动之前进行适当的主动热身和牵伸。如果术侧肢体的力量与对侧肢体相当［使用测力计和（或）提踵试验评估］[335]，患者从双侧进阶到单侧超等长训练[258]。患者术后4~6个月被允许逐渐恢复体育活动[249,258,352,377]。恢复运动的临床标准包括力量和ROM回归正常范围内。功能标准包括无痛行走和跑步以及功能性跳跃测试，肢体对称指数 > 对侧肢体的90%。

结果

理想的结果是患者恢复到受伤前的身体活动水平，而不会使修复的跟腱疼痛或再次断裂。接受急性断裂初次修复的患者的结果始终优于那些因慢性或被忽视断裂而延迟修复的患者。断裂后手术延迟长达30天没有负面影响，然而，较长的延迟导致令人不太满意的结果[16,352]。30岁或更年轻的活跃个体在急性断裂初次修复后再次断裂的风险最高[279]，再次断裂的总体风险约为3%[16,184,230,319]。

大量研究比较了治疗急性跟腱断裂的方法。将手术治疗与非手术治疗进行比较，将开放手术与微创手术进行比较，并将保守治疗（严格固定/限制负重）与手术和非手术中的“加速康复”（早期运动/早期负重）进行比较。报告的结果通常包括再断裂率、ROM、力量、功能或运动相关活动水平以及患者满意度。以下部分反映了对文献系统评价以及个案研究得出的结论。

非手术与手术治疗。尽管有大量随机对照试验，但尚不清楚手术或非手术治疗哪一种能提供更好的结果。早期的系统评价得出结论，与非手术治疗相比，手术治疗引起更少的再次断裂[23,163,378]。然而，术后和非手术治疗通常包括限制负重和延迟ROM训练6周，这一管理策略不再符合当前的CPG[42]。

一项荟萃分析纳入了10项随机对照试验的结果，这些试验比较了急性跟腱断裂患者的手术和非手术治疗的结果[319]。术后管理（保守治疗与功能康复）被确定为研究中异质性的重要原因。当仅考虑使用功能康复（早期负重和ROM训练）的五项研究的结果时，手术治疗和非手术治疗后的再断裂率相当。其他发现包括如下几项。

- 除再次断裂外的并发症，偏向支持非手术治疗（相对风险：3.9）。

- 重返工作岗位的时间偏向于支持手术治疗（提前 19 天重返工作岗位）。
- ROM 结果未显示临床上显著的差异。
- 力量结果未显示临床上显著的差异。
- 功能结果未显示临床上显著的差异。

作者得出结论，功能康复的非手术治疗应被视为可行的管理选择。这一结论与 Van der Eng 等人进行的荟萃分析相呼应，他发现在手术和保守治疗的个体之间，再断裂、主要或轻微并发症的发生率没有差异[359]。尽管这些荟萃分析结果不明确，但外科医生通常认为手术治疗是希望完全恢复体育活动的高水平运动员的最佳选择[16]。

无论是否进行手术或非手术治疗，超过 30% 的个体报告在受伤后 1~5 年内有一定程度的损伤，包括疼痛、力量减弱和（或）ROM 减小[16,255,256,311,312]。美国国家橄榄球联盟（National Football League, NFL）和美国国家篮球协会（National Basketball Association, NBA）球员跟腱断裂的研究表明，只有 61%~78% 的职业运动员能够在手术修复后恢复到以前的水平[10,207,219,262]。与对照组相比，确定恢复到之前水平的 NBA 篮球运动员上场时间显著缩短和球员效率评分显著降低[10]。在修复后的赛季中，与受伤前的赛季相比，接受跟腱修复的 NFL 运动员参赛次数减少，表现水平较低[207,262]。

Olsson 等[257]研究了 93 例急性跟腱修复术后患者的临床预后。所有参与者都完成了加速康复方案，包括早期负重和 ROM 训练。独立（预测因子）变量包括治疗（手术与非手术）、年龄、性别、BMI 和纳入时患者报告的测量值（体力活动量表和欧洲生活质量量表）。虽然手术治疗在 6 个月时引起症状程度较低，但在 6 个月和 12 个月时手术和非手术治疗的个体之间没有发现功能差异。年龄的增加是 6 个月和 12 个月时功能下降的强烈预测因素。BMI 较高的个体出现较多症状，但未发现对功能的影响。

开放入路与微创修复。传统上，由于再次断裂率低，开放入路修复被认为是跟腱修复的“黄金标准”[16]。经皮或微创技术与较低的整体并发症发生率相关，但腓肠神经损伤的风险增加[16,162,163]。一些研究对这些假设提出了挑战。

一项针对 211 例跟腱断裂微创手术修复治疗的研究显示，41 例（19%）发生腓肠神经损伤，17 例（8%）发生再次断裂[228]。一项对 270 例接受开放式治疗（$n = 169$）或经皮跟腱修复的患者进行的回顾性队列研究表明，主要或次要并发症发生率方面无差异。两组中的大多数患者在手术后 5 个月恢复基线活动水平[136]。对比开放入路和微创修复的系统评价发现，大多数纳入的研究中，ROM 和踝功能的结果相似[65]。与微创手术相比，开放修复导致更高的并发症发生率（分别为 14% 和 6%），包括更高的再断裂率（分别为 3.4% 和 2.2%）。微创修复比开放修复导致更多神经损伤（分别为 2.9% 和 1.8%）。患者在微创手术后更快地回归工作岗位。作者得出结论，微创和开放手术在手术结果方面是完全等效的，但从成本和风险状况来看，相对更倾向于微创手术。

总结。总之，关于手术或非手术治疗哪一种是治疗急性跟腱断裂的更好选择仍然存在争议[111,185,352]。越来越清楚的是，之前被认为“加速”的术后和非手术治疗策略已成为护理的标准。目前，早期负重和 ROM 训练是初次跟腱修复的推荐康复方法[33,80,139,157,184,230,249,258,319,352]。

踝足运动干预

提高柔韧性和关节活动范围的训练

踝足部灵活性的丧失可引起一系列的问题。在行走和跑步中恢复关节正常的对位和生物力学是十分必要的。关节松动术可用于增加关节表面附属运动。第 5 章已详细介绍了这些技术。第 4 章介绍了手法被动牵伸和 PNF 牵伸技术。本章的重点是介绍自我牵伸技术在提高踝足灵活性和关节活动度中的运用。

踝关节区域的柔韧性练习

增加踝背伸范围

限制踝关节背伸的肌肉有跨单关节的比目鱼肌和跨双关节的腓肠肌。为了有效牵伸腓肠肌，应在伸膝位下做踝关节背伸。为了单独牵伸比目鱼肌，在踝背伸时必须屈膝以使腓肠肌放松。下述大多数的牵伸运动可在膝关节屈曲或伸展状态下进行，以充分牵伸上述两块肌肉。

注意：当患者在负重状态下牵伸跖屈肌群时，应该穿上具有足弓支撑的鞋或在足内侧缘下方放置折叠毛巾以减小对足弓的压力。

聚焦循证

在一项有 30 名受试者的研究中（15 名平足患者，15 名正常对照者），测试负重踝背伸牵伸训练对内侧腓肠肌肌腱附着处位移、后足角和舟骨高度的影响。结果显示，当两组患者在足弓受支撑时，内侧腓肠肌肌腱附着处位移明显增加，其中平足患者位移增加更多。当平足患者在无足弓支撑进行牵伸时，后足角度明显增加，足舟骨高度显著下降[153]。

- 患者体位和方法：长坐位（膝关节伸直）或部分屈膝。让患者尽最大力背伸，并保持足趾放松。
- **患者体位与操作**：长坐位或部分屈膝，毛巾或弹力带环绕于前足。患者手握毛巾两端用力使踝背伸。
- **患者体位与操作**：坐位将足放于地板上。让患者足向后滑动，保持足跟贴于地面。
- **患者体位与操作**：站立。让患者一只脚向前迈，并将后方脚足跟平放在地板上（后方足是被牵伸部位）。如有必要，让患者双手支撑墙面。为了进一步提供足部的稳定性，患者可将后方腿部分内旋，使足部处于旋后位置并锁定踝关节。让患者将重力转移到前脚上。牵伸腓肠肌时，后方的膝关节保持伸展；牵伸比目鱼肌时，后方的膝关节部分屈曲。
- **患者体位与操作**：站立在斜板上，足尖向上，足跟向下（图 22.9）。若患者躯干前倾，则可增加牵伸强度。因重心落于足跟上，所以对于足弓纵轴几乎没有牵伸。仅需很少的用力即可保持这个位置很长一段时间。
- **患者体位与操作**：患者站立位，前足站立在台阶的边缘，使足跟悬于空中。患者缓慢地下压足跟（足跟下降）。

图 22.9　自我牵伸腓肠肌以增加踝背伸活动度

注意：这样的牵伸可能会引起肌肉的酸痛等不适，因为这样的牵伸动作需要跖屈肌做离心收缩。

增加踝关节内翻范围

- **患者体位与操作**：坐位，把足放于对侧膝关节上。一手握住足中部，另一手握住足后部，并同时内翻。强调向内转动足跟，而不只是扭动前足。
- **患者体位与操作**：长坐位，毛巾或弹力带绕于足部。让患者拉动毛巾的内侧，使足跟和足部内翻（图 22.10）。此方法也可以通过拉动毛巾的外侧将足向外翻。运动包括足跟，而不仅仅是足前部，这一点是很重要的。
- **患者体位与操作**：坐位或站立位，双足尖朝前。让患者转动双脚的外侧边缘，使足底向内转动。

- **患者体位与操作：**站立或行走，将被牵伸足放在倾斜的板上，将脚的外侧面置于低的一侧，使踝关节在斜板上获得牵伸。如果连接的木板放置成倒 V 位置，让患者在上面站立或行走，则可获得双侧牵伸。

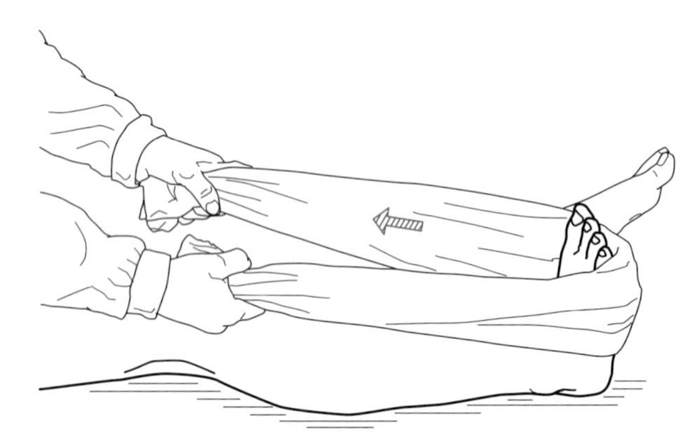

图 22.10　通过拉动毛巾的两端进行踝和足部的自我牵伸

增加踝关节跖屈和外翻范围

跖屈和外翻受限的情况是很少见的，因为仰卧位时，重力会使足部跖屈，并且身体的重量会使足部在站立姿势下外翻。外翻作为内旋的组成部分，是足自然放松的状态并通过负重保持。由于关节炎导致的关节囊性病变而引起踝跖屈受限是一个特例。如果受限是因关节活动度不足，则可采用关节松动术处理。

增加踝关节背伸和外翻范围

患者体位与操作：长坐位，毛巾或弹力带绕于足部。让患者拉毛巾的外侧端，使足跟和足向外翻。

足趾活动受限的柔韧性练习

足趾的外在肌紧张，常常发生于爪状趾和锤状趾，引起跖趾关节伸展和近端趾间关节屈曲。内在肌通常无力，应加强内在肌肌力，增大跖趾关节屈曲和趾间关节的伸展范围。

跖趾关节被动屈曲

患者体位与操作：坐位，牵伸足放于对侧膝关节上。患者握住踇趾端跖骨头稳定足部，对远端趾骨施加拉力来被动屈曲跖趾关节。或者，在需要的情况下，让患者尝试主动屈曲跖趾关节来辅助关节运动。

趾间关节被动伸展

患者体位与操作：坐位，牵伸足放于对侧膝关节上。患者稳定住被牵伸趾的近端趾骨，通过伸展活动，使每个趾中节或远端趾间关节来获得长屈肌牵伸。

跖趾关节主动屈曲

患者体位与操作：足趾放于书本或凳子的侧边站立，使跖趾关节贴近边缘。患者尝试对抗凳子边缘去屈曲跖趾关节。理想状态下，患者应该保持近端趾间关节伸展，但很多人也许做不到这样。

踇趾伸展

步态的足尖离地期，踇趾在跖趾关节处的伸展是十分重要的。除了关节松动术，被动和自我牵伸技术也应该被使用。

- **患者体位与操作：**坐位，足放于对侧膝关节上。让患者一手稳定第一跖骨头部，并通过对近节趾骨施加拉力来被动牵伸跖趾关节。
- **患者体位与操作：**坐位，足放在地板上。让患者通过屈膝使足向后滑动，同时将足趾保持在地板上，并使足后跟从地板上抬起。
- **患者体位与操作：**站立，被牵伸侧足向后。患者可双手扶墙。让患者足趾保持在地板上，然后向前提起足跟，直到踇趾感受到牵拉感。可以使用持续的牵伸或温和的弹性牵伸。

足底筋膜的牵伸

- **患者体位与操作：**坐位，足放于对侧膝关节上。教患者使用其拇指在足底的横向和纵向上进行深度按摩。
- **患者体位与操作：**坐位，足放于球、小滚轮或塑料瓶上。让患者的足在弯曲的表面上向前和向后来回滚动。使用感觉舒适的压力。可把双手按于膝关节上获得额外的加压。

进一步提高肌肉表现和功能性控制训练

足踝的力量和柔韧性不平衡的原因包括失用、神经损伤、关节退行性病变。此外，还包括双足负重的不平衡。由于下肢末端需要负重，单靠强化力量训练来获得重新调整的效果是有限的，不平衡可能是进一步影响下肢力学障碍的原因。力量训练结合认知调整、适当的牵伸、平衡训练、以及其他必要措施（如使用矫正鞋垫或者穿着合适的鞋子、支具、矫正器具或手术）来改善对位对线，这样才能使正确结构下的负重变为可能。另外，在步行或运动过程中，鞋子类型的错误或对路面的不熟悉也是引起力学障碍的原因，需要做适当的调整（对于鞋、支具和矫形器的调整技术超出了本文的介绍范围）。

大部分的功能性活动需要踝足在负重状态下进行，在开链和闭链活动中来自皮肤、关节和肌肉感受器的运动觉输入以及由此产生的关节和肌肉反应是不同的[261]。因此，只要有可能，使用渐进性负重练习对于模拟功能性活动是很重要的。除了这一节中介绍的训练外，可参考第 23 章在站立位下整个下肢的功能性练习对髋、膝和踝部的肌肉控制的影响。

改善神经肌肉动态控制的训练

- **患者体位与操作：**长坐位或部分屈膝，患者在专注于其动作的同时练习收缩每一块主要肌肉。例如，背伸伴内翻（胫前肌），跖屈伴内翻（胫后肌）和外翻（腓骨肌群）。
- **患者体位与操作：**长坐位或部分屈膝，指导患者在空间中绘制字母，足趾引导踝关节活动。也可以用更多方式，让患者“用脚写大写字母，然后写小写字母”，或者写出诸如其名字或地址之类的词。
- **患者体位与操作：**坐在椅子上或矮的桌子上，足放于地板上，在地板上放置一些小物体，如弹珠或骰子，放在被训练脚的一侧。让患者屈曲足趾一次抓起一个物体，然后将物体放置到另一侧脚边的容器中。这个练习强化足底肌肉的同时训练踝的内翻和外翻。
- **患者体位与操作：**坐位，足放在地板上或站立。让患者蜷缩足趾来抵抗地板的阻力。将毛巾或薄纸放在脚下，并让患者试图通过将足跟保持在地板上，屈曲足趾来将它们抓起来。
- **患者体位与操作：**坐位，足放于地板上。让患者试图抬高内侧足弓，同时保持前足和后足在地面上。胫骨外旋但避免出现髋部外展。重复该活动直至患者可持续控制，然后进阶到站立位下进行。
- **患者体位与操作：**坐位，在足底放置网球。指导患者将网球来回从足后跟滚到足底前部。
- **患者体位与操作：**坐位，双足或被训练足放在摇杆或摇摆板上。进行踝足的控制性训练（有或没有正常脚的帮助）进行背伸和跖屈以及内翻和外翻练习（图 22.11）。如果条件允许，患者可在每个方向上进行画圈运动。进阶到站立位进一步训练控制和平衡能力。
- **患者体位与操作：**站立，让患者步行，重点观察每一步的移动和重心的转移。患者首先

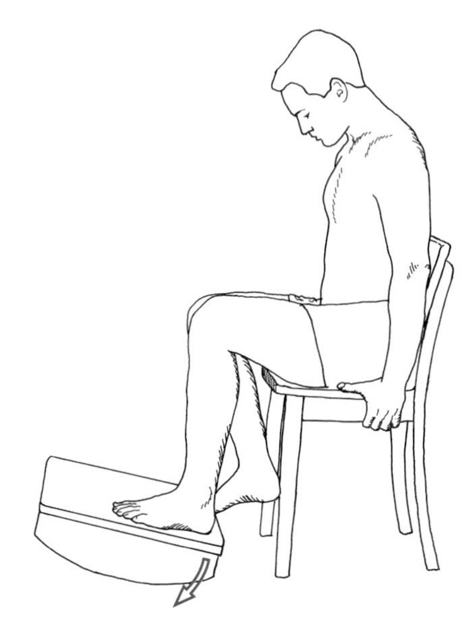

图 22.11　患者在坐位下使用摇板来进行足踝的控制性运动。健侧足在康复的早期阶段可以进行辅助。然后过渡到仅用患侧脚运动，最后在站立位下进行

足跟负重，然后重心转移到足底外侧面，接着到第一跖骨头，最后穿过第五跖骨头到达踇趾再往前推进。

开链运动（无负重）

跖屈

患者体位与操作：长坐位，足后跟垫毛巾卷使其轻微抬离治疗床面。弹力带绕于前脚掌，患者双手握住弹力带两端，足踝做抗阻跖屈（图 22.12）。

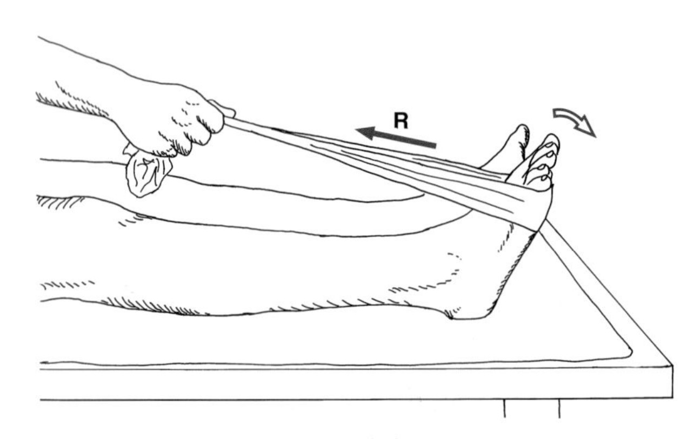

图 22.12　弹力带抗阻踝跖屈训练

外翻和内翻等长训练

患者体位与操作：长坐位或屈膝坐在椅子上。

- 抗阻外翻，双足交叉放置，指导患者互相挤压双足的外侧面。
- 抗阻内翻，双足内侧面互相接触，指导患者互相挤压双足内侧面。

弹力带抗阻外翻和内翻

患者体位与操作：长坐位，仰卧，或坐位，足自然放于地面。

- 强化外翻肌群，弹力带环绕于双足，让患者一侧足或双侧足同时抗阻外旋（图 22.13）。指导患者膝关节保持固定，足尖朝外，避免大腿或整个下肢外展或过度旋转。
- 强化内翻肌群，在足侧面系弹力带或带状物。再一次要求患者保持腿部伸直，足趾朝内，避免髋外展和整体旋转。

抗阻内收内翻和外展外翻

患者体位与操作：坐位，足放于地板上。毛巾放于前足下，重物压于毛巾的一端（图 22.14）。足后跟贴于地面，前足拉动负重的毛巾，同时伴随着足的内外摆动。

背伸

患者体位与操作：长坐位，足后跟垫毛巾卷使其轻微抬离治疗桌面。把弹力带环绕于足背，两端系于治疗床边（或其他物体上）。让患者踝关节做抗阻背伸动作（图 22.15）。

踝关节整体运动

患者体位与操作：坐位或站位，双足或单足放于一个装满沙子、泡沫、干豌豆、干黄豆或其他类似物品的盒子里，以使足踝进行各个方向的抗阻运动。让患者足踝进行背伸、跖屈、内翻、外翻和足趾的环绕运动。

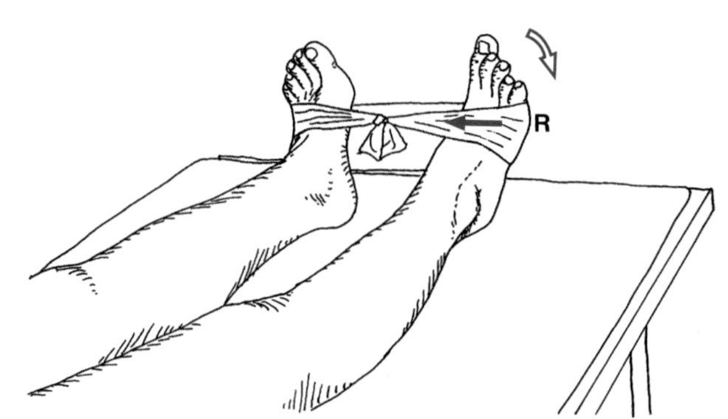

图 22.13　弹力带抗阻，足踝外翻肌群训练

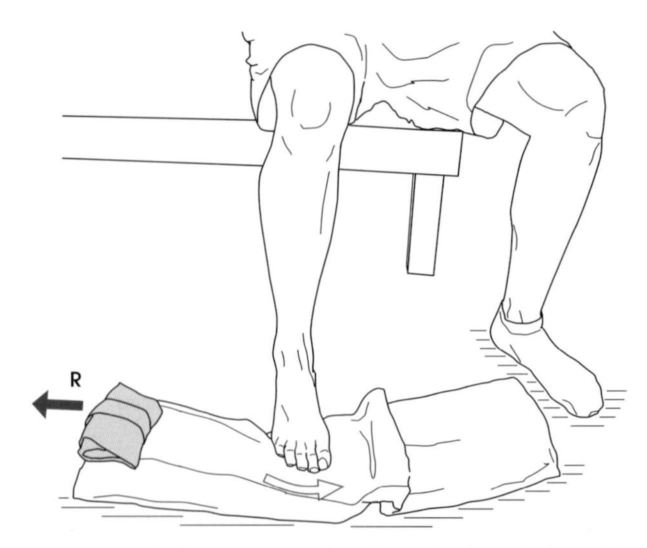

图 22.14　重物压于毛巾一端，踝抗阻内收和内翻。足跟固定于地面，通过足的摆动拉动毛巾沿地板滑动。抗阻的外展外翻，可以把重物放于脚内侧的毛巾一端

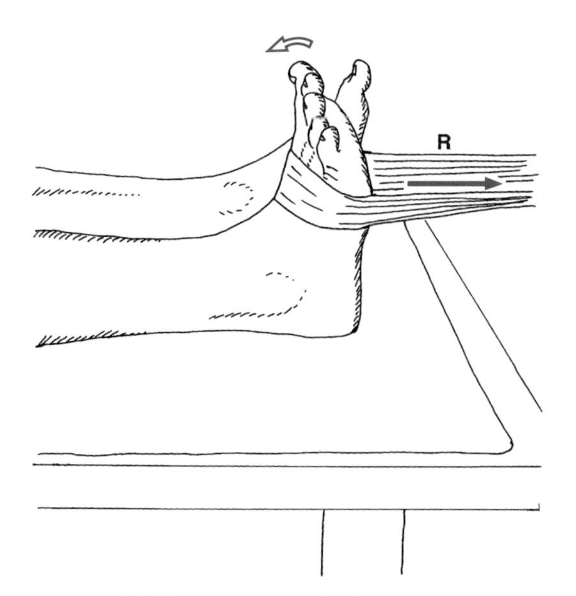

图 22.15　弹力带抗阻，踝关节背伸肌群训练

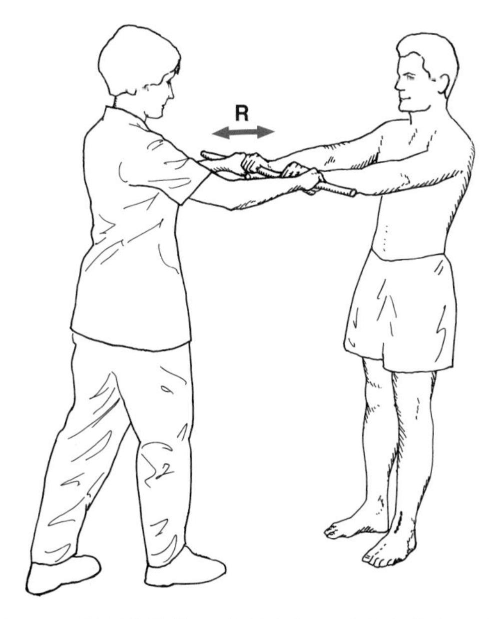

图 22.16　稳定性训练，患者站立，对抗来自治疗师的变换的阻力并保持平衡。治疗师对棍棒施加前后向、侧向及旋转的力。可进一步过渡到单个患足站立和减少视觉输入

闭链运动（负重）

做这些练习时，患者应该处于站立位。如果患者最开始无法承受全部的身体重量，为了避免出现症状，可让患者在平行杆内用双手支撑，或抓住一个固定物体作为支撑，或使用减重装置，或在水池中运动以减少负重来进行训练。从双侧进展到单侧。参考渐进性闭链运动的一般指导。

稳定性训练

足踝的稳定性练习一般从双侧过渡到单侧，从一个厚的稳定的支撑面过渡到一个不稳定的平面。

- 从各个方向给患者骨盆施加阻力，让他尝试着保持稳定。从有口头提示过渡到无提示。同时，增加干扰阻力的速度和强度。
- 让患者双手握住棍棒或手杖。从各个方向对棍棒施加阻力，同时变换着阻力的速度和强度，并要求患者尝试着去保持稳定（图 22.16）。
- 过渡到仅患足站立。
- 患足站立，弹力带环绕于健侧足踝，两端系于稳定桌脚处，健足进行抗阻向前、向后活动同时患足保持稳定。

动态肌力训练

- 患者双侧足趾和足跟抬起并向脚外侧边缘滚动训练。进展到单侧足进行这些练习。当患者可以耐受时，用负重的背包，沙袋或手持重物增加阻力。过渡到跳跃，先在水平表面上，然后上下平台进行爆发性的向心和离心训练。
- 要训练腓肠肌 – 比目鱼肌复合体离心负荷，而不是足踝的向心负荷，让患者执行以下训练[149]。患者站立于稳定平面旁（墙、台面），一手扶住保持平衡。健侧足放于较低的台阶上，患侧足立于地面的同时保持最大程度的跖屈。重心缓慢转移到患侧足的同时抬离健侧下肢离开台面，并同时进行小腿三头肌群的离心收缩让患侧足跟下降接触地面（图 22.17）。然后健侧下肢重回台阶来重复这些练习。

临床运用

对于跟腱附着点中部损伤的患者强调踝关节跖屈离心抗阻训练已被证实能缓解疼痛和改善身体功能[38]。研究表明，离心负荷用于治疗跟腱附着点损伤能获得好的预期结果[149]。

图 22.17　通过把台阶上负重的健侧足的重心转移到在地面跖屈的患侧足完成小腿三头肌群的离心负荷，然后让患侧踝足跟缓慢下降接触地面

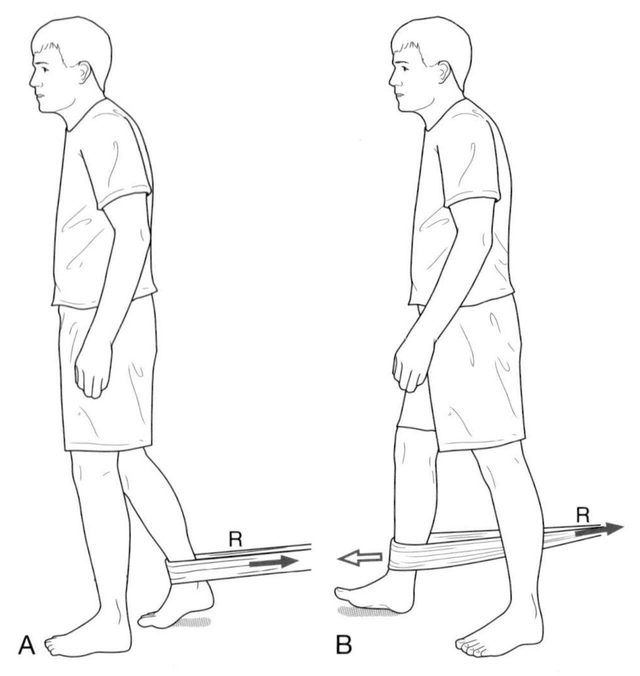

图 22.18　健侧下肢向前一步，对抗弹力带阻力，激活负重患侧踝背伸。A. 开始位置。B. 结束位置

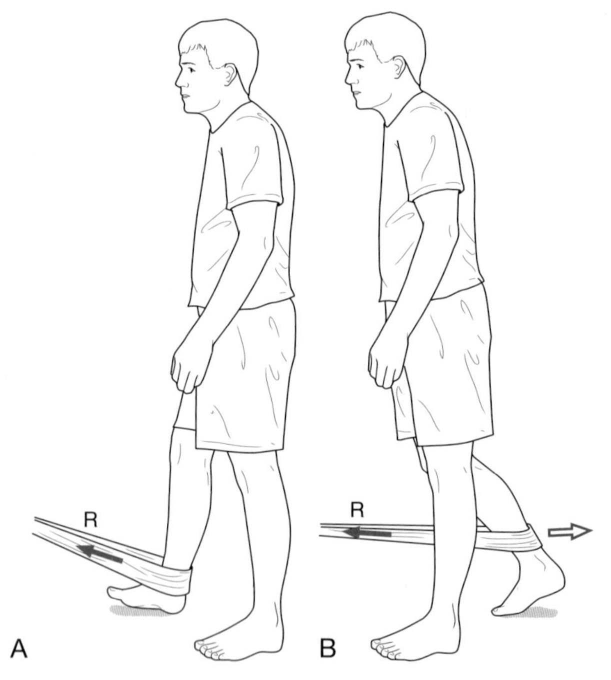

图 22.19　健侧下肢向后一步，对抗弹力带阻力，激活负重患侧踝跖屈。A. 开始位置。B. 结束位置

抗阻步行

- 让患者进行足跟或足趾的抗阻步行。在骨盆处手动抗阻，或使用重力牵引系统或弹力带绕于骨盆处进行抗阻步行。
- 把弹力带环绕于健侧踝关节，两端系于一稳定物体[120]。患侧下肢负重。
  - 健侧下肢向前一步，对抗弹力带阻力，以强化负重的患侧下肢踝背伸（图 22.18）。
  - 健侧下肢向后一步，对抗弹力带阻力，以强化负重的患侧下肢踝跖屈（图 22.19）。

踝足的功能性进阶

正如髋和膝关节功能性训练那样，循序渐进的康复训练能使患者从踝关节功能和结构的损伤中逐渐恢复，安全地重返他们所期望的职业和娱乐活动。为了应对这些挑战，患者必须获得显著的肌力、耐力、柔韧性，还有爆发力、平衡、协调、灵活、有氧能力和以任务为导向的技能（对于有氧能力和平衡训练的原则可分别参考第 7 章和第 8 章）。

对于踝足的功能进阶训练必须包含整个个体——下肢，躯干和上肢。许多稳定性提高训练、平衡训练、肌力训练、超等长训练和灵活性训练都可以用于踝足功能障碍的患者。第 23 章有描述和图例，第 20 章和第 21 章描述的闭链式肌力和功能提高训练也同样适用（专栏 20.11）。

对于提高踝和足的功能，部分工具也是有用的。在固定自行车、跑步机、越野滑雪机或迷你蹦床上进行训练对于提高足踝肌肉组织耐力非常有用。滑板可用于提高协调性、控制和足踝动态稳定性。平衡设备，如摇杆、摇摆板或BOSU球，对脚踝的动态稳定性提供较大的挑战，在不平坦表面上步行或跳跃时也是如此。

自学活动

批判性思考与讨论

1. 在某些活动中把踝足作为一个整体观察，例如上台阶、不平坦地面上步行、穿高跟鞋和低跟鞋走路。
   - 你在距骨关节、距下关节、跗横关节、跖趾关节观察到了怎样的活动？描述在活动过程中这些改变发生的机制。
   - 每个关节的运动和控制都由哪些肌肉做功？描述在运动过程中肌肉是如何工作的。
2. 描述步态周期中踝和足所扮演的角色。
   - 踝关节需要多大的关节活动度，哪些肌肉产生和控制着这个运动？还有没有其他的力量引起和控制踝关节运动？
   - 当踝关节处有肌肉短缩或无力时，会发生什么样的步态异常？描述涉及踝关节跖屈、内翻、外翻和背伸的潜在的功能障碍。
   - 在行单侧距骨小腿肌腱固定术（踝关节中立位融合）后，在步态周期中将会发生怎么样的功能障碍？这类手术对于下肢近端关节和骨盆以及躯干会产生什么样的影响？
   - 描述在步态过程中足内翻和外翻的机制和作用。解释如果患者有扁平足或高弓足时将怎样影响步态。
3. 比较和对比踝关节侧副韧带断裂修补或重建手术和跟腱断裂后修补手术，这两种手术后注意事项和训练内容的选择有何不同？
4. 讨论全踝置换术和踝关节外固定术的益处和不足之处。

实践练习

1. 回顾腿部、踝关节和足的所有关节松动术，包括基本的滑动、附属运动和与运动相关的松动。
   - 确认和练习你将用于改善踝关节跖屈的技术。从踝关节0°位开始，增加到15°，直到获得完全的跖屈为止。
   - 对改善踝关节背伸、足内翻、足外翻和跖趾关节伸展的方法也要这样做。
2. 为踝和足的肌肉组织设计一个循环训练课程，用于增加肌力、耐力、稳定性、平衡和神经肌肉控制。把训练难度从低到高排序，同时观察每项练习的准确性和安全性。确认训练过程中其他身体部位包括下肢、躯干和上肢也要训练到。

案例研究

1. Carl有10年的类风湿关节炎病史。通过服药急性症状已得到控制，现在手杖辅助下可步行。他抱怨每次在步行15分钟左右后疼痛增加、关节僵硬和无力。他在步行过程中步长减少，踇趾推力减小。踝关节活动度：背伸10°，跖屈15°，内翻0°，外翻8°。他站立时表现出扁平足，第一趾骨背伸移位，中度锤状趾。小腿或踝关节肌群可对抗中度阻力，但不能进行足趾步行或双侧足趾抬高。
   - 列出他的功能障碍和活动受限。
   - 制订短期和长期目标清单。
   - 制订治疗计划。首先你将解决什么？你将怎样安排治疗顺序？你将使用哪些技术和进入下一阶段的标准是什么？
   - 阐述你选择的手法和训练项目的原理，对于那些被认为不适用和在家锻炼的患者你如何指导他们。
   - 确认你所选择的训练内容的所有注意事项以

及你必须指导患者的内容。

2. Sandy 在滑雪过程中摔倒导致胫腓骨横向性骨折。长腿石膏支具固定制动6周，接着短腿石膏固定制动4周。穿带短腿石膏支具期间允许部分负重。今天早上短腿石膏支具被移除。现在她自述在活动踝和足的过程中感觉明显僵硬和不适。可观察到下肢的萎缩，但无血肿或关节水肿。踝足部关节活动度减小，在腓骨近端和胫骨远端关节无附属滑动。肌力未评估，尽管患者可以激活所有肌肉。
   - 回答和案例1相同的问题。
   - 在 Sandy 和 Carl 之间所制订的康复策略和注意事项中关键的区别点在哪里？
   - 你将如何安排渐进负重训练？
3. Ron 是一名35岁的电脑工程师，业余时间喜欢打篮球。在最近的一次打球中，由于不小心踩在对手的脚上，导致他的右踝关节严重内翻扭伤。他用弹性绷带加压包扎并冰敷了2天。在第3天，影像学检查显示没有骨折但是被诊断距腓韧带Ⅱ度不稳。检查发现明显肿胀和踝关节前后向移位。在进行内翻和跖屈运动时，距骨向前滑动和距腓韧带触诊有明显的疼痛。由于肌肉的保护收缩，肌力无法评估。
   - 明确结构和功能障碍，活动受限和参与受限。
   - 为患者制订目标和康复策略。
   - 阐述治疗的进阶过程。
   - Ron 想知道他要多久可以再次打篮球。你将使用什么判断标准，当他再次开始篮球运动时，你将如何保护他的踝关节。
4. Jamaal 是一名活跃的牙科医生，在一个周末的网球比赛中他的左侧跟腱断裂。受伤时，他感受到足跟剧烈的疼痛，并且持续了很长一段时间。当天他自己返回家中休息，冰敷小腿的后侧部位。Jamaal 受伤后第2天因为无法步行和上下楼梯到急诊就诊。体格检查显示急性跟腱断裂，通过功能性磁共振获得进一步证实。两天后在门诊进行首次的跟腱切开修补术。术后，受伤的踝关节保持跖屈位置短腿石膏固定制动两周。术后拄拐患肢无负重步行。术后两周进一步就诊，移除石膏换成踝足支具，调到轻度跖屈位置。现在允许患肢在穿戴支具下可耐受疼痛范围内部分负重步行。Jamaal 被转诊给物理治疗师进行早期活动和负重增强训练。在进行踝关节关节活动度训练时允许取下关节支具。
   - 描述一系列的你将要教给 Jamaal 的训练项目内容和进阶标准，同时，必须与跟腱修补术后快速恢复功能性活动的管理一致。
   - 在你的治疗计划中包括哪些注意事项？
   - 描述一些可为 Jamaal 重返网球运动做准备的其他的干预策略。

（李扬政　刘洋　赵美丹　译，
祁奇　王雪强　审）

参考文献

1. Abdel-Aziem, AA, and Draz, AH: Chronic ankle instability alters eccentric eversion/inversion and dorsiflexion/plantarflexion ratio. *J Back Musculoskelet Rehabil* 27(1):47–53, 2014.
2. Abidi, NA, Gruen, GS, and Conti, SF: Ankle arthrodesis: indications and techniques. *J Am Acad Orthop Surg* 8(3):200–209, 2000.
3. Acevedo, JI, and Mangone, P: Ankle instability and arthroscopic lateral ligament repair. *Foot Ankle Clin* 20(1):59–69, 2015.
4. Ahmad, J, Jones, K, and Raikin, SM: Treatment of chronic Achilles tendon ruptures with large defects. *Foot Ankle Spec* 20(10):1–9, 2016
5. Ahmad, J, and Pedowitz, D: Management of the rigid arthritic flatfoot in adults: triple arthrodesis. *Foot Ankle Clin* 17(2):309–322, 2012.
6. Ajis, A, Henriquez, H, and Myerson, M: Postoperative range of motion trends following total ankle arthroplasty. *Foot Ankle Int* 34(5):645–656, 2013.
7. Alexander, IJ: Hallux metatarsophalangeal arthrodesis. In Kitaoka, HB (ed): *Master Techniques in Orthopedic Surgery: The Foot and Ankle*, ed. 2, Philadelphia: Lippincott Williams & Wilkins, 2002, pp 45–60.
8. Al-Mouazzen, L, et al: Percutaneous repair followed by accelerated rehabilitation for acute Achilles tendon ruptures. *J Orthop Surg Hong Kong* 23(3):352–356, 2015.
9. Amendola A: Outcomes of open surgery versus nonoperative management of acute Achilles tendon rupture. *Clin J Sport Med* 24(1):90–91, 2014.
10. Amin, NH, et al: Performance outcomes after repair of complete Achilles tendon ruptures in national basketball association players. *Am J Sports Med* 41(8):1864–1868, 2013.

11. Anderson, T, Montgomery, F, and Carlsson, A: Uncemented STAR total ankle prostheses. Three to eight-year follow-up of fifty-one consecutive ankles. *J Bone Joint Surg Am* 85–A(7):1321–1329, 2003.
12. Ardern, CL, et al: Psychological responses matter in returning to preinjury level of sport after anterior cruciate ligament reconstruction surgery. *Am J Sports Med* 41(7):1549–1558, 2003.
13. Arnason, A, et al: Risk factors for injuries in football. *Am J Sports Med* 32:5S–16S, 2004.
14. Arno, F, and Roman, F: The influence of footwear on functional outcome after total ankle replacement, ankle arthrodesis, and tibiotalocalcaneal arthrodesis. *Clin Biomech* 32:34–39, 2016.
15. Aspenberg, P: Stimulation of tendon repair: mechanical loading, GDFs and platelets. A mini-review. *Int Orthop* 31(6):783–789, 2007.
16. Azar, F: Traumatic disorders. In Canale ST and Beaty JH (eds) *Campbell's Operative Orthopaedics,* ed. 12. Philadelphia: Elsevier/Mosby; 2013, p. 2311–2362, 2013.
17. Bai, L-B, et al: Total ankle arthroplasty outcome comparison for posttraumatic and primary osteoarthritis. *Foot Ankle Int* 31(12):1048–1056, 2010.
18. Barg, A, Henninger, HB, and Hintermann, B: Risk factors for symptomatic deep-vein thrombosis in patients after total ankle replacement who received routine chemical thromboprophylaxis. *J Bone Joint Surg Br* 93(7):921–927, 2011.
19. Barton, T, Lintz, F, and Winson, I: Biomechanical changes associated with the osteoarthritic, arthrodesed, and prosthetic ankle joint. *Foot Ankle Surg* 17(2):52–57, 2011.
20. Best, MJ, Buller, LT, and Miranda, A: National trends in foot and ankle arthrodesis: 17-year analysis of the National Survey of Ambulatory Surgery and National Hospital Discharge Survey. *J Foot Ankle Surg* 54(6):1037–1041, 2015.
21. Beumer, A, et al: Effects of ligament sectioning on the kinematics of the distal tibiofibular syndesmosis: a radiostereometric study of 10 cadaveric specimens based on presumed trauma mechanisms with suggestions for treatment. *Acta Orthop* 77(3):531–540, 2006.
22. Beynnon, BD, et al: A prospective, randomized clinical investigation of the treatment of first-time ankle sprains. *Am J Sports Med* 34(9): 1401–1412, 2006.
23. Bhandari, M, et al: Treatment of acute Achilles tendon ruptures: a systematic overview and metaanalysis. *Clin Orthop* 400:190–200, 2002.
24. Bijlsma, T, and van der Werken, C: Operative treatment of Achilles tendon rupture: a minimally invasive technique allowing functional after-treatment. *Orthop Traumatol* 8(4):285–290, 2000.
25. Bleakley, C, McDonough, S, and MacAuley, D: The use of ice in the treatment of acute soft-tissue injury: a systematic review of randomized controlled trials. *Am J Sports Med* 32(1):251–261, 2004.
26. Bleakley, CM, et al: Cryotherapy for acute ankle sprains: a randomised controlled study of two different icing protocols. *Br J Sports Med* 40(8):700–705, 2006.
27. Bleakley, CM, et al: Effect of accelerated rehabilitation on function after ankle sprain: randomised controlled trial. *BMJ* 340:c1964, 2010.
28. Blitz, NM, et al: Early weight bearing after modified lapidus arthodesis: a multicenter review of 80 cases. *J Foot Ankle Surg* 49(4):357–362, 2010.
29. Bostick, GP, et al: Factors associated with calf muscle endurance recovery 1 year after Achilles tendon rupture repair. *J Orthop Sports Phys Ther* 40(6):345–351, 2010.
30. Bouchard, M, et al: The impact of obesity on the outcome of total ankle replacement. *J Bone Joint Surg Am* 97(11):904–910, 2015.
31. Boyce, SH, Quigley, MA, and Campbell, S: Management of ankle sprains: a randomised controlled trial of the treatment of inversion injuries using an elastic support bandage or an Aircast ankle brace. *Br J Sports Med* 39(2):91–96, 2005.
32. Braito, M, et al: Are our expectations bigger than the results we achieve? A comparative study analysing potential advantages of ankle arthroplasty over arthrodesis. *Int Orthop* 38(8):1647–1653, 2014.
33. Brumann, M, et al: Accelerated rehabilitation following Achilles tendon repair after acute rupture—Development of an evidence-based treatment protocol. *Injury* 45(11):1782–1790, 2014.
34. Buechel, FFS, Buechel, FFJ, and Pappas, MJ: Ten-year evaluation of cementless Buechel-Pappas meniscal bearing total ankle replacement. *Foot Ankle Int* 24(6):462–472, 2003.
35. Calhoun, JH: Acute repair of the Achilles tendon. In Kitaoka, HB (ed): *Master Techniques in Orthopedic Surgery: The Foot and Ankle,* ed. 2. Philadelphia: Lippincott Williams & Wilkins, 2002, pp 311–332.
36. Cannon, LB, Brown, J, and Cooke, PH: Early weight bearing is safe following arthroscopic ankle arthrodesis. *Foot Ankle Surg* 10(3):135–139, 2004.
37. Cannon, LB, and Slater, HK: The role of ankle arthroscopy and surgical approach in lateral ankle ligament repair. *Foot Ankle Surg* 11(1):1–4, 2005.
38. Carcia, CR, Martin, RL, and Drouin, JM: Validity of the Foot and Ankle Ability Measure in athletes with chronic ankle instability. *J Athl Train* 43(2):179–183, 2008.
39. Carcia, CR, et al: Achilles pain, stiffness, and muscle power deficits: Achilles tendinitis. *J Orthop Sports Phys Ther* 40(9):A1–A26, 2010.
40. Carmont, MR, et al: Simultaneous bilateral Achilles tendon ruptures associated with statin medication despite regular rock climbing exercise. *Phys Ther Sport* 10(4):150–152, 2009.
41. Chen, TM, et al: The arterial anatomy of the Achilles tendon: anatomical study and clinical implications. *Clin Anat* 22(3):377–385, 2009.
42. Chiodo, CP, et al: American Academy of Orthopaedic Surgeons clinical practice guideline on treatment of Achilles tendon rupture. *J Bone Joint Surg Am* 92(14):2466–2468, 2010.
43. Chrisman, OD, and Snook, GA: Reconstruction of lateral ligament tears of the ankle. An experimental study and clinical evaluation of seven patients treated by a new modification of the Elmslie procedure. *J Bone Joint Surg Am* 51(5):904–912, 1969.
44. Cleland, JA, et al: Manual physical therapy and exercise versus electrophysical agents and exercise in the management of plantar heel pain: a multicenter randomized clinical trial. *J Orthop Sports Phys Ther* 39(8):573–585, 2009.
45. Coester, LM, et al: Long-term results following ankle arthrodesis for posttraumatic arthritis. *J Bone Joint Surg Am* 83–A(2):219–228, 2001.
46. Cook, G: *Movement: Functional Movement Systems: Screening, Assessment, Corrective Strategies*. Aptos, CA, USA: On Target Publications, 2010.
47. Cooke, MW, et al: Treatment of severe ankle sprain: a pragmatic randomised controlled trial comparing the clinical effectiveness and costeffctiveness of three types of mechanical ankle support with tubular bandage. The CAST trial. *Health Technol Assess Winch Engl* 13(13):1–121, 2009.
48. Corte-Real, NM, and Moreira, RM: Arthroscopic repair of chronic lateral ankle instability. *Foot Ankle Int* 30(3):213–217, 2009.
49. Costa, ML, et al: Randomised controlled trials of immediate weight-bearing mobilisation for rupture of the tendo Achilles. *J Bone Joint Surg Br* 88(1): 69–77, 2006.
50. Costa, ML, et al: Immediate full-weight-bearing mobilisation for repaired Achilles tendon ruptures: a pilot study. *Injury* 34(11):874–876, 2003.
51. Cottom, JM, and Rigby, RB: The "all inside" arthroscopic Broström procedure: a prospective study of 40 consecutive patients. *J Foot Ankle Surg* 52(5):568–574, 2013.
52. Coughlin, MJ, et al: Comprehensive reconstruction of the lateral ankle for chronic instability using a free gracilis graft. *Foot Ankle Int* 25(4): 231–241, 2004.
53. Couppé, C, et al: Eccentric or concentric exercises for the treatment

of tendinopathies? *J Orthop Sports Phys Ther* 45(11):853–863, 2015.
54. Courville, XF, Hecht, PJ, and Tosteson, ANA: Is total ankle arthroplasty a cost-effective alternative to ankle fusion? *Clin Orthop* 469(6): 1721–1727, 2011.
55. Cretnik, A, Kosanovic, M, and Smrkolj, V: Percutaneous suturing of the ruptured Achilles tendon under local anesthesia. *J Foot Ankle Surg* 43(2):72–81,2004.
56. Croy, T, et al: Anterior talocrural joint laxity: diagnostic accuracy of the anterior drawer test of the ankle. *J Orthop Sports Phys Ther* 43(12): 911–919, 2013.
57. Cyriax, J: *Textbook of Orthopaedic Medicine, Vol 1. Diagnosis of Soft Tissue Lesions*, ed. 8. London: Bailliére Tindall, 1982.
58. Daniels, TR, et al: Intermediate-term results of total ankle replacement and ankle arthrodesis: a COFAS multicenter study. *J Bone Joint Surg Am* 96(2):135–142, 2014.
59. Dannawi, Z, et al: Arthroscopic ankle arthrodesis: are results reproducible irrespective of pre-operative deformity? *Foot Ankle Surg* 17(4):294–299, 2011.
60. Dayton, P, and McCall, A: Early weightbearing after first metatarsophalangeal joint arthrodesis: a retrospective observational case analysis. *J Foot Ankle Surg* 43(3):156–159, 2004.
61. De la Fuente, C, et al: Prospective randomized clinical trial of aggressive rehabilitation after acute Achilles tendon ruptures repaired with Dresden technique. *Foot* 26:15–22, 2016.
62. de Noronha, M, et al: Intrinsic predictive factors for ankle sprain in active university students: a prospective study. *Scand J Med Sci Sports* 23(5): 541–547, 2013.
63. de Vries, JS, et al: Interventions for treating chronic ankle instability. *Cochrane Database Syst Rev* (8):CD004124, 2011.
64. Deangelis, JP, et al: Achilles tendon rupture in athletes. *J Surg Orthop Adv* 18(3):115–121, 2009.
65. Del Buono, A, Volpin, A, and Maffulli, N: Minimally invasive versus open surgery for acute Achilles tendon rupture: a systematic review. *Br Med Bull* 109:45–54, 2014.
66. Demetracopoulos, CA, et al: Effect of age on outcomes in total ankle arthroplasty. *Foot Ankle Int* 36(8):871–880, 2015.
67. Digiovanni, BF, et al: Plantar fascia-specific stretching exercise improves outcomes in patients with chronic plantar fasciitis. A prospective clinical trial with two-year follow-up. *J Bone Joint Surg Am* 88(8):1775–1781, 2006.
68. Dizon, JMR, and Reyes, JJB: A systematic review on the effectiveness of external ankle supports in the prevention of inversion ankle sprains among elite and recreational players. *J Sci Med Sport* 13(3):309–317, 2010.
69. Doherty, C, et al: The incidence and prevalence of ankle sprain injury: a systematic review and meta-analysis of prospective epidemiological studies. *Sports Med* 44(1):123–140, 2014.
70. Dombek, MF, et al: Peroneal tendon tears: a retrospective review. *J Foot Ankle Surg* 42(5):250–258, 2003.
71. Donatelli, RA: Normal anatomy and biomechanics. In Donatelli, RA (ed): *The Biomechanics of the Foot and Ankle*, ed. 2. Philadelphia: F.A. Davis, 1996, p 3.
72. Donatelli, RA: Abnormal biomechanics. In Donatelli, RA (ed): *The Biomechanics of the Foot and Ankle*, ed. 2. Philadelphia: F.A. Davis, 1996, p 34.
73. Donovan, L, Hart, JM, and Hertel, J: Effects of 2 ankle destabilization devices on electromyography measures during functional exercises in individuals with chronic ankle instability. *J Orthop Sports Phys Ther* 45(3):220–232, 2015.
74. Donovan, L, et al: Rehabilitation for chronic ankle instability with or without destabilization devices: A randomized controlled trial. *J Athl Train* 51(3):233–251, 2016.
75. Doral, MN: What is the effect of the early weight-bearing mobilisation without using any support after endoscopy-assisted Achilles tendon repair? *Knee Surg Sports Traumatol Arthrosc* 21(6):1378–1384, 2013.
76. Drake, M, Bittenbender, C, and Royles, RE: The short-term effects of treating plantar fasciitis with a temporary custom foot orthosis and stretching. *J Orthop Sports Phys Ther* 41(4):221–231, 2011.
77. Dubois-Ferrière, V, et al: Clinical outcomes and development of symptomatic osteoarthritis 2 to 24 years after surgical treatment of tarsometatarsal joint complex injuries. *J Bone Jt Surg Am* 98(9):713–720, 2016.
78. Easley, ME, Sides, SD, and Toth, AP: Osteochondral lesions of the talus. In Mirzayan, R (ed): *Cartilage Injury in the Athlete.* New York: Thieme Medical Publications, 2006, pp 171–186.
79. Ebalard, M, et al: Risk of osteoarthritis secondary to partial or total arthrodesis of the subtalar and midtarsal joints after a minimum followup of 10 years. *Orthop Traumatol Surg Res* 100(4):S231–S237, 2014.
80. Ecker, TM, et al: Prospective use of a standardized nonoperative early weightbearing protocol for Achilles tendon rupture: 17 years of experience. *Am J Sports Med* 44(4):1004–1010, 2016.
81. Eechaute, C, et al: The clinimetric qualities of patient-assessed instruments for measuring chronic ankle instability: a systematic review. *BMC Musculoskelet Disord* 8:6, 2007.
82. Eils, E, and Rosenbaum, D: A multi-station proprioceptive exercise program in patients with ankle instability. *Med Sci Sports Exerc* 33(12):1991–1998, 2001.
83. Ellis, SJ, et al: Results of anatomic lateral ankle ligament reconstruction with tendon allograft. *HSS J* 7(2):134–140, 2011.
84. Elmlund, AO, and Winson, IG: Arthroscopic ankle arthrodesis. *Foot Ankle Clin* 20(1):71–80, 2015.
85. Engebretsen, AH, et al: Intrinsic risk factors for acute ankle injuries among male soccer players: a prospective cohort study. *Scand J Med Sci Sports* 20(3):403–410, 2010.
86. Erdil, M, et al: Comparison of arthrodesis, resurfacing hemiarthroplasty, and total joint replacement in the treatment of advanced hallux rigidus. *J Foot Ankle Surg* 52(5):588–593, 2013.
87. Erickson, BJ, et al: Trends in the Management of Achilles Tendon Ruptures in the United States Medicare Population, 2005-2011. *Orthop J Sports Med* doi:10.1177/2325967114549948, 2014.
88. Feger, MA, et al: Electrical stimulation as a treatment intervention to improve function, edema or pain following acute lateral ankle sprains: A systematic review. *Phys Ther Sport* 16(4):361–369, 2015.
89. Ferke, RD, and Chams, RN: Chronic lateral instability: arthroscopic findings and long-term results. *Foot Ankle Int* 28(1):24–31, 2007.
90. Ferran, NA, and Maffulli, N: Epidemiology of sprains of the lateral ankle ligament complex. *Foot Ankle Clin* 11(3):659–662, 2006.
91. Fong, DT-P, et al: A systematic review on ankle injury and ankle sprain in sports. *Sports Med* 37(1):73–94, 2007.
92. Forestier, N, Terrier, R, and Teasdale, N: Ankle muscular proprioceptive signals' relevance for balance control on various support surfaces: an exploratory study. *Am J Phys Med Rehabil* 94(1):20–27, 2015.
93. Fredberg, U, Bolvig, L, and Andersen, NT: Prophylactic training in asymptomatic soccer players with ultrasonographic abnormalities in Achilles and patellar tendons: the Danish Super League Study. *Am J Sports Med* 36(3):451–460, 2008.
94. Fredberg, U, and Bolvig, L: Significance of ultrasonographically detected asymptomatic tendinosis in the patellar and Achilles tendons of elite soccer players: a longitudinal study. *Am J Sports Med* 30(4): 488–491, 2002.
95. Freedman, BR, et al: Nonsurgical treatment and early return to activity leads to improved Achilles tendon fatigue mechanics and functional outcomes during early healing in an animal model. *J Orthop Res* doi:10.1002/jor.23253, 2016.
96. Fuentes-Sanz, A, et al: Clinical outcome and gait analysis of ankle arthrodesis. *Foot Ankle Int* 33(10):819–827, 2012.
97. Fuhrmann, RA, and Pillukat, T: Arthrodesis of the first metatarsophalangeal joint. *Oper Orthop Traumatol* 24(6):513–526, 2012.
98. Fuller, EA: The windlass mechanism of the foot. A mechanical model to explain pathology. *J Am Podiatr Med Assoc* 90(1):35–46, 2000.

99. Ganestam, A, et al: Increasing incidence of acute Achilles tendon rupture and a noticeable decline in surgical treatment from 1994 to 2013. A nationwide registry study of 33,160 patients. *Knee Surg Sports Traumatol Arthrosc* 24(12):3730–3737, 2016.
100. Garras, DN, et al: MRI is unnecessary for diagnosing acute Achilles tendon ruptures: clinical diagnostic criteria. *Clin Orthop* 470(8):2268–2273, 2012.
101. Gaudot, F, et al: A controlled, comparative study of a fixed-bearing versus mobile-bearing ankle arthroplasty. *Foot Ankle Int* 35(2):131–140, 2014.
102. Gharehdaghi, M, Rahimi, H, and Mousavian, A: Anterior ankle arthrodesis with molded plate: technique and outcomes. *Arch Bone Jt Surg* 2(3):203–209, 2014.
103. Giannini, S, et al: The treatment of severe posttraumatic arthritis of the ankle joint. *J Bone Joint Surg Am* 89(3):15–28, 2007.
104. Gougoulias, NE, Agathangelidis, FG, and Parsons, SW: Arthroscopic ankle arthrodesis. *Foot Ankle Int* 28(6):695–706, 2007.
105. Green, T, et al: A randomized controlled trial of a passive accessory joint mobilization on acute ankle inversion sprains. *Phys Ther* 81(4): 984–994, 2001.
106. Gribble, PA, Hertel, J, and Plisky, P: Using the Star Excursion Balance Test to assess dynamic postural-control deficits and outcomes in lower extremity injury: a literature and systematic review. *J Athl Train* 47(3):339–357, 2012.
107. Groetelaers, RPTGC, et al: Functional treatment or cast immobilization after minimally invasive repair of an acute Achilles tendon rupture: prospective, randomized trial. *Foot Ankle Int* 35(8):771–778, 2014.
108. Grunfeld, R, Aydogan, U, and Juliano, P: Ankle arthritis: review of diagnosis and operative management. *Med Clin North Am* 98(2): 267–289, 2014.
109. Guillo, S, et al: Consensus in chronic ankle instability: aetiology, assessment, surgical indications and place for arthroscopy. *Orthop Traumatol Surg Res* 99(8):S411–S419, 2013.
110. Guillo, S, et al: Arthroscopic anatomical reconstruction of the lateral ankle ligaments. *Knee Surg Sports Traumatol Arthrosc* 24(4):998–1002, 2016.
111. Gulati, V, et al: Management of Achilles tendon injury: A current concepts systematic review. *World J Orthop* 6(4):380–386, 2015.
112. Gutteck, N, et al: Immediate fullweightbearing after tarsometatarsal arthrodesis for hallux valgus correction—does it increase the complication rate? *Foot Ankle Surg* 21(3):198–201, 2015.
113. Guyer, AJ, and Richardson, G: Current concepts review: total ankle arthroplasty. *Foot Ankle Int* 29(2):256–264, 2008.
114. Haddad, SL, et al: Intermediate and long-term outcomes of total ankle arthroplasty and ankle arthrodesis. A systematic review of the literature. *J Bone Joint Surg Am* 89(9):1899–1905, 2007.
115. Haji, A, et al: Percutaneous versus open tendo-achilles repair. *Foot Ankle Int* 25(4):215–218, 2004.
116. Hall, EA, et al: Strength-training protocols to improve deficits in participants with chronic ankle instability: a randomized controlled trial. *J Athl Train* 50(1):36–44, 2015.
117. Hall, JPL, et al: The biomechanical differences between barefoot and shod distance running: a systematic review and preliminary metaanalysis. *Sports Med* 43(12):1335–1353, 2013.
118. Hals, TM, Sitler, MR, and Mattacola, CG: Effect of a semi-rigid ankle stabilizer on performance in persons with functional ankle instability. *J Orthop Sports Phys Ther* 30(9):552–556, 2000.
119. Hamilton, WG: Ankle instability repair: The Broström-Gould procedure. In Kitaoka, HB (ed): *Master Techniques in Orthopedic Surgery: The Foot and Ankle,* ed. 2. Philadelphia: Lippincott Williams & Wilkins, 2002.
120. Han, K, Ricard, MD, and Fellingham, GW: Effects of a 4-week exercise program on balance using elastic tubing as a perturbation force for individuals with a history of ankle sprains. *J Orthop Sports Phys Ther* 39(4):246–255, 2009.
121. Hass, CJ, et al: Chronic ankle instability alters central organization of movement. *Am J Sports Med* 38(4):829–834, 2010.
122. Hasselman, CT, Wong, YS, And Conti, SF: Total ankle replacement. In Kitaoka, HB (ed): *Master Techniques in Orthopedic Surgery: The Foot and Ankle*, ed. 2. Philadelphia: Lippincott Williams & Wilkins: p 583, 2002
123. Henricson, A, Nilsson, J-Å, and Carlsson, Å. 10-year survival of total ankle arthroplasties. *Acta Orthop* 82(6):655–659, 2011.
124. Herman, K, et al: The effectiveness of neuromuscular warm-up strategies that require no additional equipment, for preventing lower limb injuries during sports participation: a systematic review. *BMC Med* 10:75, 2012.
125. Hertel, J: Functional anatomy, pathomechanics, and pathophysiology of lateral ankle instability. *J Athl Train* 37(4):364–375, 2002.
126. Hertel, J: Sensorimotor deficits with ankle sprains and chronic ankle instability. *Clin Sports Med* 27(3):353–370, 2008.
127. Hess, GW: Achilles tendon rupture: a review of etiology, population, anatomy, risk factors, and injury prevention. *Foot Ankle Spec* 3(1): 29–32, 2010.
128. Hiller, CE, Kilbreath, SL, and Refshauge, KM: Chronic ankle instability: evolution of the model. *J Athl Train* 46(2):133–141, 2011.
129. Hiller, CE, et al: Intrinsic predictors of lateral ankle sprain in adolescent dancers: a prospective cohort study. *Clin J Sport Med* 18(1):44–48, 2008.
130. Hintermann, B, et al: Conversion of painful ankle arthrodesis to total ankle arthroplasty. *J Bone Joint Surg Am* 91(4):850–858, 2009.
131. Hintermann, B, et al: The HINTEGRA ankle: rationale and short-term results of 122 consecutive ankles. *Clin Orthop Rel Research* 424:57–68, 2004.
132. Hirai, D, Docherty, CL, and Schrader, J: Severity of functional and mechanical ankle instability in an active population. *Foot Ankle Int* 30(11):1071–1077, 2009.
133. Horterer, H, et al: Sports activity in patients with total ankle replacement. *Sports Orthop Traumatol* 31:34–40, 2015.
134. House, C, Reece, A, and Roiz de Sa, D: Shock-absorbing insoles reduce the incidence of lower limb overuse injuries sustained during Royal Marine training. *Mil Med* 178(6):683–689, 2013.
135. Hsu, AR, et al: Intermediate and long-term outcomes of the modified Brostrom-Evans procedure for lateral ankle ligament reconstruction. *Foot Ankle Spec* 9(2):131–139, 2016.
136. Hsu, AR, et al: Clinical outcomes and complications of percutaneous Achilles repair system versus open technique for acute Achilles tendon ruptures. *Foot Ankle Int* 36(11):1279–1286, 2015.
137. Hua, Y, et al: Anatomical reconstruction of the lateral ligaments of the ankle with semitendinosus allograft. *Int Orthop* 36(10):2027–2031, 2012.
138. Hua, Y, et al: Combination of modified Broström procedure with ankle arthroscopy for chronic ankle instability accompanied by intra-articular symptoms. *Arthrosc J Arthrosc Relat Surg* 26(4):524–528, 2010.
139. Huang, J, et al: Rehabilitation regimen after surgical treatment of acute Achilles tendon ruptures: a systematic review with meta-analysis. *Am J Sports Med* 43(4):1008–1016, 2015.
140. Hunt, KJ, et al: Ankle joint contact loads and displacement with progressive syndesmotic injury. *Foot Ankle Int* 36(9):1095–1103, 2015.
141. Hupperets, MDW, Verhagen, EALM, and van Mechelen, W: Effect of unsupervised home based proprioceptive training on recurrences of ankle sprain: randomised controlled trial. *BMJ* 339:b2684, 2009.
142. Hutchinson, ID, et al: How do hindfoot fusions affect ankle biomechanics: A cadaver model. *Clin Orthop* 474(4):1008–1016, 2016.
143. Hyer, CF, and Vancourt, R: Arthroscopic repair of lateral ankle

instability by using the thermal-assisted capsular shift procedure: a review of 4 cases. *J Foot Ankle Surg* 43(2):104–109, 2004.
144. Hyland, MR, et al: Randomized controlled trial of calcaneal taping, sham taping, and plantar fascia stretching for the short-term management of plantar heel pain. *J Orthop Sports Phys Ther* 36(6):364–371, 2006.
145. Ishikawa, S: Arthroscopy of the foot and ankle. In Canale ST & Beaty JH (ed)*Campbell's Operative Orthopaedics,* ed. 12. Philadelphia, PA, Elsevier/Mosby; 2013, pp 2379–2392.
146. Jaakkola, JI, and Mann, RA: A review of rheumatoid arthritis affecting the foot and ankle. *Foot Ankle Int* 25(12):866–874, 2004.
147. Janssen, KW, van Mechelen, W, and Verhagen, EALM: Bracing superior to neuromuscular training for the prevention of self-reported recurrent ankle sprains: a three-arm randomised controlled trial. *Br J Sports Med* 48(16):1235–1239, 2014.
148. Jiang, N, et al: Operative versus nonoperative treatment for acute Achilles tendon rupture: a meta-analysis based on current evidence. *Int Orthop* 36(4):765–773, 2012.
149. Johnson, P, et al: New regimen for eccentric calf-muscle training in patients with chronic insertional Achilles tendinopathy: results of a pilot study. *Br J Sports Med* 42:746–749, 2008.
150. Jones, C, et al: Understanding the postoperative course and rehabilitation protocol for total ankle arthroplasty. *Foot Ankle Spec* 8(3):203–208, 2015.
151. Jones, MH, and Amendola, AS: Acute treatment of inversion ankle sprains: immobilization versus functional treatment. *Clin Orthop* 455:169–172, 2007.
152. Jones, MP, Khan, RJK, and Smith, RLC: Surgical interventions for treating acute Achilles tendon rupture: key findings from a recent Cochrane Review. *J Bone Jt Surg Am* 94(12):e88, 2012.
153. Jung, D-Y, et al: Effect of medial arch support on displacement of the myotendinous junction of the gastrocnemius during standing wall stretching. *J Orthop Sports Phys Ther* 39(12):867–874, 2009.
154. Kaminski, TW, et al: National Athletic Trainers' Association position statement: Conservative management and prevention of ankle sprains in athletes. *J Athl Train* 48(4):528–545, 2013.
155. Kangas, J, et al: Achilles tendon elongation after rupture repair: a randomized comparison of 2 postoperative regimens. *Am J Sports Med* 35(1):59–64, 2007.
156. Kangas, J, et al: Early functional treatment versus early immobilization in tension of the musculotendinous unit after Achilles rupture repair: a prospective, randomized, clinical study. *J Trauma* 54(6):1171–1181, 2003.
157. Kauranen, KJ, and Leppilahti, JI: Motor performance of the foot after Achilles rupture repair. *Int J Sports Med* 22(2):154–158, 2001.
158. Kavlak, Y, et al: Outcome of orthoses intervention in the rheumatoid foot. *Foot Ankle Int* 24:494–499, 2003.
159. Kemler, E, et al: A systematic review on the treatment of acute ankle sprain: brace versus other functional treatment types. *Sports Med Auckl NZ* 41(3):185–197, 2011.
160. Kerkhoffs, GMMJ, et al: Surgical versus conservative treatment for acute injuries of the lateral ligament complex of the ankle in adults. *Cochrane Database Syst Rev* (2):CD000380, 2007.
161. Kerkhoffs, GMMJ, et al: Functional treatment after surgical repair of acute Achilles tendon rupture: wrap vs walking cast. *Arch Orthop Trauma Surg* 122(2):102–105, 2002.
162. Khan, RJ, and Carey Smith, RL: Surgical interventions for treating acute Achilles tendon ruptures. *Cochrane Database Syst Rev* (9):CD003674, 2010.
163. Khan, RJK, et al: Treatment of acute Achilles tendon ruptures. A metaanalysis of randomized, controlled trials. *J Bone Joint Surg Am* 87(10): 2202–2210, 2005.
164. Khawaji, B, and Soames, R: The anterior talofibular ligament: a detailed morphological study. *Foot* 25(3):141–147, 2015.
165. Kile, TA: Ankle arthrodesis. In Morrey, BF (ed): *Reconstructive Surgery of the Joints,* ed. 2. New York: Churchill Livingstone, 1996, p 1771.
166. Kim, ES, et al: Arthroscopic anterior talofibular ligament repair for chronic ankle instability with a suture anchor technique. *Orthopedics* 34(4):273, 2011.
167. Kitaoka, HB: Complications of replacement arthroplasty of the ankle. In Morrey, BF (ed): *Joint Replacement Arthroplasty*, ed. 3. Philadelphia: Churchill Livingstone, 2003, pp 1133–1150.
168. Kitaoka, HB: Subtalar arthrodesis In Kitaoka, HB (ed): *Master Techniques in Orthopedic Surgery: The Foot and Ankle*, ed. 2. Philadelphia: Lippincott Williams & Wilkins, 2013, pp 315–324.
169. Kjaer, M, et al: Metabolic activity and collagen turnover in human tendon in response to physical activity. *J Musculoskelet Neuronal Interact* 5(1):41–52, 2005.
170. Knecht, SI, et al: The Agility total ankle arthroplasty. Seven to sixteenyear follow-up. *J Bone Joint Surg Am* 86–A(6):1161–1171, 2004.
171. Knupp, M, et al: Chronic ankle instability (medial and lateral). *Clin Sports Med* 34(4):679–688, 2015.
172. Kofoed, H, and Lundberg-Jensen, A: Ankle arthroplasty in patients younger and older than 50 years: a prospective series with long-term follow-up. *Foot Ankle Int* 20(8):501–506, 1999.
173. Kofoed, H, and Sorensen, TS: Ankle arthroplasty for rheumatoid arthritis and osteoarthritis: prospective long-term study of cemented replacements. *J Bone Joint Surg Br* 80(2):328–332, 1998.
174. Kofotolis, N, and Kellis, E: Ankle sprain injuries: a 2-year prospective cohort study in female Greek professional basketball players. *J Athl Train* 42(3):388–394, 2007.
175. Kofotolis, ND, Kellis, E, and Vlachopoulos, SP: Ankle sprain injuries and risk factors in amateur soccer players during a 2-year period. *Am J Sports Med* 35(3):458–466, 2007.
176. Krause, FG, et al: Impact of complications in total ankle replacement and ankle arthrodesis analyzed with a validated outcome measurement. *J Bone Joint Surg Am* 93(9):830–839, 2011.
177. Krips, R, et al: Sports activity level after surgical treatment for chronic anterolateral ankle instability. A multicenter study. *Am J Sports Med* 30(1):13–19, 2002.
178. Kulig, K, et al: Nonsurgical management of posterior tibial tendon dysfunction with orthoses and resistive exercise: a randomized controlled trial. *Phys Ther* 89(1):26–37, 2009.
179. Kwon, DG, et al: Arthroplasty versus arthrodesis for end-stage ankle arthritis: decision analysis using Markov model. *Int Orthop* 35(11): 1647–1653, 2011.
180. Labek, G, et al: Revision rates after total ankle arthroplasty in samplebased clinical studies and national registries. *Foot Ankle Int* 32(8): 740–745, 2011.
181. Labek, G, et al: Impact of implant developers on published outcome and reproducibility of cohort-based clinical studies in arthroplasty. *J Bone Joint Surg Am* 93(3):55–61, 2011.
182. Labek, G, et al: Outcome after total ankle arthroplasty-results and findings from worldwide arthroplasty registers. *Int Orthop* 37(9): 1677–1682, 2013.
183. Lamm, BM, and Wynes, J: Immediate weightbearing after Lapidus arthrodesis with external fixation. *J Foot Ankle Surg* 53(5):577–583, 2014.
184. Lantto, I, et al: Early functional treatment versus cast immobilization in tension after Achilles rupture repair: results of a prospective randomized trial with 10 or more years of follow-up. *Am J Sports Med* 43(9):2302–2309, 2015.
185. Lantto, I, et al: A prospective randomized trial comparing surgical and nonsurgical treatments of acute Achilles tendon ruptures. *Am J Sports Med* 44(9):2406–2414, 2016.
186. Lardenoye, S, et al: The effect of taping versus semi-rigid bracing on patient outcome and satisfaction in ankle sprains: a prospective, randomized controlled trial. *BMC Musculoskelet Disord* 13:81, 2012.
187. Lee, KT, et al: Long-term results after modified Brostrom procedure without calcaneofibular ligament reconstruction. *Foot*

Ankle Int 32(2):153–157, 2011.
188. Leppänen, M, et al: Interventions to prevent sports related injuries: a systematic review and meta-analysis of randomised controlled trials. *Sports Med* 44(4):473–486, 2014.
189. Lieberman, DE, et al: Foot strike patterns and collision forces in habitually barefoot versus shod runners. *Nature* 463(7280):531–535, 2010.
190. Lieberman, DE: What we can learn about running from barefoot running: an evolutionary medical perspective. *Exerc Sport Sci Rev* 40(2):63–72, 2012.
191. Lim, J, Dalal, R, and Waseen, M: Percutaneous vs. open repair of the ruptured Achilles tendon—a prospective randomized controlled study. *Foot Ankle Int* 22:559–568, 2001.
192. Linens, SW, et al: Postural-stability tests that identify individuals with chronic ankle instability. *J Athl Train* 49(1):15–23, 2014.
193. Longo, UG, et al: Acute Achilles tendon rupture in athletes. *Foot Ankle Clin* 18(2):319–338, 2013.
194. Lorenz, DS, and Pontillo, M: Is there evidence to support a forefoot strike pattern in barefoot runners? A review. *Sports Health Multidiscip Approach* 4(6):480–484, 2012.
195. Loudon, JK, Reiman, MP, and Sylvain, J: The efficacy of manual joint mobilisation/manipulation in treatment of lateral ankle sprains: a systematic review. *Br J Sports Med* 48(5):365–370, 2014.
196. Lui, TH: A minimally invasive "overwrapping" technique for repairing neglected ruptures of the Achilles tendon. *J Foot Ankle Surg* 53(6): 806–809, 2014.
197. Macaulay, AA, van Valkenburg, SM, and DiGiovanni, CW: Sport and activity restrictions following total ankle replacement: a survey of orthopaedic foot and ankle specialists. *Foot Ankle Surg* 21(4):260–265, 2015.
198. Maffulli, N, et al: Isolated anterior talofibular ligament Broström repair for chronic lateral ankle instability: 9-year follow-up. *Am J Sports Med* 41(4):858–864, 2013.
199. Maffulli, N, et al: Less-invasive semitendinosus tendon graft augmentation for the reconstruction of chronic tears of the Achilles tendon. *Am J Sports Med* 41(4):865–871, 2013.
200. Maffulli, N, et al: Achilles tendon ruptures in elite athletes. *Foot Ankle Int* 32(1):9–15, 2011.
201. Maffulli, N, et al: Minimally invasive surgery for Achilles tendon pathologies. *Open Access J Sports Med* 1:95–103, 2010.
202. Maffulli, N, et al: Less-invasive reconstruction of chronic Achilles tendon ruptures using a peroneus brevis tendon transfer. *Am J Sports Med* 38(11):2304–2312, 2010.
203. Maffulli, N, et al: Early weightbearing and ankle mobilization after open repair of acute midsubstance tears of the Achilles tendon. *Am J Sports Med* 31(5):692–700, 2003.
204. Maffulli, N, et al: No adverse effect of early weight bearing following open repair of acute tears of the Achilles tendon. *J Sports Med Phys Fitness* 43(3):367–379, 2003.
205. Magee, D: *Orthopedic Physical Assessment*. St. Louis, MO, Elsevier Health Sciences, 2014.
206. Mahieu, NN, et al: Intrinsic risk factors for the development of Achilles tendon overuse injury: a prospective study. *Am J Sports Med* 34(2): 226–235, 2006.
207. Mai, HT, et al: The NFL orthopaedic surgery outcomes database (NO-SOD): The effect of common orthopaedic procedures on football careers. *Am J Sports Med* 44(9):2255–2262, 2016.
208. Man, IOW, Morrissey, MC, and Cywinski, JK: Effect of neuromuscular electrical stimulation on ankle swelling in the early period after ankle sprain. *Phys Ther* 87(1):53–65, 2007.
209. Mann, RA, DeOrio, JK, and Mann, JA: Total ankle arthroplasty. In Kitaoka, HB (ed). *Master Techniques in Orthopedic Surgery: The Foot and Ankle*, ed. 3. Philadelphia: Lippincott Williams & Wilkins, 2013, pp 551–568.
210. Marie, I, et al: Tendinous disorders attributed to statins: a study on ninety-six spontaneous reports in the period 1990-2005 and review of the literature. *Arthritis Rheum* 59(3):367–372, 2008.
211. Martin, RL, and Kivlan, B: The ankle and foot complex. In Levangie, PK, and Norkin, CC (eds): *Joint Structure and Function*, ed. 5. Philadelphia: F.A. Davis, 2011, pp. 440–481.
212. Martin, RL, et al: Ankle stability and movement coordination impairments: ankle ligament sprains. *J Orthop Sports Phys Ther* 43(9):A1–40, 2013.
213. Martin, RL, et al: Heel pain-plantar fasciitis: revision 2014. *J Orthop Sports Phys Ther* 44(11):A1–33, 2014.
214. Martin, RL, Stewart, GW, and Conti, SF: Posttraumatic ankle arthritis: an update on conservative and surgical management. *J Orthop Sports Phys Ther* 37(5):253–259, 2007.
215. Matheny, LM, et al: Activity level and function after lateral ankle ligament repair versus reconstruction. *Am J Sports Med* 44(5): 1301–1308, 2016.
216. Matsui, K, et al: Minimally invasive surgical treatment for chronic ankle instability: a systematic review. *Knee Surg Sports Traumatol Arthrosc* 24(4):1040–1048, 2016.
217. Matsui, K, et al: Early recovery after arthroscopic repair compared to open repair of the anterior talofibular ligament for lateral instability of the ankle. *Arch Orthop Trauma Surg* 136(1):93–100, 2016.
218. McClinton, SM, Cleland, JA, and Flynn, TW: Predictors of response to physical therapy intervention for plantar heel pain. *Foot Ankle Int* 36(4):408–416, 2015.
219. McCullough, KA, Shaw, CM, and Anderson, RB: mini-open repair of Achilles rupture in the national football league. *J Surg Orthop Adv* 23(4):179–183, 2014.
220. McGovern, RP, and Martin, RL: Managing ankle ligament sprains and tears: current opinion. *Open Access J Sports Med* 7:33–42, 2016.
221. McGuine, TA, Brooks, A, and Hetzel, S: The effect of lace-up ankle braces on injury rates in high school basketball players. *Am J Sports Med* 39(9):1840–1848, 2011.
222. McGuine, TA, et al: The effect of lace-up ankle braces on injury rates in high school football players. *Am J Sports Med* 40(1):49–57, 2012.
223. McGuine, TA, and Keene, JS: The effect of a balance training program on the risk of ankle sprains in high school athletes. *Am J Sports Med* 34(7):1103–1111, 2006.
224. McKeon, PO, and Hertel, J: Systematic review of postural control and lateral ankle instability, part II: is balance training clinically effective? *J Athl Train* 43(3):305–315, 2008.
225. McKeon, PO, and Hertel, J: Systematic review of postural control and lateral ankle instability, part I: can deficits be detected with instrumented testing. *J Athl Train* 43(3):293–304, 2008.
226. McPoil, TG, et al: Heel pain—plantar fasciitis: clinical practice guidelines linked to the international classification of function, disability, and health from the orthopaedic section of the American Physical Therapy Association. *J Orthop Sports Phys Ther* 38(4):A1–A18, 2008.
227. Mendel, FC, et al: Effect of high-voltage pulsed current on recovery after grades I and II lateral ankle sprains. *J Sport Rehabil* 19(4):399–410, 2010.
228. Metz, R, et al: Effect of complications after minimally invasive surgical repair of acute Achilles tendon ruptures: report on 211 cases. *Am J Sports Med* 39(4):820–824, 2011.
229. Metz, R, et al: Acute Achilles tendon rupture: minimally invasive surgery versus nonoperative treatment with immediate full weightbearing—a randomized controlled trial. *Am J Sports Med* 36(9):1688–1694, 2008.
230. Metzl, JA, Ahmad, CS, and Levine, WN: The ruptured Achilles tendon: operative and non-operative treatment options. *Curr Rev Musculoskelet Med* 1(2):161–164, 2008.
231. Michelson, J: Triple arthrodesis of the Hindfoot. In Kitaoka, HB (ed): *Master Techniques in Orthopedic Surgery: The Foot and Ankle,* ed. 3. Philadelphia: Lippincott Williams & Wilkins, 2013, pp 343–360.
232. Michelson, J, and Amis, JA: Talus-calcaneus-cuboid (triple)

arthrodesis. In Kitaoka, HB (ed): *Master Techniques in Orthopedic Surgery: The Foot and Ankle,* ed. 3. Philadelphia: Lippincott Williams & Wilkins, 2013, pp 343–360.
233. Michener, LA, and Kulig, K: Not all tendons are created equal: Implications for differing treatment approaches. *J Orthop Sports Phys Ther* 45(11):829–832, 2015.
234. Mickel, TJ, et al: Prophylactic bracing versus taping for the prevention of ankle sprains in high school athletes: a prospective, randomized trial. *J Foot Ankle Surg* 45(6):360–365, 2006.
235. Miyamoto, W, et al: Accelerated versus traditional rehabilitation after anterior talofibular Ligament reconstruction for chronic lateral instability of the ankle in athletes. *Am J Sports Med* 42(6):1441–1447, 2014.
236. Mohammadi, F: Comparison of 3 preventive methods to reduce the recurrence of ankle inversion sprains in male soccer players. *Am J Sports Med* 35(6):922–926, 2007.
237. Moller, M, et al: Acute rupture of tendon Achilles. A prospective randomised study of comparison between surgical and non-surgical treatment. *J Bone Joint Surg Br* 83(6):843–848, 2001.
238. Molloy, A, and Wood, EV: Complications of the treatment of Achilles tendon rupture. *Foot Ankle Clin* 14(4):745–759, 2009.
239. Mulier, T, et al: The management of chronic Achilles tendon ruptures: gastrocnemius turn down flap with or without flexor hallucis longus transfer. *Foot Ankle Surg.* 9(3):151–156, 2003.
240. Mullen, S, et al: Barefoot running: The effects of an 8-week barefoot training program. *Orthop J Sports Med* 2(3):1–5, 2014.
241. Mulligan, BR: *Manual Therapy "NAGS", "SNAGS", "MWM's": etc,* ed. 4. Wellington: Plane View Press, 1999.
242. Murphy, GA: Ankle arthrodesis. In Canale ST and Beaty JH (ed) *Campbell's Operative Orthopaedics,* ed. 12. Philadelphia, PA, Elsevier/Mosby; 2013: pp 503–529.
243. Murphy, GA: Total ankle arthroplasty. In Canale ST & Beaty JH (eds) *Campbell's Operative Orthopaedics,* ed. 12. Philadelphia, PA, Elsevier/Mosby; 2013: pp 486–502.
244. Muscarella, V, Sadri, S, and Pusateri, J: Indications and considerations of foot and ankle arthrodesis. *Clin Podiatr Med Surg* 29(1):1–9, 2012.
245. Myerson, MS, and Mroczek, K: Perioperative complications of total ankle arthroplasty. *Foot Ankle Int* 24(1):17–21, 2003.
246. Naal, FD, et al: Habitual physical activity and sports participation after total ankle arthroplasty. *Am J Sports Med* 237(1):95–102, 2009.
247. Neville, CG, and Houck, JR: Choosing among 3 ankle-foot orthoses for a patient with stage II posterior tibial tendon dysfunction. *J Orthop Sports Phys Ther* 39(11):816–824, 2009.
248. Nielsen, KK, Linde, F, and Jensen, NC: The outcome of arthroscopic and open surgery ankle arthrodesis: A comparative retrospective study on 107 patients. *Foot Ankle Surg* 14(3):153–157, 2008.
249. Nilsson-Helander, K, et al: Acute Achilles tendon rupture: a randomized, controlled study comparing surgical and nonsurgical treatments using validated outcome measures. *Am J Sports Med* 38(11):2186–2193, 2010.
250. Noelle, S, et al: Total ankle arthroplasty factors: age, obesity, and complications. *Int Orthop* 37:1789–1794, 2013.
251. Nunley, JA, et al: Intermediate to long-term outcomes of the STAR Total Ankle Replacement: the patient perspective. *J Bone Joint Surg Am* 94(1):43–48, 2012.
252. Oatis, CA: Biomechanics of the foot and ankle under static conditions. *Phys Ther* 68(12):1815–1821, 1988.
253. Olmsted, LC, et al: Prophylactic ankle taping and bracing: A numbersneeded-to-treat and cost-benefit analysis. *J Athl Train* 39(1):95–100, 2004.
254. Olney, SJ, and Eng, J: Gait. In Levangie, PK, and Norkin, CC (eds): *Joint Structure and Function,* ed. 5. Philadelphia: F.A. Davis, 2011, pp 528–571, 2011.
255. Olsson, N, et al: Ability to perform a single heel-rise is significantly related to patient-reported outcome after Achilles tendon rupture. *Scand J Med Sci Sports* 24(1):152–158, 2014.
256. Olsson, N, et al: Major functional deficits persist 2 years after acute Achilles tendon rupture. *Knee Surg Sports Traumatol Arthrosc* 19(8): 1385–1393, 2011.
257. Olsson, N, et al: Predictors of clinical outcome after acute Achilles tendon ruptures. *Am J Sports Med* 42(6):1448–1455, 2014.
258. Olsson, N, et al: Stable surgical repair with accelerated rehabilitation versus nonsurgical treatment for acute Achilles tendon ruptures: a randomized controlled study. *Am J Sports Med* 41(12):2867–2876, 2013.
259. Palmieri-Smith, RM, Hopkins, JT, and Brown, TN: Peroneal activation deficits in persons with functional ankle instability. *Am J Sports Med* 37(5):982–988, 2009.
260. Panikkar, K, et al: A comparison of open and arthroscopic ankle fusion. *Foot Ankle Surg* 9(3):169–172, 2003.
261. Papadopoulos, ES, Nikolopoulos, CS, and Athanasopoulos, S: The effect of different skin-ankle brace application pressures with and without shoes on single-limb balance, electromyographic activation onset and peroneal reaction time of lower limb muscles. *Foot* 18(4):228–236, 2008.
262. Parekh, SG, et al: Epidemiology and outcomes of Achilles tendon ruptures in the National Football League. *Foot Ankle Spec* 2(6):283–286, 2009.
263. Patton, D, Kiewiet, N, and Brage, M: Infected total ankle arthroplasty: risk factors and treatment options. *Foot Ankle Int* 36(6):626–634, 2015.
264. Pearce, CJ, et al: Rehabilitation after anatomical ankle ligament repair or reconstruction. *Knee Surg Sports Traumatol Arthrosc Off J ESSKA* 24(4):1130–1139, 2016.
265. Pedersen, E, et al: Outcome of total ankle arthroplasty in patients with rheumatoid arthritis and noninflammatory arthritis. A multicenter cohort study comparing clinical outcome and safety. *J Bone Joint Surg Am* 96(21):1768–1775, 2014.
266. Pereira, H, et al: Arthroscopic repair of ankle instability with all-soft knotless anchors. *Arthrosc Tech* 5(1):e99–e107, 2016.
267. Perry, J, and Burnfield, J. *Gait Analysis: Normal and Pathological Function,* ed. 2. Thorofare, NJ, Slack, 2010.
268. Petersen, W, et al: Treatment of acute ankle ligament injuries: a systematic review. *Arch Orthop Trauma Surg* 133(8):1129–1141, 2013.
269. Peterson, KS, et al: Surgical considerations for the neglected or chronic Achilles tendon rupture: a combined technique for reconstruction. *J Foot Ankle Surg* 53(5):664–671, 2014.
270. Petrera, M, et al: Short- to medium-term outcomes after a modified Broström repair for lateral ankle instability with immediate postoperative weightbearing. *Am J Sports Med* 42(7):1542–1548, 2014.
271. Pihlajamäki, H, et al: Surgical versus functional treatment for acute ruptures of the lateral ligament complex of the ankle in young men: a randomized controlled trial. *J Bone Joint Surg Am*92(14):2367–2374, 2010.
272. Prisk, VR, et al: Lateral ligament repair and reconstruction restore neither contact mechanics of the ankle joint nor motion patterns of the hindfoot. *J Bone Joint Surg Am* 92(14):2375–2386, 2010.
273. Pugely, AJ, et al: Trends in the use of total ankle replacement and ankle arthrodesis in the United States Medicare population. *Foot Ankle Int* 35(3):207–215, 2014.
274. Rahnama, L, et al: Attentional demands and postural control in athletes with and without functional ankle instability. *J Orthop Sports Phys Ther* 40(3):180–187, 2010.
275. Raikin, SM, Garras, DN, and Krapchev, PV: Achilles tendon injuries in a United States population. *Foot Ankle Int* 34(4):475–480, 2013.
276. Raikin, SM, et al: Trends in treatment of advanced ankle arthropathy by total ankle replacement or ankle fusion. *Foot Ankle Int* 35(3): 216–224, 2014.
277. Rao, S, et al: Shoe inserts alter plantar loading and function in patients with midfoot arthritis. *J Orthop Sports Phys Ther*

39(7):522–531, 2009.
278. Rasmussen, O, Tovberg-Jensen, I, and Hedeboe, J: An analysis of the function of the posterior talofibular ligament. *Int Orthop* 7:41–48, 1983.
279. Rettig, AC, et al: Potential risk of rerupture in primary Achilles tendon repair in athletes younger than 30 years of age. *Am J Sports Med* 33(1):119–123, 2005.
280. Richardson, D: Arthritis of the foot. In Canale ST and Beaty JH (eds) *Campbell's Operative Orthopaedics,* ed. 12. Philadelphia, PA, Elsevier/Mosby; 2013, pp 4027–4056.
281. Richardson, D: Sports injuries of the ankle. In Canale ST and Beaty JH (eds) *Campbell's Operative Orthopaedics,* ed. 12. Philadelphia: Elsevier/Mosby; 2013, pp 4213–4253.
282. Riva, D, et al: Proprioceptive training and injury prevention in a professional men's basketball team: A six-year prospective study. *J Strength Cond Res* 30(2):461–475, 2016.
283. Rodrigues-Pinto, R, et al: Total ankle replacement in patients under the age of 50. Should the indications be revised? *Foot Ankle Surg* 19(4): 229–233, 2013.
284. Roemer, FW, et al: Ligamentous injuries and the risk of associated tissue damage in acute ankle sprains in athletes: A cross-sectional MRI study. *Am J Sports Med* 42(7):1549–1557, 2014.
285. Romeo, G, et al: Recreational sports activities after calcaneal fractures and subsequent subtalar joint arthrodesis. *J Foot Ankle Surg* 54(6): 1057–1061, 2015.
286. Rosenbaum, D, et al: First ray resection arthroplasty versus arthrodesis in the treatment of the rheumatoid foot. *Foot Ankle Int* 32(6):589–594, 2011.
287. Rotem-Lehrer, N, and Laufer, Y: Effect of focus of attention on transfer of a postural control task following an ankle sprain. *J Orthop Sports Phys Ther* 37(9):564–569, 2007.
288. Rouhani, H, et al: Multi-segment foot kinematics after total ankle replacement and ankle arthrodesis during relatively long-distance gait. *Gait Posture* 36(3):561–566, 2012.
289. Roussignol, X: Arthroscopic tibiotalar and subtalar joint arthrodesis. *Orthop Traumatol Surg Res* 102(1):S195–S203, 2016.
290. Saltzman, CL, et al: Surgeon training and complications in total ankle arthroplasty. *Foot Ankle Int* 24(6):514–518, 2003.
291. Saltzman, CL, et al: Prospective controlled trial of STAR total ankle replacement versus ankle fusion: initial results. *Foot Ankle Int* 30(7): 579–596, 2009.
292. Saltzman, CL, et al: Total ankle replacement revisited. *J Orthop Sports Phys Ther* 30(2):56–67, 2000.
293. Sammarco, GJ, and Hockenbury, RT: Biomechanics of the foot and ankle. In Nordin, M, and Frankel, VH (eds): *Basic Biomechanics of the Musculoskeletal System,* ed. 3. Philadelphia: Lippincott Williams & Wilkins, 2001, p 222.
294. Sammarco, V: Ankle arthrodesis with onlay graft. In Kitaoka, HB (ed): *Master Techniques in Orthopedic Surgery: The Foot and Ankle*, ed. 3. Philadelphia: Lippincott Williams & Wilkins, 2013, pp 583–596.
295. Santos, MJ, and Liu, W: Possible factors related to functional ankle instability. *J Orthop Sports Phys Ther* 38(3):150–157, 2008.
296. Schenck, RC, and Coughlin, MJ: Lateral ankle instability and revision surgery alternatives in the athlete. *Foot Ankle Clin* 14(2):205–214, 2009.
297. Schiftan, GS, Ross, LA, and Hahne, AJ: The effectiveness of proprioceptive training in preventing ankle sprains in sporting populations: a systematic review and meta-analysis. *J Sci Med Sport* 18(3):238–244, 2015.
298. Schilders, E, et al: Clinical tip: Achilles tendon repair with accelerated rehabilitation program. *Foot Ankle Int* 26(5):412–415, 2005.
299. Schipper, ON, et al: Effect of obesity on total ankle arthroplasty outcomes. *Foot Ankle Int* 37(1):1–7, 2016.
300. Schipper, ON, et al: Effect of diabetes mellitus on perioperative complications and hospital outcomes after ankle arthrodesis and total ankle arthroplasty. *Foot Ankle Int* 36(3):258–267, 2015.
301. Schmidt, R, et al: Reconstruction of the lateral ligaments: do the anatomical procedures restore physiologic ankle kinematics? *Foot Ankle Int* 25(1):31–36, 2004.
302. Schuberth, JM, Patel, S, and Zarutsky, E: Perioperative complications of the Agility total ankle replacement in 50 initial, consecutive cases. *J Foot Ankle Surg* 45(3):139–146, 2006.
303. Schuh, R, et al: Total ankle arthroplasty versus ankle arthrodesis. Comparison of sports, recreational activities and functional outcome. *Int Orthop* 36(6):1207–1214, 2012.
304. Self, BP, Harris, S, and Greenwald, RM: Ankle biomechanics during impact landings on uneven surfaces. *Foot Ankle Int* 21(2):138–144, 2000.
305. Sekiya, H, et al: Arthroscopic-assisted tibiotalocalcaneal arthrodesis using an intramedullary nail with fins: a case report. *J Foot Ankle Surg* 45(4):266–270, 2006.
306. Sharma, J, et al: Biomechanical and lifestyle risk factors for medial tibia stress syndrome in army recruits: a prospective study. *Gait Posture* 33(3):361–365, 2011.
307. Shi, K, et al: Hydroxyapatite augmentation for bone atrophy in total ankle replacement in rheumatoid arthritis. *J Foot Ankle Surg* 45(5): 316–321, 2006.
308. Shrader, JA: Nonsurgical management of the foot and ankle affected by rheumatoid arthritis. *J Orthop Sports Phys Ther* 29(12):703–717, 1999.
309. Silbernagel, KG, and Crossley, KM: A proposed return-to-sport program for patients with midportion Achilles tendinopathy: Rationale and implementation. *J Orthop Sports Phys Ther* 45(11):876–886, 2015.
310. Silbernagel, KG, et al: Evaluation of lower leg function in patients with Achilles tendinopathy. *Knee Surg Sports Traumatol Arthrosc* 14(11): 1207–1217, 2006.
311. Silbernagel, KG, et al: A new measurement of heel-rise endurance with the ability to detect functional deficits in patients with Achilles tendon rupture. *Knee Surg Sports Traumatol Arthrosc* 18(2):258–264, 2010.
312. Silbernagel, KG, Steele, R, and Manal, K: Deficits in heel-rise height and Achilles tendon elongation occur in patients recovering from an Achilles tendon rupture. *Am J Sports Med* 40(7):1564–1571, 2012.
313. Singer, S, et al: Ankle arthroplasty and ankle arthrodesis: gait analysis compared with normal controls. *J Bone Joint Surg Am* 95(24):e191 (1–10), 2013.
314. Sirveaux, F, et al: Increasing shoe instep improves gait dynamics in patients with a tibiotalar arthrodesis. *Clin Orthop* 442:204–209, 2006.
315. Smith, RW: Ankle arthrodesis. In Kitaoka, HB (ed): *Master Techniques in Orthopedic Surgery: The Foot and Ankle*, ed. 2. Philadelphia: Lippincott Williams & Wilkins, 2013, pp. 533–549.
316. Snyder, AR, et al: The influence of high-voltage electrical stimulation on edema formation after acute injury: a systematic review. *J Sport Rehabil* 19(4):436–451, 2010.
317. Solan, MC, Carne, A, and Davies, MS: Gastrocnemius shortening and heel pain. *Foot Ankle Clin* 19(4):719–738, 2014.
318. SooHoo, NF, Zingmond, DS, and Ko, CY: Comparison of reoperation rates following ankle arthrodesis and total ankle arthroplasty. *J Bone Joint Surg Am* 89(10):2143–2149, 2007.
319. Soroceanu, A, et al: Surgical versus nonsurgical treatment of acute Achilles tendon rupture: a meta-analysis of randomized trials. *J Bone Joint Surg Am* 94(23):2136–2143, 2012.
320. Southerland, CC: Arthroscopic reconstruction of the unstable ankle. In Nyska, M, and Mann, G (eds): *The Unstable Ankle.* Champaign, IL: Human Kinetics, 2002, pp 238–249.
321. Spirt, AA, Assal, M, and Hansen, ST: Complications and failure after total ankle arthroplasty. *J Bone Joint Surg Am*86–A(6):1172–1178, 2004.
322. Squadrone, R, and Gallozzi, C: Biomechanical and physiological comparison of barefoot and two shod conditions in experienced barefoot runners. *J Sports Med Phys Fitness* 49(1):6–13, 2009.

323. Stavrou, M, et al: Review article: treatment for Achilles tendon ruptures in athletes. *J Orthop Surg* 21(2):232–235, 2013.
324. Steffen, K, et al: Self-reported injury history and lower limb function as risk factors for injuries in female youth soccer. *Am J Sports Med* 36(4):700–708, 2008.
325. Stegeman, M, et al: Outcome after operative fusion of the tarsal joints: A systematic review. *J Foot Ankle Surg* 54(4):636–645, 2015.
326. Stephenson, K, Saltzman, CL, and Brotzman, SB: Foot and ankle injuries. In Brotzman, SB, and Wilk, KE: *Clinical Orthopedic Rehabilitation*, ed. 2. Philadelphia: CV Mosby, 2003, pp 371–441.
327. Stockton, B, and Boyles, RE: Osteochondral lesion of the talus. *J Orthop Sports Phys Ther* 40(4):238, 2010.
328. Stone, JW: Arthroscopic ankle arthrodesis. In Kitaoka, HB (ed): *Master Techniques in Orthopedic Surgery: The Foot and Ankle*, ed. 3. Philadelphia: Lippincott Williams & Wilkins, 2013, pp 569–582.
329. Subotnick, SI: Return to sport after delayed surgical reconstruction for ankle instability. In Nyska, M, and Mann, G (eds): *The Unstable Ankle*. Champaign, IL: Human Kinetics, 2002, pp 201–205.
330. Suchak, AA, et al: The influence of early weight-bearing compared with non-weight-bearing after surgical repair of the Achilles tendon. *J Bone Joint Surg Am* 90(9):1876–1883, 2008.
331. Suckel, A, et al: Talonavicular arthrodesis or triple arthrodesis: peak pressure in the adjacent joints measured in 8 cadaver specimens. *Acta Orthop* 78(5):592–597, 2007.
332. Sugimoto, K, et al: Reconstruction of the lateral ankle ligaments with bone-patellar tendon graft in patients with chronic ankle instability: a preliminary report. *Am J Sports Med* 30(3):340–346, 2002.
333. Sugimoto, K, et al: Chondral injuries of the ankle with recurrent lateral instability: an arthroscopic study. *J Bone Joint Surg Am* 91(1):99–106, 2009.
334. Sung, W, Weil, L, and Weil, LS: Retrospective comparative study of operative repair of hammertoe deformity. *Foot Ankle Spec* 7(3): 185–192, 2014.
335. Svantesson, U, et al: Muscle fatigue in a standing heel-rise test. *Scand J Rehabil Med* 30(2):67–72, 1998.
336. Takao, M, et al: Ankle arthroscopic reconstruction of lateral ligaments (ankle anti-ROLL). *Arthrosc Tech* 4(5):e595–e600, 2015.
337. Takao, M, et al: Arthroscopic anterior talofibular ligament repair for lateral instability of the ankle. *Knee Surg Sports Traumatol Arthrosc* 24(4):1003–1006, 2016.
338. Takao, M, et al: Anatomical reconstruction of the lateral ligaments of the ankle with a gracilis autograft: a new technique using an interference fit anchoring system. *Am J Sports Med* 33(6):814–823, 2005.
339. Takao, M, et al: Arthroscopic drilling for chondral, subchondral, and combined chondral-subchondral lesions of the talar dome. *Arthrosc J Arthrosc Relat Surg* 19(5):524–530, 2003.
340. Tenenbaum, S, Coleman, SC, and Brodsky, JW: Improvement in gait following combined ankle and subtalar arthrodesis. *J Bone Joint Surg Am* 96(22):1863–1869, 2014.
341. Terrell, RD, et al: Comparison of practice patterns in total ankle replacement and ankle fusion in the United States. *Foot Ankle Int* 34(11): 1486–1492, 2013.
342. Terrier, R, et al: Impaired control of weight bearing ankle inversion in subjects with chronic ankle instability. *Clin Biomech* Bristol Avon 29(4):439–443, 2014.
343. Thelen, S, et al: The influence of talonavicular versus double arthrodesis on load dependent motion of the midtarsal joint. *Arch Orthop Trauma Surg* 130(1):47–53, 2010.
344. Thevendran, G, Younger, A, and Pinney, S: Current concepts review: risk factors for nonunions in foot and ankle arthrodeses. *Foot Ankle Int* 33(11):1031–1040, 2012.
345. Thomas, JL, et al: The diagnosis and treatment of heel pain: a clinical practice guideline-revision 2010. *J Foot Ankle Surg* 49(3):S1–S19, 2010.
346. Thomas, RH, and Daniels, TR: Ankle arthritis. *J Bone Joint Surg Am* 85–A(5):923–936, 2003.
347. Thomas, R, Daniels, TR, and Parker, K: Gait analysis and functional outcomes following ankle arthrodesis for isolated ankle arthritis. *J Bone Joint Surg* 88A:526–535, 2006.
348. Townshend, D, et al: Arthroscopic versus open ankle arthrodesis: a multicenter comparative case series. *J Bone Joint Surg Am*95(2):98–102, 2013.
349. Turner, NSI, and Campbell, DCI: Prosthetic intervention of the great toe. In Morrey, BF (ed): *Joint Replacement Arthroplasty*, ed. 3. Philadelphia: Churchill Livingstone, 2003, pp 1121–1132.
350. Tweed, JL, Campbell, JA, and Avil, SJ: Biomechanical risk factors in the development of medial tibial stress syndrome in distance runners. *J Am Podiatr Med Assoc* 98(6):436–444, 2008.
351. Tyler, TF, et al: Risk factors for noncontact ankle sprains in high school football players: the role of previous ankle sprains and body mass index. *Am J Sports Med* 34(3):471–475, 2006.
352. Uquillas, CA, et al: Everything Achilles: knowledge update and current concepts in management: AAOS exhibit selection. *J Bone Joint Surg Am* 97(14):1187–1195, 2015.
353. Valderrabano, V, et al: Kinematic changes after fusion and total replacement of the ankle: part 1: range of motion. *Foot Ankle Int* 24(12): 881–887, 2003.
354. Valderrabano, V, et al: Sports and recreation activity of ankle arthritis patients before and after total ankle replacement. *Am J Sports Med* 34(6):993–999, 2006.
355. Valderrabano, V, et al: Mobile- and fixed-bearing total ankle prostheses: is there really a difference? *Foot Ankle Clin* 17(4):565–585, 2012.
356. Valovich McLeod, TC: The effectiveness of balance training programs on reducing the incidence of ankle sprains in adolescent athletes. *J Sport Rehabil* 17(3):316–323, 2008.
357. van den Bekerom, MPJ, et al: The anatomy in relation to injury of the lateral collateral ligaments of the ankle: a current concepts review. *Clin Anat* 21(7):619–626, 2008.
358. van den Bekerom, et al: What is the evidence for rest, ice, compression, and elevation therapy in the treatment of ankle sprains in adults? *J Athl Train* 47(4):435–443, 2012.
359. van der Eng, DM, et al: Rerupture rate after early weightbearing in operative versus conservative treatment of Achilles tendon ruptures: a meta-analysis. *J Foot Ankle Surg* 52(5):622–628, 2013.
360. van Heiningen, J, Vliet Vlieland, TPM, and van der Heide, HJL: The mid-term outcome of total ankle arthroplasty and ankle fusion in rheumatoid arthritis: a systematic review. *BMC Musculoskelet Disord* 14:306, 2013.
361. Vega, J, et al: All-inside arthroscopic lateral collateral ligament repair for ankle instability with a knotless suture anchor technique. *Foot Ankle Int* 34(12):1701–1709, 2013.
362. Verhagen, E, et al: The effect of a proprioceptive balance board training program for the prevention of ankle sprains: a prospective controlled trial. *Am J Sports Med* 32(6):1385–1393, 2004.
363. Verhagen, EALM: What does therapeutic ultrasound add to recovery from acute ankle sprain? A review. *Clin J Sport Med* 23(1):84–85, 2013.
364. Verhagen, RAW, et al: Systematic review of treatment strategies for osteochondral defects of the talar dome. *Foot Ankle Clin* 8(2):233–242, 2003.
365. Vertullo, CJ, and Nunley, JA: Participation in sports after arthrodesis of the foot or ankle. *Foot Ankle Int* 23(7):625–628, 2002.
366. Vicenzino, B, et al: Initial changes in posterior talar glide and dorsiflexion of the ankle after mobilization with movement in individuals with recurrent ankle sprain. *J Orthop Sports Phys Ther* 36(7):464–471, 2006.
367. Villarreal, AD, Andersen, CR, and Panchbhavi, VK: A survey on management of chronic Achilles tendon ruptures. *Am J Orthop*

41(3): 126–131, 2012.
368. Wang, Y, et al: Effects of ankle arthrodesis on biomechanical performance of the entire foot. *PLoS ONE* 10(7): e0134340, 2015.
369. Wapner, KL: Delayed repair of the Achilles tendon. In Kitaoka, HB (ed): *Master Techniques in Orthopedic Surgery: The Foot and Ankle,* ed. 2. Philadelphia: Lippincott Williams & Wilkins, 2002, pp 323–335.
370. Waterman, BR, et al: The epidemiology of ankle sprains in the United States. *J Bone Jt Surg Am* 92(13):2279–2284, 2010.
371. Werner, BC, et al: Obesity is associated with increased complications after operative management of end-stage ankle arthritis. *Foot Ankle Int* 36(8):863–870, 2015.
372. White, WJ, McCollum, GA, and Calder, JDF: Return to sport following acute lateral ligament repair of the ankle in professional athletes. *Knee Surg Sports Traumatol Arthrosc* 24(4):1124–1129, 2016.
373. Whitting, JW, et al: Dorsiflexion capacity affects Achilles tendon loading during drop landings. *Med Sci Sports Exerc* 43(4):706–713, 2011.
374. Wikstrom, EA, et al: Bilateral balance impairments after lateral ankle trauma: a systematic review and meta-analysis. *Gait Posture* 31(4): 407–414, 2010.
375. Wilkins, R, and Bisson, LJ: Operative versus nonoperative management of acute Achilles tendon ruptures: a quantitative systematic review of randomized controlled trials. *Am J Sports Med* 40(9):2154–2160, 2012.
376. Willems, TM, et al: Gait-related risk factors for exercise-related lowerleg pain during shod running. *Med Sci Sports Exerc* 39(2):330–339, 2007.
377. Willits, K, et al: Operative versus nonoperative treatment of acute Achilles tendon ruptures: a multicenter randomized trial using accelerated functional rehabilitation. *J Bone Joint Surg Am* 92(17): 2767–2775, 2010.
378. Wong, J, Barrass, V, and Maffulli, N: Quantitative review of operative and nonoperative management of Achilles tendon ruptures. *Am J Sports Med* 30(4):565–575, 2002.
379. Yasui, Y, et al: Open versus arthroscopic ankle arthrodesis: a comparison of subsequent procedures in a large database. *J Foot Ankle Surg* 55(4):777–781, 2016.
380. Yotsumoto, T, Miyamoto, W, and Uchio, Y: Novel approach to repair of acute Achilles tendon rupture: early recovery without postoperative fixation or orthosis. *Am J Sports Med* 38(2):287–292, 2010.
381. Young, B, et al: A combined treatment approach emphasizing impairmentbased manual physical therapy for plantar heel pain: a case series. *J Orthop Sports Phys Ther* 34(11):725–733, 2004.
382. Zhang, H, et al: Surgical versus conservative intervention for acute Achilles tendon rupture: A PRISMA-compliant systematic review of overlapping meta-analyses. *Medicine* 94(45):e1951, 2015.
383. Zhao, H, et al: A systematic review of outcome and failure rate of uncemented Scandinavian total ankle replacement. *Int Orthop* 35(12): 1751–1758, 2011.
384. Ziai, P, et al: The role of the medial ligaments in lateral stabilization of the ankle joint: an in vitro study. *Knee Surg Sports Traumatol Arthrosc* 23(7):1900–1906, 2015.
385. Zwipp, H, et al: High union rates and function scores at midterm followup with ankle arthrodesis using a four screw technique. *Clin Orthop* 468(4):958–968, 2010.

第23章 高阶功能训练

LYNN COLBY　CAROLYN KISNER
JOHN BORSTAD

功能训练应包括不断进阶的运动方案，使患者能够恢复到损伤前的功能水平。对希望重返高水平工作、休闲、娱乐或运动的个人来说，康复必须进阶到与这些活动的需求相一致的水平。对治疗师而言，不断决策的过程需要以下能力。

- 全面的知识体系，包括人体解剖学、生理学、生物力学及功能。
- 熟悉组织愈合过程，尤其要了解时间对组织愈合的影响和组织对施加应力的反应。
- 了解神经肌肉对各种运动形式的反应。
- 在个人和社会期许范围内具备检查和评估活动受限和完全功能参与的结构和功能障碍的能力。
- 具备诊断、外科手术和治疗性运动干预、预防措施和每个患者达到预期目标的潜力的相关知识。

功能训练通过特定的肌肉激活和训练技术，可以在康复的早期阶段即开始，旨在建立协同肌和拮抗肌收缩力量和收缩时间之间的平衡。由于近端稳定性对四肢协调功能至关重要，因此，发展稳定和平衡性的训练也被纳入到康复的早期阶段。

随着肌力、耐力和对相关区域控制力的提高，更应重点强调通过负重和无负重训练来加强肌群的功能模式。要注意确保在执行这些功能模式的同时，较为强壮的肌肉不会代偿其他较弱的或受损的肌肉。随着功能的改善，训练可以更具针对性。

功能性运动技能包括一系列的动作，这些动作需要通过多体位、不同速度、多次重复或持续一定的时间来完成。功能相关性治疗运动方案的基石包含特定任务的动作，这些动作加上充分的稳定、平衡和肌肉功能，以满足患者生活中必要的、预期的和理想的功能需求。

本章主要描述的是整体的和适用于康复后期阶段的高阶功能训练，本章分为两部分，第一部分主要为平衡和稳定性训练，第二部分为力量和爆发力训练。此阶段康复训练的选择基于患者的期望结果，并应注重要达到这个结果所需要的运动技能。

临床提示

对于所有的训练，强度始终保持在受损组织愈合过程中可耐受的范围之内。特别注意每个训练中不同的姿势、动作、强度和速度可能给受损组织施加的应力。首先，在运动时强调关节和整体的生物力线及合适的运动速度。其次，随着训练强度的提高，减少重复次数（或时间），直到患者能够安全有效地执行此项活动。

平衡和稳定性训练

修订指南

稳定性是指身体或系统受到外力干扰时，能够保持或充分恢复到平衡状态的能力。近端稳定性是控制远端活动性和实现安全有效的功能的必要条件，这一观念不仅适用于一般的姿势稳定，也适用于单个关节的稳定。

关节的稳定性。身体各关节的稳定性是有效功能的必要条件。关节稳定性的例子如保持肩胛骨位置和盂肱关节对位对线的稳定，才能使肱肌安全地协调上肢运动[4]（见第 17 章）。其他例子包括协调脊柱节段和整体稳定性，用于姿态矫正和安全的生物力线（见第 14 章、第 16 章），以及髋、膝和踝的稳定对功能性负重活动的控制（见第 20~22 章）。关节稳定性的具体训练方法已在各章节中有详细的描述，因此读者在进行本章所述的高阶训练之前，可先参考前面有关章节。

姿势稳定和平衡。平衡或姿势的稳定是个人在进行功能性活动时，保持身体位置在环境中处于平衡状态的必要条件。这些观念在第 8 章中有详细的描述。此外，在各下肢部分都对适用于早期康复阶段的、站立位下的稳定平衡性训练均有所介绍。表 23.1 对进阶平衡训练的因素进行了总结。

临床提示

当患者在进行高阶的康复训练时，要时刻提醒他们保持脊柱中立位，并激活躯干肌群，从而使脊柱能够对抗外力保持稳定。在任何时候若患者表现出躯干稳定性不足的迹象（如无法控制脊柱姿势或疼痛症状加剧），请参照第 16 章相关内容进行脊柱稳定练习。

高阶稳定和平衡性训练

坐位

当患者能够坐在坚固、稳定的平面上，在不同的负荷下可以向各个方向上伸展，并保持平衡时，就可以让他们在不稳定的平面上完成同样的任务来进行训练。不稳定平面包括泡沫垫、平衡板、BOSU 球（一种半圆平衡球）或大型健身球。

坐位下伸展

使患者坐在不稳定的平面上保持平衡，并向不同的方向伸展，开始可先用一侧肢体，然后双侧同时伸展。在患者能力范围内增加运动阻力（图 23.1）。

坐位下抗外力干扰

患者在不稳定的平面上保持坐位平衡。

■ 先向不同方向缓慢移动此平面，然后加快速

表 23.1　进阶平衡训练的因素

参数	进阶
直立位	■ 坐位→跪位→站位
足间距离	■ 坐：足踩地板→足抬离地板 ■ 站：宽距支撑→窄距支撑 ■ 站：双足分开站立→双足前后相接站立→单足站立
支撑面	■ 稳定、牢固或平坦的平面→移动、柔软、不平坦表面（球面、平衡板、滑板、沙坑、碎石路面、草地） ■ 大支撑面→小支撑面（平衡木、半泡沫轴）
附加运动	■ 头部、躯干、四肢运动 ■ 小范围→大范围四肢运动 ■ 无阻力→抗阻（负重器械，弹性阻力）
运动干扰	■ 提前告知→无提前告知 ■ 少量→大量 ■ 慢速→快速
环境	■ 固定环境（密闭环境）→移动环境（开放环境）
功能性作业	■ 简单→复杂任务 ■ 单一→多重任务

度移动。

- 使患者拉住弹力带，并改变拉力的速度和方向。
- 抛球给患者，让其在不同方向上伸够接球，并将球抛回（图 23.2）。

图 23.1 坐在不稳定平面上，进行抗阻伸展运动，并保持平衡

图 23.2 接抛球时，保持坐位平衡

- 加入超等长训练到平衡活动中来以增加难度，如手持或抛接实心球。
- 当患者执行伸展活动时，用手去推患者的躯干，可以改变手施加力的大小、部位、时间及方向等。

注意：提高患者平衡能力的超等长训练示例请参考本章的下一节。

跪位

跪位活动可以在半跪（单膝跪位，另一侧腿迈向前并踩在地面上保持平衡）或高跪（双膝跪位）位进行。通过让患者在负重或不负重条件下向各方向伸展，跪在稳定或不稳定的平面，对其进行外力干扰等，来调整挑战难度以进阶。

跪在稳定平面

- 半跪位姿势，将弹力带绕在前方足下，让患者抗阻情况下进行双上肢对角线运动（图 23.3 A）。
- 在单膝跪位或双膝跪位时，让患者用单手或双手从地板上捡起一个重物，然后以各种运动模式向上和两侧移动重物并回到原位（图 23.3 B）。
- 在单膝跪位或双膝跪位时，抛球让患者接住，并让其将球抛回。通过将球从躯干不同方向以不同的速度抛出，循序渐进地进行训练。

跪在不稳定平面

- 让患者跪在泡沫轴、平衡板、BOSU 球或部分充气的大治疗球上，将手臂向不同方向伸展；可通过抗阻以增加难度。
- 跪在不稳定平面，让患者接抛球。通过使用实心球（图 23.4）或调整抛球位置和速度来增加难度。

双足站立

一旦患者能够在站立位情况下做各方向的伸展并可以负重（负重器械，滑轮系统或弹性阻力），且可以保持平衡时，就可以进入对稳定和平衡性更具挑战的进阶训练，从双足站立进阶到单足站立。

在稳定平面上双足站立

- 起始位，患者双足站在地板上，双足距离与

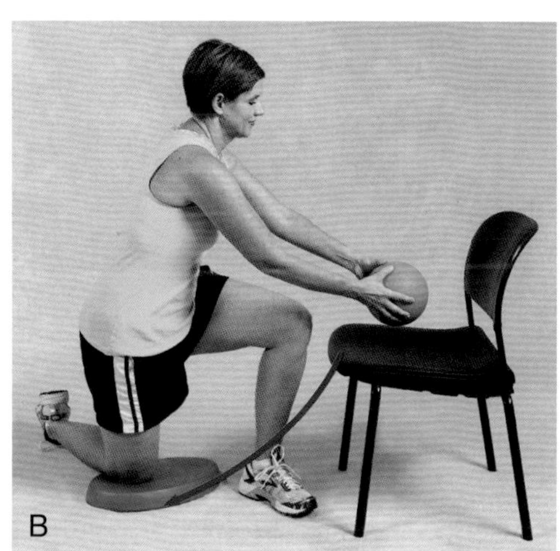

图 23.3　单膝跪位平衡。A. 对角线抗阻运动。B. 将重物从椅子移动到地板

图 23.4　双膝跪位在 BOSU 球上，接抛球

图 23.5　在平衡木上前后足相接站立，在骨盆上施加快速变化的阻力

肩同宽或者呈一个跨步的姿势。

- 要求患者从侧方、上方或下方接球（空心球或实心球）并抛回。当引导训练时，提醒患者保持脊柱中立位，在向上伸展时应收腹以稳定脊柱，向两侧或向下伸展时应旋转髋关节而非脊柱。
- 用负重器械或振动杆来进行手臂的各种抗弹性阻力运动。

- 逐步进阶到前后脚相接站立位平衡，让患者站在稳定、狭窄的平面，如地板线或平衡木。在患者的骨盆处用手施加快速变化的阻力（图 23.5），或对患者持有的弹性阻力进行快速拉动。通过改变阻力的作用时间、方向、力度和作用点来调整或提高此活动难度。
- 在狭窄但稳定的平面上，逐步过渡到前后脚相接步行。可以用手对患者的骨盆和躯干实施外力干扰以增加难度。

不稳定平面上双足站立

- 让患者站在平衡板或 BOSU 球上，通过向前、向后、向两侧摇摆调整平面来控制运动和保持平衡，引导患者避免平台边缘撞击地板。
- 让患者站在泡沫半轴（曲面朝下）、平衡板或 BOSU 球上，在患者能够耐受的情况下进行以下外力干扰。
  - 对患者骨盆施加快速变化的阻力。
  - 用负重器械（图 23.6）或振动杆来进行上肢的各种抗弹性阻力运动。
  - 来回抛接球（空心或实心）（图 23.7）。
  - 让患者进行半蹲（图 23.8）。

单足站立

首先让患者单足站立在稳定的平面上，再逐步过渡到不稳定的平面并增加双足站立训练中描述的各种干扰因素。

在稳定平面上单足站立

- 当下肢能够保持平衡时，让患者使用负重器械或弹力带（管）做上肢单侧或双侧的对角线运动（图 23.9）。使用弹性阻力时，可改变拉力角度以调整难度和对平衡的要求。

图 23.6　平衡板上双足站立保持平衡，进行上肢运动

- 当患者能够保持下肢平衡时，可建议其练习以下各种可重复的功能性活动。
  - 在地板上放置星形图案（如四条相交线），让患者将单足放在图案的中心，然后用另一足向各个方向触碰图案上的每条线：正前方、侧前方、侧方、斜后方（图 23.10 A）、正后方、对侧方（图 23.10 B）。然后

图 23.7　BOSU 球上双足站立保持平衡，抛接球训练

图 23.8　不稳定平面半蹲练习，并保持平衡

图 23.9 单足站立平衡状态下，上肢抗弹性阻力做对角线运动。A. 单侧。B. 双侧

图 23.10 单足站立保持平衡，另一足触及星形图案的各条线，并回到中心位置。A. 斜后方点足。B. 从后方越过支撑腿向对侧方点足

换对侧足重复以上动作。

- 执行交替的 PNF 模式，例如单侧腿 D_1 屈曲模式（屈曲，内收和外旋）/ 伸展模式（伸展，外展，内旋），同时手持重物进行对侧肘部屈曲 / 伸展模式（图 23.11）。
- 让患者侧向行走，使用向前和向后的交叉

图 23.11　单足站立保持平衡，下肢对角线运动，为增加难度可加上肢运动

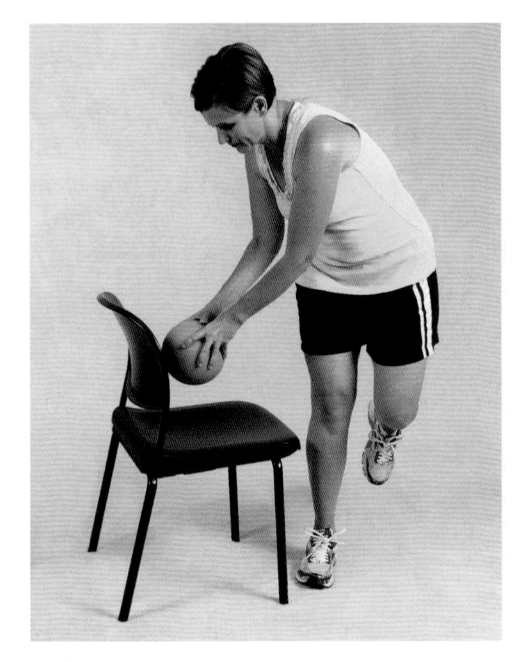

图 23.12　单足半蹲站立，身体斜向一侧并捡起物体

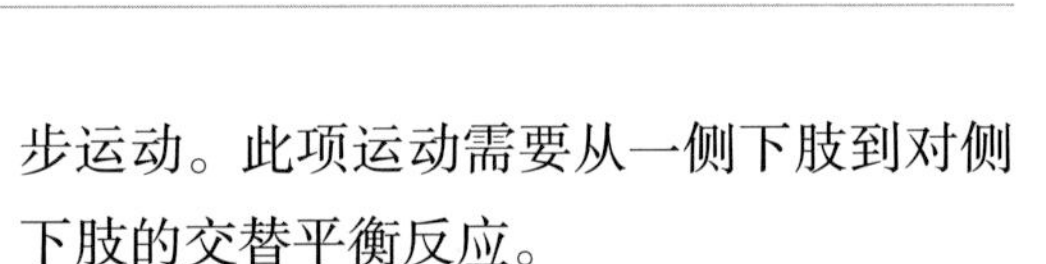

步运动。此项运动需要从一侧下肢到对侧下肢的交替平衡反应。

- 半蹲位侧屈或旋转至一侧，并捡起椅子或地板上的物体（图 23.12）。
- 手臂向外伸展的同时身体前倾并伸直一条腿，如同“滑冰”姿势（图 23.13 A）。通过从地板上捡起一个重物或者以风车旋转方式交替移动手臂（手无负重或负重）来增加难度（图 23.13 B）。

在不稳定平面上单足站立

- 让患者站在 BOSU 球凸面，平坦面、平衡板或平衡盘放在地面上，在躯干或上肢运动中给患者施加弹性阻力（图 23.14）。
- 在不稳定平面上保持平衡，让患者的不负重侧腿缓慢向前和向后摆动，再逐渐增加摆动速度。

图 23.13　单足站立保持平衡。A. 屈髋并将双手向前伸展。B. 手持哑铃做风车运动

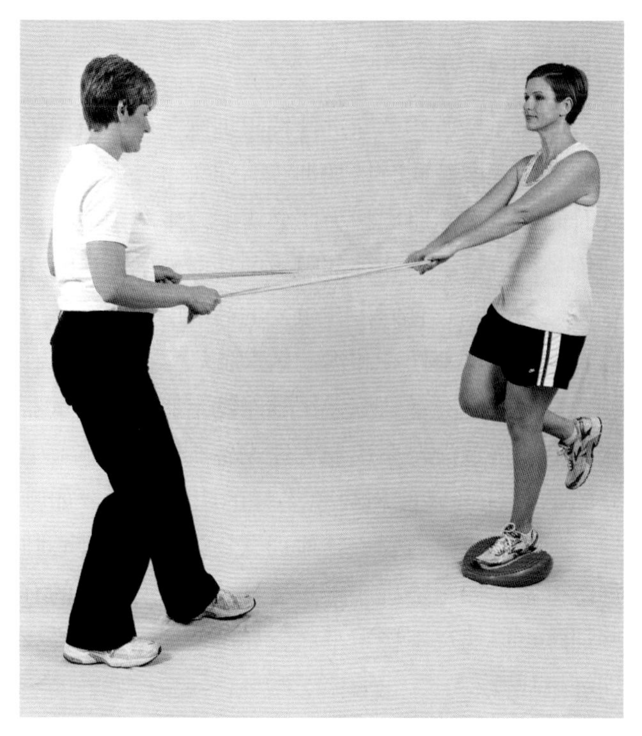

图 23.14　平衡盘上单足站立，利用弹性阻力进行干扰

移动和保持稳定活动

移动后，单足（双足）的稳定不仅需要运动协调去阻止身体向一个方向运动，还需要快速的平衡反应以防跌倒。这些活动也是为个人技能做准备，包括快速转向和敏捷训练。

跳跃和急停

- 让患者从平台或低台阶跳下并保持最后姿势（图 23.15 A），可以进阶到跳上台阶。
- 当患者已经掌握了单腿平衡并在跳跃和“急停”练习中表现出良好控制力时，可以进阶到让患者单足跳上、跳下台阶并保持最后姿势（图 23.15 B）。

侧方滑动和急停

- 让患者进行 2~3 次侧向滑动后保持住姿势，然后反向侧移并急停（图 23.16）。
- 改变方式包括多方向移位，例如沿对角线前后移动，或沿曲线移动后急停，然后进行反向移动急停。

跑和急停

让患者向前方、侧方和后方跑，当你喊“停”或者吹哨时患者立即停止。

图 23.15　跳跃和急停训练。A. 从台阶上跳下并保持姿势。B. 跳上台阶并保持姿势

力量和爆发力训练

肌力和爆发力是执行许多高水平功能任务和活动的两个关键因素，如在工作场所或居家环境搬运重物、进行体育活动，都需要一定的肌力和爆发力。当功能性活动或娱乐任务必须重复执行或持续

图 23.16　侧方滑动和急停训练

一段时间时，肌耐力也是必需的。因此在为患者设计功能性康复方案时，要意识到哪些功能性活动是缓慢，需要控制力或重复训练的，哪些活动是需要爆发力或快速转向的。

在许多情况下，功能性活动往往会同时需要耐力和力量，患者还应考虑到他们的特殊环境的限制。一旦确定了这些功能性活动，根据患者体能需求来制订促进特定区域肌肉表现的有效训练方案。

本章的其余部分旨在重点介绍提高肌力和（或）爆发力的训练，特别是上肢和下肢的高阶力量训练，及快速进行的高强度的超等长训练。所有训练都建立在核心区域（肩带、躯干、骨盆带）的动态稳定性和平衡的基础之上。稍有不同的是，力量训练和超等长训练也对患者平衡和动态稳定性有着更高的要求，反过来也会提高这些区域的身体功能[10]。

临床提示

在向患者教授高阶力量和超等长训练计划时，应始终强调患者先使用适当的训练技术，再增加阻力、重复次数、训练组数，或治疗阶段的训练次数。

高阶力量训练

如第 6 章所述，渐进性抗阻训练是增强肌肉力量的必要元素，同时增加训练时间（重复次数或持续时间）是提高肌肉耐力所必需的。本节中的力量训练是抗自身重力和外部阻力的功能性基础运动和整体运动模式。它们多在康复的高级阶段实施，为患者重回高水平任务和活动做准备。

许多高阶力量训练运用针对特定肌群的负重器械、多组负重滑轮系统和等速设备。但是，本节中介绍的训练可以使用简单多样的阻力设备，如哑铃、弹力带或弹力管。其他训练建议使用常规心肺训练设备，如跑步机或踏步机。此外，所介绍的有些训练可以通过不稳定平面，如平衡器械，来提高训练挑战性。

高阶力量训练：上肢

后面介绍的上肢训练，无论是负重或不负重姿势都旨在增强特定上肢肌群的力量。然而，高阶上肢力量训练也需要躯干和下肢肌肉的激活，因此，在进行这些训练之前，需确保患者在直立位已具备足够的肩胛骨、肩胛带和躯干稳定性。

振动杆训练

- **患者起始位置和步骤**：坐位或站位时，让患者用单手或双手握住振动杆，肘部伸直或屈曲状态下，在肩部各位置方向晃动振动杆（图 23.17）。变换振动的速度、方向和振幅，以改变振动杆对患者产生的外力干扰。
- **进阶**：根据上肢解剖学和上肢对角线模式移动振动杆。配合躯干旋转和重心从下到上的转移进行整体训练。

使用特定设备进行上肢负重训练

- 跑步机上用手“行走”：让患者跪在跑步机的末端，用双手承受肩部的重量并在跑步机上“行走”，跑步机表面可向前或向后移动。
- 踏步机上用手“攀爬”：跪位，每只手各放在一个踏板上，让患者交替地按下踏板使肘伸直，并保持肩胛骨稳定。

推 / 拉和升 / 降训练

下列训练包括各种推拉或升降动作。它们有助

图 23.17　振动杆训练。A. 双侧等长力量训练（肩关节旋转加躯干稳定性激活）。B. 单侧等长力量训练（肘关节屈曲 / 伸直位）

于发展功能性任务所需的上肢力量，将不同大小、不同重量的物体从一个地方移动到另一个地方时，需要向心和离心来控制肩、肘、上臂肌群共同参与。根据被移动物体的大小来进行双侧或单侧训练。重要的是在任务期间需要提醒患者，保持脊柱中立位和收缩躯干稳定肌，并在每次训练时保持稳定的支撑基础以符合身体力学。

- 推拉运动。
  - 通过向前、向后、向上和向下移动上肢，以对抗弹力带阻力进行推拉运动。
  - 使用上肢测力计，执行推或拉动作，“踩踏板”抵抗向前或向后的阻力。调整方向、速度和弧度以重现各种功能性任务。
  - 在水平面上把较重的箱子从一个地方拉（图 23.18）或推（图 18.21）到另一个地方。
- 举起放下运动。
  - 从桌面举起一个较重的箱子，使箱子靠近身体，然后将其放到桌面不同位置。
  - 从高处将重物放到低处和（或）从低处抬起重物放到高处（图 23.19）。

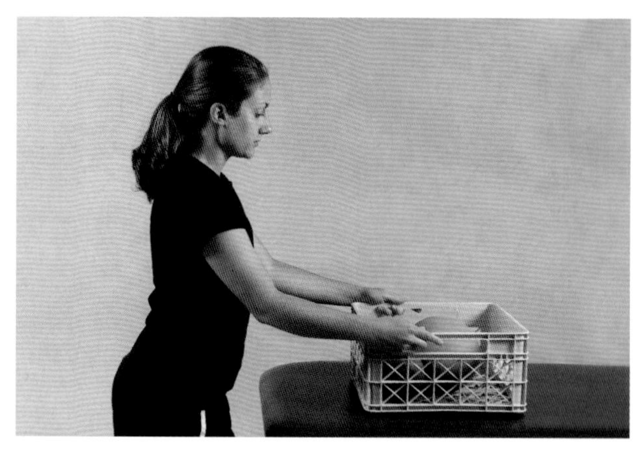

图 23.18　肩肘肌群力量训练（把重物从一个地方移动到另一个地方）

在不稳定平面上坐位推起

- **患者体位与操作：**在地板上取长坐位，足跟放在牢固的泡沫轴或 BOSU 球上，让患者通过坐位下推起使臀部抬离地板（图 23.20A）。
- **患者体位与操作：**让患者坐在坚固的泡沫轴、BOSU 球平坦面或平衡板上，把腿放在地面，双手放在臀部两侧不稳定平面上，通过坐姿推起使臀部抬离平面（图 23.20B）。延长臀部抬起时间或抬起一条腿以增加难度。

图 23.19 肩肘肌肉力量训练：将重物举起放至高处或从高处将重物放至低处

图 23.20 长坐位下推起训练。A. 下肢放在不稳定（软）平面上。B. 双手放在不稳定平面上

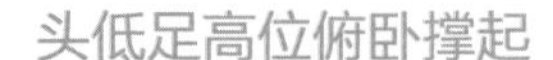

头低足高位俯卧撑起

患者体位与操作：一旦患者能够俯卧撑起（手和足放在地板上），就可以让其在斜板上、治疗球上或地板上垫高双足做俯卧撑起，也可以将身体重心较多地转移到上肢（图 23.21）。

单手上台阶式俯卧撑起

患者体位与操作：让患者双手放在地板上俯卧撑起。在保持俯卧撑体位的同时，用一只手上下高度较低的台阶（图 23.22），按此步骤逐渐增加重复次数。此项训练增加了支撑侧手的负荷。

在不稳定平面上俯卧撑起

- **患者体位与操作**：让患者将膝放在泡沫轴上，手撑地板做俯卧撑起（图 23.23A）。
- **患者体位与操作**：让患者将膝或足放在地板上，双手放在泡沫轴或小球上做俯卧撑起（图 23.23B）。

图 23.21 头低足高位俯卧撑起

图 23.22 右上肢单手上台阶俯卧撑起

■ **患者体位与操作**：让患者将膝放在泡沫轴上，双手放在平衡板、BOSU 球或小球上，做俯卧撑起（图 23.23C）。

球上“行走”

■ **患者体位与操作**：俯卧位，双手支撑在地板上，下肢放在大治疗球上，让患者用手向前和向后“行走”，行走过程中保持下肢与球相接触（图 23.24）。可以在向前和向后“行走”过程中做俯卧撑来增加难度。

图 23.23　不稳定平面上的俯卧撑起。A. 手放地板上，膝放在泡沫轴上。B. 手放在小球上，足放在地板上。C. 手放在 BOSU 球上，膝放在泡沫轴上

熊爬

将重量放在双手和双足上，进行手足并行（也称为“熊爬”），使上肢承受相当大的重量，可用于增强肌力，以稳定肩胛骨和盂肱关节。

■ **患者体位与操作**：让患者明确手足姿势，然后四肢负重前“行”。

■ **进阶**：将弹力带一端固定在墙壁或重量设备上，另一端绕在患者髋部，四肢抗弹性阻力爬行。

高阶力量训练：下肢

以下功能性运动模式训练是渐进抗阻式的，有些是第 20~22 章所述训练的进阶，用于增加下肢力量。其中许多训练也会提高脊柱的动态稳定性和平衡能力。

仰卧位单侧臀桥

患者体位与操作：患者一侧足踩在地板上，另一侧足抬离地板，在屈髋屈膝或屈髋伸膝的情况下，让患者先抗自身重力抬起放下骨盆，然后双手握实心球做同样的动作。通过将支撑侧足踩在不稳定平面上，如 BOSU 球或小平衡盘以增加难度（图 23.25）。

在抬高的平面上仰卧臀桥

■ **患者体位与操作**：在地板上取长坐位，双足放在椅子、台阶或大治疗球上，让患者双手支撑伸展髋部，将身体从地板上抬起（图 23.26）。

图 23.24　球上“行走”训练：下肢放在大治疗球上，用双手行走

图 23.25　不稳定平面上仰卧位单足臀桥，双手持实心球以增加阻力

图 23.26　仰卧位臀桥：下肢抬高放在椅子或台阶上，双手支撑于地板

- **进阶**：单足放在椅子或台阶上，另一条腿向胸部屈曲，将臀部从地板上抬起。

仰卧位球上腿弯举

- **患者体位与操作**：仰卧位于地板上，让患者双足放在大治疗球上，并通过屈膝将球滚向臀部（图 23.27）。除了强化腘绳肌外，此项运动还对躯干稳定性具有一定的挑战性。
- **进阶**：让患者一只足抬离球面，只用单足将球滚向臀部进行训练。

跪位下腘绳肌和股四头肌力量训练

- **患者体位与操作**：使患者舒适地双膝跪于垫上。
- **腘绳肌力量训练**：用手固定住患者的小腿，嘱其尽可能从直立位前倾（图 23.28A）。保持身体平衡和躯干直立，然后屈膝回到直立位，除了能增强闭链模式下腘绳肌向心和离心收缩力，此项训练还对患者的平衡具有很大挑战。

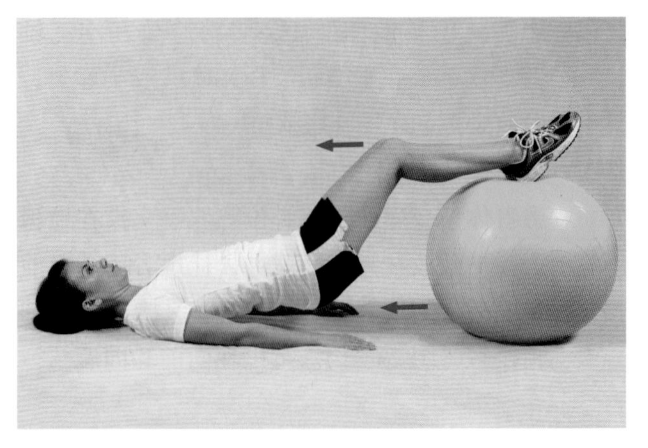

图 23.27　仰卧位球上腿弯举

- **股四头肌力量训练**：让患者从直立跪位尽量后倾，臀部不接触足跟，然后再回到起始位置。当患者向后倾时，股四头肌通过离心收缩控制膝关节的活动，向心收缩使患者回到直立位。
- **进阶**：在靠近胸部的位置增加重量以增加阻力（图 23.28 B）。

站立位靠墙单腿下滑

- **患者体位与操作**：单腿靠墙站立，支撑侧腿离开墙面一段距离，让患者沿着墙面下滑至屈膝 90°（图 23.29），保证膝关节无外翻且不超过足尖。保持此姿势，然后回到原位。此项运动可加强髋关节和膝关节伸肌的向心和离心收缩能力。
- **进阶**：双手持重物以获得额外阻力，逐渐增加重复次数和（或）延长保持屈膝 90° 体位的时间，在背后放置大治疗球以增加训练难度。

深蹲

- **患者体位与操作**：双足打开适宜距离站立，让患者屈髋屈膝做深蹲动作（图 23.30）。保持身体重心分布在足跟位置，并尽量保持小腿垂直于地面，膝关节不超过足尖，保持深蹲姿势，然后回到站立位。可让患者向前伸出双臂保持身体平衡或必要时将一只手轻轻

图 23.28　跪位下腘绳肌和股四头肌训练。A. 双膝跪位前倾，通过抗自身重力以强化腘绳肌力量。B. 双膝跪位后倾，手持实心球增加阻力以强化股四头肌力量

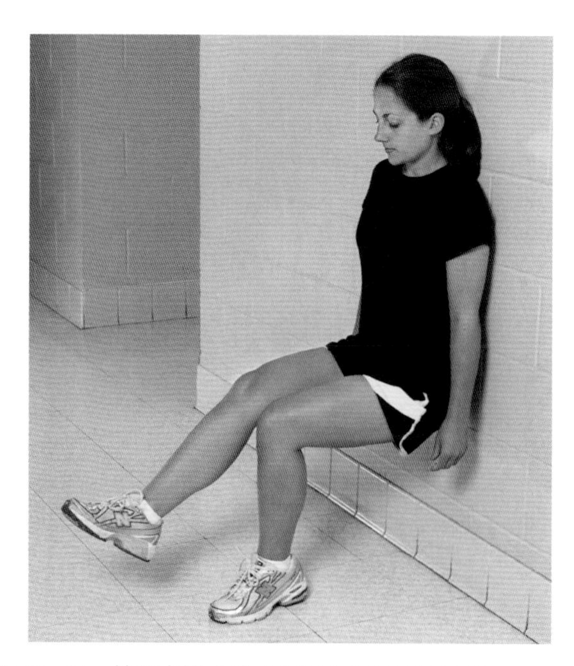

图 23.29　单腿支撑靠墙下滑至中间角度并保持

图 23.30　深蹲并保持，膝关节不超过足尖

放在台面上。

- **进阶**：负重情况下反复深蹲或将深蹲与上肢抗阻运动相结合。此项活动有利于强化从事重体力工作的人的身体力学。

多种弓箭步

- **向前弓箭步**：让患者保持躯干直立位，一条腿向前做弓箭步，前侧膝屈曲至 90°，小腿保持垂直，膝关节不超过足尖（图 23.31A）；然后再回到原来站位。如有必要，可将一只手轻轻放在稳定平面（墙壁，台面）上以保持平衡。
  - 随着平衡能力的提高，可让患者向前做弓箭步的同时手持实心球远离胸部做躯干旋转。
  - 做弓箭步时，将前脚放在不稳定平面上，如平衡盘。
- **多向弓箭步**：地板上放置四条相交线（星形图案或类似车轮轮辐），患者一侧足踩在相交点上，嘱其按照斜前方、侧方、斜后方、正后方的顺序做弓箭步。患者沿每条线迈出弓箭步（图 23.31B），然后再回到直立位。在前进到下一条线之前，可以重复多次相同

方向的动作，或者患者连续沿各条线迈出弓箭步。

- **抗阻箭步蹲**：可通过小腿环绕弹力环（图 23.31 C）、手持重物或实心球、佩戴负重腰带或肩负杠铃做箭步蹲以增加难度。在做箭步蹲时控制负荷有利于发展个人重返重体力工作的能力。
- **弓箭步走**：在地板上各方向弓箭步走，或从地板的不同地方，捡起高度不同的物体［从 16 ~ 4 英寸（40 ~ 10 cm）逐渐降低］。
- **弓箭步跳跃**：请参阅下一节关于超等长训练的描述和图（图 23.63）。

聚焦循证

虽然典型弓箭步要求躯干保持直立，但有证据表明改变躯干和上肢的位置会改变弓箭步时下肢主要肌群的募集。Farrokhi 及其同事[9]对 10 名健康成人受试者（5 名男性，5 名女性）在向前做弓箭步时下肢主要肌群的动作分析和肌电图（EMG）进行研究。研究人员发现，当向前做弓箭步时，上肢位于身体两侧和上肢前倾且躯干直立相比，虽然只少量募集髋伸肌（臀大肌和股二头肌），但其增加具有统计学意义，这也证实了先前的临床假设。相比之下，尽管临床推测双臂过头和躯干完全伸展时的向前弓箭步，前侧膝关节伸肌活动可能会增加，但结果显示与躯干直立姿势弓箭步相比，髋、膝伸肌群激活程度并没有显著性差异。

抗弹性阻力从椅子上站起和坐下

- **患者体位与操作**：让患者抗骨盆后方弹力环阻力坐下（图 23.32A）。
- **患者体位与操作**：让患者抗骨盆前方弹力环阻力站起（图 23.32B）。

单侧或双侧提踵

- **患者体位与操作**：让患者足跟超出台阶或低平台边缘站立，嘱其降低和抬高脚跟，可将一只手轻轻扶在栏杆或稳定平面上以保持平衡。足跟降低会使腓肠肌、比目鱼肌抗自身重力做离心收缩。

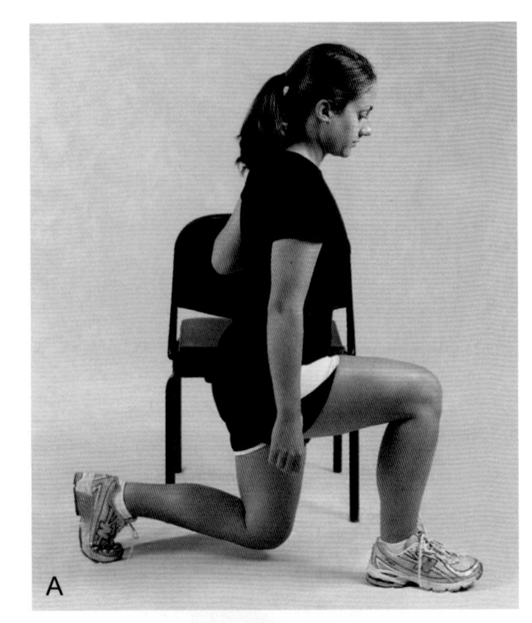

图 23.31　弓箭步训练。A. 弓箭步深蹲，将手轻轻放在台面上以保持平衡。B. 在星形图案上进行多方向弓箭步蹲。C. 抗弹性阻力做单侧弓箭步蹲

图 23.32　抗弹性阻力从椅子上站起与坐下。A. 坐下。B. 站起

图 23.33　站在台阶边缘降低足跟（小腿离心）训练，可手持重物以增加阻力

- **进阶**：佩戴负重腰带、负重背心或手持重物进行上述训练（图 23.33），然后进阶到单足站立。

绑弹力环行走

- **患者体位与操作**：让患者抗骨盆周围弹力环阻力向前行走（图 23.34A）、侧方走（图 23.34B）、退步走。
- **患者体位与操作**：让患者抗大腿部弹力环阻力向前行走，在闭链运动中强化外旋肌群（图 23.35）。

推拉重物

- **患者体位与操作**：将手臂置于稳定舒适的位置，让患者主要使用下肢力量拉（图 23.36）或在地板上推重物（如加重的雪橇或推车）。选择与预期工作相关的任务或体育活动进行推拉训练，同时确保患者使用合

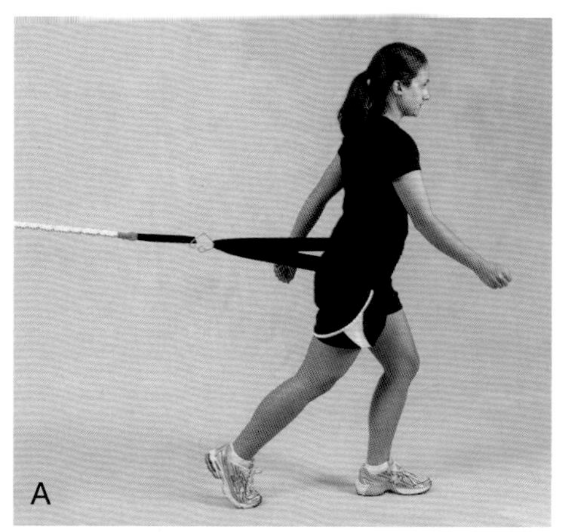

图 23.34　绑弹力带行走：抗骨盆弹力环阻力。A. 前方走。B. 侧方走

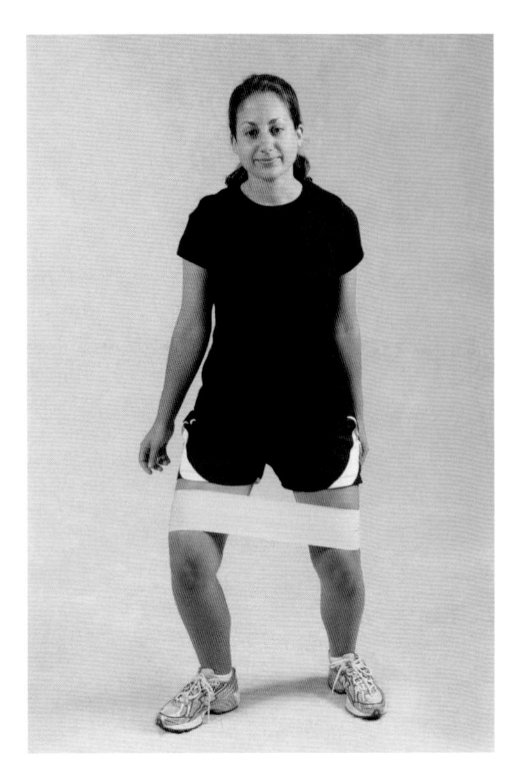

图 23.35 抗大腿部弹力环阻力向前行走，在闭链运动中强化外旋肌群

图 23.36 地板上拉重物

适的身体生物力学。

■ **进阶**：逐渐增加移动物体的重量。

抗阻起跑和抗阻奔跑

患者体位与操作：在患者躯干和骨盆周围佩戴阻力带，嘱其冲刺到原设定位置，然后抗阻向前跑，阻力带为较大阻力的弹力绳，其一端固定在墙壁或固定表面上（图 23.37）。也可选择让患者抗阻倒着跑。

图 23.37 抗阻起跑

超等长训练：伸缩训练

大多数用于抗阻训练的设备，如哑铃、负重器械或滑轮负重系统，都是为了在缓慢的、可控运动中通过提供阻力来强化肌力。然而，高需求的职业或运动相关的功能性运动往往需要反应性力量或爆发力，而这些在大多数力量训练中是没有开发的。高强度、快速的训练方案，又称为超等长训练，不仅可提高肌力，而且还能提高爆发力、神经肌肉快速反应能力和协调能力[5,6,13]。此种训练方式也被推荐用于改善运动表现和降低肌肉骨骼损伤的风险[5,6,8,11,19]。

超等长训练常常被纳入康复的高级阶段，以训练神经肌肉系统快速反应能力，为快速起动、急停、急转做准备。此种训练形式仅适用于希望重返高功能需求的活动和体育运动且身体条件合适的部分患者。

概念和特征

超等长训练[5,13,16]，也称为牵伸–短缩训练[19]或牵伸–强化训练[17]，采用快速肌肉离心和向心负荷、条件反射、功能性运动模式等训练方式。超等长训练被定义为一种快速抗阻训练，其特点是快速抗阻，离心（肌肉延长）收缩，然后立刻快速动作反转，使同一肌肉抗阻向心（肌肉缩短）收缩[13,18,19]。快速离心负荷阶段是牵伸期，向心阶段是短缩期。牵伸和短缩期之间的时间段称为抵消阶段。在抵消阶段肌肉反向运动，负荷从减速转换到加速。为利用肌肉中增加的张力，重要的是在抵消阶段快速反转动作持续时间应非常短。

自身重力或外部负荷的形式（如弹力带或实心球）是阻力来源。图 23.38 展示了一个利用自身重力进行下肢超等长训练的例子。专栏 23.1 记录了上肢和下肢超等长训练的其他例子。

神经和生物力学的影响

超等长训练被认为是利用结缔组织弹性特性和神经肌肉单元的牵张反射进行训练。随着肌肉在拉长状态下离心收缩，肌肉 – 肌腱各弹性成分在牵伸的起始阶段就产生了弹性能量。这种弹性能量被短暂储存，并在随后的向心收缩过程中释放回系统。这种弹性能量的储存和释放增加了肌肉的向心收缩力[1,5,13,16]。

超等长训练被认为能够刺激肌肉、肌腱、韧带和关节内的本体感受器；增加神经肌肉受体的兴奋性；并提高神经肌肉系统的反应性。因此，神经肌肉反应性训练也被用于描述此种训练。更具体地说，离心收缩负荷被认为为肌肉收缩做准备，用于刺激和激活向心收缩的单突触牵张反射[5,7,16]。肌梭，与肌纤维平行的受体，可感知肌肉长度和肌肉牵伸速度的变化，并通过传入纤维将这些信息传递给中枢神经系统（CNS）。传出信号从 CNS 再反馈到肌肉，引起肌肉反射性短缩[3,12]。基于此种机制，离心肌收缩越快，牵张反射被激活和向心收缩的程度就越大。

研究表明，获得储存的弹性能量并激活神经易化的能力取决于牵伸的速度和大小，以及牵伸和短缩阶段之间（抵消阶段）的过渡时间[4,13]。抵消阶段持续时间的缩短，理论上增加了短缩阶段肌力的输出[1,5,16,18]。

专栏 23.1　上肢和下肢超等长活动

上肢
- 通过同伴或墙壁反弹接抛实心球，由双手过渡到单手。
- 在符合人体解剖的对角线运动中利用弹力管进行牵伸 – 短缩训练。
- 摆动重物（球、高尔夫球杆、球棒）。
- 在地板上或墙面上运球。
- 站立位，推开墙面或工作台面。
- 俯卧撑从较低台阶到地板上，然后再返回到台阶上。
- 击掌俯卧撑。

下肢
- 在地板上反复跳：原地跳；向前向后跳；从一侧到另一侧跳；四个角的对角线跳；旋转跳；“之”字形跳；然后，可跳上泡沫垫。
- 垂直跳，达到某一高度，安全落地。
- 在地板上连续跳（跳跃）。
- 跳箱子：开始阶段是跳下箱子并保持稳定，然后可以跳下后再跳回箱子上，逐渐增加速度和高度。
- 侧向跳跃（箱子到地板再到箱子）。
- 双腿跳过地板上的物体。
- 单腿跳：跳过地板上的物体。
- 跳深练习（高阶）：从箱子跳下，下蹲缓冲，接着跳上箱子（越高越好）。

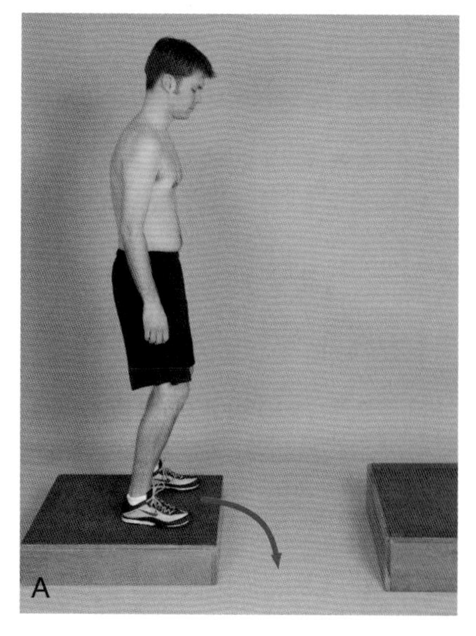

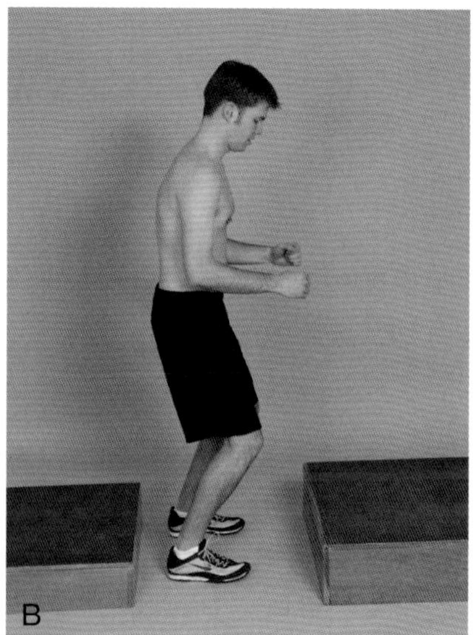

图 23.38　抗自身重力超等长训练系列。A. 患者低台阶上站立。B. 从台阶上跳下至地板，通过髋、膝关节伸肌及足底屈肌的离心收缩来控制负荷延长收缩来缓冲——伸展阶段。C. 然后立刻跳转到下一个台阶，使用同一肌群的向心收缩——短缩阶段

超等长训练效果

有大量证据支持超等长训练对增强肌力和爆发力的有效性[13]。也有证据表明，超等长训练与肌肉抗牵伸能力的增强有关，这可能会提高肌肉的动态抗阻能力[1]。此外，有充分证据表明，超等长训练可以改善体能表现[2,11]，并降低下肢损伤的发病率[14,15]。

聚焦循证

对文献的系统回顾和meta分析的结果支持了许多先前研究的结论，即超等长训练是提高肌力和爆发力的有效方法。肌力的最大增长已经被证明发生在超等长训练与渐进性力量训练相结合的时候。研究还表明，在开始训练之前，超等长训练对身体素质中等偏下和高水平的人同样有益[13]。

研究还调查了超等长训练对特定上下肢活动表现的影响。Carter及其同事[2]对一组校级棒球运动员进行了一项关于投掷速度的超等长训练效果的前瞻性研究。实验前对各参与者进行了投掷速度和肩关节旋转肌力测量，随后参与者被随机分配到超等长训练实验组（n=13）或对照组（n=11）。两组受试者都参加非赛季力量训练和休整训练方案，其中包括肩关节旋转弹性抗阻训练，但只有实验组进行6组用实心球进行的上肢超等长训练，2次/周，共8周。方案结束时，实验组与对照组相比，实验组投掷速度比对照组显著增加，但两组肩部力量无显著性差异。研究人员得出结论，与单纯的力量训练相比，力量训练与超等长训练相结合更能提高运动员投掷速度。

在Hewett[11]的一项前瞻性研究中监测了两组高中女运动员，这些女生参与了三项运动（足球，排球和篮球）的其中一项，为期一个赛季。一组（n=366）参与了为期6周的季前训练，而另一组（n=463）则没有，季前训练的重点是跳起和落地技术。在运动季结束时，未训练组的膝关节损伤发生率明显高于训练组（3.6倍）。研究人员得出结论，季前超等长训练会降低女运动员膝关节损伤的风险，这可能归功于膝关节动态稳定性的提高。

超等长训练的应用与进阶

超等长训练仅在康复的高级阶段适用于经仔细筛选，在特定高要求活动中需要达到高水平运动表现的个人。

禁忌证：在存在炎症、疼痛或严重的关节不稳情况下，不应进行超等长训练[4,6]。

训练前准备。在开始进行超等长训练之前，患者应具有足够的肌力和肌耐力基础，同时所锻炼肌群的柔韧性也是必须的[6]。可开始进行超等长训练的标准为：所涉及的肌群肌力达到对侧肢体的80%~85%，无痛关节活动度达到90%~95%[5]。身体近端（躯干和四肢）足够的力量和稳定性对于平衡和姿势控制也是必要的。例如，在进行高阶俯卧撑之前，需要不通过翼状肩代偿的肩胛骨的稳定性。

训练的特点。训练应该在设计时考虑到特定的功能性活动，应与所需活动的运动模式相一致。

进阶和参数。在制订和实施超等长训练计划时，训练应该从易到难，循序渐进。专栏23.2总结了上肢的训练方法[2,5,16,18,19]。训练方案也应根据个人的需求和目标进行个性化设计。特别提醒，在开始每次超等长训练之前，应进行一系列的热身活动，以降低收缩肌群的损伤风险。

在进阶训练计划时应考虑以下参数。

专栏23.2　上肢超等长训练举例

热身活动

- 手持轻实心球的躯干练习：旋转，侧屈和劈斩运动。
- 使用轻级弹力管在解剖和对角平面上进行上肢运动。
- 俯卧撑。

对于以下每个超等长活动，在离心和向心阶段之间应进行快速转换。

- 双手与同伴进行接抛实心球动作：双手胸前接抛，双手过头接抛和双侧侧方接抛。
- 抗弹性阻力内旋/外旋（ER/IR，一开始手臂可以稍稍远离躯干，肩部稍外展，然后肩关节外展90°，肘关节屈曲90°）。
- 抗弹性阻力的对角线模式。
- 单手接抛实心球：侧方投掷→头顶投掷→“棒球”投掷。

附加练习

- 持实心球的躯干运动：卷腹，飞燕，仰卧起坐和双手投掷及长坐位投掷。
- 站立位推离墙面或工作台面。
- 击掌俯卧撑。
- 俯卧撑降落：俯卧撑从台阶到地板，再返回台阶。

- **速度**。训练应该是快速的，但必须是安全的。收缩肌的牵伸速度比牵伸的量更重要[13,16]。当从离心向向心收缩过渡时，应着重缩短抵消阶段时间，这可以训练肌肉在最短时间内产生张力，如跳跃训练，进阶超等长训练重点应放在减少两次跳跃之间在地面停留的时间。
- **强度**。阻力应该逐渐增加，以免减缓活动的速度。增加外部阻力的方法包括使用负重腰带或背心，实心球或较大弹性阻力；进阶可以通过从双侧腿到单侧腿和增加跳跃平台的高度来实现，强度的增加还可以通过从简单到复杂的运动进行进阶训练。
- **重复次数，频率和持续时间**。只要患者掌握了适当的运动技巧，就应该增加此项活动的重复次数。一个训练阶段中，训练的种类应逐渐增加，最多可达 6 个不同的活动[2]。理想的训练次数为 2 次 / 周，两次训练之间需要 48~72 小时的恢复期[5,13,16]，最佳训练效果往往出现在第 8~10 周[13]。

注意：由于强调离心负荷和向心收缩的快速转变，组织损伤的可能性随着超等长活动的增强而增加。与其他形式的高强度抗阻训练一样，必须采取特殊措施以确保患者安全[5,6,16]。注意事项已列于专栏 23.3 中。

专栏 23.3 超等长训练的注意事项

- 不能承受高应力、缓冲运动的患者，请勿将训练纳入康复计划。
- 对于儿童或老年患者的康复计划中的超等长训练，则应选择初级抗轻阻力的超等长训练。不要加入高冲击、高负荷活动，如从高处跳下或负重跳起——这可能会造成关节过大的应力。
- 在开始进行超等长训练之前，确保患者具有足够的柔韧性和肌力。
- 进行超等长训练时要穿上为下肢提供支撑的鞋子。
- 在进行超等长训练前一定要对躯干和四肢进行动态运动热身。
- 在跳跃训练时，在反弹跳跃之前要强调落地技巧的学习。
- 在增加阻力、跳跃高度或距离之前，应进行重复性练习。
- 对于进阶到高强度超等长训练的高水平运动员，随着强度的增大，应增加间隔休息时间，并减少训练频率。
- 在两次训练之间，留出足够恢复时间（48~72 小时）。
- 进行超等长训练时，如果患者由于疲劳，而无法表现良好形态和落地技术，应停止训练。

超等长训练：上肢

上肢的超等长训练可以在负重和不负重状态下进行，针对特定肌群进行动作和抗阻训练，或通过整个上肢组合的运动模式进行多肌群的训练[2,4,6,8,19]。许多肌肉组合超等长训练动作序列中都加入了躯干稳定和平衡动作，并经常模拟工作或娱乐活动中所需要的功能性运动技能。本节介绍了上肢各种肌肉超等长训练，此类训练可以作为高阶功能性训练的组成部分纳入康复的最后阶段。

上肢双侧对角线运动

患者体位与操作：双手持实心球站立，嘱其由屈快速过渡到伸做对角线模式运动（D_1 或 D_2），将躯干旋转加入此运动模式中，还可以提高躯干旋转和下肢的动态稳定性。

双手胸前接抛球：仰卧位

患者体位与操作：患者仰卧位双手伸向天花板，接住治疗师从上方抛下的实心球（图 23.39），控制住并将其降低到胸部（离心阶段），然后迅速将其垂直地抛回给治疗师。当球向胸部移动时，肩部屈肌群和肘伸肌群为离心负荷。

双手胸前接抛球：站立位

患者体位与操作：患者双脚与肩同宽站立，保持平衡，双手接住实心球，将其缓冲至胸部（离心阶段）（图 23.40），然后将球抛回给治疗师或弹网（向心阶段）。

双手过头接抛球

患者体位与操作：患者双脚与肩同宽站立，保

图 23.39 仰卧位双手胸前接抛球

图 23.40 站立位双手胸前接抛球

持平衡，双手过头接住实心球，用肩肘部肌肉控制球的运动（离心阶段），然后迅速将球抛回给治疗师（向心阶段）（图 23.41），此训练主要针对肩肘部伸肌。

图 23.41 双手过头接抛球

双手水平侧方接抛球

患者体位与操作：患者站立位，一侧身体离弹网大约 10 英尺（约 3 米），一侧手臂跨过胸前双手持球，然后转身在横向面内移动手臂跨过胸前将球抛向弹网。随后让患者接住从弹网上反弹回来的实心球，通过手臂在胸前的移动和躯干的旋转（离心阶段）控制住球的运动。紧接着患者通过手臂和躯干的反转动作（向心阶段）将球扔回弹网（图 23.42）。此训练针对肩关节的水平外展肌、内收肌及躯干旋转肌。如果没有弹网，可以与治疗师或运动同伴一起训练。

图 23.42 运用肩关节水平外展和内收及躯干旋转进行双手侧方接抛球

双手过头传接球

患者体位与操作：站立位或跪位，两侧上肢抬高至约 120°（躯干稍前方），肘部伸展，且手掌向上，用一只手将沙袋或实心球抛过头顶，用另一只手接住，用肩关节控制球的运动（离心阶段），接着通过外展的肩关节（向心阶段）将球抛回另一只手。重复此步骤，就好像在头顶杂要玩球（图 23.43）。此训练主要针对肩关节外展肌群。

图 23.43　双手过头传接球

单侧肩弹性抗阻超等长训练

根据患者的体位、弹力的拉力线及运动的关节，设置针对单个或多个肌群的弹性抗阻超等长练习（请参阅第 6 章，了解弹性阻力产品的使用原理）。此处描述了肩关节旋转肌的训练。

- **患者体位与操作**：针对肩关节外旋肌群的训练，让患者面向墙壁或门框站立，抓住固定在墙上并与眼睛水平同高的弹力管或弹力带的一端，起始位置为肩肘 90°/90° 位（肩外展 90°，充分外旋，屈肘 90°）（图 23.44）。让患者减少外旋，控制内旋活动（离心阶段），然后快速将肩外旋（向心阶段）。在整个运动过程中，弹力管或弹力带应保持拉紧状态。
- **患者体位与操作**：针对肩关节内旋肌群的训练，使患者背对固定有弹性阻力的门框或墙壁站立，起始位置为肩外展 90°，充分内旋，弹力管（带）处于紧张状态，控制肩外旋活动（离心阶段），然后快速将肩内旋（向心阶段）。

图 23.44　单侧抗弹性阻力的肩关节外旋超等长训练

拍实心球：俯卧位

患者体位与操作：俯卧于床面，肩胛骨后缩并将上臂放在床面上，将肩关节定位于外展 90° 和外旋状态，并屈肘 90°。让患者利用内旋肩关节使实心球在地板上反弹，并接住它，通过肩关节外旋控制住球（离心阶段）；并快速通过肩内旋（向心阶段）将球再次反弹（图 23.45）。此项训练主要针对肩内旋肌。

单侧接抛球

以下是针对肩关节内旋肌群的训练。

- **患者体位与操作**：迈步向前站立，肩关节稍外展位（上臂稍远离躯干），让患者面对治疗师接住治疗师向一侧抛出的实心球，允许肩外旋转以控制球的运动（离心阶段）（图 23.46 A），并主要通过肩内旋（向心阶段）将球抛回。若有弹网，患者可以独立进行训练。

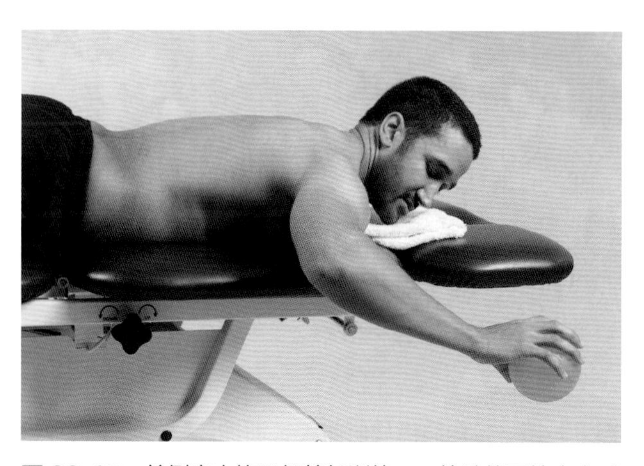

图 23.45　单侧肩内旋肌超等长训练——俯卧位下拍实心球

- **患者体位与操作**：迈步向前站立，肩外展并充分外旋，屈肘，让患者通过肩旋转抛接实心球（模拟棒球投掷）（图 23.46 B）。将躯干旋转与肩关节的前后向运动相结合。

单手反向抛接球

此训练主要针对肩关节活动范围末端的外旋肌。

患者体位与操作：让患者单腿跪位背对治疗师，肩部外展 90° 并充分外旋，肘部屈曲 90°，前臂旋后（掌心朝向治疗师）。引导患者看着自己的手，并接住治疗师抛给的柔软、重量轻的物体（球或沙袋）；允许肩关节通过内旋来控制物体的运动；随后通过肩关节外旋快速将物体抛回给治疗师（图 23.47）。

抛接球配合肘部动作

- **患者体位与操作**：患者站立位，手臂置于身体侧面，主要利用单手屈肘将实心球抛向空中。接球时允许肘部通过伸展控制球（离心阶段）；然后再将其快速抛入空中（向心阶段）（图 23.48）。此项训练主要针对肘屈肌。
- **患者体位和步骤**：单手或双手高举过头站立，让患者主要通过肘部动作接住实心球，并抛回给治疗师或弹网。此项训练针对肘伸肌，可双侧或单侧进行。

图 23.46 单侧肩内旋肌超等长训练。A. 侧方接抛球。B. 模拟棒球投掷动作（肩外展 90° 并屈肘）

图 23.47 单侧肩外旋肌超等长训练——反向抛接球。A. 肩关节外展并充分旋转，屈肘反接重量轻、柔软的物体。B. 允许肩关节通过内旋控制物体。C. 外旋肩关节将球抛回给治疗师

图 23.48　单侧肘伸肌超等长训练

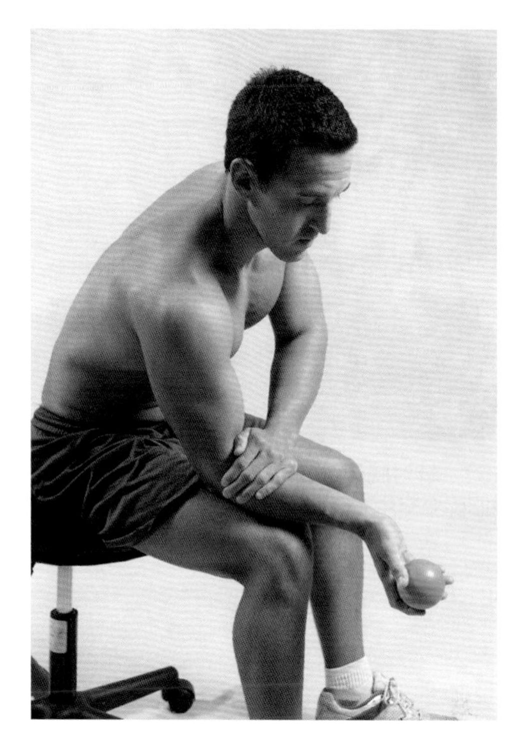

图 23.49　单侧腕屈肌超等长训练

单侧抛接配合手腕动作

患者体位与操作：坐位，让患者将肘部放在大腿上保持稳定，屈肘 90°，前臂旋前掌心向上，主要通过屈腕将实心球或沙袋抛向空中；接球时允许通过伸腕动作控制球（离心阶段）；接着再将球快速抛向空中（向心训练）（图 23.49）。此项训练主要针对腕屈肌。

模拟体育活动

- 利用肘、腕的动作，在墙上或地板上运重力球或篮球（图 23.50）。此活动针对肘伸肌或腕屈肌。
- 利用短柄球拍将网球或壁球弹射到空中或地板上（分别为掌心向上或向下），然后进阶到长柄球拍，此类活动重点训练腕屈肌。相反的，前臂内旋（掌心向下）将球弹至空中，此时重点训练腕伸肌（图 23.51）。
- 挥动加重的高尔夫球杆（图 23.52）或棒球棒。后向运动，紧接着是快速向前反转，提供超等长刺激。

滑板上的上肢负重运动

滑板（如 ProFitter）可提供不稳定的移动平面，用于训练需要快速转向和上肢负重的肩部

图 23.50　针对腕屈肌的墙上运球训练

运动。

- **患者体位与操作**：让患者跪在滑板旁边，双手放置在弹簧滑板上，将手臂从肩膀一侧移动要另一侧（图 23.53），逐渐加快肩部运动

图 23.51　针对腕伸肌训练，前臂旋前掌心向下，利用短拍使球回弹至空中

图 23.52　挥动加重的高尔夫球杆

速度并变化方向。

- **患者体位与操作**：让患者跪在滑板末端，前后向移动手臂。
- **进阶**：跪位单手负重进行上述运动。

推离墙面

- **患者体位与操作**：当患者站在离墙壁（或面板）几十厘米的地方时，将患者向前轻推向墙壁。引导患者双手用同等的力量，当躯干向前倾倒向墙壁时，允许通过屈肘控制（离

图 23.53　双上肢超等长训练，在 ProFitter 上通过上肢负重左右运动并快速变向

心阶段）（图 23.54 A）。紧接着让患者用双手迅速推离墙面（向心阶段）（图 23.54 B），当患者向后倒时治疗师扶住患者，然后再次将患者推向前，重复上述动作。
- **替代活动**：让患者自己向前倾倒，然后快速推离墙面，来独立执行上述动作。
- **进阶**：让患者单手控制自己并推离墙面。

腰部水平面的侧推

患者体位与操作：双足距离与腰部水平面相一致的稳定平面（台面，较重桌面）约 3 英尺（约 91 cm），让患者前倾并略向中线右侧偏，用放在台面或桌面边缘的双手控制自己；将上臂和躯干向左推移，用双手控制住自己，然后再将上臂和躯干推移至右侧，越过中线（图 23.55）。此项训练可以将较大的重量置于双上肢上进行转换。

多种俯卧撑

- **俯卧撑击掌**：让患者在地板上从膝或足部用力俯卧撑起；击掌；通过双肘屈曲控制自己（离心阶段）；紧接着迅速做另一个俯卧撑起（向心阶段）。
- **俯卧撑下降**：让患者双手与肩同宽放在台阶上，从膝或足做俯卧撑起，使双手和胸部下降至地板，控制躯干的下降（离心阶段）；快速进行另一个俯卧撑起（向心阶段）；并将双手放回台阶上（图 23.56）。

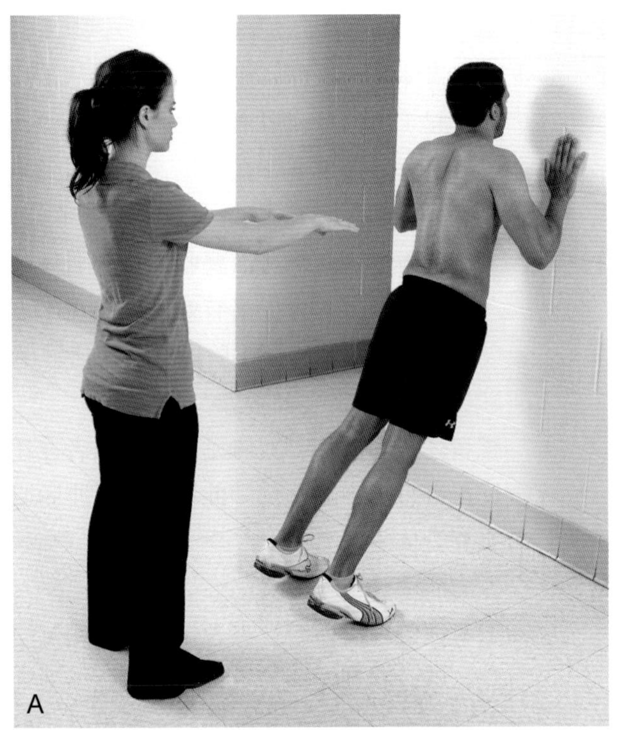
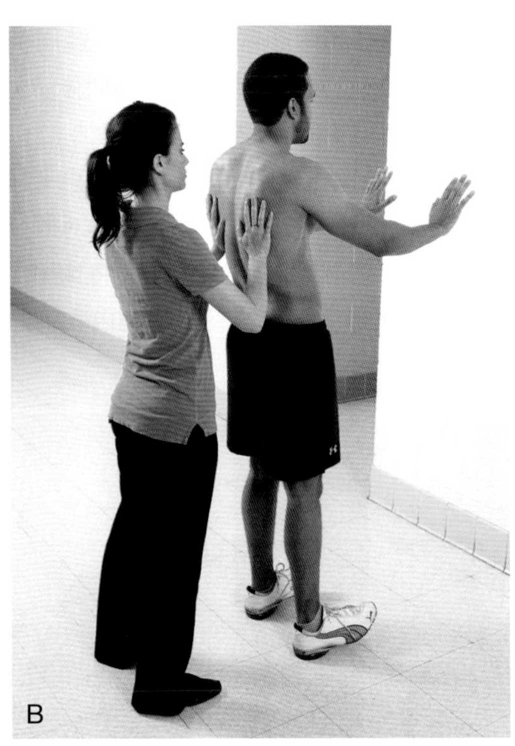

图 23.54　反复推离墙面。A. 直接倒向墙面并用双手控制住自己。B. 推离墙面至直立位

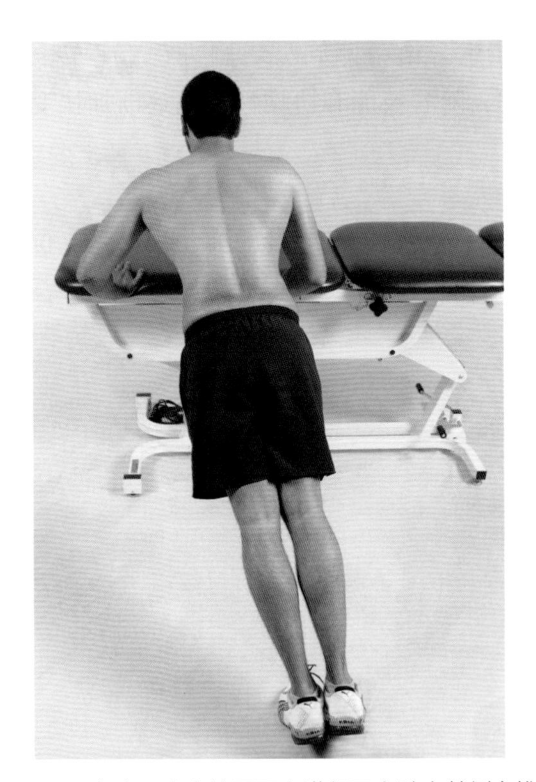

图 23.55　在齐腰稳定的平面上进行双上肢交替侧向推移

超等长训练：下肢

大多数下肢的超等长训练都是在站立位进行的，这需要通过离心和向心收缩控制髋、膝关节伸肌和踝关节跖屈肌以抵抗重力[6]。因为训练涉及快速变向，这些训练需要姿势稳定和平衡。超等长训练可以通过增加外部负重（重力腰带、背心或背包）来增加重量以进阶；也可以首先进行双侧负重（双脚跳）训练，然后进行单侧（单脚跳）进阶训练。

下面的下肢超等长训练实例，可以纳入康复的后期阶段，为从社区活动走向高强度运动进行功能性活动准备。

临床提示

患者在进行双脚跳或单脚跳活动时穿上可提供支撑的鞋子。在教授这些活动时，强化合适的落地技巧。具体而言，确保患者屈膝减震，保持小腿垂直于冠状面，从而避免膝内外翻。

踢球

这些训练涉及开链状态下髋肌的快速离心和向心收缩。确保患者在踢球活动时穿着合适的鞋子。

- **患者体位与操作**：面向同伴站立，让患者向后摆动一侧下肢使髋部伸展（离心阶段），然后快速将同侧肢体向前摆动至髋屈曲位（向心阶段），用足前部将球踢给同伴。此项训练针对屈髋肌群和伸膝肌群。

- **患者体位与操作**：侧向同伴站立，患者靠近同伴的那侧腿为支撑腿，嘱其摆动对侧髋关节呈外展位，然后迅速髋内收，将球用足内侧踢回给同伴。此项训练针对髋内收肌群。

图 23.56　下降俯卧撑体位。A. 起始位置。B. 俯卧撑起。C. 将手放至地板，允许肘屈，从地板上推起并迅速将手放回台阶（同 A）

从球上由坐到站

- **患者体位与操作**：坐位，让患者从治疗球上弹起（由治疗师扶住球以保持稳定），至半站立位后再坐下，接着迅速再次回到半站立姿势（图 23.57），此训练可以进阶为完全站立姿势。此练习需要收缩伸髋、伸膝肌群以抵抗重力。为提高有效性，须在坐下（离心）和站起（向心）阶段之间快速转换。

迷你蹦床上双侧提踵

患者体位与操作：双脚站立，让患者在迷你蹦床上反复进行提踵和降低。此训练针对腓肠肌 – 比目鱼肌复合体。

侧向滑步

患者体位与操作：让患者快速从左侧侧向滑步至右侧，然后回到左侧，重复进行。此项训练需要在每次转换方向时收缩髋外展肌群和内收肌群。

滑板上侧向移动

患者体位与操作：站在滑板（如 ProFitter）上，让患者由一侧到另一侧进行重心转移（图 23.58），随着技能和协调性提高逐渐加快变向的速度。

深蹲跳

患者体位与操作：让患者快速由站立位下蹲

图 23.57　从球上弹起由坐到站

图 23.58　ProFitter 上侧向移动

（离心阶段）（图 23.59 A），紧接着快速过渡到纵跳（向心阶段）（图 23.59 B），再返回到下蹲姿势，紧接着进行下一个纵跳。在落地至下蹲姿势时，嘱患者尽可能保持下肢力线接近垂直，以防止膝外翻。

弹跳

- **患者体位与操作**：患者双足分开，与肩同宽站立，在地板上沿直线向前多次连续跳跃（图 23.60）。
- **进阶**：增加跳跃的速度，然后增加每次弹跳的距离。如果可以的话，让患者在地板上单脚向前跳跃。

四象限双脚跳或单脚跳

- **患者体位与操作**：地板上画两条相互垂直相交的直线做为引导图案，让患者快速变向跳，从一个象限向前、向后、向侧方或沿对角线跳到另一个象限（图 23.61）。

团身跳

- **患者体位与操作**：患者起始位为站立位，迅速重心下移为下蹲位（离心阶段），尽可能高地屈膝跳，使膝关节屈向胸部（图 23.62），然后以正确的方式落地，并回到下蹲位，启动下一次团身跳。

图 23.59　深蹲跳。A. 由蹲的姿势开始。B. 进行纵跳

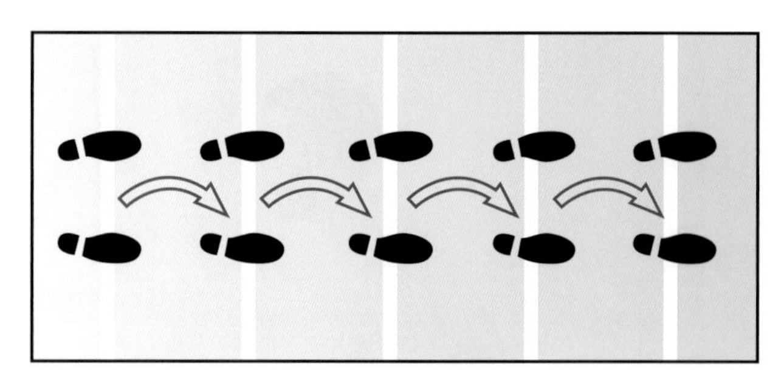
图 23.60 弹跳：在地板上连续向前跳

图 23.61 四象限跳跃

图 23.62 团身跳

- **进阶**：跨障碍物进行侧向团身跳。

弓箭步跳

- **患者体位与操作**：让患者以对称站立姿势开始，垂直跳跃（纵跳），以向前弓箭步姿势落地（离心阶段）；然后快速垂直跳起（向心阶段），并再次以向前弓箭步姿势落地，每次保持前方脚为同一侧脚，多次重复。
- **替代活动——剪刀弓箭步跳**：执行弓箭步跳的一系列动作，左右脚交替地作为前方脚，像剪刀的动作（图 23.63）。
- **进阶**：穿重力背心或双手持哑铃情况下进行弓箭步跳来增加挑战性。

"Z"字形向前跳跃

患者体位与操作：让患者按照地板上标记的"Z"字形图案进行跳跃（图 23.64）。通过加快跳跃速度和增加每次跳跃的距离来进阶。

跳越障碍物

患者体位与操作：让患者侧向跳越放在地板上的不同尺寸的物体，像跳过障碍物一样（图 23.65）。

单一平台双脚跳或单脚跳

患者体位与操作：首先让患者平地跳起，然后进阶到向前（图 23.66）、向后和侧向跳上和跳下一个较低的平台，确保使用合适的落地技术。可以首先通过加快跳跃速度和增加重复次数，然后增加平台高度来进阶。

多平台双脚跳或单脚跳

患者体位与操作：让患者从一台阶上向前跳下至地板，然后向前跳上另一台阶（图 23.38），通过加快速度和增高台阶来进阶。

图 23.63　剪刀弓箭步跳。A. 弓箭步跳，交替落地。B. 先右下肢在前。C. 然后左下肢在前

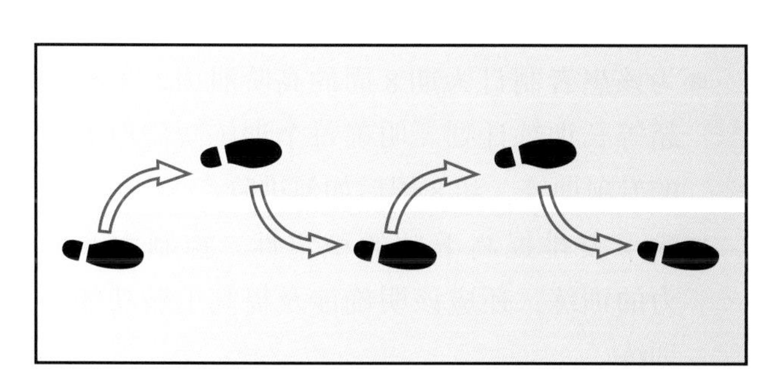

图 23.64　“Z”字形向前跳跃

图 23.65　侧向跳越放置在地板上的不同尺寸的障碍物

图 23.66　利用合适的落地技术跳上和跳下单一台阶

自学活动

批判性思考与讨论

1. 回顾第8章中所述的平衡训练原则。描述本章（第23章）中介绍的每项高阶平衡活动是如何改善静态、动态平衡，以及平衡的前馈或反馈的。
2. 在站立位制订从易到难的一系列平衡活动方案，逐步使用更具挑战性的动作和设备。
3. 确定超等长训练（牵伸–短缩训练）的益处和风险。
4. 分析专栏23.1中列出的超等长训练，并确定此项训练中哪些肌群的肌力和爆发力得到了增强，以及每项活动可以增强哪些功能性任务。
5. 制订一个从易到难的下肢和躯干肌超等长训练方案（类似于专栏23.2中描述的上肢例子）。

实践练习

1. 为了回答批判性思考与讨论中的问题2，实践站立位的一系列平衡训练。和你的同伴进行角色互换：治疗师和患者。如果您是治疗师，请使用适当的安全防护措施，仔细分析患者如何完成每一项平衡任务，及时给患者反馈，以便于学习正确的力线和技术。
2. 实践和分析各种上肢或下肢的超等长训练，并确定在每个活动的两个阶段中哪些肌群是离心负荷、哪些肌群是向心负荷。
   - 在仰卧、俯卧和坐位时，用双手（或单手）抛接实心球。
   - 跪位，双手放在滑板上，肘伸直，将手臂向前后或侧方移动。
   - 距离墙面几十厘米站立，向前倾倒，用双手控制自己，然后推离墙壁，回到站立姿势。
   - 俯卧位，利用两个低台阶进行双侧俯卧撑下降。
   - 站在迷你蹦床上，利用踝关节活动进行提踵和降踵。
   - 跳下、跳上低台阶——向前方、后方、侧方。

案例研究

案例1

一名21岁的女大学生排球运动员，4个月前接受了左膝关节镜下ACL重建术。目前膝关节无痛全范围活动，左膝、髋部肌力已恢复至右侧的80%~85%。关节测量仪显示，术后膝关节前后（A–P）稳定性与健侧相当。但她在单足半蹲试验中显示左侧膝关节异常的对位对线（髋过度内收、内旋，膝外翻和足内翻）。她的外科医生已经批准她术后6个月重返校际比赛，但必须完成针对她的需求和目标制订的个性化高阶训练方案。

- 为该患者制订为期8周的高阶肌力、平衡和超等长训练计划。明确每个训练阶段所涉及的专项训练，和8周后如何进阶。
- 除了安排提高下肢的稳定性、控制力和肌力的训练，还应该明确涉及提高上肢功能的训练。

案例2

一位35岁的“周末战士”和你一起工作，其被诊断为患有慢性网球肘。目前症状已经得到控制，他想回到当地的网球俱乐部参加比赛。为此人制订高阶肌力强化和超等长训练方案。确定每项训练及进阶训练的重复次数、阻力、控制方法、注意事项。包括上肢和下肢训练及进阶到整体协调能力的训练。

其他案例研究

其他案例，请查看以前章节中的案例分析，并根据您在本章中学习的知识修改你的运动干预措施，包括高阶训练。

1. 第17章案例分析4。
2. 第20章案例分析2和3。
3. 第22章案例分析2、3和4。

（刘书芳　张小波　译，高强　朱玉连　审）

参考文献

1. Benn, C, et al: The effects of serial stretch loading on stretch work and stretch-shorten cycle performance in the knee musculature. *J Orthop Sports Phys Ther* 27(6):412–422, 1998.
2. Carter, AB, et al: Effects of high volume upper extremity plyometric training on throwing velocity and functional strength ratios of the shoulder rotators in collegiate baseball players. *J Strength Cond Res* 21(1): 208–215, 2007.
3. Chleboun, G: Muscle structure and function. In Levangie, PK, and Norkin, CC (eds): *Joint Structure and Function: A Comprehensive Analysis,* ed. 5. Philadelphia: F.A. Davis, 2011, pp 109–137.
4. Cools, AMJ, et al: Rehabilitation of scapular dyskinesis: from the office worker to the elite overhead athlete. *Br J Sports Med* 48(8):482–489, 2013.
5. Chu, DA, and Cordier, DJ: Plyometrics in rehabilitation. In Ellenbecker, TS (ed): *Knee Ligament Rehabilitation.* New York: Churchill Livingstone, 2000, p 321.
6. Davies, G, Riemann, BL, and Manske, R: Current concepts of plyometric exercise. *International J Sports Phys Ther* 10(6):760–786, 2015.
7. Drury, DG: The role of eccentric exercise in strengthening muscle. *Orthop Phys Ther Clin North Am* 9:515, 2000.
8. Ellenbecker, TS, Pieczynski, TE, and Davies, GJ: Rehabilitation of the elbow following sports injury. *Clin Sports Med* 29:33–60, 2010.
9. Farrokhi, S, et al: Trunk position influences the kinematics, kinetics, and muscle activity of the lead lower extremity during the forward lunge exercise. *J Orthop Sports Phys Ther* 38(7):403–409, 2008.
10. Filipa, A, et al: Neuromuscular training improves performance on the star excursion balance test in young female athletes. *J Orthop Sports Phys Ther* 40(9):551–558, 2010.
11. Hewett, TE: The effect of neuromuscular training on the incidence of knee injury in female athletes: a prospective study. *Am J Sports Med* 27(6):699–706, 1999.
12. McArdle, WD, Katch, FL, and Katch, VL: *Exercise Physiology: Nutrition, Energy, and Human Performance,* ed. 7. Philadelphia: Wolters Kluwer/Lippincott Williams & Wilkins, 2009.
13. Sǎez-Sǎez de Villarreal, E, Requena, B, and Newton, RU: Does plyometric training improve strength performance? A meta-analysis. *J Sci Med Sport* 13:513–522, 2010.
14. Silvers, HJ, and Mandelbaum, BR: Preseason conditioning to prevent soccer injuries in young women. *Clin J Sports Med* 11(3):206, 2001.
15. Stanton, P, and Purdam, C: Hamstring injuries in sprinting: the role of eccentric exercise. *J Orthop Sports Phys Ther* 10(9):343–349, 1989.
16. Voight, M, and Tippett, S: Plyometric exercise in rehabilitation. In Prentice, WE, and Voight, ML (eds): *Techniques in Musculoskeletal Rehabilitation.* New York: McGraw-Hill, 2001, pp 167–178.
17. Voight, ML: Stretch strengthening: an introduction to plyometrics. *Orthop Phys Ther Clin North Am* 1:243–252, 1992.
18. Voight, ML, and Draovitch, P: Plyometrics. In Albert, M (ed): *Eccentric Muscle Training in Sports and Orthopedics,* ed. 2. New York: Churchill Livingstone, 1995, p 149.
19. Wilk, KE, et al: Stretch-shortening drills for the upper extremities: theory and clinical application. *J Orthop Sports Phys Ther* 17: 225–239, 1993.

第24章 老年人运动

BARBARA BILLEK-SAWHNEY
RAJIV SAWHNEY

老龄化是美国和世界许多地区人口趋势的真实写照。人口老龄化是20世纪科技发展的结果，随着抗生素、胰岛素和疫苗的临床应用，现代外科技术和其他医学技术的进步，成人的寿命越来越长。

北美、欧洲大部分地区和澳大利亚的人口平均寿命为75岁[201]。美国人口的平均寿命为78.8岁，男性76.4岁，女性81.2岁[47]。在3.18亿美国人中，13%~14%的人口年龄大于65岁，约占总人口的1/8。

与美国相比，德国和意大利年龄大于65岁的人口占20%，而乌干达仅为3%。世界人口的年龄结构也发生了变化，从1970年到2014年，大于65岁的人口所占比例从5%增至7%。因此，在物理治疗行业，大多数临床医生在一定程度上都将面对越来越多的老年人。

“衰老导致力量下降和独立性丧失。”[65]这句话简明地陈述了本章的重要性。物理治疗师能够适当地采取干预措施满足老年人的需求，并使老年人优化其潜在功能。本章将要讨论的内容是运动和身体活动对老年人的重要性和意义。

老年人的定义及描述

定性及定量定义

如何定义老年人呢？当考虑到个体衰老时角色的变化时，答案是多种多样的。回顾历史，依据医疗保险资格标准，这个答案是65岁。随着平均寿命的增加，再加上65岁以上老年人在劳动力中所占比例的增加（增加了117%）[52]，人们可能会质疑继续这样去定义老年人是否合适。但在此，仍然沿用65岁作为定义老年人群的一个特定年龄。

老年人的表现可能不尽相同[175]。一名75岁的老年人可能是一名运动能手，可能有全职或兼职工作，也可能是一个久坐少动、伴有多种医疗问题、难以完成基本日常活动的个体。临床医生可能会记录为“患者看起来比实际年龄要年轻”，或者“患者看起来比实际年龄要老”。在现实中，老年人群的表现可以相差很大，专栏24.1中列举的3个案例可以反映这种情况。

如专栏24.1所示，老年人群可细分为年轻老年人（young–old）、中老年人（mid–old）和老老年人（old–old）。然而，如此划分过于概括，可能无法反映所有老年人的情况。

- 年轻老年人是指年龄在65~74岁之间的老年人，通常包括最近退休的享受工作成果的人群。这些年轻老年人可能正忙着照顾他们的父母，在闲暇时间帮忙照看和接送他们的孙子女或外孙子女。或者，因为工作兴趣、经济需求、社会交往需求或是上述2种以上的原因，他们可能会继续工作。案例1中的Lou，就是年轻老年人中的一员。
- 中老年人是指年龄在75~84岁之间的老年人。通常，中老年人正在经历更多与年龄有关的变化，并致力于简化他们的生活，许多人可能在白天休息。案例2中的Mary Jane就是其中一员。
- 老老年人是指年龄大于85岁的老年人，老老年人身体功能通常会显著下降。他们可能会反思自己生活的意义、人际关系以及对社会的贡献[180,243]。案例3中的Juan就是刚刚进入老老年人的生活阶段。

衰老过程实例

当Juan是年轻老年人时，忙于照顾母亲和岳母，并积极地帮助照看孙子孙女，空闲时间还经营着一项小生意。在中老年期，由于髋部骨关节炎开始出现疼痛。当孙子孙女长大、父母去世，他也不再继续他的生意后，生活不再忙碌，身体活动量也减少了。虽然继续自己的园艺工作和汽车维修，但生活变得久坐少动。在目前老老年人阶段，身体上出现了更多的疾病问题和一些由于久坐少动而引起的问题。他花费了更多的时间独处和沉思。

《健康人民2020》

《健康人民2020》对老年人的愿景是“增加身体和认知功能下降的老年人参与轻度、中度和重度休闲身体活动的比例”[111]。据报道，29.3%的老年人群患有中度到重度功能障碍。此外，在2008

专栏24.1　案例3则

案例1　年轻老年人

Lou是一名72岁的男性，经常在当地的基督教青年会工作，他还是当地一家健身中心的兼职员工。Lou过去的病史没有任何特殊之处，自我描述为一个长期的运动倡导者，过去10多年间每年跑2~4次马拉松，还参加了冲刺铁人三项。Lou最近刚参加了一场马拉松，并说这次马拉松似乎比26英里长得多，是他一生中最糟糕的一次。他抱怨左膝疼痛，检查发现，Lou身体健康，看起来比实际年龄要年轻得多，在双侧膝关节以下都有静脉曲张。

案例2　中老年人

Mary Jane是一名82岁的女性，有心脏病史、多发性心肌梗死、冠状动脉旁路搭桥术（20年前和35年前）、高血压、雷诺现象和动脉功能不全的长期病史，以及40余年前的子宫癌和根治性子宫切除术的病史。她还患有因骨关节炎导致的颈、肩、腰和髋部长期疼痛，自己介绍说每天服用13种药物，还有明显的驼背和头部前倾。自我报告身高157 cm，体重40.4 kg，但目前实际身高约145 cm，Mary说医生没有告诉她患有骨质疏松，但治疗师认为这可能是由于她身高丢失13 cm造成的。她承认偶尔会摔跤，但没有真正受伤。Mary描述了她曾感到持续数天的头晕而无法起床只能卧床。子女们介绍说Mary意识模糊情况虽有所增加，但似乎只是偶尔发生。子女们认为母亲有轻微中风，虽然没有明确诊断。Mary的IADL是独立的，还负责管理房屋出租的财务。她喜欢烹饪、园艺工作、和家人共度时光，并参加教会活动。她不经常运动但自述能步行3~4个街区，每天数次上下台阶，并能够用4个月前在门诊做物理治疗时给的弹力带进行上肢力量练习。

案例3　老老年人

Juan是一名86岁的男性，退休前在钢铁厂工作，现在和妻子住在一起。在1次内出血、3天住院治疗并接受2次输血后，家庭健康理疗师经常上门提供治疗服务。目前他的主诉是呼吸急促。此次疾病前，他的ADL是独立的，包括园艺工作、汽车维修、驾驶汽车、访问一个兄弟组织和参加孙子们的活动。他过去的病史包括双侧髋部、手和膝部的骨关节炎（包括10年前左全髋关节置换），以及2型糖尿病、石棉沉着病、肥胖、阻塞性睡眠呼吸暂停（他不使用持续正压通气器），以及听力减弱。他每天大约上午11点起床，下午2点睡午觉。虽然没有确诊，但他具有肌少症性肥胖的特征。Juan的峰值身高是173 cm，峰值体重是102 kg。近期的医院记录显示他的体重是90 kg，身高是165 cm。

年，约 1/3 身体或认知功能下降的老老年人参与了轻度、中度和重度休闲身体活动 [111]。男性比女性更热衷于参加身体活动，白人参加身体活动的人数比其他种族人群多 10%。

老年人群疾病诊断的复杂性

在寻求医疗或理疗服务的老年人群中，症状与诊断一一对应的医学模型是非典型的。老年人群的特征是存在多种医疗问题或慢性疾病，这可能会导致大量的问题。前一段中，我们已经描述了老年人群功能障碍的发生率，这些功能障碍可能是由于各种因素引起的，并能反映多种医疗问题的存在。据报道，约 92% 的老年人群存在至少一种慢性疾病，77% 的存在至少 2 种慢性疾病 [170]。

专栏 24.1 中 Mary 的例子就存在多种医学问题。Mary 在 37 岁时由于子宫癌而进行了子宫切除术，随后发生了提前绝经。她还患有严重的冠状动脉疾病、心肌梗死，接受过冠状动脉旁路搭桥术。在没有激素替代疗法或其他预防性干预措施的情况下，虽然没有临床检查证实，但基于她降低的身高和屈曲体态，Mary 看起来患有骨质疏松症。Mary 每天服用 13 种药物，心脏药物和其他多种药物的不良反应可能导致其主诉的直立性低血压和眩晕。服用心脏药物和其他多种药物是老年人群跌倒的一个危险因素。

慢性疾病、伤痛和新的医学问题可能会影响老年人的生活质量。2 型糖尿病、骨关节病、充血性心力衰竭和痴呆是许多老年人所患的慢性疾病 [170]。如专栏 24.1 案例 3 中的 Juan 在年轻老年期患有髋关节骨关节病（晚期），由于疼痛原因，步行功能受限，从而影响了肌力、功能性活动和平衡能力。现在，他久坐少动的行为以及患有 2 型糖尿病，进一步影响到了生活质量，这样就会形成恶性循环 [87,128]。

老龄人群的健康趋势

近 25%（23.1%）的美国老年人群将自己的健康状况描述为健康状况尚好或健康状况不佳 [169]。疾病的发病率与死亡率略有不同。例如，心脏疾病和癌症约占美国死亡人数的一半左右，而关节炎却是最常见的疾病 [44,47,115,169,186]。2013 年美国 65 岁以上人群 16 个主要死亡原因是心脏疾病、癌症、中风、慢性下呼吸道疾病（如肺气肿）、意外事故（如跌倒）、脑血管意外、阿尔茨海默病、糖尿病、流感和肺炎、肾脏疾病、自杀、败血症、慢性肝病、高血压、帕金森病和局限性肺炎 [245]。

与疾病、损伤和制动有关的健康衰老模型

随着年龄的增长，肌肉量丢失、肌力下降和衰老都会发生，这导致功能障碍和对功能性活动表现的更大依赖性 [27,36,54,70,92,126,206,208,213,216]。这些功能障碍可以被量化，14% 的老年人日常生活活动需要帮助，35% 在必需的功能性活动独立方面有困难 [65]。Sehl 和 Yates[216] 从 54 274 个实验对象的信息中推导出了一个线性模型，此模型描述了身体各个系统功能的丢失率。从 30 岁开始，每年的丢失率高达 3%，一直持续到 70 岁。健康的个体通常比患病的个体更加独立。慢性病、伤痛和制动都会影响到与年龄有关的变化。Kauffman 把与年龄有关的功能衰退的概念描述为线性衰老 [128]，而 Brown 则把这一概念称为“体弱压迫”[36]。这些概念在与疾病、损伤和活动性下降相关的健康衰老模型中（Wellness Aging Model Kelated to Jllness, Injury, and Immobility，WAMI-3）有综合描述，如图 24.1 所示。

在这个模型中，X 轴显示的是年龄，Y 轴显示的是身体健康水平（结构和功能障碍），如肌肉和骨骼强度、寿命、精神健康、跌倒风险和功能性活动性。这条曲线显示了随年龄增加保持身体活动和运动的必要性，活跃的个体，其功能曲线会右移，而疾病、伤痛和身体活动不足会导致功能曲线左移。Billek-Sawhney 和 Wells[22] 将这种关系应用于接受癌症治疗的个体。疾病特异性因素，如癌症相关的疲劳和恶心显示在 Y 轴上，癌症治疗受时间影响的结果显示在 X 轴上。随着身体活动和运动的增加，身体力量、能量水平、精神健康和功能状态等方面都有改善。这个模型可用于多种医学诊断、制动和身体活动不足，并作为随年龄增加保持

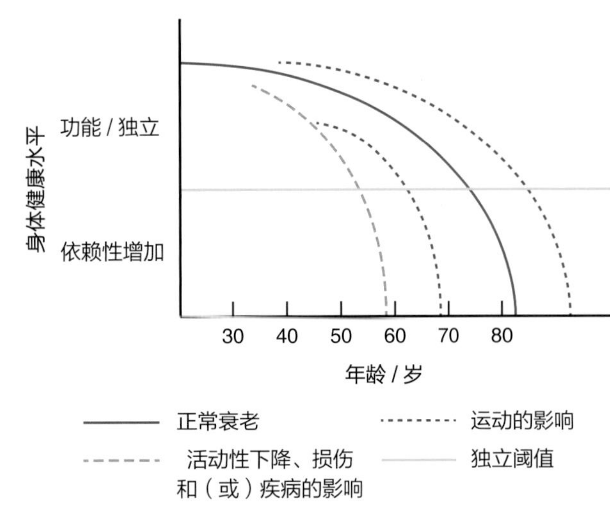

图 24.1　与疾病、伤痛和活动性下降有关的健康老龄化模型（WAMI–3），显示了活动性下降、疾病和（或）伤痛对健康和老龄化的影响。X 轴显示的是年龄，Y 轴显示的是结构和功能障碍，包括但不仅限于肌肉力量、爆发力、骨密度、跌倒风险和功能性活动性。身心健康、多做活动和运动将导致曲线的右移

身体活动重要性的基础。WAMI–3 基于众多图表的修改和编译，并举例说明了身体活动和运动可以延长寿命[22,36,67,128,168]。身心健康、身体活动和运动会导致曲线右移，下降趋于平缓。

聚焦循证

一项针对近 900 名老年人的研究结果显示，身体活动频率越高，机体活动功能下降的速度越慢。该研究采用 2.44 米（8 英尺）步行和 360° 转身进行测试，身体活动每增加 1 小时，活动功能下降的速率降低 3%。研究得出结论，身体活动和下肢力量均可预测老年人活动功能的下降。

原发性衰老和继发性衰老

原发性衰老是一种随时间流逝发生的普遍的、发展的过程。原发性与继发性衰老不同，老年人继发性衰老是由于疾病、失用、环境和其他因素造成的[180,233]。继发性衰老的一个例子是患有 2 型糖尿病的老年人会患有心脏疾病和周围神经疾病等并发症。

衰老对身体功能的影响

衰老的发生意味着身体各个系统生理功能效率的降低，衰老从 30 岁开始，下降速率平均每年 2%[155,216]。伴随着衰老过程，重要器官的功能退化，身体的每个细胞、组织、器官和系统都将发生变化。最明显的是两鬓斑白、体态屈曲、肌肉量丢失以及额头皱纹。相似的衰老过程同样在体内进行，只不过是被我们的皮肤所掩盖，肉眼观察不到而已。

免疫失调也称免疫衰老，是与年龄有关的免疫功能退化，可引起癌症、感染和自身免疫性疾病的发生。在老年人群，癌症发病率增加，免疫功能的变化是显而易见的。细胞和组织水平免疫功能的降低导致对感染的易感性增加、对疾病的免疫监视功能受损[101]。此外，疾病的初期表现可能有所不同，例如，在老年人群，尿路感染的表现可能是精神状态的改变，而不是通常的发热或感染的迹象。

运动和身体活动对衰老的影响可以通过运动负荷测试来说明。最大摄氧量，也就是众所周知的 VO_{2max}，已在第 7 章中描述。VO_{2max} 的计算通常通过运动负荷测试来完成。考察此公式，你会看到该公式的组成成分会随衰老、制动和身体活动 / 运动的变化而变化，正如表 24.1 所总结的，读者会更好地理解 WAMI–3 的重要性。读者可以参见数个资料来源，获取关于运动负荷测试和用 Fick 公式计算 VO_{2max} 的详细信息[18,161,164,249]。

细胞和器官变化

随着年龄的变化，细胞水平的变化包括萎缩、肥大、增生、发育不良和肿瘤形成。在老年人群，可能出现肌肉萎缩和大脑萎缩，肥大可能发生在心脏和肾脏，前列腺可能增生，宫颈可能发育不良，以及鳞状细胞癌变肿瘤形成。这些变化也反映在心脏的最大摄氧量、血管系统和肌肉水平上。

细胞水平的衰老会导致脂褐素（一种褐色脂肪色素）和其他脂肪物质在组织中的堆积。脂褐素堆积是老化的标志，且不能降解[235]。结缔组织变得僵硬。治疗师认识到发生在肌肉骨骼系统的这些变化也会在器官、血管和呼吸道发生，使它们更加僵硬。发生在肺组织细胞膜上的这些变化会影响氧气和营养物质输送到组织的能力，并对二氧化碳和其他废物的清除产生负面影响。这些变化是逐渐发生

表 24.1　最大摄氧量和衰老、疾病、损伤、制动和运动对身体活动的影响

	VO_{2max}	心输出量（CO or Q）	SV	动静脉氧差（$a-VO_2$）	结论
	VO_{2max}=HR×SV×（$a-VO_2$）				CO=HR×SV
衰老	↓	RHR- 无变化 MHR- ↓	↓	↓	随着年龄增长，每个因子的效率均下降
疾病	↓	RHR- ↓或↑ MHR- ↓	↓	↓	疾病影响各个因子，如心肌梗死导致心肌无力使每搏输出量减少
制动	↓	RHR- ↑ MHR- ↓	↓	↓	与年龄相似，制动对每个因子产生负面影响
运动 / 身体活动	↑	RHR- ↓ MHR- ↑	↑	↑	毛细血管密度增大 摄氧能力增加 线粒体体积和数量增加

RHR= 静态心率；MHR= 最大心率；SV= 每搏输出量。

的，除非相应的疾病发生，否则我们并不会注意到这些改变。在这种情况下，一种因果性连锁效应可能就会发生，并导致一系列的医疗问题。

器官功能储备的变化

一般来说，器官都有一定的功能储备。现以心脏功能储备为例来说明这一概念。20 岁时心脏功能所泵出的血液量是机体需求量的大约 10 倍，30 岁以后，功能储备以每年 1% 的速度丢失。这种功能储备丢失对肺脏、心脏和肾脏的影响最大 [75]。在同一个体不同器官之间和在不同个体之间，这种丢失会有所不同。这一概念可用于描述专栏 24.1 的 Mary 案例。Mary 虽患有严重的心脏疾病，但她的呼吸功能并没有与年龄有关的损失。

系统变化

衰老过程会影响到内分泌系统、免疫系统、皮肤、肌肉骨骼系统、生殖系统、泌尿系统、心肺系统、血管、感觉和中枢神经系统，这些系统的功能在 WAMI–3（图 24.1）中为一条实线。经常运动，身体的许多系统功能曲线，尽管不是全部，会向右偏移。例如，因为运动的缘故，肌肉骨骼系统的曲线会向右偏移，但身体活动和运动并不能改变皮肤系统的衰老过程，如头发变细、颜色变灰白和脱发 [86]。衰老过程中，身体系统的变化不仅会影响器官的功能，还会影响身体发挥功能的能力。由衰老造成的肌肉骨骼系统的变化会影响肌力、体态、步态、协调性、移动速度和相应的个体发挥功能的能力。

神经肌肉和肌肉骨骼系统变化

衰老会导致个体在 30 岁以后肌肉量的丢失，并随着年龄的增加而增加。40 岁以后，肌肉量丢失率为每年 0.5%，40 岁以后增加到 1%~2%，60 岁以后为 3%[131,174,230,258]。久坐少动的老年人丢失的速率会增加。肌肉量的丢失还会伴随肌肉组织功能的变化，与活跃的个体相比，久坐少动个体的肌肉力量和爆发力下降的速率大大增加，导致衰老曲线的左移（图 24.1）[210]。与年轻人相比，70 岁以上老年人的肌力下降 50%，爆发力下降 75%[31,112]。肌肉量和力量的丢失是由许多因素造成的，这些因素包括肌肉纤维体积和数量的减少、选择性 Ⅱ 型纤维的减少、神经激活的下降以及拮抗肌共同激活的提高（图 24.2）[110,213,229]。当肌肉纤维失去神经支配时，运动单位就会死亡，这会加重肌肉纤维的减少。60 岁时，由于脊髓中 α 神经元的死亡，肌肉纤维中大约 50% 的运动单位失去了神经支配 [213]。肌少症，将在本章的后面部分进行讨论。

肌无力影响步态和日常活动，如上下楼梯。步态异常通常与衰老有关，35% 的 70 岁以上人群存在不正常步态。最常见的是步行速度降低和步长缩短 [39,152]。作为一种最普遍的身体活动，步行时老年人的能量消耗要比年轻人大。Wert[261] 的研究强调了物理治疗师对老年患者步态进行评估时，需要特别评价伸髋的缺失、步宽是否更宽和步行速度的

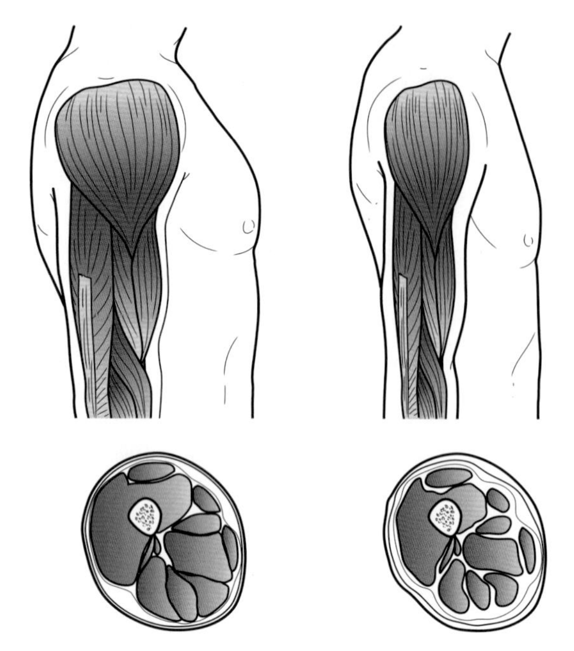

图 24.2 与年龄相关的上臂肌肉量变化的侧面图和断面图

下降。这些步态的偏差会导致步行效率的降低。老年人 ADL 也会出现类似的效率降低，因此需要付出更多的努力[125]。因此，因为低效，老年人在走路和完成日常生活活动时需要比年轻人消耗更多的能量。

骨质减少、骨质疏松和骨关节炎，以及与之伴随的疼痛、僵硬和畸形，这些肌肉骨骼系统的变化影响了老年人的平衡能力，导致跌倒风险升高，也导致活动性下降和功能障碍[119]。这些变化结合在一起，影响了老年人的独立性和生活质量[229]。

感官变化

与衰老有关的感官变化严重影响老年患者的功能水平，导致生活质量问题。例如，视力丧失时，老年人可能难以阅读家庭锻炼方案、完成必要的患者登记和（或）结果问卷。随着年龄增加，外围视野变窄，与颈椎旋转范围减小一起，可能影响驾驶安全。因为老视而佩戴双焦眼镜会影响步行、上下台阶和使用路缘石，从而使老年人面临跌倒的风险。此外，使用双焦眼镜，再加上位置感觉和肌肉无力的变化，影响平衡能力，跌倒的风险增加（第 8 章中讨论了降低老年人跌倒风险的平衡训练计划）。

活动减少的影响

制动

医疗史上，卧床休息被用于从背部疼痛到心肌梗死等多种疾病的治疗。制动会对身体的每一个系统产生负面影响，并导致 WAMI-3 的曲线左移（图 24.1）。与长期卧床相关的并发症有很多种，包括直立性低血压、心率增加、心肌储备减少、肺不张、肺炎、深静脉血栓、肺栓塞、尿潴留、便秘、肌肉萎缩（导致全身无力）、挛缩、软组织改变、胰岛素抵抗、骨质疏松、感觉障碍、皮肤皲裂等，还有心理表现，如抑郁[62,71,103,223]。现在患者早期活动已广泛进行，早期活动应成为一项临床实践标准。

与衰老对人体的影响相似，制动也会影响每个器官系统的功能。例如，当讨论心功能时，30 天静止少动后，每搏输出量减少大约 12%，最大心率也降低，接着最大摄氧量也降低，总血量和血红蛋白浓度降低，使心血管系统效率降低，功能储备减少[14,103,128,231,264]。表 24.1 中也强调了对最大摄氧量影响的这一概念。

长期卧床肌肉失用导致肌肉萎缩和肌力丢失，丢失速率大约为每周 12%，或每天 1%~1.5%[124]。下肢力量丢失的发生速率是上肢的两倍，股四头肌和背部伸肌肌力丢失最快。3 周卧床休息肌力丢失可高达 50%，而肌力恢复每周仅为 10%[23,56,138,182]。体积更大、训练更好的肌肉力量恢复得更快[124]。肌力丢失和肌肉萎缩不仅仅影响肌肉力量和爆发力，氧化能力下降导致的肌肉疲劳、代谢活动、蛋白质分解和丢失、皮质醇浓度升高和葡萄糖代谢和功能都会受到影响[23,124]。

运动功能减退

运动功能减退是指肌肉功能或活动能力的异常减退。老年人久坐少动行为表现为最少的能量消耗和身体活动不足[166]。案例 3 中的 Juan（专栏 24.1）就是一例运动功能减退者，Juan 经常处于卧床状态，或是长时间静坐，缺乏必要的身体活动。86 岁的 Juan 每天都在躺椅或床上睡到上午 11 点，起床吃完早餐后，又回到床上小睡一会儿，接着起来看电视，但不再躺下，直到下午 5 点钟吃晚餐。Juan 离开家的唯一机会是预约就医，偶尔也去一个兄弟组织，通常晚上 10 点上床睡觉。

聚焦循证

Harvey 及其同事[107]的一篇系统综述描述了老年人静坐少动行为的流行性，绝大部分老年人的生活方式都是静止少动，大约 60% 的老年人每天静坐时间大于 4 小时，其中一篇文献报道 67% 的老年人每天静坐时间大于 8.5 小时。

久坐少动行为方式

缺乏身体活动，或者久坐少动的行为方式，现如今被认为是一个可控的多种疾病的危险因素。久坐少动行为方式是指长时间卧位或坐位、能量消耗很少（清醒时小于 1.5 MET）的行为方式。作为参考，基本的 ADL 行为，如梳理头发、进食、化妆、洗澡和穿衣，其代谢当量为 1.0~2.5 MET。工具性的 ADL，包括轻度家务劳动、洗衣服、洗碗、摆放餐具或者整理床铺，能量需求为 1.5~4 MET。美国心脏协会报道心血管疾病风险与久坐少动行为直接相关。每天看 4 小时电视的成人，各种原因导致的死亡风险增加 46%，心血管疾病死亡风险增加 80%。此外，经常身体活动并保持健康体重的人群比久坐少动且肥胖的人群寿命长约 7 年[10]（慢性疾病患者的能量消耗和运动方案的详细信息见第 7 章）。

功能性活动的丧失

WAMI–3 直观地描绘了功能性活动、肌肉骨骼力量和爆发力、骨强度、心血管和肺功能的下降，但它没有描述这些变化如何影响个体参与家庭和社区日常活动的能力。对 6763 名老年人进行的国家健康访谈调查显示了每周两次推荐的力量训练指南和功能性限制之间的关系[48]，近 51% 的老年人群报告了弯腰、俯身和下跪的功能限制，每周进行两次力量训练的老年人群报告了在调查的 9 项功能性活动中遇到的困难较少。这 9 项功能性活动包括如下内容。

1. 步行 0.25 英里（约 402 米），约 3 个街区。
2. 无休息爬 10 级台阶。
3. 站立 2 小时。
4. 坐 2 小时。
5. 能弯腰、屈曲和下跪。
6. 举手过顶。
7. 能用手指抓握小物品。
8. 提起并携带 10 磅（4.5 kg）物品。
9. 能推动或拉动大的物品。

报告显示有功能限制的老年人最不愿意进行力量训练。Kraschnewski 及其同事[135]的研究显示，有功能障碍的老年人认为他们太虚弱无法进行力量训练[135]。这种想法影响自我效能，需要转变观念。作为物理治疗师，我们可以通过教育、引导和指导老年人以强化干预来实现这一转变。

WAMI–3 也适用于诸如步行等功能性活动的丢失。老年人的行走能力随着年龄的增长而改变。在美国，年龄在 55~64 岁之间的人群中有 17.3% 的人、85 岁以上人群中有 56.1% 的人感到步行 0.25 英里（约 402 米）存在困难[214]。步行直接受增龄的影响，但可以通过力量训练得到改善[81,93,135,163,178,233]。Sayers 描述了肌力和功能性活动能力之间的曲线关系[213]。

当个体力量增加时，功能表现就会得到改善，当达到某一特定点时，力量的进一步增强只会带来功能的微小改善。将此概念应用于专栏 24.1 的案例 1 和案例 3 中，如果假设把 Lou 和 Juan 的年龄均调定为 75 岁，Lou 的力量将会好于 Juan。即使两人的力量增幅相同，由于 Lou 的基线水平高，他所得到的功能改善将小于 Juan 的功能改善。

身体活动和运动的益处

身体活动有很多好处，特别是对于老年人群。主要的好处包括：①延缓衰老的生理改变；②优化身体成分；③保持心理和认知健康；④管理慢性疾病；⑤降低患慢性疾病的风险；⑥尽量减少身体残疾的风险；⑦延年益寿[195]。“延年益寿”的说法被多次引用已说明健康老龄化的需求，同时也是物理治疗康复的一个好处[272]。这一概念可以进一步描述为“延长寿命”需要身体活动和抗阻训练。

明智选择开始运动

老年患者并没有进行足够的抗阻训练发展力量以改善功能，这种情况并不少见。仅仅是坐位踢腿或者负重1~2磅（0.45~0.9 kg）步行，每组10次，重复3组是远远不够的，也没有特定目的，这将导致物理治疗师质疑该项练习的目的。

2014年，美国物理治疗协会（APTA）和美国内科医学基金会联合发起了一项“明智选择”计划，旨在针对老年人力量训练不足问题。其五项建议之一，就是强调力量练习的重要性，力量练习的频率、强度和持续时间必须与老年人的能力和目标相匹配。专栏24.2中提及了此声明并提供了解释。在制订力量计划时，充分评估患者的需求，制订适当的干预方案以改善功能，这些都是至关重要的。

身体活动和运动的理由

通过抗阻训练，老年人的肌肉力量、爆发力和耐力可以得到改善，并减小衰老的影响，提高活动能力。增强力量和活动能力可以提高平衡能力，减少跌倒风险和因跌倒导致骨折的发生率[117,120,137,145,220,221,238]，可以让老年人更容易地完成各种日常生活活动，因此可以更长时间地维持功能的独立性[195]。尽管如此，只有21%的老年人和不到10%的85岁以上老年人经常进行规律性的身体活动[195]。肌肉爆发力的重要性已有文献记载，与肌肉力量相比，肌肉爆发力与ADL表现的关系更为密切。

有趣的是，强证据表明身体活动可以降低过早死亡的风险，两者之间存在一定的量效关系，因此，过早死亡风险随身体活动时间和频率（分钟/周）的增加而下降。专栏24.3中也描述了这些益处。

渐进性抗阻力量训练可增加肌肉体积，增强肌力、爆发力，提高功能性活动性和改善ADL表现[117,206]。与低强度和中等强度训练相比，高强度和爆发力训练可带来更好的肌肉力量改善。肌肉爆发力训练增强了完成功能性任务（坐位站起、爬台阶）的能力[229]，并将功能性限制和残疾的影响降至最低[203]。从功能上讲，大强度渐进性抗阻训练可以提高老年人坐位站起、无辅助设备步行和提高步行速度的能力[206]。随着运动强度、频率和持续时间的增加，身体活动的收益也会增加[21]。

值得注意的是，骨骼肌还具有很多次要的功能，包括新陈代谢、糖原储存、体温调节、关节稳定和内分泌功能。因此，增加肌肉含量或减少肌肉老化丢失的重要性被认为是抗阻训练的次要收益[238]。当考虑到药物代谢动力学和衰老时，这些都是至关重要的。简而言之，药代动力学是指药物的吸收、分布、代谢和分泌[204]。随着年龄的增长，对药物的敏感性也会发生变化[154]。

骨密度随年龄的增长而减低，但运动可以延缓骨密度降低的速率。活跃的老年人群，尤其是女性，髋部骨折的风险较低。每周进行120~300分钟中等强度身体活动的个体，髋部骨折的风险降低。身体活动和运动都是有益的，主动活动都会导致能量的消耗。身体活动包括家务活动、攀爬楼梯、园艺工作和商店购物等形式。运动是身体活动的一种形式，是有计划、有组织、重复性的活动，包括举重训练、运动课程和有氧运动[171]。

专栏24.2 美国物理治疗协会老年人力量练习明智选择声明

不要给老年人开低强度的力量训练运动处方，而应将运动的频率、强度和持续时间与个人的能力和目标相匹配[8,11]。

老年人力量增强与健康水平、生活质量和功能水平的提高密切有关，且降低了跌倒的风险。老年人经常被开具低强度的运动处方，这些运动方案在生理上并不能使老年人获得收益、增加肌力。未能建立准确的力量基线水平，限制了力量训练的强度和进展，从而限制了训练的收益。一个精心设计和个性化的力量训练运动处方对老年人的健康是非常重要的[8,11]。

聚焦循证

一项荟萃性分析考察了160个运动对心血管系统益处的研究，发现并不是所有人都能从锻炼中获得同样的益处。研究报道了运动的多种益处，并显著提高心血管系统健康水平和生物指标水平，如血脂，而且对50岁以下的个体、男性和患有2型糖尿病、高血压、血脂异常或代谢综合征的个体，运

专栏 24.3 身体活动和运动对老年人的益处（经疾病预防和健康促进办公室许可后重印[185]）

强证据
- 过早死亡风险较低。
- 冠心病风险较低。
- 中风风险较低。
- 高血压风险较低。
- 不良血脂风险较低。
- 2 型糖尿病风险较低。
- 代谢综合征风险较低。
- 结肠癌风险较低。
- 乳腺癌风险较低。
- 预防体重增加。
- 减肥，尤其是与减少能量摄入相结合。
- 心肺功能和肌肉功能水平提高。
- 防跌倒。
- 减少抑郁。
- 老年人认知功能更好。

中等证据到强证据
- 更好的功能性健康。
- 腹部脂肪减少。

中等证据
- 髋部骨折风险降低。
- 肺癌风险降低。
- 子宫内膜癌风险降低。
- 减肥后体重维持。
- 骨密度增加。
- 睡眠质量提高。

其他益处
- 通过有氧训练增强免疫功能。有氧运动，而不是抗阻运动，已证明会影响慢性炎症，从而影响免疫系统[101]。采用多维运动方案并与抗阻训练结合的观点得到了强化。
- 提高空间感知、视觉和身体反应。Fregala 等[86]发现通过抗阻训练，空间感知、视觉和身体反应的每一项都提高了。这一益处可能与跌倒风险降低、避免事故和认知功能提高有关。抗阻运动潜在的提高认知功能的好处可以提高老年人生活质量。
- 关节 ROM 增加。这一点被认为是由肢体运动的实际表现而不是力量练习引起的[206]。
- 间歇性跛行症状更少[190]。
- 跌倒风险降低[17,68,137,145,187,206,226]。

动的收益要大得多[144]。

Kennis 等研究了为期 1 年的力量训练方案对老年人健康的长期影响，经过 1 年的训练后，运动组的肌肉功能表现显著提高[131]。运动干预结束后 7 年，与非运动组相比，运动组与年龄相关的肌力下降要少得多。

Harris 等人研究了停训后的肌力的变化，力量训练方案结束后第 6 周和第 20 周，肌肉力量显著下降，但肌力仍明显高于力量训练前[106]。

在通过治疗性运动、健康促进和疾病预防以提高老年人生活质量方面，物理治疗师发挥着特有的作用。有大量的证据支持运动和身体活动对老年人的益处[86,91,101,104,131,149,153,190,196,197,206,226,233,238,257,259]。图 24.1 中曲线的右移是运动收益的直观显示。

运动实施前的思考

建立运动干预措施之前，对老年人的检查和评估是至关重要的，并且必须考虑身体各系统的正常老化，以及本章前一节所描述的诊断的复杂性。读者可以参见本章末所列的参考文献中关于物理治疗检查程序的一些文章[60,100,151,209]。本节将重点描述老年人检查时需要强调的关键事项。

老年人的检查重点

用药

面谈时，不仅要询问用药情况，还要计算患者服用药物的种类和数量，这些都是至关重要的。过多给药是指用药数量大于等于 3 种或 4 种药物，过多用药是老年人跌倒的危险因素之一。此外，当药物包括利尿剂、抗心律不齐药物和精神药物时，跌倒风险增加[105,139,140,242,276]。在老年人群中，药物在体内的代谢和药物从机体中清除的速率较慢，较低的剂量可能是必要的。不幸的是，药物的副作用可能会导致大量的继发性症状。物理治疗师和药物治疗的作用在实际情况下是有变化的，且超出了本章的讨论范围。对于老年患者，按规定服药并遵循既定的治疗方案的能力和在服药时继续进行血液检测都是关键问题。例如，前文中的 Mary 在离家时推迟服用利尿剂，以减少排尿次数，这可能导致更加疲劳和没有补偿的心力衰竭。

2016 年版 PAR-Q+

身体活动准备问卷（The Physical Activity Readiness Questionnaire，PAR–Q）于 1978 年制订，并于 2002 年修订。在世界范围内，PAR–Q 已作为一

种广泛使用的运动方案实施前的筛查工具，以确定个体是否足够健康，是否能够参加运动和身体活动。不幸的是，这种自我报告形式过时了，且该问卷是为15~69岁的人设计的[35,195,239]。当老年人使用时，将产生大量的假阳性结果，导致很大一部分老年人被要求进行身体活动和运动之前要获得医疗许可[41,42,122,212,237,254,255,256]。PAR Q+是在2011年引入的，并且经过了数次修订。2016年版的PAR–Q+是以7个筛选性问题开始的。如果这些问题的答案都是否定的，患者就可以参加运动了。如果其中任何一个问题答案是肯定的，就会有后续问题。2016年版的PAR–Q+与之前的版本不同，它减少了参加身体活动之前需要得到医生许可的障碍。身体活动不足的风险远远超过有症状或无症状人群急性运动后出现的微小而短暂的风险[35]。针对门诊患者，建议将2016版的PAR–Q+作为物理治疗筛查过程的一项内容。

作为物理治疗师，2016年版PAR–Q+的使用并不排除专业人士临床经验的使用，而是基于基本的检查技术。持续监测是物理治疗的一个重要组成部分。在休息、活动后即刻和恢复期获取生命体征，以及自感用力度（参见Borg量表）有助于确定干预方案是否合适，或者是否需要进行强度调整。

全球健康行动和身体活动生命体征

“运动是良医（Exercise is Medicine，EIM）”的概念是2007年由美国运动医学学会（ACSM）提出的全球健康行动计划，目的是提高身体活动[7,108,135,146]。EIM的焦点是基于这样一个前提，即身体活动对于预防和治疗疾病是必不可少的[7]。这一举措对老年人同样重要。

为了评估身体活动的水平，ACSM提倡使用身体活动生命体征（Physical Activity Vital Signs，PAVS）。PAVS在2010年首次引入，证明了其有效性[58]，并且可以在不到一分钟的时间内快速完成[7]。PAVS由两个问题组成，主要考察个体从事身体活动的天数和时长。这两个问题如下。

1. 你每周有多少天进行中等强度至大强度运动（如快步走）?
2. 你平均每天中等强度至大强度运动的时间是多少分钟?

业已发现，PAVS对代谢结果有积极影响[97]。此外，体重指数和肥胖也与PAVS有关。身体活动水平越高，体重指数和肥胖程度越低[98]。

骨折风险评估指数与平衡能力

Perry和Downey[193]强调，物理治疗师应使用世界卫生组织的骨折风险评估工具（Fracture Risk Assessment Tool, FRAX）对老年人进行常规检查以筛查跌倒风险[269]。FRAX可以在网上找到，并有多种语言版本。该工具考察国籍、骨密度、年龄、性别和临床风险因素，以计算10年骨折概率。临床风险因素包括低体重指数、既往脆性骨折史、父母髋部骨折病史、糖皮质激素使用史、仍在吸烟、酒精每天摄入量大于等于3个单位、类风湿关节炎，或其他导致骨质疏松的次要原因[163,269]。跌倒是大约90%的四肢骨折的致病因素。因此，评估跌倒风险并采取适当的干预措施结合力量训练是至关重要的[184]。关于平衡评估和干预措施的深入讨论，请参阅第8章。

评估老年人的肌肉力量、爆发力、跌倒风险和功能性活动的客观措施

评估老年人的肌力、爆发力、跌倒风险和功能性活动能力，可以使用多种测试和测量方法。一些常见的评估老年人肌肉力量和爆发力的测试有手握力，5次坐立测试（five–time sit–to–stand test，FTSTS），30秒坐立测试（30–second sit–to–stand test，30 s–STS），以及爬楼梯的时间[72,220,252]。测试对象是老年人时，使用具有时间成分的标准化测试可以更深入地了解老年人的肌肉爆发力、平衡能力、耐力、功能储备、发病率和死亡率。表24.2列出了在检查老年人时可以使用的一些测试方法，包含时间成分的测试提供了对老年人肌肉爆发力的深入了解。表24.2中所列测试的细节和书面指导可以在数个网站上找到，包括但不限于专栏24.4中所列的内容。

肌肉爆发力。物理治疗师必须使用各种测试方法来评估爆发力，因为在衰老过程中爆发力的丢失速度快于肌力。肌肉爆发力直接关系到个体的自理

表 24.2　老年人群测试一览

测试名称	方法	解释 / 备注
攀爬台阶爆发力测试	非标准化测试。老年人腿部肌力、爆发力和功能表现的测试。患者攀爬台阶过程中是计时的。扶手可以用于安全保护，但不能用于辅助攀爬	此测试虽然敏感，但却有很大的可变性，且缺乏一定的标准。建议保持所有参数（步数、是否使用扶手、上下台阶还是仅仅上台阶、反向或非反向模式，以及方向）一致，将干预前后进行比较。爬楼梯是动态步态指数的一项，功能性步态评估评分是非时间性的，而是依据功能障碍程度进行评分的
自我选择步行速度和快走步行速度	直线道路长 10 m 或 20 m，去除加速和减速时间，只测试中间 5 m 或 10 m 的用时。将自我选择与快走的步态速度进行比较，以了解个体的步行功能储备	正常步行速度为 1.2~1.4 m/s，小于等于 0.4 m/s 的速度是家庭步行速度，0.4~0.8 m/s 的速度是受限的社区步行速度，0.8~1.2 m/s 的速度是社区步行速度
起立步行测试（timed up and go，TUG）	开始时坐在一张标准椅子上，计时从站起开始，步行 3 m，转身，走回到椅子，然后坐下，结束	用时大于 12 s 的老年人跌倒风险高
30 秒坐立测试	开始时坐在一张标准椅子上，计时 30 s 内完成从坐位到站立位的次数	重复次数小于等于 14.5 次的老年人跌倒风险增高
5 次坐立测试	开始时坐在一张标准椅子上，计算个体 5 次从坐位到站立位重复动作的时间	小于 15 s 临界值可预测老年人有跌倒风险
握力测试	坐在有靠背的椅子上，髋部、膝关节屈曲 90°，肩关节内收并处于中立位，肘屈曲 90°，前臂中立位，腕关节尺偏 0°~15°，前臂无检查者扶持，测力仪垂直放置，并与前臂呈一直线。最大握力取 3 次测量的平均值	女性，握力 20 kg 被认为是活动能力下降的一个预测因素。正常体重男性，此数值是 33 kg；超重男性，此数值是 39 kg；肥胖男性是 40 kg
6 分钟步行测试	测量个体在 6 min 内行走的最大距离，建议距离是 6 min 连续行走 30 m（约 100 步）。允许必要时休息。收集自感用力度和生命体征数据有助于更好地了解病情	此测试最初是为慢性呼吸疾病而设计的，现已被修订并应用于不同的人群（老年疾病、肺脏疾病、中风、帕金森病、骨关节炎患者）。老年病患者测得的最小距离是 58.21 m。社区老人在无辅助设施帮助下平均步行距离如下 年龄 / 男性 / 女性 60~69 / 572 m / 538 m 70~79 / 527 m / 471 m 80~89 / 417 m / 392 m

专栏 24.4　可查找标准测试的网址一览表

美国物理治疗协会及神经病学专科测试建议：http://www.neuropt.org/professional-resources/neurology-section-outcome-measures-recommendations
卒中评估：http://www.strokengine.ca/assess/
澳大利亚肺脏基金会肺康复工具包：http://www.pulmonaryrehab.com.au/index.asp?page=2
疾病预防控制中心老年人跌倒预防工具包：http://www.cdc.gov/steadi/[51]
老年物理治疗学会老年病检查工具包：http://geriatrictoolkit.missouri.edu/SoG-Joint-Report-2013-GCode-Tests.pdf
国际骨性关节炎研究学会推荐功能测试：http://oarsi.org/sites/default/files/docs/2013/manual.pdf
第 21 章中风康复循证综述，中风康复测试：http://ebrsr.com/evidence-review/21-outcome-measures
康复测试数据库：http://www.rehabmeasures.org/default.aspx

能力和跌倒风险，老年人的肌肉爆发力越高，自理能力就越高，跌倒风险就越低[220,238]。表 24.2 列举了多个测试爆发力的客观方法，这些方法都包含了爆发力和时间因素，它们提供了客观的爆发力的测试。在表 24.2 所列的各种测试中，握力与爆发力仅轻度相关，但这个测试是有价值的，因为它是活动能力的预测指标。此外，6 分钟步行测试（6-minutes walk test，6 MWT）考察的是个体在 6 分钟内可以行走的最大距离，以及心血管功能、肺功能和肌肉耐力对最大距离的影响。每一项测试所使用的能量途径都可以在第 7 章中找到。例如，30 s-STS 是无氧的，使用 ATP-PC 和乳酸能量途径；而6 MWT是有氧的，使用氧化磷酸化能量途径[162]。

步态、跌倒、平衡能力、耐力。步态或步行速度测试是一种常见的测试，可以预测未来的健康状况、功能衰退、跌倒风险以及对跌倒的恐惧。步行速度的增加或减慢与生活质量的改变有关[88]。

- 起立步行测试可以评估跌倒的风险，并可以进一步了解患者肌肉的爆发力、步态和平衡能力[151,160,199,219,262]。
- 30 s–STS可用来评估下肢力量、爆发力、肌肉耐力和平衡能力[51,126,165,273]。评价STS的另一个方法是FTSTS测试，它可评估肌力、爆发力和平衡能力[26,37,66]。30 s–STS可以更深入地了解患者的肌肉耐力[263]。

握力。与步行速度相似，握力可以预测死亡率、残疾和住院时间，也被认为是一个生命体征[24,25]。较小的握力值可以预测负面健康结果[24,25,69,136,158,188,241]。

老年人运动处方

多维运动方案

一个包括有氧、柔韧、平衡和抗阻训练在内的全面的训练计划应该是健康生活的一部分（图24.3），对老年人群来说是必不可少的[43,129,164]。本书第二部分已经介绍了每一项参数训练的原则，第四部分介绍了身体每一部分的训练指导。本章前面部分也已经介绍了衰老对身体系统的影响和老年人群所需的特殊关注。为了确定结构和功能障碍以及其他合并症，老年人群的详细体检对于安全的训练方案的制订是非常重要的。关键的一点是制订的训练计划应该与老年人目前的身体功能水平相匹配，在全程安全监控的基础上，身体功能逐渐提高，能够达到既定的功能目标。

老年人有氧训练

第7章中已经介绍了有氧训练的原则，包括针对冠心病患者、未受过训练的患者、慢性疾病患者以及普通老年人的特殊指导。

修订指南

在给老年人提供有氧运动指导时，重要的是要记住以下几点。

- 最大心率与年龄有关，且随着年龄的增长而减小（用220减去年龄计算最大心率是一种常见的计算方法）。
- 每搏输出量随年龄的增长而减少，导致心输出量减少。
- 由于瘦体重下降和携氧能力降低，动静脉氧差会降低。
- 久坐少动的男性最大耗氧量减少，有氧能力每10年降低10%。
- 由于外周血管阻力增加，血压增加。
- 随着年龄的增长，呼吸频率增加，最大通气量减少。

推荐

推荐的有氧运动是每周参加150分钟的中等强度（快走）或75分钟的高强度（慢跑或跑步）有氧运动，或等量的中等强度和高强度有氧运动二者的混合。也可以每次短至10分钟的运动，增加运动次数以达到推荐的运动时间[197]。

谈话测试。谈话测试比较简单，与患者面对面时可以使用。运动时，能够正常谈话与中等强度有氧运动相关，而在不呼气吸气的情况下只能说几个单词或正常谈话有困难，被认为是大强度运动。谈话测试是确定有氧运动强度的一种有效方法[50,84,194,207,268]。

老年人柔韧性训练

第4章已详细介绍了牵伸和柔韧性训练的原理。

修订指南

在向老年人群提供指导时，重要的是记住下面几点。

- 低强度、长时间的牵伸是最安全、最有效的牵伸方式。
- 随着年龄的增加，最大抗拉强度有所下降，组织应激的适应速度变慢，牵伸时组织撕裂伤的可能性增加。
- 由于营养缺乏、激素失衡和透析等合并症，

图 24.3 包括有氧训练、柔韧性训练、抗阻力量训练和平衡功能训练的多维运动方案

结缔组织可能会在较低的组织应力下受伤。

推荐

为了获得持久的柔韧性训练和牵伸的效果，积极使用新获得的关节活动度是至关重要的。

鼓励老年人群的日常活动包含举手过顶、外展和后伸等动作，以及活动躯干、颈部和四肢，并尽可能达到最大活动度。

老年人平衡训练

第8章已介绍了平衡训练的背景和训练原则，以及老年人预防跌倒的循证平衡训练计划。

关于老年人跌倒风险，本章的后面部分详细讨论了平衡训练、力量练习和特定任务练习对减少风险的重要性。

修订指南

当向老年人群提供平衡练习的指导时，重要的是记住以下几点。

- 在进行站立活动之前，要确保患者有良好的坐位平衡。
- 具备安全设施，如安全的平面，必要时患者可以用一只或两只手抓握确保安全。
- 在患者安全的情况下增加难度，应考虑：①支撑面（双足站立、双足前后站立、单足站立）；②支持平面（固定的、平的、移动的、柔软的、摆动的）；③附加动作（头、躯干、四肢，范围从小到大）；④增加干扰（预期、大小、速度）；⑤周围环境（移动或非移动）。
- 在准备好的情况下结合功能性任务：①使用扶手完成坐位到站位，渐进性过渡到不用扶手；②用足趾站立，过渡到用足趾步行；③重心回到足跟，渐进至用足跟步行；④步行，然后转身；⑤向一侧行走，后退；⑥举手过顶，向后伸，向两侧伸，再向下。

推荐

诸如太极或其他团体平衡练习计划等运动课程可以提供一个有趣的环境，这些动作模式对平衡能力有要求。鼓励每名患者在家里独立地进行平衡练习，每天至少15~20分钟，并逐渐进展到更高阶的平衡练习活动。

老年人抗阻训练

第6章已详细讲述了抗阻运动的原则和进阶抗阻训练的一般步骤。

随着个体的衰老，抗阻训练常常被忽视，但研究显示了力量训练对于维持功能独立和从各种病理状态中恢复的重要性[101,104,117,137,185,187,190,206]。高强度渐进性抗阻运动已被证明即使在年龄超过96岁的老年人中也是安全的[206]。虽然年轻人抗阻运动的原则同样适用于老年人[233]，但由于老年人的身体状况，如骨质疏松，运动方案可能需要修订。由于退行性病变，进展可能较慢。由于认知功能和生理功能的变化，需要更加关注安全性和损伤预防。由于血糖水平的波动，训练计划可能延迟。血糖水平的波动不是老年人独有的，在此专门讨论是因为糖尿病是老年人死亡的最常见原因之一，也是老年人最常见的慢性病之一。

尽管非特定性运动好于没有运动，但对于老年人来说，接受个性化检查以了解其特殊需求并制订专门的训练计划是非常有必要的，还必须结合动态监控和运动方案的调整[17]。每一次锻炼都应该包括热身、柔韧性、功能性或专门性运动，以及运动后放松活动[196]。专门性训练内容是指此前没有参与运动训练的老年人进行的功能再训练和平衡练习。

与任何患者一样，当老年人开始渐进性抗阻运动时，必须对其进行监控和对运动方案进行调整以便患者正确地进行锻炼。如果患者在运动时经常使用补偿策略或无法正确的锻炼[206]，则要在刚开始进行抗阻运动时，首先使用较低的抗阻重量以掌握正确的技术动作，再逐渐增加重复次数和抗阻重量，这样结缔组织才能适应，并达到既定的负荷[195,197]。

安全性和特殊预防措施

虽然在老年人群，抗阻训练已经被证明是安全的，但持续的运动监控是必需的，以评估是否过度训练，肌肉骨骼的问题是否加重，或是否在患者的心血管、肺或肌肉骨骼功能水平之上进行锻炼。如果症状随运动加重，应降低运动强度。在进行抗阻运动时，提倡正常呼吸，且只在无痛范围内运动[164,195]。

指南回顾和建议

运动和设备选择

根据测试结果，确定哪些肌肉和运动模式需要加强以达到既定的目标。确定安全的体位和合适的设备，以符合患者当前的能力水平，并提供挑战性的训练方案，考虑训练原则的特异性，以满足患者的需要。例如，在家庭护理环境中的患者在功能性抗阻训练中表现良好（图 24.4）。

有机会使用并喜欢健身设施的患者可能喜欢使用器械进行抗阻训练，而另一名患者可能更喜欢自由重量。对于老年人群，使用弹力带增加肌力也是非常有效的，且弹力带在临床、健身场所和家庭环境中使用很便捷（图 24.5）[89,110,148,157,238]。一些形式的抗阻训练可以达到数个目标。例如，患者可以穿着负重背心以增强肌力，这有益于增加骨密度。负重背心的使用将在骨质疏松部分讨论。使用重量训

图 24.4　家庭护理环境运动方案实例。A. 步行和爬台阶。B. 微蹲。C. 改良俯卧撑和（或）平板支撑。D. 侧身爬楼梯

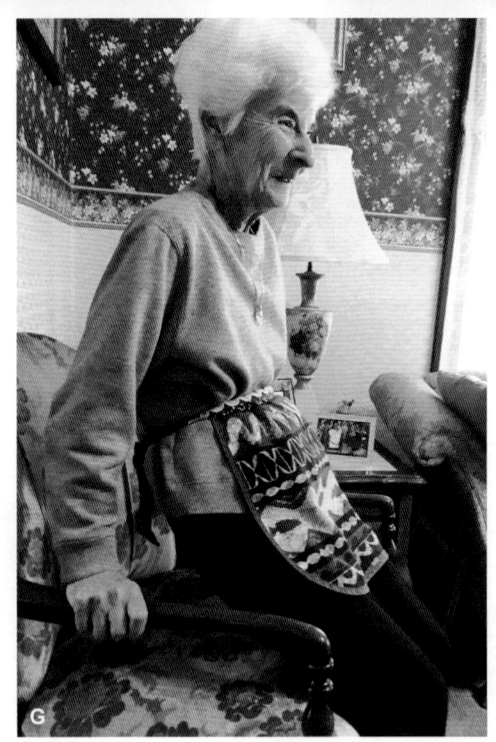

图 24.4（续） E. 髋外展。F. 提踵。G. 坐位俯卧撑 / 坐位到站位重复练习

练器械的次要好处是提高平衡能力，这是由于需要多次往返移动以启动和关闭运动设备。如果患者在 8 台器械上做了 3 组 10 个不同的练习，那么将会产生大量的往返移动。

表 24.3 提供了一些运动建议，老年人可以在抗阻运动方案中训练到 8~10 组肌群。许多训练都可以在脊椎和四肢的相关内容中找到详细说明（第 16~23 章）。

调整运动和设备选择

如果老年人存在肩关节骨关节炎、肩袖损伤、

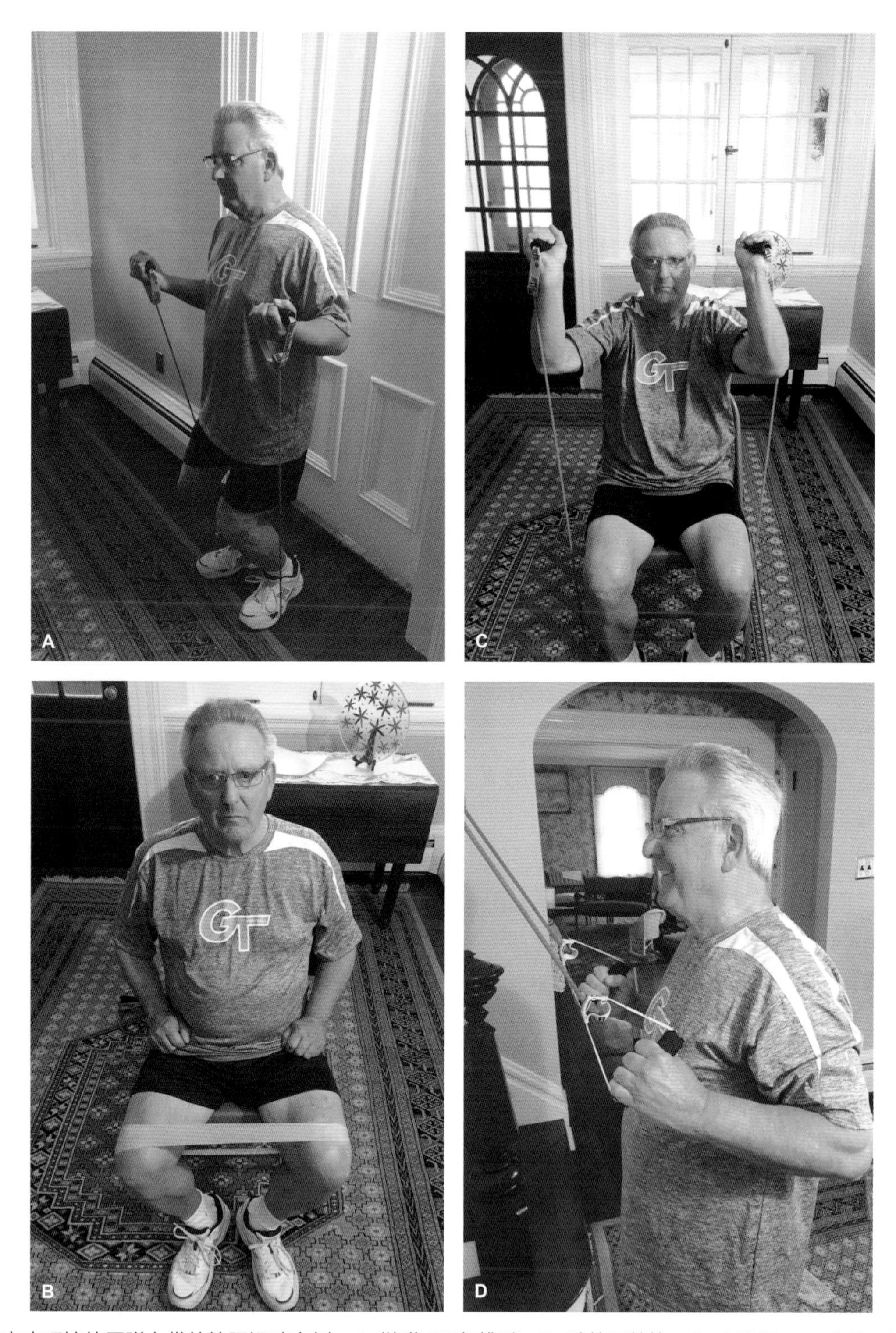

图 24.5　家庭环境使用弹力带的抗阻运动实例。A. 微蹲 / 腿部推蹬。B. 髋外展外旋。C. 肩推举。D. 高位下拉

骨质减少或关节活动度下降，需要对运动方案进行调整，以适合老年人的身体功能（图 24.6）。运动不应该产生疼痛或使潜在问题加剧。例如，躯干屈曲或仰卧起坐将导致椎体受压，骨质疏松患者应避免上述动作，可以在健身球或 BOSU 球上做局部范围的运动，保持脊柱中立位，避免躯干完全屈曲。

运动方案的调整也适用于失去独立步行能力的人群（图 24.7）。患者的具体情况决定了如何选择干预措施。例如，如果患者空间有限，厨房台面可

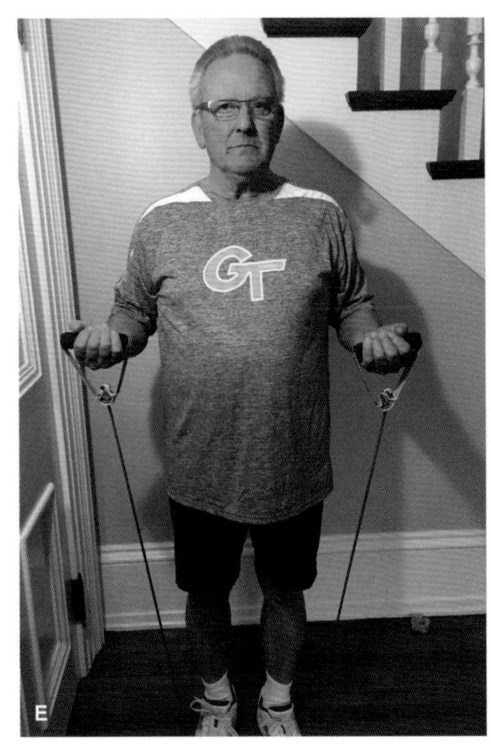

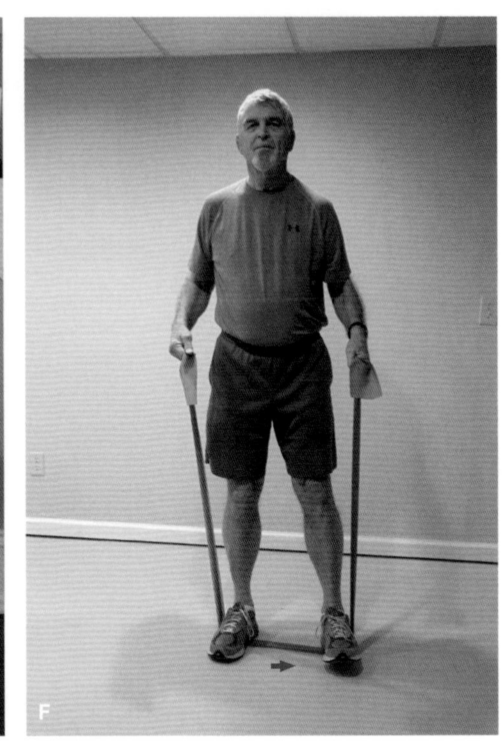

图 24.5（续） E. 肱二头肌屈曲。F. 负重髋外展侧方行走（或重复髋外展）

以提供一个稳定的平面进行闭链运动和平衡功能练习（图 24.4 B、C、E、F，图 24.9）。

运动强度

运动强度取决于负荷、重复次数和组数，第 6 章中已有讲述。

Avers 和 Brown[16] 的研究显示，当抗阻运动所用阻力低于 60% 1RM 时，测试显示肌力仅有 5%~10% 的轻度增加，肌力增加是运动单位募集和运动学习的结果，而不是肌力的真正增加。抗阻训练开始时肌力最初的快速增加是由神经适应和运动学习导致的。患者经常无法坚持运动方案而放弃，但只有 12 周的坚持才能获得真正的力量增加[210]。因此，治疗师教育患者在出院后继续坚持运动是至关重要的，患者在出院后可以参加以社区为基础的运动方案，或单独锻炼。

Borg 量表。原始的 Borg 6~20 级量表（见第 25 章的专栏 25.4）是为了配合心率反应而设计的。也就是说，9 分的分数表示相当轻松，心跳为 90 次 / 分[30]。但 6~20 级的量表很难理解，所以修改为 0~10 级的量表（见第 6 章专栏 6.6）。两种形式的 Borg 量表都是对运动强度的主观测量，提供了有价值的评判运动强度大小的依据。为了确定 60% 1RM 的强度，可以采用多种方法。Avers 和 Brown[16] 的研究指出，60% 的阈值相当于个体自感用力度（RPE）在原始 Borg 量表数值为 12~13 时，或修改后的 Borg 量表数值为 3~4 时重复 15 次的强度。此强度可描述为很轻松至中度用力。无论是使用原始还是修改后的 Borg 量表评估运动强度，花费时间解释测得的 Borg 量表得分的意义都是非常重要的。建议患者结合所有的感受，包括身体压力、用力程度和疲劳等，对用力程度和疲劳等级进行评估，避免把注意力集中在某一方面比如腿部疼痛。治疗师应该通过向患者重复该数字来确认患者的自感报告用力程度。当患者服用影响心率的药物，或心率测量存在困难时，任一形式 Borg 量表的使用都是非常有用的[29,148,195]。

抗阻大小的确定。另一种正确选择运动强度的方法：在较低的强度下教授正确的动作，观察运动表现，查看是否存在动作质量的改变，如肌肉代偿或是无法完成全范围的动作（见第 6 章，专栏 6.2）。如果患者能够完成 8~15 次重复，那么此强度是合适的。如果无法完成 8 次重复或有肌肉疲劳

表 24.3　使用器械、负重和动态持续外部阻力对老年人主要肌群进行的抗阻训练

肌群	器械	负重训练	使用自由重量、弹力带、重力球、缆索系统等进行动态持续抗阻训练
髋伸肌群	腿部推蹬机 伸髋器械	桥式运动（膝关节屈曲程度低时，腘绳肌募集程度更高；屈曲程度高时，臀肌募集程度更高）	伸髋 屈膝 伸髋同时屈膝
膝伸肌群	伸膝器械	微蹲 靠墙蹲 踏步 弓箭步	直腿抬高 股四头肌长短弧伸膝
髋外展肌群	外展髋器械	站立位髋外展，一侧下肢外展，负重下肢等长收缩 弹力带位于大腿下端或踝关节处，行野兽步伐	仰卧、俯卧、侧卧位髋外展 侧卧屈腿抬高 站立位，弹力带髋外展
髋外旋肌群		弹力带位于膝关节，行野兽步伐 对角线髋外展 / 弹力带位于踝关节处外旋锻炼臀中肌	坐位或侧卧位，弹力带位于膝关节处屈膝外展
踝跖屈肌群	腿部推蹬机	提踵	负重提踵 足底弹力带长时间站立
躯干屈肌群	直轮式腹部机 禁忌证：潜在的或已诊断的骨质减少 / 骨质疏松时的躯干屈曲。替代方法是稳定性练习	平板支撑 侧平板支撑 用大健身球滚动 如果疼痛，调整运动，必要时肩关节减少屈曲	屈膝两头起 / 仰卧起坐 稳定性渐进运动，仰卧位开始，到坐位、站立位抗阻 禁忌证：骨质疏松 / 骨质减少者不宜躯干屈曲
躯干伸肌群	躯干伸展机 注意：关节炎或椎管狭窄可能引起神经症状	桥式运动	稳定性渐进训练，从双手双脚着地开始，进展至坐位、站立位抗阻
肩胛骨后缩肌群 肩伸肌群	下拉机，划船机	角挤压 墙角施压（背对墙角）	Y 和 T 位置俯卧位负重或在大健身球上；坐位使用弹力带或缆索系统
肩外旋肌群	缆索系统		侧卧位或坐位肩外旋
肩外展肌群	侧平举器械	四足对角或平面移动 在墙上移动球	侧举 肩关节前屈 肩关节后伸
肘屈肌群	胸前弯举机	俯卧撑或辅助俯卧撑；使用辅助可以更好地完成俯卧撑动作；坐位俯卧撑	屈肘
肘伸肌群	伸肘机	俯卧撑 墙壁俯卧撑	伸肘

的体征，则应减轻重量。如果 15 次重复很容易，则应该增加重量。表 24.4 推荐了一些力量训练方案，供老年人选择使用。

组数

Ribeiro 以及他的同事们[210]对进行 12 周训练的老年女性进行了研究，发现在增强肌肉力量方面，进行 3 组抗阻训练比进行 1 组抗阻训练更有效。因此，当患者在物理治疗之后继续被建议进行渐进性抗阻运动训练时，如果目标是继续增加肌肉力量，那么就推荐进行 3 组抗阻训练[210]。Ratamess 和他的同事们[205]建议，在中等速度组之间休息 1~2 分钟，但对于高速训练，则需要 3~5 分钟的休息时间。在这段休息时间内，不应坐在仪器设备上，建议患者采用主动恢复的方式，使用不同的肌群。如专栏 24.1 中的案例 1 所述，为了对 Lou 进行主动恢复，他在蹬腿机上进行一组力量训练，然后在腘

图 24.6　调整后满足老年人需求的运动实例。A. 健身球局部活动而无躯干屈曲的腹肌力量练习。B. 坐位平衡结合姿势性伸肌力量练习。C. 用墙壁提供触觉信号的姿势训练。D. 有支持的负重跖屈肌训练

绳肌屈曲机上进行一组训练，再次在划船机上进行一组训练，最后进行一组下蹲动作。在完成所有四项运动的第一组后，他会重复第二组，然后是第三组，通过不同肌群的循环提供必要的休息或恢复。

训练的频率

当训练强度在 60% 时，建议在相同肌群的抗阻训练之间有 24~48 小时的间隔，以使肌肉安全适应[129]。在各种训练场合中，如急性护理，亚急性

图 24.7　调整后满足坐轮椅老年人需求的运动实例。A. 使用弹力带的肩胛骨前伸抗阻训练。B. 坐位登台阶（患者功能提高后增加负重）。C. 坐位双足着地俯卧撑。D. 坐位对角线持球（可使用重力球）

康复和专业护理，患者可能每天就诊一次或两次，每周 5~7 天。在这些情况下，应关注不同的肌群或不同的活动，如特定任务的技能、姿势、平衡、耐力、力量训练和肌肉牵伸，两组动作应交替进行，以便组织能够安全地适应 [16]。在考虑功能性干预的潜在需求时，纳入其他方面的康复干预措施，如神经肌肉再学习、平衡功能训练，是非常有益的。建议采用下一节所述的全面的锻炼计划 [129,157]。进

表 24.4 三种老年人抗阻训练方案

强度	组数	每组重复次数	频率	进阶	爆发力
Avers 和 Brown 的建议方案 [16]					
60% 1 RM 是最低运动负荷	未训练个体 1 组（可以的话多做几组，但受伤风险会增加）	按所需强度确定重复次数	每周 2~3 次，每组肌肉休息时间为 24~48 小时	能完成 12~15 次重复后增加 2%~10% 的负荷	初始负荷为 20% 1RM，每次 2 组，能在无痛和动作准确的情况下完成，应逐渐增加至 60% 1 RM
Haskell 等和 Nelson 等的建议方案 [179]					
中等到大强度（修改后 Brog 量表 3 为中等强度、5 为大强度）	如果目的是增加肌力，则做 1 组；2~3 组效果更佳	8~12 次重复	≥ 2 次 / 周	逐渐增加重量或训练天数	没有提及
Symons 和 Swank 的建议方案 [233]					
50%~80% 1 RM	2~3 组	10~15 次重复	2~3 天 / 周	未标明	必须将高速训练与抗阻训练相结合

行力量训练以强化骨骼和肌肉的最低频率是每周 2 次 [129]。

运动的速度——爆发力

随着年龄增长，肌力不断下降，这归因于Ⅱ型肌纤维的减少和肌肉收缩速度的降低 [112,208,213]。在肌肉基础力量未形成之前，不应对老年人进行爆发力训练，即在增加爆发力训练内容之前，老年人有每次能够完成三组训练的能力。

为了提高爆发力，低强度的快速运动被认为是最实用、最被广泛接受的一种方式 [208]。患者应尽可能快地完成每次重复的向心运动，与之相应的离心 – 向心运动的循环周期为 2~3 秒 [110,167,208,232]。表 24.5 提供了老年人力量训练的指导方针 [112]。与抗阻训练类似，爆发力训练之后，建议有 48 小时的恢复时期。Mizko 和他的同事们 [208] 发现，在提高社区居住的老年人功能（平均年龄 72.5±6.3 岁）方面，爆发力训练比力量训练更有效。

训练进阶

在执行锻炼计划时，其他人群也遵循相同的指导方针，但也要持续监控患者的安全以及可能发生的损伤或过度疲劳。从低强度开始逐渐提高训练强度是非常有必要的。

老年人的功能训练

功能训练通常是为了获得独立性或改善基本活动，如蹬台阶、椅子上起身和坐下、手臂上举取物或俯身取物，或者只是步行。效率、完成任务的时间、努力程度和任务的质量都会影响干预措施的设计。表 24.2 描述的测试将有助于指导治疗师设计合适的干预措施以增强患者功能。因此，如果问题是坐下与起立，那么患者需要努力来完成这个任务。如果最初肌肉太弱以至于无法完成功能，那么专注于特定的无力肌肉进行的力量运动也会成为运动干预的一部分。

表 24.5 老年人爆发力训练和抗阻训练结合指南 [112]

第一组	重复 8 次	45% 1 RM
第二组	重复 8 次	60% 1 RM
第三组	≥ 8 个重复	75% 1 RM
每个重复的向心运动应尽可能快地执行，离心运动应控制约 3 秒		

老年人常见疾病和锻炼建议

在美国，随着人口老龄化和人口预期寿命的提高，许多影响老年人的疾病变得更加普遍。本部分内容在讨论锻炼干预之前，将对出现在老年人身上的几个常见问题做一个背景介绍。临床诊断并不能确定治疗计划，尽管对医疗情况的了解可以提醒治疗师注意干预措施的特殊注意事项、预防措施，和（或）禁忌证。医疗诊断应与临床检查结合使用，以确定结构和功能损伤，并建立切实可行的目标，以提高功能性活动的参与性。本节介绍老年人常见的疾病和诊断，包括跌倒、骨质疏松、肌少症、骨性关节炎、肥胖症、癌症、2 型糖尿病和尿失禁。这些内容都将进行简要描述，并交叉引用本书中其他章节中所提供信息。

老年人跌倒

背景

随着人们年龄的增长，跌倒次数随之增加。每年有 1/3 的老年人有过跌倒的经历，其中 20% 的跌倒造成了严重损伤 [17,51,90,109,116]。跌倒发生率在福利院的老年人中甚至更高。在过去十年中，直接归因于跌倒伤害的死亡人数有所增加，预计随着婴儿潮一代的老龄化，这个数字还会继续增加。

跌倒风险评估

所有老年人患者都应该筛查跌倒风险 [17,51]。每位患者都应该被问询以下问题。

1. 在过去的一年里，你跌倒过吗？
    - 如果有，跌倒过几次？
    - 如果有，跌倒造成了身体的损伤吗？
2. 当你站立或步行的时候，有没有觉得不稳？
3. 对于跌倒，你有恐惧感吗？

以上三个问题来自 CDC 的防止老年人事故、死亡和损伤（Stopping Elderly Auidents, Deaths, and Injuries，STEADI）计划 [51]。筛选项目 1 和 2 是 Avin 及其同事在老年人物理治疗学院临床指导声明中关于社区居住老年人跌倒管理的建议 [17]。并非所有 65 岁及以上的患者都需要进行多因素跌倒风险评估，但对于过去 12 个月内曾出现过跌倒，步行或平衡困难，或担心跌倒的老年人来说，筛查至关重要 [17]。

临床提示

来自 CDC 的 STEADI 老年人跌倒预防工具包，对所有从事老年人工作的治疗师和助理都很有价值，网址是 http://www.cdc.gov/steadi/index.html. STEADI，提倡为医务人员和老年患者提供一个全面的工具包，工具包包含健康宣教信息、教学视频和网络在线讨论。图 24.8 给出了由 STEADI 提出的跌倒风险评估和干预法则，该法则作为筛选、检查、干预的指南，对物理治疗师而言，是非常有用的。这些物理治疗师专门服务于存在跌倒风险的老年人 [51]。

锻炼对于降低跌倒风险的重要性

一个全方面的治疗方案应纳入到患者的干预措施中来。该方案包括抗阻练习、平衡练习、特定任务训练（步态、从坐到站、从地面上站立起来），改善周围环境带来的危险，以及选择合适的鞋子 [17,145-227]。APTA 的老年人物理治疗学会根据充分的 1 级证据列出了这五项具体建议 [17]。

非特异性运动，低强度运动和大众的群体运动计划可能无法满足老年人的需要并减少跌倒风险 [17]。老年人应认识到长期坚持是很关键的：至少 50 小时有挑战性锻炼量（如 2 小时 / 周，至少 6 个月）是必要的 [17]。改善不会自行发生，并且所需时间超过保险公司批准的时间。因此，对坚持执行规定锻炼计划的重要性进行宣教是至关重要的。

抗阻训练

老年人的力量训练可以提高平衡功能和减少跌倒的发生 [137,145]。跌倒的原因是多方面的，双腿无力是内在风险因素。加强躯干和下肢力量训练可以降低跌倒发生的概率 [68,137,187]。已发现力量训练有益于姿势控制并减少稳定训练期间反应的变化 [68]。此外，增强躯干肌肉力量已被证明可改善老年人日常生活能力，包括提高上肢和下肢的使用效率和改善平衡功能。Grenacher 及其同事的系统综述 [96] 支持使用核心加强和普拉提练习，作为老年人传统平衡和（或）抗阻训练计划的辅助或替代方案。

太极拳

太极拳是几个世纪前从亚洲兴起的一项心灵和身体练习。它集姿势控制、柔和动作、精神专注、呼吸和放松于一体，并已被证明有利于降低跌倒风险 [130,148,173]。太极拳还有益于心脏疾病、癌症和其他慢性疾病，如帕金森病、骨关节炎和纤维肌痛。据报道，它可以改善疼痛、睡眠和焦虑 [173]。当练习太极拳时，力量、自我意识、深呼吸、静态和动

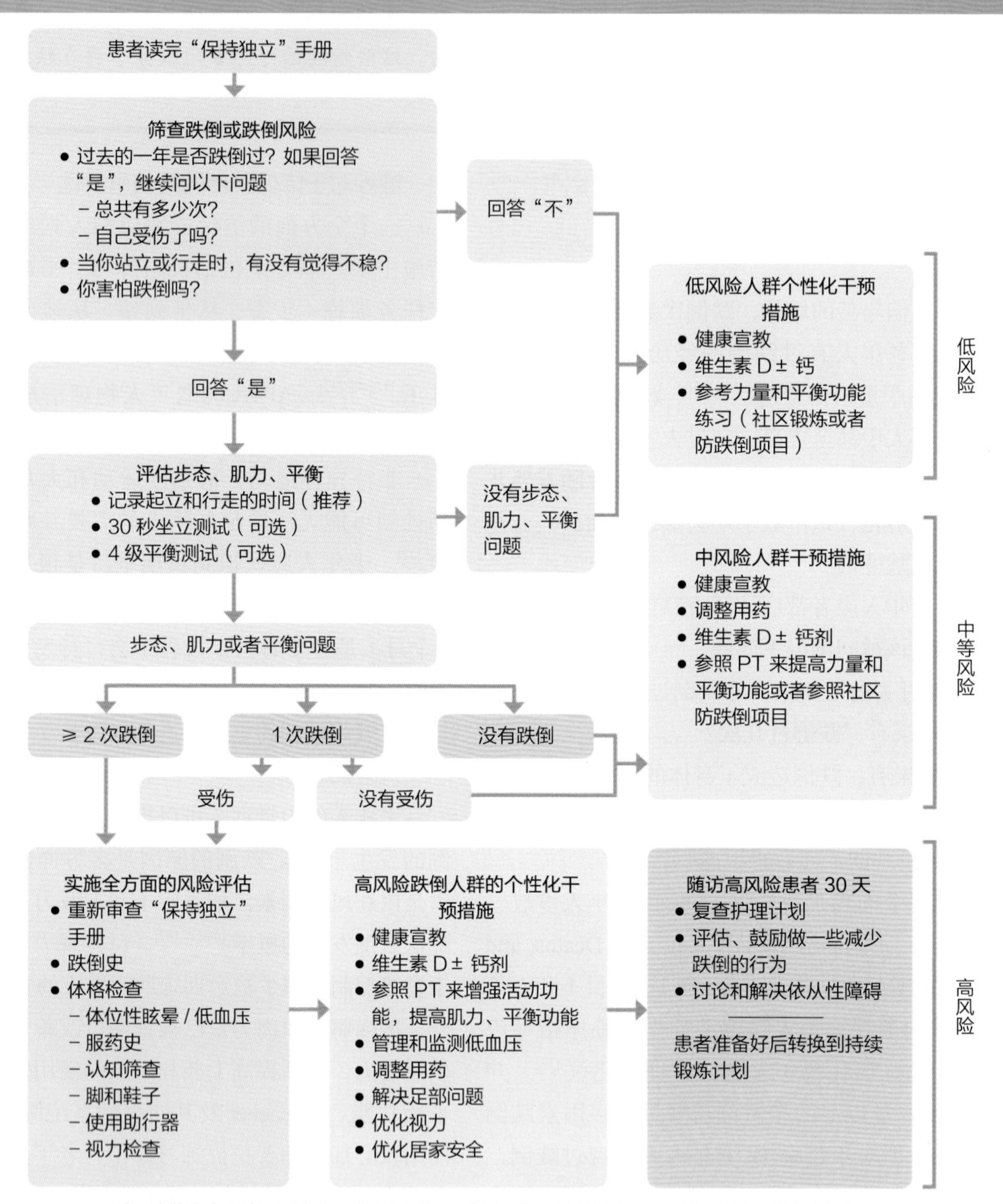

美国疾病预防控制中心，国家预防控制伤害中心

STEADI 防止老年人事故、死亡和损伤

图 24.8　用于评估跌倒风险的原则和来自 STEADI 的干预措施（http：//www.cdc.gov/steadi/，经许可转载）

态平衡、ROM、耐力、定位和姿势意识、负重和放松都被结合到太极拳的各种动作中[130,148,173]。

平衡训练

维持平衡的能力需要本体感觉、视觉和前庭系统的复杂整合，所有这些都会受到衰老的影响。第8章详细描述了平衡障碍的危害，并描述了风险评估（表 8.2 和表 8.3）和干预措施（见第 8 章中的专栏 8.4 和专栏 8.5，表 8.4 及相关图片）。与渐进性抗阻练习类似，平衡干预措施也应在安全的前提下逐渐进行（图 24.9）。

图 24.9　在家庭环境中，通过调整双手的支撑力来练习平衡运动。A. 双手轻轻地放在支撑面上，闭眼以提高难度。B. 双手悬空于支撑面上方，不接触台面，闭眼以提高难度。C. 单腿站立。D. 双脚前后直排站立

骨质疏松

背景

骨质疏松被认为是最常见的导致骨折的风险因素。女性 30 岁时，骨量达到峰值，80 岁时损失约 30%。骨质疏松是与髋部骨折的发病率和死亡率关联性最高的三种骨科疾病之一。髋部骨折导致的骨折后 1 年内死亡率高达 25%，另外 25% 的患者需要长期护理，而 50% 的患者不能完全恢复[184]（有关病理性骨折和预防措施的讨论，请参阅第 6 章和专栏 6.14；骨质疏松的详细说明和运动干预的建议请参阅第 11 章）。

干预措施的考虑

力量训练、负重训练、姿势伸展训练是针对老年人骨质疏松或骨质减少的典型一级预防、二级预防和三级预防措施。通常需要与饮食均衡、充足的钙和维生素 D、戒烟、最低限度的饮酒、跌倒预防策略以及可能的药物干预相结合[184,265]。专栏 24.5 总结了治疗患有骨质疏松或有骨质疏松风险的老年人的注意事项和建议（另见第 6 章专栏 6.14，了解抗阻训练的相关内容）。

运动对治疗骨质疏松的重要性

姿势训练

要避免骨质疏松患者或有骨质疏松风险的患者压缩性骨折的发生，采用脊柱伸展和姿势练习是至关重要的。Schultz 及其同事们[184]发现，当躯干屈曲 30°，手臂贴紧胸部时，第三腰椎的压缩负荷是 1800 N，当每只手握住 4.4 磅（约 2 kg）的重量时，第三腰椎的压缩负荷为 2610 N，这显著大于使骨质疏松椎骨骨折所需的 300~1200 N 的力[77]。

抗阻训练和负重练习

利用抗阻训练和负重练习，使肌肉收缩，对脊柱和四肢产生机械负荷，刺激成骨细胞活动，以改善骨密度，降低骨折风险[27,118,200]。为保持骨骼健康，建议进行负重和耐力运动（每周 3~5 次），以及抗阻运动（每周 2~3 次）[134]。对骨密度下降的老年人进行抗阻运动的有效性系统评价得出的结论表明，抗阻训练有利于自我报告的身体功能和日常生活活动能力的提高[265]。

负重运动，如散步，慢跑和爬楼梯也有改善心肺功能的好处。表 24.6 总结了骨质疏松的三级管理。

负重背心

另一个不太常用的选择，就是使用负重背心。它在治疗骨质疏松方面也起到了积极的作用（图 24.10）[110,218,224,267]。负重背心也用于力量训练、步行和其他活动。负重背心在锻炼、步行和日常活动时增加了阻力和体重。当佩戴者进行身体活动时，背心增加了个人体重，可以刺激骨密度增加。

推荐使用负重背心的指南。背心的重量是可调节的，大部分的重量都落在骨盆上，这是不易导致疼痛的区域。与使用矫形器类似，使用负重背心时，应循序渐进进行。Shaw 和 Stone[218] 使用的起始重量为体重的 5%，然后慢慢增加 1%~2%，直至达到体重的 10%。随后每 2 周重量逐渐增加 0.5%~1%，直至达到体重的 20%。建议每周穿 3 天负重背心进行抗阻训练，如跳跃或日常运动数小时[85,218,224,267]。出售背心的网站建议使用者每周佩戴 5 天，每天 1 小时，背心最大重量约为 7 kg[85]。由于缺乏与临床使用相关的临床依据，本章的作者建议监测患者保持良好姿势的能力，并在没有疼痛的情况下逐渐增加背心重量，直至达到所需重量。同样地，使用背心的时间从短时间开始，逐渐增加。只要个体能活动并且适应，低体重人群也应该

专栏 24.5　治疗骨质疏松患者的注意事项和建议

注意事项

- 身高缩短超过 3.8 cm 会增加椎骨骨折的可能性[184]。
- 脆性骨折的高风险。
- 当躯干处于屈曲状态时，椎骨承受较大的压缩负荷。
- 只有 20% 的骨质疏松性压缩性骨折患者接受治疗。

建议

- 筛查所有有跌倒风险的老年人。
- 利用 FRAX 筛查所有骨折风险的患者[193,269]。
- 宣传风险和锻炼的重要性。
- 让患者做以下训练。
  - 每周进行 2~3 次负重训练、力量和抗阻训练，以及躯干姿势的伸展训练。
  - 每周进行 3~5 次耐力、负重活动。
  - 在躯干非屈曲状态下进行核心和腹部力量练习。
  - 在脊柱中立位时保持良好的身体力学状态。
  - 为骨密度筛查和营养咨询的患者提供合适的推荐。

表 24.6 骨质疏松的三级管理

级别	说明	临床举例	问诊，测试和解决措施	干预措施
一级管理	通过相关策略预防易患骨质疏松和骨质减少个体该疾病的发生，促进健康	56 岁女性因桡骨茎突狭窄性腱鞘炎就诊。她有骨质疏松家族史；2 年前月经停止。经检查，患者很瘦但肌肉正常	你的身高变矮了吗？ 年轻的时候骨折过吗？ 你吃过类固醇吗？ 你是否经常抽烟或喝酒？ 询问是否愿意接受整体检查，测量身高，客观姿势测量，如耳郭贴到墙；采用 FRAX	重点放在教育、姿势和负重练习、抗阻训练、健身操和营养
二级管理	通过筛选进行骨质疏松或骨质减少的早期诊断；早期诊断可以启动干预	一名 60 岁女性，诊断为骨质疏松。她接受了 PT 治疗，用于治疗 C4~5，C5~6 和 C6~7 的椎管狭窄和腰椎间盘突出、颈部疼痛和神经根症状。她正在保守治疗，并已开始服用钙剂和骨质疏松药物，以在手术干预和脊柱融合前增加骨密度	评估显示骨髓改变，肠和膀胱受累，平衡功能减退，腿部无力和反射亢进 关于身体生命体征（PAVS）的问询；患者进行了什么类型的锻炼以及他是否愿意调整或做出改变 评估腱反射，巴宾斯基 - 霍夫曼反射和踝阵挛	干预措施与一级预防相同，但强调渐进性步行和负重练习
三级管理	临床诊断骨质疏松和脆性骨折的存在，干预措施旨在限制残疾程度，促进功能恢复，并最大限度地限制疾病进展	75 岁女性，平地步行跌倒，股骨颈脆性骨折后 10 周。既往史显示 2 次椎体压缩骨折，身高减少了 7cm。患者在家里进行保健治疗（最近从专业护理机构回到家中）。患者使用标准手杖，以分担身体重量，辅助步行	询问患者是否在休息或活动时感到疼痛，询问当前的功能水平和之前的功能水平。 患者是否担心跌倒或有任何活动的自我限制 进行客观评价测试，如步速，TUG（起立步行测试），30 s-STS（30 秒坐立测试），握力和姿势	注重功能。随着功能的改善，循序渐进增加难度。采用任务专项训练和负重训练

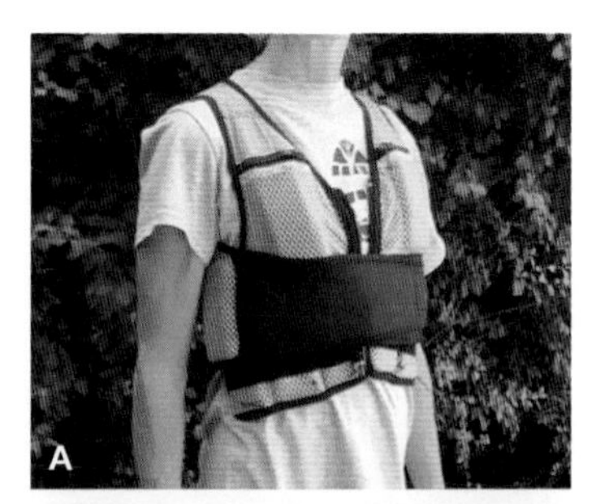

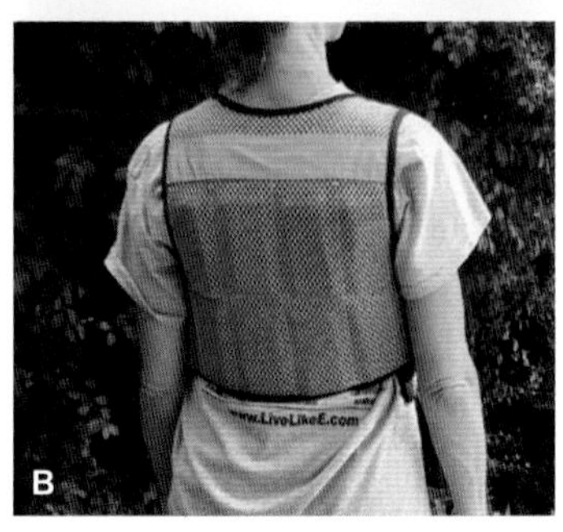

图 24.10 用于治疗骨质疏松的负重背心，可增加身体重量进行抗阻运动。A. 正面观。B. 后面观

使用负重背心。如有必要或为了应对医疗变化，应适当调整负重。儿科物理治疗和感觉处理障碍的指南不适用于老年人。

已知体重指数（BMI）小于 21 kg/m^2 是低骨密度的危险因素。对于体重指数较低的人，体重指数大于 21 kg/m^2 时，才可以使用负重背心进行合理的最大负荷的抗阻运动。

注意：由于身体的脆弱、疼痛或虚弱，有些患者可能无法适应负重背心 [224,267]。

聚焦循证

一项为期 6 个月的研究，对 42 例骨质减少患者进行了为期 1 年的随访，其中包括渐进性的锻炼和教育计划，目的是建立干预的可行性和依从性，识别任何不良事件，并记录下肢功能的变化。该计划的抗阻训练包括在锻炼期间使用负重背心增加阻力，在治疗师的监督下进行 2 次 / 周，在家自行锻炼1次/周。31名参与者在1年随访中获得的数据显示，该计划是可行的，有很大程度的进展，并且有很高的依从性，没有不良事件发生。股骨大转子骨密度以及股四头肌力量和动态平衡有显著改善，下肢功能整体改善[102]。

肌少症和衰弱

背景

Sarcopenia（肌少症）这个词来自希腊语 sarx（肉体）和 penia（贫穷）[240]。它与随年龄增长的肌肉减少有关。肌少症会引起一系列反应，包括平衡、步态和身体功能的衰退[63]。这种疾病是从人们30岁开始发病，每10年逐渐减少3%~8%的肌肉质量，并且影响30% 60岁以上老年人，以及50% 80岁以上老年人（图24.2）[70,73,117,155,203,220,230,240]。常规抗阻运动与蛋白质摄入是必要的，可以减少肌肉量的损失。Marcell[155] 报告说："唯一一致同意的干预措施……（针对肌少症）是定期体育锻炼，对老年男性和女性进行负重训练。"

肌少症性肥胖。一个同时患有肌少症和肥胖症的人被描述为患有肌少症性肥胖（图24.11）。肌少症性肥胖的概念是指骨骼肌质量相对于脂肪组织来说是不足的[63]。该诊断是基于对大腿脂肪质量和骨骼肌质量的测量，采用双能X射线吸收法（dual–energy x–ray absorptionetry，DXA）或磁共振成像（MRI）。据估计，在60岁以上的人群中，有4%~12%的人患有肌少症性肥胖。这种疾病可以通过减少脂肪摄入、增加蛋白质摄入和抗阻训练来控制[63,70]。

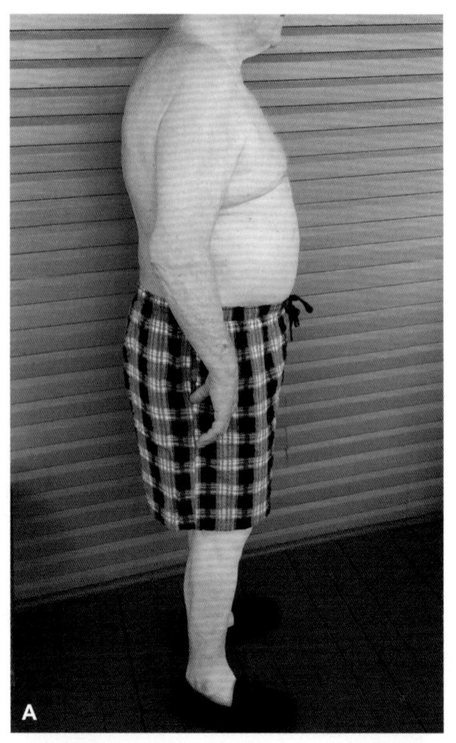

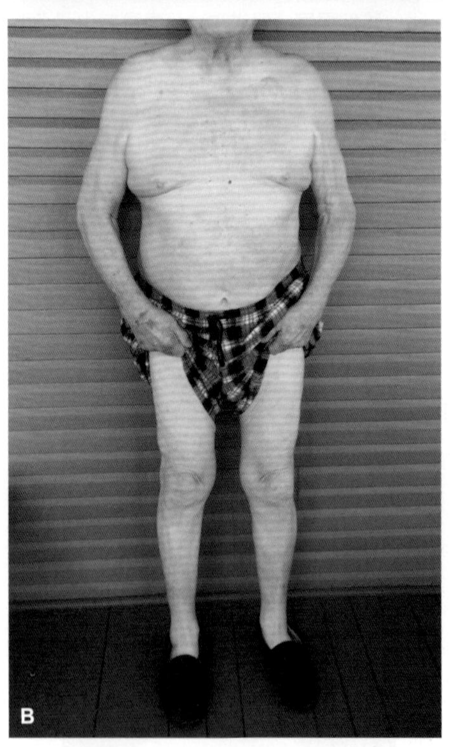

图24.11　一位患有肌少症性肥胖的老年人。A. 侧面观。B. 正面观。显示腿比手臂存在更明显的萎缩

干预措施的考虑

治疗衰弱的老年人时，治疗者应考虑老年人疲劳骨折的风险、失去平衡和跌倒的可能性、患者的营养以及锻炼计划的需求是否超过营养摄入（请参阅第6章和专栏6.14讨论的病理骨折和预防措施，以及第8章的平衡和跌倒的相关信息）。

锻炼对控制肌少症的重要性

肌少症是多因素引起的，部分原因在于身体活动不足和在高强度、无氧运动中募集的快肌纤维（Ⅱ型肌纤维）的萎缩。身体活动不足加上运动单位的重塑，激素水平和蛋白质合成的降低可能会导致肌肉减少。幸运的是，通过抗阻运动，肌肉减少可以得到部分逆转或减缓进展[53,63,70,117,155,189,203,220,229,230,240]。

骨关节炎

背景

骨关节炎（OA）是一种常见的慢性疾病，在 65 岁以上的老年人中，有 30%~50% 的人患有这种疾病[147]。在老年人中，OA 是最常见的一种关节炎，最常发生的部位是膝关节，其次是髋关节[159]。80% 的老年人至少有一个关节出现这种磨损性退行性疾病。手部受累的情况经常发生，但膝关节和髋关节受累的情况更严重（有关 OA 的详细描述和治疗管理指南，请参阅第 11 章；还可参阅第 15 章、第 17~22 章，以了解关于治疗脊柱和四肢关节 OA 的具体指导方针）。

干预措施的考虑

最初见到老年患者时，治疗师可能会注意到患者的手，发现远端指间关节和近端指间关节分别存在赫伯登结节或布夏尔结节（Heberden or Bouchard nodes）的情况。患者也可能有膝内翻、膝外翻、跟骨外翻或其他与 OA 有关的畸形。

OA 患者必须重视运动，学会如何在疼痛加重期进行自我管理，以及如何在不疼痛的时间段加强力量训练、牵伸训练、平衡训练和有氧运动。将生物力学知识与患者锻炼的情况结合起来，对于指导患者进行正确的锻炼至关重要。为了获得自我管理疾病的能力，患者必须了解正确动作的影响，以及在进行锻炼时预期的结果，而不是抱着“不劳无获”的想法。

治疗 OA 患者时应注意以下几点。

- 避免在不稳定的关节上进行剧烈的重复性运动。
- 使用自有重量或弹力带时，如果患手疼痛影响抓握，要格外小心。
- 观察患者运动的动作、表现和反应，并在发现错误动作时进行纠正。
- 当患者疼痛、疲劳、衰弱或关节肿胀时，应调整方案，以减少关节的压力。
- 关节急性痉挛时，避免牵伸、力量训练和有氧运动，以防止症状加重，但在症状允许的情况下，可继续做 ROM 训练和平衡活动。
- 强调每天至少有 1 次关节的全范围活动，以防止关节活动受限。

减肥或保持理想的体重可以减少压力，但必须考虑到它与骨质疏松相关的骨折风险升高有关。

锻炼在管理 OA 中的重要性

患有 OA 的老年人应努力锻炼身体，减少发生其他慢性疾病的风险，并减轻体重。另外，缺乏活动可进一步加重 OA 的严重程度，导致跌倒、骨质疏松和肌少症。不幸的是，许多 OA 患者正在经历疼痛，因此不愿进行锻炼和身体活动。Mat 等[159]报道，膝关节骨关节炎是老年人跌倒的风险因素，而力量训练、太极拳和有氧运动可以改善老年人的平衡能力并减少跌倒的风险。经常锻炼对 OA 患者有很多好处。运动已被证明可减少疼痛，同时提高患者的身体功能、生活质量和心理健康[197]。例如，每周进行 130~150 分钟的中等强度的有氧运动，有助于控制疼痛，提高日常活动能力，改善生活质量，降低疲劳程度并改善 ROM。同时有利于更好地控制体重以及减少代谢异常[141]。

本书第 9 章重点介绍水疗。经研究，持续 12 周的水疗有益于髋关节和膝关节 OA 患者减轻疼痛，也可能改善功能障碍人士的自我感受，提高其生活质量[19,113]。

肥胖症

背景

困扰美国的肥胖症正在成为一个全球性的问题。美国不再是世界上肥胖症发病率最高的国家[225]。对于包括老年人在内的所有年龄组，肥胖症患者都正在增加[251]。据估计，1980~2013 年，全世界超重或肥胖的男性增加了 36.9%，女性增加了 38%[181]。美国 65 岁以上的人口中超过 33% 是肥胖的；年轻老年人发病率最高，老老年人发病率最低[80]。肥胖的并发症可能会加剧老年人的其他问题。腹壁多脂症与肥胖症发病率和死亡率的提高有关[270]。

身体成分的变化

随着年龄的增长，身体成分也随之发生变化，非脂肪组织减少，脂肪组织增加，以及椎体压缩和脊柱侧弯导致身高变矮。通过测量腰围来评估腹壁多脂症，可帮助临床医生了解个人健康状况[61,123,174,176,177,198,253,271]。根据美国国立卫生研究院的资料，虽然腰围和BMI是相互关联的，但腰围提供了更好的独立的风险预测[176]。美国心脏协会与国家心脏、肺和血液研究所制订了腹部肥胖的标准：女性腰围大于88 cm，男性腰围大于102 cm。国际糖尿病联盟[236]对不同性别的个体采用不同的分界点，女性的分界点低于80 cm，男性的分界点低于90 cm。对身材矮小或身材非常高大的人来说，腰围应不到身高的一半。例如，如果女性患者的身高是1.44 m，则她们的腰围应小于72 cm。这比使用88 cm的标准更合适。

除了测量腰围外，颈围也可能为评估阻塞性睡眠呼吸暂停（obstructive sleep apnea，OSA）提供线索。妇女颈围大于等于40.6 cm，男性颈围大于等于43.2 cm，以及超重或肥胖都是OSA的风险因素[4]。OSA的患病率在中年人和老年人群中呈增加趋势。颈围大小与不运动患者的肥胖有关。当检查发现患者颈围较大时，应询问患者在睡觉时是否打鼾，睡眠是否中断，是否感到疲劳或精神不振，是否感到烦躁或健忘。

对代谢系统的影响

内脏肥胖的个体，其代谢异常风险增加，包括葡萄糖耐量降低，胰岛素敏感性降低和脂质异常，增加了个体患2型糖尿病和心血管疾病的风险[123,132]。与超重和肥胖相关的其他健康风险包括OA、阻塞性睡眠呼吸暂停和高血压[123]。

对呼吸系统的影响

肥胖对呼吸系统的影响被低估了[275]。体重增加或体重指数增加与限制性肺功能障碍的肺容量减少直接相关。腹壁多脂症直接影响膈肌移动，导致吸气量减少，增加呼吸做功。当体重指数超过30 kg/m^2时，肥胖低通气综合征可能与临床肥胖相关。肥胖患者可能会出现继发性呼吸障碍，如高碳酸血症。当评估和治疗肥胖的老年人时，这些并发症会影响运动计划，治疗者可能需要修改运动计划以保证患者安全。

干预措施的考虑

保健工作者可通过各种措施来评估肥胖症，包括BMI、腰臀比或简单测量腰围。要确定BMI，请使用表格、智能手机应用程序或计算公式。BMI的公式如下。

$$BMI = 体重（kg）/［身高（m）］^2$$

$$（若以磅和英寸计算，BMI = 体重（磅）/［身高（英寸）］^2 \times 703）$$

在运动员和肌肉发达的个体中，使用BMI可能会高估身体脂肪含量；而在老年人中，使用BMI可能会低估了身体脂肪含量[45,49,174]。世界卫生组织报告说，目前还不清楚哪种测量结果最能反映脑血管疾病风险，而其他参考文献则建议使用腰臀比，因为脑血管疾病风险与向心性肥胖有直接关系[40,59,198,253]。

因为肥胖与限制性肺功能障碍的关系，所以在任何身体活动中观察老年人表现都十分重要。使用呼吸辅助肌时呼吸困难吗？发声减少了吗？患者在休息或活动时谈话有没有气短（谈话测试）？患者是否因为呼吸而限制了他们的讲话（发音）？如果患者在休息时呼吸急促，用力呼吸困难，或者出现肺气肿等肺部问题，那么最好确定患者的氧饱和度。它会随着活动开始而减少，并且随着活动停止而迅速回到基线吗？呼吸频率是多少？患者正在吸氧吗？如果没有，有否有必要补充氧气？锻炼时，氧流量是否应该调到更高的流速？由于端坐呼吸，坐位活动是否优于斜躺？

了解患者的整体情况是最重要的。对于一位抱怨膝关节疼痛的肥胖患者，治疗师必须告诉他肥胖的影响以及进行健康饮食和身体活动的益处。为了增加活动，同时降低地面反作用力对负重关节的影响，可以在运动计划中使用泳池（见第9章），或让患者坐在椅子、垫子或大健身球上锻炼。接受咨询的患者会比不接受咨询的患者更容易执行减肥和锻炼计划[246]。对于肥胖的患者而言，避免冒犯和刻板印象至关重要[201,217]。在和患者讨论减肥问题时，可参考专栏24.6强调的重点。

运动对于管理肥胖的重要性

参加体育活动对于一个减肥计划的成功来说至

专栏 24.6　讨论减肥的注意事项

- 在检查期间，首先解决患者的主要物理治疗需求。
- 如果需要，可以用刻度尺测量在站立位下，患者肋弓下缘到髂前上嵴连线中点之间的腹围。记录“肥胖”作为预防措施。
- 按照指示执行二级测试和措施，包括休息时、活动后和恢复时的生命体征。
- 用无偏见的方式向患者解释这些问题。例如，“您的体重或腰围可能会增加您健康问题的风险。我们可以谈谈我的担忧吗？”用诸如体重和不健康的体重这样的术语公开讨论体重。患者愿意改变什么？
- 采用“反馈式教育”的方法，确保患者了解肥胖对他们健康状况的影响。“反馈式教育”的方法是患者（或家庭成员）可以用他们自己的语言解释治疗师教给他们的东西，用来检查自己是否了解了[1,3]。
- 提供宝贵的资源，包括可能转诊给营养师，专科诊所和支持团体。
- 记录患者教育过程。

关重要[74,121,132]。通过饮食减肥可以减少脂肪量和减轻体重，而运动结合热量限制的方式可以防止肌肉的损失。随着年龄增长肌肉质量会下降，这时通过增加能量消耗和减少能量摄入的计划来解决肥胖问题，从而减轻体重至关重要[32,49,74,251]。

癌症

背景

癌症是继心脏病之后的美国第二大常见死因。衰老是癌症的最大风险因素。癌症被认为是老年人疾病，所有类型癌症发生的中位年龄为 68 岁[78]。对于老年男性来说，每 2 个人中就有 1 个人可能患癌症，女性则是每 3 个人中就有 1 个人可能患癌症。死于癌症的概率在男性为 1/4，在女性为 1/5。据估计，在美国等高收入国家，营养不良、缺乏活动和超重可能占到癌症病因的 25%~33%[21]。

干预措施的考虑

治疗结束后数年，癌症幸存者仍然处于癌症复发、转移和（或）新癌发生的风险中，转移可能在任何时候发生；原发性肿瘤可能转移至骨、淋巴结、肺、肝和脑中，形成继发性肿瘤。乳腺癌、肺癌和前列腺癌很可能转移至骨骼。癌症幸存者如有骨骼疼痛的发生，应该被视为肿瘤转移的高度怀疑对象，同时这也是转移的危险信号。最初，骨骼疼痛可能随着活动的增加而增加，然后变成持续疼痛（骨转移）。疼痛可能会发生变化，变得更剧烈或变成刺痛；除非有证据证实，否则骨骼疼痛应被视为癌症的潜在转移[5,22]表现。当脊柱受累时，可能会压迫脊髓[5]。

如果有骨转移，患者则有发生病理性骨折的风险[5,22]。例如，一名 80 岁的女性患者，在 10 年内无癌症复发的症状。一次当她抬起烤箱时，肱骨发生了急性螺旋骨折。最初，这名患者接受了各种各样的筛查，后来发现患有Ⅳ期癌症，原来她患有的原发性乳腺癌已经转移到骨、肺和肝脏。因此，对于有癌症病史的患者而言，定期筛查至关重要。由于病理性骨折的风险增加，在设计力量训练方案时，应调整强度以及抗阻的部位。治疗癌症患者的治疗师必须考虑患者的实验室数值。对于在相对独立的环境中进行治疗的治疗师而言，这些信息可能不易获得。因此，筛查患者健康状况的变化至关重要。例如，执行锻炼计划时，因为疲劳度增加，数据可能提示患者血红蛋白水平低。电子病历可能看得到诸如血小板、白细胞计数、中性粒细胞、国际标准化比值（International Normalized Ratio，INR）、红细胞计数、血红蛋白和血细胞比容等重要信息。读者可以通过 Billek-Sawhney 和 Wells[22] 深入了解有关癌症患者具体的重要的实验室数据。

医院可能会根据实验室检查结果，对何时进行治疗或是否继续进行治疗制订具体的标准。物理治疗的目标是至关重要的。在医院、养老院和家庭健康治疗中，确保患者安全进入浴室并执行 ADL 是至关重要的。这与有氧运动或抗阻运动的表现有很大不同。例如，血红蛋白为 81 g/L 的患者可以具有在家中或房间行走的基本日常生活活动能力，但不能进行抗阻运动。

当中性粒细胞（一种白细胞）的数值变得极低时，患者被描述为中性粒细胞减少。

这意味着患者有细菌感染的高风险。治疗师应经常通过正确清洗双手和清洁设备来控制感染，以及在出现类似感冒症状时佩戴口罩。此外，治疗感染风险增加的患者，应在私人诊疗室或较少暴露于细菌和其他污染物的区域，或让患者戴上口罩以尽量减少空气传播感染，这对治疗师以及患者来说有益无害。

癌症患者运动的重要性

采用积极的生活方式（每周 150 分钟中等强度的有氧运动）已被证明对预防癌症、治疗癌症和延长癌症生存期有益。这在许多形式的癌症治疗中都有记载[5]。运动、身体活动、保持理想体重与降低患结肠癌、乳腺癌、肺癌和前列腺癌的风险有关。定期的身体活动对癌症幸存者的癌症复发有预防的益处，并且可以减少新的慢性疾病的发生。在乳腺癌或结肠癌的幸存者中，运动者癌症复发或过早死亡的可能性降低[197]。

身体活动和锻炼能减轻癌症的负面影响[22,222]，康复治疗可以减轻疼痛、疲劳、肌力下降、CV 容量减少、淋巴水肿、抑郁、焦虑、骨质疏松、恶心等诸多癌症治疗的副作用。癌症所致的疲劳是治疗中最常见的症状。在癌症治疗期间和治疗后，70%~100% 的人都会有此症状，但实践证明，运动可减轻此症状。运动的益处已经在有氧运动和抗阻运动中得到了证明。Silver 和 Gilchrist[222] 报告说，在癌症幸存者中锻炼的人的疲劳程度降低了 40%~50%。

2 型糖尿病

背景

据估计，美国 2 型糖尿病（type 2 diabetes mellitus，T2DM）的发病率为其人口总数的 9.3%，现在正处于流行病阶段。这一比例在 65 岁或 65 岁以上的人群中上升到 25.9%，90%~95% 的糖尿病是 2 型糖尿病[57]。

干预措施的考虑

T2DM 的锻炼风险

考虑到冠心病和 2 型糖尿病的风险，在参加运动项目之前，患者可能需要进行医学检查[164,195]。未能控制的代谢疾病，包括 T2DM，被认为是一种相对禁忌证，是运动参与的相对风险因素。ACSM 和 ADA 的立场声明称："运动压力测试建议用于患有糖尿病且久坐不动的患者，这些患者希望进行比快走更强烈的活动。"[57] 以每小时 3 英里（约 4.83 km）或更快的速度快速行走，属于中等强度的运动。推荐的 RPE 级别为 12~13，或"有点困难"，这在最初的 Borg 量表上（见第 25 章的专栏 25.4）有相应的描述[9]。

医学监测

建议对以下人员进行心电图（ECG）监测[12,57]。

- 年龄大于 40 岁，伴或不伴有心血管疾病风险因素，不包括 2 型糖尿病。
- 年龄大于 30 岁的患者有下列情况之一：T2DM 超过 10 年、高血压、吸烟、血脂异常、视网膜病或肾病。
- 已知或怀疑有 CAD，脑血管疾病和（或）周围神经病变。
- 有自主神经病变。
- 伴有肾衰竭的晚期肾病。

在许多 PT 实践中，患者诊断为 T2DM，并伴有高血压、CAD、神经病变、肾病、视网膜疾病和吸烟史，在截肢后患有 T2DM 的患者中通常可能报告这些特征。因此，如果心电图结果和（或）检测尚未完成或无法获得，那么启动低水平运动项目并监测反应是至关重要的。

> **临床提示**
>
> 据 Curtis 及其同事们称[64]，正常情况下，运动时心率会增加，且能迅速恢复到基线水平。当患者的这种恢复减慢（例如，在仰卧测量时，运动后 2 分钟内患者心率恢复次数小于 22 次 / 分），可能提示异常的血流动力学反应，应通知医生并建议使用 ECG。

低血糖和胰岛素

据报道，低血糖症是糖尿病患者的"最严重问题"[195]。在不服用胰岛素或胰岛素释放药物（也称为胰岛素分泌促进素）的 2 型糖尿病患者中，低血糖（低血糖水平）风险较低。那些使用胰岛素或促分泌素的人运动时应补充碳水化合物，以防止低血糖。如果血糖太低或太高，就不应该开始锻炼。表 24.7 描述了基于血糖水平的运动指南。如果这些指南在某些实践环境中不切实际，则建议患者在锻炼时，将血糖水平控制在 100~300 mg/dL[12.191]。

表 24.7 基于血糖水平的锻炼指南（经 Partridge 等人许可修改）

血糖水平	该做什么	注释
<70 mg/dL	不提倡运动锻炼	立即提供碳水化合物（果汁，硬糖，葡萄糖或凝胶）并重新检查血糖；如果症状恶化，寻求紧急医疗救助
70~100 mg/dL	少量饮食	在轻度—中等强度活动中，每小时补充 15 g 碳水化合物；中等或更高强度的活动补充 25~50 g；补水
100~300 mg/dL	继续锻炼计划	剧烈的活动或长时间的活动（1~2 小时）需要增加碳水化合物的摄入量；及时补水
> 300 mg/dL 和口服药物	运动试验 10~15 分钟并重新检查	如果血糖升高，停止活动；如果血糖下降，每 10~15 分钟继续检查一次
> 300 mg/dL 和注射胰岛素	检查酮症（测量酮症的尿液标尺或血糖仪）	如果酮（+），避免活动；如果酮（－），每 10~15 分钟密切监测血糖

注：血糖单位 mg/dL 与 mmol/L 的换算系数为 18，即血糖水平为 100 mg/dL 相当于血糖水平为 5.56 mmol/L。

注意：使用胰岛素的 2 型糖尿病患者运动时应注意以下几点[191,244]。

- 当胰岛素达到峰值时避免运动。
- 建议患者每天同一时间锻炼。
- 考虑最后一餐的时间，定期评估血糖水平；如果血糖值低于正常水平，让患者进食和延迟运动；如果血糖值高于正常水平，在运动时要注意小心监测患者情况。
- 锻炼时要注意刚被注射胰岛素的肌肉，以避免加速药效。
- 保持水合。
- 认识到运动后 48 小时可能会发生低血糖。
- 评估缺乏保护性感觉的足部。

随着胰岛素泵（也称为连续皮下胰岛素输注）的出现，患有糖尿病的个体可通过持续皮下胰岛素释放以实现更严格的葡萄糖控制和减少血糖水平剧增。泵制造商通常会提供胰岛素泵的安全指南[191,244]。一般来说，运动时，由于运动诱发血糖下降，泵入的胰岛素量应该较少。患者可以把这个程序输入泵内。因此，建议患者在运动前、运动中或运动后检查血糖水平，特别是刚刚开始运动或最近接受胰岛素泵时。应采用上述指导原则，并且一般而言，如果运动时间超过 30 分钟，建议补充碳水化合物。另外，运动后可能需要减少胰岛素的量。输液部位的肌肉应避免运动，以防产生摩擦[15]。

其他并发症

微血管并发症如视网膜病变、肾病、外周和（或）自主神经病变的存在使临床医生对 2 型糖尿病严重程度和患者运动能力有了深入了解。在这些患者中，由于有微血管并发症恶化的风险，必须谨慎避免高强度运动[57,95,191]。此外，由于足部不敏感，神经性关节病、神经病变和（或）神经性溃疡可能不易被发现，所以进行全面的足部检查和评估鞋的穿戴舒适度是至关重要的。

运动对管理 T2DM 的重要性

T2DM 的管理被描述为三管齐下的方法，包括锻炼、饮食和药物治疗[57,91,191]。这三个方面应基于坚实的患者教育基础。健康宣教对于锻炼、饮食和药物治疗方面的自我管理至关重要。必须认识到可以通过运动来改善系统性胰岛素的作用。适度的有氧运动可以改善血糖水平和胰岛素作用。此外，有氧运动和抗阻运动联合应用比单独使用更有效[57]。在健康、糖尿病前期或诊断为 T2DM 的老年人中发现，一项为期 12 周的抗阻运动项目可改善肌肉力量和功能。T2DM 患者进行规律的运动和身体活动可以降低患其他疾病的风险并有助于改善体重。随着时间和锻炼强度的增加，这会带来更多益处[197]。

尿失禁

背景

尿失禁影响 26%~46% 的老年人[32,94,266]。它与年龄增长、认知功能受损和活动能力下降有关。在男性中，它可能会随着前列腺癌的治疗而发生，而在女性中，由于雌激素水平的降低，它可能会在绝经后发生。尽管如此，它并不被认为是原发性衰老的正常表现。在压力性尿失禁（stress urinary incontinence，SUI）中，有助于排尿的肌肉可能由于肌肉量减少和失用而变得无力，使尿液可能在很小的压力下溢出。根据尿失禁的原因，尿失禁可分为 4~5 种类型；专栏 24.7 显示了最常见的类型。当咳嗽、大笑、打喷嚏、慢跑或跳跃落地对膀胱造成压力时，SUI 就会出现。急迫性尿失禁、膀胱过度活动症、功能性尿失禁或无溢性尿失禁可能单独或合并发生。

干预措施的考虑

除了药物和（或）手术之外，SUI 的管理可包括盆底肌的物理治疗，以及生活和行为方式改变[32,94,266]。这个专业领域的基础知识对于在任何实践环境中从事老年工作的所有物理治疗师和助手都很有价值。盆底肌肉锻炼可以通过各种方式进行，以增加力量和更好地控制膀胱[82]。在每日进行肌肉力量练习的 3~6 周内，膀胱控制可能会改善。与传统力量训练相似，开始时是神经适应的结果，3 个月后肌肉力量增加，但运动过度可能会导致过度疲劳。如果没有改善，应该将患者转诊给专门治疗盆底的物理治疗师。

运动对管理尿失禁的重要性

盆底练习是保守治疗尿失禁的有效方法[76]。这些练习在第 25 章中描述。盆腔脏器脱垂、性交疼痛和其他盆底问题的治疗超出了本文的范围。欲了解更多信息，请参阅美国物理治疗协会（APTA）女性健康部门的有关信息[28,34]。

专栏 24.7　尿失禁的常见类型

压力性尿失禁
- 最常见的失禁形式。
- 盆底肌肉较弱时，在锻炼、打喷嚏、举重甚至笑时，尿液可能溢出。

急迫性尿失禁（又名膀胱过度活动症）
- 在膀胱充满之前，膀胱肌肉就收缩并产生尿意，导致需要排尿，被描述为在进入厕所之前就开始渗漏的“钥匙插门”综合征。

混合性尿失禁
- 患者同时经历 SUI 和急迫性尿失禁。

功能性尿失禁（又名无症状性尿失禁）
- 由于功能性活动受限，该患者可能不知道需要去厕所（不敏感）或不能及时上厕所。

总结

与老年人不能学习新事物的刻板印象相反，老年人有学习的能力。“因为老年人可能需要更多时间来编码、存储和检索信息，新信息的学习速度可能会变慢，所以老年人更需要不断重复学习新的信息。”[13] 运动同样如此，衰老导致的变化可以通过锻炼和身体活动来对抗，但需要长期的努力坚持。身体活动是疾病预防和疾病管理的药物干预的可行选择[129,164]。

有许多与衰老有关的刻板印象，比如一旦你“变老了”，你就不能变得更强壮！这是一个必须通过耐心的教育、适当的干预和角色塑造来改变的偏见。至关重要的是成为变革推动者，并创造设计新模式，从力量练习、灵活性、耐力和平衡活动，到检查患者的状态、进行适当的干预，并在患者的状态改变时修改和调整患者的锻炼计划。物理治疗师必须观察患者的整体情况，并将健康计划和交流宣教结合起来。专栏 24.8 介绍了促进老年人身体活动的物理治疗实践考虑因素。

专栏 24.8　促进老年人身体活动的物理治疗实践考虑因素

- 鼓励老年人从退休后的久坐模式转变为活跃模式。
- 对运动和身体活动的想法能实施并感到愉悦。
- 为患者社交创造一个环境。
- 鼓励坚持规律锻炼。
- 对患者的活动水平表现出兴趣。
- 鼓励你的部门或诊所的其他成员参与此过程。
- 通过传单，赞助节目和在社区中展示，促进体育活动。
- 评估每位患者并促进身体活动。
- 准备就绪后，确定合适的身体活动水平。
- 提供合适的运动处方，以适应患者的功能水平并允许持续改善，并根据患者状态的变化调整干预措施。
- 确保干预措施符合老年人的兴趣和能力。
- 作为物理治疗后的一种资源。
- 考虑以象征性的成本为患者提供现场健康计划。
- 提供可推荐给患者的当地社区计划和专业人士资源清单。
- 为锻炼转诊建立一个网络。
- 向患者和转诊来源提供咨询、指导和协作。

自学活动

批判性思考与讨论

1. 回顾年轻老年人、中老年人和老老年人的亚群。在小组中，讨论各种老年人的情况，了解每个亚群都反映出的健康老龄化和非健康老龄化。描述他们的身体状况和功能状况。
2. 反思 APTA 与美国内科医学委员基金会之间的“明智选择”计划，以及在老年人中实施的低强度力量训练计划。这与你作为学生或治疗师的观察和实践相比如何？可以采取什么措施将以下干预措施改为“合适”的力量训练？将以下三种练习改为合适的强度：①膝关节完全伸展、踢腿，重量为 2 磅（约 0.91 kg）；②坐姿并有背部支撑时用弹力带做划船运动；③用助行器辅助进行站立微蹲。
3. 将 WAMI–3 应用于下列情况，向以下患者解释参加抗阻运动的必要性：①膝关节骨性关节炎患者，下楼梯疼痛或困难；②外周血管功能不全患者；③患有股骨颈骨折并通过内固定切开复位的患者。
4. 区分专栏 24.1 中的患者的原发性和继发性衰老过程。
5. 制订一个教学演讲方案，内容包括老龄化的影响，身体活动和抗阻训练的重要性。
6. 久坐的生活方式如何对老年人产生负面影响？这如何反映在 WAMI–3 模型上？
7. 为什么在检查老年患者时进行标准化测试至关重要？在没有明确的步态评估的家庭健康环境中进行哪些测试是最适合的？在住院物理治疗环境中的老年患者最适合哪种测试？
8. 在急诊科有一名被诊断为骨质疏松的老年患者，T10 椎体压缩性骨折，他不想接受物理治疗。讨论可用于教育和激励患者的策略，强调治疗的益处和缺乏活动的负面影响。
9. 一位 78 岁的男性患者在安装起搏器后出现败血症，被紧急送往医院。他能够以 0.3 米 / 秒的速度步行。记录评估或测试结果并作专业解释，以使他出院后在养老院接受合适的物理治疗。
10. 与问题 9 类似，该患者执行 FTSTS，但需要使用他的手在 25 秒内重复 5 次。记录测试结果以及测试中对功能的专业解释。
11. 为什么在老年人的力量训练计划中加入爆发力练习是必不可少的？
12. 一名 68 岁的肥胖女性患者在开始抗阻训练计划后，其髋关节 OA 疼痛增加。什么可能导致这种疼痛？应该做些什么来缓解或消除疼痛？
13. 有什么方法可以用来与老年患者开启减肥的对话？
14. 应该在 65 岁的 T1DM 或 T2DM 患者的访谈中纳入哪些问题以确保患者能够接受抗阻训练？可以采取什么策略来确保患者在出院后继续接受抗阻训练？
15. 你观察到新接诊的 72 岁女性患者在呼吸时使用辅助肌肉，并且发声减少，嘴唇呈蓝色，有杵状指。面对这样的患者时需要采取什么特别的注意事项？

实践练习

1. 在专栏 24.1 中为每位患者制订并执行全面 / 多维度的锻炼计划。
2. 表 24.6 为患者制订并进行原发性、继发性和三级骨质疏松的干预措施。
3. 一位 91 岁的女性在家中独立生活，对“变得更强壮”感兴趣。她过去的病史包括短暂性脑缺血发作、骨质疏松、心肌梗塞、乳腺癌和尿失禁的盆腔手术。她在过去一年有 3 次跌倒史。她有轮椅并愿意在室外使用。制订一个包括患者教育在内的全面计划，要求可以通过以下场景或工具完成：她的厨房水槽柜台、一楼到二楼的扶梯，以及带扶手的标准厨房椅。解释“越来越强壮”包括平衡和有氧能力的提高。
4. 一位 65 岁的男性经常因工作出差。他想用弹力带和（或）自重来进行力量训练。制订一个全面的计划，锻炼 8~10 个主要肌肉群，包括他的核心肌群。

5. 执行本章中描述的每一项测试和措施，包括 TUG、步态速度、30s-STS、FTSTS 和耳屏到墙壁测量（tragus–to–wall）。

案例研究

1. 使用专栏 24.1 中描述的案例 1，回答以下问题。
   - 在检查 Lou 的左膝关节疼痛时，踝背伸功能受限，相比比目鱼肌，很明显他的腓肠肌更紧张。应该建议 Lou 做哪些具体的牵伸？应该给予 Lou 什么特别指导？请做书面说明。
   - Lou 表现出髋关节内旋并且在下楼梯时膝关节疼痛加重。展示并执行没有设备的情况下可用的特定干预措施。
   - 再次解决上述肌肉无力问题，但采用举重设备。
2. 专栏 24.1 中描述的案例 2，当你将 Mary Jane 带回检查室时注意以下情况。
   - Mary Jane 看起来很虚弱，驼背姿势，导致她弯腰，低头看地板。在定向检查室时，你注意到她有一个有效的步态速度，但有两个细节表现出她的步行轨迹有偏差。从这段简短的介绍中，你应该问这个患者什么关键问题？你应该进行哪些测试来进一步评估平衡能力？
   - 屈曲姿势应该采取什么方式测量？是否有任何红旗征提示需要安全防护或需建议患者做骨密度测试？如果有，是什么？
   - Mary Jane 经常出现头晕的症状，这可能是由她的心脏药物引起的。另外，β 受体阻滞剂可能会使她的心率在运动时减慢。运动时有哪些注意事项？
   - 根据 Mary Jane 的身高变矮情况，记录评估和排除骨质疏松的必要性并提出适当的建议。
3. 专栏 24.1 中描述的案例研究 3，回答以下问题。
   - 神经肌肉和骨骼肌肉疾病如何影响 Juan 的功能独立和参与家庭以外的社交活动的能力？
   - Juan 不愿意参加门诊物理治疗，并表示他只会进行三项锻炼。你会推荐哪三个锻炼项目，以及为什么是这三个项目？
   - 为 Juan 写下“1”个客观和可衡量的目标，教育他了解身体活动和锻炼的重要性。
   - 什么具体的测试和措施能够最好地评估 Juan 运动功能的下降？
   - 记录 Juan 在 30 s-STS 测试中的表现并解释结果，制订合适的目标。注意执行 STS 时，Juan 需要使用他的手臂，他只能重复 4 次动作。

（王杰龙　周君　译，朱玉连，王于领　审）

参考文献

1. Agency for Healthcare Research and Quality: *Health Literacy Universal Precautions Toolkit,* ed. 2. Available at http://www.ahrq.gov/sites/default/files/ publications/files/healthlittoolkit2_3.pdf. Accessed March 2, 2016.
2. Almeida, GJ, et al: Interrater reliability and validity of the stair ascend/descent test in subjects with total knee arthroplasty. *Arch Phys Med Rehabil* 91(6):932–938, 2010.
3. Always Use Teach-back! Training tool kit-45 minute interactive module. Available at http://www.teachbacktraining.org. Accessed July 12, 2016.
4. American Academy of Sleep Medicine: Obstructive sleep apnea, 2008. Available at http://www.aasmnet.org/resources/factsheets/sleepapnea.pdf. Accessed March 2, 2016.
5. American Cancer Society: Bone metastasis, 2016. Available at http://www. cancer.org/treatment/understandingyourdiagnosis/bonemetastasis/bone-metastasis-what-is-bone-mets. Accessed June 2, 2016.
6. American Cancer Society: Cancer facts and figures 2014. Available at http://www.cancer.org/acs/groups/content/@research/documents/document/acspc-041777.pdf. Accessed June 26, 2016.
7. American College of Sports Medicine: Exercise is medicine, *Healthcare Providers' Action Guide.* Available at http://exerciseismedicine.org/assets/page_documents/Complete%20HCP%20Action%20Guide.pdf. Accessed March 2, 2016.
8. American Family Physician: Choosing wisely. Available at http://www.aafp.org/afp/recommendations/viewRecommendation.htm?recommen dationId=210 , Accessed April 11, 2016.
9. American Heart Association: Moderate to vigorous—what is your

level of intensity? Available at http://www.heart.org/HEARTORG/GettingHealthy/PhysicalActivity/FitnessBasics/Moderate-to-Vigorous—What-is-your level-of-intensity_UCM_463775_Article.jsp. Accessed March 2, 2016.

10. American Heart Association: Physical activity improves quality of life, 2015. Available at http://www.heart.org/HEARTORG/GettingHealthy/PhysicalActivity/FitnessBasics/Physical-activity-improves-quality-oflife_UCM_307977_Article.jsp. Accessed 7/21/2015.
11. American Physical Therapy Association: Five things physical therapists and patients should question, http://www.choosingwisely.org/societies/american-physical-therapy-association/. Accessed April 11, 2016.
12. American Physical Therapy Association: Physical fitness and type II diabetes based on best available practice. *Supplement to PT Magazine.* October 2007. Available at www.apta.org/pfsp. Accessed March 2, 2016.
13. American Psychological Association: Older adults' health & age related changes, 1998. Available at http://www.apa.org/pi/aging/resources/guides/older-adults.pdf. Accessed July 7, 2015.
14. American Thoracic Society: ATS statement: guidelines for the six-minute walk test. *Am J Repir Crit Care Med* 166:111–117, 2002.
15. Anima Corporation: Physical activity, ANM-14-4309A, 2015. Available at http://www.animas.com/sites/default/files/pdf/Physical%20%20Activity. pdf. Accessed June 27, 2016.
16. Avers, D, and Brown, M: White paper: Strength training for the older adult. *J Geri Phys Ther* 32(4):148–158, 2009.
17. Avin, KG, et al: Management of falls in community dwelling older adults: clinical guidance statement from the Academy of Geriatric Physical Therapy of the American Physical Therapy Association. *Phys Ther* 95(6):815–834, 2015.
18. Bacon, AP, et al: VO_{2max} trainability and high intensity interval training in humans: a meta-analysis. *Public Lib of Sci* 16(8):e73182, 1–7, 2013.
19. Bartels, E, et al: Aquatic exercise for people with osteoarthritis in the knee or hip. *Cochrane Reviews.* March 23, 2016.
20. Bassey, EJ, et al: Leg extensor power and functional performance in very old men and women. *Clin Sci* 82:321–327, 1992.
21. Berger, NA, et al: Cancer in the elderly. *Trans Am Clin Climatol Assoc* 117:147–156, 2006.
22. Billek-Sawhney, B, and Wells, CL: Oncology implications for exercise and rehabilitation. *J Acute Care Phys Ther*, 18(4):12–19, Winter 2010.
23. Bloomfield, SA: Changes in musculoskeletal structure and function with prolonged bed rest. *Med Sci Sport Ex* 29(2):197–206, 1997.
24. Bohannon, RW: Grip strength predicts outcomes: letters to the editor. *Age Ageing* 3:320–323, 2006.
25. Bohannon, RW.: Hand-grip dynamometry predicts future outcomes in aging adults. *J Geriatr Phys Ther* 31:3–10, 2008.
26. Bohannon, RW: Reference values for the five-repetition sit-to-stand test: a descriptive meta-analysis of data from elders. *Percept Mot Skills* 103(1):215–222, 2006.
27. Bonaiuti, D, et al: Exercise for preventing and treating osteoporosis in postmenopausal women. *Cochrane Reviews.* April 22, 2002.
28. Borello-France DF, et al: Pelvic-floor muscle function in women with pelvic organ prolapse. *Phys Ther* 87(4):399–407, 2007.
29. Borg, GA: *Borg's Rating of Perceived Exertion and Pain Scales.* Champaign, IL: Human Kinetics, 1998.
30. Borg, GA: Psychophysical bases of perceived exertion. *Med Sci Sports Exerc* 14:377–381, 1982.
31. Bosco, C, and Komi, PV: Influence of aging on the mechanical behavior or leg extensor muscles. *Eur J Appl Physiol Occup Physiol* 45:209–212, 1980.
32. Boyle, E: *Incontinence Management of the Geriatric Patient.* UPMC Geriatric Residency Program, Capstone Project, Pittsburgh, PA, November 2015.
33. Boyle, ME, et al: Guidelines for application of continuous subcutaneous insulin infusion (insulin pump) therapy in the perioperative period. *J Diab Sci Tech* 6(1):184–190, 2012.
34. Braekken, IH, et al: Can pelvic floor muscle training reverse pelvic organ prolapse and reduce prolapse symptoms. An assessor-blinded, randomized, controlled trial. *Am J Obstet Gyn* 203(2):170.e1–170.e7, 2010.
35. Bredin, SS, et al: PAR-Q+ and ePARmed-X+: New risk stratification and physical activity clearance strategy for physicians and patients alike. *Can Fam Phys* 59:273–277, 2013.
36. Brown, MB: Strength training and aging. *Top Geriatr Rehabil* 15(3):1–5, 2000.
37. Buatois, S, et al. Five times sit to stand test is a predictor of recurrent falls in healthy community-living subjects aged 65 and older. *J Am Geriatr Soc* 56(8):1575–1577, 2008.
38. Buchman, AS, et al: Physical activity and leg strength predict decline in mobility performance in older adults. *J Am Geriatr Soc* 55:1618–1623, 2007.
39. Camicioli, R, and Rosana, C: Understanding gait in aging (part 1). International Parkinson and Movement Disorder Society. Available at http://www.movementdisorders.org/MDS/News/Online-Web-Edition/Archived-Editions/Series-on-Gait—-Part-1.htm. Accessed October 12, 2015.
40. Cancer Council Victoria: Be a healthy weight. Available at http://www.cutyourcancerrisk.org.au/how-to-cut-cancer-risk/maintain-weight#. V21CvUulz8s. Accessed June 20, 2016.
41. Cardinal, BJ, and Cardinal, MK: Screening efficiency of the revised physical activity readiness questionnaire in older adults. *J Aging Phys Activity* 3:299–308, 1995.
42. Cardinal, BJ, Esters, J, and Cardinal, MK: Evaluation of the revised physical activity readiness questionnaire in older adults. *Med and Science in Sports and Exer* 28:468–472, 1996.
43. Carvalho, J, et al: Isokinetic strength benefits after 24 weeks of multicomponent exercise training and combined training in older adults. *Aging Clin Exp Res* 22(1):63–69, 2010.
44. Centers for Disease Control and Prevention: Chronic disease prevention and health promotion, chronic disease overview, February 23, 2016. Available at http://www.cdc.gov/chronicdisease/overview/index.htm. Accessed June 16, 2016.
45. Centers for Disease Control and Prevention: Healthy weight, about adult BMI, 2014. Available at http://www.cdc.gov/healthyweight/assessing/bmi/adult_bmi/index.html. Accessed June 25, 2016.
46. Centers for Disease Control and Prevention: Important facts about falling. Available at http://www.cdc.gov/homeandrecreationalsafety/falls/adultfalls.html. Accessed March 2, 2016.
47. Centers for Disease Control and Prevention, National Center for Health Statistics: Deaths and mortality. Available at http://www.cdc.gov/nchs/fastats/deaths.htm. Accessed June 27, 2016.
48. Centers for Disease Control and Prevention: National Health Interview Survey, 2014. Available at http://www.cdc.gov/nchs/nhis.htm. Accessed April 12, 2016.
49. Centers for Disease Control and Prevention: Physical activity for a healthy weight, 2015. Available at http://www.cdc.gov/healthyweight/physical_activity/. Accessed March 11, 2016.
50. Centers for Disease Control and Prevention: Physical activity: measuring physical activity intensity. Available at http://www.cdc.gov/physicalactivity/basics/measuring/index.html. Accessed June 29, 2016.
51. Centers for Disease Control and Prevention: STEADI older adult fall prevention: prevention. Available at http://www.cdc.gov/steadi/. Accessed June 27, 2016.
52. Centers for Disease Control and Prevention: The National Institute for Occupational Safety and Health: Productive aging, and work. Available at http://www.cdc.gov/niosh/topics/productiveaging/dataandstatistics.html. Accessed June 27, 2016.
53. Chien, MY, Kuo, HK, and Wu, YT: Sarcopenia, cardiopulmonary fitness, and physical disability in community-dwelling elderly people. *Am Phys Ther Assn* 20(9):1277–1287, 2010.

54. Chmelo, EA, et al: Heterogeneity of physical function responses to exercise training in older adults. *J Am Geriatr Soc* 63:462–469, 2015.
55. Chodzko-Zajko, WJ, et al: ACSM, position. Stand, exercise and physical activity for older adults. *Med Sci Sports Ex* 41(7):1510–1530, 2009.
56. Choi, JY, Tasota, FJ, and Hoffman, LA: Mobility interventions to improve outcomes in patients undergoing mechanical ventilation: a review of the literature. *Biol Res Nurs* 10:21–33, 2008.
57. Colberg, SR, et al: Exercise and type 2 diabetes: American College of Sports Medicine and the American Diabetes Association: joint position statement. *Med & Sci in Sports & Exer* 42(12):2282–2303, 2010.
58. Coleman, KJ, et al: Initial validation of an exercise "vital sign" in electronic medical records. *Med Sci Sports Exerc* 44(11):2071–2076, 2012.
59. Collins N. Waist to height ratio 'more accurate than BMI.' *The Telegraph.* May 13, 2013. Available at http://www.telegraph.co.uk/news/health/news/10054519/Waist-to-height-ratio-more-accurate-than-BMI.html. Accessed June 23, 2016.
60. Cook, CE, and Hegedus, EJ: *Orthopedic Physical Examination Tests, An Evidence-Based Approach,* ed. 2. London: Pearson, 2013.
61. Cornier, MA, et al: Assessing adiposity: a scientific statement from the American Heart Association. *Circulation* 124:1996–2019, 2011.
62. Creutzfeldt, CJ, and Hough, CL: Get out of bed: immobility in the neurologic ICU. *Crit Care Med* 43(4):926–927, 2015.
63. Cruz-Jentoft, AJ, et al: Sarcopenia: European consensus on definition and diagnosis. *Age Ageing* 39(4):412–423, 2010.
64. Curtis, JM, et al: Prevalence and predictors of abnormal cardiovascular responses to exercise testing among individuals with type 2 diabetes the look AHEAD (action for health in diabetes) study. *Diabetes Care* 33(4):901–907, 2010.
65. Daly, M, et al: Upper extremity muscle volumes and functional strength after resistance training in older adults. *J Aging Phys Act* 21:186–207, 2013.
66. Deems-Dluhy, S, et al: Vestibular EDGE task force of the Neurology Section of the APTA: rehab measures: five times sit to stand test. Available at http://www.rehabmeasures.org/Lists/RehabMeasures/DispForm.aspx? ID=1015. Accessed July 12, 2016.
67. Dempsey, JA, and Seals, DR: Aging, exercise and cardiopulmonary function. In Lamb DR, Gisolfi, CV, and Nadel, E (eds): *Exercise in Older Adults. Perspectives in Exercise Science and Sports Medicines.* Carmel, IN: Cooper Publishing Group, 1995, pp 237–298.
68. DeSousa, PD, et al. Resistance strength training's effects on late components of postural responses in the elderly. *J Aging and Phys Activity* 21:208–331, 2013.
69. Desrossiers, J, et al: Normative data for grip strength of elderly men and women. *Am J Occup Ther.* 49(7):637–644, 1995.
70. Deutz, NEP, et al: Protein intake and exercise for optimal muscle function with gaining: recommendations from the ESPEN expert group. *Clin Nutri* 33:929–936, 2014.
71. Dittmer, DK, Teasell, R: Complications of immobilization and bed rest. Part 1: musculoskeletal and cardiovascular complications. *Can Fam Phys* 39:1428–1432, 1435–1437, 1993.
72. Dobson, F, et al: Osteoarthritis Research Society International, University of Melbourne. Recommended performance-based tests to assess physical function in people diagnosed with hip or knee osteoarthritis. Available at https://www.oarsi.org/sites/default/files/docs/2013/manual.pdf. Accessed June 27, 2016.
73. Doherty, TJ: Invited review: aging and sarcopenia. *J App Physiology.* 95(4):1717–1727, 2003.
74. Donnelly, JE, et al: American College of Sports Medicine position stand. Appropriate physical activity intervention strategies for weight loss and prevention of weight regain for adults. *Med Sci Sports Ex* 41(2):459–471, 2009.
75. Dugdale, DC, Zieve, D, and Black, B: Aging changes in organs-tissuecells. US National Library of Medicine. Available at http://www.nlm.nih.gov/medlineplus/ency/article/004012.htm. Accessed July 7, 2015.
76. Dumoulin, C, and Hay-Smith, J: Pelvic floor muscle training versus no treatment, or inactive control treatments, for urinary incontinence in women. *Cochrane Database Syst Rev* 20(1):CD005654, 2010.
77. Edmondston, SJ, et al: Ex vivo estimation of thoracolumbar vertebral body compressive strength: the relative contributions of bone densitometry and vertebral morphometry. *Osteoporosis Int.* 7:42–148, 1997.
78. Ersler, WB: Cancer: a disease of the elderly. Available at http://www.oncologypractice.com/jso/journal/articles/0104s205.pdf. Accessed July 1, 2015.
79. Evans, WJ: Exercise strategies should be designed to increase muscle power. *J Geron: Bio Sci* 55A:M309–M310, 2000.
80. Falkhouri, THI, et al: Prevalence of obesity among older adults in the United States, 2007–2010. CDC, National Center for Health Statistics, NCHS Data Brief No. 106, September 2012. Available at http://www.cdc.gov/nchs/data/databriefs/db106.htm. Accessed June 6, 2016.
81. Fiatarone, MA, et al: Exercise training and nutritional supplementation for physical frailty in very elderly people. *N Engl J Med* 33:1769–1775, 1994.
82. Fine, P, et al: Teaching and practicing of pelvic floor muscle exercises in primiparous women during pregnancy and the postpartum period. *Am J Obstet Gyn* 197(1):107e1–107e5, 2007.
83. Foldvari, M, et al: Association of muscle power with functional status in community-dwelling elderly women. *J Geron: Bio Sci* 55A:M192–M199, 2000.
84. Foster, C, et al: The talk test as a marker of exercise training intensity. *J Cardiopul Rehab Prev* 28(1):24–30, 2008.
85. Free, P: Weight vest for osteoporosis. Available at http://weightvest4osteoporosis.com/. Accessed June 28, 2016.
86. Fregala, MS, et al: Resistance exercise may improve spatial awareness and visual reaction in older adults. *J Strength Cond Res* 28(8):2079–2087, 2014.
87. Fried, LP, et al: Diagnosis of illness presentation in the elderly. *J Am Geriatr Soc* 39:117–123, 1991.
88. Fritz, S, and Lusardi, M: White paper: walking speed: the sixth vital sign. *J Geri PT* 32(2):2–5, 2009.
89. Frontera, WR: Aging muscle. *Crit Rev Phys Rehabil Med* 18(1):63–93, 2006.
90. Fuller, GF: Falls in the elderly. *Am Fam Physician* 61(7):2159–2168, 2000.
91. Geirsdottir, OF, et al: Effect of 12-week resistance exercise program on body composition, muscle strength, physical function, and glucose metabolism in healthy, insulin-resistant, and diabetic elderly Icelanders. *J of Gerontol A Biol Sci Med Sci* 67(11):1259–1265, 2012.
92. Geirsdottir, OF, et al: Muscular strength and physical function in elderly adults 6-18 months after a 12-week resistance exercise program. *Scand J Pulbic Health* 43:76–82, 2015.
93. Gennuso KP, et al: Resistance training congruent with minimal guidelines improves functions in older adults: a pilot study. *J Phys Act Health* 10:769–776, 2013.
94. Ghaderi, F, and Oskouei, AE: Physiotherapy for women with stress urinary incontinence: a review article. *J Phys Ther Sci* 26(9):1493–1499, 2014.
95. Goodman, CC, and Fuller, KS: *Pathology: Implications for the Physical Therapist,* ed. 4. St. Louis: Saunders Elsevier, 2015.
96. Granacher, U, et al: The importance of trunk muscle strength for balance, functional performance, and fall prevention in seniors: a systematic review. *Sports Med* 43:627–641, 2013.
97. Grant, RW, et al: Exercise as a vital sign: a quasi-experimental analysis of a health system intervention to collect patient-reported exercise levels. *J Gen Intern Med* 29(2):341–348, 2014.
98. Greenwood, JL, Joy, EA, and Stanford, JB: The physical activity

vital sign: a primary care tool to guide counseling for obesity. *J Phys Act Health* 7(5)571–576, 2010.
99. Grunberger, G, et al: AACE consensus statement. Statement by the American Association of Clinical Endocrinologists Consensus Panel on Insulin Pump Management. *B Endocrine Practice*, 16(5):September/October, 2010.
100. Gulick, D: *Ortho Notes Clinical Examination Pocket Guide*. Philadelphia, PA: F.A. Davis, 2013.
101. Haaland, DA, et al: Is regular exercise a friend or foe of the gaining immune system? A systematic review. *Clin J Sport Med* 18(6):539–548, 2008.
102. Hakestad, K, et al: Exercises including weight vests and a patient education program for women with osteopenia: a feasibility study of the OsteoACTIVE rehabilitation program. *J Orthop Sports Phys Ther* 45(2):97–105, 2015.
103. Hamburg, NM, et al: Physical inactivity rapidly induces insulin resistance and microvascular dysfunction in healthy volunteers. *Arterioscler Thromb Vasc Biol* 27: 2650–2656, 2007.
104. Hamer, M, et al: Physical activity and mortality risk in patients with cardiovascular disease: possible protective mechanisms? *Med and Sci in Sports & Exer* 44(1):84–88, 2012.
105. Hammond, T, and Wilson, A: Polypharmacy and falls in the elderly: A literature review. *Nurs Midwifery Stud* 2(2):171–175, 2013.
106. Harris, C, et al: Detraining in the older adult: effects of prior training intensity on strength retention. *J Strength and Conditioning Res* 2(3):813–818, 2007.
107. Harvey, JA, Chastin, SFM, and Skelton, DA: Prevalence of sedentary behavior in older adults: A systematic review. *Int J Environ Res Public Health* 10(12):6645–6661, 2013.
108. Haskell, WL, et al: Physical activity and public health. Updated recommendation for adults from the American College of Sports Medicine and the American Heart Association. *Circ* 116:1081–1093, 2007.
109. Hausdorff, JM, Rios, DA, and Edelber, HK: Gait variability and fall risk in community-living older adults: a 1-year prospective study. *Arch Phys Med Rehab*, 82:1050–1056, 2001.
110. Hazell, T, Kenno, K, and Jakobi, J: Functional benefit of power training for older adults. *J Aging Phys Act* 15:349–359, 2007.
111. *Healthy People 2020*. Available at https://www.healthypeople.gov/2020/topics-objectives/topic/older-adults. Accessed June 11, 2015.
112. Henwood, TR, Rick, S, and Taafe, DR: Strength versus muscle powerspecific resistance training in community-dwelling older adults. *J Geron Med Sci* 63A(1):83–91, 2008.
113. Hinman, RS, Heywood, SE, and Day, AR: Aquatic physical therapy for hip and knee osteoarthritis: Results of a single-blind randomized controlled trial. *Phys Ther* 87(1):32–43, 2007.
114. Hoder, J, and Edge, PD: Rehab measures: 6 minute walk test. Task Force of the Neurology Section of the APTA. Available at http://www.rehabmeasures.org/Lists/RehabMeasures/PrintView.aspx?ID=895. Accessed February 29, 2016.
115. Hootman. JM, et al: Prevalence and most common causes of disability among adults—United States, 2005. *MMWR* 58(16):421–426, 2009.
116. Hornbrook, MC, et al: Preventing falls among community dwelling older persons: results from a randomized trial. *Gerontologist* 34:16–23, 1994.
117. Hunter, GR, McCarthy, JP, and Bamman, MM: Effects of resistance training on older adults. *Sports Med* 34:329–349, 2004.
118. Huntoon, EA, Schmidt, CK, and Sinaki, M: Significantly fewer refractures after vertebroplasty in patients who engage in back-extensorstrengthening exercises. *May Clin Proc* 83(1):54–57, 2008.
119. Hurd, R, Zieve, D, and Oglivie, I: Aging changes in the bones-musclesjoints. *US National Library of Medicine, MedlinePlus*. Available at https://medlineplus.gov/ency/article/004015.htm. Accessed July 12, 2016.
120. Ivey, FM, et al: Effects of age, gender, and myostatin genotype on the hypertrophic response to heavy resistance strength training. *J Gerontol A Biol Sci Med Sci* 55(11):M641–M648, 2000.
121. Jakicic, JM, et al: American College of Sports Medicine position stand. Appropriate intervention strategies for weight loss and prevention of weight gain for adults. *Med Sci in Sports and Exer* 33(12)2145–2156, 2001.
122. Jamnik, VK, Giedhill, N, and Shephard, RR: Revised clearance for participation in physical activity: Greater screening responsibility for qualified university-educated fitness professionals. *J Appl Physiol Nutri Metab* 32:1191–1197, 2007.
123. Jensen, MD, et al: 2013 AHA/ACC/TOS guideline for the management of overweight and obesity in adults, a report of the American College of Cardiology/American Heart Association Task Force on Practice Guidelines and The Obesity Society. *Circ* 129 (suppl 2):S102–S138, 2014.
124. Jiricka, MK: Activity tolerance and fatigue pathophysiology: concepts of altered health states. In Porth, CM (ed): *Essentials of Pathophysiology: Concepts of Altered Health States*. Philadelphia: Lippincott Williams & Wilkins, 2008.
125. John, EB, Liu, W, and Gregory, RW: Biomechanics of muscular effort: Age-related changes. *Med Sci in Sports & Ex* 41(2):418–425, 2009.
126. Jones, CJ, Rikli, RE, and Beam, W: A 30-s chair stand test as a measure of lower body strength in community-residing older adults. *Res Q Exerc Sport* 70:113–119, 1999.
127. Judge, JO: Gait disorders in the elderly, professional version. *Merck Manual, Professional Version*, 2013. Available at http://www.merckmanuals.com/professional/geriatrics/gait-disorders-in-the-elderly/gait disordersin-the-elderly. Accessed July 7, 2015.
128. Kauffman, TL: Wholeness of the individual. In Kauffman, TL, et al (eds): *A Comprehensive Guide to Geriatric Rehabilitation*. Philadelphia: Elsevier, 2014, pp 3–6.
129. Kemmler, W, and von Stengel, S. Exercise frequency, health risk factors, and disease of the elderly. *Arch Phys Med Rehab* 94:2046–2053, 2013.
130. Kendrick, D, et al: Exercise for reducing fear of falling in older people living in the community. *Cochrane Database Syst Rev* 2014(11):CD009848.
131. Kennis, E, et al: Long-term impact of strength training on muscle strength characteristics in older adults. *Arch Phys Med Rehabil* 94:2054–2060, 2013.
132. Klein, S, et al: Weight management through lifestyle modification for the prevention and management of type 2 diabetes: rationale and strength, ADA Statement. *Am J Clin Nutr* 80(2):257-263, 2004.
133. Knight, J, Nigam, Y, and Jones, A. Effects of bedrest 1: cardiovascular, respiratory and haematological systems. *Nurs Times* 105(21):16–20, 2009.
134. Kohrt, WM, et al: American College of Sports Medicine Position Stand physical activity and bone health. *Med Sci Sports Ex* 36(11):1985–1996, 2004.
135. Kraschnewski, JL, et al: Is exercise used as medicine? Association of meeting strength training guidelines and functional limitations among older US adults. *Prev Med* 66:1–5, 2014.
136. Lamb, M: Rehab measures: hand-held dynamometer/grip strength. Available at http://www.rehabmeasures.org/Lists/RehabMeasures/DispForm.aspx?ID=1185. Accessed August 26, 2015.
137. Lee, IH, and Park, SY: Balance improvement by strength training for the elderly. *J Phys Ther Sci* 25:1591–1593, 2013.
138. Lehman, CA: Phenomena of concern to the clinical nurse specialist. In Foster, JB, and Prevost, SE (eds): *Advanced Nursing of Adults in Acute Care*. Philadelphia: F.A. Davis, 2012, p 36.
139. Leipzig, RM, Cumming, RG, and Tinetti, ME: Drugs and falls in older people: a systematic review and meta-analysis: I. Psychotropic drugs. *J Am Geriatri Soc* 47(1):30–39, 1999.

140. Leipzig, RM, Cumming, RG, and Tinetti, ME: Drugs and falls in older people: a systematic review and meta-analysis: II. Cardiac and analgesic drugs. *J Am Geriatri Soc* 47(1):40–50, 1999.
141. Leong, DJ, and Sun, HB: Osteoarthritis—why exercise? *J Exerc Sports Orthop* 1(1):4, 2014.
142. Leonhardi, BJ, et al: Use of continuous subcutaneous insulin infusion (insulin pump) therapy in the hospital: a review of one institution's experience. *J Diabetes Sci Technol* 2(6):948–962, 2008.
143. Li, F, et al: Tai chi and fall reductions in older adults: a randomized controlled trial. *J Gerontol A Biol Sci Med Sci* 2005(60):187–194.
144. Lin, X, et al: Effects of exercise training on cardiorespiratory fitness and biomarkers of cardiometabolic health: a systematic review and meta_analysis of randomized controlled trials. Available at http://jaha.ahajournals.org/citmgr?gca=ahaoa%3B4%2F7%2Fe002014. Accessed July 8, 2015.
145. Liu-Ambrose, T, et al: Both resistance and agility training reduce fall risk in 75-85 year old women with low bone mass: a six-month randomized controlled trial. *J Am Geriatr Soc* 52(5):657–665, 2004.
146. Lobelo, F, Stoutenberg, M, and Hutber, A: The Exercise Is Medicine Global Health Initiative: a 2014 update. *Br J Sports Med.* 48(22):1627–1633, 2013.
147. Loesser, RF: Age-related changes in the musculoskeletal system and the development of osteoarthritis. *Clin Geriatr Med* 26(3):371–386, 2010.
148. Lubans, DR, et al: Pilot randomized controlled trial: Elastic-resistancetraining and lifestyle-activity interventions for sedentary older adults. *J Aging Phys Act* 21:20–32, 2013.
149. Lucotti, P, et al: Aerobic and resistance training effects compared to aerobic training alone in obese type 2 diabetic patients on diet treatment. *Diabetes Res Clin Prac* 94(3):395–403, 2011.
150. Macfarlane, DJ, et al: Validity and normative data for thirty-second chair stand test in elderly community-dwelling Hong Kong Chinese. *Am J Hum Biol* 18(3):418–421, 2006.
151. Magee, DJ: *Orthopedic Physical Assessment,* ed. 6. Missouri: Saunders, Elsevier, 2013.
152. Maki, BE: Gait changes in older adults: predictors of falls or indicators of fear? *JABS* 45(3):313–320, 1997.
153. Mancia, G, et al: 2007 Guidelines for management of arterial hypertension: the Task Force for the Management of Arterial Hypertension of the European Society of Hypertension (ESH) and the European Society of Cardiology (ESC). *J Hypertens* 25(6):1105–1187, 2007.
154. Mangoni, AA, and Jackson, SH: Age-related changes in pharmacokinetics and pharmacodynamics: basic principles and practical applications. *Br J Clin Pharm* 57:6–14, 2004.
155. Marcell, TJ: Sarcopenia: Causes, consequences, and preventions. *J Gerontol A Biol Sci* 58A(10):911–916, 2003.
156. Martin, LJ, Zieve, D, and Ogilvie, I: Aging changes in organs – tissue-cells. *Medline Plus*. Available at https://www.nlm.nih.gov/medlineplus/ency/article/004012.htm. Accessed June 29, 2016.
157. Martins, WR, et al: Elastic resistance training to increase muscle strength in elderly: a systematic review with meta-analysis. *Arch Geron Geri* 57:8–15, 2013.
158. Massy-Westropp, NM, et al: Hand grip strength: age and gender stratified normative data in a population-based study. *BMC Res Notes* 4:127, 2011.
159. Mat, S, et al: Systematic review of physical therapies for improving balance and reducing falls risk in osteoarthritis of the knee: a systematic review. *Age Ageing* 44:16–24, 2015.
160. Mathias S, Nayak US, and Isaacs B: Balance in elderly patients: the "get-up and go" test. *Arch Phys Med Rehab* 67(6):387, 1986.
161. McArdle, WD, Katch, FI, and Katch, VL: *Essentials of Exercise Physiology,* ed. 4. Philadelphia: Lippincott Williams & Wilkins, 2011.
162. McArdle, WD, Katch, FI, and Katch, VL: *Exercise Physiology, Nutrition, Energy, and Human Performance,* ed. 8. Philadelphia: Lippincott Williams & Wilkins, 2014.
163. McCloskey, E, and the International Osteoporosis Foundation (2009): FRAX. Identifying people at high risk of fracture. Available at http://www.iofbonehealth.org/sites/default/files/PDFs/WOD%20Reports/FRAX_report_09.pdf. Accessed February 29, 2016.
164. McDermott, AY, and Mernitz, H: Exercise and older patients: prescribing guidelines. *Am Acad Fam Phys* 74(3):437–444, 2006.
165. Macfarlane, DJ, et al: Validity and normative data for thirty-second chair stand test in elderly community-dwelling Hong Kong Chinese. *Am J Hum Biol* 18(3):418–421, 2006.
166. Merriam-Webster Medical Dictionary: Hypokinesia. Available at http://www.merriam-webster.com/medical/hypokinesia. Accessed July 7, 2015.
167. Miszko, TA, et al: Effect of strength and power training on physical function in community-dwelling older adults. *J Geron: Bio Sci* 58A:171–175, 2003.
168. Mithal, A, et al: Impact of nutrition on muscle mass, strength, and performance in older adults. *Osteoporos Int* 24(5):1555–1566, 2013.
169. National Center for Health Statistics: Health, United States, 2014. US DHHS, CDC, DHHS Publication No. 2015-1232. Available at http://www.cdc.gov/nchs/data/hus/hus14.pdf#001. Accessed July 12, 2016.
170. National Council on Aging: Healthy aging facts, 2016. Available at https://www.ncoa.org/resources/fact-sheet-healthy-aging/. Accessed June 27, 2016.
171. National Institute on Aging: Health and aging, exercise and physical activity: your everyday guide from the National Institute on Aging (2015). Available at https://www.nia.nih.gov/health/publication/exercisephysical-activity/introduction. Accessed July 8, 2015.
172. National Institute of Health: Aging changes in the bones-muscles-joints, 2014. Available at https://www.nlm.nih.gov/medlineplus/ency/article/004015.htm. Accessed April 12, 2016.
173. National Institute of Health, National Center for Complementary and Integrative Health: Tai chi and qi gong: in depth. Available at https://nccih.nih.gov/health/taichi/introduction.htm. Accessed June 27, 2016.
174. National Institute of Health, National Heart, Lung, and Blood Institute: Aim for a healthy weight. Assessing your weight and health risk. Available at http://www.nhlbi.nih.gov/health/educational/lose_wt/risk.htm. Accessed July 12, 2016.
175. National Institute of Health, National Institute on Aging, Global Health and Aging: Changing role of the family. Available at https://www.nia.nih.gov/research/publication/global-health-and-aging/changing-rolefamily. Accessed June 27, 2016.
176. National Institute of Health: Obesity guidelines. Available at http://www.nhlbi.nih.gov/health-pro/guidelines/current/obesity-guidelines/e_textbook/txgd/4142.htm. Accessed March 2, 2016.
177. National Institute of Health: Clinical guidelines of the identification, evaluation, and treatment of overweight and obesity in adults, the evidence report. Publication, No. 98-4083. Available at http://www.nhlbi.nih.gov/files/docs/guidelines/ob_gdlns.pdf. Accessed May 4, 2016.
178. Nelson, ME, et al: Effects of high-intensity strength training on multiple risk factors for osteoporotic fractures: a randomized controlled trial. *JAMA* 272:1909–1914, 1994.
179. Nelson, ME, et al: Physical activity and public health in older adults. *Circulation* 116: 1094–1105, 2007.
180. Newson, P: Presentation of illness in the elderly patient. *Nurs Resident Care* 9(5):218–221, 2007.
181. Ng, M, et al: Global, regional, and national prevalence of overweight and obesity in children and adults during 1980–2013: a systematic analysis for the Global Burden of Disease Study 2013. *Lancet* 384(9945):766–781, 2014.

182. Nigam, Y, Night, J, and Jones, A. Effects of bedrest 3: musculoskeletal and immune systems, skin and self-perception. *Nurse Times* 105(23):18–22, 2009.
183. Nigthingale, EJ, Pourkazemi, F, and Hiller, CE: Systematic review of timed stair tests. *JRRD* 51(3):335–350, 2014.
184. North American Menopause Society: Position statement: management of osteoporosis in postmenopausal women: 2010. *Menopause* 17(1):25–54, 2010.
185. Office of Disease Prevention and Health Promotion: Physical activity guidelines, Ch 2: physical activity has many benefits. Available at http://health.gov/paguidelines/guidelines/chapter2.aspx. Accessed April 12, 2016.
186. Older Americans 2012: Key indicators of well-being. Available at http://www.agingstats.gov/main_site/data/2012_documents/docs/entirechartbook.pdf. Accessed March 12, 2016.
187. Orr, R, Raymond, J, and Singh, MA: Efficacy of progressive resistance training on balance performance in older adults. A systematic review of randomized controlled trials. *Sports Med* 38(4):317–343, 2008.
188. Osterrieder, K, and Schultheis, S: Are decreased gait speed and grip strength reliable indicators for predicting loss of function in elderly patients? *GeriNotes* 21(5):16–20, 2014.
189. Paddon-Jones, D, and Rasmussen, BB: Dietary protein recommendations and the prevention of sarcopenia: protein, amino acid metabolism and therapy. *Curr Opin Clin Nutr Metab Care* 12(1):86–90, 2009.
190. Parmenter, BJ, et al: High-intensity progressive resistance training improves flat-ground walking in older adults with symptomatic peripheral arterial disease. *J Am Geriatr Soc* 61:1964–1970, 2013.
191. Partridge, T, Billek-Sawhney, B, and Partridge, J: Type II diabetes mellitus: exercise prescription and application for physical therapy. *GeriTopics* 19(1):12–20, 2011.
192. Perera, S, et al: Meaningful change and responsiveness in common physical performance measures in older adults. *J Am Geri Soc* 54(5):743–749, 2006.
193. Perry, SB, and Downey, PA: Fracture risk and preventions: a multidimensional approach. *Phys Ther* 92(1):164–178, 2012.
194. Persinger, R, et al: Consistency of the talk test for exercise prescription. *Med Sci Sports Ex* 36(9):1632–1636, 2004.
195. Pescatello, LS, et al: *American College of Sports Medicine. ACSM's Guidelines for Exercise Testing and Prescription*, ed. 9. Philadelphia: Lippincott Williams, & Wilkins, 2014.
196. Pescatello, LS, et al. American College of Sports Medicine position stand. Exercise and hypertension. *Med Sci Sports Exerc* 36(3):533–553, 2004.
197. Physical Activity Guidelines for Americans: Health.gov, chapter 5. Available at http://health.gov/paguidelines/guidelines/chapter5.aspx. Accessed August 23, 2015.
198. Pischon, T, Nothlings, U, and Boeing, H. Obesity and cancer. *Proc Nutri Soci* 67(2):1280145, 2008.
199. Podsiadlo, D, and Richardson, S: The timed "up & go": a test of basic functional mobility for frail elderly persons. *J Am Geriatr Soc* 39(2):142–148, 1991.
200. Polidoulis, I, Beyene, J, and Cheung, AM: The effect of exercise on pQCT parameters of bone structure and strength in postmenopausal women—a systematic review and meta-analysis of randomized controlled trials. *Osteoporos Inter* 23(1):39–51, 2012.
201. Population Reference Bureau: 2014 world population data sheet. Available at http://www.prb.org/pdf14/2014-world-population-data-sheet_eng.pdf. Accessed June 11, 2015.
202. Puhl, R, and Heuer, C: The stigma of obesity: a review and update. *Obesity* 17:941–964, 2009.
203. Puthoff, ML, and Nielsen, DH: Relationships among impairments in lower-extremity strength and power, functional limitations and disability in older adults. *Phys Ther* 87(10):1334–1347, 2007.
204. Ratain, MJ, and Plunkett, WK: Principles of pharmacodynamics. In Kufe, DW, et al (eds): *Holland-Frei Cancer Medicine,* ed. 6. Hamilton, ON: BC Decker, 2003.
205. Ratamess, NA, et al: Progression models in resistance training for healthy adults. *Med Sci Sports Ex*41(3):687–708, 2009.
206. Raymond, MJ, et al: Systematic review of high-intensity progressive resistance strength training of the lower limb compared with other intensities of strength training in older adults. *Arch Phys Med Rehabil* 94:1458–1972, 2013.
207. Reed, JL, and Pipe, Al: The talk test: a useful tool for prescribing and monitoring exercise intensity. *Curr Opin Cardiol* 29(5):475–480, 2014.
208. Reid, K, et al: Comparative effects of light or heavy resistance power training for improving lower extremity power and physical performance in mobility-limited older adults. *J Gero Series A: Bio Sci Med Sci* 70(3):374–380, 2015.
209. Reiman, MP: *Orthopedic Clinical Examination With Web Resource*. Champaign, IL: Human Kinetics, 2016.
210. Ribeiro, AS, et al: Resistance training in older women: comparison of singles vs multiple sets on muscle strength and body composition. *Isokinetics and Exer Sci* 23:53–60, 2015.
211. Rice, CL: Muscle function at the motor unit level: consequences of aging. *Top Geriatr Rehabil* 15(3):70–82, 2000.
212. Riebe, D, et al: Updating ACSM's recommendations for exercise preparticipation health screening. *Med Sci Sports Ex* 47(11):2473–2479, 2015.
213. Sayers, S: High-speed power training: a novel approach to resistance training in older men and women. A brief review and pilot study. *J Strength Cond Res* 21(2):518, 2007.
214. Schoenborn, CA, and Heyman, KM: Health characteristics of adults aged 55 years and over: US, 2004–2007. National Health Statistic Report 1-31. Available at http://www.cdc.gov/nchs/data/nhsr/nhsr016.pdf. Accessed August 12, 2015.
215. Schultz, A, et al: Loads in the lumbar spine—validation of a biomechanical analysis by measurements of intradiscal pressures and myoelectric signals. *J Bone Joint Surg [Am]* 64:713–720, 1982.
216. Sehl, ME, and Yates, FE: Kinetics of human aging. Rates of senescence between ages 30 and 70 years in healthy people. *J Gerontol A Biol Sci Med Sci* 56(5):B198–B208, 2011.
217. Setchell, J, et al: Physical therapists' ways of talking about overweight and obesity: Clinical implications. *Phys Ther* 96(6):865–875, 2016.
218. Shaw, JM, and Snow, CM: Weighted vest exercise improves indices of fall risk in older women. *J Geron Med Sci* 53(1):M53–M58, 1998.
219. Shumway-Cook, A, Brauer, S, and Woolacott, M. Predicting the probability for falls in community-dwelling older adults using the Timed Up & Go Test. *Phys Ther* 80(9):896–903, 2000.
220. Signorile, JF: Targeting muscular strength, power, and endurance. *ACSMs Health Fit J* 17(5):24–32, 2013.
221. Sillanpää, E, et al: Combined strength and endurance training improves health-related quality of life in healthy middle-aged and older adults. *Int J Sports Med* 33:981–986, 2012.
222. Silver, JK, and Gilchrist, LS: Cancer rehabilitation with a focus on evidence-based outpatient physical and occupational therapy interventions. *AJPMR* 90(suppl):S5–S15, 2011.
223. Singh, NA, Clements, KM, and Singh, MAF: The efficacy of exercise as a long-term antidepressant in elderly subjects: a randomized, controlled trial. *J Gerontol: Med Sci* 56A(8):M497–M504, 2001.
224. Snow, CM, et al: Long-term exercise using weighted vests prevents hip bone loss in postmenopausal women. *J Geron Med Sci* 55A(9): M489–M491, 2000.
225. Social Progress Index: Obesity data table, 2015. Available at http://www.socialprogressimperative.org/data/spi#data_table/countries/idr28/dim1,dim2,com7,idr28,dim3. Accessed April 11, 2016.
226. Sousa, N, and Mendes, R: Comparison of effects of resistance and

multicomponent training on falls prevention in institutionalized elderly women. *JAGS* 63(2):396–397, 2015.
227. Sousa, N, et al: The long-term effects of aerobic training versus combined training on physical fitness and cardiovascular diseases risk factors in overweight elderly men with high blood pressures. *Br J Sports Med* 47e3:9, 2013.
228. Steffen, TM, et al: Age- and gender-related test performance in community-dwelling elderly people: six-minute walk test, Berg Balance Scale, Timed Up & Go Test, and gait speeds. *Phys Ther* 82(2):128–137, 2002.
229. Steib, S, Schoene, D, and Pfeifer, K: Dose-response relationship of resistance training in older adults: a meta-analysis. *Med Sci Sports Ex* 42(5):902–914, 2010.
230. Stewart, VH, Saunders, DH, and Greig, CA: Responsiveness of muscle size and strength to physical training in very elderly people: a systematic review. *Scan J Med Sci Sports* 24:e1–e10, 2014.
231. Stuempfle, K, and Drury, DG: The physiological consequences of bed rest. *J Exercise Physiol Online* 10(3):32–41, 2007.
232. Suzuki, T, Bean, JF, and Fielding, RA: Muscle power of the ankle flexors predicts functional performance in community-dwelling older women. *J Am Geriatr Soc* 49(9):1161–1167, 2001.
233. Symons, TB, and Swank, AM: Exercise testing and training strategies for healthy and frail elderly. *ACSM's Health & Fitness Journal* 19(2):32–35, 2015.
234. Tan, FYH, et al: Reliability of the stair-climb test (SCT) of cardiorespiratory fitness. *Adv Exerc Sports Physiol* 10(3):77–83, 2004.
235. Terman, A, and Brunk, UT: Lipofuscin. *J Biochem Cell Biol* 36(8): 1400–1404, 2004.
236. The International Diabetes Federation: The IDF consensus worldwide definition of the metabolic syndrome. Available at http://www.idf.org/webdata/docs/MetSyndrome_FINAL.pdf. Accessed July 13, 2016.
237. The New PAR-Q+ and ePARmed-X+: Official website. Available at http://eparmedx.com/. Accessed July 12, 2016.
238. Thiebaud, RS, Funk, MD, and Abe, T: Home-based resistance training for older adults: a systematic review. *Geriatrics & Gerontology Intl* 14:750–757, 2014.
239. Thomas, S, Reading, J, and Shephard, RJ: Revision of the Physical Activity Readiness Questionnaire (PAR-Q). *Can J Spt Sci* 17(4):338–345, 1992.
240. Thompson, DR: Sarcopenia. *Clin Geriatr Med* 26:331–346, 2010.
241. Tieland, M, et al: Handgrip strength does not represent an appropriate measure to evaluate changes in muscle strength during an exercise intervention program in frail older people. *Int J Sport Nutrition and Ex Metab* 25:27–36, 2015.
242. Tinetti, ME: Preventing falls in elderly persons. *N Engl J Med* 348:42–49, 2003.
243. Transgenerational.org: The demographics of aging. Available at http://transgenerational.org/aging/demographics.htm. Accessed June 17, 2015.
244. US Department of Health and Human Services, Health Resources and Services Administration: Lower extremity amputation prevention, 2012. Available at http://www.hrsa.gov/hansensdisease/leap/. Accessed April 11, 2016.
245. US Department of Health and Human Service, National Vital Statistics Reports: Department of Health and Human Services deaths data for 2013. Available at http://www.cdc.gov/nchs/data/nvsr/nvsr64/nvsr64_02.pdf. Accessed June 27, 2016.
246. US Department of Health and Human Services: Talking with patients about weight loss: tips for primary care providers. NIH publication 05-5634. Available at http://www.niddk.nih.gov/health-information/health-topics/weight-control/talking-with-patients-about-weightloss-tips-for-primary-care/Documents/TalkingWPAWL.pdf. Accessed April 11, 2016.
247. US Department of Health and Human Services: Urinary incontinence in women. NIH publication 08-4132. Available at http://kidney.niddk.nih.gov/KUDiseases/pubs/uiwomen/UI-Women_508.pdf. Accessed July 12, 2016.
248. Uttter, AC, Kang, J, and Robertson, RJ: ACSM current comment perceived exertion. *ACSM*, 2000. Available at https://www.acsm.org/docs/current-comments/perceivedexertion.pdf. Accessed April 11, 2016.
249. Valentour, J: The Fick Equation by the American Council on Exercise. Available at https://www.acefitness.org/blog/1545/the-fick-equation. Accessed March 22, 2016.
250. Vella, C, and Kravitz L: Sarcopenia: the mystery of muscle loss. *IDEA Personal Trainer* 13(4):30–35, 2002.
251. Villareal, DT, et al: Obesity in older adults: technical review and position statement of the American Society for Nutrition and NAASO, The Obesity Society. *Am J Clin Nutr* 2(5):923–934, 2005. Available at http://ajcn.nutrition.org/content/82/5/923.long. Accessed May 24, 2017.
252. Wanderley, FAC, et al: Aerobic versus resistance training effects on health-related quality of life body composition, and function of older adults. *J Ap Geron* 34(3):143–165, 2015.
253. Wang, Y, et al: Comparison of abdominal adiposity and overall obesity in predicting risk of type 2 diabetes among men. *Am J Clin Nutr* 81, 555–563, 2005.
254. Warburton, DER, et al: Evidence-based risk assessment and recommendations for physical activity clearance; consensus document 2011. *APNM* 36(S1):S266–S298, 2011.
255. Warburton, DER, et al: The ePARmed-X+ physician clearance follow-up. *Health Fitness J Canada* 7(2):35–38, 2014.
256. Warburton, DER, et al: The Physical Activity Readiness Questionnaire for Everyone (PAR-Q+) and Electronic Physical Activity Readiness Medical Examination (ePARmed-X+). *Health Fitness J Canada* 4(2):3–23, 2011.
257. Warburton, DER, Nicol, CW, and Bredin, SSD: Health benefits of physical activity: the Evidence. *CMAJ* 174(6):801–809, 2006.
258. Waters, DL, et al: Advantages of dietary, exercise-related, and therapeutic interventions to prevent and treat sarcopenia in adult patients: an update. *Clin Interventions Aging* 5:259–270, 2010.
259. Wen, CP, et al: Minimum amount of physical activity for reduced mortality and extended life expectancy: a prospective cohort study. *Lancet* 378(9798):1244–1253, 2011.
261. Wert, DM, et al: Gait biomechanics, spatial and temporal characteristics, and the energy cost of walking in older adults with impaired mobility. *Phys Ther* 90:977–985, 2010.
262. Whitney, JC, Lord, SR, and Close, JC: Streamlining assessment and intervention in a falls clinic using the Timed Up and Go Test and Physiological Profile assessments. *Age Ageing* 34(6):567–571, 2005.
263. Whitney, SL, et al: Clinical measurement of sit-to-stand performance in people with balance disorders: validity of data for the five-times-sitto-stand test. *Phys Ther* 85(10):1034–1045, 2005.
264. Wick, JY: Bedrest: implications for the aging population. *Pharm Times,* 2011. Available at http://www.pharmacytimes.com/publications/issue/2011/January2011/FeatureBedrest-0111. Accessed April 12, 2016.
265. Wilhelm, M, et al: Effect of resistance exercises on function in older adults with osteoporosis or osteopenia: a systematic review. *Physiother Canada* 64(4):386–394, 2012. Available at https://www.ncbi.nlm.nih.gov/pmc/articles/PMC3484910/. Accessed May 24, 2017.
266. Wilson, L, et al: Annual direct cost of urinary incontinence. *Obstet Gynecol* 98:398–406, 2001.
267. Winters-Stone, KM, and Snow, CM: Site-specific response of bone to exercise in premenopausal women. *Bone* Dec;39(6):1203–1209, 2006.
268. Woltmann, ML, et al: Evident that the talk test can be used to regulate exercise intensity. *J Strength Cond Res* 29(5):1248–1254, 2015.

269. World Health Organization: FRAX WHO Fracture Risk Assessment Tool. Available at http://www.shef.ac.uk/FRAX/. Accessed June 4, 2016.
270. World Health Organization: Obesity and overweight, fact sheet no. 311. Available at http://www.who.int/mediacentre/factsheets/fs311/en/. Accessed May 4, 2016.
271. World Health Organization: Waist circumference and waist-hip ratio, report of a WHO expert consultation, 2008. Available at http://whqlibdoc.who.int/publications/2011/9789241501491_eng.pdf. Accessed March 2, 2016.
272. World Health Organization: World Health Day 2012: adding life to years. Available at http://www.wpro.who.int/mediacentre/releases/2012/20120404/en/. Accessed November 21, 2015.
273. Wright, AA, et al: A comparison of 3 methodological approaches to defining major clinically important improvement of 4 performance measures in patients with hip osteoarthritis. *J Orthop Sports Phys Ther* 41(5):319–327, 2011.
274. Zacker, RJ: Health related implications and management of sarcopenia. *J Am Acad Phys Assistants* 19(10):24–29, 2006.
275. Zammit, C, et al: Obesity and respiratory disease. *Int J Gen Med* 2010. Available at http://www.ncbi.nlm.nih.gov/pmc/articles/PMC2990395/pdf/ijgm-3-335.pdf. Accessed March 2, 2016.
276. Ziere, G, et al: Polypharmacy and falls in the middle age and elderly population. *Br J Clin Pharmacol* 61(2):218–223, 2006.

第25章

女性健康：产后及盆底

BARBARA SETTLES HUGE CAROLYN KISNER

纵观女性的一生，我们需要认识到特定的性别差异与康复的相关性。近些年研究一再显示，女性拥有独特的生理过程，已不仅限于解剖学和激素层面，甚至包括心脏病发作症状和药物代谢的差异[77]。显然，妊娠或产后患者给物理治疗师带来了基于性别独特性的临床挑战。虽然妊娠是一个剧烈的肌肉骨骼系统、生理和情绪变化的时期，但其实这是一种健康的状态。孕妇通常是有良好动机、愿意学习的，并对治疗建议有高度反应。对许多妇女而言，治疗师可评估和监测其生理变化，且主要注重于如何保持健康。在这个关键的人生过渡期，教育女性提高运动和健康的能力，将为治疗师提供重要的职业机会。

与妊娠有关的骨骼肌肉系统损伤案例中，治疗师有能力整合损伤及组织愈合的知识与妊娠期间身体变化的知识，用以检查和治疗患者。从更广泛的角度（整个人生的视角）来看，所有女性患者都可受益于有关盆底肌在肌骨健康中的角色的教育，特别是对躯干稳定的作用。盆底功能障碍的专门治疗是提高尿失禁、盆底器官脱垂以及各种盆腔疼痛综合征女性生活质量的关键。尽管所有物理治疗师都可以很容易地把激活盆底肌运动作为躯干稳定运动和身体力学训练的关键部分，但是真正的专业精通只能通过进一步的训练和指导来获得。对于有意专门从事这方面工作的治疗师，高度推荐进行盆底解剖、评估与治疗的进阶学习。

本章为读者提供关于妊娠系统性变化的基本资料，并以此为基础设计安全且有效的运动计划。此外，也将对盆底解剖、功能与功能障碍进行回顾以介绍盆底疾病治疗。本章强调改良一般运动以满足产科患者的需要，并提供有助于制订正常妊娠运动计划的信息。而对于剖宫产分娩、高风险妊娠患者及其特殊需求，也会在文中进行讨论。

妊娠、分娩及相关情况的概述

妊娠及分娩的特征

妊娠

妊娠的过程从受孕到分娩需 40 周，分为 3 个孕期，各孕期都有其变化特点[78,102]。

第一个孕期的变化

第一个孕期（第 0~12 周）会出现以下情况。

- 受精卵在受精后 7~10 天植入子宫内。
- 母亲非常疲倦且排尿频繁，可能会出现恶心和（或）呕吐（晨吐）。
- 乳房体积可能会增加。
- 较少量的体重增加，0~1455 g 属于正常。
- 可能出现情绪变化。
- 到第 12 周末时，胎儿达 6~7 cm 长且重约 20 g。胎儿会踢、转头、吞咽且有一个跳动的心脏，但这些动作母亲暂时不会感受到。

第二个孕期的变化

第二个孕期（第 13~26 周）会出现以下情况。

- 可由外观看出来怀孕。
- 母亲在大约第 20 周时可感受到胎动。
- 大多数女性此时感觉良好，恶心和疲劳通常会消失。
- 第二孕期末时，胎儿为 19~23 cm 长，重量约为 600 g。
- 胎儿已有眉毛、睫毛和手指甲。

第三个孕期的变化

第三个孕期（第 27~40 周）会出现以下情况。

- 此时子宫非常大且有正常子宫收缩，虽然也许只能偶尔感觉到。
- 第三个孕期常见的不适是排尿频繁、腰痛、下肢水肿和疲劳、圆韧带疼痛、呼吸急促与便秘。
- 婴儿出生时，身长有 33~39 cm，重量约为 3400 g（2270~4540 g 属于正常范围）。

注意：虽然妊娠通常持续 40 周，但是 38~42 周都被视为足月妊娠。

分娩

分娩可分成 3 个阶段，且每个阶段都有其特定的事件[22,78]。虽然确切的启动分娩的机制尚不清楚。子宫平滑肌规律和强烈的非自主性收缩为分娩的主要症状。真正的分娩会在子宫颈产生可触诊到的变化，称为子宫颈变薄和扩张（图 25.1）。

- **变薄**（effacement）是指子宫颈从 5 cm 的厚度缩短或变薄，临产前达到一张纸的薄度。
- **扩张**（dilation）是指子宫颈开放，直径从一指尖宽度扩张到约 10 cm 宽度。

分娩：第一阶段

有些女性在真正分娩前会经历初始的子宫颈扩张和变薄，然而，到这个阶段结束时子宫颈才会完全扩张，且毫无疑问婴儿即将出生。分娩第一阶段分为 3 个主要时期。

子宫颈扩张期：子宫颈从 0 cm 扩张到 3 cm，几乎完全变薄。子宫收缩由上而下发生，导致子宫颈开放，且推动胎儿下降。

中间期：子宫颈从 4 cm 扩张至 7 cm，子宫收缩更强烈且更规律。

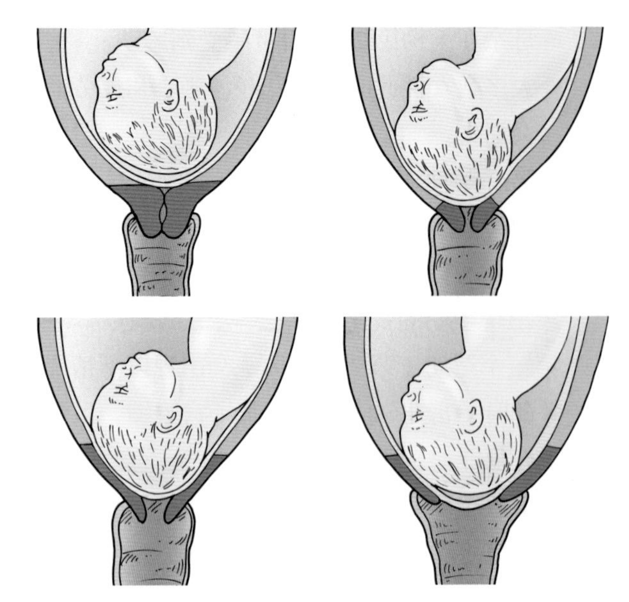

图 25.1　子宫颈的变薄及扩张（经许可，引自 Ward, S, and Hisley, S: Maternal-Child Nursing Care. Philadelphia: F.A. Davis, 2009）

过渡期：子宫颈从 8 cm 扩张至 10 cm，且扩张已经完成，子宫收缩非常强烈且密集。

分娩：第二阶段

分娩第二阶段牵涉到“推”与排出胎儿。腹腔内压力是排出胎儿的主要力量、其力量是由腹部肌肉及横膈主动收缩所产生的。盆底在第二阶段的放松与牵伸是成功的阴道分娩的必要条件；在此阶段子宫收缩可长达 90 秒。

胎儿下降：胎儿的位置发生变化（主要运动），使其能通过骨盆而出生（图 25.2）[78]。位置的变化描述如下。

- **进入产位**：胎儿头部的最大横向直径通过骨盆入口（骨盆的上方开口）。
- **下降**：胎儿持续下降。
- **屈曲**：胎儿下巴接近其胸部，这是由于下降的头部受到来自骨盆壁、盆底肌及子宫颈的阻力。
- **内旋**：当胎儿头部到达坐骨嵴高度时，胎儿会将其枕骨转向母亲的耻骨联合。
- **伸展**：屈曲的胎儿头部到达外阴，胎儿伸展头部，使枕骨底部直接接触母亲耻骨联合下缘。当胎儿头部娩出时，该期结束。
- **外旋**：胎儿旋转将其枕骨对着母亲的骶骨，让胎儿肩膀穿过骨盆。
- **胎儿排出**：胎儿前肩通过耻骨联合下方，其余的身体部分跟着排出。

分娩：第三阶段

胎盘阶段（胎盘排出）：分娩后，子宫继续收缩并缩小，导致胎盘脱离和排出。

- 随着子宫缩小，胎盘从子宫壁脱离，血管收缩，出血减慢，这可在胎儿娩出后 5~30 分钟发生。
- 在子宫胎盘部位形成血肿，防止再有明显的血液流失。在产后 3~6 周仍持续有轻度出血。

子宫复旧：子宫继续收缩，并在产后 3~6 周缩小。子宫始终较怀孕前稍微膨大一些。

妊娠的解剖与生理变化

随着妊娠进展，女性的身体会发生相当大的变化 [7,22,67,78]。

妊娠期间的体重增加

目前建议单胎妊娠期间的平均体重增量为 11.34~16.78 kg[71,78]，增重总量见专栏 25.1。

器官系统的变化

子宫及相关结缔组织

子宫：子宫由妊娠前 5 cm × 10 cm 大小增加到 25 cm × 36 cm 大小。尺寸上，子宫增加了 5~6 倍，容积增加了 3000~4000 倍，且到妊娠末期重量会增加 20 倍。到了妊娠末期，子宫内的每个肌肉细胞大小已经增加到妊娠前长度的将近 10 倍以上 [125]。一旦子宫向上扩张离开盆腔，它就成了一个腹部器官而不再是盆腔器官。

结缔组织：连接骨盆器官的韧带比支持关节结构的韧带更具纤维弹性。筋膜组织连续环绕包覆着器官，还包含相当数量的平滑肌纤维 [38]。圆韧带、阔韧带以及主韧带 – 子宫骶骨复合体为子宫提供悬吊的支持。

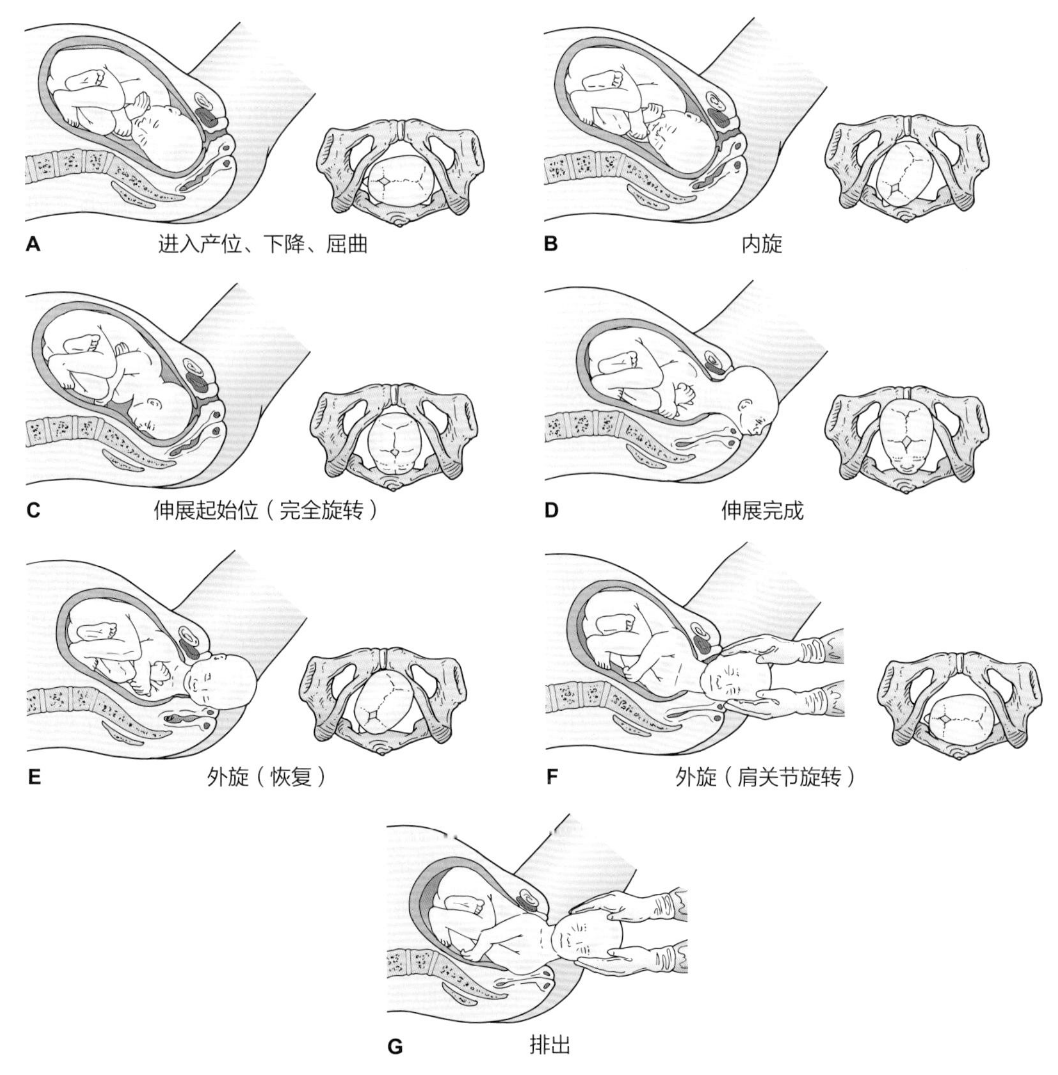

图 25.2　分娩和生产机制中的主要运动，左侧枕前位置（经许可引自 Ward, S, and Hisley, S: Maternal-Child Nursing Care. Philadelphia: F.A. Davis, 2009）

专栏 25.1　单胎（妊娠）的增重总量（范围）	
■ 胎儿	3.36~3.88 kg
■ 胎盘	0.48~0.72 kg
■ 羊水	0.72~0.97 kg
■ 子宫和乳房	2.42~2.66 kg
■ 血液和其他液体	1.94~3.99 kg
■ 脂肪储存	0.48~2.91 kg
■ 合计	9.70~14.55 kg

泌尿系统

肾脏：肾脏的长度增加 1 cm。

输尿管：由于子宫增大，输尿管会以垂直角度进入膀胱，这可能导致尿液回流到膀胱，并重新进入输尿管。因此，在妊娠期间由于尿液滞留会增加尿道感染的概率。

肺部系统

激素的影响：激素变化会影响肺部分泌及胸廓位置。

- 妊娠早期开始，由于激素的变化会导致上呼吸道水肿及组织充血，激素也会刺激上呼吸道过度分泌。
- 激素会刺激肋骨位置变化，并在子宫增大之前发生。肋骨下角角度逐步增加，肋骨向上和向外展开。胸廓前后及横向直径各增加 2 cm，总胸围增加 5~7 cm，且不一定会恢复到妊娠前状态。

- 横膈升高 4 cm，这是因为肋骨位置改变所造成的被动变化。

呼吸：呼吸速率不变，但是呼吸深度增加[78]。

- 潮气量和每分钟换气量增加，但总肺容量维持不变或稍微下降[78,125]。
- 耗氧量增加 15%~20%。一种自然状态的过度换气现象会存在于整个妊娠期，以满足妊娠的氧气需求[78,125]。
- 呼吸的做功会因过度换气而增加；轻度运动时会有呼吸困难，而且早在妊娠 20 周后就开始[78,125]。

心血管系统

血容量和血压：在整个妊娠过程中血容量逐渐增加 35%~50%（1.5~2 L），并且在产后 6~8 周恢复正常。

- 血浆增加大于红细胞增加，导致妊娠的"生理性贫血"，这并非真正的贫血，而是由于血浆量大量增加。血浆量增加是因为受到激素刺激，以适应妊娠的氧气需求。
- 站立时下肢静脉压会因子宫大小与静脉扩张增加而增加。
- 妊娠后期下腔静脉压力上升，特别是在仰卧姿势，因为受到横膈膜下方的子宫压迫。某些妇女静脉回流减少而造成心输出量减少，并导致症状性仰卧低血压综合征，而主动脉在仰卧姿势下是部分堵塞的。
- 血压下降早在孕早期时就出现，收缩压有轻微下降而舒张压有更大幅度的下降。大约在妊娠中期时血压降到最低程度，然后从妊娠中期逐渐升高，大约在分娩 6 周后达到妊娠前的血压水平。虽然心输出量增加，但血压会因静脉扩张而降低。

心脏：心脏大小增加，而且心脏会因横膈的移动而升高。

- 妊娠期间心律失常是较常见的。
- 足月时心率往往每分钟增加 10~20 次，并在分娩 6 周后恢复正常。
- 心输出量在妊娠期间增加 30%~60%，并在左侧卧位显著增加，因为此时子宫对主动脉施予最少压力。

骨骼肌肉系统

腹部肌肉：腹部肌肉，特别是两侧腹直肌及白线，到了妊娠末期受到生物力学显著变化的影响，会被牵伸至其弹性极限。这大大减少了肌肉产生强烈收缩的能力，因此降低肌肉收缩的效率。另外随着胎儿变大，重心转变，也会减少腹部肌肉的机械性优势[68,125]。

盆底肌肉：盆底肌位于抗重力位置，必须抵抗重量的总变化，由于妊娠，盆底下降可达 2.5 cm[120]。

结缔组织和关节：激素对韧带有显著的影响，使得韧带整体张力强度减弱。妊娠和产后很多关节都被测量到关节松弛。也有研究尝试把激素水平和关节稳定性的变化相关联，且尝试确认骨骼肌肉系统损伤和分娩激素相关的雌二醇、黄体酮、松弛素和皮质醇的相关性。一项纵向的研究观察和测量了 35 名孕妇的腕关节松弛度，发现上述每种激素的血清水平均上升，但只有皮质醇水平和关节松弛度增加有显著的关联。作者推测个体激素受体的差异可能可以解释多年来研究的不同结果。关于上述激素影响的更完善的理解很重要，因为它和持续骨盆疼痛或脱垂的风险相关联[84]。

- 临床上，这些生理学上的改变似乎增加了孕期负重关节如背部、骨盆和下肢负重关节发生损伤的风险。

体温调节系统

基础代谢率：妊娠期间，基础代谢率和产热量都会增加[4]。

- 每天需要额外摄入 300 kcal，以满足妊娠的基本代谢需求。
- 孕妇的正常空腹血糖均低于非妊娠妇女[4]。

姿势和平衡的变化

重心

重心因为子宫和乳房的增大而向上和向前转移，因此需要姿势性代偿来维持平衡与稳定性（图 25.3）[7,67,125]。

- 腰椎和颈椎前凸增加，以代偿重心转移。
- 因为乳房增大，肩带及上背部变圆且肩胛前

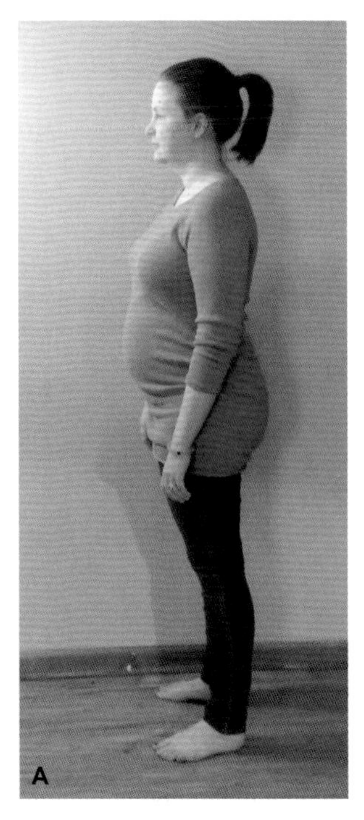

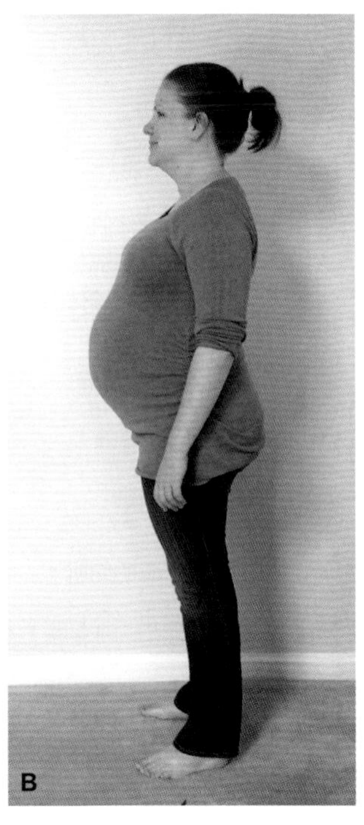

图 25.3　随着妊娠的发展，孕妇姿势的改变。A. 孕 23 周。B. 孕 34 周

突、上肢内旋。这种姿势倾向将在产后因照顾婴儿的需要而持续维持。胸肌紧张和肩胛稳定肌无力可能之前就存在，或因妊娠姿势改变而诱发。

- 枕骨下肌会努力适应以维持适当的视线高度（视觉翻正反射），并随着肩关节排列的变化调节头部向前的姿势。
- 膝反屈的倾向使得重心转移至足跟，以对抗成长中的胎儿的向前拉力。
- 姿势变化并不会在分娩后自动矫正，而且孕期的姿势可能会成为习惯。此外，很多儿童保育活动会使得姿势错误和不对称持续发生。

平衡

因体重增加与身体质量的重新分配，为了维持平衡会出现代偿作用[7,125]。

- 孕妇通常用更大的支撑底面积步行，并增加髋关节外旋。
- 随着胎儿成长，这种站立姿势的变化使得执行某些活动越来越具挑战性，如步行、弯腰、爬楼梯、抬举、伸手取物和其他日常生活活动。
- 需要精确平衡性和快速方向变化的活动，如有氧舞蹈、骑自行车等，可能完成比较困难，特别是在第三孕期时。因此需要特别地小心，注意预防跌倒[4]。

盆底解剖、功能与功能障碍概述

在过去 15~20 年，治疗盆底损伤在物理治疗界已变得更引人注目和被接受。因此，不管是男性还是女性，大量的盆底功能障碍患者都在寻求和被转诊至康复治疗服务。高阶和深入的解剖学学习，包括内部盆底肌肉评估、生理学和治疗等内容，继续被强烈推荐给专门从事该领域的治疗师。特别是随着社交媒体应用的增加，医生和消费者在寻求盆底功能障碍的治疗时，都意识到了需要这方面的专业从业者。举个例子，社交媒体 Facebook 上针对盆底器官脱垂女性的支援组织在不到 4 年的时间内（2011~2015 年）吸引了超过 3000 名会员，分别来自美国的 50 个州和其他的 38 个国家，年龄分布从青少年到 80 岁以上老年人[101]。

盆底肌群

盆底肌群由数层漏斗状走向、附着到耻骨和尾骨的肌肉所组成。这些组织从外侧融合成为筋膜层覆盖于闭孔内肌上。盆底肌肉的原动肌是提肛肌。提肛肌和尾骨肌结合形成骨盆的横膈膜。最表浅的盆底肌包括会阴浅横肌、坐骨海绵体肌、球海绵体肌和肛门外括约肌。而左右两侧的盆底复合体提供纤维形成阴道和直肠间浅层的会阴体（图 25.4）。每层肌肉的结构和收缩动作都总结在表 25.1 中。这些肌肉的联合运动产生向上往心脏方向的力，而括约肌周围则产生皱起或拉绳的动作[112]。

女性盆底

女性盆底允许尿道、阴道和直肠通过。这就自然导致女性解剖结构与男性解剖结构相比，内在稳定性较低和对盆腔器官支持不足。泌尿生殖裂缝（膈）是尿道和阴道通过的开口，开口的大小是研究设计中的一个客观检查指标[119]。

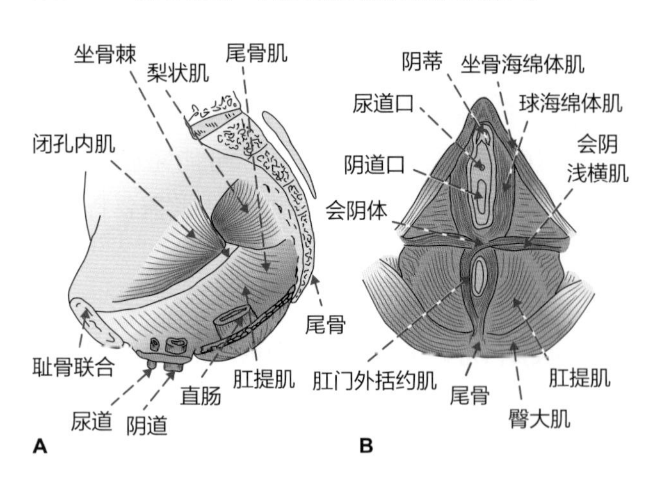

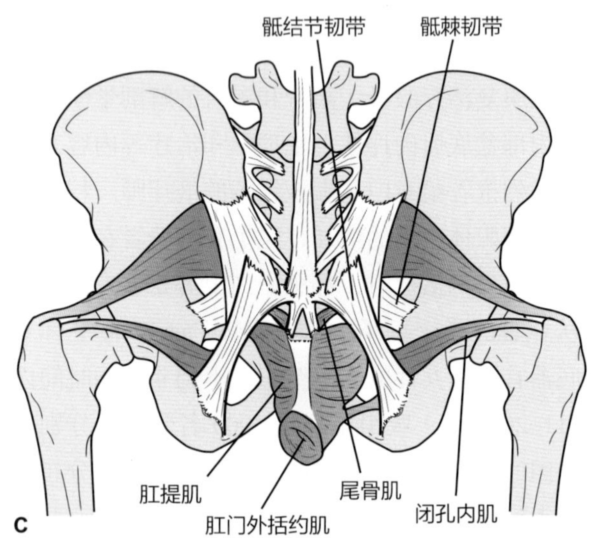

图 25.4　盆底肌群。A. 矢状面，注意悬吊 / 吊床走向。B. 从下方观察，注意图中围绕着尿道口、阴道口的肌肉和肛门括约肌的 8 字走向。C. 后面观，注意盆底肌肉的漏斗形状

神经支配

对尸体的研究发现盆底复合体的神经结构有很多变化 [11,59,124]。会阴组织的神经支配包括了会阴神经（有 3 个分支，背侧支、会阴支和直肠支）、肛提肌神经和骶神经根直接分支，关于神经水平是否处于骶骨高度的研究尚有争议。这种双重和可变的神经支配，比起单一神经分布更不易损伤，为生产和阴道分娩提供了保障。

功能

盆底肌群有以下的重要作用。

- 为盆腔器官及其内容物提供支持。
- 承受腹腔内压力的增加——“减震器”。
- 促进脊椎、骨盆的稳定，以增加姿势稳定性。

表 25.1　女性和男性盆底解剖：从表层到深层

肌肉层	结构	动作
表层（出口：主要是性功能）		
	坐骨海绵体肌	维持阴蒂或阴茎的勃起
	女性的球海绵体肌	阴道“括约肌”闭合、阴蒂或阴茎勃起，男性尿道排空
	男性的球海绵体肌	
	会阴浅横肌	会阴体固定
	肛门外括约肌	肛门闭合
会阴膜（原泌尿生殖膈）		
	会阴深横肌	挤压尿道和阴道壁腹侧
	逼尿肌	支撑会阴体和阴道口
	尿道阴道括约肌	
骨盆膈（主要提供肌肉支持）		
	肛提肌	盆底的主要驱动肌肉，耻骨直肠肌协助直肠的闭合
	■ 耻骨尾骨肌	
	■ 耻骨直肠肌	
	■ 髂骨尾骨肌	
	尾骨肌（坐骨尾骨肌）	屈曲尾骨

- 尿道、阴道和肛门括约肌的关闭。
- 性反应。

分娩对盆底的影响

神经损伤

分娩过程中，随着胎儿头部通过产道会发生阴部神经和肛提肌神经的牵伸与压迫。该牵伸可达该神经总长度的 20%~35%，这在会阴后侧部分更明显 [80,114]。对神经组织最严重的损伤是在推挤时（分娩的第二阶段），直到完成阴道分娩。

肌肉损伤

盆底组织的极度牵伸是妊娠晚期和阴道分娩过程中不可避免的。电脑化模拟针对分娩的生物力学的研究增加了对于这些损伤的了解 [80]。在阴道分娩中肌肉和（或）韧带的损伤会减少盆底复合体的最大闭合压力，使得整个肌肉复合体会更容易因增加的腹内压和传递到阴道远端的力量而受伤，可能导致膀胱、尿道、子宫、小肠和直肠的脱垂 [9]。

分娩中盆底肌肉也可能被撕裂或切割。其他的软组织损伤可能因使用产钳而产生，需要缝合整个肌肉组织并进入阴道穹隆。

会阴切开术

会阴切开术是在会阴体做一个切口（图 25.4B）。按照以下会阴撕裂伤的分类，会阴切开术自动被认定为第二级撕裂伤[78]。

- 第一级：只有皮肤。
- 第二级：包括基本表浅肌肉层。
- 第三级：延伸到肛门括约肌。
- 第四级：撕裂伤超过肛门进入直肠，可能延伸到盆底更深层的肌肉群（图 25.4A）。

虽然会阴切开术比较常见，可见于 33%~54% 的阴道分娩中，但是并没有充分的医学证据支持其应用。事实上在某些情况下，会阴切开术的预后结果反而较差，可导致性交疼痛且可能会延伸至括约肌或直肠。盆底功能障碍包括失禁和器官脱垂，需要进一步研究探讨其与会阴切开病史的相关性[76]。由盆底疾病网络[20]进行的研究发现，肛门括约肌缺损和产后 6 个月的大便失禁相关。长期的随访（产后 1 年以上）研究证据非常有限。

目前文献记录了行会阴切开术的女性和不切开者之间盆底肌力量恢复的差异，但对于该术式的益处尚缺乏共识意见[76]。文献一致认为，会阴切开术与产钳协助式分娩密切相关；此外，如果在分娩时，同时使用了硬膜外麻醉、产钳和会阴切开术三者，那么肛门括约肌撕裂的风险更高[1,20,47,64,74]。孕妇一般对于分娩有不少的疑问，特别是会阴切开术，治疗师应在患者和其医生探讨分娩方式时提供适当的教育和支持。

聚焦循证

一项包括 459 名加拿大首次妊娠女性的随机对照试验研究发现，每星期参加 3 次及以上剧烈运动的女性有显著的预防三级、四级撕裂伤（会阴切开术后切口延伸）的保护效应。研究者定义剧烈的运动方式包括骑自行车、慢跑、网球、滑雪和重量训练。反之，非剧烈运动有步行、游泳、上预产学习班和瑜伽。研究收集了妊娠前和产后共 12 个月的运动类型、频率和持续时间的数据。在剧烈运动组，200 名女性没有发生三级或四级撕裂伤，只有 25 名女性出现该种撕裂伤。此外，该研究有助于推翻剧烈运动者可能会过度激活会阴肌肉组织的理论。与普通随意运动者相比，这些剧烈运动的女性须行会阴切开术的风险并未增加[74]。

盆底功能障碍分类

盆底功能障碍涵盖了膀胱、大肠和性方面的症状的各种组合，有着非常广泛的分类。一部分患者会出现盆底肌失用性萎缩、肌肉无力或神经损伤；另外一部分患者则可能出现盆底肌群过度活跃的情况。骨盆痛是另一个不明确的诊断，许多患者在考虑肌骨方面的病因前，已咨询过很多的医生。

脱垂

脱垂是一种支持性损伤，导致阴道突出。它指的是任何一个盆腔脏器，由于肌肉、筋膜和（或）韧带缺损，以及腹内压增加，而下降脱离其正常位置（图 25.5）。脱垂通常会随着时间和之后的妊娠而恶化。其他导致脱垂的原因还包括腹内压的慢性增加（比如便秘或 BMI 升高），绝经及提重物或过度用力[96]。

一项横断面研究发现，33% 受访者有一级脱垂，62.9% 受访者有二级脱垂。研究样本包括 270 名女性，平均年龄 68.3 岁且阴道分娩次数中位数为 3 次[96]。在另一个研究中，评估超过 1900 例美国妇女是否有症状性脱垂和其他的盆底功能障碍，发现了高达 49.7% 的发病率，发病率与年龄的增长、分娩次数的增加及体重的增加相关[98]。无论哪种诊断，对于所有为女性患者开具躯干稳定性运动处方的临床医生而言，都是极为重要的信息。

- 从生物力学观点来看，盆底肌的激活与多

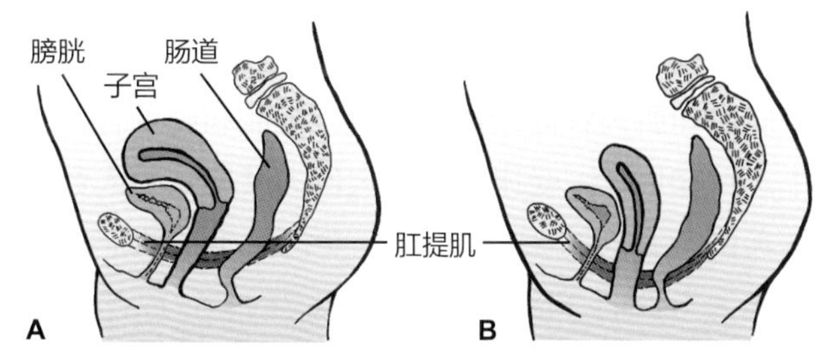

图 25.5　脱垂。A. 良好的盆底支撑，牢固的支撑底面，盆腔器官在正常的位置。B. 支撑不足，盆底器官下降

裂肌和腹横肌这些深层节段稳定肌（见第13章、第15章）的激活相协调是很有必要的，可阻止日常活动中过度向下的力。

- 随着脱垂的进展，会阴部的压力和沉重感会导致功能改变，包括腰痛、腹部压力或疼痛，以及膀胱和肠道的排空困难[23]。这些症状可影响运动、休闲活动和家务劳动，以及外出工作能力[96]。

聚焦循证

由于研究结果各不相同，使得制订一个“理想”的方案以实现盆底肌的运动学习变得复杂。由Bump医生主导的研究发现，仅提供简单的口头指导来教导正确的盆底收缩方法在50%的女性中是无效的。事实上，这反而会导致25%的样本膀胱向下的压力增加，而不是产生了合适的向上方的力[26]。其他研究也多次确认了，很多女性错误地进行盆底收缩，因而有技巧的个体化干预非常有必要[15]。通过对正常个体的研究，推荐以腹横肌的收缩刺激盆底协同收缩[109,110]。但是，在标准的康复环境中，躯干肌肉和盆底肌肉的协调募集不能作为标准治疗方案。理想状态下，盆底肌和深层节段性肌肉的协同收缩应在进行更具挑战性的姿势和活动之前完成。

聚焦循证

2011年Cochran的综述强调了支持盆底肌肉训练有助于治疗脱垂的严谨临床试验，特别推荐采取更长的随访时间和不同干预措施的组合[61]。

尿失禁或大便失禁

膀胱或肠道内容物的非自主性丢失，往往是神经肌肉和肌肉骨骼损伤的结果，可能和脱垂合并发生。保守估计，受尿失禁或大便失禁影响的人数仅在美国就有大约2500万[90]。女性发生这些症状的概率为男性的2倍[43]。一个针对超过65岁的非住院患者的研究发现，超过25%的男性和50%的女性患有尿失禁[58]。这些患者往往因为担心漏尿和卫生问题，有明显的社会不适感和焦虑。这为个人和社会造成了显著的经济负担。在系统综述中，分析美国女性的相关花费，包括保守治疗和外科的治疗，总额达每年120亿元[32]。失禁的种类的总结可见专栏25.2。

聚焦循证

许多研究都显示，盆底肌肉力量训练使漏尿症状得到显著改善[46,81,87,88,108,122]。男性前列腺术后的失禁情况也在盆底运动或配合生物反馈治疗后减少[57,81,125]。

多数研究都有报道，在妊娠后期以及产后3~12个月盆底功能得到改善（尿失禁减少及盆底肌肉力量改善）[87,88,108]。

强证据支持有技巧地针对盆底功能障碍进行干预。物理治疗师在一线的治疗可以整合运动生理学和渐进性的力量训练原则以设计有正确指引和密切随访的治疗方案[15]。Bø[16]总结了目前支持应用盆底康复治疗压力性尿失禁的研究得出以下结论。

- 盆底肌力训练（应用运动生理学原则）除了能改善器官和结缔组织的结构性支持，还能更有效地促进运动单位的诱发和募集，使动作更连贯、熟练。
- 在腹内压增加之前，如举重物、咳嗽，先刻意地反向支撑盆底肌群，形成一种可“触发”的行为调整方式。

盆底和周边肌群疼痛及过度活动

疼痛和过度活动可能与会阴撕裂伤的延迟愈合、分娩期间软组织和（或）骨盆带关节损伤、骨

专栏25.2 下尿道功能障碍的类型

- 压力性尿失禁：因用力、咳嗽、喷嚏等腹压增加后发生的不随意尿液溢出，可单独发生也可能合并急迫性尿失禁一起发生。
- 尿急：突然的排空欲，很难忽略，也叫膀胱过度活动症。
- 急迫性尿失禁：伴随很强的尿意的不自主尿液溢出。
- 逼尿肌过度活动：尿流动力学结果可以看到，充盈期膀胱收缩。
- 潴留性尿失禁：低张力或无收缩性膀胱导致尿液滴流或尿流中断（之前称为充溢）。
- 功能性失禁：与其他损伤相关，如关节炎、帕金森病、痴呆和药物治疗等。

盆倾斜、多种妇科 / 内科诊断、马尾综合征以及瘢痕组织限制相关，也和整体动作的保护性肌肉痉挛、防御性收缩和焦虑的临床高发生率有关。中枢敏化和疼痛教育是治疗计划中的关键因素 [29]。

- 一项研究描述非月经的盆腔疼痛最经常由子宫内膜异位症、粘连、间质性膀胱炎或肠易激综合征引起，在 15~50 岁女性中发生率高达 20%[18]。在另一项总样本量为 581 名妇女（18~45 岁）的研究中，发现不同的症状或障碍的发生率如下：盆腔疼痛 39%；性交疼痛 46%；痛经 90%[68]。
- 功能受限包括日常生活活动疼痛、坐位姿势耐受程度下降、性交疼痛以及排便和排尿困难。有盆腔疼痛损伤的患者，往往被称为慢性盆腔疼痛（chronic pelric pain，CPP），腰脊旁肌和髋屈肌的持续紧张为典型的症状 [10]。
- 由于这是一个比较宽泛的课题，治疗的建议常常会相互矛盾。需要更多注意的是有关性虐待病史的盆腔疼痛，特别需要多重专业的评估来处理所有可能的诱发因素。性虐待长期被低估，然而研究中发现有 20%~25% 的女性在儿童时期遭受过性创伤 [69,102,105]。

女性人群功能障碍的风险因子

分娩

分娩显然是盆底损伤最显著的风险因子。分娩过程，特别是阴道分娩与现行的医疗处理，可能会使盆底结构产生明显的创伤。

- 一个纵向队列研究进行了分娩后 15 年的跟踪（n=55），显示首次妊娠发生压力性尿失禁会使 15 年后复发的风险增加 1 倍 [41]。关于盆底器官脱垂的风险，一项超过 17000 名女性的队列研究显示，在后续因盆底器官脱垂住院的概率，有过 1 次的分娩者是无分娩者的 4 倍多，有两个孩子的妇女则超过 8 倍。但是这个研究并没有区分分娩的种类 [82]。
- 其他潜在的产科风险因素包括孕妇大于 30 岁、多次分娩，分娩第二阶段过长（超过 1~2 小时）、用力推、使用产钳、使用胎头吸引术或催产素、三级或四级会阴撕裂伤以及胎儿出生体重大于 3.63 kg[56,68,75,97,116,123]。

其他原因

从未妊娠的女性也可能患有盆底功能障碍。因为慢性便秘、吸烟、慢性咳嗽、肥胖、子宫切除术造成的过度压力，都可对任何女性造成这些损伤 [5,13,43,123]。更多的研究发现高冲击性的运动和尿失禁的相关性，即使是在年轻运动员中 [40]。雌激素在尿失禁中的作用目前尚不清楚，一些研究认为雌激素缺乏是一个风险因素 [43]，而其他研究发现雌激素替代疗法与尿失禁之间存在关联 [66,123]。高咖啡因摄入量被认为是急迫性尿失禁的一个特定风险因素 [25,66]，且减少咖啡因的摄入，配合饮食调整和盆底运动可以改善尿失禁情况 [25]。

男性人群盆底功能障碍的治疗考虑

当物理治疗师在女性盆底功能障碍方面专业知识更加完备及精通时，可能更容易和自然地把服务延伸至男性（以及可能的儿童患者）。治疗师的继续教育是必要以及可行的。盆底的认知和正确的运动技巧的宣教和针对女性的类似，包括解释肌肉的解剖和功能。然而，因为男性可以看得见阴茎和阴囊的基底部的运动，由此为他们提供了更多的即时的关于盆底肌收缩准确确认的反馈。男性盆底功能障碍的主要原因是前列腺肥大或前列腺癌治疗。不过在患者宣教方面还有很多相同的讨论话题可以延用（如腹内压的增加、咖啡因问题）。关于男性人群的最佳康复途径的证据也在不断增多 [57,85,91,106,122]。

盆底损伤的干预

女性和男性的盆底功能障碍的处理都需要一个系统的综合诊治路径。盆底功能障碍的管理指南总结于专栏 25.3 中。盆底的运动在本章的运动部分阐述。

患者宣教

教导患者盆底的解剖和功能。应着重于（盆底）肌肉复合体的3个方面：吊索/吊床型纤维、8字形走向的肌肉和向下延伸到出口的“漏斗”结构（图25.4）。使用视觉辅助工具帮助患者观察前后和上下走行的纤维（产生向心的“上提”动作），以及环行纤维（产生拉绳或“皱褶”效果）。可能有效的口头提示包括“收紧你的肌肉，好像在憋住气体和尿液”，与此同时想象上提和“皱褶”运动。应特别考虑到性别差异，适当地引导想象阴道口收紧以及阴茎和阴囊运动的图像。

对运动表现提供个性化指导。详细的个性化指导可带来显著的本体感觉的改善，以及达到熟练照护的标准。没有个性化的教育以及对后期的正确运动表现的确认，则不可能达到盆底肌力增强的目的[15]。

膀胱与肠道管理的指导。不管患者的主要症状是什么，重要的是对所有患者进行行为管理教育，特别是有关膀胱刺激物及纤维物质摄入的行为管理。大多数患者都积极地通过使用工具来改善尿失禁，但是，减少含咖啡因的饮料和提高纤维摄入量是很有挑战性的。帮助患者养成良好的日常生活习惯，监测并改变影响功能障碍的日常习惯。建议采取以下措施。

- **排尿日记。**让患者记录所有的排尿情况，记录所有的“意外”情况，并记录下漏尿的原因（如咳嗽、打喷嚏）。如果对患者进行纤维监测，也要让他们记录所有液体和食物的摄入量/频率/类型。如果使用防护服，则需要每天记录其类型和数量。许多日记样本可以在互联网上找到。
- **运动日记。**让患者记录下所进行的盆底运动

专栏 25.3 盆底功能障碍的管理指南

潜在的结构和功能损伤、活动受限和参与受限。

盆底肌无力，软组织损伤。
括约肌控制障碍导致尿失禁或大便失禁。
器官脱垂。
盆底肌本体感觉缺失及失用性萎缩。
对盆底肌的功能缺乏了解。
盆底肌过度活动伴疼痛和（或）排尿功能障碍。
由于以下问题，在工作、社会和社区活动上参与受限。

- 频繁的急迫感/括约肌控制不良/疼痛和不适。
- 潜在的皮肤破损和卫生问题。

康复计划	干预措施
1. 患者宣教。	1. 向患者解释盆底的解剖和功能。 向患者解释针对特定损伤的干预方法。 提高患者对盆底功能障碍的风险因素（体重增加、便秘等）的认识。 根据患者需要对皮肤护理进行宣教。
2. 与其他专业人员协调干预。	2. 向医生咨询相关药物，进一步的诊断检查。 向营养师咨询饮食问题。 如有需要，请参考盆底内部肌肉骨骼的评估。
3. 制订自我管理策略。	3. 提高对膀胱刺激物、肠道功能对膀胱症状影响的认识，以及建议提高液体/纤维的摄入量。 使用排尿日记记录基线信息，并监测漏尿情况和急迫感的改善。 使用运动日记。 指导患者抑制急迫感的技巧。 结合疼痛管理和自我护理策略。
4. 筛查未解决的产后损伤。	4. 评估腹壁的力量/完整性、姿势不对称和其他肌肉骨骼问题的病史。
5. 提高对盆底肌在日常生活中功能运动的认识和控制。	5. 适当增加盆底的激活和放松训练，以维持正常的运动模式并与日常生活活动相结合。

以及所有运动锻炼的情况。

- **急迫感抑制技巧**。让急迫性尿失禁的患者通过练习掌握技巧，以控制突然的排尿或漏尿的强烈冲动[43]。
  - 保持平静（慌张使急迫感恶化）。
  - 收缩盆底肌[27,113]。
  - 维持站立位或坐位直到急迫感消失——通常需要一分钟。
  - 思考其他事情，分散注意力。
  - 尝试不要匆忙赶去卫生间。
  - 在急迫感消失后继续进行正常的活动或者去厕所。尝试五分钟后再平静地走向卫生间以帮助膀胱再训练。

定期与患者一起回顾排尿日记和运动日记，注意患者病情的进展，并根据需要提供额外的宣教。

神经肌肉再教育

促进盆底肌肉的激活。神经肌肉再教育是必不可少的，因为许多女性都有明显的盆底肌失用性萎缩和本体感受缺失。内部的评估和治疗技术可以提示患者的最佳预后。例如，对经过恰当训练的临床医生来说，徒手牵伸促进手法（一种本体感受神经肌肉促进技术）对阴道或肛门的肛提肌是一种有效的治疗方法。

开始进行再教育时，先着重于令患者正确认识盆底的肌肉组织，以便让患者学会单独收缩盆底肌。许多患者会出现辅助肌的过度募集（如臀肌、髋内收肌和腹肌），或者在募集盆底肌的过程中屏住呼吸。在早期治疗期间监测这些代偿，以防止肌肉代偿的出现。用薄薄的纤维织物触诊会阴部位的盆底肌肉，以检查是否正确的激活。然后指导患者学会在家中使用这种触诊技术，以帮助他们进行再教育训练。一旦患者学会单独收缩盆底肌以及改善了盆底肌收缩的协调性，则进一步指导患者将盆底活动与日常生活活动、腰椎稳定性及其他功能强化练习结合起来。

生物反馈技术

生物反馈技术与仪器的使用。生物反馈技术的定义是“利用监测设备提供有关……身体功能的信息……以获得对该功能的自主控制”。这可以由一个具有创造力的物理治疗师以多种方式实现。当盆底肌收缩时，可以通过多种仪器来提供感觉反馈。有些仪器能够增加压力，以便进行等张收缩强化训练。传统的表面肌电图（surface electromyography，SEMG）传感器是坚硬的，对肌肉收缩提供等长抗阻。SEMG 也可以通过肛周感应器应用于不适合进行内部器官评估或治疗的患者。SEMG 提供关于盆底活动的即时视觉和（或）听觉反馈，从而提高患者的理解力、恰当的募集模式和本体感觉知觉。这对于盆底功能再教育和运动学习路径来说是非常重要的，因为患者普遍缺乏对盆底肌的存在，以及其功能和重要性的认识。运动学习，通过设备仪器的“即时”反馈功能的促进作用，与单纯运动治疗相比，可获得极大提高。

运动训练结合生物反馈技术。本章的运动训练将部分列出盆底功能障碍的具体运动训练方法。通过运动训练和生物反馈技术，包括 SEMG，治疗男性和女性的盆底功能障碍的相关研究结果不一[27,43,57,103,106,126]，有待进一步的研究。

徒手治疗和方法

徒手治疗和方法，包括阴道内和直肠内的技术，在所有的盆底功能障碍的治疗中发挥有效作用。进阶性训练对内在技巧的真正掌握很有必要。

聚焦循证

FitzGerald[48] 分析比较了特定的盆底肌筋膜松解技术与“全身治疗性按摩”对盆底疼痛、尿急和尿频的改善情况。在这项纳入 81 名女性的研究中，直接物理治疗干预组对患者病情的改善明显好于按摩组（P=0.0012）。

妊娠诱发的病理

激素、体重增加和妊娠时姿势变化的综合影响会导致各种损伤（除了上一节所描述的盆底功能障碍外），这些损伤可通过物理治疗解决。

腹直肌分离

腹直肌分离（diastasis rectus abdominis，DRA）是腹直肌在腹白线的中线产生分离的现象。Elizabeth Noble 是首位提出腹直肌分离康复的物理治疗师[93]。造成腹直肌分离的病因尚未明了，但是在这样的情况下，腹部肌群的连续性和完整性会被破坏（图 25.6）。任何大于两指宽的分离可被认为是显著的[19,28,93]。目前针对分离的其他评估方法和治疗手段也在不断探索中（例如，康复超声测量或用卡尺测量对比徒手触诊测量分离水平），从而达到确认最优治疗操作的目的[73]。

发生率

这种情况经常发生于生育女性，但不仅限于此类人群。在一项研究中，Boissonnault 和 Blaschak[19] 测试 89 名女性腹直肌分离情况。样本包括一组未妊娠女性，一组妊娠各个时期（以三个月为单位）女性和两组产后女性。腹直肌分离的发生率，在非妊娠与第一个妊娠期为 0%，在第二个妊娠期为 27%，在第三个妊娠期则高达 66%。此外，产后 5 周到 3 个月期间仍有 36% 的女性出现持续的分离现象。由 Bursch[28] 进行的研究中，在分娩后 92 小时内测试，发现 62.5% 女性出现显著的腹直肌分离现象。在接受泌尿妇产科门诊的 547 名女性人群中，52% 的停经女性有持续性的腹直肌分离，而且这些腹直肌分离的女性中有 66% 合并各种压力性或大便失禁与骨盆器官脱垂的问题[118]。

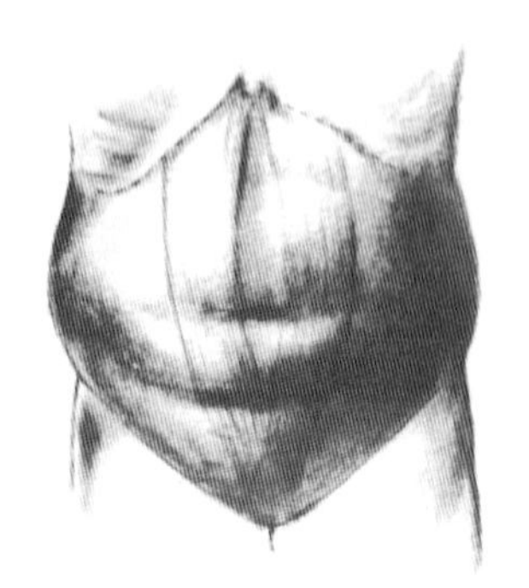
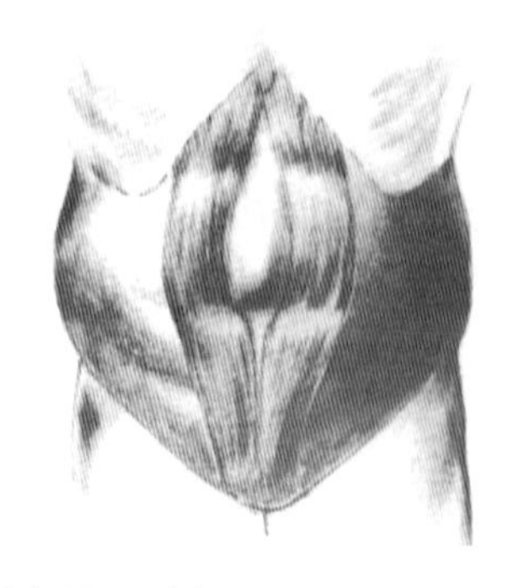

图 25.6 腹直肌分离的图示（经许可引自 Boissonnault, JS, and Kotarinos, RK: Diastasis recti. In Wilder, E [ed]: Obstetric and Gynecologic Physical Therapy, Vol. 20, ed. 1. New York: Churchill Livingstone, 1988, p 91）

- 由于结缔组织受激素影响和妊娠期的生物力学变化，腹直肌分离可能发生于妊娠期，也可能发生于分娩期间，特别是在第二阶段过度闭气时[120]。它并不会引起不适。
- 腹直肌分离可发生于肚脐上方、下方或肚脐同高处，但似乎肚脐下方较不常见。
- 在妊娠前腹部肌肉强健的女性中分离现象不太常见[19]。
- 临床上，远超过生育年龄的妇女（图 25.7A）及男性（图 25.7B）都可能会发生分离现象[118]。因此，高度建议进行常规性腹直肌分离评估，而且这可与腹部肌力测试一并进行，比较容易完成。

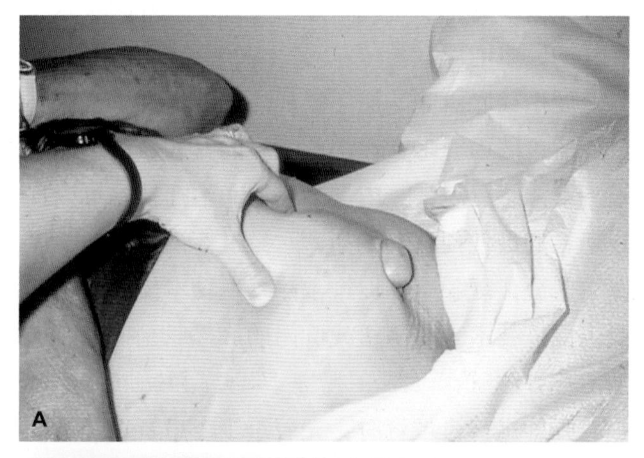
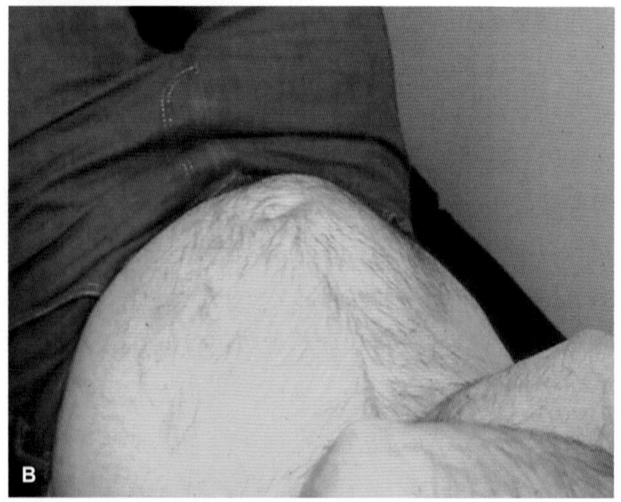

图 25.7 高龄女性与男性也会发生腹直肌分离。A. 一位 82 岁目前患有尿失禁和肺气肿的女性的腹直肌分离情况。腹直肌分离在其妊娠早期时开始，现在则会因咳嗽而恶化。注意观察脐疝。B. 一位 54 岁的男性卡车司机伴有腰痛和明显的体能下降

重要性

腹直肌分离会造成肌肉骨骼系统不适，如腰痛，可能是因为腹部肌群和胸腰椎筋膜稳定骨盆和腰椎的能力降低。

活动受限。腹直肌分离也会导致活动受限，如由于腹直肌极度丧失机械性排列与功能，将无法独立执行仰卧位至坐位的转换。同样地，这并非只发生在生育过的女性人群。

对胎儿的保护减少。腹直肌严重分离时，腹壁中线剩余组织层为皮肤、筋膜、皮下脂肪与腹膜 [19,28,120]。缺乏肌肉的支持将对胎儿提供较少的保护。

发生疝气的可能性。严重的腹直肌分离会发展到腹腔脏器经白线分离处形成疝气。这种程度的分离需要手术修复。而这种手术修复后的康复会包括剖宫产康复的内容，以及转诊的手术医生提出的特殊注意事项和意见。取决于分离的严重度及修复方式，有可能需要非常缓慢的康复进程。

腹直肌分离检查

在进行任何腹肌运动前，测试所有患者是否有腹直肌分离现象。应在整个妊娠和康复过程中重复此测试，并适当修改现有的运动方案。这是一个快速的检查测试，可以整合到其他躯干测试流程中。

指导患者于产后第 3 天或之后进行自我测试，以获得最精准的结果。直到分娩 3 天后，腹部肌群才有足够肌力来完成测试，以得到有效的测试结果 [93,120]。

患者体位与操作：屈膝仰卧位。让患者慢慢将头部及肩关节抬高离开地板并伸手朝向膝关节，直到其肩胛冈离开地板。检查者将一只手的手指水平横向放在腹部中线的肚脐上（图 25.8）；同时也测试脐上和脐下的水平。如果有分离现象存在，手指会陷入腹直肌间的裂口或可看到腹直肌腹间的隆起。记录可放置于腹直肌裂口的手指数，并且指出该分离发生于肚脐上方、下方还是肚脐水平。

腹直肌分离的干预

教导患者进行腹直肌分离的矫正运动（图 25.11 和本章稍后内容），直到分离程度减少到 2 cm 或更少，在这以前不要进行会增加腹内压的较为

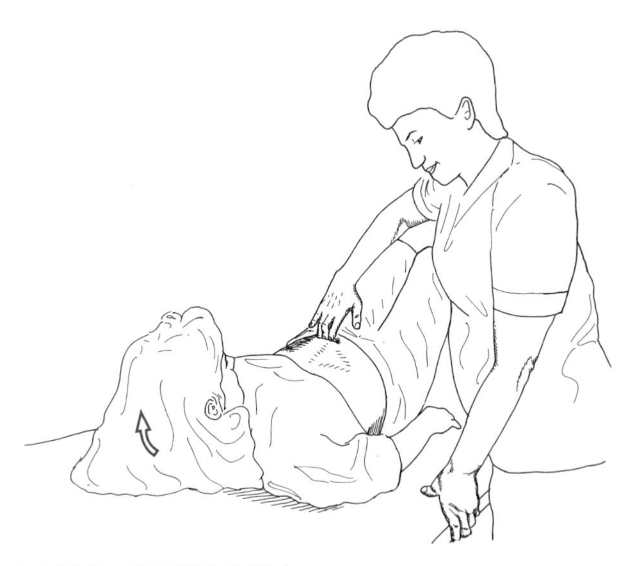

图 25.8　腹直肌分离测试

剧烈的腹部力量训练 [93,120]。可以加上腹横肌的运动，不过要小心不能憋气。一旦矫正成功，就可恢复腹斜肌肌力训练和更进阶的腹肌运动 [67]。

姿势相关的腰痛

腰痛经常发生是因为妊娠姿势变化、韧带松弛度增加、激素影响与腹部肌肉的功能降低 [5,7,39,67,93,100,108,125]。

发生率

50%~80% 的孕妇在妊娠期间的某个时间点会主诉腰痛症状 [51,92]。这种状况造成其无法上班、功能能力与生活质量下降。此外，高达 68% 的妇女的症状可持续到产褥期，甚至可持续到产后 12 个月 [92,99]。体能和身体状况较好的女性通常在妊娠期比较少出现腰痛 [103]。

特征

腰痛症状通常随着静态姿势或一天内时间进展造成的肌肉疲劳而恶化；通常休息或改变姿势可缓解症状。

干预

许多传统的腰部运动、正确的身体力学、姿势教育、改善工作技巧及浅层物理因子治疗，皆可有效治疗腰痛症状 [93,120]。但一般来说，妊娠是深层热疗、电刺激和使用牵引的禁忌证。

聚焦循证

Garshasbi 和 Faghih Zadeh[51] 在一项前瞻性随机研究中，研究了 200 多名初孕女性（第一次妊娠）在妊娠期间运动对腰痛的作用。若研究对象在妊娠前有运动史或骨科病史则被排除。运动组为第二个妊娠期和第三个妊娠期早期，接受每周 3 小时，为期 12 周监督性的运动计划；对照组女性则为家庭主妇，其活动水平没有发生显著变化。两组在产妇和新生儿体重增加及妊娠时间的长短方面，都没有统计学上的显著差异。研究结束时，运动组的腰痛程度明显降低，而对照组疼痛反而增加。然而该研究未说明症状的性质，或区分姿势性疼痛与骶髂疼痛（sacroiliac pain）。有趣的是，两组间在腰椎前凸变化上并未存在显著差异。

2007 年的 Cochrane 综述发现，妊娠特定运动，包括“水中体操”，比起单独典型产前照护，更能缓解背部或骨盆疼痛，虽然因为研究的潜在偏倚，作用效果较小 [104]。2015 年，这个话题再次被审视，并涵盖和回顾了更多的研究。中等到低质量的证据显示腰痛的陆地运动比常规产前护理降低了功能性残疾和减少病假。然而由于实验设计的异质性和受试者的小样本量，关于这个课题的研究仍有持续的问题存在。

骶髂 / 骨盆带疼痛

特征

骶髂疼痛局限于骨盆后侧，被形容为深部刺痛且延伸到 L5/S1 远端和外侧臀部。疼痛可辐射到大腿后侧或膝关节但不会到足部。症状包括久坐、站立或行走、爬楼梯、在床上翻身、单腿站立或做扭转活动时会有疼痛。症状可能无法通过休息缓解，而且经常因为活动而恶化。耻骨联合功能障碍可能单独发生或与骶髂症状合并发生，在触诊耻骨联合时有明显压痛，腹股沟及大腿内侧会有牵涉痛和负重时会有疼痛。此外，关节可能会发生过度分离和移位 [39,120]。一项研究报告指出孕妇骨盆后侧疼痛的发生率为腰痛的 4 倍 [100]。

干预

治疗骨盆带和骶髂的症状可通过调整或去除可能进一步加剧敏感组织的活动，进行稳定性训练，并使用腰带及束腹（corsets）对骨盆提供外部支撑。

活动调整。帮助患者调整和适应日常活动，尽量减少作用于躯干和骨盆的非对称力量。例如，教育患者采取以下操作。

- 进入车子时应先坐下，然后将两条腿和躯干旋转进入汽车，保持膝关节并拢。
- 使用滚木式进行床上转移。
- 侧躺时放置一个枕头于膝关节间和腹部下方，使其更为对称。
- 改变性姿势，避免完全的髋关节外展。
- 应避免单侧下肢负重、过度外展和坐在非常柔软的表面上。
- 告诫患者避免一次攀爬一级以上的阶梯，起床时避免先将一条腿伸下床，或坐位时双腿交叉 [39,120]。

运动调整：必须调整运动以避免加剧症状。避免需要单侧下肢负重和髋关节过度外展或过伸的运动。教导患者转换姿势或举重物时，要激活骨盆底和腹横肌来稳定骨盆。

聚焦循证

一项随访 2 年的随机临床试验探讨物理治疗对产后骨盆带疼痛的长期影响 [121]。每组接受 20 周治疗，对照组则着重于物理因子治疗、徒手治疗与一般性运动。另一组强调进行躯干 / 髋关节稳定运动，其中特别注重腹横肌的训练。所有受试者都接受来自同一位有经验的物理治疗师的个体指导。结果评价指标包括 Oswestry 失能问卷、疼痛量表，以及有 8 个分量表衡量健康相关生活质量的测量工具。产后 1 年时，稳定训练组在上述三种结果评价指标中，除了生活质量工具中的社会功能分量表以外，其他所有得分皆显著更优。产后 2 年再度收集同样的测量指标，稳定训练组的改善作用仍持续，两组的功能状态与早上和傍晚疼痛方面有显著差异。特定运动组在生活质量的得分则与一般人群相当。

外部稳定性：使用绑带或束腹带等妊娠期专用的外部稳定装置，有助于减轻骨盆后侧疼痛，特别是在步行时。

聚焦循证

Ostgaard 等人[100]发现使用妊娠期专用的非弹性外部稳定装置有助于减少 82 % 妇女的骨盆后侧疼痛。这是一项大型的随机对照试验（n=407）。更近期的研究证实对于骨盆带疼痛，使用外部稳定装置是有效的（n=118）[92]，但发现支持带对于耻骨联合疼痛无效（n=87）[39]。

产前骨盆带疼痛的临床操作指南（CPG）推荐产前患有骨盆带疼痛的患者使用支持带；同时表明由于目前的证据不一致，需要更进一步的研究来确认最初使用的时间、使用的持续时间以及特定的患者分类[37]。

静脉曲张

妊娠时子宫重量增加、下肢静脉淤滞及静脉膨胀性增加，会加剧静脉曲张。

特征

静脉曲张可出现在第一个妊娠期中，且在重复妊娠者中更普遍。可发生在下肢、直肠（痔疮）或外阴。症状通常包括沉重感或疼痛不适，尤其是下肢下垂姿势；随着妊娠进展、程度可能会更严重。此外，孕妇更容易发生深静脉血栓[120]。

干预

运动调整。如果有不适感，则可能需要调整运动方案，将下肢下垂姿势（dependent position）减到最少。

外部支持。鼓励患者穿上提供外部分级压力的弹性支持袜来对抗静脉扩张，并且鼓励进行下肢运动和尽可能经常抬高下肢。外阴静脉曲张改善可通过使用外部支持装置提供反压且对组织提供支持[93]。

关节松弛

重要性

在妊娠期与产褥期，所有关节结构受伤的风险都增加[84]。因韧带支持的张力质量下降，若女性没有接受保护关节的宣教则很容易受伤。关于产后激素水平的影响仍有许多争议。然而，分娩后 3~5 个月激素仍处于升高的水平[120]。如果女性在哺乳期，激素水平的升高甚至会持续更长时间。很多患者会发现持续的症状和月经期有关，这个关联当然是临床的发现。

干预

运动调整。教导育龄期女性进行安全的运动，包括调整运动以减少过度关节压力（见本章治疗部分的运动说明）

有氧运动。建议非负重或较小压力的有氧活动，如游泳、步行或固定式踏车训练，尤其对于妊娠前生活方式相对静态的女性。其他的运动包括改良的瑜伽或普拉提，力量训练也可以在妊娠期开展[4]。

神经压迫综合征

成因

因胸廓出口综合征（thoracic outlet syndrome，TOS）或腕管综合征（carpal tunnel syndrome，CTS）等疾病造成的损伤，可能由妊娠期的一个或多个原因引起：颈部和上四分之一象限的姿势改变、液体潴留、激素变化或循环系统受损。整体而言，女性发生腕管综合征的概率是男性的 3 倍。在妊娠时期的发生率可高达 41%（见第 13 章有关 CTS 与 TOS 的讨论及第 14 章有关姿势的讨论）[103]。

因为胎儿重量、液体潴留、激素变化或循环系统受损，神经压迫综合征（如股外侧皮神经）也可能发生在下肢。

干预

典型的治疗计划包括姿势矫正运动、徒手手法、人体工效学评估和物理因子治疗（见第 13 章有关神经压迫综合征的处理）。也可用静态手腕支具来治疗腕管综合征。妊娠期女性进行腕管手术是相当罕见的，因为症状通常在分娩后就消失了。哺乳期妇女的症状问题可能持续时间更长[120]。

盆底损伤、妊娠、分娩及相关状况的运动干预

盆底运动

盆底肌训练是一种非常有价值的治疗手段，无论患者的表现或症状病因如何[13,16,26,31,45,47,49,50,66,67,87,88,93,103,108,120,125]。虽然本章围绕着女性健康展开，但是男性盆底功能障碍患者也可以从运动干预中获益，因此相关内容也纳入了本章范围。很多男性和女性都不熟悉盆底肌的存在，更加少地意识到盆底肌的功能在日常活动中的作用。对于女性而言，由于妊娠和分娩对盆底结构施加的压力，症状经常和生育年限有关。而对于男性，膀胱和（或）肠道损伤或性功能障碍可能与前列腺增大、肿瘤、手术或肿瘤相关的治疗合并存在[57,85,91,106,122]。专栏25.3中概括的管理指南和本节中的运动训练都可以作为本章中所描述女性和男性的功能障碍或损伤的治疗手段。

盆底认知及训练

盆底运动先从膀胱排空开始。重力辅助式的体位（髋高于心脏水平，如支撑的桥式或肘膝位）可能适用于那些极度无力或本体感觉缺失的患者。探索不同的姿势或体位来最大化提高患者的认知和运动学习，当功能性应用可行的时候，逐渐进阶到更具挑战性的活动或姿势。

收缩－放松

指导患者收紧盆底，就像尝试在排尿过程中中断尿流或憋住不排气。保持3~5秒，然后放松至少相同的时间长度。重复10次（正确收缩技巧的前提下）。因为当盆底肌纤维疲劳时，臀肌、腹肌或髋内收肌可能会出现代偿。为了最大化本体感觉和运动学习，从一开始就强调对盆底肌的确认和分离，避免代偿肌肉动作非常重要[115]。此外，还应注意不要做瓦尔萨尔瓦动作（Valsalvas maneuver）或憋气。必要时，让患者开口数数来保持正常的呼吸模式。

快速收缩

嘱患者进行快速、重复的盆底肌收缩，同时维持正常的呼吸频率和保持辅助肌群放松。每组重复15~20次。对Ⅱ型肌纤维的反应能力的训练非常重要，可以耐受来自上方的压力，特别是咳嗽或喷嚏时增加的压力。

“电梯”运动

指导患者想象正在乘坐电梯。当电梯向上走一层楼时，患者尝试将盆底肌向上收缩一点。当肌肉的力量和认知能力增加时，可为收缩的次序增加电梯的“楼层”。另一种增加难度的方式是让患者逐渐地放松肌肉，像乘坐电梯每次降落一层一样。这部分运动要求离心收缩，具有较大挑战性。

盆底放松

- 指导患者像在做力量训练一样收缩盆底，然后允许完全的自主性释放和放松盆底。强调使用“电梯”想象，特别是把注意力放在把电梯降至地下室的过程。
- 盆底的放松和有效的呼吸与面部肌肉的放松密切相关。强调慢速、深呼吸和允许盆底完全地放松和变软。对女性而言，放松盆底在第二产程和阴道分娩时特别重要[50,93,120]。
- 无法放松盆底的慢性功能障碍可能导致盆底组织过度活动、性交疼痛（性交困难）或排尿异常（请参考骨盆疼痛综合征的早期信息）。如果患者存在这些症状，则只进行亚极量、快速的收缩，以免增加张力；此外，增加盆底收缩和每组练习之间的休息间隔。使用表面肌电进行下行训练（downtraining）和肌肉再教育对治疗这些功能障碍至关重要，可以提高肌肉维持模式、疼痛抑制和休息水平的认知程度。

临床提示

为了最佳的结果，盆底收缩训练应该整合到常规的日常生活活动（ADL）中，特别是那些因为引起腹内压增高而容易“激惹”失禁的活动。盆底收缩可以在咳嗽或喷嚏之前起到固定的作用；同时可以获得持续终生的健康收益[16,66]。从神经生理学的角度，自主盆底收缩可以通过Bradley’s Loop 3产生反射性抑制，抑制了尿道内括约肌的松弛以

及放松逼尿肌，从而减少尿急状况和改善排空的间隔[113]。

盆底稳定性相关训练

髋关节旋转[72]

患者体位：为了募集更多的盆底肌活动，指导患者坐直（避免懒人姿势），双足平放于地面上[111]。

- 让患者首先通过向内和向外移动下肢来进行主动地髋内外旋。
- 进行抗阻髋外旋时，把弹力带绕在大腿的远端，指导患者对抗弹力带阻力向外侧滚动双膝关节（双脚仍平放地面上，双足跟并拢，足趾朝外，形成一个 V 字形），并维持收缩 5 秒（图 25.9A）。
- 进行抗阻髋内旋时，把一个充气球（约 23 cm）放置于双膝之间，指导患者向内滚动膝关节挤压气球（双脚仍平放于地面，足趾并拢，足跟分离），并维持收缩 5 秒（图 25.9B）。

稳定性训练

理想状态下，盆底肌应该和脊柱深层节段性肌肉协同收缩（多裂肌和腹横肌）。稳定性训练可以作为盆底运动学习的一部分来促进盆底肌的收缩[14,109,110]。这些运动已在第 16 章阐述。当用于妊娠期时，需要有特殊的注意事项，将在本章稍后部分描述。

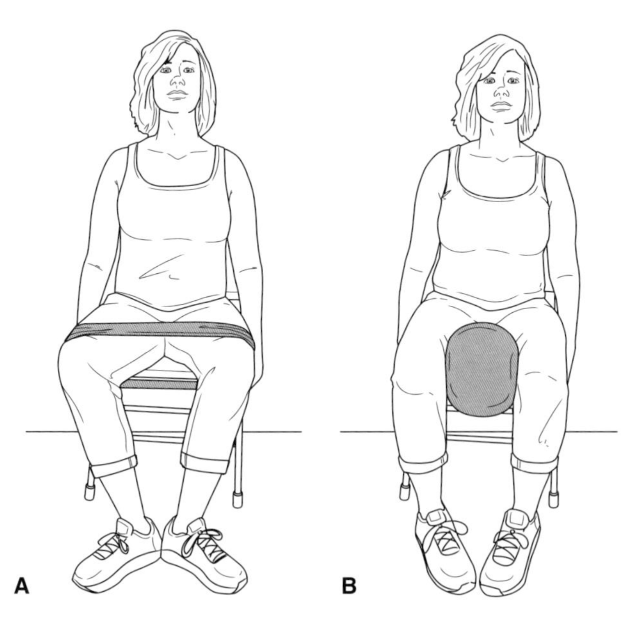

图 25.9　髋关节旋转运动以募集盆底肌肉活动。A. 使用弹力带进行抗阻髋外旋（注意双足仍平放在地面，足跟并拢呈现 V 字形）。B. 通过挤压双膝间的气球来进行抗阻髋内旋（双足仍平放在地面，足跟向外分开）

妊娠期间的有氧运动

许多一直有有氧运动习惯的女性选择在妊娠期间继续坚持有氧运动，以维持其心肺体适能。母体[4,8,33,35,70,125]和胎儿[4,33,31,36,50,70,117,125]的反应已被很好地研究。因此，这些信息可以用来指导治疗师和患者决定是否需要对现有的运动项目进行必要的调整。有氧运动对母体及胎儿的生理影响将在本章描述，然后将给出体适能运动的建议。

母体对有氧运动的反应

血流

有氧运动不会减少流向大脑和心脏的血液。但是，它会引起血液的重新分配，从内部器官（且可能是子宫）流向工作中的肌肉。这将引起两个令人关注的问题：血流量的降低会减少胎儿可获得的氧气和营养；刺激子宫收缩，引发早产[33]。每搏输出量和心输出量都会随稳定状态运动而增加。这一点，再加上妊娠期间血容量的增加和全身血管阻力的降低，可能有助于抵消血管分流的效应。

呼吸速率

与非妊娠状态相比，孕妇的呼吸速率似乎可以适应轻度运动，但在中、高强度运动时并没有成比例地增加。与非孕妇相比，孕妇在较低的运动量时就会达到最大运动耐力，这是因为运动造成氧气需求量增加。

血细胞比容

母体血细胞比容在妊娠期间是降低了的，但是，它会在开始剧烈运动的前 15 分钟内上升 10 百分点。这种状况会延续到产后 4 周。因此，心力储备量会在运动中下降。

下腔静脉受压

下腔静脉受子宫的压迫可以在妊娠的第 4 个

月后开始，静脉的回流相对阻滞。这导致了心输出量的降低及体位性低血压。它最常发生于仰卧位或静态站立位，因此应该避免长时间处于这些姿势[4]。

能量需求

在妊娠期间易发生低血糖症，因此，足够的碳水化合物摄入量对于参与运动的孕妇而言非常重要[31]。建议每天额外增加500 kcal的摄入量以支持妊娠和运动的能量需求，根据运动的强度和时长而定。相比之下，久坐不动的孕妇每天需要增加300 kcal[6]。

核心体温

剧烈的体能活动和因出汗引起的脱水会导致所有运动者核心体温的升高。孕妇发生这个现象已受到关注，因为核心体温的增加与胎儿神经管缺陷有关系。研究报告指出，事实上身体健康的女性在妊娠期间运动，核心体温反而会降低。这些女性似乎能更有效地调节核心体温，因此，减少了对胚胎和胎儿的热应力[31,35]。

子宫收缩

去甲肾上腺素和肾上腺素量会随运动而增加。去甲肾上腺素会增加子宫收缩的强度和频率。这可能对孕妇构成早产的风险，尽管两者的联系非常小[4]。

健康女性的反应

规律的体育活动对大多数孕妇的身心健康有益，且可以帮助体重管理。在健康的孕期和产褥期，中等强度、每周至少150分钟的有氧运动通常被推荐[4]。另外，研究显示，在妊娠期继续跑步运动的健康女性，与对照组相比，分娩时间平均提早5~7天[33,34]。Clapp[33-35]发现运动，包括负重（甚至是有氧舞蹈中的冲击性动作），可以在妊娠中、晚期进行，而不会有早产或者羊膜早破的风险。想要继续进行剧烈或竞争性运动或参与特定的运动训练的女性，则需要有专科医生在妊娠期间密切监督[4,117]。

胎儿对孕妇有氧运动的反应

无任何人体的研究证明轻或中等强度的母体运动会对胎儿有不利的反应。研究发现，并不像过去所担心的，即使是高强度的运动也不会对胎儿有不利的影响，因此，因担心运动对胚胎或胎儿有不利影响而产生的对运动的限制已有所减少。事实上，在妊娠20周后仍保持运动量的女性所生产的婴儿的脂肪量，比在孕中期降低运动强度的女性所生产的婴儿的脂肪量要低[33-35]。在美国肥胖症高发的前提下，未来进一步确定胎儿营养和成人疾病之间的联系的科学研究是势在必行的[36]。

血流

子宫血流量减少50%或更多，才会对胎儿的健康产生影响（基于动物研究）。没有任何研究记录孕妇在运动中，甚至是剧烈运动中，会有如此大的血流量减少。一般认为孕妇的心血管适应力可以在运动中抵消所有的血液再分配至肌肉的现象[33]。

胎儿心率

短暂的亚极量的母体运动（高达70%的母体摄氧能力）不会对胎儿心率（胎心率）造成不良影响[4]。胎心率一般在母体运动初始阶段上升10~30次/分。在轻度或中度的母体运动后，胎心率一般在15分钟内恢复至正常水平，但在一些剧烈母体运动的个案中，胎心率可能保持在升高状态长达30分钟。有文献报道，在母体运动时发生胎儿心动过缓（预示胎儿窒息），当母体停止运动3分钟内胎心率回到运动前水平，随后出现短暂的胎儿心动过速现象[50]。健康的胎儿似乎能承受短暂的窒息，而不会产生不良结果。

散热力

胎儿缺乏出汗或呼吸等用以散发热量的机制。但是，健康的孕妇可以有效地散热和调节核心体温，从而降低风险[33]。

新生儿状态

据研究报道，在妊娠末三个月继续坚持耐力运动的女性，其新生婴儿的体重平均降低310 g。新生儿头围和“足跟—头冠”长度没有改变。进一步研究这些新生儿（在他们5周岁时）发现，他们有稍好的神经发育状况和更高比例的瘦体重[35]。

有氧训练的建议

注意：这些建议是针对没有母体及胎儿风险因

素的孕妇的[4,7,8,21,33-36,44,51,67,70,87,88,93,103,108,114,117,120,125]。

- 强烈建议所有孕妇参与轻度至中等强度的运动，以有益于肌力和心肺功能，每次 15~30 分钟，每周数次。根据孕前体适能水平个性化设计的项目是更可取的[4,117]。
- 目前，没有人体试验数据证明孕妇需要减少运动强度或降低运动靶心率，但由于供氧下降，根据孕妇耐受度来调整运动的强度是更为明智的。
  - 传统的（根据年龄设定的）靶心率范围可能对一般的孕妇来说过于激进。
  - 在怀孕人群中使用 Borg 自觉疲劳程度评分量表（专栏 25.4）是更加合适的，正常孕期建议疲劳程度维持在 12~14 分之间[4,21,117]。
  - 当感到疲倦时，应立即停止运动，绝对不要运动到精疲力竭。
- 需要避免的活动包括接触性运动、任何具有腹部外伤或跌倒风险的运动、“热”瑜伽或“热”普拉提、高海拔运动［高于 6000 英尺（约 1829 m）］以及深海潜水。胎儿在深海潜水运动时减压病的风险会增加[4,117]。
- 非负重性有氧运动，例如固定式脚踏车、游泳或水中有氧操，会使孕妇在孕期和产后的受伤风险最小化。
- 若孕妇因体重的偏移与增加而无法安全地保持平衡，要让她调整可能导致跌倒而伤害自己或胎儿的运动。举一个例子，随着孕程进展，球拍运动就需要被调整或排除[4]。
- 摄取充足的能量和营养、摄取充足的液体以及合适的散热着装是至关重要的。
- 产后恢复孕前的日常运动需要循序渐进。但是，产后立即进行盆底训练可以减少或可能预防尿失禁的症状及持续时间[4,86-88]。
- 孕期的生理和形态改变将在产后持续至少 4~6 周。若产后哺乳，这个时间会更长。应鼓励持续的关节保护。
- 哺乳期女性中等强度的运动不会损害母乳的质量及婴儿的成长。
  - 哺乳期女性在产后体重下降的速率较为不定。哺乳期女性每天需要增加 500 kcal 来支持产乳[67]。
  - 水分摄入十分重要。建议每天摄入至少 12 杯水。
  - 在高强度运动后，母乳中的乳酸分泌可能短暂增加。若婴儿在母亲运动后吃奶量减少，该问题可通过将哺乳安排至运动前而轻易纠正。另外，在运动前哺乳也可以降低涨奶的不适。

专栏 25.4 Borg 自觉疲劳程度评分量表

6 – 非常非常容易
7
8
9 – 很容易
10
11 – 有点容易
12
13 – 中等困难
14
15 – 困难
16
17 – 非常困难
18
19 – 非常非常困难
20 – 力竭

孕期有氧运动的绝对禁忌证

- 血流动力学上严重的心脏病。
- 限制性肺病。
- 宫颈闭锁不全：宫颈在怀孕足月之前提早扩张，或宫颈环扎术后。
- 阴道出血，尤其是在孕中期和孕后期。
- 孕 26 周后前置胎盘：胎盘位置不佳，可能在分娩之前脱离子宫。
- 有早产风险的多胎妊娠[4,67,94]。
- 先兆子痫或妊娠高血压。
- 羊膜破裂：分娩开始前羊水流失。
- 早产：在妊娠 37 周前分娩。
- 产妇患 1 型糖尿病。
- 严重贫血症。

注意：在后文中查看运动的注意事项和相对禁忌证。

非复杂性妊娠及产后运动

孕期和产后的运动课程设计旨在最大限度地减少功能损伤，帮助女性在准备婴儿出生和护理婴儿时维持或恢复其功能 [*]。潜在的机体损伤和功能限制，以及正常妊娠相关问题的处理原则归纳于专栏 25.5 中，教授运动课程的顺序建议在专栏 25.6 中列出 [7,8,120,125]。

运动课程指导的指南和技术，将在本节介绍 [4,7,8,67,93,117,120,125]。另外，因特定的损伤而接受个性化护理的女性的干预措施也将在这一部分说明。剖宫产和高危妊娠等特殊情况的干预也将在本章后文中描述。

妊娠期女性管理指南

建议患者在执行运动计划之前与她们的医生讨

[*] 4,7,8,44,51,52,67,70,87,88,92,93,100,102,104,108,114,117,120,121,125

专栏 25.5　管理指南——妊娠期及产褥期

潜在的机体损伤和功能限制

- 肌骨疼痛和因不良姿势造成的肌肉不平衡。
- 与知识缺乏、体型改变和因照顾婴儿的体力需求有关的不良的躯体生物力学。
- 因血液循环改变或静脉曲张引起的下肢水肿和不适。
- 盆底功能受损，包括如下几种。
  - 小便或大便失禁。
  - 器官脱垂。
  - 过度活动。
  - 会阴切口愈合不良。
  - 本体感觉不良和失用性萎缩。
  - 骨盆带和躯干疼痛。
- 腹部肌肉受牵伸，创伤及腹直肌分离。
- 潜在的心肺体适能的下降。
- 缺乏在妊娠期和产褥期身体变化和安全运动的知识。
- 身体形象的变化。
- 缺少分娩和生产所必要的生理准备（肌力、耐力、放松度）。
- 缺乏分娩和生产时采取合适的最佳舒适体位的相关知识。
- 缺乏合适的产后康复。
- 因虐待史而引起的对于分娩的焦虑。

康复计划	干预措施
1. 提高妊娠期和产褥期对姿势的意识和控制。	1. 牵拉、训练和强化姿势肌。 增强姿势意识。
2. 学习安全的身体力学。	2. 坐位、站位、提举、卧位以及姿势变化的身体力学。 使用婴儿装备和进行育儿活动的身体力学。 分娩和生产的姿势选择。
3. 增强上肢力量以满足照护婴儿的需求。	3. 对合适的肌肉进行抗阻训练。
4. 促进自我身体感知能力的强化和正面的身体形象。	4. 身体自我意识和本体感觉活动。 强化姿势。
5. 强化下肢力量，以满足负重的增加和循环系统受限的需求。	5. 弹力支撑袜。 安全的牵伸运动。 对合适的肌肉进行塑形和抗阻运动。
6. 提升对盆底肌肉的自我意识和控制力。	6. 盆底肌肉的单独收缩及放松运动。 肌肉控制及整合至日常生活活动中。
7. 维持腹肌功能，预防及纠正腹直肌分离。	7. 监测腹直肌分离。 腹直肌分离的运动。 对腹直肌分离有保护和纠正作用的安全的腹肌肌力训练。

专栏 25.5（续）　管理指南——妊娠期及产褥期

康复计划	干预措施
8. 促进及维持安全的心肺体适能。	8. 安全的循序渐进的有氧运动。
9. 学习妊娠和分娩导致的变化。	9. 患者 / 家属教育。 如有必要转诊其他专科。
10. 培养放松技巧。	10. 放松和呼吸技巧。
11. 预防妊娠相关的功能损伤。	11. 就潜在的妊娠相关问题进行教育，教导预防技巧和适当的运动。
12. 进行分娩和产后活动的生理准备。	12. 强化分娩所需要的肌力，训练反应力。 分娩的舒适方式和放松技巧。
13. 提供安全的产后运动进阶的教育。	13. 产后运动的指导。
14. 促进对盆底功能障碍的可选治疗方案的认识。	14. 脱垂、失禁和盆底肌过度活动的综合处理方法。

专栏 25.6　运动课程的顺序建议

1. 一般的节律性活动作为“热身”。
2. 温和选择牵伸运动以维持姿势的排列以及会阴和内收肌的柔韧性。
3. 调节心血管功能的有氧运动（时间 / 强度可能需要个性化）。
4. 姿势性运动；上 / 下肢肌力训练以及个性化的腹肌运动。
5. 放松运动。
6. 盆底肌运动。
7. 放松技巧。
8. 分娩和生产技巧 / 姿势。
9. 教育信息。
10. 产后运动指导（例如，何时开始运动，如何安全地进阶，注意事项），因为患者可能不会参加产后课程。包含关于照顾幼儿的身体力学的教育。

论所有指南或限制，不管是通过班级授课还是一对一的运动课程。一如既往地，在转诊、评估和治疗时遵守所在地的物理治疗临床执业法案。

检查。每一位女性在参与运动之前都需要接受单独检查，以筛查已经存在的肌肉骨骼问题、姿势和体适能水平。

教育。向患者说明中等强度的运动可能增加子宫痉挛的风险，只要子宫痉挛在完成运动后立刻停止就是可以被接受的。向患者讲解所有的运动指南和注意事项，以便她们可以在家安全地进行运动。包括以下几个方面。

- 在妊娠中、晚期不要保持仰卧位超过 5 分钟，以免子宫压迫腔静脉。教导患者静止站立姿势也会发生腔静脉压迫。仰卧位运动时，在右侧髋关节下放置一个小的楔形垫或毛巾卷，以减轻子宫对腹部血管的压迫，并改善心输出量（图 25.10）[8]。当患者处于仰卧位时，这个调整的运动方式在物理治疗评估和治疗期间也有帮助。
- 为避免体位性低血压的影响，教导患者从卧位或坐位到站立位时，始终要缓慢起身。
- 防止患者屏气，避免可能诱发的瓦尔萨尔瓦动作，因为这可能导致子宫和盆底受到不必要的应力。此外，屏气还会对心血管系统造成压力，影响心输出量、血压和心率。
- 运动时要定期休息，补充液体。妊娠期运动脱水的风险会增加。避免在高室温和高湿度的环境下运动。随着运动时间的增加和室温的升高，成比例地增加水分的摄入。
- 鼓励在运动前将膀胱完全排空。充盈的膀胱会给原已脆弱的盆底施加更多应力。
- 包含适当的热身和放松运动。
- 改良或停止任何产生疼痛的运动。
- 限制单腿负重的运动，如站立位踢腿。这些运动除了会增加失去平衡的风险之外，还会引起骶髂关节和耻骨联合的不适。

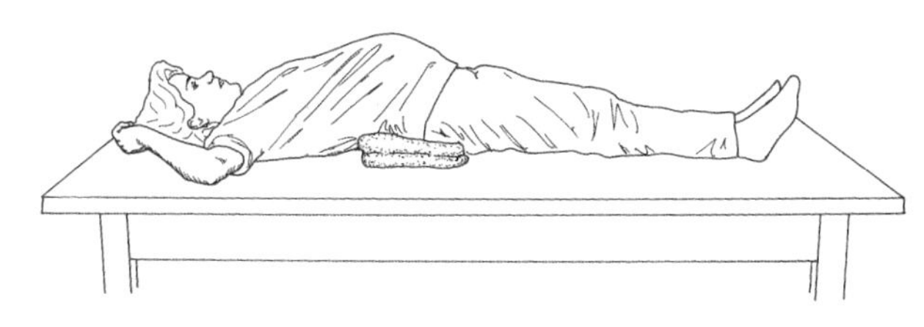

图 25.10　为防止患者仰卧位时腔静脉受压迫，将毛巾卷置于患者右侧骨盆下方，以使患者轻度向左倾斜

牵伸运动/柔韧性。选择针对一块肌肉或者一个肌群的牵伸运动，不要同时涉及多个肌群。非对称性牵伸或牵伸多个肌群会造成关节不稳。

- 避免冲击性运动。
- 不允许任何超过关节正常生理活动范围的运动。
- 腘绳肌和内收肌的牵伸运动需特别谨慎。过度牵伸这些肌肉会增加骨盆不稳定性及活动度过大。

临床提示

考虑采取肌肉能量技术，对骨盆不稳和骨盆骨性标志排列不良的患者使用轻度阻力（技术详解请参考第15章）。

肌肉表现和有氧体适能。除已在本章描述的盆底肌训练和有氧运动外，需要强调的重点和针对妊娠期及准备分娩生产的女性的运动技术将在后面的部分描述。

聚焦循证

美国物理治疗协会女性健康部门和骨科部门的临床实践指南推荐对产前骨盆带疼痛的患者使用治疗性运动。这些指南也推荐对骨盆带和腰部疼痛的患者使用治疗性运动，但推荐的运动类型还没有结论，因为对不同的试验人群和不统一的运动干预的研究证据存在争议[37]。

妊娠期运动的注意事项和禁忌证

在一些情况下，运动是禁忌的或者需要非常明确的限制和注意事项[4,6,7,24,30,37,52,54,67,93,94,103,114,117,120,125]。对高危妊娠患者的干预，将在本章后半部分讨论。

注意：密切观察参与者是否有过度疲劳或并发症的迹象。若出现以下情况，需要停止运动或联系医生[4,117]。

- 阴道出血。
- 持续性疼痛，特别是在胸部、骨盆带或腰部。
- 羊膜破裂。
- 在运动停止后依然存在的规律且疼痛的宫缩。
- 胎动减少。
- 持续性的呼吸急促，特别是在用力之前。
- 心律不齐。
- 心动过速。
- 头痛。
- 头晕/晕厥。
- 小腿水肿或疼痛（排除静脉炎）。
- 行走困难或难以维持平衡。

临床提示

请谨记，当执行干预项目时，不管是为班级提供建议还是为患者提供单独的治疗，绝大部分物理因子治疗在妊娠期是禁用的。表浅的热疗或者冷疗或可用于缓解疼痛/痉挛和促进循环。

- 电刺激可能可以在产后使用，以减轻疼痛、刺激肌肉收缩。
- 超声波治疗可能对会阴切开术后的修复不良、疼痛的瘢痕组织，包括性交困难有帮助[65]。

相对禁忌证：当患者有一个或多个以下情况时，需要接受医生和治疗师的密切观察，只要没有更多的并发症产生，患者就可以参加运动[4,6,8,24,67,93]。运动经常需要调整[4,117]。患者应与转诊的医生讨论。

- 控制不佳的1型糖尿病、高血压、癫痫或者甲状腺功能亢进。
- 极度久坐的生活方式。
- 骨骼肌肉系统的不适或因骨科疾病引起的疼痛。
- 过热。
- 极度肥胖或极度消瘦（BMI < 12），或进食障碍。
- 腹直肌分离。
- 重度吸烟者。
- 未经检查的产妇心律不齐。
- 慢性支气管炎。
- 孕期胎儿宫内发育迟缓。

注意：参考在有氧部分列出的有氧运动的绝对

禁忌证。

需强调的重点和特定的运动技术

盆底运动训练

盆底运动训练在之前的部分已经描述过，因为它对治疗多种情况都有帮助。在这里强调将盆底运动纳入妊娠期女性管理指南的重要性。

姿势性运动

日益增长的胎儿对姿势性的肌肉施加了应力，因为身体重心向前、向上移动，而且脊柱也发生移位以代偿和保持稳定。另外，在分娩之后，怀抱婴儿和照顾婴儿的活动也会对姿势性肌肉产生应力。需要强调的肌肉已在专栏 25.7 中列出，且附上了描述相应运动的章节。妊娠期女性特定的运动调整将在本章描述。

当实施柔韧性及牵伸运动时，需要多加注意。请记住，因激素的改变，在妊娠期及产褥期结缔组织和支持关节结构的组织是比较脆弱的。抗阻运动应采用低强度完成。

腹直肌分离的矫正运动

在开始腹部运动之前，一定要检查是否有腹直肌分离。在腹直肌分离 2 cm（两指宽）或更小前，只进行矫正运动（抬头运动或骨盆倾斜时抬头运动）[93]。

抬头运动

患者体位与操作：屈膝仰卧，将双手跨过身体中线在腹直肌分离处提供支持。让患者呼气，并仅将头部抬离床面，与此同时，用双手轻柔地将腹直肌向中线推近（图 25.11），然后慢慢将头部放下并放松。这个运动着重于腹直肌，且尽量不要牵涉到腹斜肌。如果患者无法将手放到对侧腹部，可以使用床单将躯干包裹起来，以提供支持和帮助推近动作[93]。

骨盆倾斜时抬头运动

患者体位与操作：屈膝仰卧。双手越过中线在分离处提供支持，如在"抬头运动"中描述。让患者缓慢地仅将头部抬离床面，且将腹直肌向中线推近，并将骨盆向后倾斜，然后缓慢地将头部放下并放松。所有腹部肌肉收缩都在呼气时完成，以将腹内压最小化。

稳定性运动

激活腹部和腰部肌肉，以及提高它们在腰椎和骨盆的稳定功能的运动已在第 16 章详述（表 16.4，图 16.47，图 16.48，表 16.5，图 16.49 A~D）。以患者能安全控制的强度开始运动并进阶。在提高肌肉的稳定性时，强调慢速、有控制的呼吸。随着妊娠期的进展，腹部肌肉将被极限地过度牵伸，且盆底复合体也将因体重增加而逐渐受到挑战。在缺乏内检的确认时，这些生物力学的改变，使指导妊娠期盆底肌激活的工作变得更具挑战。因此，必须特别注意调整核心运动处方，以满足个体的需求，且定期进行重新评估（在妊娠期约每 4 周进行一次）。

注意：

- 因为躯干肌肉在许多稳定性运动中进行等长收缩，患者有可能会屏气，这对血压和心率

专栏 25.7 特定的妊娠期牵伸和抗阻运动

牵伸运动（需谨慎）
- 上颈段伸肌和斜角肌（第 16 章）。
- 肩胛前伸肌、肩关节内旋肌和肩胛提肌（第 17 章）。
- 腰部伸肌（第 16 章）。
- 髋关节屈肌、内收肌和腘绳肌（第 20 章）。
  注意：当患者有骨盆不稳的情况时，不应过度牵伸这些肌肉。
- 踝关节跖屈肌（第 22 章）。

肌力训练（低强度，参考本章给出的改良方式）
- 上颈段屈肌、下颈段和上胸段的伸肌（第 16 章）。
- 肩胛后缩肌和下压肌（第 17 章）。
- 肩关节外旋肌（第 17 章）。
- 躯干稳定肌，若有腹直肌分离需谨慎（第 16 章）。
- 髋关节伸肌（第 20 章）。
- 膝关节伸肌（第 21 章）。
- 踝关节背伸肌（第 22 章）。

图 25.11 腹直肌分离的矫正运动。患者轻柔地用交叉的双手将腹直肌向中线推近

不利。让患者注意维持轻松的呼吸模式，且在每个运动用力时呼气。

- 若有腹直肌分离，根据腹直肌分离的矫正运动部分描述的，调整稳定性运动以保护腹白线。所有产后的腹肌肌力训练的进阶，都需要被延迟，直到腹直肌分离被矫正到两指宽或更小。
- 在妊娠13周后开具腹肌运动处方时，需牢记仰卧位的5分钟时间限制。

聚焦循证

一个对腰痛和骨盆带疼痛临床研究的循证综述指出，在妊娠晚期使用稳定性球上运动和进阶的核心稳定性运动，对减轻疼痛和改善功能都有统计学意义。

动态躯干运动

骨盆运动训练

这些运动对姿势性背部疼痛有帮助，它们有益于改善本体感觉意识，以及腰椎、骨盆和髋关节的活动性。

骨盆倾斜运动。跪位（手和膝关节着地）。指导患者完成一个骨盆后倾运动。患者保持背部挺直，让其将下腹部等长收紧（想象往里吸进）并保持住，然后放松，再完成一个活动范围非常小的骨盆前倾。

- 附加的运动：当将腹部收紧并且背部挺直时，让患者将躯干向右侧侧屈（向右侧侧向弯曲），看向右侧髋关节，然后反向左边。
- 让患者在不同姿势下练习骨盆倾斜运动，包括侧卧位和站立位。

骨盆钟表运动[44]。屈膝仰卧。让患者想象在她的下腹部有一个钟表的盘面。

肚脐是12点，耻骨联合是6点。做这个运动时，患者的下肢可能会稍稍移动。

- 让患者首先在6点和12点之间做轻柔的前后运动（基本的骨盆倾斜运动）。
- 然后让她在3点（重量转移到左侧髋关节）和9点（重量转移到右侧髋关节）之间运动。
- 然后缓慢平滑地从12点到3点到6点到9点然后回到12点（顺时针）运动。经过反复练习后，动作的速度可以稍稍加快。

最后，这些运动会成为自动的有节律的运动，不需要对钟表的数字有很高的关注度。在整个运动中持续放松地呼吸，且不要强迫任何部分。如果患者执行该动作有困难，可以将钟表“变小”，直至其协调性改善。

骨盆钟表运动进阶。使用视觉想象将钟表盘切成两半，所以将会有一个右部和一个左部或者一个上部和一个下部。让患者的骨盆沿着一边的弯弧移动，再从钟表的中间回到原点，然后沿着另一边的弯弧移动，再从中间回到原点。起初，患者可能会注意到两个半边运动的不对称性，这会随时间改善。

- 一旦患者理解并可以完成顺时针模式，让她以逆时针方式进行以上提及的所有活动，然后将运动进阶到坐位进行。

卷腹运动

- 向上卷腹和向下卷腹运动是典型的腹肌训练运动，但不应该在妊娠期使用。若一个女性选择在妊娠期继续该运动，她们只能在孕早期进行，确定能够耐受，且没有腹直肌分离的现象。让患者在进行卷腹时用交叉的双手保护腹白线（图25.11）。
- 在进行对角卷腹（强化腹斜肌）时，这一点也应该注意。当向上或向下卷腹时，让患者抬起一侧肩膀朝向对侧膝关节的外侧，且用交叉的双手保护白线。

改良的上下肢肌力训练

随着腹部增大，舒适地采取俯卧位将变得不太可能。一般在俯卧位进行的运动必须予以改良。

站立位俯卧撑

患者体位与操作：站立，面对墙壁，脚尖向前，双脚张开与肩同宽，且与墙壁距离约一手臂。手掌放在墙上，与肩同高。让患者缓慢地屈曲肘关节，将她的身体靠近墙壁，保持躯干和骨盆的稳定姿势，且保持足跟紧贴地面。她的肘关节需与肩同高。然后缓慢地用手臂推墙，将身体还原到初始姿势。

仰卧位桥式运动

患者体位与操作：屈膝仰卧。让患者将骨盆后倾，然后将骨盆抬离地面。她可以做重复性的桥式运动，或者维持桥式运动的姿势并交替屈伸上肢以强化髋关节伸肌群和躯干肌群的稳定性功能（图 20.28）。

四点跪位伸髋运动

患者体位与操作：双手和膝关节着地（双手可以握拳或手掌张开）。指导患者先做骨盆后倾，然后缓慢地抬起一条腿，后伸髋关节至不高于骨盆的位置，并保持骨盆后倾（图 25.12）。然后缓慢降低下肢，另一侧重复该运动。在运动中膝关节可以保持屈曲或伸直。监测整个运动，若对骶髂关节或韧带产生应力，则停止运动。如果患者在抬腿时无法稳定骨盆，让她仅将腿沿着地面向后滑动，并返回（图 16.50 A）。

改良的下蹲运动

滑墙和有支撑的下蹲运动常被用来强化伸髋和伸膝肌群以维持良好的身体力学，并帮助牵伸会阴区以增强其在生产过程中的柔韧性。另外，如果患者想要在分娩中采取下蹲式，这些肌肉必须提前进行强化和耐力训练。

- 患者体位与操作：背部靠墙站立，双脚分开与肩同宽。让患者背部沿着墙壁向下滑动，她的髋关节和膝关节只屈曲到她觉得舒适的程度，然后再向上方滑动（图 20.29）。
- 患者体位与操作：站立，双脚分开与肩同宽或更宽，面对柜台、椅子或墙壁，患者可将双手或前臂放在这些地方以支撑身体。让患者缓慢地尽量地在感觉舒适的程度下下蹲，两侧膝关节张开，保持双膝在双足正上方，并保持背部直挺。为保护足部，患者需穿着有良好的足弓支撑的鞋子。有膝关节问题的患者只需进行部分活动范围的下蹲运动。为了在分娩的第二阶段（推动胎儿娩出期）以下蹲式取得最佳效果，在可耐受的情况下逐渐增加下蹲的时间至 60 秒或 90 秒。

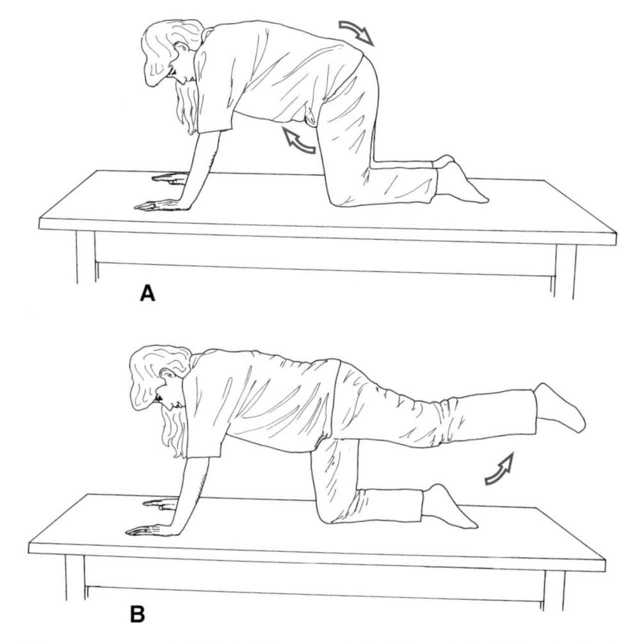

图 25.12　四点跪位抬腿。A. 患者采取四点跪位，骨盆后倾。B. 抬腿只抬到躯干高度

肩胛骨后缩运动

当肩胛骨后缩运动在俯卧位变得难以执行时，患者可以在坐位或者站立位继续进行训练（图 17.46，图 17.47）。

会阴及内收肌柔韧性

除了前面提到的改良的下蹲运动外，这些下肢和骨盆的柔韧性运动可以为分娩做准备[7,93,120]。如果耻骨联合处有任何刺激或疼痛，则停止运动。

自我牵伸

- 患者体位与操作：仰卧或侧卧位。指导患者外展髋关节，将膝关节拉向胸部两侧，并在舒适的前提下尽可能久地维持该姿势（至少数到 10）。
- 患者体位与操作：坐在矮凳上，在舒适的前提下将髋关节尽量外展，双足平放于地面。让患者髋关节处稍稍向前屈曲（腰椎保持中立位），或让患者用手轻柔地将双膝向外压，以获得更大范围的牵伸。

分娩时使用的放松和呼吸运动

培养放松的能力需要有对压力和肌肉张力的认识。有意识的放松技术允许患者控制和应对所受到的各种压力，使患者精神上注意手头的任务，同时放松没有必要紧张的肌肉（见第 4 章）。这一点在分娩时特别重要，因为有时患者需要放松，使生理过程在没有不相关肌肉过度紧张的情况下发生[93]。其他缓解压力的放松技巧已在第14章描述。如果妊娠期女性在准备分娩和分娩时持续地练习以下指南，则是最有效的。

视觉想象

使用轻音乐和口令指导。指导患者专注于一些放松的影像，如沙滩、高山，或者一个最喜欢的度假地点。建议她在整个妊娠期专注于同一个影像，所以当她在分娩时意识到需要放松时，这些影像可被唤出至意识水平。这些技术已被发现对于各种疼痛和焦虑是有帮助的[89]。

肌肉训练

- 让患者采取舒适卧位。
- 让患者从下半身开始。指导患者首先轻柔地收缩然后放松足部的肌肉，然后小腿、大腿、盆底和臀部的肌肉。
- 下一步，进阶到上肢和躯干，然后到颈部和面部肌肉。
- 强调保持清醒的重要性，应意识到肌肉对比的感觉。随着运动的进阶，强调肌肉的“软化”。
- 在常规训练中加入深入的、缓慢的、放松的呼吸。

选择性张力

强调对身体某个部位肌肉进行收缩，同时保持身体其他部位肌肉放松来完成进阶训练。例如，当患者收紧拳头和上肢时，足和下肢的肌肉应该是放松的。应使患者对紧张和放松这两种感觉的对比有更深的体会，并加强患者控制紧张和放松的能力。

临床提示

当练习选择性张力运动时，让患者和一个同伴共同进行，同伴轻柔地摇动患者“放松的”肢体，以确保它是没有张力的。

呼吸

- 缓慢、深入的呼吸（上胸廓放松）与放松技巧和控制呼气在分娩时同时使用，是气体交换最有效的方式。
- 指导患者在吸气时放松腹部，感觉像是腹腔被“填充”且肋骨向两侧扩张。在呼气时，腹腔变小。在放松式呼吸中，主动收缩腹部肌肉是不必要的。
- 为了防止通气过度，强调低速率呼吸。警示患者如果感到头晕或嘴唇和手指有麻刺的感觉，要降低呼吸的强度。

分娩过程中的放松和呼吸

第一阶段

随着分娩的进行，子宫的收缩变得更强、更久且间隔更近。在宫缩时放松变得更加困难。应为患者提供建议的辅助放松的技术[93]。

- 保证患者可以从孩子父亲、家庭成员或朋友处获得情绪上的支持，为整体的舒适度提供鼓励和帮助。
- 寻找舒适的体位，包括步行走、四点跪位、躺在枕头上、躺或坐在瑜伽球上（图25.13）。使用轻柔的重复性的有节律的运动，如骨盆摇摆。
- 在每次宫缩时缓慢呼吸。使用视觉想象，如肌肉像黄油一样软化，然后尝试放松。有些女性发现将注意力集中在一个具体的视觉物体上非常有帮助。其他建议包括在宫缩时唱

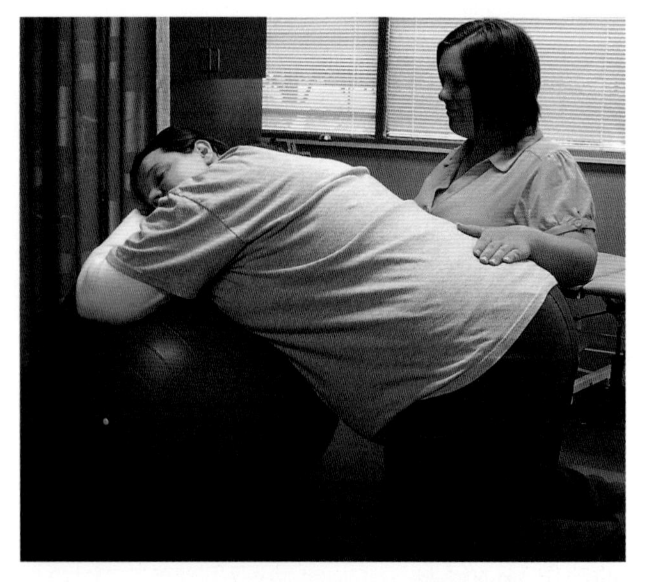

图25.13 在分娩中使用瑜伽球可以缓解背部疼痛，和增加节律性、放松性运动的舒适度。分娩教练可以按摩背部和（或）患者的髋关节肌群，如果需要可使用热疗或冷疗

歌、说话、呻吟以防止屏气，并鼓励缓慢呼吸。

- 在过渡期间（临近第一阶段结束时），常常会有想要往外推的强烈需求。指导患者使用快速呼气的技巧，使用脸颊，而不是腹部肌肉，来克服推的欲望，直到合适的时候才推。
- 按摩或在疼痛或不适的部位施加压力，如腰部。使用双手也许可以帮助分散宫缩的注意力。
- 使用热疗或冷疗来缓解局部症状。用湿的毛巾擦拭面部。

第二阶段

当宫颈开始扩张时，女性在生产过程中需要变得更加主动，协助将婴儿沿产道向下推送[93]。指导她以下的技巧。

- 当向下推时，吸一口气，收缩腹壁，然后缓慢向外呼气。这将导致腹部压力的增大，并伴随着盆底的放松。

注意：告知患者如果她屏住呼吸，将会增加盆底的张力和阻力。此外，在用力时封闭声门，又被称为瓦尔萨尔瓦动作，对心血管系统将有不利的影响。

- 为了获得最大的效率，应保持肢体的放松，特别是下肢和会阴部。保持面部和下颌放松，也有助于此。
- 在宫缩之间，练习全身放松。
- 当婴儿分娩出后，则“释放”，并以轻喘和呻吟呼吸来放松被牵拉的盆底。

在妊娠期不安全的姿势和运动

双侧直腿抬高。这个运动给腹部和腰部施加过多的、超过耐受能力的应力，会引起背部损伤或者腹直肌分离，所以不应该尝试。

“消防栓”运动。这个运动在四点跪位完成，一侧髋关节同时外展、外旋（如狗在消防栓前小便的动作）。如果腿抬得太高，骶髂关节和腰椎将受到应力。若患者已存在骶髂关节症状或症状正在进展，都应该避免。

四点跪位伸髋。这个运动可以根据本章前面部分所描述的方法安全地完成（图25.12）。当腿抬得太高，超过髋关节后伸的生理活动范围，会导致骨盆前倾及腰椎过伸，这个运动将变得不安全，并会引起腰痛。

单侧负重活动。妊娠期单侧负重（包括懒散的站姿，将大部分体重转移到一侧下肢，并且对侧骨盆下沉）会激惹骶髂关节，因此已有骶髂关节症状的患者应避免。因为体重的增加和重心的转移，单侧负重还会导致平衡问题。这种姿势在产后，当女性用髋关节抱着成长中的孩子时，将成为一个重要的问题。任何的不对称性都将会加重，且导致疼痛的代偿。

产褥期的关键运动

在正常的阴道分娩后，女性可在她自我感到可以运动，且在她的医生或助产士同意的情况下，尽快开始运动[4,6,51,67,87,88,93,108,117]。

盆底肌强化运动。应在产后尽快恢复运动。该运动可以加快血液循坏，有助于撕裂伤或会阴切开伤口的愈合。将盆底肌收缩与喂食婴儿或换尿布结合起来，可帮助将这个运动融入到日常生活之中。在门诊处理产后患者时，强调盆底肌运动是终生的，特别是在提重物或极度用力时，让盆底肌肉提供额外的“减震作用”和躯干支撑。

腹直肌分离矫正。腹直肌分离测试的程序已在本章前面描述。应教导患者这个测试，并鼓励其在产后第3天进行该测试。矫正性的姿势（图25.11）应该继续进行，直到腹直肌分离小于两指宽或更小。到那时就可以恢复更激烈的腹肌运动。

有氧和肌力强化训练。只要患者感到有能力，就可以恢复心肺训练和轻度的抗阻训练，并逐步增加强度。建议在开始剧烈运动或特定性运动训练之前，先进行体格检查，包括盆底完整性。

注意：患者在产后可能见不到医生，所以获得不了运动指导，因此要提醒她以下注意事项。

- 如果出血量增多，或变为鲜红色，应该延迟运动。告诉其应该多休息，并允许一个更长的恢复期。

- 产后可能会存在一段时间的关节松弛，尤其是母乳喂养时。如前文所述，应采取预防措施以保护关节[7,120,125]。足够时间的热身运动和放松运动是非常重要的。

剖宫产分娩

剖宫产是婴儿通过在腹壁和子宫切口分娩的一种生产方式，而非通过骨盆和阴道[3,52,54,60,67]。可能使用全身、脊髓或硬膜外麻醉。

物理治疗师的重要性

手术风险

剖宫产是目前最流行，也是全球最常见的外科手术方式。2013 年，美国的剖宫产率为 32.7%，达到历史新高[62]。这个数字在过去的 30~40 年间不断波动，在一定程度上依赖于医院的类型和服务的人口。自 20 世纪 90 年代初以来，美国妇产科学院（American College of Obstetricians and Gynecologists，ACOG）一直不鼓励将重复剖宫产手术作为常规临床程序。《健康人民 2010》（*Healthy People 2010*）的目标是将基础百分比下降到 15%，且重复剖宫产的目标百分比为 63%[127]。剖宫产后阴道分娩（vaginal birth after cesarean，VBAC）是 1990~1996 年剖宫产手术量下降的一个因素。但是，从那以后，剖宫产率又继续攀升。医学界正在持续就剖宫产后自然分娩对母亲和婴儿的短期或长期的利弊进行讨论。妊娠患者一般会对这方面证据有很多疑问。Al-Zirqi 和他的团队[2]确认了 VBAC 造成子宫破裂的特定的风险因子，而且明确了绝对风险是较低的（5/1000 出生，n=18794）。但是，与自然分娩相比，使用前列腺素催产使子宫破裂的概率增加。

剖宫产的“便捷”性正在成为导致重复性剖宫产和自选性剖宫产数量增加的一个原因。事实上，对于剖宫产可能有助于预防盆底功能障碍的证据是矛盾的[9,55,60,116]。风险和益处将继续被讨论，且对孕妇和胎儿的长期结果已在文献中被详细描述。因为随着我们医疗保健系统的发展，这些数据在持续波动，且更多的变更也是不可避免的，作为物理治疗师必须准备好为所有妊娠期女性处理这些问题，以使患者在做决定时知道风险和收益[2,9,54,60,74,83,116,120,123]。

干预

盆底康复。剖宫产的患者可能也需要盆底康复。许多女性经历了一个过长的产程，包括第二阶段（推的时期）过长，直到剖宫产被认为是必要的。因此，盆底肌、阴部和肛提肌神经可能被累及。而且，妊娠本身对盆底肌群和其他软组织施加了很大的应力。

术后康复。剖宫产后的干预与阴道分娩的干预相似。但是，剖宫产是一个腹部大手术，具有所有这类手术的风险和并发症，因此患者也需要一般的术后康复[54,60,120]。损伤和处理原则将归纳于专栏 25.8 中。

情感支持。所有的分娩准备课程都没有给予夫妇足够多的对于剖宫产经验和准备的教育。因此，没有剖宫产计划的孕妇，通常感到她的身体好像没有支持她，导致她比经历阴道分娩的孕妇有更多的矛盾情绪。

给剖宫产患者建议的活动

运动

- 在女性妊娠期指导她所有适合的运动，并说明注意事项。
- 指导女性在恢复期间尽可能早地开始预防性运动[52,67,93,94]。
  - 可采用踝泵运动、主动下肢关节活动度（ROM）运动及步行，来促进血液循环、防止静脉淤滞。
  - 可采用盆底运动来恢复会阴部肌肉的肌力、功能和控制能力。
  - 可采用深呼吸、咳嗽或哈气来预防肺部并发症。
- 腹肌训练的运动需缓慢地进阶。检查是否有腹直肌分离，并保护手术切口以改善舒适性。根据分离的程度，开始时是无压力的肌肉等长收缩，并视患者的耐受程度进行进

专栏 25.8　处理原则——剖宫产后

潜在的组织损伤和功能限制

肺、胃肠道或血管并发症。
术后疼痛和不适。
手术切口形成粘连。
错误的姿势。
盆底功能障碍。
- 小便或大便失禁。
- 内脏脱垂。
- 过度活动。
- 本体感觉不良和失用性萎缩。
- 骨盆带和躯干广泛的疼痛。

腹肌无力，腹直肌分离。
一般产后的功能限制。

康复计划	干预措施
1. 改善肺功能，降低肺炎风险。	1. 呼吸指导，咳嗽和（或）哈气。
2. 减少在咳嗽、活动和哺乳时的切口疼痛。	2. 术后使用经皮神经电刺激；咳嗽或哺乳时用枕头支撑切口；活动时用枕头或手支撑切口；切口护理和损伤风险教育。
3. 预防术后血管和胃肠道并发症。	3. 主动的下肢运动；早期步行；指导腹部按摩，刺激肠道蠕动[63]。
4. 加强切口血液循环和愈合；预防粘连产生。	4. 切口支撑下做轻柔的腹肌运动；瘢痕组织松动和摩擦按摩。
5. 减少术后因肠胀气、发痒或导管造成的不适。	5. 身体摆位指导、按摩与支持性运动。
6. 正确姿势。	6. 姿势指导，特别是针对幼儿照顾方面。
7. 预防受伤和减轻腰痛。	7. 切口支具和日常生活活动姿势指导；人体工效学指导。
8. 预防盆底功能障碍。	8. 盆底肌运动；对风险因素和盆底功能障碍的类型进行指导。
9. 增强腹肌肌力。	9. 腹肌运动进阶，包括腹直肌分离的矫正运动。

阶[52,67,93,94,120]。

- 必要时教导姿势矫正。重新训练对姿势的自觉意识，并以治疗性运动帮助重新调整姿势。提高对肩带肌肉的控制，以应对照顾新生儿而增加的压力。
- 强调深度腹式呼吸技巧对肺通气功能的重要作用，特别是在运动时。并强调放松呼吸技巧，来释放压力和促进放松。
- 告诉患者其需要等待至少 6~8 周，才能重新开始剧烈运动。强调以一个安全且有控制的速度进行运动进阶的重要性，且不要期望从其妊娠前的运动水平开始。

咳嗽或哈气

剖宫产后因切口的疼痛，咳嗽变得困难。哈气可作为一种替代[93]。哈气是一种向外的呼气方式，通过上腹部向上向内收缩，推着横膈膜，将空气从肺脏推出。腹部被向上、向内拉，而非向外，导致腹内压下降，因而减少对手术伤口的牵拉。哈气必须快速完成，以产生足够的力量将黏液排出。指导患者用枕头或双手来支撑伤口，用力并重复地说“哈”，同时收缩腹部肌肉。

缓解肠道胀气疼痛的干预方式

腹部按摩或揉捏。让患者采取仰卧或左侧卧位。这是非常有效的，通常使用长划或画圈的按摩手法。从右侧的升结肠开始，向上轻抚，然后从右向左轻抚横结肠，然后向下轻抚降结肠，最后以一个 S 形轻抚乙状结肠结束。通常，这对刺激肠道蠕动和改善便秘也特别有益处[63]。

骨盆倾斜和（或）桥式运动。这些可以与按摩相结合。

桥式与扭转运动。使患者保持桥式运动的姿势，同时向左和向右扭转骨盆。

瘢痕组织松动

一旦切口充分愈合，应在切口处尽快开始交叉摩擦式按摩。这将减少可能造成的姿势问题和背部疼痛的粘连。

高危妊娠

高危妊娠是指由于疾病或问题使母亲或胎儿在分娩前、中或后有产生疾病或死亡的风险的妊娠。这些情况可能是预先存在的、因妊娠引发的，或在妊娠期间因不正常的生理反应造成的[54,67]。医学干预的目标是预防早产。传统上，通常是卧床休息、限制活动以及在适当的时候给予药物治疗。但是，近期的 ACOG 指南则反对卧床休息。虽然卧床休息的处方经常被开出，但卧床休息只有在极少数情况下才需要，大多数情况下，允许行走应被考虑。被要求长期卧床休息或限制身体活动的患者，会有静脉血栓、骨质缺钙和失调的风险[4]。长期卧床休息不仅影响肌肉骨骼系统，还对肺、心血管和代谢功能有影响。虽然这些女性可能最开始是在家中就诊或住院治疗，但目前存在的失调问题继续在肌力和耐力方面对产后患者造成功能限制，使得这种情况非常需要进一步的物理治疗的介入。而且针对盆底功能障碍的问题，治疗师的深入教育和专业的照护是获得成功的结果所必需的[7,54,67,103,108,120]。

高风险的情况

早产。如果在妊娠 37 周前子宫颈开始扩张、宫颈管消失和（或）子宫收缩，就被认为是早产。很明显，如果这些迹象出现，胎儿的健康是首要关注的问题。造成这些现象的机制目前还不清楚[67]。

胎膜早破。是指羊膜囊在分娩开始之前破裂，失去羊水，如果它发生在胎儿发育完成之前，可能会对胎儿造成危险。分娩可能在羊膜破裂后自发开始。因为失去了羊膜囊的保护，胎儿感染的风险也同时增加。羊水漏出预示须要紧急医疗介入。

子宫颈闭锁不全。子宫颈闭锁不全是指发生在妊娠中期（妊娠第 16 周后），或妊娠晚期的初期的无痛性子宫颈扩张。医学干预包括宫颈环扎术（缝合子宫颈以使之闭合）。如果继续扩张，可能导致胎膜早破，并早产太小而无法存活的胎儿。

前置胎盘。胎盘在子宫着床太低，靠近子宫颈。随着子宫颈的扩张，胎盘开始脱离子宫，并可能位于胎儿之前，从而危及胎儿生命。主要的症状是逐渐增多的、间歇性的、反复性的、无痛性的出血。

妊娠高血压或先兆子痫。其特点是高血压、蛋白尿和严重的液体潴留。先兆子痫可进展成为产妇惊厥、昏迷或死亡，若发展为重度（子痫）。它一般在妊娠晚期发生，并在生产后消失。原因不明。

多胎妊娠。多胎妊娠的并发症包括早产分娩、围产期死亡率升高、婴儿低出生体重，以及产妇并发症（如高血压）增多。

糖尿病。糖尿病可以存在于妊娠前或在妊娠期间因生理应力而出现。妊娠糖尿病（Gestation diabetes mellitus，GDM），发生于妊娠期间，或在妊娠期间第一次被确认，影响了 7% 的孕妇，且通常在妊娠后消失。但是，50% 的患者会在 10 年内发展成为 2 型糖尿病[30]。在妊娠期间极少活动和过度的体重增加已被发现是 GDM 的独立风险因子[4]。

不像许多先前讨论的高风险状况，妊娠糖尿病患者可能比较适合传统的物理治疗干预[4]。受监督的、个性化的运动项目是极佳选择。美国糖尿病协会在 2006 年发表了妊娠糖尿病患者在妊娠期间的运动参数[6]。他们支持短时间的、50% 最大有氧能力的有氧运动。或者，使用 Borg 量表，以 11~13 分范围的自觉疲劳程度（rate of perceived exertion，RPE）为最大运动水平（见专栏 25.4）。持续地监测胎儿 / 子宫活动、母体心率和血糖水平，15~30 分钟的运动时间是安全的[67]。指导患者监测任何运动后的子宫活动。宫缩应该少于每 15 分钟一次[6,67]。

事实上，运动可以预防肥胖的女性发生妊娠期糖尿病[4]。特别是仰卧骑自行车或手摇车运动，可以稳定和降低血糖水平[103]。

聚焦循证

在一项针对超重的、患有妊娠糖尿病女性的随机临床研究中（n=32），对照组只进行饮食疗法，而剩余的女性受试者还参与了循环抗阻训练。与饮食组相比，饮食加运动组能够推迟胰岛素疗法至孕后期（$P<0.05$），且总体上胰岛素的使用量也较少（$P<0.05$）[24]。一项文献综述对妊娠糖尿病的预防和管理进行评估，得出不确定的结果，可能与依从性问题有关。有一些证据证明在妊娠期的身体活动对孕妇的血糖控制和降低胰岛素使用量有帮助[107]。

高危妊娠的处理指南和注意事项

根据诊断、限制、物理治疗检查和评估，以及咨询主管医生，为每一位高危妊娠孕妇设立个性化的运动项目。活动必须符合患者的需要，但不应该进一步将其病情复杂化[7,120]。对于由高危妊娠而被限定卧床的孕妇的管理指南，总结于专栏 25.9。

与患者发展良好的关系，并建立信任。在患者进行活动时，给予密切监测。在每一次治疗后都要重新评估，并记录任何的改变。教导患者进行自我监测技术也非常重要，以使她们可以觉察到不良反应，并做出适当的反应。

- 长时间的静态固定姿势是首要关注的一个问

专栏 25.9 管理指南——高危妊娠

潜在的组织损伤和功能限制

主要的活动受限，是无法下床走动和长期静态姿势，而造成以下的问题。
- 关节僵硬，肌肉疼痛。
- 肌肉无力和失用性萎缩。
- 血管并发症，包括血栓形成和子宫血流量减少。
- 肢体远端的本体感觉下降。
- 因运动减少而引起的便秘。
- 姿势改变。
- 无聊烦恼。

情绪性压力，患者可能担心有失去孩子的风险。

相信一些活动会引起问题，或者患者会有因不能将自己照顾得很好而感到愧疚。为家庭情况、年龄较大的孩子、经济状况或即将诞生的婴儿焦虑。

康复计划	干预措施
1. 降低僵硬度。	1. 指导姿势，评估支持度。 在有效的活动范围内促进关节活动。
2. 维持肌肉长度和体积。	2. 在医生所限定的范围内，做牵伸和肌力训练运动。
3. 最大程度改善循环，预防深静脉血栓形成。	3. 踝泵和关节活动度（ROM）运动。
4. 改善本体感觉。	4. 使尽量多的身体部位活动起来。
5. 在限制内改善姿势。	5. 指导姿势，视允许活动的水平进行必要的改良。 床上活动及转移技术（避免屏气、瓦尔萨尔瓦动作）。
6. 解闷。	6. 改变活动和运动的姿势； 鼓励在卧床休息时与他人互动。
7. 提高放松程度。	7. 放松技巧 / 压力管理。
8. 分娩准备。	8. 分娩教育，呼吸训练，及有助于分娩的准备运动。
9. 加强产后恢复。	9. 产褥期运动指导和家庭计划； 人体工效学指导，特别是儿童照护方面。

题。左侧卧位是高危妊娠患者的一个较好的姿势选择。这个姿势最适于减轻对下腔静脉的压力和将心输出量达到最大程度，从而改善母体及胎儿的血液循环。

- 一些运动，特别是腹肌运动，可能会刺激子宫收缩。如果发生这种情况，调整或终止该运动。
- 监测并记录任何子宫收缩、出血或羊水流失的情况。
- 不允许使用瓦尔萨尔瓦动作。避免任何增加腹内压的活动。身体力学和姿势指导可能刺激腹部收缩，因此，应确认患者没有疲劳，且密切监测不良症状。
- 运动要尽量简单。让患者使用最少的体力，缓慢、平稳地完成运动。
- 许多高危妊娠导致剖宫产分娩，所以需教导患者关于剖宫产的康复事宜。
- 整合提高肌肉效率融入到每一个动作中。
- 教导患者自我监测技巧。

高危妊娠的运动建议

以下的运动建议是对已阐述的干预的应用，是卧床的高危妊娠患者应该考虑的[7,103,120]。包含的运动将在专栏 25.10 中列出。

姿势

- 左侧卧位以防止下腔静脉受压，提高心输出量，并减轻下肢水肿。

专栏 25.10 高危妊娠的卧床运动

- 患者仰卧（右髋关节下方放置楔形垫），半卧，或侧卧。
- 颈部主动关节活动度（ROM）运动，收下巴。
- 肩关节向后画圈（肩胛后缩）；伸向天花板（肩胛前伸）。
- 单侧上肢对角线模式。
- 肩关节、肘关节屈曲 / 伸展；侧卧位手臂画圈。
- 前臂旋前 / 旋后；腕关节屈曲 / 伸展，手张开 / 握拳。
- 骨盆倾斜。
- 腹肌运动（咨询医生）。
- 盆底运动（咨询医生）。
- 股四头肌和臀肌等长收缩。
- 单侧髋关节外展和内收，内旋 / 外旋。
- 侧卧位单侧髋关节和膝关节屈曲 / 伸展。
- 踝泵，踝关节画圈，用踝关节写字母。
- 足趾屈曲 / 伸直。

- 侧位时放置枕头于双膝之间和腹部下方。
- 短时间仰卧，在右髋关节下方放置楔形垫，以减少下腔静脉受压（图 25.10）。
- 改良的俯卧位（侧卧，身体部分转向俯卧位，并在腹部下方放置一个枕头），以减少腰部不适和应力。

关节活动度（ROM）训练

- 进行所有关节的主动关节活动度训练。
- 动作应该缓慢，无应力，且尽量通过整个活动范围。
- 如果抗重力关节活动需要太大体力的话，指导患者采用中立位的重力姿势。
- 动作重复的次数和频率需要根据患者的情况进行个性化设计。

步行 / 站立

传统上，高危妊娠的患者起床通常是禁忌的，这可能会在不同的医疗场所持续改革[4]。在过去，女性患者只有在使用洗手间或淋浴时才站立。以下行为可以被允许。

- 鼓励步行时有良好的姿势。
- 用足尖或足跟走路，以强化腓肠肌。
- 温和的、部分动作范围的下蹲运动。

放松的技巧，床上活动和转移活动

- 在无妊娠并发症时做放松运动。
- 在床上向上、向下，并向左右两侧活动。
- 圆木翻身运动：使用颈部、上下肢来协助运动。
- 仰卧至坐位：使用圆木翻身技巧，使用双手协助。

准备分娩

- 放松技巧。
- 下蹲的替代运动：仰卧、坐位、或侧卧位，将屈曲的膝关节提至胸前（髋关节必须外展）。
- 盆底肌肉放松运动。
- 呼吸运动：尽量减少用力的腹部呼气。

产后运动指导

指导内容与前文所阐述的正常妊娠部分相同。

自学活动

批判性思考与讨论

1. 描述三个会影响运动耐力的正常妊娠变化。
2. 解释腹直肌分离的临床意义、监测程序和矫正运动。
3. 区分妊娠患者的姿势性疼痛和骶髂、背部疼痛。
4. 列出五个盆底功能障碍的风险因子。
5. 对妊娠之前没有运动习惯的女性，什么运动指导对她是最有帮助的？
6. 在生物力学、重力和能量节省技术方面，讨论正常分娩和生产的最佳姿势。
7. 阴道分娩会对什么神经造成牵拉与压迫？

实践练习

1. 练习指导同伴进行以下运动。观察他们是否能正确地完成动作。互换角色并给予反馈。
   - 腹直肌分离运动
   - 骨盆钟表运动
   - 分娩不同阶段的呼吸和放松运动
2. 练习指导盆底肌自我意识和强化训练，并获得口头反馈，以得知指导是否成功。
3. 观察妊娠期女性的运动课程。评估教学的有效性和完整性。

案例研究

案例 1

V 女士是一个 32 岁的妊娠女性，她因“腰痛”，并在妊娠第 24 周症状恶化而被转诊。她报告（左侧）腰 / 胸部，（右侧）肋骨前方 / 胸部和颈部的症状，且这些症状随妊娠的进展日益恶化。在妊娠前，她穿定制的胸罩（32-MM），但现在太小了以至于无法提供足够的支撑。穿这个胸罩大大地增加了她颈部和上斜方肌的症状。穿戴运动胸罩或者站立超过 10~15 分钟，也会增加腰部的症状。疼痛严重限制了她在家和社区里的日常活动。她爬楼梯、去杂货店购物、洗衣或做其他家务都会有困难。她夜里会因疼痛醒来，并且报告夜间下肢会有麻木感。她是一个单亲妈妈，有一个 6 岁的儿子。相关病历包括：前一次妊娠体重增加 100 磅（约 45 kg）；剖宫产；进行 3 次乳腺纤维囊性改变组织清除。她没有全身性的病况，也没有服用除产前维生素之外的药品。目前体重约 108 kg，身高约 1.65 m。

临床结果

姿势评估显示严重的头部和双肩前伸、双肩关节内旋、严重的脊柱前凸（颈椎、腰椎）、双侧膝反张、纵足弓减少，且双髋关节过度外旋以增加脚的支持面。所有动态运动都被疼痛所抑制：频繁的重心转移和非对称性的转移、疼痛步态模式以及髋关节外旋增加。腰椎后伸和（左侧）颈椎旋转活动都被疼痛和痉挛所限制。

肚脐上方 9 cm 处发现腹直肌分离；腹肌肌力 3-/5。骨盆骨性标志点因脂肪组织难以检查；下肢等长。触诊耻骨联合处有轻微疼痛。

- 指出其存在的功能损伤和功能限制。
- 指出处理功能损伤和功能限制的目标。
- 制订一个治疗计划以满足设定的目标。指出具体的干预措施和参数，患者需就诊的次数，以及所有你认为的必要的回访或转诊。

案例 2

W 夫人是一位有 11 年尿失禁和尿急症状病史的女性。她频繁且有大量的尿失禁，每天使用 8~10 片大号的尿布垫和 8 个内裤衬垫以保护衣物。排尿频率为每 24 小时 13~16 次。她还报告了便秘和用力解便的症状，这些症状随纤维摄入量的增加而改善。咖啡因摄入量是每日 2 份。W 夫人不吸烟。因为她的症状问题，她较少参与社交和社区的活动。尿动力学检查显示，膀胱容量减少至 150 ml，并确认为逼尿肌不稳定。

相关的病史包括 9 次妊娠和 7 次活产（G9P7），其中 1 次臀位分娩。长期腰痛和“坐骨神经问题”，在 44 岁和 48 岁时做过腰椎融合手术。其他外科手术史包括在 36 岁时的直肠 / 膀胱突出修补术，和 37 岁时的部分子宫切除术。高血压和哮喘病药物控制良好。

临床结果

盆底肌检查显示感知意识欠佳，休息时肌张力降低，且MMT为2/5。患者能够保持收缩4秒，在10秒内可以重复10次“快速收缩”运动，并需要腹肌的配合运动。会阴压力计测试证实肌肉无力，产生6.35 cm水柱的压力。牵伸易化盆底肌肉，可加强肛提肌的收缩（P>L）。

腹肌肌力为3/5。在肚脐上方4.5 cm处有腹直肌分离现象。有腹式呼吸模式，在用力时没有屏气现象。因腰椎融合术，躯干动态活动都有轻度限制。

患者大约在18个月前开始接受物理治疗，且她的腰部治疗项目是独立完成的。因为保险限制门诊次数为10次，因此患者要求着重对盆底功能障碍和失禁进行治疗。

- 指出其功能损伤和功能限制。
- 指出处理功能损伤和功能限制的目标。
- 设计一个治疗计划以满足设定的目标。指出具体的干预措施和参数，患者需就诊的次数，以及所有你认为的必要的回访或转诊。

（冯蓓蓓　黄晓丽　译，王于领　高强　审）

网络资源

http://www.womenshealthapta.org (Sectionon Women's Health, APTA)
http://www.pfdn.rti.org (Pelvic Floor Disorders Network)
http://www.nafc.org (National Association for Continence)
http://www.pelvicpain.org (International Pelvic Pain Society)
http://www.sidelines.org (High-risk pregnancy support)
http://sis.nlm.nih.gov/outreach/whrhome.html (Women's health resources)
http://www.healthywomen.org
www.ustoo.org (International Prostate Cancer Education & Support)

参考文献

1. Abrams, P, et al. The standardization of terminology of lower urinary tract function: report from the standardization sub-committee of the International Continence Society. *Neurouol Urodyn* 21:167–178, 2002.
2. Allen, RE, and Hanson, RW. Episiotomy in low-risk vaginal deliveries. *J Am Board Fam Pract* 18:8–12, 2005.
3. Al-Zirqi, I, et al: Uterine rupture after previous caesarean section. *BJOG* 117(7):809–820, 2010.
4. American College of Obstetricians and Gynecologists: Physical activity and exercise during pregnancy and the postpartum period. Committee Opinion No. 650. *Obstet Gynecol* 126:e135–e142, 2015.
5. American College of Obstetrics and Gynecology: Nutrition During Pregnancy. Available at http://www.acog.org/publications/patient_education/bp001.cfm#pregnancy. Accessed July 29, 2010.
6. American Diabetes Association: Standards of medical care in diabetes, 2006 position statement. *Diabetes Care* 29:S4–S42, 2006.
7. American Physical Therapy Associatio*: Perinatal Exercise Guidelines: Section on Obstetrics and Gynecology.* Alexandria, VA, 1986.
8. Artal, R, and Wiswell, R: *Exercise in Pregnancy.* Baltimore: Williams & Wilkins, 1986.
9. Ashton-Miller, J, and DeLancey, J: On the biomechanics of vaginal birth and common sequelae. *Annu Rev Biomed Eng* 11:163–176, 2009.
10. Baker, PK: Musculoskeletal problems. In Steege, J, et al: *Chronic Pelvic Pain: An Integrated Approach.* Philadelphia: WB Saunders, 215–240, 1998.
11. Barber, MD, et al: Innervation of the female levator ani muscles. *Am J Obstet Gynecol* 187(1):64–71, 2002.
12. Belegolovsky, I, et al: The effectiveness of exercise in treatment of pregnancyrelated lumbar and pelvic girdle pain: a meta-analysis and evidencebased review. *J Women's Health Phys Ther* 39(2):53–64, 2015.
13. Benson, JT (ed): *Female Pelvic Floor Disorders: Investigation and Management.* New York: WW Norton, 1992.
14. Bø, K, et al: Constriction of the levator hiatus during instruction of pelvic floor or transversus abdominis contraction: a 4D ultrasound study. *Intl Urogyn J* 20(1):27–32, 2009.
15. Bø, K, et al: Lower urinary tract symptoms and pelvic floor muscle exercise adherence after 15 years, part 1. *Ob & Gyn*105(5):999–1005, 2005.
16. Bø, K: Pelvic floor muscle training is effective in treatment of stress urinary incontinence, but how does it work? *Int Urogynecol J Pelvic Floor Dysfunct* 15:76–84, 2004.
17. Bø, K, et al: Transabdominal ultrasound measurement of pelvic floor muscle activity when activated directly or via a transversus abdominis muscle contraction. *Neurourol Urodynam* 22:582–588, 2003.
18. Boardman, R, and Jackson, B: Below the belt: approach to chronic pelvic pain. *Can Fam Physician* 52(12):1556–1562, 2006.
19. Boissonnault, J, and Blaschak, M: Incidence of diastasis recti abdominis during the childbearing years. *Phys Ther* 68:1082–1086, 1988.
20. Borello-France, D, et al: Fecal and urinary incontinence in primiparous women: the Childbirth and Pelvic Symptoms (CAPS) Study. *Obstet Gynecol* 108:863–872, 2006.
21. Borg, G: Psychophysical bases of perceived exertion. *Med Sci Sports Exerc* 14:377–381, 1982.
22. Boston Women's Health Book Collective: *The New Our Bodies, Ourselves,* ed. 35. New York: Simon & Schuster, 2005.
23. Bradley, CS, et al: Bowel symptoms in women planning surgery for pelvic organ prolapse. *Am J Obstet Gynecol* 195(6):1814–1819, 2006.
24. Brankston, GN, et al: Resistance exercise decreases the need for insulin in overweight women with gestational diabetes mellitus. *Am J Obstet Gynecol* 190(1):188–193, 2004.
25. Bryant, CM, et al: A randomized trial of the effects of caffeine upon frequency, urgency and urge incontinence. *Neurourol Urodyn* 19:501–502, 2000.
26. Bump, R, et al: Assessment of Kegel pelvic muscle exercise performance after brief verbal instruction. *Am J Obstet Gynecol*

165:322–329, 1991.
27. Burgio, KL, et al: Behavioral versus drug treatment for urge urinary incontinence in older women. *JAMA* 280(23):1995–2000, 1998.
28. Bursch, S: Interrater reliability of diastasis recti abdominis measurement. *Phys Ther* 67(7):1077–1079, 1987.
29. Butler, DS, and Moseley, GL, Sunyata: *Explain Pain*. Adelaide: Noigroup Publications, 2003.
30. Centers for Disease Control and Prevention: Check Your Knowledge: Diabetes and Pregnancy. Available at http://www.cdc.gov/Features/DiabetesPregnancy. Accessed July 24, 2010.
31. Chiarelli, P, and O'Keefe, D: Physiotherapy for the pelvic floor. *Austral J Physiother* 27(4):103–108, 1981.
32. Chong, EC, et al: The financial burden of stress urinary incontinence among women in the United States. *Curr Urol Rep* 12(5):358–362, 2011.
33. Clapp, JF: A clinical approach to exercise during pregnancy. *Clin Sports Med* 13(2):443–458, 1994.
34. Clapp, JF: Exercise and fetal health. *J Dev Physiol* 15(1):9–14, 1991.
35. Clapp, JF: Exercise during pregnancy: a clinical update. *Clin Sports Med* 19(2):273–286, 2000.
36. Clapp, JF, et al: Continuing regular exercise during pregnancy: effect of exercise volume on fetoplacental growth. *Am J Obstet Gynecol* 186: 142–147, 2002.
37. Clinton, S, et al: Pelvic girdle pain in the antepartum population: physical therapy clinical practice guidelines linked to the International Classification of Functioning, Disability, and Health from the section on women's health and the orthopaedic section of the American Physical Therapy Association. *J Women's Health Phys Ther* 41(2):102–125, 2017.
38. DeLancey, JOL, and Richardson, AC: Anatomy of genital support. In Benson, JT (ed): *Female Pelvic Floor Disorders: Investigation and Management*. New York: WW Norton, 19–26, 1992.
39. Depledge, J, et al: Management of symphysis pubis dysfunction during pregnancy using exercise and pelvic support belts. *Phys Ther* 85: 1290–1300, 2005.
40. Dockter, M, et al: Prevalence of urinary incontinence: a comparative study of collegiate female athletes and non-athletic controls. *J Women's Health Phys Ther* 31(1):12–17, 2007.
41. Dolan, L, et al: Stress incontinence and pelvic floor neurophysiology 15 years after the first delivery. *BJOG* 110(12):1107–1114, 2003.
42. Dorey, G, et al: Developing a pelvic floor muscle training regimen for use in a trial intervention. *Physiother* 95:199–208, 2009.
43. Fantl, JA, et al: *Urinary Incontinence in Adults: Acute and Chronic Management*. Clinical Practice Guideline No. 2, AHCPR Publication No. 96–0682. Rockville, MD: U.S. Department of HHS, Public Health Service, 1996.
44. Feldenkrais, M: *Awareness Through Movement: Health Exercises for Personal Growth*, ed. 1. New York: Harper & Row, 1972.
45. Figuers, C, et al: "A Comparison of Pelvic Floor Muscle Activity and Urinary Incontinence Between Weight_Bearing Female Athletes and Female Non_Athletes." *J Women's Health Phys Ther* 31(1):24–25, 2007.
46. Fisher, K, and Riolo, L: What is the evidence regarding specific methods of pelvic floor exercise for a patient with urinary stress incontinence and mild anterior wall prolapse? *Phys Ther* 84(8):744–753, 2004.
47. FitzGerald, MP, et al: Risk factors for anal sphincter tear during vaginal delivery. *Obstet Gynecol* 109:29–34, 2007.
48. FitzGerald, M, et al: Randomized multicenter clinical trial of myofascial physical therapy in women with interstitial cystitis/painful bladder syndrome and pelvic floor tenderness. *J Urology* 187:2113–2118, 2012.
49. Frahm, J: Strengthening the pelvic floor. *Clin Man Phys Ther* 5(3): 30–33, 1985.
50. Freyder, SC: Exercising while pregnant. *J Orthop Sports Phys Ther* 10: 358–365, 1989.
51. Garshasbi, A, and Faghih Zadeh, S: The effect of exercise on the intensity of low back pain in pregnant women. *Int J Gynaecol Obstet* 88(3): 271–275, 2005.
52. Gent, D, and Gottlieb, K: Cesarean rehabilitation. *Clin Man Phys Ther* 5:14, 1985.
53. Giarenis, I, and Robinson, D: Prevention and management of pelvic organ prolapse. *F1000 Prime Reports* 6:77, 2014.
54. Gilbert, E, and Harman, J: *High-Risk Pregnancy and Delivery*, ed. 1. St. Louis: CV Mosby, 1986.
55. Glazener, C, et al: Childbirth and prolapse: long-term associations with the symptoms and objective measurement of pelvic organ prolapse. *Brit J Gynecol* 120:161–168, 2013.
56. 5Goldberg, R: Effects of pregnancy and childbirth on the pelvic floor. In Culligan, P, and Goldberg, R (eds): *Urogynecology in Primary Care*. London: Springer Science and Business Media, 2007, pp 21–33.
57. Goode, PS, et al: Behavioral therapy with or without biofeedback and pelvic floor electrical stimulation for persistent post-prostatectomy incontinence: a randomized controlled trial. *J Am Med Assn* 305(2):151–159, 2011.
58. Gorina Y, et al: Prevalence of incontinence among older Americans. National Center for Health Statistics. *Vital Health Stat* 3(36), p 5, 2014.
59. Grigorescu, BA, et al: Innervation of the levator ani muscles: description of the nerve branches to the pubococcygeus, iliococcygeus, and puborectalis muscles. *Int Urogynecol J Pelvic Floor Dysfunct* 19(1):107–116, 2008.
60. Guise, JM, et al: *Vaginal Birth After Cesarean: New Insights. Evidence Report/Technology Assessment No. 191.* AHRQ Publication No.10-E001. Rockville, MD: Agency for Healthcare Research and Quality, 2010.
61. Hagen, S, and Stark, D: Conservative prevention and management of pelvic organ prolapse in women. *Cochrane Database Syst Rev* 12:CD003882, 2011.
62. Hamilton, B, et.al. Births: Preliminary data for 2013. National vital statistics reports; vol 63 no 2. Hyattsville, MD: National Center for Health Statistics, 2014. Available at http://www.cdc.gov/nchs/fastats/delivery. htm. (2013 figures) Accessed July 3, 2015.
63. Harrington, K, and Haskvitz, E: Managing a patient's constipation with physical therapy. *Phys Ther Nov* 86:1511–1519, 2006.
64. Hartmann, K, et al: Outcomes of routine episiotomy. *JAMA* 293: 2141–2148, 2005.
65. Hay-Smith, J: Therapeutic ultrasound for postpartum perineal pain and dyspareunia. *Cochrane Database Syst Rev* 3:CD000495, 1998.
66. Holroyd-Leduc, J, and Straus, S: Management of urinary incontinence in women. *JAMA* 291:986–995, 2004.
67. Irion, J, and Irion, G (eds): *Women's Health in Physical Therapy*. Baltimore: Lippincott Williams & Wilkins, 2010.
68. Jamieson, D, and Steege, J: The prevalence of dysmenorrhea, dyspareunia, pelvic pain, and irritable bowel syndrome in primary care practices. *Obstet Gynecol* 87(1):55–58, 1996.
69. Jarrell, J, et al: Consensus guidelines for the management of chronic pelvic pain. *J Obstet Gynaecol Can* 27(8):781–826, 2005.
70. Jarski, RW, and Trippett, DL: The risks and benefits of exercise during pregnancy. *J Fam Pract* 30(2):185–189, 1990.
71. Johnson, T: Gain Weight Safely During Your Pregnancy. Available at http://www.webmd.com/baby/guide/healthy-weight-gain#1 Accessed May 24, 2017.
72. Jordre, B, and Schweinle, W: Comparing resisted hip rotation with pelvic floor muscle training in women with stress urinary incontinence: a pilot study. *J Women's Health Phys Ther* 38(2):81–89, 2014.
73. Keeler, J, et al: Diastasis recti abdominis: a survey of women's health specialists for current physical therapy clinical practice for postpartum women. *J Women's Health Phys Ther* 36(3):131–142, 2012.
74. Klein, M, et al: Determinants of vaginal-perineal integrity and

pelvic floor functioning in childbirth. *Am J Obstet Gynecol* 176(2):403–410, 1997.
75. Laine, K, et al: Prevalence and risk factors for anal incontinence after obstetric anal sphincter rupture. *Acta Obst Gynecol Scand* 90(4):319–324, 2011.
76. Lappen, J, and Gossett, D: Changes in episiotomy practice: evidence-based medicine in action. *Expert Rev of Obstet Gynecol* 5(3):301–309, 2010.
77. Legato, M: *Eve's Rib: The Groundbreaking Guide to Women's Health.* New York: Three Rivers Press, 2002.
78. Leveno, K, et al: *Williams Manual of Obstetrics,* ed. 21. McGraw-Hill Companies, New York, 2003.
79. Liddle, SD, and Pennick, V: Interventions for preventing and treating low-back and pelvic pain during pregnancy. *Cochrane Database Syst Rev* 9:CD001139, 2015.
80. Lien, K, et al: Pudendal nerve stretch during vaginal birth: a 3D computer simulation. *Am J Obstetrics and Gynecol* 192:1669–1676, 2005.
81. MacDonald, R, et al: Pelvic floor muscle training to improve urinary incontinence after radical prostatectomy: a systematic review of effectiveness. *BJU International* 100:76–81, 2007.
82. Mantl, J, et al: Epidemiology of genital prolapse: observations from the Oxford Family Planning Association Study. *BJOG* 104:579–585, 1997.
83. Markel Feldt, C: Applying the Guide to Physical Therapist Practice to women's health physical therapy: part Ⅱ. *J Women's Health Phys Ther* 24:1, 2000.
84. Marnach, M, et al: Characterization of the relationship between joint laxity and maternal hormones in pregnancy. *Ob & Gyn* 101(2):331–335, 2003.
85. Mayo Clinic: Men's health: Kegel exercises for men can help improve bladder control and possibly improve sexual performance. Available at http://www.mayoclinic.org/kegel-exercises-for-men/ART-20045074?p=1. Accessed July 31, 2015.
86. Mørkved, S, and Bø, K: Effect of pelvic floor muscle training during pregnancy and after childbirth on prevention and treatment of urinary incontinence: a systematic review. *Br J Sports Med* 48(4):299–310, 2014.
87. Morkved, S, and Bø, K: Effect of postpartum pelvic floor muscle training in prevention and treatment of urinary incontinence: a one-year follow up. *BJOG* 107(8):1022–1028, 2002.
88. Morkved, S, et al: Pelvic floor muscle training during pregnancy to prevent urinary incontinence: a single-blind randomized controlled trial. *Obstet Gynecol* 101(2):313–319, 2003.
89. Naparstek, B: *Staying Well With Guided Imagery*. New York, Grand Central Publishing, 2008.
90. National Association for Continence. Conditions overview. Available at http://www.nafc.org/conditions/. Accessed November 22, 2015.
91. Newman, DK, et al: An evidence-based strategy for the conservative management of the male patient with incontinence. *Curr Opin Urol* 24(6):553–559, 2014.
92. Nilsson-Wikmar, L, et al: Effect of three different physical therapy treatments on pain and activity in pregnant women with pelvic girdle pain: a randomized clinical trial with 3, 6, and 12 months follow-up postpartum. *Spine* 30(8):850–856, 2005.
93. Noble, E: *Essential Exercises for the Childbearing Year,* ed. 4. Harwich: New Life Images, Boston, 1995.
94. Noble, E: *Having Twins,* ed. 3. Boston: Houghton Mifflin, 2003.
95. Norwitz, E, and Robinson, J: Scientific review of *The Control of Labor. Fetal Monitoring, Pregnancy and Birth.* Available at http://www.obgyn.net/fetal-monitoring/scientific-review-control-labor#sthash.qzboYgLe.dpuf. Accessed September 23, 2015.
96. Nygaard, I, et al: Pelvic organ prolapse in older women: prevalence and risk factors. *Obstet Gynecol* 104(3):489–497, 2004.
97. Nygaard, I, et al: Physical activity in women planning sacrocolpopexy. *Int Urogyn J* 18:33–37, 2007.
98. Nygaard, I, et al: Prevalence of symptomatic pelvic floor disorders in US women. *JAMA* 300(11):1311–1316, 2008.
99. Olsson, C, and Nilsson-Wikmar, L: Health-related quality of life and physical ability among pregnant women with and without back pain in late pregnancy. *Acta Obstet Gynecol Scand* 83(4):351–357, 2004.
100. Ostgaard, HC, et al: Reduction of back and posterior pelvic pain in pregnancy. *Spine* 19(8):894–900, 1994.
101. Palm, S: Personal correspondence with founder of Association for Pelvic Organ Prolapse Support and closed group on Facebook. November 9, 2015.
102. Paras, ML, et al: Sexual abuse and lifetime diagnosis of somatic disorders: a systematic review and meta-analysis. *JAMA* 302(5):550–561, 2009.
103. Pauls, J: *Therapeutic Approaches to Women's Health: A Program of Exercise and Education.* Gaithersburg, MD: Aspen, 1995.
104. Pennick, VE, and Young, G: Interventions for preventing and treating pelvic and back pain in pregnancy. *Cochrane Database Syst Rev* 18(2): CD001139, 2007.
105. Peters, AA, et al: A randomized clinical trial to compare two different approaches in women with chronic pelvic pain. *Obstet Gynecol* 77(5): 740–744, 1999.
106. Ribeiro, LHS, et al: Long-term effect of early postoperative pelvic floor biofeedback on continence in men undergoing radical prostatectomy: a prospective, randomized, controlled trial. *J Urol*184(3):1034–1039, 2010.
107. Ruchat, SM, and Mottola, M: The important role of physical activity in the prevention and management of gestational diabetes mellitus. *Diabetes/Metab Res Rev*29(5):334–346, 2013.
108. Sampselle, C, et al: Effect of pelvic muscle exercise on transient incontinence during pregnancy and after birth. *Obstet Gynecol* 91(3):406–412, 1998.
109. Sapsford, RR, et al: Co-activation of the abdominal and pelvic floor muscles during voluntary exercises. *Neuro Urodynam* 20:31–42, 2001.
110. Sapsford, R: Rehabilitation of pelvic floor muscles utilizing trunk stabilization. *Man Ther* 9(1):3–12, 2004.
111. Sapsford, RR, et al: Pelvic floor muscle activity in different sitting postures in continent and incontinent women. *Arch Phys Med Rehabil* 89(9):1741–1747, 2008.
112. Santiesteban, A: Electromyographic and dynamometric characteristics of female pelvic floor musculature. *Phys Ther* 68(3):344–351, 1988.
113. Shafik, A: A study of the continence mechanism of the external urethral sphincter with identification of the voluntary urinary inhibition reflex. *J of Urology* 162(6):1967–1971, 1999.
114. Shrock, P, Simkin, P, and Shearer, M: Teaching prenatal exercise: part Ⅱ—exercises to think twice about. *Birth Fam J* 8(3):167–175, 1981.
115. Shumway-Cook, A, and Woollcott, MH: *MOTOR Control: Translating Research Into Clinical Practice.* Philadelphia: Lippincott Williams & Wilkins, 2007.
116. Snooks, SJ, et al: Risk factors in childbirth causing damage to the pelvic floor innervation. *Int J Colorect Dis* 1(1):20–24, 1986.
117. Society of Obstetricians and Gynaecologists of Canada and the Canadian Society for Exercise Physiology: Exercise in pregnancy and the postpartum period. Joint guidelines. *J Obstet Gynaecol Can* 25(6):516–522, 2003.
118. Spitznagle, T, et al: Prevalence of diastasis recti abdominis in an urogynecological population. *Int Urogyn J Pelvic Floor Dysfunct* 18(3): 321–328, 2007.
119. Staer-Jensen, J, et al: Postpartum recovery of levator hiatus and bladder neck mobility in relation to pregnancy. *Obstet Gynecol* 125(3):531–539, 2015.
120. Stephenson, R, and O'Connor, L: *Obstetric and Gynecologic Care in Physical Therapy,* ed. 2. Thorofare, NJ: Charles B. Slack, 2000.
121. Stuge, B, et al: The efficacy of a treatment program focusing

on specific stabilizing exercises for pelvic girdle pain after pregnancy—a two-year follow-up of a randomized, clinical trial. *Spine* (29)10:E197–E203, 2004.

122. Tienforti, D, et al: Efficacy of an assisted low-intensity programme of perioperative pelvic floor muscle training in improving the recovery of continence after radical prostatectomy: a randomized controlled trial. *BJU International* 110:1004–1010, 2012.
123. Thom, D, et al: Evaluation of parturition and other reproductive variables as risk factors for urinary incontinence in later life. *Obstet Gynecol* 90:983–989, 1997.
124. Wallner, C, et al: Innervation of the pelvic floor muscles: a reappraisal for the levator ani nerve. *Obstet Gynecol* 108(3 pt, 1):529–534, 2006.
125. Wilder, E (ed): *Obstetric and Gynecologic Physical Therapy: Clinics in Physical Therapy, Vol. 20,* ed. 1. New York: Churchill Livingstone, 1988.
126. Wilder, E (ed): *The Gynecological Manual,* ed. 2. Alexandria, VA: APTA, Section on Women's Health, 2000.
127. Wright, D: Maternal, Infant, and Child Health Progress Review. Available at http://www.healthypeople.gov/Data/2010prog/focus16/2007Focus16. pdf. Accessed Sept 20, 2010.

第26章 淋巴疾病管理

KAREN L. HOCK　LYNN ALLEN COLBY

淋巴系统的损伤会造成淋巴功能不全，并导致明显身体受损和后续的上肢或下肢的功能丧失。结构或功能受到干扰会造成淋巴液堆积在身体组织中，并影响组织的生理健康、关节活动性和日常生活功能受损。淋巴的功能障碍可能因先天、遗传异常、创伤、感染或癌症治疗引起。

为了有效管理淋巴疾病患者，治疗师必须对潜在性病理和多种淋巴疾病的临床表现，以及淋巴系统和静脉系统间的相互影响具备完整的理解；治疗师也必须了解在淋巴功能不全的患者全面性管理与康复中，运动治疗的运用、有效性和限制性。

淋巴系统疾病

淋巴系统的结构与功能

淋巴系统的主要功能是收集并运输间隙空间内的液体，并让其回到静脉循环（图 26.1）[36,57,62,69,86,133,135]，这由一系列淋巴管及淋巴结组成[36,69,135]。淋巴系统也扮演身体免疫功能的角色[36,69,86,133,135]。当淋巴系统因淋巴结构受损或淋巴液过多而受损时，将导致组织空间肿胀。水肿是创伤及后续软组织愈合时的自然现象，如果淋巴系统受损且无法有效作用时，就会产生淋巴水肿并阻碍伤口愈合。

淋巴水肿（lymphedema）是血管外及细胞外液体与蛋白质在组织空间内过度及持续堆积的现象[12,22,32,57,69,74,135]。当淋巴液体积超过淋巴运输系统容量就会发生淋巴水肿，也和微血管细胞膜间水分及蛋白质的平衡受干扰有关。当蛋白质浓度增加会将更多水分导向组织间隙导致淋巴水肿[32,51,69,135]。细胞外液和蛋白质在受累区域的积聚导致脂肪组织增生[14,15,86]。再者，许多心肺系统疾病也会造成淋巴管负荷超过其运输容量，后续造成淋巴水肿[51,74,107]。

淋巴系统的解剖结构

淋巴系统是开放性系统[36,69,70,135]，淋巴毛细血管的位置和微血管非常接近，它负责将液体吸入淋巴循环（图 26.2）[36,57,70,133,135]。液体一旦进入淋巴

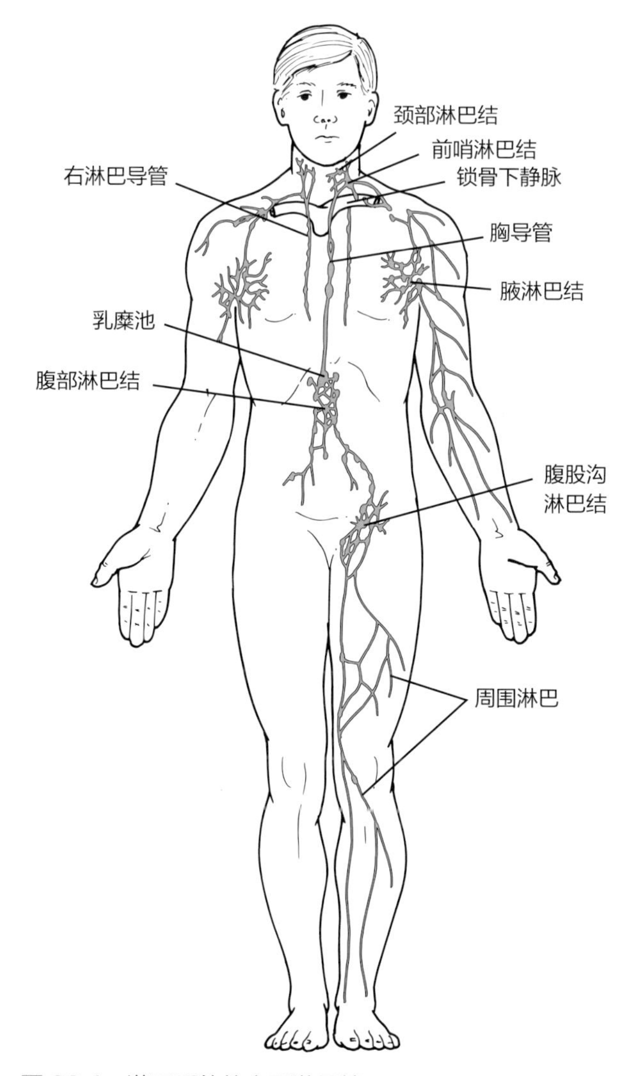

图 26.1　淋巴系统的主要淋巴管

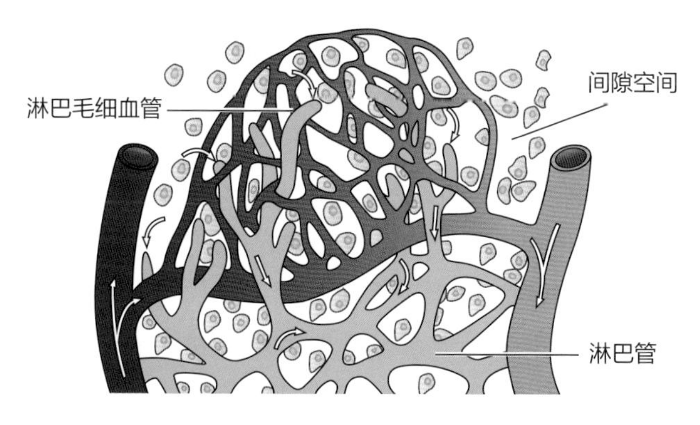

图 26.2　淋巴毛细血管和较大的淋巴管

管中，会从淋巴结传送到淋巴干 [36,69,70,133,135]，最终淋巴液会收集到静脉角。身体总共有 600~700 个淋巴结，最大的淋巴结群位于头颈部、肠周围、腋下与腹股沟 [36,135]。

淋巴系统的生理

淋巴液的主要组成成分为细胞外空间的水分与蛋白质 [32,36,51,69,70]。正常状态下淋巴系统运输液体回到静脉循环，运输的液体量为淋巴负荷，淋巴系统可运输的液体量为运输容量 [36,69,135]，当间隙的平衡受到干扰时，无论是增加淋巴负荷或降低运输容量都会产生淋巴水肿 [32,36,51,135]。静脉功能不全的患者会因静脉系统无法运输所需的液体量，而增加淋巴负荷 [69]。举例来说，癌症患者移除淋巴结后，会因淋巴系统结构受损而影响运输容量。

淋巴水肿的类型

淋巴水肿可分为原发性，指淋巴系统结构的内在问题；或继发性，指淋巴结构受损 [36,51,69,135]，损伤可能来自手术、放射治疗、创伤或感染。淋巴水肿也可因淋巴－静脉功能障碍引起，常见于慢性静脉功能不全患者。切记淋巴水肿并非疾病，更像是淋巴系统功能不良的症状。

原发性淋巴水肿

原发性淋巴水肿是淋巴系统发育不足（发育不良）和先天性畸形的结果，虽然并不常见 [50,69]。

原发性淋巴水肿可按照年龄分类 [36,51,69]。

- **先天性**：出生时出现，有时称为 Milroy 病。
- **早发性**：在 35 岁前发生。
- **迟发性**：在 35 岁后发生。

原发性淋巴水肿通常影响女性多于男性，而且常出现在四肢，下肢多于上肢，然而也会在身体其他部位出现 [36,51,70,135]，如果没有做适当处理的话，这类的淋巴水肿会随着时间进展而出现皮肤变化（角化过度），皮肤皱褶和皱纹增加 [36,51,62,124,128]。

继发性淋巴水肿

大部分临床照护人员需处理的淋巴水肿患者为继发性淋巴水肿 [83]。显然，最常见造成继发性淋巴水肿的原因和乳房、骨盆与腹部癌症的全面性管理有关 [4,11,12,44,50,51,101,102]，继发性淋巴水肿可按照淋巴结构的损伤原因分类。

- 手术。
- 发炎与感染。

- 阻塞或纤维化。
- 合并性静脉－淋巴功能障碍（慢性静脉功能不全）。

淋巴结外科切除术

淋巴结与淋巴管的手术切除（淋巴结切除术）常作为治疗原发性恶性肿瘤或癌症转移的一种方式。举例来说，大多数乳腺癌手术中，腋下淋巴结切除会依乳腺癌的范围及进展程度决定[13,19,44,59]；同样地，治疗骨盆或腹部癌症时，切除骨盆及腹股沟淋巴结通常是必要的[4,101,102]。

感染及发炎

系统性感染或局部创伤，会造成淋巴管（淋巴管炎）或淋巴结发炎（淋巴结炎）及淋巴结肿大（淋巴结病），上述的任一状况都会破坏淋巴循环系统[50,51,69,135]。

阻塞或纤维化

外伤、手术及肿瘤都会阻塞或破坏淋巴循环[51,69,123]，与恶性肿瘤相关的放射治疗也会导致淋巴管纤维化[4,12]。

合并性淋巴－静脉功能障碍

虽然慢性静脉功能不足及静脉曲张不是淋巴系统的原发性疾病，但是它们都与静脉淤滞及肢体的水肿堆积有关[45,50,65,135]。慢性静脉功能障碍常见特征是长时间站立或坐姿产生坠积性、周边性水肿，若抬高肢体水肿会减少，患者经常抱怨钝痛或患侧肢体疲劳[27,33,45,50,65,96,135]。若功能不足与静脉曲张有关，也可注意到静脉扩张（肿胀），当水肿持续，随着时间延长，皮肤会变得较不柔软，出现棕色的色素沉淀。

随着时间推移，静脉系统施加的淋巴工作负荷持续增加将引起合并性淋巴－静脉功能障碍。随着工作负荷增加淋巴系统会开始丧失效率，并且导致混合性水肿的结果[135]。淋巴－静脉功能障碍有来自静脉系统的低蛋白质水肿，以及来自淋巴系统的高蛋白质水肿的混合物。这种混合功能障碍被称为淋巴－静脉水肿。

一些特性可以鉴别静脉成分和淋巴水肿。慢性静脉功能不全表现为皮肤的改变，尤其是典型的色素沉着。典型的淋巴水肿的临床表现为足背的凹陷性水肿以及足趾的水肿[18,35]。

淋巴疾病的临床表现

淋巴水肿

部位。淋巴水肿最常发生于远端肢体，特别是足背及手背[32,51]。坠积性水肿指的是肢体周边液体的堆积，特别是当远端部分较心脏位置低时。相对地，淋巴水肿也可出现在较中央的部位，如腋下、腹股沟或甚至在躯干上[32,50,69,135]，因此完整评估整个肢体和局部区域，对于定义肿胀程度很重要。

严重程度。淋巴水肿的严重程度可以定量或定性描述。根据皮肤及皮下组织变化的严重程度来描述淋巴水肿。专栏 26.1 描述了 3 种分类——凹陷性水肿、硬质性水肿及渗出性水肿。虽然这三种类型的水肿都反映相当程度的淋巴水肿，但以严重程度来说是从最不严重到最严重排列[19,22,50,111]。

> **临床提示**
>
> 当淋巴水肿患者的皮肤有破口时，经常可见到澄清、黄色的渗液，浓度略稠于血管的液体，所增加的黏性来自淋巴系统运输的高含量蛋白质液体。若液体在没有破口下从毛孔渗出，这是状况严重的信号。

常见的定义淋巴水肿严重程度的方法是划分阶段，各阶段仅涉及肢体的生理状况[62]，专栏 26.2 中描述了该分析段方法[36,62,70,135]。0 期或潜伏期减少淋巴水肿恶化可能性最大，特别是对于因癌症手术有继发性淋巴水肿的患者。

肢体体积的增加

随着肢体组织间隙液体的体积增加，肢体的体

专栏 26.1　淋巴水肿的严重程度

- 凹陷性水肿：用指尖给予水肿组织压力，而移除压力后仍有凹陷且持续几秒，这代表明显但短时间的水肿，皮肤或皮下组织几乎没有或没有纤维化的改变。
- 硬质性水肿：给予水肿区域压力时感到坚硬，这代表更严重的组织间液肿胀，并伴随皮下组织渐进的纤维化改变。
- 渗出性水肿：这是最严重且长期的淋巴水肿，液体会因切伤或伤口渗出；伤口愈合明显受损。这种严重程度的淋巴水肿，几乎只发生在下肢。

专栏 26.2 淋巴水肿的阶段

0 期：潜伏期
- 没有可见的外在肿胀。
- 本质上无症状但有时会陈述肢体的沉重感。
- 仅管运输容量减少，身体仍可容纳淋巴负荷。

1 期：可逆期
- 抬高能降低肿胀。
- 没有组织纤维化。
- 肿胀是柔软或凹陷的。

2 期：自发性不可逆期
- 组织纤维化；顽强性、坚硬的肿胀。
- 肿胀不再能凹陷。
- Stemmer 征阳性。
- 会发生经常性感染。

3 期：淋巴淤滞象皮病
- Stemmer 征阳性。
- 肢体体积明显增加。
- 可见到典型皮肤的变化（角化过度、乳头状瘤、很深的皮肤皱褶）。
- 常见皮肤和指甲的细菌及霉菌感染。

积也会增加（重量及周长）[17,51,65,135]。体积增加进一步导致皮肤紧绷及易破损[19,69]。像是轻度、中度及重度等形容词的使用是基于水肿肢体与正常肢体间体积的差别而决定[74]，然而并无体积及严重程度相关的标准定义。

感觉障碍

感觉异常（针刺、瘙痒或麻木）或偶尔感到轻度疼痛，特别会发生于手指或足趾。在多数情况下这是无痛的，患者仅会感知肢体的沉重感。因为感觉障碍，手指的精细动作协调性也会受损[19,51,93,111]。

僵硬及关节活动受限

手指及腕关节、足趾及踝关节，或甚至更近端关节的关节活动度（ROM）减少，导致患侧部分功能性活动性减少[19,82]。

抗感染能力降低

可能发生伤口愈合缓慢及频繁感染（如蜂窝织炎）[51,64,65,135]。蜂窝织炎是常见的淋巴水肿引起的健康状况[86]。蜂窝织炎的早期辨认和治疗对减少更多组织损伤是很重要的[30,129]。

淋巴功能检查与评估

病史、系统性回顾，特殊测试及测量能提供确定淋巴疾病及淋巴水肿所造成的损伤及功能性限制的信息。本节总结了怀疑有淋巴功能障碍及淋巴水肿存在时的特定相关的检查过程的关键组成部分[20,33,82,114,135]。其他测试或测量，如生命体征、关节活动度、肌力、姿势及感觉、功能及心肺测试也是合适的。

病史及系统性回顾

注意是否有任何感染、创伤、手术或放射治疗的病史。若患者有癌症病史且接受过化疗，回顾治疗和化疗持续时间也很重要。淋巴水肿发生时间及持续时间、伤口延迟愈合，或之前淋巴水肿的治疗都是相关信息。确定患者职业或日常生活活动，并确定是否需要久站或久坐。确定肿胀模式的具体问题也有助于建立治疗计划。

皮肤完整性的检查

对于皮肤的视诊及触诊可提供有关皮肤完整性的信息，应注意水肿部位。当肢体在重力姿势时，触诊皮肤以确定淋巴水肿的种类和严重程度，及皮肤与皮下组织的改变，并描述肢体各部位的组织厚度与密度，应注意凹陷性、硬质性及渗出性水肿的部位。

临床提示

触摸淋巴结上方的皮肤时，注意是否有任何淋巴结的压痛感（颈部、锁骨上、腹股沟），压痛感表明或不表明有进行中的感染或严重疾病[46]。如果有温热、肿大、压痛、无痛或粘连的淋巴结，应通知医生。

应记录伤口或瘢痕的存在及皮肤颜色与外观，通常在水肿肢体上是有光泽及红的。记录乳头状瘤、角化过度或皮肤变黑，特别是下肢。在临床或居家环境相片记录都很方便，并且可提供有关皮肤完整性改变的视觉证据。若有伤口或瘢痕要记录其大小，也应记录瘢痕的活动性、发炎或伤口感染的情况。

触诊时可能会发现 Stemmer 征阳性，是 2 期或 3 期淋巴水肿的指征（图 26.3）。和非患侧肢比较，若手指或足趾背面的皮肤无法被捏起或难以捏起为阳性[36,70,100,125,135]，而 Stemmer 征阳性被视为

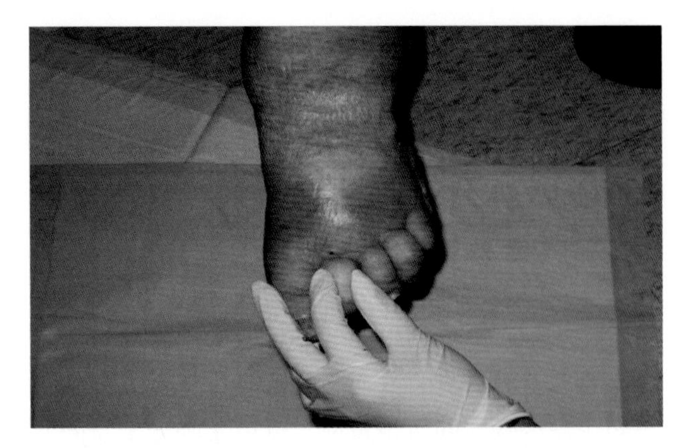

图 26.3 Stemmer 征：肢体淋巴水肿客观检查

情况的恶化。

测量周长

如果问题是单侧的，应测量患侧肢体的周长，并与健侧肢体周长比较[17,93]。确认测量的特定间距或标志，以便后续测量是可靠的。研究显示以解剖标志测量肢体周长来计算肢体体积是兼具效度与信度的方法[2,113]。

测量体积

测量肢体体积的替代方式是将肢体浸入一缸水内，达到预定的解剖标志的高度后计算水溢出的体积[14,93]，虽然此方式已证实具有信度和效度且在临床使用过，但比肢体周长的测量麻烦且不实际[2,93]。

测量边界

通过使用红外线和光电感受器来测量肢体体积的边界。通过非直接和皮肤接触扫描肢体边界，是一种有效的测量体积的方法[3]。然而，边界测量的成本和尺寸使得这个技术对于大多数临床设备来说是不现实的。

测量生物电阻

生物电阻是指利用低量的交流电，测量电流经过上肢细胞外液的阻力[31,99,122]，电流的阻力愈高表示细胞外液体愈多。测试非常容易执行，只需放置皮肤电极。

为了使任何的生物电阻值具有意义，一开始测试应在手术前执行[38,78,108]，并可在治疗过程中的固定间隔时间执行测试。这为在淋巴水肿发展的早期阶段进行干预提供了机会。从理论上讲，其他会影响身体体积的因素都会影响生物电阻的读取，因此必须考虑这一点[31,78,99,100,122]。生物电阻测试作为一种有效的检测早期（可能是亚临床）淋巴水肿的方法，在临床实践中越来越被接受[38,63,108]。

降低淋巴水肿的风险

若患者因感染、炎症、阻塞、手术移除淋巴结、慢性静脉功能不全或体重指数（BMI）增加，而有发生淋巴水肿的风险，则降低淋巴水肿的风险应是患者治疗的优先项。在某些状况下，如移除淋巴结或淋巴管后，可能需要终生治疗以降低发病风险。但即使患者采取一切措施降低水肿风险，水肿仍可能在某一时间发生，特别在创伤后或手术移除淋巴管后。专栏 26.3 总结了降低淋巴水肿风险的方法与注意事项[*]，教导患者降低风险的重要性已被证实可有效减轻淋巴水肿症状[39,40,49,78]。

专栏 26.3 淋巴水肿的注意事项、降低风险及自我管理

降低淋巴水肿的风险

- 保持移动，长时间站立或坐都会造成下肢液体堆积，坐姿时以两脚置于地面取代下肢交叉。
- 长距离驾驶时应偶尔停车并下来走动，或将患侧上肢支撑于车窗架上或后座。
- 白天将患肢抬高并经常执行踝泵运动。
- 患肢应小心执行激烈、重复性活动。
- 运动时监控使用的负荷，缓慢增加负荷并评估肢体的沉重感、悸动或疼痛。
- 使用非患侧肩关节携带重物，如背包或肩包。
- 若有淋巴水肿，运动时要穿着压力衣。
- 不要穿着会在皮肤上留下痕迹或印痕的衣物或珠宝。
- 监控饮食以维持理想体重，并减少摄入钠。
- 可以的话，在非患侧上肢或下肢测量血压、注射或抽血。

皮肤照护

- 维持皮肤干净及柔软；使用保湿乳液但避免使用有香味的产品。
- 要立即注意皮肤擦伤或割伤、蚊虫咬伤、水疱或烧伤。
- 保护手与足部；穿着短袜或长筒袜、尺寸合适的鞋具、塑胶手套，烤箱用手套等。
- 接触刺激性清洁剂及化学物要使用保护性手套。
- 剪指甲时要注意，推平而非修剪指甲边的角质。
- 去腿毛或腋毛时需使用电动刮胡刀，若腋下部分麻木则需要仔细观察，以确保良好的皮肤完整性。
- 避免会升高身体核心温度的热浴、按摩浴及桑拿浴。
- 若怀疑有感染，应立即寻求医疗照护。感染会呈现红、肿、压痛或皮疹，可能会或不会发热。
- 若新出现的肿胀并未在 1~2 天内解决，需立即咨询医生。

*3,13,19,52,55,58,70,82,92,98,111,116,123

淋巴水肿管理

背景与原则

淋巴水肿的综合治疗包含适当医疗管理与治疗师直接介入，以及患者的自我管理。治疗还包含控制感染的适当药物治疗，预防或去除过多液体及蛋白质 [12,50,69]。

因为无法治愈淋巴水肿，治疗的主要目标为尽量减轻淋巴水肿或将淋巴水肿重返潜伏期。此外，组织的健康也很重要。其他目标包括降低感染风险并且软化纤维化组织 [36,135]。

发生淋巴水肿时的整体管理目标为改善阻塞区域的引流，理论上将液体引导至位于更中央位置的淋巴结构，让液体回到静脉系统。为了减少淋巴和（或）静脉水肿，应考量下列事项。

- 利用外在力量增加间隙压力，而外在力量可来自徒手淋巴引流、压力治疗，增加间隙压力使液体吸收增加，当较多液体进入淋巴系统时会增加淋巴生成，以及增加静脉系统对液体的再吸收 [36,78,135]。
- 1 期的淋巴水肿或静脉水肿，抬高肢体有助于液体回流。若抬高减少水肿，接着可应用轻度压力治疗（如压力衣）[32,62,69,70,123]。
- 身体的动态压力变化可协助淋巴流动。腹式呼吸或肌肉收缩都可造成压力变化。呼吸改变胸腔内压力并导致淋巴干与淋巴管增加对淋巴液体的吸收。主动肌肉收缩会改变其所在部位的压力，加快淋巴在淋巴管内的移动。而肌肉收缩合并来自绷带或压力衣的外在力量，更能有效地让液体移动 [36,70,104,135]。

综合治疗方式与组成内容

文献中描述淋巴水肿管理的综合治疗方法时使用的术语，包括复合淋巴水肿治疗、综合消肿治疗（complex decongestive therapy，CDT）或去肿胀淋巴治疗 [*]。治疗一般分为两期：1 期是积极治疗期，2 期是维持期。1 期治疗目标为减少水肿，2 期治疗目标为长期管理 [19,62,70,135]。当治疗从 1 期进展到 2 期时，治疗师导向的照护将会被患者导向的照护所取代，专栏 26.4 总结了这些计划的组成内容。

徒手淋巴引流。徒手淋巴引流（manual lymphatic drainage，MLD）是尽可能在肢体抬高姿势下，以特定顺序执行缓慢、非常轻的重复性按抚且绕圈式按摩 [9,23,24,29,67,113,134,135]。躯干、腹股沟、臀部或腋下的近端肿胀要先清除，以空出空间给予较远端区域的液体。按摩方向是朝向特定的淋巴结且通常采取从远端到近端按抚，因此患肢的液体是先肢体近端清除后，再清除肢体远端液体。由于徒手淋巴引流非常耗时费力，因此在治疗计划中应尽早教育患者自我按摩的技巧。徒手淋巴引流技术和组织血肿消失的结果呈正相关。具体的关于 MLD 的技巧包括几个原则 [36,135]。

- 手的位置应该和治疗区域的解剖形状和大小相匹配。
- 每个轻抚手法运用的压力应该最大化地使表层组织产生弹性。太多的压力会造成血管舒张。
- 每个轻抚手法有工作阶段和休息阶段。工作阶段的目的是把液体引入淋巴系统，单方向的牵伸促进淋巴液流动。休息阶段引起组织内的压力改变，使淋巴液填满淋巴收集器。
- 重复的轻抚疗法来帮助减少淋巴液的高黏稠性。
- MLD 手法直接将阻塞区域的淋巴液通过淋巴管分流到没有阻塞的组织。

专栏 26.4　去肿胀淋巴治疗计划的组成内容

1 期
- 徒手淋巴引流（MLD）
- 多层压力性绷带包扎
- 皮肤和指甲照护
- 运动

2 期
- 患者自我淋巴引流
- 压力治疗
  - 白天穿着压力衣
  - 傍晚 / 夜晚使用多层压力性绷带包扎
- 皮肤和指甲照护
- 运动

---
[*] 8,9,23,24,29,60,73,75,76,103,112,134,135

这些上下肢的淋巴水肿清除的运用原理在图 26.4 中呈现[135]。

运动。主动关节活动度训练、牵伸及低强度抗阻运动与徒手引流技术相结合[6,12,19,23,25,26,73,80,84,85,91,135]。在穿着压力衣或包扎绷带下依特定顺序进行运动。低强度的心肺耐力活动，如骑脚踏车，通常在关节活动度训练及肌力训练后进行。本章最后部分会说明及图示来自许多文献资料的上肢与下肢特定运动，及建议的运动顺序。

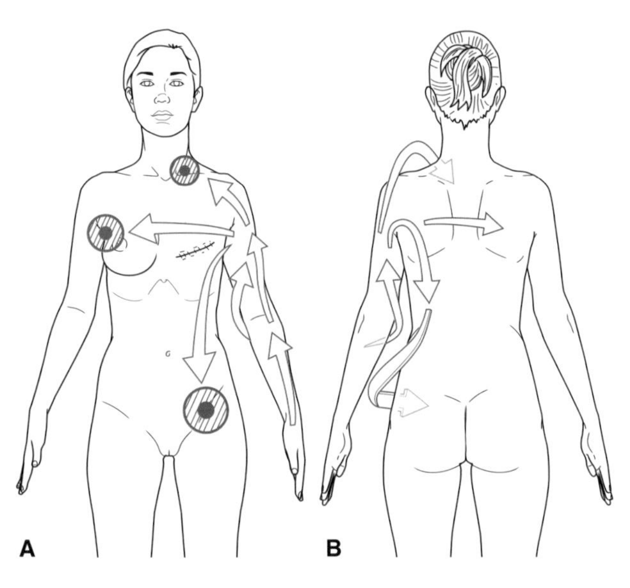

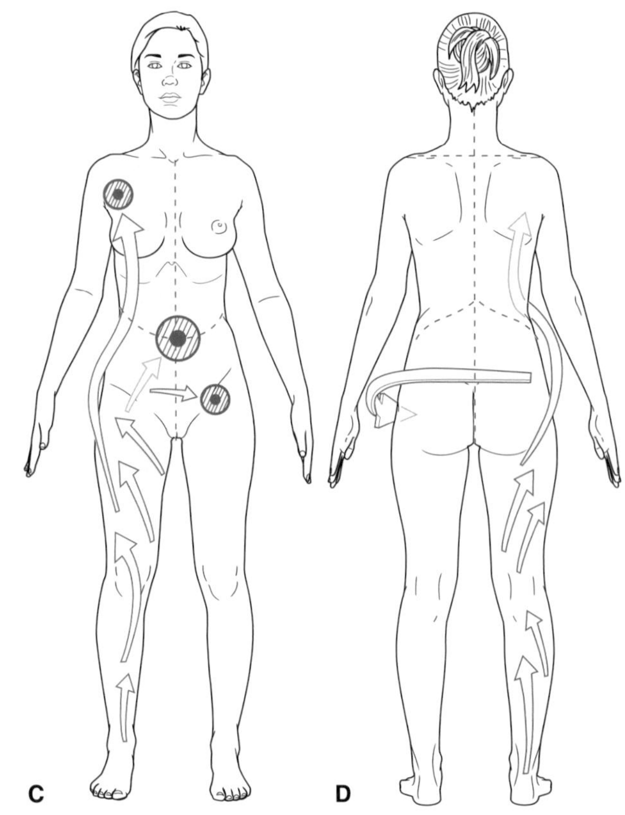

图 26.4　MLD 上下肢淋巴路径的运用

压力治疗。使用的压力治疗类型取决于治疗阶段。1 期治疗中只使用低牵伸性的绷带对肢体提供低的静息压力但较高的工作压力[36,135]；高牵伸性运动绷带，如 Ace ™ 绷带，并不建议用来治疗淋巴水肿[9,12,19,123]。低静息压力的低牵伸性绷带，可于白天和夜晚使用。在治疗的减少肿胀期，建议一天内除了洗澡都要使用低牵伸性绷带包扎施加压力[36,105,135]，在低牵伸性绷带下可使用无纺布衬垫，并可结合泡沫衬垫，以辅助软化且减少纤维化组织（图 26.5）。

当患者从治疗 1 期发展到维持期，压迫性治疗会从全天低牵伸性绷带包扎转变到白天穿着压力衣，压力衣有高静息压力且低工作压力[36,135]，因此并不建议长期不活动（夜晚）时使用压力衣，但压力衣应作为维持白天肢体尺寸的方法，让患者有更美观的外表并方便穿着衣物。2 期仍建议患者夜晚使用低牵伸性绷带[19,105]，总结来说，使用绷带来持续减少肢体肿胀，而压力衣则是维持肢体大小的稳定。

压力衣按照特殊压力分类或等级制造（表 26.1）[19,105,135]。一般的压力衣适用于大多数患者，但也有定制化的压力衣，躯干、生殖器部位，或脸部淋巴水肿的患者，就需要定制的压力衣。

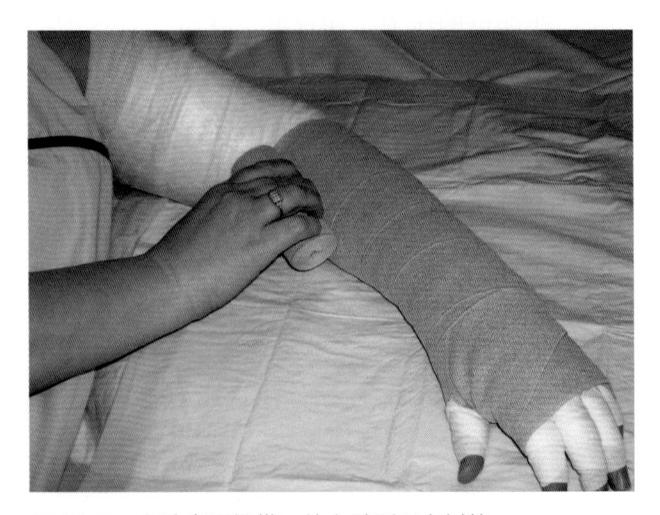

图 26.5　上肢多层绷带，从上臂到手有衬垫

表 26.1 压力衣的压力分类

压力分级	mm Hg	适应证
第 1 级		
	20~30 mmHg	■ 轻度的淋巴水肿 ■ 一般用在上肢，非下肢 ■ 有脆弱皮肤的患者或是老年人
第 2 级		
	30~40 mmHg	■ 通常大多用于 2 期的上肢（UE）淋巴水肿 ■ 对于下肢（LE）淋巴水肿只有极小的压迫力
第 3 级		
	40~50 mmHg	■ 很少用在上肢淋巴水肿 ■ 一般用于 2 期的下肢淋巴水肿 ■ 适用于需进行高强度、重复性活动的下肢淋巴水肿患者
第 4 级		
	50~60 mmHg	■ 很少使用 ■ 只用于下肢淋巴水肿 ■ 仅为定制压力衣提供

LE, lower extremity，下肢；UE, upper extremity，上肢。

聚焦循证

Forner-Cordero 及共同研究者 [37] 为了辨别哪些因素是综合消肿治疗（CDT）治疗反应的最佳预测因素，对 171 名乳腺癌相关淋巴水肿患者进行了前瞻性、多中心、控制性的世代研究。统计分析后发现对于 CDT 的反应，对绷带包扎的顺应性为最能预测的因素之一。本研究中从淋巴水肿开始发展到治疗的时间长短，并不能预测治疗反应，然而，淋巴水肿的严重程度和对 CDT 的反应为负相关。

压力治疗的形式之一是使用气压压力泵 [79,132]，然而多年来气压压力泵的使用一直存在争议。研究显示气压压力泵可作为 CDT 的有效辅助治疗，但不应单独作为治疗淋巴水肿的仪器 [77,82,112]。对气压压力泵的主要批评为机器从远端向近端泵送液体，这与徒手淋巴引流的原则相反，可能会造成下肢淋巴水肿患者近端身体部位的肿胀，主要是生殖器部位 [10]，但正确使用时，气压压力泵可以是有效的治疗干预，尤其是对于严重或难治疗的病例。现在更先进的气压压力泵可更接近徒手淋巴引流的顺序，先治疗躯干然后按照肢体由近端到远端的顺序。已经有文献报道了时间和压力设置的建议，以有效地使用间歇气压压力泵促进淋巴回流。

皮肤护理与卫生。淋巴水肿容易造成破皮、感染及伤口延迟愈合。谨慎注意水肿肢体的皮肤护理及保护是淋巴水肿自我管理中重要的一部分 [12,24,82,123]。

淋巴水肿手术干预

根据淋巴管道的完整性和组织纤维化的程度，可选择淋巴静脉旁路术或血管淋巴结转移等外科手术治疗淋巴水肿。这些手术的目的是为了促进组织生理的重新平衡，消除细胞外空间过多的蛋白质和其他细胞成分 [62,110]。淋巴静脉旁路术，是沿着肢体长度确认淋巴管，并与相应区域的小静脉吻合 [27,28,62,110]。淋巴结转移就是沿着脉管系统将远端淋巴结移植到受累区域 [62,110]。脂肪抽吸术是另外一个在长期随访研究中有效的手术选择 [14,15,86]。脂肪抽吸术通过移除增生的脂肪组织来减少肢体整体周长 [14,15,62]。

文献里越来越多的证据支持手术干预的益处和有效性 [7,14,15,27,28]。这些研究的结果显示大部分患者接受手术后主诉症状改善。然而，通过客观测试确定的改善在较少比例的患者中报告 [27,28,29]。不考虑手术的方法，患者必须进行许多术前的淋巴水肿管理干预，包括每天的压迫性治疗。

网络资源

美国国家淋巴水肿网（www.lymphnet.org）可提供患者及健康照护专门人员有用的资源。这个非营利组织提供了有关淋巴水肿的教育和指引。其他资源包括美国国家综合癌症网（www.nccn.org），半岛医疗公司网（www.lymphedema.org）和淋巴软件网（www.lymphnotes.com）。

乳腺癌相关的淋巴功能障碍

背景

乳腺癌相关的淋巴功能障碍及之后的上肢淋巴水肿相当常见，并且是乳腺癌治疗的潜在严重并发症。文献中乳腺癌手术干预后淋巴水肿的发生率差异很大[*]。大部分差异与淋巴水肿诊断及定义有关。有些研究只量化上肢淋巴水肿，而其他研究中定义的乳腺癌相关淋巴水肿，包括保留的乳房或胸壁及躯干。其他造成淋巴水肿发生率差异的因素是使用前哨淋巴结活检或腋下切除淋巴结的方式。文献里淋巴水肿发病的时间差异也很大，大部分有持续水肿的患者发病时间从 6 个月到 3 年不等[53,55,94,116]。

目前乳腺癌治疗涉及综合治疗方式。手术、化疗或激素治疗和放疗都可采用。手术的类型、腋下淋巴结移除的范围及放射治疗的使用都会影响乳腺癌患者淋巴水肿的发生率。

腋下淋巴结的切除会干扰且让淋巴循环变慢，进一步导致淋巴水肿[6,13,19,34]。放射治疗会导致腋下区域组织的纤维化，阻碍淋巴管循环，使手臂及手部淋巴液滞留[6,13,19,34]。腋下淋巴结切除的范围及暴露放射治疗程度，与发生淋巴水肿的风险有关。此外，由于切口疼痛、伤口延迟愈合及皮肤溃疡（与放射治疗相关）及肩带肌肉术后无力，肩部运动可能受损[19,82]。

术后管理的综合方法应强调患者教育，并包括运动治疗及其他直接干预方法，以降低淋巴水肿的风险，或治疗淋巴水肿及其他损伤或功能限制，这些都是预后成功结果的关键因素[4,12,19,43,82,98]。

如同大多数癌症，乳腺癌的诊断及后续治疗对患者及其家属有着极大的情绪冲击[15,90]。而发生乳腺癌相关的淋巴水肿，不仅影响乳腺癌生存者的身体功能，也会对其健康相关的生活质量有显著不良影响。预防和积极治疗淋巴水肿将作为管理的高度优先事项[72,94,102]。

手术方式

手术治疗乳腺癌的方式有两大类，乳房切除术及乳房保存术，两者都与前哨淋巴结活检和（或）腋下淋巴结切除相结合。手术方式的差异，与切除乳房组织、周围软组织或其下方软组织范围有关[1,8,56]。手术后例行会接着放射治疗，以减少乳房保存术患者疾病局部复发的风险。另外化疗也可于术前或术后开始，以降低疾病发生系统性扩散的风险。

乳房切除术

乳房切除术是将整个乳房移除，此外乳房切除术也会将胸廓肌肉筋膜移除，而晚期、侵入性疾病有可能需要执行连胸肌都切除的根除性乳房切除，这会导致明显的肌肉无力与肩关节功能受损。

乳房保存术

切除肿瘤并保存一部分乳房的选择为肿块切除术，即切除肿瘤及其周围健康的乳腺组织的边缘，或是部分乳房切除术（也称为 1/4 乳房切除术）即切除患部乳房的 1/4。与乳房切除术相比，对于Ⅰ期或Ⅱ期肿瘤的患者，这些手术方式结合辅助治疗越来越常用[1,56]。

许多随机临床试验显示Ⅰ期或Ⅱ期患者，接受乳房保存术结合放射治疗有 10~20 年存活率，与单独接受乳房切除术或乳房切除结合辅助治疗的患者相当[1]。

接受乳房保存术且未移除淋巴结的患者，仍有产生术后淋巴水肿及肩关节活动性受损的风险，因为接受放射治疗与至少一个淋巴结的活检仍有潜在并发症[19,82]。

---
[*] 2,42,54,71,81,94,106,117

评估受累的淋巴结

在过去，腋下淋巴结切除为乳房切除术和乳房保存术的标准流程之一[1,56]，大部分会执行Ⅱ级的腋下淋巴结切除，很少使用Ⅰ级。目前，利用前哨淋巴结活检来确定腋下区域疾病是否转移，可能会移除健康的淋巴结。

前哨淋巴结活检作为患者腋下区域没有疾病的临床证据[119]，若有放射线敏感物质时，肿瘤首先影响的特定淋巴结会先被确定并且移除[135]。若活检干净，显示腋下淋巴结切除是不需要的，而且未来淋巴结发现疾病的风险很低[16]。若前哨淋巴结显示疾病的迹象，就会移除腋下淋巴结。对于转移性或有局部巨大肿块的疾病，则会进一步切除胸小肌下方或锁骨周围的淋巴结。

乳房重建术的选择

患者选择乳房保存术还是切除术取决于乳腺癌的情况和诊断时间的阶段。如果选择切除术，接下来应考虑重建术（即时与延后）。患者的体型、乳房大小和肿瘤大小是决定哪些程序是选择性的因素。即时重建术和根治性乳腺癌手术同时进行，因此不需要额外的手术。然而，即时重建术增加了手术和住院的时间。当乳腺癌手术完成后，延迟重建术需要额外进行，但这也给患者更多的时间考虑重建方案[68,97]。

术后康复期间对物理治疗管理的影响取决于所采用的重建术方法（表 26.2）[115]。异体成形术过程使用扩张器和植入物在胸壁胸肌构建一个“乳房袋”，而自体成形术使用患者自己的组织来重建乳房。这些过程可以仅仅包括组织或肌肉[68,97]。

表 26.2 乳房重建术术后康复的影响

过程	对康复的影响
异体成形术	
■ 组织扩张 / 植入	■ 胸大肌紧张 ■ 肩带排列受损 ■ 肩关节活动度减少
自体成形术	
■ TRAM FLAP（横行腹直肌肌皮瓣）	■ 躯干姿势受损 ■ 核心肌群无力，尤其是单侧
■ LD FLAP（背阔肌肌皮瓣）	■ 肩袖肌力不足 ■ 肩带排列受损
■ DIEP FLAP（腹壁下动脉穿支皮瓣）	■ 躯干姿势受损

放射治疗

放射治疗很少单独作为乳腺癌的干预治疗，大部分放射治疗会在乳房保存术后作为辅助治疗使用[71]，在乳房保存术后，标准程序是对整个乳房接受放射治疗，接受放射线的区域包括从锁骨到乳房下缘 2 cm，和从锁骨中央到腋下中央线的外缘[90]。放射治疗一般会持续 5~6 周，且直到治疗 2~3 周后才会产生效果。接受乳房切除术的患者，根据其疾病状况可能会接受放射治疗。接受放射线的区域通常包括手术瘢痕、胸壁和局部淋巴管。

放射线会使大多数软组织发生变化，可分类为急性或慢性效应[71]。放射线的急性效应包括急性皮肤炎或皮肤烧伤，而慢性或延迟效应则包含组织纤维化限制关节活动度和淋巴管功能变化。重要的是[120]，放射线的慢性效应可在结束放射治疗后延续许多年[121]。

乳腺癌治疗相关的损伤及并发症

以下损伤及并发症会伴随乳腺癌的治疗而发生。许多问题都相互关联，所以为患者制订综合术后康复计划时应做整体的考虑[*]。

术后疼痛

切口疼痛。在胸壁上做一个横向切口，移除乳房组织及胸部肌群的下层筋膜，切口会延伸到腋下以执行淋巴结切除。因此，术后沿着切口，乳房区域缝合的皮肤会有紧绷感，手臂动作会牵扯到伤口，而且患者会感到不适。放射治疗可能会延迟切口的愈合，伤口延迟愈合会进一步延长切口区域疼痛的时间。

后颈或肩带疼痛。因为肌肉保护性收缩，颈部及肩关节区域会产生疼痛与肌肉痉挛。触诊肩胛提肌、大圆肌与小圆肌及冈下肌时会有压痛感，并且会限制主动肩关节动作。由于术后疼痛使患者减少使用患侧上肢，将导致慢性冰冻肩，并增加手部与

[*]5,11,13,19,41,43,47,48,59,82,93,127,130,135

手臂淋巴水肿的可能性。

术后血管或肺部并发症

活动减少及卧床时间的增加，将增加静脉淤滞与深静脉血栓（DVT）的风险。由于患者减少活动，发生肺部并发症的风险也较高，如肺炎。切口的疼痛使患者不愿意咳嗽或深呼吸，但这两项都是术后维持气道清洁免于液体堆积的必要活动。

淋巴水肿

如前所述，接受任何程度的淋巴结切除，或治疗中包括放射治疗，患者终生都有发生同侧上肢淋巴水肿的风险[6,19,82,135]。淋巴水肿几乎可在切除淋巴结后立即发生，也可在放射治疗过程中、或治疗完成后几个月甚至数年内发生。淋巴水肿通常在手部及手臂较为明显，但偶尔会在前胸壁、剩余乳房或背部区域出现[6,13,19,82,93,135]。淋巴水肿将导致上肢功能受损、外观不佳及情绪困扰[19,41,93,111]。

实证焦点

FU 等[40]研究了两组乳腺癌幸存患者。一组在癌症治疗期间接受乳腺癌相关水肿的健康教育。另外一组没有接受淋巴水肿的相关教育。治疗后两组信息被采集来确认身体症状和对淋巴水肿的了解程度。两组报告的身体症状平均数是 3 个。然而相比于对照组，干预组妇女报告身体症状如肿胀、沉重、肩关节活动受限、皮下积液或乳房水肿比较少。作为实验的结果，作者推荐乳腺癌幸存者主动参与健康教育能够降低淋巴水肿的风险。

胸壁粘连

胸壁下方的组织会因手术、放射治疗纤维化或伤口感染产生限制性瘢痕。胸壁的粘连会让术后肺部并发症的风险增加、造成肩关节活动受限、姿势不对称及功能障碍，以及颈椎、肩带与上背部不适。

肩关节活动性降低

文献记载，乳腺癌手术与放射治疗后，患者会暂时，或长期丧失肩关节活动度[6,48,59,72,82,98,109,126,127,130]。造成术后肩关节活动性降低的因素列于专栏 26.5 中。

专栏 26.5　乳腺癌术后导致肩关节活动性下降的因素

- 术后切口立即疼痛，或与伤口延迟愈合有关。
- 肩关节及后颈肌群的肌肉保护性收缩及压痛感。
- 移除手术引流管前，需要进行保护性肩关节活动度运动。
- 由于辅助性放射治疗，腋下区域软组织的纤维化。
- 胸壁瘢痕组织粘连。
- 肩带肌肉暂时或持续的肌肉无力。
- 与年龄或术后切口疼痛相关的圆肩、胸椎后凹或脊椎侧弯姿势。
- 淋巴水肿的上肢沉重感。
- 功能性活动中手部与手臂的使用减少。
- 腋网综合征。

其中一个因素，淋巴管索状变化，或腋网综合征，是相当新的术语，用来描述治疗乳腺癌患者时相当常见的状况。乳腺癌幸存者发生率从 28% 到 36% 不等[118,120]。然而，文献报告的发生率差异很大，发病时间快至术后 1 周到慢至术后 1 年都有[87,120,131]。腋网综合征被认为是因为前哨淋巴结活检或腋下淋巴结切除后，导致腋下淋巴阻断而造成淋巴管道血栓[54,72]。视觉上，腋网综合征可被描述为覆盖"绳索"的皮肤网，肩关节外展时更容易看到（图 26.6）[66,87]，这些"绳索"会从腋下向远端延伸到肘窝和前臂，淋巴管索状变化会造成疼痛及限制整个上肢的动作[19,66]。患者经常主诉疼痛延伸到手臂甚至是手。索状变化也可在外侧躯干看到[120]。麻木或刺痛感被报告[15,54]。一般治疗腋网综合征包括温和牵拉和淋巴索状的软组织放松，以及 MLD[66,120]。如果没有治疗，腋网综合征可能会缓解，但是需要更多的研究来明确长期结果[131]。

聚焦循证

Verbelen 和共同研究者[118]通过文献系统分析来确定前哨淋巴结活检后患者肩关节残损情况。肩关节和手臂的残损包括活动丧失、疼痛、腋网综合征和感觉疾病。活动受限的最高发生率在术后 1 个

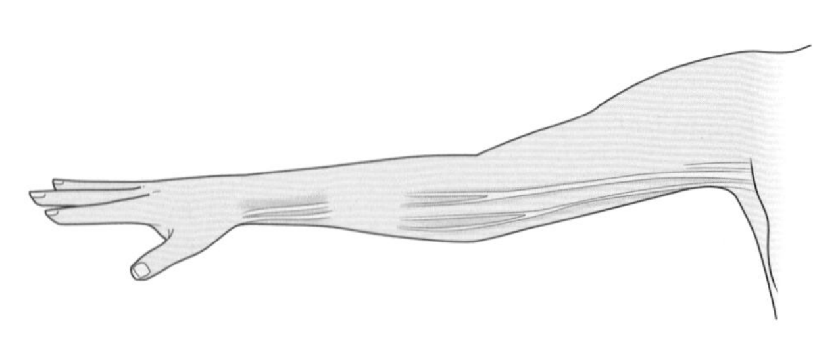

图 26.6　腋网综合征

月，尤其是肩外展和屈曲受限最严重。2 年内大约 40% 的患者肩外展和内旋仍然受限。

患侧上肢肌肉无力

肩关节肌肉无力。若在腋下淋巴结清除与移除时，损伤胸长神经，会导致前锯肌无力及肩胛稳定性受损，限制手臂主动屈曲与外展。肩关节力学缺陷及在过顶伸展时使用上斜方肌与肩胛提肌代偿动作，将导致肩峰下撞击及肩关节疼痛。而肩关节撞击可进一步导致冰冻肩的产生。在较严重疾病中，若胸肌也因根除性乳房切除术受累，肩关节水平内收动作将明显无力。

握力降低。握力常因淋巴水肿及手指继发性僵硬而降低。

姿势对线不齐

患者会因为疼痛、皮肤紧绷或心理因素，坐或站时出现圆背及胸椎后凸姿势。另外与老化有关的胸椎后凹增加常见于老年患者 [47]。这些将导致错误的肩关节动作机制，并最终限制患侧上肢的主动活动能力。轻微的重心外移引起躯干的不对称与肩胛排列异常，常见于胸部较大的妇女。

疲劳及耐力下降

接受放射治疗或化疗的患者常感到衰弱无力的疲劳 [1,44,72]，接受癌症治疗后有超过 60% 的患者皆抱怨疲劳 [21,88]。治疗完成后许多癌症幸存者经历数月甚至是数年的疲劳 [83]。化疗可能导致贫血。营养摄入及后续能量的储存将减少，特别是当患者在化疗周期后数天内感觉恶心时。

疲劳也和沮丧有关，因此运动耐受性与执行功能性活动的耐力会明显下降。对抗癌症治疗相关的疲劳，许多研究证实执行运动计划是抵抗疲劳治疗癌症最有效的方式之一 [21,88,89]。Meneses-Echavez 通过系统回顾和 meta 分析表明监督下的有氧运动是最有益处的运动。

心理考虑

接受乳腺癌治疗的患者须面对广泛的情绪及社会问题 [111]。患者及家属的需要及关心的问题都应被考虑。患者及家庭成员必须面对疾病的潜在生命威胁及困难的治疗内容。治疗中与恢复时，患者感到焦虑、焦急、生气、沮丧、失落及明显的情绪波动是常见的。

除了与乳房切除术相关的明显身体缺陷及身体形象改变外，药物如免疫抑制剂及皮质类固醇也会影响患者的情绪状况。而心理表现会影响身体健康并导致整体疲劳、影响患者对功能性失能的认知及治疗动机。

乳腺癌手术后的管理指南

接受乳房切除术或乳房保存术，且目前正接受辅助治疗患者的术后管理指南列于专栏 26.6 中。指南指出了术后早期及后期常见损伤的治疗干预措施。

注意：可调整专栏 26.6 列出的指南，用来预防或处理因腹部或骨盆癌症手术合并腹股沟淋巴结切除后躯干及下肢会产生的问题。

特殊考虑

患者教育。乳腺癌术后患者住院天数只有很短几天，理想上治疗师的直接干预应于术后开始，重点在于教育患者降低术后并发症和损伤的风险，包括肺部并发症、血栓、淋巴水肿及肩关节活动性丧失，并跟患者回顾降低淋巴风险或若产生淋巴水肿的自我管理（专栏 26.3）。手术后，一旦移除引流管，应根据患者手术方式及所接受的辅助治疗，个性化制订运动计划。

运动。术后运动计划着重于 3 个方面：改善肩关节功能、恢复整体健康程度，及降低淋巴水肿的风险或管理。肩关节早期保护的辅助式或主动关节活动度运动是恢复肩关节活动性的关键。先前已总结术后导致肩关节活动受限的风险因素（见专栏 26.5）[1,19,56,82,85]，这些因素在术后早期风险最高，直到移除引流管，切口愈合。

临床提示

腋下与乳房区域的放射治疗可延迟伤口愈合，超过一般所需的 3~4 周 [1,56]。在切口刚开始愈合时，瘢痕组织易收缩且与下方组织粘连，进而限制肩关节动作。因放射治疗造成的变化会持续至治疗后数月，应教育患者继续执行关节活动度运动，并

专栏 26.6　管理指南——乳腺癌术后

潜在术后结构性和功能性损伤

肺部及循环并发症。
淋巴水肿。
上肢活动受限。
姿势对线不良。
上肢肌肉无力及功能性使用减少。
疲劳以及执行功能性活动的耐力降低。
情绪及社会适应。

康复计划	干预措施
1. 让患者准备进行术后的自我管理。	1. 涵盖各层面潜在损伤及功能限制的跨专业患者教育。针对每个手术方式，执行自我管理活动并准备从事居家计划。
2. 预防术后肺部并发症及血栓栓塞。	2. 术前或术后教导深呼吸，强调最大吸气与有效咳嗽。主动踝关节运动（踝泵运动）。
3. 减轻术后淋巴水肿。	3. 患者卧床或坐椅子上时，患侧上肢用枕头抬高（约 30°）。 术侧手臂执行挤球运动，以产生肌肉的泵作用。 早期关节活动度运动。 注意事项：避免手臂静止、下垂姿势。
4. 分辨及治疗淋巴水肿的早期迹象。	4. 徒手淋巴引流按摩。 每日规律运动中纳入柔韧性运动和肌力强化运动。压迫性治疗［低牵伸性压力绷带包扎和（或）压力衣］。坚持降低淋巴水肿风险的行为（专栏 26.3）。
5. 预防姿势变形。	5. 姿势觉察训练；鼓励患者坐或站时采取直立姿势，以减少圆肩姿势。 强调肩胛后缩运动。
6. 预防颈椎肌群的紧张及保护性收缩。	6. 颈椎主动关节活动度训练，以促进放松。 耸肩及肩关节绕圈运动。 颈椎肌群的温和按摩。
7. 预防上肢活动受限。	7. 在受保护的关节活动度内执行肩关节动作，通常在移除引流管前，手臂抬举不应超过 90°。 移除引流管前，不要执行重复动作。
8. 重获患肢肌力及功能性使用。	8. 在术后完全愈合后，开始抗阻力运动。 若患者有淋巴水肿的风险，或患肢有持续的肌肉无力，需考虑运动参数。
9. 改善运动耐力及健康；减少疲劳。	9. 分级、低强度有氧运动，如步行或骑脚踏车。
10. 提供患者及家属支持，及患者继续教育资源的资讯信息。	10. 资源：提供家庭支持及患者继续教育 美国癌症协会（www.cancer.org）；美国国家乳癌联盟（www.nobreastcancer.org）；美国国家淋巴水肿网（www.lymphnet.org）。

注意事项：运动时仔细观察切口及缝线；执行肩关节活动度运动时，避免加诸切口处不必要的张力或使瘢痕变苍白；避免患侧手臂在下垂姿势执行运动；缓慢地进阶分级运动计划，特别当患者在接受辅助治疗时；建立运动计划时，应考虑其他的辅助治疗。

鼓励进行柔韧性运动。若接受放射治疗区域包括胸壁，应规律执行深呼吸运动[121]。

虽然强化肌力运动及有氧锻炼对于上肢功能及整体健康很重要，运动计划也应纳入其他考虑。计划的考虑需包括所接受化疗的类型与药物的特定副作用，如某些化疗会造成周围神经病变、近端肌肉无力、不同的疲劳模式[61,88]。运动应逐渐进阶且必须避免过度疲劳，也必须强调能量储存。接受治疗中的患者，在运动时的注意事项列于专栏 26.7 中[6,19,72,85,88,98]。

专栏 26.7 乳腺癌治疗中的运动注意事项

- 即使没有淋巴水肿也须在中等强度下运动，不要让患臂在运动中或运动后发生疼痛、悸动或感到沉重。
- 接受放射治疗或化疗周期中，调整运动的时机，有些化疗药物会让患者产心律不齐或是心肌病变[61]。
- 抽血前的 1~2 个小时避免运动。
- 根据诊断前的体适能水平和治疗的特殊副作用，逐渐恢复规律的运动模式及休闲活动。
- 在制订运动计划时注意血液计数，包括白细胞计数、血红素及血小板计数。

治疗师与描述性文献资料皆提倡早期干预以降低淋巴水肿与上肢活动性受损的风险，然而，患者通常直到出现损伤和功能限制才会被转介到术后康复。这可能源于文献中提出的疑虑[34]，认为术后早期的关节活动度训练会延迟伤口愈合，或执行剧烈运动会产生或加剧淋巴水肿。此外，有些研究也致力于探讨特定干预或康复程序的效益[82,126]。然而，关于运动与癌症相关淋巴水肿的文献回顾显示运动并不会使原有的淋巴水肿恶化，也和淋巴水肿明显增加无关[6]。

根据文献中取得的资料，对运动有以下建议[*]。

- 将关节活动度、柔韧性和强化肌力运动纳入到患者完整的照护计划中。
- 术后早期执行姿势觉察训练和运动，预防姿势对线不良和肌肉失衡，特别是在乳房切除术后。
- 包含中等强度的有氧锻炼，以改善体适能及生活品质，并降低化疗相关的疲劳。
- 根据患者接受的特殊手术干预和辅助治疗，逐渐进展所有形式的运动，并教导个性化运动内容。

社区资源和网上资源

美国癌症协会（www.cancer.org）主持的恢复计划是一对一患者教育计划，此计划的代表多为乳腺癌幸存者，可为患者及家属提供情绪支持，及与有关义乳和重建手术方面的信息；美国国家淋巴水肿网（www.lymphnet.org）和美国国家综合癌症网（www.nccn.org）是为有淋巴水肿风险，或已发生淋巴水肿的患者提供另一个有价值的信息来源。

* 5,11,12,13,17,19,41,48,60,76,80,84,85,91,112,126,127,134,135

管理淋巴水肿的运动

背景与原理

如本章先前叙述，运动只是淋巴水肿治疗计划的一部分，将运动纳入上肢或下肢淋巴水肿患者的综合治疗计划中的原理是引流淋巴液，减少水肿并且改善患肢的功能性使用。淋巴引流运动的基本原则总结于专栏 26.8 中[6,84,91,135]。

应用于淋巴引流的运动涵盖广泛的运动干预方式，具体来说有深呼吸、放松运动、柔韧性训练、强化肌力训练、心肺体适能锻炼及一系列的淋巴引流运动。大量文献描述了运动方案[*]。

并没有特定的运动组合或顺序优于其他组合或顺序。虽然 10 年前文献回顾[75]显示，淋巴引流的运动方式有效性主要根据临床观察、具有临床经验工作人员的个人意见或个案报告，但是现在已有更多证据证实这些计划中特定组成内容的有效性[6,60,80,82,112]。

管理淋巴水肿的运动方式组成内容

深呼吸运动

管理淋巴水肿时要将深呼吸纳入运动方式中。文献提出使用腹式呼吸法，深吸气膈肌下降，有控制的最大呼气时腹部膈肌收缩，有助于淋巴液的流动[19]。腹内压及胸内压的改变会产生和缓、持续的泵作用。让中央淋巴管的液体流动由胸腔内往上行，注入颈部的静脉系统（图 26.1）。

专栏 26.8 淋巴引流运动：原则与原理

- 通过直接压迫收集的淋巴管，肌肉收缩会挤压液体。
- 运动减少会促使静态摆位且引发淋巴液滞留。
- 运动增强肌力并预防肢体肌肉萎缩，因而改善淋巴泵的效率。
- 运动增加心率及动脉搏动，进一步增加淋巴液流动。
- 运动的顺序是在清除周边区域前，先清除中央淋巴储存处。
- 运动时穿戴压迫性袖套或包扎压迫性绷带，比不使用压迫性绷带，更能有效促进淋巴流动及蛋白质再吸收。

* 8,9,19,23-26,58,60,73,75,76,84,85,91,98,102,112,134,135

柔韧性运动

和缓的自我牵伸运动可用来缓解软组织与关节活动不足，特别是对于导致静态姿势及淋巴淤滞的身体近端。

强化肌力及肌耐力运动

利用自身阻力、弹性阻力、举重或力量器械来执行等长与动态运动是合适的，一开始是轻度阻力（0.45~0.90 kg），并可渐进增加阻力及重复次数[91]。无论患者是否有淋巴水肿，重要的是要密切监测患肢肢体周长及皮肤质地，确定患者的运动强度是否合适。重点在于改善中央及周围肌群的耐力及肌力，加强直立姿势，并减轻会影响淋巴泵机制、效率的肌肉疲劳。

心血管锻炼

像是上肢肌力计、游泳、骑脚踏车与步行等活动都能增加循环并刺激淋巴流动[19,91]。30 分钟的有氧耐力运动对于淋巴引流运动有促进作用。有淋巴水肿时，体能锻炼运动以低强度（40%~50% 靶心率）进行。当淋巴水肿已经减轻且运动较安全后，就以较高强度执行（高至 80% 靶心率）[19,84]。

聚焦循证

Schmitz 等人进行的随机控制性研究中[104]，对一群有稳定上肢淋巴水肿的 141 名乳腺癌存活者的力量举进行了为期 1 年的研究。运动干预包括一周 2 次的渐进性力量举，而且运动中使用压力袖套。作者假定控制性抗阻训练可改善患侧手臂的功能能力，以耐受日常生活活动的刺激。参与研究的女性为诊断后 1~15 年。干预计划包括以控制的、受监督的方式进行的心血管及抗阻运动。运动会逐渐进阶。研究结果显示力量举计划对参与者的淋巴水肿并无不良影响。此外和控制组比较，干预组（力量举）的女性对患侧手臂和手部有较少的抱怨且整体肌肉力量增加，在完成研究后淋巴水肿恶化的程度较少。

淋巴引流运动

淋巴引流运动也常称为泵运动，协助淋巴管内液体流动。每一次治疗都执行主动、重复性关节活动度运动。运动遵循特定的顺序方向，将淋巴液从肿胀的部位移走[19,23,25,26,135]，与徒手淋巴引流的按摩方向顺序相同。一般而言，运动一开始先将重点放在清除身体近端的中央淋巴管，接着由远端肌群将周围的水肿推向中央到中央淋巴管。患侧上肢、下肢或肢体在许多运动中都是采取抬高姿势，并避免静止、下垂的姿势，也可穿插自我按摩技术于整个运动程序中，来进一步强化引流效果。这些运动也可维持患肢的活动性。

淋巴引流运动指南

患者在执行一系列淋巴引流运动中应遵循下列指南。指南处理上肢或下肢淋巴水肿，反映出这个专业领域的数个作者与专家意见的结合[19,23-25,84,135]。

淋巴引流运动的准备

- 每堂运动课程都需要 20~30 分钟的时间。
- 每天执行 2 次运动。
- 手边要有需要的仪器，如泡沫轴、楔形板或运动棒。

淋巴引流运动中

- 若患者有淋巴水肿，需穿着压迫性绷带或定制的压力衣。
- 淋巴引流运动前先执行全身放松运动。
- 遵循特定运动顺序。
- 缓慢执行主动重复性动作，每个重复动作用时 1~2 秒。
- 远端肢体泵运动时，将患肢抬高并高于心脏。
- 结合深呼吸运动与头部、颈部、躯干及肢体的主动运动。
- 刚开始重复次数少，并逐渐增加重复次数，避免过度疲劳。
- 不要到水肿肢体产生疼痛的程度。
- 将自我按摩纳入运动顺序中，增强淋巴引流。
- 运动中维持良好姿势。
- 将强化肌力运动纳入淋巴引流时，使用轻度阻力及避免过度肌肉疲劳。

淋巴引流运动后

- 每周数次时间，执行低强度的有氧运动活动，如步行或骑脚踏车 30 分钟。

■ 仔细检查水肿肢体是否有红或肿胀增加的迹象，或患者抱怨水肿肢体疼痛或悸动，任何一种迹象都表示运动过度。

淋巴引流的选择性运动：上肢及下肢的运动顺序

本段描述的选择性运动顺序总结于专栏 26.9 中，用来协助上肢或下肢淋巴水肿引流。许多淋巴水肿运动内容中的运动，如颈椎的关节活动度运动及一些肩带或上肢运动，并不只用于淋巴引流，也用来改善活动性与肌力。许多本节强调的运动已在本书先前几章中介绍过，因此本节只介绍或图解一些特殊的或先前未说明的运动或运动的变化。

运动顺序

■ 全身放松运动应选择在淋巴引流运动之前执行。

专栏 26.9 处理上肢或下肢淋巴水肿的选择性运动顺序

上肢及下肢常见运动

注意：上肢或下肢以这些运动开始。
■ 深呼吸运动。
■ 骨盆后倾及部分卷曲。
■ 颈椎的关节活动度运动。
■ 双侧肩胛动作。

上肢运动
■ 仰卧下患侧手臂抬高执行主动旋转。
■ 仰卧或躺在泡沫轴上，双侧手臂主动运动。
■ 仰卧或坐姿下双手挤压。
■ 站姿下牵拉肩关节（借助棍棒、门框或毛巾）。
■ 患侧手臂的主动肘关节、前臂、腕关节及手指运动。
■ 双侧肩关节水平外展及内旋。
■ 站姿高举过头压墙。
■ 手指运动。
■ 部分卷曲。
■ 患侧上肢抬高休息。

下肢运动
■ 交替屈膝抱胸运动。
■ 双侧屈膝抱胸运动。
■ 臀肌收紧收缩骨盆后倾。
■ 患侧下肢单侧屈膝抱胸。
■ 仰卧时双腿抬高支撑于楔形板或墙面，髋关节外旋。
■ 仰卧时患侧下肢执行主动膝关节屈曲。
■ 仰卧时双下肢抬高，踝关节执行主动跖屈、背伸及环转。
■ 双下肢外旋且抬高置于墙面，执行主动髋关节及膝关节屈曲。
■ 下肢抬高，执行主动踩脚踏车及剪刀动作。
■ 双侧屈膝抱胸运动，接着执行部分卷曲。
■ 双下肢抬高休息。

■ 淋巴引流运动应遵循特定顺序以协助淋巴液流动，要先是躯干、骨盆、髋关节及颈椎运动清除中央与近端的淋巴管，如腹部、腹股沟及颈部淋巴结（图 26.1），接着大部分时候，运动是从肩关节向远端进展到手指或由髋关节进展到足趾。若淋巴结已经由手术移除（例如，因乳腺癌切除单侧腋下淋巴结，或者因腹部或骨盆器官癌症切除双侧腹股沟淋巴结），淋巴液必须能够顺畅地流到身体剩余的淋巴结。

注意：由于没有某种特定运动顺序显示较其他运动顺序有效，本段列出的上肢与下肢运动顺序并不代表任何一种特定顺序的运动，这是根据许多作者的建议[19,23-25,60,80,82,84,112,135]总结而来的。上肢或下肢淋巴水肿的运动顺序会总结在本章其他部分，但治疗师应根据患者个别需要调整本章介绍的运动顺序，或附加一些运动。

运动常见的上下肢顺序

这些初始运动应包括在单侧或双侧上、下肢淋巴水肿的计划中，可用来协助患者放松，然后清空中央淋巴管及淋巴结。

■ **腹式呼吸：**
  - 让患者采取舒适的仰卧姿势。
  - 把手轻轻的放在肚子上。
  - 然后开始鼻子深吸气，感觉腹部鼓起抵抗手，嘴巴吹气，就像通过吸管吹出来。
  - 在整个运动过程中执行腹式呼吸，避免屏气和憋气效应。

■ **骨盆后倾及部分卷曲：**仰卧姿势下，髋关节与膝关节屈曲执行这些运动。

■ **单侧屈膝抱胸动作：**这些运动是针对腹股沟淋巴结的动作，对上肢淋巴水肿也很重要。
  - 仰卧姿势下，屈曲髋关节与膝关节且抱住小腿，将膝关节拉往胸前，温和地将大腿压向腹部及胸部，或大腿在腹部及胸部上方压弹 15 次。
  - 对侧下肢重复此程序。
  - 若淋巴水肿只出现在单一下肢，应由健侧下肢开始执行此运动。

- **颈椎关节活动度训练**：每个动作执行 5 次，每次维持 5 秒。
  - 旋转。
  - 侧向屈曲。
- **肩胛运动**：每个动作执行 5 次，每次维持 5 秒。
  - 主动上举及下压（耸肩）。
  - 主动肩关节环转。
  - 主动肩胛后缩及前伸，手臂在身侧且肘关节屈曲，双侧肩胛后缩，肘关节指向后内侧，接着肩胛前伸。

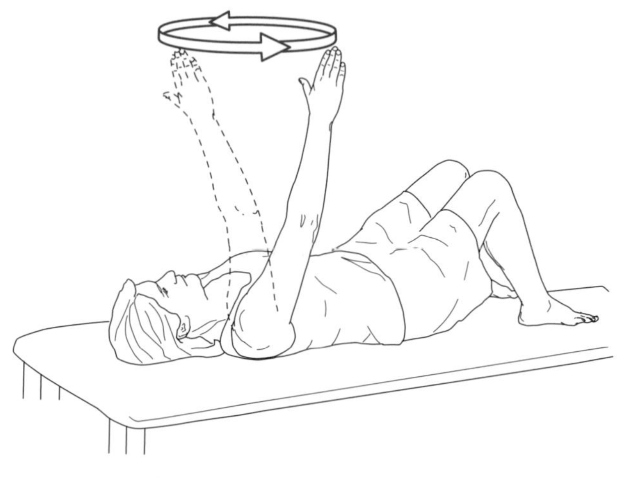

图 26.7　水肿肢体主动环转动作

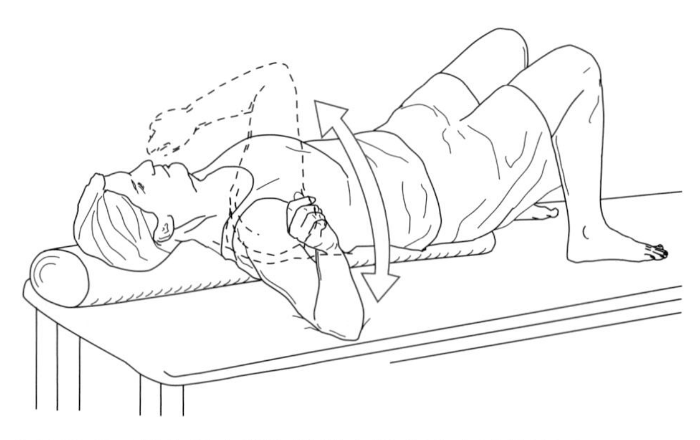

图 26.8　躺在坚实的泡沫轴上的主动肩关节练习

临床提示

将肩关节尽可能耸高，然后主动将肩关节尽可能向下拉（肩胛下压）。

清除上肢淋巴水肿的特定运动

以下运动顺序是在刚才描述的整体、全身运动后执行，这些运动是按从近端到远端的顺序执行，针对的是上肢淋巴液的清除。

临床提示

执行运动顺序时，定期要求患者对健侧上肢腋下淋巴结区域执行由腋下进展到胸部的自我按摩。

- **手臂主动环转（图 26.7）**：仰卧下屈曲患侧上臂 90°（伸手朝天花板），手臂执行直径 6~12 英寸（15~30 cm）的圆周动作；以顺时针及逆时针两种方向执行，每个方向执行 5 次。

注意：避免水肿上肢在手臂下垂姿势执行钟摆或回旋动作。

- **泡沫轴上的运动（图 26.8）**：仰卧在坚实的泡沫轴上（直径约 15 cm），执行肩关节水平外展及内收，以及屈曲与伸展动作。这些动作针对肿胀的腋下淋巴结且单侧执行。居家运动若缺乏特殊设备，如 Ethyfoam 泡沫轴，可让患者在泡沫浮水棒上执行这些运动。如果直径较小可用毛巾或被单包裹泡沫浮水棒增加滚筒直径。
- **双侧手掌挤压**：手臂抬举到肩关节高度或更高且肘关节屈曲，对掌于胸前或头前方，手掌相互挤压（胸大肌的等长收缩）且维持 5 秒，放松再重复 5 下。
- **棍棒运动、门框或角落牵伸，以及毛巾牵伸**：融入许多运动以增加肩关节活动性，并减少上肢淋巴液肿胀并协助淋巴液流动，每一次牵拉姿势都维持几秒。第 17 章已描述过且图解了这些运动。
- **手臂抬举下的单侧手臂运动**：以下运动会在患者坐姿下执行。手臂置于桌面或工作台上且支撑在肩关节高度，或在患者仰卧姿势下，手臂支撑于楔形板或抬高超过头部。
  - 肘关节伸展下肩关节旋转，通过肩关节旋转，将掌面转上及转下而不是单纯将前臂旋前及旋后。

- 肘关节屈曲及伸展。
- 腕关节环转。
- 手掌开合。

- **双侧水平外展及水平内收**：站姿或坐姿下将双手置于头后方，将肘关节朝内再朝外，进行肩关节水平内收及外展。
- **高举过头压墙**：面对墙壁，将单手掌或双手掌高举过肩放在墙面上，在身体不移动情况下温和地将手掌压在墙面上几秒，然后放松，重复约 5 次。
- **腕关节及手指运动**：若腕关节及手部有肿胀，在手臂抬高姿势下执行重复的主动手指动作。
  - 在执行先前描述的高举过头压墙后，将掌根维持在墙面上，手指交替抬离墙面与放回墙面（图 26.9）。
  - 与先前描述姿势相同，个别手指交替压向墙面与抬离墙面，就像弹钢琴，掌根仍维持在墙面上。
  - 双手手掌高举过头或至少在肩关节高度以上对掌，一次一根手指，让手指对指再一一分开。
- **部分卷曲**：为完成运动顺序，手在大腿上滑动执行额外的卷曲（约 5 次）。
- **休息**：完成运动顺序后在仰卧姿势下休息，将患侧手臂抬高置于枕头上约 30 分钟。

清除下肢淋巴水肿的特定运动

注意：完成前述下半身、颈部及肩关节整体运动后，让患者先执行身体患侧腋下淋巴结的自我按摩，然后由下腹部区域往上按摩到腰部并接着向外侧、向上到患侧腋下区域，在下肢运动中一直不断规律性重复这样的顺序。

- **单侧屈膝抱胸**：仰卧姿势下，重复执行这个动作 15 次。若淋巴水肿只发生在一侧下肢，先以健侧下肢执行重复的屈膝抱胸运动，再接着患侧下肢执行。
- **双侧屈膝抱胸**：仰卧姿势下，屈曲双侧髋关节及膝关节，抓握双大腿并温和地将大腿拉近腹部及胸部，重复 10~15 次。
- **臀肌等长收缩运动及骨盆后倾**：重复 5 次，每次收缩维持几秒再接着缓缓放松。
- **髋关节外旋（图 26.10）**：仰卧姿势下双下肢抬高置于墙面或楔形板上，髋关节外旋并将臀部夹紧并维持在外旋姿势，重复数次。
- **膝关节屈曲清除腘窝区域**：仰卧姿势且健侧下肢伸直时，将患侧髋关节与膝关节屈曲到能够将足部抬离床面，快速将足跟移动到臀部，尽可能屈曲膝关节，重复约 15 次。
- **主动踝关节动作**：双脚抬举并支撑在墙面上，或只将患侧下肢支撑于门框上且健侧下

图 26.9　过头压墙动作

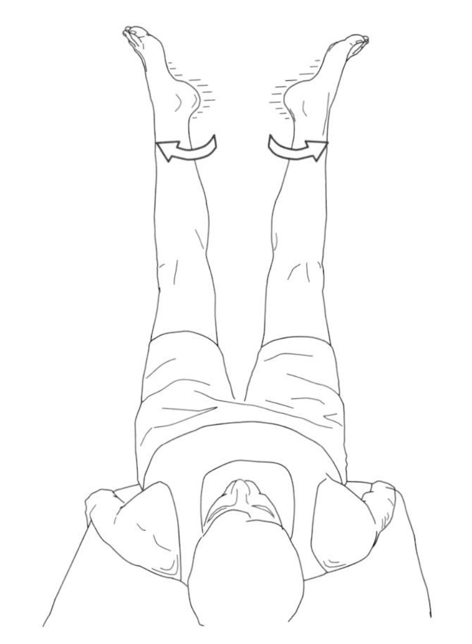

图 26.10　髋关节反复外旋，双腿抬高并靠墙休息

肢平放于床面，主动跖屈踝关节和屈曲足趾。然后尽量多次重复背伸踝关节与伸直足趾的动作，最后执行数次足部主动顺时针及逆时针旋转动作。

- **外旋靠墙滑动（图 26.11）**：双足支撑于墙面上，下肢外旋且足跟相触，将双足尽可能沿墙面向下滑再向上滑，重复数次。
- **空中下肢动作（图 26.12）**：双侧髋关节屈曲且背部平放于床面且双足指向天花板，下肢交替移动，模拟骑脚踏车、步行及剪刀动作。
- **髋关节内收越过中线（图 26.13）**：仰卧姿势下健侧下肢伸直，屈曲患侧下肢髋关节与膝关节，并以对侧手握住膝关节外侧，以摇动动作将患侧膝关节不断重复拉过中线。

注意：若淋巴水肿为双侧，另一侧下肢应重复相同运动。

- **双侧屈膝抱胸**：重复前述的双侧下肢温和的压弹动作。
- **部分卷曲**：为完成运动顺序，执行额外的部分卷曲约 5 次。
- **休息**：完成运动后，将双足抬高且下肢支撑于墙面，在此姿势下休息几分钟。接着将下肢部分抬高于楔形板上，并且在此姿势下另外休息 30 分钟。

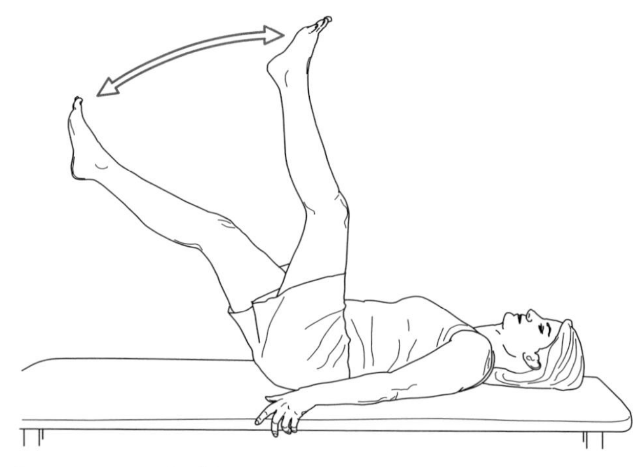

图 26.12　重复模拟步行运动

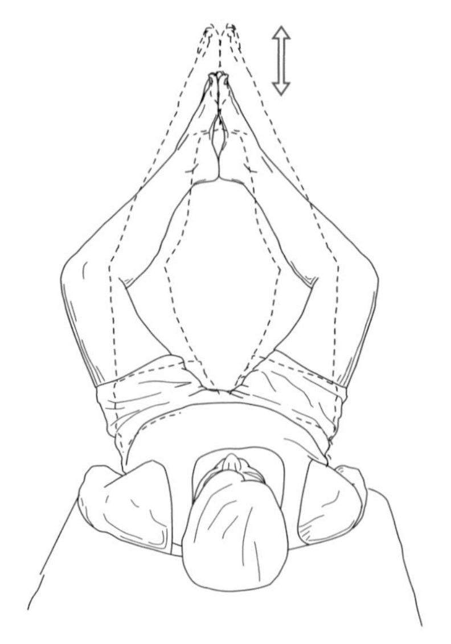

图 26.11　髋外旋，足向下、向上滑动

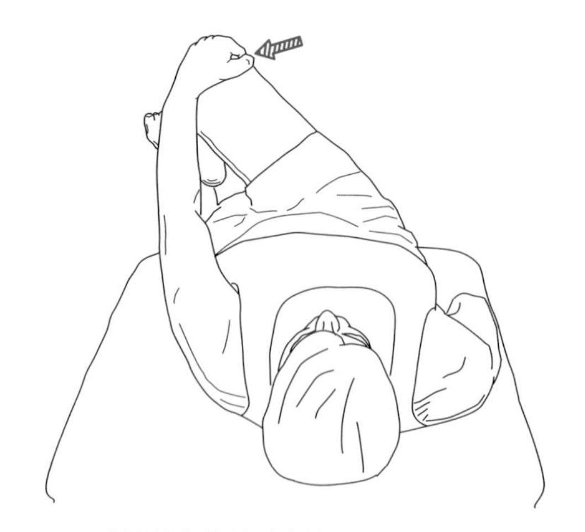

图 26.13　髋关节内收越过中线以清扫腹股沟淋巴结

自学活动

批判性思考与讨论

1. 你被邀请参与社区癌症协会举办的乳腺癌治疗患者教育计划，在这计划中你的责任是协助这些乳腺癌生存者降低与手术及任何辅助治疗相关的身体损伤和功能限制风险。列出计划的组成内容，并解释你选择纳入活动的原理。
2. 一名因 5 年前接受右乳房切除术而产生淋巴水肿的患者，因手指和手部肿胀往近端延伸到上臂而接受物理治疗，已无法抬高手臂，手部的组织可凹陷但前臂触诊坚硬。淋巴水肿的分级如何，并概述建议使用 MLD 的治疗计划。
3. 描述淋巴系统的解剖学，并解释术语运输容量和淋巴负荷。
4. 概述综合消肿治疗（CDT）及各组成部分间的关系。描述关于 CDT 的居家管理计划。

实践练习

为案例 1、案例 2、案例 3 设计的运动计划执行运动顺序，及建议的重复次数。

案例研究

案例 1

L 女士 3 个月前接受骨盆癌症转移手术和淋巴结切除术，她也接受了一系列的放射治疗作为综合癌症管理的一部分。大约 2 周前，她开始注意到双下肢肿胀，而双足和双踝特别明显。

经由肿瘤科医生转诊她被转到你工作的门诊，因淋巴水肿接受“评估与治疗”。描述你在评估时会使用的检查程序，然后建立照护计划，包括运动计划，协助她管理且减少淋巴水肿，并预防淋巴水肿相关的潜在并发症。

案例 2

B 女士是最近接受过乳房肿瘤切除术及腋下淋巴结切除的一位 50 岁患者。在移除手术引流管后被转诊到物理治疗，并在接受放射治疗疗程后将会立即接受化疗。她主诉在诊断与手术前，她是个喜爱各种休闲活动的活跃人士，包括游泳、双人网球和露营，希望能尽快重返这些活动。在设计术后运动计划时，要考虑她将接受的化疗与放疗。

案例 3

H 女士 33 岁，最近诊断为Ⅱ期的乳腺癌，在她的优势侧。她的医生根据肿瘤的位置和大小建议乳房切除术。H 女士更希望保留乳房，但她被建议做的乳房肿瘤切除术会给她带来不太理想的美观效果。她现在正在考虑以下选择：LD FLAP、TRAM FLAP、DIEP FLAP，或者永久填入组织扩展器。为每个手术重建过程设计一个术后的康复方案。

（张立超　译，王于领　高强　审）

参考文献

1. Abeloff, MD, et al: Breast. In Abeloff, MD, et al (eds.): Clinical Oncology, ed. 2. New York: Churchill Livingstone, 2000, p 2051.
2. Armer, J: The problem of post-breast cancer lymphedema: impact and measurement issues. Cancer Invest1:76–83, 2005.
3. Armer, JM, et al: Best-practice guidelines in assessment, risk reduction, management, and surveillance for post-breast cancer lymphedema. Curr Breast Cancer Rep 5:134–144, 2013.
4. Bergan, JJ: Effect of cancer therapy on lower extremity lymphedema. Natl Lymphedema Network Newsletter 11(1):1999.
5. Bertelli, G, et al: Conservative treatment of postmastectomy lymphedema: a controlled randomized trial. Am Oncol 2(8):575–578, 1991.
6. Bicego, D, et al: Exercise for women with or at risk for breast cancerrelated lymphedema. Phys Ther 86(10):1398–1405, 2006.
7. Boccardo, F, et al: Lymphatic microsurgery to treat lymphedema: techniques and indications for better results. Ann Plast Surg Aug;71(2): 191–195, 2013.
8. Boris, M, et al: Lymphedema reduction by noninvasive complex lymphedema therapy. Oncology 8(9):95–106, 1994.
9. Boris, M, Weindorf, S, and Lasinski, B: Persistence of lymphedema reduction after noninvasive complex lymphedema therapy. Oncology 11(1):99–109, 1997.
10. Boris, M, Weindorf, S, and Lasinski, BB: The risk of genital edema after external pump compression for lower limb lymphedema. Lymphology 31(1):15–20, 1998.
11. Brennan, MJ: Lymphedema following the surgical treatment of breast cancer: a review of pathophysiology and treatment. J Pain Symptom Manage 7(2):110–116, 1992.
12. Brennan, MJ, DePompodo, RW, and Garden, FH: Focused review: postmastectomy lymphedema. Arch Phys Med Rehabil 77(3

Suppl):S74–S80, 1996.
13. Brennan, MJ, and Miller, L: Overview of treatment options in the management of lymphedema. Cancer 83(12 Suppl):2821–2827, 1998.
14. Brorson, H, and Freccero, C: Liposuction as a treatment for lymphoedema. 1st Jobst Scientific Symposium, 2008. Available at http://www.eurolymphology.org/wp-content/uploads/2011/01/5-page-11-25-Brorson-proof-10.pdf. Accessed May 25, 2017.
15. Brorson, H: Liposuction in arm lymphedema treatment. Scand J Surg 92:287 295, 2003.
16. Buchholz, TA, Avritscher, R, and Yu, T: Identifying the "sentinel lymph nodes" for arm drainage as a strategy for minimizing the lymphedema risk after breast cancer therapy. Breast Cancer Res Treat 116:539–541, 2009.
17. Bunce, IH, et al: Postmastectomy lymphoedema treatment and measurement. Med J Aust 161(2):125–128, 1994.
18. Bunke, N, et al: Phlebolymphedema: usually unrecognized, often poorly treated. Perspect Vasc Surg EndovascTher 21(2):65–68, 2009.
19. Burt, J, and White, G: Lymphedema: A Breast Cancer Patient's Guide to Prevention and Healing. Alameda, CA: Hunter House, 1999.
20. Cameron, MH: Physical Agents in Rehabilitation: From Research to Practice. Philadelphia: WB Saunders, 1999.
21. Carroll, JK, et al: Pharmacologic treatment of cancer-related fatigue. The Oncologist 12(Suppl 1):43–51, 2007.
22. Casley-Smith, JR: Exercises for Patients With Lymphedema of the Arm, ed. 2. Adelaide, Australia: Lymphoedema Association of Australia, 1991.
23. Casley-Smith, JR: Exercises for Patients With Lymphedema of the Leg, ed. 2. Adelaide, Australia: Lymphoedema Association of Australia, 1991.
24. Casley-Smith, JR: Information About Lymphoedema for Patients, ed. 6. Malvern, Australia: Lymphoedema Association of Australia, 1997.
25. Casley-Smith, JR: Treatment for lymphedema of the arm—The Casley-Smith method. Cancer 83(Suppl):2843–2860, 1998.
26. Casley-Smith, JR, and Casley-Smith, JR: Modern treatment of lymphoedema. I. Complex physical therapy: the first 200 Australian limbs. Aust J Dermatol 33(2):61– 68, 1992.
27. Chang, DW: Lymphaticovenular bypass for lymphedema management in breast cancer patients: a prospective study. Plast ReconstrSurg 126(3):752–758, 2010.
28. Chang, DW, Suami, H, and Skoracki, R: A prospective analysis of 100 consecutive lymphovenous bypass cases for treatment of extremity lymphedema. Plast Reconstr Surg 132(5):1305–1314, 2013.
29. Connell, M: Complete decongestive therapy. Innovations Breast Cancer Care 3:93, 1998.
30. Connor, MP, and Gamelli, R: Challenges of cellulitis in a lymphedematous extremity: a case report. Cases J 22(2):9377, 2009.
31. Czerniec, SA, et al: Assessment of breast cancer-related arm lymphedema: comparison of physical measurement methods and self-report. Cancer Invest28:54 –62, 2010.
32. Daroczy, J: Pathology of lymphedema. Clin Dermatol 13(5):433–444, 1995.
33. Eisenhardt, JR: Evaluation and physical treatment of the patient with peripheral vascular disorders. In Irwin, S, and Tecklin, JS (eds): Cardiopulmonary Physical Therapy, ed. 3. St. Louis: Mosby Year Book, 1995, pp 215–233.
34. Erickson, V, et al: Arm edema in breast cancer patients. J Natl Cancer Inst 93:96–111, 2001.
35. Farrow, W: Phlebolymphedema-a common underdiagnosed and undertreated problem in the wound care clinic. J Am Col Certif Wound Spec 2(1):14–23, 2010.
36. Földi, M, Földi, E, and Kubik, S: Textbook of Lymphology. Müchen: Urban & Fischer/Elsevier, 2003.
37. Forner-Cordero, I, et al: Predictive factors of response to decongestive therapy in patients with breast cancer-related lymphedema. Ann Surg Oncol 17:744–751, 2010.
38. Fu, MR, et al: L-DEX Ration in detecting breast cancer-related lymphedema: reliability, sensitivity, and specificity. Lymphology 46:85–96, 2013.
39. Fu, MR, et al: Proactive approach to lymphedema risk reduction: a prospective study. Ann Surg Oncol 21:3481–3489, 2014.
40. Fu, MR, et al: The effect of providing information about lymphedema on the cognitive and symptom outcomes of breast cancer survivors. Ann Surg Oncol 17:1847–1853, 2010.
41. Ganz, PA: The quality of life after breast cancer: solving the problem of lymphedema. N Engl J Med 340(5):383–385, 1999.
42. Golshan, G, Martin, WJ, and Dowlatshahi, K: Sentinel lymph node biopsy lowers the rate of lymphedema when compared with standard axillary lymph node dissection. Am Surg 69:209–212, 2003.
43. Goodman, CC: The female genital/reproductive system. In Goodman, CC, and Fuller, KS (eds): Pathology: Implications for Physical Therapists, ed. 3. St Louis: Saunders Elsevier, 2009, pp 986–1036.
44. Goodman, CC: Oncology. In Goodman, CC, and Fuller, KS (eds): Pathology: Implications for Physical Therapists, ed. 3. St. Louis: Saunders Elsevier, 2009, pp 348–391.
45. Goodman, CC, and Smirnova, Ⅳ: The cardiovascular system. In Goodman, CC, and Fuller, KS (eds): Pathology: Implications for Physical Therapists, ed. 3. St Louis: Saunders Elsevier, 2009, pp 519–641.
46. Goodman, CC, and Snyder, TEK: Differential Diagnosis for Physical Therapists: Screening for Referral, ed. 4. St Louis: Saunders-Elsevier, 2007.
47. Gudas, SA: Neoplasms of the breast. In Kauffman, TL (ed): Geriatric Rehabilitation Manual. New York: Churchill Livingstone, 1999, p 182.
48. Guttman, H, et al: Achievements of physical therapy in patients after modified radical mastectomy compared with quadrantectomy, axillary dissection, and radiation for carcinoma of the breast. Arch Surg 125: 389–391, 1990.
49. Hack, TF, et al: Predictors of arm morbidity following breast cancer surgery. Psychooncology 19(11):1205–1212, 2010.
50. Hansen, M: Pathophysiology: Foundations of Disease and Clinical Intervention. Philadelphia: WB Saunders, 1998.
51. Harwood, CA, and Mortimer, PS: Causes and clinical manifestations of lymphatic failure. Clin Dermatol 13(5):459–471, 1995.
52. Hayes, S, Cornish, B, and Newman, B: Comparison of methods to diagnose lymphoedema among breast cancer survivors: 6-month follow-up. Breast Cancer Res and Treat 89:221–226, 2005.
53. Hayes, SC, et al: Lymphedema after breast cancer: incidence, risk factors, and effect on upper body function. J Clin Onc 26(21):3536–3542, 2008.
54. Helms, G, et al: Shoulder-arm morbidity in patients with sentinel node biopsy and complete axillary dissection: data from a prospective randomized trial. Eur J Surg Oncol 35(7):696–701, 2009.
55. Helyer, LK, et al: Obesity is a risk factor for developing postoperative lymphedema in breast cancer patients. Breast J 16(1):48–54, 2010.
56. Henderson, IC: Breast cancer. In Murphy, GP, Lawrence, W, and Lenhard, RE (eds): Clinical Oncology, ed. 2. Atlanta: American Cancer Society, 1995, p 198.
57. Hetrick, H: Lymphedema complicating healing. In McCulloch, JM, and Kloth, LC (eds): Wound Healing: Evidence-Based Management, ed. 4. Philadelphia: F.A. Davis, 2010, pp 279–291.
58. Hewitson, JW: Management of lower extremity lymphedema. National Lymphedema Network Newsletter 9(3):1, 1997.
59. Hladiuk, M, et al: Arm function after axillary dissection for breast cancer: a pilot study to provide parameter estimates. J Surg Oncol

50(1):47–52, 1992.
60. Holtgrefe, KM: Twice-weekly completed decongestive physical therapy in the management of secondary lymphedema of the lower extremities. Phys Ther 86(8):1128–1136, 2006.
61. Iltis, M: Cancer chemotherapy toxicity guidelines for the physical therapist. Rehabil Oncol 4(3):1986.
62. International Society of Lymphology: 2013 consensus document of the diagnosis and treatment of peripheral lymphedema. Lymphology 46:1–11, 2013.
63. Iyigun, ZE, et al: Bioelectrical impedance for detecting and monitoring lymphedema in patients with breast cancer. Preliminary results of the Florence Nightingale Breast Study Group. Lymphat ResBiol 13(1):40–45, March 2015.
64. Keeley, VL: Lymphoedema and cellulitis: chicken or egg? Br J Dermatol 158(6):1175–1176, 2008.
65. Kelly, DG: Vascular, lymphatic, and integumentary disorders. In O'Sullivan, SB, Schmitz, TJ, and Fulk, GD (eds): Physical Rehabilitation, ed. 6. Philadelphia: F.A. Davis, 2014, pp 577–633.
66. Kepics, J: Treatment of axillary web syndrome: a case report using manual techniques. Dr. Vodder School International. Available at www.vodderschool.com/treatment_of_axillary_web_syndrome. Accessed May 25, 2017.
67. Kurtz, I: Textbook of Dr. Vodder's Manual Lymphatic Drainage, Vol 2. Therapy, ed. 2. Heidelberg: Karl F. Haug, 1989.
68. Lamp, S, and Lester, J: Reconstruction of the breast following mastectomy. Semin Oncol Nurs31(2):134–145, 2015.
69. Lasinski, B: The lymphatic system. In Goodman, CC, and Fuller, KS (eds): Pathology: Implications for Physical Therapists, ed. 3. St Louis: Saunders Elsevier, 2009, pp 642–677.
70. Lawenda, BD, Mondry, TE, and Johnstone, PA: Lymphedema: a primer on the identification and management of a chronic condition in oncologic treatment. CA Cancer J Clin 59(1):8–24, 2009.
71. Lawenda, BD, and Mondry, TE: The effects of radiation therapy on the lymphatic system: acute and latent effects. Natl Lymphedema Netw Newslett 20(3):1–5, 2008.
72. Lemieux, J, Bordeleau, LJ, and Goodwin, PJ: Medical, psychosocial, and health-related quality of life issues in breast cancer survivors. In Ganz, P (ed): Cancer Survivorship. New York: Springer Science+Business Media, LLC, 2007, pp 122–144.
73. Lerner, R: What's new in lymphedema therapy in America? Int J Angiol 7(3):191–196, 1998.
74. Logan, V: Incidence and prevalence of lymphedema: a literature review. J Clin Nurs 4(4):213–219, 1995.
75. Mason, M: The treatment of lymphoedema by complex physical therapy. Aust J Physiother 39:41–45, 1993.
76. Matthews, K, and Smith, J: Effectiveness of modified complex physical therapy for lymphoedema treatment. Aust J Physiother 42(4):323–328, 1996.
77. Mayrovitz, HN: Interface pressures produced by two different types of lymphedema therapy devices. Phys Ther 87(10):1379–1388, 2007.
78. Mayrovitz, HN: The standard of care for lymphedema: current concepts and physiological considerations. Lymphat Res Biol 7(2):101–108, 2009.
79. McGarvey, CL: Pneumatic compression devices for lymphedema. Rehabil Oncol 10:16–17, 1992.
80. McKenzie, DC, and Kalda, AL: Effect of upper extremity exercise on secondary lymphedema in breast cancer patients: a pilot study. J Clin Oncol 21:463–466, 2003.
81. McLaughlin, SA, et al: Prevalence of lymphedema in women with breast cancer 5 years after sentinel lymph node biopsy or axillary dissection: objective measurements. J Clin Oncol 26(32):5213–5219, 2008.
82. Megens, A, and Harris, S: Physical therapist management of lymphedema following treatment for breast cancer: a critical review of its effectiveness. Phys Ther 78(12):1302–1311, 1998.
83. Meneses-Echavez, JF: Effects of supervised exercise on cancer related fatigue in breast cancer survivors: A systematic review and meta-analysis. BMC Cancer 21(Feb):77, 2015.
84. Miller, LT: Exercise in the management of breast cancer-related lymphedema. Innovations Breast Cancer Care 3(4):101–106, 1998.
85. Miller, LT: The enigma of exercise: participation in an exercise program after breast cancer surgery. Natl Lymphedema Netw Newslett 8(4): 1996.
86. Mortimer, PS, et al: New developments in clinical aspects of lymphatic disease. J Clin Invest 124(3):915–921, 2014.
87. Moskovitz, AH, et al: Axillary web syndrome after axillary dissection. Am J Surg 181(5):434–439, 2001.
88. Mustian, KM, et al: Integrative nonpharmacologic behavioral interventions for the management of cancer related fatigue. The Oncologist 12(Suppl 1):52–67, 2007.
89. National Comprehensive Cancer Network: NCCN Practice Guidelines in Oncology: Cancer-Related Fatigue, V.2., 2007. Available at www.nccn.org. Accessed May 25, 2017.
90. National Comprehensive Cancer Network: NCCN Practice Guidelines in Oncology: Invasive Breast Cancer—Principles of Radiation Therapy, V.2, 2010. Available at www.nccn.org. Accessed March 23, 2010.
91. National Lymphedema Network: Position statement: exercise. Nov 2013. Available at www.lymphnet.org. Accessed May 25, 2017.
92. National Lymphedema Network: Position statement: lymphedema risk reduction practices. May 2012. Available at www.lymphnet.org. Accessed January 8, 2010.
93. Norman, SA, et al: Development and validation of a telephone questionnaire to characterize lymphedema in women treated for breast cancer. Phys Ther 81(6):1192–1205, 2001.
94. Paskett, ED, et al: The epidemiology of arm and hand swelling in premenopausal breast cancer survivors. Cancer Epidemiol Biomarkers Prev 16(4):775–782, 2007.
95. Patel, KM, et al: A prospective evaluation of lymphedema-specific qualityof-life outcomes following vascularized lymph node transfer. Ann Surg Oncol 22(7):2424–2430, July 2015.
96. Peters, K, et al: Lower leg subcutaneous blood flow during walking and passive dependency in chronic venous insufficiency. Br J Dermatol 124(2):177–180, 1991.
97. Piper, M, et al. Oncoplastic breast surgery: current strategies. Gland Surgery 4(2):154–163, 2015.
98. Price, J, and Purtell, J: Teaming up to prevent and treat lymphedema. Am J Nurs 7(9):23, 1997.
99. Ridner, SH, et al: Bioelectric impedance for detecting upper limb lymphedema in nonlaboratory settings. Lymphat Res Biol 7(1):11–15, 2009.
100. Rockson, SG: The unique biology of lymphatic edema. LymphatRes Biol 7(2):97–100, 2009.
101. Rockson, SG: Secondary lymphedema of the lower extremities. Natl Lymphedema Network Newsletter 10(3):1–3, 1998.
102. Rockson, SG, et al: Diagnosis and management of lymphedema. Cancer 83(Suppl):2882–2885, 1998.
103. Ross, C: Complex physical therapy: a treatment note. NZ J Physiother 22(3):19–21, 1994.
104. Schmitz, KH, et al: Weight lifting in women with breast-cancer-related lymphedema. N Engl J Med 361(7):664–673, 2009.
105. Schuchhardt, C, Pritschow, H, and Weissleder, H: Therapy concepts. In Weissleder, H, and Schuchhardt, C (eds): Lymphedema Diagnosis and Therapy. Koln, Germany: Viavital, 2001, pp 336–362.
106. Sener, SF, et al: Lymphedema after sentinel lymphadenectomy for breast carcinoma. Cancer 92(4):748–752, 2001.
107. Simonian, SJ, et al: Differential diagnosis of lymphedema. In Tretbar, LL, Morgan, CL, Lee, BB, Simonian, SJ, and Blandeau, B (eds): Lymphedema: Diagnosis and Treatment. London: Springer, 2008, pp 12–20.
108. Soran, A, et al: The importance of detection of subclinical lymphedema for the prevention of breast cancer-related clinical lymphedema after axillary lymph node dissection: A prospective observational study. Lymph Res and Biol 12(4): 289–294, 2014.

109. Springer, BA, et al: Pre-operative assessment enables early diagnosis and recovery of shoulder function in patients with breast cancer. Breast Cancer Res Treat 120(1):135–147, 2010.
110. Suami, H, and Chang, DW: Overview of surgical treatments for breast cancer-related lymphedema. PlastReconstr Surg 126(6):1853–1863, 2010.
111. Swirsky, J, and Nannery, DS: Coping with Lymphedema. Garden City Park, NY: Avery Publishing, 1998.
112. Szuba, A, Achalu, R, and Rockson, SG: Decongestive lymphatic therapy for patients with breast carcinoma-associated lymphedema: a randomized, prospective study of a role for adjunctive intermittent pneumatic compression. Cancer 95:2260–2267, 2002.
113. Tappan, FM, and Benjamin, PJ: Tappan's Handbook of Healing Massage. Stamford, CT: Appleton & Lange, 1998.
114. Taylor, R, et al: Reliability and validity of arm volume measurements for assessment of lymphedema. Phys Ther 86(2):205–214, 2006.
115. Teixeira, L, and Sandrin, F: The role of physiotherapy in the plastic surgery patients after oncological breast surgery. Gland Surgery 3(1): 43–47, 2014.
116. Togawa, K: Risk factors for self-reported arm lymphedema among female breast cancer survivors: a prospective cohort study. Breast Cancer Res16:414, 201.
117. Tsai, RJ, et al: The risk of developing arm lymphedema among breast cancer survivors: a meta-analysis of treatment factors. Ann Surg Oncol 16(7):1959–1972, 2009.
118. Verbelen, H, et al: Shoulder and arm morbidity in sentinel node-negative breast cancer patients: a systematic review. Breast Cancer Res Treatment 144:21–31, 2014.
119. Voutsadakis, IA, and Spadafora, S: Axillary lymph node management in breast cancer with positive sentinel lymph node biopsy. World JClin Oncol 6(1):1–6, 2015.
120. Walrath, J, et al: Axillary web syndrome: a complication of breast cancer: what the orthopaedic physical therapist needs to know. Orthopaedic Practice 27(2):94–103, 2015.
121. Walton, J: The effects of radiotherapy: their relationship to rehabilitation. Rehabil Onco l5(1&2):1987.
122. Ward, LC, Czerniec, S, and Kilbreath, SL: Operational equivalence of bioimpedance indices and perometry for the assessment of unilateral arm lymphedema. Lymphat Res Biol 7(2):81–85, 2009.
123. Weiss, JM: Treatment of leg edema and wounds in patients with severe musculoskeletal injuries. Phys Ther 78(10):1104–1113, 1998.
124. Weissleder, H, and Schuchhardt, C: Primary lymphedema. In Weissleder, H, and Schuchhardt, C (eds.): Lymphedema Diagnosis and Therapy. Koln, Germany: Viavital, 2001, pp 98–113.
125. Weissleder, H: Examination methods. In Weissleder, H, and Schuchhardt, C (eds): Lymphedema Diagnosis and Therapy. Koln, Germany: Viavital, 2001, pp 49–90.
126. Wingate, L: Efficacy of physical therapy for patients who have undergone mastectomies. Phys Ther 65(6):896–900, 1985.
127. Wingate, L, et al: Rehabilitation of the mastectomy patient: a randomized, blind, prospective study. Arch Phys Med Rehabil 70:21–24, 1989.
128. Wittlinger, H, and Wittlinger, G (eds.): Textbook of Dr. Vodder's Manuel Lymphatic Drainage, ed. 5. Brussels: Haug International, English version (translated by Harris, R), 1992.
129. Woo, PCY, et al: Cellulitis complicating lymphedema. Eur J Clin Microbiol Infect Dis 19(4):294–297, 2000.
130. Woods, EN: Reaching out to patients with breast cancer. Clin Manage Phys Ther 12:58–63, 1992.
131. Yeung, WM, et al: A systematic review of axillary web syndrome (AWS). J Cancer Surviv 9(4):576–598, 2015.
132. Zaleska, M, et al: Pressures and timing of intermittent pneumatic compression devices for efficient tissue fluid and lymph flow in limbs with lymphedema. Lymphat Res Biol 11(4):227–232, 2013.
133. Zawieja, DC: Proceedings of a mini-symposium: Lymphedema—an overview of the biology, diagnosis, and treatment of the disease (contractile physiology of lymphatics). Lymphat Res Biol 7(2):87, 2009.
134. Zuther, JE: Treatment of lymphedema with complete decongestive physiotherapy. Natl Lymphedema Netw Newslett 2(2):1999.
135. Zuther, JE, and Norton, S: Lymphedema Management: A Comprehensive Guide for Practitioners, ed. 3. New York: Thieme, 2013.

索引

G

K

Z